Springer-Lehrbuch

Experimentalphysik

Band 1
Mechanik und Wärme
7. Auflage
ISBN 978-3-662-46414-4

Band 2
Elektrizität und Optik
6. Auflage
ISBN 978-3-642-29943-8

Band 3
Atome, Moleküle und Festkörper
5. Auflage
ISBN 978-3-662-49093-8

Band 4
Kern-, Teilchen- und Astrophysik
4. Auflage
ISBN 978-3-642-21475-2

Wolfgang Demtröder

Experimentalphysik 3

Atome, Moleküle und Festkörper

5., neu bearbeitete und aktualisierte Auflage

Springer Spektrum

Wolfgang Demtröder
Kaiserslautern, Deutschland
demtroed@rhrk.uni-kl.de

ISSN 0937-7433
Springer-Lehrbuch
ISBN 978-3-662-49093-8 ISBN 978-3-662-49094-5 (eBook)
DOI 10.1007/978-3-662-49094-5

Die Deutsche Nationalbibliothek verzeichnet diese Publikation in der Deutschen Nationalbibliografie; detaillierte bibliografische Daten sind im Internet über http://dnb.d-nb.de abrufbar.

Springer Spektrum

Planung: Dr. Lisa Edelhäuser

Gedruckt auf säurefreiem und chlorfrei gebleichtem Papier.

Springer Sppektrum ist Teil der Fachverlagsgruppe Springer Science+Business Media (www.springer.com)
(www.springer.com)

Vorwort zur fünften Auflage

Atom- und Molekülphysik und insbesondere die Festkörperphysik sind nach wie vor sehr aktive Forschungsgebiete, wobei die Anwendungen der Forschungs-Ergebnisse immer wichtiger werden und damit auch eine größere Verbreitung gefunden haben. So gab es eine Reihe von technischen Anwendungen, die aus Ergebnissen der Grundlagenforschung erwuchsen, wie z. B. die Einführung von LED-Lichtquellen mit einem breiten Frequenzspektrum der Lichtemission, von empfindlichen optischen Sensoren oder von neuen integrierten Schaltungen in der Computertechnik mit wesentlich größerer Packungsdichte der elektronischen Komponenten. Die Entwicklung und Optimierung neuer Materialien, wie z. B. Solarzellen auf flexiblen Unterlagen, neue Keramikwerkstoffe, Verbundstoffe oder neue Supraleiter zeigen die Bedeutung der Materialforschung.

Die Atomphysik war in den Jahren 1920–1930 das erste Anwendungsgebiet der Quantenmechanik. Inzwischen ist die Entwicklung der Atomtheorie soweit fortgeschritten, dass auch Struktur und Energieniveaus von großen Atomen mit Hilfe von ausgefeilten Computerprogrammen sehr genau berechnet werden können. Besonders Interesse hat die Bildung von kohärenten Atomensembles in atomaren Bose-Einstein Kondensaten bei sehr tiefen Temperaturen gefunden und hat neue Einsichten in die Wechselwirkung zwischen Atomen bei extrem niedrigen Energien gebracht. Die Bildung von Molekülen bei der Rekombination von kalten Atomen in solchen Kondensaten und der Einfluss von Magnetfeldern auf die Bildungsrate kann spektroskopisch genau verfolgt werden. Auch technische Anwendungen der Atomphysik haben in den letzten Jahren Fortschritte gemacht. Empfindliche Magnetometer, die auf optischem Pumpen von Atomen beruhen, können inzwischen bei Zimmertemperatur Gehirnströme messen und machen damit den Tieftemperatur-SQUIDS Konkurrenz.

In der hier vorliegenden 5. Auflage werden einige dieser neuen Entwicklungen behandelt. Insbesondere wurden jedoch Fehler der 4. Auflage korrigiert, eine Reihe von Einschüben gemacht, welche das Verständnis der Darstellung erleichtern sollen, sowie einige neue Abbildungen eingefügt, um manche Sachverhalte anschaulich zu illustrieren.

Der Autor dankt allen Lesern, die durch Hinweise auf Fehler oder durch kritische Anmerkungen zur Verbesserung dieses Lehrbuches beigetragen haben. Er wünscht sich auch weiterhin die kritische Begleitung der Leser und freut sich über jede Zuschrift, die so schnell wie möglich beantwortet wird.

Besonderer Dank gebührt Herrn Dr. P. Staub, von der TU Wien, der durch gründliche Überprüfung vieler Kapitel bei der Optimierung der neuen Auflage geholfen hat. Frau Nadja Kroke von der Firma le-tex danke ich herzlich für die Gestaltung des Layouts und Frau Lisa Edelhäuser vom Springer/Spektrum-Verlag für die Betreuung während der Arbeit an der Neuauflage.

Kaiserslautern,
im Oktober 2015

Wolfgang Demtröder

Vorwort zur dritten Auflage

Nachdem die 2. Auflage von den Lesern positiv aufgenommen wurde und der Autor zahlreiche Zuschriften mit Verbesserungsvorschlägen erhalten hat, wurden in der nun vorliegenden 3. Auflage lediglich Fehler der 2. Auflage korrigiert, Verbesserungsvorschläge durch klarere Erläuterungen berücksichtigt und die Literaturhinweise auf den neuesten Stand gebracht. Der Autor möchte allen Lesern, die durch zahlreiche Hinweise zur Verbesserung des Lehrbuches beigetragen haben, sehr herzlich danken. Besonderer Dank gebührt dabei Herrn Dr. Staub, TU Wien, der nach sorgfältiger Lektüre sehr ausführlich mit mir über Korrekturen diskutiert und eine große Zahl von Korrekturvorschlägen gemacht hat. Ich danke Herrn Dr. Schneider und Frau Heuser vom Springer-Verlag und Frau Nadja Kroke von der Firma LE-TeX, die Satz und Layout betreut hat.

Der Autor bittet auch weiterhin um aktive Mitarbeit seiner Leser, um dieses Lehrbuch fortlaufend zu optimieren, und er hofft, daß das Buch dazu hilft, einen großen Leserkreis für das interessante und gerade in den letzten Jahren wieder sehr aktuell gewordene Gebiet der Atom- und Molekül-Physik zu begeistern.

Kaiserslautern,
im Februar 2005

Wolfgang Demtröder

Vorwort zur ersten Auflage

Der hiermit vorgelegte dritte Band des vierbändigen Lehrbuches der Experimentalphysik möchte die in den beiden ersten Bänden vorausgesetzte ungefähre, aber meistens noch etwas vage Kenntnis des Aufbaus aller makroskopischer Körper aus Atomen und Molekülen vertiefen und quantifizieren. Dadurch soll den Studierenden eine physikalische Einsicht in das mikroskopische Modell der Struktur und der Dynamik von Atomen, Molekülen und Festkörpern vermittelt werden.

Das Buch beginnt, nach einem Übersichtskapitel über Bedeutung und Anwendung der Atom-, Molekül- und Festkörperphysik, mit den verschiedenen historischen experimentellen Ergebnissen zur Untermauerung der Existenz von Atomen, zur Ermittlung ihrer Größe und Masse, ihres elektrischen Aufbaus und der Ladungs- und Masseverteilung im Atom. Den experimentellen Befunden, der daraus hergeleiteten Modellvorstellung von Materiewellen und dem vielzitierten Welle-Teilchen-Dualismus ist Kap. 3 gewidmet.

In Kap. 4 wird an einfachen Beispielen die Bedeutung der Wellenfunktion und ihre mathematische Bestimmung als Lösungsfunktion der Schrödingergleichung illustriert. Die Anwendung der Schrödingergleichung auf reale Atome und die Grenzen der Anwendbarkeit werden in Kap. 5 am Beispiel des Wasserstoffatoms als dem einfachsten aller Atome demonstriert und dann im Kap. 6 auf Mehrelektronenatome erweitert.

Die Wechselwirkung von Licht mit Atomen, die Grundlage jeder Spektroskopie, wird in Kap. 7 behandelt, wo auch die Voraussetzungen geschaffen werden zum genaueren Verständnis der Laser, welche Gegenstand von Kap. 8 sind.

Das weite Gebiet der Molekülphysik ist hier im Rahmen einer Einführung auf nur ein Kapitel komprimiert. Dabei soll, trotz des knappen Umfangs der Darstellung, ein quantitatives Verständnis folgender Fragen erreicht werden:

Warum können neutrale Atome sich zu Molekülen verbinden und wovon hängt die Bindungsstärke ab? Wie lernt man aus spektroskopischen Daten etwas über Größe, geometrische Struktur und mögliche Energiezustände von Molekülen? Wie kann man chemische Reaktionen auf molekularer Ebene betrachten? Eine Auswahl experimenteller Verfahren der Atom- und Molekülphysik schließt diesen Teil des Lehrbuches ab.

Die letzten Kapitel befassen sich mit Aspekten der Festkörperphysik. Nach der Darstellung der räumlichen Struktur einkristalliner Festkörper und der Vorstellung experimenteller Methoden der Strukturbestimmung wird in Kap. 12 die Dynamik von Festkörpern behandelt. Die Schwingungen von Kristallgittern und ihr Zusammenhang mit der spezifischen Wärme werden eingehender behandelt und experimentelle Methoden zur Bestimmung von Phononenspektren erläutert.

Für Anwendungen in der Elektronik spielen die Elektronen in Metallen und Halbleitern eine entscheidende Rolle. Ihnen sind die Kap. 13 und 14 gewidmet.

Im Schlußkapitel werden einige Grenzgebiete der Festkörperphysik, die in letzter Zeit wachsende Forschungsaktivitäten erfahren haben, kurz umrissen. Dies sind amorphe Festkörper, wie Silikatgläser und metallische Gläser, sowie Flüssigkeiten und Flüssigkristalle.

Dieses Lehrbuch ist zum Gebrauch neben Vorlesungen gedacht. Es enthält mehr Stoff, als man in einer vierstündigen Vorlesung behandeln kann, weil für den interessierten Studenten einige Problemkreise detaillierter dargestellt sind, als dies in einer einführenden Vorlesung möglich ist. Die zentralen Gebiete sind jedoch so ausgewählt, daß spätere weiterführende Vorlesungen im Hauptstudium darauf aufbauen können.

Natürlich ist die Stoffauswahl in einem Lehrbuch zum Teil durch die individuelle Wichtung des Autors bestimmt. Der Autor hofft, daß die hier getroffene Auswahl zu einem vertieften Überblick über die Physik der Atome, Moleküle und festen Körper verhilft und die Zusammenhänge zwischen Teilgebieten verdeutlichen kann.

Zum Gelingen des Buches haben viele Leute mitgeholfen. Zuerst ist hier Herr Dipl.-Phys. G. Imsieke zu nennen, der durch kritische Anmerkungen für Verbesserung der Darstellung gesorgt hat und auch zur Text- und Bildgestaltung sehr hilfreich beigetragen hat. Herrn T. Schmidt, der die Texterfassung und den Satz in LaTeX 2_ε übernommen hat und Frau S. Legner sowie den Herren M. Barth, S. Blaurock, R. Deike und D. Weigenand, welche die Computerform der vielen Abbildungen gefertigt haben, sei herzlich gedankt. Frau A. Kübler und Herrn Dr. H.-J. Kölsch vom Springer-Verlag danke ich für die gute Zusammenarbeit. Frau Heider, die große Teile des Manuskripts geschrieben hat, sei hier sehr herzlich gedankt. Besonderer Dank gebührt meiner lieben Frau, die mir durch ihre Unterstützung die Zeit und Ruhe zum Schreiben ermöglicht hat und mit großem Verständnis die Einschränkungen der für die Familie zur Verfügung stehenden Zeit mitgetragen hat.

Auch für dieses Buch wünscht sich der Autor kritische Leser, die mit Hinweisen auf mögliche Fehler oder mit Verbesserungsvorschlägen zur Optimierung des Lehrbuches beitragen. Nach der überwiegend positiven Aufnahme der ersten beiden Bände hoffe ich, daß auch der dritte Band hilft, den Studierenden durch viele Beispiele und Aufgaben das Verständnis des Stoffes zu erleichtern und die eigene Aktivität beim Lösen von Problemen zu fördern, so daß die Freude an diesem interessanten Gebiet vertieft wird.

Kaiserslautern,
September 1996

Wolfgang Demtröder

Inhaltsverzeichnis

Einleitung

1

Kapitel 1

W. Demtröder, *Experimentalphysik 3*, Springer-Lehrbuch, DOI 10.1007/978-3-662-49094-5_1

Während in den ersten beiden Bänden dieses Lehrbuches hauptsächlich *makroskopische* Phänomene der Physik behandelt wurden, die wir in die „klassischen" Gebiete Mechanik, Wärmelehre, Elektrodynamik und Optik unterteilten, wollen wir uns jetzt mit dem *mikroskopischen* Aufbau der Materie befassen, d. h. mit der Struktur von Atomen und Molekülen, den Bausteinen der materiellen Welt. Dabei soll etwas fundierter untersucht werden, wie die Vielfalt der makroskopischen Körper und ihrer Eigenschaften durch ihren Aufbau aus elementaren Bausteinen erklärt werden kann.

Die „klassische Physik" bildete bereits zum Ende des 19. Jahrhunderts ein praktisch abgeschlossenes Lehrgebäude, das fast alle der in Bd. 1 und 2 behandelten Gebiete, außer der Relativitätstheorie (Bd. 1, Kap. 3), der Chaosforschung (Bd. 1, Kap. 12) und einigen Aspekten der modernen Optik (Fourier-Optik, Holographie, adaptive Optik, Bd. 2, Kap. 12) und Elektronik umfasste. Hingegen wurden die meisten Erkenntnisse über die Struktur der Materie erst im 20. Jahrhundert gewonnen, und es gibt auf diesem Gebiet auch heute noch eine große Anzahl bisher ungelöster Probleme.

1.1 Inhalt und Bedeutung der Atomphysik

Die Atomphysik umfasst denjenigen Bereich der Physik, der sich mit der Untersuchung der Struktur der Atome und ihrer gegenseitigen Wechselwirkungen befasst. Das Ziel dieser Bemühungen ist es, die Eigenschaften makroskopischer Materie aus ihrem mikroskopischen Aufbau heraus zu verstehen und *quantitativ* zu beschreiben.

Zu Anfang des 20. Jahrhunderts wurde die Atomphysik, die sich damals gerade als selbständiges Gebiet zu entwickeln begann, als reine Grundlagenforschung angesehen, fernab von jeder konkreten Nutzanwendung. So sagte *Lord Ernest Rutherford* (1871–1937) noch 1927: „Anyone who expects a source of power from transformations of atoms is talking moonshine". Diese Einstellung hat sich grundlegend geändert. Obwohl auch heute noch intensive Grundlagenforschung auf dem Gebiet der Atomphysik betrieben wird, ist die Zahl ihrer wissenschaftlichen und technischen Anwendungen lawinenartig angewachsen.

Die Methodik der in der Atomphysik eingeführten Untersuchungsverfahren wird mittlerweile in Chemie, Biologie und Medizin benutzt. Vor allem die für atomphysikalische Forschungen entwickelten Geräte, wie z. B. Röntgenröhre, Elektronenmikroskop, Tunnelmikroskop, Oszillographen, Spektrographen, Tomographen, Laser u. a., sind zu unentbehrlichen Hilfsmitteln in anderen Wissenschaftszweigen und in der Technik geworden.

Die Bedeutung der Atomphysik ist also nicht auf die Physik beschränkt. Sie bildet mit der Molekülphysik die Grundlage der Chemie, kann den Aufbau der Atome und ihre Einordnung in ein Periodensystem sowie die Molekülbindung und die Molekülstruktur erklären. Chemische Reaktionen können zurückgeführt werden auf Stöße zwischen Atomen oder Molekülen. Die komplexen Vorgänge in unserer Atmosphäre beruhen auf der Wechselwirkung des Sonnenlichtes mit Molekülen und auf Stößen von Molekülen und Molekülbruchstücken. Ein genaueres Verständnis dieser Prozesse und ihrer Beeinflussung durch den Menschen ist von entscheidender Bedeutung für das Überleben der Menschheit [1–4].

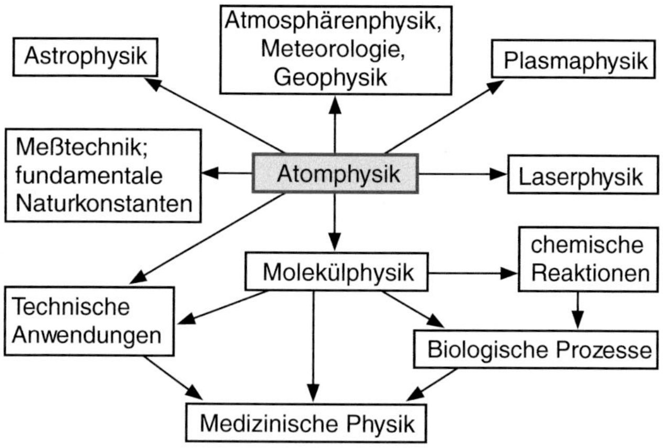

Abbildung 1.1 Die zentrale Bedeutung der Atomphysik

In den letzten Jahren ist die molekulare Basis biologischer Prozesse verstärkt erforscht worden, und es sind neue experimentelle Verfahren der Atom- und Molekülphysik angewandt worden zur Untersuchung von Zellen und den in ihnen ablaufenden Reaktionen. Auch in der Medizin sind viele Diagnostik- und Therapiemethoden eingeführt worden, die auf Erkenntnissen der Atom- und Molekülphysik beruhen.

Die Entwicklung von Sternmodellen in der Astrophysik erfuhr wesentliche Impulse aus Versuchen über Absorption und Emission von Strahlung durch Atome und Ionen, über Rekombinationsvorgänge oder über Lebensdauern angeregter Atomzustände und Stoßprozesse zwischen Elektronen, Ionen und Atomen. So wurde z. B. das kontinuierliche Spektrum der Sonnenstrahlung erst erklärbar durch das genauere Verständnis atomarer Rekombinationsprozesse.

Auch bei technischen Entwicklungen spielt die Atomphysik eine wesentliche Rolle. Man denke hier z. B. an die Entwicklung der Laser und ihrer zahlreichen Anwendungen. Die moderne Lichttechnik und die Optimierung von Leuchten mit hoher Lichtausbeute sind angewandte Atomphysik [5, 6]. Neue Verfahren zur zerstörungsfreien Werkstoffprüfung, zur Oberflächenanalytik oder zur Katalyse von Reaktionen an Oberflächen beruhen auf Ergebnissen der atomphysikalischen Forschung. Insbesondere bei vielen Verfahren der Halbleiterherstellung und dem Aufbau integrierter Schaltungen spielen atomphysikalische Prozesse wie die Diffusion von Fremdatomen oder die Wechselwirkung von Gasen und Dämpfen mit Oberflächen eine entscheidende Rolle [7, 8]. Man kann deshalb ohne Übertreibung sagen, dass die Atomphysik einen bedeutenden Anteil an der Entwicklung moderner Technologie hat, der in der Zukunft mit Sicherheit noch zunehmen wird (Abb. 1.1).

Auch in der Messtechnik haben die in der Atomphysik entwickelten Methoden und Geräte die Genauigkeit wesentlich steigern können. So wurden einige der Naturkonstanten mithilfe der Laserspektroskopie so genau gemessen, dass man die Frage, ob sich die Naturkonstanten in kosmologischen Zeiträumen wesentlich geändert haben, durch Messungen innerhalb weniger Jahre einschränken kann auf kleine obere Grenzen für eventuelle Veränderungen.

Außer ihrem Einfluss auf die Technologie und auf naturwissenschaftliche Nachbargebiete hat die Atomphysik und die mit ihr eng verknüpfte Quantentheorie entscheidend zur Entwicklung unseres heutigen Weltbildes und zu einer modernen, nicht mechanistischen Betrachtungsweise beigetragen. Die früheren Auffassungen über eine starre Trennung von Materie und Energie sowie die Annahme einer strengen Kausalität bei allen Naturvorgängen und einer bei vorgegebenen Anfangsbedingungen für alle weiteren Zeiten deterministisch bestimmten und damit vorhersagbaren Welt wurden einer kritischen Revision unterzogen. Dies hat die Naturphilosophie und die Erkenntnistheorie nachhaltig beeinflusst und Diskussionen über die Frage, wie objektive Erkenntnis für den Menschen möglich ist, neu entfacht [9–11].

Man sieht an den wenigen angeführten Beispielen, welche Bedeutung die Atomphysik für unsere heutige Welt hat und dass es lohnt, sich mit ihr zu beschäftigen.

1.2 Moleküle: Grundbausteine der Natur

Es gibt insgesamt 92 verschiedene stabile bzw. genügend langlebige Atomarten, aus denen die chemischen Elemente bestehen. Sie können sich zu größeren Gebilden, den *Molekülen*, anordnen, wobei die kleinsten Moleküle nur aus zwei Atomen bestehen (Beispiele: N_2, O_2, NaCl), während große Moleküle (z. B. Proteine) aus vielen Tausenden von Atomen aufgebaut sind (Abb. 1.2).

Die große Vielfalt und der Formenreichtum der uns umgebenden Natur beruht auf der riesigen Zahl der verschiedenen Kombinationsmöglichkeiten, aus gleichen oder unterschiedlichen Atomen Moleküle zu bilden [12]. Die chemischen und damit auch die biologischen Eigenschaften dieser Moleküle hängen ab:

- von der Art der Atome, aus denen sie bestehen,
- von ihrer räumlichen Struktur, also von der Art und Weise, wie die Atome im Molekül angeordnet sind,
- von der Bindungsenergie einzelner Atome oder Atomgruppen im Molekül,
- von der Höhe der Energiebarriere (Potentialwall), die überwunden werden muss, um die geometrische Gestalt des Moleküls zu ändern.

Auch die räumliche Anordnung von Molekülen im festen Körper, welche die Struktur des Festkörpers bestimmt, hängt ab von der geometrischen Gestalt der Moleküle und von der Richtungsabhängigkeit der Wechselwirkungsenergie zwischen benachbarten Molekülen.

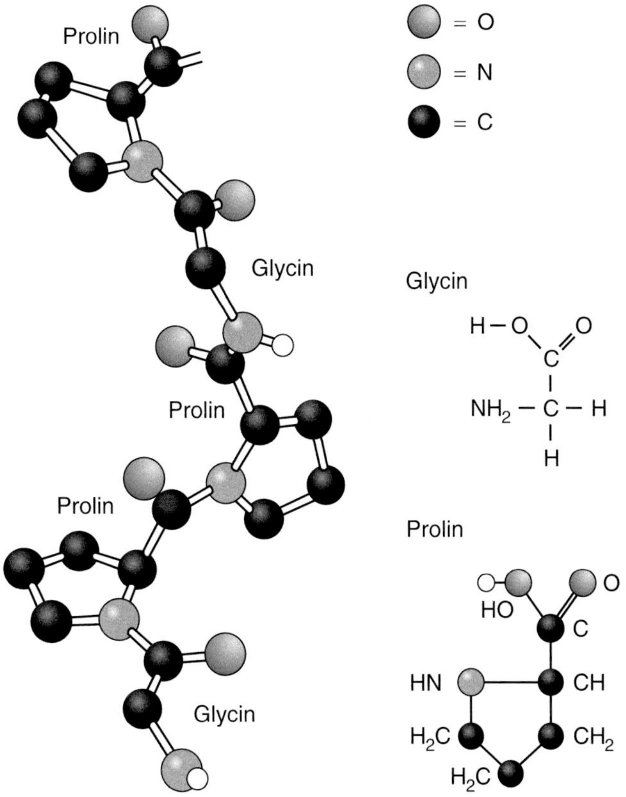

Abbildung 1.2 Ausschnitt eines linksgängig gewundenen Stranges der Kollagen-Tripelhelix, bei der drei solcher Stränge sich rechtsgängig umeinanderwinden

Erst in den letzten Jahren ist es gelungen, für kleine und mittelgroße Moleküle ihre Struktur und ihre Bindungsenergie zu berechnen. In vielen Fällen sind jedoch immer noch experimentelle Methoden notwendig, weil die Rechnungen die Leistungsfähigkeit auch schneller Computer übersteigen [12–15].

Das Ziel solcher Untersuchungen ist zum einen eine bessere Erkenntnis des Molekülaufbaus, der Bindungsenergien und Potentialflächen, zum anderen aber auch die Möglichkeit, die Moleküldynamik zu verstehen, d. h. die Art und Weise, wie sich die den Molekülen zugeführte Energie im Molekül verteilt und wie und in welchen Zeiten sie zu einer Strukturänderung des Moleküls führt. Mit dieser Kenntnis kann man dann in günstigen Fällen durch Wahl geeigneter Reaktionspartner chemische Reaktionen optimieren und aus kleineren Bausteinen größere Moleküle mit gewünschten Eigenschaften synthetisieren.

Viele biologische Prozesse, wie z. B. die Energieproduktion in Zellen, die Photosynthese, der Ionenaustausch durch Zellmembranen, die Nervenleitung oder der Sehvorgang, erfordern zu ihrem Verständnis grundlegende Ergebnisse der Atom- und Molekülphysik [16, 17].

Die experimentelle und theoretische Molekülphysik gewinnt daher zunehmend an Bedeutung für die moderne Chemie und die Molekularbiologie. In vielen Labors wird an dem ehrgeizigen

Fernziel gearbeitet, die Struktur und Anordnung der Aminosäuremoleküle und Basen in dem für die Biologie so zentralen DNA-Molekül und ihre Relation zur Proteinstruktur aufzuklären um damit den genetischen Code zu entschlüsseln [18, 19].

1.3 Festkörperphysik und ihre technische Bedeutung

Wohl kaum ein Gebiet der Physik hat unser Leben durch technische Innovation so beeinflusst wie die Festkörperphysik. Dies zeigt sich nicht nur an der Mikroelektronik, die auf der Halbleiterphysik beruht und die Entwicklung von Computern, die Informationsübertragung und Steuerung von Maschinen, Verkehrsfahrzeugen und medizinischen Geräten ermöglicht, sondern auch, von der Öffentlichkeit weniger beachtet, an der Entwicklung neuer Werkstoffe mit nützlichen Eigenschaften, die für die industrielle Technik unentbehrlich geworden sind, aber auch in der Medizin und im täglichen Leben sich als äußerst wichtig erweisen [20, 21].

Beispiele sind neue Metallegierungen, Keramikwerkstoffe, metallische Gläser, Fiberverbundwerkstoffe, ebene Strukturen, wie z. B. Graphen oder Flüssigkristalle (Abb. 1.3 und Kap. 16).

Wegen der ungeheuer großen Zahl von Atomen oder Molekülen im Festkörper (typische Werte etwa $10^{22}\,\text{cm}^{-3}$) werden zur theoretischen Beschreibung solcher Vielteilchensysteme andere Methoden angewandt als in der Atomphysik. Bei Festkörpern, in denen die Atome regelmäßig und räumlich periodisch angeordnet sind (ideale Kristalle), spielen Symmetriebetrachtungen eine wichtige Rolle. Bei unregelmäßigem Aufbau (z. B. bei amorphen Festkörpern) werden oft statistische Methoden zur Beschreibung verwendet.

a

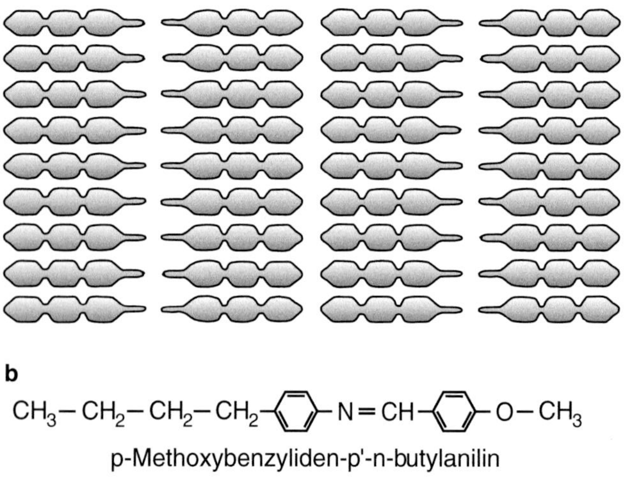

Abbildung 1.3 **a** Flüssigkristall aus anisotropen langgestreckten Molekülen, die sich auch in der flüssigen Phase in einer bestimmten Orientierung zueinander anordnen. **b** p-Methoxybenzyliden-p′-n-butylanilin als Beispiel eines Moleküls, das nematische Flüssigkristalle bildet. Nach M. Kobale, H. Krüger: Phys. in uns. Zeit **6**, 66 (1975)

Auch die experimentellen Methoden der Festkörperuntersuchungen sind an die speziellen Probleme angepasst, und es werden, neben den makroskopischen Verfahren (Messung der Härte, der Elastizität, der thermischen Ausdehnung, der spezifischen Wärme oder der elektrischen Leitfähigkeit), Licht, Elektronen, Neutronen und Röntgenstrahlen als mikroskopische Sonden zur Ermittlung von Kristallstruktur und Dynamik eingesetzt (siehe Kap. 11–17). Die Oberflächenstruktur von Festkörpern, sowie auf Oberflächen haftende Adsorbate und die katalytischen Eigenschaften von Festkörperoberflächen wurden in den letzten Jahren detailliert mithilfe von Lasern [1.22] untersucht, welche eine gezielte Abtragung einzelner atomarer Schichten ermöglichen [23].

Das Ziel dieser Untersuchungen ist das detaillierte Verständnis der mechanischen, thermischen, elektrischen, magnetischen und optischen Eigenschaften von Festkörpern [24]. Diese Erkenntnis erlaubt dann eine gezielte Optimierung von Werkstoffen für technische Anwendungen.

1.4 Überblick über das Konzept des Lehrbuches

Dieses Lehrbuch möchte einen physikalisch fundierten Einblick in die Struktur der Materie erleichtern. Es ist interessant, etwas über den Weg zu erfahren, der zu unserem heutigen Kenntnisstand geführt hat. Dazu wird am Anfang die historische Entwicklung unserer Atomvorstellung zu immer detaillierteren Modellen vorgestellt, und es werden die entsprechenden experimentellen Untersuchungen zur Bestätigung, Vorhersage oder Widerlegung solcher Modelle behandelt.

Der wohl wichtigste Ansatz zur Beschreibung der Mikrowelt ist die Entwicklung der Quantenphysik in den ersten drei Jahrzehnten des 20. Jahrhunderts. Hier soll die physikalische Essenz des Wellenmodells für Teilchen und des vielzitierten *Welle-Teilchen-Dualismus* deutlich werden, bevor der Physikstudent mit dem formalen Apparat der Quantenmechanik konfrontiert wird. Dazu werden sowohl die physikalischen Vorstellungen der Quantenphysik als auch die relevanten experimentellen Bestätigungen vorgestellt, bevor dann im vierten Kapitel die Schrödinger-Gleichung und ihre Anwendung auf einfache Probleme der Atomphysik behandelt werden.

Am Prototyp des einfachsten aller Atome, des Wasserstoffatoms, das nur aus einem Proton und einem Elektron besteht, können viele atomphysikalische Erkenntnisse illustriert werden, weil hier die theoretische Beschreibung fast exakt möglich ist. Dies wird in Kap. 5 dargestellt. Andererseits sind aber experimentelle Untersuchungen an anderen Atomen (z. B. am Natrium) einfacher als beim Wasserstoff. Deshalb sind viele Präzisionsexperimente anfangs an Alkaliatomen durchgeführt worden, weil diese leichter als freie Atome hergestellt werden können und in ihrem Aufbau wasserstoffähnlich sind.

In Kap. 5 wird auch am Beispiel des Wasserstoffatoms die Einführung des Elektronenspins vor dem Hintergrund der experimentell gefundenen Feinstrukturaufspaltung und des Stern-

Gerlach-Experimentes erläutert, obwohl die ersten experimentellen Beobachtungen dazu an Alkali- und Silberatomen gemacht wurden.

Bei Atomen mit mehreren Elektronen treten zusätzliche Probleme auf, die sowohl mit der elektrostatischen Wechselwirkung dieser Elektronen untereinander als auch mit grundlegenden Symmetrieprinzipien zusammenhängen. Sie werden am Beispiel des Helium-Atoms mit zwei Elektronen verdeutlicht und dann auf größere Atome mit mehr Elektronen erweitert.

Ein bedeutender Zweig der Atom- und Molekülphysik befasst sich mit der Absorption und Emission von elektromagnetischer Strahlung. Sie wird in Kap. 7 behandelt, wobei auch Röntgenstrahlen diskutiert werden. Nach einer Diskussion der grundlegenden Fragen der Wechselwirkung zwischen Atomen und Strahlung wird dann als faszinierendes Beispiel neuartiger Lichtquellen der Laser vorgestellt, wobei sowohl das physikalische Prinzip als auch die verschiedenen technischen Realisierungen von Lasern sowie deren Anwendungsmöglichkeiten behandelt werden [25–27].

Die Grundbegriffe der Molekülphysik und die zur Beschreibung der molekularen Energiezustände verwendete Nomenklatur werden an den beiden einfachsten Molekülen, dem Wasserstoffmolekülion H_2^+ (zwei Protonen und ein Elektron) und dem neutralen Wasserstoffmolekül H_2 (zwei Elektronen) illustriert.

Am Beispiel des H_2-Moleküls lässt sich auch sehr schön verdeutlichen, wann sich neutrale Atome zu stabilen Molekülen verbinden können und welche physikalischen Effekte zur Molekülbindung beitragen. Wegen ihrer Bedeutung für die Molekülphysik werden die verschiedenen Wechselwirkungen und ihre Beiträge zur Molekülbindung in einem eigenen Abschnitt behandelt.

Die wohl wichtigste experimentelle Methode zur Untersuchung der Molekülstruktur ist die Spektroskopie. Deshalb ist der zweite Teil von Kap. 9 und der erste Teil von Kap. 10 den Spektren zwei- und mehratomiger Moleküle gewidmet. Dabei wird die Physik mehratomiger Moleküle an den Rotations- und Schwingungsspektren dieser Moleküle illustriert. Auch die möglichen elektronischen Zustände werden, ohne Verwendung der Gruppentheorie, an einigen Beispielen diskutiert. Die Wechselwirkungsenergien zwischen Atomen und Molekülen und die daraus resultierenden Energien, die bei der Bildung von Molekülen frei werden, bzw. die man zu ihrer Fragmentation aufwenden muss, sind der entscheidende Parameter für den Ablauf chemischer Reaktionen, die zum Schluss dieses Kapitels kurz behandelt werden. Einige Beispiele illustrieren dies an exothermen und endothermen Reaktionen.

Für den Experimentalphysiker ist es interessant zu erfahren, wie man die in den bisherigen Kapiteln behandelten Erkenntnisse aus Experimenten gewinnen kann. Deshalb werden in Kap. 10 moderne experimentelle Verfahren zur Untersuchung von Atomen und Molekülen vorgestellt.

Im Rahmen eines einführenden Lehrbuches der Experimentalphysik kann der zur Verfügung stehende Raum der großen Bedeutung der Festkörperphysik natürlich nicht gerecht werden. Deshalb beschränkt sich die Darstellung der Eigenschaften fester und flüssiger Körper auf grundlegende Aspekte der Festkörperphysik und einige neuere Entwicklungen, für die insgesamt sieben Kapitel zur Verfügung stehen.

Zuerst werden die Struktur kristalliner Festkörper und experimentelle Methoden zu ihrer Bestimmung behandelt. Die Gitterdynamik, d. h. die verschiedenen Formen der Gitterschwingungen und ihre experimentelle Untersuchung, bilden den Inhalt von Kap. 12. Für viele wissenschaftliche und technische Anwendungen sind die gebundenen und die frei beweglichen Elektronen in Festkörpern (Kap. 13) von entscheidender Bedeutung, weil sie das elektrische Verhalten des Festkörpers bestimmen.

Auch elektronische Phänomene an Grenzflächen, wie Kontaktspannung, Austrittsarbeit, Glühemission, die in Bd. 2 nur phänomenologisch behandelt werden konnten, werden hier auf Grund der bisher gewonnenen Erkenntnisse gründlicher dargestellt. Insbesondere die physikalischen Grundlagen der Supraleitung können hier genauer als in Bd. 2 behandelt werden. Von besonderer Bedeutung für technische Anwendungen sind freie Elektronen in Halbleitern. Ihre Erforschung hat zu der „elektronischen Revolution" geführt, deren Fortschritte auch heute noch nicht abgeschlossen sind. Deshalb wird den physikalischen Grundlagen und den Anwendungen der Halbleiter ein ganzes Kapitel gewidmet. Im Kapitel 15 werden die optischen Eigenschaften ausführlicher als in Bd. 2 vom atomaren Standpunkt aus beleuchtet, und im nächsten Kapitel werden dann die Eigenschaften von nichtkristallinen Festkörpern behandelt. Als Beispiele werden Gläser, metallische Gläser, amorphe Halbleiter und Flüssigkeiten vorgestellt. Für eingehendere Darstellungen wird jedoch auf die speziellen Lehrbücher der Festkörperphysik und der Physik der Flüssigkeiten verwiesen.

Das letzte Kapitel dieses Buches gibt einen kurzen Überblick über Phänomene der Oberflächenphysik. Oberflächen spielen eine immer größere Rolle bei Fragen der Korrosion, der Reibung, der Katalyse und der Oberflächenstrukturierung für Dünnschichttechnologien [28]. Auch hier muss für ein ausführlicheres Studium die angegebene Literatur benutzt werden.

Literatur

1. J.V. Iribarne, H.R. Cho: Atmospheric Physics. Kluwer, Dordrecht (1980)
   D.G. Andrews: An Introduction to Atmospheric Physics. Cambridge University Press (2000)
   M.L. Salby: Physics of the Atmosphere and Climate. Cambridge Univ. Press, Cambridge (2012)
2. R.P. Wayne: Chemistry of Atmospheres. Clarendon, Oxford (1991)
3. T.E. Graedel, P.J. Crutzen: Chemie der Atmosphäre. Spektrum, Heidelberg (1994)
4. U. Cubasch: Das Klima der nächsten 100 Jahre. Phys. Blätter **48**, 85 (1991)
5. W. Kebschull: 100 Jahre Glühlampe. Spektrum der Wissenschaft **10**, 10 (Januar 1980)
   R. Kane, H. Sell: Revolution in Lamps: A Chronicle of 50 years of Progress. Fairmont Press, Lilburn (2002)
   http://en.wikipedia.org/wiki/Light-emitting_diode
6. G. Derra, E. Fischer, H. Mönch: UHP-Lampen: Lichtquellen extrem hoher Leuchtdichte. Phys. Blätter **54**, No. 9 817 (1998)
7. A.V. Bogdanov (Hrsg.): Interaction of Gases with Surfaces. Springer, Berlin, Heidelberg (1995)
8. A. Zangwill: Physics at Surfaces. Cambridge University Press, Cambridge (1988)
9. W. Heisenberg: Physik und Philosophie, 5. Aufl. S. Hirzel, Stuttgart (1990)
10. V.F. Weisskopf: Natur und Werden. Ullstein, Frankfurt (1980)
11. Th. Brody: The Philosophy Behind Physics. Springer, Berlin, Heidelberg (1993)
12. P.W. Atkins: Moleküle, die chemischen Bausteine der Natur. Spektrum, Heidelberg (1988)
13. P.W. Atkins, J. de Paula: Physikalische Chemie, 4. Nachdruck der 4. Aufl. Wiley-VCH, Weinheim (2006)
14. R.J. Gillespie: Molekülgeometrie. Verlag Chemie, Weinheim (1975)
15. D.A. McQuarrie: Quantum Chemistry, 2. Aufl. Univ. Science Books, Sausalito (2007)
16. W. Hoppe, W. Lohmann, H. Markl, H. Ziegler (Hrsg.): Biophysik, 2. Aufl. Springer, Berlin, Heidelberg (1982)
    V. Schünemann: Biophysik. Springer, Heidelberg (2004)
    E. Sackmann, R. Merkel: Lehrbuch der Biophysik. Wiley, New York (2010)
17. L. Stryer: Biochemie, 7. Aufl. Spektrum, Heidelberg (2012)
18. G.J.V. Nossal, R.L. Coppel: Gentechnik. Spektrum, Heidelberg (1977)
19. M. Regenatz-Klotz: Grundzüge der Gentechnik, 3. Aufl. Birkhäuser, Basel (2004)
20. R.W. Cahn, P. Haasen, E.J. Kramer (Hrsg.): Materials Science and Technolgy, Bd. 1&2. Verlag Chemie, Weinheim (1994)
    R.W. Cahn: The Coming of Material Science. Pergamon Press, Oxford (2001)
    H. Ibach, H. Lüth: Festkörperphysik, 7. Aufl. Springer, Heidelberg (2009)
21. W.D. Callister: Materials Science and Engineering. Wiley, New York (2007)
22. D. Bäuerle: Laser Processing and Chemistry, 4. Aufl. Springer, Berlin, Heidelberg (2011)
23. P. Misaelides (Hrsg.): Application of Particle and Laser Beams in Materials Technology. Kluwer, Dordrecht (1995)
    C. Phipps: Laser Ablation and its Applications. Springer Series in Optical Sciences, Bd. 129. Springer, Berlin, Heidelberg (2006)
24. Ch. Kittel: Einführung in die Festkörperphysik, 14. Aufl. Oldenbourg, München (2013)
25. M.W. Sigrist: Laser. Teubner, Stuttgart (2008)
26. J. Eichler. H.J. Eichler: Laser. Springer, Berlin, Heidelberg (2006)
    O. Svelto: Principles of Lasers, 4. Aufl. Springer, Berlin, Heidelberg (2006)
27. D. Bäuerle: Laser: Grundlagen und Anwendungen in Photonik, Technik, Medizin und Kunst. Wiley-VCH, Weinheim (2008)
28. D. Wolf, S. Yip (Hrsg.): Materials Interfaces. Chapman & Hall, London (1992)
    M. Henzler, W. Göpel: Oberflächenphysik des Festkörpers. Teubner, Stuttgart (2007)

Allgemeine Literatur

29. H. Haken, H.C. Wolf: Atom- und Quantenphysik, 8. Aufl. Springer Lehrbuch. Springer, Berlin, Heidelberg (2012)
    H. Haken, H.C. Wolf: Molekülphysik und Quantenchemie. Springer Lehrbuch. Springer, Heidelberg (2006)
30. T. Mayer-Kuckuk: Atomphysik, 5. Aufl. Teubner, Stuttgart (1997)
31. K. Bethge, G. Gruber, T. Stöhlker: Physik der Atome und Moleküle, 2. Aufl. Wiley-VCH, Weinheim (2004)
32. I. Hertel, C.-P. Schulz: Atome, Moleküle und optische Physik. Springer, Berlin (2008)
33. C. Zimmermann: Experimentalphysik: Atomphysik. VCH, Weinheim (2002)
34. W. Döring: Atomphysik und Quantenmechanik, Bd. I–III. de Gruyter, Berlin (1976–1981)
35. K. Krane: Modern Physics, 3. Aufl. Wiley, New York (2012)
36. M. Inguscio, L. Fallani: Atomic Physics. Oxford University Press, Oxford (2013)

37. V. Gradmann, H. Wolter: Grundlagen der Atomphysik. Akademische Verlagsgesellschaft, Frankfurt (1971)
38. H.G. Kuhn: Atomic Spectra. Longmans, London (1969)
39. G.K. Woodgate: Elementary Atomic Structure, 2. Aufl. Oxford University Press, Oxford (1983)
40. B.H. Bransden, C.J. Joachain: Physics of Atoms and Molecules. Prentice Hall, Upper Saddle River, N.J. (2003)
41. R.P. Feynman, R.B. Leighton: Vorlesungen über Physik, Bd. III. Oldenbourg, München (1999)
42. Springer Handbook of Atomic, Molecular and Optical Physics. Springer, Berlin, Heidelberg (2004)
43. I. Estermann (Hrsg.): Methods of Experimental Physics. Academic Press, Reading, Mass. (1959–2004)
44. Wichtige Zahlenwerte findet man in: H. Stöcker: Taschenbuch der Physik. Harri Deutsch, Frankfurt (1994)

Entwicklung der Atomvorstellung

2

W. Demtröder, *Experimentalphysik 3*, Springer-Lehrbuch, DOI 10.1007/978-3-662-49094-5_2

Unsere heutige Kenntnis über Größe und innere Struktur von Atomen steht am Ende einer langen Entwicklung von Ideen und Vorstellungen, die auf Spekulationen und auf experimentellen Hinweisen beruhten und oft nicht frei von Irrtümern waren. Erst im Laufe des 19. Jahrhunderts wurden durch eine zunehmende Zahl detaillierter Experimente und durch theoretische Modelle, die erfolgreich makroskopische Phänomene auf die mikroskopische atomare Struktur der Materie zurückführten, die Beweise für die Existenz von Atomen immer überzeugender. Jedoch gab es selbst um 1900 noch einige bekannte Chemiker wie z. B. *Wilhelm Ostwald* (1853–1932) und Physiker wie *Ernst Mach* (1838–1916), welche die reale Existenz von Atomen leugneten und eine bereits durch viele experimentelle Erfahrungen gestützte Atomvorstellung lediglich als eine Arbeitshypothese akzeptierten, mit der man viele Phänomene einfacher erklären könne, die aber mit der Wirklichkeit nichts zu tun habe.

Wir wollen deshalb in diesem Kapitel nach einem kurzen historischen Überblick zuerst die wichtigsten experimentellen Hinweise auf die Existenz von Atomen behandeln und dann Messmethoden zur quantitativen Bestimmung von Atomeigenschaften wie Größe, Masse, Ladung und Struktur besprechen, um zu zeigen, dass eine Fülle experimenteller Ergebnisse alle Zweifel an der Existenz von Atomen widerlegen und sehr detaillierte Informationen über ihren inneren Aufbau liefern.

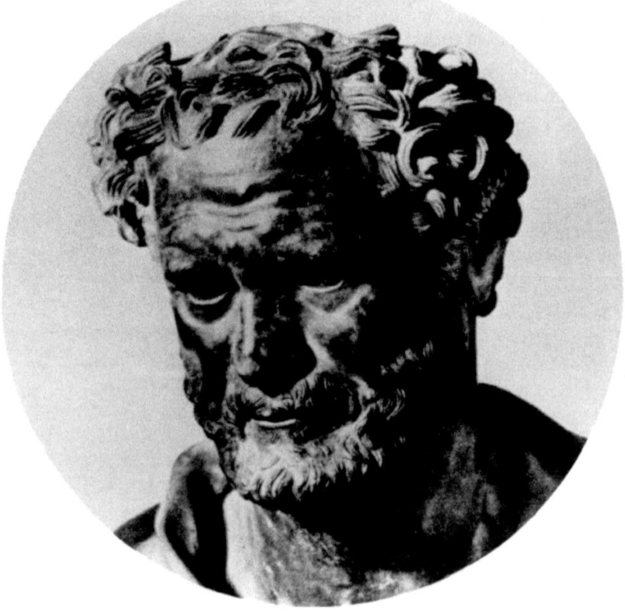

Abbildung 2.1 *Demokrit.* Aus K. Faßmann: *Die Großen.* Bd. I/2 (mit freundlicher Genehmigung des Kindler-Verlages, München)

2.1 Historische Entwicklung

Die ältesten überlieferten Vorstellungen über eine atomare Struktur der Materie stammen von dem griechischen Naturphilosophen *Leukipp* (etwa um 440 v. Chr.) und seinem Schüler *Demokrit* (etwa 460–370 v. Chr.) (Abb. 2.1), die lehrten, dass alle Naturkörper aus „unendlich kleinen", raumfüllenden, gänzlich unteilbaren Partikeln bestünden, die sie Atome (vom griechischen $\acute{\alpha}\tau o\mu o\varsigma$ = unteilbar) nannten. Außerhalb der Atome ist nur leerer Raum. Verschiedene Atome unterscheiden sich in Größe und Gestalt, und die charakteristischen Eigenschaften makroskopischer Körper werden nach diesem Modell nur durch die verschiedenen Anordnungen gleicher oder unterschiedlicher Atome bewirkt. Alles Werden besteht aus einer Änderung der Zusammensetzung. Aus Wirbelbewegungen und Zusammenstößen von Atomen sollten alle Dinge entstehen.

Hier begegnen wir zum ersten Mal einer durchaus modernen Auffassung, dass die Eigenschaften eines makroskopischen Körpers auf die Eigenschaften seiner Bestandteile zurückgeführt werden können. Dieses Modell ist eine Fortentwicklung der Elementehypothese des *Empedokles* (490–430 v. Chr.), nach der alle Dinge aus den vier Elementen Feuer, Wasser, Luft und Erde bestehen sollen. Die Lehre des *Demokrit* stellt in gewisser Weise eine Symbiose zweier unterschiedlicher Betrachtungsweisen der Vorsokratiker dar: der statischen Hypothese des *Parmenides* (um 480 v. Chr.) vom ruhenden unveränderlichen Sein und der Lehre des *Heraklit* (um 480 v. Chr.), in der sich alle Dinge verändern, in der also das Werden statt des Seins im Mittelpunkt steht.

Die Atome des *Demokrit* stellen die unveränderlichen Elemente des Seins dar, während durch ihre Bewegung und ihre wechselnde Zusammensetzung die Vielfalt der Dinge und ihre zeitliche Veränderung entsteht [1–3].

Platon (427–347 v. Chr.) ging einen Schritt weiter in der Abstraktion der Bausteine der Welt. Er griff die Hypothese der vier Grundelemente wieder auf, ordnete aber diesen Elementen reguläre geometrische Körper zu, die von regelmäßigen, symmetrischen Dreiecken oder Vierecken begrenzt werden (Abb. 2.2). So wird dem Feuer das Tetraeder (von vier gleichseitigen Dreiecken begrenzt) zugeordnet, der Luft das Oktaeder (acht gleichseitige Dreiecke), dem Wasser das Ikosaeder (20 gleichseitige Dreiecke) und der Erde, als Sonderstellung, der Würfel (sechs Quadrate, bzw. zwölf gleichschenklige Dreiecke).

Die Platon'sche Lehre führt die Atome also *nicht* auf Stoffliches zurück, sondern auf rein mathematische Raumformen. Diese „mathematischen Atome" können durch Umordnen der elementaren Bausteine, der Dreiecke, ineinander umgeformt werden und sich dadurch verändern, wodurch die Veränderung mikroskopischer Materie erklärt werden sollte.

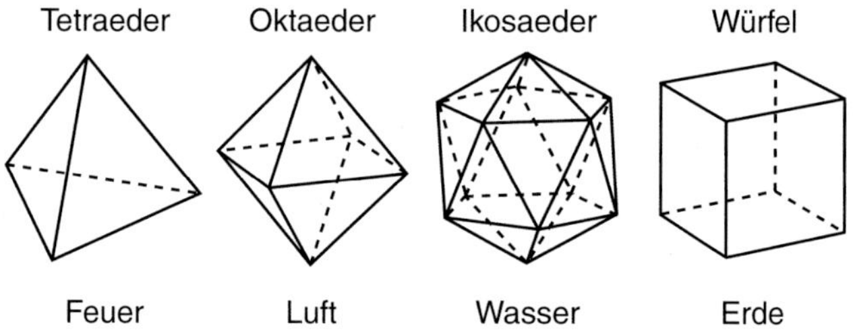

Abbildung 2.2 Die Platonischen Körper

Aristoteles (384–322 v. Chr.) hat den Atomismus im Wesentlichen abgelehnt, weil er seiner Vorstellung eines kontinuierlichen materieerfüllten Raumes widersprach. Er glaubte nicht an die Existenz des leeren Raumes zwischen den Atomen. Die Ideen *Demokrits* erfuhren erst durch *Epikur* (341–271 v. Chr.) eine Neubelebung und Erweiterung, der den Atomen *Demokrits* neben ihrer räumlichen Ausdehnung und Gestalt auch die Eigenschaft der Schwere zuschrieb. Die Atomlehre geriet dann für viele Jahrhunderte in Vergessenheit. Der christlichen Kirche erschien die Lehre von der Zusammensetzung aller Dinge (auch der lebenden Wesen) aus Atomen als eine materialistische Hypothese, die dem Schöpfungsgedanken widersprach und deshalb verworfen wurde. Es gab, beeinflusst durch arabische Gelehrte, gelegentlich Ansätze zu atomistischen Theorien, die sich aber gegen den Widerstand der Kirche nicht durchsetzen konnten. So wurde z. B. der Nominalist *Nikolaus von Autrecourt* in Frankreich 1348 gezwungen, eine von ihm entwickelte Atomlehre zu widerrufen.

Der eigentliche Durchbruch einer modernen Atomlehre wurde im 17. Jahrhundert durch Chemiker bewirkt [4], die durch genaue Wägung der Massen von Reaktanden und Reaktionsprodukten bei chemischen Reaktionen herausfanden, dass ihre Ergebnisse am einfachsten erklärt werden konnten durch die Annahme, dass alle Stoffe aus Atomen bestehen, die sich zu Molekülen verbinden können (siehe unten).

Nach diesen immer zahlreicher werdenden experimentellen Hinweisen auf die Existenz von Atomen bekam die Atomhypothese einen mächtigen Bundesgenossen von theoretischer Seite, als es *Rudolf Julius Clausius* (1822–1888), *James Clerk Maxwell* (1831–1879) und *Ludwig Boltzmann* (1844–1906) gelang, mithilfe ihrer kinetischen Gastheorie (siehe Bd. 1, Kap. 7) die makroskopischen Eigenschaften der Gase wie Druck, Temperatur oder spezifische Wärme zurückzuführen auf Atome, die verschiedene kinetische Energien haben und miteinander durch Stöße wechselwirken können.

Die Aufklärung der Atomgröße und der Atomstruktur, d. h. der Massen- und Ladungsverteilung innerhalb eines Atoms, gelang erst im 20. Jahrhundert. Die vollständige theoretische Beschreibung wurde nach 1930 durch die Entwicklung der Quantentheorie möglich.

In der Zeittafel am Ende des Buches wird noch einmal an Hand historischer Daten ein summarischer Überblick über die Geschichte der Atomphysik gegeben. Detaillierte Darstellungen findet man in der Literatur unter [1–8].

2.2 Experimentelle und theoretische Hinweise auf die Existenz von Atomen

Bevor wir die verschiedenen Methoden zum experimentellen „Beweis" der Atomvorstellung behandeln, ist ein allgemeiner Hinweis nützlich, der oft zu wenig beachtet wird:

Die Objekte der Atomphysik sind, anders als Körper in der makroskopischen Welt, nicht direkt sichtbar. Man muss deshalb zu ihrer Untersuchung indirekte Methoden anwenden, deren experimentelles Ergebnis im Allgemeinen einer sorgfältigen Interpretation bedarf, um richtige Rückschlüsse auf das untersuchte Objekt zu ermöglichen. Diese Interpretation beruht auf Annahmen, die auf theoretischen Überlegungen oder auf Ergebnissen aus anderen Experimenten basieren.

Da man nicht in allen Fällen weiß, ob diese Annahmen zutreffen, ist die Erkenntnisgewinnung in der Atomphysik im Allgemeinen ein iterativer Prozess: Auf Grund der Ergebnisse eines Experimentes entwirft man ein Modell des untersuchten Objektes und überlegt, wie sich ein solches Modell bei andersartigen Experimenten verhalten sollte. Die neuen Experimente bestätigen entweder das Modell oder führen zu einer Modifikation. So lässt sich durch Zusammenarbeit zwischen Experimentatoren und Theoretikern sukzessiv ein Modell erarbeiten, das ein möglichst genaues Bild der Wirklichkeit darstellt, d. h. bei verschiedenartigen Experimenten „richtige" Ergebnisse liefert.

Dies wird im Laufe der nächsten Kapitel am Beispiel der Entwicklung immer weiter verfeinerter Atommodelle illustriert.

2.2.1 Daltons Gesetz der konstanten Proportionen

Die ersten grundlegenden experimentellen Untersuchungen, die zu einer über die spekulativen Hypothesen der griechischen Philosophen hinausreichenden Vorstellung vom Aufbau aller Stoffe aus Atomen führte, wurden von Chemikern durchgeführt, welche durch genaue Wägung die Massenverhältnisse von Reaktanden und Reaktionsprodukten bei chemischen Reaktionen bestimmten. Der Nährboden für solche Vorstellungen wurde vorbereitet durch Arbeiten von *Daniel Bernoulli* (1700–1782), der bereits 1738 das Gasgesetz von Boyle-Mariotte (siehe Bd. 1, Abschn. 7.1) durch die Bewegung kleinster Teilchen erklärte und damit die Grundlagen für die später entwickelte kinetische Gastheorie legte.

Nach Vorarbeiten von *Joseph Louis Proust* (1754–1826) über die Mengenverhältnisse der Reaktanden und Reaktionsprodukte bei chemischen Reaktionen erkannte der englische Chemiker *John Dalton* (1766–1844) (Abb. 2.3) durch quantitative Analysen und Synthesen einer Reihe chemischer Verbindungen, dass das Massenverhältnis der Stoffe, aus denen sich eine chemische Verbindung bildet, für jede Verbindung konstant und eindeutig bestimmt ist.

Beispiele

1. 100 g Wasser bilden sich immer aus 11,1 g Wasserstoff und 88,9 g Sauerstoff; das Massenverhältnis der Reaktanden beträgt also 1 : 8.
2. 100 g Kupferoxid entstehen aus 80 g Kupfer und 20 g Sauerstoff mit einem Massenverhältnis von 4 : 1.

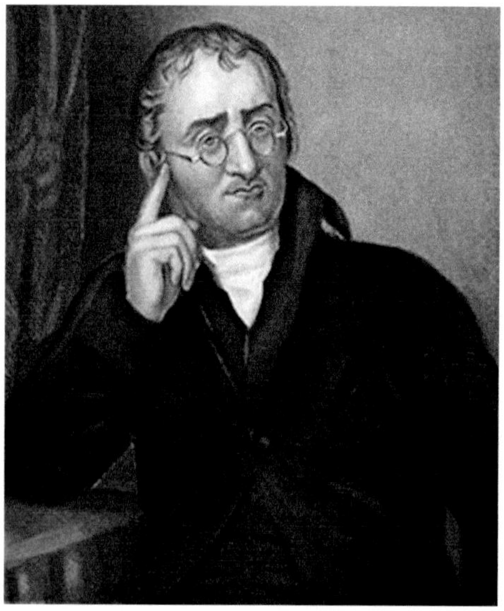

Abbildung 2.3 *John Dalton.* (https://de.wikipedia.org/wiki/John_Dalton)

3. Manche Stoffe können sich in verschiedenen Mengenverhältnissen zu verschiedenen Endprodukten verbinden. So gibt es z. B. fünf verschiedene Manganoxide, bei denen sich 100 g Mangan entweder mit 29,13 g, 43,69 g, 58,38 g, 87,38 g oder 101,95 g Sauerstoff verbinden. Die verschiedenen Mengen des Sauerstoffs verhalten sich wie 2 : 3 : 4 : 6 : 7. ■

Aus diesen experimentellen Ergebnissen entwickelte *Dalton* 1803 seine Atomhypothese, wonach das „Wesen chemischer Umwandlungen in der Vereinigung oder Trennung von Atomen" besteht. Er veröffentlichte sie 1808 in einer Arbeit: „A New System of Chemical Philosophy", in der er drei Postulate aufstellte:

- Alle elementaren Stoffe (chemische Elemente) bestehen aus kleinsten Teilchen, die man chemisch nicht weiter zerlegen kann.
- Alle Atome desselben Elementes sind in Qualität, Größe und Masse gleich. Sie unterscheiden sich aber in diesen Eigenschaften von den Atomen anderer Elemente; d. h. die Eigenschaften eines chemischen Elementes werden durch diejenigen seiner Atome bestimmt.
- Wenn chemische Elemente eine Verbindung eingehen, so vereinigen sich immer Atome der beteiligten Elemente, die zueinander in einem ganzzahligen Mengenverhältnis stehen.

Daltons Atomhypothese kann die obigen Beobachtungen zwanglos erklären: Danach vereinigen sich jeweils zwei Wasserstoffatome H mit einem Sauerstoffatom O zu einem Molekül

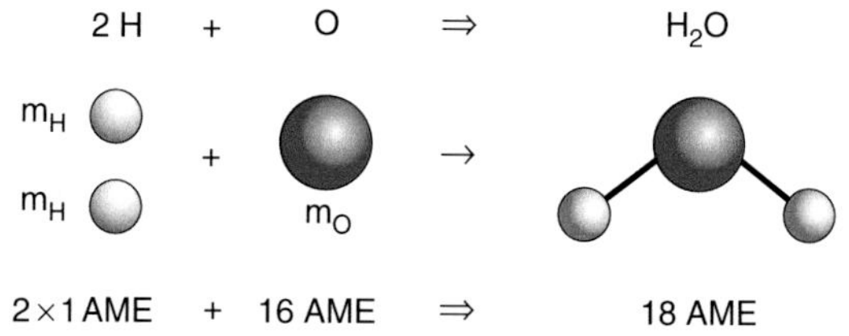

Abbildung 2.4 Zur Daltonschen Atomhypothese, basierend auf chemischen Reaktionen mit ganzzahligen Atomverhältnissen

H_2O (Abb. 2.4). Das beobachtete Massenverhältnis wird durch die Massen der Atome H und O bestimmt. Aus dem Massenverhältnis $m(\mathrm{H})/m(\mathrm{O}) = 1/16$ erhält man das gemessene Gewichtsverhältnis

$$\frac{m(2\,\mathrm{H})}{m(\mathrm{O})} = \frac{2}{16} = \frac{1}{8} \approx \frac{11{,}1}{88{,}9}\,.$$

Die Manganoxide werden durch die Verbindungen MnO, Mn_2O_3, MnO_2, MnO_3 und Mn_2O_7 beschrieben, bei denen sich die Zahlenverhältnisse der O-Atome pro zwei Mn-Atome verhalten wie 2 : 3 : 4 : 6 : 7, genau wie die im Experiment mithilfe von Wägungen beobachteten Massenverhältnisse. Da es bei den Experimenten vor allem auf *Massenverhältnisse* und nicht so sehr auf die *absoluten* Massen ankam, bezog *Dalton* alle Atommassen auf die des leichtesten Atoms, des H-Atoms. Er nannte die relative Atommasse m_x/m_H eines Elementes x sein *Atomgewicht*. Danach hat zum Beispiel das Sauerstoffatom das Atomgewicht 16.

Jöns Jakob Berzelius (1779–1848) begann 1814, für viele Elemente die Atomgewichte durch sorgfältige Messungen genau zu bestimmen.

Man beachte: „Atomgewichte" sind keine Gewichte, sondern als Quotient aus Atommasse und Masse des H-Atoms dimensionslose Zahlen.

Heute wird statt des H-Atoms das Kohlenstoff-Isotop ^{12}C als Vergleichsatom gewählt. Statt des Atomgewichtes wird die atomare Massenzahl mit der atomaren Masseneinheit (AME) als $1/12$ der Masse des ^{12}C-Atoms benutzt.

$$1\,\mathrm{AME} \overset{\mathrm{def}}{=} \tfrac{1}{12}\, m\left(^{12}\mathrm{C}\right) = 1{,}660538782 \cdot 10^{-27}\,\mathrm{kg}.$$

Alle relativen Atommassen werden in dieser Einheit angegeben.

2.2.2 Gesetze von Gay-Lussac und der Begriff des Mols

Joseph Louis Gay-Lussac (1778–1850) und *Alexander von Humboldt* (1769–1859) (Abb. 2.5) entdeckten 1805, dass sich gasförmiger Sauerstoff und Wasserstoff bei gleichem Druck

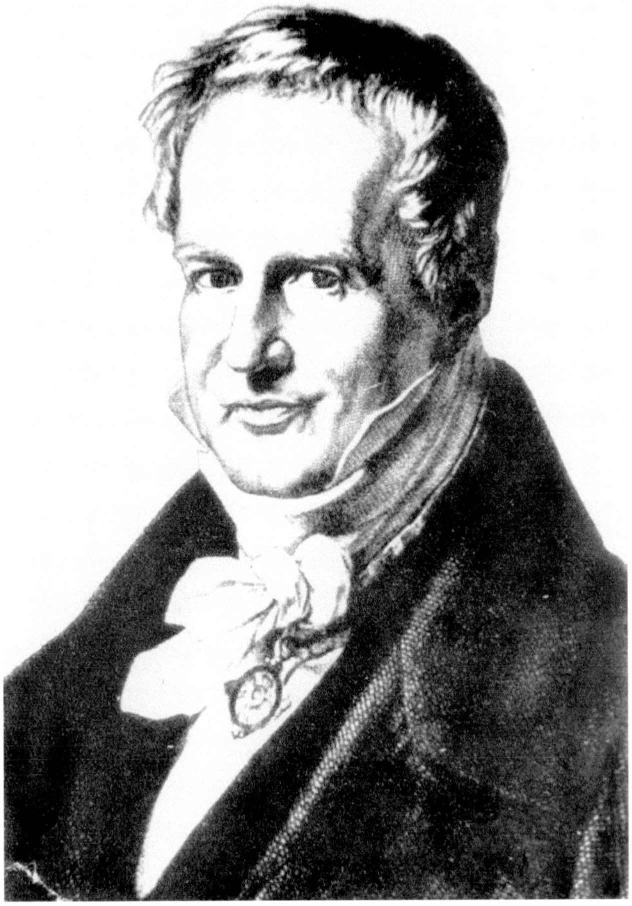

Abbildung 2.5 *Alexander von Humboldt.* Mit freundlicher Genehmigung der Alexander-von-Humboldt-Stiftung

immer im Verhältnis von 1 : 2 Raumteilen miteinander zu Wasserdampf verbinden. Durch spätere ausführlichere Experimente mit verschiedenen Gasen stellte dann *Gay-Lussac* sein Gesetz der konstanten Proportionen auf:

> Vereinigen sich zwei oder mehr Gase restlos zu einer chemischen Verbindung, so stehen ihre Volumina bei gleichem Druck und gleicher Temperatur im Verhältnis kleiner ganzer Zahlen zueinander.

Beispiele

1. 2 dm^3 Wasserstoffgas H_2 und 1 dm^3 Sauerstoffgas O_2 vereinigen sich zu 2 dm^3 Wasserdampf H_2O und *nicht* 3 dm^3 H_2O, wie man zuerst vermutete.
2. 1 dm^3 H_2 und 1 dm^3 Chlorgas Cl_2 bilden 2 dm^3 Chlorwasserstoffgas HCl. ■

Amadeo Avogadro (1776–1856) (Abb. 2.6) erklärte diese Resultate 1811 durch die Einführung des Molekülbegriffs:

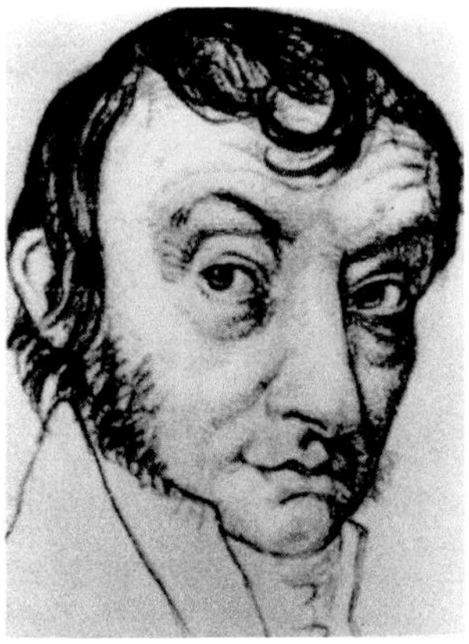

Abbildung 2.6 *Amadeo Avogadro.* Mit freundlicher Genehmigung des Deutschen Museums, München

> Ein Molekül ist das kleinste Teilchen eines Gases, das noch die chemischen Eigenschaften dieses Gases besitzt. Ein Molekül besteht aus zwei oder mehr Atomen.

Auf Grund der Ergebnisse von *Gay-Lussac* stellte *Avogadro* dann die Hypothese auf:

> Bei gleichem Druck und gleicher Temperatur enthalten gleiche Volumina verschiedener Gase jeweils die gleiche Zahl von Molekülen.

Mit dieser Hypothese werden die obigen Beispiele zurückgeführt auf die Reaktionsgleichungen

$$2\,H_2 + O_2 \Rightarrow 2\,H_2O,$$
$$H_2 + Cl_2 \Rightarrow 2\,HCl.$$

Die Gesamtmasse M eines Gasvolumens V mit N Molekülen der Masse m ist dann

$$M = N \cdot m\,. \tag{2.1}$$

Gleiche Volumina verschiedener Gase haben bei gleichem Druck und gleicher Temperatur also Gewichtsverhältnisse, die gleich den Masseverhältnissen der entsprechenden Atome bzw. Moleküle sind.

Auf Grund dieser experimentellen Ergebnisse wurde der Begriff des ***Molvolumens*** eingeführt.

Seine verwendete Definition lautet: Das Molvolumen ist das Volumen von 1 Mol eines Gases bei Normalbedingungen (p = 1013 hPa, T = 0 °C). Seine Masse ist dann (in Gramm) gleich dem Molekulargewicht der Gasmoleküle. Die heute benutzte allgemeine Definition des Mols, die auch für nicht-gasförmige Stoffe gilt, wird auf die atomare Masseneinheit zurückgeführt:

1 mol ist die Stoffmenge, die ebenso viele Teilchen (Atome oder Moleküle) enthält wie 0,012 kg Kohlenstoff ^{12}C.

Beispiele

1. 1 mol Helium He ≙ 4 g Helium
2. 1 mol Sauerstoff O_2 ≙ 32 g Sauerstoff
3. 1 mol Wasser H_2O ≙ 18 g Wasser
4. 1 mol Eisenoxid Fe_2O_3 ≙ 160 g Eisenoxid ■

Die Zahl N_A der Moleküle in der Stoffmenge 1 mol heißt *Avogadro-Konstante* (oft auch *Loschmidt-Zahl* genannt nach dem österreichischen Physiker *Joseph Loschmidt* (1821–1895), der zum ersten Mal die Zahl N_A aus makroskopischen Gasdaten berechnete). Ihr experimenteller Wert ist

$$N_A = 6{,}02214129(27) \cdot 10^{23}\,\text{mol}^{-1}\,.$$

Aus der Avogadro-Hypothese folgt: 1 mol eines beliebigen Gases bei dem das Eigenvolumen der Gasteilchen vernachlässigbar ist (ideales Gas) nimmt bei Normalbedingungen ($p = 1013\,\text{hPa}$, $T = 0\,°\text{C}$) immer das gleiche Volumen V_M ein. Der experimentell bestimmte Wert für das Molvolumen ist

$$V_M = 22{,}413968(20)\,\text{dm}^3/\text{mol}\,.$$

Oft werden chemische Standardbedingungen ($T = 0\,°\text{C}$, $p = 1000\,\text{hPa}$) verwendet. Für sie gilt wegen des geringeren Druckes ein etwas größerer Wert $V_M = 22{,}710953(21)\,\text{dm}^3/\text{mol}$.

2.2.3 Experimentelle Methoden zur Bestimmung der Avogadro-Konstanten

Da die Avogadro-Zahl eine fundamentale Größe ist, die in viele physikalische Gesetze eingeht und als Konstante in vielen Gleichungen auftaucht, sind verschiedene experimentelle Methoden zu ihrer genauen Messung entwickelt worden [9], von denen hier nur einige kurz vorgestellt werden sollen:

a) Bestimmung aus der allgemeinen Gasgleichung

Wie in Bd. 1, Kap. 10 gezeigt wurde, lässt sich aus der kinetischen Gastheorie die allgemeine Gleichung

$$p \cdot V = N \cdot k \cdot T \tag{2.2}$$

zwischen Druck p und Teilchenzahl N im Volumen V eines idealen Gases bei der absoluten Temperatur T herleiten. Für 1 Mol eines Gases mit dem Molvolumen V_M wird aus (2.2)

$$p \cdot V_M = N_A \cdot k \cdot T = R \cdot T\,, \tag{2.3}$$

wobei die allgemeine Gaskonstante

$$R = N_A \cdot k$$

als Produkt aus Avogadro-Zahl N_A und Boltzmann-Konstante k definiert ist. Aus unabhängigen Messungen von R und k lässt sich daher die Avogadro-Konstante $N_A = R/k$ bestimmen.

α) Messung der Gaskonstante *R*

Man kann die Gaskonstante R durch Messung der spezifischen Wärme erhalten. Nach Bd. 1, Kap. 10 ist die innere Energie der Stoffmenge von 1 mol

$$U = f \cdot \frac{1}{2}kT \cdot N_A = \frac{1}{2}f \cdot R \cdot T\,, \tag{2.4}$$

wobei f die Zahl der Freiheitsgrade der Atome bzw. Moleküle des Stoffes ist. Die molare spezifische Wärme bei konstantem Volumen ist dann

$$C_V = \left(\frac{\partial U}{\partial T}\right)_V = \frac{1}{2}f \cdot R\,. \tag{2.5}$$

Sie kann aus der einem Mol zugeführten Energie, die zu einer Temperaturerhöhung um 1 K führt, gemessen werden. Die Gaskonstante

$$R = C_p - C_V$$

lässt sich nach Bd. 1, Abschn. 10.1.9 auch aus der Differenz zwischen den molaren spezifischen Wärmen bei konstantem Druck und konstantem Volumen bestimmen.

Der bis heute genaueste Wert von R wurde durch die Messung der Schallgeschwindigkeit v_S in einem mit Argon gefüllten akustischen Resonator (Abb. 2.7) aus der Relation (siehe Aufgabe 2.6)

$$R = \frac{v_S^2 \cdot M}{\kappa \cdot T} = \frac{1}{T} \cdot \frac{M}{\kappa} \cdot \left(\frac{f_{0n}}{n} \cdot r_0\right)^2$$

ermittelt [10], wobei M die Molmasse, T die absolute Temperatur, r_0 der Radius der Kugel und $\kappa = C_p/C_V$ der *Adiabatenindex* ($\kappa = 5/3$ für Argon) ist. Die Schallgeschwindigkeit $v_S = f \cdot \lambda = f_{0n} \cdot r_0/n$ wurde durch Messung der Frequenzen $f_{0,n}$ der radialen akustischen Eigenresonanzen des sphärischen Resonators bestimmt (Bd. 1, Kap. 11). Dazu wurden durch einen Schallgeber S mit variabler Frequenz f Schallwellen im Resonator erzeugt. Bei allen Frequenzen $f_{0n} = v_s/\lambda = v_s/(r_0/n)$,

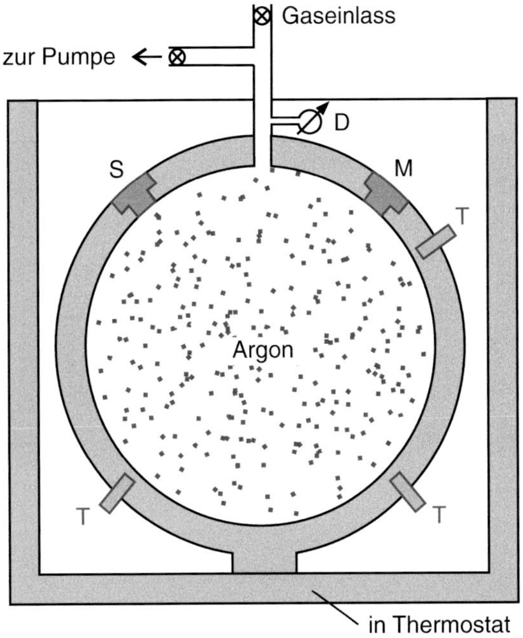

Abbildung 2.7 Bestimmung der Gaskonstante R aus der Messung der Schallgeschwindigkeit in Argon. M = Mikrofon, T = Thermometer, S = Schallgeber, D = Druckmesser [10]

bei denen radiale akustische Eigenresonanzen des gasgefüllten Resonators angeregt werden, liefert das Mikrofon M Signalmaxima, weil dann die Druckamplitude an den Wänden maximal wird.

β) Messung der Boltzmann-Konstante k

Die Boltzmann-Konstante k wurde 1906 von *Jean Baptiste Perrin* (1870–1942) aus dem Sedimentationsgleichgewicht kleiner Mastix-Teilchen der Masse m in einer Flüssigkeit ermittelt (Abb. 2.8). Für die Gleichgewichtsverteilung der Dichte $n(z)$ der Teilchen gilt die Boltzmann-Verteilung (Bd. 1, Abschn. 7.3.5):

$$n(z) = n_0 \cdot \mathrm{e}^{-(m^* gz)/(kT)}$$

$$\Rightarrow \quad \frac{\mathrm{d}n/\mathrm{d}z}{n} = \frac{-m^* g}{kT}, \tag{2.6}$$

wobei $m^* \cdot g = (m - \varrho_{\mathrm{Fl}} V_{\mathrm{T}})\, g$ das um den Auftrieb verminderte Gewicht der Teilchen mit Volumen V_{T} ist. Die Masse m der Teilchen kann aus ihrer unter dem Mikroskop gemessenen Größe und ihrer Dichte bestimmt werden. Durch Abzählen von $n(z)$ lässt sich $\mathrm{d}n/\mathrm{d}z$ und damit die Boltzmann-Konstante k ermitteln (Aufgabe 2.7).

Man kann das mühselige Abzählen durch folgende Überlegung umgehen: Auf Grund der Schwerkraft sinken kugelförmige Teilchen mit dem Radius r mit einer nach dem Stokes'schen Gesetz (Bd. 1, Abschn. 8.5) konstanten Sinkgeschwindigkeit

$$v_g = -\frac{(m - \varrho_{\mathrm{Fl}} \cdot V_{\mathrm{T}}) \cdot g}{6\pi \eta r} \quad \text{mit} \quad V_{\mathrm{T}} = \frac{4}{3}\pi r^3 \tag{2.7}$$

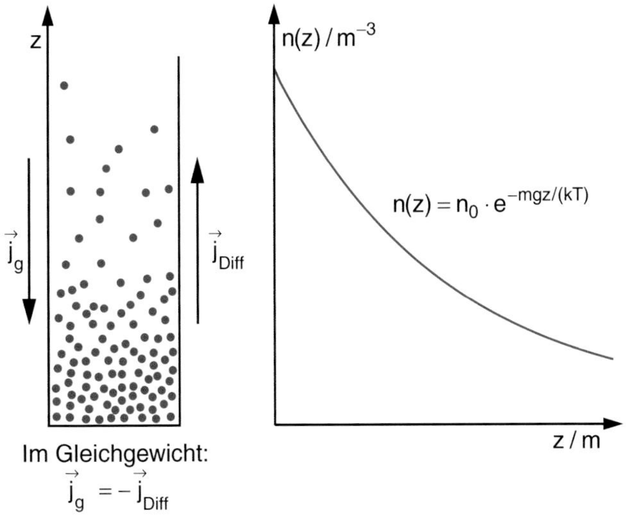

Abbildung 2.8 Gleichgewichtsverteilung von Sedimentteilchen in einer Flüssigkeit

herab, wobei η die Viskosität der Flüssigkeit ist. Die nach unten gerichtete Teilchenstromdichte $j_g = v_g \cdot n$ erzeugt ein Konzentrationsgefälle $\mathrm{d}n/\mathrm{d}z$, das zu einem entgegengerichteten ***Diffusionsstrom***

$$j_{\mathrm{Diff}} = -D\frac{\partial n}{\partial z} = D\frac{(m - \varrho_{\mathrm{Fl}} V_{\mathrm{T}})\, g}{kT} n \tag{2.8}$$

führt, wobei D der Diffusionskoeffizient ist (siehe Bd. 1, Abschn. 7.5.1).

Im stationären Gleichgewicht, bei dem sich die Verteilung (2.6) einstellt, muss mit $j_g = n \cdot v_g$ gelten:

$$j_{\mathrm{Diff}} + j_g = 0 \quad \Rightarrow \quad k = \frac{6\pi \eta r D}{T}. \tag{2.9}$$

Durch Messung von Viskosität η, Diffusionskoeffizient D, Temperatur T und Radius r der Teilchen lässt sich daher die Boltzmann-Konstante k bestimmen.

Eine weitere Methode zur genauen Messung von k mithilfe der Brown'schen Molekularbewegung wird in Abschn. 2.3.1 diskutiert.

b) Direkte Bestimmung der Avogadro-Konstante

Misst man die absolute Masse m_x eines Atoms der Sorte x (siehe Abschn. 2.7), so lässt sich aus der Molmasse M die Avogadro-Konstante

$$N_{\mathrm{A}} = M/m_x \tag{2.10}$$

sofort bestimmen. Die Molmasse M ist durch $M = 0{,}012 \cdot m_x/m(^{12}\mathrm{C})$ [kg/mol] gegeben. Wenn die Substanz in der Gasphase vorliegt, kann man aus Molvolumen V_{M} und Dichte ϱ die Molmasse $M = \varrho \cdot V_{\mathrm{M}}$ ermitteln.

c) Bestimmung der Avogadro-Konstante mithilfe der Elektrolyse

Eine weitere Methode zur Messung von N_A beruht auf dem Faraday'schen Gesetz bei der Elektrolyse (Bd. 2, Abschn. 2.6). Bei der Abscheidung von 1 mol eines chemisch einwertigen Stoffes mit der Atommasse m_x wird die Elektrizitätsmenge

$$F = N_A \cdot e = 96\,485{,}3\,\mathrm{C/mol}$$

transportiert (***Faraday-Konstante***). Bei Kenntnis der Elementarladung e (siehe Abschn. 2.5) erhält man deshalb aus der Messung der transportierten Ladung $N_A \cdot e$ die Avogadro-Konstante N_A. Der Ladungstransport ist mit einem Massetransport $\Delta m = N_A \cdot m_x$ verbunden. Misst man die Gewichtszunahme der negativen Elektrode bei der Elektrolyse $AgNO_3 \longleftrightarrow Ag^+ + NO_3^-$ von Silbernitrat beim Transport einer Ladungsmenge F, so lässt sich bei bekannter Masse m_x die Avogadro-Konstante N_A bestimmen.

Man erhält bei einer atomaren Massenzahl von $\mathrm{AM(Ag)} = 107{,}87$ aus der abgeschiedenen Menge Δm und der transportierten Ladung $Q = \Delta m \cdot N_A \cdot e/\mathrm{AM(Ag)}$ die Avogadrozahl

$$N_A = \frac{107{,}87\,\mathrm{g}}{\Delta m\,[\mathrm{g}]} \cdot \frac{Q}{e}\,. \tag{2.11}$$

d) Bestimmung von N_A aus der Röntgenbeugung an Kristallen

Noch genauer ist eine Methode, bei welcher der Abstand der Atome in einem regelmäßigen Kristall mithilfe der Beugung von Röntgenstrahlen gemessen und daraus die Zahl der Atome im Kristall bestimmt wird.

Wir betrachten zur Illustration einen Kristall mit kubischer Struktur, d. h. die sich berührenden, hier als Kugeln angenommenen Kristallatome sitzen auf den Ecken von Würfeln mit der Kantenlänge a (Abb. 2.9). Der Radius der Kugeln ist dann gleich $a/2$. Fällt eine ebene Welle mit der Wellenlänge λ unter dem Winkel ϑ gegen eine Kristallebene ein (Abb. 2.10), so interferieren die an den einzelnen Atomen benachbarter Ebenen

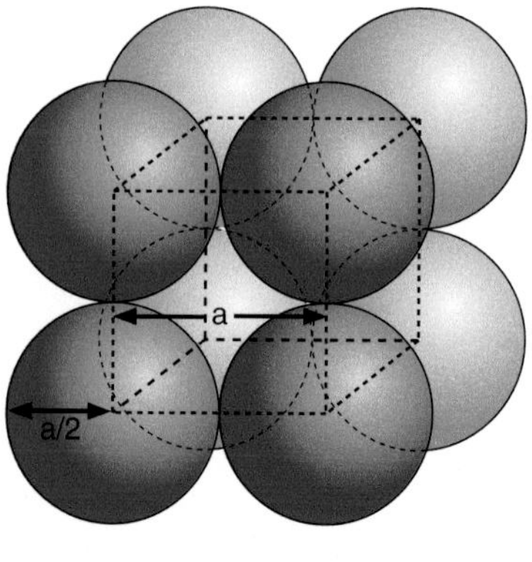

Abbildung 2.9 Kubischer Kristall

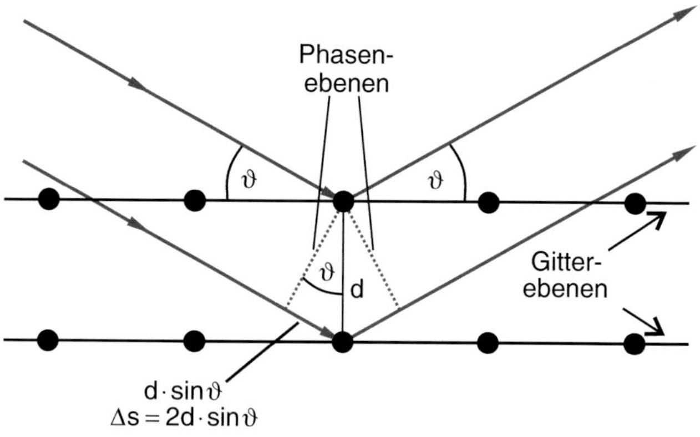

Abbildung 2.10 Bragg-Reflexion von Röntgenstrahlen an Netzebenen eines Kristalls zur Bestimmung der Atomabstände

gestreuten Wellen genau dann konstruktiv, wenn die ***Bragg-Bedingung***

$$2d \cdot \sin\vartheta = m \cdot \lambda\,, \quad m = 1, 2, 3, \ldots \tag{2.12}$$

gilt, weil dann der Wegunterschied zwischen benachbarten Teilstrahlen ein ganzzahliges Vielfaches der Wellenlänge λ ist. Der Abstand d der Gitterebenen hängt ab von ihrer Richtung im Kristall (siehe unten).

Man sieht aus (2.12), dass die Wellenlänge $\lambda = 2d\sin\vartheta/m$ kleiner als der doppelte Abstand d zweier benachbarter Atomebenen (Gitterebenen) sein muss. Dies lässt sich mit Röntgenstrahlen erreichen (siehe Abschn. 7.6).

Man beachte: Im Gegensatz zur üblichen Definition in der Optik (siehe Bd. 2, Abschn. 8.4) wird der Winkel ϑ nicht gegen die Ebenen-Normale, sondern gegen die Ebene selbst gemessen.

Die Abstände d benachbarter Gitterebenen, welche den Winkel α gegen die x-Achse bilden und senkrecht zur x-y-Ebene stehen (Abb. 2.11), sind für einen kubischen Kristall mit den Kubuskanten in x-, y-, z-Richtung (siehe Abschn. 11.1)

$$d_K = a \cdot \sin\alpha_K \quad \text{für} \quad \alpha_K \neq 0 \quad \text{und}$$
$$d = a \quad \text{für} \quad \alpha = 0\,. \tag{2.13}$$

wobei a der Abstand der Atome in x-Richtung ist.

Dreht man den ganzen Kristall und damit auch die parallelen Gitterebenen gegen die Einfallsrichtung des Röntgenstrahls, so erhält man für $m = 1, 2, \ldots$ bei denjenigen Winkeln ϑ Maxima der reflektierten Intensität, für die (2.12) erfüllt ist.

Bei bekannter Wellenlänge λ (siehe Abschn. 7.6) lässt sich daraus der Gitterebenenabstand d und damit aus (2.13) auch die Gitterkonstante a bestimmen. Ein Würfel mit Kantenlänge D enthält im kubischen Kristall $N = (D/a)^3$ Atome, wenn auf

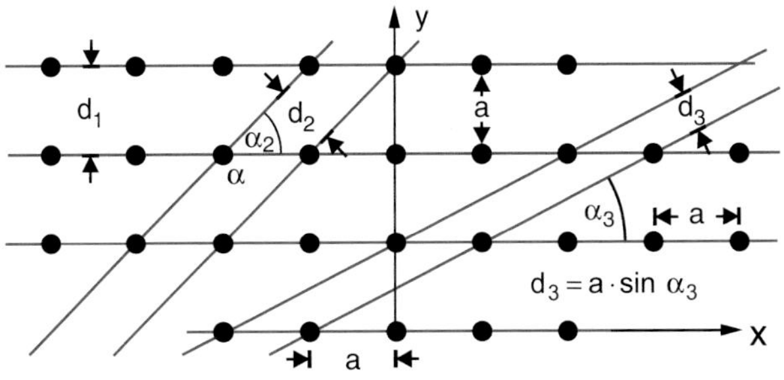

Abbildung 2.11 Verschiedene zur Zeichenebene senkrechte Netzebenen in einem kubischen Kristall mit unterschiedlichen Netzebenenabständen

jedem der Gitterpunkte in Abb. 2.11 ein Atom sitzt. Die Avogadrozahl ist dann $N_A = N \cdot (M/M_K)$, wenn M_K die durch Wägung bestimmbare Masse des Kristalls und M die Molmasse ist. Eine genauere Messung ist möglich mit einer aus einem Silizium-Einkristall gefrästen Kugel mit der Masse M_K, der Dichte ϱ und dem Radius r. Ein Verbundprojekt mehrerer Europäischer Forschungsinstitute unter Federführung der Physikalisch-Technischen Bundesanstalt PTB in Braunschweig arbeitet an einer Verbesserung der Messgenauigkeit für N_A bis auf 10^{-8} mithilfe der Röntgenbeugung. Dazu wurden 6 kg isotopenreines Silizium (99,99 % ^{28}Si) verwendet, das in einer Kristallzucht-Anlage zu einem Einkristall umgeschmolzen wurde, der dann in Australien zu Kugeln mit 1 kg Masse und möglichst glatter Oberfläche gefräst wurde. Das Volumen der Kugel kann wesentlich genauer bestimmt werden als das von Würfeln. Die Messungen zur genaueren Bestimmung von N_A haben im April 2008 begonnen [11].

Die Einheitszelle des kubisch-flächenzentrierten Gitters mit dem Volumen a^3 enthält vier Siliziumatome (siehe Abschn. 2.4), sodass

$$N = \frac{16}{3}\pi\frac{r^3}{a^3} = \frac{4V}{a^3}$$

gilt und

$$N_A = N \cdot \frac{M}{M_K} = \frac{4M}{\varrho a^3}\,.$$

Wie im Abschn. 11.5 gezeigt wird, lässt sich das Verfahren nicht nur, wie hier gezeigt, auf kubische Kristalle, sondern auf beliebige Kristalle anwenden.

Man erhält Werte für a, die je nach Kristall zwischen 0,1–0,5 nm liegen. Da die Radien r der Kristallatome kleiner sein müssen als ihr Abstand, ergeben sich Atomgrößen unterhalb von 0,1–0,5 nm (siehe Abschn. 2.4).

Zur Illustration des wohl genauesten Messverfahrens für Atomabstände ist in Abb. 2.12 das Prinzip eines modernen ***Röntgeninterferometers*** in vereinfachter Form schematisch gezeigt [12], das aus drei parallelen Kristallscheiben besteht und analog zu einem optischen Mach-Zehnder-Interferometer aufgebaut ist. Da die Röntgenwellenlänge jedoch etwa 10^4 mal kleiner ist als die Wellenlänge des sichtbaren Lichtes, muss die Genauigkeit der Anordnung entsprechend höher sein. Deshalb konstruiert man die drei Scheiben aus einem einzigen

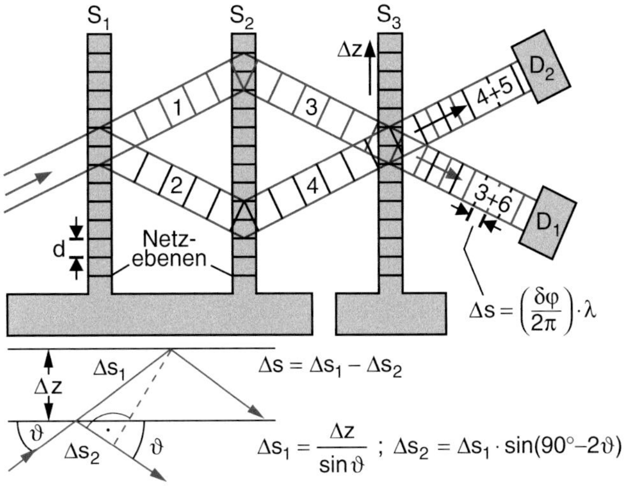

Abbildung 2.12 Röntgen-Interferometer, das aus einem einzigen Silizium-Einkristall gefräst wurde, zur Bestimmung des Atomabstandes im Kristall (nach [13])

großen Silizium-Einkristall, indem man die freien Zwischenräume wegfräst. Die dritte Scheibe ist gegen die anderen parallel verschiebbar.

In der ersten Scheibe wird der einfallende Röntgenstrahl aufgespalten in den transmittierten Teilstrahl 1 und den durch Bragg-Reflexion an hier horizontal angenommenen Gitterebenen abgelenkten Teilstrahl 2. In der zweiten Scheibe erfahren beide Teilstrahlen erneut Bragg-Reflexionen. Die beiden Strahlen 3 und 4 überlagern sich in der dritten Scheibe. Der transmittierte Strahl 4 und der durch Bragg-Reflexion aus dem Strahl 3 abgelenkte Strahl 5 laufen hinter der dritten Scheibe wieder parallel, ebenso der transmittierte Strahl 3 und der abgelenkte Strahl 6.

Die an den Detektoren D_1 bzw. D_2 ankommende Gesamtintensität hängt ab von der Phasendifferenz $\Delta\varphi$ zwischen den überlagerten Teilstrahlen 4 und 5 bzw. 3 und 6. Bewegt man die dritte Scheibe in z-Richtung, d. h. verschiebt man die Netzebenen, an denen Bragg-Reflexion auftritt um Δz, so wird sich der Wegunterschied zwischen den interferierenden Teilwellen bei einem Einfallswinkel ϑ gegen die Netzebenen nach Abb. 2.12 wegen $(1 - \cos 2\vartheta) = 2\sin^2\vartheta$ um

$$\begin{aligned}\Delta s &= \frac{\Delta z}{\sin\vartheta}[1 - \sin(90° - 2\vartheta)] \\ &= 2\Delta z \cdot \sin\vartheta\,. \end{aligned} \tag{2.14b}$$

und die Phasendifferenz

$$\Delta\varphi = 2\pi\frac{\Delta s}{\lambda} = 4\pi\frac{\Delta z \cdot \sin\vartheta}{\lambda}$$

ändern.

Bei kontinuierlicher Verschiebung entstehen daher durch die Interferenz zwischen den Teilstrahlen 3 und 6 Maxima und Minima der Intensität am Detektor, die man zählen kann. Die

Tabelle 2.1 Verschiedene Methoden zur Bestimmung der Avogadro-Konstanten

Methode	Naturkonstante	Avogadrozahl
Gasgesetze	Gaskonstante R	$N_A = R/k$
barometrische Höhenformel (*Perrin*)	Boltzmann-konstante k	
Diffusion (*Einstein*)	siehe Abschn. 2.3.1	
Torsionsschwingungen (*Kappler*)	siehe Abschn. 2.3.1	
Elektrolyse	Faradaykonstante F	$N_A = F/e$
Millikan-Versuch	Elementarladung e	
Röntgenbeugung und Interferometrie	Gitterebenenabstand d_K im kubischen Kristall	$N_A = (D^3/a^3) \cdot V_M/V$ für kubischen Kristall
Messung der Atomzahl im Volumen $V = D^3$ bzw. $4\pi r^3/3$		$N_A = 4M/\varrho a^3$ für kubisch flächenzentrierten Kristall

Zahl N der Maxima ist dann

$$N = \frac{\Delta\varphi}{2\pi} = \frac{2\Delta z \sin\vartheta}{\lambda} . \qquad (2.14c)$$

Die Strecke Δz wird optisch mithilfe eines Laser-Interferometers gemessen. Wegen $\sin\vartheta = m \cdot \lambda/2d$ kann daraus der Gitterebenen-Abstand

$$d = m \cdot \Delta z/N \quad (m = 1, 2, \ldots)$$

bestimmt werden, und damit nach (2.13) der Atomabstand a und somit die Zahl N der Atome im Kristall.

Beispiel

$d = 0{,}2\,\text{nm}$, $\Delta z = 1\,\text{mm}$, $\vartheta = 30° \Rightarrow N = 5 \cdot 10^6$. ■

Man kann d auf $2 \cdot 10^{-7}$ genau messen, falls die optische Methode zur Bestimmung von Δz entsprechend genau ist [12].

Tabelle 2.1 stellt noch einmal die verschiedenen Methoden zur Bestimmung der Gaskonstante R, der Boltzmann-Konstante k, der Faraday-Konstante F, der Elementarladung e und der daraus gewonnenen Avogadrokonstante N_A dar. Die heute als Bestwerte angesehenen Mittelwerte sind in der Tabelle im Inneneinband dieses Buches zusammengestellt.

2.2.4 Die Bedeutung der kinetischen Gastheorie für die Atomvorstellung

Nachdem *John Herapath* (1790–1868) bereits 1847 ein Buch über die kinetische Gastheorie veröffentlicht hatte, gelang es *James Prescott Joule* (1818–1889), der Herapaths Arbeit kannte, 1848 die spezifische Wärme eines Gases bei konstantem Volumen aus der kinetischen Energie der Gasmoleküle zu berechnen. Nach Anregungen von *August Karl Krönig* (1822–1879) haben sich dann Forscher auf den Gebieten der makroskopischen Thermodynamik und der klassischen Statistik zunehmend mit der kinetischen Gastheorie beschäftigt. Besondere Erfolge erzielten dabei *Rudolf Clausius* und *James Clerk Maxwell* (siehe Bd. 1, Abb. 1.7). *Clausius* leitete 1857 die Zustandsgleichung der Gase

$$p \cdot V = \frac{1}{3} n \cdot m \cdot \overline{v^2} \cdot V$$

aus der Bewegung der Gasmoleküle der Dichte n und der mittleren kinetischen Energie $(m/2)\,\overline{v^2}$ her (siehe Bd. 1, Abschn. 7.3). *Maxwell* hat dann die genaue Form der Geschwindigkeitsverteilung berechnet und konnte daraus die mittleren Geschwindigkeiten der Gasmoleküle bestimmen und das Verhältnis

$$\kappa = \frac{C_p}{C_V} = \frac{f+2}{f}$$

der spezifischen Wärmen C_p bei konstantem Druck und C_V bei konstantem Volumen auf die Zahl f der Freiheitsgrade der Moleküle zurückführen (siehe Bd. 1, Abschn. 10.1.9).

Diese umfassenden und quantitativen Bestimmungen makroskopischer Größen wie Druck p, Temperatur T, spezifische Wärmen C_V, C_p aus der kinetischen Energie der Moleküle des Gases hat sehr zur Akzeptanz der Atomvorstellung beigetragen. Hierzu gehören auch Messungen der Transporteigenschaften wie Viskosität, Diffusion und Wärmeleitung, die durch Stöße zwischen den Molekülen verstanden werden konnten.

Die Erkenntnis, dass die kinetische Gastheorie die zwei vorher als getrennte Gebiete betrachtete Mechanik und Wärmelehre auf eine gemeinsame mechanische Grundlage zurückführen konnte, kam dem Bedürfnis der Physiker nach Vereinheitlichung der vielen Naturphänomene in ein möglichst einfaches, konsistentes Modell sehr entgegen.

Die aus diesen Forschungen erwachsenen Hauptsätze der Thermodynamik zeigen eine solche elegante Zusammenfassung aller Einzelphänomene, wobei alle in diesen Sätzen verwendeten Begriffe, wie Wärmemenge Q, innere Energie U, Entropie S auf der statistischen Behandlung der Gasmoleküle und ihrer mechanischen Energie beruhen.

Die kinetische Gastheorie in ihrer heutigen Fassung ist das Ergebnis einer langen historischen Entwicklung, an der viele Forscher beteiligt waren, wobei manchmal auch Irrtümer vorkamen, die dann bei Überprüfung und Vergleich mit Experimenten korrigiert wurden. Nicht immer haben spätere Wissenschaftler frühere Arbeiten erwähnt, sodass eine gerechte Zuordnung der Verdienste verschiedener Wissenschaftler nur durch das Studium der Originalarbeiten möglich ist.

2.3 Kann man Atome sehen?

In Bd. 2, Abschn. 11.3 wurde gezeigt, dass das Ortsauflösungsvermögen eines Mikroskops prinzipiell durch die Wellenlänge λ des zur Beleuchtung verwendeten Lichtes begrenzt ist und auch bei raffinierter Abbildungsoptik Strukturen unterhalb von $\lambda/2$

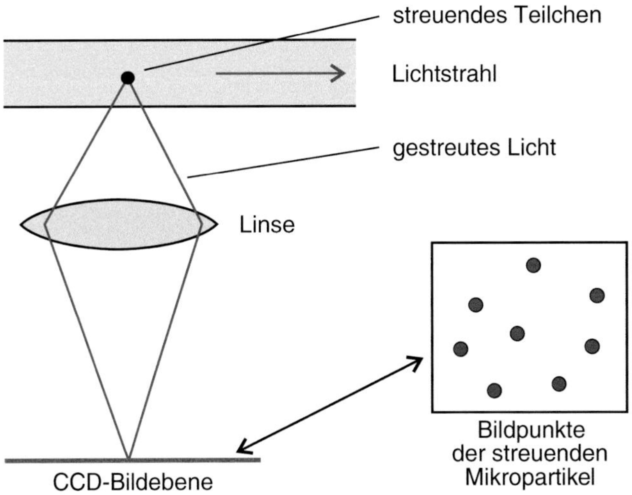

Abbildung 2.13 Streuung von sichtbarem Licht an einzelnen Atomen. Jeder Lichtpunkt entspricht einem Atom

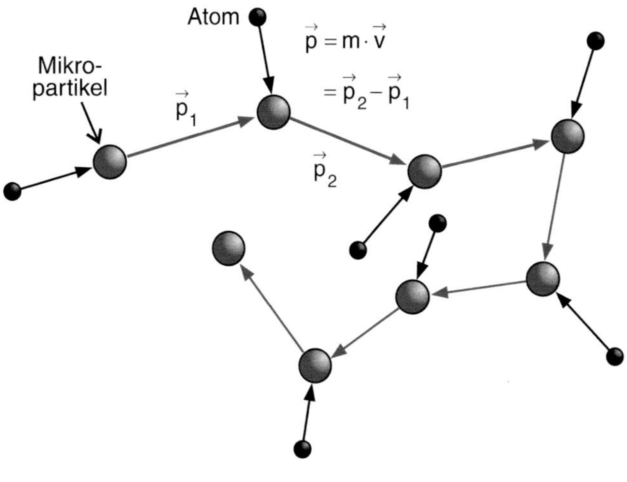

Abbildung 2.14 Schematische Darstellung der Brown'schen Molekularbewegung

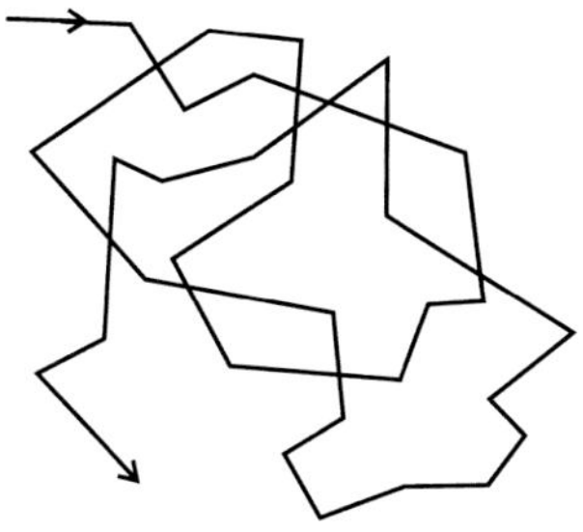

Abbildung 2.15 Weg eines großen Pucks, der auf einem Luftkissentisch von vielen kleinen Pucks statistisch gestoßen wird

nicht aufgelöst werden können. Unter diesem Gesichtspunkt muss man die Frage in der Überschrift also verneinen: Man kann Atome wegen ihrer geringen räumlichen Ausdehnung (etwa 0,1–0,3 nm) bei Verwendung sichtbaren Lichtes ($\lambda \approx 0{,}5\,\mu$m) nicht *direkt* sehen.

Trotzdem sind eine Reihe verschiedener Verfahren und Geräte entwickelt worden, welche eine indirekte Beobachtung von Atomen erlauben, aus der viele Detailinformationen über Größe, Struktur und Zustand der Atome gewonnen werden können.

So kann man z. B. Teilchen mit einem Durchmesser $d \ll \lambda$ durch das an ihnen gestreute Licht sichtbar machen und ihren Ort bestimmen (Bd. 2, Abschn. 10.9.3). Fliegt ein Atom durch einen intensiven Lichtstrahl, so kann es unter günstigen Umständen sehr oft Photonen aus dem Lichtstrahl absorbieren und wieder als Fluoreszenzlicht emittieren, das auf den Detektor abgebildet wird (Abb. 2.13). Man „sieht" diese Teilchen dann als strukturlose Gebilde und kann über ihre Gestalt keine direkte Aussage treffen.

Mit solchen indirekten Methoden lassen sich mithilfe von Bildverarbeitungstechniken Atome in stark vergrößerter Form auf einem Bildschirm sichtbar machen und vermitteln ein sehr suggestives Bild der Mikrowelt. Man darf aber trotz aller Begeisterung für solche eindrucksvollen Techniken nicht vergessen, dass solche Bilder nur auf Grund der Wechselwirkung der beobachteten Atome mit Licht oder mit anderen Teilchen zustande kommen und man daher zu ihrer Interpretation ein genaues Modell dieser Wechselwirkung braucht. Dies wird bei den verschiedenen Methoden zur Sichtbarmachung von Atomen deutlich, die in diesem Abschnitt kurz behandelt werden.

2.3.1 Brown'sche Molekularbewegung

Der Botaniker *Robert Brown* (1773–1858) entdeckte 1827, dass in Flüssigkeiten suspendierte Teilchen unregelmäßige Zitterbewegungen ausführen, die man unter dem Mikroskop beobachten kann.

Diese Bewegungen lassen sich erklären, wenn man annimmt, dass die im Vergleich zu den Atomen sehr großen Teilchen dauernd von sich schnell bewegenden Atomen bzw. Molekülen in statistisch verteilten Richtungen gestoßen werden (Abb. 2.14) (siehe auch Bd. 1, Abschn. 7.5.2).

Die Beobachtung der Brown'schen Bewegung ist sehr eindrucksvoll. Man kann sie durch eine Mikroskopbeobachtung über eine Videokamera auch einem großen Auditorium vorführen. Im Modellversuch lässt sich ihr Prinzip sehr schön illustrieren mit einem Luftkissentisch, auf dem eine große Scheibe von sich statistisch bewegenden kleinen Scheiben angestoßen wird. Bringt man eine kleine Glühbirne im Zentrum der großen Scheibe an, so kann ihr unregelmäßiger statistisch verlaufender Weg von oben fotografiert und damit über längere Zeit verfolgt werden (Abb. 2.15).

Auch bei der Brown'schen Molekularbewegung werden die Atome nur indirekt über ihren Einfluss auf die Bewegung der sichtbaren Mikropartikel beobachtet. Die beobachtete Teilchenbewegung stimmt jedoch *quantitativ* überein mit der durch das Atommodell geforderten Bewegung.

Die grundlegende Theorie zur Brown'schen Molekularbewegung wurde 1905 gleichzeitig von *Albert Einstein* (1879–1955)

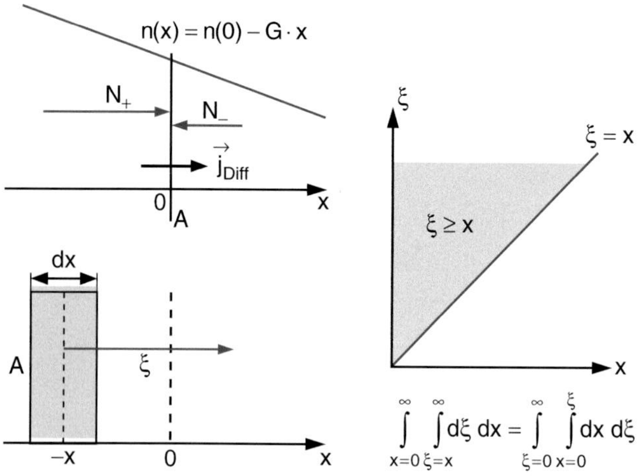

Abbildung 2.16 Zur Herleitung von (2.22)

und *Marian Smoluchowski* (1872–1917) entwickelt, wobei ihr Zusammenhang mit der Diffusion (Bd. 1, Abschn. 7.5.1) aufgezeigt wurde [14].

Wir wollen hier nur kurz den Gedankengang skizzieren [15]. Dazu betrachten wir Teilchen in einem Gas oder einer Flüssigkeit mit einem kleinen Gradienten der Teilchendichte n in x-Richtung, die wir durch die lineare Relation

$$n(x) = n(0) - G \cdot x \tag{2.15}$$

annähern (Abb. 2.16), wobei $n(x)$ [m^{-3}] die Zahl der Teilchen pro Volumen, d. h. pro Fläche in der y-z-Ebene mal Wegintervall in x-Richtung ist.

Die Teilchen mögen eine statistische Bewegung ausführen. Wir beschreiben den Anteil der Teilchen, welche eine Verschiebung um den Betrag ξ bis $\xi + \mathrm{d}\xi$ in x-Richtung erfahren, durch

$$\mathrm{d}n = n(\xi)\mathrm{d}\xi = n \cdot f(\xi)\,\mathrm{d}\xi \quad \text{mit} \quad n = \int\limits_{\xi=-\infty}^{+\infty} n(\xi)\mathrm{d}\xi \tag{2.16a}$$

ξ hat die Dimension [m] und $n(\xi, x)$ die Dimension [m^{-4}]. Die Verteilungsfunktion $f(\xi)$ (Bd. 1, Kap. 7) genügt der Normierungsbedingung

$$\int\limits_{-\infty}^{+\infty} f(\xi)\,\mathrm{d}\xi = \frac{1}{n}\int\limits_{-\infty}^{+\infty} n(\xi)\,\mathrm{d}\xi = 1\,, \tag{2.16b}$$

wie man durch Einsetzen in (2.16a) sofort sieht.

Für $G > 0$ in (2.15) wird die Zahl N_+ der Teilchen, welche die Ebene $x = 0$ im Zeitintervall Δt in $+x$-Richtung durchlaufen, etwas größer sein als die entsprechende Zahl N_- in $-x$-Richtung. Deshalb tritt ein Netto-Diffusionsstrom in $+x$-Richtung mit der Teilchenstromdichte

$$\boldsymbol{j}_{\mathrm{Diff}} = \frac{N_+ - N_-}{A \cdot \Delta t}\,\hat{\boldsymbol{e}}_x \tag{2.17}$$

durch die Fläche A bei $x = 0$ auf (Abb. 2.16).

Von den $n(x)\,\mathrm{d}x$ Teilchen im Volumenelement $\mathrm{d}V = A \cdot \mathrm{d}x$ mit Querschnittsfläche A und Mittelpunkt am Ort $-x$ können nur solche Teilchen zu der Zahl N_+ beitragen, deren Verschiebung $\xi > -x$ für $x < 0$ ist. Ihre Zahl ist

$$\mathrm{d}N_+ = \left[A \cdot \int\limits_{\xi=-x}^{\infty} n(x) \cdot f(\xi)\,\mathrm{d}\xi\right] \cdot \mathrm{d}x\,. \tag{2.18a}$$

Integration über alle Volumenelemente entlang der negativen x-Achse und Einsetzen von (2.15) ergibt deshalb

$$N_+ = A \cdot \int\limits_{x=-\infty}^{0} \left(\int\limits_{\xi=-x}^{\infty} (n(0) - G \cdot x) f(\xi)\,\mathrm{d}\xi \right) \mathrm{d}x\,. \tag{2.18b}$$

Mit der Umbenennung $x' = -x$ der Variablen wird daraus:

$$N_+ = A \cdot \int\limits_{x'=0}^{\infty} \left(\int\limits_{\xi=x'}^{\infty} (n(0) + G \cdot x') f(\xi)\,\mathrm{d}\xi \right) \mathrm{d}x'\,. \tag{2.18c}$$

Analog erhält man für die Zahl N_- der pro Zeit und Fläche von rechts nach links diffundierenden Teilchen

$$N_- = A \cdot \int\limits_{x=0}^{\infty} \left(\int\limits_{\xi=-x}^{-\infty} (n(0) - G \cdot x) f(\xi)\,\mathrm{d}\xi \right) \mathrm{d}x\,, \tag{2.19a}$$

was durch die Variablentransformation $\xi' = -\xi$ und bei Beachtung von $f(\xi') = f(\xi)$ zu

$$N_- = A \cdot \int\limits_{x=0}^{\infty} \left(\int\limits_{\xi'=x}^{\infty} (n(0) - G \cdot x) f(\xi')\,\mathrm{d}\xi' \right) \mathrm{d}x \tag{2.19b}$$

wird. Da die Benennung der Integrationsvariablen beliebig ist, können wir in (2.19b) ξ' wieder in ξ umbenennen. Zieht man dann (2.19b) von (2.18b) ab, so erhält man die Differenz:

$$\begin{aligned} N_+ - N_- &= 2G \cdot A \int\limits_{x=0}^{\infty} \int\limits_{\xi=x}^{\infty} x \cdot f(\xi)\,\mathrm{d}\xi\,\mathrm{d}x \\ &= 2G \cdot A \int\limits_{\xi=0}^{\infty} \int\limits_{x=0}^{\xi} x \cdot f(\xi)\,\mathrm{d}x\,\mathrm{d}\xi\,, \end{aligned}$$

wobei der Integrationsbereich des rechten Doppelintegrals sich durch die Umstellung der Grenzen nicht geändert hat, wie man sich grafisch in einer x-ξ-Ebene klar machen kann, in der der Integrationsbereich oberhalb der Geraden $x = \xi$ liegt (Abb. 2.16).

Die Ausführung der Integration über x ergibt:

$$\Delta N = G \cdot A \int\limits_{\xi=0}^{\infty} \xi^2 \cdot f(\xi)\,\mathrm{d}\xi\,.$$

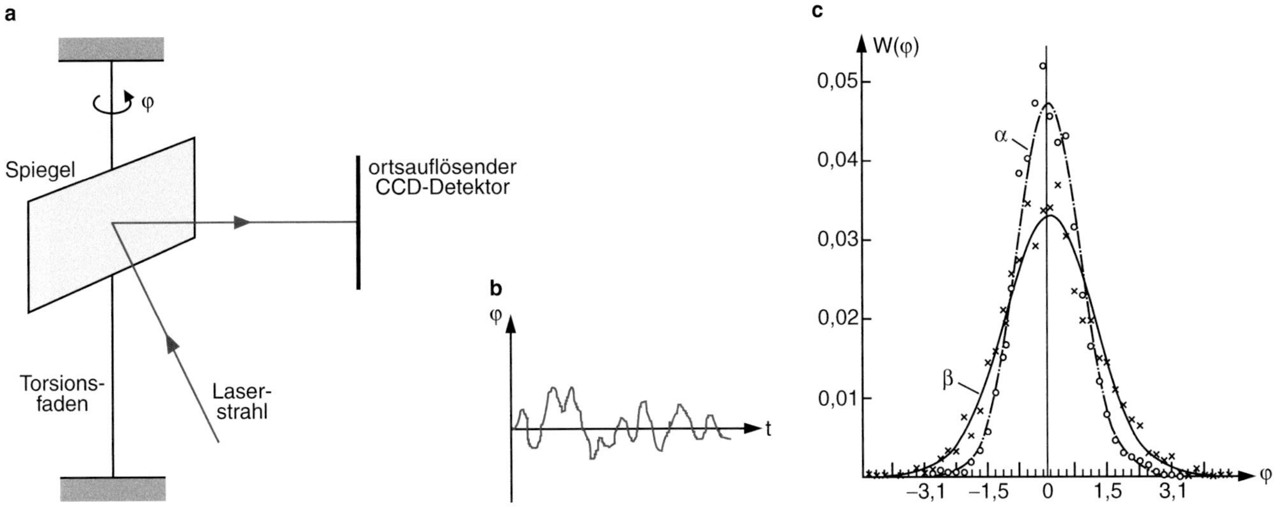

Abbildung 2.17 Bestimmung der Boltzmann-Konstante k aus der Brown'schen Molekularbewegung. **a** Experimenteller Aufbau; **b** statistische Spur des Lichtzeigers; **c** gaußförmige Häufigkeitsverteilung $W(\varphi)$ der Auslenkung φ für eine Mittelungszeit α) 0,55 s und β) 0,27 s [16]

Da die Verteilungsfunktion $f(\xi)$ symmetrisch ist, kann man dies schreiben als

$$\Delta N = \frac{1}{2} G \cdot A \int_{\xi=-\infty}^{+\infty} \xi^2 f(\xi)\,\mathrm{d}\xi = \frac{1}{2} G \cdot A \cdot \langle \xi^2 \rangle\,,$$

weil der Mittelwert von ξ^2 mithilfe der Verteilungsfunktion als

$$\langle \xi^2 \rangle = \int_{-\infty}^{+\infty} \xi^2 f(\xi)\,\mathrm{d}\xi$$

definiert ist (Bd. 1, Abschn. 7.3).

Einsetzen in (2.17) liefert für den Betrag der Teilchenstromdichte des Diffusionsstromes $j_{\mathrm{Diff}} = \Delta N/(A \cdot \Delta t)$:

$$j_{\mathrm{Diff}} = \frac{1}{2} \frac{\langle \xi^2 \rangle}{\Delta t} \cdot G\,. \qquad (2.20)$$

Schreibt man gemäß (2.8) die Diffusionsstromdichte als

$$j_{\mathrm{Diff}} = -D \frac{\partial n}{\partial x}\,,$$

so erhält man mit (2.9) für den Diffusionskoeffizienten D kugelförmiger Teilchen mit Radius r:

$$D = \frac{1}{2} \frac{\langle \xi^2 \rangle}{\Delta t} = \frac{kT}{6\pi \eta r}\,. \qquad (2.21)$$

Die mittlere quadratische Auslenkung der Teilchen

$$\langle \xi^2 \rangle = \frac{kT}{3\pi \eta r} \cdot \Delta t \qquad (2.22)$$

hängt von der Temperatur T, der Zähigkeit η des Mediums und dem Radius r der beobachteten Teilchen ab und wächst linear mit der Länge des Beobachtungszeitraumes Δt.

Die Größe $\sqrt{\langle \xi^2 \rangle}$, die ein Maß für die mittlere Abweichung der Teilchen von ihrer ursprünglichen Lage ist, wächst also proportional zur Wurzel aus der Zeitspanne Δt.

Die Art der Wechselwirkung der sich statistisch bewegenden Teilchen mit den sie stoßenden Atomen und deren Dichte steckt summarisch in der Zähigkeit η.

Wie von *Eugen Kappler* (1905–1977) 1939 experimentell demonstriert wurde [16], lässt sich die mittlere quadratische Abweichung $\langle \xi^2 \rangle$ der Brown'schen Molekularbewegung sehr genau messen und daraus gemäß (2.22) die Boltzmann-Konstante k bestimmen. Dazu wird heutzutage die moderne Version der Kappler'schen Anordnung in Abb. 2.17 verwendet, in der die durch Stöße mit Luftmolekülen verursachte Brown'sche Torsionsbewegung eines an einem dünnen Torsionsfaden aufgehängten kleinen Spiegels gemessen werden kann durch Beobachtung der Auslenkung eines am Spiegel reflektierten Lichtstrahls, für den heute ein Laserstrahl benutzt wird.

Da das System nur einen Freiheitsgrad der Bewegung hat, den wir durch den Auslenkungswinkel φ beschreiben, gelten für die mittlere potentielle und kinetische Energie bei Schwankungen um die Ruhelage $\varphi = 0$ mit $E_{\mathrm{pot}}(0) = 0$, die durch einen Stoß mit einem Luftmolekül auf den Spiegel übertragen wurden:

$$\langle E_{\mathrm{pot}} \rangle = \frac{1}{2} D_{\mathrm{r}} \langle \varphi^2 \rangle = \frac{1}{2} kT\,, \qquad (2.23a)$$

$$\langle E_{\mathrm{kin}} \rangle = \frac{1}{2} I \langle \dot{\varphi}^2 \rangle = \frac{1}{2} kT\,, \qquad (2.23b)$$

wobei D_r die Rückstellkonstante des verdrillten Fadens und I das Trägheitsmoment des schwingenden Systems sind (siehe Bd. 1, Abschn. 5.6).

Misst man die in Abb. 2.17b gezeigten Lichtzeigerauslenkungen und damit die Abweichungen φ von der Ruhelage $\varphi = 0$, so ergibt sich für die Häufigkeitsverteilung eine Gaußkurve (Abb. 2.17c)

$$W(\varphi) = W(0) \cdot e^{-\varphi^2/\langle\varphi^2\rangle} . \tag{2.24}$$

Aus der vollen Halbwertsbreite

$$\Delta\varphi = 2 \cdot \sqrt{\langle\varphi^2\rangle \ln 2}$$

dieser Häufigkeitsverteilung $W(\varphi)$ erhält man gemäß der Relation (2.23a) die Beziehung

$$\langle\varphi^2\rangle = \frac{kT}{D_r} = \frac{\Delta\varphi^2}{4 \cdot \ln 2} ,$$

aus der die Boltzmann-Konstante k bestimmt werden kann.

Anmerkung. Es mag überraschen, dass $\langle\varphi^2\rangle$ nicht vom Trägheitsmoment I abhängt. Dies liegt daran, dass $\langle\varphi^2\rangle$ solange anwächst, bis das rücktreibende Drehmoment des tordierten Fadens das durch die Stöße übertragene Drehmoment kompensiert. Bei großem I dauert es länger, bis diese Gleichgewichtslage erreicht wird, aber $\langle\varphi^2\rangle$ bleibt unabhängig von I.

2.3.2 Nebelkammer

In der von *Charles Th. Wilson* (1869–1959) 1911 entwickelten Nebelkammer wird die Spur einzelner schneller Atome, Ionen oder Elektronen sichtbar gemacht. Ein Teilchen mit genügend hoher kinetischer Energie kann bei Stößen mit den Atomen des Füllgases in der Kammer diese Atome ionisieren. Die Ionen entlang der Teilchenspur wirken in einem übersättigtem Wasserdampf als Kondensationskeime für die Bildung kleiner Wassertröpfchen (siehe Bd. 2, Abb. 2.33), die bei Beleuchtung infolge der Mie-Streuung als feine helle Spur sichtbar sind (Abb. 2.18). Auch hier sieht man die Atome nicht direkt, aber man kann über die Tröpfchenbildung ihre Bahn verfolgen. Die Nebelkammer wurde früher in der Kernphysik zur Untersuchung von Kernreaktionen eingesetzt (siehe Bd. 4). Heute wird sie überwiegend für Demonstrationszwecke, z. B. zur Sichtbarmachung radioaktiver Teilchenstrahlung, verwendet. Sie wird ausführlicher in Bd. 4 behandelt.

2.3.3 Mikroskope mit atomarer Auflösung

In den letzten Jahren sind Geräte entwickelt worden, mit denen eine räumliche Auflösung im Subnanometerbereich möglich ist und mit denen einzelne Atome „sichtbar" gemacht werden können. Da die physikalischen Grundlagen für ihr Funktionsprinzip auf den Ergebnissen von Atom- und Festkörperphysik beruhen, die erst später dargestellt werden, kann hier nur eine kurze Erläuterung ihrer Arbeitsweise und ihrer Möglichkeiten gegeben werden.

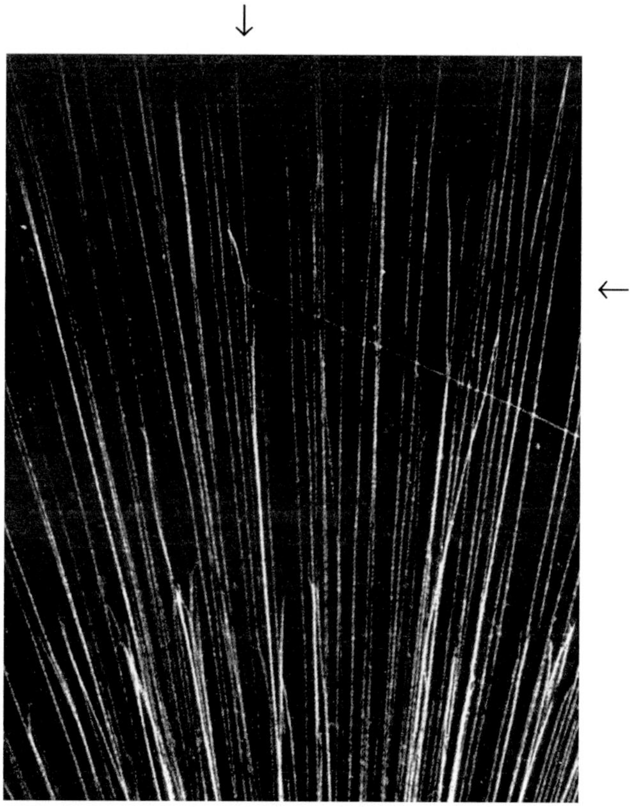

Abbildung 2.18 Nebelkammeraufnahme der Spuren von α-Teilchen (Helium-Kerne), die von einer Quelle unterhalb des unteren Bildrands emittiert werden. Ein α-Teilchen stößt am Kreuzungspunkt der beiden Pfeile gegen einen (unsichtbaren) Stickstoffkern, der in einen ${}^{17}_{8}$O-Kern und ein Proton umgewandelt wird. Der O-Kern fliegt nach links oben, das Proton nach rechts unten. Aus W. Finkelnburg: *Einführung in die Atomphysik* (Springer, Berlin, Heidelberg 1976)

a) Feldemissionsmikroskop

Das älteste dieser Instrumente ist das von *Erwin W. Müller* (1911–1977) entwickelte Feldemissionsmikroskop (Abb. 2.19), das nach Vorarbeiten seit 1936 [17] im Jahre 1951 erstmals realisiert wurde [18]. Eine feine Spitze eines Wolframdrahtes in der Mitte eines evakuierten Glaskolbens dient als Kathode, der eine Anode in Form einer Kugelkalotte im Abstand von 10–20 cm gegenübersteht. Legt man zwischen Anode und Kathode eine Spannung U von einigen kV an, so ist die elektrische Feldstärke $\boldsymbol{E}$ an der fast halbkugelförmigen Wolframspitze mit Krümmungsradius r durch

$$\boldsymbol{E} = \frac{U}{r}\hat{\boldsymbol{r}}$$

gegeben. Durch Ätztechniken lassen sich Spitzen mit $r < 10$ nm herstellen, sodass bereits bei einer Spannung von $U = 1$ kV die Feldstärke an der Oberfläche der Spitze $E \geq 10^{11}$ V/m wird. Solche Feldstärken reichen aus, um Elektronen aus dem Metall herauszuziehen (*Feldemission*, siehe Abschn. 13.5). Diese Elektronen werden durch das elektrische Feld beschleunigt, folgen den radialen Feldlinien und treffen auf einen Leuchtschirm auf der kugelförmigen Anode mit Kugelradius R, wo jedes Elektron

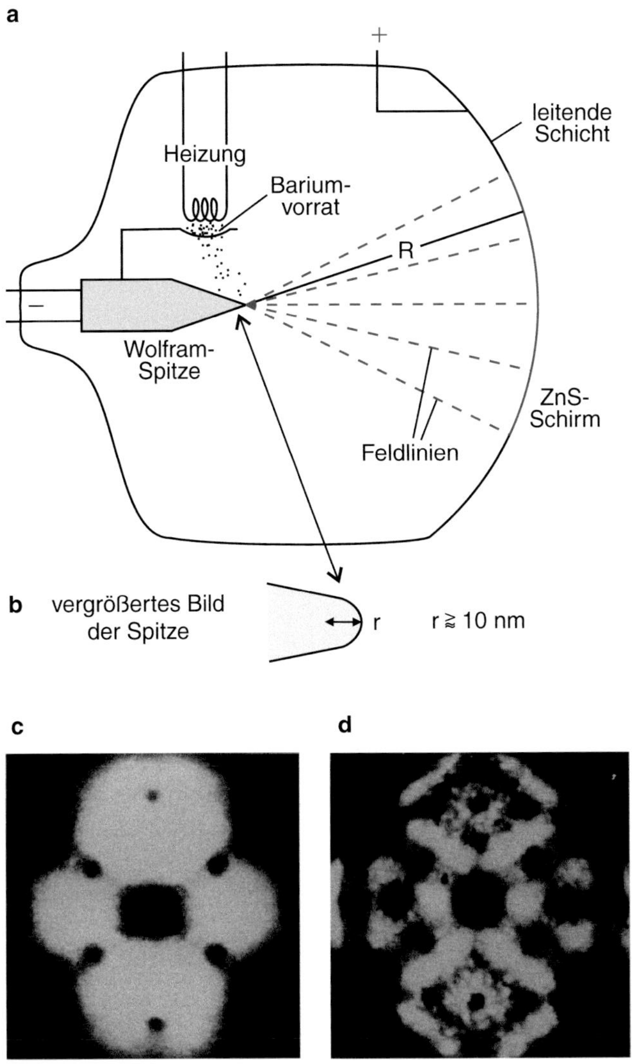

Abbildung 2.19 **a** Aufbauprinzip des Feldelektronenmikroskops. **b** Vergrößertes Bild der Spitze. **c** Abbild der Struktur der Wolfram-Oberfläche der Spitze auf dem ZnS-Schirm. **d** Sichtbarmachung von Barium-Atomen auf der Wolfram-Oberfläche

einen Lichtblitz erzeugt, genau wie beim Oszillographenschirm. Die meisten Elektronen kommen von den Orten der Oberfläche, wo Minima der Austrittsarbeit auftreten. Diese Orte erscheinen auf dem Leuchtschirm im Maßstab $V = R/r$ vergrößert. Mit $R = 10\,\text{cm}$, $r = 10\,\text{nm}$ erreicht man eine Vergrößerung von 10^7 (Abb. 2.19c).

Auch hier misst man jedoch nur den Ort der Elektronenemission und gewinnt keine direkte Information über die Struktur des Atoms. Bringt man jetzt Atome mit kleiner Elektronenaustrittsarbeit auf die Oberfläche (z. B. durch Aufdampfen von Barium), so kommt die Elektronenemission überwiegend von diesen Atomen. Man kann daher auf dem Leuchtschirm den Ort und die Bewegung der Ba-Atome in 10^7-facher Vergrößerung beobachten (Abb. 2.19d).

b) Transmissions-Elektronenmikroskop

Das von *Ernst Ruska* (1906–1988, Nobelpreis 1986) im Jahre 1932 erstmals realisierte Elektronenmikroskop ist inzwischen soweit verbessert worden, dass es eine räumliche Auflösung von 0,1 nm erreicht [19–22]. Es benutzt zur Abbildung Elektronen, die aus einer kleinen Fläche einer geheizten Kathode (Haarnadelkathode) emittiert und durch hohe Spannung (bis 500 kV) beschleunigt werden. Mit Hilfe speziell geformter elektrischer oder magnetischer Felder (Elektronenoptik, siehe Abschn. 2.6 und Bd. 2, Abschn. 3.3.4 sowie [23]) werden die Elektronen auf die zu untersuchende Probe, welche in der Form einer dünnen Schicht präpariert ist, abgebildet (Abb. 2.20). Die Elektronen werden beim Durchdringen der Schicht durch elastische Stöße abgelenkt und können durch unelastische Stöße Energie verlieren.

Die transmittierten Elektronen werden durch ein weiteres Abbildungssystem auf einem Leuchtschirm abgebildet, wo ein stark vergrößertes Bild der Absorptions- bzw. Streuzentren entsteht, das mit einem weiter vergrößernden Lichtmikroskop direkt beobachtet oder über ein elektronisches Bildverarbeitungssystem auf einem Bildschirm sichtbar gemacht werden kann (Abb. 2.21).

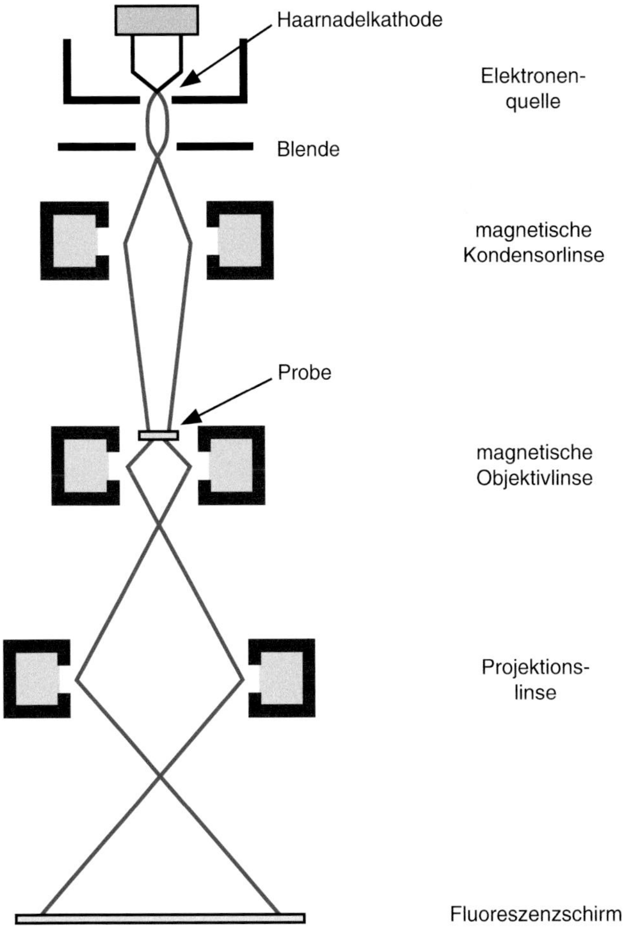

Abbildung 2.20 Prinzip des Transmissions-Elektronenmikroskops

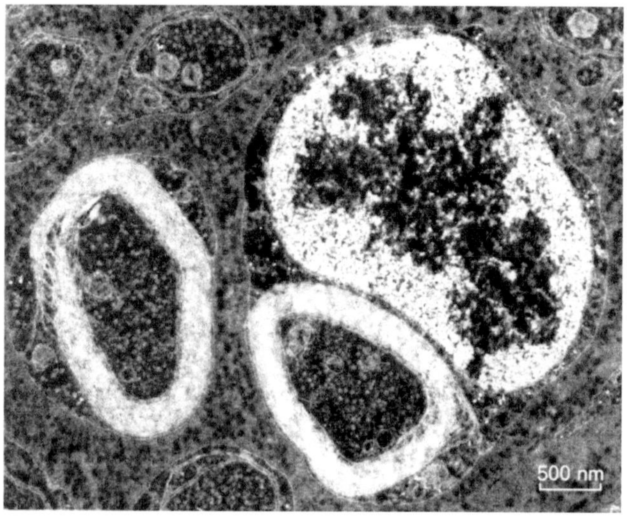

Abbildung 2.21 Aufnahme von Nervenzellen in einem dünnen, ungefärbten Schnitt, sichtbar gemacht mit einem Transmissions-Elektronenmikroskop. Mit freundlicher Genehmigung der Firma Zeiss, Oberkochen

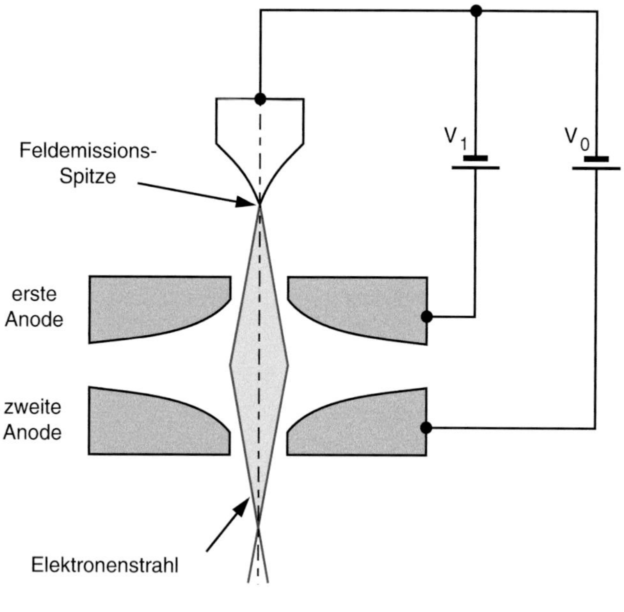

Abbildung 2.22 Als fast punktförmige Elektronenquelle wird oft eine Feldemissionsspitze verwendet

Um eine möglichst punktförmige Elektronenquelle zu realisieren (dies erhöht das räumliche Auflösungsvermögen), kann man wie beim Feldemissions-Mikroskop die Feldemission aus einer scharfen Spitze verwenden. Die austretenden Elektronen werden dann durch ein elektronenoptisches Abbildungssystem in einen Fokus abgebildet (Abb. 2.22).

Die Nachteile des Transmissions-Elektronenmikroskops sind:

- Weil die Materie für Elektronen einen großen Absorptionsquerschnitt hat, ist die Eindringtiefe der Elektronen gering. Man muss daher dünne Schichten verwenden.
- Um hohen Kontrast und ausreichende Bildintensität zu erreichen, muss der Elektronenstrahl eine große Intensität haben.
- Die Probe heizt sich stark auf, kann sich dabei verändern oder sogar zerstört werden (biologische Zellen).

Diese Nachteile werden beim Raster-Elektronenmikroskop weitgehend vermieden.

c) Raster-Elektronenmikroskop

Beim Rasterelektronenmikroskop (Abb. 2.23) wird der Elektronenstrahl durch ein System von magnetischen oder elektrostatischen Linsen auf die Probenfläche fokussiert und erzeugt dort durch Anregung der Atome Lichtemission, die wiederum durch ein Bildverstärkersystem abgebildet wird. Durch zeitprogrammierte Ablenkspannungen wird der Elektronenstrahl rasterförmig, wie in der Fernsehröhre, über ein Flächenelement der Probe geführt und erlaubt daher die Abbildung von gewünschten Teilen der Oberfläche [24, 25].

Die von dem getroffenen Flächenelement $dx \cdot dy$ emittierten Sekundärelektronen werden durch ein elektrisches Abziehfeld auf

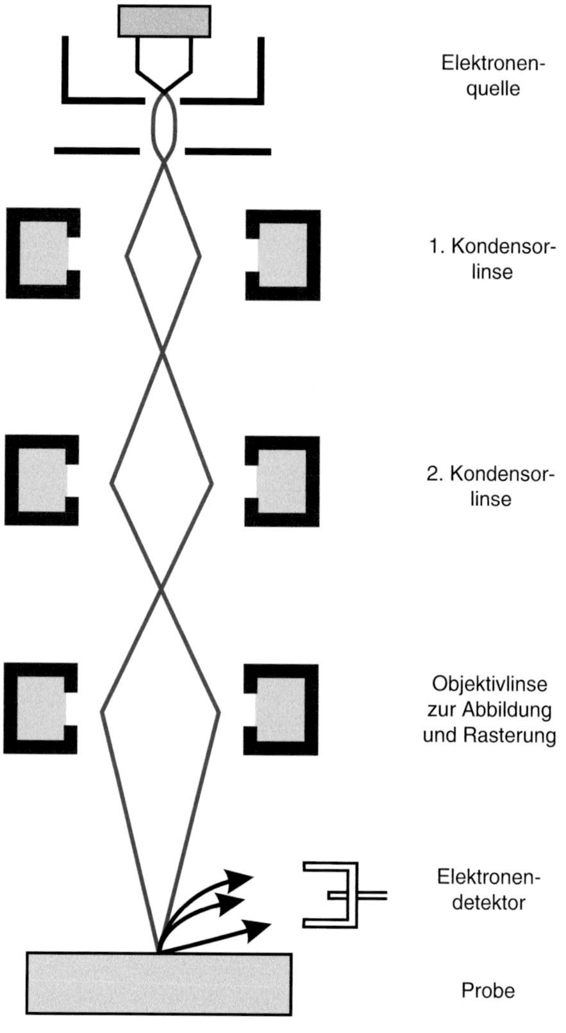

Abbildung 2.23 Prinzip des Raster-Elektronenmikroskops

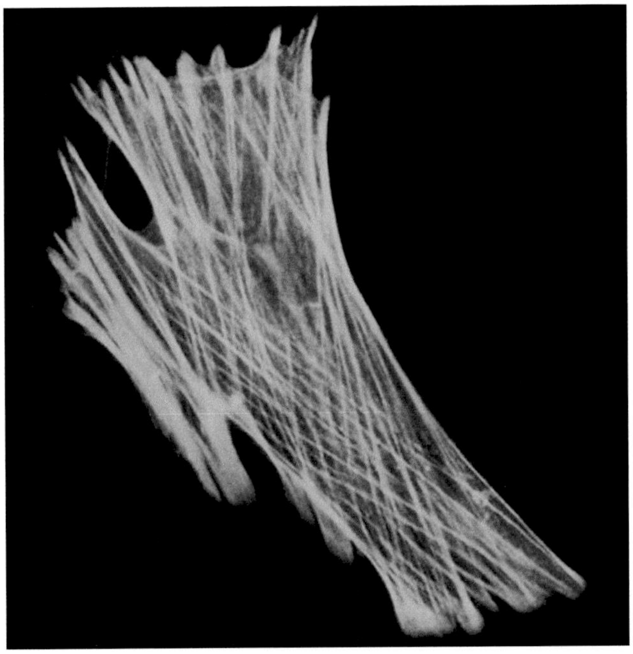

Abbildung 2.24 Elektronenmikroskopische Aufnahme des fluoreszierenden Proteins mTFP1 verbunden mit menschlichem Beta-Aktinin. http://zeiss-campus.magnet.fsu.edu/galleries/index.html

einen Detektor abgebildet und erzeugen dort ein Signal $S(x, y)$, das von der Beschaffenheit des Flächenelementes $dx \cdot dy$ an der Stelle (x, y) abhängt (Abb. 2.24).

Statt der Sekundärelektronen oder des durch den von den auftreffenden Elektronen angeregten Molekülen ausgesandten Lichts können auch die rückgestreuten Elektronen verwendet werden.

Die Elektronenmikroskopie hat vor allem in der Biologie und Zellforschung zu vielen neuen Erkenntnissen geführt, weil man mit diesen Instrumenten die Details in biologischen Zellen erkennen kann und bei in vivo Messungen auch ihre zeitliche Entwicklung, d. h. die dynamischen Prozesse im Zellinneren verfolgen kann [26, 27].

d) Rastertunnelmikroskop

Die bisher größte Auflösung von Strukturen auf leitenden Oberflächen erzielt man mit dem von *Gerd Binnig* (* 1947) und *Heinrich Rohrer* (* 1933) 1984 entwickelten Rastertunnelmikroskop [28], das wie das Feldemissions-Mikroskop auf der Feldemission von Elektronen beruht (Abb. 2.26). Für diese Erfindung erhielten die beiden Forscher zusammen mit *Ernst Ruska* 1986 den Nobelpreis. Auch hier wird eine sehr fein geätzte Wolframspitze verwendet, die jetzt allerdings über einen raffinierten dreidimensionalen Justiermechanismus an eine beliebige Stelle einer zu untersuchenden elektrisch leitenden Oberfläche gebracht werden kann [29–32].

Zwischen Spitze (Kathode) und Oberfläche (Anode) wird eine kleine elektrische Spannung angelegt (einige Volt). Wird die Spitze nahe genug an die Oberfläche herangeführt (bis auf wenige Å), so können die Elektronen auf Grund des Tunneleffektes (siehe Abschn. 4.2.3) den kleinen Zwischenraum zwischen den Leitern überwinden. Der Tunnelstrom hängt exponentiell von

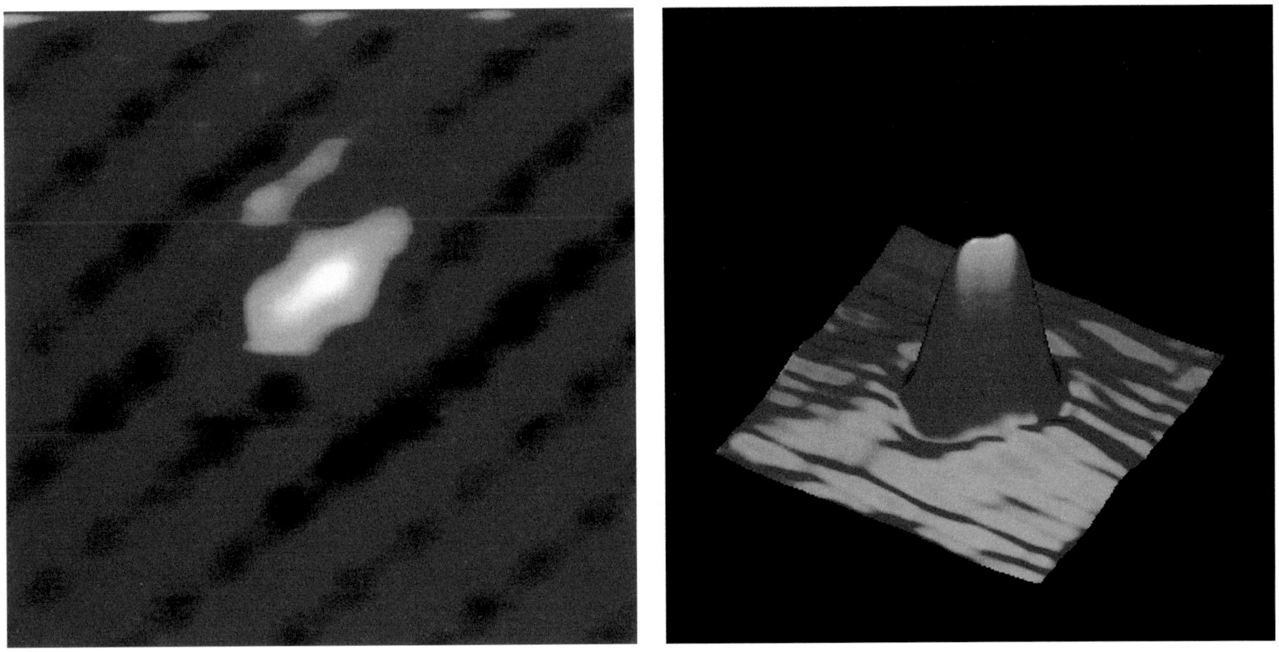

Abbildung 2.25 Chemisorbiertes Äthylenmolekül auf einer Cu-(110)-Oberfläche, sichtbar gemacht mit einem Tunnelmikroskop. *Oben*: direkte Aufnahme beim Scannen der Spitze. *Unten*: dreidimensionale, in der Senkrechte überhöhte Computerdarstellung. Mit freundlicher Genehmigung von Prof. Dr. A.M. Bradshaw, Berlin

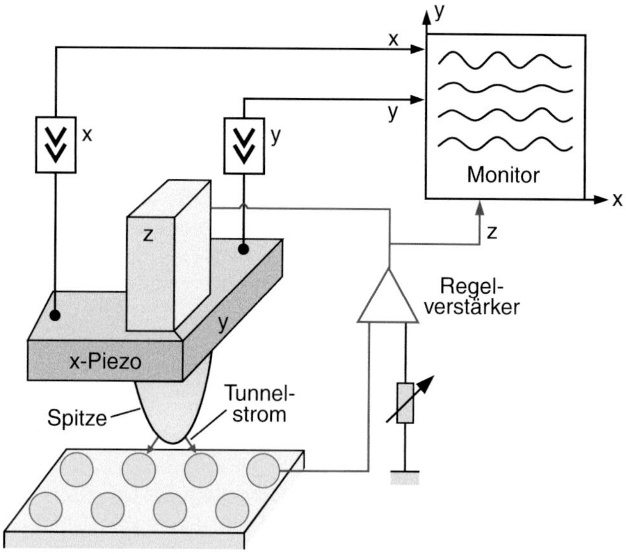

Abbildung 2.26 Raster-Tunnelmikroskop

Kapitel 2

der Spannung zwischen Spitze und Festkörper und vom Abstand zwischen Spitze und Oberfläche ab und damit von der Struktur der Oberfläche. Fährt man mithilfe von Piezoelementen (dies sind keramische Zylinder, deren Länge sich bei Anlegen einer elektrischen Spannung je nach Polarität vergrößert oder verkleinert) die Spitze über die Oberfläche und regelt den Abstand Spitze–Oberfläche so nach, dass immer ein konstanter Tunnelstrom fließt, so spiegelt die Vertikalbewegung der

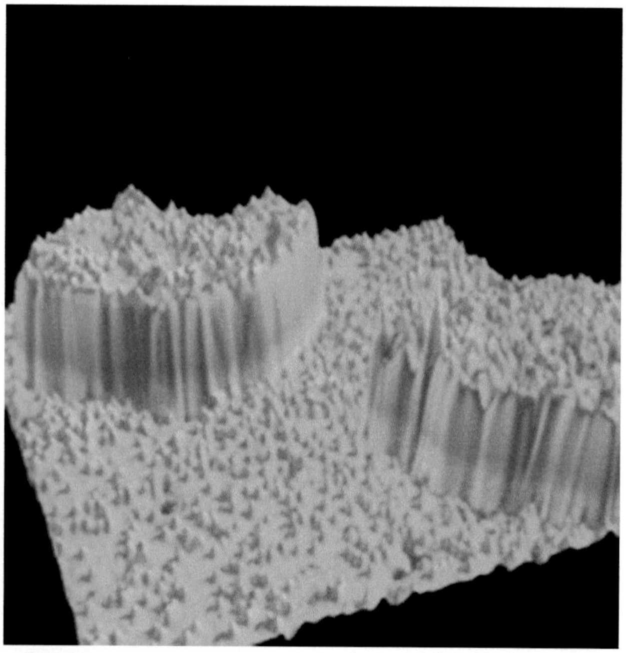

Abbildung 2.27 Rastertunnel-Aufnahme einer Einkristall-Oberfläche, die mit Inseln von Chromatomen bedeckt ist. https://upload.wikimedia.org/wikipedia/commons/thumb/e/ea/St2930_gail.gif/220px-St2930_gail.gif

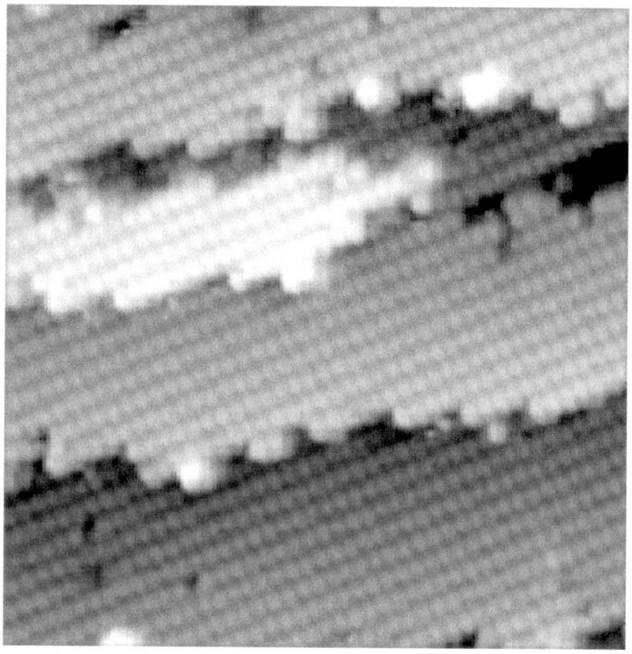

Abbildung 2.28 Arsen-Atome an der Oberfläche eines Galliumarsenid-Einkristalls, sichtbar gemacht mit einem Rastertunnelmikroskop (Bildgröße 17 nm × 17 nm). Nichtperiodische Strukturen wie Leerstellen und Stufen können auf atomarer Skala untersucht werden. Mit freundlicher Genehmigung von A.J. Heinrich, M. Wenderoth und R.G. Ulbrich, Göttingen

Spitze die Oberflächenstruktur wider (Abb. 2.27), die aus der entsprechenden Regelspannung abgelesen und auf einem Computerbildschirm als Funktion von x und y vergrößert als dreidimensionales „Bild" der Oberfläche sichtbar gemacht werden kann (Abb. 2.28). Auch hier sieht man, wie beim Feldelektronenmikroskop, die Überlagerung der Höhenstruktur $z(x, y)$ mit der ortsabhängigen Austrittsarbeit der Elektronen $W(x, y)$.

e) Atomares Kraftmikroskop

Inzwischen wurden Rastermikroskope mit feinen Spitzen entwickelt, bei denen nicht der Tunnelstrom, sondern die atomaren Kräfte zwischen Oberflächenatomen und der Spitze als Messgröße verwendet werden. Der Vorteil der ***Kraftmikroskope*** (Abb. 2.29) ist ihre Anwendbarkeit auch auf nichtleitende Oberflächen. Die Kräfte werden bestimmt über die Auslenkung der ausbalancierten Spitze, die mithilfe eines am Hebel reflektierten Laserstrahls gemessen wird [33, 34]. Eine eindrucksvolle Demonstration der Möglichkeiten dieses Mikroskops wurde zuerst von Wissenschaftlern am IBM-Forschungszentrum in San José gegeben. Hier wurde eine Oberfläche mit wenigen Xenonatomen bedeckt. Mit Hilfe des Kraftmikroskops wurden diese Atome dann an vorgegebene Stellen transportiert und dort abgelagert, sodass die Atome den Schriftzug IBM mit einer Buchstabengröße von etwa 1 nm bildeten. Dies wurde wiederum mit dem Kraftmikroskop beobachtet (Abb. 2.30). Dies ist die bisher wohl eindrucksvollste „Sichtbarmachung" einzelner Atome, weil hier nicht nur der Ort, sondern auch die Größe der Atome gemessen wird [31].

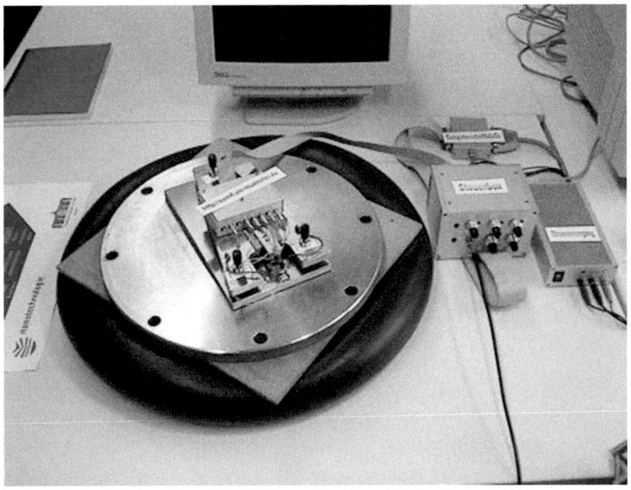

Abbildung 2.29 Raster-Kraftmikroskop im Eigenbau http://sxm4.uni-muenster.de/introduction-de.html

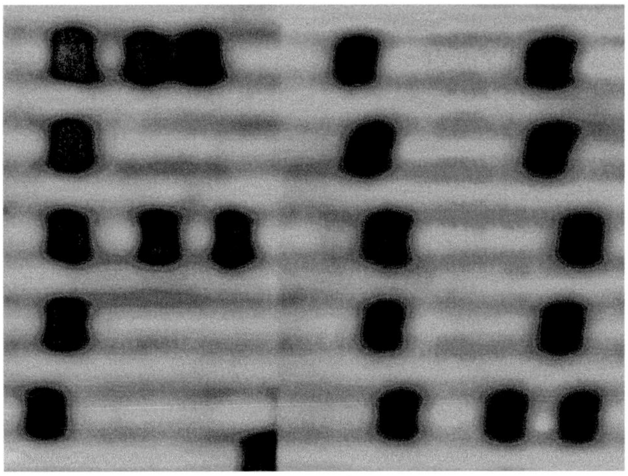

Abbildung 2.31 Buchstabenanordnung aus einzelnen CO-Molekülen auf einer Kupferoberfläche, manipuliert mit dem Kraftmikroskop. Mit freundlicher Genehmigung von Prof. Rieder, FU Berlin [34]

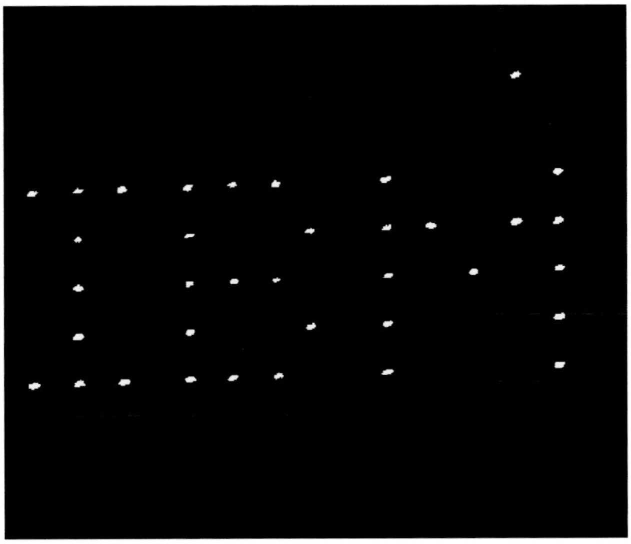

Abbildung 2.30 Manipulation von einzelnen Xe-Atomen auf einer Nickel-(110)-Oberfläche mithilfe des Kraftmikroskops [33]. Mit freundlicher Genehmigung von Dr. Eigler

Das Verfahren funktioniert auch mit Molekülen, wie von *Rieder* und Mitarbeitern (FU Berlin) am Beispiel von CO-Molekülen demonstriert wurde [34], die auf einer Kupferoberfläche so gezielt deponiert wurden, dass die Buchstaben FU (für Freie Universität) sichtbar wurden (Abb. 2.31). Für einen Überblick der verschiedenen Techniken wird auf [35, 36] verwiesen.

Interessante Anwendungen hat das Kraftmikroskop in der Zellbiologie gefunden, wo es die molekulare Anordnung unterschiedlicher Membranproteine mit ihrer dreidimensionalen Struktur sichtbar machen kann. Selbst kleinste Details wie Poren oder Zellkanäle können aufgelöst werden [36].

2.4 Bestimmung der Atomgröße

Man kann mithilfe verschiedener experimenteller Verfahren eine Abschätzung der Atomgrößen erhalten. Nimmt man an, dass in einer Flüssigkeit (z. B. in flüssigem Argon oder Helium) die Atome dicht gepackt sind, so ergibt sich aus dem messbaren Volumen V_M eines Mols mit der Molmasse M_M und der messbaren Dichte ϱ_fl das Volumen V_a eines Atoms zu

$$V_\mathrm{a} \lesssim V_\mathrm{M}/N_\mathrm{A} = M_\mathrm{M}\big/(\varrho_\mathrm{fl} \cdot N_\mathrm{A})$$

und damit bei einem Kugelmodell für die Atome der „Atomradius" r_0 zu

$$r_0 \lesssim \left(3V_\mathrm{a}/4\pi\right)^{1/3} . \tag{2.25}$$

Wir wollen hier zwei weitere Verfahren kurz besprechen, werden dann in Abschn. 2.8 allerdings sehen, dass Atome nicht als kleine starre Kugeln mit wohldefinierten Radien angesehen werden können, sondern dass es eine räumliche Ladungsverteilung im Atom gibt, die *verschieden* ist von seiner Masseverteilung. Die Definition von Atomradien und Atomgrößen ist deshalb nicht eindeutig und hängt von der Art der Wechselwirkung des Atoms mit seiner Umgebung ab. Die gemessenen Atomgrößen hängen daher etwas von der Methode ab, die zu ihrer Bestimmung verwendet wird.

2.4.1 Bestimmung von Atomgrößen aus dem Kovolumen der van-der-Waals-Gleichung

In Bd. 1, Abschn. 10.4 wurde gezeigt, dass ein reales Gas in guter Näherung durch die van-der-Waals'sche Zustandsgleichung

$$\left(p + \frac{a}{V_\mathrm{M}^2}\right)(V_\mathrm{M} - b) = R \cdot T \tag{2.26}$$

beschrieben werden kann, wobei V_M das Volumen ist, welches 1 mol des Gases beim Druck p und der Temperatur T einnimmt. Die Größe $b = 4N_A V_a$ gibt das vierfache Eigenvolumen aller N_A Atome im Volumen V_M an (siehe Aufgabe 2.10). Das Volumen

$$V_a = \frac{b}{4N_A} \tag{2.27}$$

eines Atoms erhält man bei Kenntnis der Avogadrokonstante N_A dann durch Bestimmung der Konstanten b aus der Messung des Druckverlaufs $p(T)$ eines konstanten Gasvolumens V_M bei Variation der Temperatur T.

2.4.2 Abschätzung der Atomgrößen aus den Transportkoeffizienten in Gasen

Wenn eine physikalische Größe wie Masse, Energie oder Impuls über ein Gasvolumen nicht konstant ist, so treten Transportvorgänge auf, die zum Ausgleich der bestehenden Unterschiede führen. Besteht ein Dichtegradient, so tritt ***Diffusion*** auf; dabei wird Masse transportiert. Besteht ein Temperaturgradient, so tritt ***Wärmeleitung*** auf, und Energie wird transportiert. Besteht ein Geschwindigkeitsgradient, so wird sich der Geschwindigkeitsgradient infolge der ***inneren Reibung*** (Viskosität) ausgleichen, dabei wird Impuls transportiert.

Alle diese Transportvorgänge werden in Gasen bestimmt durch die mittlere freie Weglänge Λ (siehe Bd. 1, Abschn. 7.3.6), die wiederum vom Stoßquerschnitt σ abhängt. Dabei ist der Stoßquerschnitt $\sigma = \pi(r_1 + r_2)^2$ definiert als eine Kreisscheibe um den Mittelpunkt eines Atoms A mit Radius r_1, durch die Atome B mit Radius r_2 fliegen müssen, um einen Stoß zu erleiden (Abb. 2.32b). Für das Modell starrer gleicher Kugeln mit einem Durchmesser d ist $\sigma = \pi \cdot d^2$ (Abb. 2.32a). In einem Gas im thermischen Gleichgewicht mit einer Teilchenzahldichte n erhält man für die freie Weglänge

$$\Lambda = \frac{1}{\sqrt{2} \cdot n \cdot \sigma} = \frac{kT}{\sqrt{2} \cdot p \cdot \sigma}, \tag{2.28}$$

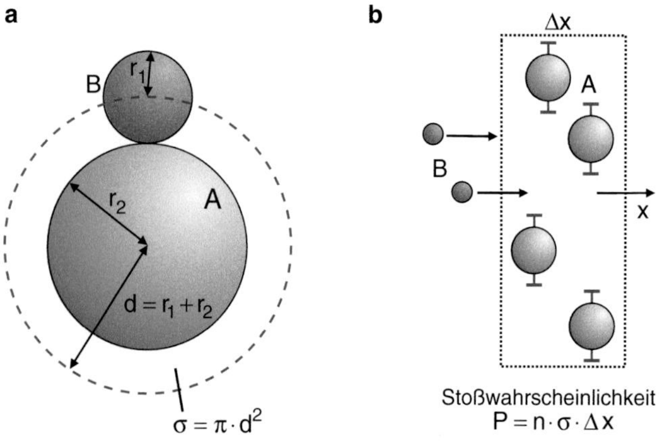

Abbildung 2.32 Zur Definition der Atomgröße aus dem Stoßquerschnitt $\sigma = \pi d^2$

wobei $p = n \cdot k \cdot T$ der Gasdruck ist und der Faktor $\sqrt{2}$ daher rührt, dass bei gleichen Teilchen die mittlere Relativgeschwindigkeit $\bar{v}_r = \sqrt{2} \cdot \bar{v}$ um den Faktor $\sqrt{2}$ größer ist als die mittlere Absolutgeschwindigkeit.

Man sieht, dass Λ umgekehrt proportional zum Wirkungsquerschnitt $\sigma = \pi \cdot d^2$ ist. Man kann also durch Bestimmung der mittleren freien Weglänge Informationen über den Stoßquerschnitt σ und damit über den Atomradius $r = d/2$ erhalten.

Die oben aufgeführten Transportphänomene hängen nun direkt mit der freien Weglänge Λ zusammen (siehe auch Bd. 1, Abschn. 7.5).

- **Diffusion**. Besteht ein Dichtegradient $\mathrm{d}n/\mathrm{d}z$, so wird infolge der Diffusion pro Zeit durch die Fläche A die Masse $\mathrm{d}M/\mathrm{d}t$ transportiert. In einem Gas mit der Atommasse m und der Atomzahldichte n ist dann die Massenflussdichte

$$j_{mz} = \frac{1}{A}\frac{\mathrm{d}M}{\mathrm{d}t} = -D \cdot m \cdot \frac{\mathrm{d}n}{\mathrm{d}z}. \tag{2.29}$$

Der Diffusionskoeffizient D wird dabei

$$D = \frac{1}{3}\bar{v} \cdot \Lambda = \frac{2\pi \cdot m}{3p\sigma}\left(\frac{kT}{\pi \cdot m}\right)^{3/2}, \tag{2.30}$$

wenn man für die mittlere Geschwindigkeit $\bar{v} = \left(8kT/\pi \cdot m\right)^{1/2}$ der Atome mit Masse m und für die mittlere freie Weglänge $\Lambda = 1/(n \cdot \sigma \cdot \sqrt{2}) = kT/(\sqrt{2} \cdot p \cdot \sigma)$ einsetzt (siehe Bd. 1, Abschn. 7.5.1).

- **Wärmeleitung**. Besteht in einem Gas ein Temperaturgradient $\mathrm{d}T/\mathrm{d}z$, so ist die pro Zeiteinheit durch die Fläche A strömende Wärmemenge (nach Bd. 1, Abschn. 10.2.2)

$$\frac{\mathrm{d}Q}{\mathrm{d}t} = -\lambda \cdot A \cdot \frac{\mathrm{d}T}{\mathrm{d}z}. \tag{2.31}$$

Der Wärmeleitungskoeffizient λ ist bei Gasen mit der spezifischen Wärme c_V [J/kg · K] bestimmt durch

$$\lambda = \frac{1}{6} n \cdot m \cdot c_V \cdot \bar{v} \cdot \Lambda = \frac{c_V}{3\sigma}\sqrt{\frac{kT \cdot m}{\pi}}, \tag{2.32}$$

wobei m die Masse der Gasatome und n ihre Zahl pro Volumeneinheit ist. Der Druck $p = nkT$ ist proportional zur Teilchendichte n. Aus der Messung des Wärmeleitkoeffizienten λ lässt sich daher mit (2.32) der atomare Streuquerschnitt $\sigma = \pi d_0^2$ und damit die Atomgröße bestimmen, wenn man die spezifische Wärme c_V kennt.

- **Viskosität**. Bei einem mit der Geschwindigkeit v_y in y-Richtung strömenden viskosen Gas aus Atomen der Masse m und der Atomzahldichte n ist der pro Flächeneinheit und Zeiteinheit durch eine Ebene y = const. transportierte Impuls

$$\frac{\mathrm{d}\boldsymbol{p}_y}{\mathrm{d}t} = \frac{\mathrm{d}}{\mathrm{d}t}(n \cdot m \cdot \boldsymbol{v}_y) = F_y, \tag{2.33a}$$

wobei F_y die in y-Richtung wirkende Kraft ist, die notwendig ist, um die Reibungskraft zu kompensieren und stationäre Strömungsverhältnisse zu erhalten. Wenn das Gas zwischen zwei Platten in den Ebenen $x = a$ und $x = b$ mit der Gesamtfläche A strömt, ist die Geschwindigkeit der Gasatome an den Platten kleiner als im Inneren und es bildet sich ein Geschwindigkeitsgefälle $\mathrm{d}v_y/\mathrm{d}x$ aus, dessen Betrag von der Viskosität η des Gases abhängt. Der wegen der Reibung zwischen den mit unterschiedlichen Geschwindigkeiten strömenden Schichten in x-Richtung pro Zeiteinheit übertragene Impuls ist

$$\frac{\mathrm{d}}{\mathrm{d}t}\left(\frac{\mathrm{d}j_{py}}{\mathrm{d}x}\right) = -\eta \cdot A \cdot \frac{\mathrm{d}\boldsymbol{v}_y}{\mathrm{d}x} = \boldsymbol{F}_\mathrm{r}\,, \qquad (2.33\mathrm{b})$$

wobei j_{py} die Impulsstromdichte ist (siehe Bd. 1, Abschn. 7.5.4 und Abschn. 8.5). Misst man die Reibungskraft $\boldsymbol{F}_\mathrm{r}$ und das Geschwindigkeitsgefälle $\mathrm{d}v_y/\mathrm{d}x$, so lässt sich der Reibungs-Koeffizient η bestimmen. Dieser hängt mit der freien Weglänge Λ und der mittleren Geschwindigkeit v der Gasatome zusammen:

$$\eta = \frac{1}{3} mn\bar{v}\Lambda = \frac{2}{3\pi\sigma}\sqrt{\pi mkT}\,. \qquad (2.34)$$

Man kann also aus (2.29)–(2.34) durch Messung von Diffusionskoeffizient, Viskositätskoeffizient oder Wärmeleitungskoeffizient den Wirkungsquerschnitt $\sigma = \pi d_0^2$ und damit den Durchmesser der Atome bestimmen, wenn man sie durch das Modell der harten Kugel beschreibt. Für andere Modelle ergeben sich etwas unterschiedliche Werte der Atomgrößen (siehe Abschn. 2.8).

2.4.3 Beugung von Röntgenstrahlung an Kristallen

Eine genaue Methode zur Bestimmung von Atomvolumina V_a beruht auf der Messung von Netzebenenabständen und Kristallstruktur in einem regelmäßigen Kristall mithilfe der Röntgenbeugung (Abschn. 2.2.3 und 11.4). Aus dem gemessenen Abstand d definierter Netzebenen in einem Kristall bekannter Struktur (siehe Abschn. 2.2.3d und 11.1.4) lässt sich das Volumen V_E der Einheitszelle bestimmen (Abb. 2.33). Kennt man außerdem den Raumfüllungsfaktor $f = (\sum V_\mathrm{a})/V_\mathrm{E}$ der Atome,

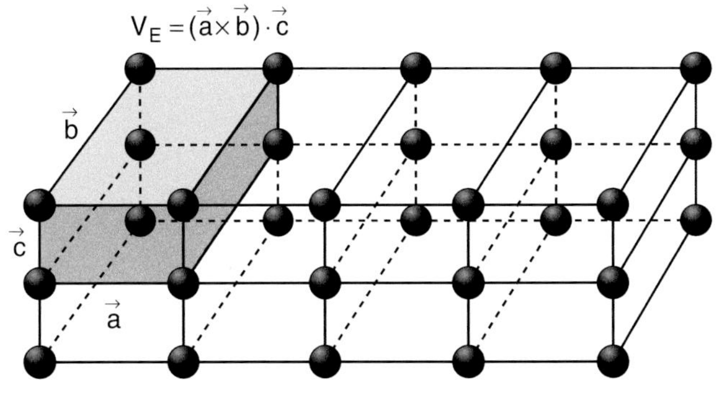

Abbildung 2.33 Einheitszelle eines regelmäßigen Kristalls

so ergibt sich bei N_E Atomen pro Einheitszelle das Atomvolumen zu

$$V_\mathrm{a} = f \cdot V_\mathrm{E}/N_\mathrm{E}\,. \qquad (2.35)$$

Beispiele

1. **Einfach kubischer Kristall** aus sich berührenden starren Kugeln mit Radius r_0, die an den 8 Ecken der Einheitszelle sitzen (Abb. 2.34a). Die Kantenlänge der kubischen Einheitszellen ist $a = 2 \cdot r_0$. Wie in

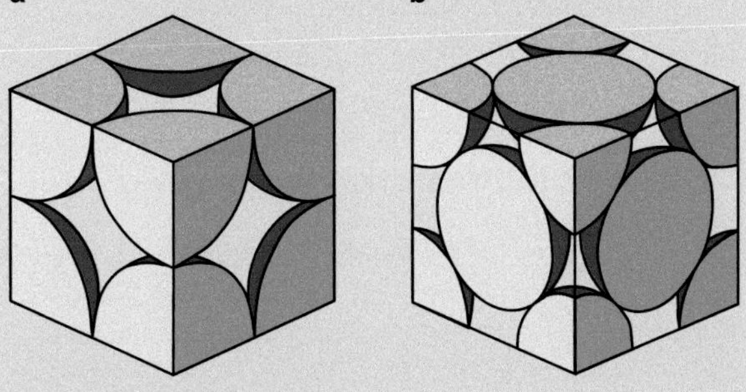

Abbildung 2.34 Zur Bestimmung des Raumfüllungsfaktors **a** in einem kubisch-primitiven Kristall, **b** in einem kubisch flächenzentrierten Kristall

Abb. 2.34a gezeigt, hat jede der acht Kugeln nur 1/8 ihres Volumens innerhalb der Einheitszelle. Der Raumfüllungsfaktor ist deshalb:

$$f = 8 \cdot \frac{1}{8} \cdot \frac{4}{3} \frac{\pi r_0^3}{(2r_0)^3} = \frac{\pi}{6} \approx 0{,}52\,.$$

2. **Kubisch raumzentrierter Kristall**. Hier sitzt eine zusätzliche Kugel im Zentrum der Einheitszelle. Die Kugeln berühren sich längs der Raumdiagonale, deren Länge also $d = 4r_0$ sein muss. Die Würfelkante ist dann $a = 4r_0/\sqrt{3}$. Da $1 + 8/8 = 2$ Kugeln zur Einheitszelle gehören, wird der Raumfüllungsfaktor

$$f = \frac{2 \cdot \frac{4}{3}\pi r_0^3}{\left(\frac{4}{\sqrt{3}} r_0\right)^3} = \frac{\sqrt{3} \cdot \pi}{8} \approx 0{,}68\,.$$

3. **Kubisch flächenzentrierter Kristall** (Abb. 2.34b). Hier sitzt zusätzlich zu den Atomen auf den Ecken des Würfels je eine Kugel in der Mitte jeder Begrenzungsfläche. Die Kugeln berühren sich längs der Flächendiagonale, deren Länge also $4r_0$ sein muss. Die Würfelkante ist $a = 4r_0/\sqrt{2}$. Zur Einheitszelle gehören $8 \cdot 1/8 + 6 \cdot 1/2 = 4$ Kugeln, und der Raumfüllungsfaktor ist:

$$f = \frac{4 \cdot \frac{4}{3}\pi r_0^3}{\left(\frac{4}{\sqrt{2}} \cdot r_0\right)^3} = \frac{\sqrt{2}}{6} \cdot \pi \approx 0{,}74\,.$$

■

Man sieht also, dass der flächenzentrierte kubische Kristall den größten Raumausfüllungsfaktor hat (dichteste Kugelpackung).

Auch hier wird in einer ersten Näherung das Modell der starren Kugel mit Radius r_0 für die Festkörperatome angenommen. Eine detaillierte Analyse der Röntgenbeugung (siehe Abschn. 11.4) zeigt jedoch, dass man auch die Struktur der Elektronenhülle der Atome bestimmen kann, also über das einfache Modell der starren Kugel hinausgehen kann.

2.4.4 Vergleich der Methoden zur Atomgrößenbestimmung

Die verschiedenen Methoden geben zwar alle die gleiche Größenordnung, aber etwas verschiedene Werte für die Atomradien, wie aus Tab. 2.2 zu sehen ist. Die Unterschiede hängen mit der Schwierigkeit der *Definition* des Atomradius zusammen. Bei einer starren Kugel ist der Radius r_0 wohldefiniert. Das reale Atom jedoch hat eine weit reichende Wechselwirkung, die aus abstoßendem und anziehendem Teil besteht. Man kann das Potential zwischen zwei Atomen A und B recht gut beschreiben durch das ***Lennard-Jones-Potentialmodell*** der Abb. 2.35

$$V(r) = \left(\frac{a}{r^{12}} - \frac{b}{r^6}\right), \tag{2.36}$$

wobei die Konstanten a und b von den miteinander wechselwirkenden Atomen abhängen. Man könnte nun als „Atomradius" den Wert

$$r_\mathrm{m} = \left(\frac{2a}{b}\right)^{1/6} \tag{2.37a}$$

definieren, bei dem das Potential ein Minimum $V(r_\mathrm{m}) = -b^2/(4a) = -\varepsilon$ hat, oder den Wert

$$r_0 = \left(\frac{a}{b}\right)^{1/6}, \tag{2.37b}$$

bei dem $V(r) = 0$ ist und wo der steile abstoßende Teil des Potentials beginnt. Die beiden Werte unterscheiden sich nur um den Faktor $2^{1/6} \approx 1{,}12$.

Deshalb ist es klar, dass die verschiedenen Messmethoden, bei denen andere Wechselwirkungen zur Bestimmung der Atomgröße benutzt werden, auch etwas verschiedene Werte für den „Atomradius" ergeben. Die Radien der Atome haben die Größenordnung von 10^{-10} m = 1 Å.

Zur genauen Beschreibung der Atomgröße gibt man den Verlauf $V(r)$ des Wechselwirkungspotentials an. Diesen erhält man aus der Messung der Ablenkung von Atomen bei Stoßprozessen (Kap. 10) oder aus der Spektroskopie von Molekülen AB (Kap. 9).

Tabelle 2.2 Atomradien r_0 in 10^{-10} m = 1 Å im Modell starrer Kugeln experimentell bestimmt: a) aus der van-der-Waals'schen Zustandsgleichung, b) aus dem Wirkungsquerschnitt $\sigma = \pi d_0^2$, gemessen mit Hilfe der Transportkoeffizienten, c) aus der Röntgenbeugung an Edelgaskristallen bei tiefen Temperaturen

Atom	a)	b)	c)
He	1,33	0,91	1,76
Ne	1,19	1,13	1,59
Ar	1,48	1,49	1,91
Kr	1,59	1,61	2,01
Xe	1,73	1,77	2,20
Hg	2,1	1,4	–

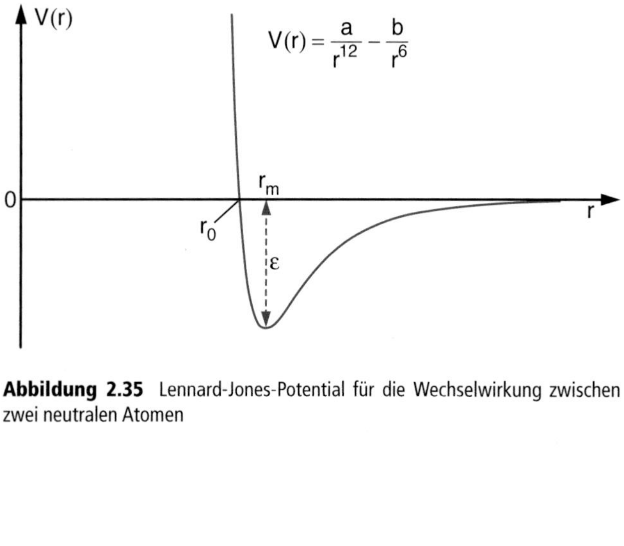

Abbildung 2.35 Lennard-Jones-Potential für die Wechselwirkung zwischen zwei neutralen Atomen

2.5 Der elektrische Aufbau von Atomen

Durch viele verschiedenartige Experimente angeregt, setzte sich bis zum Ende des 19. Jahrhunderts die Vorstellung durch, dass die Materie aus elektrisch geladenen Teilchen aufgebaut ist. Die wesentlichen experimentellen Hinweise für eine solche Vorstellung kamen

- aus Untersuchungen der elektrolytischen Stromleitung in Flüssigkeiten, die zeigte, dass Moleküle in positive und negative Ladungsträger dissoziieren können, die im elektrischen Feld in entgegengesetzte Richtungen wandern (*Ionen*) und dabei *Ladung und Masse* zu den Elektroden transportieren (Faraday'sches Gesetz, Bd. 2, Abschn. 2.6);
- aus Experimenten an Gasentladungen, bei denen Leuchterscheinungen durch elektrische oder magnetische Felder drastisch beeinflusst werden. Deshalb müssen sich in der Entladung elektrisch geladene Teilchen bewegen (Bd. 2, Abschn. 2.7);
- aus der Beobachtung von Magnetfeldeffekten bei der elektrischen Leitung in Metallen und Halbleitern (Hall-Effekt, Barlow'sches Rad, Bd. 2, Abschn. 3.3);
- aus der kurz nach der Entdeckung der Radioaktivität um 1900 beobachteten unterschiedlichen Ablenkung von α- und β-Strahlen in einem Magnetfeld (Abb. 2.36), die zeigten, dass α-Teilchen positiv geladene schwere Teilchen und β-Strahlen aus negativ geladenen leichten Teilchen bestehen.

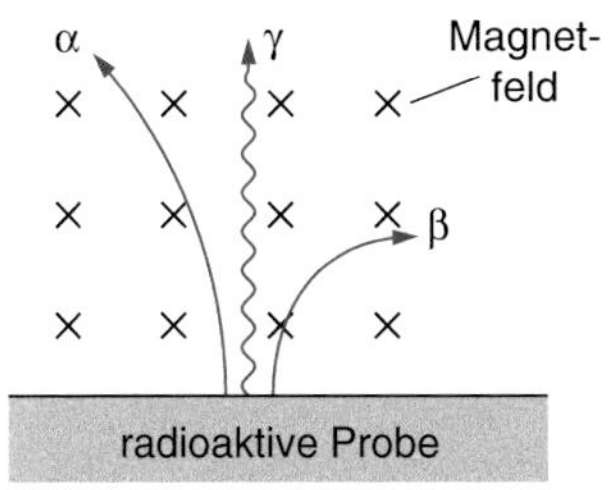

Abbildung 2.36 Unterschiedliche Ablenkung von α- und β-Strahlen im Magnetfeld

Diese experimentellen Ergebnisse führten in Verbindung mit der Vorstellung, dass alle Materie aus Atomen aufgebaut ist, zu folgender Hypothese:

> Atome sind aus elektrisch geladenen Teilchen aufgebaut und können daher nicht „unteilbar" sein, sondern haben eine noch unbekannte Substruktur. Die elektrisch geladenen Bausteine der Atome haben Masse und Ladung. Es gibt sowohl positiv als auch negativ geladene Atombestandteile.

Diese Hypothese wirft mehrere Fragen auf:

- Welche Eigenschaften haben diese Teilchen?
- Wie werden die Teilchen im Atom zusammengehalten?
- Wie sind sie im Atom angeordnet?
- Wie lassen sich mit diesem Atommodell die makroskopischen Eigenschaften der Materie erklären?

In Bd. 2, Abschn. 1.1 wurde bereits auf Grund makroskopischer Phänomene gezeigt, dass es positive und negative Ladungen gibt. Weil Atome selbst elektrisch neutral sind, müssen sie gleich viele negative wie positive Ladungen tragen. Da die Coulombkraft zwischen den Ladungen um viele Größenordnungen stärker ist als die Gravitationskraft (Bd. 2, Abschn. 1.1), muss der Zusammenhalt der geladenen Teilchen im Atom durch elektrische Kräfte bewirkt werden. Gravitationskräfte sind für die Stabilität der Atome völlig vernachlässigbar.

2.5.1 Kathoden- und Kanalstrahlen

Die Untersuchung von Gasentladungen durch *Julius Plücker* (1801–1868), *Johann Wilhelm Hittorf* (1824–1914), *Joseph John Thomson* (1856–1940), *Philipp Lenard* (1862–1947, Nobelpreis 1905) u. a. haben wesentlich zur Aufklärung der elektrischen Struktur der Atome beigetragen (siehe Bd. 2, Abschn. 2.7). Ein entscheidender Fortschritt für die Experimente wurde dabei ermöglicht durch eine verbesserte Vakuumtechnologie (Entwicklung der Quecksilberstrahlpumpe), welche die Erzeugung von Vakua bis hinunter zu 10^{-6} hPa ermöglichte (Bd. 1, Kap. 9).

Hittorf beobachtete bei solchen Drücken in einer Gasentladungsröhre Strahlen, die von der Kathode ausgingen und sich geradlinig ausbreiteten, wie er an der Schattenbildung von Körpern, die in den Strahlenweg gesetzt wurden, feststellte. Die Strahlen erzeugten bei Auftreffen auf einen Leuchtschirm einen sichtbaren Leuchtfleck. Durch einen Magneten konnten diese Kathodenstrahlen abgelenkt werden, sodass es sich um geladene Teilchen handeln musste. Aus der Tatsache, dass die Teilchen durch eine positive Spannung beschleunigt wurden, und aus der Richtung der Ablenkung im Magnetfeld konnte bereits geschlossen werden, dass ihre Ladung negativ sein musste (Abb. 2.38) [37].

Eine quantitative, wenn auch noch nicht sehr genaue Bestimmung der Ladung von Kathodenstrahlen gelang *Jean B. Perrin* 1895 und mit einer verbesserten Apparatur *J.J. Thomson* 1897, indem er die Teilchen durch einen Schlitz in der Anode A austreten ließ und durch Magnete in eine seitliche Röhre auf ein Elektrometer lenkte (Abb. 2.37a). Mit der in Abb. 2.37b gezeigten Apparatur, bei der die Kathodenstrahlen durch zwei Spalte kollimiert wurden und auf einem Leuchtschirm einen Lichtpunkt erzeugten (erster ***Kathodenstrahloszillograph***), maß *Thomson* die Ablenkung im elektrischen und magnetischen Feld und konnte so das Verhältnis e/m von Masse und Ladung der Teilchen bestimmen. Er zeigte auch, dass dieses Verhältnis unabhängig vom Material der verwendeten Kathode war, aber mehr als 10^4 mal größer als bei den von *Eugen Goldstein* (1850–1930) im Jahre 1886 entdeckten ***Kanalstrahlen***, die in einer

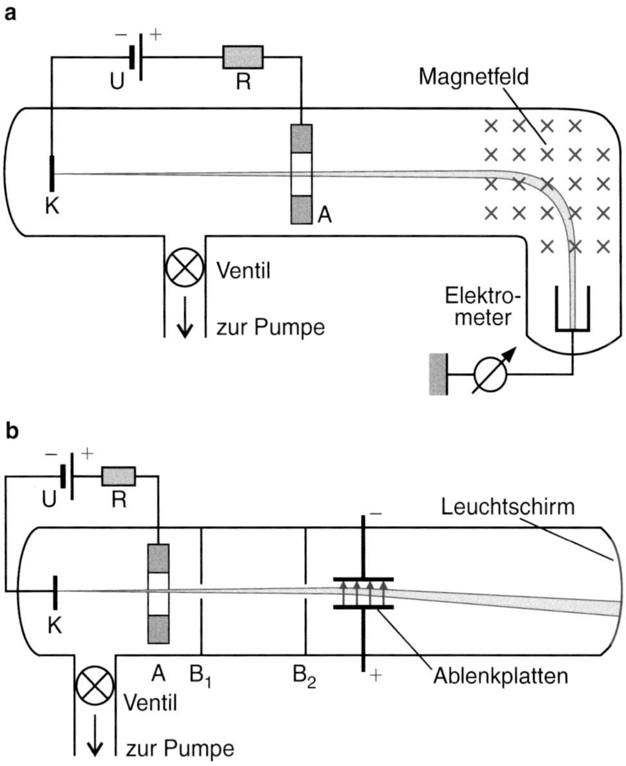

Abbildung 2.37 Anordnung von *J.J. Thomson* zur Bestimmung des Verhältnisses e/m der Kathodenstrahlung durch Ablenkung **a** im Magnetfeld, **a** im elektrischen Feld

Kapitel 2

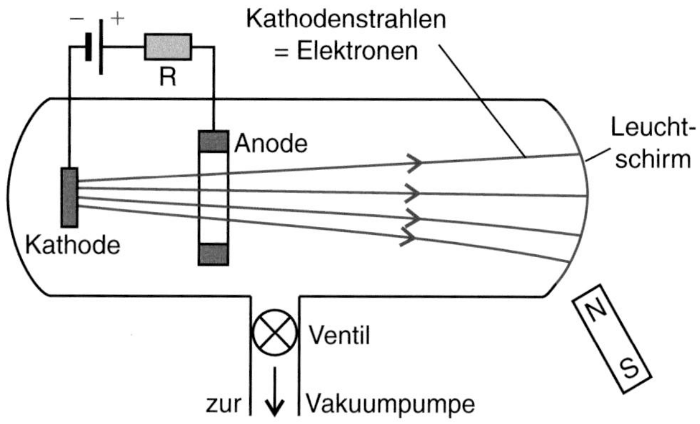

Abbildung 2.38 Schematische Darstellung der Anordnung zur Beobachtung der Kathodenstrahlung auf einem Leuchtschirm. Die Anordnung ermöglicht die Ablenkung der Strahlen durch Magnete

Gasentladung durch eine Bohrung in der Kathode traten, sich also in entgegengesetzter Richtung wie die Kathodenstrahlen bewegen (Abb. 2.39).

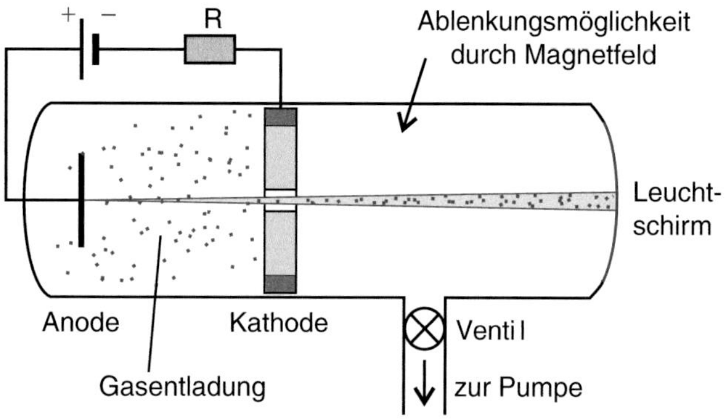

Abbildung 2.39 Schematische Darstellung der experimentellen Realisierung von Kanalstrahlen in einer Gasentladung bei durchbohrter Kathode

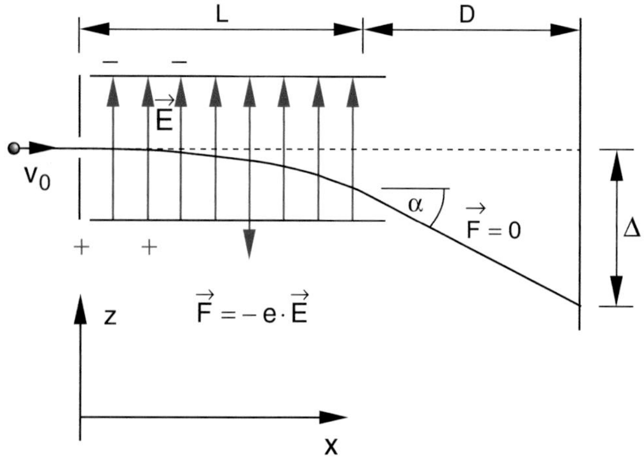

Abbildung 2.40 Ablenkung eines Teilchens mit negativer Ladung q im homogenen elektrischen Feld

Wilhelm Wien (1864–1928) konnte 1897 den Wert e/m der Kanalstrahlen messen und zeigen, dass sie aus positiv geladenen Ionen des Füllgases der Entladungsröhre bestehen [38].

Die leichten negativen Partikel der Kathodenstrahlung wurden nach einem Vorschlag von *J. Stoney* und *G. Fitzgerald* 1891 ***Elektronen*** genannt. (Der Name kommt von dem griechischen Wort für Bernstein, bei dem zuerst elektrische Phänomene, z. B. Aufladung beim Reiben, beobachtet wurden [39].) Die positiv geladenen Partikel der Kanalstrahlung erhielten in Analogie zu den bei der Elektrolyse zu den Elektroden wandernden Teilchen die Bezeichnung ***Ionen*** (die Wandernden). Durch diese und viele weitere Versuche wurde bis etwa 1900 geklärt:

> Atome bestehen aus negativ geladenen Elektronen und einer entgegengesetzt gleichen positiven Ladung, über deren Verteilung im Atom noch nichts bekannt war.

Positiv geladene Ionen sind daher Atome, denen ein oder mehrere Elektronen fehlen.

2.5.2 Messung der Elementarladung

J.J. Thomson konnte 1899 mithilfe der von seinem Schüler *Charles Wilson* entwickelten Nebelkammer erstmals die Ladung des Elektrons bestimmen. Durch Ionisation von Atomen bzw. Molekülen im oberen Teil der Nebelkammer, die mit Luft und übersättigtem Wasserdampf gefüllt ist, entstehen positiv geladene Ionen, die als Kondensationskeime für eine Wassertröpfchenbildung wirken. Diese kleinen, bei Beleuchtung sichtbaren Tröpfchen fallen unter dem Einfluss der Schwerkraft nach unten und erreichen wegen der Luftreibung eine konstante Sinkgeschwindigkeit (siehe Bd. 1, Abschn. 8.5.4)

$$v = \frac{m^* g}{6\pi \eta r} \quad \text{mit} \quad m^* = m - \varrho_L \cdot \frac{4}{3}\pi r^3 , \tag{2.38}$$

die nur von der Viskosität η des bremsenden Gases und dem Radius r des Tröpfchens abhängt. Die Größe $m^* g$ in (2.38) ist das um den Auftrieb in Luft verminderte Gewicht der Tröpfchen. Aus der gemessenen Sinkgeschwindigkeit v lässt sich der Tröpfchenradius r bestimmen und damit die Tröpfchenmasse. Misst man die pro Zeiteinheit an der unteren Platte abgeschiedene Wassermenge und die dabei transportierte Ladung Q, so kann man die Zahl der Tröpfchen und die Ladung pro Tröpfchen abschätzen. Unter der Annahme, dass jedes Tröpfchen nur ein einfach geladenes Ion enthält, konnte *Thomson* die Elektronenladung zu etwa 10^{-19} C abschätzen.

Einen viel genaueren Wert ergibt die berühmte von *Robert Andrews Millikan* (1868–1953) im Jahre 1910 entwickelte Öltröpfchenmethode (Bd. 2, Abschn. 1.8), die auf der Messung der Sink- bzw. Steiggeschwindigkeit von Öltröpfchen in Luft im elektrischen Feld eines Plattenkondensators beruht. Auch dieser Wert musste jedoch später korrigiert werden, weil *Millikan* einen falschen Wert für die Viskosität η der Luft benutzt hatte.

Einen genaueren Wert für q/m erhält man durch die Ablenkung geladener Teilchen in elektrischen (Abb. 2.40) oder magnetischen (Abb. 2.39) Feldern. Der heutige akzeptierte Wert für die Ladung des Elektrons (Elementarladung) ist:

$$e = 1{,}602176565(35) \cdot 10^{-19}\,\mathrm{C}\,,$$

wobei die in Klammern stehenden Ziffern die Unsicherheit der letzten beiden Stellen angeben [40, 41].

2.5.3 Erzeugung freier Elektronen

Freie Elektronen lassen sich auf vielfältige Weise erzeugen. Die wichtigsten Erzeugungsmechanismen sind:

a) Thermische Emission aus Festkörperoberflächen

Heizt man ein Metall auf eine hohe Temperatur T auf, so kann ein Teil der im Metall frei beweglichen Elektronen eine genügend hohe kinetische Energie erhalten, um die Austrittsarbeit W_a zu überwinden und das Metall zu verlassen (***Glühemission***, siehe Abschn. 13.5). Saugt man diese ausgetretenen Elektronen durch ein elektrisches Feld ab auf eine Anode (Abb. 2.41), so erhält man empirisch für die Sättigungsstromdichte j_S ($[j_S] = [\mathrm{A/m^2}]$) das ***Richardson-Gesetz***

$$j_S = A \cdot T^2 \cdot \mathrm{e}^{-eU_A/kT}\,. \qquad (2.39)$$

Die Konstante A hängt vom Material und der Oberflächenbeschaffenheit ab (Tab. 2.3). Bei einem Einkristall ist sie in verschiedenen Richtungen unterschiedlich. Um hohe Stromdichten zu erhalten, verwendet man Materialien mit niedriger Austrittsarbeit, die aber trotzdem hohe Temperaturen aushalten, z. B. Wolfram, das mit Barium- oder Cäsiumverbindungen durchsetzt wird. Beim Aufheizen diffundieren Barium bzw. Cäsium an die Oberfläche und erniedrigen die Austrittsarbeit für Elektronen.

Die Glühemission stellt technisch die wichtigste Methode zur Erzeugung freier Elektronen dar (Oszillographenröhre, Fernsehröhre, Senderöhren, Elektronenstrahlschweißen). Abbildung 2.41b zeigt einige Varianten gebräuchlicher Glühkathoden.

Tabelle 2.3 Austrittsarbeiten $W_a = e \cdot U_a$ und Stromdichte-Emissions-Koeffizienten A einiger gebräuchlicher Glühkathodenmaterialien

Material	W_a/eV	$A/(\mathrm{Am^{-2}K^{-2}})$
Barium	2,1	$6 \cdot 10^4$
Wolfram-Barium	1,66	$\sim 10^4$
Wolfram-Cäsium	1,4	$\sim 3 \cdot 10^4$
Thorium	3,35	$6 \cdot 10^5$
Tantal	4,19	$5{,}5 \cdot 10^5$
Wolfram	4,54	$1{,}5\text{–}15 \cdot 10^5$
Nickel	4,91	$3\text{–}130 \cdot 10^5$
Thoriumoxid	2,6	$3\text{–}8 \cdot 10^4$

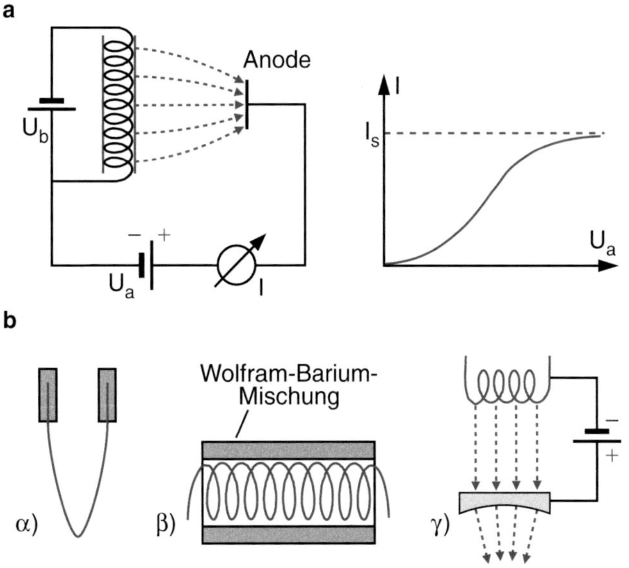

Abbildung 2.41 Glühemissionskathoden. **a** Schematische Anordnung zur Messung des Emissionsstroms und Definition der Sättigungsstromdichte; **b** technische Ausführungsformen von Glühkathoden: α) Haarnadelkathode, β) durch eine Heizwendel geheiztes Kathodenröhrchen, γ) durch Elektronenbombardement geheizte Kathode mit fokussierender Oberfläche

b) Feldemission

Beim Anlegen von Spannungen zwischen einer Anode und einer feinen Spitze als Kathode treten an dieser Spitze so hohe Feldstärken auf (bis 10^{11} V/m, siehe Abschn. 2.3), dass der Potentialverlauf an der Oberfläche der Spitze völlig verändert wird. Elektronen können dann durch den Potentialwall an der Grenzfläche hindurchtreten (***Tunneleffekt***, Abschn. 4.2.3). Die Feldemission wird technisch ausgenutzt im Feldelektronenmikroskop (Abschn. 2.2.3) und zur Konstruktion von Feldeffekt-Kathoden, bei denen man eine fast punktförmige Elektronenquelle realisieren kann (Abb. 2.22).

c) Photoeffekt an Metalloberflächen

Wird die Oberfläche eines elektrisch leitenden Festkörpers mit UV-Licht bestrahlt, so können Elektronen aus dem Festkörper austreten (äußerer Photoeffekt, siehe Abschn. 3.1.2). Die kinetische Energie der Photoelektronen ist bei einer Photonenenergie $h \cdot \nu$

$$W_{\mathrm{kin}} = h \cdot \nu - W_a\,, \qquad (2.40)$$

wobei W_a die Austrittsarbeit der Elektronen ist (siehe Tab. 2.3 und Bd. 2, Abschn. 2.9.1).

d) Sekundäremission aus Festkörperoberflächen

Bei Beschuss von Festkörperoberflächen mit schnellen Elektronen oder Ionen werden ***Sekundärelektronen*** aus dem Festkörper ausgelöst (Abb. 2.42). Die Zahl der pro einfallendem Teilchen ausgelösten Elektronen heißt ***Sekundäremissionskoeffizient*** η und hängt vom Material, vom Einfallswinkel α sowie

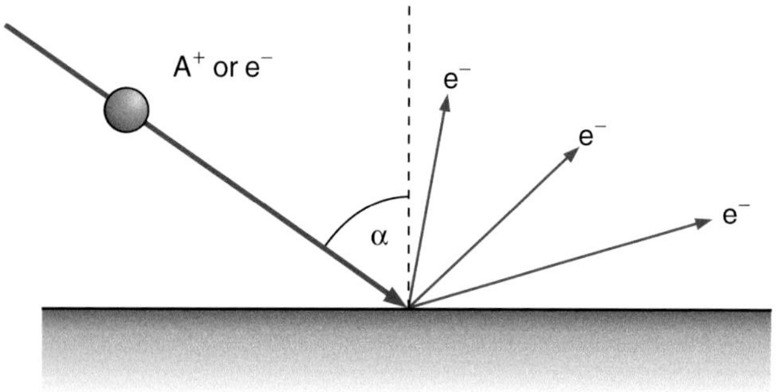

Abbildung 2.42 Erzeugung von Sekundärelektronen durch Beschuss einer Festkörperoberfläche mit Elektronen oder Ionen

Tabelle 2.4 Sekundäremissionskoeffizienten η bei der Energie W_{max} der auftreffenden Primärelektronen, bei der η den maximalen Wert η_{max} annimmt

Material	η_{max}	W_{max}/eV
Ag	1,5	800
Al	1,0	300
C (Diamant)	2,8	750
Na	0,8	300
W	1,4	650
KBr	14	1800
LiF	8,5	700
NaI	19	1300
MgO-Kristall	20–25	1500
MgO-Schicht	5–15	500–1500
GaP+Cs	120	2500

von Art und Energie des einfallenden Teilchens ab. Tabelle 2.4 gibt einige Beispiele.

Die Sekundäremission spielt in vielen Geräten der Elektronik und Optoelektronik eine große Rolle. Beispiele sind Photo-Sekundärelektronenvervielfacher (***Photomultiplier***), Bildverstärker und Elektronenmikroskope. Das Prinzip des Sekundärelektronenvervielfachers ist in Abb. 2.43 illustriert. Durch einfallendes Licht werden aus einer Festkörperoberfläche, die als Photokathode dient, N_{Ph} Photoelektronen pro Sekunde ausgelöst, die durch eine Spannung U_1 auf eine weitere speziell geformte Elektrode (erste *Dynode*) beschleunigt werden und dort pro einfallendem Elektron $\eta = 3$–10 Sekundärelektronen auslösen, abhängig von der Spannung U_1. Diese werden durch die Spannung U_2 auf eine zweite Dynode beschleunigt und lösen dort $\eta^2 N_{Ph}$ Sekundärelektronen aus. Auf die Anode eines Multipliers mit m Dynoden treffen damit pro Photoelektron η^m Elektronen und erzeugen an einer Kapazität C_a einen Spannungsimpuls

$$U_a = N_{Ph}\eta^m \cdot e/C_a \,. \tag{2.41}$$

Beispiel

$N_{Ph} = 1$, $\eta = 4$, $m = 10$, $e = 1{,}6 \cdot 10^{-19}\,\text{C}$, $C_a = 100\,\text{pF}$

$$\Rightarrow U_a = \frac{4^{10} \cdot 1{,}6 \cdot 10^{-19}}{10^{-10}}\,\text{V} = 1{,}7\,\text{mV}\,. \quad \blacksquare$$

Ersetzt man die Photokathode durch eine Metallelektrode mit hohem Sekundäremissionskoeffizienten η, die mit schnellen Elektronen oder Ionen beschossen wird, so erhält man einen Teilchendetektor (Elektronen- bzw. Ionen-Multiplier).

2.5.4 Erzeugung freier Ionen

Während mit den im vorigen Abschnitt besprochenen Methoden freie Elektronen erzeugt werden können, entstehen bei den folgenden Prozessen immer Paare aus Elektron und Ion.

a) Elektronenstoß-Ionisation

Der wichtigste Mechanismus zur Erzeugung freier Elektronen-Ionen-Paare aus neutralen Atomen A ist die Elektronenstoß-Ionisierung

$$e^-(E_{kin}) + A \to A^+ + e^-(E_1) + e^-(E_2)$$

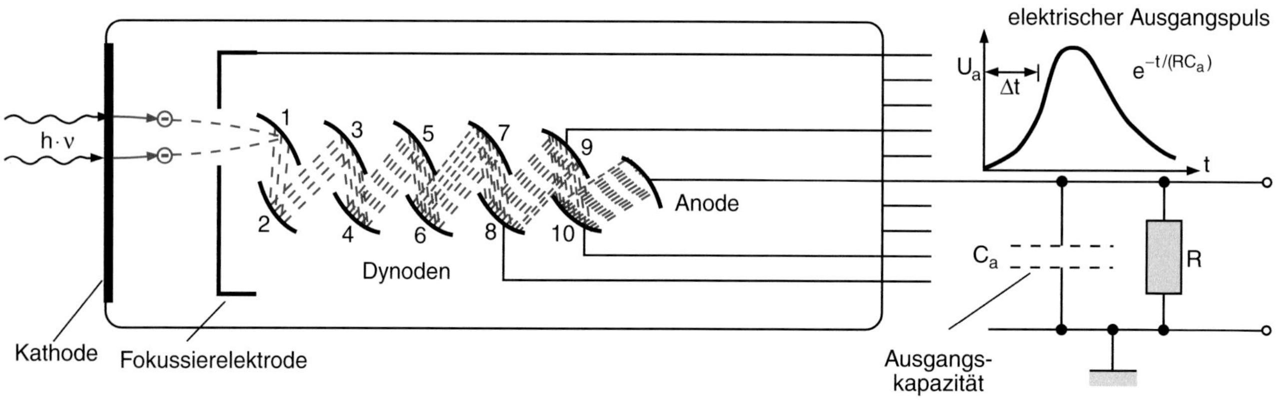

Abbildung 2.43 Prinzip des Sekundärelektronenvervielfachers (Photomultiplier). Die Anstiegszeit Δt des Ausgangspulses pro Photon gibt die Laufzeitverschmierung Δt der Elektronen im Multiplier an. Die Abfallflanke hängt nur von C_a und R ab

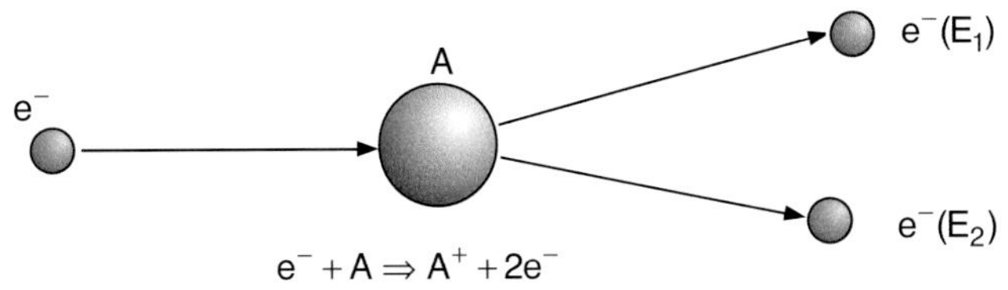

Abbildung 2.44 Elektronenstoßionisation

mit $E_1 + E_2 = E_{\text{kin}} + E_{\text{B}}$, bei der ein neutrales Atom A in ein positives Ion A^+ und ein negatives Elektron e^- getrennt wird (Abb. 2.44). Die Wahrscheinlichkeit für diesen Prozess hängt ab von der Energie E_{kin} der stoßenden Elektronen, der Atomsorte A und der (negativen) Bindungsenergie $E_{\text{B}} < 0$ des Atomelektrons. Man beschreibt sie im Allgemeinen durch die Angabe des Ionisierungsquerschnittes $\sigma_{\text{ion}}(E_{\text{kin}})$, der angibt, durch welchen Querschnitt um das Atom A das stoßende Elektron fliegen muss, um A zu ionisieren.

In Abb. 2.45 sind für einige Atome die gemessenen Ionisationsquerschnitte $\sigma(E_{\text{kin}})$ für die Elektronenstoß-Ionisation aufgetragen.

Die Elektronenstoß-Ionisation stellt in Gasentladungen (siehe Bd. 2, Abschn. 2.7) den Hauptmechanismus zur Erzeugung von Ladungsträgern (positiv geladene Ionen A^+ und Elektronen e^-) dar. Beim Stoß von Ionen B^+ auf Atome A

$$B^+(E_{\text{kin}}) + A \rightarrow A^+ + B^+ + e^-$$

muss die kinetische Energie E_{kin} der stoßenden Ionen B^+ sehr viel größer sein als die Ionisierungsenergie, die gleich der negativen Bindungsenergie $-E_{\text{B}}$ ist, weil beim Stoß des schweren Teilchens B^+ gegen ein leichtes Elektron e^- des Atoms A nur ein kleiner Teil von E_{kin} auf das Elektron übertragen wird (siehe Bd. 1, Abschn. 4.2.4).

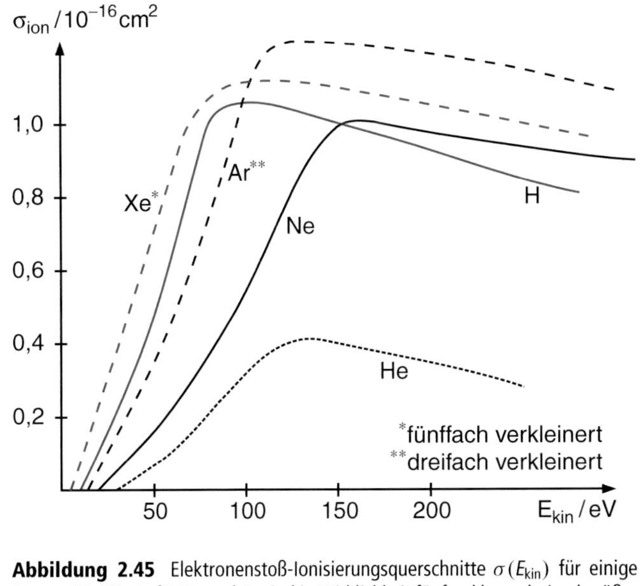

Abbildung 2.45 Elektronenstoß-Ionisierungsquerschnitte $\sigma(E_{\text{kin}})$ für einige Atome. Die Werte für Xe und Ar sind in Wirklichkeit fünfmal bzw. dreimal größer als dargestellt

b) Photoionisation von Atomen

Bestrahlt man Atome mit Licht genügend kleiner Wellenlänge (ultraviolettes Licht), so kann durch Lichtabsorption ebenfalls so viel Energie auf ein Atomelektron übertragen werden, dass ***Photoionisation*** eintritt (siehe Abschn. 7.6.1). Dieser Prozess ist der dominante Ionisierungsmechanismus in den oberen Schichten unserer Erdatmosphäre (Ionosphäre), wo durch Absorption des UV-Lichts der Sonne die Atome und Moleküle weitgehend ionisiert werden. Die Energie, die man braucht, um ein Elektron vom Atom zu entfernen, heißt ***Ionisierungsenergie***.

Da man für die Photoionisation große Lichtintensitäten bei kleinen Lichtwellenlängen (UV) braucht, hat dieser Prozess für Laborexperimente zunehmend an Bedeutung gewonnen, nachdem mit Lasern große Lichtintensitäten erzeugt werden konnten (siehe Kap. 8).

c) Ladungsaustauschstöße

Durch Ladungsaustausch beim Durchgang von Ionen A^+ durch ein Gas oder einen Metalldampf mit Atomen B kann ein Elektron von den neutralen Atomen B auf die Ionen A^+ übergehen:

$$A^+ + B \rightarrow A + B^+ .$$

Dieser Prozess ist besonders wahrscheinlich, wenn die Ionisierungsenergie von A größer ist als die von B.

Lässt man Elektronen mit kleiner kinetischer Energie durch ein neutrales Gas laufen, können sich Elektronen an neutrale Atome anlagern und **negative Ionen** bilden:

$$e^- + A \rightarrow A^- ,$$

wenn die kinetische Energie der Relativbewegung durch Stoß mit einem dritten Stoßpartner oder durch Emission von Licht abgegeben werden kann. Dieser Prozess spielt in der Erdatmosphäre eine Rolle und ist auch die Ursache für die Emission des kontinuierlichen Sonnenlichtes (siehe Abschn. 7.6 und Bd. 4).

d) Thermische Ionisation

Bei sehr hohen Temperaturen wird die kinetische Energie der Atome so hoch, dass Ionisation auch durch Stöße der Atome untereinander eintritt.

$$\begin{aligned} A + B &\rightarrow A + B^+ + e^- \\ &\rightarrow A^+ + B^+ + 2e^- . \end{aligned}$$

Dies geschieht z. B. in den Atmosphären der Sterne. Man nennt einen solchen Zustand heißer Materie, die aus Neutralteilchen, Elektronen und Ionen besteht, ein ***Plasma***.

Die verschiedenen Erzeugungsmechanismen von Ionen sind in Abb. 2.46 zusammenfassend illustriert.

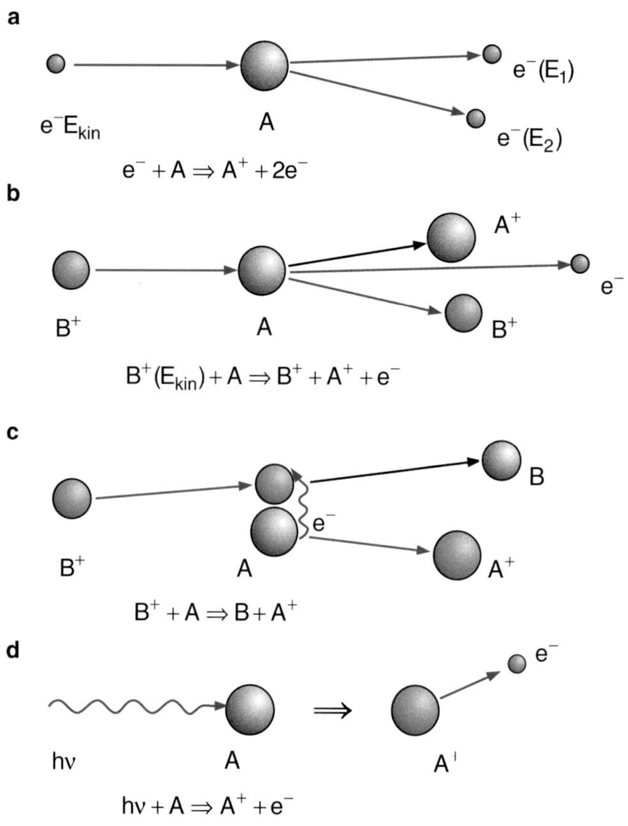

Abbildung 2.46 Schematische Übersicht über die verschiedenen Erzeugungsprozesse von Ionen: **a** Elektronenstoßionisation; **b** Ionenstoßionisation; **c** Ladungsaustausch beim streifenden Stoß; **d** Photoionisation

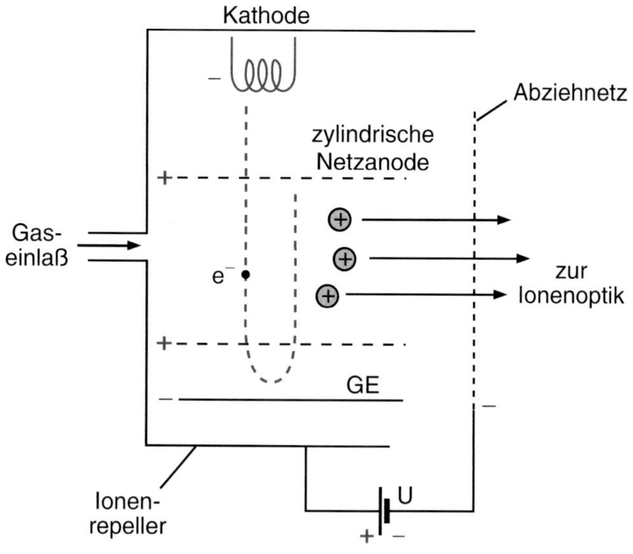

Abbildung 2.47 Elektronenstoß-Ionenquelle

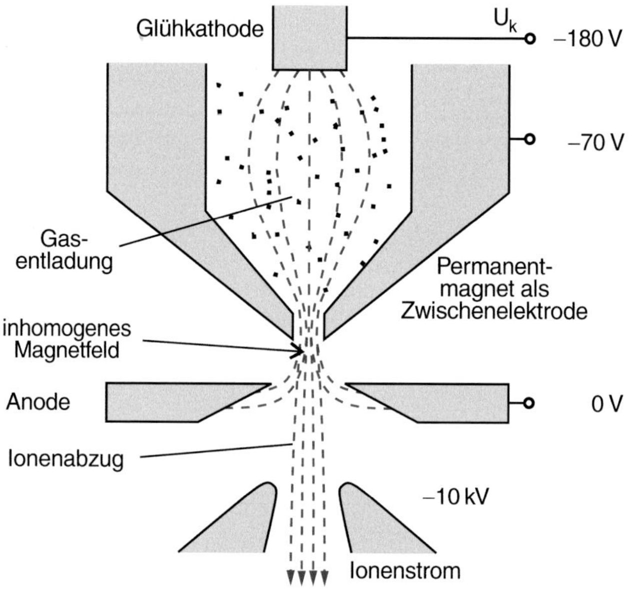

Abbildung 2.48 Duoplasmatron-Ionenquelle

e) Ionenquellen

Zur praktischen Realisierung der Ionenerzeugung sind spezielle Ionenquellen entwickelt worden, von denen hier zwei Typen kurz vorgestellt werden.

Bei der weit verbreiteten ***Elektronenstoß-Ionenquelle*** (Abb. 2.47) werden aus einer Glühkathode Elektronen emittiert, die durch eine zylindrische netzförmige Anode beschleunigt werden und in den Ionisierungsraum gelangen.

Durch eine negativ gepolte Gegenelektrode GE werden sie reflektiert und können auf ihrem Rückweg nochmals ionisieren. Die im Ionisierungsraum gebildeten Ionen werden durch eine geeignete Anordnung von Blenden, deren Potentiale optimiert werden, aus dem Ionisierungsvolumen extrahiert, durch die Spannung U beschleunigt und zu einem praktisch parallelen Ionenstrahl geformt, der dann durch magnetische oder elektrische Felder massenselektiert werden kann.

Die Elektronenstoß-Ionenquellen werden bei geringem Druck (10^{-3}–10^{-5} mbar) betrieben, sodass die erzielbaren Ionenströme relativ klein sind.

Höhere Ionenströme erreicht man mit ***Plasma-Ionenquellen***, in denen eine Gasentladung stattfindet. Als Beispiel eines solchen Ionenquellentypes sei die Duoplasmatron-Ionenquelle angeführt (Abb. 2.48), bei der eine Niedervolt-Gasentladung zwischen der geheizten Kathode und der Anode brennt. Die Ionen werden mit einer hohen Spannung (einige kV) aus der Austrittsöffnung herausgezogen. Durch eine Zwischenelektrode wird das Plasma konzentriert, sodass hier die Ionendichte besonders hoch wird. Durch ein Magnetfeld lässt sich der „Ionenschlauch" weiter verengen und die Ionendichte erhöhen.

Auch Stoffe, die normalerweise nicht gasförmig vorliegen, lassen sich durch Verdampfen in die Gasphase bringen und anschließend in der Gasentladung (die mit einem Edelgas als Träger der Gasentladung brennt) ionisieren.

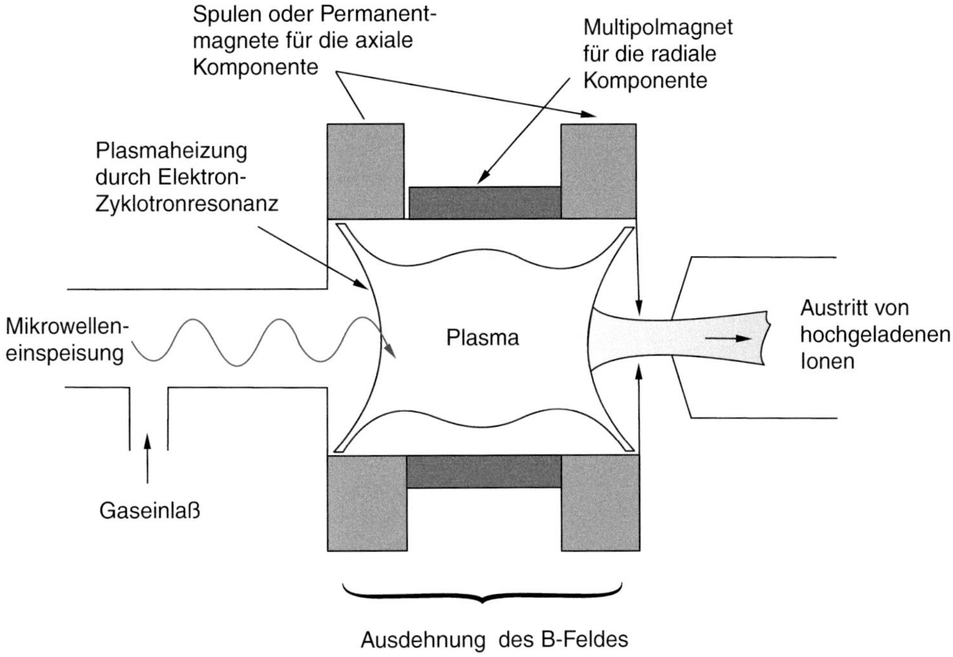

Abbildung 2.49 Schematischer Aufbau einer Elektron-Zyklotron-Resonanz-Ionenquelle [42]

Zur Erzeugung intensiver Strahlen aus mehrfach geladenen Ionen ist die Elektron-Zyklotron-Resonanz-Ionenquelle besonders geeignet. Ihre Funktionsweise ist in Abb. 2.49 illustriert.

Durch eine eingestrahlte Mikrowelle wird das Gas innerhalb eines Magnetfeldes B ionisiert. Die dabei freigesetzten Elektronen vollführen im angelegten Magnetfeld Kreisbahnen, deren Radius r durch die Zyklotron-Resonanzbedingung Zentripetalkraft = Lorentzkraft bestimmt wird, d. h.

$$\frac{mv^2}{r} = e \cdot v \cdot B\,.$$

Wenn die Umlauffrequenz $\omega = v/r$ gleich der Mikrowellenfrequenz ist, werden bei geeigneter Richtung des elektrischen Feldvektors der Mikrowelle die Elektronen bei jedem Umlauf beschleunigt und erreichen dadurch so große Energien, dass sie die Ionen mehrfach ionisieren können. Das Magnetfeld hat eine solche räumliche Struktur, dass die Elektronen möglichst lange im Magnetfeld eingeschlossen werden (Magnetische Flasche). Die Ionen werden durch ein elektrisches Feld abgezogen.

Eine ausführliche Darstellung verschiedener Methoden zur Erzeugung von Ionen findet man in [43].

2.5.5 Bestimmung der Elektronenmasse

Alle Verfahren zur Bestimmung der Elektronenmasse beruhen auf der Ablenkung von Elektronen in elektrischen oder magnetischen Feldern.

Auf eine Ladung q, die sich mit der Geschwindigkeit $\boldsymbol{v}$ in einem elektrischen Feld $\boldsymbol{E}$ und einem Magnetfeld $\boldsymbol{B}$ bewegt, wirkt die Kraft (Bd. 2, Abschn. 3.3)

$$\boldsymbol{F} = q \cdot (\boldsymbol{E} + \boldsymbol{v} \times \boldsymbol{B})\,. \tag{2.42}$$

Wegen $\boldsymbol{F} = m \cdot \ddot{\boldsymbol{r}}$ erhält man für die Bahnbestimmung aus (2.42) die drei gekoppelten Differentialgleichungen

$$\begin{aligned}
\ddot{x} &= \frac{q}{m}(E_x + v_y \cdot B_z - v_z \cdot B_y)\,,\\
\ddot{y} &= \frac{q}{m}(E_y + v_z \cdot B_x - v_x \cdot B_z)\,,\\
\ddot{z} &= \frac{q}{m}(E_z + v_x \cdot B_y - v_y \cdot B_x)\,.
\end{aligned} \tag{2.43}$$

Man sieht aus (2.43), dass man aus der Bahnvermessung immer nur das Verhältnis q/m bestimmen kann, nicht die Ladung oder Masse allein. Man muss also eine zusätzliche, unabhängige Messung (z. B. das Millikan-Experiment) durchführen, um q und damit auch m einzeln zu erhalten.

Zur Messung von e/m von Elektronen mit der Ladung $q = -e$ kann das Fadenstrahlrohr als Demonstrationsgerät benutzt werden. In Bd. 2, Abschn. 3.3 wurde gezeigt, dass beim Fadenstrahlrohr aus dem Radius

$$R = \frac{1}{B}\sqrt{2U \cdot \frac{m}{e}} \tag{2.44}$$

der sichtbaren Kreisbahn der Elektronen, die vor Eintritt ins Magnetfeld B durch die Spannung U beschleunigt wurden, das

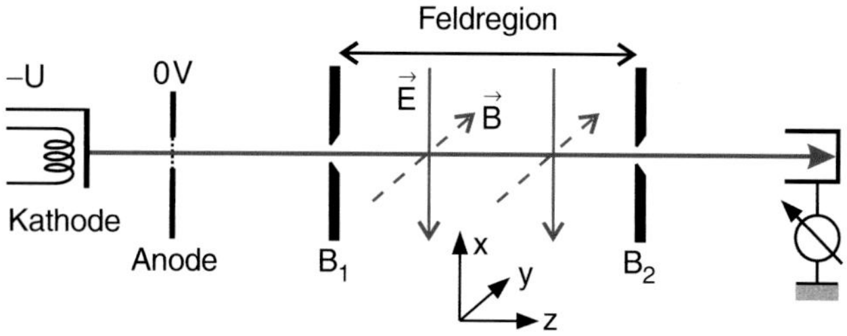

Abbildung 2.50 Wienfilter

Kapitel 2

Verhältnis

$$\frac{e}{m} = \frac{2U}{R^2 \cdot B^2} \tag{2.45}$$

bestimmt werden kann.

Eine genauere Messung von e/m ist möglich mit dem ***Wienfilter*** (Abb. 2.50), bei dem ein Elektronenstrahl durch die Spannung U beschleunigt wird und mit der Geschwindigkeit $\boldsymbol{v} = \{0, 0, v_z\}$ mit $v_z = \sqrt{2U \cdot e/m}$ durch eine Region fliegt, in der ein homogenes elektrisches Feld $\boldsymbol{E} = \{-E_x, 0, 0\}$ und ein Magnetfeld $\boldsymbol{B} = \{0, -B_y, 0\}$ so überlagert werden, dass die beiden Kräfte antiparallel gerichtet sind und die Gesamtkraft $\boldsymbol{F} = -e(\boldsymbol{v} \times \boldsymbol{B}) - e \cdot \boldsymbol{E}$ auf die Elektronen null wird. Damit folgt aus (2.43):

$$\ddot{x} = +\frac{e}{m}(E_x - v_z B_y) = 0$$

und mit $E = -E_x$, $B = -B_y$:

$$v_z = \sqrt{\frac{2U \cdot e}{m}} = \frac{E}{B}$$

$$\Rightarrow \frac{e}{m} = \frac{E^2}{2U \cdot B^2} . \tag{2.46}$$

Statt des Wienfilters kann man zwei Ablenkkondensatoren K_1 und K_2 verwenden (Abb. 2.51), an die eine Hochfrequenzspannung $U = U_0 \cdot \sin(2\pi f t + \varphi)$ gelegt wird, mit gleicher Phase φ für beide Kondensatoren.

Elektronen mit der Geschwindigkeit $v = (2eU/m)^{\frac{1}{2}}$ können nur dann die Kollimationsblende B_2 passieren, wenn sie den

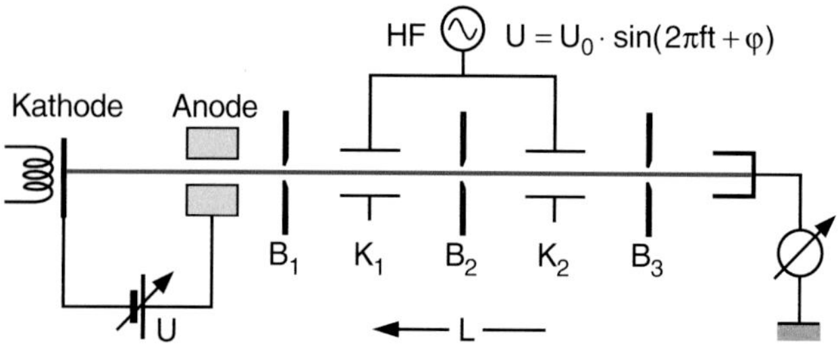

Abbildung 2.51 Präzisionsmethode zur Messung von e/m mit zwei Hochfrequenz-Ablenkplattenpaaren

ersten Ablenkkondensator K_1 beim Nulldurchgang der Hochfrequenzspannung durchlaufen haben. Diese Elektronen erfahren auch im zweiten Kondensator K_2 keine Ablenkung, wenn ihre Flugzeit $T = L/v = n/(2f)$ ein ganzzahliges Vielfaches n der halben Periodendauer $1/f$ ist. Daraus folgt:

$$v = 2L \cdot f/n = \sqrt{2eU/m}$$

$$\Rightarrow \frac{e}{m} = \frac{2L^2 f^2}{U \cdot n^2} . \tag{2.47}$$

Variiert man die Spannung U so, dass Maxima der hinter der Blende B_3 gemessenen Intensität für $n = 1, 2, 3, \ldots$ erscheinen, so lässt sich aus den messbaren Größen U, f und L das Verhältnis e/m bestimmen.

Die Genauigkeit der Messung von e/m hat sich mit verfeinerter Messtechnik ständig erhöht (siehe Bd. 1, Abb. 1.31). Der Fehler in der Bestimmung der Elektronenmasse m rührt hauptsächlich von der Ungenauigkeit der Elementarladungsmessung her.

Der 2011 akzeptierte Wert für m_e ist [41]:

$$m_e = 9{,}10938291 \pm 0{,}00000040 \cdot 10^{-31}\,\text{kg} .$$

2.5.6 Wie neutral ist ein Atom?

Die bisher besprochenen Experimente haben gezeigt, dass man Atome zerlegen kann in negativ geladene Elektronen und positive Ionen. *Millikan* hatte die Elementarladung von positiven Ionen gemessen, denen ein bzw. mehrere Elektronen fehlen. Die Frage ist nun, wie gut die Elektronenladung im Atom durch eine entgegengesetzte positive Ladung im Atomkern kompensiert wird. Wir werden später sehen, dass diese positive Ladung im Atomkern von *Protonen* getragen wird. Unsere Frage kann daher auch lauten:

Gibt es einen Unterschied im Betrag der elektrischen Ladung von Elektron und Proton?

Diese Frage ist von fundamentaler Bedeutung, weil auch ein sehr kleiner Unterschied bereits große Effekte erzielen kann. So könnte man z. B. für eine sehr kleine Abweichung

$$\Delta q = |e^+| - |e^-| \geq 2 \cdot 10^{-18} \cdot e$$

die beobachtete Expansion des Weltalls als Folge einer elektrostatischen Abstoßung erklären [44].

Um die obige Frage zu beantworten, sind eine Reihe von Präzisionsexperimenten durchgeführt worden, von denen einige kurz vorgestellt werden sollen:

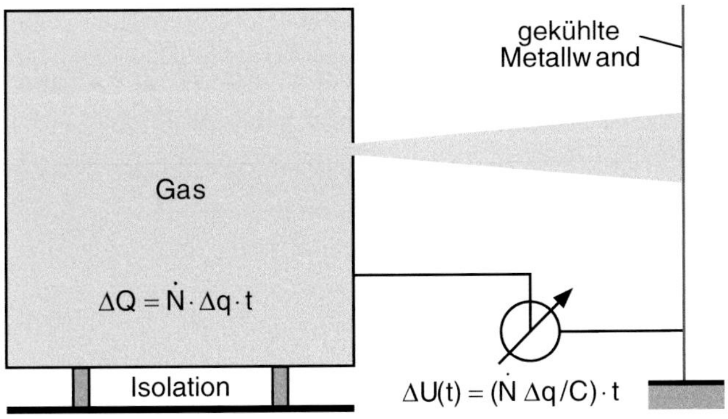

Abbildung 2.52 Zur Bestimmung eines eventuellen Unterschiedes $\Delta q = |e^+| - |e^-|$

a) Gasausströmung

Man lässt $\dot{N} \cdot t$ Atome oder Moleküle während der Zeit t aus einem isoliert aufgestellten Metallbehälter ausströmen. Die dabei eventuell entstehende Gesamtladung $Q = \dot{N} \cdot \Delta q \cdot t$ des Behälters mit der Kapazität C führt zu einer Potentialdifferenz $U = Q/C$ des Behälters gegen Erde, die mit einem Elektrometer gemessen werden kann (Abb. 2.52).

Beispiel

$\dot{N} = 10^{20}\,\mathrm{s}^{-1}$, $t = 100\,\mathrm{s}$, $C = 10^{-9}\,\mathrm{F} \Rightarrow U = 10^{22}(\Delta q/C)$Volt. Bei einer Messgenauigkeit von $10^{-9}\,\mathrm{V}$ lässt sich eine obere Grenze von $\Delta q \leq 10^{-40}\,\mathrm{C}$ angeben. ■

b) Atomstrahlexperiment

Man untersucht, ob langsame „neutrale" Atome oder Moleküle in einem homogenen elektrischen Feld, erzeugt durch einen hinreichend großen Kondensator, abgelenkt werden (Abb. 2.53).

Die Austrittsöffnung des Ofens und der Kollimator B_1 sind etwa 0,04 mm breit, der Kondensator hat eine Länge von ca. 200 cm, die gesamte Versuchsapparatur misst ca. 460 cm. Die Spannung am Kondensator wird umgepolt und dabei eine eventuelle Ablenkung des Strahls über die dann beobachtete Änderung der Zahl der durch die Blende B_2 tretenden Atome gemessen. Hierbei benutzte Elemente sind hauptsächlich Kalium und Cäsium, sowie H_2- und D_2-Moleküle.

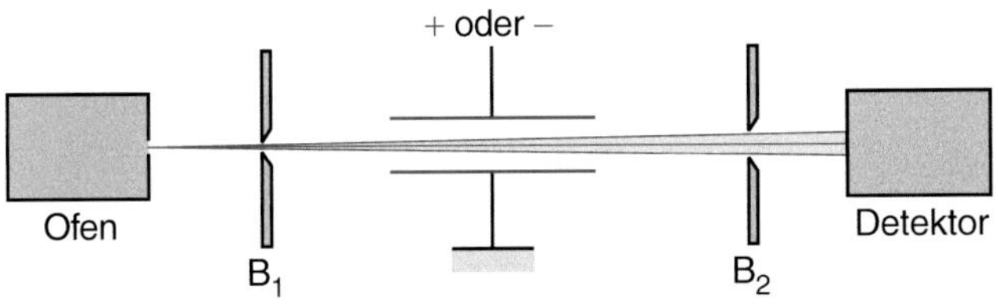

Abbildung 2.53 Zur Messung der Neutralität von Atomen in einem Atomstrahlexperiment

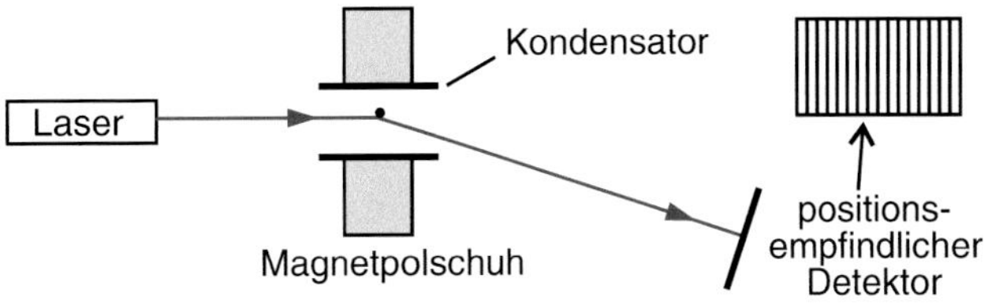

Abbildung 2.54 Schwebeteilchenversuch zur Bestätigung der elektrischen Neutralität von Atomen

c) Schwebeteilchenversuch

Dieser Versuch hat gewisse Ähnlichkeit mit dem Millikan'schen Öltröpfchenversuch. Ein Elektromagnet hält eine ferromagnetische Kugel (Durchmesser $\approx$ 0,1 mm) freischwebend in konstanter Höhe. Ihre Position kann über einen streifend einfallenden Lichtstrahl genau gemessen werden (Abb. 2.54). Durch einen Plattenkondensator wird ein elektrisches Feld E erzeugt, das bei N Atomen mit je Z Elektronen bei einer Überschussladung

$$\Delta q = |q^+| - |q^-| = N \cdot Z\left(|e^+| - |e^-|\right)$$

eine Kraft

$$F = \Delta q \cdot E$$

auf die Kugel ausübt und damit die Kugel aus ihrer Gleichgewichtslage verschieben würde. Dies kann über die dann erfolgende Ablenkung des Laserstrahls empfindlich gemessen werden [45].

Das Ergebnis dieser Experimente ist: Falls eine Differenz $\Delta q = |e^+| - |e^-|$ existiert, muss sie kleiner sein als

$$\Delta q \leq 2 \cdot 10^{-21} \cdot e = 3{,}2 \cdot 10^{-40}\,\mathrm{C}\,.$$

2.6 Elektronen- und Ionenoptik

Durch geeignet geformte elektrische oder magnetische Felder oder durch Kombination beider Feldtypen lassen sich Strahlen von Elektronen oder Ionen ablenken und abbilden, analog zu Linsen oder Spiegeln für Lichtstrahlen in der geometrischen Optik (siehe Bd. 2, Kap. 9). Solche Feldanordnungen heißen deshalb Elektronenlinsen bzw. -spiegel. Sie erlauben z. B. die Realisierung von Elektronenmikroskopen (siehe Abb. 2.20 und 2.23), welche eine wesentlich höhere räumliche Auflösung erreichen können als Lichtmikroskope, mit denen man wegen der unvermeidlichen Beugung keine Strukturen auflösen kann, die kleiner als die halbe Lichtwellenlänge sind (siehe Bd. 2, Abschn. 11.3).

Die Elektronen- und Ionenoptik spielt sowohl bei der Aufklärung der Struktur von Atomen und Molekülen eine große Rolle als auch für viele technische Anwendungen. Es lohnt sich daher, ihre Grundprinzipien zu verstehen [46–49].

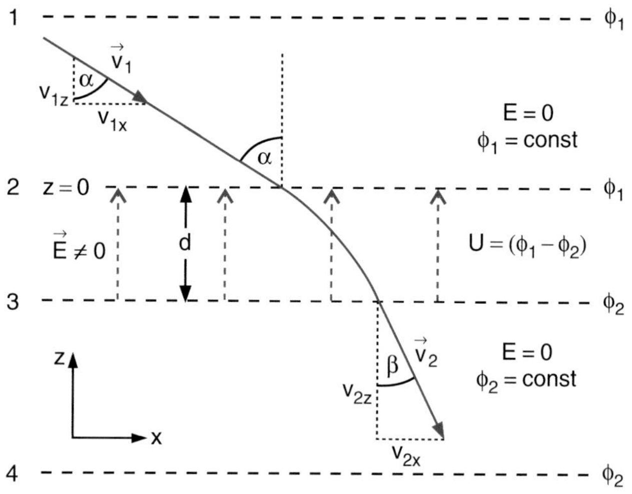

Abbildung 2.55 Ablenkung eines Elektronenstrahls an ebenen Grenzflächen zwischen Gebieten mit unterschiedlichen Feldstärken

2.6.1 Brechungsgesetz für Elektronenstrahlen

Im elektrischen Feld $\boldsymbol{E}$ wirkt auf ein Teilchen mit der Ladung q eine Kraft

$$\boldsymbol{F} = q \cdot \boldsymbol{E} = -q \cdot \mathbf{grad}\, \phi_{el} ,$$

die immer senkrecht zu den Äquipotentialflächen $\phi_{el} = \text{const}$ steht.

Das Teilchen mit der Masse m möge mit der Geschwindigkeit $\boldsymbol{v}_1$ unter dem Winkel α gegen die Normale $\hat{\boldsymbol{e}}_n$ auf eine Grenzfläche $z = \text{const}$ fallen, welche zwei Raumgebiete mit verschieden großen homogenen elektrischen Feldern trennt (Abb. 2.55). Eine solche Anordnung lässt sich z. B. realisieren durch vier ebene zueinander parallele Drahtnetze, die auf den Potentialen ϕ_1 und ϕ_2 gehalten werden, sodass zwischen den Netzen 2 und 3 das elektrische Feld $E = (\phi_1 - \phi_2)/d$ herrscht, während außerhalb $E = 0$ wird.

Aus dem Energiesatz folgt

$$\frac{m}{2} v_2^2 = \frac{m}{2} v_1^2 + q \cdot U . \tag{2.48}$$

Beim Durchlaufen des elektrischen Feldes $\boldsymbol{E} = \{0, 0, E_z\}$ bleibt die Tangentialkomponente v_x der Teilchengeschwindigkeit erhalten.

Mit $\sin\alpha = v_{1x}/v_1$ und $\sin\beta = v_{2x}/v_2$ folgt wegen $v_{1x} = v_{2x}$ das *Brechungsgesetz*

$$\frac{\sin\alpha}{\sin\beta} = \frac{v_2}{v_1} , \tag{2.49}$$

welches formal dem Snelliusschen Brechungsgesetz in der Optik entspricht, wenn wir das Verhältnis der Teilchengeschwindigkeit v_2/v_1 außerhalb des Feldgebietes durch das Verhältnis der Brechzahlen n_2/n_1 ersetzen (Bd. 2, Abschn. 8.5).

Haben die auf die Grenzfläche 1 auftreffenden Teilchen ihre Geschwindigkeit v_1 durch eine Spannungsdifferenz $U_0 = \phi_0 - \phi_1$ erhalten, so gilt $(m/2) \cdot v_1^2 = qU_0$, sodass aus (2.48) folgt:

$$\frac{m}{2} v_2^2 = q\,(U_0 + U) \Rightarrow \frac{v_2}{v_1} = \sqrt{\frac{U_0 + U}{U_0}} . \tag{2.50}$$

Innerhalb des elektrischen Feldes E ist die Teilchenbahn gekrümmt. Im homogenen Feld der Abb. 2.55 ist sie eine Parabel

$$z = -\frac{1}{2} \frac{q \cdot E}{m} \frac{x^2}{v_{1x}^2} - \frac{v_{1z}}{v_{1x}} x .$$

Wählen wir den Abstand d zwischen den Netzen bei $z = 0$ und $z = d$ sehr klein, so können wir die Elektronenbahn durch eine Gerade annähern, die an der Mittelebene $z = d/2$ plötzlich abgeknickt wird, sodass die Analogie zur Brechung eines geraden Lichtstrahls an einer Grenzfläche zwischen zwei Medien mit Brechzahlen n_1 und n_2 deutlich wird. Nach (2.49) und (2.50) wird das Verhältnis der Brechzahlen

$$\frac{n_2}{n_1} = \frac{\sin\alpha}{\sin\beta} = \sqrt{\frac{U_0 + U}{U_0}} = \sqrt{1 + \frac{U}{U_0}} \tag{2.51}$$

durch den Potentialsprung $U = \phi_1 - \phi_2$ und durch die Beschleunigungsspannung U_0 der einfallenden Elektronen bestimmt.

Auch beim Durchgang durch das homogene Feld eines Plattenkondensators wird die Richtung des Elektronenstrahls geändert. Aus Abb. 2.56 entnimmt man für Elektronen, welche mit der Geschwindigkeit $\boldsymbol{v} = \{v_x, 0, 0\}$ bei $z = 0$ in das Feld eintreten:

$$z = \frac{1}{2} \frac{q \cdot E}{m} \frac{x^2}{v^2}$$

$$\Rightarrow \left(\frac{\mathrm{d}z}{\mathrm{d}x}\right)_{x=L} = \frac{q \cdot E}{m} \frac{L}{v^2} = \tan\delta .$$

Ersetzt man die Parabel durch die schwarzen gestrichelten Geraden mit einem Knick im elektrischen Feld, so kann man wie in der Optik sagen: Der Elektronenstrahl wird in beiden Fällen „gebrochen", analog zur Brechung eines Lichtstrahls in einem Prisma.

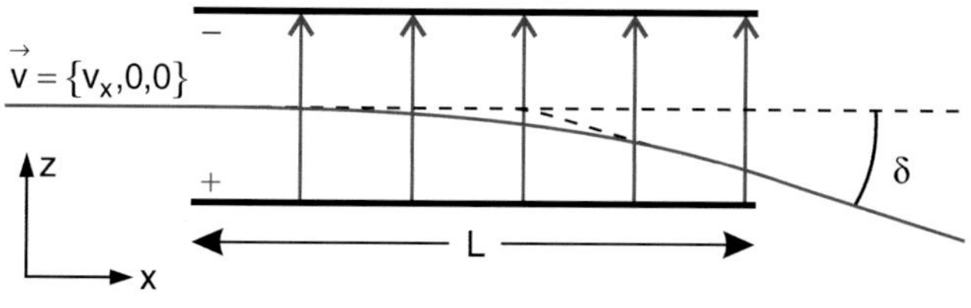

Abbildung 2.56 Ablenkung von Elektronen im homogenen elektrischen Feld eines Plattenkondensators

2.6.2 Elektronenbahnen in axialsymmetrischen Feldern

Wir wollen uns nun mit der Bewegung von Elektronen in nichthomogenen elektrischen Feldern befassen. Aus (2.43) erhält man wegen $\boldsymbol{E} = -\,\mathbf{grad}\,\phi$ bei fehlendem Magnetfeld $\boldsymbol{B}$ die Bewegungsgleichungen

$$m \cdot \frac{\mathrm{d}^2 x}{\mathrm{d}\,t^2} = e\,\frac{\partial \phi}{\partial x}\,, \quad m \cdot \frac{\mathrm{d}^2 y}{\mathrm{d}\,t^2} = e\,\frac{\partial \phi}{\partial y}\,,$$
$$m \cdot \frac{\mathrm{d}^2 z}{\mathrm{d}\,t^2} = e\,\frac{\partial \phi}{\partial z}\,, \tag{2.52}$$

die bei Kenntnis des Potentials $\phi(x, y, z)$ (zumindest numerisch) gelöst werden können. Das Potential wird durch die Anordnung von geladenen Leiterflächen bestimmt. Bei fehlender Raumladung gilt die Laplace-Gleichung:

$$\frac{\partial^2 \phi}{\partial x^2} + \frac{\partial^2 \phi}{\partial y^2} + \frac{\partial^2 \phi}{\partial z^2} = 0\,. \tag{2.53}$$

Ihre Lösung ist im allgemeinen Fall nicht analytisch möglich.

Die meisten „elektronenoptischen" Linsen werden durch rotationssymmetrische elektrische oder magnetische Felder realisiert. So kann man z. B. elektrisch leitende Kreisblenden oder Rohre verwenden, die auf ein wählbares elektrisches Potential ϕ gelegt werden.

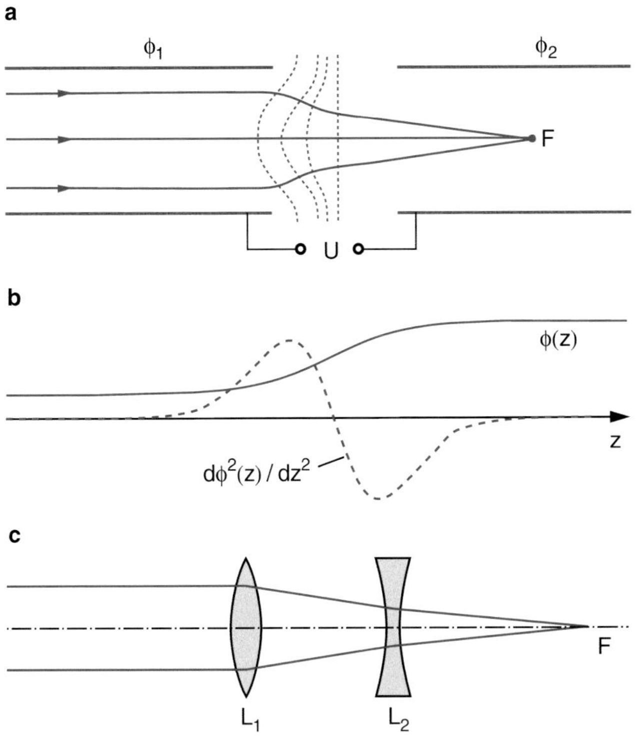

Abbildung 2.57 Elektronenoptische Rohrlinse: **a** Schematische Darstellung; **b** Verlauf des Potentials $\phi(z)$ und von $\mathrm{d}^2\phi/\mathrm{d}z^2$ auf der Symmetrieachse; **c** optisches Analogon

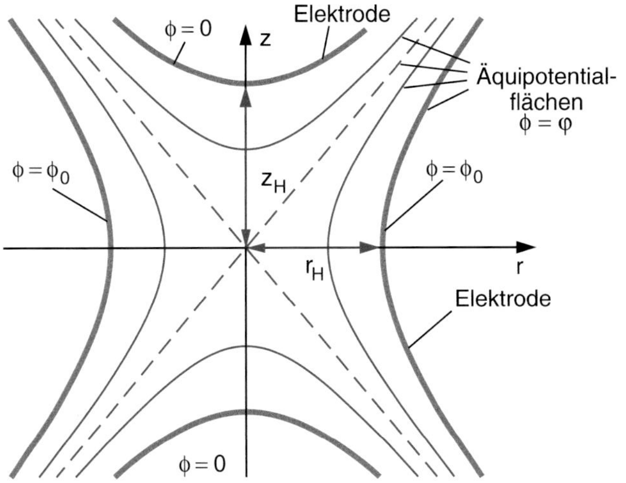

Abbildung 2.58 Rotationssymmetrisches hyperbolisches elektrostatisches Feld

Mit einer Anordnung, wie in Abb. 2.57 gezeigt, bei der zwei zylindrische leitende Rohre auf die Potentiale ϕ_1 und ϕ_2 gelegt werden, kann man wahlweise eine Sammel- bzw. Zerstreuungslinse realisieren. Während auf der Achse $r = 0$ die Ableitung $\mathrm{d}\phi/\mathrm{d}\,r$ null wird, ist sie für Bahnen außerhalb der Achse von null verschieden und bewirkt radiale Kräfte auf die Elektronen. Die von links kommenden Elektronen werden auf Grund der Krümmung der Äquipotentialflächen im linken Teil zur Achse hin abgelenkt, im rechten Teil von der Achse weg. Ist $\phi_2 > \phi_1$, so werden die Elektronen beim Durchgang durch das System beschleunigt. Ihre Geschwindigkeit ist also links kleiner als rechts, d. h. der fokussierende Effekt ist größer als der defokussierende. Die Linse wirkt insgesamt als Sammellinse. Ist $\phi_2 < \phi_1$, so ist es umgekehrt, und das ganze System wirkt als Zerstreuungslinse.

Um die fokussierende Wirkung eines rotationssymmetrischen Feldes zu zeigen, betrachten wir in Abb. 2.58 ein um die z-Achse rotationssymmetrisches hyperbolisches Potential

$$\phi(r, z) = a \cdot \left(z^2 - \frac{1}{2} r^2\right)\,, \tag{2.54}$$

das durch zwei hyperbolisch geformte Elektroden erzeugt wird, die auf die Potentiale $\phi = 0$ bzw. $\phi = \phi_0$ gelegt werden. Die Äquipotentialflächen $\phi = C$ ergeben sich aus (2.54) zu

$$\frac{z^2}{C/a} - \frac{r^2}{2C/a} = 1\,. \tag{2.55}$$

Dies sind Rotationshyperboloide um die z-Achse mit minimalen Abständen vom Nullpunkt $z_\mathrm{H} = \sqrt{C/a}$ und $r_\mathrm{H} = \sqrt{2C/a}$. Das Potential auf der z-Achse $r = 0$ wird

$$\phi(r = 0, z) = a \cdot z^2 \Rightarrow \phi''(0, z) = 2a$$
$$\Rightarrow \phi(r, z) = \phi(0, z) - \frac{1}{4}\phi''(0, z)\,r^2\,. \tag{2.56}$$

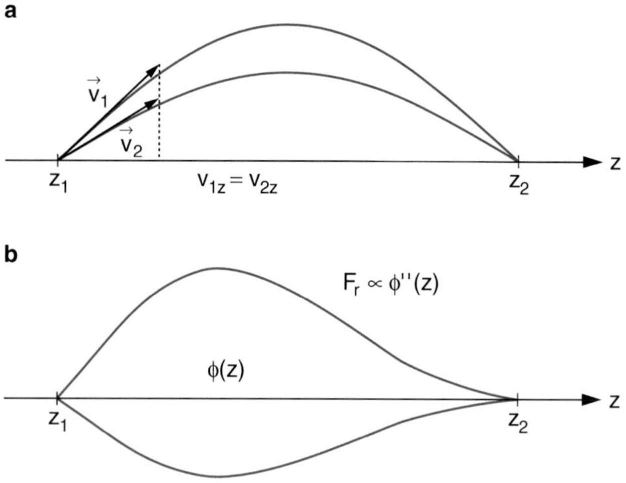

Abbildung 2.59 Zur Fokussierung im axialsymmetrischen Feld: **a** hyperbolisches Feld; **b** beliebiges axialsymmetrisches Feld

Man kann also das hyperbolische Potential in einem beliebigen Punkt (r, φ, z) durch das Potential $\phi(z) = \phi(r = 0, z)$ auf der Achse ausdrücken.

Die Radialkomponente E_r der elektrischen Feldstärke $\boldsymbol{E}$ erhält man aus (2.54) zu

$$E_r = -\frac{\partial \phi}{\partial r} = a \cdot r\,. \tag{2.57}$$

Sie ergibt also für Elektronen außerhalb der Achse für $a > 0$ immer eine lineare rücktreibende Kraft

$$F_r = -e \cdot E_r = -a \cdot e \cdot r\,, \tag{2.58}$$

sodass die r-Komponente der Bewegung von Elektronen im hyperbolischen Potential eine harmonische Schwingung ausführt. Alle Elektronen, die auf der Achse im Punkte z_1 mit verschiedenen Geschwindigkeiten $\boldsymbol{v} = \{v_r, v_\varphi = 0, v_z\}$ starten, werden wieder in einem Punkte z_2 fokussiert, wenn ihre Geschwindigkeitskomponenten v_z gleich sind (Abb. 2.59).

Das allgemeine, nicht unbedingt hyperbolische zylindersymmetrische Potential $\phi(r, z)$ an einem beliebigen Punkte $\{r, \varphi, z\}$ kann in eine Taylorreihe

$$\phi(r, z) = \phi(0, z) + b_2(z)\, r^2 + b_4(z)\, r^4 + \cdots \tag{2.59}$$

entwickelt werden, in der wegen der axialen Symmetrie nur gerade Potenzen von r auftreten. Für kleine Abstände r von der Achse können wir alle Potenzen r^n mit $n \geq 4$ vernachlässigen. Setzen wir (2.59) in die Laplace-Gleichung (2.53) ein, die in Zylinderkoordinaten

$$\frac{1}{r}\frac{\partial \phi}{\partial r} + \frac{\partial^2 \phi}{\partial r^2} + \frac{\partial^2 \phi}{\partial z^2} = 0$$

lautet (die Ableitung nach φ verschwindet), erhalten wir das Ergebnis

$$\phi(r, z) = \phi(0, z) - \frac{1}{4}\phi''(0, z) \cdot r^2\,, \tag{2.60}$$

wobei ϕ'' die Differentiation nach z bedeutet.

Der Vergleich mit (2.56) zeigt, dass in dieser *paraxialen Näherung* für ein beliebiges axialsymmetrisches Potential zwischen $\phi(r, z)$ und dem Potential $\phi(0, z)$ derselbe Zusammenhang auf der Achse besteht wie für das rotationssymmetrische Hyperboloidpotential (2.54). Insbesondere heißt dies: Man kann das Potential in einem beliebigen Punkt (r, z) berechnen, wenn man seinen Verlauf $\phi(z)$ auf der Achse kennt.

Die Elektronenbahn in solchen axialsymmetrischen Feldern erhalten wir aus den Bewegungsgleichungen (2.52), die sich hier vereinfachen zu:

$$m \cdot \frac{\mathrm{d}^2 r}{\mathrm{d}t^2} = e\,\frac{\partial \phi}{\partial r}\,, \tag{2.61a}$$

$$m \cdot \frac{\mathrm{d}^2 z}{\mathrm{d}t^2} = e\,\frac{\partial \phi}{\partial z}\,. \tag{2.61b}$$

In der paraxialen Näherung ergibt sich mit $\phi'' \cdot r^2(z) \ll \phi'(z) \cdot r$ aus (2.60)

$$\frac{\partial \phi}{\partial r} = -\frac{1}{2}\phi''(0, z) \cdot r\,,$$

$$\frac{\partial \phi}{\partial z} = \phi'(0, z)\,, \tag{2.62}$$

sodass die Bewegungsgleichungen lauten:

$$m \cdot \frac{\mathrm{d}^2 r}{\mathrm{d}t^2} = -\frac{e}{2}\phi''(0, z) \cdot r\,, \tag{2.63a}$$

$$m \cdot \frac{\mathrm{d}^2 z}{\mathrm{d}t^2} = e \cdot \phi'(0, z)\,. \tag{2.63b}$$

Für achsennahe Elektronenbahnen gilt ferner $v_r \ll v_z$, sodass

$$v = \sqrt{v_r^2 + v_z^2} \approx v_z$$

gilt. Aus (2.63a) folgt, dass die radialen Kräfte

$$F_r = -a(z) \cdot r$$

auf ein Elektron proportional sind zur Auslenkung von der Achse $r = 0$, wobei der Proportionalitätsfaktor $a = (e/2) \cdot \phi''(z)$ durch den Verlauf des Potentials auf der Achse festgelegt ist. Die Radialbewegung ist jetzt im Allgemeinen keine harmonische Bewegung mehr, da die Rückstellkraft sich mit z ändern kann (Abb. 2.59b).

2.6.3 Elektrostatische Elektronenlinsen

Die Bahn eines Elektrons durch die Anordnung in Abb. 2.57 ist für eine „dünne Linse", bei der die Feldausdehnung d in z-Richtung klein gegen die Brennweite ist, in Abb. 2.60 gezeigt. Das elektrische Feld sei beschränkt auf den Raum zwischen den Ebenen $z = z_1$ und $z = z_2$. Im linken, feldfreien Raum ist die Bahn eine Gerade. Für achsennahe Strahlen ändert sich der Abstand r von der Achse kaum über die kurze Strecke d, sodass gilt: $r_a \approx r_\mathrm{m} \approx r_b$. Dann folgt:

$$\left(\frac{\mathrm{d}r}{\mathrm{d}z}\right)_{z\le z_1} = \tan\alpha_1 \approx \frac{r_\mathrm{m}}{a}. \tag{2.64}$$

Im rechten feldfreien Raum gilt entsprechend:

$$\left(\frac{\mathrm{d}r}{\mathrm{d}z}\right)_{z\ge z_2} = -\tan\alpha_2 = -\frac{r_\mathrm{m}}{b}. \tag{2.65}$$

Addition von (2.64) und (2.65) liefert die Abbildungsgleichung für „dünne" Elektronenlinsen:

$$\begin{aligned}\frac{1}{a}+\frac{1}{b} &= \frac{1}{f}\\ &= \frac{1}{r_\mathrm{m}}\left[\left(\frac{\mathrm{d}r}{\mathrm{d}z}\right)_{z=z_1} - \left(\frac{\mathrm{d}r}{\mathrm{d}z}\right)_{z=z_2}\right],\end{aligned} \tag{2.66}$$

die genau der Abbildungsgleichung in der geometrischen Optik entspricht (siehe Bd. 2, Abschn. 9.5), wenn man die Differenz der Ableitungen $\frac{\mathrm{d}r}{\mathrm{d}z}$ an den Feldbegrenzungen als Quotient r_m/f definiert. Die Brennweite $f = r_\mathrm{m}/[(\mathrm{d}r/\mathrm{d}z)_{z_1} - (\mathrm{d}r/\mathrm{d}z)_{z_2}]$ ergibt sich nach einiger Rechnung aus (2.54) zu

$$f = \frac{4\cdot\sqrt{\phi_0}}{\displaystyle\int_{z_1}^{z_2} \frac{1}{\sqrt{\phi}}\,\frac{\mathrm{d}^2\phi(0,z)}{\mathrm{d}z^2}\,\mathrm{d}z}. \tag{2.67}$$

Sie hängt also vom Verlauf $\phi(z)$ des Potentials entlang der Achse und von der Anfangsenergie $(m/2)\,v_0^2 = e\cdot\phi_0$ der in die Linse eintretenden Elektronen ab.

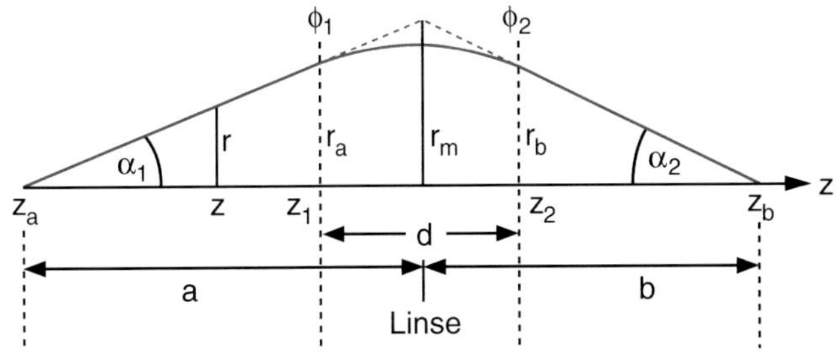

Abbildung 2.60 Zur Abbildungsgleichung einer Elektronenlinse

In Abb. 2.61 und 2.62 sind zwei mögliche Realisierungen solcher elektrostatischer Elektronenlinsen dargestellt:

Zwischen einem ebenen Drahtnetz und einer Kreisblende im Abstand d wird die Spannung $U = \phi_1 - \phi_2$ gelegt. Die Äquipotentialflächen sind rotationssymmetrisch um die Symmetrieachse (z-Achse). Da die elektrische Feldstärke $\boldsymbol{E} = -\,\mathbf{grad}\,\phi$ immer senkrecht auf den Äquipotentialflächen steht, erfahren die Elektronen eine Kraft $\boldsymbol{F} = -e\cdot\boldsymbol{E}$ tangential zu den Feldlinien, also senkrecht zu den Äquipotentialflächen. Wird z. B. die Kreisblende auf Erdpotential gelegt ($\phi_2 = 0$) und das Netz auf ein positives Potential ($\phi_1 > 0$), so wird ein paralleler Elektronenstrahl, der von rechts in das System eintritt, in den Punkt F, den Brennpunkt der Elektronenlinse, fokussiert (Abb. 2.61a). Die Brennweite hängt von der Spannung U und der kinetischen Energie der Elektronen ab. Polt man die Spannung um, so wird ein von links ankommendes paralleles Strahlbündel durch die Linse divergent gemacht (Abb. 2.61b).

Die symmetrische Anordnung der Abb. 2.62, die aus drei Blenden $\phi_1 = \phi_3 = 0$ und $\phi_2 \neq 0$ besteht, stellt eine Kombination aus Sammel- und Zerstreuungslinse dar. Je nach der Polarität der angelegten Spannung überwiegt der konvergente bzw. der divergente Anteil. Wird z. B. an die mittlere Blende B_2 eine positive Spannung U angelegt ($\phi_2 > 0$), so werden die von links eintretenden Elektronen zwischen B_1 und B_2 beschleunigt und zwischen B_2 und B_3 wieder abgebremst (Zerstreuungslinse), während mit $\phi_2 < 0$ eine Sammellinse realisiert wird.

Elektrostatische Zylinderlinsen, die nur in einer Richtung fokussieren, können z. B. durch einen Zylinderkondensator realisiert werden. Wenn das elektrische Sektorfeld sich über einen Winkelbereich von φ erstreckt (Abb. 2.63), werden Elektronen, die aus einem Eingangsspalt divergent austreten, wieder in eine Linie als Spaltbild in der Brennebene abgebildet (siehe Bd. 2, Aufgabe 1.13).

Die Lage des Spaltbildes hängt von der Energie $e\cdot U_0$ der eintretenden Elektronen ab. Der Kondensator wirkt als Energieanalysator. Sein Analogon in der Optik ist eine Kombination aus Zylinderlinse und Prisma. Seine Brennweite f hängt ab von U_0 und dem Winkel φ. Für Elektronen, die mit der Energie $(m/2)\,v^2 = e\cdot U_0$ in den Kondensator eintreten, muss die Spannung U zwischen den Kondensatorplatten $U = 2U_0\cdot\ln(R_2/R_1)$ sein, wenn R_1, R_2 die Radien der Kondensatorplatten sind.

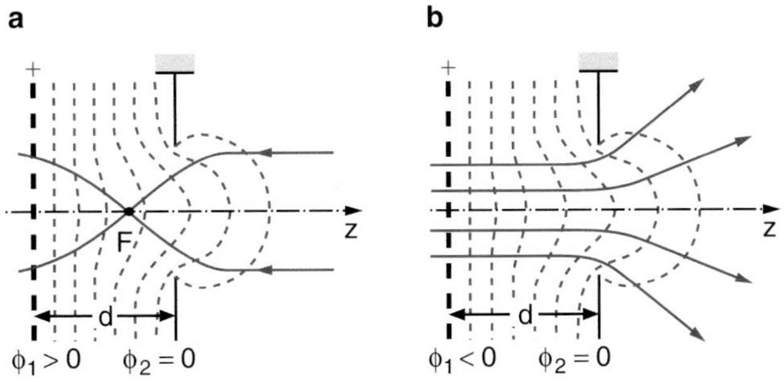

Abbildung 2.61 Linse aus einer Kreisblende und einem ebenen Netz: **a** Fokussierend für Elektronen, die von rechts einlaufen, **b** defokussierend für Elektronen von links

Kapitel 2

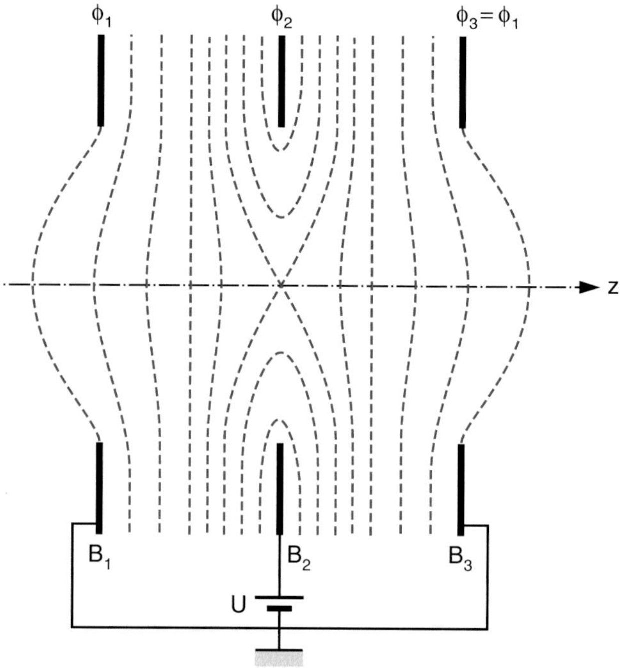

Abbildung 2.62 Einzellinse mit symmetrischer Anordnung von drei Kreisblenden

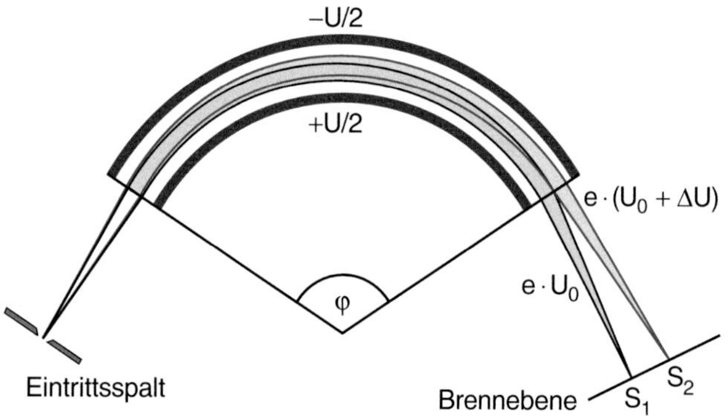

Abbildung 2.63 Elektrischer Zylinderkondensator als Elektronen-Zylinderlinse mit Energieselektion

2.6.4 Magnetische Linsen

Elektronen, die schräg zur Feldrichtung in ein homogenes magnetisches Feld $\boldsymbol{B}$ eintreten (Abb. 2.64), werden auf Grund der Lorentzkraft $\boldsymbol{F} = -e \cdot (\boldsymbol{v} \times \boldsymbol{B})$ abgelenkt.

Für $\boldsymbol{B} = \{0, 0, B_z\}$ wird $F_z = 0$. Spaltet man die Geschwindigkeit $\boldsymbol{v} = \{v_x, v_y, v_z\}$ auf in einen Anteil $v_\parallel = v_z$ und $v_\perp = (v_x^2 + v_y^2)^{1/2}$, so sieht man, dass $v_\parallel$ konstant bleibt und dass $\boldsymbol{F}$ immer senkrecht auf $v_\perp$ steht (siehe Bd. 2, Abschn. 3.3.1).

Der Betrag von $v_\perp$ bleibt also konstant, die Bahn wäre für $v_z = 0$ ein Kreis, dessen Radius R aus der Bedingung

$$\frac{m \cdot v_\perp^2}{R} = ev_\perp \cdot B \Rightarrow R = \frac{m}{e} \cdot \frac{v_\perp}{B}$$

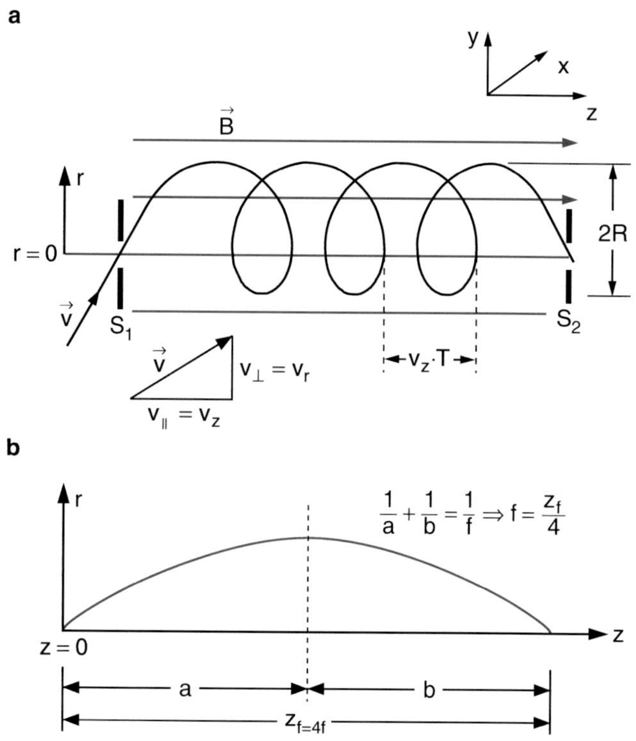

Abbildung 2.64 Homogenes magnetisches Längsfeld als Elektronenlinse. **a** Darstellung der Kreisspiralbahn; **b** zur Definition der Brennweite für $a = b$ mit $z_f = a + b = 2a$ und $f = a/2$

folgt. Die Umlaufzeit

$$T = \frac{2\pi R}{v_\perp} = \frac{2\pi}{e}\frac{m}{B} \tag{2.68}$$

ist unabhängig vom Radius R!

Für $v_z \neq 0$ durchlaufen die Elektronen Kreisspiralbahnen. Ein Elektron, das auf der Achse eines zylindersymmetrischen Magnetfeldes bei $z = 0$ startet, erreicht die Achse also wieder nach der Zeit T am Ort $z = v_z \cdot T$.

Das axiale homogene Magnetfeld, das z. B. durch eine stromdurchflossene Zylinderspule realisiert werden kann, wirkt daher wie eine Elektronenlinse, welche alle vom Punkte $z = 0$ auf der z-Achse ausgehenden Elektronen wieder fokussiert im Punkt

$$z_f = v_z \cdot T = \frac{2\pi m}{e \cdot B} v_z .$$

Für die praktischen Anwendungen ist $v_\perp \ll v_\parallel = v_z$, sodass Elektronen, die durch eine Spannung U auf die Energie $E_{kin} = e \cdot U$ beschleunigt wurden, alle die gleiche Geschwindigkeit $v_z \approx v = \sqrt{2e \cdot U/m}$ haben. Wir können dann eine Brennweite f der Elektronenlinse definieren, die nach Abb. 2.64b gegeben ist durch

$$f = \frac{1}{4} z_f = \frac{\pi}{2B} \cdot \sqrt{\frac{2U \cdot m}{e}} . \tag{2.69}$$

Außer dem homogenen magnetischen Längsfeld können auch *transversale* magnetische Sektorfelder zur Abbildung von

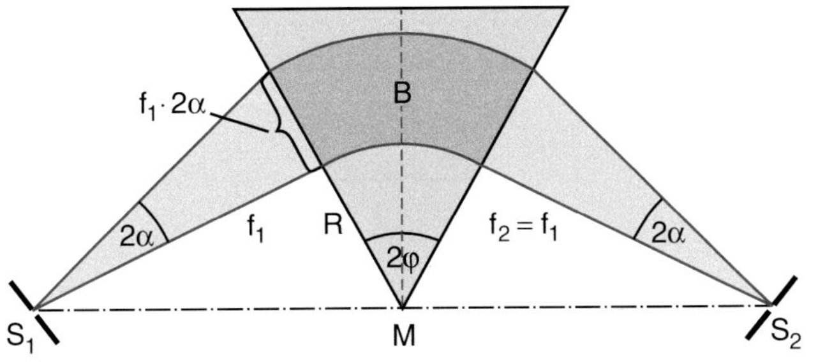

Abbildung 2.65 Magnetisches Sektorfeld als Zylinderlinse

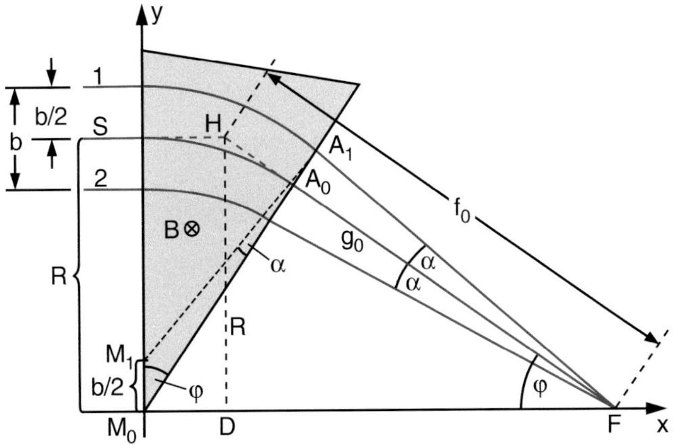

Abbildung 2.66 Fokussierung eines parallelen Ionenstrahls durch ein magnetisches Sektorfeld

Elektronen- oder Ionenstrahlen verwendet werden. Ein solches Sektorfeld $\boldsymbol{B} = \{0, 0, B_z\}$ wirkt wie eine Zylinderlinse, welche Ionen gleicher Masse, die divergent aus einem Spalt S_1 austreten, wieder auf einen Spalt S_2 abbildet, wenn S_1 und S_2 auf einer Geraden durch den Punkt M liegen (Abb. 2.65). Dies lässt sich folgendermaßen einsehen:

Wir betrachten in Abb. 2.66 ein paralleles Ionenstrahlbündel der Breite b, das senkrecht auf die Begrenzung eines Sektorfeldes mit dem Sektorwinkel φ trifft. Wenn alle Ionen gleiche Masse und Geschwindigkeit haben, durchlaufen sie im Magnetfeld Kreisbögen mit dem Radius $R = m \cdot v/(q \cdot B)$. Der Mittelpunkt des Kreisbogens für Ionen auf der Sollbahn S sei der Sektormittelpunkt M_0. Dann wird der Mittelpunkt M_1 für die Ionen auf der Bahn 1 um $b/2$ gegen M_0 versetzt. Wenn die Ionen auf der Sollbahn S das Magnetfeld senkrecht zur Begrenzung verlassen, also im Magnetfeld um den Winkel φ abgelenkt werden, dann werden sie auf der Bahn 1 um $\varphi + \alpha$ abgelenkt, laufen danach auf einer Geraden, die um den Winkel α gegen die Sollgerade geneigt ist und diese im Punkt F schneidet. Die Entfernung $g_0 = \overline{A_0F}$ ist dann:

$$g_0 = \frac{\overline{A_0A_1}}{\tan\alpha} = \frac{\overline{M_0A_1} - \overline{M_0A_0}}{\tan\alpha}\,.$$

Aus dem Sinussatz für das Dreieck $\triangle M_1A_1M_0$ folgt wegen $\overline{M_0A_0} = R \approx \overline{M_1A_1}$ und $\sin(180° - \varphi - \alpha) = \sin(\varphi + \alpha)$

$$\overline{M_0A_1} = \frac{\sin(\varphi + \alpha)}{\sin\varphi} \cdot R\,.$$

Damit wird

$$\begin{aligned}\overline{A_0A_1} = \overline{M_0A_1} - \overline{M_0A_0} &= R\left(\frac{\sin(\varphi+\alpha)}{\sin\varphi} - 1\right)\\ &= R\left(\frac{\sin\varphi\cos\alpha + \cos\varphi\sin\alpha}{\sin\varphi} - 1\right)\\ &= R\,(\cos\alpha - 1) + R \cdot \cot\varphi\sin\alpha\,.\end{aligned}$$

Für kleine Winkel α ist $\cos\alpha \approx 1$ und $\sin\alpha \approx \tan\alpha$, sodass gilt:

$$g_0 = \frac{\overline{A_0A_1}}{\sin\alpha} \approx R \cdot \cot\varphi\,. \tag{2.70}$$

Die Entfernung g_0 ist unabhängig von b, solange $b \ll R$ gilt. Dies bedeutet, dass dann alle Teilstrahlen des einfallenden Parallelbündels durch F gehen, d. h. F ist der Brennpunkt. Aus (2.70) und dem rechtwinkligen Dreieck $\triangle M_0A_0F$ in Abb. 2.66 folgt, dass der Winkel $\measuredangle M_0FA_0$ gleich φ ist, d. h. die Verbindungslinie FM_0 muss parallel zur Einfallsrichtung der Ionen sein.

Genau wie bei dicken Linsen in der geometrischen Optik (siehe Bd. 2, Abschn. 9.5) können wir eine Hauptebene H definieren, indem wir den einfallenden Mittenstrahl S geradlinig bis H verlängern, ihn dort abknicken und dann geradlinig bis F weiterlaufen lassen. Als Brennweite f_0 der magnetischen Linse definieren wir dann die Strecke $f_0 = \overline{HF}$. Mit $\overline{HD} = R$ und $\sin\varphi = \overline{HD}/\overline{HF}$ folgt dann für die Brennweite des magnetischen Sektorfeldes

$$f_0 = \frac{R}{\sin\varphi}\,. \tag{2.71}$$

Erweitert man jetzt das Sektorfeld der Abb. 2.66 nach links um den Winkel φ, so erhält man die Sektorzylinderlinse der Abb. 2.65, die aus den beiden spiegelbildlichen Hälften der Abb. 2.66 besteht. Ionen, die von rechts als Parallelbündel durch die Symmetrieebene laufen, werden in S_1 fokussiert. Umgekehrt gilt dann auch: Ionen, die aus S_1 starten, treten auf der Mittelebene als paralleles Bündel senkrecht in die zweite Sektorhälfte ein und werden dann auf den Spalt S_2 wieder kollimiert. Aus (2.71) und dem Dreieck $\triangle DHF$ in Abb. 2.66 folgt, dass S_1 und S_2 in Abb. 2.65 auf einer Geraden durch M liegen müssen.

In der Richtung senkrecht zur Zeichenebene (d. h. parallel zum Magnetfeld) wird nicht fokussiert, d. h. jeder Punkt des Eintrittsspaltes S_1 wird auf die Spaltlinie S_2 abgebildet, wie bei einer Zylinderlinse in der Optik.

2.6.5 Anwendungen der Elektronen- und Ionenoptik

Wir wollen die Anwendungen der Elektronenoptik am Beispiel eines modernen Transmissions-Elektronenmikroskops illustrieren (Abb. 2.67). Die dünne zu untersuchende Probe wird von einem parallelen Elektronenstrahl durchlaufen. Die Elektronen erleiden dabei durch Wechselwirkung mit den Atomen bzw. Molekülen der Probe elastische und unelastische Streuprozesse. Der Energieverlust bei inelastischen Stößen hängt von der Art der Atome in der Probe ab und kann deshalb zur Elementanalyse ausgenutzt werden. Die Elektronen werden dann durch ein elektrostatisches Linsensystem auf einen Zwischenfokus abgebildet, der als objektseitiger Brennpunkt für das folgende magnetische Sektorfeld dient. In diesem Magnetfeld werden sie dann entsprechend ihrer Geschwindigkeit abgelenkt auf einen elektrostatischen Spiegel, der durch ein elektrisches Gegenfeld realisiert wird und der die Elektronen ins Magnetfeld reflektiert. Hier werden sie auf einen Spalt gelenkt. Da die Ablenkung im Magnetfeld von der Geschwindigkeit abhängt, wird die Lage $x_F(E)$ des Fokalpunktes in der Ebene des Energieselektionsspaltes von der Energie abhängen. Man kann durch Verschieben des Spaltes die Energie der in der Abbildungsebene detektierten Elektronen selektieren und damit entweder nur die elastisch gestreuten oder nur die inelastischen Elektronen mit der Energie $E - \Delta E$ aussondern. Dies erhöht den Kontrast des in der Abbildungsebene entstehenden vergrößerten Bildes und erlaubt es, bestimmte Teile einer Probe, die z. B. schwere Atome enthält, selektiv abzubilden [19, 24, 50].

Beispiele für die Anwendung der *Ionenoptik* sind die verschiedenen Arten von Massenspektrometern, die im nächsten Abschnitt behandelt werden.

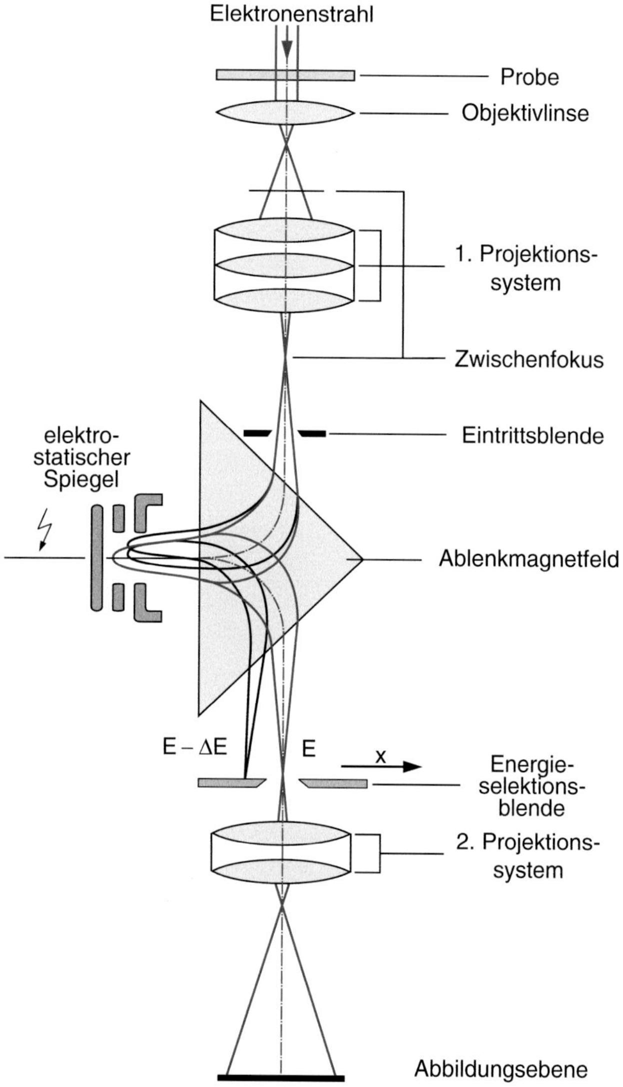

Abbildung 2.67 Modernes Elektronenmikroskop. Mit freundlicher Genehmigung der Firma Zeiss, Oberkochen

2.7 Bestimmung der Atommassen; Massenspektrometer

Nachdem in den vorigen Abschnitten Experimente zur Bestimmung der Atomgrößen und der elektrischen Eigenschaften der Atome vorgestellt wurden, wollen wir jetzt Methoden zur Messung von absoluten Atommassen kennen lernen [51–54].

2.7.1 Überblick

Das einfachste Verfahren zur Messung von Atommassen verwendet die Kenntnis der Avogadro-Konstante N_A (siehe Abschn. 2.2). Misst man die Masse M eines Mols atomaren Gases (bei gasförmigen Stoffen ist dies ein Volumen von $22{,}4\,\mathrm{dm}^3$ bei $p = 1013\,\mathrm{hPa}$ und $T = 0\,°\mathrm{C}$), so ist die Masse m_x eines Atoms:

$$m_x = M/N_A\,.$$

Kennt man die *relative* Massenzahl

$$A = 12\,\frac{m_x}{m(^{12}\mathrm{C})}\,,$$

so ergibt sich die absolute Masse m_x aus der Masse $M = N_A \cdot m_x$ eines Mols (das sind A Gramm) und der Avogadrozahl N_A zu

$$m_x = \frac{A \cdot 10^{-3}}{N_A}\,\mathrm{kg}\,. \tag{2.72}$$

Bei der Kenntnis von A und N_A lässt sich die Atommasse m_x also ohne weitere Messung bestimmen.

In einem Kristall kann man die Atomabstände mithilfe der Röntgenbeugung messen (siehe Abschn. 2.4.4). Aus den Abmessungen des Gesamtkristalls und der Kenntnis der Kristallstruktur (siehe Abschn. 2.4.3) erhält man dadurch die Gesamtzahl N der

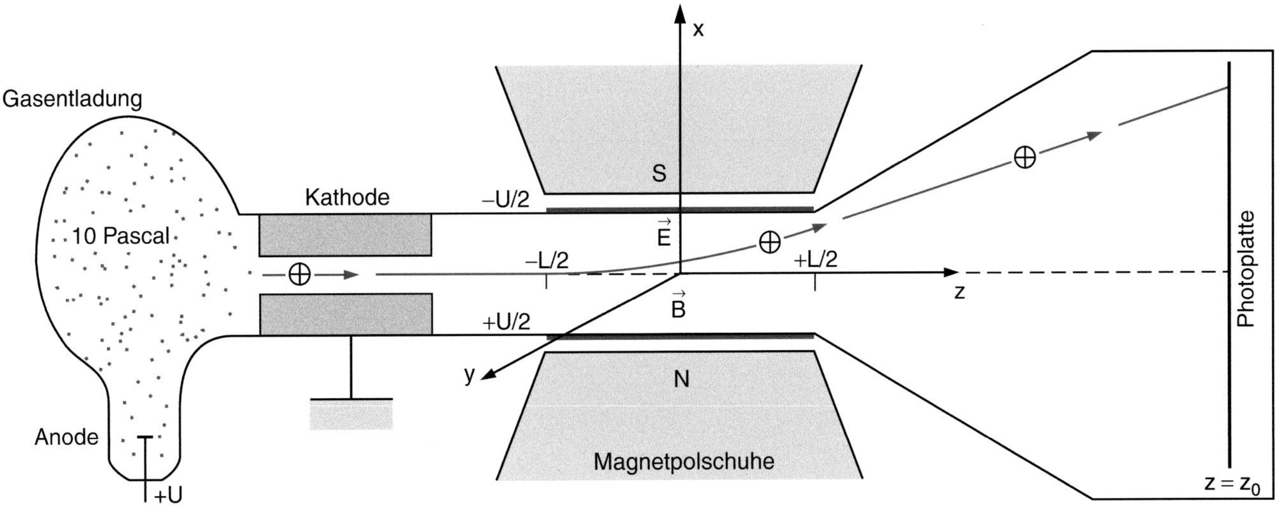

Abbildung 2.68 Parabelspektrograph von *J.J. Thomson*

Atome. Man wiegt den Kristall, dessen Masse M sei, und erhält die absolute Atommasse

$$m_x = M/N\,.$$

Die genaueste Methode der Massenbestimmung von Atomen benutzt (genau wie bei der Messung der Elektronenmasse) die Ablenkung von Ionen in elektrischen oder magnetischen Feldern. Aus der gemessenen Masse $m(\mathrm{A}^+)$ eines einfach geladenen Ions A^+ erhält man die Atommasse

$$m(\mathrm{A}) = m(\mathrm{A}^+) + m(\mathrm{e}^-) + \frac{1}{c^2}E_\mathrm{B}\,, \qquad (2.73)$$

wobei der letzte Term das (im Allgemeinen vernachlässigbar kleine) Massenäquivalent der Bindungsenergie E_B (($E_\mathrm{B} < 0$) des Elektrons im Atom A ist.

Wir wollen im Folgenden einige historische und einige moderne Massenspektrometer kurz behandeln.

2.7.2 Parabelspektrograph von J. J. Thomson

Die durch die Spannung U in z-Richtung beschleunigten Ionen (Masse m, Ladung q) durchlaufen mit der Geschwindigkeit $v = (2qU/m)^{1/2}$ ein homogenes Magnetfeld $\boldsymbol{B} = \{B_x, 0, 0\}$, das von einem homogenen elektrischen Feld $\boldsymbol{E} = \{E_x, 0, 0\}$ überlagert ist (Abb. 2.68). Die Bewegungsgleichungen (2.42) und (2.43) lauten dann mit $B_x = B$, $E_x = E$:

$$\frac{\mathrm{d}^2x}{\mathrm{d}t^2} = \frac{q}{m}E\,, \qquad (2.74a)$$

$$\frac{\mathrm{d}^2y}{\mathrm{d}t^2} = \frac{q}{m}v\cdot B\,. \qquad (2.74b)$$

Die Bahngleichungen $x(z)$ und $y(z)$ erhält man daraus, wenn man die Zeit t eliminiert durch die Beziehung

$$\frac{\mathrm{d}x}{\mathrm{d}t} = \frac{\mathrm{d}x}{\mathrm{d}z}\frac{\mathrm{d}z}{\mathrm{d}t} = v_z\cdot\frac{\mathrm{d}x}{\mathrm{d}z} \approx v\cdot\frac{\mathrm{d}x}{\mathrm{d}z}\,,$$

weil die Geschwindigkeitszunahme im elektrischen Ablenkfeld klein ist gegen die Eintrittsgeschwindigkeit, und daher gilt: $v_z \approx v$. Es folgt

$$\frac{\mathrm{d}^2x}{\mathrm{d}t^2} = v^2\frac{\mathrm{d}^2x}{\mathrm{d}z^2}\,, \quad \frac{\mathrm{d}^2y}{\mathrm{d}t^2} = v^2\frac{\mathrm{d}^2y}{\mathrm{d}z^2}\,.$$

Einsetzen in (2.74) ergibt:

$$\frac{\mathrm{d}^2x}{\mathrm{d}z^2} = \frac{q}{m\cdot v^2}E\,, \qquad (2.75a)$$

$$\frac{\mathrm{d}^2y}{\mathrm{d}z^2} = \frac{q}{m\cdot v}B\,. \qquad (2.75b)$$

Für z-Werte $-L/2 \le z \le +L/2$ im Kondensator liefert die Integration von (2.75a)

$$\frac{\mathrm{d}x}{\mathrm{d}z} = \int\limits_{-L/2}^{z}\frac{q\cdot E}{mv^2}\,\mathrm{d}z' = \frac{q\cdot E}{mv^2}\left(\frac{L}{2}+z\right)$$

und damit

$$x(z) = \frac{q\cdot E}{2mv^2}\left(\frac{L}{2}+z\right)^2\,. \qquad (2.76)$$

Analog folgt aus der Integration von (2.75b)

$$y(z) = \frac{q\cdot B}{2mv}\left(\frac{L}{2}+z\right)^2\,. \qquad (2.77)$$

Nach Durchlaufen des Kondensators und des Magneten sind für $z > L/2$ sowohl $E = 0$ als auch $B = 0$. Die Gesamtkraft auf das Ion ist null und seine Bahn daher eine Gerade, deren Startpunkt die Koordinaten $\{x(L/2), y(L/2), L/2\}$ hat und deren Steigung in x-Richtung durch

$$\left(\frac{\mathrm{d}x}{\mathrm{d}z}\right)_{L/2} = \frac{q\cdot E}{mv^2}\cdot L \qquad (2.78)$$

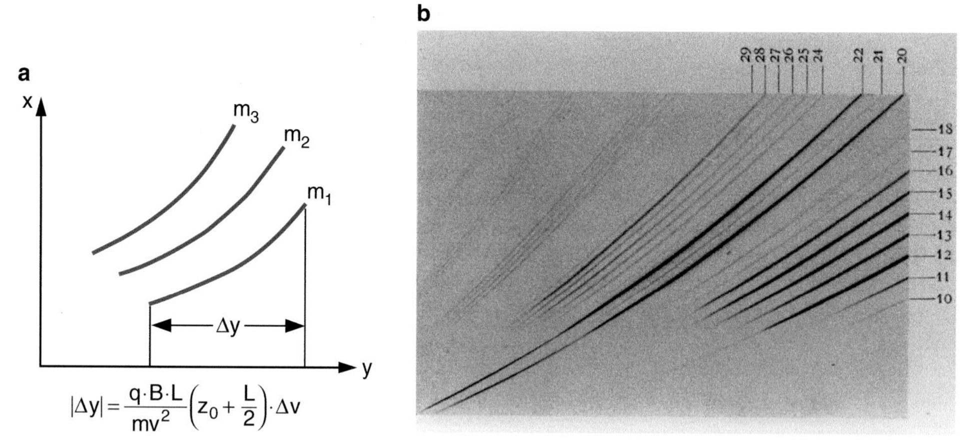

Abbildung 2.69 Parabelförmige Spuren auf der Photoplatte des Parabelspektrographen für verschiedene Ionenmassen. **a** Prinzip; **b** Messung der verschiedenen Neon-Isotope aus einer isotopenangereicherten Neonentladung, der noch Wasserdampf und Benzol beigemischt wurde. Aus J. Mattauch [55]

gegeben ist. Die Ionen treffen daher auf eine Photoplatte in der Ebene $z = z_0$ bei einer x-Koordinate

$$x(z_0) = \frac{qEL^2}{2mv^2} + \frac{qEL}{mv^2}\left(z_0 - \frac{L}{2}\right) = \frac{qEL}{mv^2} z_0 \tag{2.79a}$$

auf. Analog erhält man für die y-Koordinate auf der Photoplatte:

$$y(z_0) = \frac{qBL^2}{2mv} + \frac{qBL}{mv}\left(z_0 - \frac{L}{2}\right) = \frac{qBL}{mv} z_0 \,. \tag{2.79b}$$

Bei fester Geschwindigkeit $v = (2qU/m)^{1/2}$ trifft jedes Ion, je nach seinem q/m-Wert, auf einen Punkt $\left(x(z_0), y(z_0)\right)$ der Photoplatte auf. Bei dem originalen Thomson'schen Massenspektrographen wurden die Ionen in einer Gasentladung erzeugt und hatten deshalb unterschiedliche Geschwindigkeiten v in z-Richtung. Um eine Beziehung zwischen $x(z_0)$ und $y(z_0)$ zu erhalten, muss deshalb die Geschwindigkeit v eliminiert werden. Löst man (2.79b) nach v auf und setzt dies in (2.79a) ein, so ergibt sich

$$x(z_0) = \frac{m}{q}\frac{E}{B^2 L z_0} y^2 = ay^2 \quad \text{mit } a = \frac{m}{q}\frac{E}{B^2 L z_0} \,. \tag{2.80}$$

Dies ergibt für jeden Wert m/q eine Parabel $x = a \cdot y^2$ (Abb. 2.69). Bei bekannten Werten von E und B kann aus dem gemessenen Vorfaktor a das Verhältnis q/m bestimmt werden kann. In Abb. 2.69b sind zur Illustration solche gemessenen Parabeln für verschiedene Neon-Isotope (siehe Abschn. 2.7.9) gezeigt.

Einem Geschwindigkeitsintervall Δv entspricht nach (2.79) ein Wegintervall

$$\Delta s_p = \sqrt{\Delta x^2 + \Delta y^2} = \frac{q \cdot L}{mv^2} z_0 \cdot \sqrt{B^2 + \frac{2E^2}{v^2}}\, \Delta v \,. \tag{2.81}$$

Man sieht aus (2.79a) und (2.79b), dass die Ablenkung eines geladenen Teilchens durch ein *elektrisches* Feld umgekehrt proportional zu seiner kinetischen Energie ist, während sie im *magnetischen* Feld umgekehrt proportional zu seinem Impuls ist. Die Ablenkung in elektrischen Feldern kann deshalb zur Messung der Energie geladener Teilchen benutzt werden, die Ablenkung in Magnetfeldern zur Impulsmessung.

2.7.3 Geschwindigkeitsfokussierung

Beim Thomson-Parabelspektrograph wurden gleiche Massen mit verschiedener Geschwindigkeit auf verschiedene Stellen der Photoplatte (entlang der entsprechenden Parabel für einen festen Wert von q/m) abgebildet. Aus Intensitätsgründen ist es erwünscht, alle Ionen gleicher Masse, aber verschiedener Geschwindigkeit auf einen Punkt (z. B. die Eintrittsblende eines Detektors, der Ionen zählt) zu fokussieren. Dies wird erreicht beim Massenspektrographen von *Francis William Aston* (1877–1945) (Abb. 2.70), bei dem das elektrische Feld $\boldsymbol{E} = \{E_x, 0, 0\}$ und das magnetische Feld $\boldsymbol{B} = \{0, B_y, 0\}$ räumlich getrennt und so gerichtet sind, dass die Ablenkung der Ionen in entgegengesetzte Richtung erfolgt. Wird der Ionenstrahl vor dem Eintritt in das elektrische Feld so durch zwei Blenden B_1 und B_2 abgeblendet, dass alle Ionen praktisch in z-Richtung fliegen (d. h. $v_x, v_y \ll v_z$), so wird die Ionenbahn nach Verlassen des E-Feldes um den Winkel α abgelenkt, für den wir nach (2.78)

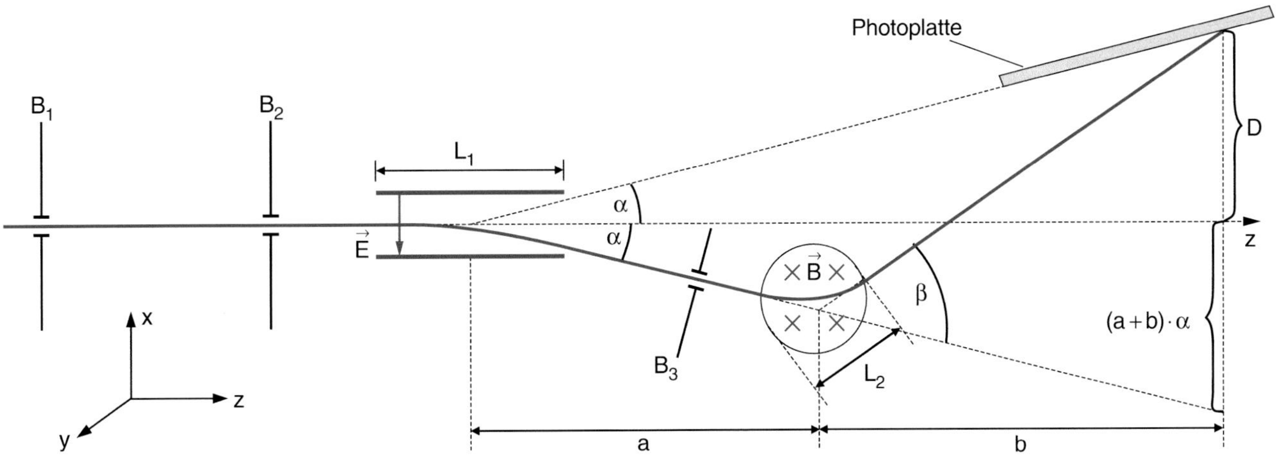

Abbildung 2.70 Aston'scher Massenspektrograph mit Geschwindigkeitsfokussierung

erhalten:

$$\tan\alpha = \frac{q \cdot E \cdot L_1}{mv^2}\,, \tag{2.82}$$

während die Ablenkung β im nachfolgenden Magnetfeld mit der Ausdehnung L_2 durch

$$\tan\beta = \frac{q \cdot B \cdot L_2}{mv} \tag{2.83}$$

gegeben ist.

Für kleine Ablenkwinkel ($\alpha \ll 1$, $\beta \ll 1$) können wir $\tan\alpha \approx \alpha$ und $\tan\beta \approx \beta$ setzen. Dann gilt

$$\frac{\mathrm{d}\alpha}{\mathrm{d}v} = -\frac{2q \cdot E \cdot L_1}{mv^3} = -\frac{2\alpha}{v}\,, \tag{2.84a}$$

$$\frac{\mathrm{d}\beta}{\mathrm{d}v} = -\frac{q \cdot B \cdot L_2}{mv^2} = -\frac{\beta}{v}\,. \tag{2.84b}$$

Die Gesamtablenkung D der Ionen von der z-Achse ist damit näherungsweise:

$$D \approx b \cdot \beta - (a+b)\alpha\,. \tag{2.85}$$

Wenn $\mathrm{d}D/\mathrm{d}v = 0$ wird, heißt dies, dass die Ablenkung D unabhängig von der Geschwindigkeit v wird (***Geschwindigkeitsfokussierung***). Aus (2.84) und (2.85) erhält man:

$$\begin{aligned} &b\frac{\mathrm{d}\beta}{\mathrm{d}v} - (a+b)\frac{\mathrm{d}\alpha}{\mathrm{d}v} \\ &= -\frac{b \cdot \beta}{v} + \frac{2(a+b)\alpha}{v} = 0\,, \\ \Rightarrow\ & b \cdot \beta = 2(a+b) \cdot \alpha \\ \Rightarrow\ & D = (a+b) \cdot \alpha\,. \end{aligned} \tag{2.86}$$

Die Photoplatte muss deshalb in einer Ebene liegen, die um den Winkel α gegen die z-Richtung geneigt ist und die z-Achse in der Mitte des Kondensators schneidet. Man muss einen mittleren Wert von α durch eine Blende B_3 festlegen, um damit die Neigung der Photoplatte zu bestimmen. Dies bedeutet nach (2.82), dass man nicht alle Geschwindigkeiten v der Ionen zulassen kann, sondern nur ein Intervall Δv um einen gewählten Mittelwert $\bar{v}$. Geschwindigkeitsfokussierung heißt deshalb:

> Alle Ionen mit Geschwindigkeiten v im Intervall $\bar{v} - \Delta v/2$ bis $\bar{v} + \Delta v/2$ werden auf ein schmales Streckenintervall Δs auf der Photoplatte abgebildet, wobei Δs wesentlich kleiner ist als das der Geschwindigkeitsbreite Δv entsprechende Stück Δs_p auf der Parabel beim Thomson'schen Spektrographen; d. h. man gewinnt an Intensität (Zahl der pro Streckenintervall Δs auftreffenden Ionen)!

2.7.4 Richtungsfokussierung

Bisher wurde angenommen, dass die Ionen als paralleler Strahl in z-Richtung in das E- bzw. B-Feld eintreten. Dies lässt sich zwar annähernd mit Blenden realisieren (Abb. 2.70), aber man verliert dadurch stark an Intensität, weil die aus der Ionenquelle austretenden Ionen auch Querkomponenten v_x und v_y ihrer Geschwindigkeit haben, und bei zwei Blenden mit Durchmesser b im Abstand d nur Ionen mit $v_x/v_z \le \tan\varepsilon = b/d$ von den Blenden durchgelassen werden. Es wäre daher wünschenswert, wenn Ionen mit verschiedenen Richtungen ihrer Anfangsgeschwindigkeit wieder refokussiert werden und damit zum Signal beitragen könnten.

Dies ist zuerst 1918 realisiert worden von *Arthur Jeffrey Dempster* (1886–1950), der ein magnetisches 180°-Massenspektrometer mit Richtungsfokussierung baute, in dem die Ionen Halbkreise mit Radius $R = m \cdot v/(q \cdot B)$ durchlaufen (siehe Bd. 2, Abschn. 3.3.2). Alle Ionen, deren Geschwindigkeitsrichtung beim Eintritt in das Magnetfeld im Winkelbereich von $-\alpha$ bis $+\alpha$ um die y-Achse liegt, durchlaufen beim Austritt das Streckenelement $\Delta s \approx R\alpha^2$ (Abb. 2.71a). Dies sieht man wie folgt: Im Dreieck AHM_2 und im $\triangle$ AHM_1 sind die Strecken $\overline{AH} = \overline{HB} = R \cdot \cos\alpha \approx R \cdot (1 - \alpha^2/2)$. Deshalb folgt: $AC - AB = BC = 2R - 2R\cos\alpha \approx R \cdot \alpha^2 = \Delta s$.

Beispiel

$R = 10\,\text{cm}$, $\alpha = 3° = 0{,}05\,\text{rad} \Rightarrow \Delta s = 2{,}5 \cdot 10^{-2}\,\text{cm}$. Setzt man einen Spalt mit 0,25 mm Breite in die Austrittsebene, so werden alle Ionen mit gleichem Wert q/m mit Geschwindigkeitsrichtungen im Bereich $-3°$ bis $+3°$ durchgelassen. ∎

Wie in Abschn. 2.6.4 gezeigt wurde, kann man magnetische Sektorfelder mit beliebigem Sektorwinkel φ_m verwenden, die dann wie eine Zylinderlinse der Brennweite

$$f = \frac{m \cdot v}{e \cdot B} \cdot \frac{1}{\sin(\varphi_m/2)}$$

für Ionen der Masse m und der Geschwindigkeit v wirken.

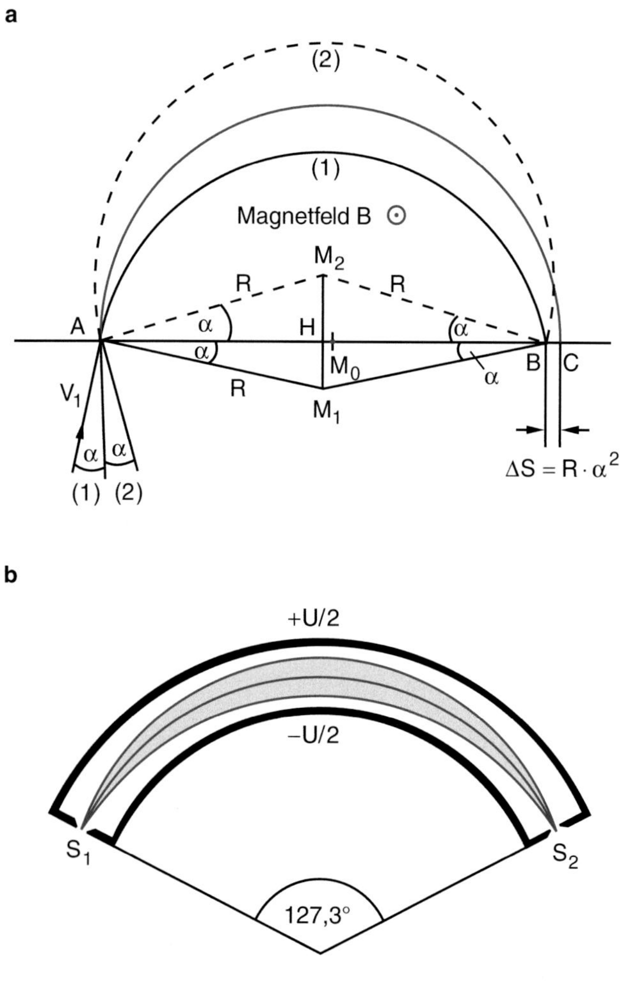

Abbildung 2.71 Vergleich der Richtungsfokussierung **a** im 180°-Magnetfeld und **b** im elektrischen 127,3°-Zylinderkondensator

Ein Vergleich des magnetischen Sektorfelds mit dem Zylinderkondensator (siehe Bd. 2, Aufgabe 1.13) zeigt, dass völlig äquivalente Verhältnisse beim elektrischen Sektorfeld vorliegen, wenn man den Krümmungsradius R_0 im Magnetfeld ersetzt durch den Radius $r_0 = R_0 \cdot \sqrt{2}$ der Zylinderplatten und den Sektorwinkel φ_m durch $\varphi_{el} = \varphi_m/\sqrt{2}$. Einem magnetischen 180°-Sektorfeld entspricht daher ein elektrischer 127,3°-Zylinderkondensator (Abb. 2.71b).

2.7.5 Massenspektrometer mit doppelter Fokussierung

Durch eine Kombination von elektrischen und magnetischen Sektorfeldern mit geeigneten Sektorwinkeln kann in einem Massenspektrometer gleichzeitig Geschwindigkeits- und Richtungsfokussierung erreicht werden. In Abb. 2.72 ist als Beispiel eine solche Kombination eines elektrischen Zylinderkondensators mit einem magnetischen Sektorfeld gezeigt. Durch die Blende S_1 wird ein Ionenstrahl mit einem bestimmten Öffnungswinkel α in den Zylinderkondensator eingeschossen. Dieser fokussiert die Ionen gemäß ihrer Energie auf Fokalpunkte in der Ebene der Blende S_2. Da alle Ionen aus der Ionenquelle durch die gleiche Spannung U beschleunigt werden, haben sie, unabhängig von ihrer Masse, die gleiche Energie! Das elektrische Sektorfeld lässt daher alle Massen mit Energien E innerhalb eines Intervalls ΔE durch. Durch die Breite der Blende S_2 wird das Energieintervall ΔE der Ionen bestimmt, die in das magnetische Sektorfeld eintreten (siehe Abschn. 2.7.3).

Hier geschieht die Massentrennung, da das Magnetfeld nach Impulsen $m \cdot v = \sqrt{2mE}$ trennt. Wie in den vorigen Abschnitten gezeigt wurde, erfolgt in beiden Feldern eine Richtungsfokussierung, wenn die Sektorwinkel φ_{el} und φ_m richtig gewählt werden.

Die Geschwindigkeitsfokussierung wird genau wie beim Aston'schen Spektrographen erreicht. Ein Ion mit überhöhter Geschwindigkeit wird in beiden Feldern weniger stark abgelenkt. Da die Ablenkungen gegensinnig sind, können die Ablenkungsabweichungen bei geeigneter Anordnung kompensiert werden.

Für $\varphi_{el} = \pi/\sqrt{2}$ werden alle Ionen mit den Energien $E \pm \Delta E/2$, die durch den Eintrittsspalt S_1 gehen, auf den Austrittsspalt S_2

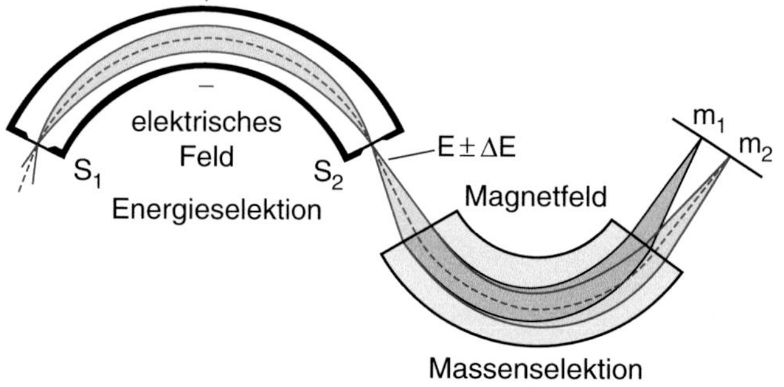

Abbildung 2.72 Beispiel eines doppelfokussierenden Massenspektrographen

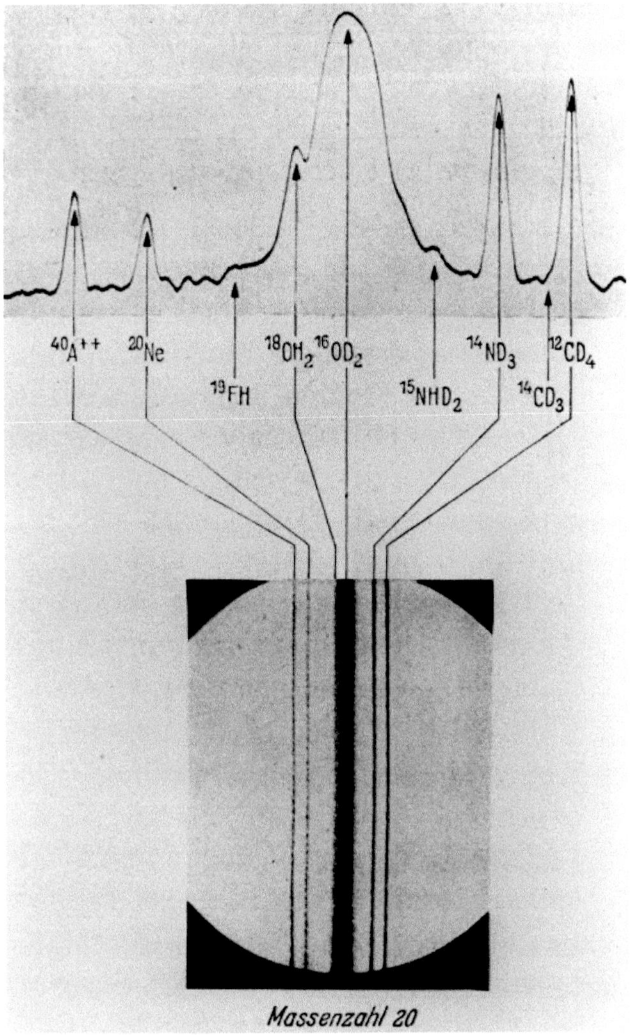

Abbildung 2.73 Ausschnitt aus einem hochaufgelösten Massenspektrum von Ionen im Massenbereich um 20 AME aus einer Gasentladung von Argon und Neon, gemischt mit Methan, Ammoniak und Wasserdampf. Aus J. Mattauch [55]

abgebildet. Für $\varphi_{\mathrm{m}} = 60°$ wird S_2 dann auf die Photoplatte (bzw. den Detektorspalt) abgebildet mit einer Brennweite $f_0 = R/\sin 30° = 2R = 2m \cdot v/(q \cdot B)$ (siehe Abschn. 2.6.2). Abbildung 2.73 zeigt zur Illustration ein von *J. Mattauch* in Mainz mit einem doppelt-fokussierenden Massenspektrometer gemessenes Massenspektrum in der Umgebung der Massenzahl 20. Man beachte die große Massenauflösung $m/\Delta m \approx 6 \cdot 10^3$.

2.7.6 Flugzeit-Massenspektrometer

Das Prinzip des Flugzeit-Massenspektrometers ist einfach (Abb. 2.74). Zur Zeit $t = 0$ werden Ionen mit der Masse m und der Ladung q, die in einem begrenzten Volumen V erzeugt werden, durch eine Spannung U beschleunigt und erhalten dadurch die Geschwindigkeit $v = (2qU/m)^{1/2}$. Die Ionen durchlaufen

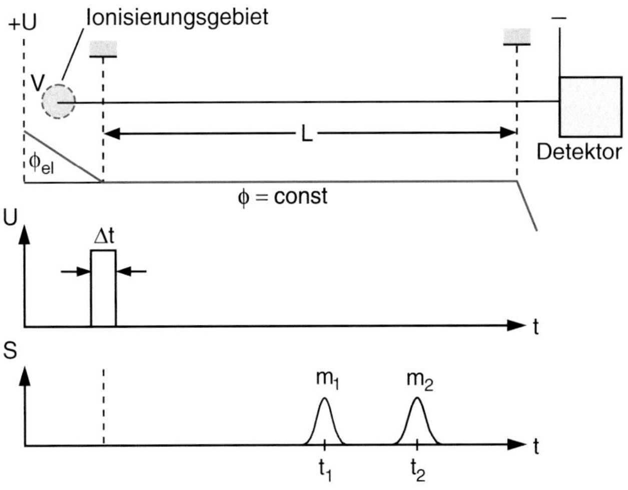

Abbildung 2.74 Prinzip des Flugzeitmassenspektrometers

dann eine feldfreie Strecke L, bevor sie vom Detektor (Ionenmultiplier oder Kanalplattenverstärker) registriert werden.

Misst man das Zeitintervall zwischen der Ankunftszeit $t = T_m$ eines Ions und seiner Erzeugung zur Zeit $t = 0$, so ergibt sich wegen

$$T_m = L/v = \frac{L}{\sqrt{2qU/m}}$$

seine Masse m aus der gemessenen Flugzeit T_m zu:

$$m = \frac{2qU}{L^2} \cdot T_m^2 .$$

Beispiel

$L = 1\,\mathrm{m}$, $U = 1\,\mathrm{kV}$, $m = 100\,\mathrm{AME} = 1{,}67 \cdot 10^{-25}\,\mathrm{kg}$, $q = e = 1{,}6 \cdot 10^{-19}\,\mathrm{C} \Rightarrow T_m = 52\,\mu\mathrm{s}$. ■

Die Genauigkeit der Massenbestimmung hängt ab von der Genauigkeit, mit der Flugstrecke L, Flugzeit T_m und Beschleunigungsspannung U gemessen werden können. Dazu muss die Dauer Δt des anfänglichen Ionenimpulses genügend kurz sein. Man kann entweder die Ionen gepulst erzeugen (z. B. durch Photoionisation mit einem gepulsten Laser) oder die im Ionisationsvolumen befindlichen Ionen nur während einer kurzen Zeitspanne Δt heraus lassen (durch Anlegen eines kurzen Spannungspulses für die Abziehspannung).

Nun entstehen die Ionen nicht alle am gleichen Ort, sondern in einem ausgedehnten Gebiet, in dem das elektrische Potential ϕ_{el}, das durch die Beschleunigungselektrode erzeugt wird, nicht konstant ist. Die Ionen erhalten daher je nach ihrem Entstehungsort x eine etwas unterschiedliche kinetische Energie $q \cdot \phi(x)$ und damit unterschiedliche Geschwindigkeiten. Dies führt zu einer zeitlichen Verschmierung des Signals $S(t)$ am Detektor und begrenzt sowohl die Genauigkeit der Massenbestimmung als auch das Massenauflösungsvermögen.

Kapitel 2

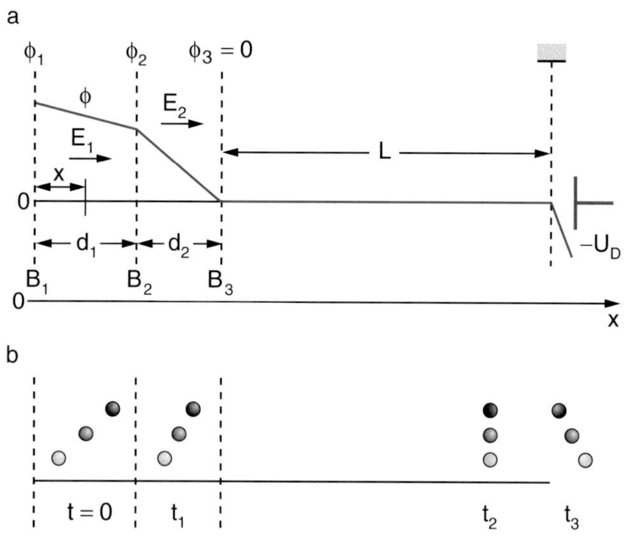

Abbildung 2.75 Flugzeitspektrometer von *McLaren* mit verbesserter Massenauflösung. **a** Netzblendenanordnung; **b** Weg-Zeit-Verhalten von Ionen gleicher Masse, die an verschiedenen Orten erzeugt wurden

Um dies zu verbessern, wurde von *McLaren* et al. [56] eine Modifikation vorgeschlagen (Abb. 2.75), bei der die Beschleunigung der Ionen in zwei Stufen erfolgt, was durch insgesamt drei Netzblenden auf den Potentialen ϕ_1, ϕ_2 und $\phi_3 = 0$ im Abstand d_1 und d_2 erreicht wird, die homogene elektrische Felder E_1 im linken Raum und E_2 zwischen ϕ_2 und ϕ_3 erzeugen.

Entsteht ein Ion am Ort x, so erhält man seine Flugzeit T_1 bis zur Blende 2 aus der Bewegungsgleichung

$$(d_1 - x) = \frac{1}{2}\frac{q \cdot E_1}{m} T_1^2 \Rightarrow T_1 = \sqrt{\frac{2m \cdot (d_1 - x)}{q \cdot E_1}}. \quad (2.87)$$

Es erreicht die Blende B_2 mit der Geschwindigkeit

$$v_1 = \left(\frac{dx}{dt}\right)_{x=d_1} = \frac{q \cdot E_1}{m} T_1 .$$

Am Ende des zweiten Feldes bei der Blende B_3 gilt dann:

$$v_2 = v_1 + \frac{q \cdot E_2}{m} T_2 ,$$

wobei T_2 die Flugzeit von Blende B_2 mit Potential ϕ_2 nach B_3 über die Strecke d_2 ist.

Man kann T_2 aus der Gleichung

$$d_2 = v_1 T_2 + \frac{1}{2}\frac{q \cdot E_2}{m} T_2^2 \quad (2.88)$$

erhalten.

Die Driftzeit durch die feldfreie Strecke L ist $T_3 = L/v_2$. Die Gesamtflugzeit der Ionen

$$T = T_1 + T_2 + T_3 \quad (2.89)$$

soll unabhängig vom Entstehungsort x der Ionen sein, d. h. es muss gelten: $dT/dx = 0$.

Dies lässt sich erreichen durch geeignete Wahl der beiden Feldstärken E_1 und E_2 und der Driftlänge L. Anschaulich kann man sich dies an Hand der Abb. 2.75b klar machen, in der das Weg-Zeit-Verhalten für drei Ionen gleicher Masse gezeigt ist, die von drei unterschiedlichen Orten x, $x - \Delta x$ und $x + \Delta x$ zur gleichen Zeit $t = 0$ starten. Die Ionen, die bei kleineren x-Werten entstehen, haben einen längeren Weg bis B_2, aber dort eine größere Geschwindigkeit. Nach Durchlaufen einer richtig gewählten Strecke L_x kommen sie auf Grund ihrer unterschiedlichen Geschwindigkeiten alle zur gleichen Zeit t_2 am Ort x_2 an. Dort muss der Detektor stehen.

Aus (2.87)–(2.89) ergibt sich mit $dt/dx = 0$ nach längerer Rechnung die Bedingung

$$L = k^{3/2}\left(d_1 - \frac{d_2}{k + \sqrt{k}}\right) \quad (2.90)$$

mit

$$k = 1 + \frac{d_2}{d_1}\frac{E_2}{E_1} = 1 + \frac{U_2}{U_1} .$$

Man kann also durch Wahl der Spannungen U_1, U_2 die Driftstrecke L bestimmen, bei der die Flugzeit für alle Ionen einer Masse fast unabhängig vom Bildungsort innerhalb des Ionisierungsvolumens V ist.

Flugzeit-Massenspektrometer haben folgende Vorteile [56–59]:

- Man kann bei einem Gemisch verschiedener Massen alle Massenkomponenten gleichzeitig messen.
- Auch sehr große Massen (bis 10^5 AME), die dann eine entsprechend lange Flugzeit haben, können noch nachgewiesen werden.
- Das Flugzeitspektrometer ist einfach zu bauen und billiger als andere Massenspektrometer.
- Man kann das Massenauflösungsvermögen weiter steigern, indem die Ionen am Ende der Flugstrecke durch einen elektrostatischen Reflektor bei einem Einfallswinkel α um 2α abgelenkt und nach einer weiteren Flugstrecke L auf den Detektor gelangen (*Reflektron* [57]) (Aufgabe 2.14c). Schnellere Ionen dringen tiefer in das Reflektorfeld ein und legen deshalb einen längeren Weg zurück. Bei geeigneter Wahl der Reflektorspannung kommen alle Ionen gleicher Masse gleichzeitig am Detektor an (Abb. 2.76).

In Abb. 2.77 ist zur Illustration das Flugzeitspektrum von Na_n-Clustern gezeigt [60]. Dies sind schwach gebundene Aggregate aus n Natriumatomen, an denen der Übergang vom freien Molekül zu festen oder flüssigen Mikropartikeln studiert werden kann.

2.7.7 Quadrupol-Massenspektrometer

Wir hatten in Abschn. 2.6.2 gesehen, dass ein axialsymmetrisches hyperbolisches elektrostatisches Feld je nach angelegter

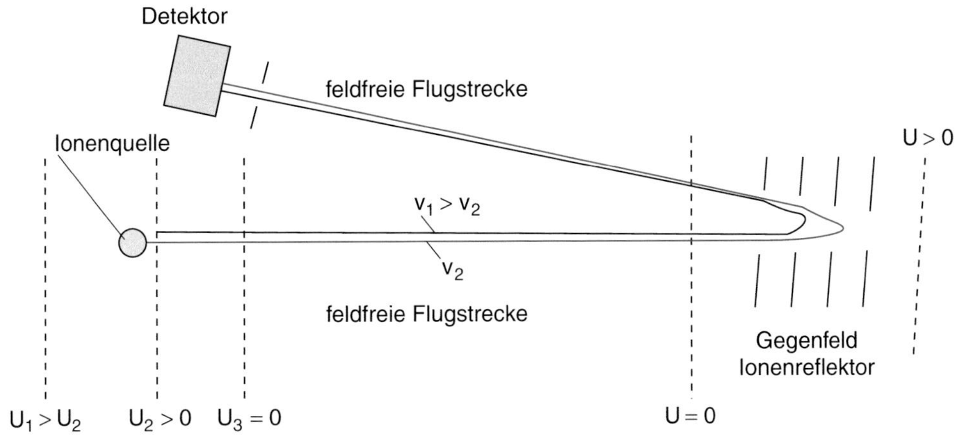

Abbildung 2.76 Schematischer Aufbau eines Reflektron-Massenspektrometers

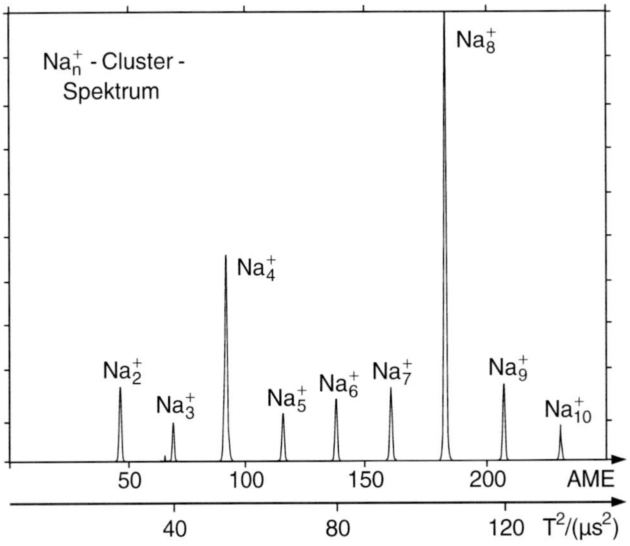

Abbildung 2.77 Flugzeitmassenspektrum von Natrium-Clustern

Gleichspannung fokussierend oder defokussierend auf geladene Teilchen wirkt. Das Quadrupol-Massenspektrometer, das von *Wolfgang Paul* (1913–1993) und *H. Steinwedel* 1953 entwickelt wurde [61], benutzt ein elektrisches hyperbolisches Potential

$$\phi(x,z) = \frac{\phi_0}{2r_0^2}(x^2 - z^2)\,, \tag{2.91}$$

das *nicht* axialsymmetrisch ist und durch vier hyperbolisch geformte Elektroden erzeugt werden kann, bei denen gegenüberliegende Elektroden, die auf den Potentialen $+\phi_{0/2}$ bzw. $-\phi_{0/2}$ liegen, miteinander verbunden sind (Abb. 2.78). Man beachte den Unterschied zwischen dem Potentialbild in Abb. 2.58, das rotationssymmetrisch um die z-Achse ist und von Elektroden mit entsprechender Rotationssymmetrie erzeugt wird, und Abb. 2.78, die im Schnittbild der x-z-Ebene zwar gleich aussieht, aber keine Rotationssymmetrie aufweist weil die Elektroden ein Potential erzeugen, das unabhängig von y ist, wie Abb. 2.78b illustriert. Die Ionen werden durch eine Spannung U_0 vor ihrem Eintritt in das Spektrometer in y-Richtung beschleunigt und fliegen in y-Richtung zwischen den Elektroden. Bei einer zeitlich konstanten Spannung $U = \phi_0$ zwischen den Elektroden wirkt wegen der Feldstärkekomponente $E_x = -\phi_0 x/r_0^2$ eine rücktreibende Kraft $F_x = +qE_x$. Die Ionen führen daher in der x-y-Ebene harmonische Schwingungen aus. Wegen des umgekehrten Vorzeichens der Komponente $E_z = +\phi_0 z/r_0^2$ ist die Kraftkomponente F_z von der Achse weggerichtet, und die Ionen werden bei ihrem Flug in y-Richtung exponentiell in z-Richtung von der Achse weggetrieben – ihre Bahn in der y-z-Ebene ist also instabil.

Man kann die Ionen in x- *und* z-Richtung stabilisieren, wenn man zusätzlich zur Gleichspannung U noch eine Wechselspannung an die Elektroden anlegt, sodass

$$\phi_0 = U + V \cdot \cos\omega t$$

wird. Die Polarität der Spannung zwischen den Elektroden wechselt dann periodisch, sodass die Ionen abwechselnd während einer Halbperiode in x-Richtung stabilisiert und in z-Richtung destabilisiert werden und in der nächsten Halbperiode umgekehrt in x-Richtung destabilisiert und in z-Richtung stabilisiert werden. Dies führt im Zeitmittel zu einer Stabilisierung in beiden Richtungen für bestimmte Ionenmassen und zu einer Destabilisierung für andere Massen, wobei die Massenselektion durch die Frequenz ω und das Verhältnis U/V von Gleich- und Wechselspannungsamplitude bestimmt wird, wie im Folgenden gezeigt wird. Die Bewegungsgleichungen der Ionen lauten

$$\ddot{x} + \frac{q}{mr_0^2}(U + V \cdot \cos\omega t)\,x = 0\,, \tag{2.92a}$$

$$\ddot{z} - \frac{q}{mr_0^2}(U + V \cdot \cos\omega t)\,z = 0\,. \tag{2.92b}$$

Nun führt man die dimensionslosen Parameter

$$a = \frac{4qU}{mr_0^2\omega^2}\,; \quad b = \frac{2qV}{mr_0^2\omega^2}\,; \quad \tau = \frac{1}{2}\omega t \tag{2.93}$$

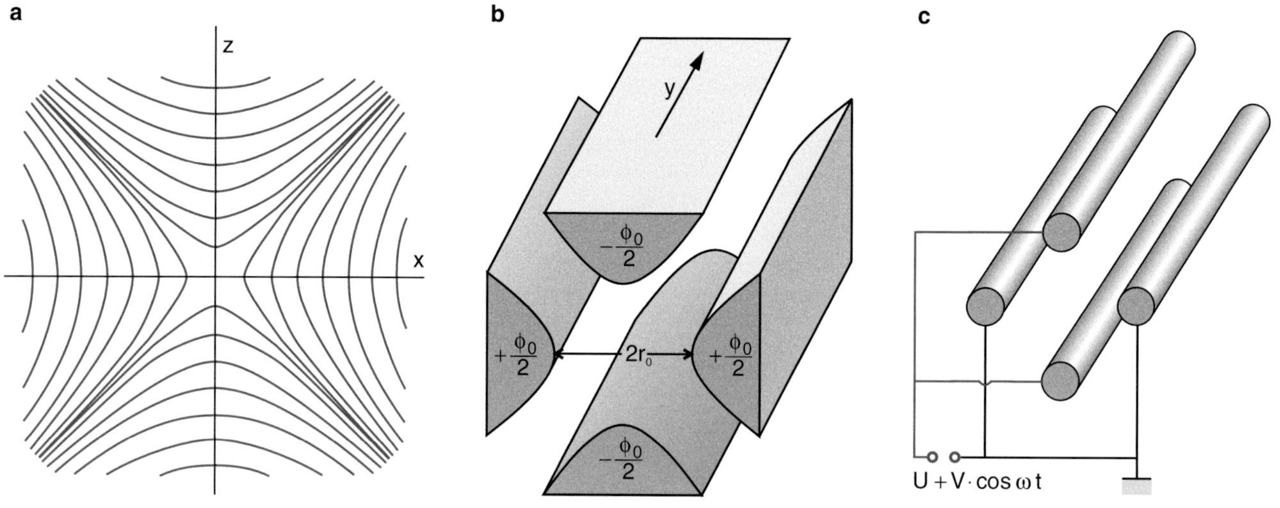

Abbildung 2.78 Quadrupolmassenspektrometer. **a** Äquipotentiallinien; **b** hyperbolische Elektroden; **c** in der Praxis verwendete runde Stäbe

ein, wobei a das doppelte Verhältnis von potentieller Energie U im Gleichspannungsfeld zu kinetischer Energie $mv^2/2 = mr_0^2\omega^2/2$ der Schwingung mit Amplitude r_0 und b das Verhältnis E_{pot} im Wechselspannungsfeld zu E_{kin} angibt.

Mit diesen Parametern gehen die Bewegungsgleichungen (2.92) über in die (in der Mathematik wohlbekannten) *Mathieu'schen Differentialgleichungen*

$$\frac{\mathrm{d}^2 x}{\mathrm{d}\tau^2} + (a + 2b\cos 2\tau)\,x = 0\,, \tag{2.94a}$$

$$\frac{\mathrm{d}^2 z}{\mathrm{d}\tau^2} - (a + 2b\cos 2\tau)\,z = 0\,. \tag{2.94b}$$

Diese Gleichungen haben, je nach Größe der Parameter a und b,

- *stabile* Lösungen, d. h. die Ionen schwingen mit begrenzter Amplitude in x- und z-Richtung und durchqueren das Quadrupolfeld in y-Richtung, ohne an die Elektroden zu stoßen;
- *instabile* Lösungen, bei denen die Schwingungsamplituden in x- oder in z-Richtung exponentiell anwachsen, sodass die Teilchen das Ende des Spektrometers bei $y = L$ nicht erreichen, weil sie vorher an die Elektroden stoßen.

Man kann in einem a-b-Diagramm die stabilen Bereiche darstellen (Abb. 2.79). Wichtig ist, dass diese Stabilitätsbereiche nur von a und b abhängen, *nicht* von den Anfangsbedingungen der eingeschossenen Teilchen. Da beide Parameter a und b von der Masse m der Teilchen abhängen, kann man durch geeignete Wahl von a und b erreichen, dass nur Teilchen der gewünschten Masse m vom Spektrometer durchgelassen werden. Dies ist in Abb. 2.79b illustriert, wo der erste Stabilitätsbereich für $a < 0{,}237$ und $b < 0{,}9$ aus Abb. 2.79a vergrößert dargestellt ist.

Bei einer vorgegebenen Wahl der Spannungen U und V liegen gemäß (2.93) alle Massen m auf der Geraden $a/b = 2U/V =$ const. Die Lage einer bestimmten Masse $m = 4qU/(a \cdot r_0^2\omega^2)$ hängt bei vorgegebenen Parametern r_0 und ω des Quadrupolspektrometers vom Wert a ab. Nur solche Massen gelangen durch das Spektrometer, die innerhalb des stabilen Bereiches liegen (in unserem Beispiel also die Massen m_1 und m_2). Je näher die Gerade der Spitze des stabilen Bereiches kommt, um so schmaler wird der durchgelassene Massenbereich Δm. Man kann also durch Wahl des Verhältnisses a/b das Massenauflösungsvermögen innerhalb gewisser Grenzen frei wählen, einfach durch Änderung des Spannungsverhältnisses U/V von Gleichspannung U zu Hochfrequenzamplitude V.

Die *Vorteile* des Quadrupol-Massenspektrometers sind:

1. Man ist nicht wie im Flugzeit-Massenspektrometer auf gepulste Ionenquellen beschränkt, sondern kann die Massen von kontinuierlichen Quellen analysieren.
2. Gewicht und Maße des QMS können sehr klein gehalten werden, sodass es auch in Satelliten verwendet werden kann.
3. Die Massenauflösung kann ganz einfach variiert werden durch Anpassen der Amplituden von Gleich- und Wechselspannung.

Die *Nachteile* sind:

1. Die Transmission ist kleiner als beim Flugzeit-Spektrometer.
2. Man kann nicht das gesamte Massenspektrum gleichzeitig messen, sondern nur sequentiell. Allerdings kann man durch schnelle Variation der Parameter a und b das Massenspektrum in kurzer Zeit durchfahren.

Ein Vergleich der verschiedenen Methoden zur Bestimmung atomarer Massen findet man in [62–65].

2.7.8 Ionen-Zyklotron-Resonanz-Spektrometer

Diese Spektrometer wurden etwa 1965 entwickelt und in den folgenden Jahren weiter verbessert. Sie stellen heute die Massenspektrometer mit der genauesten Absolutmassenbestimmung und dem höchsten Massenauflösungsvermögen ($m/\Delta m > 10^8$!) dar.

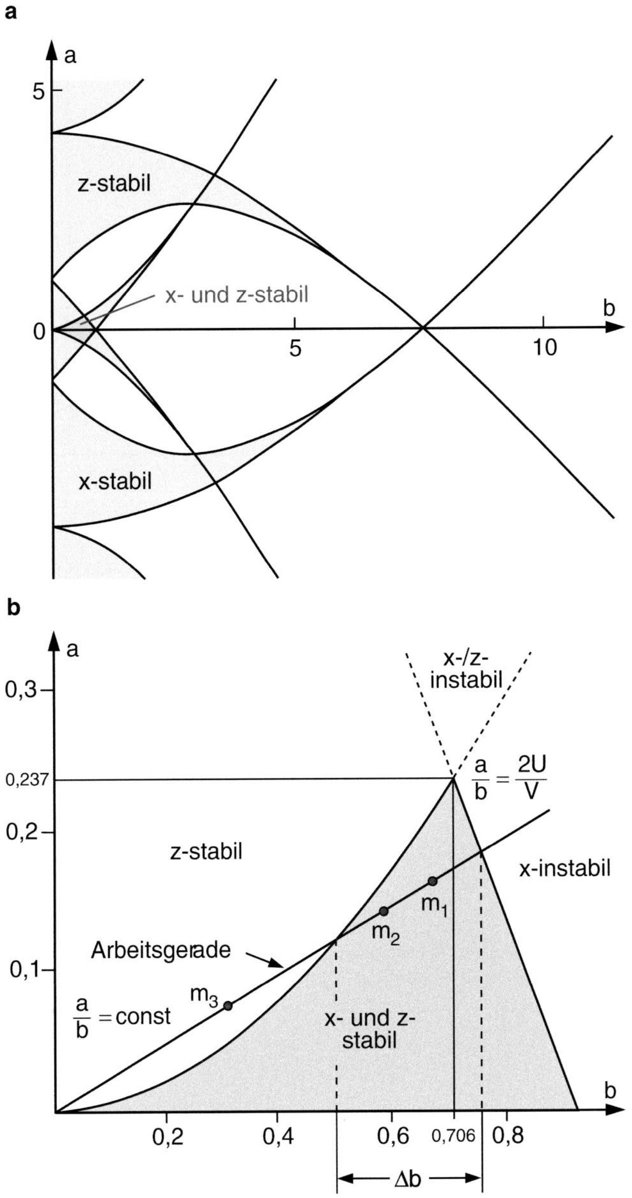

Abbildung 2.79 **a** Stabilitätsbereiche des Quadrupolmassenfilters. **b** Ausschnitt aus **a** mit der Arbeitsgerade $a/b = \text{const}$

Ihr Grundprinzip ist in Abb. 2.80 dargestellt [62]. Die Ionen werden in eine Vakuumkammer mit sehr niedrigem Druck ($<10^{-6}$ Pa) gebracht und dort in einem „Ionenkäfig" eingefangen, der aus einer Überlagerung eines um die z-Achse rotationssymmetrischen hyperbolischen elektrischen Feldes (wie in Abb. 2.58) und eines homogenen magnetischen Feldes $\boldsymbol{B}$ in z-Richtung besteht. Ein solcher Ionenkäfig heißt ***Penningfalle***. Das Magnetfeld stabilisiert die Ionen in allen Richtungen senkrecht zur z-Achse, aber nicht in z-Richtung. Ohne elektrisches Feld wären die Ionenbahnen bei einer Anfangsgeschwindigkeit $\boldsymbol{v} = (v_x, v_y, 0)$ Kreise in der x-y-Ebene, deren Radius

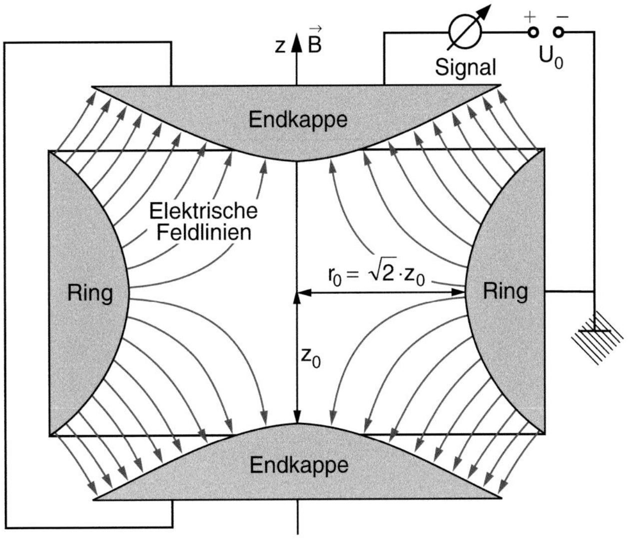

Abbildung 2.80 Zyklotron-Resonanz-Massenspektrometer (Penningfalle)

$R = m \cdot v/(q \cdot B)$ ist. Die Umlaufkreisfrequenz

$$\omega_c = \frac{q \cdot B}{m} \tag{2.95a}$$

heißt ***Zyklotronfrequenz*** und ist unabhängig vom Radius (siehe Abschn. 2.7.5).

Das elektrische Feld wird durch hyperbolisch geformte Elektroden erzeugt, die aus zwei Hyperbolkappen und einem Ring bestehen. Um die positiv geladenen Ionen in z-Richtung zu stabilisieren, muss eine positive Spannung U_0 an den Kappen gegenüber dem geerdeten Ring angelegt werden. Das elektrische Potential ist:

$$\phi = \frac{U_0}{2d^2}\left(z^2 - \frac{1}{2}r^2\right) \quad \text{mit} \quad d^2 = \frac{1}{2}\left(z_0^2 + \frac{r_0^2}{2}\right).$$

Das rotationssymmetrische elektrische Feld hat die Komponenten

$$E_r = \frac{U_0}{2d^2}\, r\,, \quad E_z = -\frac{U_0}{d^2}\, z\,. \tag{2.96a}$$

Ohne Magnetfeld würden die Ionen wegen der rücktreibenden Kraft in z-Richtung harmonische Schwingungen in $\pm z$-Richtung ausführen, mit der Frequenz

$$\omega_z = \sqrt{\frac{q \cdot U_0}{m \cdot d^2}}\,, \tag{2.95b}$$

wären aber in der r-Richtung nicht stabilisiert. Durch die Überlagerung von Magnetfeld und elektrischem Feld werden die Ionen in allen Richtungen stabilisiert, aber die Ionenbahn wird komplizierter. Sie kann zerlegt werden in die Zyklotronbewegung (Kreis um die z-Richtung) in eine Bewegung, bei welcher der Mittelpunkt des Kreises Oszillationen in z-Richtung ausführt und dabei eine langsame Drift auf einer Kreisbahn in der x-y-Ebene ausführt (*Magnetron-Bewegung*, Abb. 2.81).

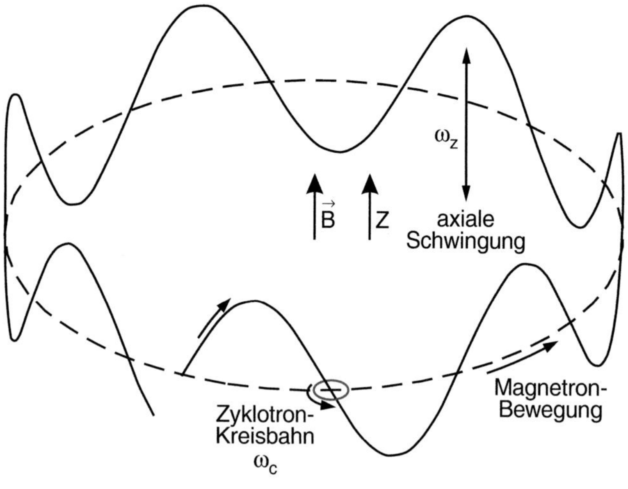

Abbildung 2.81 Zerlegung der Bahnbewegung des Ions in Zyklotronbewegungen, die axiale Schwingung und die Drift des Kreismittelpunktes um die Magnetfeldrichtung

Die Bewegungsgleichungen für die Ionen in diesem überlagerten elektrischen und magnetischen Feld sind

$$\begin{aligned} \ddot{x} &= \frac{q \cdot U_0}{2m\,d^2}x - \frac{q \cdot B}{m}\dot{y} \\ \ddot{y} &= \frac{q \cdot U_0}{2m\,d^2}y - \frac{q \cdot B}{m}\dot{x} \\ \ddot{z} &= \frac{q}{m}E_z\,. \end{aligned} \tag{2.96b}$$

Ihre Lösungen sind periodische Bewegungen, die eine Überlagerung dreier entkoppelter Schwingungen

$$\begin{aligned} x(t) &= a \cdot \sin(\omega_- \cdot t + \phi_-) + b \cdot \sin(\omega_+ \cdot t + \phi_+) \\ y(t) &= a \cdot \cos(\omega_- \cdot t + \phi_-) + b \cdot \cos(\omega_+ \cdot t + \phi_+) \\ z(t) &= c \cdot \cos(\omega_z \cdot t + \phi_z) \end{aligned} \tag{2.96c}$$

mit den Kreisfrequenzen

$$\begin{aligned} \omega_z &= (qU_0/md^2)^{1/2}\,; \\ \omega_\pm &= \frac{1}{2}\left(\omega_c \pm \sqrt{(\omega_c)^2 - 2\omega_z^2}\right)\,; \\ \omega_c &= \frac{q \cdot B}{m} \end{aligned} \tag{2.97}$$

darstellen, wobei ω_c die Zyklotronfrequenz und ω_z die Frequenz der auf Grund des elektrischen Feldes auftretenden Schwingung in z-Richtung ist. Die Frequenz der Magnetron-Bewegung ist ω_-. Nun ist im Allgemeinen $\omega_c \gg \omega_z$. (Ein typisches Beispiel für Na^+-Ionen ist $\omega_c = 5\,\text{MHz}$, $\omega_z = 200\,\text{kHz}$). Deshalb kann man die Wurzel in (2.97) entwickeln und erhält:

$$\omega_+ = \omega_c\left(1 - \frac{\omega_z^2}{\omega_c^2}\right) = \omega_c - \frac{U_0}{d^2 \cdot B}\,; \quad \omega_- = \frac{U_0}{d^2 \cdot B}\,.$$

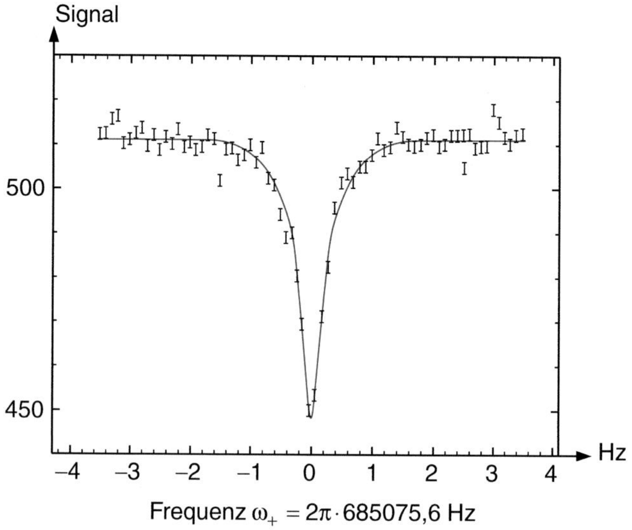

Abbildung 2.82 Beispiel für das Massenauflösungsvermögen des Zyklotron-Massenfilters. Gezeigt ist die Breite der Resonanzfrequenz ω_+ für das $^{133}Cs^+$-Ion [63]

Für die obigen Werte von ω_c und ω_z wird die Magnetron-Frequenz $\omega_- \approx 4{,}5\,\text{kHz}$.

Es gilt daher

$$\omega_c \gg \omega_+ > \omega_z > \omega_-\,.$$

Wie kann man diese Frequenzen der Ionenbewegung in der Penningfalle messen?

Die Ionenbewegung induziert in den Polkappenelektroden eine elektrische Wechselspannung $U(t)$, die zum Nachweis dieser Bewegung und zur Messung der Frequenzen dient. Die Fouriertransformierte

$$U(\omega - \omega_\pm) = \int U(t)\,e^{i(\omega-\omega_\pm)t}\,dt \tag{2.98}$$

der gemessenen Spannung $U(t)$ zeigt scharfe Maxima bei $\omega = \omega_+$ und $\omega = \omega_-$, aus denen die genaue Bestimmung der Zyklotronfrequenz ω_c und damit der Masse m möglich ist, wenn die Magnetfeldstärke B bekannt ist. Deshalb heißt das Zyklotron-Resonanz-Spektrometer auch Fourier-Transform-Massenspektrometer. Das Linienprofil um die Frequenz $\omega_c = \omega_+ + \omega_-$ ist in Abb. 2.82 für die Zyklotronfrequenz von ^{133}Cs-Ionen gezeigt, wie sie in Mainz gemessen wurde [63]. Die Halbwertsbreite des Profils beträgt nur 0,3 Hz bei einer Frequenz $\omega_z = 2\pi \cdot 685\,075{,}6\,\text{Hz}$. Die Mittenfrequenz kann mit einer Genauigkeit von mindestens 0,1 Hz bestimmt werden, sodass aus (2.95) eine relative Genauigkeit $m/\Delta m \geq 10^8$ resultiert. Mehr Informationen findet man in [62–65].

2.7.9 Isotope

Die Bestimmung der Atomgewichte mit chemischen Methoden (Abschn. 2.1) brachte das Ergebnis, dass die meisten in der Natur vorkommenden Elemente Massenzahlen haben, die nahe bei

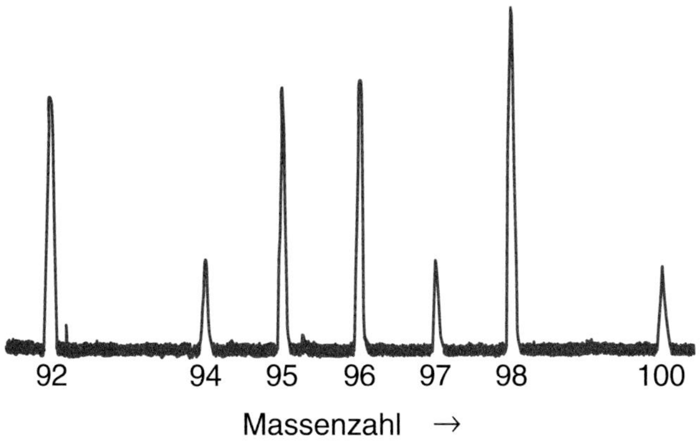

Abbildung 2.83 Isotopenhäufigkeiten von Molybdän, gemessen mit dem doppelfokussierenden Massenspektrometer von *Mattauch* [55]

ganzen Zahlen liegen, dass jedoch bei einigen Elementen große Abweichungen von dieser Regel auftreten.

Die Erklärung dieses Befundes wurde durch die genauen Messungen der Atommassen mithilfe von Massenspektrometern möglich. Es zeigte sich, dass viele chemische Elemente in der Natur als Gemisch aus Anteilen mit etwas verschiedenen Massen vorkommen. Diese verschiedenen ***Isotope*** eines Elementes haben alle die gleichen chemischen Eigenschaften, unterscheiden sich aber in ihrer Masse um kleine ganzzahlige Vielfache einer AME.

Beispiele

1. Die natürliche Isotopenzusammensetzung von Sauerstoff besteht zu 99,75 % aus Atomen mit 16 AME und zu 0,2 % aus dem Isotop $^{18}_{8}\mathrm{O}$ mit 18 AME. Seine mittlere Massenzahl ist deshalb $0{,}9975 \cdot 16 + 0{,}002 \cdot 18 = 16{,}005$ AME.
2. Natürliches Chlor setzt sich zusammen aus 75,5 % $^{35}_{17}\mathrm{Cl}$ und 24,5 % $^{37}_{17}\mathrm{Cl}$, sodass die mittlere Massenzahl $0{,}755 \cdot 35 + 0{,}245 \cdot 37 = 35{,}49$ wird. ■

Man schreibt die Massenzahl eines Isotops oben links vor das chemische Symbol, während die Ladungszahl, also die Zahl der Elektronen, welche die chemischen Eigenschaften des Elementes bestimmt (siehe Kap. 6), unten links geschrieben wird. So ist z. B. $^{37}_{17}\mathrm{Cl}$ ein Chlorisotop mit 17 Elektronen, das die atomare Massenzahl 37 hat.

Die eigentliche Erklärung der Isotopie konnte erst nach der Entdeckung des Neutrons gegeben werden. Isotope unterscheiden sich in der Anzahl der Neutronen im Atomkern (siehe Bd. 4). Abbildung 2.83 zeigt die Isotopenverteilung von Molybdän, gemessen mit einem hochauflösenden doppelfokussierenden Massenspektrometer.

2.8 Die Struktur von Atomen

Die bisher behandelten Experimente haben uns Informationen über die Größen und Massen der Atome gebracht, sowie über ihren Aufbau aus Elektronen mit negativer Ladung und kleiner Masse und aus positiven Ladungen mit mehr als tausendmal größeren Massen. Wie diese Ladungen räumlich im Atom verteilt sind, konnte erst 1911 durch die Streuversuche von *Rutherford* und Mitarbeitern endgültig geklärt werden.

Auch der genaue Verlauf des Wechselwirkungspotentials $V(r)$ zwischen zwei Atomen A und B, der von der Ladungsverteilung der Elektronen in A und B abhängt, kann durch Streuversuche bestimmt werden. Wir wollen uns deshalb in diesem Abschnitt mit solchen Streuexperimenten und den aus ihnen entstandenen Modellen der Atomstruktur befassen.

2.8.1 Streuversuche; integraler und differentieller Streuquerschnitt

Lässt man einen Strahl von Teilchen der Sorte A mit einer Teilchenflussdichte von $\dot{N}_\mathrm{A}$ Teilchen pro Zeit- und Flächeneinheit in x-Richtung durch eine Schichtdicke dx laufen, in der sich Atome der Sorte B mit der Teilchenzahldichte n_B befinden (Abb. 2.84a), so wird infolge der Wechselwirkung zwischen A und B ein Teil d$\dot{N}_\mathrm{A}$ der einfallenden Teilchen A aus ihrer ursprünglichen Bahn abgelenkt (gestreut).

Die Größe der Ablenkung hängt vom Wechselwirkungspotential $V(r)$ zwischen A und B ab, von der Entfernung r zwischen A und B, von den Massen m_A, m_B und von der Relativgeschwindigkeit $\boldsymbol{v}_\mathrm{A} - \boldsymbol{v}_\mathrm{B}$.

Wenn die Zahl $n_\mathrm{B} \cdot \mathrm{d}x$ der streuenden Teilchen B pro Flächeneinheit genügend klein ist, wird jedes Teilchen A an höchstens

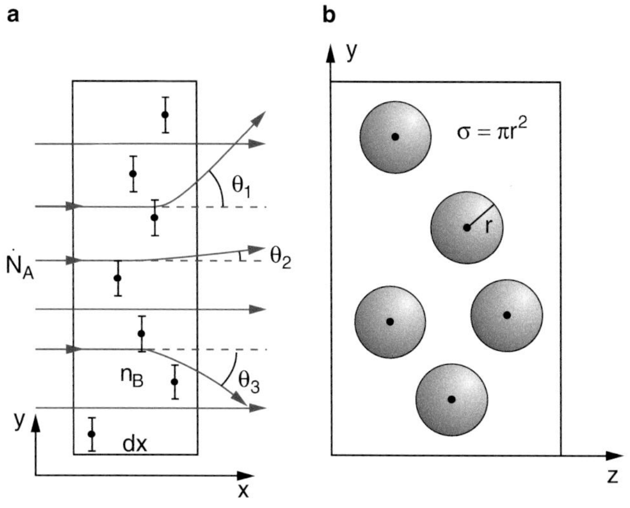

Abbildung 2.84 **a** Streuung von Atomen N_A an Atomen mit der Dichte n_B in einer Schicht der Dicke dx. **b** Zur Definition des Wirkungsquerschnittes

einem Atom B so nahe vorbeifliegen, dass es merklich abgelenkt wird (Einfachstreuung) (Abb. 2.84a).

Wir definieren als ***integralen Streuquerschnitt*** (auch integraler Wirkungsquerschnitt genannt) σ für die Streuung von A an B diejenige Fläche $\sigma = \pi r^2$ um ein Atom B, durch die ein Teilchen A fliegen muss, damit es um einen Winkel θ, der größer ist als ein minimaler noch nachweisbarer Winkel θ_0, abgelenkt wird (Abb. 2.84b). Entlang der Strecke dx ändert sich die Zahl $\dot{N}_A = \dot{N}$ der Teilchen A durch Ablenkung um Winkel $\theta \geq \theta_0$ um

$$\mathrm{d}\dot{N} = -\dot{N} \cdot \sigma \cdot n_B \cdot \mathrm{d}x\,. \tag{2.99}$$

Teilen durch $\dot{N}$ und Integration über x liefert die Zahl der nach der Strecke x im Strahl verbliebenen (d. h. nicht gestreuten Teilchen)

$$\dot{N}(x) = \dot{N}_0 \cdot \mathrm{e}^{-n_B \sigma x} \quad \text{mit} \quad \dot{N}_0 = \dot{N}(x=0)\,. \tag{2.100}$$

Der integrale Streuquerschnitt σ hängt mit der mittleren freien Weglänge Λ über die Relation

$$\Lambda = \frac{1}{n_B \cdot \sigma} \tag{2.101}$$

zusammen (siehe auch Bd. 1, Abschn. 7.3.6).

Eine experimentelle Realisierung zur Messung integraler Streuquerschnitte ist in Abb. 2.85a gezeigt. Der Teilchenstrahl wird durch die Blenden B_1 und B_2 kollimiert und tritt durch eine Folie aus Atomen der Sorte B (bzw. bei gasförmigen Stoffen durch eine differentiell gepumpte Kammer mit Ein- und Austrittsblende für den Strahl der Teilchen A, in der sich das Messgas B befindet, das dauernd zugeführt und außerhalb der Kammer weggepumpt wird). Hinter der Blende B_3 sitzt der Detektor für die Teilchen A, die nur dann durch B_3 laufen, wenn sie um weniger als $\theta_0 = b/2$d abgelenkt wurden.

Während bei der Bestimmung des integralen Streuquerschnittes σ die Abnahme der nicht abgelenkten Teilchen gemessen wird, werden zur Messung des ***differentiellen Streuquerschnittes*** die Teilchen detektiert, die um einen Winkel θ im Bereich $\theta \pm \frac{1}{2}\Delta\theta$ abgelenkt werden.

Sei $\dot{N} \cdot F$ die Zahl der pro Sekunde auf die Querschnittsfläche F des Streuvolumens V eintreffenden Teilchen [s^{-1}] und $\Delta\dot{N}(\theta, \Omega)$ [s^{-1}] die Zahl der pro Sekunde in den Raumwinkel $\Delta\Omega$ um den Winkel θ gestreuten Teilchen. Der Bruchteil

$$\frac{\Delta\dot{N}}{\dot{N} \cdot F} = \frac{n_B}{F} \cdot V \cdot \frac{\mathrm{d}\sigma}{\mathrm{d}\Omega}\Delta\Omega = n_B \cdot \Delta x \cdot \frac{\mathrm{d}\sigma}{\mathrm{d}\Omega}\Delta\Omega \tag{2.102}$$

aller einfallenden Teilchen, der in den vom Detektor erfassten Raumwinkel $\Delta\Omega$ gestreut wird, ist dann durch die Teilchendichte n_B der Streuer, die Länge Δx des Streugebietes und den differentiellen Streuquerschnitt $\mathrm{d}\sigma/\mathrm{d}\Omega$ bestimmt.

Um den differentiellen Streuquerschnitt zu messen, kann die in Abb. 2.85b skizzierte Anordnung verwendet werden. Zwei

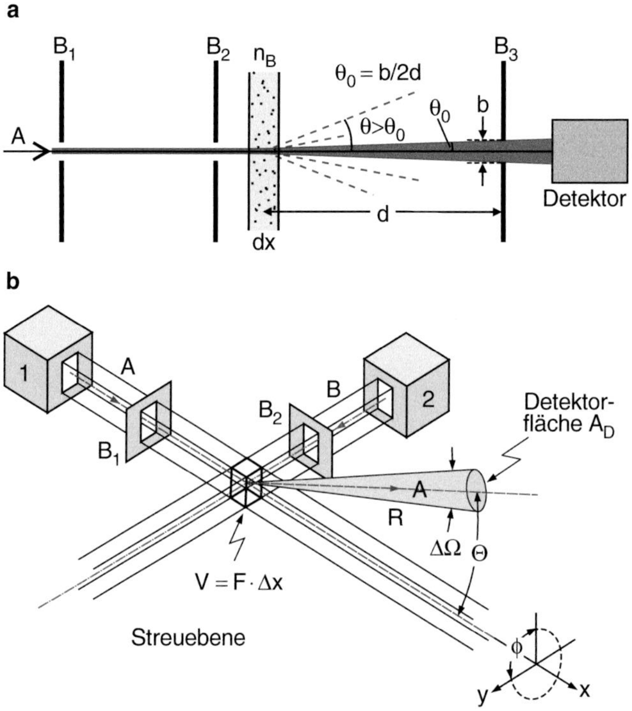

Abbildung 2.85 **a** Messung des integralen Streuquerschnitts σ. **b** Messung des differentiellen Streuquerschnitts $\frac{\mathrm{d}\sigma}{\mathrm{d}\Omega}$

durch die Blenden B_1 und B_2 kollimierte Teilchenstrahlen A und B kreuzen sich im Streuvolumen $V = F \cdot \Delta x$. Die in den Raumwinkel $\Delta\Omega$ gestreuten Teilchen werden durch den Detektor mit der empfindlichen Fläche $A_D = R^2\Delta\Omega$ im Abstand R vom Streuvolumen mit $R \gg \Delta x$ gemessen.

Der differentielle Streuquerschnitt $\mathrm{d}\sigma/\mathrm{d}\Omega$ enthält Informationen über das Wechselwirkungspotential $E_{pot}(r)$ zwischen den Teilchen A und B im Abstand r. Wir wollen deshalb jetzt untersuchen, wie $\mathrm{d}\sigma/\mathrm{d}\Omega$ mit $E_{pot}(r)$ zusammenhängt.

2.8.2 Grundlagen der klassischen Streutheorie

In Bd. 1, Kap. 4 wurde gezeigt, dass die Streuung von zwei Teilchen (Massen m_1, m_2, Geschwindigkeiten $\boldsymbol{v}_1$, $\boldsymbol{v}_2$) mit gegenseitigem Wechselwirkungspotential $V(|\boldsymbol{r}_1 - \boldsymbol{r}_2|)$ völlig äquivalent im Schwerpunktsystem dargestellt werden kann durch die Bewegung *eines* Teilchens A mit der reduzierten Masse

$$\mu = m_1 \cdot m_2/(m_1 + m_2)$$

und der Geschwindigkeit

$$\boldsymbol{v} = \boldsymbol{v}_1 - \boldsymbol{v}_2$$

(Relativgeschwindigkeit), das sich im Potential $V(r)$ bewegt, wobei r der Relativabstand $|\boldsymbol{r}_1 - \boldsymbol{r}_2|$ ist. Man nennt diese Beschreibung auch ***Potentialstreuung***, weil zur Beschreibung der

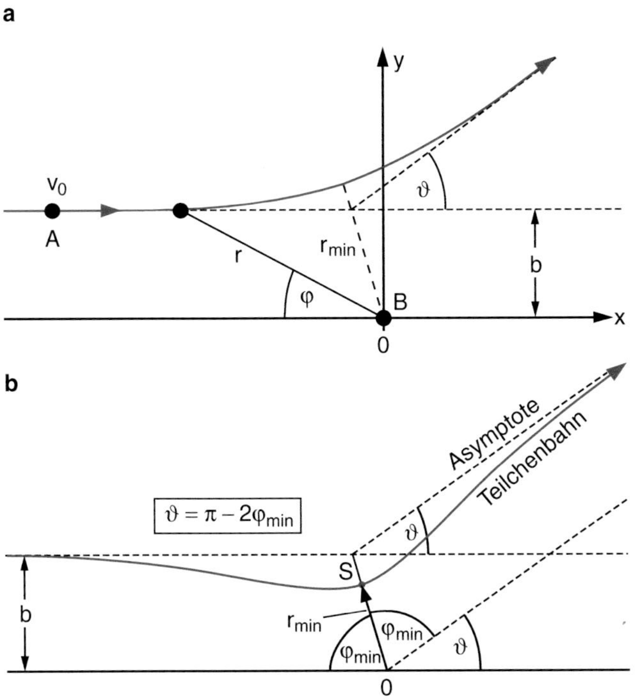

Abbildung 2.86 **a** Streuung eines Teilchens A der reduzierten Masse $\mu = m_A \cdot m_B/(m_A + m_B)$ im Potential $V(r)$ mit Nullpunkt in B. **b** Beziehung zwischen Ablenkwinkel ϑ und Polarwinkel φ_{min} im Punkt S nächster Annäherung zwischen A und B

Teilchenbahn außer der reduzierten Masse μ des Systems der beiden Teilchen und der Anfangsbedingung $(\boldsymbol{r}_0, \boldsymbol{v}_0)$ der Teilchenbahn nur die Kenntnis des Potentials $V(r)$ notwendig ist.

Wir wollen hier lediglich (wie oben durch die Notation schon angedeutet) den für viele Streuprobleme zutreffenden Fall eines kugelsymmetrischen Potentials $V(r)$ behandeln. In einem solchen Potential bleibt der Drehimpuls $\boldsymbol{L}$ des gestreuten Teilchens erhalten (Bd. 1, Abschn. 2.8), sodass die Teilchenbahn in einer Ebene, der Streuebene, verläuft. Wir benutzen daher ebene Polarkoordinaten (r, φ) zu ihrer Beschreibung (Abb. 2.86). Wir wollen (im Einklang mit Bd. 1, Abschn. 4.2) den Ablenkwinkel im Schwerpunktsystem ϑ nennen, um ihn vom Ablenkwinkel θ im Laborsystem zu unterscheiden.

Das ankommende Teilchen möge den Stoßparameter b haben. (Dies ist der kleinste Abstand vom Streuzentrum $r = 0$, den das Teilchen für $V(r) \equiv 0$, d. h. bei geradliniger Bahn, erreichen würde.) Bei der Potentialstreuung liegt der Ursprung des Potentials $V(r)$ am Ort des Teilchens B, das in unserem System also ruht.

Läuft das Teilchen mit der Anfangsgeschwindigkeit $|\boldsymbol{v}(-\infty)| = v_0$ ein, so gilt wegen der Energieerhaltung:

$$\frac{1}{2}\mu v^2 + E_{pot}(r) = \frac{1}{2}\mu v_0^2 = \text{const}\,, \qquad (2.103)$$

weil $E_{pot}(r = \pm\infty) = 0$ ist. $E_{pot}(r)$ ist dabei proportional zum Potential $V(r)$. Der Drehimpuls des Teilchens, bezogen auf das Streuzentrum, in dem das Teilchen B sitzt, ist

$$\begin{aligned}\boldsymbol{L} &= \mu \cdot (\boldsymbol{r} \times \boldsymbol{v}) = \mu\left(\boldsymbol{r} \times \left[\frac{\mathrm{d}r}{\mathrm{d}t}\hat{\boldsymbol{e}}_r + r \cdot \frac{\mathrm{d}\varphi}{\mathrm{d}t}\hat{\boldsymbol{e}}_t\right]\right)\\ &= \mu \cdot r \cdot \dot{\varphi} \cdot (\boldsymbol{r} \times \hat{\boldsymbol{e}}_t)\,, \end{aligned} \qquad (2.104)$$

wobei $\hat{\boldsymbol{e}}_t$ der Tangential-Einheitsvektor und $\hat{\boldsymbol{e}}_r$ parallel zu $\boldsymbol{r}$ ist. Für den Betrag $L = |\boldsymbol{L}|$ erhält man:

$$L = \mu \cdot r^2 \dot{\varphi}\,. \qquad (2.105)$$

Die kinetische Energie im Schwerpunktsystem ist:

$$\begin{aligned} T &= \frac{1}{2}\mu v^2 = \frac{1}{2}\mu(\dot{r}^2 + r^2\dot{\varphi}^2)\\ &= \frac{1}{2}\mu\dot{r}^2 + \frac{L^2}{2\mu r^2}\,. \end{aligned} \qquad (2.106)$$

Die Gesamtenergie $E_0 = T + E_{pot} = \frac{1}{2}\mu v_0^2$ wird damit

$$E_0 = \frac{1}{2}\mu\dot{r}^2 + \frac{L^2}{2\mu r^2} + E_{pot}(r)\,. \qquad (2.107)$$

Aus (2.107) und (2.105) erhält man für $\dot{r}$ und $\dot{\varphi}$:

$$\dot{r} = \left\{\frac{2}{\mu}\left(E_0 - E_{pot}(r) - \frac{L^2}{2\mu r^2}\right)\right\}^{1/2}, \qquad (2.108)$$

$$\dot{\varphi} = \frac{L}{\mu r^2}\,. \qquad (2.109)$$

Im Experiment kann die Bahn (r, φ) nicht im einzelnen verfolgt werden. Aus den gemessenen Ablenkwinkeln können aber die asymptotischen Werte für $r \to \infty$ bestimmt werden. Da im kugelsymmetrischen Potential die Teilchenbahn symmetrisch zur Geraden OS durch den Punkt S größter Annäherung $r = r_{min}$ erfolgt (d. h. der Streuprozess ist invariant gegenüber Zeitumkehr), können wir den asymptotischen Ablenkwinkel ϑ mit dem Polarwinkel $\varphi_{min} = \varphi(r_{min})$ durch $\vartheta = \pi - 2\varphi_{min}$ verknüpfen (Abb. 2.86b). Damit ergibt sich aus

$$\varphi_{min} = \int\limits_{\varphi=0}^{\varphi_{min}} \mathrm{d}\varphi = \int\limits_{r=-\infty}^{r_{min}} \frac{\mathrm{d}\varphi}{\mathrm{d}t} \cdot \frac{\mathrm{d}t}{\mathrm{d}r}\,\mathrm{d}r = \int\limits_{-\infty}^{r_{min}} \frac{\dot{\varphi}}{\dot{r}}\,\mathrm{d}r = \int\limits_{r_{min}}^{+\infty} \frac{\dot{\varphi}}{\dot{r}}\mathrm{d}r$$

mit (2.108) und (2.109) die Beziehung zwischen Streuwinkel ϑ und potentieller Energie $E_{pot}(r)$:

$$\begin{aligned} &\vartheta(E_0, L)\\ &= \pi - 2\int\limits_{r_{min}}^{r=+\infty} \frac{L/(\mu r^2)\,\mathrm{d}r}{\left\{\frac{2}{\mu}\left[E_0 - E_{pot}(r) - \frac{L^2}{2\mu r^2}\right]\right\}^{1/2}}\,. \end{aligned} \qquad (2.110)$$

Weil der Drehimpulsbetrag L wegen

$$L = \mu \cdot r \cdot v \cdot \sin\varphi = \mu \cdot b \cdot v_0$$

und

$$E_0 = \frac{1}{2}\mu v_0^2 \Rightarrow L^2 = 2\mu b^2 \cdot E_0$$

durch Anfangsenergie E_0 und Stoßparameter b eindeutig bestimmt ist, lässt sich (2.110) auch schreiben als:

$$\vartheta(E_0, b) = \pi - 2b \int_{r_{min}}^{\infty} \frac{dr}{r^2 \left[1 - \frac{b^2}{r^2} - \frac{E_{pot}(r)}{E_0}\right]^{1/2}}. \quad (2.111)$$

Man sieht aus (2.111), dass der Ablenkwinkel ϑ durch das Wechselwirkungspotential $V(r) \propto E_{pot}(r)$, durch den Stoßparameter b und durch die Anfangsenergie E_0 bestimmt wird.

Um die Integrationsgrenze r_{min} zu bestimmen, benutzen wir die Tatsache, dass für $r = r_{min}$ die zeitliche Ableitung $\dot{r} = 0$ wird. Aus (2.108) ergibt sich damit:

$$r_{min} = \frac{b}{\left[1 - E_{pot}(r_{min})/E_0\right]^{1/2}}. \quad (2.112)$$

Man beachte:

- Für $r = r_{min}$ wird der Integrand in (2.110) unendlich. Ob das Integral selbst endlich bleibt, hängt von der Form des Wechselwirkungspotentials ab.
- Für $b = 0$ wird $L = 0$ und damit $\vartheta = \pi$. Teilchen, die zentral stoßen (Stoßparameter $b = 0$), werden in die Einflugrichtung reflektiert.
- Wenn ϑ_{min} der kleinste noch messbare Ablenkwinkel ist, dann gelten alle Teilchen $\vartheta < \vartheta_{min}$ als nicht gestreut. Dies sind alle Teilchen, deren Stoßparameter $b > b_{max}(\vartheta_{min})$ ist. Der integrale Streuquerschnitt ist in diesem Fall $\sigma = \pi b_{max}^2$. Man sieht, dass bei dieser Definition der Streuquerschnitt σ, der ja nur von atomaren Größen abhängen sollte, von der Messapparatur abhängt. Dieser Missstand wird in der quantenmechanischen Behandlung beseitigt.
- Für monotone Potentiale $V(r)$ (z. B. rein abstoßende Potentiale) gibt es bei vorgegebener Anfangsenergie E_0 zu jedem b einen eindeutig definierten Ablenkwinkel ϑ (Abb. 2.87a). Dies gilt nicht für nichtmonotone Potentiale (Abb. 2.87b), wo z. B. für zwei Stoßparameter b_1, b_2 der gleiche Ablenkwinkel auftreten kann.

Trägt man bei monotonem $V(r)$ für eine feste Anfangsenergie E_0 den Ablenkwinkel ϑ gegen den Stoßparameter b auf, so erhält man qualitativ die Kurven $\vartheta(b)$ der Abb. 2.87, deren genaue Form vom Potential $V(r)$ und der Anfangsenergie E_0 abhängt.

Die Messgröße im Experiment ist der vom Streuwinkel ϑ abhängige differentielle Streuquerschnitt. Der Stoßparameter b kann nicht direkt gemessen werden!

Wie erhält man nun aus den gemessenen Streuquerschnitten die Ablenkfunktion $\vartheta(b)$, um gemessene mit berechneten Werten zu vergleichen?

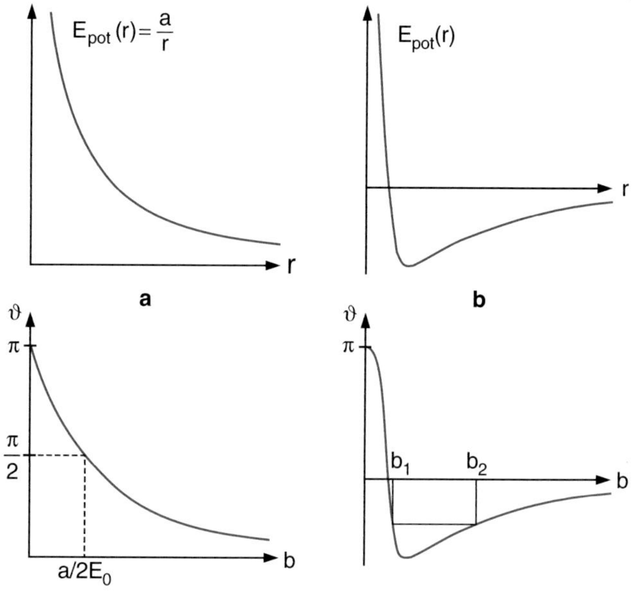

Abbildung 2.87 Qualitativer Zusammenhang zwischen Wechselwirkungspotential und Ablenkfunktion $\vartheta(b)$. **a** Monotones Potential; **b** nichtmonotones Potential

Wir betrachten einen parallelen Strahl von Teilchen A mit der Flussdichte $\dot{N}_A = n_A \cdot v_A$, die auf eine dünne Schicht von ruhenden Teilchen B fallen. Alle Teilchen A, die durch einen Kreisring mit Radius b und Breite db um ein Atom B laufen, werden bei kugelsymmetrischem Wechselwirkungspotential $V_{AB}(r)$ um den Winkel $\vartheta \pm d\vartheta/2$ abgelenkt (Abb. 2.88). Durch diesen Kreisring laufen bei einer Teilchendichte n_A pro Sekunde $\dot{N}_A(b)dF = n_A \cdot v_A \cdot 2\pi b\, db$ Teilchen A. Von *einem* streuenden Teilchen B in Abb. 2.88 wird daher der Bruchteil

$$\frac{d\dot{N}_A(\vartheta \pm \frac{1}{2} d\vartheta)}{\dot{N}_A} = 2\pi b\, db = 2\pi b \cdot \frac{d b}{d \vartheta} d\vartheta$$

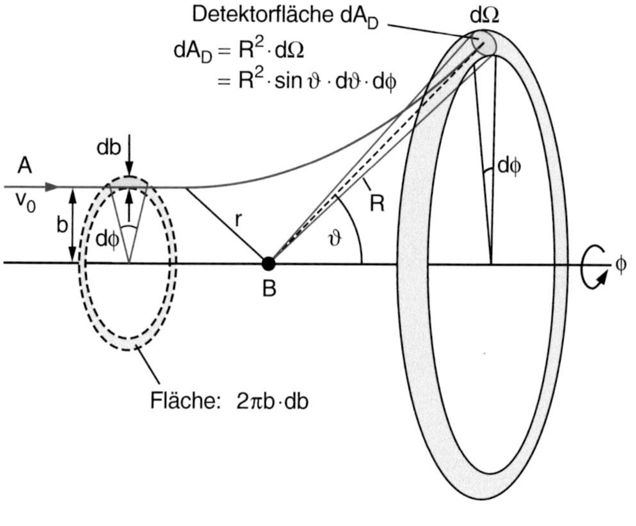

Abbildung 2.88 Zum Zusammenhang zwischen Ablenkfunktion $\vartheta(b)$ und differentiellem Streuquerschnitt $d\sigma/d\Omega$

der pro Flächen- und Zeiteinheit einfallenden Teilchen A in den Winkelbereich $\vartheta \pm \mathrm{d}\vartheta/2$ gestreut. Davon gelangt auf den Detektor mit der Fläche $A_D = R^2\,\mathrm{d}\Omega = R^2 \sin\vartheta\,\mathrm{d}\vartheta\,\mathrm{d}\phi$ im Abstand R vom Streuzentrum, d. h. in den Raumwinkel $\mathrm{d}\Omega = \sin\vartheta\,\mathrm{d}\vartheta\,\mathrm{d}\phi$ der Bruchteil

$$\frac{\mathrm{d}\dot{N}_A}{\dot{N}_A} = b \cdot \frac{\mathrm{d}b}{\mathrm{d}\vartheta}\,\mathrm{d}\vartheta\,\mathrm{d}\phi\,,$$

der durch das Flächenelement $b \cdot \mathrm{d}b \cdot \mathrm{d}\phi$ des Kreisringes um B einfällt.

Von $n_B \cdot V$ streuenden Teilchen B im Streuvolumen $V = F \cdot \Delta x$ wird deshalb der Bruchteil

$$\frac{\mathrm{d}\dot{N}_A(\mathrm{d}\Omega)}{\dot{N}_A} = n_B \cdot F \cdot \Delta x \cdot b \cdot \frac{\mathrm{d}b}{\mathrm{d}\vartheta}\,\mathrm{d}\vartheta\,\mathrm{d}\phi \tag{2.113}$$

aller einfallenden Teilchen in den Detektor gestreut.

Der Vergleich mit der Formel (2.102) für den differentiellen Streuquerschnitt ergibt wegen $\mathrm{d}\Omega = \sin\vartheta\,\mathrm{d}\vartheta\,\mathrm{d}\phi$

$$\frac{\mathrm{d}\sigma}{\mathrm{d}\Omega} = b \cdot \frac{\mathrm{d}b}{\mathrm{d}\vartheta} \cdot \frac{1}{\sin\vartheta}\,, \tag{2.114}$$

sodass wir (2.113) auch in der Form (2.102) schreiben können als

$$\frac{\mathrm{d}\dot{N}_A(\mathrm{d}\Omega)}{\dot{N}_A} = F \cdot n_B \cdot \Delta x \cdot \frac{\mathrm{d}\sigma}{\mathrm{d}\Omega}\,\mathrm{d}\Omega\,. \tag{2.115}$$

Der integrale Streuquerschnitt wird dann mit (2.114) wegen $\vartheta(b = 0) = \pi$ und $\vartheta(b_{max}) = \vartheta_{min}$

$$\sigma = \int \frac{\mathrm{d}\sigma}{\mathrm{d}\Omega}\,\mathrm{d}\Omega = \int\limits_{\vartheta=\pi}^{\vartheta_{min}} \int\limits_{\phi=0}^{2\pi} \frac{\mathrm{d}\sigma}{\mathrm{d}\Omega} \sin\vartheta\,\mathrm{d}\vartheta\,\mathrm{d}\phi\,,$$

wobei ϑ_{min} der kleinste noch nachweisbare Ablenkwinkel ist. Mit (2.114) erhält man nach Integration über ϕ:

$$\begin{aligned}\sigma &= 2\pi \int\limits_{\vartheta=\pi}^{\vartheta_{min}} \frac{b}{\sin\vartheta} \left|\frac{\mathrm{d}b}{\mathrm{d}\vartheta}\right| \sin\vartheta\,\mathrm{d}\vartheta \\ &= +2\pi \int\limits_{b=0}^{b_{max}} b\,\mathrm{d}b = \pi b_{max}^2\,. \end{aligned} \tag{2.116}$$

Beispiel

Stoß harter Kugeln mit gleichen Durchmessern D. Das Wechselwirkungspotential ist hier:

$$V(r) = \begin{cases} \infty & \text{für } r \le D\,, \\ 0 & \text{für } r > D\,. \end{cases}$$

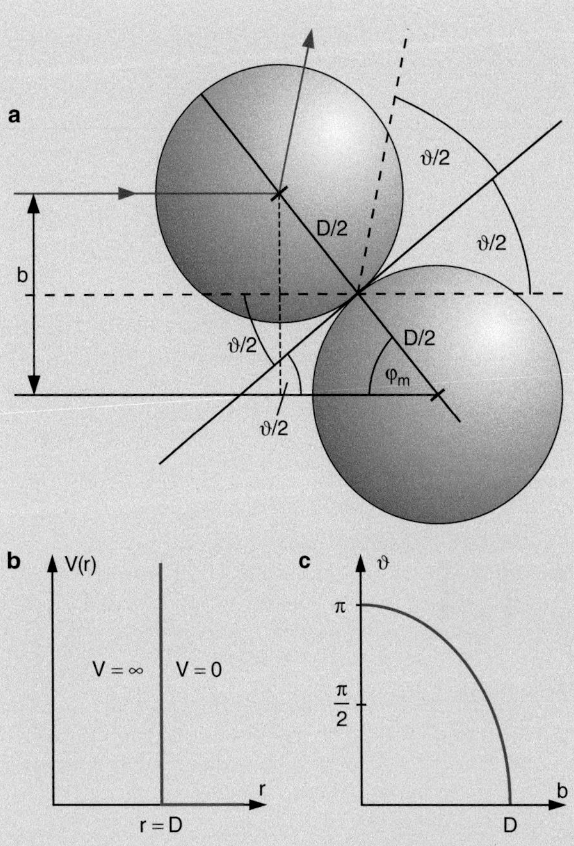

Abbildung 2.89 Stoß von harten Kugeln mit Durchmesser D. **a** Ablenkung beim Stoßparameter $b < D$; **b** Potential $V(r)$; **c** Ablenkfunktion $\vartheta(b)$

Aus Abb. 2.89 liest man ab:

$$\sin\varphi_{min} = \frac{b}{D}$$

$\Rightarrow$ nur für $b \le D$ findet ein Stoß statt.

$$\varphi_{min} = \frac{\pi}{2} - \frac{\vartheta}{2}$$

$$b(\vartheta) = D \cdot \sin\varphi_{min} = D \cdot \cos\frac{\vartheta}{2}$$

$$\left|\frac{\mathrm{d}b}{\mathrm{d}\vartheta}\right| = \frac{D}{2} \sin\frac{\vartheta}{2}$$

$$\frac{\mathrm{d}\sigma}{\mathrm{d}\Omega} = \frac{b}{\sin\vartheta} \frac{\mathrm{d}b}{\mathrm{d}\vartheta} = \frac{D \cdot \cos\frac{\vartheta}{2}}{\sin\vartheta} \cdot \frac{D}{2} \sin\frac{\vartheta}{2} = \frac{D^2}{4}$$

$$\sigma = \int \frac{\mathrm{d}\sigma}{\mathrm{d}\Omega}\,\mathrm{d}\Omega = 4\pi\frac{D^2}{4} = \pi D^2.$$

Die Ablenkfunktion $\vartheta(b)$ für harte Kugeln (Abb. 2.89c) ist

$$\vartheta = \pi - 2\varphi_{min} = \pi - 2\arcsin(b/D)\,,$$

Kapitel 2

wie bereits in Bd. 1, Abschn. 4.3.1 für den allgemeinen Fall $D_1 \neq D_2$ gezeigt wurde. ■

2.8.3 Bestimmung der Ladungsverteilung im Atom aus Streuexperimenten

Um die Ladungsverteilung in den Atomen zu bestimmen, ist es zweckmäßig, bei Streuexperimenten *elektrisch geladene* Partikel A mit der Ladung q_1 als Sonden zu verwenden, weil dann die bekannte Coulombwechselwirkungskraft

$$\boldsymbol{F}_\mathrm{C}(r) = \frac{1}{4\pi\varepsilon_0}\frac{q_1 \cdot q_2}{r^2}\hat{\boldsymbol{r}}$$

zwischen dem Teilchen A und der Ladung $q_2 = \varrho_\mathrm{el} \cdot \Delta V$ im Volumenelement ΔV des Atoms die Ablenkung von A bewirkt und man deshalb aus der gemessenen Winkelverteilung $N_\mathrm{A}(\vartheta)$ auf die Ladungsverteilung $\varrho_\mathrm{el}(\boldsymbol{r})$ schließen kann. Dies wollen wir uns im Folgenden genauer ansehen.

Zu Anfang des vorigen Jahrhunderts standen außer den Kathodenstrahlen (Elektronen) als natürlich geladene Projektile die von radioaktiven Substanzen emittierten α-Teilchen mit der Ladung $q_1 = +2e$, der Masse m_He und der Energie $E_\mathrm{kin} = 1{-}9\,\mathrm{MeV}$ zur Verfügung.

Schießt man diese Teilchen auf Atome B, so werden die Elektronen der Atome wegen ihrer kleinen Masse nur sehr wenig zur Ablenkung der α-Teilchen beitragen (siehe Bd. 1, Kap. 4). Die Ablenkung wird also im Wesentlichen durch die Verteilung der massereichen positiven Ladungsträger bewirkt. Die gemessene Winkelverteilung $N(\vartheta)$ der gestreuten α-Teilchen gibt deshalb Informationen über die räumliche Verteilung der positiven Ladung im Atom. Die Berücksichtigung der Elektronen gibt lediglich eine kleine Korrektur.

2.8.4 Das Thomson'sche Atommodell

J.J. Thomson hatte auf Grund seiner und anderer Experimente (siehe Abschn. 2.5) geschlossen, dass jedes Atom aus Z Elektronen der Ladung $-Z \cdot e$ und Z positiven Ladungen mit der Ladung $+Z \cdot e$ besteht und daher insgesamt neutral ist, in Übereinstimmung mit den Beobachtungen. Für die räumliche Verteilung dieser Ladung schlug er als einfaches Modell sein *Rosinenkuchen-Modell* vor, bei dem alle Ladungen statistisch gleichmäßig über das gesamte Atomvolumen verteilt sind (Abb. 2.90). Wie lässt sich ein solches Modell überprüfen?

Bei einer homogen geladenen Kugel mit Radius R und Gesamtladung $Z \cdot e$ der positiven Ladungen ist das elektrische Feld $\boldsymbol{E}$ im Abstand $r \leq R$ vom Kugelzentrum (siehe Bd. 2, Abschn. 1.3.4)

$$\boldsymbol{E} = \frac{Z \cdot e \cdot r}{4\pi\varepsilon_0 R^3}\hat{\boldsymbol{r}}\,. \tag{2.117}$$

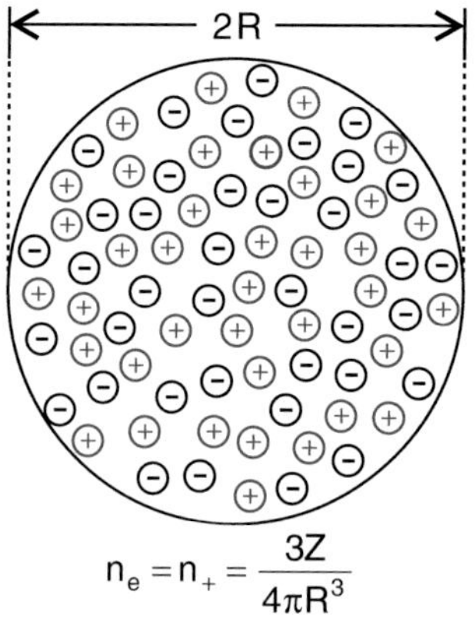

Abbildung 2.90 Thomson'sches Rosinenkuchenmodell für die Verteilung der positiven und negativen Ladungen im Atom

Auf ein Elektron würde im elektrischen Feld dieser positiven gleichmäßig verteilten Ladung (bei Abwesenheit aller anderen negativen Ladungen) die Kraft

$$\boldsymbol{F} = -e\boldsymbol{E} = -k\boldsymbol{r} \quad \text{mit} \quad k = \frac{Ze^2}{4\pi\varepsilon_0 R^3} \tag{2.118}$$

wirken, die bei einer radialen Auslenkung zu einer harmonischen Schwingung des Elektrons mit der Frequenz

$$\omega = \sqrt{\frac{k}{m_\mathrm{e}}}$$

führt. Nun haben wir bisher nicht die anderen $(Z-1)$ Elektronen berücksichtigt. Bei einer gleichmäßigen Verteilung von positiver und negativer Ladung mit einer Elektronendichte

$$n_\mathrm{e} = \frac{Z}{\frac{4}{3}\pi R^3}$$

können alle Elektronen kollektiv gegen die viel schwereren positiven Ladungsträger schwingen mit der so genannten *Plasmafrequenz*

$$\omega_\mathrm{P} = \sqrt{\frac{n_\mathrm{e} \cdot e^2}{\varepsilon_0 \cdot m_\mathrm{e}}} = \sqrt{\frac{3Ze^2}{4\pi\varepsilon_0 m_\mathrm{e} R^3}}\,, \tag{2.119}$$

die sich von der oben berechneten Frequenz nur um einen Faktor $\sqrt{3}$ unterscheidet.

Würden die Thomson'schen Atome mit Licht bestrahlt, so würde man Resonanzen im Absorptionsspektrum bei der Frequenz ω_P und ihren Harmonischen erwarten. Die energetisch angeregten Atome sollten dann als schwingende Dipole auch Licht mit diesen Frequenzen emittieren.

Die aus dem Thomson'schen Atommodell abgeschätzten Absorptions- bzw. Emissionsfrequenzen stimmen jedoch nicht mit den im Experiment beobachteten atomaren Frequenzen überein.

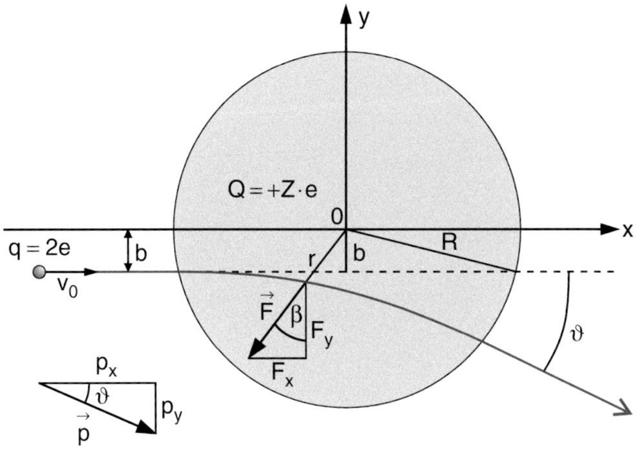

Abbildung 2.91 Streuung an einer kugelförmigen homogenen Ladungsverteilung

Das stärkste Argument gegen das Thomson'sche Atommodell wird durch die Ergebnisse von Streuexperimenten geliefert, die nicht die vom Modell erwartete Winkelverteilung liefern. Dies soll mithilfe einer einfachen Abschätzung gezeigt werden:

Dazu betrachten wir in Abb. 2.91 die Streuung eines α-Teilchens der Ladung $q = 2e$ an einer positiven homogenen Ladungsverteilung mit der Gesamtladung $Q = Z \cdot e$. Wegen ihrer kleinen Masse spielen die Elektronen für die Ablenkung der schweren α-Teilchen praktisch keine Rolle. Sie sorgen jedoch dafür, dass das Atom insgesamt elektrisch neutral ist. Da das Atom wegen seiner Neutralität für α-Teilchen, die mit einem Stoßparameter $b > R$ an ihm vorbeifliegen, nur eine vernachlässigbar kleine Ablenkung bewirkt, berücksichtigen wir nur die Ablenkung für Abstände $r \leq R$ des Projektils vom Zentrum $r = 0$ der Ladungsverteilung. Diese Abschätzung liefert eine obere Grenze für den maximalen Ablenkwinkel ϑ_{max}, weil die Anwesenheit der negativen Ladungen im Thomson'schen Atommodell die Gesamtablenkung noch etwas verkleinert.

Ein Projektil, das mit dem Impuls $m \cdot v_0$ in x-Richtung fliegt, wird beim Durchlaufen der Ladungsverteilung um einen Winkel ϑ abgelenkt, dessen Größe vom Stoßparameter b abhängt. Die Ablenkung kommt dadurch zustande, dass an jedem Punkt der Teilchenbahn innerhalb der Ladungsverteilung auf das Teilchen die Kraft

$$F_y = F(r) \cdot \cos\beta$$

wirkt, die zu einer Impulsänderung

$$\Delta p_y = \int F_y \, \mathrm{d}t \tag{2.120}$$

führt. Die Kraft $\boldsymbol{F} = q \cdot \boldsymbol{E}$ im Abstand r vom Zentrum der Ladungsverteilung wird durch das elektrische Feld $\boldsymbol{E}$ bestimmt. Nähert man $\cos\beta \approx b/r$ und setzt (2.118) für $\boldsymbol{E}$ ein, so ergibt sich für die gesamte Impulsänderung Δp_y des α-Teilchens mit der Ladung $2e$ während der Vorbeiflugzeit T am Atom mit der positiven Ladung $Z \cdot e$

$$\Delta p_y = \int F(r) \cos\beta \, \mathrm{d}t \approx F(r) \cos\beta \cdot T = \frac{2Ze^2 \cdot b}{4\pi\varepsilon_0 R^3} \cdot T\,. \tag{2.121}$$

Für eine Abschätzung der Flugzeit T können wir die Ablenkung (die bei großen Energien der α-Teilchen sehr klein ist, wie unten gezeigt wird) vernachlässigen und die Durchquerungsstrecke $d = 2 \cdot \sqrt{R^2 - b^2}$ setzen, sodass die Durchflugzeit

$$T = \frac{2 \cdot \sqrt{R^2 - b^2}}{v_0}$$

wird. Der übertragene Impuls ist dann

$$\Delta p_y \approx \frac{4Zkb}{v_0} \sqrt{R^2 - b^2}$$

mit

$$k = \frac{e^2}{4\pi\varepsilon_0 R^3}\,.$$

Da $\Delta p_y \ll p_x$ gilt, können wir $p_x \approx p$ als konstant ansehen, sodass gilt:

$$\frac{\Delta p_y}{p_x} \approx \frac{\Delta p_y}{p} = \tan\vartheta = \frac{4Zkb}{mv_0^2} \sqrt{R^2 - b^2}\,. \tag{2.122}$$

Der Ablenkwinkel ϑ hängt vom Stoßparameter b ab. Man erhält den maximalen Wert ϑ_{max}, wenn $\vartheta(b)$ nach b differenziert und die Ableitung gleich null gesetzt wird. Dies liefert mit $\tan\vartheta \approx \vartheta$

$$\frac{\mathrm{d}\vartheta}{\mathrm{d}b} = \frac{4Zk}{mv_0^2} \left[\sqrt{R^2 - b^2} - \frac{b^2}{\sqrt{R^2 - b^2}} \right] = 0\,,$$

woraus folgt:

$$b(\vartheta_{\text{max}}) = \frac{R}{\sqrt{2}} \quad \text{und} \quad \vartheta_{\text{max}} = \frac{2ZkR^2}{mv_0^2}\,. \tag{2.123}$$

Wir können noch den durchschnittlichen Ablenkwinkel $\bar{\vartheta}$ definieren durch

$$\bar{\vartheta} = \int_{b=0}^{R} \vartheta(b) \cdot \frac{2\pi b}{\pi R^2} \, \mathrm{d}b = \frac{8Z \cdot k}{mv_0^2 R^2} \int_0^R \sqrt{R^2 - b^2} b^2 \, \mathrm{d}b$$

Der Wert des Integrals ist $\pi \cdot R^4/16$, sodass sich für $\bar{\vartheta}$ ergibt:

$$\bar{\vartheta} = \frac{\pi}{2} \frac{ZkR^2}{mv_0^2} = \frac{\pi}{4} \vartheta_{\text{max}} = \frac{Z \cdot e^2}{8\varepsilon_0 R \cdot mv_0^2}\,. \tag{2.124}$$

Der mittlere Ablenkwinkel wird also näherungsweise durch das Verhältnis von potentieller Energie $E_{\text{pot}} = 2Ze^2/(4\pi\varepsilon_0 R)$ beim Abstand R zur kinetischen Anfangsenergie $(m/2)v_0^2$ gegeben. Setzt man $R = 0{,}1\,\text{nm}$ als typischen Atomradius ein, so erhält man für α-Teilchen ($q = 2e$) der Energie 5 MeV, die an Goldatomen ($Z = 79$) gestreut werden:

$$ZkR^2 = 2{,}3 \cdot 10^3\,\text{eV}, \quad mv^2 = 10^7\,\text{eV}\,,$$

$$\Rightarrow \bar{\vartheta} \approx 1{,}8 \cdot 10^{-4}\,\text{rad} \approx 0{,}63'\,.$$

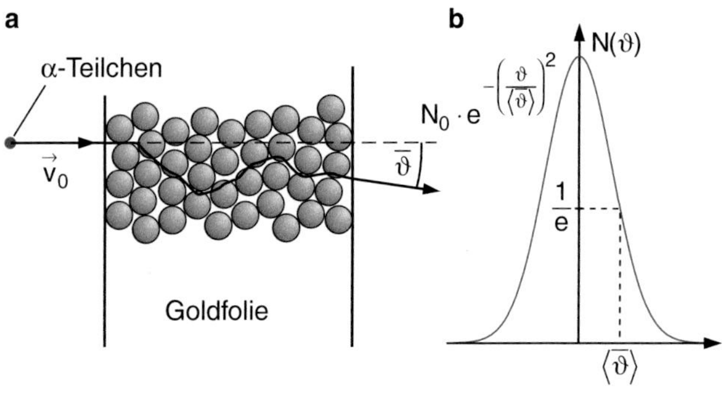

Abbildung 2.92 **a** Vielfachstreuung im Thomson'schen Atommodell. **b** Erwartete Winkelverteilung

Dies ist ein extrem kleiner Ablenkwinkel, der nicht einfach zu messen ist.

Bisher haben wir die Ablenkung durch ein einzelnes Atom betrachtet. Im Experiment werden die α-Teilchen durch eine Folie geschossen und deshalb an vielen Atomen gestreut. Für einen Atomdurchmesser von 0,2 nm und eine Foliendicke von 10 µm sind dies etwa $5 \cdot 10^4$ Atomlagen. Da die Stoßparameter des α-Teilchens, bezogen auf die Zentren der einzelnen Atome statistisch verteilt sind, werden auch die durch diese Atome bewirkten Ablenkwinkel $\bar{\vartheta}$ statistisch verteilt sein (Abb. 2.92). Deshalb ist der statistische Mittelwert der Ablenkwinkel ϑ der α-Teilchen nach n Streuungen an einzelnen Atomen (siehe Bd. 1, Abschn. 1.8)

$$\langle\bar{\vartheta}\rangle = \sqrt{n} \cdot \bar{\vartheta} \,. \tag{2.125}$$

Die Winkelverteilung der statistisch gestreuten α-Teilchen für das Thomson'sche Atommodell ist analog zum *Random-walk*-Problem, bei dem jemand nach jedem Schritt in x-Richtung eine Münze wirft und danach entscheidet, ob er einen Schritt Δy in die $+y$-Richtung oder die $-y$-Richtung geht. Die Wahrscheinlichkeit, nach m Schritten die Strecke y von der x-Geraden abgekommen zu sein, wird dann durch die Gaußverteilung (Bd. 1, Abschn. 1.8.4)

$$P(y) = C \cdot \mathrm{e}^{-y^2/(n \cdot \Delta y^2)}$$

gegeben (Abb. 2.92b). Analog erhält man hier für die Zahl der um den Winkel ϑ abgelenkten α-Teilchen:

$$\begin{aligned} N(\vartheta) &= N_0 \cdot \mathrm{e}^{-(\vartheta/\langle\bar{\vartheta}\rangle)^2} \\ &= N_0 \cdot \mathrm{e}^{-\vartheta^2/(n \cdot \bar{\vartheta}^2)} \,. \end{aligned} \tag{2.126}$$

Beispiel

Für $n = 5 \cdot 10^4$ wird $\langle\bar{\vartheta}\rangle \approx 4 \cdot 10^{-2}$ rad, und die Gaußverteilung, die bei $\vartheta = 0$ ihr Maximum hat, hat eine volle Halbwertsbreite von $(\Delta\vartheta)_{1/2} \approx 3 \cdot 10^{-2}$ rad $= 1{,}8°$. ■

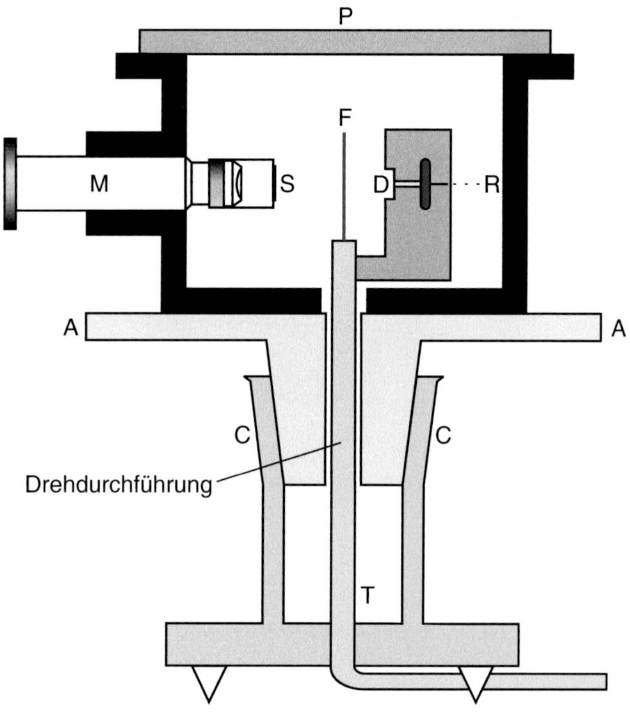

Abbildung 2.93 Versuchsaufbau für die Rutherford-Streuung

2.8.5 Rutherford'sches Atommodell

Um das Thomson'sche Atommodell zu testen, führten *Rutherford* und seine Mitarbeiter *Geiger* und *Marsden* 1909 ausführliche Streumessungen durch [66, 67]. Die von ihnen benutzte Apparatur ist schematisch in Abb. 2.93 gezeigt. Die von dem radioaktiven Gas *Radium-Emanation* (Radon) im Röhrchen R emittierten α-Teilchen werden durch den Blendenkanal D kollimiert und an der Goldfolie F gestreut. Die auf einen Leuchtschirm S treffenden gestreuten α-Teilchen erzeugen Lichtblitze, die durch das Mikroskop M beobachtet und gezählt werden. Mikroskop und Schirm sind zusammen mit der Vakuumkammer auf einem Glasschliff drehbar gegen die α-Quelle angeordnet, sodass man den ganzen Winkelbereich ϑ der gestreuten α-Teilchen beobachten kann. Die Experimente (Tab. 2.5) zeigten, dass auch sehr große Streuwinkel bis $\vartheta = 180°$ beobachtet wurden; ein Ergebnis, das *Marsden* bereits früher bei der Untersuchung der Reichweite von α-Strahlen gefunden hatte. *Rutherford* war darüber sehr überrascht, weil dies dem Thomson'schen Atommodell völlig widersprach. Er sagte: „Dies ist so unwahrscheinlich, als ob man mit einer Pistole auf einen Wattebausch schießt, und die Kugel prallt zurück".

Nach langen Diskussionen, Nachdenken und der Prüfung mehrerer in der Literatur vorgeschlagener Modelle gelangte *Rutherford* dann zu der Erkenntnis, dass die positive Ladung des Atoms in einem sehr kleinen Volumen im Zentrum des Atoms komprimiert sein musste. Dieses Volumen, in dem auch fast die gesamte Masse des Atoms (abzüglich der geringen Masse der Elektronen) vereinigt ist, nannte er den ***Atomkern***. Die α-Teilchen werden praktisch nur vom Atomkern abgelenkt, weil

Tabelle 2.5 Gemessene Zählraten für verschiedene Ablenkwinkel [66]

Ablenkwinkel ϑ	Zählrate dN	$dN \cdot \sin^4 \vartheta/2$
15°	132 000	38,4
30°	7 800	35,0
45°	1 435	30,8
60°	477	29,8
75°	211	29,1
105°	70	27,7
120°	52	29,1
135°	43	31,2
150°	33	28,7

die Massen der Elektronen sehr klein sind gegen die des α-Teilchens. ($m_1/m_2 \approx 1{,}36 \cdot 10^{-4}$).

Rutherford leitete aus dieser Vorstellung seine berühmte Streuformel her, die in quantitativer Übereinstimmung mit den experimentellen Ergebnissen steht.

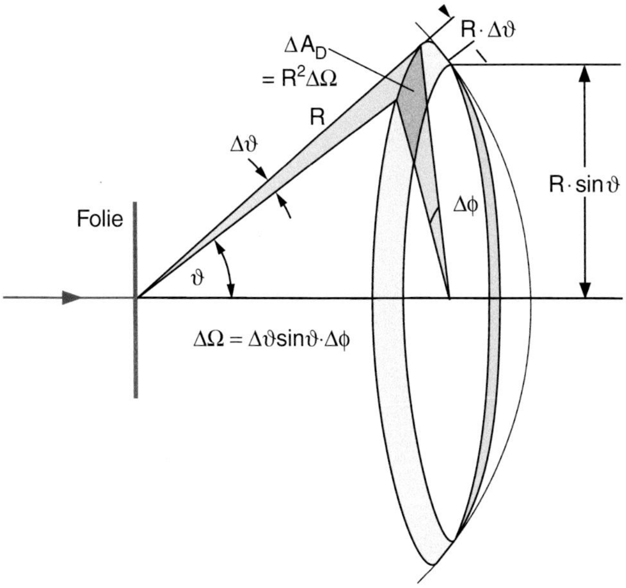

Abbildung 2.94 Zur Definition des Raumwinkels $\Delta\Omega$ und der Detektorfläche $\Delta A_\mathrm{D} = R^2\Delta\Omega$

2.8.6 Rutherford'sche Streuformel

Wenn die α-Teilchen im Wesentlichen nur am Atomkern gestreut werden, dessen Ausdehnung sehr klein ist gegen den Durchmesser des Atoms, können wir die theoretische Behandlung der Streuung zurückführen auf die Streuung des α-Teilchens mit $q = 2e$ im Coulombpotential einer (praktisch) punktförmigen Ladung $Q = Z \cdot e$, die bereits in Bd. 1, Abschn. 4.3.1, behandelt wurde. Das dort abgeleitete Ergebnis war die Beziehung

$$\cot\frac{\vartheta}{2} = \frac{2E_\mathrm{kin}}{E_\mathrm{pot}} = \frac{4\pi\varepsilon_0}{q \cdot Q} \cdot \mu \cdot v_0^2 \cdot b \qquad (2.127)$$

zwischen Ablenkwinkel ϑ und Stoßparameter b, wobei $\mu = m_\alpha \cdot m_\mathrm{K}/(m_\alpha + m_\mathrm{K})$ die reduzierte Masse des Systems α-Teilchen-Goldkern ist.

Beispiel

$b = 2 \cdot 10^{-12}$ m ($\approx 1/100$ Atomdurchmesser), $\mu v_0^2 = 10$ MeV $= 1{,}6 \cdot 10^{-12}$ J, $q = 3{,}2 \cdot 10^{-19}$ C, $\mu = 3{,}92$ AME, $Q = 1{,}26 \cdot 10^{-17}$ C $\Rightarrow \vartheta = 1{,}3°$. Für $b = 2 \cdot 10^{-13}$ m ($\approx 1/1000$ Atomdurchmesser) wird $\vartheta = 13{,}2°$ und für $b = 2 \cdot 10^{-14}$ m ($\approx 10^{-4}$ Atomdurchmesser) $\Rightarrow \vartheta = 51°$. ∎

Man sieht aus diesem Beispiel, dass für Streuwinkel $\vartheta > 1°$ die Wirkungsquerschnitte $\sigma = \pi b^2 \approx 10^{-4}\pi r_\mathrm{A}^2$ sehr klein gegen den Atomquerschnitt πr_A^2 werden. Dies bedeutet, dass trotz der vielen Atome mit Atomradius r_A in der Folie, zumindest für Ablenkwinkel $\vartheta > 1°$, jedes α-Teilchen höchstens *einmal* gestreut wird!

Um jetzt den Bruchteil aller in das Streuvolumen $\Delta V = F \cdot \Delta x$ einfallenden Teilchen zu bestimmen, die in den Winkelbereich $\vartheta \pm \frac{1}{2}\Delta\vartheta$ gestreut wird und den Detektor mit der Fläche

$$\Delta A_\mathrm{D} = (R \cdot \sin\vartheta) \cdot R \cdot \Delta\vartheta \cdot \Delta\phi = R^2 \cdot \Delta\Omega$$

erreicht (Abb. 2.94), benutzen wir die Definition (2.114) für den differentiellen Streuquerschnitt

$$\frac{\mathrm{d}\sigma}{\mathrm{d}\Omega} = b \cdot \frac{\mathrm{d}b}{\mathrm{d}\vartheta}\frac{1}{\sin\vartheta}\,.$$

Durch Differentiation von (2.127) ergibt sich:

$$\frac{\mathrm{d}b}{\mathrm{d}\vartheta} = \frac{1}{2}\frac{q \cdot Q}{4\pi\varepsilon_0\mu v_0^2}\frac{1}{\sin^2\vartheta/2}\,,$$

woraus wir mit (2.127) und der Relation $\sin\vartheta = 2\sin(\vartheta/2) \cdot \cos(\vartheta/2)$ den differentiellen Streuquerschnitt für die Streuung eines Teilchens der Ladung q und der reduzierten Masse μ im Coulombfeld der Ladung Q erhalten zu:

$$\frac{\mathrm{d}\sigma}{\mathrm{d}\Omega} = \frac{1}{4}\left(\frac{q \cdot Q}{4\pi\varepsilon_0\mu v_0^2}\right)^2 \cdot \frac{1}{\sin^4\vartheta/2}\,. \qquad (2.128)$$

Daraus ergibt sich mit (2.102) für den Bruchteil aller einfallenden Teilchen, die den Detektor mit der Fläche $\Delta A_\mathrm{D} = R^2\Delta\Omega$ erreichen, die berühmte Rutherford'sche Streuformel, wenn wir noch $\mu \cdot v_0^2 \approx 2E_\mathrm{kin}$ setzen (weil $\mu \approx m_\alpha$):

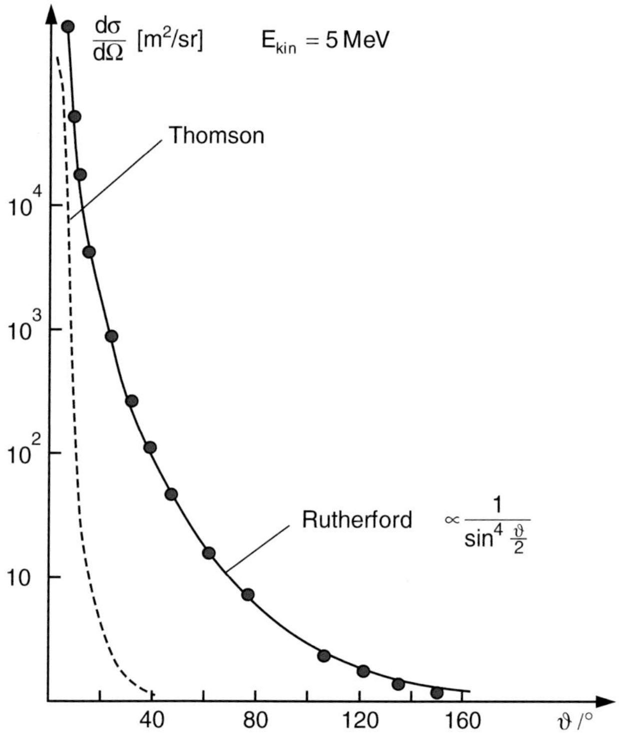

Abbildung 2.95 Vergleich zwischen den experimentellen Ergebnissen Rutherfords (*Kreise*), dem berechneten Wirkungsquerschnitt für Coulombstreuung und dem Streuquerschnitt des Thomson-Modells

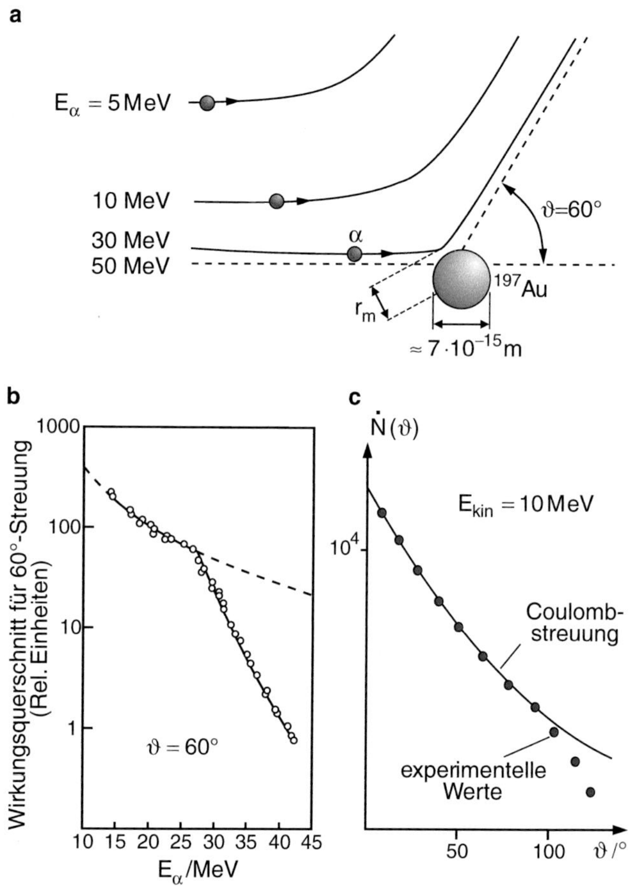

Abbildung 2.96 **a** Bahn von an einem Goldkern gestreuten Teilchen für $\vartheta = 60°$ und verschiedene Teilchenenergien; **b** Abweichung vom Coulombstreuquerschnitt für $\vartheta = 60°$ bei höheren Energien E_{kin}; **c** Abweichung der Zählrate von der für das Coulombgesetz erwarteten bei fester Teilchenenergie für $\vartheta > 100°$

$$\frac{\Delta \dot{N}}{\dot{N}_0 \cdot F} = \frac{n_{\text{Gold}} \cdot \Delta x}{4R^2} \left(\frac{q \cdot Q}{8\pi \varepsilon_0 E_{\text{kin}}} \right)^2 \frac{\Delta A_{\text{D}}}{\sin^4 \vartheta/2} . \tag{2.129}$$

Die gemessene Streuverteilung stimmt mit (2.129) gut überein (Abb. 2.95). Nur bei sehr großen Streuwinkeln, also sehr kleinen Stoßparametern, treten Abweichungen auf (Abb. 2.96), die *Rutherford* bereits richtig darauf zurückführte, dass der Atomkern zwar eine kleine Ausdehnung $r \leq r_{\text{K}}$ hat, aber nicht punktförmig ist.

Für Stoßparameter $b < r_{\text{K}}$ hat man keine Coulombstreuung mehr, sondern eine Ablenkung ϑ, die aus zwei Gründen von (2.129) abweicht:

1. Für Stoßparameter $b < r_{\text{K}}$ trägt nicht mehr die volle Kernladung zur Ablenkung bei, sondern nur noch der Bruchteil $\eta = Q \cdot (r_{\min}/r_{\text{K}})^3 \approx Q \cdot (b/r_{\text{K}})^3$.
2. Für Abstände $r < r_{\text{K}}$ treten zusätzlich zu den elektrostatischen abstoßenden Coulomb-Kräften kurzreichweitige aber viel stärkere anziehende Kernkräfte auf, die zu einer Veränderung der Ablenkfunktion $\vartheta(b)$ führen.

Aus dieser Abweichung der gemessenen Streuverteilung von (2.129) kann der Radius r_{K} des Atomkerns abgeschätzt werden.

Man erhält Werte von

$$r_{\text{K}} \approx r_0 \cdot A^{1/3} , \tag{2.130}$$

wobei A die Massenzahl (in AME) des Kerns und $r_0 \approx 1{,}3 \cdot 10^{-15}$ m ist. Das Volumen des Atomkerns macht demnach nur den Bruchteil $(r_0/r_{\text{A}})^3 \approx 10^{-15}$ des Atomvolumens aus.

Zusammenfassung

- Die anfangs verschwommene Atomvorstellung hat sich im Laufe der letzten 200 Jahre durch immer bessere verfeinerte Experimentiertechnik konkretisiert zu einem quantitativen Atommodell, das die meisten Beobachtungen richtig beschreibt.
- Typische Atomradien sind 0,1 nm $= 10^{-10}$ m bis 0,3 nm. Sie werden bestimmt aus den Wirkungsquerschnitten bei Stoßprozessen und mithilfe der Röntgenbeugung an Kristallen.
- 1 mol ist eine Stoffmengeneinheit, die so viel Atome bzw. Moleküle enthält wie 0,012 kg Kohlenstoff ^{12}C; *oder*: die so viele Gramm eines Stoffes enthält, wie seine atomare bzw. molekulare Massenzahl (in atomaren Masseneinheiten AME) angibt.
- Die Avogadro-Konstante $N_A = 6{,}022 \cdot 10^{23}/\text{mol}$ gibt die Zahl der Atome bzw. Moleküle pro Mol an.
- Jedes neutrale Atom besteht aus Z Elektronen der Masse $m_e = 1/1836\,\text{AME}$ und der Ladung $-e = -1{,}6 \cdot 10^{-19}\,\text{C}$ und einem wesentlich schwereren Kern mit der Ladung $+Z \cdot e$ und der Masse A (in AME).
- Freie Elektronen können erzeugt werden durch Glühemission aus heißen Metallen, durch Feldemission aus Metallspitzen im elektrischen Feld, durch Elektronenstoßionisation freier Atome und durch Photoionisation bei der Lichtabsorption durch freie Atome oder feste Stoffe (Photoeffekt).
- Neutrale Atome können ionisiert werden durch Elektronenstoß, Photonenabsorption, durch Stöße mit schnellen Ionen, durch Ladungsaustausch und u. U. auch durch Stoß von Elektronen oder Ionen mit Oberflächen fester Stoffe. Ein Atom, das n Elektronen verloren hat, heißt n-fach ionisiert.
- Negative Ionen entstehen durch Anlagerung von Elektronen an neutrale Atome. Sie haben einen Elektronenüberschuss.
- Das Ladungs-Masse-Verhältnis e/m von Ionen kann mithilfe von Massenspektrometern bestimmt werden, die entweder auf der Ablenkung der Ionen in elektrischen und/oder magnetischen Feldern basieren oder auf der Flugzeit der durch eine Spannung U beschleunigten Ionen.
- Die Elementarladung misst man durch neue Versionen des Millikan'schen Öltröpfchenversuches.
- Untersuchungen der Streuung von α-Teilchen an Goldkernen und moderne Varianten dieser Versuche mit schnellen Elektronen und Protonen bestätigen das Rutherford'sche Atommodell, in dem der weit überwiegende Teil der Atommasse im Atomkern vereinigt ist, dessen Kernradius mit $(1\text{–}5) \cdot 10^{-15}$ m aber fast um fünf Größenordnungen kleiner ist als der Atomradius $R_A \approx 10^{-10}$ m. Das Volumen des Atomkerns beträgt deshalb nur etwa 10^{-14}–10^{-15} des Atomvolumens.
- Die positive Ladung $Z \cdot e$ des Atomkerns wird in neutralen Atomen genau kompensiert durch die negativen Ladungen $-Z \cdot e$ der Z Elektronen. Für mögliche Unterschiede Δq zwischen positiver und negativer Ladung lässt sich experimentell eine obere Schranke $\Delta q/q < 10^{-21}$ angeben.

Kapitel 2

Aufgaben

2.1 In 1 m^3 Luft gibt es bei Normalbedingungen ($p = 101\,325\,\text{Pa} = 1\,\text{atm}$ und $T = 273{,}2\,\text{K} = 0\,°\text{C}$) etwa $2{,}6 \cdot 10^{25}$ Moleküle. Wie groß sind
a) der mittlere Abstand zwischen zwei Molekülen,
b) der Raumausfüllungsfaktor, wenn die Moleküle durch Kugeln mit Radius $r = 0{,}1$ nm beschrieben werden,
c) die mittlere freie Weglänge Λ?

2.2 Die Hauptbestandteile der Luft sind: 78 % N_2, 21 % O_2, 1 % Ar. Berechnen Sie daraus die Massendichte der Luft unter Normalbedingungen.

2.3 Wie viele Atome enthalten
a) 1 g $^{12}_{6}$C,
b) 1 cm^3 Helium bei 10^5 Pa Druck und $T = 273$ K,
c) 1 kg Stickstoff N_2,
d) eine Stahlflasche mit 10 dm^3 H_2-Gas bei 10^6 Pa?

2.4 Im interstellaren Raum ist die mittlere Dichte der H-Atome etwa 1/cm^3 und die mittlere Temperatur etwa 10 K. Welcher Druck (in Pascal) herrscht dort? Warum kann man diesen Druck nicht auf der Erde erreichen?

2.5 Stellen Sie sich vor, eine internationale Kommission hätte eine neue Temperaturskala definiert, bei der der absolute Nullpunkt bei 0 °N und der Eispunkt bei 100 °N liegen. Welches wäre dann der neue Wert der Boltzmann-Konstante k in Joule pro °N? Wo läge der Siedepunkt des Wassers auf der neuen Skala?

2.6 Verifizieren Sie die in Abschn. 2.2.3b angegebene Relation $v_S = v_{Ph} = (\kappa RT/M)^{1/2}$ zwischen Schallgeschwindigkeit v_S, Molmasse M und Temperatur T. Wie groß sind die Frequenzen der radialen Eigenresonanzen in einem sphärischen akustischen Resonator mit Radius r_0?

2.7 In seinen Versuchen über die Dichteverteilung von Kolloidteilchen in Wasser fand *Perrin* eine mittlere Zahl von 49 Teilchen pro Flächeneinheit in der Höhe h und 14 Teilchen in der Höhe $h + 60\,\mu$m. Die Massendichte der Kolloidteilchen war dabei $\varrho_T = 1{,}194\,\text{kg/dm}^3$ und ihr Radius $r = 2{,}12 \cdot 10^{-7}$ m. Wie groß sind nach diesen Ergebnissen die Masse der Teilchen, die Avogadrokonstante und die Molmasse der Teilchen?

2.8
a) Unter welchem Winkel muss Röntgenstrahlung mit $\lambda = 0{,}5$ nm auf ein Beugungsgitter (siehe Abschn. 7.5.5) und Bd. 2, Abschn. 10.5 mit 1200 Strichen/mm fallen, damit man die erste Beugungsordnung unter dem Winkel $\beta_1 = 87°$ beobachten kann? Wo liegt die zweite Beugungsordnung? Wie groß muss α sein, damit $\beta_1 - \beta_2 \geq 0{,}75°$ ist?
b) Die erste Beugungsordnung von Röntgenstrahlen mit $\lambda = 0{,}2$ nm, die Braggreflexion an einer Kubusseitenfläche eines NaCl-Kristalls erfahren, erscheint bei einem Glanzwinkel von 21°. Wie groß ist die Gitterkonstante des NaCl-Kristalls? Wie groß ist die daraus berechnete Avogadro-Konstante ($\varrho_{\text{NaCl}} = 2{,}1\,\text{kg/dm}^3$)?
c) Wie groß sind Radius und Volumen von Ar-Atomen in einem kalten Ar-Kristall (kubisch-flächenzentriertes Gitter = engste Kugelpackung), wenn bei der Braggreflexion von Röntgenstrahlen der Wellenlänge $\lambda = 0{,}45$ nm, die unter dem Winkel ϑ gegen die Netzebene parallel zu den Würfelkanten einfallen, das erste Reflexionsmaximum bei $\vartheta = 43°$ auftritt?

2.9 Man kann die Gasgleichung für ein Mol eines realen Gases in der Form einer Taylorreihe nach Potenzen von $1/V_M$ entwickeln als

$$p \cdot V_M = R \cdot T \left(1 + \frac{B(T)}{V_M} + \frac{C(T)}{V_M^2} + \cdots\right).$$

Vergleichen Sie die *Virialkoeffizienten* $B(T)$, $C(T)$ mit den Konstanten a und b der van-der-Waals-Gleichung (2.26) und diskutieren Sie ihre physikalische Bedeutung.

2.10 Leiten Sie (2.27) und (2.28) her.

2.11 Wie genau lässt sich das Verhältnis e/m für Elektronen bestimmen
a) im magnetischen Längsfeld, wenn die Elektronen in der Fokalebene durch eine Blende mit dem Durchmesser 1 mm treten und der auf den Detektor fallende Strom mit einer Genauigkeit von 10^{-3}, das Magnetfeld B und die Beschleunigungsspannung U mit 10^{-4} und der Abstand L zwischen Eintritts- und Austrittsblende mit $2 \cdot 10^{-3}$ gemessen werden kann?
b) im Wienfilter, wenn Ein- und Austrittsspalt mit dem Abstand $d = 10$ cm die Breite $b = 0{,}1$ mm haben und die Beschleunigungsspannung $U = 1$ kV ist, bei Messunsicherheiten wie unter a)?

2.12 Ar^+-Ionen fliegen mit einer Energie von 10^3 eV durch ein magnetisches 60°-Sektorfeld. Wie groß muss das Magnetfeld B sein, damit die Brennweite $f = 80$ cm ist?

2.13 Das elektrische Potential entlang der Achse einer zylindersymmetrischen Elektronenlinse sei $\phi = \phi_0 + a \cdot z^2$ für $0 \leq z \leq z_0$ und $\phi = \phi_0$ für $z \leq 0$, $\phi = \phi_0 + az_0^2$ für $z \geq z_0$. Elektronen treten mit der Geschwindigkeit $v_0 = \sqrt{2e\phi_0/m}$ in die Linse ein. Wie groß ist die Brennweite?

2.14 In einer Schicht der Breite $b = 2$ mm in der Mitte zwischen zwei Netzblenden im Abstand von $d = 30$ mm, zwischen denen eine Spannung $U = 300$ V liegt, werden Ionen der Masse m erzeugt und in ein Flugzeit-Massenspektrometer beschleunigt.
a) Wie groß ist die Laufzeitverschmierung in einer 1 m langen feldfreien Driftstrecke? Können zwei Massen $m_1 = 110$ AME und $m_2 = 100$ AME noch getrennt werden?
b) Ionen im Geschwindigkeitsintervall $v_0 \pm \Delta v/2$ fliegen als Parallelstrahl der Breite $b = 1$ mm in ein 180°-Massenspektrometer. Wie groß ist die Breite des Bündels am Ausgang? Wie groß ist das Massenauflösungsvermögen?
c) Zeigen Sie, dass beim Reflektron die Massenauflösung gegenüber dem einfachen Flugzeitspektrometer bei gleicher Länge L erhöht wird. Wovon hängt der Verbesserungsfaktor ab?

2.15 α-Teilchen mit $E_{\text{kin}} = 5$ MeV werden in einer Goldfolie gestreut.
a) Wie groß ist der Stoßparameter b bei einem Streuwinkel $\vartheta = 90°$?
b) Wie groß ist $r_{\min}$ für Rückwärtsstreuung ($\vartheta = 180°$)?
c) Welcher Bruchteil aller α-Teilchen wird um Winkel $\vartheta \geq 90°$ gestreut bei einer Goldfolie mit Dicke $5 \cdot 10^{-6}$ m ($\varrho = 19{,}3\,\text{g/cm}^3$, $M = 197$ g/mol)?
d) Welcher Bruchteil wird in den Winkelbereich $45° \leq \vartheta \leq 90°$ gestreut?

2.16 Man vergleiche bei einer Winkelauflösung $d\vartheta = 1°$ die relativen Streudaten für $1 \pm 0{,}5°$ und $5 \pm 0{,}5°$ für das Thomson-Modell und das Rutherford-Modell des Goldatoms für die Folie in Aufgabe 2.13c.

2.17 Protonen fallen auf eine 12 µm dicke Kupferfolie.
a) Wie hoch muss die Protonenenergie sein, damit $r_{\min}$ beim zentralen Stoß gleich dem Kernradius $r_K = 5 \cdot 10^{-15}$ m wird?
b) Für $r_{\min} < r_K$ erwartet man eine Abweichung der Streukurve $N(\vartheta)$ von der Rutherford-Formel. In welchem Winkelbereich ϑ wird dies bei einer Protonenenergie von 9,5 MeV auftreten?

Literatur

1. A. Stückelberger: Einführungen in die antiken Naturwissenschaften. Wissenschaftliche Buchgesellschaft, Darmstadt (1988)
2. B. Heller: Grundbegriffe der Physik im Wandel der Zeit. Vieweg, Braunschweig (1970)
3. W. Schreier (Hrsg.): Geschichte der Physik, 3. Aufl. Deutscher Verlag der Wissenschaften, Berlin (2002)
   K. Simonyi: Kulturgeschichte der Physik. Urania-Verlag, Leipzig, Berlin (1990)
4. G. Bugge: Das Buch der großen Chemiker, 6. Nachdruck der 1. Aufl. 1929. Verlag Chemie, Weinheim (1984)
5. F. Greenawa: John Dalton and the Atom. Cornell University Press, Ithaca, New York (1966)
6. E. Segrè: Die großen Physiker und ihre Entdeckungen. Piper, München (1990)
7. K. von Meÿenn (Hrsg.): Die großen Physiker, Bd. I und II (Beck, München 1997/1999)
8. G. Holton, St.G. Brush: Physics, the Human Adventure: From Copernicus to Einstein and Beyond, 3. Aufl. Rutgers University Press, New Bruswick, N.J. (2001)
9. R.D. Deslattes: The avogadro constant. Ann. Rev. Phys. Chem. **31**, 435 (1980)
10. M.R. Moldover, J.P.M. Trusler, T.J. Edwards, J.B. Mehl, R.S. Davis: Measurement of the universal gas constant *R* using a spherical acoustic resonator. Phys. Rev. Lett. **60**, 249 (1988)
11. Dr. Peter Becker, Physikalisch-Technische Bundesanstalt Braunschweig, Arbeitsgruppe 4.43 peter.becker@ptb.de)
12. P. Becker, J. Stümpel: Wie lang ist ein milliardstel Meter? Phys. in uns. Zeit **24**, 246 (6/1993)
13. H. Rauch: Neutroneninterferometrie: ein Labor der Quantenmechanik. Phys. Blätter **50**, 439 (1994)
14. A. Einstein: Über die von der molekularkinetischen Theorie der Wärme geforderte von in ruhenden Flüssigkeiten suspendierten Teilchen. Ann. Phys. **17**, 549 (1905)
    M. Smolchowski: Zur kinetischen Theorie der Brown'schen Molekularbewegung und der Suspensionen. Ann. Phys. **21**, 756 (1906)
15. U. Gradmann, H. Wolter: Grundlagen der Atomphysik, 2. Aufl. Akadem. Verlagsgesellschaft, Wiesbaden (1979)
16. E. Kappler: Die Brownsche Molekularbewegung. Ann. Phys. **11**, 233 (1931), Naturwissenschaften **27**, 649 (1939)
17. E.W. Müller: Versuche zur Theorie der Elektronenemission unter der Einwirkung hoher Feldstärke. Phys. Z. **37**, 838 (1936)
18. E.W. Müller: Feldemission. Ergeb. exakt. Naturwiss. **XXVII**, 290–360 (1953)
19. K. Urban: Hochauflösende Elektronenmikroskopie. Phys. Blätter **46**, 77 (März 1990)
20. L. Reimer, H. Kohl: Transmission Electron Microscopy, Springer Series in Optical Sciences, Bd. 36. Springer, Berlin, Heidelberg (2008)
21. H. Bethge, J. Heydenreich (Hrsg.): Elektronenmikroskopie in der Festkörperphysik. Springer, Berlin, Heidelberg (1982)
22. H. Alexander: Physikalische Grundlagen der Elektronenmikroskopie. Teubner, Stuttgart (1997)
23. P.W. Hawkes, E. Kasper (Hrsg.): Principles of Electron Optics. Academic Press, London (1996)
24. D. Chescoe, P.J. Goodhew: The Operation of Transmission and Scanning Electron Microscopes. Oxford Science Publ., Oxford (1990)
25. St.L. Flegler, J.W. Heckman, K.L. Klomparens: Elektronenmikroskopie. Spektrum, Heidelberg (1995)
26. M. Mulisch, U. Welsch: Romeis-Mikroskopische Technik, 18. Aufl. Akademischer Verlag Spektrum, Heidelberg (2009)
    R.F. Egerton: Principles of Electron Microscopy: Introduction to TEM, SEM and AEM. Springer, Berlin, Heidelberg (2008)
27. C. Hamann, M. Hietschold: Raster-Tunnel-Mikroskopie. Akademie-Verlag, Berlin (1991)
    M.A. Hayat: Principles and Applications of Electron Microscopy: Biological Applications. Science and Behavior Books, Palo Alto, Cal. (1990)
28. G. Binnig, H. Rohrer, C. Gerber, E. Weibel: Tunneling through a controllable vacuum gap. Appl. Phys. Lett. **40**, 178 (1982)
29. J.A. Stroscio, W.J. Kaiser (Hrsg.): Scanning Tunneling Microscopy. In: Methods of Experimental Physics, Bd. 27. Academic Press, New York (1993)
30. D.A. Bonnell (Hrsg.): Scanning Tunneling Microscopy and Spectroscopy. VCH, Weinheim (1993)
31. L. Koenders: Das Rastertunnelmikroskop. Eine „Pinzette für Atome". Phys. in uns. Zeit **24**, 260 (1993)
32. C.J. Chen: Introduction to Scanning Tunneling Microscopy, 2. Aufl. Oxford University Press, Oxford (2007)
33. D.M. Eigler, E.K. Schweitzer: Positioning single atoms with a scanning tunneling microscope. Nature **344**, 524 (1990)
34. G. Meyer, B. Neu, St. Rieder: Schreiben mit einzelnen Molekülen. Phys. Blätter **51**, 105 (Februar 1993)
35. R. Wiesendanger: Physik in unserer Zeit auf der Nanometerskala. Phys. in uns. Zeit **5**, 206 (September 1995)
    H. Güntzler: Analytiker Taschenbuch. Springer, Berlin, Heidelberg (2011)
36. T. Heinzel, R. Held, S. Lüscher, K. Ensslin: Nanolithographie mit Zukunft. Phys. in uns. Zeit **30**, 190 (Sept. 1999)
    E. Klipp et al.: Systems Biology in Practice. Wiley-VCH, Weinheim (2005)
37. Ph. Lenard, A. Becker: Handbuch der Experimentalphysik, Bd. 14, Kap. Kathodenstrahlen. Springer, Berlin (1927)

38. W. Wien: Handbuch der Experimentalphysik, Bd. 14, Kap. Kanalstrahlen. Springer, Berlin (1927)
39. C. Holzapfel: Eine kleine Geschichte des Elektrons. Books on Demand (2005)
40. B.W. Petley: The Fundamental Physical Constants and the Frontier of Measurement. Adam Hilger, Bristol (1985)
41. The NIST CODATA. Recommended Values 2011, Units and Uncertainty http://physics.nist.gov/cuu/pdf/chart1.pdf
42. E. Salzborn, Institut für Atom- und Molekülphysik, Universität Gießen
43. V.W. Hughes, L. Schulz (Hrsg.): Sources of Atomic Particles. In: Methods of Exp. Physics, Bd. 4: Atomic and Electron Physics. Academic Press, San Diego (1988)
44. R.A. Lyttleton, H. Bondi: On the physical consequences of a general excess of charge. Proc. Roy. Soc. **A252**, 313 (1959)
45. G. Gallinaro, M. Marinelli, G. Morpurgo: Electric neutrality of matter. Phys. Rev. Lett. **38**, 1255 (1977)
46. J. Orloff: Handbook of Charged Particle Optics, 2. Aufl. Chemical Rubber Company, Cleveland (2008)
47. J. Großer: Einführung in die Teilchenoptik, 6. Aufl. Teubner, Stuttgart (1991)
48. P.S. Farago: Free Electron Physics. Penguin, Harmondworth, England (1970)
49. P.W. Hawkes, E. Kasper: Principles of Electron Optics, Bd. 1–3. Academic Press, London (1989–1996)
50. Informationsblatt der Firma Carl Zeiss: Transmission Electron Microscopy with Energy Filter (Zeiss, Oberkochen 1993)
51. E. Schröder: Massenspektrometrie – Begriffe und Definitionen. Springer, Berlin, Heidelberg (1991)
52. H. Budzikiewics: Massenspektrometrie, 5. Aufl. Verlag Chemie, Weinheim (2005)
53. W. Dreher: Moderne Massenspektrometrie. Wiley-VCH, Weinheim (2004)
54. J.H. Gross: Mass Spectrometry: A Textbook. Springer, Berlin Heidelberg (2006)
55. J. Mattauch: Massenspektrographie und ihre Anwendung auf Probleme der Atom- und Kernchemie. Ergeb. exakt. Naturwiss. **19**, 170 (1940)
56. W.C. Wiley, I.H. McLaren: Time-of-flight mass spectrometer with improved resolution. Rev. Scient. Instrum. **26**, 1150 (1955)
57. E.W. Schlag (Hrsg.): Time of Flight Mass Spectrometry and its Applications. Elsevier, Amsterdam (1994)
58. R.J. Kotter: Time-of-flight Mass Spectrometry. Am. Chem. Soc., Washington (1997)
59. D.M. Lubmann: Lasers and Mass Spectrometry. Oxford University Press, Oxford (1990)
60. M.M. Kappes: Experimental studies of gas-phase main group metal clusters. Chem. Rev. **88**, 369 (1988)
61. W. Paul: Elektromagnetische Käfige für geladene und neutrale Teilchen. Phys. Blätter **46**, 227 (1990)
62. L.S. Brown, G. Gabrielse: Geonium theory: Physics of a single electron or ion in a penning trap. Rev. Mod. Phys. **58**, 233 (1986)
H. Budzikiewicz, M. Schäfer: Massenspektrometrie – Eine Einführung. Wiley-VCH, Weinheim (2005)
63. G. Bollen, R.B. Moore, G. Savard, H. Stoltzenberg: The accuracy of heavy ion mass measurement using time-of-flight ion cyclotron resonance in a penning trap. J. Appl. Phys. **68**, 4355 (1990)
E. Schröder: Massenspektrometrie: Begriffe und Definitionen. Springer, Berlin, Heidelberg (1991)
64. E. de Hoffmann, V. Stroobant: Mass Spectrometry, Principles and Applications. Wiley Interscience, New York (2007)
A.G. Marshall, C.L. Hendrickson, G.S. Jackson: Fourier-Transform Ion Cyclotron Resonance Mass Spectrometrie. Mass Spectr. Rev. **17**, 1 (1998)
65. F.G. Major, V.N. Gheorghe, G. Werth: Charged Particle Traps. Springer Series on Atomic, Optical and Plasma Physics, Bd. 37. Springer, Berlin, Heidelberg (2005)
66. J. Chadwick (Hrsg.): Collected papers of Lord Rutherford. Vieweg, Braunschweig (1963)
67. E. Rutherford: The Scattering of α- and β-Particles by Matter and the Structure of Atoms. Philos. Magazine Series **6**, 21, 669 (1911)

Weitere empfohlene Literatur

68. G. Gamov: Thirty Years that Shock Physics. Doubleday, New York (1966)
69. A. Hermann: Die Jahrhundertwissenschaft. Rowohlt, Reinbek (1992)
70. D. Nachmansohn, R. Schmid: Die große Ära der Wissenschaft in Deutschland 1900–1933. Wissenschaftliche Verlagsgesellschaft, Stuttgart (1988)
71. J. Mehra, H. Rechenberg: The Historical Development of Quantum Theory, Bd. 1–5. Springer, Berlin, Heidelberg (1982–1987)
72. A. Pais: Inward Bound: Of Matter and Forces in the Physical World. Oxford University Press, Oxford (1988)
73. B. Maglich (Hrsg.): Adventures in Experimental Physics. World Science Education, Princeton (1972)
74. M. Jammer: The Conceptual Development of Quantum Mechanics. AIP Press, Woodbury, NY (1989)
75. F. Hinterberger: Physik der Teilchenbeschleuniger und Ionenoptik. Springer, Berlin, Heidelberg (1996)

Entwicklung der Quantenphysik

3

W. Demtröder, *Experimentalphysik 3*, Springer-Lehrbuch, DOI 10.1007/978-3-662-49094-5_3

Zu Beginn dieses Jahrhunderts gab es eine Reihe experimenteller Befunde, die durch bisher gewohnte „klassische" Vorstellungen nicht erklärt werden konnten und die den Anstoß zur Entwicklung der Quantenphysik gaben. Beispiele sind die Diskrepanz zwischen theoretisch vorhergesagter und experimentell beobachteter Spektralverteilung der Hohlraumstrahlung (die so genannte *Ultraviolett-Katastrophe*), die Erklärung des photoelektrischen Effektes, die Deutung des *Compton-Effektes*, eine befriedigende Erklärung für die Stabilität der Atome und für ihre Linienspektren sowie der *Franck-Hertz-Versuch*.

Es zeigte sich, dass sowohl das Teilchenmodell der klassischen Mechanik, das für jedes Teilchen mit bekanntem Anfangsort und Anfangsimpuls eine wohldefinierte Bahn in einem äußeren Kraftfeld vorhersagt (siehe Bd. 1, Abschn. 2.1), als auch das durch die Maxwellgleichung vollständig beschriebene Wellenmodell der elektromagnetischen Felder einer kritischen Revision bedurfte, wenn man den Mikrobereich der Atome und Moleküle betrachtete.

In diesem Kapitel sollen die wichtigsten experimentellen Hinweise auf eine notwendige Erweiterung und Modifikation der klassischen Physik, die zur Entwicklung der Quantenphysik geführt haben, vorgestellt werden [1, 3].

3.1 Experimentelle Hinweise auf den Teilchencharakter elektromagnetischer Strahlung

Im 18. Jahrhundert gab es einen langandauernden Streit über die Natur des Lichtes. *Newton* und seine Anhänger postulierten, dass Licht aus Partikeln bestehen müsste [4]. Sie konnten die geradlinige Ausbreitung von Licht und auch das Brechungsgesetz durch die Teilchenhypothese erklären. *Huygens* und andere vertraten die Auffassung, dass Licht eine Welle sei, und die Beobachtungen über Interferenz und Beugung ließen sich zwanglos mithilfe der Wellentheorie verstehen [5].

Das Wellenmodell des Lichtes schien endgültig den Sieg zu erringen, als *Heinrich Hertz* die elektromagnetischen Wellen entdeckte und als klar wurde, dass Licht ein auf den Wellenlängenbereich $\lambda = 0{,}4$–$0{,}7\,\mu$m begrenzter Spezialfall elektromagnetischer Wellen ist, der wie Wellen in anderen Bereichen des elektromagnetischen Spektrums durch die Maxwell-Gleichungen fast vollständig beschrieben werden kann (siehe Bd. 2, Abschn. 7.10).

Wir wollen nun zeigen, dass im Sinne der Quantenphysik beide Richtungen teilweise recht hatten, dass aber zur vollständigen Beschreibung aller Eigenschaften von Licht und Teilchen sowohl das Wellenmodell als auch der Teilchenaspekt berücksichtigt werden müssen. Der wichtige Punkt ist dabei, dass sich beide Modelle nicht widersprechen, sondern sich ergänzen. Je nachdem, welche Eigenschaft von Licht beschrieben werden soll, eignet sich das Wellenmodell (Interferenz und Beugung) oder das Teilchenmodell (Absorption und Emission) besser.

In der „klassischen Physik" wird eine ebene elektromagnetische Welle

$$\boldsymbol{E} = \boldsymbol{A}\cos(\omega t - \boldsymbol{k}\cdot\boldsymbol{r}),$$

die sich in der Richtung $\boldsymbol{k}$ ausbreitet, durch ihre Amplitude $\boldsymbol{A} = |\boldsymbol{A}|\cdot\hat{\boldsymbol{e}}_{\text{p}}$, ihre Frequenz ω, ihren Wellenvektor $\boldsymbol{k}$ und im Falle einer polarisierten Welle auch durch den Polarisationsvektor $\hat{\boldsymbol{e}}_{\text{p}}$ beschrieben (Bd. 2, Kap. 7). Die Energiedichte dieser Welle

$$w_{\text{em}} = \varepsilon_0 E^2 = \frac{1}{2}\,\varepsilon_0(E^2 + c^2B^2) \tag{3.1}$$

und ihre *Intensität* (Leistung pro bestrahlter Flächeneinheit)

$$I = c\varepsilon_0 E^2 \tag{3.2}$$

hängen quadratisch von der Wellenamplitude ab und sind *kontinuierliche Funktionen* der Feldstärke E und des Ortes innerhalb des Raumes, in dem sich die Welle ausbreitet. Die *Impulsdichte* der Welle (Impuls pro Volumeneinheit) (siehe Bd. 2, Abschn. 7.6)

$$\boldsymbol{\pi}_{\text{St}} = \frac{1}{c^2}\cdot\boldsymbol{S} = \varepsilon_0(\boldsymbol{E}\times\boldsymbol{B})\,; \quad |\boldsymbol{\pi}_{\text{St}}| = \frac{1}{c}w_{\text{em}}$$

ist proportional zum *Poynting-Vektor* $\boldsymbol{S}$, und ihr Betrag $|\boldsymbol{\pi}_{\text{St}}|$ ist gleich der Energiedichte w_{em}, dividiert durch die Lichtgeschwindigkeit c.

Mithilfe der Maxwellgleichungen (Bd. 2, Abschn. 4.6) ließen sich alle damals bekannten elektrischen und optischen Phänomene im Rahmen einer Wellentheorie quantitativ richtig beschreiben. Warum musste dann dieses bewährte Konzept erweitert werden?

Der erste Hinweis auf eine notwendige Korrektur der kontinuierlichen Energie eines elektromagnetischen Felds kam aus der experimentellen Untersuchung der Hohlraumstrahlung und ihrer theoretischen Deutung.

3.1.1 Hohlraumstrahlung

Man kann einen Schwarzen Körper, dessen Absorptionsvermögen $A \equiv 1$ ist (siehe Bd. 1, Abschn. 10.2.4), experimentell in guter Näherung realisieren durch einen Hohlraum mit absorbierenden Wänden (Abb. 3.1), der eine Öffnung mit der Fläche ΔF hat, die sehr klein gegen die gesamte Innenfläche des Hohlraums ist. Strahlung, die durch die Öffnung eintritt, erleidet viele Reflexionen an den absorbierenden Innenwänden, bevor sie die Öffnung wieder erreichen kann, sodass sie praktisch aus dem Hohlraum nicht mehr herauskommt. Das Absorptionsvermögen der Fläche ΔF der Öffnung ist daher $A \approx 1$.

Wenn man die Wände des Hohlraums auf eine Temperatur T aufheizt, so wirkt die Öffnung als eine Strahlungsquelle, deren Emissionsvermögen E^* von allen Körpern mit gleicher Temperatur T den maximalen Wert hat, weil ein Schwarzer Körper mit $A = 1$ das größtmögliche Emissionsvermögen hat.

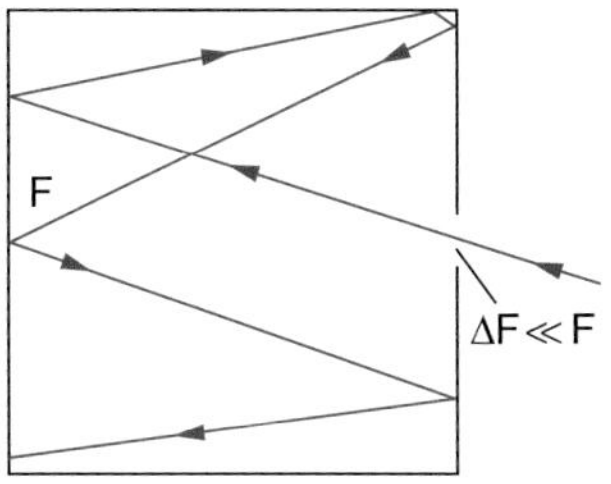

Abbildung 3.1 Ein Hohlraum mit einer kleinen Öffnung ΔF verschluckt praktisch die gesamte durch ΔF eintretende Strahlung

Dies lässt sich durch folgenden Versuch demonstrieren (Abb. 3.2): In einem Graphitwürfel ist der Buchstabe H tief eingefräst. Bei Zimmertemperatur wirkt das H wesentlich schwärzer als die übrige Oberfläche. Heizt man den Würfel auf etwa 1000 K, so strahlt das H wesentlich heller als seine Umgebung.

Für die Hohlraumstrahlung lassen sich durch einfache Überlegungen die folgenden Gesetze aufstellen:

- Im stationären Zustand müssen Emission und Absorption der Hohlraumwände im Gleichgewicht sein, d. h. es gilt für alle Frequenzen ν der Hohlraumstrahlung für die von einem beliebigen Flächenelement absorbierte bzw. emittierte Leistung:

$$\frac{\mathrm{d}W_\mathrm{A}(\nu)}{\mathrm{d}t} = \frac{\mathrm{d}W_\mathrm{E}(\nu)}{\mathrm{d}t}. \tag{3.3}$$

  In diesem Gleichgewichtszustand definieren wir als Temperatur T der Hohlraumstrahlung die Temperatur der Wände.
- Die Hohlraumstrahlung ist isotrop, die spektrale Strahlungsdichte ($[S_\nu] = \mathrm{W\,m^{-2}\,Hz^{-1}\,sr^{-1}}$) ist also in jedem Punkt des Hohlraums unabhängig von der Richtung und auch von der Art oder Form der Wände. Wäre dies nicht so, dann könnte man eine schwarze Scheibe in den Hohlraum bringen und sie so orientieren, dass ihre Flächennormale in die Richtung der größten Strahlungsdichte S zeigt. Die Scheibe würde in dieser Richtung mehr Strahlung absorbieren und sich dadurch stärker aufheizen. Dies wäre ein Widerspruch zum zweiten Hauptsatz der Thermodynamik.

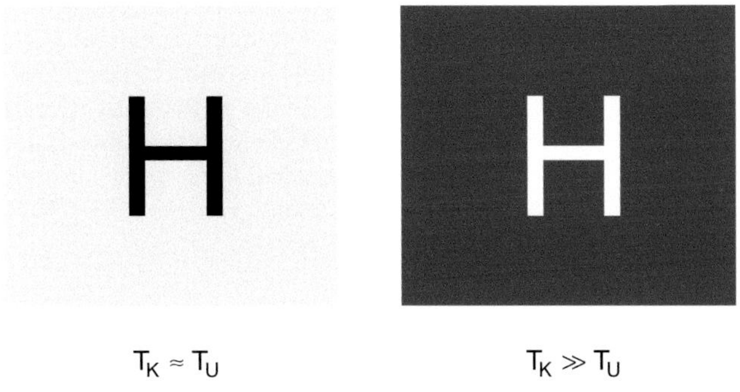

Abbildung 3.2 Der in einen Graphitblock tief eingefräste Buchstabe H erscheint dunkler als seine Umgebung bei tiefen, aber heller bei hohen Temperaturen

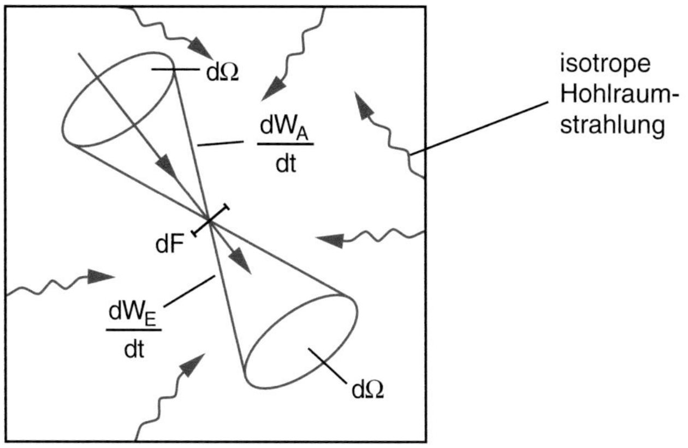

Abbildung 3.3 Körper im thermischen Gleichgewicht mit dem thermischen Strahlungsfeld im Hohlraum

- Die Hohlraumstrahlung ist homogen, d. h. die spektrale Energiedichte w_ν, ist unabhängig vom speziellen Ort innerhalb des Hohlraums. Auch hier würde sonst ein Perpetuum mobile zweiter Art möglich sein.

Bringen wir in den Hohlraum einen Körper, so fällt auf das Flächenelement $\mathrm{d}F$ seiner Oberfläche aus dem Raumwinkel $\mathrm{d}\Omega$ die spektrale Strahlungsleistung $S_\nu \mathrm{d}\nu \mathrm{d}F \mathrm{d}\Omega$ im Intervall von $\nu + \mathrm{d}\nu$, sodass die von $\mathrm{d}F$ absorbierte Leistung aus dieser Strahlung

$$\frac{\mathrm{d}W_\mathrm{A}}{\mathrm{d}t} = A_\nu S_\nu \mathrm{d}F \cdot \mathrm{d}\Omega \cdot \mathrm{d}\nu \tag{3.4a}$$

wird, während die Leistung

$$\frac{\mathrm{d}W_\mathrm{E}}{\mathrm{d}t} = E_\nu \mathrm{d}F \cdot \mathrm{d}\Omega \cdot \mathrm{d}\nu \tag{3.4b}$$

im Intervall $\mathrm{d}\nu$ in den Raumwinkel $\mathrm{d}\Omega$ emittiert wird (Abb. 3.3). A_ν und E_ν heißen spektrales *Absorptions-* bzw. *Emissionsvermögen*.

Im thermischen Gleichgewicht muss ebenso viel Leistung absorbiert wie emittiert werden. Da die Hohlraumstrahlung isotrop ist, muss dies für jede Richtung θ, φ gelten. Deshalb folgt aus (3.4) das ***Kirchhoff'sche Gesetz***:

$$\frac{E_\nu}{A_\nu} = S_\nu(T). \tag{3.5}$$

Für alle Körper im thermischen Gleichgewicht mit der Hohlraumstrahlung ist das Verhältnis von spektralem Emissions- zu Absorptionsvermögen bei der Frequenz ν gleich der spektralen Strahlungsdichte S_ν der Hohlraumstrahlung.

Kapitel 3

Für einen Schwarzen Körper ist $A \equiv 1$, sodass aus (3.5) folgt:

Das spektrale Emissionsvermögen E_ν eines Schwarzen Körpers ist identisch mit der spektralen Strahlungsdichte S_ν der Hohlraumstrahlung.

Wir wollen nun die spektrale Verteilung $S_\nu(\nu)$ der Hohlraumstrahlung und damit auch der Strahlung eines Schwarzen Körpers bestimmen.

3.1.2 Das Planck'sche Strahlungsgesetz

In Bd. 2, Abschn. 7.8 wurde gezeigt, dass aus der Wellengleichung Bd. 2, (7.3) mit den Randbedingungen Bd. 2, (7.29) für stehende Wellen in einem kubischen Hohlraum nur bestimmte stationäre Eigenschwingungen des elektromagnetischen Feldes im Hohlraum möglich sind, die wir *Moden* des Hohlraums genannt hatten. Es zeigte sich (siehe Bd. 2, (7.39)), dass für Spektralbereiche, in denen die Wellenlänge λ der Strahlung klein gegen die Hohlraumdimensionen ist, die *spektrale Modendichte*, d. h. die Zahl $n(\nu)\mathrm{d}\nu$ dieser Moden pro m^3 im Frequenzintervall zwischen ν und $\nu + \mathrm{d}\nu$ durch

$$n(\nu)\mathrm{d}\nu = \frac{8\pi\nu^2}{c^3}\mathrm{d}\nu \tag{3.6}$$

gegeben ist. Wie man sich überlegen kann (siehe Bd. 2, Abb. 7.21), wird die Modendichte $n(\nu)$ unabhängig von der Form des Hohlraums, wenn die Hohlraumdimension L sehr groß gegen die Wellenlänge $\lambda = c/\nu$ ist. In Abb. 3.4 ist die Modendichte als Funktion der Frequenz angegeben.

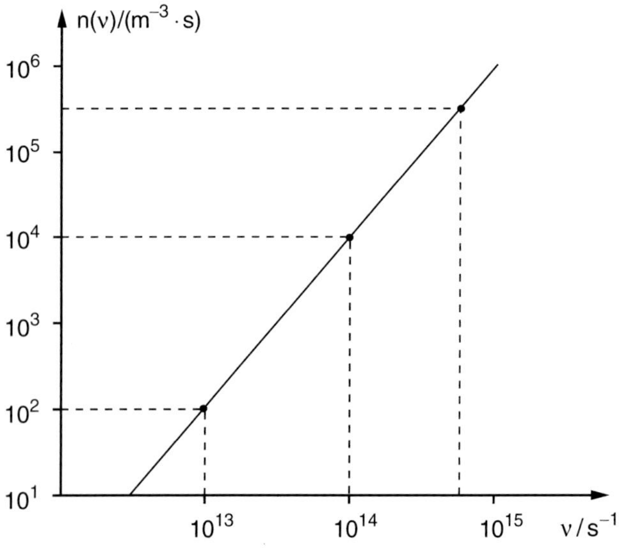

Abbildung 3.4 Spektrale Modendichte $n(\nu)$ als Funktion der Frequenz, dargestellt im doppelt-logarithmischen Maßstab

Beispiel

Man sieht aus (3.6), dass im sichtbaren Bereich ($\nu = 6 \cdot 10^{14}\,\mathrm{Hz} \mathrel{\hat{=}} \lambda = 500\,\mathrm{nm}$) die spektrale Modendichte $n(\nu) = 3 \cdot 10^5\,\mathrm{m}^{-3}\,\mathrm{Hz}^{-1}$ ist. Dies heißt, dass innerhalb eines Frequenzintervalls $\Delta\nu = 10^9\,\mathrm{s}^{-1}$ (dies entspricht der Frequenzbreite einer dopplerverbreiterten Spektrallinie) die Anzahl der Moden $n(\nu)\Delta\nu = 3 \cdot 10^{14}/\mathrm{m}^3$ ist, d. h. die Modendichte ist im Sichtbaren sehr groß und die thermische Strahlung verteilt sich auf viele Moden. ■

Die spektrale Energiedichte $w_\nu(\nu)$ der Hohlraumstrahlung ist dann

$$w_\nu(\nu)\mathrm{d}\nu = n(\nu) \cdot \overline{W}_\nu(T)\mathrm{d}\nu\,, \tag{3.7}$$

wenn $\overline{W}_\nu(T)$ die von der Temperatur abhängige mittlere Energie pro Eigenschwingung in dem Frequenzintervall $\mathrm{d}\nu$ ist.

Um $\overline{W}_\nu(T)$ zu bestimmen, verwendeten *Rayleigh* und *Jeans* ein klassisches Modell für die Eigenschwingungen des elektromagnetischen Feldes im Hohlraum, in dem jeder Eigenschwingung, genau wie beim klassischen harmonischen Oszillator, die mittlere Energie $k \cdot T$ zugeordnet wurde (siehe Bd. 1, Abschn. 11.1.8).

Nach dem klassischen Modell würde die räumliche Energiedichte (3.7) im Frequenzintervall $\mathrm{d}\nu$ mit (3.4)

$$w_\nu(\nu)\mathrm{d}\nu = \frac{8\pi\nu^2}{c^3}kT\mathrm{d}\nu \tag{3.8}$$

quadratisch mit der Frequenz ν anwachsen (***Rayleigh-Jeans'sches Strahlungsgesetz***).

Aus einem kleinen Loch des Hohlraums würde dann die Strahlungsdichte $S^*_\nu(\nu)\mathrm{d}\nu = (c/4\pi)w_\nu(\nu)\mathrm{d}\nu$ in den Raumwinkel $\Delta\Omega = 1$ Steradiant emittiert. Dies ergäbe mit (3.8)

$$S_\nu(\nu)\mathrm{d}\nu = \frac{2\nu^2}{c^2}kT\mathrm{d}\nu\,. \tag{3.9}$$

Während die experimentelle Nachprüfung für genügend kleine Werte von ν (bei $T = 5000\,\mathrm{K}$ muss $\lambda = c/\nu > 2\,\mu\mathrm{m}$ sein, also im Infrarot-Bereich) gute Übereinstimmung mit (3.9) ergibt, treten für den sichtbaren und erst recht für den Ultraviolett-Bereich drastische Diskrepanzen auf. Bei Gültigkeit der Rayleigh-Jeans-Formel käme es zur ***Ultraviolett-Katastrophe***, d. h. die spektrale Energiedichte und die integrierte Strahlungsdichte $S = \int S_\nu\,\mathrm{d}\nu$ würden für $\nu \to \infty$ unendlich groß werden.

Was ist am Rayleigh-Jeans-Modell falsch?

Max Planck hat sich 1900 mit dieser Frage auseinandergesetzt und dabei zur Vermeidung der Ultraviolett-Katastrophe eine bis dahin völlig ungewohnte Hypothese aufgestellt, die er Quantenhypothese nannte [3, 6].

Auch er betrachtete die Eigenmoden des Hohlraums als Oszillatoren. Aber *Planck* nahm an, dass jeder Oszillator Energie nicht in beliebig kleinen Beträgen aufnehmen kann (wie dies für $W_\nu = kT$ bei kontinuierlich ansteigender Temperatur der Fall wäre), sondern nur in bestimmten ***Energiequanten***. Diese Energiequanten hängen von der Frequenz ν der Eigenschwingung ab und sind immer ganzzahlige Vielfache eines kleinsten Quants $h \cdot \nu$, wobei die Konstante

$$h = 6{,}6260693 \cdot 10^{-34}\,\mathrm{Js}$$

das ***Planck'sche Wirkungsquantum*** heißt. Die kleinstmöglichen Energiequanten $h \cdot \nu$ der Eigenschwingungen des elektromagnetischen Feldes heißen ***Photonen***.

Die Energie einer Eigenschwingung mit n Photonen der Frequenz ν ist dann

$$W_\nu = n \cdot h \cdot \nu\,. \tag{3.10}$$

Im thermischen Gleichgewicht ist die Wahrscheinlichkeit $p(W)$, dass eine Eigenschwingung die Energie $W = n \cdot h \cdot \nu$ hat, also mit n Photonen besetzt ist, proportional zum Boltzmann-Faktor $\exp[-W/kT]$ (siehe Bd. 1, Kap. 7). Die Wahrscheinlichkeit

$$p(W) = \frac{\mathrm{e}^{-n \cdot h \cdot \nu/(kT)}}{\sum\limits_{n=0}^{\infty} \mathrm{e}^{-n \cdot h \cdot \nu/(kT)}} \tag{3.11}$$

ist so normiert, dass $\sum_{n=0}^{\infty} p(nh\nu) = 1$ wird, wie man sofort aus (3.11) sieht. Dies muss natürlich so sein, weil jede Schwingung ja irgendeine Energie $nh\nu$ haben muss, d. h. die Wahrscheinlichkeit $\sum p(W)$, über alle erlaubten Energien summiert, muss 1 sein.

Die *mittlere* Energie pro Eigenschwingung wird dann

$$\begin{aligned} \overline{W} &= \sum_{n=0}^{\infty} nh\nu \cdot p(nh\nu) \\ &= \frac{\sum nh\nu \cdot \mathrm{e}^{-nh\nu/(kT)}}{\sum \mathrm{e}^{-nh\nu/(kT)}} = \frac{h \cdot \nu}{\mathrm{e}^{h\nu/(kT)} - 1}\,. \end{aligned} \tag{3.12}$$

Beweis Mit $\beta = 1/kT$ ergibt sich:

$$\begin{aligned} 1.\quad \sum_{n=0}^{\infty} nh\nu \cdot \mathrm{e}^{-nh\nu \cdot \beta} &= -\frac{\partial}{\partial \beta}\left(\sum_{n=0}^{\infty} \mathrm{e}^{-nh\nu\beta}\right) \\ &= -\frac{\partial}{\partial \beta}\left(\frac{1}{1-\mathrm{e}^{-h\nu\beta}}\right) \\ &= \frac{h\nu \cdot \mathrm{e}^{-h\nu\beta}}{(1-\mathrm{e}^{-h\nu\beta})^2} \end{aligned}$$

$$2.\quad \sum_{n=0}^{\infty} \mathrm{e}^{-nh\nu \cdot \beta} = \frac{1}{1-\mathrm{e}^{-h\nu \cdot \beta}}$$

$$\frac{1.}{2.} = \frac{h\nu}{\mathrm{e}^{h\nu/(kT)} - 1}\,.$$

■

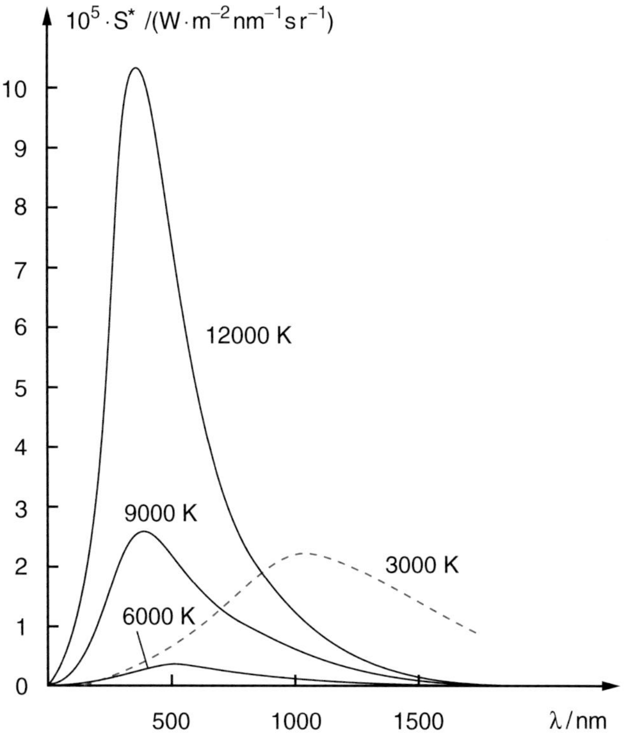

Abbildung 3.5 Spektrale Verteilung $S(\lambda)$ der Strahlungsdichte eines Schwarzen Körpers im Wellenlängenintervall $\Delta\lambda = 1\,\mathrm{nm}$. Die Kurve für 3000 K ist 100-fach überhöht

Die spektrale Energiedichte $w_\nu(\nu)$ der Hohlraumstrahlung ist dann

$$w_\nu(\nu, T) = n(\nu) \cdot \overline{W}(\nu, T)\,. \tag{3.13}$$

Einsetzen von (3.6) und (3.12) ergibt die berühmte ***Planck'sche Strahlungsformel***

$$w_\nu(\nu)\mathrm{d}\nu = \frac{8\pi h\nu^3}{c^3}\frac{\mathrm{d}\nu}{\mathrm{e}^{h\nu/(kT)} - 1} \tag{3.14}$$

der spektralen Energiedichteverteilung $w_\nu(\nu)$ der Hohlraumstrahlung. Die Größe $w_\nu(\nu)$ [J m^{-3} s] gibt die räumliche Energiedichte pro Frequenzintervall $\mathrm{d}\nu = 1\,\mathrm{s}^{-1}$ an.

Die Strahlungsdichte der vom Flächenelement $\mathrm{d}F$ eines Schwarzen Körpers in den Raumwinkel $\mathrm{d}\Omega$ emittierten Strahlung (Abb. 3.5) ist dann:

$$\begin{aligned} S_\nu \mathrm{d}\nu \mathrm{d}\Omega &= \frac{c}{4\pi} w_\nu \mathrm{d}\nu \mathrm{d}\Omega \\ &= \frac{2h\nu^3}{c^2}\frac{\mathrm{d}\nu \mathrm{d}\Omega}{\mathrm{e}^{h\nu/(kT)} - 1}\,, \end{aligned} \tag{3.15}$$

in vollkommener Übereinstimmung mit experimentellen Ergebnissen.

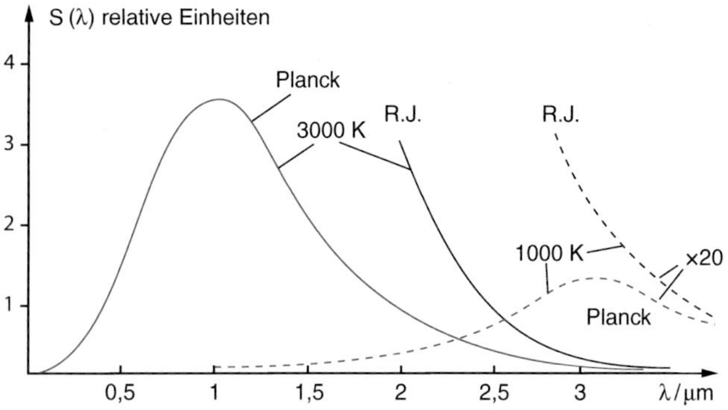

Abbildung 3.6 Vergleich von Planck'schem und Rayleigh-Jeans'schem Gesetz für die Strahlung eines Schwarzen Körpers bei zwei unterschiedlichen Temperaturen. Die Kurven für $T = 1000\,\text{K}$ sind 20-fach überhöht gezeichnet

Für $h \cdot \nu \ll kT$ kann man den Nenner in (3.15) wegen $e^{+x} \approx 1 + x$ durch $h\nu/(kT)$ annähern und erhält dann:

$$S_\nu(\nu) \approx \frac{2\nu^2}{c^2} kT \Rightarrow w_\nu(\nu) = \frac{8\pi\nu^2}{c^3} kT \,, \tag{3.16}$$

also das Rayleigh-Jeans-Gesetz, das sich damit als Grenzfall der allgemeinen Planck'schen Strahlungsformel für $h\nu \ll kT$ erweist.

Wegen $\lambda = c/\nu$ kann man das Planck'sche Strahlungsgesetz (3.14) auch als Funktion der Wellenlänge λ schreiben. Dabei muss man jedoch beachten, dass $d\lambda/d\nu = -c/\nu^2 \Rightarrow d\lambda = -(c/\nu^2)d\nu$ gilt. Wenn $w_\lambda(\lambda)$ die spektrale Energiedichte pro Wellenlängenintervall $d\lambda = 1$ m ist, erhält man aus (3.14)

$$\begin{aligned} w_\lambda(\lambda) &= \frac{8\pi hc}{\lambda^5} \frac{1}{e^{hc/(\lambda kT)} - 1} \\ \Rightarrow S_\lambda(\lambda, T)\, d\lambda\, d\Omega &= \frac{c}{4\pi} w_\lambda\, d\lambda\, d\Omega \,. \end{aligned} \tag{3.17}$$

Aus $dw_\lambda/d\lambda = 0$ erhält man dann die von der Temperatur T abhängige Wellenlänge λ_m, bei der w_λ maximal wird:

$$\lambda_m = \frac{2{,}897 \cdot 10^{-3}}{T} [\text{m}] \tag{3.18}$$

wobei T in Kelvin angegeben wird (siehe Aufgabe 3.1).

In Abb. 3.6 sind für zwei unterschiedliche Temperaturen die spektralen Intensitätsverteilungen nach *Planck* und nach *Rayleigh-Jeans* dargestellt.

Beispiel

Die Sonne kann in guter Näherung als Schwarzer Strahler angesehen werden. Nach (3.15) ist die Strahlungsdichte S, die bei $\lambda = 500\,\text{nm}$ ($\nu = 6 \cdot 10^{14}\,\text{s}^{-1}$) von $1\,\text{m}^2$ der Sonnenoberfläche in den Raumwinkel $\Delta\Omega = 1\,\text{sr}$ im Wellenlängenintervall $\Delta\lambda = 1\,\text{nm}$ ($\hat{=}\ \Delta\nu = 1{,}2 \cdot 10^{12}\,\text{s}^{-1}$) abgestrahlt wird, bei einer Oberflächentemperatur der Sonne von 5800 K

$$S_\nu \Delta\nu \approx 4{,}5 \cdot 10^4 \frac{\text{W}}{\text{m}^2\,\text{sr}} \,.$$

Integriert über alle Wellenlängen ergibt das eine Strahlungsdichte $S = 1 \cdot 10^7\,\text{W}/(\text{m}^2\,\text{sr})$.

Die Erde mit Radius R_E und dem Abstand r von der Sonne erscheint vom Mittelpunkt der Sonne aus unter dem Raumwinkel

$$\Delta\Omega = \frac{\pi R_E^2}{4\pi r^2} = \frac{R_E^2/4}{(1{,}5 \cdot 10^{11})^2} = 2{,}5 \cdot 10^{-7}\,\text{sr} \,.$$

Integriert man die Strahlungsdichte (3.15) über die Sonnenoberfläche, so lässt sich die Intensität der auf die Erde auffallenden Strahlungsleistung berechnen (Aufgabe 3.2). Die Erde bekommt im sichtbaren Spektralbereich zwischen $\nu_1 = 4 \cdot 10^{14}\,\text{Hz}$ und $\nu_2 = 7 \cdot 10^{14}\,\text{Hz}$ ($\Delta\nu \approx 3 \cdot 10^{14}\,\text{Hz}$) dann etwa $500\,\text{W/m}^2$ zugestrahlt. Dies sind etwa 36 % der gesamten auf die Erde auftreffenden Intensität $\text{SK} = 1367\,\text{W/m}^2$ = Solarkonstante der Sonnenstrahlung [7, 8]. ■

Wir haben aus den beiden vorigen Abschnitten gesehen, dass die experimentellen Befunde theoretisch richtig erklärt werden können, wenn man annimmt, dass das Strahlungsfeld quantisiert ist, d. h. dass die Energiedichte w_ν keine kontinuierliche Funktion der Temperatur ist, sondern dass es kleinste „Energiequanten" $h \cdot \nu$ gibt. Der klassische Ansatz $w_\nu \propto kT$ muss ersetzt werden durch das Planck'sche Gesetz (3.14).

Es gibt viele weitere Hinweise auf die Richtigkeit des Planck'schen Strahlungsgesetzes. Zu ihnen gehört die Verschiebung des Maximums der Intensitätsverteilung mit der Temperatur.

3.1.3 Wien'sches Verschiebungsgesetz

Um die Lage des Intensitätsmaximums der Planckschen Strahlung (d. h. der Strahlung des Schwarzen Körpers) zu finden, müssen wir die Ableitung $dS^*(\nu)/d\nu$ bilden und gleich null setzen. Einfacher ist es, den Logarithmus zu bilden und

$$\frac{d}{d\nu}(\ln S(\nu)) = 0$$

zu setzen, was uns natürlich die gleiche Frequenz ν_m liefert. Das Ergebnis ist (siehe Aufgabe 3.1)

$$\begin{aligned} \nu_m &= \frac{2{,}82}{h} kT \\ &= 5{,}873 \cdot 10^{10}\,[\text{s}^{-1}\text{K}^{-1}] \cdot T[\text{K}] \,. \end{aligned} \tag{3.19}$$

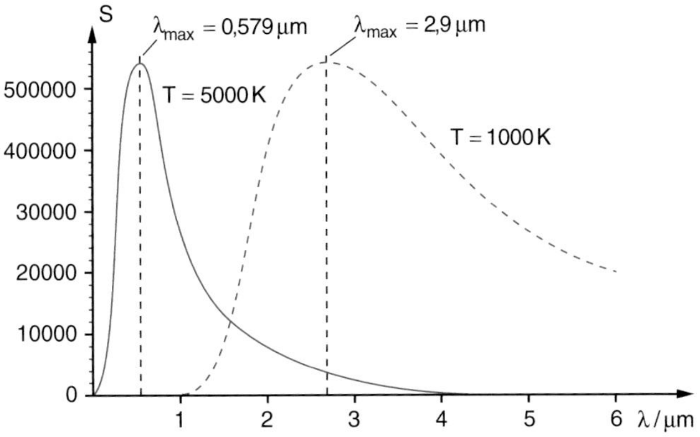

Abbildung 3.7 Wien'sches Verschiebungsgesetz, illustriert an zwei Planckverteilungen für $T = 5000\,K$ und $T = 1000\,K$. Die Kurve für $T = 1000\,K$ ist 3000-fach überhöht

Die Frequenz ν_m des Strahlungsmaximums steigt also linear mit der Temperatur T an, d. h. der Quotient ν_m/T bleibt konstant.

Aus (3.18) folgt, dass das Produkt $\lambda_m \cdot T = 2{,}897 \cdot 10^{-3}\,m \cdot K$ unabhängig von der Temperatur ist:

$$\Rightarrow \lambda_m \cdot T = \text{const}\,. \tag{3.20}$$

Ebenso sieht man aus (3.19), dass $\nu_m/T = 2{,}82\,k/h$ unabhängig von T ist. Dies nennt man das ***Wien'sche Verschiebungsgesetz*** (Abb. 3.7), welches das Maximum der Intensitätsverteilung der thermischen Strahlung mit der Temperatur T der Strahlungsquelle verknüpft. Es folgt unmittelbar aus der Planck'schen Strahlungsformel und stimmt hervorragend mit entsprechenden Messungen überein.

Man beachte, dass das Maximum von $w_\lambda(\lambda)$ *nicht* bei $\lambda = c/\nu_m$ liegt. Dies liegt daran, dass $w_\lambda(\lambda)$ die Energiedichte im Einheitswellenlängenintervall (z. B. $d\lambda = 1\,nm$) ist, während $w_\nu(\nu)$ die Energiedichte im Einheitsfrequenzintervall $d\nu = 1\,s^{-1}$ ist. Wegen $d\lambda = -(c/\nu^2)d\nu$ nimmt $d\lambda$ bei konstantem $d\nu$ mit $1/\nu^2$ ab mit steigendem ν. Mit einem Spektrographen wird w_λ gemessen.

Beispiele

1. Für $T = 6000\,K$ (Temperatur der Mitte der Sonnenoberfläche) liegt das Maximum von w_λ bei $\lambda_m = 480\,nm$, das von w_ν bei $\nu_m = 3{,}5 \cdot 10^{14}\,s^{-1}$, während $\nu = c/\lambda_m = 6{,}25 \cdot 10^{14}\,s^{-1}$ ist.
2. Für den Glühfaden einer Glühbirne ist $T \approx 2800\,K \Rightarrow \lambda_m = 1028\,nm$.
   Das Maximum der Lichtemission liegt also im Infraroten. Für die Beleuchtung kann nur ein kleiner Teil der emittierten Strahlung genutzt werden, d. h. die Lichtausbeute
   $$\eta = \frac{\text{emittierte sichtbare Lichtleistung}}{\text{aufgewandte elektrische Leistung}}$$
   einer Glühbirne ist klein gegen 1.
3. Auch bei Zimmertemperatur $T = 300\,K$ strahlen alle Körper Energie als Wärmeenergie mit dem Maximum bei etwa $\lambda_m \approx 9{,}7\,\mu m$ ab. ■

3.1.4 Das Stefan-Boltzmann'sche Strahlungsgesetz

Die gesamte Energiedichte der Hohlraumstrahlung, integriert über alle Frequenzen, ist

$$\begin{aligned} w(T) &= \int_{\nu=0}^{\infty} w_\nu(\nu, T)d\nu \\ &= \frac{8\pi h}{c^3} \int_{\nu=0}^{\infty} \frac{\nu^3 d\nu}{e^{h\nu/(kT)} - 1}\,. \end{aligned} \tag{3.21}$$

Das Integral kann durch die Substitution $x = h\nu/(kT)$ umgeformt werden in:

$$\left(\frac{kT}{h}\right)^4 \cdot \int_0^\infty \frac{x^3}{e^x - 1}\,dx = \left(\frac{kT}{h}\right)^4 \cdot \frac{\pi^4}{15}\,.$$

Man erhält daher aus (3.21):

$$w(T) = a \cdot T^4 \quad \text{mit} \quad a = \frac{8\pi^5 k^4}{15 h^3 c^3}\,. \tag{3.22}$$

Die Strahlungsdichte S der von dem Oberflächenelement $dF = 1\,m^2$ eines Schwarzen Körpers in den Raumwinkel $d\Omega = 1\,sr$ unter dem Winkel θ gegen die Flächennormale emittierten Strahlung ist wegen $S = (c/4\pi)w \cdot \cos\theta$

$$\begin{aligned} S(T) &= \frac{c}{4\pi}\cos\theta \cdot a \cdot T^4 \\ &= \frac{2\pi^4 k^4}{15 h^3 c^2} \cdot \cos\theta \cdot T^4\,. \end{aligned} \tag{3.23}$$

Kapitel 3

In den gesamten Halbraum ($d\Omega = 2\pi$) wird dann pro Flächeneinheit der Strahlungsquelle die Strahlungsleistung

$$\begin{aligned}\frac{dW}{dt} &= \int S^*(T)\,d\Omega \\ &= w(T)\cdot\frac{c}{4\pi}\int_{\vartheta=0}^{\pi/2}\int_{\varphi=0}^{2\pi}\cos\theta\sin\theta\,d\theta\,d\varphi \\ &= w(T)\cdot\frac{c}{4} = \sigma\cdot T^4 \end{aligned} \tag{3.24}$$

abgestrahlt (Stefan-Boltzmann'sche Strahlungsformel). Die Konstante

$$\sigma = \frac{2\pi^5 k^4}{15c^2h^3} = \frac{c}{4}\cdot a = 5{,}67\cdot 10^{-8}\,\mathrm{W\,m^{-2}\,K^{-4}} \tag{3.25}$$

heißt ***Stefan-Boltzmann-Konstante***.

Viele experimentelle Befunde (z. B. die Abstrahlung der Sonne oder die Wärmestrahlung heißer Körper) zeigen die Gültigkeit des Stefan-Boltzmann-Gesetzes (3.24), das aus der Planck'schen Strahlungsformel hergeleitet wurde.

3.1.5 Photoelektrischer Effekt

Bestrahlt man eine gegen ihre Umgebung negativ aufgeladene isolierte Metallplatte mit ultraviolettem Licht (Abb. 3.8), so stellt man fest, dass die Ladung auf der Platte abnimmt (*Heinrich Hertz* (1857–1894) 1887, *Wilhelm Hallwachs* (1859–1922) 1895). Es müssen also Elektronen die Platte verlassen haben.

Diese durch Licht induzierte Elektronenemission kann quantitativ mit der Anordnung in Abb. 3.9 gemessen werden (*Lenard* 1902). Die bestrahlte Platte in einem evakuierten Glaskolben dient als Kathode, der eine Anode gegenübersteht. Der Photostrom $I_{Ph}(U)$ wird mit einem empfindlichen Amperemeter

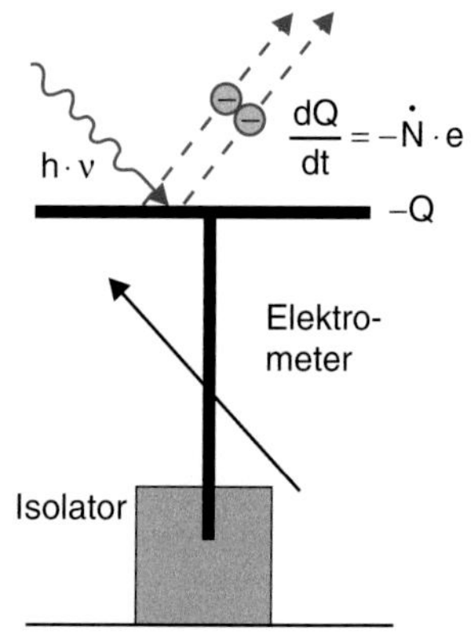

Abbildung 3.8 Versuch von *Hallwachs* zum Nachweis des photoelektrischen Effekts

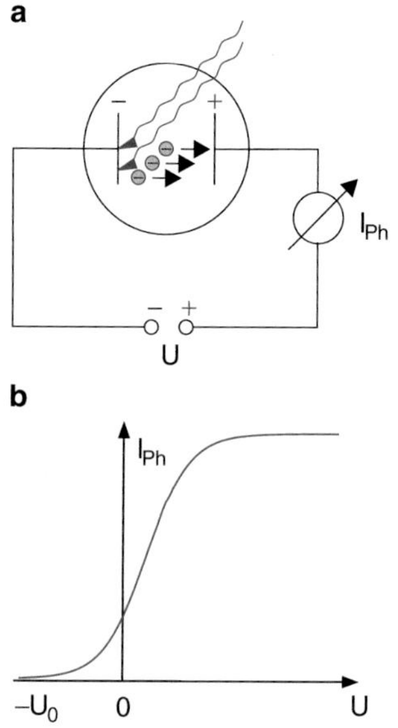

Abbildung 3.9 **a** Photozelle zur Messung des Photostroms als Funktion der angelegten Spannung; **b** Photostrom $I(U)$

als Funktion der Spannung U zwischen Anode und Kathode gemessen (Abb. 3.9b). Er beginnt bereits bei einer negativen Gegenspannung U_0, wächst mit abnehmender Gegenspannung an, bis er einen konstanten Sättigungswert $I_S(P_\lambda)$ erreicht, der von der Leistung P_λ der auf die Kathode fallenden UV-Strahlung abhängt. Die Photoelektronen müssen also eine kinetische Mindestenergie haben, um die Gegenspannung U_0 zu überwinden, d. h. $E_{kin} \geq e\cdot U_0$.

Durch sorgfältige Messungen fand *Lenard* 1902 folgende Resultate:

- Die kinetische Energie $\frac{m}{2}v^2$ der Photoelektronen ist nur von der Frequenz ν des Lichtes, *nicht von seiner Intensität* abhängig.
- Die *Zahl* der Photoelektronen ist proportional zur Lichtintensität.
- Zwischen Lichteinfall und Elektronenaustritt gibt es keine messbare Verzögerung.

Einstein konnte 1905 die experimentellen Befunde *Lenards* mithilfe des Lichtquanten-Modells erklären [9]: Jedes absorbierte Photon gibt seine Energie $h\cdot\nu$ vollständig an *ein* Photoelektron ab. Für die maximale kinetische Energie der Photoelektronen folgt dann aus dem Energiesatz:

$$E_{kin}^{max} = h\cdot\nu - W_a\,, \tag{3.26}$$

wobei $W_a = -e(\phi_{Vak} - \phi)$ die Austrittsarbeit des Kathodenmaterials ist (man wählt meistens $\phi_{Vak} = 0$). Dies ist diejenige Energie, die man aufwenden muss, um das Elektron gegen die Kräfte, die es im Metall binden, aus dem Metall ins Vakuum zu bringen (siehe Abschn. 13.5 und Bd. 2, Abschn. 2.9.1). Da die maximale kinetische Energie

$$E_{kin}^{max} = -e\cdot U_0 \quad (U_0 < 0\,!)$$

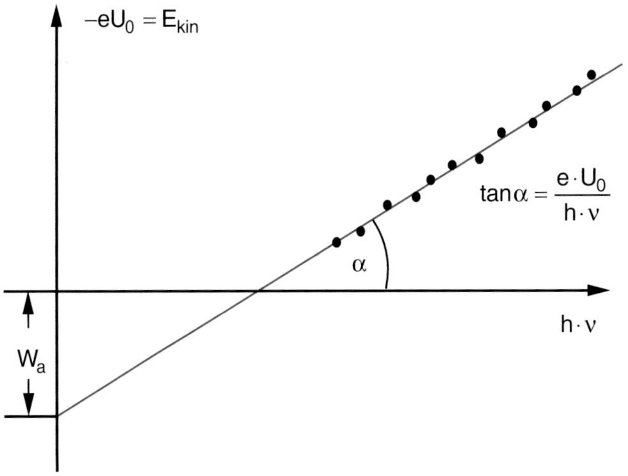

Abbildung 3.10 Messung der maximalen Gegenspannung U_0 als Funktion der Frequenz ν des einfallenden Lichtes

aus der gemessenen Gleichspannung U_0, bei der der Photostrom einsetzt, bestimmt werden kann, lässt sich (3.26) auch schreiben als

$$-e \cdot U_0 = h \cdot \nu - W_a . \tag{3.27}$$

Trägt man daher $-eU_0$ gegen die Photonenenergie $h \cdot \nu = hc/\lambda$ auf, so erhält man aus der Steigung $\tan\alpha$ der Geraden $U_0(\nu)$ die Planck-Konstante h und aus dem Achsenabschnitt die Austrittsarbeit W_a (Abb. 3.10).

Einstein (Bd. 1, Abb. 1.8) erhielt 1921 für seine Theorie des Photoeffektes (*nicht* für seine Relativitätstheorie!) den Nobelpreis für Physik.

Im klassischen Wellenmodell sollte die auf die Fläche F auftreffende Lichtleistung $P_L = I_L \cdot F$ gleichmäßig auf alle Elektronen verteilt werden. Bei einer Eindringtiefe $\Delta z \approx \lambda$ der Lichtwelle (siehe Bd. 2, Abschn. 8..4.2) und einer Dichte N ($[N] = 1\,\mathrm{m}^{-3}$) der Leitungselektronen im Metall würde jedes Elektron im Mittel im Zeitintervall Δt die Energie

$$\overline{\Delta W} = \frac{P_L}{N \cdot F \cdot \lambda} \Delta t \tag{3.28}$$

aufnehmen. Damit $\overline{\Delta W}$ größer als die Austrittsarbeit W_a wird, muss $\Delta t > W_a \cdot N \cdot F \cdot \lambda / P_L$ sein.

Beispiel

Eine Zinkplatte ($W_a \approx 4\,\mathrm{eV}$) sei 1 m entfernt von der Lichtquelle, die (durch ein Spektralfilter) 1 W Lichtleistung bei $\lambda = 250\,\mathrm{nm}$ emittiert. Auf $1\,\mathrm{cm}^2$ der Platte fällt dann die Lichtintensität

$$I_L = \frac{1\,\mathrm{W}}{4\pi R^2} \approx 8 \cdot 10^{-6}\,\mathrm{W/cm^2} ,$$

die sich bei einer Eindringtiefe λ der Lichtwelle auf $N = (10^{23}/\mathrm{cm}^3) \cdot \lambda = 2{,}5 \cdot 10^{18}$ Elektronen pro cm^2 verteilen.

Die pro Elektron im Mittel aufgenommene Leistung ist dann

$$P_{el} \approx 3 \cdot 10^{-24}\,\mathrm{W} = 2 \cdot 10^{-5}\,\mathrm{eV/s} .$$

Es würde etwa $\Delta t = W_a / P_{el} = 2 \cdot 10^5\,\mathrm{s}$ dauern, bis Elektronen emittiert würden, im krassen Widerspruch zum Experiment. ■

Es gibt in der physikalischen Literatur zahlreiche detaillierte Beschreibungen von Experimenten, die *Einsteins* Erklärung des Photoeffekts eindeutig bestätigen [1]. Als Beispiel sei ein Experiment von *Joffé* und *Dobronrawov* aus dem Jahre 1925 angeführt [2], bei dem die Ladungsänderungen ΔQ eines kleinen elektrisch geladenen Wismut-Kügelchens mit der Ladung Q gemessen wird, das in einem Millikan-Kondensator (Bd. 2, Abschn. 1.8) schwebt und mit schwacher Röntgenstrahlung beleuchtet wird (Abb. 3.11). Jede Ladungsänderung führt zu einer Störung des mechanischen Gleichgewichtszustandes des Kügelchens, das mit einem Mikroskop beobachtet wird.

Bei einer Strahlungsleistung der fast punktförmigen Röntgenquelle von $P = 10^{-12}\,\mathrm{W}$ (dies entspricht einer Emissionsrate von etwa $\dot{N} = 10^3$ Röntgenquanten pro Sekunde mit Energien $h \cdot \nu = 10^4\,\mathrm{eV}$) wurde im Mittel etwa alle 30 min eine Ladungsänderung des Bi-Teilchens beobachtet. Die Quantenhypothese erklärt dies wie folgt:

Die Zahl Z der Röntgenquanten, die im Zeitintervall Δt auf ein Bi-Teilchen treffen, ist $Z = \dot{N} \cdot \Delta t \cdot \mathrm{d}\Omega / 4\pi$, wobei $\mathrm{d}\Omega$ der Raumwinkel ist, unter dem die Querschnittsfläche des Bi-Teilchens von der Röntgenquelle aus erscheint. Die daraus berechnete Rate Z stimmt gut mit der experimentell beobachteten Rate der Ladungsänderungen ΔQ überein.

Im Wellenmodell breitet sich die Röntgenstrahlung in Form einer Kugelwelle von der Quelle her in alle Richtungen aus. Genau wie im Quantenmodell wird der Bruchteil $\mathrm{d}P = P \cdot \mathrm{d}\Omega / 4\pi$ der emittierten Leistung vom Bi-Teilchen absorbiert, sollte sich aber auf *alle* $N \approx 10^{12}$ Elektronen verteilen. Auch im Wellenmodell würde das gesamte Bi-Teilchen nach etwa 30 min genügend Energie absorbiert haben, um für *ein* Elektron die Austrittsarbeit zu überwinden. Aber warum sollten alle

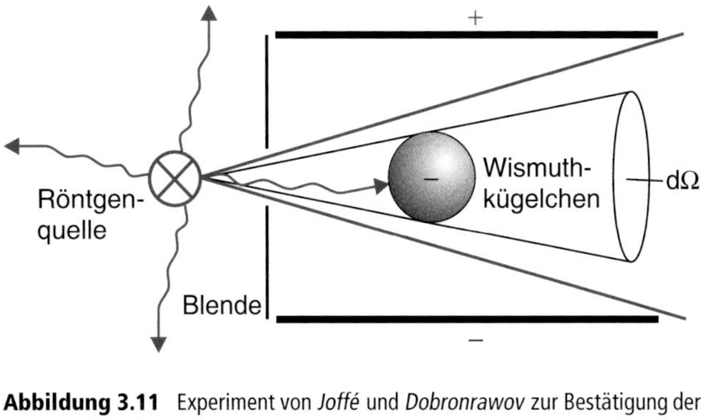

Abbildung 3.11 Experiment von *Joffé* und *Dobronrawov* zur Bestätigung der Photonenhypothese

Kapitel 3

N Elektronen ihren Energieanteil plötzlich auf ein ausgewähltes Elektron übertragen?

Man sieht hieraus, dass die Unzulänglichkeit des Wellenmodells darin besteht, dass in ihm die Wellenenergie nicht lokalisiert ist auf ein einzelnes Atom bzw. Elektron. Wie in [10] gezeigt wird, kann man jedoch diese Schwierigkeit umgehen, wenn man auch den Elektronen im Metall Welleneigenschaften zuordnet (siehe Abschn. 11.3).

3.1.6 Compton-Effekt

Der korpuskulare Charakter der Lichtquanten wird besonders deutlich bei einem von *Arthur Holly Compton* (1892–1962) 1922 entdeckten Phänomen: Bestrahlt man beliebiges Material mit Röntgenstrahlung der Wellenlänge λ_0, so findet man in der Streustrahlung außer der erwarteten Wellenlänge λ_0 auch Anteile mit größerer Wellenlänge $\lambda_S > \lambda_0$ (Abb. 3.12). Die Wellenlängenverteilung dieser langwelligen Streustrahlung hängt stark vom Streuwinkel ϑ ab, weniger vom Streumaterial (Abb. 3.12d). Compton erhielt für diese Entdeckung 1927 den Nobelpreis.

Im Photonenmodell wird der Compton-Effekt als direkter elastischer Stoß zwischen einem Photon mit der Energie $h\nu$ und dem Impuls $\boldsymbol{p} = \hbar\boldsymbol{k}$ und einem schwach gebundenen Elektron des Streumaterials gedeutet (Abb. 3.12b). Ist die Bindungsenergie E_B des Elektrons sehr klein gegen die Photonenenergie ($E_B \ll h\nu$), so können wir sie vernachlässigen und das Elektron als frei ansehen. Wir nehmen zur Vereinfachung der folgenden Rechnung ferner an, dass es sich vor dem Stoß in Ruhe befindet.

Bei dem Stoß

$$h\nu_0 + e^- \to h\nu_S + e^-(E_{kin}) \tag{3.29}$$

müssen Energie und Impuls erhalten bleiben. Da das Photon Lichtgeschwindigkeit hat und auch das Elektron nach dem Stoß große Geschwindigkeiten erreichen kann, müssen wir den relativistischen Energie- und Impulssatz anwenden (siehe Bd. 1, Abschn. 4.4.3). Wir wählen unser Koordinatensystem so, dass die Strahlung in x-Richtung einfällt und die x-y-Ebene die Streuebene ist (Abb. 3.12c). Der Energiesatz lautet dann mit $\beta = v/c$:

$$h\nu_0 = h\nu_S + E^e_{kin} \tag{3.30}$$

mit

$$E^e_{kin} = \frac{m_0c^2}{\sqrt{1-\beta^2}} - m_0c^2 = (m - m_0)c^2\,. \tag{3.31}$$

Aus dem Energiesatz (3.30) ergibt sich durch Quadrieren:

$$(h\nu_0 - h\nu_S + m_0c^2)^2 = \frac{m_0^2c^4}{1-\beta^2}\,,$$

woraus man durch Ausmultiplizieren der Klammer und Umordnen erhält:

$$\frac{m_0^2v^2}{1-\beta^2} = \frac{h^2}{c^2}(\nu_0 - \nu_S)^2 + 2h(\nu_0 - \nu_S)m_0\,. \tag{3.32}$$

Ordnen wir dem Photon mit der Energie $h\nu$ den Impuls $\boldsymbol{p} = \hbar\boldsymbol{k}$ mit $|\boldsymbol{p}| = \hbar k = h/\lambda = h\nu/c$ zu, so ergibt der Impulssatz

$$\hbar\boldsymbol{k}_0 = \hbar\boldsymbol{k}_S + \boldsymbol{p}_e \quad \text{mit} \quad \boldsymbol{p}_e = \frac{m_0\boldsymbol{v}}{\sqrt{1-\beta^2}}\,. \tag{3.33}$$

Auflösen nach $\boldsymbol{p}_e$ und Quadrieren ergibt

$$\frac{m_0^2v^2}{1-\beta^2} = \frac{h^2}{c^2}\left(\nu_0^2 + \nu_S^2 - 2\nu_0\nu_S\cos\varphi\right) \tag{3.34}$$

mit φ als dem Winkel zwischen Einfalls- und Streurichtung des Photons. Durch Vergleich von (3.34) mit (3.32) erhält man dann

$$\nu_0 - \nu_S = \frac{h}{m_0c^2}\nu_0\nu_S(1 - \cos\varphi)\,. \tag{3.35}$$

Mit $\lambda = c/\nu$ und $(1 - \cos\varphi) = 2\sin^2(\varphi/2)$ wird dies die Compton-Streuformel:

$$\lambda_S - \lambda_0 = 2\lambda_c\sin^2(\varphi/2) \tag{3.36}$$

mit

$$\lambda_c = \frac{h}{m_0c} = 2{,}4262 \cdot 10^{-12}\,\text{m}\,. \tag{3.37a}$$

Die Konstante λ_c wird die ***Compton-Wellenlänge*** des Elektrons genannt. Sie gibt die Wellenlängenänderung $\Delta\lambda = \lambda_S - \lambda_0$ bei einem Streuwinkel von $\varphi = 90°$ an. Dividiert man (3.37a) durch λ_0, so ergibt dies

$$\frac{\lambda_c}{\lambda_0} = \frac{h}{m_0c\lambda_0} = \frac{h\nu_0}{m_0c^2}\,. \tag{3.37b}$$

Das Verhältnis λ_c/λ_0 gibt also das Verhältnis von Photonenenergie $h\nu_0$ der einfallenden Strahlung zur Ruheenergie m_0c^2 des Elekrons an.

Die Messergebnisse stimmen mit den theoretischen Resultaten (3.36) hervorragend überein. Aus der Messung von λ_S und φ lässt sich λ_c und damit auch die Planck-Konstante h (bei Kenntnis der Elektronenmasse m_0) bestimmen.

3.1.7 Eigenschaften des Photons

Die in den vorigen Abschnitten diskutierten Experimente haben den Teilchenaspekt elektromagnetischer Wellen demonstriert. Jedes elektromagnetische Feld der Frequenz ν besteht aus Energiequanten $h\nu$, den ***Photonen***. Bei einer Energiedichte w_{em} ist die Zahl der Photonen pro m^3

$$n = w_{em}/(h\nu)\,. \tag{3.38}$$

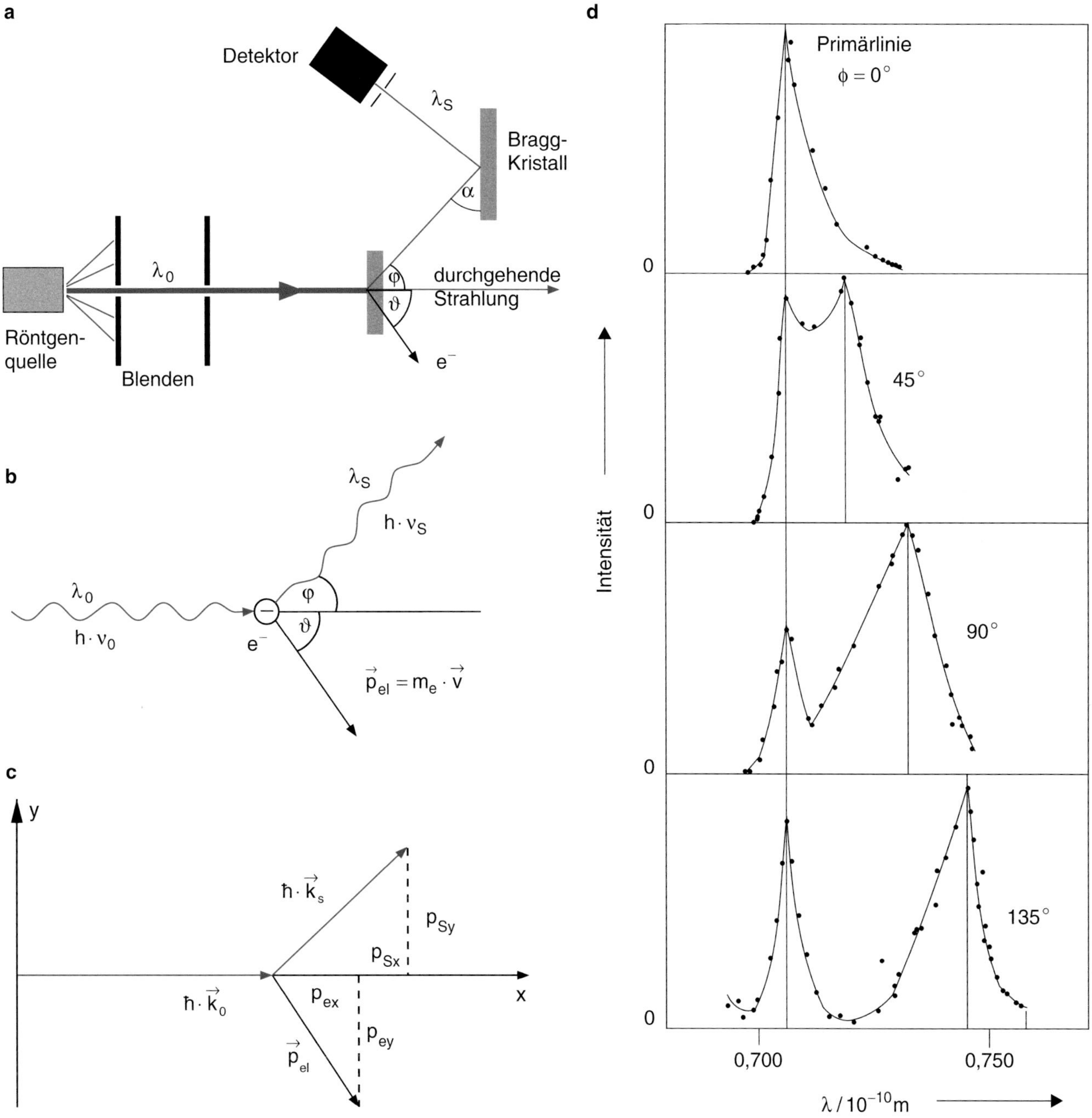

Abbildung 3.12 Comptoneffekt: **a** Experiment; **b** Schema; **c** Vektordiagramm; **d** Wellenlängen λ_S als Funktion des Streuwinkels für die Streuung der K_α-Strahlung von Mo in Graphit (siehe Abschn. 7.6) gemessen 1923 von *Compton*

Bei einer elektromagnetischen Welle mit der Intensität $I = c \cdot \varepsilon_0 E^2$ fallen

$$\dot{N} = I/(h\nu) \quad \text{mit} \quad \dot{N} = n \cdot c \tag{3.39}$$

Photonen pro Zeit- und Flächeneinheit auf die beleuchtete Fläche. Wie der Compton-Effekt gezeigt hat, lässt sich jedem Photon der Impuls $\boldsymbol{p} = \hbar \boldsymbol{k}$ mit dem Betrag

$$p = h\nu/c \tag{3.40}$$

zuordnen, sodass der Gesamtimpuls pro Volumeneinheit, den die Welle mit einer Energiedichte w_{em} hat, durch

$$\boldsymbol{\pi}_{\text{St}} = n \cdot \hbar \boldsymbol{k} \qquad \text{mit} \quad \hbar = h/2\pi\,, \tag{3.41}$$

gegeben ist mit dem Betrag

$$\pi_{\text{St}} = nh/\lambda = w_{\text{em}}/c\,. \tag{3.42}$$

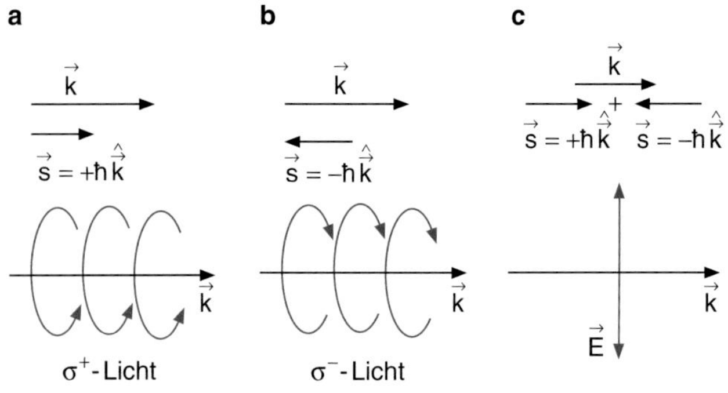

Abbildung 3.13 Photonenmodell von polarisiertem Licht. **a** Linkszirkular, **b** rechtszirkular, **c** linear polarisiert

Bei der Absorption von Licht durch freie Atome wird beobachtet, dass jedes absorbierte Photon den Drehimpuls des Atoms um den Betrag $\hbar = h/2\pi$ ändert.

Man kann daher aus der Erhaltung des Drehimpulses des Systems Photon/Atom schließen, dass das Photon einen Drehimpuls $\hbar$ haben muss, *unabhängig von seiner Energie* $h \cdot \nu$. Wird links-zirkular polarisiertes Licht (σ^+, siehe Bd. 2, Abschn. 12.7), das in z-Richtung läuft, von freien Atomen absorbiert, so ändert sich nur die Drehimpulskomponente J_z der Atome um den Betrag $\Delta J_z = \hbar$ (siehe Abschn. 6.5), bei σ^--Polarisation um $\Delta J_z = -\hbar$. Wir müssen daraus schließen, dass der Drehimpuls aller Photonen bei σ^+-Licht in die Ausbreitungsrichtung der Photonen, bei σ^--Licht entgegen dieser Richtung orientiert ist.

Da diese Richtung durch den Wellenvektor $\boldsymbol{k}$ festgelegt ist, gilt für den Drehimpuls s_{Ph} eines Photons, den man auch ***Photonenspin*** nennt

$$s_{\text{Ph}} = \pm\hbar \cdot \boldsymbol{k}/|\boldsymbol{k}|\,; |s_{\text{Ph}}| = \hbar\,. \tag{3.43}$$

Da linear polarisiertes Licht durch Überlagerung gleicher Anteile von σ^+- und σ^--Licht entsteht, müssen in einer linear polarisierten elektromagnetischen Welle die Hälfte aller Photonen den Spin $s_+ = +\hbar\boldsymbol{k}/k$ und die andere Hälfte den Spin $s_- = -\hbar\boldsymbol{k}/k$ haben, sodass der gesamte Drehimpuls einer linear polarisierten Welle null ist (Abb. 3.13).

Gemäß der Beziehung $E = mc^2$ zwischen Masse m und Energie E eines Teilchens kann man dem Photon formal die Masse

$$m = \frac{E}{c^2} = \frac{h\nu}{c^2} \tag{3.44}$$

zuordnen. Man beachte jedoch, dass es keine *ruhenden* Photonen gibt, sodass „Masse" nicht der Ruhemasse eines klassischen Teilchens entspricht.

Aus dem relativistischen Energiesatz

$$E = \sqrt{p^2c^2 + m_0^2c^4} \tag{3.45}$$

(siehe Bd. 1, Abschn. 4.4.3) folgt mit $E = h \cdot \nu$ und $p = E/c$ für die Ruhemasse m_0 eines Photons $m_0 = 0$. Dies hätte man natürlich auch sofort aus Bd. 1, (4.42) für die relativistische Masse $m = m_0/\sqrt{1-\beta^2}$ sehen können, da nur Teilchen mit $m_0 = 0$ sich mit Lichtgeschwindigkeit ($\beta = 1$) bewegen können.

Man beachte: Die Zuordnung $m_0 = 0$ für „ruhende Photonen" ist rein formal, weil es keine ruhenden Photonen gibt. Sie wird verwendet, weil man dann relativistische Gleichungen (z. B. Energiesatz) für alle Teilchen (einschließlich der Photonen) aufstellen kann.

3.1.8 Photonen im Gravitationsfeld

Schreibt man den Photonen eine Masse $m = h \cdot \nu/c^2$ zu, so muss ein Photon die Arbeit

$$W = m \cdot \Delta\phi_G = \frac{h\nu}{c^2}\left(\phi_G(r_2) - \phi_G(r_1)\right) \tag{3.46}$$

verrichten, wenn es im Gravitationsfeld von einem Ort mit dem Gravitationspotential $\phi_G(\boldsymbol{r}_1)$ zum Ort $\boldsymbol{r}_2$ mit $\phi_G(\boldsymbol{r}_2)$ gelangt. Aus Gründen der Energieerhaltung muss daher seine Energie $h \cdot \nu$ sich um diesen Betrag ändern. Die Frequenz des Photons ändert sich dann zu

$$\nu_2 = \nu_1\left(1 - \frac{\Delta\phi_G}{c^2}\right) \Rightarrow \frac{\nu_1 - \nu_2}{\nu_1} = \frac{\Delta\nu}{\nu} = \frac{\Delta\phi_G}{c^2}\,. \tag{3.47}$$

Beispiele

1. Eine Lichtquelle auf dem Erdboden sendet Licht vertikal nach oben aus. In der Höhe H wird die Frequenz

$$\nu_2 = \nu_1\left(1 - \frac{g \cdot H}{c^2}\right)$$

gemessen. Mit $H = 20\,\text{m}$, $g = 9{,}81\,\text{m/s}^2$ erhält man: $\Delta\nu/\nu \approx 2{,}5 \cdot 10^{-15}$. Diese Rotverschiebung wurde in der Tat von *Pound* und *Rebka* [11] mithilfe des Mößbauer-Effektes (siehe Abschn. 12.4) gemessen (Abb. 3.14).

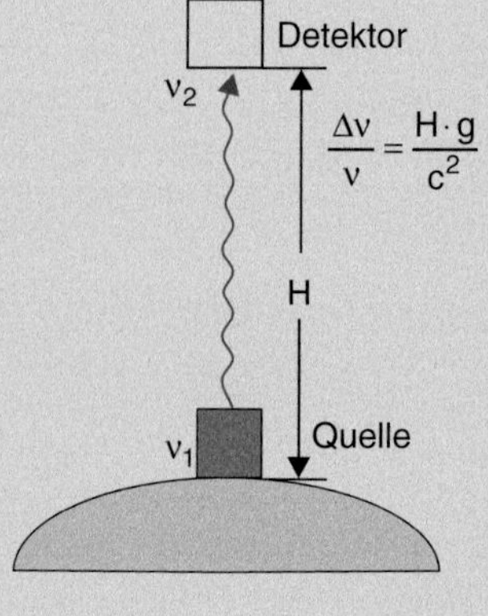

Abbildung 3.14 Nachweis der Rotverschiebung von Photonen im Gravitationsfeld

2. Licht, das von der Oberfläche der Sonne mit der Frequenz ν_1 ausgesandt wird, hat auf der Erde die kleinere Frequenz

$$\nu_2 = \nu_1 \left(1 - G \cdot \frac{M_\odot}{R_\odot \cdot c^2}\right),$$

wobei die Frequenzvergrößerung durch das Erdgravitationsfeld vernachlässigt werden kann. Einsetzen der Zahlenwerte ergibt $\Delta\nu/\nu \approx 5 \cdot 10^{-7}$. Diese Verschiebung lässt sich mit modernen Interferometern relativ leicht messen [12].
3. Bei einem „schwarzen Loch" (Endstadium von Sternen mit sehr großer Masse, siehe Bd. 4) ist für $R \leq R_S$ der Term $(G \cdot M/R \cdot c^2) \geq 1$, sodass $\nu_2 = 0$ wird, d. h. Licht kann aus dem Gravitationsfeld eines schwarzen Loches innerhalb des „Schwarzschildradius" R_S nicht entweichen. Daher der Name: „Schwarzes Loch". ■

Man merke sich also:

Licht erfährt beim Aufsteigen im Gravitationsfeld eine Rotverschiebung, die der Zunahme ΔW_{pot} an potentieller Energie $m \cdot \Delta\phi_G$ einer Masse $m = h\nu/c^2$ entspricht.

3.1.9 Wellen- und Teilchenbeschreibung von Licht

Man sieht aus den vorigen Abschnitten, dass die Teilcheneigenschaften Masse, Energie und Impuls des Photons

$$m = \frac{h\nu}{c^2}, \quad E = h\nu,$$
$$p = \hbar \boldsymbol{k} \quad \text{mit} \quad |\boldsymbol{k}| = \frac{2\pi}{\lambda}$$

nur über die Welleneigenschaften Frequenz ν bzw. Wellenlänge $\lambda = c/\nu$ definiert sind.

Dies zeigt bereits eine enge Verknüpfung zwischen Teilchen- und Wellenmodell für elektromagnetische Strahlung. Wir wollen als Beispiel den Zusammenhang zwischen Intensität einer Welle und der Photonendichte diskutieren.

Wenn n Photonen $h \cdot \nu$ pro Volumeneinheit mit der Geschwindigkeit c senkrecht durch die Flächeneinheit fliegen, dann ist im Teilchenbild die Intensität der Lichtwelle (Energie pro m^2 und s)

$$I = n \cdot c \cdot h \cdot \nu\,. \tag{3.48a}$$

Im Wellenbild ist sie

$$I = \varepsilon_0 c E^2\,. \tag{3.48b}$$

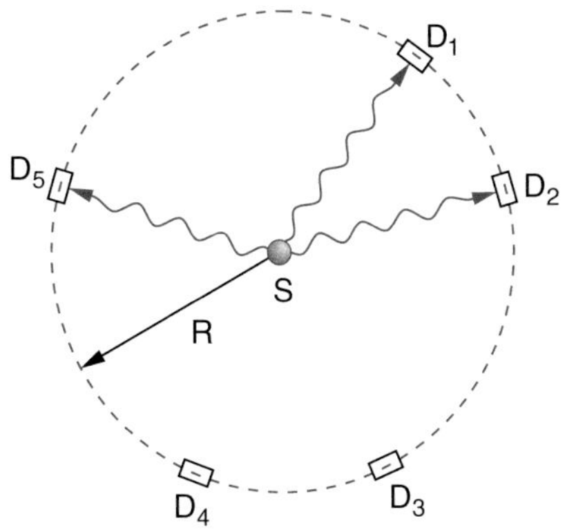

Abbildung 3.15 Experiment von *Taylor* zur Photonenstruktur einer Lichtwelle

Sollen beide Ausdrücke identisch sein, so muss der Betrag der elektrischen Feldstärke der Lichtwelle

$$E = \sqrt{\frac{h \cdot \nu}{\varepsilon_0} \cdot n} \tag{3.49}$$

proportional zur Wurzel aus der Photonenzahl n sein.

Man kann die Photonenstruktur des Lichtes in vielen verschiedenen Experimenten demonstrieren. Ein Beispiel ist das Experiment von *Taylor* (Abb. 3.15), bei dem in einer modernen Version auf einem Kreis im Abstand R um eine Lichtquelle mehrere gleiche Detektoren D_i angeordnet sind [13]. Im klassischen Wellenmodell sendet die Lichtquelle eine Kugelwelle

$$\boldsymbol{E} = (\boldsymbol{A}/r)\mathrm{e}^{\mathrm{i}(\omega t - kr)} \tag{3.50}$$

aus, sodass alle Detektoren D_i mit der Empfängerfläche F pro Zeiteinheit die gleiche mittlere Strahlungsleistung

$$\frac{\mathrm{d}W}{\mathrm{d}t} = c\varepsilon_0 \frac{A^2}{R^2} \cdot F \tag{3.51}$$

empfangen. Dies wird bei genügend großen Intensitäten in der Tat beobachtet.

Wenn jedoch die Lichtintensität der Lichtquelle soweit vermindert wird, dass $\mathrm{d}W/\mathrm{d}t \ll h \cdot \nu/\tau$ wird, wobei τ das zeitliche Auflösungsvermögen der Detektoren ist, so misst man Empfangssignale der Detektoren, die zeitlich statistisch über die einzelnen Detektoren verteilt sind. Es erreicht nämlich dann im Zeitintervall $\Delta t = \tau$ höchstens ein Photon einen der Detektoren, während im gleichen Intervall die anderen Detektoren kein Signal erhalten.

Das bedeutet, dass bei diesen kleinen Intensitäten die Quantennatur des Lichtes augenfällig wird. Die Energie wird *nicht* gleichzeitig in alle Richtungen emittiert, sondem in ganz bestimmte Richtungen, die jedoch statistisch verteilt sind. Mittelt man über längere Zeiten, in denen jeder Detektor viele Photonen erhalten hat, zeigt sich, dass im Mittel jeder Detektor fast gleich viele Photonen zählt. Die Anzahl N der Photonen, die auf die einzelnen Detektoren treffen, zeigt eine Poisson-Verteilung um

Kapitel 3

den Mittelwert $\overline{N}$ (siehe Bd. 1, Abschn. 1.8.4). Die Standardabweichung beträgt $\sigma = \sqrt{\overline{N}}$. Die Wahrscheinlichkeit, dass ein beliebiger Detektor $N = \overline{N} \pm 3\sqrt{\overline{N}}$ Photonen gezählt hat, ist $p = 0{,}997$.

Dies illustriert, dass die klassische Beschreibung von Licht als elektromagnetische Welle den Grenzfall großer Photonenzahlen darstellt. Die relative Schwankung der räumlichen Photonendichte

$$\frac{\Delta N}{N} \propto \frac{1}{\sqrt{N}}$$

nimmt mit wachsender Photonenzahl ab.

Anmerkung. Taylor hatte in seinem historischen Experiment [13] noch keine empfindlichen Lichtdetektoren zur Verfügung und hat deshalb eine Photoplatte verwendet. Hiermit lassen sich jedoch bei sehr kleinen Lichtintensitäten keine einzelnen Photonen, die in längeren Zeitabständen auftreffen, nachweisen, weil zur Schwärzung der Silberkörner, die aus mindestens 4 Silberatomen bestehen, mehr als ein Photon notwendig ist. Deshalb kann man sein Experiment eigentlich nicht als das erste Experiment zum Nachweis einzelner Photonen bezeichnen.

Ein besonderes Merkmal des klassischen Teilchens ist seine Lokalisierbarkeit auf ein kleines Raumgebiet, das Volumen des Teilchens, im Gegensatz zur Welle, die über ein größeres Raumgebiet ausgebreitet ist. Wie auch für diesen scheinbaren Widerspruch Photonen- und Wellenmodell in Einklang gebracht werden können, wollen wir in Abschn. 3.3 näher behandeln [14].

Über die Frage, ob das Licht als Welle oder als aus Teilchen bestehend aufzufassen ist, gab es einen lange andauernden Streit zwischen *Isaac Newton* (1642–1727), der die Korpuskeltheorie vertrat, und *Christiaan Huygens* (1629–1695), der das Wellenmodell für richtig hielt [15]. Die beiden kamen 1689 in London zusammen und diskutierten ihre kontroversen Ansichten, kamen aber zu keiner Einigung. Experimente, die von *Huygens*, *Thomas Young* (1773–1829) und vielen anderen Forschern durchgeführt wurden und welche eindeutig Interferenz- und Beugungserscheinungen des Lichtes offenbarten, entschieden den Streit dann zugunsten des Wellenmodells, weil man damals glaubte, dass mit Teilchen keine Interferenz- und Beugungserscheinungen beobachtbar sein sollten.

Es ist sehr instruktiv, die Interferenz von Licht an einem Doppelspalt (Young'scher Interferenzversuch siehe Bd. 2, Abschn. 10.2) bei sehr kleinen Lichtintensitäten zu untersuchen (Abb. 3.16). Man beobachtet, dass die einzelnen Photonen fast statistisch verteilt an den Orten x in der Beobachtungsebene ankommen und dort z. B. auf einer Photoplatte eine körnige Struktur schwarzer Punkte erzeugen, aus denen man anfangs noch keine Interferenzstruktur erkennen kann, solange $\sqrt{N}$ noch nicht wesentlich größer als der Unterschied $N_{max} - N_{min}$ in der fast statistischen Verteilung $N(x)$ der auf der Photoplatte ankommenden Photonen ist (Abb. 3.16a). Belichtet man jedoch die Photoplatte genügend lange, so sieht man immer deutlicher

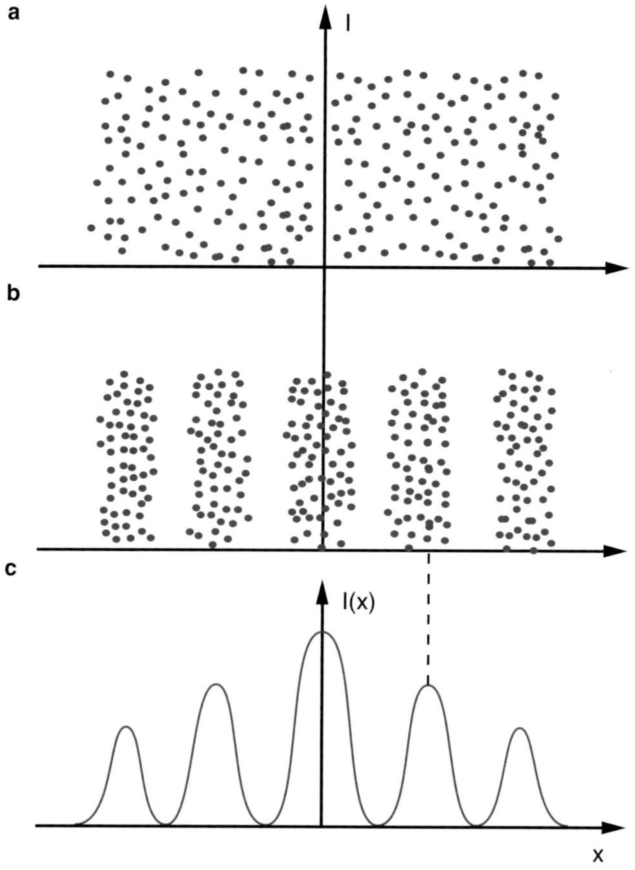

Abbildung 3.16 Erzeugung einer Interferenzstruktur mittels Interferenz am Doppelspalt **a** für sehr kleine Lichtintensitäten, bei denen die statistische Schwankung ΔN der Photonenzahl $\Delta N > N_{max} - N_{min}$ ist; **b** für $\Delta N \approx N_{max} - N_{min}$; **c** für große Intensitäten

die Interferenzstruktur (Abb. 3.16b,c), obwohl die Lichtintensität so klein ist, dass im gleichen Zeitintervall ΔT (Flugzeit der Photonen von der Quelle zum Detektor) immer höchstens nur ein Photon „unterwegs" ist, sodass es nicht ohne weiteres verständlich ist, wie es zur Interferenz der Photonen kommen kann. Dieses Paradoxon wurde dann durch die Quantentheorie gelöst, die wir in Kap. 4 behandeln wollen.

Aus den Beispielen dieses Abschnitts wird jedoch deutlich, dass nach unserer heutigen Vorstellung Licht sowohl Wellen- als auch Teilchencharakter hat.

Zum Schluss dieses Abschnitts sollen noch einmal die Eigenschaften des Photons und ihr Zusammenhang mit dem klassischen Wellenmodell in Tab. 3.1 und 3.2 zusammengefasst werden.

Im nächsten Abschnitt werden wir sehen, dass auch bei Objekten wie Elektronen, Neutronen, Atomen oder Molekülen, die üblicherweise eindeutig als Teilchen angesehen werden, Beugungs- und Interferenzphänomene beobachtet werden.

Tabelle 3.1 Charakteristische Eigenschaften des Photons

Energie	Impuls	Drehimpuls	Massen-äquivalent
$E = h\nu$	$\boldsymbol{p} = \hbar \boldsymbol{k}$	$\boldsymbol{s} = \pm\hbar\hat{\boldsymbol{k}}$	$m = E/c^2$ $= h/(c \cdot \lambda)$
$E = \hbar\omega$	$\lvert\boldsymbol{p}\rvert = h/\lambda$ $= E/c$	$\lvert\boldsymbol{s}\rvert = \hbar$	$m_0 = 0$

Tabelle 3.2 Elektromagnetische Welle mit der Photonendichte n, der elektrischen Feldstärke $\boldsymbol{E}$ und der Intensität I

spektrale Energiedichte	Intensität	Impulsdichte
$w_0 = n \cdot h\nu$ $= \varepsilon_0 \lvert\boldsymbol{E}\rvert^2$	$I = n \cdot c \cdot h\nu$ $= c\varepsilon_0 \lvert\boldsymbol{E}\rvert^2$	$\pi_{St} = (1/c^2) \cdot S$ $= n\hbar k$

3.2 Der Wellencharakter von Teilchen

Louis de Broglie (1892–1987) (Abb. 3.17) machte 1924 den Vorschlag, die duale Beschreibung $\boldsymbol{p} = \hbar \boldsymbol{k}$ durch Wellen- und Teilchenmodell, die sich bei Licht bewährt hatte, auch auf Teilchen wie Elektronen, Neutronen oder Atome zu übertragen, deren Wellencharakter bis zum damaligen Zeitpunkt nie beobachtet wurde [16]. Für diese Arbeit erhielt de Broglie 1929 den Nobelpreis.

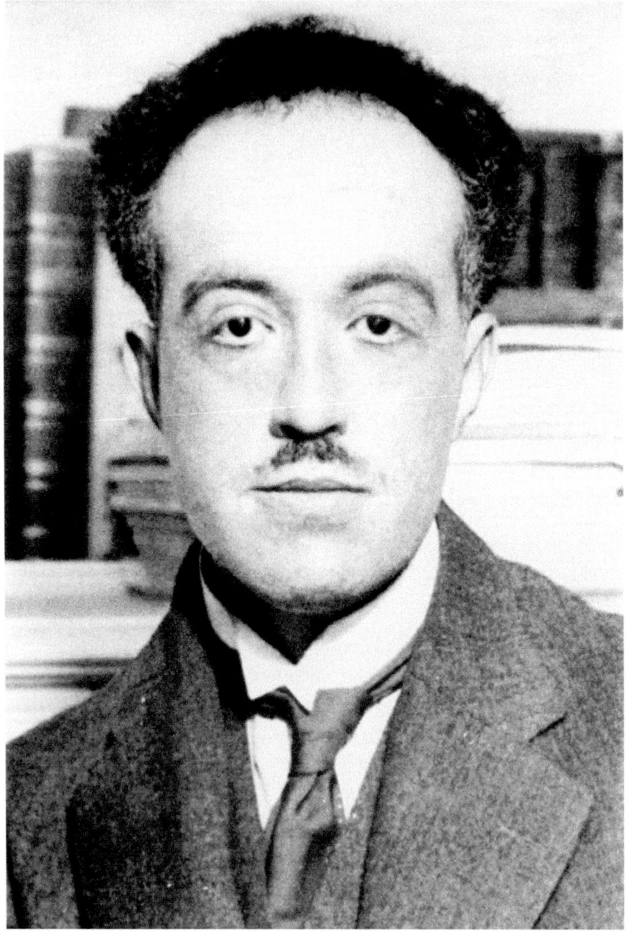

Abbildung 3.17 *Louis de Broglie.* Aus E. Bagge: *Die Nobelpreisträger der Physik* (Heinz-Moos-Verlag, München 1964)

3.2.1 Die de Broglie-Wellenlänge und Elektronenbeugung

Wendet man die Beziehung $\boldsymbol{p} = \hbar \boldsymbol{k}$ auf Teilchen der Masse m an, die sich mit der Geschwindigkeit v bewegen, so muss man im dualen Modell wegen $k = 2\pi/\lambda$ den Teilchen die ***de Broglie-Wellenlänge***

$$\lambda_{\mathrm{dB}} = \frac{h}{p} = \frac{h}{m \cdot v} = \frac{h}{\sqrt{2m \cdot E_{\mathrm{kin}}}} \tag{3.52}$$

zuordnen. Die de Broglie-Wellenlänge eines Teilchens ist demnach umgekehrt proportional zu seinem Impuls. Für Teilchen im thermischen Gleichgewicht bei der Temperatur T gilt:

$$E_{\mathrm{kin}} = mv_T^2/2 = p^2/2m = (3/2)k_{\mathrm{B}}T\,,$$

woraus die de Broglie-Wellenlänge

$$\lambda_{\mathrm{dB}} = \frac{h}{\sqrt{3mkT}}$$

folgt.

Beispiel

Für Neutronen bei $T = 300\,\mathrm{K}$ wird $\lambda_{\mathrm{dB}} = 0{,}14\,\mathrm{nm}$, für He-Atome bei $T = 1\,\mathrm{K}$ wird $\lambda_{\mathrm{dB}} = 1{,}2\,\mathrm{nm}$. ■

Beschleunigt man z. B. Elektronen durch eine Spannung U auf die Geschwindigkeit $v \ll c$, wird wegen $E_{\mathrm{kin}} = e \cdot U$ ihre de Broglie-Wellenlänge von der Beschleunigungsspannung U abhängig:

$$\lambda_{\mathrm{dB}} = h/\sqrt{2meU}\,. \tag{3.53}$$

Beispiel

$U = 100\,\mathrm{V}$, $m_e = 9{,}1 \cdot 10^{-31}\,\mathrm{kg}$, $h = 6{,}6 \cdot 10^{-34}\,\mathrm{Js} \Rightarrow$ $\lambda_{\mathrm{dB}} = 1{,}2 \cdot 10^{-10}\,\mathrm{m} = 0{,}12\,\mathrm{nm}$. ■

Für relativistische Teilchen ($v \approx c$) gilt:

$$E = \sqrt{p^2c^2 + m_0^2c^4}\,.$$

Werden die Teilchen auf eine Energie E beschleunigt, die groß ist gegen ihre Ruheenergie m_0c^2, so folgt $E \approx p \cdot c$ und die de Broglie-Wellenlänge wird

$$\lambda_{\mathrm{dB}} \approx \frac{h \cdot c}{E}\,.$$

Beispiel

Wenn Elektronen auf eine Energie $E = 1\,\text{GeV}$ beschleunigt, so kann ihre Ruheenergie $m_0c^2 = 0{,}5\,\text{MeV}$ vernachlässigt werden und wir erhalten $\lambda_{\text{dB}} = 1{,}2 \cdot 10^{-15}\,\text{m} = 1{,}2\,\text{fermi} = 0{,}000012\,\text{Å}$. ■

Clinton Joseph Davisson (1881–1958) (Nobelpreis 1937) und *Lester Halbert Germer* (1896–1971) konnten dann in der Tat 1926 demonstrieren, dass beim Durchgang schneller Elektronen durch eine dünne Folie aus kristallinem Material auf einer Photoplatte im Abstand d hinter der Folie Beugungsringe zu sehen waren, deren Durchmesser mit zunehmender Beschleunigungsspannung U der Elektronen abnahmen (Abb. 3.18b), völlig analog zu den Beugungserscheinungen beim Durchstrahlen der Folie mit Röntgenstrahlen (Abb. 3.18a).

Dies bedeutet: Elektronen, die bisher eindeutig als Teilchen angesehen worden waren, zeigen in diesem Experiment Welleneigenschaften, im Einklang mit der Hypothese von de Broglie [1].

In Abb. 3.19 werden die Beugungsstrukturen von Licht und von Elektronen bei der Beugung an einer Kante gezeigt. Dies soll illustrieren, dass bei gleichem Produkt $\lambda \cdot r_0$ von Wellenlänge λ und Abstand r_0 zwischen Kante und Beobachtungsebene die Beugungsstrukturen und ihr Kontrastverhältnis für Elektronen und Licht durchaus vergleichbar sind.

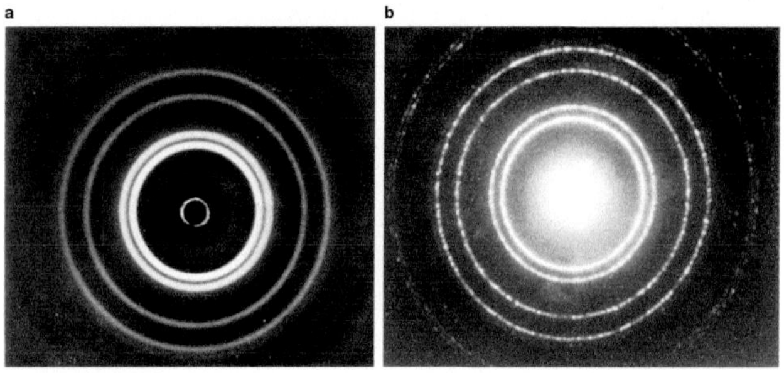

Abbildung 3.18 Vergleich **a** der Röntgenbeugung an einer dünnen Folie und **b** der Elektronenbeugung

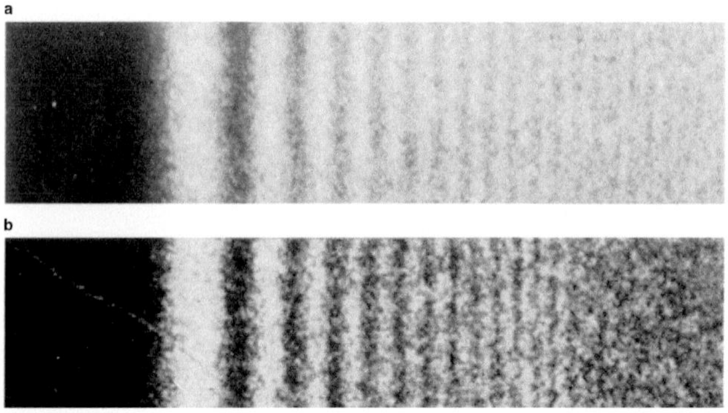

Abbildung 3.19 Vergleich **a** der Lichtbeugung und **b** der Elektronenbeugung ($E_{\text{kin}} = 38\,\text{keV}$) an einer Kante eines MgO-Einkristalls. Dabei wurde in **b** der Abstand r_0 der Photoplatte so eingestellt, dass $r_0 \cdot \lambda$ genau so groß wie in **a** war. Aus H. Raether: Elektroneninterferenzen, in: *Handbuch der Physik*, Bd. 32, 443 (1957)

3.2.2 Beugung und Interferenz von Atomen

Weitere Experimente zeigten, dass diese Beugungserscheinungen nicht auf Elektronen beschränkt sind, sondern dass auch mit Strahlen neutraler Atome Beugungs- und Interferenzphänomene, die typisch sind für Welleneigenschaften, beobachtet werden [17].

Wir wollen dies an zwei Beispielen verdeutlichen. In Abb. 3.20 trifft ein Helium-Atomstrahl auf einen engen Spalt der Breite $b = 12\,\mu\text{m}$. Die am Spalt Sp gebeugten Atomwellen treffen dann 64 cm entfernt auf einen Doppelspalt (jeweils 1 μm breit, 8 μm Abstand). In der Beobachtungsebene entsteht ein Interferenzmuster $I(y)$, das mit einem Detektor D hinter einem in y-Richtung verschiebbaren Spalt gemessen wird. Man sieht eine Interferenzverteilung, die völlig analog zu der Intensitätsverteilung von Licht beim Young'schen Doppelspaltversuch ist (siehe Bd. 2, Abschn. 10.5).

Hinweis. Um die Heliumatome einfacher nachweisen zu können, benutzt man energetisch angeregte Atome in einem langlebigen *metastabilen* Zustand. Treffen diese angeregten Atome

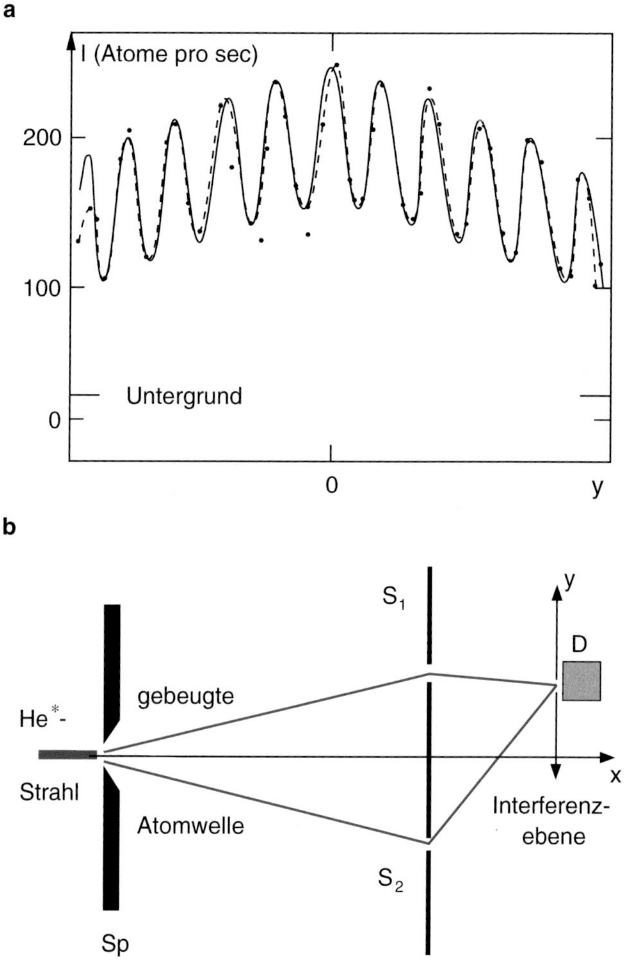

Abbildung 3.20 Beugung eines kollimierten Heliumatomstrahls an einem Spalt und Beobachtung der Doppelspalt-Interferenz. **a** Beobachtete Interferenzstruktur; **b** experimentelle Anordnung [18]

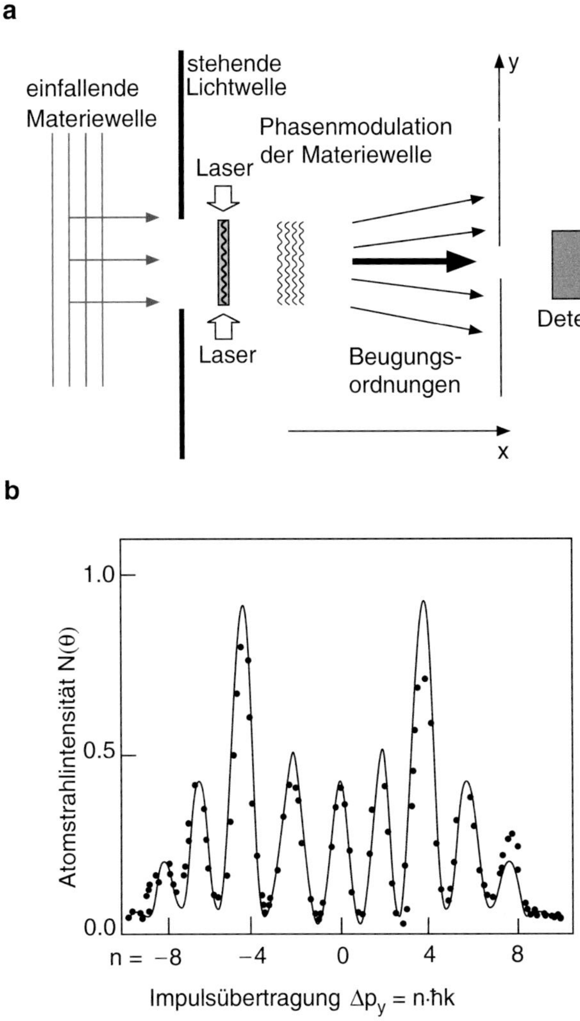

Abbildung 3.21 Beugungs- und Interferenzphänomene beim Durchgang eines Heliumstrahls durch eine stehende Lichtwelle. **a** Anordnung; **b** beobachtete Interferenzstruktur (Intensitätsverteilung $N(\theta)$ mit $y = L \cdot \sin\theta$) [18]

auf eine Metallplatte, so können sie ihr angeregtes Elektron abgeben, d. h. ionisiert werden. Die Ionen können dann mit einem Ionendetektor (siehe Abschn. 2.5) nachgewiesen werden [18].

In einem zweiten Experiment in Abb. 3.21 wird ein kollimierter Strahl metastabiler He-Atome durch eine stehende Lichtwelle mit der Wellenlänge λ_L geschickt. In den Knoten der stehenden Welle ist die Lichtamplitude null, und die Atome können dort ungehindert durchfliegen. Die Lichtintensität ist in den Bäuchen maximal, und die Atome können das Licht absorbieren, wenn die Lichtfrequenz ν auf einen atomaren Übergang abgestimmt ist, sodass $h \cdot \nu = E_2 - E_1$ gilt. Hinter der Welle beobachtet man das in Abb. 3.21b gezeigte Interferenzmuster für die Intensitätsverteilung $N(\theta)$ der He-Atome, wenn man den Detektorspalt in y-Richtung verschiebt [18].

Man kann das Ergebnis mit zwei verschiedenen, *sich nicht widersprechenden* Modellen erklären:

Im Wellenmodell wirkt die stehende Lichtwelle für die de Broglie-Welle der He-Atome wie ein Phasengitter, das zu Interferenzerscheinungen führt, völlig analog zum Phasen- oder Amplitudengitter in der Lichtoptik. Durch Beugung an der periodischen Gitterstruktur mit der Gitterkonstante $d = \lambda_L/2$ werden die Teilwellen der einfallenden Materiewellen abgelenkt. Die Phasendifferenz $\Delta\varphi = (2\pi/\lambda_D) \cdot \Delta s$ zwischen benachbarten Teilwellen hängt von der Wegdifferenz $\Delta s = d \cdot \sin\theta = \frac{1}{2}\lambda_L \cdot \sin\theta$ ab.

Man erhält Interferenzmaxima für die Beugungswinkel θ, für die gilt

$$n \cdot \lambda_{dB} = \Delta s = \frac{1}{2}\lambda_L \cdot \sin\theta\,. \tag{3.54}$$

Man kann das Messergebnis in Abb. 3.21b auch im Teilchenbild interpretieren, wenn man konsequent He-Atome *und* Photonen als Teilchen behandelt.

Durch Absorption von n Photonen in $\pm y$-Richtung wird ein Rückstoßimpuls

$$\Delta p_y = \pm n \cdot \hbar k = \pm n \cdot h/\lambda_L \tag{3.55a}$$

in $\pm y$-Richtung übertragen. Die durch die Absorption angeregten Atome gehen durch stimulierte Emission (siehe Abschn. 7.1) wieder in den Grundzustand zurück. Dabei erhalten sie wieder einen Rückstoß, der in die entgegengesetzte Richtung erfolgt wenn Absorption und Emission durch die gleiche Welle induziert werden, aber in die gleiche Richtung zeigt wie der Rückstoß durch das absorbierte Photon, wenn die stimulierte Emission durch die entgegengesetzt laufende Welle erfolgt wie bei der Absorption. Der gesamte durch Absorption übertragene Impuls ist deshalb

$$\Delta p_y = \pm 2n \cdot h/\lambda_L \quad \text{mit } n = 0, 1, 2, 3, \ldots \tag{3.55b}$$

Die Atome fliegen daher etwas schräg mit einem Impuls $\boldsymbol{p} = \{p_x, \pm 2n\hbar k\}$, sodass den Beugungsmaxima n-ter Ordnung Teilchen mit einer Impulsübertragung $\Delta p = 2n \cdot \hbar k$ zugeordnet werden können [19, 20].

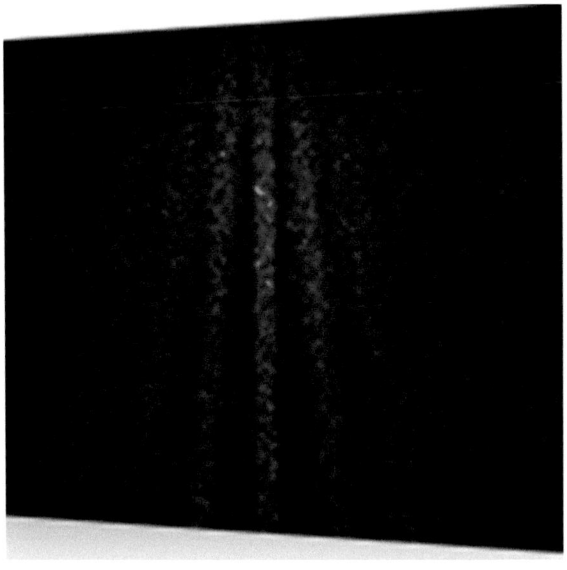

Abbildung 3.22 Interferenzstruktur bei der Beugung von Phtalocyanin Molekülen am Doppelspalt [21]

Kürzlich ist es der Arbeitsgruppe von Prof. Arndt in Wien gelungen, Interferenzstrukturen bei der Beugung am Einzelspalt sogar mit großen Molekülen, wie Phtalocyanin zu demonstrieren (Abb. 3.22).

Diese Beispiele machen deutlich, dass sowohl Teilchen- als auch Wellenmodell Beschreibungen des gleichen physikalischen Sachverhaltes sind.

3.2.3 Bragg-Reflexion und Neutronenspektrometer

Trifft ein kollimierter Strahl von Teilchen mit dem Impuls $p = m \cdot v$ und der de Broglie-Wellenlänge $\lambda_D = h/p$ unter dem Winkel α gegen die parallelen Gitterebenen eines regelmäßigen Kristalls, so interferieren die an den verschiedenen Gitterebenen mit dem Abstand d reflektierten Anteile genau dann konstruktiv, wenn der Wegunterschied $\Delta s = n \cdot \lambda$ wird (Abb. 2.10). Dies führt analog zur Bragg-Reflexion von Röntgenstrahlen zur Bedingung

$$2d \cdot \sin\alpha = n \cdot \lambda_{dB}\,, \quad n \text{ ganzzahlig.} \tag{3.56}$$

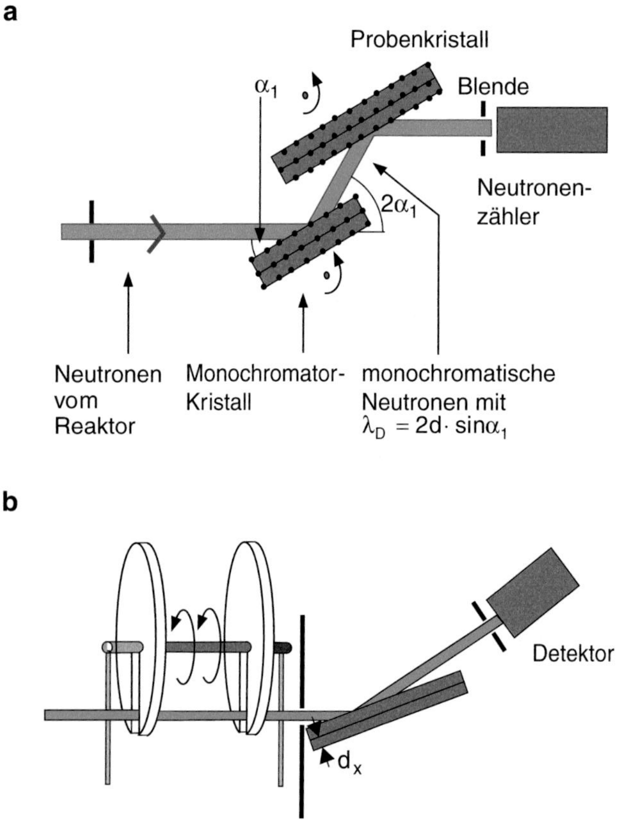

Abbildung 3.23 Neutronen-Spektrometer. **a** Monochromatisierung der Neutronen durch Bragg-Reflexion; **b** Selektion einer wählbaren Geschwindigkeitsklasse $N(v \pm \Delta v/2)$ durch eine Flugzeitmethode

Durch Messung der Einfallswinkel α, bei denen Maxima der Intensität der reflektierten Teilchen auftreten, lässt sich daher bei bekanntem Netzebenenabstand d die de Broglie-Wellenlänge λ bestimmen. In Abb. 3.23 wird dies am Beispiel eines ***Neutronenspektrometers*** verdeutlicht: Die Neutronen werden in einem Kernreaktor (siehe Bd. 4) erzeugt, durch Stöße mit Paraffin abgebremst und verlassen dann den Reaktor durch Kollimationsblenden als kollimierter Strahl mit einer thermischen Geschwindigkeitsverteilung. Durch einen drehbaren Kristall mit bekanntem Netzebenenabstand d kann ein wählbarer Einfallswinkel α_1 eingestellt werden. Damit können in der Richtung $2\alpha_1$ gegen die Einfallsrichtung nur Neutronen mit einer de Broglie-Wellenlänge $\lambda_{dB} = 2d \cdot \sin\alpha_1$, also einer Geschwindigkeit $v = h/(2md \sin\alpha_1)$ selektiert werden. Der Kristall wirkt als Monochromator und ist in seiner Wirkungsweise völlig analog zum Gittermonochromator in der optischen Spektroskopie.

Statt der Bragg-Reflexion an einem bekannten Kristall kann auch eine Flugzeitmethode zur Geschwindigkeitsselektion der Neutronen verwendet werden. Durch eine rotierende Scheibe mit einem Schlitz werden die Teilchen nur während eines kurzen Zeitintervalls Δt zur Zeit $t = 0$ durchgelassen. Misst man den Zeitpunkt t_1 ihrer Ankunft am Detektor, so ist bei einer Flugstrecke L ihre Geschwindigkeit $v = L/t_1$.

Diese Neutronen mit bekannter de Broglie-Wellenlänge λ_D können jetzt auf einen Kristall mit unbekanntem Netzebenenabstand d_x treffen, sodass aus den Einfallswinkeln α_x, für die man Interferenz-Maxima erhält, die Netzebenenabstände d_x bestimmt werden können. Die reflektierten Neutronen werden mit einem neutronenempfindlichen Detektor (Zählrohr) mit Bortrifluorid (siehe Bd. 4) nachgewiesen.

3.2.4 Neutronen-Interferometrie

Man kann die Welleneigenschaften von Neutronen ausnutzen, um analog zum Röntgeninterferometer in Abb. 2.12 ein Neutroneninterferometer zu bauen. Dies wurde in mehreren Labors realisiert (Abb. 3.24) und brachte eine Fülle neuer Untersuchungsmethoden für fundamentale physikalische Fragestellungen und für Probleme der angewandten Physik und Technik [22].

Man benutzt wie beim Röntgeninterferometer die Bragg-Reflexion an Kristallscheiben, die aus einem Silizium-Einkristall herausgeschnitten wurden, und misst am Ausgang die Interferenz-Intensität der sich in der Scheibe 3 wieder überlagernden Teilstrahlen. Die Intensität hängt bekanntlich von der Phasendifferenz $\Delta\varphi$ zwischen den Teilwellen ab. Jetzt kann man in einen der beiden Teilstrahlen eine zu untersuchende Probe einbringen, die eine zusätzliche Phasenverschiebung verursacht und daher zu einer Änderung des Messsignals führt. Man erhält zwei Richtungen am Ausgang, in denen sich die Teilwellen überlagern. Die Summe der Signale an den Detektoren D_1 und D_2 muss unabhängig von der Phasenverschiebung $\Delta\varphi$ sein (Erhaltung der Teilchenzahl!).

Eine Phasenverschiebung kann auch durch das Gravitationsfeld der Erde erzeugt werden, wenn die beiden Teilstrahlen in verschiedener Höhe verlaufen, d. h. wenn der Kristall in Abb. 3.24

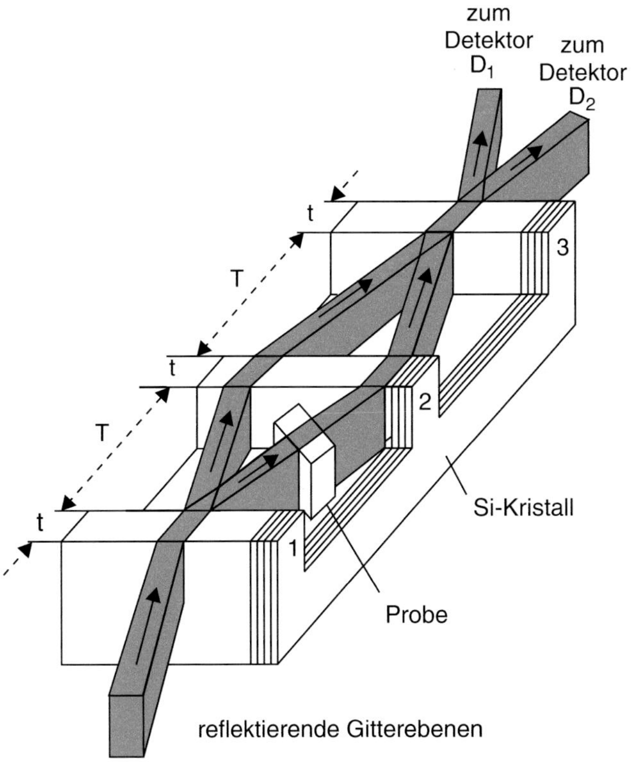

Abbildung 3.24 Neutronen-Interferometer

um 90° um die Längsachse gedreht wird. Das Interferometer ist so empfindlich, dass es den Unterschied der Gravitationseinwirkung bei einem Höhenunterschied von wenigen cm noch nachweisen kann [23].

Für weitere Details und Anwendungen siehe [24].

3.2.5 Anwendungen der Welleneigenschaften von Teilchen

Man kann die de Broglie-Wellenlänge $\lambda_D = h/(m \cdot v)$ durch geeignete Wahl der Teilchengeschwindigkeit v an das jeweilige Problem optimal anpassen. Bei der Vermessung von Gitterebenenabständen d durch Bragg-Reflexion von Teilchen sollte λ_D etwas kleiner als d sein. In Tab. 3.3 sind die Zahlenwerte von λ_D für Elektronen, Neutronen und Heliumatome bei verschiedenen Energien $E_{kin} = (m/2)\, v^2$ angegeben.

Tabelle 3.3 De Broglie-Wellenlängen λ_D in 10^{-10} m = 1 Å für Elektronen, Neutronen und Heliumatome bei verschiedenen Energien E_{kin}

E_{kin}/eV	Elektronen	Neutronen	He-Atome
0,03	70,9	1,65	0,83
1	12,3	0,28	0,143
10^4	0,123	0,003	0,001

Beispiel

He-Atome haben bei Zimmertemperatur (T = 300 K) eine mittlere Geschwindigkeit $\overline{v} \approx 1300$ m/s und eine mittlere kinetische Energie $\overline{E}_{kin} \approx 0{,}03$ eV. Ihre de Broglie-Wellenlänge ist dann $\lambda_{dB} = 8{,}3 \cdot 10^{-11}$ m, also etwa halb so groß wie der Atomabstand in einem Kristall. ■

Mit solchen *thermischen* Heliumatomen kann man die Oberflächenstruktur von Festkörpern abtasten, indem die Beugung eines parallelen, unter dem Winkel α einfallenden Strahls durch Messung der Intensitätsverteilung der von der Oberfläche reflektierten Atome gemessen wird. Da die Atome, im Gegensatz zu den Neutronen, nicht in den Festkörper eindringen, wird die Oberflächenstruktur der obersten Atomlage gemessen. Weitere Beispiele für Anwendungen der „Atomoptik" werden im Kap. 10 gegeben.

Betrachten wir die Elektronen in einem Elektronenmikroskop als de Broglie Welle, so ergibt sich bei einer Energie $E_{kin} = 10^5$ eV eine Wellenlänge $\lambda_{dB} \approx 4 \cdot 10^{-12}$ m, also um etwa fünf Größenordnungen kleiner als die Lichtwellenlänge. Deshalb liegt die beugungsbedingte Auflösungsgrenze mit $\Delta x \geq \lambda/2$ entsprechend tiefer. Die wirklich erreichte Auflösung des Elektronenmikroskops wird nicht durch die Beugung, sondern durch Abbildungsfehler der Elektronenoptik begrenzt.

3.3 Materiewellen und Wellenfunktionen

Zur Wellenbeschreibung eines Teilchens der Masse m, das sich mit der Geschwindigkeit v in x-Richtung bewegt, wählen wir für die ***Materiewelle*** eine zur Lichtwelle analoge Darstellung

$$\psi(x,t) = C \cdot e^{i(\omega t - kx)} = C \cdot e^{i/\hbar \cdot (Et - px)}, \qquad (3.57)$$

wobei die Frequenz ω der Materiewelle mit der kinetischen Energie E_{kin} des Teilchens durch $\omega = E_{kin}/\hbar$ verknüpft ist. Für die Photonen der Lichtwelle bzw. die Teilchen der Materiewelle gelten die Relationen

$$E = \hbar\omega \quad \text{und} \quad \boldsymbol{p} = \hbar \boldsymbol{k} \qquad (3.58)$$

mit $|\boldsymbol{k}| = 2\pi/\lambda$. Es besteht jedoch ein wichtiger Unterschied: Die Phasengeschwindigkeit, die man aus der Bedingung

$$\frac{d}{dt}(\omega t - kx) = 0 \;\Rightarrow\; \omega - k\,dx/dt = 0$$
$$\Rightarrow\; v_{Ph} = \frac{dx}{dt} = \frac{\omega}{k} \qquad (3.59)$$

erhält, ist für elektromagnetische Wellen unabhängig von der Frequenz ω, weil $k = \omega/c$ und daher $v_{Ph} = c$ ist, d. h. die Dispersion $dv_{Ph}/d\omega$ der Lichtwellen im Vakuum ist null.

Für Materiewellen gilt dies nicht! Dies lässt sich einsehen, wenn wir $\omega(k)$ berechnen. Der relativistische Energiesatz (siehe Bd. 1, Abschn. 4.4.3) lautet:

$$E = \frac{m_0 c^2}{\sqrt{1-\beta^2}} = m_0 c^2 + \frac{p^2}{2m_0} + \ldots,$$

wobei $\beta = v/c$. Mit $E = \hbar\omega$ folgt:

$$\omega(k) = E/\hbar = m_0 c^2/\hbar + \hbar k^2/2m_0 + \ldots.$$

Für die Phasengeschwindigkeit ergibt sich dann

$$v_{\mathrm{ph}} = \omega/k = m_0 c^2/(\hbar k) + \hbar k/2m_0 + \ldots.$$

Die Phasengeschwindigkeit hängt also von k ab. Dies bedeutet, dass Materiewellen Dispersion zeigen. Der Betrag der Phasengeschwindigkeit ist

$$v_{\mathrm{ph}} = \hbar\omega/\hbar k = E/p.$$

Mit der Teilchengeschwindigkeit v_{T} wird die Teilchenenergie mit $\beta = v_{\mathrm{T}}/c$ $E = m_0 c^2(1-\beta^2)^{-1/2}$ und der Impuls $p = m_0 v_{\mathrm{T}}/(1-\beta^2)^{-1/2}$

$$\rightarrow v_{\mathrm{Ph}} = E/p = c^2/v_{\mathrm{T}} \rightarrow v_{\mathrm{Ph}} > c\,!!$$

Die Phasengeschwindigkeit der Materiewellen ist also größer als die Lichtgeschwindigkeit.

Frage: Warum ist dies kein Widerspruch zur speziellen Relativitätstheorie?

Deshalb ist die Materiewelle (3.57) und ihre Phasengeschwindigkeit v_{Ph} nicht ohne weiteres geeignet, die Teilchenbewegung zu beschreiben, zumal die ebene Welle (3.57) sich im ganzen Raum ausbreitet, das Teilchen jedoch wenigstens ungefähr lokalisierbar sein sollte. Wir werden sehen, dass man diesen Mangel durch die Einführung von Wellenpaketen beheben kann.

3.3.1 Wellenpakete

Ein wesentlicher Unterschied zwischen der Materiewelle (3.57) und einem Teilchen im klassischen Sinn liegt darin, dass die ebene Welle eine ortsunabhängige Amplitude hat, also über den gesamten Raum ausgebreitet ist, während das klassische Teilchen zu jeder Zeit an einem bestimmten Ort x lokalisiert werden kann.

Durch die Konstruktion von ***Wellenpaketen*** (auch ***Wellengruppen*** genannt) kann man Materiewellen in definierter Weise „lokalisieren", wie im Folgenden gezeigt werden soll:

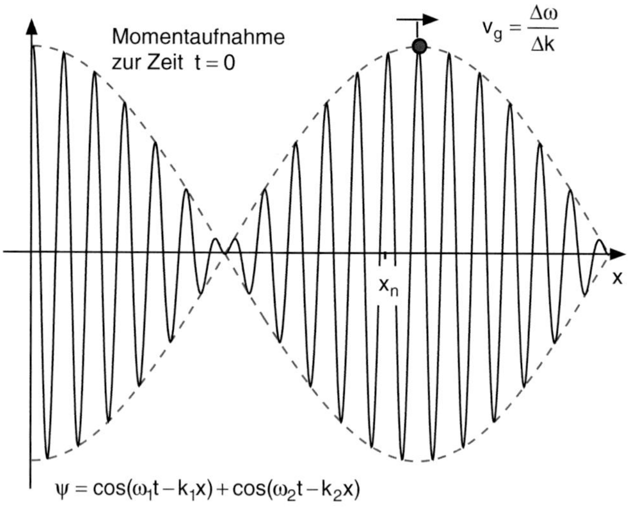

Abbildung 3.25 Überlagerung von zwei monochromatischen Wellen mit etwas unterschiedlichen Frequenzen ω_j und gleichen Amplituden C_j

Überlagert man mehrere ebene monochromatische Wellen mit Amplituden C_j, nahe benachbarten Frequenzen ω_j und parallelen Wellenvektoren $\boldsymbol{k}_j$, die in x-Richtung laufen, so zeigt ihre Überlagerung (Abb. 3.25)

$$\psi(x,t) = \sum_j C_j \mathrm{e}^{\mathrm{i}(\omega_j t - k_j x)} \tag{3.60}$$

maximale Amplituden an bestimmten Orten x_{m}, die sich mit der ***Gruppengeschwindigkeit*** $v_{\mathrm{g}} = \Delta\omega/\Delta k$ in x-Richtung bewegen (siehe Bd. 1, Abschn. 11.9.7).

Bei der Überlagerung von unendlich vielen Wellen, deren Frequenzen ω das Intervall

$$\omega_0 - \Delta\omega/2 \le \omega \le \omega_0 + \Delta\omega/2$$

ausfüllen und deren Wellenzahlen im Intervall $k = k_0 \pm \Delta k/2$ liegen, geht die Summe (3.60) in das Integral

$$\psi(x,t) = \int\limits_{k_0-\Delta k/2}^{k_0+\Delta k/2} C(k)\cdot \mathrm{e}^{\mathrm{i}(\omega t - kx)}\mathrm{d}k \tag{3.61}$$

über. Wenn $\Delta k \ll k_0$ gilt, kann man die Funktion

$$\omega(k) = \omega_0 + \left(\frac{\mathrm{d}\omega}{\mathrm{d}k}\right)_{k_0}\cdot(k-k_0) + \cdots \tag{3.62}$$

in eine Taylorreihe entwickeln, deren höhere Glieder wir vernachlässigen.

Wenn sich die Amplitude $C(k)$ im engen Intervall Δk (man beachte, dass $\Delta k \ll k$ gewählt wurde) nicht wesentlich ändert, können wir $C(k)$ durch den konstanten Wert $C(k_0)$ ersetzen und

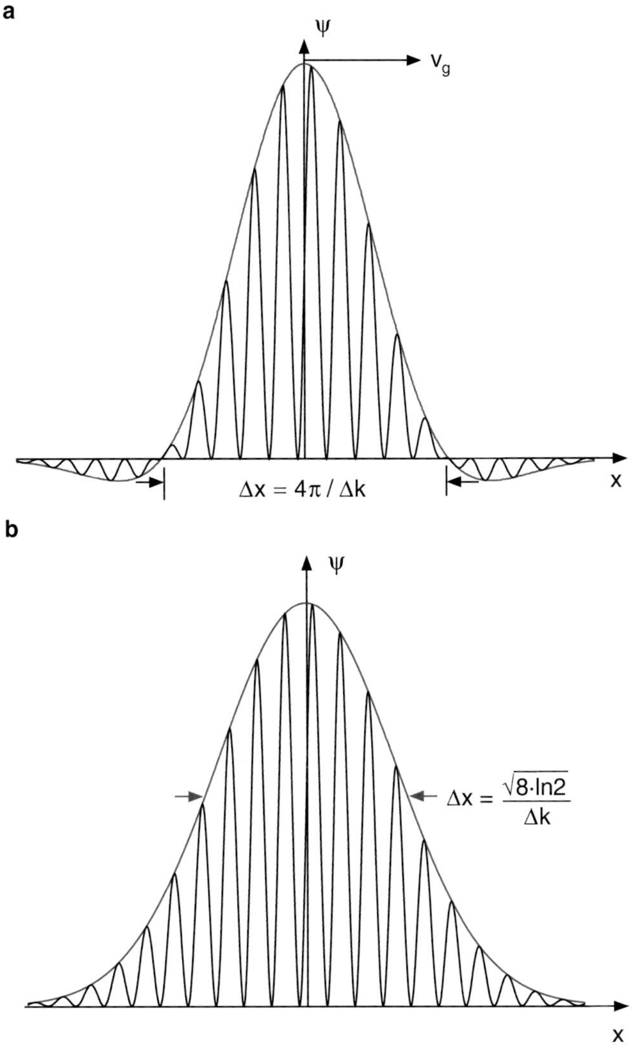

Abbildung 3.26 Wellenpaket als Überlagerung von unendlich vielen Wellen mit Frequenzen ω im Bereich $\omega_0 \pm \Delta\omega/2$ **a** mit konstanter Amplitude $C(k) = C(k_0)$ der Teilwellen, **b** mit gaußförmiger Verteilung (3.67) der Amplituden

erhalten durch Einsetzen von (3.62) in (3.61) mit den Abkürzungen $\kappa = k - k_0$ und $u = (\mathrm{d}\omega/\mathrm{d}k)_{k_0} \cdot t - x$:

$$\psi(x,t) = C(k_0) \cdot \mathrm{e}^{\mathrm{i}(\omega_0 t - k_0 x)} \int\limits_{-\Delta k/2}^{+\Delta k/2} \mathrm{e}^{\mathrm{i}u\kappa}\,\mathrm{d}\kappa\,.$$

Die Integration ist elementar ausführbar und ergibt

$$\psi(x,t) = A(x,t)\,\mathrm{e}^{\mathrm{i}(\omega_0 t - k_0 x)} \tag{3.63a}$$

mit

$$A(x,t) = 2C(k_0)\,\frac{\sin(u\Delta k/2)}{u}\,. \tag{3.63b}$$

Die Funktion $\psi(x,t)$ beschreibt eine ebene Welle, deren Amplitude A ein Maximum bei $u = 0$ hat, also bei $x_\mathrm{m} = (\mathrm{d}\omega/\mathrm{d}k)_{k_0} \cdot t$ (Abb. 3.26). Wir nennen $\psi(x,t)$ ein ***Wellenpaket***. Die Form des Wellenpaketes (Höhe und Abstand der Nebenmaxima) hängt von der Größe des Intervalls Δk und von der Amplitudenverteilung $C(k)$ in (3.61) ab. Sein Maximum bewegt sich mit der Gruppengeschwindigkeit

$$v_\mathrm{g} = \frac{\mathrm{d}x_\mathrm{m}}{\mathrm{d}t} = \left(\frac{\mathrm{d}\omega}{\mathrm{d}k}\right)_{k_0} \tag{3.64}$$

in x-Richtung. Aus den Relationen

$$\omega = \frac{E}{\hbar} = \frac{p^2}{2m\hbar} = \frac{\hbar k^2}{2m}$$

folgt

$$v_\mathrm{g} = \frac{\mathrm{d}\omega}{\mathrm{d}k} = \frac{\hbar k}{m} = \frac{p}{m} = v_\mathrm{T}\,. \tag{3.65}$$

Ein Wellenpaket eignet sich besser zur Beschreibung bewegter Mikroteilchen als die ebene Materiewelle (3.57), weil seine charakteristischen Eigenschaften mit entsprechenden Größen des klassischen Teilchenmodells verknüpft werden können:

- Die Gruppengeschwindigkeit v_g des Wellenpaketes ist gleich der Teilchengeschwindigkeit v_T.
- Der Wellenvektor $\boldsymbol{k}_0$ des Gruppenzentrums bestimmt den Teilchenimpuls $\boldsymbol{p}_\mathrm{T} = \hbar\boldsymbol{k}_0$.
- Im Gegensatz zur ebenen Welle ist das Wellenpaket lokalisiert. Seine Amplitude hat nur in einem beschränkten Raumgebiet Δx maximale Werte. Aus (3.63b) erhält man die Nullstellen der Amplitude bei $u \cdot \Delta k = \pm 2\pi$. Für die volle Fußpunktsbreite des zentralen Maximums Δx ergibt sich dann zum Zeitpunkt $t = 0$ wegen $\Delta k < 2k_0$ und $u(t = 0) = x$

$$\Delta x = 4\pi/\Delta k \geq 2\pi/k_0 = \lambda_\mathrm{dB}\,, \tag{3.66}$$

woraus man sieht, dass dieses Maximum mindestens so breit wie die de Broglie-Wellenlänge λ_dB der Materiewelle des Teilchens ist.

Teilchen können durch Wellenpakete beschrieben werden. Die Teilchengeschwindigkeit entspricht der Gruppengeschwindigkeit des Wellenpaketes.

Anmerkung. Die zusätzlichen Nebenmaxima in Abb. 3.26a verschwinden, wenn man für die Amplituden C_k der Teilwellen keinen konstanten Wert, sondern z. B. eine Gaußverteilung

$$C_k = C(k_0) \cdot \exp\left(-\frac{(k-k_0)^2}{2\Delta k^2}\right) \tag{3.67}$$

annimmt (Abb. 3.26b).

Trotz dieser Verknüpfungen kann man das Wellenpaket aus folgenden Gründen nicht direkt als das Wellenmodell des Teilchens ansehen:

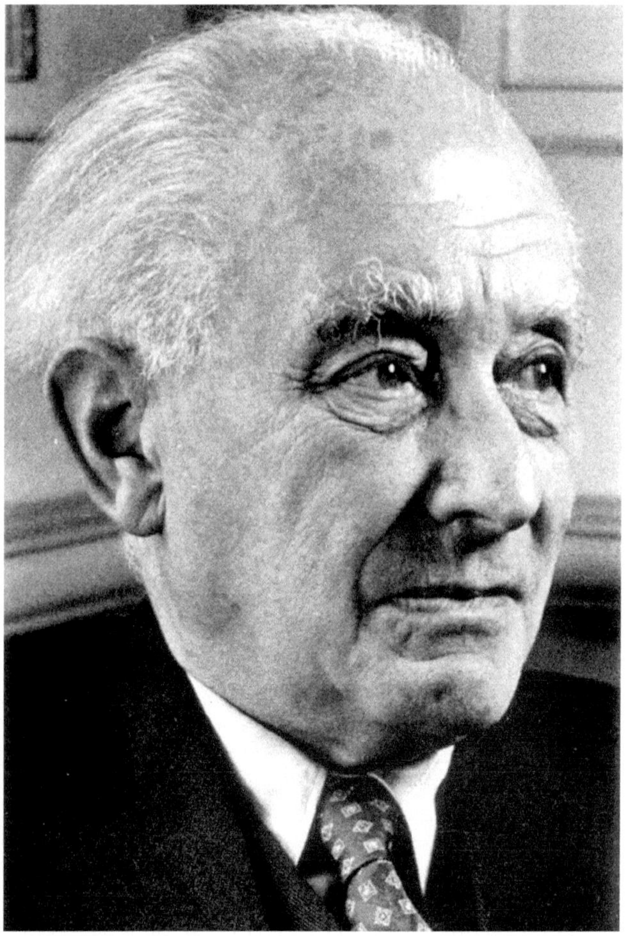

Abbildung 3.27 *Max Born.* Aus E. Bagge: *Die Nobelpreisträger der Physik* (Heinz-Moos-Verlag, München 1964)

- Die Wellenfunktion $\psi(x,t)$ in (3.63a) kann komplexe und auch negative Werte annehmen, die nicht unmittelbar mit realen Messgrößen verknüpft werden können.
- Die Breite des Wellenpaketes wird, wie im nächsten Abschnitt gezeigt wird, wegen der Dispersion der Materiewellen, aus denen es aufgebaut ist, im Laufe der Zeit größer. Es verändert also seine Form während der Ausbreitung im Raum im Gegensatz zu einem klassischen Teilchen, das seine Gestalt beibehält.
- Ein elementares Teilchen wie das Elektron stellen wir uns unteilbar vor. Eine Welle kann aber, z.B. durch einen Strahlteiler, in zwei Komponenten aufgeteilt werden, die sich dann in verschiedene Richtungen weiter ausbreiten.

Diese Schwierigkeiten bewogen *Max Born* (1882–1970, Abb. 3.27) 1927, eine statistische Deutung der Materiewellen vorzuschlagen [25].

3.3.2 Statistische Deutung der Wellenfunktion

Da ein Teilchen beim Auftreffen auf eine Grenzfläche *entweder* reflektiert *oder* transmittiert wird, liegt es nahe, die Aufteilung der entsprechenden Materiewellen in einen reflektierten und einen transmittierten Anteil der Wellenamplitude mit den *Wahrscheinlichkeiten* für Reflexion bzw. Transmission des Teilchens zu verbinden.

Da die Wahrscheinlichkeit definitionsgemäß eine reelle positive Zahl zwischen null und eins ist, kann die komplexe Wellenamplitude selbst nicht als Maß für diese Wahrscheinlichkeit verwendet werden. *Born* schlug folgende Definition vor:

Die Wahrscheinlichkeit $W(x,t)\mathrm{d}x$, dass sich ein Teilchen zur Zeit t im Ortsintervall von x bis $x + \mathrm{d}x$ befindet, ist proportional zum Absolutquadrat $|\psi(x,t)|^2$ der das Teilchen beschreibenden Materiewellenfunktion $\psi(x,t)$:

$$W(x,t)\mathrm{d}x \propto |\psi(x,t)|^2\,\mathrm{d}x\,. \tag{3.68}$$

Man nennt $|\psi(x,t)|^2$ die ***Wahrscheinlichkeitsdichte*** am Ort x zur Zeit t (Abb. 3.28a).

Ein Teilchen, das sich entlang der x-Achse bewegt, muss mit der Wahrscheinlichkeit $W = 1$ *irgendwo* zwischen $x = -\infty$ und $x = +\infty$ zu finden zu sein. Deshalb muss die Normierungsbedingung gelten:

$$\int_{x=-\infty}^{+\infty} |\psi(x,t)|^2\,\mathrm{d}x = 1\,. \tag{3.69}$$

Mit dieser Normierung wird der Proportionalitätsfaktor in (3.68) gleich eins, und es gilt:

$$W(x,t)\,\mathrm{d}x = |\psi(x,t)|^2\,\mathrm{d}x\,. \tag{3.70}$$

Kann sich das Teilchen frei im Raum bewegen, ordnen wir ihm ein dreidimensionales Wellenpaket $\psi(x,y,z,t)$ zu (siehe auch Abb. 3.28b). Da ein existierendes Teilchen mit Sicherheit, d. h. mit der Wahrscheinlichkeit $W = 1$, irgendwo im Raum sein muss, gilt für den dreidimensionalen Fall:

$$\iiint_V |\psi(x,y,z,t)|^2\,\mathrm{d}x\,\mathrm{d}y\,\mathrm{d}z \equiv 1\,. \tag{3.71}$$

Wir können also zusammenfassen: Jedes physikalische „Teilchen“ kann durch ein Wellenpaket dargestellt werden, das durch eine Wellenfunktion $\psi(x,y,z,t)$ (z. B. (3.63)) beschrieben wird. Die Größe

$$W(x,y,z,t)\,\mathrm{d}x\,\mathrm{d}y\,\mathrm{d}z = |\psi(x,y,z,t)|^2\,\mathrm{d}x\,\mathrm{d}y\,\mathrm{d}z$$

Kapitel 3

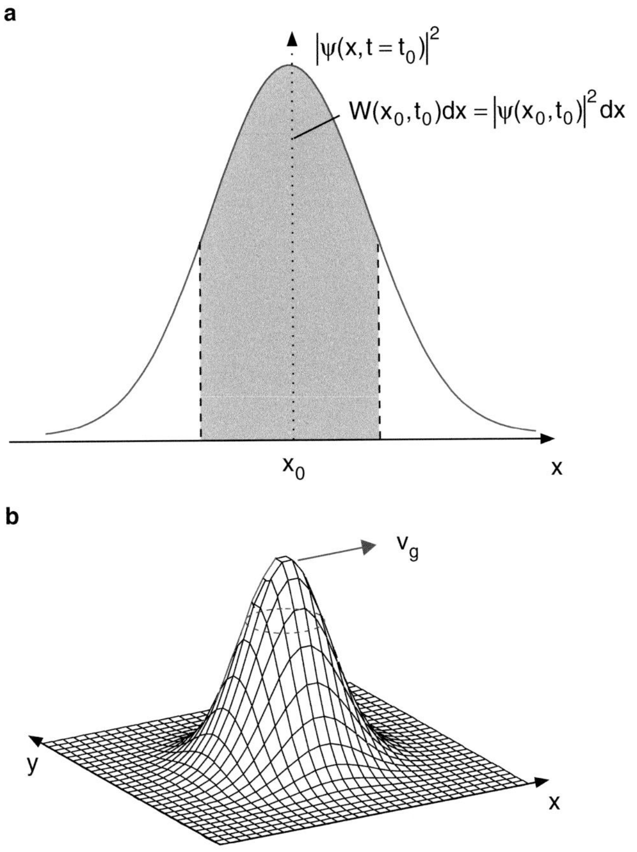

Abbildung 3.28 **a** Absolutquadrat der Wellenfunktion eines Wellenpaketes als Wahrscheinlichkeitsdichte, ein Teilchen um den Ort $x = x_0$ zur Zeit $t = t_0$ zu finden; **b** zweidimensionales Wellenpaket $|\psi(x, y, t_0)|^2$

dieser gemäß (3.71) normierten Funktion ψ gibt die Wahrscheinlichkeit $W(x, y, z)$ an, das Teilchen zur Zeit t im Volumenelement $\mathrm{d}V = \mathrm{d}x\,\mathrm{d}y\,\mathrm{d}z$ zu finden. Diese Wahrscheinlichkeit ist am größten für das *Zentrum* des Wellenpaketes, das sich mit der Gruppengeschwindigkeit v_g im Raum fortbewegt, die identisch mit der Teilchengeschwindigkeit ist. Die Wahrscheinlichkeit ist jedoch *in einem endlichen Volumen* ungleich null, d. h. man kann das Teilchen nicht exakt an einem Punkte $\{x, y, z\}$ lokalisieren. Seine Ortsbestimmung weist eine gewisse *Unschärfe* auf, die mit der räumlichen Verteilung des Wellenpaketes zusammenhängt und die wir jetzt genauer quantifizieren wollen.

3.3.3 Heisenberg'sche Unbestimmtheitsrelation

Als Beispiel für ein Wellenpaket wählen wir eine Überlagerung von ebenen Wellen, deren Amplituden

$$C(k) = C_0 \exp\left[-\left(\frac{a}{2}\right)^2 (k - k_0)^2\right] \tag{3.72}$$

um $k = k_0$ gaußverteilt sind (Abb. 3.28). Das eindimensionale Wellenpaket wird damit

$$\psi(x, t) = C_0 \int_{-\infty}^{+\infty} \mathrm{e}^{-(a/2)^2 (k-k_0)^2} \mathrm{e}^{\mathrm{i}(kx-\omega t)} \mathrm{d}k\,. \tag{3.73}$$

Die Integration über k ist analytisch ausführbar und liefert für den Zeitpunkt $t = 0$ mit der Normierungskonstanten $C_0 = \sqrt{a}/(2\pi)^{3/4}$

$$\psi(x, 0) = \left(\frac{2}{\pi a^2}\right)^{1/4} \cdot \mathrm{e}^{-x^2/a^2} \cdot \mathrm{e}^{\mathrm{i}k_0 x}\,. \tag{3.74}$$

Die so normierte Funktion hat die Wahrscheinlichkeitsdichte

$$|\psi(x, 0)|^2 = \sqrt{\frac{2}{\pi a^2}}\, \mathrm{e}^{-2x^2/a^2}\,, \tag{3.75}$$

welche der Normierungsbedingung

$$\int_{-\infty}^{+\infty} |\psi(x, 0)|^2\, \mathrm{d}x = 1 \tag{3.76}$$

genügt, wie man durch Einsetzen von (3.75) in (3.76) sieht.

Das Wellenpaket von (3.74) hat seine maximale Amplitude bei $x = 0$. Für $x_{1,2} = \pm a/2$ ist die Wahrscheinlichkeitsdichte $|\psi(x, 0)|^2$ auf $1/\sqrt{\mathrm{e}}$ ihres Maximalwertes abgesunken. Man definiert üblicherweise das Intervall $x_1 - x_2 = \Delta x = a$ als die volle Breite des Wellenpaketes (3.75).

Gemäß (3.73) setzt sich das Wellenpaket aus ebenen Wellen mit der Amplitudenverteilung $C(k)$ in (3.72) zusammen. Die Breite $\Delta k = k_1 - k_0$ der Verteilung $C(k)$ zwischen den Wellenzahlen k_1 und k_0, für die gilt: $|C(k_1)|^2 = C_0^2/\sqrt{\mathrm{e}}$, ist nach (3.72) $\Delta k = 1/a$.

Wir erhalten daher das wichtige Ergebnis:

> Das Produkt aus räumlicher Breite Δx des Wellenpaketes und der Breite Δk des Wellenzahlintervalls der das Wellenpaket bildenden Materiewellen ist gleich 1.
>
> $$\Delta x \cdot \Delta k = 1 \tag{3.77}$$

Dieses Ergebnis ist uns bereits aus der Optik bekannt (siehe Bd. 2, Abschn. 11.6.4). In einem Spektralapparat ist das kleinste noch auflösbare Frequenzintervall $\Delta\omega = 1/\Delta t_{max}$ durch die maximale Laufzeitdifferenz $\Delta t_{max} = \Delta x/c$ der miteinander interferierenden Teilwellen begrenzt. Mit $\Delta\omega = c \cdot \Delta k$ entspricht dies genau (3.77).

Seine Bedeutung für die quantenmechanische Beschreibung von Teilchen erhält (3.77) durch Interpretation des Absolutquadrates des Wellenpaketes (3.75) als Wahrscheinlichkeitsverteilung für den Aufenthaltsort eines Teilchens. Mit der de Broglie-Beziehung $p_x = \hbar k$ für den Impuls des Teilchens, das sich in x-Richtung bewegt, wird aus (3.77) die Gleichung

$$\Delta x \cdot \Delta p_x = \hbar\,. \tag{3.78}$$

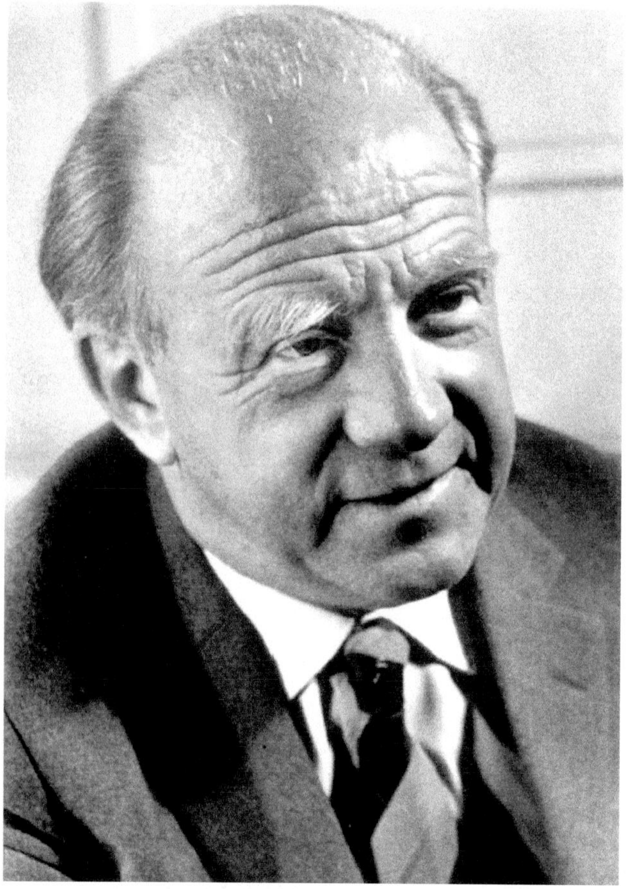

Abbildung 3.29 *Werner Heisenberg.* Aus E. Bagge: *Die Nobelpreisträger der Physik* (Heinz-Moos-Verlag, München 1964)

Man kann zeigen [26], dass ein gaußförmiges Wellenpaket das minimale Produkt $\Delta x \cdot \Delta p_x$ aus Orts- und Impulsbreite liefert. Bei allen anderen Amplitudenverteilungen gilt $\Delta x \cdot \Delta p_x > \hbar$. Wir kommen damit zur Aussage der erstmals von *Werner Karl Heisenberg* (1901–1975, Abb. 3.29 [27]) formulierten ***Heisenberg'schen Unbestimmtheitsrelation***, oft auch ***Unschärferelation*** genannt:

$$\Delta x \cdot \Delta p_x \geq \hbar\,. \tag{3.79}$$

Das Produkt aus der Unbestimmtheit Δx der Ortsbestimmung des Teilchens, definiert als die räumliche Breite des Wellenpaketes, und der Impulsunschärfe Δp_x des Teilchens, definiert als die Breite der Impulsverteilung der das Wellenpaket aufbauenden Wellen mit den Impulsen $p_x = \hbar k_x$, ist immer größer oder gleich $\hbar$ (Abb. 3.30).

Anmerkung. Oft wird als Breite Δx bzw. Δk einer Gaußverteilung das Intervall zwischen den Punkten gewählt, bei denen die Funktion $|\psi(x,0)|^2$ bzw. $|C(k)|^2$ auf $1/e$ (statt auf $1/\sqrt{e}$) ihres Maximalwertes gesunken ist. Dann ergibt sich mit dem Quadrat

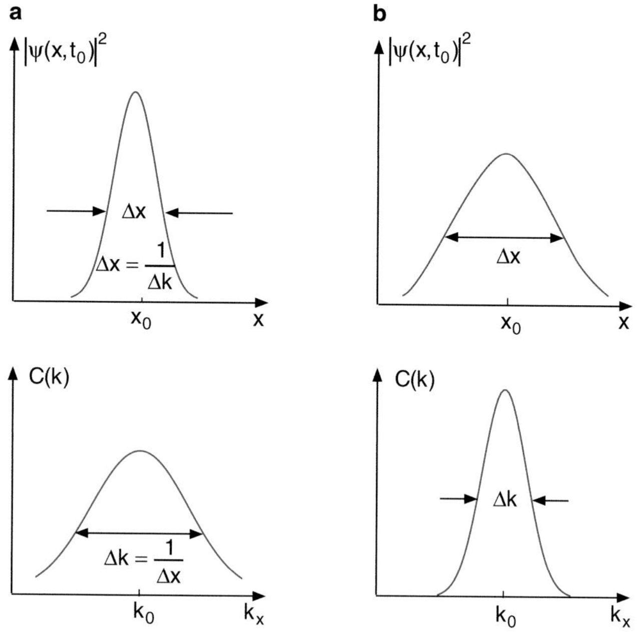

Abbildung 3.30 Darstellung der Unbestimmtheitsrelation durch die Orts- und Impulsunschärfen eines Wellenpaketes: **a** kleine Ortsunschärfe; **b** große Ortsunschärfe

$C^2(k)$ aus (3.72) für Δk: $\Delta k = 2 \cdot \sqrt{2}/a \approx 2{,}8/a$ und aus (3.75) $\Delta x = 2 \cdot a/\sqrt{2}$. Man erhält dann statt (3.77)

$$\Delta x \cdot \Delta k = 4$$

und für die Unschärferelation

$$\Delta x \cdot \Delta p_x \geq 4\hbar\,. \tag{3.80}$$

Wählt man als Breite des Wellenpaketes den Abstand zwischen den beiden ersten Nullstellen auf beiden Seiten des zentralen Maximums, so erhält man $\Delta x \cdot \Delta k = 2\pi$, und aus (3.79) wird dann

$$\Delta x \cdot \Delta p \geq 2\pi\,\hbar = h\,, \tag{3.81}$$

d. h. $\hbar$ wird durch $h = 2\pi\hbar$ ersetzt.

Der Zahlenwert der unteren Grenze für das Produkt $\Delta x \cdot \Delta p_x$ hängt von der Definition der Ortsunschärfen Δx bzw. der Impulsunschärfen Δp_x ab.

Für die anderen Raumrichtungen eines dreidimensionalen Wellenpaketes erhält man analog zu (3.79)

$$\Delta y \cdot \Delta p_y \geq \hbar\,, \quad \Delta z \cdot \Delta p_z \geq \hbar\,. \tag{3.82}$$

Wir wollen uns die Unbestimmtheitsrelation an einigen Beispielen verdeutlichen:

a) Beugung von Elektronen an einem Spalt

Auf einen Spalt der Breite $\Delta x = b$ falle senkrecht ein paralleler, in x-Richtung ausgedehnter Strahl von Elektronen mit dem Impuls $\boldsymbol{p} = \{0, p_y, 0\}$ (Abb. 3.31). Vor dem Durchlaufen des Spalts ist ihre Impulskomponente $p_x = 0$, während wir über die x-Koordinate eines Elektrons keine genauere Angaben machen können.

Von allen einfallenden Elektronen passieren jedoch nur solche den Spalt, deren x-Koordinate im Intervall $x = 0 \pm b/2$ liegt, d. h. für diese transmittierten Elektronen lässt sich die Unbestimmtheit ihrer x-Koordinate einengen auf das Intervall $\Delta x = b$. Nach der Unbestimmtheitsrelation (3.81) wird dadurch die Unbestimmtheit der Impulskomponente $\Delta p_x \geq h/b$, d. h. die Elektronen können hinter dem Spalt in einem Winkelbereich $-\theta \leq \varphi \leq +\theta$ angetroffen werden mit

$$\sin\theta = \frac{\Delta p_x}{p} \geq \frac{h}{b \cdot p}\,. \tag{3.83a}$$

Beschreiben wir die Elektronen durch eine de-Broglie-Welle mit der Wellenlänge $\lambda = h/p$, so wird diese am Spalt gebeugt, und wir erhalten ein zentrales Beugungsmaximum mit der Fußpunktsbreite $\Delta\varphi = 2\theta$ zwischen den ersten beiden Nullstellen der Intensitätsverteilung.

Analog zur Beugung in der Optik (siehe Bd. 2, Kap. 10) ergibt dies

$$\sin\theta = \frac{h}{b \cdot p} = \frac{\lambda}{b}\,, \tag{3.83b}$$

was sich als identisch mit (3.83a) erweist.

Dies macht deutlich, dass die Unschärferelation nichts weiter als die Wellenbeschreibung von Teilchen und die bei einer räumlichen Begrenzung der Welle auftretenden Beugungserscheinungen berücksichtigt.

b) Räumliche Auflösungsgrenze eines Lichtmikroskops auf Grund der Unschärferelation

Angenommen, wir wollten mit einem Lichtmikroskop den Ort x eines ruhenden Mikroteilchens bestimmen. Dazu müssen wir das Teilchen beleuchten, um aus dem von ihm gestreuten Licht der Wellenlänge λ seinen Ort feststellen zu können (Abb. 3.32).

Ein gestreutes Photon muss in einen Raumkegel mit dem Öffnungswinkel 2α gestreut werden, damit es vom Objektiv (Durchmesser d) des Mikroskops erfasst werden kann, wobei $\sin\alpha \approx \tan\alpha = d/2y$, wobei y die Entfernung des Objektes vom Objektiv ist. Seine Impulskomponente p_x hat dann eine Unbestimmtheit

$$\Delta p_x = p_{\mathrm{Ph}} \cdot \sin\alpha \approx \frac{h}{\lambda} \cdot \frac{d}{2y}\,. \tag{3.84}$$

Wegen der Impulserhaltung beim Streuvorgang hat dann auch das Teilchen, an dem das Photon gestreut wurde und das dadurch einen Rückstoß bekommt, die Impulsunschärfe Δp_x.

Paralleles Licht, das in Abb. 3.32b von oben in y-Richtung auf das Mikroskop trifft, erzeugt in der Fokusebene im Abstand y vom Objektiv wegen der Beugung am kreisförmigen Objektivrand eine Beugungsstruktur, deren zentrales Maximum den

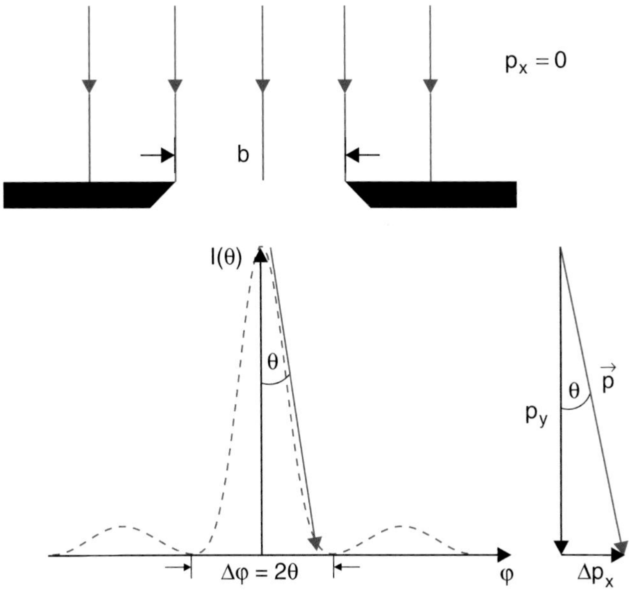

Abbildung 3.31 Beugung von Elektronen an einem Spalt, interpretiert durch die Unbestimmtheitsrelation

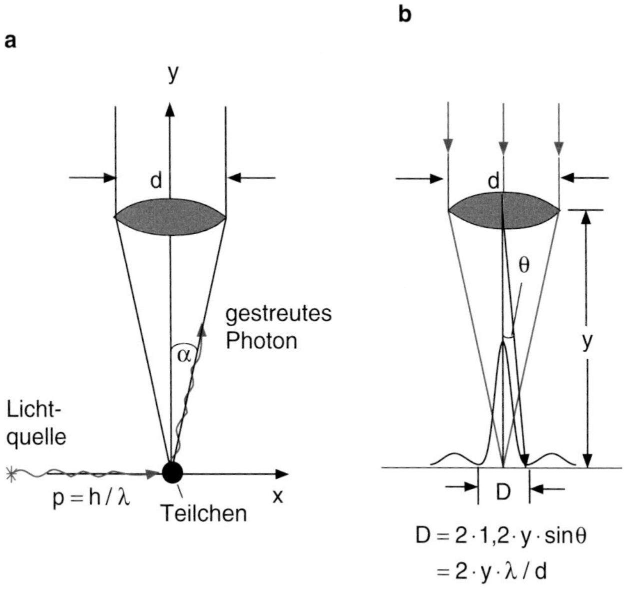

Abbildung 3.32 Erklärung der räumlichen Auflösungsgrenze eines Mikroskops mithilfe der Unschärferelation

Durchmesser

$$D = 1{,}22y \cdot \sin\theta \approx 2y \cdot \lambda/d \qquad (3.85)$$

hat (siehe Bd. 2, Abschn. 10.5.1).

Deshalb kann umgekehrt aus dem am Teilchen gestreuten Licht, das vom Mikroskop gesammelt wird, der Ort des Teilchens nicht genauer als auf $\Delta x = D$ angegeben werden. Aus (3.84) und (3.85) erhält man damit wieder die Relation:

$$\Delta p_x \cdot \Delta x \geq \frac{h}{\lambda} \cdot \frac{d}{2y} \cdot 2y \cdot \frac{\lambda}{d} = h\,. \qquad (3.86)$$

Verwendet man zur Beleuchtung Licht mit kleinerer Wellenlänge λ, so kann Δx verkleinert werden, aber die Impulsunschärfe Δp_x wird entsprechend größer.

Wir sehen hieran, dass der Messprozess selbst den Zustand des zu messenden Objektes ändert!

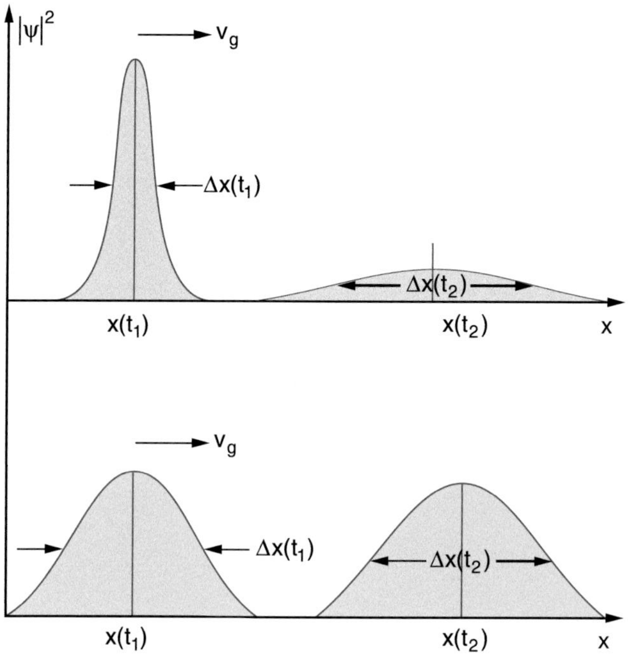

Abbildung 3.33 Auseinanderlaufen eines Wellenpaketes für zwei verschiedene Anfangsbreiten $\Delta x(t_1)$

3.3.4 Das Auseinanderlaufen eines Wellenpaketes

In (3.65) wurde gezeigt, dass zwischen der Gruppengeschwindigkeit v_g des Wellenpaketes und dem Impuls p des entsprechenden Teilchens der Masse m die Beziehung

$$v_g = p/m \qquad (3.87)$$

besteht. Nun kann der Anfangsimpuls p des Teilchens nach der Unschärferelation nicht genauer als $p \pm \Delta p$ bestimmt werden. Daraus folgt eine Unschärfe Δv_g der Gruppengeschwindigkeit

$$\Delta v_g = \frac{1}{m}\Delta p = \frac{1}{m}\frac{\hbar}{\Delta x_0}\,, \qquad (3.88)$$

wobei Δx_0 die ursprüngliche Breite des Wellenpaketes, d. h. die Unschärfe der Ortsbestimmung des Teilchens ist. Die Unsicherheit, mit der man den Ort des Teilchens zu einem späteren Zeitpunkt bestimmen kann, wächst wegen der Unschärfe der Teilchengeschwindigkeit v linear mit der Zeit t an:

$$\Delta x(t) = \Delta x_0 + \Delta v_g \cdot t = \Delta x_0 + \frac{\hbar}{m \cdot \Delta x_0} \cdot t\,. \qquad (3.89)$$

Δx gibt dabei die Breite des Wellenpaketes an, die also im Laufe der Zeit zunimmt (Abb. 3.33). Die Fläche unter dem Wellenpaket bleibt dabei gleich, weil zu jedem Zeitpunkt gilt:

$$\int_{-\infty}^{+\infty} |\Psi(x,t)|^2\, dx = 1\,.$$

Die Zunahme der Breite Δx ist umso größer, je schmaler die ursprüngliche Breite Δx_0 war, weil dann die ursprüngliche Impulsbreite Δp_x und damit die Geschwindigkeitsunschärfe Δv_x besonders groß ist. Dies bedeutet, dass die Lokalisierbarkeit des Teilchens wegen seiner Geschwindigkeitsunschärfe im Laufe der Zeit abnimmt. Das Gebiet, in dem es sich aufhalten kann, wird größer.

3.3.5 Unbestimmtheitsrelation für Energie und Zeit

In Abschn. 3.3.3 wurde diskutiert, wie groß die räumliche Ausdehnung Δx eines Wellenpaketes ist, wenn sich dieses aus Teilwellen im Wellenzahlintervall Δk zusammensetzt. Wir wollen nun die Frage untersuchen, wie genau wir die Energie $\hbar\omega_0$ der Zentralfrequenz ω_0 des Wellenpaketes messen können, wenn wir die Messung über ein Zeitintervall Δt ausführen.

Dazu betrachten wir das Wellenpaket wieder als Überlagerung von Teilwellen $C_i \cdot \exp\left[i(\omega t - k_i x)\right]$, integrieren jetzt aber nicht wie in (3.61) über das k-Intervall Δk, sondern über das Frequenzintervall $\Delta\omega$, schreiben also:

$$\psi(x,t) = \int_{\omega_0-\Delta\omega/2}^{\omega_0+\Delta\omega/2} C(\omega) \cdot e^{i(\omega t - kx)} d\omega\,. \qquad (3.90)$$

Die zu (3.63) völlig analoge Behandlung ergibt bei einer Taylorreihenentwicklung

$$k = k_0 + \left(\frac{dk}{d\omega}\right)_{\omega_0} (\omega - \omega_0) + \cdots \qquad (3.91)$$

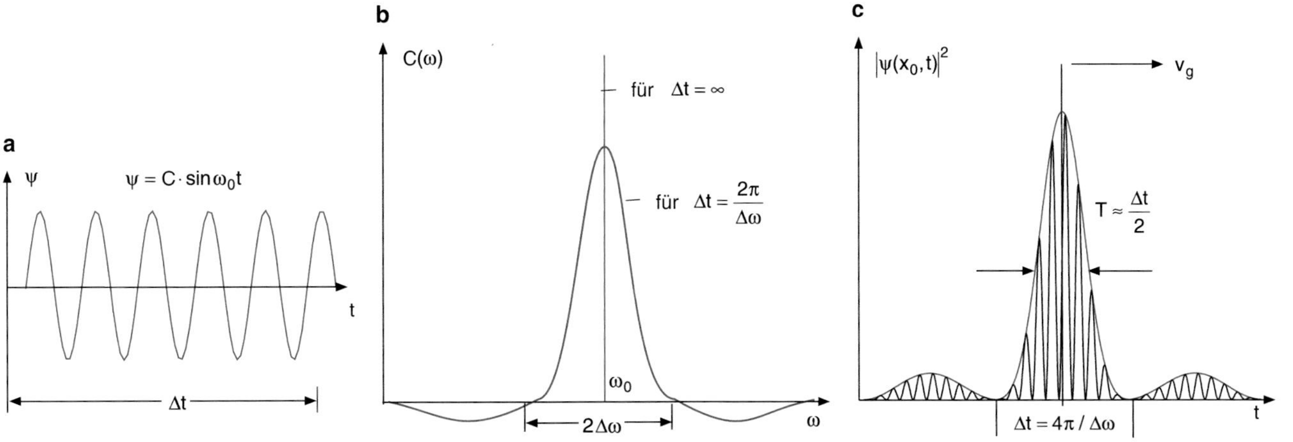

Abbildung 3.34 Zur Unbestimmtheitsrelation $\Delta\omega \cdot \Delta t \geq 2\pi$. **a** Sinuswelle, die während des Zeitintervalls Δt gemessen wird; **b** Amplitudenverteilung; **c** Wellenpaket mit Frequenzunschärfe $\Delta\omega$, das über den Messort x_0 läuft

mit der Abkürzung $u = t - (\mathrm{d}k/\mathrm{d}\omega) \cdot x$

$$\psi(x,t) = 2C(\omega_0) \cdot \frac{\sin(u \cdot \Delta\omega)}{u} \mathrm{e}^{\mathrm{i}(\omega_0 t - k_0 x)} . \qquad (3.92)$$

Am festen Ort x_0 erscheint das Maximum zur Zeit $t_0 = (\mathrm{d}k/\mathrm{d}\omega) \cdot x_0$ (Abb. 3.34). Die beiden dem zentralen Maximum benachbarten Nullstellen laufen dann über den Ort x_0 zu den Zeiten

$$t_{1,2} = \left(\frac{\mathrm{d}k}{\mathrm{d}\omega}\right)_{\omega_0} x_0 \pm \frac{\pi}{\Delta\omega} . \qquad (3.93)$$

Das Wellenpaket (man beachte, dass es bei gaußförmiger Amplitudenverteilung keine Nebenmaxima mehr gibt) braucht also das Zeitintervall $\Delta t = 2\pi/\Delta\omega$, um über den Messort x_0 hinwegzulaufen.

Wenn wir umgekehrt ein Wellenpaket nur über ein Zeitintervall Δt beobachten, können wir seine Zentralfrequenz ω_0 nur mit einer Unsicherheit $\Delta\omega$ bestimmen. Mathematisch sieht man das folgendermaßen: Eine monochromatische Welle $C_0 \cdot \mathrm{e}^{\mathrm{i}(kx - \omega_0 t)}$ werde am Ort $x = 0$ nur während eines Zeitintervalls Δt gemessen. Die fouriertransformierte Amplitudenverteilung dieses Wellenzuges, d. h. sein Frequenzspektrum, ist dann

$$\begin{aligned} C(\omega) &= \int\limits_{-\Delta t/2}^{+\Delta t/2} C_0 \cdot \mathrm{e}^{\mathrm{i}(\omega - \omega_0)\,t} \mathrm{d}t \\ &= \frac{C_0 \sin\left(\frac{\omega - \omega_0}{2} \Delta t\right)}{\frac{\omega - \omega_0}{2}} . \end{aligned} \qquad (3.94)$$

Das zentrale Maximum dieser Verteilung hat eine Breite (halber Abstand der Nullstellen) von $\Delta\omega = 2\pi/\Delta t$. Da die Energie E mit der Frequenz ω durch $E = \hbar \cdot \omega$ verknüpft ist, finden wir schließlich

$$\Delta E \cdot \Delta t \geq 2\pi\hbar = h . \qquad (3.95)$$

Wenn man ein Teilchen nur während des begrenzten Zeitintervalls Δt beobachtet, kann man seine Energie E nur mit einer Unschärfe $\Delta E \geq h/\Delta t$ bestimmen.

Anmerkung. Wird statt der konstanten Amplitudenverteilung $C(\omega_0)$ eine gaußförmige Amplitudenverteilung $C(\omega)$ angenommen, so erhält man wieder analog zu (3.79) die kleinste Unschärfe mit

$$\Delta E \cdot \Delta t \geq \hbar . \qquad (3.96)$$

3.4 Die Quantenstruktur der Atome

Die bisher in Kap. 2 behandelten Experimente über die Atomstruktur hatten gezeigt, dass Atome aus einem Kern mit der Ladung $+Z \cdot e$ und einem Kernradius $R_\mathrm{K} < 10^{-14}$ m bestehen, dessen Masse fast gleich der Atommasse ist, und aus einer Elektronenhülle, die Z Elektronen der Ladung $-e$ enthält, welche zwar nur eine sehr geringe Masse haben, sich aber auf ein Volumen verteilen, das dem Atomvolumen entspricht, wie es mit den in Abschn. 2.3 besprochenen Methoden bestimmt wurde und das etwa 10^{12}–10^{15} mal so groß ist wie das Kernvolumen.

Über eine mögliche Struktur der Elektronenhülle haben wir bisher noch keine Aussagen gemacht. Insbesondere muss geklärt werden, ob die Elektronen sich in einer statischen Ladungsverteilung anordnen oder ob sie sich bewegen. Eine statische Anordnung kann wegen der elektrostatischen Anziehung zwischen der positiven Kernladung Ze und den negativ geladenen Elektronen nicht stabil sein. Ein dynamisches Atommodell, in dem die Elektronen sich beschleunigt bewegen, muss erklären, warum diese nicht gemäß der klassischen Elektrodynamik Energie abstrahlen und dadurch ebenfalls instabil werden.

Die im Folgenden vorgestellten Experimente haben ganz wesentlich zur Klärung dieser Fragen beigetragen.

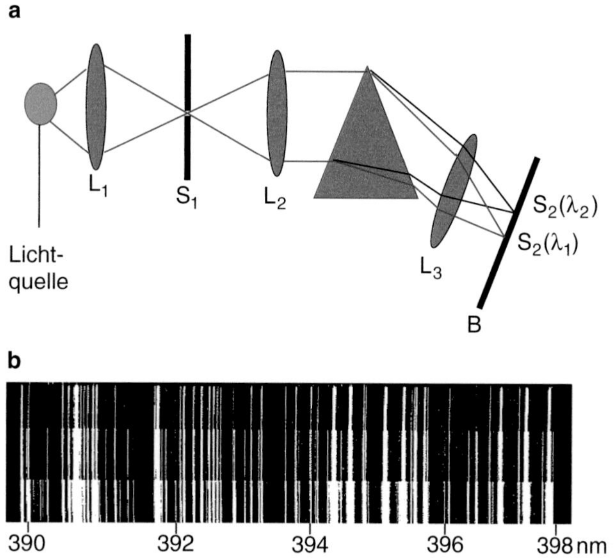

Abbildung 3.35 **a** Anordnung zur Aufnahme von Emissionsspektren mit einem Prismenspektrographen; **b** Emissionsspektrum eines Eisenbogens im Spektralbereich von 390 bis 398 nm aufgenommen mit einer Photoplatte bei drei verschiedenen Belichtungszeiten

3.4.1 Atomspektren

Schon *Gustav Kirchhoff* (1824–1887) und *Robert Bunsen* (1811–1899) stellten 1859 in einer Gemeinschaftsarbeit fest, dass Atome nur Licht mit ganz bestimmten Wellenlängen absorbieren oder emittieren können. Diese für eine Atomsorte ganz spezifischen Wellenlängen nennt man ***Absorptions-*** bzw. ***Emissions-Spektrum*** des Atoms. Eine experimentelle Anordnung zur Messung der Emissionsspektren ist in Abb. 3.35a gezeigt.

Das von Atomen in einer Lichtquelle (z. B. einer Gasentladung) emittierte Licht wird durch die Linse L_1 auf den Eintrittsspalt S_1 eines Spektrographen abgebildet. Im Spektrographen (Bd. 2, Abschn. 11.6) wird S_1 durch die Linsen L_2 und L_3 auf die Beobachtungsebene B abgebildet, sodass dort ein Bild S_2 des Spaltes S_1 entsteht. Infolge der Dispersion des Prismas hängt der Ort x des Spaltbildes S_2 von der Wellenlänge λ des auf den Spalt S_1 treffenden Lichtes ab. Wenn dieses Licht nur bestimmte Wellenlängen λ_k enthält, gibt es endlich viele, räumlich getrennte Spaltbilder $S_2(\lambda_k)$, die auf einer Photoplatte in der Beobachtungsebene zu einer diskreten Schwärzung an den Stellen $x(\lambda_k)$ führen, die im Negativ wie schwarze Linien auf hellem Untergrund aussehen. Man nennt ein solches Spektrum deshalb ***Linienspektrum*** (Abb. 3.35b).

Viele Lichtquellen senden ein ***kontinuierliches Spektrum*** aus, d. h. ihre Intensität $I(\lambda)$ ist eine kontinuierliche Funktion der Wellenlänge λ. Beispiele sind die Strahlung der Sonnen-Photosphäre, die Strahlung eines schwarzen Körpers oder allgemein die Emission heißer fester Körper.

Absorptionsspektren können mit dem Aufbau der Abb. 3.36 gemessen werden. Die Strahlung einer Kontinuumsquelle wird durch die Linse L_1 kollimiert und als Parallelbündel durch die Absorptionszelle geschickt, in der sich die absorbierenden Atome als Gas oder Dampf befinden. Die Linse L_2 fokussiert das Strahlenbündel auf den Eintrittsspalt des Spektrographen. Wenn die Atome bei den Wellenlängen λ_k absorbieren, dann trifft in der Beobachtungsebene B jetzt an den Stellen $x(\lambda_k)$ weniger Intensität auf als an den anderen Orten, und das Absorptionsspektrum erscheint im Negativ einer Photoplatte als helle Linien auf dunklem Untergrund (Abb. 3.36b), im Positivabzug eines Farbfilms als dunkle Linien auf farbigem Untergrund.

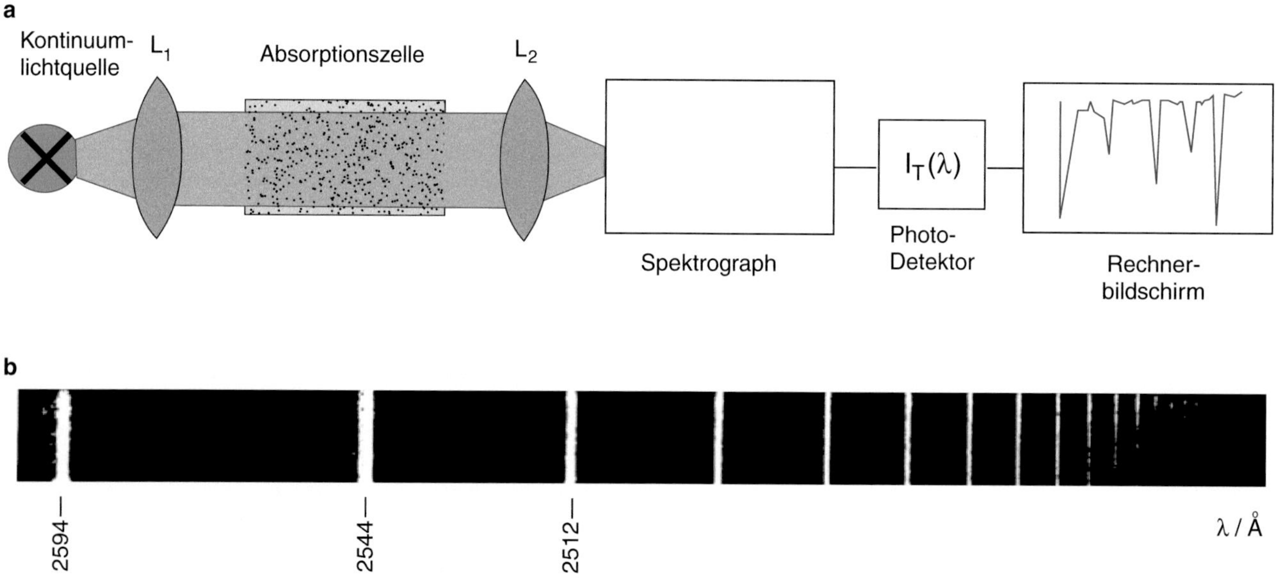

Abbildung 3.36 Messung von Absorptionsspektren. **a** Experimentelle Anordnung; **b** Photoplatten-Negativ des Absorptionsspektrums von Natriumdampf

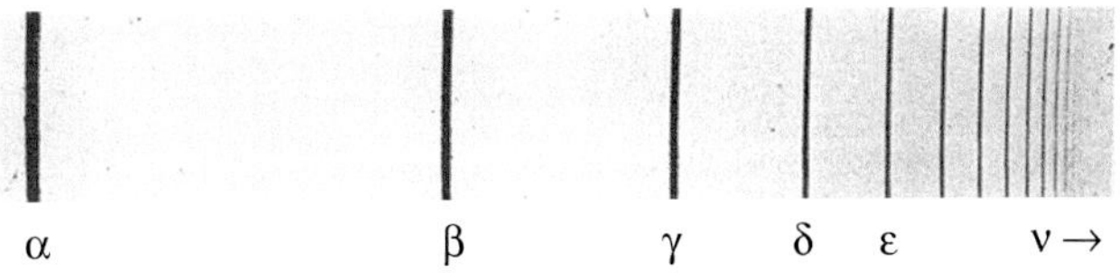

Abbildung 3.37 Balmer-Spektrum des Wasserstoffatoms, emittiert von einer Wasserstoff-Gasentladungslampe

Diese und viele weitere Experimente brachten folgende Ergebnisse:

- Jede Wellenlänge, die absorbiert wird, kann auch in Emission auftreten, wenn dem Atom vorher entsprechende Energie zugeführt wurde.
- Das Absorptions- bzw. Emissionsspektrum ist für jedes Atom charakteristisch und eindeutig, d. h. man kann aus ihm bestimmen, welches chemische Element die Strahlung absorbiert bzw. emittiert (*Spektralanalyse*). Dies ist z. B. für die Astrophysik sehr wichtig, da man aus den Spektren der Sterne die chemische Zusammensetzung der Sternatmosphären bestimmen kann.
- Die Spektrallinien sind auch bei extrem guter Wellenlängenauflösung der Nachweisgeräte nicht beliebig scharf, sondern zeigen eine Intensitätsverteilung $I(\lambda)$ mit endlicher Breite. Dies bedeutet, dass die Atome keine streng monochromatische Strahlung aussenden. Die Gründe dafür werden im Abschn. 7.5 diskutiert.

Für das einfachste Atom, das Wasserstoffatom, das aus einem Proton und einem Elektron besteht, fand *Johann Jakob Balmer* (1825–1898) 1885, dass ein Emissionsspektrum aus einer Serie von Linien besteht, deren Wellenlängen λ_k einem einfachen Gesetz gehorchen (Abb. 3.37). *Balmer* konnte die inversen Wel-

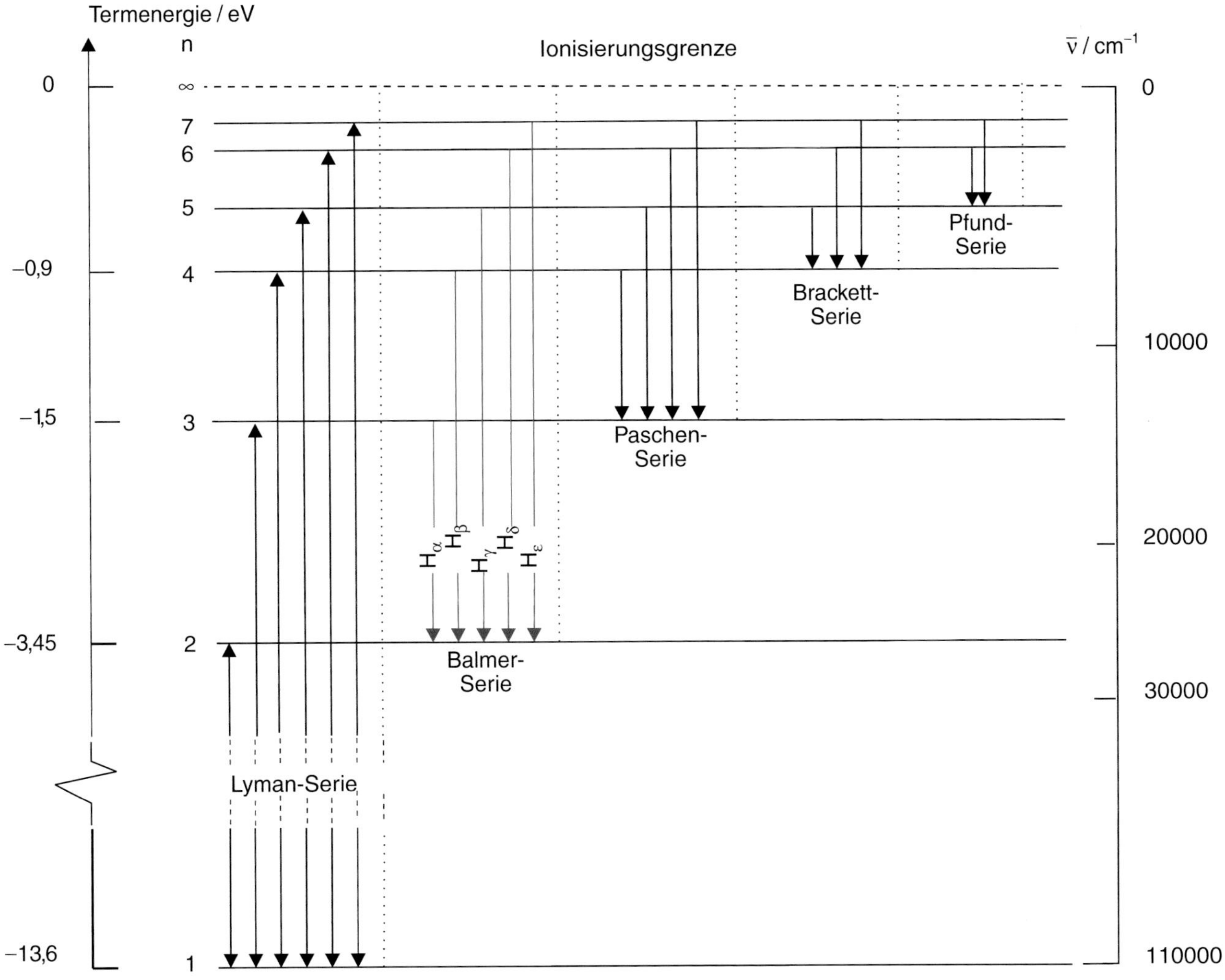

Abbildung 3.38 Vereinfachtes Termschema des H-Atoms mit den verschiedenen Emissions- bzw. Absorptions-Serien. Da im Allgemeinen nur der Grundzustand $n = 1$ merklich besetzt ist, treten die Serien, die auf $n \geq 2$ münden, nur in Emission auf, während die Lyman-Serie sowohl in Absorption als auch in Emission beobachtet wird

lenlängen (***Wellenzahlen*** $\overline{\nu}_k = 1/\lambda_k$) durch die Formel

$$\overline{\nu}_k = Ry \cdot \left(\frac{1}{n_1^2} - \frac{1}{n_2^2}\right) \tag{3.97}$$

beschreiben, wobei nur die ganzzahligen Werte $n_1 = 2$ und $n_2 = 3, 4, 5, \ldots$ auftreten. $Ry = 109\,678\,\mathrm{cm}^{-1}$ ist die so genannte ***Rydbergkonstante***, die in der Spektroskopie in der Einheit $[Ry] = 1\,\mathrm{cm}^{-1}$ angegeben wird, weil die Wellenzahlen in der Einheit cm^{-1} gemessen werden.

Später fanden *Theodore Lyman* (1874–1954) und *Friedrich Paschen* (1865–1947) weitere Serien von Linien (Abb. 3.38), die ebenfalls durch (3.97) mit $n_1 = 1$ bzw. $n_1 = 3$ beschrieben werden konnten. Wie lässt sich dies erklären?

3.4.2 Das Bohr'sche Atommodell

Um diese experimentellen Ergebnisse zu verstehen, wurden von mehreren Autoren verschiedene Modelle entwickelt, die jedoch nicht alle Beobachtungen konsistent vereinigen konnten. Nach langem Bemühen kam *Niels Bohr* (1885–1962, Nobelpreis 1922) (Abb. 3.39), ausgehend von dem Rutherford-Modell, im Jahre 1913 schließlich zu seinem berühmten Planetenmodell des Atoms [28, 29], das wir jetzt am Beispiel von Atomen mit nur einem Elektron (z. B. H-Atom, He^+-Ion, etc.) vorstellen wollen.

Im ***Bohr'schen Atommodell*** läuft das Elektron (Masse m_e) mit der Geschwindigkeit v auf einer Kreisbahn mit Radius r um den Schwerpunkt S von Elektron und Kern (Masse m_K und Ladung $+Ze$). Wie bereits in Abschn. 2.5 diskutiert wurde, lässt sich dieses System beschreiben durch die Bewegung eines Teilchens mit der reduzierten Masse $\mu = m_e \cdot m_K/(m_e + m_K) \approx m_e$ um das Zentrum des Coulombpotentials im Kern bei $r = 0$.

Aus der Bedingung Zentripetalkraft = Coulombkraft, d. h.

$$-\frac{\mu v^2}{r}\hat{\boldsymbol{e}}_r = -\frac{1}{4\pi\varepsilon_0}\frac{Ze^2}{r^2}\hat{\boldsymbol{e}}_r \tag{3.98}$$

mit $\hat{\boldsymbol{e}}_r$ = Einheitsvektor in Radialrichtung ergibt sich der Radius r der Kreisbahn (***Orbital***):

$$r = \frac{Ze^2}{4\pi\varepsilon_0 \mu v^2}\,. \tag{3.99}$$

Solange für die Energie $\mu v^2/2$ des Elektrons keine Einschränkung existiert, ist nach (3.99) jeder Radius erlaubt.

Beschreibt man jedoch das Elektron durch seine Materiewelle ψ, so muss zu einem *stationären* Zustand des Atoms, bei dem das Elektron das Atom nicht verlässt, eine *stehende* Welle gehören. Soll die Wellenbeschreibung der klassischen Kreisbahn entsprechen, so muss der Kreisumfang ein ganzzahliges Vielfaches der de Broglie-Wellenlänge λ sein (Abb. 3.40), d. h. es muss gelten:

$$2\pi \cdot r = n \cdot \lambda_D \quad (n = 1, 2, 3, \ldots)\,. \tag{3.100}$$

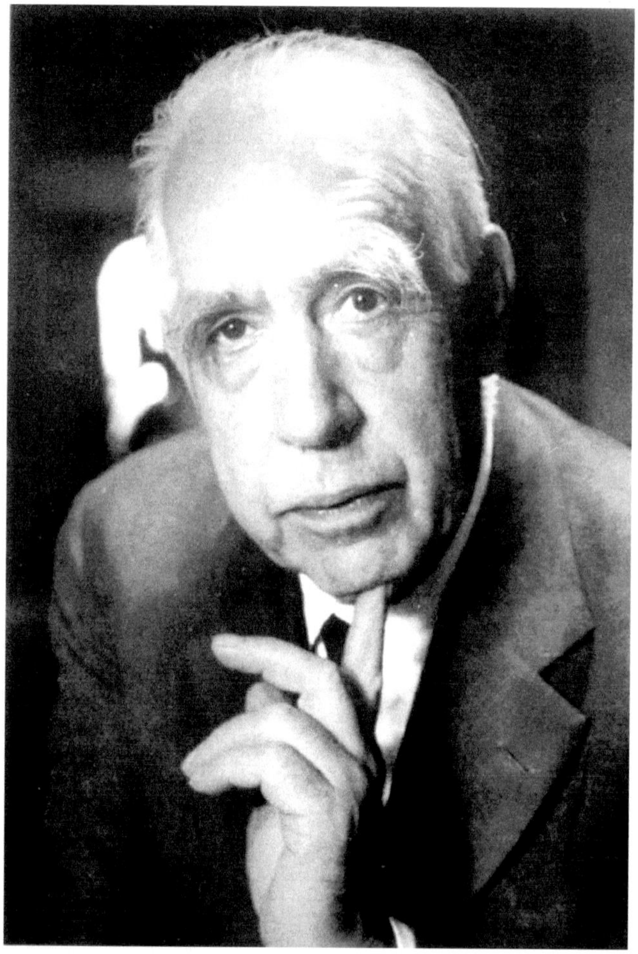

Abbildung 3.39 *Niels Bohr* Aus E. Bagge: *Die Nobelpreisträger der Physik* (Heinz-Moos-Verlag, München 1964)

Wegen $\lambda_D = h/(\mu \cdot v)$ folgt daraus für die Geschwindigkeit v des Elektrons:

$$v = n \cdot \frac{h}{2\pi\mu r}\,. \tag{3.101}$$

Setzt man (3.101) in (3.99) ein, so ergibt dies die einschränkende Bedingung für die möglichen Radien der Elektronenbahn:

$$r = \frac{n^2 h^2 \cdot \varepsilon_0}{\pi \cdot \mu \cdot Z \cdot e^2} = \frac{n^2}{Z} a_0\,. \tag{3.102}$$

Dabei ist der ***Bohr'sche Radius***

$$a_0 = \frac{\varepsilon_0 h^2}{\pi \mu e^2} = 5{,}2917 \cdot 10^{-11}\,\mathrm{m} \approx 0{,}5\,\text{Å} \tag{3.103}$$

der kleinste Radius der Bahn des Elektrons für $n = 1$ im Wasserstoffatom mit $Z = 1$.

Kapitel 3

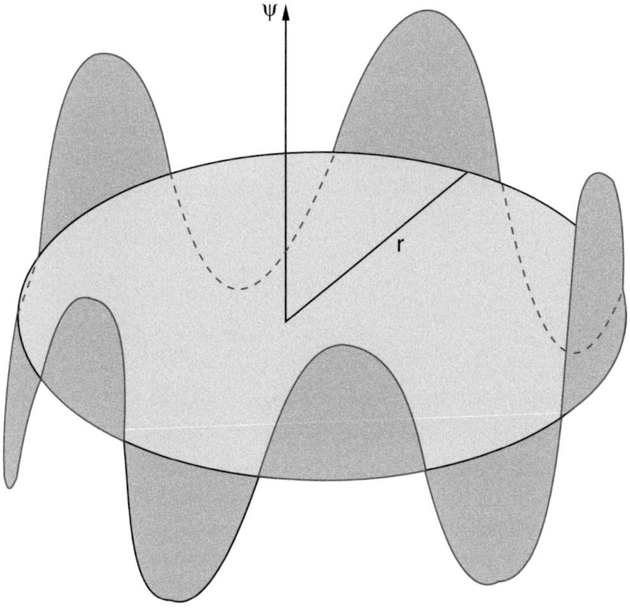

Abbildung 3.40 Stehende de Broglie-Welle $\psi(\varphi)$ mit $n = 5$ und Wellenlänge $\lambda_D = 2\pi r/5$ zur Illustration der Quantenbedingung im Bohr'schen Atommodell

Durch die Bedingung (3.100) werden die Radien für die Elektronenbahnen im Bohr'schen Atommodell auf diskrete Werte beschränkt, sie werden *gequantelt*.

Die kinetische Energie E_{kin} des Elektrons ergibt sich aus (3.98) zu

$$E_{kin} = \frac{\mu}{2}v^2 = \frac{1}{2}\frac{Ze^2}{4\pi\varepsilon_0 r} = -\frac{1}{2}E_{pot} \qquad (3.104)$$

und ist gleich $-1/2$ mal der potentiellen Energie des Elektrons im Coulombfeld des Kerns. Legt man den Nullpunkt der Energieskala fest für $r = \infty$, so wird die potentielle Energie negativ wegen der anziehenden Coulombkraft. Die Gesamtenergie (Abb. 3.41)

$$E = E_{kin} + E_{pot} = -\frac{1}{2}\frac{Ze^2}{4\pi\varepsilon_0 r} \qquad (3.105)$$

ist negativ und geht für $r \to \infty$, d. h. $n \to \infty$, gegen null. Setzt man für r den Ausdruck (3.102) ein, so ergibt dies für die Bindungsenergie des Elektrons

$$E_n = -\frac{\mu e^4 \cdot Z^2}{8\varepsilon_0^2 h^2 n^2} = -Ry^* \cdot \frac{Z^2}{n^2} \qquad (3.106)$$

mit der Rydbergkonstanten in Energieeinheiten:

$$Ry^* = Ry \cdot h \cdot c = \frac{\mu \cdot e^4}{8\varepsilon_0^2 h^2}. \qquad (3.107)$$

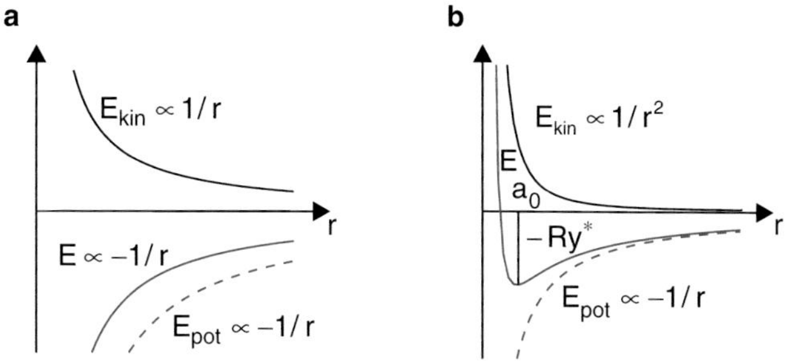

Abbildung 3.41 Verlauf von kinetischer, potentieller und Gesamtenergie des Elektrons im Coulombfeld des Kerns als Funktion des Abstands r zwischen Elektron und Kern: **a** klassisches, **b** quantenmechanisches Modell

Die positive Bindungsenergie E_B ist diejenige Energie, die man aufwenden muss, um das Elektron vom Zustand mit der negativen Energie E_n bis zu $r = \infty$ zu bringen. Es gilt:

$$E_B(n) = -E(n).$$

Ry^* wird im SI-System in Joule angegeben. Oft wird aber auch die Einheit Elektronenvolt eV verwendet. Es gilt: $1\,\text{eV} = 1{,}60218 \cdot 10^{-19}\,\text{J}$, d. h. Ry^* [eV] $= 6{,}24 \cdot 10^{18}\,Ry^*$ [J].

Man sieht hieraus, dass die Energie des Elektrons nur ganz bestimmte diskrete Werte $E(n)$ annehmen kann, die durch die ***Quantenzahl*** $n = 1, 2, 3, \ldots$ festgelegt sind (Abb. 3.38). Man nennt einen solchen stationären Energiezustand auch einen ***Quantenzustand*** des Atoms. Im Bohr'schen Modell gibt die Quantenzahl n die Zahl der Perioden der stehenden de Broglie-Welle auf dem Kreisumfang an.

Anmerkung.

- Der Wert der Rydbergkonstante Ry hängt von der reduzierten Masse $\mu = m_e \cdot m_K/(m_e + m_K)$ ab und ist damit für die verschiedenen Atomkernmassen m_K etwas verschieden. Um eine einheitliche Konstante verwenden zu können, definiert man die Rydbergkonstante Ry_∞ für $m_K = \infty$, d. h. $\mu = m_e$. Diese hat den Zahlenwert

$$Ry_\infty = 109\,737{,}31534\,\text{cm}^{-1}.$$

  Die Konstante $Ry^* = 13{,}6056922\,\text{eV}$ gibt die Ionisationsenergie des H-Atoms in Elektronenvolt eV an. Die Rydbergkonstante für endliche Kernmassen m_K ist dann $Ry = Ry_\infty \cdot \mu/m_e$.
- Das Bohr'sche Atommodell ist ein „halbklassisches" Modell, das die klassische Bewegung des als punktförmig angenommenen Elektrons im Coulombfeld des Kerns durch eine zusätzliche *Quantenbedingung* (die eine Randbedingung für die stehende Materiewelle darstellt) einschränkt.
- Diese Quantenbedingung kann auch mithilfe des Drehimpulses formuliert werden. Multipliziert man (3.101) mit $\mu \cdot r$, so wird daraus mit $\hbar = h/2\pi$

$$\mu \cdot r \cdot v = |\ell| = n \cdot \hbar. \qquad (3.108)$$

Dies bedeutet: Der Drehimpulsbetrag des Elektrons ist quantisiert: Er kann nur in ganzzahligen Einheiten von $\hbar$ vorkommen.

Die beiden Quantisierungsbedingungen des Bohrschen Modells

- der Drehimpuls des Atomelektrons, bezogen auf den Ort des Kerns, ist $|\ell| = \mu r v = n \cdot \hbar$,
- der Bahnumfang der Elektronenbahn muss $2\pi r = n \cdot \lambda_D$ sein,

sind identisch.

Um die Beobachtung von Linienspektren in Absorption oder Emission zu erklären, wird im Bohr'schen Modell die folgende Hypothese aufgestellt:

Durch Absorption eines Lichtquants $h \cdot \nu$ kann das Atom von einem tieferen Energiezustand $E_i = E(n_i)$ in einen höheren Zustand $E_k = E(n_k)$ übergehen, wenn die Bedingung der Energieerhaltung

$$h \cdot \nu = E_k - E_i \tag{3.109}$$

erfüllt ist. Die Photonenenergie $h\nu$ wird in Anregungsenergie $\Delta E = E_k - E_i$ des Atoms umgewandelt. Setzt man für die Energien die Relation (3.106) ein, so ergibt dies für die Frequenzen des absorbierten Lichts

$$\nu = \frac{Ry^*}{h} Z^2 \left(\frac{1}{n_i^2} - \frac{1}{n_k^2} \right), \tag{3.110}$$

was für die Wellenzahlen $\overline{\nu} = \nu / c$ und $Z = 1$ mit $Ry^* = Ry \cdot hc$ genau der Balmerformel (3.97) entspricht.

Bei der Emission eines Lichtquants geht das Atom von einem höheren in einen tieferen Energiezustand über, wobei der Energiesatz (3.109) entsprechend gilt.

Wir wollen noch einmal die wesentlichen Aussagen des Bohr'schen Atommodells für Atome mit einem Elektron zusammenfassen:

- Das Elektron bewegt sich auf Kreisbahnen um den Kern, deren Radien gequantelt sind und quadratisch mit steigender Quantenzahl n zunehmen:

$$r_n = \frac{n^2}{Z} a_0 = \frac{n^2 h^2 \varepsilon_0}{\pi \mu Z \cdot e^2}.$$

- Die Radien sind umgekehrt proportional zur Kernladungszahl Z. Die Elektronenbahnen im He^+-Ion mit $Z = 2$ sind also nur halb so groß wie im H-Atom.
- Zu jeder Quantenbahn, welche durch die Quantenzahl n charakterisiert wird, gehört eine definierte negative Gesamtenergie

$$E_n = -Ry^* \cdot \frac{Z^2}{n^2},$$
$$E_{pot} = 2E_n, \quad E_{kin} = -E_n$$

des Elektrons, wobei als Energienullpunkt die Ionisierungsgrenze ($n \to \infty$) gewählt wurde, bei der $r \to \infty$ geht.
- Durch Absorption von Licht der passenden Frequenz ν mit $h\nu = E_k - E_i$ geht das Atom vom Zustand mit der Energie E_i in den höheren Zustand E_k über, bei der Emission umgekehrt von E_k nach E_i.

Für das Wasserstoffatom ($Z = 1$) ist die tiefste Energie ($n = 1$) $E_1 = -Ry^* = -13{,}6\,\text{eV} = -E^{\text{ion}}$. Man muss dem H-Atom die Energie 13,6 eV zuführen, um es zu ionisieren.

Man beachte: Der erste angeregte Zustand ($n = 2$) des Wasserstoffatoms liegt bereits bei 3/4 der Ionisierungsenergie!

Obwohl das Bohr'sche Modell die experimentellen Spektren gut erklärt und auch wegen seiner Analogie zum Planetenmodell unseres Sonnensystems eine gewisse ästhetische Befriedigung bietet, bleibt doch noch eine Reihe offener Fragen. Eine Frage lautet: Warum strahlt das Elektron als beschleunigte Ladung auf seiner Kreisbahn gemäß den Gesetzen der klassischen Elektrodynamik nicht Energie ab und spiralt dadurch in den Kern, d. h. warum gibt es überhaupt stabile Atome?

3.4.3 Die Stabilität der Atome

Die Beschreibung eines Teilchens durch seine Materiewelle und die daraus folgende Unbestimmtheitsrelation kann die Stabilität der Atome im tiefsten Quantenzustand erklären. Dies wollen wir uns an folgender Abschätzung klar machen:

Sei a der mittlere Radius des Wasserstoffatoms. Dann können wir den Abstand r des Elektrons vom Kern mit einer Genauigkeit $\Delta r \le a$ angeben, weil wir wissen, dass sich das Elektron mit Sicherheit irgendwo *innerhalb des Atoms* aufhalten muss. Damit wird die Unbestimmtheit der Radialkomponente p_r seines Impulses $\Delta p_r > \hbar / a$. Deshalb muss der Elektronenimpuls p selbst mindestens $p > \hbar / a$ sein, sonst würden wir ihn ja genauer kennen als seine Unschärfe Δp_r.

Wir werden später sehen, dass die Bewegung des Elektrons im tiefsten Energiezustand besser durch eine Schwingung um $r = 0$ beschrieben wird als durch eine Kreisbewegung, wie im Bohr'schen Modell postuliert wird, sodass wir hier nur den Radialimpuls betrachten müssen.

Für die mittlere kinetische Energie des Elektrons gilt dann:

$$E_{kin} = \frac{p^2}{2m} \ge \frac{(\Delta p)^2}{2m} \ge \frac{\hbar^2}{2ma^2}. \tag{3.111}$$

Seine potentielle Energie im Abstand a vom Kern ist:

$$E_{pot} = -e^2 / (4\pi \varepsilon_0 a), \tag{3.112}$$

und für seine Gesamtenergie $E = E_{kin} + E_{pot}$ gilt dann die Ungleichung

$$E > \frac{\hbar^2}{2ma^2} - \frac{e^2}{4\pi \varepsilon_0 a}. \tag{3.113}$$

Die größte Aufenthaltswahrscheinlichkeit hat das Elektron bei einem Abstand $a_{\min}$, bei dem die Gesamtenergie minimal ist, d. h. $\mathrm{d}E/\mathrm{d}a = 0$ wird. Damit erhält man aus (3.113)

$$a_{\min} = \frac{4\pi\varepsilon_0\hbar^2}{me^2} = \frac{\varepsilon_0 h^2}{\pi m e^2} = a_0\,, \tag{3.114}$$

was sich als identisch mit dem Bohr'schen Radius a_0 erweist.

Es gibt also für das H-Atom einen stabilen Zustand minimaler Energie mit der unteren Schranke

$$\begin{aligned} E_{\min} &= -\frac{me^4}{2(4\pi\varepsilon_0\cdot\hbar)^2} = -\frac{me^4}{8\varepsilon_0^2 h^2} \\ &= -Ry^*\,. \end{aligned} \tag{3.115}$$

Dies stimmt mit den Aussagen des Bohr'schen Modells und mit der Beobachtung überein, wonach der tiefste Zustand des H-Atoms die Energie $E = -Ry^*$ hat (siehe (3.106)).

Nach dieser Erklärung gibt es deshalb bei einem endlichen Abstand $a_{\min}$ einen Zustand tiefster Energie, weil die kinetische Energie des Elektrons mit kleiner werdendem Abstand a auf Grund der Unschärferelation stärker zunimmt, als seine potentielle Energie abnimmt (Abb. 3.41).

3.4.4 Franck-Hertz-Versuch

Einen eindrucksvollen experimentellen Beweis, dass auch bei Stoßprozessen die Energiequantelung der möglichen Atomzustände eine Rolle spielt, lieferten um 1914 *James Franck* und *Gustav Hertz* (Nobelpreis 1925) [1, 30] durch folgenden Versuch:

In einer Röhre, die mit Quecksilberdampf bei einem Druck von etwa 10^{-2} mbar gefüllt ist, werden von einer Glühkathode K Elektronen emittiert, die durch ein Gitter G auf die Energie $e\cdot U$ beschleunigt werden (Abb. 3.42a). Der Elektronenauffänger A wird auf einer Spannung $U_\mathrm{A} = U - \Delta U$ gehalten, sodass die Elektronen nach Durchfliegen des Gitters abgebremst werden und nur dann A noch erreichen können, wenn ihre Energie hinter dem Gitter mindestens $e\cdot\Delta U$ ist.

Misst man den auf A auftreffenden Elektronenstrom $I(U)$ als Funktion der Beschleunigungsspannung U, so erhält man den in Abb. 3.42b gezeigten Verlauf. Von 0 V bis etwa 4,9 V nimmt der Strom zu und folgt einer Diodencharakteristik (Bd. 2, Abschn. 5.9). Oberhalb von 5 V nimmt der Strom wieder ab, durchläuft ein Minimum und steigt dann wieder an, bis er bei etwa 9,8 V ein neues Maximum erreicht, wieder abfällt, etc. Die Ursache für dieses experimentelle Ergebnis sind inelastische Stöße der Elektronen mit den Hg-Atomen, die zu einer energetischen Anregung der Hg-Atome führt nach dem Schema

$$\mathrm{e}^- + \mathrm{Hg} \to \mathrm{Hg}^*(E_\mathrm{a}) + \mathrm{e}^- - \Delta E_\mathrm{kin} \tag{3.116}$$

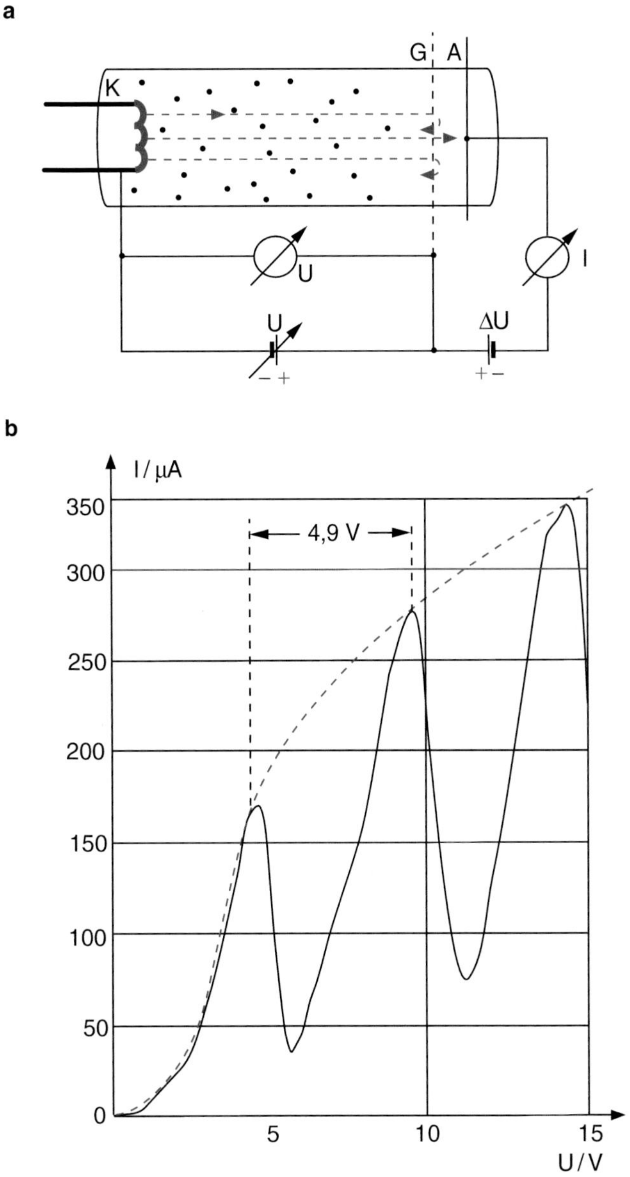

Abbildung 3.42 Franck-Hertz-Versuch. **a** Experimentelle Anordnung. **b** Verlauf des Elektronenstroms $I_\mathrm{e}(U)$ als Funktion der Beschleunigungsspannung in einer Röhre mit Quecksilberdampf

mit $\Delta E_\mathrm{kin} \approx E_\mathrm{a}$. Die Elektronen geben beim inelastischen Stoß einen Teil $\Delta E_\mathrm{kin} = E_\mathrm{a}$ ihrer kinetischen Energie ab, der in Anregungsenergie E_a des Hg-Atoms umgewandelt wird.

Durch den Energieverlust kann ein solches Elektron die Gegenspannung $-\Delta U$ nicht mehr überwinden und den Auffänger deshalb nicht mehr erreichen.

Bei *elastischen* Stößen kann ein Elektron nur maximal den Bruchteil $4m_\mathrm{e}/m_\mathrm{Hg} \approx 10^{-5}$ seiner Energie pro Stoß abgeben (siehe Bd. 1, Abschn. 4.2). Ist der Quecksilberdampfdruck so niedrig, dass ein Elektron auf seinem Weg bis zum Auffänger im Mittel nur mit wenigen Quecksilberatomen kollidiert, so ist

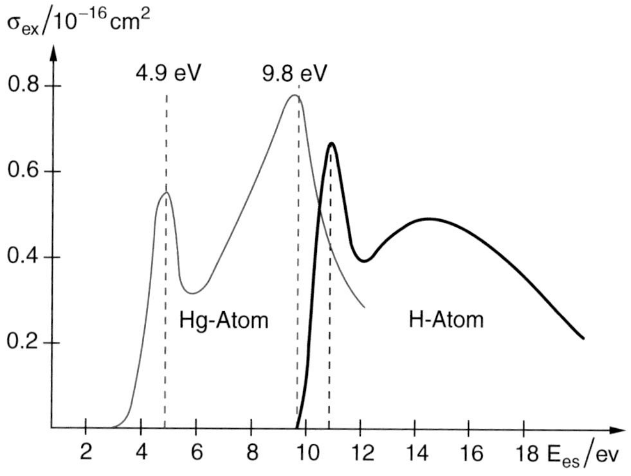

Abbildung 3.43 Abhängigkeit des Elektronenstoß-Anregungsquerschnitts von der Elektronenenergie für die Anregung $n = 1 \rightarrow n = 2$ im H-Atom und $6^1S_0 \rightarrow 6^3P_1$ im Hg-Atom

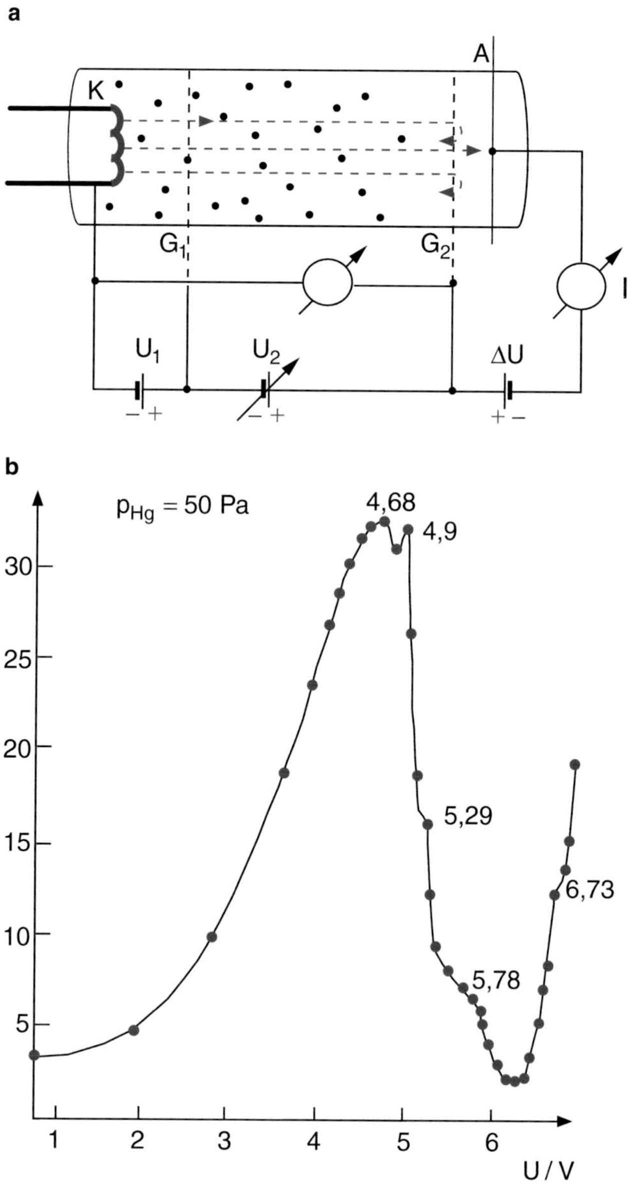

Abbildung 3.44 **a** Verbesserte Anordnung für den Franck-Hertz-Versuch, entworfen von *Franck* und *Knipping* zum Nachweis höherer Energiezustände von Atomen, die durch Elektronenstoß angeregt werden können. **b** Mit der Apparatur gemessener Elektronenstrom $I_e(U)$ in Quecksilberdampf bei $p = 50$ Pa, der dem 1. Maximum in Abb. 3.42b entspricht

der Energieverlust durch elastische Stöße völlig vernachlässigbar.

Ohne inelastische Stöße würde der Elektronenstrom den in Abb. 3.42b gestrichelt gezeichneten Verlauf haben, der wie bei einer als Diode geschalteten Elektronenröhre aussieht. Die vielen Maxima und Minima der gemessenen durchgezogenen Kurve kommen daher, dass ein Elektron bei genügend großer Spannung U nach n inelastischen Stößen mit dem Energieverlust $\Delta E_{kin} = n \cdot E_a$ während seiner Flugstrecke zum Gitter G wieder genug Energie für einen $(n + 1)$-ten Stoß aus dem elektrischen Feld der Beschleunigungsstrecke aufnehmen kann.

Der Abstand der Maxima entspricht gerade der Anregungsenergie $E_a = 4{,}9\,\text{eV}$ des Hg-Atoms.

Die Form der Kurve $I(U)$ in Abb. 3.42 wird bestimmt durch

- den Verlauf der Anregungsfunktion $\sigma(E_{es})$ (Abb. 3.43), welche die Anregungswahrscheinlichkeit als Funktion der Elektronenenergie angibt;
- die Energieverteilung $N(E)$ der von der heißen Kathode emittierten Elektronen.

Der Elektronenstrom, der den Detektor erreicht, ist

$$I(U) = e \cdot \dot{N}_0(E)(1 - n_A \cdot \sigma_{ex}(E) \cdot x)\,,$$

wobei $\dot{N}_0(E)$ die Zahl der pro sec aus der Kathode austretenden Elektronen, n_A die Zahl der Atome pro Volumen, σ_{ex} der energieabhängige Anregungsquerschnitt und x die von den Elektronen durchlaufende Strecke ist. Die Form der Kurve $I(U)$ beim Franck-Hertz-Versuch hängt also vom Produkt $\dot{N}_0(E) \cdot \sigma_{ex}(E)$ ab.

Mithilfe einer geänderten Anordnung mit zwei Gittern (Abb. 3.44a) lässt sich die Energieauflösung erheblich verbessern. Hier erfolgt die Beschleunigung im Wesentlichen auf der kurzen Strecke KG_1 durch die Spannung U_1, während auf der längeren Strecke zwischen G_1 und G_2, wo die Stöße stattfinden, nur eine sehr kleine variable Spannung U_2 anliegt, sodass die kinetische Energie der Elektronen über diese Strecke nur wenig variiert. Durch die bessere Energieauflösung kann man auch die Elektronenstoßanregung der höheren Energiestufen des Hg-Atoms auflösen (Abb. 3.44b).

> Die Elektronenstoßanregung zeigt, dass Atome Energie nur in bestimmten Energiequanten ΔE_i aufnehmen können, deren Größe von der Struktur des Atoms und vom angeregten Zustand abhängt.

Die angeregten Hg*-Atome gehen durch Lichtemission nach kurzer Zeit ($\approx 10^{-8}$ s) wieder in ihren tiefsten Energiezustand zurück:

$$\mathrm{Hg}^* \Rightarrow \mathrm{Hg} + h \cdot \nu\,.$$

Das dabei emittierte Photon hat eine Frequenz ν, die gleich der aus spektroskopischen Messungen bekannten Absorptionsfrequenz ν ist.

Dies zeigt, dass nur der tiefste Energiezustand eines Atoms (Grundzustand) wirklich stabil ist. Die energetisch angeregten Zustände zerfallen nach kurzer Zeit (typisch 10^{-8} s) durch Emission eines Photons in tiefere Zustände.

Wird das von den angeregten Atomen emittierte Licht durch einen Spektrographen spektral zerlegt (Abb. 3.35), so lässt sich das gesamte Emissionsspektrum der Hg-Atome beobachten.

Aus den dabei gemessenen Wellenlängen der Spektrallinien können die Energien der angeregten Hg-Zustände sogar mit größerer Genauigkeit bestimmt werden als aus den Maxima der Elektronenstoßkurve.

3.5 Was unterscheidet die Quantenphysik von der klassischen Physik?

In der quantenphysikalischen Beschreibung der Mikrowelt von Atomen, Molekülen, Elektronen und Photonen wird die eindeutige Unterscheidung zwischen Teilchenmodell und Wellenmodell aufgehoben. Wir haben in den vorigen Abschnitten an vielen Beispielen die Teilchennatur von Licht und die Wellenbeschreibung von „klassischen Teilchen der Physik" erfahren. Wir wollen in diesem Abschnitt noch einmal diesen ***Welle-Teilchen-Dualismus*** verdeutlichen, um die Essenz der quantenphysikalischen Beschreibung deutlich zu machen und um zu zeigen, dass Wellen- und Teilchen-Modell nicht widersprüchliche, sondern komplementäre Beschreibungen der Natur sind.

3.5.1 Klassische Teilchenbahnen gegen Wahrscheinlichkeitsdichten der Quantenphysik

In der klassischen Beschreibung der Bewegung eines Teilchens lässt sich wenigstens im Prinzip seine Bahn für alle Zeiten exakt angeben, wenn die Anfangsbedingungen (z. B. $\boldsymbol{r}(0)$ und $\boldsymbol{v}(0)$) und die auf das Teilchen wirkenden Kräfte bekannt sind. Für das Modell des Massenpunktes (Bd. 1, Kap. 2) kann man Bewegungsgleichungen aufstellen, die in einfachen Fällen analytisch, sonst numerisch mithilfe von Computern mit beliebiger Genauigkeit berechnet werden können.

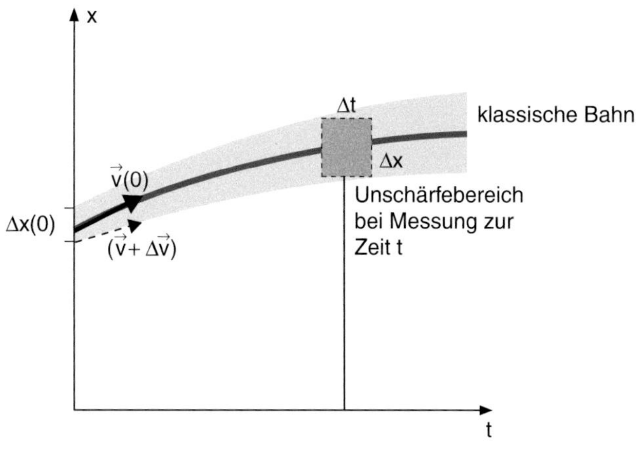

Abbildung 3.45 Unbestimmtheitsbereich der Teilchenbahn durch die Unschärfe Δx, Δp der Anfangsbedingungen und durch die Unschärfe bei der Messung des jeweiligen Teilchenortes und des Zeitpunktes der Messung

Wir hatten allerdings auch gesehen (Bd. 1, Kap. 12), dass bei nichtlinearen Phänomenen in vielen Fällen der zeitliche Verlauf solcher Bahnen sehr kritisch von den Anfangsbedingungen abhängen kann, sodass bereits infinitesimal kleine Änderungen dieser Bedingungen zu zeitlich exponentiell anwachsenden Abweichungen der Teilchenbahnen führen. Für solche *chaotischen* Bahnen von Teilchen ist die Vorausberechnung nicht mehr möglich, weil die Anfangsbedingungen nicht mit beliebig großer Genauigkeit angegeben werden können.

Die Quantenphysik bringt nun durch die Unbestimmtheitsrelationen eine *zusätzliche*, *prinzipielle* Beschränkung für die Berechenbarkeit der zeitlichen Entwicklung eines physikalischen Systems.

- Die Anfangsbedingungen Ort und Impuls können *prinzipiell* nicht beide gleichzeitig exakt angegeben werden. Das Produkt $\Delta x_i \cdot \Delta p_i$ $(i = x, y, z)$ der Unschärfen $x \pm \Delta x$, $p \pm \Delta p$ von Ort und Impuls kann nicht kleiner als das Planck'sche Wirkungsquantum $\hbar$ sein (Abb. 3.45). Dadurch ist die „Bahn" $x(t)$ nur noch innerhalb gewisser Unschärfebereiche angebbar, die beim Durchlaufen der Bahn immer größer werden.
- An die Stelle der Angabe von exakten Bahnen einzelner Teilchen treten Wahrscheinlichkeitsaussagen. Man kann statt der mit Sicherheit zu durchlaufenden Bahn $x(t)$ nur die Wahrscheinlichkeit $W(x, p, t)$ angeben, mit der ein atomares Teilchen mit dem Impuls p zur Zeit t am Ort x zu finden ist.
- Die *Messung* der Größen x und p ändert den Zustand des Mikroteilchens entscheidend (siehe Abschn. 3.3.3).
- Die Aufenthaltswahrscheinlichkeiten von Teilchen werden durch ihre Materiewellen $\psi(x, t)$ beschrieben. Bildet man Mittelwerte über große Teilchenzahlen N, so werden die Wahrscheinlichkeiten, Teilchen zur Zeit t am Ort x zu finden, durch die Quadrate $|\psi(x, t)|^2$ der Wellenfunktionen angegeben. Im klassischen Modell entspricht dies den Intensitäten der Welle.
- Die Ortsunschärfe Δx eines Teilchens entspricht der de Broglie-Wellenlänge $\lambda = h/p$. Während diese Unschärfe für Mikroteilchen (Elektron, Proton, Atome) eine entschei-

dende Rolle spielt, ist sie bei Makroteilchen mit großer Masse vernachlässigbar und hat in der praktischen Physik der Makrowelt nur unter außergewöhnlichen Bedingungen (Fermigas, Neutronensterne) eine entscheidende Bedeutung (siehe Bd. 4).

3.5.2 Interferenzerscheinungen bei Licht- und Materiewellen

Die Beobachtung von Interferenzerscheinungen bei der Überlagerung kohärenter Lichtwellen (siehe Bd. 2, Kap. 10) war schon immer als überzeugender Beweis für die Wellennatur des Lichtes angesehen worden. Wir wollen uns jetzt am Beispiel mehrerer Varianten des Young'schen Doppelspaltexperimentes (Bd. 2, Abschn. 10.3.2) die Bedeutung der quantenmechanischen Beschreibung von Teilchen durch ihre Materiewellen klar machen. Dazu soll das Doppelspaltexperiment durchgeführt werden mit

- makroskopischen Teilchen,
- Licht,
- Elektronen.

Das Ergebnis dieser Experimente wird uns den Unterschied zwischen klassischer und quantenmechanischer Beschreibung besonders klar vor Augen führen.

a) Makroskopische Teilchen

Eine Spritzpistole SP erzeugt einen divergenten Strahl von kleinen Farbpartikeln (∅ $\approx$ 1 µm), die auf einen Schirm mit zwei engen Spalten S_1 und S_2 (Spaltbreite b, Spaltabstand d) treffen (Abb. 3.46a). In einer Entfernung D_2 hinter dem Schirm steht eine Glasplatte G, welche die Zahl der auf sie treffenden Farbpartikel durch die Dichte der Farbschicht zu messen gestattet.

Halten wir den Spalt S_2 zu, so ergibt sich auf G eine Dichteverteilung $I_1(y)$, bei Verschluss von S_1 eine entsprechende, etwas verschobene Verteilung $I_2(y)$. Sind beide Spalte offen, misst man eine Intensitätsverteilung $I(y) = I_1(y) + I_2(y)$, die gleich der Summe der Einzelintensitäten ist, wie man dies auch erwartet hätte.

Man beobachtet bei makroskopischen Teilchen keine Interferenzerscheinungen.

b) Licht

Ersetzen wir die Spritzpistole durch eine Lichtquelle LQ und die Glasplatte durch eine Photoplatte, so beobachtet man bei geeigneter Wahl von Spaltbreite b ($b \approx 2\lambda$) und Spaltabstand $d \approx b$ bei nur einem offenen Spalt eine ähnliche Intensitätsverteilung wie in a). Sie entspricht dem zentralen Beugungsmaximum bei der Beugung am Einzelspalt (siehe Bd. 2, Kap. 10). Öffnet man jedoch *beide* Spalte, so ist nun die beobachtete Gesamtintensität

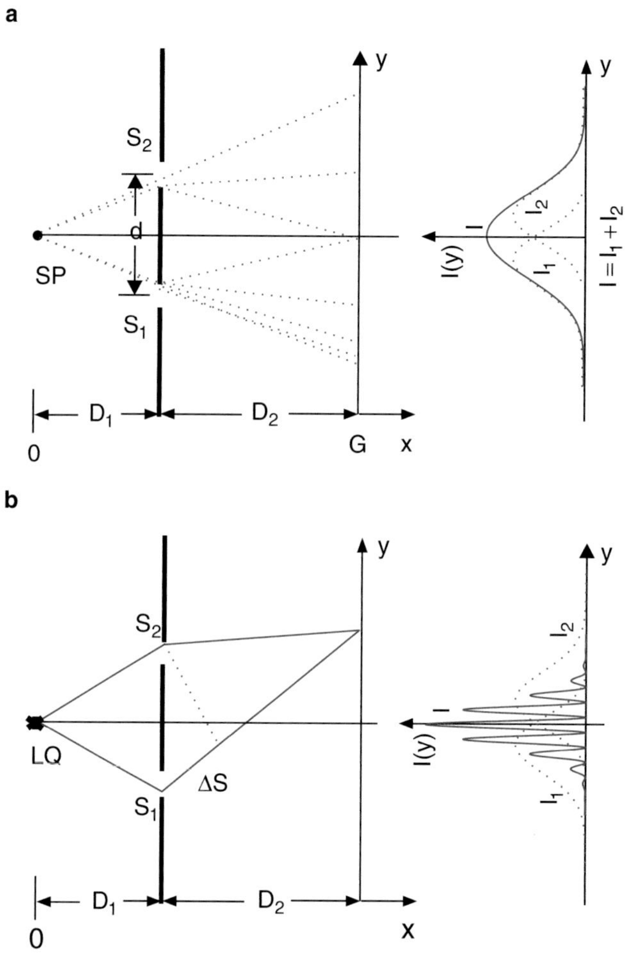

Abbildung 3.46 Young'scher Doppelspaltversuch **a** mit Farbpartikeln, **b** mit Photonen

nicht gleich der Summe der Einzelintensitäten wie in a), sondern man erhält eine Interferenzstruktur (Abb. 3.46b), die man durch

$$I_{12} = |A_1 + A_2|^2 \\ = I_1 + I_2 + 2A_1A_2 \cos \Delta\varphi \qquad (3.117)$$

richtig beschreiben kann, wobei A_i die Amplitude der durch den Spalt S_i gehenden Teilwelle ist, und $\Delta\varphi = 2\pi/\lambda \cdot \Delta s$ die Phasendifferenz zwischen den beiden interferierenden Teilwellen, deren Wegdifferenz Δs beträgt.

Jetzt kommt eine wichtige Variante des Versuchs: Wir verringern die Intensität der Lichtquelle so stark, dass höchstens noch ein Photon während der Flugzeit $\Delta t = D/c$ mit $D = D_1 + D_2$ zwischen Lichtquelle und Detektor in den zur Beobachtung ausgenutzten Raumwinkel emittiert wird. Es ist also immer nur jeweils ein Photon unterwegs, dessen Ankunftszeit man messen kann, wenn die Photoplatte durch eine Anordnung von vielen Photodetektoren (Photodioden-Array) ersetzt wird. Dieses Photon kann jeweils nur durch *einen* der beiden Spalte gegangen sein! Wäre es durch beide gegangen, hätte jeder Spalt ein halbes Photon mit der Energie $\frac{1}{2}\hbar\omega$ transmittiert, im Widerspruch zur Planck'schen Hypothese, dass $\hbar\omega$ die *kleinste* Energieeinheit des elektromagnetischen Feldes ist. Bei genügend langer Belichtung der Photoplatte (bzw. Zählzeit der Photodetektoren) beobachtet man auch hier eine Interferenzstruktur (Abb. 3.16). Die Interferenz kann also *nicht* durch die Wechselwirkung zwischen verschiedenen Photonen erzeugt werden, die gleichzeitig durch beide Spalte fliegen!

Setzt man jetzt vor die beiden Spalte einen periodischen Verschluss, der abwechselnd einen der beiden Spalte freigibt, sodass jeweils immer nur einer der beiden Spalte offen ist, so verschwindet die Interferenz, und die in der Beobachtungsebene gemessene Intensität wird

$$I = I_1 + I_2 .$$

Dies zeigt, dass für das Auftreten der Interferenz ganz entscheidend ist, dass wir nicht angeben können, durch *welchen* der beiden Spalte das Photon gegangen ist, auch wenn wir wissen, dass es jeweils nur durch *einen* von beiden transmittiert wurde. Wir können nur angeben, dass jedes Photon mit der Wahrscheinlichkeit $W = 0{,}5$ durch S_1 und $W = 0{,}5$ durch S_2 geflogen ist.

Die quantenmechanische Beschreibung ist völlig eindeutig: Nennen wir ψ_1 die Wellenfunktion eines Photons, das den Spalt S_1 passiert hat und ψ_2 diejenige eines Photons, das durch S_2 geflogen ist, dann ist für den Fall, dass beide Spalte gleichzeitig offen sind (wir also nicht wissen, durch welchen Spalt ein Photon gegangen ist), die Wellenfunktion für Photonen in der Beobachtungsebene $\psi = \psi_1 + \psi_2$.

Die Wahrscheinlichkeit, ein Photon in der Beobachtungsebene zu finden, ist daher

$$\begin{aligned} |\psi(x = D, y)|^2 &= |\psi_1 + \psi_2|^2 \\ &= |\psi_1|^2 + |\psi_2|^2 + \psi_1^*\psi_2 + \psi_1\psi_2^* . \end{aligned} \tag{3.118}$$

Die beiden letzten Terme sind für die Interferenzerscheinungen verantwortlich. Setzen wir nach dem Huygensschen Prinzip (siehe Bd. 2, Kap. 10) an, dass von jedem Ort der Spalte eine Kugelwelle ausgeht, so ist ψ_j gegeben durch

$$\psi_j = \frac{A_j}{r_j}\,\mathrm{e}^{\mathrm{i}kr_j}, \quad j = 1, 2 .$$

und der Interferenzterm wird für $A_1 = A_2 = A$

$$\psi_1^*\psi_2 + \psi_1\psi_2^* = (A^2/r^2) \cdot \cos k(r_1 - r_2) . \tag{3.119}$$

Wird der Spalt S_1 verschlossen, so wird $\psi_1 \equiv 0$, und es tritt keine Interferenz auf.

Anmerkung. Das Symbol $\psi(\boldsymbol{r})$ soll im Unterschied zum Symbol $\psi(\boldsymbol{r}, t)$ den *ortsabhängigen* Anteil der Wellenfunktion bezeichnen (siehe (4.4)).

c) Elektronen

Wird statt der Lichtquelle eine Elektronenquelle verwendet, deren divergenter Strahl die beiden Spalte durchsetzen kann, und in der Beobachtungsebene $x = D$ ein räumlich auflösender Elektronendetektor aufgestellt (z. B. ein Array von Halbleiterdioden), so beobachtet man völlig analoge Erscheinungen wie im Fall b), solange alle Größen (b, d, D) im Verhältnis von Lichtwellenlänge λ zu de Broglie-Wellenlänge λ_D der Elektronen skaliert werden. Dies zeigt, dass auch Elektronen auf Grund ihrer Welleneigenschaften bei geeigneten Verhältnissen λ_D/b und b/d Interferenzerscheinungen hervorrufen.

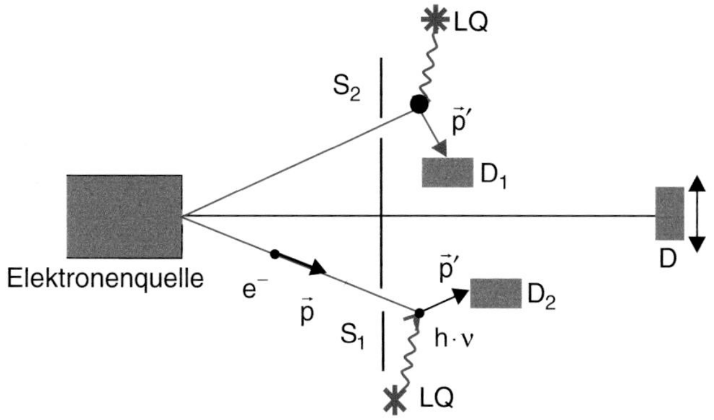

Abbildung 3.47 Doppelspaltexperiment mit Elektronen. Durch Lichtstreuung kann im Prinzip festgestellt werden, durch welchen Spalt das Elektron gegangen ist

Wir können hier aber auch noch eine instruktive Gedanken-Variation des Interferenzexperimentes anbringen: Im Prinzip könnte man bei genügend kleiner Elektronenintensität feststellen, durch welchen der beiden Spalte ein Elektron gegangen ist, indem man hinter beiden Spalten je eine Lichtquelle LQ_i platziert, welche die durch den jeweiligen Spalt gehenden Elektronen beleuchtet (Abb. 3.47). Das am Elektron gestreute Photon wird von einem Detektor D_i registriert. Wenn der Detektor D_i einen Signalimpuls gibt und gleichzeitig der Detektor in der Ebene $x = D$ ein Elektron registriert, weiß man, dass das Elektron durch den Spalt S_i gegangen ist. Gibt es jetzt noch eine Interferenzstruktur? Die Quantenmechanik und auch die experimentellen Ergebnisse sagen: Nein! Wir können diese Aussage folgendermaßen verstehen:

Durch den Zusammenstoß des Photons mit dem Elektron ändern sich der Elektronenimpuls und die Richtung der Geschwindigkeit. Wie am Beispiel des Lichtmikroskops im vorigen Abschnitt gezeigt wurde, hat bei der Registrierung des Photons die Impulsänderung des Elektrons die Unbestimmtheit $\Delta p_y = h/d$, sodass das Elektron an einem anderen Ort y in der Beobachtungsebene auftrifft, wobei die „Verschmierung" des Auftreffortes $\Delta y = (\Delta p_y/p_y) \cdot D_2$ größer als der Abstand der Interferenzen wird. Die Interferenzstruktur wird deshalb völlig ausgewaschen.

Neuere Experimente zeigen jedoch [31], dass man auch auf andere Weise, ohne Rückstoß, Informationen über den Weg des Elektrons (bzw. bei Atom-Interferometern über den Weg des Atoms) erhalten kann. Es zeigt sich, dass der Rückstoß *nicht* die entscheidende Ursache für das Verschwinden der Interferenzstruktur ist, sondern dass der tiefer liegende Grund die zusätzliche Information über den Weg des Teilchens ist, der zu einer Phasenunschärfe der Teilwellen und damit zu einem Auswaschen der Interferenzstruktur führt.

Die Interferenzerscheinungen bei Licht und bei Teilchenwellen rühren her von der prinzipiellen Unkenntnis des genauen Weges durch die Interferenzanordnung.

Die Rolle der Wahrscheinlichkeitsbetrachtung können wir uns an folgendem Beispiel verdeutlichen: Wenn im Experiment in Abb. 3.46 nur ein einzelnes Elektron vom Detektor am Ort y registriert wird, können wir nicht sagen, durch welchen der beiden Spalte es gegangen ist. Wir können jedoch die Wahrscheinlichkeitsamplitude $\psi_1(y - y_1)$ dafür angeben, dass es durch den Spalt S_1 gegangen ist und am Ort y detektiert wurde, bzw. $\psi_2(y - y_2)$, dass es durch S_2 geflogen ist. Da sich, genau wie beim Doppelspaltversuch mit Licht, die Wellenamplituden kohärent überlagern, ist die Gesamtwahrscheinlichkeit, das Elektron am Ort y zu finden, (unabhängig davon, durch welchen Spalt es gegangen ist) durch

$$|\psi(y)|^2 = |\psi_1(y - y_1) + \psi_2(y - y_2)|^2 \quad (3.120)$$

gegeben. Da die Wahrscheinlichkeit, das Elektron irgendwo in der Beobachtungsebene zu detektieren, gleich eins sein muss, folgt die Normierung:

$$\int |\psi(y)|^2 \, dy = 1 ,$$

sodass für einen Zähler in der y-Ebene, der das Intervall von y bis $y + dy$ erfasst, die Detektionswahrscheinlichkeit $W(y)\, dy = |\psi(y)|^2 \, dy$ beträgt. Treten N Elektronen pro Zeiteinheit durch die Spalte, so ist die Zählrate des Detektors

$$Z dy = N \cdot |\psi(y)|^2 \, dy . \quad (3.121)$$

3.5.3 Die Rolle des Messprozesses

Die vorigen Abschnitte haben gezeigt, dass bei der quantenmechanischen Beschreibung der Messung von Ort und Impuls der Messprozess selbst die Messung beeinflusst. Wenn wir den Ort x eines Teilchens messen wollen, ändern wir durch diese Messung seinen Impuls p. Die Änderung Δp ist umso größer, je kleiner die Wellenlänge λ des Lichtes ist, mit dem wir den Ort x des Mikroteilchens messen. Dieses bekommt aber bei der dabei erfolgenden Lichtstreuung einen Rückstoßimpuls $\Delta p \geq h \cdot \nu/c = h/\lambda$. Seinen Ort können wir nur mit einer Unschärfe $\Delta x = \lambda$ bestimmen. Umgekehrt wird bei einer Messung des Impulses unweigerlich der Ort des Teilchens verändert.

Diese Beeinflussung der charakteristischen Größen eines Messobjektes durch den Messprozess kann bei sehr präzisen Messungen durchaus eine Begrenzung der Messgenauigkeit auch bei makroskopischen Körpern darstellen [32].

Ein Beispiel ist die Messung von Gravitationswellen mithilfe eines großen, an Federn aufgehängten schweren Metallzylinders (etwa 10 Tonnen). Die Gravitationswellen, die z. B. bei der Explosion eines Sternes (Supernova) entstehen können (siehe Bd. 4), würden eine periodische Kontraktion bzw. Expansion der Zylinderlänge L bewirken, deren Größe zu 10^{-21} m abgeschätzt wurde. Um diese zu messen, müssen die Orte x_1, x_2 von zwei Markierungen an den Enden des Zylinders bestimmt werden. Wenn diese Messung mit einer Unsicherheit von $\Delta x \leq 10^{-21}$ m durchgeführt werden soll, so ist die Impulsschärfe des Zylinders in x-Richtung $\Delta p \geq \hbar/(2\Delta x)$ d. h. der Impuls könnte sich um diesen Betrag ändern, d. h. der Zylinder wird (wenn er vorher in Ruhe war), eine Geschwindigkeit $v = \Delta p/m \geq \hbar/(2m\Delta x)$ bekommen. Die Periode der durch die Gravitationswelle bewirkten periodischen Kontraktion ist etwa 10^{-3} s. In dieser Zeit τ erfährt die durch die Ortsmessung bewirkte Geschwindigkeit v eine Ortsveränderung $\Delta x_m = v \cdot \tau = \hbar \cdot \tau/(2m\Delta x)$. Setzt man die Zahlenwerte $m = 10^4$ kg, $\Delta x = 10^{-21}$ m, $\tau = 10^{-3}$ s ein, so ergibt sich:

$$\Delta x_m \geq 5 \cdot 10^{-21}\,\text{m} \approx 5 \cdot \Delta L .$$

Die durch die Unbestimmtheitsrelation bewirkte Ortsverschiebung ist also größer als die zu erwartende Verschiebung durch die Gravitationswelle. Hier hilft nur eine größere Masse m und Mittelung über viele Messdaten.

Abgesehen davon, dass man zurzeit eine Genauigkeit $\delta L/L \leq 10^{-21}$ für Längenmessungen noch nicht erreichen kann, gibt es also auch eine prinzipielle Grenze, die durch die Unbestimmtheitsrelation gegeben ist.

Zurzeit wird an mehreren Orten auf der Erde versucht, Gravitationswellen nachzuweisen mithilfe sehr langer Laserinterferometer, die in zwei zueinander senkrechten Richtungen angeordnet sind. Die Gravitationswelle verursacht eine periodische Änderung der Interferometerlänge, die für die beiden zueinander senkrechten Arme unterschiedlich ist.

Dies und viele weitere Beispiele zeigen:

Der Messprozess selbst ändert den Zustand des zu messenden Systems.

Hinweis Es gibt jedoch inzwischen spezielle Messanordnungen, bei denen man Informationen über das zu messende System erhält, *ohne* den Quantenzustand des Systems zu ändern („quantum non demolishing experiments"). Für nähere Einzelheiten wird auf [31, 33] verwiesen.

3.5.4 Die Bedeutung der Quantenphysik für unser Naturverständnis

Die Quantenphysik kann die in den vorigen Abschnitten erwähnten offenen Fragen (z. B. nach der Stabilität der Atome, der Beugung von Elektronen, der Ultraviolett-Katastrophe und dem Photoeffekt) befriedigend beantworten. In ihrer Erweiterung zur Quantenelektrodynamik befinden sich ihre Aussagen in vollkommener Übereinstimmung mit allen bisherigen experimentellen Ergebnissen.

Wir können also sagen, dass die Quantenphysik alle Erscheinungen der Elektronenhüllen der Atome, und damit die Atom- und

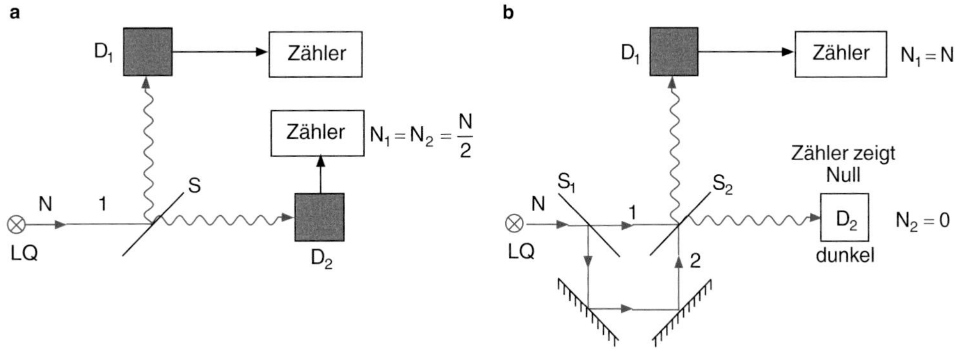

Abbildung 3.48 Die Rolle des Strahlteilers **a** mit und **b** ohne Interferenz

Molekülphysik, in befriedigender Weise beschreiben kann. Ihre Grenzen werden vielleicht erst sichtbar bei der Untersuchung der Kernstruktur und der Elementarteilchen. Bisher ist es noch nicht gelungen, Quantenphysik und allgemeine Relativitätstheorie (Gravitation) zu vereinigen.

Die Wahrscheinlichkeitsinterpretation und die Unbestimmtheitsrelation in der Quantenphysik haben bedeutsame philosophische Konsequenzen: Das zukünftige Verhalten eines Mikroteilchens ist nicht vollständig durch seine Vergangenheit bestimmt. Zuerst einmal kennen wir den Anfangszustand prinzipiell nur innerhalb gewisser Unbestimmtheitsgrenzen. Ferner hat (auch bei vorgegebenem Anfangszustand) der Endzustand eine Wahrscheinlichkeitsverteilung um den in der klassischen Physik vorausgesagten Wert.

Die in der klassischen Physik postulierte exakte Vorhersagbarkeit von Ereignissen bei exakter Kenntnis der Anfangsbedingungen wird also durch die Quantenphysik in zweierlei Weise eingeschränkt: Einmal kann man die Anfangsbedingungen nicht exakt bestimmen und zum anderen wird das zukünftige Schicksal (Ort, Zeit, Impuls) eines Teilchens durch Wahrscheinlichkeiten beschrieben, nicht durch einen exakt bestimmten Ortsvektor $\boldsymbol{r}(t)$ und Impulsvektor $\boldsymbol{p}(t)$.

Die Tatsache, dass man beim Doppelspaltexperiment auch Interferenzstrukturen erhält, wenn der Photonenfluss so klein ist, dass höchstens ein Photon zur selben Zeit durch die beiden Spalte läuft (wobei man nicht bestimmen kann, durch welchen der beiden Spalte es geht), hat immer wieder Diskussionen über die Interpretation dieses Phänomens angeregt. In der Quantenmechanik gibt es (wenigstens formal) eine eindeutige Beschreibung, die zwar nicht anschaulich, aber mathematisch exakt ist.

Anmerkung. Es soll ausdrücklich nochmals darauf hingewiesen werden, dass hier das zentrale Problem der Quantenphysik liegt. Man beschreibt das Doppelspaltexperiment durch die Überlagerung der Wellenfunktionen verschiedener Zustände. Es gibt Situationen. die nur durch solche Überlagerungen beschrieben werden können. Man nennt sie *verschränkte Zustände*. Sie führen zu in der klassischen Physik nicht verständlichen Sachverhalten. Die weiter unten diskutierte Situation in Abb. 3.48b entspricht einem solchen Zustand.

Die Unschärfe-Relation ist eigentlich keine zentrale quantenmechanische Aussage, wie man dies oft in Büchern liest. Sobald man akzeptiert hat, dass Teilchen durch Wellen beschrieben werden können, folgt die Unschärfe-Relation aus dem klassischen Fourier-Theorem. Der quantenmechanische Aspekt betrifft also nur die Beschreibung von Teilchen durch Wellen. Ein zentraler Aspekt der Quantentheorie, der anschaulich nicht zu verstehen ist, betrifft die verschränkten Zustände, die z. B. bei der Realisierung von Quantencomputern eine wichtige Rolle spielen.

Es kommt noch ein weiterer, lange kontrovers diskutierter Aspekt hinzu, der die Rolle des Beobachters beim Messprozess betrifft: Die Interpretation, die der Experimentator durch eine Messung der Größe X erhält, führt immer zu einer in den Unschärfegrenzen nicht vorhersagbaren Änderung der zu *X komplementären* Größe. In den oben diskutierten Beispielen waren die Komplementärgrößen Ort und Impuls bzw. Energie und Zeit.

Durch die Messung wird also der Zustand des zu messenden Systems geändert. Das System kann nicht mehr als vom Beobachter getrennt betrachtet werden, sondern der Beobachter beeinflusst die zukünftige Entwicklung. Dies führt in manchen Fällen zu erstaunlichen Resultaten, wie an dem folgenden Beispiel gezeigt wird (Abb. 3.48a):

Ein Lichtstrahl wird an einem Strahlteiler S in zwei gleich intensive Teilstrahlen aufgespalten, die von zwei Detektoren D_1, D_2 gemessen werden. Jeder der beiden Detektoren zählt die statistisch auftreffenden Photonen und misst im zeitlichen Mittel eine gleich große mittlere Zählrate. Da ein Photon nicht teilbar ist, müssen die Photonen, statistisch verteilt, entweder von S reflektiert oder durch S transmittiert werden. Welches der Photonen reflektiert wird und welches transmittiert wird, ist *nicht* vorhersagbar.

Jetzt wird ein zweiter Strahl, der aus derselben Lichtquelle kommt, senkrecht zum ersten Strahl auf den Strahlteiler S_2 gerichtet (Abb. 3.48b). Wir wissen aus Interferenzexperimenten der klassischen Optik (siehe Bd. 2, Kap. 10), dass bei entsprechend gewählter Phasendifferenz zwischen den beiden einfallenden Lichtwellen destruktive Interferenz für die Richtung zum Detektor D_2 auftritt und daher D_2 kein Licht erhält, D_1 dafür umso mehr. Dies wird auch dann noch beobachtet, wenn die Lichtintensität so gering ist, dass höchstens jeweils ein Photon während der Lichtlaufzeit von der Quelle zum Detektor durch das optische System gelangt.

Woher „wissen" die Photonen, dass sie jetzt nur einen Weg, nämlich den zum Detektor D_1 nehmen dürfen?

Dieses Beispiel verdeutlicht, dass der Beobachter durch die Auswahl der Experimentieranordnung das zukünftige Schicksal der Photonen beeinflusst. Dies zeigt auch, dass man den Photonen keinen *Weg* zuordnen kann, sondern nur eine Nachweiswahrscheinlichkeit am Detektor D_1 bzw. D_2, die abhängt von der durch die experimentelle Anordnung bedingten Fragestellung.

In den letzten Jahren sind eine Reihe von solchen *Welcher-Weg-Experimenten* durchgeführt worden.

Für eine detaillierte Diskussion wird auf das sehr lesenswerte Buch [32], die kleinen Monographien [13, 38] und Reviewartikel über moderne Experimente zu diesem Problemkreis [33–37] verwiesen.

Nach diesen zum Nachdenken anregenden erkenntnistheoretischen Problemen, die philosophische Fragen berühren, wollen wir uns im nächsten Kapitel etwas genauer mit der grundlegenden Gleichung der nichtrelativistischen Quantenmechanik, der Schrödingergleichung, befassen und ihre Aussagen an einigen einfachen Beispielen illustrieren.

Zusammenfassung

- Viele experimentelle Befunde deuten auf den Teilchencharakter elektromagnetischer Wellen hin. Beispiele sind die spektrale Verteilung der Strahlung Schwarzer Körper, der Photoeffekt, der Comptoneffekt oder die Messung der Photonenstruktur im emittierten Licht einer schwachen Lichtquelle.
- Die Energiequanten $h\nu$ des elektromagnetischen Feldes heißen *Photonen*. Man kann ihnen formal eine Masse $m = h\nu/c^2$ zuordnen Photonen werden durch Gravitationsfelder beeinflusst. Es gibt keine ruhenden Photonen! Man drückt dies aus durch ihre „Ruhemasse" $m_0 = 0$.
- Die auf der Photonenhypothese basierende Herleitung der Planck'schen Strahlungsformel liefert völlig mit den Experimenten übereinstimmende Ergebnisse.
- Die Photoneneigenschaften Impuls $\hbar \boldsymbol{k} = (h/\lambda) \cdot \hat{\boldsymbol{k}}$, Energie $E = \hbar\omega = h \cdot \nu$ und Massenäquivalent $m = E/c^2 = h \cdot \nu/c^2$ können durch die Wellengrößen Frequenz ν und Wellenvektor $\boldsymbol{k}$ und durch die Planck'sche Konstante h bzw. $\hbar = h/2\pi$ definiert werden.
- Der Wellencharakter von Teilchen wird experimentell durch ihre Beugungseffekte und durch Interferenzexperimente demonstriert. Beispiele sind die Bragg-Reflexion von Neutronen an Kristallen, Neutroneninterferometrie und viele Experimente zur Atomoptik.
- Materiewellen zeigen Dispersion, d. h. ihre Phasengeschwindigkeit hängt ab von der Frequenz ω. Sie ist größer als die Lichtgeschwindigkeit c.
- Teilchen können durch Wellenpakete beschrieben werden. Die Teilchengeschwindigkeit ist gleich der Gruppengeschwindigkeit der Wellenpakete.
- Das Absolutquadrat $|\psi(x,t)|^2 \, dx$ der Materiewellenfunktion des Wellenpaketes gibt die Wahrscheinlichkeit an, das Teilchen zur Zeit t im Intervall dx um den Ort x zu finden.
- Ort und Impuls eines Teilchens können nicht gleichzeitig beliebig genau gemessen werden. Die Heisenberg'sche Unbestimmtheitsrelation $\Delta x \cdot \Delta p_x > \hbar$ gibt eine untere Schranke für die prinzipiellen Unschärfen Δx des Ortes und Δp des Impulses bei gleichzeitiger Messung beider Größen an.
- In Analogie zur klassischen Optik kann die Ortsunschärfe Δx bei der Ortsmessung eines Teilchens nicht kleiner als die Wellenlänge $\lambda = h/p$ seiner Materiewelle werden.
- Auch bei der gleichzeitigen Messung von Energie E und Zeit t gilt die Unschärferelation $\Delta E \cdot \Delta t \geq \hbar$. So kann die Energie E eines angeregten Atomniveaus mit der mittleren Lebensdauer τ nicht genauer als auf $\Delta E = \hbar/\tau$ gemessen werden.
- Das Bohr'sche Atommodell, bei dem die Elektronen des Atoms auf Kreisbahnen um den Kern kreisen, entspricht dem Planetenmodell in der Astronomie. Als zusätzliche Quantenbedingung wird gefordert, dass die de Broglie-Wellenlänge eines Elektrons eine stehende Welle sein soll. Dann folgt aus $2\pi r = n \cdot \lambda$ eine Quantisierung möglicher Kreisradien r und Energien E.
- Die erlaubten Energien für Atome bzw. Ionen mit nur einem Elektron sind

  $$E_n = -Ry^* \cdot Z^2/n^2 \quad (n = 1, 2, 3, \ldots),$$

  wobei $Ry^* = \mu \cdot e^4/(8\varepsilon_0^2 h^2)$ die Rydbergkonstante für das System Elektron–Kern mit der reduzierten Masse μ ist. Eine äquivalente Formulierung der Bohr'schen Quantenbedingung ist die Forderung der Quantisierung des Elektronenbahndrehimpulses $\boldsymbol{l}$:

  $$|\boldsymbol{l}| = n \cdot \hbar \quad (n = 1, 2, 3, \ldots).$$

  Das Bohr'sche Atommodell wird durch die Quantentheorie in einigen Punkten korrigiert.
- Die Unschärferelation macht die Stabilität des tiefsten Atomzustandes verständlich.
- Alle energetisch angeregten Atomzustände E_k sind instabil. Sie zerfallen durch Emission von Photonen mit $h\nu = E_k - E_i$ in tiefere Zustände E_i.

- Die Quantisierung der atomaren Energieniveaus wird experimentell bestätigt durch den Franck-Hertz-Versuch und durch Linienspektren bei der Absorption und Emission von elektromagnetischer Strahlung durch Atome.
- In der quantenmechanischen Beschreibung wird die Bahnkurve $\boldsymbol{r}(t)$ eines Teilchens durch die Wahrscheinlichkeitsverteilung $|\psi(\boldsymbol{r},t)|^2$ ersetzt, deren räumliche Verteilung im Laufe der Zeit breiter wird (Auseinanderlaufen des Wellenpaketes). Diese Verbreiterung wird umso größer, je genauer der Anfangsort $\boldsymbol{r}_0$ des Teilchens gemessen wurde.
- Die Interferenzerscheinungen bei Teilchen beruhen auf der Unkenntnis des genauen Teilchenweges. Der Zustand der Teilchen muss dann durch eine Linearkombination von Wellenfunktionen $\psi(r_i)$ beschrieben werden. Wird der Weg durch zusätzliche Messungen genauer bestimmt, so verschwinden die Interferenzstrukturen, und zwar nicht nur weil die Impulsunschärfe des Teilchens durch die Messung des Ortes vergrößert wird und die Messung selbst den Zustand des Teilchens beeinflusst, sondern vor allem, weil durch die zusätzliche Information die Linearkombination auf einen Anteil $\psi(r_i)$ reduziert wird.

Aufgaben

3.1 Leiten Sie die Beziehungen (3.19) und (3.18) her.

3.2 Wie groß ist die Geschwindigkeit und die kinetische Energie eines Neutrons, wenn seine de-Broglie-Wellenlänge 10^{-10} m ist? Handelt es sich noch um ein thermisches Neutron?

3.3
a) Man zeige, dass Energie- und Impulserhaltungssatz nicht gleichzeitig erfüllt werden können, wenn ein freies Elektron bei der Geschwindigkeit v_1 ein Photon $h \cdot \nu$ absorbiert und sich danach mit der Geschwindigkeit $v_2 > v_1$ bewegt. Wieso werden beim Compton-Effekt beide Größen erhalten?
b) Wie groß ist der Impuls eines Photons bei $h \cdot \nu = 0{,}1$ eV (infrarot), 2 eV (sichtbar) und 2 MeV (γ-Strahlung)? Wie groß wäre jeweils die Geschwindigkeit eines H-Atoms mit gleichem Impuls?

3.4 Ein Spalt mit der Breite b wird mit einem Elektronenstrahl der kinetischen Energie E bestrahlt. Wie groß muss die Spaltbreite b sein, damit auf dem Schirm im Abstand D die Breite B des zentralen Beugungsmaximums sichtbar wird? Wie groß ist dann die volle Fußpunktsbreite für $D = 1$ m und $E_{\text{kin}} = 1$ keV?

3.5 Wie groß sind Bahnradius und Geschwindigkeit v des Elektrons auf der ersten Bohr'schen Bahn mit $n = 1$
a) im H-Atom ($Z = 1$),
b) im Goldatom ($Z = 79$)?
c) Wie groß ist die relativistische Massenzunahme in beiden Fällen? Wie ändern sich dadurch die Energiewerte?

3.6 Freie Neutronen haben eine mittlere Lebensdauer von $\tau = 900$ s. Nach welcher Strecke x ist die Zahl der Neutronen der de Broglie-Wellenlänge $\lambda = 1$ nm in einem parallelen Neutronenstrahl auf die Hälfte ihres Anfangswertes gesunken?

3.7 Bestimmen Sie die Wellenlänge der Lyman-α-Linie
a) für Tritiumatome,
b) für Positronium e^+e^-.

3.8 Ein Einelektronenatom habe die Energieniveaus $E_n = -a/n^2$. Man findet im Spektrum zwei benachbarte Absorptionslinien mit $\lambda_1 = 97{,}5$ nm und $\lambda_2 = 102{,}8$ nm. Wie groß ist die Konstante a?

3.9 Die Balmerserie des Wasserstoffspektrums soll mit einem Gitterspektrographen mit dem spektralen Auflösungsvermögen $\lambda/\Delta\lambda = 5 \cdot 10^5$ gemessen werden. Bis zu welchem Zustand E_n können zwei benachbarte Linien noch aufgelöst werden?

3.10 Berechnen Sie aus der Unschärferelation die minimale Gesamtenergie des Elektrons im He-Ion He^+. Wie groß sind der erste Bohrradius sowie E_{kin} und E_{pot} im Grundzustand des He^+?

Literatur

1. G.L. Trigg: Experimente der modernen Physik. Vieweg, Braunschweig (1984)
2. A. Joffé, N. Dobranrawov: Über die Ausbreitung von Röntgenimpulsen. Z. Physik **34**, 889 (1925)
3. M. Planck: Die Entdeckung des Wirkungsquantums. In: A. Hermann (Hrsg.): Dokumente der Naturwissenschaft (zit.: Dokumente), Bd. 11. Battenberg, München (1962)
4. F. Rosenberger: Isaac Newton und seine physikalischen Prinzipien, Nachdruck. Wissenschaftliche Verlagsanstalt, Leipzig (1987)
5. E. Wilde: Geschichte der Optik, Bd. 1 und 2, Nachdruck. Vieweg, Wiesbaden (1968)
6. J.L. Heilbron: Max Planck: Ein Leben für die Wissenschaft. Hinzel, Stuttgart (1988)
7. J. Fricke, W.L. Borst: Energie – Ein Lehrbuch der physikalischen Grundlagen. Oldenbourg, München (1984)
8. H. Pichler: Dynamik der Atmosphäre, 3. Aufl. Spektrum, Heidelberg (1997)
9. A. Einstein: Die Hypothese der Lichtquanten. In: Dokumente, Bd. 7
10. W. Döring: Atomphysik und Quantenmechanik, Bd. 1. de Gruyter, Berlin (1981)
11. R.V. Pound, G.A. Rebka: Apparent weight of photons. Phys. Rev. Lett **4**, 337 (1960)
12. J.L. Snider: New Measurements of the Solar Gravitational Redshift. Phys. Rev. Lett. **28**, 853 (1972)
13. H. Paul: Photonen, 2. Aufl. Teubner, Stuttgart (1999)
    G.I. Taylor: Interference Fringes with feeble Light. Proc. Cambridge Philos. Soc. **15**, 114 (1909)
14. M. Jacobi: Photonen oder Wellen. Phys. Blätter **55**(10), 51 (1999)
15. H. Römer: Theoretische Optik. Verlag Chemie, Weinheim (1994)
16. L. de Broglie: Licht und Materie. Goverts, Hamburg (1939)
17. I. Estermann, O. Stern: Beugung von Molekularstrahlen. Z. Phys. **61**, 95 (1930)
18. C.S. Adams, M. Siegel, J. Mlynek: Atom Optics. Phys. Reports **240**, 145 (1994)
19. T.W. Hänsch, M. Inguscio (Hrsg.): Frontiers in Laser Spectroscopy. Proc. Int. School of Physics: Enrico Fermi Course CXX, Varenna 1992
20. P.R. Berman (Hrsg.): Atomic Interferometry. Academic Press, New York (1997)
21. T. Juffmann, A. Milic, M. Müllneritsch, P. Asenbaum, A. Tsukernik, J. Tüxen, M. Mayor, O. Cheshnovsky, M. Arndt: Real-time Single-molecule Imaging of Quantum Interference. Nat. Nanotechnol. **7**, 297–300 (2012)
22. U. Bonse: Recent Advances in X-Ray and Neutron Interferometery. Physica **B151**, 7 (1988)
23. H. Rauch: Neutroneninterferometrie. Phys. in uns. Zeit **29**, 56 (1998)
24. H. Rauch, S.A. Werner: Neutron-Interferometry. Clarendon Press, Oxford (2000)
25. M. Born: Zur statistischen Deutung der Quantentheorie. In: Dokumente, Bd. 11
26. C. Cohen-Tannoudji, B. Dui, F. Laloë: Quantum Mechanics, Bd. 1. John Wiley, New York (1977)
27. H. Rechenberg, B. Geyer, H. Herwig: Werner Heisenberg – Physiker und Philosoph. Spektrum Akadem. Verlag, Berlin (1993)
28. N. Bohr: Collected Works, Bd. 1–4, hrsg. von J.R. Nielsen. North-Holland, Amsterdam (1972–77)
29. N. Bohr: Das Bohrsche Atommodell. In: Dokumente der Naturwissenschaft, Bd. 5
30. J. Franck, G. Hertz: Die Elektronenstoßversuche. In: Dokumente der Naturwissenschaft, Bd. 9
31. St. Dürr, G. Rempe: Wave–Particle Duality in an Atom Interferometer. Advances in Atomic, Molecular and Optical Physics, Bd. **41**, (1999)
32. J.A. Wheeler, W.H. Zurek (eds.): Quantum Theory and Measurement. Princeton University Press, Princeton (1983)
33. M.O. Scully, B.G. Englert, H. Walther: Quantum optical tests of complementary. Nature **351**, 111 (1991)
    B.G. Englert, M.O. Scully, H. Walther: Komplemetarität und Welle-Teilchen Dualismus. Spektrum der Wissenschaft Febr. 1995, S. 50 ff
34. J.M. Jauch: Die Wirklichkeit der Quanten. Hanser, München (1973)
35. M. Jammer: The Philosophy of Quamtum Mechanics. John Wiley, New York (1974)
36. F. Selleri, A. van der Merwe: Quantum Paradoxes and Physical Reality. Kluwer, Dordrecht (1990)
37. B.G. Englert, H. Walther: Komplementarität in der Quantenmechanik. Phys. in uns. Zeit **23**, 213 (1992)
38. Th. Walter, H. Walther: Was ist Licht? Verlag C.H. Beck, München (1999)

Kapitel 3

Grundlagen der Quantenphysik

4

© Springer-Verlag Berlin Heidelberg 2016

W. Demtröder, *Experimentalphysik 3*, Springer-Lehrbuch, DOI 10.1007/978-3-662-49094-5_4

In Kap. 3 haben wir gesehen, dass man wegen der Unbestimmtheitsrelation Ort und Impuls eines atomaren Teilchens nicht in beliebiger Genauigkeit gleichzeitig angeben kann. An die Stelle der klassischen Bahnkurve, die im Modell des Massenpunktes durch eine mathematisch wohldefinierte Raumkurve $\boldsymbol{r}(t)$ darstellbar ist, tritt die Wahrscheinlichkeit

$$W(x,y,z,t)\mathrm{d}V = |\psi(x,y,z,t)|^2\,\mathrm{d}V\,, \quad (4.1)$$

das Teilchen zu einem Zeitpunkt t im Volumenelement $\mathrm{d}V = \mathrm{d}x\mathrm{d}y\mathrm{d}z$ zu finden, die vom Absolutquadrat der Materiewellenfunktion $\psi(x,y,z,t)$ abhängt.

In diesem Kapitel wollen wir zeigen, wie die Wellenfunktion für einfache Beispiele berechnet werden kann. Diese Beispiele sollen auch die physikalischen Grundlagen der Quantenmechanik und ihre Unterschiede zur klassischen Teilchenmechanik illustrieren, den Begriff *Quantenzahlen* erläutern und zeigen, unter welchen Bedingungen die quantenmechanischen Ergebnisse in die der klassischen Physik übergehen. Dies soll deutlich machen, dass die klassische, d. h. vorquantenmechanische Physik als Grenzfall bei sehr kleiner de Broglie-Wellenlänge $\lambda_{\mathrm{dB}} \to 0$ (der im täglichen Leben allerdings fast ausschließlich eine Rolle spielt), enthalten ist.

Durch diese Beispiele wird auch deutlich, dass fast alle Ergebnisse der Quantenmechanik in der klassischen Wellenoptik wohlbekannt sind. Dies bedeutet: Das eigentlich Neue in der Quantenphysik ist die Beschreibung von klassischen Teilchen durch Materiewellen. Die deterministische Beschreibung der zeitlichen Entwicklung von Ort und Impuls eines Teilchens wird dabei ersetzt durch eine statistische Behandlung, in deren Rahmen man lediglich über Wahrscheinlichkeiten für die Ergebnisse einer Messung spricht. Es tritt eine prinzipielle Unschärfe bei der gleichzeitigen Bestimmung von Ort und Impuls auf.

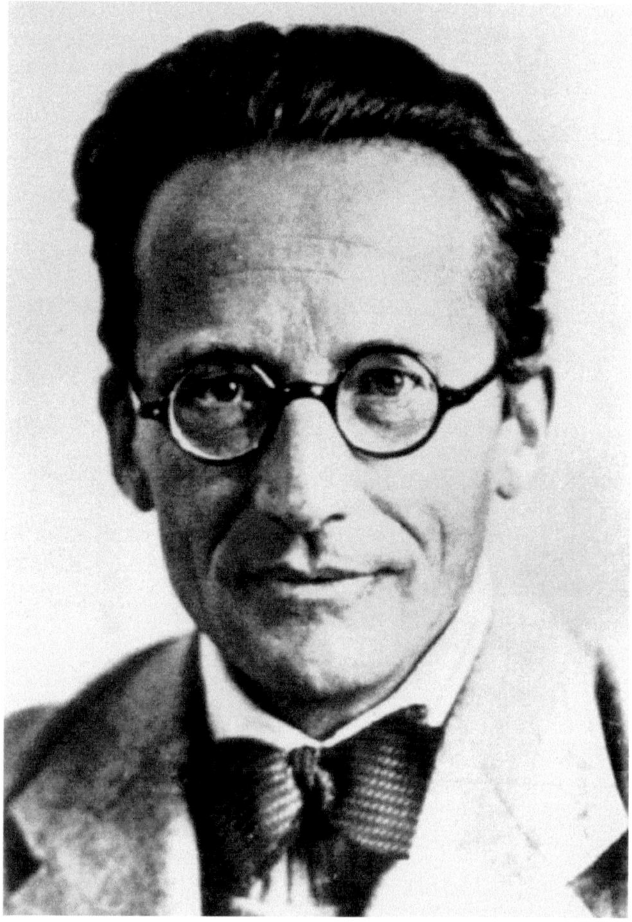

Abbildung 4.1 *Erwin Schrödinger* (Nobelpreis 1933). Aus E. Bagge: *Die Nobelpreisträger der Physik* (Heinz-Moos-Verlag, München 1964)

4.1 Die Schrödingergleichung

In diesem Abschnitt soll die grundlegende Gleichung der Quantenmechanik erläutert werden, die von *Erwin Schrödinger* (1887–1961) (Abb. 4.1) im Jahre 1926 aufgestellt wurde. Die Lösungen dieser Gleichung sind die gesuchten Wellenfunktionen $\psi(x,y,z,t)$. Sie lassen sich allerdings nur für wenige einfache physikalische Probleme in analytischer Form angeben, aber mithilfe schneller Rechner auch für komplizierte Fälle wenigstens numerisch berechnen.

Wir betrachten zuerst den mathematisch einfachen Fall, dass sich ein freies Teilchen der Masse m mit gleichförmiger Geschwindigkeit $\boldsymbol{v}$ in x-Richtung bewegt. Seine Materiewelle hat dann wegen $\boldsymbol{p} = \hbar\boldsymbol{k}$ und $E = \hbar\omega = E_{\mathrm{kin}}$ (wegen $E_{\mathrm{pot}} = 0$) die Form

$$\Psi(x,t) = A\,\mathrm{e}^{\mathrm{i}(kx-\omega t)} = A\,\mathrm{e}^{(\mathrm{i}/\hbar)(px-E_{\mathrm{kin}}t)}\,, \quad (4.2)$$

wobei $E_{\mathrm{kin}} = p^2/2m$ die kinetische Energie des Teilchens ist. Da die mathematische Darstellung völlig analog zu der einer elektromagnetischen Welle ist, liegt es nahe, von der Wellengleichung

$$\frac{\partial^2\Psi}{\partial x^2} = \frac{1}{u^2}\frac{\partial^2\Psi}{\partial t^2} \quad (4.3)$$

für Wellen, die sich mit der Phasengeschwindigkeit u in x-Richtung ausbreiten, auszugehen (siehe Bd. 2, Kap. 7). Bei *stationären* Problemen, bei denen $\boldsymbol{p}$ und E nicht von der Zeit abhängen, lässt sich die Wellenfunktion (4.2) aufspalten in einen nur vom Ort abhängigen Faktor $\psi(x) = A\,\mathrm{e}^{\mathrm{i}kx}$ und in einen nur von der Zeit abhängigen Phasenfaktor $\mathrm{e}^{-\mathrm{i}\omega t}$, sodass man schreiben kann

$$\Psi(x,t) = \psi(x)\cdot\mathrm{e}^{-\mathrm{i}\omega t} = A\cdot\mathrm{e}^{\mathrm{i}kx}\cdot\mathrm{e}^{-\mathrm{i}\omega t}\,. \quad (4.4)$$

Geht man mit dem Ansatz (4.4) in die Wellengleichung (4.3) ein, so erhält man für die Wellenfunktion $\Psi(x,t)$ wegen $k^2 = p^2/\hbar^2 = 2mE_{\mathrm{kin}}/\hbar^2$ die Gleichung

$$\frac{\partial^2\Psi}{\partial x^2} = -k^2\Psi = -\frac{2m}{\hbar^2}\cdot E_{\mathrm{kin}}\cdot\Psi \quad (4.5)$$
$$\frac{\partial^2\Psi}{\partial t^2} = -\omega^2\Psi\,.$$

Der Vergleich mit (4.3) liefert

$$u^2 = \omega^2/k^2 \Rightarrow u = \omega/k\,.$$

Man beachte, dass nach (3.65) die Teilchengeschwindigkeit $v_T = v$

$$v = \frac{p}{m} = \frac{\hbar k}{m} = \frac{\partial \omega}{\partial k}$$

verschieden ist von der Phasengeschwindigkeit $u = v_{ph} = \omega/k$.

Im allgemeinen Fall kann sich das Teilchen in einem Kraftfeld bewegen. Ist dieses konservativ, so können wir jedem Raumpunkt eine potentielle Energie zuordnen, wobei die Gesamtenergie $E = E_{kin} + E_{pot}$ konstant ist. Mit $E_{kin} = E - E_{pot}$ ergibt sich dann aus (4.5) die eindimensionale stationäre Schrödingergleichung

$$\frac{-\hbar^2}{2m}\frac{\partial^2 \Psi}{\partial x^2} + E_{pot}\Psi = E\Psi\,. \quad (4.6a)$$

Für den allgemeinen Fall der Bewegung eines Teilchens im dreidimensionalen Raum erhält man analog zur dreidimensionalen Wellengleichung (siehe Bd. 1, Abschn. 11.9.4)

$$\Delta\Psi = \frac{1}{u^2}\cdot\frac{\partial^2\Psi}{\partial t^2}$$

mit dem Ansatz $\Psi(x,y,z,t) = \psi(x,y,z)\cdot e^{-i\omega t}$ die dreidimensionale stationäre Schrödingergleichung für die Ortsfunktion $\psi(x,y,z)$

$$\frac{-\hbar^2}{2m}\Delta\psi + E_{pot}\psi = E\cdot\psi\,. \quad (4.6b)$$

Differenziert man (4.2) partiell nach der Zeit, so ergibt dies

$$\frac{\partial\Psi}{\partial t} = -\frac{i}{\hbar}E_{kin}\cdot\Psi\,,$$

woraus mit (4.5) für ein freies Teilchen mit $E_{pot} = 0$, d. h. $E_{kin} = \text{const}$ die zeitabhängige Gleichung

$$-\frac{\hbar^2}{2m}\frac{\partial^2\Psi(x,t)}{\partial x^2} = i\hbar\frac{\partial\Psi(x,t)}{\partial t} \quad (4.7a)$$

wird, die im dreidimensionalen Fall heißt:

$$-\frac{\hbar^2}{2m}\Delta\Psi(\boldsymbol{r},t) = i\hbar\frac{\partial\Psi(\boldsymbol{r},t)}{\partial t}\,. \quad (4.7b)$$

Man beachte:

- Bei dieser „Herleitung“ der stationären Schrödingergleichung haben wir die nur durch Experimente, nicht durch eine mathematische Herleitung gestützte de Broglie-Beziehung $\boldsymbol{p} = \hbar\boldsymbol{k}$ benutzt.
- Wegen (4.5) stellt (4.6) den Energiesatz $E\Psi = E_{kin}\Psi + E_{pot}\Psi$ der Quantenmechanik dar, der ja auch in der klassischen Physik nicht hergeleitet werden kann, sondern aus allen bisherigen Erfahrungen als richtig angenommen wird.
- Im Unterschied zur linearen ***Dispersionsrelation*** $\omega(k) = k\cdot c$ elektromagnetischer Wellen gilt für die Materiewelle $\Psi(\boldsymbol{r},t)$ eines freien Teilchens wegen $E = \hbar\omega = p^2/2m$ eine *quadratische* Dispersionsrelation $\omega(k) = (\hbar/2m)\cdot k^2$.
- Die Gleichungen (4.6) und (4.7) sind *lineare* homogene Differentialgleichungen. Deshalb können verschiedene Lösungen linear überlagert werden (Superpositionsprinzip), d. h. mit den Lösungsfunktionen Ψ_1 und Ψ_2 ist auch $\Psi_3 = a\cdot\Psi_1 + b\cdot\Psi_2$ eine Lösung.
- Da die Gleichung (4.7) eine komplexe Gleichung ist, können auch die Wellenfunktionen Ψ komplex sein. Das Absolutquadrat $|\Psi|^2$, das die Aufenthaltswahrscheinlichkeitsdichte des Teilchens angibt, ist jedoch immer reell.

Für nichtstationäre Probleme (d. h. $E = E(t)$ und $p = p(t)$) wird auch $\omega(t)$ zeitabhängig. Deshalb lässt sich $\partial^2\Psi/\partial t^2$ nicht mehr als $-\omega^2\Psi$ schreiben und nicht aus der Wellengleichung für die Materiewellen für Teilchen herleiten, die außer der konstanten Masse m der Teilchen keine weiteren speziellen zeitabhängigen Parameter (z. B. E oder p) enthält (siehe Aufgabe 4.1).

Schrödinger postulierte nun, dass auch bei zeitabhängiger potentieller Energie $E_{pot}(\boldsymbol{r},t)$ die Gleichung

$$\frac{-\hbar^2}{2m}\Delta\Psi(\boldsymbol{r},t) + E_{pot}(\boldsymbol{r},t)\,\Psi(\boldsymbol{r},t) = i\hbar\frac{\partial\Psi(\boldsymbol{r},t)}{\partial t} \quad (4.8)$$

gelten soll. Diese allgemeine zeitabhängige Schrödingergleichung ist inzwischen durch unzählige Experimente geprüft und für richtig befunden worden. Sie stellt die Grundgleichung der Quantenmechanik dar.

Für stationäre Probleme kann $\Psi(\boldsymbol{r},t)$ separiert werden in $\Psi(\boldsymbol{r},t) = \psi(\boldsymbol{r})\cdot e^{-i(E/\hbar)\cdot t}$. Setzt man diesen Ansatz in (4.8) ein, so erhält man wieder die stationäre Schrödingergleichung (4.6a) für den Ortsanteil $\psi(\boldsymbol{r})$ der Wellenfunktion $\Psi(\boldsymbol{r},t)$.

4.2 Anwendungsbeispiele der stationären Schrödingergleichung

Wir wollen nun für einige einfache eindimensionale Probleme die Lösungen der stationären Schrödingergleichung (4.6)

$$\frac{-\hbar^2}{2m}\frac{d^2\psi}{dx^2} + E_{pot}\psi(x) = E\psi(x)$$

berechnen. Diese Beispiele sollen vor allem die Wellenbeschreibung von Teilchen und die daraus folgenden physikalischen Konsequenzen illustrieren.

4.2.1 Das freie Teilchen

Wir bezeichnen ein Teilchen als kräftefrei, wenn es sich in einem konstanten Potential ϕ_0 bewegt, weil dann wegen $\boldsymbol{F} = -\,\mathbf{grad}\,E_{pot}$ die Kraft auf das Teilchen null ist. Durch geeignete Wahl des Energienullpunktes können wir $\phi_0 = 0$, d. h. $E_{pot} = 0$ wählen und erhalten aus (4.6) die Schrödingergleichung des freien Teilchens:

$$\frac{-\hbar^2}{2m}\frac{d^2\psi}{dx^2} = E\psi\,. \tag{4.9}$$

Die Gesamtenergie $E = E_{kin} + E_{pot}$ ist wegen $E_{pot} = 0$ nun

$$E = \frac{p^2}{2m} = \frac{\hbar^2 k^2}{2m}\,,$$

und (4.9) reduziert sich auf die Gleichung

$$\frac{d^2\psi}{dx^2} = -k^2\psi\,,$$

deren allgemeinste Lösungsfunktionen die Form

$$\psi(x) = A\cdot e^{ikx} + B\cdot e^{-ikx} \tag{4.10}$$

haben. Die zeitabhängige Wellenfunktion

$$\begin{aligned}\psi(x,t) &= \psi(x)\cdot e^{-i\omega t}\\ &= A\cdot e^{i(kx-\omega t)} + B\cdot e^{-i(kx+\omega t)}\end{aligned} \tag{4.11}$$

stellt die Überlagerung einer in $+x$-Richtung mit einer in $-x$-Richtung laufenden ebenen Welle dar.

Die Koeffizienten A und B sind die Amplituden der Wellen, die durch die Randbedingungen festgelegt werden. So muss z. B. bei der Wellenfunktion von Elektronen, die in Abb. 4.2 aus einer Kathode K austreten und in $+x$-Richtung auf den Detektor fliegen, die Amplitude $B = 0$ sein. Aus dem experimentellen Aufbau wissen wir, dass die Elektronen nur auf der Strecke L zwischen Kathode und Detektor anzutreffen sind, d. h. ihre Wellenfunktion kann nur dort von null verschieden sein mit der Normierungsbedingung

$$\int_0^L |\psi(x)|^2\,dx = 1$$

$$\Rightarrow A^2\cdot L = 1 \Rightarrow A = 1/\sqrt{L}\,.$$

Um den Ort eines Teilchens zur Zeit t genauer zu definieren, müssen wir statt der ebenen Wellen (4.11) *Wellenpakete*

$$\psi(x,t) = \int\limits_{k_0-\Delta k/2}^{k_0+\Delta k/2} A(k)\,e^{i(kx-\omega t)}\,dk \tag{4.12}$$

konstruieren, deren Ortsunschärfe $\Delta x \geq \hbar/(2\Delta p_x) = 1/(2\Delta k)$ zur Zeit $t = 0$ von der Impulsbreite $\Delta p_x = \hbar\,\Delta k$ abhängt (Abb. 3.30). Je größer Δk ist, umso schärfer kann $\Delta x(t = 0)$ bestimmt werden, aber desto schneller läuft das Wellenpaket auseinander.

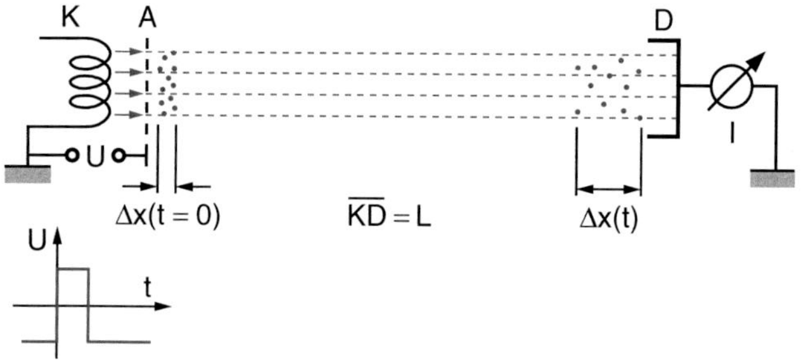

Abbildung 4.2 Illustration für das Auseinanderlaufen des Wellenpaketes durch einen Pulk von Elektronen mit einer Geschwindigkeitsunschärfe $\Delta v(t = 0)$

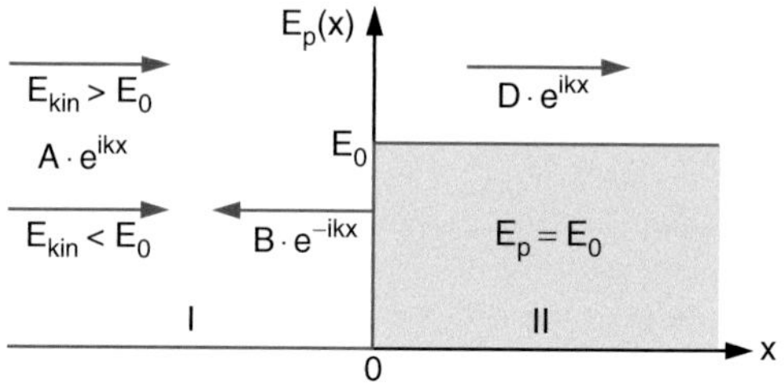

Abbildung 4.3 Eindimensionale Potentialbarriere

Experimentell kann man sich das folgendermaßen veranschaulichen: Legt man zur Zeit $t = 0$ einen kurzen Spannungspuls an die Elektrode A, so können während dieser Zeit Elektronen zum Detektor starten. Die von der heißen Kathode emittierten Elektronen haben jedoch eine Geschwindigkeitsverteilung Δv, sodass Elektronen mit etwas unterschiedlichen Geschwindigkeiten v sich zu einem späteren Zeitpunkt t nicht alle am gleichen Ort x befinden, sondern über das Intervall $\Delta x(t) = t\cdot\Delta v$ „verschmiert" sind. Die Geschwindigkeitsverteilung wird durch die Breite $\Delta v \propto \Delta k$ des Wellenpakets beschrieben, sodass sich die Ortsunschärfe Δx

$$\frac{d\big(\Delta x(t)\big)}{dt} = \Delta v(t = 0) = \frac{\hbar}{m}\,\Delta k(t = 0)$$

proportional zur anfänglichen Impulsunschärfe ändert.

4.2.2 Potentialstufe

Die im vorigen Abschnitt behandelten freien Teilchen ($E_{pot} = 0$) mögen in $+x$-Richtung fliegen und an der Stelle $x = 0$ in ein Gebiet mit einem Potential $\phi(x \geq 0) = \phi_0 > 0$ eintreten, in dem ihre potentielle Energie $E_{pot} = E_0$ konstant ist, d. h. bei $x = 0$ tritt ein Sprung $\Delta E_{pot} = E_0$ der potentiellen Energie auf (Abb. 4.3). Dieses Problem entspricht in der klassischen Lichtoptik einer ebenen Lichtwelle, die auf eine Grenzfläche Vakuum-Materie (z. B. eine Glasoberfläche) trifft.

Kapitel 4

Wir teilen das Gebiet $-\infty < x < +\infty$ in zwei Bereiche I und II auf. Im Bereich I mit $E_{pot} = 0$ gilt wieder (4.9) mit der Lösung (4.10) für den Ortsanteil $\psi(x)$ der Wellenfunktion

$$\psi_I(x) = A\,e^{ikx} + B\,e^{-ikx}\,,$$

wobei A die Amplitude der einfallenden Welle, B die Amplitude der an der Potentialstufe reflektierten Welle ist.

Man beachte: Die vollständige Lösung ist (4.11). Oft wird der Zeitfaktor weggelassen, weil er sich bei den hier behandelten stationären Problemen nicht ändert.

Im Bereich II heißt die Schrödingergleichung

$$\frac{d^2\psi}{dx^2} + \frac{2m}{\hbar^2}(E - E_0)\,\psi = 0\,, \qquad (4.13a)$$

die mit der Abkürzung $\alpha = \sqrt{2m(E_0 - E)}/\hbar$ zu

$$\frac{d^2\psi}{dx^2} - \alpha^2\psi = 0 \qquad (4.13b)$$

wird und die Lösung

$$\psi_{II} = C\,e^{+\alpha x} + D\,e^{-\alpha x} \qquad (4.14)$$

hat. Wenn

$$\psi(x) = \begin{cases} \psi_I & \text{für } x < 0 \\ \psi_{II} & \text{für } x \geq 0 \end{cases}$$

eine Lösung der Schrödingergleichung (4.13) im gesamten Bereich $-\infty \leq x \leq +\infty$ sein soll, muss ψ überall stetig differenzierbar sein, weil sonst die zweite Ableitung $d^2\psi/dx^2$ nicht definiert und damit die Schrödingergleichung nicht anwendbar wäre. Dies ergibt aus (4.10) und (4.14) die Randbedingungen für $x = 0$:

$$\psi_I(x=0) = \psi_{II}(x=0)$$
$$\Rightarrow A + B = C + D\,, \qquad (4.15a)$$
$$\left[\frac{d\psi_I}{dx}\right]_0 = \left[\frac{d\psi_{II}}{dx}\right]_0$$
$$\Rightarrow ik(A - B) = \alpha(C - D)\,. \qquad (4.15b)$$

Wir unterscheiden nun die beiden Fälle, dass die Energie $E_{kin} = E$ des einlaufenden Teilchens kleiner oder größer als die Potentialstufe ist (Abb. 4.3):

a) $E < E_0$

Für diesen Fall ist α reell, und der Koeffizient C in (4.14) muss null sein, weil sonst $\psi_{II}(x)$ für $x \to +\infty$ unendlich würde und damit nicht mehr normierbar. Aus (4.15) erhalten wir dann

$$B = \frac{ik + \alpha}{ik - \alpha}A \quad \text{und} \quad D = \frac{2ik}{ik - \alpha}A\,. \qquad (4.16)$$

Die Wellenfunktion im Bereich $x < 0$ heißt dann:

$$\psi_I(x) = A\left[e^{ikx} + \frac{ik + \alpha}{ik - \alpha}e^{-ikx}\right]. \qquad (4.17)$$

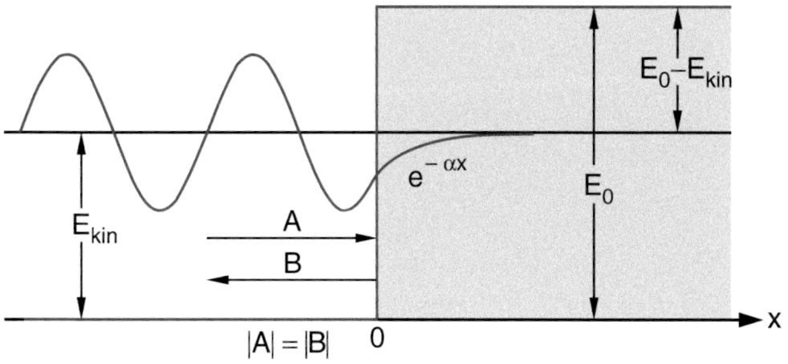

Abbildung 4.4 Wellenfunktion $\psi(x)$ bei vollständiger Reflexion der einlaufenden Welle für $E_{kin} < E_0$ trotz Eindringens in das Gebiet mit $E_0 > E_{kin}$

Ihr Realteil ist in Abb. 4.4 dargestellt. Wir erhalten den Bruchteil R der reflektierten Teilchen

$$R = \frac{|B \cdot e^{-ikx}|^2}{|A \cdot e^{ikx}|^2} = \frac{|B|^2}{|A|^2} = \left|\frac{ik + \alpha}{ik - \alpha}\right|^2 = 1\,, \qquad (4.18)$$

d. h. *alle* Teilchen werden im Fall $E < E_0$ reflektiert, wie man dies auch klassisch erwarten würde (Abb. 4.4). Es besteht jedoch ein wesentlicher Unterschied zur klassischen Teilchenmechanik:

> Die Teilchen werden nicht genau an der Grenzfläche $x = 0$ reflektiert, sondern dringen noch in das Gebiet $x > 0$ mit $E_{pot} = E_0 > E_{kin}$ ein, bevor sie wieder umkehren, obwohl ihre Energie $E_{kin} < E_0$ dazu im klassischen Teilchenmodell nicht ausreichen sollte.

Die Wahrscheinlichkeit $W(x)$, ein Teilchen am Ort $x > 0$ zu finden, ist

$$W(x) = |\psi_{II}|^2 = |D \cdot e^{-\alpha x}|^2 = \frac{4k^2}{\alpha^2 + k^2}|A|^2\,e^{-2\alpha x}$$
$$= \frac{4k^2}{k_0^2}|A|^2\,e^{-2\alpha x}\,, \qquad (4.19)$$

wobei $k_0^2 = 2mE_0/\hbar^2$ ist. Nach einer Strecke $x = 1/(2\alpha)$ ist die ***Eindringwahrscheinlichkeit*** auf $1/e$ ihres Wertes bei $x = 0$ abgesunken.

Dies ist uns aus der Wellenoptik wohlvertraut. Auch bei Totalreflexion einer Welle dringt die einfallende Welle über die Grenzfläche hinaus in das Medium mit dem Brechungsindex $n = n' - i\kappa$ ein, wobei die eingedrungene Intensität nach einer Strecke $x = 1/(2k\kappa) = \lambda/(4\pi\kappa)$ auf 1/e abgefallen ist (siehe Bd. 2, Abschn. 8.2 und Abschn. 8.4.6).

> Teilchen mit der Energie E können mit einer von null verschiedenen Wahrscheinlichkeit in Potentialbereiche $E_0 > E$ eindringen, die sie nach der klassischen Teilchenmechanik nicht erreichen können.

Kapitel 4

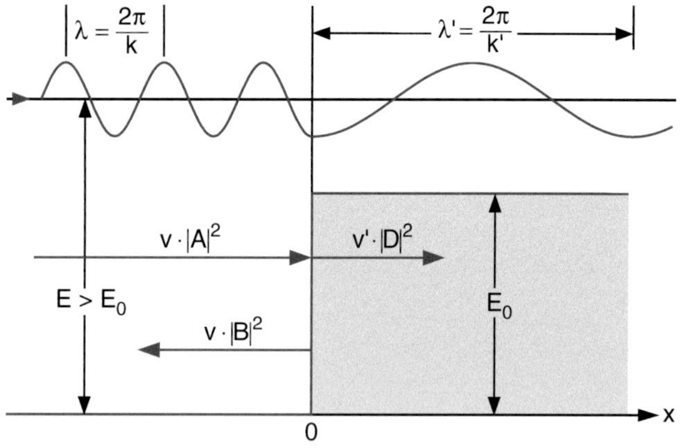

Abbildung 4.5 Transmission und Reflexion für $E > E_0$

Wenn wir einmal akzeptiert haben, Teilchen durch Wellen zu beschreiben, folgt der zuerst überraschend erscheinende Befund, dass Teilchen sich in *klassisch verbotenen* Bereichen aufhalten, in Analogie zur Optik aus der Wellennatur der Teilchen.

b) $E > E_0$

Jetzt ist die kinetische Energie $E_{\text{kin}} = E$ der einfallenden Teilchen größer als der Potentialsprung E_0, und im klassischen Teilchenmodell würden *alle* Teilchen in den Bereich $x > 0$ eintreten, wobei sie langsamer werden, weil ihre kinetische Energie auf $E_{\text{kin}} = E - E_0$ gesunken ist (Abb. 4.5). Wie sieht das im Wellenmodell aus? Die Größe α in (4.13b) ist nun rein imaginär, und wir führen deshalb die reelle Größe

$$k' = \sqrt{2m(E - E_0)}/\hbar = \mathrm{i}\alpha \tag{4.20}$$

ein. Die Lösungen (4.14) im Gebiet II heißen dann:

$$\psi_{\text{II}} = C\,\mathrm{e}^{-\mathrm{i}k'x} + D\,\mathrm{e}^{+\mathrm{i}k'x}\,. \tag{4.21}$$

Da für $x > 0$ keine Teilchen in die $-x$-Richtung fließen, muss $C = 0$ sein, und wir erhalten $\psi_{\text{II}} = D \cdot \mathrm{e}^{\mathrm{i}k'x}$. Aus den Randbedingungen (4.15) folgt:

$$B = \frac{k - k'}{k + k'}A \quad \text{und} \quad D = \frac{2k}{k + k'}A \tag{4.22}$$

und damit für die Wellenfunktion

$$\psi_{\text{I}}(x) = A \cdot \left(\mathrm{e}^{\mathrm{i}kx} + \frac{k - k'}{k + k'} \cdot \mathrm{e}^{-\mathrm{i}kx}\right),$$
$$\psi_{\text{II}}(x) = \frac{2k}{k + k'}A\,\mathrm{e}^{\mathrm{i}k'x}\,. \tag{4.23}$$

Der ***Reflexionskoeffizient*** R, d. h. der Bruchteil aller reflektierten Teilchen ist dann analog zur Optik (Abb. 4.6 und Bd. 2, Abschn. 8.4.4)

$$R = \frac{|B|^2}{|A|^2} = \left|\frac{k - k'}{k + k'}\right|^2\,. \tag{4.24a}$$

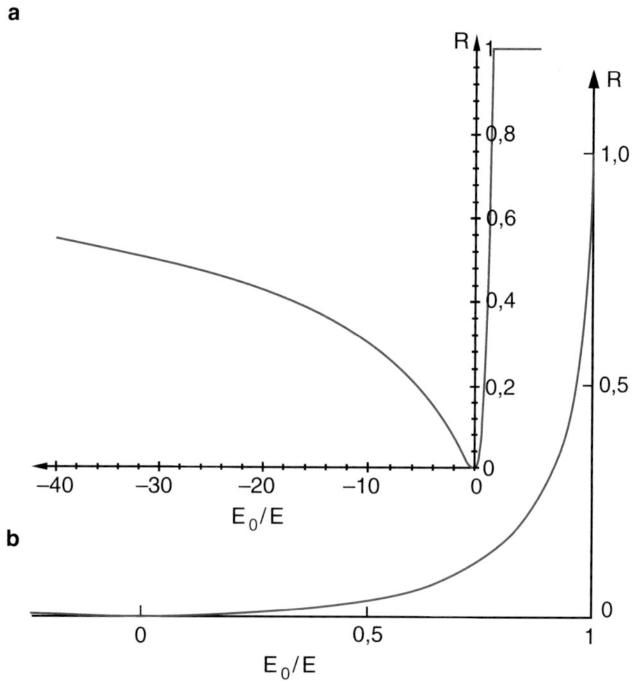

Abbildung 4.6 **a** Reflexionsvermögen R einer Potentialstufe als Funktion des Verhältnisses E_0/E von potentieller Energie E_0 der Stufe zur Energie E des einfallenden Teilchens. **b** gibt einen vergrößerten Ausschnitt für $E \geq E_0 > 0$

Anmerkung. Da die Wellenzahl k in der Optik proportional zum Brechungsindex n ist ($k = n \cdot k_0$), lässt sich (4.24a) sofort in das Reflexionsvermögen

$$R = \left|\frac{n_1 - n_2}{n_1 + n_2}\right|^2$$

einer Lichtwelle umformen, die auf eine ebene Grenzfläche zwischen zwei Medien mit Brechzahlen n_1, n_2 trifft (siehe Bd. 2, Abschn. 8.4.4).

Um den Bruchteil aller pro Zeiteinheit transmittierten Teilchen (d. h. die Zahl der pro Zeiteinheit durch die Fläche $x = x_0 > 0$ gehenden Teilchen geteilt durch die pro Zeiteinheit durch eine Fläche $x < 0$ einfallenden Teilchen) zu bestimmen, muss man berücksichtigen, dass die Geschwindigkeiten in beiden Bereichen unterschiedlich sind (Abb. 4.5). Das Verhältnis $v'/v = k'/k = \lambda/\lambda'$ ist durch das Verhältnis der Wellenzahlen bestimmt. Deshalb wird der ***Transmissionskoeffizient***

$$T = \frac{v'\,|D|^2}{v\,|A|^2} = \frac{4k \cdot k'}{(k + k')^2}\,. \tag{4.24b}$$

Man sieht aus (4.24), dass

$$T + R = 1$$

gilt, wie dies wegen der Erhaltung der Teilchenzahl auch sein muss.

Anmerkungen.

- Auch für $E = E_0$ tritt vollständige Reflexion auf. Für diesen Fall wird $\alpha = 0$ und $k' = 0$ und daher gemäß (4.18) oder (4.24a) $R = 1$.
- Statt der positiven Potentialbarriere kann man auch eine negative mit $E_0 < 0$ betrachten (siehe Aufgabe 4.3), bei der sowohl Reflexion als auch Transmission auftritt. Dazu muss man in Abb. 4.5 die Welle von rechts einfallen lassen und erhält völlig analoge Formeln. Dies entspricht in der Optik einem Übergang vom optisch dichteren Medium 1 ins optisch dünnere Medium 2 ($n_1 > n_2$) (siehe Aufgabe 4.3).

4.2.3 Tunneleffekt

Wir betrachten jetzt den Fall, dass das Gebiet, in dem die potentielle Energie $E_{pot}(x) = E_0$ ist, nur eine endliche Breite $\Delta x = a$ hat (Abb. 4.7), sodass für $x < 0$ und $x > a$ gilt: $E_{pot}(x) = 0$, während für $0 \leq x \leq a$ die Energie $E_{pot}(x) = E_0$ ist.

Das gesamte x-Gebiet wird nun in drei Bereiche I, II und III aufgeteilt, für die wir, aus den Überlegungen des vorigen Abschnitts, die Wellenfunktionen

$$\begin{aligned} \psi_I &= A\,e^{ikx} + B\,e^{-ikx}\,, \\ \psi_{II} &= C\,e^{\alpha x} + D\,e^{-\alpha x}\,, \\ \psi_{III} &= A'\,e^{ikx} \end{aligned} \tag{4.25}$$

ansetzen. Aus den Randbedingungen

$$\begin{aligned} \psi_I(0) &= \psi_{II}(0)\,, \quad \psi_{II}(a) = \psi_{III}(a) \\ \psi'_I(0) &= \psi'_{II}(0)\,, \quad \psi'_{II}(a) = \psi'_{III}(a) \end{aligned} \tag{4.26}$$

ergeben sich genau wie oben die folgenden Relationen zwischen den Koeffizienten A, B, C, D, A' und $(E_0 - E) \ll (E_0/4E) \cdot \sinh^2(\alpha \cdot a)$:

$$\begin{aligned} A + B &= C + D \\ C \cdot e^{\alpha a} + D \cdot e^{-\alpha a} &= A' \cdot e^{ika} \\ ik(A - B) &= \alpha(C - D) \\ \alpha C e^{\alpha a} - \alpha D e^{-\alpha a} &= ikA' \cdot e^{ika}\,. \end{aligned}$$

Auflösung der letzten Gleichung nach A' und Einsetzen der aus den oberen drei Gleichungen erhaltenen Relationen zwischen

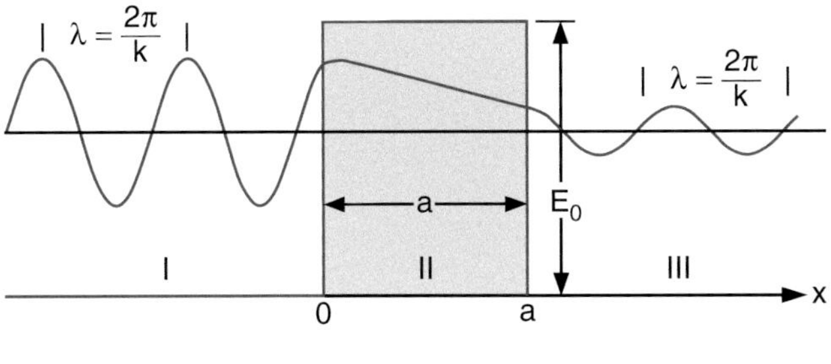

Abbildung 4.7 Zum Tunneleffekt durch eine rechteckige Potentialbarriere

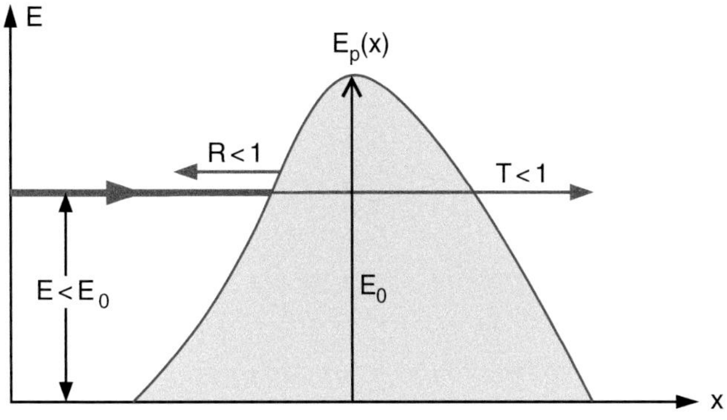

Abbildung 4.8 Illustration des Tunneleffektes

C und A und D und A ergeben dann das Transmissionsvermögen der Barriere zu

$$T = \frac{v \cdot |A'|^2}{v \cdot |A|^2} \tag{4.27a}$$

Setzt man $k = p/h$ und $E = p^2/2m$ ein, so erhält man für das Transmissionsvermögen

$$T = \frac{1 - E/E_0}{(1 - E/E_0) + (E_0/4E) \cdot \sinh^2(\alpha \cdot a)} \tag{4.27b}$$

mit $\alpha = \sqrt{2m(E_0 - E)}/\hbar$ (siehe Aufgabe 4.4).

Für große Breiten a der Barriere ($\alpha \cdot a \gg 1$) lässt sich (4.27a) (wegen $\sinh x = (e^x - e^{-x})/2 \approx \frac{1}{2}e^x$ für $x \gg 1$) annähern durch

$$T \approx \frac{16E}{E_0^2}(E_0 - E) \cdot e^{-2\alpha a}\,. \tag{4.27c}$$

Die Transmission der Materiewelle (und damit der durch sie dargestellten Teilchen) durch die Potentialbarriere hängt also entscheidend ab von der Barrierehöhe E_0, von der Breite a der Barriere und der Differenz $\Delta E = E_0 - E$.

Im klassischen Teilchenmodell könnte die Barriere für $E < E_0$ gar nicht überwunden werden. Die Durchdringung der Potentialbarriere in der quantenmechanischen Beschreibung heißt auch ***Tunneleffekt***, weil die Teilchen bei der Energie E im Energiediagramm auf horizontalem Wege wie durch einen Tunnel den Potentialberg $E_{pot}(x)$ durchdringen. Die Potentialbarriere kann dabei einen beliebigen Verlauf $E_{pot}(x)$ haben (Abb. 4.8). Wir behandeln in den Beispielen jedoch die rechteckige Potentialbarriere, weil sie einfacher zu berechnen ist.

Beispiel

$E = E_0/2$, $a = \lambda/2 = h/2\sqrt{2mE} \Rightarrow \alpha \cdot a = \pi$. Damit ergibt sich aus (4.27a) mit $\sinh \pi = 23{,}18$

$$T = \frac{0{,}5}{0{,}5\,(1 + \sinh^2 \pi)} \approx 0{,}007\,,$$

d. h. die Tunnelwahrscheinlichkeit ist 0,7 %. ■

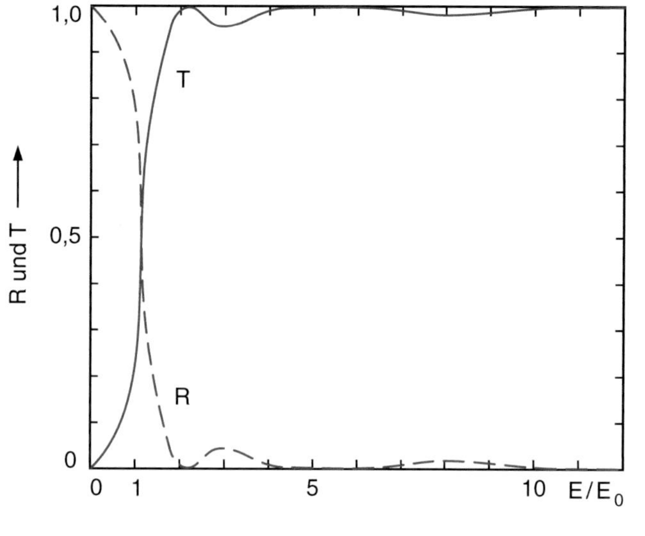

Abbildung 4.9 Transmissionsvermögen T und Reflexionsvermögen R einer rechteckigen Potentialbarriere der Breite $a = 3\hbar/\sqrt{2mE_0} = 3\,\lambda_D(E_0)$ als Funktion der Einfallsenergie E

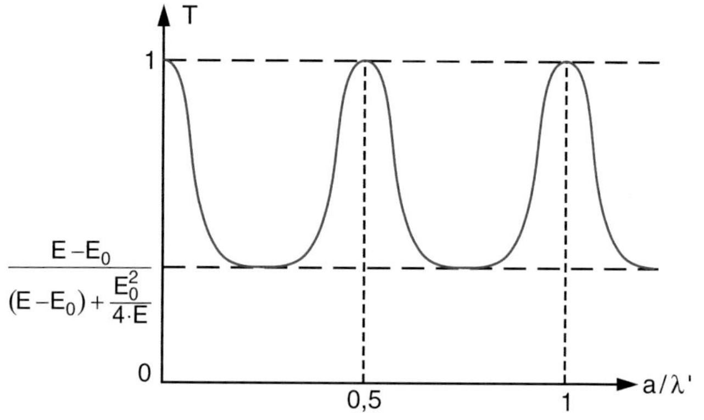

Abbildung 4.10 Transmissionsvermögen T als Funktion des Verhältnisses a/λ' von Potentialbarrierenbreite a und de Broglie-Wellenlänge λ' für $E > E_0$

In Abb. 4.9 sind Reflexionsvermögen $R = 1 - T$ und Transmissionsvermögen T als Funktion des Verhältnisses E/E_0 dargestellt für den speziellen Fall einer rechteckigen Barriere mit der Breite $a = 3\lambda_{dB}(E_0)$, die dreimal so groß ist wie die de Broglie-Wellenlänge λ_{dB} eines Teilchens der Energie E_0.

Man sieht daran, dass für $E < E_0$ die Transmission T steil mit E ansteigt. Aber auch für $E > E_0$ wird T nicht 1, wie man dies aus der klassischen Teilchenphysik erwarten würde!

Die Größe α in (4.27a) wird für $E > E_0$ imaginär, und wir führen daher, wie bereits im vorigen Abschnitt, die Größe $k' = \mathrm{i}\cdot\alpha = \sqrt{2m(E - E_0)}/\hbar$ ein. Man erhält dann aus den Randbedingungen (4.26) statt (4.27a) wegen $\sinh(\frac{k'a}{\mathrm{i}}) = -\mathrm{i}\sin(k'a)$ das Transmissionsvermögen

$$T = \frac{E/E_0 - 1}{(E/E_0 - 1) + (E_0/4E)\,\sin^2(k'a)}\,. \qquad (4.27d)$$

Für $E > E_0$ würde im klassischen Teilchenmodell die Transmission $T = 1$ werden, weil ja die Teilchen genügend Energie haben, um über die Potentialbarriere hinwegzufliegen. Im Wellenbild hingegen treten, völlig analog zur Transmission einer Lichtwelle durch eine planparallele Glasplatte, Interferenzerscheinungen auf durch Überlagerung der an den beiden Grenzflächen $x = 0$ und $x = a$ reflektierten Anteile. Diese hängen vom Verhältnis λ'/a von de Broglie-Wellenlänge $\lambda'_{dB} = h/\sqrt{2m(E - E_0)}$ des Teilchens oberhalb der Barriere zur Dicke a der Barriere ab. Mit $k' = 2\pi/\lambda'_{dB} = \sqrt{2m(E - E_0)}/\hbar$ erhält man aus (4.27d) Maxima der Transmission für $k'\cdot a = n\cdot\pi \Rightarrow \lambda'_{dB} = 2a/n$ (Abb. 4.10). Dann ist der Wegunterschied $\Delta s = 2a$ zwischen den bei $x = 0$ und $x = a$ reflektierten Wellen gerade ein ganzzahliges Vielfaches der Wellenlänge λ' und die beiden Anteile interferieren wegen des Phasensprungs von π bei der Reflexion am „optisch dichteren Medium" bei $x = 0$ destruktiv, d. h. $R = 0$, während es für $\Delta s = (2n + 1)\cdot a$ zu konstruktiver Interferenz und damit zu Maxima der Reflexion kommt. Auch dies ist völlig analog zu entsprechenden bekannten Phänomenen in der Wellenoptik (siehe Bd. 2, Kap. 10).

Im klassischen Wellenbild ist der Tunneleffekt wohlbekannt. Man kann ihn in der Optik als *verhinderte Totalreflexion* beobachten (Abb. 4.11). Lässt man eine Lichtwelle an einer Grenzfläche Glas–Luft total reflektieren, so kann man die Transmission durch die Grenzfläche von $T = 0$ im Falle der idealen Totalreflexion auf jeden beliebigen Wert $T \leq 1$ erhöhen, wenn man der Grenzfläche eine zweite parallele Grenzfläche so weit nähert, dass die Luftschicht zwischen den Flächen von der Größenordnung der Lichtwellenlänge wird. Den Abstand d zwischen den Grenzflächen der beiden Glasprismen kann man durch die spannungsabhängige Längenausdehnung eines Piezokeramikzylinders sehr genau variieren. Das Verhältnis der Ausgangssignale der beiden Detektoren D_1 und D_2 gibt das Verhältnis von Reflexion zu Transmission an.

Der Tunneleffekt von Teilchen durch Potentialbarrieren wird in vielen Bereichen der Physik experimentell bestätigt. Beispiele sind die Feldemission von Elektronen aus Metallen oder Atomen in einem äußeren elektrischen Feld, der radioaktive

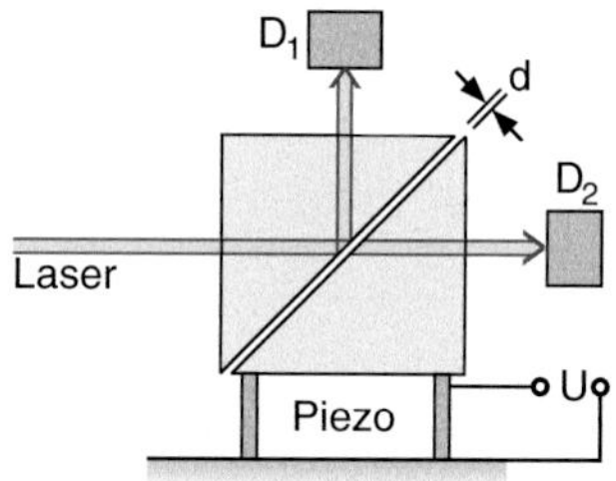

Abbildung 4.11 Messung der verhinderten Totalreflexion als Funktion der Dicke d des Luftspaltes, der durch die Spannung U an einem Piezokeramikzylinder variiert werden kann

Kapitel 4

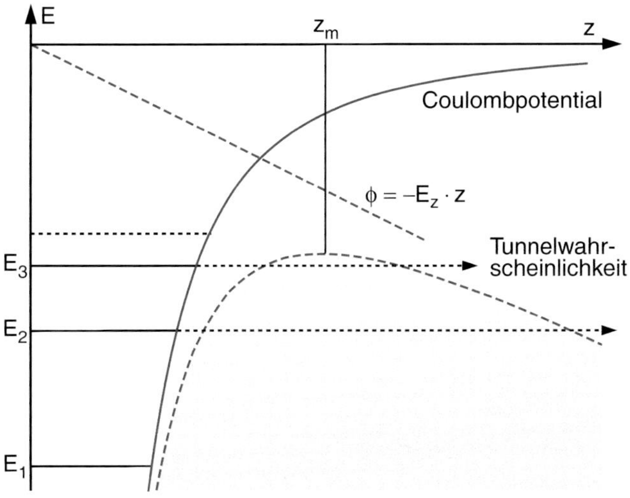

Abbildung 4.12 Feldionisation durch Tunneleffekt

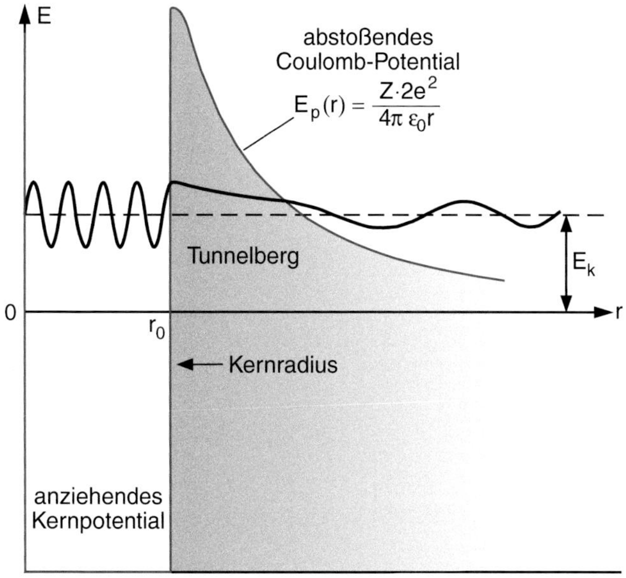

Abbildung 4.13 Tunneleffekt beim α-Zerfall eines radioaktiven Kerns

α-Zerfall oder die Tunnelschwingung des N-Atoms durch die Ebene der drei H-Atome im NH_3-Molekül.

Bei der Feldionisation eines Wasserstoffatoms erfährt das Elektron die anziehende Coulombkraft durch den Kern

$$\boldsymbol{F}_{\mathrm{C}} = -\frac{1}{4\pi\varepsilon_0}\frac{e^2}{r^2}\hat{\boldsymbol{r}}$$

und die Kraft $\boldsymbol{F}_{\mathrm{F}} = -e \cdot \boldsymbol{E} = -eE_z \cdot \hat{\boldsymbol{e}}_z$ durch ein äußeres Feld in z-Richtung (Abb. 4.12). Der Verlauf des Gesamtpotentials in z-Richtung ist dann

$$\phi(z) = -\frac{e}{4\pi\varepsilon_0 z} - E_z \cdot z + \phi_0 \,,$$

das ein Maximum bei $[\frac{\mathrm{d}\phi}{\mathrm{d}z}]_{z_{\mathrm{m}}} = 0$ hat, woraus sich

$$z_{\mathrm{m}} = \sqrt{\frac{e}{4\pi\varepsilon_0 E_z}}$$

ergibt. Der Zustand mit der Energie E_3 in Abb. 4.12 wäre z. B. klassisch trotz äußerem Feld stabil gegen Ionisation, infolge des Tunneleffektes kann er jedoch ionisieren.

Auch beim radioaktiven α-Zerfall spielt der Tunneleffekt eine entscheidende Rolle (Abb. 4.13). Das α-Teilchen wird in einem Potentialtopf gehalten, der durch die Überlagerung der anziehenden, kurzreichweitigen Kernkräfte und der abstoßenden, langreichweitigen Coulombkräfte entsteht (siehe Bd. 4). Ist seine Gesamtenergie $E = E_{\mathrm{pot}} + E_{\mathrm{kin}} > E_{\mathrm{pot}}(\infty) = 0$, so kann es durch den Potentialwall tunneln. Dabei wird seine Energie E als kinetische Energie von Kern und α-Teilchen frei (siehe Bd. 4).

Das NH_3-Molekül ist ein berühmtes Beispiel für den Tunnelprozess in der Molekülphysik (Abb. 4.14). Die potentielle Energie $E_{\mathrm{pot}}(z)$ des N-Atoms im Feld der drei H-Atome hat zwei Minima oberhalb und unterhalb der Ebene der H-Atome, mit einem Maximum bei $z = 0$. Auch wenn die Energie E des schwingenden Moleküls kleiner ist als $E_{\mathrm{pot}}(z)$, kann der Potentialberg durch Tunneln durchquert werden.

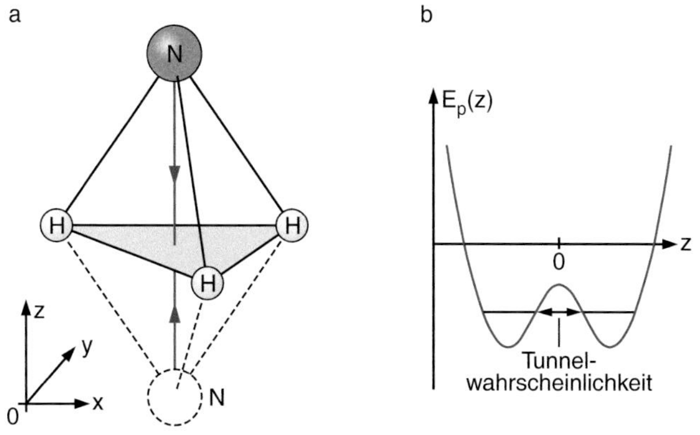

Abbildung 4.14 Tunneleffekt im NH_3-Molekül bei der Inversionsschwingung des N-Atoms durch die Ebene der drei H-Atome

4.2.4 Teilchen im Potentialkasten

Wir wollen jetzt den Fall behandeln, dass ein Teilchen mit der Energie E sich nur in einem beschränkten Raumgebiet $0 \leq x \leq a$ aufhalten kann. Dies lässt sich z. B. erreichen, wenn das Potential der Bedingung

$$E_{\mathrm{pot}}(x) = \begin{cases} 0 & \text{für } 0 \leq x \leq a \\ \infty & \text{sonst} \end{cases}$$

genügt (Abb. 4.15). Das Teilchen ist in einem *Potentialkasten* eingesperrt. Die Frage ist nun, ob ein solches Teilchen beliebige stationäre Energiewerte annehmen kann. Um diese Frage zu beantworten, brauchen wir nur die Schrödingergleichung unter den gegebenen Randbedingungen zu lösen.

Im Gebiet $0 \leq x \leq a$ gilt $E_{\mathrm{pot}}(x) = 0$, sodass wir das in Abschn. 4.2.1 behandelte freie Teilchen durch die Schrödinger-

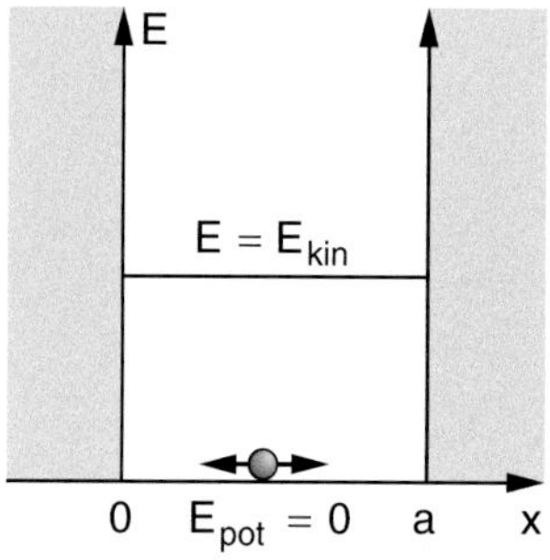

Abbildung 4.15 Teilchen im eindimensionalen Potentialtopf mit unendlich hohen Wänden

gleichung

$$d^2\psi/dx^2 + k^2\psi = 0\,, \quad k^2 = 2mE/\hbar^2$$

beschreiben können, deren Lösung

$$\psi = A\,e^{ikx} + B\,e^{-ikx} \tag{4.28}$$

ist. Weil das Teilchen jedoch die Bereiche $x \leq 0$ und $x \geq a$ nicht erreichen kann, muss

$$\psi(x \leq 0) = \psi(x \geq a) = 0$$

gelten. Dies ergibt die Randbedingungen

$$A + B = 0 \quad \text{und} \quad A\,e^{ika} + B\,e^{-ika} = 0\,.$$

Aus der ersten Bedingung folgt:

$$\psi = A\left(e^{ikx} - e^{-ikx}\right) = 2iA\sin kx\,.$$

Die zweite Randbedingung ergibt

$$2iA \cdot \sin ka = 0$$
$$\Rightarrow \; ka = n \cdot \pi \quad (n = 1, 2, 3, \ldots)\,.$$

Die möglichen Wellenfunktionen lauten dann

$$\psi_n(x) = 2iA \cdot \sin\frac{n\pi}{a}x = C \cdot \sin\frac{n\pi}{a}x \tag{4.29}$$

mit $C = 2iA$. Sie entsprechen stehenden Wellen mit den Wellenlängen

$$\lambda_n = \frac{2a}{n}, \tag{4.30a}$$

und den Wellenzahlen

$$k_n = n \cdot \pi/a \tag{4.30b}$$

(Abb. 4.16a), die völlig analog zu den Schwingungen einer an beiden Enden eingespannten Saite sind (siehe Bd. 1, Abschn. 11.2). Die Aufenthaltswahrscheinlichkeit des Teilchens $|\psi(x)|^2\,dx$ im Intervall dx ist in Abb. 4.16b illustriert.

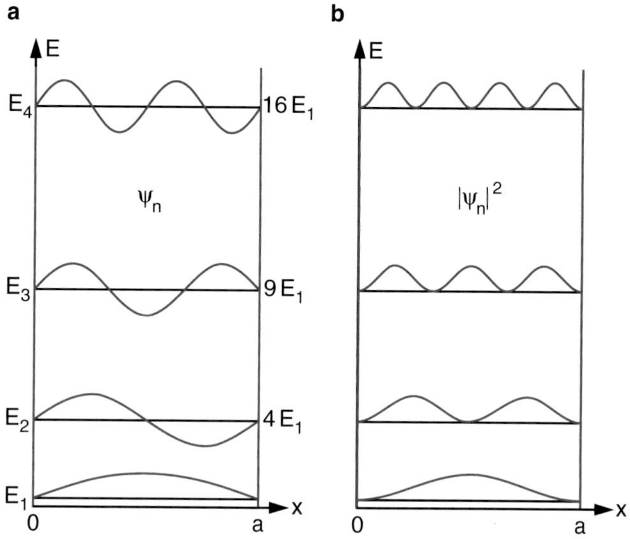

Abbildung 4.16 Wellenfunktionen und Energieeigenwerte eines Teilchens im unendlich hohen eindimensionalen Potentialkasten. **a** Wellenfunktionen **b** Aufenthaltswahrscheinlichkeit $W(E) = |\psi|^2\,dx$ des Teilchens

Die aus (4.30b) folgenden Energiewerte

$$E_n = \frac{p^2}{2m} = \frac{\hbar^2}{2m}k_n^2 = \frac{\hbar^2}{2m}\frac{\pi^2}{a^2}n^2 \tag{4.31a}$$

sind gequantelt, sie steigen proportional zum Quadrat der Quantenzahl n an (Abb. 4.17a,b), sind aber *umgekehrt proportional* zum Quadrat der Potentialkastenbreite a. Mit $E_1 = (\hbar^2/2m) \cdot (\pi/a)^2$ ergeben sich die Energiewerte

$$E_n = n^2 \cdot E_1\,. \tag{4.31b}$$

Die minimale Energie ist *nicht* null, sondern

$$E_1 = \frac{\hbar^2}{2m}\frac{\pi^2}{a^2}\,. \tag{4.32}$$

Diese ***Nullpunktsenergie*** wird durch die Ortsbeschränkung $\Delta x = a$ für das Teilchen bedingt. Je größer a wird, desto kleiner wird die Nullpunktsenergie E_1.

Dies wird sofort aus der Heisenberg'schen Unbestimmtheitsrelation klar, die verlangt, dass

$$\Delta p \cdot \Delta x \geq h/2\,.$$

Mit $\Delta x = a$ ergibt sich:

$$p \geq \Delta p \geq \frac{h}{2a} \Rightarrow k_{min} = \frac{p_{min}}{\hbar} = \frac{\pi}{a}$$
$$\Rightarrow \lambda_{max} = 2a\,,$$

was sich als identisch mit (4.32) erweist, wenn wir $E = p^2/2m$ setzen.

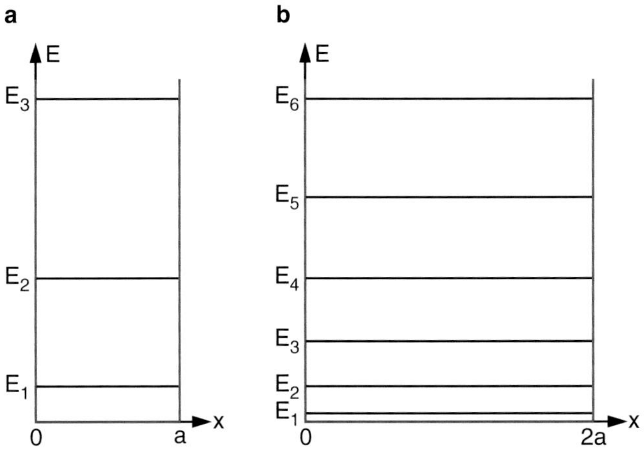

Abbildung 4.17 Vergleich der Energieniveaus in einem eindimensionalen unendlich hohen Potentialkasten der Breite **a** $\Delta x = a$ **b** $\Delta x = 2a$

Beispiel

Ein Elektron wird in einen eindimensionalen Potentialkasten mit $a = 1$ nm eingesperrt. Seine Energiewerte sind dann

$$E_n = \frac{\hbar^2\pi^2}{2ma^2}n^2 = 368\,\text{meV} \cdot n^2 \,.$$

Man braucht daher für die Anregung $E_1 \to E_2$ die Energie $3 \cdot 0{,}368\,\text{eV} \approx 1{,}1\,\text{eV}$. ■

Man beachte: Wenn die Wände des Potentialkastens nicht unendlich hoch sind, sondern die Höhe E_0 haben, so kann das Teilchen, wie schon in Abschn. 4.2.2 gezeigt wurde, etwas in die Bereiche $x \le 0$ und $x \ge a$ eindringen. Seine Wellenfunktion fällt dort wie in (4.27b) exponentiell ab. Die Wellenfunktionen ändern sich dadurch etwas, weil die Randbedingungen $\psi(0) = \psi(a) = 0$ nicht mehr gelten (Abb. 4.18). Die Änderung ist umso größer, je kleiner der relative Energieabstand $(E_n - E_0)/E_0$ wird. Durch das Eindringen der Wellenfunktion in die Potentialwände wird das dem Teilchen zur Verfügung stehende Ortsintervall Δx größer als a. Die Energien E_n müssen daher etwas kleiner werden als bei unendlich hohen Wänden. Mit den Größen

$$\alpha = \frac{1}{\hbar}\sqrt{2m(E_0 - E)} \quad \text{und} \quad k = \frac{1}{\hbar}\sqrt{2mE}$$

erhält man je nach Wahl der Randbedingungen (siehe Aufgabe 4.4) die transzendenten Gleichungen

$$k \cdot \tan\left(k \cdot \frac{a}{2}\right) = \alpha \qquad (4.33a)$$

oder

$$-k \cdot \cot\left(k \cdot \frac{a}{2}\right) = \alpha \,, \qquad (4.33b)$$

aus denen die Eigenwerte k_n und damit die Energiewerte E_n erhalten werden können.

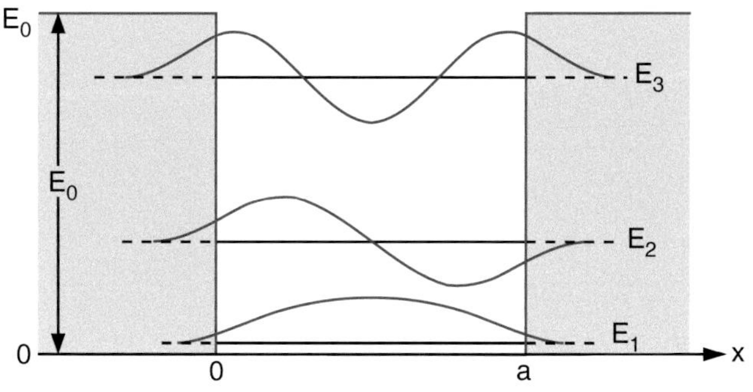

Abbildung 4.18 Energieniveaus und Wellenfunktionen in einem eindimensionalen Potentialkasten mit endlicher Höhe E_0

Energien $E > E_0$ sind nicht gequantelt, da nun das Teilchen nicht mehr auf das Raumgebiet $0 \le x \le a$ eingeschränkt ist. Ein Teilchen mit einer Energie $E > E_0$, das in die x-Richtung läuft, überquert den Potentialtopf jedoch nicht mit der Wahrscheinlichkeit $T = 1$, sondern ein Teil der de Broglie-Wellenamplitude wird reflektiert, völlig analog zur Reflexion an der Potentialbarriere in Abschn. 4.2.2 (siehe Aufgabe 4.4).

Verschiebt man den Nullpunkt der Energie in Abb. 4.18 so, dass gilt: $E_{\text{pot}}(x) = -E_0$ für $0 \le x \le a$ und $E_{\text{pot}}(x) = 0$ sonst, so kann man alle in 4.2.3 benutzten Formeln anwenden, wenn man E_0 durch die negative Energie $-E_0$ ersetzt. Da jetzt $E > E_0$ gilt, erhält man die Transmission T aus (4.27c), wobei jetzt $k' = \sqrt{2m(E + E_0)}/\hbar$ wird. Bei Energien, für die $k' \cdot a = n \cdot \pi$ wird, zeigt die Transmission Maxima, die Reflexion also Minima. Dies ist völlig analog zu der Betrachtung bei abstoßenden Potentialen mit $E_0 > E$, die vorher diskutiert wurde. Dieses auf Interferenzeffekten beruhende Phänomen führt auch bei realen atomaren Potentialen zu einem Minimum des Streuquerschnittes bei Energien des stoßenden Teilchens, bei denen destruktive Interferenz für die abgelenkten de Broglie-Wellen auftritt (***Ramsauer-Effekt***).

Zusammenfassend stellen wir fest:

Wird ein Teilchen auf ein Raumgebiet $\Delta x \le a$ eingeschränkt, so sind seine Energiewerte E_n gequantelt. Seine minimale kinetische Energie ist

$$E_1 = \frac{\hbar^2}{2m}\frac{\pi^2}{a^2} \,.$$

Man beachte: Wir haben hier die *stationären* Zustände eines Teilchens im Potentialtopf behandelt, indem wir das Teilchen durch die Wellenfunktion einer ebenen Welle beschrieben haben. Die korrekte Darstellung muss Wellenpakete benutzen. Insbesondere, wenn man nichtstationäre Vorgänge beim Einlaufen des Teilchens in den Potentialtopf behandeln will, muss man die Entwicklung eines Wellenpaketes $\psi(x, t)$ in einem Potentialtopf berechnen, was nur noch numerisch möglich ist (siehe Abb. 4.19 und [1]).

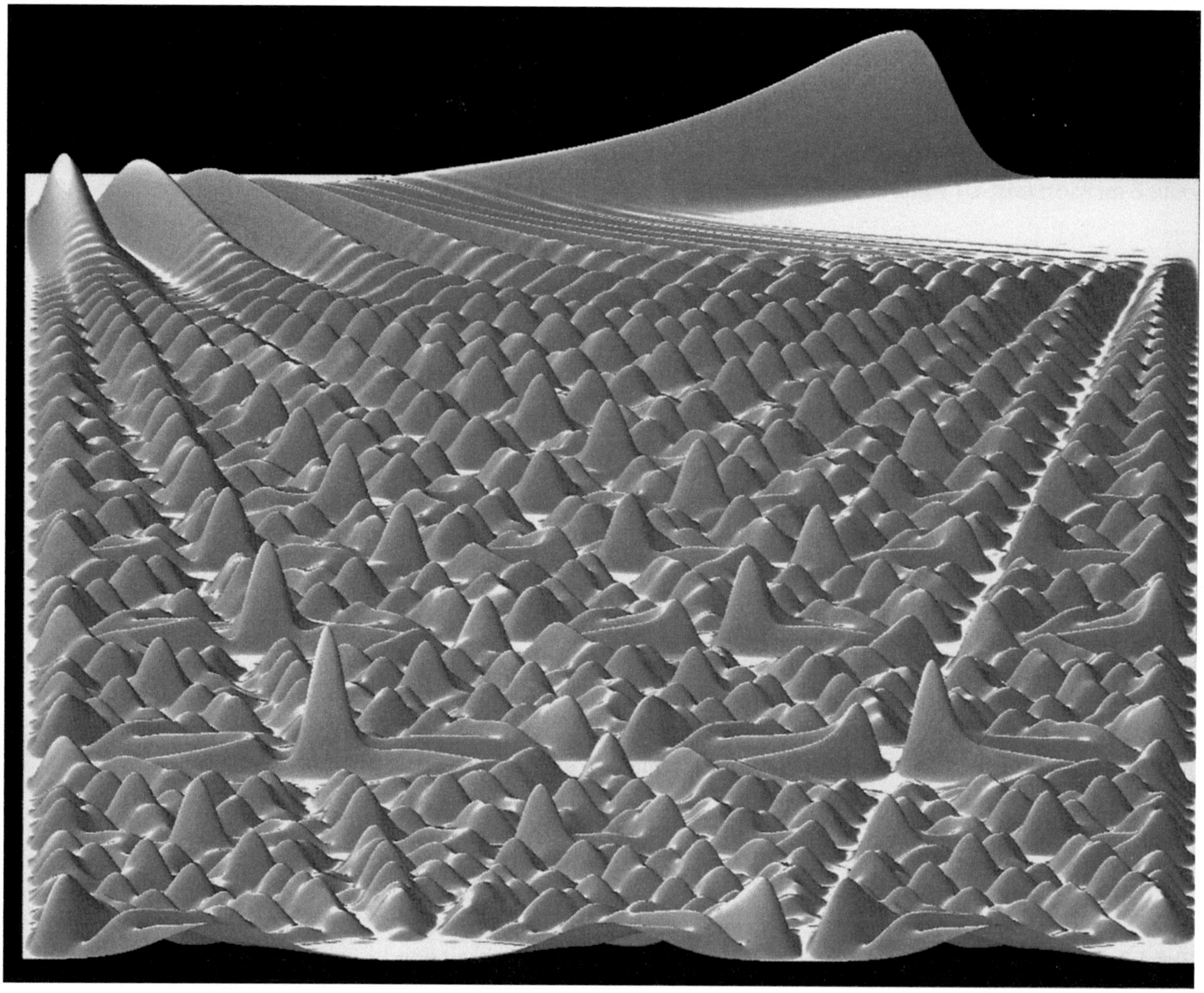

Abbildung 4.19 Computersimulation der Bewegung eines Wellenpakets in einem eindimensionalen Potentialkasten. Gezeigt ist die zeitabhängige Aufenthaltswahrscheinlichkeit $|\psi(x,t)|^2$ als Funktion des Ortes (von *links* nach *rechts*) und der Zeit (von *hinten* nach *vorne*). Mit freundlicher Genehmigung von Prof. Dr. W. Kinzel, Würzburg

4.2.5 Harmonischer Oszillator

Ein besonders wichtiges Beispiel, das in vielen Bereichen der Physik (Molekülphysik, Schwingungen in Festkörpern etc.) eine große Rolle spielt, ist der ***harmonische Oszillator***, d. h. ein Teilchen in einem Parabelpotential mit der potentiellen Energie $E_{\text{pot}} = \frac{1}{2}Dx^2$ und der rücktreibenden Kraft $\boldsymbol{F} = -\,\mathbf{grad}\,E_{\text{pot}} = -D \cdot x$ (Abb. 4.20).

Klassisch wird das Teilchen wie ein Massenpunkt m behandelt, der an einer Feder mit der Rückstellkraft $F = -Dx$ hängt (Bd. 1, Abschn. 11.1) und um die Ruhelage harmonische Schwingungen ausführt mit der Frequenz

$$\omega = \sqrt{D/m} \Rightarrow D = \omega^2 \cdot m\,. \tag{4.34}$$

Für die quantenmechanische Behandlung gehen wir von der Schrödingergleichung (4.6a) aus, die für diesen Fall heißt:

$$-\frac{\hbar^2}{2m}\frac{\mathrm{d}^2\psi}{\mathrm{d}x^2} + \frac{1}{2}Dx^2\psi = E\psi\,. \tag{4.35}$$

Mit (4.34) wird dies zu

$$-\frac{\hbar^2}{2m}\frac{\mathrm{d}^2\psi}{\mathrm{d}x^2} + \frac{1}{2}\omega^2 m x^2\psi = E\psi\,. \tag{4.36}$$

Mit der Variablentransformation

$$\xi = x \cdot \sqrt{\frac{m\omega}{\hbar}} \tag{4.37}$$

und der Abkürzung

$$C = \frac{2E}{\hbar\omega}$$

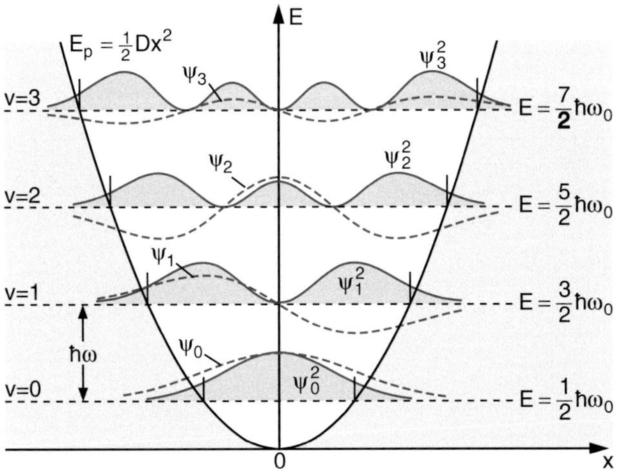

Abbildung 4.20 Äquidistante Energieniveaus und Quadrate der Wellenfunktion im Parabelpotential des harmonischen Oszillators. Die Schwingungsniveaus werden üblicherweise durch $n = v$ nummeriert

wird aus (4.36) die äquivalente Gleichung

$$\frac{\mathrm{d}^2\psi}{\mathrm{d}\xi^2} + (C - \xi^2)\,\psi = 0\,. \tag{4.38}$$

Für $C = 1$ lautet deren Lösung

$$\psi_0(\xi) = A \cdot \mathrm{e}^{-\xi^2/2}\,,$$

wie man durch Einsetzen in (4.38) mit $C = 1$ sofort sieht. Wir machen daher den allgemeinen Lösungsansatz

$$\psi(\xi) = H(\xi) \cdot \mathrm{e}^{-\xi^2/2}\,. \tag{4.39}$$

Einsetzen in (4.38) liefert für die Funktion $H(\xi)$ die Gleichung

$$\frac{\mathrm{d}^2 H}{\mathrm{d}\xi^2} - 2\xi\frac{\mathrm{d}H}{\mathrm{d}\xi} + (C - 1)\,H = 0\,. \tag{4.40}$$

Dies ist eine ***Hermite'sche Differentialgleichung***, deren Lösungsfunktionen die ***Hermite'schen Polynome*** $H_v(\xi)$ vom Grade v sind (siehe Lehrbücher über Differentialgleichungen), die durch die Bestimmungsgleichung

$$H_n(\xi) = (-1)^n \cdot \mathrm{e}^{\xi^2} \cdot \frac{\mathrm{d}^v}{\mathrm{d}\xi^v}\left(\mathrm{e}^{-\xi^2}\right)\,, \tag{4.41}$$

mit $n = 0, 1, 2, \ldots$ definiert sind, wie man durch Einsetzen in (4.40) verifizieren kann, wo man dann $C - 1 = 2n$ erhält. In Tab. 4.1 sind die Eigenfunktionen $\psi(\xi) = H(\xi) \cdot \mathrm{e}^{-\xi^2/2}$ mit den Hermite'schen Polynomen vom Grade 0 bis 3 aufgelistet. Die Normierungsfaktoren N_i in Tab. 4.1 sind so zu wählen, dass gilt:

$$\int\limits_{x=-\infty}^{+\infty} |\psi(x)|^2 = 1\,.$$

Tabelle 4.1 Eigenfunktionen des harmonischen Oszillators

v	$E(v)$	$\psi_v(\xi)$
0	$\frac{1}{2}\hbar\omega$	$N_0 \cdot \mathrm{e}^{-\xi^2/2}$
1	$\frac{3}{2}\hbar\omega$	$N_1 \cdot 2\xi \cdot \mathrm{e}^{-\xi^2/2}$
2	$\frac{5}{2}\hbar\omega$	$N_2 \cdot (4\xi^2 - 2) \cdot \mathrm{e}^{-\xi^2/2}$
3	$\frac{7}{2}\hbar\omega$	$N_3 \cdot (8\xi^3 - 12\xi) \cdot \mathrm{e}^{-\xi^2/2}$

Die Hermite'schen Polynome lassen sich durch eine Potenzreihenentwicklung

$$H(\xi) = \sum_{i=0}^{v} a_i \xi^i \tag{4.42}$$

darstellen, die *endlich* sein muss, da sonst $H_v(\xi)$ für $\xi > 1$ unendlich würde und

$$\psi(x) = \tilde{H}(x) \cdot \mathrm{e}^{-\left(mE/\hbar^2\right)x^2/2}$$

nicht mehr für alle x normierbar wäre. Setzt man (4.42) in (4.40) ein, so erhält man durch Vergleich der Koeffizienten gleicher Potenzen von ξ^i die Rekursionsformel

$$(i + 2) \cdot (i + 1)\,a_{i+2} = \left[2i - (C - 1)\right] a_i\,.$$

Sei ξ^v die höchste Potenz in (4.42). Dann muss $a_{v+2} = 0$ sein, d. h. es muss gelten

$$2v - (C - 1) = 0 \;\Rightarrow\; v = \frac{1}{2}(C - 1)\,.$$

Wegen $C = 2E/\hbar\omega$ erhält man den Zusammenhang zwischen den Quantenzahlen v und den Energiewerten $E(v)$:

$$E(v) = \left(v + \frac{1}{2}\right) \cdot \hbar\omega\,, \quad v = 0, 1, 2, \ldots\,. \tag{4.43}$$

Die Energiewerte des harmonischen Oszillators liegen äquidistant und haben den Abstand $\hbar\omega$. Der tiefste Energiezustand $v = 0$ hat die Energie

$$E_0 = \frac{1}{2}\hbar\omega\,,$$

die größer als null ist.

Da durch die ganze Zahl v die Schwingungsenergie

$$E = (v + 1/2)\,\hbar\omega$$

eindeutig festgelegt ist, heißt v ***Schwingungsquantenzahl***. In Abb. 4.20 sind einige Schwingungswellenfunktionen

$$\psi(x) = \tilde{H}(x) \cdot \mathrm{e}^{-(m\omega/2\hbar)x^2} \tag{4.44}$$

sowie ihre Absolutquadrate $|\psi(x)|^2$, die die Aufenthaltswahrscheinlichkeit des schwingenden Teilchens angeben, aufgezeichnet.

Kapitel 4

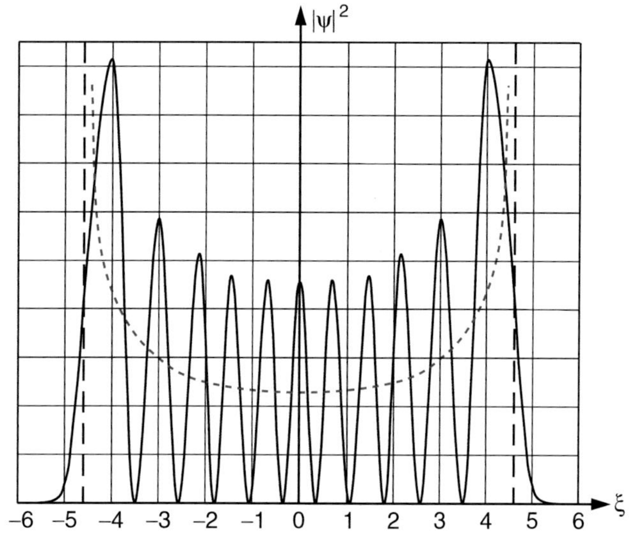

Abbildung 4.21 Klassische Aufenthaltswahrscheinlichkeit als Mittelwert der quantenmechanischen Wahrscheinlichkeitsdichte für große Schwingungsquantenzahlen v, hier gezeigt für $v = 10$. Die Abszisse ist in Einheiten von $\xi = x \cdot \sqrt{m\omega/\hbar}$ aufgetragen

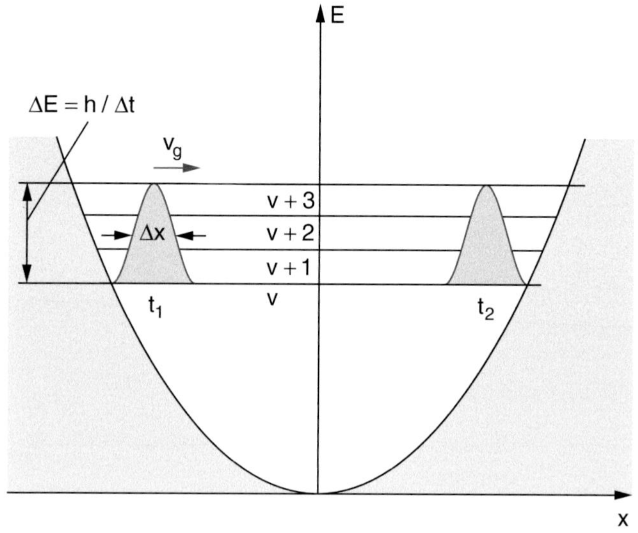

Abbildung 4.22 Zwei Zeitaufnahmen eines hin und her laufenden Wellenpaketes, das aus einer Überlagerung von vier zeitabhängigen Schwingungswellenfunktionen benachbarter Schwingungsniveaus entsteht

Die Wahrscheinlichkeit $W(x)$, ein klassisches Teilchen während eines Zeitintervalls $\mathrm{d}t$ im Ortsintervall x bis $x + \mathrm{d}x$ zu finden, ist bei der Schwingungsperiode $T = 2\pi/\omega$

$$W(x) = \frac{\mathrm{d}t}{T} = \frac{1}{v(x) \cdot T}\,\mathrm{d}x\,,$$

wobei $\mathrm{d}t = \mathrm{d}x/v(x)$ dasjenige Zeitintervall ist, während dessen das schwingende Teilchen die Strecke $\mathrm{d}x$ zurücklegt. Da die Geschwindigkeit $v = \mathrm{d}x/\mathrm{d}t$ an den Umkehrpunkten null wird, ist dort $W(x)$ maximal. Man sieht aus Abb. 4.21, in der die Aufenthaltswahrscheinlichkeit des Teilchens für $v = 10$ gezeigt wird, dass die quantenmechanische Beschreibung für große Quantenzahlen v das Ergebnis der klassischen Rechnung (gestrichelte Kurven) bestätigt, nach der das Teilchen die größte Aufenthaltswahrscheinlichkeit an den Umkehrpunkten hat.

Die klassische Rechnung gibt den Mittelwert der quantenmechanischen Verteilung $|\psi(x)|^2$ an.

Im tiefsten Schwingungszustand $v = 0$ ist der Unterschied zwischen klassischer und quantenmechanischer Beschreibung besonders deutlich: Beim klassischen Oszillator ruht das Teilchen bei $v = 0$ und die Aufenthaltswahrscheinlichkeit ist eine Deltafunktion bei $x = 0$, während bei der quantenmechanischen Beschreibung das Teilchen eine Schwingung ausführt mit der Nullpunktsenergie $E(v = 0) = \hbar\omega/2$. Seine Aufenthaltswahrscheinlichkeit wird durch das Quadrat der Gaußfunktion in Tab. 4.1 gegeben, deren Breite Δx auf Grund der Unbestimmtheitsrelation durch seine Impulsunschärfe bestimmt wird (siehe Aufgabe 4.5). Die Experimente (siehe Kap. 10) bestätigen eindrucksvoll die Richtigkeit der quantenmechanischen Beschreibung.

Anmerkung. Die Absolutquadrate der Wellenfunktionen (4.44) geben die Aufenthaltswahrscheinlichkeiten für den *stationären* Zustand an. Will man die Schwingung des Teilchens, also seine *Dynamik*, richtig beschreiben, so muss man Wellenpakete bilden, die außer dem Ortsanteil noch den Zeitfaktor $\exp(i\omega t)$ enthalten. Dazu muss das betrachtete Zeitintervall Δt klein sein gegen die Schwingungsperiode T, damit man eine genügend gute Ortsauflösung erhält.

Beispiel

Die Schwingungsperiode T eines schwingenden Moleküls ist typischerweise etwa 10^{-13} s (abhängig von den Atommassen und den Rückstellkräften). Das Zeitintervall muss dann $\Delta t < 5 \cdot 10^{-14}$ s sein. Dann ist aber die Energieauflösung $\Delta E > h/\Delta t \approx 0{,}08$ eV. Bei einem Abstand benachbarter Energieniveaus von 0,02 eV besteht das Wellenpaket daher aus der Überlagerung von etwa vier benachbarten Schwingungswellenfunktionen mit ihren Zeitfaktoren $e^{i\omega_v t}$. Das Wellenpaket läuft, wie das klassische Teilchen, dann im Laufe der Zeit zwischen den Umkehrpunkten hin und her (Abb. 4.22). ■

Die Diskrepanz zwischen dem schwingenden klassischen Teilchen und den stationären Wellenfunktionen besteht also nur scheinbar.

4.3 Mehrdimensionale Probleme

Zur Lösung mehrdimensionaler zeitunabhängiger Probleme müssen wir von der dreidimensionalen stationären Schrödingergleichung

$$-(\hbar^2/2m)\,\Delta\psi + E_{\text{pot}}\psi = E\psi \tag{4.45}$$

Kapitel 4

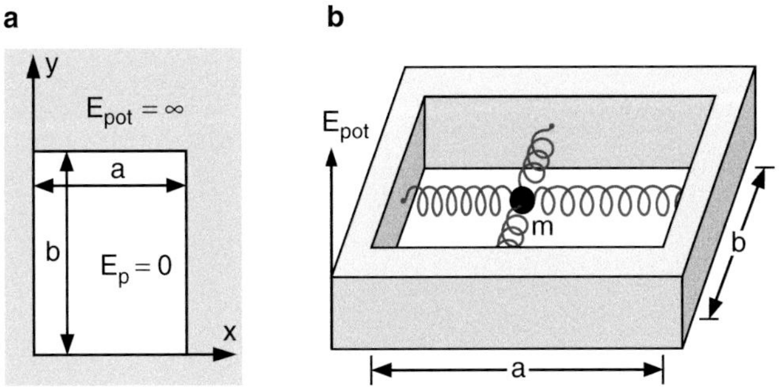

Abbildung 4.23 **a** Rechteck-Kastenpotential; **b** klassisches Analogon einer Masse m, die durch Federn an die Seitenwände des Kastens gebunden ist

mit

$$\Delta\psi = \frac{\partial^2\psi}{\partial x^2} + \frac{\partial^2\psi}{\partial y^2} + \frac{\partial^2\psi}{\partial z^2}$$

für die Funktion $\psi = \psi(x, y, z)$ ausgehen, die analytisch nur für Potentiale mit hoher Symmetrie lösbar ist. Wir wollen zur Illustration zuerst den einfacheren Fall eines zweidimensionalen Potentialkastens behandeln.

4.3.1 Teilchen im zweidimensionalen Potentialkasten

Die potentielle Energie (Abb. 4.23) sei

$$E_{\text{pot}}(x, y) = 0 \quad \text{für} \quad 0 \le x \le a, \quad 0 \le y \le b$$

und $E_{\text{pot}}(x, y) = \infty$ außerhalb dieses Bereiches.

Wir verwenden für unsere Lösungsfunktion $\psi(x, y)$ einen Produktansatz:

$$\psi(x, y) = f(x) \cdot g(y) \,. \tag{4.46}$$

Einsetzen in (4.45) ergibt mit $\partial^2\psi/\partial z^2 = 0$ unter Beachtung der Randbedingungen analog zu (4.29)

$$f(x) = A \cdot \sin\left(\frac{n_x\pi \cdot x}{a}\right) , \tag{4.47a}$$

$$g(y) = B \cdot \sin\left(\frac{n_y\pi \cdot y}{b}\right) \tag{4.47b}$$

mit $n_x, n_y \in \mathbb{N}$, sodass unsere Lösungsfunktion

$$\psi(x, y) = C \cdot \sin\left(\frac{n_x\pi \cdot x}{a}\right) \cdot \sin\left(\frac{n_y\pi \cdot y}{b}\right) \tag{4.48}$$

mit $C = A \cdot B$ wird. Durch die Normierung

$$\int_{x=0}^{a}\int_{y=0}^{b} |\psi(x, y)|^2 \, \mathrm{d}x \, \mathrm{d}y = 1 \tag{4.49}$$

ergibt sich die Konstante $C = 2/\sqrt{a \cdot b}$.

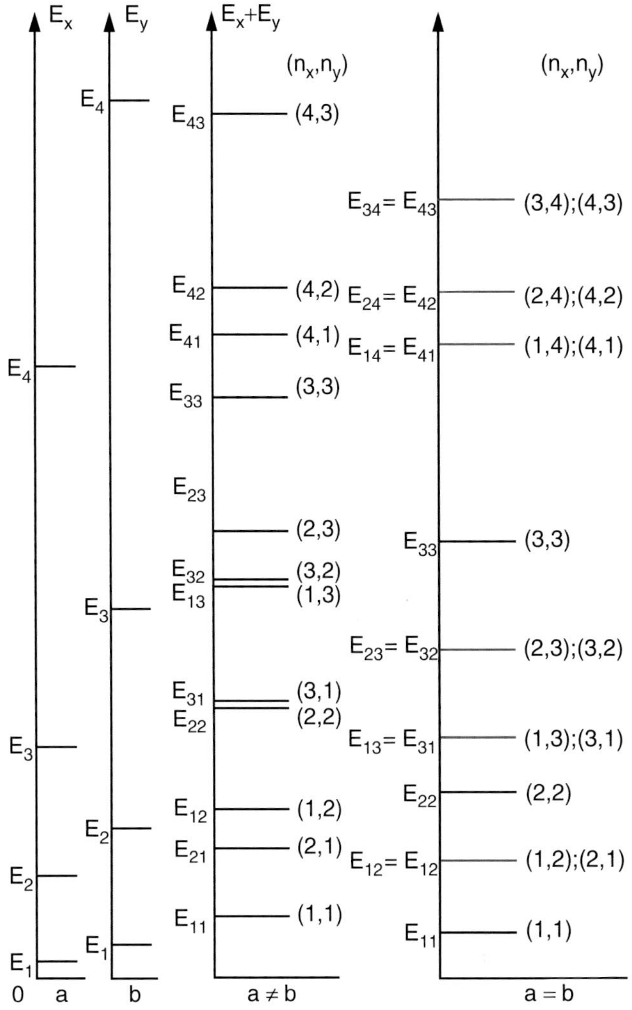

Abbildung 4.24 Energieeigenwerte E_{n_x,m_y} eines Teilchens im Rechteck-Kastenpotential für ungleiche Rechtecklängen $a \neq b$ und für das quadratische Kastenpotential mit $a = b$. Die roten Niveaus sind zweifach entartet

Setzen wir die so normierte Funktion in (4.45) ein, so erhalten wir für die Energiewerte

$$\begin{aligned} E(n_x, n_y) &= \frac{\hbar^2\pi^2}{2m}\left(\frac{n_x^2}{a^2} + \frac{n_y^2}{b^2}\right) \\ &= E_{1_x}n_x^2 + E_{1_y}n_y^2 \end{aligned} \tag{4.50}$$

mit

$$E_{1_x} = \frac{\hbar^2\pi^2}{2ma^2} , \quad E_{1_y} = \frac{\hbar^2\pi^2}{2mb^2} .$$

Man sieht aus (4.50) und Abb. 4.24, dass jede Kombination (n_x, n_y) einen möglichen Energiewert ergibt, dass also die Zahl der Energieterme in Einheiten von E_{1_x} bzw. E_{1_y} viel größer ist als beim eindimensionalen Kastenpotential.

Es kann vorkommen, dass mehrere verschiedene Kombinationen von n_x und n_y zum gleichen Energiewert führen, z. B. beim quadratischen Kastenpotential ($a = b$) haben nach (4.50) die

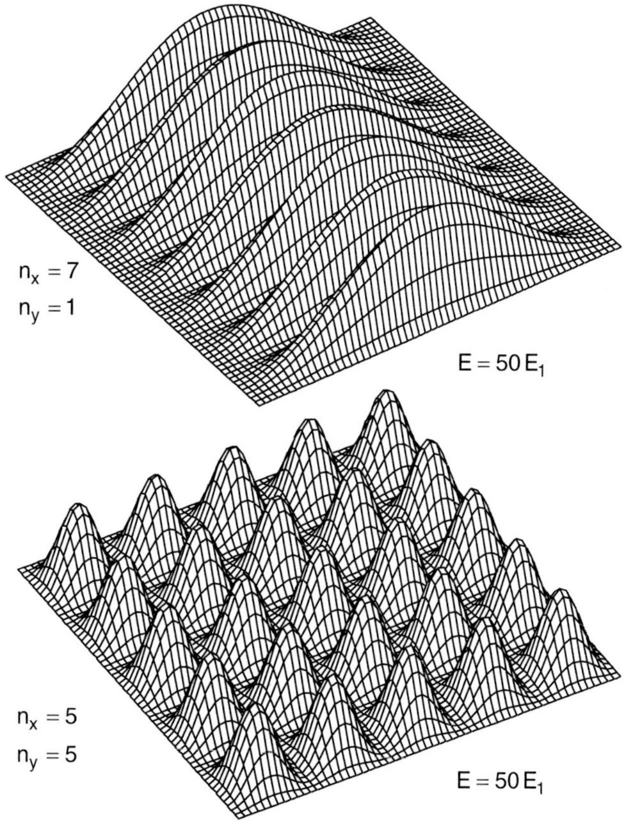

Abbildung 4.25 Aufenthaltswahrscheinlichkeiten $|\psi(x, y)|^2$ des Teilchens im quadratischen Kastenpotential ($a = b$) für zwei energetisch entartete Zustände ($n_x = 7$, $n_y = 1$) und ($n_x = n_y = 5$)

beiden Zustände $n_x = 7$, $n_y = 1$ und $n_x = n_y = 5$ beide die Energie $E = 50E_1$, obwohl sie verschiedene Wellenfunktionen haben (Abb. 4.25). Solche Zustände, die durch verschiedene Wellenfunktionen beschrieben werden, aber gleiche Energien haben, heißen ***entartet***.

Die Quadrate der Lösungsfunktionen (4.48) ergeben die Aufenthaltswahrscheinlichkeit des Teilchens in den entsprechenden Energiezuständen (Abb. 4.25).

Bei entarteten Zuständen ergeben verschiedene räumliche Aufenthaltswahrscheinlichkeiten dieselbe Energie.

4.3.2 Teilchen im kugelsymmetrischen Potential

Im kugelsymmetrischen Potential mit $E_{\text{pot}}(r) = f(r)$ lassen sich die Lösungsfunktionen der Schrödingergleichungen einfacher finden, wenn man statt kartesischer Koordinaten (x, y, z) Kugel-

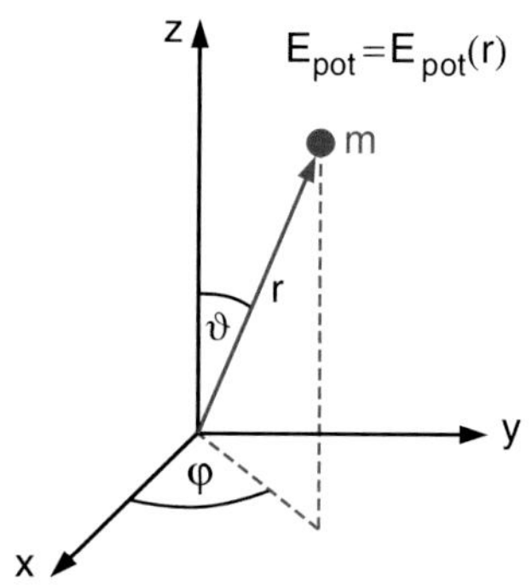

Abbildung 4.26 Teilchen im kugelsymmetrischen Potential

koordinaten (r, ϑ, φ) einführt (Abb. 4.26). Es gilt (siehe Bd. 1, Anhang A.2.3):

$$\left.\begin{aligned} x &= r \sin\vartheta \cos\varphi \\ y &= r \sin\vartheta \sin\varphi \\ z &= r\cos\vartheta \end{aligned}\right\} \begin{aligned} r &= \sqrt{x^2 + y^2 + z^2} \\ \vartheta &= \arccos \frac{z}{\sqrt{x^2+y^2+z^2}} \\ \varphi &= \arctan(y/x) \end{aligned} \tag{4.51}$$

Führt man die Differentiation im Δ-Operator in (4.45) explizit durch, so erhält man

$$\begin{aligned} \Delta = {} & \frac{1}{r^2}\frac{\partial}{\partial r}\left(r^2 \frac{\partial}{\partial r}\right) + \frac{1}{r^2 \sin\vartheta}\frac{\partial}{\partial\vartheta}\left(\sin\vartheta \frac{\partial}{\partial\vartheta}\right) \\ & + \frac{1}{r^2 \sin^2\vartheta}\frac{\partial^2}{\partial\varphi^2} . \end{aligned} \tag{4.52}$$

Damit wird die Schrödingergleichung (4.45) in Kugelkoordinaten

$$\begin{aligned} & \frac{1}{r^2}\frac{\partial}{\partial r}\left(r^2 \frac{\partial\psi}{\partial r}\right) + \frac{1}{r^2 \sin\vartheta}\frac{\partial}{\partial\vartheta}\left(\sin\vartheta \frac{\partial\psi}{\partial\vartheta}\right) \\ & + \frac{1}{r^2 \sin^2\vartheta}\frac{\partial^2\psi}{\partial\varphi^2} + \frac{2m}{\hbar^2}\big(E - V(r)\big)\psi = 0 . \end{aligned} \tag{4.53}$$

Zu ihrer Lösung verwenden wir analog zum Vorgehen im vorigen Abschnitt den Produktansatz

$$\psi(r, \vartheta, \varphi) = R(r) \cdot \Theta(\vartheta) \cdot \phi(\varphi) . \tag{4.54}$$

Einsetzen in (4.53) ergibt nach Multiplikation beider Seiten mit $r^2 \sin^2\vartheta/\psi$:

$$\begin{aligned} & \frac{\sin^2\vartheta}{R}\frac{\mathrm{d}}{\mathrm{d}r}\left(r^2 \frac{\mathrm{d}R}{\mathrm{d}r}\right) + \frac{\sin\vartheta}{\Theta}\frac{\mathrm{d}}{\mathrm{d}\vartheta}\left(\sin\vartheta \frac{\mathrm{d}\Theta}{\mathrm{d}\vartheta}\right) \\ & + \frac{2m}{\hbar^2}\big(E - V(r)\big) r^2 \sin^2\vartheta = -\frac{1}{\phi}\frac{\mathrm{d}^2\phi}{\mathrm{d}\varphi^2} . \end{aligned} \tag{4.55}$$

Jetzt kommt ein wichtiger Schluss:

Die linke Seite von (4.55) hängt nur von r und ϑ, die rechte Seite nur von φ ab. Da die Gleichung aber für alle Werte von r, ϑ und φ gelten soll, folgt daraus, dass beide Seiten gleich einer

Konstanten C_1 sein müssen. Für die rechte Seite ergibt dies die Gleichung

$$\frac{d^2\phi}{d\varphi^2} = -C_1 \cdot \phi\,, \tag{4.56}$$

mit der Lösungsfunktion

$$\phi = A \cdot e^{\pm i\sqrt{C_1}\varphi}\,.$$

Da ϕ im gesamten Raum eindeutig sein muss, folgt $\phi(\varphi) = \phi(\varphi + n \cdot 2\pi)$

$$\Rightarrow\ e^{\pm i\sqrt{C_1}\cdot 2n\pi} = 1 \ \Rightarrow\ \sqrt{C_1} = m, \quad m \in \mathbb{Z}\,,$$

d. h. m muss eine positive oder negative ganze Zahl sein. Für die möglichen Lösungsfunktionen ergibt sich damit:

$$\phi_m(\varphi) = A \cdot e^{im\varphi}\,.$$

Wir wollen sie so normieren, dass

$$\int\limits_0^{2\pi} \phi_m^*(\varphi) \cdot \phi_m(\varphi)\, d\varphi = 1 \ \Rightarrow\ A = \frac{1}{\sqrt{2\pi}}\,. \tag{4.57}$$

Damit ergeben sich die normierten Funktionen

$$\phi_m(\varphi) = \frac{1}{\sqrt{2\pi}}\, e^{im\varphi}\,. \tag{4.58}$$

Sie sind orthogonal, weil gilt:

$$\int\limits_0^{2\pi} \phi_m^* \cdot \phi_n\, d\varphi = \delta_{mn}\,.$$

Nun wollen wir die Lösungsfunktionen $\theta(\vartheta)$ bestimmen. Dazu dividieren wir die linke Seite von (4.55), die ja gleich der Konstanten $C_1 = m^2$ ist, durch $\sin^2\vartheta$ und ordnen sie so um, dass rechts nur Terme stehen, die von ϑ abhängen, während links nur r-abhängige Terme bleiben. Dies ergibt:

$$\begin{aligned} &\frac{1}{R}\frac{d}{dr}\left(r^2\frac{dR}{dr}\right) + \frac{2m}{\hbar^2}\, r^2\big(E - E_{\text{pot}}(r)\big) \\ &= -\frac{1}{\theta \sin\vartheta}\frac{d}{d\vartheta}\left(\sin\vartheta \frac{d\theta}{d\vartheta}\right) + \frac{m^2}{\sin^2\vartheta} = C_2\,. \end{aligned} \tag{4.59}$$

Anmerkung. Unglücklicherweise tritt das Symbol m in (4.59) in unterschiedlichen Bedeutungen auf: Zum einen bezeichnet es die Masse, zum anderen die ganze Zahl $\sqrt{C_1}$. Auf die gebräuchliche Bezeichnung m für $\sqrt{C_1}$ wollen wir hier jedoch nicht verzichten. Es handelt sich um die ***magnetische Quantenzahl***, von der später noch die Rede sein wird (siehe Abschn. 5.1, 5.2).

Wieder hängt die linke Seite von (4.59) nur von r ab, die rechte Seite jedoch nur von ϑ. Beide Seiten müssen daher gleich der Konstanten C_2 sein. Für die Funktion $\theta(\vartheta)$ erhalten wir damit:

$$\frac{1}{\theta \sin\vartheta}\frac{d}{d\vartheta}\left(\sin\vartheta \frac{d\theta}{d\vartheta}\right) - \frac{m^2}{\sin^2\vartheta} = -C_2\,. \tag{4.60}$$

Für den Fall $m = 0$ geht (4.60) mit $\xi = \cos\vartheta$ über in die ***Legendre'sche Differentialgleichung***

$$\frac{d}{d\xi}\left[\left(1 - \xi^2\right)\frac{d\theta}{d\xi}\right] + C_2\theta = 0\,. \tag{4.61}$$

Ihre Lösung setzen wir in Form einer Potenzreihe

$$\theta = a_0 + a_1\xi + a_2\xi^2 + \cdots \tag{4.62}$$

an. Damit θ auch für $\xi = \pm 1$, d. h. $\vartheta = 0°$ oder $\vartheta = 180°$ endlich bleibt, darf die Reihe nur endlich viele Glieder haben. Setzt man (4.62) in (4.61) ein, so erhält man durch Vergleich der Koeffizienten gleicher Potenzen ξ^k die Rekursionsformel

$$a_{k+2} = a_k \cdot \frac{k \cdot (k+1) - C_2}{(k+2) \cdot (k+1)}\,. \tag{4.63}$$

Soll die Reihe nach dem l-ten Glied abbrechen, d. h. ist $a_l \cdot \xi^l$ das letzte Glied, so muss $a_l \neq 0$, aber $a_{l+2} = 0$ sein. Daraus folgt:

$$C_2 = l(l+1), \quad l \in \mathbb{N}\,. \tag{4.64}$$

Diese reellen Lösungsfunktionen

$$\theta_l(\xi) = \text{const} \cdot P_l(\cos\vartheta)$$

der Legendre'schen Differentialgleichung (4.61) heißen ***Legendre-Polynome***. Da diese Legendre-Polynome $\theta(\cos\vartheta)$ als Potenzreihe von $\cos\vartheta$ darstellbar sind, gilt für sie: $\theta^2(\vartheta) = \theta^2(\vartheta + \pi)$. Deshalb folgt für die Funktionen θ: $\theta(\vartheta) = \pm\theta(\vartheta + \pi)$.

Jede durch die Potenzreihe (4.62) dargestellte Funktion enthält daher entweder nur gerade Potenzen von ξ oder nur ungerade.

Für $m \neq 0$ lässt sich (4.60) durch die assoziierten Legendrefunktionen $P_l^m(\cos\vartheta)$ lösen, die aus den Legendrefunktionen $\theta_l = P_l(\cos\vartheta)$ durch die Bestimmungsgleichung

$$P_l^m(\cos\vartheta) = \text{const} \cdot (1 - \xi^2)^{|m/2|}\frac{d^{|m|}}{d\xi^{|m|}}\left(P_l(\xi)\right) \tag{4.65}$$

gewonnen werden können. Weil $P_l(\xi)$ eine Potenzreihe in ξ bis zur Potenz ξ^l ist, sieht man aus (4.65), dass $|m| \leq l$ gelten muss.

Da die Zahlen m sowohl positive als auch negative ganze Zahlen sind, gilt

$$-l \leq m \leq +l\,. \tag{4.66}$$

Der konstante Vorfaktor der Funktionen $P_l^m(\cos\vartheta)$ wird festgelegt durch die Normierungsbedingung

$$\int\limits_{\vartheta=0}^{\pi} \left|P_l^m(\cos\vartheta)\right|^2 \sin\vartheta\, d\vartheta = 1\,. \tag{4.67}$$

Die Produktfunktionen

$$Y_l^m(\vartheta, \varphi) = P_l^m(\cos\vartheta) \cdot \phi_m(\varphi) \tag{4.68}$$

Kapitel 4

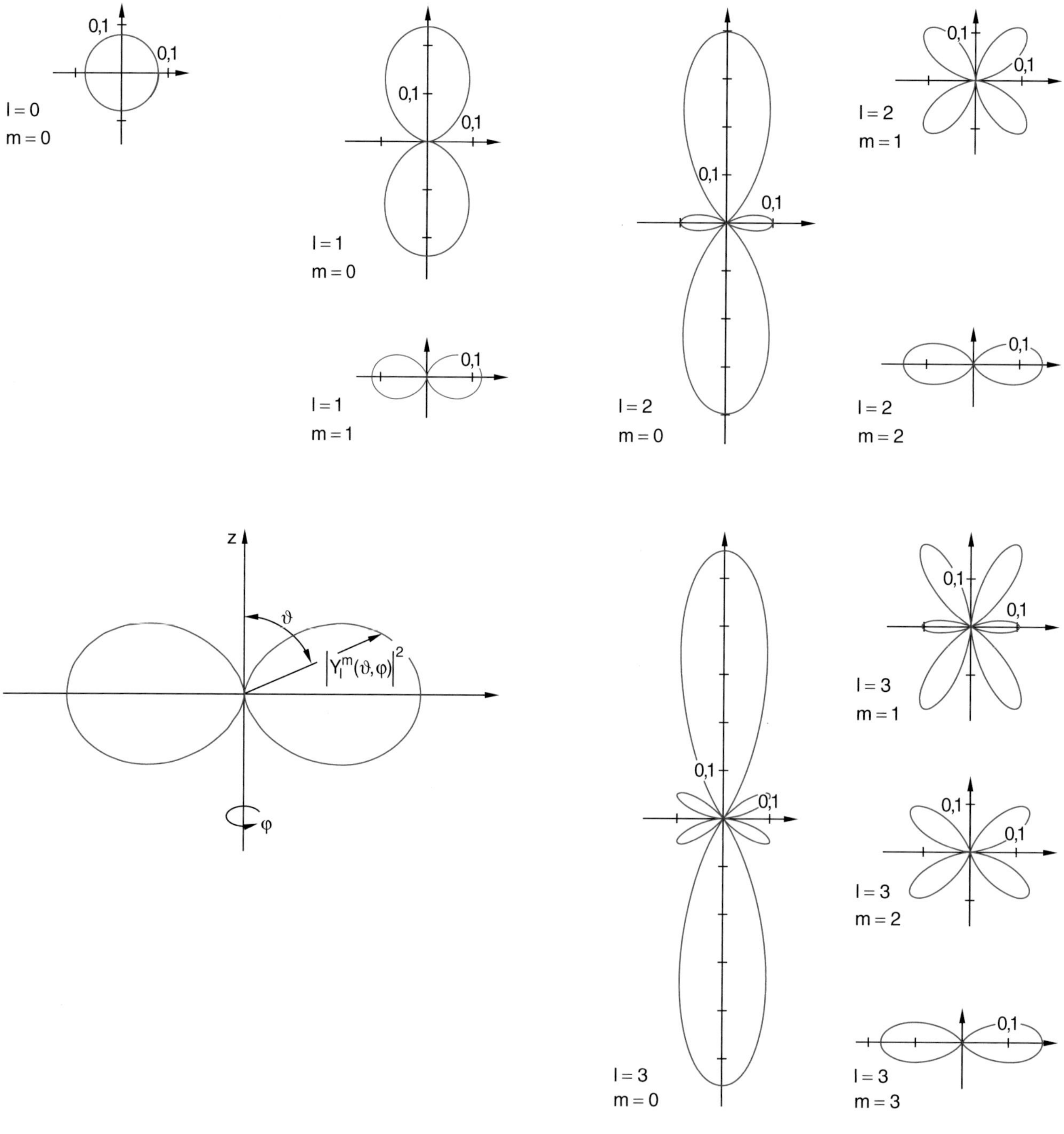

Abbildung 4.27 Polardiagramme des Absolutquadrates der normierten Kugelflächenfunktionen. Die Länge des Vektors ***r*** gibt $\left|Y_l^m(\cos\vartheta)\right|^2$ für die verschiedenen Winkel ϑ an. Alle Diagramme sind rotationssymmetrisch um die z-Richtung, die hier als vertikale Achse gewählt wurde

heißen ***Kugelflächenfunktionen*** (Tab. 4.2). Für sie gilt wegen (4.57) und (4.67)

$$\int_{\vartheta=0}^{\pi}\int_{\varphi=0}^{2\pi}\left|Y_l^m(\vartheta,\varphi)\right|^2\sin\vartheta\,\mathrm{d}\vartheta\,\mathrm{d}\varphi = 1\,. \qquad (4.69)$$

Ihr Absolutquadrat gibt die Aufenthaltswahrscheinlichkeit des Teilchens im kugelsymmetrischen Potential als Funktion der beiden Winkel ϑ und φ an (Abb. 4.27).

Die Radialfunktion $R(r)$ in (4.54) wird aus (4.55) gewonnen. Mit den Ergebnissen (4.60) und (4.64) ergibt (4.55) nach Multi-

Tabelle 4.2 Kugelfächenfunktionen

l	m	Y_l^m
0	0	$\frac{1}{2\sqrt{\pi}}$
1	± 1	$\mp\frac{1}{2}\sqrt{\frac{3}{2\pi}}\sin\vartheta\,\mathrm{e}^{\pm\mathrm{i}\varphi}$
	0	$\frac{1}{2}\sqrt{\frac{3}{\pi}}\cos\vartheta$
2	± 2	$\frac{1}{4}\sqrt{\frac{15}{2\pi}}\sin^2\vartheta\, e^{\pm 2\mathrm{i}\varphi}$
	± 1	$\mp\frac{1}{2}\sqrt{\frac{15}{2\pi}}\cos\vartheta\,\sin\vartheta\,\mathrm{e}^{\pm\mathrm{i}\varphi}$
	0	$\frac{1}{4}\sqrt{\frac{5}{\pi}}(2\cos^2\vartheta-\sin^2\vartheta)$
3	± 3	$\mp\frac{1}{8}\sqrt{\frac{35}{\pi}}\sin^3\vartheta\,\mathrm{e}^{\pm 3\mathrm{i}\varphi}$
	± 2	$\frac{1}{4}\sqrt{\frac{105}{2\pi}}\cos\vartheta\,\sin^2\vartheta\,\mathrm{e}^{\pm 2\mathrm{i}\varphi}$
	± 1	$\mp\frac{1}{8}\sqrt{\frac{21}{\pi}}\sin\vartheta\,(5\cos^2\vartheta-1)\,\mathrm{e}^{\pm\mathrm{i}\varphi}$
	0	$\frac{1}{4}\sqrt{\frac{7}{\pi}}(5\cos^3\vartheta-3\cos\vartheta)$

plikation mit R:

$$\frac{\mathrm{d}}{\mathrm{d}r}\left(r^2\frac{\mathrm{d}R}{\mathrm{d}r}\right) + \left[\frac{2m}{\hbar^2}r^2\big(E-E_{\mathrm{pot}}(r)\big)-l\cdot(l+1)\right]R(r)=0\,. \tag{4.70a}$$

Nach Division durch $(2mr^2/\hbar^2)$ und Ausführen der Differentiation des ersten Terms erhält man die äquivalente Form

$$\frac{\mathrm{d}^2R}{\mathrm{d}r^2}+\frac{2}{r}\frac{\mathrm{d}R}{\mathrm{d}r}+\frac{2m}{\hbar^2}\left[E-E_{\mathrm{pot}}-\frac{\hbar^2 l(l+1)}{2mr^2}\right]R=0\,. \tag{4.70b}$$

Die Lösungen von (4.70a) hängen vom Radialverlauf des kugelsymmetrischen Potentials und von der Gesamtenergie E ab. Wir werden sie im nächsten Kapitel am Beispiel des Wasserstoffatoms behandeln.

Man sieht aber bereits aus (4.66) und (4.68), dass es zu jeder festen Energie E und vorgegebener Quantenzahl l insgesamt $(2l+1)$ verschiedene Kugelflächenfunktionen Y_l^m gibt, weil die Zahl m den Wertebereich $-l \leq m \leq +l$ ganzer Zahlen durchlaufen kann.

Man beachte: Die Separation (4.54) ist nur für Potentiale möglich, die nicht von ϑ oder φ abhängen, d. h. für kugelsymmetrische Potentiale. Die Kugelflächenfunktionen Y_l^m sind also nur für kugelsymmetrische Potentiale Lösungsfunktionen, die zwar trotz der Kugelsymmetrie des Potentials von den Winkeln ϑ und φ abhängen können, aber *nicht* vom Radialverlauf des Potentials. Sie sind also für *alle* kugelsymmetrischen Potentiale Lösungsfunktionen des Winkelanteils. Das bedeutet auch, dass die Winkelverteilung der Aufenthaltswahrscheinlichkeit eines Teilchens im kugelsymmetrischen Potential *nicht* vom Radialverlauf des Potentials abhängt.

4.3.3 Der dreidimensionale harmonische Oszillator

Das zentralsymmetrische Potential für den dreidimensionalen harmonischen Oszillator (*Kugeloszillator*) ist

$$E_{\mathrm{pot}}(r)=\frac{1}{2}D\cdot r^2 \quad \text{mit} \quad D=\omega^2\cdot m\,.$$

Die Schrödingergleichung (4.70b) lautet nun

$$\frac{\mathrm{d}^2R}{\mathrm{d}r^2}+\frac{2}{r}\frac{\mathrm{d}R}{\mathrm{d}r}+\frac{2m}{\hbar^2}\left[E-\frac{m\omega^2}{2}r^2-\frac{\hbar^2 l(l+1)}{2mr^2}\right]R=0\,. \tag{4.71}$$

Mit der Funktion $W(r)=r\cdot R(r)$ wird aus (4.71) die einfachere Gleichung

$$\frac{\mathrm{d}^2W}{\mathrm{d}r^2}+\frac{2m}{\hbar^2}\left[E-\frac{m\omega^2}{2}r^2-\frac{\hbar^2 l(l+1)}{2mr^2}\right]W=0\,. \tag{4.72}$$

Wir wählen das Potentialminimum bei $r=0$ als Nullpunkt der Energie. Deshalb sind alle Energiewerte positiv. Mit der dimensionslosen normierten Größe $\varepsilon=E/\hbar\omega$ für die Energie und den Abkürzungen

$$k^2=2mE/\hbar^2\,;\quad \xi=m\omega/\hbar \to k^2/2\xi=\varepsilon$$

wird aus (4.72) die Gleichung

$$\frac{\mathrm{d}^2W}{\mathrm{d}r^2}+\left[k^2-\xi^2r^2-\frac{l(l+1)}{r^2}\right]W=0\,. \tag{4.73}$$

Für $r\to\infty$ überwiegt der 2. Term in der Klammer und wir erhalten als asymptotische Lösung

$$W(r\to\infty)\sim\exp\left[-\xi\cdot r^2/2\right]\,.$$

Für $r\to 0$ überwiegt der Zentrifugalterm $l(l+1)/r^2$ und die asymptotische Lösung wird

$$W(r\to 0)\sim r^{-l+1} \quad \text{oder} \quad W(r\to 0)\sim r^{-l}$$

unabhängig vom Potential. Die Eigenfunktionen $R=W/r$ werden dann

$$R(r\to 0)\sim r^l \quad \text{oder} \quad R(r\to 0)\sim r^{-(l+1)}\,.$$

Wir machen deshalb für $R(r\to 0)=r^l$ für die Funktion $W(r)=r\cdot R(r)$ den Ansatz

$$W(r)=r^{l+1}\exp\left[-\xi r^2/2\right]\cdot h(r)\,.$$

Einsetzen in (4.73) ergibt eine Differentialgleichung für $h(r)$, deren Lösungen die *konfluenten hypergeometrischen Funktionen* sind, deren Lösungen in Mathematikbüchern zu finden sind.

Man erhält für die Energiewerte des dreidimensionalen Oszillators

$$E(n,l) = \hbar\omega(2n + l + 3/2)$$
$$\text{mit } n = 0,1,2,3\ldots l = 0,1,2,3,\ldots$$

Die Nullpunktsenergie $E(n = l = 0)$ ist nun $\frac{3}{2}\hbar\omega$ verglichen mit $\frac{1}{2}\hbar\omega$ beim eindimensionalen Oszillator. Die Energieeigenwerte $E(n,l)$ hängen von n und l ab und das Energiespektrum ist deshalb komplexer als beim eindimensionalen Oszillator mit seinen äquidistanten Energieniveaus.

4.4 Operatoren, Erwartungswerte und Eigenfunktionen

Bei der statistischen Beschreibung der Eigenschaften eines Systems vieler Teilchen benutzt man in der klassischen Physik zur Definition von Mittelwerten den Begriff der Verteilungsfunktion. So wird z. B. die mittlere Geschwindigkeit $\overline{v}$ eines Systems von Teilchen mit der Geschwindigkeitsverteilung $f(v)$ (siehe Bd. 1, Kap. 7) durch

$$\overline{v} = \int\limits_{v=0}^{\infty} v \cdot f(v)\,\mathrm{d}v$$

angegeben. Der Ausdruck $f(v)\,\mathrm{d}v$ gibt die Wahrscheinlichkeit dafür an, dass ein Teilchen eine Geschwindigkeit im Intervall v bis $v + \mathrm{d}v$ hat. Analog gibt

$$\overline{v^2} = \langle v^2 \rangle = \int\limits_{v=0}^{\infty} v^2 f(v)\,\mathrm{d}v$$

den Mittelwert von v^2 (mittleres Geschwindigkeitsquadrat) an.

In der Quantenmechanik wird die Wahrscheinlichkeit, ein Teilchen im Intervall x bis $x + \mathrm{d}x$ zu finden, durch $|\psi(x)|^2$ bestimmt. Man bezeichnet deshalb den Mittelwert

$$\langle x \rangle = \int\limits_{-\infty}^{+\infty} x \cdot |\psi(x)|^2\,\mathrm{d}x \tag{4.74}$$

als ***Erwartungswert*** für den Ort x eines Teilchens. An die Stelle einer exakten Ortsangabe in der klassischen Teilchenmechanik tritt also eine Wahrscheinlichkeitsangabe und die Definition eines Erwartungswertes, die folgenden Sachverhalt beschreibt: Machen wir eine Reihe von Messungen des Ortes x eines Teilchens, das durch seine stationäre Wellenfunktion $\psi(x)$ beschrieben wird, so werden wir eine Verteilung der Messgröße x um den Mittelwert

$$\langle x \rangle = \int \psi^*(x)\,x\psi(x)\,\mathrm{d}x$$

erhalten. Diese Verteilung kommt hier *nicht* durch statistische Messfehler zustande, sondern durch die Tatsache, dass der Ort x des Teilchens auf Grund der Unbestimmtheitsrelation eine Unschärfe $\Delta x \geq \hbar/\Delta p_x$ hat. Analog ist der Erwartungswert für den Radiusvektor $\boldsymbol{r}$ eines Teilchens

$$\begin{aligned}\langle \boldsymbol{r} \rangle &= \int \psi^*(\boldsymbol{r})\,\boldsymbol{r}\psi(\boldsymbol{r})\,\mathrm{d}\tau \\ &= \int\limits_x\int\limits_y\int\limits_z \psi^*(x,y,z)\,\boldsymbol{r}\psi(x,y,z)\,\mathrm{d}x\,\mathrm{d}y\,\mathrm{d}z\,.\end{aligned} \tag{4.75}$$

Bewegt sich ein Elektron, das durch die Wellenfunktion ψ beschrieben wird, in einem elektrischen Potential $\phi(r)$, so ist seine mittlere potentielle Energie

$$\langle E_{\text{pot}} \rangle = -\mathrm{e} \cdot \int \psi^*(\boldsymbol{r})\,\phi(r)\,\psi(\boldsymbol{r})\,\mathrm{d}\tau\,, \tag{4.76}$$

wobei das Volumenelement $\mathrm{d}\tau = \mathrm{d}x \cdot \mathrm{d}y \cdot \mathrm{d}z$ ist.

Der Erwartungswert einer physikalischen Messgröße eines Teilchens ist der Mittelwert dieser Größe, gebildet mit der Wellenfunktion des Teilchens.

4.4.1 Operatoren und Eigenwerte

Allgemein erhalten wir für den Erwartungswert $\langle A \rangle$ einer physikalischen Messgröße (***Observablen***) A mit den dreidimensionalen Wellenfunktionen $\psi(x,y,z)$ den Ausdruck

$$\langle A \rangle = \int \psi^* \hat{A} \psi\,\mathrm{d}\tau\,, \tag{4.77}$$

wobei $\hat{A}$ der zur physikalischen Größe A zugeordnete ***Operator*** heißt.

Dies soll folgendes bedeuten:

A sei eine beobachtbare physikalische Größe. Bei wiederholter Messung zeigen die n Messwerte A_i Schwankungen $\Delta A_i = A_i - \langle A \rangle$ um den Mittelwert

$$\langle A \rangle = \frac{1}{n}\sum_{i=1}^{n} A_i\,,$$

die durch die Unschärfe ΔA im gemessenen System herrührten, zu denen zusätzlich noch Schwankungen durch die Ungenauigkeit der Messung kommen könnten.

Man ordnet jetzt jeder Messgröße A einen Operator $\hat{A}$ zu durch die Definition:

$$\langle A \rangle = \int \psi^* \hat{A} \psi\,\mathrm{d}\tau\,. \tag{4.78}$$

Dabei bewirkt der Operator $\hat{A}$ eine bestimmte Operation an der Funktion ψ. So bewirkt der Operator $\hat{\boldsymbol{r}}$ zu der Ortskoordinate $\boldsymbol{r}$

gemäß (4.75) eine Multiplikation von $\psi(x, y, z)$ mit dem Vektor $\boldsymbol{r}$.

Aus der stationären Schrödingergleichung (4.6b), welche das quantenmechanische Analogon zum Energiesatz $E_{\text{kin}}+E_{\text{pot}} = E$ darstellt, sehen wir, dass der Erwartungswert der kinetischen Energie mithilfe des Laplace-Operators Δ berechnet wird, weil gilt:

$$\langle E_{\text{kin}}\rangle = -\frac{\hbar^2}{2m}\int \psi^*\Delta\psi \,\mathrm{d}\tau\,. \qquad (4.79)$$

Der Operator

$$\hat{E}_{\text{kin}} = -\frac{\hbar^2}{2m}\Delta$$

der kinetischen Energie E_{kin} eines Teilchens bewirkt also eine zweimalige Differentiation der Wellenfunktion ψ nach den Ortskoordinaten. Aus der Differentiation der Wellenfunktion

$$\psi = A\cdot \mathrm{e}^{(\mathrm{i}/\hbar)(\boldsymbol{p}\cdot\boldsymbol{r}-Et)}$$

nach x, y und z folgt

$$\begin{aligned} -\mathrm{i}\hbar\frac{\partial}{\partial x}\psi &= p_x\psi\,,\\ -\mathrm{i}\hbar\frac{\partial}{\partial y}\psi &= p_y\psi\,,\\ -\mathrm{i}\hbar\frac{\partial}{\partial z}\psi &= p_z\psi\,, \end{aligned} \qquad (4.80)$$

sodass wir für den Operator des Impulses $\boldsymbol{p}$ den Ausdruck

$$\hat{\boldsymbol{p}} = -\mathrm{i}\hbar\nabla \qquad (4.81)$$

mit dem Nabla-Operator $\nabla = \{\partial/\partial x, \partial/\partial y, \partial/\partial z\}$ erhalten. Wenn bei der Anwendung des Operators $\hat{A}$ auf eine Funktion ψ diese Funktion sich bis auf einen konstanten Faktor A reproduziert, d. h. wenn gilt

$$\hat{A}\psi = A\psi, \qquad (4.82)$$

dann heißt die Funktion eine ***Eigenfunktion*** zum Operator $\hat{A}$, und die Konstante A heißt ***Eigenwert***. In diesem Falle folgt aus (4.78) für den Erwartungswert:

$$\langle A\rangle = A\cdot\int \psi^*\psi\,\mathrm{d}\tau = A\,, \qquad (4.83)$$

d. h. der Erwartungswert eines Operators $\hat{A}$, gebildet mit seinen Eigenfunktionen, ist gleich dem Eigenwert A, der wohldefiniert und „scharf" ist. Die quadratische Schwankung wird dann null, wie man folgendermaßen sieht:

$$\begin{aligned} \langle A^2\rangle - \langle A\rangle^2 &= \int \psi^*\hat{A}^2\psi\,\mathrm{d}\tau - \left(\int \psi^*\hat{A}\psi\,\mathrm{d}\tau\right)^2\\ &= \int \psi^*\hat{A}\cdot\hat{A}\psi\,\mathrm{d}\tau - A^2\left(\int \psi^*\psi\,\mathrm{d}\tau\right)^2\\ &= A^2\int \psi^*\psi\,\mathrm{d}\tau - A^2\left(\int \psi^*\psi\,\mathrm{d}\tau\right)^2\\ &= 0\,, \end{aligned} \qquad (4.84)$$

weil $\int\psi^*\psi\,\mathrm{d}\tau = 1$ ist. Nun gilt für die mittlere quadratische Abweichung einer Messgröße A von ihrem Mittelwert $\langle A\rangle$:

$$\begin{aligned} &\langle(\Delta A)^2\rangle = \left\langle\left(A-\langle A\rangle\right)^2\right\rangle = \langle A^2\rangle + \langle A\rangle^2 - \langle 2A\cdot\langle A\rangle\rangle\\ &\Rightarrow \langle\Delta A^2\rangle = \langle A^2\rangle - \langle A\rangle^2 = 0\,, \end{aligned} \qquad (4.85)$$

weil $\langle A\cdot\langle A\rangle\rangle = \langle A\rangle^2$ ist. Dies bedeutet:

> Wenn die Wellenfunktion ψ Eigenfunktion zum Operator $\hat{A}$ ist, dann wird die mittlere quadratische Schwankung der Messgröße A gleich null, d. h. das System ist in einem Zustand, in dem die Größe A zeitlich konstant bleibt und man, abgesehen von Messfehlern, immer den gleichen Wert von A misst.

Weil A eine Observable, eine messbare Größe, sein soll, fordert man, dass A reell sein soll. Wir wollen nur solche Operatoren für physikalische Größen zulassen, die reelle Eigenwerte haben und nicht etwa komplexe nichtreelle. Dies ist für hermitesche Operatoren erfüllt.

Hat man zwei Größen A und B, deren Operatoren $\hat{A}$ und $\hat{B}$ dieselben Eigenfunktionen ψ haben, so lassen sich beide Größen A und B am Teilchen mit der Wellenfunktion ψ gleichzeitig scharf messen, da gilt:

$$\hat{A}\psi = A\psi \quad \text{und} \quad \hat{B}\psi = B\psi\,.$$

Dann folgt

$$\hat{B}\hat{A}\psi = \hat{B}(A\psi) = A\left(\hat{B}\psi\right) = AB\psi\,.$$

Ebenso gilt:

$$\hat{A}\hat{B}\psi = \hat{A}B\psi = B\left(\hat{A}\psi\right) = BA\psi\,.$$

Da A und B zwei reelle Zahlen sind, folgt $AB = BA$. Daraus ergibt sich

$$\left(\hat{A}\hat{B} - \hat{B}\hat{A}\right)\psi = 0 \Rightarrow \hat{A}B\psi = \hat{B}A\psi\,. \qquad (4.86)$$

Operatoren, die (4.86) erfüllen, heißen *vertauschbar*.

> Wenn zwei Operatoren vertauschbar sind, lassen sich ihre Eigenwerte gleichzeitig scharf messen.

Dies soll nun an einigen Beispielen erläutert werden.

Wir haben bei der stationären Schrödingergleichung bereits gesehen, dass der Operator der kinetischen Energie $E_{\text{kin}} = p^2/2m$ eines klassischen Teilchens der Masse m

$$\hat{E}_{\text{kin}} = -\frac{\hbar^2}{2m}\Delta \qquad (4.87)$$

Kapitel 4

Tabelle 4.3 Einige physikalische Messgrößen mit ihren Operatoren im Ortsraum

Physikalische Größe	Operator
Ortsvektor $\boldsymbol{r}$	$\boldsymbol{r}$
potentielle Energie	$\hat{E}_{\text{pot}} = V(\boldsymbol{r})$
kinetische Energie	$\frac{-\hbar^2}{2m}\Delta$
Gesamtenergie $E = E_{\text{pot}} + E_{\text{kin}}$	$\hat{H} = \hat{E}_{\text{pot}} - \frac{\hbar^2}{2m}\Delta$
Impuls $\boldsymbol{p}$	$\hat{\boldsymbol{p}} = -\mathrm{i}\hbar\nabla$
Drehimpuls $\boldsymbol{L}$	$\hat{\boldsymbol{L}} = -\mathrm{i}\hbar\,(\boldsymbol{r}\times\nabla)$
z-Komponente des Drehimpulses	$\hat{L}_z = -\mathrm{i}\hbar\,\frac{\partial}{\partial\varphi}$

in der Quantenmechanik mithilfe des Laplace-Operators Δ beschrieben wird, der auf die Wellenfunktion ψ eine bestimmte Operation ausübt (in diesem Fall eine zweimalige Differentiation).

Der Operator der Gesamtenergie $E = E_{\text{kin}} + E_{\text{pot}}$ wird ***Hamilton-Operator***

$$\hat{H} = \hat{E}_{\text{kin}} + \hat{E}_{\text{pot}} = -\frac{\hbar^2}{2m}\Delta + E_{\text{pot}}(\boldsymbol{r}) \tag{4.88}$$

genannt, in Anlehnung an die Hamilton-Funktion der theoretischen Mechanik [2], die für nicht zeitabhängige Systeme die Gesamtenergie angibt.

Die Energie eines stationären Zustands ergibt sich als Eigenwert des Hamilton-Operators. Die Schrödingergleichung (4.8) lautet dann:

$$\hat{H}\psi = E\psi\,. \tag{4.89}$$

Weil der kinetischen Energie $E_{\text{kin}} = p^2/2m$ der Operator $-(\hbar^2/2m)\Delta$ zugeordnet wird, muss zum Impuls $\boldsymbol{p}$ der Operator

$$\hat{\boldsymbol{p}} = -\mathrm{i}\hbar\nabla \tag{4.90}$$

gehören, weil dann

$$\frac{1}{2m}\hat{\boldsymbol{p}}^2 = -\frac{\hbar^2}{2m}\nabla^2 = -\frac{\hbar^2}{2m}\Delta$$

gilt. Der Erwartungswert des Impulses ist damit

$$\langle \boldsymbol{p}\rangle = -\mathrm{i}\hbar\int \psi^*\nabla\psi\,\mathrm{d}\tau. \tag{4.91}$$

Ganz allgemein lässt sich jeder messbaren physikalischen Größe A ein Operator $\hat{A}$ zuordnen. In Tab. 4.3 sind einige physikalische Größen A mit ihren zugehörigen Operatoren aufgelistet.

Anmerkung. Die Darstellungen des Ortsoperators $\hat{\boldsymbol{r}}$ als $\boldsymbol{r}$ und des Impulsoperators $\hat{\boldsymbol{p}}$ als $-\mathrm{i}\hbar\nabla$ gelten nur, wenn die Wellenfunktionen Funktionen des Ortes sind. Viele physikalische Probleme (z. B. der Festkörperphysik) lassen sich jedoch einfacher behandeln, wenn man durch Fouriertransformation (siehe Abschn. 3.3) die Wellenfunktionen $\psi(\boldsymbol{r})$ in Funktionen $\phi(\boldsymbol{p})$ überführt, die im Impulsraum „leben". Für die Eigenfunktion des Impulsoperators $\phi(\boldsymbol{p}) = \mathrm{e}^{-\mathrm{i}(\boldsymbol{p}/\hbar)\cdot\boldsymbol{r}}$ erhält man den Ort $\boldsymbol{r}$, wenn man den Ortsoperator in Impulsdarstellung $\hat{\boldsymbol{r}}_p = \mathrm{i}\hbar\nabla_p$ auf $\phi(\boldsymbol{p})$ anwendet [3]. Der Impulsoperator $\hat{\boldsymbol{p}}$ lautet in Impulsdarstellung schlicht $\hat{\boldsymbol{p}} = \boldsymbol{p}$.

4.4.2 Der Drehimpuls in der Quantenmechanik

Aus der klassischen Definition des Drehimpulses $\boldsymbol{L}$, bezogen auf den Nullpunkt $\boldsymbol{r} = \boldsymbol{0}$, eines Teilchens mit Masse m und Geschwindigkeit $\boldsymbol{v}$

$$\boldsymbol{L} = \boldsymbol{r}\times\boldsymbol{p} = m(\boldsymbol{r}\times\boldsymbol{v}) \tag{4.92}$$

folgt mit der Definition des Impulsoperators $\hat{\boldsymbol{p}} = -\mathrm{i}\hbar\nabla$ der ***Drehimpulsoperator***

$$\hat{\boldsymbol{L}} = -\mathrm{i}\hbar(\boldsymbol{r}\times\nabla)\,. \tag{4.93}$$

In kartesischen Koordinaten wird dies zu

$$\begin{aligned}\hat{L}_x &= -\mathrm{i}\hbar\left(y\frac{\partial}{\partial z} - z\frac{\partial}{\partial y}\right),\\ \hat{L}_y &= -\mathrm{i}\hbar\left(z\frac{\partial}{\partial x} - x\frac{\partial}{\partial z}\right),\\ \hat{L}_z &= -\mathrm{i}\hbar\left(x\frac{\partial}{\partial y} - y\frac{\partial}{\partial x}\right).\end{aligned} \tag{4.94}$$

In Kugelkoordinaten erhält man mithilfe der Transformationsgleichungen zwischen (x, y, z) und (r, ϑ, φ) (siehe Bd. 1, Anhang A.2)

$$\frac{\partial}{\partial x} = \frac{\partial r}{\partial x}\frac{\partial}{\partial r} + \frac{\partial\vartheta}{\partial x}\frac{\partial}{\partial\vartheta} + \frac{\partial\varphi}{\partial x}\frac{\partial}{\partial\varphi},$$

sowie entsprechenden Ausdrücken für y und z die Komponenten des Drehimpulsoperators (siehe Aufgabe 4.7)

$$\begin{aligned}\hat{L}_x &= -\mathrm{i}\hbar\left(-\sin\varphi\frac{\partial}{\partial\vartheta} - \cot\vartheta\cos\varphi\frac{\partial}{\partial\varphi}\right),\\ \hat{L}_y &= -\mathrm{i}\hbar\left(+\cos\varphi\frac{\partial}{\partial\vartheta} - \cot\vartheta\sin\varphi\frac{\partial}{\partial\varphi}\right),\\ \hat{L}_z &= -\mathrm{i}\hbar\,\frac{\partial}{\partial\varphi}\,.\end{aligned} \tag{4.95}$$

Damit ergibt sich für den Operator des Drehimpuls-Betragsquadrats

$$\begin{aligned}\hat{L}^2 &= \hat{L}_x^2 + \hat{L}_y^2 + \hat{L}_z^2\\ &= -\hbar^2\left[\frac{1}{\sin\vartheta}\frac{\partial}{\partial\vartheta}\left(\sin\vartheta\frac{\partial}{\partial\vartheta}\right) + \frac{1}{\sin^2\vartheta}\frac{\partial^2}{\partial\varphi^2}\right].\end{aligned} \tag{4.96}$$

Man sieht durch Vergleich mit (4.52), dass $\hat{L}^2$ proportional zum Winkelanteil des Laplace-Operators Δ ist. Dies bedeutet, dass die Kugelflächenfunktionen (Abb. 4.28) Eigenfunktionen des Operators $\hat{L}^2$ sind.

Dies sieht man auch folgendermaßen: Wendet man $\hat{L}^2$ auf die Wellenfunktionen $\psi(r,\vartheta,\varphi) = R(r)\cdot Y_l^m(\vartheta,\varphi)$ an, so erhält man durch Vergleich von (4.93) mit (4.60) und (4.64)

$$\begin{aligned}\hat{L}^2\psi &= \hat{L}^2 R(r) Y_l^m(\vartheta,\varphi) = R(r)\cdot \hat{L}^2\, Y_l^m(\vartheta,\varphi)\\ &= R(r)\cdot l(l+1)\,\hbar^2 Y_l^m(\vartheta,\varphi)\\ &= l(l+1)\,\hbar^2\psi\,.\end{aligned} \tag{4.97}$$

Der Erwartungswert für das Quadrat des Drehimpulses $\boldsymbol{L}$ ist deshalb

$$\langle L^2\rangle = \int \psi^*\hat{L}^2\psi\,\mathrm{d}\tau = l(l+1)\,\hbar^2\,, \tag{4.98}$$

weil für die normierten Funktionen $\int \psi^*\psi\,\mathrm{d}\tau = 1$ gilt. Die ganze Zahl $l \geq 0$ heißt deshalb ***Drehimpulsquantenzahl***. Für den Betrag des Drehimpulses folgt daraus:

$$\langle |L|\rangle = \sqrt{l(l+1)}\cdot\hbar\,. \tag{4.99}$$

Für die z-Komponente des Drehimpulses L_z erhält man wegen (4.58) und (4.95)

$$\begin{aligned}\hat{L}_z\psi &= -\mathrm{i}\hbar\frac{\partial}{\partial\varphi}\left(R(r)\cdot\theta(\vartheta)\cdot\phi(\varphi)\right)\\ &= -\mathrm{i}\hbar\, R(r)\,\theta(\vartheta)\cdot\frac{\partial}{\partial\varphi}\,\mathrm{e}^{\mathrm{i}m\varphi}\\ &= m\cdot\hbar\cdot\psi\,.\end{aligned} \tag{4.100}$$

Die Eigenwerte von L_z sind daher:

$$\langle L_z\rangle = m\cdot\hbar \tag{4.101}$$

mit der im letzten Abschnitt eingeführten magnetischen Quantenzahl m.

Wendet man die Operatoren L_x oder L_y an, so erhält man eine nicht zu Y_l^m proportionale Funktion, d. h. es gilt:

$$\hat{L}_x Y_l^m \neq m_x\cdot Y_l^m\,. \tag{4.102}$$

Man kann jedoch Eigenfunktionen zu $L_x^2 + L_y^2 = L^2 - L_z^2$ bilden. Ihre Eigenwerte sind dann

$$(m_x^2 + m_y^2)\,\hbar^2 = \left[l(l+1) - m^2\right]\hbar^2\,. \tag{4.103}$$

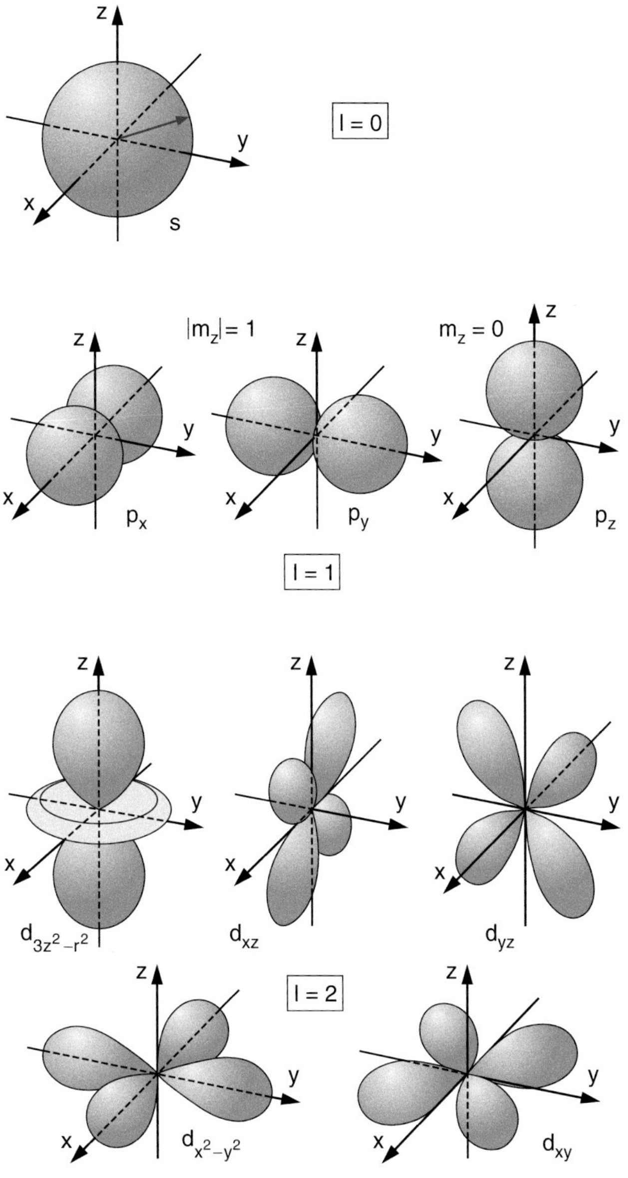

Abbildung 4.28 Quadrate der reellen Winkelfunktionen $Y_l^m(x,y,z)$ in einem kartesischen Koordinatensystem

Aus historischen Gründen bezeichnet man die Eigenfunktionen mit der Drehimpulsquantenzahl $l = 0$ als s-Funktionen, mit $l = 1$ als p-Funktionen, mit $l = 2$ als d-Funktionen (siehe Tab. 4.4). Die magnetische Quantenzahl m gibt ihre Orientierung gegen die z-Achse an. Sie wird deshalb oft als m_z oder m_l bezeichnet. Sie läuft von $-l$ bis $+l$. Es gibt also zu jedem l genau $(2l+1)$ Funktionen, die alle Zustände gleicher Energie beschreiben. In Abb. 4.27 sind die Absolutquadrate der Eigenfunktionen $Y_l^m(\vartheta,\varphi)$ als Polardiagramme dargestellt.

Oft ist es zweckmäßig, die Funktionen $Y(\vartheta,\varphi)$ in kartesischen Koordinaten darzustellen, wenn man z. B. die Richtungen von chemischen Bindungen in Molekülen deutlich machen will (Abb. 4.28).

Kapitel 4

Tabelle 4.4 Funktionsnamen und Entartungsgrad für Zustände mit Drehimpulsquantenzahl l

l	m	Name	Entartungsgrad
0	0	s	1
1	$-1, 0, +1$	p	3
2	-2 bis $+2$	d	5
3	-3 bis $+3$	f	7
4	-4 bis $+4$	g	9
5	-5 bis $+5$	h	11

Wegen $\sin\vartheta\, e^{\pm i\varphi} = \frac{1}{r}(x \pm iy)$ folgt aus der Darstellung der Funktionen Y_l^m in Tab. 4.2 für ihre Darstellung in kartesischen Koordinaten in Tab. 4.5 z. B. für die p-Funktionen mit $l = 1$:

$$\begin{aligned} p_x &= f_P(r) \cdot \frac{x}{r} = \frac{1}{\sqrt{2}}(Y_1^{-1} - Y_1^{+1}) \\ &= \sqrt{3/4\pi}\,\sin\vartheta\cos\varphi\,, \\ p_y &= f_P(r) \cdot \frac{y}{r} = \frac{i}{\sqrt{2}}(Y_1^{-1} + Y_1^{+1}) \\ &= \sqrt{3/4\pi}\,\sin\vartheta\sin\varphi\,, \\ p_z &= f_P(r) \cdot \frac{z}{r} = Y_1^0 = \sqrt{3/4\pi}\,\cos\vartheta\,. \end{aligned}$$

Während in der klassischen Mechanik der Drehimpuls eines Teilchens, das sich in einem kugelsymmetrischen Potential (Zentralkraftfeld) bewegt, nach Betrag *und* Richtung zeitlich konstant ist und daher alle drei Komponenten wohldefinierte Werte haben, sagt die quantenmechanische Beschreibung, dass zwar der Betrag des Drehimpulses $|\boldsymbol{L}| = \sqrt{l(l+1)}\hbar$ zeitlich konstant ist, dass aber von seinen drei Komponenten nur *eine* einen zeitlich konstanten Messwert hat, während die beiden anderen Komponenten einzeln nicht gleichzeitig messbar und daher nicht exakt bestimmbar sind (Abb. 4.29). Man

Tabelle 4.5 Mathematische Form der Winkelfunktionen $Y_l^m(x, y, z)$ in Abb. 4.28

l	$\|m_l\|$	Winkelfunktion
0	0	$s = 1/\sqrt{4\pi}$
1	0	$p_z = \sqrt{3/4\pi}\cos\vartheta$
	1	$p_x = \sqrt{3/4\pi}\sin\vartheta\cos\varphi$
		$p_y = \sqrt{3/4\pi}\sin\vartheta\sin\varphi$
2	0	$d_{3z^2-r^2} = \sqrt{5/16\pi}\,(3\cos^2\vartheta - 1)$
	1	$d_{xz} = \sqrt{15/4\pi}\sin\vartheta\cos\vartheta\cos\varphi$
		$d_{yz} = \sqrt{15/4\pi}\sin\vartheta\cos\varphi\sin\varphi$
	2	$d_{x^2-y^2} = \sqrt{15/4\pi}\sin^2\vartheta\cos 2\varphi$
		$d_{xy} = \sqrt{15/4\pi}\sin^2\vartheta\sin 2\varphi$

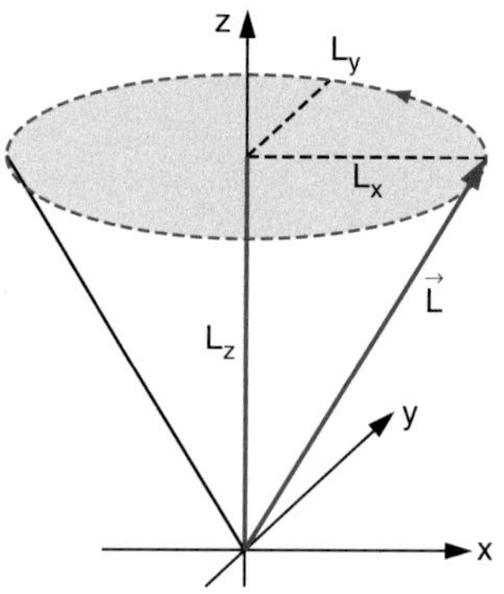

Abbildung 4.29 Der Vektor $\boldsymbol{L}$ hat eine wohldefinierte Länge $|\boldsymbol{L}|$ und Projektion L_z, aber keine definierte Raumrichtung

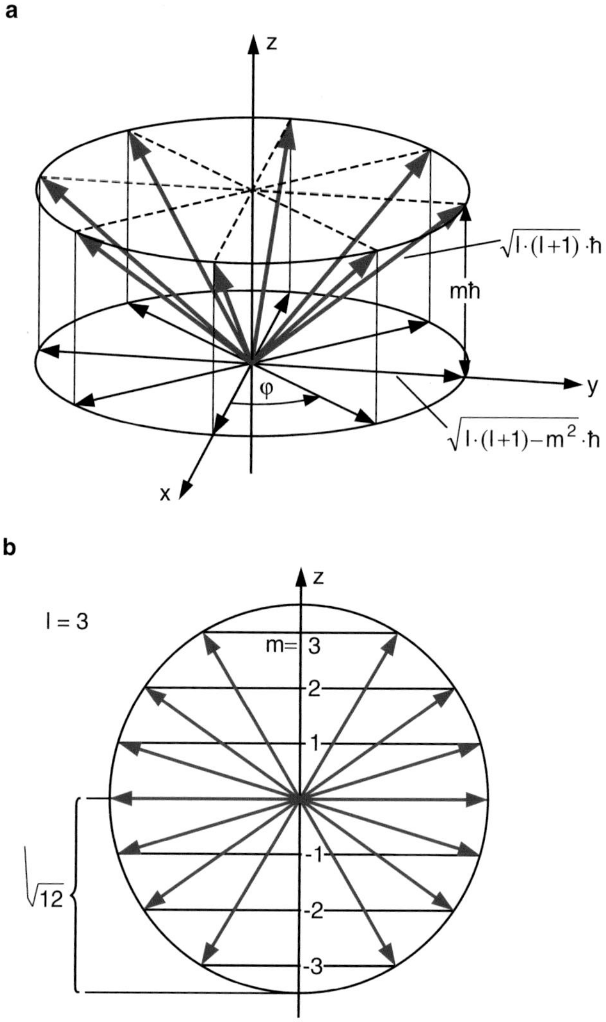

Abbildung 4.30 **a** Mögliche Richtungen eines Drehimpulses mit definierter Komponente $\overline{L_z} = m \cdot \hbar$ und definiertem Betrag $|\boldsymbol{L}| = \sqrt{l(l+1)}\hbar$ **b** Mögliche Eigenwerte $m\hbar$ für $l = 3$

wählt üblicherweise die z-Richtung als die Vorzugsrichtung (***Quantisierungsachse***) und erhält dann:

$$\hat{L}^2\psi = l(l+1)\,\hbar^2 \cdot \psi\,,$$
$$\hat{L}_z\psi = m\hbar\psi\,.$$

Da $\hat{L}^2$ und $\hat{L}_z$ dieselben Eigenfunktionen haben, lassen sich ihre Eigenwerte gleichzeitig scharf bestimmen.

$\hat{L}_x$ und $\hat{L}_y$ haben dagegen keine gemeinsamen Eigenfunktionen mit $\hat{L}^2$ und $\hat{L}_z$. Man kann nur ihre Quadratsumme

$$L_x^2 + L_y^2 = L^2 - L_z^2 = \left[l(l+1) - m^2\right]\hbar^2 \tag{4.104}$$

gleichzeitig mit L^2 und L_z^2 bestimmen. Im „Vektormodell" des Drehimpulses entspricht dies einem Vektor $\boldsymbol{L}$ mit der Länge $\sqrt{l(l+1)}\hbar$, der um die z-Achse statistisch präzediert. Er hat dabei die zeitliche konstante Projektion $L_z = m \cdot \hbar$ auf die z-Richtung, aber keine definierte, d. h. zeitlich konstante Projektion L_x oder L_y (Abb. 4.30).

Zusammenfassung

- Der wesentliche Punkt bei der quantenmechanischen Beschreibung von Teilchen ist die Angabe einer Wahrscheinlichkeitsamplitude $\psi(\boldsymbol{r}, t)$ für Teilchen, die sich im Laufe der Zeit t im Ortsraum $\boldsymbol{r}$ bewegen.
- Die Funktionen $\psi(\boldsymbol{r}, t)$ sind die Lösungen der zeitabhängigen Schrödingergleichung. Durch sie wird das Verhalten eines Teilchens der Masse m in einem beliebigen Potential $\phi(\boldsymbol{r}, t)$ als Funktion von Ort und Zeit beschrieben.
- Für stationäre Probleme kann die zeitunabhängige Schrödingergleichung

$$\frac{-\hbar^2}{2m}\Delta\psi(\boldsymbol{r}) + E_{\text{pot}}(\boldsymbol{r})\,\psi(\boldsymbol{r}) = E \cdot \psi(\boldsymbol{r})$$

verwendet werden. Die Lösungsfunktionen $\psi(\boldsymbol{r})$ hängen nur vom Ort $\boldsymbol{r}$, nicht von der Zeit t ab. Sie können komplex sein. Ihr reelles Absolutquadrat $|\psi(\boldsymbol{r})|^2\,\mathrm{d}\tau$ gibt die Wahrscheinlichkeit an, das Teilchen im Volumen $\mathrm{d}\tau$ um den Ort $\boldsymbol{r}$ zu finden.
- Für zeitabhängige Probleme liefert die zeitabhängige Schrödingergleichung

$$\frac{\partial\psi(x,t)}{\partial t} = -\frac{\mathrm{i}}{\hbar}\hat{H}\psi(\boldsymbol{r}, t)$$

mit dem Hamilton-Operator

$$\hat{H} = -\frac{\hbar^2}{2m}\Delta + E_{\text{pot}}(\boldsymbol{r}, t)$$

zeitabhängige Lösungsfunktionen, deren Absolutquadrat die zeitliche Bewegung des Teilchens beschreibt. Hängt E_{pot} nicht von der Zeit ab, so lassen sich die zeitabhängigen Wellenfunktionen

$$\psi(x,t) = \psi(\boldsymbol{r}) \cdot \mathrm{e}^{\mathrm{i}(E/\hbar)\,t}$$

aufspalten in ein Produkt aus einer reinen Ortsfunktion ψ, welche Lösung der zeitunabhängigen Schrödingergleichung ist und einen reinen Phasenfaktor, dessen Exponent von der Energie E abhängt.
- Ein Teilchen der Energie E kann einen Potentialwall der Höhe E_0 durchdringen, auch wenn $E < E_0$ ist (Tunneleffekt). Die Tunnelwahrscheinlichkeit hängt ab von der Differenz $E_0 - E$ und der Breite Δx des Potentialwalls. Der Tunneleffekt ist ein Wellenphänomen. Er tritt auch in der klassischen Wellenoptik auf.
- Immer wenn ein Teilchen in einem Raumintervall $\Delta x = a$ eingegrenzt ist, kann es nur diskrete Energiewerte annehmen. Die möglichen Energiewerte sind bei einem Rechteckpotential

$$E_n = \frac{\hbar^2}{2m}\frac{\pi^2}{a^2}n^2\,.$$

Sie steigen quadratisch mit der ganzen Zahl n an, die auch Quantenzahl heißt. Die tiefste Energie ergibt sich für $n = 1$ und ist *nicht* null. Die Nullpunktsenergie ist eine Folge der Unbestimmtheitsrelation $\Delta p_x \cdot \Delta x \geq \hbar$.
- Im Parabelpotential liegen die Energieeigenwerte

$$E_n = (n + 1/2)\,\hbar\omega$$

des harmonischen Oszillators äquidistant.
- Im kugelsymmetrischen Potential kann die dreidimensionale Wellenfunktion $\psi(r, \vartheta, \varphi) = R(r) \cdot \theta(\vartheta) \cdot \phi(\varphi)$ als ein Produkt aus eindimensionalen Funktionen geschrieben werden. Der winkelabhängige Anteil $\theta(\vartheta) \cdot \phi(\varphi)$ ist für alle kugelsymmetrischen Potentiale gleich, der Radialanteil $R(r)$ hängt von der r-Abhängigkeit des Potentials ab.
- Die Kugelflächenfunktionen $Y_l^m(\vartheta, \varphi)$ sind Eigenfunktionen zum Quadrat $\hat{L}^2$ des Drehimpulsoperators und zum Operator $\hat{L}_z$ seines z-Anteils.

- Der Erwartungswert einer physikalisch messbaren Größe A mit dem Operator $\hat{A}$ ist durch

$$\overline{A} = \int \psi^* \hat{A} \psi \, d\tau$$

gegeben.

- Sind die Funktionen ψ Eigenfunktionen des Operators $\hat{A}$, so wird der Erwartungswert $\overline{A}$ der Messgröße A gleich dem scharf messbaren Eigenwert.
- Zwei Operatoren $\hat{A}$, $\hat{B}$ heißen miteinander vertauschbar, wenn gilt $\hat{A}\hat{B}\psi = \hat{B}\hat{A}\psi$.
- Zwei miteinander vertauschbare Operatoren haben gleichzeitig messbare Eigenwerte.

Aufgaben

4.1 Zeigen Sie, dass ganz allgemein unter stationären Bedingungen, bei denen $E_{pot}(\boldsymbol{r})$ zeitlich konstant ist, die Lösungsfunktion $\psi(\boldsymbol{r}, t)$ der zeitabhängigen Schrödingergleichung sich als Produkt $\psi(\boldsymbol{r}, t) = f(\boldsymbol{r}) \cdot g(t)$ schreiben lässt. Wie muss die Funktion $g(t)$ für eine konstante Gesamtenergie E des Teilchens aussehen?

4.2 Wie groß ist die Reflexionswahrscheinlichkeit R für ein Teilchen mit $m = 1{,}67 \cdot 10^{-27}$ kg und $E_{kin} = 0{,}4$ meV, das auf eine rechteckige Potentialbarriere der Höhe $E_{pot} = 0{,}5$ meV und der Breite $\Delta x = 1$ nm trifft?

4.3 Wie groß ist das Reflexionsvermögen $R(E)$ einer negativen Potentialstufe ($E_0 < 0$) als Funktion der Energie E des einfallenden Teilchens?

4.4 Leiten Sie (4.27) her. Überlegen Sie sich, dass zu (4.27a) analoge Beziehungen auch für einen Potentialtopf ($E_{pot} = -E_0$ für $0 \le x \le a$, $E_{pot} = 0$ sonst) gelten müssen. Wie lauten sie für diesen Fall?

4.5
a) Wie viele Energiewerte gibt es für ein Teilchen mit der Masse m in einem rechteckigen Potentialtopf der Breite $a = 0{,}7$ nm und der Höhe $E_0 = 10$ eV in der Näherung des unendlich hohen Topfes?
b) Wie groß sind sie für ein Elektron und für ein Proton?
c) Wie differieren die Energiewerte in a), wenn man nicht die Näherung des unendlich hohen Topfes verwendet?

4.6 Wie groß muss die Ortsunschärfe eines Teilchens im Parabelpotential $E_{pot} = \frac{1}{2} Dx^2$ sein, damit seine Nullpunktsenergie $E(v = 0) = \frac{1}{2} \hbar \sqrt{D/m}$ ist?

4.7 Man leite aus den Relationen (4.51) die Darstellungen (4.95) für $\hat{\boldsymbol{L}}$ und (4.96) für $\hat{L}^2$ her.

4.8 Ein Teilchen mit der kinetischen Energie E befinde sich in einem rechteckigen Potentialtopf der Tiefe E_0 und der Breite a. Wie groß ist die Eindringtiefe δx des Teilchens in die Potentialbereiche $x < 0$ bzw. $x > a$, bei der die Aufenthaltswahrscheinlichkeit $W(x)$ für $x = a + \delta x$ bzw. für $x = -\delta x$ auf $1/e$ des maximalen Wertes gesunken ist?

4.9
a) Ein Elektron trifft mit der Energie $E = E_0/2$ bzw. $E_0/3$ auf eine Potentialbarriere der Höhe E_0 und Breite $a = \lambda = h/\sqrt{2mE}$. Wie groß ist seine Transmissionswahrscheinlichkeit T? Für welches Verhältnis E/E_0 wird T maximal?
b) Auf eine rechteckige Potentialbarriere der Höhe $E_0 = 1$ eV und der Breite $\Delta x = a = 1$ nm treffen Elektronen mit $E_{kin} = 0{,}8$ eV bzw. $1{,}2$ eV. Man berechne für beide Fälle den Transmissions- koeffizienten T und den Reflexionskoeffizienten R. Prüfen Sie, dass $R + T = 1$ ist.

4.10 In einem zweidimensionalen quadratischen Potentialtopf mit $a = 10$ nm und der Tiefe $E_{pot} = -1$ eV wird ein Elektron eingesperrt. Wie viele gebundene Energiezustände gibt es?
(Hinweis: Man benutze die Formeln für einen unendlich hohen Potentialkasten zur Berechnung).

Literatur

1. W. Kinzel, G. Reents: Physik per Computer. Spektrum, Weinheim (1996)
   B. Thaller: Visual Quantum Harmonics. Springer, Berlin, Heidelberg (2002)
   S. Brandt, H.D. Dahmen: The Picture Book of Quantum Mechanics, 3. Aufl. Springer, Berlin, Heidelberg (2000)
2. F. Scheck: Mechanik. Springer, Berlin, Heidelberg (1994)
3. Siehe z. B. E. Schmutzer: Grundlagen der theoretischen Physik, Bd. 2. Bibliographisches Institut, Mannheim (1989)

Weitere empfohlene Literatur

4. H. Rechenberg, J. Mehra: The historical development of Quantum Theory, Bd. 1–6. Springer, Heidelberg (1962–2001)
5. St. Gasiorowicz: Quantenphysik, 7. Aufl. Oldenbourg, München (1999)
6. M. Alonso, E.J. Finn: Physik. Addison-Wesley, Bonn (1988)
7. R.P. Feynman, R.B. Leighton: Vorlesungen über Physik, Bd. 3. Oldenbourg, München (1991)
8. G. Otter, R. Honecker: Atome–Moleküle–Kerne, Bd. 1: Atomphysik. Teubner, Stuttgart (1993)
9. K. Bethge, G. Gruber: Physik der Atome und Moleküle. Verlag Chemie, Weinheim (1990)
10. C. Cohen-Tannoudji, B. Dui, F. Laloë: Quantenmechanik, Bd. 1, 2. Aufl. de Gruyter, Berlin (1999)
11. S. Brandt, H.D. Dahmen: The Picture Book of Quantum Mechanics. Springer, Berlin, Heidelberg (1995)
12. P. Huber, H.H. Staub: Einführung in die Physik, Bd. III/1: Atomphysik. Ernst Reinhardt Verlag, München (1970)

Das Wasserstoffatom

5

W. Demtröder, *Experimentalphysik 3*, Springer-Lehrbuch, DOI 10.1007/978-3-662-49094-5_5

Mit den bisher gewonnenen Erkenntnissen wollen wir nun das H-Atom als das einfachste aller Atome behandeln. Als *Einelektronensystem*, in dem sich ein Elektron im kugelsymmetrischen Coulombfeld des Atomkerns bewegt, ist es neben den Ionen He^+, Li^{++} etc. das einzige neutrale Atom, für das die Schrödingergleichung exakt (d. h. analytisch) lösbar ist. Für alle anderen Atome oder Moleküle muss man zur Lösung der Schrödingergleichung entweder numerische Verfahren verwenden, oder man entwirft ein angenähertes Modell des Atoms, für das eine analytische Lösung existiert. In jedem Fall muss man Näherungen machen, entweder bei der mathematischen Lösung der Schrödingergleichung oder beim physikalischen Modell der Atome.

Bei genauer Untersuchung der Spektren entdeckt man jedoch bei genügend hoher spektraler Auflösung selbst beim Wasserstoffatom Phänomene wie die Fein- oder Hyperfeinstruktur oder den anomalen Zeeman-Effekt, welche durch die Schrödingergleichung (4.6) nicht beschrieben werden können. Man muss daher auch hier das einfache quantenmechanische Modell des Elektrons mit Masse m und Ladung $-e$ im Coulombfeld des Kerns erweitern durch die Einführung neuer Eigenschaften, wie z. B. des Elektronenspins und des Kernspins.

In einer relativistischen Theorie werden solche Effekte berücksichtigt. Man kann die Schrödingergleichung daher als Grundgleichung der nichtrelativistischen Quantentheorie ansehen.

In diesem Kapitel sollen alle solchen Phänomene, die bei Einelektronensystemen auftreten, am Beispiel des H-Atoms behandelt werden. Dabei können fast alle wichtigen Begriffe der Atomphysik, wie die Quantenzahlen und ihre physikalische Bedeutung, die Feinstruktur, der Zeeman-Effekt und das Vektormodell der Drehimpulskopplung, gut verdeutlicht werden. Die komplexeren Verhältnisse bei Mehrelektronenatomen werden dann im nächsten Kapitel diskutiert.

5.1 Schrödingergleichung für Einelektronen-Atome

Die Schrödingergleichung für die aus Elektron (Ladung $-e$, Masse m_1) und Atomkern (Ladung $+Z \cdot e$, Masse m_2) bestehenden Einelektronensysteme lautet:

$$-\frac{\hbar^2}{2m_1}\Delta_1\Psi - \frac{\hbar^2}{2m_2}\Delta_2\Psi - \frac{Ze^2}{4\pi\varepsilon_0 r}\Psi = E\Psi(\boldsymbol{r}_1, \boldsymbol{r}_2)\,, \tag{5.1}$$

wobei der erste Term die kinetische Energie des Elektrons, der zweite Term die des Kerns und der dritte Term die potentielle Energie der Coulombwechselwirkung zwischen Elektron und Kern beschreiben. Die Wellenfunktion $\Psi(\boldsymbol{r}_1, \boldsymbol{r}_2)$ hängt von den Orten von Kern und Elektron, also von sechs Koordinaten ab.

5.1.1 Trennung von Schwerpunkt- und Relativbewegung

In Bd. 1, Abschn. 4.1 wurde bereits gezeigt, dass in der klassischen Mechanik die Bewegung eines abgeschlossenen Systems von Teilchen getrennt werden kann in die Bewegung seines Schwerpunktes und die Relativbewegung der Teilchen gegeneinander. Dies ist auch in der Quantenmechanik möglich, wie im Folgenden gezeigt wird:

Wir wollen die Koordinaten des Schwerpunktes S

$$\boldsymbol{R} = \frac{m_1\boldsymbol{r}_1 + m_2\boldsymbol{r}_2}{M} \tag{5.2a}$$

mit

$$M = m_1 + m_2\,, \quad \boldsymbol{R} = \{X, Y, Z\}$$

mit großen Buchstaben, die der beiden Teilchen mit $\boldsymbol{r}_1 = \{x_1, y_1, z_1\}$ und $\boldsymbol{r}_2 = \{x_2, y_2, z_2\}$ und deren Abstand $\boldsymbol{r} = \boldsymbol{r}_1 - \boldsymbol{r}_2 = \{x, y, z\}$ mit kleinen Buchstaben bezeichnen. Es gilt dann nach Abb. 5.1:

$$\boldsymbol{r}_1 = \boldsymbol{R} + \frac{m_2}{M}\boldsymbol{r}\,, \quad \boldsymbol{r}_2 = \boldsymbol{R} - \frac{m_1}{M}\boldsymbol{r}\,. \tag{5.2b}$$

Um (5.1) in den Koordinaten $\boldsymbol{r}$ und $\boldsymbol{R}$ schreiben zu können, müssen wir beachten, dass für die Differentiation einer Funktion ψ nach der von x und X abhängigen Größe $x_1 = f(X, x)$:

$$\frac{\partial\psi}{\partial x_1} = \frac{\partial\psi}{\partial X}\cdot\frac{\partial X}{\partial x_1} + \frac{\partial\psi}{\partial x}\cdot\frac{\partial x}{\partial x_1}\,.$$

Aus (5.2a) folgt

$$\frac{\partial X}{\partial x_1} = \frac{m_1}{M}$$

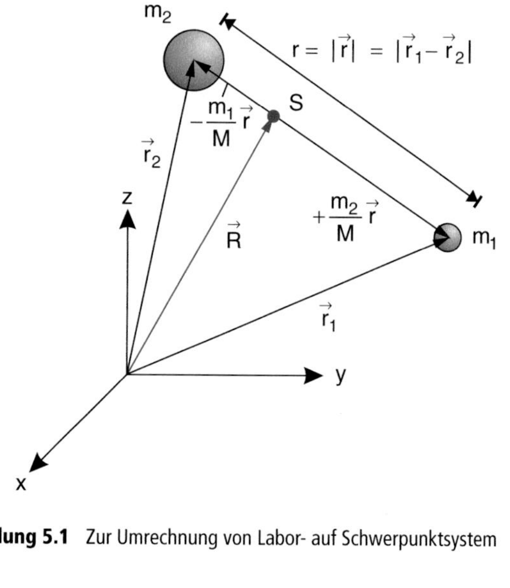

Abbildung 5.1 Zur Umrechnung von Labor- auf Schwerpunktsystem

und aus $\boldsymbol{r} = \boldsymbol{r}_1 - \boldsymbol{r}_2$ folgt $\partial x / \partial x_1 = 1$.

$$\begin{aligned}
\Rightarrow \frac{\partial \psi}{\partial x_1} &= \frac{m_1}{M} \frac{\partial \psi}{\partial X} + \frac{\partial \psi}{\partial x}, \\
\frac{\partial^2 \psi}{\partial x_1^2} &= \frac{\partial}{\partial X}\left(\frac{m_1}{M}\frac{\partial \psi}{\partial X} + \frac{\partial \psi}{\partial x}\right) \cdot \frac{\partial X}{\partial x_1} \\
&\quad + \frac{\partial}{\partial x}\left(\frac{m_1}{M}\frac{\partial \psi}{\partial X} + \frac{\partial \psi}{\partial x}\right) \cdot \frac{\partial x}{\partial x_1} \\
&= \frac{m_1^2}{M^2}\frac{\partial^2 \psi}{\partial X^2} + \frac{2m_1}{M}\frac{\partial^2 \psi}{\partial X \partial x} + \frac{\partial^2 \psi}{\partial x^2}. \qquad (5.3)
\end{aligned}$$

Analoge Ausdrücke erhält man für $\partial^2\psi/\partial y_1^2$ und $\partial^2\psi/\partial z_1^2$ und $\partial^2\psi/\partial x_2^2$, $\partial^2\psi/\partial y_2^2$, $\partial^2\psi/\partial z_2^2$.

In den neuen Koordinaten (X, Y, Z) und (x, y, z) ergibt sich damit durch Zusammenfassung entsprechender Terme die Schrödingergleichung (5.1) in der Form

$$\begin{aligned}
&-\left[\frac{\hbar^2}{2M}\left(\frac{\partial^2}{\partial X^2} + \frac{\partial^2}{\partial Y^2} + \frac{\partial^2}{\partial Z^2}\right)\right. \\
&\quad \left. + \frac{\hbar^2}{2\mu}\left(\frac{\partial^2}{\partial x^2} + \frac{\partial^2}{\partial y^2} + \frac{\partial^2}{\partial z^2}\right)\right]\Psi \qquad (5.4) \\
&\quad + E_{\text{pot}}(r)\Psi = E\Psi,
\end{aligned}$$

wobei $\mu = (m_1 \cdot m_2)/(m_1 + m_2)$ die reduzierte Masse ist und die Koordinaten $\boldsymbol{r}_1, \boldsymbol{r}_2$ in $\Psi(\boldsymbol{r}_1, \boldsymbol{r}_2)$ durch die Koordinaten $\boldsymbol{R}$ und $\boldsymbol{r}$ gemäß (5.2) ausgedrückt werden. Die Mischterme in (5.3) für den ersten und zweiten Summanden heben sich gerade auf. Zur Lösung von (5.4) benutzen wir den Lösungsansatz

$$\Psi(\boldsymbol{R}, \boldsymbol{r}) = f(\boldsymbol{r}) \cdot g(\boldsymbol{R}).$$

Dies liefert durch Einsetzen in (5.4)

$$\frac{-\hbar^2}{2M}\frac{\Delta_R g}{g} - \frac{\hbar^2}{2\mu}\frac{\Delta_r f}{f} + E_{\text{pot}}(r) = E, \qquad (5.5)$$

wobei Δ_R der Laplace-Operator für (X, Y, Z) und Δ_r derjenige für (x, y, z) ist. Der erste Term T_1 in (5.5) hängt nur von den Schwerpunktkoordinaten X, Y, Z ab, die beiden anderen T_2 und T_3 nur von den Relativkoordinaten x, y, z. Die Summe der drei Terme ist gleich der konstanten Gesamtenergie E. Da (5.5) für beliebige Werte von X, Y, Z und x, y, z gelten soll, müssen sowohl T_1 als auch $T_2 + T_3$ jeweils gleich einer Konstanten sein, d. h. es gilt:

$$\begin{aligned}
-\frac{\hbar^2}{2M}\frac{\Delta_R g}{g} &= \text{const} = E_g, \\
-\frac{\hbar^2}{2\mu}\frac{\Delta_r f}{f} + E_{\text{pot}}(r) &= \text{const} = E_f \qquad (5.6)
\end{aligned}$$

mit $E_g + E_f = E$. Wir erhalten also die beiden separierten Gleichungen

$$\frac{-\hbar^2}{2M}\Delta_R g(R) = E_g \cdot g(R), \qquad (5.7a)$$

$$\frac{-\hbar^2}{2\mu}\Delta_r f(r) + E_{\text{pot}}(r) f(r) = E_f \cdot f(r). \qquad (5.7b)$$

Die erste Gleichung beschreibt die kinetische Energie $E_g = E_S$ der Schwerpunktbewegung, also die Bewegung des Atoms als Ganzes. Ihre Lösung ist, wie in Abschn. 4.2 bereits behandelt wurde, eine ebene Welle

$$g(X, Y, Z) = A \cdot e^{i\boldsymbol{k}\cdot\boldsymbol{R}}$$

mit der de Broglie-Wellenlänge

$$\lambda_S = \frac{2\pi}{K} = \frac{h}{\sqrt{2M \cdot E_S}},$$

die von der Translationsenergie E_S des Schwerpunktes abhängt.

Für die Relativbewegung von Elektronen und Kern gilt (5.7b), die bei Umbenennung von $f(\boldsymbol{r})$ in $\psi(\boldsymbol{r})$, E_f in E und $\Delta_r \to \Delta$ die Form

$$\frac{-\hbar^2}{2\mu}\Delta\psi + E_{\text{pot}}(r)\psi = E\psi \qquad (5.8)$$

erhält und sich damit als identisch mit der Schrödingergleichung eines Teilchens im kugelsymmetrischen Potential $\phi(r)$ erweist, wenn man die Teilchenmasse m durch die reduzierte Masse μ ersetzt.

Wir haben bereits in Abschn. 4.3.2 die Separation dieser Gleichung in Kugelkoordinaten (r, ϑ, φ) behandelt und gezeigt, dass die Kugelflächenfunktionen Y_l^m Lösungen der abseparierten Azimutal- und Polargleichung sind, die für beliebige kugelsymmetrische Potentiale die Winkelanteile Y_l^m der Wellenfunktion

$$\psi(r, \vartheta, \varphi) = R(r) \cdot Y_l^m(\vartheta, \varphi)$$

angeben. Wir müssen jetzt noch für das Coulombpotential als spezielles kugelsymmetrisches Potential des Elektrons im Coulombfeld des Kerns die Radialgleichung für die Funktion $R(r)$ lösen und die Energieeigenwerte E bestimmen.

Anmerkung. Die Funktion $R(r)$ hat nichts mit dem Ortsvektor $\boldsymbol{R}$ des Schwerpunktes S zu tun.

5.1.2 Lösung der Radialgleichung

Mit dem Produktansatz

$$\psi(r, \vartheta, \varphi) = R(r) \cdot Y_l^m(\vartheta, \varphi)$$

für die Wellenfunktion $\psi(r, \vartheta, \varphi)$ eines Teilchens mit der reduzierten Masse μ im kugelsymmetrischen Potential $\phi(r)$ hatten wir in Abschn. 4.3.2 für die Radialfunktion die Gleichung (4.70a) erhalten, die mit $m \to \mu$ und $C_2 = l(l+1)$ lautet:

$$\begin{aligned}
\frac{1}{r^2}\frac{\mathrm{d}}{\mathrm{d}r}\left(r^2\frac{\mathrm{d}R}{\mathrm{d}r}\right) + \frac{2\mu}{\hbar^2}\left(E - E_{\text{pot}}(r)\right)R(r) \\
= \frac{l(l+1)}{r^2}R(r). \qquad (5.9)
\end{aligned}$$

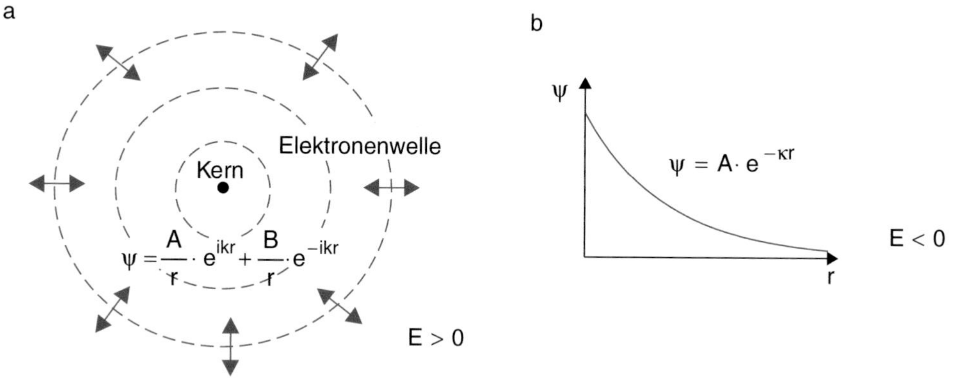

Abbildung 5.2 **a** Aus- und einlaufende Kugelwellen eines Elektrons im kugelsymmetrischen Potential mit positiver Gesamtenergie $E > 0$; **b** exponentiell abklingende Amplitude der Wellenfunktion für $E < 0$

Die ganze Zahl l gibt dabei nach (4.97) den Drehimpuls $|\boldsymbol{L}| = \sqrt{l(l+1)} \cdot \hbar$ des Teilchens in Bezug auf den Nullpunkt $r = 0$ des Relativkoordinatensystems an, der im Atomkern liegt. Differenziert man den ersten Term aus und setzt für $E_{\text{pot}}(r)$ das Coulombpotential ein, so ergibt (5.9):

$$\frac{\mathrm{d}^2R}{\mathrm{d}r^2} + \frac{2}{r}\frac{\mathrm{d}R}{\mathrm{d}r} + \left[\frac{2\mu}{\hbar^2}\left(E + \frac{Ze^2}{4\pi\varepsilon_0 r}\right) - \frac{l(l+1)}{r^2}\right] R = 0\,. \tag{5.10}$$

Im Grenzfall $r \to \infty$ gehen alle Terme mit $1/r$ und $1/r^2$ in der eckigen Klammer gegen null, und wir erhalten aus (5.10) die Gleichung

$$\frac{\mathrm{d}^2R(r)}{\mathrm{d}r^2} + \frac{2}{r}\frac{\mathrm{d}R(r)}{\mathrm{d}r} = -\frac{2\mu}{\hbar^2}E \cdot R(r)\,, \tag{5.11a}$$

deren Lösungen das asymptotische Verhalten der Radialfunktion $R(r)$ beschreiben. Um uns dies zu veranschaulichen, führen wir die Funktion $W(r) = r \cdot R(r)$ ein.

Setzt man $W(r)$ in (5.11a) ein, so ergibt sich

$$\frac{\mathrm{d}^2W}{\mathrm{d}r^2} = -\frac{2\mu}{\hbar^2}E \cdot W(r)\,. \tag{5.11b}$$

Mit der Abkürzung $k = \sqrt{2\mu E}/\hbar$ lautet die asymptotische Lösung

$$W(r \to \infty) = A \cdot \mathrm{e}^{\mathrm{i}kr} + B \cdot \mathrm{e}^{-\mathrm{i}kr}\,, \tag{5.12a}$$

sodass man für die Funktion $R(r) = W(r)/r$ erhält:

$$R(r) = \frac{A}{r} \cdot \mathrm{e}^{\mathrm{i}kr} + \frac{B}{r} \cdot \mathrm{e}^{-\mathrm{i}kr}\,, \tag{5.12b}$$

Für $E > 0$ wird k eine reelle Zahl, und der erste Term in (5.12b) stellt mit der Amplitude A/r den Ortsanteil einer auslaufenden Kugelwelle

$$\Psi(r,t) = \frac{A}{r}\,\mathrm{e}^{\mathrm{i}(kr-\omega t)} \tag{5.12c}$$

dar, welche ein Elektron beschreibt, das bei positiver Gesamtenergie den Kern verlassen und das Raumgebiet $r \to \infty$ erreichen kann (Abb. 5.2a). Der zweite Term entspricht einer einlaufenden Kugelwelle, bei der ein Teilchen aus großer Entfernung kommt und sich dem Kern nähert (Stoßprozess).

Für $E < 0$ setzen wir $\kappa = \sqrt{-2\mu E}/\hbar = \mathrm{i} \cdot k$ und erhalten damit die reellen asymptotischen Lösungsfunktionen

$$R(r \to \infty) = \frac{A}{r} \cdot \mathrm{e}^{-\kappa r} + \frac{B}{r} \cdot \mathrm{e}^{\kappa r}\,. \tag{5.12d}$$

Da $R(r)$ normierbar sein muss und daher für alle Werte von $r \to \infty$ endlich bleiben muss, folgt $B = 0$.

Zur allgemeinen Lösung von (5.10) für beliebige $r \geq 0$ verwenden wir als Erweiterung von (5.12d) den Ansatz

$$R(r) = u(r) \cdot \mathrm{e}^{-\kappa r}\,, \tag{5.12e}$$

der, in (5.10) eingesetzt, mit der Abkürzung

$$a = \frac{\mu Ze^2}{4\pi\varepsilon_0\hbar^2}$$

für die Funktion $u(r)$ die Gleichung

$$\frac{\mathrm{d}^2u}{\mathrm{d}r^2} + 2\left(\frac{1}{r} - \kappa\right)\frac{\mathrm{d}u}{\mathrm{d}r} + \left[\frac{2a - 2\kappa}{r} - \frac{l(l+1)}{r^2}\right] u = 0 \tag{5.13}$$

ergibt. Setzt man den Potenzreihenansatz

$$u(r) = \sum_j b_j \cdot r^j \tag{5.14}$$

in (5.13) ein, so erhält man durch Koeffizientenvergleich die Rekursionsformel

$$b_j = 2b_{j-1}\frac{\kappa \cdot j - a}{j(j+1) - l(l+1)}\,. \tag{5.15}$$

Soll $R(r)$ für alle Werte von r, d. h. auch für $r \to \infty$, endlich sein, so darf die Potenzreihe (5.14) nur endlich viele Glieder haben, weil dann $u(r) \cdot \exp(-\kappa r)$ für $r \to \infty$ gegen null strebt und damit $R(r)$ normierbar bleibt. Sei für $j = n - 1$ der Koeffizient b_{n-1} der letzte von null verschiedene Koeffizient in (5.14). Wir erhalten damit die Bedingung

$$j < n\,. \tag{5.16}$$

Dann ist also $b_j = 0$ für $j = n$ und aus (5.15) folgt für $b_n = 0$:

$$a = n \cdot \kappa\,. \tag{5.17}$$

Wegen $\kappa = \sqrt{-2\mu E}/\hbar$ ergibt dies für die möglichen Energiewerte:

$$\begin{aligned} E_n &= -\frac{a^2\hbar^2}{2\mu \cdot n^2} = -\frac{\mu \cdot Z^2 e^4}{8\varepsilon_0^2 h^2 n^2} \\ &= -Ry^* \frac{Z^2}{n^2} \end{aligned} \tag{5.18}$$

mit der ***Rydbergkonstanten***

$$Ry^* = \frac{\mu \cdot e^4}{8\varepsilon_0^2 h^2}\,,$$

was sich als identisch mit der Energieformel (3.106) des Bohr'schen Modells erweist.

> Die quantenmechanische Berechnung der Einelektronensysteme mithilfe der stationären Schrödingergleichung (4.6) ergibt also genau die gleichen Energiewerte wie das Bohr'sche Atommodell.

Anmerkung. Man sieht aus der Herleitung von (5.18), dass die diskreten Energiezustände E_n mit der Forderung $\psi(r \to \infty) \to 0$ zusammenhängen, d. h. mit der Tatsache, dass das Elektron auf ein *endliches* Raumgebiet beschränkt ist (vergleiche Abschn. 4.2.4).

Außer der oberen Grenze $j < n$ für den Summationsindex j in (5.14) gibt es auch eine Begrenzung für die ***Drehimpulsquantenzahl*** l, die nach (4.64) im Allgemeinen beliebige ganzzahlige Werte $l = 0, 1, 2, \ldots$ annehmen könnte. Für die nach (5.16) erlaubten Werte $j < n$ würde jedoch der Nenner in (5.15) für $j = l$ null werden und damit der Koeffizient $b_j = \infty$. Daraus folgt, dass in (5.14) alle Glieder b_j mit $j < l$ null sein müssen, damit die Funktion $u(r)$ endlich bleibt.

Wir erhalten daher die Bedingung:

$$l \le j \le n - 1\,,$$

und damit folgt für die Drehimpulsquantenzahl l:

$$l \le n - 1\,. \tag{5.19}$$

Mithilfe der Rekursionsformel (5.15) lassen sich die Funktionen $u(r)$ und damit nach (5.12e) auch die Radialfunktionen $R(r)$ nun sukzessiv berechnen, und man erhält die in Tab. 5.1 für die tiefsten Werte von n und l zusammengestellten Funktionen $R_{n,l}(r)$, die wegen der Abbruchbedingung (5.16) von der ganzen Zahl n (***Hauptquantenzahl***) und wegen (5.15) von der ganzen Zahl l (Drehimpulsquantenzahl) abhängen.

Tabelle 5.1 Die normierten radialen Eigenfunktionen $R(r)$ (***Laguerre-Polynome***) für ein Elektron im Coulomb-Potential ($N = (Z/na_0)^{3/2}$, $x = Zr/na_0$, $a_0 = 4\pi\varepsilon_0\hbar^2/\mu e^2$)

n	l	$R_{n,l}(r)$
1	0	$2N\mathrm{e}^{-x}$
2	0	$2N\mathrm{e}^{-x}(1-x)$
2	1	$\frac{2}{\sqrt{3}} N\mathrm{e}^{-x} x$
3	0	$2N\mathrm{e}^{-x}\left(1 - 2x + \frac{2x^2}{3}\right)$
3	1	$\frac{2}{3}\sqrt{2}N\mathrm{e}^{-x}x(2-x)$
3	2	$\frac{4}{3\sqrt{10}} N\mathrm{e}^{-x}x^2$
4	0	$2N\mathrm{e}^{-x}\left(1 - 3x + 2x^2 - \frac{x^3}{3}\right)$
4	1	$2\sqrt{\frac{5}{3}}N\mathrm{e}^{-x}x\left(1 - x + \frac{x^2}{5}\right)$
4	2	$2\sqrt{\frac{1}{5}}N\mathrm{e}^{-x}x^2\left(1 - \frac{x}{3}\right)$
4	3	$\frac{2}{3\sqrt{35}}N\mathrm{e}^{-x}x^3$

5.1.3 Quantenzahlen und Wellenfunktionen des H-Atoms

Die in den Abschnitten 4.3.2 und 5.1.2 hergeleiteten normierten Wellenfunktionen (***Orbitale***)

$$\psi(r, \vartheta, \varphi) = R_{n,l}(r) \cdot Y_l^m(\vartheta, \varphi)$$

sind für die tiefsten Energiezustände E_n in Tab. 5.2 zusammengestellt. Sie hängen von den Quantenzahlen n, l und m ab. Da $|\psi(r, \vartheta, \varphi)|^2$ die Wahrscheinlichkeitsdichte des Elektrons an-

Tabelle 5.2 Die normierten vollständigen Eigenfunktionen eines Elektrons im Coulombpotential $V(r) = -Z \cdot e/(4\pi\varepsilon_0 r)$

n	l	m	Eigenfunktionen $\psi_{n,l,m}(r, \vartheta, \varphi)$
1	0	0	$\frac{1}{\sqrt{\pi}}\left(\frac{Z}{a_0}\right)^{3/2} \mathrm{e}^{-Zr/a_0}$
2	0	0	$\frac{1}{4\sqrt{2\pi}}\left(\frac{Z}{a_0}\right)^{3/2}\left(2 - \frac{Zr}{a_0}\right)\mathrm{e}^{-Zr/2a_0}$
2	1	0	$\frac{1}{4\sqrt{2\pi}}\left(\frac{Z}{a_0}\right)^{3/2}\frac{Zr}{a_0}\mathrm{e}^{-Zr/2a_0}\cos\vartheta$
2	1	± 1	$\frac{1}{8\sqrt{\pi}}\left(\frac{Z}{a_0}\right)^{3/2}\frac{Zr}{a_0}\mathrm{e}^{-Zr/2a_0}\sin\vartheta\,\mathrm{e}^{\pm\mathrm{i}\varphi}$
3	0	0	$\frac{1}{81\sqrt{3\pi}}\left(\frac{Z}{a_0}\right)^{3/2}\left(27 - 18\frac{Zr}{a_0} + 2\frac{Z^2r^2}{a_0^2}\right)\mathrm{e}^{-Zr/3a_0}$
3	1	0	$\frac{\sqrt{2}}{81\sqrt{\pi}}\left(\frac{Z}{a_0}\right)^{3/2}\left(6 - \frac{Zr}{a_0}\right)\frac{Zr}{a_0}\mathrm{e}^{-Zr/3a_0}\cos\vartheta$
3	1	± 1	$\frac{1}{81}\sqrt{\frac{2}{\pi}}\left(\frac{Z}{a_0}\right)^{3/2}\left(6 - \frac{Zr}{a_0}\right)\frac{Zr}{a_0}\mathrm{e}^{-Zr/3a_0}\sin\vartheta\,\mathrm{e}^{\pm\mathrm{i}\varphi}$
3	2	0	$\frac{1}{81\sqrt{6\pi}}\left(\frac{Z}{a_0}\right)^{3/2}\frac{Z^2r^2}{a_0^2}\mathrm{e}^{-Zr/3a_0}(3\cos^2\vartheta - 1)$
3	2	± 1	$\frac{1}{81\sqrt{\pi}}\left(\frac{Z}{a_0}\right)^{3/2}\frac{Z^2r^2}{a_0^2}\mathrm{e}^{-Zr/3a_0}\sin\vartheta\cos\vartheta\,\mathrm{e}^{\pm\mathrm{i}\varphi}$
3	2	± 2	$\frac{1}{162\sqrt{\pi}}\left(\frac{Z}{a_0}\right)^{3/2}\frac{Z^2r^2}{a_0^2}\mathrm{e}^{-Zr/3a_0}\sin^2\vartheta\,\mathrm{e}^{\pm 2\mathrm{i}\varphi}$

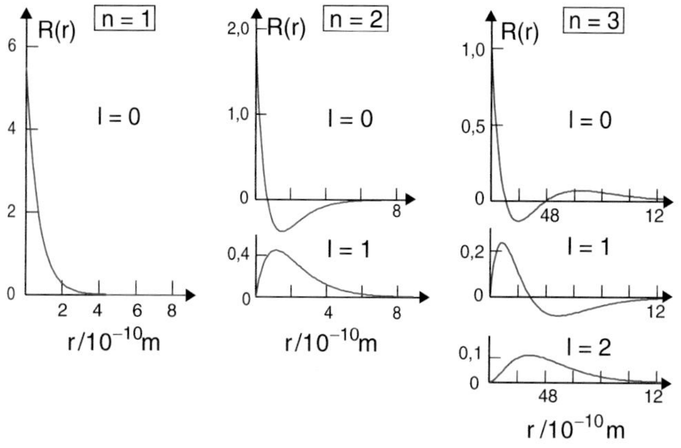

Abbildung 5.3 Die Radialfunktionen $R_{n,l}(r)$ des Wasserstoffatoms für die Hauptquantenzahlen $n = 1, 2, 3$. Die Ordinate ist in Einheiten von $10^8\,\mathrm{m}^{-3/2}$ aufgetragen

gibt, ist auch die räumliche Verteilung seiner Aufenthaltswahrscheinlichkeit am Ort (r, ϑ, φ) von den Quantenzahlen n, l und m abhängig. Man kann die verschiedenen Atomzustände also eindeutig durch ihre Quantenzahlen (n, l, m) charakterisieren. In Abb. 5.3 sind für einige Zustände (n, l, m) die Radialfunktionen $R_{n,l}(r)$ illustriert.

Zusammen mit den in Abb. 4.27 gezeigten Winkelfunktionen $Y_l^m(\vartheta, \varphi)$ erhält man die in Abb. 5.4 an zwei Beispielen dargestellten räumlichen Aufenthaltswahrscheinlichkeiten $|\psi(r, \vartheta, \varphi)|^2$ des Elektrons im Coulombpotential.

Zur Bezeichnung der durch die Quantenzahlen beschriebenen Zustände führt man eine in Tab. 5.3 zusammengefasste Buchstaben-Nomenklatur ein, bei der die Drehimpulsquantenzahl l des Elektrons durch kleine lateinische Buchstaben, die Projektionsquantenzahl m durch entsprechende kleine griechische Buchstaben bezeichnet werden. Ein Zustand mit $n = 2$, $l = 1$, $m = 0$ wird danach als $2p\sigma$-Zustand bezeichnet, ein Zustand mit $n = 4$, $l = 3$, $m = 2$ als $4f\delta$-Zustand.

Da nach (5.18) die Energie E_n eines Zustandes (n, l, m) nur von der Hauptquantenzahl n abhängt, aber *nicht* von den Quantenzahlen l und m, gibt es zu jedem l wegen $-l \leq m \leq +l$ insgesamt $(2l+1)$ energetisch gleiche (entartete) Zustände. Weil $l < n$ gilt, gibt es zu jeder Hauptquantenzahl n daher

Tabelle 5.3 Buchstabenbezeichnung der Zustände (l, m)

l	Zustand	$\|m\|$	Zustand
0	s	0	σ
1	p	1	π
2	d	2	δ
3	f	3	φ
4	g	4	γ

$$k = \sum_{l=0}^{n-1} (2l + 1) = n^2$$

verschiedene Zustände (n, l, m) mit n^2 verschiedenen Wellenfunktionen $\psi_{n,l,m}(r, \vartheta, \varphi)$ und damit auch verschiedenen räumlichen Verteilungen der Aufenthaltswahrscheinlichkeit $|\psi(r, \vartheta, \varphi)|^2$ des Elektrons. Diese Zustände haben alle dieselbe Energie E_n. Die Zahl $k = n^2$ heißt der ***Entartungsgrad*** der Zustände (n, l, m). Man sagt: Der Energieeigenwert E_n ist k-fach entartet. Der Grundzustand mit $n = 1$ ist danach *nicht* entartet, während der Zustand mit $n = 2$ vierfach entartet ist ($2s\sigma$, $2p\sigma$, $2p\pi$ mit $m = \pm 1$).

In den folgenden Abschnitten werden verschiedene Einflüsse diskutiert, welche die Entartung der Energieeigenwerte aufheben. Dies können z. B. relativistische Einflüsse sein oder die Wechselwirkung mit internen oder externen Magnetfeldern.

Man sieht aus Tab. 5.2, dass alle s-Zustände mit $l = 0$ eine kugelsymmetrische Verteilung für die räumliche Aufenthaltswahrscheinlichkeit des Elektrons haben.

In Abb. 5.5 ist das Termschema des H-Atoms gezeigt, wie man es aus den Berechnungen dieses Abschnitts erhält.

Wegen der in Abschn. 4.3.2 und 5.1.2 gezeigten Bedingungen $l < n$ und $-l \leq m \leq +l$ kann der energetisch tiefste Zustand

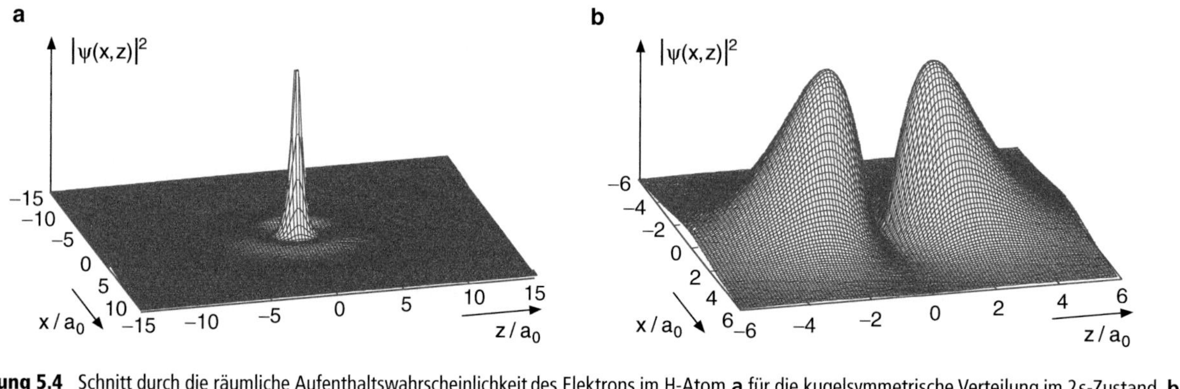

Abbildung 5.4 Schnitt durch die räumliche Aufenthaltswahrscheinlichkeit des Elektrons im H-Atom **a** für die kugelsymmetrische Verteilung im $2s$-Zustand, **b** für die um die z-Achse rotationssymmetrische Verteilung im Zustand $2p\sigma$ ($m = 0$). Man beachte, dass die Absolutquadrate der auf 1 normierten Wellenfunktionen in unterschiedlichem Maßstab gezeichnet wurden. Mit freundlicher Unterstützung von H. v. Busch, Kaiserslautern

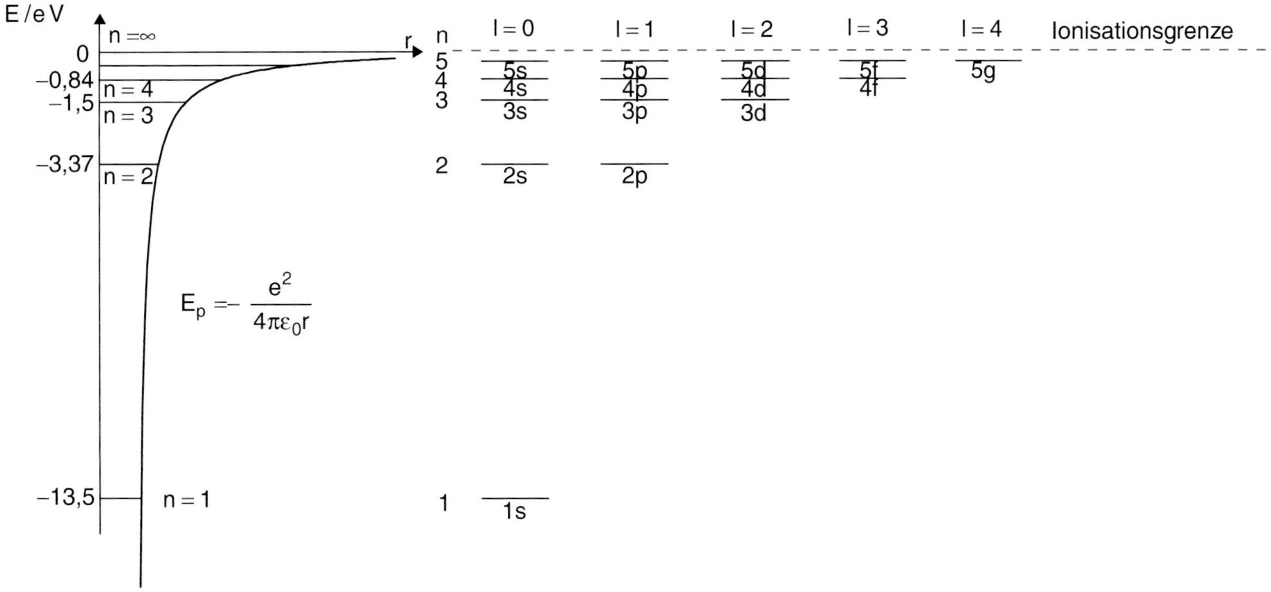

Abbildung 5.5 Termschema des H-Atoms entsprechend den Energiewerten in (5.18). Die Energieskala ist maßstabsgetreu

des Elektrons mit $n = 1$ nur die Quantenzahlen ($n = 1, l = 0, m = 0$) haben, während die Zustände mit $n = 2$ die Drehimpulsquantenzahlen $l = 0$ ($2s\sigma$) oder $l = 1$ ($2p\sigma$ und $2p\pi$) haben können, wobei die Quantenzahl m im $2p\pi$-Zustand die Werte $m = \pm 1$ haben kann. Der Zustand mit $n = 2$ ist also vierfach entartet.

5.1.4 Aufenthaltswahrscheinlichkeiten und Erwartungswerte des Elektrons in verschiedenen Quantenzuständen

Der $1s\sigma$-Grundzustand des H-Atoms hat eine kugelsymmetrische Wahrscheinlichkeitsverteilung für das Elektron mit dem Drehimpuls

$$|\boldsymbol{l}| = \sqrt{l(l+1)} \cdot \hbar = 0\,,$$

im Gegensatz zum Bohr'schen Atommodell, bei dem das Elektron mit dem Drehimpulsbetrag $|\boldsymbol{l}| = \hbar$ auf einer Kreisbahn mit Radius $r = a_0$ um den Kern läuft.

Aus Tab. 5.2 sehen wir, dass die Wahrscheinlichkeitsdichte $|\psi(r, \vartheta, \varphi)|^2$ des Elektrons am Kernort $r = 0$ ein Maximum hat.

Wollen wir jedoch ausrechnen, wie groß die Wahrscheinlichkeit $W(r)\,\mathrm{d}r$ ist, das Elektron im Abstand zwischen r und $r + \mathrm{d}r$ vom Kern anzutreffen, unabhängig von den Winkeln ϑ und φ, so erhalten wir:

$$W(r)\,\mathrm{d}r = \int\limits_{\vartheta=0}^{\pi} \int\limits_{\varphi=0}^{2\pi} |\psi(r, \vartheta, \varphi)|^2\, r^2\, \mathrm{d}r \sin\vartheta\, \mathrm{d}\vartheta\, \mathrm{d}\varphi\,. \qquad (5.20)$$

Setzt man die Wellenfunktion ψ für $n = 1$, $l = 0$, $m = 0$ aus Tab. 5.2 ein, so ergibt dies:

$$W(r)\,\mathrm{d}r = \frac{4Z^3}{a_0^3} \cdot r^2 \cdot \mathrm{e}^{-2Zr/a_0}\,\mathrm{d}r\,. \qquad (5.21a)$$

Die Wahrscheinlichkeit, das Elektron im Abstand r bis $r + \mathrm{d}r$ vom Kern zu finden, ist also

$$W(r)\,\mathrm{d}r = 4\pi r^2\, |\psi(r, \vartheta, \varphi)|^2\, \mathrm{d}r\,. \qquad (5.21b)$$

Mit $\psi = Y(\vartheta, \varphi) \cdot R(r)$ wird $W(r)$ wegen der Normierung (4.69)

$$W(r)\,\mathrm{d}r = \left|R^2\right| \cdot \mathrm{d}r\,. \qquad (5.21c)$$

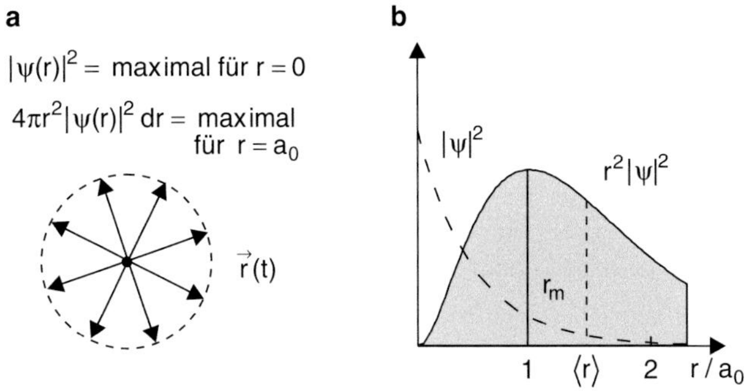

Abbildung 5.6 **a** Klassisches Modell der Elektronenbewegung im 1s-Zustand. Die Schwingungsrichtung $\boldsymbol{r}(t)$ ist statistisch gleichmäßig in alle Richtungen verteilt. **b** Quantenmechanische Aufenthaltswahrscheinlichkeit im Abstand r vom Kern

Kapitel 5

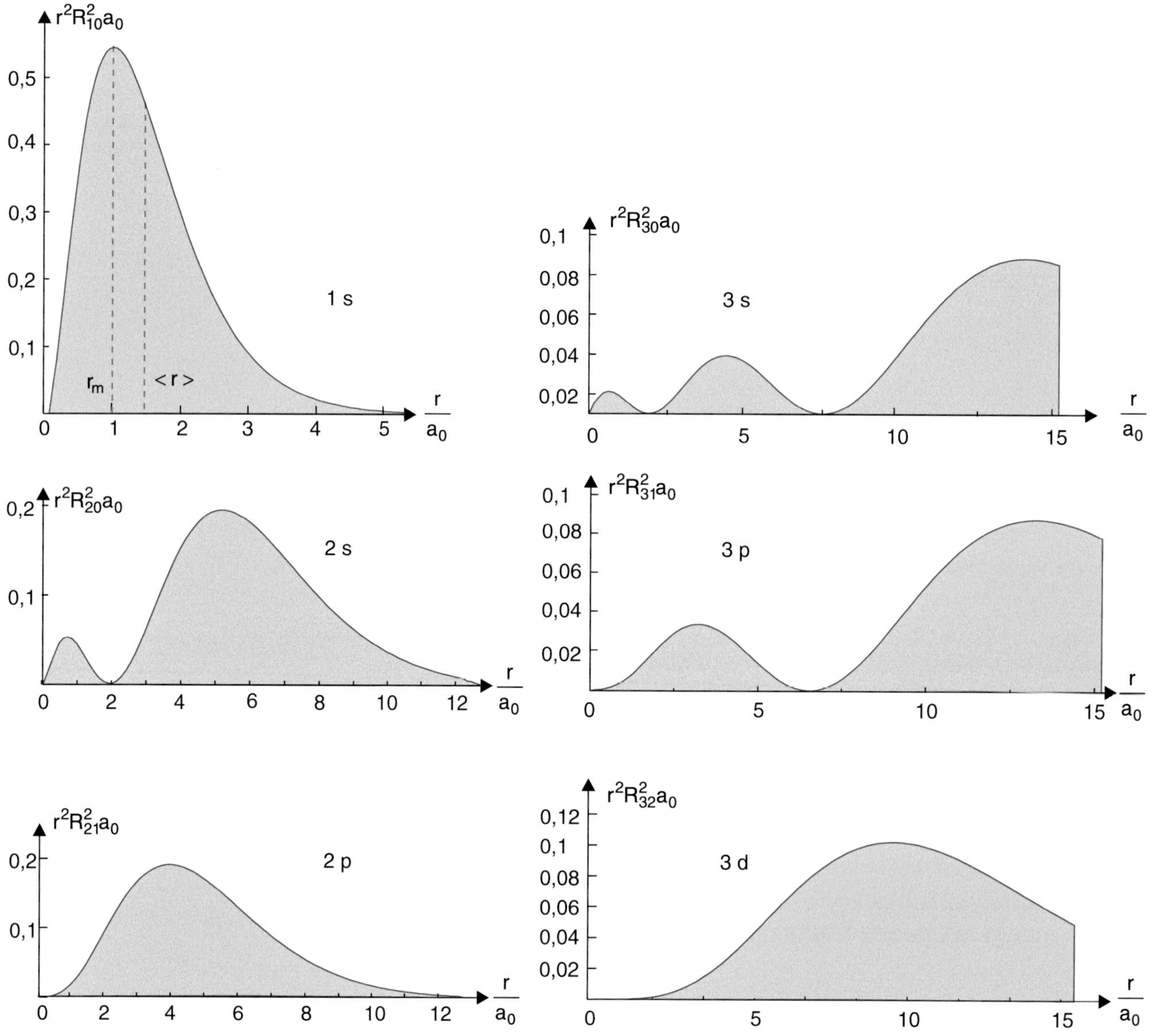

Abbildung 5.7 Radialer Verlauf der radialen Aufenthaltswahrscheinlichkeiten des Elektrons im Abstand von r bis $r + dr$ für einige Zustände des H-Atoms. Man beachte die unterschiedlichen Maßstabsskalierungen

$W(r)\,\mathrm{d}r$ hat ein Maximum bei

$$r_\mathrm{m} = a_0/Z\,,$$

wie man durch Differentiation von (5.21a) sofort sieht (Abb. 5.6b). Für $Z = 1$ erhält man den Radius a_0 der ersten Bohr'schen Bahn. Allerdings besteht wegen $l = 0$ ein wesentlicher Unterschied zum Bohr'schen Modell:

Wenn man ein klassisches Modell für die Bewegung des Elektrons im $1s$-Zustand verwenden will, müsste man statt der Kreisbahn im Bohr'schen Modell eine lineare Schwingung durch den Kern annehmen. Allerdings ist die Richtung dieser Schwingung nicht festgelegt, sondern statistisch gleichmäßig im Raum verteilt, sodass im zeitlichen Mittel seine Aufenthaltswahrscheinlichkeit kugelsymmetrisch ist (Abb. 5.6). Man kann dies auch, wie *Arnold Sommerfeld* (1868–1951) gezeigt hat, durch ganz flache elliptische Bahnen beschreiben, die nahe am Kern verlaufen und eine Drehung der großen Halbachse erfahren, sodass die äußeren Umkehrpunkte auf einer Kugeloberfläche gleichmäßig verteilt sind.

Der Erwartungswert $\langle r\rangle$ für den mittleren Abstand des Elektrons vom Kern ergibt sich für den Grundzustand des H-Atoms mit der $1s$-Wellenfunktion aus Tab. 5.2

$$\langle r\rangle = \int\limits_{r=0}^{\infty} \frac{r}{\pi a_0^3} \cdot 4\pi r^2 \cdot \mathrm{e}^{-2r/a_0}\,\mathrm{d}r = \frac{3}{2}\,a_0\,. \qquad (5.22)$$

Er ist verschieden vom Wert $r_\mathrm{m} = a_0/Z$ und stimmt also *nicht* genau mit dem Bohr'schen Radius a_0 überein.

In Abb. 5.7 sind zur Illustration die Funktionen $r^2 a_0 |R_{n,l}(r)|^2$ für einige Zustände (n, l) gegen die Abszisse r/a_0 in Einheiten des Bohr'schen Radius aufgetragen. Sie sind so normiert, dass die Fläche unter den Kurven 1 wird, d. h.

$$\int_{r=0}^{\infty} r^2 |R_{n,l}(r)|^2 a_0 \cdot \frac{dr}{a_0} = 1 .$$

Die Kurven sind direkt proportional zu den Aufenthaltswahrscheinlichkeiten $4\pi r^2 |R_{n,l}(r)|^2 \, dr$ des Elektrons in der Kugelschale zwischen r und $r + dr$.

Die Wahrscheinlichkeit $W(r < a_0)$ dafür, dass sich das Elektron innerhalb des Bohr'schen Radius aufhält, ist für s-Funktionen $(l = 0)$ mit Tab. 5.1 und 4.2

$$W_{n,l}(r \le a_0) = \int_{r=0}^{a_0} r^2 |R_{n,l}(r)|^2 \, dr . \tag{5.23}$$

Für den Zustand $n = 1, l = 0$ ergibt dies:

$$W_{1,0}(r \le a_0) = \frac{4}{a_0^3} \int_{r=0}^{a_0} r^2 \cdot e^{-2r/a_0} \, dr = 0{,}32 .$$

Für $n = 2, l = 0$ erhalten wir nach Tab. 5.2 entsprechend:

$$\begin{aligned} W_{2,0}(r \le a_0) &= \frac{1}{8a_0^3} \int \left(4r^2 - \frac{4r^3}{a_0} + \frac{r^4}{a_0^2}\right) \\ &\qquad \cdot e^{-r/a_0} \, dr \\ &= 0{,}034 . \end{aligned}$$

Für $n = 2, l = 1$ ergibt sich die kleinere Wahrscheinlichkeit:

$$\begin{aligned} W_{2,1}(r \le a_0) &= \frac{1}{24a_0^5} \int_0^{a_0} r^4 \cdot e^{-r/a_0} \, dr \\ &= 0{,}0037 . \end{aligned}$$

Diese Resultate werden durch die radialen Aufenthaltswahrscheinlichkeiten der Abb. 5.7 verdeutlicht.

Im vereinfachten klassischen Modell heißt dies: Bahnen mit $l = 0$ entsprechen langgestreckten Ellipsen, bei denen das Elektron sich öfter in Kernnähe aufhält als bei den mehr kreisförmigen Bahnen mit $n = 2$ und $l = 1$.

Mit größer werdender Hauptquantenzahl n nähern sich im klassischen Bild die Elektronenbahnen für $l = n - 1$ immer mehr Kreisbahnen an.

> Summiert man die Aufenthaltswahrscheinlichkeiten $|\psi_{n,l,m}(r, \vartheta, \varphi)|^2$ bei gegebener Hauptquantenzahl n über alle erlaubten Werte von l und m, so ergibt sich die gesamte Aufenthaltswahrscheinlichkeit im Zustand n. Sie ist immer kugelsymmetrisch. Deshalb nennt man die Summe aller Zustände für einen festen Wert von n auch eine ***Elektronenschale***.

Man beachte: Die Quadrate der stationären Wellenfunktion geben den zeitlichen Mittelwert der räumlichen Aufenthalts-Wahrscheinlichkeitsdichte eines Teilchens (z. B. des Elektrons) an. Über die Struktur des Elektrons sagen sie nichts aus. Aus vielen anderen Experimenten (siehe Abschn. 5.9) kann man schließen, dass man das Elektron wie eine Punktladung behandeln kann. Das Elektron im Wasserstoffatom bewegt sich also um den Atomkern, wobei man aber seinen momentanen Ort nur innerhalb der Orts- und Zeitunschärfe angeben kann, der durch die Unbestimmtheitsrelation vorgegeben ist. Die Größe $|\psi(x, y, z)|^2$ gibt dann den zeitlichen Mittelwert der Ladungsverteilung dieser bewegten Ladung an. Insofern ist die Idee des Bohr'schen Atommodells mit den um den Kern kreisenden Elektronen nicht völlig falsch. Das Modell wird durch die Quantentheorie ergänzt und präzisiert. Lediglich der Drehimpuls wird im Bohr'schen Modell nicht korrekt angegeben und die Elektronenbahnen müssen nicht unbedingt Kreisbahnen sein.

5.2 Normaler Zeeman-Effekt

Wir wollen jetzt das Verhalten des H-Atoms in einem äußeren Magnetfeld untersuchen. Dabei verwenden wir anfangs ein *halbklassisches* Modell, bei dem die Bewegung des Elektrons als klassische Kreisbahn beschrieben wird, für deren Drehimpuls allerdings die Quantenbedingung $|\boldsymbol{l}| = \sqrt{l(l+1)}\,\hbar$ gelten soll.

Ein auf einer Kreisbahn mit der Frequenz $\nu = v/(2\pi r)$ umlaufendes Elektron mit der Ladung $-e$ (Abb. 5.8) stellt einen elektrischen Strom

$$I = -e \cdot \nu = -e \cdot v/(2\pi r) \tag{5.24}$$

dar, der nach Bd. 2, Abschn. 3.5 ein magnetisches Moment

$$\boldsymbol{p}_m = I \cdot \boldsymbol{A} = I \cdot \pi r^2 \hat{\boldsymbol{n}} = -ev(r/2) \cdot \hat{\boldsymbol{n}} \tag{5.25}$$

erzeugt, wobei $\boldsymbol{A} = \pi r^2 \cdot \hat{\boldsymbol{n}}$ der Flächenvektor senkrecht auf der Kreisfläche πr^2 ist.

Der Bahndrehimpuls des umlaufenden Elektrons mit der Masse m_e ist

$$\boldsymbol{l} = \boldsymbol{r} \times \boldsymbol{p} = m_e \cdot r \cdot v \cdot \hat{\boldsymbol{n}} . \tag{5.26}$$

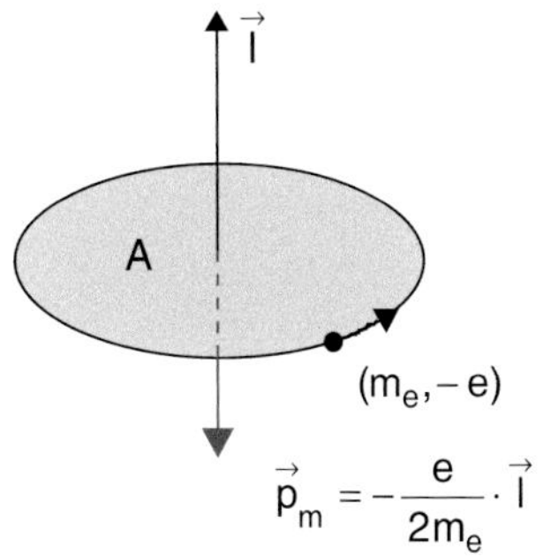

Abbildung 5.8 Klassisches Modell für Drehimpuls $\boldsymbol{l}$ und magnetisches Moment $\boldsymbol{p}_m$ eines auf einer Kreisbahn umlaufenden Elektrons

Durch Vergleich von (5.25) und (5.26) erhält man den Zusammenhang

$$\boldsymbol{p}_{\mathrm{m}} = -\frac{e}{2m_{\mathrm{e}}} \cdot \boldsymbol{l} \tag{5.27}$$

zwischen magnetischem Moment $\boldsymbol{p}_{\mathrm{m}}$ und Bahndrehimpuls $\boldsymbol{l}$ des Elektrons.

In einem äußeren Magnetfeld $\boldsymbol{B}$ ist die potentielle Energie eines magnetischen Dipols mit dem magnetischen Moment $\boldsymbol{p}_{\mathrm{m}}$ durch

$$E_{\mathrm{pot}} = -\boldsymbol{p}_{\mathrm{m}} \cdot \boldsymbol{B} \tag{5.28}$$

gegeben (siehe Bd. 2, Abschn. 1.4.1 und 3.5). Mit (5.27) lässt sich dies durch den Drehimpuls $\boldsymbol{l}$ ausdrücken:

$$E_{\mathrm{pot}} = +\frac{e}{2m_{\mathrm{e}}} \cdot \boldsymbol{l} \cdot \boldsymbol{B} \,. \tag{5.29}$$

Zeigt das Magnetfeld $\boldsymbol{B} = \{0, 0, B_z = B\}$ in z-Richtung, so ergibt (5.29) wegen $l_z = m \cdot \hbar$:

$$E_{\mathrm{pot}} = \frac{e \cdot \hbar}{2m_{\mathrm{e}}} m \cdot B \,, \tag{5.30}$$

wobei m die ***magnetische Quantenzahl*** ist, welche die ganzzahligen Werte $-l \le m \le +l$ annehmen kann.

Man nennt den konstanten Vorfaktor

$$\mu_{\mathrm{B}} = \frac{e \cdot \hbar}{2m_{\mathrm{e}}} = 9{,}274015 \cdot 10^{-24}\,\mathrm{J/T} \tag{5.31}$$

das ***Bohr'sche Magneton***.

Damit wird die durch das äußere Magnetfeld B bewirkte Zusatzenergie eines Zustandes (n, l, m)

$$\Delta E_{\mathrm{m}} = \mu_{\mathrm{B}} \cdot m \cdot B \,, \tag{5.32}$$

und wir erhalten für die Termwerte des Wasserstoffatoms im Magnetfeld:

$$E_{n,l,m} = E_{\mathrm{Coul}}(n, l) + \mu_{\mathrm{B}} \cdot m \cdot B \,. \tag{5.33}$$

Die ohne äußeres Magnetfeld entarteten $(2l + 1)$ m-Zustände (n, l, m) bei vorgegebenen Werten von (n, l) spalten also im Magnetfeld in die $(2l + 1)$ äquidistanten Zeeman-Komponenten (5.33) auf (Abb. 5.9), deren Abstand

$$\Delta E = E_{n,l,m} - E_{n,l,m-1} = \mu_{\mathrm{B}} \cdot B \tag{5.34}$$

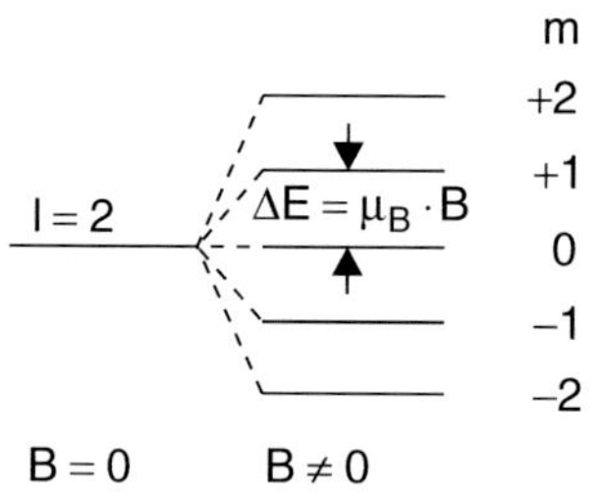

Abbildung 5.9 Zeeman-Aufspaltung eines Energiezustandes mit $l = 2$ im Magnetfeld (normaler Zeeman-Effekt)

durch das Produkt aus Bohr'schem Magneton μ_{B} und Magnetfeldstärke B gegeben ist.

Diese Aufspaltung von entarteten Energieniveaus in $(2l + 1)$ Komponenten auf Grund des mit dem Bahndrehimpuls $|\boldsymbol{l}| = \sqrt{l(l+1)} \cdot \hbar$ verknüpften magnetischen Moments, heißt ***normaler Zeeman-Effekt***.

Anmerkung. In der Literatur wird das atomare magnetische Moment meistens mit μ bezeichnet. Das durch die Bahnbewegung des Elektrons erzeugte Moment μ_l ist proportional zum Bahndrehimpuls l und erhält deshalb den Index l, um es vom Moment μ_s zu unterscheiden, das durch den Elektronenspin bewirkt wird (siehe Abschn. 5.5).

Mithilfe des Bohr'schen Magnetons (5.31) können wir das magnetische Bahnmoment des Elektrons (5.27) schreiben als

$$\boldsymbol{\mu}_l = -(\mu_{\mathrm{B}}/\hbar) \cdot \boldsymbol{l} \,. \tag{5.35a}$$

Da die Kugelsymmetrie des Coulombpotentials durch das zylindersymmetrische Magnetfeld erniedrigt wird, bleibt der Drehimpuls $\boldsymbol{l}$ nicht mehr zeitlich konstant, weil ein Drehmoment

$$\boldsymbol{D} = \boldsymbol{\mu}_l \times \boldsymbol{B}$$

auf das Elektron einwirkt. Für $\boldsymbol{B} = \{0, 0, B_z = B\}$ präzediert der Vektor $\boldsymbol{l}$ um die z-Achse auf einem Kegel mit Öffnungswinkel 2α, wobei die Komponente l_z zeitlich konstant bleibt und

$$\cos\alpha = \frac{l_z}{|\boldsymbol{l}|}$$

ist. Die Komponente l_z nimmt die Werte

$$l_z = m \cdot \hbar \quad \text{mit} \quad -l \le m \le +l \tag{5.36}$$

an (Abb. 5.10). Auch der Betrag von $\boldsymbol{l}$,

$$|\boldsymbol{l}| = \sqrt{l(l+1)}\,\hbar \,, \tag{5.37}$$

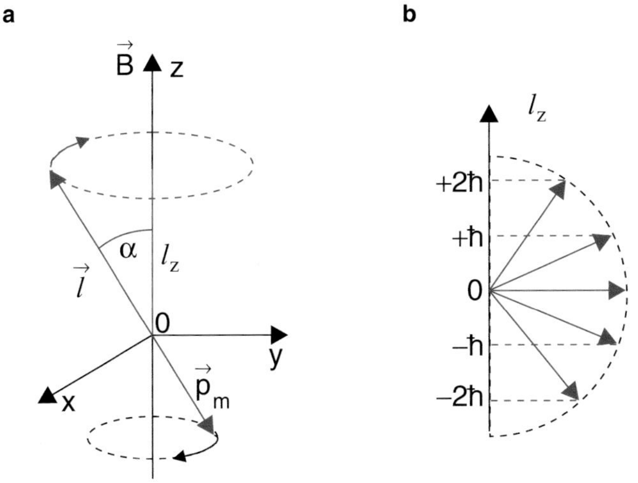

Abbildung 5.10 Vektormodell des Zeeman-Effekts. **a** Klassische Präzession von Drehimpuls ***l*** und magnetischem Moment $\boldsymbol{p}_{\mathrm{m}}$ um die Magnetfeldrichtung; **b** mögliche quantisierte Projektionen $l_z = m\hbar$ von ***l*** auf die Magnetfeldrichtung für $l = 2$

ist wohldefiniert. Die beiden Komponenten l_x und l_y sind nicht definiert. Ihr quantenmechanischer Erwartungswert ist, genau wie der klassische zeitliche Mittelwert, null.

Beobachtet man nun die Emission oder Absorption von Licht durch Atome in einem Magnetfeld, so sagt unser Modell Folgendes voraus:

Fällt eine zirkular polarisierte Lichtwelle in z-Richtung auf ein Atom im Magnetfeld $\boldsymbol{B} = \{0, 0, B_z\}$, so haben bei σ^+-Polarisation alle Photonen den Spin $+\hbar$ und bewirken daher bei ihrer Absorption eine Änderung $\Delta l_z = +\hbar$ der atomaren Drehimpulskomponente, d. h. es treten zwischen atomaren Zuständen Übergänge auf mit $\Delta m = m_2 - m_1 = +1$ (Abb. 5.11b). Bei σ^--Polarisation werden Übergänge mit $\Delta m = -1$ induziert (Abb. 5.11c). Entsprechendes gilt für die Emission: Beobachtet man das emittierte Licht in Feldrichtung, so treten die beiden σ^+- und σ^--zirkular polarisierten Komponenten auf. Beobachtet man die Emission senkrecht zum Magnetfeld, so treten drei linear polarisierte Komponenten auf: Eine unverschobene mit dem Vektor $\boldsymbol{E}$ parallel zu $\boldsymbol{B}$ und zwei verschobene mit $\boldsymbol{E} \perp \boldsymbol{B}$.

Nach (5.34) ist die Zeeman-Aufspaltung

$$\Delta E = \mu_{\mathrm{B}} \cdot B$$

unabhängig von den Quantenzahlen n und l, d. h. alle atomaren Zustände sollten den gleichen Abstand zwischen Zeeman-Komponenten haben. Daraus folgt, dass jede Spektrallinie beim Übergang $(n_1, l_1) \rightarrow (n_2, l_2)$ zwischen zwei atomaren Zuständen immer in drei Zeeman-Komponenten (σ^+-, σ^-- und π-Polarisation) aufspalten sollte, deren Frequenzabstand $\Delta\nu = \mu_{\mathrm{B}} \cdot B/h$ beträgt (Abb. 5.13).

Wie sieht nun der Vergleich der Vorhersagen des in den Abschnitten 5.1 und 5.2 entwickelten Atommodells, das auf der Schrödingergleichung (4.6) beruht, mit den experimentellen Ergebnissen aus?

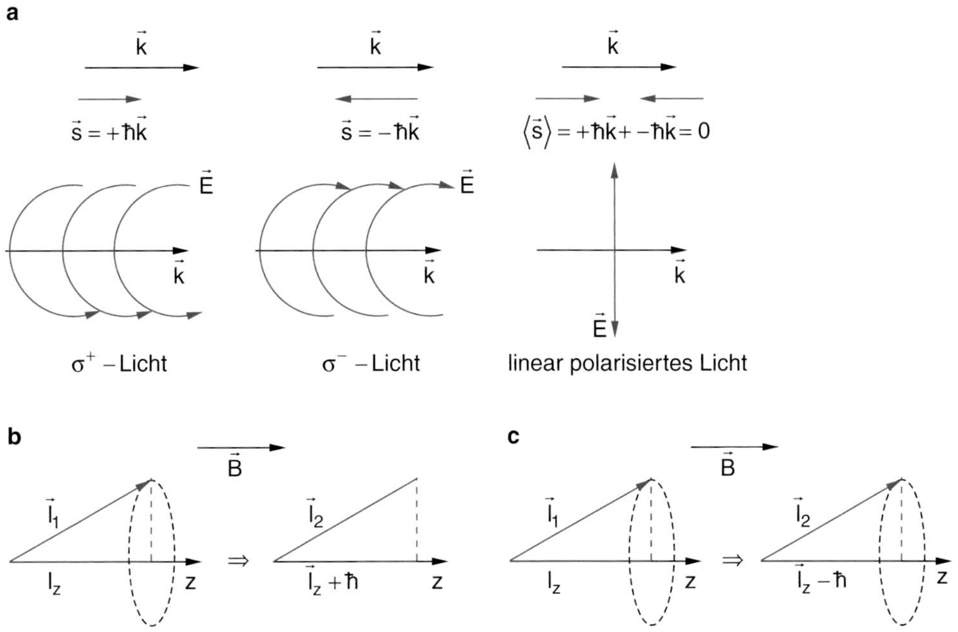

Abbildung 5.11 **a** Die drei Polarisationsarten von Licht, **b** Absorption von σ^+-Licht, **c** von σ^--Licht

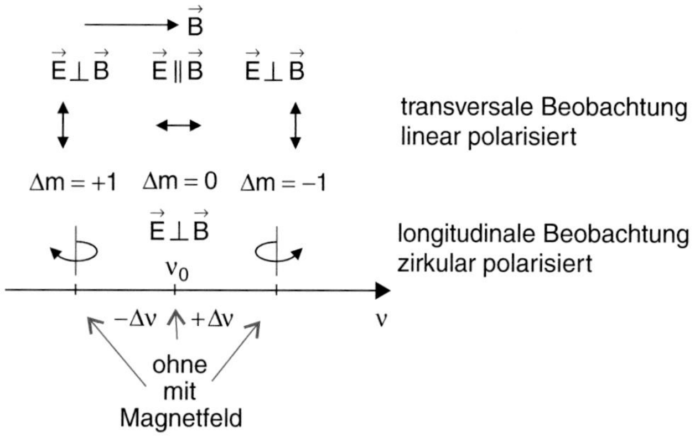

Abbildung 5.12 Normaler Zeeman-Effekt. Aufspaltungsbild und Polarisation einer Emissions-Spektrallinie mit der Mittenfrequenz ν_0 bei transversaler und longitudinaler Beobachtung. Die Aufspaltung ist $\Delta\nu = \mu_B \cdot B/h$

Tabelle 5.4 Vergleich zwischen gemessenen und nach der Rydbergformel berechneten Wellenzahlen der Balmer-Serie im H-Atom

	n	$\lambda_{Luft}/Å$	$\overline{\nu}_{vac}/cm^{-1}$	ν_{Ry}/cm^{-1}
H_α	3	6562,79	15 233,21	15 233,00
H_β	4	4861,33	20 564,77	20 564,55
H_γ	5	4340,46	23 032,54	23 032,29
H_δ	6	4101,73	24 373,07	24 372,80
H_ε	7	3970,07	25 181,33	25 181,08
H_ζ	8	3889,06	25 705,84	25 705,68
H_η	9	3835,40	26 065,53	26 065,35
H_ϑ	10	3797,91	26 322,80	26 322,62
H_ι	11	3770,63	26 513,21	26 512,97
H_κ	12	3750,15	26 658,01	26 657,75
H_λ	13	3734,37	26 770,65	26 770,42
H_μ	14	3721,95	26 860,01	26 859,82
H_ν	15	3711,98	26 932,14	26 931,94

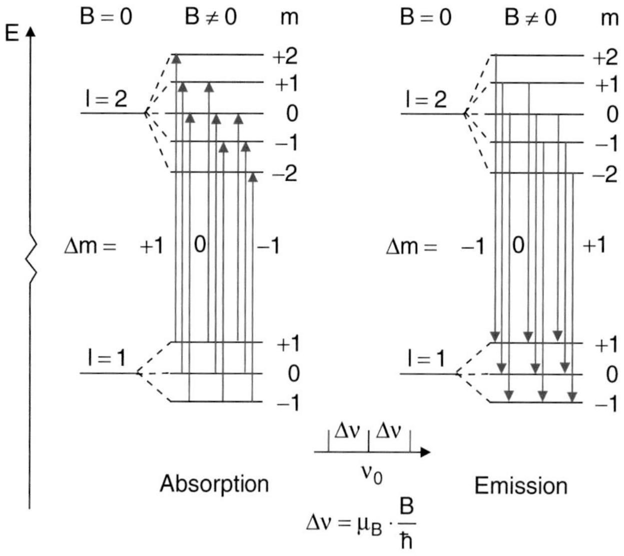

Abbildung 5.13 Termschema für Zeeman-Übergänge mit $\Delta m = \pm 1, 0$ in Absorption und Emission

5.3 Vergleich der Schrödinger-Theorie mit den experimentellen Befunden

Obwohl das H-Atom von allen Atomen theoretisch am einfachsten zu berechnen ist (im Rahmen der Schrödinger-Theorie analytisch), stellt sich seine experimentelle Untersuchung als viel schwieriger heraus als z. B. die des Natriumatoms. Das liegt daran, dass Wasserstoff in der Natur nur in molekularer Form H_2 vorkommt. Man kann H-Atome erzeugen durch Dissoziation der H_2-Moleküle, die man entweder thermisch bei hohen Temperaturen ($T = 1500$–$2000\,K$) in Gegenwart von Katalysatoren erreichen kann oder einfacher durch Elektronenstoß in einer Gasentladung. Bei genügend großer Energie der stoßenden Elektronen wird das H_2-Molekül in zwei H-Atome gespalten

$$H_2 + e^- \rightarrow H^* + H + e^-\,,$$

von denen ein Atom elektronisch angeregt sein kann.

Diese angeregten Atome H^* geben ihre Anregungsenergie $E(n_k)$ ganz oder teilweise ab durch Emission von Photonen $h\nu = E(n_k) - E(n_i)$ und gehen dabei nach dem Schema

$$H^*(n_k) \xrightarrow{h\nu} H(n_i)$$

in einen energetisch tieferen Zustand $E(n_i)$ über.

Bildet man die ausgesandte Strahlung einer Wasserstoff-Entladungsröhre auf den Eintrittsspalt S_1 eines Spektrographen ab (Abb. 5.14), so lässt sich das Emissionsspektrum messen, solange seine Wellenlängen $\lambda > 200\,nm$ sind. Für $\lambda < 200\,nm$ (*Vakuum-Ultraviolett*) beginnt die Luft ($N_2 + O_2$) zu absorbieren, sodass man den Spektrographen evakuieren und den Entladungsraum differentiell pumpen muss, weil man zur Messung der Lyman-Serie ($\lambda < 120\,nm$) keine Fenster mehr zwischen Lichtquelle und Detektor verwenden kann (Abb. 5.14b).

Es zeigt sich, dass die Emissionslinien des H-Atoms sich in Serien anordnen lassen (Abb. 3.38), deren Wellenzahlen $\overline{\nu}_{ik} = 1/\lambda = (E_k - E_i)/(h \cdot c)$ durch die einfachen Formeln (3.97)

$$\overline{\nu}_{ik} = Ry \cdot \left(\frac{1}{n_i^2} - \frac{1}{n_k^2}\right) \qquad (5.38)$$

mit

$$Ry(H) = Ry_\infty \cdot \frac{\mu}{m_e} = 109\,677{,}583\,cm^{-1}$$

gut wiedergegeben werden (Tab. 5.4), in Übereinstimmung mit der Energieformel (5.18).

Führt man jedoch genauere Messungen mit höherer spektraler Auflösung durch, so findet man signifikante Abweichungen von den Vorhersagen unseres bisherigen Modells. Diese betreffen folgende Beobachtungen:

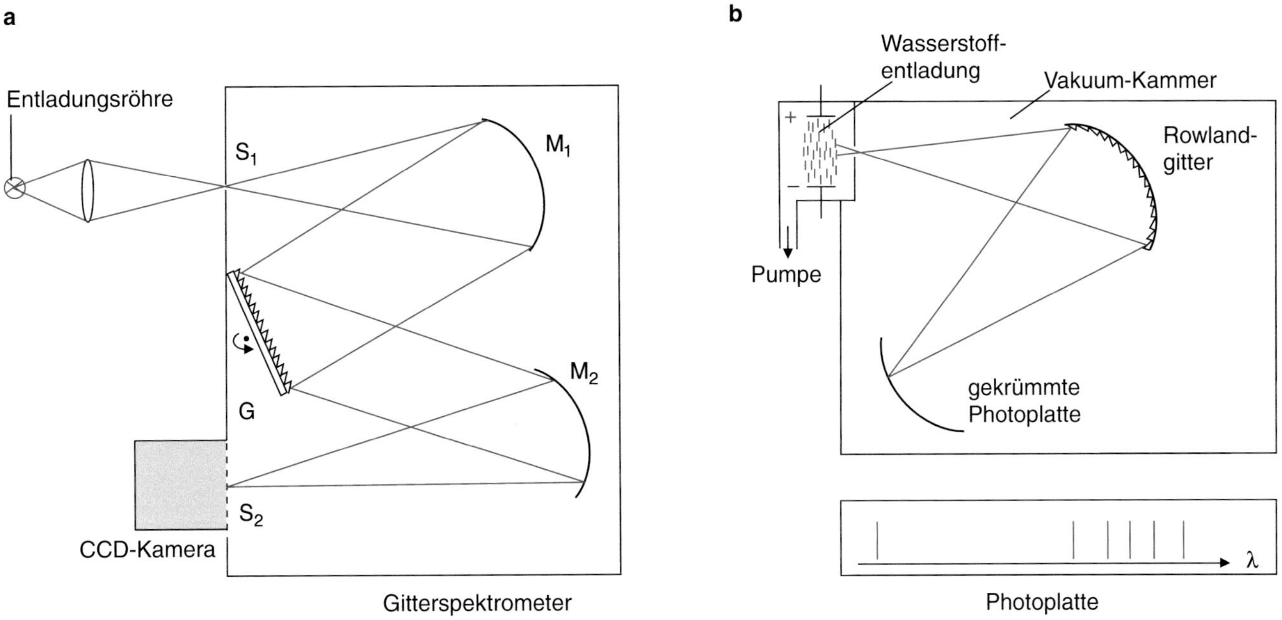

Abbildung 5.14 Experimentelle Anordnung zur Messung des Emissionsspektrums von atomarem Wasserstoff: **a** für Licht mit $\lambda > 200\,\text{nm}$; **b** Vakuum-UV-Spektrograph zur Messung der Lyman-Serie

- Die Wellenzahlen $\overline{\nu}_{ik}$ der verschiedenen Übergänge hängen außer von der Hauptquantenzahl n auch schwach von der Bahndrehimpulsquantenzahl l ab. Ihre Absolutwerte weichen beim H-Atom bis $0{,}2\,\text{cm}^{-1}$ von den Vorhersagen ab.
- Alle Spektrallinien, die von s-Niveaus ($l = 0$) ausgehen, bestehen aus zwei eng benachbarten Komponenten (***Dubletts***) (Abb. 5.15), solche zwischen Niveaus mit $l > 0$ sogar aus mehreren.
- Das experimentell beobachtete Aufspaltungsbild der Zeeman-Komponenten stimmt nur bei wenigen Atomen mit dem in Abschn. 5.2 behandelten normalen Zeeman-Effekt überein. Beim H-Atom z. B. sieht es völlig anders aus!
- Der Grundzustand ($n = 1$, $l = 0$) zeigt eine sehr feine Aufspaltung in zwei Komponenten (Hyperfeinstruktur) beim H-Atom, die für das Isotop ${}^2_1\text{H}$ (Deuterium) einen anderen Wert hat als für ${}^1_1\text{H}$.

Diese Abweichungen von der bisher behandelten Schrödinger-Theorie erfordern zu ihrer Erklärung eine Erweiterung unseres quantenmechanischen Modells, die in den folgenden Abschnitten vorgestellt wird.

5.4 Relativistische Korrektur der Energieterme

Die Grobstruktur der Energieterme wird durch die Schrödinger-Theorie für das Elektron im Coulombfeld des Atomkerns richtig wiedergegeben. Die im Experiment gefundenen kleinen Abweichungen werden durch relativistische Effekte verursacht, die im Wesentlichen aus drei Beiträgen bestehen:

1. Die relativistische Massenzunahme der Elektronenmasse bei der Bewegung des Elektrons im Coulombfeld, die zu einer kleinen Änderung der kinetischen Energie führt.
2. Die „Verschmierung" der Elektronenladung $-e$ über ein Volumen $\lambda_c^3 = (\hbar/m_e c)^3$, wobei λ_c die Comptonwellenlänge des Elektrons ist, führt zu einer Änderung der potentiellen Energie des Elektrons (Darwin-Term).
3. Die Wechselwirkung zwischen dem Bahndrehimpuls und dem Spin des Elektrons ergibt eine kleine zusätzliche Energie, die zu einer Verschiebung und Aufspaltung der Energieniveaus führt (Feinstruktur).

Wir wollen diese drei Effekte nun näher untersuchen.

5.4.1 Relativistische Massenzunahme

Statt der nichtrelativistischen Energieformel

$$E = p^2/2m + E_{\text{pot}} \tag{5.39}$$

müssen wir dazu den relativistischen Energiesatz

$$E = c \cdot \sqrt{m_0^2 c^2 + p^2} - m_0 c^2 + E_{\text{pot}} \tag{5.40}$$

benutzen, der durch eine Reihenentwicklung des Ausdrucks

$$\sqrt{1 + \frac{p^2}{m_0^2 c^2}} = 1 + \frac{1}{2}\frac{p^2}{m_0^2 c^2} - \frac{1}{8}\frac{p^4}{m_0^4 c^4} + \cdots$$

Kapitel 5

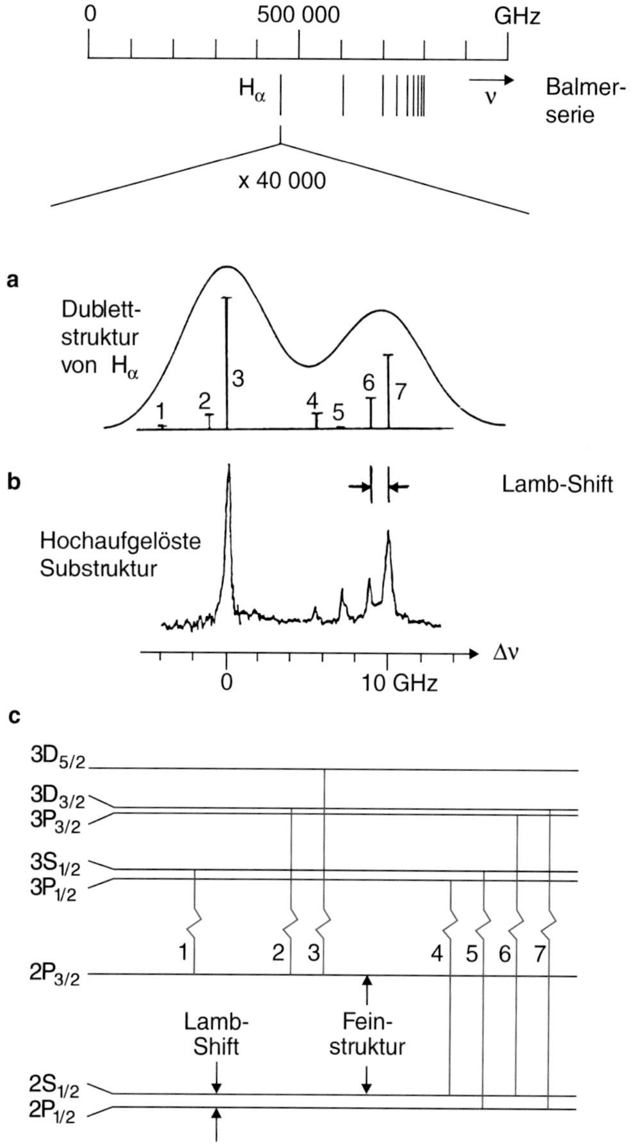

Abbildung 5.15 Feinstruktur der Balmer-α-Linie, gemessen **a** mit konventioneller hochauflösender Spektroskopie, **b** mit höchstauflösender Laserspektroskopie [5.8]. **c** Termschema

umgeformt werden kann in

$$E = \left(\frac{p^2}{2m_0} + E_{\text{pot}}\right) - \frac{p^4}{8m_0^3c^2} + \cdots$$
$$= E_{\text{nr}} - \Delta E_{\text{r}} \,. \qquad (5.41)$$

Für

$$E_{\text{kin}} \ll m_0c^2 \Rightarrow \frac{p^2}{2m_0^2c^2} \ll 1$$

kann man die höheren Glieder der Reihenentwicklung vernachlässigen. Dann stellt der letzte Term in (5.41) die relativistische Korrektur ΔE_{r} zur nichtrelativistischen Energie E_{nr} (5.39) dar.

Der Erwartungswert dieser Energiekorrektur ist dann wegen der Zuordnung $p \to -\mathrm{i}\hbar\nabla$

$$\Delta E_{\text{r}} = -\frac{\hbar^4}{8m_0^3c^2}\int \psi^*_{n,l,m}\nabla^4\psi_{n,l,m}\,\mathrm{d}\tau \,. \qquad (5.42)$$

Setzt man für $\psi_{n,l,m}$ die Wasserstoffwellenfunktionen ein, so erhält man für den Zustand (n, l) mit der nichtrelativistischen Energie E_{nr} die Energieverschiebung

$$\Delta E_{\text{r}} = -\frac{E_{\text{nr}}\cdot Z^2\alpha^2}{n^2}\left(\frac{3}{4} - \frac{n}{l+1/2}\right). \qquad (5.43)$$

Dabei ist

$$\alpha = \frac{e^2}{4\pi\varepsilon_0\hbar c} = 7{,}2973525698(24)\cdot 10^{-3}$$
$$\approx \frac{1}{137} \approx \frac{v}{c} \qquad (5.44)$$

die ***Sommerfeld'sche Feinstrukturkonstante***.

Sie gibt das Verhältnis v/c von Geschwindigkeit v des Elektrons auf der ersten Bohr'schen Bahn mit $n = 1$ zur Lichtgeschwindigkeit c an.

Die Gesamtenergie eines Zustandes (n, l) ist dann mit $E_{\text{nr}} = Ry^*Z^2/n^2$ (3.106)

$$E_{n,l} = -Ry^*\frac{Z^2}{n^2}\left[1 - \frac{\alpha^2Z^2}{n^2}\left(\frac{3}{4} - \frac{n}{l+1/2}\right)\right]. \qquad (5.45)$$

Man sieht aus (5.43), dass die relativistische Korrektur von n und l abhängt. Sie ist am größten für den Grundzustand mit $n = 1$ und $l = 0$.

Für das Verhältnis von $\Delta E_{\text{r}}/E_{\text{nr}}$ erhält man aus (5.43) mit $n = 1$, $Z = 1$, $l = 0$ die Abschätzung:

$$\frac{\Delta E_{\text{r}}}{E_{\text{nr}}} = \frac{5}{4}\alpha^2$$
$$= \frac{5}{4}\left(\frac{1}{137}\right)^2 \approx 6{,}6\cdot 10^{-5} \,. \qquad (5.46)$$

Da die Energie des Elektrons im Grundzustand des H-Atoms etwa 13,6 eV beträgt, ist diese relativistische Korrektur von der Größenordnung

$$\Delta E_{\text{r}} \approx 10^{-3}\,\text{eV} \,.$$

Sie ist am größten für den tiefsten Zustand $n = 1$. Für $Z > 1$, $n > 1$ ergibt sich gemäß (5.43) dass

$$\frac{\Delta E_{\text{r}}}{E_{\text{r}}} \propto \frac{Z^2}{n^2}$$

also mit wachsendem n quadratisch abnimmt.

Beispiele

1. Für $n = 1, l = 0, Z = 1$ erhält man den Zahlenwert

$$\Delta E_\mathrm{r} = E_1 \cdot 5\alpha^2/4 = 9 \cdot 10^{-4}\,\mathrm{eV}$$
$$\hat{=}\ \Delta\overline{\nu} = 7{,}3\,\mathrm{cm}^{-1}.$$

2. Für $n = 2, l = 0$ ergibt sich

$$\Delta E_\mathrm{r}(n = 2, l = 0) = -\frac{13}{16}\alpha^2 E_2 = 1{,}5 \cdot 10^{-4}\,\mathrm{eV}.$$

3. Für $n = 2, l = 1$ erhalten wir dagegen

$$\Delta E_\mathrm{r}(n = 2, l = 1) = -\frac{7}{24}\alpha^2 E_2 = 5{,}2 \cdot 10^{-5}\,\mathrm{eV}.$$ ■

Man sieht daraus, dass:

1. die Energieverschiebung am größten ist für den Grundzustand $n = 1$;
2. sie sowohl von n als auch von l abhängt, d. h. durch die relativistische Korrektur wird die Energieentartung der Zustände (n, l) aufgehoben.

Je größer l ist, desto höher wird bei gleichem n die Energie. Dies liegt daran, dass für kleine l die Bahn des Elektrons elliptisch ist und daher seine Geschwindigkeit und damit seine Masse in Kernnähe stärker zunehmen, was zu einer Energieabsenkung führt. Wie die Zahlenbeispiele zeigen, beträgt die Korrektur jedoch nur weniger als das 10^{-4}-fache der Coulombenergie.

5.4.2 Darwin-Term

Der zweite relativistische Effekt rührt her von der Tatsache, dass die momentane Position des Elektrons nur bis auf die Compton-Wellenlänge des Elektrons $\lambda_\mathrm{c} = \hbar/m_\mathrm{e}c$ bestimmt ist. Das Elektron im Coulombfeld des Kerns wird dann beeinflusst durch alle Werte des Feldes im Volumen $(\hbar/m_\mathrm{e}c)^3$ um den Punkt $\boldsymbol{r}$. Seine potentielle Energie ist dann nicht mehr $E_\mathrm{pot}(r)$, sondern wird durch das Integral

$$\int f(\boldsymbol{\varrho}) E_\mathrm{pot}(\boldsymbol{r} + \boldsymbol{\varrho})\,\mathrm{d}^3\varrho \quad \text{mit} \quad \varrho \ll r \qquad (5.47\mathrm{a})$$

über das Volumen ϱ^3 um den Punkt $\boldsymbol{r}$ bestimmt. Die Funktion $f(\varrho)$ gibt die Wahrscheinlichkeit an, das Elektron am Ort $\boldsymbol{r} + \boldsymbol{\varrho}$ zu finden, $\Rightarrow \int f(\boldsymbol{\varrho})\,\mathrm{d}\boldsymbol{\varrho} = 1$. Entwickelt man $E_\mathrm{pot}(\boldsymbol{r} + \boldsymbol{\varrho})$ in eine Taylorreihe nach Potenzen von $\boldsymbol{\varrho}$ um den Punkt $\boldsymbol{\varrho} = \boldsymbol{0}$

$$E_\mathrm{pot}(r + \varrho) = E_\mathrm{pot}(r) + (\mathrm{d}E_\mathrm{pot}/\mathrm{d}\varrho)_{\varrho=0} \cdot \varrho + \tfrac{1}{2}(\mathrm{d}^2E_\mathrm{pot}/\mathrm{d}\varrho^2) \cdot \varrho^2 + \ldots, \qquad (5.47\mathrm{b})$$

so gibt der erste Term das ungestörte Potential an. Der zweite Term verschwindet, weil das Potential kugelsymmetrisch ist. Der dritte Term, eingesetzt in (5.47a), gibt die gewünschte Korrektur an, welche die Größenordnung $(\hbar/m_\mathrm{e}c)^2 \cdot \Delta E_\mathrm{pot}(\boldsymbol{r})$ hat, wobei Δ der Laplace-Operator ist. Für das Coulomb-Potential wird $E_\mathrm{pot}(r) = \frac{-Ze^2}{4\pi\varepsilon_0 r}$ und $\Delta(1/\boldsymbol{r}) = -4\pi \cdot \delta(\boldsymbol{r})$ mit der Deltafunktion $\delta(\boldsymbol{r})$, sodass man für den dritten Term in (5.47) den Ausdruck

$$\frac{-Ze^2\hbar^2}{4\pi\varepsilon_0 m_\mathrm{e}^2c^2}\Delta\left(\frac{1}{r}\right) = +\frac{Ze^2\hbar^2}{\varepsilon_0 m_\mathrm{e}^2c^2}\delta(\boldsymbol{r})$$

erhält. Der quantenmechanische Mittelwert, gebildet mit den Wellenfunktionen des H-Atoms, ergibt dann den so genannten ***Darwin-Term***

$$W_\mathrm{D} = \frac{Ze^2\hbar^2}{\varepsilon_0 m_\mathrm{e}^2c^2}\,|\psi(0)|^2, \qquad (5.48)$$

wobei $\psi(0)$ der Wert der Wellenfunktion am Ursprung $r = 0$ ist. Da nur die s-Funktionen mit $l = 0$ am Ursprung nicht null sind, können wir für ψ die $1s$-Funktion

$$\psi(1s) = 1/\sqrt{\pi} \cdot (Z/a_0)^{3/2} e^{-Zr/a_0}$$

aus Tab. 5.2 einsetzen und erhalten

$$|\psi(0)|^2 = \frac{Z^3}{\pi a_0^3} = \frac{Z^3\pi^2 m_\mathrm{e}^3 e^6}{\varepsilon_0^3 h^6}.$$

Damit wird die Größenordnung des Darwin-Terms

$$W_\mathrm{D} = \frac{Ze^2\hbar^2}{\varepsilon_0 m_\mathrm{e}^2c^2}\,|\psi(0)|^2 = \frac{Z^4 m_\mathrm{e} e^8}{4\varepsilon_0^4 c^2 h^4} = 4Z^4 m_\mathrm{e} c^2 \alpha^4. \qquad (5.49)$$

Mit der ungestörten Energie

$$W_0 = E_\mathrm{nr} = \tfrac{1}{2} m_\mathrm{e} c^2 (Z^2/n^2)\alpha^2$$

wird das Verhältnis von Darwin-Term zu ungestörter Energie wie bei der Korrektur der relativistischen Massenzunahme

$$\frac{W_\mathrm{D}}{W_0} = 8Z^2n^2\alpha^2$$

was für $Z = 1, n = 1$

$$W_\mathrm{D}/W_0 \approx 8Z^2\alpha^2 \approx 8(Z/137)^2.$$

Man sieht hieraus, dass beide relativistischen Korrekturterme von der Größenordnung $\alpha^2 \cdot E_\mathrm{nr} \approx 10^{-4} \cdot E_\mathrm{nr}$ sind.

Wir wollen nun noch den dritten Beitrag, nämlich die Spin-Bahn-Wechselwirkung behandeln.

5.5 Elektronenspin

Mehrere experimentelle Befunde (die Feinstruktur in den Spektren vieler Atome, der anomale Zeeman-Effekt und das Ergebnis des Stern-Gerlach-Versuches) zeigten, dass Elektronen außer ihrer Ladung $-e$ und ihrer Ruhemasse m_0 noch eine weitere charakteristische Eigenschaft besitzen müssen, die wir Elektronenspin nennen und die mit einem magnetischen Moment $\boldsymbol{\mu}_s$ verknüpft ist. Dies soll nun näher erläutert werden.

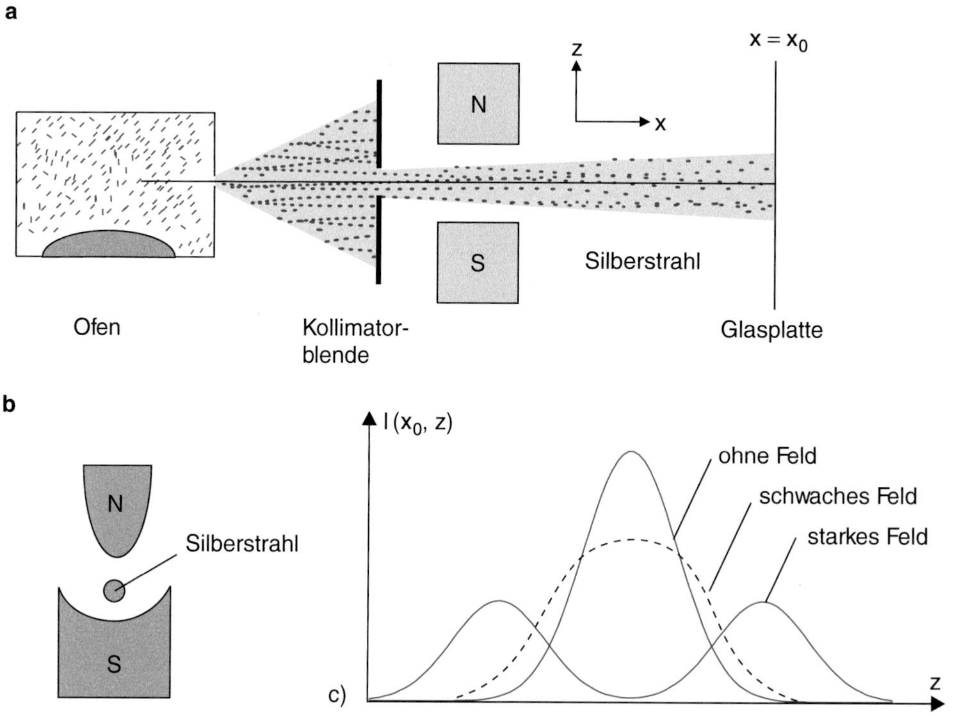

Abbildung 5.16 Stern-Gerlach-Versuch. **a** Versuchsaufbau; **b** Schnitt in der y-z-Ebene durch das inhomogene Magnetfeld; **c** Schwärzungsintensität $I(z)$ auf der Glasplatte mit und ohne Magnetfeld

5.5.1 Stern-Gerlach-Experiment

Otto Stern (1888–1969) und *Walter Gerlach* (1889–1979) führten 1921 ein Experiment über die Ablenkung von Silberatomen in einem inhomogenen Magnetfeld durch (Abb. 5.16) [1]. In einem Ofen wurden Silberatome verdampft, die aus der Öffnung A ins Vakuum flogen und durch eine Blende B zu einem Atomstrahl kollimiert wurden.

Nachdem die Atome in x-Richtung durch ein inhomogenes Magnetfeld B_z in z-Richtung geflogen waren, wurden sie auf einer Glasplatte in der Ebene $x = x_0$ kondensiert.

Ohne Magnetfeld ergab sich die in Abb. 5.16c gezeigte Dichteverteilung, die genau der Intensitätsverteilung des unabgelenkten Atomstrahls entsprach. Nach Einschalten des Feldes spaltete die Verteilung $I(y, z)$ auf in zwei Maxima mit einem Minimum auf der x-Achse.

Hieraus schlossen *Stern* und *Gerlach*, dass im inhomogenen Magnetfeld eine ablenkende Kraft auf die Silberatome in $\pm z$-Richtung wirkte und dass diese daher ein magnetisches Moment $\boldsymbol{p}_\mathrm{m}$ besitzen mussten. Die Kraft $\boldsymbol{F}$ auf einen magnetischen Dipol mit Dipolmoment $\boldsymbol{p}_\mathrm{m}$ im inhomogenen Magnetfeld ist (siehe Bd. 2, Abschn. 3.5)

$$\boldsymbol{F} = -\boldsymbol{p}_\mathrm{m} \cdot \mathbf{grad}\,\boldsymbol{B}$$

mit dem Vektorgradienten (Tensor) $\mathbf{grad}\,\boldsymbol{B}$.

Weil der Grundzustand des Silberatoms ein s-Zu-stand mit $l = 0$ ist, kann nach (5.27) kein magnetisches Bahnmoment vorhanden sein. Atome müssen also außer dem Bahnmoment ein zusätzliches magnetisches Moment besitzen können.

Samuel A. Goudsmit (1902–1978) und *George E. Uhlenbeck* (1900–1988) stellten 1925 die Hypothese auf, dass Elektronen einen Eigendrehimpuls besitzen, den sie den Elektronenspin $\boldsymbol{s}$ nannten und der mit einem magnetischen Moment $\boldsymbol{\mu}_s$ verknüpft ist. Wenn der Spin den üblichen Drehimpulsregeln (siehe Abschn. 4.4.2) genügt, muss sein Betrag

$$|\boldsymbol{s}| = \sqrt{s \cdot (s+1)}\,\hbar \tag{5.50}$$

durch eine Quantenzahl s beschrieben werden und seine Projektion auf die z-Richtung durch $s_z = m_s \cdot \hbar$. Für das ***magnetische Spinmoment*** erhält man dann:

$$\boldsymbol{\mu}_s = \gamma \cdot \boldsymbol{s}\,, \tag{5.51}$$

wobei die Proportionalitätskonstante γ (***gyromagnetisches Verhältnis***) dem Experiment entnommen wird.

Anmerkung. Um die Beiträge von l und s zum gesamten magnetischen Moment $\boldsymbol{p}_\mathrm{m}$ zu unterscheiden, wollen wir sie $\boldsymbol{\mu}_l$ und $\boldsymbol{\mu}_s$ nennen, d. h. $\boldsymbol{p}_\mathrm{m} = \boldsymbol{\mu}_l + \boldsymbol{\mu}_s$.

Wir werden im nächsten Kapitel sehen, dass im Silberatom nur ein Elektron (das *Valenzelektron*) für das magnetische Moment verantwortlich ist. Die Momente aller anderen Elektronen kompensieren sich zu null.

Aus der experimentellen Beobachtung der Aufspaltung des Silberatomstrahls in genau *zwei* Teilstrahlen, die in $\pm z$-Richtung

Kapitel 5

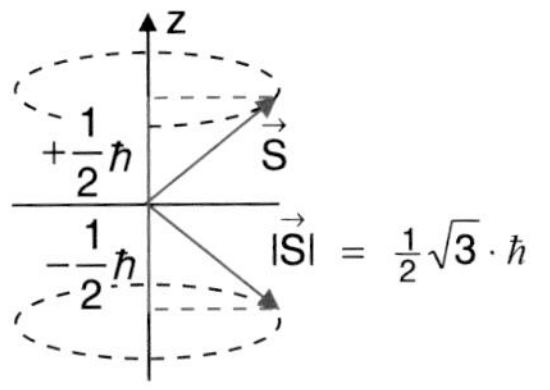

Abbildung 5.17 Die beiden möglichen Einstellungen des Elektronenspins bezüglich der Magnetfeldrichtung (z-Richtung)

abgelenkt wurden, folgt, dass es nur zwei räumliche Einstellungen des Spins geben kann (Abb. 5.17), d. h. es muss wegen $-s \leq m_s \leq +s$ und $\Delta m_s = \pm 1$ gelten:

$$s = 1/2 \Rightarrow m_s = \pm 1/2\,. \tag{5.52}$$

Der Betrag des Elektronenspins ist dann:

$$|s| = \sqrt{s(s+1)}\cdot\hbar = \frac{1}{2}\sqrt{3}\cdot\hbar$$

und seine beiden Komponenten in Magnetfeldrichtung (z-Richtung) $s_z = \pm\frac{1}{2}\hbar$.

5.5.2 Einstein-de-Haas-Effekt

Das Verhältnis von magnetischem Moment des Elektrons zum Elektronenspin lässt sich experimentell durch einen Versuch bestimmen, der ursprünglich von *Einstein* vorgeschlagen wurde, um die Ursache des Magnetismus von Festkörpern zu ergründen, und der dann von dem holländischen Physiker *Wander Johannes de Haas* (1878–1960) 1915 durchgeführt wurde.

An einem dünnen Torsionsfaden hängt ein Eisenzylinder (Masse m, Radius R) in einem longitudinalen Magnetfeld $\boldsymbol{B} = \{0, 0, B_z\}$, das durch eine stromdurchflossene Spule erzeugt wird (Abb. 5.18). Das Magnetfeld ist so stark, dass die Magnetisierung $M = N\cdot\mu_{sz}$ des Zylinders ihren Sättigungswert erreicht, d. h. alle durch die Spins der N freien Leitungselektronen im Eisenzylinder bewirkten magnetischen Momente stehen parallel zur Feldrichtung.

Anmerkung. Im Eisen wird das magnetische Moment sowohl von freien Leitungselektronen als auch von gebundenen Elektronen der Eisenatome bewirkt. Ein kleiner Teil der Magnetisierung wird daher auch vom Bahndrehimpuls der gebundenen Elektronen erzeugt. Der überwiegende Teil kommt jedoch von den Spins der Leitungselektronen. Eine genauere Diskussion findet man in den Lehrbüchern der Festkörperphysik, z. B. in [2, 3].

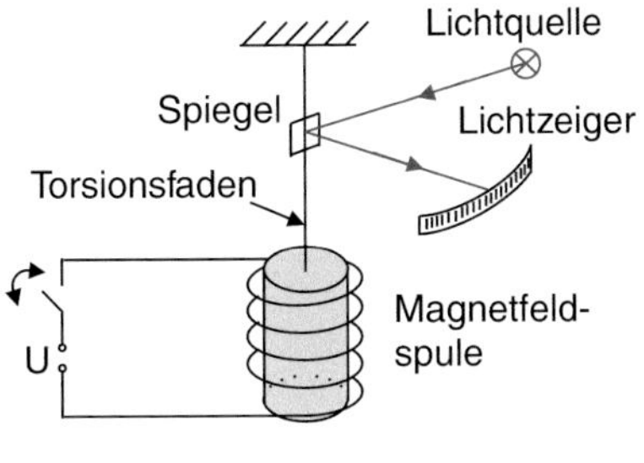

Abbildung 5.18 Einstein-de Haas-Effekt

Wird jetzt das Magnetfeld umgepolt, so klappen alle magnetischen Spinmomente $\boldsymbol{\mu}_s$ der N Elektronen im Zylinder und damit alle Spins um. Dies ergibt eine Änderung der Magnetisierung

$$\Delta M = 2M = 2N\cdot\mu_{sz}\,. \tag{5.53}$$

Da die Magnetisierung M gemessen werden kann (siehe Bd. 2, Abschn. 3.5.2), lässt sich das Produkt $N\cdot\mu_{sz}$ aus dieser Messung bestimmen.

Bei der Ummagnetisierung klappen auch alle Elektronenspins um. Die dabei auftretende Änderung

$$\Delta\boldsymbol{S} = 2Ns_z = N\cdot\hbar = -\boldsymbol{L} = -I\cdot\omega \tag{5.54}$$

des mechanischen Drehimpulses aller zum magnetischen Moment beitragenden Elektronen muss durch einen entgegengesetzten Drehimpuls $-\boldsymbol{L}$ des Zylinders kompensiert werden, da der Gesamtdrehimpuls des Systems erhalten bleibt. Der Zylinder erhält deshalb beim Umpolen des Feldes einen Drehimpuls $I\cdot\omega = -N\cdot\hbar$ mit dem mechanischen Trägheitsmoment $I = \frac{1}{2}mR^2$ (siehe Bd. 1, Abschn. 5.5 und eine Rotationsenergie

$$E_{\text{rot}} = \frac{L^2}{2I} = \frac{N^2\hbar^2}{2I} = \frac{N^2\hbar^2}{mR^2}\,, \tag{5.55}$$

die zu einer Ablenkung um den Winkel φ führt (Torsion, siehe Bd. 1, Abschn. 6.2.3), bei der die potentielle Energie $\frac{1}{2}D_{\text{r}}\,\varphi^2$ des verdrillten Fadens mit rücktreibendem Torsionsrichtmoment D_{r} gleich E_{rot} wird. Der Winkel φ kann mit einem Lichtzeiger über den am Faden befestigten Spiegel gemessen werden.

Aus den Messgrößen ΔM der Magnetisierungsänderung und $|\Delta\boldsymbol{S}| = R\cdot\varphi\cdot\sqrt{m\cdot D_{\text{r}}}$ lässt sich das gyromagnetische Verhältnis

$$\frac{\Delta M}{\Delta s} = \frac{\mu_{sz}}{s_z} = \frac{|\boldsymbol{\mu}_s|}{|\boldsymbol{s}|} = \gamma_s \tag{5.56}$$

experimentell bestimmen.

Während beim Bahndrehimpuls $\boldsymbol{l}$ des Elektrons das gyromagnetische Verhältnis nach (5.27) und (5.31)

$$\gamma_l = \frac{|\boldsymbol{\mu}_l|}{|\boldsymbol{l}|} = \frac{e}{2m_{\text{e}}} = \mu_{\text{B}}/\hbar$$

ist, brachte der Einstein-de-Haas-Versuch das überraschende Ergebnis

$$\gamma_s \approx \frac{e}{m_{\text{e}}} = 2\gamma_l\,. \tag{5.57}$$

> Das Verhältnis von magnetischem Moment zu mechanischem Drehimpuls ist beim Elektronenspin doppelt so groß wie beim Bahndrehimpuls.

Kapitel 5

Man schreibt das magnetische Spinmoment analog zum magnetischen Bahnmoment $\boldsymbol{\mu}_l = -(\mu_B/\hbar) \cdot \boldsymbol{l}$

$$\boldsymbol{\mu}_s = -g_s(\mu_B/\hbar) \cdot \boldsymbol{s} \tag{5.58a}$$

und nennt $g_s \approx 2$ den ***Landé-Faktor***.

Der Betrag des magnetischen Spinmomentes ist dann wegen $|\boldsymbol{s}| = \sqrt{3/4}\hbar$

$$\begin{aligned} |\boldsymbol{\mu}_s| &= 2(\mu_B/\hbar) \cdot \sqrt{3/4}\hbar \\ &= \sqrt{3}\mu_B\,. \end{aligned} \tag{5.58b}$$

Anmerkung. Der genaue Wert des Landé-Faktors $g_s = 2{,}0023$ kann durch eine erweiterte Theorie, die den Elektronenspin berücksichtigt (Dirac-Theorie), berechnet werden [4]. Ihre Darstellung geht jedoch über den Rahmen dieses Lehrbuches hinaus.

5.5.3 Spin-Bahn-Kopplung; Feinstruktur

Wir wollen nun untersuchen, warum die Energieterme des H-Atoms mit $l \geq 1$ in zwei Komponenten aufspalten, was durch die Schrödingertheorie nicht erklärt wird. Da diese Aufspaltung sehr klein ist, und sich in den Spektren nur bei großer spektraler Auflösung als feine Substruktur bemerkbar macht, hat sie den Namen ***Feinstruktur*** erhalten.

Wir beginnen wieder mit einem halbklassischen Modell, in dem die Drehimpulse als Vektoren behandelt werden, deren Beträge und z-Komponenten jedoch gequantelt sind.

In Abschn. 5.2 wurde gezeigt, dass ein auf einer Kreisbahn umlaufendes Elektron als elektrischer Kreisstrom ein magnetisches Dipolmoment erzeugt, dessen Größe

$$\boldsymbol{\mu}_l = -\frac{e}{2m_e} \cdot \boldsymbol{l}$$

proportional zum Bahndrehimpuls $\boldsymbol{l}$ ist.

In einem Koordinatensystem, in dem das Elektron den zeitlich konstanten Ortsvektor $\boldsymbol{r}_e$ hat, bewegt sich der Atomkern mit der Frequenz $\nu = v/2\pi r$ um das Elektron (Abb. 5.19a). Der dadurch bewirkte Kreisstrom $Z \cdot e \cdot \nu$ erzeugt am Ort des Elektrons ein Magnetfeld $\boldsymbol{B}$, das sich nach dem Biot-Savart-Gesetz (siehe Bd. 2, Abschn. 3.2.5) ergibt zu:

$$B_l = \frac{\mu_0 \cdot Z \cdot e}{4\pi r^3} \left(v \times r\right). \tag{5.59}$$

Hierbei ist $\boldsymbol{r} = \boldsymbol{r}_K - \boldsymbol{r}_e$ der Ortsvektor vom Elektron zum Atomkern. Setzen wir das Elektron in den Nullpunkt, so ist $\boldsymbol{r}_e = 0$ und $\boldsymbol{r} = \boldsymbol{r}_K$ (Abb. 5.19c).

Transformiert man jetzt in ein Koordinatensystem mit dem Atomkern im Ursprung (Abb. 5.19c), so wird $\boldsymbol{r}_K = \boldsymbol{0}$ und $\boldsymbol{r} = -\boldsymbol{r}_e$. Für das Magnetfeld erhalten wir dann:

$$\begin{aligned} \boldsymbol{B} &= \frac{\mu_0 Z \cdot e}{4\pi r^3}(\boldsymbol{v} \times \boldsymbol{r}) = \frac{\mu_0 Z \cdot e}{4\pi r^3}\boldsymbol{v} \times (-\boldsymbol{r}_e) \\ &= \frac{\mu_0 Z \cdot e}{4\pi r^3 M_e} \cdot \boldsymbol{l}\,, \end{aligned}$$

weil für den Bahndrehimpuls des Elektrons gilt: $\boldsymbol{l} = \boldsymbol{r} \times \boldsymbol{p}$.

Man kann sich den Wechsel des Vorzeichens auch damit klar machen, dass nun eine negative Ladung $-e$ umläuft statt der positiven Kernladung $+Z \cdot e$ im Koordinatensystem mit dem Elektron im Nullpunkt.

In einer relativistischen Rechnung bei der Rücktransformation auf das Ruhesystem des Atomkerns muss man berücksichtigen, dass das Elektron sich beschleunigt bewegt. Man muss deshalb statt der klassischen Transformation die relativistischen Formeln anwenden, die einen zusätzlichen Faktor $\frac{1}{2}$ ergeben (***Thomas-Faktor***). Er rührt daher, dass aus der Sicht des ruhenden Kerns das Ruhesystem des Elektrons sich pro Umlauf einmal zusätzlich um die z-Achse dreht [5]. Das richtige Magnetfeld ist deshalb

$$\boldsymbol{B} = \frac{\mu_0 Z \cdot e}{8\pi r^3 m_e} \cdot \boldsymbol{l}\,.$$

In diesem Magnetfeld hat der Elektronenspin die beiden Einstellmöglichkeiten $s_z = \pm(1/2)\hbar$. Die Wechselwirkungsenergie der Spin-Bahn-Kopplung wird damit

$$\begin{aligned} \Delta E_{l,s} &= -\boldsymbol{\mu}_s \cdot \boldsymbol{B} = g_s \mu_B \frac{\mu_0 Z \cdot e}{8\pi\hbar m_e r^3}(\boldsymbol{s} \cdot \boldsymbol{l}) \\ &\approx \frac{\mu_0 Z \cdot e^2}{8\pi m_e^2 r^3}(\boldsymbol{s} \cdot \boldsymbol{l})\,. \end{aligned} \tag{5.60}$$

Damit spalten die Termwerte E_n aus (5.18), die ohne Berücksichtigung des Spins erhalten wurden, durch die ***Spin-Bahn-Kopplungsenergie*** auf in Werte

$$\begin{aligned} E_{n,l,s} &= E_n - \boldsymbol{\mu}_s \cdot \boldsymbol{B}_l \\ &= E_n + \frac{\mu_0 Z e^2}{8\pi m_e^2 r^3}(\boldsymbol{s} \cdot \boldsymbol{l})\,. \end{aligned} \tag{5.61}$$

Das Skalarprodukt $(\boldsymbol{s} \cdot \boldsymbol{l})$ kann, je nach Spinstellung, positiv oder negativ sein. Führen wir den Gesamtdrehimpuls

$$\boldsymbol{j} = \boldsymbol{l} + \boldsymbol{s} \quad \text{mit} \quad |\boldsymbol{j}| = \sqrt{j(j+1)} \cdot \hbar \tag{5.62}$$

des Elektrons ein (Abb. 5.20), so ergibt sich durch Quadrieren von (5.62) die Relation

$$\begin{aligned} \boldsymbol{j}^2 &= \boldsymbol{l}^2 + \boldsymbol{s}^2 + 2\boldsymbol{l} \cdot \boldsymbol{s} \\ \Rightarrow \boldsymbol{s} \cdot \boldsymbol{l} &= \frac{1}{2}[\boldsymbol{j}^2 - \boldsymbol{l}^2 - \boldsymbol{s}^2] \\ &= \frac{1}{2}\hbar^2\big[j(j+1) - l(l+1) - s(s+1)\big]. \end{aligned} \tag{5.63}$$

Kapitel 5

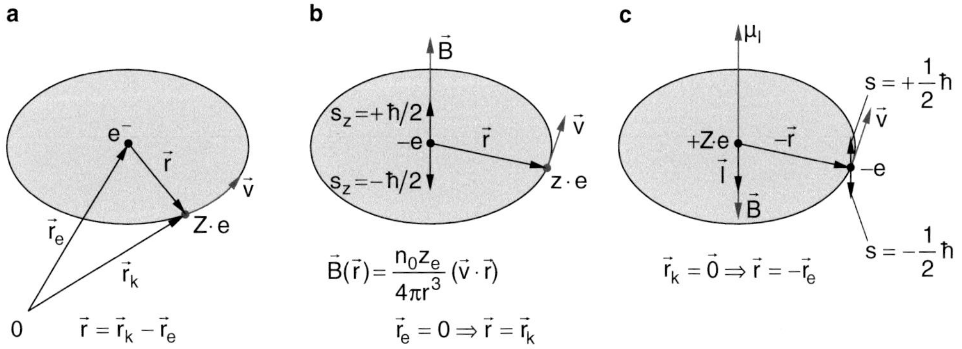

Abbildung 5.19 Halbklassisches Modell der Spin-Bahn-Wechselwirkung. **a** Bei ortsfestem Elektron mit $\boldsymbol{r}_\mathrm{e} = \text{const}$ kreist der Kern um das Elektron. **b** Ruhesystem des Elektrons mit $\boldsymbol{r}_\mathrm{e} = \mathbf{0}$; **c** Rücktransformation auf das Ruhesystem des Kerns

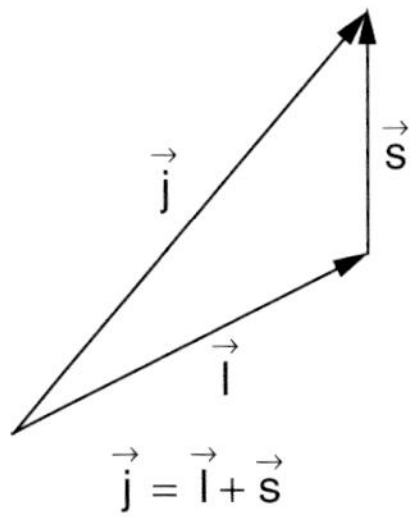

Abbildung 5.20 Vektormodell der Kopplung des Bahndrehimpulses $\boldsymbol{l}$ und des Spins $\boldsymbol{s}$ zum Gesamtdrehimpuls $\boldsymbol{j} = \boldsymbol{l} + \boldsymbol{s}$

Damit lässt sich (5.61) schreiben als

$$E_{n,l,j} = E_n + \frac{a}{2} \cdot \left[j(j+1) - l(l+1) - s(s+1) \right] \quad (5.64)$$

mit der Spin-Bahn-Kopplungskonstante

$$a = \frac{\mu_0 Z e^2 \hbar^2}{8\pi m_\mathrm{e}^2 r^3} .$$

Die Energieeigenwerte $E_{n,l}$ spalten je nach Spinstellung auf in die beiden Komponenten mit $j = l + 1/2$ bzw. $j = l - 1/2$ (Abb. 5.21).

Die Feinstrukturaufspaltung kann aufgefasst werden als Zeeman-Aufspaltung infolge der Wechselwirkung des magnetischen Spinmomentes mit dem Magnetfeld, das durch die Bahnbewegung des Elektrons erzeugt wird.

In der quantenmechanischen Beschreibung ist der Abstand r des Elektrons vom Kern nicht exakt angebbar. Es gibt eine Wahrscheinlicheitsverteilung, die durch das Quadrat der Wellenfunktion angegeben wird.

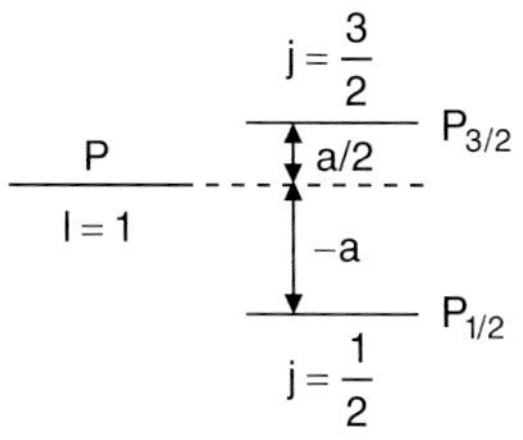

Abbildung 5.21 Feinstrukturaufspaltung eines p-Terms mit $l = 1$

Der Mittelwert $\overline{a}$ der Spin-Bahn-Kopplungskonstante lässt sich mithilfe des Erwartungswertes von $1/r^3$ bestimmen:

$$\overline{a} = \frac{\mu_0 Z e^2 \hbar^2}{8\pi m_\mathrm{e}^2} \cdot \int \psi^*_{n,l,m} \frac{1}{r^3} \psi_{n,l,m} \, \mathrm{d}\tau . \quad (5.65)$$

Setzt man für $\psi_{n,l,m}(r, \vartheta, \varphi)$ die Wasserstoffwellenfunktion ein, so ergibt die Rechnung:

$$\overline{a} = -E_n \frac{Z^2 \alpha^2}{n \cdot l\left(l + \frac{1}{2}\right)(l+1)} , \quad (5.66)$$

wobei die Konstante

$$\alpha = \frac{\mu_0 c e^2}{4\pi\hbar} = \frac{e^2}{4\pi\varepsilon_0 \hbar c} \approx \frac{1}{137} , \quad (5.67)$$

die bereits bei der relativistischen Korrektur auftretende Sommerfeld'sche Feinstrukturkonstante ist.

Der Abstand zwischen den beiden Spin-Bahn-Komponenten $(n, l, j = l + 1/2)$ und $(n, l, j = l - 1/2)$ ist dann nach (5.64) und (5.66):

$$\Delta E_{l,s} = \overline{a}\left(l + \frac{1}{2}\right) = -E_n \cdot \frac{Z^2 \cdot \alpha^2}{n \cdot l(l+1)} \approx -5{,}3 \cdot 10^{-5} \, E_n \cdot \frac{Z^2}{n \cdot l(l+1)} . \quad (5.68)$$

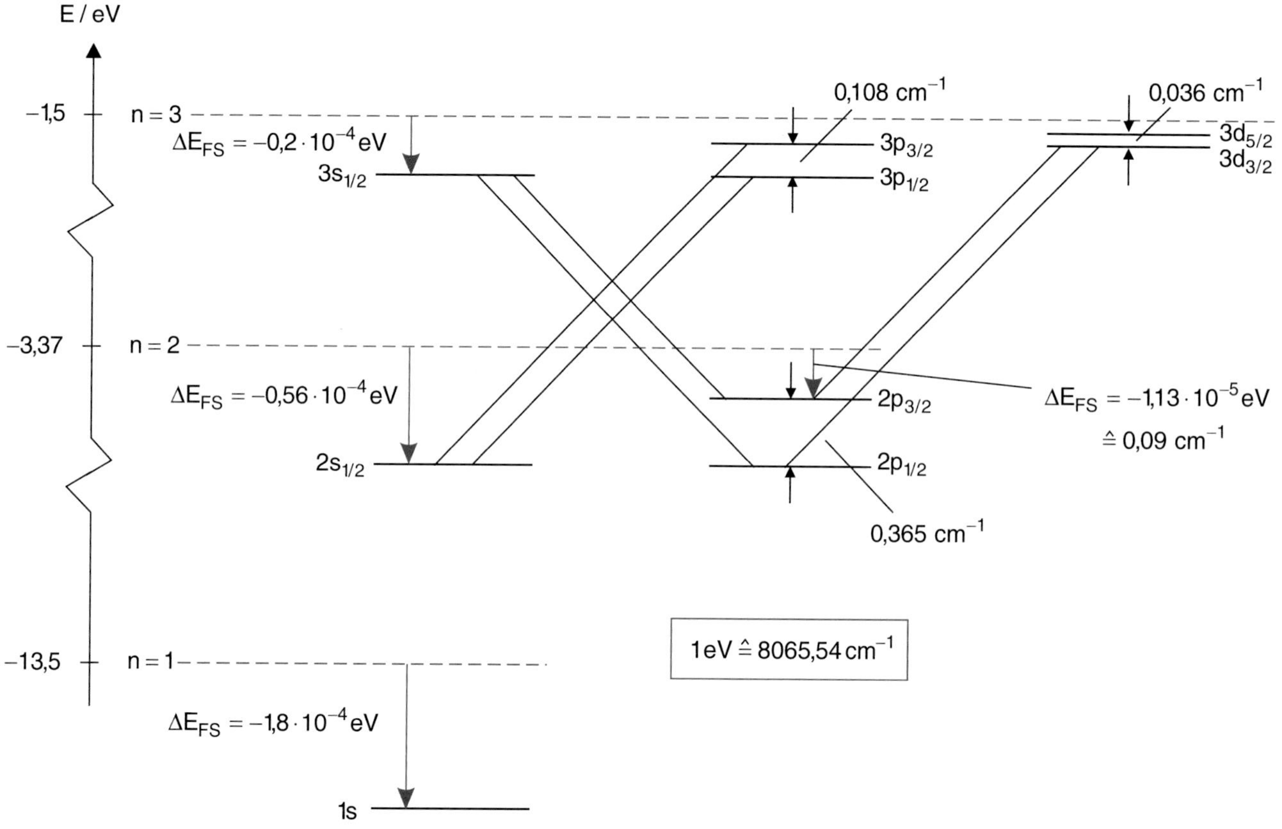

Abbildung 5.22 Termschema des H-Atoms bei Berücksichtigung der relativistischen Massenzunahme und der Feinstrukturaufspaltung. Die *gestrichelten Geraden* geben die Lage der Energieniveaus E_n als Lösungen der Schrödingergleichung an

Die Aufspaltung ist also sehr klein gegenüber den Energien E_n der Terme (n, l). Sie heißt deshalb ***Feinstruktur***.

Man sieht aus (5.68), dass die Feinstrukturaufspaltung mit wachsenden Quantenzahlen n und l abnimmt, aber proportional zum Produkt $E_n \cdot Z^2$ ansteigt. Da E_n nach (5.18) proportional zu Z^2/n^2 anwächst, gilt:

$$\Delta E_{l,s} \propto \frac{Z^4}{n^3 l(l+1)} \,. \tag{5.69}$$

Beispiel

Für den $2p$-Zustand im H-Atom ist $Z = 1, n = 2, l = 1$, $E_n = -3{,}4$ eV sodass aus (5.68) folgt:

$$\Delta E_{l,s} = 4{,}6 \cdot 10^{-5}\,\text{eV} \Rightarrow \Delta\overline{\nu} = 0{,}37\,\text{cm}^{-1} \,. \quad \blacksquare$$

Berücksichtigt man sowohl die relativistischen Korrekturen des vorigen Abschnittes als auch die Spin-Bahn-Aufspaltung, so erhält man durch Addition von (5.43), (5.49) und (5.64) für die Energie eines Zustandes (n, l, j) mit $E_n < 0$:

$$E_{n,j} = E_n \left[1 + \frac{Z^2\alpha^2}{n} \left(\frac{1}{j + 1/2} - \frac{3}{4n} \right) \right] . \tag{5.70}$$

Im Coulombfeld hängt die Energie eines Elektronenzustandes (n, l, j) nicht von der Bahndrehimpulsquantenzahl l sondern nur von n und j ab. Alle Terme mit gleichen Quantenzahlen n und j haben gleiche Energie.

Beispiel

Die Terme $2s_{1/2}$ und $2p_{1/2}$ oder $3p_{3/2}$ und $3d_{3/2}$ haben die gleiche Energie (Abb. 5.22). ■

Dies trifft allerdings nur auf das H-Atom und alle wasserstoffähnlichen Ionen, wie He^+, Li^{++}, usw. zu und liegt am $1/r$-Verlauf des Coulombpotentials, der sowohl in die relativistische Korrektur als auch die Berechnung (5.65) der Spin-Bahn-Kopplungskonstante a eingeht. Bei Atomen mit mehr als einem Elektron gilt dies nicht mehr, weil dann kein Coulombpotential

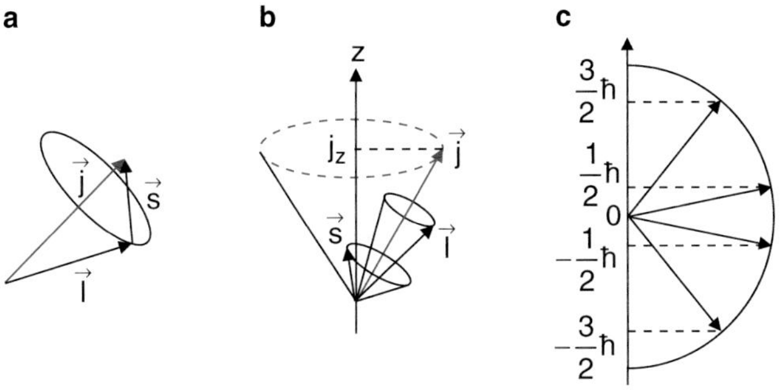

Abbildung 5.23 **a** Kopplung von $\boldsymbol{l}$ und $\boldsymbol{s}$ zu $\boldsymbol{j} = \boldsymbol{l} + \boldsymbol{s}$; **b** Präzession von $\boldsymbol{j}$ um die z-Richtung in einem äußeren Magnetfeld; **c** z-Komponente $j_z = m_j \cdot \hbar$

mehr vorliegt. Dort haben Zustände mit verschiedenen Werten für l, aber gleichen j *unterschiedliche* Energien.

5.5.4 Anomaler Zeeman-Effekt

Bei Berücksichtigung des Elektronenspins $\boldsymbol{s}$ und des mit ihm verbundenem magnetischen Momentes $\boldsymbol{\mu}_s$ ist die Aufspaltung der Atomzustände in einem Magnetfeld $\boldsymbol{B}$ im Allgemeinen anders, als dies durch den normalen Zeeman-Effekt in Abschn. 5.2 beschrieben wurde. Damit wird auch die beobachtete Aufspaltung der Spektrallinien in die verschiedenen Zeeman-Komponenten komplizierter als die in Abb. 5.12 und Abb. 5.13 gezeigte *normale Aufspaltung*, die nur bei Zuständen auftritt, deren Gesamtspin $\boldsymbol{S} = \sum \boldsymbol{s}_i = \boldsymbol{0}$ ist (z. B. bei Atomen mit zwei Elektronen, deren Spins antiparallel orientiert sind).

Ohne Magnetfeld bleibt der Gesamtdrehimpuls $\boldsymbol{j} = \boldsymbol{l} + \boldsymbol{s}$ im Coulombpotential (Zentralkraftfeld!) zeitlich konstant. Dann müssen $\boldsymbol{l}$ und $\boldsymbol{s}$ um die Richtung von $\boldsymbol{j}$ präzedieren (Abb. 5.23a).

Magnetisches Moment $\boldsymbol{\mu}_j$ und Drehimpuls $\boldsymbol{j}$ sind wegen des anomalen Spinmomentes *nicht* mehr parallel (Abb. 5.24)!

Wegen

$$\boldsymbol{\mu}_l = -\mu_B \cdot \boldsymbol{l}/\hbar \quad \text{und} \quad \boldsymbol{\mu}_s = -g_s \cdot \mu_B \cdot \boldsymbol{s}/\hbar$$

folgt für das gesamte magnetische Moment $\boldsymbol{\mu}_j = \boldsymbol{\mu}_l + \boldsymbol{\mu}_s$:

$$\boldsymbol{\mu}_j = -\frac{e}{2m_e}(\boldsymbol{l} + g_s \boldsymbol{s}) \quad \text{mit} \quad g_s \approx 2\,. \tag{5.71}$$

Ohne äußeres Feld B ist $\boldsymbol{j}$ nach Betrag und Richtung zeitlich konstant. Da $\boldsymbol{s}$ in dem durch die Bahnbewegung erzeugten atomaren Magnetfeld präzediert, muss $\boldsymbol{\mu}_j$ um die raumfeste Richtung von $\boldsymbol{j}$ präzedieren. Sein zeitlicher Mittelwert ist deshalb gleich der

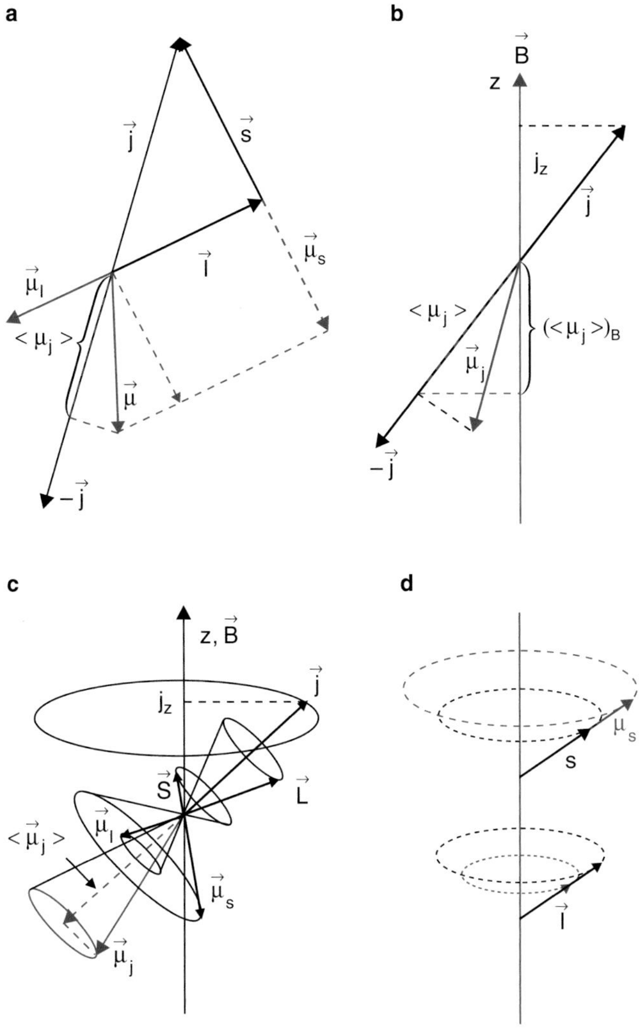

Abbildung 5.24 Die Drehimpulse und magnetischen Momente für Atome mit Spin. **a** Ohne äußeres Magnetfeld, **b** mit äußerem Magnetfeld, **c** Präzession der Momente bei schwachem Magnetfeld, **d** bei starkem Magnetfeld

Projektion $(\boldsymbol{\mu}_j)_j$ von $\boldsymbol{\mu}_j$ auf $\boldsymbol{j}$ (Abb. 5.24a):

$$\begin{aligned} \langle \boldsymbol{\mu}_j \rangle = (\boldsymbol{\mu}_j)_j &= \frac{\boldsymbol{\mu}_j \cdot \boldsymbol{j}}{|\boldsymbol{j}|} \\ &= -\frac{e}{2m_e}\left(\frac{\boldsymbol{l} \cdot \boldsymbol{j}}{|\boldsymbol{j}|} + g_s \cdot \frac{\boldsymbol{s} \cdot \boldsymbol{j}}{|\boldsymbol{j}|}\right). \end{aligned} \tag{5.72}$$

Aus $\boldsymbol{j} = \boldsymbol{l} + \boldsymbol{s}$ folgt

$$\begin{aligned} \boldsymbol{l} \cdot \boldsymbol{j} &= \frac{1}{2}[\boldsymbol{j}^2 + \boldsymbol{l}^2 - \boldsymbol{s}^2] \\ &= \frac{1}{2}\left[j(j+1) + l(l+1) - s(s+1)\right]\hbar^2 \end{aligned}$$

und

$$\boldsymbol{s} \cdot \boldsymbol{j} = \frac{1}{2}\left[j(j+1) - l(l+1) + s(s+1)\right]\hbar^2\,,$$

sodass wir (5.72) mit dem Bohr'schen Magneton $\mu_B = (e/2m_e)\hbar$ und $g_s \approx 2$ schreiben können als

$$\begin{aligned}\langle\mu_j\rangle &= -\frac{3j(j+1)+s(s+1)-l(l+1)}{2\cdot\sqrt{j(j+1)}}\,\mu_B\\ &= -g_j\cdot\sqrt{j(j+1)}\,\mu_B \qquad (5.73)\\ &= -g_j\mu_B\cdot|\boldsymbol{j}|/\hbar\,.\end{aligned}$$

Dabei ist der *Landé-Faktor* g_j definiert durch

$$g_j = 1+\frac{j(j+1)+s(s+1)-l(l+1)}{2j(j+1)}\,. \qquad (5.74)$$

Für $s = 0$, d. h. den reinen Bahnmagnetismus, ist $\boldsymbol{j} = \boldsymbol{l}$, und man erhält $g_j = 1$. Für $l = 0$, d. h. reinen Spinmagnetismus, ist $g_j \approx 2$. Tragen Bahndrehimpuls und Spin beide zum magnetischen Moment bei, liegt g_j zwischen $\frac{2}{3}$ und 2.

Wird jetzt ein äußeres Magnetfeld $B = B_z$ eingeschaltet, so präzediert das magnetische Moment $\boldsymbol{\mu}_j$ und damit auch $\boldsymbol{j}$ um die z-Richtung (Abb. 5.23b).

Ist das äußere Magnetfeld $\boldsymbol{B}$ schwächer als das durch die Bahnbewegung des Elektrons erzeugte atomare Magnetfeld (Abschn. 5.5.3), so ist die Zeeman-Aufspaltung kleiner als die Feinstruktur-Aufspaltung. Dann bleibt die Spin-Bahn-Kopplung erhalten, d. h. der Gesamtdrehimpuls

$$\boldsymbol{j} = \boldsymbol{l} + \boldsymbol{s}$$

mit

$$|\boldsymbol{j}| = \sqrt{j(j+1)}\hbar$$

bleibt im äußeren Magnetfeld dem Betrage nach erhalten. Seine Richtung ist jedoch nicht mehr raumfest, weil das mit $\boldsymbol{j}$ verknüpfte magnetische Moment $\boldsymbol{\mu}_j = \boldsymbol{\mu}_l + \boldsymbol{\mu}_s$ im Magnetfeld $\boldsymbol{B}$ ein Drehmoment

$$\boldsymbol{D} = \boldsymbol{\mu}_j \times \boldsymbol{B}$$

erfährt. Die Komponente j_z nimmt die Werte $j_z = m_j\cdot\hbar$ an, wobei m_j alle halbzahligen Werte im Bereich $-j \le m_j \le j$ annehmen kann (Abb. 5.23c). Deshalb ist die z-Komponente $\langle\mu_j\rangle_z$ des mittleren magnetischen Moments $\langle\mu_j\rangle$

$$\langle\mu_j\rangle_z = -m_j\cdot g_j\cdot\mu_B$$

und die zusätzliche Energie im Magnetfeld

$$E_{m_j} = -\langle\mu_j\rangle_z\cdot B = m_j\cdot g_j\mu_B\cdot B\,. \qquad (5.75)$$

Die Aufspaltung zwischen zwei benachbarten Zeeman-Komponenten m_j und $m_j - 1$ ist damit

$$\Delta E_{m_j,m_j-1} = g_j\cdot\mu_B\cdot B\,. \qquad (5.76)$$

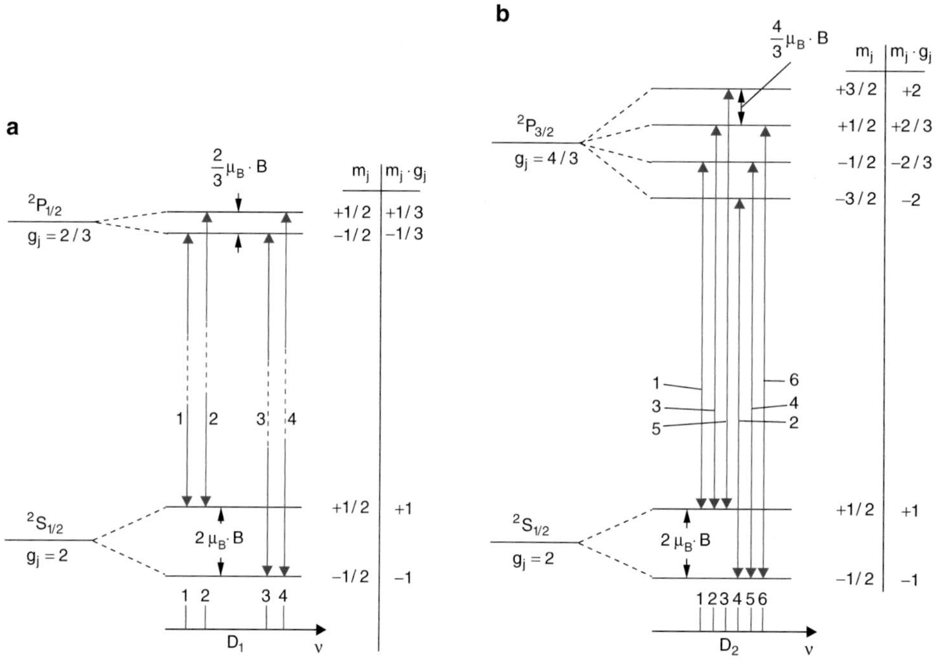

Abbildung 5.25 Anomaler Zeeman-Effekt der beiden Übergänge **a** $3P_{1/2} \leftrightarrow 3S_{1/2}$ und **b** $3P_{3/2} \leftrightarrow 3S_{1/2}$ im Na-Atom, ohne Berücksichtigung der Hyperfeinstruktur

Da der Landé-Faktor g_j nach (5.74) vom Zustand (j, l) abhängt, ist die Aufspaltung für die verschiedenen Niveaus (j, l) *verschieden*, im Gegensatz zum normalen Zeeman-Effekt. Deshalb ist das Aufspaltungsbild der Spektrallinien beim anomalen Zeeman-Effekt komplizierter.

Es gibt im Allgemeinen *mehr* als drei Zeeman-Komponenten, wie die folgenden Beispiele zeigen.

In Abb. 5.25 ist das Aufspaltungsbild der beiden Übergänge $^2S_{1/2} \rightarrow {}^2P_{1/2,3/2}$ am Beispiel des Na-Atoms gezeigt. Für das H-Atom erhält man ein völlig analoges Muster, nur ist der Faktor a und damit die Aufspaltung kleiner. Die Landé-Faktoren sind nach (5.74)

$$g_j(^2S_{1/2}) = 2\,, \quad g_j(^2P_{1/2}) = 2/3\,,$$
$$g_j(^2P_{3/2}) = 4/3\,.$$

Man erhält im Spektrum vier Zeeman-Komponenten für den Übergang $^2S_{1/2} \rightarrow {}^2P_{1/2}$ und sechs für den $^2S_{1/2} \rightarrow {}^2P_{3/2}$-Übergang, die nicht wie beim normalen Zeeman-Effekt äquidistant liegen.

Wieder sind die Übergänge mit $\Delta m_j = \pm 1$ zirkular polarisiert, während ($\Delta m = 0$)-Übergänge zu linear polarisierter Strahlung mit dem $\boldsymbol{E}$-Vektor in Magnetfeldrichtung führen.

5.6 Hyperfeinstruktur

Bisher haben wir den Atomkern durch das Modell einer punktförmigen Ladung $Z \cdot e$ beschrieben, deren Wechselwirkung mit dem Elektron nur durch das Coulombpotential

$$\phi(r) = -Ze/(4\pi\varepsilon_0 r)$$

bewirkt wird. Mit diesem Potential ergab die Schrödingergleichung die Energieterme und Spektrallinien der Balmerformel (5.18) bzw. (3.97). Die *Feinstruktur* der Spektrallinien wurde durch die magnetische Wechselwirkung zwischen dem magnetischen Moment des Elektronenspins und dem durch die Bahnbewegung der Ladung $-e$ erzeugten Magnetfeld erklärt.

Bei sehr hoher spektraler Auflösung findet man jedoch experimentell, dass jede der beiden Feinstrukturkomponenten der Übergänge selbst wieder in zwei Komponenten aufspaltet, deren Abstand beim H-Atom kleiner ist als die Dopplerbreite (siehe Abschn. 7.5) der Spektrallinie. Diese sehr kleine Aufspaltung, die im Allgemeinen nur mit *dopplerfreien* spektroskopischen Methoden aufgelöst werden kann, heißt die ***Hyperfeinstruktur*** der Spektrallinien. Sie kann folgendermaßen erklärt werden:

Atomkerne haben eine räumliche Ausdehnung und können außer ihrer elektrischen Ladung $Z \cdot e$ auch einen mechanischen Drehimpuls $\boldsymbol{I}$ haben, der ***Kernspin*** genannt wird und dessen Betrag

$$|\boldsymbol{I}| = \sqrt{I(I+1)} \cdot \hbar \qquad (5.77)$$

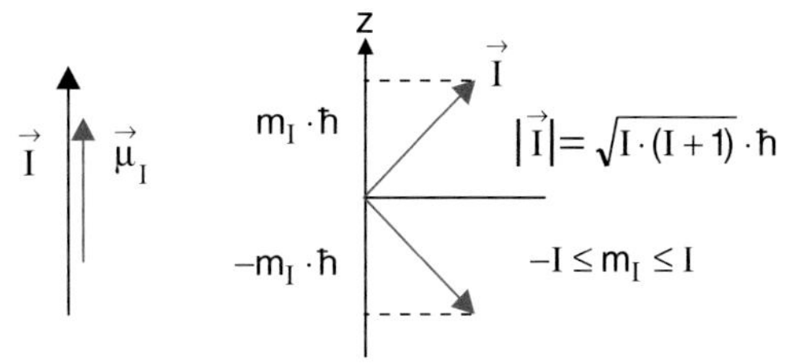

Abbildung 5.26 Kernspin $\boldsymbol{I}$, magnetisches Kernmoment $\boldsymbol{\mu}_I$ und Komponenten $I_z = m_I\hbar$

durch die Kernspinquantenzahl I beschrieben wird. Seine Projektion auf die z-Richtung kann die $(2I + 1)$ Werte

$$I_z = m_I \cdot \hbar \quad \text{mit} \quad -I \leq m_I \leq +I \qquad (5.78)$$

annehmen, völlig analog zum Elektronendrehimpuls (Abb. 5.26). Mit dem Kernspin $\boldsymbol{I}$ ist ein magnetisches Kernmoment verknüpft:

$$\boldsymbol{\mu}_I = \gamma_K \cdot \boldsymbol{I}\,. \qquad (5.79)$$

Als Einheit für das magnetische Kernmoment $\boldsymbol{\mu}_I$ wird analog zum Bohr'schen Magneton das ***Kernmagneton***

$$\mu_K = \frac{e}{2m_p} \cdot \hbar = \frac{m_e}{m_p} \cdot \mu_B = \frac{\mu_B}{1836}$$
$$= 5{,}05 \cdot 10^{-27}\,\mathrm{J\,T^{-1}} \qquad (5.80)$$

eingeführt, das um den Faktor $(m_e/m_p) \approx 1/1836$ kleiner ist als das Bohr'sche Magneton μ_B. Das magnetische Kernmoment des Protons ist $\mu_I(\mathrm{p}) = 2{,}79\mu_K$.

Das magnetische Kernmoment lässt sich in dieser Einheit (analog zu (5.51) und (5.58a)) beim magnetischen Moment des Elektrons) schreiben als

$$\boldsymbol{\mu}_I = \gamma_K \cdot \boldsymbol{I} = g_I \cdot \frac{\mu_K}{\hbar} \boldsymbol{I}\,, \qquad (5.81)$$

wobei der dimensionslose Faktor $g_I = \gamma_K \cdot \hbar/\mu_K$ der ***Kern-g-Faktor*** heißt.

Dieses magnetische Kernmoment liefert nun zwei Beiträge zur Aufspaltung und Verschiebung von Energieniveaus der Elektronenhülle:

- Die Wechselwirkung des magnetischen Kernmomentes mit dem Magnetfeld, das von den Elektronen am Kernort erzeugt wird (Zeeman-Effekt des Kernmomentes mit dem atomaren Magnetfeld).
- Die Wechselwirkung des elektronischen magnetischen Momentes mit dem vom Kernmoment erzeugten Magnetfeld.

Das magnetische Kernmoment $\boldsymbol{\mu}_I$ hat in dem vom Elektron mit Drehimpuls $\boldsymbol{j} = \boldsymbol{l} + \boldsymbol{s}$ am Kernort erzeugten inneren Magnetfeld

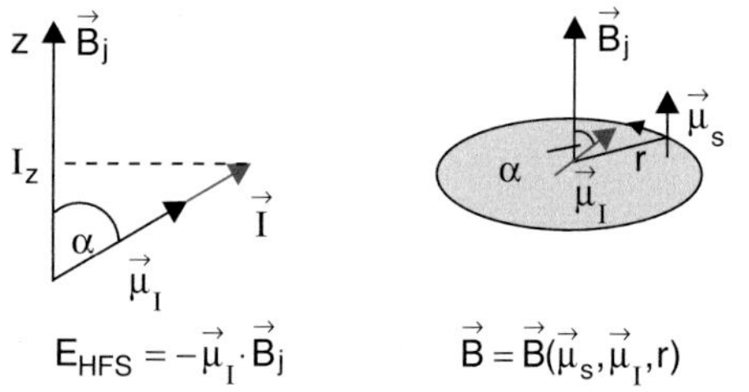

Abbildung 5.27 Wechselwirkung zwischen magnetischem Kernmoment $\boldsymbol{\mu}_I$ und dem Magnetfeld $B_{\text{int}} = B_j$, das durch die Bahnbewegung des Elektrons und durch sein magnetisches Spinmoment $\boldsymbol{\mu}_s$ erzeugt wird (siehe Abb. 5.19)

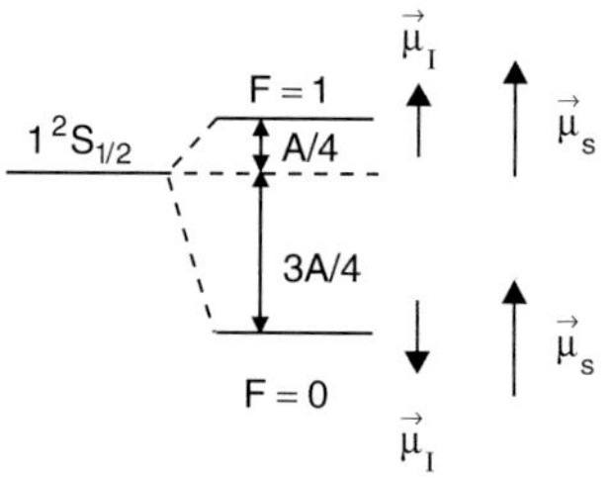

Abbildung 5.29 Hyperfeinstruktur des Wasserstoffgrundzustands $1^2S_{1/2}$. Die Konstante A beträgt hier $0{,}0474\,\text{cm}^{-1}$

$B_{\text{int}} = B_j$ (Abb. 5.27) die Energie

$$E_{I,j} = -\boldsymbol{\mu}_I \cdot \boldsymbol{B}_{\text{int}} = -|\boldsymbol{\mu}_I| \cdot B_j \cdot \cos\left(\sphericalangle(\boldsymbol{j}, \boldsymbol{I})\right) . \qquad (5.82)$$

Führt man den Gesamtdrehimpuls $\boldsymbol{F} = \boldsymbol{j} + \boldsymbol{I}$ des Atoms als Vektorsumme von gesamtem Elektronendrehimpuls $\boldsymbol{j} = \boldsymbol{l} + \boldsymbol{s}$ und Kernspin $\boldsymbol{I}$ ein (Abb. 5.28), so ergibt sich wegen $\boldsymbol{j} \cdot \boldsymbol{I} = 1/2\,(\boldsymbol{F}^2 - \boldsymbol{j}^2 - \boldsymbol{I}^2)$

$$\cos\left(\sphericalangle(\boldsymbol{j}, \boldsymbol{I})\right) = \frac{\boldsymbol{j} \cdot \boldsymbol{I}}{|\boldsymbol{j}| \cdot |\boldsymbol{I}|} = \frac{1}{2} \frac{F(F+1) - j(j+1) - I(I+1)}{\sqrt{j(j+1) \cdot I(I+1)}} .$$

Die Hyperfeinenergie des H-Atoms beträgt dann

$$\Delta E_{\text{HFS}} = \frac{A}{2} \cdot \left[F(F+1) - j(j+1) - I(I+1)\right] , \qquad (5.83)$$

wobei die Hyperfeinkonstante

$$A = \frac{g_I \cdot \mu_K \cdot B_j}{\sqrt{j(j+1)}} \qquad (5.84)$$

vom inneren Magnetfeld und damit vom Gesamtdrehimpuls $\boldsymbol{j}$ des Elektrons abhängt.

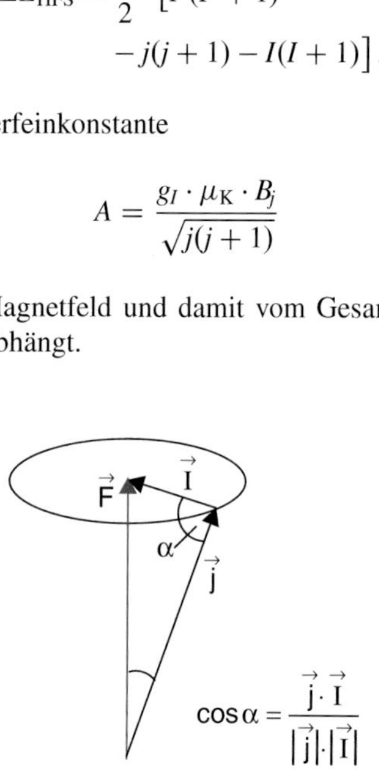

Abbildung 5.28 Kopplung von Elektronengesamtdrehimpuls $\boldsymbol{j} = \boldsymbol{l} + \boldsymbol{s}$ und Kernspin $\boldsymbol{I}$ zum raumfesten Gesamtdrehimpuls des Atoms $\boldsymbol{F} = \boldsymbol{j} + \boldsymbol{I}$

Jedes Energieniveau $E_{n,l,j}$ spaltet durch die Hyperfeinstrukturwechselwirkung zwischen Kernmoment und Elektron auf in die Hyperfeinstrukturkomponenten

$$E_{\text{HFS}} = E_{n,l,j} + \frac{A}{2}\left[F(F+1) - j(j+1) - I(I+1)\right] . \qquad (5.85)$$

Für den Kern des H-Atoms, das Proton, ergeben die Experimente (siehe Bd. 4)

$$I = \frac{1}{2}, \quad g_I = +5{,}58 \Rightarrow \mu_{I_z} = \pm 2{,}79\,\mu_K .$$

Für den Wasserstoff-Grundzustand ist $j = 1/2$, $I = 1/2 \Rightarrow F = 0$ oder $F = 1$

$$\Rightarrow E_{\text{HFS}}(F=0) = E_{1,0,1/2} - \frac{3}{4}A$$
$$E_{\text{HFS}}(F=1) = E_{1,0,1/2} + \frac{1}{4}A . \qquad (5.86)$$

Das innere Magnetfeld $\boldsymbol{B}_{\text{int}}(\boldsymbol{0})$ am Ort $\boldsymbol{r} = \boldsymbol{0}$ des Kerns hängt außer vom Drehimpuls $\boldsymbol{j}$ des Elektrons von seiner räumlichen Aufenthaltswahrscheinlichkeit ab, die durch die Wellenfunktion $|\psi_{n,l}|^2$ bestimmt wird.

Die Berechnung ergibt für S-Zustände:

$$A = \frac{2}{3}\mu_0 g_e \mu_B g_I \mu_K \,|\psi_n(\boldsymbol{r} = \boldsymbol{0})|^2 . \qquad (5.87)$$

Damit erhält man die in Abb. 5.29 gezeigte Hyperfeinstrukturaufspaltung des $1^2S_{1/2}$-Grundzustandes.

Die Aufspaltung des Grundzustandes im H-Atom ist $\Delta\overline{\nu} = 0{,}0474\,\text{cm}^{-1}$. Sie lässt sich im optischen Bereich nur mit spektroskopischen Methoden höchster Auflösung beobachten. Ein Beispiel ist in Abb. 5.30 illustriert, wo der Übergang $2S \leftarrow 1S$ durch die gleichzeitige dopplerfreie Absorption von zwei Photonen gemessen wird. Die hier gezeigte Aufspaltung ergibt die Differenz der Hyperfeinstrukturaufspaltungen in $1S$- und $2S$-Zustand an, wobei $\Delta E_{\text{HFS}}(2S) \ll \Delta E_{\text{HFS}}(1S)$ ist. Der magnetische Dipolübergang zwischen den beiden Hyperfeinstrukturkomponenten $F = 0$ und $F = 1$ im $1^2S_{1/2}$-Zustand hat eine Wellenlänge von $\lambda = 21\,\text{cm}$, liegt also im

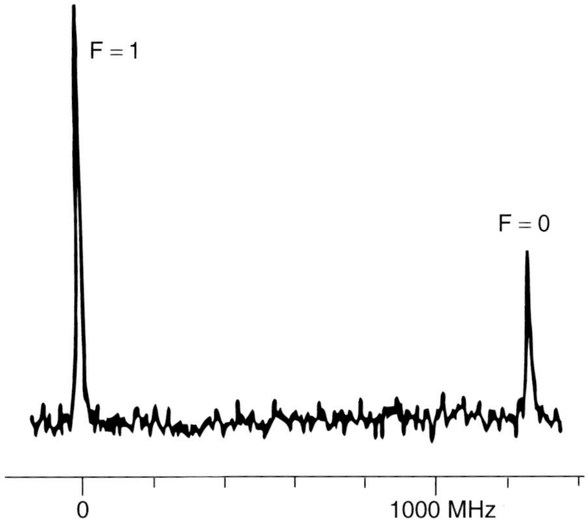

Abbildung 5.30 Die beiden aufgelösten Hyperfeinstrukturkomponenten bei der dopplerfreien Zweiphotonen-Absorptionsspektroskopie des Übergangs $2S \leftarrow 1S$ im H-Atom. Aus G. F. Bassani, M. Inguscio, T. W. Hänsch (eds.): *The Hydrogen Atom* (Springer, Berlin, Heidelberg 1989)

Mikrowellengebiet. Dieser Übergang spielt in der Radioastronomie eine wichtige Rolle, weil seine Messung Auskunft über Dichteverteilung, Geschwindigkeiten und Temperaturen von Wasserstoffatomen im Universum gibt (siehe Bd. 4).

Der zweite Beitrag zur Hyperfeinstruktur lässt sich als eine Dipol-Dipol-Wechselwirkung zwischen dem magnetischen Dipolmoment des Kerns und dem der Elektronenhülle ansehen. Dieser Beitrag ist null für die kugelsymmetrische Ladungsverteilung der Elektronen in s-Zuständen, weil hier der Mittelwert des elektronischen Momentes null ist. Er spielt deshalb nur eine Rolle für Zustände mit $l \geq 1$, bei denen der erste Beitrag klein ist, weil die Elektronendichte am Kernort null ist (siehe Abb. 5.3).

Bei größeren Atomen gibt es weitere Beiträge zur Hyperfeinstruktur, wenn der Atomkern ein elektrisches Quadrupolmoment hat. Das Quadrupolmoment des Wasserstoffkerns ist aber null, sodass hier der elektrische Anteil zur Hyperfeinstruktur wegfällt.

In einem sehr schwachen äußeren Magnetfeld $\boldsymbol{B}$ spaltet die Hyperfeinstrukturkomponente $F = 1$ in drei Zeeman-Komponenten mit $m_F = +1, 0, -1$ auf, solange die Wechselwirkung $\boldsymbol{\mu}_S \cdot \boldsymbol{B}$ kleiner ist als die Kopplungsenergie ΔE_{HFS} zwischen Elektronenspin und Kernspin (anomaler Zeeman-Effekt). Sobald $\boldsymbol{\mu}_F \cdot \boldsymbol{B} > \Delta E_{\text{HFS}}$ ist, entkoppeln $\boldsymbol{s}$ und $\boldsymbol{I}$, und die Wechselwirkungsenergie $\boldsymbol{\mu}_S \cdot \boldsymbol{B}$ zwischen Elektronenspinmoment und Magnetfeld bestimmt die Energie der Komponenten. Deshalb gibt es, je nach Stellung von $\boldsymbol{s}$ zu $\boldsymbol{B}$, zwei Zeeman-Komponenten mit $s_z = \pm 1/2\hbar$, die jeweils zwei Unterkomponenten mit $I_z = \pm 1/2\hbar$ haben.

Diese Entkopplung der Drehimpulse durch das äußere Magnetfeld heißt ***Paschen-Back-Effekt***. Er tritt bei der Hyperfeinstruktur bereits bei sehr kleinen Magnetfeldern auf. Er wird aber auch bei der Feinstruktur beobachtet, sobald die Wechselwirkungsenergie $\boldsymbol{\mu}_j \cdot \boldsymbol{B}$ größer wird als die Feinstrukturaufspaltung. Dies geschieht jedoch erst bei sehr viel größeren Magnetfeldern.

5.7 Vollständige Beschreibung des Wasserstoffatoms

In den vorhergehenden Abschnitten wurde deutlich, dass bei Berücksichtigung aller bisher beobachteten Effekte das Termschema und das Spektrum für das einfachste aller Atome doch komplizierter ist, als man ursprünglich auf Grund des Bohr'schen Modells angenommen hat.

Wir wollen in diesem Abschnitt alle in diesem Kapitel behandelten Phänomene zur vollständigen Beschreibung des Wasserstoffspektrums zusammenfassend berücksichtigen.

5.7.1 Gesamtwellenfunktion und Quantenzahlen

Die Lösung der Schrödingergleichung ergab ohne Berücksichtigung des Spins für jeden Wert der *Hauptquantenzahl* n insgesamt n^2 verschiedene Wellenfunktionen, welche für jeden Energieeigenwert E_n n^2 verschiedene räumliche Verteilungen der Aufenthaltswahrscheinlichkeit für ein Elektron angaben. Jede dieser Wellenfunktionen

$$\psi_{n,l,m}(x, y, z) = R_{n,l}(r) \cdot Y_l^m(\vartheta, \varphi)$$

wird eindeutig durch die Quantenzahlen n, l und m bestimmt.

Wir wollen hier alle Quantenzahlen noch einmal zusammenfassen: n gibt die Hauptquantenzahl an, welche im Wesentlichen die Energie eines Atomzustandes bestimmt. l ist die Bahndrehimpulsquantenzahl für den Bahndrehimpuls $\boldsymbol{l}$ mit dem Betrag $|\boldsymbol{l}| = \sqrt{l(l+1)} \cdot \hbar$. m_l ist die Quantenzahl für die Projektion l_z von l auf die Quantisierungsachse, die i. Allg. als z-Achse gewählt wird. s ist die Spinquantenzahl für den Elektronenspin $\boldsymbol{s}$ mit dem Betrag $|\boldsymbol{s}| = \sqrt{s(s+1)}\hbar$. m_s ist die Quantenzahl für die Projektion $s_z = m_s\hbar$ von $\boldsymbol{s}$. Der elektronische Gesamtdrehimpuls $\boldsymbol{j} = \boldsymbol{l} + \boldsymbol{s}$ ist die Vektorsumme von $\boldsymbol{l}$ und $\boldsymbol{s}$. I ist die Quantenzahl für den Kernpin $\boldsymbol{I}$ mit dem Betrag $|I| = \sqrt{I(I+1)}\hbar$. Der Gesamtdrehimpuls (einschließlich Kernspin) ist die Vektorsumme $\boldsymbol{F} = \boldsymbol{j} + \boldsymbol{I}$ mit dem Betrag $|F| = \sqrt{F(F+1)}\hbar$ und der Quantenzahl F.

Im Rahmen der Schrödingertheorie sind alle n^2 Wellenfunktionen mit der Quantenzahl n entartet, d. h. sie ergeben trotz verschiedener räumlicher Verteilung alle denselben Energiewert.

Durch die Einführung des Spins mit seinen zwei möglichen Einstellungen (relativ zu einer vorgegebenen Richtung, die man ***Quantisierungsachse*** nennt und die durch eine Vorzugsrichtung, z. B. die Richtung eines Magnetfeldes, gegeben ist) gibt es jetzt zu jeder räumlichen Elektronenverteilung $\psi_{n,l,m}(x, y, z)$ zwei verschiedene Realisierungsmöglichkeiten eines Atomzustandes. Man berücksichtigt diese, indem man zur räumlichen Wellenfunktion $\psi_{n,l,m}$ einen Faktor χ_{m_s} hinzufügt, der die Projektion $s_z = m_s\hbar$ auf die Quantisierungsachse angibt und der ***Spinfunktion*** genannt wird. Wir bezeichnen die Spinfunktion mit χ^+ für $m_s = +1/2$ und mit χ^- für $m_s = -1/2$.

Die Gesamtwellenfunktion unter Einschluss des Spins heißt dann

$$\psi(x, y, z, s_z) = \psi_{n,l,m}(x, y, z) \cdot \chi_{m_s} . \quad (5.88)$$

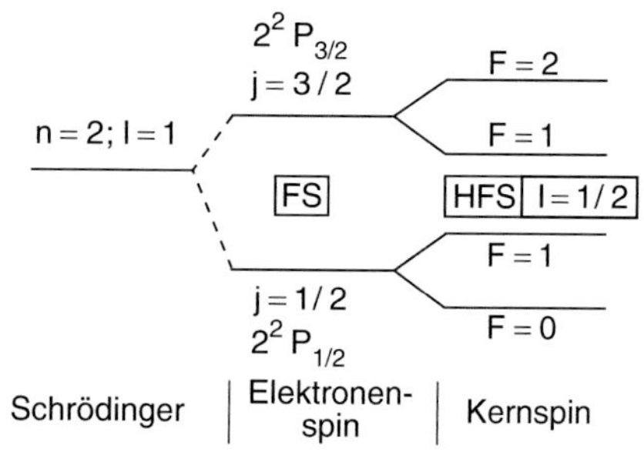

Abbildung 5.31 Zur Termbezeichnung eines Zustandes (n, l, j, F)

Zu jedem Elektronenzustand eines Elektronensystems, der durch die vier Quantenzahlen n, l, m und m_s eindeutig bestimmt wird, gehört genau eine Wellenfunktion (5.88).

5.7.2 Termbezeichnung und Termschema

Zur vollständigen Bezeichnung eines Atomzustandes (n, l, m_l, m_s) durch seine Quantenzahlen wird abkürzend das Symbol

$$n\,^{2s+1}X_j$$

verwendet. Der große Buchstabe X steht hierbei für die Zustände $S(l = 0)$, $P(l = 1)$, $D(l = 2)$, $F(l = 3)$, $G(l = 4)$,... Die als linker oberer Index angegebene ***Multiplizität*** $2s + 1$ gibt die Zahl der für $l \neq 0$ auftretenden Feinstrukturkomponenten an. Für Systeme mit nur einem Elektron ist $s = 1/2$ und daher $2s + 1 = 2$. Der rechte untere Index gibt die Quantenzahl j des Gesamtdrehimpulses $\boldsymbol{j} = \boldsymbol{l} + \boldsymbol{s}$ an (Abb. 5.31).

Die Hyperfeinstrukturkomponenten werden durch die Quantenzahl F des Gesamtdrehimpulses $\boldsymbol{F} = \boldsymbol{j} + \boldsymbol{I}$ einschließlich des Kernspins $\boldsymbol{I}$ gekennzeichnet.

Beispiel

Der erste optisch anregbare Zustand des H-Atoms ist der Zustand mit $n = 2$, $s = 1/2$, $l = 1$, $j = 1/2$ oder $j = 3/2$, also die beiden Feinstrukturniveaus $2^2P_{1/2}$ oder $2^2P_{3/2}$, welche jeweils die beiden Hyperfeinstrukturkomponenten $2^2P_{1/2}$ $(F = 0, 1)$ bzw. $2^2P_{3/2}$ $(F = 1, 2)$ haben. ■

Ohne Berücksichtigung des Kernspins und der Lamb-Verschiebung (siehe Abschn. 5.7.3) sind beim H-Atom alle Niveaus mit gleichen Quantenzahlen (n, j) energetisch entartet, weil sich die Termverschiebungen infolge der relativistischen Massenzunahme und infolge der Spin-Bahn-Wechselwirkung gerade kompensieren. Diese Entartung wird durch die Hyperfeinaufspaltung aufgehoben, weil die Hyperfeinkonstante A (5.84) von der räumlichen Wahrscheinlichkeitsverteilung des Elektrons und damit von der Quantenzahl l abhängt. Terme mit gleichen Quantenzahlen (n, j), aber unterschiedlichen l haben verschiedene Hyperfeinstruktur-Energien.

In einem äußeren Magnetfeld spaltet jeder Atomzustand (n, l, s, j) ohne Berücksichtigung des Kernspins in $2j + 1$ Zeeman-Komponenten auf, deren Abstand (Zeeman-Aufspaltung) vom Landé-Faktor g_j (5.74) abhängt und deshalb im Allgemeinen für die verschiedenen Zustände (n, l, s, j) unterschiedlich ist (anomaler Zeeman-Effekt).

Wenn diese Aufspaltung klein gegen die HFS-Aufspaltung ist, d. h. wenn die Zeeman-Energie des Elektrons klein ist gegen die Kopplungsenergie $A \cdot \boldsymbol{j} \cdot \boldsymbol{I}$ zwischen Elektronendrehimpuls $\boldsymbol{j}$ und Kernspin $\boldsymbol{I}$, kann das äußere Magnetfeld diese Kopplung nicht aufbrechen. Der Gesamtdrehimpuls $\boldsymbol{F} = \boldsymbol{j} + \boldsymbol{I}$ bleibt als Vektorsumme von $\boldsymbol{j} + \boldsymbol{I}$ bestehen und hat $2F + 1$ Einstellmöglichkeiten relativ zur Magnetfeldrichtung. Jedes Hyperfeinstrukturniveau spaltet dann also gemäß (5.85) auf in $2F + 1$ Zeeman-Komponenten.

Für den Grundzustand $1^2S_{1/2}$ des H-Atoms ergibt sich damit keine Aufspaltung für die Komponente $F = 0$ und drei Zeeman-Komponenten für $F = 1$ (Abb. 5.32).

Für größere Magnetfelder $(\boldsymbol{\mu}_F \cdot \boldsymbol{B} > \Delta E_{HFS})$ wird die Kopplung zwischen $\boldsymbol{j}$ und $\boldsymbol{I}$ aufgebrochen. Es gibt keinen wohldefinierten Gesamtdrehimpuls $\boldsymbol{F}$ mehr, und die Verschiebung der Zeeman-Niveaus $E(B)$ richtet sich nach der Energie $\boldsymbol{\mu}_j \cdot \boldsymbol{B}$. Bei noch größeren Feldstärken B $(\mu_j \cdot B > \Delta E_{FS})$ kann auch die Kopplung zwischen $\boldsymbol{s}$ und $\boldsymbol{l}$ aufbrechen. Es gibt dann keinen definierten Elektronen-Gesamtdrehimpuls $\boldsymbol{j}$ mehr, sondern $\boldsymbol{l}$ und $\boldsymbol{s}$ präzedieren getrennt im Magnetfeld (Paschen-Back-Effekt, Abb. 5.33).

Das vollständige Termschema des H-Atoms ist in Abb. 5.34 gezeigt, wobei links die Energiewerte ohne Berücksichtigung des Spins, rechts daneben die relativistische Massenkorrektur und die Feinstruktur infolge des Elektronenspins aufgetragen sind. Dann folgt die Lamb-Verschiebung und ganz rechts die Hyperfeinstruktur. Man beachte, dass die Energieskalen für die Fein- und Hyperfeinstrukturaufspaltungen stark gespreizt wurden, um die Effekte im Diagramm überhaupt sichtbar zu machen.

Anmerkung. In diesem Kapitel wurde der Elektronenspin auf Grund des Stern-Gerlach-Versuchs phänomenologisch eingeführt, indem die räumliche Wellenfunktion als Lösung der Schrödingergleichung durch einen Faktor, die Spinfunktion, erweitert wurde.

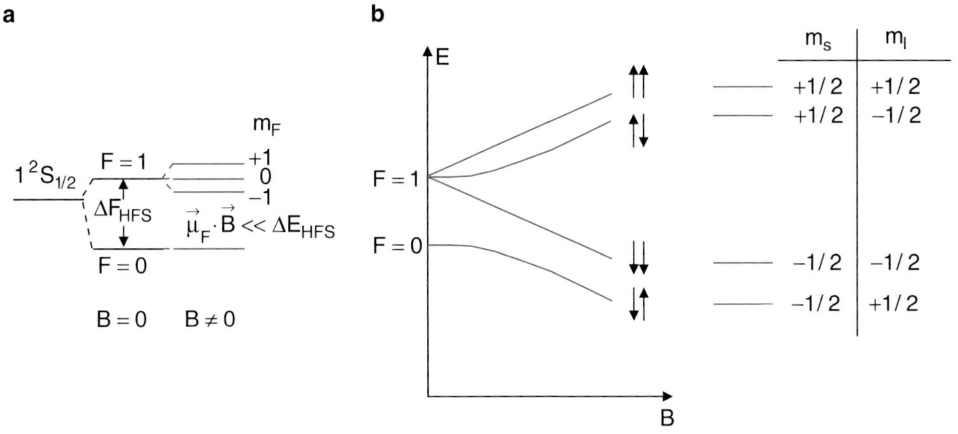

Abbildung 5.32 Zeeman-Effekt des $1^2S_{1/2}$-Grundzustandes des H-Atoms: **a** Schwaches Magnetfeld; **b** Abhängigkeit der Termwerte von der Stärke des Magnetfeldes

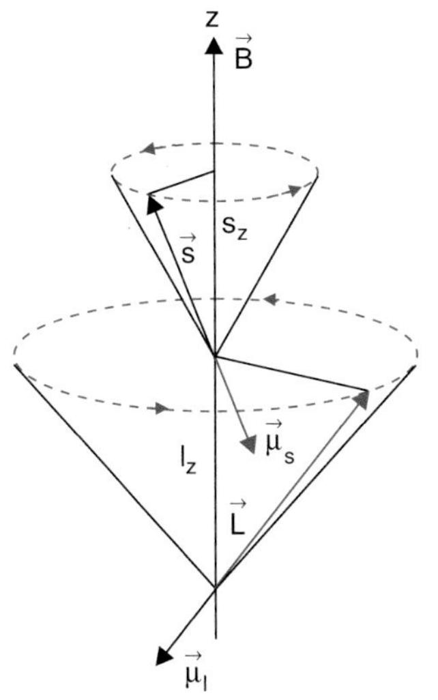

Abbildung 5.33 Paschen-Back-Effekt

Eine vollständige Theorie, die den Elektronenspin von Anfang an einschließt, wurde 1928 von *Paul A.M. Dirac* (1902–1984) entwickelt, der statt der Schrödingergleichung eine relativistische Effekte berücksichtigende Gleichung, die ***Dirac-Gleichung***, aufstellte. Sie gibt für alle Einelektronensysteme exakte Lösungen, solange man diese auf echte Einkörperprobleme zurückführen kann. Dies gilt z. B. nicht mehr für das aus Elektron und Positron bestehende Positronium (siehe Abschn. 6.7.4).

5.7.3 Lamb-Verschiebung

Um ein Atom, das elektromagnetische Strahlung absorbieren bzw. emittieren kann, völlig korrekt zu beschreiben, muss man die Wechselwirkung des Atoms mit dem Strahlungsfeld berücksichtigen.

Diese Wechselwirkung tritt nicht nur bei einer wirklichen Absorption oder Emission von Strahlung durch das Atom auf, sondern auch bei so genannten *virtuellen* Wechselwirkungen, bei denen das Elektron im Coulombfeld des Kerns während einer Zeit $\Delta t < \hbar/\Delta E = 1/\omega$ ein Photon der Energie $\hbar\omega$ absorbieren bzw. wieder emittieren kann (also in seinem stationären Zustand bleibt), ohne dass (im Rahmen der Unschärferelation) der Energiesatz verletzt würde. Bei solchen „virtuellen Wechselwirkungen" geht das Atom nicht wie bei der Emission oder Absorption reeller Photonen in andere reelle Zustände über.

Diese Wechselwirkung führt zu einer kleinen Verschiebung der Energieterme, deren Größe von der räumlichen Aufenthaltswahrscheinlichkeit des Elektrons im Coulombfeld des Kerns und deshalb von den Quantenzahlen n und l abhängt.

Man kann sich die Lamb-Verschiebung wenigstens qualitativ in einem anschaulichen Modell klar machen: Durch die virtuelle Absorption und Emission von Photonen (Abb. 5.35) vollführt das Elektron wegen des Photonenrückstoßes eine Zitterbewegung im Coulombfeld des Kerns [6]. Seine mittlere potentielle Energie wird dann

$$\langle E_{\text{pot}} \rangle = -\frac{Ze^2}{4\pi\varepsilon_0} \left\langle \frac{1}{r + \delta r} \right\rangle ,$$

wobei δr die durch die Wechselwirkung mit den virtuellen Photonen verursachte Änderung des Elektronenortes ist. Bei statistischer Verteilung ist zwar $\langle \delta r \rangle = 0$, aber $\langle (r + \delta r)^{-1} \rangle \neq \langle r^{-1} \rangle$, sodass eine Verschiebung der Termenergien auftritt. Ihre genaue Berechnung wird in einer erweiterten Theorie, der ***Quantenelektrodynamik*** möglich, welche die vollständige Beschreibung von Atomhüllen und ihrer Wechselwirkung mit elektromagnetischen Feldern liefert.

Die Effekte dieser Wechselwirkungen sind im Allgemeinen jedoch so klein, dass für die üblichen experimentellen Genauigkeiten in den meisten Fällen die Dirac-Beschreibung (bzw. die Schrödingergleichung mit Berücksichtigung des Spins) völlig genügt.

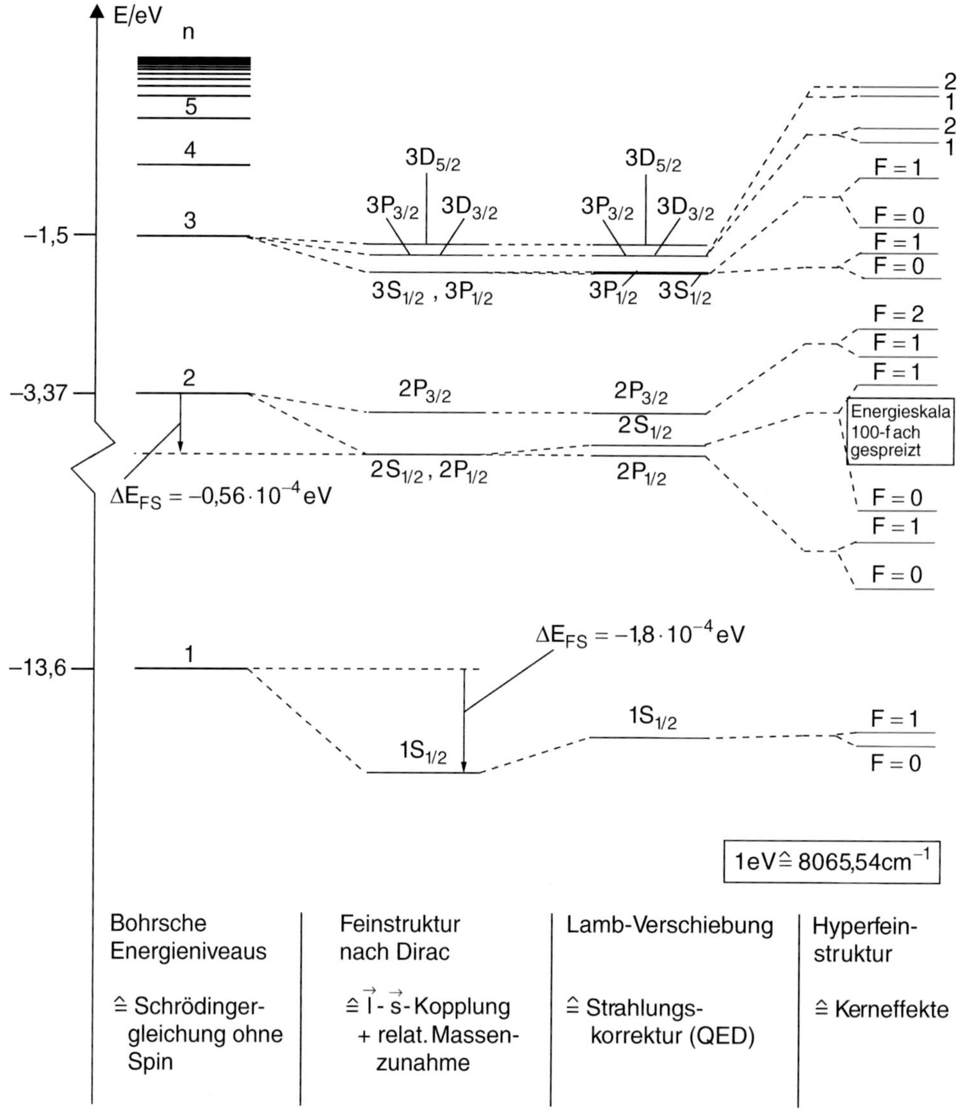

Abbildung 5.34 Vollständiges Termschema des H-Atoms mit allen bisher bekannten Wechselwirkungen. Die Fein- und Hyperfeinstruktur und die Lamb-Verschiebung sind nicht maßstabsgerecht gezeichnet

Das genaue Termdiagramm des Zustandes mit $n = 2$ im H-Atom ist in Abb. 5.36 gezeigt. Die Lamb-Verschiebung ΔE_L ist am größten für S-Zustände, weil der Effekt von δr auf $\langle E_\mathrm{pot}\rangle$ für kleine r, d. h. nahe am Kern, am größten ist.

Die berechneten Werte sind

$$\begin{aligned}
\Delta E_\mathrm{L}(1^2S_{1/2}) &= +3{,}35 \cdot 10^{-5}\,\mathrm{eV}\\
\Rightarrow \quad \Delta\nu_\mathrm{L} &= +8{,}17\,\mathrm{GHz}\,,\\
\Delta E_\mathrm{L}(2^2S_{1/2}) &= +4{,}31 \cdot 10^{-6}\,\mathrm{eV}\\
\Rightarrow \quad \Delta\nu_\mathrm{L} &= +1{,}05\,\mathrm{GHz}\,,\\
\Delta E_\mathrm{L}(2^2P_{1/2}) &= -5{,}95 \cdot 10^{-8}\,\mathrm{eV}\\
\Rightarrow \quad \Delta\nu_\mathrm{L} &= -14\,\mathrm{MHz}\,.
\end{aligned}$$

Die Messung des Lamb-Shifts im $2^2S_{1/2}$-Zustand gelang zuerst *Willis Lamb* (1913–2008, Nobelpreis 1955) und *Robert Retherford* (1912–1981) im Jahre 1947 mit der in Abb. 5.37 gezeigten Anordnung [7]:

In einem geheizten Wolframofen wird molekularer Wasserstoff thermisch dissoziiert. (In modernen Versionen des Experimentes wird die Dissoziation durch eine Mikrowellenentladung erreicht.) Die austretenden H-Atome werden durch die Blende B zu einem Atomstrahl kollimiert und durch Elektronenstoß in den metastabilen $2S_{1/2}$-Zustand angeregt, dessen Lebensdauer länger als 1 s ist. Nach einer Flugstrecke L treffen die metastabilen Atome auf ein Wolframblech, wobei sie ihre Anregungsenergie abgeben, die ausreicht, um ein Elektron aus dem Blech auszulösen. Die Elektronen werden auf einen Detektor abgezogen und als Strom gemessen.

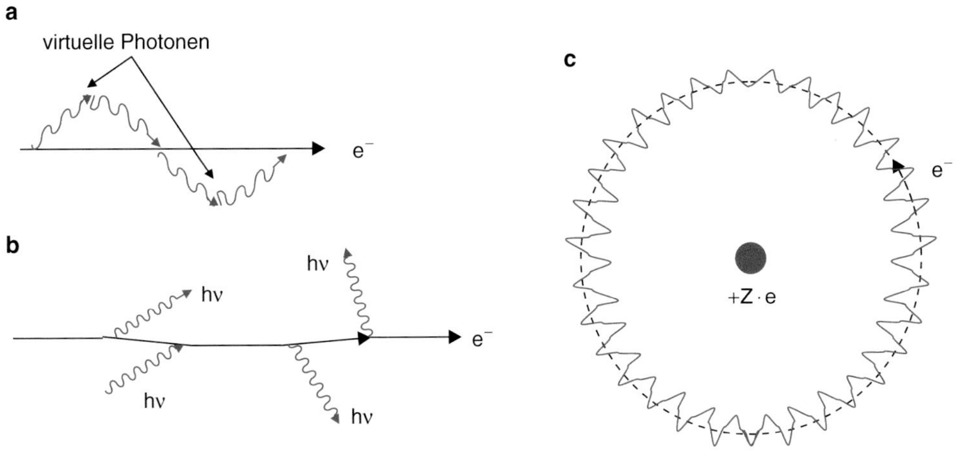

Abbildung 5.35 Zur Illustration der Zitterbewegung eines Elektrons auf Grund von Emission und Absorption virtueller Photonen

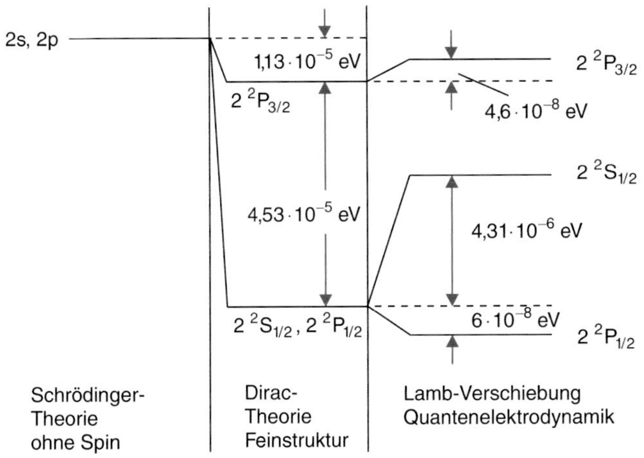

Abbildung 5.36 Feinstruktur und Lamb-Verschiebung beim Wasserstoffzustand mit $n = 2$

Während des Fluges durchlaufen die metastabilen $2^2S_{1/2}$-Atome ein Hochfrequenzfeld, dessen Frequenz so abgestimmt wird, dass Übergänge $2^2S_{1/2} \to 2^2P_{1/2}$ induziert werden. Die Energiedifferenz $\Delta E = 4{,}37 \cdot 10^{-6}$ eV entspricht einer Übergangsfrequenz von $\nu = 1{,}05 \cdot 10^9\,\mathrm{s}^{-1}$. Sie liegt im Mikrowellenbereich ($\lambda = 0{,}3$ m). Die $2^2P_{1/2}$-Atome haben nur eine Lebensdauer von $\tau \approx 2 \cdot 10^{-9}$ s, weil sie durch Emission eines Photons $h \cdot \nu \approx 10$ eV (Lyman-α-Strahlung) in den Grundzustand $1^2S_{1/2}$ übergehen. Dadurch nimmt die Rate der das Wolframblech erreichenden metastabilen H-Atome ab, sodass der gemessene Strom $I(\nu_{\mathrm{HF}})$ ein Minimum bei der Resonanzfrequenz $\nu_{\mathrm{HF}} = (E(2^2S_{1/2}) - E(2^2P_{1/2}))/h$ hat.

Alternativ kann man auch die Intensität der emittierten Lyman-α-Strahlung messen, die bei der Resonanzfrequenz ein Maximum hat.

Der von *Lamb* und *Retherford* gemessene Wert $\nu(2^2S_{1/2} \leftrightarrow 2^2P_{1/2}) = 1{,}05$ GHz stimmt sehr gut mit dem theoretischen Ergebnis überein.

Anmerkung. Im realen Experiment [7] können bereits kleine, nur schwer vermeidbare elektrische Streufelder infolge der Starkverschiebung (siehe Abschn. 10.3) eine Vermischung der $2^2S_{1/2}$- und $2^2P_{1/2}$-Niveaus bewirken, die dann auch ohne Hochfrequenz bereits zu einer Entvölkerung des metastabilen Zustandes $2^2S_{1/2}$ führen. Dies lässt sich vermeiden durch Anlegen eines statischen Magnetfeldes $\boldsymbol{B}$, das zu einer Zeeman-Aufspaltung und damit zu einer Vergrößerung des Abstandes zwischen den beiden Niveaus führt (Abb. 5.38a).

Man kann jetzt bei fest eingestellter Hochfrequenz ν_{HF} die Magnetfeldstärke B so variieren, dass Übergänge zwischen den Zeeman-Komponenten in Resonanz mit der Hochfrequenz ν_{HF} kommen. Dies hat den zusätzlichen Vorteil, dass der Resonator für die Hochfrequenz immer in Resonanz bleibt und damit das Hochfrequenzfeld in der Wechselwirkungszone maximal wird.

Bei verschiedenen fest eingestellten Frequenzen ν_{HF} wird jetzt das Magnetfeld B variiert. Die Extrapolation der gemessenen Resonanzfrequenzen $\nu(B)$ gegen $B = 0$ liefert dann die gesuchte Lamb-Verschiebung (Abb. 5.38b).

Die Lamb-Verschiebung des $1S$-Grundzustandes kann inzwischen mit großer Genauigkeit gemessen werden durch Vergleich der Frequenzen zweier elektronischer Übergänge (Abb. 5.39):

- Der Zwei-Photonen-Übergang $1^2S_{1/2} \to 2^2S_{1/2}$, der nur möglich ist, wenn zwei Photonen gleichzeitig absorbiert werden (siehe Abschn. 10.2.8).
- Der Übergang $2^2S_{1/2} \to 4^2P_{1/2}$, der ein erlaubter Einphotonen-Übergang ist.

Nach der Schrödinger- bzw. Dirac-Theorie soll gelten:

$$\nu_1^0(1^2S_{1/2} \to 2^2S_{1/2}) = 4\nu_2^0(2^2S_{1/2} \to 4^2P_{1/2})\,.$$

Bei Berücksichtigung der Lamb-Verschiebungen (die für den $4^2P_{1/2}$-Zustand vernachlässigbar sind) gilt:

$$\nu_1 = \nu_1^0 - \Delta E_{\mathrm{L}}(1S) + \Delta E_{\mathrm{L}}(2S)\,,$$

$$\nu_2 = \nu_2^0 - \Delta E_{\mathrm{L}}(2S)\,.$$

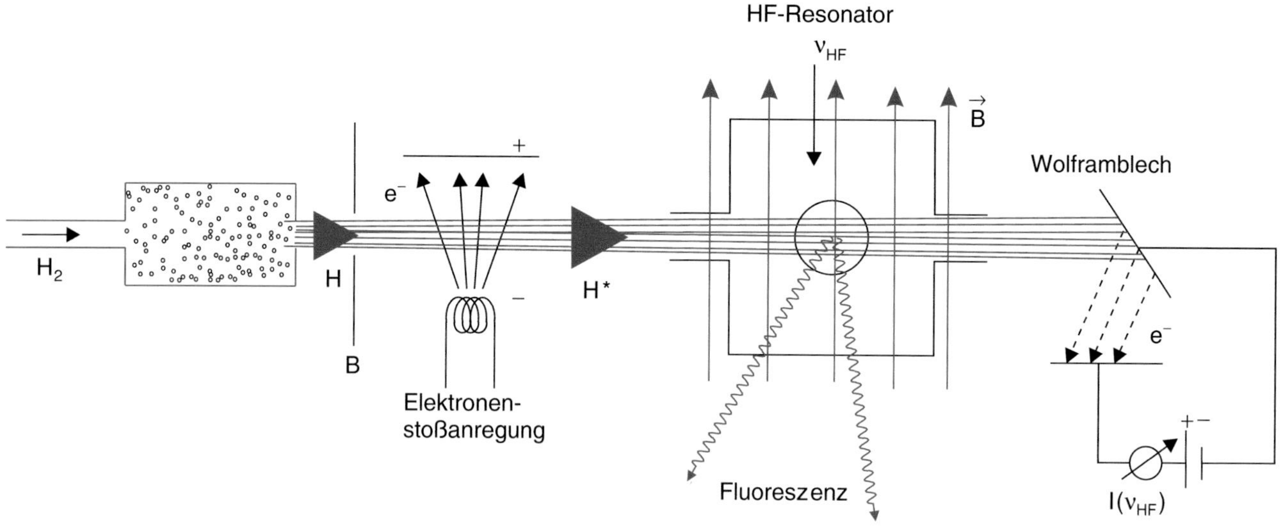

Abbildung 5.37 Lamb-Retherford-Experiment

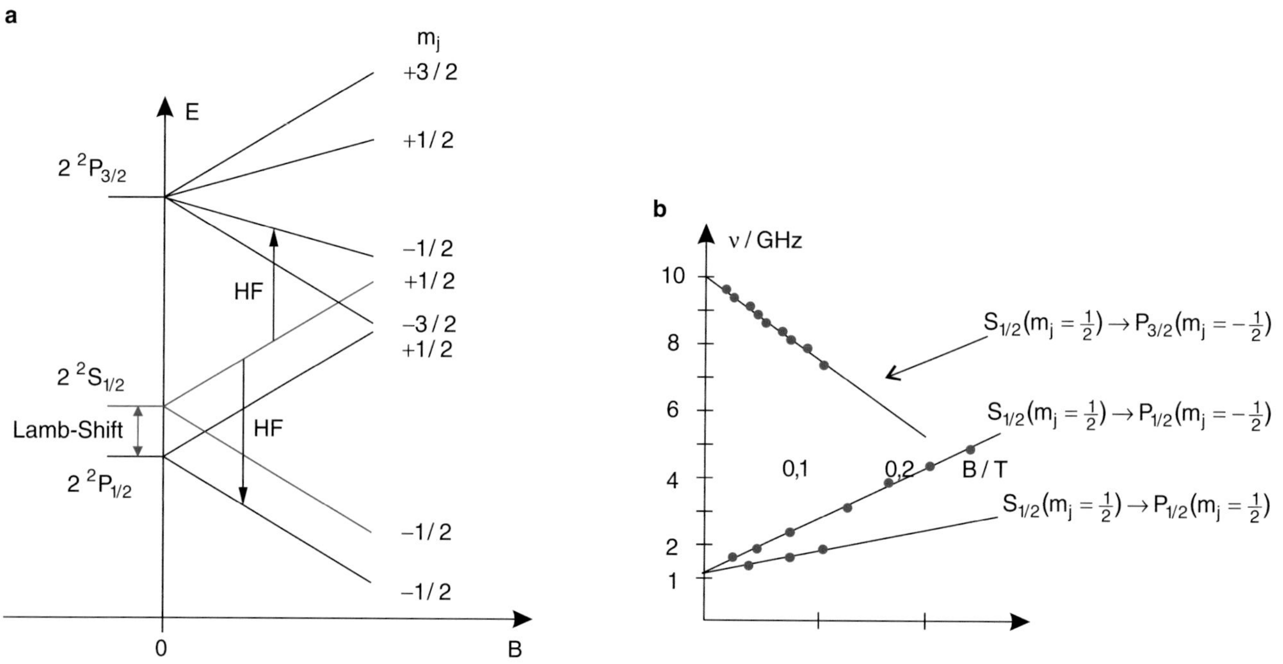

Abbildung 5.38 **a** Zeeman-Aufspaltung der $2^2S_{1/2}$- und $2^2P_{1/2}$-Niveaus zur Messbarmachung der Lamb-Verschiebung; **b** Experimentelle Werte für Übergänge bei unterschiedlichen Feldstärken B

Gemessen wird die Differenz

$$\begin{aligned}\Delta\nu &= \nu_1 - 4\nu_2\\ &= \nu_1^0 - 4\nu_2^0 - \Delta E_L(1S) + 5\Delta E_L(2S)\\ &= -\Delta E_L(1S) + 5\Delta E_L(2S)\,,\end{aligned}$$

weil $\nu_1^0 = 4\nu_2^0$ gilt.

Da $\Delta E_L(2S)$ aus dem Lamb-Retherford-Experiment bekannt ist, kann die Lamb-Verschiebung des Grundzustandes aus der Messung von $\Delta\nu$ bestimmt werden. Der Übergang $1S$–$2S$ wird durch Zweiphotonenabsorption von Licht eines Lasers mit der Frequenz ν_{L_1}, dessen Ausgang frequenzverdoppelt wird (siehe Bd. 2, Abschn. 2.8.8) angeregt, sodass $\nu_1 = 4\nu_{L_1}$ ist und damit $\Delta\nu = 4\nu_{L_1} - \nu_{L_2}$ gilt [8].

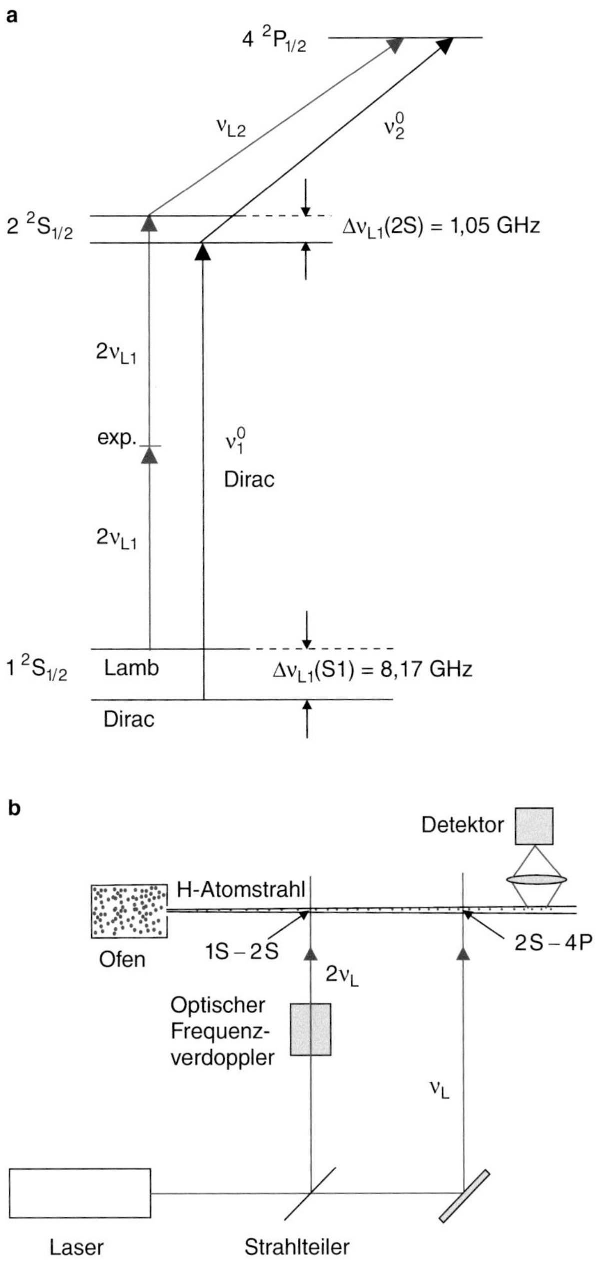

Abbildung 5.39 Zur Messung der Lamb-Verschiebung des 1*S*-Zustands

Der gemessene Wert ist

$$\Delta\nu_{\mathrm{L}}(1^2S_{1/2}) = 8{,}172876(29)\,\mathrm{GHz}\,.$$

Aus der sehr präzise gemessenen Frequenz ν_1 lässt sich außerdem die Rydbergkonstante mit der bisher größten Genauigkeit bestimmen. Der zur Zeit genaueste Wert ist [9]:

$$Ry_\infty = 10\,973.731{,}568527(73)\,\mathrm{m}^{-1}\,.$$

5.8 Korrespondenzprinzip

Für viele qualitative Ergebnisse braucht man häufig nur Überschlagsrechnungen. Dafür ist ein von *Bohr* formuliertes ***Korrespondenzprinzip*** sehr nützlich, das den Zusammenhang zwischen klassischen und quantenmechanischen Größen angibt. Es besagt:

- Die Aussagen der Quantentheorie über ein atomares System müssen im Grenzfall großer Quantenzahlen mit den Aussagen der klassischen Theorie übereinstimmen.
- Auswahlregeln gelten für den gesamten Bereich der Quantenzahlen, d. h. eine aus der klassischen Theorie erhaltene Auswahlregel (für große Quantenzahlen) muss auch in der Quantentheorie für den Grenzfall kleiner Quantenzahlen Gültigkeit behalten.

Dieses Korrespondenzprinzip, das eine Verbindung zwischen Quantentheorie und klassischer Physik herstellt, soll an einigen Beispielen deutlich gemacht werden.

Beispiele

1. Nach der klassischen Elektrodynamik wäre die Frequenz ν_{kl} einer Lichtwelle, die von einem H-Atom emittiert wird, gleich der Umlauffrequenz des Elektrons auf seiner Bohr'schen Bahn.

$$\nu_{\mathrm{kl}} = \frac{v}{2\pi r} = \frac{m \cdot Z^2 \cdot e^4}{4\varepsilon_0^2 \cdot n^3 \cdot h^3} \qquad (5.89)$$

Nach der Quantentheorie ist jedoch $h \cdot \nu_{\mathrm{QM}} = \Delta E$, und es folgt

$$\begin{aligned}\nu_{\mathrm{QM}} &= \frac{m \cdot Z^2 \cdot e^4}{8\varepsilon_0^2 h^3}\left(\frac{1}{n_i^2} - \frac{1}{n_k^2}\right) \qquad (5.90)\\ &= \frac{m \cdot Z^2 \cdot e^4}{4\varepsilon_0^2 \cdot h^3} \cdot \frac{1}{2}\,\frac{(n_k + n_i)\cdot(n_k - n_i)}{n_i^2 \cdot n_k^2}\,.\end{aligned}$$

Für große Quantenzahlen n und kleine Quantensprünge Δn geht wegen $(n_k + n_i)(n_k - n_i) \approx 2n \cdot \Delta n$ (5.90) über in

$$\nu_{\mathrm{QM}} \approx \frac{m \cdot Z^2 \cdot e^4}{4\,\varepsilon_0^2 \cdot n^3 \cdot h^3} \cdot \Delta n\,, \qquad (5.91)$$

d. h. man erhält für $\Delta n = 1$ die klassisch berechnete Frequenz und für $\Delta n = 2, 3, \ldots$ die entsprechenden Oberwellen (Tab. 5.5).

Tabelle 5.5 Vergleich quantenmechanisch und klassisch berechneter Übergangsfrequenzen beim H-Atom für $\Delta n = 1$

n	ν_{QM}	ν_{kl}	Differenz (%)
5	$5{,}26 \cdot 10^{13}$	$7{,}38 \cdot 10^{13}$	29
10	$6{,}57 \cdot 10^{12}$	$7{,}72 \cdot 10^{12}$	14
100	$6{,}578 \cdot 10^{9}$	$6{,}677 \cdot 10^{9}$	1,5
1000	$6{,}5779 \cdot 10^{6}$	$6{,}5878 \cdot 10^{6}$	0,15
10 000	$6{,}5779 \cdot 10^{3}$	$6{,}5789 \cdot 10^{3}$	0,015

2. Der Bahndrehimpuls des Elektrons war nach der Bohr'schen Theorie

$$|\boldsymbol{l}| = n \cdot \hbar \quad \text{mit} \quad n = 1, 2, 3, \ldots, \tag{5.92a}$$

während eine Berechnung mit der Schrödingergleichung

$$|\boldsymbol{l}| = \sqrt{l(l+1)} \cdot \hbar \quad \text{mit } l = 0, 1, 2, \ldots \tag{5.92b}$$

ergab. Für kleine l differieren beide Theorien (z. B. gibt das Bohr'sche Modell $|\boldsymbol{l}| = \hbar$ für den tiefsten Zustand, die Schrödingertheorie jedoch $|\boldsymbol{l}| = 0$. Für $l \gg 1$ gilt: $\sqrt{l(l+1)} \leq \sqrt{(n-1)n} \approx n$ (weil $l \leq n-1$) und beide Modelle ergeben den Grenzwert $|\boldsymbol{l}| = n \cdot \hbar$ für große n.
3. Im Grenzfall kleiner Frequenzen (großer Wellenlängen) geht das Planck'sche Strahlungsgesetz über in das klassische Rayleigh-Jeans-Gesetz (siehe Bd. 2, Abschn. 12.4). Die mittlere Energiedichte der Hohlraumstrahlung mit der Frequenz ν ist $\overline{E} = \overline{n} \cdot h \cdot \nu$, wenn $\overline{n}$ die mittlere Besetzungsdichte der Eigenschwingung mit der Frequenz ν ist. Für $\nu \to 0$ geht nach (3.12) $E \to kT$ (siehe Abschn. 3.1.2), also

$$\overline{n} \cdot h \cdot \nu \to kT \Rightarrow \overline{n} \to kT/h \cdot \nu .$$

Für $h \cdot \nu \ll kT$ wird $\overline{n}$ sehr groß. Für große Besetzungszahlen (Quantenzahlen n) wird die Quantelung der Oszillatoren aber unerheblich, d. h. die klassische Physik ergibt sich als Grenzfall der Quantenphysik.
4. Beim quantenmechanischen harmonischen Oszillator (siehe Abschn. 4.2.5) geht der Mittelwert der Aufenthaltswahrscheinlichkeit $|\psi(R)|^2$ als Funktion des Abstandes R für große Schwingungsquantenzahlen v über in die klassisch berechnete Aufenthaltswahrscheinlichkeit (siehe Abb. 4.18).

Das Korrespondenzprinzip ist besonders nützlich bei der Betrachtung von Auswahlregeln für atomare oder molekulare Übergänge. Dies wird in Kap. 7 bei der Behandlung der Wechselwirkung zwischen Atomen und elektromagnetischer Strahlung näher diskutiert. ■

5.9 Das Modell des Elektrons und seine Probleme

Wir haben bisher gelernt, dass das Elektron eine Ruhemasse $m_e = 9{,}1 \cdot 10^{-31}$ kg, eine elektrische Ladung $e = -1{,}6 \cdot 10^{-19}$ C, einen Spin $\boldsymbol{s}$ mit dem Betrag

$$|\boldsymbol{s}| = \frac{1}{2}\sqrt{3} \cdot \hbar ,$$

der sich mathematisch wie ein Drehimpuls behandeln lässt, und ein magnetisches Moment $\boldsymbol{\mu}_s = g_s \cdot \mu_B \approx 2\mu_B$ hat, das mit dem Spin durch die Relation

$$\boldsymbol{\mu}_s = \gamma \cdot \boldsymbol{s} \quad \text{mit} \quad \gamma = e/m_e$$

verknüpft ist. Wir wissen bisher noch nichts über die Größe des Elektrons und die räumliche Massen- und Ladungsverteilung im Elektron.

Man nimmt in einem vereinfachenden klassischen Modell an, dass die Masse gleichmäßig über das Volumen einer Kugel mit Radius r_e und die Ladung wegen der Coulombabstoßung gleichmäßig über die Oberfläche dieser Kugel verteilt ist. Den ***klassischen Elektronenradius*** r_e kann man dann mithilfe einer einfachen Energiebetrachtung berechnen: Die Kapazität einer geladenen Kugeloberfläche ist (siehe Bd. 2, Abschn. 1.5)

$$C = 4\pi\varepsilon_0 \cdot r_e .$$

Die Arbeit zum Aufladen dieses Kondensators beträgt

$$W = \frac{1}{2} Q^2/C = \frac{1}{2} e^2/C = \frac{e^2}{8\pi\varepsilon_0 r_e} = E_{pot} .$$

Diese potentielle Energie, welche der Energie $E = \frac{1}{2}\varepsilon_0 |\boldsymbol{E}|^2$ des vom Elektron erzeugten elektrischen Feldes

$$\boldsymbol{E} = \frac{e}{4\pi\varepsilon_0 r^2}\hat{\boldsymbol{r}}$$

entspricht, soll in diesem Modell gleich der Massenenergie $m_e \cdot c^2$ des Elektrons sein. Damit ergibt sich der klassische Elektronenradius zu

$$r_e = \frac{e^2}{8\pi\varepsilon_0 m_e c^2} = 1{,}4 \cdot 10^{-15}\,\text{m} . \tag{5.93a}$$

Nimmt man an, dass die Ladung e nicht nur auf der Oberfläche sitzt, sondern sich gleichmäßig über das Volumen der Kugel verteilt, so erhält man durch eine analoge Überlegung den doppelten Wert

$$r_e = \frac{e^2}{4\pi\varepsilon_0 m_e c^2} = 2{,}8 \cdot 10^{-15}\,\text{m} . \tag{5.93b}$$

Das mit dem Spin verknüpfte magnetische Moment $\boldsymbol{\mu}_s$ würde in diesem Modell durch den Kreisstrom der rotierenden Ladung erzeugt. Die elementare Rechnung ergibt für den Fall der Ladungsverteilung auf der Oberfläche

$$\mu_s = \frac{1}{3}\omega \cdot e \cdot r_e^2 , \tag{5.94}$$

wobei ω die Winkelgeschwindigkeit der rotierenden Kugel ist. Setzt man den aus dem Einstein-de-Haas-Versuch oder aus der Zeeman-Aufspaltung von ^2S-Niveaus ermittelten experimentellen Wert $\mu_s = 2\mu_B = 1{,}85 \cdot 10^{-23}\,\text{A}\,\text{m}^2$ ein, so ergibt sich mit $r_e = 1{,}4 \cdot 10^{-15}$ m:

$$\omega = \frac{3\mu_s}{e \cdot r_e^2} = 1{,}7 \cdot 10^{26}\,\text{s}^{-1} .$$

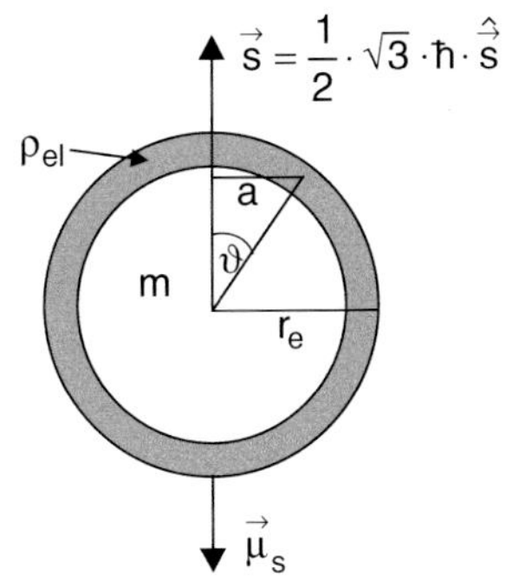

Abbildung 5.40 Zur Illustration der Schwierigkeiten des Elektronenmodells

Dies ergäbe eine Umlaufgeschwindigkeit am Äquator der rotierenden Kugel von

$$v = r \cdot \omega = 2{,}3 \cdot 10^{11}\,\mathrm{m/s} \gg c = 3 \cdot 10^{8}\,\mathrm{m/s}\,,$$

also ein offensichtlich sinnloses Ergebnis, weil es den immer wieder verifizierten Postulat der Relativitätstheorie widerspricht, dass kein Körper eine Geschwindigkeit $v \geq c$ erreichen kann.

Eine ähnliche Diskrepanz erhält man, wenn man den Elektronenspin $\boldsymbol{s}$ als mechanischen Eigendrehimpuls einer isotropen Masse interpretiert (Abb. 5.40). Man erhält dann aus klassischen Überlegungen (siehe Bd. 1, Abschn. 5.5) mit dem Trägheitsmoment $I = 2/5\, m_\mathrm{e} r_\mathrm{e}^2$ einer Kugel die Relation

$$|\boldsymbol{s}| = \frac{1}{2}\sqrt{3}\hbar = I \cdot \omega = \frac{2}{5} m_\mathrm{e} r_\mathrm{e}^2 \cdot \omega\,. \tag{5.95}$$

Daraus ergibt sich eine Winkelgeschwindigkeit

$$\omega = \frac{5 \cdot \sqrt{3}\hbar}{4 m_\mathrm{e} r_\mathrm{e}^2} \tag{5.96}$$

und eine Geschwindigkeit $v = \omega \cdot r_\mathrm{e}$ am Äquator der rotierenden Kugel von

$$v = \frac{5 \cdot \sqrt{3}\hbar}{4 m_\mathrm{e} r_\mathrm{e}}\,. \tag{5.97}$$

Setzt man die Zahlenwerte ein, so erhält man $v = 9 \cdot 10^{10}\,\mathrm{m/s} \gg c = 3 \cdot 10^{8}\,\mathrm{m/s}$, ein Ergebnis, das offenbar nicht stimmen kann.

Aus Elektron-Elektron-Streuexperimenten ergibt sich, dass das Coulombgesetz bis hinunter zu Abständen $r < 10^{-16}\,\mathrm{m}$ gültig ist.

Dies bedeutet, dass die Ladung e des Elektrons auf ein Volumen mir $r < 10^{-16}\,\mathrm{m}$ konzentriert sein muss, was allerdings in unserem mechanischen Modell der rotierenden Kugel die Umlaufgeschwindigkeit $v \propto 1/r$ noch weiter erhöht.

Offensichtlich ist das mechanische Modell des Elektrons und die Interpretation des Elektronenspins als mechanischer Eigendrehimpuls einer Massenkugel falsch.

Bisher gibt es noch kein überzeugendes und in sich konsistentes anschauliches Modell des Elektrons. Die bisherigen experimentellen Ergebnisse deuten darauf hin, dass das Elektron als punktförmiges Teilchen behandelt werden kann, dessen Massenenergie mc^2 als Feldenergie seines elektrischen Feldes aufgefasst werden kann und dessen Spin ein zusätzliches Charakteristikum des Elektrons ist, das aber nur formal denselben Rechenregeln gehorcht wie ein Drehimpuls der Größe $\hbar/2$ [6].

Die aus der quantenmechanischen Behandlung des H-Atoms folgende Ladungsverteilung

$$\begin{aligned} \mathrm{d}q(r,\vartheta,\varphi) &= \varrho_\mathrm{el}(r,\vartheta,\varphi)\,\mathrm{d}\tau \\ &= -e \cdot |\psi(r,\vartheta,\varphi)|^2\,\mathrm{d}\tau \end{aligned}$$

des Elektrons im Atom gibt lediglich die Wahrscheinlichkeit dafür an, das (wahrscheinlich punktförmige) Elektron im zeitlichen Mittel im Volumenelement $\mathrm{d}\tau$ um den Ort (r,ϑ,φ) zu finden. Wir stoßen hier auf ein fundamentales Problem: Gibt es im Bereich der Mikrophysik noch eine sinnvolle Unterscheidung zwischen Masse und Feldenergie? Bis zu welchen Raumdimensionen im Bereich der „Elementarteilchen" gilt unser geometrisches Konzept des Raumes? Es gibt eine Reihe von Ansätzen zur Beantwortung dieser Fragen, deren Gültigkeit bisher aber noch umstritten ist [9, 10].

Eines dieser Modelle [11–13] betrachtet das Elektron als punktförmige Ladung $-e$, die auf einem Kreis umläuft mit dem Radius $r_\mathrm{e} = \hbar/(2m_\mathrm{e}c)$, der gleich der halben Compton-Wellenlänge des Elektrons ist. Diese Bewegung überlagert sich der normalen Bewegung des Elektrons im Coulombfeld des Kerns. Die gesamte Bewegung wird dann als die im vorigen Abschnitt diskutierte „Zitterbewegung" des Elektrons interpretiert.

Einsetzen der Zahlenwerte ergibt $r_\mathrm{e} = 1{,}9 \cdot 10^{-13}\,\mathrm{m}$, also etwa so groß wie der klassische Elektronenradius. Die Umlauffrequenz ist bei einer Geschwindigkeit der punktförmigen Ladung von $v \approx c$ durch $\omega = c/r = 2mc^2/\hbar = 1{,}6 \cdot 10^{21}\,\mathrm{s}^{-1}$. Der Bahndrehimpuls dieser Bewegung wird dann $l = r \cdot m_\mathrm{e}c = \hbar/2$ und hat damit den gleichen Wert wie der Elektronenspin. In einer weiterführenden Arbeit [14] wird die Wahrscheinlichkeitsverteilung der Spin-Stellung und die daraus resultierenden Messergebnisse diskutiert.

Die Dirac-Theorie geht von der Dirac-Gleichung aus, welche alle Eigenschaften des Elektrons außer seiner *Selbstwechselwirkung* mit seinem Strahlungsfeld richtig beschreibt. Sie kann, ebenso wenig wie die Schrödingergleichung aus physikalischen Grundprinzipien „hergeleitet" werden. Die vollständige Darstellung, welche alle bisher beobachteten Phänomene inklusive der Lamb-Verschiebung richtig wiedergibt, ist die ***Quantenelektrodynamik*** (QED) [15–18]. Ihre Behandlung übersteigt jedoch den Rahmen dieses Lehrbuches.

Zusammenfassung

- Die dreidimensionale Schrödingergleichung für das Wasserstoffatom lässt sich im Schwerpunktsystem wegen des kugelsymmetrischen Potentials in drei eindimensionale Gleichungen der Variablen (r, ϑ, φ) umformen. Die Wellenfunktion $\psi(r, \vartheta, \varphi) = R(r) \cdot \Theta(\vartheta) \cdot \phi(\varphi)$ kann als Produkt dreier Funktionen einer Variablen geschrieben werden. Während $R(r)$ vom Verlauf der potentiellen Energie $E_{\text{pot}}(r)$ abhängt, werden die Winkelanteile für *alle* kugelsymmetrischen Potentiale durch dieselben Kugelflächenfunktionen $Y_l^m(\vartheta, \varphi) = \Theta(\vartheta) \cdot \phi(\varphi)$ beschrieben.
- Die Randbedingungen für die Wellenfunktion $\psi(r, \vartheta, \varphi)$ (Normierbarkeit und Eindeutigkeit) führen zu Quantenbedingungen für gebundene Zustände mit negativer Gesamtenergie ($E < 0$), die durch Quantenzahlen ausgedrückt werden können. Die Energieeigenwerte E sind für $E > 0$ kontinuierlich.
- Jede Wellenfunktion $\psi = \psi_{n,l,m}(r, \vartheta, \varphi)$ des H-Atoms wird durch die drei Quantenzahlen n (Hauptquantenzahl), l (Drehimpulsquantenzahl), m_l (Bahndrehimpuls-Projektionszahl) eindeutig bestimmt.
- Die Energieeigenwerte E_{n,l,m_l} ergeben sich aus der Schrödingergleichung mit den entsprechenden Wellenfunktionen $\psi_{n,l,m_l}(r, \vartheta, \varphi)$.
- Die Energie E der Zustände des H-Atoms hängt im Rahmen der Schrödingertheorie nur von der Hauptquantenzahl n ab, *nicht* von l und m_l. Zu jedem Energieeigenwert E_n gehören daher $k = \sum_{l=0}^{n-1}(2l+1) = n^2$ verschiedene räumliche Wellenfunktionen $\psi(r, \vartheta, \varphi)$. Man sagt: Der Zustand mit der Energie E_n ist n^2-fach entartet.
- Das Absolutquadrat $|\psi(r, \vartheta, \varphi)|^2$ der Wellenfunktion gibt die räumliche Verteilung der Aufenthaltswahrscheinlichkeiten des Elektrons an.
- Für $E < 0$ ist die Aufenthaltswahrscheinlichkeit des Elektrons auf ein endliches Raumgebiet beschränkt. Die Energien sind „gequantelt". Für $E \geq 0$ kann sich das Elektron im gesamten Raumgebiet aufhalten. Die Energien sind kontinuierlich, unterliegen also keinen Quantenbedingungen.
- Der normale Zeeman-Effekt beruht auf der Wechselwirkung des durch die Bahnbewegung des Elektrons erzeugten magnetischen Momentes mit einem äußeren Magnetfeld B. Dadurch spalten die Energieterme in $2l + 1$ Zeeman-Komponenten E_{m_l} auf, deren Energie um $\Delta E_m = \mu_B \cdot m_l \cdot B$ verschoben wird, wobei μ_B das Bohr'sche Magneton ist.
- Durch verschiedene experimentelle Ergebnisse (Feinstrukturaufspaltung, Stern-Gerlach-Versuch, anomaler Zeeman-Effekt) musste die Schrödingertheorie erweitert werden. Dies geschah durch Einführung des Elektronenspins s, der ein zusätzliches magnetisches Moment $\boldsymbol{\mu}_s$ bewirkt. Es gilt: $\boldsymbol{\mu}_s = -g_s \cdot (\mu_B/\hbar)\boldsymbol{s}$ mit $g_s \approx 2$. Der Gesamtdrehimpuls des Elektrons ist die Vektorsumme $\boldsymbol{j} = \boldsymbol{l} + \boldsymbol{s}$.
- Die Feinstrukturaufspaltung kann gedeutet werden als Zeeman-Aufspaltung, die durch die Wechselwirkung des magnetischen Spinmomentes $\boldsymbol{\mu}_s$ mit dem durch die Bahnbewegung des Elektrons erzeugten Magnetfeldes bewirkt wird. Die Energien der Feinstrukturterme sind

$$E_{n,l,j} = E_n + \frac{a}{2}\left[j(j+1) - l(l+1) - s(s+1)\right],$$

wobei $a = \mu_0 Z e^2 \hbar^2/(8\pi m_e^2 r^3)$ Spin-Bahn-Kopplungskonstante heißt. Terme $E_{n,j}$ mit gleicher Hauptquantenzahl n und gleicher Gesamtdrehimpulsquantenzahl j bleiben im Coulombpotential energetisch entartet.
- Der anomale Zeeman-Effekt tritt bei allen Atomtermen auf, für die der Gesamtspin $S \neq 0$ ist. Die Energieverschiebung beträgt $\Delta E = -\boldsymbol{\mu}_j \cdot \boldsymbol{B}$ mit $\boldsymbol{\mu}_j = \boldsymbol{\mu}_l + \boldsymbol{\mu}_s$. Jeder Term (n, j) spaltet in $(2j + 1)$ Zeeman-Komponenten auf.
- Wenn der Atomkern einen Kernspin $\boldsymbol{I}$ und ein (kleines) magnetisches Moment $\boldsymbol{\mu}$ hat, gibt es eine kleine zusätzliche Aufspaltung $\Delta E = -\boldsymbol{\mu}_K \cdot \boldsymbol{B}_{\text{int}}$ der Atomterme (Hyperfeinstruktur), die auf der Wechselwirkung des magnetischen Kernmomentes mit dem von den Elektronen am Kernort bewirkten Magnetfeld beruht.
- Bei Berücksichtigung der Wechselwirkung des Elektrons mit seinem Strahlungsfeld (Emission und Absorption virtueller Photonen) verschieben sich die Energieniveaus geringfügig (Lamb-Shift). Die Verschiebung ist am größten für den $1S$-Term, kleiner für den $2S$-Term und wesentlich kleiner für P-Terme. Die Verschiebung kann im Rahmen der Quantenelektrodynamik berechnet werden.
- Die Schrödingertheorie beschreibt das H-Atom richtig, wenn relativistische Effekte (Massenzunahme und Spin) vernachlässigt werden. Die Dirac-Theorie schließt diese relativistischen Effekte mit ein, kann aber nicht die Lamb-Verschiebung berechnen. Eine vollständige Beschreibung der bisher bekannten Effekte wird durch die Quantenelektrodynamik möglich.
- Die Ergebnisse der Quantenmechanik nähern sich für große Quantenzahlen (n, l) der klassischen Berechnung der Bahn eines punktförmigen Elektrons im Coulombfeld (Korrespondenzprinzip).
- Es gibt bisher keine anschauliche Beschreibung des Elektrons, die alle Eigenschaften (Masse, Spin, magnetisches Moment) konsistent wiedergibt.

Aufgaben

5.1 Berechnen Sie die Erwartungswerte $\langle r \rangle$ und $\langle 1/r \rangle$ für die beiden Zustände $1s$ und $2s$ im H-Atom.

5.2 Welche Spektrallinien kann man in der Emission von H-Atomen beobachten, wenn diese durch Elektronenstoß eine Anregungsenergie von $E = 13{,}3\,\text{eV}$ erhalten?

5.3 Um welchen Faktor wächst der Radius der Bohr'schen Bahn, wenn dem H-Atom vom Grundzustand aus die Energie
a) $12{,}09\,\text{eV}$,
b) $13{,}387\,\text{eV}$
zugeführt wird?

5.4 Zeigen Sie, dass im Rahmen der Bohr'schen Theorie das Verhältnis $\boldsymbol{\mu}_e/\boldsymbol{l}$ von magnetischem Bahnmoment $\boldsymbol{\mu}_e$ zu Bahndrehimpuls $\boldsymbol{l}$ unabhängig von der Hauptquantenzahl n ist.

5.5 Um wie viel unterscheidet sich die Masse des H-Atoms im Zustand $n = 2$ von der für $n = 1$
a) auf Grund der relativistischen Massenzunahme,
b) auf Grund der größeren potentiellen Energie?

5.6 In einem klassischen Modell wird das Elektron als starre, gleichmäßig geladene Kugel mit Radius r, Masse m_e und Ladung $-e$ beschrieben.
a) Wie groß ist die Umlaufgeschwindigkeit eines Punktes auf dem Äquator dieser Kugel, wenn der Drehimpuls der Kugel $\sqrt{3/4}\hbar$ ist?
b) Wie groß wäre bei klassischer nichtrelativistischer Rechnung seine Rotationsenergie? Man vergleiche sie mit der Ruheenergie $m_e c^2$.
Setzen Sie als Zahlenwerte einmal $r = 1{,}4 \cdot 10^{-15}\,\text{m}$ und einmal $r = 10^{-18}\,\text{m}$ ein.

5.7 Leiten Sie das Ergebnis für den Darwin-Term her.

5.8 Bei $B = 1\,\text{T}$ soll die Zeeman-Aufspaltung der Wasserstoff-Balmer-α-Linie ($2^2S_{1/2} \rightarrow 3^2P_{1/2}$)
a) mit einem Gitterspektrographen aufgelöst werden. Wie groß muss das spektrale Auflösungsvermögen des Spektrographen sein? Wie viele Gitterstriche müssen mindestens beleuchtet werden, wenn in der zweiten Beugungsordnung beobachtet wird?
b) Bei welchem minimalen Magnetfeld könnte man die Aufspaltung noch mit einem Fabry-Perot-Interferometer (Plattenabstand $d = 1\,\text{cm}$, Reflexionsvermögen jeder Platte $R = 95\,\%$) noch sehen?

5.9 Wie groß ist das durch das $1s$-Elektron am Ort des Protons im Wasserstoffatom verursachte Magnetfeld, wenn die Hyperfeinstruktur ($\lambda = 21\,\text{cm}$) im $1s$-Zustand durch die beiden Einstellungen des Kernspins in diesem Magnetfeld erklärt werden?

5.10 Vergleichen Sie die Absorptionsfrequenzen der drei Wasserstoff-Isotope H, D und T $= {}^3_1\text{H}$ der Lyman-α-Linie des Überganges $1S \rightarrow 2P$.

Literatur

1. O. Stern, W. Gerlach: Der experimentelle Nachweis des magnetischen Momentes des Silberatoms. Zeitschrift für Physik **8**, 110 (1922) und **9**, 349 (1922)
2. Ch. Kittel: Einführung in die Festkörperphysik. Oldenbourg, München (1996)
3. H. Ibach, H. Lüth: Festkörperphysik. Springer, Berlin, Heidelberg (1996)
4. W. Greiner, J. Reinhardt: Quantenelektrodynamik. Harri Deutsch, Frankfurt (1994)
5. J.D. Jackson: Klassische Elektrodynamik. de Gruyter, Berlin (1988)
6. D. Hestenes: Quantum Mechanics from Self-Interaction. Found. Phys. **15**, 63 (1985)
7. W.E. Lamb, R.C. Retherford: Fine Structure of the Hydrogen Atom by a Microwave Method. Phys. Rev. **72**, 241 (1947)
8. T.W. Hänsch: High Resolution Spectrosopy of Hydrogen. In: G.F. Bassani, M. Inguscio, T.W. Hänsch (Hrsg.): The Hydrogen Atom. Springer, Berlin, Heidelberg (1989)
   T. Udem et al.: Phase Coherent Measurements of the Hydrogen $1S$–$2S$ transition frequency. Phys. Rev. Lett. **79**, 2646 (1997)
9. H.G. Dosch (Hrsg.): Teilchen, Felder, Symmetrien, 2. Aufl. Spektrum, Heidelberg (1995)
10. D.Z. Albert: David Bohms Quantentheorie. Spektr. Wissenschaft Juli 1994, S. 70
11. user.uni-frankfurt.de/~dweiss/LateX2HTML/Atom/node4_mn.htm#SECTION0044
12. D. Hestenes, A. Weingartshofer (Hrsg.): The Electron: New Theory and Experiment. In: Fundamental Theories of Physics. Springer (1991). ISBN 978-0792313564

13. D. Hestenes: The Zitterbewegung. Interpretation of Quantum Mechanics. Found. Phys. **20**(19), 1213 (1990)
14. A. Niehaus. Private Mitteilung
15. C. Cohen-Tannoudji, J. Dupont-Roc, G. Grynberg: Photons and Atoms. Introduction to Quantum Electrodynamics. John Wiley, New-York (1989)
16. E.G. Harris: Quantenfeldtheorie. Eine elementare Einführung. Oldenbourg, München (1975)
17. R.P. Feynman: QED: Die seltsame Theorie des Lichts und der Materie. Piper, München (1997)
18. F. Mandl, G. Shaw: Quantenfeldtheorie. Aula-Verlag, Wiesbaden (1993)

Atome mit mehreren Elektronen

6

W. Demtröder, *Experimentalphysik 3*, Springer-Lehrbuch, DOI 10.1007/978-3-662-49094-5_6

Bei Atomen mit mehr als einem Elektron treten neue Phänomene auf, die mit der gegenseitigen elektrostatischen und magnetischen Wechselwirkung der Elektronen zu tun haben. Zusätzlich werden wir mit neuen Symmetrieprinzipien konfrontiert, die bei der Vertauschung zweier Elektronen gelten und deren Basis die Ununterscheidbarkeit der Elektronen ist.

Wir wollen uns diese Phänomene zuerst am Beispiel des Heliumatoms als dem einfachsten Mehrelektronen-Atom klar machen und dann das Aufbauprinzip für größere Atome kennen lernen. Aus der richtigen Kopplung der Drehimpulse der einzelnen Elektronen und der Beachtung von Symmetrieprinzipien erhält man dann die Elektronenkonfiguration aller Atome und eine Charakterisierung der Quantenzahlen ihrer möglichen Energiezustände. Dieses Aufbauprinzip liefert dann auch eine atomphysikalische Erklärung für die Anordnung der chemischen Elemente im Periodensystem.

6.1 Das Heliumatom

Das Heliumatom besteht aus einem Kern mit der Ladung $+2e$ (Kernladungszahl $Z = 2$) und der Masse $m_K \approx 4m_H$ und aus zwei Elektronen. Der Zustand der Elektronen wird durch die Wellenfunktion $\Psi(\boldsymbol{r}_1, \boldsymbol{r}_2)$ beschrieben, die von den Ortskoordinaten $\boldsymbol{r}_1 = (x_1, y_1, z_1)$ und $\boldsymbol{r}_2 = (x_2, y_2, z_2)$ der beiden Elektronen abhängt. Haben diese die Abstände $r_1 = |\boldsymbol{r}_1|$ und $r_2 = |\boldsymbol{r}_2|$ vom Atomkern und den gegenseitigen Abstand $r_{12} = |\boldsymbol{r}_1 - \boldsymbol{r}_2|$ (Abb. 6.1), so ist ihre potentielle Energie

$$E_{pot} = -\frac{e^2}{4\pi\varepsilon_0}\left(\frac{Z}{r_1} + \frac{Z}{r_2} - \frac{1}{r_{12}}\right). \tag{6.1}$$

Der Operator ihrer kinetischen Energie ist im Schwerpunktsystem

$$\hat{E}_{kin} = \frac{-\hbar^2}{2\mu}\left(\Delta_1(\boldsymbol{r}_1) + \Delta_2(\boldsymbol{r}_2)\right)$$

mit

$$\mu = \frac{m_e \cdot m_K}{m_e + m_K},$$

wobei der Operator Δ_i auf die Koordinaten $\boldsymbol{r}_i$ wirkt. Da $m_K > 7300\,m_e$, können wir näherungsweise $\mu \approx m_e = m$ setzen. Die Schrödingergleichung für das Heliumatom lautet damit:

$$-\frac{\hbar^2}{2m}\Delta_1\Psi(\boldsymbol{r}_1, \boldsymbol{r}_2) - \frac{\hbar^2}{2m}\Delta_2\Psi(\boldsymbol{r}_1, \boldsymbol{r}_2) + E_{pot}\Psi(\boldsymbol{r}_1, \boldsymbol{r}_2) = E\Psi(\boldsymbol{r}_1, \boldsymbol{r}_2). \tag{6.2}$$

Der letzte Term in der potentiellen Energie (6.1) bewirkt, dass das Potential nicht mehr kugelsymmetrisch ist, sondern vom Winkel α zwischen den Radiusvektoren der beiden Elektronen abhängt. Nach Abb. 6.1 gilt nämlich:

$$\begin{aligned} r_{12}^2 &= |\boldsymbol{r}_1 - \boldsymbol{r}_2|^2 \\ &= r_1^2 + r_2^2 - 2r_1r_2\cos\alpha. \end{aligned}$$

Man kann daher nicht wie beim H-Atom die Wellenfunktion in einen Radialanteil und einen Winkelanteil separieren. Die Schrödingergleichung (6.2) ist deshalb nicht mehr analytisch lösbar.

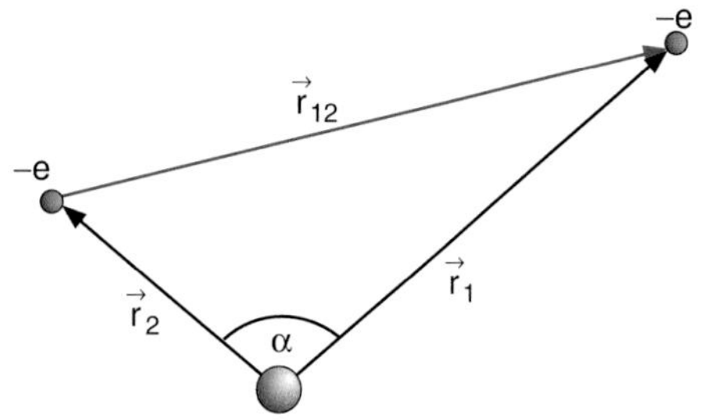

Abbildung 6.1 Zu Gleichung (6.1)

6.1.1 Näherungsmodelle

Wegen der gegenseitigen Abstoßung der beiden Elektronen werden beide Elektronen sich so bewegen, dass im zeitlichen Mittel $\bar{r}_{12} > \bar{r}_1 = \bar{r}_2$ gilt.

In einer ersten (allerdings recht groben) Näherung vernachlässigen wir daher den letzten Term in (6.1). Durch den Produktansatz

$$\Psi(\boldsymbol{r}_1, \boldsymbol{r}_2) = \psi_1(\boldsymbol{r}_1) \cdot \psi_2(\boldsymbol{r}_2) \tag{6.3}$$

geht dann die Schrödingergleichung mit $E_1 + E_2 = E$ in zwei getrennte Gleichungen für die beiden Elektronen

$$\begin{aligned} \frac{-\hbar^2}{2m}\Delta_1\psi_1(\boldsymbol{r}_1) - \frac{e^2}{4\pi\varepsilon_0}\frac{Z}{r_1}\psi_1(\boldsymbol{r}_1) &= E_1\psi_1(\boldsymbol{r}_1), \\ \frac{-\hbar^2}{2m}\Delta_2\psi_2(\boldsymbol{r}_2) - \frac{e^2}{4\pi\varepsilon_0}\frac{Z}{r_2}\psi_2(\boldsymbol{r}_2) &= E_2\psi_2(\boldsymbol{r}_2) \end{aligned} \tag{6.4}$$

über, die identisch sind mit (5.8) für das H-Atom.

Mit $Z = 2$ erhält man mit dieser Näherung für die Gesamtenergie des tiefsten Heliumzustandes, bei dem beide Elektronen im Zustand $n = 1$ sind:

$$\begin{aligned} E_{He} &= -2Z^2 \cdot E_H = -2 \cdot 4 \cdot 13{,}6\,\text{eV} \\ &= -108{,}8\,\text{eV}. \end{aligned}$$

Der experimentelle Wert für diese Energie, die man aufwenden muss, um beide Elektronen ins Unendliche zu bringen, also um aus He das Ion He^{++} zu machen, beträgt jedoch nur $E_{exp} = 78{,}93\,\text{eV}$.

Durch Vernachlässigung der Elektronenabstoßung ensteht also ein absoluter Fehler von 30 eV, d. h. ein relativer Fehler von $30/78{,}9 \approx 40\,\%$!

Eine wesentlich bessere Näherung erhält man, wenn berücksichtigt wird, dass sich jedes der beiden Elektronen in einem

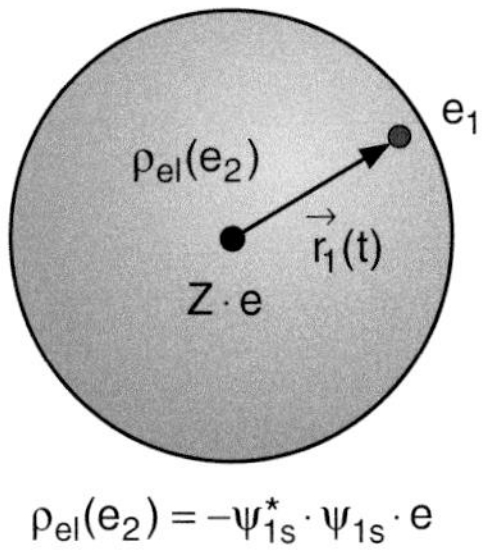

Abbildung 6.2 Teilweise Abschirmung der Kernladung $Z \cdot e$ durch die Ladungsverteilung $\varrho_{el}(e_2) = -e \cdot |\psi_{1s}(\boldsymbol{r}_2)|^2$ eines 1 s-Elektrons

Potential bewegt, welches aus dem Coulombpotential des Kerns mit $Z = 2$ und der im zeitlichen Mittel kugelsymmetrischen Ladungsverteilung des anderen Elektrons besteht. Diese negative Ladungsverteilung um den positiv geladenen Kern schirmt das Coulombfeld des Kerns teilweise ab, sodass dieses abgeschirmte Feld für das zweite Elektron beschrieben werden kann wie ein Zentralfeld, das durch die ***effektive Kernladung*** $(Z-S) \cdot e$ erzeugt wird (Abb. 6.2). Die Größe S heißt ***Abschirmungskonstante***.

Bei vollständiger Abschirmung durch ein Elektron beträgt die Bindungsenergie für das andere Elektron nur noch $-E_H$ (man braucht die Energie E_H, um dieses Elektron zu entfernen, d. h. um aus He das Ion He^+ zu machen), für das zweite Elektron beträgt sie jedoch $-Z^2 E_H$, also insgesamt für $Z = 2$

$$E_{He} = -E_H - Z^2 E_H = -5E_H = -68\,\text{eV}\,,$$

was bereits wesentlich näher am experimentellen Wert liegt. Bei nur teilweiser Abschirmung des Coulombfeldes durch ein Elektron wird die Energie des He-Grundzustandes

$$E_{He} = -Z^2 E_H - (Z-S)^2 E_H\,. \tag{6.5}$$

Für $S = 0{,}656$ erhält man den experimentellen Wert $E_{He} = -78{,}983\,\text{eV}$. Danach ist in diesem Modell, in dem die Abstoßung zwischen den Elektronen ersetzt wird durch eine Abschirmungskonstante, die effektive Kernladung für eines der beiden Elektronen $Z_{eff} = Z - S = 1{,}35$. Etwa 32 % der Kernladung $+2e$ werden durch ein Elektron im $1s$-Zustand des He-Atoms für das andere $1s$-Elektron abgeschirmt.

Man beachte, dass ein $1s$-Elektron für ein anderes Elektron in höheren Zuständen (z. B. $2s$) eine wesentlich größere Abschirmung bewirkt, weil das zweite Elektron dann eine kleinere Aufenthaltswahrscheinlichkeit am Kernort hat (siehe Aufgabe 6.1).

Da die Ladungsverteilung des abschirmenden Elektrons e_2 gegeben ist durch

$$\varrho_{el} = e \cdot \psi_2^*(1s)\,\psi_2(1s)\,, \tag{6.6}$$

wird die potentielle Energie für das andere Elektron

$$E_{pot}(r_1) = -\frac{e^2}{4\pi\varepsilon_0}\left(\frac{Z}{r_1} - \int\limits_{\vartheta}\int\limits_{\varphi}\int\limits_{r_2} \frac{\psi_2^*\psi_2}{r_{12}}\,d\tau_2\right)\,. \tag{6.7}$$

Wenn wir näherungsweise annehmen, dass die Ladungsverteilung des zweiten Elektrons nicht wesentlich durch die Anwesenheit des ersten Elektrons gestört wird, so können wir für seine Wellenfunktion die ungestörte $1s$-Funktion aus Tab. 5.1 einsetzen. Dann wird (6.7) zu

$$\begin{aligned} &E_{pot}(r_1) \\ &= -\frac{e^2}{4\pi\varepsilon_0}\left(\frac{Z}{r_1} - \frac{1}{\pi}\left(\frac{Z}{a_0}\right)^3 \int\limits_{\tau_2} \frac{e^{-2Zr_2/a_0}}{r_{12}}\,d\tau_2\right)\,, \end{aligned} \tag{6.8}$$

mit der Lösung (siehe Aufgabe 6.1)

$$\begin{aligned} &E_{pot}(r_1) \\ &= -\frac{e^2}{4\pi\varepsilon_0}\left[\frac{Z-1}{r_1} + \left(\frac{Z}{a_0} + \frac{1}{r_1}\right)e^{-2Zr_1/a_0}\right] && (6.9a) \\ &= \frac{-e^2}{4\pi\varepsilon_0 r_1}\left[1 + \left(\frac{2r_1}{a_0} + 1\right)e^{-4r_1/a_0}\right]\,. && (6.9b) \end{aligned}$$

Der erste Term gibt die Bindungsenergie des Elektrons 1 im Coulombfeld der durch das erste Elektron vollständig abgeschirmten Kernladung ($S = 1$) an. Der zweite Term berücksichtigt die unvollständige Abschirmung ($S < 1$).

Das gesamte Potential, in dem sich das 2. Elektron bewegt, kann daher beschrieben werden als Summe aus dem Coulomb-Potential des Kerns und einem exponentiell mit r abfallenden Potential, das durch die Ladungsverteilung des 1. Elektrons erzeugt wird. Es ist also insgesamt weiterhin ein kugelsymmetrisches Potential, aber *kein* Coulomb-Potential wie beim H-Atom.

Man beachte: Die direkte Abstoßung zwischen den beiden Elektronen wird in dieser Näherung ersetzt durch die Verminderung der Anziehung zwischen Kern und Elektronen.

6.1.2 Symmetrie der Wellenfunktion

Wir wollen die beiden Elektronen mit e_1 und e_2 bezeichnen. Die beiden Separationsanteile der Wellenfunktion (6.3), $\psi_1(n_1, l_1, m_{l_1})$ und $\psi_2(n_2, l_2, m_{l_2})$, hängen von den drei Quantenzahlen (n, l, m_l) der beiden Elektronen ab, die wir mit den Abkürzungen

$$a = (n_1, l_1, m_{l_1}) \quad \text{und} \quad b = (n_2, l_2, m_{l_2})$$

bezeichnen.

Die Wahrscheinlichkeit $W(a,b) = |\Psi_{ab}(\boldsymbol{r}_1, \boldsymbol{r}_2)|^2$, dass der Atomzustand (a,b) realisiert ist, dass also e_1 im Zustand a und e_2 im Zustand b ist, wird im Näherungsmodell der unabhängigen Elektronen (d. h. der Term mit $1/r_{12}$ in (6.1) wird vernachlässigt oder durch einen geeigneten Mittelwert ersetzt) durch das Quadrat der Produktfunktion (6.3), also durch $W(a,b) = \left|\Psi_{ab}^{\text{I}}\right|^2$ mit

$$\Psi_{ab}^{\text{I}} = \psi_1(a) \cdot \psi_2(b) \tag{6.10a}$$

beschrieben. Vertauschen wir die beiden Elektronen, so wird unsere Produktfunktion

$$\Psi_{ab}^{\text{II}} = \psi_1(b) \cdot \psi_2(a) \tag{6.10b}$$

Kapitel 6

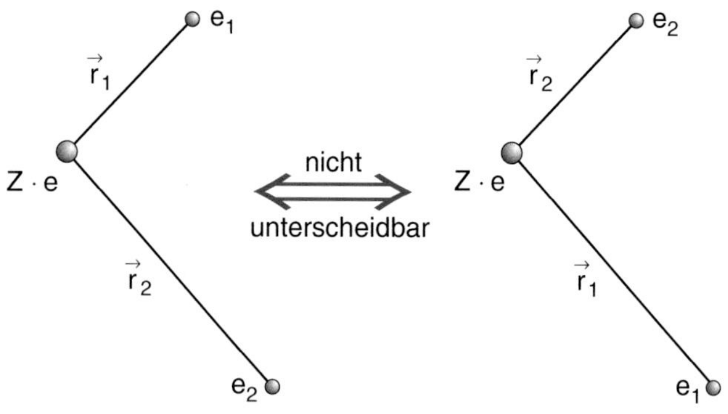

Abbildung 6.3 Zur Ununterscheidbarkeit zweier Konfigurationen bei Vertauschung zweier Elektronen

für den Fall, dass Elektron e_1 im Zustand b und e_2 im Zustand a ist.

Nun sind aber die beiden Elektronen *nicht unterscheidbar*. Die Ladungsverteilung des Gesamtatoms darf sich also bei einer Vertauschung beider Elektronen (Abb. 6.3) nicht ändern, d. h. es muss gelten:

$$\left|\Psi^{\mathrm{I}}_{ab}\right|^2 = \left|\Psi^{\mathrm{II}}_{ab}\right|^2 \Rightarrow \Psi^{\mathrm{I}}_{ab} = \mathrm{e}^{\mathrm{i}\varphi}\Psi^{\mathrm{II}}_{ab}\,, \tag{6.11}$$

wobei φ entweder gleich null oder gleich π sein muss, damit ein Zustand bei zweimaliger Permutation wieder in sich selbst übergeht. Gleichung (6.11) lautet dann:

$$\Psi^{\mathrm{I}}_{ab} = \pm\Psi^{\mathrm{II}}_{ab}\,. \tag{6.12}$$

Weder der Ansatz (6.10a) noch (6.10b) erfüllen diese Forderung. Deshalb können die Produktfunktionen $\psi_1(a)\cdot\psi_2(b)$ oder $\psi_2(a)\cdot\psi_1(b)$, die angeben, welches Elektron sich in welchem Zustand befindet, nicht die richtigen Wellenfunktionen zur Beschreibung unseres Atomzustandes sein. Man kann aber durch die folgenden symmetrischen bzw. antisymmetrischen Linearkombinationen aus den Funktionen (6.10a) und (6.10b)

$$\Psi^{\mathrm{s}}_{\mathrm{atom}} = \psi_1(a)\cdot\psi_2(b) + \psi_2(a)\cdot\psi_1(b) \tag{6.13a}$$
$$\Psi^{\mathrm{a}}_{\mathrm{atom}} = \psi_1(a)\cdot\psi_2(b) - \psi_2(a)\cdot\psi_1(b) \tag{6.13b}$$

die Forderung (6.12) erfüllen, die allein auf der Nichtunterscheidbarkeit der Elektronen basiert. Ψ^{s} geht bei Vertauschung der Elektronen in sich über, während Ψ^{a} in $-\Psi^{\mathrm{a}}$ übergeht.

Man beachte: $\Psi^{\mathrm{s}}_{\mathrm{atom}}$ und $\Psi^{\mathrm{a}}_{\mathrm{atom}}$ geben die Wahrscheinlichkeitsamplituden dafür an, dass sich ein Elektron im Zustand a, das andere im Zustand b befindet. Wir wissen dabei aber nicht, *welches* der beiden Elektronen sich in a und welches sich in b aufhält. Das Problem ist äquivalent zur Beschreibung des Doppelspaltexperimentes, wo wir auch die Summe der Wahrscheinlichkeitsamplituden bilden mussten (Abschn. 3.5.2). Deshalb ist die Wahrscheinlichkeit für die Realisierung eines Atomzustandes mit einem Elektron in a und einem Elektron in b durch $\left|\Psi^{\mathrm{s}}_{\mathrm{atom}}\right|^2$ oder $\left|\Psi^{\mathrm{a}}_{\mathrm{atom}}\right|^2$ gegeben. Welche der beiden Funktionen einen Atomzustand richtig beschreibt, hängt vom Spin der beiden Elektronen ab, wie wir im Folgenden diskutieren wollen.

Wenn beide Elektronen im selben Zustand sind (d. h. $a = b$), dann folgt aus (6.13b):

$$\Psi^{\mathrm{a}}_{\mathrm{atom}} = \psi_1(a)\psi_2(a) - \psi_2(a)\psi_1(a) \equiv 0\,. \tag{6.14}$$

Dies bedeutet, dass die antisymmetrische Wellenfunktion für diesen Zustand nicht existiert.

Zwei Elektronen mit denselben Quantenzahlen (n, l, m_l) werden daher durch die *symmetrische* räumliche Wellenfunktion $\Psi^{\mathrm{s}}_{\mathrm{atom}}$ beschrieben.

6.1.3 Berücksichtigung des Elektronenspins

Auf Grund der im vorigen Kapitel beschriebenen experimentellen Ergebnisse (Stern-Gerlach-Versuch, anomaler Zeeman-Effekt etc.) wissen wir, dass jedes Elektron einen Spin $\boldsymbol{s}$ hat, dessen Betrag $|\boldsymbol{s}| = \sqrt{s(s+1)}\,\hbar$ mit $s = 1/2$ ist, und dessen Projektion auf die z-Richtung die beiden Werte $\langle s_z\rangle = m_s\hbar$ mit $m_s = \pm 1/2$ annehmen kann. Wir wollen diese beiden Spineinstellungen durch die ***Spinfunktion*** $\chi^+(m_s = +1/2)$ und $\chi^-(m_s = -1/2)$ beschreiben. Die genaue mathematische Form dieser Funktionen, die als zweikomponentige Vektoren (Spinoren) geschrieben werden können, geht in unsere folgenden Überlegungen nicht ein.

Zum Spinzustand des Atoms mit parallelem Spin beider Elektronen gehören die Spinfunktionen

$$\begin{aligned}\chi_1 &= c_1\,\chi^+(1)\cdot\chi^+(2)\,,\\ \chi_2 &= c_2\,\chi^-(1)\cdot\chi^-(2)\,.\end{aligned} \tag{6.15}$$

Da die beiden Elektronen ununterscheidbar sind, müssen die beiden Zustände (χ_1^+, χ_2^-) und (χ_2^+, χ_1^-) mit antiparallelen Elektronenspins als identisch angesehen und analog zu (6.13) durch die Linearkombinationen

$$\chi_3 = c_3\left[\chi^+(1)\cdot\chi^-(2) + \chi^+(2)\cdot\chi^-(1)\right] \tag{6.16}$$

beschrieben werden.

Damit für die normierte Spinfunktion $|\chi^*\chi| = 1$ gilt, müssen wir die Normierungskonstanten $c_1 = c_2 = 1$ und $c_3 = 1/\sqrt{2}$ wählen und erhalten damit die drei gegen Elektronenvertauschung $1 \leftrightarrow 2$ symmetrischen Spinfunktionen (Abb. 6.4a)

$$\begin{aligned}\chi_1 &= \chi^+(1)\cdot\chi^+(2):\\ &\qquad M_S = m_{s_1} + m_{s_2} = +1\,,\\ \chi_2 &= \chi^-(1)\cdot\chi^-(2):\\ &\qquad M_S = m_{s_1} + m_{s_2} = -1\,,\\ \chi_3 &= \frac{1}{\sqrt{2}}\left[\chi^+(1)\cdot\chi^-(2) + \chi^+(2)\cdot\chi^-(1)\right]:\\ &\qquad M_S = 0\,,\end{aligned} \tag{6.17}$$

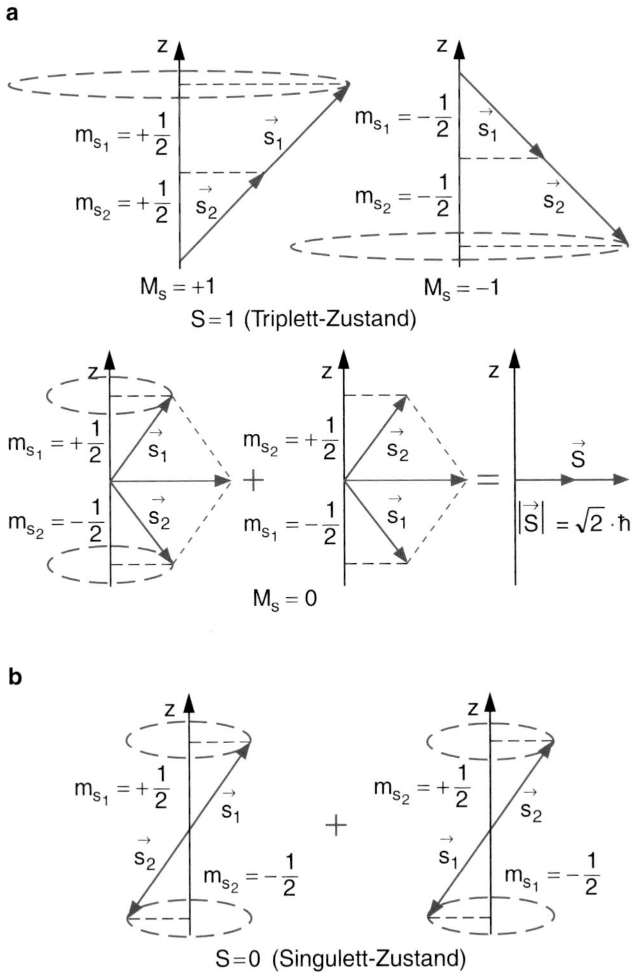

Abbildung 6.4 Vektormodell **a** der drei Triplett-Zustände mit $S = 1$ und $M_S = \pm 1, 0$ und **b** des Singulett-Zustandes mit $S = 0$

die einen atomaren Zustand mit dem Gesamtspin $\boldsymbol{S} = \boldsymbol{s}_1 + \boldsymbol{s}_2$ mit $|\boldsymbol{S}| = \sqrt{S(S+1)}\,\hbar$ und $S = 1$ beschreiben. Da der Gesamtspin $\boldsymbol{S}$ drei räumliche Einstellmöglichkeiten $M_S = 0, \pm 1$ hat, nennen wir dies einen ***Triplett-Zustand***.

Die antisymmetrische Spinfunktion

$$\chi^{\mathrm{a}} = \frac{1}{\sqrt{2}}\left(\chi^+(1) \cdot \chi^-(2) - \chi^+(2) \cdot \chi^-(1)\right)$$
$$M_S = 0 \tag{6.18}$$

gehört zu einem Zustand mit der Spinquantenzahl $S = 0$ (Abb. 6.4b), den wir ***Singulett-Zustand*** nennen.

Die gesamte Wellenfunktion eines Atomzustandes wird dann geschrieben als Produkt

$$\Psi_{\text{gesamt}} = \Psi_{ab}(r_1, \vartheta_1, \varphi_1, r_2, \vartheta_2, \varphi_2) \cdot \chi_{\text{spin}}(S, M_S) \tag{6.19}$$

aus Ortswellenfunktion $\Psi(r, \vartheta, \varphi)$, die durch die zwei Sätze von drei Quantenzahlen $a = \{n_1, l_1, m_{l_1}\}$ und $b = \{n_2, l_2, m_{l_2}\}$ der beiden Elektronen bestimmt ist, und Spinfunktion $\chi(S, M_S)$, die von der Quantenzahl des Gesamtspins $\boldsymbol{S} = \boldsymbol{s}_1 + \boldsymbol{s}_2$ und der Quantenzahl $M_S = m_{s_1} + m_{s_2}$ seiner Projektion $S_z = M_S \cdot \hbar$ abhängt.

6.1.4 Das Pauliprinzip

Die Beobachtung des Heliumspektrums (siehe nächster Abschnitt) und vieler anderer Atomspektren brachte das überraschende Ergebnis:

Man findet nur Atomzustände, deren Gesamtwellenfunktion antisymmetrisch gegen Vertauschung zweier Elektronen ist.

Auf Grund dieser und vieler anderer experimenteller Ergebnisse stellte *Wolfgang Pauli* (1900–1958) (Abb. 6.5) 1925 das verallgemeinerte Postulat auf:

> Die Gesamtwellenfunktion eines Systems mit mehreren Elektronen ist immer antisymmetrisch gegen Vertauschung zweier Elektronen (***Pauliprinzip***).

Bis heute hat man keine Ausnahme von diesem Prinzip gefunden.

Eine genauere theoretische Untersuchung allgemeiner Symmetrieeigenschaften eines Systems identischer Teilchen zeigt, dass dieses Prinzip für alle Teilchen mit halbzahligem Spin (*Fermionen*) gilt, d. h. z. B. auch für Protonen oder Neutronen (siehe Bd. 4).

Wenn zwei Elektronen eines Atoms beide im gleichen Zustand ψ_{n,l,m_l} sind, also beide die gleichen Quantenzahlen $\{n, l, m_l\}$ haben, so wird gemäß (6.14) die antisymmetrische Ortsfunktion null, d. h. das Atom wird in diesem Zustand durch eine bei

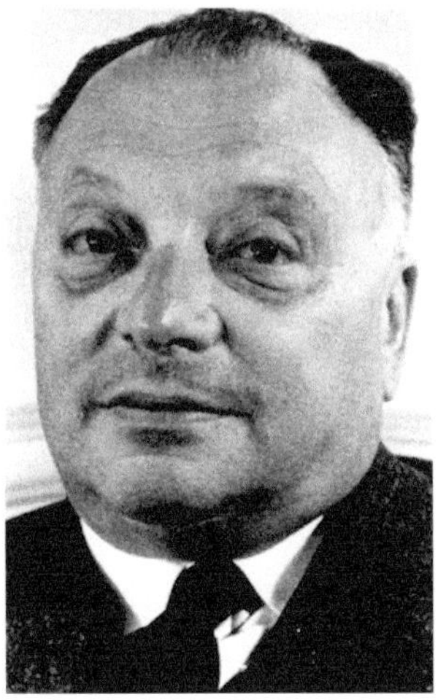

Abbildung 6.5 *Wolfgang Pauli* (Nobelpreis 1945). Aus E. Bagge: *Die Nobelpreisträger der Physik* (Heinz-Moos-Verlag, München 1964)

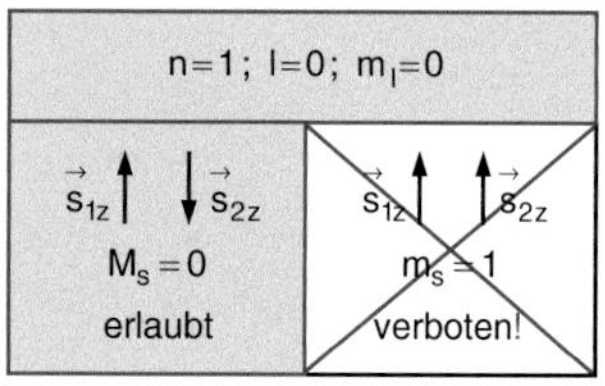

Abbildung 6.6 Helium-Grundzustand $^1S_0$ mit $n = 1, l = 0, m_e = 0, M_s = 0$

Elektronenvertauschung symmetrische Ortsfunktion beschrieben. Dann folgt aber aus dem Pauliprinzip, dass ihre Spinfunktion antisymmetrisch sein muss, d. h. durch (6.18) beschrieben wird. Damit müssen die Projektionen $m_{s_1}\hbar$ und $m_{s_2}\hbar$ der beiden Elektronen sich im Vorzeichen unterscheiden. Zwei Elektronen, deren räumliche Quantenzahlen (n, l, m_l) gleich sind, müssen sich in ihrer Spinquantenzahl m_s unterscheiden. Beschreiben wir den vollständigen Zustand eines Atoms bei Berücksichtigung des Spins durch die vier Quantenzahlen (n, l, m_l, m_s), so lässt sich das Pauliprinzip auch so formulieren:

> Ein durch die vier Quantenzahlen (n, l, m_l, m_s) vollständig beschriebener Zustand eines Atoms kann höchstens von einem Elektron besetzt werden.

oder

> Ein Atom-Zustand mit den drei räumlichen Quantenzahlen (n, l, m_l) kann höchstens von zwei Elektronen besetzt werden, deren Spinquantenzahlen $m_s = +1/2$ bzw. $m_s = -1/2$ sich dann unterscheiden müssen (Abb. 6.6).

6.1.5 Termschema des Heliumatoms

Der tiefste Energiezustand des He-Atoms wird realisiert, wenn sich beide Elektronen im tiefstmöglichen Zustand $n = 1$ befinden. Dann sind ihre drei räumlichen Quantenzahlen ($n_1 = n_2 = 1, l_1 = l_2 = 0, m_{l_1} = m_{l_2} = 0$) identisch, und daher müssen ihre Spinquantenzahlen $m_{s_1} = +1/2, m_{s_2} = -1/2$ sich unterscheiden (Abb. 6.6). Da die räumliche Wellenfunktion symmetrisch ist, muss die Spinfunktion antisymmetrisch sein. Für den Gesamtspin muss gelten: $S = s_1 + s_2 = 0$, d. h. beide Spins sind antiparallel und $M_S = m_{s_1} + m_{s_2} = 0$ (Singulett-Zustand, siehe Abschn. 6.1.3). Ein solcher Zustand heißt **Singulett-Zustand**. Man nennt die Zahl $2S + 1$ der Einstellmöglichkeiten, die der Gesamtspin S in einem Magnetfeld hat, die **Multiplizität** des atomaren Zustandes und schreibt sie als linken oberen Index vor das Termsymbol des Zustandes. Der Grundzustand des He-Atoms wird dann als

$$1^1S_0 - \text{Zustand} \tag{6.20}$$
$$(n = 1, \ S = 0 \ \Rightarrow \ 2S + 1 = 1, \ L = 0, \ J = 0)$$

bezeichnet. Dabei ist L die Quantenzahl des Gesamtbahndrehimpulses $L = l_1 + l_2$ beider Elektronen und J die Quantenzahl des Gesamtdrehimpulses $J = L + S$ mit $|J| = \sqrt{J(J+1)}\,\hbar$ (siehe Abschn. 5.5). Als rechter unterer Index steht in (6.20) die Größe J.

Führt man dem He-Atom genug Energie zu (z. B. durch Elektronenstoß oder Absorption von Photonen), so kann eines der beiden Elektronen (z. B. e_1) in ein Energieniveau $n \geq 2$ gebracht werden. Jetzt kann die Quantenzahl l_1 die Werte $l_1 = 0$ oder $l_1 = 1$ annehmen. Da sich die Hauptquantenzahlen $n_1 \geq 2$ und $n_2 = 1$ unterscheiden, dürfen die anderen Quantenzahlen der beiden Elektronen gleich sein (Abb. 6.7). Deshalb können

m_{l_2}	—	0	0	1	1	1
Elektronenspin im Zustand $n = 2$	—	↓	↑	↑	↓	↑↓ +
Elektronenspin im Zustand $n = 1$	↑ ↓	↑	↑	↑	↓	
Kopplung der Drehimpulse	● ●	● ●	●		↓	$\vec{L}$ $\vec{J}$ $\vec{S}$
	$S = 0, L = 0$	$S = 0, L = 0$	$S = 1, L = 0$	$S = 1, L = 1$	$S = 1, L = 1$	
Gesamtdrehimpuls	$J = 0$	$J = 0$	$J = 1$	$J = 2$	$J = 0$	$J = 1$
Zustand	1^1S_0	2^1S_0	2^3S_1	2^3P_2	2^3P_0	2^3P_1

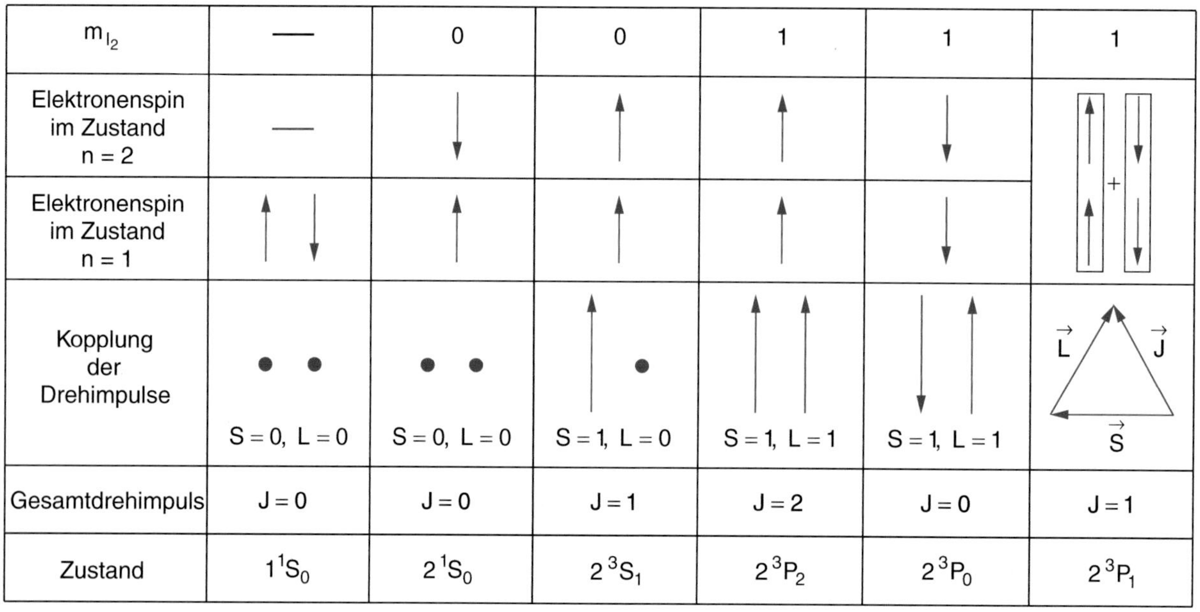

Abbildung 6.7 Symbolische Darstellung der Quantenzahlen für Grundzustand und erste angeregte Zustände des He-Atoms

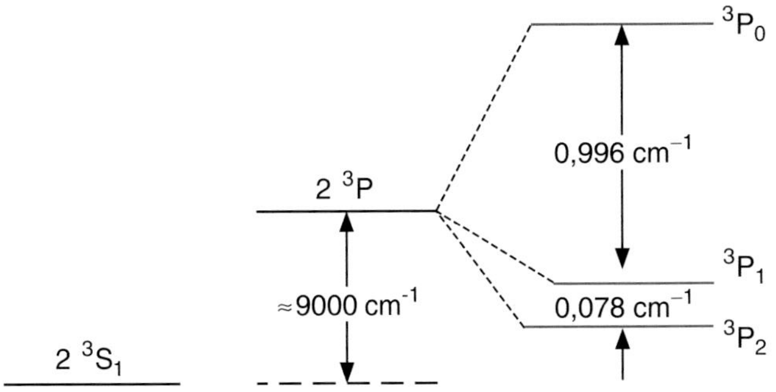

Abbildung 6.8 Feinstrukturaufbau des $2\,^3P$-Triplett-Zustandes von Helium im Vergleich zum nicht aufgespaltenen $2\,^3S$-Zustand. Die Feinstrukturaufspaltung *rechts* ist etwa 10^4-fach gespreizt

z. B. für $n(e_1) = 2$ folgende angeregten Zustände des He-Atoms realisiert werden, wobei immer $n_2 = 1$, $l_2 = 0$, $m_{l_2} = 0$, $m_{s_2} = +1/2$ gelten soll:

$$\begin{array}{ll}
2^1S_0 & (l_1 = 0,\ m_{l_1} = 0,\ m_{s_1} = -\frac{1}{2},\ J = 0) \\
2^1P_1 & (l_1 = 1,\ m_{l_1} = 0, \pm 1;\ m_{s_1} = -\frac{1}{2},\ J = 1) \\
2^3S_1 & (l_1 = 0,\ m_{l_1} = 0,\ m_{s_1} = +\frac{1}{2},\ J = 1) \\
2^3P_0 & (l_1 = 1,\ m_{l_1} = -1,\ m_{s_1} = +\frac{1}{2},\ J = 0) \\
2^3P_1 & (l_1 = 1,\ m_{l_1} = 0,\ m_{s_1} = +\frac{1}{2},\ J = 1) \\
2^3P_2 & (l_1 = 1,\ m_{l_1} = 1,\ m_{s_1} = +\frac{1}{2},\ J = 2)
\end{array}$$

Während der Grundzustand $1\,^1S_0$ wegen des Pauliprinzips nur als Singulett-Zustand realisiert wird, können angeregte Zustände sowohl als Singulett- als auch als Triplett-Zustände vorkommen.

Wegen der Spin-Bahn-Kopplung (siehe Abschn. 5.5.3) spalten alle Triplettzustände mit der Spinquantenzahl $S = 1$ und der Bahndrehimpulsquantenzahl $L \geq 1$ auf in drei Feinstrukturkomponenten mit der Quantenzahl J des Gesamtdrehimpulses $\boldsymbol{J} = \boldsymbol{l}_1 + \boldsymbol{l}_2 + \boldsymbol{s}_1 + \boldsymbol{s}_2$ (Abb. 6.8). Die Größe der Aufspaltung und die energetische Reihenfolge der Feinstrukturkomponenten hängt ab von der Art und der Stärke der Kopplung zwischen den einzelnen Drehimpulsen (siehe Abschn. 6.5).

Das Termsystem des He-Atoms für die Anregung eines Elektrons besteht deshalb aus einem Singulett-System (einfache, nichtaufgespaltene Terme mit $S = 0 \Rightarrow J = L$) und einem Triplett-System (Abb. 6.9).

Die Energie der Singulett-Terme unterscheidet sich stark von derjenigen der Triplett-Terme mit gleichen räumlichen Quantenzahlen (n_1, l_1, m_{l_1}). Dies liegt *nicht* an der magnetischen Wechselwirkung der Spin-Bahn-Kopplung, welche ja nur die kleine Aufspaltung der Feinstruktur bewirkt. Der energetische Unterschied (z. B. $\Delta E = E(2\,^1S) - E(2\,^3S) = 0{,}78\,\text{eV} \mathrel{\hat{=}} 6747\,\text{cm}^{-1}$) wird durch folgende Effekte bewirkt:

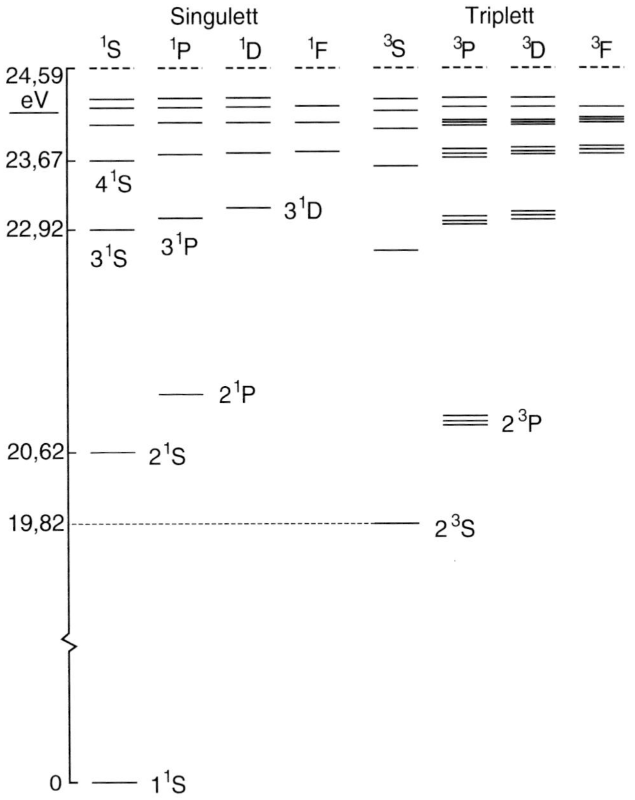

Abbildung 6.9 Termschema der Singulett- und Triplett-Zustände des He-Atoms für $L = 0$ bis $L = 3$. Der Energienullpunkt ist hier auf den Grundzustand $1\,^1S_0$ gelegt

1. Im Triplettzustand haben die beiden Elektronen wegen des Pauliprinzips im Mittel einen größeren Abstand als im Singulettzustand. Sie halten sich mit größerer Wahrscheinlichkeit auf verschiedenen Seiten des Kerns auf. Dadurch wird die Abschirmung der Kernladung durch das erste 1S-Elektron für das 2. Elektron kleiner, d. h. die Anziehung durch den Kern größer. Dies senkt die Energie ab.
2. Wegen des größeren mittleren Abstandes zwischen den Elektronen wird die positive Energie der Elektron-Elektron-Abstoßung kleiner. Auch dies senkt die Energie ab.

Genauer: Der $2\,^3S$-Zustand wird durch die antisymmetrische Ortsfunktion (6.13b) beschrieben, in dem die beiden Elektronen im zeitlichen Mittel einen größeren Abstand r_{12} voneinander haben als im $2\,^1S$-Zustand, dessen räumliche Wellenfunktion (6.13a) auch für $\boldsymbol{r}_1 = \boldsymbol{r}_2$ nicht null wird. Deshalb ist die mittlere positive Coulombenergie zwischen den beiden Elektronen

$$\langle E_{\text{pot}} \rangle = \left\langle \frac{e^2}{4\pi\varepsilon_0 r_{12}} \right\rangle = \frac{e^2}{4\pi\varepsilon_0} \int \psi^* \frac{1}{r_{12}} \psi \, d\tau$$

im Triplett-Zustand kleiner als im Singulett-Zustand, und der $2\,^3S$-Zustand liegt tiefer als der $2\,^1S$-Zustand. Außerdem wird der Abschirmfaktor, gemittelt über die Triplett-Funktionen, kleiner als derjenige, gemittelt über die Singulett-Funktionen. Die Anziehung durch den Kern ist deshalb stärker. Dies erniedrigt die Energie des Triplett-Zustandes.

6.1.6 Heliumspektrum

Das Spektrum des He-Atoms besteht aus allen erlaubten Übergängen zwischen zwei beliebigen Energieniveaus E_i, E_k (siehe Kap. 7), wobei die Photonenenergie

$$h \cdot \nu_{ik} = E_i - E_k \Rightarrow \lambda_{ik} = \frac{h \cdot c}{E_i - E_k} \qquad (6.21)$$

bestimmt wird (Abb. 6.10). Nicht jede nach (6.21) mögliche Wellenlänge λ_{ik} wird jedoch im Spektrum beobachtet, d. h. nicht jede Komponente (i, k) tritt wirklich auf. Es gelten die in Abschn. 7.2 näher erläuterten Auswahlregeln für die Übergänge $E_i \leftrightarrow E_k$ bei Absorption und Emission von Photonen.

Für die Änderung der Quantenzahlen (n, l, m_l, j, s) des angeregten Elektrons gilt, genau wie beim H-Atom,

$$\Delta l = \pm 1, \quad \Delta m_l = 0, \pm 1,$$
$$\Delta j = 0, \pm 1 \quad \text{außer} \quad j = 0 \nleftrightarrow j = 0, \qquad (6.22)$$
$$\Delta s = 0.$$

Da sich bei der Anregung nur eines Elektrons die Quantenzahlen des anderen Elektrons nicht ändern, gelten damit auch für die Quantenzahlen der Gesamtdrehimpulse $\boldsymbol{L} = \boldsymbol{l}_1 + \boldsymbol{l}_2$, $\boldsymbol{S} = \boldsymbol{s}_1 + \boldsymbol{s}_2$ und $\boldsymbol{J} = \boldsymbol{L} + \boldsymbol{S}$ die gleiche Auswahlregeln

$$\Delta L = \pm 1, \quad \Delta M_L = 0 \pm 1, \quad \Delta S = 0 \qquad (6.23)$$

wie beim H-Atom.

Übergänge zwischen Zuständen des Singulett-Systems ($S = 0$) und des Triplett-Systems ($S = 1$) sind danach verboten.

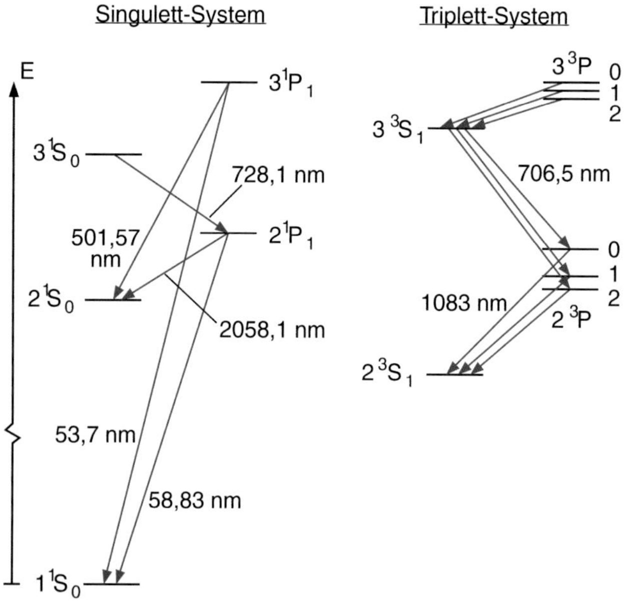

Abbildung 6.10 Singulett- und Triplett-Übergänge im Emissionsspektrum des He-Atoms

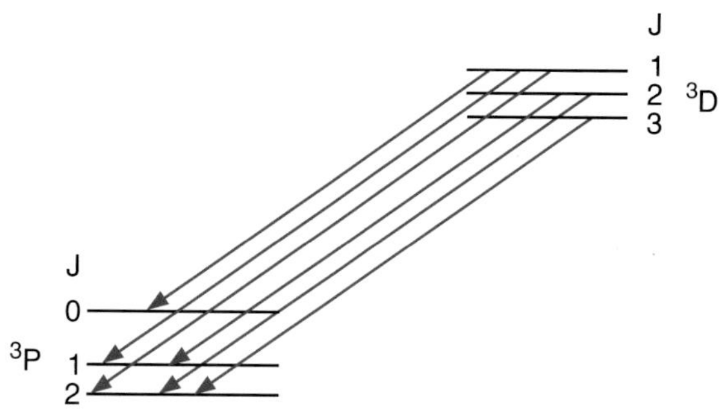

Abbildung 6.11 Erlaubte Übergänge zwischen Feinstrukturkomponenten von ^3D- und ^3P-Zuständen

Bei Übergängen zwischen Zuständen mit $L \geq 1$ sind auf Grund der Auswahlregeln häufig mehr als drei Linienkomponenten erlaubt, wie in Abb. 6.11 am Beispiel eines Überganges $^3D \to {}^3P$ illustriert wird, wo sechs Triplett-Komponenten im Spektrum beobachtet werden.

Da sich die Spektren des Singulett-Systems sowohl in den Wellenlängen als auch in der Struktur der Spektrallinien (einfache Linien im Singulett-System, Multipletts im Triplett-System) deutlich von denen des Triplett-Systems unterscheiden (Abb. 6.10), hatte man ursprünglich geglaubt, die beiden unterschiedlichen Spektren würden von unterschiedlichen Heliumarten erzeugt, die man ***Parahelium*** (Singulett-System) und ***Orthohelium*** (Triplett-System) nannte. Heute wissen wir, dass es nur eine Heliumart gibt und dass die Unterschiede in den Spektren auf den unterschiedlichen Gesamtspin $\boldsymbol{S} = \boldsymbol{s}_1 + \boldsymbol{s}_2$ mit $|\boldsymbol{S}| = \sqrt{S(S+1)}\hbar$ und den möglichen Gesamtspinquantenzahlen $S = 0$ (Singulett) oder $S = 1$ (Triplett-System) zurückzuführen sind.

6.2 Aufbau der Elektronenhüllen größerer Atome

Da wegen des Pauliprinzips nicht mehr als zwei Elektronen den tiefsten Energiezustand mit $n = 1$ einnehmen können, müssen beim Aufbau der Elektronenhüllen größerer Atome alle weiteren Elektronen energetisch höhere Niveaus mit $n \geq 2$ besetzen.

Die Verteilung der Elektronen eines Atoms im stabilen Grundzustand auf die verschiedenen Energiezustände (n, l, m_l, m_s) geschieht so, dass

- das Pauliprinzip erfüllt ist,
- die Gesamtenergie aller Elektronen für den Grundzustand jedes Atoms minimal wird.

Es zeigt sich, dass nach diesen beiden Kriterien die Elektronenstruktur aller Atome erklärt werden kann. Insbesondere lässt sich die Anordnung chemischer Elemente in Spalten und Reihen des Periodensystems, die ursprünglich auf Grund der chemischen Eigenschaften der Elemente vorgenommen worden war, auf die Struktur der Elektronenhülle zurückführen und damit ein Verständnis der chemischen Eigenschaften auf atomarer Basis erreichen.

Dies soll nun an Hand von Beispielen näher erläutert werden.

6.2.1 Das Schalenmodell der Atomhüllen

Die radiale Verteilung der Aufenthaltswahrscheinlichkeit eines Elektrons wird gemäß Abschn. 5.1.4 durch $r^2\,|R_{n,l}(r)|^2$ gegeben und damit durch die Hauptquantenzahl n und durch die Drehimpulsquantenzahl l bestimmt.

Wir hatten in Abschn. 4.3 gesehen, dass es zu jedem Wert von l genau $(2l+1)$ Wellenfunktionen Y_l^m mit verschiedenen Quantenzahlen m_l, d. h. verschiedener Winkelverteilung gibt, und zu jedem Wert von n können n mögliche Drehimpulsquantenzahlen $l = 0, 1, \ldots, n-1$ vorkommen. Deshalb gibt es zu jeder Hauptquantenzahl n insgesamt

$$\sum_{l=0}^{n-1}(2l+1) = n^2 \tag{6.24}$$

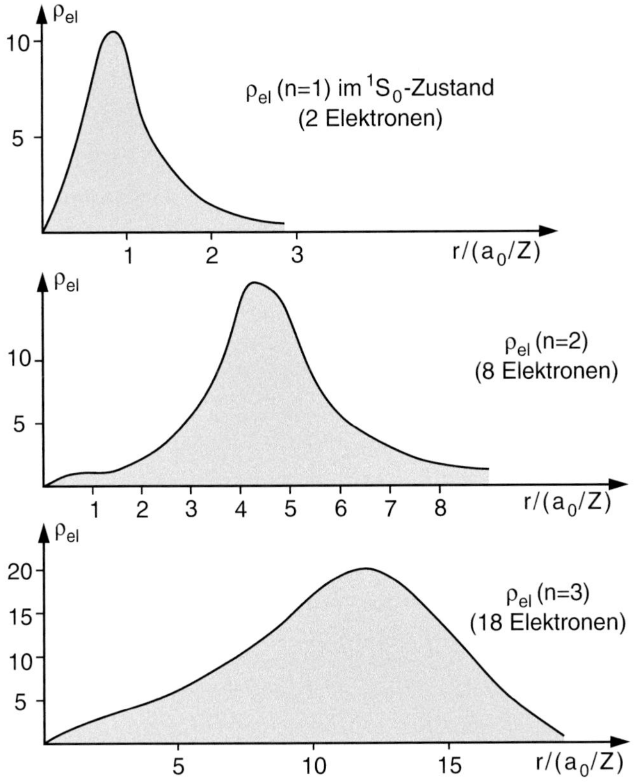

Abbildung 6.12 Radialverteilung der Elektronendichte in relativen Einheiten bei voll besetzten Schalen mit $n = 1, 2, 3$

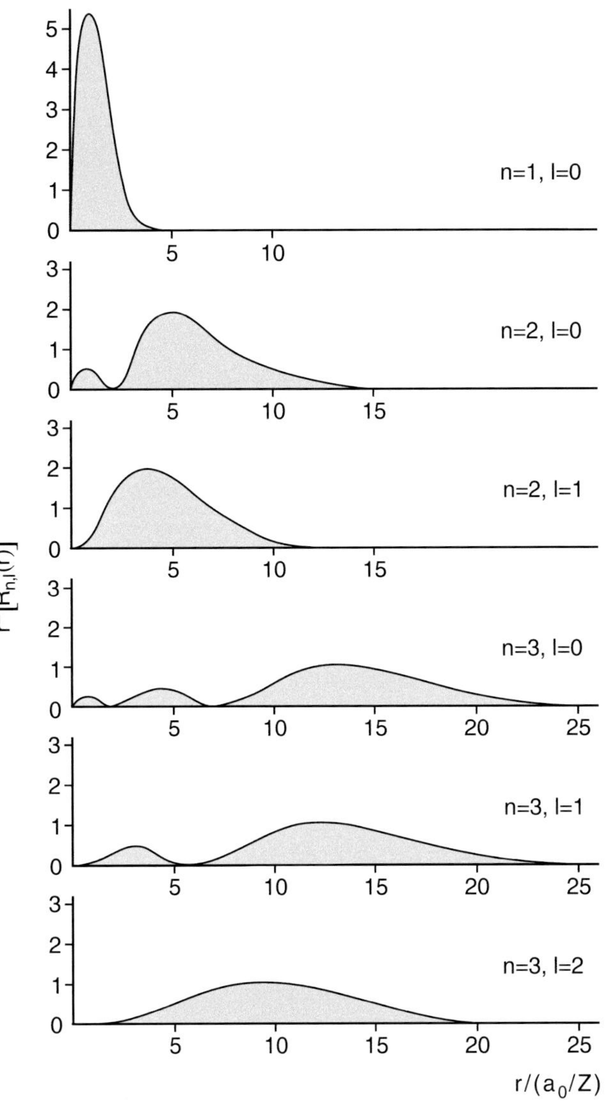

Abbildung 6.13 Radialverteilung der Aufenthaltswahrscheinlichkeit eines Elektrons in der Kugelschale zwischen r und $r + \mathrm{d}r$ für verschiedene Werte (n, l)

verschiedene Zustände, beschrieben durch die Wellenfunktionen ψ_{n,l,m_l}, die bei Berücksichtigung der verschiedenen Spinquantenzahlen $m_s = \pm 1/2$ mit insgesamt $2n^2$ Elektronen besetzt werden können.

Die gesamte zeitlich gemittelte Ladungsdichteverteilung

$$\begin{aligned} e\,|\psi_n|^2 &= e\sum_l \cdot \sum_{m_l} |\psi_{n,l,m_l}|^2 \\ &= C \cdot 2n^2 \cdot e \sum_l |R_{n,l}(r)|^2 \end{aligned} \tag{6.25}$$

aller $2n^2$ Elektronen mit gleichem n ergibt sich durch Summation über alle zugelassenen Werte von l und m_l $(0 \le l \le n-1$ und $-l \le m_l \le +l)$. Sie ist kugelsymmetrisch, wie man durch Summation über die Quadrate der Kugelfunktionen Y_l^m

Tabelle 6.1 Elektronenzahlen im Schalenmodell

Schale	K	L	M	N	O
maximale Elektronenzahl in der Schale X	2	8	18	32	50
Unterschalen	$1s$	$2s$ $2p$	$3s$ $3p$ $3d$	$4s$ $4p$ $4d$ $4f$	$+5g$
Elektronenanzahl	2	2 6	2 6 10	2 6 10 14	18
Gesamtzahl aller Elektronen bis zur gefüllten Schale X	2	10	28	60	110

bei festem Wert n sehen kann. Diese Ladungsverteilung hat Maxima bei bestimmten Werten r_n des Abstandes r vom Kern, die von der Hauptquantenzahl n abhängen. Der Hauptteil der Ladungsverteilung ist in einer Kugelschale zwischen den Radien $r_n - \Delta r/2$ und $r_n + \Delta r/2$ konzentriert, wobei Δr die Halbwertsbreite der Ladungsverteilung $\rho_{\text{el}}(r)$ ist (Abb. 6.12). Man nennt eine solche kugelsymmetrische Ladungsverteilung bei gegebener Hauptquantenzahl n deshalb eine ***Elektronenschale*** und gibt ihr eine Buchstabenbenennung:

$n = 1$: K-Schale $\quad$ $n = 4$: N-Schale

$n = 2$: L-Schale $\quad$ $n = 5$: O-Schale

$n = 3$: M-Schale

Jede dieser Elektronenschalen besitzt $2n^2$ Zustände (n, l, m_l, m_s), die zum Teil auch energetisch entartet sein können, d. h. mehrere Zustände können die gleiche Energie haben (z. B. sind alle $(2l+1)$ verschiedenen m_l-Zustände ohne äußeres Magnetfeld entartet).

> Nach dem Pauliprinzip kann jede Elektronenschale maximal mit $2n^2$ Elektronen besetzt sein (siehe Tab. 6.1).

Da die radiale Wellenfunktion auch von der Bahndrehimpulsquantenzahl l abhängt (Abb. 6.13), nennt man die Anordnung aller Elektronen mit gleichen Quantenzahlen (n, l) eine ***Unterschale***. Zu jeder Hauptquantenzahl n gibt es n verschiedene Werte von l und damit n Unterschalen.

6.2.2 Sukzessiver Aufbau der Atomhüllen mit steigender Kernladungszahl

Der sukzessive Aufbau der Elektronenhüllen nach dem Pauliprinzip bei minimaler Gesamtenergie wird in Abb. 6.14 verdeutlicht. Hier sind die Elektronenkonfigurationen der Grundzustände für die zehn leichtesten Atome dargestellt, wobei der Spinzustand $m_s = \pm 1/2$ der entsprechenden Elektronen durch einen nach oben oder unten weisenden Pfeil symbolisiert wird. Vollbesetzte Zustände sind dunkelrot gezeichnet, unbesetzte weiß.

Beim Lithium mit $Z = 3$ hat das dritte Elektron in der K-Schale keinen Platz mehr und muss einen Zustand in der L-Schale besetzen. Der energetisch tiefste Zustand mit $n = 2$ ist $(n = 2, l = 0, m_l = 0, m_s = \pm 1/2)$. Der Grundzustand des Li-Atoms ist deshalb $2\,^2S_{1/2}$.

Das vierte Elektron beim Beryllium kann noch den Zustand $(n = 2, l = 0, m_l = 0)$ besetzen, wenn seine Spinquantenzahl m_s sich von der des dritten Elektrons unterscheidet. Der Grundzustand des Be-Atoms ist daher $2\,^1S_0$.

Beim Boratom mit $Z = 5$ ist der Zustand $(n = 2, l = 0)$ bereits gefüllt, und das fünfte Elektron muss einen Zustand mit $(n = 2, l = 1)$ besetzen. Sein Grundzustand ist deshalb $2\,^2P_{1/2}$. Die nächsten beiden Elemente, Kohlenstoff und Stickstoff, können ihre zusätzlichen Elektronen noch in den Zuständen $(n = 2, l = 1, m_l = 0, \pm 1)$ unterbringen. Dabei sind die Spins der Elektronen parallel, weil, ähnlich wie beim He-Atom, die Terme mit größerem Gesamtspin eine tiefere Energie haben als die mit antiparallelem Spin. Dies liegt daran, dass zwei Elektronen mit parallelem Spin einen größeren mittleren Abstand r_{12} haben und deshalb eine kleinere Abstoßungsenergie. Dies wird durch die ***Hund'sche Regel*** ausgedrückt, die besagt:

> Im Grundzustand eines Atoms hat der Gesamtspin den größtmöglichen mit dem Pauliprinzip vereinbaren Wert.

Beim Sauerstoff mit $Z = 8$ muss das achte Elektron mit antiparallelem Spin in den Zustand $(n = 2, l = 1)$ eingebaut werden, sodass der Gesamtspin im Grundzustand von $S = 3/2$ beim Stickstoff auf $S = 1$ beim O-Atom, $S = 1/2$ beim Fluor und $S = 0$ beim Neon fällt (Abb. 6.14). Beim Neon ist die L-Schale $(n = 2, l = 0, 1)$ vollständig gefüllt. Der Gesamtbahndrehimpuls ist $\boldsymbol{L} = \sum \boldsymbol{l}_i = 0$ und der Gesamtspin $\boldsymbol{S} = \sum \boldsymbol{s}_i = 0$. Die gesamte Ladungsverteilung ist im zeitlichen Mittel kugelsymmetrisch.

Vom Natrium mit $Z = 11$ an müssen die weiteren Elektronen in der M-Schale mit $n = 3$ untergebracht werden. Es beginnt der Aufbau der M-Schale bis zum Argon mit $Z = 18$ (Tab. 6.2).

Wie die Analyse der Atomspektren zeigt, wird beim Aufbau der Elemente der vierten Reihe des Periodensystems, beginnend mit Kalium, zuerst die $4s$-Unterschale aufgefüllt, bevor die $3d$-Schale aufgebaut wird. Ausführliche Computerrechnungen haben bestätigt, dass durch die in Tab. 6.2 aufgeführten Elektronenkonfigurationen immer ein Zustand minimaler Energie für das Atom erreicht wird.

In Abb. 6.15 wird dieser sukzessive Aufbau der Elektronenschalen mit einem Pfeildiagramm verdeutlicht (ohne Berücksichtigung von Umbesetzungen innerhalb der Unterschalen wie z. B. beim Kupfer, vgl. Tab. 6.1).

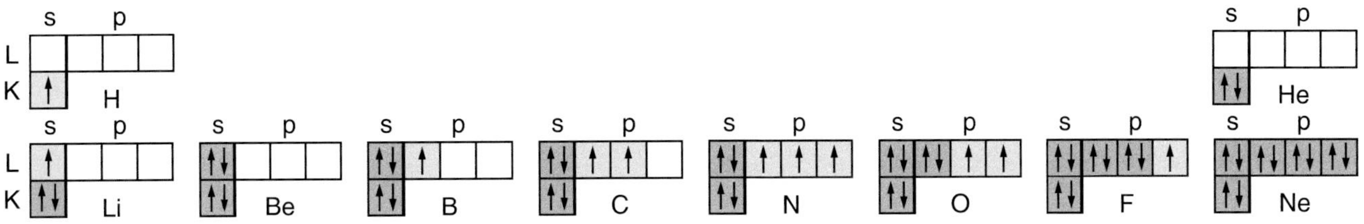

Abbildung 6.14 Aufbau der Elektronenkonfigurationen für die Grundzustände der zehn leichtesten Elemente

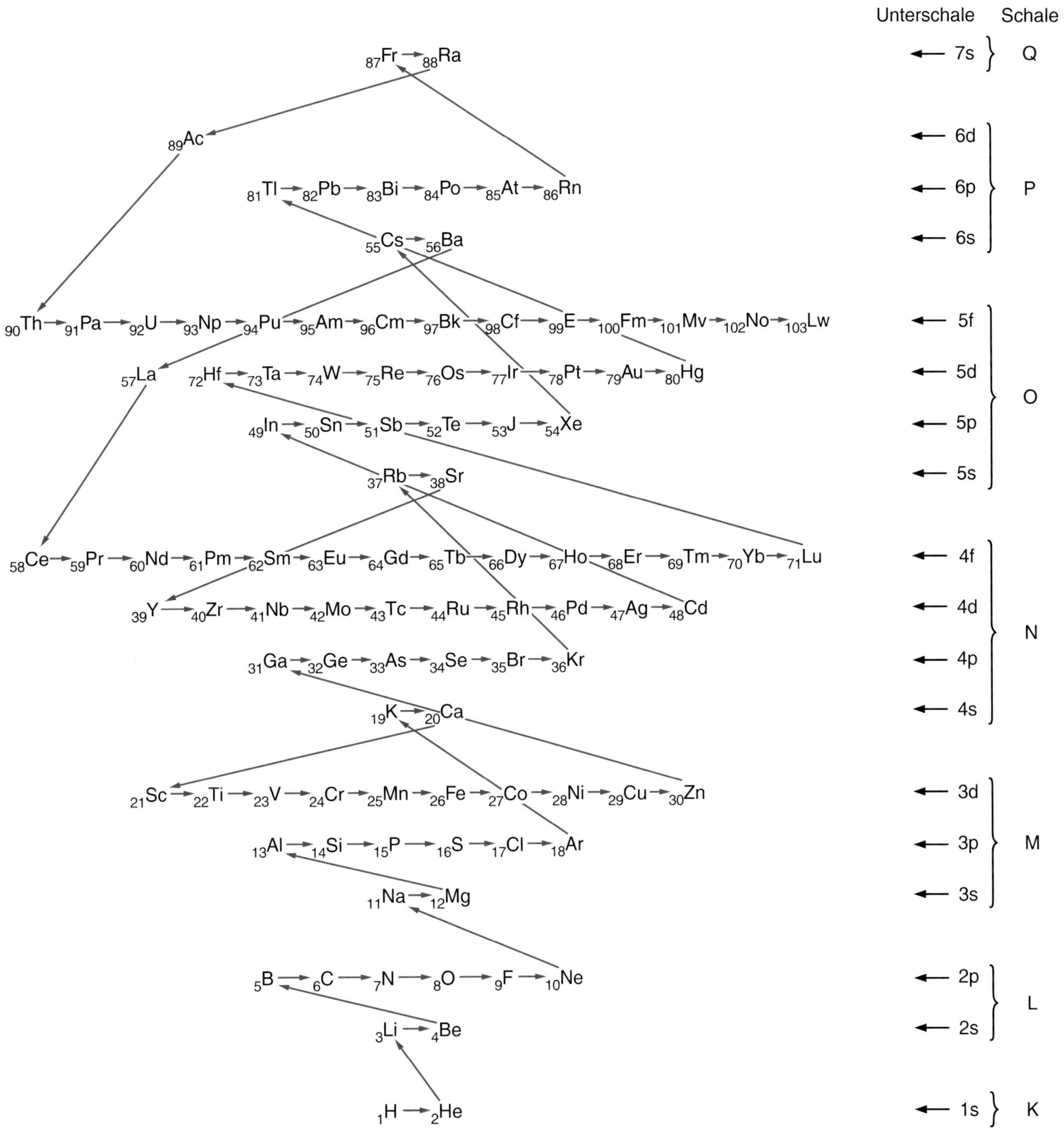

Abbildung 6.15 Aufbau der Elektronenhüllen aller Elemente

Kapitel 6

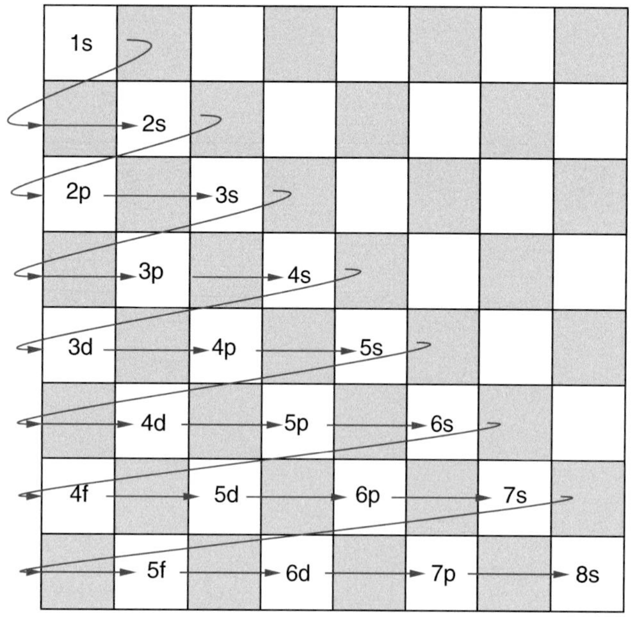

Abbildung 6.16 Merkschema zur Reihenfolge der Besetzung der verschiedenen Atomzustände mit Elektronen

Man kann sich den sukzessiven Aufbau der verschiedenen Orbitale mit Elektronen auch an dem einfachen Schema der Abb. 6.16 verdeutlichen, mit dessen Hilfe auch die Auffüllung der inneren Schalen bei größeren Atomen als Merkschema einfacher zu behalten ist.

6.2.3 Atomvolumen und Ionisierungsenergien

Die Schalenstrukturen der Atomhüllen lässt sich durch viele experimentelle Befunde untermauern, von denen wir hier nur einige vorstellen wollen:

Mit den in Abschn. 2.4 erläuterten Methoden lassen sich die Atomvolumina bestimmen. Diese zeigen eine typische Periodizität (Abb. 6.17). Jedes Mal bei Beginn des Aufbaus einer neuen Schale (Li, Na, K, Rb, Cs) steigen die Atomvolumina sprunghaft an. Auch die Ionisierungsenergien zeigen eine durch den Schalenaufbau erklärbare Periodizität (Abb. 6.18). Die Energie, die man aufwenden muss, um das am schwächsten gebundene Elektron von seinem Zustand (n, l, m_l) mit dem Erwartungswert $\langle r \rangle = r_n$ ins Unendliche zu bringen, ist

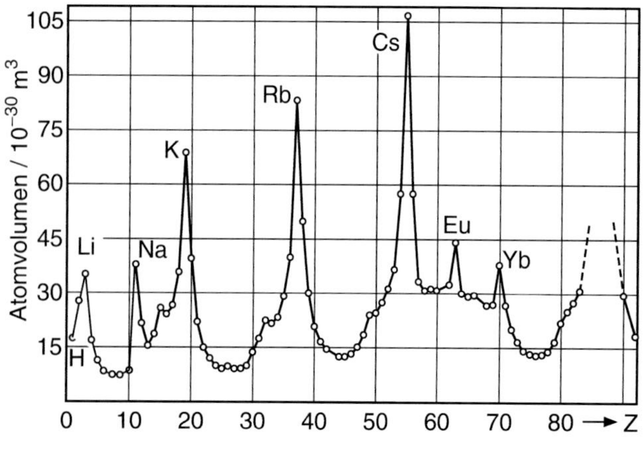

Abbildung 6.17 Variation der Atomvolumina mit der Kernladungszahl Z

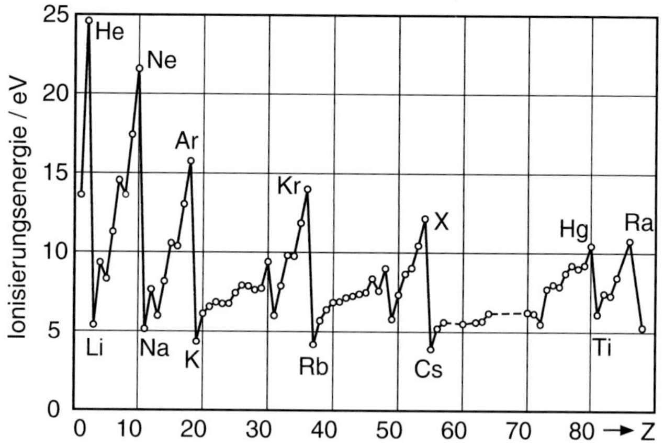

Abbildung 6.18 Variation der Ionisierungsenergie mit der Kernladungszahl Z

$$
\begin{aligned}
W_{\text{ion}} &= \int\limits_{r_n}^{\infty} \frac{Z_{\text{eff}}\, e^2}{4\pi\varepsilon_0 r^2}\,\mathrm{d}r - E_{\text{kin}}(r_n) \\
&= \frac{1}{2} \cdot \frac{Z_{\text{eff}}\, e^2}{4\pi\varepsilon_0 r_n} = Ry^* \cdot \frac{Z_{\text{eff}}^2}{n^2}
\end{aligned}
\tag{6.26}
$$

und hängt von seiner mittleren Entfernung $\langle r \rangle = r_n$ vom Kern mit der effektiven, d. h. teilweise abgeschirmten Kernladung $Z_{\text{eff}} \cdot e$ ab.

Die Edelgase mit ihren abgeschlossenen Schalen haben unter allen Elementen mit gleicher Zahl von Schalen die größte effektive Kernladung und den kleinsten Wert von r_n. Deshalb bilden ihre Ionisierungsenergien ausgeprägte Maxima, wenn die Ionisierungsenergie als Funktion der Ordnungszahl Z aufgetragen wird (Abb. 6.18), während die Alkaliatome die kleinste Ionisierungsenergie innerhalb ihrer Reihe aufweisen, weil für das Elektron in der äußersten Schale r_n maximal und Z_{eff} minimal ist. Tabelle 6.3 gibt eine Liste aller gemessenen Ionisierungsenergien sowie die effektiven Kernladungszahlen für die ersten 36 Elemente des Periodensystems. Da für einen unabgeschirmten Atomkern die Ionisierungsenergie eines Elektrons mit der Quantenzahl n

$$
W_{\text{ion}} = \frac{Ze^2}{4\pi\varepsilon_0 r_n} = Ry^* \cdot \frac{Z^2}{n^2} \tag{6.27}
$$

ist, kann man durch Vergleich von (6.26) und (6.27) die effektive Kernladung Z_{eff} und damit die Abschirmung $S = Z - Z_{\text{eff}}$

$$
Z_{\text{eff}} = n\sqrt{\frac{W_{\text{ion}}}{Ry^*}} \Rightarrow S = \frac{n}{\sqrt{Ry^*}}\left[\sqrt{W_0} - \sqrt{W_{\text{ion}}}\right] \tag{6.28}
$$

aus der gemessenen Ionisierungsenergie bestimmen.

Genauere Daten über die Eigenschaften der verschiedenen Atome findet man in [1, 2].

Kapitel 6

Periode	Gruppe							
	I	II	III	IV	V	VI	VII	VIII
	1 H 1,00797							**2 He** 4,0026
	3 Li 6,939	**4 Be** 9,022	**5 B** 10,81	**6 C** 12,01115	**7 N** 14,0067	**8 O** 15,9994	**9 F** 18,9984	**10 Ne** 20,183
	11 Na 22,9696	**12 Mg** 24,312	**13 Al** 26,9815	**14 Si** 28,086	**15 P** 30,9738	**16 S** 32,064	**17 Cl** 35,453	**18 Ar** 39,948
	19 K 39,102	**20 Ca** 40,08	**21 Sc** 44,956	**22 Ti** 47,90	**23 V** 50,942	**24 Cr** 51,996	**25 Mn** 54,938	**26 Fe** 55,847 **27 Co** 58,9332 **28 Ni** 58,71
	29 Cu 63,54	**30 Zn** 65,37	**31 Ga** 69,72	**32 Ge** 72,59	**33 As** 74,9216	**34 Se** 78,96	**35 Br** 79,909	**36 Kr** 83,80
	37 Rb 85,47	**38 Sr** 87,62	**39 Y** 88,905	**40 Zr** 91,22	**41 Nb** 92,906	**42 Mo** 95,94	**43 Tc** 99	**44 Ru** 101,07 **45 Rh** 102,905 **46 Pd** 106,4
	47 Ag 107,87	**48 Cd** 112,40	**49 In** 114,82	**50 Sn** 118,69	**51 Sb** 121,75	**52 Te** 127,60	**53 J** 126,9044	**54 Xe** 131,3
	55 Cs 132,905	**56 Ba** 137,34	**57 La** 138,91	**72 Hf** 178,49	**73 Ta** 180,948	**74 W** 183,85	**75 Re** 186,2	**76 Os** 190,2 **77 Ir** 192,2 **78 Pt** 195,09
	79 Au 196,967	**80 Hg** 200,59	**81 Tl** 204,37	**82 Pb** 207,19	**83 Bi** 208,98	**84 Po** 210	**85 At** 210	**86 Rn** 222
	87 Fr 223	**88 Ra** 226,05	**89 Ac** 227	**104 Rf** 261,1	**105 Db** 262,1	**106 Sg** 263,1	**107 Bh** 262,1	**108 Hs** 265,1 **109 Mt** 266,1 **110 Ds**

58 Ce 140,12	**59 Pr** 140,907	**60 Nd** 144,24	**61 Pm** 145	**62 Sm** 150,35	**63 Eu** 151,96	**64 Gd** 157,25	**65 Tb** 158,924	**66 Dy** 162,50	**67 Ho** 164,93	**68 Er** 167,26	**69 Tm** 168,934	**70 Yb** 173,04	**71 Lu** 174,97
90 Th 232,038	**91 Pa** 231	**92 U** 238,03	**93 Np** 237	**94 Pu** 244	**95 Am** 243	**96 Cm** 247	**97 Bk** 247	**98 Cf** 251	**99 Es** 254	**100Fm** 257	**101 Md** 256	**102 No** 256	**103 Lr** 258?

Abbildung 6.19 Periodensystem der chemischen Elemente mit ihren mittleren Massenzahlen, gemittelt über die natürliche Isotopenverteilung

6.2.4 Das Periodensystem der Elemente

Dimitrij Iwanowitsch Mendelejew (1834–1907) und *Julius Lothar Meyer* (1830–1895) hatten, unabhängig voneinander, in den Jahren 1868–1871 alle bekannten chemischen Elemente nach steigenden Atomgewichten durchnummeriert und so in einer Tabelle in Zeilen und Spalten angeordnet, dass Elemente mit ähnlichen chemischen Eigenschaften untereinander, d. h. in derselben Spalte stehen (Abb. 6.19). Es ergaben sich dadurch sieben Zeilen (Perioden) von Elementen und acht Spalten (Elementegruppen), wobei in jeder Gruppe alle chemisch ähnlichen Elemente zusammengefasst sind. So bilden z. B. die Alkali-Metalle die erste Gruppe, die Erdalkali-Metalle die zweite Gruppe, die Halogene die siebente und die Edelgase die achte Gruppe.

In der sechsten Periode sind in der dritten Gruppe alle Elemente der seltenen Erden von La bis Lu zusammengefasst und in der siebenten Periode alle Aktiniden und Transurane von Th bis zu den künstlich erzeugten schweren Elementen mit Ordnungszahlen bis 107. Die atomphysikalische Erklärung des *vor* der Kenntnis der Elektronennatur der Atomhüllen aufgestellten Periodensystems ist nach den Erläuterungen der vorhergehenden Abschnitte völlig verständlich:

Die Ordnungszahl im Periodensystem entspricht der Kernladungszahl Z, d. h. der Zahl der Elektronen der Atome. Bei der n-ten Periode wird von links nach rechts die n-te Elektronenschale aufgebaut, wobei es allerdings Ausnahmen gibt (siehe Abb. 6.15).

Die Atomgewichte (besser Massenzahlen) liegen bei Elementen mit nur einem Isotop nahe bei ganzen Zahlen. Der geringe Unterschied wird durch den ***Massendefekt*** $\Delta M = E_{KB}/c^2$ der Kernbindungsenergien E_{KB} bewirkt (siehe Bd. 4). Kommt ein chemisches Element als Isotopengemisch vor, so ist seine mittlere Massenzahl durch die relativen Häufigkeiten η_i der verschiedenen Isotope bestimmt. Für die mittlere Massenzahl ergibt sich

$$\overline{m} = \sum_i \eta_i m_i \quad \text{mit} \quad \eta_i = \frac{N_i}{\sum N_i}, \tag{6.29}$$

wobei N_i die Zahl der Atome des Isotops m_i in 1 kg des Isotopengemisches ist.

Tabelle 6.2 Elektronenanordnung der Elemente im Grundzustand

Schale			K	L	M	O	Schale			K	L	M	N	O
Z		Element	1*s*	2*s* 2*p*	3*s* 3*p* 3*d*	4*s*	*Z*		Element	1*s*	2*s* 2*p*	3*s* 3*p* 3*d*	4*s* 4*p* 4*d*	5*s* 5*p*
1	H	Wasserstoff	1				28	Ni	Nickel	2	2 6	2 6 8	2	
2	He	Helium	2				29	Cu	Kupfer	2	2 6	2 6 10	1	
3	Li	Lithium	2	1			30	Zn	Zink	2	2 6	2 6 10	2	
4	Be	Beryllium	2	2			31	Ga	Gallium	2	2 6	2 6 10	2 1	
5	B	Bor	2	2 1			32	Ge	Germanium	2	2 6	2 6 10	2 2	
6	C	Kohlenstoff	2	2 2			33	As	Arsen	2	2 6	2 6 10	2 3	
7	N	Stickstoff	2	2 3			34	Se	Selen	2	2 6	2 6 10	2 4	
8	O	Sauerstoff	2	2 4			35	Br	Brom	2	2 6	2 6 10	2 5	
9	F	Fluor	2	2 5			36	Kr	Krypton	2	2 6	2 6 10	2 6	
10	Ne	Neon	2	2 6			37	Rb	Rubidium	2	2 6	2 6 10	2 6	1
11	Na	Natrium	2	2 6	1		38	Sr	Strontium	2	2 6	2 6 10	2 6	2
12	Mg	Magnesium	2	2 6	2		39	Y	Yttrium	2	2 6	2 6 10	2 6 1	2
13	Al	Aluminium	2	2 6	2 1		40	Zr	Zirkonium	2	2 6	2 6 10	2 6 2	2
14	Si	Silizium	2	2 6	2 2		41	Nb	Niob	2	2 6	2 6 10	2 6 4	1
15	P	Phosphor	2	2 6	2 3		42	Mo	Molybdän	2	2 6	2 6 10	2 6 5	1
16	S	Schwefel	2	2 6	2 4		43	Tc	Technetium	2	2 6	2 6 10	2 6 6	1
17	Cl	Chlor	2	2 6	2 5		44	Ru	Ruthenium	2	2 6	2 6 10	2 6 7	1
18	Ar	Argon	2	2 6	2 6		45	Rh	Rhodium	2	2 6	2 6 10	2 6 8	1
19	K	Kalium	2	2 6	2 6	1	46	Pd	Palladium	2	2 6	2 6 10	2 6 10	
20	Ca	Calcium	2	2 6	2 6	2	47	Ag	Silber	2	2 6	2 6 10	2 6 10	1
21	Sc	Scandium	2	2 6	2 6 1	2	48	Cd	Cadmium	2	2 6	2 6 10	2 6 10	2
22	Ti	Titan	2	2 6	2 6 2	2	49	In	Indium	2	2 6	2 6 10	2 6 10	2 1
23	V	Vanadium	2	2 6	2 6 3	2	50	Sn	Zinn	2	2 6	2 6 10	2 6 10	2 2
24	Cr	Chrom	2	2 6	2 6 5	1	51	Sb	Antimon	2	2 6	2 6 10	2 6 10	2 3
25	Mn	Mangan	2	2 6	2 6 5	2	52	Te	Tellur	2	2 6	2 6 10	2 6 10	2 4
26	Fe	Eisen	2	2 6	2 6 6	2	53	I	Iod	2	2 6	2 6 10	2 6 10	2 5
27	Co	Kobalt	2	2 6	2 6 7	2	54	Xe	Xenon	2	2 6	2 6 10	2 6 10	2 6

Die chemischen Eigenschaften der Atome werden im Wesentlichen durch die äußeren (d. h. die energiereichsten) Elektronen bestimmt. Das hat folgenden Grund:

Chemische Reaktionen, bei denen Moleküle neu gebildet oder vorhandene dissoziiert (gespalten) werden, laufen ab bei Zusammenstößen zwischen Atomen oder Molekülen, wie z. B.

$$A + B + M \rightarrow AB + M\,, \qquad (6.30a)$$

$$A + BC \rightarrow AB + C\,. \qquad (6.30b)$$

Bei der Reaktion (6.30a) muss die Bindungsenergie des Moleküls AB durch die kinetische Energie der Stoßpartner M und AB abgeführt werden. Bei der Reaktion (6.30b) muss die Bindung von BC aufgebrochen werden, d. h. die kinetische Energie der Stoßpartner A und BC muss mindestens gleich der Bindungsenergie von BC sein. Typische Bindungsenergien liegen im Bereich 0,1–10 eV.

Bei solchen Reaktionen wird die Elektronenkonfiguration der Stoßpartner verändert. Die zur Verfügung stehenden thermischen Energien reichen aber nur aus, um die am schwächsten gebundenen Elektronen, d. h. die Elektronen der äußeren Hülle, anzuregen oder vom Atom zu entfernen. Alle Atome mit derselben Zahl von Elektronen in der äußeren Hülle haben vergleichbare Anregungs- bzw. Ionisationsenergien. Sie sollten deshalb ein ähnliches chemisches Verhalten zeigen.

Im Periodensystem der Elemente sind nun die Atome nach steigender Elektronenzahl angeordnet, wobei jedes Mal nach dem Aufbau einer vollständigen Elektronenschale in der Atomhülle mit einer neuen *Zeile* im Periodensystem begonnen wird. Dadurch stehen Elemente mit der gleichen Zahl von Elektronen in der äußeren Schale untereinander, d. h. in einer *Spalte* des Periodensystems.

Beispiele

1. Li, Na, K, Rb, Cs (Alkali-Metalle) haben alle ein *s*-Elektron in der äußeren Hülle. Sie sind chemisch einwertig und verhalten sich chemisch sehr ähnlich.
2. Alle Edelgase He, Ne, Ar, Kr, Xe, Rn haben eine vollbesetzte äußere Schale. Sie stehen deshalb in der letzten Spalte des Periodensystems. Um ein Elektron anzuregen, muss man es in eine neue (vorher unbesetzte) Schale bringen. Dies erfordert viel Energie (im Fall des He z. B. 20 eV). Diese große Energie steht bei den meisten chemischen Reaktionen nicht zur Verfügung. Deshalb sind Edelgase chemisch *inaktiv*, sie reagieren unter normalen Bedingungen nicht mit anderen Elementen.
3. Die Halogene F, Cl, Br, J haben alle noch einen freien Platz in der äußersten Schale. Sie verhalten

Tabelle 6.2 Elektronenanordnung der Elemente im Grundzustand (Fortsetzung)

Schale			N	O	P	Schale			N	O	P	Q
Z		Element	*4f*	*5s 5p 5d 5f*	*6s*	*Z*		Element	*4f*	*5s 5p 5d 5f*	*6s 6p 6d*	*7s*
55	Cs	Cäsium		2 6	1	80	Hg	Quecksilber	14	2 6 10	2	
56	Ba	Barium		2 6	2	81	Tl	Thallium	14	2 6 10	2 1	
57	La	Lanthan		2 6 1	2	82	Pb	Blei	14	2 6 10	2 2	
58	Ce	Cer	2	2 6	2	83	Bi	Bismut	14	2 6 10	2 3	
59	Pr	Praseodym	3	2 6	2	84	Po	Polonium	14	2 6 10	2 4	
60	Nd	Neodym	4	2 6	2	85	At	Astat	14	2 6 10	2 5	
61	Pm	Promethium	5	2 6	2	86	Rn	Radon	14	2 6 10	2 6	
62	Sm	Samarium	6	2 6	2	87	Fr	Francium	14	2 6 10	2 6	1
63	Eu	Europium	7	2 6	2	88	Ra	Radium	14	2 6 10	2 6	2
64	Gd	Gadolinium	7	2 6 1	2	89	Ac	Actinium	14	2 6 10	2 6 1	2
65	Tb	Terbium	9	2 6	2	90	Th	Thorium	14	2 6 10	2 6 2	2
66	Dy	Dysprosium	10	2 6	2	91	Pa	Protactinium	14	2 6 10 2	2 6 1	2
67	Ho	Holmium	11	2 6	2	92	U	Uran	14	2 6 10 3	2 6 1	2
68	Er	Erbium	12	2 6	2	93	Np	Neptunium	14	2 6 10 5	2 6	2
69	Tm	Thulium	13	2 6	2	94	Pu	Plutonium	14	2 6 10 6	2 6	2
70	Yb	Ytterbium	14	2 6	2	95	Am	Americium	14	2 6 10 7	2 6	2
71	Lu	Lutetium	14	2 6 1	2	96	Cm	Curium	14	2 6 10 7	2 6 1	2
72	Hf	Hafnium	14	2 6 2	2	97	Bk	Berkelium	14	2 6 10 8	2 6 1	2
73	Ta	Tantal	14	2 6 3	2	98	Cf	Californium	14	2 6 10 10	2 6	2
74	W	Wolfram	14	2 6 4	2	99	Es	Einsteinium	14	2 6 10 11	2 6	2
75	Re	Rhenium	14	2 6 5	2	100	Fm	Fermium	14	2 6 10 12	2 6	2
76	Os	Osmium	14	2 6 6	2	101	Md	Mendelevium	14	2 6 10 13	2 6	2
77	Ir	Iridium	14	2 6 7	2	102	No	Nobelium	14	2 6 10 14	2 6	2
78	Pt	Platin	14	2 6 9	1	103	Lr	Lawrencium	14	2 6 10 14	2 6 1	2
79	Au	Gold	14	2 6 10	1	104	Rf	Rutherfordium	14	2 6 10 14	2 6 2	2

sich chemisch alle ähnlich und verbinden sich gerne mit den Alkaliatomen, weil der Energiegewinn beim Einbau des fehlenden Elektrons (zusätzliche negative Bindungsenergie) größer ist als der Energieaufwand, dieses Elektron vom Alkaliatom zu lösen (Ionisierungsenergie). Die Alkali-Halogen-Moleküle bilden deshalb eine so genannte Ionenbindung ($Na + Cl \rightarrow Na^+Cl^-$).

4. Alle seltenen Erden vom Lanthan bis zum Lutetium haben die gleiche Zahl von Elektronen in der äußeren *P*-Schale, sie unterscheiden sich nur durch die Zahl der Elektronen in noch nicht aufgefüllten inneren Schalen (siehe Tab. 6.2). ■

Rechnungen zeigen, dass es manchmal energetisch günstiger ist, eine neue Schale mit Elektronen zu füllen, bevor eine Unterschale mit kleinerer Hauptquantenzahl n aber höherer Bahndrehimpulsquantenzahl l völlig aufgefüllt wird. Dies liegt daran, dass Elektronen mit kleineren Werten von l tiefer in die Elektronenhülle „eintauchen", d. h. eine größere Aufenthaltswahrscheinlichkeit in der Nähe des Kerns haben und damit eine tiefere Energie.

Auch andere physikalische Eigenschaften, die von der Konfiguration der äußeren Elektronen (***Valenzelektronen***) abhängen, wie die magnetische Suszeptibilität und die elektrische Leitfähigkeit (siehe Kap. 13), spiegeln den Elektronenaufbau der Atomhülle wider.

6.3 Alkaliatome

Von allen Mehrelektronenatomen sind die Alkaliatome dem Wasserstoffatom am ähnlichsten. Sie besitzen außer ihren abgeschlossenen Elektronenschalen mit Hauptquantenzahlen $n \leq n_0 = 1, 2, 3, \ldots$ nur ein Elektron in der nächsten Schale mit $n = n_0 + 1$.

Da die Elektronendichteverteilung in den abgeschlossenen Schalen im zeitlichen Mittel kugelsymmetrisch ist mit Drehimpulsquantenzahlen $L = 0$, $S = 0$, $J = 0$, bewegt sich dieses eine äußere Elektron in einem kugelsymmetrischen Potential, das durch die praktisch punktförmige Kernladung $+Z \cdot e$ und die räumlich ausgedehnte kugelsymmetrische Verteilung der Elektronenladungen $-(Z-1) \cdot e$ der abgeschlossenen Elektronenschalen erzeugt wird. Da dieses Elektron durch Absorption sichtbarer Strahlung in höhere Energiezustände angeregt werden kann und beim Zurückfallen in den Grundzustand Licht aussendet, heißt es ***Leuchtelektron***.

Sei r_{n_0} der mittlere Radius der höchsten vollständig aufgefüllten Schale mit der Hauptquantenzahl n_0. Für große Abstände r des Leuchtelektrons vom Kern (d. h. für $r \gg r_{n_0}$) kann das Potential

Tabelle 6.3 Hauptquantenzahl n, Ionisierungsenergie E_{ion}, effektive Kernladungszahl Z_{eff} und Abschirmungskonstante S des Leuchtelektrons (Abschn. 6.3) für die ersten 36 Elemente

Element	Z	n	E_{ion}/eV	Z_{eff}	$S = Z - Z_{eff}$	Element	Z	n	E_{ion}/eV	Z_{eff}	$S = Z - Z_{eff}$
H	1	1	13,595	1,00		K	19	4	4,339	2,26	16,74
He	2	1	24,580	1,36	0,64	Ca	20	4	6,111	2,68	17,32
Li	3	2	5,390	1,25	1,75	Sc	21	4	6,56	2,78	18,22
Be	4	2	9,320	1,66	2,34	Ti	22	4	6,83	2,84	19,16
B	5	2	8,296	1,56	3,44	V	23	4	6,738	2,82	20,18
C	6	2	11,264	1,82	4,18	Cr	24	4	6,76	2,82	21,18
N	7	2	14,54	2,07	4,93	Mn	25	4	7,432	2,96	22,04
O	8	2	13,614	2,00	6,00	Fe	26	4	7,896	3,05	22,95
F	9	2	17,42	2,26	6,74	Co	27	4	7,86	3,04	23,96
Ne	10	2	21,559	2,52	7,48	Ni	28	4	7,633	3,00	25,00
Na	11	3	5,138	1,84	9,16	Cu	29	4	7,723	3,01	25,99
Mg	12	3	7,644	2,25	9,75	Zn	30	4	9,391	3,32	26,68
Al	13	3	5,984	1,99	11,01	Ga	31	4	5,97	2,66	28,34
Si	14	3	8,149	2,32	11,68	Ge	32	4	8,13	2,09	28,91
P	15	3	10,55	1,64	12,36	As	33	4	9,81	3,40	29,60
S	16	3	10,357	2,62	13,38	Se	34	4	9,75	3,38	30,62
Cl	17	3	13,01	2,93	14,07	Br	35	4	11,84	3,73	31,27
Ar	18	3	15,755	3,23	14,77	Kr	36	4	13,996	4,06	31,94

$\phi(r)$ durch ein Coulombpotential

$$\lim_{r\to\infty} \phi(r) = -\frac{e}{4\pi\varepsilon_0 r} \tag{6.31}$$

beschrieben werden, da die Kernladung $Z \cdot e$ dann durch die $(Z-1)$ Elektronen effektiv abgeschirmt wird, sodass nur eine effektive Ladung $1 \cdot e$ nach außen wirkt. Für $r < r_{n_0}$ gilt dies jedoch nicht mehr, da innerhalb der abgeschlossenen Elektronenschalen der Potentialverlauf von der radialen Dichteverteilung der Elektronenhülle abhängt, die z. B. beim Li-Atom mit zwei Elektronen in der 1S-Schale durch eine Exponentialfunktion angenähert werden kann.

Je näher das Leuchtelektron dem Kern kommt, desto geringer wird der Abschirmeffekt der abgeschlossenen Elektronenschalen, und für $r < r_1(n = 1)$ erfährt es fast das Potential der vollen Kernladung $Z \cdot e$. Der effektive Potentialverlauf wird qualitativ durch die in Abb. 6.20 gezeichnete Kurve zwischen den beiden Coulombpotentialen

$$\frac{-Z \cdot e}{4\pi\varepsilon_0 r} < \phi_{eff}(r) < \frac{-e}{4\pi\varepsilon_0 r} \tag{6.32}$$

wiedergegeben, wobei gilt

$$\lim_{r\to 0} \phi_{eff} = \frac{-Z \cdot e}{4\pi\varepsilon_0 r}, \quad \lim_{r\to\infty} \phi_{eff} = -\frac{e}{4\pi\varepsilon_0 r}.$$

Da die beim Wasserstoffatom gefundene Energieentartung aller Niveaus mit gleichen Quantenzahlen n und l auf das Coulombpotential zurückführbar ist, wird diese Entartung bei den Alkaliatomen aufgehoben, d. h. Niveaus mit gleichen Quantenzahlen n, aber verschiedenen Werten der Drehimpulsquantenzahl l haben, auch bereits ohne Berücksichtigung des Spins unterschiedliche Energien. Dieser Unterschied wird umso größer, je tiefer die Hauptquantenzahl des äußeren Valenzelektrons

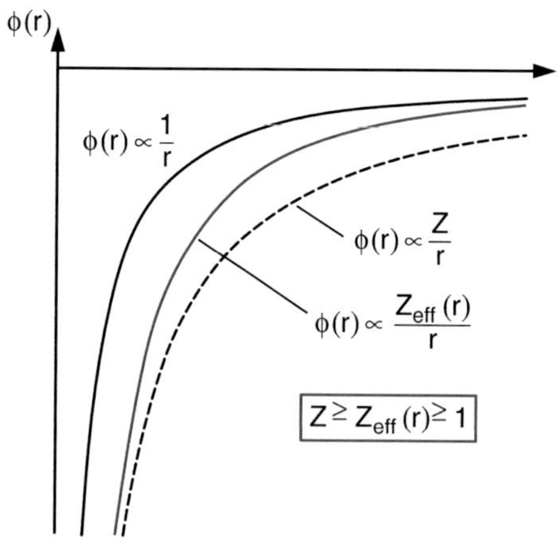

Abbildung 6.20 Verlauf des effektiven Potentials $\phi(r)$ für das Leuchtelektron bei Alkaliatomen

ist (Abb. 6.21), weil die Aufenthaltswahrscheinlichkeit dieses Elektrons für Radien $r < r_c$ von seinem Bahndrehimpuls $\boldsymbol{l}$ abhängt (Abb. 6.13).

Für $l = 0$ ist die Eintauchwahrscheinlichkeit am größten. Das Elektron spürt mehr von der unabgeschirmten Kernladung, während für den maximalen Wert $l = n - 1$ seine Bahn sich mehr einer Kreisbahn annähert, die weniger in die abgeschlossenen Schalen eintaucht. Die energetische Reihenfolge der Zustände mit gleicher Hauptquantenzahl n ist daher

$$E_n(s) < E_n(p) < E_n(d) < \cdots . \tag{6.33}$$

In Abb. 6.22 ist zur Illustration das Termschema des Na-Atoms gezeigt.

Man wählt den Nullpunkt der Energieskala entweder für $n \to \infty$ (Ionisationsgrenze), sodass dann die gebundenen Zustände

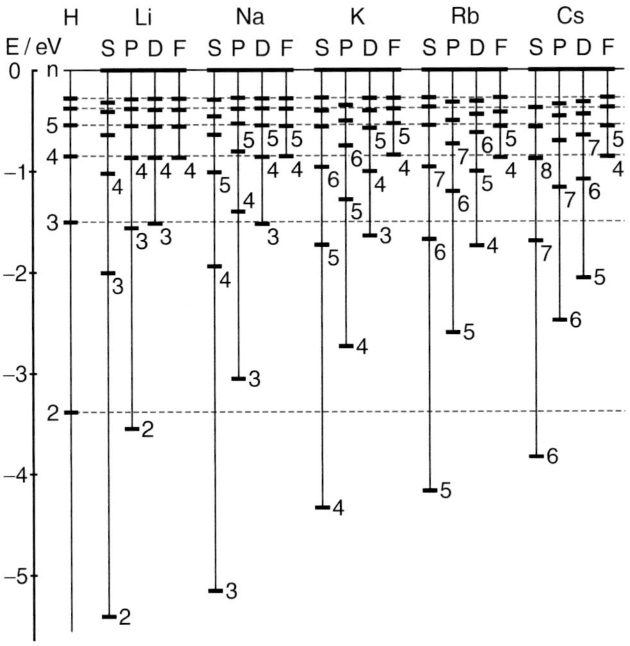

Abbildung 6.21 Vereinfachtes Termschema $E(n, l)$ der Alkali-Atome im Vergleich zum H-Atom

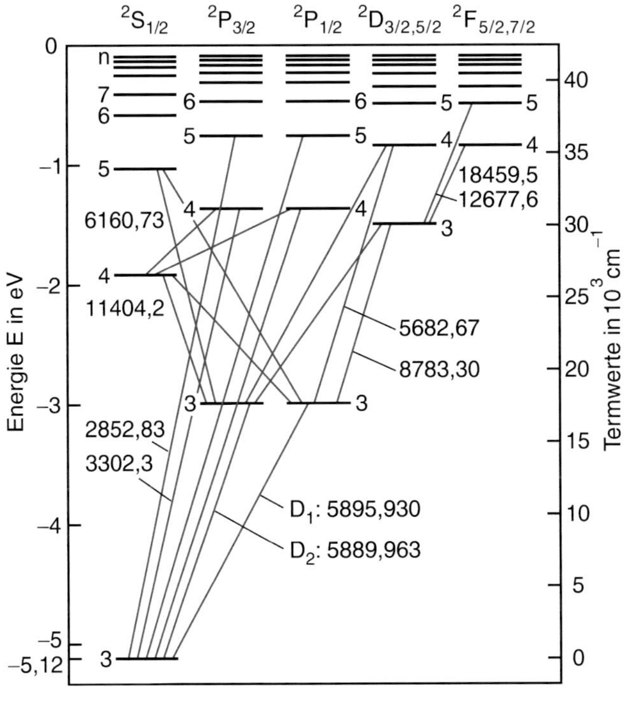

Abbildung 6.22 Termschema des Natriumatoms

negative Energien erhalten (linke Skala) oder, vor allem in der Spektroskopie, wird der Grundzustand als Nullpunkt gewählt und die Termwerte (E/hc), die jetzt *positiv* sind, in der Einheit cm^{-1} angegeben (rechte Skala). Zur Umrechnung:

$$1\,\mathrm{eV} \mathrel{\hat{=}} 8065{,}541\,\mathrm{cm}^{-1}\,. \tag{6.34}$$

Tabelle 6.4 Gemessene Quantendefekte δ_{nl} beim Na-Atom

Term	$n=3$	$n=4$	$n=5$	$n=6$	$n=7$	$n=8$
$sl=0$	1,373	1,357	1,352	1,349	1,348	1,351
$pl=1$	0,883	0,867	0,862	0,859	0,858	0,857
$dl=2$	0,010	0,011	0,013	0,011	0,009	0,013
$fl=3$	–	0,000	−0.001	−0.008	−0.012	−0.015

Für große Hauptquantenzahlen n (d. h. große mittlere Abstände r vom Kern), bei denen sich das Potential dem Potential des H-Atoms annähert (Abb. 6.20), lassen sich die Zustände der Alkaliatome analog zum H-Atom durch die Rydbergformel

$$E_{n,l} = -\frac{Ry^*}{n_{\mathrm{eff}}^2} = -\frac{Ry^*}{\left(n - \delta_{nl}\right)^2} \tag{6.35}$$

beschreiben, wobei die ganzzahlige Hauptquantenzahl n durch eine effektive nichtganzzahlige Quantenzahl

$$n_{\mathrm{eff}} = n - \delta_{nl} \tag{6.36}$$

ersetzt wird, die um den von n und l abhängigen ***Quantendefekt*** δ vermindert ist.

Diese Quantendefekte beschreiben summarisch die Änderung der Energiewerte gegenüber denen des H-Atoms ($\delta = 0$), die durch folgende Effekte bewirkt werden:

- Durch die Abweichung des effektiven Potentials vom Coulombpotential, die für verschiedene Eintauchwahrscheinlichkeiten zu verschiedenen Energien des Leuchtelektrons führen, werden die Energiewerte verändert.
- Das äußere Elektron bewirkt eine Polarisation der Elektronenhülle, die zu einer Abweichung von der kugelsymmetrischen Ladungsverteilung der abgeschlossenen Schalen führt und die vom Bahndrehimpuls $\boldsymbol{l}$ des Leuchtelektrons abhängt.
- Beim Eintauchen des äußeren Elektrons in die Elektronenhülle kann es zu einem Elektronenaustausch kommen. Auch dies führt zu einer Erniedrigung der Energie.

In Tab. 6.4 sind die gemessenen Quantendefekte für die verschiedenen Zustände des Na-Atoms aufgelistet.

Hinweis Da δ_{nl} nur schwach von n abhängt, wird die Abweichung der Termenergien (6.35)

$$E_{n,l} = -\frac{Ry^*}{n^2} \cdot \frac{1}{\left(1 - \frac{\delta}{n}\right)^2} \tag{6.35a}$$

von den Energien $-Ry^*/n^2$ im Coulombpotential mit zunehmender Hauptquantenzahl n kleiner!

6.4 Theoretische Modelle von Mehrelektronen-Atomen

Wir hatten bereits bei der Behandlung des Heliumatoms mit zwei Elektronen gesehen, dass eine exakte analytische Lösung des Problems wegen der nicht kugelsymmetrischen Wechselwirkung zwischen den Elektronen nicht möglich ist. Man muss deshalb zu Näherungsverfahren übergehen, wobei die Näherung entweder vom exakten physikalischen Ansatz der Schrödingergleichung ausgeht, die allerdings nur noch numerisch mit sehr großem Rechenaufwand gelöst werden kann, oder man beginnt gleich mit einem vereinfachten Modell des Atoms, das man dann zwar im Allgemeinen auch nicht analytisch, aber wesentlich leichter numerisch lösen kann. Der zweite Weg gibt einen besseren physikalischen Einblick in die Größenordnungen der vernachlässigten Effekte, die man dann nachträglich wieder zum vereinfachten Modell hinzufügen kann.

6.4.1 Modell unabhängiger Elektronen

In diesem Modell wird ein beliebiges Elektron e_i herausgegriffen. Seine Wechselwirkungsenergie

$$E_{\text{pot}}(\boldsymbol{r}_i, \boldsymbol{r}_j) = \frac{e^2}{4\pi\varepsilon_0} \sum_{j \neq i} \frac{1}{|\boldsymbol{r}_i - \boldsymbol{r}_j|} \tag{6.37}$$

mit den anderen Elektronen des Atoms wird nicht explizit berechnet, sondern man versucht, sie summarisch zu berücksichtigen, indem man ein effektives kugelsymmetrisches Potential $\phi(r)$ aufstellt, das von der Kernladung und der zeitlich gemittelten Ladungsverteilung aller anderen Elektronen erzeugt wird. In diesem effektiven Zentralpotential bewegt sich jedes beliebig herausgegriffene Elektron unabhängig vom momentanen Ort der anderen Elektronen. Wir haben also für jedes Elektron ein Einteilchenproblem und können für dieses die Schrödingergleichung lösen, wenn wir das effektive Potential berechnet haben und in die Schrödingergleichung (4.6b) einsetzen.

Diese Einteilchenlösungsfunktionen ψ_i haben die gleichen Winkelanteile wie beim Wasserstoffatom (weil das Potential der zeitlich gemittelten Ladungsverteilung aller anderen Elektronen kugelsymmetrisch ist), aber andere Radialfunktionen (weil das Potential kein Coulombpotential ist).

In diesem Einteilchenmodell kann man jedem Elektron Energiezustände $E_i(n_i, l_i, m_{l_i}, m_{s_i})$ zuordnen, die von den vier Quantenzahlen n_i, l_i, m_{l_i} und m_{s_i} abhängen. Um dem Pauli-Prinzip Rechnung zu tragen, kann im Mehrelektronensystem jeder durch diese vier Quantenzahlen charakterisierte Zustand nur mit *einem* Elektron besetzt sein.

Die Frage ist jetzt, wie man das effektive Potential erhalten kann. Wenn wir die Einteilchen-Wellenfunktionen ψ_j der Elektronen bereits kennen würden, könnten wir das effektive Potential für das i-te Elektron als

$$\phi_{\text{eff}}(r_i) = -\frac{e}{4\pi\varepsilon_0}\left[\frac{Z}{r_i} - \sum_{j \neq i} \int \frac{1}{r_{ij}} \left|\psi_j(\boldsymbol{r}_j)\right|^2 \mathrm{d}\tau_j\right] \tag{6.38}$$

schreiben, wobei der erste Term das anziehende Potential der Kernladung $Z \cdot e$ angibt und der zweite Term die Summe über die durch die Ladungsverteilung $\int e\,|\psi_j|^2\,\mathrm{d}\tau$ des j-ten Elektrons bewirkte Abschirmung der Kernladung.

Dieser zweite Term wird noch über alle Winkel gemittelt, sodass man insgesamt ein Zentralpotential erhält.

6.4.2 Das Hartree-Verfahren

Die optimalen Wellenfunktionen ψ_j erhält man durch ein von *Douglas Rayner Hartree* (1897–1958) angegebenes Iterationsverfahren, das im Flussdiagramm der Abb. 6.23 illustriert ist.

Wir beginnen mit einem kugelsymmetrischen Potential $\phi^{(0)}(r)$, das die Abschirmung der Elektronen grob berücksichtigt.

Ein Ansatz für diese nullte Näherung wäre z. B.

$$\phi^{(0)}(r) = -\frac{e}{4\pi\varepsilon_0}\left(\frac{Z}{r} - a \cdot e^{-b \cdot r}\right), \tag{6.39}$$

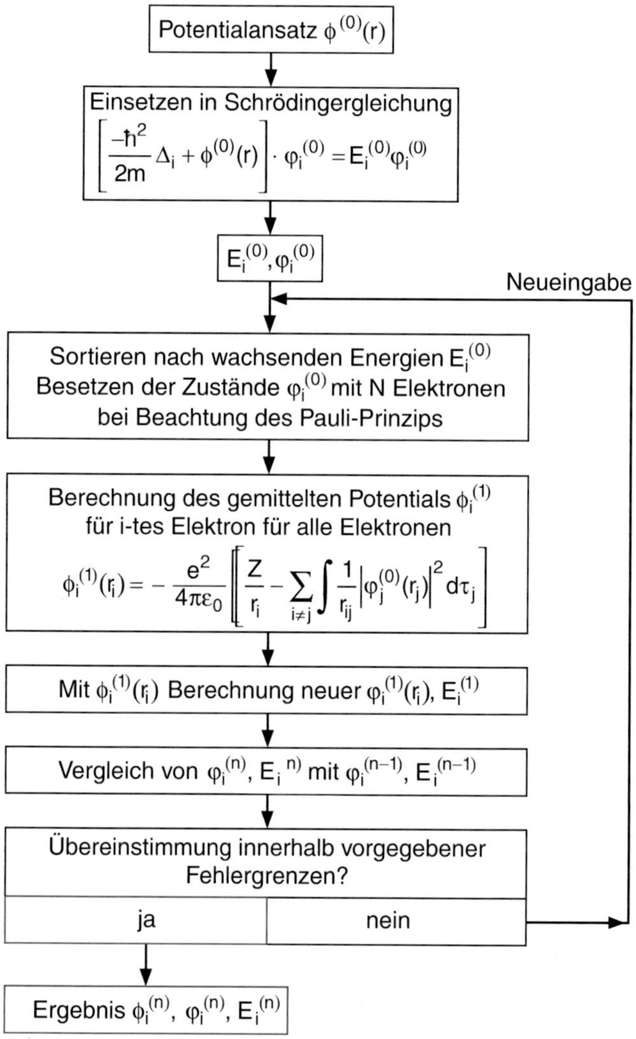

Abbildung 6.23 Flussdiagramm zum Hartree-Verfahren

der für das Valenzelektron des Lithiumatoms die Abschirmung durch die beiden $1s$-Elektronen berücksichtigen würde. Die beiden Konstanten a und b sind anzupassende Parameter.

Setzt man dieses Potential in die Schrödingergleichung für das i-te Elektron ein, so kann man die Wellenfunktionen $\psi_i^{(0)}$ und die Energieeigenwerte $E_i^{(0)}$ berechnen. Dies macht man für alle N Elektronen.

Die Energiezustände werden jetzt, beginnend mit dem tiefsten Zustand, unter Beachtung des Pauliprinzips mit Elektronen besetzt, bis alle N Elektronen untergebracht sind. Jetzt wird mit diesen Wellenfunktionen $\psi_i^{(0)}$ das mittlere Potential für das i-te Elektron

$$\phi_i^{(1)}(r_i) = -\frac{e^2}{4\pi\varepsilon_0}\left[\frac{Z}{r_i} - \sum_{j\neq i}\int \frac{\left|\psi_i^{(0)}(\boldsymbol{r}_j)\right|^2}{r_{ij}}\,\mathrm{d}\tau_j\right] \tag{6.40}$$

in 1. Näherung berechnet, das durch alle anderen Elektronen $j \neq i$ und die Kernladung erzeugt wird. Mit diesem neuen Potential geht man in die Schrödingergleichung ein und erhält neue Wellenfunktionen $\psi_i^{(1)}(r_i)$ und Eigenwerte $E_i^{(1)}$, die man mit den vorher berechneten vergleicht. Besteht innerhalb vorgegebener Abweichungsgrenzen keine Übereinstimmung, wird mit den neuen Wellenfunktionen ein neues Potential berechnet. Die Iteration wird so lange weitergeführt, bis die erhaltenen Energieeigenwerte gegen einen minimalen Wert konvergieren, weil man zeigen kann, dass die Energieeigenwerte für die „richtigen" Wellenfunktionen immer tiefer sind als die aus angenäherten Funktionen berechneten Werte.

Der wichtige Punkt dieses Näherungsverfahrens ist, dass die gesamte Wellenfunktion $\Psi(\boldsymbol{r}_1, \boldsymbol{r}_2, \ldots, \boldsymbol{r}_N)$ eines Atoms mit N Elektronen auf das Produkt

$$\Psi(\boldsymbol{r}_1, \boldsymbol{r}_2, \ldots, \boldsymbol{r}_N) = \psi_1(\boldsymbol{r}_1)\cdot\psi_2(\boldsymbol{r}_2)\cdots\psi_N(\boldsymbol{r}_N) \tag{6.41}$$

von Einteilchenwellenfunktionen $\psi_i(\boldsymbol{r}_i)$ zurückgeführt wird.

Wie beim Heliumproblem in Abschn. 6.1 bereits erläutert wurde, muss die Gesamtwellenfunktion antisymmetrisch sein gegen Vertauschung von zwei Elektronen. Dies lässt sich erreichen, indem man aus den Produktfunktionen (6.41) Linearkombinationen bildet, die diese Symmetrieforderung erfüllen. Dazu kann man die antisymmetrisierte Wellenfunktion abkürzend als Determinante

$$\Psi(\boldsymbol{r}_1, \boldsymbol{r}_2, \ldots, \boldsymbol{r}_N) = C\cdot\begin{vmatrix} \psi_1(r_1) & \psi_1(r_2) & \cdots & \psi_1(r_N) \\ \psi_2(r_1) & \psi_2(r_2) & \cdots & \psi_2(r_N) \\ \vdots & \vdots & & \vdots \\ \psi_N(r_1) & \psi_N(r_2) & \cdots & \psi_N(r_N) \end{vmatrix} \tag{6.42}$$

schreiben, denn bei Vertauschung zweier Elektronen werden zwei Spalten der Determinante vertauscht, und damit kehrt sich das Vorzeichen automatisch um. Diese Determinantenform einer antisymmetrischen Mehrteilchenwellenfunktion heißt ***Slater-Determinante***. Sie beschreibt die Wellenfunktion eines Mehrteilchensystems als antisymmetrische Linearkombination von Produkten von Einteilchenwellenfunktionen. Für nähere Einzelheiten siehe z. B. [3–5].

6.5 Elektronenkonfigurationen und Drehimpulskopplungen

Bei Atomen mit mehreren Elektronen müssen außer der Coulombkraft zwischen jedem Elektron und dem Atomkern und der elektrostatischen Wechselwirkungen zwischen den Elektronen auch alle magnetischen Wechselwirkungen berücksichtigt werden, die auf Grund der magnetischen Momente von Elektronen und Atomkernen auftreten können. Diese Wechselwirkungen bewirken, wie bei den Einelektronenatomen, eine Aufspaltung der Energieterme in verschiedene Feinstrukturkomponenten. Während bei nur einem Elektron genau zwei Feinstrukturkomponenten für $l \geq 1$ auftreten (siehe Abschn. 5.5.3), können es bei Mehrelektronenatomen mehr sein. Man nennt einen in k Komponenten aufgespaltenen Term ein ***Multiplett***.

Die einzelnen Elektronen werden durch ihre Hauptquantenzahl n und ihre Drehimpulsquantenzahl l charakterisiert. Ein $2p$-Elektron hat die Quantenzahlen $n = 2$ und $l = 1$. Eine Elektronenkonfiguration von vier Elektronen, die z. B. als $1s^2\,2s\,2p$ bezeichnet wird, hat zwei Elektronen mit $n = 1$, $l = 0$ ein Elektron mit $n = 2$, $l = 0$ und ein Elektron mit $n = 2$ und $l = 1$. Die Konfiguration $1s^2\,2s^2\,2p^3$ hat zwei Elektronen mit $n = 1$, $l = 0$ in der abgeschlossenen $1s$-Schale (die oft nicht mehr aufgeführt werden), zwei Elektronen mit $n = 2$, $l = 0$ und drei Elektronen mit $n = 2$, $l = 1$. Der Gesamtzustand hängt ab von den Quantenzahlen der einzelnen Elektronen und von der Kopplung ihrer Drehimpulse.

6.5.1 Kopplungsschemata für die Elektronendrehimpulse

Die Reihenfolge, in der die Bahndrehimpulse $\boldsymbol{l}_i$ und die Spins $\boldsymbol{s}_i$ der einzelnen Elektronen zum Gesamtdrehimpuls $\boldsymbol{J}$ der Elektronenhülle zusammengesetzt werden, wird bestimmt durch die energetische Reihenfolge der verschiedenen Kopplungsenergien. Wir diskutieren zuerst zwei Grenzfälle:

a) L-S-Kopplung

Wenn die Kopplungsenergien

$$W_{l_i,l_j} = a_{ij}\,\boldsymbol{l}_i\cdot\boldsymbol{l}_j \tag{6.43a}$$

zwischen den *magnetischen Bahnmomenten* (siehe Abschn. 5.2) der einzelnen Elektronen und

$$W_{s_i,s_j} = b_{ij}\,\boldsymbol{s}_i\cdot\boldsymbol{s}_j \tag{6.43b}$$

Kapitel 6

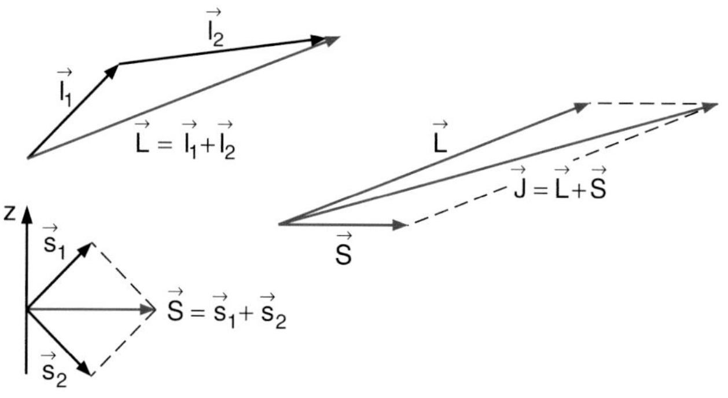

Abbildung 6.24 Vektormodell der L-S-Kopplung

zwischen ihren *Spinmomenten* (siehe Abschn. 5.5) *groß sind* gegen die Kopplungsenergie

$$W_{l_i,s_i} = c_{ii}\, \boldsymbol{l}_i \cdot \boldsymbol{s}_i \tag{6.43c}$$

zwischen dem magnetischen Bahnmoment $\boldsymbol{\mu}_{l_i} = -\mu_B \cdot \boldsymbol{l}_i/\hbar$ eines Elektrons und seinem magnetischen Spinmoment $\boldsymbol{\mu}_{s_i} = -g_s \cdot \mu_B \cdot \boldsymbol{s}_i/\hbar$, dann koppeln die einzelnen Drehimpulse $\boldsymbol{l}_i$ bzw. $\boldsymbol{s}_i$ zu einem Gesamtbahndrehimpuls

$$\boldsymbol{L} = \sum_i \boldsymbol{l}_i \quad \text{mit} \quad |\boldsymbol{L}| = \sqrt{L \cdot (L+1)}\,\hbar \tag{6.44a}$$

und einem Gesamtspin

$$\boldsymbol{S} = \sum_i \boldsymbol{s}_i \quad \text{mit} \quad |\boldsymbol{S}| = \sqrt{S \cdot (S+1)}\,\hbar\,. \tag{6.44b}$$

Der Gesamtdrehimpuls der Elektronenhülle ist dann

$$\boldsymbol{J} = \boldsymbol{L} + \boldsymbol{S} \quad \text{mit} \quad |\boldsymbol{J}| = \sqrt{J \cdot (J+1)}\,\hbar\,. \tag{6.44c}$$

Dieser Grenzfall der Drehimpulskopplung heißt $\boldsymbol{L}$-$\boldsymbol{S}$-Kopplung (Abb. 6.24). In diesem Fall führt eine Elektronenkonfiguration mit Gesamtdrehimpuls $\boldsymbol{L}$ und Gesamtspin $\boldsymbol{S}$ je nach Kopplung von $\boldsymbol{L}$ und $\boldsymbol{S}$ zu verschiedenen Feinstrukturkomponenten eines Term-Multipletts, die sich nur in ihrer Quantenzahl J unterscheiden.

Die Termbezeichnung einer Feinstrukturkomponente ist

$$n^{2S+1}L_J \quad (\text{z. B. } 3\,{}^3P_1)$$

wobei

$$L = 0 \quad \text{S-Terme}\,, \qquad L = 1 \quad \text{P-Terme}\,,$$
$$L = 2 \quad \text{D-Terme} \quad \text{usw.}$$

heißen.

Man beachte: Leider wird in der Literatur der Buchstabe S für zwei verschiedene Dinge verwendet, nämlich für den Elektronenspin und für Zustände mit $L = 0$.

Die Zahl k der Feinstrukturkomponenten ist gleich der kleineren der beiden Zahlen $(2S+1)$ und $(2L+1)$, weil es bei vorgegebenen Werten von L und S genauso viele Kopplungsmöglichkeiten $\boldsymbol{L} + \boldsymbol{S} = \boldsymbol{J}$ gibt.

Die Energien der Feinstrukturkomponenten sind

$$E_j = E(n,L,S) + C \cdot \boldsymbol{L} \cdot \boldsymbol{S}\,, \tag{6.45}$$

wobei der letzte Term die Kopplungsenergie zwischen dem Gesamtbahndrehimpuls $\boldsymbol{L}$ und dem Gesamtspin $\boldsymbol{S}$ aller Elektronen darstellt. Die Konstante C hat die Maßeinheit

$$[C] = 1\,\text{kg}^{-1}\text{m}^{-2}\,.$$

Wegen

$$\boldsymbol{J}^2 = (\boldsymbol{L} + \boldsymbol{S})^2 = \boldsymbol{L}^2 + \boldsymbol{S}^2 + 2\boldsymbol{L} \cdot \boldsymbol{S} \tag{6.46}$$

erhält man mit (6.44) für die Feinstrukturenergien

$$C \cdot \boldsymbol{L} \cdot \boldsymbol{S} = \frac{1}{2} C\big[J(J+1) - L(L+1) - S(S+1)\big]\hbar^2\,. \tag{6.47}$$

Beispiel

Eine Elektronenkonfiguration mit $L = 2$, $S = 1$ führt zu drei Feinstrukturkomponenten mit den Quantenzahlen $J = 1, 2, 3$ (Abb. 6.25a). Die dazugehörigen Kopplungen $\boldsymbol{L}$ und $\boldsymbol{S}$ sind in Abb. 6.25b dargestellt.

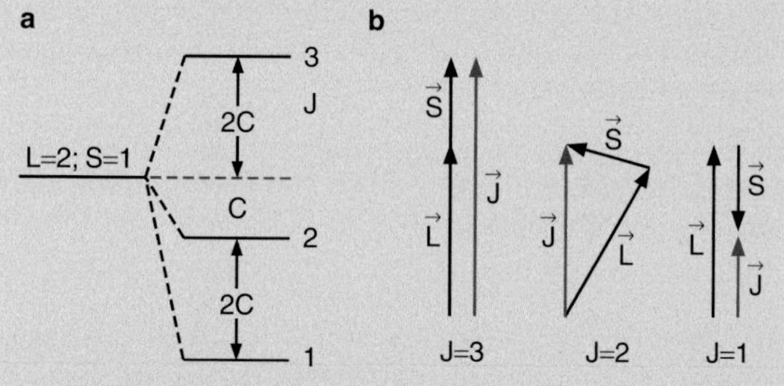

Abbildung 6.25 Vektorkopplung im Falle $L = 2$, $S = 1$. **a** Termschema **b** Kopplungsmöglichkeiten

Die Energien der Feinstrukturkomponenten sind gemäß (6.45,6.47)

$$\begin{aligned} E_j(n,L,S) &= E(n,L,S) + \frac{C}{2} \cdot \big[J(J+1) - 8\big]\hbar^2\,,\\ &= E(n,L,S) + 2C\hbar^2 \quad \text{für} \quad J = 3\,,\\ &= E(n,L,S) - 1C\hbar^2 \quad \text{für} \quad J = 2\,,\\ &= E(n,L,S) - 3C\hbar^2 \quad \text{für} \quad J = 1\,. \end{aligned}$$

■

Man beachte, dass der energetische Schwerpunkt

$$E = \frac{1}{k} \sum_J (2J+1)\, E_J = E(n,L,S)$$

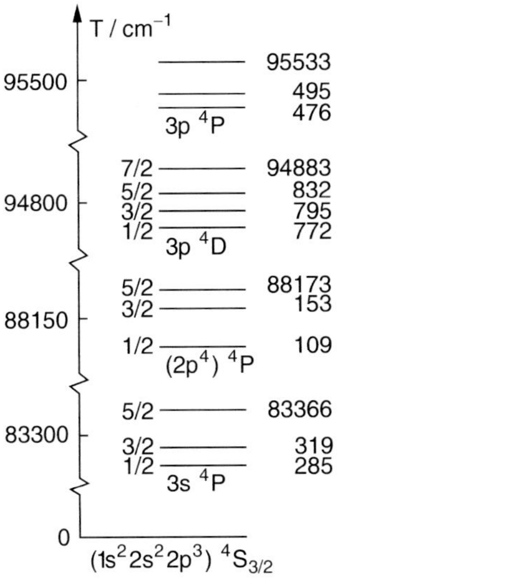

Abbildung 6.26 Termschema der tiefsten Quartettzustände des Stickstoffatoms

Tabelle 6.5 Feinstrukturaufspaltung der P-Zustände mit $n = 2$ für einige leichte Atome, angegeben in cm^{-1}

Element	Z	Zustand	FS-Aufspaltung / cm^{-1}
He	2	$2p\ ^3P^0$	1
Be	3	$2p^2\ ^3P^0$	3
C	6	$2p^2\ ^3P$	42
O	8	$2p^4\ ^3P$	226
F	9	$2p^5\ ^3P_0$	404

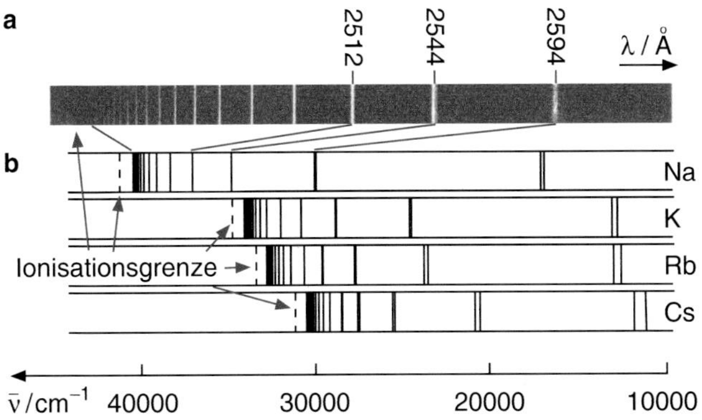

Abbildung 6.27 Absorptionsspektren der Alkaliatome, bei denen die Feinstrukturaufspaltung klein ist gegen den Abstand benachbarter Linien. **a** Gespreiztes Spektrum des Na-Atoms; **b** Hauptserien von Na ($np \leftarrow 3s$), K ($np \leftarrow 4s$), Rb ($np \leftarrow 5s$) und Cs ($np \leftarrow 6s$)

der aufgespaltenen k Feinstrukturkomponenten, bei dem jede Komponente mit ihrem statistischen Gewicht $(2J + 1)$ = Zahl der Zeeman-Subkomponenten gewichtet wird, genau bei dem nichtaufgespaltenen Zustand liegt, den man ohne den Feinstrukturterm $C \cdot \boldsymbol{L} \cdot \boldsymbol{S}$ erhalten würde.

Man merke sich:

- Im Fall der $\boldsymbol{L}$-$\boldsymbol{S}$-Kopplung ist die Feinstrukturaufspaltung $\Delta E_{FS} = E_{J_{max}} - E_{J_{min}}$ klein gegen den energetischen Abstand von Termen mit verschiedenen Werten der Quantenzahlen L bzw. S. Man sieht daher im Atomspektrum deutlich eine Multiplettstruktur von eng benachbarten Feinstrukturtermen (Abb. 6.26).
- Die Feinstrukturkonstante C ist jeweils am größten für die niedrigsten Zustände der Atome (minimale Hauptquantenzahl n), für welche $L \neq 0$, $S \neq 0$ gilt, d. h. die Multiplettaufspaltung sinkt mit zunehmenden Werten von n (Abb. 6.27).
- Die $\boldsymbol{L}$-$\boldsymbol{S}$-Kopplung gilt vor allem für leichte Atome mit kleiner Kernladungszahl Z, weil die Konstante C der Feinstrukturaufspaltung in (6.47)

$$C \propto Z^4/n^3$$

proportional zu Z^4 ist, wie die quantenmechanische Rechnung zeigt, während der Energieabstand der Terme mit unterschiedlichem L nur mit Z^2/n^3 wächst (siehe Tab. 6.5).

Die mit wachsender Hauptquantenzahl n schnell kleiner werdende Feinstrukturaufspaltung wird auch sichtbar im Absorptionsspektrum der Alkaliatome, wo die Übergänge vom nicht aufgespaltenen Niveau $n\,^2S$ zu höheren Niveaus $(n + x)\,^2P$ $(x = 1, 2, 3, \ldots)$ führen, sodass die Aufspaltung der Linien direkt die Feinstrukturaufspaltung der oberen Niveaus angibt.

In Abb. 6.28 sind nochmals am Beispiel von zwei Elektronen mit $l_1 = 1$ und $l_2 = 2$ die einzelnen Wechselwirkungsbeiträge schematisch illustriert, die im Fall der $\boldsymbol{L}$-$\boldsymbol{S}$-Kopplung zur Bildung der verschiedenen Atomterme aus einer gegebenen Elektronenkonfiguration führen.

Das Pauliprinzip verlangt für Singulettzustände $(S = 0)$ eine andere räumliche Verteilung der Elektronen (symmetrische Ortswellenfunktion) als für Triplettzustände (antisymmetrische Ortswellenfunktion). Dadurch ist die elektrostatische Wechselwirkungsenergie für die beiden Zustände mit $S = 0$ und $S = 1$ unterschiedlich und damit auch die mittleren kinetischen Energien der Elektronen.

Da bei Mehrelektronenatomen das Potential kein reines Coulombpotential ist, wird die l-Entartung (die aus der Schrödingergleichung für das Coulombpotential des Elektrons im H-Atom erhalten wird) aufgehoben, d. h. Terme mit verschiedener Drehimpulsquantenzahl L haben verschiedene Energien. Auch dies ist auf die unterschiedlichen effektiven Potentiale zurückzuführen, die Elektronen mit unterschiedlichen Bahndrehimpulsen infolge unterschiedlicher Abschirmung der Kernladung erfahren.

Auf Grund der Spin-Bahn-Kopplung (dies ist eine magnetische Wechselwirkung) spalten schließlich die Terme bei vorgegebener Bahndrehimpulsquantenzahl L weiter auf in die Feinstruk-

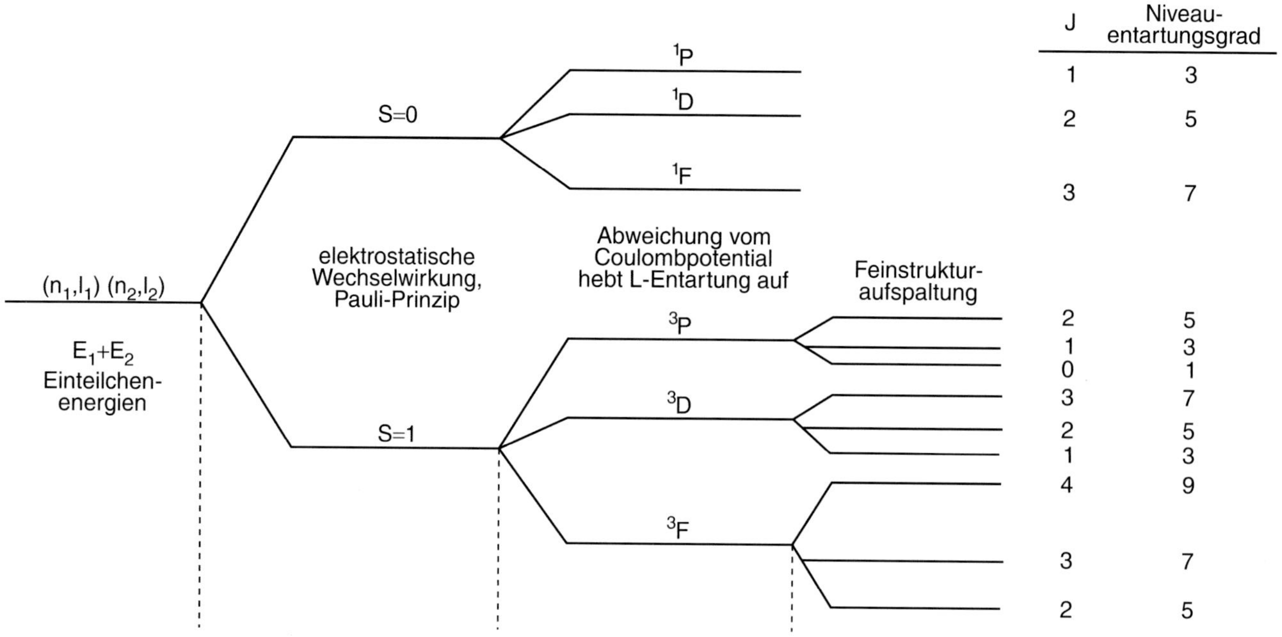

Abbildung 6.28 Energetische Reihenfolge der verschiedenen Wechselwirkungen und entsprechende Termaufspaltungen bei der L-S-Kopplung am Beispiel der $(n_1p)^1(n_2d)^1$-Konfiguration

turkomponenten mit unterschiedlichen Werten von J. In einem äußeren Magnetfeld würde jede Feinstrukturkomponente weiter aufspalten in $2J + 1$ Zeeman-Komponenten.

Man beachte: Obwohl das Helium das kleinste Mehrelektronenatom ist mit nur zwei Elektronen, folgen seine Feinstruktur-Niveaus in den Triplet-Zuständen nicht der regulären Lande-Intervallregel, bei der das Niveau mit dem kleinsten J am tiefsten liegt. Wenn nur die Spin-Bahn-Wechselwirkung (S-L-Kopplung) wirksam wäre, würde man die normale energetische Reihenfolge der Feinstruktur-Niveaus erhalten. Die Wechselwirkung H_{SOO} zwischen dem Spin eines Elektrons und dem Bahnmoment des anderen Elektrons kehrt die Reihenfolge um (Abb. 6.30). Die zusätzliche Spin-Spin-Wechselwirkung zwischen den Spins der beiden Elektronen führt zu einer Verschiebung der Feinstruktur-Niveaus, die für verschiedene Werte von J verschieden sind und deshalb folgen die energetischen Abstände der FS-Niveaus nicht mehr der Lande-Intervallregel [3]. Wegen dieser Wechselwirkungen ist die Spinquantenzahl streng genommen keine wohldefinierte (gute) Quantenzahl mehr, d. h. die genauere Beschreibung der Zustände muss eine Überlagerung der Singulett- und Triplett-Wellenfunktionen verwenden. Da dieser Effekt aber sehr klein ist gegen die anderen Wechselwirkungen, verursacht diese Singulett-Triplett-Mischung nur eine kleine Verschiebung der Energieterme, die bei dem Energiemaßstab in Abb. 6.30 kaum zu erkennen ist.

b) j-j-Kopplung

Wenn die Wechselwirkungsenergie

$$W_{l_i,s_i} = c_{ii} \cdot \boldsymbol{l}_i \cdot \boldsymbol{s}_i \tag{6.48}$$

zwischen magnetischem Bahnmoment und Spinmoment desselben Elektrons *groß* ist gegen die magnetischen Wechselwirkungen $a_{ij} \cdot \boldsymbol{l}_i \cdot \boldsymbol{l}_j$ bzw. $b_{ij} \cdot \boldsymbol{s}_i \cdot \boldsymbol{s}_j$ zwischen *verschiedenen* Elektronen, koppeln l_i und $\boldsymbol{s}_i$ zum Drehimpuls $\boldsymbol{j}_i = \boldsymbol{l}_i + s_i$ des i-ten Elektrons. Die Drehimpulse $\boldsymbol{j}_i$ der einzelnen Elektronen koppeln dann zum Gesamtdrehimpuls

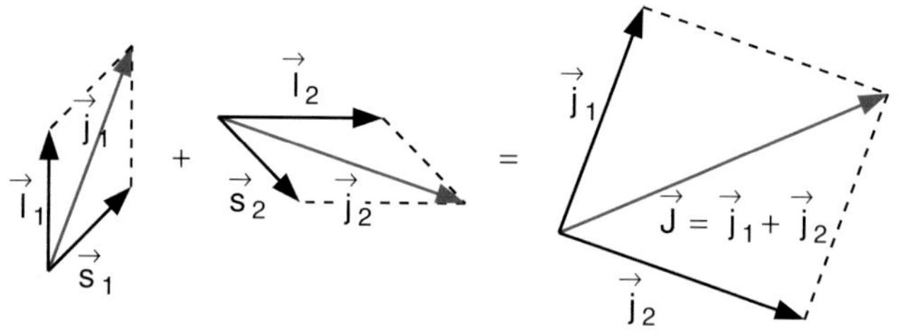

Abbildung 6.29 Vektormodell der j-j-Kopplung

$$\boldsymbol{J} = \sum_i \boldsymbol{j}_i \,. \tag{6.49}$$

Dieser Kopplungsfall, der vor allem bei schweren Atomen mit großer Kernladungszahl auftritt, heißt ***j-j*-Kopplung** (Abb. 6.29).

Man beachte: Im Grenzfall der j-j-Kopplung sind Gesamtdrehimpuls $\boldsymbol{L}$ und Gesamtspin $\boldsymbol{S}$ nicht mehr definiert. Es gibt also keine Unterscheidung der Atomterme in $S, P, D, \ldots$-Terme und in Singuletts, Dubletts, Tripletts, usw. Die Zustände mit gleichen Werten von $\boldsymbol{l}_i$, aber unterschiedlichen Spins, bilden nicht mehr dicht benachbarte Feinstrukturkomponenten, sondern sind energetisch mit Zuständen mit unterschiedlichen $\boldsymbol{l}_i$ vermischt.

Die Spektren solcher schweren Atome sind deshalb sehr unübersichtlich und lassen sich nicht einfach Termserien mit Multipletts zuordnen. Alle Linien liegen dicht gehäuft, wie in

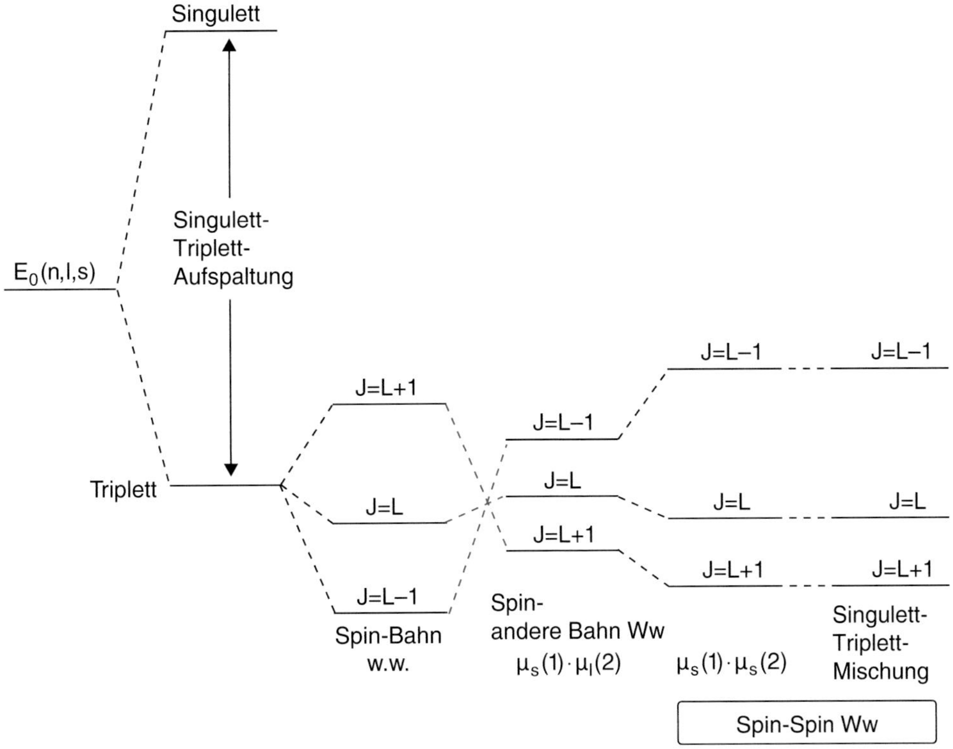

Abbildung 6.30 Einfluss der verschiedenen Wechselwirkungen auf die energetische Lage der Feinstruktur-Niveaus in den Triplett-Zuständen des He-Atoms [6.3a]. Die Energieskala ist hier gegenüber Abb. 6.28 stark gespreizt

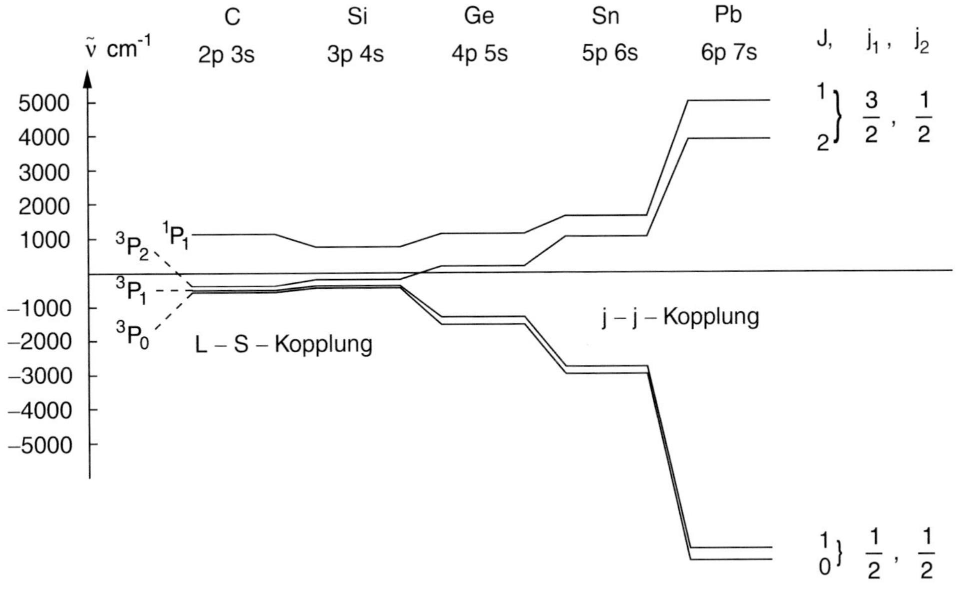

Abbildung 6.31 Übergang von der L-S-Kopplung zur j-j-Kopplung für äquivalente Zustände einiger Elemente der 4. Spalte

Abb. 6.32 am Beispiel des kleinen Ausschnitts aus dem Eisenspektrum zu erkennen ist.

Die Terme der meisten Atome liegen zwischen den beiden Grenzfällen der L-S- und der j-j-Kopplung. Abbildung 6.31 zeigt den Übergang der Feinstrukturaufspaltung von der L-S-Kopplung beim Kohlenstoffatom über die intermediäre Kopplung beim Germanium bis zur j-j-Kopplung beim Blei. Die Gesamtzahl aller möglichen Terme eines Atoms für eine gegebene Elektronenkonfiguration ist für beide Grenzfälle gleich groß. Man kann beim Übergang von der L-S-Kopplung zur j-j-Kopplung also eindeutige Verbindungslinien

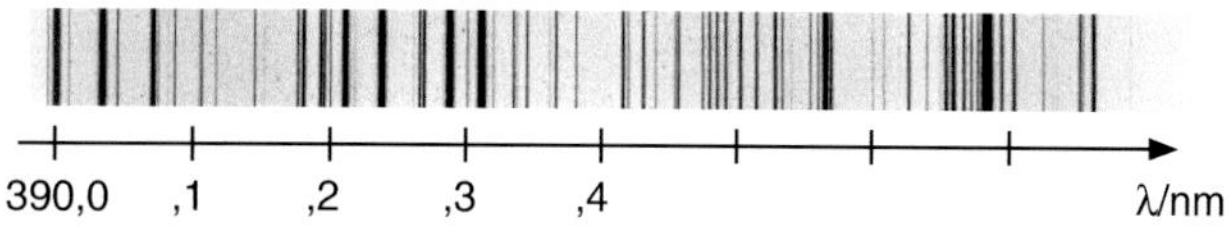

Abbildung 6.32 Ausschnitt aus dem Spektrum des Eisen-Atoms im nahen UV

gleicher Gesamtdrehimpulsquantenzahl J zwischen entsprechenden Termen in beiden Kopplungsfällen ziehen (Korrelationsdiagramm, Abb. 6.33).

Wird z. B. beim Zinn-Atom mit der Grundzustandskonfiguration $5s^2\,5p^2$ eines der beiden $5p$-Elektronen in den $6s$-Zustand angeregt, so entsteht die $(5s^2, 5p, 6s)$-Konfiguration mit $L = 1$ und $J = 0, 1, 2$, deren Feinstruktur in Abb. 6.33 gezeigt ist. Entfernt man das $6s$-Elektron vom $(5p, 6s)$-Zustand des Sn-Atoms, so entsteht ein $5p\,{}^2P$-Zustand des Sn^+-Ions mit $L = 1$, $J = 1/2, 3/2$, dessen Feinstrukturaufspaltung fast die gleiche Größe hat wie die der $(5p, 6s)$-Konfiguration im neutralen Sn-Atom. Dies zeigt, dass der wesentliche Anteil der Feinstrukturaufspaltung durch die Wechselwirkung des $5p$-Elektrons mit der Elektronenhülle, in die es eintaucht, verursacht wird und nur zum kleinen Teil durch eine Spin-Bahn-Kopplung zwischen dem $6s$- und dem $5p$-Elektron [6].

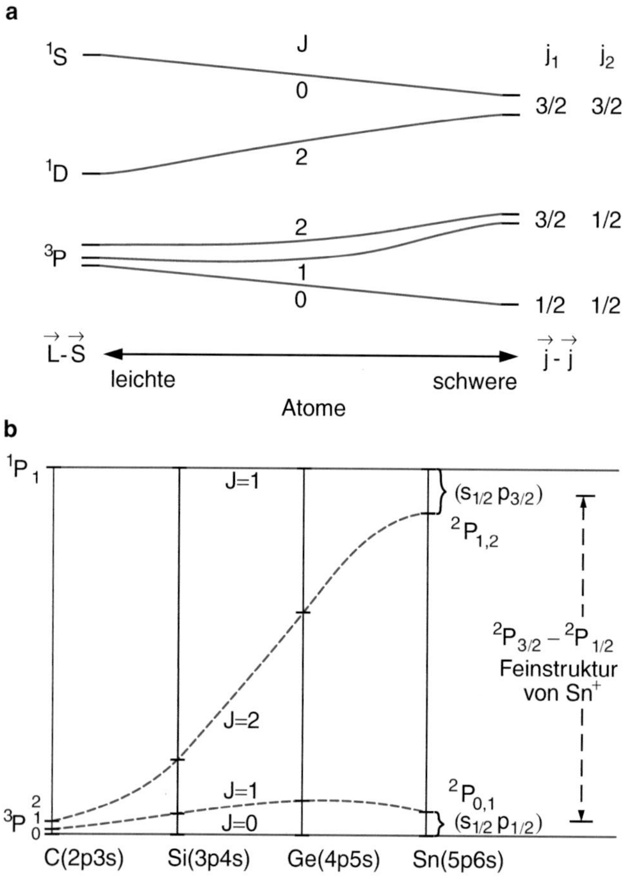

Abbildung 6.33 Übergang von der L-S-Kopplung bei leichten Atomen zur j-j-Kopplung bei schweren Atomen. Korrelationsdiagramm **a** für eine p^2-Konfiguration; **b** für die $(np, (n+1)\,s)$ Konfigurationen einiger Atome

6.5.2 Elektronenkonfiguration und Atomzustände leichter Atome

Aus dem in Abschn. 6.2 behandelten Aufbauprinzip sieht man, dass im Falle einer $\boldsymbol{L}$-$\boldsymbol{S}$-Kopplung sowohl der Gesamtdrehimpuls $\boldsymbol{L} = \sum \boldsymbol{l}_i$ der Elektronen als auch der Gesamtspin $\boldsymbol{S} = \sum \boldsymbol{s}_i$ für eine *voll besetzte* Schale null sind. Da nämlich nach dem Pauliprinzip eine volle Schale aus Paaren von Elektronen mit antiparallelem Spin besteht, muss $\boldsymbol{S} = \boldsymbol{0}$ sein. Weil für eine gegebene Quantenzahl l alle Werte der Projektionsquantenzahl m_l von $-l$ bis $+l$ vorkommen, muss auch die Vektorsumme aller Bahndrehimpulse $\sum \boldsymbol{l}_i = \boldsymbol{0}$ sein. In Abb. 6.34 ist dies für Neon demonstriert.

> Alle Edelgase haben deshalb im Grundzustand die Drehimpulsquantenzahlen $L = S = J = 0$, d. h. ihr Grundzustand ist ein ${}^1S_0$-Zustand.

Für alle anderen Atome braucht man zur Ermittlung von L und S nur die Elektronen in nicht geschlossenen Schalen zu berücksichtigen.

Aus einer für ein Atom charakteristischen Elektronenkonfiguration (z. B. $1s^2\,2s^2\,2p^2$ für den Grundzustand des Kohlenstoffatoms) können im Allgemeinen verschiedene Atomzustände gebildet werden, die sich energetisch unterscheiden. Dies liegt daran, dass je nach der relativen Orientierung der Einzeldrehimpulse $\boldsymbol{l}_i$, $\boldsymbol{s}_i$ und $\boldsymbol{j}_i$ im Falle der $\boldsymbol{L}$-$\boldsymbol{S}$-Kopplung verschiedene Gesamtdrehimpulse $\boldsymbol{L}$, $\boldsymbol{S}$ und $\boldsymbol{J}$ gebildet werden können.

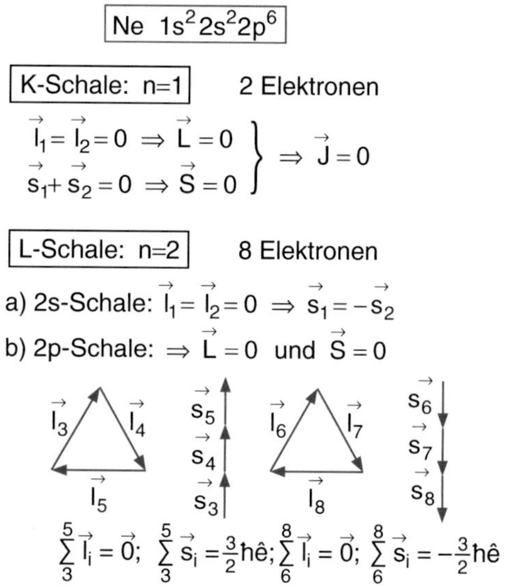

Abbildung 6.34 Demonstration der Drehimpulssummen $\boldsymbol{L} = \boldsymbol{0}$, $\boldsymbol{S} = \boldsymbol{0}$ beim Neon mit seiner abgeschlossenen $(n = 2)$-Schale

Kapitel 6

Tabelle 6.6 Mögliche Gesamtdrehimpulse und Atomterme für verschiedene Zweielektronenkonfigurationen

Elektronen-konfiguration	Drehimpuls-quantenzahlen			Term
	L	S	J	
s	0	$\frac{1}{2}$	$\frac{1}{2}$	$^2S_{1/2}$
s^2	0	0	0	$^1S_0$
	0	1	1	$^3S_1$ für $n_1 \neq n_2$
sp	1	0	1	$^1P_1$
	1	1	0, 1, 2	$^3P_0, {}^3P_1, {}^3P_2$
p^2	0	0	0	$^1S_0$
	1	1	0, 1, 2	$^3P_0, {}^3P_1, {}^3P_2$
	2	0	2	$^1D_2$
	0	1	1	$^3S_1$ nur für $n_1 \neq n_2$
	1	0	1	$^1P_1$ nur für $n_1 \neq n_2$
	2	1	1, 2, 3	$^3D_{1,2,3}$ nur für $n_1 \neq n_2$

Um festzustellen, welche Kopplungsmöglichkeiten bestehen, braucht man für das Beispiel des Kohlenstoffs nur die beiden p-Elektronen zu betrachten (Abb. 6.35).

In Tab. 6.6 sind für einige Konfigurationen von zwei Elektronen die verschiedenen möglichen Gesamtdrehimpulse und die daraus entstehenden Atomterme zusammengestellt. In Abb. 6.35 sind die aus der Konfiguration $(n_1, p)(n_2, p)$ zweier Elektronen entstehenden Terme illustriert. Haben beide Elektronen dieselbe Hauptquantenzahl $n_1 = n_2$, so werden durch das Pauliprinzip Beschränkungen für mögliche Drehimpulse auferlegt, da sich die beiden Elektronen in mindestens einer der vier Quantenzahlen (n, l, m_l, m_s) unterscheiden müssen. Da $n_1 = n_2$ und $l_1 = l_2 \Rightarrow (m_{l_1}, m_{s_1}) \neq (m_{l_2}, m_{s_2})$. Dies ist eine notwendige, aber nicht hinreichende Bedingung, da zusätzlich noch Symmetriebedingungen erfüllt werden müssen. So ist z. B. der $^1P_1$-Zustand der p^2-Konfiguration

$$\left(l_1 = l_2 = 1; \quad m_{l_1} = 1; \quad m_{l_2} = 0; \quad m_{s_1} = +\frac{1}{2}; \quad m_{s_2} = -\frac{1}{2} \right)$$

trotz $(m_{l_1}, m_{s_1}) \neq (m_{l_2}, m_{s_2})$ nicht möglich für $n_1 = n_2$, weil der Spinanteil der Wellenfunktion antisymmetrisch ist und daher der Ortsanteil eine bei Vertauschung der Elektronen symmetrische Funktion sein muss. Für $m_{l_1} = 1$, $m_{l_2} = 0$ kann es jedoch keine symmetrische Funktion geben, weil die Funktion mit $m_{l_2} = 1$, $m_{l_1} = 0$ nicht identisch ist mit der Funktion für $m_{l_1} = 1$, $m_{l_2} = 0$. Die für $n_1 = n_2$ möglichen 15 Zustände der p^2-Konfiguration sind nochmals in Tab. 6.7 mit Angabe ihrer Quantenzahlen L, S, m_{l_1}, m_{l_2}, m_{s_1}, m_{s_2}, $M_S = m_{s_1} + m_{s_2}$ und $M_j = m_{l_1} + m_{l_2} + m_{s_1} + m_{s_2}$ aufgelistet und zur besseren Übersicht im Slater-Diagramm der Abb. 6.36 illustriert. Man sieht daraus, dass es für äquivalente Elektronen mit $n_1 = n_2$ und $l_1 = l_2$ fünfzehn mögliche Zustände gibt, von denen fünf zum ^1D-Zustand führen, neun zum ^3P- und einer zum ^1S-Zustand, während es für zwei nicht äquivalente Elektronen mit $n_1 \neq n_2$ weitaus mehr geben kann.

Der energetisch tiefste Zustand der np^2-Konfiguration ist der ^3P-Zustand, da nach der Hund'schen Regel Zustände mit dem größtmöglichen Spin die tiefste Energie haben (siehe auch Abb. 6.14).

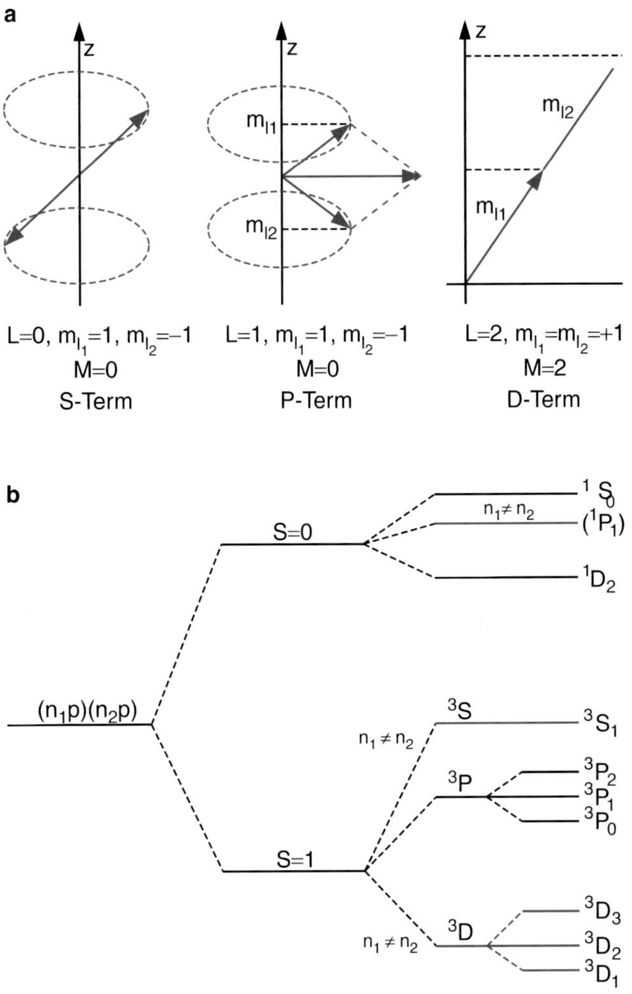

Abbildung 6.35 **a** Vektormodell der p^2-Konfiguration. **b** Mögliche Atomterme der p^2-Konfiguration. Die *rot gezeichneten* Terme sind nur für $n_1 \neq n_2$ möglich

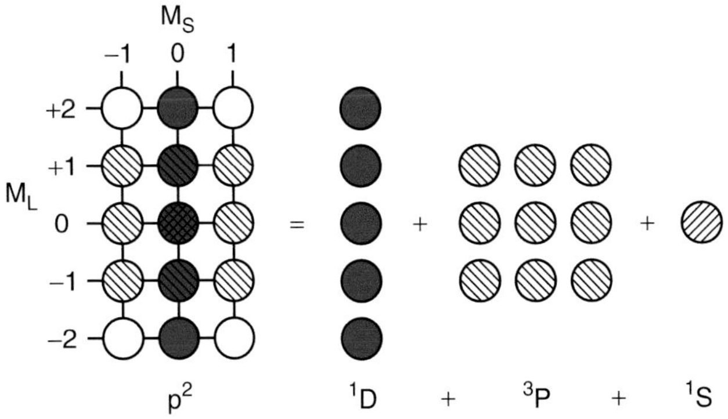

Abbildung 6.36 Slater-Diagramm aller Zustände (M_L, M_S), die aus der p^2-Konfiguration äquivalenter Elektronen entstehen können. Die *weißen Kreise* können wegen des Pauliprinzips nicht besetzt werden

Tabelle 6.7 Die möglichen 15 Zustände der np^2-Konfiguration mit $n_1 = n_2$

L	S	m_{l_1}	m_{l_2}	m_{s_1}	m_{s_2}	M_S	M_J	Term
0	0	0	0	$+\frac{1}{2}$	$-\frac{1}{2}$	0	0	$^1S_0$
1	0	0	−1	$+\frac{1}{2}$	$-\frac{1}{2}$	0	0	$^3P_0$
		1	−1	$+\frac{1}{2}$	$+\frac{1}{2}$	+1	+1	
1	1	1	0	$-\frac{1}{2}$	$-\frac{1}{2}$	−1	0	$^3P_1$
		1	−1	$-\frac{1}{2}$	$-\frac{1}{2}$	−1	−1	
		1	0	$+\frac{1}{2}$	$+\frac{1}{2}$	+1	+2	
		1	−1	$+\frac{1}{2}$	$+\frac{1}{2}$	+1	+1	
1	1	0	0	$+\frac{1}{2}$	$-\frac{1}{2}$	0	0	$^3P_2$
		1	−1	$-\frac{1}{2}$	$-\frac{1}{2}$	0	−1	
		0	−1	$-\frac{1}{2}$	$-\frac{1}{2}$	−1	−2	
		+1	+1	$+\frac{1}{2}$	$-\frac{1}{2}$	0	+2	
		+1	0	$+\frac{1}{2}$	$-\frac{1}{2}$	0	+1	
2	0	1	−1	$+\frac{1}{2}$	$-\frac{1}{2}$	0	0	$^1D_2$
		0	−1	$+\frac{1}{2}$	$-\frac{1}{2}$	0	−1	
		−1	−1	$+\frac{1}{2}$	$-\frac{1}{2}$	0	−2	

Tabelle 6.8 Gesamtspin und Multiplizität von Zuständen mit unterschiedlicher Anzahl der Valenzelektronen

Elektronen	Spinquantenzahl m_s	Multiplizität
1	$m_s = \frac{1}{2}; S = 1/2$	Dublett
2	$m_{s_1} = +\frac{1}{2}, m_{s_2} = +\frac{1}{2} \Rightarrow S = 1$ $m_{s_1} = +\frac{1}{2}, m_{s_2} = -\frac{1}{2} \Rightarrow S = 0$	Triplett Singulett
3	$+\frac{1}{2}, +\frac{1}{2}, -\frac{1}{2} \Rightarrow S = \frac{1}{2}$ $+\frac{1}{2}, +\frac{1}{2}, +\frac{1}{2} \Rightarrow S = \frac{3}{2}$	Dublett Quartett
4	$+\frac{1}{2}, +\frac{1}{2}, -\frac{1}{2}, -\frac{1}{2} \Rightarrow S = 0$ $+\frac{1}{2}, +\frac{1}{2}, +\frac{1}{2}, -\frac{1}{2} \Rightarrow S = 1$ $+\frac{1}{2}, +\frac{1}{2}, +\frac{1}{2}, +\frac{1}{2} \Rightarrow S = 2$	Singulett Triplett Quintett

Der Gesamtspin S und damit die Multiplizität $2S + 1$ der Atomterme hängt ab von der Zahl der Elektronen in einer nicht abgeschlossenen Schale (Tab. 6.8).

6.6 Angeregte Atomzustände

Wir hatten schon in Abschn. 6.1.5 beim He-Atom und dann in Abschn. 6.5.2 auch bei größeren Atomen gesehen, dass bei angeregten Atomzuständen die Zahl der Möglichkeiten für die Drehimpulskopplung im Allgemeinen viel höher ist als im Grundzustand, weil sich die Hauptquantenzahl n des angeregten Elektrons von der der anderen Elektronen unterscheidet und deshalb das Pauliprinzip weniger Beschränkungen für die anderen Quantenzahlen auferlegt.

In diesem Kapitel wollen wir uns mit den verschiedenen Möglichkeiten befassen, Elektronen in energetisch angeregte Zustände zu bringen. Solche Anregungsprozesse können durch Absorption von Photonen oder durch inelastische Stoßprozesse bewirkt werden. Man spricht von ***Einelektronen-Anregung***, wenn im Modell unabhängiger Elektronen, in dem die Wechselwirkung zwischen den einzelnen Elektronen vernachlässigt oder nur summarisch berücksichtigt wird, sich die Quantenzahlen nur eines Elektrons ändern, die der anderen Elektronen aber konstant bleiben.

Man beachte jedoch, dass wegen der im vorigen Abschnitt diskutierten Elektronenkorrelation die dem Atom zugeführte Energie $\Delta E = E_k - E_i$ beim Übergang vom Zustand E_i nach E_k nicht allein auf das angeregte Elektron übertragen wird, sondern zum Teil auch auf die anderen Elektronen, da durch die Anregung die Coulombwechselwirkung zwischen den Elektronen sich ändert. Dies ist besonders ausgeprägt bei der Anregung eines Elektrons aus einer inneren Schale, bei der die Korrelationsenergie besonders groß ist.

6.6.1 Einfachanregung

Die geringste Energie braucht man, wenn ein Elektron aus der äußersten besetzten Schale (Valenzelektron) in höhere Energiezustände angeregt wird. Die Anregungsenergien dieser Valenzelektronen liegen im Bereich 1–10 eV. Eine Ausnahme bildet das Heliumatom, bei dem der erste angeregte Zustand etwa 20 eV über dem Grundzustand liegt.

Der angeregte Zustand E_k ist nicht stabil. Er geht spontan durch Aussendung eines Photons $h \cdot \nu = E_k - E_i$ in tiefere Zustände E_i über.

Die mittlere Lebensdauer τ_k eines angeregten Zustandes hängt von der Wahrscheinlichkeit für solche Übergänge in tiefere Zustände ab (siehe Abschn. 7.3). Für manche Zustände ist diese Übergangswahrscheinlichkeit sehr klein, ihre Lebensdauer ist entsprechend lang. Solche Zustände heißen metastabil.

Beispiele

1. Lebensdauern einiger angeregter Zustände:
   H($2\,^2P_{1/2}$): $\tau = 1{,}5 \cdot 10^{-9}\,\text{s}$,
   He($2\,^1P_1$): $\tau = 0{,}5 \cdot 10^{-9}\,\text{s}$,
   Na($3\,^2P_{1/2}$): $\tau = 16 \cdot 10^{-9}\,\text{s}$.
2. Lebensdauern von metastabilen angeregten Zuständen:
   H($2\,^2S_{1/2}$): $\tau = 0{,}12\,\text{s}$,
   He($2\,^1S_0$): $\tau = 19{,}6\,\text{ms}$,
   He($2\,^3S_1$): $\tau = 7870\,\text{s}$. ■

Bei einfach angeregten Zuständen (nur ein Elektron ist angeregt) kehrt das angeregte Elektron (eventuell über mehrere Zwischenschritte) wieder in seinen Grundzustand zurück. Nur wenn die Anregungsenergie oberhalb der Ionisierungsgrenze liegt, wird das Atom ionisiert, und das Elektron verlässt das Atom (***Photoionisation***). Dies lässt sich schematisch schreiben als:

$$A + h\nu \rightarrow A^+ + e^- + E_{kin}(e^-) .$$

6.6.2 Anregung mehrerer Elektronen, Autoionisation

Unter geeigneten Anregungsbedingungen können zwei oder mehr Elektronen gleichzeitig angeregt werden. Wir wollen uns die dabei auftretenden Effekte am Beispiel der Anregung von zwei Elektronen klar machen.

Nehmen wir z. B. an, dass beim Be-Atom beide Valenzelektronen aus dem $2s$-Zustand (Abb. 6.14) in höhere Zustände angeregt werden. So könnten z. B. beide Elektronen in den $2p$-Zustand gebracht werden oder ein Elektron in den $2p$-Zustand, das andere in den $3p$-Zustand. Die gesamte Anregungsenergie des Atoms ist dann:

$$E = E_1 + E_2 + \Delta E , \qquad (6.50)$$

wobei E_i die Energien der Einzelanregungen des i-ten Elektrons sind und ΔE die durch die Anregung geänderte Wechselwirkungsenergie zwischen den beiden Elektronen und mit den verbleibenden Elektronen der $1s$-Schale ist.

Der doppelt angeregte Zustand kann entweder durch die Emission von zwei Photonen wieder in den Grundzustand zurückkehren, oder eines der beiden angeregten Elektronen kann, infolge der Coulombwechselwirkung, seine Anregungsenergie auf das andere Elektron übertragen. Dadurch geht ein Elektron zurück in den Grundzustand, das andere wird weiter angeregt.

Da die Gesamtenergie erhalten bleiben muss, ist dieser letztere Prozess im Allgemeinen nur möglich, wenn ein hoch angeregter Zustand für Einelektronenanregung existiert, der genau die richtige Energie hat. Dies ist für die diskreten Energien $E < 0$ sehr unwahrscheinlich. Für $E > 0$ ist jeder Energiezustand möglich, weil das freie Elektron ein kontinuierliches Energiespektrum hat. Deshalb wird der Prozess der Energieübertragung von zwei angeregten Elektronen auf ein hoch angeregtes Elektron erst genügend wahrscheinlich, wenn die Gesamtanregungsenergie oberhalb der Ionisierungsenergie eines einfach angeregten Elektrons liegt. Dann kann die Übertragung der Energie E_1 auf das zweite Elektron zur Ionisation dieses Elektrons führen. Dieser Prozess heißt ***Autoionisation*** (Abb. 6.37).

Er wird am Beispiel des doppelt angeregten Li-Atoms in Abb. 6.38b erläutert. In Abb. 6.38a wird die Doppelanregung schematisch illustriert. In Abb. 6.38b ist rechts die Energietermleiter eines einfach angeregten Elektrons gezeigt, die für $n \rightarrow \infty$ gegen die Ionisierungsgrenze konvergiert. Links ist die Energie des doppelt angeregten Zustands $1s\,2p\,3p$ dargestellt, der bereits oberhalb der Ionisationsgrenze für die Anregung eines einzelnen Atoms liegt. Gibt daher das zweite angeregte Elektron seine Anregungsenergie an das erste Elektron ab, so kann dieses das Atom verlassen.

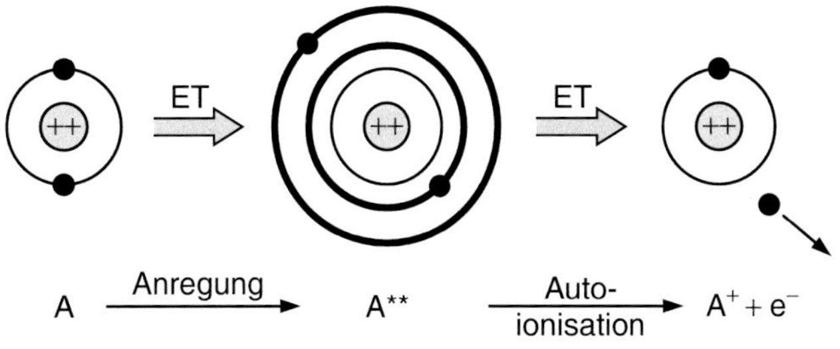

Abbildung 6.37 Anschauliche Darstellung der elektronischen Autoionisation bei Doppelanregung zweier Elektronen (ET = Energietransfer)

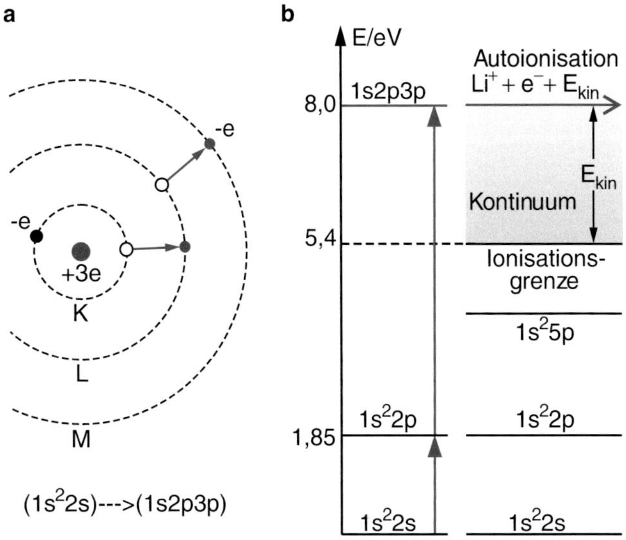

Abbildung 6.38 Gleichzeitige Anregung zweier Elektronen am Beispiel des Li-Atoms. **a** Anschauliche Darstellung; **b** Termschema mit Autoionisation

6.6.3 Innerschalenanregung, Auger-Prozess

Wird ein Elektron aus einer inneren Schale angeregt auf ein höheres, nicht bereits besetztes Energieniveau, so braucht man dazu höhere Energien als bei der Anregung von Valenzelektronen aus der äußeren Schale, weil die Bindungsenergie der Elektronen in den inneren Schalen, wo die Kernladung $Z \cdot e$ wesentlich weniger abgeschirmt wird, viel größer ist. Die Anregung kann entweder durch Absorption von Photonen genügend hoher Energie (im Vakuum-UV- oder Röntgenbereich) oder durch Elektronenstoß erfolgen.

In das durch die Anregung entstandene Loch (freier Platz) in der inneren Schale kann ein Elektron aus einem höheren Energiezustand fallen. Die entsprechende Energiedifferenz kann in Form eines Photons $h \cdot \nu = E_i - E_k$ abgestrahlt werden (Abb. 6.39). Dieser Prozess ist die Quelle für die charakteristische Röntgenstrahlung (siehe Abschn. 7.6.2).

Die Energiedifferenz $E_i - E_k$ kann aber auch direkt auf ein anderes Elektron der Hülle übertragen werden, auf Grund der elektrischen Wechselwirkung zwischen den Elektronen. Ist dessen Bindungsenergie E_B kleiner als $E_i - E_k$, so kann es das

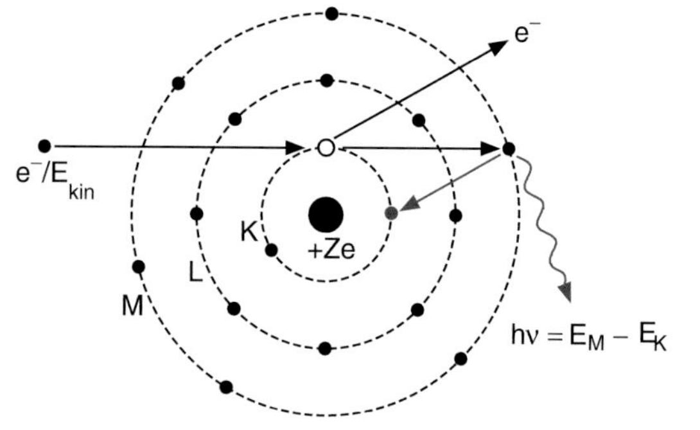

Abbildung 6.39 Innerschalenanregung mit Erzeugung charakteristischer Röntgenstrahlung

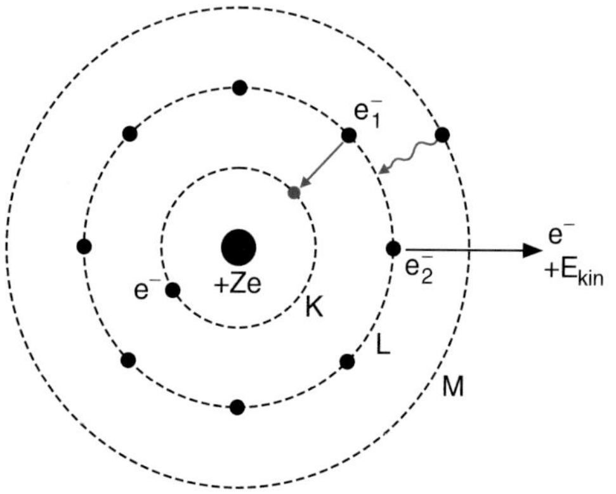

Abbildung 6.40 Zum Auger-Effekt. Das Elektron e_1^- fällt zurück in den leeren Platz in der K-Schale und überträgt seine Energie auf das Elektron e_2^-, welches das Atom verlässt

Atom verlassen, d. h. es tritt Autoionisation auf. Dieser Vorgang heißt ***Auger-Effekt*** (Abb. 6.40). Die kinetische Energie des Auger-Elektrons ist dann $E_{\text{kin}} = E_i - E_k - E_{\text{B}}$. Es hat also eine charakteristische Energie, die angibt, aus welchem Zustand es ionisiert wurde.

Die Emission von Röntgenstrahlen und die von Auger-Elektronen sind konkurrierende Prozesse. Der Bruchteil der Übergänge $E_i \to E_k$, die zur Aussendung von Röntgenquanten führen, heißt Fluoreszenzausbeute. Sie hängt ab vom Zustand E_k und von der Kernladungszahl Z. Für Atome mit $Z < 30$ überwiegt der Auger-Prozess, für $Z > 60$ wird die Fluoreszenzausbeute größer als 90 %, wenn das Elektron e_k mit der Bindungsenergie E_k aus der K-Schale stammt.

6.6.4 Rydbergzustände

Wir hatten in Abschn. 4.3 gesehen, dass der mittlere Bahnradius eines Elektrons im Wasserstoffatom

$$\langle r \rangle = a_0 \cdot n^2 \qquad \text{mit} \qquad a_0 \approx 5 \cdot 10^{-11}\,\text{m}$$

proportional zum Quadrat der Hauptquantenzahl n anwächst. Ein Elektron in einem Zustand mit $n = 100$ hat daher einen

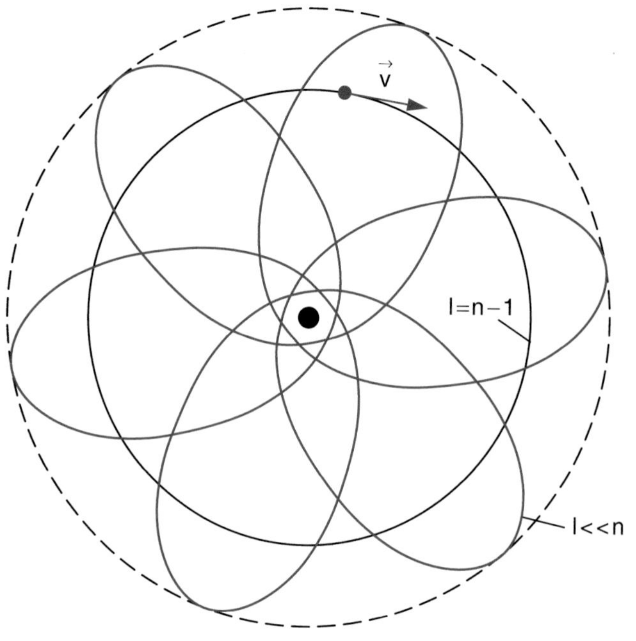

Abbildung 6.41 Klassische Bahnen von Rydbergelektronen mit $l = n - 1$ *(schwarze Kurven)* und mit $l \ll n$ *(rote Kurven)*

mittleren Bahnradius von $\langle r \rangle \approx 5 \cdot 10^{-7}\,\text{m} = 0{,}5\,\mu\text{m}$. Wenn sein Bahndrehimpuls $|\boldsymbol{l}| \leq (n-1)\hbar$ seinen maximal möglichen Betrag annimmt, kann man die Bahn des Elektrons in guter Näherung klassisch als Kreisbahn mit dem Radius $r = \langle r \rangle$ beschreiben, da nach dem Korrespondenzprinzip für große Quantenzahlen n die quantenmechanische Beschreibung in die klassische übergeht (siehe Abschn. 5.8). Für $l \ll n$ werden die klassischen Bahnen Ellipsen, die nahe am Kern vorbeilaufen und dadurch eine Drehung ihrer großen Halbachse erfahren (Abb. 6.41).

Nach der Rydbergformel (5.18) ist die Bindungsenergie $E_n = -Ry^*/n^2$ eines solchen Rydbergzustands für große n sehr klein. Das Rydbergelektron kann dann bereits durch eine kleine Störung (äußere elektrische Felder oder Stoßprozesse) vom Atom getrennt werden (siehe Tab. 6.9).

Beispiel

Bei einer elektrischen Feldstärke $E = 5 \cdot 10^3\,\text{V/m}$, die leicht im Labor zu realisieren ist, werden nach einer klassischen Betrachtung (Abb. 6.42) bereits alle Rydbergzustände mit $n > 50$ feldionisiert. Auf Grund des Tunneleffektes tritt Feldionisation bereits für $n < 50$ auf (siehe Aufgabe 6.12). ■

Um den Zusammenhang zwischen kinetischer und potentieller Energie zu erhalten, kann man den ***Virialsatz der Mechanik*** verwenden. Er besagt: In einem konservativen Kraftfeld mit einem Potential, das homogen vom Grade k ist, d. h. $V(\alpha \cdot r) = \alpha^k \cdot V(r)$, gilt für die Relation zwischen mittlerer kinetischer

Tabelle 6.9 Charakteristische Daten atomarer Rydbergzustände ($a_0 = 5{,}29 \cdot 10^{-11}$ m, $Ry = 1{,}09737 \cdot 10^7\,\mathrm{m^{-1}}$)

Physikalische Größe	*n*-Abhängigkeit	$H(n=2)$	$H(n=50)$
Bindungsenergie	$-Ry^* n^{-2}$	3,4 eV	$0{,}0054\,\mathrm{eV} \mathrel{\hat=} 43{,}5\,\mathrm{cm^{-1}}$
Abstand $E(n+1) - E(n)$ benachbarter Energieniveaus	$\Delta E_n = Ry^* \left(\frac{1}{n^2} - \frac{1}{(n+1)^2}\right)$	$\frac{5}{36} R \sim 2\,\mathrm{eV}$	$0{,}2\,\mathrm{meV} \mathrel{\hat=} 2\,\mathrm{cm^{-1}}$
Mittlerer Bahnradius	$a_0 n^2$	$4a_0$	$2500a_0 = 132\,\mathrm{nm}$
Geometrischer Wellenquerschnitt	$\pi a_0^2 n^4$	$16\pi a_0^2$	$6\pi 10^6 a_0^2 = 5 \cdot 10^{-14}\,\mathrm{m^2}$
Periodendauer für einen Umlauf	$T_n \propto n^3$	10^{-15} s	$2 \cdot 10^{-11}$ s
Strahlunglebensdauer	$\propto n^3$	$5 \cdot 10^{-9}$ s	$1{,}5 \cdot 10^{-4}$ s
Kritische Feldstärke	$E_c = \pi\varepsilon_0 Ry^{*2} e^{-3} n^{-4}$	$5 \cdot 10^9$ V/m	$5 \cdot 10^3$ V/m

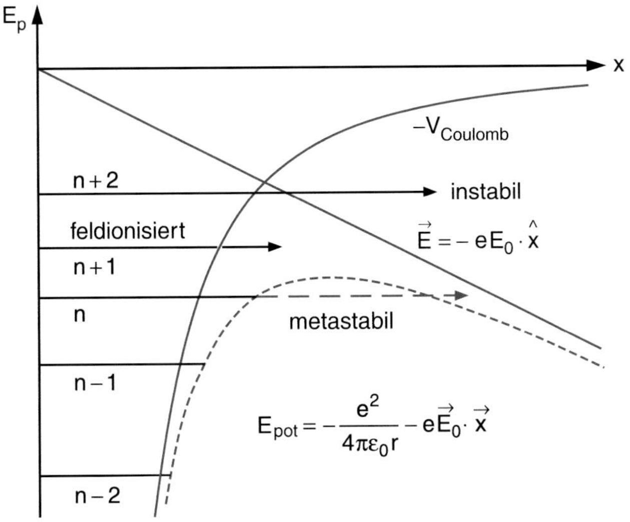

Abbildung 6.42 Zur Feldionisation eines Rydbergzustandes

Energie $\langle E_{kin}\rangle$ und der mittleren potentiellen Energie $\langle E_{pot}\rangle$ [7]

$$\langle E_{kin}\rangle = (k/2)\langle E_{pot}\rangle\,.$$

Für das Coulomb-Potential $V(r) \sim r^{-1}$ wird $k = -1$ und wir erhalten:

$$E_{kin} = -\frac{1}{2} E_{pot}\,.$$

Aus $E_n = E_{kin} + E_{pot}$ folgt dann

$$E_{kin} = E_n + 2E_{kin} \Rightarrow E_{kin} = -E_n = Ry^*/n^2\,. \qquad (6.51)$$

Für $n = 100$ wird z. B. $E_{kin} \approx 2{,}2 \cdot 10^{-22}\,\mathrm{J} = 1{,}36 \cdot 10^{-3}\,\mathrm{eV}$. Die Geschwindigkeit des Rydbergelektrons auf einer Kreisbahn mit $r = n^2 \cdot a_0$ wird dann $v = (2E_{kin}/m)^{1/2} = 2{,}2 \cdot 10^4\,\mathrm{m/s}$, seine Umlaufzeit

$$T_{100} = 2\pi/v = 1{,}4 \cdot 10^{-10}\,\mathrm{s}$$

und die Umlauffrequenz

$$\nu_{100} = 7 \cdot 10^9\,\mathrm{s^{-1}}\,.$$

Verglichen mit der Umlaufzeit $T_1 = 1{,}4 \cdot 10^{-16}$ s auf der tiefsten Bohr'schen Bahn umläuft das Rydbergelektron den Kern also sehr langsam. Die Übergangsfrequenzen für die Übergänge zwischen Rydbergzuständen n und $n+1$ liegen für $n = 100$ im Gigahertzbereich.

Auch bei Mehrelektronenatomen kann eines der Elektronen in einen solchen Rydbergzustand angeregt werden. Da es sich für genügend große Werte von n weit außerhalb der Elektronenhülle der anderen Elektronen bewegt, wird das Potential für das Rydbergelektron in guter Näherung gleich dem Coulombpotential eines Ions mit der effektiven Ladung $Z_{eff} = 1$ sein, da die Kernladung Z durch die $(Z-1)$ Elektronen der Hülle abgeschirmt wird. Diese Abschirmung hängt davon ab, wie tief ein Elektron auf seiner Bahn in die Elektronenhülle der anderen Elektronen eintaucht. Im quantenmechanischen Modell heißt dies: Die Abweichung vom reinen Coulombpotential hängt ab vom räumlichen Überlappen der Wellenfunktion des Rydbergelektrons mit dem Raumgebiet, in dem die Wellenfunktion der Hüllenelektronen merkliche Werte annimmt.

Die Energie der Rydbergelektronen wird sich daher etwas verschieben gegenüber den Energien

$$E_n = -\frac{Ry^*}{n^2} \qquad (6.52)$$

im reinen Coulombpotential. Man berücksichtigt diese Energieverschiebung durch den ***Quantendefekt*** δ_{nl} (siehe Abschn. 6.3) und schreibt die Rydbergformel in analoger Form als

$$E_{nl} = -\frac{Ry^*}{(n-\delta_{nl})^2} = -\frac{Ry^*}{n_{eff}^2}\,, \qquad (6.53)$$

wobei n_{eff} im Allgemeinen eine nichtganze Zahl ist.

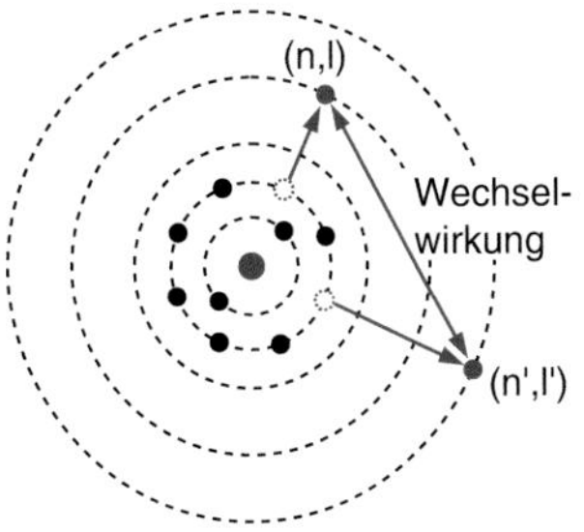

Abbildung 6.43 Modell eines planetarischen Atoms

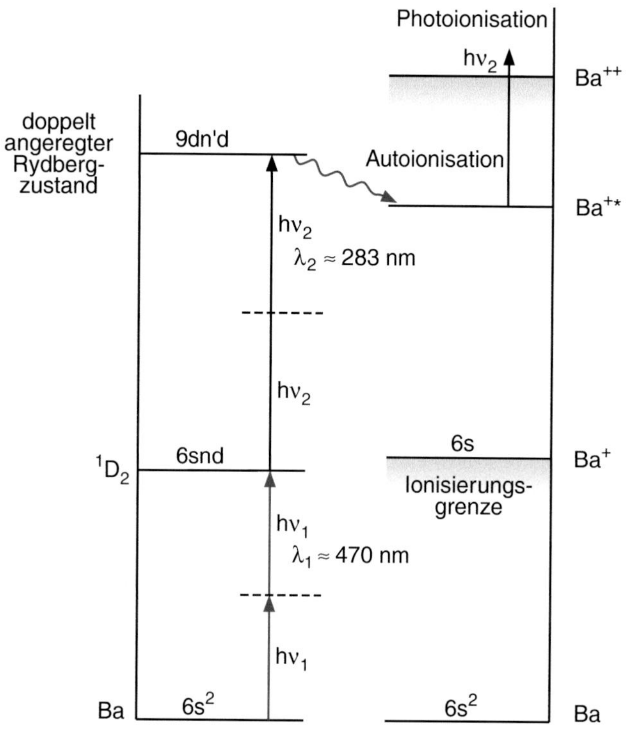

Abbildung 6.44 Termschema, Anregung und Autoionisation planetarischer Atome am Beispiel des Barium-Atoms

Da die räumliche Wellenfunktion des Rydbergelektrons von den Quantenzahlen n und l abhängt, wird auch die Überlappwahrscheinlichkeit (das Eintauchen des Rydbergelektrons in die Atomhülle) und damit die Energieverschiebung von n und l abhängen (siehe Tab. 6.4). Häufig benutzt man die effektive Hauptquantenzahl $n_{\text{eff}} = n - \delta$, um auch für Rydbergzustände von Mehrelektronenatomen die gleiche Rydbergformel verwenden zu können [8, 9].

6.6.5 Planetarische Atome

Regt man zwei der Valenzelektronen in verschiedene Rydbergzustände $|n_1\rangle$ und $|n_2\rangle$ an (Abb. 6.43), so liegt die Gesamtenergie des Systems weit oberhalb der Ionisierungsgrenze (Abb. 6.44), sodass Autoionisation eintreten kann. Da die Radien der Rydbergbahnen jedoch mit n^2 anwachsen, ist für $n_1 \neq n_2$ der mittlere Abstand zwischen den beiden Rydbergelektronen so groß, dass die Wechselwirkung zwischen ihnen sehr klein wird. Die Lebensdauer dieser doppelt angeregten Atome ist deshalb genügend lang, um sie beobachten und an ihnen spektroskopische Messungen ausführen zu können. Da die beiden Elektronen auf fast klassischen Bahnen um den Atomkern mit seiner restlichen Elektronenhülle aus $(Z - 2)$ Elektronen kreisen, gleicht das System einem Mikromodell eines Planetensystems und hat daher den Namen ***planetarisches Atom*** erhalten [10]. Kommen sich die beiden Elektronen zu nahe, kann das eine Elektron einen Teil seiner Energie auf das andere übertragen, sodass dieses das Atom verlassen kann (Abb. 6.44). Der ionische Endzustand, in dem die Autoionisation erfolgt, kann nachgewiesen werden durch Messung der Energie des Ionisationselektrons oder durch Photoionisation des angeregten Ionenzustands in ein doppelt ionisiertes Atom A^{++}, das massenspektroskopisch nachgewiesen wird [11].

6.6.6 Atom-Ionen

Führt man einem Atom ^ZA mit der Kernladung $Z \cdot e$ genügend Energie zu $(E > E_{\text{ion}})$, so kann ein Elektron das Atom verlassen. Das so entstandene einfach geladene Ion wird mit AII bezeichnet und hat ein Energieniveau-Schema und damit auch ein Spektrum, welches dem des nächst tieferen neutralen Atoms ^{Z-1}A ähnlich ist (abgesehen von einem Skalierungsfaktor). So ist das Spektrum des einfach ionisierten HeII-Ions dem des neutralen Wasserstoff-Atoms ähnlich, außer dass sich die absoluten Energiewerte um den Faktor $[Z/(Z-1)]^2 = 4$ unterscheiden (siehe Gl. 3.106).

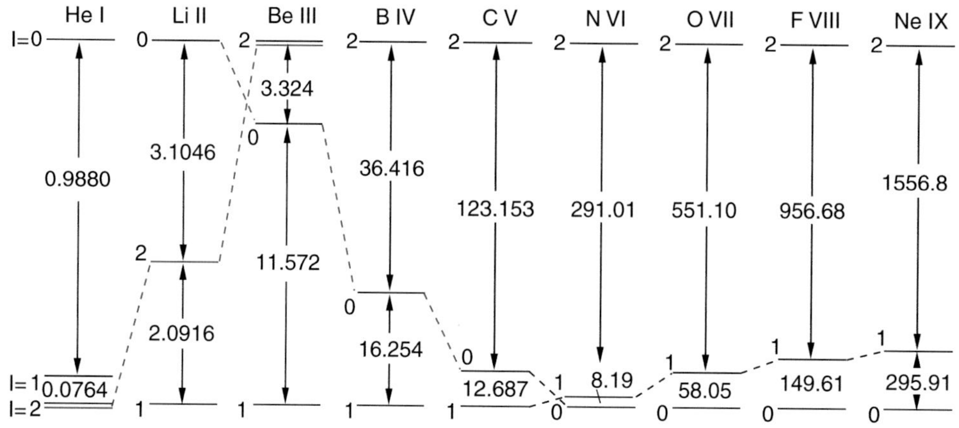

Abbildung 6.45 Feinstrukturaufspaltungen des $2\,^2p$-Zustandes für Ionen mit 2 Elektronen. Die FS-Aufspaltungen sind in cm^{-1} angegeben [Heckmann-Träbert]

Wird das einfach geladene Ion weiter angeregt, so kann es weitere Elektronen verlieren und es entstehen höher geladene Ionen. Solche Ionen werden entsprechend ihrem Ionisierungsgrad mit AIII (zweifach ionisiert), AIV (dreifach ionisiert), AV usw. bezeichnet.

Da die Feinstruktur-Aufspaltung proportional zu Z^4/n^3 ansteigt, wird sich das Verhältnis von Coulomb-Aufspaltung zu FS-Aufspaltung mit dem Ionisierungsgrad ändern. Dies ist in Abb. 6.45 illustriert. Hier werden die FS-Aufspaltungen in einem $2\,^3p$-Zustand für eine Sequenz von Ionen mit jeweils 2 Elektronen gezeigt, wobei die Zahlen die Energieabstände in cm^{-1} angeben. Man sieht aus diesem Diagramm, dass die FS-Aufspaltung stark mit Z ansteigt und zwischen $J = 1$ und $J = 2$ wesentlich größer ist als zwischen $J = 0$ und $J = 1$. Eine Ausnahme bildet das HeI-Atom, bei dem die energetische Reihenfolge der FS-Terme umgekehrt ist und die Aufspaltung zwischen $J = 1$ und $J = 0$ viel größer ist als zwischen $J = 1$ und $J = 2$. Das LiII-Ion bildet eine Zwischenstufe, bei der die FS-Niveaus die energetische Reihenfolge $J = 1$, $J = 2$, $J = 0$ haben.

6.7 Exotische Atome

Wir haben bisher immer angenommen, dass die räumliche Ausdehnung der Atomkerne bei der Berechnung der Energieterme der Elektronenhülle vernachlässigt werden kann. Die Kerne wurden als punktförmige positive Ladung $Z \cdot e$ angesehen. Dies ist gerechtfertigt, wenn der mittlere Abstand $\langle r \rangle$ des Elektrons vom Kern (im Bohr'schen Modell entspricht dies dem Radius der Bohr'schen Bahn) groß ist gegen den Kernradius $r_\mathrm{K} \approx 10^{-15}\,\mathrm{m}$. In solchen Fällen sollte das endliche Volumen des Kerns und seine eventuell nicht kugelsymmetrische Ladungsverteilung die Energien der Elektronenzustände nicht merklich beeinflussen.

Wir hatten jedoch in Abschn. 5.1 und 5.7 gesehen, dass bei $1S$-Zuständen mit $L = 0$ die Aufenthaltswahrscheinlichkeitsdichte $|\psi_S|^2$ der Elektronen am Kernort ein Maximum hat. Die Energieniveaus der s-Elektronen sollten also durch die Abweichung der Ladungsverteilung im Kern von einer Punktladung am stärksten verschoben werden. In der Tat können solche Energieverschiebungen bei genügend hoher spektraler Auflösung gemessen werden. Sie sind Teil der allgemeinen Hyperfeinstruktur (siehe Abschn. 5.6). Für höhere Energieniveaus (n, l) mit $n \geq 2$ oder $l \geq 1$ ist die Energieverschiebung viel kleiner.

Wesentlich größere Effekte erhält man bei exotischen Atomen, bei denen ein Elektron der Hülle durch ein schwereres negativ geladenes Elementarteilchen mit der Masse m_x, z. B. ein Myon μ^-, ein τ-Lepton τ^-, ein π^--Meson oder ein Antiproton p^- ersetzt wird, deren Bohrradien

$$r_n(m) = \frac{4\pi\varepsilon_0\hbar^2 \cdot n^2}{Z \cdot e^2 \cdot \mu} \tag{6.54}$$

wegen ihrer größeren reduzierten Masse

$$\mu = \frac{m_x \cdot M_\mathrm{K}}{m_x + M_\mathrm{K}}$$

viel kleiner sind als bei den entsprechenden Zuständen eines Elektrons im Coulombfeld des Kerns mit der Ladung $Z \cdot e$. Der Einfluss des endlichen Kernvolumens auf die Energien E_{nl} der Zustände von exotischen Atomen ist deshalb viel größer, und man erhält aus ihrer Messung entsprechend genauere Informationen über die Ladungs- und Masseverteilung in Atomkernen.

Da diese Elementarteilchen häufig nicht stabil sind, sondern nach 10^{-6}–10^{-8} s zerfallen, existieren die exotischen Atome nur für kurze Zeit. Trotzdem ist es in den letzten Jahren gelungen, exotische Atome in genügender Zahl zu erzeugen, um spektroskopische Messungen an ihnen durchführen zu können. Dies soll an einigen Beispielen demonstriert werden [12, 13].

6.7.1 Myonische Atome

Ein myonisches Atom besteht aus einem Atomkern der Ladung $Z \cdot e$, einem negativ geladenen Myon μ^- und der Elektronenhülle mit $(Z - p)$ Elektronen. Beim Einfang des μ^- durch das neutrale Atom kann die dabei gewonnene Bindungsenergie auf Elektronen der Hülle übertragen werden, und es können p Elektronen das Atom auf Grund des Auger-Effekts verlassen $(p = 0, 1, 2, \ldots)$.

Wegen der großen Myonenmasse $m_\mu = 206{,}76\,m_\mathrm{e}$ hat seine erste Bohr'sche Bahn nach (3.103) mit $n = 1$ einen Radius von nur

$$r = 2{,}3 \cdot 10^{-13}\,\mathrm{m}\,,$$

der also nur wenig größer als der Kernradius ist (Abb. 6.46). Dies bedeutet, dass das Myon die unabgeschirmte Kernladung

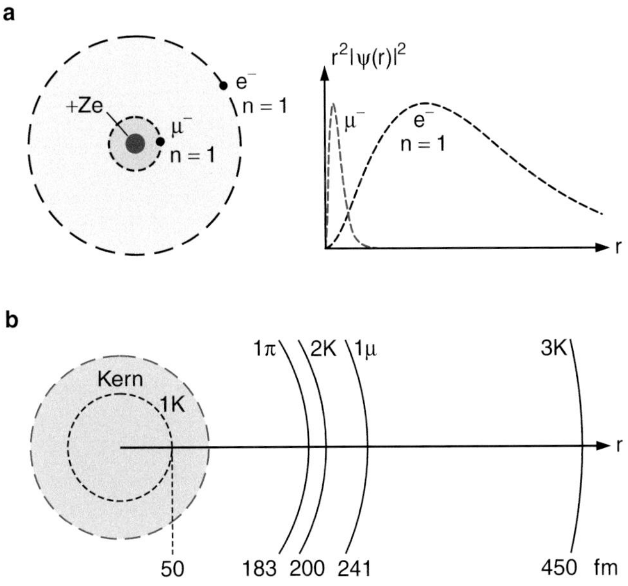

Abbildung 6.46 **a** Myonisches Atom **b** Radien der tiefsten Bohr'schen Bahnen bei einigen exotischen Atomen mit Kaonen, π-Mesonen und μ-Ionen. Die Kaonen-Bahn mit $n = 1$ liegt bereits innerhalb des Kerns

Kapitel 6

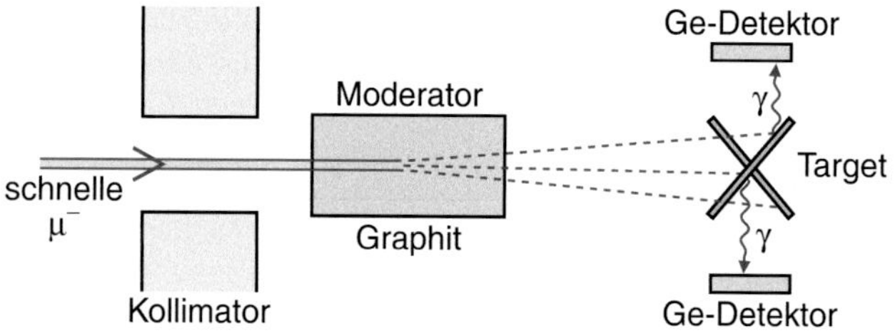

Abbildung 6.47 Erzeugung und Röntgenspektroskopie von myonischen Atomen

$Z \cdot e$ erfährt und dass die Energien der Myonzustände (n, l) stark durch die nichtpunktförmige Ladungsverteilung im Kern beeinflusst werden sollten, während die anderen Elektronen nur einen geringen Einfluss auf die Termwerte des Myons haben. Misst man die Wellenlängen $\lambda_{ik} = c/\nu_{ik}$ der Strahlung, die bei Übergängen des Myons vom Zustand E_i in den Zustand E_k emittiert wird, so kann man die Energiedifferenzen $E_i - E_k = h \cdot \nu_{ik}$ bestimmen und daraus die Abweichungen vom reinen Coulombpotential einer punktförmigen Ladung $Z \cdot e$ berechnen. Für Blei $(Z = 82)$ liegen die Photonenenergien $h \cdot \nu_{ik}$ im MeV-Bereich. Man kann durch Modellrechnungen erkennen, welche Ladungsverteilung $\varrho_{\text{el}}(r)$ im Kern die gemessenen Energien der Myonzustände am besten reproduziert [14].

Da die mittlere Lebensdauer des μ^- nur 2,2 μs beträgt, sind myonische Atome auch im Grundzustand nicht stabil. Bei leichten Kernen $(Z < 10)$ zerfällt das Myon nach dem Schema

$$\mu^- \to e^- + \overline{\nu}_e + \nu_\mu \tag{6.55}$$

in ein Elektron und zwei Neutrinos (siehe Bd. 4). Bei schweren Kernen $(Z > 10)$ verläuft die tiefste Bohr'sche Bahn bereits innerhalb des Atomkerns. Das Myon bewirkt dann im Kern die Reaktion

$$\mu^- + p \to n + \nu_\mu \,. \tag{6.56}$$

Es wandelt also ein Proton in ein Neutron um, und seine Lebensdauer wird dadurch stark reduziert.

Die Spektroskopie myonischer Atome wird im Allgemeinen mit Halbleiterdetektoren durchgeführt. Die μ^--Teilchen kommen als kollimierter Strahl schneller Myonen aus einem Target, das mit schnellen Protonen aus einem Synchrotron beschossen wird. Dabei entstehen π-Mesonen, die im Flug in $\mu^- + \overline{\nu}_\mu$ zerfallen (Abb. 6.47). Sie werden in einem Graphitblock abgebremst und kommen dann in einem Target aus zwei gekreuzten dünnen Scheiben zur Ruhe. Dort werden sie von den Targetatomen in hohen Energiezuständen eingefangen und fallen dann kaskadenförmig in tiefere Zustände (Abb. 6.48). Die dabei emittierte Röntgenstrahlung wird von Germanium-Halbleiterdetektoren energieselektiv gemessen.

Es gibt inzwischen auch Messungen von Feinstrukturaufspaltungen und von Zeeman-Aufspaltungen im Magnetfeld, die im Bereich weniger eV liegen und daher mit sichtbaren Lasern angeregt werden können. Die Messungen ergeben sehr genaue

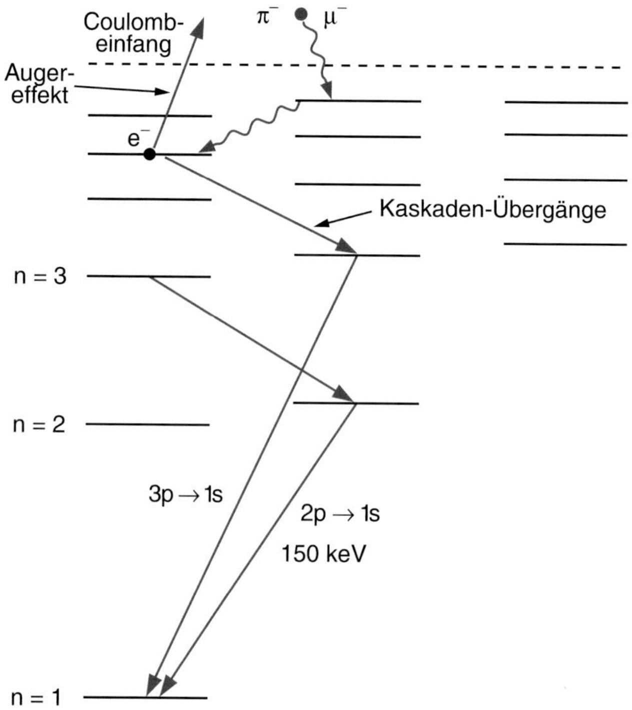

Abbildung 6.48 Einfang eines π^--Mesons bzw. μ^--Myons und Kaskadenübergänge im pionischen bzw. myonischen Atom

Werte von Masse und magnetischem Moment des Myons μ^- [13].

6.7.2 Pionische und kaonische Atome

Statt des Myons μ^- kann auch ein negatives π-Meson π^- vom Atom eingefangen werden, wobei ein oder mehrere Elektronen beim Einfang genügend Energie gewinnen, um das Atom verlassen zu können (Abb. 6.48). Für π^--Zustände mit $n < 17$ ist der Bohrradius bereits so klein, dass die Elektronen nicht mehr direkt mit dem π-Meson wechselwirken.

Die Nukleonen im Atomkern treten mit dem π-Meson nicht nur in elektromagnetische, sondern auch in *starke* Wechselwirkung, d. h. das Pion spürt die Kernkräfte. Der Vergleich der Energieniveaus im myonischen Atom mit denen im pionischen Atom gibt Informationen über die Kernkräfte und deren Abhängigkeit vom Abstand r zwischen π-Meson und den Nukleonen und über die unterschiedliche Ladungs- und Masseverteilung (siehe Bd. 4).

Mit noch schwereren negativen Mesonen (K^-, η) oder Hadronen $(\bar{p}^-, \Sigma^-)$ lassen sich Masse- und Ladungsverteilung im Kern bei noch kleineren Radien abtasten. Die Lebensdauer der K^--Mesonen ist jedoch nur $1{,}2 \cdot 10^{-8}$ s, sodass die Messung der Spektren des Atoms p^+K^- bzw. Kern $+K^-$ schwierig wird.

In Tab. 6.10 sind einige charakteristische Eigenschaften normaler und exotischer Atome gegenübergestellt.

Tabelle 6.10 Charakteristische Eigenschaften exotischer Atome

Teilchen	e^-	μ^-	π^-	K^-
m/m_e	1	207	273	967
Bohrradius r_1 in fm	$\frac{5{,}3}{Z} \cdot 10^4$	$\frac{256}{Z}$	$\frac{194}{Z}$	$\frac{54{,}8}{Z}$
Termenergie für $n = 1, Z = 1$	−13,6 eV	−2,79 keV	−3,69 keV	−13,1 keV
$\Delta E(n = 2 \rightarrow 1)$ für $Z = 20$	4,1 keV	837 keV	1,1 MeV	3,9 MeV
mittlere Lebensdauer des freien Teilchens τ / s	∞	$2{,}2 \cdot 10^{-6}$	$2{,}6 \cdot 10^{-8}$	$1{,}2 \cdot 10^{-8}$
Feinstrukturaufspaltung 2^2P für $Z = 20$, $n = 2$	6,6 eV	1,3 keV	1,8 keV	6,4 keV

6.7.3 Antiwasserstoff

Das Antiwasserstoffatom p^-e^+ besteht aus einem Antiproton p^- und einem Positron e^+. Es bildet also das Antiatom zum Wasserstoffatom p^+e^-. Seine genaue spektroskopische Untersuchung und der Vergleich seines Spektrums mit dem des Wasserstoffatoms würden einen präzisen Test für die Gleichheit des Ladungsbetrages von geladenen Elementarteilchen und ihrer Antiteilchen erlauben [14].

Obwohl man in Teilchenbeschleunigern sowohl Antiprotonen als auch Positronen in großer Anzahl erzeugen kann (siehe Bd. 4), ist ihre Abbremsung und ihr gegenseitiger Einfang, bei dem sich Wasserstoffatome bilden können, keine einfache experimentelle Aufgabe, weil dabei die Antiteilchen beim Zusammenprall mit Teilchen zerstrahlen können (z. B. $p^- + p^+ \rightarrow 2\gamma$). Es ist bisher gelungen, Antiprotonen in Ionenfallen einzufangen, zu kühlen und über viele Wochen zu speichern, so dass über Ladung und magnetisches Moment des Antiprotons inzwischen genaue Daten vorliegen. Es zeigt sich, dass sowohl der relative Massenunterschied $\Delta m/m = \left[m(p^+) - m(p^-)\right]/m(p^+)$ als auch der relative Unterschied des Ladungsbetrages $(\Delta q)/q$ kleiner als 10^{-8} sind [15].

Kürzlich ist es zum ersten Mal gelungen, neutrale Antiwasserstoffatome zu erzeugen und in einer magnetischen Falle zu kühlen und für eine Zeit $\tau > 1000$ s zu speichern [16], um daran Spektroskopie zu betreiben [17]. Allerdings muss für Präzisionsmessungen die Speicherzeit noch erhöht werden. An diesem experimentellen Problem wird zurzeit gearbeitet.

Vor kurzem wurde berichtet, dass durch Abbremsung von Antiprotonen in Wasserstoff H_2 ***Protonium*** (p^+p^-), ein System aus Proton und Antiproton mit der reduzierten Masse

$$\mu = \frac{1}{2} m_p = 469\,\text{MeV}/c^2$$

erzeugt werden konnte. Der Radius der ersten Bohr'schen Bahn liegt bei $57 \cdot 10^{-15}$ m, Übergangsenergien liegen im keV-Bereich. So erscheint z. B. die Balmer-Linie $3p \rightarrow 2s$ bei 1,7 keV.

Der Einfang von Antiprotonen p^- durch schwerere Atome hat eine größere Wahrscheinlichkeit. So wurde z. B. das Lyman-Spektrum von antiprotonischem Argon, das einen Kern aus 18 Protonen und 22 Neutronen hat, um den ein Antiproton und 17 Elektronen kreisen, im Bereich 20–200 keV beobachtet. Bei Übergängen des Antiprotons vom Zustand E_i in den tieferen Zustand E_k werden Photonen emittiert, die mit großer Präzision vermessen werden können [14].

6.7.4 Positronium und Myonium

Positronium ist ein wasserstoffähnliches Gebilde aus Elektron e^- und Positron e^+, dessen genaue Untersuchung interessante Informationen gibt über ein rein leptonisches Atom aus zwei fast gleichen leichten Teilchen, die sich nur durch ihre Ladung unterscheiden. Die reduzierte Masse ist $\mu = \frac{1}{2} m_e$, der Abstand zwischen e^- und e^+ (dies würde beim H-Atom dem Bohr'schen Radius entsprechen) also doppelt so groß wie zwischen p^+ und e^- im H-Atom. Beide Teilchen laufen aber um ihren gemeinsamen Schwerpunkt, der in der Mitte ihrer Verbindungslinie liegt. Die Summe ihrer kinetischen Energien plus ihrer potentiellen Energie ist etwa halb so groß wie beim H-Atom. Die Messung seines Spektrums erlaubt Abschätzungen darüber, ob es Abweichungen von der punktförmigen Ladungsverteilung des Elektrons gibt.

Man kann das Positronium durch die Abbremsung schneller Positronen in Materie erzeugen, wobei sich bei genügend kleiner Relativenergie ein stabiles (e^+e^-)-Paar bilden kann, das genügend lange lebt, um spektroskopisch untersucht werden zu können (die Lebensdauer ist im angeregten Zustand $2\,^3S_1$ etwa 10^{-6} s). Das Positronium ist eines der wenigen Beispiele, wo die Lebensdauer im Grundzustand kürzer ist als in einem angeregten Zustand! Dies liegt daran, dass sich e^- und e^+ im Grundzustand näher kommen als in angeregten Zuständen, sodass die beiden Teilchen zerstrahlen können nach dem Schema $e^+ + e^- \rightarrow 2\gamma$. Die Positronen werden von einer β^+-Quelle (^{58}Co) emittiert (Abb. 6.49), durch Bragg-Reflexion an einem

Kapitel 6

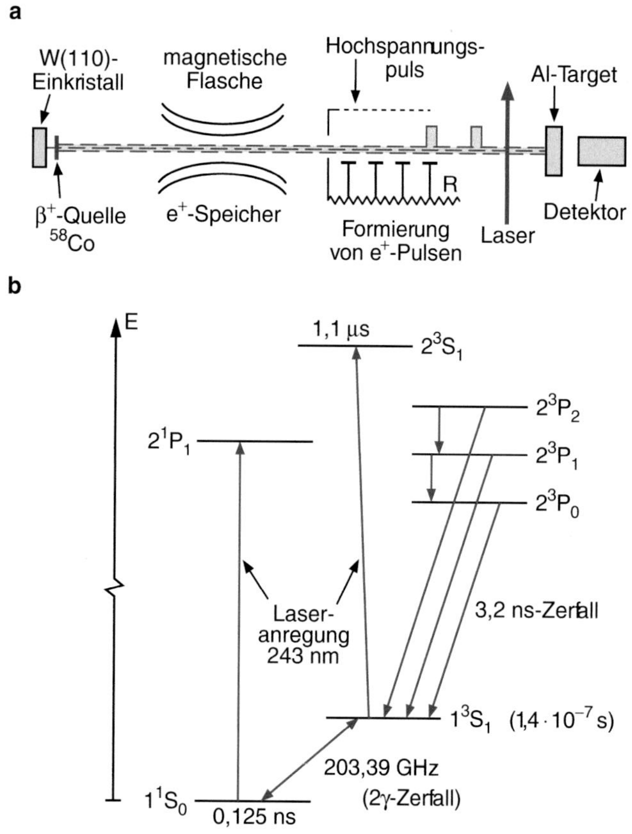

Abbildung 6.49 **a** Erzeugung von Positronium **b** Termschema des Positroniums

Wolfram-Einkristall monochromatisisiert, in einem geeignet geformten Magnetfeld (magnetische Flasche) eingefangen und durch elektrostatische Potentiale an den Enden am Entweichen gehindert. Von dort werden sie in bestimmten Zeitabständen durch Verändern des elektrostatischen Feldes freigelassen, in einem Pulsformer zu kurzen Pulsen komprimiert, die genau synchron mit dem für die Spektroskopie verwendeten Laserpuls an einer Cu- oder Al-Folie ankommen, wo sie durch Einfang eines Elektrons Positronium bilden können. Durch Heizen der Folie diffundieren die Positronium-Atome aus der Folie in den Laserstrahl, wo sie in den ($n = 2$)-Zustand angeregt werden und durch ein zweites Photon ionisiert werden. Die dabei entstehenden Positronen werden durch die bei der Zerstrahlung

$$e^+ + e^- \rightarrow 2\gamma$$

freiwerdenden γ-Quanten (0,5 MeV) nachgewiesen.

Da die Beiträge der magnetischen Momente von Elektron und Positron gleich sind, ist die magnetische Wechselwirkung viel größer (etwa 2000mal) als im H-Atom, wo das kleine magnetische Moment μ_K des Protons nur eine entsprechend kleine Hyperfeinstruktur bewirkt. Inzwischen wurden eine Reihe von spektroskopischen Präzisionsmessungen durchgeführt, welche eine sehr exakte Prüfung der Quantenelektrodynamik erlauben [18].

In ähnlicher Weise kann man Myonium (μ^+e^-) bilden und untersuchen. Die μ^+-Leptonen werden durch Beschuss von Beryllium mit 500 MeV-Protonen erzeugt (Abb. 6.49), in einem SiO_2-Pulvertarget abgebremst, wo sie ein Elektron einfangen und als neutrale (μ^+e^-) Myonium-Atome aus dem Target in das Wechselwirkungsgebiet des Lasers diffundieren [19].

Zusammenfassung

- Bei Atomen mit mehreren Elektronen muss die elektrostatische Wechselwirkung zwischen den Elektronen berücksichtigt werden. Das gesamte Potential bleibt dadurch nicht mehr kugelsymmetrisch, und die Wellenfunktion lässt sich nicht mehr separieren.
- Die Gesamtwellenfunktion muss antisymmetrisch gegen Vertauschung zweier Elektronen sein (Pauli-Prinzip). Eine äquivalente Formulierung lautet: Ein atomarer Zustand (n, l, m_l, m_s), der durch die vier Quantenzahlen n (Hauptquantenzahl), l (Bahndrehimpulsquantenzahl), m_l (Bahndrehimpulsprojektionsquantenzahl und m_s (Spinprojektionsquantenzahl) charakterisiert wird, kann höchstens von einem Elektron besetzt sein.
- Das Pauliprinzip und die Energieminimierung regeln den Aufbau der Elektronenhülle aller Atome. Der dadurch bedingte Schalenaufbau erklärt die Anordnung der Elemente im Periodensystem.
- Atomvolumina und Ionisierungsenergien der Atome spiegeln den Schalenaufbau wider. Alkali-Atome haben von allen Atomen derselben Reihe im Periodensystem die kleinste Ionisierungsenergie und das größte Atomvolumen, Edelgasatome die größte Ionisierungsenergie und das kleinste Volumen.
- Alkali-Atome sind wasserstoffähnlich. Die Abweichung des Potentials für das Leuchtelektron vom Coulombpotential kann durch empirische Parameter, die Quantendefekte, beschrieben werden. Es gilt eine modifizierte Rydbergformel für die Termwerte.
- Man kann Mehrelektronenatome näherungsweise mithilfe des Hartree-Verfahrens berechnen, bei dem sich jeweils ein Elektron im gemittelten kugelsymmetrischen Potential des Kerns und aller anderen Elektronen bewegt. Die Vielelektronen-Wellenfunktion $\Psi(\boldsymbol{r}_1, \boldsymbol{r}_2, \ldots, \boldsymbol{r}_Z)$ wird durch eine antisymmetrische Linearkombination von Produkten von Einelektronenfunktionen (Slater-Determinante) angenähert.
- Die Reihenfolge der Kopplung der Drehimpulse der einzelnen Elektronen hängt von der energetischen Reihenfolge der jeweiligen Wechselwirkung ab. Bei leichten Atomen ist die $\boldsymbol{L}$-$\boldsymbol{S}$-Kopplung mit

$$\boldsymbol{L} = \sum \boldsymbol{l}_i, \qquad \boldsymbol{S} = \sum \boldsymbol{s}_i ,$$

dominant, wobei die Vektorsumme $\boldsymbol{L} + \boldsymbol{S} = \boldsymbol{J}$ den Gesamtdrehimpuls $\boldsymbol{J}$ der Elektronenhülle ergibt. Dieses Kopplungsschema gilt, wenn die Wechselwirkungsenergie $c_{ii}\boldsymbol{l}_i \cdot \boldsymbol{s}_i$ zwischen Bahnmoment und Spin desselben Elektrons *klein* ist gegen die Wechselwirkung zwischen den Bahnmomenten oder Spinmomenten verschiedener Elektronen. Im Spektrum erscheinen enge Feinstruktur-Multipletts.
- Für Atome mit abgeschlossenen Schalen (Edelgase) gilt: $L = S = J = 0$.
- Bei schweren Atomen überwiegt $\boldsymbol{j}$-$\boldsymbol{j}$-Kopplung, bei der $\boldsymbol{l}_i + \boldsymbol{s}_i = \boldsymbol{j}_i$ und $\boldsymbol{J} = \sum \boldsymbol{j}_i$ gilt.
Hier ist die Wechselwirkungsenergie $c_{ii}\boldsymbol{l}_i \cdot \boldsymbol{s}_i$ *groß* gegen die anderen Kopplungen. Die Komponenten eines Spin-Bahn-Multipletts bilden keine „Feinstruktur“ mehr im Spektrum, sondern sind so weit aufgefächert, dass verschiedene Multipletts überlappen können.
- Bei mittelschweren Atomen sind die verschiedenen Koppelenergien von gleicher Größenordnung.
- Bei angeregten Zuständen können aus einer Elektronenkonfiguration zweier Elektronen $(n_1, l_1) + (n_2, l_2)$ durch die vielen Kopplungsmöglichkeiten der Drehimpulse eine Vielzahl energetisch verschiedener Zustände gebildet werden.
- Rydbergzustände von Atomen sind Zustände eines angeregten Elektrons mit großer Hauptquantenzahl n und daher großen Bohrradien $r_n = a_0 n^2$. Ihre Ionisierungsenergie ist $E_{\text{ion}} = Ry^* \cdot Z_{\text{eff}}^2 / n^2$.
Bei planetarischen Atomen werden zwei Elektronen in verschiedene Rydbergzustände angeregt. Sie zerfallen durch Autoionisation.
- Exotische Atome werden gebildet, indem ein Elektron durch ein schwereres negativ geladenes Teilchen ersetzt wird. Beim myonischen Atom ist dies ein μ^--Myon, beim pionischen Atom ein π^--Meson. Solche Atome sind instabil. Ihre Spektroskopie gibt Auskunft über Ladungs- und Masseverteilung im Atomkern.
- Positronium ist ein System e^+e^- aus Positron und Elektron, das, je nach Zustand, zwischen 1 ns und 1 µs lang lebt.
- Antimaterie kann im Prinzip von Antiatomen realisiert werden, die aus Antiprotonen und Positronen bestehen. Das Antiwasserstoffatom $(\bar{p}^- e^+)$ ist inzwischen in einer Atomfalle gebildet und vermessen worden.

Aufgaben

6.1 Wie sieht das Potential für das zweite Elektron im He-Atom aus, wenn das erste Elektron durch eine $1s$-Wellenfunktion beschrieben werden kann (d. h. die Wechselwirkung zwischen den beiden Elektronen wird nur summarisch berücksichtigt)?

6.2 Eine Ensemble von Na-Atomen mit der Teilchenzahldichte n werde auf die Temperatur T abgekühlt. Wie tief muss T werden, damit die de Broglie-Wellenlänge der Na-Atome größer wird als der mittlere Abstand zwischen den Atomen? (Zahlenbeispiel: $n = 10^{12}/\text{cm}^3$). Sind die Atome dann noch unterscheidbar?

6.3 In einem klassischen Modell des He-Atoms sollen die beiden Elektronen auf einem Kreis mit $r_1 = 0{,}025\,\text{nm}$ den Kern umlaufen. Wie groß sind die minimale potentielle Energie (beide Elektronen befinden sich immer auf entgegengesetzten Punkten des Kreises) und die kinetische Energie des Systems. Man vergleiche dies mit der Energie im Grundzustand $1s^2$ des He-Atoms. Diskutieren Sie die Differenz.

6.4 Wie groß wäre für das Potential der Aufgabe 6.1 die Energiedifferenz zwischen den Zuständen $(1s2s)$ und $(1s3s)$? Vergleichen Sie diesen Wert mit experimentellen Daten.

6.5 Geben Sie eine anschauliche Erklärung der Hund'schen Regel, dass der energetisch tiefste Zustand eines Mehrelektronenatoms durch den maximalen mit dem Pauli-Prinzip verträglichen Gesamtspin aller Elektronen realisiert wird.

6.6 Wie ist der Zusammenhang zwischen der Abschirmkonstante S und dem Quantendefekt eines (n, l)-Rydbergzustandes mit großer Hauptquantenzahl n und $l = n - 1$?

6.7 Wie groß ist die Photonenenergie beim Übergang $n = 2 \to n = 1$ eines myonischen Atoms mit einer Masse von 140 AME und einer Kernladungszahl $Z = 60$? Bei welchem Wert der Hauptquantenzahl n wird der Radius r_n der Myon-Bahn so groß wie der kleinste Radius der Elektronenbahn?

6.8 Warum liegt der $3P$-Term des Na-Atoms höher als der $3S$-Term?

6.9 Das H^--Ion ist, genau wie das He-Atom, ein Zweielektronensystem. Wie groß wäre nach einer analogen Rechnung zur Aufgabe 6.1 seine Bindungsenergie?

6.10 Die Energie des tiefsten Zustands $2s$ im Li-Atom ist $E = -5{,}39\,\text{eV}$, die in $20s$ ist $-0{,}034\,\text{eV}$. Wie groß ist die effektive Kernladung Z_{eff} bzw. die effektive Quantenzahl n_{eff} und der mittlere Bahnradius des dritten Elektrons in beiden Zuständen?

6.11 Der Betrag der Bindungsenergie der Alkaliatom-Grundzustände nimmt in der Reihenfolge

$$\begin{aligned} &E_\text{B}(\text{Li}) = -5{,}395\,\text{eV},\ E_\text{B}(\text{Na}) = -5{,}142\,\text{eV},\\ &E_\text{B}(\text{K}) = -4{,}34\,\text{eV},\ E_\text{B}(\text{Rb}) = -4{,}17\,\text{eV},\\ &E_\text{B}(\text{Cs}) = -3{,}90\,\text{eV} \end{aligned}$$

mit wachsender Atomgröße ab. Geben Sie dafür eine qualitative Erklärung. Wie könnte man diese Energien experimentell bestimmen, wie in einer Näherung berechnen?

6.12 Wie hoch und bei welchem Wert von x liegt das Potentialmaximum, wenn ein H-Atom in ein homogenes elektrisches Feld $\boldsymbol{E} = -E_0\boldsymbol{x}$ mit $E_0 = 3 \cdot 10^4\,\text{V/m}$ gebracht wird? Ab welcher Hauptquantenzahl n werden alle Niveaus ohne Berücksichtigung des Tunneleffektes feldionisiert?

Literatur

1. J. Emsley: The Elements. Oxford University Press, Oxford (1996)
2. C.C. Li, T.A. Carlson (Hrsg.): Atomic Data 1–3. Academic Press, New York (1973)
3. H. Friedrich: Theoretische Atomphysik. Springer, Berlin, Heidelberg (1994)
   Heckmann-Träbert: Einführung in die Spektroskopie der Elektronenhülle. Vieweg, Wiesbaden (1980)
4. F. Jensen: Introduction to Computational Chemistry. 2. Aufl. Wiley, Chichester (2007).
5. https://de.wikipedia.org/wiki/Hartree-Fock-Methode
6. H.G. Kuhn: Atomic Spectra. Longman, London (1964)
7. H. Goldstein: Klassische Mechanik. Akademische Verlagsgesellschaft, Frankfurt (1974)
8. S.A. Edelstein, T.F. Gallagher: Rydberg Atoms. Adv. Atomic Mol. Phys. **14**, 265 (1978)
   T.F. Gallagher: Rydberg Atoms. (Cambridge Univ. Press, Cambridge (2005)
   Th.A. Paul: High Resolution Spectroscopy of Rydberg Atoms and Molecules. Südwestdeutscher Verlag für Hochschulschriften, Saarbrücken (2009)
9. H. Figger: Experimente an Rydberg-Atomen und -molekülen. Phys. in uns. Zeit **15**, 2 (1984)
10. I.C. Percival: Planetary Atoms. Proc. Roy. Soc. London **A353**, 289 (1977)
11. J. Boulmer, P. Camus, P. Pillet: Double Rydberg spectroscopy of the barium atom. J. Opt. Soc. Am. **B4**, 805, (1987)
12. H. Daniel: Mesonische Atome. Phys. in uns. Zeit **1**, 155 (1970)
13. K. Jungmann: Präzisionsmessungen am Myonium-Atom. Phys. Blätter **51**, 1167 (1995)
14. G. Backenstoss: Antiprotonic Atoms. In: Atomic Physics, Bd. 10, S. 147. North Holland, Amsterdam (1987)
15. R. Simon: Erstmals Antiwasserstoff hergestellt. Phys. in uns. Zeit **27**, 90 (1996)
    M. Amoretti et al.: Production and detection of cold antihydrogen atoms. Nature **419**, 456 (2002)
    G.P. Collins: Künstliche Kalte Antimaterie. Spektrum Wiss. Januar 2006 S. 62, Heidelberg (2006)
16. G. Gabrielse et al.: Driven production of cold antihydrogen and the first measured distribution of antihydrogen states. Phys. Rev. Lett. **89**(23), 233401 (2002)
17. C. Amole et.al.: Resonant quantum transitions in trapped antihydrogen atoms. Nature **483**, 439–443 (2012)
18. St. Chu: Laser Spectroscopy of Positronium and Myonium. In: G.F. Bassani, M. Inguscio, T.W. Hänsch (Hrsg.): The Hydrogen Atom, S. 144. Springer, Berlin, Heidelberg (1989)
19. V.W. Hughes: Recent Advances in Myonium. In: G.F. Bassani, M. Inguscio, T.W. Hänsch (Hrsg.): The Hydrogen Atom, S. 171. Springer, Berlin, Heidelberg (1989)

Weitere empfohlene Literatur

20. J.P. Connerade: Highly Excited Atoms. Cambridge University Press, Cambridge (1998)
21. K. Jungmann, J. Kowalski, I. Reinhard, F. Träger (Hrsg.): Atomic Physics Methods in Modern Research. Springer, Heidelberg, Berlin (1997)
22. B.H. Bransden, C.J. Joachain: Physics of Atoms and Molecules. Longman/Wiley, New York (1995)
23. S. Karshenboim (Hrsg.): Precision Physics of Simple Atoms and Molecules. Springer, Berlin, Heidelberg (2008)
24. Heckmann-Träbert: Einführung in die Spektroskopie der Atomhülle. Vieweg, Wiesbaden (1980)
25. D.B. Herrmann: Antimaterie: Auf der Suche nach der Gegenwelt. C.H. Beck, München (2004)
26. M. Inguscio, L. Fallani: Atomic Physics. Oxford University Press, Oxford (2013)

Emission und Absorption elektromagnetischer Strahlung durch Atome

7

Kapitel 7

W. Demtröder, *Experimentalphysik 3*, Springer-Lehrbuch, DOI 10.1007/978-3-662-49094-5_7

Bisher haben wir uns hauptsächlich mit der Beschreibung *stationärer* Atomzustände befasst, die für Einelektronensysteme durch ihre Wellenfunktion ψ_{n,l,m_l,m_s} bzw. ihre Quantenzahlen (n, l, m_l, m_s), ihre Drehimpulse $\boldsymbol{l}, \boldsymbol{s}, \boldsymbol{j}$ und ihre Energien charakterisiert werden können. Man erhält die Ortsanteile der Wellenfunktionen als Lösungen der stationären Schrödingergleichung und muss dann den Elektronenspin durch die entsprechenden Spinfunktionen unter Beachtung des Pauliprinzips berücksichtigen. Für Mehrelektronensysteme werden die Gesamtwellenfunktionen durch entsprechende Slater-Determinanten dargestellt (siehe Abschn. 6.4).

Im Bohr'schen Atommodell wurde bereits phänomenologisch berücksichtigt, dass ein Atomzustand E_i durch Absorption oder Emission eines Photons $h \cdot \nu$ in einen anderen Zustand E_k übergehen kann, wenn der Energieerhaltungssatz

$$E_i - E_k = h \cdot \nu \tag{7.1}$$

erfüllt ist.

Experimentell stellt man jedoch fest, dass im Absorptions- bzw. Emissionsspektrum eines Atoms nicht jede nach (7.1) mögliche Frequenz ν als Spektrallinie erscheint. Ferner haben die einzelnen Spektrallinien ganz unterschiedliche Intensitäten, d. h. die verschiedenen Übergänge im Atom haben unterschiedliche Wahrscheinlichkeiten.

In diesem Kapitel soll geklärt werden, wie man diese Wahrscheinlichkeiten aus den Wellenfunktionen der Atomzustände berechnet und wie sie experimentell bestimmt werden können. Dabei wird sich herausstellen, dass es gewisse *Auswahlregeln* für die Drehimpulsänderungen bei atomaren Übergängen gibt, die zusätzlich zum Energiesatz (7.1) befolgt werden müssen, damit Photonen emittiert oder absorbiert werden können.

Bei Übergängen zwischen zwei Zuständen eines äußeren, schwach gebundenen Elektrons liegt die Energiedifferenz ΔE im Bereich weniger eV. Die emittierte Strahlung liegt daher zwischen dem infraroten und ultravioletten Spektralbereich, oft im sichtbaren Gebiet. Das anregbare Elektron heißt deshalb *Leuchtelektron*. Bei Anregung eines inneren, stark gebundenen Elektrons in einen höheren, unbesetzten Energiezustand reichen die dabei absorbierten bzw. emittierten Wellenlängen bis ins Röntgengebiet.

Es zeigt sich auch, dass bei atomaren Übergängen keine streng monochromatische Strahlung emittiert bzw. absorbiert wird, sondern dass die Spektrallinien eine Frequenzverteilung um eine Mittenfrequenz $\nu_{ik} = (E_i - E_k)/h$ haben. Die verschiedenen Ursachen für die Breiten und Profile von Spektrallinien sollen in Abschn. 7.4 diskutiert werden.

Die Röntgenstrahlen, die für die Strukturaufklärung von Kristallen und viele andere analytische Anwendungen eine wichtige Rolle spielen, werden in Abschn. 7.5 behandelt.

7.1 Übergangswahrscheinlichkeiten

Misst man die Intensitäten von Absorptions- bzw. Emissionslinien in den Spektren der Atome, so findet man, dass diese um viele Größenordnungen variieren können. Wir wollen in diesem Abschnitt untersuchen, von welchen Größen die Wahrscheinlichkeit eines Überganges zwischen zwei Atomzuständen i und k abhängt.

7.1.1 Induzierte und spontane Übergänge; Einstein-Koeffizienten

Ein Atom im Zustand E_k, das sich in einem elektromagnetischen Strahlungsfeld mit der spektralen Energiedichte $w_\nu(\nu)$ befindet, kann ein Photon $h\nu$ aus diesem Strahlungsfeld absorbieren und dadurch in einen energetisch höheren Zustand $E_i = E_k + h \cdot \nu$ übergehen. Die Wahrscheinlichkeit pro Zeiteinheit

$$W_{ki} = B_{ki} \cdot w_\nu(\nu) \tag{7.2}$$

für einen solchen Absorptionsübergang ist proportional zur spektralen Energiedichte $w_\nu(\nu) = n(\nu) \cdot h \cdot \nu$, wobei $n(\nu)$ die Zahl der Photonen pro Volumen im Einheitsintervall $\Delta\nu = 1\,\mathrm{s}^{-1}$ ist. Der Proportionalitätsfaktor heißt ***Einstein-Koeffizient für die Absorption***. Jede solche Absorption vermindert die Zahl der Photonen aus einer bestimmten Eigenschwingung des Strahlungsfeldes (siehe Abschn. 3.1), aus der das absorbierte Photon kam, um eins.

Analog kann das Strahlungsfeld Atome im angeregten Zustand E_i veranlassen (induzieren), unter Emission eines Photons $h \cdot \nu = E_i - E_k$ in einen tieferen Zustand E_k überzugehen. Dieser Prozess heißt ***induzierte*** oder auch ***stimulierte Emission***. Das dabei emittierte Photon erhöht die Photonenzahl derjenigen Eigenschwingung des Strahlungsfeldes um eins, aus der das induzierende Photon stammt. Die beiden Photonen laufen daher in die gleiche Richtung. Die Energie des Atoms wird um ΔE verringert, die des Strahlungsfeldes entsprechend um $h \cdot \nu = \Delta E$ erhöht.

Auch hier ist die Wahrscheinlichkeit für eine solche induzierte Emission proportional zur spektralen Energiedichte:

$$W_{ik} = B_{ik} \cdot w_\nu(\nu)\,. \tag{7.3}$$

B_{ik} heißt ***Einstein-Koeffizient der induzierten Emission***.

Ein angeregtes Atom kann seine Anregungsenergie auch *spontan*, d. h. ohne äußeres Feld, durch spontane Lichtemission abgeben. Das spontane Photon kann in beliebiger Richtung emittiert werden im Gegensatz zum induzierten Photon. Die Wahrscheinlichkeit pro Zeiteinheit $W_{ik}^{\mathrm{spontan}} = A_{ik}$ für die spontane Emission ist *unabhängig* von einem äußeren Strahlungsfeld und heißt ***Einstein-Koeffizient der spontanen Emission***. Er hängt nur von den Wellenfunktionen der am Übergang $E_i \to E_k$ beteiligten Zustände ab (siehe Abschn. 7.1.3). In Abb. 7.1 sind alle drei Prozesse schematisch dargestellt.

Befinden sich N_i Atome im Zustand E_i und N_k im Zustand E_k in einem Strahlungsfeld der spektralen Energiedichte $w_\nu(\nu)$, so müssen im stationären Gleichgewicht diese Zustandsbesetzungen zeitlich konstant sein, d. h. die Emissionsrate muss gleich

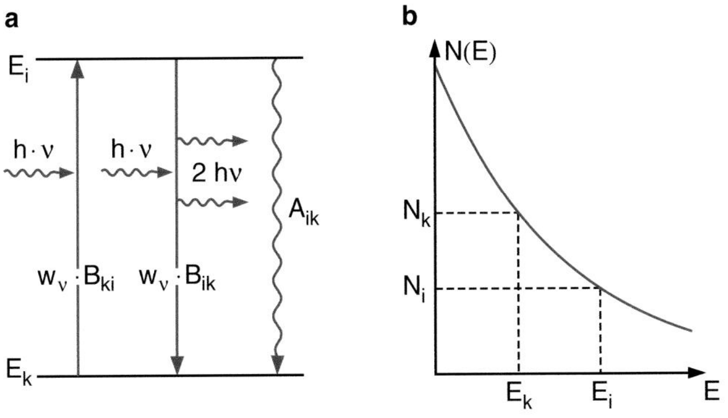

Abbildung 7.1 **a** Absorption, induzierte Emission und spontane Emission in einem Zweiniveau-System. **b** Besetzungsverteilung der Zustände im thermischen Gleichgewicht

der Absorptionsrate sein!

$$A_{ik}N_i + B_{ik} \cdot w_\nu(\nu) \cdot N_i = B_{ki} \cdot w_\nu(\nu) \cdot N_k \,. \tag{7.4}$$

Im thermischen Gleichgewicht gilt für die Besetzungszahlen N_i, N_k die Boltzmann-Verteilung (Abb. 7.1b)

$$\frac{N_i}{N_k} = \frac{g_i}{g_k}\,\mathrm{e}^{-(E_i-E_k)/kT} = \frac{g_i}{g_k}\,\mathrm{e}^{-h\nu/kT}\,, \tag{7.5}$$

wobei die Zahl $g = (2J+1)$ das statistische Gewicht (d. h. die Zahl der energetisch entarteten Unterniveaus) eines Zustandes mit Gesamtdrehimpulsquantenzahl J ist. Setzt man (7.5) in (7.4) ein und löst nach $w_\nu(\nu)$ auf, so ergibt sich

$$w_\nu(\nu) = \frac{A_{ik}/B_{ik}}{\left(\frac{g_k}{g_i}\right)\left(\frac{B_{ki}}{B_{ik}}\right)\left(\mathrm{e}^{+h\nu/kT} - 1\right)}\,. \tag{7.6}$$

Die spektrale Energiedichte $w_\nu(\nu)$ des thermischen Strahlungsfeldes wird durch die Planck-Formel

$$w_\nu(\nu) = \frac{8\pi h\nu^3}{c^3}\,\frac{1}{\mathrm{e}^{h\nu/kT} - 1} \tag{7.7}$$

beschrieben (siehe Abschn. 3.1).

Da beide Gleichungen für alle Frequenzen ν und beliebige Temperaturen T gelten müssen, liefert der Koeffizientenvergleich von (7.7) und (7.6) folgende Relationen zwischen den Einstein-Koeffizienten:

$$B_{ik} = \frac{g_k}{g_i}\,B_{ki}\,, \tag{7.8a}$$

$$A_{ik} = \frac{8\pi h\nu^3}{c^3}\,B_{ik}\,. \tag{7.8b}$$

Man kann aus ihnen wichtige physikalische Einsichten gewinnen:

Bei gleichen statistischen Gewichten $g_k = g_i$ sind die Einstein-Koeffizienten für induzierte Emission und Absorption gleich groß!

Da $8\pi\nu^2/c^3$ die Zahl der Moden des Strahlungsfeldes pro Volumen und Frequenzintervall angibt (siehe Abschn. 3.1), ist $A_{ki}/(8\pi\nu^2/c^3)$ die Wahrscheinlichkeit pro Zeiteinheit, dass von einem Atom im Zustand E_k spontan ein Photon $h\nu$ in eine Mode emittiert wird. Andererseits ist $B_{ki} \cdot h\nu$ die Wahrscheinlichkeit pro Zeiteinheit, dass durch ein Photon in einer Mode die induzierte Emission eines weiteren Photons veranlasst wird. Schreibt man (7.8b) um in

$$\frac{A_{ik}}{8\pi\nu^2/c^3} = B_{ik} \cdot h \cdot \nu\,, \tag{7.8c}$$

so sieht man, dass die ***spontane Emissionswahrscheinlichkeit pro Mode*** gleich der induzierten Emissionswahrscheinlichkeit ist, wenn das Strahlungsfeld im Mittel ein Photon pro Mode enthält. Enthält das Strahlungsfeld n Photonen in einer Mode, so gilt:

$$\frac{W_{ik}^{\text{ind.Em}}}{W_{ik}^{\text{spont}}} = \frac{B_{ik}n \cdot h\nu}{A_{ik}c^3/8\pi\nu^2} = n\,. \tag{7.9}$$

Das Verhältnis von induzierter zu spontaner Emission in einer Mode des Strahlungsfeldes ist gleich der Zahl der Photonen in dieser Mode.

In Abb. 7.2 ist für ein thermisches Strahlungsfeld die mittlere Photonenzahl pro Mode dargestellt als Funktion von Temperatur und Frequenz. Man erkennt daraus, dass in thermischen Strahlungsfeldern bei Temperaturen $T < 10^3$ K die Besetzungszahl $\overline{n}$

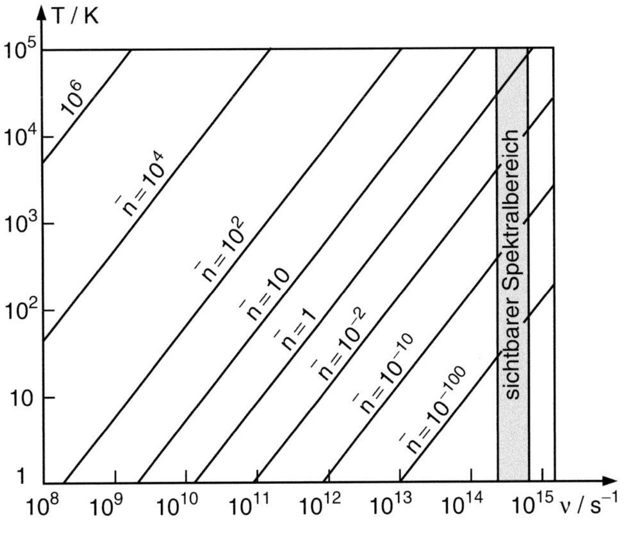

Abbildung 7.2 Mittlere Photonenzahl $\overline{n}$ pro Mode des Strahlungsfeldes im thermischen Gleichgewicht als Funktion von Temperatur T und Frequenz ν

im sichtbaren Spektralbereich ($\nu \approx (4\text{–}8) \cdot 10^{14}\,\mathrm{s}^{-1}$) klein gegen 1 ist, d. h. in solchen Feldern überwiegt im Sichtbaren die spontane Emission bei weitem die induzierte Emission.

Damit die induzierte Emission wesentlich stärker als die spontane Emission wird, muss man deshalb *nichtthermische* Felder erzeugen, bei denen die Photonenzahl *nicht* gleichmäßig auf die Moden verteilt ist, sondern auf wenige Moden konzentriert wird, sodass in diesen Moden die induzierte Emission überwiegt. Dieses wird mit Lasern realisiert, die in Kap. 8 diskutiert werden.

Beispiele

1. In 10 cm Entfernung vom Glühfaden einer 100-W-Glühlampe ist die Photonenbesetzungszahl pro Mode bei $\lambda = 500\,\mathrm{nm}$ etwa 10^{-8}, d. h. bei Atomen in diesem Strahlungsfeld überwiegt die spontane Emission bei weitem.
2. Im Brennfleck einer Quecksilberhochdrucklampe ist im Maximum der starken Linie $\lambda = 253{,}7\,\mathrm{nm}$ die Photonenzahl pro Mode etwa 10^{-2}. Auch hier spielt also die induzierte Emission noch keine wesentliche Rolle.
3. Im Resonator eines Helium-Neon-Lasers (Ausgangsleistung: 1 mW bei 1 % Spiegeltransmission), der auf einer Resonatoreigenschwingung oszilliert, ist in dieser Mode die Photonenzahl etwa 10^7. Hier ist also die spontane Emission in dieser Mode vernachlässigbar. Man beachte jedoch, dass die gesamte spontane Emission innerhalb der Dopplerbreite des Überganges bei $\lambda = 632{,}8\,\mathrm{nm}$, die sich bei einem Volumen des angeregten Gases von $1\,\mathrm{cm}^3$ auf $3 \cdot 10^8$ Moden in allen Raumrichtungen verteilt, durchaus stärker ist als die induzierte Emission. ■

7.1.2 Übergangswahrscheinlichkeiten und Matrixelemente

In Bd. 2, Kap. 6 wurde gezeigt, dass von einem klassischen schwingenden elektrischen Dipol (*Hertz'scher Dipol*) mit dem elektrischen Dipolmoment

$$\boldsymbol{p} = q \cdot \boldsymbol{r} = \boldsymbol{p}_0 \cdot \sin \omega t \tag{7.10}$$

die mittlere Leistung, integriert über alle Winkel ϑ

$$\overline{P} = \frac{2}{3} \frac{\overline{p^2}\omega^4}{4\pi\varepsilon_0 c^3} \quad \text{mit} \quad \overline{p^2} = \frac{1}{2} p_0^2 \tag{7.11}$$

abgestrahlt wird (Abb. 7.3a).

Bei der quantentheoretischen Beschreibung wird der Mittelwert $\overline{p}$ des elektrischen Dipolmomentes eines Atoms mit einem

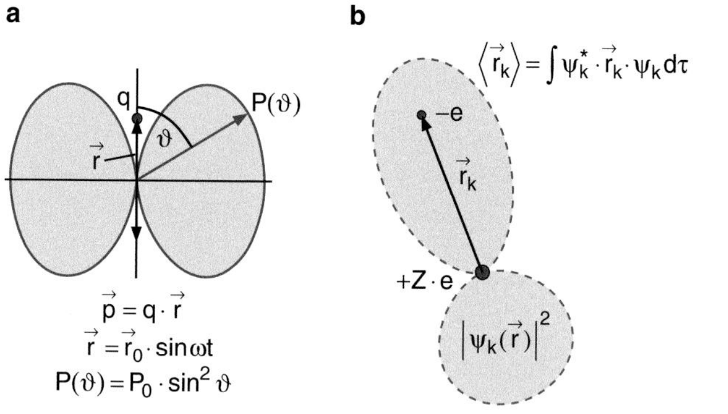

Abbildung 7.3 **a** Abstrahlung eines klassischen oszillierenden Dipols. **b** Der Erwartungswert $\langle p_k \rangle = -e \cdot \langle r_k \rangle$ des Dipolmomentes eines Elektrons im Zustand ψ_k ist durch die Wellenfunktion ψ_k bestimmt

Leuchtelektron im stationären Zustand $(n, l, m_l, m_s) = i$ durch den Erwartungswert

$$\langle \boldsymbol{p} \rangle = e \cdot \langle r \rangle = e \cdot \int \psi_i^* \boldsymbol{r} \psi_i \,\mathrm{d}\tau \tag{7.12}$$

ausgedrückt (Abb. 7.3b). Der Vektor $\boldsymbol{r}$ ist der Ortsvektor des Elektrons. Die Integration erstreckt sich über die drei Raumkoordinaten des Elektrons, d. h. in kartesischen Koordinaten ist $\mathrm{d}\tau = \mathrm{d}x\,\mathrm{d}y\,\mathrm{d}z$ bzw. in Kugelkoordinaten $\mathrm{d}\tau = r^2\,\mathrm{d}r\,\sin\vartheta\,\mathrm{d}\vartheta\,\mathrm{d}\varphi$.

Für einen Übergang $E_i \rightarrow E_k$ müssen bei der Bildung des Erwartungswertes $\langle \boldsymbol{r} \rangle$ die Wellenfunktionen beider Zustände berücksichtigt werden. Wir definieren deshalb als Erwartungswert $M_{ik} = \langle \boldsymbol{p}_{ik} \rangle$ des so genannten ***Übergangsdipolmomentes*** $\boldsymbol{p}_{ik}$ die Größe

$$\boldsymbol{M}_{ik} = e \int \psi_i^* \boldsymbol{r} \psi_k \,\mathrm{d}\tau\,, \tag{7.13}$$

wobei die beiden Indizes $i = (n_i, l_i, m_{l_i}, m_{s_i})$ und $k = (n_k, l_k, m_{l_k}, m_{s_k})$ als Abkürzung für die Quantenzahlen der am Übergang beteiligten Zustände stehen. Wir hätten natürlich genauso gut die Größe M_{ki} nehmen können. Es gilt $|M_{ik}| = |M_{ki}|$.

Ersetzt man in (7.11) den klassischen Mittelwert $\overline{p^2}$ durch den quantenmechanischen Ausdruck

$$\frac{1}{2}\big(|M_{ik}| + |M_{ki}|\big)^2 = 2\,|M_{ik}|^2\,, \tag{7.14}$$

(siehe [1]), so ergibt sich die im Mittel von einem Atom im Zustand E_i auf dem Übergang $E_i \rightarrow E_k$ emittierte Leistung als

$$\langle P_{ik} \rangle = \frac{4}{3} \frac{\omega_{ik}^4}{4\pi\varepsilon_0 c^3}\,|M_{ik}|^2\,, \tag{7.15}$$

die völlig analog zur klassisch berechneten abgestrahlten Leistung des Hertz'schen Dipols ist, wenn $\langle p^2 \rangle$ durch $2\,|M_{ik}|^2$ ersetzt wird.

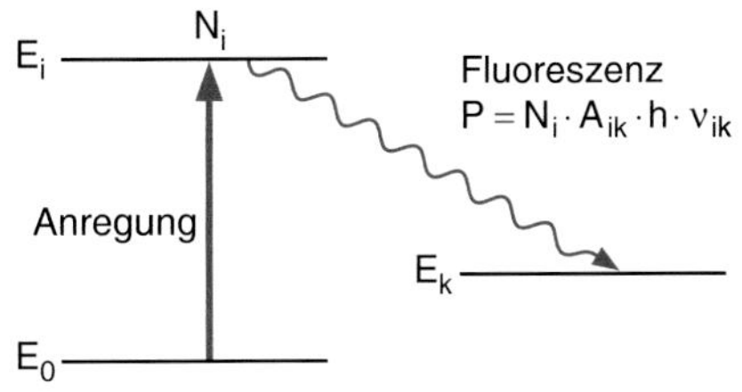

Abbildung 7.4 Von N_i Atomen im Zustand E_i wird die mittlere Leistung $\langle P_{ik}\rangle$ auf dem Übergang $E_i \to E_k$ abgestrahlt

Von N_i Atomen im Zustand E_i wird dann die Leistung $P = N_i \langle P_{ik}\rangle$ bei der Frequenz ω_{ik} abgestrahlt.

Bezeichnet man mit A_{ik} die *Wahrscheinlichkeit pro Sekunde*, dass ein Atom im Zustand E_i spontan in den Zustand E_k übergeht und dabei ein Photon $h \cdot \nu$ aussendet (Abb. 7.4), so wird die von N_i Atomen im Zustand E_i emittierte mittlere Leistung beschrieben durch

$$\langle P\rangle = N_i \cdot A_{ik} \cdot h \cdot \nu_{ik} \,. \tag{7.16}$$

Der Faktor A_{ik} ist der im vorigen Abschnitt eingeführte ***Einstein-Koeffizient*** der spontanen Übergangswahrscheinlichkeit. Der Vergleich von (7.16) und (7.15) ergibt mit (7.13) und $\omega = 2\pi\nu$ die Relation:

$$\begin{aligned} A_{ik} &= \frac{16\pi^3 e^2 \nu_{ik}^3}{3\varepsilon_0 c^3 \cdot h} \cdot \left| \int \psi_i^* \boldsymbol{r} \psi_k \, \mathrm{d}\tau \right|^2 \\ &= \frac{2\omega_{ik}^3}{3\varepsilon_0 c^3 \cdot h} |M_{ik}|^2 \,. \end{aligned} \tag{7.17}$$

Kennt man die Wellenfunktionen ψ_i, ψ_k der am Übergang beteiligten Zustände, so lässt sich aus (7.17) die Übergangswahrscheinlichkeit A_{ik} berechnen und damit aus (7.16) die von N_i Atomen im Zustand E_i bei der Frequenz ν_{ik} emittierte Leistung.

Man kann die Erwartungswerte M_{ik} für alle Übergänge eines Atoms in einer Matrix anordnen, deren von null verschiedene Elemente dann alle möglichen Übergänge und ihre Intensitäten angeben. Die M_{ik} heißen deshalb *Matrixelemente*.

Anmerkung. Gleichung (7.17) gilt genau wie die entsprechende klassische Gleichung (7.11), wenn die Wellenlänge λ groß ist gegen den Durchmesser des Dipols (*Dipol-Näherung*). Dies ist bei sichtbarem Licht immer der Fall, bei Röntgenstrahlung jedoch nicht mehr, wenn $\lambda < 1$ nm wird.

Beispiel

$\lambda = 500\,\text{nm}$, $|\boldsymbol{r}| = 0{,}5\,\text{nm} \Rightarrow |\boldsymbol{r}|/\lambda \approx 10^{-3}$. ■

7.1.3 Messung relativer Übergangswahrscheinlichkeiten

Bildet man mit einer optischen Anordnung die gesamte von der Lichtquelle in den Raumwinkel $\mathrm{d}\Omega$ emittierte Leistung auf den Eintrittsspalt eines Spektrographen ab (Abb. 7.5a), so ist bei einer Transmission $Tr(\omega)$ des Spektrographen und einer spektralen Empfindlichkeit $\eta(\omega)$ des Detektors das Ausgangssignal des Detektors

$$S(\omega) = N_i \cdot \langle P_{ik}\rangle \, \mathrm{d}\Omega \cdot Tr(\omega) \cdot \eta(\omega) \,, \tag{7.18}$$

wobei N_i die Zahl der Atome im Zustand E_i in der Lichtquelle ist. Experimentell lässt sich eine solche Abbildung z. B. mithilfe eines Fiberbündels erreichen (Abb. 7.5b), auf dessen kreisförmigen Eingangsquerschnitt die Lichtquelle abgebildet wird und dessen rechteckförmiger Ausgangsquerschnitt als Spektrographeneintrittsspalt dient.

Das Verhältnis S_{ik}/S_{nm} der gemessenen Intensitäten zweier Spektrallinien bei den Frequenzen ω_{ik} und ω_{nm} ist dann

$$\frac{S_{ik}}{S_{nm}} = \frac{N_i A_{ik} \omega_{ik}}{N_n A_{nm} \omega_{nm}} \cdot \frac{Tr(\omega_{ik})\,\eta(\omega_{ik})}{Tr(\omega_{nm})\eta(\omega_{nm})} \,, \tag{7.19}$$

wobei N_i bzw. N_n jeweils die Zahl der emittierenden Atome ist (Abb. 7.6). Wenn die Lichtquelle ein Gas im thermischen Gleichgewicht ist, folgen die Besetzungszahlen N_i und N_n einer Boltzmann-Verteilung und das Verhältnis $N_i/N_n = (g_i/g_n) \exp -[(E_i - E_n)/kT]$ ist vorgegeben, wenn man die Temperatur T kennt. Man kann daher die relativen Übergangswahrscheinlichkeiten aus den gemessenen Signalverhältnissen

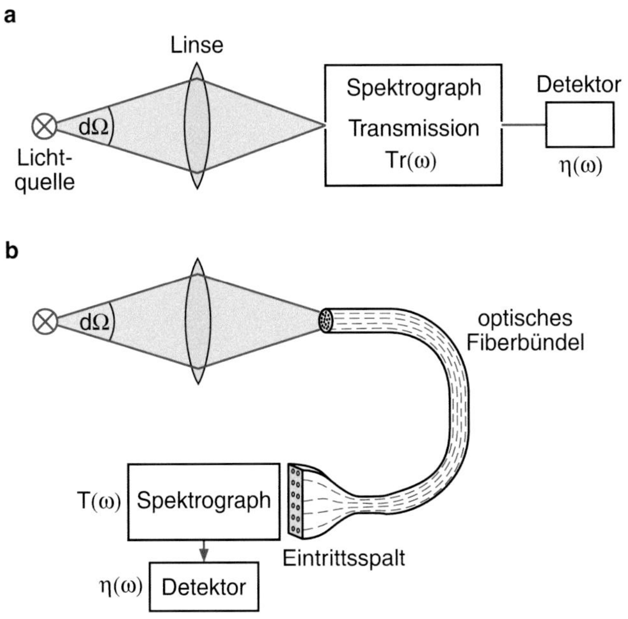

Abbildung 7.5 Messung der von der Lichtquelle in den Raumwinkel $\mathrm{d}\Omega$ emittierten Strahlungsleistung eines atomaren Überganges $E_i \to E_k$ **a** mit konventioneller Abbildungsoptik **b** mit einem optischen Fiberbündel

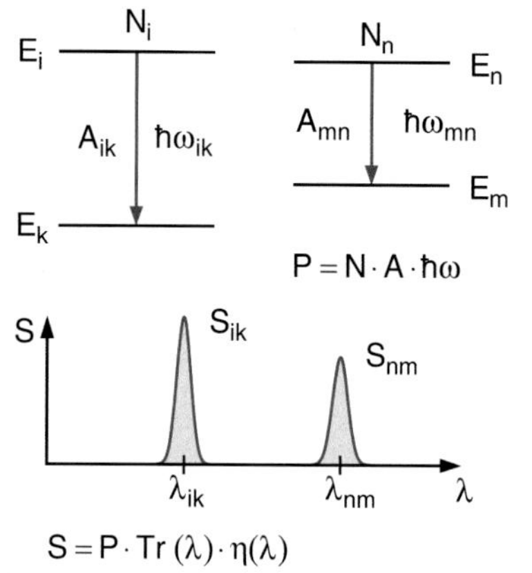

Abbildung 7.6 Messung der relativen Intensitäten zweier Spektrallinien

bestimmen. Wenn man das Verhältnis $Tr(\omega_{ik})/Tr(\omega_{mn})$ der Transmission bei den Frequenzen ω_{ik} und ω_{mn} kennt.

7.1.4 Übergangswahrscheinlichkeiten für Absorption und induzierte Emission

Während die Übergangswahrscheinlichkeit für die spontane Emission unabhängig von einem eventuellen äußeren Strahlungsfeld ist und nur von den Wellenfunktionen ψ der Atomzustände abhängt, spielt bei den induzierten Prozessen auch die spektrale Energiedichte $w_\nu(\nu)$ des induzierenden elektromagnetischen Feldes eine Rolle, wie im Abschn. 7.1.1 dargelegt wurde.

Wird die elektromagnetische Welle, die auf das Atom mit Atomkern am Ort $\boldsymbol{r} = 0$ trifft, durch

$$\boldsymbol{E} = \boldsymbol{E}_0 \cdot \mathrm{e}^{\mathrm{i}(\boldsymbol{k}\cdot\boldsymbol{r}-\omega t)} \tag{7.20}$$

beschrieben, so ergibt die quantenmechanische Behandlung [2] für die Wahrscheinlichkeit, dass das Atom pro Sekunde ein Photon $\hbar\omega$ absorbiert und dadurch vom Zustand k in den Zustand i übergeht

$$W_{ki} = \frac{\pi e^2}{2\hbar^2}\left|\int \psi_k^* \left(\boldsymbol{E}_0 \cdot \mathrm{e}^{\mathrm{i}\boldsymbol{k}\boldsymbol{r}} \cdot \boldsymbol{r}\right)\psi_i \,\mathrm{d}\tau\right|^2 , \tag{7.21}$$

mit $|\boldsymbol{k}| = 2\pi/\lambda$. Für $\boldsymbol{k}\cdot\boldsymbol{r} \ll 1$ (d. h. die Wellenlänge λ ist groß gegen die Abmessungen des Atoms) wird daraus wegen $\left|\mathrm{e}^{\mathrm{i}\boldsymbol{k}\boldsymbol{r}}\right| \approx 1$ (Dipolnäherung)

$$W_{ki} = \frac{\pi e^2}{2\hbar^2}E_0^2\left|\int \psi_k^* \boldsymbol{\varepsilon}\cdot\boldsymbol{r}\psi_i \,\mathrm{d}\tau\right|^2 , \tag{7.22}$$

wobei $\boldsymbol{\varepsilon} = \boldsymbol{E}/|\boldsymbol{E}|$ der Einheitsvektor in Richtung von $\boldsymbol{E}$ ist.

Man sieht daraus, dass W_{ki} außer von den Wellenfunktionen der am Übergang beteiligten Niveaus vom Skalarprodukt $\boldsymbol{E}_0 \cdot \boldsymbol{r}$, also von der relativen Orientierung von elektrischem Vektor $\boldsymbol{E}$ der Lichtwelle und Dipolmoment $\boldsymbol{p} = e \cdot \boldsymbol{r}$ des Atoms abhängt.

Wenn das Strahlungsfeld isotrop ist (wie z. B. bei der thermischen Hohlraumstrahlung in Abschn. 3.1), kann man das Skalarprodukt in (7.22) über alle Richtungen mitteln. Dies ergibt wegen $\left\langle|\varepsilon_x\cdot x|^2\right\rangle = \left\langle|\varepsilon_y\cdot y|^2\right\rangle = \left\langle|\varepsilon_z\cdot z|^2\right\rangle = \frac{1}{9}\left|r^2\right|$; $\langle\varepsilon_x\cdot x\rangle = \langle\varepsilon_y\cdot y\rangle = \langle\varepsilon_z\cdot z\rangle = 0$

$$\left\langle|\boldsymbol{\varepsilon}\cdot\boldsymbol{r}|^2\right\rangle = \left\langle|\varepsilon_x\cdot x + \varepsilon_y\cdot y + \varepsilon_z\cdot z|^2\right\rangle = \frac{1}{3}|\boldsymbol{r}|^2 . \tag{7.23}$$

Wenn wir die Relation (Bd. 2, Abschn. 7.6)

$$w = \varepsilon_0 |\boldsymbol{E}|^2$$

zwischen der Energiedichte w des elektromagnetischen Feldes und dem elektrischen Feldvektor $\boldsymbol{E}$ über die Zeit mitteln, ergibt sich $\langle w_\nu\rangle = \varepsilon_0\langle E^2\rangle = \frac{1}{2}\varepsilon_0 E_0^2$, und wir erhalten dann für die Absorptionswahrscheinlichkeit pro Sekunde und pro Atom:

$$W_{ki} = \frac{\pi e^2\cdot w_\nu}{3\varepsilon_0\hbar^2}\left|\int \psi_k^*\boldsymbol{r}\psi_i\,\mathrm{d}\tau\right|^2 , \tag{7.24}$$

wobei w_ν die spektrale Energiedichte mit $w = \int w_\nu \mathrm{d}\nu$ ist. Vergleicht man dies mit (7.2), so ergibt sich für den Einstein-Koeffizienten B_{ki} der Absorption

$$B_{ki} = \frac{2}{3}\frac{\pi^2 e^2}{\varepsilon_0 h^2}\left|\int \psi_k^*\boldsymbol{r}\psi_i\,\mathrm{d}\tau\right|^2 . \tag{7.25}$$

Ein Vergleich von (7.25) mit (7.17) liefert dann wieder die Relation (7.8b) zwischen den Einstein-Koeffizienten A_{ik} für spontane Emission und B_{ki}, B_{ik} für induzierte Absorption bzw. Emission.

Anmerkung. Wenn man die Frequenz ν mit dem Frequenzintervall $\mathrm{d}\nu$ verwendet, ist $w(\nu)$ die spektrale Energiedichte im Intervall $\mathrm{d}\nu = 1\,\mathrm{s}^{-1}$. Verwendet man die Kreisfrequenz $\omega = 2\pi\nu$ so ist $w(\omega)$ die spektrale Energiedichte im Frequenzintervall $\mathrm{d}\omega = 1$ d. h. $\mathrm{d}\nu = 1/(2\pi)\,\mathrm{s}^{-1}$. Daraus folgt, dass $w(\omega)$ um den Faktor 2π kleiner ist als $w(\nu)$. Da die Übergangswahrscheinlichkeit $B_{ik}w$ aber unabhängig davon sein muss, ob man ν oder ω verwendet, gilt:

$$B_{ik}^\nu \cdot w(\nu) = B_{ik}^\omega w(\omega) \to B_{ik}^\omega = 2\pi B_{ik}^\nu .$$

Man muss diesen Unterschied beachten, wenn man Formeln vergleicht, die als Frequenz ν oder ω verwenden.

7.2 Auswahlregeln

Nicht jeder nach dem Energiesatz (7.1) mögliche Übergang wird tatsächlich im Spektrum beobachtet. Außer der Energieerhaltung spielen die Erhaltung des Drehimpulses und bestimmte Symmetrieprinzipien eine entscheidende Rolle.

Wir sehen aus (7.16), dass nur solche Übergänge möglich sind, für welche die Einstein-Koeffizienten $A_{ik} \neq 0$ bzw. $B_{ik} \neq 0$ sind, d. h. für die das ***Übergangsdipolmoment*** (oft auch ***Dipolmatrixelement*** genannt)

$$\boldsymbol{M}_{ik} = e \int \psi_i^* \cdot \boldsymbol{r} \cdot \psi_k \, \mathrm{d}\tau \tag{7.26}$$

wenigstens eine von null verschiedene Komponente

$$\begin{aligned}(M_{ik})_x &= e \cdot \int \psi_i^* \cdot x \cdot \psi_k \, \mathrm{d}\tau \,, \\ (M_{ik})_y &= e \cdot \int \psi_i^* \cdot y \cdot \psi_k \, \mathrm{d}\tau \,, \\ (M_{ik})_z &= e \cdot \int \psi_i^* \cdot z \cdot \psi_k \, \mathrm{d}\tau \end{aligned} \tag{7.27}$$

hat.

Wir wollen dies am Beispiel des Wasserstoffatoms illustrieren und dabei zunächst einmal den Elektronenspin außer Acht lassen, da die Integration in (7.26) nur über die Raumkoordinaten des Elektrons erfolgt. Die Wellenfunktion für den Zustand (n, l, m_l) ist nach Abschn. 4.3.2 mit $Y_l^m(\vartheta, \varphi) = 1/\sqrt{2\pi}\Theta_m^l \cdot \mathrm{e}^{\mathrm{i}m\varphi}$

$$\psi_{n,l,m_l} = \frac{1}{\sqrt{2\pi}} R_{n,l}(r) \Theta_m^l(\vartheta) \, \mathrm{e}^{\mathrm{i}m\varphi} \,. \tag{7.28}$$

Fällt eine linear polarisierte Lichtwelle mit dem elektrischen Feldvektor $\boldsymbol{E} = \{0, 0, E_0\}$ auf das Atom, so ist in (7.22) nur der Term $E_0 \cdot z$ im Skalarprodukt $(\boldsymbol{E} \cdot \boldsymbol{r})$ von null verschieden. Wir legen die Quantisierungsachse in die z-Richtung. Mit $z = r \cdot \cos\vartheta$ ergibt sich für die z-Komponente des Dipolmatrixelementes (7.26) auf dem Übergang $i \to k$

$$\begin{aligned}(M_{ik})_z = &\frac{e}{2\pi} \int_{r=0}^{\infty} R_i R_k r^3 \, \mathrm{d}r \\ &\cdot \int_{\vartheta=0}^{\pi} \Theta_{m_k}^{l_k} \Theta_{m_i}^{l_i} \sin\vartheta \cos\vartheta \, \mathrm{d}\vartheta \\ &\cdot \int_{\varphi=0}^{2\pi} \mathrm{e}^{\mathrm{i}(m_k - m_i)\varphi} \, \mathrm{d}\varphi \,. \end{aligned} \tag{7.29}$$

Wir erhalten nur für solche Übergänge $i \to k$ von null verschiedene Übergangswahrscheinlichkeiten, für die *keiner* der drei Faktoren null wird.

7.2.1 Auswahlregeln für die magnetische Quantenzahl

Der letzte Faktor in (7.29) ist null, außer für $m_i = m_k$. Damit ergibt sich die Auswahlregel für die Absorption oder Emission von in z-Richtung linear polarisiertem Licht

$$(M_{ik})_z \neq 0 \quad \text{nur für} \quad \Delta m = m_i - m_k = 0 \,. \tag{7.30}$$

Zur Berechnung der x- und y-Komponenten von $\boldsymbol{M}_{ik}$ bilden wir die komplexen Linearkombinationen und erhalten wegen $x = r \sin\vartheta \cos\varphi$ und $y = r \sin\vartheta \sin\varphi$:

$$\begin{aligned}(M_{ik})_x + \mathrm{i}\,(M_{ik})_y = &\frac{1}{2\pi} \int_0^{\infty} R_i R_k r^3 \, \mathrm{d}r \\ &\cdot \int_0^{\pi} \Theta_{m_i}^{l_i} \Theta_{m_k}^{l_k} \sin^2\vartheta \, \mathrm{d}\vartheta \cdot \int_0^{2\pi} \mathrm{e}^{\mathrm{i}(m_k - m_i + 1)\varphi} \, \mathrm{d}\varphi \,, \end{aligned} \tag{7.31a}$$

$$\begin{aligned}(M_{ik})_x - \mathrm{i}\,(M_{ik})_y = &\frac{1}{2\pi} \int_0^{\infty} R_i R_k r^3 \, \mathrm{d}r \\ &\cdot \int_0^{\pi} \Theta_{m_i}^{l_i} \Theta_{m_k}^{l_k} \sin^2\vartheta \, \mathrm{d}\vartheta \cdot \int_0^{2\pi} \mathrm{e}^{\mathrm{i}(m_k - m_i - 1)\varphi} \, \mathrm{d}\varphi \,. \end{aligned} \tag{7.31b}$$

Nur wenn $m_k = m_i - 1$ gilt, kann $(M_{ik})_x + \mathrm{i}(M_{ik})_y \neq 0$ sein, und nur für $m_k = m_i + 1$ kann $(M_{ik})_x - \mathrm{i}(M_{ik})_y \neq 0$ sein.

Benutzt man den Ausdruck (7.21) für die Absorptionswahrscheinlichkeit einer zirkular polarisierten Lichtwelle in z-Richtung mit der komplexen Amplitude $E = E_x + \mathrm{i}E_y$ (siehe Bd. 2, Abschn. 7.4), so wird $|\boldsymbol{E} \cdot \boldsymbol{r}|^2 = \left|(E_x + \mathrm{i}E_y)(x + \mathrm{i}y)\right|^2 = (E_x^2 + E_y^2)(x^2 + y^2) = E^2 \cdot r^2$.

Die Matrixelemente $(M_{ik})_x \pm \mathrm{i}(M_{ik})_y$ beschreiben daher die Absorption bzw. Emission von zirkular polarisiertem Licht (σ^+- bzw. σ^--Licht), das sich in z-Richtung ausbreitet, während das Matrixelement $(M_{ik})_z$ die Absorption bzw. Emission von linear polarisiertem Licht (E-Vektor in z-Richtung) beschreibt, das sich senkrecht zur z-Richtung ausbreitet (Abb. 7.7).

Wir erhalten damit die Auswahlregel für Übergänge $E_i \to E_k$ mit $\Delta m = m_i - m_k$

$$\begin{aligned}\Delta m &= \pm 1 \quad \text{zirkular polarisiertes Licht}\,, \\ \Delta m &= \ \ 0 \quad \text{linear polarisiertes Licht}\,. \end{aligned} \tag{7.32}$$

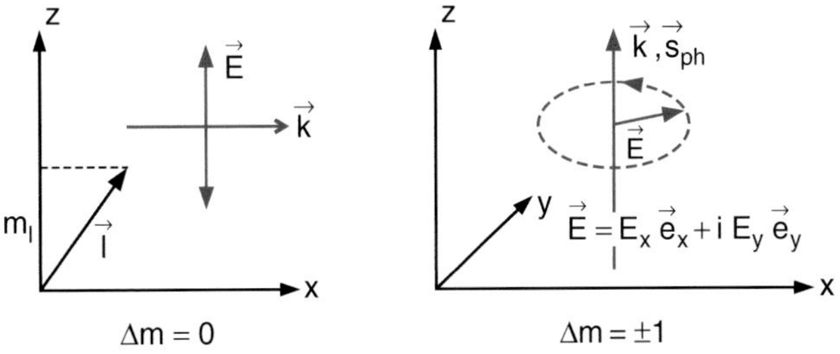

Abbildung 7.7 Übergänge $\Delta m = 0$ für linear polarisiertes Licht und $\Delta m = \pm 1$ für zirkular polarisiertes Licht. Bezugsachse (Quantisierungsrichtung) ist die z-Achse

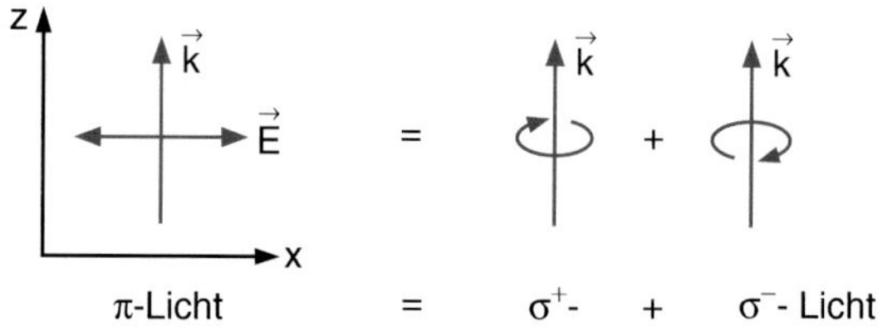

Abbildung 7.8 Linear polarisiertes π-Licht als Überlagerung von σ^+- und σ^--Licht

Tabelle 7.1 Änderung der magnetischen Quantenzahl von Atomelektronen bei Absorption bzw. Emission von Photonen

Photon	Absorption	Emission
σ^+: $\boldsymbol{s}_{\text{phot}} \uparrow\uparrow \boldsymbol{k}$	$\Delta m = +1$	$\Delta m = -1$
σ^-: $\boldsymbol{s}_{\text{phot}} \downarrow\uparrow \boldsymbol{k}$	$\Delta m = -1$	$\Delta m = +1$
π: $\langle s_{\text{phot}} \rangle = 0$	$\Delta m = 0$	$\Delta m = 0$

Dies kann man auch direkt aus der Erhaltung des Gesamtdrehimpulses für das System aus Atom und Photon ableiten:

Bei der Absorption zirkular polarisierten Lichts, das sich in z-Richtung ausbreitet, ist der Photonendrehimpuls $+\hbar$ (σ^+-Licht) bzw. $-\hbar$ (σ^--Licht). Die Komponente des Atomdrehimpulses in z-Richtung muss sich deshalb bei Absorption von σ^+-Licht um $+\hbar$ ändern, für σ^--Licht um $-\hbar$. Da linear polarisiertes Licht (π-Licht) eine Überlagerung von σ^+- und σ^--Licht ist (Abb. 7.8), wird der Erwartungswert des Photonendrehimpulses null, d. h. bei der Absorption von π-Licht, das in z-Richtung auf die Atome fällt, ändert sich die Projektionsquantenzahl nicht.

Bei der *Emission* $E_i \to E_k + h \cdot \nu$ muss die Drehimpulskomponente $m_l \cdot \hbar$ des Atoms im Zustand E_i gleich der Summe der Komponenten von Photon und Atom im Zustand k sein (Tab. 7.1).

Bei der Emission von Atomen in einem Magnetfeld $\boldsymbol{B} = \{0, 0, B_z\}$, in dem die sonst entarteten m-Niveaus aufspalten, beobachtet man daher in der z-Richtung (Feldrichtung) zirkular polarisiertes Licht ($\sigma^+ \mathrel{\hat{=}} \Delta m_l = +1$ oder $\sigma^- \mathrel{\hat{=}} \Delta m_l = -1$). Senkrecht zum Feld (z. B. in x-Richtung) werden drei linear polarisierte Zeeman-Komponenten beobachtet, eine in z-Richtung polarisierte Komponente, die vom Matrixelement $(M_{ik})_z$ mit $\Delta m = 0$ herrührt, und zwei in x-Richtung linear polarisierte Komponenten, die von der Summe $(M_x + \mathrm{i}M_y) + (M_x - \mathrm{i}M_y) = 2M_x$ herrühren (Abb. 7.9) (siehe auch Abschn. 5.2).

7.2.2 Paritätsauswahlregeln

Selbst wenn die Auswahlregel $\Delta m = 0, \pm 1$ erfüllt ist, und damit das dritte Integral in (7.29) bzw. (7.31) ungleich null wird, kann das zweite Integral noch verschwinden.

Die etwas mühsame Rechnung [1, 2] zeigt, dass in (7.29) das Integral

$$\int \Theta_{m_k}^{l_k} \Theta_{m_i}^{l_i} \sin\vartheta \cos\vartheta \, \mathrm{d}\vartheta$$

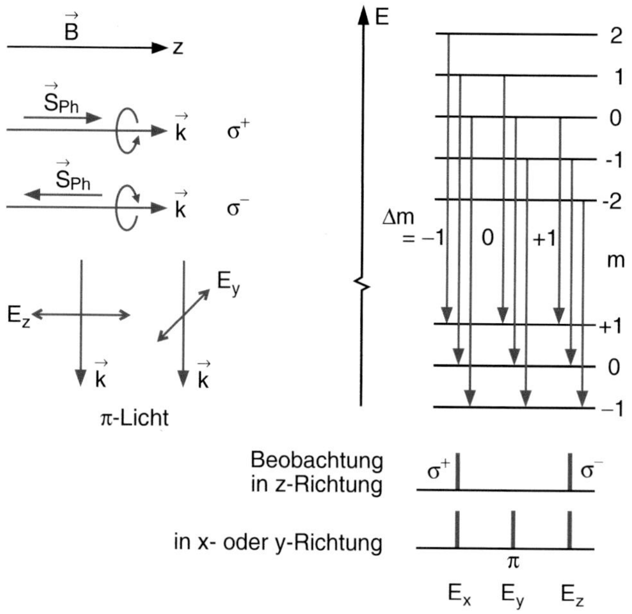

Abbildung 7.9 Die verschiedenen Übergänge mit $\Delta m = 0, \pm 1$ beim Zeeman-Effekt und die entsprechende Polarisation des Lichtes bei longitudinaler und senkrechter Beobachtung

sowohl für $m_k = m_i$ als auch für $m_k = m_i \pm 1$ nur dann von null verschieden ist, wenn $l_k - l_i = \pm 1$ ist.

> Es sind deshalb nur solche Übergänge erlaubt, bei denen die Drehimpulsquantenzahl l die Auswahlregel
>
> $$\Delta l = l_i - l_k = \pm 1 \tag{7.33}$$
>
> erfüllt.

Dies folgt auch sofort aus der Erhaltung des Drehimpulses:

Da das absorbierte bzw. emittierte Photon den Drehimpuls $\pm\hbar$ hat, muss sich der Drehimpuls des Atoms um $\pm\hbar$ ändern.

Dies lässt sich auch aus Symmetrieüberlegungen schließen. Dazu betrachten wir das Matrixelement

$$\boldsymbol{M}_{ik} = \iiint\limits_{-\infty}^{+\infty} \psi_i^*(x, y, z)\, \boldsymbol{r} \psi_k(x, y, z)\, \mathrm{d}x\, \mathrm{d}y\, \mathrm{d}z$$

in kartesischen Koordinaten. Da von $x, y, z = -\infty$ bis $+\infty$ integriert wird, ist das Integral immer dann gleich null, wenn der Integrand $f(x, y, z)$ eine ungerade Funktion von (x, y, z) ist, d. h. wenn gilt: $f(x, y, z) = -f(-x, -y, -z)$. Da $\boldsymbol{r} = \{x, y, z\}$ eine ungerade Funktion ist, muss das Produkt $\psi_i^* \cdot \psi_k$ auch eine ungerade Funktion sein, damit der Integrand gerade und $M_{ik} \neq 0$ wird.

Man nennt das Verhalten einer Funktion $f(x, y, z)$ bei Spiegelung aller Koordinaten am Ursprung ihre ***Parität***. Eine Funktion hat gerade Parität, wenn gilt:

$$f(\boldsymbol{r}) = +f(-\boldsymbol{r})\,, \quad (7.34a)$$

und ungerade Parität für

$$f(\boldsymbol{r}) = -f(-\boldsymbol{r})\,. \quad (7.34b)$$

Der Ortsvektor $\boldsymbol{r}$ hat danach ungerade Parität.

Damit $\boldsymbol{M}_{ik} \neq \boldsymbol{0}$ wird, müssen die Wellenfunktionen ψ_i und ψ_k der beiden am Übergang beteiligten Zustände *unterschiedliche Parität* besitzen.

Die Wasserstoffwellenfunktionen (Tab. 5.2) haben die Parität $(-1)^l$. Dies bedeutet: Die Bahndrehimpulsquantenzahl l muss sich bei einem erlaubten Dipolübergang um eine ungerade Zahl ändern. Da jedoch der Drehimpuls des Photons $\pm\hbar$ ist, kann sich der Drehimpuls des Atoms bei der Absorption oder Emission eines Photons höchstens um $\pm\hbar$ ändern. Daraus erhalten wir wieder die Auswahlregel (7.33).

Anmerkung. Bei Multipol-Übergängen höherer Ordnung (die jedoch eine um Größenordnungen kleinere Übergangswahrscheinlichkeit haben) können auch Übergänge mit $\Delta l > 1$ auftreten (siehe Abschn. 7.2.4).

7.2.3 Auswahlregeln für die Spinquantenzahl

Nun wollen wir auch den Elektronenspin noch berücksichtigen. Bei Atomen mit nur einem Elektron in einer nicht gefüllten Schale (d. h. bei H-Atomen und den Alkali-Atomen) ist der Betrag des Spins immer $|\boldsymbol{s}| = \sqrt{3/4}\,\hbar$, und deshalb kann sich auch bei optischen Übergängen dieser Betrag nicht ändern. Eine analoge Überlegung gilt bei Einelektronen-Übergängen in Mehrelektronensystemen mit $\boldsymbol{S} = \sum_i \boldsymbol{s}_i$, bei denen nur eines der Elektronen am Übergang beteiligt ist. Wir erhalten daher für die Spinquantenzahl S die Auswahlregel

$$\Delta S = S_i - S_k = \frac{1}{2} - \frac{1}{2} = 0\,. \quad (7.35)$$

Bei Atomen mit zwei Elektronen (z. B. dem He-Atom, siehe Kap. 6) hängen die Wellenfunktionen von den Koordinaten $(\boldsymbol{r}_1, \boldsymbol{r}_2)$ beider Elektronen ab. Das Dipolmatrixelement wird nun analog zu (7.13) definiert als

$$\boldsymbol{M}_{ik} = e \int \Psi_i^*(\boldsymbol{r}_1, \boldsymbol{r}_2)\,(\boldsymbol{r}_1 + \boldsymbol{r}_2)\,\Psi_k(\boldsymbol{r}_1, \boldsymbol{r}_2)\,\mathrm{d}\tau_1\,\mathrm{d}\tau_2\,, \quad (7.36)$$

wobei jetzt über die sechs Koordinaten der beiden Elektronen integriert wird. Weil die beiden Elektronen ununterscheidbar sind, darf sich das Dipolübergangsmoment M_{ik} bei Vertauschen zweier Elektronen nicht ändern.

Bei einem Singulettzustand ist der Ortsteil $\Psi(\boldsymbol{r}_1, \boldsymbol{r}_2)$ der Wellenfunktion symmetrisch gegen Elektronenvertauschung, bei einem Triplettzustand antisymmetrisch (siehe Abschn. 6.1). Das Matrixelement (7.36) ist nur dann unabhängig von einer Vertauschung der Elektronen, wenn entweder beide Zustände i und k eine symmetrische oder eine antisymmetrische Ortsfunktion haben, d. h. wenn beide Zustände zum Singulettsystem oder beide zum Triplettsystem gehören.

Übergänge vom Singulett- ins Triplettsystem sind daher verboten. Wir erhalten die Auswahlregel:

$$\Delta S = 0\,.$$

Anmerkung. Diese Auswahlregel gilt streng nur, solange die Spin-Bahn-Kopplung klein ist, sodass man die Wellenfunktion als Produkt aus Orts- und Spinfunktion schreiben kann. Die Spin-Bahn-Kopplung wird bei schweren Atomen stärker, und S ist keine gute Quantenzahl mehr (siehe Abschn. 6.4). Man beobachtet dann auch Linien im Spektrum, die Übergängen zwischen verschiedenen Multiplettsystemen entsprechen (Interkombinationslinien). Ihre Intensität ist dann jedoch wesentlich schwächer als die der erlaubten Übergänge. Ein Beispiel ist die Interkombinationslinie $\lambda = 253{,}7\,\mathrm{nm}$ im Quecksilber-Spektrum, die durch den Übergang $6^3P \to 6^1S$ erzeugt wird.

Obwohl sich der *Betrag* des Gesamtspins bei einem erlaubten Dipolübergang nicht ändert, so kann sich seine *Richtung* relativ zum Bahndrehimpuls durchaus ändern.

Für die Quantenzahl J des Gesamtdrehimpulses $\boldsymbol{J} = \boldsymbol{L} + \boldsymbol{S}$ erhält man daher die erweiterte Auswahlregel

$$\Delta J = 0, \pm 1\,, \quad \text{aber} \quad J = 0 \nrightarrow J = 0\,, \quad (7.37)$$

weil bei $\Delta S = 0$ die notwendige Änderung $\Delta L = \pm 1$ durch eine entgegengesetzte Änderung $\Delta m_S = \mp 1$ kompensiert werden kann (Abb. 7.10).

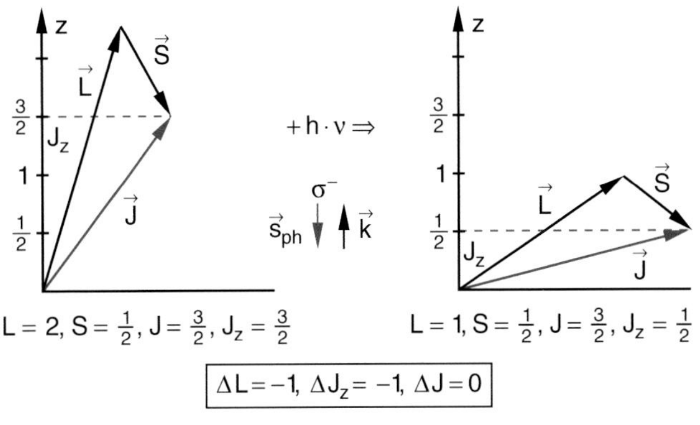

Abbildung 7.10 Bei optischen Übergängen bleibt bei $\boldsymbol{L}$-$\boldsymbol{S}$-Kopplung die Spinquantenzahl S erhalten, wie hier am Beispiel des Überganges $^2D_{3/2} \to {}^2P_{1/2}$ illustriert wird

Tabelle 7.2 Auswahlregeln für elektrische Dipolübergänge

Auswahlregel	Bemerkung
$\Delta l = \pm 1$ für Einelektronenatome	gilt streng
$\Delta L = \pm 1$ für Mehrelektronen-atome bei ***L-S***-Kopplung	gerade Zustände kombinieren nur mit ungeraden
$\Delta M = 0, \pm 1$	$\Delta M = 0$: linear polarisiertes Licht
	$\Delta M = \pm 1$: σ^+ bzw. σ^- zirkular polarisiertes Licht
$\Delta S = 0$	gilt für leichte Atome. Bei großer Spin-Bahn-Kopplung (schwere Atome) gibt es Ausnahmen (schwache Interkombinationslinien)
$\Delta J = 0, \pm 1$	$J = 0 \to J = 0$ ist verboten

Es gibt also z. B. einen erlaubten Übergang mit $\Delta J = 0$ vom Zustand $P_{3/2}(l = 1, m_s = +1/2)$ nach $D_{3/2}(l = 2, m_s = -1/2)$.

In Tab. 7.2 sind alle Auswahlregeln noch einmal zusammengefasst.

7.2.4 Multipol-Übergänge höherer Ordnung

Außer den elektrischen Dipolübergängen, deren Übergangswahrscheinlichkeit nach (7.17) durch das Quadrat des Dipolmatrixelementes bestimmt wird, gibt es auch elektrische Quadrupol-Übergänge und magnetische Dipolübergänge, die aber um mehrere Größenordnungen kleinere Übergangswahrscheinlichkeiten haben. Sie können sich jedoch bei solchen Übergängen bemerkbar machen, die nach den Auswahlregeln für elektrische Dipolstrahlung verboten sind.

Elektrische Quadrupolstrahlung wird emittiert von zeitlich sich ändernden elektrischen Quadrupolmomenten. Analog zur Herleitung der Abstrahlung eines schwingenden elektrischen Dipols (siehe Bd. 2, Abschn. 6.4), die proportional ist zur zweiten zeitlichen Ableitung des elektrischen Dipolmomentes, lässt sich zeigen, dass die Amplitude E der emittierten Welle eines schwingenden Quadrupols proportional ist zur zweiten zeitlichen Ableitung des elektrischen Quadrupolmomentes.

Wenn die räumliche Ausdehnung der elektrischen Ladungsverteilung des Quadrupols von der Größenordnung des Atomdurchmessers ist, wird das Amplitudenverhältnis von Quadrupol- zu Dipolstrahlung bei der Wellenläge λ die Größenordnung $2a_0/\lambda$ haben, das Intensitätsverhältnis also $(2a_0/\lambda)^2$, wobei a_0 der Bohr'sche Radius ist.

Beispiel

$2a_0 = 10^{-10}\,\text{m}, \lambda = 5 \cdot 10^{-7}\,\text{m} \Rightarrow I_Q/I_D \approx 4 \cdot 10^{-8}$. ■

Weil im sichtbaren Spektralbereich $a_0 \ll \lambda$ gilt, wird hier das Intensitätsverhältnis sehr klein, d. h. die Dipolstrahlung ist um viele Größenordnungen stärker. Man kann daher elektrische Quadrupolübergänge nur bei Übergängen beobachten, die für Dipolstrahlung verboten sind.

Da das elektrische Quadrupolmoment einer Ladungsverteilung immer Produkte von zwei Koordinaten enthält (z. B. $q \cdot x \cdot y$) (siehe Bd. 2, Abschn. 1.4), behält das Quadrupolmoment bei Spiegelungen am Ursprung sein Vorzeichen, d. h. es hat gerade Parität im Gegensatz zum elektrischen Dipolmoment, das ungerade Parität hat. Deshalb müssen die Wellenfunktionen der beiden Zustände, zwischen denen ein elektrischer Quadrupol-Übergang stattfinden kann, beide gerade bzw. ungerade Parität haben.

Da die Parität der Wellenfunktionen durch $(-1)^l$ gegeben ist, sind die Auswahlregeln für die Bahndrehimpulsquantenzahl l bei Quadrupolübergängen

$$\Delta l = 0, \pm 2 \,. \qquad (7.38)$$

Dasselbe gilt für die Quantenzahl L bei Mehrelektronen-Atomen.

Für die Gesamtdrehimpulsquantenzahl J gelten die Auswahlregeln $\Delta J = 0, \pm 1, \pm 2$, wobei $J = 0 \to J = 0$ und $J = 0 \to J = 1$ verboten sind.

Dies kann man sich an Hand des Vektordiagramms in Abb. 7.11 klar machen, wenn man berücksichtigt, dass elektrische Quadrupolstrahlung, die von einem Atom absorbiert wird, den Drehimpuls $|\Delta \boldsymbol{J}| = 2\hbar$ anstatt $1\hbar$, wie bei der elektrischen Dipolstrahlung, auf das Atom überträgt.

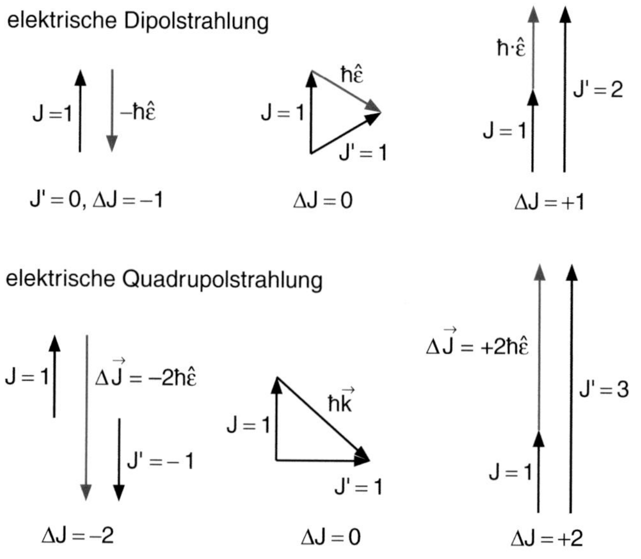

Abbildung 7.11 Mögliche Änderungen $\Delta J = J' - J$ der Gesamtdrehimpulsquantenzahl J und des Drehimpulsvektors $\Delta \boldsymbol{J}$ bei elektrischer Dipolstrahlung mit $|\Delta \boldsymbol{J}| = \hbar$ und elektrischer Quadrupolstrahlung mit $|\Delta \boldsymbol{J}| = 2\hbar$

Beispiel

Die Übergänge $^2S_{1/2} \rightarrow {}^2D_{3/2}$ und $2^3P_0 \rightarrow 3^3P_2$ sind beide für Quadrupole erlaubt. ■

Magnetische Dipolstrahlung tritt auf, wenn sich Richtung oder Betrag des *magnetischen* Dipolmomentes eines Atoms beim Übergang ändert. Beispiele sind Übergänge mit $\Delta m = \pm 1$ zwischen den Zeeman-Komponenten eines Atomniveaus oder zwischen den Feinstrukturniveaus eines Zustandes (n, l, m_l, m_s), z. B. beim Übergang $3P_{3/2} \rightarrow 3P_{1/2}$ des Natriumatoms.

Das Quadrat des magnetischen Dipolmatrixelementes ist etwa 2–3 Größenordnungen kleiner als das des elektrischen Dipolmatrixelementes. Hinzu kommt noch folgender Effekt: Viele magnetische Dipolübergänge treten zwischen Energieniveaus mit sehr kleiner Energiedifferenz ΔE auf, sodass dann die Frequenz der magnetischen Dipolstrahlung um mehrere Größenordnungen kleiner ist als die der optischen Übergänge. Da die spontane Übergangswahrscheinlichkeit nach (7.17) proportional zu ω_{ik}^3 ist, wird hauptsächlich aus diesem Grunde die Übergangswahrscheinlichkeit sehr klein.

Durch gleichzeitige Absorption von zwei Photonen können ***Zweiphotonen-Übergänge*** mit $\Delta L = 0, \pm 2$ erlaubt werden. Dazu benötigt man jedoch größere Lichtintensitäten, die nur mit Lasern erreicht werden, weil beide Photonen gleichzeitig (d. h. innerhalb der sehr kurzen Zeit für den Übergang) am Ort des Atoms sein müssen.

Beispiele für beobachtete Zweiphotonen-Übergänge sind $1^2S_{1/2} \rightarrow 2^2S_{1/2}$ im H-Atom oder $3^2S_{1/2} \rightarrow 4^2D_{3/2,5/2}$ im Na-Atom [3–5].

7.3 Lebensdauern angeregter Zustände

Bringt man ein Atom (z. B. durch Absorption eines Photons $h \cdot \nu$ passender Energie oder durch Elektronenstoß) in einen energetisch angeregten Zustand E_i, so geht es von selbst (spontan) durch Emission eines Photons $h \cdot \nu_{ij}$ in einen tieferen Energiezustand E_j über (***Fluoreszenz***). Dieser Zustand E_j kann entweder der Grundzustand sein oder noch über dem Grundzustand E_0 liegen (Abb. 7.12). Dann geht er entweder durch weitere Photonenemission oder durch inelastische Stöße in den Grundzustand zurück.

Bezeichnen wir wie im vorigen Abschnitt mit A_{ij} die Wahrscheinlichkeit pro Zeiteinheit, dass ein Atom im Zustand E_i spontan unter Aussendung eines Photons $h \cdot \nu$ in den tieferen Zustand E_j übergeht, so ist die Zahl der im Zeitintervall dt in den Zustand E_j übergehenden Atome

$$dN_i = -A_{ij} N_i \, dt \,. \tag{7.39}$$

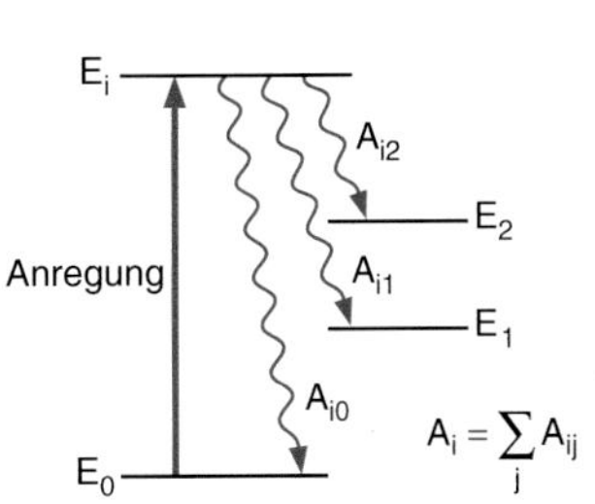

Abbildung 7.12 Spontane Fluoreszenzübergänge vom angeregten Zustand E_i in tiefere Zustände E_j

Kann der Zustand E_i in mehrere tiefere Zustände $E_j < E_i$ übergehen, so wird

$$dN_i = -A_i N_i \, dt \quad \text{mit} \quad A_i = \sum_j A_{ij} \,. \tag{7.40}$$

Integration von (7.40) liefert für die zeitabhängige Besetzungsdichte $N_i(t)$:

$$N_i(t) = N_i(0) \cdot e^{-A_i \cdot t} \,. \tag{7.41}$$

Die Besetzung des angeregten Zustandes E_i sinkt also von einem Anfangswert $N_i(0) = N_0$ zur Zeit $t = 0$ exponentiell auf null ab (Abb. 7.13).

Die Konstante $\tau_i = 1/A_i$ ist die ***mittlere Lebensdauer*** $\bar{t}$ des Zustandes E_i, wie man aus der Definition des Mittelwertes

$$\begin{aligned} \bar{t} &= \frac{1}{N_0} \int_{N_0}^{0} t \cdot dN_i(t) \\ &= -\int_0^\infty t \cdot A_i \cdot e^{-A_i t} \, dt = \frac{1}{A_i} = \tau_i \end{aligned} \tag{7.42}$$

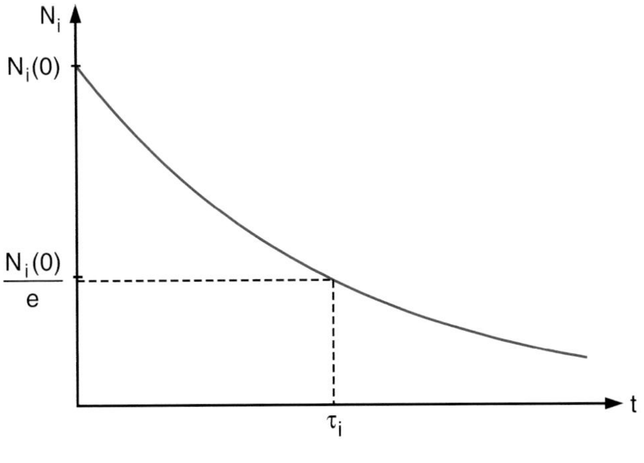

Abbildung 7.13 Abklingkurve der Besetzungszahl $N_i(t)$ eines angeregten Zustandes bei zeitlich konstanter Zerfallswahrscheinlichkeit

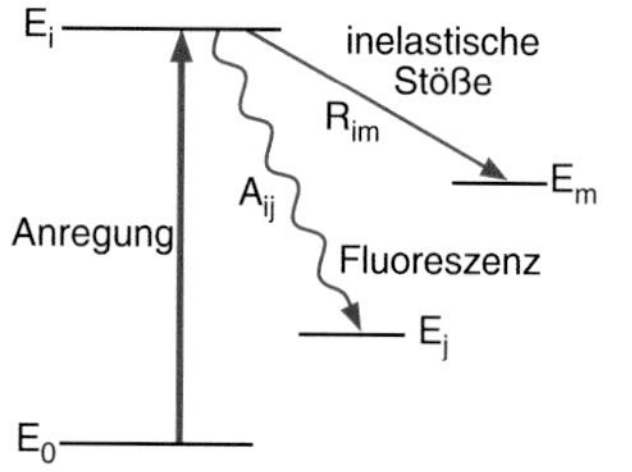

Abbildung 7.14 Auch inelastische Stoßprozesse können zur Entvölkerung eines angeregten Zustandes beitragen

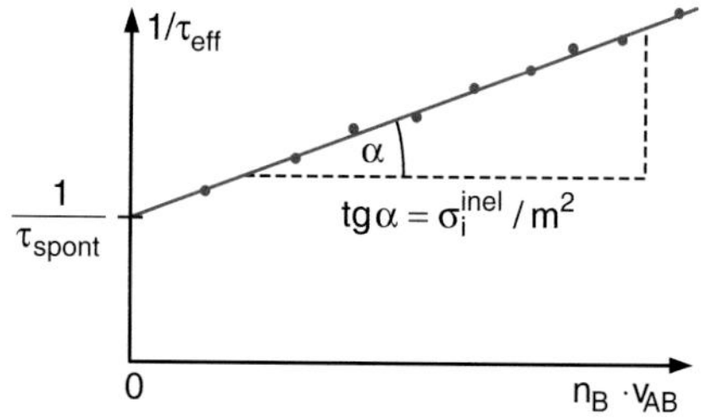

Abbildung 7.15 Inverse effektive Lebensdauer $1/\tau_{\text{eff}}$ eines angeregten Zustandes als Funktion der Dichte der Stoßparameter B (Stern-Volmer-Plot)

sieht, wobei $\mathrm{d}N_i(t)/N_0$ die Wahrscheinlichkeit dafür ist, dass ein Atom im Zeitintervall t bis $t + \mathrm{d}t$ zerfällt.

Nach der mittleren Lebensdauer $\bar{t} = \tau_i$ ist die Besetzung $N_i(\tau) = 1/\mathrm{e}\,N_i(0)$ auf $1/\mathrm{e}$ ihres Anfangswertes gesunken.

Durch Messung der mittleren Lebensdauer eines Zustandes E_i lässt sich also die Summe $A_i = \sum A_{ij}$ der Einstein-Koeffizienten A_{ij} bestimmen. Aus der Messung der relativen Linienintensitäten I_{ik} der einzelnen Übergänge $E_i \to E_j$ kann man dann gemäß (7.19) und (7.40) auch die Werte der einzelnen Übergangswahrscheinlichkeiten erhalten. Es gilt für den Übergang in den Zustand $|k\rangle$

$$A_{ik} = A_i \frac{I_{ik}/h \cdot \nu_{ik}}{\sum_j (I_{ij}/h \cdot \nu_{ij})} . \tag{7.43}$$

Damit ergeben sich mit (7.17) auch die Matrixelemente (7.26).

Tragen noch andere Deaktivierungsprozesse (z. B. inelastische Stöße) mit der Wahrscheinlichkeit pro Zeiteinheit R_i zur Entvölkerung des Niveaus E_i bei (Abb. 7.14), so gilt:

$$\mathrm{d}N_i = -(A_i + R_i)\, N_i\, \mathrm{d}t . \tag{7.44}$$

Wir erhalten für die Besetzung $N_i(t)$:

$$N_i(t) = N_0 \mathrm{e}^{-(A_i + R_i)t} \tag{7.45}$$

und die ***effektive Lebensdauer*** τ_{eff} wird

$$\tau_i^{\text{eff}} = \frac{1}{A_i + R_i} . \tag{7.46}$$

Wird das Niveau E_i der Atome A durch inelastische Stöße mit anderen Atomen B entleert, so gilt für die stoßinduzierte Entvölkerungswahrscheinlichkeit pro Zeiteinheit:

$$R_i = n_{\text{B}} \cdot \overline{v}_{\text{AB}} \cdot \sigma_i^{\text{inel}} , \tag{7.47}$$

wobei n_{B} die Teilchenzahldichte der Stoßpartner B und

$$\overline{v}_{\text{AB}} = \sqrt{\frac{8kT}{\pi\mu}} , \quad \mu = \frac{M_{\text{A}} \cdot M_{\text{B}}}{M_{\text{A}} + M_{\text{B}}} \tag{7.48}$$

die mittlere Relativgeschwindigkeit der beiden Stoßpartner mit der reduzierten Masse μ in einem Gas bei der Temperatur T ist und σ_i^{inel} der Stoßquerschnitt für Stöße, die das Niveau E_i entleeren.

Trägt man die reziproke effektive Lebensdauer

$$\frac{1}{\tau_{\text{eff}}} = \frac{1}{\tau_{\text{spont}}} + n_{\text{B}} \overline{v}_{\text{AB}} \cdot \sigma_i^{\text{inel}} \tag{7.49}$$

gegen das Produkt $n_{\text{B}} \cdot v_{\text{AB}}$ von Stoßpartnerdichte und Relativgeschwindigkeit auf (***Stern-Volmer-Plot***), so erhält man eine Gerade (Abb. 7.15), deren Steigung den totalen inelastischen Stoßquerschnitt für Stöße zwischen Atomen im Zustand E_k und Stoßpartnern B ergibt und deren Achsenabstand (Schnittpunkt mit der Achse $n_{\text{B}} = 0$) die reziproke spontane Lebensdauer $1/\tau_{\text{spont}}$ ist.

Mithilfe der allgemeinen Gasgleichung $p \cdot V = N \cdot k \cdot T$ lässt sich die Teilchendichte $n_{\text{B}} = N/V = p/kT$ durch die experimentell besser zu bestimmenden Größen Druck p und Temperatur T ausdrücken, und man erhält damit den Zusammenhang

$$\frac{1}{\tau_{\text{eff}}} = \frac{1}{\tau_{\text{spont}}} + \sigma_i^{\text{inel}} \cdot \sqrt{\frac{8}{\pi\mu kT}} \cdot p \tag{7.50}$$

zwischen effektiver Lebensdauer τ_{eff} eines angeregten Atomzustandes $|i\rangle$ und dem Druck p der Stoßpartneratome B.

7.4 Linienbreiten der Spektrallinien

Bei der Absorption oder Emission elektromagnetischer Strahlung, die zu einem Übergang

$$\Delta E = E_i - E_k = h \cdot \nu_{ik}$$

zwischen zwei Energieniveaus des Atoms führt, ist die Frequenz ν_{ik} *nicht* streng monochromatisch. Man beobachtet, selbst bei beliebig genauer Spektralauflösung des verwendeten Spektralapparates, eine Verteilung $P_\nu(\nu - \nu_{ik})$ der emittierten bzw. absorbierten spektralen Strahlungsleistung P_ν um eine Mittenfrequenz $\nu_0 = \nu_{ik}$ (Abb. 7.16). Die ***spektrale Leistungsdichte***

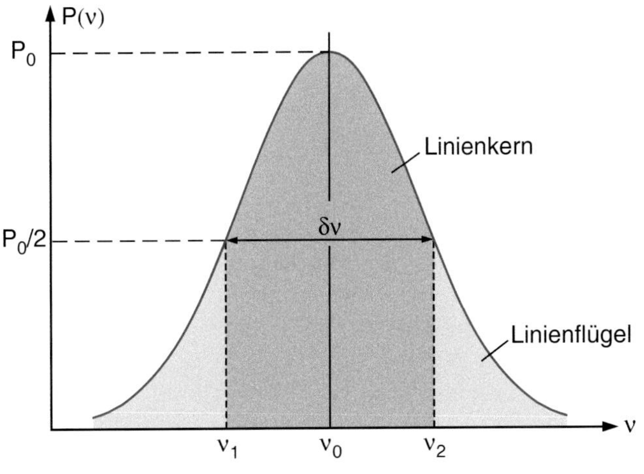

Abbildung 7.16 Linienprofil einer Spektrallinie

$P_\nu(\nu)$ ist die Leistung, die von der Lichtquelle im Frequenzintervall $\Delta\nu = 1\,\mathrm{s}^{-1}$ um die Frequenz ν abgestrahlt wird. Man nennt $P_\nu(\nu - \nu_0)$ das ***Linienprofil*** einer Spektrallinie. Das Frequenzintervall $\delta\nu = |\nu_1 - \nu_2|$ zwischen den beiden Frequenzen ν_1 und ν_2, bei denen die emittierte spektrale Leistungsdichte $P_\nu(\nu)$ auf $1/2P_\nu(\nu_0)$ abgesunken ist, heißt ***Halbwertsbreite***. Häufig wird die Halbwertsbreite auch im Kreisfrequenzmaß als $\delta\omega = 2\pi\delta\nu$ angegeben, oder als Wellenlängenintervall

$$\delta\lambda = (\lambda_1 - \lambda_2) = (c/\nu_1 - c/\nu_2)\ .$$

Aus $\lambda = c/\nu$ ergibt sich

$$\delta\lambda = -\frac{c}{\nu^2}\,\delta\nu = -\frac{\lambda}{\nu}\,\delta\nu\,. \tag{7.51}$$

Die relativen Halbwertsbreiten sind in allen Schreibweisen gleich, denn aus (7.51) folgt:

$$\left|\frac{\delta\lambda}{\lambda}\right| = \left|\frac{\delta\nu}{\nu}\right| = \left|\frac{\delta\omega}{\omega}\right|\,. \tag{7.52}$$

Man nennt den Spektralbereich innerhalb der Halbwertsbreite den ***Linienkern***, die Bereiche außerhalb die ***Linienflügel***.

Es gibt mehrere Gründe für die endliche Linienbreite:

- Die angeregten Energieniveaus der Atome sind nicht beliebig scharf. Sie haben auf Grund ihrer endlichen Lebensdauer τ_i eine endliche Energiebreite $\delta E = \hbar/\tau_i$, die zu einer entsprechenden Frequenzbreite

  $$\delta\nu_{ik} = (\delta E_i + \delta E_k)/h$$

  führt (siehe Abschn. 3.3.5).
- Die emittierenden bzw. absorbierenden Atome eines Gases bewegen sich auf Grund ihrer thermischen Energie, sodass statistisch verteilte Doppler-Verschiebungen der emittierten bzw. absorbierten Lichtfrequenzen auftreten, die insgesamt zu einer Linienverbreiterung führen.
- Auf Grund von Wechselwirkungen des emittierenden Atoms mit Nachbaratomen (z. B. bei Stößen) werden die Energieniveaus des Atoms verschoben. Diese Energieverschiebung hängt vom Energieniveau ab und vom Abstand zwischen den Stoßpartnern. Bei statistisch verteilten Abständen führt dies insgesamt zu einer Linienverbreiterung und -verschiebung.

Wir wollen jetzt diese verschiedenen Effekte etwas genauer behandeln.

7.4.1 Natürliche Linienbreite

Ein angeregtes Atom kann seine Anregungsenergie durch Abstrahlung einer elektromagnetischen Welle wieder abgeben (spontane Emission). Wir wollen das angeregte Elektron durch das klassische Modell eines gedämpften harmonischen Oszillators mit Masse m, Rückstellkonstante D und Eigenfrequenz $\omega_0 = \sqrt{D/m}$ beschreiben (siehe Hertz'scher Dipol, Bd. 2, Abschn. 6.4 und 6.5).

Man erhält dann den zeitlichen Verlauf der Schwingungsamplitude $x(t)$ aus der Bewegungsgleichung

$$\ddot{x} + \gamma\,\dot{x} + \omega_0^2 x = 0\,, \tag{7.53}$$

wobei γ die Dämpfungskonstante ist (siehe Bd. 1, Abschn. 10.4).

Die reelle Lösung mit den Anfangsbedingungen $x(0) = x_0$ und $\dot{x}(0) = 0$ lautet:

$$x(t) = x_0 \cdot \mathrm{e}^{-(\gamma/2)t}\big[\cos\omega t + (\gamma/2\omega)\sin\omega t\big]\,, \tag{7.54}$$

wobei die Frequenz $\omega = \sqrt{\omega_0^2 - (\gamma/2)^2}$ infolge der Dämpfung etwas kleiner ist als die Eigenfrequenz ω_0 des ungedämpften Oszillators. Wir werden sehen, dass im Allgemeinen $\gamma \ll \omega_0$ gilt, sodass wir $\omega \approx \omega_0$ setzen können. Die Lösung von (7.53) wird dann mit $(\gamma/2\omega) \ll 1$

$$x(t) \approx x_0 \cdot \mathrm{e}^{-(\gamma/2)t} \cdot \cos\omega_0 t\,. \tag{7.55}$$

Wegen der zeitlich abklingenden Schwingungsamplitude $x(t)$ ist die Frequenz ω der abgestrahlten Welle nicht mehr monochromatisch wie bei einer zeitlich unbegrenzten ungedämpften Schwingung. Die Amplituden der abgestrahlten Welle zeigen ein Frequenzspektrum $A(\omega)$, das man durch eine Fourier-Transformation

$$\begin{aligned} A(\omega) &= \frac{1}{\sqrt{2\pi}} \int\limits_{-\infty}^{+\infty} x(t)\cdot \mathrm{e}^{-\mathrm{i}\omega t}\,\mathrm{d}t \\ &= \frac{1}{\sqrt{2\pi}} \int\limits_{0}^{+\infty} x_0 \mathrm{e}^{-(\gamma/2)t}\cos(\omega_0 t)\cdot \mathrm{e}^{-\mathrm{i}\omega t}\,\mathrm{d}t \end{aligned} \tag{7.56}$$

erhält, wobei angenommen wurde, dass die Anregung des Atoms zur Zeit $t = 0$ geschah, sodass $x(t) = 0$ für $t < 0$ gilt (Abb. 7.17a).

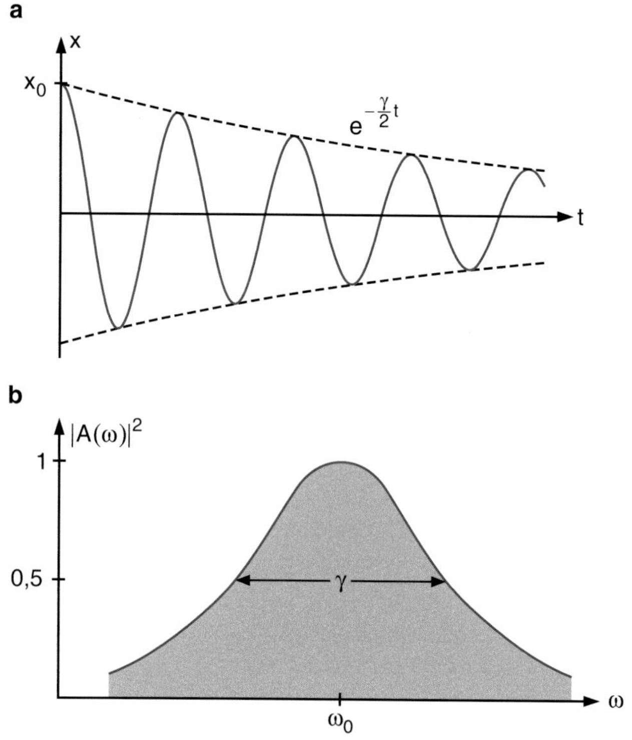

Abbildung 7.17 **a** Gedämpfte Schwingung. **b** Linien-Lorentzprofil $|A(\omega)|^2$ als Fouriertransformierte einer gedämpften Schwingung

Die Integration von (7.56) ist elementar ausführbar, und man erhält die komplexen Amplituden

$$A(\omega) = \frac{x_0}{\sqrt{8\pi}}\left[\frac{1}{\mathrm{i}(\omega_0 - \omega) + \gamma/2} + \frac{1}{\mathrm{i}(\omega_0 + \omega) + \gamma/2}\right]. \tag{7.57}$$

In der Umgebung der Resonanzfrequenz ω_0 gilt $(\omega - \omega_0) \ll \omega_0$, sodass wir dort den zweiten Term vernachlässigen können. Die Amplitude $A(\omega)$ ist proportional zur Fourier-Komponente $E(\omega)$ der elektrischen Feldstärke $\boldsymbol{E}$ der abgestrahlten elektromagnetischen Welle. Deshalb gilt für die abgestrahlte spektrale Leistung P_ω (siehe Bd. 2, Abschn. 6.5):

$$P_\omega(\omega) \propto A(\omega) \cdot A^*(\omega)\,,$$

sodass man in der Umgebung der Frequenz ω_0 das Linienprofil

$$P_\omega(\omega) = \frac{C}{(\omega - \omega_0)^2 + (\gamma/2)^2}\,. \tag{7.58}$$

erhält. Die Konstante C wird so gewählt, dass die Gesamtleistung

$$\int_0^\infty P_\omega(\omega)\,\mathrm{d}\omega = P_0 \tag{7.59a}$$

wird. Durch die Substitution $\omega' = \omega - \omega_0$ wird

$$\int_0^\infty P_\omega(\omega)\,\mathrm{d}\omega = \int_{-\omega_0}^\infty P_\omega(\omega')\,\mathrm{d}\omega' = P_0\,. \tag{7.59b}$$

Da der Integrand (7.58) nur in der Umgebung von ω_0 merklich beiträgt, können wir wegen $|\omega_0| \gg |\omega - \omega_0|$ die untere Integrationsgrenze in guter Näherung durch $-\infty$ ersetzen. Die Integration des bestimmten Integrals ergibt dann $C = P_0 \cdot \gamma/2\pi$. Man nennt das Linienprofil

$$P_\omega(\omega) = P_0\,\frac{\gamma/2\pi}{(\omega - \omega_0)^2 + (\gamma/2)^2} \tag{7.60}$$

ein ***Lorentzprofil***. Die volle Halbwertsbreite $\delta\omega_\mathrm{n}$ ergibt sich aus (7.60) zu:

$$\delta\omega_\mathrm{n} = \gamma \;\Rightarrow\; \delta\nu_\mathrm{n} = \gamma/2\pi\,. \tag{7.61}$$

Diese Halbwertsbreite heißt ***natürliche Linienbreite***, weil sie ohne fremde Einflüsse nur durch die *endliche Abstrahldauer* des Atoms entsteht.

Anmerkung. Manchmal findet man in der Literatur eine andere Normierung, bei der die Konstante C so gewählt wird, dass $P_0 = P_\omega(\omega_0)$ die *spektrale* Leistung in der Linienmitte wird. Man erhält dann $C = (\gamma^2/4)\,P_0$. Die natürliche Linienbreite hängt ab von den mittleren Lebensdauern der am Übergang beteiligten Niveaus, wie man aus folgender Überlegung erkennt:

Multiplizieren wir (7.53) mit $m\dot{x}$, so erhalten wir

$$m\dot{x}\ddot{x} + m\omega_0^2 x\dot{x} = -\gamma\, m\dot{x}^2\,. \tag{7.62}$$

Dies lässt sich schreiben als

$$\frac{\mathrm{d}}{\mathrm{d}t}\left[\frac{m}{2}\dot{x}^2 + \frac{m}{2}\omega_0^2 x^2\right] = \frac{\mathrm{d}W}{\mathrm{d}t} = -\gamma\, m\dot{x}^2\,, \tag{7.63}$$

da der Ausdruck in der Klammer die Gesamtenergie $W = E_\mathrm{kin} + E_\mathrm{pot}$ darstellt. Setzt man $x(t)$ aus (7.55) in die rechte Seite von (7.63) ein, so ergibt dies für $\gamma \ll \omega_0$ die abgestrahlte Leistung

$$P = \frac{\mathrm{d}W}{\mathrm{d}t} = -\gamma\, m x_0^2 \omega_0^2 \mathrm{e}^{-\gamma t} \sin^2 \omega_0 t\,. \tag{7.64}$$

Der Mittelwert über eine Schwingungsperiode ist wegen $\langle \sin^2 \omega_0 t\rangle = 1/2$:

$$\overline{P} = \overline{\frac{\mathrm{d}W}{\mathrm{d}t}} = -\frac{1}{2}\gamma\, m x_0^2 \omega_0^2 \mathrm{e}^{-\gamma t}\,. \tag{7.65}$$

Da die Abnahme der Energie des Oszillators durch die Abstrahlung bewirkt wird, sieht man aus (7.65), dass die abgestrahlte Leistung exponentiell abklingt und nach der mittleren Lebensdauer $\tau = 1/\gamma$ auf $1/e$ ihres Anfangswertes $P(t = 0)$ abgeklungen ist.

In Abschn. 7.3 hatten wir gesehen, dass die mittlere Lebensdauer eines Atomzustandes $\tau_i = 1/A_i$ durch den Einstein-Koeffizienten A_i der spontanen Emission bestimmt wird. Ersetzt man also die klassische Dämpfungskonstante γ durch die spontane Übergangswahrscheinlichkeit A_i, so können die klassisch hergeleiteten Formeln direkt übernommen werden, wenn der Übergang von einem angeregten Zustand E_i in den Grundzustand E_0 erfolgt. Wir erhalten dann für die natürliche Linienbreite

$$\delta\omega_n = A_i = \frac{1}{\tau_i}$$
$$\Rightarrow \delta\nu_n = \frac{A_i}{2\pi} = \frac{1}{2\pi \cdot \tau_i}\,. \qquad (7.66)$$

Gleichung (7.66) lässt sich auch aus der Heisenberg'schen Unbestimmtheitsrelation (Abschn. 3.3) herleiten. Bei einer Lebensdauer τ_i ist die Energie des strahlenden Zustandes nur bis auf eine Unschärfe $\Delta E_i = \hbar/\tau_i$ bestimmbar. Die Frequenz ν des Überganges hat daher die Unschärfe

$$\Delta\nu = \Delta E/h = \frac{1}{2\pi\tau_i} \Rightarrow \Delta\nu = \delta\nu_n\,.$$

Bei einem Übergang $E_i \to E_k$ zwischen zwei angeregten Niveaus tragen beide Lebensdauern τ_i und τ_k zur natürlichen Linienbreite bei, da die entsprechenden Energieunschärfen beider Niveaus sich addieren (Abb. 7.18). Man erhält dann

$$\Delta E = \Delta E_i + \Delta E_k$$
$$\Rightarrow \delta\nu_n = \frac{1}{2\pi}\left(\frac{1}{\tau_i} + \frac{1}{\tau_k}\right)\,. \qquad (7.67)$$

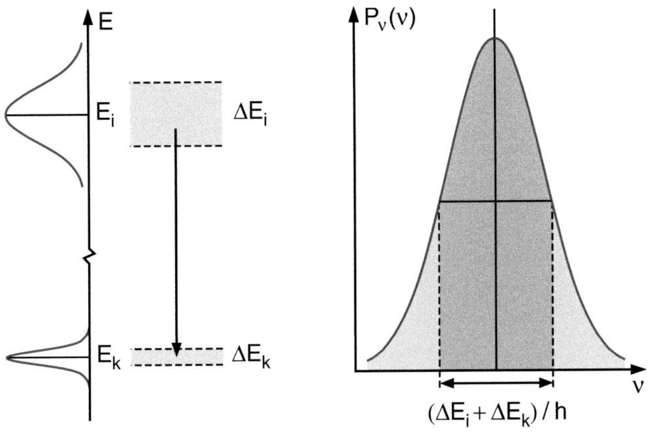

Abbildung 7.18 Natürliche Linienbreite als Folge der Energieunschärfe der am Übergang beteiligten Niveaus

Beispiele

1. Die natürliche Linienbreite der Natrium-D-Linie, die bei einem Übergang vom angeregten $3P_{1/2}$-Zustand ($\tau = 16\,\text{ns}$) zum Grundzustand emittiert wird, ist

$$\delta\nu_n = 10^9/(16 \cdot 2\pi) \approx 10^7\,\text{s}^{-1} = 10\,\text{MHz}\,.$$

Da die Frequenz der Linienmitte $\nu_0 = 5 \cdot 10^{14}\,\text{s}^{-1}$ ist, erkennt man, dass die Dämpfung des entsprechenden klassischen Oszillators äußerst klein ist. Erst nach $8 \cdot 10^6$ Schwingungsperioden fällt die Amplitude auf $1/e$ ihres Anfangswertes ab, sodass die oben verwendete Näherung $\gamma \ll \omega_0$ voll gerechtfertigt ist.

2. Für metastabile angeregte Zustände wird die Lebensdauer sehr lang und die entsprechende natürliche Linienbreite sehr klein. So kann z. B. der $2^2S_{1/2}$-Zustand des H-Atoms nicht durch einen elektrischen Dipolübergang in den Grundzustand $1^2S_{1/2}$ übergehen, sondern nur durch eine Zweiphotonen-Emission, die aber wesentlich unwahrscheinlicher ist als ein Einphotonenübergang (siehe Abschn. 7.2.4).
Seine spontane Lebensdauer ist $\tau \approx 0{,}12\,\text{s}$, sodass die natürliche Linienbreite des Zweiphotonen-Überganges, $\delta\nu_n \approx 1{,}3\,\text{s}^{-1}$, die man mit speziellen Methoden in Absorption beobachten kann, extrem schmal wird. ■

7.4.2 Doppler-Verbreiterung

Bewegt sich ein angeregtes Atom mit der Geschwindigkeit $\boldsymbol{v} = \{v_x, v_y, v_z\}$, so wird die Mittenfrequenz ω_0 des vom Atom in Richtung des Wellenvektors $\boldsymbol{k}$ emittierten Lichtes für einen ruhenden Beobachter infolge des Dopplereffektes verschoben zu

$$\omega_e = \omega_0 + \boldsymbol{k} \cdot \boldsymbol{v} \quad \text{mit} \quad |\boldsymbol{k}| = k = 2\pi/\lambda \qquad (7.68)$$

(Abb. 7.19). Auch die ***Absorptionsfrequenz*** ω_a eines Atoms, das sich mit der Geschwindigkeit $\boldsymbol{v}$ bewegt, ändert sich entsprechend. Fällt eine ebene Welle mit dem Wellenvektor $\boldsymbol{k}$ und der Frequenz ω auf das Atom, so erscheint diese Frequenz ω im System des bewegten Atoms dopplerverschoben zu $\omega' = \omega - \boldsymbol{k} \cdot \boldsymbol{v}$. Damit das Atom in seinem Ruhesystem genau auf seiner Eigenfrequenz ω_0 absorbieren kann, muss $\omega' = \omega_0$ sein, d. h. die Frequenz der einfallenden Welle muss

$$\omega = \omega_a = \omega_0 + \boldsymbol{k} \cdot \boldsymbol{v} \qquad (7.69)$$

sein, damit sie vom Atom absorbiert werden kann. Fällt die Lichtwelle in z-Richtung ein, so ist $\boldsymbol{k} = \{0, 0, k_z\}$ und $\boldsymbol{k} \cdot \boldsymbol{v} = k_z \cdot v_z$, sodass die Absorptionsfrequenz

$$\omega_a = \omega_0 + k_z v_z = \omega_0(1 + v_z/c) \qquad (7.70)$$

wird, wobei $k_z = \omega_0/c$ benutzt wurde (Abb. 7.19b).

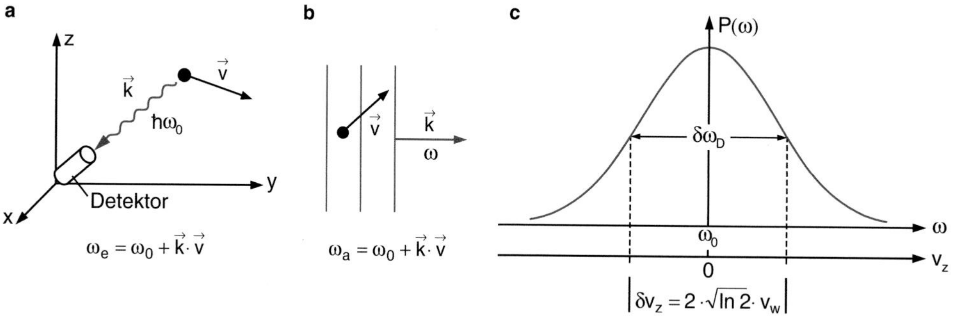

Abbildung 7.19 Zum Dopplereffekt: **a** Verschiebung der Emissionsfrequenz ω_e, **b** Verschiebung der Absorptionsfrequenz ω_a, **c** Dopplerprofil einer Spektrallinie

Im thermischen Gleichgewicht haben die Atome eines Gases eine Maxwell'sche Geschwindigkeitsverteilung (siehe Bd. 1, Abschn. 7.3). Für die Zahl $n_i(v_z)\,\mathrm{d}v_z$ der Atome pro Volumeneinheit im absorbierenden Zustand E_i mit Geschwindigkeitskomponenten v_z im Intervall v_z bis $v_z + \mathrm{d}v_z$ gilt dann

$$n_i(v_z)\,\mathrm{d}v_z = \frac{N_i}{v_\mathrm{w} \cdot \sqrt{\pi}}\,\mathrm{e}^{-(v_z/v_w)^2}\,\mathrm{d}v_z\,, \tag{7.71}$$

wobei $v_\mathrm{w} = (2k_\mathrm{B}T/m)^{1/2}$ die *wahrscheinlichste Geschwindigkeit* ist, k_B die Boltzmannkonstante und $N_i = \int_{-\infty}^{+\infty} n_i(v_z)\,\mathrm{d}v_z$ die Gesamtzahl aller Atome pro Volumeneinheit im Zustand E_i.

Drückt man in (7.71) v_z und $\mathrm{d}v_z$ mithilfe der Beziehung (7.70) durch ω und $\mathrm{d}\omega$ aus, so erhält man mit $v_z = c(\omega/\omega_0 - 1)$ und $\mathrm{d}v_z = (c/\omega_0)\,\mathrm{d}\omega$ die Anzahl der Atome

$$n_i(\omega)\,\mathrm{d}\omega = \frac{c \cdot N_i}{\omega_0 \cdot v_\mathrm{w} \cdot \sqrt{\pi}}\,\mathrm{e}^{-\left[c(\omega-\omega_0)/(\omega_0 \cdot v_\mathrm{w})\right]^2}\,\mathrm{d}\omega\,, \tag{7.72}$$

deren Absorption (bzw. Emission) in das Frequenzintervall zwischen ω und $\omega + \mathrm{d}\omega$ fällt.

Da die emittierte bzw. absorbierte Strahlungsleistung $P(\omega)$ proportional zu $n_i(\omega)$ ist, wird das Profil der dopplerverbreiterten Spektrallinie

$$P(\omega) = P(\omega_0) \cdot \mathrm{e}^{-\left[c(\omega-\omega_0)/(\omega_0 \cdot v_\mathrm{w})\right]^2}\,. \tag{7.73}$$

Dies ist eine Gaußfunktion, die symmetrisch zu $\omega = \omega_0$ ist. Ihre volle Halbwertsbreite $\delta\omega_\mathrm{D} = |\omega_1 - \omega_2|$ mit $P(\omega_1) = P(\omega_2) = 1/2\,P(\omega_0)$ heißt ***Dopplerbreite***. Aus (7.73) ergibt sich:

$$\delta\omega_\mathrm{D} = 2\sqrt{\ln 2} \cdot \omega_0 \cdot v_\mathrm{w}/c\,. \tag{7.74a}$$

Setzt man für Atome der Masse m $v_\mathrm{w} = (2k_\mathrm{B}T/m)^{1/2}$ ein, so wird die Dopplerbreite

$$\delta\omega_\mathrm{D} = (\omega_0/c)\,\sqrt{(8k_\mathrm{B}T \cdot \ln 2)/m}\,. \tag{7.74b}$$

Mit $(4 \cdot \ln 2)^{-1/2} \approx 0{,}6$ lässt sich (7.73) auch schreiben als

$$P(\omega) = P(\omega_0) \cdot \mathrm{e}^{-\left[(\omega-\omega_0)/(0{,}6\,\delta\omega_\mathrm{D})\right]^2}\,. \tag{7.75}$$

Man sieht aus (7.74b), dass die Dopplerbreite $\delta\omega_\mathrm{D}$ linear mit der Frequenz ω_0 ansteigt, mit steigender Temperatur T proportional zu $\sqrt{T}$ zunimmt und mit zunehmender Masse m wie $1/\sqrt{m}$ abnimmt.

Erweitert man den Radikanden in (7.74b) mit der Avogadrozahl N_A, so erhält man mit der Molmasse $M = N_\mathrm{A} \cdot m$ und der allgemeinen Gaskonstante $R = N_\mathrm{A} \cdot k_\mathrm{B}$ den zahlenmäßig schnell zu berechnenden Ausdruck im Frequenzmaß $\nu = \omega/2\pi$:

$$\begin{aligned}\delta\nu_\mathrm{D} &= \frac{2\nu_0}{c}\,\sqrt{(2RT/M) \cdot \ln 2}\\ &= 7{,}16 \cdot 10^{-7}\,\nu_0 \cdot \sqrt{T/M} \cdot \mathrm{s}^{-1}\,,\end{aligned} \tag{7.76}$$

mit T in K und M in g/mol.

Beispiele

1. Lyman-α-Linie des Übergangs $2P \to 1S$ im H-Atom: $\lambda = 121{,}6\,\mathrm{nm} \Rightarrow \nu_0 = 2{,}47 \cdot 10^{15}\,\mathrm{s}^{-1}$, $T = 1000\,\mathrm{K}$, $M = 1\,\mathrm{g/mol} = 10^{-3}\,\mathrm{kg/mol} \Rightarrow \delta\nu_\mathrm{D} = 5{,}6 \cdot 10^{10}\,\mathrm{s}^{-1} = 56\,\mathrm{GHz}$, $\delta\lambda_\mathrm{D} = 2{,}8 \cdot 10^{-3}\,\mathrm{nm}$.
2. Na-D-Linie des Überganges $3P_{1/2} \to 3S_{1/2}$ im Na-Atom: $\lambda = 589{,}1\,\mathrm{nm}$, $\nu_0 = 5{,}1 \cdot 10^{14}\,\mathrm{s}^{-1}$, $T = 500\,\mathrm{K}$, $M = 0{,}023\,\mathrm{kg/mol} \Rightarrow \delta\nu_\mathrm{D} = 1{,}7 \cdot 10^{9}\,\mathrm{s}^{-1}$, $\delta\lambda_\mathrm{D} = 2 \cdot 10^{-3}\,\mathrm{nm}$. ■

Man sieht aus den Beispielen, dass im sichtbaren Gebiet die Dopplerverbreiterung die natürliche Linienbreite um etwa zwei Größenordnungen übertrifft.

Dies bedeutet, dass die natürliche Linienbreite von der viel größeren Dopplerbreite völlig überdeckt wird und deshalb nicht ohne besondere experimentelle Tricks direkt messbar ist [3–5] (siehe Abschn. 10.2.7). Man kann sie jedoch durch Messung der

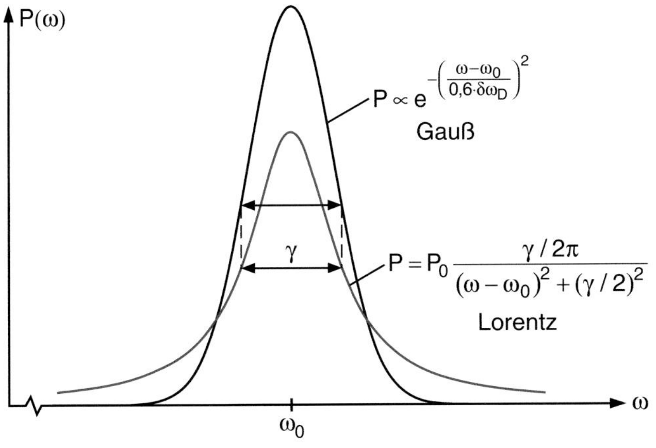

Abbildung 7.20 Vergleich von Lorentzprofil und Gaußprofil mit gleicher Halbwertsbreite

spontanen Lebensdauer des emittierenden Zustands bestimmen (siehe Abschn. 7.3).

Man beachte jedoch, dass bei einem Gaußprofil die Leistung $P(\omega)$ für große Werte von $\omega - \omega_0$ viel schneller gegen null geht als bei einem Lorentzprofil (Abb. 7.20). Deshalb kann man oft aus den extremen Linienflügeln noch Informationen über das Lorentzprofil erhalten, auch wenn die Dopplerbreite $\delta\omega_D$ wesentlich größer ist als die natürliche Linienbreite $\delta\omega_n$.

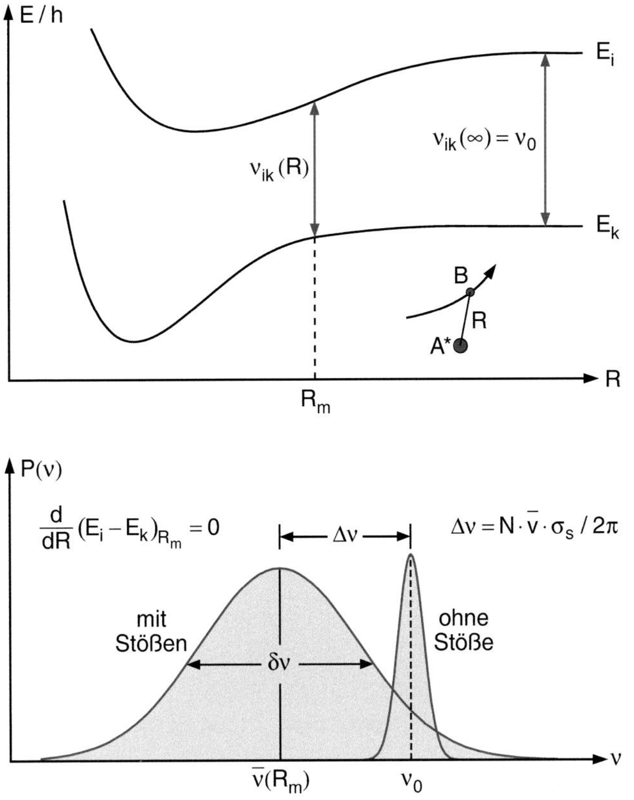

Abbildung 7.21 Erklärung der Stoßverbreiterung und Verschiebung bei elastischen Stößen mithilfe der Potentialkurven des Stoßpaares

7.4.3 Stoßverbreiterung von Spektrallinien

Nähert sich einem Atom A mit den Energieniveaus E_i und E_k ein anderes Atom bzw. Molekül B, so werden infolge der Wechselwirkung zwischen A und B die Energieniveaus von A verschoben. Diese Energieverschiebung hängt ab von der Struktur der Elektronenhüllen von A und B und vom gegenseitigen Abstand $R(\mathrm{A}, \mathrm{B})$, den wir hier als Abstand zwischen den Schwerpunkten von A und B definieren wollen. Die Energieverschiebung ist im Allgemeinen für die einzelnen Energieniveaus E_i verschieden groß und kann positiv sein (bei abstoßendem Potential zwischen $\mathrm{A}(E_i)$ und B) oder negativ (bei anziehender Wechselwirkung). Trägt man die Energien $E_i(R)$, $E_k(R)$ der Niveaus von A als Funktion von R auf, so erhält man die in Abb. 7.21 schematisch gezeichneten Potentialkurven. Da man die Annäherung zweier Teilchen bis auf einen Abstand R, bei dem sie sich merklich gegenseitig beeinflussen, auch *Stoß* nennt, heißt das System $\mathrm{AB}(R)$ auch ***Stoßpaar***.

Bei einem strahlenden Übergang zwischen den Niveaus E_i und E_k während des Stoßes hängt die Frequenz ν_{ik} des emittierten bzw. absorbierten Lichtes gemäß $h\nu_{ik} = |E_k(R) - E_i(R)|$ von der Differenz der Potentialkurven beim Abstand R zwischen A und B während der Lichtemission ab. In einem Gasgemisch von Atomen der Sorten A und B sind die Abstände R statistisch verteilt um einen Mittelwert $\overline{R}$, der von Druck und Temperatur des Gases abhängt. Entsprechend sind die Frequenzen ν_{ik} statistisch verteilt um einen Mittelwert $\overline{\nu}$, der im Allgemeinen gegenüber der Frequenz ν_0 des ungestörten Atoms verschoben ist. Die Verschiebung $\delta\nu = \nu_0 - \overline{\nu}$ ist ein Maß für die Differenz der Energieverschiebung der beiden Niveaus E_i und E_k bei einem Abstand R_m, bei dem das Maximum der Lichtemission liegt. Das Profil der stoßverbreiterten Spektrallinie gibt Informationen über die R-Abhängigkeit der Potentialkurvendifferenz $E_i(R) - E_k(R)$ und damit über die Differenz der Wechselwirkungspotentiale $V[A(E_i)\,B] - V[A(E_k)\,B]$.

Bei dem oben betrachteten Prozess erfolgte die Lichtemission (bzw. -absorption) von dem ursprünglich besetzten Niveau E des Atoms A, das nur während der Wechselwirkungszeit (geringfügig) verschoben war, aber nach der Wechselwirkung wieder seinen ursprünglichen Energiewert hatte. Man spricht deshalb von einer durch *elastische* Stöße verursachten Linienverbreiterung $\delta\nu$ und Linienverschiebung $\Delta\nu$. Die Energiedifferenz $h \cdot \Delta\nu = E_i - E_k - h\nu$ wird bei positivem $\Delta\nu$ durch die kinetische Energie der Stoßpartner, nicht durch die innere Energie eines Stoßpartners geliefert. Bei negativem $\Delta\nu$ wird die Überschussenergie in kinetische Energie umgewandelt.

Außer diesen elastischen Stößen können auch inelastische Stöße vorkommen, bei denen z. B. die Anregungsenergie $E_i - E_k$ ganz oder teilweise in innere Energie des Stoßpartners B umgewandelt wird oder in Translationsenergie beider Stoßpartner. Man nennt solche Stöße auch löschende Stöße, weil sie die Besetzungszahl von E_i und damit die Fluoreszenz von E_i vermindern.

Bezeichnen wir mit R_{ik} die Wahrscheinlichkeit, dass ein angeregtes Atomniveau E_i durch Stoß mit B ohne Lichtemission in den Zustand E_k übergeht (***stoßinduzierte Relaxation***), so ist die gesamte Übergangswahrscheinlichkeit vom Niveau E_i in andere Zustände E_k des Atoms

$$\mathrm{A}_i = \sum_k \mathrm{A}_{ik}(\text{spontan}) + \sum_k R_{ik} \qquad (7.77)$$

mit der stoßinduzierten Übergangswahrscheinlichkeit

$$R_{ik} = N_\mathrm{B}\sigma_{ik}\sqrt{8k_\mathrm{B}}T/\pi\mu \qquad (7.78)$$

(siehe Abschn. 7.3). Die effektive Lebensdauer $\tau_\mathrm{eff} = 1/\mathrm{A}_i$ des Niveaus E_i wird also durch die Stöße verkürzt. Dadurch wird die Linienbreite der Strahlung von E_i ebenfalls größer (Abschn. 7.1). Da die Linienbreite $\delta\nu_{ik} = A_i/2\pi$ ist (7.66), sieht man aus (7.77), (7.78), dass $\delta\nu$ linear mit der Dichte N, d. h. mit dem Druck der Komponente B ansteigt. Man nennt die durch Stöße verursachte Linienverbreiterung deshalb ***Druckverbreiterung***. Sind die Stoßpartner A und B Moleküle derselben Sorte (A = B), so spricht man von ***Eigendruckverbreiterung***, für A $\neq$ B von ***Fremddruckverbreiterung***.

Wir haben gesehen, dass sowohl elastische als auch inelastische Stöße zu einer Verbreiterung der Spektrallinien führen, wobei die elastischen Stöße noch zusätzlich eine Linienverschiebung bewirken. Man kann beide Prozesse im Rahmen eines klassischen Modells des gedämpften harmonischen Oszillators behandeln, wie dies von *V.F. Weisskopf* 1932 durchgeführt wurde [6]. Die inelastischen Stöße ändern dabei die Amplitude der Oszillatorschwingung. Dies kann man pauschal durch eine zusätzliche Dämpfungskonstante $\gamma_\text{Stoß}$ (außer der durch die Abstrahlung bewirkten Dämpfung γ_n) beschreiben und erhält dann gemäß den Überlegungen von Abschn. 7.4.1 ein Lorentz-Profil mit der Linienbreite $\delta\omega = \gamma_\mathrm{n} + \gamma_\text{Stoß}$.

Die elastischen Stöße ändern in diesem Modell nicht die Schwingungsamplitude, sondern (durch die Frequenzverstimmung während des Vorbeiflugs) nur die Phase der Oszillatorschwingung. Man nennt sie deshalb auch ***Phasenstörungsstöße*** (Abb. 7.22). Ist der Phasensprung $\Delta\varphi$ während eines Stoßes groß genug, so besteht keine Korrelation mehr zwischen der Schwingung vor und nach dem Stoß, und man erhält voneinander unabhängige Wellenzüge, deren mittlere Länge von der mittleren Zeit zwischen zwei Stößen bestimmt wird. Eine Fourier-Analyse dieser Wellenzüge liefert (analog zur Behandlung in Abschn. 7.4.1) das Frequenzspektrum und damit das Linienprofil.

Als Ergebnis der elastischen und inelastischen Stöße erhält man nach längerer Rechnung [6, 7] für das Linienprofil den Ausdruck

$$P_\omega(\omega) = P_0 \frac{\left(\frac{\gamma_\mathrm{n}+\gamma_\mathrm{in}}{2} + N\overline{v}\sigma_\mathrm{b}\right)^2}{(\omega-\omega_0-N\overline{v}\sigma_\mathrm{s})^2 + \left(\frac{\gamma_\mathrm{n}+\gamma_\mathrm{in}}{2} + N\overline{v}\sigma_\mathrm{b}\right)^2}, \qquad (7.79)$$

wobei N die Dichte der stoßenden Moleküle B, $\overline{v}$ die mittlere Relativgeschwindigkeit und $P_0 = P_\omega(\omega_0')$ die spektrale Strahlungsleistung im Linienmaximum bei der verschobenen Frequenz $\omega_0' = \omega_0 + N\overline{v}\sigma_\mathrm{s}$ ist. Die Größen

$$\sigma_\mathrm{b} = 2\pi\int_0^\infty \left(1-\cos\varphi(R)\right)R\,\mathrm{d}R\,, \qquad (7.80a)$$

$$\sigma_\mathrm{s} = 2\pi\int_0^\infty \left(\sin\varphi(R)\right)R\,\mathrm{d}R \qquad (7.80b)$$

sind ein Maß für die Linienverbreiterung bzw. -verschiebung durch die elastischen Phasenstörungsstöße. Während $\sigma_\mathrm{b} > 0$ ist, kann $\sigma_\mathrm{s} < 0$ oder $\sigma_\mathrm{s} > 0$ sein. In Tab. 7.3 sind einige charakteristische Daten für Linienverbreiterung und -verschiebung verschiedener Stoßpartner in MHz/Pa angegeben.

Das Maximum des verschobenen Linienprofils ist bei $\nu_\mathrm{m} = \Delta E(R_\mathrm{m})/h$, wobei R_m der Stoßabstand ist, bei dem die beiden Potentialkurven $E_i(R)$ und $E_k(R)$ parallel verlaufen.

Die Frequenzverstimmung des Oszillators A während des Vorbeiflugs von B und damit die Phasenänderung $\Delta\varphi$ durch den Stoß hängt vom Wechselwirkungspotential $E_\mathrm{p}(R)$ zwischen den Stoßpartnern ab. $E_\mathrm{p}(R)$ bestimmt somit das Linienprofil. In unserem Potentialkurvenbild (Abb. 7.21) gehört zu jedem Abstandsintervall R bis $R + \mathrm{d}R$ ein entsprechendes Frequenzintervall ν bis $\nu + \mathrm{d}\nu$. Wir wollen uns die Intensitätsverteilung der stoßverbreiterten Spektrallinie und ihre Abhängigkeit von $E_\mathrm{p}(R)$ ein wenig genauer klar machen:

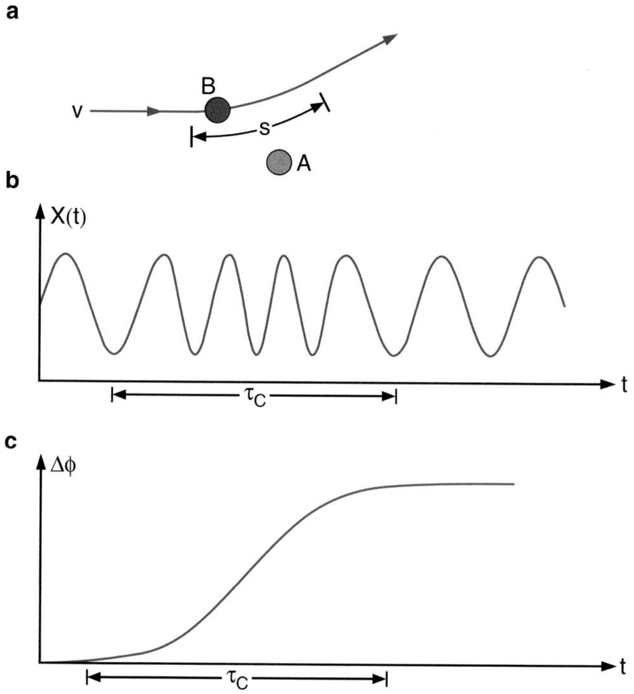

Abbildung 7.22 Elastische Stöße als Phasenstörungsstöße: **a** Klassische Bahn des Stoßpartners B, **b** Änderung der Oszillationsfrequenz von A während der Stoßzeit $\tau_\mathrm{S} = s/v$, **c** Die gesamte Phasenänderung $\Delta\phi$ während des Stoßes ist das Integral über $\int_{-\infty}^{+\infty}\Delta\omega(t)\,\mathrm{d}t$

Tabelle 7.3 Linienverbreiterung $\delta\nu_b$ und Linienverschiebung $\Delta\nu_s$ (in MHz/Pa) einiger Alkaliübergänge bei Stößen mit Edelgasatomen

Atomarer Übergang	Stoßpartner					
	He		Ar		Xe	
	$\delta\nu_b$	$\Delta\nu_s$	$\delta\nu_b$	$\Delta\nu_s$	$\delta\nu_b$	$\Delta\nu_s$
Na: $3S_{1/2} \leftrightarrow 3P_{1/2}$ $\lambda = 589{,}6\,\mathrm{nm}$	0,07	0,0	0,1	−0,05	0,13	−0,07
K: $4S_{1/2} \leftrightarrow 4P_{1/2}$ $\lambda = 769{,}9\,\mathrm{nm}$	0,06	0,02	0,1	−0,09	0,12	−0,07
Cs: $6S_{1/2} \leftrightarrow 6P_{1/2}$ $\lambda = 894{,}4\,\mathrm{nm}$	0,08	0,05	0,08	−0,07	0,09	−0,06

Im thermischen Gleichgewicht ist die Wahrscheinlichkeit, dass ein Stoßpartner B den Abstand R bis $R + \mathrm{d}R$ vom Atom A hat, proportional zum Volumen $4\pi R^2\,\mathrm{d}R$ der Kugelschale um A und außerdem proportional zum Boltzmann-Faktor $\mathrm{e}^{-E_p(R)/k_BT}\,\mathrm{d}R$.

Die Dichte der Stoßpaare AB mit Abstand R ist deshalb

$$n_{AB}(R)\,\mathrm{d}R = CR^2\mathrm{e}^{-E_p(R)/k_BT}\,\mathrm{d}R\,. \tag{7.81}$$

Da die Intensität einer Spektrallinie proportional zur Dichte der absorbierenden bzw. emittierenden Atome ist, entspricht dieser Dichteverteilung wegen

$$\begin{aligned}\nu &= \frac{E_i(R) - E_k(R)}{h}\\ \rightarrow\ \mathrm{d}\nu &= \frac{1}{h}\frac{\mathrm{d}(E_i - E_k)}{\mathrm{d}R}\,\mathrm{d}R\end{aligned} \tag{7.82}$$

eine spektrale Leistungsverteilung (z. B. in einer Absorptionslinie)

$$\begin{aligned}&P_\nu(\nu)\,\mathrm{d}\nu\\ &= C^*R^2\mathrm{e}^{-E_k(R)/k_BT}\frac{\mathrm{d}\big(E_i(R) - E_k(R)\big)}{\mathrm{d}R}\,\mathrm{d}R\,.\end{aligned} \tag{7.83}$$

Man setzt nun verschiedene Modellpotentiale $E_i(R)$, $E_k(R)$ in (7.83) ein und vergleicht das Ergebnis der Rechnung mit den gemessenen Linienprofilen. Viele Rechnungen wurden mit einem Lennard-Jones-Potential-Ansatz

$$E_p(R) = a/R^{12} - b/R^6 \tag{7.84}$$

(Abb. 2.35) durchgeführt, dessen Koeffizienten so bestimmt wurden, dass die Übereinstimmung zwischen Experiment und Rechnung optimal wurde [8, 9].

> Man sieht aus (7.83), dass man durch Messung der Temperaturabhängigkeit des Linienprofils das Potential $E_k(R)$ für einen Zustand E_k getrennt bestimmen kann, während man bei nur einer Temperatur allein aus dem Linienprofil nur die Differenzpotentiale $E_i(R) - E_k(R)$ ermitteln kann.

Man kann die klassischen Modelle auf quantenmechanischer Basis erweitern. Dies führt aber über den Rahmen dieser Darstellung hinaus [10].

7.5 Röntgenstrahlung

Im Jahre 1895 entdeckte *Wilhelm Conrad Röntgen* (1845–1923) (Abb. 7.23) in Würzburg beim Experimentieren mit von *Philipp Lenard* entwickelten Gasentladungsröhren, dass aus diesen Röhren eine Strahlung austrat, die Stoffe wie Glas, menschliches Gewebe oder Holz durchdringen konnte. Da er über ihre Natur noch nicht viel wusste, nannte er sie ***X-Strahlen***. Für diese Entdeckung erhielt er als erster Physiker überhaupt 1901 den Nobelpreis.

Diese Strahlen, die bald dem Entdecker zu Ehren ***Röntgenstrahlen*** genannt wurden, haben in den über 100 Jahren seit ihrer Entdeckung eine Fülle von Anwendungsgebieten erschlossen, die von medizinischen Röntgenbildern und Röntgen-Computertomographen über Materialforschung, die Sterilisierung von Lebensmitteln bis zur Röntgenastronomie reichen.

Das Prinzip einer Röntgenröhre ist in Abb. 7.24 dargestellt: Aus einer geheizten Kathode K treten Elektronen aus, die durch eine Spannung U auf die Anode beschleunigt werden. Dort wird ein Teil ihrer Energie $e \cdot U$ in Röntgenstrahlung umgewandelt, die durch ein Fenster aus der Röhre austritt.

Röntgenstrahlen haben zwei verschiedene Quellen:

- Durch die Abbremsung energiereicher Elektronen (einige keV bis MeV) in Materie entsteht die *Bremsstrahlung* (siehe Bd. 2, Abschn. 6.5) mit einer kontinuierlichen spektralen Intensitätsverteilung $I(\lambda)$, deren Verlauf von der Energie der Elektronen abhängt.

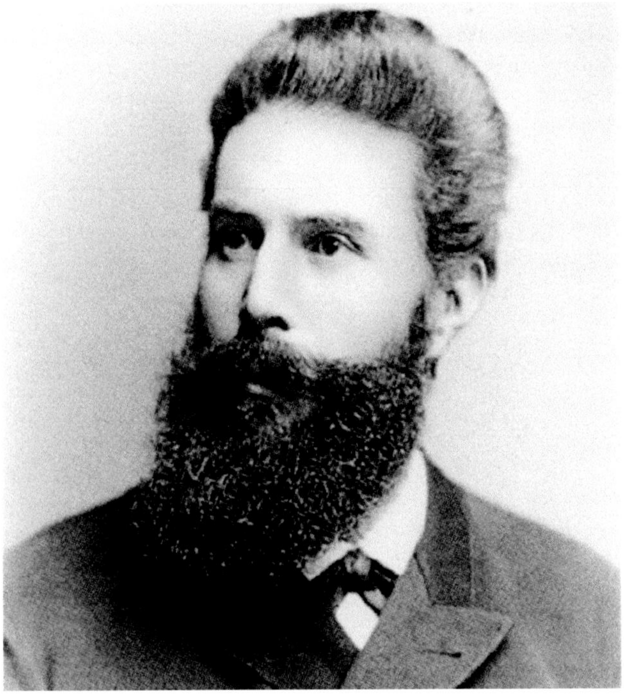

Abbildung 7.23 *W.C. Röntgen.* Aus E. Bagge: *Die Nobelpreisträger der Physik* (Heinz-Moos-Verlag, München 1964)

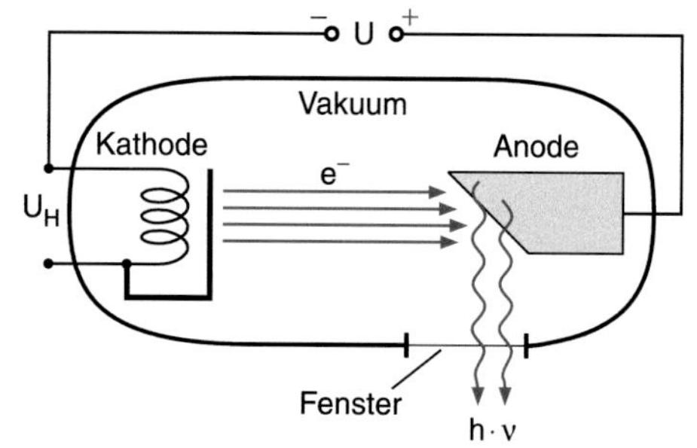

Abbildung 7.24 Schematischer Aufbau einer Röntgenröhre

- Bei Elektronenübergängen aus höheren Energiezuständen E_i schwerer Atome (z. B. Kupfer, Wolfram) in freie Plätze (Löcher) in tieferen Elektronenschalen mit Energien E_k wird die *charakteristische Röntgenstrahlung* erzeugt. Sie besteht aus Photonen mit diskreten Energien $h \cdot \nu = E_i - E_k$, welche charakteristisch für die betreffenden Atome sind, in welchen die Übergänge stattfinden [11].

7.5.1 Bremsstrahlung

Die Elektronen können beim Auftreffen auf die Anode, die aus einem schweren Metall (z. B. Cu) besteht, ihre Energie $e \cdot U$ teilweise in Bremsstrahlung umwandeln, wenn sie im Coulombfeld der schweren Kerne abgelenkt werden (Abb. 7.25a), oder sie können mit den Elektronen der Anodenatome zusammenstoßen (Abb. 7.25b) und dabei ihre Energie im Allgemeinen in mehreren Schritten abgeben. Während der erste Anteil zur Emission der kontinuierlichen Röntgenstrahlung führt, wird der zweite Anteil zum Teil in Wärme umgewandelt, bewirkt aber auch die Anregung von Elektronen aus inneren Schalen und führt damit, beim Zurückfallen von Elektronen in die freien Löcher, zur Emission der charakteristischen Strahlung.

Beide Anteile sind elektromagnetische Strahlung, wie durch Messung ihrer Polarisation durch den englischen Physiker *Charles Glover Barkla* (1877–1944, Nobelpreis 1917) und aus

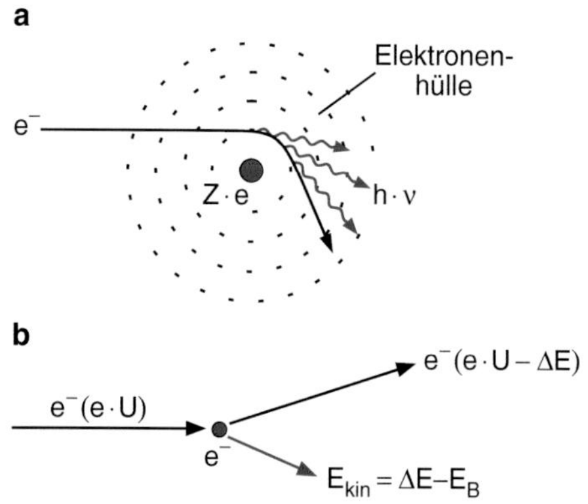

Abbildung 7.25 **a** Zur Entstehung der Bremsstrahlung. **b** Inelastischer Stoß des ankommenden Elektrons mit einem Hüllenelektron der Anodenatome

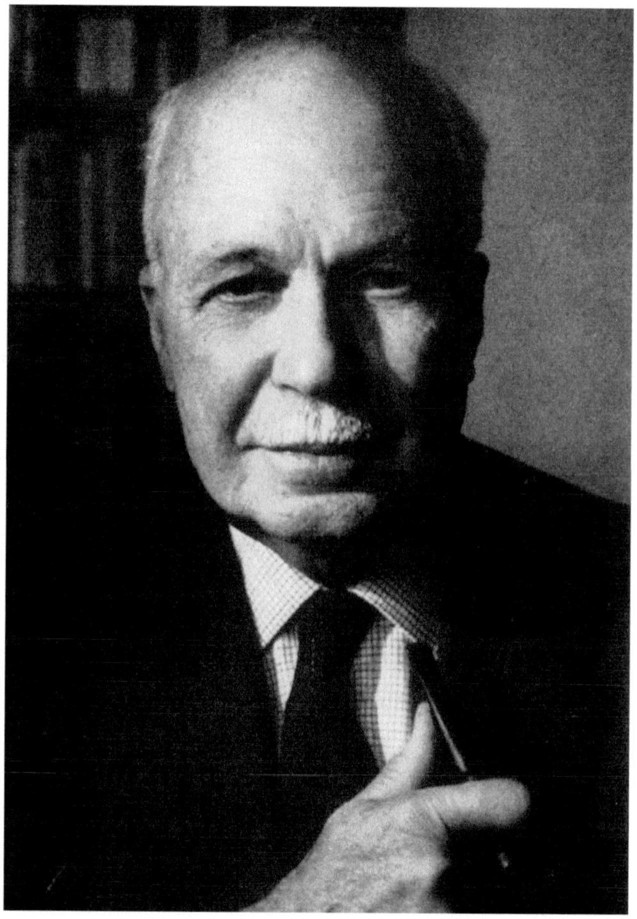

Abbildung 7.26 *W.H. Bragg*. Aus E. Bagge: *Die Nobelpreisträger der Physik* (Heinz-Moos-Verlag, München 1964)

Beugungs- und Interferenzversuchen an Kristallen (siehe Abschn. 2.2.3) zuerst von *Max von Laue* (1897–1960, Nobelpreis 1914) und seinen Assistenten *W. Friedrich* und *P. Knipping* und später von *William Henry Bragg* (1862–1942) (Abb. 7.26) und seinem Sohn *William Lawrence Bragg* (1890–1971), die beide zusammen 1915 den Nobelpreis erhielten, nachgewiesen wurde. Die Intensitätsverteilung der aus einer solchen Röntgenröhre emittierten Strahlung ist in Abb. 7.27 gezeigt. Aus dem breiten Bremsstrahlungskontinuum ragen bei ausreichend großer Spannung U einige charakteristische Linien heraus, die den oben erwähnten atomaren Übergängen entsprechen (Abb. 7.28a). Die kurzwellige Grenze des Röntgenkontinuums ist durch die Bedingung

$$h\nu \leq h\nu_{\mathrm{G}} = e \cdot U \quad \Rightarrow \quad \lambda \geq \lambda_{\mathrm{G}} = \frac{h \cdot c}{e \cdot U} \tag{7.85}$$

gegeben, welche besagt, dass die Elektronen im günstigsten Fall ihre gesamte Energie $e \cdot U$ in ein Röntgenquant der Bremsstrahlung umwandeln können. Setzt man die Zahlenwerte für h, c und e ein, so ergibt dies

$$\lambda_{\mathrm{G}} = \frac{12{,}4\,\text{Å}}{U\,[\text{kV}]}\,. \tag{7.86}$$

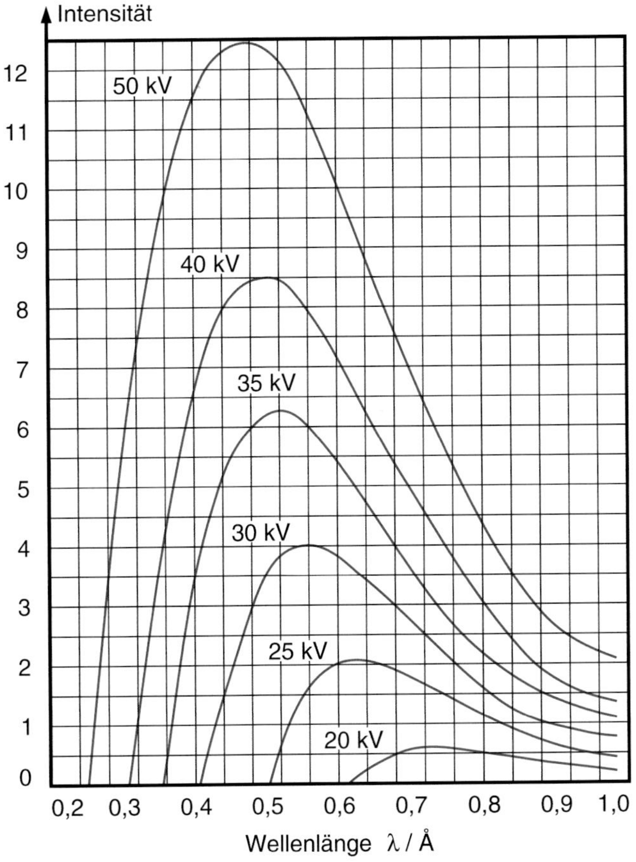

Abbildung 7.27 Spektrale Intensitätsverteilung der Bremsstrahlung einer Wolframanode für verschiedene Spannungen U

Beispiel

$U = 10\,\text{kV} \Rightarrow \lambda_G = 1{,}2\,\text{Å} = 0{,}12\,\text{nm};$
$U = 50\,\text{kV} \Rightarrow \lambda_G = 0{,}24\,\text{Å} = 0{,}024\,\text{nm}.$ ■

7.5.2 Charakteristische Röntgenstrahlung

Um die charakteristische Röntgenstrahlung zu erhalten, muss die Energie der Elektronen groß genug sein, um Elektronen der Anodenatome aus inneren Schalen in freie höhere Energiezustände anzuregen nach dem Schema (Abb. 7.29)

$$\begin{aligned} e^- + E_{\text{kin}} + A(E_k) &\Rightarrow A^*(E_i) + e^- + E'_{\text{kin}} \\ \text{mit}\quad E_{\text{kin}} - E'_{\text{kin}} &= E_i - E_k \\ A^*(E_i) &\Rightarrow A(E_k) + h \cdot \nu_{ik}\,. \end{aligned} \tag{7.87}$$

wobei A^* ein angeregtes Atom symbolisiert.

Beispiel

$E_k(\text{Cu}(1s)) = -8978\,\text{eV}$ (Anregung aus der K-Schale), $E_i(\text{Cu}(6p)) = -4\,\text{eV} \Rightarrow$ Erst oberhalb der Energie $E_{\text{kin}} = e \cdot U \mathrel{\hat{=}} 8974\,\text{eV}$ der stoßenden Elektronen kann die Cu-K-Strahlung entstehen. ■

Mit zunehmender Spannung U nimmt das Verhältnis $\eta = P_{\text{char}}/P_{\text{kont}}$ der emittierten Leistung der charakteristischen zur kontinuierlichen Strahlung einer Röntgenröhre zu (Abb. 7.28b), ist aber z. B. für eine Wolfram-Kathode selbst bei 250 kV nur etwa 10 %.

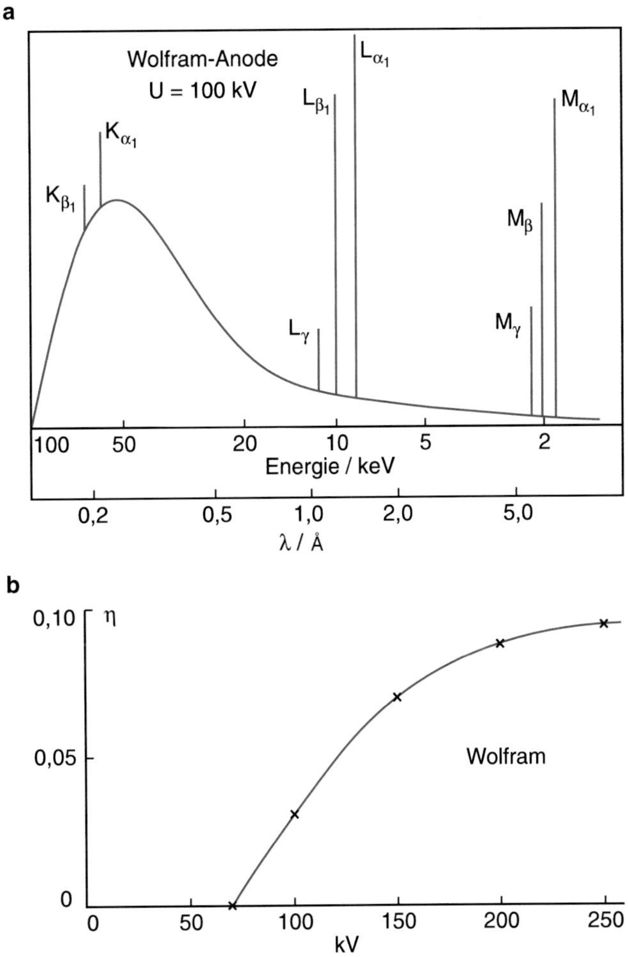

Abbildung 7.28 **a** Kontinuierliche Röntgenstrahlung, überlagert von charakteristischen Linien von Wolfram. **b** Verhältnis η der emittierten Leistung der charakteristischen Strahlung zur Leistung der kontinuierlichen Strahlung als Funktion der Spannung zwischen Anode und Kathode

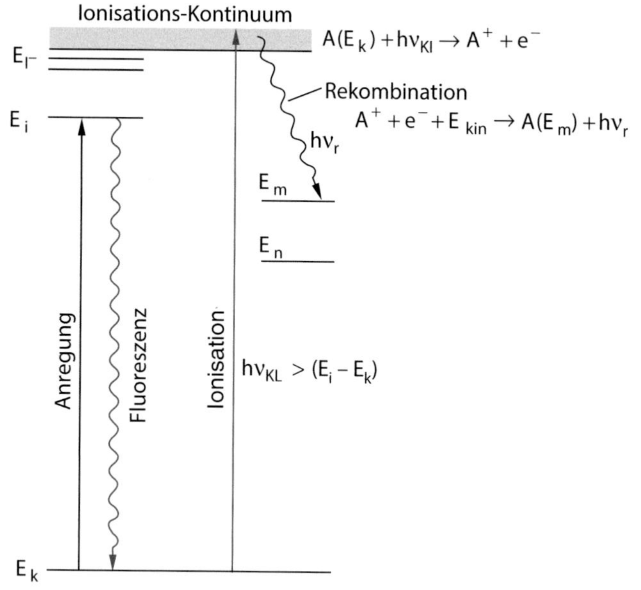

Abbildung 7.29 Zur Entstehung der charakteristischen Röntgenstrahlung. 1) Anregung hochliegender Zustände E_i durch Elektronenstoß mit nachfolgender Fluoreszenz $E_i \to E_k$. 2) Anregung von Ionen-Zuständen, die durch Rekombination und Fluoreszenz in Zustände $A(E_m)$ gemäß $A(E_k) + e^- \to A^{+*} \to A(E_m) + h \cdot \nu$ übergehen, die dann Röntgenfluoreszenz $A(E_m) \to A(E_k) + h \cdot \nu_{mk}$ aussenden

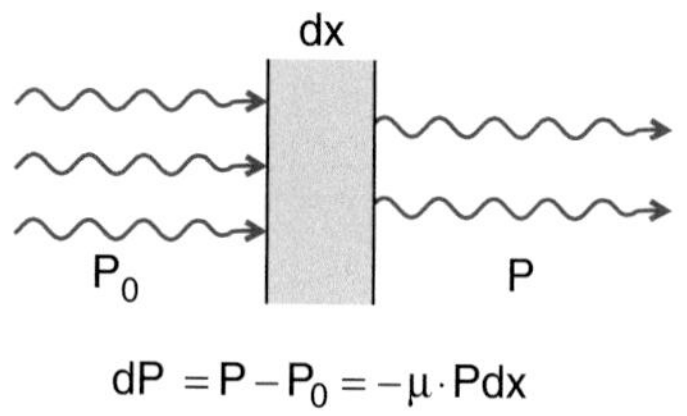

Abbildung 7.30 Zur Absorption und Streuung von Röntgenstrahlung. Abschwächung beim Durchgang durch eine Schicht dx

7.5.3 Absorption und Streuung von Röntgenstrahlung

Fällt ein paralleles Röntgenstrahlbündel auf eine Materieschicht der Dicke dx (Abb. 7.30), so stellt man fest, dass die durchgelassene Strahlungsleistung $P(x)$ gegenüber der einfallenden Leistung P_0 abgeschwächt ist. Die Abnahme der Leistung ist $dP = -\mu P\,dx$, wobei der Faktor μ ***Abschwächungskoeffizient*** heißt. Integration gibt für eine Schichtdicke x:

$$P(x) = P_0 \cdot e^{-\mu \cdot x} . \tag{7.88}$$

Die Abschwächung hat zwei Ursachen: Streuung und Absorption, die sich beide überlagern. Deshalb schreibt man den Schwächungskoeffizienten

$$\mu = \mu_s + \alpha$$

als Summe aus ***Streukoeffizient*** μ_S und ***Absorptionskoeffizient*** α.

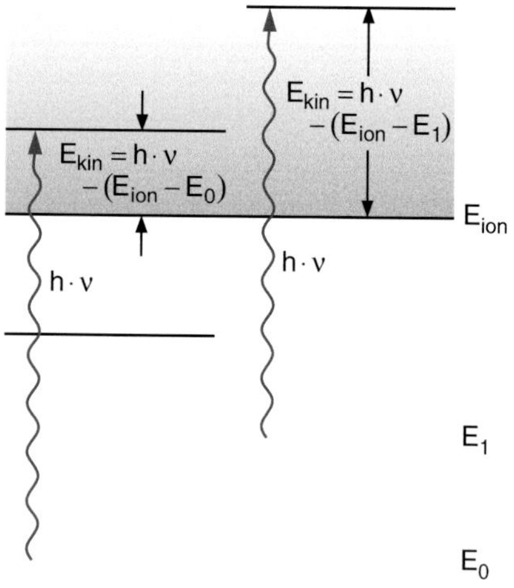

Abbildung 7.31 Zur Energiebilanz beim Photoeffekt

Die Streuwahrscheinlichkeit steigt proportional zu ω^4 bzw. $1/\lambda^4$ an, solange der Durchmesser der streuenden Teilchen klein ist gegen die Wellenlänge λ (siehe Bd. 2, Abschn. 10.9). Für $\lambda \lesssim d$ hängt der Streuquerschnitt nur noch schwach von λ ab.

Der Streuquerschnitt für Röntgenstrahlung ist wesentlich größer als für sichtbares Licht.

Beispiel

Beim Durchgang durch reines Wasser wird sichtbares Licht bei $\lambda = 500$ nm nach $x = 1$ km durch Streuung auf $1/e$ geschwächt, während Röntgenstrahlung bei $\lambda = 0{,}1$ nm bereits nach 5 mm auf $1/e$ abnimmt. ■

Außer der elastischen Streuung tritt inelastische Streuung auf (Compton-Effekt), bei der das inelastisch gestreute Photon $h \cdot \nu' < h \cdot \nu$ entweder wieder gestreut oder absorbiert wird, sodass letzlich die Anfangsenergie $h \cdot \nu$ bei genügender Schichtdicke völlig absorbiert wird.

Die *Absorption* von Röntgenstrahlung hängt stark vom absorbierenden Material ab. Sie beruht auf drei Effekten:

- **Photoeffekt:** Hier wird das Röntgenquant $h \cdot \nu$ vom Atom absorbiert und dabei ein Elektron aus einer tieferen Schale ionisiert (Abb. 7.31)

$$h \cdot \nu + A(E_k) \to A^+(E_{ion}) + e^-(E_{kin}) , \tag{7.89}$$

wobei die Energiebilanz die Beziehung fordert:

$$E_{kin}(e^-) = h \cdot \nu - (E_{ion} - E_k) . \tag{7.90}$$

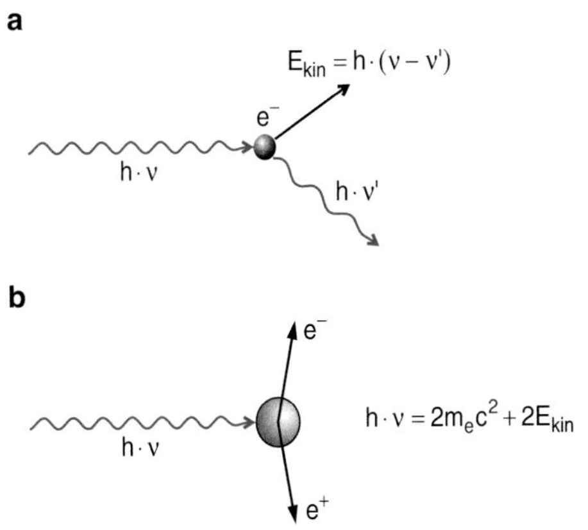

Abbildung 7.32 **a** Compton-Effekt; **b** Paarbildung

- **Compton-Effekt:** Hier stößt das Röntgenquant mit einem fast freien Elektron in der äußeren Schale des Atoms zusammen (Bindungsenergie $E_B \ll h\nu$) und überträgt nur einen Teil seiner Energie auf das Elektron nach dem Schema

$$h \cdot \nu + e^- \rightarrow e^-(E_{kin}) + h \cdot \nu' \tag{7.91}$$

mit $h \cdot (\nu - \nu') = E_{kin}(e^-)$ (siehe Abschn. 3.1.6 und Abb. 7.32a). Das gestreute Photon $h \cdot \nu'$ kann dann durch den Photoeffekt absorbiert werden.

- **Paarbildung:** Bei hinreichend großen Energien $h\nu > 1\,\text{MeV}$ kann ein Röntgenquant in Materie ein Elektron-Positron-Paar erzeugen (Abb. 7.32b)

$$h \cdot \nu \rightarrow e^- + e^+ + 2E_{kin} \tag{7.92}$$

mit $h \cdot \nu = 2m_e c^2 + 2E_{kin}$, wobei jedes der beiden Teilchen mit gleicher Masse die gleiche kinetische Energie E_{kin} erhält, wie direkt aus der Impulserhaltung folgt.

In Abb. 7.33 ist der relative Anteil der drei Prozesse an der Absorption von Röntgenstrahlung als Funktion der Quantenenergie $h \cdot \nu$ aufgetragen. Man sieht daraus, dass in Blei bei Energien $h \cdot \nu < 500\,\text{keV}$ der Photoeffekt überwiegt.

Der Absorptionskoeffizient

$$\alpha = n \cdot \sigma_a \tag{7.93}$$

ist das Produkt aus Teilchenzahldichte n der Absorberatome und deren Absorptionsquerschnitt σ_a. Oft wird die Abschwächung auf die absorbierende Masse bezogen. Schreibt man in (7.88) für die Absorption in einem Medium mit der Massendichte ϱ

$$e^{-\alpha x} = e^{-(\alpha/\varrho)\cdot\varrho\cdot x} = e^{-\kappa_a\cdot\varrho\cdot x}, \tag{7.94}$$

so gibt $\varrho \cdot x$ die auf der Strecke x durchstrahlte Masse pro Flächeneinheit an. Der ***Massenabsorptionskoeffizient***

$$\kappa_a = \frac{\alpha}{\varrho}, \quad [\kappa_a] = 1\frac{m^2}{kg}, \tag{7.95}$$

Tabelle 7.4 Massenschwächungskoeffizienten $\mu/\varrho/(m^2/kg)$ verschiedener Absorberstoffe für Röntgenstrahlen ($h \cdot \nu$/keV, λ/pm)

$h \cdot \nu$	λ	Luft	H_2O	Al	Cu	W	Pb
5	246	2	2,0	25	24	70	100
10	123	0,5	0,52	2,6	22,4	9,53	13,7
50	25	0,02	0,92	0,04	0,26	0,6	0,8
100	12	0,015	0,017	0,02	0,05	0,4	0,6

gibt also an, nach welcher durchstrahlten Massenbelegung pro Flächeneinheit die Intensität der Röntgenstrahlung durch Absorption auf $1/e$ ihres Anfangswertes gesunken ist. Er hängt ab von der Wellenlänge λ und vom Material (Tab. 7.4).

Beispiel

Blei hat die Dichte $\varrho = 11{,}3\,\text{g/cm}^3$ und bei $\lambda = 0{,}1\,\text{nm}$ ($\gtrsim 12\,\text{keV}$) den Massenabsorptionskoeffizienten $\kappa_a = 7{,}5\,\text{m}^2/\text{kg}$. Man braucht daher eine Masse von 0,6 kg pro m^2 durchstrahlter Fläche, um die Intensität auf $1\,\% = e^{-4{,}6}$ abzuschwächen. Dies entspricht einer Schichtdicke $x = 54\,\mu\text{m}$. Für Röntgenstrahlen der Wellenlänge $10^{-2}\,\text{nm}$ ($\gtrsim 120\,\text{keV}$) ist $\kappa_a = 0{,}5\,\text{m}^2\,\text{kg}^{-1}$. Damit ist nun eine Bleischicht von 0,8 mm nötig für eine Abschwächung auf 1 %. ■

Wegen $\alpha = n \cdot \sigma_a$ und $\varrho = n \cdot m_{at}$ (n = Zahl der Atome pro Volumen, m_{at} = Masse eines Atoms) kann der Massenabsorpti-

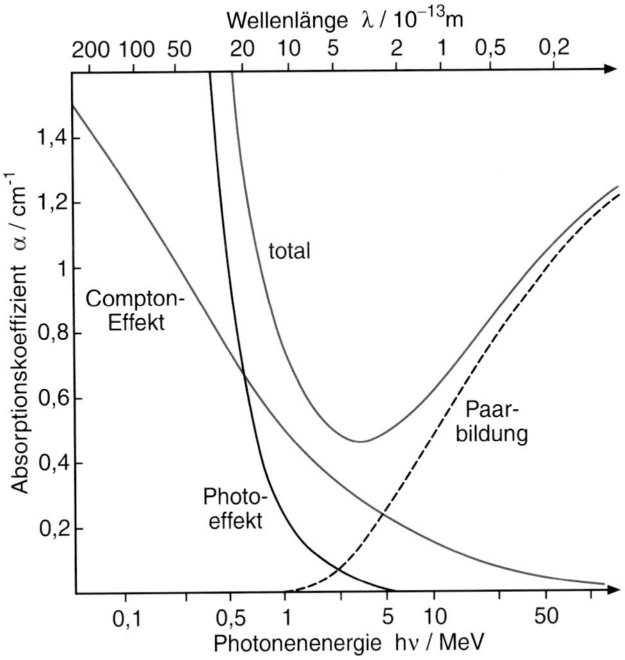

Abbildung 7.33 Beiträge von Photoeffekt, Compton-Effekt und Paarbildung zum Absorptionskoeffizienten von Blei in Abhängigkeit von der Photonenenergie

onskoeffizient

$$\kappa_a = \frac{\alpha}{\varrho} = \frac{\sigma_a}{m_{at}} \tag{7.96}$$

als Quotient aus atomarem Absorptionsquerschnitt σ_a und Atommasse m_{at} geschrieben werden.

> Experimentell findet man, dass der Absorptionsquerschnitt σ_a gemäß
>
> $$\sigma_a = C \cdot Z^4 \cdot \lambda^3 \tag{7.97}$$
>
> stark mit der Wellenlänge λ der Röntgenstrahlung und der Kernladungszahl Z des absorbierenden Material anwächst.

Die Konstante C hängt ab von dem absorbierenden Material, z. B. von der Packungsdichte der absorbierenden Atome und der Zahl der absorptionsfähigen Elektronen pro Atom. Bei molekularen absorbierenden Proben addieren sich die Absorptionsquerschnitte σ_{ai} der einzelnen Atome des Moleküls zum molekularen Absorptionsquerschnitt $\sigma_{am} = \sum \sigma_{ai}$.

Blei ($Z = 82$) schirmt wegen der Z^4-Abhängigkeit etwa 1580-mal stärker ab als eine gleich dicke Schicht von Aluminium ($Z = 13$) und immerhin noch 100-mal besser als Eisen ($Z = 26$). Die Massenabsorptionskoeffizienten $\kappa_a = \alpha/\varrho$ wachsen dagegen nur mit Z^3, weil die Atommassen $m_{at} \propto Z$ sind. Bei gleichen Massen pro durchstrahlter Fläche schirmt dann Blei etwa 30mal besser ab als Eisen.

Misst man den Absorptionsquerschnitt σ_a über einen größeren Wellenlängenbereich, so findet man den durch (7.97) beschriebenen Verlauf $\sigma_a \propto \lambda^3$, aber bei bestimmten Wellenlängen λ_k treffen Sprünge im Absorptionsquerschnitt auf, die als ***Absorptionskanten*** bezeichnet werden (Abb. 7.34). Ihre Wellenlängen λ_k sind charakteristisch für die Atome des absorbierenden Materials. Die entsprechenden Energien $h \cdot \nu_k = h \cdot c/\lambda_k$ stimmen überein mit den Ionisierungsenergien der entsprechenden

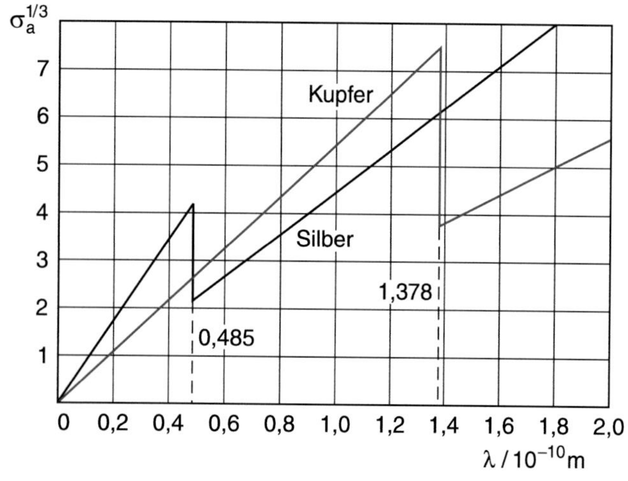

Abbildung 7.34 Dritte Wurzel aus dem Absorptionsquerschnitt $\sigma_a(\lambda)$. Gezeigt sind die K-Kanten von Silber und Kupfer

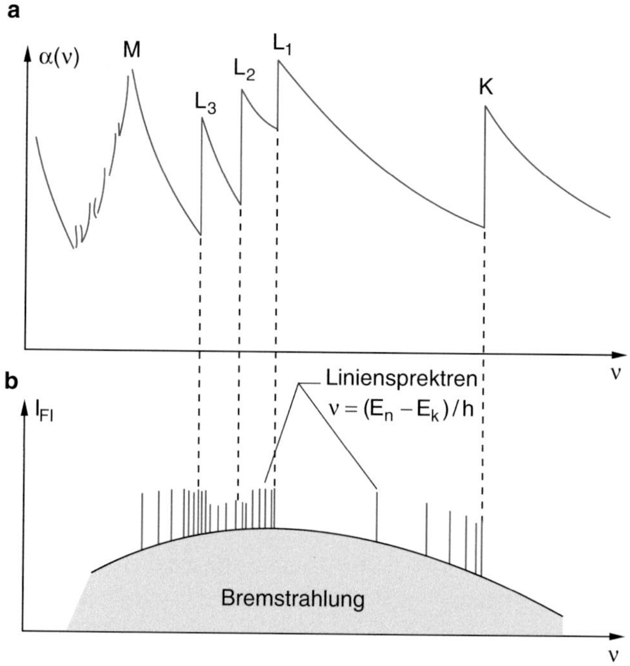

Abbildung 7.35 Vergleich von Absorptions- und Emissions-Spektrum in der Umgebung der Kanten. Die Linienspektren in (**b**) bilden Serien, die für $n \to \infty$ gegen die Ionisationsenergie konvergieren, wo auch die Absorptionskante liegt

inneren Niveaus, d. h. $h\nu_k = E^{\text{ion}}(k)$ ist die Ionisierungsenergie des Niveaus $\langle k|$. Für $h\nu_{nk} = E_n - E_k < h\nu_k$ werden diskrete Niveaus E_n unterhalb der Ionisierungsgrenze angeregt, die für $n \to \infty$ gegen die Ionisierungsenergie konvergieren (Abb. 7.35). Die angeregten Niveaus E_n zerfallen durch Emission von Fluoreszenz. Misst man also die Wellenlängen der Fluoreszenzlinien und extrapoliert gegen $n \to \infty$, so kann man auf spektroskopischem Weg die Wellenlänge der Absorptionskanten bestimmen.

Die Erklärung für die Sprünge im Absorptionsquerschnitt ist folgende (Abb. 7.36): Für kleine Energien $h \cdot \nu$ können nur Elektronen aus den obersten besetzten Schalen ionisiert werden. Mit wachsender Frequenz ν reicht für $\nu > \nu_k$ (d. h. $\lambda < \lambda_k$) die Energie der Röntgenstrahlung $h \cdot \nu$ aus, um Elektronen aus einer tieferen Schale in unbesetzte höhere Energiezustände anzuregen bzw. das Atom zu ionisieren. Dabei ist $h \cdot \nu_k$ die Ionisierungsenergie der k-ten Schale. Deshalb tragen für $\nu > \nu_k$ (d. h. $\lambda < \lambda_k$) mehr Elektronen des Atoms zur Absorption bei als für $\lambda > \lambda_k$. Es gibt daher bei $\nu = \nu_k$ eine plötzliche Vergrößerung des Absorptionskoeffizienten, wenn man mit $\nu > \nu_k$ die Ionisationsgrenze der k-ten Schale übersteigt. Im Diagramm $\sigma_a(\lambda)$ heißt dies: Der Absorptionskoeffizient steigt mit λ^3 gemäß (7.97) an und springt an den Kanten bei λ_k auf tiefere Werte, um dann wieder auf $\propto \lambda^3$ anzuwachsen. Für die verschiedenen inneren Elektronenschalen schwerer Atome erscheint eine K-Kante bei der Anregung von Elektronen aus der K-Schale, eine L-Kante, M-Kante usw. Man kann (7.97) an den realen Verlauf anpassen, indem man den Konstanten C links und rechts von einer Kante verschiedene Werte gibt, die aber dann zwischen den Kanten konstant bleiben.

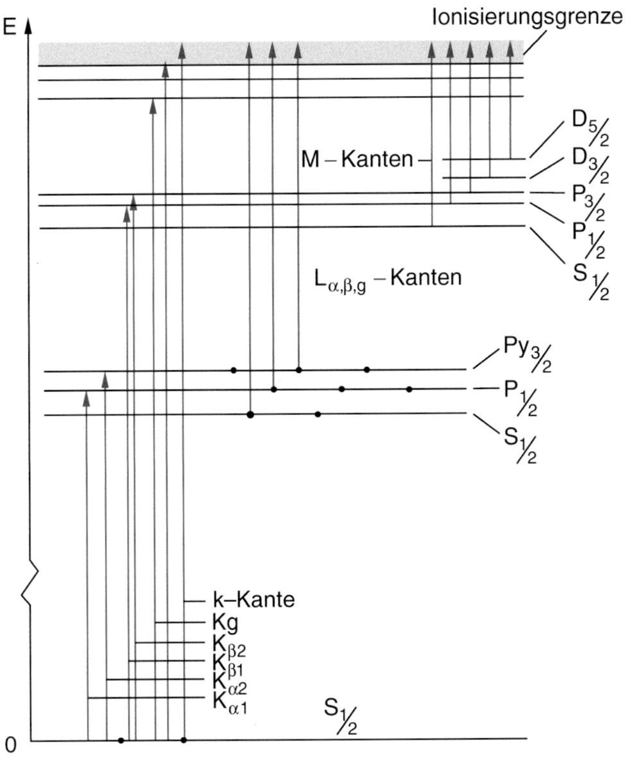

Abbildung 7.36 Zur Erklärung der Absorptionskanten

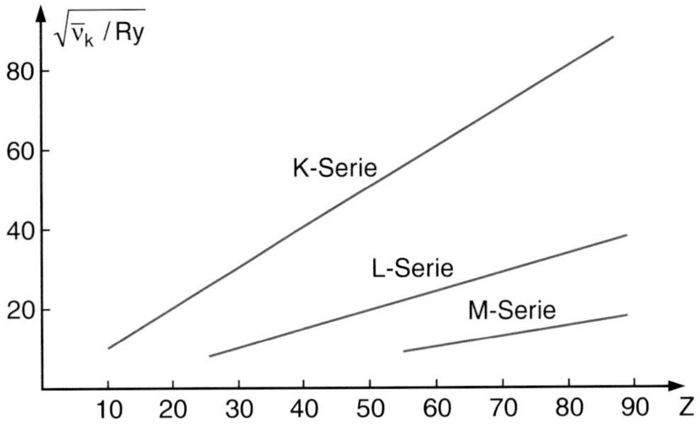

Abbildung 7.37 Moseley-Diagramm der Absorptionskanten $\nu_K(Z)$

Trägt man die Wurzel $\sqrt{\overline{\nu}_k}$ aus den reziproken Wellenlängen $\overline{\nu}_k = 1/\lambda_k$ der Kante n gegen die Kernladungszahl Z auf (Abb. 7.37), so findet man, dass angenähert gilt:

$$\overline{\nu}_k = K_n(Z-1)^2\,,$$

sodass für die Frequenzen $\nu_k = c \cdot \overline{\nu}_k$ gilt:

$$\Rightarrow \quad \nu_k = c \cdot K_n(Z-1)^2\,, \qquad (7.98)$$

wobei K_n eine von der Hauptquantenzahl n abhängige Konstante ist. Diese von *Henry G.J. Moseley* (1887–1915) empirisch gefundene Relation kann leicht durch die Termenergien der

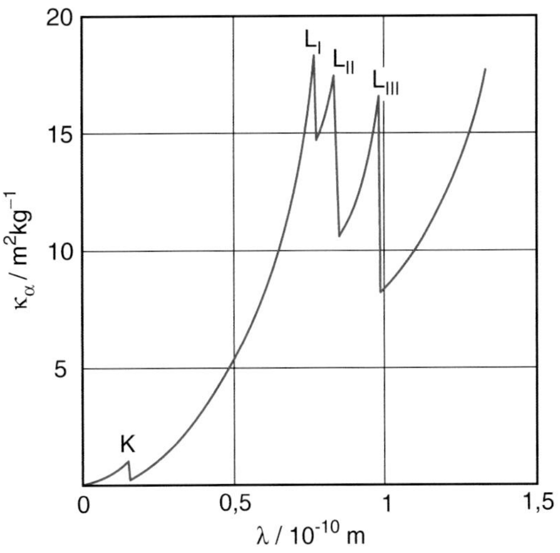

Abbildung 7.38 Feinstruktur der L-Kante des Massenabsorptionskoeffizienten im Röntgenabsorptionsspektrum von Blei

absorbierenden Elektronen erklärt und verbessert werden. Die Energien $h \cdot \nu_{ik}$ eines Röntgenquants beim Übergang zwischen zwei Zuständen mit den Hauptquantenzahlen n_1 und n_2 ist

$$h \cdot \nu_{ik} = (Z-S)^2 \cdot Ry \cdot hc \left(\frac{1}{n_k^2} - \frac{1}{n_i^2}\right) \qquad (7.99a)$$

$$\Rightarrow \quad \overline{\nu}_{ik} = (Z-S)^2 \cdot Ry \left(\frac{1}{n_k^2} - \frac{1}{n_i^2}\right)\,, \qquad (7.99b)$$

wobei $(Z - S) = Z_{\text{eff}}$ die auf das Elektron wirkende effektive Kernladung Z_{eff} ist, die durch die anderen Elektronen teilweise abgeschirmt wird, was durch die Abschirmzahl S beschrieben wird (Abschn. 6.1). Für $n_i \gg n_k$ (bei einer Ionisation ist $n_i = \infty$) gilt für die Wellenzahl $\overline{\nu}_k = 1/\lambda_k$ der K-Kante mit $n_k = 1$:

$$\overline{\nu}_k = (Z-S)^2 \cdot Ry\,, \qquad (7.99c)$$

sodass man aus der gemessenen Wellenzahl an der Spitze der Kante für das Elektron in der K-Schale die Abschirmkonstante $S(n)$ bestimmen kann. Für Blei ($Z = 82$) erhält man z. B. aus der gemessenen Lage $\lambda_k = 14{,}8\,\text{pm}$ eine effektive Kernladung $Z_{\text{eff}} = 80{,}4$ und damit die Abschirmkonstante $S(1) = 1{,}61$. Der Wert $S > 1$ rührt daher, dass außer dem $1s$-Elektron, das den Hauptteil der Abschirmung bewirkt, auch die Elektronen aus höheren Schalen zur Abschirmung beitragen, da ihre Wellenfunktion $\psi(r)$ einen nicht verschwindenden Wert für $r < \langle r(1s)\rangle$ hat.

Moseley hat die Messung der K-Absorptionskanten dazu benutzt, die Kernladungen Z einer Reihe von Elementen zu bestimmen.

Wenn man die Struktur der L-, M-,... Kanten genauer auflöst, so sieht man, dass sie aus mehreren Komponenten bestehen (Abb. 7.38). Dies liegt an Energieunterschieden von Termen mit gleicher Hauptquantenzahl n, aber verschiedenen Bahndrehimpulsquantenzahlen L, die nur im reinen

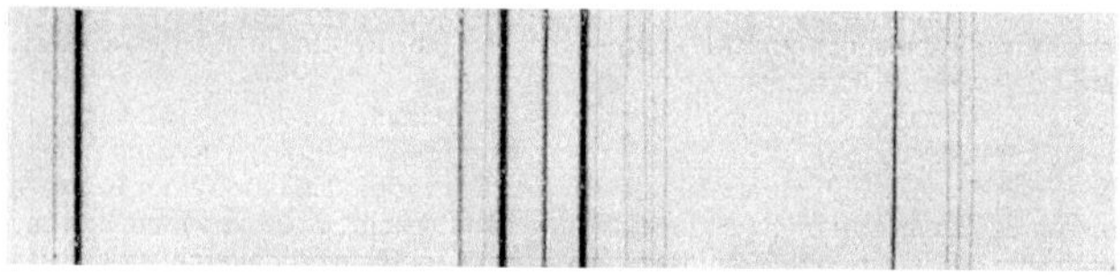

Abbildung 7.39 Beispiel für Fluoreszenzserien in der Röntgenstrahlung: Das L-Spektrum von Wolfram (nach Finkelnburg)

Coulombpotential energieentartet sind, bei den Mehrelektronenatomen aber aufspalten (Abb. 7.36). Außerdem spalten alle Terme mit $L \geq 1$ und $S \geq 1/2$ infolge der Spin-Bahn-Wechselwirkung auf in die verschiedenen Feinstrukturterme mit der Gesamtdrehimpulsquantenzahl $J = L + S$ (siehe Abschn. 6.5).

Die L-Schale mit $n = 2$ hat also für ein Elektron drei energetisch verschiedene Unterniveaus ($l = 0$), ($l = 1$, $j = 1/2$), ($l = 1$, $j = 3/2$). Da die Feinstrukturaufspaltung proportional zu Z^4 anwächst, kann sie bei schweren Elementen durchaus Werte von einigen keV erreichen.

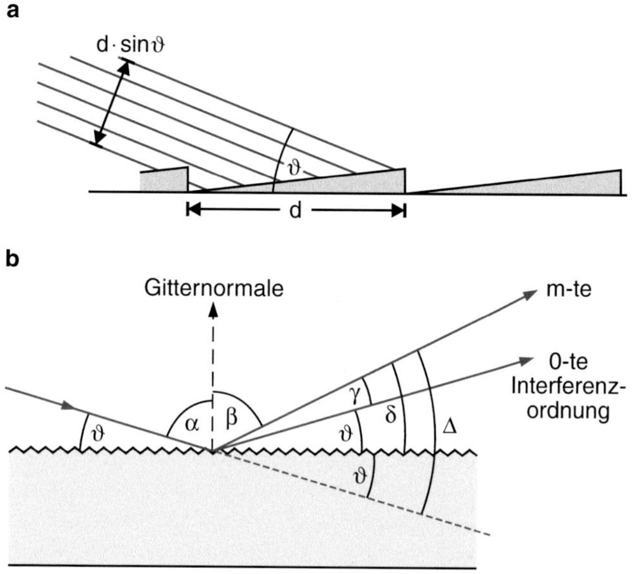

Abbildung 7.40 Messung der Wellenlänge von Röntgenstrahlung bei streifendem Einfall auf ein Beugungsgitter. **a** Illustration der effektiven Gitterkonstante $d_{\text{eff}} = d \cdot \sin\vartheta$; **b** zu (7.101) [11]

7.5.4 Röntgenfluoreszenz

Wird durch die Elektronenstoßanregung oder durch Absorption von Röntgenstrahlen ein Elektron des absorbierenden Materials (z. B. der Anode in der Röntgenröhre) aus einer inneren Schale im Energieniveau E_k in ein höheres, unbesetztes Energieniveau angehoben, so kann irgendein Elektron des Atoms mit einer Energie $E_i > E_k$ in den nun freien Zustand E_k zurückfallen und dabei ein Fluoreszenzphoton $h \cdot \nu_{ik} = E_i - E_k$ aussenden, sofern der Übergang $E_i \to E_k$ erlaubt ist (Abb. 7.29).

Man erhält daher bei einer Anregungsenergie E_m im Allgemeinen eine Vielzahl von Röntgenlinien ν_{ik} im Fluoreszenzspektrum (Abb. 7.39), die analog zur Rydberg-Termformel (3.110) durch (7.99) bestimmt wird.

Die Messung der Wellenlängen λ_{ik} dieser charakteristischen Strahlung gibt Informationen über die Energien von Elektronenzuständen in inneren Schalen, über die Abschirmung der Kernladung für die einzelnen Zustände und damit über die räumliche Verteilung der Einelektronen-Wellenfunktionen (siehe Abschn. 6.4).

7.5.5 Messung von Röntgenwellenlängen

Die Wellenlängen λ_{ik} können mithilfe eines Beugungsgitters bei streifendem Einfall der Röntgenstrahlung gemessen werden. Ist ϑ der Winkel zwischen Einfallsrichtung und Gitterebene (Abb. 7.40a), so wird die Projektion des Gitterfurchenabstandes d auf die Einfallsrichtung

$$d_{\text{eff}} = d \cdot \sin\vartheta \tag{7.100}$$

(***effektive Gitterkonstante***) für kleine Werte von ϑ sehr klein, sodass auch kleine Wellenlängen λ noch genau gemessen werden können. Dies sieht man folgendermaßen:

Beispiel

Ein Gitter mit 1200 Strichen/mm hat die Gitterkonstante $d = 0{,}83\,\mu\text{m}$. Für $\vartheta = 10' \Rightarrow \sin\vartheta = 3 \cdot 10^{-3} \Rightarrow d_{\text{eff}} = 2{,}424\,\text{nm}$. ■

Für die Beugung an einem Gitter gilt die Gittergleichung

$$d \cdot (\sin\alpha - \sin\beta) = m \cdot \lambda\,, \tag{7.101}$$

d. h. bei einem Einfallswinkel α (gegen die Gitternormale!) erhält man in der Richtung β maximale Intensität in der m-ten Interferenzordnung (siehe Bd. 2, Abschn. 10.5.2). Die Winkel α und β lassen sich bei streifendem Einfall ($\alpha \approx 90°$) nicht genau genug messen. Ersetzen wir sie durch den Winkel $\vartheta = 90° - \alpha$ gegen die Gitterebene und den Winkel $\gamma = 90° - (\beta + \vartheta)$ zwischen 0-ter Ordnung ($\alpha = \beta$) und m-ter Ordnung (Abb. 7.40b), so erhalten wir aus (7.101) mit $\beta = 90° - (\vartheta + \gamma)$

$$d\left[\cos\vartheta - \cos(\vartheta + \gamma)\right] = m \cdot \lambda\,. \tag{7.102}$$

Die m-te Interferenzordnung wird also unter dem Winkel $\delta = \vartheta + \gamma$ gegen die Gitterfläche beobachtet. Mit der totalen Ablenkung $\Delta = \vartheta + \delta$ gegen die Einfallsrichtung lässt sich (7.102) umformen in

$$\begin{aligned} m \cdot \lambda &= d \cdot \left[\cos\frac{\Delta - \gamma}{2} - \cos\frac{\Delta + \gamma}{2}\right] \\ &= 2d \sin\frac{\Delta}{2} \cdot \sin\frac{\gamma}{2} \approx \frac{d}{2} \cdot \Delta \cdot \gamma\,. \end{aligned} \tag{7.103}$$

Misst man den Ablenkwinkel $\Delta = (2\vartheta + \gamma)$ gegen die Einfallsrichtung und den Winkel γ zwischen nullter Ordnung (reguläre Reflexion) und m-ter Ordnung, so kann man aus (7.103) die Röntgenwellenlänge λ bestimmen. Die Gitterkonstante d wird aus (7.101) mit sichtbarem Licht ermittelt.

Beispiel

$d = 0{,}83\,\mu\text{m}$, $\lambda = 1 \cdot 10^{-10}\,\text{m} = 1\,\text{Å}$, $\vartheta = 10' = 2{,}8 \cdot 10^{-3}\,\text{rad}$. Die erste Interferenzordnung ($m = 1$) erscheint dann unter dem Winkel $\delta = 1{,}5 \cdot 10^{-2}\,\text{rad}$ gegen die Gitterfläche und unter dem Winkel $\Delta = 1{,}8 \cdot 10^{-2}\,\text{rad}$ gegen die Einfallsrichtung. ■

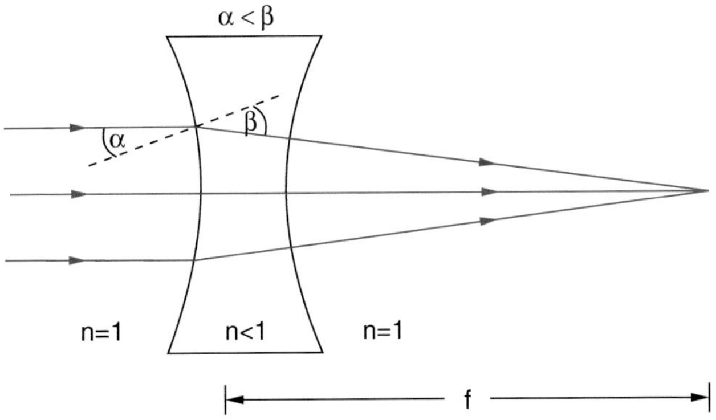

Abbildung 7.41 Brechung von Röntgenstrahlen an einer konkaven Sammellinse mit $n < 1$

Unter so kleinen Winkeln tritt Totalreflexion der Röntgenwellen auf, wie man sich folgendermaßen klar machen kann:

Der Realteil des Brechungsindex n des (nichtleitenden) Gittermaterials ist nach Bd. 2, Abschn. 8.4.1 für $\gamma \ll \omega_0$

$$n^2 = 1 + \frac{N \cdot Ze^2}{\varepsilon_0 m_e(\omega_0^2 - \omega^2)}. \tag{7.104}$$

Ist die Frequenz ω der Röntgenstrahlung größer als eine Absorptionsfrequenz ω_0 des Materials, so wird der Nenner kleiner null, d. h. $n < 1$! Dies bedeutet, dass das Material für die Röntgenwelle optisch dünner ist als das Vakuum, sodass Totalreflexion eintreten kann, wenn der Einfallswinkel α größer ist als der Grenzwinkel α_g der Totalreflexion (Bd. 2, Abschn. 8.5.6).

Beispiel

$N \cdot Z = \frac{1}{2} N \cdot A = \frac{1}{2} N_A \cdot \varrho / M_m$, wobei A die Massenzahl, ϱ die Dichte und M_m die Molmasse ist. Setzt man $\lambda = 10^{-10}\,\text{m} \Rightarrow \omega \approx 2 \cdot 10^{19}\,\text{s}^{-1}$ und $\omega_0 = 1 \cdot 10^{19}\,\text{s}^{-1}$, so erhält man: $n - 1 = -1{,}3 \cdot 10^{-5}$. Der Grenzwinkel der Totalreflexion beim Übergang Luft–Glas ergibt sich damit aus

$$\sin \alpha_g = \sin(90° - \vartheta_g) = \frac{n_2}{n_1}$$

mit $n_2 = 1 - 1{,}3 \cdot 10^{-5} = 0{,}999987$ und $n_1 = 1$ zu $\vartheta_g = 0{,}3° = 5 \cdot 10^{-3}\,\text{rad}$. ■

Für $\vartheta < \vartheta_g$, d. h. $\alpha > \alpha_g$ tritt Totalreflexion ein, d. h. die gesamte einfallende Intensität wird reflektiert und teilt sich auf in die einzelnen Beugungsordnungen.

7.5.6 Röntgen-Optik

Für viele Anwendungsbereiche wäre es sehr vorteilhaft, wenn man Röntgenstrahlen wie sichtbares Licht abbilden und fokussieren könnte. Dazu muss man geeignete Abbildungselemente finden, die Röntgenstrahlen nicht oder nur sehr wenig absorbieren und trotz des sehr kleinen Brechungsindex auch genügend stark brechen können. Das Ziel dieser Bemühungen ist die Realisierung eines ***Röntgen-Mikroskopes***, das wegen der viel kleineren Wellenlänge eine wesentlich höhere räumliche Auflösung erreichen könnte. Die dazu notwendigen optischen Elemente müssen extrem glatte Oberflächen haben, da alle Rauhigkeiten von der Größenordnung der Wellenlänge zur Streuung der Strahlen und damit zu einer Verminderung der Abbildungsqualität führen.

Weil die Brechzahl n im Röntgenbereich kleiner als 1 ist, können *konvexe* Linsen, die im optischen Bereich als fokussierende Sammellinsen verwendet werden, hier nicht zur Fokussierung eingesetzt werden.

Hinzu kommt noch, dass übliches optisches Glas Röntgenstrahlen absorbiert.

Es gibt aber inzwischen eine elegante Lösung, die als Sammellinsen konkave Linsen aus einem Material mit kleiner Kernladungszahl Z verwendet, bei dem die Röntgenabsorption klein ist. Wegen $n < 1$ *fokussieren* diese Linsen im Gegensatz zum optischen Bereich wo $n > 1$ ist (Abb. 7.41). Wegen des extrem kleinen Brechungsindex ($n - 1 \ll 1$) muss der Krümmungsradius der brechenden Flächen sehr klein sein. Außerdem werden viele solcher Linsen hintereinander angeordnet, um die Gesamtfokussierung zu verbessern. Um Abbildungsfehler zu minimieren, werden parabolische Flächen verwendet [13].

Eine andere Lösung benutzt für Röntgenoptische Elemente entweder fokussierende Spiegel, oder Fresnel-Linsen (siehe Bd. 2, Abschn. 10.6 und 12.4). Da das Reflexionsvermögen der Spiegel bei senkrechtem Einfall sehr klein ist, verwendet man streifenden Einfall [14] oder spezielle dielektrische Vielfachschichten, mit denen man auch bei senkrechtem Einfall ein Reflexionsvermögen über 20 % erreicht.

Hat man eine Wellenlänge λ_{ik} einer ausgesuchten Röntgenlinie (z. B. K_α-Linie, die beim Übergang $2P_{1/2} \to 1S_{1/2}$ im Kupfer ausgesandt wird) gemessen, so kann eine solche Referenzlinie benutzt werden, um bei der Bragg-Reflexion an einem Kristall gemäß der Bragg-Bedingung

$$2d_K \cdot \sin \vartheta = m \cdot \lambda \tag{7.105}$$

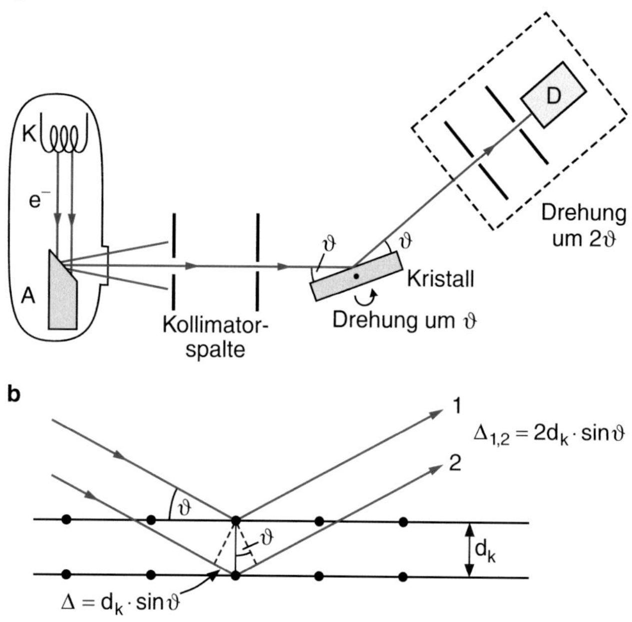

Abbildung 7.42 **a** Kristallröntgenspektrometer mit Drehkristall; **b** konstruktive Interferenz bei der Bragg-Reflexion von Röntgenstrahlen an benachbarten Netzebenen eines Einkristalls

die Gitterebenenabstände d_K des Kristalls zu bestimmen. Dazu wird der Kristall auf einem Präzisionstisch so lange gedreht (Abb. 7.42a) bis maximale Intensität der gebeugten Welle durch konstruktive Interferenz auftritt.

Umgekehrt kann man natürlich auch einen Kristall mit bekannten Werten von d_K benutzen, um die Wellenlängen unbekannter Röntgenübergänge zu bestimmen.

7.6 Kontinuierliche Absorptions- und Emissionsspektren

Übergänge zwischen gebundenen Zuständen von freien Atomen oder Molekülen führen immer zu Linienspektren, weil die Energiedifferenzen $\Delta E = E_i - E_k = h \cdot \nu_{ik}$ durch die diskreten Energiewerte der Zustände bestimmt sind. Kontinuierliche Spektren erhält man, wenn wenigstens einer der beiden Zustände des Übergangs $E_1 \leftrightarrow E_2$ nicht gebunden ist. In diesem Fall ist seine Energie nicht gequantelt, sondern kann Werte aus einem kontinuierlichen Bereich annehmen.

Beispiele

1. Die Photoionisation von Atomen, bei der ein Atom ein Photon absorbiert, dessen Energie $h{\cdot}\nu$ größer ist als die Bindungsenergie E_B eines Atomelektrons (Abb. 7.43).

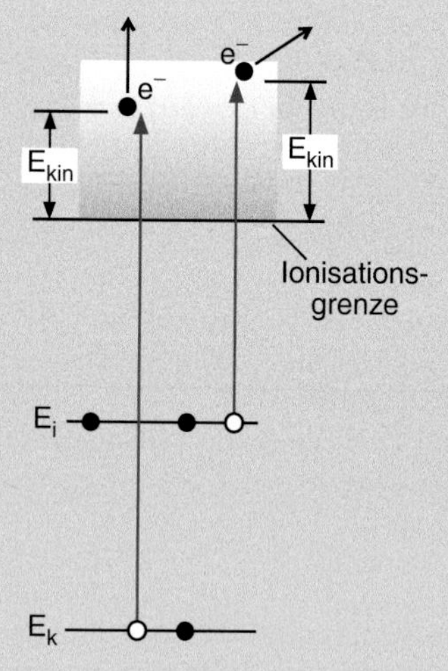

Abbildung 7.43 Photoionisation eines Atoms aus einem Zustand E_i

Das Elektron kann dann das Atom verlassen und dabei eine kinetische Energie

$$E_{kin} = h \cdot \nu - E_B \tag{7.106}$$

erhalten, die durch seine Bindungsenergie E_B vor der Absorption und durch die Photonenenergie festgelegt ist und bei Variation von ν kontinuierlich variierende Werte annehmen kann. Es entsteht deshalb ein *kontinuierliches Absorptionsspektrum.*

2. Der Umkehrprozess der Photoionisation ist die Strahlungsrekombination, wobei ein freies Elektron von einem Ion in einen gebundenen Zustand eingefangen wird. Die dabei gewonnene Energie wird als Photon

$$h \cdot \nu = E_{kin} + E_B \tag{7.107}$$

abgestrahlt (Abb. 7.44) und ergibt ein *kontinuierliches Emissionsspektrum.*

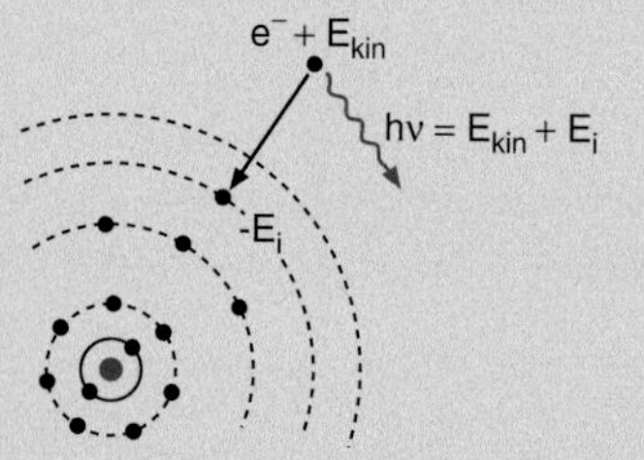

Abbildung 7.44 Entstehung eines kontinuierlichen Rekombinationsspektrums

3. Die im vorigen Abschnitt behandelte *Bremsstrahlung*, die bei der Abbremsung eines Elektrons im Coulombfeld eines Atomkerns entsteht, ist ein Beispiel für ein kontinuierliches Emissionsspektrum, bei dem sowohl Anfangs- als auch Endzustand nicht gebunden sind,

also ein kontinuierliches Energiespektrum besitzen. Auch die *Synchrotronstrahlung*, bei der die Ablenkung von schnellen Elektronen in einem Magnetfeld entsteht, stellt ein solches kontinuierliches Emissionsspektrum dar. ■

Wir wollen jetzt solche kontinuierlichen Spektren und ihre spektrale Intensitätsverteilung etwas genauer behandeln.

7.6.1 Photoionisation

Misst man das Absorptionsspektrum eines Atoms, das sich in einem gebundenen Zustand E_k befindet, so erhält man mit zunehmender Frequenz ν eine immer dichter werdende Folge diskreter Absorptionslinien mit Frequenzen

$$\nu_{ik} = E_k/h - \frac{c \cdot Ry}{n_i^2}\,, \tag{7.108}$$

die zu Übergängen in höher liegende, aber immer noch gebundene Rydbergzustände E_i führen (Abb. 7.45b). Diese Serie von Absorptionslinien konvergiert für $n_i \to \infty$ gegen die Ionisierungsgrenze $h \cdot \nu_k$ des Atoms im Zustand E_k. Für $\nu > \nu_k$ beginnt der kontinuierliche Teil des Absorptionsspektrums, in dem das Atom photoionisiert wird. Die Ionen können durch ein schwaches elektrisches Feld abgezogen werden auf die negative Elektrode und als Ionenstrom I_{ion} gemessen werden.

Die Zahl der pro Zeiteinheit gebildeten Ionen ist bei einer Dichte n_{a} der absorbierenden Atome

$$\dot{N}_{\text{ion}} = n_{\text{a}} \cdot \sigma_{\text{PI}} \cdot j_{\text{Ph}} \cdot V_{\text{I}}\,, \tag{7.109}$$

wenn j_{Ph} der pro Zeit- und Flächeneinheit einfallende Photonenfluss, V_{I} das Ionisierungsvolumen und σ_{PI} der Photoionisationsquerschnitt ist, der in Abb. 7.45c als Funktion der Photonenenergie $h \cdot \nu$ aufgetragen ist.

Der Absorptionskoeffizient $\alpha(\nu)$ geht an der Ionisierungsgrenze stetig von den immer dichter liegenden Rydbergzuständen ins Kontinuum über. Dies liegt daran, dass das Matrixelement

$$M_{iE} = \int \psi_i^* \boldsymbol{r} \psi(E)\,\mathrm{d}\tau \tag{7.110}$$

für Übergänge von einem gebundenen Zustand mit der Wellenfunktion ψ_i in einen Kontinuumszustand mit der Wellenfunktion $\psi(E)$ genauso groß ist wie für Übergänge in Rydbergzustände $\psi_k(n)$ mit $n \to \infty$. Ein experimenteller Effekt täuscht allerdings einen Sprung des Absorptionskoeffizienten vor: Die Linienbreite $\Delta\nu_{\text{n}} = 1/\tau_{\text{n}}$ von Übergängen in Rydbergzustände nimmt wegen der langen Lebensdauer τ_{n} der Rydbergzustände stark mit wachsender Hauptquantenzahl n ab. Wegen des endlichen spektralen Auflösungsvermögens $\Delta\nu_{\text{exp}}$ des Spektrographen in

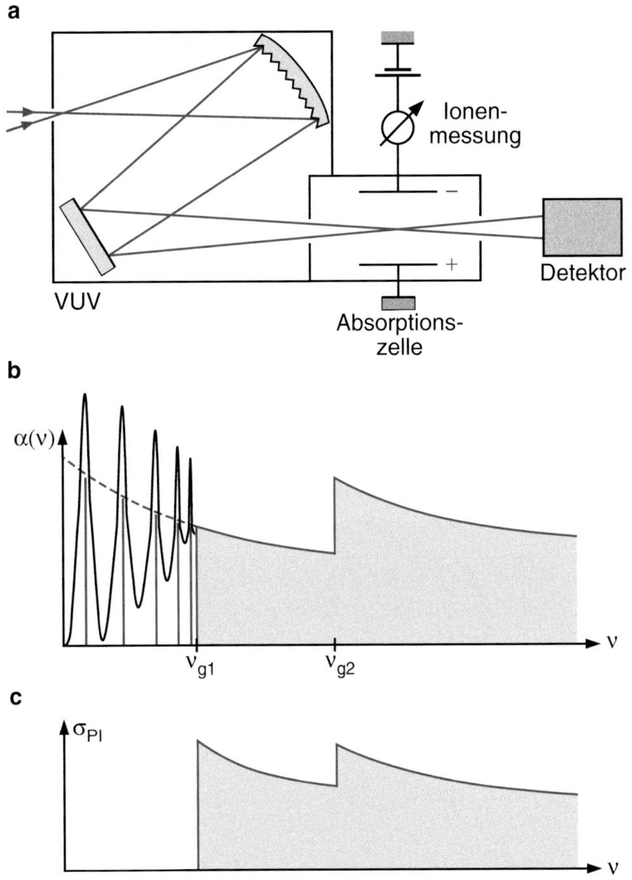

Abbildung 7.45 Rydberg-Absorptionsspektrum mit anschließendem Ionisationskontinuum. **a** Experimentelle Anordnung; **b** Verlauf der Absorptionskoeffizienten $\alpha(\nu)$; **c** Verlauf des Photoionisationsquerschnittes σ_{PI}

Abb. 7.45a misst man nach der Absorptionsstrecke L bei monochromatischer Einstrahlung und $\alpha(\nu) \cdot L \ll 1$ die transmittierte Intensität

$$\begin{aligned} I_{\text{t}}(\nu) &= I_0 \cdot \mathrm{e}^{-\alpha(\nu)\cdot L} \\ \Rightarrow \quad \Delta I_{\text{t}}(\nu) &= I_0 - I_{\text{t}} \approx \alpha(\nu) \cdot L \cdot I_0\,. \end{aligned} \tag{7.111}$$

Bei Einstrahlen eines spektralen Kontinuums und einer spektralen Auflösung $\Delta\nu_{\text{exp}}$ wird das gemessene Signal

$$\begin{aligned} \Delta I_{\text{eff}} &= \frac{1}{\Delta\nu_{\text{exp}}} \cdot \int \Delta I(\nu)\mathrm{d}\nu \\ &\approx \frac{L}{\Delta\nu_{\text{exp}}} \cdot \int\limits_{\nu_0-\Delta\nu_{\text{n}}/2}^{\nu_0+\Delta\nu_{\text{n}}/2} I_0 \cdot \alpha(\nu)\mathrm{d}\nu\,. \end{aligned} \tag{7.112}$$

Da I_0 nicht von ν abhängt und $\alpha(\nu)$ nur merkliche Werte innerhalb der Breite $\Delta\nu_{\text{n}}$ der Absorptionslinie annimmt, geht (7.112) über in:

$$\Delta I_{\text{eff}} = L \cdot \alpha(\nu_0) \cdot I_0 \cdot \frac{\Delta\nu_{\text{n}}}{\Delta\nu_{\text{exp}}}\,. \tag{7.113}$$

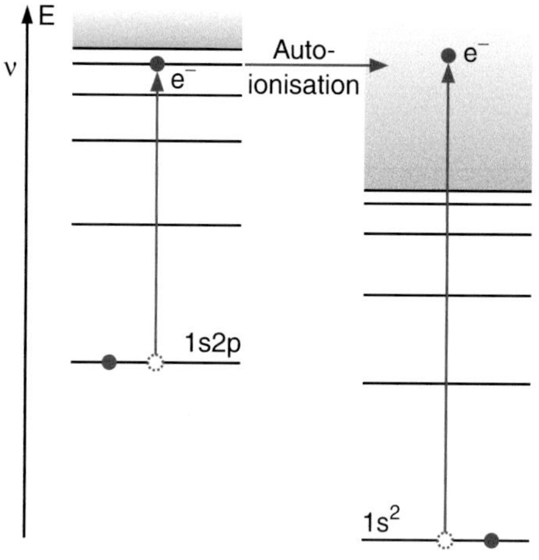

Abbildung 7.46 Autoionisation eines doppelt angeregten Atomzustandes

Führt man einen effektiven Absorptionskoeffizienten α_{eff} ein, der die wirklich gemessene Absorption

$$\Delta I_{\text{eff}} = I_0 \cdot L \cdot \alpha_{\text{eff}}$$

wiedergibt, so erhält man aus (7.113)

$$\alpha_{\text{eff}} = \frac{\Delta I_{\text{eff}}}{I_0 \cdot L} = \alpha(\nu_0) \cdot \frac{\Delta\nu_{\text{n}}}{\Delta\nu_{\text{exp}}} \qquad (7.114)$$

einen effektiven Absorptionskoeffizienten, der um den Faktor $\Delta\nu_{\text{n}}/\Delta\nu_{\text{exp}} \ll 1$ kleiner ist als der wahre Absorptionskoeffizient $\alpha(\nu_0)$ in der Linienmitte.

Beispiel

$\Delta\nu_{\text{n}} = 1\,\text{MHz},\ \Delta\nu_{\text{exp}} = 10^9\,\text{Hz} \Rightarrow \alpha_{\text{eff}} = 10^{-3}\alpha(\nu_0)$. ■

Bei Übergängen ins Kontinuum wird dagegen genau das vom Spektrographen aufgelöste Frequenzintervall gemessen, in dem alle Frequenzen zur Absorption beitragen, d. h. $\Delta\nu_{\text{n}} = \Delta\nu_{\text{exp}}$.

Bei doppelt angeregten Atomen (z. B. ns, $2p$, $n = 2, 3, 4\ldots$ im Helium-Atom) liegt die Ionisierungsgrenze für eines der beiden Elektronen bei einer höheren Gesamtenergie als bei einfach angeregten Atomen. In unserem Beispiel (Abb. 7.46) liegt die Grenze für das ns-Elektron um die Anregungsenergie des $2p$-Elektrons höher. Zustände (ns, $2p$) liegen beim Helium z. B. bereits für $n \geq 4$ oberhalb der Ionisierungsgrenze des (ns, $1s$)-Atoms. Diese doppelt angeregten Zustände können durch Autoionisation zerfallen (siehe Abschn. 6.5).

Misst man nun das kontinuierliche Absorptionsspektrum des einfach angeregten Atoms, so erhält man bei den Energien der doppelt angeregten Zustände Resonanzen im Absorptionsquerschnitt, die durch die Wechselwirkung zwischen den gebundenen und den Kontinuumszuständen bei gleicher Energie entstehen. Die Wellenfunktion des gemischten Zustandes bei

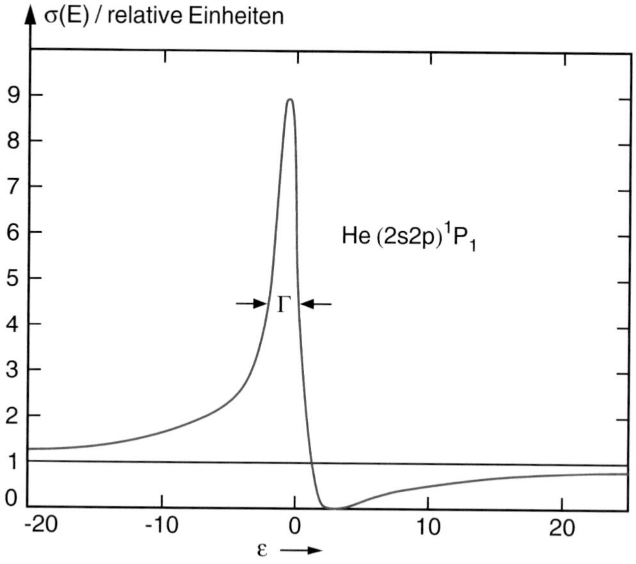

Abbildung 7.47 Absorptionsprofil einer Autoionisationslinie (Fano-Profil) in Helium

der Energie E wird als Linearkombination

$$\psi = c_1 \cdot \psi(ns, 2p) + c_2\psi_{\text{kont}}(E) \qquad (7.115)$$

geschrieben, sodass die Absorptionswahrscheinlichkeit, die ja proportional zum Quadrat des Matrixelementes

$$M_{iE} = \int \psi_i^* \boldsymbol{r}\left[c_1\psi(ns, 2p) + c_2\psi(E)\right] \mathrm{d}\tau \qquad (7.116)$$

ist, Interferenzterme enthält, die von der Energiedifferenz $E_{\text{kont}} - E(ns, 2p)$ abhängen. Die Resonanzen im Absorptionsquerschnitt haben ein Profil, das asymmetrisch ist (***Fano-Profil***, Abb. 7.47).

Fano und *Cooper* haben gezeigt [12], dass der Photoabsorptionsquerschnitt für solche Autoionisationsresonanzen die Energieabhängigkeit

$$\sigma(E) = \sigma_{\text{a}} \cdot \frac{(\varepsilon + q)^2}{1 + \varepsilon^2} + \sigma_{\text{b}}\,, \qquad (7.117)$$

mit $\varepsilon = E - E_{\text{R}}/(\Gamma/2)$ aufweist, wobei σ_{a} der Absorptionsquerschnitt für die ungestörte Anregung des doppelt angeregten Zustandes und σ_{b} für die direkte Anregung in das Ionisationskontinuum ist. E_{R} ist die Resonanzenergie und $\Gamma = 1/\tau$ die Halbwertsbreite des autoionisierenden Zustands mit der Lebensdauer τ.

7.6.2 Rekombinationsstrahlung

Wird ein freies Elektron mit der Geschwindigkeit v von einem Atom oder Ion eingefangen in einen gebundenen Zustand mit

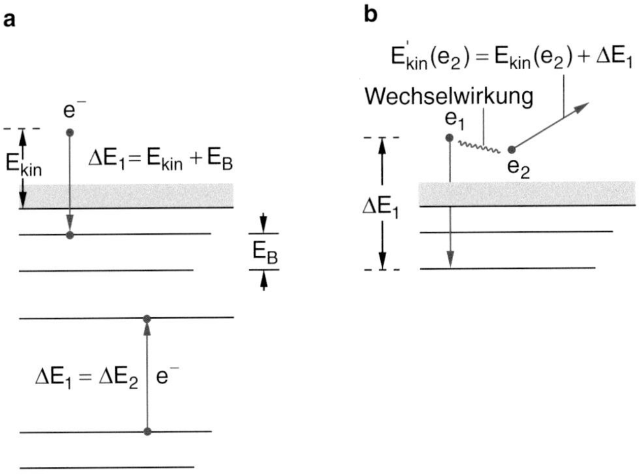

Abbildung 7.48 a Dielektronische Rekombination b Dreierstoß-Rekombination

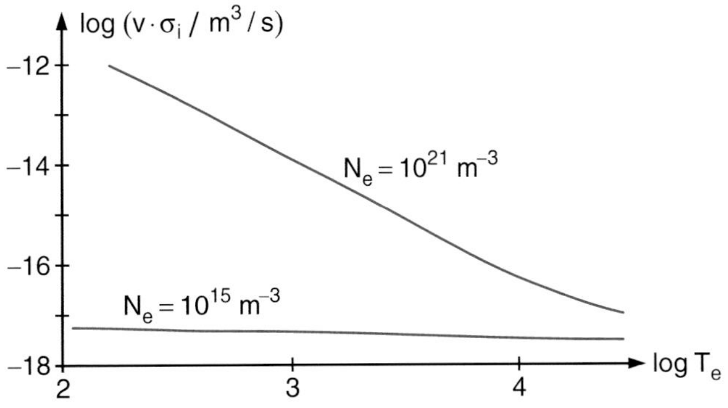

Abbildung 7.49 Zehner-Logarithmus der Zweierstoßrekombinationsrate $\nu \cdot \sigma_i$ gegen den Logarithmus der Elektronentemperatur bei hoher und niedriger Elektronendichte

der Bindungsenergie $E_i < 0$, so kann die dabei frei werdende Energie als Strahlung mit der Photonenenergie

$$h \cdot \nu = E_{\text{kin}} - E_i = \frac{m_e}{2} v^2 - E_i \tag{7.118}$$

emittiert werden (***Rekombinationsstrahlung***). Dieser Prozess wird ***Zwei-Teilchen-Rekombination*** (auch ***Strahlungsrekombination*** genannt), im Gegensatz zur Drei-Teilchen-Rekombination, bei der ein drittes Teilchen einen Teil des Impulses übernimmt. Dazu müssen genügend freie Elektronen und Ionen vorhanden sein. Deshalb spielt die Rekombinationsstrahlung vor allem in Plasmen und Gasentladungen und in Sternatmosphären eine Rolle. Außerdem gibt es noch den zur Autoionisation inversen Prozess der dielektronischen Rekombination bei dem durch die Coulomb-Wechselwirkung zwischen zwei freien Elektronen die bei der Rekombination von e_1 mit einem Atom freiwerdende Energie auf das zweite Elektron übertragen wird (Abb. 7.48).

Der Wirkungsquerschnitt $\sigma_i(v)$ für den Elektroneneinfang in den Zustand E_i hängt ab von der Relativgeschwindigkeit v des Elektrons gegen das Ion. Wir betrachten als Beispiel ein Plasma im lokalen thermischen Gleichgewicht, bei dem N_a atomare Ionen und N_e Elektronen pro Volumeneinheit miteinander rekombinieren können. Die Zahl der Rekombinationen von Ionen mit den $n_e \mathrm{d}v$ Elektronen der Geschwindigkeit v bis $v + \mathrm{d}v$ pro Volumen- und Zeiteinheit ist dann

$$\mathrm{d}\dot{n}_R(v)\mathrm{d}v = N_a \cdot n_e(v)\mathrm{d}v \cdot v \cdot \sigma(v)\,. \tag{7.119}$$

Pro Rekombination wird ein Photon $h \cdot \nu$ emittiert.

In einem Plasma hängt die Verteilung der Relativgeschwindigkeiten v von der Elektronentemperatur T_e ab, die im Allgemeinen höher ist als die Ionentemperatur. In Abb. 7.49 ist die Abhängigkeit der Rekombinationsrate $v \cdot \sigma(v)$ vom Logarithmus der Elektronentemperatur für zwei verschiedene Elektronendichten $N_e = \int n_e(v)\mathrm{d}v$ gezeigt.

Die von der Volumeneinheit des Plasmas in die Raumwinkeleinheit $\Delta\Omega = 1$ Sterad emittierte spektrale Rekombinations-Strahlungsleistung im Frequenzintervall $\mathrm{d}\nu$ ist dann:

$$P_{\nu,V}\,\mathrm{d}\nu = \frac{h \cdot \nu}{4\pi} N_a \cdot v \cdot \sigma_i \cdot n_e(v)\mathrm{d}\nu\,, \tag{7.120}$$

wobei $n_e(v)\mathrm{d}v$ die Dichte der freien Elektronen im Geschwindigkeitsintervall zwischen v und $v + \mathrm{d}v$ ist. Aus $h \cdot \nu = (m_e/2)\,v^2 - E_i$ mit $E_i < 0$ folgt $h \cdot \mathrm{d}\nu = m_e \cdot v\,\mathrm{d}v$. Setzt man für die Geschwindigkeitsverteilung der Elektronen eine Maxwell-Verteilung

$$\mathrm{d}n_e(v)\,\mathrm{d}v = N_e \cdot \frac{4v^2}{v_w^3\sqrt{\pi}} \mathrm{e}^{-(v/v_w)^2}\,\mathrm{d}v \tag{7.121}$$

mit der wahrscheinlichsten Geschwindigkeit v_w an (siehe Bd. 1, Abschn. 7.3.5), so ergibt sich mit (7.118) die Relation $v = [2(h\nu - E_i)/m_e]^{1/2}$ und man erhält aus (7.120) analog zu (7.73) die Intensitätsverteilung

$$\begin{aligned} P_\nu\,\mathrm{d}\nu =& N_a \cdot N_e \cdot \sigma_i(v) \\ &\cdot \frac{h^2\nu \cdot v}{m_e \pi^{3/2} \cdot v_w^3} \mathrm{e}^{-((\nu-\nu_0)/\nu_0)^2}\,\mathrm{d}\nu \end{aligned} \tag{7.122}$$

der kontinuierlichen Rekombinationsstrahlung mit

$$h\nu_0 = \left(m_e/2\,v_w^2 - E_i\right) \quad \text{mit} \quad E_i < 0\,. \tag{7.123}$$

(siehe Abb. 7.50).

Das kontinuierliche Sonnenspektrum ist ein Beispiel für eine solche Rekombinationsstrahlung. Es entsteht bei der Rekombination von freien Elektronen mit neutralen Wasserstoffatomen zu negativen H^--Ionen, die in der Photosphäre bei einer Temperatur von etwa 6000 K abläuft.

$$\mathrm{H} + \mathrm{e}^- + \mathrm{E}_{\text{kin}} \rightarrow \mathrm{H}^- + h\nu\,. \tag{7.124}$$

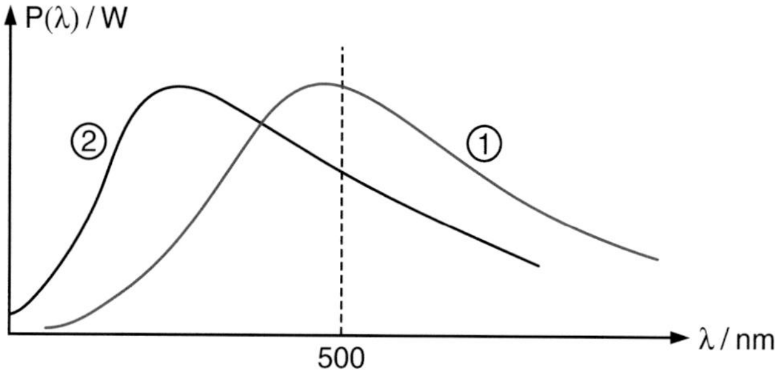

Abbildung 7.50 Kontinuierliche Rekombinationsstrahlung im Wasserstoffplasma mit niedriger Elektronenkonzentration bei $T = 6000\,\mathrm{K}$. *(1)* $\mathrm{H} + \mathrm{e}^- \rightarrow \mathrm{H}^- + h\nu$; *(2)* $\mathrm{H}^+ + \mathrm{e}^- \rightarrow \mathrm{H} + h\nu$

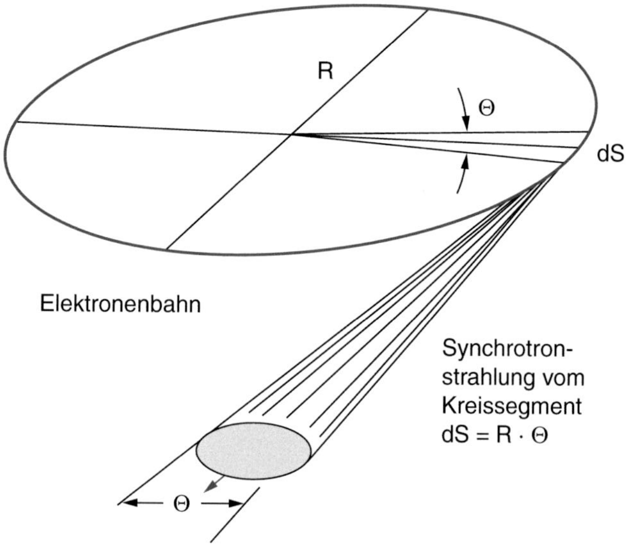

Abbildung 7.51 Schematische Darstellung der von den auf einer Kreisbahn mit Radius *R* laufenden Elektronen aus dem Kreissegment dS abgestrahlten Synchrotronstrahlung

Das H^--Ion wird dann durch Stöße mit Elektronen wieder ionisiert zu angeregtem neutralem Wasserstoff:

$$\mathrm{H}^- + \mathrm{e}^- \rightarrow \mathrm{H}^* + 2\mathrm{e}^- , \tag{7.125}$$

der dann durch Emission diskreter Strahlung in den Grundzustand übergeht $\mathrm{H}^* \rightarrow \mathrm{H} + h \cdot \nu_{ik}$ und damit erneut für den Prozess (7.124) zur Verfügung steht. Da die Ionisationsenergie des negativen H^--Ions 0,75 eV beträgt, kann in (7.124) $h\nu > 0{,}75\,\mathrm{eV}$ sein, weil das Elektron vor der Rekombination eine beliebige kinetische Energie haben kann. Dieser Prozess trägt deshalb zum kontinuierlichen Spektrum der Sonne im Bereich $\lambda < 1650\,\mathrm{nm}$ bei. Das kontinuierliche infrarote Spektrum für $\lambda > 1650\,\mathrm{nm}$ wird durch frei–frei Übergänge erzeugt. bei denen freie Elektronen beim Vorbeiflug an Protonen abgelenkt oder abgebremst werden und dabei Bremstrahlung emittieren.

Der ultraviolette Teil der kontinuierlichen Sonnenstrahlung wird zum Teil durch die Rekombination von Elektronen mit Protonen erzeugt nach dem Schema

$$\mathrm{e}^- + E_{\mathrm{kin}} + \mathrm{p}^+ \rightarrow \mathrm{H}^* + h\nu , \tag{7.126}$$

wobei das gebildete neutrale H-Atom in angeregten Zuständen sein kann.

7.6.3 Synchrotronstrahlung

Beschleunigte Ladungen strahlen elektromagnetische Wellen ab (siehe Bd. 2). Dies wird in Synchrotrons ausgenutzt, in denen Elektronen sehr hoher Energie durch Magnete auf einer Kreisbahn gehalten werden. Die Abstrahlung dieser relativistischen Elektronen erfolgt in einen engen Winkelbereich (Abb. 7.51).

Das Spektrum der Strahlung ist kontinuierlich und hängt ab von der Energie der Elektronen und dem Kreisradius, auf dem die Elektronen umlaufen (Abb. 7.52). Die meisten Synchrotrons werden für Hochenergie-Experimente benutzt und die Strahlung ist nur ein Nebenprodukt. Es gibt aber inzwischen spezielle Synchrotrons, die nur für die Synchrotronstrahlung verwendet werden (Abb. 17.4).

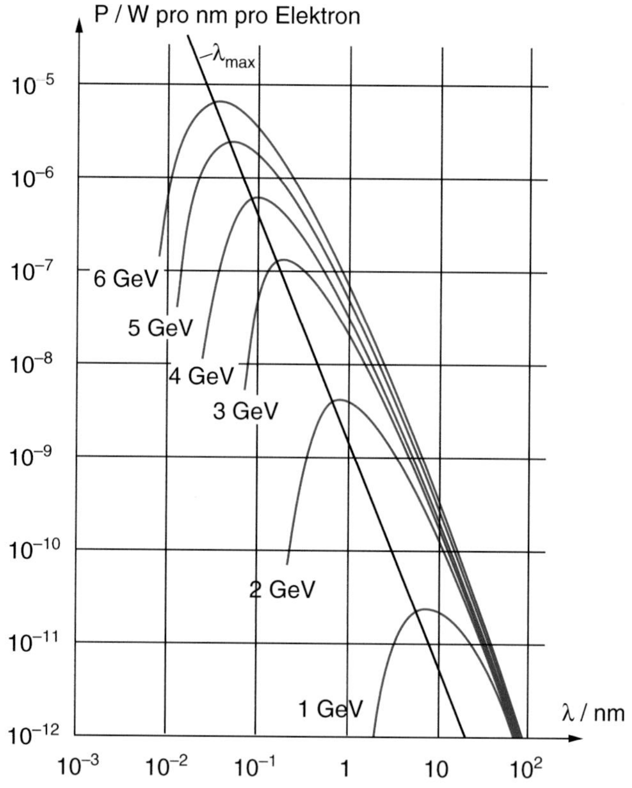

Abbildung 7.52 SpektraleVerteilung der Synchrotronstrahlung des Elektronen-Speicherringes DORIS in Hamburg für verschiedene Elektronenenergien. (Aus E.E. Koch, C. Kunz: *Synchrotronstrahlung bei DESY*, Hamburg 1974)

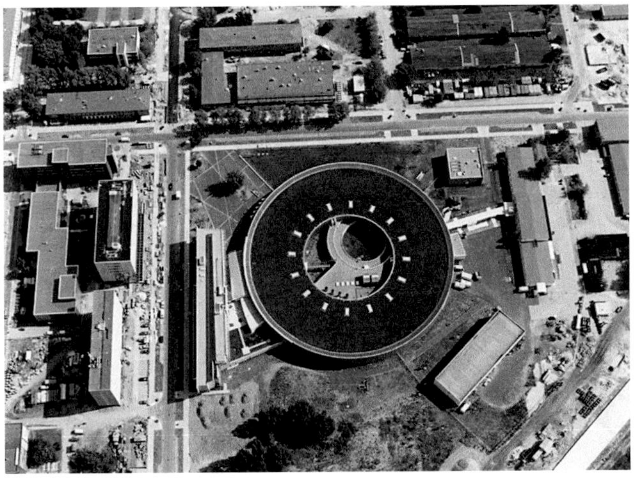

Abbildung 7.53 Luftaufnahme des Berliner Synchrotrons BESSY 2. (www.helmholtz-berlin.de/aktuell/pr/mediathek/bildarchiv1/forschung/photonen)

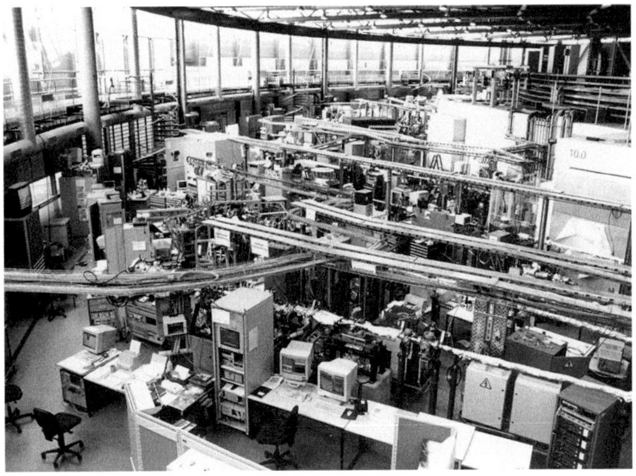

Abbildung 7.54 Experimentierhalle am BESSY 2. (www.helmholtz-berlin.de/aktuell/pr/mediathek/bildarchiv1/forschung/photonen)

Zusammenfassung

- Die Frequenzen ν_{ik} des von Atomen emittierten oder absorbierten Lichtes

$$\nu_{ik} = (E_i - E_k)/h$$

sind durch die Energien der am Übergang beteiligten Atomzustände bestimmt.

- Die bei einem Übergang $E_i \leftrightarrow E_k$ absorbierte bzw. emittierte Leistung ist proportional zum Quadrat des Dipolmatrixelementes

$$M_{ik} = e \cdot \int \psi_i^* \boldsymbol{r} \psi_k \, \mathrm{d}\tau ,$$

das die Wellenfunktion der Atomzustände enthält, wobei über die Koordination des am Übergang beteiligten Elektrons integriert wird. M_{ik} stellt den quantenmechanischen Mittelwert des klassischen Dipolmomentes $e \cdot \boldsymbol{r}$ beim Übergang $E_i \rightarrow E_k$ dar.

- Ein elektrischer Dipolübergang ist nur erlaubt, wenn die Auswahlregeln

$$\Delta L = \pm 1 , \quad \Delta M_L = 0, \pm 1 ,$$
$$\Delta J = 0, \pm 1 , \quad J = 0 \nleftrightarrow J = 0$$

erfüllt sind.

- Neben den elektrischen Dipolübergängen gibt es noch elektrische Quadrupolübergänge, magnetische Dipolübergänge und Mehrphotonen-Übergänge, deren Übergangswahrscheinlichkeiten jedoch um mehrere Größenordnungen kleiner sind.
- Die mittlere Lebensdauer $\tau_i = 1/A_i$ eines angeregten Atomzustandes E_i ist durch den Einsteinkoeffizienten A_i der spontanen Übergangswahrscheinlichkeit bestimmt.

Die Messung von Lebensdauern erlaubt deshalb die Bestimmung von Übergangswahrscheinlichkeiten und Matrixelementen. Sie sind ein empfindlicher Test für die Genauigkeit gerechneter Wellenfunktionen.

- Die Lebensdauern sind bestimmt durch strahlenden Zerfall eines Niveaus und auch durch inelastische Stöße, welche die natürlichen Lebensdauern verkürzen.
- Zwischen den Wahrscheinlichkeiten $w_\nu B_{ki}$ für Absorption $w_\nu B_{ik}$ für induzierte Emission und A_{ik} für spontane Emission bestehen die Beziehungen $g_k B_{ki} = g_i B_{ik}$, wobei $g_i = (2J_i + 1)$ das statistische Gewicht des Zustands E_i ist und die Beziehung gilt $A_{ik} = (8\pi h \nu^3/c^3)\, B_{ik}$.
- In einem Strahlungsfeld mit einem Photon pro Mode sind spontane und induzierte Emissionswahrscheinlichkeit gleich groß. In thermischen Strahlungsfeldern ist bei technisch erreichbaren Temperaturen die Zahl der Photonen pro Mode sehr klein gegen 1, d. h. hier überwiegt die spontane Emission bei weitem.
- Die Linienbreiten $\delta\nu$ von Spektrallinien mit den Mittenfrequenzen ν_{ik} sind verursacht
  - durch die natürliche Linienbreite

$$\delta\nu_n = \frac{1}{2\pi}\left(\frac{1}{\tau_i} + \frac{1}{\tau_k}\right) ;$$

  - durch die (im Allgemeinen sehr viel größere) Dopplerbreite $\delta\nu_D = 7{,}16 \cdot 10^{-7}\, \nu_{ik} \cdot \sqrt{T/M}$, wobei M die Molmasse ist;
  - durch Stöße des strahlenden (bzw. absorbierenden) Atoms mit anderen Atomen oder Molekülen (Druckverbreiterung).

- Röntgenstrahlung entsteht
  - beim Abbremsen von Elektronen mit Energien im keV-Bereich (kontinuierliche Strahlung);
  - durch Übergänge von Elektronen in freie Plätze in inneren Schalen schwerer Atome (charakteristische Röntgenstrahlung).
- Die Wellenlänge von Röntgenstrahlung liegt zwischen 0,1 nm und 10 nm. Sie wird durch Bragg-Reflexion an Einkristallen oder mit Beugungsgittern bei streifendem Einfall gemessen.
- Röntgenstrahlung wird absorbiert durch
  - Photoeffekt: $A + h\nu \rightarrow A^*$;
  - Compton-Effekt: $e^- + h\nu \rightarrow h\nu' + e^- + E_{kin}$;
  - Paarbildung: $h\nu \rightarrow e^- + e^+$.
- Kontinuierliche Absorptionsspektren enstehen bei der Photoionisation von Atomen, kontinuierliche Emissionsspektren bei der Strahlungsrekombination eines freien Elektrons mit einem Ion oder Atom und auch als Bremsstrahlung bei der negativen Beschleunigung freier Elektronen.

Aufgaben

7.1 Durch in x-Richtung linear polarisiertes Licht werden 10^8 Natriumatome in den Zustand $3^2P_{3/2}$ ($\tau = 16\,\text{ns}$) angeregt. Die ausgestrahlte Fluoreszenz folgt der Winkelverteilung einer Dipolstrahlung $I(\vartheta) = I_0 \cdot \sin^2\vartheta$ (ϑ ist der Winkel gegen die x-Richtung).

a) Wie groß ist die gesamte ausgestrahlte Energie?
b) Welcher Prozentsatz davon wird in den Raumwinkel $\Delta\Omega = 0{,}1$ Sterad um $\vartheta = 90°$ ausgesandt?

7.2

a) Wie groß ist die Dopplerbreite der Lyman-α-Linie des H-Atoms bei $T = 300\,\text{K}$?
b) Ein kollimierter Strahl aus H-Atomen (der Düsendurchmesser sei $50\,\mu\text{m}$, der Abstand Düse–Kollimationsblende $d = 10\,\text{cm}$, die Breite der Blende $b = 1\,\text{mm}$) wird hinter der Blende senkrecht mit einem monochromatischen durchstimmbaren Laser bestrahlt. Wie groß ist die restliche Dopplerbreite der Absorptionslinie?
c) Man vergleiche diese restliche Dopplerbreite mit der natürlichen Linienbreite ($\tau\,(2p) \approx 1{,}2\,\text{ns}$). Kann man die Hyperfeinstruktur des $1^2S_{1/2}$-Grundzustandes auflösen?

7.3 Die Breite einer Absorptionslinie kann durch die Wechselwirkungszeit des Atoms mit der Lichtwelle begrenzt sein. Wie groß müsste die Wechselwirkungszeit mindestens sein, wenn man bei dem Ca-Übergang ${}^1S_0 \rightarrow {}^3P_1$ ($\lambda = 657{,}46\,\text{nm}$) mit einer Lebensdauer $\tau = 0{,}39\,\text{ms}$ des oberen Niveaus eine Linienbreite von 3 kHz erreichen will? Wie lang müsste dann die Wechselwirkungszone in einem Ca-Atomstrahl sein, wenn die Ofentemperatur $T = 900\,\text{K}$ ist?

7.4 Metastabile He(2^1S_0)-Atome in einer Gasentladungszelle bei $T = 1000\,\text{K}$ absorbieren Licht auf dem Übergang $2^1S_0 \rightarrow 3^1P_1$. Die Termwerte der Niveaus sind $166\,272\,\text{cm}^{-1}$ und $186\,204\,\text{cm}^{-1}$, die Lebensdauern $\tau\,(3^1P_1) = 1{,}4\,\text{ns}$ und $\tau\,(2^1S_0) = 1\,\text{ms}$.

a) Bei welcher Wellenlänge liegt die entsprechende Resonanzlinie?
b) Wie groß ist ihre natürliche Linienbreite?
c) Wie groß ist die Dopplerbreite?

7.5 Wie groß ist die Absorption einer monochromatischen Welle auf dem Übergang in Aufgabe 7.4 relativ zur Absorption im Linienzentrum, wenn die Absorptionsfrequenz ν von der Mittenfrequenz ν_0 um $0{,}1\,\delta\nu_D$, $1\,\delta\nu_D$ und $10\,\delta\nu_D$ entfernt liegt, wobei $\delta\nu_D$ die Dopplerbreite ist. Man betrachte den Fall, dass das Absorptionsprofil ein Gaußprofil (Doppler-Verbreiterung) oder ein Lorentzprofil (natürliche Linienverbreiterung) ist. Bei welchem Frequenzabstand wird die relative Absorption für beide Profile gleich groß?

7.6 Man berechne die Geschwindigkeit der Photoelektronen, die durch K_α-Strahlung von Silber aus der K-Schale des Molybdäns ausgelöst werden.

7.7 Bestimmen Sie Rückstoßenergie und die Rückstoßgeschwindigkeit eines ruhenden Wasserstoffatoms bei Emission eines Photons auf dem Übergang $n = 2 \rightarrow n = 1$. Um wie viel verschiebt sich die Emissions- gegenüber der Absorptionsfrequenz? Vergleichen Sie dies mit der Dopplerbreite bei 300 K und mit der natürlichen Linienbreite.

7.8 Der Löschquerschnitt beim Stoß von N_2-Molekülen mit angeregten Na*($3^2P_{1/2}$)-Atomen ist $\sigma = 4 \cdot 10^{-19}\,\text{m}^2$. Wie groß ist die effektive Lebensdauer des Na*($3^2P_{1/2}$)-Zustands mit $\tau_{rad} = 16\,\text{ns}$ bei einem N_2-Druck von 1 mbar, 10 mbar und 100 mbar und $T = 500\,\text{K}$?

7.9 Na-Atome in einem kollimierten Atomstrahl mit der Strahlgeschwindigkeit $v = 800\,\text{m/s}$ werden senkrecht zum Strahl von einem monochromatischen durchstimmbaren Laser angeregt. Wie gut muss das Kollimationsverhältnis sein, damit

a) die Hyperfeinstruktur ($\Delta\nu = 190\,\text{MHz}$) des $3P_{1/2}$-Zustandes aufgelöst werden kann;
b) die Rest-Dopplerbreite gleich der natürlichen Linienbreite des $3S_{1/2} \rightarrow 3P_{1/2}$-Überganges wird?

7.10 Was ist der dominante Linienverbreiterungsmechanismus für die folgenden Fälle:

a) Sternenlicht läuft durch eine Wolke von H-Atomen mit $N = 10^5/\mathrm{m}^3$, $T = 10\,\mathrm{K}$, Absorptionsweg $L = 3 \cdot 10^9\,\mathrm{km}$. Der Einsteinkoeffizient für den HFS-Übergang $1^1S_{1/2}(F = 1 \leftarrow F = 0)$ bei $\lambda = 21\,\mathrm{cm}$ ist $A_{ik} = 10^{-9}\,\mathrm{s}^{-1}$, $\sigma_{\mathrm{Stoß}} = 10^{-22}\,\mathrm{cm}^2$, während für die Lyman-$\alpha$-Linie bei $\lambda = 121{,}6\,\mathrm{nm}$ $A_{ik} = 1 \cdot 10^9\,\mathrm{s}^{-1}$, $\sigma_{\mathrm{Stoß}} = 10^{-15}\,\mathrm{cm}^2$ ist.

b) Ein Laserstrahl mit 10 mW Leistung bei $\lambda = 3{,}39\,\mu\mathrm{m}$ und einem Strahldurchmesser von 1 cm wird durch eine Methanzelle geschickt, in der CH_4-Moleküle bei $p = 0{,}1\,\mathrm{mbar}$, $T = 300\,\mathrm{K}$ auf dem Übergang $i \rightarrow k(\tau_i = \infty, \tau_k = 20\,\mathrm{ms})$ absorbieren. Wie groß ist das Verhältnis von natürlicher Linienbreite $\delta\nu_{\mathrm{n}}$ zu Dopplerbreite $\delta\nu_{\mathrm{D}}$ und Flugzeitlinienbreite $\delta\nu_{\mathrm{FZ}}$?

7.11 Man zeige durch Ausrechnen, dass das Dipolmatrixelement $\int \psi_i^* \boldsymbol{r} \psi_k \,\mathrm{d}\tau$ für den Übergang $1s \rightarrow 2s$ im H-Atom null ist.

7.12 Wie groß ist die Übergangswahrscheinlichkeit A_{ik} für den Übergang $1s \rightarrow 2p$ im H-Atom? Verwenden Sie die Wellenfunktionen aus Tab. 5.2.

7.13 Wie groß sind Übergangswahrscheinlichkeit und natürliche Linienbreite des Überganges $3s \rightarrow 2p$ im H-Atom, wenn die Lebensdauern der Zustände $\tau(3s) = 23\,\mathrm{ns}$ und $\tau(2p) = 2{,}1\,\mathrm{ns}$ betragen? Man vergleiche dies mit der Dopplerbreite dieses Überganges bei $T = 300\,\mathrm{K}$.

Literatur

1. W. Weizel: Lehrbuch der theoretischen Physik, Bd. 2, S. 908. Springer, Berlin, Heidelberg (1958)
2. S. Flügge: Rechenmethoden der Quantentheorie. Springer, Berlin, Heidelberg (1993)
3. G. Grynberg, B. Cagnac: Doppler-free multiphoton-spectroscopy. Rep. Prog. Phys. **40**, 791 (1977)
4. G.F. Bassani, M. Inguscio, T.W. Hänsch: The Hydrogen Atom. Springer, Berlin, Heidelberg (1989)
5. W. Demtröder: Laserspektroskopie, 6. Aufl. Springer, Berlin, Heidelberg (2014)
6. V.F. Weißkopf: Zur Theorie der Kopplungsbreite und der Stoßdämpfung. Z. Physik **75**, 287 (1932)
7. G. Traving: Über die Theorie der Druckverbreiterung von Spektrallinien. Braun, Karlsruhe (1960)
8. I.I. Sobelman, L.A. Vainshtein, E.A. Yukov: Excitation of Atoms and Broadening of Spectral Lines. Springer, Berlin, Heidelberg (1995)
9. U. Fano, A.R.P. Rau: Atomic Collisions and Spectra. Academic Press, New York (1986)
10. N. Allard, J. Kielkopf: The effect of neutral nonresonant collisions on atomic spectral lines. Rev. Med. Phys. **54**, 1103 (1982)
11. W. Finkelnburg: Einführung in die Atomphysik. Springer, Berlin, Heidelberg (1976)
12. J.W. Cooper, U. Fano, F. Prats: Classification of two-electron excitation levels of helium. Phys. Rev. Lett. **10**, 518 (1963)
13. Institut für Mikrostrukturtechnik, Forschungszentrum Karlsruhe: Entwicklung von refraktiven Röntgenlinsen
A. Last, V. Nazmov, E. Reznikowa: Gebündeltes Röntgenlicht: Planare, refraktive Röntgenlinsen. Phys. in uns. Zeit **38**, 176 (2007)
14. S. Braun, L. Loyen, H. Mai, A. Leson: Lichtstarke Röntgenspiegel. Laser + Photonik **1**, 18 (2003)

Weitere empfohlene Literatur

15. J.N. Dodd: Atoms and Light Interactions. Plenum, New York (1991)
16. B.K. Agarwal: X-Ray Spectroscopy, 2. Aufl. Springer, Berlin, Heidelberg (1991)
17. I.I. Sobelman: Atomic Spectra and Radiative Transitions. Springer Series in Chemical Physics. Springer, Heidelberg (1979)

Laser

8

W. Demtröder, *Experimentalphysik 3*, Springer-Lehrbuch, DOI 10.1007/978-3-662-49094-5_8

Das Kunstwort Laser ist eine Abkürzung für die englische Beschreibung seines Grundprinzips: Light Amplification by Stimulated Emission of Radiation. *Gordon*, *Zeiger* und *Townes* [1] zeigten 1955 erstmals am Beispiel des NH_3-Masers, bei dem die in Abb. 4.14 dargestellte Inversionsschwingung angeregt wird, dass elektromagnetische Wellen im Mikrowellenbereich (microwave amplification) beim Durchlaufen eines speziell präparierten Mediums infolge der induzierten Emission (siehe Abschn. 7.1) verstärkt werden können, wenn man dafür sorgt, dass das obere Niveau eines Absorptionsüberganges stärker besetzt wird als das untere.

Schawlow und *Townes* veröffentlichten dann 1958 detaillierte Überlegungen, wie man das Maser-Prinzip auf den optischen Spektralbereich ausdehnen könnte [2]. Die erste experimentelle Realisierung eines Lasers gelang *Maiman* 1960 mit dem Bau eines durch eine Blitzlampe gepumpten Rubinlasers, der kohärente Lichtimpulse bei $\lambda = 694\,\text{nm}$ lieferte [3].

Inzwischen gibt es Laser im gesamten Spektralbereich, vom Infraroten bis zum Ultravioletten, die sich in vielen wissenschaftlichen und technischen Bereichen als unentbehrliche Instrumente zur Lösung vieler Probleme erwiesen haben. In diesem Kapitel sollen die physikalischen Grundlagen des Lasers und die wichtigsten Lasertypen kurz vorgestellt werden. Für ausführlichere Darstellungen wird auf die umfangreiche Laserliteratur verwiesen [4–7].

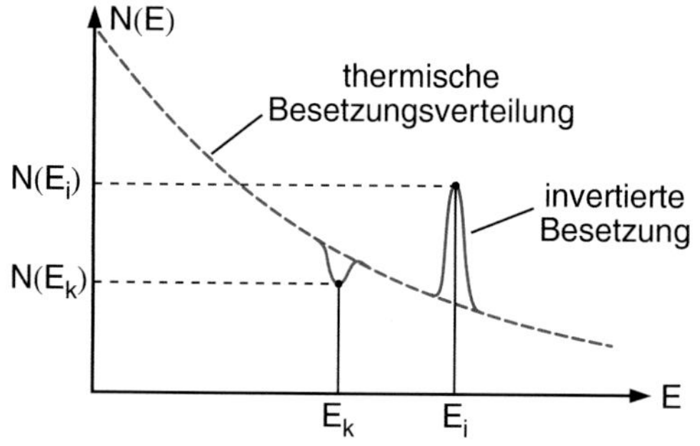

Abbildung 8.2 Selektive Besetzungsinversion ($N_i > N_k$ trotz $E_i > E_k$) als Abweichung von der thermischen Besetzungsverteilung

8.1 Physikalische Grundlagen

Ein Laser besteht im Wesentlichen aus drei Komponenten (Abb. 8.1):

- einem ***aktiven Medium***, in dem durch selektive Energiezufuhr in ein oder mehrere Niveaus eine invertierte Besetzungsverteilung $N(E)$ erzeugt wird (Abb. 8.2), die stark vom thermischen Gleichgewicht abweicht, sodass $N(E_i)$ größer wird als die Besetzung $N(E_k)$ in tieferen Niveaus E_k;
- einer ***Energiepumpe*** (Blitzlampe, Gasentladung oder ein anderer Laser), welche diese Besetzungsinversion erzeugt;
- einem ***optischen Resonator***, der die vom aktiven Medium emittierte Fluoreszenz in wenigen Moden des Strahlungsfeldes speichert, sodass in diesen Moden die Photonenzahl $n \gg 1$ wird und damit nach Abschn. 7.1 die induzierte Emission viel wahrscheinlicher als die spontane Emission wird. Der optische Resonator hat außerdem die Aufgabe, die durch induzierte Emission verstärkte Strahlung in das aktive Medium zurückzuführen, sodass aus dem Lichtverstärker ein Lichtoszillator wird.

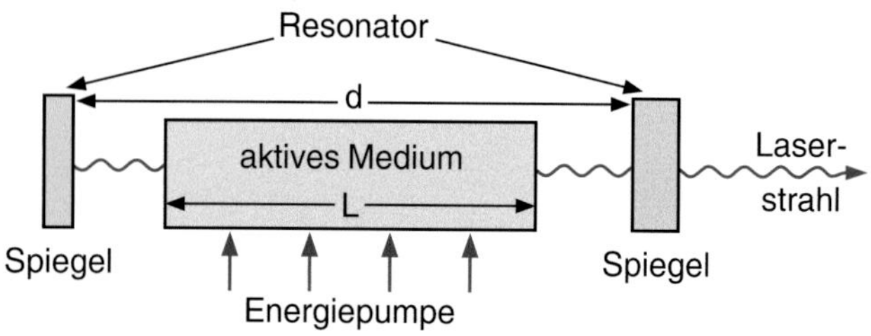

Abbildung 8.1 Aufbauprinzip eines Lasers

8.1.1 Schwellwertbedingung

Wenn eine elektromagnetische Welle mit der Frequenz ν in z-Richtung durch ein Medium läuft (Abb. 8.3), dann ändert sich ihre Intensität $I(\nu, z)$ gemäß dem Beer'schen Absorptionsgesetz:

$$I(\nu, z) = I(\nu, 0) \cdot e^{-\alpha(\nu) \cdot z} . \tag{8.1}$$

Der von der Frequenz ν abhängige Absorptionskoeffizient

$$\alpha(\nu) = \left[N_k - (g_k/g_i)\,N_i\right] \sigma(\nu) \tag{8.2}$$

wird dabei durch den Absorptionsquerschnitt $\sigma(\nu)$ und die Besetzungsdichten N_i, N_k der am Absorptionsübergang $E_k \to E_i$ beteiligten Niveaus mit den statistischen Gewichten g_i, g_k und der Energiedifferenz $E_i - E_k = h \cdot \nu$ bestimmt.

Man sieht aus (8.2), dass für $N_i > (g_i/g_k)\,N_k$ der Absorptionskoeffizient $\alpha(\nu) < 0$ wird, d. h. die durchlaufende Welle wird verstärkt anstatt geschwächt. Eine solche Umkehr der thermischen Gleichgewichtsbesetzung heißt ***Inversion***, und das Medium, in dem die Besetzungsinversion erreicht wurde, nennt man ***aktives Medium***. Wird das aktive Medium zwischen zwei

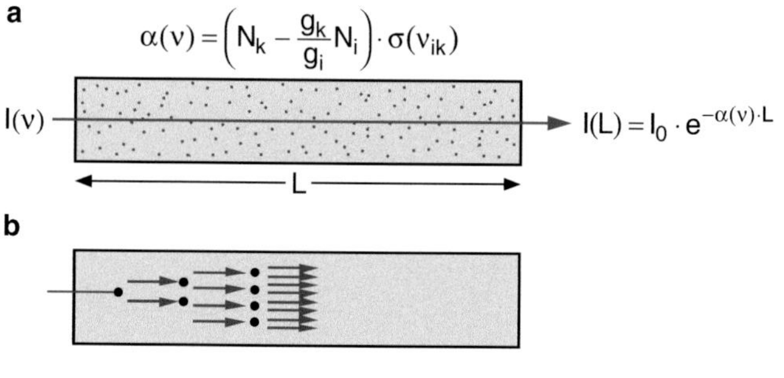

Abbildung 8.3 **a** Abschwächung ($\alpha > 0$) bzw. Verstärkung ($\alpha < 0$) einer Lichtwelle beim Durchgang durch ein Medium; **b** Schematische Darstellung der Entstehung einer „Photonenlawine"

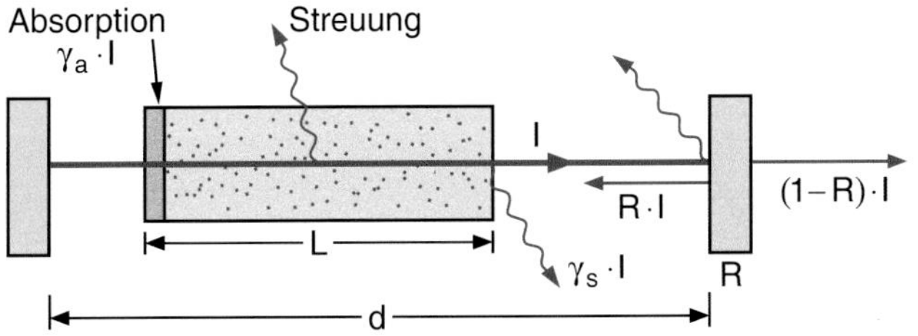

Abbildung 8.4 Zur Illustration der Verluste eines Lasers

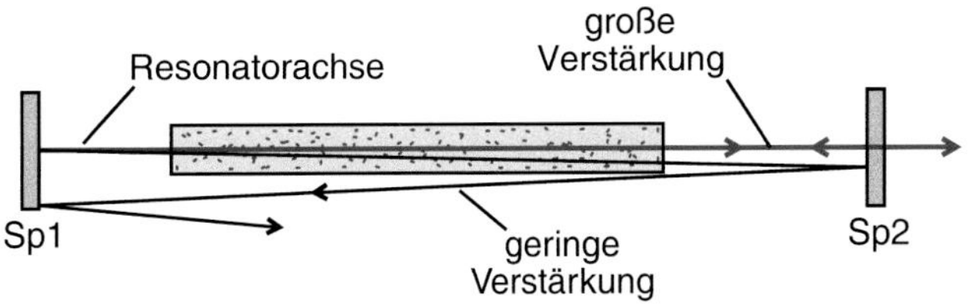

Abbildung 8.5 Die erreichbare Verstärkung pro Umlauf hängt von der effektiven Weglänge durch das aktive Medium ab

planparallele Spiegel gestellt (Abb. 8.1), so wird die Lichtwelle oft hin und her reflektiert und dabei jedes Mal beim Durchlaufen des aktiven Mediums der Länge L um den Faktor $\exp(-\alpha \cdot L)$ verstärkt, wenn $\alpha < 0$ ist.

Nach einem Resonatordurchlauf erreicht die Welle wieder denselben Punkt, und ihre Intensität wäre dann für $\alpha < 0$ um den Verstärkungsfaktor

$$G(\nu) = \frac{I(\nu, 2L)}{I(\nu, 0)} = e^{-2\alpha(\nu)\cdot L} > 1 \tag{8.3}$$

größer geworden, wenn es keine anderen Verluste gäbe.

Nun reflektiert ein Spiegel mit dem Reflexionsvermögen R nur den Bruchteil R der einfallenden Intensität, sodass der Bruchteil $(1-R)$ den Resonator verlässt (Abb. 8.4). Außerdem führen Absorption und Streuung durch Inhomogenitäten im Lasermedium oder in den Fenstern der Gaszelle im Falle von Gaslasern zu Verlusten der Lichtwelle. Auch Beugungsverluste spielen oft eine erhebliche Rolle (siehe Abschn. 8.2.3). Fassen wir alle diese Verluste pro Resonatorumlauf der Welle in dem Verlustkoeffizienten γ zusammen, so würde die Intensität der Welle ohne die Verstärkung im aktiven Medium nach jedem Umlauf im Resonator mit Spiegelabstand d um den Faktor

$$\frac{I(2d)}{I(0)} = e^{-\gamma} \quad \text{mit} \quad \gamma = \gamma_R + \gamma_{Str} + \gamma_B \tag{8.4}$$

abnehmen. Bei Berücksichtigung der Verstärkung und aller Verluste ergibt sich der effektive Verstärkungsfaktor für einen Umlauf im Resonator der Länge d mit einem aktiven Medium der Länge L

$$G(\nu) = \frac{I(\nu, 2d)}{I(\nu, 0)} = e^{-(2\alpha(\nu)\cdot L+\gamma)}. \tag{8.5}$$

Für $G(\nu) > 1$, d. h. $2\alpha(\nu) \cdot L + \gamma < 0 \Rightarrow -2\alpha(\nu) \cdot L > \gamma$, überwiegt die Verstärkung alle Verluste, und die Intensität der Welle nimmt zu, bis die Intensität ihren Sättigungswert I_S erreicht hat, bei dem der Aufbau der Inversion ΔN durch die Pumpe gerade kompensiert wird durch ihren Abbau durch induzierte Emission.

Die Bedingung $G(\nu) \geq 1$ ergibt mit (8.2)

$$\begin{aligned} 2\alpha(\nu) \cdot L + \gamma &= 2[N_k - (g_k/g_i)N_i] \cdot \sigma(\nu) \cdot L + \gamma \\ &< 0 \end{aligned}$$

und damit für die minimal notwendige Inversionsdichte ΔN die ***Schwellwertbedingung***

$$\boxed{\begin{aligned} \Delta N &= N_i(g_k/g_i) - N_k \geq \Delta N_{Schw} \\ \Delta N_{Schw} &= \frac{\gamma(\nu)}{2\sigma(\nu) \cdot L} \end{aligned}} \tag{8.6}$$

Wenn die Energiezufuhr durch die Pumpe so groß ist, dass $\Delta N > \Delta N_{Schw}$ wird, kann Licht beim Umlauf durch den Resonator verstärkt werden, weil die Verstärkung pro Umlauf die Gesamtverluste übersteigt. Die Laseroszillation baut sich dabei folgendermaßen auf:

Die spontan emittierten Fluoreszenzphotonen, die von den in den Zustand E_i angeregten Atomen des aktiven Mediums in Richtung der Resonatorachse emittiert werden, können durch induzierte Emission vervielfacht werden (siehe Abb. 8.3). Der Verstärkungsfaktor ist umso größer, je länger der Weg L durch das aktive Medium ist. Photonen, die nur etwas schräg zur Resonatorachse reflektiert werden, können nach der Reflexion das aktive Medium nicht mehr erreichen (Abb. 8.5). Für sie ist L und damit der Verstärkungsfaktor kleiner, und die Schwellwertbedingung (8.6) wird nicht erreicht.

In Richtung der Resonatorachse entstehen aus den spontan emittierten Photonen für $\Delta N > \Delta N_{Schw}$ immer größer werdende Photonenlawinen, die so lange anwachsen, bis der durch die induzierte Emission bewirkte Abbau der Inversion deren Aufbau durch die Energiepumpe gerade kompensiert.

Die Intensität der induzierten Welle, die zwischen den Resonatorspiegeln hin und her läuft, erreicht daher bei zeitlich kontinuierlichen Lasern einen stationären Wert, der von der Pumpleistung abhängt.

8.1.2 Erzeugung der Besetzungsinversion

Die für einen Laserbetrieb notwendige Inversion der Besetzungsdichte muss durch einen selektiven Pumpprozess erfolgen, der das obere Niveau E_i des Laserüberganges $E_i \to E_k$ stärker bevölkert als das untere.

Die Pumpenergie kann entweder gepulst (Blitzlampen oder gepulste Gasentladung) oder zeitlich kontinuierlich zugeführt werden. Im ersten Fall erhält man nur für das Zeitintervall Δt Laseremission, in dem die Schwellwertinversion überschritten wird (gepulste Laser). Im zweiten Fall lassen sich zeitlich

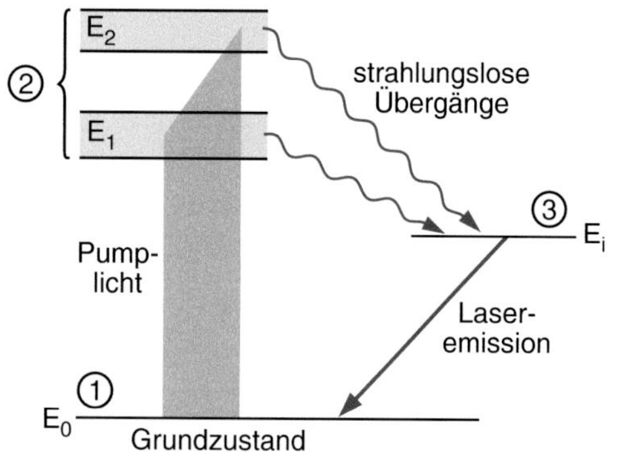

Abbildung 8.6 Termschema des Rubin-Lasers

kontinuierliche Laser (engl. continous wave laser = cw-Laser) realisieren. Wir wollen für beide Fälle ein Beispiel geben:

Beim ***Rubinlaser***, dessen aktives Medium aus einem zylindrischen Al_2O_3-Stab besteht, der mit Chrom dotiert ist, werden die Cr^{+++}-Ionen im Rubinstab im Grundzustand E_0 durch Absorption des Lichtes einer Blitzlampe in zwei Energieniveaus E_1, E_2 gepumpt (Abb. 8.6), die durch Wechselwirkung mit den Festkörperatomen stark verbreitert sind und deshalb breitere Intervalle im grünen und blauen Bereich aus dem Spektralkontinuum der Blitzlampe absorbieren können.

Die angeregten Zustände geben durch Wechselwirkung mit den Gitterschwingungen des Kristalls einen Teil ihrer Energie in etwa 10^{-10}–10^{-11} s ab und gehen dabei in das Niveau E_i über (strahlungslose Übergänge). Dieses Niveau E_i bildet das obere Niveau des Laser-Überganges $E_i \rightarrow E_0$.

Um eine Besetzungsinversion $N_i > N_0$ zu erreichen, muss man also mindestens die Hälfte aller Cr^{+++}-Ionen aus dem Grundzustand in das Niveau E_i bringen. Ohne Umweg über die Niveaus E_1, E_2 wäre dies gar nicht möglich, weil bei direktem Pumpen auf dem Übergang $E_0 \rightarrow E_i$ die Absorption des Pumplichts gegen null geht, sobald $N_i \rightarrow N_0$ strebt. Man braucht deshalb mindestens drei Niveaus, um eine Inversion zu erreichen. Sie sind in Abb. 8.6 durch die Zahlen in Kreisen gekennzeichnet, wobei die beiden Niveaus E_1, E_2 zusammengefasst wurden.

Man nennt den Rubinlaser daher einen ***Drei-Niveau-Laser***.

Anmerkung. Unter speziellen Bedingungen kann man kurzzeitig auch in einem Zwei-Niveau-System Inversion erhalten, wenn die Pumpzeit kurz gegen alle Relaxationszeiten des Systems ist. Dies lässt sich aber nur in wenigen Fällen erreichen.

Eine mögliche, heute oft verwendete Realisierung des Rubinlasers ist in Abb. 8.7a gezeigt: Blitzlampe und Rubinstab befinden sich in den Fokallinien eines zylindrischen Reflektormantels mit elliptischem Querschnitt, sodass möglichst viel Pumplicht aus der linearen Blitzlampe in den Rubinstab abgebildet wird. Zwei planparallele Spiegel ($R_1 \gtrsim 0{,}99$, $R_2 \approx 0{,}7$) dienen als optischer Resonator und die rote Laserstrahlung ($\lambda = 649$ nm) wird als intensiver Lichtpuls von etwa 0,2 ms Dauer in einen engen Raumwinkelbereich um die Resonatorachse durch den Auskoppelspiegel Sp2 in Abb. 8.5 emittiert.

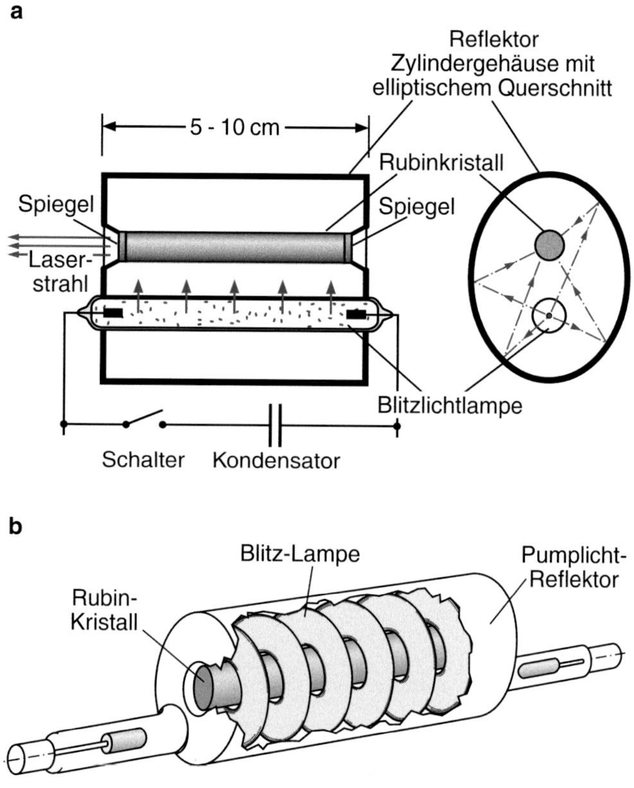

Abbildung 8.7 Zwei experimentelle Realisierungen des Rubin-Lasers: **a** mit linearer Blitzlampe und elliptisch-zylindrischem Reflektor, **b** ursprüngliche Version von *Maiman*

Die ursprüngliche erste Version des ***Rubinlasers*** von *Maiman* benutzte eine wendelförmige Blitzlampe, die den Rubinstab umschloss, sodass möglichst viel Licht von allen Seiten in den Rubin gelangte (Abb. 8.7b).

Unser zweites Beispiel ist der ***Helium-Neon-Laser***, der ein Vier-Niveau-System bildet und durch Stöße in einer Gasentladung gepumpt wird. Sein prinzipieller Aufbau ist in Abb. 8.8 illustriert. Durch ein Entladungsrohr mit einer Glaskapillare ($\approx$ 1–4 mm Durchmesser), das mit einer Gasmischung von He und Ne (Verhältnis etwa 7 : 1) bei einem Gesamtdruck von einigen mbar gefüllt ist, wird eine Gasentladung gezündet, die kontinuierlich bei einer Stromstärke von einigen mA (Spannung etwa 1 kV) brennt.

In dieser Entladung (vor allem in der Kapillare, wo die Stromdichte besonders hoch ist) werden durch Elektronenstoß angeregte He- und Ne-Atome gebildet. Die meisten dieser angeregten Zustände haben kurze Lebensdauern und gehen durch Emission von Fluoreszenz in tiefere Niveaus über. Beim Helium gibt es jedoch zwei metastabile Zustände, den 2^1S_0- und den 2^3S_1-Zustand, die nicht durch Dipolstrahlung in tiefere Niveaus übergehen können und deshalb lange spontane Lebensdauern $\tau(2^1S_0) \approx 20$ ms bzw. $\tau(2^3S_1) \geq 600$ s haben (siehe Abschn. 6.2 und 7.3). In der Entladung baut sich daher eine größere Besetzungsdichte von He^*-Atomen in diesen Zuständen auf.

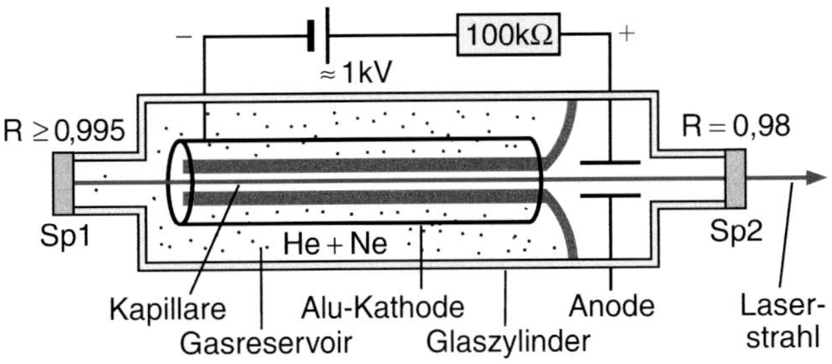

Abbildung 8.8 Aufbau eine He-Ne-Lasers

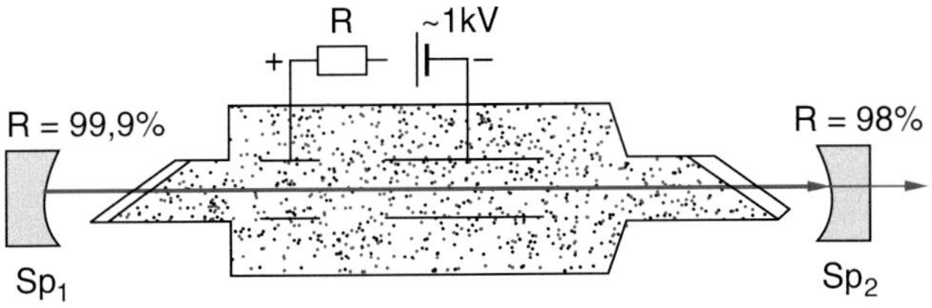

Abbildung 8.10 He-Ne-Laser mit Brewster-Fenstern und externen Spiegeln

Beide metastabile He-Niveaus sind fast in Energieresonanz mit angeregten Zuständen des Ne-Atoms (Abb. 8.9). Durch fast resonante Stöße zweiter Art

$$\begin{aligned} He^*(2^1S_0) + Ne(2^1S_0) &\rightarrow He(1^1S_0) + Ne^*(5S)\,, \\ He^*(2^3S_1) + Ne(2^1S_0) &\rightarrow He(1^1S_0) + Ne^*(4S)\,, \end{aligned} \tag{8.7}$$

die einen sehr großen Wirkungsquerschnitt haben, kann die Anregungsenergie vom He* auf Ne übertragen werden. Dadurch werden selektiv die Ne-Niveaus $5S$ bzw. $4S$ bevölkert, sodass ihre Besetzungsdichte größer werden kann als diejenige tieferer Niveaus.

Da diese tieferen Niveaus in der Gasentladung nur schwach durch Elektronenstoß besetzt werden, braucht man für dieses Vier-Niveau-System nur einen kleinen Bruchteil ($\approx 10^{-6}$) aller Neonatome in das obere Laserniveau zu pumpen, um Besetzungsumkehr zu erreichen, im Gegensatz zum Drei-Niveau-Laser, wo man mehr als die Hälfte aller Atome anregen muss.

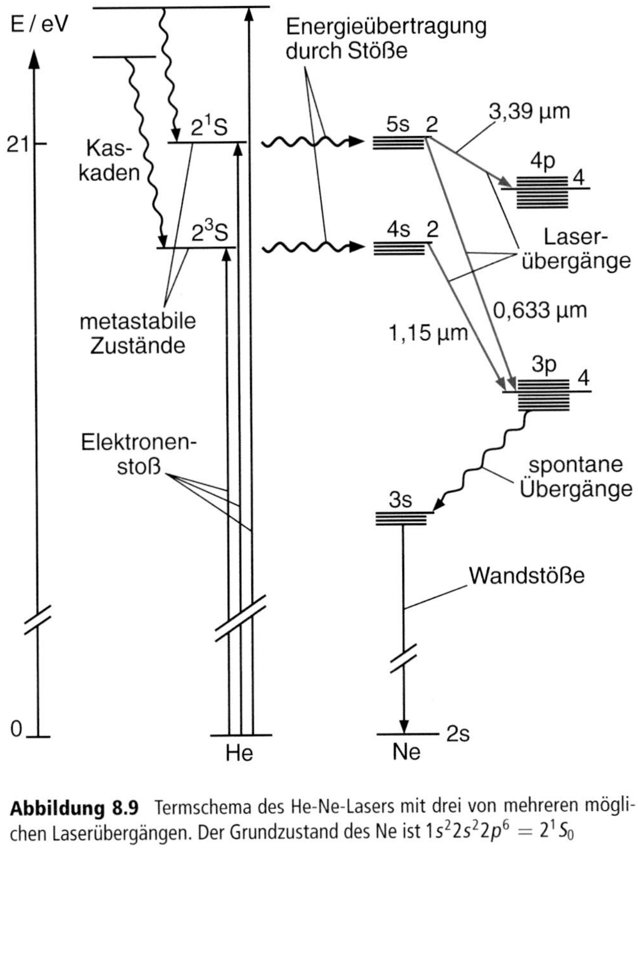

Abbildung 8.9 Termschema des He-Ne-Lasers mit drei von mehreren möglichen Laserübergängen. Der Grundzustand des Ne ist $1s^2 2s^2 2p^6 = 2^1S_0$

Man kann auf mehreren Übergängen Laseroszillation erzeugen, wenn man für die jeweilige Wellenlänge (z. B. 3,39 µm, 1,15 µm, 0,633 µm) das Reflexionsvermögen der Spiegel optimiert, sodass die Verluste für die gewünschte Wellenlänge möglichst klein sind.

Die im He-Ne-Laser bei $\lambda = 633$ nm erreichte Verstärkung liegt bei wenigen Prozent pro Umlauf. Man muss daher alle Verluste sehr klein halten, um überhaupt die Schwellwertbedingung (8.6) erfüllen zu können. Dazu braucht man z. B. Spiegel mit Reflexionsvermögen $R_1 = 0{,}999$ und $R_2 \approx 0{,}98$, was sich nur mit dielektrischen Vielfachschichten erreichen lässt (siehe Bd. 2, Abschn. 10.4).

Die Resonator-Spiegel können direkt auf die beiden Enden der Entladungsröhre aufgeklebt werden. Dies hat den Vorteil kleiner Verluste durch Absorption und Streuung der Resonator-internen Laserstrahlung an den Abschlussfenstern der Gasentladung, aber den Nachteil, dass die Spiegeloberflächen durch die Gasentladung im Laufe der Zeit beschädigt werden können.

Eine heute allgemein verwendete Technik benutzt Endfenster der Entladungsröhre, die schräg zur Resonatorachse unter dem Brewsterwinkel geneigt sind, sodass Licht, das senkrecht zur Fensterebene polarisiert ist, ohne Reflexionsverluste transmittiert wird (Abb. 8.10). Dies hat den Vorteil, dass die Spiegel nicht von der Gasentladung berührt werden und dass sie außerdem unabhängig justiert werden können. Die Laserstrahlung ist bei dieser Anordnung linear polarisiert in einer Ebene senkrecht zu den Brewsterflächen der Endfenster.

8.1.3 Frequenzverteilung der induzierten Emission

Sowohl die Verstärkung $-\alpha(\nu) \cdot L$ als auch die Verluste $\gamma(\nu)$ hängen von der Frequenz ν der Lichtwelle ab. Der Laser erreicht die Oszillationsschwelle für solche Frequenzen ν zuerst, für die ΔN_{Schw} minimal wird. Der Frequenzverlauf des Verstärkungskoeffizienten $-\alpha(\nu)$ hängt von der Art des aktiven Mediums ab. Bei gasförmigen Medien (He-Ne-Laser, Argonlaser) hat $\alpha(\nu)$ wegen der Dopplerverbreiterung der Spektrallinien ein Gaußprofil mit einer Halbwertsbreite von einigen 10^9 Hz.

Bei Festkörper- und Flüssigkeitslasern wird die Linienbreite durch die Wechselwirkung der angeregten Atome, Ionen oder Moleküle mit ihrer Umgebung im Festkörper bzw. in der Flüssigkeit verursacht und ist im Allgemeinen breiter als in Gasen.

Der Verlustkoeffizient γ hängt wesentlich von den Eigenschaften des optischen Resonators ab. Er hat im Allgemeinen zahlreiche Minima bei den Resonanzfrequenzen des Resonators im Bereich des Verstärkungsprofils $-\alpha(\nu)$. Deshalb wird die Laseroszillation auf vielen benachbarten Frequenzen anschwingen. Nur bei bestimmten Resonatorkonfigurationen mit frequenzselektiven Elementen kann man erreichen, dass ein Laser wirklich nur in einem schmalen Frequenzintervall $\Delta\nu$ induziert emittiert und damit eine praktisch monochromatische Welle in Richtung der Resonatorachse darstellt. Dies wird im Folgenden anschaulich dargestellt.

Da die Eigenschaften eines Lasers ganz wesentlich durch den Resonator bestimmt werden, wollen wir uns zuerst mit optischen Resonatoren befassen.

8.2 Optische Resonatoren

In Bd. 2, Abschn. 7.8 und 12.4 wurde gezeigt, dass in einem geschlossenen Hohlraumresonator ein Strahlungsfeld existiert, dessen Energiedichte $w(\nu)$ sich gleichmäßig auf alle Moden verteilt. Im optischen Spektralbereich ist die Zahl der Moden pro Volumeneinheit im Frequenzintervall $\mathrm{d}\nu$

$$n(\nu)\,\mathrm{d}\nu = 8\pi(\nu^2/c^3)\,\mathrm{d}\nu$$

sehr groß. So erhält man z. B. für $\nu = 5 \cdot 10^{14}\,\mathrm{s}^{-1}$ ($\lambda = 600\,\mathrm{nm}$) im Frequenzbereich $\Delta\nu = 10^9\,\mathrm{s}^{-1}$ einer dopplerverbreiterten Spektrallinie $n(\nu)\,\Delta\nu = 2{,}5 \cdot 10^{14}$ Moden pro m^3, d. h. die spontane Emission von den angeregten Atomen eines gasförmigen aktiven Mediums verteilt sich auf sehr viele Moden, sodass die Photonenanzahl pro Mode klein ist. In einem solchen geschlossenen Resonator, in dem die Rückkopplung für alle Moden gleich groß ist, würde sich auch der Aufbau von Photonenlawinen durch induzierte Emission auf alle Moden verteilen. Da die Gesamtleistung von spontaner und induzierter Emission durch die Pumpleistung aufgebracht werden muss und daher beschränkt ist, würde man in einem solchen Resonator nur eine geringe Lichtleistung pro Mode und daher auch pro Raumwinkel $\mathrm{d}\Omega$ erreichen, d. h. das Verhältnis von induzierter zu spontaner Emission wäre klein. Geschlossene Resonatoren mit Seitenlängen d, die im Mikrowellenbereich bei Masern verwendet werden ($d \approx \lambda$), sind daher als Laserresonatoren im optischen Bereich ($\lambda \ll d$) *nicht* geeignet.

8.2.1 Offene optische Resonatoren

Um eine Konzentration der induzierten Emission auf wenige Moden zu erreichen, muss die Speicherfähigkeit des Resonators für diese Moden groß sein, d. h. seine Verluste müssen klein sein, während für alle anderen Moden die Verluste so groß sein sollten, dass für sie bei gegebener Pumpleistung die Schwelle zur Laseroszillation nicht erreicht wird.

Offene optische Resonatoren, die aus geeignet dimensionierten Anordnungen von Spiegeln bestehen, können die obigen Bedingungen in idealer Weise erfüllen. Wir wollen dies am Beispiel zweier ebener Spiegel Sp1 und Sp2 mit Durchmesser $2a$ illustrieren, die sich im Abstand d gegenüberstehen und genau planparallel justiert sind (Abb. 8.11). Dies entspricht dem in Bd. 2, Abschn. 10.4 behandelten Fabry-Perot-Interferometer, allerdings mit dem wesentlichen Unterschied, dass dort im Allgemeinen $d \ll a$ war, während bei den Laserresonatoren meistens $d \gg a$ gilt. Dies hat zur Folge, dass bei den üblichen FPI die Beugung vernachlässigbar ist, während sie bei Laser-Resonatoren entscheidend sein kann.

Haben die Spiegel das Reflexionsvermögen R_1 und R_2, so wird auf Grund der Reflexionsverluste die Intensität ohne andere Verluste pro Resonatorumlauf auf

$$I = R_1 \cdot R_2 \cdot I_0 = I_0 \cdot \mathrm{e}^{-\gamma_\mathrm{R}} \tag{8.8}$$

abnehmen, wobei der Reflexionsverlustkoeffizient definiert ist als

$$\gamma_\mathrm{R} = -\ln(R_1 \cdot R_2)\,. \tag{8.9}$$

Da die Umlaufzeit $T = 2d/c$ ist, wird die mittlere Lebensdauer eines Photons im Resonator, das genau entlang der Resonatorachse fliegt,

$$\tau = \frac{2d}{c \cdot \ln(R_1 \cdot R_2)}\,, \tag{8.10}$$

wenn sonst keine weiteren Verluste auftreten.

Beispiel

$R_1 = 1$, $R_2 = 0{,}98$, $d = 50\,\mathrm{cm} \Rightarrow \gamma_\mathrm{R} = 0{,}02$, $\tau \approx 1{,}5 \cdot 10^{-7}\,\mathrm{s}$ ■

Wegen des endlichen Spiegeldurchmessers $a \ll d$ spielen außer den Reflexionsverlusten auch Beugungsverluste eine Rolle. Um dies einzusehen, betrachten wir eine ebene Welle, die von unten auf den kreisförmigen Spiegel Sp1 fällt (Abb. 8.11b). Die reflektierte Welle zeigt eine Beugungsstruktur, die völlig analog zum Beugungsbild bei der Transmission einer ebenen Welle durch eine Kreisblende mit Radius a ist. Ein Teil der reflektierten Welle geht deshalb am Spiegel Sp2 vorbei und verlässt den Resonator. Der Beugungswinkel für das erste Beugungsminimum (siehe Bd. 2, Abschn. 10.5) ist durch

$$\sin\theta = 1.2 \cdot \lambda/(2a) \;\Rightarrow\; \theta \approx \lambda/(2a) \tag{8.11}$$

gegeben. Damit wenigstens die gesamte in der nullten Beugungsordnung enthaltene Lichtleistung den Spiegel Sp2 trifft, muss gelten:

$$\tan\theta \cdot d \leq a \;\Rightarrow\; 2a^2/(\lambda \cdot d) \geq 1\,,$$

weil $\tan\theta \approx \theta$ für $a \ll d$.

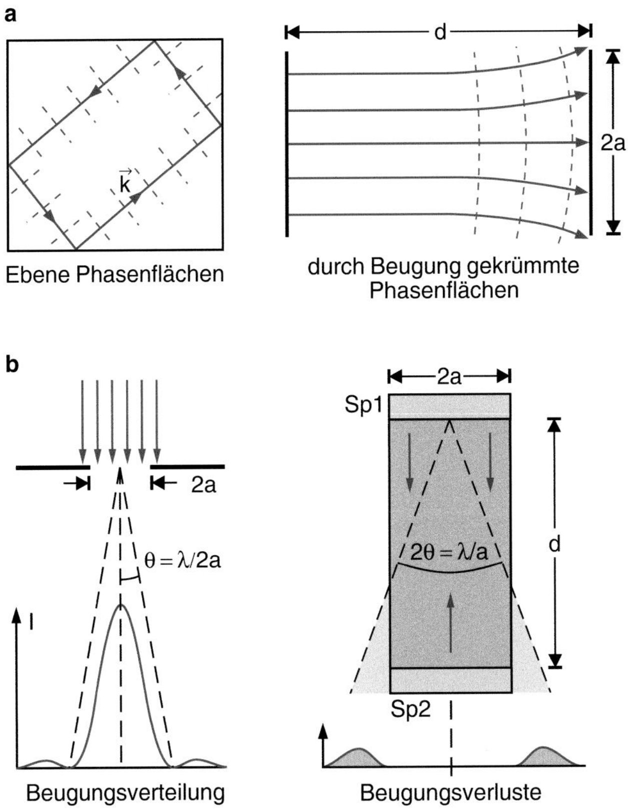

Abbildung 8.11 **a** Offener optischer Resonator mit Beugungseffekten rechts im Vergleich zum geschlossenen Resonator, bei dem keine Beugungsverluste auftreten. **b** Vergleich der Beugung an einer Kreisblende mit der Beugung an einem kreisförmigen Spiegel mit gleichem Durchmesser

Man nennt den Quotienten

$$F = a^2/(\lambda \cdot d) \tag{8.12}$$

die ***Fresnelzahl*** des Resonators. Sie gibt die Anzahl der Fresnelzonen auf Sp1 an, die man vom Mittelpunkt des anderen Spiegels Sp2 misst (siehe Bd. 2, Abschn. 10.6).

Eine genauere Rechnung zeigt [8], dass der Anteil der Beugungsverluste an dem in (8.4) definierten Verlustkoeffizienten γ für $F \gg 1$ näherungsweise durch

$$\gamma_B \approx 1/F$$

bestimmt wird, d. h. bei einem Resonator mit der Fresnelzahl F sinkt allein durch Beugungsverluste nach einem Umlauf die Leistung im Resonator um den Faktor $\exp(-1/F)$.

Man merke sich:

Große Fresnelzahlen F bedeuten kleine Beugungsverluste. Für $1/F > \gamma_R = -\ln(R_1 R_2)$ werden die Beugungsverluste größer als die Reflexionsverluste.

Beispiel

$R_1 = 0{,}99$, $R_2 = 0{,}95 \to \ln(R_1 R_2) = -0{,}062$, d. h. für $F < 16$ überwiegen die Beugungsverluste. ■

Wenn die Lichtwelle m-mal zwischen den Spiegeln hin und her reflektiert wird, würde die Leistung der Lichtwelle ohne Verstärkung im aktiven Medium nur auf Grund der Beugungsverluste auf den Wert $P_m = P_0 \exp(-m/F)$ sinken, d. h. für $m = 20$ und $F = 16$ auf $P_m = P_0/2{,}9 = 0{,}34 P_0$.

Beispiele

1. Bei einem in der Spektroskopie verwendeten ebenen FPI mit $a = 2\,\text{cm}$, $d = 1\,\text{cm}$ wird für $\lambda = 500\,\text{nm}$ die Fresnelzahl $F = 8 \cdot 10^4$. Die Beugungsverluste sind $\gamma_B \approx 1{,}2 \cdot 10^{-4}$ und spielen daher praktisch keine Rolle. Die Phasenflächen der Wellen bleiben eben. Die Dimensionen dieses FPI sind jedoch für einen Laserresonator ungeeignet.
2. Der Resonator eines Gaslasers mit ebenen Spiegeln mit $d = 50\,\text{cm}$ und einem nutzbaren Durchmesser $2a = 0{,}2\,\text{cm}$ hat bei $\lambda = 500\,\text{nm}$ eine Fresnelzahl $F = 4$. Die Beugungsverluste pro Umlauf betragen hier also bereits etwa 25 %. ■

8.2.2 Moden des offenen Resonators

Während die Moden des geschlossenen Resonators als Überlagerung von ebenen Wellen beschrieben werden können (siehe Abb. 8.11a und Bd. 2, Abschn. 7.8), deren Amplitude und Phase auf Ebenen senkrecht zur Ausbreitungsrichtung $\boldsymbol{k}$ konstant sind, ändern sich in *offenen* Resonatoren wegen der Beugung beide Größen. So wird z. B. die Amplitude einer stehenden Welle zwischen den beiden Spiegeln durch die Beugungsstruktur bestimmt. Die randnahen Anteile der Welle erleiden durch Beugung größere Verluste und größere Phasenverschiebungen als die Anteile nahe der Resonatorachse. Ebene Wellen sind daher *keine* Moden der offenen Laserresonatoren.

Man kann die Amplituden- und Intensitätsverteilung der Resonatormoden auf folgende Weise berechnen: Die zwischen den Spiegeln hin und her reflektierte Welle entspricht einer Welle, die in z-Richtung durch eine Folge äquidistanter Blenden läuft, deren Blendenöffnung dieselbe Form und Größe wie die Spiegelfläche hat (Abb. 8.12) (Babinet'sches Theorem, Bd. 2, Abschn. 10.7.5). Wenn auf die erste Blende eine ebene Welle trifft, wird sich die Amplitudenverteilung beim Durchgang durch die Blenden infolge der Beugung verändern. Sie wird auf der Symmetrieachse größer sein als an den Rändern der Blenden. Soll nach der n-ten Blende eine stationäre Amplitudenverteilung erreicht sein, dann muss für eine in z-Richtung laufende Lichtwelle gelten:

$$A_n(x, y) = C \cdot A_{n-1}(x, y) , \tag{8.13}$$

wobei $|C| < 1$ eine von x und y unabhängige Konstante ist. Man kann $A_n(x, y)$ mithilfe der Kirchhoff'schen Beugungstheorie aus der Verteilung $A_{n-1}(x', y')$ berechnen (Abb. 8.13). Es gilt (siehe

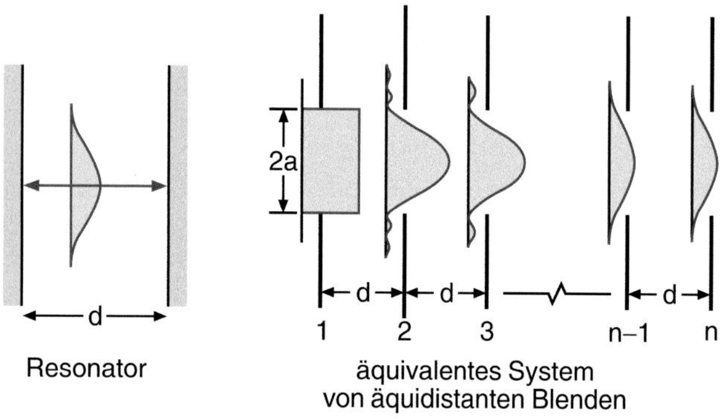

Abbildung 8.12 Die Beugung einer Welle beim Hin- und Hergang zwischen zwei Spiegeln ist äquivalent zum Durchgang durch ein Blendensystem

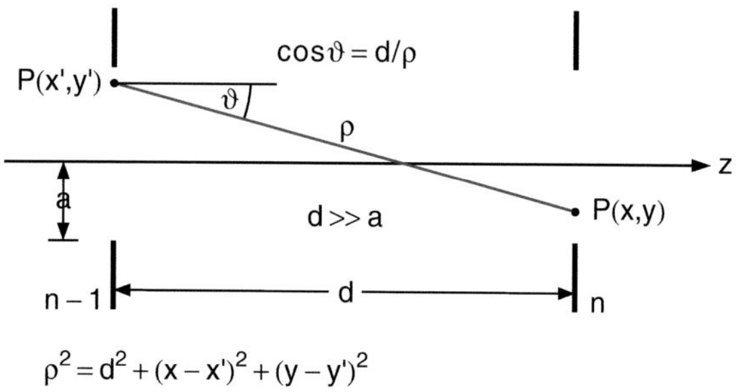

Abbildung 8.13 Zur Herleitung von (8.14)

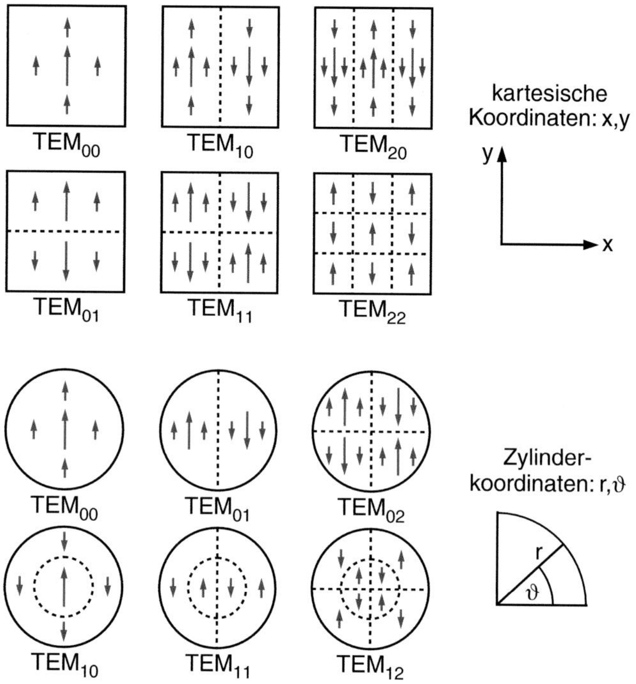

Abbildung 8.15 Schematische Darstellung der elektrischen Feldstärkeverteilung in einer Ebene senkrecht zur Resonatorachse **a** in kartesischen und **b** in Zylinderkoordinaten

Bd. 2, Abschn. 10.7)

$$A_n(x,y) = -\frac{\mathrm{i}}{2\lambda} \int\limits_{x'} \int\limits_{y'} A_{n-1}(x',y') \cdot \frac{1}{\varrho}\,\mathrm{e}^{-\mathrm{i}k\varrho}(1+\cos\vartheta)\,\mathrm{d}x'\,\mathrm{d}y'\,. \tag{8.14}$$

Einsetzen von (8.13) ergibt eine Integralgleichung für $A_n(x, y)$, die im Allgemeinen nur numerisch gelöst werden kann. Der konstante Faktor C in (8.13) ergibt sich zu

$$C = (1-\gamma_{\mathrm{B}})^{1/2} \cdot \mathrm{e}^{\mathrm{i}\varphi}\,, \tag{8.15}$$

wobei γ_{B} der Beugungskoeffizient und φ eine Phasenverschiebung ist, die man anschaulich erklären kann durch die Krümmung der Phasenflächen infolge der Beugung. Einige Lösungen der Integralgleichung (8.14) sind als Funktion von x in Abb. 8.14 graphisch dargestellt. Sie entsprechen stehenden Wellen zwischen den beiden Spiegeln und heißen ***transversal-elektromagnetische Moden*** (TEM-Moden) des offenen Resonators. Sie werden durch drei Indizes gekennzeichnet, welche in einem kartesischen Koordinatensystem die Anzahl der Knoten der elektrischen Feldstärke in x-, y- und z-Richtung ergeben (Abb. 8.15). Als ***Fundamentalmoden*** werden die stehenden Wellen $\mathrm{TEM}_{0,0,q}$ bezeichnet, die ein Gaußprofil in x- und y-Richtung haben und bei denen der Index $q = d/(\lambda/2) \gg 1$ die Zahl der Knoten entlang der Resonatorachse angibt.

Im Allgemeinen werden Spiegel mit kreisförmigem Querschnitt verwendet, und auch das aktive Medium hat meist einen kreisförmigen Querschnitt, sodass wegen der Zylindersymmetrie der Anordnung Zylinderkoordinaten besser geeignet sind (Abb. 8.15b). Die Fundamentalmoden entsprechen dann einer zylindersymmetrischen gaußförmigen radialen Amplitudenverteilung im Resonator

$$E(r) = E_0 \cdot \mathrm{e}^{-(r/w)^2}\,. \tag{8.16}$$

Wegen

$$I = c \cdot \varepsilon_0 \cdot E^2$$

ergibt sich dann die Intensitätsverteilung

$$I = I_0 \cdot \mathrm{e}^{-2(r/w)^2}\,, \tag{8.17}$$

wobei der Strahlradius $r = w(z)$, bei dem $I = I_0/\mathrm{e}^2$ ist (Strahltaille), noch von der Koordinate z abhängen kann [8].

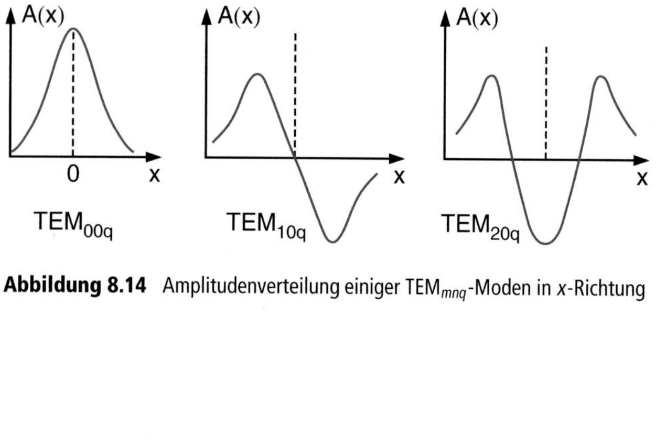

Abbildung 8.14 Amplitudenverteilung einiger TEM_{mnq}-Moden in x-Richtung

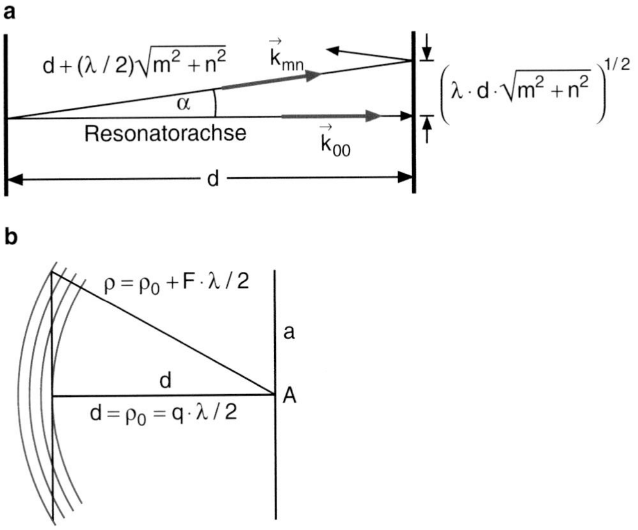

Abbildung 8.16 **a** Neigung des Wellenvektors von transversalen TEM_{mnq}-Moden gegen die Resonatorachse, **b** zur Definition der Fresnelzahl F

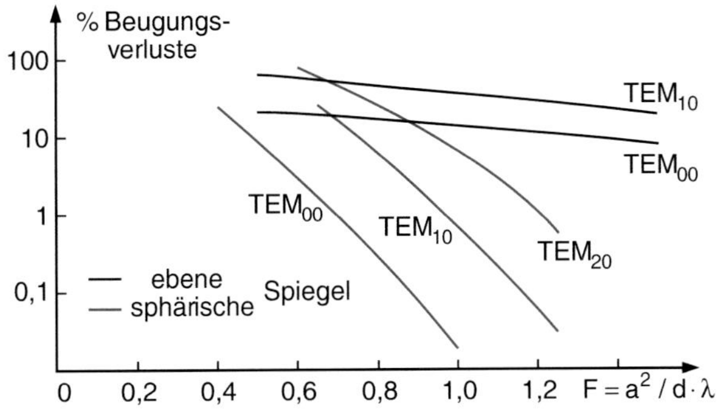

Abbildung 8.17 Beugungsverluste pro Umlauf im Laserresonator mit ebenen Spiegeln (*schwarze Kurven*) und mit sphärischen Spiegeln (*rote Kurven*) als Funktion der Fresnelzahl F

Die höheren transversalen Moden $TEM_{m,n,q}$ entsprechen stehenden Wellen, deren Wellenvektoren um einen kleinen Winkel α gegen die Resonatorachse geneigt sind (Abb. 8.16). Die Weglänge zwischen den Spiegeln ist statt d durch $s = d + (\lambda/2)\sqrt{m^2+n^2}$ gegeben. Wendet man den Satz von Pythagoras an und entwickelt für $\lambda/d \ll 1$ die Wurzel, so erhält man den in Abb. 8.17 angegebenen Abstand auf den Resonatorspiegel. Dann folgt für den Winkel α unmittelbar:

$$\tan\alpha = \left((\lambda/d)\cdot\sqrt{m^2+n^2}\right)^{1/2} . \qquad (8.18)$$

Beispiel

$d = 50\,\text{cm}$, $\lambda = 500\,\text{nm}$, $m = n = 1$
$\Rightarrow \tan\alpha = 1{,}2\cdot 10^{-3} \mathrel{\hat{=}} \alpha = 7\cdot 10^{-2\circ} = 4{,}2'$. ■

8.2.3 Beugungsverluste offener Resonatoren

Die Beugungsverluste einer stehenden Welle im Laserresonator hängen von der radialen Feldverteilung ab. Je größer die Intensität am Spiegelrand bzw. am Rande der begrenzenden Blende ist, desto größer sind die Beugungsverluste. In Abb. 8.17 sind für einige $TEM_{m,n}$-Moden die Beugungsverluste als Funktion der Fresnelzahl F aufgetragen. Man sieht daraus, dass die höheren transversalen Moden (d. h. Moden mit $m, n > 0$) wesentlich größere Beugungsverluste als die Fundamentalmoden haben. Außerdem ist der Wellenvektor einer TEM_{mnq}-Mode um den Winkel α gegen die Resonatorachse geneigt (Abb. 8.16). Ist $\alpha > (a/d)\cdot(1-R)$, so können Photonen in diesen Moden das aktive Medium weniger oft durchlaufen als die Fundamentalmoden, die bei Vernachlässigung der Beugungsverluste den Resonator $(1-R)^{-1}$ mal durchlaufen, wobei $R = \sqrt{R_1R_2}$ ist.

Man kann also durch geeignete Wahl von a und d die Nettoverstärkung der Transversalmoden so klein machen, dass sie die Schwelle zur Laseroszillation nicht erreichen (***Modenselektion***).

Für viele praktisch realisierte Laser wären die Beugungsverluste bei Verwendung ebener Spiegel auch für die Fundamentalmoden zu hoch. Man kann sie jedoch drastisch verringern, wenn man statt der ebenen Spiegel sphärische Spiegel verwendet, welche die durch Beugung divergenten Lichtwellen wieder fokussieren. Ihre Beugungsverluste sind deshalb wesentlich geringer (Abb. 8.17). Sie haben den zusätzlichen Vorteil, dass ihre Justiergenauigkeit viel unkritischer ist als bei ebenen Spiegeln. Kippt man einen ebenen Spiegel um den Winkel ε, so wird der reflektierte Strahl um 2ε verkippt, sodass schon bei kleinen Werten für ε der Strahl nach wenigen Umläufen das verstärkende Medium nicht mehr durchlaufen kann (Abb. 8.18a).

Beispiel

He-Ne-Laser: $a = 1\,\text{mm}$, $d = 30\,\text{cm}$, $\lambda = 633\,\text{nm} \Rightarrow N = 5$ (gemäß (8.12)). Bei Spiegelreflexionen von $R_1 = 0{,}995$, $R_2 = 0{,}98$ läuft das Licht etwa 50 mal hin und her. Der maximal tolerierbare Kippwinkel ist

$$\varepsilon = \frac{a\cdot 0{,}02}{d} = 6{,}5\cdot 10^{-5}\,\text{rad} . \quad ■$$

Bei einem sphärischen Spiegel führt eine Verkippung um den gleichen Winkel ε insgesamt zu einem wesentlich kleineren Strahlverlust, wie in Abb. 8.18b für einen ***konfokalen Resonator*** gezeigt ist, der aus zwei sphärischen Spiegeln mit Krümmungsradien $r_1 = r_2$ im Abstand $d = r_1 = r_2$ besteht. Die Fokalpunkte beider Spiegel fallen daher zusammen.

Deshalb ist die Justierung bei sphärischen Spiegeln wesentlich unkritischer als bei ebenen Spiegeln.

Kapitel 8

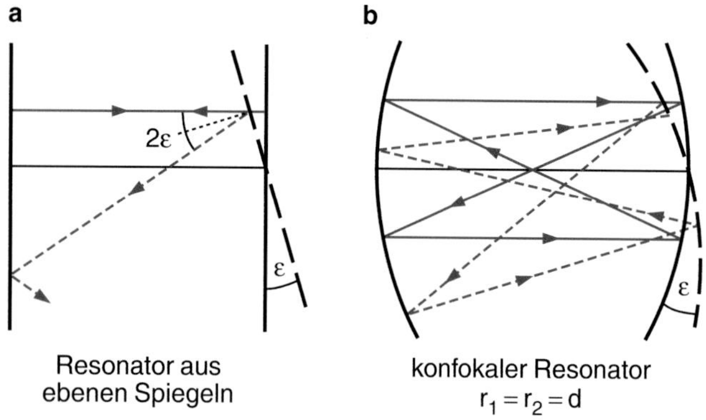

Abbildung 8.18 Empfindlichkeit bei Spiegeldejustierung **a** für ebene, **b** für sphärische Spiegel

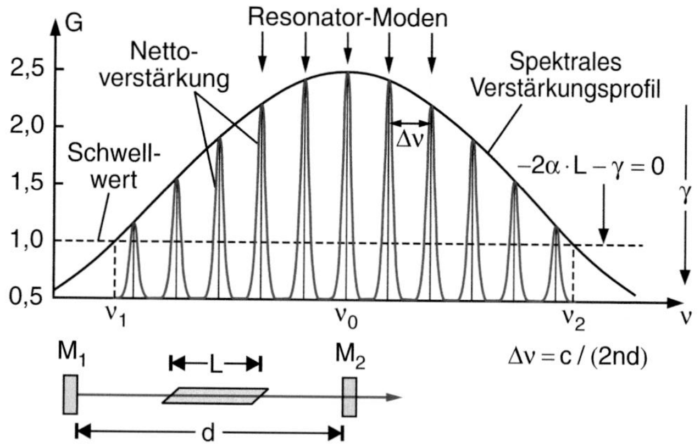

Abbildung 8.19 Nettoverstärkung *G* innerhalb des dopplerverbreiterten Verstärkungsprofils des aktiven Mediums. Die *senkrechten schwarzen Linien* innerhalb der Resonanzmaxima des Resonators geben die Oszillationsfrequenzen eines Mehrmodenlasers an, bei dem die Transversalmoden unterdrückt wurden

8.2.4 Das Frequenzspektrum optischer Resonatoren

Für die Fundamentalmoden mit $m = n = 0$ kann sich im Resonator mit ebenen Spiegeln eine stehende Welle ausbilden, wenn gilt:

$$d = q \cdot \frac{\lambda}{2} \Rightarrow \nu_r = q \cdot \frac{c}{2d}. \tag{8.19}$$

Die Resonanzfrequenzen ν_r des optischen ebenen Resonators haben daher den Abstand

$$\delta \nu_r = \frac{c}{2d}, \tag{8.20}$$

der auch ***freier Spektralbereich*** des Resonators heißt. Für die Transversalmoden TEM_{mnq} erhält man für konfokale Resonatoren aus der Lösung der Integralgleichung (8.14) die Resonanzfrequenzen

$$\nu_r \approx \frac{c}{2d}\left[q + \frac{1}{2}(m + n + 1)\right], \tag{8.21}$$

was für $m = n = 0$ in (8.19) übergeht, wenn man q durch $q^* = q + 1/2$ ersetzt. Für $m + n$ geradzahlig liegen die Frequenzen der Transversalmoden genau zwischen den Resonanzfrequenzen der Fundamentalmoden.

Für diese Resonanzfrequenzen wird die Lichtenergie im Resonator gespeichert, die Verluste sind minimal. Sie können, wie oben erläutert, durch den Verlustkoeffizienten $\gamma = \gamma_R + \gamma_{Str} + \gamma_B$ für Reflexion, Streuung und Beugung beschrieben werden, wobei γ_B mit m und n anwächst.

Die Schwellwertbedingung $-2\alpha(\nu) \cdot L - \gamma(\nu) > 0$ wird nur für solche Resonanzfrequenzen des Resonators erreicht, die innerhalb des Verstärkungsprofils des aktiven Mediums liegen (Abb. 8.19). Die Laseremission besteht dann aus allen diesen Frequenzen ν_r, und die gesamte Bandbreite der Laseremission hängt ab von der Breite des Verstärkungsprofils oberhalb der Schwellwertgeraden $-2\alpha \cdot L = \gamma$.

Beispiel

He-Ne-Laser: $d = 50\,\text{cm} \Rightarrow \delta\nu_r = c/2d = 300\,\text{MHz}$. Innerhalb des Verstärkungsprofils $\Delta\nu_D \approx 1{,}5\,\text{GHz}$ liegen etwa fünf longitudinale Moden. Wenn ein Rohrdurchmesser $2a < 1\,\text{mm}$ gewählt wird, sind die Beugungsverluste für die transversalen Moden zu hoch. Es oszillieren nur longitudinale Moden. ■

8.3 Einmodenlaser

Um zu erreichen, dass ein Laser nur auf einer Resonanzfrequenz oszilliert, muss man zusätzliche frequenzselektierende Elemente im Resonator verwenden. Als Beispiel zeigt Abb. 8.20 eine planparallele, beidseitig verspiegelte Platte (Fabry-Perot-Etalon), deren Normale um den einstellbaren Winkel α gegen die Resonatorachse verkippt ist.

Wie in Bd. 2, Abschn. 10.4 gezeigt wurde, ist die Transmission T eines solchen Etalons mit der Dicke t und dem Reflexionsvermögen R jeder Seite gegeben durch:

$$T = \frac{1}{1 + F \cdot \sin^2(\delta/2)} \tag{8.22}$$

mit

$$F = 4R/(1 - R)^2,$$

wobei die Phasenverschiebung $\delta = 2\pi\Delta s/\lambda$ durch die optische Wegdifferenz

$$\Delta s = 2t \cdot \sqrt{n^2 - \sin^2\alpha} \tag{8.23}$$

zwischen zwei benachbarten interferierenden Teilstrahlen gegeben ist.

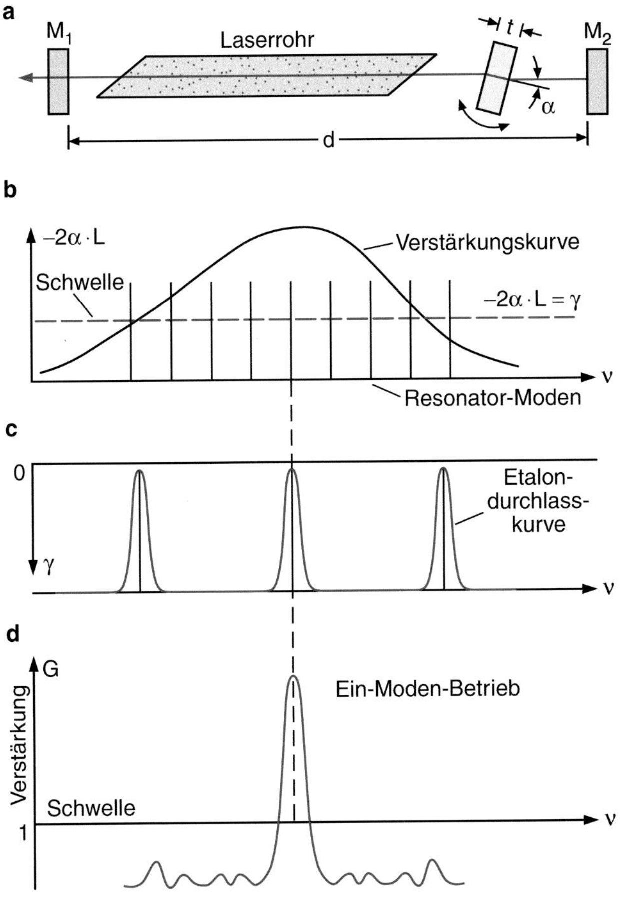

Abbildung 8.20 Selektion einer einzigen Fundamentalmode durch ein Etalon im Laserresonator. **a** Experimentelle Anordnung; **b** Verstärkungsprofil des aktiven Mediums mit den Resonatoreigenfrequenzen ν_r; **c** Transmission des Etalons; **d** Nettoverstärkung des Gesamtsystems

Man sieht aus (8.22), dass $T = 1$ wird für $\delta = 2m \cdot \pi$, d. h. für alle Wellenlängen $\lambda_m = \Delta s/m$ bzw. Frequenzen $\nu_m = c/\lambda_m$.

Wählt man den Kippwinkel α so, dass eine der Frequenzen ν_m mit einer Resonanzfrequenz ν_r des Laserresonators innerhalb des Verstärkungsprofils übereinstimmt, dann sind die Gesamtverluste für diese Frequenz minimal, für alle anderen Frequenzen größer. Bei geeigneter Wahl von t und R werden die Verluste für alle unerwünschten Moden so groß, dass sie die Oszillationsschwelle nicht erreichen. Der Laser schwingt dann nur auf *einer* Resonanzfrequenz [9].

Die mittlere Linienbreite eines solchen Lasers ist in der Praxis immer durch technische Schwankungen der optischen Resonatorlänge $n \cdot d$ gegeben, die durch akustische Vibrationen und durch Luftdruckschwankungen verursacht werden. Da für die Laserfrequenz $\nu_L = \nu_r$ gilt: $\nu_L = q \cdot c/(2nd)$, führen Schwankungen Δn des Brechungsindexes oder Δd des Spiegelabstandes zu einer relativen Schwankung der Laserfrequenz ν_L von

$$-\frac{\Delta\nu_L}{\nu_L} = +\frac{\Delta n}{n} + \frac{\Delta d}{d}\,. \tag{8.24}$$

Beispiele

1. Wenn sich der Spiegelabstand $d = 50\,\text{cm}$ nur um 1 nm ändert, ergibt dies bereits eine relative Frequenzänderung $\Delta\nu/\nu = 2 \cdot 10^{-9}$, d. h. bei $\nu = 5 \cdot 10^{14}$ wird $\Delta\nu = 1\,\text{MHz}$.
2. Wenn sich der Luftdruck zwischen den Spiegeln um 1 mbar ändert, ergibt dies eine relative Änderung $\Delta n/n \approx 2{,}5 \cdot 10^{-7}$, d. h. eine Frequenzänderung von 125 MHz! ■

Man kann solche technischen Fluktuationen kompensieren, wenn man einen Resonatorspiegel auf einen Piezozylinder setzt, dessen Länge sich mit angelegter Spannung ändert. Über einen elektronischen Regelkreis lässt sich so die Frequenz mit einer Genauigkeit von $\Delta\nu < 1\,\text{MHz}$ auf einem Sollwert ν_0 halten. Mit besonders schnellen Regelungen unter Verwendung optoelektrischer Kristalle zur Änderung des optischen Weges $n \cdot d$ im Resonator hat man inzwischen Frequenzstabilitäten von $\Delta\nu < 1\,\text{Hz}$ erreicht [10].

Man braucht für solche Frequenzstabilisierungen ein Frequenznormal, mit dem die Frequenz des Lasers verglichen werden kann. Dazu kann man entweder ein sehr stabiles Fabry-Perot-Interferometer verwenden oder noch besser einen atomaren bzw. molekularen Übergang. Für sichtbare Laser wird ein Übergang im Iodmolekül I_2, für Laser bei 3,3 µm eine Methanlinie benutzt [11, 12].

Man beachte: Ein Laser mit der Bandbreite von $\Delta\nu = 10^6\,\text{Hz}$ hat eine Kohärenzlänge von $\Delta s_k = c/\Delta\nu = 300\,\text{m}$!

8.4 Verschiedene Lasertypen

Man kann die verschiedenen Lasertypen nach der Art ihres aktiven Mediums einteilen in

- Festkörperlaser,
- Halbleiterlaser,
- Flüssigkeitslaser,
- Gaslaser,
- Freie Elektronenlaser.

Nach dem Zeitverhalten ihrer induzierten Emission unterscheidet man zwischen gepulsten und kontinuierlichen (im Englischen cw = continuous wave, auch Dauerstrichlaser genannt) Lasern. Je nach Art der Energiezufuhr gibt es optisch gepumpte (Rubinlaser, Nd-YAG-Laser, Farbstofflaser) und elektrisch gepumpte Laser (Gaslaser, Halbleiterlaser).

Viele Lasertypen haben feste Oszillationswellenlängen, die diskreten Übergängen in Atomen und Molekülen entsprechen. Man kann ihre Wellenlänge nur sehr geringfügig innerhalb der Linienbreite des atomaren oder molekularen Überganges verändern.

Für die Spektroskopie von besonderer Bedeutung sind die *durchstimmbaren* Laser. Bei ihnen überdeckt das Verstärkungsprofil des aktiven Mediums einen ausgedehnten Spektralbereich, innerhalb dessen Laseroszillation möglich ist. Durch spezielle wellenlängenselektierende Elemente (Gitter, Fabry-Perot-Etalons) im Laserresonator wird von den vielen sonst möglichen Wellenlängen eine einzige selektiert, für die der Laser die Oszillationsschwelle erreicht. Durch Verkippen von Gitter oder Etalons kann dann diese Wellenlänge stetig verändert werden. Man erhält dadurch eine intensive, kohärente, fast monochromatische Lichtquelle mit kontinuierlich durchstimmbarer Wellenlänge.

Ein völlig anderes Konzept benutzt hochenergetische freie Elektronen als aktives Medium. Die Elektronen werden in einem räumlich periodisch variablen Magnetfeld zu Oszillationen angeregt und senden dabei Strahlung aus. Bei geeigneter Anordnung überlagert sich die von den einzelnen Elektronen emittierte Strahlung phasenrichtig und führt dann zu kohärenter Emission auf einer Wellenlänge, die von der Beschleunigungsspannung abhängt (***freier Elektronenlaser***) [13].

Im Folgenden sollen die wichtigsten Lasertypen kurz vorgestellt werden.

8.4.1 Festkörperlaser

Als aktives Medium von Festkörperlasern dienen Gläser oder Kristalle, die mit optisch anregbaren Atomen bzw. Ionen dotiert sind, wobei die Dotierungs-Konzentrationen zwischen 0,1 und 3 % variieren. In Tab. 8.1 sind einige Beispiele zusammengestellt.

Alle Festkörperlaser werden optisch gepumpt. Als Pumplichtquellen dienen meist Blitzlampen, sodass die meisten Festkörperlaser gepulst betrieben werden. Die Pulsdauern liegen im ms-

Tabelle 8.1 Einige Festkörperlaser, die sowohl gepulst als auch kontinuierlich betrieben werden können

Lasertyp	aktives Atom bzw. Ion	Wirtskristall	Laserwellenlänge (μm)
Rubinlaser	Cr^{+++}	Al_2O_3 (Saphir)	0,6943
Neodym-Glas-Laser	Nd^{+++}	Glas	1,06
Neodym-YAG-Laser	Nd^{+++}	$Y_3Al_5O_{12}$, CaF_2, CaF_3	1,06 0,9–1,1
Titan-Saphir-Laser	Ti^{+++}	Al_2O_3	0,65–1,1
Alexandrit	Cr^{+++}	$BeAl_2O_4$	0,7–0,83
Kobalt-Laser	Co^{++}	MgF_2	1,5–2,1
Holmium-Laser	Ho^{+++}	YAG	2,06
Erbium-Laser	Er^{+++}	YAG	2,9
Farbzentren-Laser	Fehlstellen von Alkali-Ionen	Alkali-Halogenid-Kristall	0,8–3,5 je nach Kristall

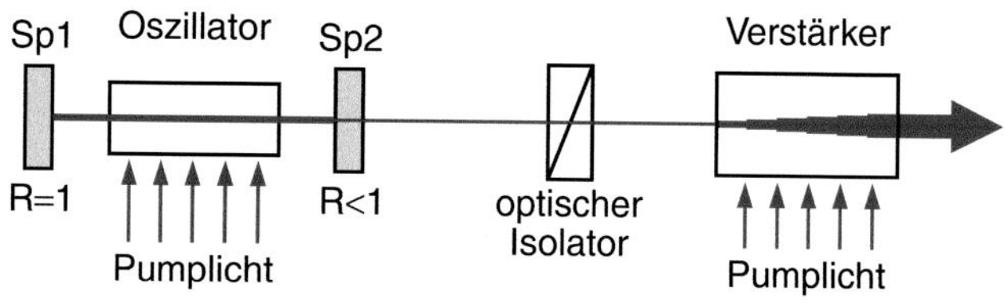

Abbildung 8.21 Verstärkung der Ausgangsenergie eines Festkörperlasers durch optische Verstärker

bis μs-Bereich, die Pulsenergien zwischen 1 mJ bis 1 J, sodass Spitzenleistungen zwischen 1 kW bis etwa 1 MW erreicht werden.

Um höhere Ausgangsenergien zu erhalten, wird der Ausgangsstrahl des Laser-Oszillators durch eine oder mehrere Verstärkerstufen geschickt (Abb. 8.21), die ähnlich wie der Laser selbst aufgebaut sind, aber keinen Resonator haben.

Die leistungsstärksten Laser sind Neodym-Glas- und Neodym-YAG-Laser, wobei YAG die Abkürzung für Yttrium-Aluminium-Granat ist.

Alle in Tab. 8.1 aufgeführten Festkörperlaser können auch mit kontinuierlichen Lasern gepumpt werden, sodass sie eine zeitlich kontinuierliche Ausgangsstrahlung liefern, deren Wellenlänge bei mehreren Typen durchstimmbar ist.

In Abb. 8.22 sind die Durchstimmbereiche einiger Festkörperlaser illustriert.

Die am häufigsten verwendeten über breite Spektralbereiche durchstimmbare Festkörperlaser sind der Titan-Saphir-Laser und die verschiedenen Farbzentren-Laser.

Diese haben als aktives Medium Alkali-Halogenid-Kristalle (z. B. NaCl), in denen durch Röntgenstrahlung Fehlstellen erzeugt werden (dies sind Gitterplätze, an denen z. B. ein Atom fehlt (siehe Abschn. 11.5)). In diese Fehlstellen werden Fremdatome bzw. -moleküle eingebaut. Wenn Elektronen in einer solchen Potentialmulde eingefangen werden (Abb. 8.23a), können sie durch Absorption von sichtbarem Licht in höhere Energieniveaus angeregt werden. Dadurch erscheint der sonst farblose Kristall auf Grund der Fehlstellen farbig. Deshalb heißen die Fehlstellen auch Farbzentren. Durch die Anregung des Elektrons ändert sich die Wechselwirkungsenergie zwischen

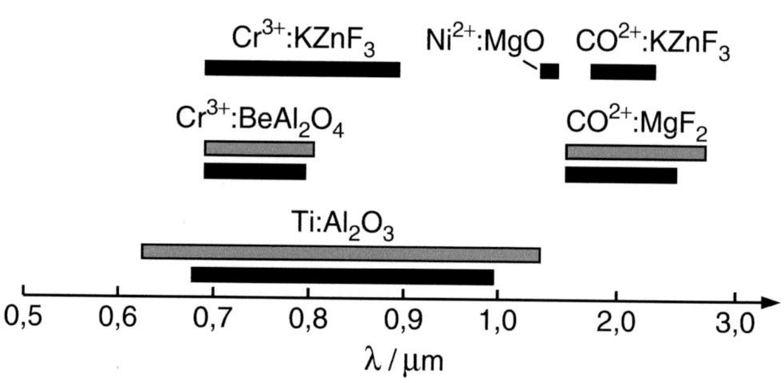

Abbildung 8.22 Durchstimmbereiche einiger Festkörperlaser (*rot*: gepulster Betrieb, *schwarz*: kontinuierlicher Betrieb)

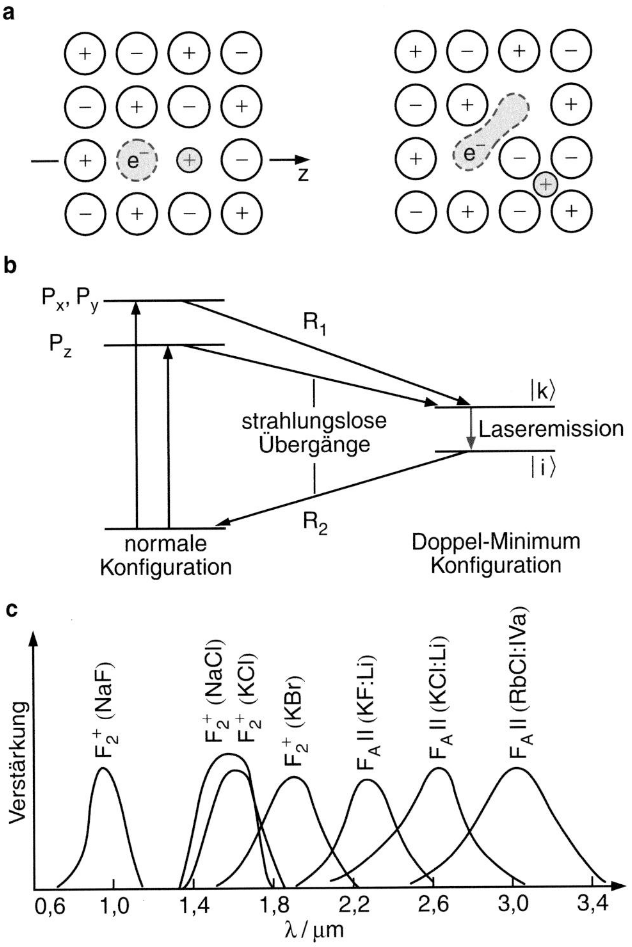

Abbildung 8.23 Farbzentrenlaser. **a** Schematische Darstellung der Fehlstelle; **b** Energieschema; **c** Durchstimmbereiche verschiedener Farbzentrenlaser

den Nachbaratomen, was eine Änderung der Orientierung und der Ladungsverteilung bewirkt. Dieser neue angeregte Zustand bildet das obere Laserniveau. Er kann durch Emission eines Photons in einen tieferen Zustand der neuen Konfiguration übergehen, der dann durch Relaxation wieder in den alten Anregungszustand zurückkehrt (Abb. 8.23b). Da der untere Laserzustand verschiedenen thermisch besetzten Schwingungsniveaus der Kristallatome entsprechen kann, ist seine Energiebreite groß, weil die Übergänge von diesen Niveaus in den elektronisch angeregten Zustand sich überlappen. Die Lichtemission hat deshalb eine sehr große Spektralbreite, d. h. der Laser ist in weiten Grenzen durchstimmbar (Abb. 8.23c).

8.4.2 Halbleiterlaser

Halbleiter-Laser verwenden als aktives Medium eine p-n-Halbleiterdiode (siehe Abschn. 14.2.5), die in Durchlassrichtung von einem Strom durchflossen wird (Abb. 8.24a). Im Übergangsgebiet zwischen dem n-Teil, in dem ein Elektronenüberschuss herrscht, und dem p-Teil, der einen Elektronenmangel und deshalb nicht besetzte Zustände (so genannte Löcher) hat, können die Elektronen aus einem energetisch höheren Zustand im Leitungsband in diese freien Zustände mit tieferer Energie fallen (Elektronen-Loch-Rekombination, Abb. 8.24b). Das bei dieser Rekombination emittierte Licht kann beim Durchgang durch die p-n-Grenzschicht verstärkt werden. Wegen der großen Elektronendichte ist die Verstärkung pro Weglänge sehr groß, und es genügen Längen unter 1 mm, um die Laserschwelle zu überschreiten.

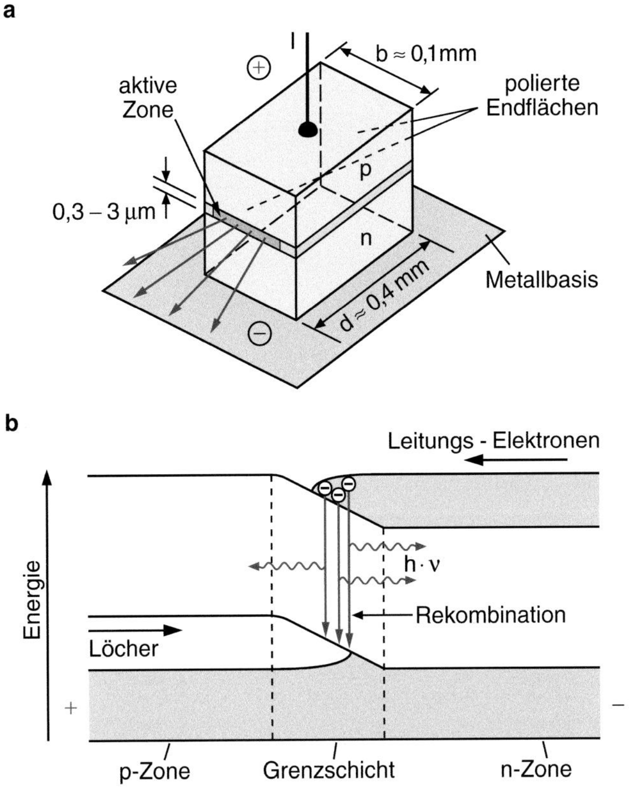

Abbildung 8.24 **a** Vereinfachter schematischer Aufbau eines Halbleiterlasers; **b** Energieniveauschema

Als Resonatorspiegel dienen oft die unbeschichteten Kristallendflächen, die senkrecht zur Grenzschicht verlaufen. Wegen des hohen Brechungsindexes (z. B. ist für GaAs-Halbleiterlaser bei $\lambda = 850\,\mathrm{nm}$ $n = 3{,}5$) wird das Reflexionsvermögen

$$R = \left(\frac{n-1}{n+1}\right)^2 \approx 0{,}30\,.$$

Wegen der großen Verstärkung genügt dieser Wert, um trotz der hohen Reflexionsverluste von 0,7 pro halbem Umlauf die Schwelle zur Laseroszillation zu erreichen.

Typische Ausgangsleistungen solcher Halbleiterlaser liegen bei 10–20 mW, wenn sie mit einem Strom von 100–200 mA gepumpt werden. Es gibt heute bereits spezielle Anordnungen, die aus Diodenarrays bestehen, die über 100 W Ausgangsleistung

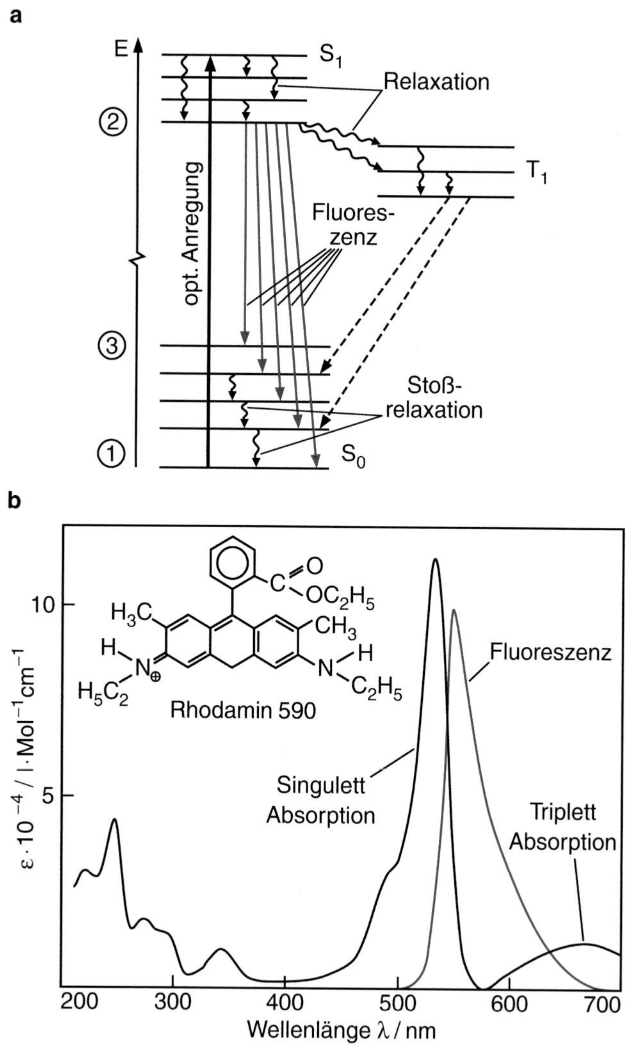

Abbildung 8.25 Farbstofflaser. **a** Termschema; **b** Struktur des Farbstoffmoleküls Rhodamin 6G und sein Absorptions- und Fluoreszenzspektrum

abgeben bei einem Wirkungsgrad

$$\eta = \frac{\text{Laserleistung}}{\text{elektrische Eingangsleistung}} = 0{,}25 \,.$$

Für viele technische Anwendungen haben sich Halbleiterlaser als sehr nützliche Lichtquellen erwiesen und haben viele andere Lasertypen überholt. Beispiele sind optische Entfernungsmesser, Anwendungen in der Geodäsie und für Großbildprojektion [19].

8.4.3 Farbstofflaser

Die wichtigsten Vertreter von Flüssigkeitslasern sind die Farbstofflaser in ihren verschiedenen Ausführungsformen, die sowohl gepulst als auch kontinuierlich betrieben werden können.

Als aktive Medien dienen große Farbstoffmoleküle, die in einer Flüssigkeit (z. B. Äthylenglykol) gelöst sind. Diese großen Moleküle haben sowohl im elektronischen Grundzustand (Singulett S_0) als auch im angeregten Zustand S_1 *eine Vielzahl* von Schwingungs-Rotations-Niveaus (Abb. 8.25a). Durch die Wechselwirkung der Moleküle mit dem Lösungsmittel werden diese Niveaus so stark verbreitert, dass ihre Energiebreite größer als der mittlere Niveauabstand wird, sodass ein breites Zustandskontinuum entsteht.

Die Pumplichtquelle (Blitzlampe, gepulster Laser oder cw-Laser) regt die Farbstoffmoleküle vom Grundzustand $|1\rangle$ aus in viele Schwingungs-Rotations-Niveaus im S_1-Zustand an. Dort relaxieren sie infolge von Stößen mit dem Lösungsmittel in 10^{-10}–10^{-12} s in die tiefsten Niveaus $|2\rangle$ des S_1-Zustandes, von wo sie durch Fluoreszenz in viele Schwingungs-Rotations-Niveaus $|3\rangle$ des S_0-Zustandes übergehen können. Da die höheren Niveaus im S_0-Zustand bei Zimmertemperatur thermisch nicht besetzt sind, lässt sich bei genügend starker Pumpintensität eine Besetzungsinversion zwischen dem Zustand $|2\rangle$ im S_1-Zustand und den Niveaus $|3\rangle$ im S_0-Zustand erreichen. Das aktive Medium des Farbstofflasers ist daher ein Vier-Niveau-System.

Da die Absorption von den tieferen besetzten Zuständen startet, die Emission jedoch vom tiefsten Niveau im oberen S_1-Zustand ausgeht und auf höheren Zuständen im S_0-Zustand endet, ist das Fluoreszenzspektrum rotverschoben gegen das Absorptionsspektrum (Abb. 8.25b).

Der Farbstofflaser kann auf allen Wellenlängen oszillieren, für welche die Schwellwertbedingung erreicht wird. Die aktuelle Laserwellenlänge wird durch wellenlängenselektierende Elemente (Gitter, Polarisationsinterferometer, Etalons) im Laserresonator eingestellt und kann durch Variation des Transmissionsmaximums dieser Wellenlängenfilter über den gesamten Verstärkungsbereich des entsprechenden Farbstoffes durchgestimmt werden. Solche Durchstimmbereiche sind in Abb. 8.26 für verschiedene Farbstoffe aufgetragen.

Durch Blitzlampen gepumpte Farbstofflaser sind ähnlich aufgebaut wie der Rubinlaser in Abb. 8.7. Der Rubinstab wird durch ein zylindrisches Glasrohr ersetzt, durch das die Farbstoffflüssigkeit in einem Farbstoffkreislauf gepumpt wird (Abb. 8.27).

In Abb. 8.28 ist der Aufbau eines gepulsten Farbstofflasers mit einem optischen Gitter als Wellenlängenselektor schematisch dargestellt, der durch einen Excimerlaser (s. u.) gepumpt wird.

Damit das Gitter ein möglichst großes spektrales Auflösungsvermögen

$$\lambda/\Delta\lambda = m \cdot N \tag{8.25}$$

hat, muss das Produkt aus Interferenzordnung m und der Zahl N der beleuchteten Gitterstriche groß sein. Deshalb wird der ursprünglich schmale Laserstrahl durch ein Teleskop aufgeweitet. Durch ein FP-Etalon im Laserresonator kann eine weitere Einengung der Bandbreite des Lasers erreicht werden.

Beim Durchstimmen der Wellenlänge müssen Gitter und Etalon so synchron verkippt werden, dass ihr Transmissionsmaximum immer zusammenfällt.

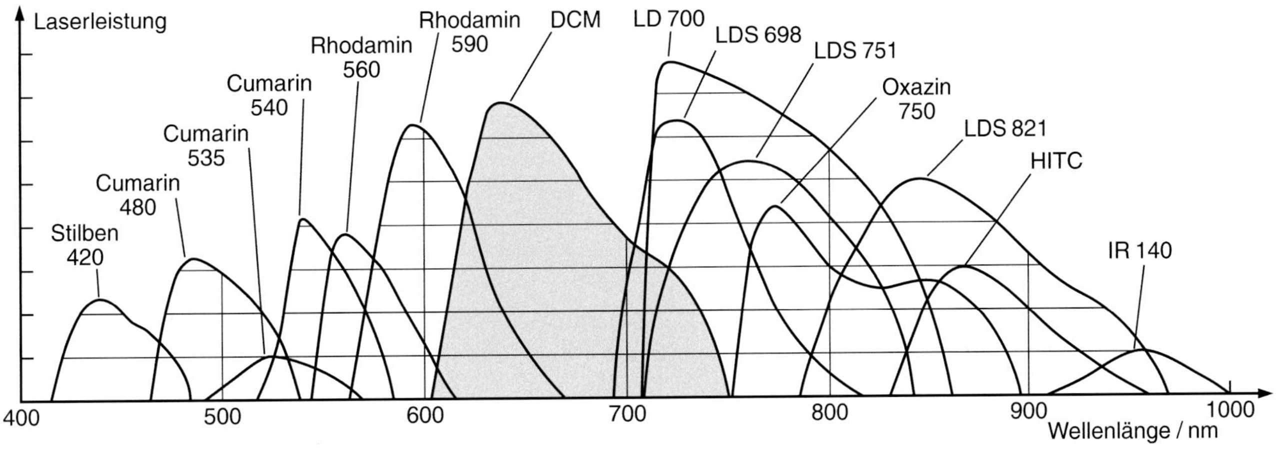

Abbildung 8.26 Durchstimmbereiche einiger Farbstofflasermedien

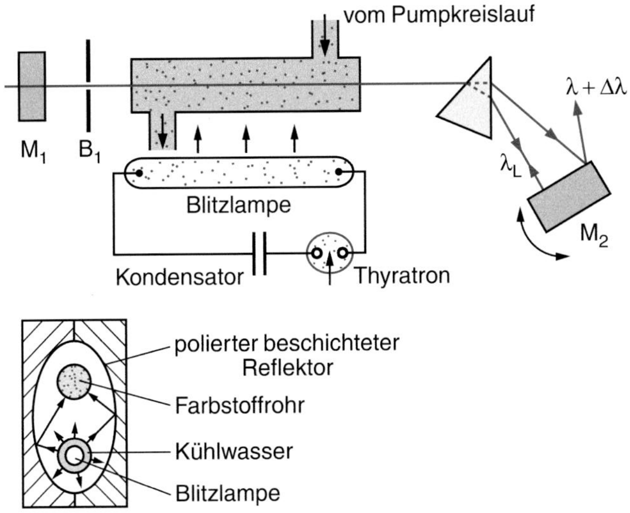

Abbildung 8.27 Blitzlampengepumpter Farbstofflaser

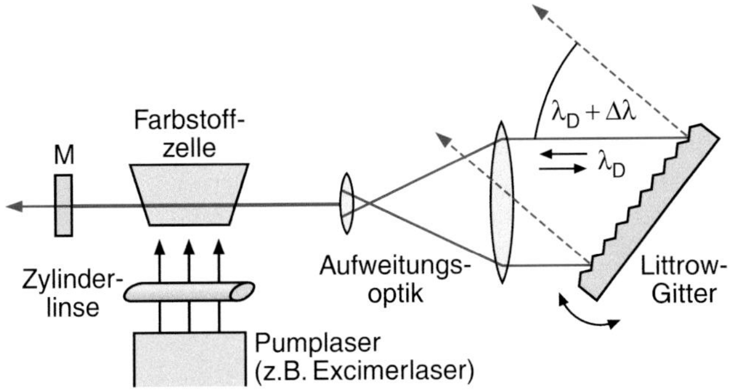

Abbildung 8.28 Gepulster Farbstofflaser, der durch Drehen des Gitters in seiner Wellenlänge verändert werden kann

8.4.4 Gaslaser

Bei fast allen Gaslasern wird eine Gasentladung als aktives Medium verwendet. Neben dem in Abschn. 8.1.2 bereits behandelten He-Ne-Laser sind die wichtigsten Gaslaser in Tab. 8.2 zusammengestellt. Wir wollen die physikalischen Grundlagen dieser Laser kurz behandeln:

Im ***Argonlaser*** erfolgt die Besetzungsinversion durch eine stufenweise Elektronenstoßanregung von hochliegenden Zuständen des Ar^+-Ions in einer Hochstromentladung nach dem Schema

$$\mathrm{Ar} + \mathrm{e}^- \rightarrow \mathrm{Ar}^+ + 2\mathrm{e}^-, \tag{8.26a}$$

$$\mathrm{Ar}^+ + \mathrm{e}^- \rightarrow \mathrm{Ar}^{+*}(4\mathrm{p}, 4\mathrm{s}) + \mathrm{e}^- . \tag{8.26b}$$

In einer Keramikkapillaren (Länge ca. 1 m, Durchmesser ca. 3 mm) werden bei Stromstärken von 50 A Stromdichten von über 700 $\mathrm{A/cm^2}$ erreicht. Die Gasentladung wird durch ein axiales Magnetfeld geführt, sodass die Wandbelastung durch Ionenbeschuss vermindert wird (Abb. 8.29a). Eine geheizte Wendelkathode liefert den notwendigen großen Emissionsstrom. Eine elegante technische Lösung zur Wärmeabführung von etwa 20–30 kW auf kleinem Volumen deponierter Leistung zeigt Abb. 8.29b. Die Gasentladung brennt durch die Bohrungen (Durchmesser ca. 3 mm) vieler Wolframscheiben, die bis auf etwa 1000 °C erhitzt werden. Die Wärme wird durch Kupferscheiben an die aus Keramik bestehende zylindrische Wand des Vakuumrohres abgegeben, die von außen mit Wasser gekühlt wird.

Da mehrere obere Niveaus des Ar^+ bevölkert werden, kann Laseroszillation auf mehreren Übergängen auftreten. Durch ein Prisma im Resonator (Abb. 8.30) wird eine der etwa 20 möglichen Linien selektiert. Nur Licht mit einer Wellenlänge, für die der Laserstrahl im Resonator senkrecht auf den ebenen Spiegel trifft, kann wieder zurück durch die Entladungsröhre reflektiert werden und daher die Laserschwelle erreichen. Durch Drehen des Spiegels kann die gewünschte Wellenlänge eingestellt werden.

Tabelle 8.2 Charakteristische Daten einiger wichtiger Gaslasertypen

Lasertyp	Laserwellenlängen	Betriebsart	Leistung
He-Ne-Laser	etwa 10 Wellenlängen von 0,54–3,39 μm	cw	0,1–100 mW
Argonlaser	etwa 20 Wellenlängen zwischen 0,35–0,53 μm	cw und gepulst	1–100 W cw, einige kW gepulst
CO_2-He,N_2-Laser	auf etwa 200 Linien 9,5–10,3 μm	cw und gepulst	1 W–100 kW cw, gepulst ≤ 1 MW
CO-Laser	auf etwa 300 Linien zwischen 4,5–6 μm	cw und gepulst	einige Watt
Excimer-Laser	XeCl: 308 nm KrF: 248 nm ArF: 193 nm	gepulst, Pulsdauer 2–200 ns	Pulsenergien 1–300 mJ pro Puls
Chemische Laser	HF, DF: 2–3 μm 10–20 μm	cw und gepulst	einige kW

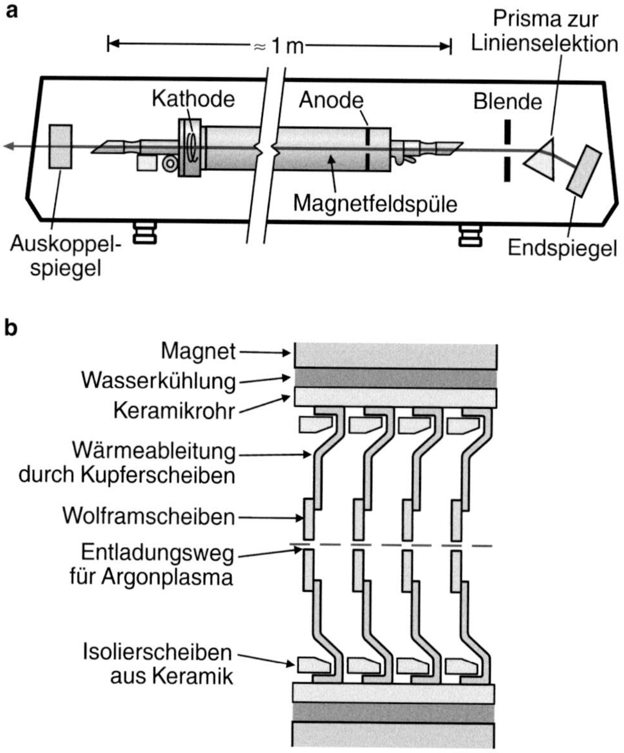

Abbildung 8.29 Argonlaser. **a** Schematischer Aufbau; **b** Details des Innenaufbaus

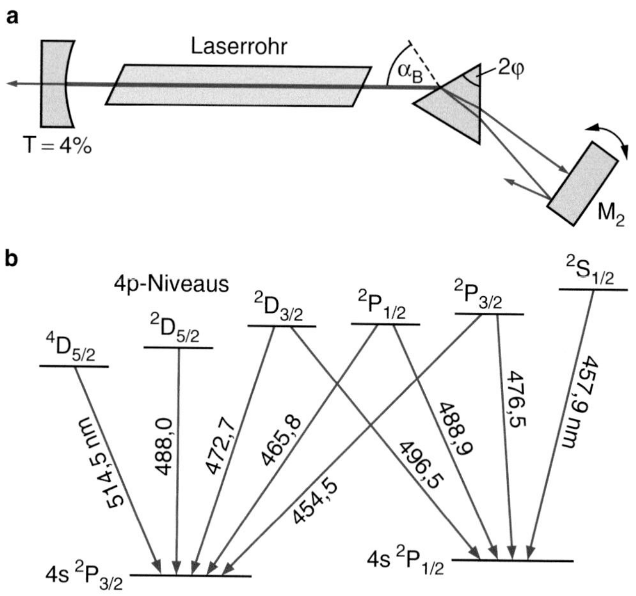

Abbildung 8.30 Linienselektion bei mehreren Laserübergängen durch ein Prisma im Resonator. **a** Anordnung; **b** Termschema der Argonlaserübergänge

Der Wirkungsgrad des Argonlasers $\eta = P_L/P_{\text{Pump}}$ ist kleiner als 0,1 %, d. h. um 1 W Laserleistung zu erhalten, müssen mehr als 1 kW elektrische Leistung aufgebracht werden. Der größte Teil dieser Energie geht in die Bildung der Gasentladung, wird als Wärme an die Kapillarenwand abgegeben und muss durch Kühlwasser abgeführt werden.

Der ***CO_2-Laser*** hat von allen Gaslasern den höchsten Wirkungsgrad (etwa 10–20 %) und im cw-Betrieb die höchste Ausgangsleistung. Sein aktives Medium ist ein Gasgemisch aus He, N_2 und CO_2, in dem eine Gasentladung gezündet wird. Durch Elektronenstoß werden angeregte Schwingungsniveaus im CO_2- und N_2-Molekül bevölkert (Abb. 8.31). Das Niveau $v = 1$ im N_2-Molekül ist fast energiegleich mit dem Schwingungsniveau ($v_1 = 0$, $v_2 = 0$, $v_3 = 1$) des CO_2-Moleküls, das als oberes Laserniveau fungiert (siehe Kap. 9). Die unteren Laserniveaus sind Rotationsniveaus im $(1,0,0)$- oder $(0,2,0)$-Schwingungszustand. Sie werden sehr effektiv durch inelastische Stöße mit He-Atomen entvölkert.

Laseroszillation wird auf einigen hundert Rotationslinien der Schwingungsübergänge $(0,0^0,1) \rightarrow (1,2,0)$ und $(0,0^0,1) \rightarrow (1,0^0,0)$ beobachtet (zur Notation siehe Abschn. 9.9). Durch ein Gitter im Laserresonator lässt sich der Laser auf eine der vielen Linien einstellen (Abb. 8.31b). Man benutzt ein Littrow-Gitter, bei dem die m-te Interferenzordnung in die Einfallsrichtung zurückreflektiert wird.

Als besonders vielseitig verwendbare Laser im UV-Bereich haben sich ***Excimer-Laser*** erwiesen, die als aktives Medium

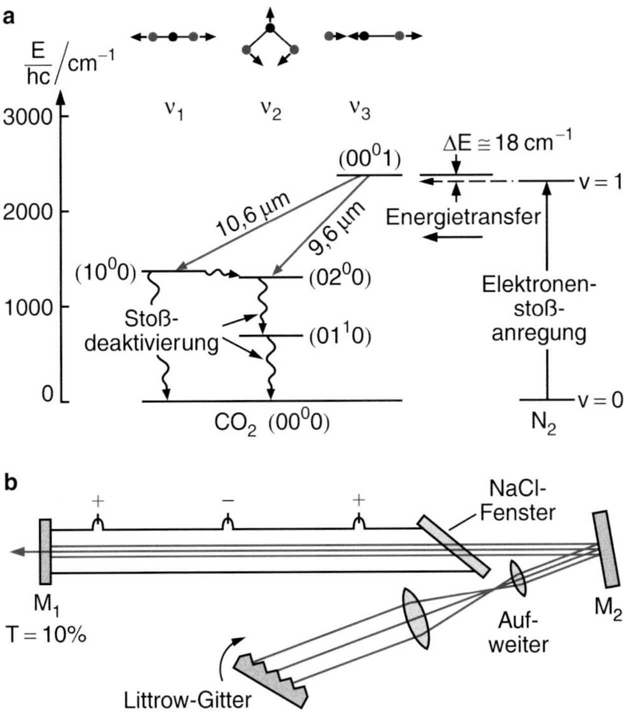

Abbildung 8.31 CO_2-Laser. **a** Termschema; **b** Aufbau mit Littrowgitter zur Selektion gewünschter Linien

zweiatomige Moleküle verwenden, die nur im elektronisch angeregten Zustand stabil sind, im Grundzustand jedoch instabil (excimers = excited dimers). Kann man den stabilen angeregten Zustand $(AB)^*$ des Excimers AB bevölkern (z. B. durch Elektronenstoßanregung von A und Rekombination $A^* + B \rightarrow (AB)^*$ (Abb. 8.32), so hat man automatisch eine Besetzungsinversion erreicht, da der Grundzustand AB nicht stabil ist und deshalb innerhalb von 10^{-13} s dissoziiert, wenn er durch Fluoreszenz aus dem oberen Zustand bevölkert wird.

Excimere sind daher ideale Kandidaten für ein aktives Lasermedium. Sie haben den zusätzlichen Vorteil, dass die Fluoreszenz vom diskreten oberen Zustand (dies ist das tiefste Schwingungsniveau im $(AB)^*$-Zustand, in welchen das durch Stoßrekombination gebildete Excimer durch weitere Stöße schnell übergeht) in einen kontinuierlichen Dissoziationszustand erfolgt und daher ein breites Emissionsspektrum bildet. Dies ergibt ein spektral breites Verstärkungsprofil für den Excimerlaser, der daher innerhalb des Profils wellenlängendurchstimmbar ist.

8.5 Erzeugung kurzer Laserpulse

Zur Untersuchung schnell ablaufender Prozesse, die durch Lichtabsorption initiiert werden (Beispiele sind das Abklingverhalten kurzlebiger angeregter Zustände durch Fluoreszenz oder Stoßrelaxation, Energieumwandlung in optisch angeregten festen Körpern, etc.) braucht man kurze Lichtpulse und zeitauflösende spektroskopische Techniken. In diesem Abschnitt sollen kurz Methoden zur Erzeugung kurzer Lichtpulse vorgestellt werden.

8.5.1 Güteschaltung von Laserresonatoren

Die zur Laseroszillation notwendige minimale Besetzungsinversion ist gemäß (8.6) proportional zu den Gesamtverlusten. Bei der Güteschaltung von Laserresonatoren werden während des Pumpvorgangs die Verluste γ bis zu einem wählbaren Zeitpunkt t_s künstlich groß gemacht und dann plötzlich bei $t = t_s$ auf ihren minimalen Wert reduziert (Abb. 8.33). Dadurch wird die Besetzungsinversion für $t < t_s$ nicht durch induzierte Emission abgebaut und erreicht wegen der andauernden Energiezufuhr sehr hohe Werte. Für $t = t_s$ liegt bei plötzlicher Verminderung der Verluste eine große Überbesetzung im oberen Laserniveau vor, und die spontan emittierten Photonen erfahren auf dem Übergang $|i\rangle \rightarrow |k\rangle$ eine sehr große Verstärkung. Dadurch baut sich eine starke induzierte Emission auf (*Riesenpuls*), welche die Inversion dann in kurzer Zeit abbaut.

Die steuerbare Veränderung der Laserverluste entspricht einer plötzlichen Änderung der ***Resonatorgüte***

$$Q_k = \omega \cdot \frac{W_k}{\mathrm{d}W_k/\mathrm{d}t} \approx \frac{\omega}{\gamma_k} \cdot T_R \tag{8.27}$$

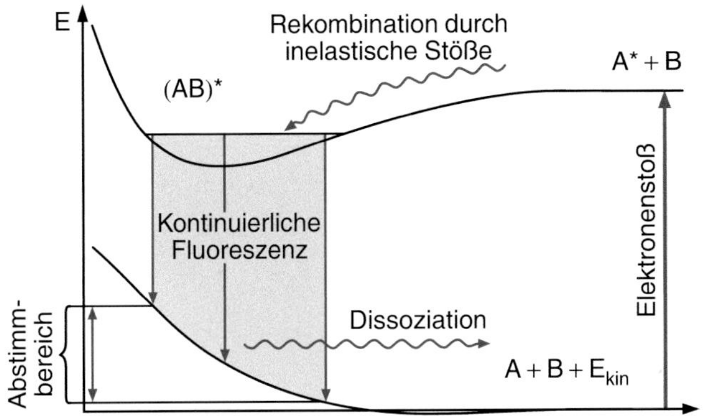

Abbildung 8.32 Termschema des Excimer-Lasers

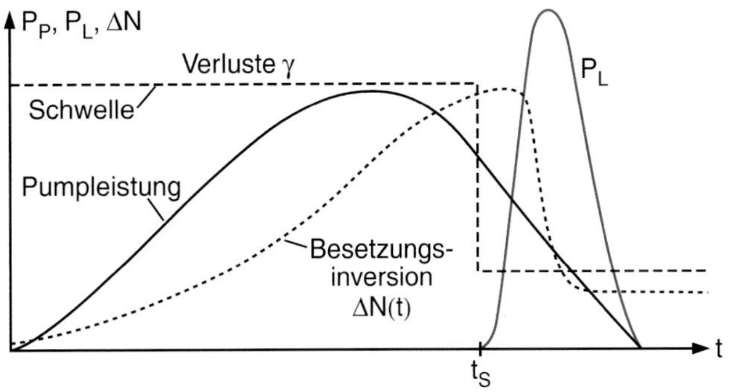

Abbildung 8.33 Prinzip der Güteschaltung von Laserresonatoren

Kapitel 8

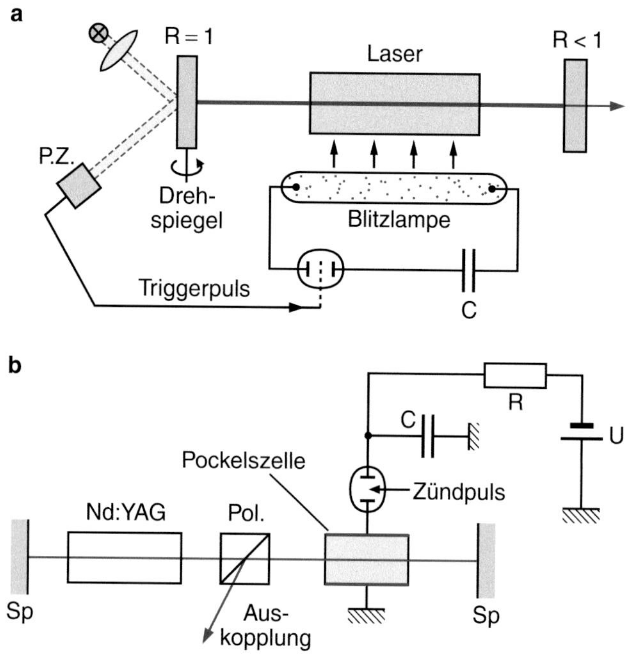

Abbildung 8.34 Realisierung der Güteschaltung **a** durch einen rotierenden Spiegel, **b** durch einen elektrooptischen Kristall im Laserresonator

für die k-te Resonatormode, die definiert ist als das Verhältnis der in dieser Mode gespeicherten Energie W_k zum Energieverlust pro Schwingungsperiode der Resonatoreigenfrequenz ω. Man kann die Güte Q_k gemäß (8.27) auch durch die Gesamtverluste γ_k dieser Mode pro Umlauf und die Umlaufzeit $T_R = 2d/c$ im Resonator ausdrücken.

Zwei mögliche experimentelle Realisierungen der Güteschaltung sind in Abb. 8.34a,b gezeigt. Rotiert einer der beiden Resonatorspiegel sehr schnell um eine zur Resonatorachse senkrechte Drehachse, so wird nur für eine kurze Zeitspanne Δt nach dem Zeitpunkt t_s Parallelität beider Spiegel erreicht und damit ein geringer Verlust ermöglicht. Durch synchronisierte Verzögerung zwischen Zünden der Pumplichtquelle und dieser Zeit t_s kann der optimale Güteschaltzeitpunkt ausgesucht werden, der von der Dauer des Pumppulses und der Lebensdauer τ des oberen Laserniveaus abhängt. Man muss $t_s < \tau$ wählen, weil sonst zu viel von der im oberen Laserniveau gespeicherten Energie durch Fluoreszenz verlorengeht.

Eine andere, heute überwiegend verwendete Technik benutzt einen elektrooptischen Kristall als schnellen Güteschalter (*Pockelszelle*). Bei Anlegen einer elektrischen Spannung wird der Kristall optisch doppelbrechend (siehe Bd. 2, Abschn. 8.6) und dreht die Polarisationsebene des transmittierten Lichtes. Durch einen Polarisationsstrahlteiler wird während der Zeit $t < t_s$ die Polarisationsrichtung so eingestellt, dass alles Licht vom Strahlteiler ausgekoppelt wird (Abb. 8.34b), sodass die Resonatorgüte Q klein ist.

Zur Zeit $t = t_s$ wird ein elektrischer Spannungspuls an die Pockelszelle gelegt, sodass die Polarisationsrichtung gedreht und das Licht vom Polarisationsstrahlteiler durchgelassen wird.

Man erreicht mit diesen Techniken intensive Laserpulse mit Pulsdauern von wenigen Nanosekunden und Spitzenleistungen, je nach Lasertyp, von 10^5–10^9 W.

8.5.2 Modengekoppelte Pulse

Wesentlich kürzere Pulse lassen sich mit der Technik der ***Modenkopplung*** erzeugen. Wird eine Lichtwelle der Frequenz ν_0 durch einen optischen Modulator mit der Frequenz f intensitätsmoduliert (Abb. 8.35), sodass die transmittierte Intensität

$$I_t = I_0(1 + a \cdot \cos 2\pi f t) \cdot \cos^2 2\pi \nu_0 t \tag{8.28}$$

wird, so ergibt die Fourieranalyse im Frequenzspektrum der transmittierten Intensität außer der Trägerfrequenz ν_0 Seitenbänder bei $\nu_0 \pm f$.

Setzt man den Modulator in den Laserresonator und wählt die Modulationsfrequenz f so, dass

$$f = \delta\nu = \frac{c}{2d} \tag{8.29}$$

gleich dem *Frequenzabstand* $\delta\nu$ benachbarter Fundamentalmoden des Resonators wird, dann können diese Seitenbänder an der Verstärkung durch induzierte Emission teilnehmen, solange ihre Frequenzen im Verstärkungsprofil des aktiven Mediums liegen.

Diese induziert verstärkten Wellen auf den Frequenzen $\nu_0 \pm f$ werden ebenfalls durch den Modulator moduliert, wodurch z. B. für $\nu_0 + f$ die neuen Seitenbänder ν_0 und $\nu_0 + 2f$ entstehen, die weiter verstärkt und moduliert werden usw.

Hat das Verstärkungsprofil des aktiven Mediums die *Bandbreite* $\Delta\nu$, so können insgesamt

$$N = \frac{\Delta\nu}{\delta\nu} \tag{8.30}$$

Resonatormoden verstärkt und moduliert werden. Sie sind durch die Modulation in ihren Phasen miteinander gekoppelt, weil alle Amplituden aller Wellen zum Zeitpunkt maximaler Transmission des Modulators im Modulator maximale Werte annehmen.

Im Gegensatz zum normalen Vielmodenlaser ohne Modenselektion, bei dem auch N Moden gleichzeitig oszillieren können, aber völlig statistisch verteilte Phasen haben, besteht beim modengekoppelten Laser infolge der Kopplung der Moden durch den Modulator eine definierte Phasenbeziehung zwischen den Moden.

Die Gesamtamplitude der Laseremission ist daher die Überlagerung

$$A = \sum_{q=-m}^{+m} A_q \cos\left[2\pi\,(\nu_0 + qf)\,t\right] \tag{8.31}$$

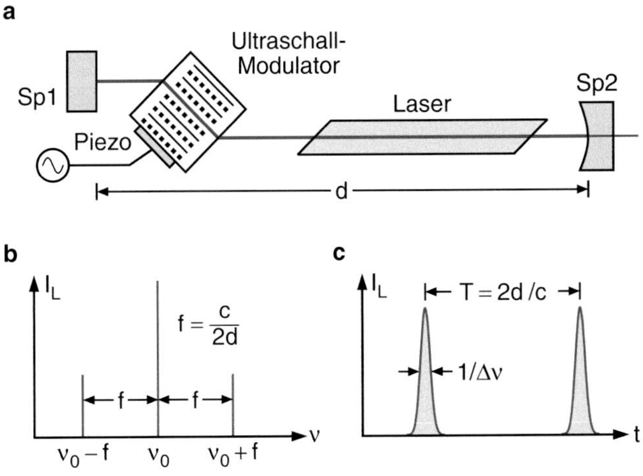

Abbildung 8.35 Optische Modenkopplung. **a** Modulation der Verluste im Resonator; **b** Erzeugung von Seitenbändern, deren Abstand f von der Trägerfrequenz ν_0 gleich dem Modenabstand $\Delta\nu$ des Resonators sein muss; **c** Ausgangspulse des Lasers

aller N gekoppelten Moden mit $N = 2m + 1$. Sind alle Amplituden $A_q = A_0$ gleich groß, so ergibt sich aus (8.31) die Gesamtintensität

$$I_t \propto |A|^2 = A_0^2 \cdot \frac{\sin^2(\pi N f t)}{\sin^2(\pi f t)} \cdot \cos^2(2\pi \nu_0 t)\,. \tag{8.32}$$

Dies stellt eine Lichtwelle mit der Frequenz ν_0 dar, deren Intensität eine periodische Folge von Pulsen ist, (Abb. 8.35c) mit dem zeitlichen Abstand

$$T = \frac{1}{f} = \frac{1}{\delta\nu} = \frac{2d}{c}\,, \tag{8.33}$$

der gleich der Umlaufzeit durch den Modulator ist, und einer Pulsbreite

$$\Delta\tau = \frac{1}{N \cdot f} = \frac{1}{\Delta\nu}\,, \tag{8.34}$$

die von der Zahl N der gekoppelten Moden und damit von der Breite $\Delta\nu$ des Verstärkungsprofils abhängt.

Beispiele

1. Beim He-Ne-Laser ist $\Delta\nu \approx 2\,\mathrm{GHz}$, und man kann daher Pulsbreiten von $\Delta\tau \approx 500\,\mathrm{ps}$ erreichen.
2. Beim Farbstofflaser ist $\Delta\nu \approx 3 \cdot 10^{13}\,\mathrm{s}^{-1}$, und nach (8.34) sollten daher Pulsbreiten $\Delta\tau \approx 3 \cdot 10^{-14}\,\mathrm{s}$ realisiert werden können. Im Experiment erreicht man nur Breiten von etwa $3 \cdot 10^{-12}\,\mathrm{s}$, die der Lichtlaufzeit $\Delta t = \Delta x / c$ durch den Modulator mit endlicher Breite Δx entsprechen. ■

Man kann nicht nur mit kontinuierlichen, sondern auch mit gepulsten Lasern Modenkopplung erzwingen. Die Pulsamplitude folgt dann der zeitabhängigen Verstärkung (Abb. 8.36). Wie im nächsten Abschnitt gezeigt wird, gibt es jedoch andere Verfahren, mit denen Pulsbreiten bis hinunter zu $10\,\mathrm{fs} = 10^{-14}\,\mathrm{s}$ erreicht wurden.

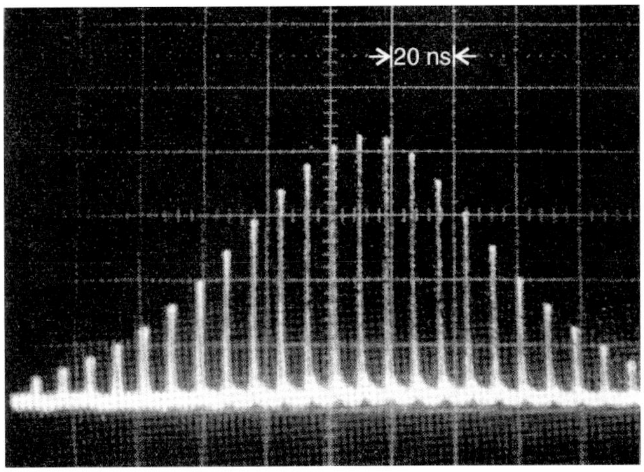

Abbildung 8.36 Periodische Folge von Pulsen beim gepulsten modengekoppelten Neodym-Glas-Laser [W. Rudolf, FB Physik, Universität Kaiserslautern]

8.5.3 Optische Pulskompression

Schickt man einen kurzen Laserpuls durch eine optische Fiber, so wird die Intensität in der Fiber so groß, dass der Brechungsindex

$$n(\omega, I) = n_0(\omega) + n_2 I(t) \tag{8.35}$$

durch die Wechselwirkung der Atomelektronen mit dem Licht verändert wird. Er enthält außer dem üblichen linearen Term $n_0(\omega)$, der wegen der Dispersion von der Lichtfrequenz ω abhängt, einen zusätzlichen nichtlinearen Anteil $n_2 \cdot I(t)$, der von der Intensität $I(t)$ des Lichtpulses abhängt, wobei n_2 je nach Material größer oder kleiner null sein kann.

Ein kurzer Lichtpuls der Dauer ΔT kann durch ein Wellenpaket

$$I(t) = \int\limits_{-\Delta\omega/2}^{+\Delta\omega/2} I(\omega) \cdot \mathrm{e}^{\mathrm{i}(\omega t - kz)}\,\mathrm{d}\omega \tag{8.36}$$

beschrieben werden, d. h. durch eine Überlagerung vieler monochromatischer Wellen im Frequenzintervall $\Delta\nu = 1/\Delta T = \Delta\omega/2\pi$.

Der lineare Anteil $n_0(\omega)$ des Brechungsindexes bewirkt bei normaler Dispersion $(\mathrm{d}n_0/\mathrm{d}\lambda < 0)$, dass die roten Spektralanteile im Puls eine größere, die blauen eine kleinere Geschwindigkeit haben. Die roten Anteile werden daher vorauseilen und die blauen Anteile verzögert werden (*Dispersion*).

Der nichtlineare Anteil des Brechungsindexes (8.35) bewirkt eine intensitätsabhängige Frequenzverschiebung der Wellen im Puls.

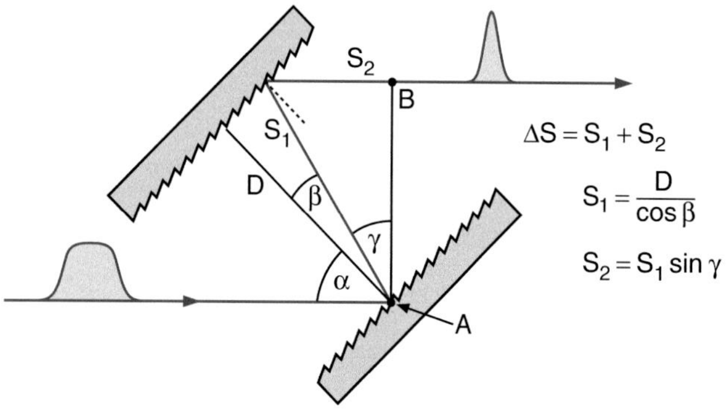

Abbildung 8.37 Optische Pulskompression

Die Phase

$$\begin{aligned}\varphi &= \omega t - kz = \omega t - \omega \cdot n \cdot \frac{z}{c} \\ &= \omega\left(t - n_0 \frac{z}{c}\right) - A \cdot I(t)\end{aligned} \tag{8.37}$$

mit $A = n_2 \omega z / c$ hängt von $I(t)$ ab. Da die Frequenz

$$\omega = \frac{\mathrm{d}\varphi}{\mathrm{d}t} = \omega_0 - A \cdot \frac{\mathrm{d}I}{\mathrm{d}t} \tag{8.38}$$

gleich der zeitlichen Ableitung der Phase ist, sieht man aus (8.38), dass wegen $A > 0$ die Frequenz am Anfang des Pulses ($\mathrm{d}I/\mathrm{d}t > 0$) kleiner wird und am Ende des Pulses ($\mathrm{d}I/\mathrm{d}t < 0$) größer. Diese Frequenzveränderung heißt ***Chirp***.

Der Puls wird daher während der Ausbreitung durch das Medium wegen des nichtlinearen Anteils $n_2 I(t)$ spektral breiter und läuft wegen der linearen Dispersion räumlich auseinander.

Schickt man einen solchen spektral verbreiterten Puls durch ein Paar paralleler optischer Gitter, so werden die roten Anteile am ersten Gitter unter einem größeren Beugungswinkel β reflektiert als die blauen. Man entnimmt der Abb. 8.37 für den Wegunterschied ΔS zwischen dem Auftreffpunkt A und dem Punkt B die Relation

$$\Delta S = S_1 + S_2 = \frac{D}{\cos\beta} + \frac{D \cdot \sin\gamma}{\cos\beta}\,. \tag{8.39}$$

Wegen der Gittergleichung

$$\lambda = D \cdot (\sin\alpha - \sin\beta)$$

ergibt sich dann nach einiger Rechnung

$$\begin{aligned}\frac{\mathrm{d}(\Delta S)}{\mathrm{d}\lambda} &= \frac{\mathrm{d}(\Delta S)}{\mathrm{d}\beta} \cdot \frac{\mathrm{d}\beta}{\mathrm{d}\lambda} \\ &= \frac{\lambda / D}{\cos^3\beta} \\ &= \frac{\lambda / D}{(1 - (\sin\alpha - \lambda/D)^2)^{3/2}} \\ &\approx \frac{\lambda / D}{(1 - \sin^2\alpha)^{3/2}} \quad \text{für} \quad \lambda \ll D\,,\end{aligned} \tag{8.40}$$

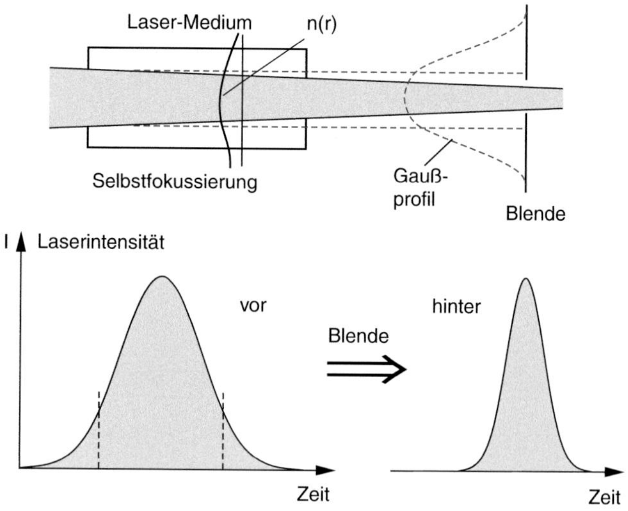

Abbildung 8.38 Prinzip der Pulsverkürzung intensiver Laserpulse durch intensitätsabhängige Selbstfokussierung (Kerr-Linsen-Modenkopplung)

woraus hervorgeht, dass der optische Weg S mit steigender Wellenlänge zunimmt. Wählt man den Gitterabstand D so groß, dass die Verbreiterung des Pulses auf Grund der linearen Dispersion der optischen Fiber überkompensiert wird, erhält man insgesamt eine zeitliche Verkürzung des Pulses.

Eine neuere Technik, mit der ultrakurze Pulse mit Titan-Saphir-Lasern erzeugt werden können, und die heute überwiegend verwendet wird, beruht auf der Linsenwirkung, die ein Laserstrahl mit gaußförmigem Intensitätsprofil auf Grund des intensitätsabhängigen Brechungsindex (8.35) erfährt. Durch den radialen Brechzahlgradienten wird der Laserstrahl im Laserkristall fokussiert. In die Fokalebene hinter dem Kristall, aber noch im Laserresonator, wird eine Blende gesetzt, welche den zentralen Teil des zylindersymmetrischen fokussierten Laserstrahls durchlässt. Da $n_2(I)$ intensitätsabhängig ist, wird von der Blende nur der Teil des Pulses um sein Maximum herum durchgelassen. Die Flanken werden abgeschnitten. Dadurch wird der Puls kürzer (Abb. 8.38). Beim nächsten Durchgang wiederholt sich die Verkürzung, weil sich mit zunehmender Maximalintensität die Fokalebene verschiebt und damit jedes Mal mehr von den Flanken weggeschnitten wird. Die Verkürzung geht solange weiter, bis sie durch Verbreiterungseffekte, die z. B. durch Dispersion an den Resonatorspiegelschichten auftreten, kompensiert wird. Das Verfahren heißt *Kerr-Linsen-Modenkopplung*, weil die Änderung des Brechungsindex durch das elektrische Feld der Lichtwelle analog zum Kerr-Effekt ist, wo die Brechzahl bestimmter Substanzen durch ein von außen angelegtes elektrisches Feld variiert wird.

Der bisherige Rekord, der für einen Laserpuls bei $\lambda = 700\,\mathrm{nm}$ erreicht wurde, liegt bei 4 fs:

$$\Delta\tau \approx 4\,\mathrm{fs} = 4 \cdot 10^{-15}\,\mathrm{fs}\,!$$

Die Pulsbreite ist nur noch etwa zwei Schwingungsperioden des Lichtes groß (Abb. 8.39).

Kapitel 8

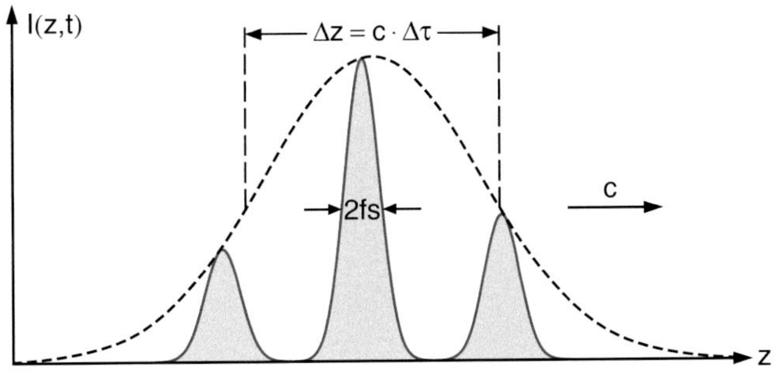

Abbildung 8.39 Schematische Darstellung eines Lichtpulses mit einer Breite $\Delta\tau = 6\,\text{fs}$ und einer Zentralfrequenz $\nu_0 = 5 \cdot 10^{14}\,\text{s}^{-1}$, der im Vakuum eine räumliche Ausdehnung $\Delta z = c \cdot \Delta\tau \approx 2\,\mu\text{m}$ hat

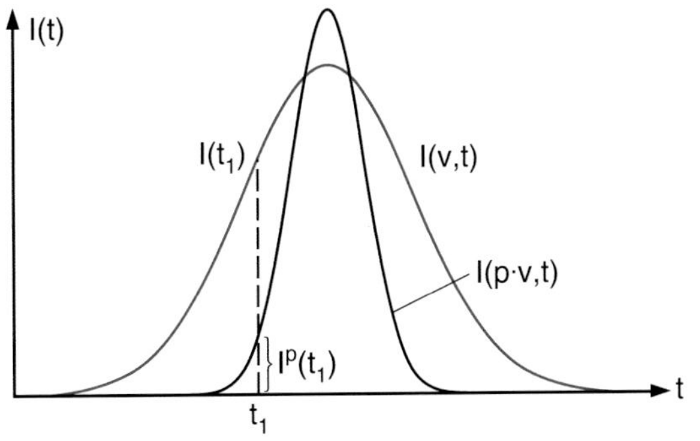

Abbildung 8.40 Verkürzung der Pulsbreite $I^p(t)$ bei einer Oberwelle mit $\nu_m = m \cdot \nu_0$

Eine genaue Darstellung der Erzeugung, Messung und Anwendungen ultrakurzer Lichtpulse findet man in [14–16].

8.5.4 Vorstoß in den Attosekunden-Bereich

Eine Attosekunde entspricht $10^{-18}\,$s, also $1/1000\,$fs. Seit einigen Jahren ist es möglich, ultrakurze Laserpulse mit Pulsbreiten von unter 100 as zu realisieren. Dies erreicht man folgendermaßen:

Ein intensiver Femtosekunden-Laserpuls im sichtbaren Spektralbereich wird in eine Edelgasatmosphäre fokussiert (z. B. einen Edelgasstrahl im Vakuum). Auf Grund der nichtlinearen Wechselwirkung mit den Edelgas-Atomen tritt Mehrphotonen-Ionisation auf, wobei n Photonen $h\nu$ einem Elektron im Atom so viel Energie zuführen, dass es nach der Ionisation eine große kinetische Energie behält, wenn $n \cdot h\nu > E_{\text{ion}}$ ist. Die Elektronen werden im elektrischen Feld der intensiven Laserwelle beschleunigt und strahlen deshalb Energie ab in Form von elektromagnetischen Wellen der Frequenz $m \cdot h\nu$, wobei die Zahl m Werte bis $m = 100$ annehmen kann. Es entstehen also hohe Oberwellen der Laserfrequenz ν, deren Wellenlängen bis ins Röntgengebiet hinunter reicht.

Beispiel

$\nu_0 = 5 \cdot 10^{14}\,\text{s}^{-1}$, $\lambda_0 = 600\,\text{nm}$, $m = 100 \rightarrow m \cdot \nu_0 = 5 \cdot 10^{16} \rightarrow \lambda_m = \lambda_0/100 = 6\,\text{nm}$. ■

Die Pulsbreite dieser Oberwellen-Pulse wird wesentlich kürzer als die der erzeugenden Pulse, weil die Intensität dieser Pulse von einer hohen Potenz m der Grundwellenintensität abhängt: $I(\lambda_m) \propto I^m(\lambda_0)$ (Abb. 8.40).

Solche ultrakurzen Pulse im Röntgengebiet finden vielfältige Anwendungen. So kann man z. B. ein Laue-Beugungsdiagramm (siehe Abschn. 11.3.2) angeregter Moleküle in einem Zeitintervall $\Delta t < 10^{-16}\,$s aufnehmen, das kurz ist gegen die Schwingungsdauer der Moleküle, sodass das Molekül praktisch „eingefroren“ ist, während bei längerer Aufnahmezeit die Schwingungen das Laue-Diagramm völlig „verwischen“ würden. Dadurch lässt sich die Geometrie und Struktur angeregter Moleküle und ihre Änderung gegenüber derjenigen im Grundzustand bestimmen, woraus man Schlüsse über ihr Reaktionsverhalten ziehen kann.

Nähere Informationen erhält man in [17, 18].

Zusammenfassung

- Das Kunstwort *Laser* steht für <u>L</u>ight <u>A</u>mplification by <u>S</u>timulated <u>E</u>mission of <u>R</u>adiation.
- Ein Laser besteht im Wesentlichen aus drei Komponenten: Der *Energiepumpe*, die durch selektive Energiezufuhr in einem Medium eine *Besetzungsinversion* erzeugt; dem *aktiven Medium*, in dem bei einer Besetzungsinversion eine elektromagnetische Welle verstärkt wird; einem *optischen Resonator*, welcher die vom aktiven Medium emittierte Strahlungsleistung nur in wenigen Moden speichert. In diesen Moden muss die Strahlungsdichte so groß sein, dass die Wahrscheinlichkeit für induzierte Emission groß wird gegen die Wahrscheinlichkeit für spontane Emission.
- Laseroszillation tritt erst oberhalb einer von der Energiepumpe zugeführten Schwellwertleistung auf. An der Laserschwelle werden die Verluste der Laserwelle im Resonator gerade kompensiert durch die Verstärkung im aktiven Medium.
- Die Oszillationsfrequenzen des Lasers werden bestimmt durch den Spektralbereich, in dem das aktive Medium Verstärkung zeigt, und durch die Eigenfrequenzen des optischen Resonators.
- Die räumliche Divergenz des aus dem Resonator austretenden Laserstrahls hängt ab von der Zahl der an der Laseroszillation beteiligten transversalen Moden. Schwingen nur Fundamentalmoden $TEM_{0,0,q}$, so hat der Laserstrahl ein Gauß'sches Intensitätsprofil, und seine Divergenz ist nur durch Beugungseffekte begrenzt.
- Laseroszillation auf nur einer Resonatormode lässt sich im Allgemeinen nur erreichen durch zusätzliche modenselektive optische Elemente im Laserresonator.
- Die Wellenlänge λ_L innerhalb eines spektral breiten Verstärkungsprofils lässt sich mit solchen wellenlängenselektiven Elementen über einen weiten Spektralbereich gut durchstimmen.
- Als aktives Lasermedium können geeignete feste, flüssige und gasförmige Stoffe verwendet werden.
- Besonders breite Verstärkungsprofile haben Farbstofflaser, Farbzentrenlaser und Ti:Saphir-Laser. Sie haben deshalb große Durchstimmbereiche.
- Bei manchen Lasern lässt sich eine über der Schwelle liegende Besetzungsinversion nur durch gepulste Energiezufuhr für kurze Zeit aufrecht erhalten (gepulste Laser), bei vielen Lasern ist dies dauernd möglich (Dauerstrichlaser).
- Beispiele für gepulste Laser sind Nd:Glas-Festkörperlaser und Excimer-Gaslaser.
- Die zeitliche Dauer des Laserpulses ist durch die Dauer des Pumppulses begrenzt.
- Durch zeitlich schnelle Veränderung der Resonatorgüte können kurze, intensive Laserpulse (Riesenimpulse) erzeugt werden. Dies kann experimentell durch schnelle Schalter (elektro- oder akusto-optische Modulatoren) im Laserresonator realisiert werden.
- Durch Kopplung vieler Lasermoden kann man Laserpulse bis unter 1 ps realisieren (modengekoppelte Laser). Durch nichtlineare Wechselwirkungen zwischen kurzen Laserpulsen und einem absorbierenden Medium erreicht man heute Pulsbreiten bis unter $10\,fs = 10^{-14}\,s$.
- Durch nichtlineare Wechselwirkung intensiver Femtosekunden-Laserpulse können extrem kurze Pulse im Attosekundenbereich erzeugt werden, deren Wellenlänge ein Vielfaches der Grundwellenlänge des Femtosekundenlasers beträgt.

Aufgaben

8.1

a) Wie groß ist im thermischen Gleichgewicht bei $T = 300\,K$ das Besetzungsverhältnis N_i/N_k, wenn auf dem Übergang $E_i \leftarrow E_k$ Licht der Wellenlänge $\lambda = 500\,nm$ absorbiert wird und $J_i = 1, J_k = 0$ ist?

b) Wie groß ist die relative Absorption einer Lichtwelle pro cm Weg bei einer Übergangswahrscheinlichkeit $A_{ik} = 1 \cdot 10^8\,s^{-1}$ und einem Gasdruck $p = 1\,mbar$, wenn im Zustand E_k sich 10^{-6} aller Atome befindet?

c) Wie groß muss die Inversion $N_i - N_k$ sein, damit auf einer Länge $L = 20\,cm$ des aktiven Mediums die Schwelle zur Laseroszillation erreicht wird, wenn die Verluste pro Umlauf 10 % betragen?

8.2

a) Bestimmen Sie aus Abschn. 7.5.2 die Dopplerbreite $\Delta \nu_D$ der Neonlinie bei $\lambda = 633\,nm$ in einer Gasentladung bei einer Temperatur von $T = 600\,K$.

b) Wie viele Resonatormoden $TEM_{0,0,q}$ können bei einer Resonatorlänge von $d = 1\,m$ an der Laseroszillation teilnehmen, wenn die Laserschwelle bei 50 % der maximalen Verstärkung liegt?

8.3 Ein Argonlaser mit einem Resonator der Länge $d = 120\,\text{cm}$ soll durch Einbringen eines FPI-Etalons in einen Einmodenbetrieb auf $\lambda = 488\,\text{nm}$ gezwungen werden.

a) Wie groß muss dessen Dicke t bei einer Brechzahl $n = 1{,}5$ sein, damit nur ein Transmissionsmaximum des Etalons innerhalb der Dopplerbreite $\Delta\nu_D$ bei $T = 5000\,\text{K}$ passt?
b) Wie groß muss die Finesse des FPI-Etalons sein (Bd. 2, Abschn. 10.4.1), damit die Transmission des Etalons bei der Nachbar-Resonatormode auf $T = 1/3$ gesunken ist?

8.4

a) Bei einem Laserresonator mögen die Endspiegel durch Stahlstangen der Länge $L = 1\,\text{m}$ mit einem thermischen Ausdehnungskoeffizienten $\alpha = 12 \cdot 10^{-6}\,\text{K}^{-1}$ miteinander verbunden sein. Um wie viel ändert sich die Laserfrequenz $\nu = 5 \cdot 10^{14}\,\text{s}^{-1}$ bei einer Temperaturänderung von $\Delta T = 1\,\text{K}$?
b) Die Laserwelle möge im Resonator 40 cm pro Umlauf durch Luft bei Atmosphärendruck laufen. Um wie viel verschiebt sich die Laserfrequenz, wenn sich der Luftdruck um 10 mbar ändert?

8.5 Der praktisch parallele Ausgangsstrahl eines Lasers mit der Wellenlänge $\lambda = 10\,\mu\text{m}$ und einem Durchmesser von 3 cm mit der Leistung $P = 10\,\text{W}$ wird durch eine Linse der Brennweite $f = 0{,}2\,\text{m}$ fokussiert.

a) Wie groß ist die Strahltaille w_0 mit $e^{-(r/w_0)^2} = 1/e^2$ des Strahls im Fokus?
b) Wie groß ist dort die Intensität?
c) Angenommen, dass davon 10 % zur Verdampfung von Material ausgenutzt werden kann, wenn man ein Blech mit 1 mm Dicke in die Fokusebene stellt. Wie lange dauert es bei einer Verdampfungswärme von $6 \cdot 10^6\,\text{J/kg}$, bis das Blech vom Laser durchbohrt ist?

8.6 Ein kurzer fourierbegrenzter Lichtpuls ($\Delta T = 10\,\text{fs}$ und $\nu_0 = 5 \cdot 10^{14}\,\text{s}^{-1}$) läuft durch Materie mit dem Brechungsindex $n = 1{,}5$, der Dispersion $\mathrm{d}n/\mathrm{d}\lambda = 4{,}4 \cdot 10^4\,\text{m}^{-1}$ und der Dichte $\varrho = 8\,\text{g/cm}^3$.

a) Wie groß ist die minimale Spektralbreite des Pulses?
b) Nach welcher Strecke hat sich die Pulsbreite ΔT auf Grund der linearen Dispersion verdoppelt?
c) Wie groß muss die Lichtintensität I sein, damit die Dispersion durch den Einfluss des nichtlinearen Brechungsindex kompensiert und der Puls optimal komprimiert wird?

8.7

a) Wie groß ist die Güte Q eines Laserresonators der Frequenz $\nu = 5 \cdot 10^{14}\,\text{s}^{-1}$ mit Spiegelabstand $d = 1\,\text{m}$ und Spiegelreflexionen $R_1 = R_2 = 0{,}99$, wenn alle anderen Verluste pro Umlauf 2 % betragen?
b) Nach welcher Zeit fällt die im Resonator gespeicherte Energie auf $1/e$ ab, wenn zur Zeit $t = 0$ die Verstärkung plötzlich abgeschaltet wird?

Wie schmal sind die Halbwertszeiten $\Delta\nu$ und der Abstand $\delta\nu$ der Resonator-$\text{TEM}_{0,0,q}$-Moden?

8.8 Die Oszillation eines Lasers möge mit einem Photon in einer Resonatormode mit $\nu = 4{,}53 \cdot 10^{15}\,\text{s}^{-1}$ starten. Wie lange dauert es, bei einer Nettoverstärkung von 5 % pro Umlauf in einem 1 m langen Resonator und einer Spiegeltransmission von 2 %, bis die Laserausgangsleistung 1 mW erreicht hat,

a) unter der Annahme, dass die Verstärkung sich mit zunehmender Laserleistung nicht ändert,
b) wenn $\alpha = \alpha_0 + a \cdot P$ mit $a = 0{,}4\,\text{W}^{-1}\,\text{m}^{-1}$ bzw. $0{,}55\,\text{W}^{-1}\,\text{m}^{-1}$.

Literatur

1. J.P. Gordon, H.J. Zeiger, C.H. Townes: Molecular microwave oscillator and new hyperfine structure in the microwave spectrum of NH_3. Phys. Rev. **95**, 282 (1954)
2. A.L. Schawlow, C.H. Townes: Infrared and optical masers. Phys. Rev. **112**, 1940 (1958)
3. T.H. Maiman: Stimulated optical radiation in ruby. Nature **187**, 493 (1960)
4. J. Eichler, H.J. Eichler: Laser, 7. Aufl. Springer, Berlin, Heidelberg (2010)
5. O. Svelto: Principles of Lasers, 5. Aufl. Springer, Heidelberg (2009)
6. A. Siegmann: Lasers. University Science Books, Sausalito (1986)
7. M.W. Sigrist: Laser, 7. Aufl. Teubner, Stuttgart (2008)
   D. Meschede: Optik, Licht und Laser, 3. Aufl. Teubner Studienbücher, Stuttgart (2008)
   P.W. Millony, J.H. Eberly: Laser Physics, 2. Aufl. Wiley, New York (2010)
8. N. Hodgson, H. Weber: Optische Resonatoren. Springer, Berlin, Heidelberg (1992)
9. W. Demtröder: Laserspektroskopie, 6. Aufl. Springer, Berlin, Heidelberg (2012, 2013)
10. Ch. Salomon, D. Hils, J.L. Hall: Laser Stabilization at the millihertz level. J. Opt. Soc. Am. **B5**, 1576 (1988)
11. A. de Marchi (Hrsg.): Frequency Standards and Metrology. Springer, New York (1989)
12. S.N. Bagayev, V.P. Chebotayev: Frequency Stabilization of the 3.39 µm He-Ne-Laser stabilized on the methane line. Appl. Phys. **7**, 71 (1975)
13. T.C. Marshall: Free Electron Lasers. Macmillan, New York (1985)
14. J. Herrmann, B. Wilhelmi: Lasers for ultrashort light pulses. North Holland, Amsterdam (1987)
15. W. Kaiser (Hrsg.): Ultrashort Light Pulses, 2. Aufl. Springer, Berlin, Heidelberg (1993)

16. C. Rullière: Femtosecond Laser Pulses. Springer, Berlin, Heidelberg (1998)
J.C. Diels, W. Rudolph: Ultrashort Laser Pulse Phenomena, 2. Aufl. Academic Press, San Diego (2006)
17. R. Kienberger, F. Krausz: Sub-Femtosecond XUV Pulses: Attosecond Metrology and Spectroscopy. Topics in Appl. Phys. Bd. 95. Springer, Berlin, Heidelberg (2004)
D.M. Villeneuve: Attoseconds at a glance. Nature **449**, 997 (2007)
H. Nikum, P.B. Corkum: Attosecond and Angstrom Science. Adv. At. Mol. Opt. Phys. **54**, 511 (2007)
18. S. Watanabe, K. Midorikawa (Hrsg.): Ultrafast Optics V. Springer Series Opt. Sciences, Bd. 132. Springer, Berlin, Heidelberg (2007)
19. B.K. Agrawal: Semiconductor Lasers. Am. Institute of Physics, New York (1995)
P.W. Epperlein: Semiconductor Laser Engineering. John Wiley & Sons (2013)
20. P. Vasil'ev: Ultrafast Diode Lasers. Artech House, Boston (1995)
21. H.J. Eichler, J. Eichler: Laser: Bauformen, Strahlführung, Anwendungen, 8. Aufl. Springer-Vieweg (2015)
22. W. Radloff: Laser in Wissenschaft und Technik. Spektrum Akad. Verlag, Heidelberg (2011)
23. D. Bäuerle: Laser, Grundlagen und Anwendungen. Wiley-VCH, Weinheim (2008)

Moleküle

9

W. Demtröder, *Experimentalphysik 3*, Springer-Lehrbuch, DOI 10.1007/978-3-662-49094-5_9

In diesem Kapitel werden die Grundlagen der Molekülphysik vorgestellt. Insbesondere sollen folgende Fragen behandelt werden:

- Warum und wann können sich neutrale Atome zu stabilen Molekülen verbinden?
- Wie sieht die innere Energiestruktur der Moleküle aus, die nicht nur, wie beim Atom, durch die Elektronenverteilung gegeben ist, sondern auch durch die Bewegung der Atomkerne (Schwingungen und Rotation)?
- Wie kann man chemische Reaktionen und damit auch biologische Prozesse auf einer molekularen Basis erklären?

Wir wollen uns zuerst mit zweiatomigen Molekülen befassen, weil ihre Behandlung wesentlich einfacher ist als die mehratomiger Moleküle. Trotzdem kann man an ihnen bereits wesentliche Erkenntnisse hinsichtlich der oben aufgeworfenen Fragen gewinnen. Insbesondere lässt sich an zweiatomigen Molekülen die Wechselwirkung zwischen den beiden Atomen und ihre Abhängigkeit vom Abstand R ihrer Atomkerne deutlich machen. Auch der Begriff der Atomorbitale und der Molekülorbitale, welcher in der Chemie eine große Rolle spielt, kann hier leicht verständlich eingeführt werden.

Genau wie beim Atom können Übergänge zwischen verschiedenen Energieniveaus durch Absorption bzw. Emission von Licht stattfinden, sofern bestimmte Auswahlregeln erfüllt sind (siehe Kap. 7). Da die Energieniveaus nicht nur durch die Elektronen, sondern auch durch Schwingungen der Kerne und durch Rotation des ganzen Kerngerüstes (mitsamt der Elektronenhülle) bestimmt werden, sind die Spektren der Moleküle wesentlich komplizierter als die der Atome. Sie werden in Abschn. 9.6 behandelt.

9.1 Das H_2^+-Molekülion

Das einfachste aller Moleküle ist das Wasserstoffmolekülion H_2^+ (Abb. 9.1), das aus zwei Protonen und einem Elektron besteht. Das Wechselwirkungspotential E_{pot} zwischen den drei Teilchen

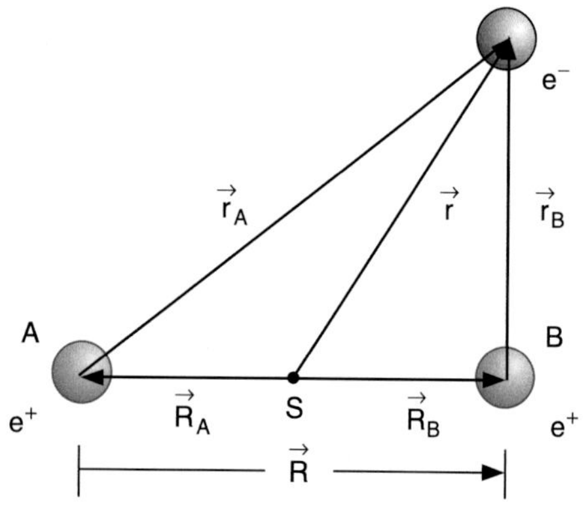

Abbildung 9.1 H_2^+-Molekülion

ist

$$E_{pot} = -\frac{e^2}{4\pi\varepsilon_0}\left(\frac{1}{r_A} + \frac{1}{r_B} - \frac{1}{R}\right) . \tag{9.1}$$

Legen wir den Koordinatenursprung in den Massenschwerpunkt S der Atomkerne (das Elektron verschiebt wegen seiner kleinen Masse den Schwerpunkt nur unwesentlich), so entnimmt man Abb. 9.1 die Relation

$$\begin{aligned} \boldsymbol{r} &= \boldsymbol{R}_A + \boldsymbol{r}_A = \boldsymbol{R}_B + \boldsymbol{r}_B \\ \Rightarrow \boldsymbol{r} &= \frac{1}{2}(\boldsymbol{r}_A + \boldsymbol{r}_B) , \quad \text{weil} \quad \boldsymbol{R}_A = -\boldsymbol{R}_B , \\ \boldsymbol{r}_A &= \boldsymbol{r} + \frac{1}{2}\boldsymbol{R} ; \quad \boldsymbol{r}_B = \boldsymbol{r} - \frac{1}{2}\boldsymbol{R} . \end{aligned} \tag{9.2}$$

Die Schrödingergleichung für dieses Dreiteilchenproblem lautet dann:

$$\begin{aligned} &\left[-\frac{\hbar^2}{2M}\left(\Delta_A(\boldsymbol{R}_A) + \Delta_B(\boldsymbol{R}_B)\right)\right. \\ &\left. -\frac{\hbar^2}{2m}\Delta_e(\boldsymbol{r}) + E_{pot}(\boldsymbol{r}, R)\right]\Psi(\boldsymbol{r}, \boldsymbol{R}_i) = E\Psi(\boldsymbol{r}, \boldsymbol{R}_i) , \end{aligned} \tag{9.3}$$

wobei die ersten beiden Terme die kinetische Energie der Kerne, der dritte die des Elektrons und der vierte die potentielle Energie des H_2^+ angeben.

9.1.1 Ansatz zur exakten Lösung für das starre Molekül

Die Gleichung (9.3) ist nicht mehr, wie beim Wasserstoffatom, analytisch lösbar, sodass man Näherungen vornehmen muss. Wegen der wesentlich größeren Masse der Kerne ($M/m_e \approx 1836$) ist die kinetische Energie der Kerne sehr klein gegen die des Elektrons, und wir können sie in einer ersten Näherung vernachlässigen. In diesem Näherungsmodell werden also beide Kerne in einem Abstand R festgehalten (starres Kerngerüst). Der Kernabstand R kann als frei wählbarer Parameter betrachtet werden, d. h. man berechnet aus (9.3) für verschiedene Werte von R die Energie $E(R)$ als Summe aus dem Zeitmittel von kinetischer und potentieller Energie des Elektrons und der Abstoßungsenergie der Kerne, die aber bei festem R eine Konstante ist.

In dieser Näherung für das starre H_2^+-Molekül heißt die Schrödingergleichung (9.2) mit der potentiellen Energie (9.1)

$$\begin{aligned} &\left[-\frac{\hbar^2}{2m}\Delta_e(\boldsymbol{r}) - \frac{e^2}{4\pi\varepsilon_0}\left(\frac{1}{r_A} + \frac{1}{r_B} - \frac{1}{R}\right)\right] \\ &\cdot \psi(\boldsymbol{r}_A, \boldsymbol{r}_B, R) = E(R)\,\psi(\boldsymbol{r}_A, \boldsymbol{r}_B, R) , \end{aligned} \tag{9.4}$$

wobei $\boldsymbol{r}_A$ und $\boldsymbol{r}_B$ gemäß (9.2) von $\boldsymbol{r}$ und R abhängen.

Man kann (9.4) analog zum H-Atom exakt lösen, wenn man elliptische Koordinaten

$$\begin{aligned} \mu &= \frac{r_A + r_B}{R} , \quad \nu = \frac{r_A - r_B}{R} , \\ \varphi &= \arctan\frac{y}{x} \end{aligned} \tag{9.5}$$

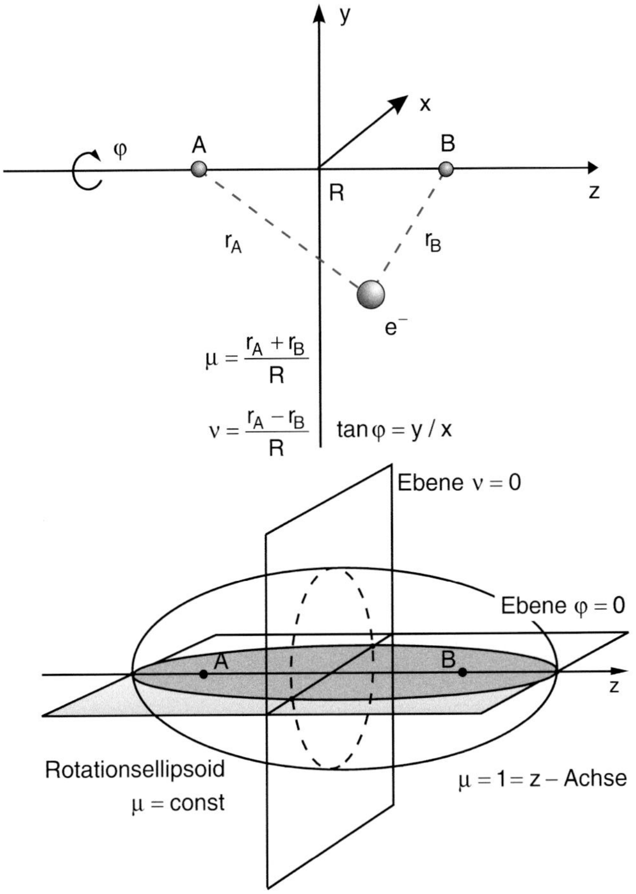

Abbildung 9.2 Elliptische Koordinaten zur exakten Berechnung des starren H_2^+-Ions

benutzt, wobei die Orte der beiden Kerne die Brennpunkte der Ellipse sind und die Kernverbindungsachse in die z-Richtung gelegt wird (Abb. 9.2). In diesen Koordinaten lässt sich die Wellenfunktion in das Produkt

$$\psi(\boldsymbol{r}_1, \boldsymbol{r}_2, R) = M(\mu) \cdot N(\nu) \cdot \phi(\varphi) \tag{9.6}$$

von drei Funktionen separieren. Dadurch ergeben sich drei getrennte Gleichungen für die Funktionen M, N, ϕ, die jeweils nur von einer Koordinate abhängen und die analytisch lösbar sind. Analog zum H-Atom (Abschn. 4.3.2) erhält man aus der Forderung der Eindeutigkeit und Normierbarkeit der Funktionen Energieeigenwerte, die durch Quantenbedingungen eingeschränkt werden. Es gibt auch hier eine Hauptquantenzahl n, durch die alle möglichen Energiewerte $E_n(R)$ festgelegt werden, die aber noch vom Kernabstand R abhängen (Abb. 9.3) und sowohl Minima haben können, als auch monoton mit R abfallen können. Die Kurven $E(R)$ mit einem Minimum führen zu stabilen Molekülzuständen, die monoton abfallenden zu instabilen Zuständen, die in zwei getrennte Atome dissoziieren, wobei die Atome in verschiedenen elektronischen Zuständen sein können. Diese Kurven

$$E(R) = \langle E_{\text{kin}}(\text{e}^-) \rangle + \frac{e^2}{4\pi\varepsilon_0}\left(\frac{1}{R} - \left\langle \frac{1}{r_\text{A}} + \frac{1}{r_\text{B}} \right\rangle\right)$$

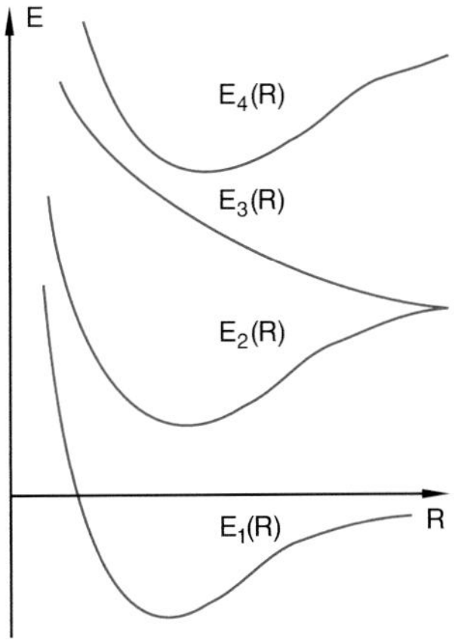

Abbildung 9.3 Schematische Darstellung von Potentialkurven $E(R)$, die zu gebundenen bzw. instabilen Molekülzuständen gehören

heißen ***Potentialkurven***, obwohl sie außer der potentiellen Energie auch noch die zeitlich gemittelte kinetische Energie des Elektrons enthalten. Sie beschreiben das Potential, in dem beim nicht starren Molekül die Kerne schwingen können.

Da das Potential für das Elektron nicht mehr kugelsymmetrisch ist, bleibt sein Drehimpuls $\boldsymbol{l}$ nicht mehr zeitlich konstant. Er präzediert um die Kernverbindungsachse. Sein Betrag $|\boldsymbol{l}|$ hängt im Allgemeinen vom Kernabstand R ab, aber seine z-Komponente hat einen wohldefinierten Erwartungswert

$$\langle l_z \rangle = m \cdot \hbar\,, \tag{9.7a}$$

der durch die ganze Zahl $m = 0, \pm 1, \pm 2, \ldots$ beschrieben wird (Abb. 9.4) und für eine gegebene Potentialkurve $E(R)$ unabhängig vom Kernabstand R ist.

Dies liegt daran, dass der Operator $\hat{l}_z = (\hbar/\text{i})\partial/\partial\varphi$ nur von φ abhängt. Angewandt auf die Wellenfunktion (9.6) wirkt er nur auf den letzten Faktor $\phi(\varphi)$ (9.6) und ergibt den Eigenwert $m \cdot \hbar$. Dies ist völlig analog zum Fall des Wasserstoffatoms in einem äußeren Magnetfeld, wo auch wegen der nun vorliegenden Zylindersymmetrie nur noch die z-Komponente $\langle l_z \rangle =$

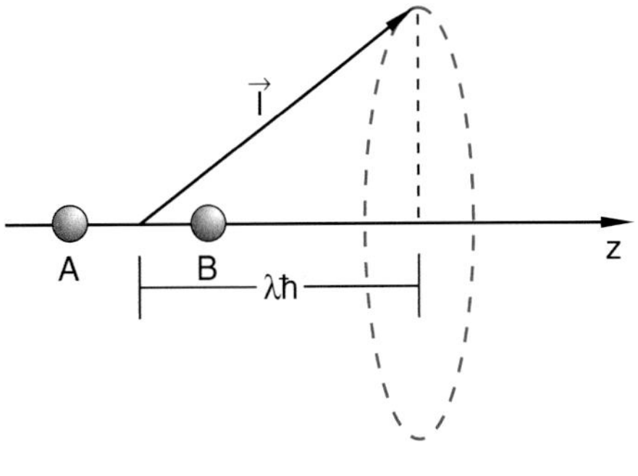

Abbildung 9.4 Der präzedierende Bahndrehimpuls $\boldsymbol{l}$ des Elektrons und seine zeitlich konstante Projektion $l_z = \lambda \cdot \hbar$

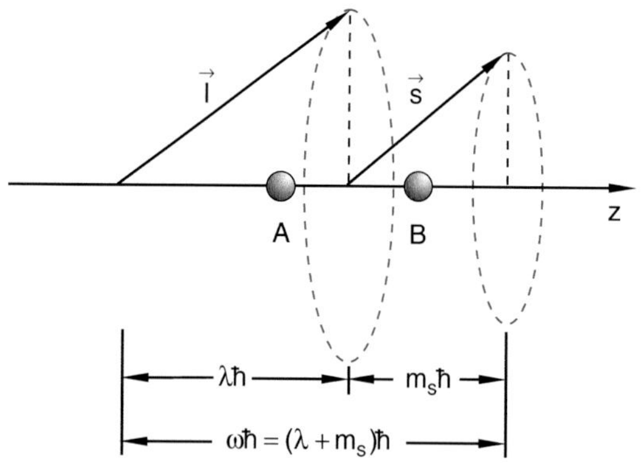

Abbildung 9.5 Die Projektion $l_z = \lambda \cdot \hbar$ und $s_z = m_s \cdot \hbar$ addieren sich zur Gesamtprojektion $\omega\hbar$

$m \cdot \hbar$ definierte Werte hat. Der Unterschied zum Magnetfeld ist jedoch, dass die Energie eines Molekülzustandes im axialen *elektrischen* Feld der beiden Kerne *nicht* von der Richtung der Präzession abhängt, d. h. Zustände mit $\hat{l}_z = \pm m\hbar$ haben im nichtrotierenden Molekül dieselbe Energie. Deshalb werden die Molekülzustände durch die Quantenzahl $\lambda = |m|$ als Betrag von m beschrieben, d. h. statt (9.7a) gilt:

$$|\langle l_z \rangle| = \lambda \cdot \hbar \,. \qquad (9.7b)$$

Elektronen mit $\lambda = 0$ werden σ-Elektronen genannt, solche mit $\lambda = 1$ sind π-Elektronen, d. h. die im Atom mit lateinischen Buchstaben bezeichneten Zustände für l werden hier mit griechischen für λ benannt ($\sigma : \lambda = 0$; $\pi : \lambda = 1$; $\delta : \lambda = 2$; $\varphi : \lambda = 3$; etc.).

Durch die Bewegung des Elektrons um die Kernverbindungsachse entsteht für $\lambda > 0$ ein Magnetfeld in z-Richtung, in dem sich das durch den Elektronenspin bewirkte magnetische Moment $\boldsymbol{\mu}_s$ einstellen kann, analog zum Stern-Gerlach-Versuch. Der Elektronenspin $\boldsymbol{s}$ präzediert um die z-Richtung, und nur seine Projektion $m_s \cdot \hbar = \pm 1/2\,\hbar$ hat definierte Werte (Abb. 9.5).

Der Zustand eines Elektrons in einem zweiatomigen Molekül ist deshalb durch die Hauptquantenzahl n, dem Absolutbetrag λ der Drehimpulsprojektionsquantenzahl m_l und der Spinprojektionsquantenzahl m_s bestimmt. Wir charakterisieren den Zustand, in dem sich ein Elektron befinden kann, daher durch die Quantenzahlen (n, λ, m_s).

Die Wellenfunktion $\psi_{n,\lambda}(\boldsymbol{r})$, deren Absolutquadrat die räumliche Verteilung der Aufenthaltswahrscheinlichkeit des Elektrons im Molekül angibt, heißt ***Molekülorbital*** (Abb. 9.6). Jedes Molekülorbital kann bei Molekülen maximal mit zwei Elektronen besetzt werden, deren Spinprojektionsquantenzahl sich dann unterscheiden muss ($m_s = \pm 1/2$).

Anmerkung. In der molekülphysikalischen Literatur wird die Spinprojektion m_s mit σ bezeichnet. Um Verwechslungen mit dem Zustand $\lambda = 0$, der auch σ genannt wird, zu vermeiden, bleiben wir hier, wie in der Atomphysik, bei der Bezeichnung m_s.

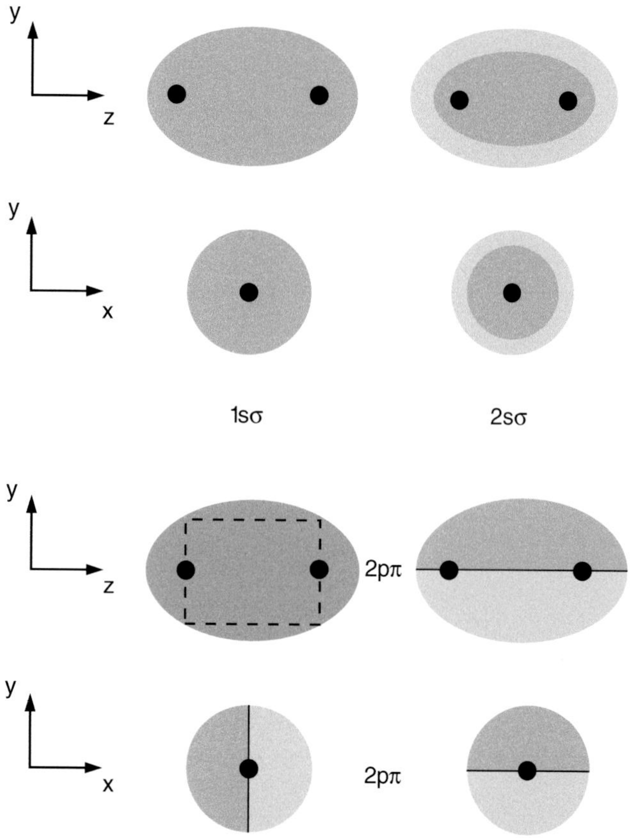

Abbildung 9.6 Einige Beispiele für Molekülorbitale des Elektrons. In den *roten Bereichen* ist $\psi > 0$, in den *grauen* ist $\psi < 0$. Die *durchgezogenen Kurven* geben die Knotenlinien $\psi = 0$ an. Das *gestrichelte Rechteck* deutet an, dass die y-z-Ebene $x = 0$ Knotenebene $\psi = 0$ ist

9.1.2 Molekülorbitale und die LCAO-Näherung

Obwohl man das starre H_2^+-Molekülion exakt behandeln kann, ist es sehr instruktiv, sich an diesem einfachsten Molekül ein wichtiges Näherungsverfahren klarzumachen, das dann auch auf größere Moleküle angewandt werden kann, die nicht mehr exakt berechenbar sind. Bei diesem Verfahren werden die molekularen Wellenfunktionen als geeignete Linearkombinationen atomarer Wellenfunktionen der das Molekül bildenden Atome angesetzt. Die Koeffizienten dieser Linearkombinationen werden so optimiert, dass die mit diesen Wellenfunktionen berechneten Energien minimal werden. Man kann nämlich zeigen, dass die richtigen Wellenfunktionen die tiefste Energie ergeben [1]. Da das Absolutquadrat einer Wellenfunktion die räumliche Dichte der Aufenthaltswahrscheinlichkeit der Elektronen angibt, werden die atomaren Wellenfunktionen auch als ***Atomorbitale*** bezeichnet in Anlehnung an die Orbitalbahnen im Bohr'schen Atommodell. Das Näherungsverfahren heißt des-

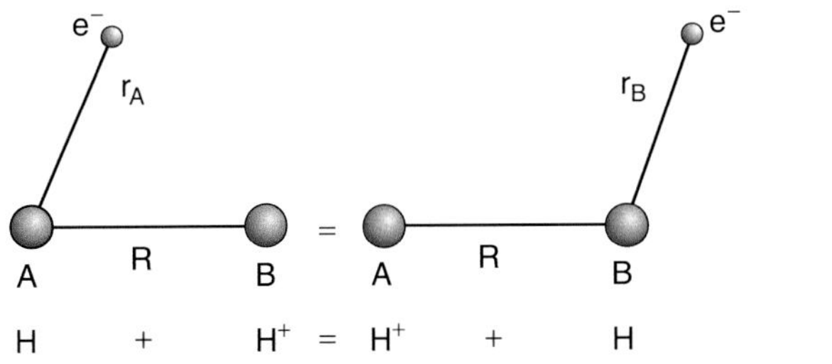

Abbildung 9.7 Äquivalenz der beiden Konfigurationen $H_A + H_B^+$ und $H_A^+ + H_B$

halb im Englischen: LCAO = *Linear Combination of Atomic Orbitals*. Wir wollen es am H_2^+-Molekülion erläutern:

Man kann das H_2^+-Ion zusammensetzen aus einem H-Atom und einem H^+-Ion (Proton) (Abb. 9.7), wobei sich das H-Atom im $1s$-Grundzustand befindet. Die atomare Wellenfunktion des Elektrons ist daher (siehe Tab. 5.2):

$$\phi_A(r_A) = \frac{1}{\sqrt{\pi a_0^3}} e^{-r_A/a_0} . \tag{9.8}$$

Das Elektron kann sich entweder beim Kern A aufhalten oder beim Kern B. Beide Möglichkeiten führen bei Annäherung der Kerne zu einem H_2^+-Molekül. Da wir zwischen den beiden Möglichkeiten nicht unterscheiden können, müssen wir beide in Betracht ziehen. Deshalb setzen wir unsere Molekülwellenfunktionen als Linearkombination

$$\psi(\boldsymbol{r}, R) = c_1\phi_A(\boldsymbol{r}_A) + c_2\phi_B(\boldsymbol{r}_B) \tag{9.9}$$

an, wobei $\boldsymbol{r}_A = \boldsymbol{r} + \boldsymbol{R}/2$ und $\boldsymbol{r}_B = \boldsymbol{r} - \boldsymbol{R}/2$ durch $\boldsymbol{r}$ und den Kernabstand $\boldsymbol{R}$ ausgedrückt werden (Abb. 9.1). Da die Gesamtwellenfunktion $\psi(\boldsymbol{r})$ für jeden Kernabstand R normiert sein soll, folgt:

$$\begin{aligned}\int |\psi|^2 \,\mathrm{d}\tau &= c_1^2 \int |\phi_A(\boldsymbol{r}_A)|^2 \,\mathrm{d}^3r \\ &+ c_2^2 \int |\phi_B(\boldsymbol{r}_B)|^2 \,\mathrm{d}^3r \\ &+ 2c_1c_2 \,\mathrm{Re} \int \phi_A^*(\boldsymbol{r}_A) \cdot \phi_B(\boldsymbol{r}_B) \,\mathrm{d}^3r \overset{!}{=} 1 ,\end{aligned} \tag{9.10}$$

wobei jeweils über die Koordinaten des Elektrons integriert wird.

Die atomaren Funktionen ϕ_A, ϕ_B sind bereits normiert, sodass die ersten beiden Integrale den Wert eins haben. Aus (9.10) folgt deshalb für die Koeffizienten:

$$c_1^2 + c_2^2 + 2c_1c_2S_{AB} = 1 , \tag{9.11}$$

wobei das Integral

$$S_{AB} = \mathrm{Re} \int \phi_A^*(\boldsymbol{r}_A)\, \phi_B(\boldsymbol{r}_B) \,\mathrm{d}\boldsymbol{r} \tag{9.12}$$

vom räumlichen Überlapp der beiden Atomwellenfunktionen abhängt und daher ***Überlappintegral*** heißt. Sein Wert hängt

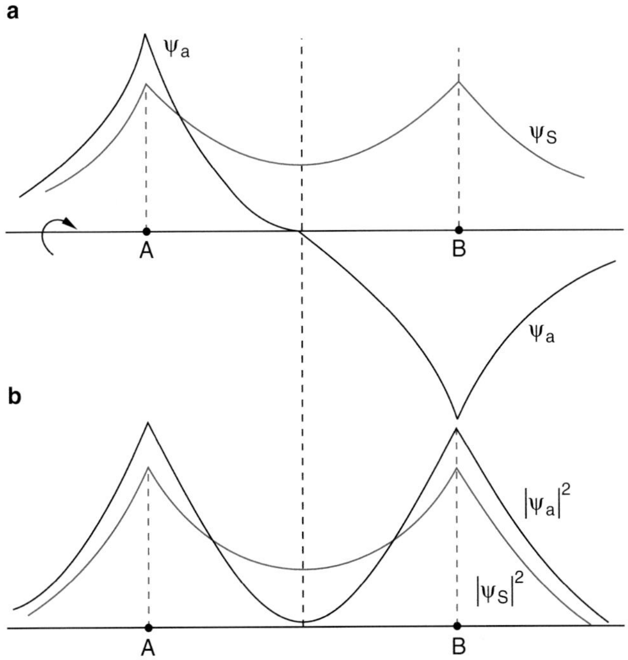

Abbildung 9.8 Schnitt durch die zylindersymmetrischen Funktionen **a** ψ_s und ψ_a; **b** $|\psi_s|^2$ und $|\psi_a|^2$

wegen (9.2) vom Kernabstand R ab, da über die Elektronenkoordinaten $\boldsymbol{r} = \boldsymbol{r}_A - \boldsymbol{R}/2 = \boldsymbol{r}_B + \boldsymbol{R}/2$ integriert wird. Aus Symmetriegründen gilt: $|c_1|^2 = |c_2|^2 = |c|^2$. Außerdem muss die entstehende Wellenfunktion symmetrisch oder antisymmetrisch bei Vertauschen der beiden Atomorbitale sein, woraus $c_1 = \pm c_2$ folgt.

Damit ergeben sich aus (9.9) die normierten Molekülorbitale (Abb. 9.8)

$$\psi_s = \frac{1}{\sqrt{2 + 2S_{AB}}} (\phi_A + \phi_B) , \tag{9.13a}$$

$$\psi_a = \frac{1}{\sqrt{2 - 2S_{AB}}} (\phi_A - \phi_B) . \tag{9.13b}$$

Der Erwartungswert der Energie ist

$$\langle E \rangle = \int \psi^* \hat{H} \psi \,\mathrm{d}\tau , \tag{9.14}$$

wobei $\hat{H}$ der Hamiltonoperator in der Schrödingergleichung (9.4) $\hat{H}\psi = E\psi$ des starren Moleküls ist.

Setzt man (9.13) in (9.14) ein, so erhält man die beiden Energiefunktionen

$$\begin{aligned} E_s(R) &= \frac{H_{AA} + H_{AB}}{1 + S_{AB}} , \\ E_a(R) &= \frac{H_{AA} - H_{AB}}{1 - S_{AB}} \end{aligned} \tag{9.15}$$

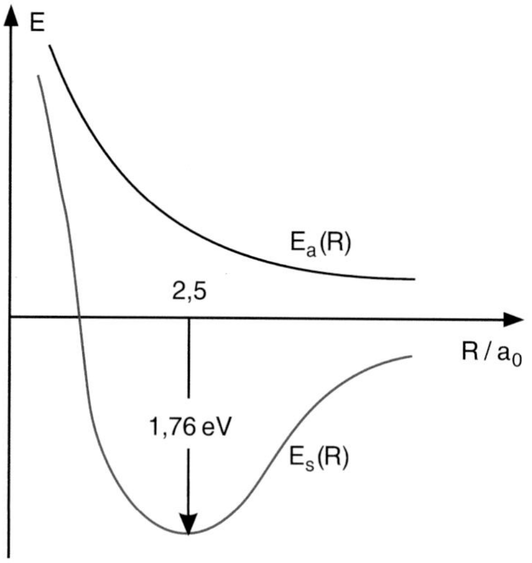

Abbildung 9.9 Potentialkurven $E_s(R)$ und $E_s(R)$ für die symmetrische Elektronendichteverteilung $|\psi_s(R)|^2$ und für die antisymmetrische Verteilung $|\psi_a(R)|^2$

mit den vom Kernabstand R abhängenden Integralen

$$H_{AA} = \int \phi_A^* \hat{H} \phi_A \, d\tau_{el} ,$$

$$H_{AB} = \int \phi_A^* \hat{H} \phi_B \, d\tau_{el} . \tag{9.16}$$

Beim Ausrechnen der Integrale über die Elektronenkoordinaten müssen die Variablen r_A und r_B, in den Atomorbitalen ϕ_A, ϕ_B, die jeweils auf den Kern A bzw. B bezogen sind, gemäß (9.2) auf einen gemeinsamen Ursprung transformiert werden (siehe Aufgabe 9.1).

Die so berechneten Kurven $E_s(R)$ und $E_a(R)$ sind in Abb. 9.9 gezeigt. Man sieht, dass $E_s(R)$ ein Minimum hat, während $E_a(R)$ eine mit wachsendem R monoton fallende Funktion ist.

Das Molekülorbital ψ_s ergibt daher einen bindenden Zustand, während ψ_a einen abstoßenden, nicht stabilen Zustand ergibt.

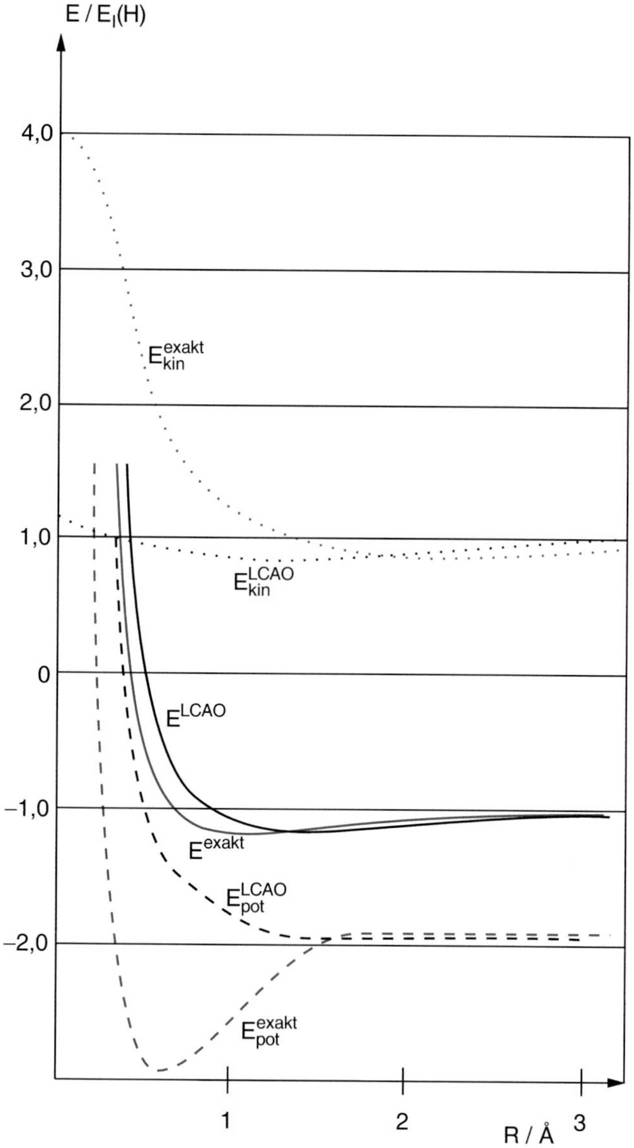

Abbildung 9.10 Vergleich von $E_{pot}(R)$, $\langle E_{kin}^{el}(R) \rangle$, $E(R)$ für die einfache LCAO-Näherung (*schwarze Kurven*) mit der exakten Rechnung (*rote Kurven*). Mit freundlicher Genehmigung von Prof. Kutzelnigg [2]

Es ist interessant, näher zu untersuchen, wodurch die Bindung im Zustand ψ_s bewirkt wird. Die Energie $E(R)$ enthält sowohl die mittlere kinetische Energie E_{kin}^{el} des Elektrons als auch die potentielle Energie (9.1). In Abb. 9.10 sind beide Anteile E_{kin} und E_{pot} sowie die Gesamtenergie $E = E_{kin} + E_{pot}$ getrennt dargestellt in Einheiten der Ionisierungsenergie des H-Atoms, $E_I(H) = 13{,}6\,\text{eV} = 0{,}5\,\text{a.u.}$ (Eine atomare Energieeinheit 1 au (atomic unit) heißt 1 Hartree $= 2 \cdot E_I(H) = 27{,}2\,\text{eV}$), einmal als Ergebnis der einfachen LCAO-Näherung und zum anderen aus der exakten Berechnung des H_2^+. Man sieht daraus folgendes:

- Die LCAO-Rechnung in ihrer einfachen Form stimmt noch nicht besonders gut mit den exakten Ergebnissen überein. Sie muss also verbessert werden. Dies sieht man z. B. daran, dass die Energie $E_s(R)$ in dieser Näherung für $R \to 0$ ohne die Kernabstoßung gegen den Wert $E(0) = -3E_A$ geht, wie die Berechnung der Integrale (9.16) ergibt. Da für $R \to 0$ ein Kern mit der Ladung $+2e$ entsteht, müsste die Energie aber $-4E_A$ sein.
- Zur Bindung im Zustand ψ_s tragen zwei Effekte bei:
  a) Die Erniedrigung der potentiellen Energie beim Abstand R_e. Das Elektron mit der maximalen Aufenthaltswahrscheinlichkeit zwischen den beiden Kernen zieht auf Grund der Coulombkraft die beiden Protonen zur Mitte. Es wirkt wie ein Kitt, der die Kerne zusammenhält. Dies ist beim H_2^+ der größere Anteil zur Bindung.
  b) Dem Elektron wird durch die Funktion ψs mehr Raum gegeben als im Atomorbital ϕ_A bzw. ϕ_B. Dadurch wird seine

Ortsunschärfe größer, seine Impulsunschärfe also kleiner. Deshalb sinkt seine kinetische Energie $E_{kin} = p^2/2m$.

Beide Effekte tragen zur Erniedrigung der Gesamtenergie bei. Ihr relativer Anteil wird jedoch in der einfachen LCAO-Näherung nicht richtig wiedergegeben [2].

9.1.3 Verbesserungen des LCAO-Ansatzes

Man kann die Näherung erheblich verbessern, wenn man statt der ungestörten atomaren Wellenfunktionen (9.8) modifizierte Funktionen

$$\phi_A = C(1 + \lambda z)\,e^{-\eta(R)\cdot r_A/a_0} \tag{9.17}$$

verwendet, in denen die beiden Parameter λ und $\eta(R)$ für jeden Kernabstand R so optimiert werden, dass die Energie $E(R)$ den minimalen Wert annimmt.

Der Ansatz (9.17) berücksichtigt, dass durch die Wechselwirkung zwischen dem Elektron und den *beiden* Protonen die Ladungsverteilung nicht mehr kugelsymmetrisch bleibt, sondern in z-Richtung verformt wird. Außerdem hängt auch die radiale Wahrscheinlichkeitsverteilung $|\phi_A(r_A)|^2$ bzw. $|\phi_B(r_B)|^2$ des Elektrons vom Abstand R zwischen beiden Kernen ab. Dies wird durch den Parameter $\eta(R)$ berücksichtigt, der für $\eta > 1$ zu einer Kontraktion der atomaren Orbitale ϕ_A und ϕ_B führt, was eine Erniedrigung der potentiellen Energie bewirkt.

Der Beitrag der Erniedrigung der mittleren kinetischen Energie des Elektrons zur Molekülbindung ist etwas komplizierter. Durch die Kontraktion der Atomorbitale auf Grund der Anziehung des Elektrons durch *zwei* Protonen (beschrieben durch den Parameter $\eta > 1$) steht dem Elektron in x- und y-Richtung *weniger* Raum zur Verfügung und deshalb steigt der Anteil

$$\langle E_{kin}^{\perp} \rangle = \frac{1}{2} m \overline{v_{\perp}^2}$$

für die Bewegung des Elektrons senkrecht zur Kernverbindungsachse, während

$$\langle E_{kin}^{z} \rangle = \frac{1}{2} m \overline{v_z^2}$$

sinkt.

Man kann das Zustandekommen der Molekülbindung folgendermaßen beschreiben:

Die Atomorbitale werden bei der Molekülbindung so verformt, dass bei einem bestimmten Kernabstand $R = R_e$ die Erniedrigung von $|E_{kin}^z| = m\overline{v_z^2}/2$ (dem Elektron steht in z-Richtung mehr Raum zur Verfügung) und von E_{pot} den Energieaufwand zur Kontraktion der Atomorbitale, bei der die kinetische Energie des Elektrons stärker *steigt* als die potentielle Energie sinkt (siehe Abschn. 4.2.4), überkompensieren, sodass insgesamt für $R = R_e$ ein Energieminimum eintritt.

In Tab. 9.1 sind diese einzelnen Beiträge, die bei den verschiedenen Näherungsschritten verschieden herauskommen, in

Tabelle 9.1 Mittlere kinetische und potentielle Energie des Elektrons im H_2^+ und Gesamtenergie $E = E_B + E_{el}(H)$ als Summe aus Bindungsenergie E_B und Ionisierungsenergie $E_{ion}(H)$ in Einheiten der Ionisierungsenergie $E_{ion}(H) = 13{,}6\,eV$ des H-Atoms

Berechnungs-verfahren	$\frac{1}{2}m\overline{v_\perp^2}$	$\frac{1}{2}m\overline{v_z^2}$	$\overline{E}_{kin}^{el}$	$\overline{E}_{pot}$	E
LCAO $H_2^+ (R = R_e)$	0,60	0,18	0,78	−1,9	−1,12
LCAO mit $\eta = 1{,}25$	0,92	0,28	1,20	−2,4	−1,2
Exakte Berechnung	0,95	0,30	1,25	−2,5	−1,25
$H + H^+$ $(R = \infty)$	0,67	0,33	1,0	−2,0	−1,0

Einheiten der Ionisierungsenergie $E_{ion}(H) = 13{,}6\,eV$ des H-Atoms aufgelistet.

Um die gesamte Bindungsenergie E_B des H_2^+ zu erhalten, muss man noch die Abstoßungsenergie der beiden Protonen berücksichtigen. Es gilt dabei:

$$E_B = E_{el}(H_2^+) - E_{el}(H) + E_{pot}(p - p)\,.$$

Man beachte: Die Zahlen für die exakte Rechnung in Tab. 9.1 zeigen, dass die kinetische Energie des Elektrons erhöht ist gegenüber der im getrennten H-Atom. Die Bindung kommt also nur durch die Erniedrigung der potentiellen Energie zustande, welche die Erhöhung der kinetischen Energie überkompensiert. In der einfachen LCAO-Rechnung wird die Erniedrigung der kinetischen Energie für die Bindung verantwortlich gemacht, was sich aber als falsch herausstellt.

Man erhält für die einzelnen Schritte der LCAO-Näherung die in Tab. 9.2 angegebenen Werte für Gleichgewichtsabstand R_e (in Einheiten des Bohr'schen Radius $a_0 = 5 \cdot 10^{-11}\,m$) und die Bindungsenergie E_B in eV. In Abb. 9.11 werden die mit den verschiedenen Näherungsschritten erhaltenen Potentialkurven $E(R)$ dargestellt und mit der roten experimentellen Kurve verglichen.

Die Bindungsenergie

$$E_B(H_2^+) = E(H, 1s) - E(H_2^+, 1\sigma_g)$$

des H_2^+-Moleküls beträgt also nur etwa $1/5$ der Bindungsenergie des Elektrons im H-Atom. Dies liegt an der positiven Abstoßungsenergie zwischen den beiden Protonen, welche die Anziehungsenergie des Elektrons durch die beiden Protonen fast kompensiert.

Tabelle 9.2 Vergleich von Bindungsenergie E_B und Gleichgewichtsabstand R_e/a_0 des H_2^+ für die einzelnen Näherungen

Wellenfunktion ψ_S	E_B/eV	R_e/a_0
Einfache LCAO	1,76	2,5
LCAO mit optimalem $\eta(R)$, aber $\lambda = 0$	2,25	2,0
Berücksichtigung der Polarisation $(\eta \neq 0, \lambda \neq 0)$	2,65	2,0
Exakte Rechnung	2,79	2,0

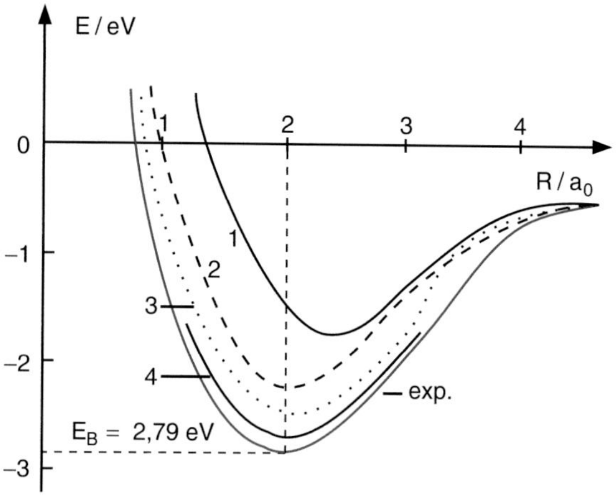

Abbildung 9.11 Vergleich der Potentialkurven $E(R)$ des H_2^+-Molekülions für die verschiedenen LCAO-Näherungen mit dem exakten Verlauf. *1*: Einfache LCAO-Näherung, *2*: LCAO mit optimiertem $\eta(R)$, *3*: Berücksichtigung der Polarisation, *4*: Rechnung von *James* und *Coolidge*

9.2 Das H_2-Molekül

Das H_2-Molekül hat zwei Elektronen, und man muss deshalb, genau wie beim He-Atom (Abschn. 6.1) die Wechselwirkung zwischen den beiden Elektronen berücksichtigen. Dies führt dazu, dass man (auch bei festgehaltenen Kernen) die Schrödingergleichung nicht mehr, wie beim H_2^+-Ion, separieren kann. Es gibt also keine exakte Lösung, und man muss auf Näherungsverfahren zurückgreifen.

Wir wollen hier die beiden wichtigsten Näherungen, die Molekülorbitalnäherung und die Valenzbindungsmethode von Heitler-London behandeln, weil sie grundsätzliche Einsichten in den physikalisch motivierten Ansatz bei der näherungsweisen Berechnung elektronischer Molekülzustände erlauben. Beide Ansätze werden sich im Endergebnis in ihrer verbesserten Form als äquivalent erweisen.

9.2.1 Molekülorbitalnäherung

Da der Grundzustand des H_2-Moleküls für $R \to \infty$ in zwei H-Atome im $1s$-Zustand dissoziiert, wählen wir als Molekülorbital genau wie beim H_2^+ die symmetrische normierte Linearkombination (9.13a)

$$\psi_s = \frac{1}{\sqrt{2+2S_{AB}}}(\phi_A + \phi_B)$$

aus den Wasserstoff $1s$-Funktionen (9.8).

Für den Fall, dass beide Elektronen des H_2-Atoms im Grundzustand des Moleküls sind, setzen wir für unsere Zweielektronen-Wellenfunktion

$$\Psi(\boldsymbol{r}_1, \boldsymbol{r}_2) = \psi_s(\boldsymbol{r}_1) \cdot \psi_s(\boldsymbol{r}_2) \tag{9.18}$$

das Produkt der beiden Molekülorbitale (9.13a) an. Dies bedeutet, dass wir den Einfluss der Wechselwirkung zwischen den beiden Elektronen auf die räumliche Verteilung des Molekülorbitals vernachlässigen.

Der Ansatz (9.18) ist symmetrisch gegen Vertauschung der beiden Elektronen. Da nach dem Pauliprinzip die Gesamtwellenfunktion antisymmetrisch ist (siehe Abschn. 6.1.4), muss der Spinanteil in dem Produktansatz

$$\begin{aligned} \Psi(\boldsymbol{r}_1, \boldsymbol{r}_2, \boldsymbol{s}_1, \boldsymbol{s}_2) &= \psi(\boldsymbol{r}_1) \cdot \psi(\boldsymbol{r}_2) \\ &\cdot \left[\chi^+(1)\chi^-(2) - \chi^+(2)\chi^-(1)\right] \end{aligned} \tag{9.19a}$$

antisymmetrisch sein, d. h. die beiden Elektronen müssen antiparallelen Spin haben. Man schreibt häufig $\chi^+ = \alpha$, $\chi^- = \beta$, wobei $\alpha(1)$ heißt: $m_s(1) = +1/2$, $\beta(1)$: $m_s(1) = -1/2$.

Mit den Abkürzungen $\phi_A(i) = a(i)$, $\phi_B(i) = b(i)$ lässt sich der räumliche Anteil in (9.19a) mit dem Ansatz (9.13a) schreiben als

$$\begin{aligned} \Psi(\boldsymbol{r}_1, \boldsymbol{r}_2) &= \frac{1}{2+2S_{AB}} \\ &\cdot \left[a(1) + b(1)\right] \cdot \left[a(2) + b(2)\right]. \end{aligned} \tag{9.19b}$$

Die Gesamtwellenfunktion (9.19a) einschließlich des Spinanteils lässt sich auch in der Form einer Slater-Determinante (siehe Abschn. 6.4.2)

$$\Psi = \begin{vmatrix} \psi_1(1)\,\alpha(1) & \psi_2(2)\,\alpha(2) \\ \psi_1(1)\,\beta(1) & \psi_2(2)\,\beta(2) \end{vmatrix} \tag{9.19c}$$

darstellen, wie man durch Ausrechnen sofort sieht.

Die Gesamtenergie der Elektronen im H_2-Molekül ist $E = \sum_i E_{\text{kin}}^{(i)} + E_{\text{pot}}$. Der Hamilton-Operator des starren H_2-Moleküls ist deshalb nach Abb. 9.12:

$$\begin{aligned} \hat{H} = &-\frac{\hbar^2}{2m}(\nabla_1^2 + \nabla_2^2) + \frac{e^2}{4\pi\varepsilon_0} \\ &\cdot \left(-\frac{1}{r_{A1}} - \frac{1}{r_{B1}} - \frac{1}{r_{A2}} - \frac{1}{r_{B2}} + \frac{1}{r_{12}} + \frac{1}{R}\right). \end{aligned} \tag{9.20}$$

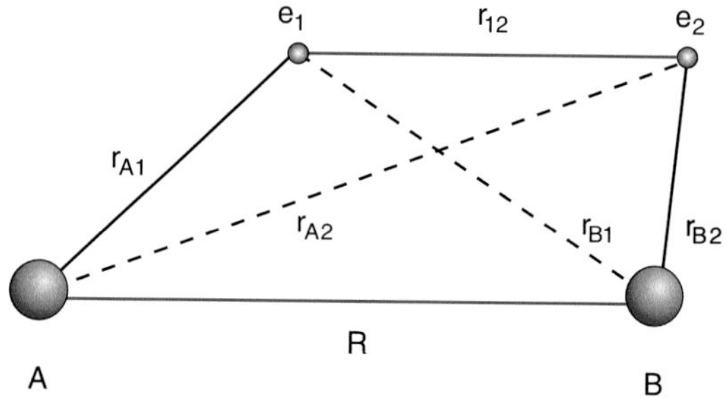

Abbildung 9.12 Das H_2-Molekül

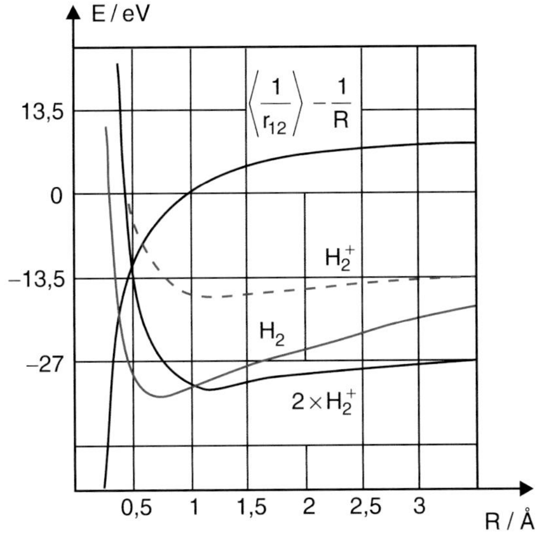

Abbildung 9.13 Vergleich der Potentialkurven des H_2^+ und H_2 und des dritten Terms in (9.22). Mit freundlicher Genehmigung von Prof. Kutzelnigg [2]

Der Anteil

$$\hat{H}_i = -\frac{\hbar^2}{2m}\nabla_i^2 + \frac{e^2}{4\pi\varepsilon_0}\left(-\frac{1}{r_{Ai}} - \frac{1}{r_{Bi}} + \frac{1}{R}\right) \quad (9.21)$$

gibt die Energie des H_2^+-Ions an, bei dem nur das i-te Elektron vorhanden ist.

Wir können daher (9.20) aufspalten in drei Anteile:

$$\hat{H} = \hat{H}_1 + \hat{H}_2 + \frac{e^2}{4\pi\varepsilon_0}\left(\frac{1}{r_{12}} - \frac{1}{R}\right). \quad (9.22)$$

Die beiden ersten Terme $\hat{H}_1$ und $\hat{H}_2$ wurden bereits im vorigen Abschnitt behandelt, da sie das H_2^+-Ion beschreiben. Der dritte Term gibt die Abstoßung der beiden Elektronen an, und die Kernabstoßung wird hier einmal abgezogen, weil sie in $\hat{H}_1$ und $\hat{H}_2$ bereits doppelt berücksichtigt wurde.

Die Energie $E(R)$ des H_2-Grundzustandes wird in dieser Näherung also dargestellt als die doppelte Energie des H_2^+-Ions plus der Elektronenabstoßung minus der Kernabstoßung. Die Kurve $E(R)$ hat ein Minimum bei $R = R_e$ (Abb. 9.13). Die Berechnung ergibt, dass in der Umgebung von R_e die beiden Anteile in der Klammer in (9.22) sich praktisch aufheben, sodass die Bindungsenergie des H_2-Moleküls in dieser einfachen Molekülorbitalnäherung etwa doppelt so groß ist wie die des H_2^+-Ions in der LCAO-Näherung (Abb. 9.11), d. h. die Bindungsenergie wird in dieser Näherung $E_B = -3{,}5$ eV.

Man beachte: Die Elektronenabstoßung wird zwar im Hamilton-Operator berücksichtigt, nicht aber in dem Molekülorbitalansatz (9.18) bei den Wellenfunktionen.

Bevor wir, ähnlich wie beim H_2^+, Verbesserungen unserer Ausgangswellenfunktion (9.19) diskutieren, wollen wir uns eine andere Betrachtungsweise des H_2-Problems ansehen, nämlich die ***Valenzbindungsnäherung***, die auf *Walter Heitler* (1904–1981) und *Fritz London* (1900–1954) zurückgeht [3].

9.2.2 Heitler-London-Näherung

Auch die Heitler-London-Näherung geht vom Molekülorbitalmodell aus. Im tiefsten Molekülorbital können zwei Elektronen mit entgegengesetztem Spin untergebracht werden. Die dazugehörige räumliche Wellenfunktion

$$\Psi_1 = c_1 \cdot \phi_A(1) \cdot \phi_B(2) \quad (9.23a)$$

gibt die Wahrscheinlichkeitsamplitude dafür an, dass Elektron 1 am Kern A ist, also durch das atomare Orbital ϕ_A beschrieben wird und gleichzeitig Elektron 2 am Ort B ist und deshalb durch ϕ_B beschrieben wird. Da die Elektronen jedoch ununterscheidbar sind, muss auch

$$\Psi_2 = c_2 \cdot \phi_A(2) \cdot \phi_B(1) \quad (9.23b)$$

eine mögliche Wellenfunktion mit gleicher Ladungsverteilung sein.

Nach dem Pauliprinzip muss jedoch der räumliche Anteil der Wellenfunktion symmetrisch oder antisymmetrisch bezüglich der Vertauschung der beiden Elektronen sein. Deshalb muss die normierte Wellenfunktion als Linearkombination mit $c = c_1 = \pm c_2$

$$\Psi_{s,a} = \Psi_1 \pm \Psi_2 = c\big(\phi_A(1) \cdot \phi_B(2) \pm \phi_A(2) \cdot \phi_B(1)\big)$$

geschrieben werden. Da ϕ_A und ϕ_B bereits normiert sind, wird nach einer zu (9.13) analogen Rechnung der Koeffizient $c = \left[2 \cdot (1 \pm S^2)\right]^{-1/2}$, sodass wir für die Heitler-London-Wellenfunktion mit $\phi_A(i) = a(i)$, $\phi_B(i) = b(i)$ erhalten:

$$\Psi_{s,a} = \frac{1}{\sqrt{2(1 \pm S_{AB}^2)}}\left[a(1) \cdot b(2) \pm a(2) \cdot b(1)\right]. \quad (9.24)$$

Man beachte: Der Unterschied zur MO-LCAO-Näherung besteht darin, dass dort ein MO-Ansatz für *ein* Elektron gemacht wurde, das sich sowohl in ϕ_A als auch in ϕ_B aufhalten kann und deshalb durch die Linearkombination (9.13a) beschrieben wird. Für die Besetzung des MO mit zwei Elektronen wird dann der Produktansatz (9.19) verwendet. Bei der Heitler-London-Näherung werden gleich *beide* Elektronen betrachtet, sodass für Ψ_1 der Produktansatz der atomaren Orbitale notwendig ist, deren Linearkombination dann durch das Pauliprinzip erzwungen wird.

9.2.3 Vergleich beider Näherungen

Wir wollen (9.24) mit der Wellenfunktion (9.19) der MO-LCAO-Näherung vergleichen:

Multipliziert man die Klammern in (9.19b) aus, so ergibt dies:

$$\Psi_s^{(MO)}(1,2) = \frac{1}{2+2S_{AB}}\left[a(1)a(2)+b(1)b(2) + a(1)b(2)+a(2)b(1)\right], \tag{9.25}$$

und man sieht, dass im Heitler-London-Ansatz (9.23) die beiden ersten Terme fehlen. Sie beschreiben die Situation, bei der beide Elektronen am Kern A bzw. beide am Kern B sind, also ein Ionenmolekül H^+-H^- bilden. Dieser Zustand, der unwahrscheinlicher ist als die Zustände $a(1)b(2)$ bzw. $a(2)b(1)$, geht in der MO-LCAO-Näherung mit gleichem (also zu großem) Gewicht ein, während er in der Heitler-London-Näherung überhaupt nicht berücksichtigt wird.

Um die Stärke der Molekülbindung für beide Näherungen zu berechnen, ordnen wir den Hamilton-Operator (9.20) um in

$$\begin{aligned}\hat{H} &= \left(-\frac{\hbar^2}{2m}\nabla_1^2 - \frac{e^2}{4\pi\varepsilon_0 r_{A1}}\right) \\ &\quad + \left(-\frac{\hbar^2}{2m}\nabla_2^2 - \frac{e^2}{4\pi\varepsilon_0 r_{B2}}\right) \\ &\quad - \frac{e^2}{4\pi\varepsilon_0}\left(\frac{1}{r_{A2}} + \frac{1}{r_{B1}} - \frac{1}{r_{12}} - \frac{1}{R}\right) \\ &= \hat{H}_A + \hat{H}_B - \hat{H}_{AB}\,. \end{aligned} \tag{9.26}$$

Anders als in (9.22), wo $\hat{H}$ als Summe der beiden Anteile zweier H_2^+-Molekülionen plus Elektronenabstoßung minus Kernabstoßung dargestellt wurde, wird hier $\hat{H}$ als Summe der beiden Anteile neutraler H-Atome minus dem Anteil H_{AB} geschrieben. Setzt man dies in die Schrödingergleichung $\hat{H}\Psi = E\Psi$ des starren H_2-Moleküls ein, so beschreiben die ersten beiden Anteile die Energie der getrennten H-Atome. Der letzte Term gibt die Bindungsenergie des H_2-Moleküls an. Nur wenn dieser Term einen Beitrag $\Delta E_B < 0$ zur Gesamtenergie $E(R)$ ergibt, entsteht ein bindender Molekülzustand. Für $\Delta E_B > 0$ wird die Potentialkurve $E(R)$ abstoßend, für $R \to \infty$ geht $\Delta E(R)$ gegen null.

Die Berechnung des Integrals

$$E(R) = \int \Psi_s^* \hat{H} \Psi_s \,\mathrm{d}\tau \tag{9.27}$$

mit der symmetrischen Wellenfunktion (9.24) der Heitler-London-Näherung ergibt eine Bindungsenergie

$$\Delta E(R = R_e) = -3{,}14\,\mathrm{eV}\,,$$

was bereits näher an dem experimentellen Wert $\Delta E_{exp} = -4{,}7\,\mathrm{eV}$ liegt als das Ergebnis der einfachen MO-LCAO-Näherung, in welcher der ionische Zustand überbetont war.

9.2.4 Verbesserungen der Näherung

Der tatsächlich vorliegende Anteil des ionischen Zustandes $a(1)a(2) + b(1)b(2)$ in der Wellenfunktion (9.25) lässt sich besser beschreiben, wenn man einen freien Parameter λ mit $0 < \lambda < 1$ einführt, sodass die Wellenfunktion (9.25) modifiziert wird zu

$$\Psi(\boldsymbol{r}_1, \boldsymbol{r}_2) = c_3\Big\{a(1)b(2) + a(2)b(1) + \lambda\left[a(1)a(2) + b(1)b(2)\right]\Big\} \tag{9.28}$$

mit der Normierungskonstante c_3.

Variiert man $\lambda(R)$ so, dass sich für jeden Kernabstand R eine minimale Gesamtenergie $E(R)$ ergibt, so erhält man eine Bindungsenergie $\Delta E(R_e) = -4{,}02\,\mathrm{eV}$, also eine merkliche Verbesserung gegenüber der einfachen MO-LCAO-Näherung.

Natürlich kann man den ionischen Anteil mit dem Wichtungsfaktor λ auch in einem verbesserten Heitler-London-Ansatz berücksichtigen und erhält dann auch statt (9.24) die Wellenfunktion (9.28).

Um den experimentellen Wert der Bindungsenergie durch solche Näherungsrechnungen zu erhalten, muss man weitere Verbesserungen des Ansatzes einführen. Genau wie beim H_2^+-Molekülion muss berücksichtigt werden, dass die Atomorbitale sich bei der Annäherung beider H-Atome verformen (also nicht mehr kugelsymmetrisch bleiben) und auch kontrahieren.

Dies ließe sich im Prinzip erreichen, indem man wie beim H_2^+ den Ansatz (9.17) verwendet. Es zeigt sich jedoch, dass man wesentlich genauere Ergebnisse erhält, wenn man einen flexibleren Ansatz mit mehr freien, optimierbaren Parametern macht. Deshalb setzen wir für das Molekülorbital (9.13a) die Linerarkombination

$$\psi = \sum_{i=1}^{N} c_i \phi_i \tag{9.29}$$

aus N atomaren Orbitalen ein, die nicht nur die $1s$-Orbitale enthält, sondern auch $2s$, $2p$, $3s$ ... Orbitale mit berücksichtigt.

In der Summe werden alle Funktionen ϕ_i berücksichtigt, welche das verformte (kontrahierte und polarisierte) $1s$-Atomorbital bei der Annäherung beider H-Atome möglichst gut wiedergeben. Als Molekülorbital für beide Elektronen kann man dann entweder das Produkt

$$\Psi(\boldsymbol{r}_1, \boldsymbol{r}_2) = \psi(1) \cdot \psi(2) \tag{9.30a}$$

ansetzen (MO-LCAO-Näherung), oder man verwendet statt (9.29) den Ansatz

$$\begin{aligned}\Psi(1,2) &= \sum_{ik} c_{ik} \cdot \phi_i(1) \cdot \phi_k(2) \quad \text{mit} \quad (\phi_i, \phi_k) = \delta_{ik} \\ &= \sum_i c_i \phi_i(1) \cdot \phi_i(2)\end{aligned} \tag{9.30b}$$

(Heitler-London-Näherung).

In beiden Fällen werden die Koeffizienten c_i so optimiert, dass die Gesamtenergie $E(R)$ für jeden Kernabstand R minimal wird. Dies lässt sich durch das Variationsprinzip

$$\frac{\partial}{\partial c_i}\left[\int \Psi^* \hat{H} \Psi \,\mathrm{d}\tau\right] = 0 \tag{9.31}$$

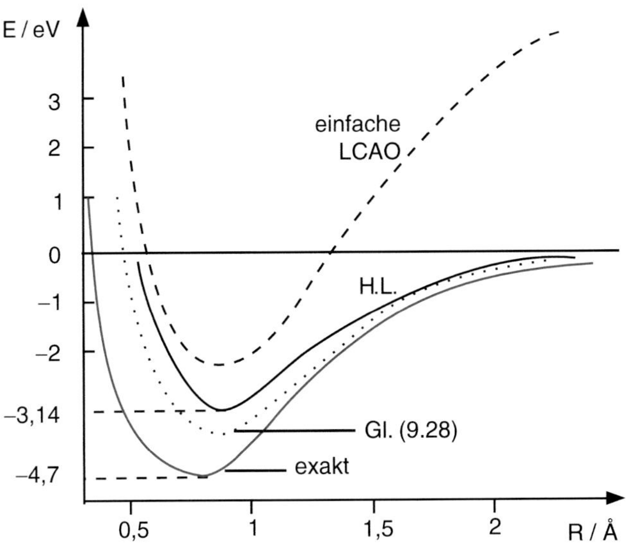

Abbildung 9.14 Potentialkurven $E(R)$ des H_2-Grundzustandes für die verschiedenen Näherungen

erreichen, das für N Koeffizienten c_i gerade N Bestimmungsgleichungen gibt.

Rechnungen mit 13 Funktionen ϕ_i ergaben eine Bindungsenergie $E_B(H_2) = -4{,}69\,\text{eV}$, die dem experimentellen Wert schon sehr nahe kommt. Die besten bisherigen Rechnungen von *Kolos* et al. [4, 5] benutzten 50 Funktionen ϕ_i in der Entwicklung (9.29) und ergeben $E_B = -4{,}7467\,\text{eV}$, was mit dem experimentellen Wert $E_B^{\text{exp}} = -4{,}747\,\text{eV}$ innerhalb der Fehlergrenze übereinstimmt.

Die Ergebnisse der verschiedenen Näherungsverfahren für das H_2-Molekül sind in Abb. 9.14 zusammengefasst.

Man sieht aus den vorangegangenen Überlegungen, dass selbst bei dem einfachsten neutralen Molekül H_2 gute Näherungsrechnungen aufwändig sind und außer schnellen Rechnern auch eine fundierte physikalische Intuition bei der optimalen Auswahl der Basisfunktionen ϕ_i in (9.29) erfordern.

9.3 Elektronische Zustände zweiatomiger Moleküle

Wir haben bisher an den einfachsten Beispielen des H_2^+- und H_2-Moleküls nur den tiefsten elektronischen Zustand (Grundzustand) betrachtet und hierbei vorausgesetzt, dass die Kerne sich nicht bewegen, sondern starr, allerdings bei beliebigem Kernabstand, festgehalten werden. Die Energie $E(R)$ gab dann die gesamte potentielle Energie des Systems von Kernen und Elektronen plus der zeitlich gemittelten kinetischen Energie der Elektronen an. $E_n(R)$ heißt *Potentialkurve*. Dieses Konzept gilt auch für größere zweiatomige Moleküle mit mehr als zwei Elektronen.

Selbst wenn die Kerne sich bewegen, ist ihre Geschwindigkeit wegen ihrer großen Masse so klein gegen die Geschwindigkeit der Elektronen, dass sich die Elektronendichteverteilung und die Elektronenenergie praktisch „momentan" auf den jeweiligen Kernabstand R einstellen, sodass man nach wie vor Potentialkurven $E(R)$ angeben kann. Diese zuerst von *M. Born* und *Oppenheimer* begründete Näherung wird im Abschn. 9.5 näher erläutert.

Durch Kombination atomarer Wellenfunktionen, welche *angeregte* Atomzustände beschreiben, lässt sich eine große Mannigfaltigkeit elektronisch angeregter Molekülzustände darstellen.

Alle Zustände von Molekülen werden durch ihre Wellenfunktion $\Psi(\boldsymbol{r})$ (Molekülorbitale) und deren Symmetrieeigenschaften charakterisiert, wobei $\boldsymbol{r}$ als Abkürzung für alle Elektronen- und Kernkoordinaten steht.

Eine Wellenfunktion Ψ und der durch sie beschriebene Molekülzustand wird *gerade* genannt, wenn Ψ bei Spiegelung aller Koordinaten am Ursprung in sich übergeht, d. h. wenn gilt:

$$\Psi_g(\boldsymbol{r}) = +\Psi_g(-\boldsymbol{r}) ,$$

während für *ungerade* Zustände gilt:

$$\Psi_u(\boldsymbol{r}) = -\Psi_u(-\boldsymbol{r}) .$$

Eine solche gerade bzw. ungerade Symmetrie kann nur bei Molekülen mit gleichen Kernen (homonukleare Moleküle) auftreten.

Als weitere Symmetrieoperation wird die Spiegelung an einer Ebene durch die Kernverbindungsachse, z. B. der y-z-Ebene, eingeführt. Ein Zustand wird als positiv bezeichnet, wenn

$$\Psi^+(x, y, z) = +\Psi^+(-x, y, z)$$

gilt und als negativ für

$$\Psi^-(x, y, z) = -\Psi^-(-x, y, z) .$$

Die $\pm$-Symmetrie tritt sowohl bei homo- als auch heteronuklearen Molekülen auf.

Natürlich muss bei Molekülen mit mehr als einem Elektron die Gesamt-Wellenfunktion antisymmetrisch gegen Vertauschung zweier Elektronen sein (siehe Abschn. 6.1.4). Dies ist keine geometrische, sondern eine Permutationssymmetrie. Wird Ψ als Produkt aus räumlicher Wellenfunktion und Spinfunktion geschrieben, wie dies im Abschn. 6.1.3 auch bei Atomzuständen mit kleiner Spin-Bahn-Aufspaltung gemacht wurde, so muss der räumliche Anteil symmetrisch gegen Elektronenvertauschung sein, wenn der Spinanteil antisymmetrisch ist. Bei Zweielektronenfunktionen, wie beim H_2, haben daher alle Singulett-Zustände symmetrische, alle Triplett-Zustände antisymmetrische Ortsanteile.

9.3.1 Molekülorbitalkonfigurationen

Um die Zustände von Molekülen mit mehreren Elektronen zu bestimmen, ordnet man die berechneten Molekülorbitale nach steigender Energie an und besetzt sie, bei Beachtung des Pauliprinzips, mit Elektronen.

Zur Charakterisierung der Molekülorbitale und damit auch der Molekülzustände werden verwendet:

- die Energie $E_n(R)$ im n-ten Zustand, der durch die Hauptquantenzahl n beschrieben wird;
- der elektronische Bahndrehimpuls $\boldsymbol{L} = \sum \boldsymbol{l}_i$ der Atomorbitale. Dies ist im Allgemeinen die Vektorsumme der Drehimpulse der Atomzustände, in die der betreffende Molekülzustand für $R \to \infty$ dissoziiert;
- seine Projektion $|L_z| = \Lambda \cdot \hbar = \hbar \cdot \sum \lambda_i$;
- der Gesamt-Elektronenspin $\boldsymbol{S} = \sum \boldsymbol{s}_i$ und seine Projektion $S_z = M_S\hbar = \hbar \sum m_{s_i}$ auf die Molekülachse.

Anmerkung zur Nomenklatur Es sei noch mal daran erinnert, dass Elektronen mit der Drehimpuls-Quantenzahl l genau wie bei Atomen für $l = 0$ als s-Elektronen, für $l = 1$ als p-Elektronen usw. bezeichnet werden. Der Drehimpuls $\boldsymbol{l}$ ist nur für die getrennten Atome definiert, also für $R = \infty$. Da für endliche Werte von R nur die Projektion des Drehimpulses auf die Kernverbindungsachse mit der Quantenzahl λ zeitlich konstant bleibt, muss der Molekülzustand zusätzlich durch diese Projektion gekennzeichnet werden, wobei jetzt griechische Buchstaben verwendet werden. Elektronen mit $\lambda = 0$ werden deshalb als σ-Elektronen bezeichnet, für $\lambda = 1$ sind es π-Elektronen und für $\lambda = 2$ δ-Elektronen, usw. Damit man sieht, aus welchen atomaren Zuständen ein Molekülzustand gebildet wird erhält er die Bezeichnung (l, λ), also für $\lambda = 0$, $l = 0$: $s\sigma$, für $l = 1$: $p\sigma$, für $\lambda = 1$, $l = 1$: $p\pi$. Bei Molekülen mit mehr als einem Elektron spielt für die Bezeichnung der Zustände die Summe aller Drehimpulse und ihre Projektion die entscheidende Rolle. Diese Zustände werden durch entsprechende große griechische Buchstaben benannt.

Die energetische Reihenfolge der Orbitale $\Psi(n, l, \lambda)$ ist: $1s\sigma$, $2s\sigma$, $2p\sigma$, $2p\pi$, $3s\sigma$, $3p\sigma$, $3p\pi$, $3d\sigma$, $3d\pi$ usw., wobei für homonukleare Moleküle jedes Orbital noch mit gerader oder ungerader Symmetrie vorkommen kann.

Man schreibt alle besetzten Orbitale in ihrer energetischen Reihenfolge mit ihren Besetzungszahlen (1 oder 2) als rechten oberen Exponenten an. So entsteht z. B. aus zwei Li-Atomen im $2s$-Grundzustand, die insgesamt 6 Elektronen haben, die Molekülorbitalkonfiguration

$$\mathrm{Li_2}(1s\sigma_\mathrm{g})^2\,(1s\sigma_\mathrm{u})^2\,(2s\sigma_\mathrm{g})^2\,.$$

Man schreibt dies oft abgekürzt als

$$\mathrm{Li_2}\big(KK(2s\sigma_\mathrm{g})^2\big)\;1\,{}^1\Sigma_\mathrm{g}\,,$$

wobei KK die zwei Elektronenpaare in der K-Schale bezeichnet, die nicht zur Bindung beitragen, da sie jeweils um ihren Kern zentriert sind.

Tabelle 9.3 Elektronenkonfigurationen der Grundzustände einiger homonuklearer Moleküle

	Konfiguration	Zustand	R/nm	E_B/eV
H_2	$(1s\sigma g)^2$ ↑↓	${}^1\Sigma_\mathrm{g}^+$	0,074	4,476
He_2^+	$(1s\sigma_\mathrm{g})^2(1s\sigma_\mathrm{u})$ ↑	${}^2\Sigma_\mathrm{u}^+$	0,108	2,6
He_2	$(1s\sigma_\mathrm{g})^2(1s\sigma_\mathrm{u})^2$ ↑↓	${}^1\Sigma_\mathrm{g}^+$	—	0
Li_2	$KK(2s\sigma_\mathrm{g})^2$ ↑↓	${}^1\Sigma_\mathrm{g}^+$	0,267	1,03
B_2	$KK(2s\sigma_\mathrm{g})^2(2s\sigma_\mathrm{u})^2$ $(2p\pi_\mathrm{u})^2$ ↑↑	${}^3\Sigma_\mathrm{g}^-$	0,159	3,6
N_2	$KK(2s\sigma_\mathrm{g})^2(2s\sigma_\mathrm{u})^2$ $(2p\pi_\mathrm{u})^4(2p\sigma_\mathrm{g})^2$ ↑↓	${}^1\Sigma_\mathrm{g}^+$	0,110	7,37
O_2	$KK(2s\sigma_\mathrm{g})^2(2s\sigma_\mathrm{u})^2$ $(2p\sigma_\mathrm{u})^2(2p\pi_\mathrm{u})^4$ $(2p\pi_\mathrm{g})^2$ ↑↑	${}^3\Sigma_\mathrm{g}^-$	0,121	5,08

In Tab. 9.3 sind die Elektronenkonfigurationen für die Grundzustände einiger homonuklearer Moleküle mit den jeweiligen Spinorientierungen „up“ und „down“ zusammengestellt.

Wie wir am Beispiel des H_2^+- und des H_2-Moleküls gesehen haben, bilden die σ_g-Orbitale *bindende* Molekülzustände, während die σ_u-Orbitale zu abstoßenden Potentialkurven führen, die man deshalb auch *antibindende* Orbitale nennt.

Beim H_2-Molekül sind beide Elektronen im bindenden $1s\sigma_\mathrm{g}$-Orbital. Ohne die Abstoßung zwischen beiden Elektronen sollte die Bindungsenergie $E_\mathrm{B}(R_\mathrm{e})$ deshalb doppelt so groß sein wie beim H_2^+. Die elektronische Abstoßungsenergie vermindert E_B etwas. Der Kernabstand R_e ist wegen der stärkeren Anziehung der Kerne durch die größere negative Ladung zwischen den Kernen kleiner.

Beim He_2^+ mit drei Elektronen muss das dritte Elektron in das nächsthöhere $1s\sigma_\mathrm{u}$-Orbital eingebaut werden, das antibindend ist. Deshalb ist die Bindungsenergie von He_2^+ kleiner als die von H_2 und der Kernabstand entsprechend größer. Beim neutralen He_2-Molekül wird die durch die zwei Elektronen im $1s\sigma_\mathrm{g}$-Orbital bewirkte Bindung praktisch kompensiert durch die beiden Elektronen im antibindenden $1s\sigma_\mathrm{u}$-Orbital. Deshalb gibt es bei Zimmertemperatur kein stabiles He_2-Molekül im Grundzustand. Genauere Rechnungen und Experimente bei tiefen Temperaturen zeigen, dass He_2 sehr schwach gebunden ist ($E_\mathrm{B} = 10^{-3}$ eV). Wird eines der beiden Elektronen im $1s\sigma_\mathrm{u}$-Orbital angeregt in ein energetisch höheres bindendes Orbital, so entsteht ein gebundenes, elektronisch angeregtes He_2^*-Molekül (siehe Abschn. 9.3.3).

Das Li_2-Molekül hat zusätzlich zu der He_2-Konfiguration zwei Elektronen im (schwächer) bindenden $2s\sigma_\mathrm{g}$-Orbital und ist deshalb stabil mit einer Bindungsenergie von etwa 1 eV.

Die Grundzustandskonfiguration des Bor-Moleküls B_2 mit zehn Elektronen ist (Abb. 9.15)

$$\mathrm{B_2}\big(KK(\sigma_\mathrm{g}2s)^2(\sigma_\mathrm{u}2s)^2(\pi_\mathrm{u}2p)^2\big)\,. \tag{9.32}$$

Aus dieser Konfiguration können die Zustände ${}^3\Sigma_\mathrm{g}^-$, ${}^1\Delta_\mathrm{g}$ und ${}^1\Sigma_\mathrm{g}^+$ entstehen, wobei ${}^3\Sigma_\mathrm{g}^-$ der tiefste Zustand ist (Hund'sche Regel, Abschn. 6.2.2) und ${}^1\Delta_\mathrm{g}$ der erste angeregte Zustand.

Tabelle 9.4 Elektronenkonfigurationen, Bindungslängen und Bindungsenergien der Grundzustände einiger heteronuklearer Moleküle

Molekül	Konfiguration	Zustand	R_e /nm	E_B/eV
LiH	$(1\sigma)^2(2\sigma)^2$	$^1\Sigma^+$	0,160	2,52
CH	$(1\sigma)^2(2\sigma)^2$ $(3\sigma)^2 1\pi$	$^2\Pi$	0,112	3,65
HF	$(1\sigma)^2(2\sigma)^2$ $(3\sigma)^2(1\pi)^4$	$^1\Sigma^+$	0,092	6,11
CO	$KK(3\sigma)^2(4\sigma)^2$ $(1\pi)^4(5\sigma)^2$	$^1\Sigma^+$	0,128	11,09
NO	$KK(3\sigma)^2(4\sigma)^2$ $(1\pi)^4(2\pi)$	$^2\Pi$	0,115	6,50

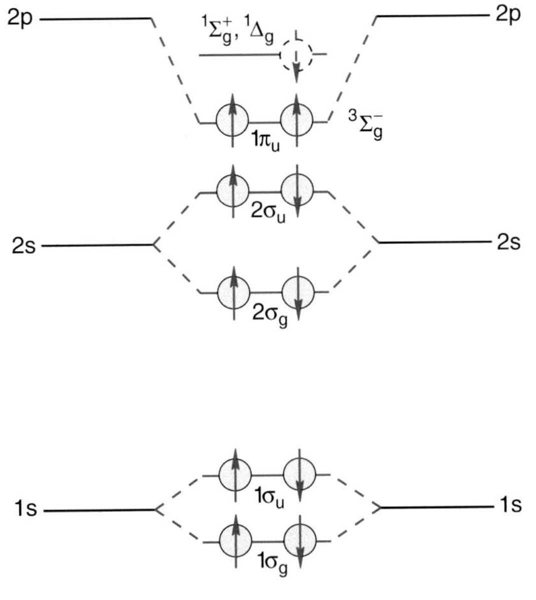

Abbildung 9.15 Grundzustandskonfiguration $^3\Sigma_g^-$ und angeregter Zustand $^1\Delta$ des Bormoleküls B_2

In Tab. 9.4 sind die Elektronenkonfigurationen einiger heteronuklearer Moleküle zusammengestellt. Hier gibt es nicht mehr die Symmetrien „gerade" oder „ungerade".

Das Molekülorbitalmodell bietet eine einfache Einsicht in die Bindungsverhältnisse von Molekülen, solange man im Auge behält, dass es eine Näherung darstellt, die feinere Details vernachlässigt.

9.3.2 Angeregte Molekülzustände

Wird eines der Elektronen aus den zum Grundzustand gehörenden Orbitalen angeregt in ein energetisch höheres unbesetztes Orbital, so entstehen elektronisch angeregte Molekülzustände, deren Energie $E_{n,l,\lambda}(R)$ genau wie beim Grundzustand vom Kernabstand abhängt. Wir erhalten im Rahmen der Born-Oppenheimer-Näherung deshalb für jeden elektronischen Zustand eine Potentialkurve $E(R)$, die für $R \to \infty$ die Dissoziation in die getrennten Atome $A + B^*$ bzw. $A^* + B$, also in ein Atom im Grundzustand und ein angeregtes Atom, beschreibt.

Anmerkung. In der Literatur hat sich für das tiefste unbesetzte Niveau die Abkürzung „lumo" (lowest unoccupied molecular orbital) eingebürgert, während das höchste besetzte Niveau „homo" heißt (highest occupied molecular orbital).

Neben diesen *einfach angeregten* Molekülzuständen gibt es auch *doppelt angeregte* Zustände, die für $R \to \infty$ in zwei angeregte Atome $A^* + B^*$ übergehen.

Wir wollen uns dies an einigen Beispielen klar machen.

In Abb. 9.16 sind die Potentialkurven $E(R)$ mehrerer angeregter Zustände des H_2^+-Molekülions dargestellt. Hier gibt es natürlich nur einfach angeregte Zustände, weil nur ein Elektron vorhanden ist. Der erste angeregte $1\sigma_u$-Zustand entsteht aus der antisymmetrischen Linearkombination (9.13b) aus zwei $1s$-Atomorbitalen. Da für beide $1s$-Atomorbitale der Drehimpuls des Elektrons $|\boldsymbol{l}| = 0$ ist, muss auch die Projektion $\lambda\hbar = |l_z| = 0$ sein, d. h. es handelt sich um einen $1\sigma_u$-Zustand, da die Linearkombination $\phi_A - \phi_B$ bei einer Spiegelung aller Koordinaten am Nullpunkt in ihr Negatives übergeht, die Wellenfunktion also ungerade sein muss. Der Zustand ist instabil und dissoziiert, genau wie der stabile Grundzustand $1\sigma_g$ in $H^+ + H$ im Grundzustand.

Atomorbitale mit der Hauptquantenzahl $n = 2$ können entweder aus s-Funktionen ($l = 0$) oder p-Funktionen ($l = 1$) der beteiligten Atome gebildet werden, wobei für $l = 1$ die Projektion des Bahndrehimpulses auf die Kernverbindungsachse $l_z = 0$ oder $\pm\hbar$ sein kann, sodass $\lambda = 0, \pm 1$ möglich ist.

Die Kombination eines $1s$-Atomorbitals mit einem $(n = 2)$-Orbital führt also zu Molekülorbitalen $\psi(n, l, \lambda) = \phi_A \pm \phi_B$

$$\psi(n,l,\lambda) = \begin{cases} 2s(\lambda = 0) \pm 1s \Rightarrow \sigma_g, \sigma_u\,, \\ 2p(\lambda = 0) \pm 1s \Rightarrow \sigma_g, \sigma_u\,, \\ 2p(\lambda = 1) \pm 1s \Rightarrow \pi_g, \pi_u\,, \end{cases}$$

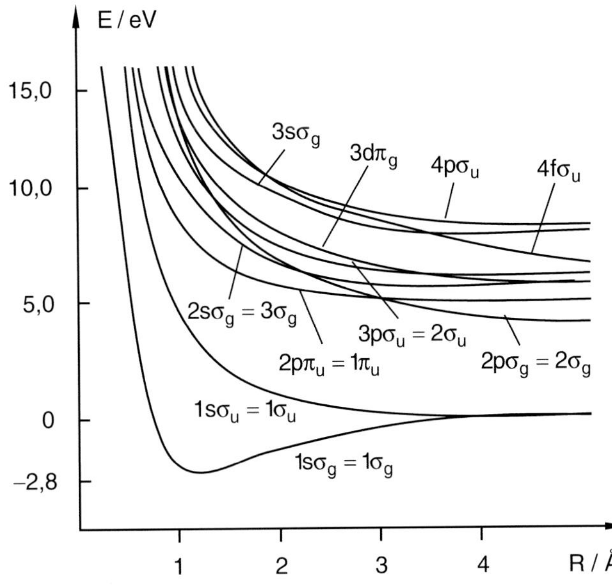

Abbildung 9.16 Potentialkurven angeregter Zustände des H_2^+-Molekülions

sodass aus der Kombination $\phi_A(1s) + \phi_B(2s, 2p)$ insgesamt je zwei σ_g- und σ_u-Molekülorbitale und je ein π_g- bzw. π_u-Orbital entstehen. Alle diese sechs Molekülorbitale dissoziieren in die (ohne Spin-Bahn-Kopplung) energetisch entarteten Atomzustände $H^+ + H^*(n = 2)$.

In der neueren molekülphysikalischen Literatur ist es üblich, die Molekülzustände für jede Symmetrie getrennt mit steigender Energie durchzunummerieren. Die in den Grundzustand $H(1s) + H^+$ dissoziierenden Zustände werden deshalb $1\sigma_g$ bzw. $1\sigma_u$ genannt. Der nächsthöhere σ_g-Zustand bekommt dann die Bezeichnung $2\sigma_g$, der tiefste π_u-Zustand heißt $1\pi_u$, auch wenn er energetisch über dem $2\sigma_g$ liegt (Abb. 9.15, 9.16 und 9.17).

Man sieht aus Abb. 9.16, dass der größte Teil aller angeregten Zustände des H_2^+-Molekülions Potentialkurven ohne Minimum hat, die mit wachsendem R monoton abfallen und deshalb *nicht*

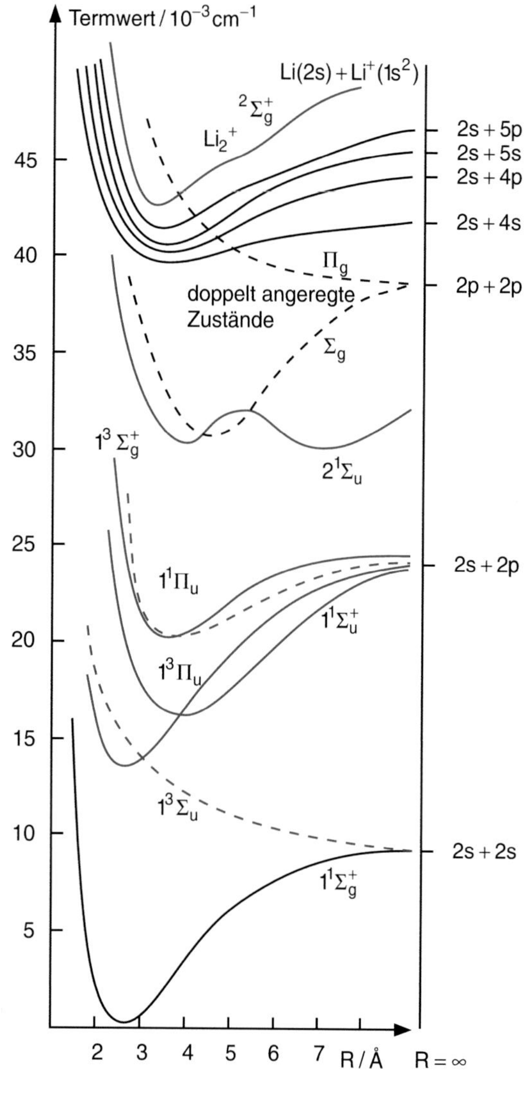

Abbildung 9.17 Potentialkurvendiagramm des Li_2-Moleküls mit einfach und doppelt angeregten Zuständen

zu stabilen Molekülzuständen führen. Dies liegt daran, dass in den angeregten Zuständen das Elektron nur noch eine kleine Aufenthaltswahrscheinlichkeit im Raum zwischen den Kernen hat und deshalb die Kernabstoßung nicht mehr kompensieren kann. Nur der $3\sigma_g$-Zustand hat ein flaches Minimum bei großem Kernabstand.

Beim H_2-Molekül entstehen alle elektronischen Zustände $\psi(n, l, \lambda)$ unterhalb der Ionisierungsenergie ebenfalls aus der Kombination von atomaren Orbitalen $\phi_A(1s) + \phi_B(n, l)$, sodass wegen $l_1 = 0 \Rightarrow \lambda_1 = 0$ für den $1s$-Zustand die Drehimpulsprojektionsquantenzahlen λ des Molekülzustands durch den (n, l)-Zustand des Atoms B bestimmt werden.

Da beim H_2 zwei Elektronen vorhanden sind, gibt es wie beim He-Atom Singulett- und Triplett-Zustände mit den Gesamtspinquantenzahlen $S = 0$ bzw. $S = 1$. Für $n \to \infty$ konvergieren die Potentialkurven des Wasserstoffmoleküls gegen die Grundzustands-Potentialkurve des H_2^+-Molekülions, die für $R \to \infty$ in $H(1s) + H^+$ dissoziiert.

In Abb. 9.17 ist eine kleine Auswahl von bindenden und abstoßenden Potentialkurven des Li_2-Moleküls gezeigt. Zustände mit der Gesamtdrehimpuls-Projektion $|l_z(1) + l_z(2)| = \Lambda\hbar$ werden für $\Lambda = 0$ Σ-Zustände genannt, für $\Lambda = 1$ Π-Zustände usw. Bei Mehrelektronen-Molekülen wird die Summe $\Lambda = \sum \lambda_i$ durch große griechische Buchstaben, die einzelnen λ_i jedes Elektrons durch kleine Buchstaben gekennzeichnet.

Bei der Bildung von Molekülen aus größeren Atomen tragen die Elektronen in den abgeschlossenen inneren Schalen kaum zur Molekülbindung bei, da sie auch bei der Molekülbildung um den Kern ihres Atoms konzentriert bleiben. Die Molekülbindung wird daher im Wesentlichen durch die ***Valenzelektronen*** in der äußeren, nicht voll gefüllten Elektronenschale der Atome bewirkt.

So ist z. B. das Potentialkurvenschema der Alkali-Dimere Li_2 (Abb. 9.17), Na_2, K_2, etc. mit je einem Elektron in der äußeren Schale der Alkaliatome sehr ähnlich dem Diagramm des H_2-Moleküls. Der Unterschied in den Absolutenergien E_n hängt zusammen mit den geringeren atomaren Anregungsenergien des Valenzelektrons. Die Verformbarkeit (Polarisation) der inneren Schalen der Atome bei der Molekülbindung trägt dagegen nur geringfügig zur chemischen Bindung bei.

9.3.3 Excimere

Edelgase können in ihren Grundzuständen, die abgeschlossenen Elektronenschalen entsprechen, keine stabilen Moleküle bilden, weil die Anregungsenergie in höhere Zustände zu groß ist. Der Energieaufwand, der nötig ist, um ein stark an seinen Kern gebundenes Elektron aus seinem Atomorbital in ein beiden Atomen gemeinsames Molekülorbital zu bringen, ist viel größer als der Energiegewinn durch die erniedrigte kinetische Energie im

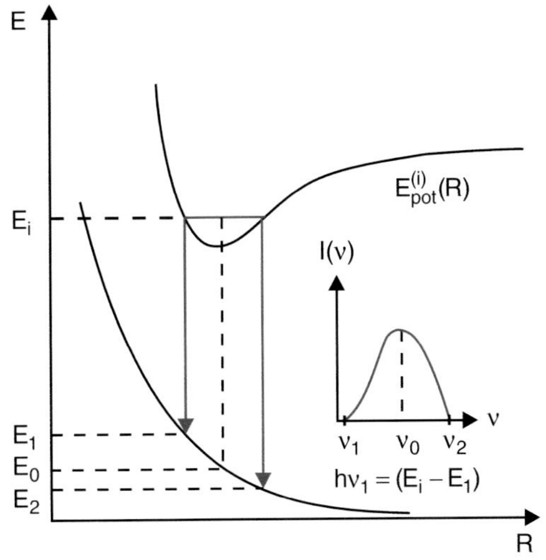

Abbildung 9.18 Excimer-Potentialschema mit kontinuierlichem Emissionsspektrum

Molekülorbital. Wird hingegen ein Edelgasatom in einen angeregten Zustand gebracht, so kann es durchaus mit anderen Atomen eine Molekülbindung eingehen.

Solche zweiatomigen Moleküle, die nur in elektronisch angeregten Zuständen Potentialkurven mit einem Minimum aufweisen, im Grundzustand jedoch ein repulsives Potential zeigen (Abb. 9.18), also instabil sind, heißen ***Excimere*** (vom Engl. „excited dimers").

Beispiele sind die angeregten Edelgasdimere He_2^*, Ar_2^*, aber auch Kombinationen von Edelgasatomen mit anderen Atomen, die eine nicht abgeschlossene äußere Elektronenschale haben, wie z. B. Edelgas-Halogen-Verbindungen ArF, KrF, XeCl.

Man kann Excimere z. B. in Gasentladungen erzeugen, wo eines der beiden Atome durch Elektronenstoß in einen angeregten elektronischen Zustand gebracht wird. Dieses angeregte Atom rekombiniert mit dem anderen Atompartner im Grundzustand, sodass sich ein Dimer im elektronisch angeregten Zustand bildet. Solche Excimere stellen ideale Kandidaten für durchstimmbare Laser dar (siehe Abschn. 8.4.4), weil bei Übergängen vom gebundenen angeregten Zustand in den repulsiven Grundzustand das untere Molekülniveau durch Dissoziation automatisch vollständig entleert wird und daher eine Besetzungsinversion bereits bei geringer Besetzung des angeregten Zustands erreicht werden kann.

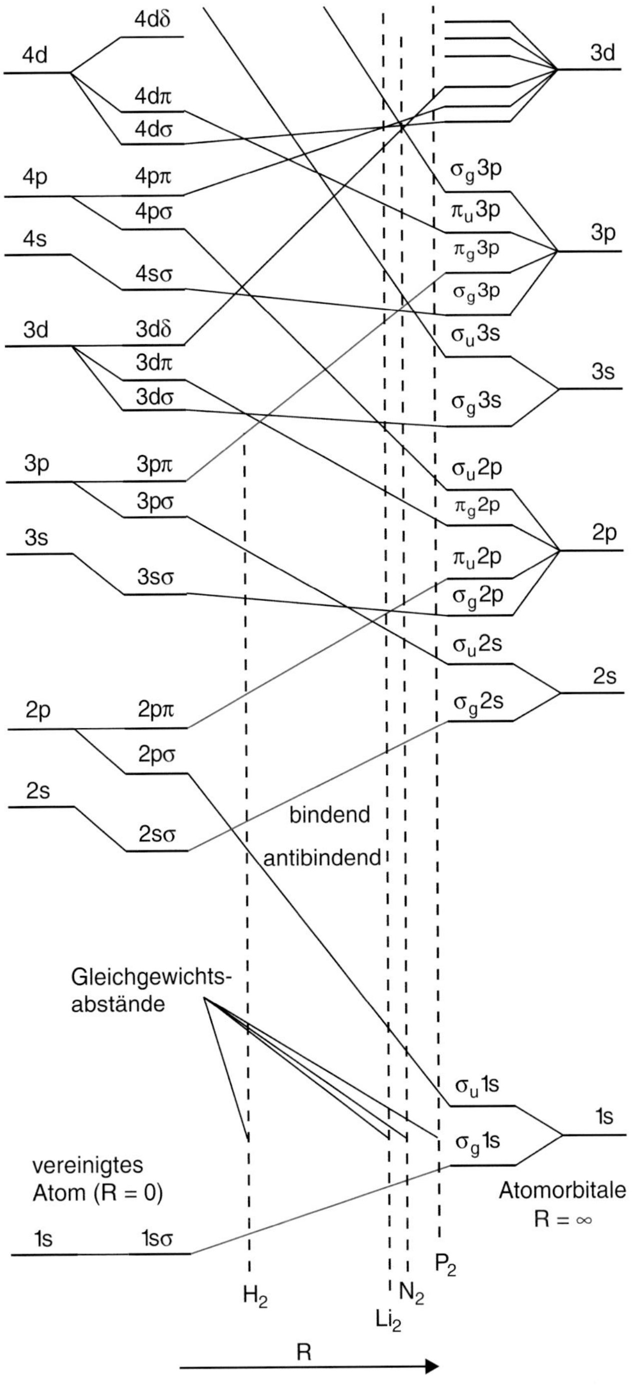

Abbildung 9.19 Korrelationsdiagramm eines homonuklearen zweiatomigen Moleküls

9.3.4 Korrelationsdiagramme

Um die Symmetrie der angeregten Molekülzustände und ihre zugehörigen Atomzustände, in welche sie für $R \to \infty$ dissoziieren, angeben zu können, haben sich Korrelationsdiagramme als nützlich erwiesen, bei denen der Verlauf der Energie $E(R)$ eines Molekülzustandes von $R = \infty$ (getrennte Atome) bis zu $R = 0$ (vereinigte Atome) verfolgt wird.

Ein solches Korrelationsdiagramm ist in Abb. 9.19 für Moleküle mit zwei gleichen Atomkernen für den Grundzustand und für einfach angeregte Zustände, bei denen nur *ein* Elektron angeregt ist, gezeigt. Für $R = 0$ erhält man die Terme des vereinigten Atoms mit der Kernladung $2Z{\cdot}e$, für $R \to \infty$ dissoziiert das Molekül in ein Atom im Zustand (n, l) und ein Atom, das immer im Grundzustand ist. Bei der Variation von R bleibt die Projektion $|L_z| = \Lambda\hbar$ des elektronischen Bahndrehimpulses für leichte Moleküle, bei denen die Spin-Bahn-Kopplung klein ist (siehe Abschn. 6.5), erhalten.

Es ist nicht immer leicht, den Verlauf der Kurven $E_n(R)$, die hier ohne die Kernabstoßung schematisch aufgezeichnet sind, eindeutig zu bestimmen, da sich aus der energetischen Reihenfolge der Atomterme $E_n(R = \infty)$ nicht unbedingt die gleiche Reihenfolge der Molekülterme ergibt (Abb. 9.19). Hier hilft eine von *Eugene Wigner* aufgestellte Symmetrieregel, die quantenmechanisch begründet werden kann [2]. Sie besagt: Kurven $E_n(R)$ gleicher Symmetrie dürfen sich nicht kreuzen. So darf z. B. die Kurve $E(R)$ für das $\sigma_u(1s)$-Orbital die des $\sigma_g(2s)$-Orbitals kreuzen, aber nicht die des $\sigma_u(2s)$- oder $\sigma_u(2p)$-Orbitals.

9.4 Die physikalischen Ursachen der Molekülbindung

In diesem Abschnitt wollen wir die Frage beantworten: „Warum und wann können sich zwei neutrale Atome zu einem stabilen Molekül verbinden?“ Wir werden dabei sehen, dass es, je nach Kernabstand, unterschiedliche physikalische Ursachen für die Molekülbindung gibt (Abb. 9.20).

9.4.1 Chemische Bindung

Wir hatten am Beispiel des H_2-Moleküls gesehen, dass für Potentialkurven, die ein Minimum beim Kernabstand R_e haben, im

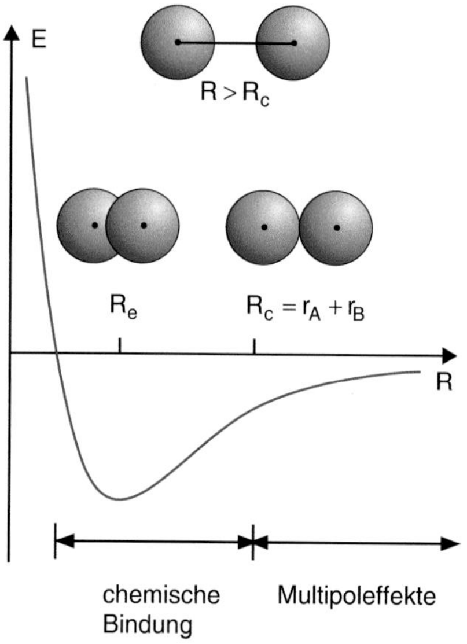

Abbildung 9.20 Bereich der chemischen Bindung für $R < r_A + r_B$ und der Multipoleffekte bei größeren Kernabständen

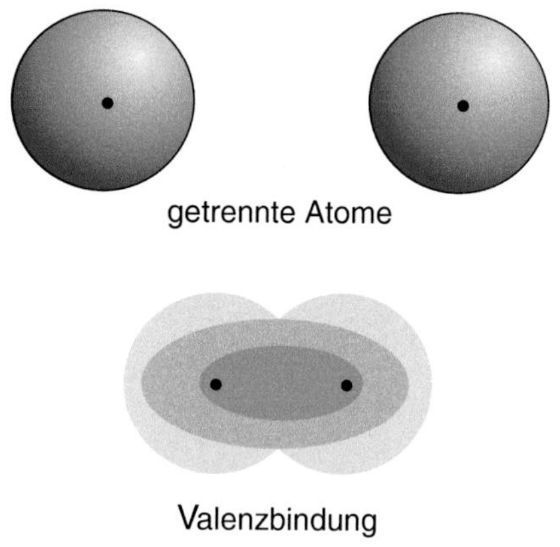

Abbildung 9.21 Valenzbindung durch Erhöhung der Elektronendichte zwischen den Kernen

Wesentlichen zwei physikalische Effekte zur Bildung eines stabilen Moleküls mit Kernabstand R_e beitragen:

- Eine räumliche Umordnung der Wahrscheinlichkeitsverteilung der atomaren Valenzelektronen. Die Elektronendichte wird größer zwischen den Atomen. Das führt zu einer gerichteten elektrostatischen Anziehung zwischen den positiven Atomrümpfen (beim H_2-Molekül sind dies die beiden Protonen) und der negativen Ladungswolke zwischen ihnen (Abb. 9.21). Dieser Effekt schlägt sich im ***Valenzbindungsmodell*** der Chemie nieder.
  Bei der chemischen Bindung teilen sich beide Atome ein oder mehrere Valenzelektronen. Dies kommt beim LCAO-Ansatz durch die Beschreibung einer Molekülwellenfunktion als Linearkombination atomarer Orbitale zum Ausdruck.
  Die im Vergleich zum Atomorbital größere räumliche Ausdehnung des Molekülorbitals *verringert* die mittlere kinetische Energie der an der Bindung beteiligten Valenzelektronen, was zum Minimum der Potentialkurve, in der ja die mittlere kinetische Energie $E_{kin}(R)$ enthalten ist, beiträgt. Dieser Beitrag zur Molekülbindung wird auch ***Austauschwechselwirkung*** genannt, weil in den Ansätzen (9.13) und (9.24) der Austausch ununterscheidbarer Elektronen berücksichtigt wird.

Beide Effekte spielen eine Rolle bei Kernabständen R, die kleiner sind als die Summe $\langle r_A\rangle + \langle r_B\rangle$ der mittleren Atomradien der Atome A und B. Bei diesen Abständen überlagern sich die Elektronenhüllen beider Atome, sodass es gemeinsame Elektronen gibt (Abb. 9.21). Bindungen, die auf diesen Effekten beruhen, heißen ***kovalent*** oder ***homöopolar***.

- Bei großen Kernabständen $R > \langle r_A\rangle + \langle r_B\rangle$, bei denen sich die Elektronenwolken der beiden Atome kaum noch überlappen, verliert die auf diesen beiden Effekten beruhende chemische Bindung ihren Einfluss. Trotzdem gibt es auch dort noch stabile Moleküle. Die Bindung bei größeren Kernabständen lässt sich ebenfalls mit quantentheoretischen Methoden berechnen. Zur physikalischen Einsicht führt jedoch bereits ein klassisches Modell, das hier kurz vorgestellt werden soll. Es beruht auf der Multipolentwicklung des elektrischen Potentials einer Ladungsverteilung $\varrho(\boldsymbol{r})$ für einen Aufpunkt P außerhalb dieser Verteilung und es beschreibt die Verformung der Elektronenhülle eines Atoms durch die Wechselwirkung mit dem anderen Atom.

9.4.2 Multipolentwicklung

Die Multipolentwicklung wurde bereits in Bd. 2, Abschn. 1.4.3 behandelt. Ihr liegt bei der Betrachtung der Molekülbindung bei großen Kernabständen folgende Überlegung zugrunde:

Durch die Anwesenheit des Atoms B wird die Ladungsverteilung des Atoms A verändert (Abb. 9.22): Sie wird polarisiert und eventuell auch kontrahiert. Dadurch ist sie nicht mehr kugelsymmetrisch und enthält höhere Multipolanteile, welche zum Potential am Ort des Atoms B beitragen.

Das Potential $\phi(\boldsymbol{R})$ einer Verteilung von Ladungen q_i an den Orten $\boldsymbol{r}_i$ lässt sich im Punkte $P(\boldsymbol{R})$ durch

$$\phi(\boldsymbol{R}) = \frac{1}{4\pi\varepsilon_0}\sum_i \frac{q_i(\boldsymbol{r}_i)}{|\boldsymbol{R}-\boldsymbol{r}_i|} \tag{9.33}$$

darstellen. Legen wir den Kern des Atoms A in den Nullpunkt unseres Koordinatensystems, so gibt $q(\boldsymbol{r}_i = \boldsymbol{0}) = +Z \cdot e$ die Kernladung und $q_i(\boldsymbol{r}_i) = -e$ die Ladung eines Elektrons am Ort $\boldsymbol{r}_i$ an (Abb. 9.23). Ist der Abstand R des Aufpunktes P groß gegen die Abstände $|\boldsymbol{r}_i|$ der Elektronen, dann können wir (9.33) in eine konvergente Taylorreihe entwickeln. Dies ergibt mit $\boldsymbol{R} = \{X, Y, Z\}$, $\boldsymbol{r}_i = \{x_i, y_i, z_i\}$

$$\begin{aligned}\phi(P) = \frac{1}{4\pi\varepsilon_0 R}\Bigg\{&\sum_i q_i \\ &+ \frac{1}{R}\left[\frac{X}{R}\sum_i q_i x_i + \frac{Y}{R}\sum_i q_i y_i + \frac{Z}{R}\sum_i q_i z_i\right] \\ &+ \frac{1}{2R^2}\left[\left(\frac{3X^2}{R^2}-1\right)\sum q_i x_i^2 + \left(\frac{3Y^2}{R^2}-1\right)\sum q_i y_i^2\right. \\ &\left.+ \left(\frac{3Z^2}{R^2}-1\right)\sum q_i z_i^2\right] + \frac{1}{R^3}\left[\cdots\right] + \cdots\cdots\Bigg\} \\ = \phi_\mathrm{M}\left(\sum q_i\right) &+ \phi_\mathrm{D}\left(\sum \boldsymbol{p}_i\right) \\ &+ \phi_\mathrm{QP}\left(\sum \widetilde{QM}_i\right).\end{aligned} \tag{9.34}$$

Der erste Term stellt den Monopolanteil dar, der bei neutralen Atomen ($\sum q_i = 0$) null wird, aber bei Ionen den Hauptanteil liefert. Der zweite Term beschreibt das Potential eines elektrischen Dipols, der gegeben ist durch die Vektorsumme der Dipolmomente der einzelnen Elektronen, bezogen auf den positiven Kern. Der dritte Term gibt den Anteil des Quadrupolmomentes, der vierte (hier nicht mehr aufgeführte) Term den des Oktupolmomentes an, usw.

Wird jetzt an den Ort P, in dem das Atom A das Potential $\phi(P)$ erzeugt, ein anderes Atom B mit der Gesamtladung q_B, dem Dipolmoment $\boldsymbol{p}_\mathrm{B}$ und dem Quadrupolmoment $\widetilde{QM}_\mathrm{B}$ gebracht, so setzt sich die potentielle Energie $E_\mathrm{pot}(R)$ der Wechselwirkung zwischen A und B aus den folgenden Termen zusammen:

$$\begin{aligned}E_\mathrm{pot}(\mathrm{A},\mathrm{B}) = E_\mathrm{pot}(q_\mathrm{B}) + E_\mathrm{pot}(\boldsymbol{p}_\mathrm{B}) \\ + E_\mathrm{pot}(\widetilde{QM}_\mathrm{B}) + \cdots,\end{aligned} \tag{9.35}$$

wobei

$$E_\mathrm{pot}(q_\mathrm{B}) = q_\mathrm{B} \cdot \phi(P), \tag{9.36a}$$

$$E_\mathrm{pot}(\boldsymbol{p}_\mathrm{B}) = +\boldsymbol{p}_\mathrm{B} \cdot \mathbf{grad}\,\phi, \tag{9.36b}$$

$$E_\mathrm{pot}\left(\widetilde{QM}_\mathrm{B}\right) = \widetilde{QM}_\mathrm{B} \cdot \mathbf{grad}\,\boldsymbol{E}_\mathrm{A}. \tag{9.36c}$$

Der Vektorgradient der elektrischen Feldstärke $\boldsymbol{E}_\mathrm{A}$ ist der Tensor

$$\mathbf{grad}\,\boldsymbol{E} = \left\{\frac{\partial \boldsymbol{E}}{\partial x}, \frac{\partial \boldsymbol{E}}{\partial y}, \frac{\partial \boldsymbol{E}}{\partial z}\right\}.$$

Daraus ergeben sich die folgenden Wechselwirkungsenergien zwischen zwei Atomen A und B:

- Zwei Ionen mit Ladungen q_A, q_B haben eine langreichweitige Wechselwirkung, die nur mit $1/R$ abfällt:

$$E_\mathrm{pot}(q_\mathrm{A}, q_\mathrm{B}, R) = \frac{1}{4\pi\varepsilon_0}\frac{q_\mathrm{A} \cdot q_\mathrm{B}}{R}. \tag{9.37}$$

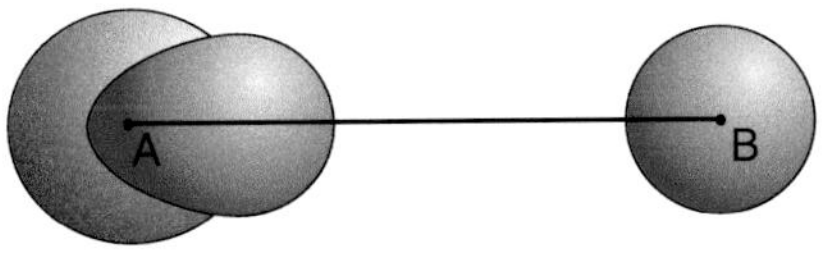

Abbildung 9.22 Veränderung der räumlichen Ladungsverteilung der Elektronenhülle des Atoms A im Potential des Atoms B

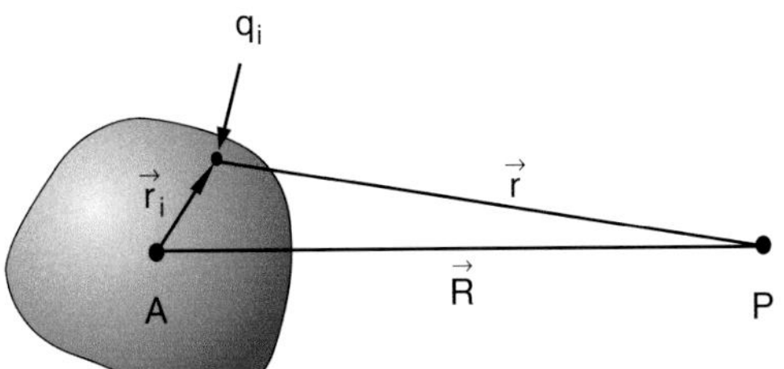

Abbildung 9.23 Zur Multipolentwicklung

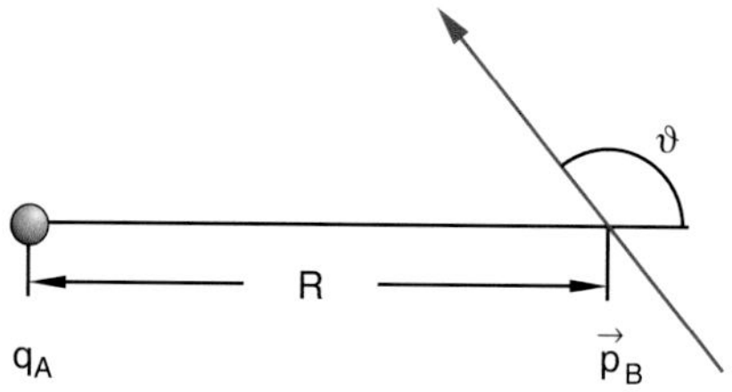

Abbildung 9.24 Wechselwirkung zwischen einer Ladung q_A und einem elektrischen Dipol $\boldsymbol{p}_B$

- Ein Ion mit Ladung q_A und ein neutrales Atom oder Molekül B mit permanentem elektrischen Dipolmoment $\boldsymbol{p}_B$, dessen Richtung den Winkel ϑ gegen die Verbindungsachse A $\to$ B hat (Abb. 9.24), erfahren die Wechselwirkungsenergie

$$E_{pot}(q_A, \boldsymbol{p}_B, R) = \frac{1}{4\pi\varepsilon_0} \frac{q_A \cdot p_B \cdot \cos\vartheta}{R^2} \,. \tag{9.38}$$

- Für zwei permanente Dipole $\boldsymbol{p}_A$ und $\boldsymbol{p}_B$, die mit der Verbindungslinie A $\to$ B die Winkel ϑ_A, ϑ_B bilden und um diese Achse die Azimutwinkel φ_A, φ_B haben (Abb. 9.25), gilt:

$$\begin{aligned} E_{pot}(\boldsymbol{p}_A, \boldsymbol{p}_B, R) &= -\boldsymbol{p}_A \cdot \boldsymbol{E}(\boldsymbol{p}_B) \\ &= -\boldsymbol{p}_B \cdot \boldsymbol{E}(\boldsymbol{p}_A) \,, \end{aligned} \tag{9.39a}$$

wobei

$$\boldsymbol{E}(\boldsymbol{p}_B) = \frac{1}{4\pi\varepsilon_0 R^3} \left(3p_B \cdot \hat{\boldsymbol{R}} \cdot \cos\vartheta_B - \boldsymbol{p}_B\right) \tag{9.39b}$$

das vom Dipol $\boldsymbol{p}_B$ erzeugte elektrische Feld ist (siehe Bd. 2, Abschn. 1.4.1) und ϑ_B der Winkel zwischen $\boldsymbol{p}_B$ und der Kernverbindungsachse (z-Achse). Bildet der Dipol $\boldsymbol{p}_A$ den Winkel ϑ_A gegen die z-Achse, so ergibt sich für die Anziehungsenergie:

$$\begin{aligned} E_{pot}(\boldsymbol{p}_A, \boldsymbol{p}_B, R) = -\boldsymbol{E}_B \cdot \boldsymbol{p}_A = -\frac{1}{4\pi\varepsilon_0 R^3} \\ \cdot \left[3p_A \cdot p_B \cdot \cos\vartheta_A \cos\vartheta_B - \boldsymbol{p}_A \cdot \boldsymbol{p}_B\right] . \end{aligned} \tag{9.40}$$

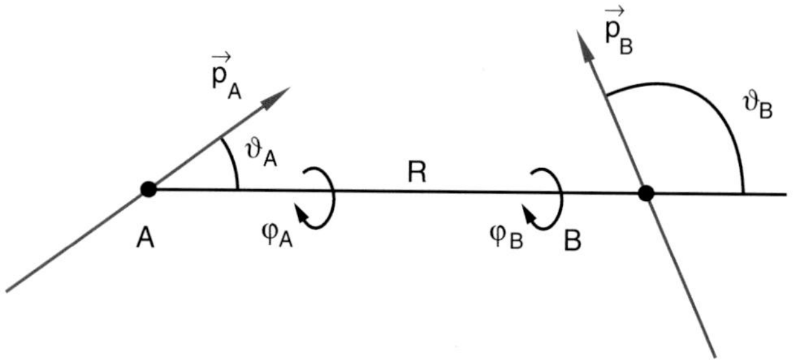

Abbildung 9.25 Zur Wechselwirkung zwischen zwei permanenten Dipolen $\boldsymbol{p}_A$ und $\boldsymbol{p}_B$

Wegen $\boldsymbol{p}_A \cdot \boldsymbol{p}_B = p_A p_B \cos(\vartheta_A - \vartheta_B)\cos(\varphi_A - \varphi_B)$ ergibt dies

$$\begin{aligned} E_{pot}(\boldsymbol{p}_A, \boldsymbol{p}_B, R) = -\frac{p_A \cdot p_B}{4\pi\varepsilon_0 R^3} \big[2\cos\vartheta_A \cos\vartheta_B \\ - \sin\vartheta_A \sin\vartheta_B \cdot \cos(\varphi_A - \varphi_B)\big] . \end{aligned}$$

Die Wechselwirkungsenergie hängt also von den Beträgen p_A und p_B beider Dipolmomente und deren relativer Orientierung ab. Sie sinkt mit $1/R^3$, ist also wesentlich kurzreichweitiger als die Coulombwechselwirkung (9.37) zwischen zwei Ladungen.

In Abb. 9.26 sind für einige spezielle Orientierungen die Wechselwirkungsenergien zwischen zwei permanenten Dipolen illustriert.

9.4.3 Induzierte Dipolmomente und van-der-Waals-Potential

Wird ein neutrales Atom B ohne permanentes Dipolmoment in ein elektrisches Feld $\boldsymbol{E}$ gebracht, so entsteht durch die entgegengesetzten Kräfte auf den positiv geladenen Atomkern und die negativ geladene Elektronenhülle ein *induziertes* Dipolmoment

$$\boldsymbol{p}_B^{ind} = +\alpha_B \cdot \boldsymbol{E} \,, \tag{9.41a}$$

dessen Größe durch die hier als skalar angenommene Polarisierbarkeit α_B und die Feldstärke $\boldsymbol{E}$ bestimmt ist (Abb. 9.27). Wird das Feld $\boldsymbol{E}$ z. B. von einem Ion mit der Ladung q_A erzeugt, so wird das induzierte Dipolmoment

$$\boldsymbol{p}_B^{ind} = \frac{\alpha_B \cdot q_A}{4\pi\varepsilon_0 R^2} \cdot \hat{\boldsymbol{R}} \,, \tag{9.41b}$$

wobei $\hat{\boldsymbol{R}}$ der Einheitsvektor in Richtung der Verbindungsachse A $\to$ B ist.

Die potentielle Energie eines neutralen Atoms B ohne permanentes Dipolmoment im elektrischen Feld $\boldsymbol{E}$ ist dann

$$E_{pot} = -\boldsymbol{p}_B^{ind} \cdot \boldsymbol{E} = -(\alpha_B \boldsymbol{E}) \cdot \boldsymbol{E} \,. \tag{9.42}$$

Wird das elektrische Feld z. B. durch ein neutrales Atom A mit permanentem Dipolmoment $\boldsymbol{p}_A$ erzeugt, so ergibt sich mit (9.39b) die potentielle Energie

$$E_{pot} = -\frac{\alpha_B \cdot p_A^2}{(4\pi\varepsilon_0 R^3)^2} \left(3\cos^2\vartheta_A + 1\right) . \tag{9.43}$$

Für die Molekülphysik ist die Wechselwirkung zwischen zwei neutralen Atomen von besonderer Bedeutung. Bei einer im zeitlichen Mittel kugelsymmetrischen Ladungsverteilung der Elektronenhülle im Atom A (Beispiel: 1s-Zustand im H-Atom) ist zwar das zeitlich gemittelte Dipolmoment $\langle \boldsymbol{p}_A \rangle$ null, aber es

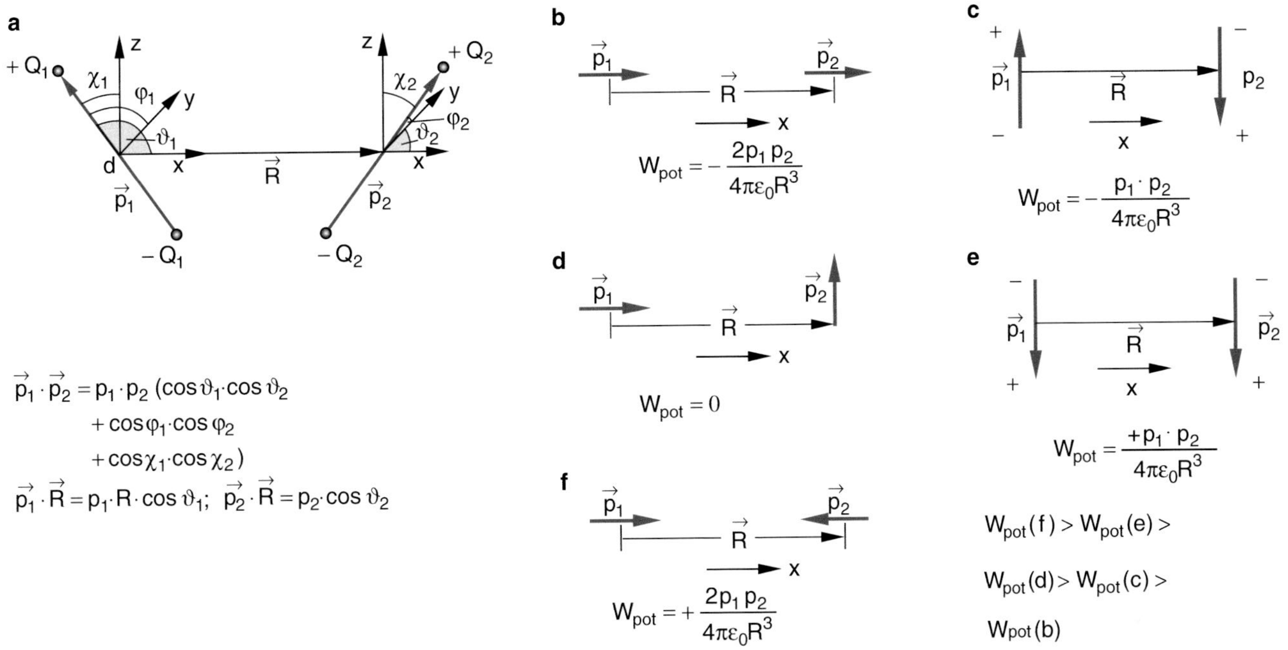

Abbildung 9.26 Wechselwirkung zwischen zwei Dipolen **a** bei beliebiger Orientierung (ϑ, φ, χ sind die Winkel zwischen Dipolmoment p und x, y, z-Achse). **b, c** Spezialfälle zweier collinearer und antiparalleler, **d** zueinander senkrechter, **e** paralleler und **f** anticollinearer Dipole

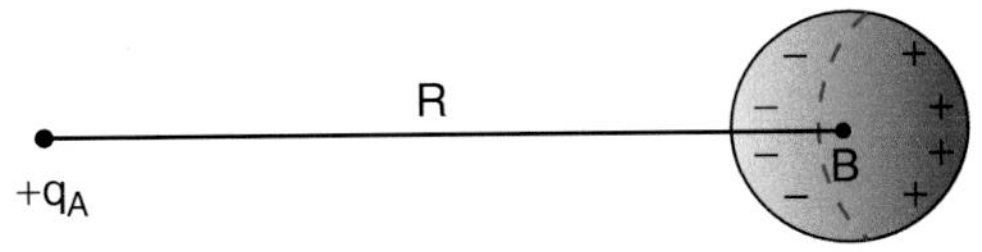

Abbildung 9.27 Zur Erzeugung eines induzierten Dipols durch Polarisierung der Elektronenhülle im elektrischen Feld

gibt immer ein *momentanes* Dipolmoment $\boldsymbol{p}_A$ (Abb. 9.28), zu dem nach (9.39b) ein momentanes Feld

$$\boldsymbol{E}_A = \frac{1}{4\pi\varepsilon_0 R^3}(3p_A \cdot \cos\vartheta_A \cdot \hat{\boldsymbol{R}} - \boldsymbol{p}_A) \tag{9.44a}$$

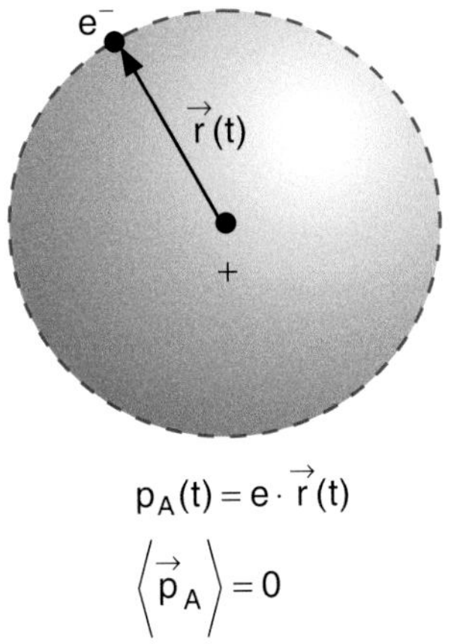

Abbildung 9.28 Momentanes elektrisches Dipolmoment einer kugelsymmetrischen 1s-Elektronenverteilung

gehört. Dieses Feld induziert im Atom B ein Dipolmoment

$$\boldsymbol{p}_B^{ind} = +\alpha_B \cdot \boldsymbol{E}_A ,$$

das wiederum am Ort des Atoms A ein Feld $\boldsymbol{E}_B$ erzeugt. Durch diese wechselseitige Beeinflussung wird die kugelsymmetrische Ladungsverteilung dauernd gestört, sodass auch im zeitlichen Mittel das Dipolmoment nicht mehr null ist, sondern $\boldsymbol{p}_A^{ind} = +\alpha_A \cdot \boldsymbol{E}_B$.

Da die beiden induzierten Dipolmomente parallel zur Verbindungsachse beider Atome zeigen, ist $\boldsymbol{p} \parallel \hat{\boldsymbol{R}}$ und $\cos\vartheta_A = 1$, sodass aus (9.44a) folgt

$$\boldsymbol{E}_A = \frac{2p_A}{4\pi\varepsilon_0 R^3}\hat{\boldsymbol{R}}, \quad \boldsymbol{E}_B = -\frac{2p_B}{4\pi\varepsilon_0 R^3}\hat{\boldsymbol{R}} . \tag{9.44b}$$

Damit wird die potentielle Wechselwirkungsenergie zwischen den beiden induzierten Dipolen

$$E_{pot}(R) = -\boldsymbol{p}_B^{ind} \cdot \boldsymbol{E}_A = -\boldsymbol{p}_A^{ind} \cdot \boldsymbol{E}_B . \tag{9.45a}$$

Wegen $\boldsymbol{p}_A = \alpha_A \boldsymbol{E}_B$ und $\boldsymbol{p}_B = \alpha_B \boldsymbol{E}_A$ gilt mit (9.44b)

$$E_{pot}(R) \propto -\boldsymbol{p}_A^{ind} \cdot \boldsymbol{p}_B^{ind} = -\alpha_A \cdot \alpha_B \cdot |\boldsymbol{E}|^2 . \tag{9.45b}$$

Dies lässt sich schreiben als das van-der-Waals-Wechselwirkungspotential

$$E_{pot}(R) = -C_1 \frac{\alpha_A \cdot \alpha_B}{R^6} = -\frac{C_2}{R^6} \tag{9.46}$$

zwischen zwei neutralen Atomen A und B mit den Polarisierbarkeiten α_A und α_B, wobei die Konstante C_2 proportional zum Produkt $\alpha_A \cdot \alpha_B$ der Polarisierbarkeiten der beiden Atome ist.

Dieses Potential ist *anziehend* (wie man aus dem negativen Vorzeichen sieht), aber sehr kurzreichweitig, da es mit $1/R^6$ abfällt. Die Polarisierbarkeiten α werden experimentell bestimmt, können aber inzwischen auch für alle Atome quantentheoretisch berechnet werden.

Anmerkung. Die quantenmechanische Behandlung der Wechselwirkung zwischen zwei induzierten Dipolen verlangt eine Störungsrechnung zweiter Ordnung.

Berücksichtigt man in der Multipolentwicklung (9.34) noch höhere Multipolmomente, so erhält man Terme im Wechselwirkungspotential, die mit R^{-8}, R^{-10}, R^{-12} usw. abfallen. Bei homonuklearen Molekülen gibt es aus Symmetriegründen keine ungeraden Potenzen von R im Wechselwirkungspotential.

Diese Multipolbetrachtung für die Molekülbindung gilt nur für genügend große Kernabstände $R > \langle r_A \rangle + \langle r_B \rangle$. Für kleinere Kernabstände muss die Überlagerung der Elektronenhüllen berücksichtigt werden, die zur oben behandelten Austauschwechselwirkung führt und quantenmechanisch berechnet werden muss.

Man kann jedoch den gesamten Teil des Potentials empirisch durch das *Lennard-Jones-Potential*

$$E_{pot}(R) = \frac{a}{R^{12}} - \frac{b}{R^6} \qquad (9.47)$$

beschreiben, bei dem a und b zwei Anpassungsparameter sind (Abb. 9.29).

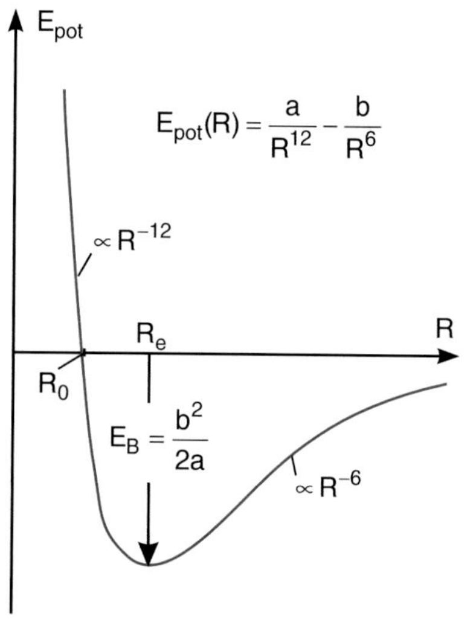

Abbildung 9.29 Lennard-Jones-Potential

Man sieht aus (9.47), dass $E_{pot}(R) = 0$ wird für $R = R_0 = (a/b)^{1/6}$. Das Potential hat ein Minimum für $dE_{pot}/dR = 0$, woraus für den Abstand R_e im Minimum folgt:

$$R_e = (2a/b)^{1/6} = R_0 \cdot 2^{1/6} .$$

Die Bindungsenergie des Moleküls AB wird damit

$$E_B = -E_{pot}(R = R_e) = \frac{b^2}{2a} .$$

Die Koeffizienten a und b werden für die verschiedenen Moleküle so angepasst, dass das Potential dem experimentell gefundenen Verlauf möglichst gut entspricht. Inzwischen kann man sie auch quantentheoretisch berechnen.

9.4.4 Allgemeine Potentialentwicklung

Das Lenard-Jones Potential gibt qualitativ den Potentialverlauf für viele zweiatomige Moleküle an. Wesentlich genauere Potentiale in der Umgebung des Potentialminimums kann man durch eine Taylorreihen-Entwicklung um $R = R_e$ erhalten, die für $|R - R_e| / R_e < 1$ konvergiert:

$$E_{pot}(R) = \sum_{n=0}^{\infty} \frac{1}{n!} \left(\frac{\partial^n E_{pot}}{\partial R^n} \right)_{R_e} \cdot (R - R_e)^n . \qquad (9.48a)$$

Wegen $(\partial^0 E/\partial R^0)_{R_e} = E_{pot}(R_e)$ und $(\partial E/\partial R)_{R_e} = 0$ ergibt dies

$$E_{pot}(R) = E_{pot}(R_e) + \frac{1}{2} \left(\frac{\partial^2 E_p}{\partial R^2} \right)_{R_e} (R - R_e)^2 + \cdots . \qquad (9.48b)$$

In der Molekülphysik wird der Energienullpunkt im Allgemeinen in das Minimum der Grundzustands-Potentialkurve gelegt, sodass dann $E_{pot}(R_e) = 0$ wird. Für $(R - R_e)/R_e \ll 1$ kann man die Glieder mit $n > 2$ vernachlässigen und erhält in der Umgebung des Potentialminimums einen parabelförmigen Potentialverlauf. Dies ist ein harmonisches Potential, in dem die Energieniveaus des harmonischen Oszillators äquidistant sind. Um ein genaueres Potential für reale Moleküle zu erhalten, muss man auch die höheren Glieder in der Taylorentwicklung (9.48a) mit berücksichtigen.

9.4.5 Bindungstypen

Je nach Molekülart und Kernabstand unterscheiden wir die folgenden Bindungstypen:

- Die kovalente (oder homöopolare) Bindung, welche durch den Austausch gemeinsamer Elektronen zwischen zwei Atomen erfolgt und die dadurch bewirkte Umordnung der Dichteverteilung der Elektronen, die zu einer Erhöhung der Elektronendichte zwischen den Kernen führt. Sie spielt nur bei Kernabständen $R < r_A + r_B$ eine Rolle.

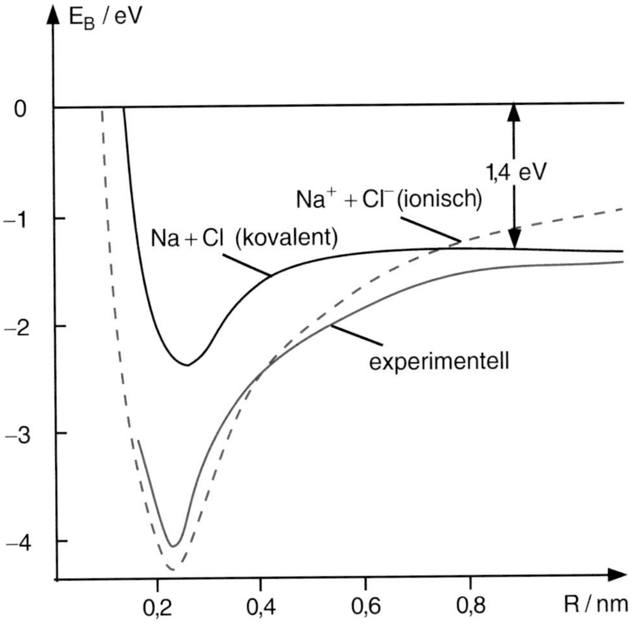

Abbildung 9.30 Zur abstandsabhängigen Bindungsart beim NaCl-Molekül

- Die ionische Bindung zwischen positiven und negativen Ionen. Sie tritt auf, wenn der Elektronenaustausch zu einer erhöhten Elektronendichte am Atom A und einer verminderten Dichte am Atom B führt (Abb. 9.30).

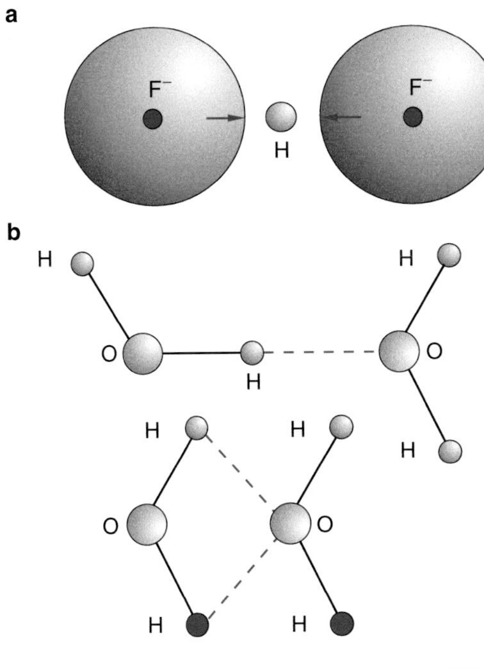

Abbildung 9.31 Wasserstoffbrückenbindung **a** im HF_2^--Molekülion, **b** im H_2O-Dimer, in dem verschiedene relative Orientierungen der H_2O-Moleküle möglich sind

Prominenteste Beispiele für ionische Bindung sind die Verbindungen von Atomen der ersten Gruppe des Periodensystems (mit einem Valenzelektron) mit denen der siebenten Gruppe (bei denen ein freier Platz in der Valenzschale vorhanden ist), z. B.

$$H + Cl \rightarrow H^+Cl^- , \quad Na + I \rightarrow Na^+I^- .$$

Die Wechselwirkungsenergie $E_{pot}(R)$ der ionischen Bindung fällt mit $1/R$ ab, ist also langreichweitig.

- Die van-der-Waals-Bindung zwischen zwei neutralen, polarisierbaren Atomen. Sie ist schwach und kurzreichweitig und fällt mit $1/R^6$ ab.
- Bei mehratomigen Molekülen tritt eine weitere Wechselwirkung auf, bei der eine Anziehung zwischen zwei Atomen durch ein H^+-Ion (also ein Proton) vermittelt wird (***Wasserstoffbrückenbindung***). Das Proton polarisiert die beiden Atome und vermittelt so eine anziehende Kraft, die zu einer Bindung führt, deren Stärke zwischen der van-der-Waals- und der ionischen Bindung liegt. Beispiele sind große organische Kohlenwasserstoffmoleküle. Auch die Bindung von zwei H_2O-Molekülen zu $(H_2O)_2$-Dimeren (Abb. 9.31) und die Struktur großer Biomoleküle wie der DNA beruhen auf einer solchen Wasserstoffbrückenbindung.

9.5 Rotation und Schwingung zweiatomiger Moleküle

Nachdem wir in den vorigen Abschnitten Näherungsverfahren zur Berechnung elektronischer Energiezustände $E_{n,l,\lambda}(R)$ des starren Moleküls als Funktion des Kernabstandes R kennen gelernt haben, wollen wir uns jetzt der vorher vernachlässigten Bewegung der Kerne, d. h. der Rotation und der Schwingung der Kerne zuwenden. Dies bedeutet, dass jetzt die kinetische Energie der Kerne in der Schrödingergleichung (9.3) berücksichtigt werden muss.

9.5.1 Born-Oppenheimer-Näherung

Wegen der wesentlich größeren Masse der Atomkerne verläuft die Kernbewegung viel langsamer als die der Elektronen. Dies bedeutet, dass sich die Elektronenhülle bei der Bewegung der Kerne praktisch momentan auf den jeweiligen Kernabstand R einstellen kann. Die Elektronenenergie $E(R)$ hängt zwar parametrisch von R ab, wird aber durch die Geschwindigkeit der Kernbewegung kaum beeinflusst. Deshalb lässt sich die Gesamtwellenfunktion $\Psi_k(\{\boldsymbol{r}_i\}, \{\boldsymbol{R}_j\})$ des Moleküls im Zustand $k = (n, L, \Lambda)$, die sowohl von den Elektronenkoordinaten $\{\boldsymbol{r}_i\}$ als auch von den Kernkoordinaten $\{\boldsymbol{R}_j\}$ abhängt, näherungsweise als Produkt

$$\Psi_k(\{\boldsymbol{r}_i\},\{\boldsymbol{R}_j\}) = \chi_k(\{\boldsymbol{R}_j\}) \cdot \Psi_k^0(\{\boldsymbol{r}_i\}, \{\boldsymbol{R}_j\}) \qquad (9.49)$$

aus der Wellenfunktion $\chi_k(\{\boldsymbol{R}_j\})$ der Kernbewegung und der elektronischen Wellenfunktion $\Psi_k^0(\{\boldsymbol{r}_i\}, \{\boldsymbol{R}_j\})$ des starren Moleküls bei der beliebigen Kernkonfiguration $\{\boldsymbol{R}_j\}$ ansetzen, bei der die $\{\boldsymbol{r}_i\}$ die Variablen sind und die $\{\boldsymbol{R}_j\}$ als Parameter betrachtet werden. Geht man mit diesem Produktansatz (9.49) in die Schrödingergleichung (9.3) ein, so erhält man (siehe Aufgabe 9.4) die Gleichung (9.4) für die elektronische Wellenfunktion des starren Moleküls und die Gleichung

$$\left[-\left(\frac{\hbar^2}{2M_A}\Delta_A + \frac{\hbar^2}{2M_B}\Delta_B\right) + E_{\text{pot}}\big(\{\boldsymbol{R}_j\}, k\big)\right] \chi_k\big(\{\boldsymbol{R}_j\}\big) = E\chi_k\big(\{\boldsymbol{R}_j\}\big) \tag{9.50}$$

für die Bewegung der Kerne im Potential

$$E_{\text{pot}}(\{\boldsymbol{R}_j\}, k) = \langle E_{\text{kin}}^{\text{el}}\rangle + \langle E_{\text{pot}}(\{\boldsymbol{r}_i\}, \{\boldsymbol{R}_j\})\rangle \tag{9.51}$$

des elektronischen Zustandes $k = (n, L, \Lambda)$, das durch die über die Elektronenbewegung gemittelte Summe aus kinetischer Energie der Elektronen und der gesamten potentiellen Energie bestimmt wird. Die Gesamtenergie des Moleküls ist dann die Summe

$$E = E_{\text{pot}}(\boldsymbol{R}_{j,k}) + E_{\text{kin}}(\boldsymbol{R})$$

aus potentieller Energie (9.51) und kinetischer Energie der Kerne.

Beim Übergang zum Schwerpunktsystem und Einführen der reduzierten Masse $M = M_A \cdot M_B/(M_A + M_B)$ für die Kerne geht (9.50) über in die Gleichung

$$\left(\frac{-\hbar^2}{2M}\nabla^2 + E_{\text{pot}}(R, k)\right)\chi_k(\boldsymbol{R}) = E \cdot \chi_k(\boldsymbol{R}) \,. \tag{9.52}$$

Die potentielle Energie $E_k^0(R)$ für die Kernbewegung im elektronischen Zustand $k = (n, L, \Lambda)$ hängt nur vom Kernabstand R, nicht von den Winkeln ϑ, φ ab und ist deshalb kugelsymmetrisch!

Gleichung (9.52) entspricht daher formal der Schrödingergleichung für das H-Atom (siehe Abschn. 4.3.2) und kann, genau wie diese, in Kugelkoordinaten separiert werden in einen Radialteil und einen winkelabhängigen Teil. Wir machen deshalb den Separationsansatz

$$\chi(R, \vartheta, \varphi) = S(R) \cdot Y(\vartheta, \varphi) \,. \tag{9.53}$$

Die Radialfunktion $S(R)$ hängt von der Form des kugelsymmetrischen Potentials ab, während die Kugelflächenfunktionen $Y(\vartheta, \varphi)$ für *alle* kugelsymmetrischen Potentiale Lösungsfunktionen sind.

Einsetzen des Produktansatzes (9.53) in (9.52) liefert, wie in Abschn. 4.3.2 gezeigt wurde, für die Radialfunktion $S(R)$ die Gleichung

$$\frac{1}{R^2}\frac{\mathrm{d}}{\mathrm{d}R}\left(R^2 \cdot \frac{\mathrm{d}S}{\mathrm{d}R}\right) + \frac{2M}{\hbar^2}\left[E - E_{\text{pot}}(R) - \frac{J(J+1)\hbar^2}{2MR^2}\right] S = 0 \tag{9.54a}$$

und für die Winkelfunktion $Y(\vartheta, \varphi)$ die bereits in Abschn. 4.4.2 behandelte Gleichung (4.96)

$$\frac{1}{\sin\vartheta}\frac{\partial}{\partial\vartheta}\left(\sin\vartheta\frac{\partial Y}{\partial\vartheta}\right) + \frac{1}{\sin^2\vartheta}\frac{\partial^2 Y}{\partial\varphi^2} + J(J+1)\,Y = 0 \,. \tag{9.54b}$$

Wir wollen uns jetzt der Behandlung der Rotation zweiatomiger Moleküle zuwenden.

9.5.2 Der starre Rotator

Ein zweiatomiges Molekül mit den Atommassen M_1 und M_2 kann um eine Achse durch den Schwerpunkt S rotieren (Abb. 9.32). Seine Rotationsenergie bei einer Winkelgeschwindigkeit ω ist dann

$$E_{\text{rot}} = \frac{1}{2} I \cdot \omega^2 = \frac{\boldsymbol{J}^2}{2I} \,, \tag{9.55}$$

wobei

$$I = M_1 R_1^2 + M_2 R_2^2 = MR^2 \quad \text{mit} \quad M = \frac{M_1 \cdot M_2}{M_1 + M_2}$$

das Trägheitsmoment des Moleküls bezüglich seiner Rotationsachse und $|\boldsymbol{J}| = I \cdot \omega$ sein Drehimpulsbetrag ist. Da das Betragsquadrat des Drehimpulses nur diskrete Werte $\boldsymbol{J}^2 = J(J+1)\hbar^2$ annehmen kann, welche durch die Quantenzahl $J = 0, 1, 2, \ldots$ charakterisiert werden, erhält man für die Rotationsenergien beim Gleichgewichtsabstand $R = R_e$

$$E_{\text{rot}} = \frac{J(J+1)\hbar^2}{2M \cdot R_e^2} \tag{9.56a}$$

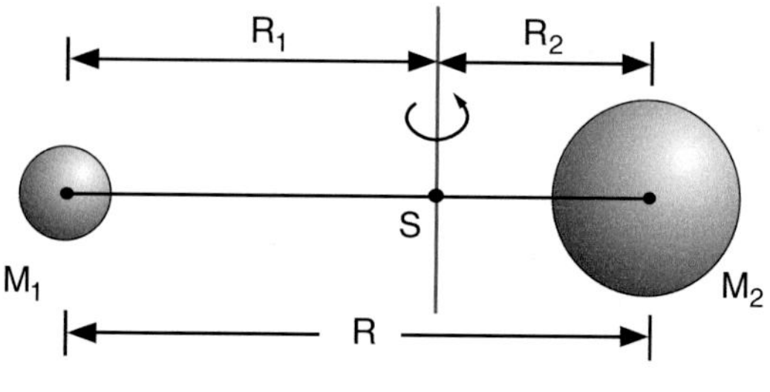

Abbildung 9.32 Zweiatomiges Molekül als starrer Rotator

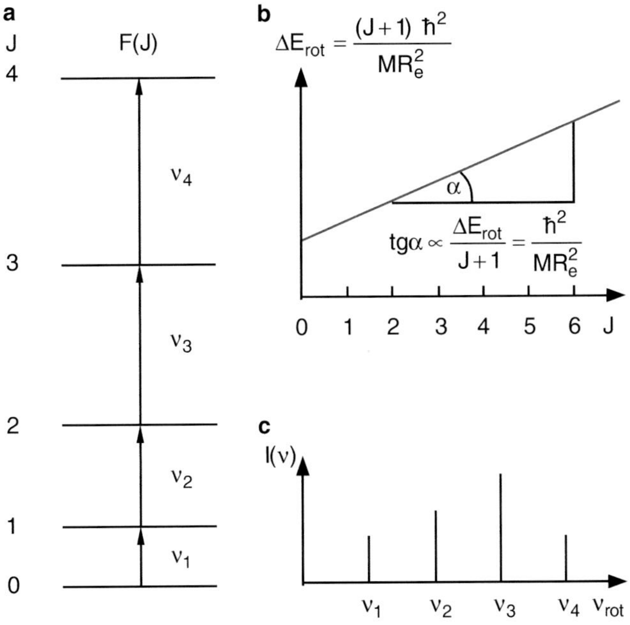

Abbildung 9.33 **a** Energieniveaus des starren Rotators und **b** Abstände benachbarter Niveaus als Funktion der Rotationsquantenzahl J. **c** Schematisches Rotationsspektrum

eine Folge diskreter Werte, deren Abstände

$$\begin{aligned}\Delta E_{\mathrm{rot}} &= E_{\mathrm{rot}}(J+1) - E_{\mathrm{rot}}(J)\\ &= (J+1)\hbar^2/I \qquad (9.56b)\end{aligned}$$

linear mit J zunehmen (Abb. 9.33).

Man erhält dieses Ergebnis auch direkt aus (9.54a): Bei konstantem Kernabstand R wird der erste Term null, und deshalb muss auch der Ausdruck in eckigen Klammern null werden. Da E die Gesamtenergie ist und folglich bei einem starren Rotator $E_{\mathrm{kin}} = E - E_{\mathrm{pot}} = E_{\mathrm{rot}}$ die kinetische Energie der Rotation ist, folgt sofort (9.56a).

In der Spektroskopie werden meist die Termwerte $F(J) = E(J)/hc$ der Energieniveaus in der Einheit cm^{-1} angegeben. Man erhält dann:

$$F_{\mathrm{rot}}(J) = \frac{J(J+1)\hbar^2}{2hcMR_e^2} = B_e J(J+1) \qquad (9.56c)$$

mit der Rotationskonstanten

$$B_e = \frac{\hbar}{(4\pi c M \cdot R_e^2)}\,, \quad [B_e] = 1\,\mathrm{cm}^{-1} = 100\,\mathrm{m}^{-1}\,, \qquad (9.57)$$

die durch reduzierte Masse M und Gleichgewichtsabstand R_e zwischen den Atomkernen bestimmt ist. Aus historischen Gründen verwendet man für B_e statt m^{-1} die Einheit cm^{-1}.

Wenn eine elektromagnetische Welle von den Molekülen absorbiert wird, so entsprechen den Übergängen zwischen Rotationsniveaus $J \to (J+1)$ Absorptionsfrequenzen

$$\nu_{\mathrm{rot}}(J) = \big(E(J+1) - E(J)\big)/h\,, \qquad (9.58a)$$

die in Wellenzahleinheiten cm^{-1} durch

$$\overline{\nu}_{\mathrm{rot}}(J) = B_e \cdot 2 \cdot (J+1) \qquad (9.58b)$$

gegeben sind. Sie liegen im Mikrowellenbereich [6].

In Abschn. 9.6.2 wird gezeigt, dass nur Moleküle mit einem permanenten Dipolmoment Strahlung auf reinen Rotationsübergängen absorbieren können.

Homonukleare zweiatomige Moleküle haben daher kein reines Rotationsspektrum.

Beispiele

1. Das H_2-Molekül hat die reduzierte Masse $M = 0{,}5\,M_H = 8{,}35 \cdot 10^{-28}\,\mathrm{kg}$ und den Gleichgewichtsabstand $R_e = 0{,}742 \cdot 10^{-10}\,\mathrm{m} \Rightarrow I = 4{,}60 \cdot 10^{-48}\,\mathrm{kg\,m^2}$. Seine Rotationsenergien sind damit

$$\begin{aligned}E_{\mathrm{rot}} &= 1{,}2 \cdot 10^{-21}\,J(J+1)\,\mathrm{Joule}\\ &\approx 7\,\mathrm{meV} \cdot J(J+1)\,,\end{aligned}$$

und die Rotationskonstante B_e ist

$$B_e = 60{,}80\,\mathrm{cm}^{-1}\,.$$

2. Für das $H^{37}Cl$-Molekül ist $M = 0{,}97\,\mathrm{AME} = 1{,}61 \cdot 10^{-27}\,\mathrm{kg}$, $R_e = 1{,}2745 \cdot 10^{-10}\,\mathrm{m} \Rightarrow$

$$\begin{aligned}E_{\mathrm{rot}} &= 2{,}1 \cdot 10^{-22}\,J(J+1)\,\mathrm{Joule}\\ &= 1{,}31\,\mathrm{meV} \cdot J(J+1)\,,\\ B_e &= 10{,}68\,\mathrm{cm}^{-1}\,.\end{aligned}$$

■

In Tab. 9.5 sind die Gleichgewichtsabstände R_e und die Rotationskonstanten B_e für einige zweiatomige Moleküle aufgelistet.

Man sieht aus der Tabelle, dass die Rotationsenergien zweiatomiger Moleküle im Bereich von $(10^{-6}\text{–}10^{-2}) \cdot J(J+1)\,\mathrm{eV}$ liegen und die Rotationsübergänge bei Wellenlängen von 10^{-5}–10^{-1} m, also im Mikrowellengebiet.

Bei einem Rotationsdrehimpuls $\boldsymbol{J} = I \cdot \boldsymbol{\omega}$ wird die Rotationsperiode

$$T = \frac{2\pi}{\omega} = \frac{2\pi \cdot I}{|J|} = \frac{2\pi \cdot \boldsymbol{I}}{\sqrt{J(J+1)}\hbar}\,.$$

Tabelle 9.5 Gleichgewichtsabstände R_e, Rotationskonstanten B_e und Schwingungskonstanten ω_e für einige zweiatomige Moleküle

Molekül	R_e/pm	B_e/cm^{-1}	ω_e/cm^{-1}
H_2	74,16	60,8	4395
Li_2	267,3	0,673	351
N_2	109,4	2,010	2359
O_2	120,7	1,446	1580
NO	115,1	1,705	1904
I_2	266,6	0,037	214
ICl	232,1	0,114	384
HCl	127,4	10,59	2990

Beispiele

1. H_2-Molekül: $I = 4{,}6 \cdot 10^{-48}\,\text{kg}\cdot\text{m}^2$

$$\Rightarrow T = \frac{2{,}7\cdot 10^{-13}}{\sqrt{J(J+1)}}\,\text{s}\,.$$

2. J_2-Molekül: $I = 7{,}9 \cdot 10^{-45}\,\text{kg}\cdot\text{m}^2$

$$\Rightarrow T = \frac{4{,}4\cdot 10^{-10}}{\sqrt{J(J+1)}}\,\text{s}\,.$$ ■

Die Zeiten für eine Rotationsperiode liegen je nach Rotationskonstante B_e zwischen 10^{-14} s und 10^{-10} s. Sie variieren mit $1/B_e$. Für $B_e = 1\,\text{cm}^{-1}$ ergibt sich $T_{rot} = 1{,}6 \cdot 10^{-11}/\sqrt{J(J+1)}$ s.

9.5.3 Zentrifugalaufweitung

Bei einem realen rotierenden Molekül stellt sich der Kernabstand so ein, dass die rücktreibende Kraft $\boldsymbol{F}_r = -(\partial E_{pot}/\partial R)\,\hat{\boldsymbol{R}}$ durch das Potential $E_{pot}(R)$ gleich der Zentripetalkraft $\boldsymbol{F}_z = -M\omega^2 \cdot \boldsymbol{R}$ wird (Abb. 9.34).

In der Nähe des Gleichgewichtsabstandes $R = R_e$ kann das Potential in guter Näherung durch das Parabelpotential (9.48b) wiedergegeben werden, das zu einer linearen Rückstellkraft

$$\boldsymbol{F}_r = -k\cdot(R-R_e)\cdot\hat{\boldsymbol{R}} \tag{9.59}$$

führt. Aus der Relation $\boldsymbol{J}^2 = I^2\omega^2 = M^2R^4\omega^2$ folgt:

$$M\omega^2\cdot R = \frac{J(J+1)\hbar^2}{MR^3} \stackrel{!}{=} k\cdot(R-R_e)$$
$$\Rightarrow R - R_e = \frac{J(J+1)\hbar^2}{M\cdot k\cdot R^3}\,, \tag{9.60}$$

d. h. der Kernabstand wird durch die Rotation des Moleküls aufgeweitet. Dadurch tritt, zusätzlich zur kinetischen Energie des

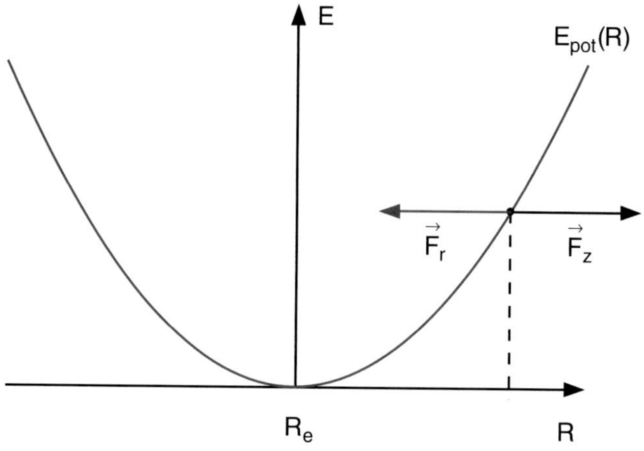

Abbildung 9.34 Zur Zentrifugalaufweitung

starren Rotators, noch die potentielle Energie $1/2\,k(R-R_e)^2$ auf, so dass die Gesamtenergie der Rotation

$$E_{rot} = \frac{J(J+1)\hbar^2}{2MR^2} + \frac{1}{2}k(R-R_e)^2 \tag{9.61}$$

wird. Ersetzt man mithilfe von (9.60) R durch R_e, so ergibt dies:

$$R = R_e\left(1 + \frac{J(J+1)\hbar^2}{M\cdot k\cdot R_e\cdot R^3}\right) = R_e(1+x)$$

mit $x \ll 1$. Dies lässt sich in die Reihe

$$\frac{1}{R^2} = \frac{1}{R_e^2}\left[1 - \frac{2J(J+1)\hbar^2}{M\cdot k\cdot R_e^4} + \frac{3J^2(J+1)^2\hbar^4}{M^2\cdot k^2\cdot R_e^8} \mp \cdots\right]$$

entwickeln, und man erhält damit für die gesamte Rotationsenergie (9.61)

$$E_{rot} = \frac{J(J+1)\hbar^2}{2MR_e^2} - \frac{J^2(J+1)^2\hbar^4}{2M^2kR_e^6} + \frac{3J^3(J+1)^3\hbar^6}{2M^3k^2R_e^{10}} \pm \cdots\,. \tag{9.62a}$$

Durch die Zentrifugalaufweitung wird das Trägheitsmoment größer und daher die Rotationsenergie bei gleichem Drehimpuls kleiner.

Die entsprechenden Termwerte $F(J) = E_{rot}/(hc)$ sind dann

$$F_{rot}(J) = B_e\cdot J(J+1) - D_eJ^2(J+1)^2 + H_eJ^3(J+1)^3 \pm \cdots \tag{9.62b}$$

mit den Rotationskonstanten

$$B_e = \frac{\hbar}{4\pi c M R_e^2},$$
$$D_e = \frac{\hbar^3}{4\pi c k M^2 R_e^6},$$
$$H_e = \frac{3\hbar^5}{4\pi c k^2 M^3 R_e^{10}}. \quad (9.62c)$$

Die heutzutage in der Molekülspektroskopie erreichte Genauigkeit ist so groß, dass bei höheren Rotationsquantenzahlen J auch der dritte Term in (9.62b) durchaus noch berücksichtigt werden muss.

9.5.4 Der Einfluss der Elektronenbewegung

Bisher haben wir bei der Betrachtung der Molekülrotation noch nicht den Drehimpuls der Elektronen berücksichtigt. Im axialsymmetrischen elektrostatischen Feld der beiden Atome präzediert der vom Kernabstand R abhängige Bahndrehimpuls $\boldsymbol{L} = \sum \boldsymbol{l}_i$ der Elektronenhülle um die Kernverbindungsachse (z-Achse) mit der konstanten Projektion

$$\langle L_z \rangle = \Lambda \hbar .$$

Dies gilt für Moleküle in Singulett-Zuständen mit dem Gesamtelektronenspin $S = 0$. In Zuständen mit $S \neq 0$ präzediert bei leichten Molekülen, bei denen die Spin-Bahn-Kopplung schwächer ist als die Kopplung des Spins an das durch die Präzession der Elektronenhülle bewirkte axiale magnetische Feld, der Gesamtspin $\boldsymbol{S}$ getrennt um die z-Achse mit einer Projektion $\langle S_z \rangle = M_S \cdot \hbar$. Beide Projektionen addieren sich zu der Gesamtprojektion

$$\Omega = \Lambda + M_S .$$

Für $S = 0$ wird $\Omega = \Lambda$.

Der Gesamtdrehimpuls $\boldsymbol{J}$ des rotierenden Moleküls setzt sich nun zusammen aus dem Drehimpuls $\boldsymbol{N}$ der Rotation des Kerngerüstes und der Projektion $L_z = \Lambda\hbar$ (Abb. 9.35) bzw. $L_z + S_z = \Omega \cdot \hbar$ und steht für $\Omega \neq 0$ nicht mehr senkrecht auf der Molekülachse!

Da der Gesamtdrehimpuls $\boldsymbol{J}$ eines freien Moleküls ohne äußere Felder zeitlich konstant ist, dreht sich das Molekül um die raumfeste Richtung von $\boldsymbol{J}$, also für $\Lambda \neq 0$ nicht mehr um eine Achse senkrecht zur z-Achse.

Wenn man die gesamte Elektronenhülle als starres Gebilde ansieht, das sich um die z-Achse dreht, dann lässt sich das rotierende Molekül durch das Modell eines symmetrischen Kreisels

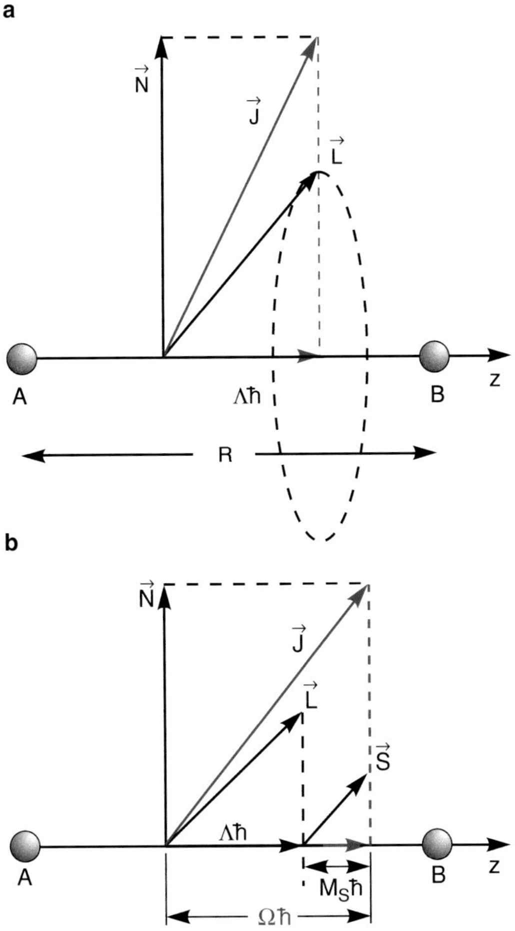

Abbildung 9.35 Drehimpulse des rotierenden Moleküls bei Berücksichtigung der Elektronenbewegung **a** mit Elektronenspin $S = 0$, **b** mit $S \neq 0$

beschreiben (siehe Bd. 1, Abschn. 5.7), der zwei verschiedene Trägheitsmomente hat: Das Trägheitsmoment I_1 der Elektronenhülle um die z-Achse und das Trägheitsmoment I_2 der Kerne und der Elektronenhülle um eine Achse senkrecht zur z-Achse. Wegen der kleinen Elektronenmasse ist $I_1 \ll I_2$.

Die Rotationsenergie dieses symmetrischen Kreisels ist

$$E_{rot} = \frac{J_x^2}{2I_x} + \frac{J_y^2}{2I_y} + \frac{J_z^2}{2I_z}. \quad (9.63)$$

Man entnimmt Abb. 9.35 die Relationen

$$J_z^2 = \Omega^2\hbar^2,$$
$$J_x^2 + J_y^2 = N^2\hbar^2 = \boldsymbol{J}^2 - J_z^2$$
$$= \left[J(J+1) - \Omega^2\right]\hbar^2 . \quad (9.64)$$

Für die Termwerte $F(J)$ erhält man dann mit der Rotationskonstante

$$A = \frac{\hbar}{4\pi c I_1} \gg B_e = \frac{\hbar}{4\pi c I_2}$$

Kapitel 9

anstelle von (9.56c) den Ausdruck

$$F(J, \Omega) = B_e \left[J(J+1) - \Omega^2\right] + A \cdot \Omega^2 . \quad (9.65)$$

Der Term $A \cdot \Omega^2$, der nicht von der Rotation des Moleküls abhängt, wird gewöhnlich zur elektronischen Energie T_e gerechnet, weil er für einen vorgegebenen elektronischen Zustand konstant ist.

Da die Grundzustände der meisten zweiatomigen Moleküle $^1\Sigma$-Zustände sind, ist für sie $\Lambda = \Omega = 0$, und (9.65) geht dann wieder in (9.56c) bzw. (9.62) über.

9.5.5 Schwingung zweiatomiger Moleküle

Für ein nichtrotierendes Molekül wird in (9.54a) die Rotationsquantenzahl $J = 0$. Die Schwingungswellenfunktionen $S(R)$ als Lösungen von (9.54a) ohne Zentrifugalterm hängen dann nur noch von der Form der potentiellen Energie $E_{pot}(R)$ ab. Für ein Parabelpotential ergibt sich die bereits in Abschn. 4.2.5 behandelte Gleichung des harmonischen Oszillators.

Die Energieeigenwerte des harmonischen Oszillators

$$E(v) = \left(v + \frac{1}{2}\right)\hbar\omega \quad (9.66)$$

haben gleiche Abstände $\Delta E = \hbar\omega$, und die Frequenz $\omega = \sqrt{k/M}$ hängt von der Konstante k im Parabelpotential (9.48b) und von der reduzierten Masse M der beiden schwingenden Atome ab.

Die Lösungsfunktionen

$$S(R) = \psi_{vib}(R, v) = e^{\pi M \omega R^2/h} \cdot H_v(R) \quad (9.67)$$

sind für einige Werte der Schwingungsquantenzahl v in Abb. 4.20 gezeigt. $H_v(R)$ sind die Hermite'schen Polynome.

Obwohl das reale Molekülpotential $E_{pot}(R)$ in der Nähe des Minimums $R = R_e$ gut durch ein Parabelpotential angenähert werden kann, weicht es doch für höhere Energien erheblich von ihm ab. Dies sieht man z. B. schon daran, dass das reale Potential für $R \to \infty$ gegen die Dissoziationsenergie E_D konvergieren muss, während das Parabelpotential für $R \to \infty$ gegen $E = \infty$ strebt.

Man muss daher bessere angenäherte Potentiale zur Berechnung der Schwingungsenergien verwenden. Ein solches Potential, welches den Potentialverlauf im anziehenden Teil für $R > R_e$ sehr gut annähert, ist das von *Morse* angegebene Potential

$$E_{pot}(R) = E_D \cdot \left[1 - e^{-a(R-R_e)}\right]^2 , \quad (9.68)$$

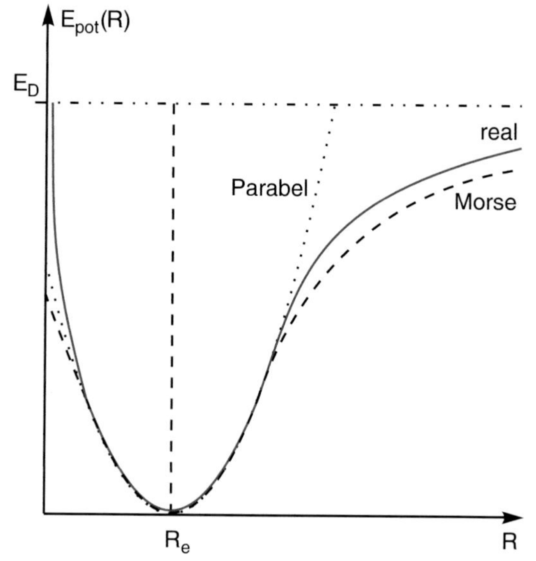

Abbildung 9.36 Vergleich von Parabelpotential, Morsepotential und realem Potential für den Grundzustand des Na_2-Moleküls

das für $R \to \infty$ gegen die Dissoziationsenergie E_D konvergiert und sein Minimum $E_{pot}(R_e) = 0$ für $R = R_e$ annimmt. Der abstoßende Teil des Potentials für $R \ll R_e$ wird nicht so gut beschrieben, da nach (9.68) $E_{pot}(R \to 0)$ gegen den endlichen Wert $E_{pot}(0) = E_D(1 - e^{aR_e})^2 < E_D$ konvergiert, während das reale Potential wegen der Kernabstoßung für $R \to 0$ gegen ∞ gehen sollte. In Abb. 9.36 sind das Parabelpotential, das Morsepotential und das reale Molekülpotential schematisch miteinander verglichen.

Das Morsepotential (9.68) hat den großen Vorzug, dass es eine exakte Lösung der Schrödingergleichung (9.54a) erlaubt. Für die Energie $E(v)$ der Schwingungsniveaus erhält man (siehe Aufgabe 9.5)

$$E_{vib}(v) = \hbar\omega\left(v + \frac{1}{2}\right) - \frac{\hbar^2\omega^2}{4E_D}\left(v + \frac{1}{2}\right)^2 . \quad (9.69)$$

Die Abstände

$$\Delta E(v) = E(v+1) - E(v) = \hbar\omega\left[1 - \frac{\hbar\omega}{2E_D}(v+1)\right]$$

benachbarter Schwingungsniveaus sind nicht mehr konstant wie beim harmonischen Oszillator, sondern nehmen, wie auch experimentell beobachtet wird, mit wachsender Schwingungsquantenzahl v ab. Die Frequenz ω des harmonischen Oszillators ergibt sich aus (9.68) für $a \cdot (R - R_e) \ll 1$ und der Rückstellkraft $\boldsymbol{F} = -\partial E_{pot}/\partial R = k \cdot (R - R_e)$ zu

$$\omega = a\sqrt{2E_D/M} .$$

Sie hängt von der Dissoziationsenergie E_D ab und entspricht der Frequenz eines klassischen Oszillators mit der Rückstell-

Kapitel 9

konstanten $k_r = 2a^2 E_D$. Aus der Messung von ω und E_D kann daher die Konstante a im Morsepotential (9.68) ermittelt werden.

Mit dem allgemeinen Potenzreihenansatz (9.48a)

$$E_{pot}(R) = \sum_n \frac{1}{n!} \left(\frac{\partial^n E_{pot}}{\partial R^n} \right)_{R_e} (R - R_e)^n$$

für die potentielle Energie kann die Schrödingergleichung nur noch numerisch gelöst werden. Wir werden aber später sehen, dass das reale Molekülpotential aus den gemessenen Termwerten $T(v, J)$ der Schwingungs-Rotations-Niveaus sehr genau berechnet werden kann.

Man beachte: Obwohl der Abstand zwischen benachbarten Schwingungsniveaus mit zunehmender Energie immer kleiner wird, bleibt er bis zu Dissoziationsenergie endlich. Dies bedeutet, dass es für alle zweiatomigen Moleküle nur eine *endliche* Zahl von Schwingungsniveaus gibt, im Gegensatz zur unendlichen Zahl elektronischer Zustände des H-Atoms, deren Abstand nach (3.106) für $n \to \infty$, d. h. $E(n) \to E_{ion}$ gegen null geht.

Die experimentell ermittelte Dissoziationsenergie E_D^{exp} ist die Energie, die man aufwenden muss, um das Molekül vom tiefsten Schwingungszustand $v = 0$ (dies ist wegen der Nullpunktsenergie *nicht* $E = 0$) zu dissoziieren. Es gilt deshalb:

$$E_D^{exp} = E_D - \frac{1}{2}\hbar\omega \, .$$

9.5.6 Schwingungs-Rotations-Wechselwirkung

Wir wollen jetzt berücksichtigen, dass Moleküle im Allgemeinen sowohl rotieren als auch gleichzeitig schwingen. Da die Schwingungsfrequenz um ein bis zwei Größenordnungen höher ist als die Rotationsfrequenz, durchläuft ein Molekül während einer Rotationsperiode viele Schwingungen (typischerweise 10–100). Dies bedeutet, dass sich der Kernabstand R während der Rotation dauernd ändert (Abb. 9.37).

Beispiel

Beim H_2-Molekül ist $\omega_0 \approx 1{,}3 \cdot 10^{14}\,s^{-1}$, und deshalb die Schwingungsperiode $T_{vib} = 4{,}8 \cdot 10^{-14}\,s$, während $T_{rot} = 2{,}7 \cdot 10^{-13}/\sqrt{J(J+1)}\,s$ ist.

Beim Na_2-Molekül ist $\omega_0 = 4{,}5 \cdot 10^{12}\,s^{-1} \Rightarrow T_{vib} = 1{,}4 \cdot 10^{-12}\,s$, $T_{rot} = 1{,}1 \cdot 10^{-10}/\sqrt{J(J+1)}\,s$.

Man sieht daraus, dass ein Molekül je nach Rotationsquantenzahl J zwischen 5 und 100 Schwingungen während einer Rotationsperiode ausführt. ■

Da der Drehimpuls $\boldsymbol{J} = I \cdot \boldsymbol{\omega}$ eines freien Moleküls zeitlich konstant ist, sich das Trägheitsmoment $I = MR^2$ aber auf Grund der Schwingung periodisch ändert, schwankt die Rotationsfrequenz

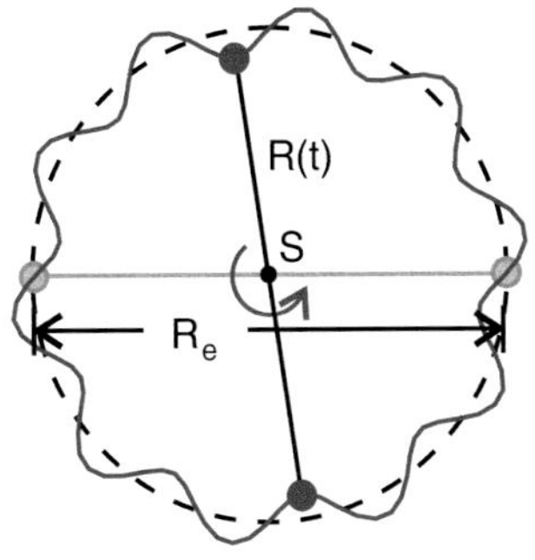

Abbildung 9.37 Schwingender Rotator

ω_{rot} im Takte der Schwingungsfrequenz ω_{vib}. Deshalb variiert auch die Rotationsenergie $E_{rot} = J(J+1)\hbar^2/(2MR^2)$ entsprechend mit R.

Da die Gesamtenergie $E = E_{rot} + E_{vib} + E_{pot}$ natürlich konstant bleiben muss, findet im schwingenden Rotator ein ständiger Energieaustausch zwischen Rotation, Schwingung und potentieller Energie statt (Abb. 9.38).

Wenn man von der Rotationsenergie eines Moleküls spricht, meint man den zeitlichen Mittelwert, gemittelt über viele Schwingungsperioden.

Da $|\psi_{vib}(R)|^2\,dR$ die Aufenthaltswahrscheinlichkeit der Kerne im Intervall dR bei einem Kernabstand R angibt, kann die mitt-

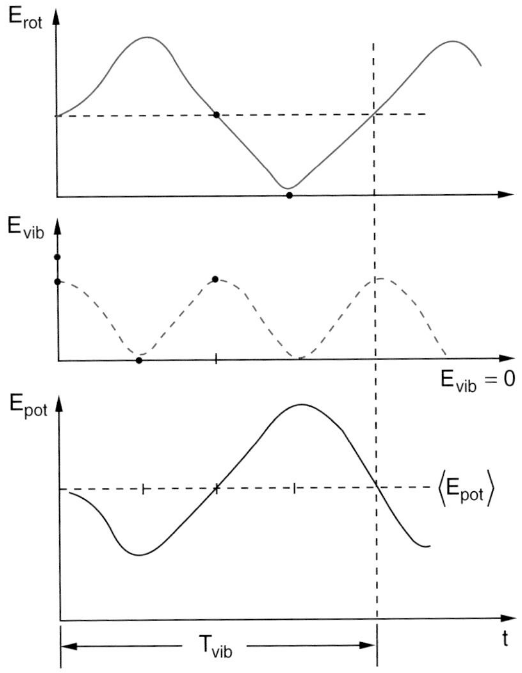

Abbildung 9.38 Zeitlicher Verlauf von Rotationsenergie sowie kinetischer und potentieller Energie der Schwingung während einer Schwingungsperiode

lere Rotationsenergie

$$\langle E_{\text{rot}} \rangle = \frac{J(J+1)\hbar^2}{2M} \int \psi_{\text{vib}}^* \frac{1}{R^2} \psi_{\text{vib}} \, \mathrm{d}R \tag{9.70}$$

mithilfe des quantenmechanischen Erwartungswertes von $1/R^2$ bestimmt werden.

Um die Rotationsterme $F_{\text{rot}}(J) = E_{\text{rot}}(J)/hc$ wie in (9.56c) durch eine Rotationskonstante ausdrücken zu können, definiert man analog zu (9.57) eine von der Schwingungsquantenzahl v abhängige Rotationskonstante

$$B_v = \frac{\hbar}{4\pi c \cdot M} \int_0^\infty \psi_{\text{vib}}^*(v, R) \frac{1}{R^2} \psi_{\text{vib}}(v, R) \, \mathrm{d}R \,. \tag{9.71}$$

Die Schwingungsfunktionen $\psi_{\text{vib}}(v, R)$ und damit auch die Rotationskonstante B_v hängen von der Schwingungsquantenzahl v und vom Molekülpotential ab. Für ein Morsepotential erhält man

$$B_v = B_e - \alpha_e \left(v + \frac{1}{2} \right) ,$$

wobei $\alpha_e \ll B_e$ gilt. Analog kann man die vom Schwingungsniveau abhängende Zentrifugalaufweitungskonstante $D(v)$ schreiben als

$$D_v = D_e - \beta_e \left(v + \frac{1}{2} \right) \quad \text{mit} \quad \beta_e \ll D_e \,.$$

Um die Termwerte $T(v, J)$ im realen Molekülpotential genauer durch Molekülkonstanten darzustellen, wurde von *Dunham* ein allgemeiner Ansatz

$$T(v, J) = \sum_i \sum_k Y_{ik} \left(v + \frac{1}{2} \right)^i \left[J(J+1) - \Omega^2 \right]^k \tag{9.72}$$

gewählt, bei dem die ***Dunham-Konstanten*** Y_{ik} Fitparameter sind, die so gewählt werden, dass (9.72) alle gemessenen Termwerte möglichst genau anpasst. Der letzte Term Ω^2 gibt den Beitrag der Elektronenrotation an (siehe Abschn. 9.5.4).

Man kann mit (9.72) die Eigenschaften eines Molekülzustandes durch einen Satz von Konstanten beschreiben.

Häufig findet man in der Literatur statt der Dunham-Koeffizienten die mehr anschaulich interpretierbaren Schwingungs- und Rotations-Konstanten, die als Koeffizienten in den Entwicklungen der rotationslosen Schwingungstermwerte

$$G(v) = \omega_e \left(v + \frac{1}{2} \right) - \omega_e x_e \left(v + \frac{1}{2} \right)^2 - \omega_e y_e \left(v + \frac{1}{2} \right)^3 + \ldots \tag{9.73a}$$

und der Rotationstermwerte im Schwingungsniveau v

$$F(J, v) = B_v J(J+1) - D_v J^2(J+1)^2 + H_v J^3(J+1)^3 + \ldots \tag{9.73b}$$

auftreten. Der Termwert eines Schwingungs-Rotations-Niveaus ist dann im elektronischen Zustand E_i

$$T(v, J) = T_e(E_i) + G(v) + F(J, v) \,. \tag{9.73c}$$

Ein Vergleich mit (9.72) zeigt die Relationen $Y_{10} \approx \omega_e$, $Y_{20} \approx \omega_e x_e$, $Y_{01} \approx B_e$, $Y_{02} \approx D_e$, $Y_{11} \approx \alpha_e$, etc. Für ein Morsepotential bleiben in (9.73a) nur die ersten beiden Terme.

Der Termwert eines Schwingungs-Rotations-Niveaus im Morsepotential

$$T(v, J) = T_e + \omega_e \left(v + \frac{1}{2} \right) - \omega_e x_e \left(v + \frac{1}{2} \right)^2 + B_v J(J+1) - D_v J^2(J+1)^2 \tag{9.73d}$$

wird dann näherungsweise durch fünf Molekülkonstanten ausgedrückt.

$$T_e = \frac{1}{hc} E_{\text{pot}}(R = R_e)$$

gibt das Minimum des Molekülpotentials $E_{\text{pot}}(R)$ des jeweiligen Molekülzustandes an, ω_e die Schwingungsfrequenz des harmonischen Oszillators, $\omega_e x_e$ die Abweichung von ω_e im Morsepotential, B_v die Rotationskonstante im Schwingungszustand v und D_v die Zentrifugalaufweitungskonstante.

9.5.7 Rotationsbarriere

Das effektive Potential für ein rotierendes Molekül

$$E_{\text{pot}}^{\text{eff}}(R) = E_{\text{pot}}^{(0)}(R) + \frac{J(J+1)\hbar^2}{2MR^2} \tag{9.74}$$

mit rotationslosem Potential $E_{\text{pot}}^{(0)}$ enthält nach (9.54a) noch den Zentrifugalanteil, der von der Rotationsquantenzahl J abhängt. Bei einem bindenden Zustand führt dies zu einem Maximum (Zentrifugalbarriere) bei einem Kernabstand R_{ZB}, der sich aus (9.74) durch Differentiation zu

$$R_{\text{ZB}} = \left[\frac{J(J+1)\hbar^2}{M \cdot \left(\frac{\mathrm{d}E_{\text{pot}}^{(0)}}{\mathrm{d}R} \right)_{R_{\text{ZB}}}} \right]^{1/3} \tag{9.75}$$

ergibt und von der Rotationsquantenzahl J und der Steigung $\mathrm{d}E_{\text{pot}}/\mathrm{d}R$ des rotationslosen Potentials abhängt (Abb. 9.39).

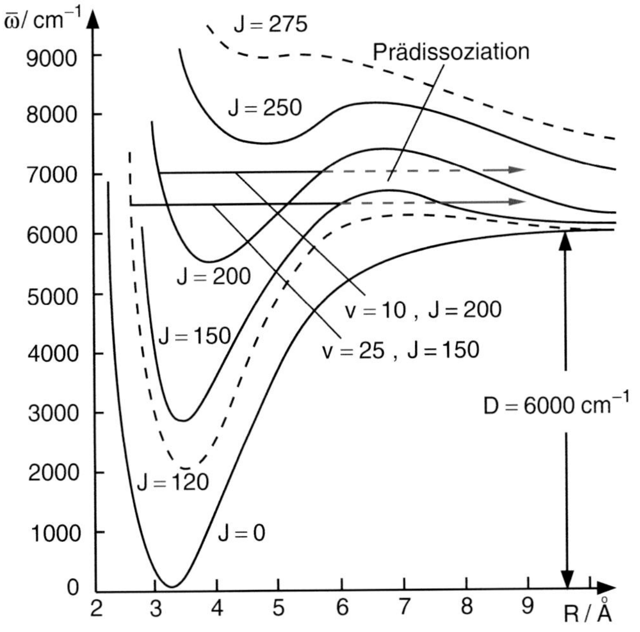

Abbildung 9.39 Prädissoziation von quasigebundenen Niveaus durch die Zentrifugalbarriere oberhalb der Dissoziationsenergie

Das Minimum des Potentials verschiebt sich von R_e zu etwas größeren Kernabständen und die Dissoziationsenergie wird durch die Rotation kleiner.

Zustände $E(v, J)$ oberhalb der Dissoziationsenergie können jedoch infolge der Rotationsbarriere dennoch stabil sein, wenn die Tunnelwahrscheinlichkeit durch die Barriere vernachlässigbar klein ist. Mit zunehmender Annäherung von $E(v, J)$ an das Maximum der Barriere steigt die Tunnelwahrscheinlichkeit exponentiell an, und die Lebensdauer τ des Niveaus sinkt. Man kann die Prädissoziation solcher quasi-gebundener Niveaus beobachten durch Messung der Niveaubreiten $\Delta E \approx \hbar/\tau$, die mit wachsender Tunnelwahrscheinlichkeit zunehmen.

9.6 Spektren zweiatomiger Moleküle

Beim Übergang $E_i(n_i, \Lambda_i, v_i, J_i) \leftrightarrow E_k(n_k, \Lambda_k, v_k, J_k)$ zwischen zwei Molekülzuständen kann Strahlung emittiert oder absorbiert werden, wenn die Übergangswahrscheinlichkeit für diesen Übergang nicht null ist. Da die Übergangswahrscheinlichkeit proportional zum Quadrat des Dipolmatrixelementes ist (siehe Abschn. 7.1), lassen sich die relativen Intensitäten der Spektrallinien bestimmen, wenn man die Matrixelemente für die entsprechenden Übergänge berechnen kann. In diesem Abschnitt wollen wir uns mit diesen Matrixelementen befassen, um daraus die Struktur der Spektren zweiatomiger Moleküle zu erkennen.

9.6.1 Das Übergangsmatrixelement

Das Dipolmatrixelement für einen Übergang zwischen zwei Zuständen mit den Wellenfunktionen ψ_i und ψ_k ist

$$\boldsymbol{M}_{ik} = \int \psi_i^* \boldsymbol{p} \psi_k \,\mathrm{d}\tau_{\mathrm{el}} \cdot \mathrm{d}\tau_{\mathrm{N}}\,. \qquad (9.76)$$

Die Integration erstreckt sich über alle Elektronen- und Kernkoordinaten. Die Größe $\boldsymbol{p}$ ist der Dipoloperator, der sowohl von den Elektronenkoordinaten als auch von den Kernkoordinaten abhängt und nach Abb. 9.40 geschrieben werden kann als

$$\begin{aligned}\boldsymbol{p} &= -e \cdot \sum_i \boldsymbol{r}_i + Z_1 e \boldsymbol{R}_1 + Z_2 e \boldsymbol{R}_2 \\ &= \boldsymbol{p}_{\mathrm{el}} + \boldsymbol{p}_{\mathrm{N}}\,,\end{aligned} \qquad (9.77)$$

wobei $\boldsymbol{p}_{\mathrm{el}}$ der Beitrag der Elektronen und $\boldsymbol{p}_{\mathrm{N}}$ der der Kerne ist.

Für ein homonukleares Molekül ist $Z_1 = Z_2$, aber $\boldsymbol{R}_1 = -\boldsymbol{R}_2$, sodass $\boldsymbol{p}_{\mathrm{N}} = \boldsymbol{0}$ wird.

Bei homonuklearen zweiatomigen Molekülen ist der Kernanteil zum elektrischen Dipolmoment null.

Im Rahmen der Born-Oppenheimer-Näherung (siehe Abschn. 9.5.1) können wir die Gesamtwellenfunktion $\psi(\boldsymbol{r}, \boldsymbol{R})$ als Produkt

$$\psi = \psi_{\mathrm{el}} \cdot \chi_{\mathrm{N}} \qquad (9.78)$$

aus elektronischer Wellenfunktion $\psi_{\mathrm{el}}(\boldsymbol{r}, R)$ des starren Moleküls beim beliebigen Kernabstand R und Kernwellenfunktion $\chi_{\mathrm{N}}(\boldsymbol{R})$ schreiben. Setzt man (9.78) in (9.76) ein, so ergibt sich das Matrixelement als das Integral

$$\boldsymbol{M}_{ik} = \int \psi_{i\mathrm{el}}^* \cdot \chi_{i\mathrm{N}}^* (\boldsymbol{p}_{\mathrm{el}} + \boldsymbol{p}_{\mathrm{N}})\, \psi_{k\mathrm{el}} \cdot \chi_{k N} \,\mathrm{d}\tau_{\mathrm{el}} \cdot \mathrm{d}\tau_{\mathrm{N}} \qquad (9.79a)$$

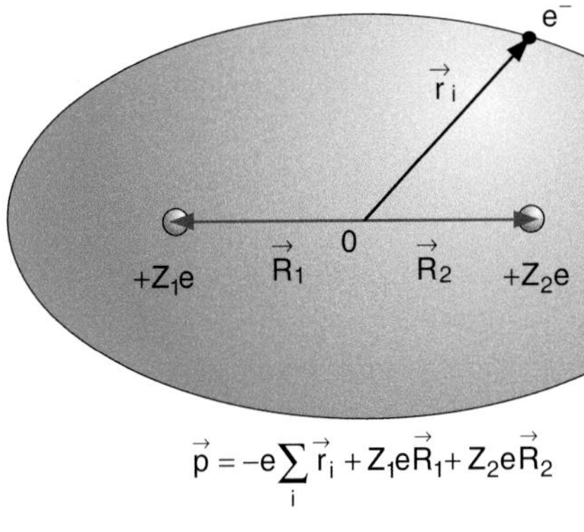

Abbildung 9.40 Zum Dipoloperator eines zweiatomigen Moleküls

über die $3(Z_1 + Z_2)$ Elektronenkoordinaten $\{\boldsymbol{r}_{el}\}$ und die sechs Kernkoordinaten $\{\boldsymbol{R}_N\}$. Umordnen der Terme liefert:

$$\begin{aligned} \boldsymbol{M}_{ik} &= \int \chi_{iN}^* \left[\int \psi_{iel}^* \boldsymbol{p}_{el} \psi_{kel} \, d\tau_{el} \right] \chi_{kN} \, d\tau_N \\ &+ \int \chi_{iN}^* \boldsymbol{p}_N \left[\int \psi_{iel}^* \psi_{kel} \, d\tau_{el} \right] \chi_{kN} \, d\tau_N \, . \end{aligned} \tag{9.79b}$$

Wir unterscheiden jetzt zwei verschiedene Fälle:

- Die Niveaus $|i\rangle$ und $|k\rangle$ gehören zum selben elektronischen Zustand ($\psi_{iel} = \psi_{kel}$), d. h. der Dipolübergang erfolgt zwischen zwei Schwingungs-Rotations-Niveaus innerhalb desselben elektronischen Zustandes. Dann wird der erste Summand in (9.79b) null, weil der Integrand $\boldsymbol{r} \cdot |\psi_i|^2$ eine ungerade Funktion der Integrationsvariablen x, y, z ist und das Integral über den gesamten Koordinatenraum jedes Elektrons null wird. Da die elektronischen Wellenfunktionen orthonormiert sind, d. h.

$$\int \psi_{iel}^* \cdot \psi_{kel} \, d\tau_{el} = \delta_{ik} \, ,$$

wird das Integral über $d\tau_{el}$ im zweiten Summanden gleich eins. Das Matrixelement für reine Rotations-Schwingungs-Übergänge $(n_i, \Lambda_i, v_i, J_i) \to (n_k = n_i, \Lambda_k = \Lambda_i, v_k, J_k)$ wird daher

$$\boldsymbol{M}_{ik} = \int \chi_{iN}^* \boldsymbol{p}_N \chi_{kN} \, d\tau_N \, . \tag{9.80}$$

- Übergänge zwischen zwei verschiedenen elektronischen Zuständen. In diesem Fall wird wegen der Orthogonalität der elektronischen Wellenfunktionen das Integral über $d\tau_{el}$ im zweiten Summanden in (9.79b) null, sodass wir für das Matrixelement erhalten:

$$\begin{aligned} \boldsymbol{M}_{ik} &= \int \chi_{iN}^* \left[\int \psi_{iel}^* \boldsymbol{p}_{el} \psi_{kel} \, d\tau_{el} \right] \chi_{kN} \, d\tau_N \\ &= \int \chi_{iN}^* \boldsymbol{M}_{ik}^{el}(R) \chi_{kN} \, d\tau_N \, , \end{aligned} \tag{9.81}$$

  wobei

$$\boldsymbol{M}_{ik}^{el}(R) = \int \psi_{iel}^* \boldsymbol{p}_{el} \psi_{kel} \, d\tau_{el} \tag{9.82}$$

  der elektronische Teil des Matrixelementes ist, der im Allgemeinen noch vom Kernabstand R abhängt, da R als Parameter in die elektronischen Wellenfunktionen eingeht.

Wir wollen jetzt die beiden Anteile (9.80) und (9.81) des Dipolmatrixelementes etwas genauer diskutieren [7].

9.6.2 Schwingungs-Rotations-Übergänge

Übergänge zwischen Schwingungs-Rotations-Niveaus $(v_i, J_i) \leftrightarrow (v_k, J_k)$ innerhalb desselben elektronischen Zustandes bilden für $v_i \neq v_k$ das Schwingungs-Rotations-Spektrum eines Moleküls, das im infraroten Spektralbereich (2–10 µm) liegt, bzw. für $v_i = v_k$ das reine Rotationsspektrum im Mikrowellenbereich. Setzt man für den Dipoloperator $\boldsymbol{p}_N$ den Ausdruck (9.77) ein, so ergibt dies nach (9.80):

$$\boldsymbol{M}_{ik} = e \cdot \int \chi_{iN}^* (Z_1 \boldsymbol{R}_1 + Z_2 \boldsymbol{R}_2) \, \chi_{kN} \, d\tau_N \, . \tag{9.83}$$

Für homonukleare Moleküle ist $Z_1 = Z_2$ und wegen $M_1 = M_2$ wird $\boldsymbol{R}_1 = -\boldsymbol{R}_2$. Daher wird $\boldsymbol{p}_N = \boldsymbol{0} \Rightarrow \boldsymbol{M}_{ik} = \boldsymbol{0}$.

Homonukleare Moleküle haben in Dipolnäherung keine erlaubten Schwingungs-Rotations-Übergänge innerhalb desselben elektronischen Zustandes.

Anmerkung. Die Moleküle N_2 und O_2, welche die Hauptbestandteile unserer Atmosphäre bilden, können die von der Erde abgestrahlte Infrarot-Wärmestrahlung nicht absorbieren. Moleküle wie CO_2, H_2O oder NH_3 haben jedoch ein Dipolmoment und deshalb auch erlaubte Schwingungs-Rotations-Übergänge. Obwohl ihr Dichteanteil sehr klein ist, beeinflusst er doch entscheidend die Wärmebilanz der Erde, da er die Wärmestrahlung zum Teil absorbiert und damit die Temperatur auf der Erdoberfläche erhöht (Treibhauseffekt).

Um das Schwingungs-Rotations-Spektrum heteronuklearer zweiatomiger Moleküle zu bestimmen, kann man das Matrixelement (9.83) in zwei Faktoren zerlegen, wenn gemäß (9.53) die Kernwellenfunktionen χ_N als Produkt

$$\chi_N(R, \vartheta, \varphi) = S(R) \cdot Y_J^M(\vartheta, \varphi) \tag{9.84}$$

aus der Schwingungswellenfunktion $S(R)$ in (9.67) und der Rotationswellenfunktion $Y_J^M(\vartheta, \varphi)$ für einen Molekülzustand mit Rotationsdrehimpuls $\boldsymbol{J}$ und seine Projektion $M\hbar$ auf eine vorgegebene Raumrichtung geschrieben wird. Mit $R = |\boldsymbol{R}_1 - \boldsymbol{R}_2|$ und $R_1/R_2 = M_2/M_1$ lässt sich das Dipolmoment $\boldsymbol{p}_N$ der Kerne schreiben als

$$\begin{aligned} \boldsymbol{p}_N &= |\boldsymbol{p}_N| \cdot \hat{\boldsymbol{p}} \\ &= e \cdot \frac{M_2 Z_1 - M_1 Z_2}{M_1 + M_2} \cdot R \cdot \hat{\boldsymbol{p}} \\ &= e \cdot C \cdot R \cdot \hat{\boldsymbol{p}} \, , \end{aligned} \tag{9.85}$$

wobei $\hat{\boldsymbol{p}}$ der Einheitsvektor in Richtung von $\boldsymbol{p}_N$ ist, die von der Orientierung der Molekülachse gegen die raumfesten Achsen x, y, z abhängt. Da das Volumenelement $d\tau_N = R^2 \, dR \sin\vartheta \, d\vartheta \, d\varphi$ ist, erhalten wir:

$$\begin{aligned} \boldsymbol{M}_{ik} &= e \cdot C \cdot \int S_{v_i}(R) \cdot S_{v_k}(R) \cdot R^3 \, dR \\ &\cdot \int Y_{J_i}^{M_i} Y_{J_k}^{M_k} \cdot \hat{\boldsymbol{p}} \cdot \sin\vartheta \, d\vartheta \, d\varphi \, . \end{aligned} \tag{9.86}$$

Für das erste Integral gilt beim harmonischen Oszillator, wenn man für S_v die Wellenfunktionen (4.44) mit den Hermite'schen Polynomen $H(R)$ einsetzt (siehe Abschn. 4.2.5), die Auswahlregel

$$\Delta v = v_i - v_k = 0\,, \pm 1\,. \tag{9.87a}$$

Es gibt also nur Übergänge innerhalb des gleichen Schwingungsniveaus (reine Rotations-Übergänge) oder Schwingungs-Rotations-Übergänge zwischen benachbarten Schwingungsniveaus. Im anharmonischen Potential, z. B. im Morse-Potential aus Abschn. 9.5, sind (allerdings mit wesentlich geringerer Wahrscheinlichkeit) auch Übergänge mit $\Delta v = 2, 3, 4, \ldots$ möglich, deren Intensität mit wachsenden Werten von Δv stark abnimmt. Man nennt sie Obertöne (in Anlehnung an die Schwingungen in der Akustik).

Das zweite Integral in (9.86) wird immer null außer für

$$\Delta J = J_i - J_k = \pm 1\,. \tag{9.87b}$$

Dies ist auch anschaulich verständlich, da das absorbierte bzw. emittierte Photon den Drehimpuls $1 \cdot \hbar$ hat, der vom Molekül bei der Absorption aufgenommen bzw. bei der Emission abgegeben wird.

Es hat sich eingebürgert, die Quantenzahlen (v, J) des oberen Zustands mit einem Strich (v', J') zu versehen, die des unteren Zustands (v'', J'') mit zwei Strichen. Übergänge mit

$$\Delta J = J' - J'' = +1 \quad \text{heißen R-Linien,}$$
$$\Delta J = J' - J'' = -1 \quad \text{heißen P-Linien}\,.$$

Alle Rotationslinien eines Schwingungsüberganges bilden eine ***Schwingungsbande***. Ihre Rotationsstruktur wird durch die Wellenzahlen

$$\begin{aligned}\overline{\nu}(v', J' \leftrightarrow v'', J'') &= \overline{\nu}_0 + B'_v J'(J'+1) \\ &\quad - D'_v J'^2(J'+1)^2 \\ &\quad - \left[B''_v J''(J''+1) - D''_v J''^2(J''+1)^2\right]\end{aligned} \tag{9.88}$$

gegeben, wobei $\overline{\nu}_0$ der ***Bandenursprung*** heißt.

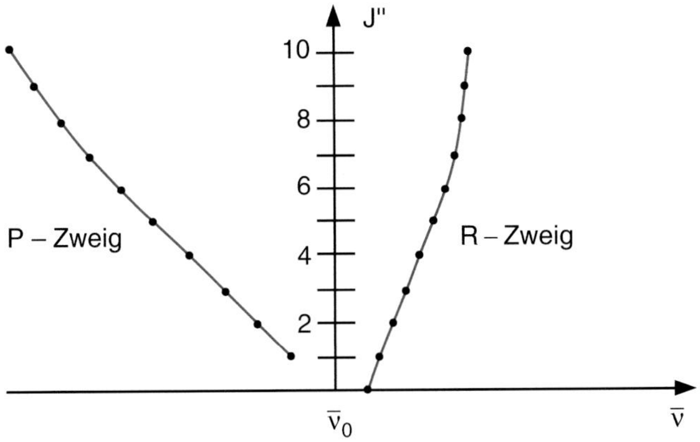

Abbildung 9.41 Fortrat-Diagramm für P- und R-Linien eines Schwingungs-Rotations-Überganges

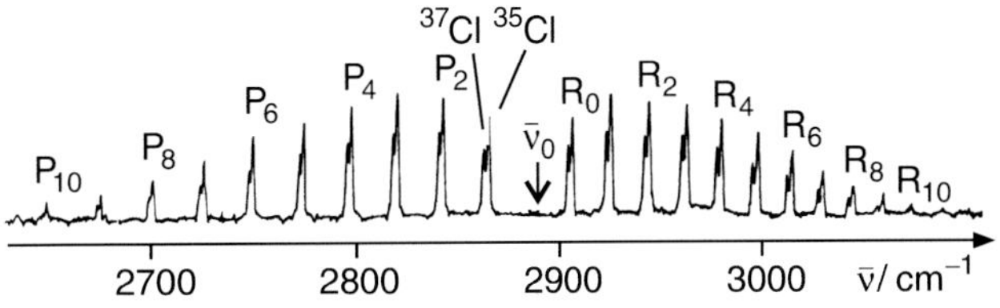

Abbildung 9.42 Schwingungs-Rotations-Spektrum des HCl-Moleküls mit den beiden Chlor-Isotopen ^{35}Cl und ^{37}Cl

Die Wellenzahl ν_0 würde einem Übergang $J' = 0 \leftarrow J'' = 0$ entsprechen, der aber i. Allg. verboten ist. Nur wenn das Molekül in dem betrachteten elektronischen Zustand einen elektronischen Drehimpuls hat (wie z. B. der $^2\Pi$-Zustand im NO-Molekül) ist auch der Übergang mit $\Delta J = 0$ erlaubt.

Da die Rotationskonstante $B_v = B_e - \alpha_e(v + 1/2)$ mit v im Allgemeinen abnimmt (d. h. $\alpha_e > 0$) folgt $B'_v < B''_v$. Trägt man $\overline{\nu}(J = J'')$ für P- und R-Linien auf, so erhält man das in Abb. 9.41 gezeigte Fortratdiagramm: Die R-Linien liegen auf der höherfrequenten Seite des Bandenursprungs ν_0, die P-Linien bei niedrigen Wellenzahlen. In Abb. 9.42 ist ein solches Schwingungs-Rotations-Spektrum des HCl-Moleküls gezeigt, das beim Übergang $(v'', J'') \rightarrow (v' = v'' + 1, J' = J'' \pm 1)$ entspricht. Die Linien treten doppelt auf, weil das Chloratom in den beiden Isotopen ^{35}Cl (75,5 %) und ^{37}Cl (24,5 %) vorkommt. Die reduzierten Massen der beiden Isotopomere $^1H^{35}Cl$ und $^1H^{37}Cl$ sind $M = 0{,}9722$ AME bzw. 0,9737 AME, sodass sich Schwingungs- und Rotationsenergien etwas unterscheiden.

Kapitel 9

9.6.3 Die Struktur elektronischer Übergänge

Wir wollen uns nun das Matrixelement (9.81) für elektronische Übergänge genauer ansehen und dabei zuerst Emissionsspektren diskutieren, die durch die spontane Emission angeregter Moleküle entstehen. Der elektronische Teil $M^{el}_{ik}(R)$ hängt i. A. vom Kernabstand R ab (Abb. 9.43). Wir können ihn in eine Taylor-Reihe um den Gleichgewichtsabstand R_e entwickeln:

$$\boldsymbol{M}^{el}_{ik}(R) = \boldsymbol{M}^{el}_{ik}(\boldsymbol{R}_e) + \left(\frac{d\boldsymbol{M}^{el}_{ik}}{dR}\right)_{R_e} (R - R_e) + \cdots\,. \tag{9.89}$$

In einer ersten Näherung vernachlässigt man die Abhängigkeit $d\boldsymbol{M}/dR$ und setzt $\boldsymbol{M}^{el}_{ik}(R) = \boldsymbol{M}^{el}_{ik}(R_e) = \text{const}$. Dann kann man in (9.81) $\boldsymbol{M}^{el}_{ik}$ vor das Integral über die Kernkoordinaten ziehen und erhält mit $\chi_N = S(R) \cdot Y(\vartheta, \varphi)$ bei Verwendung der normierten Schwingungswellenfunktionen $\psi_{vib} = R \cdot S(R)$ das Übergangsmatrixelement für einen elektronischen Übergang $(n_i, v_i, J_i \leftrightarrow n_k, v_k, J_k)$

$$\begin{aligned}\boldsymbol{M}_{ik} &= \boldsymbol{M}^{el}_{ik}(\boldsymbol{R}_e) \cdot \int \psi_{vib}(v_i)\, \psi_{vib}(v_k)\, dR \\ &\quad \cdot \int Y^{M_i}_{J_i} Y^{M_k}_{J_k} \cdot \sin\vartheta \, d\vartheta \, \varphi\,.\end{aligned} \tag{9.90}$$

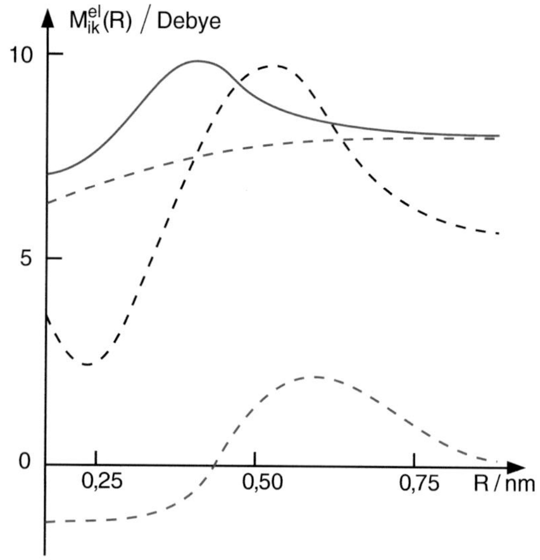

Abbildung 9.43 Elektronisches Übergangsmatrixelement $M_{ik}^{el}(R)$ für verschiedene Übergänge vom Grundzustand $X^1\Sigma_s^+$ des Na-Moleküls als Funktion des Kernabstandes

Da die Wahrscheinlichkeit für einen spontanen Übergang proportional zum Quadrat $|\boldsymbol{M}_{ik}|^2$ ist, folgt, dass die Intensität einer Spektrallinie im Emissionsspektrum

$$I(n_i, v_i, J_i \leftrightarrow n_k, v_k, J_k) \propto \left|\boldsymbol{M}_{ik}^{el}\right|^2 \cdot FC(v_i, v_k) \cdot HL(J_i, J_k) \tag{9.91}$$

durch drei Faktoren bestimmt wird:

- Durch den elektronischen Anteil $\left|\boldsymbol{M}_{ik}^{el}\right|^2$, welcher die Wahrscheinlichkeit für den Elektronensprung vom Zustand $|i\rangle$ nach $|k\rangle$ angibt. Er hängt ab vom Überlapp der elektronischen Wellenfunktionen ψ_i^{el}, ψ_k^{el} und ihren Symmetrien.
- Durch den ***Franck-Condon-Faktor***

$$FC(v_i, v_k) = \left|\int \psi_{vib}(v_i)\, \psi_{vib}(v_k)\, dR\right|^2, \tag{9.92}$$

der gleich dem Absolutquadrat des Überlappintegrals der Schwingungswellenfunktionen im oberen und unteren Zustand ist.

- Durch den ***Hönl-London-Faktor***

$$HL(J_i, J_k) = \left|\int Y_{J_i}^{M_i} \cdot Y_{J_k}^{M_k} \cdot \hat{\boldsymbol{p}} \sin\vartheta\, d\vartheta\, d\varphi)\right|^2, \tag{9.93}$$

der von den Rotationsdrehimpulsen und ihrer Orientierung im Raum abhängt. Dieser Faktor bestimmt die räumliche Verteilung der emittierten Strahlung.

Anmerkung. Um von (9.90) auf die Gleichungen (9.91)–(9.93) zu kommen, wurde der Vektor $\boldsymbol{M}_{ik}$ des Matrix-Übergangsmomentes als Produkt $M_{ik} \cdot \hat{\boldsymbol{p}}$ aus dem Betrag $M_{ik} = |\boldsymbol{M}_{ik}|$ und dem Einheitsvektor $\hat{\boldsymbol{p}}$ in Richtung des elektrischen Dipolmomentes geschrieben. Da nur der Hönl-London-Faktor von der Richtung von $\hat{\boldsymbol{p}}$ im Raum abhängt, taucht $\hat{\boldsymbol{p}}$ nur im letzten Integral auf.

Nur wenn keiner der drei genannten Faktoren null ist, kann ein elektronischer Dipolübergang stattfinden.

Die Wahrscheinlichkeit W_{ik} für einen **Absorptionsübergang** hängt gemäß (7.33) auch von Intensität und Polarisation der einfallenden elektromagnetischen Welle ab. Es gilt:

$$W_{ik} \propto |\boldsymbol{E} \cdot \boldsymbol{M}_{ik}|^2 .$$

Da nur der letzte Faktor in (9.90) von der Orientierung des Moleküls im Raum, d. h. von der Richtung seines Übergangsmomentes gegen den elektrischen Feldvektor $\boldsymbol{E}$ der Welle abhängt, können wir mit (9.90) für die Wahrscheinlichkeit von Absorptionsübergängen wegen $I \propto E^2$, $\boldsymbol{E} = |\boldsymbol{E}|\,\hat{\boldsymbol{\varepsilon}}$ schreiben:

$$W_{ik} = I \cdot \left|M_{ik}^{el}(R_e)\right|^2 \cdot \left|\int \psi_{vib}^{v_i} \psi_{vib}^{v_k} dR\right|^2 \cdot \left|\int Y_{J_i}^{M_i} \hat{\boldsymbol{\varepsilon}} \cdot \hat{\boldsymbol{p}} Y_{J_k}^{M_k} \sin\vartheta\, d\vartheta\, d\varphi\right|^2 .$$

Der Wert des letzten Faktors hängt ab vom Skalarprodukt $\hat{\boldsymbol{\varepsilon}} \cdot \hat{\boldsymbol{p}}$ und damit von der Richtung des Dipolmomentes $\boldsymbol{p}_N$ gegen die Richtung von $\boldsymbol{E}$.

Das Molekülspektrum für die Absorption hat also folgende Struktur (Abb. 9.44): Der gesamte elektronische Übergang, der

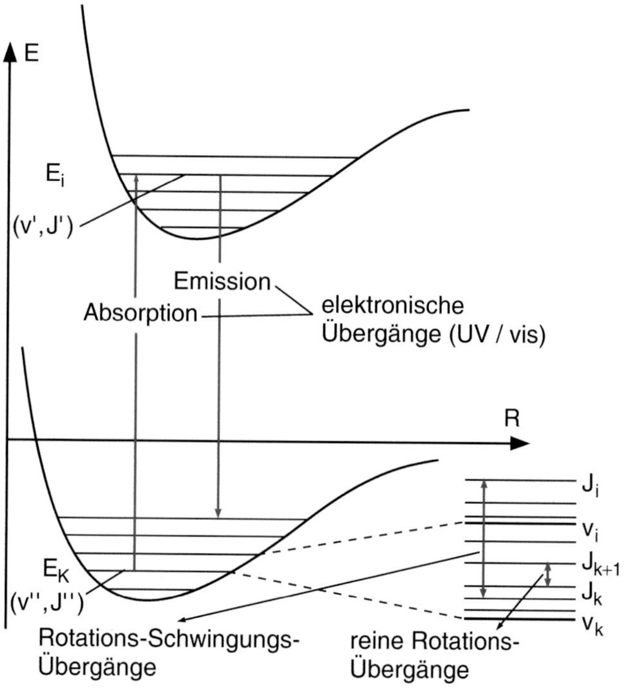

Abbildung 9.44 Schematische Darstellung der Schwingungs- und Rotationsstruktur eines elektronischen Überganges

erlaubt ist für $\boldsymbol{M}_{ik}^{\mathrm{el}} \neq \mathbf{0}$, besteht aus einem Bandensystem von Schwingungsbanden ($v_i'' \leftrightarrow v_k'$), deren relative Intensitäten durch die entsprechenden Franck-Condon-Faktoren gegeben sind.

Innerhalb jeder Schwingungsbande gibt es viele Rotationslinien $J_i'' \leftrightarrow J_k'$, welche den Auswahlregeln

$$\Delta J = J_k' - J_i'' = \pm 1, 0$$

folgen. Übergänge mit $\Delta J = 0$ (Q-Linien) bilden den ***Q-Zweig***, solche mit $\Delta J = +1$ den ***R-Zweig*** und mit $\Delta J = -1$ den ***P-Zweig***. Q-Linien sind nur möglich, wenn sich beim Übergang die Projektion $\Lambda\hbar$ des elektronischen Bahndrehimpulses um ± 1 ändert, weil das absorbierte Photon den Drehimpuls $1 \cdot \hbar$ auf das Molekül überträgt.

So gibt es z. B. für $\Sigma \leftrightarrow \Sigma$-Übergänge nur P- und R-Linien mit $\Delta J = \pm 1$, während bei $\Pi \leftrightarrow \Sigma$-Übergängen ($\Delta\Lambda = \pm 1$) auch Q-Linien möglich sind.

Die relative Intensität der Rotationslinien innerhalb einer Schwingungsbande hängt ab vom Hönl-London-Faktor (9.93) und von der Besetzungsdichte $N_i(J_i)$ im absorbierenden bzw. $N_k(J_k)$ im emittierenden Zustand.

Die Wellenzahl eines elektronischen Übergangs $(n_i, v_i, J_i) \leftrightarrow (n_k, v_k, J_k)$ ist

$$\begin{aligned}\overline{\nu}_{ik} &= (T_e' - T_e'') + \left(T_{\mathrm{vib}}(v') - T_{\mathrm{vib}}(v'')\right) \\ &\quad + \left(T_{\mathrm{rot}}(J') - T_{\mathrm{rot}}(J'')\right),\end{aligned} \tag{9.94}$$

wobei T_e der Termwert $T = E/hc$ für das Minimum der Potentialkurve $E_{\mathrm{pot}}(R)$ des jeweiligen elektronischen Zustandes ist, T_{vib} der Schwingungstermwert für $J = 0$ und T_{rot} der reine Rotationstermwert.

Die Rotationsstruktur einer Schwingungsbande ist dann analog zu (9.88) gegeben durch

$$\begin{aligned}\overline{\nu}_{ik} &= \overline{\nu}_0(n_i, n_k, v_i, v_k) \\ &\quad + B_v' J'(J'+1) - D_v' J'^2 (J'+1)^2 \\ &\quad - \left[B_v'' J''(J''+1) - D_v'' J''^2 (J''+1)^2\right].\end{aligned} \tag{9.95}$$

Im Gegensatz zu (9.88) kann hier jedoch B_v' größer oder kleiner als B_v'' sein, je nach dem, ob der obere elektronische Zustand stärker oder schwächer gebunden ist als der untere. Das in Abb. 9.45 gezeigte ***Fortrat-Diagramm*** $\overline{\nu}(J)$ hat für beide Fälle daher eine unterschiedliche Struktur.

Bei den J-Werten, bei denen eine Kurve $\nu(J)$ im Fortratdiagramm senkrecht verläuft, häufen sich die Rotationslinien und liegen oft so dicht, dass sie nicht aufgelöst werden können (Abb. 9.46). Die „Ableitung" $\mathrm{d}\nu/\mathrm{d}J$ ändert hier ihr Vorzeichen, d. h. mit wachsendem J laufen die Linienpositionen wieder zurück. Eine solche Häufungsstelle heißt ***Bandenkante*** oder auch ***Bandenkopf***.

In photographischen Spektren mit nur teilweiser Auflösung der Rotationslinien erscheint an der Bandkante ein plötzlicher Sprung der Schwärzung, während zu höheren Rotationsquantenzahlen J hin die Dichte der Linien graduell abnimmt, die Bande erscheint *abschattiert* (Abb. 9.47).

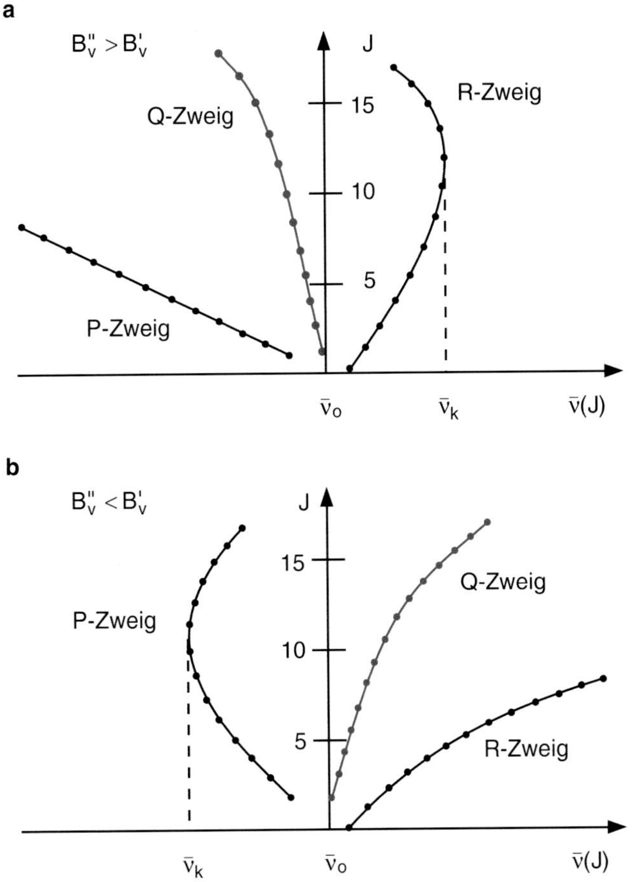

Abbildung 9.45 Fortrat-Diagramme für die P-, Q- und R-Zweige einer Schwingungsbande. **a** $B_v'' > B_v'$, **b** $B_v'' < B_v'$

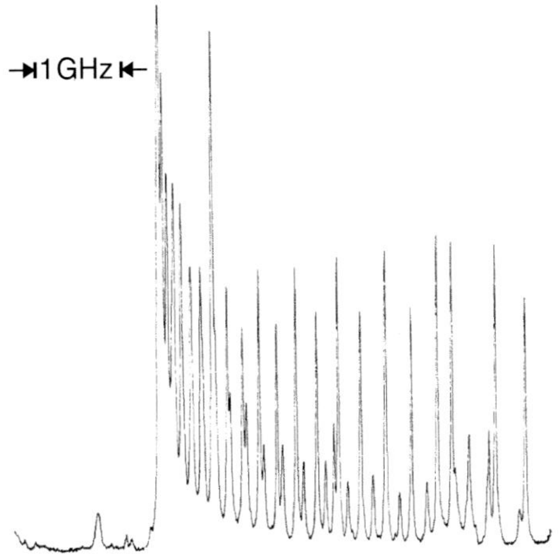

Abbildung 9.46 Bandkante der Schwingungsbande ($v' = 9 \leftarrow v'' = 14$) des Cs_2-Moleküls, mit dopplerfreier Auflösung gemessen. Die Dopplerbreite beträgt etwa 600 MHz

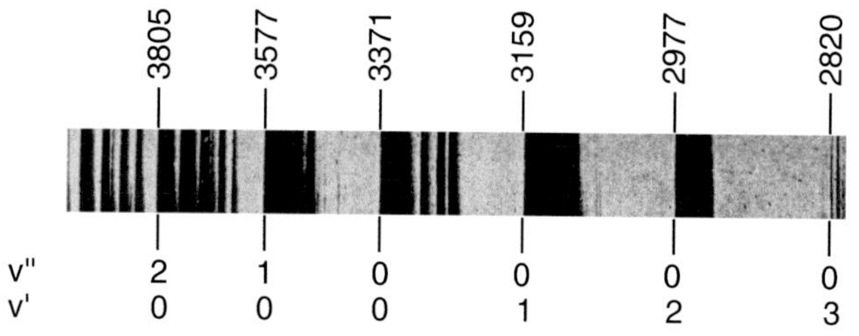

Abbildung 9.47 Photographische Aufnahme des Bandenspektrums des Stickstoff-Moleküls N_2 auf dem elektronischen Übergang $^3\Pi_g - {}^3\Pi_u$. Die Wellenlängen der Bandenköpfe sind über dem Spektrum in Å angegeben. Mit freundlicher Genehmigung von Prof. G. Herzberg [8]

Wenn die Rotationskonstante B'_v größer ist als B''_v, laufen die P-Linien mit wachsendem J zuerst zu tieferen Wellenzahlen $\overline{\nu} < \overline{\nu}_0$, bilden bei $\overline{\nu}_k < \overline{\nu}_0$ eine Bandenkante und laufen dann wieder zu höheren Wellenzahlen. Der R-Zweig ist dann blau abschattiert, der P-Zweig hat eine Kante (Abb. 9.45b).

Für $B'_v < B''_v$ laufen die R-Linien anfangs zu größeren Wellenzahlen, bilden bei $\nu_k > \nu_0$ eine Bandenkante und laufen dann zurück zu kleineren Wellenzahlen. Der P-Zweig ist dann rot abschattiert, während der R-Zweig eine Kante bei ν_k bildet (Abb. 9.45a).

Die Q-Linien liegen für $B'_v = B''_v$ alle bei derselben Wellenzahl, für $B'_v > B''_v$ laufen sie zu höheren, für $B'_v < B''_v$ zu tieferen Wellenzahlen (Abb. 9.45).

9.6.4 Franck-Condon-Prinzip

Die Absorption bzw. Emission eines Photons und die damit verbundene Änderung der Elektronenhülle geschieht innerhalb einer Zeitspanne, die klein ist gegen die Schwingungsdauer der Kerne. Im Potentialkurvendiagramm des Moleküls erfolgt der elektronische Übergang daher senkrecht (Abb. 9.48). Da der Impuls $h \cdot \nu / c$ des Photons sehr klein ist gegen den der schwingenden Kerne, bleibt der Impuls der Kerne und damit auch ihre kinetische Energie beim elektronischen Übergang erhalten.

Aus der Energiebilanz

$$\begin{aligned} h \cdot \nu &= E'(v') - E''(v'') \\ &= E'_{\text{pot}}(R) + E'_{\text{kin}}(R) - \left[E''_{\text{pot}}(R) + E''_{\text{kin}}(R)\right] \\ &= E'_{\text{pot}}(R^*) - E''_{\text{pot}}(R^*) \end{aligned} \tag{9.96}$$

folgt dann, dass in diesem klassischen Modell der Übergang bei einem solchen Kernabstand R^* erfolgt, bei dem $E'_{\text{kin}}(R^*) = E''_{\text{kin}}(R^*)$ gilt. Man kann dies durch Einführen des ***Mulliken'schen Differenzpotentials***

$$\begin{aligned} U(R) &= E''_{\text{pot}}(R) - E'_{\text{pot}}(R) + E(v') \\ &= E(v') - h \cdot \nu \end{aligned} \tag{9.97}$$

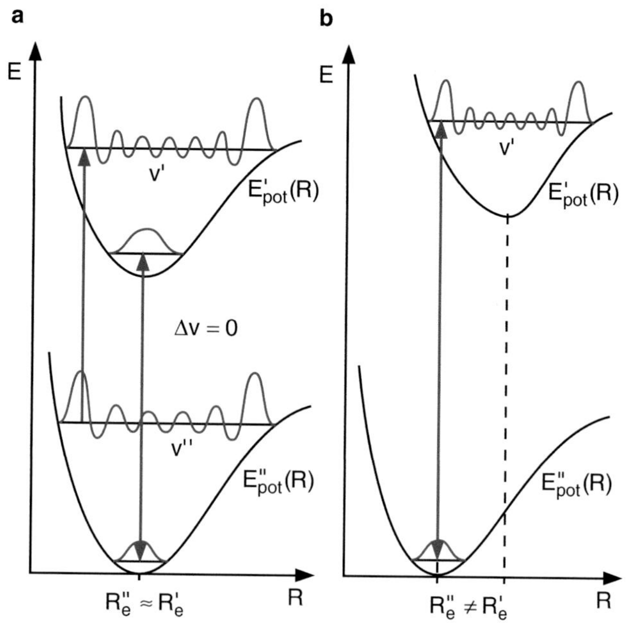

Abbildung 9.48 Bevorzugte Schwingungsübergänge **a** mit $\Delta v = 0$ bei ähnlichen Potentialen im unteren und oberen Zustand, **b** mit $\Delta v \neq 0$ bei gegeneinander verschobenen Potentialkurven

graphisch darstellen (Abb. 9.49). Der Elektronensprung beim optischen Übergang vom Energieterm E'_v in den Term E''_v findet bei einem solchen Kernabstand R^* statt, bei dem das Differenzpotential $U(R)$ die Energiegerade $E = E''(v'')$ schneidet, weil aus (9.96) folgt:

$$U(R^*) = E(v') - (E(v') - E(v'')) = E''(v'') . \tag{9.98}$$

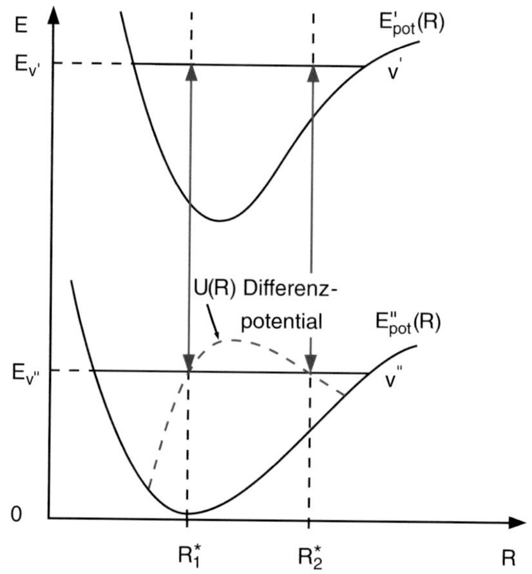

Abbildung 9.49 Zum Mulliken'schen Differenzpotential

Bei der quantenmechanischen Betrachtung ist die Wahrscheinlichkeit für einen Übergang $v' \leftrightarrow v''$ durch den Franck-Condon-Faktor (9.92) bestimmt. Der Quotient

$$W(R)\,\mathrm{d}R = \frac{\psi'_{\mathrm{vib}}(R) \cdot \psi''_{\mathrm{vib}}(R)\,\mathrm{d}R}{\int \psi'_{\mathrm{vib}}(R) \cdot \psi''_{\mathrm{vib}}(R)\,\mathrm{d}R} \tag{9.99}$$

gibt die Wahrscheinlichkeit dafür an, dass der Übergang im Intervall $\mathrm{d}R$ um R stattfindet. Sie hat ein Maximum für $R = R^*$.

Wenn die Potentialkurven $E'_{\mathrm{pot}}(R)$ und $E''_{\mathrm{pot}}(R)$ einen ähnlichen Verlauf haben und ihre Minima annähernd beim gleichen Kernabstand $R = R'_e \approx R''_e$ liegen, dann sind die Franck-Condon-Faktoren für Übergänge mit $\Delta v = v' - v'' = 0$ maximal, für $\Delta v \neq 0$ sehr klein (Abb. 9.48a). Sind die beiden Potentialkurven gegeneinander verschoben, so haben Übergänge mit $\Delta v \neq 0$ die größte Intensität (Abb. 9.48b). Je größer die Verschiebung ist, desto größer werden die Werte Δv für die stärksten Schwingungsbanden.

9.6.5 Kontinuierliche Spektren

Wenn Absorptionsübergänge in Zustände oberhalb der Dissoziationsgrenze führen, dann ist die Energie des oberen Zustandes nicht gequantelt, weil sie zum Teil in Translationsenergie umgewandelt wird. Das Absorptionsspektrum besteht dann nicht mehr aus diskreten Linien, sondern hat eine kontinuierliche Intensitätsverteilung $I(\overline{\nu})$ (Abb. 9.50). Ein Teil der absorbierten Energie $h \cdot \nu$ geht in kinetische Energie der auseinander fliegenden Atome über, der Teil $h\nu - E_{\mathrm{kin}}$ wird als atomare Fluoreszenz emittiert. Auch wenn der obere Zustand oberhalb der Ionisationsgrenze liegt, ensteht, genau wie bei Atomen (siehe Abschn. 7.6), ein kontinuierliches Absorptionsspektrum (Abb. 9.51). Bei Molekülen sind diesem Absorptionskontinuum jedoch viele relativ scharfe Absorptionslinien überlagert. Sie entsprechen Übergängen in höhere Schwingungs-Rotations-Niveaus molekularer Rydbergzustände, deren elektronische Energie zwar unter der Ionisationsgrenze liegt (Abb. 9.51), die aber infolge der zusätzlichen Schwingungs-Rotations-Energie über der Ionisationsgrenze des nichtschwingenden Molekülions liegt.

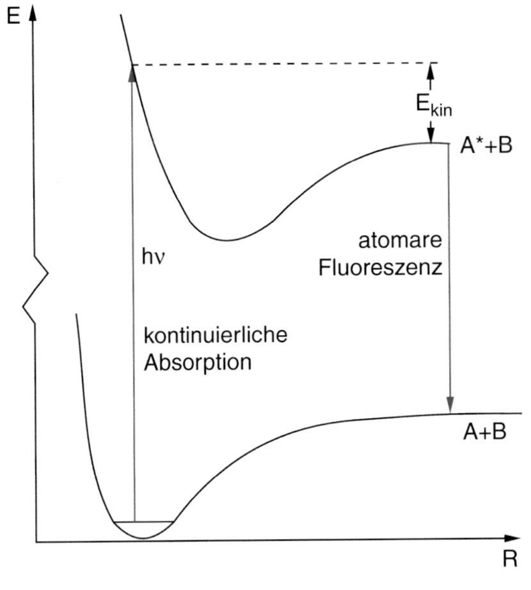

Abbildung 9.50 Zur Erklärung der kontinuierlichen Absorption in einem Molekül AB

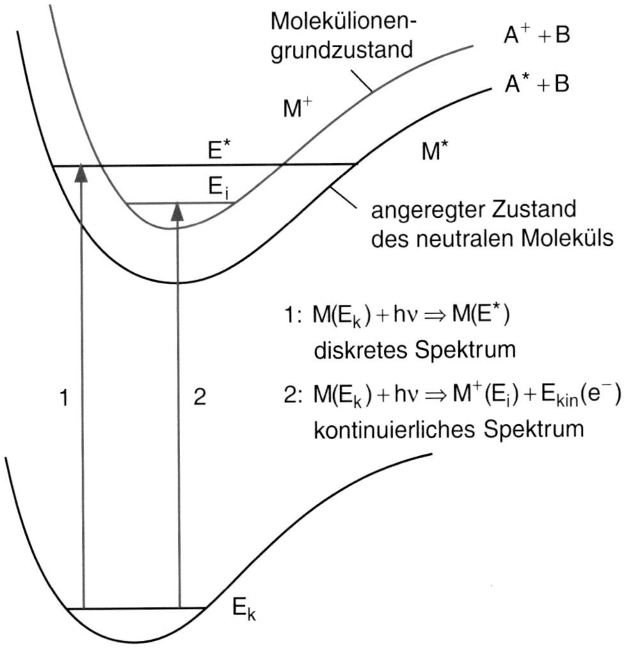

Abbildung 9.51 Zur Entstehung kontinuierlicher Absorptionsspektren von Molekülen oberhalb der Ionisationsgrenze, die von diskreten Rydbergserien überlagert sind

Solche Zustände können durch *Autoionisation* zerfallen. Dies erfordert jedoch eine Übertragung der Kernbewegungsenergie auf das Rydbergelektron, die nur mit geringer Wahrscheinlichkeit geschieht. Deshalb haben molekulare Rydbergzustände, deren Strahlungslebensdauer mit der Hauptquantenzahl n wie n^3 zunimmt, auch oberhalb der Ionisationsgrenze eine relativ lange Lebensdauer.

Kontinuierliche *Emissionsspektren* treten auf bei Übergängen von stabilen oberen Zuständen E' in dissoziierende tiefere Zustände E'' (Abb. 9.18). Auch hier gilt das Franck-Condon-Prinzip. Die Intensitätsverteilung $I(\nu)$ ist gegeben durch das Überlappintegral der Schwingungsfunktion des oberen gebundenen Zustandes und der Kernwellenfunktion $\chi_{\mathrm{N}}(E'')$ des unteren nicht gebundenen Zustandes, die von der kinetischen Energie $E_{\mathrm{kin}} = E'' - E''_{\mathrm{pot}}(R)$ abhängt und die durch eine Wellenfunktion mit der de Broglie-Wellenlänge

$$\lambda(R) = \frac{h}{p} = \frac{h}{\sqrt{2M \cdot E_{\mathrm{kin}}}}$$

Kapitel 9

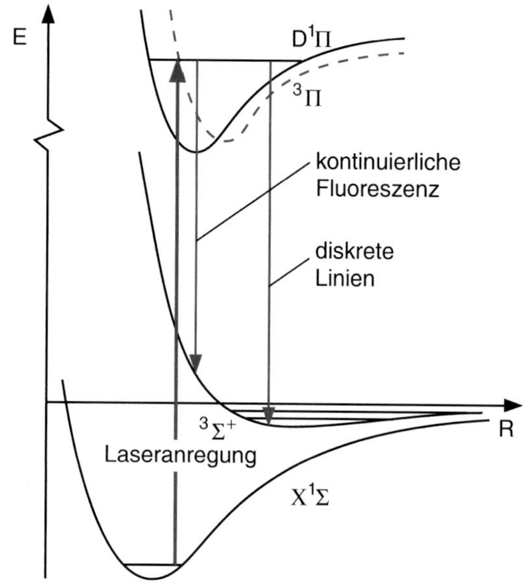

Abbildung 9.52 Anregungs- und Fluoreszenzschema bei der Beobachtung modulierter Kontinuumsemission des NaK-Moleküls

beschrieben werden kann. Da der Franck-Condon-Faktor am größten wird für Übergänge, die auf der Differenzpotentialkurve

$$U(R) = E''_{\text{pot}}(R) - E'_{\text{pot}}(R) + E'(v')$$

enden (siehe voriger Unterabschnitt), enthält das Emissionsspektrum $I(\nu)$ eine Intensitätsmodulation, deren Verlauf durch den Zusammenhang zwischen Frequenz ν und Kernabstand R gegeben ist und im Wesentlichen dem Quadrat $\left|\psi'_{\text{vib}}(R)\right|^2$ der Wellenfunktion im oberen Zustand folgt.

Zur Illustration ist in Abb. 9.53b das Emissionsspektrum des NaK-Moleküls auf dem Übergang von einem gebundenen $^3\Pi$-Zustand in den repulsiven $^3\Sigma$-Zustand gezeigt, das durch Laseranregung aus dem $^1\Sigma$-Grundzustand erzeugt wird und dessen Struktur am Termdiagramm in Abb. 9.53a erläutert wird. Es besteht aus diskreten Linien, die Übergängen in gebundene Zustände des $^3\Sigma^+$-Zustandes entsprechen, und einem intensitätsmodulierten kontinuierlichen Spektrum, das durch Übergänge in freie Zustände oberhalb der Dissoziationsenergie des $^3\Sigma^+$-Zustandes gebildet wird. Man kann aus der Zahl N der Maxima direkt die Schwingungsquantenzahl $v' = N - 1$ des oberen Zustands ermitteln.

9.7 Elektronische Zustände mehratomiger Moleküle

Das in Abschn. 9.3 behandelte Molekülorbital-Modell bildet einen anschaulichen Zugang zur Elektronenstruktur und geometrischen Atomanordnung mehratomiger Moleküle. Die Molekülorbitale werden in diesem Zusammenhang als Linearkombination von Atomorbitalen der Atome im Molekül gebildet. Da an der chemischen Bindung im Molekül im Wesentlichen nur die Elektronen in den Valenzschalen der Atome beteiligt sind, können wir alle inneren Schalen unberücksichtigt lassen und brauchen nur die Atomorbitale der Valenzelektronen

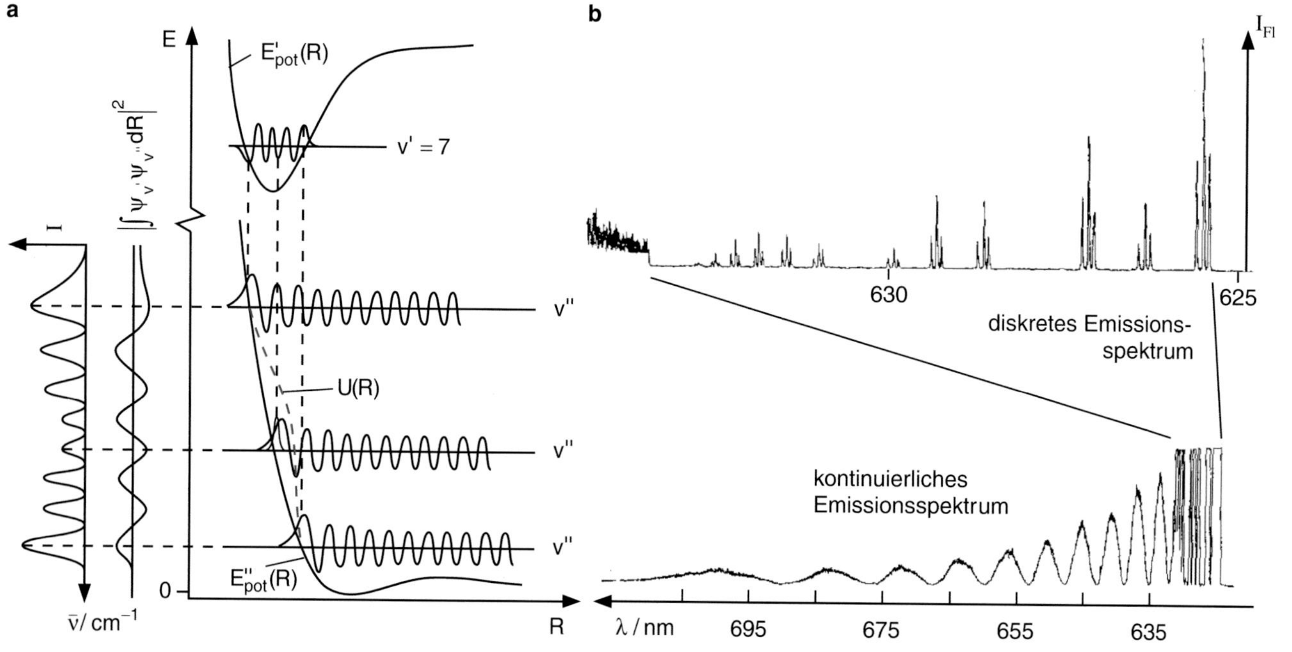

Abbildung 9.53 **a** Termdiagramm mit Schwingungswellenfunktionen des Triplett-Überganges $^3\Pi \to {}^3\Sigma$ im NaK-Molekül. **b** Gemessenes Spektrum [9]

zum Aufbau der Molekülorbitale zu verwenden. Um eine möglichst starke Bindung zu erreichen, sollte das Überlappintegral $\int \varphi_A \varphi_B \mathrm{d}\tau_{el}$ zwischen den an der Bindung beteiligten Atomorbitalen der Atome A und B möglichst groß sein. Wir wollen uns dies an einigen Beispielen verdeutlichen.

9.7.1 Das H_2O-Molekül

Für die Bildung des H_2O-Moleküls müssen wir die beiden $1s$-Orbitale der H-Atome und die vier Valenzorbitale $2s$, $2p_x$, $2p_y$, $2p_z$ des Sauerstoffatoms berücksichtigen, da die beiden $1s$-Elektronen des O-Atoms nicht an der Molekülbindung beteiligt sind. Die Elektronenkonfiguration des O-Atoms in den Valenzorbitalen ist $2s^2, 2p_x, 2p_y, 2p_z^2$. In einer ersten Näherung bleiben für die Bindung zwischen O-Atom und den beiden H-Atomen nur die beiden ungepaarten Elektronen in den $2p_x$- und $2p_y$-Orbitalen übrig, weil man dann ein bindendes Orbital mit je einem Elektron des O-Atoms und des H-Atoms mit antiparallelem Spin besetzen kann und damit eine große Elektronendichte zwischen O- und H-Atom erhält (Abb. 9.54). Die $2p_x$- bzw. $2p_y$-Orbitale bilden einen Überlapp mit den $1s$-Orbitalen der beiden H-Atome, der genau wie beim H_2-Molekül zu einer Absenkung der Gesamtenergie und damit zu einer Bindung führt. Man erhält daher als „bindende Molekülorbitale" die Linearkombinationen

$$\psi_1 = c_1\varphi(1s_H) + c_2\varphi(2p_x) ,$$
$$\psi_2 = c_3\varphi(1s_H) + c_4\varphi(2p_y) ,$$

die von je zwei Elektronen besetzt werden. Auf Grund dieses einfachen Modells erwarten wir daher eine gewinkelte Struktur des H_2O-Moleküls mit einem Bindungswinkel von $\alpha = 90°$. Der experimentelle Wert ist $\alpha = 105°$.

Der Grund für diese relativ kleine Diskrepanz ist der folgende: Durch die Wechselwirkung der Elektronen des O-Atoms und der H-Atome werden die Elektronenhüllen der Atome etwas deformiert (siehe Diskussion in Abschn. 9.1.3). Deshalb bleibt z. B. das $2s$-Orbital im O-Atom nicht mehr kugelsymmetrisch,

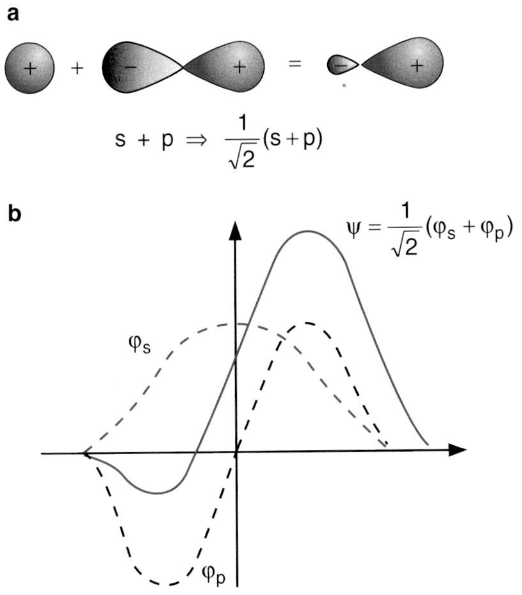

Abbildung 9.55 Linearkombination von s- und p-Orbital zur Bildung eines sp-Hybridorbitals

sondern kann als Linearkombination

$$\psi = c_1\phi(2s) + c_2\phi(2p)$$

beschrieben werden (Abb. 9.55). Diese Veränderung der Elektronenverteilung führt zu einer Verlagerung des Schwerpunktes der Ladungsverteilung (Abb. 9.55b) und zu einem größeren Überlapp der Wellenfunktion ψ mit der $1s$-Funktion des H-Atoms. Dies wiederum optimiert die Bindung zwischen H und O. Um den optimalen Anteil der p-Funktion zu bestimmen, werden die Koeffizienten c_i so variiert, dass die Bindungsenergie zwischen dem O-Atom und den beiden H-Atomen maximal, also die Gesamtenergie minimal wird. Die mit solchen ***Hybridorbitalen*** gebildeten Bindungen sind nicht mehr orthogonal, sondern erreichen bei einer Berücksichtigung aller Polarisations- und Austauscheffekte in der Tat den experimentell ermittelten Bindungswinkel (Abb. 9.56).

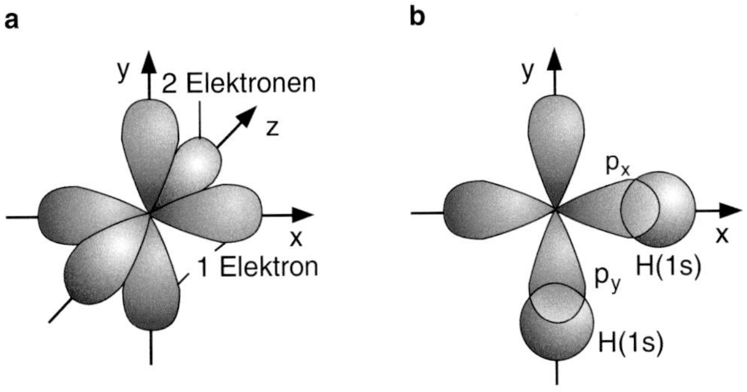

Abbildung 9.54 **a** Die drei $2p$-Orbitale des O-Atoms. Das graue p_z-Orbital ist mit 2 Elektronen besetzt. **b** Bindung zwischen den $1s$-Orbitalen der H-Atome und den $2p_x$-, $2p_y$-Orbitalen des O-Atoms ohne Hybridisierung

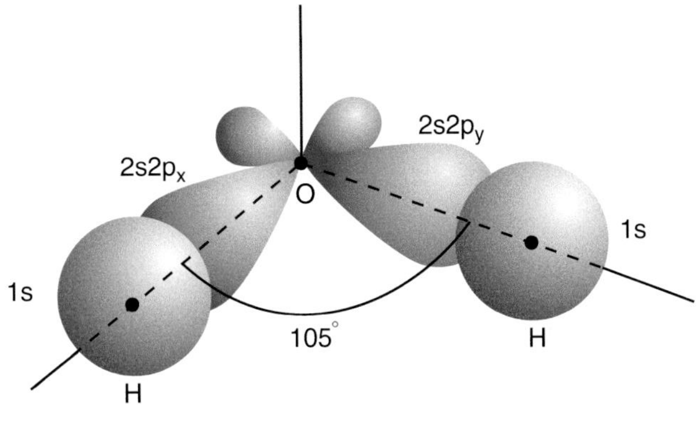

Abbildung 9.56 Bildung des H_2O-Moleküls mit hybridisierten Orbitalen für die O—H-Bindungen

9.7.2 Hybridisierung

Hybridisierung bedeutet eine Mischung aus s- und p-Orbitalen, hervorgerufen durch die Verformung der Elektronenhülle auf Grund der Wechselwirkung zwischen den an der Bindung beteiligten Atomen. Die Atomorbitale sind dann keine reinen s- oder p-Funktionen mehr, sondern Linearkombinationen (***Hybride***) von beiden. Wir wollen uns dies am Beispiel des Kohlenstoffatoms C und seiner Verbindungen mit anderen Atomen klar machen.

Die Elektronenkonfiguration im Grundzustand des C-Atoms

$$(1s^2)(2s^2)(2p_x)(2p_y)$$

zeigt, dass das C-Atom zwei ungepaarte Elektronen hat, welche in der einfachen Atomorbitaltheorie zu zwei gerichteten Bindungen in x- und y-Richtung mit einem Bindungswinkel von 90° führen sollten (Abb. 9.57).

Es kann nun energetisch günstiger sein, wenn außer den beiden p-Elektronen auch eines der beiden $2s$-Elektronen an der Bindung teilnimmt, da bei der Verformung des $2s$-Orbitals ein Überlapp mit den Elektronenhüllen der an das C-Atom bindenden Atomen zu einer Vergrößerung der Bindungsenergie und damit zu einer Absenkung der Gesamtenergie führt (siehe auch Abb. 9.55). Anders ausgedrückt: Wenn die positive Energie, die man braucht, um ein $2s$-Elektron in ein Orbital anzuheben, das durch eine Linearkombination von s- und p-Orbitalen gebildet wird, überkompensiert wird durch den zusätzlichen Gewinn an negativer Bindungsenergie, wird die Hybridisierung energetisch vorteilhaft.

Man spricht von sp-Hybridisierung, wenn sich ein s-Orbital mit nur einem p-Orbital mischt.

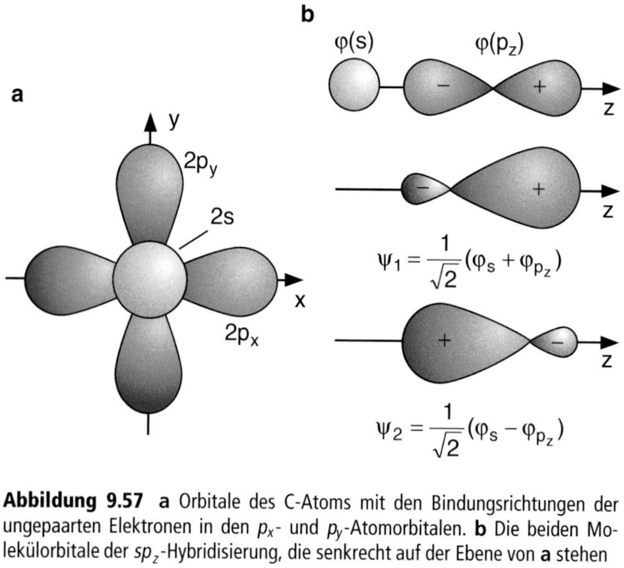

Abbildung 9.57 **a** Orbitale des C-Atoms mit den Bindungsrichtungen der ungepaarten Elektronen in den p_x- und p_y-Atomorbitalen. **b** Die beiden Molekülorbitale der sp_z-Hybridisierung, die senkrecht auf der Ebene von **a** stehen

Zur Untersuchung der sp-Hybridisierung betrachten wir die beiden atomaren Hybridfunktionen

$$\begin{aligned}\phi_1 &= c_1\phi(s) + c_2\phi(p_z)\,,\\ \phi_2 &= c_3\phi(s) + c_4\phi(p_z)\,,\end{aligned} \tag{9.100}$$

die wir aus den s- und p_z-Orbitalen bilden können. Aus der Normierungsbedingung

$$\int |\phi_i|^2 \,\mathrm{d}\tau = 1$$

und der Orthogonalitätsbedingung

$$\int \phi_1^* \cdot \phi_2 \,\mathrm{d}\tau = 0$$

folgen durch Einsetzen von (9.100), unter Berücksichtigung der Normierung von ϕ_s und ϕ_{p_z}, analog zu den Rechnungen in Abschn. 9.1.2, die Bedingungen $c_1^2 + c_2^2 = 1$, $c_3^2 + c_4^2 = 1$ und $c_1c_3 + c_2c_4 = 0$. Daraus erhält man:

$$c_1 = c_2 = c_3 = \frac{1}{\sqrt{2}}\,, \quad c_4 = -\frac{1}{\sqrt{2}}\,.$$

Die beiden sp-Hybridorbitale werden dann

$$\begin{aligned}\phi_1 &= \frac{1}{\sqrt{2}}\left[\phi(s) + \phi(p_z)\right],\\ \phi_2 &= \frac{1}{\sqrt{2}}\left[\phi(s) - \phi(p_z)\right],\end{aligned} \tag{9.101}$$

deren Winkelanteil (siehe Tab. 4.2)

$$\phi_{1,2}(\vartheta) = \frac{1}{2\cdot\sqrt{2\pi}}\left[1 \pm \sqrt{3}\cdot\cos\vartheta\right] \tag{9.102}$$

wird, wobei ϑ der Winkel gegen die z-Achse ist. Man sieht daraus, dass $|\phi_1|^2$ maximal wird für $\vartheta = 0$, $|\phi_2|^2$ für $\vartheta = \pi$.

Man beachte: Die Orbital-Diagramme in Abb. 9.57b sind Polardiagramme wie die Atom-Orbitale in Abb. 4.27. Die Elektronendichte ist rotationssymmetrisch um die z-Achse.

> Eine sp-Hybridisierung bei Verbindungen des C-Atoms mit anderen Atomen führt deshalb zu zwei entgegengerichteten Bindungen und damit zu einem linearen Molekül, wenn keine anderen Bindungen vorhanden sind.

Das C-Atom erhält durch die sp-Hybridisierung, zusammen mit den p_x- und p_y-Orbitalen insgesamt vier freie Bindungen. Geht das C-Atom Bindungen mit zwei anderen Atomen (z. B. zwei O-Atomen) ein, so erhält man bei der sp-Hybridisierung für die beiden entgegengesetzten Richtungen den größten Überlapp mit den Atomorbitalen dieser Atome und damit die stärkste Bindung. Beispiele sind das CO_2-Molekül O=C=O (siehe Abschn. 9.7.3) oder das Azethylen H−C≡C−H.

Für manche Verbindungen des C-Atoms mit anderen Atomen ist es energetisch günstiger, wenn das s-Elektron und die beiden ungepaarten p-Elektronen eine räumliche Verteilung haben, die durch eine Linearkombination eines s-Orbitals und *zweier* p-Orbitale dargestellt wird. Für diese sp^2-Hybridisierung müssen wir die drei Molekülorbitale aus Linearkombinationen von $\phi(s)$, $\phi(p_x)$ und $\phi(p_y)$ bilden. Analog zur obigen Betrachtung erhält man bei Berücksichtigung der Normierungsbedingung und der Orthogonalität die drei atomaren Orbitalfunktionen

$$\phi_1(sp^2) = \frac{1}{\sqrt{3}}\phi(s) + \sqrt{\frac{2}{3}}\phi(p_x), \qquad (9.103)$$
$$\phi_2(sp^2) = \frac{1}{\sqrt{3}}\phi(s) - \frac{1}{\sqrt{6}}\phi(p_x) + \frac{1}{\sqrt{2}}\phi(p_y),$$
$$\phi_3(sp^2) = \frac{1}{\sqrt{3}}\phi(s) - \frac{1}{\sqrt{6}}\phi(p_x) - \frac{1}{\sqrt{2}}\phi(p_y),$$

deren Winkelanteile durch

$$\phi_1(\varphi) = \frac{1}{2\sqrt{\pi}}\left(\frac{1}{\sqrt{3}} + \sqrt{2}\cos\varphi\right), \qquad (9.104)$$
$$\phi_2(\varphi) = \frac{1}{2\sqrt{\pi}}\left(\frac{1}{\sqrt{3}} - \frac{1}{\sqrt{2}}\cos\varphi + \sqrt{\frac{3}{2}}\sin\varphi\right),$$
$$\phi_3(\varphi) = \frac{1}{2\sqrt{\pi}}\left(\frac{1}{\sqrt{3}} - \frac{1}{\sqrt{2}}\cos\varphi - \sqrt{\frac{3}{2}}\sin\varphi\right)$$

gegeben sind, wobei φ der Winkel gegen die x-Achse ist (Abb. 9.58). Die drei Funktionen haben ihr Maximum für ϕ_1 bei $\varphi = 0$, für ϕ_2 bei $\varphi = 120°$ und für ϕ_3 bei $\varphi = 240°$ bzw. $\varphi = -120°$.

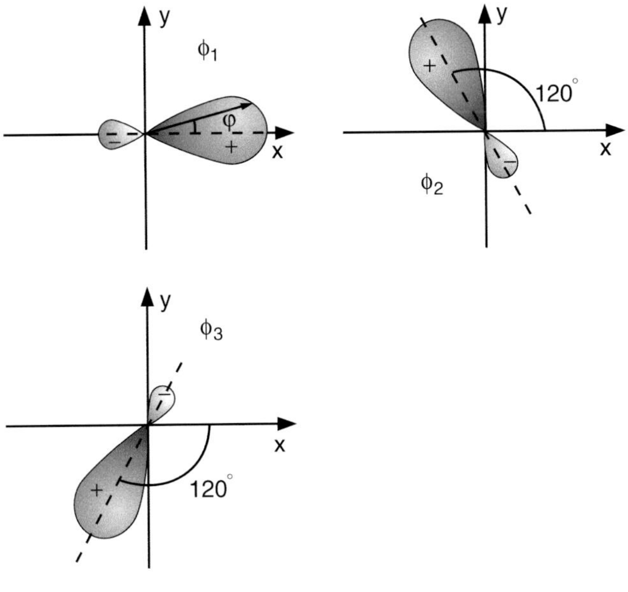

Abbildung 9.58 Die Orbitale der sp^2-Hybridisierung

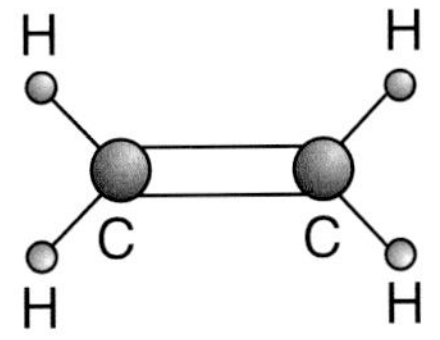

Abbildung 9.59 Das ebene Ethen-Molekül C_2H_4 als Beispiel für eine sp^2-Hybridisierung

Man sieht daraus, dass die sp^2-Hybridisierung zu drei gerichteten Bindungen führt, die in einer Ebene liegen.

Ein Beispiel bietet das Ethen-Molekül C_2H_4 (Abb. 9.59), bei dem die vier C–H-Bindungen und die C=C-Bindung in einer Ebene liegen.

Zum Schluss wollen wir noch die sp^3-Hybridisierung behandeln, die z. B. beim Methanmolekül CH_4 vorliegt.

Im Falle der sp^3-Hybridisierung müssen wir das s-Orbital mit allen drei p_x-, p_y- und p_z-Orbitalen mischen. Die daraus gebildeten normierten und orthogonalen Wellenfunktionen der entsprechenden Atomorbitale sind

$$\phi_1 = \frac{1}{2}\phi(s) + \frac{1}{2}\sqrt{3}\phi(p_z), \qquad (9.105)$$
$$\phi_2 = \frac{1}{2}\phi(s) + \sqrt{\frac{2}{3}}\phi(p_x) - \frac{1}{2\sqrt{3}}\phi(p_z),$$
$$\phi_3 = \frac{1}{2}\phi(s) - \frac{1}{\sqrt{6}}\phi(p_x) + \frac{1}{\sqrt{2}}\phi(p_y) - \frac{1}{2\sqrt{3}}\phi(p_z),$$
$$\phi_4 = \frac{1}{2}\phi(s) - \frac{1}{\sqrt{6}}\phi(p_x) - \frac{1}{\sqrt{2}}\phi(p_y) - \frac{1}{2\sqrt{3}}\phi(p_z).$$

Setzt man in (9.105) die Winkelanteile ein, so ergeben sich für die sp^3-Hybridisierung Atomorbitale mit Maxima, die in die vier Ecken eines Tetraeders zeigen (Abb. 9.60).

Ein Beispiel für die sp^3-Hybridisierung ist das Methan-Molekül CH_4 (Abb. 9.61).

Auch das H_2O-Molekül kann man durch eine sp^3-Hybridisierung beschreiben. Ohne Hybridisierung besetzen zwei Elektronen das $2s$-Niveau des O-Atoms und vier Elektronen die Niveaus $2p_x$, $2p_y$ und $2p_z$ (Abb. 9.63a). Durch die Hybridisierung entstehen die 4 Hybrid-Orbitale (9.105), deren Besetzung in Abb. 9.63b mit der Spinstellung der Elektronen dargestellt sind. Diese vier Hybrid-Orbitale zeigen in die Ecken eines Tetraeders (Abb. 9.60). Durch die Polarisierung der beiden H-Atome bei ihrer Bindung im H_2O-Molekül durch den Überlapp ihrer $1s$-Wellenfunktion mit zwei der Hybrid-Orbitale des O-Atoms wird der Tetraederwinkel von 109° auf 105° verringert.

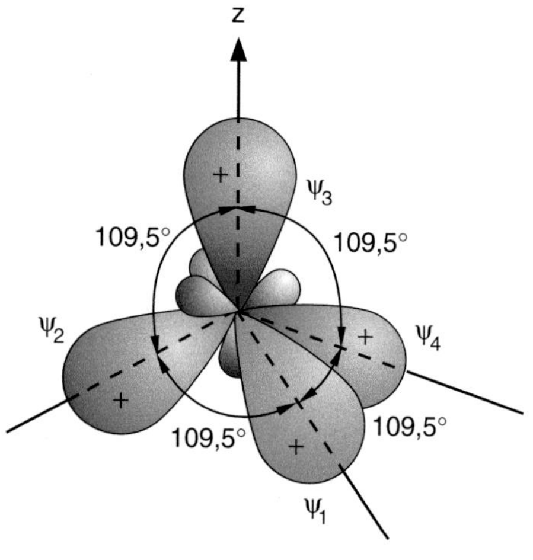

Abbildung 9.60 Orientierung der vier Molekülorbitale bei der sp^3-Hybridisierung

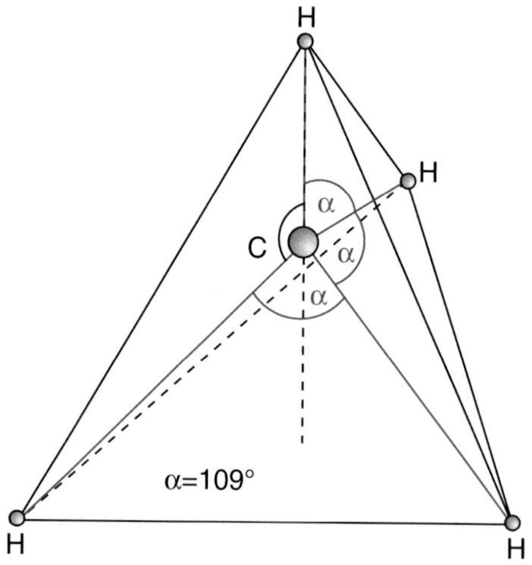

Abbildung 9.61 Das Methan-Molekül CH_4, bei dem die H-Atome auf den Ecken eines Tetraeders sitzen und das C-Atom im Mittelpunkt

Außer der Mischung von s- und p-Orbitalen bei den sp^n-Hybridisierungen können auch d-Orbitale in der Hybridisierung vorkommen, falls diese bei den Atomorbitalen besetzt werden können. Sie führen zu gerichteten Bindungen mit unterschiedlicher Molekülgeometrie. So haben z. B. Moleküle der Form AB_4 mit acht Valenzelektronen Tetraedergeometrie, solche mit zehn Valenzelektronen formen eine trigonale Bipyramide, mit zwölf Elektronen eine ebene quadratische Geometrie. In Tab. 9.6 sind einige Beispiele aufgeführt. So führt z. B. die sp^2d-Hybridisierung zu vier gerichteten Bindungen, die alle in einer Ebene liegen und den Winkel 90° miteinander einschließen.

Ein Molekül, dessen Valenzorbitale die vier Hybridorbitale der sp^2D_d-Mischung sind, ist also von quadratisch-planarer Geometrie.

Man sieht aus diesen Überlegungen, dass man die geometrische Struktur eines Moleküls aus seinen Molekülorbitalen bestimmen kann. Die eigentlichen bindenden Molekülorbitale sind dann Linearkombinationen dieser atomaren Hybridfunktionen des Atoms A und der Atomorbitale der an der Bindung beteiligten Atome B.

Tabelle 9.6 Geometrische Anordnung von gerichteten Bindungen einiger Hybridorbitale

Hybridtyp	Anzahl	Geometrie	Beispiel
sp	2	linear	C_2H_2
sp^2	3	eben, 120°	C_2H_4
sp^3	4	Tetraeder	CH_4
sp^2d	4	eben, quadratisch	XeF_4
sp^3d	5	dreiseitige Doppelpyramide	SF_4
sp^3d^2	6	Oktaeder	SF_6

Das Grundprinzip der Hybridisierung ist die Minimierung der Gesamtenergie durch Maximierung der (negativen) Bindungsenergie von Atomen im Molekül. Dies wird dadurch erreicht, dass der Überlapp der Wellenfunktionen zwischen zwei Atomen optimal wird.

In Abb. 9.62 ist der Wert des Überlappintegrals S (siehe Abschn. 9.1.2) der zwei Hybridorbitale

$$\phi_i = \frac{1}{\sqrt{1+\lambda^2}}\left[\phi(s) + \lambda\phi(p)\right]$$

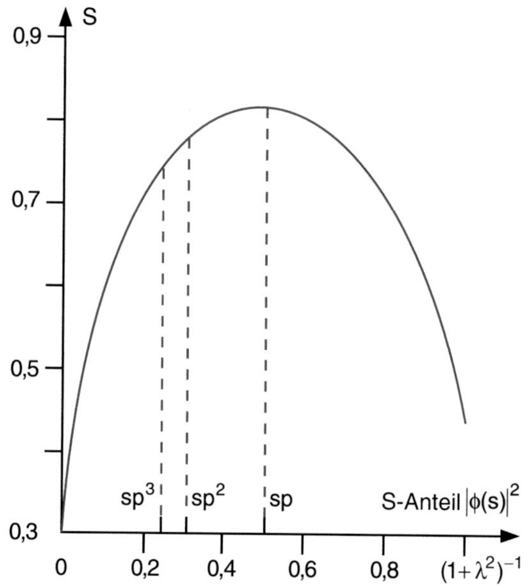

Abbildung 9.62 Wert des Überlappintegrals S zwischen zwei gleichen Hybridorbitalen $(s + \lambda p)$ als Funktion des prozentualen s-Anteils $|\phi(s)|^2$

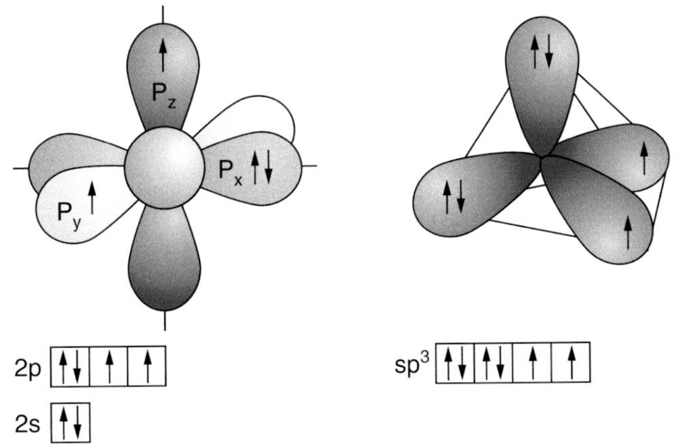

Abbildung 9.63 Orbitale des O-Atoms **a** ohne Hybridisierung, **b** mit sp^3-Hybridisierung [10]

einer C–C-Bindung zwischen zwei Atomen C_i ($i = 1,2$) bei festem Kernabstand als Funktion des s-Anteils $|\phi(s)|^2 / |\phi|^2 = (1+\lambda^2)^{-1}$ dargestellt. Man sieht, dass für die sp-Hybridisierung ein 50 % s-Anteil das Überlappintegral maximiert. Die sp-Hybridisierung erhöht den Wert von $S = 0{,}3$ ohne Hybridisierung auf etwa 0,85. Für $\lambda = 1$ $[(1+\lambda^2)^{-1} = \frac{1}{2}]$ ist die sp-Hybridisierung energetisch am günstigsten, für $\lambda = \sqrt{2}$ die sp^2- und für $\lambda = \sqrt{3}$ die sp^3-Hybridisierung.

Der Energieaufwand für die Anhebung des s-Elektrons in den Hybrid-Zustand wird überkompensiert durch die Erhöhung der Bindungsenergie.

Die Elektronenhüllen der Atome werden so umgeordnet (verformt), dass ein maximaler Überlapp für alle Bindungen erreicht wird. Dadurch wird auch die optimale Geometrie eines Moleküls festgelegt.

Alle Moleküle nehmen im Grundzustand die Geometrie an, bei der ihre Gesamtenergie minimal wird.

9.7.3 Das CO_2-Molekül

Um die Molekülorbitale des CO_2-Moleküls zu erhalten, müssen wir 12 Valenz-Atomorbitale mit der Hauptquantenzahl $n = 2$ berücksichtigen, nämlich die $2s$-, $2p_x$-, $2p_y$- und $2p_z$-Orbitale für jedes der drei Atome (Abb. 9.64). Aus diesen 12 Atomorbitalen lassen sich durch geeignete Linearkombinationen 12 Molekülorbitale aufbauen, die dann, nach steigender Energie geordnet, gemäß dem Pauliprinzip mit je zwei Elektronen mit antiparallelem Spin besetzt werden. Da es nur 16 Valenzelektronen (vier vom C-Atom und je sechs von beiden O-Atomen) gibt, können im Grundzustand nur die acht untersten Molekülorbitale aufgefüllt werden. Diese Orbitale müssen jetzt so aus den Atomorbitalen kombiniert werden, dass der Elektronenüberlapp zwischen den Atomen maximal und die Gesamtenergie minimal wird.

Im C-Atom ist das $2s$-Orbital mit zwei Elektronen, das $2p_x$- und $2p_z$-Orbital mit je einem Elektron besetzt, im O-Atom ein $2p$-Orbital mit zwei Elektronen und zwei $2p$-Orbitale mit je einem Elektron. Ohne Hybridisierung würden deshalb nur zwei p-Orbitale beim C-Atom und zwei p-Orbitale bei jedem O-Atom zur Verfügung stehen. Einen größeren Überlapp erhält man bei Berücksichtigung der sp-Hybridisierung, bei der jeweils ein $2s$-Orbital und ein $2p$-Orbital linear kombinieren zum sp-Hybridorbital (siehe voriger Unterabschnitt).

Dadurch ergibt sich die in Abb. 9.65 gezeigte energetische Reihenfolge der besetzten Molekülniveaus mit der anschaulichen Darstellung der Molekülorbitale [11].

Der größte Anteil zur Bindung im CO_2 wird von den Molekülorbitalen geliefert, die aus den sp_z-Hybridfunktionen der O-Atome und den s- bzw. p_z-Orbitalen des C-Atoms kombiniert sind. Da die Maxima der sp-hybridisierten Molekülorbitalfunktion entlang der $\pm z$-Achse liegen, wird eine lineare Geometrie des Moleküls bevorzugt. Elektronenpaare in Orbitalen, die nicht an der Molekülbindung beteiligt sind (z. B. die in x, y-Richtung zeigenden Orbitale in Abb. 9.64), heißen „einsame Elektronenpaare" (lone pairs).

Für lineare Moleküle können die Energieniveaus wie bei zweiatomigen Molekülen klassifiziert werden nach der Komponente $\Lambda\hbar$ des gesamten Elektronen-Bahndrehimpulses entlang der

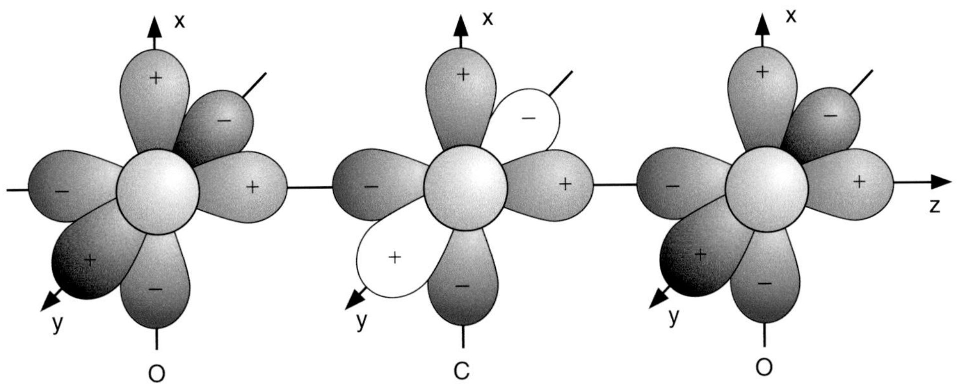

Abbildung 9.64 Die 12 Atomorbitale des CO_2-Moleküls. Nach F. Engelke [11]. Das *weiße* Orbital ist unbesetzt, die *grauen* sind doppelt besetzt

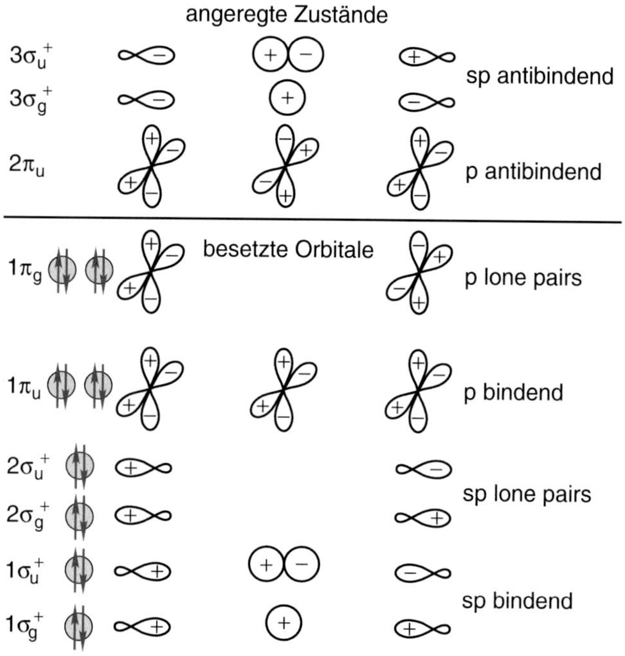

Abbildung 9.65 Die besetzten Energieniveaus des CO_2-Moleküls und ihre Molekülorbitale [11]

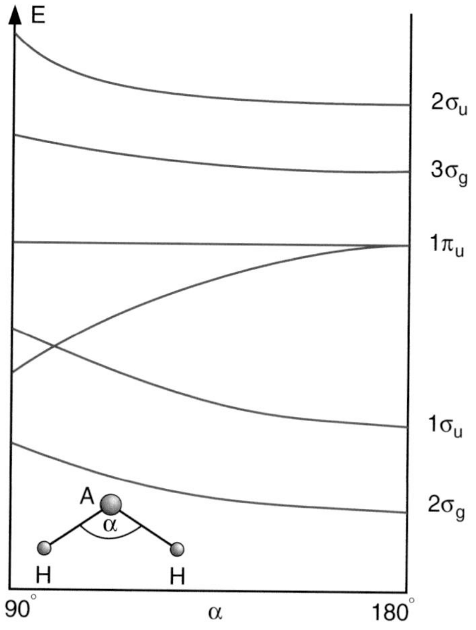

Abbildung 9.66 Walsh-Molekülorbital-Diagramm für AH_2-Moleküle

Kernverbindungsachse. Da für die vier unteren Niveaus $\Lambda = 0$ ist, handelt es sich um σ-Zustände. Ihre Symmetrie bezüglich der Spiegelung aller Elektronenkoordinaten am Ladungsschwerpunkt ist gerade oder ungerade, sodass wir σ_u- und σ_g-Molekülorbitale erhalten (siehe Abschn. 9.3).

Das energetisch nächst höhere Orbital mit $\Lambda = 1$ ist das bindende $1\pi_u$-Orbital, das aus atomaren $p_x + p_y$ Hybrid-Orbitalen zusammengesetzt ist. Das $1\pi_g$-Orbital ist nichtbindend, weil es praktisch keinen Überlapp der atomaren Wellenfunktionen zeigt. Alle höheren Orbitale sind im Grundzustand nicht besetzt. Die Elektronen-Konfiguration des CO_2-Moleküls im elektronischen Grundzustand ist deshalb $(1\sigma_g)^2(1\sigma_u)^2(2\sigma_g)^2(2\sigma_u)^2(1\pi_u)^4(1\pi_g)^4$.

9.7.4 Walsh-Diagramm

Man kann sich den Bindungswinkel beliebiger AH_2-Moleküle (A steht für irgendein Atom) an Hand des Walsh-Diagramms (Abb. 9.66) überlegen. In diesem Diagramm ist die Abhängigkeit der Energie aller relevanten Molekülorbitale vom Bindungswinkel dargestellt. Man sieht aus Abb. 9.66, dass die σ_g- und σ_u-Orbitale die lineare Konfiguration bevorzugen, während die Besetzung von π-Orbitalen die gewinkelte Struktur favorisiert. Addiert man für ein spezielles AH_2-Molekül die Energie aller besetzten Orbitale, so hat diese Gesamtenergie ein Minimum bei einem bestimmten Winkel α. Dies ist dann der Bindungswinkel im Grundzustand des Moleküls. So sind z. B. im H_2O-Molekül mit acht Valenzelektronen die vier untersten Orbitale in Abb. 9.66 mit je zwei Elektronen besetzt. Die Gesamtenergie hat ein Minimum für $\alpha = 105°$.

Beim $NH_2^\bullet$-Molekülradikal haben wir drei Orbitale mit je zwei Elektronen und das obere π_u-Niveau, dessen Energie nicht von α abhängt, nur mit einem Elektron besetzt. Wir erwarten daher beim NH_2 einen Bindungswinkel α, der dem des H_2O-Moleküls nahekommt.

Regt man ein Elektron in ein höheres Niveau an, so kann sich der Bindungswinkel α durchaus ändern, je nachdem, wie die Energieabhängigkeit $E(\alpha)$ des angeregten Orbitals aussieht. Entfernt man z. B. aus dem H_2O-Molekül ein Elektron aus dem $1\pi_u$-Zustand, so muss der Bindungswinkel α größer werden. In der Tat findet man experimentell, dass das $H_2O^{\bullet+}$-Radikalkation einen größeren Bindungswinkel von 110° gegenüber $\alpha = 105°$ beim H_2O hat.

Man kann analoge Walsh-Diagramme für XY_2-Moleküle, wie z. B. CO_2 oder NO_2 berechnen (Abb. 9.67). Aus einem solchen Diagramm lässt sich dann ablesen, dass CO_2 im Grundzustand linear ist, während NO_2 gewinkelt ist mit $\alpha = 134°$, weil für die jeweiligen Konfigurationen die Gesamtenergie aller besetzten Orbitale ein Minimum hat [11].

9.7.5 Das NH_3-Molekül

Das N-Atom hat drei ungepaarte $2p$-Elektronen (siehe Abb. 6.14) in den drei p_x-, p_y-, p_z-Orbitalen. Wir erwarten daher drei gerichtete Bindungsmöglichkeiten mit den drei $1s$-Orbitalen der drei H-Atome, deren Richtungen miteinander einen Winkel von etwa 90° einschließen (Abb. 9.68). Auch hier wird, wie beim H_2O, durch die Hybridisierung der Winkel vergrößert auf 107,3°. Die Struktur des NH_3-Moleküls entspricht

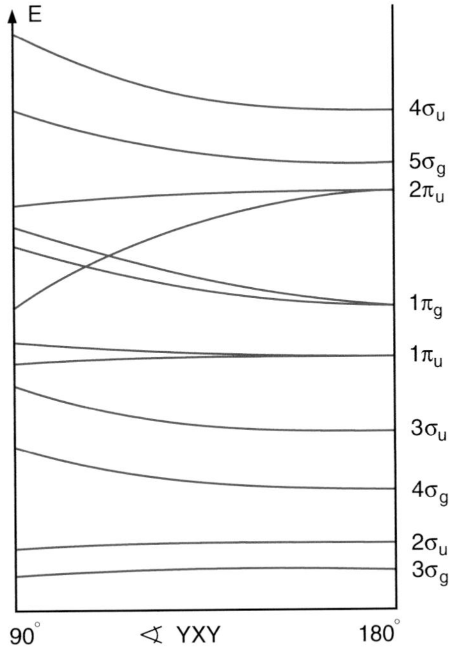

Abbildung 9.67 Walsh-Molekülorbital-Diagramm für XY_2-Moleküle

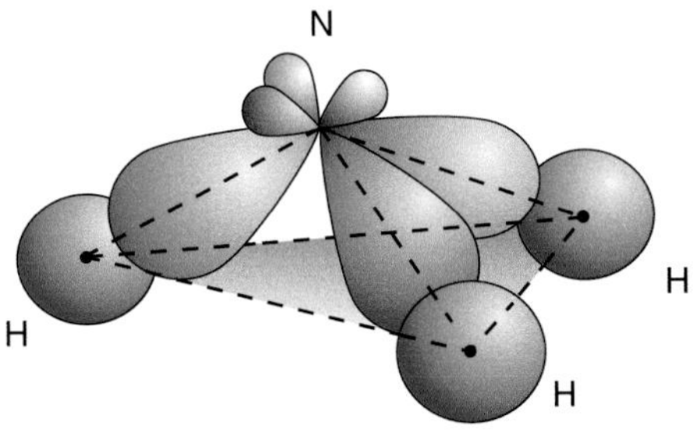

Abbildung 9.68 Valenzorbitale des NH_3-Moleküls

einer dreiseitigen Pyramide. Durch die unsymmetrische Ladungsverteilung entsteht ein Dipolmoment $\boldsymbol{p}_{el}$, dessen Betrag $5 \cdot 10^{-30}$ C m ist und dessen Richtung entlang der Pyramidenachse vom N-Atom zur Mitte des Dreiecks der drei H-Atome liegt.

Die potentielle Energie als Funktion der Höhe h des N-Atoms über der Ebene der drei H-Atome (Abb. 9.69) hat ein Maximum für $h = 0$ und zwei Minima für $h = \pm h_0$, weil sich das N-Atom oberhalb oder unterhalb der Ebene befinden kann. Die beiden äquivalenten spiegelbildlichen Konfigurationen sind ununterscheidbar.

Das N-Atom kann infolge des Tunneleffektes (siehe Abschn. 4.2.3) durch die Barriere gelangen. Um die Energieeigenwerte für die Schwingung des N-Atoms zu bestimmen, muss man beide Möglichkeiten für den Aufenthalt des N-Atoms oberhalb und unterhalb der Ebene in Betracht ziehen. Seine Schwingungseigenfunktion kann daher als symmetrische bzw. antisymmetrische Linearkombination

$$\psi_s = N \cdot (\psi_1 + \psi_2) , \qquad \psi_a = N \cdot (\psi_1 - \psi_2)$$

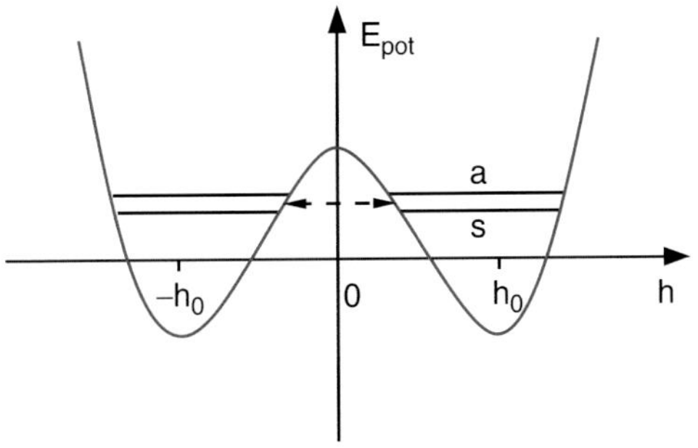

Abbildung 9.69 Doppelminimum-Potential für die Höhe des N-Atoms über der Ebene der drei H-Atome im NH_3-Molekül (*a* antisymmetrische, *s* symmetrische Schwingungswellenfunktion)

von harmonischen Oszillatorfunktionen (Abschn. 4.2.5) mit dem Normierungsfaktor N geschrieben werden, die zu etwas unterschiedlichen Energieeigenwerten führen (***Inversions-Aufspaltung***). Auf einem solchen Inversionsübergang $a \to s$ wurde der erste Maser 1954 von *J.P. Gordon*, *Ch. Townes* und *H.J. Zeiger* realisiert, der auf der Frequenz $\nu = 24$ GHz oszilliert.

Kapitel 9

9.7.6 π-Elektronensysteme

In den vorhergehenden Beispielen haben wir lokalisierte Bindungen in Molekülen behandelt, d. h. die Wahrscheinlichkeitsverteilung für die Valenzelektronen, die an den Bindungen beteiligt sind, ist auf ein enges Raumgebiet zwischen den bindenden Atomen beschränkt.

Es gibt jedoch eine wichtige Klasse von Molekülen, die konjugierten und aromatischen Moleküle, bei denen delokalisierte Elektronen eine wichtige Rolle spielen. Ein Beispiel dafür ist das Butadien (Abb. 9.70), bei dem einfache mit Doppelbindungen zwischen den C-Atomen abwechseln.

Die elektrische Polarisierbarkeit solcher Moleküle ist in Richtung der C-Kette wesentlich größer als bei Molekülen mit lokalisierten Bindungen, was schon darauf hindeutet, dass delokalisierte, leicht bewegliche Elektronen vorhanden sind. Es zeigt sich, dass diese delokalisierten Elektronen aus überlappenden p-Orbitalen kommen und π-Bindungen bewirken. Wir wollen dies am Beispiel des Benzol-Moleküls erläutern (Abb. 9.71).

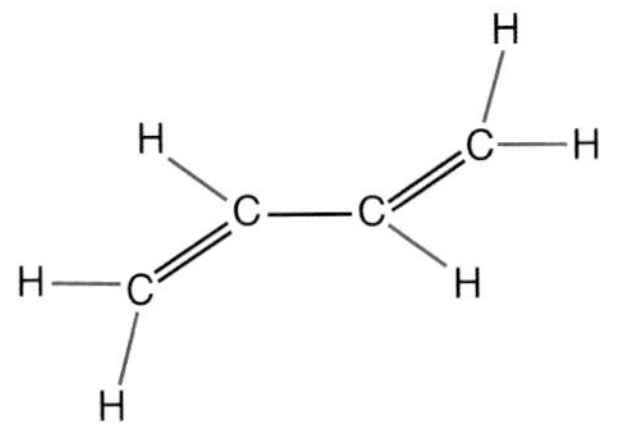

Abbildung 9.70 1,3-Butadien-Molekül

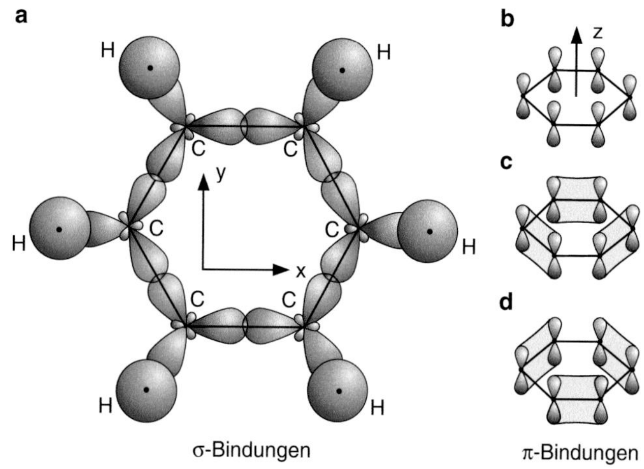

Abbildung 9.71 Benzol-Molekül. **a** Lokalisierte σ-Bindungen, **b** π-Elektronensystem aus p_z-Atomorbitalen, **c** und **d** zwei nicht unterscheidbare Linearkombinationen von p_z-Orbitalen, die zu delokalisierten Elektronen führen

Aus vielen verschiedenen Experimenten wurde klar, dass Benzol ein planares Molekül sein muss, wobei die sechs Kohlenstoffatome ein Sechseck bilden, so dass der Winkel zwischen den Verbindungen der C-Atome 120° ist. Dies deutet, wie in Abschn. 9.7.2 diskutiert wurde, auf eine sp^2-Hybridisierung der Elektronen der C-Atome hin. Es gibt daher lokalisierte C–C- und C–H-Bindungen vom σ-Typ, an denen jeweils ein Valenzelektron eines C-Atoms beteiligt ist. Die insgesamt 6 Elektronen der an der Hybridisierung unbeteiligten p_z-Orbitale stehen für zusätzliche Bindungen zur Verfügung (Abb. 9.71b).

Nun gibt es aber zwei ununterscheidbare Möglichkeiten, wie zwei Elektronen mit antiparallelen Spins in benachbarten p_z-Orbitalen eine Bindung eingehen können, die in Abb. 9.71c und d dargestellt sind. Wir müssen daher für die von den sechs π-Elektronen besetzten Orbitale Linearkombinationen

$$\psi = \sum_{i=1}^{6} c_i \phi_i$$

verwenden, wobei die ϕ_i p_z-Orbitale der sechs Kohlenstoffatome sind.

Der wichtigste Punkt ist nun, dass die Wellenfunktionen ψ nicht mehr auf ein einzelnes C-Atom lokalisiert, sondern über den ganzen Ring ausgedehnt sind. Diese delokalisierten Elektronen tragen zur Stabilität der ebenen Anordnung bei, da ihre Aufenthaltswahrscheinlichkeit symmetrisch zur Ebene verteilt ist.

Man kann die delokalisierten π-Elektronen, die sich über eine Strecke L ausbreiten können (im Beispiel des Benzols ist L der Umfang des Sechsecks des C-Gerüstes), wie Elektronen in einem Potentialkasten behandeln (siehe Abschn. 4.2.4). Bei Anregung der π-Elektronen (z. B. durch Absorption von Photonen) können dann höhere Energiezustände angeregt werden, die wegen der Bedingung $L = n \cdot \lambda = n \cdot h/p$ und wegen $E = p^2/2m$ durch

$$E = \frac{n^2 h^2}{2 m_e L^2}$$

gegeben sind.

Für das Beispiel des Benzols, dessen C–C-Abstand 140 pm beträgt, wäre $L = 6 \cdot 140 = 840$ pm, und wir würden für den Übergang $n = 1 \to n + 1 = 2$ die Energiedifferenz

$$\Delta E = \frac{h^2 (2n + 1)}{2 m_e L^2}$$

erhalten. Setzt man die Zahlenwerte ein, so ergibt sich $\Delta E = 1 \cdot 10^{-18}$ J $= 6{,}5$ eV.

Die entsprechende Absorptionswellenlänge von $\lambda \approx 200$ nm stimmt trotz des sehr groben Modells einigermaßen mit den experimentellen Werten ($\lambda \approx 220$ nm) überein. Die Differenz rührt daher, dass wir die Wechselwirkung zwischen den Elektronen vernachlässigt haben.

Die Bindung in solchen Molekülen beruht also auf zwei verschiedenen Effekten:

- Lokalisierte Bindungen zwischen zwei C-Atomen und zwischen C- und H-Atomen durch σ-Orbitale, die durch *sp*-Hybridisierung gebildet werden;
- Delokalisierte π-Orbitale, die sich über viele C-Atome erstrecken (im Fall des Benzols über den gesamten C-Ring).

9.8 Rotation mehratomiger Moleküle

Während bei zweiatomigen Molekülen und allen linearen mehratomigen Molekülen Rotationen nur um eine Achse durch den Schwerpunkt senkrecht zur Molekülachse möglich sind, gibt es bei nichtlinearen Molekülen mehr Möglichkeiten der Rotation.

Wie in Bd. 1, Abschn. 5.7 ausführlich behandelt wurde, kann sich ein räumlich ausgedehnter freier Körper um freie Achsen drehen, die durch seinen Schwerpunkt gehen. Dabei kann die freie Achse ihre Lage im Raum zeitlich ändern, sodass die allgemeine Rotationsbewegung eines solchen *Kreisels* sehr kompliziert werden kann. Nur der gesamte Drehimpuls des Kreisels bleibt ohne äußere Krafteinwirkung zeitlich konstant, d. h. er zeigt immer in eine feste Raumrichtung.

Man kann die Rotationsbewegung aber immer darstellen als eine Überlagerung von Rotationen um die Hauptträgheitsachsen des Körpers, die im Koordinatensystem des Körpers festgelegt sind durch seine Massenverteilung.

Sind die Komponenten der Winkelgeschwindigkeit $\boldsymbol{\omega}$ in Richtung der Hauptträgheitsachsen ω_a, ω_b, ω_c und die Trägheitsmomente bezüglich dieser Achsen I_a, I_b, I_c, so wird der gesamte Drehimpuls (den wir hier, wie in der Molekülphysik üblich, $\boldsymbol{J}$ nennen wollen, abweichend von $\boldsymbol{L}$ in Bd. 1)

$$\boldsymbol{J} = \{J_a, J_b, J_c\} = \{\omega_a I_a, \omega_b I_b, \omega_c I_c\}, \qquad (9.106)$$

sodass die gesamte Rotationsenergie

$$E_{\mathrm{rot}} = \frac{1}{2}\left(\omega_a^2 I_a + \omega_b^2 I_b + \omega_c^2 I_c\right) = \frac{J_a^2}{2I_a} + \frac{J_b^2}{2I_b} + \frac{J_c^2}{2I_c} \tag{9.107}$$

wird.

Da die Hauptträgheitsachsen bei der Rotation des Moleküls im Allgemeinen ihre Richtung im Raum ändern, sind auch die Komponenten J_a, J_b, J_c zeitlich veränderlich, obwohl der Gesamtdrehimpuls $\boldsymbol{J}$ nach Betrag und Richtung zeitlich konstant bleibt.

9.8.1 Rotation symmetrischer Kreiselmoleküle

Die Beschreibung der Rotation wird wesentlich einfacher bei symmetrischen Kreiseln, die eine Symmetrieachse besitzen, sodass ihr Trägheitsellipsoid rotationssymmetrisch wird (Abb. 9.72). Die Kreiselachse präzediert dann um die raumfeste Drehimpulsachse $\boldsymbol{J}$ auf dem Nutationskegel. Die momentane Drehachse $\vec{\omega}$ präzediert ebenfalls um $\boldsymbol{J}$ auf dem Rastpolkegel (Abb. 9.72b). Wenn die a-Achse Symmetrieachse ist, gilt $I_a \neq I_b = I_c$, und (9.107) kann vereinfacht werden zu

$$E_{\mathrm{rot}} = \frac{J_a^2}{2I_a} + \frac{J_b^2 + J_c^2}{2I_b} = \frac{J^2 - J_a^2}{2I_b} + \frac{J_a^2}{2I_a} = \frac{J^2}{2I_b} + J_a^2\left(\frac{1}{2I_a} - \frac{1}{2I_b}\right). \tag{9.108}$$

In der quantenmechanischen Beschreibung können der Drehimpuls $\boldsymbol{J}$ und eine seiner Komponenten gleichzeitig bestimmt

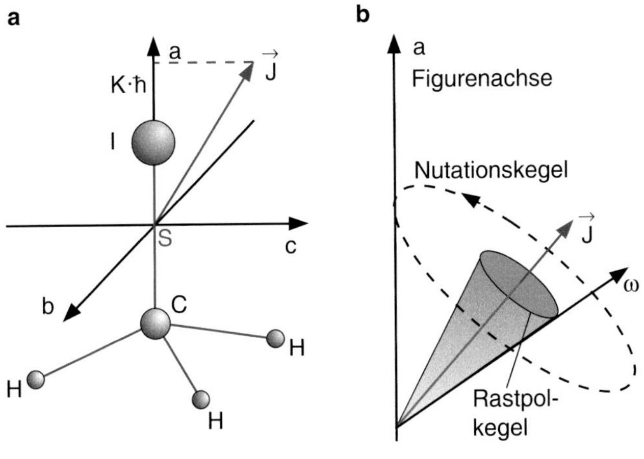

Abbildung 9.72 **a** Methyliodid als Beispiel eines symmetrischen Kreisels; **b** Rotation des symmetrischen Kreisels

werden (siehe Abschn. 4.4.2). Wir wählen als ausgezeichnete Richtung die Symmetrieachse und erhalten dann die Eigenwerte

$$\left\langle \hat{\boldsymbol{J}}^2 \right\rangle = J(J+1)\,\hbar^2, \qquad \left\langle \hat{J}_a \right\rangle = K \cdot \hbar, \tag{9.109}$$

wobei $K\hbar$ die Projektion von $\boldsymbol{J}$ auf die Symmetrieachse des symmetrischen Kreisels ist. Die Projektionsquantenzahl K kann alle $2J + 1$ Werte $-J \leq K \leq +J$ annehmen. Die Rotationsenergieeigenwerte eines symmetrischen Kreiselmoleküls sind dann

$$E_{\mathrm{rot}} = \frac{J(J+1)\,\hbar^2}{2I_b} + K^2\hbar^2\left(\frac{1}{2I_a} - \frac{1}{2I_b}\right). \tag{9.110}$$

Führen wir analog zu Abschn. 9.5.2 die Rotationskonstanten

$$A = \frac{\hbar}{4\pi c I_a}, \quad B = \frac{\hbar}{4\pi c I_b}$$

ein, so erhalten wir für die Rotationstermwerte $F_{\mathrm{rot}} = E_{\mathrm{rot}}/hc$

$$F_{\mathrm{rot}} = B \cdot J(J+1) + (A - B)\,K^2. \tag{9.111}$$

Die energetische Reihenfolge der Rotationsterme hängt davon ab, ob $A > B$ ist (prolater Kreisel) oder $A < B$ (oblater Kreisel). Sie ist für beide Fälle in Abb. 9.73 dargestellt. Da die Rotationsquantenzahl J immer größer oder gleich K ist, beginnen die Rotationsleitern erst bei Werten $J \geq K$.

Weil die Energie von K^2 abhängt, fallen die Niveaus von $-K$ und $+K$ zusammen. Sie sind also für $K > 0$ zweifach entartet.

Beispiele für symmetrische Kreiselmoleküle sind Methyliodid ICH_3 (Abb. 9.72a), SiH_3NCS und $CHCl_3$.

Im thermischen Gleichgewicht bei der Temperatur T gilt für die Besetzungsdichte $N(J, K)$ eines Rotationsniveaus mit dem statistischen Gewicht $g(J, K) = 2 \cdot (2J + 1)$ (weil der Gesamtdrehimpuls $\boldsymbol{J}$ insgesamt $(2J + 1)$ Einstellmöglichkeiten gegenüber einer raumfesten Richtung hat mit den Projektionen $M \cdot \hbar$ $(-J \leq M \leq +J)$, und weil jedes Niveau (J, K) zweifach entartet ist)

$$N(J, K) = \frac{N}{Z}\, 2(2J+1) \cdot \mathrm{e}^{-E_{\mathrm{rot}}/k_{\mathrm{B}}T}, \tag{9.112}$$

wobei $N = \sum N(J, K)$ und

$$Z = \sum_{J,K} (2J+1) \cdot \mathrm{e}^{-E_{\mathrm{rot}}/k_{\mathrm{B}}T}$$

die Zustandssumme über alle möglichen Rotationszustände (J, K) des Moleküls ist.

Die Intensität einer Rotationslinie ist proportional zur absorbierten bzw. emittierten Leistung P auf dem Übergang $(J_1, K_1) \rightarrow (J_2, K_2)$

$$P(J_1K_1 \rightarrow J_2K_2) = \left[N(J_1, K_1) - N(J_2, K_2)\right] \cdot B_{12} \cdot w_\nu(\nu_{12}), \tag{9.113}$$

wobei B_{12} der Einsteinkoeffizient und w_ν die spektrale Energiedichte der elektromagnetischen Welle ist.

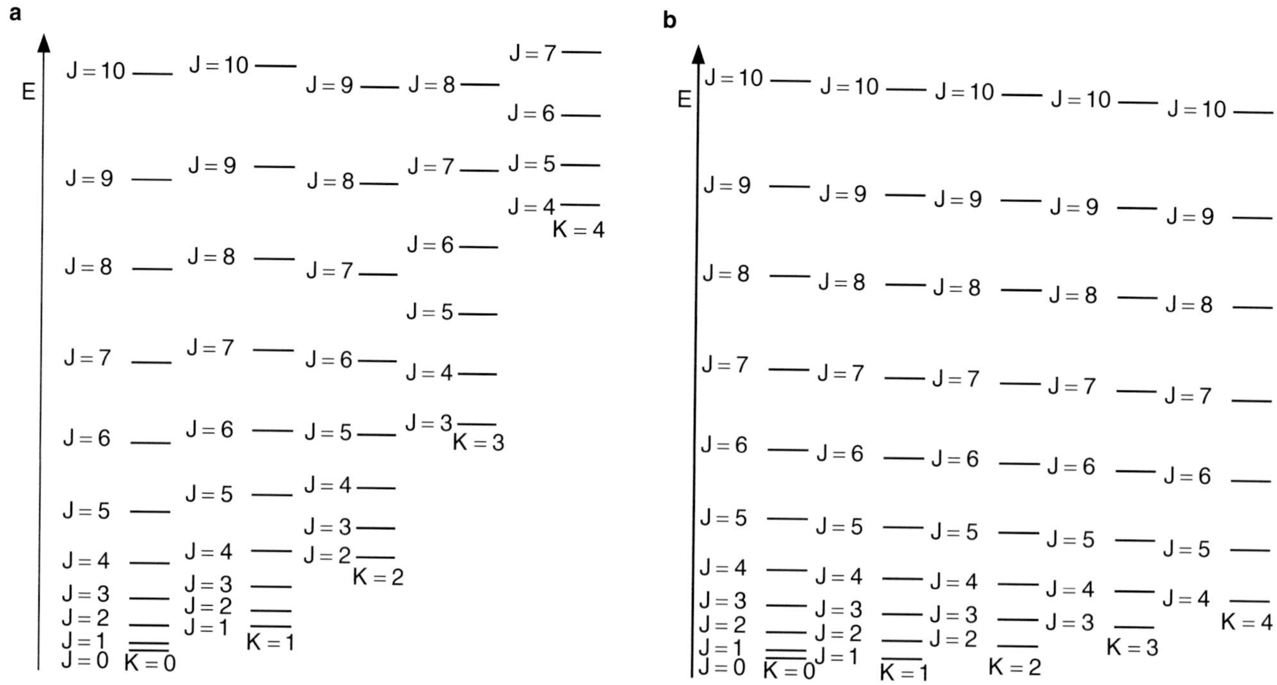

Abbildung 9.73 Rotationsterme eines **a** prolaten und **b** oblaten symmetrischen Kreiselmoleküls

9.8.2 Asymmetrische Kreiselmoleküle

Bei den meisten mehratomigen Molekülen sind alle drei Trägheitsmomente voneinander verschieden. Es gibt deshalb keine Symmetrieachse und deshalb auch keine Vorzugsrichtung zur Definition der Projektion $K \cdot \hbar$ des Rotationsdrehimpulses $\boldsymbol{J}$. Deshalb ist die theoretische Behandlung der Rotation solcher Moleküle wesentlich komplizierter und übersteigt den Rahmen dieses Buches.

Oft sind jedoch zwei Trägheitsmomente nicht sehr verschieden, sodass man das Molekül näherungsweise als symmetrischen Kreisel behandeln kann. Das asymmetrische Kreiselmolekül wird dann charakterisiert durch seine beiden Grenzfälle $I_a > I_b = I_c$ (prolater Kreisel) und $I_a = I_b > I_c$ (oblater Kreisel). Die Projektion des Drehimpulses auf die Symmetrieachse des prolaten Kreisels wird mit K_a, die für den oblaten Kreisel mit K_c bezeichnet. Ein Rotationsniveau des asymmetrischen Kreiselmoleküls wird dann mit J_{K_a,K_c} bezeichnet. Man beachte jedoch, dass K_a, K_c keine *echten* Quantenzahlen darstellen, da im asymmetrischen Kreisel $K_a\hbar$ und $K_c\hbar$ keine Eigenwerte mehr sind [6]. Es gibt zu jeder Quantenzahl J mehrere Unterniveaus (K_a, K_c), wobei alle Kombinationen mit $K_a + K_c \leq J + 1$ erlaubt sind.

9.9 Schwingungen mehratomiger Moleküle

In einem Molekül mit N Atomen hat jedes Atom drei Freiheitsgrade der Bewegung, das Molekül muss deshalb insgesamt $3N$ Freiheitsgrade haben. Davon werden drei Freiheitsgrade für die Translation des Schwerpunktes und bei nichtlinearen Molekülen drei Freiheitsgrade für die Rotation um die drei Hauptträgheitsachsen durch den Schwerpunkt gebraucht. Deshalb bleiben für ein nichtlineares Molekül $3N - 6$ Schwingungsfreiheitsgrade übrig. Man kann also die Schwingungsbewegungen der Atome im Molekül auf $3N - 6$ verschiedene Schwingungsformen zurückführen.

Bei linearen Molekülen gibt es nur zwei Freiheitsgrade der Rotation, weil eine Rotation des Moleküls um die Molekülachse keiner wirklichen Rotation des Kerngerüstes entspricht, sondern einer Rotation der Elektronenhülle. Die entsprechende Rotationsenergie $E_{\mathrm{rot}} = \hbar^2/(2I)$ ist wegen des kleinen Trägheitsmomentes der Elektronenhülle sehr groß und wird zur elektronischen Energie gerechnet (siehe Abschn. 9.5.4). Bei linearen Molekülen bleiben deshalb $3N - 5$ Freiheitsgrade für die Schwingung übrig.

9.9.1 Normalschwingungen

Werden die Atomkerne eines Moleküls aus ihren Gleichgewichtslagen entfernt, so treten bei genügend kleinen Auslenkungen lineare Rückstellkräfte auf, die zu harmonischen Schwingungen der Kerne führen. Bei genügend kleinen Schwingungsamplituden lassen sich beliebige solcher Schwingungen immer darstellen als Linearkombinationen von $3N-6$ Normalschwingungen (bei linearen Molekülen $3N-5$). Dabei sind Normalschwingungen dadurch ausgezeichnet, dass bei jeder Normalschwingung alle Kerne des Moleküls gleichzeitig durch die Ruhelage gehen und dass Gesamtimpuls und Gesamtdrehimpuls des Kerngerüsts null sind.

Die beiden letzten Forderungen folgen daraus, dass der Schwerpunkt des Moleküls in Ruhe bleiben muss (sonst hätte man eine Translation, die aber bereits abgespalten ist) und dass keine Rotation auftritt (die ja bereits bei den Rotationsfreiheitsgraden berücksichtigt wurde).

In Abb. 9.74 sind solche Normalschwingungen am Beispiel eines nichtlinearen dreiatomigen Moleküls ($3N-6=3$ Schwingungsfreiheitsgrade) und eines linearen Moleküls (vier Schwingungsfreiheitsgrade) illustriert. Das nichtlineare Molekül hat als Normalschwingungen die symmetrische Streckschwingung ν_1, die Knickschwingung ν_2 und die asymmetrische Streckschwingung ν_3.

Das lineare Molekül kann zwei verschiedene Knickschwingungen (in der Zeichenebene und senkrecht dazu) ausführen, deren Schwingungsfrequenzen ν_2 wegen der Zylindersymmetrie des Potentials gleich sind. Die beiden Knickschwingungen sind deshalb energetisch entartet.

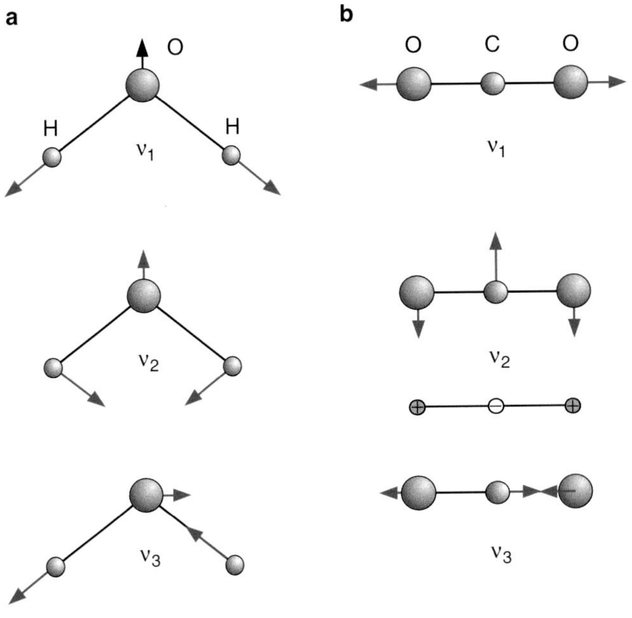

Abbildung 9.74 Normalschwingungen **a** eines nichtlinearen und **b** eines linearen dreiatomigen Moleküls

9.9.2 Quantitative Behandlung

Wir wollen jetzt die Schwingungen des Moleküls und ihren Zusammenhang mit dem Molekülpotential und den daraus resultierenden Kraftkonstanten quantitativ behandeln.

Sind $x_1, y_1, z_1, x_2, y_2, z_2, \ldots x_N, y_N, z_N$ die $3N$ Koordinaten der Kerne und $x_{10}, y_{10}, z_{10}, \ldots, x_{N0}, y_{N0}, z_{N0}$ ihre Ruhelagen, so können wir die Auslenkungen $\xi_1 = x_1 - x_{10}$, $\xi_2 = y_1 - y_{10}$, $\xi_3 = z_1 - z_{10}$, $\xi_4 = x_2 - x_{20}, \ldots, \xi_{3N} = z_N - z_{N0}$ der Kerne aus ihren Ruhelagen mit durchlaufend nummerierten Buchstaben ξ bezeichnen (Abb. 9.75).

Das Potential $V(\xi_1, \ldots, \xi_{3N})$, in dem sich die Kerne bewegen, hängt im Allgemeinen von allen Auslenkungen ab. Für genügend kleine Auslenkungen können wir es in eine Taylorreihe entwickeln

$$V = V_0 + \sum_i \left(\frac{\partial V}{\partial \xi_i}\right)_0 \xi_i + \frac{1}{2}\sum_{i,j}\left(\frac{\partial^2 V}{\partial \xi_i \partial \xi_j}\right)_0 \xi_i \cdot \xi_j + \ldots \tag{9.114}$$

die wir nach dem quadratischen Glied abbrechen.

Legen wir den Nullpunkt der Energieskala in das Minimum des Potentials, so wird $V_0 = 0$. Im Minimum ist $(\partial V/\partial\partial\xi_i)_0 = 0$, so dass aus (9.114) wird:

$$V(\xi_1, \ldots, \xi_{3N}) = \frac{1}{2}\sum_{i,j} b_{ij}\, \xi_i\, \xi_j \tag{9.115}$$

mit

$$b_{ij} = \left(\frac{\partial^2 V}{\partial \xi_i \partial \xi_j}\right)_0 .$$

Die Komponenten der Rückstellkräfte sind

$$F_i = -\frac{\partial V}{\partial \xi_i}, \tag{9.116}$$

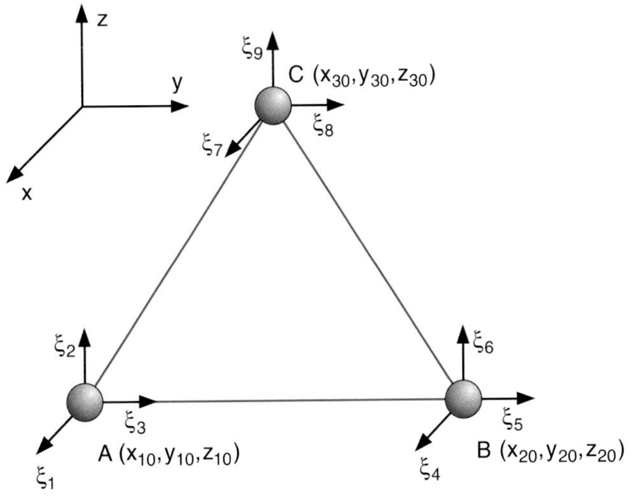

Abbildung 9.75 Zur Definition der Auslenkungskoordinaten ξ_i

wobei der Buchstabe V hier für die potentielle Energie E_{pot} steht. Die Bewegungsgleichungen für die Schwingungen der Kerne sind dann

$$F_i = m_i \frac{d^2\xi_i}{dt^2} . \qquad (9.117)$$

Setzt man (9.116) und (9.115) in die Bewegungsgleichung (9.117) ein, so ergibt dies

$$\sum_j b_{ij}\xi_j + m_i\ddot{\xi}_i = 0 , \qquad (9.118)$$

wobei über alle $3N$ Koordinaten ξ_j summiert wird.

Durch Einführen von massegewichteten Koordinaten

$$q_i = \sqrt{m_i} \cdot \xi_i$$

geht (9.118) in ein System von $3N$ homogenen Gleichungen über:

$$\ddot{q}_i + \sum_{j=1}^{3N} b^*_{ij}q_j = 0 ; \quad i = 1, \ldots , 3N \qquad (9.119)$$

mit $b^*_{ij} = \frac{1}{m_i} b_{ij}$.

Das System (9.119) ist ein gekoppeltes Differentialgleichungssystem. Es beschreibt die Bewegung von $3N$ gekoppelten Oszillatoren mit den Auslenkungen

$$q_i = a_i \cdot \cos(\omega_i t + \varphi_i) , \qquad (9.120)$$

welche die Amplituden a_i, die Frequenzen ω_i und die Phasen φ_i haben. Durch Einsetzen von (9.120) in (9.119) erhält man den Zusammenhang zwischen den Frequenzen ω_i und den Potentialparametern b_{ij}. Im allgemeinen Fall wird die Rückstellkraft für die Auslenkung q_i durch die anderen Auslenkungen q_k beeinflusst, weil die Nichtdiagonalterme b_{ik} im Potential (9.114) eine Kopplung zwischen den Schwingungen bewirken. Nur bei bestimmten Anfangsbedingungen kann man erreichen, dass alle Kerne mit der gleichen Frequenz ω_n und der gleichen Phase φ_n schwingen. Solche Schwingungszustände des Moleküls nennt man ***Normalschwingungen***.

Man kann (9.119) in Vektorschreibweise vereinfacht darstellen als

$$\ddot{\boldsymbol{q}} + \tilde{B} \cdot \boldsymbol{q} = 0 , \qquad (9.121)$$

wobei $\tilde{B} = (b_{ij})$ die Matrix mit den Komponenten (b_{ij}) und $\boldsymbol{q} = \{q_1, \ldots , q_{3N}\}$ ist. Wäre $\tilde{B}$ eine Diagonalmatrix $\tilde{B} = \lambda \cdot \tilde{E}$ ($\tilde{E}$ ist die Einheitsmatrix), so würde (9.121) ein System von $3N$ entkoppelten Schwingungsgleichungen für die q_i werden, dessen Lösungen

$$q_i = A_i \cos \omega_i t , \quad i = 1, \ldots , 3N \qquad (9.122)$$

einen Molekülzustand beschreiben, bei dem alle Kerne mit der gleichen Frequenz $\omega = \sqrt{\lambda}$ schwingen und dabei gleichzeitig durch null gehen. Wir müssen deshalb ein System von Schwingungskoordinaten finden, in dem $\tilde{B}$ diagonal wird.

Die Bedingung

$$\tilde{B} \cdot \boldsymbol{q} = \lambda \cdot \tilde{E} \cdot \boldsymbol{q} \Rightarrow (\tilde{B} - \lambda\tilde{E})\boldsymbol{q} = \boldsymbol{0} \qquad (9.123)$$

ist äquivalent zu einer *Hauptachsentransformation*. Sie hat genau dann nichttriviale Lösungen, wenn gilt:

$$\det \left|\tilde{B} - \lambda\tilde{E}\right| = 0 . \qquad (9.124)$$

Für jede Lösung λ_i von (9.124) erhält man aus (9.123) einen Satz von $3N$ Schwingungskomponenten q_{ki} ($k = 1, \ldots , 3N$), die die Auslenkungen aller N Kerne als Funktion der Zeit angeben. Man kann alle q_{ki} in einen Vektor

$$\boldsymbol{Q}_i = \boldsymbol{A}_i \sin(\omega_i t + \varphi_i) \quad \text{mit} \quad \omega_i = \sqrt{\lambda_i} \qquad (9.125)$$

zusammenfassen, der dann die gleichzeitige Bewegung aller Kerne bei der i-ten Normalschwingung angibt. Der Betrag des Vektors Q_i heißt ***Normalkoordinate*** Q_i zur Normalschwingung mit der Frequenz $\omega_i = \sqrt{\lambda_i}$.

> Die Normalkoordinate $Q_i(t)$ gibt also die massegewichteten Auslenkungen aller Kerne zur Zeit t bei der i-ten Normalschwingung an.

Mithilfe der Normalkoordinaten lässt sich (9.121) als Satz von $3N$ entkoppelten Gleichungen

$$\ddot{\boldsymbol{Q}}_i + \omega_i^2\boldsymbol{Q}_i = 0 \quad (i = 1, \ldots 3N) \qquad (9.126)$$

schreiben, weil man jetzt sowohl für die kinetische als auch für die potentielle Energie quadratische Formen erhält:

$$T = \frac{1}{2}\sum_{i=1}^{3N} \dot{Q}_i^2, \quad V = \frac{1}{2}\sum_{i=1}^{3N} \lambda_k Q_i^2 , \qquad (9.127)$$

wenn man in der potentiellen Energie höhere als quadratische Terme weglässt. Die Lösungen von (9.126) sind die Normalschwingungen (9.125).

Das heißt:

> Im System der Normalkoordinaten vollführt das Molekül harmonische Schwingungen, bei denen alle Kerne die gleiche Frequenz $\omega_i = \sqrt{\lambda_i}$ und die gleiche Phase φ_i haben. Die gesamte Schwingungsenergie des Moleküls bei einer beliebigen Schwingung ist gleich der Summe der Schwingungsenergien der einzelnen Normalschwingungen, deren Linearkombination die Molekülschwingung ergibt.

Man beachte: Da die potentielle Energie V nur von den internen Koordinaten (Abstand der Kerne und Elektronen) abhängt, nicht aber von Translation und Rotation des Kerngerüstes, müssen einige der $3N$ Koeffizienten b_{ik} in (9.119) null sein. Für lineare Moleküle sind dies fünf, für nichtlineare sechs.

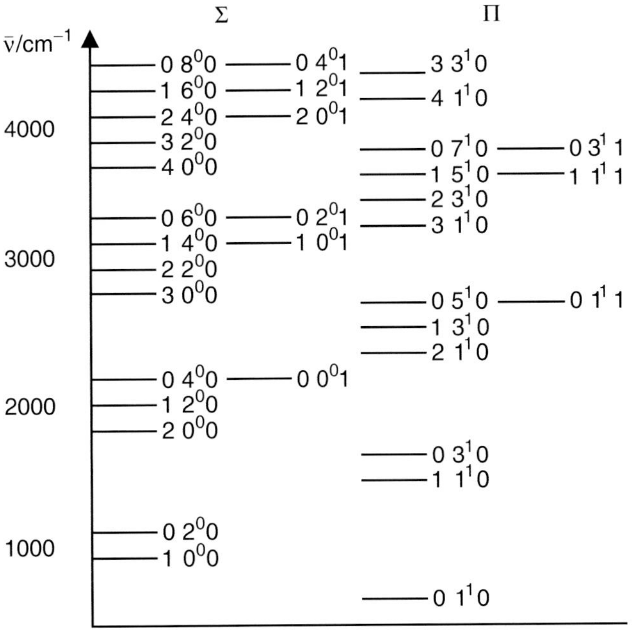

Abbildung 9.76 Schwingungsenergieterme des dreiatomigen Moleküls OCS. Σ bezeichnet Zustände mit Drehimpuls 0, Π solche mit Drehimpuls $\hbar$

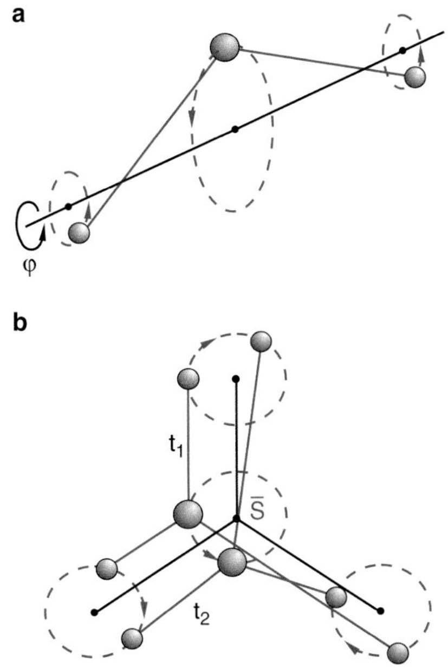

Abbildung 9.77 Überlagerung zweier entarteter Schwingungen **a** beim linearen dreiatomigen **b** beim ebenen vieratomigen Molekül. Die dadurch bewirkte periodische Änderung der Molekülstruktur ist zu zwei Zeitpunkten t_1 und t_2 gezeigt

Man sieht an (9.127), dass die Schwingungsfrequenzen $\omega_i = \sqrt{\lambda_i}$ durch die Koeffizienten des Potentials in der Normalkoordinatendarstellung gegeben sind.

In der quantenmechanischen Darstellung können die einzelnen Normalschwingungen wie die Schwingungen eines linearen harmonischen Oszillators beschrieben werden (siehe Abschn. 4.2.5) mit der quantisierten Energie

$$E(v) = \hbar\omega\,(v + 1/2)\,.$$

Da sich die Gesamtschwingung des Moleküls in der Näherung des quadratischen Potentials, d. h. bei kleinen Auslenkungen ξ als Summe der einzelnen Normalschwingungen mit Frequenzen ω_i schreiben lässt, ist die gesamte Schwingungsenergie

$$E_{\text{vib}} = \sum_i \hbar\omega_i \left(v_i + \frac{d_i}{2}\right), \tag{9.128}$$

wobei v_i die Zahl der Schwingungsquanten der i-ten Normalschwingung ist. Man muss dabei über alle Normalschwingungen summieren und z. B. zweifach entartete Schwingungen doppelt zählen, sodass dann auch die Nullpunktsenergie doppelt gerechnet werden muss. Dies wird durch den Entartungsgrad d_i berücksichtigt. Der Schwingungszustand eines Moleküls wird durch die Zahl v_i der Schwingungsquanten in der i-ten Normalschwingung im Ausdruck $(v_1, v_2, v_3, \ldots, v_n)$ charakterisiert (Abb. 9.76). So ist z. B. im Schwingungszustand $(1, 0, 2)$ des Wassermoleküls die symmetrische Streckschwingung mit einem, die Knickschwingung mit keinem und die asymmetrische Streckschwingung mit zwei Quanten angeregt (Abb. 9.74a).

Bei den entarteten Knickschwingungen linearer Moleküle tritt eine Besonderheit auf. Zur Illustration ist in Abb. 9.77a die entartete Knickschwingung eines linearen dreiatomigen Moleküls gezeigt. Überlagert man die beiden Schwingungen der x-z-Ebene bzw. y-z-Ebene mit einer Phasenverschiebung von $\pi/2$, so ergibt sich insgesamt eine Kreisbewegung der schwingenden Kerne um die Molekülachse (z-Achse). Eine solche entartete Knickschwingung kann also zu einem Drehimpuls der Kernbewegung für die einzelnen Kerne führen, ohne dass sich das gesamte Kerngerüst wirklich dreht. Dieser Schwingungsdrehimpuls wird in Einheiten von $\hbar$ durch einen oberen rechten Index gekennzeichnet. So sind z. B. im Schwingungszustand (v_1, v_2^n, v_3) eines linearen dreiatomigen Moleküls $n\,v_2$ Knickschwingungsquanten angeregt, die einen Schwingungsdrehimpuls $n \cdot \hbar$ haben.

Genauso führt die Überlagerung zweier entarteter Normalschwingungen bei einem ebenen Molekül zu einer Rotationsbewegung der einzelnen Kerne, ohne dass das ganze Kerngerüst rotiert (Pseudorotation) (Abb. 9.77b).

9.10 Chemische Reaktionen

Chemische Reaktionen spielen für viele Bereiche unseres Lebens eine wichtige Rolle. Sie laufen z. B. in unserem Körper in vielfältiger Weise ab oder bestimmen die Zusammensetzung unserer Erdatmosphäre. So wird z. B. die Bildung der für unser Leben wichtigen Ozonschicht in etwa 50 km Höhe durch die Reaktion

$$O_2 + O^*(^3P) + M \to O_3 + M$$

bewirkt, wobei $O^*(^3P)$ aus O_2 entsteht durch Dissoziation, bewirkt durch das UV-Licht der Sonne, und M ein anderer Stoßpartner aus der Atmosphäre ist (z. B. Stickstoff N_2).

Alle biologischen Prozesse basieren immer auf chemischen Reaktionen, d. h. Zusammenstößen zwischen Atomen oder Molekülen oder auf Umwandlungen der Molekülstruktur nach Anregung von Molekülen mit Licht. Es lohnt sich deshalb, etwas über die Grundprinzipien chemischer Reaktionen zu lernen.

Wir betrachten eine chemische Reaktion

$$a \cdot A + b \cdot B \to A_aB_b \tag{9.129}$$

bei der sich a Atome bzw. Moleküle A mit b Partnern B zu einem Produktmolekül A_aB_b verbinden. Diese Reaktion kann unter Umständen über Zwischenschritte ablaufen oder nur bei Anwesenheit von ***Katalysatoren*** möglich sein, sodass sich nicht alle im Reaktionsvolumen vorhandenen Partner A bzw. B wirklich zum Reaktionsprodukt A_aB_b vereinigen.

Wenn n_A, n_B die Konzentrationen der Reaktionspartner A bzw. B sind (Teilchen pro Volumeneinheit), so ist die gemessene ***Reaktionsrate*** (Zahl der Reaktionen pro Volumen- und Zeiteinheit)

$$R = k_R n_A^a \cdot n_B^b\,, \tag{9.130}$$

wobei der Proportionalitätsfaktor k_R ***Reaktionskonstante*** oder auch ***Ratenkonstante*** heißt. Die Summe der Exponenten $a + b$ gibt die ***Ordnung*** der Reaktion an.

9.10.1 Reaktionen erster Ordnung

Nehmen wir an, dass nur Moleküle A einer Sorte vorhanden seien, die bei Energiezufuhr (durch Temperaturerhöhung oder durch Absorption von Photonen) in Produkte X zerfallen. Die Reaktionsrate

$$R = -\frac{d}{dt} n_A = k_R^{(1)} \cdot n_A \tag{9.131}$$

ist dann proportional zur Konzentration n_A, d. h. wir haben eine Reaktion erster Ordnung. Die Reaktionskonstante erster Ordnung $k_R^{(1)}$ hat die Dimension $[k_R^{(1)}] = 1\,s^{-1}$. Integration von (9.131) ergibt

$$n_A(t) = n_A(0) \cdot e^{-k_R^{(1)} \cdot t}\,. \tag{9.132}$$

Die Halbwertszeit der Teilchen A ist daher $\tau_{1/2} = (\ln 2)/k_R$. Sie ist unabhängig von der Anfangskonzentration $n_A(0)$.

9.10.2 Reaktionen zweiter Ordnung

Oft können sich zwei Atome A zu einem Molekül A_2 vereinigen bzw. allgemeiner zwei Moleküle M zu einem Moleküldimer

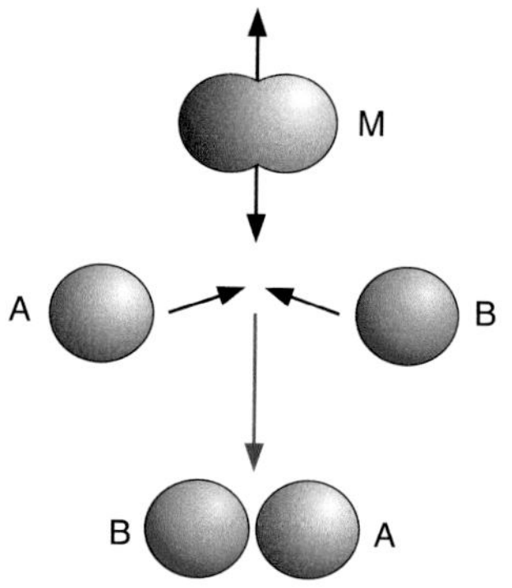

Abbildung 9.78 Schematische Darstellung des reaktiven Stoßes $A + B \to AB$, wobei der stabilisierende Stoßpartner M ein anderes Molekül oder die Wand sein kann

M_2, wenn sie zusammenstoßen und die Energie der Relativbewegung von einem dritten Partner (z. B. der Wand des Reaktionsgefäßes) abgeführt wird. Die Reaktionsrate ist dann

$$R = -\frac{dn_A}{dt} = k_R^{(2)} \cdot n_A^2\,. \tag{9.133}$$

Integration von (9.133) liefert:

$$\int\limits_{n_A(0)}^{n_A(t)} \frac{dn_A}{n_A^2} = -\int\limits_0^t k_R^{(2)}\,dt$$

$$\Rightarrow n_A(t) = \frac{n_A(0)}{1 + k_R^{(2)} \cdot n_A(0) \cdot t}\,. \tag{9.134}$$

Die Konzentration $M_A(t)$ sinkt also hyperbolisch im Laufe der Zeit ab. Nach einer Zeit

$$t = \tau_{1/2}^{(2)} = \frac{1}{k_R^{(2)} \cdot n_A(0)} \tag{9.135}$$

ist sie auf die Hälfte ihres Anfangswertes $n_A(0)$ gesunken. Die Dimension der Reaktionskonstante zweiter Ordnung ist $[k_R^{(2)}] = 1\,m^3 s^{-1}$. Man beachte, dass die Halbwertszeit $\tau_{1/2}^{(2)}$ einer Reaktion zweiter Ordnung von der Anfangskonzentration abhängt.

Ein zweiter Typ der Reaktion zweiter Ordnung ist die Reaktion $A + B \to$ Produkte (Abb. 9.78). Ihre Rate ist durch die Gleichung

$$\frac{dn_A}{dt} = \frac{dn_B}{dt} = -k_R^{(2)} \cdot n_A \cdot n_B \tag{9.136}$$

gegeben.

Bei gleichen Anfangskonzentrationen $n_A(0) = n_B(0)$ erhält man für $n_A(t)$ und $n_B(t)$ eine zu (9.132) analoge Gleichung. Für $n_A(0) \neq n_B(0)$ lässt sich (9.136) mithilfe der Substitution $n_A(t) = n_A(0) - x(t)$, $n_B(t) = n_B(0) - x(t)$ erhalten wir aus (9.136)

$$\frac{dx}{(A(0) - x) \cdot (B(0) - x)} = +k_R^{(2)}\,dt\,, \tag{9.136b}$$

wobei $x(t)$ die zur Zeit t umgesetzte Konzentration von N_A bzw. N_B ist. Für $x(t) \ll A(0), B(0)$ ergibt die Partialbruchzerlegung und Integration

$$\frac{1}{A(0)-B(0)} \cdot \ln \frac{(A(0)-x)}{(B(0)-x)} = k_R^{(2)} t + C\,.$$

Die Integrationskonstante C wird für $x(0) = 0$

$$C = \frac{1}{(B(0)-A(0))} \ln \frac{A(0)}{B(0)}\,.$$

Damit erhalten wir für das zeitabhängige Verhältnis der beiden Konzentrationen

$$\frac{n_A(t)}{n_B(t)} = \frac{n_A(0)}{n_B(0)} \cdot \mathrm{e}^{-k_R^{(2)}\left[n_B(0)-n_A(0)\right]\cdot t}\,. \tag{9.137}$$

9.10.3 Exotherme und endotherme Reaktionen

Um eine chemische Reaktion vom Typ

$$AB + CD \rightarrow AC + BD \tag{9.138}$$

während eines Stoßes zwischen den Reaktanden AB und CD zu realisieren, müssen chemische Bindungen gelöst werden (in unserem Beispiel die Bindungen A–B und C–D), und neue Bindungen werden gebildet.

Damit dies geschehen kann, müssen sich die Elektronenhüllen der Reaktanden beim Stoß genügend stark durchdringen, um die für die Bindungsänderungen notwendige Umordnung der Elektronenhüllen zu ermöglichen.

Dies führt dazu, dass bei der Annäherung der Reaktanden im Allgemeinen Energie aufgewendet werden muss, um die Umordnung der Elektronenhüllen zu erreichen. Bei der Bildung der Reaktionsprodukte wird dann wieder Energie frei. Ist der freigesetzte Energiebetrag größer als der zur Bildung des Zwischenzustandes $(ABCD)^*$, so heißt die Reaktion ***exotherm***. Es wird also insgesamt die Energie $\Delta E > 0$ bei exothermen Reaktionen freigesetzt. Ist die freigesetzte Energie kleiner als die zur Bildung des aktivierten Komplexes nötige Energie, so liegt eine ***endotherme*** Reaktion vor, bei der insgesamt mehr Energie aufgewendet werden muss ($\Delta E < 0$).

Man kann die Variation der potentiellen Energie während des reaktiven Stoßes in einem schematischen Energiediagramm (Abb. 9.79) darstellen, das als Abszisse die so genannte Reaktionskoordinate enthält, welche ein Maß für den zeitlichen Fortschritt der betrachteten Reaktion während der Annäherung der Reaktanden und der sich nach der erfolgten Reaktion vergrößernden Entfernung der Reaktionsprodukte ist.

Bei exothermen Reaktionen wird die Überschussenergie als kinetische Energie der Reaktionsprodukte frei, d. h. die Temperatur in einer Reaktionszelle, in der viele solche Prozesse ablaufen, steigt.

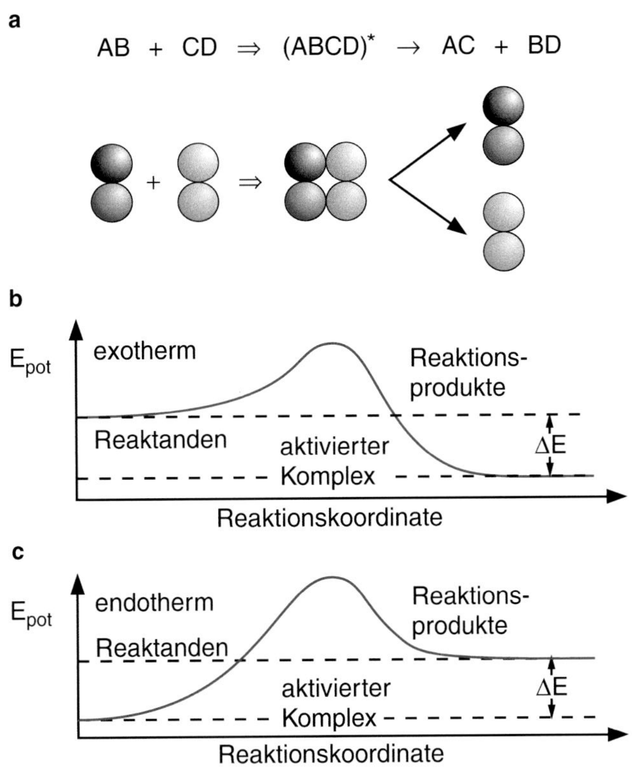

Abbildung 9.79 **a** Schematische Darstellung des Reaktionsverlaufes mit aktiviertem Komplex. Potentialverlauf als Funktion der Reaktionskoordinate **b** für exotherme **c** für endotherme Reaktionen

Wenn eine Reaktion exotherm ist, so muss die Umkehrreaktion endotherm sein. Für unser Beispiel gilt dann:

$$AB + CD \underset{\text{endotherm}}{\overset{\text{exotherm}}{\rightleftarrows}} AC + BD\,. \tag{9.139a}$$

Dies bedeutet, dass die Umkehrreaktion möglich wird, wenn man den Reaktanden AC und BD genügend kinetische Energie gibt, um die Potentialbarriere in Abb. 9.79 zu überwinden.

Im thermischen Gleichgewicht bei genügend hoher Temperatur sind beide Reaktionen möglich, wobei die exotherme Reaktion wahrscheinlicher ist als die endotherme. Es wird sich ein Gleichgewicht zwischen Reaktanden und Reaktionsprodukten einstellen, das von der Energiedifferenz ΔE und den statistischen Gewichten der beiden Seiten der Reaktionsgleichung (9.139a) abhängt.

Das Ziel der kinetischen Theorie chemischer Reaktionen ist es, die absoluten Ratenkoeffizienten für beide Richtungen einer Reaktion aus den Eigenschaften der Reaktanden und Reaktionsprodukte zu berechnen und damit das temperaturabhängige Verhältnis der Konzentrationen von Reaktanden zu Reaktionsprodukten im thermischen Gleichgewicht bei der Temperatur T zu bestimmen.

Die Einführung des ***aktivierten Komplexes*** $K^* = ABCD$ erlaubt es, die Reaktion (9.139a) in zwei Schritte

$$AB + CD \rightarrow_{k_1} K^* \rightarrow_{k_2} AC + BD \qquad (9.139b)$$

aufzuteilen. Zuerst führen Stöße zwischen AB und CD mit der Reaktionsrate k_1 zur Bildung des aktivierten Komplexes K^* und dann zerfällt dieser mit der Ratenkonstante k_2 in die Reaktionsprodukte AC + BD. Da der aktivierte Komplex sowohl mit der Wahrscheinlichkeit κ in die Endprodukte AC + BD zerfallen kann als auch mit der Wahrscheinlichkeit $(1 - \kappa)$ wieder in die Anfangsreaktanden, ist die Ratenkonstante k, mit der die gesamte Reaktion (9.138) abläuft, gegeben durch

$$k = \kappa \cdot k_1 \cdot k_2 \,.$$

Die Geschwindigkeit einer chemischen Reaktion ist temperaturabhängig und steigt im Allgemeinen mit der Temperatur stark an. Die Reaktionskonstante für eine Reaktion mit einer Aktivierungsenergie E_a kann für ein Mol durch die ***Arrhenius-Gleichung***

$$k = k_0 \cdot \exp[-E_a/RT] \qquad (9.139c)$$

beschrieben werden, wobei R die allgemeine Gaskonstante ist und k_0 von den statistischen Faktoren von Reaktanden und Reaktionsprodukten abhängt.

Aus (9.139c) folgt:

$$\ln k = \ln k_0 - E_a/RT \,.$$

Trägt man also $\ln k$ gegen $1/T$ auf, so erhält man eine Gerade, aus deren Steigung $m = -E_a/R$ man die Aktivierungsenergie E_a bestimmen kann.

9.10.4 Die Bestimmung der absoluten Reaktionsraten

In diesem Abschnitt soll am Beispiel der Reaktion

$$CH_4 + Cl^* \rightarrow CH_3 + HCl \,, \qquad (9.140)$$

das aus [12] entnommen wurde, die Bestimmung absoluter Reaktionsraten erläutert werden.

Wenn sich das Chloratom Cl dem CH_4-Molekül nähert, muss für die Reaktion (9.140) eine C–H-Bindung im CH_4 aufgebrochen werden. Wir nehmen an, dass sich die anderen drei C–H-Bindungen dabei nicht wesentlich ändern. Im Reaktionsschema (9.138) wird dazu (9.140) geschrieben als

$$CH_3\text{–}H^\bullet + Cl^\bullet \rightarrow CH_3 + HCl \,, \qquad (9.141)$$

wobei die Punkte bei H und Cl andeuten sollen, dass es sich um Radikale mit ungepaartem Elektronen-Spin, also mit einer freien Bindung, handelt.

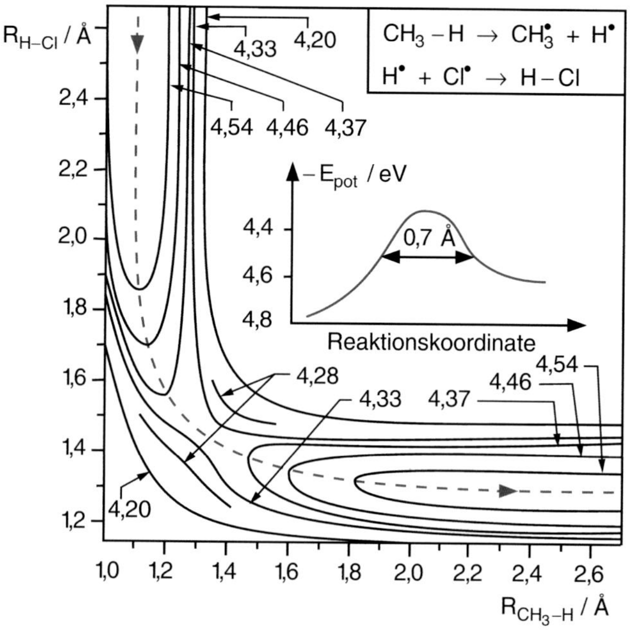

Abbildung 9.80 Zweidimensionale Darstellung der Potentialhöhenlinien der Abstände r_1 und r_2 mit eingezeichnetem Reaktionsweg für die Reaktion $CH_4 + Cl \rightarrow CH_3x + HCl$

Um den Potentialverlauf während der Reaktion zu bestimmen, muss man die Energie des Komplexes als Funktion der Abstände zwischen den drei Teilchen bestimmen. Dies kann mithilfe der in Abschn. 9.7 vorgestellten Methode der Quantenchemie erfolgen. Das Ergebnis solcher Rechnungen ist in Abb. 9.80 als Energie-Höhenliniendiagramm dargestellt. Die Ordinate gibt den Abstand der beiden Kerne im Reaktionsprodukt HCl an, während die Abszisse den Abstand des H-Atoms vom CH_3-Radikal darstellt. Der Reaktionsweg ist als rote Kurve eingezeichnet, wobei die Reaktionsprodukte von links oben einlaufen, wo das Cl-Atom noch weit entfernt vom CH_4-Molekül ist, einen Sattelpunkt erreichen, der dem aktivierten Komplex entspricht, welcher in die Potentialmulde nach rechts unten zerfällt.

Die bisher am genauesten berechnete Reaktion, die auch experimentell in mehreren Labors mithilfe der Laserspektroskopie untersucht wurde, ist die Austauschreaktion

$$D + H_2(v_1 = 0, 1) \rightarrow HD(v_2 = 0, 1) + H \qquad (9.142)$$

der Wasserstoff-Isotope. Bei dieser Reaktion lässt sich besonders deutlich der Einfluss der Schwingungsanregung auf die Reaktionswahrscheinlichkeit erkennen. Ihr Energiediagramm ist in Abb. 9.81 dargestellt. Die Reaktionsbarriere für die Reaktion (9.142) hat eine Höhe von etwa 0,12 eV. Die Schwingungsenergie $E_{vib} = 0{,}5\,eV$ für $H_2(v = 1)$ übersteigt die Barrierenhöhe bereits deutlich, sodass die Reaktionswahrscheinlichkeit für schwingungsangeregtes H_2 sehr viel höher sein sollte. Die Experimente ergaben Reaktionskoeffizienten

$$k_R^{(2)}\big(H_2(v = 1)\big) \geq 10^{-5}\,m^3/s \,,$$

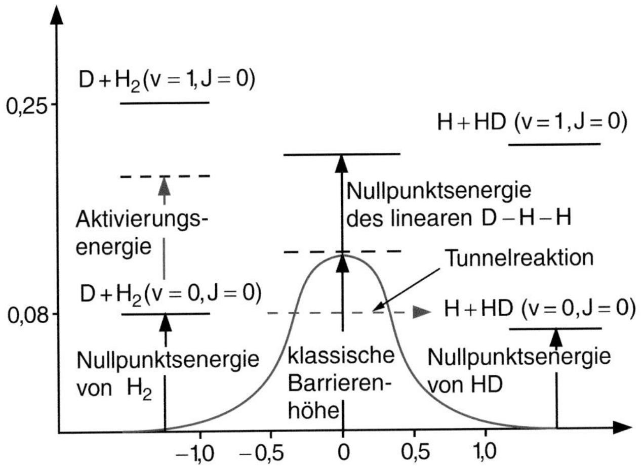

Abbildung 9.81 Energiediagramm mit Potentialbarriere für die Reaktion $H_2 + D \rightarrow HD + H$

während

$$k_R^{(2)}\big(H_2(v=0)\big)$$

etwa $4 \cdot 10^4$ mal kleiner ist. Dies stimmt mit quantenmechanischen Rechnungen überein.

9.11 Moleküldynamik und Wellenpakete

Bisher haben wir uns überwiegend mit den stationären (d. h. zeitunabhängigen) Energiezuständen der Moleküle befasst, deren Wellenfunktionen und Energieeigenwerte (zumindest numerisch) als Lösungen der zeitunabhängigen Schrödingergleichung erhalten werden können. Diese zeitlich gemittelten Energien sind die stationären Schwingungs-Rotationsenergien der Gleichungen (9.65) und (9.69), die bei der Spektroskopie ohne Zeitauflösung gemessen werden.

Oft möchte man wissen, wie sich nach Zufuhr von Energie (z. B. durch Absorption eines Photons oder durch Stoß mit einem Elektron oder Atom) der angeregte Zustand eines Moleküls im Laufe der Zeit ändert. Um dies zu beschreiben, muss man zeitabhängige Wellenfunktionen verwenden, die als Lösungen der zeitabhängigen Schrödingergleichung (4.8) erhalten werden. Wir hatten bereits in Abschn. 3.3 gesehen, dass man zur Beschreibung der Bewegung lokalisierter Teilchen Wellenpakete einführen muss, deren Bewegung im Ortsraum die klassische Bewegung der Teilchen am besten wiedergibt. Die Dynamik solcher Wellenpakete schlägt auch in der Molekülphysik eine Brücke zwischen der anschaulichen klassischen Beschreibung der Schwingung und Rotation von Molekülen und ihrer quantenmechanischen Behandlung.

Will man die Bewegung der schwingenden Kerne im Molekül ortsaufgelöst beschreiben, so muss die Zeitauflösung Δt klein sein gegen die Schwingungsperiode $T = 2\pi/\omega$. Wegen der Unschärferelation

$$\Delta E \cdot \Delta t \geq \hbar$$

folgt dann aber für die Energieauflösung

$$\Delta E \gg \hbar \cdot \omega\,.$$

Dies bedeutet, dass man einzelne Schwingungsniveaus energetisch nicht auflösen kann, sondern immer eine Überlagerung der Wellenfunktionen mehrerer benachbarter Niveaus. Unser Wellenpaket $\psi(x,t)$ ist daher eine Überlagerung

$$\psi(x,t) = \sum_n \phi_n(x) \mathrm{e}^{-\mathrm{i}[(E_n/\hbar)t - k_n x]} \qquad (9.143)$$

mehrerer Schwingungswellenfunktionen im Energieintervall ΔE.

Das Wellenpaket breitet sich mit der Gruppengeschwindigkeit

$$v_g = \frac{\partial \omega}{\partial k} = \frac{1}{\hbar}\frac{\partial E}{\partial k} \qquad (9.144)$$

in $\pm x$-Richtung aus (die wir für zweiatomige Moleküle in die Molekülachse legen). Während dieser Bewegung ändert das Wellenpaket seine Form, weil sich die kinetische Energie $E_{\text{kin}} = E - E_{\text{pot}}(R)$ und damit auch der Impuls $\boldsymbol{p} = \hbar \boldsymbol{k} = \sqrt{2mE_{\text{kin}}}$ ändert. Dies bedeutet, dass sich auch die Phasengeschwindigkeiten

$$v_{\text{Ph}} = \frac{\omega}{k} = \frac{1}{\hbar}\frac{E_{\text{kin}}}{k} = \frac{1}{\hbar k}\big(E - E_{\text{pot}}(R - R_e)\big) \qquad (9.145)$$

der Teilwellen in (9.143) ändern. Das Wellenpaket läuft zwischen den Umkehrpunkten $x_1 = R_1$ und $x_2 = R_2$ des Potentials, wo $E = E_{\text{pot}}$, d. h. $E_{\text{kin}} = 0$ wird, hin und her (Abb. 9.82).

Diese Bewegung lässt sich mit modernen experimentellen Techniken sichtbar machen, wie im Abschn. 10.6 erläutert wird, aber sie lässt sich auch durch Berechnung der Wellenpakete

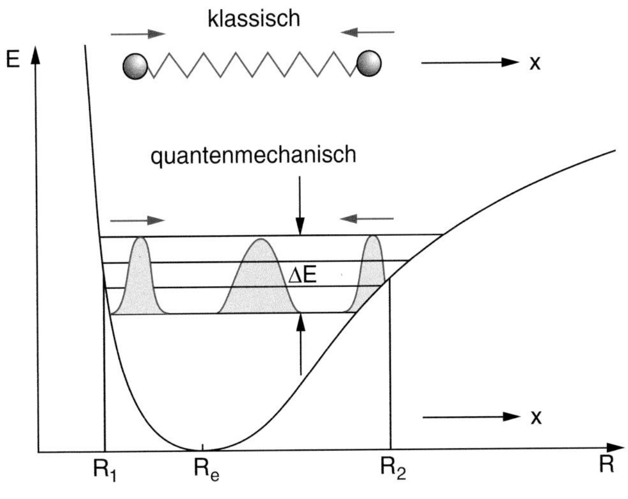

Abbildung 9.82 Beschreibung der Molekülschwingung durch Wellenpakete

(bei Kenntnis des Potentials) auf dem Computerbildschirm illustrieren, wo man dann die Bewegung des Wellenpakets im Zeitlupentempo beobachten kann (siehe Abb. 4.19).

Da man inzwischen auch für größere Moleküle Potentialflächen berechnen kann, lassen sich auch komplizierte Bewegungsabläufe schwingender größerer Moleküle auf dem Computerbildschirm visualisieren.

Die Wellenpaketdynamik ist von großem Interesse für Chemiker, um das zeitliche Verhalten des aktivierten Komplexes bei der Dissoziation von größeren Molekülen zu studieren (siehe auch Abschn. 9.10). Hier kann man bei Kenntnis der Potentialflächen deutlich machen, wie sich nach einer selektiven Anregung bestimmter Energiezustände in einem Molekül die Geometrie des Moleküls im Laufe von Femtosekunden ändert, in welche Fragmente das Molekül zerfällt und wie die verschiedenen Fragmentierungskanäle von Energie und Symmetrie des angeregten Zustandes abhängen.

Zusammenfassung

- Für ein starres Molekül lassen sich die elektronischen Wellenfunktionen $\psi(\boldsymbol{r}, R)$ und die Eigenwerte $E(R)$ als Funktion des Kernabstandes R näherungsweise durch Linearkombinationen atomarer Wellenfunktionen bestimmen (LCAO-Methode).
- Bei einem schwingenden und rotierenden Molekül ist die kinetische Energie der Kernbewegung im Allgemeinen klein gegen die elektronische Energie. Dies erlaubt eine Separation der Gesamtwellenfunkion $\Psi(\boldsymbol{r}, R)$ in ein Produkt $\chi_N(\boldsymbol{R}) \cdot \varphi_{el}(\boldsymbol{r}, R)$ aus der Kernwellenfunktion χ_N, welche die Bewegung der Kerne beschreibt und einen elektronischen Anteil, der den Kernabstand nur noch als Parameter enthält (Born-Oppenheimer-Näherung). Die Gesamtenergie

$$E = E_{el} + E_{vib} + E_{rot}$$

  eines Molekülzustandes ist in dieser Näherung die Summe aus elektronischer, Schwingungs- und Rotationsenergie.
- Der elektronische Zustand eines zweiatomigen Moleküls wird charakterisiert durch seine Symmetrieeigenschaften, seine Gesamtenergie E und durch die Quantenzahlen n, Λ und S, wobei gilt:

$$\Lambda = \sum_i \lambda_i = \left|\frac{L_z}{\hbar}\right|, \quad |S| = |\sum s_i| = \sqrt{S(S+1)}\hbar .$$

  Dabei ist n die Hauptquantenzahl, $|S|$ der Betrag des gesamten Spins aller Elektronen, und die Projektionsquantenzahl Λ gibt die Projektion $|L_z| = \Lambda \cdot \hbar$ des vom Kernabstand abhängigen Gesamtbahndrehimpulses der Elektronenhülle auf die Molekülachse an.
- Die Potentialkurven $E_{pot}(R)$ eines zweiatomigen Moleküls geben die Summe von mittlerer kinetischer Energie $\langle E_{kin}\rangle$ der Elektronen, ihrer mittleren potentiellen Energie und der Kernabstoßung an als Funktion des Kernabstandes R. Hat $E_{pot}(R)$ ein Minimum, so ist das Molekül in diesem Zustand stabil. Fällt $E_{pot}(R)$ monoton mit wachsendem R, so dissoziiert der Zustand.
- Die Schwingung der Kerne erfolgt im Potential $E_{pot}(R)$, das für tiefe Schwingungsenergien durch ein Parabelpotential angenähert werden kann, sodass das schwingende Molekül als harmonischer Oszillator behandelt werden kann. Mit zunehmender Energie nehmen die Abstände der Schwingungsniveaus ab, im Morsepotential ist die Abnahme linear mit der Schwingungsquantenzahl v, im realen Potential nichtlinear. Es gibt für jeden gebundenen elektronischen Molekülzustand nur endlich viele Schwingungsniveaus.
- Die Rotationsenergie eines zweiatomigen Moleküls mit der reduzierten Masse M kann näherungsweise durch das Trägheitsmoment $I = M \cdot R^2$ und die Rotationsquantenzahl J als

$$E_{rot} = \frac{J(J+1)\hbar^2}{2I}$$

  dargestellt werden. Durch die Zentrifugalaufweitung des Kernabstandes nimmt I zu und deshalb E_{rot} ab. Die Größe der Abnahme hängt ab von der Steigung der Potentialkurve $E_{pot}(R)$.
- Die Intensität von Absorptions- oder Emissionslinien hängt von der Größe des Dipolmatrixelementes für den entsprechenden Übergang ab. Genau wie bei Atomen gibt es Auswahlregeln. Für homonukleare Moleküle gibt es keine Übergänge zwischen Schwingungs-Rotations-Niveaus desselben elektronischen Zustands. Bei elektronischen Übergängen $(n', v', J') \leftrightarrow (n'', v'', J'')$ tritt ein System von Schwingungsbanden $v' \leftrightarrow v''$ auf, das aus Rotationslinien mit der Auswahlregel $\Delta J = 0, \pm 1$ besteht. Die Intensität einer Rotationslinie hängt ab vom Hönl-London-Faktor und von der Polarisation der absorbierten bzw. emittierten Strahlung. Die Intensität einer Bande wird durch das Quadrat des Überlapp-Integrals $(\int \psi^*_{vib}(v')\psi_{vib}(v'')\,d\tau)^2$ bestimmt, das Franck-Condon-Faktor heißt.
- Bei mehratomigen Molekülen mit N Atomen wird die Energie $E(\boldsymbol{R})$ als Funktion der Kerngeometrie durch eine $(N-1)$-dimensionale Fläche dargestellt. Die gesamte Schwingung des Moleküls kann in harmonischer Näherung als Überlagerung von $(3N-6)$ Normalschwingungen ($3N-5$ bei linearen Molekülen) beschrieben werden.

- Die Rotation eines nichtlinearen Moleküls kann durch Hauptträgheitsmomente beschrieben werden. Sind die Moleküle symmetrische Kreisel, so sind zwei dieser Hauptträgheitsmomente gleich. Die Rotationsenergie wird dann durch die beiden unterschiedlichen Trägheitsmomente und durch den Rotationsdrehimpuls $\boldsymbol{J}$ und seine Projektion $K \cdot \hbar$ auf die Symmetrieachse bestimmt.
- Der elektronische Zustand und die geometrische Struktur eines mehratomigen Moleküls können aus der Form der von Elektronen besetzten Molekülorbitale erschlossen werden.
- Chemische Reaktionen basieren auf Zusammenstößen zwischen Atomen bzw. Molekülen, bei denen sich die atomare Zusammensetzung der Stoßparameter ändert.
- Die Ordnung der chemischen Reaktionen wird durch die Zahl der miteinander reagierenden Reaktanden gegeben. Die Geschwindigkeit der Reaktion wird durch Ratenkonstanten und durch die Konzentration der Reaktanden bestimmt. Die Ratenkonstanten hängen ab vom Verlauf der potentiellen Energie als Funktion des Abstandes der Reaktanden und von der Temperatur.
- Viele Reaktionen haben eine Reaktionsbarriere. Sie brauchen zu ihrer Initiierung eine Aktivierungsenergie. Ist die Gesamtenergie des Reaktionsproduktes kleiner als die der Reaktanden, so heißt die Reaktion exotherm, ist sie größer, so liegt eine endotherme Reaktion vor. Der Energieüberschuss bei exothermen Reaktionen wird in Translationsenergie umgewandelt und führt zur Erwärmung des Reaktionssystems.

Aufgaben

9.1 Wie groß sind beim Gleichgewichtsabstand $R_e = 2a_0$ des H_2^+-Molekülions der Betrag der Coulombabstoßungsenergie der Kerne und die potentielle Energie des Elektrons, das durch die Wellenfunktion $\phi^+(r, R_e)$ beschrieben wird? Man berechne zunächst das Überlapp-Integral $S_{AB}(R)$ in (9.12) mit der Wellenfunktionen (9.8). Wie groß muss E_{kin}(Elektron) sein, wenn die Bindungsenergie des H_2^+ $E_{pot}(R_e) = -2{,}65\,\text{eV}$ beträgt? Man vergleiche die Ergebnisse mit denen beim H-Atom.

9.2 Wie groß wäre die elektronische Energie im H_2-Molekül (d. h. ohne Kernabstoßung), wenn man den Kernabstand R gegen null gehen lässt (Grenzfall des vereinigten Atoms)?

9.3
a) Wie groß ist die gesamte vereinigte elektronische Energie im H_2-Molekül, berechnet als Summe der atomaren Energien der H-Atome minus der Bindungsenergie?
b) Man vergleiche die Schwingungs-Rotations-Energie eines zweiatomigen Moleküls bei $T = 300\,\text{K}$ mit der elektronischen Energie, die nötig ist, um ein Elektron anzuregen.

9.4 Man zeige, dass man mit dem Produktansatz (9.49) aus der Schrödingergleichung (9.3) die beiden separierten Gleichungen (9.4) und (9.50) erhalten kann.

9.5 Zeigen Sie, dass man aus der Schrödingergleichung (9.54a) mit dem Morsepotential (9.68) die Energieeigenwerte (9.69) erhält. Wie hängt ω in (9.69) mit der Dissoziationsenergie E_D und der reduzierten Masse M des Moleküls zusammen?

9.6 Wie groß ist die Ionisierungsenergie des H_2-Moleküls, wenn seine Bindungsenergie $D(H_2) = -4{,}48\,\text{eV}$, die Bindungsenergie $D(H_2^+) = 2{,}65\,\text{eV}$ und die Ionisationsenergie des H-Atoms 13,6 eV sind? Machen Sie ein Termdiagramm zur Illustration der Berechnung.

9.7 Man berechne Frequenzen und Wellenlängen bzw. Wellenzahlen der Rotationsübergänge des HCl-Moleküls für die Übergänge $J = 0 \to J = 1$ und $J = 4 \to J = 5$. Der Kernabstand R_e ist 1,2745 Å. Wie groß ist die Rotationsenergie für $J = 5$?

9.8 Wenn das Grundzustandspotential im HCl-Molekül in der Umgebung des Minimums $E_{pot}(R_e) = 0$ als Parabelpotential $E_{pot} = k \cdot (R - R_e)^2$ angenommen wird, erhält man eine Schwingungsfrequenz $\nu_0 = 9 \cdot 10^{13}\,\text{s}^{-1}$. Wie groß ist die Konstante k? Wie groß ist die klassische Schwingungsamplitude für $v = 1$?

9.9 Das Na_3-Molekül bildet ein gleichschenkliges Dreieck mit dem Winkel $\alpha = 80°$ und der Schenkellänge $s = 3{,}24\,\text{Å}$. Wie groß sind die drei Hauptträgheitsmomente und die drei Rotationskonstanten A, B und C? Zeigen Sie, dass $1/A + 1/B = 1/C$ gilt (Bd. 1, Abschn. 5.5).

9.10 Welche Normalschwingungen sind beim linearen Acetylen-Molekül C_2H_2 anregbar? Illustrieren Sie diese schematisch durch die Bewegungspfeile der Atome.

9.11 Die Linien im reinen Rotationsspektrum des Moleküls $^{35}Cl^{19}F$ haben im Schwingungsgrundzustand einen Frequenzabstand $\Delta\nu = 1{,}12 \cdot 10^{10}\,\text{Hz}$.
a) Wie groß ist der Kernabstand R_e?
b) Im angeregten Schwingungszustand $(v = 1)$ ist $R_e(v = 1) = 1.005 R_e(v = 0)$. Wie groß ist der Frequenzabstand $\Delta\nu$ der Linien des Überganges $(v' = 1, J' \to J' + 1)$ und $(v'' = 0, J'' \to J'' + 1)$?

Literatur

1. R. McWeen (Hrsg.): Coulson's Valence. Oxford University Press, Oxford (1980)
2. W. Kutzelnigg: Einführung in die theoretische Chemie, Bd. 2, 2. Aufl. Verlag Chemie, Weinheim (1994)
3. H. Heitler, F. London: Wechselwirkung neutraler Atome und homöopolare Bindung nach der Quantenmechanik. Zeitschr. Phys. **44**, 455 (1927)
4. W. Kolos, C.C.J. Rothaan: Accurate Electronic Wavefunctions for the H_2-Molecule. Rev. Mod. Phys. **32**, 219 (1960)
5. W. Kolos, L. Wolniewicz: Nonadiabatic Theory for Diatomic Molecules and its Applications to the Hydrogen Molecule. Rev. Mod. Phys. **35**, 473 (1963)
6. W. Gordy, R.L. Cook: Microwave Molecular Spectra. John Wiley, New York (1970)
7. W.A. Bingel: Theorie der Molekülspektren. Verlag Chemie, Weinheim (1967)
8. G. Herzberg: Molecular Spectra and Molecular Structure, Bd. I–IV. Van Nostrand Reinhold, New York (1950)
9. D. Eisel, D. Zeugolis, W. Demtröder: Sub-Doppler Laser Spectroscopy of the NaK Molecule. J. Chem. Phys. **71**, 2005 (1979)
10. Wiley Information Service. http://www.chemgapedia.de/vsengine/vlu/vsc/de/ch/8/bc/vlu/chem_grundlagen/wasser.vlu/Page/vsc/de/ch/8/bc/chemische_grundlagen/wasser1.vscml.html
11. F. Engelke: Aufbau der Moleküle, 3. Aufl. Teubner, Stuttgart (1996)
12. N.H. March, J.F. Mucci: Chemical Physics of Free Molecules. Plenum Press, New York (1992)

Weitere allgemeine Literatur

13. H. Haken, H.C. Wolf: Molekülphysik und Quantenchemie, 5. Aufl. Springer, Berlin, Heidelberg (2006)
14. B.H. Bransden, C.J. Joachain: Physics of Atoms and Moleculs. Longman/Wiley, New York (1995)
15. H.A. Stuart: Molekülstruktur, 3. Aufl. Springer, Berlin, Heidelberg (1967)
16. S. Svanberg: Atomic and Molecular Spectroscopy, 2. Aufl. Springer, Berlin, Heidelberg (1992)
17. P.W. Atkins: Moelcular Quantum Mechanics, 2. Aufl. Oxford University Press, Oxford (1994)
18. W. Demtröder: Molekülphysik. Theoretische Grundlagen und experimentelle Methoden. Oldenbourg/de Gruyter (2013)
19. H. Günzler: IR-Spektroskopie. Eine Einführung. Wiley-VCH, Weinheim (2003)
20. F. Engelke: Aufbau der Moleküle. Teubner (1996)
21. R.L. Brooks: The Fundamentals of Atomic and Molecular Physics. Springer (2013)
22. T. Buyana: Molecular Physics. World Scientific (1997)

Experimentelle Methoden der Atom- und Molekülphysik

10

W. Demtröder, *Experimentalphysik 3*, Springer-Lehrbuch, DOI 10.1007/978-3-662-49094-5_10

Ziel aller Untersuchungen in der Atom- und Molekülphysik ist die Aufklärung der Struktur von Atomen und Molekülen und ihrer gegenseitigen Wechselwirkungen, die Bestimmung von Bindungs- und Ionisationsenergien, von elektrischen und magnetischen Momenten sowie eine möglichst genaue Kenntnis der molekularen Dynamik, d. h. der zeitlichen Entwicklung molekularer Zustände, welche durch interne Umordnung der Molekülstruktur oder auch durch Stöße erfolgen kann.

Um dieses Ziel zu erreichen, wurde eine große Vielfalt verschiedener Experimentiertechniken entwickelt, die man aber alle den folgenden drei Bereichen zuordnen kann:

- **Spektroskopische Methoden**, bei denen die Absorption oder Emission elektromagnetischer Strahlung durch freie Atome oder Moleküle beobachtet wird. Aus der Messung der *Wellenlängen* der entsprechenden Spektrallinien lassen sich die Energieniveaus und damit die Molekülstruktur ermitteln. Die *Intensitäten* der Linien geben Aufschluss über die Übergangswahrscheinlichkeiten und damit auch über die Symmetrien der am Übergang beteiligten Zustände und deren gegenseitigen Kopplungen. Aus den Linienbreiten lassen sich oft Lebensdauern angeregter Molekülzustände bestimmen, aus Messungen der Druckverbreiterung die Wechselwirkungspotentiale zwischen Stoßpartnern. Zeitlich auflösende Verfahren geben Aufschluss über die Moleküldynamik.
- **Messungen integraler und differentieller Streuquerschnitte** und ihrer Abhängigkeit von der Relativgeschwindigkeit der Stoßpartner bei atomaren oder molekularen Stoßprozessen. Aus den elastischen Streuquerschnitten gewinnt man Informationen über das Wechselwirkungspotential zwischen den Stoßpartnern. Messungen inelastischer Stoßquerschnitte erlauben detaillierte Einsichten in die verschiedenen Möglichkeiten des Energietransfers bei Stößen und geben Aufschluss über die Primärprozesse chemischer Reaktionen.
- **Untersuchungen makroskopischer Phänomene** wie die Transporteigenschaften molekularer Gase (Diffusion, Wärmeleitung, Reibung, siehe Bd. 1, Kap. 7) oder die Abhängigkeiten zwischen thermodynamischen Größen (Druck p, Volumen V, Temperatur T) eines realen Gases. Bei diesen Verfahren werden nicht einzelne molekulare Stöße erfasst, sondern statistische Mittelwerte über eine ungeheuer große Zahl ($>10^{20}$) von Stoßprozessen bei statistisch verteilten Relativgeschwindigkeiten und Orientierungen der Moleküle.

Die Informationen, welche aus den verschiedenen Verfahren gewonnen werden, ergänzen sich. So liefert z. B. die Spektroskopie überwiegend Daten über gebundene Zustände von Molekülen, deren Geometrie nicht weit von der Gleichgewichtsgeometrie entfernt ist, während Stoßprozesse hauptsächlich vom langreichweitigen Teil des Potentials beeinflusst werden.

In den letzten Jahren sind bei der Verwendung von Lasern eine Reihe von Verfahren entwickelt worden, die Spektroskopie und Streuphysik miteinander verbinden und dadurch weit mehr und wesentlich detailliertere Informationen über Molekülstruktur und Moleküldynamik ergeben.

Wir wollen nun in diesem Kapitel grundlegende Experimentiertechniken inklusive neuerer Verfahren diskutieren, um eine etwas genauere Vorstellung darüber zu vermitteln, wie unsere heutige Kenntnis über Atome und Moleküle, die in den vorangegangenen Kapiteln behandelt wurde, durch Experimente gewonnen wurde [1, 2].

10.1 Spektroskopische Verfahren

Um das Emissions- oder Absorptions-Spektrum von Atomen oder Molekülen zu messen, werden Spektralapparate (Spektrographen, Monochromatoren oder Interferometer) verwendet, die es gestatten, die verschiedenen Wellenlängen des Spektrums zu trennen. Bei allen spektroskopischen Verfahren spielt das ***spektrale Auflösungsvermögen*** dieser Apparate

$$R = \frac{\lambda}{\Delta\lambda_{\min}} \qquad (10.1)$$

die entscheidende Rolle. Dabei gibt $\Delta\lambda_{\min}$ das minimale noch auflösbare Wellenlängenintervall an, d. h. zwei Spektrallinien, deren Abstand $\Delta\lambda$ größer ist als $\Delta\lambda_{\min}$, können noch als getrennte Linien erkannt werden.

Ein zweites wichtiges Kriterium der spektroskopischen Technik ist ihre Empfindlichkeit. Diese wird bestimmt durch die minimale Zahl der auf einem atomaren oder molekularen Übergang $E_i \to E_k$ emittierten bzw. absorbierten Photonen, die gerade noch nachgewiesen werden kann.

Das spektrale Auflösungsvermögen hängt bei den meisten spektroskopischen Techniken ab vom jeweils verwendeten dispersiven Instrument zur Trennung der verschiedenen Wellenlängen (z. B. Spektrograph oder Interferometer, siehe Bd. 2, Abschn. 11.5) ist also apparatebedingt. Nur bei einigen Verfahren stellt die Linienbreite (Dopplerbreite, Druckverbreiterung, siehe Abschn. 7.5) der absorbierenden bzw. emittierenden Übergänge eine prinzipielle Grenze für die spektrale Auflösung dar.

Verschiedene Laserverfahren erlauben eine dopplerfreie Spektroskopie, bei der die natürliche Linienbreite vermessen werden kann, obwohl sie sehr viel schmaler ist als die Dopplerbreite (siehe Abschn. 10.2.5–10.2.7).

Die Empfindlichkeit bei der Absorptionsspektroskopie kann mithilfe des minimalen noch messbaren Absorptionskoeffizienten $\alpha(\nu)$ angegeben werden. Fällt eine elektromagnetische Welle mit der Frequenz ν und der Intensität I_0 auf eine absorbierende Probe (Abb. 10.1), so wird die transmittierte, vom Detektor gemessene Intensität

$$I_t(\nu) = I_0 \cdot e^{-\alpha(\nu)\cdot x} . \qquad (10.2)$$

Der spektrale Nettoabsorptionskoeffizient $\alpha_\nu(\nu_{ki})$ mit $[\alpha_\nu] = 1\,m^{-1}Hz^{-1}$ für einen molekularen Übergang $E_k \to E_i$ ist durch die Differenz von Absorptionsrate minus induzierter Emissionsrate bestimmt. Nach Abschn. 8.1.1 gilt:

$$\alpha_\nu(\nu_{ki}) = \left[N_k - (g_k/g_i)N_i\right] \cdot \sigma_\nu(\nu_{ki}) , \qquad (10.3a)$$

Kapitel 10

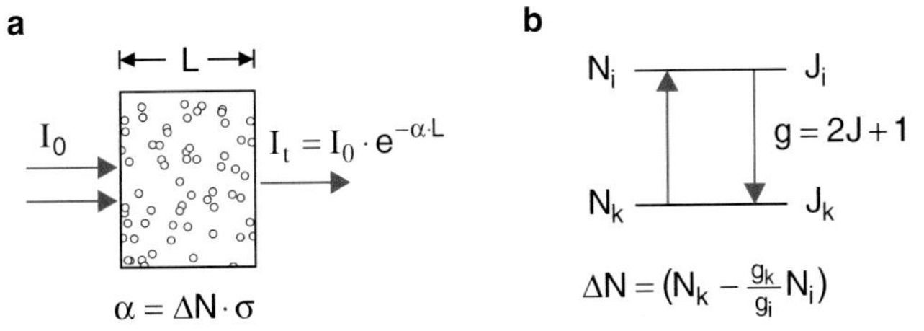

Abbildung 10.1 Absorption einer monochromatischen Welle durch eine Probe mit Absorptionskoeffizient α und Absorptionslänge L

wobei N_i, N_k die Besetzungszahldichten (in m^{-3}) der Niveaus E_i, E_k sind, g_i, g_k die statistischen Gewichte der Niveaus mit Drehimpulsen $\boldsymbol{J}_i$, $\boldsymbol{J}_k$, welche durch die Zahl $2J + 1$ der Orientierungsmöglichkeiten gegeben ist, und $\sigma(\nu_{ki})$ ist der Absorptionsquerschnitt pro Molekül auf dem Übergang $E_k \to E_i$, welcher mit dem in (7.2) definierten Einsteinkoeffizienten B_{ki} für Absorption durch die Relation

$$B_{ki} = \frac{c}{h \cdot \nu_{ki}} \int \sigma_\nu(\nu_k i) \cdot \mathrm{d}\nu$$

verknüpft ist. Die Integration erfolgt über alle Frequenzen von $\nu = 0$ bis $\nu = \infty$. Allerdings trägt der Integrand nur innerhalb des Linienprofils $I(\nu)$ merklich zum Integral bei. Mit der Abkürzung $\Delta N = (N_k - (g_i/g_k)N_i)$ wird aus (10.3a)

$$\alpha_\nu(\nu_{ik}) = \Delta N \cdot \sigma_\nu(\nu_{ik})\,. \tag{10.3b}$$

Für kleine Exponenten $\alpha \cdot x \ll 1$ lässt sich die Näherung $\mathrm{e}^{-\alpha x} \approx 1 - \alpha x$ verwenden, und (10.2) geht für eine Absorptionslänge $x = L$ über in

$$\begin{aligned}\frac{I_0 - I_t}{I_0} &= \frac{\Delta I}{I_0} \approx \alpha \cdot L \\ &= \left[N_k - (g_k/g_i)\,N_i\right] \cdot \sigma\,(\nu_{ki}) \cdot L\,.\end{aligned} \tag{10.4}$$

Die minimale noch nachweisbare Intensitätsänderung $\Delta I = I_0 - I_t$ hängt von der Empfindlichkeit des Detektors ab, wird aber meistens begrenzt durch statistische Schwankungen ΔI_R (Rauschen) der einfallenden Intensität I_0, d. h. der Lichtquelle, da absorptionsbedingte Änderungen $\Delta I \ll \Delta I_R$ nicht mehr nachgewiesen werden können.

Die Erfindungsgabe des Experimentators muss sich daher auf Methoden zur Verbesserung des Signal-Rauschverhältnisses $\Delta I/\Delta I_R$ konzentrieren [3].

10.1.1 Mikrowellenspektroskopie

Reine Rotationsübergänge von Molekülen liegen im Mikrowellenbereich (siehe Abschn. 9.5). Da man aus der sehr genau möglichen Messung der Absorptionsfrequenzen

$$\nu_{ki} = 2c \cdot B_v(J_k + 1) \tag{10.5}$$

bzw. der Wellenzahlen $\overline{\nu}_{ki} = 1/\lambda_{ki} = \nu_{ki}/c$ bei einem Rotationsübergang $J_k \to J_i = J_k + 1$ die Rotationskonstanten B_v zweiatomiger Moleküle im Schwingungszustand v und damit den mittleren Kernabstand R bestimmen kann (siehe Abschn. 9.5), stellt die Mikrowellenspektroskopie die genaueste Methode zur Bestimmung der Molekülstruktur im elektronischen Grundzustand dar. Bei mehratomigen Molekülen muss man zur Bestimmung der Molekülstruktur die drei Trägheitsmomente um die Hauptträgheitsachsen ermitteln (siehe Abschn. 9.8), also drei Rotationskonstanten messen. Dazu braucht man mehrere Rotationsübergänge, d. h. viele Linien im Mikrowellenspektrum. Die Analyse solcher Spektren ist nicht immer eindeutig, und oft muss man verschiedene Isotopomere eines Moleküls vermessen, um die Bindungslängen und -winkel in größeren Molekülen eindeutig festzulegen. Da das Trägheitsmoment des Moleküls, und damit auch seine Rotationsfrequenz von der Masse der Atome und ihrem Abstand von der Rotationsachse abhängt, kann man durch Isotopen-Substitution einzelner Atome ν_{rot} gezielt verändern und damit die Zuordnung der Linien im Spektrum erleichtern.

Durchläuft eine Mikrowelle ein Zelle, welche das absorbierende Molekülgas bei der Temperatur T enthält, so gilt für die Besetzungszahlen bei thermodynamischem Gleichgewicht (siehe Bd. 1, Kap. 7)

$$\frac{N_i}{N_k} = \frac{g_i}{g_k} \cdot \mathrm{e}^{-\Delta E/k_B T}\,. \tag{10.6}$$

Setzt man dies in (10.3a) ein, so erhält man

$$\alpha_\nu(\nu_{ki}) = N_k \left(1 - \mathrm{e}^{-\Delta E/k_B T}\right) \cdot \sigma_\nu(\nu_{ki})\,. \tag{10.7}$$

Bei Zimmertemperatur ($T = 300\,\mathrm{K} \Rightarrow k_B T \approx 4 \cdot 10^{-21}\,\mathrm{J}$) gilt für Mikrowellenübergänge $k_B T \gg \Delta E$.

Beispiel

$B_v = 0{,}2\mathrm{cm}^{-1}$, $J_k = 5 \Rightarrow \overline{\nu}_{ik} = 2{,}4\,\mathrm{cm}^{-1} \Rightarrow \Delta E = h \cdot c \cdot \overline{\nu}_{ik} = 4{,}3 \cdot 10^{-23}\,\mathrm{J} \Rightarrow \Delta E/k_B T \approx 10^{-2}$. ■

Deshalb lässt sich die Exponentialfunktion in (10.7) entwickeln als $\exp(-\Delta E/k_B T) \approx 1 - \Delta E/k_B T$, und man erhält für den Absorptionskoeffizienten

$$\alpha(\nu_{ki}) \approx N_k \cdot (\Delta E/k_B T) \cdot \sigma(\nu_{ki})\,. \tag{10.8}$$

Für $\Delta E \ll k_B T$ ergibt sich aus (10.3b) und (10.6)

$$\begin{aligned}\frac{\Delta N}{N_k} &= \frac{\Delta E}{k_B T} \ll 1 \\ \Delta N &= N_k \cdot \frac{\Delta E}{k_B T} \ll N_k\,.\end{aligned}$$

Die Besetzungsdifferenz ΔN wird also sehr klein gegen die Besetzung N_k der absorbierenden Moleküle.

Auf Grund der sehr kleinen relativen Besetzungszahldifferenz $(N_k - N_i)/N_k$ wird die Absorption fast vollständig kompensiert durch die nur wenig kleinere induzierte Emission. Anders ausgedrückt: Die effektive Zahl N_k absorbierender Moleküle wird um den Faktor $\Delta E/k_B T$ verringert.

Beispiel

Bei einem Gasdruck von 10 mbar ist die Molekülzahldichte $N = \sum N_i$ etwa $N \approx 3 \cdot 10^{23}\,\text{m}^3$. Die Besetzung verteilt sich auf viele Rotations-Schwingungs-Niveaus. Wenn sich 1 % aller Moleküle im Niveau E_k befindet und das Verhältnis $\Delta E/k_B T = 10^{-2}$ angenommen wird, dann wird der Absorptionskoeffizient $\alpha = 3 \cdot 10^{19} \cdot \sigma(\nu_{ik})/\text{m}^3$. Bei einem Absorptionsquerschnitt von $\sigma = 10^{-24}\,\text{m}^2$ wird die relative Absorption auf 1 m Absorptionslänge $\Delta I/I_0 \approx 3 \cdot 10^{-5}$. Um dies nachzuweisen, darf die einfallende Intensität nur um weniger als $3 \cdot 10^{-5}$ schwanken. ∎

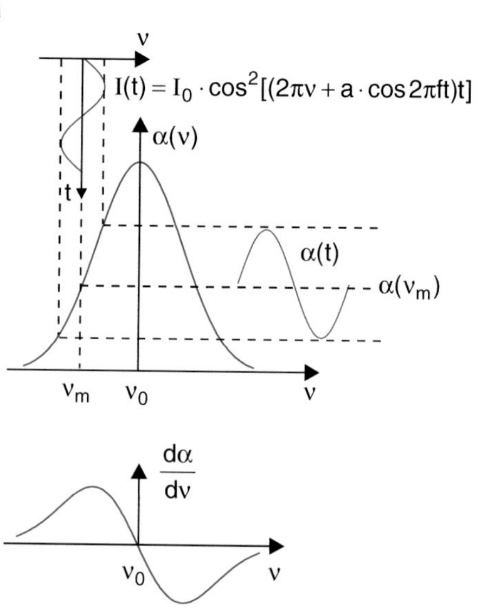

Abbildung 10.2 Absorption $\alpha(t)$ bei modulierter Frequenz der einfallenden Intensität. **a** Modulation von $\alpha(f)$; **b** Absorptionsprofile $\mathrm{d}\alpha/\mathrm{d}(\nu)$ phasenempfindlich gemessen auf der Frequenz f

Man muss deshalb die Empfindlichkeit des Nachweises steigern, um ein genügend großes Verhältnis von Absorptionssignal S zum Rauschen R des Untergrundes (***Signal-Rauschverhältnis*** S/R) zu erhalten. Dies kann erreicht werden durch eine Modulation

$$\nu = \nu_m\big(1 + a \cdot \cos(2\pi f t)\big)\,; \quad a \le 1 \qquad (10.9)$$

der durchstimmbaren Mikrowellenfrequenz ν_m mit der Modulationsfrequenz $f \ll \nu$, sodass die einfallende Intensität

$$I(t) = I_0 \cdot \cos^2[2\pi \nu_m (1 + a \cdot \cos 2\pi f t)t]$$

periodisch um ihre Mittenfrequenz ν_m moduliert ist. Wird jetzt ν_m kontinuierlich über eine Absorptionslinie hinweg gefahren, so wird der Absorptionskoeffizient $\alpha(\nu)$ und damit auch das detektierte Signal, das proportional zur transmittierten Intensität ist, mit der Modulationsfrequenz f moduliert (Abb. 10.2). Die transmittierte Intensität lässt sich in eine Taylor-Reihe

$$I_t(\nu) = I_t(\nu_0) + \sum_n \frac{a^n}{n!}\left(\frac{\mathrm{d}^n I_t}{\mathrm{d}\nu^n}\right)_{\nu_0} \nu_0^n \cdot \cos^n(2\pi f t) \qquad (10.10)$$

entwickeln. Wird von einem phasenempfindlichen Verstärker nur der Anteil des Detektorsignals auf der Modulationsfrequenz f durchgelassen, so misst man beim Durchstimmen der Frequenz ν_m nur die Modulation der Differenz $\Delta I = I_0 - I_t$ auf der Frequenz f, nämlich:

$$\Delta I_t(f) = \nu_0 \cdot a \cdot \left(\frac{\mathrm{d}I_t}{\mathrm{d}\nu}\right)_{\nu_0} \cdot \cos(2\pi f t)\,. \qquad (10.11)$$

Das gemessene Signal ist also proportional zur ersten Ableitung $\mathrm{d}I_t/\mathrm{d}\nu$ der transmittierten Intensität, d. h. wegen (10.4) auch zur ersten Ableitung des Absorptionskoeffizienten $\alpha(\nu)$ (Abb. 10.2b).

Da nur Signale auf der Frequenz f nachgewiesen werden, gehen Schwankungen der Mikrowellenintensität I_0 auf allen anderen Frequenzen nicht in das Signal-Rauschverhältnis ein. Man wählt die Modulationsfrequenz f so, dass auf ihr möglichst geringes Rauschen detektiert wird.

Anstatt die Mikrowellenfrequenz zu modulieren, kann man auch die Absorptionsfrequenz ν_{ik} der Moleküle durch ein moduliertes elektrisches Feld variieren, das eine periodische *Starkverschiebung* der Absorptionslinien bewirkt (siehe Abschn. 10.3.2).

In Abb. 10.3 ist schematisch ein Mikrowellenspektrometer gezeigt. Die Mikrowelle wird z. B. durch ein Klystron (Bd. 2, Abschn. 6.3) erzeugt, durch Hohlleiter (Bd. 2, Abschn. 7.9) geleitet, die mit dem Absorptionsgas gefüllt sind, und von einer Mikrowellendiode detektiert. Das elektrische Feld zur Modulation der Absorption wird zwischen einer Metallplatte in der Mitte des Absorptionsrohres und den Wänden angelegt [4].

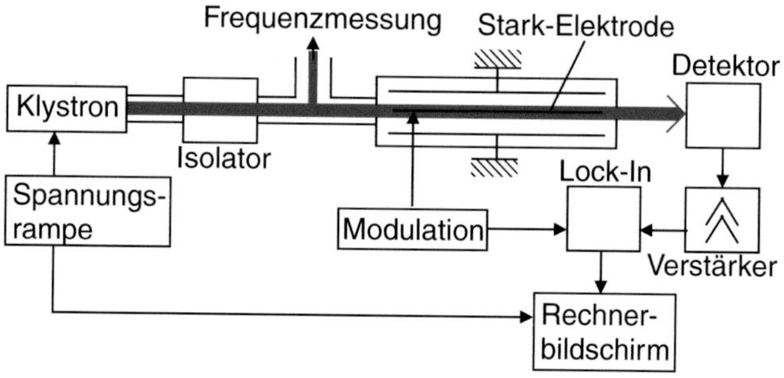

Abbildung 10.3 Mikrowellenspektrometer

10.1.2 Fourierspektroskopie

Fourierspektroskopie ist im Wesentlichen Zweistrahl-Interferometrie mit einem Michelson-Interferometer (siehe Bd. 2, Abschn. 10.3.4). Sie kann als Emissions- oder als Absorptionsspektroskopie betrieben werden [5]. Wir wollen uns ihr Prinzip am Beispiel der Emissionsspektroskopie klar machen (Abb. 10.4) (Für dieses Beispiel entfällt die Absorptionsprobenkammer in Abb. 10.4). Die Strahlung der Quelle Q, deren Spektrum $I(\nu)$ gemessen werden soll, wird durch einen Hohlspiegel gesammelt und in ein paralleles Strahlbündel transformiert. Dies wird am Strahlteiler St in zwei Teilbündel aufgespalten, zu zwei Spiegeln M_2 und M_3 gelenkt und nach der Reflexion wieder überlagert. Die vom Detektor gemessene Intensität ist dann von der Wegdifferenz Δs zwischen den beiden interferierenden Teilbündeln abhängig.

Nun wird der Spiegel M_2 mit konstanter Geschwindigkeit v bewegt, sodass $\Delta s = v \cdot t$ eine lineare Funktion der Zeit wird. Das dann als Funktion der Zeit gemessene Detektorsignal $S(t)$, das proportional ist zur Interferenzintensität $I_t(t)$ in der Detektorebene, heißt ***Interferogramm***. Es enthält alle gewünschten Informationen über das Spektrum $I(\nu)$ der einfallenden Strahlung. Das Spektrum $I(\nu)$ kann durch eine Fouriertransformation aus dem Signal $S(t)$ gewonnen werden. Es gilt mit $\omega = 2\pi\nu$:

$$I(\omega) = \int_{-\infty}^{+\infty} S(t) \cdot \cos\left(\omega \cdot \frac{v}{c} t\right) \, dt .$$

Dies wird durch die folgenden Beispiele verdeutlicht:

Angenommen, die Quelle Q emittiere monochromatische Strahlung mit der Amplitude

$$E(\omega) = A_0 \cdot \cos \omega_0 t$$

und der Intensität

$$\begin{aligned} I(\omega) &= c \cdot \varepsilon_0 \cdot E^2 \\ &= c\varepsilon_0 A_0^2 \cos^2 \omega_0 t = I_0 \cdot \cos^2 \omega_0 t . \end{aligned}$$

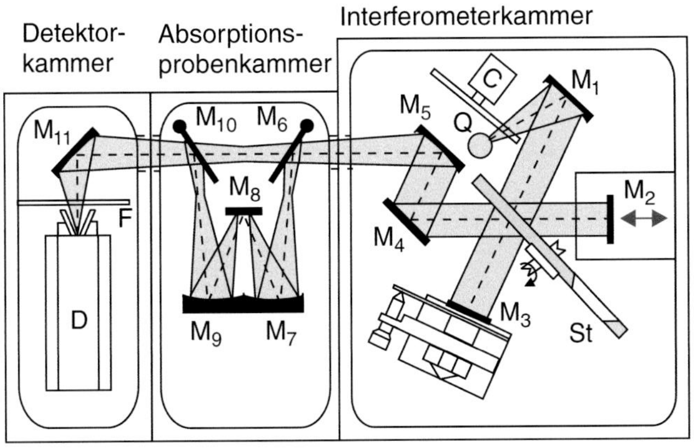

Abbildung 10.4 Prinzip des Fourier-Spektrometers als Michelson-Interferometer (Polytec FIR 30)

Die beiden interferierenden Teilbündel mit der Wellenzahl $k = \omega / c$ haben dann die Amplituden

$$A = \sqrt{R \cdot T} \cdot A_0$$

(R: Reflexionsvermögen, T: Transmission des Strahlteilers, $I_0 = c \cdot \varepsilon_0 \cdot A_0^2$) und durchlaufen die Wege s_1 bzw. s_2 bis zur Detektorebene. Die Interferenzintensität am Detektor ist damit:

$$\begin{aligned} I_t &= c \cdot \varepsilon_0 \cdot R \cdot T \cdot A_0^2 \\ &\quad \cdot \left[\cos(\omega_0 t + ks_1) + \cos(\omega_0 t + ks_2)\right]^2 \\ &= c \cdot \varepsilon_0 \cdot R \cdot T \cdot A_0^2 \left[\cos^2(\omega_0 t + ks_1) + \cos^2(\omega t + ks_2) \right. \\ &\quad \left. + \cos(2\omega_0 t + ks_1 + ks_2) + \cos(ks_2 - ks_1)\right] . \end{aligned} \tag{10.12}$$

Sie hängt ab vom Wegunterschied $\Delta s = s_1 - s_2$ zwischen den beiden Teilbündeln.

Der Detektor kann den schnellen optischen Schwingungen mit der Frequenz ω_0 nicht folgen, sodass das Detektorsignal $S(t)$ proportional zum Zeitmittelwert $\overline{I}(t)$ wird. Wegen $\langle \cos \omega_0 t \rangle = 0$, $\langle \cos^2 \omega_0 t \rangle = 1/2$ erhält man aus (10.12) mit $s_2 = s_1 + v \cdot t$:

$$\begin{aligned} S(t) \propto \overline{I}(t) &= RTI_0 \left[1 + \cos(ks_2 - ks_1)\right] \\ &= R \cdot T \cdot I_0 \left[1 + \cos\left(\omega_0 \frac{v}{c} t\right)\right] . \end{aligned} \tag{10.13}$$

Statt der Frequenz ω_0 der Strahlungsquelle misst der Detektor für die über die Detektorzeitkonstante gemittelte transmittierte Intensität eine Frequenz $\omega_0 \cdot v/c$, die um den Faktor v/c herabgesetzt ist und deshalb vom Detektor zeitlich aufgelöst werden kann.

> Beim Michelson-Interferometer mit gleichförmig bewegtem Spiegel wird die optische Frequenz ω_0 der Strahlungsquelle auf den wesentlich kleineren Wert $(v/c) \cdot \omega_0$ herabtransformiert.

Beispiel

$v = 3\,\text{cm/s}$, $\omega_0 = 10^{14}\,\text{s}^{-1} \Rightarrow (v/c)\,\omega_0 = 10^4\,\text{s}^{-1}$. ■

In Abb. 10.5 ist $\overline{I}(t)$ bei monochromatischer einfallender Strahlung als Funktion der Phase $\delta = (\omega_0/c) \cdot v \cdot t$ gezeigt. Man erhält Maxima, wenn die Wegdifferenz $v \cdot t$ ein ganzzahliges Vielfaches der Wellenlänge $\lambda = 2\pi c/\omega_0$ wird. Mathematisch kann das Spektrum $\overline{I}(\omega)$ durch eine Fouriertransformation aus dem gemessenen Interferogramm $S(t)$ zurückgewonnen werden, denn (10.13) kann geschrieben werden als

$$\overline{I}(\omega) = \lim_{\tau \to \infty} \int_{t=0}^{\tau} S(t) \cos\left(\omega \frac{v}{c} t\right) \, dt , \tag{10.14}$$

wie man durch Einsetzen von (10.13) sieht.

Kapitel 10

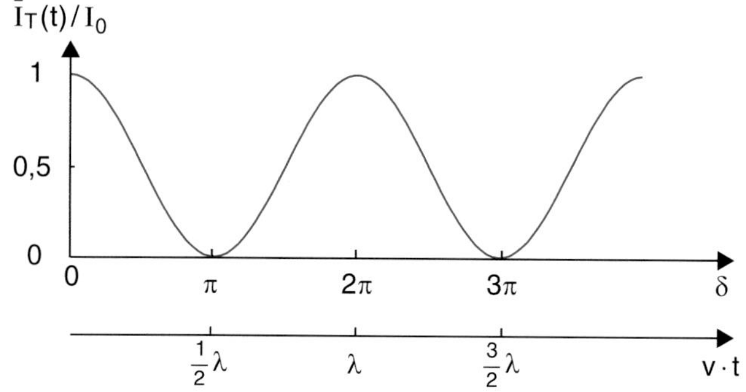

Abbildung 10.5 Normierte Interferenzintensität $\bar{I}_T(t)/I_0$ bei einer monochromatischen einfallenden Welle

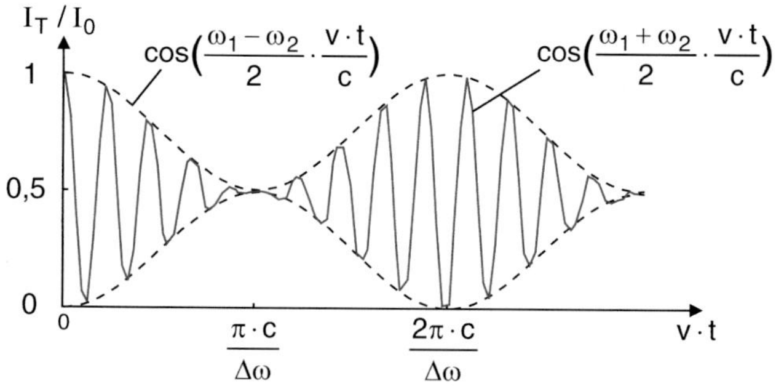

Abbildung 10.6 Interferogramm einer polychromatischen Strahlungsquelle mit den beiden Frequenzen ω_1 und ω_2

Enthält die Strahlungsquelle zwei Frequenzen ω_1 und ω_2, so interferieren die beiden Teilbündel der Frequenz ω_1 miteinander, ebenso die der Frequenz ω_2. Die Interferenz zwischen ω_1 und ω_2 mittelt sich zu null, weil die Phasen der beiden Anteile $A_1(\omega_1)$ und $A_2(\omega_2)$ in der Quelle statistisch gegeneinander schwanken. Die gemessene transmittierte Intensität $I_t(t)$ ist deshalb einfach die Summe der beiden Teilintensitäten

$$I_t(t) = I_t(\omega_1) + I_t(\omega_2)\,,$$

sodass auch das Interferogramm einfach die Überlagerung der Interferogramme für ω_1 und ω_2 ist. In Abb. 10.6 ist als Beispiel die transmittierte Intensität für eine einfallende Strahlung der Intensität $I_0 = I_1 + I_2$ mit zwei monochromatischen Anteilen $I_1(\omega_1)$ und $I_2(\omega_2)$ für den Fall $I_1 = I_2$ gezeigt.

Aus (10.13) erhalten wir dann wegen $\cos x + \cos y = 2\cos\frac{x+y}{2}\cdot\cos\frac{x-y}{2}$:

$$\begin{aligned}\bar{I}_T(t) = {} & 2R\cdot T\cdot\bar{I}\left[1+\cos\left(\frac{\omega_1-\omega_2}{2}\cdot\frac{v}{c}t\right)\right.\\ & \left.\cdot\cos\left(\frac{\omega_1+\omega_2}{2}\cdot\frac{v}{c}t\right)\right]\,. \end{aligned} \tag{10.15}$$

Dies ist ein Schwebungssignal mit der Mitten-Frequenz $(\omega_1+\omega_2)v/2c$ und der Schwebungsfrequenz $(\omega_1-\omega_2)v/2c$. Man kann anhand von Abb. 10.6 gut das spektrale Auflösungsvermögen des Fourierspektrometers diskutieren.

Um aus dem gemessenen Interferogramm die beiden Frequenzanteile

$$\omega_1 = \frac{\omega_1+\omega_2}{2} + \frac{\omega_1-\omega_2}{2}\,,$$
$$\omega_2 = \frac{\omega_1+\omega_2}{2} - \frac{\omega_1-\omega_2}{2}$$

der Strahlungsquelle zu bestimmen, muss die Spiegelverschiebung Δs so groß sein, dass mindestens eine Schwebungsperiode in Abb. 10.6 durchfahren wird, damit $(\omega_1-\omega_2)$ gemessen werden kann. Das minimal noch auflösbare Frequenzintervall $\delta\omega = (\omega_1-\omega_2)_{\min}$ ist mit der Messzeit $\Delta t = \Delta s/v$ verknüpft durch

$$\begin{aligned}\Delta s = v\cdot\Delta t > \frac{2\pi c}{\delta\omega}\\ \Rightarrow \Delta t > 2\pi c/(v\cdot\delta\omega)\,.\end{aligned} \tag{10.16}$$

Wenn die Strahlungsquelle auf vielen Frequenzen emittiert oder sogar ein kontinuierliches Spektrum aussendet, wird das Detektorsignal $S(t)$ komplizierter. Immer gilt jedoch:

$$S(t) = a\cdot\int_0^\infty \bar{I}(\omega)\left[1+\cos\left(\omega\frac{v}{c}t\right)\right]\mathrm{d}\omega\,. \tag{10.17}$$

Durch eine Fouriertransformation, die vom Rechner des Spektrometers durchgeführt wird, erhält man aus dem gemessenen Signal (10.17) das emittierte Spektrum

$$\bar{I}(\omega) = \lim_{\tau\to\infty}\frac{a}{\tau}\int_0^\tau S(t)\cos\left(\omega\frac{v}{c}t\right)\mathrm{d}t\,. \tag{10.18a}$$

Nun kann die Wegdifferenz Δs nicht unendlich groß werden, sondern hat einen maximalen Wert $\Delta s_{\max}$, der von der Konstruktion des Interferometers abhängt. Deshalb kann in (10.18a) $\tau\to\infty$ nicht realisiert werden und die Fouriertransformation wird nur näherungsweise gelten. Man kann dies berücksichtigen, indem man das gemessene Signal $S(t)$ mit einer Transmissionsfunktion $D(\Delta t)$ mit $\Delta t = \Delta s/v$ multipliziert, wobei $D(\Delta s/v)$ für konstante Transmission zwischen $\Delta s = 0$ und $\Delta s = \Delta s_{\max}$ eine Rechteckfunktion

$$D(\Delta s/v) = \begin{cases}1 & \text{für}\quad 0\le\Delta s\le\Delta s_{\max}\\ 0 & \text{sonst}\end{cases}$$

ist. Das durch die Fouriertransformation gemessene Spektrum (10.18a) heißt dann:

$$\bar{I}(\omega) = \int_0^\infty S(t)\cdot D\frac{\Delta s}{v}\cdot\cos\left(\omega\frac{v}{c}t\right)\mathrm{d}t\,. \tag{10.18b}$$

Die Fouriertransformierte einer Rechteckfunktion $f(x)$ ist (wie bei der Beugung am Spalt) die Funktion $\sin x/x$. Deshalb entsteht bei der Transformation (10.18b) für jede Linie im Spektrum eine beugungsähnliche Struktur, die sich bei einem dichten Spektrum störend bemerkbar macht. Man gibt deshalb der Funktion $D(\Delta s/v)$ eine Form (z. B. eine Dreiecksform oder einen gaußförmigen Verlauf), bei der die Verzerrung des Spektrums minimal wird (*Apodisierung*).

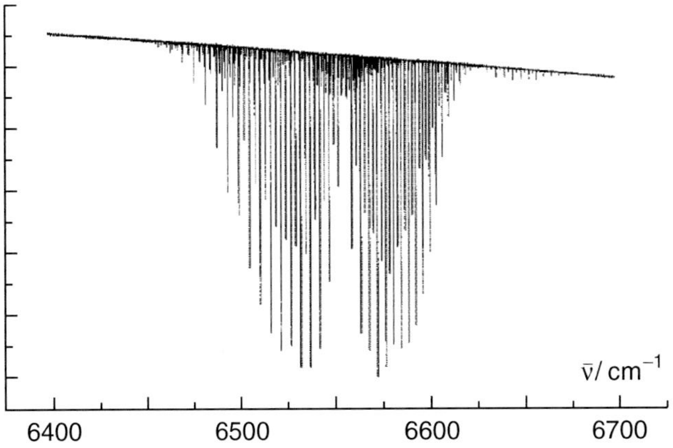

Abbildung 10.7 Fourier-Spektrum der Obertonbande (10100) ← (00000) von Acethylen-Molekülen C_2H_2 bei $\overline{\nu} = 6550\,\text{cm}^{-1}$ (gemessen von *Th. Platz*, Kaiserslautern)

Um mithilfe der Fourierspektroskopie Absorptionsspektren aufzunehmen, wird eine Strahlungsquelle Q mit kontinuierlichem Emissionsspektrum verwendet, und das Strahlungsbündel läuft durch eine Absorptionszelle (Abb. 10.4), bevor es den Detektor erreicht. Um die Empfindlichkeit zu erhöhen, wird die Zelle mithilfe einer entsprechenden Spiegeloptik mehrmals durchlaufen.

In Abb. 10.7 ist als Beispiel ein Ausschnitt aus dem Fourierspektrum des Acetylenmoleküls C_2H_2 gezeigt, bei dem als Apodisierungsfunktion $D(\Delta s/v)$ eine Trapezfunktion verwendet wurde.

Der große Vorteil der Fourierspektroskopie ist neben der hohen erreichbaren spektralen Auflösung das gute Signal-Rauschverhältnis: Alle Frequenzanteile $I(\omega)$ der Strahlungsquelle werden gleichzeitig gemessen, während man z. B. in der Mikrowellenspektroskopie die Frequenz der Mikrowelle kontinuierlich durchfährt und deshalb in jedem Zeitintervall nur jeweils ein schmales Frequenzintervall misst. Teilt man das gesamte gemessene Spektrum der Frequenzbreite $\Delta\omega$ in N Teilintervalle $\delta\omega$ mit $N \cdot \delta\omega = \Delta\omega$ auf, wobei $\delta\omega$ das kleinste noch auflösbare Spektralintervall ist, so gewinnt man bei gleicher Messzeit den Faktor N an Signalgröße und damit den Faktor $\sqrt{N}$ beim Signal-Rauschverhältnis.

Beispiel

$\Delta\overline{\nu} = 1000\,\text{cm}^{-1} \Rightarrow \Delta\omega = 2\pi \cdot 3 \cdot 10^{12}\,\text{s}^{-1}$, $\delta\overline{\nu} = 0{,}1\,\text{cm}^{-1} \Rightarrow N = 10^4$. Man erhält hier bei 1 % der Messzeit bereits das gleiche Signal-Rauschverhältnis wie bei einer Messung desselben Spektrums, bei der ein Monochromator kontinuierlich über den Spektralbereich $\Delta\overline{\nu}$ durchgestimmt wird. ■

10.1.3 Klassische Emissions- und Absorptionsspektroskopie

Die klassische Spektroskopie verwendet Gitter- bzw. Prismenspektrometer zur spektralen Auflösung des zu messenden Spektrums (siehe Bd. 2, Abschn. 11.6).

Bei der Emissionsspektroskopie wird die Strahlungsquelle LQ auf den Eintrittsspalt S_1 der Breite δx_1 des Spektrometers abgebildet (Abb. 10.8). Das Bild S_2 des Eintrittsspaltes hat die Breite $\delta x_2 = (f_2/f_1)\,\delta x_1$ und seine Position $x_2(\lambda)$ in der Beobachtungsebene hängt von der spektralen Dispersion $\mathrm{d}x/\mathrm{d}\lambda$ des Spektrometers ab. Das kleinste noch auflösbare Wellenlängenintervall $\delta\lambda$ ist durch

$$\begin{aligned}\delta\lambda &= m\frac{\mathrm{d}\lambda}{\mathrm{d}x}\,\delta x_2 \\ &= \frac{f_2}{f_1}\cdot\delta x_1\cdot\frac{\mathrm{d}\lambda}{\mathrm{d}x} \qquad (10.19)\end{aligned}$$

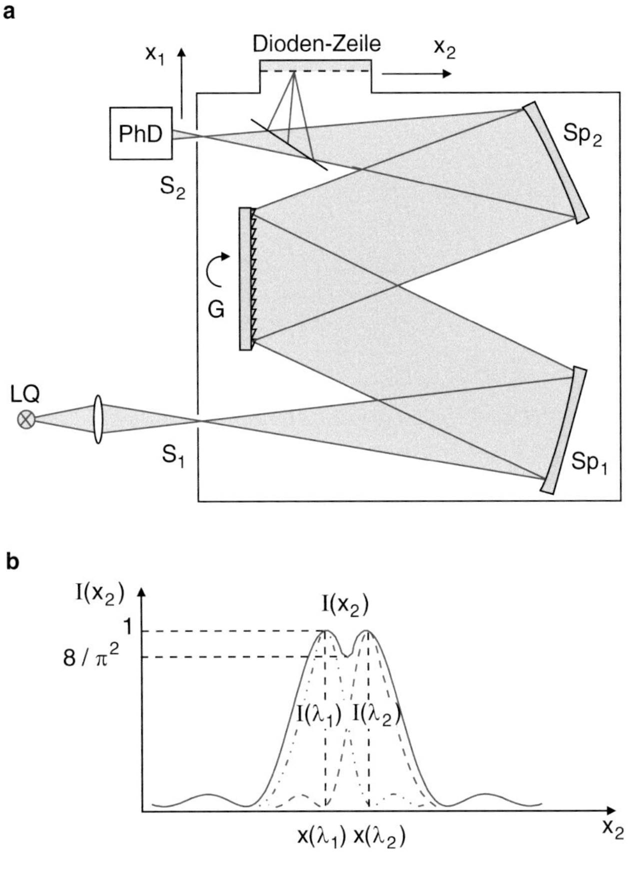

Abbildung 10.8 Experimentelle Anordnung zur Messung eines Emissionsspektrums mit einem Gitterspektrometer. **a** Strahlengang im Spektrometer; **b** Zwei gerade noch auflösbare Spektrallinienprofile

bestimmt. Man hat nun zur Aufnahme des Spektrums zwei Möglichkeiten:

- Man verwendet einen Austrittsspalt S_2, dessen Breite $\delta_x = (f_2/f_1)\,\delta x_1$ gleich der Breite des Spaltbildes von S_1 ist. Die durch den Spalt S_2 mit der Höhe h hindurchgelassene Strahlungsleistung
$$P(\lambda) = I(\lambda)\cdot h\cdot \delta x_2$$
wird von einem photoelektrischen Detektor (z. B. Photomultiplier, Abschn. 2.5.3, oder Photodiode) gemessen. Beim gleichmäßigen Drehen des Gitters werden die Spaltbilder $B_1(\lambda)$ des Eintrittsspaltes S_1 über den Austrittsspalt hinweggefahren, und man erhält ein Detektorsignal $S(\lambda)$, das als Funktion des Drehwinkels $\alpha(t)$ und damit der Zeit t aufgenommen wird. In dieser Betriebsweise wird das Spektrometer auch als ***Monochromator*** bezeichnet.
- Ein ganzer Spektralbereich wird gleichzeitig, aber spektral aufgelöst gemessen. Dazu wird in die Beobachtungsebene (dies ist die Brennebene des Spiegels Sp_2 in Abb. 10.8, in die der Eintrittsspalt abgebildet wird) ein in x-Richtung ausgedehnter Detektor gesetzt. Dies kann eine Photoplatte sein oder eine Diodenzeile bzw. eine CCD-Kamera, bei denen etwa 1024 bzw. 2048 schmale Photodioden (mit einer Breite $b \approx 10$–$20\,\mu$m) auf einem Chip nebeneinander angeordnet sind [6]. Die an jeder Photodiode Pd_i erzeugte Spannung, die proportional zur einfallenden Lichtenergie ist, wird ausgelesen und gespeichert. Die Spannung U_i an der Diode Pd_i ist ein Maß für die über die Messzeit integrierte Lichtleistung im Wellenlängenintervall $\delta\lambda = (\mathrm{d}\lambda/\mathrm{d}x)\cdot b$. Die spektrale Auflösung ist durch $\delta\lambda$ und damit durch die Breite b der Dioden und die spektrale Dispersion $\mathrm{d}x/\mathrm{d}\lambda$ bestimmt.

Für die Absorptionsspektroskopie wird die Absorptionszelle vor das Spektrometer gesetzt und von dem parallelen Lichtbündel einer spektral kontinuierlichen Lichtquelle (z. B. ein heißer glühender Draht oder eine Hochdrucklampe) durchstrahlt. Die Absorptionslinien erscheinen dann als Einbrüche im kontinuierlichen Spektrum hinter dem Spektrometer (Abb. 10.9).

Zur Erhöhung der Empfindlichkeit wird eine leere Referenzzelle abwechselnd in den Strahlengang geschoben und das Differenzsignal gemessen. Noch besser ist es, das einfallende Licht mithilfe eines rotierenden segmentierten Spiegelrades abwechselnd durch die Referenz- bzw. Absorptionszelle zu schicken und beide Teilstrahlen vor dem Spektrographen zu überlagern.

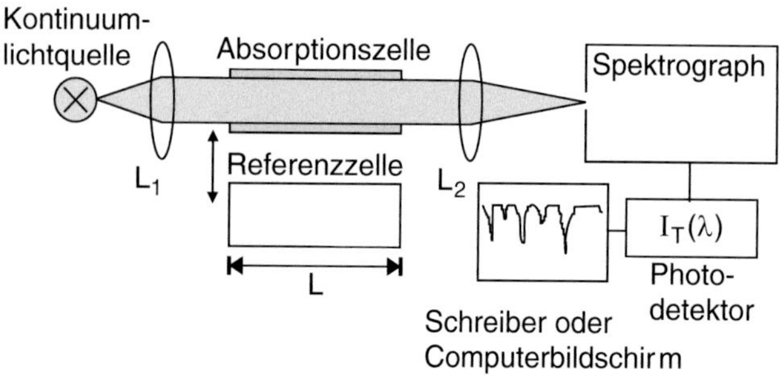

Abbildung 10.9 Klassische Anordnung zur Absorptionsspektroskopie

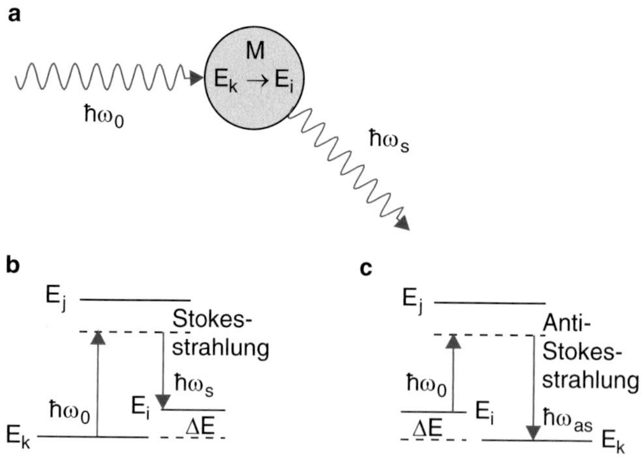

Abbildung 10.10 **a** Ramanstreuung als inelastische Photonenstreuung an Molekülen. **b** Inelastische und **c** superelastische Streuung

10.1.4 Ramanspektroskopie

Man kann die Ramanspektroskopie als inelastische Streuung von Photonen $\hbar\omega_0$ an Molekülen im Anfangszustand E_k auffassen, bei der das Molekül in einen höheren Zustand $E_i > E_k$ übergeht und das gestreute Photon $\hbar\omega_s$ die Energie $\Delta E = \hbar\,(\omega_0 - \omega_s) = E_i - E_k$ verloren hat (Abb. 10.10)

$$\hbar\omega_0 + \mathrm{M}(E_k) \Rightarrow \mathrm{M}^*(E_i) + \hbar\omega_s\,. \qquad (10.20)$$

Strahlt man auf die zu untersuchende molekulare Probe monochromatisches Licht eines Lasers, so beobachtet man in der Streustrahlung, die durch einen Monochromator spektral zerlegt wird, auf der langwelligen Seite der elastisch gestreuten Wellenlänge λ_0 (Rayleigh-Strahlung) neue Linien, die Stokes-Strahlung, deren Energieabstand Rotations-Schwingungs-Energiedifferenzen der Moleküle entsprechen (Abb. 10.11).

Manchmal erscheinen auch auf der kurzwelligen Seite der Wellenlänge λ_0 neue Linien (Anti-Stokes-Strahlung). Sie entstehen, wenn das einfallende Licht an bereits angeregten Molekülen gestreut wird, die dann in einen tieferen Zustand übergehen (superelastische Photonenstreuung).

Die klassische Beschreibung des Raman-Effektes geht davon aus, dass die einfallende Welle im Molekül ein elektrisches Dipolmoment $\boldsymbol{p}_{\mathrm{el}}^{\mathrm{ind}}$ induziert, das proportional zur elektrischen Feldstärke $\boldsymbol{E}$ der Welle ist und sich einem eventuell bereits vorhandenem permanenten Dipolmoment $\boldsymbol{p}_{\mathrm{el}}^{0}$ überlagert [7]. Das gesamte Dipolmoment ist dann

$$\boldsymbol{p}_{\mathrm{el}} = \boldsymbol{p}_{\mathrm{el}}^{0} + \tilde{\alpha}\cdot\boldsymbol{E}\,, \qquad (10.21\mathrm{a})$$

wobei $\tilde{\alpha}$ der Tensor der Polarisierbarkeit des Moleküls ist, dessen Komponenten α_{ik} von den Rückstellkräften der Elektronenhülle in den einzelnen Richtungen abhängen.

Das elektrische Dipolmoment

$$\boldsymbol{p}_{\mathrm{el}} = -e\sum_i \boldsymbol{r}_i + e\sum_k Z_k\boldsymbol{R}_k \qquad (10.21\mathrm{b})$$

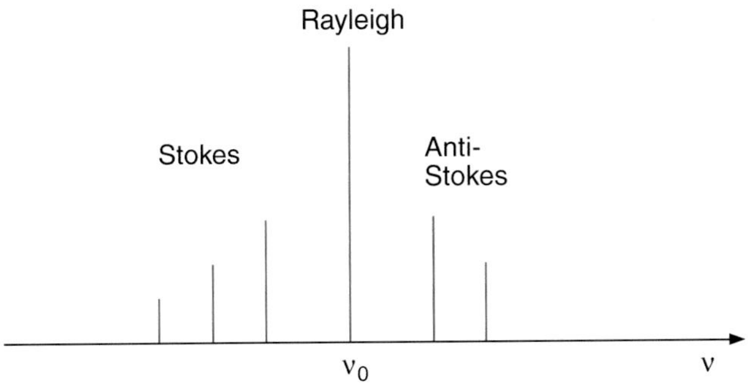

Abbildung 10.11 Raman-Spektrum

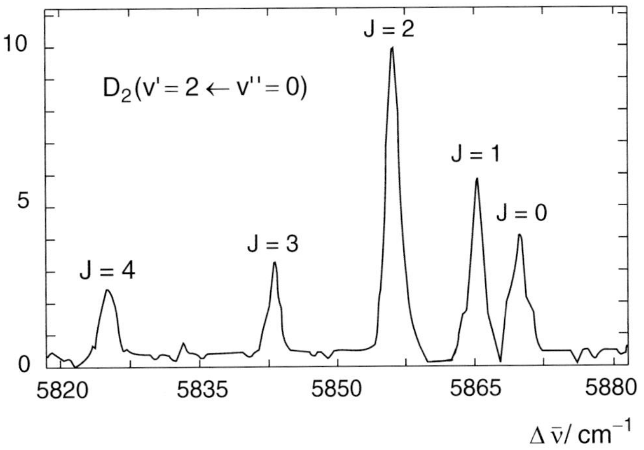

Abbildung 10.12 Rotationsaufgelöster Q-Zweig im Oberton-Raman-Spektrum des D_2-Moleküls [9]

hängt von den Koordinaten $\boldsymbol{r}_i$ der Elektronen und $\boldsymbol{R}_k$ der Kerne ab. Sein über die schnelle Elektronenbewegung gemittelter Wert ist dann nur noch durch die Kernkoordinaten bestimmt und kann deshalb in eine Taylor-Reihe nach den Auslenkungen $Q_k = |\boldsymbol{R}_k - \boldsymbol{R}_k^0|$ der Kerne aus ihren Ruhelagen entwickelt werden. Die Q_k werden so gewählt, dass sie den Normalschwingungsauslenkungen (siehe Abschn. 9.9) entsprechen. Analog wird die Polarisierbarkeit entwickelt, sodass man die Abhängigkeiten des Dipolmomentes $\boldsymbol{p}(Q)$ und der Komponenten $\tilde{\alpha}_{ij}(Q)$ des Polarisierbarkeitstensors

$$\boldsymbol{p}_{\text{el}}(Q) = \boldsymbol{p}_{\text{el}}(0) + \sum_n \left(\frac{\partial \boldsymbol{p}_{\text{el}}}{\partial Q_n}\right)_0 Q_n\,, \tag{10.22a}$$

$$\alpha_{ij}(Q) = \alpha_{ij}(0) + \sum_n \left(\frac{\partial \alpha_{ij}}{\partial Q_n}\right)_0 Q_n \tag{10.22b}$$

von den Normalkoordinaten erhält.

Für kleine Schwingungsamplituden können die Normalkoordinaten durch harmonische Schwingungen

$$Q_n(t) = Q_{n0} \cdot \cos \omega_n t \tag{10.23}$$

mit der Amplitude Q_{n0} und der Frequenz ω_n beschrieben werden. Setzt man (10.22) und (10.23) in (10.21a) ein, so ergibt sich das zeitabhängige elektrische Dipolmoment

$$\begin{aligned}\boldsymbol{p}_{\text{el}} &= \boldsymbol{p}_{\text{el}}^0 + \sum_n \left(\frac{\partial \boldsymbol{p}_{\text{el}}}{\partial Q_n}\right)_0 Q_{n0} \cos \omega_n t \\ &\quad + \tilde{\alpha}(0)\boldsymbol{E}_0 \cos \omega t \\ &\quad + \left(\sum_n \left(\frac{\partial \alpha_{ij}}{\partial Q_n}\right)_0 Q_{n0} \cos(\omega \pm \omega_n)\, t\right) \cdot \frac{\boldsymbol{E}_0}{2}\,.\end{aligned} \tag{10.24}$$

Der erste Term beschreibt das permanente Dipolmoment des Moleküls, der zweite den mit den Molekülschwingungen oszillierenden Anteil, der für das Infrarotspektrum des Moleküls verantwortlich ist. Die weiteren Terme in (10.24) geben die durch die einfallende Welle induzierten Anteile des molekularen Dipolmomentes an. Da ein oszillierender elektrischer Dipol elektromagnetische Wellen auf seiner Oszillationsfrequenz abstrahlt (siehe Bd. 2, Abschn. 6.5), zeigt (10.24), dass jedes Molekül einen mikroskopischen Anteil zur Streustrahlung beiträgt.

Die Amplitude der elastischen Streuwelle (Rayleigh-Streuung) auf der Frequenz ω der einfallenden Welle hängt von der Polarisierbarkeit des Moleküls in Richtung des Vektors $\boldsymbol{E}_0$ der Welle ab.

Die Amplitude der inelastisch $(\omega - \omega_n)$ bzw. superelastisch $(\omega + \omega_n)$ gestreuten Welle wird durch die Abhängigkeit $(\partial\alpha_{ij}/\partial Q_n)$ der Polarisierbarkeitskomponenten von den Auslenkungen Q_n der Kerne bestimmt.

Homonukleare Moleküle haben kein Infrarotspektrum, weil $(\partial \boldsymbol{p}_{\text{el}}/\partial Q_n) = 0$ ist (siehe Abschn. 9.6.2), aber sie haben ein Ramanspektrum, weil $(\partial\tilde{\alpha}/\partial Q) \neq 0$ gilt.

Aus den gemessenen Verschiebungen der Stokes-Linien bzw. Anti-Stokes-Linien kann man die Schwingungsfrequenzen ω_n der Moleküle bestimmen und bei genügend hoher spektraler Auflösung auch die Energieabstände ihrer Rotationsniveaus. Dabei können im Ramanspektrum mit geringer Intensität auch „Obertöne" mit $\Delta v > 1$ auftreten, bei denen das Molekül mehr als ein Schwingungsquant aufnimmt. In Abb. 10.12 ist als Beispiel ein solches rotationsaufgelöstes Oberton-Ramanspektrum des Wasserstoff-Isotops D_2 gezeigt, bei dem das D_2-Molekül vom Zustand $(v'' = 0, J'')$ in den Zustand $(v' = 2, J' = J'')$ übergeht.

Aus den gemessenen Intensitäten der Streustrahlung lassen sich die Abhängigkeiten $(\partial\alpha_{ij}/\partial Q_n)$ der Polarisierbarkeit von den Normalkoordinaten ermitteln, woraus man die Ladungsverschiebungen und die Rückstellkonstanten bei Molekülschwingungen bestimmen kann. Die Berechnung der Intensitäten verlangt eine quantentheoretische Behandlung, welche die Wellenfunktionen der am Raman-Übergang beteiligten Zustände liefert und daraus die Übergangselemente (Abschn. 7.2) berechnet, deren Aboslutquadrat proportional zur Intensität ist [8].

Da die Intensität der inelastischen Streustrahlung sehr klein gegen die der elastischen Strahlung ist, muss ein Spektrometer mit starker Unterdrückung der Rayleigh-Strahlung verwendet werden. Man benutzt zwei oder drei Monochromatoren hintereinander (Doppel- bzw. Tripel-Monochromator).

10.2 Laserspektroskopie

Durch den Einsatz von Lasern in der Spektroskopie wurden die Möglichkeiten spektroskopischer Untersuchungen von Atomen und Molekülen sehr stark erweitert. Sowohl die Empfindlichkeit als auch die spektrale Auflösung konnten um mehrere Größenordnungen gesteigert werden.

Besonders interessant ist die Untersuchung schneller zeitlicher Vorgänge, die heute mit Lasern mit einer Zeitauflösung bis hinunter in den Femtosekundenbereich ($1\,\text{fs} = 10^{-15}\,\text{s}$) möglich ist.

Wir wollen in diesem Abschnitt an Hand weniger ausgewählter Beispiele einige Verfahren der Laserspektroskopie kennen lernen. Für eine ausführliche Darstellung wird auf die Literatur [3, 10] verwiesen.

10.2.1 Laser-Absorptionsspektroskopie

Die Absorptionsspektroskopie mit monochromatischen, in ihrer Wellenlänge durchstimmbaren Lasern (siehe Abschn. 8.4.3) ist in mancher Hinsicht analog zur Mikrowellenspektroskopie (Abschn. 10.1.1). Der Vorteil der Laser ist jedoch ihr weiter Durchstimmbereich und die Tatsache, dass es mittlerweile Laser im gesamten Spektralbereich vom fernen Infrarot bis zum Vakuum-Ultraviolett gibt [11].

Die Vorteile der Laser gegenüber der klassischen Absorptionsspektroskopie mit inkohärenten Lichtquellen lassen sich wie folgt zusammenfassen (Abb. 10.13):

- Man braucht keinen Monochromator, da der Laser selbst monochromatisch ist und die Absorptionsspektren beim Durchstimmen der Laserwellenlänge automatisch spektral aufgelöst erscheinen.
- Die spektrale Auflösung ist nicht mehr instrumentell begrenzt, sondern nur noch durch die Breite der Absorptionslinien (im Allgemeinen ist dies die Dopplerbreite, siehe Abschn. 7.5.2). Es gibt spezielle Methoden zur dopplerfreien Laserspektroskopie (siehe Abschn. 10.2.5, 10.2.6, 10.2.7 und 10.2.8).

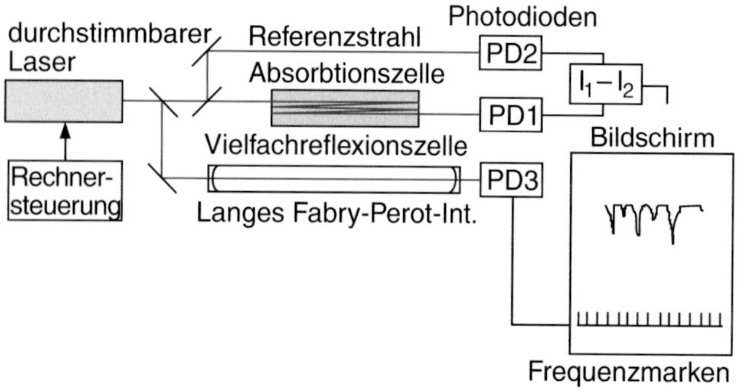

Abbildung 10.13 Absorptionsspektroskopie mit einem kontinuierlich durchstimmbaren monochromatischen Laser

- Wegen der guten Strahlbündelung von Laserstrahlen kann man durch Mehrfachreflexion lange Absorptionswege realisieren (Abb. 10.13), so dass man auch kleine Absorptionsübergänge oder geringe Konzentrationen absorbierender Moleküle noch nachweisen kann.
- Zur Erhöhung der Empfindlichkeit wird, wie bei der Mikrowellenspektroskopie, die Laserfrequenz während des Durchstimmens moduliert und nur der modulierte Anteil der transmittierten Intensität auf der Modulationsfrequenz nachgewiesen. Damit werden Intensitätsschwankungen des Lasers weitgehend im Nachweis unterdrückt, und man erreicht eine Nachweisempfindlichkeit für Absorptionskoeffizienten von $\alpha_{\min} \approx 10^{-8}\,\text{m}^{-1}$.

Bei der Absorptionsspektroskopie wird die absorbierte Leistung ΔP als (i. A. sehr kleine) Differenz zwischen den beiden fast gleich großen Beträgen der einfallenden Leistung P_0 und der transmittierten Leistung P_t gemessen. Dies begrenzt die Empfindlichkeit, da ΔP größer sein muss als Schwankungen der Eingangsleistung P_0.

Es gibt nun eine Reihe von Verfahren, bei denen die absorbierte Leistung direkt detektiert wird. Sie sollen im Folgenden kurz vorgestellt werden:

10.2.2 Optoakustische Spektroskopie

Wird ein Molekül in einer Zelle mit dem Volumen V, die $N = n \cdot V$ Moleküle enthält, durch Absorption in das Energieniveau $E_i = E_k + h \cdot \nu$ angeregt (Abb. 10.14a), so kann es diese Energie durch Stöße in Translationsenergie (d. h. kinetische Energie der Stoßpartner) umwandeln, wenn die Wahrscheinlichkeit für einen solchen stoßinduzierten Energietransfer größer ist als die für die Strahlungsdeaktivierung. Bei Anregung von N_1 Molekülen wird bei solcher Stoßdeaktivierung die kinetische Energie um $\Delta E_{\text{kin}} = N_1 \cdot h \cdot \nu$ größer. Dadurch steigt die Temperatur T der Zelle wegen $E_{\text{kin}} = (3/2)\,k_B T \cdot N$ um

$$\Delta T = \frac{(N_1/N)\,h\nu}{(3/2)\,k_B} \tag{10.25}$$

und der Druck $p = n \cdot k_B \cdot T$ um

$$\begin{aligned}\Delta p &= n \cdot k_B \cdot \Delta T \\ &= \frac{2}{3} n \cdot (N_1/N) \cdot h \cdot \nu\,.\end{aligned} \tag{10.26}$$

Die absorbierte Photonenenergie wird also durch inelastische Stöße in eine Druckerhöhung umgewandelt. Diese Umwandlung ist umso effizienter, je größer das Verhältnis $(\tau_{\text{rad}}/\tau_{\text{Stoß}})$ von strahlender zu stoßlimitierter Lebensdauer ist. Wird nämlich ein Teil der angeregten Moleküle durch Emission von Strahlung deakiviert, so erscheint in (10.26) statt N_1 der Wert

$$N_1 \cdot W_{\text{Stoß}}/(W_{\text{Stoß}} + W_{\text{rad}}) = N_1 \cdot (1 + \tau_{\text{Stoß}}/\tau_{\text{rad}})^{-1}\,,$$

wobei W die Wahrscheinlichkeit für die jeweilige Deaktivierung ist. Die Druckerhöhung Δp ist proportional zur Molekülzahldichte n und zum Bruchteil aller durch Stöße deaktivierten

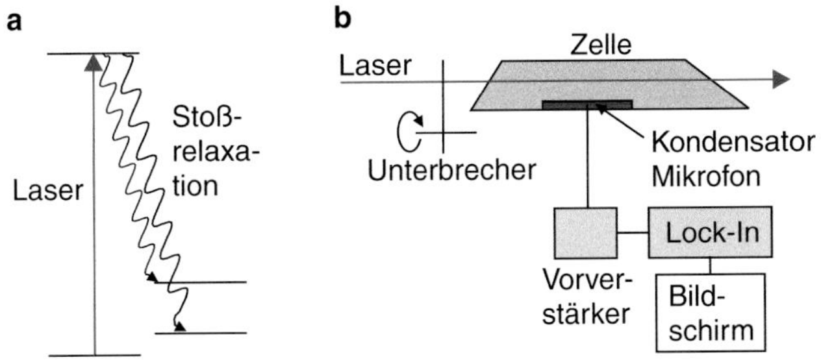

Abbildung 10.14 Optoakustische Spektroskopie. **a** Prinzip; **b** Experimentelle Anordnung

angeregten Moleküle und damit zum Absorptionskoeffizienten $\alpha(\nu)$.

Wird der auf einen Absorptionsübergang abgestimmte Laserstrahl periodisch unterbrochen, so entstehen in der Absorptionszelle periodische Druckwellen (Schallwellen, siehe Bd. 1, Abschn. 10.14), die von einem Mikrofon in der Wand der Zelle empfindlich nachgewiesen werden (Abb. 10.14b). Wählt man die Unterbrecherfrequenz geeignet, sodass sie mit einer akustischen Eigenresonanz der Absorptionszelle übereinstimmt, so können sich stehende Schallwellen ausbilden, deren Amplitude resonant überhöht ist.

Stimmt man die Laserwellenlänge über die Absorptionslinien der zu messenden Moleküle hinweg, so erscheinen die Absorptionslinien als elektrische Signale am Ausgang des Mikrofons, die dann in einem rauscharmen Verstärker weiter verstärkt werden können.

Da bei diesem Verfahren die absorbierte optische Energie in akustische (mechanische) Energie umgewandelt wird, nennt man es ***optoakustische Spektroskopie*** [12].

Die große Empfindlichkeit des Verfahrens wird in Abb. 10.15 am Beispiel des sehr schwachen Obertonüberganges $(2, 0, 3, 0^0, 0^0) \leftarrow (0, 0, 0, 0^0, 0^0)$ von Acetylen C_2H_2 illustriert, bei dem zwei der fünf Normalschwingungen von C_2H_2 gleichzeitig angeregt werden und dessen Absorptionskoeffizient bei einem Druck von 10^3 Pa nur $\alpha \approx 10^{-6}\,\text{cm}^{-1}$ ist, weil hier durch die Absorption nur eines Photons insgesamt fünf Schwingungsquanten angeregt werden.

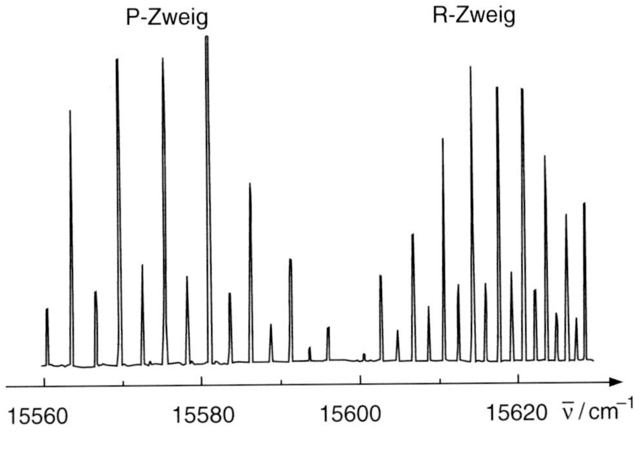

Abbildung 10.15 Optoakustisches Rotationsspektrum der Obertonbande $(2, 0, 3, 0^0, 0^0) \leftarrow (0, 0, 0, 0^0, 0^0)$ des Azetylen-Moleküls H_2C_2 [Th. Platz, Kaiserslautern 1997]

10.2.3 Laserinduzierte Fluoreszenzspektroskopie

Wenn ein Atom oder Molekül durch Absorption eines Photons $h \cdot \nu$ in einen höheren Energiezustand E_i angeregt wurde (Abb. 10.16a), so kann es seine Anregungsenergie durch Aussendung von Photonen $h \cdot \nu'$ wieder abgeben. Diese spontane Emission von Strahlung heißt ***Fluoreszenz***. Ihre räumliche Verteilung wird durch das Matrixelement (7.26) bestimmt.

Die Moleküle im optisch angeregten Niveau können durch Stöße eventuell in andere angeregte, aber langlebige Niveaus gebracht werden, die dann auch weiter durch Lichtemission deaktiviert werden. Diese „langsame" Lichtemission heißt auch ***Phosphoreszenz***, weil sie bei der Anregung von Phosphor durch radioaktive Strahlung erstmals beobachtet wurde.

Wenn Stoßdeaktivierung des angeregten Niveaus vernachlässigt werden kann, wird für jedes absorbierte Photon $h \cdot \nu_a$ ein Fluoreszenzphoton $h \cdot \nu_{Fl}$ (mit $\nu_{Fl} \le \nu_a$) ausgesandt. Die Fluoreszenz

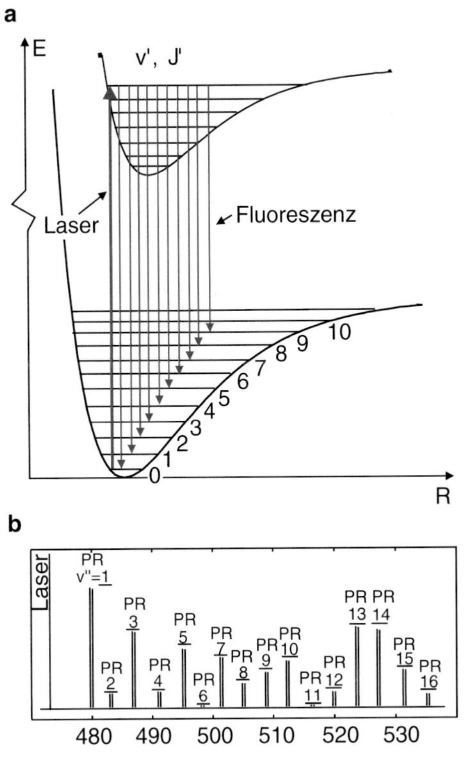

Abbildung 10.16 LIF (Laserinduzierte Fluoreszenzspektroskopie). **a** Termschema; **b** LIF-Spektrum des $Na_2(B^1\Pi_u)$-Zustandes in dem das Niveau ($v' = 6$, $J' = 27$) selektiv von einer Argonlaserlinie bei $\lambda = 476{,}5$ nm angeregt wurde

Kapitel 10

kann in alle Richtungen emittiert werden. Ein Teil davon wird über Linsen oder Sammelspiegel auf den Detektor abgebildet. Jedes auf den Photomultiplier fallende Photon löst dort mit der Wahrscheinlichkeit $\eta < 1$ ein Photoelektron aus, das dann zu einer Elektronenlawine und damit zu einem Spannungspuls am Ausgang des Photomultipliers führt.

Ist $\varepsilon \leq 1$ die ***Quantenausbeute*** der Moleküle, d. h. der Bruchteil aller angeregten Moleküle, die nicht strahlungslos deaktiviert werden, sondern ein Fluoreszenzphoton aussenden, das vom Detektor innerhalb des Raumwinkels $\Delta\Omega$ erfasst wird, so erhält man bei N_a absorbierten Photonen

$$N_\mathrm{e} = N_\mathrm{a} \cdot \eta \cdot \varepsilon \cdot (\Delta\Omega/4\pi) \qquad (10.27)$$

Photoelektronen, die zu N_e Signalpulsen führen.

Beispiel

Bei einer einfallenden Laserleistung von $P = 100\,\mathrm{mW}$ und einer Photonenenergie von $h \cdot \nu = 2\,\mathrm{eV}$ ergibt sich die pro Zeiteinheit einfallende Zahl der Laserphotonen zu $N_\mathrm{L} = 8 \cdot 10^{17}\,\mathrm{s}^{-1}$. Bei einer relativen Absorption $\Delta P/P = 10^{-14}$ wird die Zahl der absorbierten Photonen pro Zeiteinheit $\mathrm{d}N_\mathrm{a}/\mathrm{d}t = 8 \cdot 10^3\,\mathrm{s}^{-1}$. Mit $\varepsilon = 1$ und $\eta = 0{,}2$, $\Delta\Omega/4\pi = 0{,}1$ folgt $\mathrm{d}N_\mathrm{e}/\mathrm{d}t = 160\,\mathrm{s}^{-1}$, d. h. man erhält eine Signalzählrate von 160 Pulsen/s. Hat der Photomultiplier eine Dunkelpulsrate von 10/s, so erreicht man selbst bei der kleinen relativen Absorption von $\Delta P/P = 10^{-14}$ bereits ein Signal-Untergrundverhältnis von 16. ■

Bei der LIF-Spektroskopie wird die Laserwellenlänge λ_L kontinuierlich durchgestimmt und die vom Detektor erfasste Fluoreszenzleistung $P_\mathrm{Fl}(\lambda_\mathrm{L})$ als Funktion von λ_L gemessen. Das so erhaltene Spektrum heißt ***Anregungsspektrum***. Es entspricht im Wesentlichen dem Absorptionsspektrum $\alpha(\lambda_\mathrm{L}) \propto N_\mathrm{a}(\lambda_\mathrm{L})$, solange die Quantenausbeute ε in (10.27) nicht von λ_L abhängt.

Anmerkung. Die Fluoreszenz-Anregungsspektroskopie hat die größte Empfindlichkeit für $\varepsilon = 1$, d. h. unter stoßfreien Bedingungen, während im Gegensatz dazu die optoakustische Spektroskopie gerade von der Stoßdeaktivierung der angeregten Niveaus (d. h. $\varepsilon \ll 1$) profitiert. Bei einem gegebenem Druck in der Absorptionszelle ist $\varepsilon \approx 1$ für genügend kurze Strahlungslebensdauern, während bei langlebigen Niveaus die stoßinduzierte Deaktivierung wahrscheinlicher wird als die Strahlungsemission. Die beiden Methoden ergänzen sich daher. Je nach den vorliegenden Bedingungen ist eines der beiden Verfahren empfindlicher als das andere.

10.2.4 Resonante Zweistufen-Photoionisation

Bei diesem empfindlichsten aller Nachweisverfahren werden zwei Laser benötigt: Der erste Laser wird wie bei der LIF

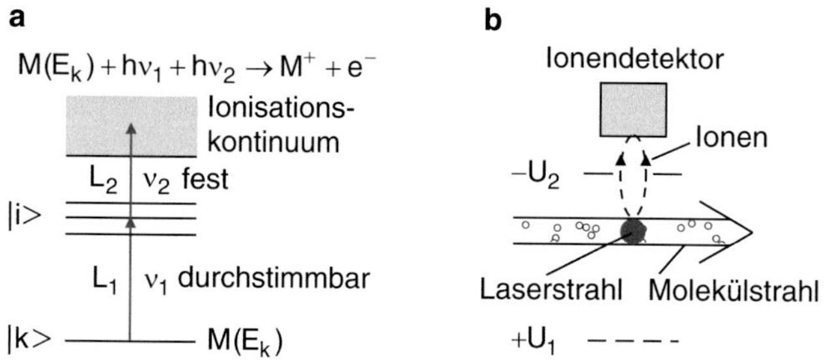

Abbildung 10.17 **a** Detektion der Absorption auf dem Übergang $|i\rangle \leftarrow |k\rangle$ durch Photoionisation; **b** experimentelle Anordnung zur Zweiphotonen-Ionisation

über die Absorptionsbereiche der interessierenden Moleküle durchgestimmt. Die durch Absorption eines Photons besetzten angeregten Molekülzustände werden hier jedoch nicht wie bei der LIF durch die Fluoreszenz nachgewiesen, sondern sie werden durch einen zweiten Laser, dessen Wellenlänge λ_L fest bleibt, ionisiert (Abb. 10.17). Ist $W_{i\mathrm{I}}$ die Wahrscheinlichkeit (pro Zeiteinheit) dafür, dass ein Molekül im angeregten Zustand $|i\rangle$ ionisiert wird, so ist die Rate der pro Volumeneinheit erzeugten Ionen

$$\dot{N}_\mathrm{Ion} = N_i \cdot W_{i\mathrm{I}} = N_i \cdot \sigma_{i\mathrm{I}} \cdot \dot{N}_{\mathrm{L}_2} \qquad (10.28)$$

vom Ionisationsquerschnitt $\sigma_{i\mathrm{I}}$ für das angeregte Niveau $|i\rangle$ und von der Intensität, d. h. der Zahl $\dot{N}_{\mathrm{L}_2}$ der auf die angeregten Moleküle N_i pro Flächen- und Zeiteinheit treffenden Photonen des ionisierenden Lasers abhängig. Die zeitliche Änderung der Besetzungsdichte N_i wird durch Anregungs- und Zerfallsrate bestimmt:

$$\frac{\mathrm{d}N_i}{\mathrm{d}t} = N_k \sigma_{ki} \cdot \dot{N}_{\mathrm{L}_1} - N_i \cdot (A_i + \sigma_{i\mathrm{I}} \dot{N}_{\mathrm{L}_2})\,, \qquad (10.29)$$

wobei A_i die spontane Übergangswahrscheinlichkeit für Übergänge von Niveau $|i\rangle$ in tiefere Zustände angibt (siehe Abschn. 7.2). Für die Besetzung N_i im stationären Zustand $\mathrm{d}N_i/\mathrm{d}t = 0$ folgt dann:

$$N_i = N_k \cdot \frac{\sigma_{ki} \dot{N}_{\mathrm{L}_1}}{A_i + \sigma_{i\mathrm{I}} \dot{N}_{\mathrm{L}_2}}\,. \qquad (10.30\mathrm{a})$$

Das gemessene Signal $S(\lambda_1)$ ist proportional zur Ionenrate (10.28), für die sich mit (10.30a) ergibt

$$\dot{N}_\mathrm{Ion} = N_k \cdot \frac{\sigma_{ki} \dot{N}_{\mathrm{L}_1}}{1 + A_i/(\sigma_{i\mathrm{I}} \cdot \dot{N}_{\mathrm{L}_2})}\,. \qquad (10.30\mathrm{b})$$

Ist die Intensität des ionisierenden Lasers groß genug (d. h. $\dot{N}_{\mathrm{L}_2} \sigma_{i\mathrm{I}} \gg A_i$), so wird fast jedes angeregte Molekül ionisiert. Da man die gebildeten Ionen durch ein elektrisches Feld sammeln und auf einen Ionendetektor beschleunigen kann, lassen sich in diesem Fall *einzelne* angeregte Moleküle und damit auch einzelne absorbierte Photonen des anregenden Lasers L_1 nachweisen (Abb. 10.17b).

Den Übergang $|k\rangle \rightarrow |i\rangle$ kann man im Allgemeinen bereits mit mäßigen Laserintensitäten sättigen, d. h. jedes Molekül im absorbierenden Zustand $|k\rangle$, das durch den Strahl des Lasers L_1

fliegt, wird angeregt. Für $\sigma_{i\mathrm{I}} \cdot \dot{N}_{\mathrm{L}_2} \gg A_i$ kann man mithilfe der resonanten Zweiphotonenionisation also einzelne Atome oder Moleküle noch nachweisen [13]!

10.2.5 Laserspektroskopie in Molekularstrahlen

In vielen Fällen verhindert die Dopplerbreite der Absorptions- bzw. Emissionslinien die Auflösung feinerer Details (z. B. der Hyperfeinstruktur) im Spektrum von Atomen oder Molekülen. Deshalb sind eine Reihe spektroskopischer Verfahren von Bedeutung, welche die Dopplerbreite „überlisten". Eine dieser Methoden ist die Laserspektroskopie von Atomen und Molekülen in kollimierten Molekularstrahlen.

Die zu untersuchenden Moleküle fliegen vom Reservoir R durch ein enges Loch A ins Vakuum. Durch eine Blende B im Abstand d von A werden nur solche Moleküle durchgelassen, deren Geschwindigkeitskomponente v_x die Bedingung

$$v_x < v_z \cdot \tan \varepsilon = v_z \cdot b/2d \qquad (10.31)$$

erfüllt (Abb. 10.18). Die Zahl $\tan \varepsilon \ll 1$ heißt das *Kollimationsverhältnis* des Molekularstrahls. Kreuzt hinter der Blende der parallele Strahl eines monochromatischen durchstimmbaren Lasers in x-Richtung senkrecht den kollimierten Molekularstrahl, dessen Achse in z-Richtung liege, so ist die Verteilung der Geschwindigkeitskomponenten v_x in Laserstrahlrichtung um den Faktor $\tan \varepsilon$ eingeengt gegenüber derjenigen in z-Richtung. Nach (7.84), (7.85), (7.87) und (7.88) wird dadurch auch die Dopplerbreite der Absorptionslinien um diesen Faktor schmaler.

Man erhält gegenüber der Absorption in einer Zelle bei der Temperatur T im kollimierten Strahl eine reduzierte Dopplerbreite, die um das Kollimationsverhältnis schmaler ist.

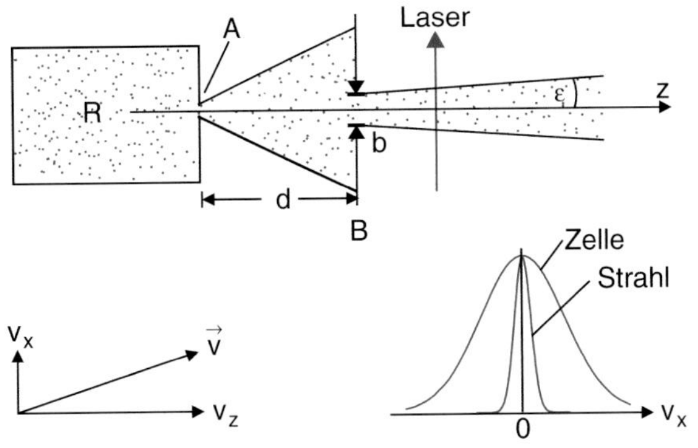

Abbildung 10.18 Laserspektroskopie mit reduzierter Dopplerbreite in einem kollimierten Molekularstrahl

Beispiel

$b = 1\,\mathrm{mm}$, $d = 100\,\mathrm{mm} \Rightarrow \tan \varepsilon = 5 \cdot 10^{-3}$. Statt einer Dopplerbreite von typischerweise $\Delta\nu_{\mathrm{D}} \approx 10^9\,\mathrm{Hz}$ in einer Absorptionszelle erhält man $\Delta\nu_{\mathrm{D}}^{\mathrm{red}} \approx 5 \cdot 10^6\,\mathrm{Hz}$. Dies liegt bereits in der Größenordnung der natürlichen Linienbreite vieler Übergänge (siehe Abschn. 7.5). ■

10.2.6 Nichtlineare Absorption

Auf ein absorbierendes Medium mit dem Absorptionskoeffizienten $\alpha(\omega)$ möge eine ebene Welle der Intensität I_0 einfallen. Entlang der Absorptionslänge $\mathrm{d}x$ nimmt die Intensität $I(x)$ dann um

$$\mathrm{d}I = -\alpha \cdot I \cdot \mathrm{d}x \qquad (10.32)$$

ab. Der Absorptionskoeffizient

$$\alpha(\omega) = \left(N_k - (g_k/g_i)N_i\right)\sigma(\omega)$$

ist durch die Besetzungsdifferenz $\Delta N = N_k - (g_k/g_i)N_i$ und den Absorptionsquerschnitt $\sigma(\omega)$ gegeben. Damit wird (10.32) zu

$$\mathrm{d}I = -\Delta N \cdot \sigma(\omega) \cdot I \cdot \mathrm{d}x\,. \qquad (10.33)$$

Bei genügend kleinen Intensitäten I_0 werden die Besetzungsdichten N_i, N_k nicht merklich geändert, da Relaxationsprozesse die Absorptionsrate kompensieren (Abb. 10.19). Deshalb wird α unabhängig von I, und (10.32) kann integriert werden. Man erhält dann das *Beer'sche Absorptionsgesetz* der linearen Absorption

$$I = I_0 \cdot \mathrm{e}^{-\alpha x} = I_0 \cdot \mathrm{e}^{-\Delta N \cdot \sigma \cdot x}\,. \qquad (10.34)$$

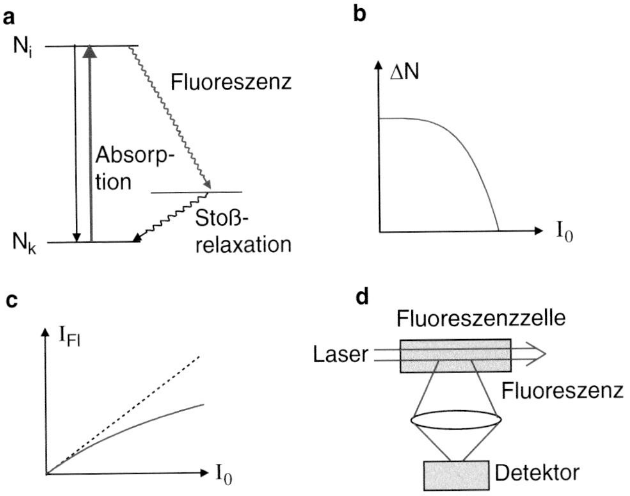

Abbildung 10.19 Zur nichtlinearen Spektroskopie. **a** Termdiagramm; **b** Besetzungsdifferenz $\Delta N(I_{\mathrm{L}})$ **c** Fluoreszenzleistung als Funktion der einfallenden Lichtintensität I_0; **d** Nachweis der Sättigung des absorbierenden Überganges über die laserinduzierte Fluoreszenzintensität $I_{\mathrm{Fl}}(I_0)$

Bei größeren Intensitäten I_0 wird die Absorptionsrate größer als die Relaxationsraten, die das absorbierende Niveau wieder auffüllen. Dies bedeutet, dass die Besetzungsdifferenz ΔN mit zunehmender Intensität abnimmt und damit auch die Absorption der einfallenden Welle. Mit $\Delta N = \Delta N(I)$ wird aus (10.33)

$$\mathrm{d}I = \Delta N(I) \cdot I \cdot \sigma \cdot \mathrm{d}x\,. \qquad (10.35)$$

Die Abnahme $\mathrm{d}I$ der Intensität und damit auch die absorbierte Leistung hängt in *nichtlinearer* Weise von der Intensität I ab. Schreiben wir für die Besetzungsdichte des absorbierenden Niveaus

$$N_k = N_{k0} + \frac{\mathrm{d}N_k}{\mathrm{d}I} \cdot I + \frac{1}{2}\frac{\mathrm{d}^2 N_k}{\mathrm{d}I^2} \cdot I^2 + \cdots \qquad (10.36\mathrm{a})$$

und eine entsprechende Relation für das obere Niveau

$$N_i = N_{i0} + \frac{\mathrm{d}N_i}{\mathrm{d}I} \cdot I + \frac{1}{2}\frac{\mathrm{d}^2 N_i}{\mathrm{d}I^2} \cdot I^2 + \cdots\,, \qquad (10.36\mathrm{b})$$

so erhält man für die Besetzungsdifferenz

$$\Delta N = \Delta N_0 + \frac{\mathrm{d}}{\mathrm{d}I}(\Delta N) \cdot I + \cdots\,. \qquad (10.37)$$

Der erste Term in (10.37) gibt die lineare Absorption, der zweite die quadratisch von I abhängige Absorption, wobei $\mathrm{d}N_i/\mathrm{d}I > 0$ und $\mathrm{d}N_k/\mathrm{d}I < 0$ ist. Setzt man (10.37) in (10.35) ein, so ergibt dies

$$\mathrm{d}I = \left[\Delta N_0 \sigma I + \frac{\mathrm{d}}{\mathrm{d}I}(\Delta N) \cdot I^2 \cdot \sigma\right] \mathrm{d}x$$

mit $\mathrm{d}(\Delta N)/\mathrm{d}I < 0$.

Man kann die nichtlineare Absorption messtechnisch erfassen, indem man z. B. die laserinduzierte Fluoreszenz $I_{\mathrm{Fl}}(I_0)$ als Funktion der einfallenden Lichtintensität misst (Abb. 10.19c). Man sieht, dass anfangs $I_{\mathrm{Fl}} \propto I_0$ ansteigt, dann aber weniger als linear zunimmt (weil der Absorptionskoeffizient abnimmt) und dann gegen einen konstanten Wert konvergiert (Sättigung).

Man kann dieses Sättigungsverhalten ausnutzen, um mithilfe der Sättigungsspektroskopie dopplerfreie spektrale Auflösungen zu erhalten.

10.2.7 Sättigungsspektroskopie

Wir betrachten ein gasförmiges Medium aus Atomen oder Molekülen mit dopplerverbreiterten Absorptionsübergängen, durch das eine monochromatische Welle in $\pm z$-Richtung läuft (Abb. 10.20a). In Abb. 10.20b ist die Besetzungsverteilung $N(v_z)$ und ihr Absorptionsprofil schematisch dargestellt. Atome mit $v_z = 0$ absorbieren Licht hauptsächlich innerhalb des Frequenzintervalls $\omega_0 - \delta\omega_{\mathrm{n}} \le \omega \le \omega_0 + \delta\omega_{\mathrm{n}}$, wobei $\delta\omega_{\mathrm{n}}$ die homogene Linienbreite des Überganges ist (z. B. bei kleinem Druck ist dies die natürliche Linienbreite). In den meisten praktischen Fällen ist $\delta\omega_{\mathrm{n}} \ll \delta\omega_{\mathrm{D}}$ (Dopplerbreite).

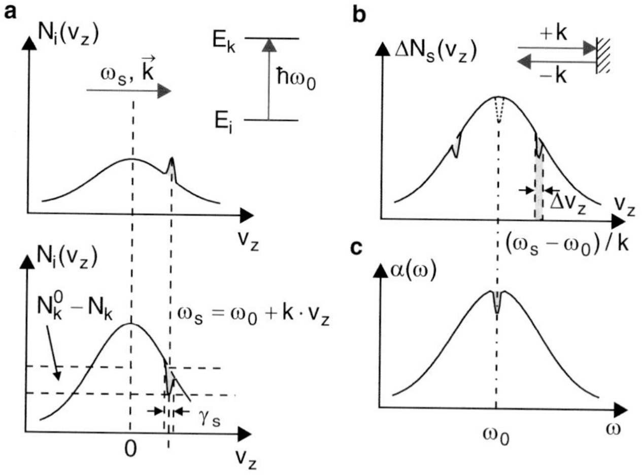

Abbildung 10.20 Geschwindigkeitsselektive Sättigung eines dopplerverbreiterten Überganges. **a** Schema der Messung mit einer laufenden Welle und Gaußprofil der Besetzungsverteilung $N_k(v_z)$; $N_i(v_z)$ im unteren und oberen Zustand mit Löchern bzw. lokalen Maxima für $\omega_{\mathrm{L}} \neq \omega_0$; **b** symmetrisch zur Linienmitte erscheinende Löcher bei einer stehenden Welle; **c** Lamb-Dip im Absorptionsprofil $\alpha(\omega)$ für $\omega = \omega_0$

Eine in z-Richtung einfallende Welle mit der Frequenz $\omega \neq \omega_0$ und dem Wellenvektor $\boldsymbol{k}$ kann daher nur von solchen Atomen absorbiert werden, die auf Grund ihrer Dopplerverschiebung für die Lichtwelle die Absorptionsfrequenz ω haben. Wegen

$$\omega = \omega_0 + k \cdot v_z$$

muss ihre Geschwindigkeitskomponente v_z im Intervall

$$v_z \pm \Delta v_z = (\omega - \omega_0 \pm \delta\omega_n)/k \qquad (10.38)$$

liegen. Für diese Moleküle sinkt auf Grund der Absorption die Besetzungsdichte N_k im unteren Zustand, und die im oberen Zustand $N_i(v_z)$ steigt entsprechend, weil das absorbierte Photon ein Atom vom Zustand $|k\rangle$ nach $|i\rangle$ bringt. Die monochromatische Welle brennt ein Loch mit der Breite $\Delta v_z = \delta\omega_n/k$ in die Besetzungsverteilung $N_k(v_z)$ (Abb. 10.20a) und erzeugt eine entsprechende Spitze in der Verteilung $N_i(v_z)$ des oberen Zustandes.

Lässt man die einfallende Welle an einem Spiegel reflektieren, so kann für $\omega \neq \omega_0$ die reflektierte Welle nur von Atomen der entgegengesetzten Geschwindigkeitsklasse

$$-v_z \mp \Delta v_z = -(\omega - \omega_0 \pm \delta\omega_n)/k \qquad (10.39)$$

absorbiert werden. Sie brennt daher ein zweites Loch bei einer anderen Geschwindigkeitskomponente v_z in die Verteilung $N_k(v_z)$ und erzeugt ein entsprechend schmales Maximum bei $N_i(v_z)$ (Abb. 10.20b).

Die Gesamtabsorption der Welle beim Hin- und Rückweg durch die Absorptionszelle mit der Länge L ist daher

$$\Delta I = \left[I_1 \Delta N(v_z, I_1) + I_2 \Delta N(-v_z, I_2)\right] \cdot \sigma(\omega) \cdot 2L\,. \qquad (10.40)$$

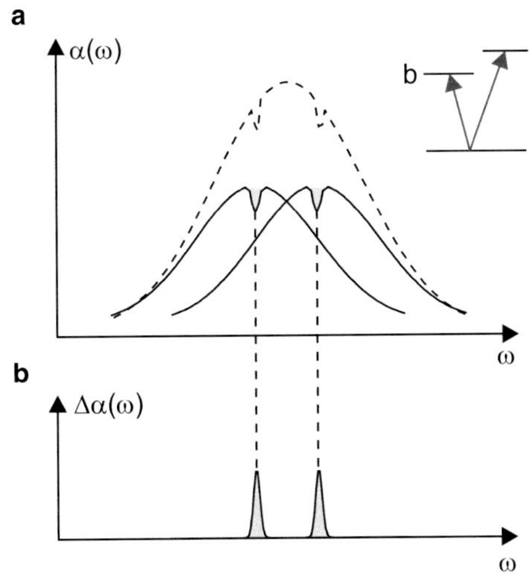

Abbildung 10.21 Spektrale Auflösung der Lamb-Dips zweier benachbarter Moleküllinien, deren Dopplerbreiten überlappen. **a** Ohne, **b** mit periodischer Unterbrechung des Sättigungsstrahls

Für $\omega = \omega_0$ fallen beide Löcher zusammen. Da jetzt die gleiche Geschwindigkeitsklasse $N(v_z = 0 \pm \Delta v_z)$ mit beiden Wellen wechselwirkt, erfahren diese Moleküle eine größere Intensität $I = I_1 + I_2$. Die Sättigung der Besetzungsdifferenz ΔN ist deshalb stärker, und die Gesamtabsorption

$$\Delta I = (I_1 + I_2) \cdot \Delta N(v_z = 0, I_1 + I_2) \cdot \sigma(\omega) \cdot 2L \qquad (10.41)$$

wird kleiner, weil $2\Delta N(I) < \Delta N(I_1) + \Delta N(I_2)$ ist.

Die Absorption hat deshalb für $\omega = \omega_0$ ein lokales Minimum (Abb. 10.20c), das nach *Willis Lamb*, der dieses Phänomen zuerst theoretisch untersucht hat, als ***Lamb-Dip*** bezeichnet wird.

Die Breite der Lamb-Dips ist für Übergänge im sichtbaren Spektralbereich um etwa zwei Größenordnungen schmaler als die Dopplerbreite. Ihre Messung für atomare bzw. molekulare Übergänge, die auf der selektiven Sättigung der Besetzung von Niveaus beruht, an der nur Moleküle, die senkrecht zu Laserstrahlen fliegen, teilhaben, heißt ***Sättigungsspektroskopie*** (oft auch ***Lamb-Dip-Spektroskopie***). Ihr Vorteil für die spektrale Auflösung wird in Abb. 10.21 deutlich, wo zwei benachbarte Übergänge gezeigt sind, deren Dopplerprofile sich überlappen, sodass man sie nicht als getrennte Linien erkennen kann. Ihre Lamb-Dips sind dagegen sehr wohl getrennt.

Es gibt verschiedene experimentelle Anordnungen zur Realisierung der Sättigungsspektroskopie [3]. In Abb. 10.22 wird der Laserstrahl durch einen Strahlteiler ST in zwei Teilstrahlen aufgespalten: den stärkeren *Pumpstrahl*, der die Sättigung der molekularen Übergänge bewirkt, und den entgegenlaufenden *Abfragestrahl*, der auf Grund der selektiven Sättigung der absorbierenden Niveaus in der Mitte der dopplerverbreiterten Übergänge lokale Minima der Absorption erfährt (Lamb-Dips, Abb. 10.23a). Wird der Pumpstrahl periodisch unterbrochen und

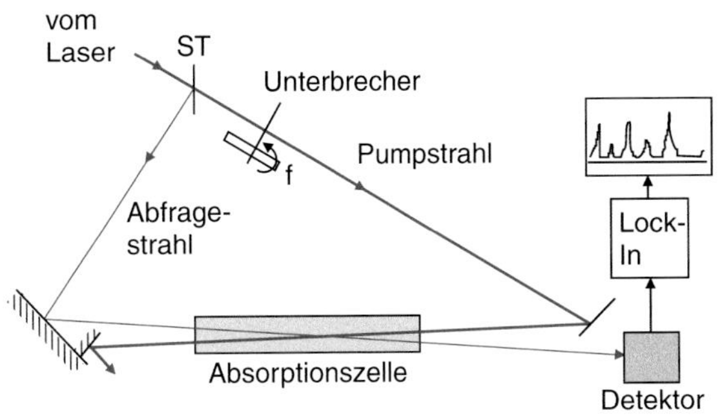

Abbildung 10.22 Experimentelle Anordnung zur Sättigungsspektroskopie

die transmittierte Intensität des Abfragestrahls mit und ohne Pumplaser gemessen, so wird bei der Differenzbildung der dopplerverbreiterte Untergrund abgezogen, und man erhält nur die schmalen dopplerfreien Signale, die den Lamb-Dips der Absorption, also Maxima der transmittierten Intensität, entsprechen (Abb. 10.23b).

In Abb. 10.24 wird die Probe, deren Spektrum gemessen werden soll, in den Resonator eines durchstimmbaren Lasers gesetzt, in dem die stehende Welle der oszillierenden Resonatormode als Überlagerung aus zwei entgegengesetzt laufenden Wellen angesehen werden kann. Die Lamb-Dips im Maximum der dopplerverbreiterten Absorptionslinien bei $\omega = \omega_0$ führen jeweils zu einem lokalen Minimum der Absorption, sodass für $\omega = \omega_0$ die Verluste des Lasers ein Minimum haben. Dies bewirkt ein entsprechendes Maximum der Laseremission (Abb. 10.24b). Moduliert man die Resonatorlänge d während des Durchstimmens der Laserwellenlänge, so erhält man bei phasenempfindlichem Nachweis der Laserintensität die erste Ableitung des Sättigungsspektrums (siehe Abschn. 10.1.1), also des dopplerfreien Absorptionsspektrums der molekularen Probe

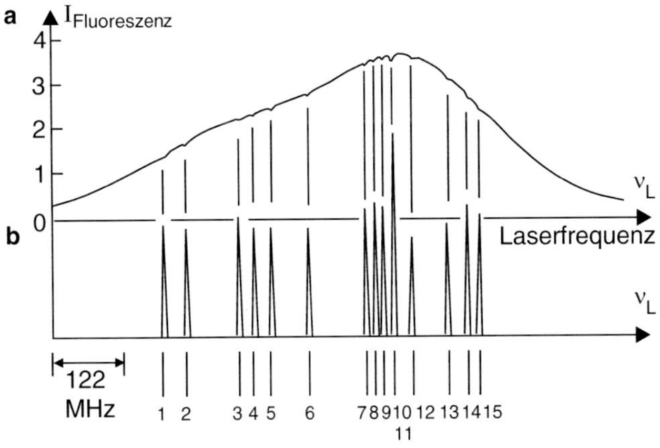

Abbildung 10.23 **a** Lamb-Dip-Spektrum der Hyperfeinstruktur eines Überganges im J_2-Molekül mit dopplerverbreitertem Übergang; **b** Elimination des Doppleruntergrundes durch Messung der Absorptionsdifferenz mit bzw. ohne Pumplaserstrahl

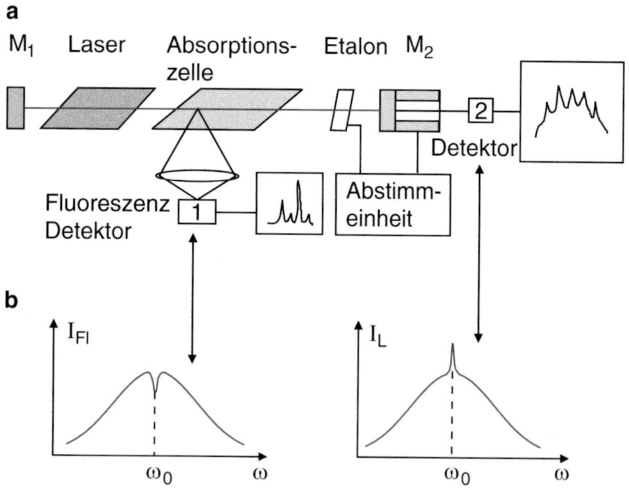

Abbildung 10.24 Sättigungsspektroskopie im Resonator eines Lasers. **a** Experimentelle Anordnung; **b** Lamb-Dip in der Fluoreszenzintensität und Lamb-Spitze in der Ausgangsleistung $P_L(\omega)$ des Lasers bei der Mittenfrequenz $\omega = \omega_0$

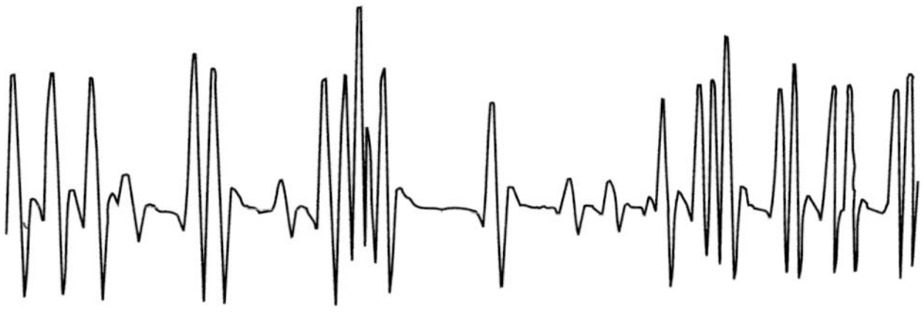

Abbildung 10.25 Moduliertes Sättigungsspektrum des Überganges $B^3\Pi_u(v' = 58,\ J' = 11) \leftarrow X^1\Sigma_s^+(v'' = 1,\ J'' = 98)$ im J_2-Molekül mit spektral aufgelöster Hyperfeinstruktur

im Laserresonator. Zur Illustration ist in Abb. 10.25 ein solches moduliertes Sättigungsspektrum der Hyperfeinstruktur einer Rotationslinie des elektronischen Übergangs $X^1\Sigma_g \to B^3\Pi_u$ des Iodmoleküls I_2 dargestellt, das auch zur Frequenzstabilisierung von Lasern verwendet wird.

10.2.8 Dopplerfreie Zweiphotonenabsorption

Bei genügend großer Lichtintensität kann es vorkommen, dass von einem Atom oder Molekül gleichzeitig *zwei* Photonen absorbiert werden. Dadurch wird auf das Atom der Drehimpuls $\Delta l = 0$ oder $\Delta l = \pm 2\hbar$ übertragen, je nach der relativen Orientierung der beiden Photonenspins. Zweiphotonenübergänge sind um mehrere Größenordnungen weniger wahrscheinlich als die erlaubten elektrischen Dipolübergänge für Einphotonenabsorption (siehe Abschn. 7.2). Deshalb braucht man Laser mit genügend hohen Intensitäten, um sie beobachten zu können. Die Absorptionswahrscheinlichkeit wird jedoch stark erhöht, wenn ein Atom- bzw. Molekülniveau, das vom Ausgangsniveau E_i durch einen Einphotonenübergang erreicht werden kann, in der Nähe von $\hbar\omega_1$ oder $\hbar\omega_2$ (von E_i aus gerechnet) liegt (fast resonanter Zweiphotonenübergang, Abb. 10.26).

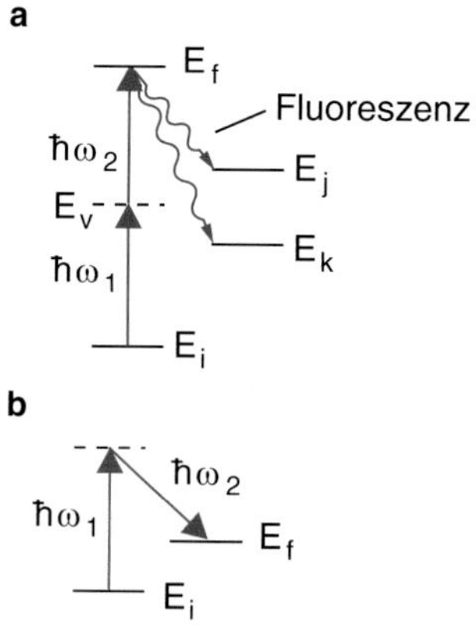

Abbildung 10.26 Zweiphotonenübergänge. **a** Zweiphotonenabsorption mit $\omega_1 = \omega_2$; **b** stimulierte Ramanstreuung mit $\omega_1 \neq \omega_2$

Bei einem Zweiphotonenübergang $|i\rangle \to |f\rangle$ muss für ein ruhendes Atom gelten

$$E_f - E_i = \hbar(\omega_1 + \omega_2)\,. \tag{10.42}$$

Wenn sich das Molekül mit der Geschwindigkeit $\boldsymbol{v}$ bewegt, so wird die Frequenz ω der Lichtwelle im bewegten System des Molcküls dopplerverschoben zu $\omega' = \omega - \boldsymbol{k} \cdot \boldsymbol{v}$.

Die Resonanzbedingung (10.42) wird dann zu

$$E_f - E_i = \hbar\,(\omega_1 + \omega_2) - \hbar\boldsymbol{v} \cdot (\boldsymbol{k}_1 + \boldsymbol{k}_2)\,. \tag{10.43}$$

Stammen die beiden absorbierten Photonen aus zwei verschiedenen antikollinear laufenden Lichtwellen mit der gleichen Frequenz $\omega_1 = \omega_2$, so wird $\boldsymbol{k}_1 = -\boldsymbol{k}_2$, und man sieht aus (10.43), dass die Dopplerverschiebung des Zweiphotonenüberganges zu null kompensiert wird. In diesem Falle tragen *alle* Moleküle, unabhängig von ihrer Geschwindigkeit $\boldsymbol{v}$, zur Zweiphotonenabsorption bei der gleichen Lichtfrequenz bei. Dies ist anders als bei der Sättigungsspektroskopie, wo nur eine schmale Geschwindigkeitsklasse (etwa 1 % aller Moleküle im absorbierenden Zustand) zum Sättigungssignal beiträgt. Deshalb erhält man im Allgemeinen in der dopplerfreien Zweiphotonenspektroskopie trotz der viel kleineren Übergangswahrscheinlichkeit Signale der gleichen Größenordnung wie bei der Sättigungsspektroskopie. Die Übergangswahrscheinlichkeit W_{if} hängt von der Energiedifferenz ΔE des „virtuellen" Niveaus E_v zu realen Atomniveaus E_j, E_k ab. Für $\Delta E = 0$ ist W_{if} maximal.

In Abb. 10.27 ist eine mögliche experimentelle Anordnung zur Messung von Zweiphotonen-Absorptionsspektren gezeigt. Der Laserstrahl wird zur Erhöhung der Intensität mithilfe einer Linse in die Gaszelle mit den absorbierenden Molekülen fokussiert. Das transmittierte Licht wird durch einen Hohlspiegel so reflektiert, dass sein Fokus mit dem der einfallenden Welle übereinstimmt. Die Absorption kann über Fluoreszenz vom oberen Niveau E_f in tiefere Niveaus nachgewiesen werden.

Natürlich können beim Durchstimmen der Laserfrequenz auch beide Photonen, die zur Absorption beitragen, aus demselben

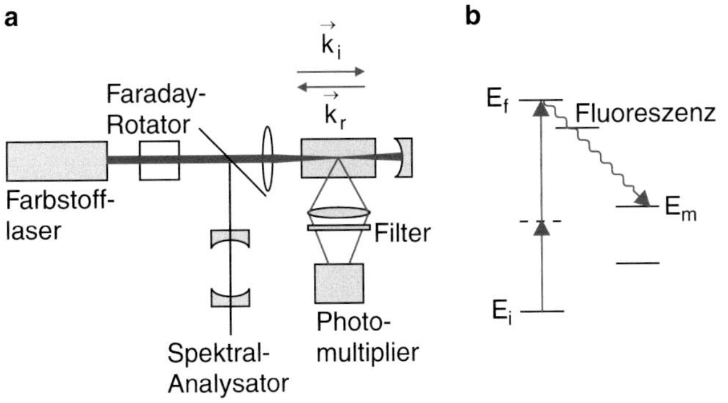

Abbildung 10.27 Experimentelle Anordnung zur Messung von Zweiphotonenabsorption

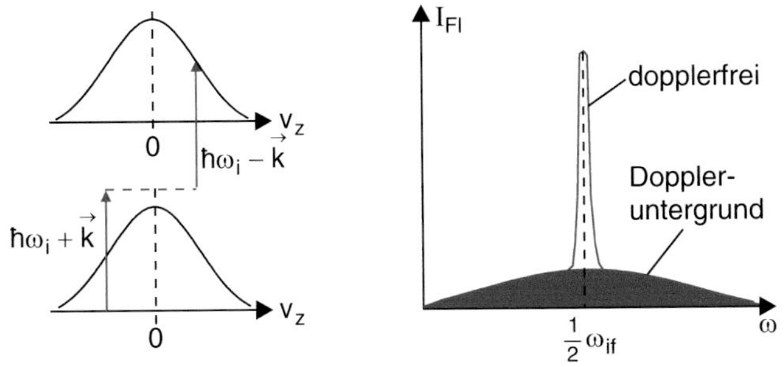

Abbildung 10.28 Schematische Darstellung eines dopplerfreien Zweiphotonensignals. Der dopplerverbreiterte Untergrund ist stark überhöht gezeichnet

Laserstrahl kommen. In diesem Falle ist $\boldsymbol{k}_1 = \boldsymbol{k}_2$, und die dadurch bewirkte Absorption hat die doppelte Dopplerbreite wie ein Einphotonenübergang bei der Frequenz ω.

Die Wahrscheinlichkeit für diesen Fall ist halb so groß wie die, dass beide Photonen aus unterschiedlichen Strahlen kommen. Die Fläche des dopplerfreien Signals ist deshalb doppelt so groß wie die des verbreiterten Untergrundes. Da seine Breite jedoch um etwa zwei Größenordnungen schmaler ist, wird die Höhe des dopplerfreien Signals mehr als 100-mal größer als die des Untergrundes (Abb. 10.28).

Ausführlichere Darstellungen der Mehrphotonen-Spektroskopie findet man in [14, 15].

10.3 Messung magnetischer und elektrischer Momente von Atomen und Molekülen

Viele Moleküle haben auf Grund von Bahndrehimpulsen oder Spins ihrer Elektronen oder auf Grund von Kernspins ein magnetisches Dipolmoment $\boldsymbol{p}_{\mathrm{m}}$. Sie erfahren dann in äußeren Magnetfeldern $\boldsymbol{B}$ ein Drehmoment $\boldsymbol{D} = \boldsymbol{p}_{\mathrm{m}} \times \boldsymbol{B}$, das versucht, die Moleküle so zu orientieren, dass $\boldsymbol{p}_{\mathrm{m}}$ parallel zum Magnetfeld

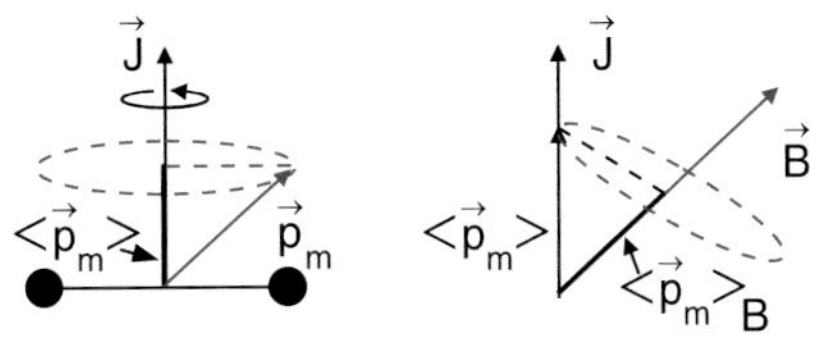

Abbildung 10.29 Durch die Molekülrotation gemitteltes magnetisches Moment $p_{\mathrm{m}}(J)$, dessen Projekion $\langle p_{\mathrm{m}}(J)\rangle$ im Magnetfeld $\boldsymbol{B}$ präzediert

$\boldsymbol{B}$ steht, weil dann die potentielle Energie

$$W_{\mathrm{pot}} = -\boldsymbol{p}_{\mathrm{m}} \cdot \boldsymbol{B} \tag{10.44}$$

minimal wird. Das magnetische Dipolmoment hat im molekülfesten Koordinatensystem eine feste Richtung, welche durch die Kernverbindungsachse und den elektronischen Gesamtdrehimpuls festgelegt ist.

Durch die Molekülrotation dreht sich $\boldsymbol{p}_{\mathrm{m}}$, und es bleibt als zeitlicher Mittelwert nur die Projektion von $\boldsymbol{p}_{\mathrm{m}}$ auf die Richtung des Gesamtdrehimpulses $\boldsymbol{J}$ (Abb. 10.29). Im äußeren Magnetfeld ist die mittlere potentielle Energie dann:

$$\langle W_{\mathrm{pot}}\rangle = -\frac{(\boldsymbol{p}_{\mathrm{m}} \cdot \boldsymbol{J}) \cdot (\boldsymbol{J} \cdot \boldsymbol{B})}{\boldsymbol{J}^2} . \tag{10.45}$$

Auf Grund der thermischen Bewegung bei Temperaturen $T > 0$ überlagert sich dieser durch das Magnetfeld bewirkten Orientierungstendenz die durch Stöße verursachte statistisch in alle Raumrichtungen verteilte Desorientierung der Moleküle. Der Ausrichtungsgrad der molekularen magnetischen Momente resultiert in einer mittleren Magnetisierung

$$\langle M_{\mathrm{m}}\rangle \propto \frac{\langle W_{\mathrm{pot}}\rangle}{\frac{3}{2}kT} , \tag{10.46}$$

die vom Verhältnis von mittlerer magnetischer zu thermischer Energie abhängt.

Man kann $\langle M_{\mathrm{m}}\rangle$ berechnen, wenn man das über die Molekülrotation gemittelte magnetische Moment $\langle p_{\mathrm{m}}\rangle$ der Moleküle kennt.

Wenn die Ladungsschwerpunkte der Kernladungen und der Elektronenladungen nicht zusammenfallen, haben die Moleküle auch ein elektrisches Dipolmoment $\boldsymbol{p}_{\mathrm{el}}$ (siehe Bd. 2, Abschn. 1.8) (Beispiele: HCl, H_2O, NaCl). Auf solche Moleküle wirkt im homogenen elektrischen Feld das Drehmoment

$$\boldsymbol{D} = \boldsymbol{p}_{\mathrm{el}} \times \boldsymbol{E}$$

und im inhomogenen Feld zusätzlich eine Kraft

$$\boldsymbol{F} = \boldsymbol{p}_{\mathrm{el}} \cdot \mathbf{grad}\, \boldsymbol{E}. \tag{10.47}$$

Diese elektrischen und magnetischen Momente haben eine große wissenschaftliche und technische Bedeutung z. B. für die Orientierung von Molekülen in Flüssigkristallen, bei Mess- und Diagnoseverfahren (z. B. Kernspintomographie), bei der Optimierung von Piezokeramik, bei der Realisierung extrem tiefer Temperaturen mithilfe der adiabatischen Entmagnetisierung etc. Wir wollen im Folgenden einige Verfahren zu ihrer Messung kurz vorstellen.

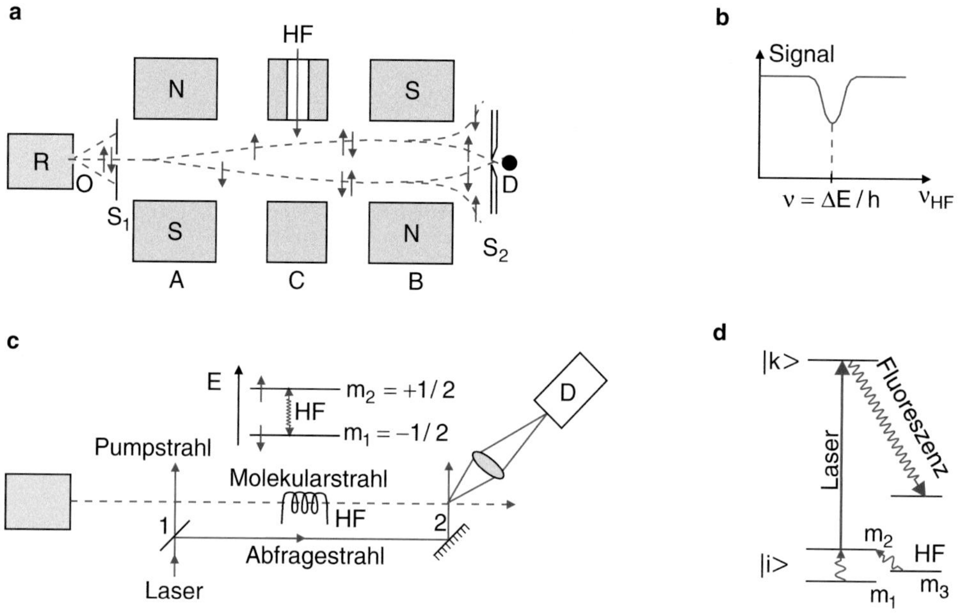

Abbildung 10.30 Rabi-Methode. **a** Anordnung mit Ablenkmagneten A und B; **b** Detektorsignal als Funktion der Radiofrequenz ν_{hf}; **c** moderne Version mit Lasern; **d** Wiederauffüllen eines entleerten Niveaus durch HF-Wellen

10.3.1 Die Rabi-Methode

Isidor Isaac Rabi (1898–1988) entwickelte eine Molekularstrahlmethode zur Präzisionsmessung magnetischer und elektrischer Momente und von Hyperfeinaufspaltungen in Atomen und Molekülen, für die er 1944 den Nobelpreis erhielt. Ihr Prinzip ist in Abb. 10.30 schematisch dargestellt.

Aus dem Reservoir R treten die Moleküle durch eine kleine Öffnung O ins Vakuum und werden durch den Spalt S_1 zu einem Molekularstrahl geringer Divergenz kollimiert. In einem inhomogenen Magnetfeld A erfahren sie eine Kraft $\boldsymbol{F} = \boldsymbol{p}_{\mathrm{m}} \cdot \mathbf{grad}\,\boldsymbol{B}$ und werden entsprechend ihrem magnetischen Moment $\boldsymbol{p}_{\mathrm{m}}$ abgelenkt. In einem zweiten inhomogenen Feld B mit entgegengerichtetem Feldgradienten werden die Moleküle wieder in die umgekehrte Richtung abgelenkt, sodass sie den Detektor D hinter dem Spalt S_2 erreichen können. Zwischen den inhomogenen Feldern A und B wird jetzt ein homogenes statisches Magnetfeld C angelegt, das zwar keine Ablenkung der Moleküle bewirkt, aber eine Verschiebung der Energieterme, die bei einem Niveau mit dem Gesamtdrehimpuls $|\boldsymbol{J}| = \sqrt{J(J+1)}\hbar$ zu einer Aufspaltung in $(2J+1)$ Zeeman-Komponenten

$$E_m = E_0 + m \cdot |\boldsymbol{p}_{\mathrm{m}}| \cdot |\boldsymbol{B}| \qquad (10.48)$$

mit $-J \leq m \leq J$ führt (siehe Abschn. 5.5.4). In Abb. 10.30d ist dies für den Fall $J = 1/2$ illustriert, bei dem es nur zwei Einstellmöglichkeiten für das magnetische Moment gibt.

Wird jetzt in der Region C eine Hochfrequenzwelle eingestrahlt mit der Frequenz $\nu_{\mathrm{HF}} = p_{\mathrm{m}} \cdot B/h$, so induziert sie magnetische Dipolübergänge zwischen benachbarten Zeeman-Komponenten und ändert dadurch die Besetzungsverteilung, d. h. die Orientierung der magnetischen Dipolmomente. Da die Ablenkung im inhomogenen Feld $\boldsymbol{B}$ von der Größe und Richtung des magnetischen Dipolmomentes $\boldsymbol{p}_{\mathrm{m}}$ abhängt, wird sie durch einen HF-Übergang geändert, d. h. ein in der Region C erfolgter HF-Übergang führt zu einer Änderung der Ablenkung und damit zu einer Signaländerung am Detektor (Abb. 10.30b).

Auf diesem Prinzip beruht auch die Cäsium-Atomuhr (siehe Bd. 1, Abschn. 1.6.3), bei der ein HF-Übergang zwischen den beiden Hyperfeinkomponenten $F = 3$ und $F = 4$ im $^2S_{1/2}$-Grundzustand des Cäsiumatoms Cs induziert wird. Jede Änderung der eingestrahlten Frequenz ν führt zu einer Änderung des Detektorsignals, das deshalb zur Regelung der Frequenz ν verwendet werden kann.

Eine moderne Version der Rabimethode ersetzt die beiden inhomogenen Magnetfelder A und B durch zwei den Molekularstrahl senkrecht kreuzende Laserstrahlen (Abb. 10.30c). Der Laser wird auf einen geeigneten Übergang $|i\rangle \rightarrow |k\rangle$ eines Atoms oder Moleküls abgestimmt. Bei genügender Intensität wird der Übergang gesättigt und damit die Besetzungsdichte des unteren Niveaus $|i\rangle$ im Kreuzungsgebiet verringert (siehe Abschn. 10.2.7).

Deshalb wird der zweite Laserstrahl, der ja die gleiche Wellenlänge λ_{L} hat wie der erste Strahl, weniger stark absorbiert, was durch die verminderte laserinduzierte Fluoreszenz mit dem Detektor 2 nachgewiesen wird (Abb. 10.30d). Das Niveau $|i\rangle$ kann z. B. ein Hyperfein-Niveau sein, oder ein Zeeman-Niveau.

Strahlt man jetzt im Bereich des homogenen Magnetfeldes C eine Hochfrequenz ν_{HF} ein, die Übergänge zwischen benachbarten HFS-Niveaus oder zwischen den Zeeman-Komponenten induziert, so wird das durch den Laserstrahl A entleerte Niveau wieder stärker besetzt. Dies wird durch das entsprechend ansteigende Signal $I_{\mathrm{Fl}}(\nu)$ des Detektors 2 gemessen.

Kapitel 10

10.3.2 Stark-Spektroskopie

Wenn Atome oder Moleküle ein permanentes elektrisches Dipolmoment $\boldsymbol{p}_{\text{el}}$ besitzen, so spalten, analog zum Zeeman-Effekt im Magnetfeld, die Niveaus mit dem Gesamtdrehimpuls $\boldsymbol{J}$ im elektrischen Feld $\boldsymbol{E}$ auf in $(2J+1)$ Komponenten.

Ohne äußeres Feld ist der Gesamtdrehimpuls $\boldsymbol{J}$ nach Richtung und Größe zeitlich konstant, sodass $\boldsymbol{p}_{\text{el}}$ um $\boldsymbol{J}$ präzediert und die gemittelte Komponente

$$\begin{aligned}\langle \boldsymbol{p}_{\text{el}}\rangle &= |\boldsymbol{p}_{\text{el}}| \cos\beta \\ &= |\boldsymbol{p}_{\text{el}}| \frac{K}{\sqrt{J(J+1)}}\end{aligned} \tag{10.49}$$

hat, wobei $K\hbar$ die Projektion von $\boldsymbol{J}$ auf die Richtung von $\boldsymbol{p}_{\text{el}}$ ist. Im elektrischen Feld $\boldsymbol{E}$ präzediert $\boldsymbol{p}_{\text{el}}$ und damit auch $\boldsymbol{J}$ um die Feldrichtung, in der $M\cdot\hbar$ die Projektion von $\boldsymbol{J}$ ist. Die Energieverschiebung der Terme

$$\begin{aligned}\Delta E &= -\langle \boldsymbol{p}_{\text{el}}\rangle\cdot\boldsymbol{E} \\ &= -|\boldsymbol{p}_{\text{el}}|\cdot\frac{K\cdot M}{J(J+1)}|\boldsymbol{E}|\end{aligned} \tag{10.50}$$

wird dann proportional zur elektrischen Feldstärke (***linearer Stark-Effekt***, Abb. 10.31).

Auch ohne permanentes elektrisches Dipolmoment wird im elektrischen Feld durch die entgegengesetzte Verschiebung der positiven bzw. negativen Ladungen (dielektrische Polarisation, siehe Bd. 2, Abschn. 1.7 und 1.8) ein induziertes elektrisches Dipolmoment

$$\boldsymbol{p}_{\text{el}}^{\text{ind}} = \tilde{\alpha}\cdot\boldsymbol{E} \tag{10.51}$$

erzeugt. Die Polarisierbarkeit $\tilde{\alpha}$, welche ein Maß für die Verschiebbarkeit der Ladungen im elektrischen Feld ist, hängt im Allgemeinen von der Richtung im molekülfesten System ab und ist deshalb ein Tensor (siehe analoge Diskussion für die dielektrische Suszeptibilität in anisotropen Medien in Bd. 2, Abschn. 8.6).

Deshalb zeigt $\boldsymbol{p}_{\text{el}}^{\text{ind}}$ im Allgemeinen *nicht* in die gleiche Richtung wie die elektrische Feldstärke $\boldsymbol{E}$, sondern bildet einen Winkel mit $\boldsymbol{E}$ und präzediert um die Feldrichtung.

Die Energieverschiebung im elektrischen Feld $\boldsymbol{E}$ ist nun

$$\begin{aligned}\Delta E &= -\boldsymbol{p}_{\text{el}}^{\text{ind}}\cdot\boldsymbol{E} = (\tilde{\alpha}\cdot\boldsymbol{E})\cdot\boldsymbol{E} \\ &= -|\alpha|\cdot E^2\cdot\cos\beta\,,\end{aligned} \tag{10.52}$$

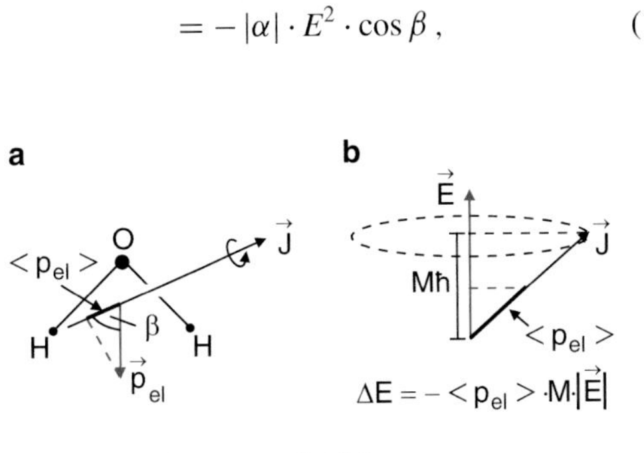

Abbildung 10.31 Zum linearen Stark-Effekt

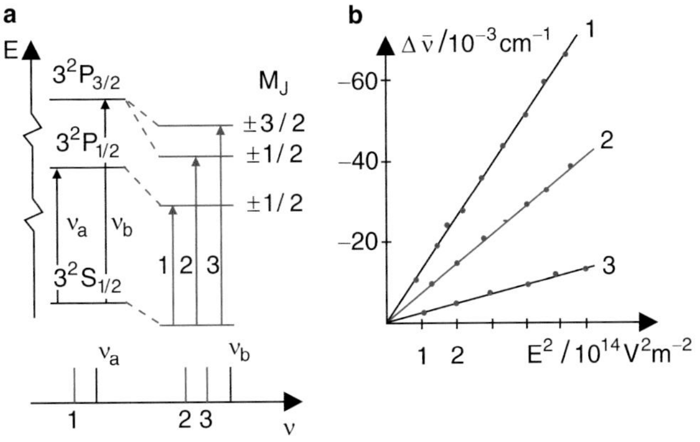

Abbildung 10.32 Verschiebung und Aufspaltung der Terme im Na-Atom auf Grund des quadratischen Stark-Effektes. **a** Termschema; **b** Abhängigkeit der Wellenzahlen der Na-D-Linien von E^2 [16]

wenn β der Winkel zwischen $\boldsymbol{E}$ und $\boldsymbol{p}_{\text{el}}^{\text{ind}}$ ist. Die Verschiebung ist also proportional zum Quadrat der elektrischen Feldstärke $\boldsymbol{E}$ (***quadratischer Stark-Effekt***).

In Abb. 10.32 ist der quadratische Stark-Effekt am Beispiel der Natrium-D-Linien illustriert. Während alle drei Niveaus $^2S_{1/2}$, $^2P_{1/2}$ und $^2P_{3/2}$ durch das elektrische Feld verschoben werden, spaltet nur das $^2P_{3/2}$-Niveau in die beiden Komponenten $|M_J| = 3/2$ und $|M_J| = 1/2$ auf, da wegen der quadratischen Abhängigkeit die Niveaus $\pm M_J$ gleiche Energie haben, also auch im elektrischen Feld entartet bleiben. Die Stark-Verschiebung ist im $3^2S_{1/2}$-Grundzustand kleiner als in den angeregten 3^2P-Zuständen, sodass die Stark-Komponenten der Linien zu kleineren Frequenzen hin verschoben werden.

Aus der Messung der Aufspaltung und Verschiebung lässt sich gemäß (10.52) die Polarisierbarkeit $\tilde{\alpha}$ bestimmen. Sie ist, wie in Abschn. 9.4.3 gezeigt wurde, für die van-der-Waals-Bindung von Molekülen bei großen Atomabständen verantwortlich.

Anmerkung. In wasserstoffähnlichen Atomen bzw. Ionen (H, He^+, Li^{++}, ...), in denen sich das Elektron in einem Coulombfeld bewegt, sind die Terme mit unterschiedlicher Bahndrehimpulsquantenzahl l, aber gleicher Hauptquantenzahl n im Rahmen der Schrödingertheorie energetisch entartet (siehe Abschn. 5.1).

Dies führt dazu, dass für diese Atome ein *linearer* Stark-Effekt beobachtet, wird, weil die Wellenfunktionen der entarteten Zustände so mischen, dass ein permanentes elektrisches Dipolmoment entsteht.

10.4 Elektronenspektroskopie

Die genauere Untersuchung von Stößen zwischen Elektronen und Atomen bzw. Molekülen gibt viele Informationen über die Energieterme und die räumliche Verteilung der Elektronenhülle und damit über die Wellenfunktionen. Damit können z. B. die Orbitalmodelle für die angenäherte Berechnung von

Molekülorbitalen getestet werden, die Korrelation zwischen den Elektronen und Austauscheffekte untersucht und Informationen über die Polarisierbarkeit der Hülle gewonnen werden.

10.4.1 Elektronenstreuversuche

Bei elastischen Stößen wird nur die *Richtung* der einfallenden Elektronen geändert, wobei der Impulsübertrag vom Wechselwirkungspotential zwischen Elektron und Atom abhängt (siehe Abschn. 2.8 und Bd. 1, Abschn. 4.3).

Bei inelastischen Stößen werden Atome bzw. Moleküle in energetisch höhere Zustände angeregt. Man kann diese Anregung nachweisen durch den entsprechenden Energieverlust der Elektronen oder durch die von den angeregten Atomen emittierte Fluoreszenz (Franck-Hertz-Versuch, Abschn. 3.4.4). Bei genügend hoher Energie der Elektronen kann Einfach- oder Doppelionisation eintreten:

$$e^- + A \rightarrow A^+ + 2e^- , \qquad (10.53a)$$

$$e^- + A \rightarrow A^{++} + 3e^- . \qquad (10.53b)$$

Um die Energie der einfallenden Elektronen genau festzulegen, aber auch kontrolliert variieren zu können, werden sie z. B. durch einen 127°-Zylinderkondensator als Energieselektor geschickt (siehe Abschn. 2.6.3). Die durch den Austrittsspalt des Selektors austretenden Elektronen haben bei einer Spannung U zwischen den Kondensatorplatten mit Krümmungsradien R_1, R_2 die Energie

$$E^0_{\text{kin}} = e \cdot U \cdot \ln(R_1/R_2) .$$

Sie stoßen dann mit Atomen bzw. Molekülen in einem Atom- bzw. Molekülstrahl zusammen (Abb. 10.33). Die von den angeregten Atomen ausgesandte Fluoreszenz kann von einem Photodetektor nachgewiesen werden. Die unter dem Winkel ϑ gegen die Einfallsrichtung gestreuten Elektronen werden durch einen Energie-Analysator geschickt, der auf die variable Durchlassenergie E' eingestellt werden kann, sodass der Energieverlust

$$\Delta E = E^0_{\text{kin}} - E'$$

gemessen werden kann.

Sei $(\mathrm{d}N_i/\mathrm{d}t)$ die Teilchenflussdichte ($\mathrm{s}^{-1}\,\mathrm{m}^{-2}$) der mit der Energie E_0 auf die Atome treffenden Elektronen, $N_\mathrm{A} = n_\mathrm{A}\,\mathrm{d}V$ die Zahl der Atome im Streuvolumen $\mathrm{d}V$ und $(\mathrm{d}\sigma/\mathrm{d}\Omega)$ der differentielle Streuquerschnitt, so ist die Zahl der pro Sekunde unter dem Winkel ϑ in den Raumwinkel $\mathrm{d}\Omega$ gestreuten Elektronen

$$\begin{aligned} &\dot{N}_\mathrm{e}(E_0 - \Delta E, \vartheta)\,\mathrm{d}E \cdot \mathrm{d}\Omega \\ &\quad = (\mathrm{d}N_i/\mathrm{d}t) \cdot N_\mathrm{A} \cdot (\mathrm{d}\sigma/\mathrm{d}\Omega)\,\mathrm{d}E \cdot \mathrm{d}\Omega . \end{aligned} \qquad (10.54a)$$

Man kann also aus der Messung von $\dot{N}_\mathrm{e}$ den Streuquerschnitt $(\mathrm{d}\sigma/\mathrm{d}\Omega)$ für elastische ($\Delta E = 0$) bzw. unelastische ($\Delta E > 0$) Streuung bestimmen.

Bei der Elektronenstoßionisation

$$e^- + A \rightarrow A^+ + 2e^-$$

können die beiden Elektronen in Koinzidenz mit zwei Energie-Analysatoren unter den Winkel ϑ_1 und ϑ_2 energieselektiv nachgewiesen werden. Die Energie E_2 des zweiten Elektrons ist dabei festgelegt durch E_0 und die Energie E_1, da gelten muss:

$$E_0 = E^{\text{ion}} + E_1 + E_2 . \qquad (10.54b)$$

Die Messung solcher dreifach differentieller Streuquerschnitte $\mathrm{d}^3\sigma/(\mathrm{d}E_1\,\mathrm{d}\Omega_1\,\mathrm{d}\Omega_2)$ ist experimentell sehr anspruchsvoll, gibt jedoch auch die genauesten Informationen über den Stoßprozess.

Ein Beispiel ist die Elektronenstoßionisation von Helium, bei der aus den gemessenen Winkelverteilungen $N_1(E_1, \vartheta_1)$, $N_2(E_2, \vartheta_2)$ der beiden Elektronen die Korrelation zwischen den Elektronen ermittelt werden kann (Abb. 10.34).

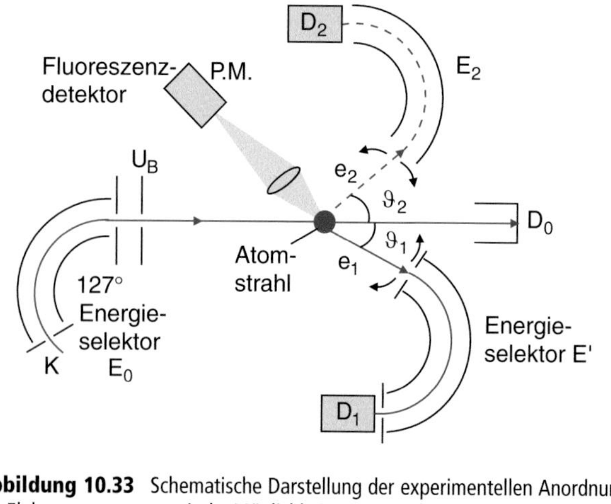

Abbildung 10.33 Schematische Darstellung der experimentellen Anordnung zur Elektronenstreuung mit der Möglichkeit zur Koinzidenzmessung bei der Elektronenstoßionisation

10.4.2 Photoelektronenspektroskopie

Werden Atome oder Moleküle mit monochromatischem Licht der Frequenz ν bestrahlt, das so kurzwellig ist, dass die Photonenenergie $h \cdot \nu$ größer ist als die Ionisierungsenergie, so wird ein Photoelektron emittiert

$$h \cdot \nu + M \rightarrow M^+ + e^-(E_{\text{kin}}) \qquad (10.55)$$

mit der kinetischen Energie

$$E_{\text{kin}} = h \cdot \nu - (E_\mathrm{B} + E(M^{+*})) .$$

Das gebildete Ion M^+ kann entweder im Grundzustand oder in gebundenen angeregten Zuständen M^{+*} sein (Abb. 10.35). Die Messung der Energieverteilung der Photoelektronen gibt daher Auskunft über angeregte Zustände des Ions M^+ und über die

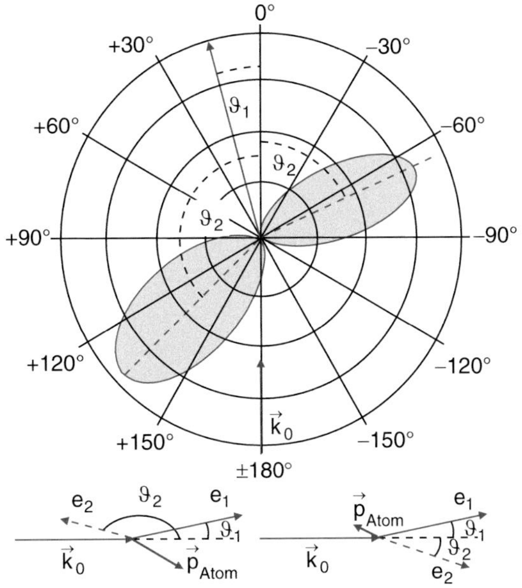

Abbildung 10.34 Winkelverteilung $N(\vartheta_2)$ des zweiten Elektrons beim Ionisationsprozess $e^- + He \rightarrow He^+ + e_1^- + e_2^-$ mit $E_0 = 100\,eV$, $E_1 = 70\,eV$, $E_2 = 5{,}4\,eV$, $\vartheta = 15°$ [17]

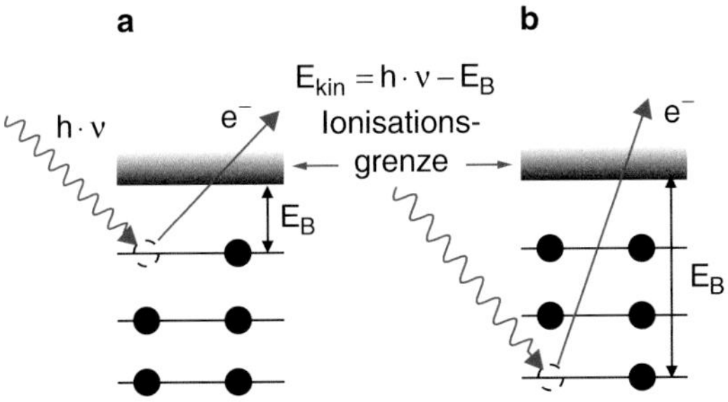

Abbildung 10.35 Termschema zur Photoelektronenspektroskopie. **a** Photoionisation eines Elektrons aus der Valenzschale mit UV-Licht; **b** Innerschalenionisation mit Röntgenstrahlung

Wahrscheinlichkeit, solche Zustände durch Photonenabsorption anzuregen.

Ein Beispiel für eine experimentelle Anordnung ist in Abb. 10.36 gezeigt. Als Lichtquelle wird häufig die Helium-Resonanzlinie $He(2^1P_1 \rightarrow 1^1S_0)$ bei $\lambda = 58{,}4\,nm$ verwendet oder in neuerer Zeit monochromatisierte Synchrotronstrahlung (siehe Bd. 2, Abschn. 6.5). Für viele Experimente stehen inzwischen auch genügend kurzwellige Laser als Lichtquellen zur Verfügung. Man kann auch eine stufenweise Anregung mit zwei Lasern verwenden, wobei $h \cdot (\nu_1 + \nu_2) > E_B$ gelten muss.

Bei der Bestrahlung von Festkörperproben lässt sich aus der Messung der Energieverteilung $N_{PE}(E)$ der Photoelektronen die Zustandsverteilung der Elektronen im Festkörper ermitteln (siehe Abschn. 13.2).

Für die Untersuchung von freien Atomen oder Molekülen werden diese in Molekularstrahlen gebildet und mit Photonen $h \cdot \nu$ bestrahlt. Der Photonenstrahl kreuzt senkrecht den Atom- bzw. Molekularstrahl, und die gebildeten Photoelektronen werden hinter einem Energie-Analysator bei fester Photonenenergie $h \cdot \nu$ als Funktion ihrer kinetischen Energie gemessen.

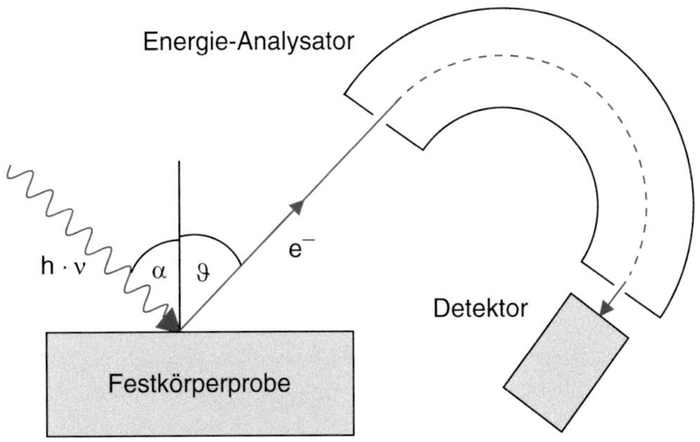

Abbildung 10.36 Experimentelle Anordnung zur Photoelektronenspektroskopie

Um Valenzelektronen zu ionisieren, können UV-Lichtquellen verwendet werden (***Ultraviolett-Photoelektronenspektroskopie***, UPS), während zur Ionisation eines Innenschalenelektrons im Allgemeinen Photonenenergien im Röntgenbereich notwendig sind (XPS) [18].

Bei genügend hoher Energieauflösung sieht man bei der Photoionisation von Molekülen im Energiespektrum der Photoelektronen die einzelnen angeregten Schwingungsniveaus im Ionenzustand.

Aus der Form der Kurve $N_{PE}(E_{kin})$ lassen sich Informationen über die Art des Molekülorbitals, aus dem das Elektron kommt, gewinnen.

So zeigt das in Abb. 10.37 dargestellte Photoelektronenspektrum, das bei der Anregung von CS_2 mit der Heliumlinie

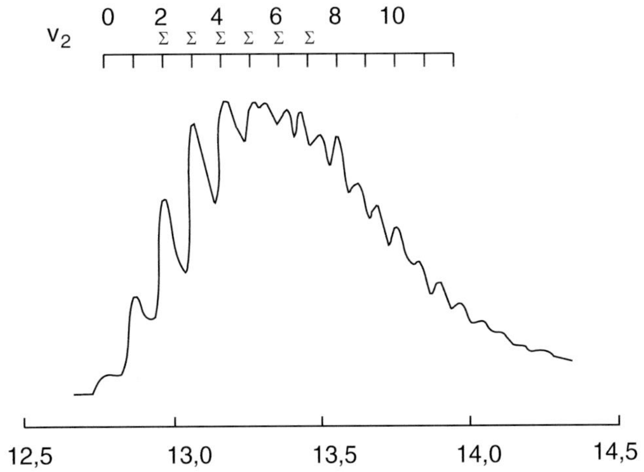

Abbildung 10.37 Photoelektronenspektrum bei der Ionisation von CS_2 durch UV-Photonen der Helium-Resonanzlinie bei $\lambda = 50{,}8\,nm$ [N.H. March, J.F. Mucci: Chemical Physics of Free Molecules. Plenum Press, New York (1992)]

$\lambda = 58{,}4\,\text{nm}$ erhalten wurde, eine lange Progression der ν_2-Knickschwingung, weil das Elektron aus einem Molekülorbital kommt, dessen Energie $E(\alpha)$ mit kleinerem Knickwinkel α stark abfällt, sodass α im Ion CS_2^+ größer wird als im neutralen Molekül (siehe Abschn. 9.8) und deshalb bei einem vertikalen Übergang viele Knickschwingungen angeregt werden können.

Besonders hohe spektrale Auflösung erhält man, wenn die Photonenanregung das Molekül gerade bis an die Ionisierungsgrenze anregt, d. h. $E(\text{M}^{+*}) = 0$. Die Photoelektronen haben dann die kinetische Energie null. Sie lassen sich dann auch bereits mit schwachen elektrischen Feldern mit 100 %iger Sammelwahrscheinlichkeit auf den Detektor abbilden. Diese **ZEKE-Spektroskopie** (zero electron kinetic energy) hat sich in den letzten Jahren zu einer sehr präzisen und empfindlichen Methode der Photoelektronen-Spektroskopie entwickelt [19].

10.5 Molekül-Atom-Streuung

Detaillierte Untersuchungen von elastischen, inelastischen und reaktiven Stößen zwischen Atomen und Molekülen haben unser Verständnis über das Wechselwirkungspotential zwischen den Teilchen und über den genaueren Verlauf einer chemischen Reaktion, bei der oft eine Potentialbarriere überwunden werden muss, sehr gefördert. Deshalb ist ein erheblicher Teil der Forschungsarbeiten im Bereich der Atom- und Molekülphysik solchen Streuexperimenten gewidmet.

10.5.1 Elastische Streuung

Wenn ein paralleler Strahl von Teilchen der Sorte A mit der Teilchenflussdichte N_A durch ein definiertes Volumen läuft, in dem sich n_B Teilchen B pro m³ befinden, so wird die Zahl der den Detektor D erreichenden Teilchen A nach Durchlaufen der Strecke x durch das Streuvolumen durch

$$N_\text{A}(x) = N_\text{A}(0) \cdot \text{e}^{-n_\text{B} \cdot \sigma^\text{int} \cdot x}$$

bestimmt (Abschn. 2.8.1 und Bd. 1, Abschn. 7.3.6). Der gemessene integrale Streuquerschnitt σ^int hängt nicht nur vom Wechselwirkungspotential zwischen den Stoßpartnern A und B ab, sondern auch vom Winkelauflösungsvermögen des Detektors. Erfasst dieser noch alle Teilchen, die beim Stoß um einen Winkel $\vartheta < \vartheta_\text{min}$ abgelenkt wurden, so sind dies genau diejenigen Teilchen, deren Stoßparameter $b > b_\text{max}(\vartheta_\text{min})$ ist und die als nicht gestreut angesehen werden. Der gemessene integrale Streuquerschnitt ist deshalb $\sigma^\text{int} = \pi b^2_\text{max}$.

Im quantenmechanischen Modell kann man sich den minimalen Ablenkwinkel $\vartheta_\text{min}(b_\text{max})$ wie folgt überlegen:

Es gilt, wenn Δp die Änderung des Impulses durch Richtungsänderung beim Stoß beschreibt:

$$\tan\vartheta = \frac{\Delta p}{p} = \frac{b \cdot \Delta p}{b \cdot p} = \frac{\Delta L}{L}\,, \tag{10.56}$$

wobei $L = b \cdot \mu \cdot v = n\hbar$ der Betrag des Bahndrehimpulses ist, der immer ein ganzzahliges Vielfaches von $\hbar$ ist. Der minimale Ablenkwinkel ist dann mit $\Delta L_\text{min} = \hbar$ und $\tan\vartheta \approx \vartheta$

$$\vartheta_\text{min} = \frac{\hbar}{b_\text{max} \cdot \mu \cdot v} = \frac{1}{2\pi}\frac{\lambda_\text{dB}}{b_\text{max}}\,, \tag{10.57}$$

wobei μ die reduzierte Masse, v die Relativgeschwindigkeit und $\lambda_\text{dB} = h/(\mu \cdot v)$ die de Broglie-Wellenlänge ist. Der kleinste noch messbare Ablenkwinkel ist also durch das Verhältnis $\lambda_\text{dB}/b_\text{max}$ bestimmt.

In Gleichung (2.111) wurde der Zusammenhang zwischen dem Ablenkwinkel ϑ und der potentiellen Energie $E_\text{pot}(R)$ dargestellt. Für große Stoßparameter b ist die Bahn des gestreuten Teilchens nur wenig gekrümmt, und es gilt $b \approx r_\text{min}$. Aus (2.112) folgt mit $E_\text{pot}/E_0 \ll 1$ durch Entwickeln der Wurzel in (2.111) (*Hochenergie-Näherung* $E_0 \gg E_\text{pot}(r)$), dass $\vartheta \propto E_\text{pot}(b)/E_0$ gilt, wobei $E_0 = E_\text{kin}(r = \infty)$ ist. Damit wird der minimale Ablenkwinkel

$$\vartheta_\text{min}(b_\text{max}) = \frac{\lambda}{b_\text{max}} \propto \frac{E_\text{pot}(b_\text{max})}{E_0}\,. \tag{10.58}$$

Mit $\lambda = h/\mu v$ und $E_\text{pot} = -C_n \cdot r^{-n}$ ergibt dies für $r = b_\text{max}$

$$\frac{h}{\mu \cdot v \cdot b_\text{max}} \propto \frac{C_n}{b^n_\text{max}\mu v^2}$$
$$\Rightarrow b_\text{max} \propto \left(\frac{C_n}{h \cdot v}\right)^{1/(n-1)}, \tag{10.59}$$

und damit erhält man aus dem integralen Streuquerschnitt

$$\sigma^\text{int} = \pi b^2_\text{max} \propto \left(\frac{C_n}{h \cdot v}\right)^{2/(n-1)} \tag{10.60}$$

Informationen über den Koeffizienten C_n des langreichweitigen Potentials C_n/r^n. Misst man die Geschwindigkeitsabhängigkeit $\sigma^\text{int}(v)$, so kann man die Potenz n und den Koeffizienten C_n bestimmen.

Dies lässt sich mit der in Abb. 10.38 gezeigten Anordnung erreichen, in der das Streuvolumen durch die Kreuzung der beiden Atomstrahlen mit den Teilchenflussdichten N_A und N_B gebildet

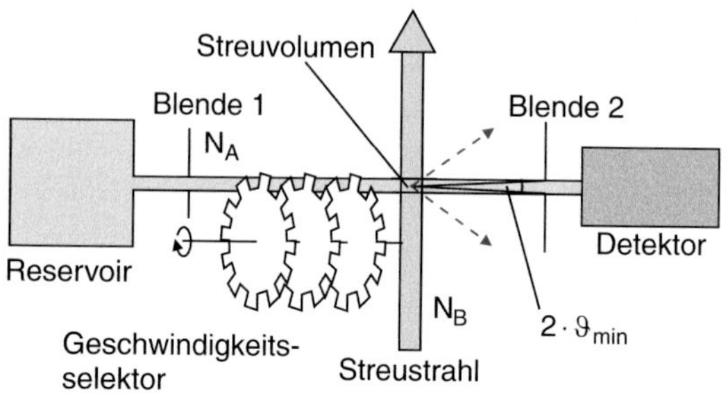

Abbildung 10.38 Anordnung mit zwei gekreuzten Molekularstrahlen und Geschwindigkeitsselektion zur Messung der Energieabhängigkeit des integralen elastischen Streuquerschnitts

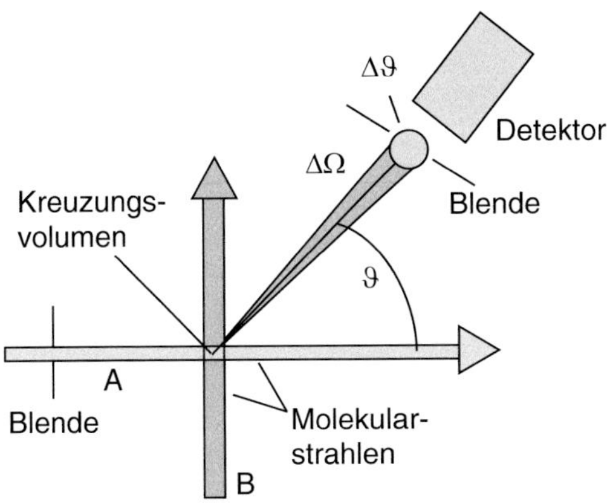

Abbildung 10.39 Messung differentieller Streuquerschnitte $\mathrm{d}\sigma/\mathrm{d}\Omega$ mit gekreuzten Molekularstrahlen

wird. Die Relativgeschwindigkeit wird durch die Drehzahl des Geschwindigkeitsselektors bestimmt.

Detaillierte Informationen über das Wechselwirkungspotential bei kleineren Abständen erhält man aus der Messung von *differentiellen* Streuquerschnitten, wie wir am Beispiel des Coulomb-Potentials bereits in Abschn. 2.8.6 bei der Rutherford-Streuung gesehen haben. Auch hier werden zwei gekreuzte Molekularstrahlen verwendet (Abb. 10.39).

Bei einem nichtmonotonen Potential wie z. B. dem Lennard-Jones-Potential (9.47) gibt es Abstandsbereiche, in denen verschiedene Stoßparameter b zum gleichen Ablenkwinkel ϑ führen (Abb. 2.86b).

In solchen Fällen kommt es zu Interferenzen, weil die de Broglie-Wellen des einfallenden Teilchens durch verschiedene Gebiete des Potentials laufen und dabei unterschiedliche Phasenverschiebungen erfahren. Teilchen, die auf dem Weg 1 in Abb. 10.40 um den Winkel ϑ abgelenkt werden, erreichen den Detektor bei derselben Winkelstellung wie Teilchen, die auf dem Wege 2 um ϑ abgelenkt werden. Da man nicht unterscheiden kann, ob ein Teilchen links oder rechts vom Streuzentrum vorbeiläuft, sind diese beiden Fälle ununterscheidbar. Die gestreuten Wellen mit den Amplituden A_n und den Phasen $\varphi_n(\vartheta)$ überlagern sich, und die Gesamtintensität der um den Winkel ϑ gestreuten Welle (die proportional zum Fluss der gestreuten Teilchen ist) wird

$$I(\vartheta) \propto \left| \sum_n A_n \cdot \mathrm{e}^{\mathrm{i}\varphi_n} \right|^2 . \qquad (10.61)$$

Sie zeigt als Funktion von ϑ Interferenzstrukturen, deren Zustandekommen analog zur Entstehung des Regenbogens bei der Reflexion und Brechung von Licht an Wassertröpfchen (Bd. 2, Abschn. 9.7) erklärt werden kann [20].

In Abb. 10.41a sind die Ablenkfunktionen $\vartheta(b)$ mit den Stoßparametern b_1, b_2, b_3 gezeigt, bei denen gleiche Beträge $|\vartheta|$ der Ablenkwinkel auftreten. Man sieht, dass $|\vartheta_1| = |\vartheta_2| = |\vartheta_3|$ ist. Da die Streuung symmetrisch zur Einfallsrichtung erfolgt, muss $\sigma(\vartheta) = \sigma(-\vartheta)$ sein. Weil außerdem der Streuquerschnitt proportional zur Steigung $\mathrm{d}b/\mathrm{d}\vartheta = (\mathrm{d}\vartheta/\mathrm{d}b)^{-1}$ ist (Abb. 10.41b), erhält man in der klassischen Sichtweise bei $\vartheta = \vartheta_\mathrm{r}$ und $\vartheta = 0$ für $\mathrm{d}\sigma/\mathrm{d}\Omega$ unendlich große Werte. In der quantenmechanischen

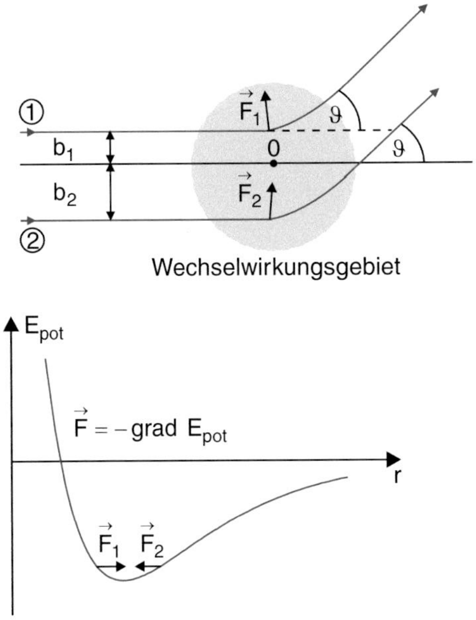

Abbildung 10.40 Zwei ununterscheidbare Streuereignisse

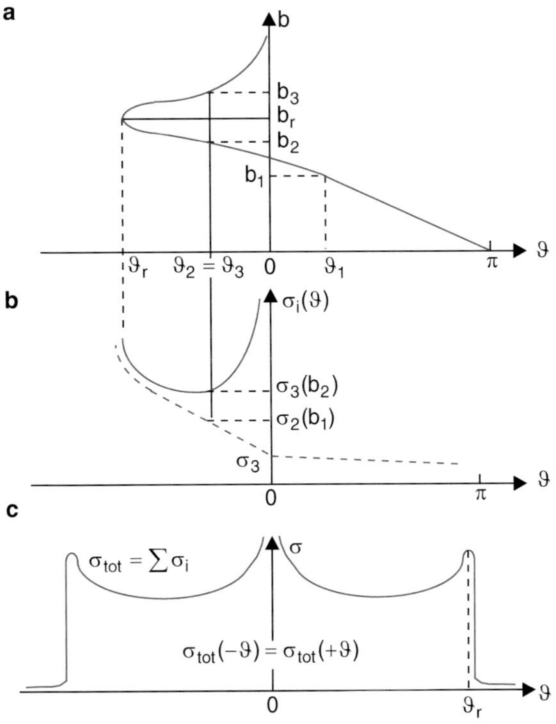

Abbildung 10.41 „Regenbögen" im differentiellen Streuquerschnitt $\mathrm{d}\sigma/\mathrm{d}\Omega$ der elastischen Streuung in nichtmonotonen Potentialen. **a** Ablenkwinkel ϑ als Funktion des Stoßparameters b; **b** Beiträge zum Streuquerschnitt $\sigma_i(\vartheta)$ von einfallenden Teilchen mit Stoppßparametern $b_i \pm \Delta b$; **c** Summe aller Beiträge

Behandlung sind die Stoßparameter nur bis auf die de Broglie-Wellenlänge bestimmbar. Deshalb gibt es hier keine Pole im Verlauf $d\sigma(\vartheta)/d\Omega$, sondern nur Maxima (Abb. 10.41c).

Die Messung dieser Regenbögen (d. h. der Maxima und Minima in der Streuintensität) gibt genauere Informationen über den Teil des Potentials $\phi(r)$, der für die Interferenzen verantwortlich ist [21].

10.5.2 Inelastische Streuung

Bei der inelastischen Streuung zwischen einem Atom A und einem Atom oder Molekül B

$$A(E_{kin}) + B(i) \to B(f) + A \pm \Delta E_{kin} \tag{10.62}$$

geht das gestoßene Teilchen (Target-Teilchen) B vom Anfangszustand $|i\rangle$ in den Endzustand $|f\rangle$ über, wobei wir hier annehmen wollen, dass sich der innere Zustand von A nicht ändert, sondern nur die kinetische Energie. Die Wahrscheinlichkeit W_{if} für diesen Prozess hängt ab vom Wechselwirkungspotential zwischen A und B, von der Relativenergie der Stoßpartner und vom Stoßparameter b, der den Ablenkwinkel ϑ beim Stoß bestimmt. Will man alle relevanten Parameter dieses Stoßprozesses erfassen, so muss man die Relativenergie und den Anfangszustand $|i\rangle$ von B vor dem Stoß kennen und den Streuwinkel ϑ und den Endzustand $|f\rangle$ von B nach dem Stoß messen. Dies ist möglich mit der in Abb. 10.42 gezeigten Anordnung, die Methoden der Laserspektroskopie verbindet mit Methoden der Streuphysik.

Die Moleküle B fliegen vor dem Stoß durch den Strahl eines Pumplasers, der auf den Übergang $|i\rangle \to |k\rangle$ im Molekül B abgestimmt ist. Durch Sättigung des Überganges wird das untere Niveau $|i\rangle$ praktisch vollständig entleert. Die nach dem Stoß unter dem Winkel ϑ gestreuten Moleküle werden durch einen zweiten Laser auf einem Übergang $|f\rangle \to |j\rangle$ angeregt, und die laserinduzierte Fluoreszenz, deren Intensität $I_{Fl}(j)$ ein Maß für die Besetzung N_f im Zustand $|f\rangle$ ist, wird über ein Lichtleitfasersystem auf einen Photodetektor geleitet.

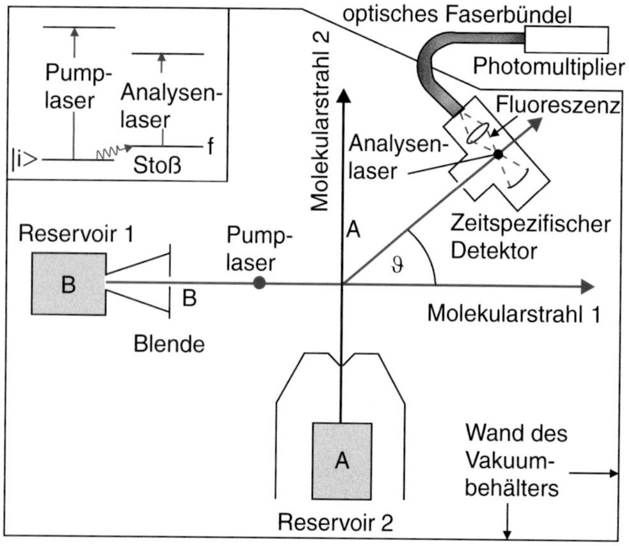

Abbildung 10.42 Anordnung zur vollständigen Messung des inelastischen differentiellen Streuquerschnitts mit Zustandsselektion [22]

Wird jetzt der Pumplaser periodisch unterbrochen und die Differenz $\Delta I_{Fl}(j)$ der Fluoreszenzintensität mit bzw. ohne Pumplaser gemessen, so ist der Quotient $\Delta I_{Fl}(j)/I^{o}_{Fl}(j)$ ein Maß für die Rate der Moleküle B, die durch den Stoß vom Zustand $|i\rangle$ in den Zustand $|f\rangle$ überführt und dabei um den Winkel ϑ abgelenkt wurden. Man kann durch diese Technik z. B. lernen, bei welchen Stoßparametern bevorzugt Änderungen des Rotationszustandes bzw. Schwingungszustandes erfolgen, wie der Streuquerschnitt von der inneren Energie der Stoßpartner abhängt und wie eine Schwingungsanregung vor dem Stoß den Energieübertrag beim Stoß beeinflusst [22].

10.5.3 Reaktive Streuung

Wir hatten in Abschn. 9.10 chemische Reaktionen durch Ratengleichungen beschrieben. Auf der molekularen Betrachtungsebene sind solche Reaktionsraten das Ergebnis vieler molekularer Stöße, bei denen z. B. die Reaktion

$$AB + C \to AC + B \tag{10.63}$$

abläuft, deren Wahrscheinlichkeit von der Relativenergie der Stoßpartner, von ihrer inneren Energie (z. B. Schwingungsenergie von AB) und dem Wechselwirkungspotential abhängt. Da dieses Potential im Allgemeinen nicht kugelsymmetrisch ist, spielen sterische Effekte eine Rolle, d. h. die Reaktionswahrscheinlichkeit hängt auch ab von der relativen Orientierung der Reaktionspartner.

Häufig wird eine Reaktion (10.63) erst oberhalb einer Mindestrelativenergie möglich (*Reaktionsschwelle*), die wieder von der inneren Energie der Stoßpartner abhängen kann.

Bei der Untersuchung reaktiver Stoßprozesse misst man die Streurate der Produkte AC bzw. B bei einem Streuwinkel ϑ und erhält daraus den energieabhängigen differentiellen Reaktionsquerschnitt $(d\sigma/d\Omega)$, dessen Integration über alle Winkel ϑ den integralen Streuquerschnitt $\sigma_R(v)$ als Funktion der Relativgeschwindigkeit v ergibt. Der geschwindigkeitsabhängige Ratenkoeffizient $k_R(v) = v \cdot \sigma_R(v)$ kann dann aus dem gemessenen Reaktionsquerschnitt σ_R ermittelt werden. Die in Abschn. 9.10 behandelten Reaktionsraten

$$\begin{aligned} k = \langle k_R(v)\rangle &= \frac{1}{\langle v\rangle}\int k_R(v)\,dv \\ &= \frac{1}{\langle v\rangle}\int v\cdot\sigma_R(v)\,dv\,, \end{aligned} \tag{10.64}$$

die für gasförmige Reaktionspartner in Zellen bei der Temperatur T gemessen werden, sind Mittelwerte über die thermische Verteilung der Relativgeschwindigkeiten.

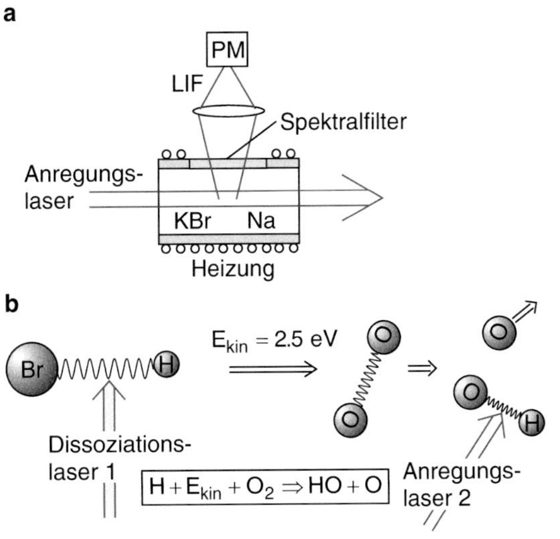

Abbildung 10.43 Mögliche Nachweisanordnungen für reaktive Stöße

Die experimentelle Technik richtet sich nach der spezifischen zu untersuchenden Reaktion [23]. Anfangs wurden überwiegend Reaktionen untersucht, bei denen Alkaliatome involviert sind, weil man diese mit Langmuir-Taylor-Detektoren (Bd. 1, Abschn. 7.4) durch ihre Oberflächenionisation an heißen Drähten als Ionen effizient nachweisen kann.

Beispiele

1. $K + HBr \rightarrow KBr + H$
2. $Cs + Br_2 \rightarrow CsBr + Br$ ■

Bei manchen Reaktionen enstehen elektronisch angeregte Produkte, die Fluoreszenzphotonen aussenden (*Chemolumineszenz*). Diese kann zum Nachweis der Reaktion verwendet werden (Abb. 10.43a). Ein Beispiel ist die Reaktion

$$\begin{aligned} KBr + Na &\rightarrow K^* + NaBr\,, \\ K^* &\rightarrow K + h\cdot\nu\,, \end{aligned} \qquad (10.65)$$

bei der die rote Kalium-Resonanzlinie emittiert wird. Die Reaktion wird durch Schwingungsanregung von KBr durch Absorption infraroter Laserphotonen initiiert.

Die Untersuchung der Abhängigkeit der Reaktionsrate von der inneren Energie der Reaktionspartner ist von großem Interesse, weil sie die Möglichkeit eröffnet, durch Photonenabsorption Reaktionen gezielt zu steuern.

Ein Beispiel ist der Reaktionsablauf

$$\begin{aligned} HBr + h\cdot\nu &\rightarrow H + Br \\ H + O_2 &\rightarrow OH + O \\ OH + h\cdot\nu_L &\rightarrow OH^* \\ OH^* &\rightarrow OH + h\cdot\nu_{Fl} \end{aligned} \qquad (10.66)$$

der durch Photodissoziation von HBr mit dem Laser 1 in Abb. 10.43b initiiert wird, während die entstandenen OH-Produkte durch den Laser 2 angeregt und durch ihre Fluoreszenz nachgewiesen werden [24].

Die Untersuchung sterischer Effekte bei reaktiven Stößen erfordert die Orientierung wenigstens eines der Stoßpartner. Dies kann z. B. durch optische Anregung mit polarisiertem Licht geschehen oder, bei Dipol-Molekülen, durch Orientierung der Teilchen in inhomogenen elektrischen Feldern (z. B. Hexapol-Feldern), bei denen die Ablenkung der Teilchen von der Richtung des elektrischen Dipolmomentes abhängt.

10.6 Zeitaufgelöste Messungen an Atomen und Molekülen

Während freie Atome und Moleküle in ihren Grundzuständen stabil sind, geben energetisch angeregte Zustände ihre Anregungsenergie nach einer endlichen Zeit wieder ab und gehen in den Grundzustand zurück. Dies kann durch Emission von Licht geschehen (strahlende Übergänge) oder durch Stöße (stoßinduzierte Übergänge). In Molekülen kann die Anregungsenergie durch Kopplungen zwischen den verschiedenen Freiheitsgraden der Bewegung umverteilt werden (strahlungslose Übergänge). So kann z. B. die Anregungsenergie der Elektronenhülle eines Moleküls ganz oder teilweise umgewandelt werden in Schwingungsenergie der Kerne, oder sie kann zur Dissoziation des Moleküls führen und damit teilweise als Translationsenergie der Bruchstücke auftauchen.

Alle diese zeitabhängigen Prozesse gehören zum Gebiet der Moleküldynamik. Um sie zu untersuchen, muss man Techniken mit genügend guter Zeitauflösung entwickeln. In diesem Abschnitt sollen exemplarisch einige wenige solcher Methoden vorgestellt werden. Für ausführlichere Darstellungen wird auf die Spezialliteratur [25–27] verwiesen.

10.6.1 Lebensdauermessungen

Regt man Atome oder Moleküle A durch einen kurzen Lichtimpuls in einen energetisch höheren Zustand E_i an, so zerfällt die Besetzung $N_i(t)$ im Laufe der Zeit exponentiell gemäß

$$N_i(t) = N_i(0)\cdot e^{-t/\tau_{eff}}\,, \qquad (10.67)$$

wobei die effektive mittlere Lebensdauer sowohl durch strahlende als auch durch stoßinduzierte Entvölkerungsprozesse bestimmt ist (siehe Abschn. 7.3). Es gilt nach (7.49)

$$\frac{1}{\tau_{eff}} = \frac{1}{\tau_{spont}} + n_B\cdot\overline{v}_{AB}\cdot\sigma_i^{inel}\,, \qquad (10.68)$$

wobei n_B die Dichte der Stoßpartner B, $\overline{v}_{AB}$ die mittlere Relativgeschwindigkeit und σ_i^{inel} der totale Deaktivierungsquerschnitt des Niveaus E_i durch Stöße ist.

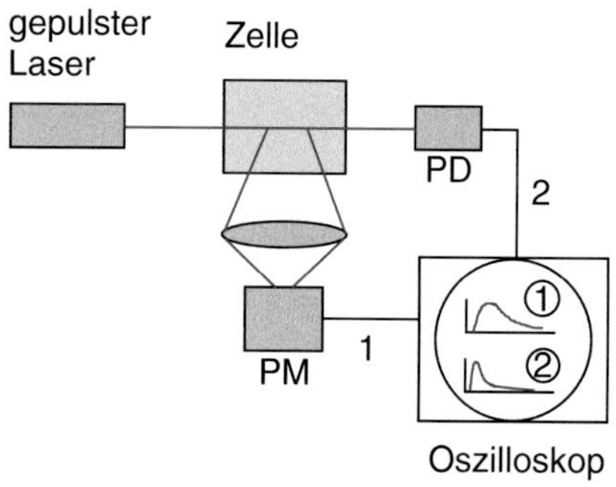

Abbildung 10.44 Anordnung zur Messung von Lebensdauern mit schnellem Photomultiplier PM und Oszillographen, der das Fluoreszenzsignal und den Laserpuls aufzeichnet

Misst man die effektive Lebensdauer τ_{eff} als Funktion der Dichte n_B, so erhält man sowohl den Deaktivierungsquerschnitt σ_i^{inel} als auch durch Extrapolation für $n_B \to 0$ die spontane Lebensdauer τ_{spont}.

Als kurze Lichtpulse werden heute im Spektralbereich von 200–1000 nm fast ausschließlich Laserpulse (Abschn. 8.5) verwendet, wobei Wellenlängen $\lambda < 400$ nm durch optische Frequenzverdopplung (siehe Bd. 2, Abschn. 8.8) realisiert werden können. Im Spektralbereich $\lambda < 200$ nm sind Synchrotrons mit umlaufenden Elektronenpaketen gute Strahlungsquellen mit Lichtpulsen, die nur wenige Pikosekunden lang sind.

Die verwendete experimentelle Nachweistechnik hängt von der verlangten Zeitauflösung und von der Repetitionsrate der Lichtpulse ab.

Für eine Zeitauflösung von $\Delta t > 10^{-10}$ s und eine Pulsfrequenz $f < 10^3\,\text{s}^{-1}$ kann die in Abb. 10.44 gezeigte Anordnung verwendet werden. Man misst die von einem Laserpuls angeregte Fluoreszenz mit einem schnellen Photodetektor und mittelt über viele Laserpulse. Die Dauer Δt_2 des anregenden Lichtpulses sollte kurz sein gegen die zu messende Lebensdauer. Die von den angeregten Molekülen emittierte Fluoreszenz wird von einem schnellen Photodetektor PD zeitaufgelöst nachgewiesen, dessen Ausgangspulse von einem schnellen Oszilloskop aufgezeichnet werden.

Mit einem kontinuierlichen modengekoppelten Laser erreicht man Pulsbreiten im Pikosekundenbereich und Folgefrequenzen im Megahertzbereich. Die einzelnen Pulsenergien sind klein, vor allem, wenn man optische Frequenzverdopplung verwendet, um Wellenlängen im UV-Bereich zu realisieren, sodass die Detektionswahrscheinlichkeit für ein Fluoreszenzphoton pro Anregungspuls klein gegen 1 ist. Hier ist die in Abb. 10.45 gezeigte Anordnung vorteilhaft, bei der die Ausgangspulse des Photomultipliers PM, die durch jeweils ein Photon erzeugt werden, verstärkt und auf einen Zeit-Amplituden-Wandler gegeben werden. Dies ist eine Schaltung, die eine schnelle lineare Spannungsrampe $U(t) = U_0 \cdot (t - t_0)$ erzeugt, wenn sie zur Zeit $t = t_0$ durch einen Startpuls gestartet wird und einen Ausgangspuls der Höhe $U_2 \cdot (t_2 - t_0)$ liefert, wenn die Spannungsrampe durch einen zweiten Puls zur Zeit $t = t_2$ gestoppt wird.

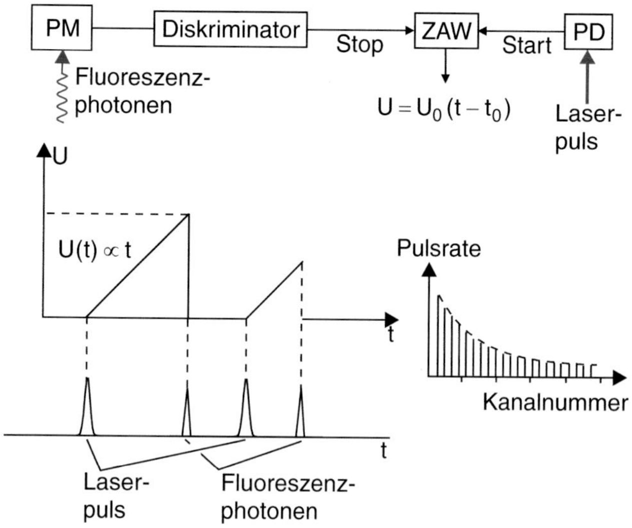

Abbildung 10.45 Messung von Lebensdauern mithilfe des Einzelphotonen-Nachweises mit verzögerter Koinzidenz

Verwendet man den anregenden Laserpuls als Startpuls und den durch ein Fluoreszenzphoton erzeugten Puls zur Zeit t_2 als Stopppuls, so ist die Spannung des Ausgangspulses $U_a = U_0 \cdot (t_2 - t_0)$ ein Maß für die Zeitdifferenz $\Delta t = t_2 - t_0$ zwischen der Anregung der Moleküle durch den Laserpuls und dem Zeitpunkt t_2 bei Aussendung eines Fluoreszenzphotons. Die Wahrscheinlichkeit $W(t)\,\Delta t$ dafür, dass zur Zeit t im Zeitintervall Δt ein Fluoreszenzphoton auf dem Übergang $i \to k$ ausgesandt wird,

$$W(t)\Delta t = A_{ik} \cdot N(0) \cdot \mathrm{e}^{-t/\tau_{\text{eff}}} \Delta t\,, \qquad (10.69)$$

ist proportional zur Zahl der im Intervall $t \pm \Delta t/2$ erfolgenden strahlenden Zerfälle der zur Zeit t noch vorhanden angeregten Moleküle. Die Ausgangspulse $U_a(t)$ werden nach ihrer Höhe sortiert, in einem Vielkanaldiskriminator gespeichert, dessen Impulshöhenverteilung

$$N(U) = a \cdot \mathrm{e}^{t/\tau_{\text{eff}}} \qquad (10.70)$$

direkt die Zerfallskurve der angeregten Moleküle angibt. Das Verfahren heißt *Einzelphotonenzählung mit verzögerter Koinzidenz*, weil zu jedem einzelnen anregenden Laserphoton das dazugehörige Fluoreszenzphoton mit der Verzögerungszeit Δt gemessen wird [3].

Anmerkung. Da die Zählrate der Fluoreszenzphotonen wesentlich kleiner ist als die Laserpulsrate wird in der Praxis der Zeit-Amplituden-Wandler durch die Fluoreszenzphotonen gestartet und durch den nachfolgenden Laserpuls gestoppt. Dieses Verfahren misst statt der Zeit t die Zeit $T - t$, wenn T die Zeit zwischen zwei Laserpulsen ist. Es hat den Vorteil, dass der Zeit-Amplituden-Wandler nur gestartet wird, wenn wirklich ein Fluoreszenzphoton detektiert wird und verringert dadurch die Totzeit des Detektors.

10.6.2 Zeitaufgelöste Messungen der Moleküldynamik

Die stationäre Spektroskopie misst zeitlich gemittelte Zustände von Molekülen. So ist z. B. der aus den Rotationskonstanten eines Molekülzustandes ermittelte Kernabstand R_e ein zeitlicher Mittelwert über die Schwingung der Kerne (siehe Abschn. 9.5).

Mithilfe ultrakurzer Lichtpulse lässt sich die Bewegung der schwingenden Kerne „sichtbar" machen. Die geschieht analog zur stroboskopischen Methode, bei der schnelle periodische Bewegungsabläufe durch gepulste Beleuchtung sichtbar wird, wenn die Pulsfolgefrequenz an die Periodenfrequenz des zu untersuchenden Vorganges angepasst wird. Die Methode soll am Beispiel des zweiatomigen Na_2-Moleküls illustriert werden (Abb. 10.46).

Durch einen kurzen Laserpuls der Zeitdauer δt und der fourierbegrenzten Frequenzbreite $\Delta\nu \geq 1/(2\pi\delta t)$ werden mehrere Schwingungsniveaus des Moleküls in einem elektronisch angeregten Zustand $^1\Sigma_u^+$ durch den Pumplaser bei $\lambda_1 = 340\,\text{nm}$ kohärent angeregt. Die Superposition der Schwingungswellenfunktionen ergibt ein Wellenpaket $|\psi(R,t)|^2$, das im Diagramm der Abb. 10.47 nach rechts läuft, am Potentialwall reflektiert wird und wieder nach links läuft, dort wieder reflektiert wird, usw., also hin und her läuft (siehe Abschn. 9.11). Wird jetzt das angeregte Molekül mit einem zweiten kurzen Puls mit der Wellenlänge $\lambda_2 = 540\,\text{nm}$, der eine variable Zeitverzögerung Δt gegen den ersten Puls hat, weiter angeregt, so hängt der Endzustand, der durch die Absorption eines Photons $h \cdot \nu_2$ durch das Molekül im angeregten Zustand erreicht wird, davon ab, bei welchem Kernabstand das Wellenpaket sich gerade befand, als der zweite Laserpuls eintraf. Bei kleinem Kernabstand kann durch die Summe der Photonenenergien $h \cdot \nu_1 + h \cdot \nu_2$ nur der stabile Zustand des Na_2^+-Molekülions erreicht werden. Die Überschussenergie $\Delta E = h(\nu_1 + \nu_2) - E_{\text{ionis}} = E_{\text{kin}}(e^-)$ wird dem Photoelektron als kinetische Energie mitgegeben. Befindet sich jedoch das Wellenpaket im Zwischenzustand bei großen Kernabständen, so kann bei gleicher Photonenenergie der dissoziative Zustand erreicht werden, der zur Bildung von $Na + Na^+$ führt.

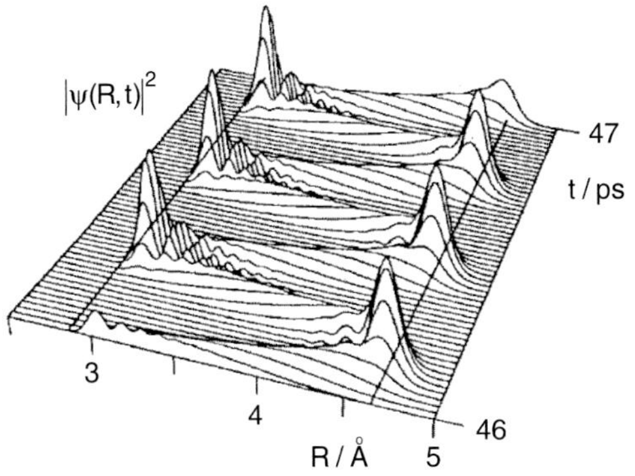

Abbildung 10.47 Zeitliche Bewegung des Wellenpaketes $|\psi(x,t)|^2$ nach der Anregung zur Zeit $t = 0$ [25]

Misst man also das Verhältnis der Bildungsraten $N_1(Na^+)$ von Na^+-Ionen bzw. $N_2(Na_2^+)$ als Funktion der Verzögerungszeit Δt zwischen erstem und zweitem Laserpuls, so erhält man ein oszillatorisches Signal, dessen Periode gleich der Schwingungsperiode des Moleküls im Zwischenzustand ist (Abb. 10.48) [25].

In ähnlicher Weise kann man den Prozess der Photodissoziation von Molekülen durch einen kurzen Laserpuls zeitlich verfolgen. Dazu nutzt man aus, dass die Energiedifferenz $\Delta E = E_i(R) - E_k(R)$ zwischen zwei Zuständen nach der Dissoziation vom Kernabstand abhängt (Abb. 10.49). Bestrahlt man das zu dissoziierende Molekül mit einem kurzen Abfrageimpuls der

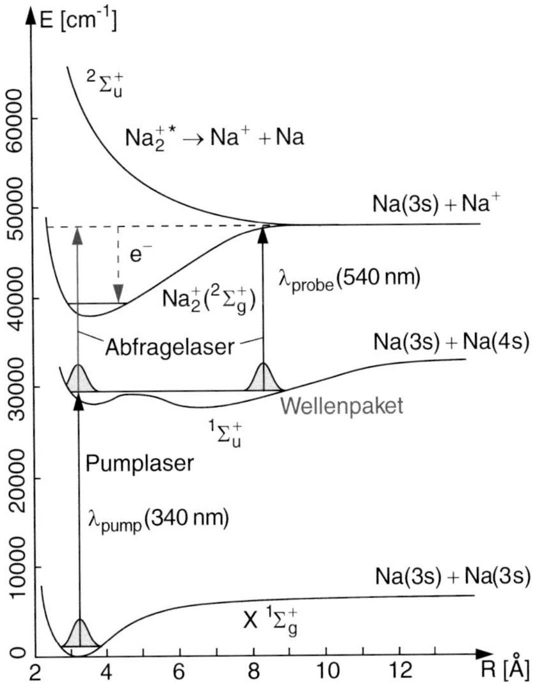

Abbildung 10.46 Termdiagramm des Na_2-Moleküls zur Messung der Schwingungsdynamik eines zweiatomigen Moleküls mit Femtosekunden-Laserpulsen [25]

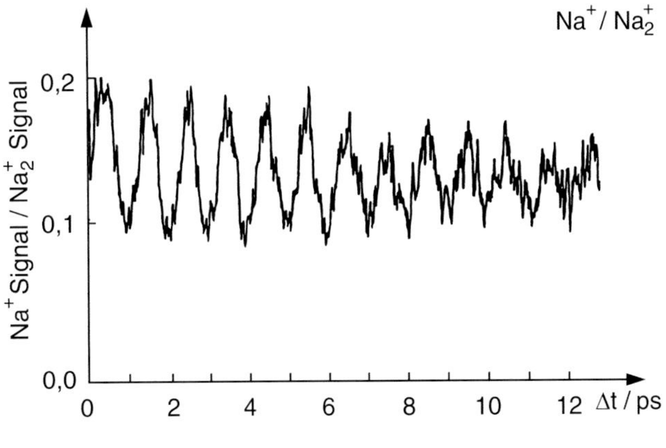

Abbildung 10.48 Gemessenes Verhältnis $N_1(Na^+)/N_2(Na_2^+)$ als Funktion der Verzögerungszeit Δt zwischen Anregungs- und Abfrageimpuls [25]

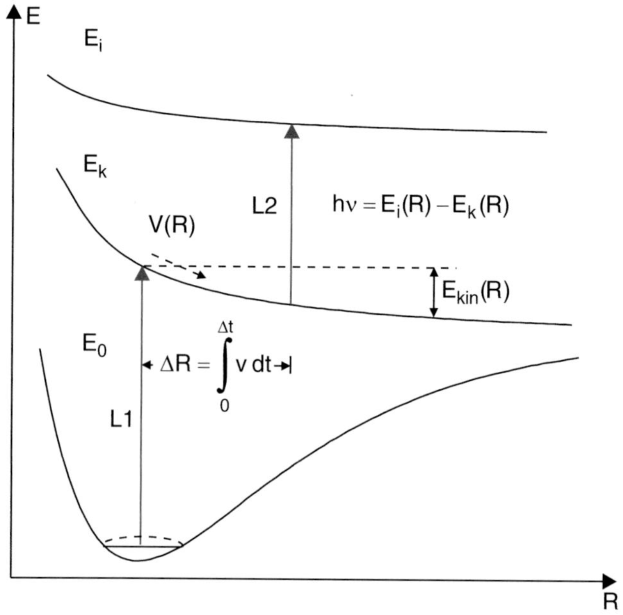

Abbildung 10.49 Termdiagramm zur zeitaufgelösten Messung der Photodissoziation von Molekülen

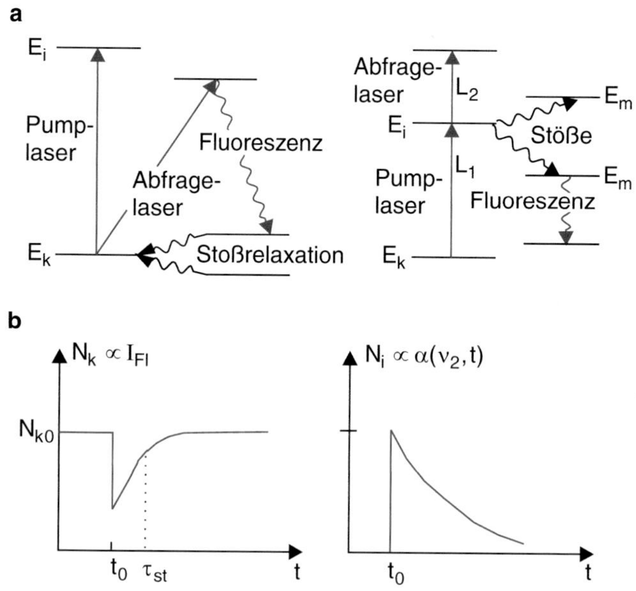

Abbildung 10.50 Zeitaufgelöste Messung von Energietransferprozessen. **a** Mögliche Termschemata; **b** zeitlicher Verlauf der Besetzungsdichte

Photonenenergie $h \cdot \nu$, so erhält man genau dann eine Anregung, wenn die Verzögerungszeit Δt zwischen dissoziierendem Lichtpuls und Abfragepuls gleich der Zeit ist, bei der die dissoziierenden Atome den Abstand R erreicht haben, für den $\Delta E(R) = E_i(R) - E_k(R) = h \cdot \nu$ ist [26].

Beispiel

Bei einer kinetischen Energie von $E_{kin} = 15\,\text{meV}$ haben die Jodatome im I_2-Molekül eine Geschwindigkeit $v = 100\,\text{m/s}$. Für diese Geschwindigkeit vergrößert sich R um $1\,\text{Å/ps}$. Bei einer Verzögerungszeit von 10 ps haben sich die Atome um 1 nm voneinander wegbewegt. ■

10.6.3 Energietransferprozess

Bei inelastischen Stößen zwischen Molekülen kann innere Energie übertragen werden. Die Zeitspanne für einen solchen Energietransfer hängt von der Zahl der Stöße pro Zeiteinheit und vom Wirkungsquerschnitt für solche Prozesse ab. Durch zeitaufgelöste Messungen kann man diese mittlere Energieübertragungszeit messen. Sie reicht von Mikrosekunden für Gase bei niedrigem Druck bis zu Femtosekunden bei Flüssigkeiten. In Abb. 10.50 sind zwei mögliche Termschemata gezeigt. Man kann z. B. ein Niveau $|k\rangle$ durch einen kurzen Pumplichtpuls entvölkern und dadurch eine Besetzungsverteilung erzeugen, die stark von der thermischen Besetzung abweicht. Durch Stöße zwischen den Molekülen wird das Niveau wieder aufgefüllt, bis thermisches Gleichgewicht wiederhergestellt ist. Diese zeitabhängige Besetzungsdichte $N_k(t)$ kann durch einen zweiten Laserpuls mit variabler Zeitverzögerung t (Abfragelaser) bestimmt werden, indem man entweder direkt seine Absorption oder aber die von ihm erzeugte Fluoreszenz misst, die beide proportional zur Besetzungsdichte N_k sind. Genauso lässt sich die zeitabhängige Bevölkerungsabnahme im oberen Niveau $|i\rangle$ messen.

Die Änderung der Besetzung von Nichtgleichgewichtsverteilungen in den Gleichgewichtszustand geschieht durch Stöße und folgt der Zeitfunktion:

$$\Delta N_k(t) = N_{k0} - N_k(t) = \Delta N_0 \cdot \mathrm{e}^{-t/\tau}\,. \tag{10.71}$$

Die Messung der mittleren Relaxationszeit

$$\tau = \left(n \cdot \overline{v} \cdot \sum_m \overline{\sigma}_{mk}\right)^{-1} \tag{10.72}$$

ergibt die Summe der Wirkungsquerschnitte für den Energietransfer von den Zuständen $|m\rangle$ in den entleerten Zustand $|k\rangle$. Individuelle Stoßquerschnitte für den stoßinduzierten Energietransfer von $E_i \rightarrow E_m$ oder $E_i \rightarrow E_n$ lassen sich messen durch Bestimmung der Verhältnisse N_m/N_i bzw. N_n/N_i der Besetzungsdichten bei Anregung mit stationärem Laser oder durch zeitaufgelöste Messung von $N_i(t)$ und $N_m(t)$ (siehe Aufgabe 10.9).

10.7 Optisches Kühlen

Für viele Untersuchungen von Atomen stört die thermische Geschwindigkeit der Atome. Sie verursacht eine Dopplerverbreiterung der Spektrallinien und sie begrenzt die Aufenthaltsdauer

Kapitel 10

eines Atoms in einem begrenzten Beobachtungsvolumen. Oft möchte man, vor allem für Präzisionsmessungen, Atome frei von allen Wechselwirkungen mit ihrer Umgebung über längere Zeit am gleichen Ort untersuchen können. Dazu muss man ihre thermische Geschwindigkeit verringern und sie ohne Wechselwirkung mit den Wänden der Vakuumapparatur an einem Ort halten.

Dies ist in den letzten Jahren möglich geworden durch die Methoden der optischen Kühlung und Speicherung von Atomen, bei denen die thermische Bewegung der Atome so stark vermindert wird, dass ihre Translationstemperatur T_t, die definiert ist durch

$$\frac{m}{2}\overline{v^2} = \frac{3}{2}k_B T_t\,,$$

bis auf Werte unter einem Mikrokelvin abgesenkt werden kann. Der wichtige Punkt ist, dass wegen der geringen Dichte der Gasatome das Medium bei der Abkühlung nicht in die feste Phase übergeht, sondern gasförmig bleibt, obwohl seine Temperatur weit unter die Schmelztemperatur absinkt.

Beispiel

Atomzahldichte $n = 10^{10}/\text{cm}^3$, $T = 10^{-5}\,\text{K} \Rightarrow$ mittlere thermische Geschwindigkeit $\overline{v} = (8k_B T/\pi \cdot m)^{1/2} = 0{,}1\,\text{m/s}$ für Na-Atome mit $m = 3{,}8 \cdot 10^{-26}\,\text{kg} \Rightarrow E_{\text{kin}}(\text{Na}) \approx 10^{-9}\,\text{eV}$!

Um Moleküle oder Cluster bilden zu konnen, müssten Dreierstöße oder Wandstöße vorkommen. Dreierstöße sind bei den kleinen Dichten sehr selten.

Zum Vergleich: Festkörperdichte: $n \approx 10^{22}/\text{cm}^3$, also um zwölf Größenordnungen höher! ■

Wie funktioniert nun die optische Kühlung? Wir nehmen an, ein Laserstrahl laufe in $+x$-Richtung durch ein atomares Gas (Abb. 10.51). Wird die Lichtfrequenz ω auf eine atomare Resonanzlinie abgestimmt, so können die Atome das Laserlicht absorbieren. Dabei wird auf die Atome der Photonenimpuls $\Delta p = \hbar k$ in $+x$-Richtung übertragen, d. h. die Geschwindigkeitskomponente v_x des Atoms mit der Masse m ändert sich um $\Delta v = \Delta p/m = \hbar k/m$.

Das angeregte Atom gibt seine Anregungsenergie $\Delta E = \hbar\omega$ wieder als Fluoreszenz ab. Natürlich wird dabei auch ein Rückstoßimpuls auf das Atom übertragen. Da jedoch die Fluoreszenz statistisch über alle Richtungen verteilt emittiert wird, ist der über viele Absorptions-Emissionszyklen gemittelte Impuls bei der Emission null, während er bei der Absorption immer nur in einer Richtung übertragen wird und sich deshalb für viele Absorptionszyklen aufaddiert.

Damit viele solcher Zyklen realisiert werden können, muss das Atom bei der Emission wieder in den Grundzustand übergehen, d. h. die Fluoreszenz darf nicht in andere Zustände führen. Man muss also geeignete Atomübergänge aussuchen, bei denen diese Bedingung erfüllt ist. Man spricht dann von einem echten Zwei-Niveau-Atom. Beim Na-Atom wählt man

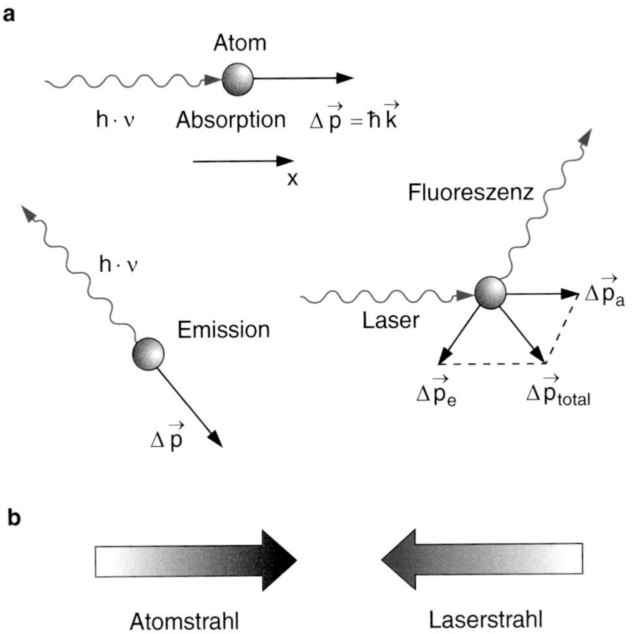

Abbildung 10.51 **a** Atomrückstoß bei der Absorption und Emission von Photonen **b** Abbremsung von Atomen in einem kollimierten, dem Laserstrahl entgegenlaufenden Atomstrahl

den Übergang zwischen der Hyperfeinkomponente $F = 2$ im $3^2S_{1/2}$-Grundzustand (siehe Abschn. 5.6) und der Komponente $F = 3$ im angeregten $3^2P_{3/2}$-Zustand aus (Abb. 10.52), weil dieser angeregte Zustand auf Grund der Auswahlregeln $\Delta F =$

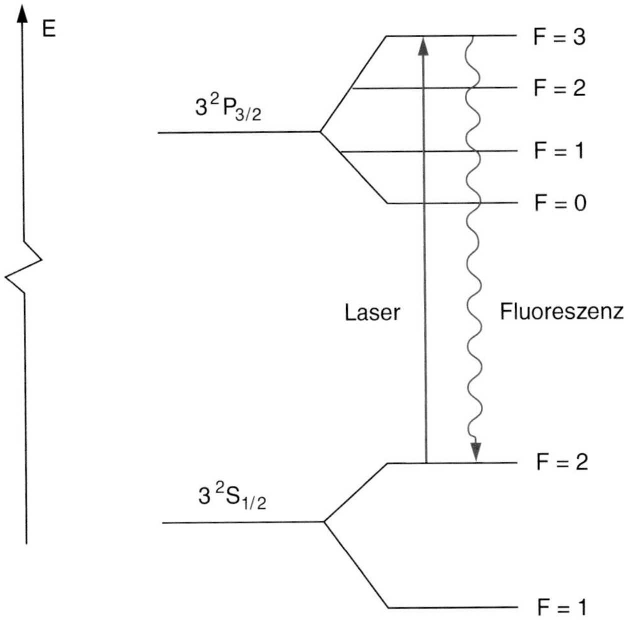

Abbildung 10.52 Der Übergang zwischen den HFS-Komponenten $3^2S_{1/2}(F = 2) \to 3^2P_{3/2}(F = 3)$ des Na-Atoms als Zwei-Niveau-System

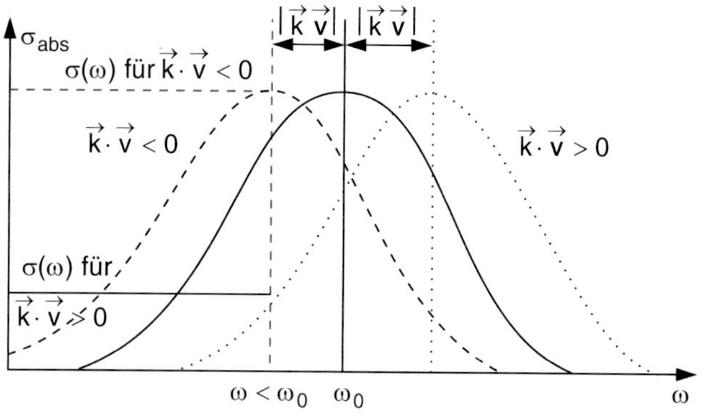

Abbildung 10.53 Für $\omega < \omega_0$ ist die Wahrscheinlichkeit für die Absorption größer für Atome, die dem Laserstrahl entgegenfliegen ($\boldsymbol{k} \cdot \boldsymbol{v} < 0$) als für $\boldsymbol{k} \cdot \boldsymbol{v} > 0$

$0, \pm 1$ nur in den Ausgangszustand zurückkehren kann. Diese Rückkehr erfolgt durch Fluoreszenzemission nach der mittleren Lebensdauer $\tau = 16\,\text{ns}$. Man kann deshalb durch erneute Absorption den Zyklus nach kurzer Zeit wiederholen [28].

Beispiel

Kühlung von Na-Atomen mit $m = 23\,\text{AME} = 3{,}8 \cdot 10^{-26}\,\text{kg}$ durch Licht mit $\lambda = 589\,\text{nm} \Rightarrow \Delta E \approx 2\,\text{eV}$, $\Rightarrow \Delta v = \Delta p/m = \hbar\omega/m \cdot c = 3\,\text{cm/s}$. Pro Absorption eines Photons ändert sich die Geschwindigkeit also um $3\,\text{cm/s}$. Laufen die Atome (z. B. in einem Atomstrahl) in $+x$-Richtung gegen einen Laserstrahl in $-x$-Richtung, so wird ihre Geschwindigkeit v um Δv kleiner. Damit sie von $v = 10^3\,\text{m/s}$ auf $v = 0$ abgebremst werden, müssen also $3 \cdot 10^4$ Photonen pro Atom absorbiert werden. Bei einer Zykluszeit von $\Delta t = 2\tau = 32\,\text{ns}$ dauert die Abbremsung dann 1 ms. Die negative Beschleunigung der Atome ist dann mit $a \approx 10^6\,\text{m/s}^2$, etwa gleich dem 10^5-fachen der Erdbeschleunigung! ■

Wie kann man nun ein atomares Gas in einer normalen Gaszelle, in der sich Atome bei niedrigem Druck ($p < 10^{-4}\,\text{Pa}$) befinden, bis zu tiefen Temperaturen optisch kühlen?

Das Prinzip solcher Anordnungen ist in Abb. 10.54 illustriert: Auf die Atome des Gases treffen aus den sechs Richtungen ($\pm x, \pm y, \pm z$) sechs Laserstrahlen, die alle durch Strahlteilung vom selben Laser stammen. Ihre Lichtfrequenz ω wird etwas unterhalb der Resonanzfrequenz ω_0 der Atome eingestellt (Abb. 10.53). Deshalb wird die Absorptionswahrscheinlichkeit für Atome, die dem Laserstrahl entgegenfliegen (für die $k \cdot v < 0$ ist und die Lichtfrequenz also blau verschoben erscheint) etwas größer sein als für Atome, die in Richtung des Laserstrahls fliegen ($k \cdot v > 0$).

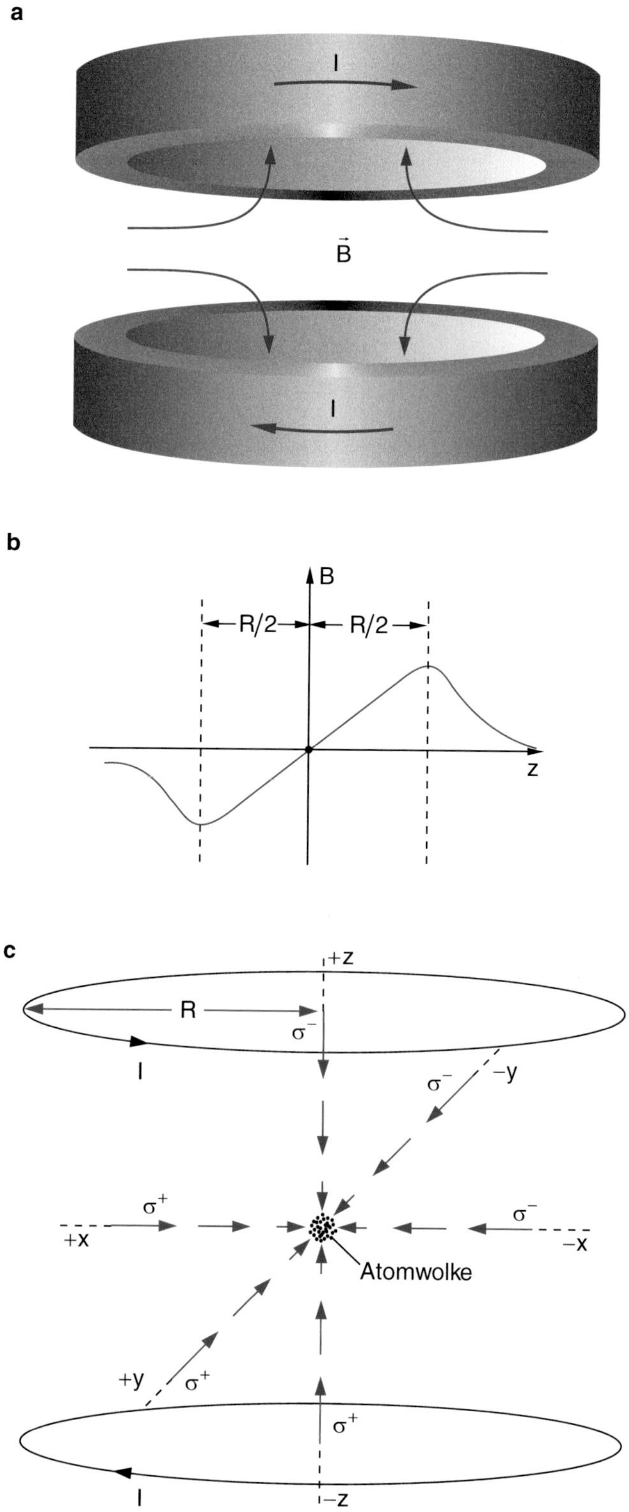

Abbildung 10.54 Magneto-optische Falle. **a** Magnetische Feldlinien in einem Anti-Helmholtz-Spulenpaar, **b** Magnetfeldstärke entlang der z-Achse, **c** Anordnung der sechs Laserstrahlen

Kapitel 10

Dadurch wird die Verminderung der Geschwindigkeit für alle Geschwindigkeitskomponenten größer als ihre Erhöhung, d. h. ihre Geschwindigkeit sinkt bis auf einen unteren Grenzwert, der dadurch gegeben ist, dass der Photonenrückstoß bei der Emission, der ja statistisch in alle Richtungen verteilt ist, zu einer statistischen Schwankung der atomaren Geschwindigkeit führt. Mit zunehmender Abkühlung nimmt die Dopplerbreite ab, bis sie den Grenzwert $\delta\omega = \gamma$ der natürlichen Linienbreite γ erreicht (Abschn. 7.5).

Um die Atome kühlen zu können, darf die Verstimmung der Laserfrequenz nicht wesentlich größer als die Linienbreite γ sein, d. h. mit abnehmender Linienbreite muss die Laserfrequenz immer näher an die Resonanzfrequenz ω_0 gebracht werden. Dadurch sinkt die Kühlrate, da die Differenz der Absorptionswahrscheinlichkeit für Atome mit $k \cdot v < 0$ sich immer weniger von der für Atome mit $k \cdot v > 0$ unterscheidet. Die untere Grenze für die Temperatur ist dadurch gegeben, dass die Kühlrate gleich der durch den statistischen Rückstoß der Fluoreszenzphotonen bewirkten Aufheizrate wird.

Die dabei erreichte minimale Temperatur ist durch

$$k_\mathrm{B} T_\mathrm{min} = \hbar\gamma/2$$

gegeben (Rückstoß-Limit) [34].

Beispiel

Für Na-Atome ist $\gamma = 10\,\mathrm{MHz} \Rightarrow T_\mathrm{min} = 240\,\mu\mathrm{K}$. ■

Um die Temperatur weiter zu erniedrigen, sind andere, raffinierte optische Kühlvorhaben ersonnen worden, die in der Spezialliteratur beschrieben werden [29–33].

10.8 Speicher für gekühlte Atome

Die oben beschriebene optische Kühlung verringert zwar die Einengung der Atome im Geschwindigkeitsraum, aber sie vermag es nicht, die Atome im Ortsraum zu komprimieren und räumlich zu speichern. Dies gelingt mithilfe einer magneto-optischen Falle (Abb. 10.54), die aus zwei Spulen besteht, die in entgegengesetzte Richtung vom Strom durchflossen werden (Anti-Helmholtz-Anordnung, siehe Bd. 2, Abschn. 3.2.6). Die Magnetfeldlinien und die Magnetfeldstärke auf der Achse sind in Abb. 10.54a,b dargestellt. Das Magnetfeld ist null im Zentrum und steigt mit wachsender Entfernung vom Zentrum an.

Im Magnetfeld erfahren die Energieniveaus der Atome Zeeman-Aufspaltungen (siehe Abschn. 5.2 und 5.5), deren Verlauf als Funktion der Entfernung $r = \sqrt{x^2 + y^2}$ vom Zentrum der Falle in Abb. 10.55 dargestellt ist.

Die Laserstrahlen sind zirkular polarisiert, sie werden also auf atomaren Übergangen mit $\Delta m = \pm 1$ absorbiert. Man sieht an dem vereinfachten Termschema in Abb. 10.55, dass Atome rechts vom Fallenzentrum nur σ^--Licht absorbieren und dadurch einen Rückstoß zum Zentrum hin erfahren, während Atome links von Zentrum nur σ^+-Licht absorbieren und dadurch auch zum Zentrum hin getrieben werden. Bei dieser Wahl der Polarisation wird das atomare Gas daher im Fallenzentrum komprimiert. Für die Kompression in x- und y-Richtung gelten analoge Überlegungen (siehe Abb. 10.54).

Die Anordnung heißt magneto-optische Falle (MOT = magneto-optical trap), weil die Kombination von Magnetfeld und optischer Kühlung zu einer Kompression im Ortsraum und im Geschwindigkeitsraum führt.

Es gibt außer der magneto-optischen Falle eine große Zahl weiterer Anordnungen, die eine räumliche Speicherung für kalte Atome ermöglichen.

Ein Beispiel sind die verschiedenen Ausführungsformen der Joffe-Pritchard-Falle, die auch als mikroskopische Magnetfallen mit Hilfe der Aufdampftechnik auf Festkörperoberflächen realisiert wurden. In Abb. 10.56 ist das Prinzip einer solchen Magnetfalle illustriert.

Drei dünne stromdurchflossene Drähte, nämlich zwei parallele Drähte in y-Richtung, die einen Draht in x-Richtung kreuzen erzeugen sich überlagernde Magnetfelder (siehe Bd. 2, Abschn. 3.2). Man sieht aus dem Feldlinien-Schnittbild, dass ein Minimum des Magnetfeldes $B(r)$ ($r^2 = y^2 + z^2$) in der Nähe des Drahtes in x-Richtung auftritt. Die z-Komponente des Gesamtfeldes ist in Abb. 10.56b als Funktion von x aufgetragen. Man sieht, dass auch in der Mitte zwischen den beiden parallelen Drähten ein Minimum des Feldes B_z gibt, in dem Atome gespeichert werden können.

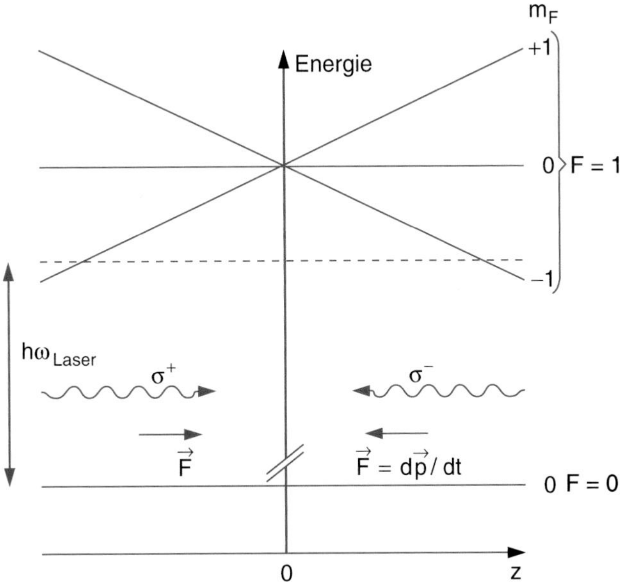

Abbildung 10.55 Zeeman-Aufspaltung in der z-Richtung in der magneto-optischen Falle mit optischer Rückstoßkraft

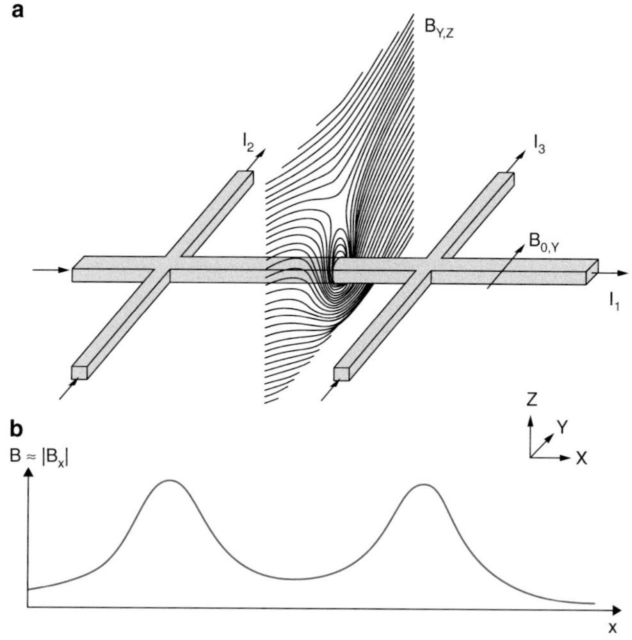

Abbildung 10.56 **a** Schematische Anordnung einer Joffe-Pritchard Falle mit einem Feldlinienschnittbild der Feldkomponente B_r, **b** Magnetfeldkomponente B_z als Funktion von x (Aus *Laserspektroskopie 2*, Abb. 9.34)

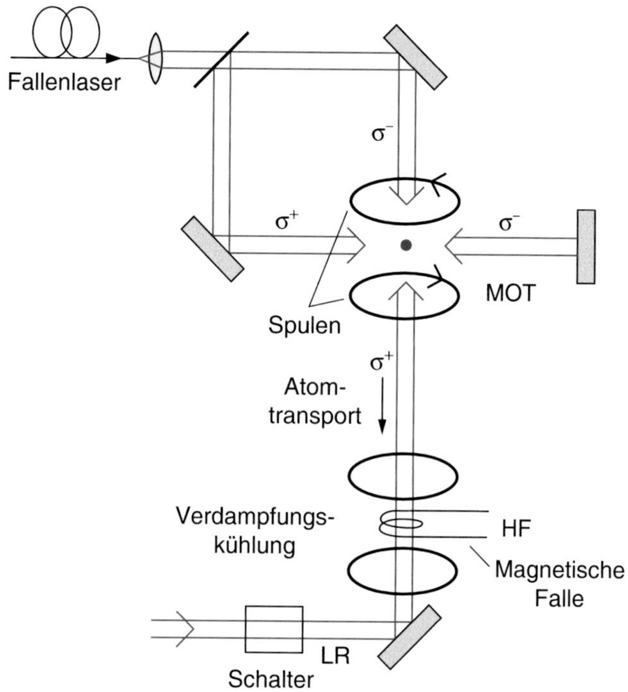

Abbildung 10.57 Transport der gekühlten Atome von der MOT zu einer rein magnetischen Falle, wo der obere Teil der Maxwell-Verteilung durch Einstrahlung einer Hochfrequenz aus der Falle entfernt werden

10.9 Bose-Einstein-Kondensation

Die optischen Kühlmethoden erreichen nur Temperaturen oberhalb einer Grenztemperatur, die durch folgenden Effekt bestimmt wird:

Zur optischen Kühlung muss die Frequenz des Kühllasers immer etwas unterhalb der Mittenfrequenz der atomaren Absorptionslinie bleiben. Weil nun durch die Kühlung die Dopplerbreite immer geringer wird, muss die Laserfrequenz immer näher an die Linienmitte rücken, um überhaupt noch absorbiert zu werden. Dadurch wird die Kühleffizienz, die proportional zur Frequenzdifferenz $\nu_0 - \nu_L$ ist, kleiner und man erreicht schließlich die Grenztemperatur

$$T_D = \hbar\gamma/(2k_B)\,, \quad \text{(Dopplerlimit)}$$

bei der die Aufwärmung durch die statistisch verteilte spontane Emission die Kühlrate kompensiert. Dabei ist γ die natürliche Linienbreite.

Beispiel

Für die Natrium D-Linie ist $\gamma = 10\,\text{MHz}$, sodass $T_D = 240\,\mu\text{K}$ wird. ■

Um tiefere Temperaturen zu erreichen muss man neue Methoden erfinden. Eine davon ist die Sysiphos-Kühlung (siehe [31]), bei der die Verschiebung der atomaren Energieniveaus im elektrischen Feld einer Stehenden Lichtwelle ausgenutzt wird.

Wenn man die Atome durch optische Kühlmethoden bis an ihre Grenze vorgekühlt hat, kann man eine klassische Methode zur Erreichung noch tieferer Temperaturen anwenden, nämlich die *Verdampfungskühlung*, die man auch benutzt, um durch Blasen einen heißen Kaffee abzukühlen.

Dazu werden die Atome aus der optischen Falle in eine rein magnetische Falle transportiert und dort gespeichert (Abb. 10.57).

Dort werden diejenigen Atome innerhalb der Maxwell'schen Geschwindigkeitsverteilung (siehe Bd. 1, Abschn. 10.1.11) aus der Falle entfernt, welche die größte Geschwindigkeit haben, die also aus dem oberen Teil der Maxwellverteilung stammen (Abb. 10.58a), und die sich wegen ihrer größeren kinetischen Energie im oberen Teil des magnetischen Fallen-Potentials aufhalten (Abb. 10.58b). Diese Atome werden nun durch Einstrahlung einer Hochfrequenz aus der Falle entfernt, weil für sie die HF einen Übergang zwischen den beiden Zeeman-Komponenten zu den Elektronenspinstellungen $s_z = -\frac{1}{2}\hbar$ und $s_z = +\frac{1}{2}\hbar$ bewirkt und die Atome dadurch in den abstoßenden Teil des magnetischen Fallenpotentials gelangen (Abb. 10.58b,c).

Durch Stöße werden die Atome wieder thermalisiert und es entsteht eine Maxwell-Verteilung bei tieferer Temperatur (Abb. 10.58d).

Wenn die Temperatur T und damit die mittlere Geschwindigkeit $\langle v \rangle$ der Atome soweit gesunken ist, dass die de Broglie-

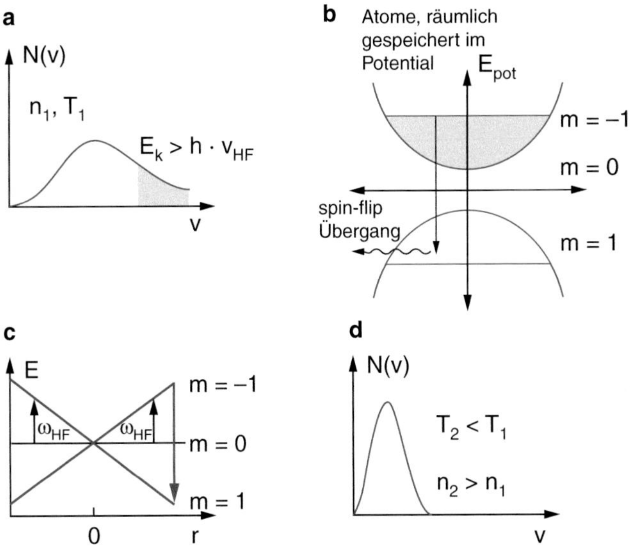

Abbildung 10.58 Zur Verdampfungskühlung: **a** Teil der Atome, die aus der Falle entfernt werden, **b** Fallenpotential als Funktion des Abstandes *r* von der Fallenmitte, **c** Zeeman-Aufspaltung als Funktion von *r*, **d** Neue Maxwell-Verteilung nach Verdampfungskühlung (*Laser-Spektroskopie Bd. 2*, Abb. 9.38)

Wellenlänge

$$\Lambda_{dB} = h/(m\langle v\rangle) < d$$

der Atome mit der Atomzahldichte n im Volumen V kleiner wird als der mittlere Abstand $d = (V/n)^{1/2}$, dann überlappen sich die Wellenfunktionen der Atome so stark, dass sie nicht mehr unterschieden werden können, Atome mit ganzahligem Gesamtdrehimpuls (Bosonen) können sich dann alle im selben Zustand aufhalten. Dies ist wegen der extrem tiefen Temperatur der tiefste mögliche Zustand. Ein solches Gas von bosonischen Atomen heißt *Bose-Einstein-Kondensat* (im Englischen **BEC**).

Ein solches BEC ist zum ersten Mal 1995 in Boulder von *Carl Wieman*, *Eric Cornell* et al. an Rubidium-Atomen und unabhängig am MIT in Cambridge von *W. Ketterle* et al. an Na-Atomen experimentell realisiert worden. Beide Forscher erhielten dafür 2001 den Nobelpreis für Physik.

Unterhalb der Kondensationstemperatur bildet nur ein Bruchteil aller Atome ein BEC (Abb. 10.59). Die Verhältnisse sind völlig analog zur Suprafluidität und zur Supraleitung (Bd. 2, Abschn. 2.2.4.2). Erst beim Nullpunkt der absoluten Temperatur sind alle Atome in das BEC übergegangen.

10.10 Atom-Interferometrie

Wir haben im Kapitel 3 gesehen, dass auch Teilchen, wie Atome oder Moleküle Welleneigenschaften haben und durch ihre de Broglie-Wellenlänge

$$\lambda_{dB} = h/(m \cdot v)$$

charakterisiert werden können, wenn sie sich mit der Geschwindigkeit v bewegen. Deshalb muss man auch Interferenz-Strukturen beobachten können, wenn es gelingt, analog zur

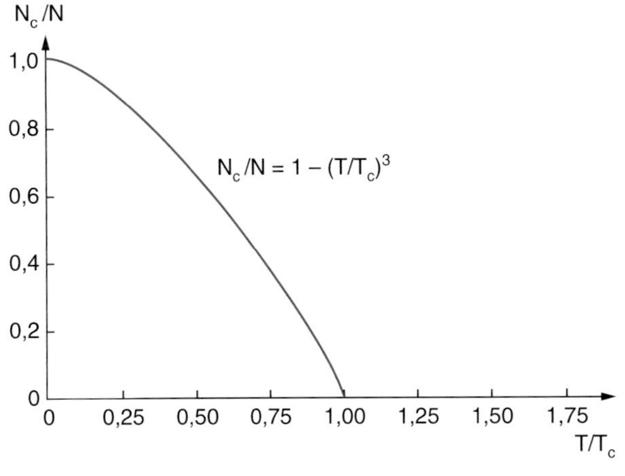

Abbildung 10.59 Bruchteil der kondensierten Atome als Funktion der normierten Temperatur T/T_c

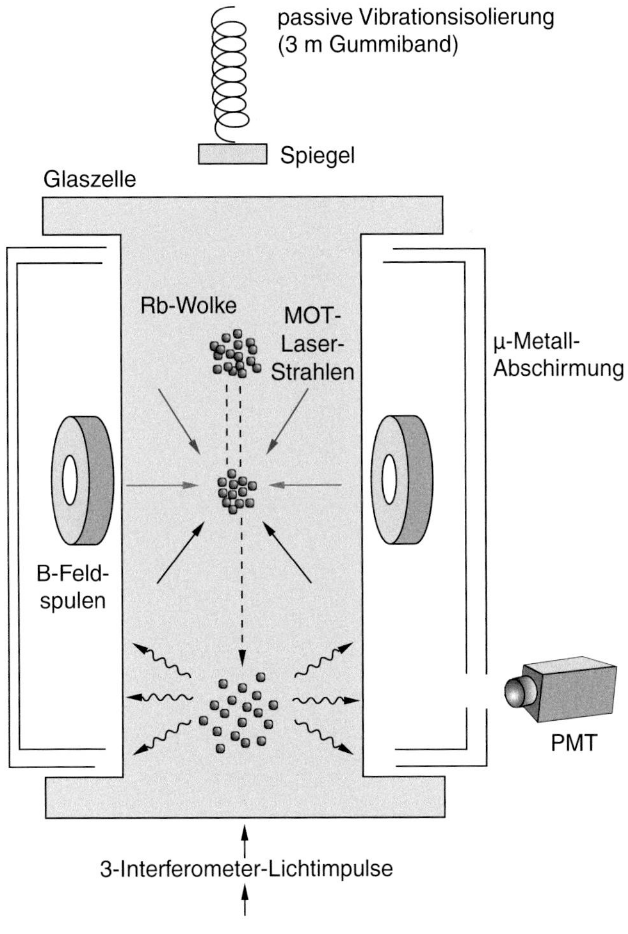

Abbildung 10.60 Atomstrahl-Interferometrie mithilfe der aus einer magnetooptischen Falle frei fallenden Atome oder in einem atomaren Springbrunnen [38]

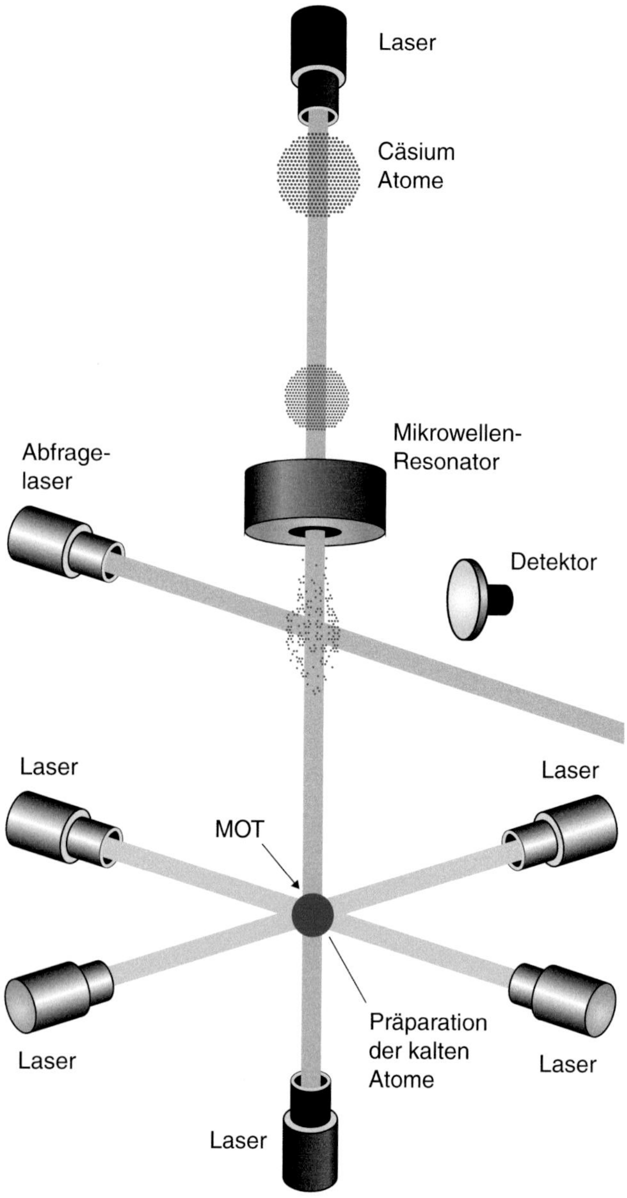

Abbildung 10.61 Schematische Darstellung des atomaren Springbrunnens mit der magneto-optischen Falle für kalte Atome (www.nist.gov/public_affairs/releases/n99-22cfm)

optischen Interferometrie, einen Teilchenstrahl in zwei oder mehr Teilstrahlen aufzuspalten und nach unterschiedlich langen Wegen der Teilstrahlen diese wieder zu überlagern. In den Abschn. 3.2.2 und 3.2.3 wurde dies an einigen Beispielen verdeutlicht.

Diese Atom-Interferometrie hat sich inzwischen zu einer sehr empfindlichen Messmethode für Präzisionsmessungen erwiesen. Vor allem die Speicherung von Atomen in einem Bose-Einstein-Kondensat (BEC), wo alle Teilchen dieselbe de Broglie-Wellenlänge haben, hat neue Möglichkeiten eröffnet, Teilchenstrahlen mit großer Teilchenflussdichte und gleicher Atomgeschwindigkeit zu erzeugen, indem man die Atome aus einem BEC in eine Richtung austreten lässt. Dies kann man erreichen, wenn man das Magnetfeld der magneto-optischen Falle zur Zeit $t = 0$ abschaltet, sodass die gespeicherten Atome auf Grund der Schwerkraft beschleunigt nach unten fallen (Abb. 10.60). Die Atome, die von $z = 0$ starten, werden bei $z = -z_1$ zu einem Zeitpunkt $t = t_1$ von den Atomen, die von $z > 0$ starten, überholt, weil die letzteren zwar einen längeren Weg bis zum Ort $z = -z_1$ haben, aber auf Grund der längeren Beschleunigung eine etwas größere Geschwindigkeit. An den Orten der Überlagerung kommt es zu Interferenz-Erscheinungen, die man durch Anregung mit einem Laser und Beobachtung der Fluoreszenz messen kann. Dazu kann entweder ein Laser verwendet werden, der senkrecht zur z-Richtung eingestrahlt wird und durch die Intensität $I_{Fl}(z)$ der laser-induzierten Fluoreszenz die Dichte der Atome und die Phasendifferenz ihrer de Brogliewelle messen kann, oder es werden in $+z$-Richtung drei Laserpulse eingestrahlt, die analog zur Poton-Echo Methode in der Kernspinresonanz die Phasen der Atomwelle messen. Der erste Puls erzeugt eine kohärente Überlagerung zweier Atomzustände (z. B. von Hyperfein-Niveaus im Grundzustand von Alkaliatomen), der zweite Puls (π-Puls) kehrt die Phase der Wellenfunktion um und zur Zeit des dritten Pulses sind alle Atome wieder in Phase und erzeugen deshalb durch die konstruktive Interferenz ein großes Signal.

Von besonderem Interesse ist die Realisierung eines atomaren Springbrunnens (atomic fountain) (Abb. 10.61). Hier wird zur Zeit $t = 0$ das Magnetfeld ausgeschaltet und alle Laserstrahlen werden blockiert. Dann wird ein Laserpuls mit der Pulsdauer Δt und einer leichten Blauverstimmung in die $+z$-Richtung geschickt, der während der Zeitspanne Δt auf Grund der Rückstoßkraft einen definierten Impuls in $+z$-Richtung auf die Atome überträgt und ihnen eine Anfangsgeschwindigkeit v_0 verleiht, sodass diese senkrecht nach oben fliegen. Auf Grund der Schwerkraft erreichen sie die Höhe $z_h = v_0^2/2g$ und fallen dann wieder nach unten in die $-z$-Richtung. An jeder Stelle $z_h > z > 0$ haben der aufsteigende und der nach unten fallende Teilchenstrahl den gleichen Betrag der Geschwindigkeit und da-

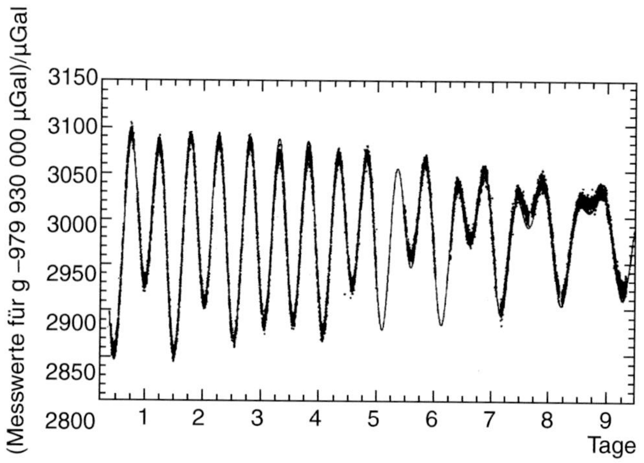

Abbildung 10.62 Periodische Variation der Erdbeschleunigung g durch Gezeiteneffekte, gemessen mit einem Atominterferometer. (1 Galileo = 1 Gal = 1 cm/s^2) [37]

mit ihrer de Broglie-Wellenlänge. Das Problem ist völlig analog zur Bildung einer stehenden Welle durch Überlagerung der hin- und rücklaufenden Teilwelle. Der Unterschied hier ist die mit der Höhe z variierende Wellenlänge. Die Gesamtamplidude der Überlagerung hängt ab vom Phasenunterschied zwischen den beiden Teilwellen. Dies kann man messen durch einen Probenlaser, der den Teilchen-Springbrunnen entweder senkrecht durchstrahlt oder in $+z$-Richtung von unten eingestrahlt wird.

Mit dieser Technik lässt sich die Erdbeschleunigung g mit großer Präzision bestimmen [39, 40].

Ebbe und Flut variieren die Größe von g geringfügig mit der Periode der Gezeiten. Dies ist in Abb. 10.62 illustriert, in der die gemessene periodische Variation von g als Funktion der Zeit aufgetragen ist [39].

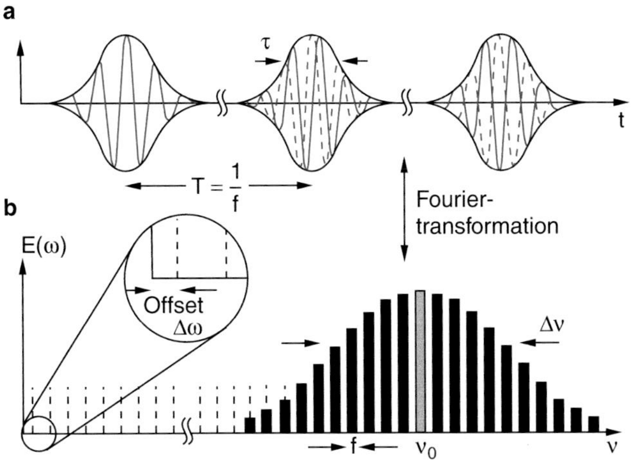

Abbildung 10.63 Optischer Frequenzkamm als Fourier-Transformierte einer periodischen Folge von Femtosekundenpulsen

10.11 Präzisions-Frequenzmessungen

Bis vor kurzem war es technisch nicht möglich, optische Frequenzen direkt zu messen. Sie konnten nur indirekt über die Relation $\nu = c/\lambda$ bestimmt werden, indem die Wellenlänge λ gemessen wurde und bei definitionsgemäß festgelegter Lichtgeschwindigkeit c die Frequenz ν daraus ermittelt wurde. Mithilfe von Frequenzteilern durch nichtlineare optische Kristalle und Erzeugung hoher Oberwellen von Mikrowellenstrahlung können inzwischen Absolutwerte optischer Frequenzen bestimmt werden, indem eine höhere Harmonische $m \cdot \omega_M$ ($m \gg 1$) einer Mikrowellenfrequenz ω_M einer optischen Welle überlagert und die Differenzfrequenz mit schnellen Zählern gemessen wird. Diese Frequenzmessung wird umso genauer, je stabiler die Mikrowellenfrequenz ist.

Die Methode des atomaren Springbrunnens erlaubt nun sehr genaue Mikrowellen-Frequenzmessungen mit großer Langzeit-Stabilität durch eine Modifikation der Cäsiumuhr [41, 42]. Hierzu werden die kalten Cäsiumatome in der magneto-optischen Falle (MOT) bei etwa 6 μK durch optisches Pumpen in einen der beiden Hyperfein-Komponenten ($I = 7/2$) $F_{5/2}$ bzw $F_{9/2}$ des $^2S_{1/2}$-Grundzustandes gebracht. Wenn sie aus der MOT durch den Photonenrückstoß eines Laserstrahl-Impulses nach oben beschleunigt werden, durchlaufen sie einen Mikrowellen-Resonator, in dem ein Mikrowellenfeld der passenden Frequenz $\nu = (E_1 - E_2)/h$ eine Änderung der relativen Zustandsbesetzung in den HFS-Komponenten bewirkt. Nach der Umkehr ihrer Bahn durchlaufen sie auf dem Weg nach unten wieder den Mikrowellenresonator. Die Besetzungsänderung der HFS-Komponenten durch das Mikrowellenfeld hängt von der Phase ihrer Wellenfunktion ab. Sie kann mithilfe der Laser-induzierten Fluoreszenz durch einen den Atomstrahl senkrecht kreuzenden Laser gemessen werden.

Die genaueste zurzeit realisierte Atomuhr basiert auf einem solchen Cäsium-Atom-Springbrunnen, der eine relative Zeitungenauigkeit von $5 \cdot 10^{-16}$ erreicht [41, 42].

Eine noch genauere Methode der Frequenzmessung über einen weiten Spektralbereich von Mikrowellen- bis zum optischen Bereich erlaubt die von *Th. Hänsch* und *J. Hall* entwickelte Methode des optischen Frequenzkamms [43].

Hierzu werden die Femtosekundenpulse eines modengekoppelten kontinuierlichen Lasers mit der Pulsbreite τ und der Folgefrequenz f in eine optische Faser fokussiert, wo ihre Spektralbreite $\Delta\nu = 1/\tau$ infolge der dort auftretenden nichtlinearen Effekte (nichtlinearer Brechungsindex und Selbstphasenmodulation) stark verbreitert ist zu $\Delta\nu^* = a \cdot \Delta\nu$ mit $a \gg 1$. Die aus der Faser austretenden Lichtimpulse haben dann ein Frequenzspektrum, dass aus vielen Frequenzen $\nu = \nu_0 \pm m \cdot f$ besteht und sich über einen Frequenbereich $\Delta\nu^*$ erstreckt. Dieses Spektrum nennt man einen *Frequenzkamm* (Abb. 10.63).

Beispiel

Der Laser möge die Zentralwellenlänge $\lambda = 750\,\text{nm}$ haben d. h. $\nu_0 = 4 \cdot 10^{14}\,\text{s}^{-1} = 400\,\text{THz}$. Bei einer Bandbreite von 300 THz erstreckt sich das Spektrum des Frequenzkamms von 250–550 THz, dies entspricht einem Wellenlängenintervall von 545–1200 nm, also etwa 1,2 Oktaven. ■

Stabilisiert man die Frequenz eines schmalbandigen Lasers auf eine spezielle Frequenz ν_1 dieses Kamms und misst die Frequenzdifferenz einer hohen Harmonischen der Mikrowellenfrequenz der Cs-Atomuhr mit der nächstgelegenen Frequenz $\nu_2 = \nu_1 + m \cdot f$ des Kamms, so lässt sich bei Kenntnis der ganzen Zahl m die Frequenz ν_1 sehr genau bestimmen, weil man die Folgefrequenz f der Laserpulse sehr präzise messen kann.

Nun passt die Oberwelle $m_1\omega_r$ der Cs-Uhrfrequenz ω_r (Referenzfrequenz) nicht unbedingt genau auf eine Kammfrequenz, die bei $m_1\omega_r + \Delta\omega$ liegen möge, sondern hat einen offset $\Delta\omega$. Dieser kann wie folgt bestimmt werden (Abb. 10.64):

Man stabilisiert eine Laserfrequenz ω_{L1} auf die Kammfrequenz $\omega_r+\Delta\omega$, die Frequenz $m_1\omega_r+\Delta\omega$ wird nun in einem nichtlinearen Kristall verdoppelt zu $2(m_1\omega_r + \Delta\omega)$ und mit einer zweiten Laserfrequenz $\omega_{L2} = m_2\omega_r + \Delta\omega$ überlagert, wobei $m_2 = 2m_1$ gewählt wird. Die Differenzfrequenz $\delta\omega = \omega_{L1} - \omega_{L2} = (2m_1 - m_2)\omega_r + \Delta\omega = \Delta\omega$ ist dann gerade gleich der Offsetfrequenz $\Delta\omega$ die mit Frequenzzählern genau gemessen werden kann.

Der optische Frequenzkamm hat inzwischen wegen seiner hohen Genauigkeit und Stabilität bei der Frequenzmessung große technische Bedeutung erlangt und wird auch bald bei der neuen Version des globalen Navigationssystems GPS eingesetzt. Durch die Bildung hoher Harmonischer $m \cdot \omega$ ($m \gg 1$) lässt sich der Frequenzkamm bis in den Vakuum-Ultraviolett-Bereich ($\lambda < 150\,\text{nm}$) erweitern [45]. Auch in der Astronomie wurde er erfolgreich eingesetzt zur Messung der Radialgeschwindigkeit ferner Objekte (Galaxien und Quasare) [46].

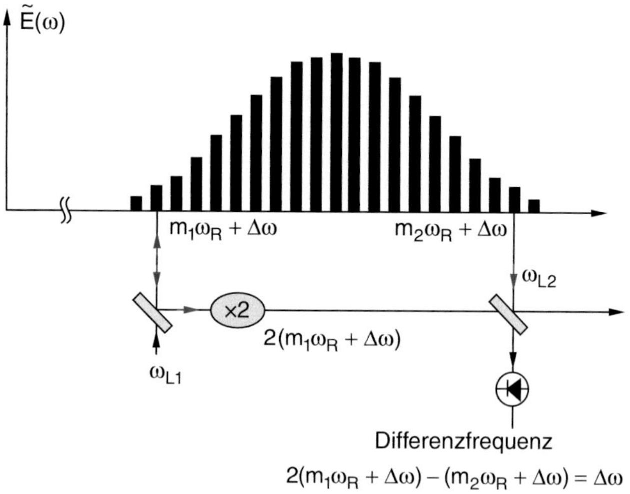

Abbildung 10.64 Eichung des optischen Frequenzkamms um die Offsetfrequenz $\Delta\omega$ zu bestimmen [44]

Zusammenfassung

- Zur Untersuchung der Struktur und Dynamik von Atomen und Molekülen sowie der intermolekularen Wechselwirkungen gibt es drei experimentelle Verfahren:
  - Spektroskopische Verfahren;
  - Streuexperimente;
  - Untersuchungen von Transportphänomenen in makroskopischen Zuständen.
- Bei spektroskopischen Untersuchungen werden Wellenlängen, Intensitäten, spektrale Profile von Absorptions- und Emissionslinien gemessen, aus denen Termenergien, Übergangswahrscheinlichkeiten und Wechselwirkungspotentiale bestimmt werden können.
- Rotationsspektren von Molekülen, Zeeman- und Hyperfein-Aufspaltungen können mithilfe der Mikrowellenspektroskopie gemessen werden.
- Molekülschwingungen werden hauptsächlich mit Infrarot- und Raman-Spektroskopie aufgeklärt, wobei sich beide Methoden ergänzen. Übergänge, bei denen sich das elektrische Dipolmoment ändert, sind infrarot-aktiv, solche, bei denen sich die Polarisierbarkeit ändert, sind Raman-aktiv.
- Die spektrale Auflösung der klassischen Absorptions- bzw. Emissionsspektroskopie ist durch die verwendeten Spektralapparate begrenzt. Laserspektroskopische Verfahren erlauben die Auflösung der wirklichen Linienbreiten der atomaren bzw. molekularen Übergänge.
- Mit Methoden der nichtlinearen Laserspektroskopie oder bei Verwendung kollimierter Molekularstrahlen lässt sich eine dopplerfreie spektrale Auflösung erreichen.
- Mit kurzen Laserpulsen lassen sich zeitaufgelöste Messungen schneller dynamischer Prozesse verfolgen. Die Grenze der Zeitauflösung liegt zur Zeit bei wenigen Femtosekunden.
- Magnetische und elektrische Momente von Atomen oder Molekülen können mithilfe der Radiofrequenz-Spektroskopie (Rabi-Methode) gemessen werden.
- Messungen von elastischen, inelastischen und ionisierenden Stößen von Elektronen mit Atomen und Molekülen erlauben die Bestimmung von Anregungs- und Ionisationsquerschnitten als Funktion der Elektronenenergie und geben Information über Korrelationseffekte in der Elektronenhülle.
- Die Photoelektronenspektroskopie misst die Energie von Photoelektronen bei Ionisation aus gebundenen Zuständen durch Photonen $h \cdot \nu$. Sie gibt Auskunft über die Energien von inneren Schalen von Atomen und ihre Veränderung bei der Molekülbindung.
- Messungen von integralen und differentiellen Streuquerschnitten bei der Streuung von Atomen und Molekülen geben Informationen über das Wechselwirkungspotential zwischen den Streupartnern.
- Das vollständige Streuexperiment misst den differentiellen Streuquerschnitt bei gleichzeitiger Bestimmung von Anfangs- und Endzustand der Streuatome. Es erlaubt die Messung von stoßinduzierten Prozessen sowie deren Abhängigkeit vom Stoßparameter und vom Anfangszustand der Stoßpartner, und eröffnet die Möglichkeit, den Elementarprozess der chemischen Reaktion detailliert zu bestimmen und eventuell zu steuern.

- Die optische Kühlung von Atomen beruht auf dem Rückstoß bei der Photonenabsorption. Durch eine geeignete Anordnung von Laserstrahlen in einem inhomogenen Magnetfeld (magneto-optische Falle) gelingt es, Atome zu kühlen und räumlich zu speichern.
- Wenn die de Broglie-Wellenlänge der Atome größer wird als der mittlere Abstand zwischen den Atomen, tritt bei bosonischen Atomen ein Phasenübergang auf (Bose-Einstein-Kondensation), bei dem alle Atome in den gleichen quantenmechanischen (d. h. ununterscheidbaren) Zustand gelangen.

Aufgaben

10.1 Eine Mikrowelle läuft durch HCl-Gas bei einem Druck von $p = 1$ mbar. Wie groß ist ihre Absorption bei 1 m Weglänge auf dem Übergang $J = 1 \rightarrow J = 2$ des Schwingungsgrundzustandes, wenn der Absorptionsquerschnitt $\sigma_{ik} = 10^{-18}\,\mathrm{m}^2$ ist:
a) bei $T = 100\mathrm{K}$,
b) $T = 300\,\mathrm{K}$?
Benutzen Sie die Daten aus Tab. 9.5.

10.2 Zeigen Sie, dass (10.18a) die Fouriertransformierte des Signals (10.17) ist.

10.3 Ein optisches Beugungsgitter mit 1200 Strichen pro mm wird unter dem Winkel $\alpha = 30°$ mit Natriumlicht der gelben Natriumlinie bestrahlt. Wie groß ist der Abstand der beiden D-Linien ($\lambda = 588{,}9\,\mathrm{nm}$, $\lambda_2 = 589{,}5\,\mathrm{nm}$) in der Beobachtungsebene bei einer Brennweite $f = 1$ m des abbildenden Spiegels?

10.4 Eine Zelle mit Wasserstoffgas wird mit dem Licht eines Argonlasers ($\lambda = 488\,\mathrm{nm}$) bestrahlt. Wo liegt die Raman-Linie für $\Delta v = 1$ und $\Delta J = 0$? Welches Auflösungsvermögen müsste ein Spektrometer haben, um die Rotations-Raman-Linien $J'' = 0 \rightarrow J' = 1$ von der Rayleigh-Linie zu trennen?

10.5 Ein Laserstrahl der Leistung 100 mW durchläuft eine Absorptionszelle mit dem Absorptionskoeffizienten $\alpha = 10^{-6}\,\mathrm{cm}^{-1}$. Wie viele Fluoreszenzphotonen werden pro cm Weglänge emittiert, wenn jedes absorbierte Laserphoton ein Fluoreszenzphoton zur Folge hat? Wie groß ist der Ausgangsstrom eines Photodetektors, wenn er die in einen Raumwinkel von 0,2 Sterad emittierte Fluoreszenz erfasst, seine Kathode einen Quantenwirkungsgrad von 20 % und der Detektor eine Stromverstärkung von 10^6 hat?

10.6 Der Kollimationswinkel einen Natriummolekularstrahls ist $\varepsilon = 2°$. Wie groß ist die restliche Dopplerbreite, wenn ein Laserstrahl senkrecht zum Molekularstrahl die Na-Atome anregt? Wie groß darf ε sein, damit die Hyperfeinstruktur
a) des $3^2P_{1/2}$-Zustandes ($\Delta\nu = 190\,\mathrm{MHz}$),
b) des $3^2P_{3/2}$-Zustandes ($\Delta\nu = 16\,\mathrm{MHz}, 34\,\mathrm{MHz}, 59\,\mathrm{MHz}$)
noch aufgelöst werden kann?

10.7
a) Wie groß muss der Feldgradient des 20 cm langen Magnetfeldes sein, damit Natriumatome im $^2S_{1/2}$-Zustand mit $v = 600\,\mathrm{m/s}$ in einer Rabi-Atomstrahlanordnung um einen Winkel von 3° abgelenkt werden?
b) Wie viele Photonen müsste jedes Natrium aus einem Laserstrahl senkrecht zur Atomstrahlrichtung absorbieren, um die gleiche Winkelablenkung zu erreichen?

10.8 Wie groß muss der zeitliche Abstand zweier Femtosekunden-Laserpulse sein, die das Na_2-Molekül in einen Schwingungszustand $v' = 1$ ($\omega_e = 125\,\mathrm{cm}^{-1}$) des $2^1\Sigma_u$-Zustandes anregen, damit der zweite Puls das Molekül beim gleichen Kernabstand abfragt wie der erste Puls?

10.9 Wie erhält man aus der Messung der stationären Verhältnisse N_m/N_i in Abschn. 10.6.3 die Stoßquerschnitte für den Energietransfer $E_i \rightarrow E_m$?

10.10 Natriumatome mit $v_x = 700\,\mathrm{m/s}$ in einem kollimierten Atomstrahl sollen durch Photonenabsorption auf $v_x = 0$ abgekühlt werden. Wie groß sind Abbremsweg, Abbremszeit und Bremsbeschleunigung, wenn $3 \cdot 10^7$ Photonen/s absorbiert werden, auf der D_2-Linie?

Literatur

1. S. Svanberg: Atomic and Molecular Spectroscopy. Springer, Berlin, Heidelberg (1991)
2. H. Haken, H.C. Wolf: Molekülphysik und Quantenchemie, 2. Aufl. Springer, Berlin, Heidelberg (1994)
3. W. Demtröder: Laserspektroskopie, 6. Aufl. Springer, Berlin, Heidelberg (2011, 2013)
4. D.J.E. Ingram: Hochfrequenz- und Mikrowellenspektroskopie. Franzis, München (1978)

5. P.R. Griffiths, J.A. DeHaseth: Fourier Transform Infrared Spectroscopy, 2. Aufl. Wiley, New York (2007)
6. W. Göpel, J. Hesse, J.N. Zemel: Sensors. Verlag Chemie, Weinheim (1996)
7. G. Herzberg: Molecular Spectra and Molecular Structure, Bd. 2: Infrared and Raman Spectra. Van Nostrand Reinhold, New York (1945), Nachdruck: Krieger Publ., Malabar, Florida (1991)
8. A. Weber (Hrsg.): Raman Spectroscopy of Gases and Liquids. Springer, Berlin, Heidelberg (1979)
9. W. Knippers, K. van Helvoort, S. Stolte: Vibrational Overtones of the homonuclear diatoms N_2, O_2, D_2, Chem. Phys. Lett. **121**, 279 (1985)
G. Lamporesi et al.: Determination of the Newtonian Gravitational Constant Using Atom Interferometry. Phys. Rev. Lett. **100**, 050801 (2008)
10. Siehe die „Proceedings of International Conferences on Laser Spectroscopy ICOLS I–XV"
11. F.K. Kneubühl, M. Sigrist: Laser, 7. Aufl. Teubner, Stuttgart (2008)
12. V.P. Zharov, V.S. Letokhov: Laser Optoacustic Spectroscopy. Springer, Berlin, Heidelberg (1986)
K.H. Michaelian: Photoacoustic IR-Spectroscopy: Instrumentation, Applications and Data Analysis, 2. Aufl. Wiley-VCH, Weinheim (2010)
13. G. Hurst, M.G. Payne: Principles and Applications of Resonance Ionization Spectroscopy. Institute of Physics, Philadelphia (1988)
14. S.H. Liu (Hrsg.): Advances in Multiphoton Processes and Spectroscopy. World Scientific, Singapore (1985–92)
15. N.B. Delone, V.P. Krainov: Multiphoton Processes in Atoms. Springer, Berlin, Heidelberg (1994)
N. Bloembergen, M.D. Levenson: High Resolution Laser Spectroscopy. Topics in Applied Physics Bd. 13. Springer, Heidelberg (2005)
16. H. Kopfermann, W. Paul: Über den inversen Stark-Effekt der D-Linien des Natriums. Z. Phys. B**120**, 545 (1943)
17. P. Schlemmer, M.K. Srivastava, T. Rösel, E. Ehrhardt: Electron impact ionization of helium at intermediate collision energies. J. Phys. B**24**, 2719 (1991)
18. St. Hüfner: Photoelectron Spectroscopy, 3. Aufl. Springer, Berlin, Heidelberg (2003)
St. Hüfner: Very High Resolution Photo-electron Spectroscopy Lecture Notes in Physics, Bd. 715. Springer, Berlin, Heidelberg (2007)
19. R.N. Dixon, G. Duxbury, M. Horani, J. Rostas: The H_2S^+ radical ion. A comparison of photoelectron and optical spectroscopy. Mol. Phys. **22**, 977 (1971)
E.W. Schlag: ZEKE-Spectroscopy. Cambridge Univ. Press, Cambridge (2005)
S.D. Chao, H.L. Selzle, H.J. Neusser, E.W. Schlag: Molecular Theory of ZEKE-Spectroscopy. Z. Phys. Chem. **221**, 633 (2007)
H.H. Telle, A. Gonzales, R.J. Donovan: Laser Chemistry: Spectroscopy, Dynamics and Applications. Wiley, New York (2007)
20. H. Haberland: Regenbögen. Phys. in uns. Zeit **8**, 82 (1977)
21. M.A.D. Fluendy, K.P. Lawley: Chemical Applications of Molecular Beam Scattering. Chapman and Hall, London (1973)
22. K. Bergmann: Auflösung von stoßinduzierten Rotationsübergängen mit Lasern. Phys. Blätter **36**, 187 (1980)
23. R.D. Levine, R.B. Bernstein: Molekulare Reaktionsdynamik. Teubner, Stuttgart (1991)
R.D. Levine, R.B. Bernstein: Molecular Reaction Dynamics. Cambridge Univ. Press (2005)
B. Fu, D.H. Zhang: Full dimensional quantum dynamics study of exchange processes for the $D+H_2O$ and $D+HOD$ reactions. J. Chem. Phys. **136**, 194301 (2012). http://dx.doi.org/10.1063/1.4718386
24. J. Wolfrum: Laser Stimulation and Observation of Simple Gas Phase Radical Reactions. Laser Chem. **9**, 171 (1988)
25. T. Baumert, R. Thalweiser, V. Weiss, G. Gerber: Femtosecond Time-Resolved Photochemistry of Molecules and Metal Clusters. In: J. Manz, L. Wöste (Hrsg.): Femtosecond Chemistry. Verlag Chemie, Weinheim (1995)
26. A.H. Zewail: Femtochemistry Bond. World Scientific, Singapore (1994)
P. Hannaford: Femtosecond Laser Spectroscopy. Springer, Berlin, Heidelberg (2004)
E. Schreiber: Femtosecond Real Time Spectroscopy of Small Molecules. Springer, Berlin, Heidelberg (1998)
27. K. Kuchitsu (Hrsg.): Dynamics of Excited Molecules. Elsevier, Amsterdam (1994)
28. T.W. Hänsch, A.L. Schawlow: Cooling of gases by laser radiation. Opt. Commun. **13**, 68 (1975)
29. H.J. Metcalf, P. van der Straten: Laser Cooling and Trapping. Springer, Berlin, Heidelberg (2007)
30. C. Cohen-Tannoudji: Laserkühlung an der Grenze des Machbaren. Phys. Blätter **51**, 91 (1995)
31. C.N. Cohen-Tannoudji, W.D. Phillips: New mechanisms for laser cooling. Phys. Today **43**, 33 (1990)
32. W. Petrich: Die Jagd zum absoluten Nullpunkt. Phys. in uns. Zeit **27**, 206 (1996)
33. V. Lethokov: Laser Control of Atoms and Molecules. Oxford Univ. Press, Oxford (2007)
34. W. Petrich: Ultrakalte Atome. Phys. in uns. Zeit **27**, 206 (1996)
35. M.H. Anderson, J.R. Ensher, M.R. Matthews, C.E. Wiemann, E.A. Cornell: Observation of Bose Einstein Condensation. Science **269**, 198 (1995)
36. W. Ketterle, N.J. van Druten: Evaporative Cooling. Adv. At. Mol. Opt. Phys. **37**, 181 (1996)
37. E. Cornell, C.E. Wieman: Die Bose-Einstein Kondensation. Spektr. Wiss. 44 (Mai 1998)
C.J. Pethik, H. Smith: Bose-Einstein Condensation in Dilute Gases. Cambridge Univ. Press, Cambridge (2002)
38. S. Fray: Doktorarbeit, LMU München (2004). http://deposit.ddb.de/cgi-bin/dokserv?idn=972300929&dok_var=d1&dok_ext=pdf&filename=972300929.pdf
39. A. Peters, K.J. Chung, S. Chu: High precision gravity measurements using atom interferometry. Metrologia **38**, 25 (2001)
40. Ph. Ball: Measuring gravity with an atomic fountain. Nature 26. August 1999 (1999)

41. M.A. Lombardi, Th.P. Heavner, St.R. Jefferes: NIST Primary Frequency standards and the Realization of the SI Second. NCSL Intern. Measure **2**, 74 (Dec. 2007)
National Institute of Standards and Technology NIST: Atomic Fountain Clock gets much better with time
Science News Physics and Chemistry March 18 (2009)
42. R. Wynands, S. Weyers: Atomic Fountain Clocks. Metrologia **42**, 64 (2005)
43. Th.W. Hänsch: Passion for Precision. Nobel Lecture. Ann. Phys. Leipzig **15**, 627 (2006)
44. S.A. Diddams, T.W. Hänsch et al: Direct link between microwave and optical frequencies with a 300 THz femtosecond pulse. Phys. Rev. Lett. **84**, 5102 (2000)
M.C. Stove et al: Direct frequency comb spectroscopy. Adv. At. Mol. Opt. Phys. **55**, 1 (2008)
45. D.Z. Kandula, Ch. Gahle, T.J. Pinkert, W. Ubachs, K.S. Eikema: Extreme ultraviolet frequency comb metrology. Phys. Rev. Lett. **105**, 063001 (2010)
E. Peters, S.A. Diddams, P. Fendel, S. Reinhardt, T.W. Hänsch, T. Udem: A deep-UV optical frequency comb at 205 nm. Opt. Express **17**, 9183 (2009)
46. T. Steinmetz et al.: Laser frequency combs for astronomical observations. Science **321**, 1335 (2008)

Die Struktur fester Körper

11

W. Demtröder, *Experimentalphysik 3*, Springer-Lehrbuch, DOI 10.1007/978-3-662-49094-5_11

Man kann die Vielzahl der verschiedenen Festkörper nach unterschiedlichen Kriterien in Klassen einordnen. Ein wichtiges Ordnungskriterium ist ihre räumliche Struktur. Man unterscheidet dabei:

- **Einkristalle**, bei denen die Orte der Atome durch ein periodisches Gitter von Raumpunkten beschrieben werden können. Die Periodenlängen des Gitters sind für den jeweiligen Festkörperkristall charakteristisch. Bei einem idealen Einkristall erstreckt sich dieses periodische Raumgitter über den gesamten Kristall. Man sagt dann, dass eine ***Fernordnung*** vorhanden ist (Abb. 11.1). Viele Mineralien kommen in der Natur als Einkristalle vor oder sie bilden sich unter Druck aus polykristallinem Gestein (Abb. 11.2)
- **Polykristalline Festkörper**, die aus vielen kleinen Einkristallen bestehen, deren Größe und relative Orientierung regellos variiert. Die Periodizität der Atomanordnung gilt jeweils nur für jeden einzelnen dieser Mikrokristalle, sie erstreckt sich nicht über den ganzen Festkörper (Abb. 11.3). Man sieht dies auch an Abb. 11.4, bei der die regellos orientierten Einkristalle mit Hilfe einer Polarisationsaufnahme sichtbar gemacht wurden.
- **Amorphe Festkörper**, bei denen die Atome bzw. Moleküle unregelmäßig verteilt angeordnet sind. Es gibt keine strenge Periodizität mehr und daher auch keine Fernordnung (Abb. 11.5).

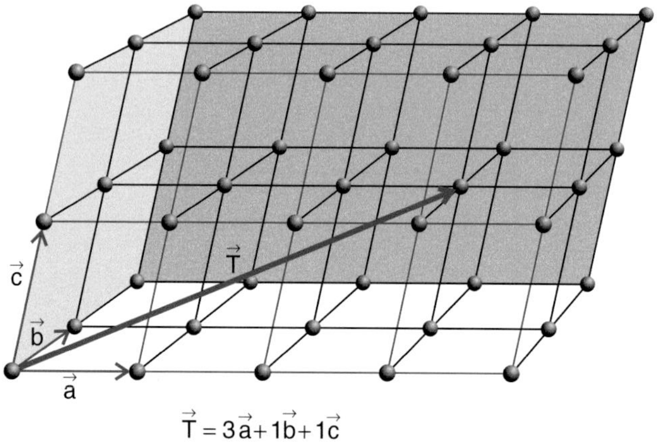

Abbildung 11.1 Einkristall als periodisches Raumgitter mit dem Translationsvektor $\boldsymbol{T} = m_1\boldsymbol{a} + m_2\boldsymbol{b} + m_3\boldsymbol{c}$

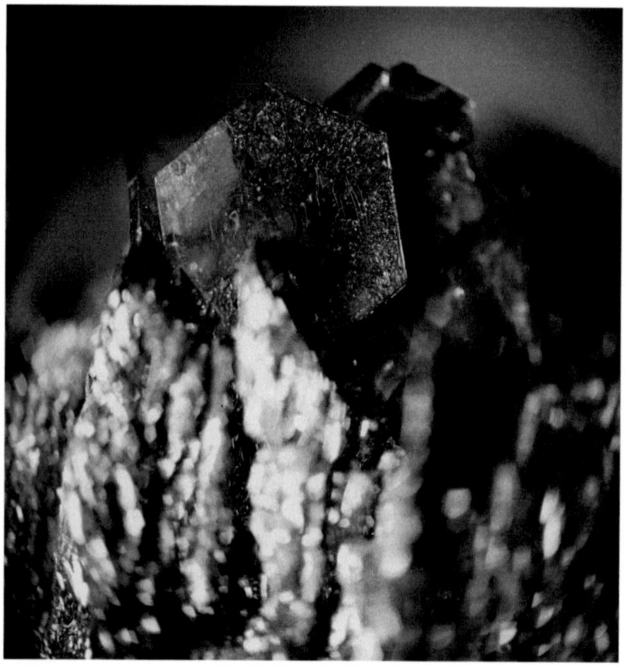

Abbildung 11.2 Beginn der Auskristallisation eines Einkristalls aus einem polykristallinen Konglomerat von Korund. Mit freundlicher Genehmigung von Dr. H.-J. Foth, Kaiserslautern

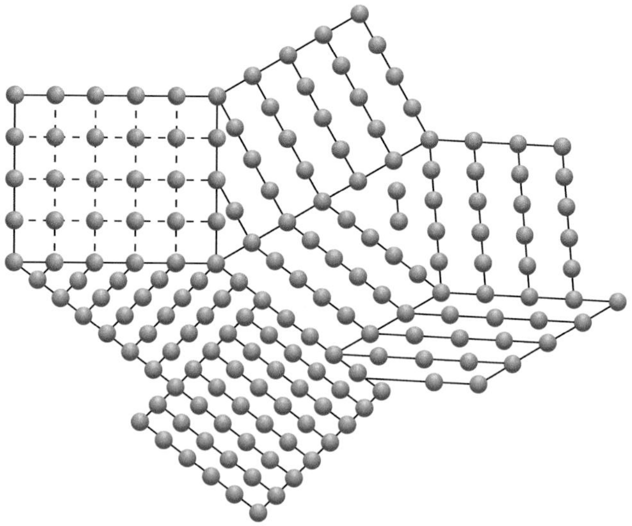

Abbildung 11.3 Zweidimensionale Darstellung eines polykristallinen Festkörpers (siehe Abschn. 11.5.5)

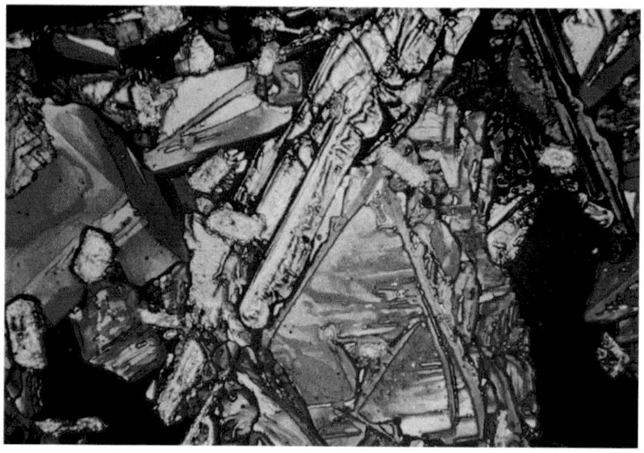

Abbildung 11.4 Polykristallines Natriumthiosulfat, beobachtet zwischen zwei gekreuzten Polarisatoren. Aus M. Cagnet, M. Françon, S. Mallik: *Atlas optischer Erscheinungen*, Ergänzungsband (Springer, Berlin, Heidelberg 1971)

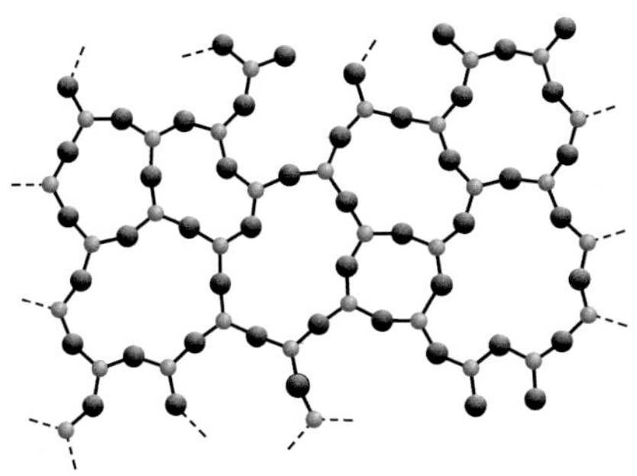

Abbildung 11.5 Schematische zweidimensionale Darstellung eines amorphen Festkörpers ohne Fernordnung, z. B. eines Glases (siehe Abschn. 15.1)

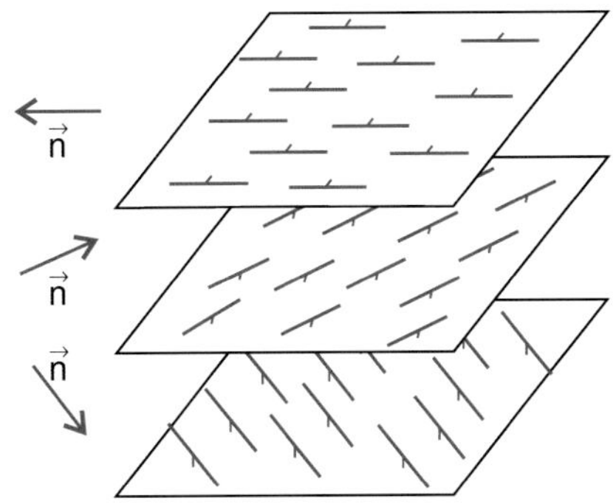

Abbildung 11.7 Schematische Darstellung der unterschiedlichen Orientierung *n* in den aufeinander folgenden Ebenen eines cholesterinischen Flüssigkristalls (siehe Abschn. 16.4)

- **Quasi-Kristalle**. Als Zwischenstufe zwischen der periodischen und der amorphen Ordnung von Festkörpern gibt es Materialien mit einer quasi-periodischen Ordnung (Abb. 11.6), die in den letzten Jahren genauer untersucht wurden. Dies sind Kristalle, in denen die Atome oder Moleküle in einer geordneten aber aperiodischen Struktur angeordnet sind. Beispiele sind eine Reihe von Metall-Legierungen.
- **Flüssigkristalle**, die sich in einem Zwischenzustand befinden zwischen dem geordneten Zustand eines kristallinen Festkörpers und dem einer isotropen Flüssigkeit mit statistisch variierenden Orten individueller Atome bzw. Moleküle. Je nach Temperatur oder äußerem angelegten Feld lassen sich Flüssigkristalle mit eindimensionaler Periodizität realisieren oder auch eine Anordnung, bei der die Moleküle in einer Ebene eine Fernordnung zeigen, die aber für verschiedene Ebenen ganz verschieden sein kann (Abb. 11.7).

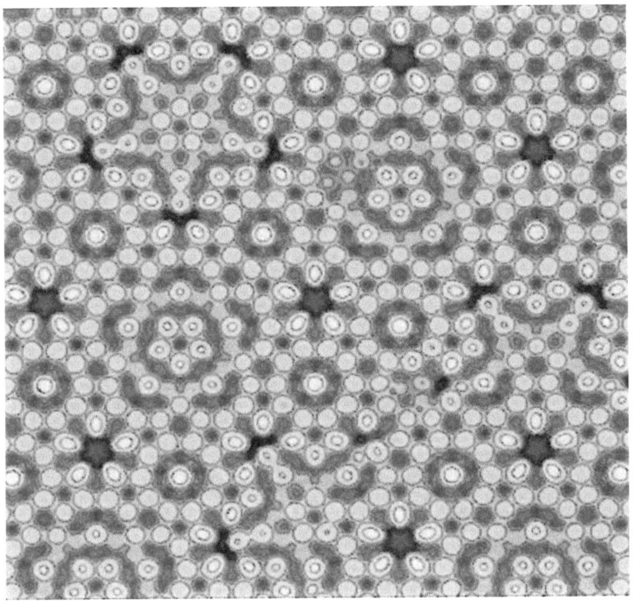

Abbildung 11.6 Quasi-periodischer Festkörper. (http://www.mcbmm.ameslab.gov/high_TrappingNano.htm, Gemeinfrei)

11.1 Die Struktur von Einkristallen

Wir wollen zuerst die einkristallinen Festkörper behandeln. Am einfachsten zu beschreiben sind *atomare* Kristalle, bei denen an jedem Punkt des Raumgitters genau ein Atom sitzt. Wir wählen den Ort eines dieser Atome als Nullpunkt unseres Koordinatensystems und nennen die Ortsvektoren $\boldsymbol{a}$, $\boldsymbol{b}$, $\boldsymbol{c}$ zu den drei Nachbaratomen die ***Basisvektoren*** des Gitters (Abb. 11.8). Bei einem rechtwinkligen Gitter zeigen sie in die x-, y- und z-Richtung. Wir werden jedoch weiter unten sehen, dass nicht alle Gitter rechtwinklig sind.

Der Ortsvektor zu einem beliebigen Gitterpunkt (***Translationsvektor***)

$$\boldsymbol{T} = m_1\boldsymbol{a} + m_2\boldsymbol{b} + m_3\boldsymbol{c} \quad m_i \in \mathbb{N} \tag{11.1}$$

(m_i = ganzzahlig) lässt sich dann immer als Linearkombination der Basisvektoren darstellen (Abb. 11.1). Das Parallelepiped, das sich aus den drei Basisvektoren $\boldsymbol{a}$, $\boldsymbol{b}$, $\boldsymbol{c}$ aufbaut, heißt ***Ele-***

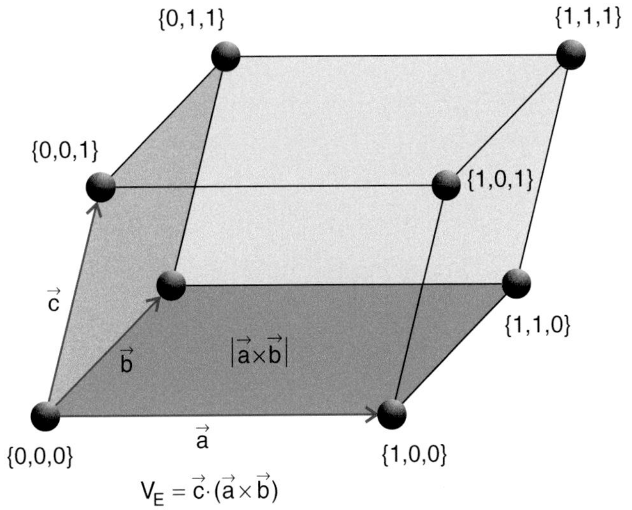

Abbildung 11.8 Zur Definition der Elementarzelle eines Raumgitters

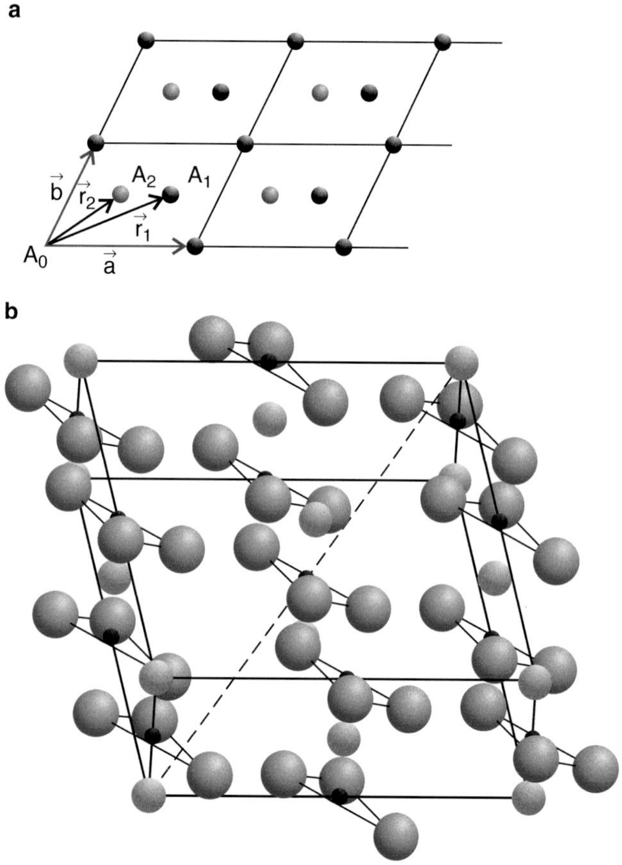

Abbildung 11.9 Kristallstruktur als Raumgitter plus Atombasis: **a** Schema beim zweidimensionalen Gitter; **b** Kalkspatkristall

mentarzelle des Kristalls (oft auch Einheitszelle genannt). Da sich das gesamte Kristallgitter durch Translationen der Elementarzelle aufbauen lässt, nennt man ein solches Gitter auch ***Translationsgitter***.

Das Volumen V_E der Elementarzelle ist durch das Spatprodukt

$$V_\mathrm{E} = (\boldsymbol{a} \times \boldsymbol{b}) \cdot \boldsymbol{c} \tag{11.2}$$

der Basisvektoren gegeben (Abb. 11.8). Drückt man dies durch die Komponenten der Basisvektoren aus, so ergibt sich aus (11.2) mithilfe der Matrix

$$\tilde{A} = \begin{pmatrix} a_x & a_y & a_z \\ b_x & b_y & b_z \\ c_x & c_y & c_z \end{pmatrix} \tag{11.3}$$

das Volumen

$$V_\mathrm{E} = \det \tilde{A}. \tag{11.4}$$

Die Seitenlängen $|\boldsymbol{a}|$, $|\boldsymbol{b}|$, $|\boldsymbol{c}|$ der Einheitszelle heißen ***Gitterkonstanten*** a, b, c.

Anmerkung. Man kann natürlich auch schreiben: $V_\mathrm{E} = (\boldsymbol{c} \times \boldsymbol{a}) \cdot \boldsymbol{b} = (\boldsymbol{b} \times \boldsymbol{c}) \cdot \boldsymbol{a}$.

Viele kristalline Festkörper haben einen komplizierteren Aufbau. Bei ihnen sitzt nicht ein einzelnes Atom auf einem Gitterplatz, sondern eine ganze Atomgruppe A_i (Abb. 11.9a). Dies wird in Abb. 11.9b am Beispiel des Kalkspatkristalls verdeutlicht, der ein flächenzentriertes Gitter bildet. Auf den Gitterpunkten sitzen die Ca^{2+}-Ionen (grau), um die sich die CO_3^{2-}-Gruppe (O = rot, C = schwarz) anordnet.

Man kann dann ein Punktgitter definieren als die Menge aller Raumpunkte, auf denen die Ca^{2+}-Ionen sitzen und ordnet jedem dieser Punkte eine Atombasis zu, welche angibt, wie die einzelnen Atome der Gruppe relativ zu ihrem Raumpunkt angeordnet sind.

Die gesamte Kristallstruktur besteht dann aus dem Translationsgitter und der Atombasis.

Das Raumgitter, bei dem zu jeder Elementarzelle nur ein einziger Gitterpunkt gehört, wird *primitives* Gitter genannt. Das entsprechende Kristallgitter hat dann genau ein Atom bzw. eine Atomgruppe pro Elementarzelle. Bei nicht primitiven Raumgittern enthält jede Elementarzelle mehr als einen Gitterpunkt. Der Kalkspatkristall hat ein nicht primitives Gitter, weil zu jeder Elementarzelle ein Gitterpunkt bei $\{0, 0, 0\}$ und drei Gitterpunkte auf den Seitenflächen bei $\{1/2, 0, 0\}$, $\{0, 1/2, 0\}$ und $\{0, 0, 1/2\}$ gehören (siehe auch Beispiele in Abschn. 11.1.2).

11.1.1 Symmetrien von Raumgittern

Wir wollen nun die Frage: „Wie viele unterschiedliche Kristallgitter kann es überhaupt geben?“ beantworten. Dazu sind Symmetriebetrachtungen sehr hilfreich. Da die räumlichen Dimensionen von Einkristallen im Allgemeinen sehr groß sind gegen den Atomabstand, können wir das Kristallgitter näherungsweise als unendlich groß ansehen.

Alle unendlich ausgedehnten Translationsgitter besitzen definitionsgemäß Translationssymmetrie. Dies heißt, dass die Kristallstruktur wieder in sich übergeht, wenn der Kristall um einen Translationsvektor

$$\boldsymbol{T} = m_1 \boldsymbol{a} + m_2 \boldsymbol{b} + m_3 \boldsymbol{c}$$

verschoben wird.

Viele Kristalle besitzen zusätzliche Symmetrien. Als mögliche Symmetrie-Operationen kommen in Betracht:

- Inversion am Ursprung;
- Spiegelungen an Ebenen (Abb. 11.10a,b);
- Drehungen um Symmetrieachsen (Abb. 11.10c–e).

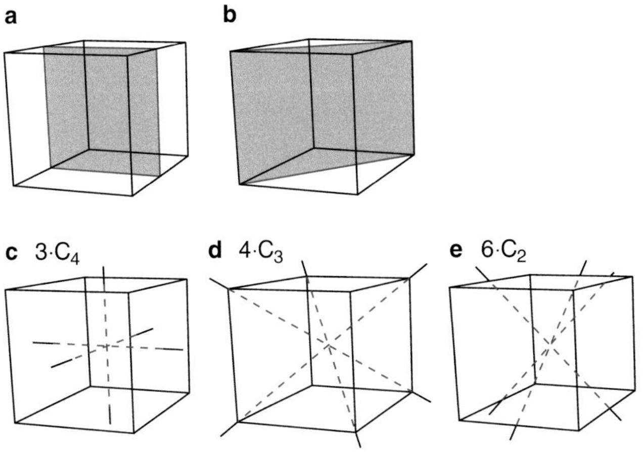

Abbildung 11.10 Einige Symmetrieebenen **a**, **b** und Symmetrieachsen **c–e** eines kubischen Kristalls

Ein Kristall besitzt Inversionssymmetrie, wenn das Gitter bei der Inversion aller Koordinaten wieder in sich übergeht. Er hat eine Symmetrieebene, wenn es sich bei einer Spiegelung aller Koordinaten an dieser Ebene reproduziert.

Eine Symmetrieachse heißt n-zählig, wenn der Kristall bei der Drehung um den Winkel $\varphi = 2\pi/n$ wieder in sich übergeht. Die Beispiele im nächsten Abschnitt werden illustrieren, dass es Kristalle mit Symmetrieachsen C_n gibt, wenn $n = 2, 3, 4$ oder 6 ist. So gibt es bei einem kubischen Kristall drei Symmetrieebenen parallel zu den Seitenflächen (Abb. 11.10a) und sechs Ebenen durch die Flächendiagonale (Abb. 11.10b). Es gibt drei vierzählige Symmetrieachsen C_4 (Abb. 11.10c), vier dreizählige Achsen C_3 (Abb. 11.10d) und sechs zweizählige Achsen C_2 (von deren in Abb. 11.10e nur drei gezeichnet sind).

Wie die folgenden Überlegungen zeigen, gibt es jedoch für ein Translationsgitter keine Symmetrieachsen mit $n = 5$ und $n \geq 7$. Rein anschaulich kann man sich dies an Hand der Abb. 11.11a,b klar machen. Man kann eine Ebene nicht vollständig mit Fünfecken oder Siebenecken ausfüllen, ohne dass freie Stellen oder Überlappungen auftreten.

Der mathematische Beweis kann wie folgt geführt werden (Abb. 11.12): Wir betrachten einen Translationsvektor

$$\boldsymbol{T}_1 = m_1\,\boldsymbol{a} + m_2\,\boldsymbol{b} + m_3\,\boldsymbol{c} \qquad (m_i \in \mathbb{N})\,,$$

der bei der Drehung um eine zur Zeichenrichtung senkrechten Achse C_n um den Winkel $\varphi = 2\pi/n$ wieder in einen Gittervektor

$$\boldsymbol{T}_2 = n_1\,\boldsymbol{a} + n_2\,\boldsymbol{b} + n_3\,\boldsymbol{c}$$

übergehen muss, wenn das Gitter bei der Drehung um φ wieder in sich übergehen soll. Entsprechend entsteht der Gittervektor

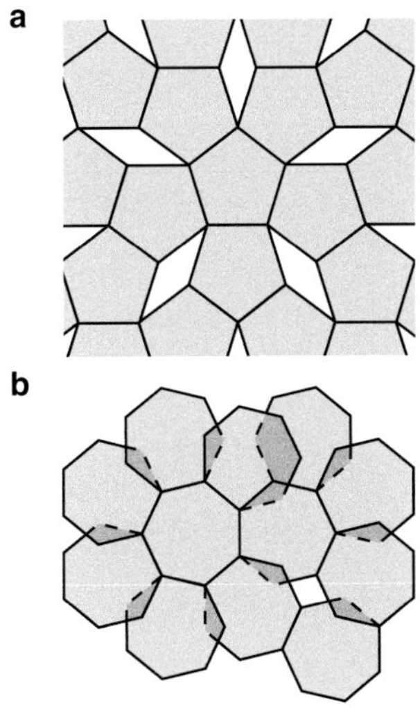

Abbildung 11.11 Eine Ebene kann weder mit regelmäßigen Fünfecken **a** noch mit Siebenecken **b** überdeckungsfrei ausgefüllt werden

$\boldsymbol{T}_3$ bei der reziproken Drehung um $-\varphi$. Nach Abb. 11.12 gilt wegen $|\boldsymbol{T}_2| = |\boldsymbol{T}_3|$

$$\boldsymbol{T}_4 = \boldsymbol{T}_2 + \boldsymbol{T}_3 = 2\,|\boldsymbol{T}_1| \cdot \cos\varphi \cdot \hat{\boldsymbol{e}}_1\,, \qquad (11.5)$$

wobei $\hat{\boldsymbol{e}}_1$ der Einheitsvektor in Richtung $\boldsymbol{T}_1$ ist.

Nun muss jede Linearkombination zweier Gittervektoren wieder ein Gittervektor sein, sodass gilt:

$$\boldsymbol{T}_4 = p_1\boldsymbol{a} + p_2\boldsymbol{b} + p_3\boldsymbol{c} \quad \text{mit} \quad p_i \in \mathbb{N}\,. \qquad (11.6)$$

Nun zeigt $\boldsymbol{T}_4$ in dieselbe Richtung wie $\boldsymbol{T}_1$. Deshalb muss gelten:

$$p_1 = g \cdot m_1\,; \quad p_2 = g \cdot m_2\,; \quad p_3 = g \cdot m_3$$
$$\text{mit } g = \text{ganzzahlig}\,.$$

Der Vergleich von (11.5) und (11.6) ergibt dann: $\cos\varphi = g/2$, d. h. $\cos\varphi$ muss ganz- oder halbzahlig sein. Mit $\varphi = 2\pi/n$ wird dies nur erfüllt für $n = 0, 1, 2, 3, 4$ und 6.

Dies gilt für beliebige Gittertypen.

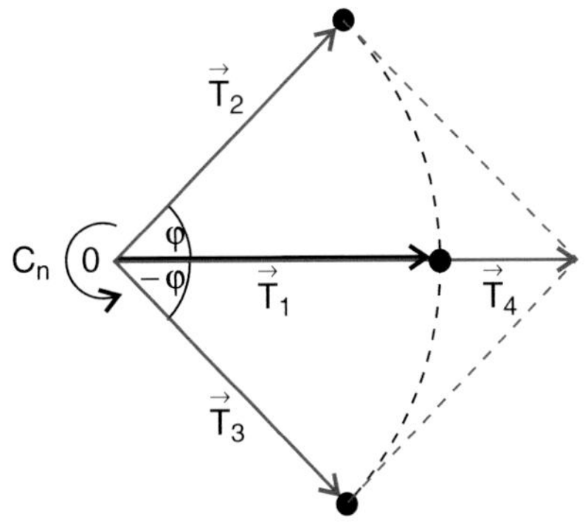

Abbildung 11.12 Zum Beweis, dass es bei Translationsgittern nur Symmetrieachsen C_n mit $n = 1, 2, 3, 4, 6$ geben kann. Der Vektor $\boldsymbol{T}_4$ geht von 0 bis zur rechten Pfeilspitze

11.1.2 Bravaisgitter

Man kann alle möglichen Kristallgitter nach ihren Symmetrien in sieben Kristallsysteme einteilen, wobei zu jedem dieser Systeme entweder nur ein einziges primitives Gitter gehört oder zusätzlich noch nichtprimitive Gitter mit mehr als einem Atom pro Einheitszelle. Insgesamt gibt es 14 Gittertypen, die nach dem französischen Physiker *Auguste Bravais* (1811–1863) die 14 ***Bravaisgitter*** heißen. Die sieben Kristallsysteme unterscheiden sich durch die Winkel α, β und γ, welche die Basisvektoren $\boldsymbol{a}, \boldsymbol{b}, \boldsymbol{c}$ miteinander bilden (Abb. 11.13) und durch die Längenverhältnisse der Basisvektoren. Wir wollen sie, geordnet nach steigender Symmetrie, kurz besprechen (Abb. 11.14). Ausführliche Darstellungen findet man in [1, 2].

a) Triklines Kristallsystem

$a \neq b \neq c$ und $\alpha \neq \beta \neq \gamma$

Es gibt nur das triklin primitive Gitter.

b) Monoklines Kristallsystem

$a \neq b \neq c$ und $\alpha = \gamma = 90° \neq \beta$

Hier gibt es zwei Bravaisgitter: Das monoklin primitive und das monoklin basiszentrierte Gitter, bei dem zusätzlich Gitterpunkte im Zentrum der von den Basisvektoren $\boldsymbol{a}$ und $\boldsymbol{b}$ aufgespannten Flächen liegen.

c) Rhombisches Kristallsystem

$a \neq b \neq c$ und $\alpha = \beta = \gamma = 90°$

Hier gibt es vier verschiedene Bravaisgitter: Das rhombisch primitive, das rhombisch basiszentrierte, das rhombisch raumzentrierte und das rhombisch flächenzentrierte Gitter.

d) Hexagonales Kristallsystem

$a = b \neq c$ und $\alpha = \beta = 90°, \gamma = 120°$

Es gibt nur ein Bravaisgitter, nämlich das hexagonal primitive Gitter, dessen Einheitszelle eine rechtwinklige Säule mit einer Raute als Basisfläche ist.

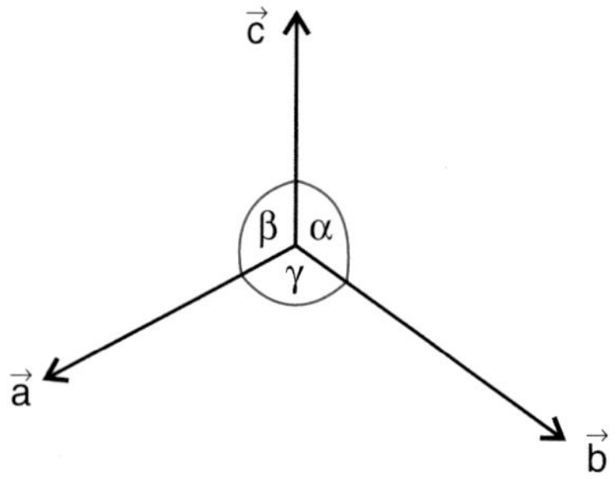

Abbildung 11.13 Die drei Basisvektoren mit den Gitterkonstanten a, b, c und den Winkeln α, β, γ

e) Rhomboedrisches oder trigonales Kristallsystem

$a = b = c$ und $\alpha = \beta = \gamma \neq 90°$

Es gibt nur das trigonal primitive Bravaisgitter.

f) Tetragonales Kristallsystem

$a = b \neq c$ und $\alpha = \beta = \gamma = 90°$

Es gibt zwei Bravaisgitter: Das tetragonal primitive und das tetragonal raumzentrierte Gitter.

g) Kubisches Kristallsystem

$a = b = c$ und $\alpha = \beta = \gamma$

Die zugehörigen drei Bravaisgitter sind das kubisch primitive, das kubisch raumzentrierte und das kubisch flächenzentriertes Gitter.

Wenn wir uns die Symmetrien dieser Kristallsysteme anschauen, so erkennen wir, dass das kubische System die höchste Symmetrie hat (Inversionssymmetrie am Mittelpunkt der Einheitszelle, sechs Symmetrieebenen, drei vierzählige Symmetrieachsen C_4, vier dreizählige Achsen C_3, sechs C_2-Achsen, Abb. 11.10), während das trikline System die geringste Symmetrie hat (nur eine einzählige Symmetrieachse, d. h. kein echtes Symmetrieelement).

Man kann zeigen, dass sich die nicht primitiven Gitter (z. B. das kubisch flächenzentrierte) auf primitive Gitter mit geringerer Symmetrie und kleinerer Einheitszelle reduzieren lassen. So lässt sich z. B. das kubisch raumzentrierte Gitter mit den beiden gleichen Atomen A an den Orten $\{0, 0, 0\}$ und $\{1/2, 1/2, 1/2\}$ auf eine kleinere primitive Elementarzelle mit den gleich langen Basisvektoren

$$\begin{aligned} \boldsymbol{a}' &= \frac{a}{2}(\hat{\boldsymbol{e}}_x + \hat{\boldsymbol{e}}_y - \hat{\boldsymbol{e}}_z)\,, \\ \boldsymbol{b}' &= \frac{a}{2}(-\hat{\boldsymbol{e}}_x + \hat{\boldsymbol{e}}_y + \hat{\boldsymbol{e}}_z)\,, \\ \boldsymbol{c}' &= \frac{a}{2}(\hat{\boldsymbol{e}}_x - \hat{\boldsymbol{e}}_y + \hat{\boldsymbol{e}}_z) \end{aligned} \tag{11.7}$$

zurückführen (Abb. 11.15), die aber nicht mehr senkrecht zueinander stehen. Diese Einheitszelle enthält nur noch ein Atom. Sie gehört zum trigonalen System (Abb. 11.14) und hat das Volumen

$$V_\mathrm{E} = (\boldsymbol{a}' \times \boldsymbol{b}') \cdot \boldsymbol{c}' = \frac{a^3}{2}\,, \tag{11.8}$$

wie man durch Einsetzen von (11.7) in (11.8) nachprüfen kann. Dies ist also halb so groß wie die nicht primitive Elementarzelle des kubisch-flächenzentrierten Gitters. Eine weitere Zelle mit nur einem Gitterpunkt erhält man, indem man, von einem Atom ausgehend, die Verbindungsstrecken zu den Nachbaratomen durch Normalebenen halbiert. Das von diesen Ebenen begrenzte Volumen heißt ***Wigner-Seitz-Zelle***.

Oft ist es jedoch einfacher, die nichtprimitiven Gitter mit höherer Symmetrie zu behandeln als die primitiven mit geringerer Symmetrie (siehe Aufgabe 11.5).

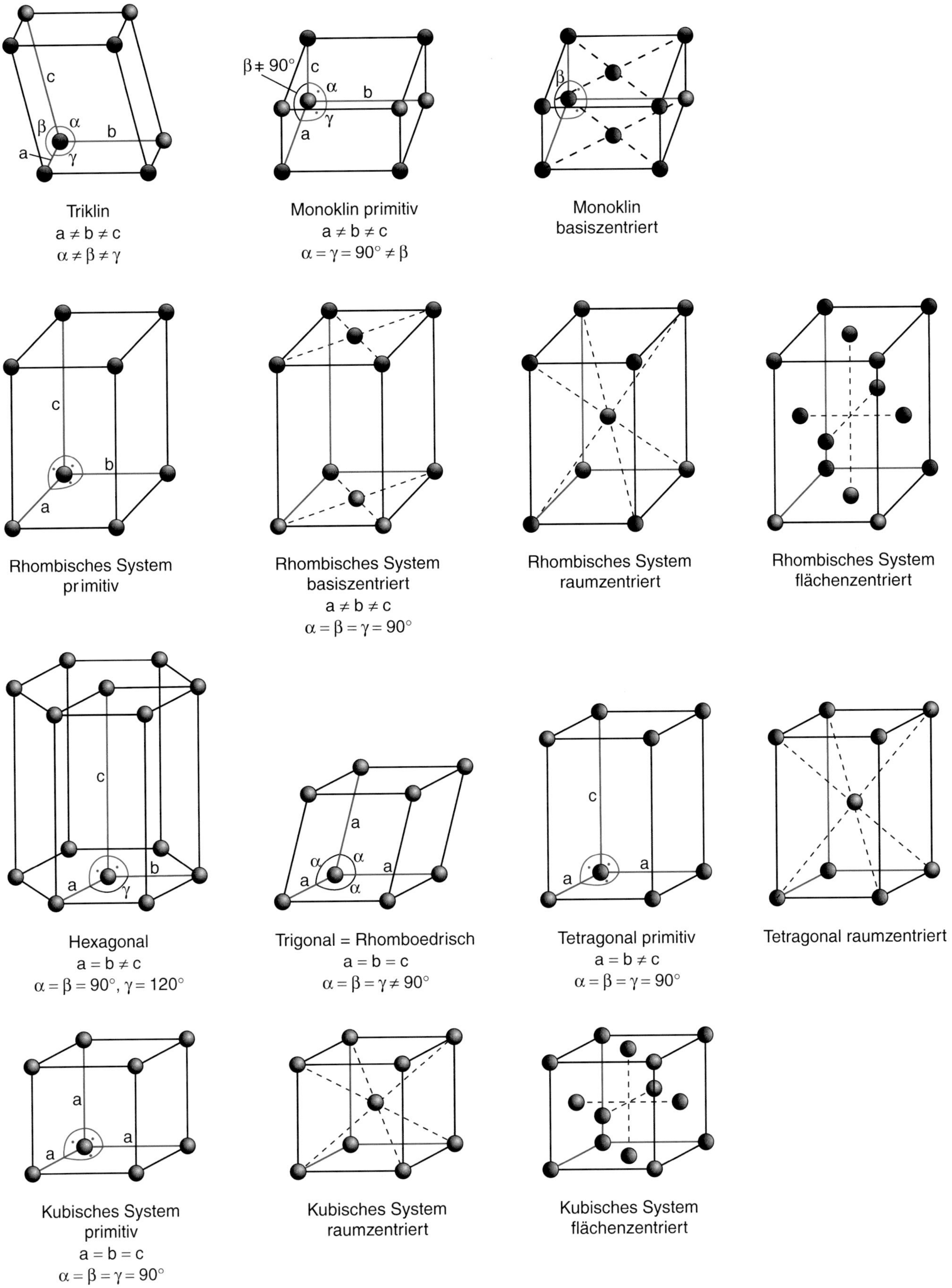

Abbildung 11.14 Die sieben Kristallsysteme mit den 14 Bravaisgittern

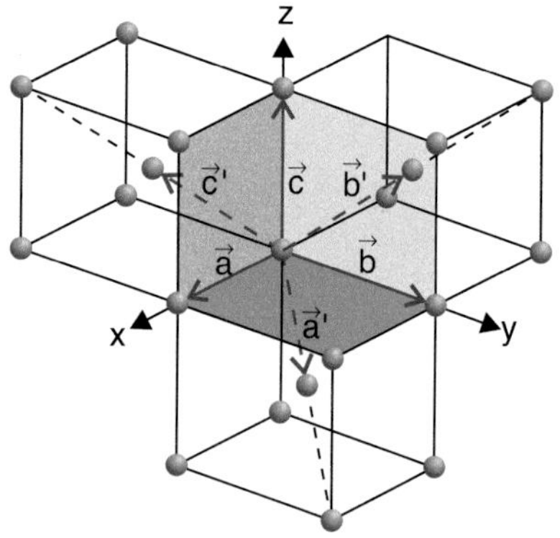

Abbildung 11.15 Darstellung des kubisch raumzentrierten Gitters mit nichtprimitiver Elementarzelle durch eine kleinere primitive Elementarzelle des trigonalen Gitters

11.1.3 Kristallstrukturen

Alle Kristallstrukturen können durch eines der im vorigen Abschnitt behandelten Bravais-Punktgitter beschrieben werden, indem jedem Gitterpunkt die entsprechende Atombasis zugeordnet wird. Um bei Gittern, die mehr als ein Atom pro Einheitszelle haben, die Lage der Atome innerhalb der Basis anzugeben, legt man den Bezugspunkt (den Gitterpunkt) in den Mittelpunkt des ausgewählten Basisatoms. Die Positionen der anderen Basisatome innerhalb der Einheitszelle werden dann in Bruchteilen der Gitterkonstanten a, b, c angegeben. Hat die Basis mehr als ein Atom, so kann die Symmetrie des Kristallgitters kleiner sein als die des zugehörigen Bravaisgitters (Abb. 11.9b).

Festkörper, deren Basis nur aus einem Atom bestehen, sind z. B. die Alkalimetalle und mehrere andere Metalle wie Wolfram, Tantal, Molybdän. Sie bilden ein ***kubisch raumzentriertes Gitter*** (***bcc-Struktur***, von *body centered cubic*), bei dem jedem Gitterpunkt genau ein Atom zugeordnet ist (Abb. 11.15).

Die Edelmetalle und auch Edelgaskristalle (die sich bei entsprechend tiefen Temperaturen bilden) haben ein ***kubisch flächenzentriertes Gitter*** (***fcc-Struktur***, von *face centered cubic*) mit einem Atom pro Gitterpunkt. Die Elementarzelle enthält deshalb vier Atome an den Orten $\{0,0,0\}$, $\{1/2,1/2,0\}$, $\{1/2,0,1/2\}$ und $\{0,1/2,1/2\}$ (Abb. 11.16). Alle anderen in Abb. 11.16 eingezeichneten Atome gehören zu den Nachbarzellen. Man kann auch hier eine kleinere primitive Elementarzelle mit den Basisvektoren

$$\begin{aligned} \boldsymbol{a}' &= \frac{a}{2}\{\hat{\boldsymbol{e}}_x + \hat{\boldsymbol{e}}_y\}\,, \\ \boldsymbol{b}' &= \frac{a}{2}\{\hat{\boldsymbol{e}}_y + \hat{\boldsymbol{e}}_z\}\,, \\ \boldsymbol{c}' &= \frac{a}{2}\{\hat{\boldsymbol{e}}_x + \hat{\boldsymbol{e}}_z\} \end{aligned} \tag{11.9}$$

wählen (Abb. 11.16b), die zum trigonalen System gehört und das Volumen

$$V_\mathrm{E} = (\boldsymbol{a}' \times \boldsymbol{b}') \cdot \boldsymbol{c}' = a^3/4$$

hat und nur noch das Atom bei $\{0,0,0\}$ enthält.

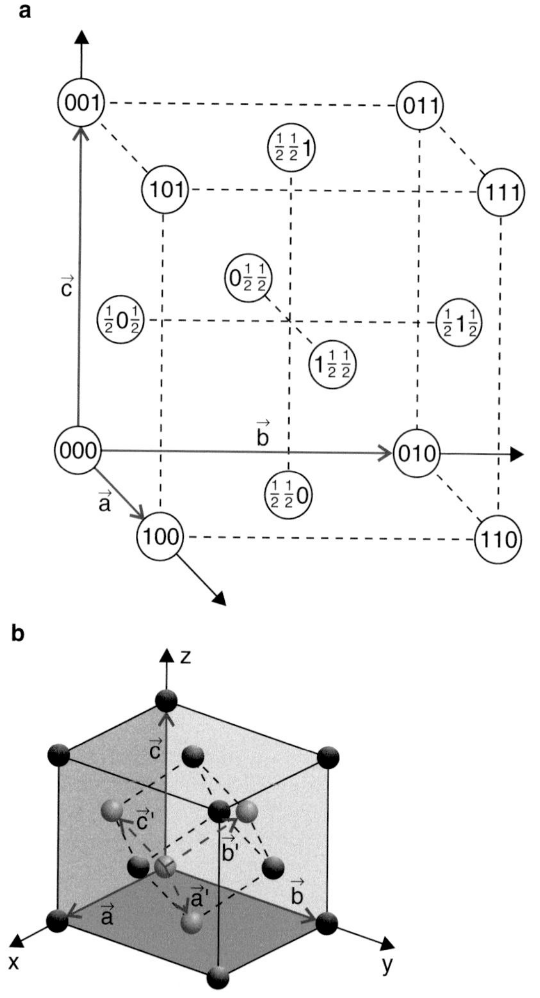

Abbildung 11.16 **a** Kubisch flächenzentriertes Gitter mit vier Atomen pro Elementarzelle; **b** als trigonales Gitter mit primitiver Elementarzelle

Die Kristallstruktur mit fcc-Raumgitter und einer zweiatomigen Basis heißt ***Natriumchloridstruktur*** nach ihrem bekanntesten Vertreter, dem Kochsalz NaCl (Abb. 11.17a). Bei ihr gehört also zu jeder der zur Elementarzelle gehörenden vier Gitterpunkte des fcc-Gitters eine Basis aus einem Na^+-Ion auf einem Gitterpunkt und einem Cl^--Ion bei $Na^+(x,y,z) + \{\frac{1}{2}, \frac{1}{2}, \frac{1}{2}\}$.

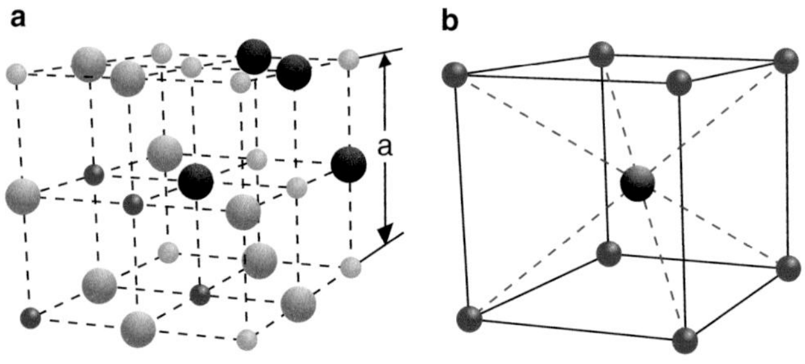

Abbildung 11.17 **a** Natriumchloridstruktur; **b** Cäsiumchloridstruktur

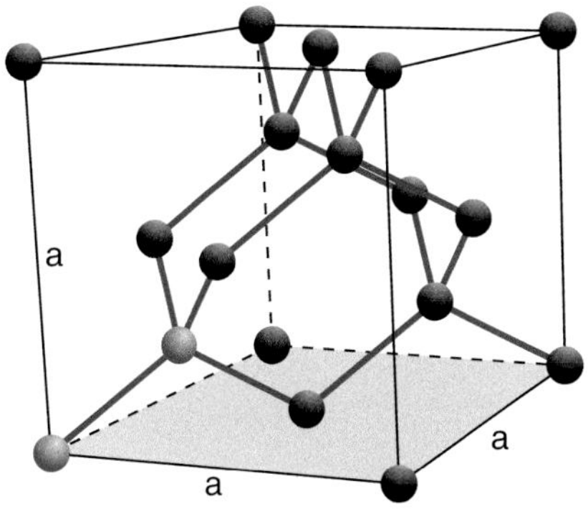

Abbildung 11.18 Diamantstruktur des kubisch flächenzentrierten Gitters mit einer Basis aus zwei Atomen

In Abb. 11.17a sind die dunkelroten Punkte die zur Elementarzelle gehörenden Na^+-Ionen. Die hellroten gehören bereits zu den Nachbarzellen. Die schwarzen Punkte stellen die zugehörigen Cl^--Ionen dar.

Für ***Cäsiumchlorid*** ist es wegen des größeren Atomvolumenverhältnisses V_{Cs}/V_{Cl} energetisch günstiger, als primitiv kubisches Punktgitter mit zweiatomiger Basis Cl(0, 0, 0) + Cs(1/2, 1/2, 1/2) zu kristallisieren (Abb. 11.17b).

Diamant, Silizium und Germanium sind Beispiele für fcc-Gitter mit einer Basis aus zwei Atomen (Abb. 11.18). Ein Atom sitzt auf einer Ecke des Kubus mit Kantenlänge a, das andere auf der Raumdiagonalen, um $(a/4)\sqrt{3}$ vom Eckatom entfernt. Die Koordinaten der beiden in Abb. 11.18 rot gezeichneten Basisatome innerhalb der Einheitszelle sind daher $\{0, 0, 0\}$ und $\{1/4, 1/4, 1/4\}$.

Wie in Abb. 11.18 gezeigt, sitzt bei der Diamantstruktur jedes Atom im Mittelpunkt eines Tetraeders, das von seinen vier nächsten Nachbarn im Abstand $(a/4) \cdot \sqrt{3}$ gebildet wird. Die Kantenlänge des Tetraeders ist $(a/2) \cdot \sqrt{2}$.

Man kann sich an Hand von Abb. 11.19 die Zahl der Atome pro Elementarzelle klar machen. Betrachtet man die Atome als starre Kugeln mit Radius r, so sieht man aus Abb. 11.19, dass bei Atomen, die auf den acht Ecken der Elementarzelle sitzen, jeweils 1/8 des Kugelvolumens zur Zelle gehört. Bei Atomen auf den Kanten der Einheitszelle ragt 1/4 des Kugelvolumens in die Zelle, bei Atomen auf den Begrenzungsflächen 1/2, und nur Atome im Inneren gehören ganz zur Elementarzelle. Die

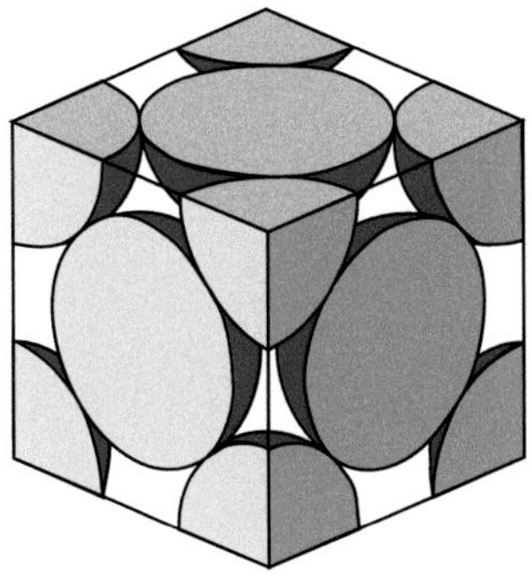

$$N/V_E = \frac{1}{2} N_F + \frac{1}{8} N_E$$

Abbildung 11.19 Zur Anzahl der Atome pro Elementarzelle eines kubisch flächenzentrierten Gitters

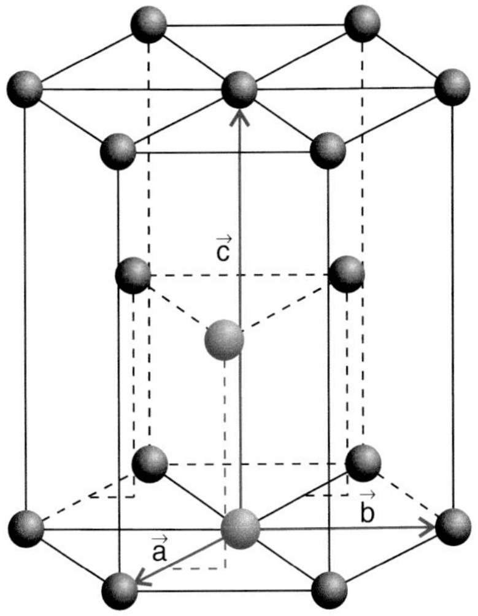

Abbildung 11.20 Hexagonales Gitter mit zweiatomiger Basis (rote Kugeln) bei $(0, 0, 0) + (\frac{2}{3}, \frac{1}{3}, \frac{1}{2})$

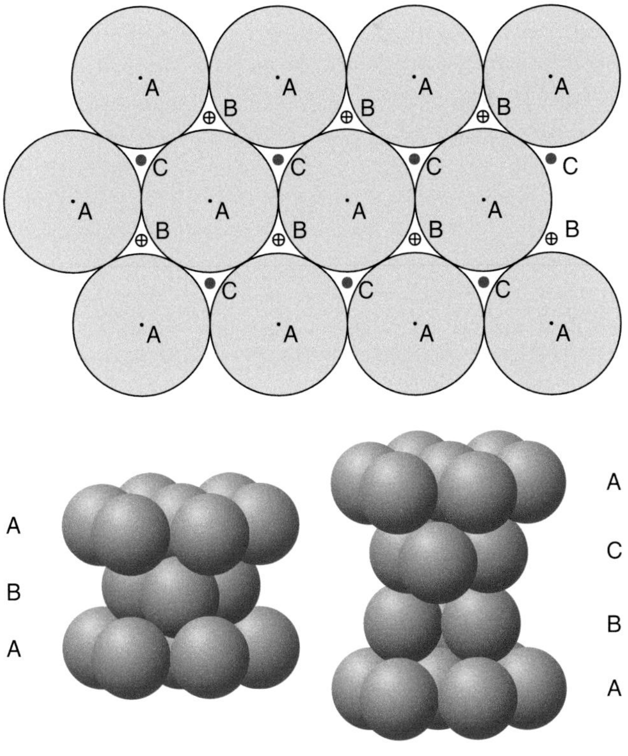

Abbildung 11.21 Zur Unterscheidung der hexagonalen dichtesten Kugelpackung mit der Packungsfolge ABA von der Packung bei fcc-Struktur mit der Folge ABCA

Tabelle 11.1 Kristallstruktur und kleinste Atomabstände in einigen Elementfestkörpern (a: Gitterkonstante, d_{nN}: Abstand nächster Nachbarn, N_{nN}: Anzahl nächster Nachbarn)

Element	Gittertyp	a/nm	d_{nN}/nm	N_{nN}
Gold	fcc	0,408	0,288	12
Aluminium	fcc	0,405	0,286	12
Cäsium	bcc	0,605	0,524	8
Natrium	bcc	0,428	0,371	8
Eisen	bcc	0,286	0,248	8
Zink	hcp	0,266	0,364	12
Germanium	Diamant	0,565	0,244	4
Silizium	Diamant	0,543	0,235	4

Tabelle 11.2 Charakteristische Daten einiger Ionenkristalle (a: Gitterkonstante, d_{nN}: Abstand nächster Nachbarn, E_B: Bindungsenergie pro Ion, T_S: Schmelztemperatur)

Kristall	Gittertyp	a/nm	d_{nN}/nm	E_B/eV	T_S/°C
NaCl	fcc	0,563	0,282	7,89	800
KCl	fcc	0,629	0,315	7,01	768
AgBr	fcc	0,577	0,288	8,75	422
CsCl	kubisch	0,411	0,356	6,72	636
CuCl	fcc, ZnS	0,541	0,234	9,62	430

Zahl N_Z der Atome pro Elementarzelle ist daher

$$N_Z = N_I + \frac{N_F}{2} + \frac{N_K}{4} + \frac{N_E}{8}.$$

Wie bereits in Abschn. 2.4.3 diskutiert wurde, wird im Atommodell starrer Kugeln die größte Raumausfüllung) $\eta = 0{,}74$ bei der dichtesten Kugelpackung erreicht. Diese kann mit zwei Gittertypen erreicht werden:

- beim fcc-Gitter, das in Abb. 11.19 gezeigt ist,
- beim hexagonal dicht gepackten Gitter mit einer Basis aus zwei Atomen bei $\{0, 0, 0\}$ und $\{2/3, 1/3, 1/2\}$ (Abb. 11.20). Dieses Gitter heißt ***hcp-Gitter*** (*hexagonal close-packed structure*).

Der Unterschied zwischen beiden Strukturen wird in Abb. 11.21 deutlich. In Abb. 11.21a sind horizontale Schnittebenen durch die hexagonale Struktur und in Abb. 11.21b Schnitte parallel zur (111)-Ebene der fcc-Struktur dargestellt (siehe Abschn. 11.1.4). Für aufeinander folgende Ebenen ergeben sich die Kugelanordnungen A, B oder C. Bei der hexagonalen dichtesten Kugelpackung ergibt sich die Schichtfolge ABAB, bei der fcc-Struktur dagegen ABCABC.

In Tab. 11.1 sind einige Elementkristalle mit Kristallstruktur und Gittergröße zusammengestellt und in Tab. 11.2 charakteristische Daten einiger Ionenkristalle.

11.1.4 Gitterebenen

Durch mindestens drei nicht auf einer Geraden liegende Gitterpunkte wird eine ***Gitterebene*** definiert (auch *Netzebene* genannt). Die Orientierung dieser Ebene relativ zu den Kristallachsen $\boldsymbol{a}, \boldsymbol{b}, \boldsymbol{c}$ wird durch die Schnittpunkte der Ebene mit den Achsen festgelegt (Abb. 11.22).

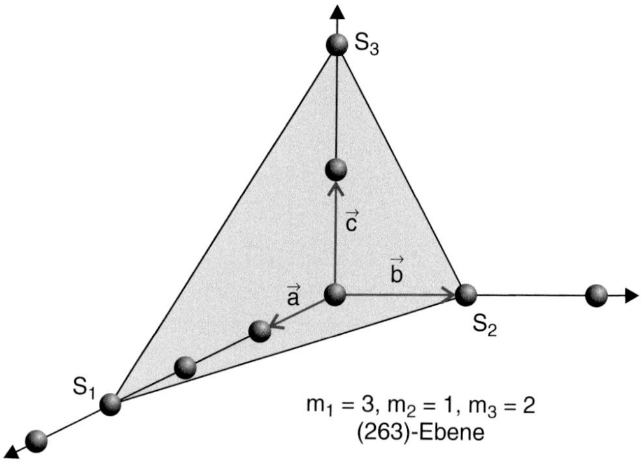

Abbildung 11.22 Zur Definition einer Netzebene

Sind diese Schnittpunkte

$$S_1 : m_1\boldsymbol{a}\,, \quad S_2 : m_2\boldsymbol{b}\,, \quad S_3 : m_3\boldsymbol{c}\,, \quad m_i \in N\,,$$

dann bildet man die reziproken Werte $1/m_1$, $1/m_2$, $1/m_3$ und multipliziert sie mit einer kleinsten ganzen Zahl p, welche die Kehrwerte zu teilerfremden ganzen Zahlen

$$h = \frac{p}{m_1}, \quad k = \frac{p}{m_2}, \quad l = \frac{p}{m_3} \tag{11.10}$$

macht. Dieses Tripel (hkl) ganzer Zahlen heißt ***Miller'sche Indizes***. Jedes Tripel definiert eine Schar paralleler Netzebenen. Die Richtung einer Ebene wird durch die Ebenennormale bestimmt. Der Normalenvektor $\boldsymbol{n}$ einer Ebenenschar (hkl) hat die Komponenten in Richtung der Basisvektoren $\boldsymbol{n} = [hkl]$. Der

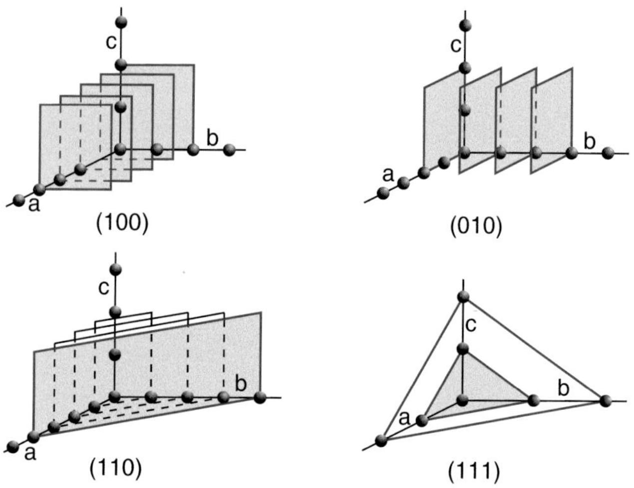

Abbildung 11.23 Einige ausgewählte Netzebenen in einem kubischen Gitter

Kapitel 11

Normalenvektor der (100)-Ebene zeigt also für eine orthogonale Basis in Richtung des Basisvektors $\boldsymbol{a}$. Die Achsenabschnitte zwischen zwei Nachbarebenen sind

$$\Delta_a = \frac{a}{h}, \quad \Delta_b = \frac{b}{k}, \quad \Delta_c = \frac{c}{l}. \tag{11.11}$$

Verläuft die Ebenenschar parallel zur Kristallachse, so schneidet sie diese Achse nicht. Der entsprechende Miller'sche Index ist dann null. In Abb. 11.23 sind zur Verdeutlichung einige Netzebenen dargestellt. Die (100)-Ebenenschar verläuft parallel zu den Achsen $\boldsymbol{b}$ und $\boldsymbol{c}$, die (110)-Ebene parallel zur $\boldsymbol{c}$-Achse, aber schräg zu den Achsen $\boldsymbol{a}$ und $\boldsymbol{b}$. Auf jeder Ebene der Ebenenschar (hkl) liegen gleich viele Gitterpunkte. Die Dichte der Gitterpunkte pro Flächeneinheit hängt jedoch von den Indizes (hkl) ab.

Beispiele

1. Für die (100)-Ebenenschar ist $\Delta_a = a$ und $\Delta_b = \Delta_c = \infty$.
2. Für (111)-Ebenen ist $\Delta_a = a$, $\Delta_b = b$, $\Delta_c = c$.
3. Für (210)-Ebenen ist $\Delta_a = a/2$, $\Delta_b = b$, $\Delta_c = \infty$. ■

In Abb. 2.11 sind die Schnittgeraden zwischen verschiedenen $(h, k, l = 0)$-Ebenen (senkrecht zur x-y-Ebene) und der durch die Gittervektoren $\boldsymbol{a}$ und $\boldsymbol{b}$ aufgespannten x-y-Ebene dargestellt.

Der Normalenvektor, der in die Richtung der von den entgegengerichteten Basisvektoren $(-\boldsymbol{a}, -\boldsymbol{b}, -\boldsymbol{c})$ eingeschlossenen Oktanten zeigt, erhält negative Miller'sche Indizes. Das Minuszeichen wird üblicherweise über den Zahlen (hkl) angegeben. Die Richtung des Normalenvektors $(\bar{h}\bar{k}\bar{l})$ ist also durch

$$\boldsymbol{n} = -\frac{1}{h}\boldsymbol{a} - \frac{1}{k}\boldsymbol{b} + \frac{1}{l}\boldsymbol{c}$$

gegeben. Die $(\bar{1}00)$-Ebene schneidet die $\boldsymbol{a}$-Achse bei $-a$.

11.2 Das reziproke Gitter

Bei der Analyse experimenteller Daten zur Untersuchung der Kristallstruktur (Abschn. 11.3) erweist es sich als sehr zweckmäßig, das so genannte ***reziproke Gitter*** einzuführen, das durch reziproke Basisvektoren $\boldsymbol{a}^*, \boldsymbol{b}^*, \boldsymbol{c}^*$ aufgebaut wird. Diese Vektoren werden wie folgt definiert:

$$\begin{aligned} \boldsymbol{a}^* &= 2\pi \cdot \frac{\boldsymbol{b} \times \boldsymbol{c}}{\boldsymbol{a} \cdot (\boldsymbol{b} \times \boldsymbol{c})} = \frac{2\pi}{V_\mathrm{E}} \cdot (\boldsymbol{b} \times \boldsymbol{c}), \\ \boldsymbol{b}^* &= \frac{2\pi}{V_\mathrm{E}} \cdot (\boldsymbol{c} \times \boldsymbol{a}), \\ \boldsymbol{c}^* &= \frac{2\pi}{V_\mathrm{E}} \cdot (\boldsymbol{a} \times \boldsymbol{b}), \end{aligned} \tag{11.12}$$

wobei V_E das Volumen der Einheitszelle ist.

Der Basisvektor $\boldsymbol{a}^*$ des reziproken Gitters steht senkrecht auf der durch die Vektoren $\boldsymbol{b}$ und $\boldsymbol{c}$ aufgespannten Ebene des Raumgitters. Es gilt:

$$\hat{\boldsymbol{e}}_i^* \cdot \hat{\boldsymbol{e}}_j = 2\pi\delta_{ij}, \tag{11.13}$$

wobei die $\hat{\boldsymbol{e}}_i$ die Einheitsvektoren in Richtung $\boldsymbol{a}, \boldsymbol{b}, \boldsymbol{c}$ sind und δ_{ij} das Kroneckersymbol ist.

Beispiel

Reziprokes Gitter eines ebenen quadratischen Gitters

Die Gitterkonstante sei a. Wir legen die Vektoren $\boldsymbol{a}$ und $\boldsymbol{b}$ in die x-y-Ebene und den Vektor $\boldsymbol{c}$ in die z-Richtung, senkrecht zur Ebene von a und b.

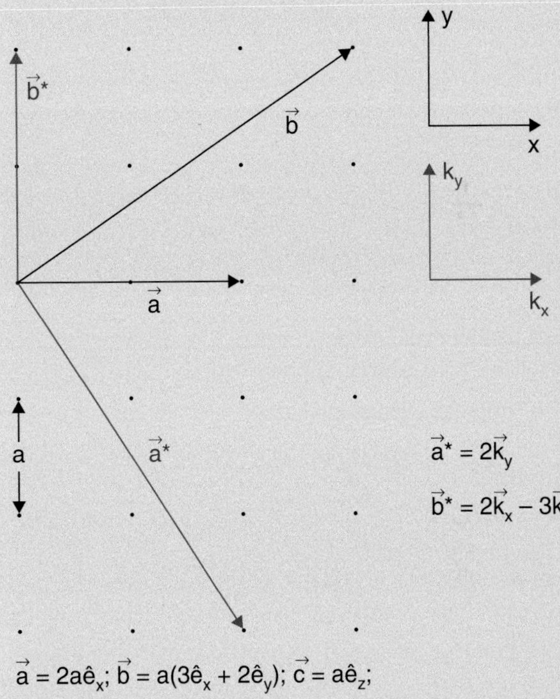

Abbildung 11.24 Ebenes quadratisches Gitter mit Gitterkonstante a. Die reziproken Gittervektoren $\boldsymbol{a}^*$ und $\boldsymbol{b}^*$ zu den Gittervektoren $\boldsymbol{a}$ und $\boldsymbol{b}$

Mit $\boldsymbol{a} = 2a\boldsymbol{e}_x$; $\boldsymbol{b} = a(3\boldsymbol{e}_x + 2\boldsymbol{e}_y)$ und $\boldsymbol{c} = a\boldsymbol{e}_z$ (Abb. 11.24) gilt dann:

$$\begin{aligned} \boldsymbol{b} \times \boldsymbol{c} &= a(3\boldsymbol{e}_x + 2\boldsymbol{e}_y) \times a\boldsymbol{e}_z = a^2(-3\boldsymbol{e}_y + 2\boldsymbol{e}_x) \\ \boldsymbol{c} \times \boldsymbol{a} &= a\boldsymbol{e}_z \times 2a\boldsymbol{e}_x = 2a^2\boldsymbol{e}_y. \end{aligned}$$

Jetzt kann man die reziproken Gittervektoren nach (11.12) berechnen. Es ergibt sich:

$$\begin{aligned} \boldsymbol{a}^* &= 2\pi(\boldsymbol{b} \times \boldsymbol{c})/(\boldsymbol{a} \cdot (\boldsymbol{b} \times \boldsymbol{c})) \\ &= 2\pi a^2(-3\boldsymbol{e}_y + 2\boldsymbol{e}_x)/(2a^3) = (\pi/a)(2\boldsymbol{e}_x - 3\boldsymbol{e}_y) \\ \boldsymbol{b}^* &= 2\pi(\boldsymbol{c} \times \boldsymbol{a})/(\boldsymbol{a} \cdot (\boldsymbol{b} \times \boldsymbol{c})) \\ &= (4\pi a^2)/(2a^3)\boldsymbol{e}_y = (2\pi/a)\boldsymbol{e}_y. \end{aligned}$$

Die Vektoren des reziproken Gitters liegen in der k_x, k_y-Ebene der k-Vektoren des reziproken Gitters. ■

Man sieht aus (11.12) unmittelbar den folgenden Sachverhalt:

Das reziproke Gitter des primitiven kubischen Gitters ist wieder ein primitives kubisches Gitter.

In Abb. 11.15 sind die Basisvektoren $\boldsymbol{a}'$, $\boldsymbol{b}'$, $\boldsymbol{c}'$ des kubisch raumzentrierten Gitters gezeigt, bei Wahl einer primitiven Einheitszelle, die nur ein Atom enthält. Aus (11.7) erhält man mit (11.12) die Basisvektoren des reziproken Gitters:

$$\boldsymbol{a}^* = \frac{2\pi}{a}\{\hat{\boldsymbol{e}}_x + \hat{\boldsymbol{e}}_y\}, \quad \boldsymbol{b}^* = \frac{2\pi}{a}\{\hat{\boldsymbol{e}}_y + \hat{\boldsymbol{e}}_z\},$$

$$\boldsymbol{c}^* = \frac{2\pi}{a}\{\hat{\boldsymbol{e}}_x + \hat{\boldsymbol{e}}_z\}.$$

Ein Vergleich mit (11.9) zeigt, dass dies die primitive Elementarzelle eines kubisch flächenzentrierten Gitters mit veränderter Basislänge ist.

Das reziproke Gitter zum kubisch raumzentrierten Gitter ist also ein kubisch flächenzentriertes Gitter.

Wir wollen nun zwei Sätze beweisen, die die Nützlichkeit des reziproken Gitters bereits verdeutlichen:

- Der reziproke Gittervektor

$$\boldsymbol{R}^* = h \cdot \boldsymbol{a}^* + k \cdot \boldsymbol{b}^* + l \cdot \boldsymbol{c}^* \tag{11.14}$$

  steht senkrecht auf den Gitterebenen (hkl). Er wird in der Literatur häufig mit $\boldsymbol{G}$ bezeichnet.
- Der Betrag $|\boldsymbol{G}|$ ist umgekehrt proportional zum Abstand d_{hkl} zwischen zwei benachbarten Ebenen der Ebenenschar (hkl). Es gilt:

$$|\boldsymbol{G}| = \frac{2\pi}{d_{hkl}}. \tag{11.15}$$

Beweis

1. Wir betrachten in Abb. 11.25 drei spezielle Vektoren

$$\boldsymbol{T}_1 = m_1\,\boldsymbol{a} - m_2\,\boldsymbol{b}, \quad \boldsymbol{T}_2 = m_2\,\boldsymbol{b} - m_3\,\boldsymbol{c},$$
$$\boldsymbol{T}_3 = m_3\,\boldsymbol{c} - m_1\,\boldsymbol{a}$$

in der Ebene (hkl) mit $h = p/m_1$, $k = p/m_2$, $l = p/m_3$ (11.10). Das Skalarprodukt ist:

$$\boldsymbol{T}_1 \cdot \boldsymbol{G} = (m_1\,\boldsymbol{a} - m_2\,\boldsymbol{b}) \cdot (h\boldsymbol{a}^* + k\boldsymbol{b}^* + l\boldsymbol{c}^*).$$

Weil nach (11.12) $\boldsymbol{a} \cdot \boldsymbol{a}^* = 2\pi$ und $\boldsymbol{a} \cdot \boldsymbol{b}^* = \boldsymbol{a} \cdot \boldsymbol{c}^* = \boldsymbol{b} \cdot \boldsymbol{a}^* = \boldsymbol{b} \cdot \boldsymbol{c}^* = 0$ gilt, erhalten wir:

$$T_1 \cdot G = 2\pi\,(m_1 h - m_2 k) = 2\pi(p - p) = 0.$$

Analoges gilt für $\boldsymbol{T}_2 \cdot \boldsymbol{G}$ bzw. $\boldsymbol{T}_3 \cdot \boldsymbol{G}$.
Da dies für alle möglichen Vektoren $\boldsymbol{T}_1, \boldsymbol{T}_2, \boldsymbol{T}_3$ in der Ebene (hkl) gilt, folgt, dass $\boldsymbol{G}$ senkrecht auf der Ebene (hkl) steht.

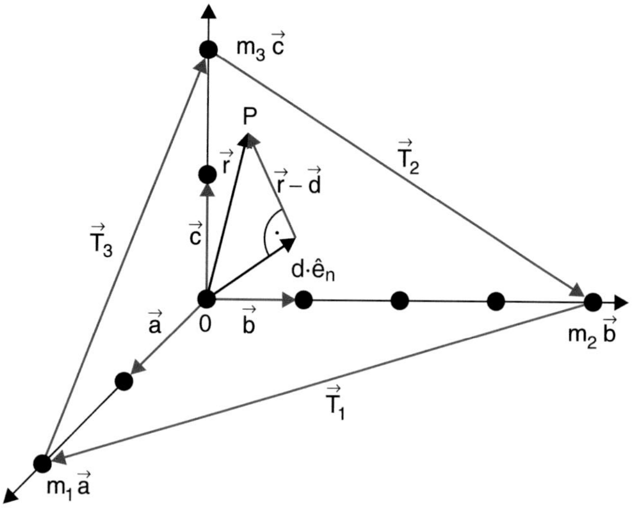

Abbildung 11.25 Zum Beweis von (11.14)

2. Um den Abstand d_{hkl} zwischen zwei benachbarten Ebenen (hkl) zu bestimmen, wählen wir eine Ebene (hkl) durch den Nullpunkt unseres Koordinatensystems, das durch die Basisvektoren $\boldsymbol{a}, \boldsymbol{b}, \boldsymbol{c}$ bestimmt wird. Die nächstbenachbarte (parallele) Ebene (hkl) beschreiben wir durch einen Ortsvektor $\boldsymbol{r}$ vom Nullpunkt zu einem beliebigen Punkt P auf der Ebene (Abb. 11.25). Ist d die Entfernung der Ebene vom Nullpunkt, durch den die benachbarte Ebene (hkl) geht, so gilt für die Gleichung der Ebene

$$\boldsymbol{r} \cdot \hat{\boldsymbol{e}}_n = d, \tag{11.16}$$

wobei $\hat{\boldsymbol{e}}_n$ ein Einheitsvektor senkrecht zur Ebene ist. Da auch der reziproke Gittervektor $\boldsymbol{G}$ senkrecht zur Ebene steht, gilt

$$\boldsymbol{G} = |\boldsymbol{G}| \cdot \hat{\boldsymbol{e}}_n \Rightarrow d = \boldsymbol{r} \cdot \boldsymbol{G}/|\boldsymbol{G}|.$$

Da $\boldsymbol{r}$ ein Ortsvektor von $\boldsymbol{0}$ auf einen beliebigen Punkt P der Ebene ist, können wir z. B. für P den Schnittpunkt der Ebene mit der $\boldsymbol{a}$-Achse wählen $\Rightarrow \boldsymbol{r} = m_1\boldsymbol{a}$. Dann gilt:

$$\begin{aligned}\boldsymbol{r} \cdot \boldsymbol{G} &= m_1\boldsymbol{a} \cdot (h\boldsymbol{a}^* + k\boldsymbol{b}^* + l\boldsymbol{c}^*)\\ &= 2\pi m_1 h = 2\pi \cdot p\\ \Rightarrow d &= \frac{2\pi p}{|\boldsymbol{G}|}.\end{aligned}$$

Den kleinsten Abstand erhält man für $p = 1$. Deshalb ist der Abstand benachbarter Ebenen

$$d_{hkl} = \frac{2\pi}{|\boldsymbol{G}|}. \tag{11.17}$$

■

Beispiele

1. Der Abstand der Netzebenen im kubischen Gitter ist wegen $|\boldsymbol{a}| = |\boldsymbol{b}| = |\boldsymbol{c}|$ und $\boldsymbol{a}^* \perp \boldsymbol{b}^* \perp \boldsymbol{c}^*$:

$$d_{hkl} = \frac{a}{\sqrt{h^2 + k^2 + l^2}} \,. \tag{11.18a}$$

So ist z. B. der Abstand der (100)-Ebenen $d_{100} = a$, der (110)-Ebenen $d_{110} = a/\sqrt{2}$ usw.

2. Für ein rechtwinkliges Gitter mit $a \neq b \neq c$ wird

$$d_{hkl} = \frac{1}{\sqrt{(h/a)^2 + (k/b)^2 + (l/c)^2}} \,. \tag{11.18b}$$

3. Für nicht rechtwinklige Gitter müssen zur Berechnung von $\boldsymbol{G}$ auch die Mischprodukte der Basisvektoren berücksichtigt werden. ■

Man erkennt aus (11.12), dass die Basisvektoren des reziproken Gitters die Dimension einer reziproken Länge haben. Wir werden später sehen, dass bei der Streuung und Interferenz von Röntgenwellen oder Materiewellen mit der Wellenzahl $k = 2\pi/\lambda$ zwischen den Wellenvektoren $\boldsymbol{k}_0$ der einfallenden Welle und $\boldsymbol{k}_s$ der gestreuten Welle die Beziehung

$$\Delta \boldsymbol{k} = \boldsymbol{k}_0 - \boldsymbol{k}_s = \boldsymbol{G}$$

besteht. Man nennt deshalb das reziproke Gitter auch ein Gitter im $\boldsymbol{k}$-Raum, um es vom Translationsgitter im normalen dreidimensionalen Raum abzuheben.

Als Elementarzelle des reziproken Gitters wählt man im Allgemeinen *nicht* das durch die Basisvektoren $\boldsymbol{a}^*$, $\boldsymbol{b}^*$, $\boldsymbol{c}^*$ aufgespannte Parallelepiped, sondern das Polyeder, welches durch die Ebenen begrenzt wird, die durch die Mittelpunkte der Vektoren $\boldsymbol{a}^*$, $\boldsymbol{b}^*$, $\boldsymbol{c}^*$ gehen und jeweils senkrecht zu ihnen stehen. Dieses Polyeder heißt ***erste Brillouinzone*** und entspricht der in Abschn. 11.1.2 eingeführten Wigner-Seitz-Zelle des Translationsgitters. Die erste Brioullin-Zone wird wie folgt konstruiert:

Man wählt einen beliebigen Punkt des reziproken Gitters und zeichnet alle Verbindungsgeraden zu den Nachbarpunkten im reziproken Gitter ein. Legt man jetzt durch die Mittelpunkte dieser Geraden Normalebenen, die senkrecht zu den Verbindungsgeraden liegen, so schließen diese Ebenen im dreidimensionalen Fall ein Volumen ein, das die erste Brioullin-Zone darstellt. Im zweidimensionalen Fall schließen die Schnittgeraden dieser Ebenen mit der Ebene der reziproken Gitterpunkte eine Fläche ein, die der zweidimensionalen Brioullin-Zone entspricht. In Abb. 11.26 ist die erste Brillouinzone für ein ebenes Gitter und in Abb. 11.27 für das raumzentrierte und das flächenzentrierte kubische Gitter gezeigt. Der Abstand der Oktaederflächen in Abb. 11.27b vom Mittelpunkt ist $\pi \cdot \sqrt{3}/a$.

Wir werden später sehen, dass man viele Festkörpereigenschaften vollständig durch ihr Verhalten innerhalb der ersten Brillouinzone beschreiben kann, weil sie sich in den höheren Brillouinzonen periodisch wiederholen. Man braucht zur Beschreibung dieser Eigenschaften deshalb nur ein Teilgebiet des reziproken Gitters, nämlich die erste Brillouinzone, zu betrachten.

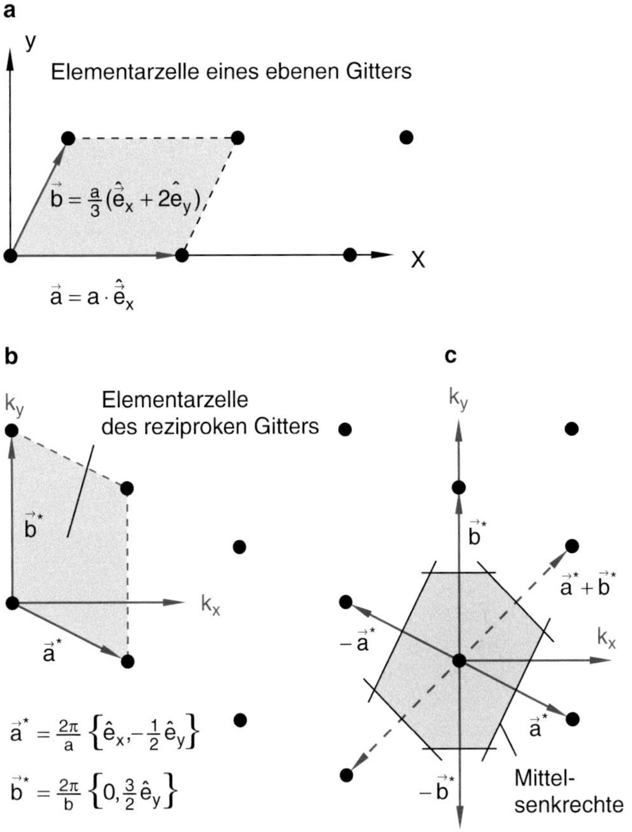

Abbildung 11.26 **a** Ebenes Raumgitter; **b** dazugehöriges reziprokes Gitter; **c** Konstruktion der ersten Brillouinzone

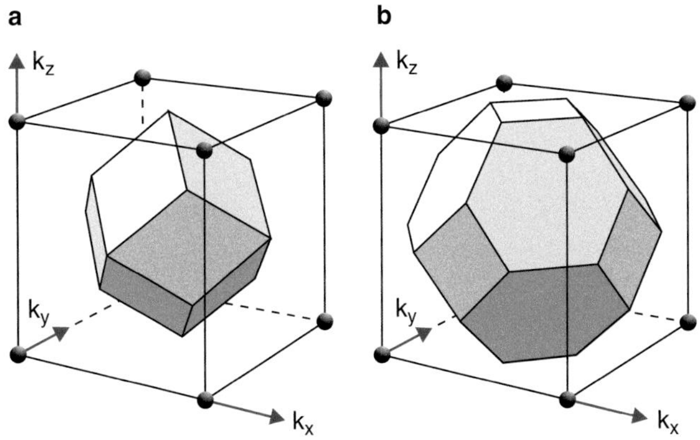

Abbildung 11.27 Erste Brillouin-Zone **a** für ein kubisch raumzentriertes Gitter, **b** für ein kubisch flächenzentriertes Gitter

Kapitel 11

11.3 Experimentelle Methoden zur Strukturbestimmung

Die genauesten Methoden zur Strukturbestimmung von kristallinen Festkörpern beruhen auf der Beugung und Interferenz von Wellen mit Wellenlängen λ, die kleiner sind als die Atomabstände d im Festkörper (siehe Bd. 2, Abschn. 10.5). Als Sonden kommen Elektronen, Neutronen, Röntgenstrahlen und neuerdings auch neutrale Atome in Frage, wobei bei Teilchensonden für die de Broglie-Wellenlänge λ (siehe Abschn. 3.2) die Bedingung

$$\lambda = \frac{h}{m \cdot v} < d \tag{11.19}$$

gelten muss, wobei m, v Masse und Geschwindigkeit des Teilchens sind.

Beispiel

Eine de Broglie-Wellenlänge von $\lambda = 10^{-10}\,\text{m} = 1\,\text{Å}$ haben: Elektronen der Energie 145 eV, Neutronen der Energie 80 meV, Heliumatome der Energie 20 meV. Zum Vergleich: Röntgenquanten der Wellenlänge $\lambda = 1\,\text{Å}$ haben eine Energie $h \cdot \nu = 12{,}4\,\text{keV}$. ■

Während die Röntgenstrahlen und die Neutronen auch dickere Schichten des zu untersuchenden Festkörpers durchdringen können, werden die Elektronen bereits in dünnen Schichten absorbiert. Deshalb werden Elektronenstrahlen hauptsächlich zur Strukturbestimmung dünner Festkörperfilme verwendet. Neutrale Atome können nur zur Oberflächenuntersuchung von Festkörpern eingesetzt werden, da sie bei thermischen Energien ($\approx 30\,\text{meV}$) kaum in den Festkörper eindringen können [3–5].

11.3.1 Bragg-Reflexion

Eine bereits in Abschn. 2.2.3 vorgestellte Methode zur Messung von Netzebenenabständen ist die Bragg-Reflexion von monochromatischer Röntgenstrahlung (Abb. 2.10) oder monoenergetischen Neutronen an einem Einkristall, die von Vater und Sohn *Bragg* (siehe Abb. 7.26) zuerst quantitativ angewandt wurde. Bildet eine Netzebenenschar (h, k, l) den Winkel ϑ gegen den einfallenden Strahl, so erhält man konstruktive Interferenz für die an den parallelen Ebenen (h, k, l) gestreuten Teilwellen, wenn die ***Bragg-Bedingung***

$$2d_{hkl} \cdot \sin\vartheta = m \cdot \lambda \tag{11.20}$$

erfüllt ist. Wird der Kristall gegen eine Einfallsrichtung gedreht, so können bei verschiedenen Winkeln ϑ_i die verschiedenen Netzebenen zur konstruktiven Interferenz bei der Reflexion beitragen, und man erhält aus den gemessenen Winkeln ϑ_i die Abstände der entsprechenden Netzebenen.

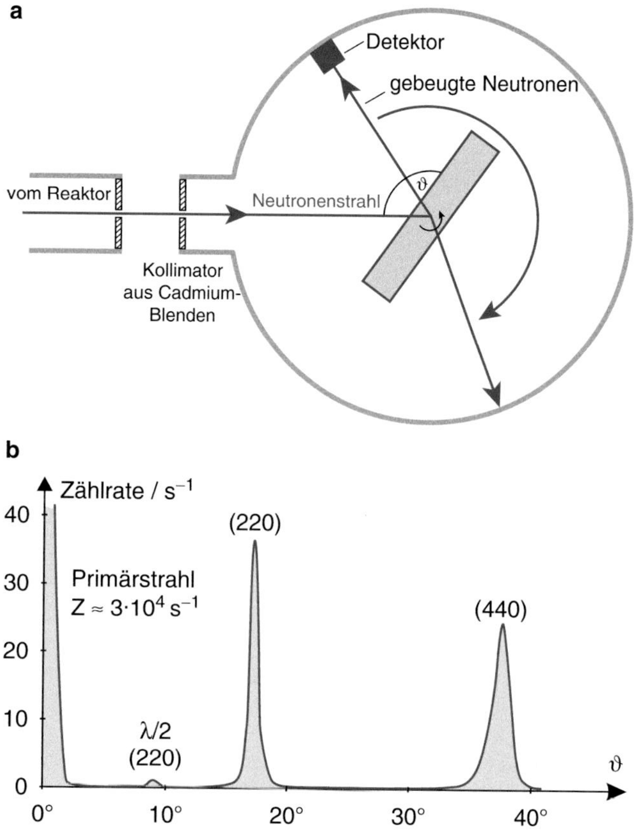

Abbildung 11.28 **a** Schematische Anordnung zur Neutronenbeugung, **b** an einem CaF_2-Kristall reflektierte Intensität von Neutronen der Wellenlänge $\lambda = 1{,}16\,\text{Å}$ als Funktion des Winkels ϑ gegen die angegebenen Netzebenen

In Abb. 3.23a ist schematisch eine experimentelle Anordnung zur Messung der Bragg-Reflexion von Neutronen gezeigt. Die Neutronen kommen durch einen engen Kanal aus dem Inneren eines Kernreaktors (siehe Bd. 4), werden durch neutronenabsorbierende Blenden (z. B. aus Cadmium) kollimiert und fallen auf einen Einkristall mit bekanntem Netzebenenabstand, der als *Monochromator* dient. Die unter dem Winkel 2ϑ in der ersten Ordnung abgelenkten Neutronen haben gemäß (11.20) die de Broglie-Wellenlänge $\lambda = 2d_{hkl} \cdot \sin\vartheta$ und damit die kinetische Energie

$$E_{\text{kin}} = p^2/2m = h^2/(8d^2 \sin^2\vartheta \cdot m).$$

Blendet man durch eine zweite Blende diese Neutronen aus und lässt sie auf den zu untersuchenden Kristall fallen, so lassen sich durch Drehen des Kristalls seine Netzebenenabstände bestimmen (***Drehkristallverfahren***). Der Detektor für die gestreuten Neutronen (z. B. ein mit BF_3 gefülltes Zählrohr) wird dabei synchron um den Winkel 2ϑ gegen die Einfallsrichtung gedreht. In Abb. 11.28 ist zur Illustration die Zahl $Z(\vartheta)$ der reflektierten Neutronen bei der Bragg-Reflexion an einem

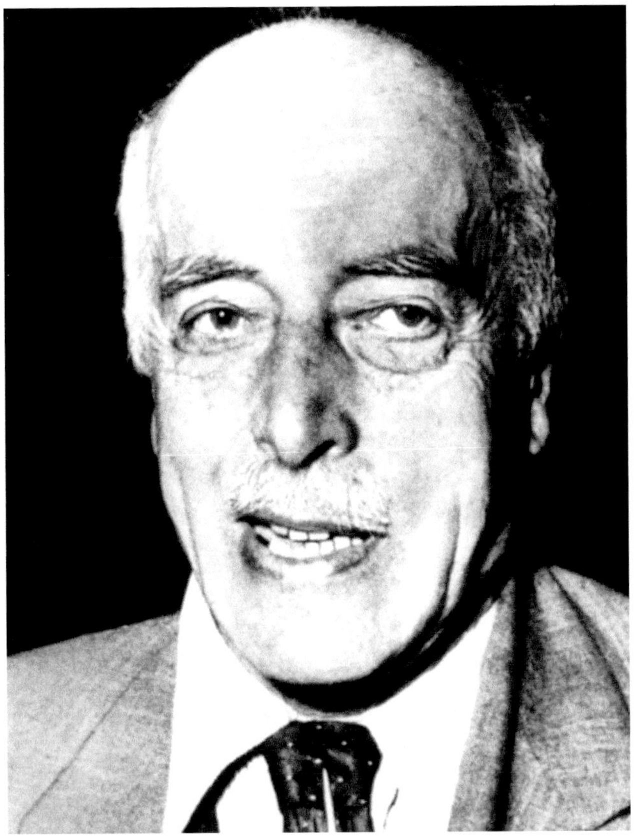

Abbildung 11.29 *Max von Laue.* Aus A. Feldman, P. Ford: *Erfinder und Wissenschaftler* (Hans Kaiser Verlag, Klagenfurt 1980)

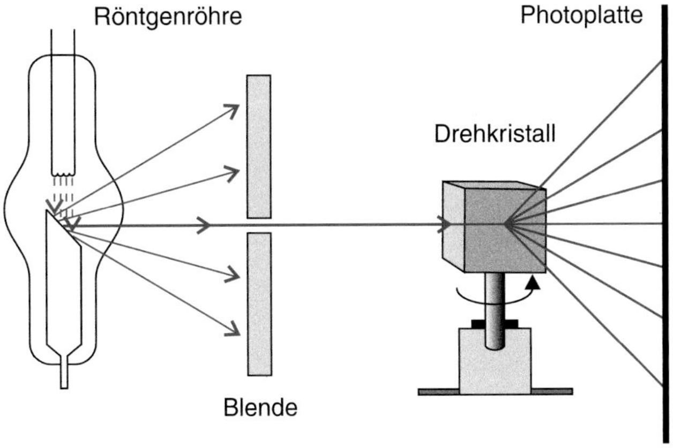

Abbildung 11.30 Anordnung zur Messung der Röntgen-Beugung an einem Einkristall mithilfe des Drehkristall-Verfahrens

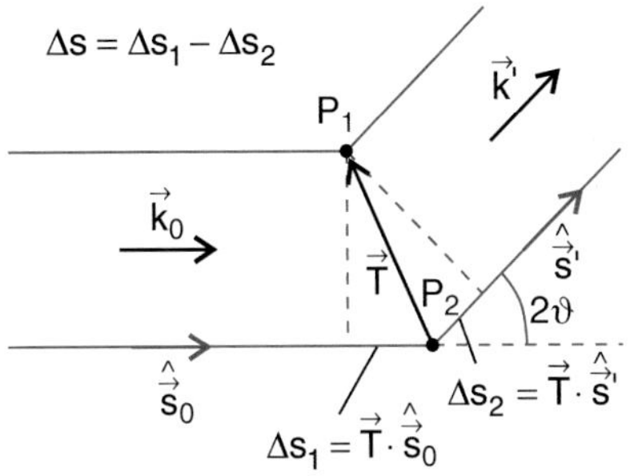

Abbildung 11.31 Zur Herleitung der Laue-Gleichungen. $\hat{s}_0$ und $\hat{s}'$ sind die Einheitsvektoren in Einfalls- bzw. Streu-Richtung

Calciumfluorid-Kristall gezeigt, wobei die zur Reflexion beitragenden Netzebenen angegeben sind. Im einfallenden Strahl war außer den vom Monochromator selektierten Neutronen mit $\lambda = 1{,}16\,\text{Å}$ noch ein geringer Anteil mit $\lambda/2 = 0{,}58\,\text{Å}$, die in der zweiten Ordnung reflektiert werden.

11.3.2 Laue-Beugung

Bei der Laue-Beugung, die von *Max von Laue* (1879–1960, Nobelpreis 1914) (Abb. 11.29) zur Strukturuntersuchung von Festkörpern angewandt wurde, wird im Gegensatz zur Bragg-Reflexion nicht monochromatische, sondern spektral kontinuierlich verteilte Strahlung verwendet. Sie wird z. B. als Bremsstrahlung in einer Röntgenröhre (Abschn. 7.5) oder als Synchrotronstrahlung (Bd. 2, Abschn. 6.5.4) erzeugt und fällt als paralleles Strahlenbündel auf den Kristall (Abb. 11.30).

Wir betrachten zuerst ein atomares Gitter. Konstruktive Überlagerung der an den einzelnen Atomen des Kristalls elastisch gestreuten Wellen ergibt sich für bestimmte Streurichtungen gegen den einfallenden Strahl, wenn für die Wegdifferenz Δs der von zwei beliebigen Atomen des Gitters gestreuten Teilwellen gilt: $\Delta s = m \cdot \lambda$. Sei $\boldsymbol{k}_0 = k \cdot \hat{\boldsymbol{s}}_0$ der Wellenvektor der einfallenden und $\boldsymbol{k}' = k \cdot \hat{\boldsymbol{s}}'$ der Wellenvektor der gestreuten Strahlung, wobei $\hat{\boldsymbol{s}}_0$ und $\hat{\boldsymbol{s}}'$ Einheitsvektoren sind und $|\boldsymbol{k}_0| = |\boldsymbol{k}'| = k$ gilt, weil bei der elastischen Streuung nur die Richtung, aber nicht der Betrag von $\boldsymbol{k}$ geändert wird. Aus Abb. 11.31, in der P_1 und P_2 zwei beliebige Gitterpunkte sind, welche durch den Translationsvektor

$$\boldsymbol{T} = m_1\boldsymbol{a} + m_2\boldsymbol{b} + m_3\boldsymbol{c}$$

miteinander verbunden sind, folgt:

$$\begin{aligned}\Delta s &= \boldsymbol{T} \cdot \hat{\boldsymbol{s}}_0 - \boldsymbol{T} \cdot \hat{\boldsymbol{s}}' \\ &= m_1\Delta_a + m_2\Delta_b + m_3\Delta_c = m \cdot \lambda\,. \end{aligned} \tag{11.21}$$

Da (11.21) für beliebige Gitterpunkte, d. h. für beliebige Kombinationen der ganzen Zahlen m_1, m_2, m_3 gelten muss, kann dies nur erfüllt werden, wenn die Bedingungen

$$\begin{aligned}\Delta_a &= \boldsymbol{a} \cdot (\hat{\boldsymbol{s}}_0 - \hat{\boldsymbol{s}}') = (m/m_1)\lambda = h \cdot \lambda\,, \\ \Delta_b &= \boldsymbol{b} \cdot (\hat{\boldsymbol{s}}_0 - \hat{\boldsymbol{s}}') = (m/m_2)\lambda = k \cdot \lambda\,, \\ \Delta_c &= \boldsymbol{c} \cdot (\hat{\boldsymbol{s}}_0 - \hat{\boldsymbol{s}}') = (m/m_3)\lambda = l \cdot \lambda \end{aligned} \tag{11.22}$$

mit h, k, l ganzzahlig erfüllt sind.

Sind $(\alpha_0, \beta_0, \gamma_0)$ die Winkel der Einfallsrichtung gegen die $\boldsymbol{a}, \boldsymbol{b}, \boldsymbol{c}$-Basisvektoren und (α, β, γ) die der Streurichtung, so er-

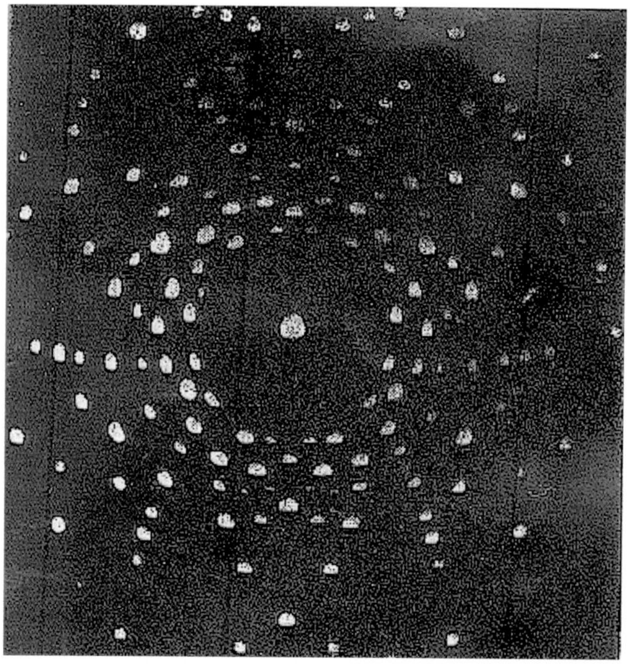

Abbildung 11.32 Photographische Aufnahme der Laue-Reflexe eines Quarzkristalls [Schpolski: *Atomphysik*, VEB Deutscher Verlag der Wissenschaften 1954]

hält man aus (11.22) die ***Laue-Gleichungen***

$$\begin{aligned}\cos\alpha_0 - \cos\alpha &= h\cdot\lambda/a\,,\\ \cos\beta_0 - \cos\beta &= k\cdot\lambda/b\,,\\ \cos\gamma_0 - \cos\gamma &= l\cdot\lambda/c\,.\end{aligned} \tag{11.23}$$

Bei vorgegebener Einfallsrichtung $(\alpha_0, \beta_0, \gamma_0)$ wird für eine bestimmte Wellenlänge λ in der Richtung (α, β, γ) konstruktive Interferenz erreicht. Dort erscheinen in der gestreuten Strahlung Intensitätsmaxima (***Laue-Reflexe***, Abb. 11.32).

Zusammen mit der Gleichung $\hat{s}'^2 = 1$ ergeben sich vier Gleichungen für die vier Bestimmungsgrößen $\lambda, \alpha, \beta, \gamma$. Dies zeigt, dass bei gegebener Kristallstruktur $(\boldsymbol{a}, \boldsymbol{b}, \boldsymbol{c})$ nur für eine bestimmte Wellenlänge λ ein Reflex in einer bestimmten Richtung (α, β, γ) zu beobachten ist.

Man kann deshalb zwei verschiedene experimentelle Verfahren wählen:

a) Entweder wird die Einstrahlrichtung s_0 gegen die Kristallachsen festgelegt. Dann gibt es nicht für jede Wellenlänge konstruktive Interferenz. Man muss deshalb ein spektrales Kontinuum einstrahlen, sodass immer geeignete Wellenlängen λ vorhanden sind, für die es Laue-Reflexe gibt, oder
b) Man strahlt monochromatische Strahlung ein und dreht den Kristall in geeignete Richtungen, für die bei dieser Wellenlänge λ die Lauebedingungen erfüllt sind (Drehkristall-Verfahren) (Abb. 11.30).

Zwei Teilstrahlen mit der Wegdifferenz Δs haben die Phasendifferenz $\Delta\varphi = (2\pi/\lambda)\,\Delta s = k\cdot\Delta s$. Die Bedingung $\Delta s = m\cdot\lambda$ wird dann

$$\Delta\varphi = m\cdot 2\pi \Rightarrow k\cdot\Delta s = m\cdot 2\pi\,.$$

Deshalb lässt sich (11.21) auch schreiben als

$$\boldsymbol{T}\cdot\Delta\boldsymbol{k} = m\cdot 2\pi\,, \tag{11.24}$$

was in Komponentenschreibweise heißt:

$$m_1\,\boldsymbol{a}\cdot\Delta\boldsymbol{k}_a + m_2\,\boldsymbol{b}\cdot\Delta\boldsymbol{k}_b + m_3\,\boldsymbol{c}\cdot\Delta\boldsymbol{k}_c = m\cdot 2\pi\,.$$

Da dies für beliebige Kombinationen m_1, m_2, m_3 gelten muss, folgt:

$$\Delta\boldsymbol{k}_a\cdot\boldsymbol{a} = h\cdot 2\pi\,,\quad \Delta\boldsymbol{k}_b\cdot\boldsymbol{b} = k\cdot 2\pi\,,$$
$$\Delta\boldsymbol{k}_c\cdot\boldsymbol{c} = l\cdot 2\pi\,.$$

Multipliziert man die drei Gleichungen jeweils mit den Basisvektoren $\boldsymbol{a}^*, \boldsymbol{b}^*, \boldsymbol{c}^*$ des reziproken Gitters, so ergibt dies

$$\begin{aligned}&\Delta\boldsymbol{k}_a = h\cdot\boldsymbol{a}^*\,,\quad \Delta\boldsymbol{k}_b = k\cdot\boldsymbol{b}^*\,,\\ &\Delta\boldsymbol{k}_c = l\cdot\boldsymbol{c}^* \Rightarrow \Delta\boldsymbol{k} = \boldsymbol{G}\,.\end{aligned} \tag{11.25}$$

Man erhält also bei der Streuung an einem Kristall nur dann konstruktive Überlappung der gestreuten Teilwellen, wenn die Änderung $\Delta\boldsymbol{k} = \boldsymbol{k}_0 - \boldsymbol{k}'$ des Wellenvektors gleich einem Gittervektor $\boldsymbol{G}$ des reziproken Gitters ist.

Die zu den Laue-Gleichungen (11.23) äquivalente Darstellung lautet daher:

$$\Delta\boldsymbol{k} = \boldsymbol{k}_0 - \boldsymbol{k}' = \boldsymbol{G}\,. \tag{11.26}$$

Aus dem Laue-Diagramm lässt sich die Änderung $\Delta\boldsymbol{k}$ für die einzelnen Laue-Reflexe bestimmen, und man erhält (oft erst nach aufwändigen Rechnungen) das reziproke Gitter des untersuchten Kristalls, aus dem sich durch eine Fourier-Transformation das Raumgitter ergibt.

11.3.3 Beziehung zwischen Lauebedingung und Bragg-Bedingung

Der Ablenkwinkel 2ϑ gegen die Einfallsrichtung in der Bragg-Bedingung (2.12) ist nach Abb. 11.31 mit den Einfallswinkeln $(\alpha_0, \beta_0, \gamma_0)$ und den Streuwinkeln (α, β, γ) verknüpft durch die Bedingung

$$\begin{aligned}\cos 2\vartheta &= \hat{s}'\cdot\hat{s}_0\\ &= \cos\alpha\cdot\cos\alpha_0 + \cos\beta\cdot\cos\beta_0 + \cos\gamma\cdot\cos\gamma_0\,.\end{aligned}$$

weil $\hat{s}_0 = \{\cos\alpha_0, \cos\beta_0, \cos\gamma_0\}$

$$\hat{s}' = \{\cos\alpha, \cos\beta, \cos\gamma\}\,.$$

Für rechtwinklige Gitter gilt:

$$\cos^2\alpha + \cos^2\beta + \cos^2\gamma = 1\,. \qquad (11.27)$$

Quadriert man die Laue-Gleichungen (11.23) und addiert sie, erhält man unter Berücksichtigung von (11.27) und der Relation

$$2\cdot[1-\cos 2\vartheta] = \lambda^2\left[\frac{h_1^2}{a^2}+\frac{h_2^2}{b^2}+\frac{h_3^2}{c^2}\right]. \qquad (11.28)$$

Einen etwaigen gemeinsamen Teiler m ziehen wir vor die Klammer und setzen:

$$h_1 = m\cdot h\,;\quad h_2 = m\cdot k\,;\quad h_3 = m\cdot l\,.$$

Damit sind h, k, l teilerfremd und gleich den Miller'schen Indices.

Dies liefert wegen $(1-\cos 2\vartheta) = 2\cdot\sin^2\vartheta$ mit dem Netzebenenabstand

$$d_{hkl} = \left[\frac{h^2}{a^2}+\frac{k^2}{b^2}+\frac{l^2}{c^2}\right]^{-1/2}$$

aus (11.18b) die Bragg-Bedingung:

$$2d_{hkl}\cdot\sin\vartheta = m\cdot\lambda\,. \qquad (11.29)$$

Man sieht daraus, dass die Bragg-Reflexion nur ein Spezialfall der allgemeinen Laue-Beugung ist, bei dem die Streuung der einfallenden Strahlung mit einer festen Wellenlänge λ bei richtigem Einfallswinkel ϑ gegen die Ebenen (h,k,l) an Atomen dieser Netzebenenschar gemessen wird.

Bei der Laue-Beugung enthält die einfallende Welle ein Kontinuum von Wellenlängen. Die geeigneten Wellenlängen λ_i aus diesem Kontinuum erfahren Bragg-Reflexion an einer der vielen Netzebenenscharen (hkl), für die (11.29) erfüllt wird.

11.3.4 Debye-Scherrer-Verfahren

Bei polykristallinen Festkörpern (z. B. pulverisiertes kristallines Material wie Kochsalz, Diamantpulver, etc.) sind die Mikrokristalle und ihre Netzebenen regellos orientiert (siehe Abschn. 11.5.5), und das Bragg-Verfahren kann deshalb nicht angewendet werden. Hier ist eine von *Peter J. W. Debye* (1884–1966) und *Paul Scherrer* (1890–1969) entwickelte Methode nützlich, deren Aufbau in Abb. 11.33 gezeigt ist. Ein dünnes Röhrchen mit der pulverförmigen Probe wird in die Achse eines zylindrischen Gefäßes gebracht und mit einem monochromatischen parallelen Röntgenbündel bestrahlt. Nur diejenigen Mikrokristalle, deren Orientierung geeignet liegt, um die Bragg-Bedingung (11.29) zu erfüllen, tragen zur Streustrahlung merklich bei. Dies bedeutet, dass nur bei bestimmten Winkeln $2\vartheta_i$ gegen die Einfallsrichtung, d. h. auf Kegeln mit vollen Öffnungswinkeln $4\vartheta_i$, reflektierte Intensität zu erwarten ist. Sie

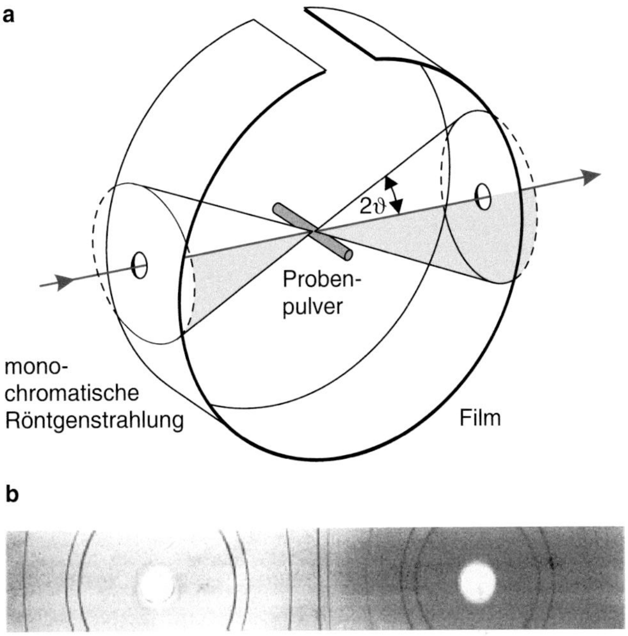

Abbildung 11.33 Debye-Scherrer-Verfahren: **a** Experimentelle Anordnung; **b** Aufnahme der ringförmigen Interferenzmaxima von Kupferpulver

wird auf einem Filmband gemessen, das auf der Innenwand des zylindrischen Behälters mit Radius R_Z angebracht ist. Auf dem auseinandergerollten entwickelten Film sieht man daher geschwärzte angenäherte Kreisbögen (Abb. 11.33b), aus deren Radien

$$R_i = R_Z\cdot\sin(2\vartheta_i) \qquad (11.30)$$

die Winkel ϑ_i und damit bei bekannter Wellenlänge λ nach (11.29) die Netzebenenabstände d_{hkl} bestimmt werden können.

11.4 Genauere Behandlung der Röntgenbeugung

Wir haben bisher angenommen, dass die Beugung und Interferenz der Röntgenstrahlung an einem Punktgitter erfolgt. Bei nicht primitiven Kristallgittern sitzen die Atome nicht nur auf den Gitterpunkten, sondern es können innerhalb einer Elementarzelle Gruppen von Atomen A_i an verschiedenen Orten der Elementarzelle angeordnet sein, die zur Streuung der einfallenden Röntgenwelle beitragen und welche die durch die Laue-Gleichungen ausgedrückten Bedingungen für konstruktive Interferenz modifizieren.

Außerdem sind die Atome nicht punktförmig, sondern ihre Elektronenhülle füllt ein endliches Volumen aus. Da die schweren Atomkerne den schnellen Schwingungen der Röntgenwelle ($\nu = 10^{18}$–$10^{19}\,\mathrm{s}^{-1}$) nicht folgen können, wird der Hauptteil der elastisch gestreuten Röntgenwelle von den zu erzwungenen Schwingungen angeregten Elektronen der Atomhülle ausgesandt (siehe Bd. 2, Abschn. 6.5.1). Deren Orte sind aber über das Raumgebiet der Elektronenhülle verteilt, sodass die Wegdifferenzen zwischen den miteinander interferierenden Teilwellen nicht nur (wie in (11.21) angenommen) durch die Translationsvektoren der Gitterpunkte, sondern zusätzlich durch die Elektronenverteilung der streuenden Atome bestimmt wird.

Es sind also drei Faktoren, welche die räumliche Intensitätsverteilung der gestreuten Röntgenstrahlung bestimmen:

- die Punktgitterstruktur, welche gemäß der Laue-Gleichung die Streuwinkel und damit die Lage der Laue-Reflexe auf der Photoplatte festlegt,
- die Anordnung der Atome innerhalb einer Elementarzelle des Punktgitters, welche eine Intensitätsmodulation der Laue-Reflexe bewirkt (siehe unten),
- die räumliche Verteilung der Elektronen innerhalb der Atome, welche zu einer Verbreiterung der Intensitätsverteilung innerhalb jedes Laue-Reflexes führt.

Berücksichtigt man noch, dass die Atome eines realen Gitters nicht fest an einem Ort sitzen, sondern um ihre Gleichgewichtslagen schwingen können, so erhält man ein teilweises Auswaschen der Reflexe, d. h. eine Verminderung der Intensität im Maximum jedes Laue-Reflexes (siehe Abschn. 11.4.3 und 12.3).

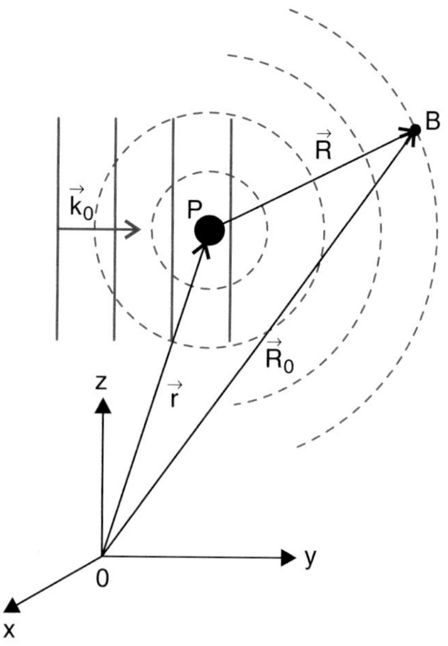

Abbildung 11.34 Zur Berechnung der Streuamplitude

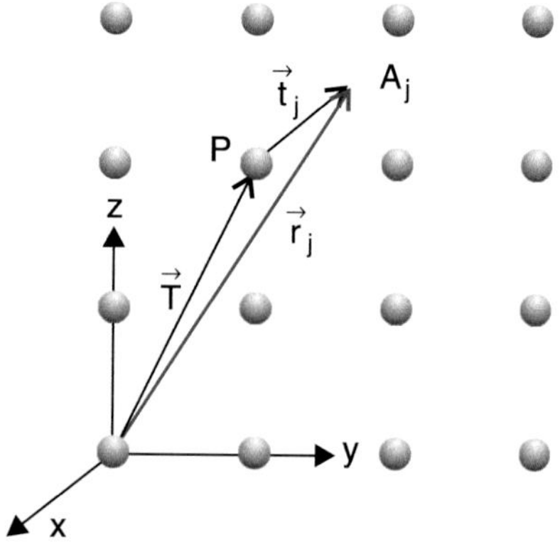

Abbildung 11.35 Zur Herleitung des Strukturfaktors

11.4.1 Streuamplitude und Streufaktor

Wir betrachten in Abb. 11.34 ein Streuzentrum am Ort P mit dem Ortsvektor $\boldsymbol{r}$. Fällt eine ebene Welle

$$\boldsymbol{E}(\hat{\boldsymbol{r}}) = \boldsymbol{A}_\mathrm{e} \cdot \mathrm{e}^{\mathrm{i}(\boldsymbol{k}_0 \cdot \boldsymbol{r} - \omega t)} \tag{11.31}$$

ein, so möge der Bruchteil f der Amplitude $\boldsymbol{A}_\mathrm{e}$ als Kugelwelle vom Streuzentrum P in alle Richtungen gestreut werden. Im Beobachtungspunkt $B(\boldsymbol{R}_0)$ mit $R_0 \gg r$ ist dann die Amplitude der gestreuten Welle

$$\begin{aligned} A_B &= f \cdot \frac{\boldsymbol{E}(r)}{R} \cdot \mathrm{e}^{\mathrm{i}\boldsymbol{k}\cdot\boldsymbol{R}} \\ &= f \cdot \frac{\boldsymbol{A}_\mathrm{e}}{R} \cdot \mathrm{e}^{\mathrm{i}(\boldsymbol{k}_0 \boldsymbol{r} - \omega t)} \cdot \mathrm{e}^{\mathrm{i}\boldsymbol{k}\boldsymbol{R}} \\ &= f \cdot \frac{\boldsymbol{A}_\mathrm{e}}{R} \cdot \mathrm{e}^{\mathrm{i}\boldsymbol{k}\cdot\boldsymbol{R}_0} \cdot \mathrm{e}^{\mathrm{i}(\boldsymbol{k}_0 - \boldsymbol{k})\cdot\boldsymbol{r}} \cdot \mathrm{e}^{-\mathrm{i}\omega t} , \end{aligned}$$

wobei die aus Abb. 11.34 ersichtliche Beziehung $\boldsymbol{R} = \boldsymbol{R}_0 - \boldsymbol{r}$ benutzt wurde.

Mit den Abkürzungen $C = (A_\mathrm{e}/R) \cdot \mathrm{e}^{\mathrm{i}(\boldsymbol{k}\cdot\boldsymbol{R}_0 - \omega t)}$ und $\Delta k = \boldsymbol{k}_0 - \boldsymbol{k}$ wird die Amplitude der Streuwelle eines Atoms im Abstand R von diesem Atom

$$A_B = C \cdot f \cdot \mathrm{e}^{\mathrm{i}\Delta\boldsymbol{k}\cdot\boldsymbol{r}} . \tag{11.32}$$

In einem Kristall mit je einem Atom pro Gitterpunkt tragen viele Streuzentren an den Orten

$$\boldsymbol{r}_m = m_1\,\boldsymbol{a} + m_2\,\boldsymbol{b} + m_3\,\boldsymbol{c}$$

zur Streuamplitude in B bei. Wenn wir annehmen, dass an allen Gitterpunkten identische Atome sitzen, wird die gesamte Streuamplitude

$$A_\mathrm{total} = C \cdot f \cdot \sum_{m_j} \mathrm{e}^{\mathrm{i}\Delta\boldsymbol{k}(m_1\boldsymbol{a} + m_2\boldsymbol{b} + m_3\boldsymbol{c})} . \tag{11.33}$$

Sie wird maximal bei konstruktiver Interferenz, d. h. wenn sich die Phasen der Einzelwellen um ganzzahlige Vielfache von 2π unterscheiden. Dies liefert für ein Gitter mit einem Atom pro Elementarzelle mit dem Translationsvektor $\boldsymbol{T} = \boldsymbol{r}_m$ wieder die Laue-Bedingung (11.24)

$$\boldsymbol{T} \cdot \Delta\boldsymbol{k} = m \cdot 2\pi .$$

Hat der Kristall mehrere Atome pro Elementarzelle, so wird der Ortsvektor $\boldsymbol{r}_j$ eines solchen Atoms A_j, das nicht mit einem Gitterpunkt P zusammenfällt,

$$\begin{aligned} \boldsymbol{r}_j &= \boldsymbol{T} + \boldsymbol{t}_j \\ &= (m_1 + u_j)\,\boldsymbol{a} + (m_2 + v_j)\,\boldsymbol{b} + (m_3 + w_j)\,\boldsymbol{c} \end{aligned} \tag{11.34}$$

(Abb. 11.35), wobei $\boldsymbol{t}_j = \{u_j, v_j, w_j\}$ der Ortsvektor vom Gitterpunkt P zum Atom A_j ist und die u_j, v_j, w_j Zahlen mit einem Betrag kleiner eins sind. Setzt man dies in (11.33) ein, so ergibt sich die totale Streuamplitude für das nichtprimitive Kristallgitter:

$$\begin{aligned} A_{\text{total}} &= C \cdot \sum_j f_j\, \mathrm{e}^{\mathrm{i}\Delta \boldsymbol{k} \cdot (u_j \boldsymbol{a} + v_j \boldsymbol{b} + w_j \boldsymbol{c})} \cdot \sum_{m_1, m_2, m_3} \mathrm{e}^{\mathrm{i}\Delta \boldsymbol{k} \cdot \boldsymbol{T}} \\ &= C \cdot SA \cdot GF\,, \end{aligned} \tag{11.35}$$

wobei die Größen f_j die ***atomaren Streufaktoren*** heißen. Der erste Faktor $SA = \sum f_j \mathrm{e}^{\mathrm{i}\Delta k (u_j \boldsymbol{a} + v_j \boldsymbol{b} + w_j \boldsymbol{c})}$ hängt von der Anordnung der Atome innerhalb der Elementarzelle und von ihrem Streuvermögen ab. Er heißt ***Streuamplitude***. Der zweite Faktor GF (Gitterfaktor), der bereits im vorigen Abschnitt bei den Laue-Gleichungen auftrat, ist durch das Bravais-System des Punktgitters bestimmt.

Wir hatten dort gesehen, dass nur dann konstruktive Interferenz möglich ist, wenn die Änderung $\Delta \boldsymbol{k}$ des Wellenvektors bei der elastischen Streuung gleich einem reziproken Gittervektor ist, d. h. wenn gilt:

$$\Delta \boldsymbol{k} = \boldsymbol{G} = h\boldsymbol{a}^* + k\boldsymbol{b}^* + l\boldsymbol{c}^*\,.$$

Mithilfe der Relationen (11.12) für das reziproke Gitter ergibt sich die Streuamplitude damit zu

$$SA = \sum_j f_j \cdot \mathrm{e}^{\mathrm{i} \cdot 2\pi (h u_j + k v_j + l w_j)}\,. \tag{11.36}$$

Die gestreute Intensität $I \propto A \cdot A^* \propto |SA|^2 \cdot |GF|^2$ wird durch den Strukturfaktor $|SA|^2$ (Quadrat der Streuamplitude) bestimmt, während die Lage der Laue-Reflexe durch den Gitterfaktor $|GF|^2$ festgelegt ist.

Die Messung der Intensitätsverteilung über die verschiedenen Laue-Reflexe gibt daher Information über den Strukturfaktor und damit über die Anordnung der Atome in der Elementarzelle. Je nach Größe der Strukturamplitude und dem Abstand der Gitterebenen kann es zu konstruktiver oder destruktiver Interferenz kommen (Abb. 11.36).

Wir wollen dies am Beispiel des kubischen Gitters mit der Elementarzelle $V_E = \boldsymbol{a} \cdot (\boldsymbol{b} \times \boldsymbol{c}) = a^3$ illustrieren, in der zwei verschiedene Atome A_1 und A_2 an den Orten $(0, 0, 0)$ und $(1/2, 1/2, 1/2)$ mit den atomaren Streufaktoren f_1 und f_2 sitzen (Abb. 11.37). Wir erhalten dann aus (11.36)

$$\begin{aligned} SA &= f_1 + f_2 \cdot \mathrm{e}^{\mathrm{i}\pi(h+k+l)} \\ &= f_1 + f_2 \quad \text{für} \quad h + k + l = \text{geradzahlig}, \\ &= f_1 - f_2 \quad \text{für} \quad h + k + l = \text{ungeradzahlig}. \end{aligned} \tag{11.37}$$

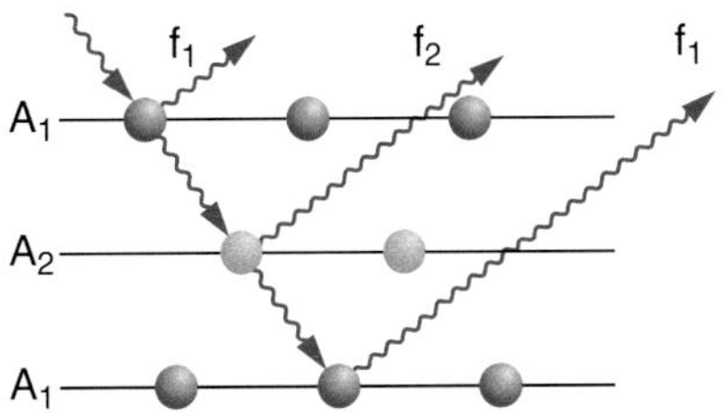

Abbildung 11.36 Zur Interferenz von an Netzebenen mit verschiedener Atombesetzung gestreuter Röntgenstrahlung

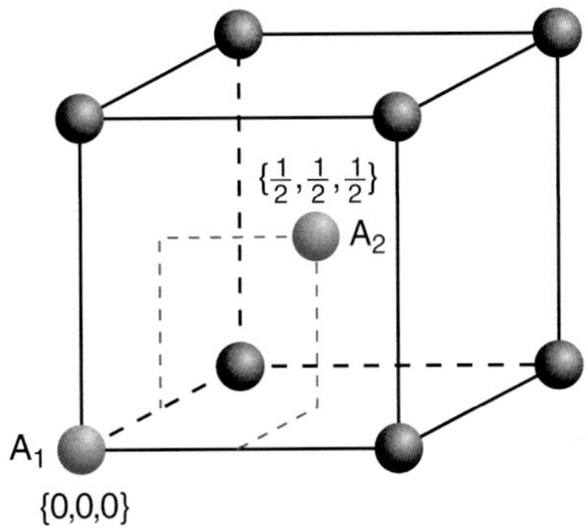

Abbildung 11.37 Kubischer Kristall mit einer Basis von zwei verschiedenen Atomen A_1 und A_2

Dies bedeutet, dass die Intensität der Laue-Reflexe bei gerader Summe der Miller'schen Indizes um den Faktor $\left[(f_1 + f_2)/(f_1 - f_2)\right]^2$ größer ist als bei ungerader Summe.

Sind die beiden Atome A_1 und A_2 identisch, wie z. B. beim Na-Gitter (Abb. 11.15), so wird $SA = 0$ für $h + k + l =$ ungerade, d. h. es gibt keine Bragg-Reflexion an den Netzebenen (100), (111), (300) etc.

11.4.2 Der atomare Streufaktor

Da die einfallende Welle von den Elektronen der Atome gestreut wird, können wir annehmen, dass die Amplitude der gestreuten Welle proportional ist zur Elektronenzahl $n(\boldsymbol{r}')\,\mathrm{d}V$ im Volumenelement $\mathrm{d}V$ um den Ortsvektor $\boldsymbol{r}'$, der vom zugehörigen Gitterpunkt P zum Streuvolumen $\mathrm{d}V$ zeigt (Abb. 11.38). Der atomare Streufaktor kann deshalb geschrieben werden als

$$f = \int n(\boldsymbol{r}')\, \mathrm{e}^{\mathrm{i}\Delta \boldsymbol{k} \cdot \boldsymbol{r}'} \cdot \mathrm{d}V\,. \tag{11.38}$$

Ist α der Winkel zwischen $\Delta \boldsymbol{k}$ und $\boldsymbol{r}'$, ergibt die Integration von (11.38) über α von 0 bis π für eine kugelsymmetrische Ladungsverteilung mit $\mathrm{d}V = 2\pi r'^2\,\mathrm{d}r' \sin\alpha\,\mathrm{d}\alpha$ und $\Delta \boldsymbol{k} \cdot \boldsymbol{r}' = \Delta k \cdot r' \cdot \cos\alpha$

$$\begin{aligned} f &= \frac{2\pi}{\mathrm{i} \cdot \Delta k} \int \frac{\mathrm{e}^{-\mathrm{i}r'\Delta k} - \mathrm{e}^{+\mathrm{i}r'\Delta k}}{r'}\, r'^2 \cdot n(r')\,\mathrm{d}r' \\ &= \frac{4\pi}{\Delta k} \int \frac{\sin(r' \cdot \Delta k)}{r'} \cdot r'^2 \cdot n(r')\,\mathrm{d}r'\,. \end{aligned} \tag{11.39}$$

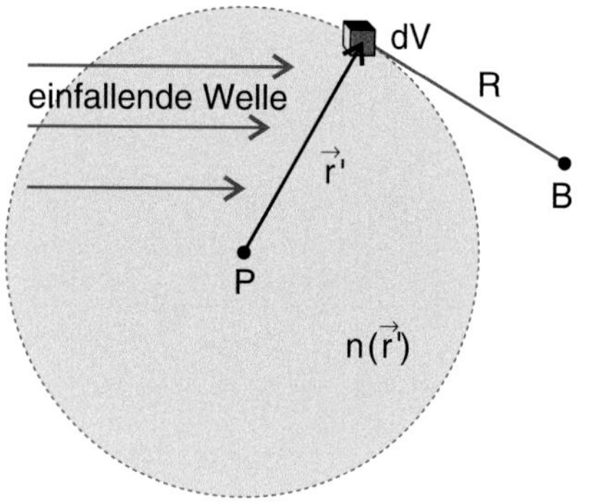

Abbildung 11.38 Zur Herleitung des atomaren Streufaktors

Wären alle Elektronen am Ort $\boldsymbol{r}' = \boldsymbol{0}$ konzentriert, dann würde in (11.39) nur $\Delta \boldsymbol{k} \cdot \boldsymbol{r}' = 0$ zur Streuung beitragen. Wegen $\lim_{x \to 0}(\sin x/x) = 1$ würde dann

$$f = 4\pi \int r'^2 n(r') \mathrm{d}r' = Z$$

gleich der Zahl Z der Elektronen des Atoms.

Der atomare Streufaktor f gibt also das Verhältnis an zwischen der Amplitude einer an der realen Elektronenverteilung gestreuten Welle zu der Amplitude der an einer Punktladung gestreuten Welle.

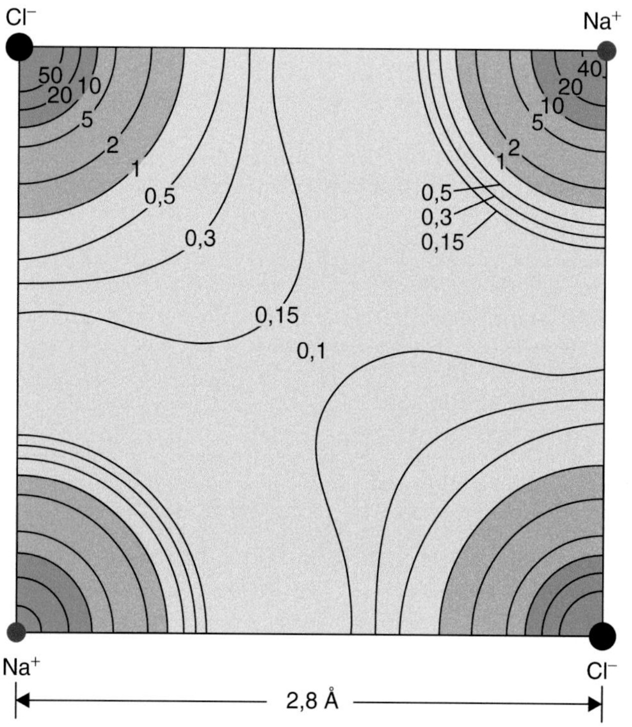

Abbildung 11.39 Räumliche Dichteverteilung (in Å^{-3}) der Elektronen im NaCl-Kristall, bestimmt aus gemessenen atomaren Streufaktoren

Man kann daher durch Bestimmung des atomaren Streufaktors Informationen über die Elektronenverteilung in einem Kristall gewinnen (Abb. 11.39).

Dies geschieht folgendermaßen: Wie man in (11.39) erkennt, trägt jedes Volumenelement $\mathrm{d}V$ entsprechend seiner Ladungsdichte $n(\boldsymbol{r}')$ zur Streuung der ankommenden Welle bei. Da der Weg von $\mathrm{d}V(\boldsymbol{r}')$ bis zum Beobachtungspunkt B von $\boldsymbol{r}'$ abhängt, ändern sich die Phasen der gestreuten Wellen etwas mit $\boldsymbol{r}'$. Der Laue-Reflex auf dem Detektor wird also kein scharfer Punkt mehr sein wie bei einem starren Punktgitter als Streuer, sondern er wird ein Intensitätsprofil $I(\vartheta)$ innerhalb eines engen Raumwinkels in die Richtung $\Delta \boldsymbol{k} = \boldsymbol{G}$ aufweisen, das von der Ladungsdichteverteilung $e \cdot n(\boldsymbol{r}')$ abhängt. Die Fouriertransformation der gemessenen Intensitätsverteilung im Laue-Reflex liefert die Ladungsverteilung $e \cdot n(r')$ um den Atomkern bei $\boldsymbol{r}' = 0$.

11.4.3 Debye-Waller-Faktor

Wenn man berücksichtigt, dass die Atome eines Kristalls sich auf Grund thermisch angeregter Schwingungen (siehe Kap. 12) um ihre Gleichgewichtslage bewegen, so muss man ihre Ortsvektoren

$$\boldsymbol{r}(t) = \boldsymbol{r}_0 + \Delta \boldsymbol{r}(t) \tag{11.40}$$

als zeitabhängige Größen ansehen. Die Phasendifferenzen $\Delta\varphi$ zwischen den an den verschiedenen Atomen gestreuten Teilwellen sind dann auch zeitabhängig. Da die Schwingungsperioden ($\approx 10^{-10}$–10^{-12} s) kurz sind gegen die Beobachtungsdauer, misst man immer einen zeitlichen Mittelwert. Ist A_0 die Streuamplitude für $\Delta \boldsymbol{r} = \boldsymbol{0}$, so wird die zeitlich gemittelte Streuamplitude

$$\langle A \rangle = A_0 \cdot \left\langle \mathrm{e}^{-\mathrm{i}\Delta \boldsymbol{r} \cdot \Delta \boldsymbol{k}} \right\rangle . \tag{11.41}$$

Die Reihenentwicklung der Exponentialfunktion ergibt

$$\begin{aligned} \left\langle \mathrm{e}^{-\mathrm{i}\Delta \boldsymbol{r} \cdot \Delta \boldsymbol{k}} \right\rangle &= 1 - \mathrm{i} \cdot \langle \Delta \boldsymbol{r} \cdot \Delta \boldsymbol{k} \rangle \\ &\quad - \frac{1}{2} \left\langle (\Delta \boldsymbol{r} \cdot \Delta \boldsymbol{k})^2 \right\rangle + \cdots . \end{aligned} \tag{11.42}$$

Da die Auslenkungen $\Delta \boldsymbol{r}$ in alle Raumrichtungen erfolgen, aber nicht mit den Richtungen von $\Delta \boldsymbol{k}$ korreliert sind, wird der Mittelwert $\langle \Delta \boldsymbol{r} \cdot \Delta \boldsymbol{k} \rangle = 0$. Da alle drei Raumrichtungen für die Auslenkungen $\Delta \boldsymbol{r}$ gleichwahrscheinlich sind, gilt

$$\left\langle (\Delta \boldsymbol{r} \cdot \Delta \boldsymbol{k})^2 \right\rangle = \frac{1}{3} \Delta k^2 \cdot \left\langle \Delta \boldsymbol{r}^2 \right\rangle . \tag{11.43}$$

Einsetzen in (11.42) liefert für die rechte Seite

$$1 - \frac{1}{6} \left\langle \Delta \boldsymbol{r}^2 \right\rangle \cdot \Delta k^2 \approx \mathrm{e}^{-[(1/6)\Delta k^2 \langle r^2 \rangle]} .$$

Man sieht daraus, dass die Streuamplitude wegen der thermischen Bewegung der Atome um den Faktor $\exp(-(1/6)\,\Delta k^2 \langle \Delta \boldsymbol{r}^2 \rangle)$ abnimmt. Die Intensität wird zu

$$I_{\text{Str}}^{\text{total}} = I_0 \cdot \mathrm{e}^{-(1/3)\,\langle \Delta \boldsymbol{r}^2 \rangle \cdot \Delta k^2} . \tag{11.44}$$

Der Exponentialfaktor heißt ***Debye-Waller-Faktor*** *DW*.

Für einen harmonischen Oszillator gilt für die mittlere potentielle Energie

$$\langle E_{\text{pot}} \rangle = \frac{1}{2} M \cdot \omega^2 \cdot \langle \Delta \boldsymbol{r}^2 \rangle = \frac{1}{2} k_B T \,,$$

wobei k_B die Boltzmann-Konstante ist.

Setzt man dies in (11.44) ein, so ergibt sich der temperaturabhängige Debye-Waller-Faktor

$$DW = e^{-k_B T \cdot \Delta k^2 / (3M\omega^2)} \,, \tag{11.45}$$

um den sich die Streuintensität wegen der thermischen Schwingungen mit Frequenzen ω verringert (siehe Abschn. 12.3).

Beispiel

Na-Kristall bei Zimmertemperatur. Dann wird $k_B T = 5{,}3 \cdot 10^{-21}$ J, $M = 23$ AME $= 3{,}8 \cdot 10^{-26}$ kg, die Schwingungsfrequenz der Na-Atome um ihre Gleichgewichtslage ist etwa $\omega = 3 \cdot 10^{12}\,\text{s}^{-1}$. Wird die einfallende Röntgenstrahlung mit $\lambda = 0{,}05$ nm $\rightarrow k = 2\pi/\lambda = 1{,}3 \cdot 10^{11}\,\text{m}^{-1}$ um einen Winkel $\vartheta = 30°$ gestreut, so wird $\Delta k = (1/2)k \cdot \sin(\vartheta/2) = 0{,}12 \cdot k = 1{,}5 \cdot 10^{10}\,\text{m}^{-1}$. Der Debye-Waller-Faktor wird dann $\exp(-1{,}18) = 0{,}3$. ■

Es ist daher günstiger, die Röntgenbeugung bei tiefen Temperaturen zu messen, weil dann die Intensität der Laue-Reflexe höher und die Winkelverteilung der Reflexe schmaler ist.

Eine ausführliche Darstellung dieses Abschnitts findet man in [3–7].

11.5 Reale Kristalle

Die in den vorigen Abschnitten behandelten idealen Kristalle mit völlig regelmäßiger Anordnung der Atome sind in der Natur nur näherungsweise realisiert. In realen Kristallen kommen Gitterfehler vor, welche die strenge Periodizität stören. Bei guten Einkristallen sind solche Gitterfehler jedoch selten, d. h. die Zahl der an falschen Plätzen sitzenden Atome ist sehr klein gegen die Zahl der an regulären Gitterplätzen angeordneten Atome. Trotz ihrer kleinen Zahl können Gitterfehler jedoch das mechanische und elektrische Verhalten eines Festkörpers massiv beeinflussen. Wir wollen deshalb in diesem Abschnitt die wichtigsten Gitterfehler besprechen [8, 9].

11.5.1 Leerstellen im Gitter

Die einfachsten Fehlordnungen im Kristall sind reguläre Gitterstellen, an denen ein Atom fehlt (***Schottky'sche Fehlstellen***, Abb. 11.40). Solche Leerstellen lassen sich z. B. durch Bestrahlen des Festkörpers mit Neutronen oder schnellen Ionen erzeugen, die ein Atom aus seinem Gitterplatz herausschlagen und an die Oberfläche befördern.

Jedoch gibt es in jedem Kristall auch ohne äußere Einflüsse im thermischen Gleichgewicht eine von der Temperatur abhängige Zahl von Fehlstellen. Man braucht zwar Energie, um solche Fehlstellen zu erzeugen, aber durch die dadurch vergrößerte Unordnung im sonst regelmäßig angeordneten Kristall erhöht sich die Entropie. Beim thermischen Gleichgewicht befindet sich der Kristall im Zustand minimaler freier Energie (siehe Bd. 1, Abschn. 10.3.9)

$$F = U(T) - TS \,,$$

sodass sich eine solche Fehlstellenkonzentration N_F einstellt, bei der

$$\frac{\partial F}{\partial N_F} = 0 \Rightarrow \frac{\partial U}{\partial N_F} = T \cdot \frac{\partial S}{\partial N_F} \tag{11.46}$$

wird. Bezeichnen wir mit ε_F die Energie, die man aufwenden muss, um eine Fehlstelle zu erzeugen, so wird die Änderung der inneren Energie bei der Erzeugung von N_F Fehlstellen $\Delta U = N_F \varepsilon_F$ und $\partial U / \partial N_F = \varepsilon_F$. Um die Entropieänderung $\partial S / \partial N_F$ zu bestimmen, müssen wir die Zahl Z der verschiedenen Möglichkeiten berechnen, aus einem Kristall mit N Atomen N_F Atome herauszugreifen. Sie ist

$$Z = \frac{N!}{(N - N_F)!\, N_F!} = \binom{N}{N_F} . \tag{11.47}$$

Der ideale Kristall hat nur eine Realisierungsmöglichkeit (also $S = 0$), da der Ort aller Atome vorgegeben ist. Deshalb ist die Entropie des Kristalls mit N_F Fehlstellen nach Bd. 1, Abschn. 10.3.7

$$S = k_B \cdot \ln Z = k_B \cdot \ln \frac{N!}{(N - N_F)!\, N_F!} . \tag{11.48}$$

Da $N \gg N_F$ gilt, kann man den Logarithmus mithilfe der Stirling'schen Formel $\ln x! \approx x \cdot \ln x - x \approx x \cdot \ln x$ für $x \gg 1$ umformen und erhält

$$S = k_B \cdot \big[N \cdot \ln N - (N - N_F) \ln(N - N_F) - N_F \cdot \ln N_F \big] .$$

Damit wird

$$\frac{\partial S}{\partial N_F} = k_B \cdot \ln \frac{N - N_F}{N_F}$$

und

$$\left(\frac{\partial F}{\partial N_F} \right)_T = \varepsilon_F - k_B T \cdot \ln \frac{N - N_F}{N_F} = 0 .$$

Delogarithmieren ergibt:

$$\frac{N - N_F}{N_F} = e^{\varepsilon_F / k_B T}$$

was für $N_F \ll N$ die Näherung

$$N_F = N \cdot e^{-\varepsilon_F / k_B \cdot T} \tag{11.49}$$

ergibt.

Kapitel 11

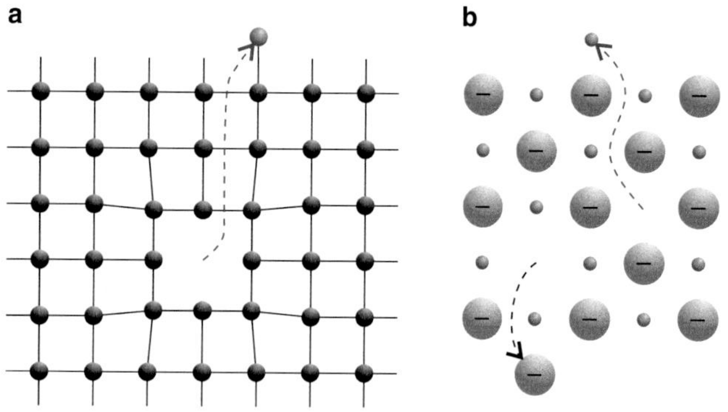

Abbildung 11.40 Schottky-Leerstelle: **a** Punktdefekte in einatomigen Kristallen, **b** in Ionenkristallen

> Man sieht daraus, dass die Zahl N_F der Fehlstellen in einem Kristall von der Energie ε_F abhängt, die nötig ist, um eine Fehlstelle zu erzeugen und dass N_F exponentiell mit der Temperatur ansteigt.

In Ionenkristallen ist es energetisch günstiger, dass gleich viele Leerstellen für Kationen wie für Anionen entstehen, weil dann der Kristall insgesamt elektrisch neutral bleibt (Abb. 11.40b).

11.5.2 Frenkel'sche Fehlordnung

Wenn ein Atom von seinem Gitterplatz nicht an die Oberfläche des Kristalls, sondern an einen Zwischengitterplatz wandert (Abb. 11.41a), spricht man von einer ***Frenkel'schen Fehlordnung***. Mit einer völlig analogen Überlegung wie im vorigen Abschnitt bei den Schottky-Leerstellen erhält man für die Zahl N_{Fr} der Frenkel'schen Fehlstellen

$$N_{Fr} = \sqrt{N \cdot N_{Zw}} \cdot e^{-\varepsilon_{Zw}/k_B T}, \qquad (11.50)$$

wobei N die Zahl der Atome auf regulären Gitterplätzen, N_{Zw} die Zahl der möglichen Zwischengitterplätze und ε_{Zw} die Energie ist, die man aufwenden muss, um ein Atom von seinem Gitterplatz auf einen Zwischengitterplatz zu bringen.

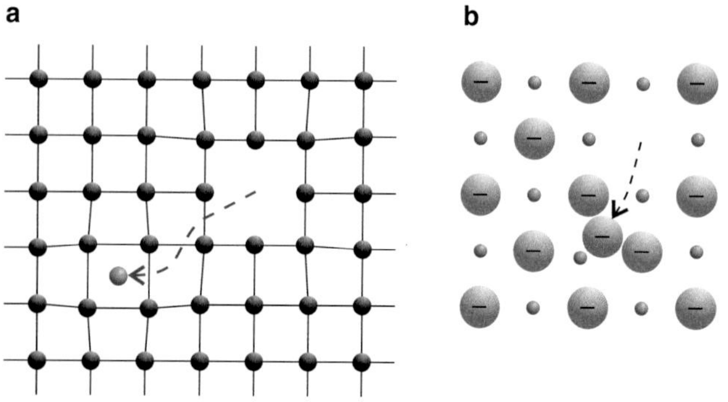

Abbildung 11.41 **a** Frenkel'sche Fehlstelle, **b** Anti-Frenkel Fehlordnung

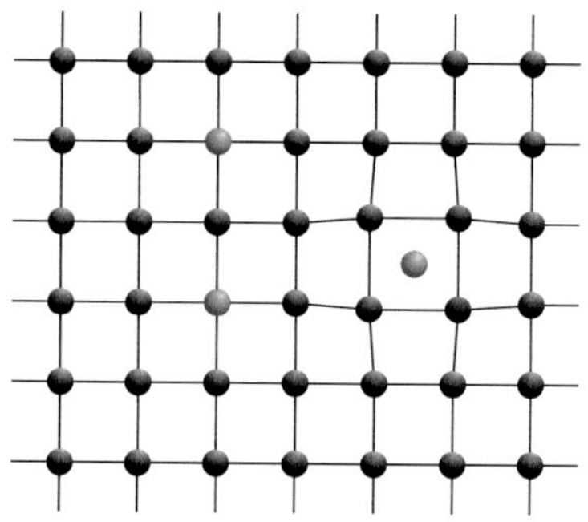

Abbildung 11.42 Substitutionsstörstellen

In Alkalihalogeniden (z. B. NaCl, CsF) sind Schottky-Defekte die häufigsten Fehlordnungen, während z. B. in Silberhalogeniden Frenkel-Fehlordnungen überwiegen.

Neben diesen natürlich vorkommenden atomaren Fehlordnungen in Kristallen gibt es auch bewusste ***Dotierungen*** mit Fremdatomen, wo man z. B. bei Halbleitern anderswertige Fremdatome in ein Gitter einbringt, um damit die elektrische Leitfähigkeit zu ändern (siehe Kap. 14). Diese Atome können entweder auf Zwischengitterplätzen sitzen oder andere Gitteratome auf regulären Gitterplätzen ersetzen (Abb. 11.42). Man nennt sie ***Substitutions-Störstellen***.

Oft geschieht die Dotierung durch Beschuss mit Ionen (***Ionenimplantation***). Bei dieser Methode kann man gezielt eine geringe Konzentration gewünschter Fremdatome in ein Kristallgitter einbringen. Allerdings wird dabei oft der Bereich des Gitters, in den ein Ion eindringt, gestört (Abb. 11.43), sodass man durch Aufheizen (***Tempern***) die Schäden am Gitter wieder ausgleichen muss.

> Durch die Erhöhung der Temperatur wird die Diffusion der Gitteratome erhöht (siehe nächster Abschnitt), sodass die Atome des gestörten Gitters leichter ihre reguläre Anordnung, die einem Zustand minimaler Energie entspricht, erreichen können.

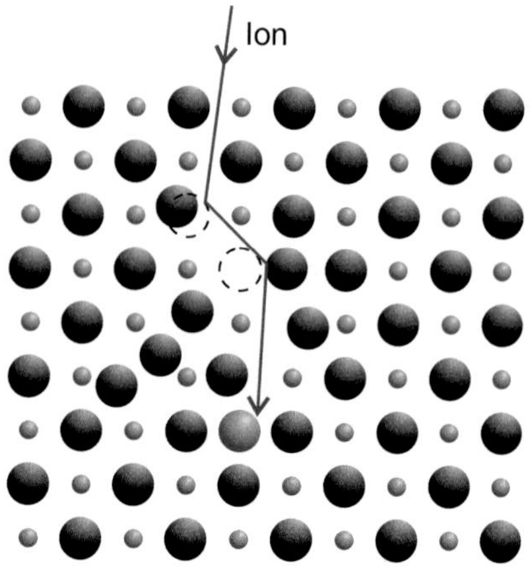

Abbildung 11.43 Erzeugung von Defekten in Festkörpern durch Ionenbeschuss

Kapitel 11

11.5.3 Diffusion von Punktdefekten

Auch in festen Körpern findet eine Diffusion von Atomen statt, die mit wachsender Temperatur zunimmt, aber unterhalb der Schmelztemperatur wesentlich langsamer verläuft als in Flüssigkeiten. Sie wird stark gefördert durch Punktdefekte. Atome aus der Nachbarschaft nicht besetzter Gitterplätze können in die freie Stelle diffundieren, sodass das Loch im Kristall wandert (Abb. 11.44a). Analog kann ein Atom auf einem Zwischengitterplatz im Kristall diffundieren, wenn die Potentialbarriere, die es dabei durchtunneln muss, nicht zu hoch ist (Abb. 11.44b).

Diffusion führt nur dann zu einem Nettostrom von Teilchen, wenn ein Konzentrationsgradient vorliegt. Deshalb kann sie im Inneren eines idealen Kristalls nur zum Austausch gleicher Atome führen, was die Struktur des Kristalls nicht ändert. Anders ist es bei den Punktdefekten oder bei der Dotierung von Fremdatomen in ein Kristallgitter. Da bei geringer Konzentration der mittlere Abstand zwischen zwei Fremdatomen groß ist gegen den Gitterabstand, besteht in der Umgebung eines Fremdatoms oder eines Punktdefekts immer ein Konzentrationsgefälle. Die Teilchenstromdichte $\boldsymbol{j}$ dieser Fremdatome ist dann, genau wie bei Gasen und Flüssigkeiten (siehe Bd. 1, Abschn. 7.5), durch das *erste Fick'sche Gesetz*

$$j = -D \cdot \mathbf{grad}\, n \tag{11.51}$$

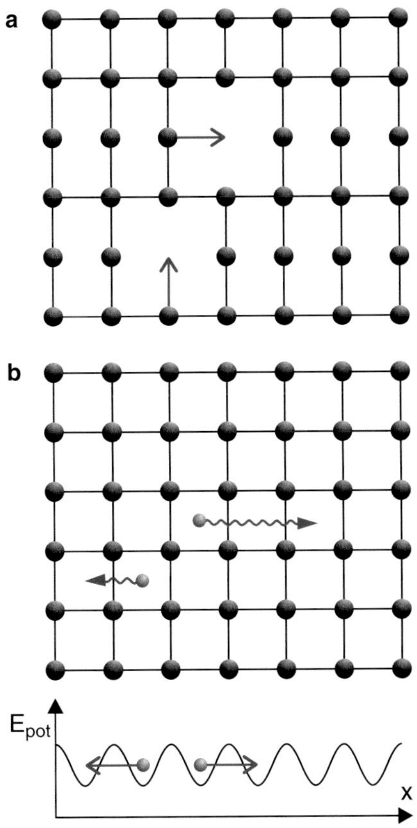

Abbildung 11.44 Zur Diffusion von Punktdefekten

Tabelle 11.3 Diffusionskoeffizienten D_0 und Werte für Q in (11.51a) für einige Atome in Metallen und Halbleitern [10]

Atom	Wirtsgitter	$D_0/\mathrm{m^2\,s^{-1}}$	Q/kJ/Mol	T/K
Au	Au	$3 \cdot 10^{-6}$	165	800–1200
Cu	Cu	$7 \cdot 10^{-3}$	235	750–1250
C	α-Eisen	$2 \cdot 10^{-4}$	123	900–1100
Au	Si	$2{,}8 \cdot 10^{-7}$	197	1000–1500
Ni	Si	$1 \cdot 10^{-1}$	408	700–1050
Cu	Si	$4 \cdot 10^{-6}$	96	1050–1350
Sb	Ge	$2{,}2 \cdot 10^{-5}$	210	1000–1150

gegeben, wobei D die Diffusionskonstante und n die Teilchenzahldichte der Fremdatome bzw. Defekte ist.

Die Diffusionskonstante hängt exponentiell von der Temperatur ab. Näherungsweise gilt:

$$D = D_0 \cdot \mathrm{e}^{(-Q/k_\mathrm{B}T)}, \tag{11.51a}$$

wobei D_0 noch schwach mit der Temperatur variieren kann.

In Tab. 11.3 sind einige Werte von D_0 und Q im angegebenen Temperaturbereich für Fremdatome in verschiedenen Festkörpern zusammengestellt.

Die Diffusion im Festkörper ist ein langsamer Prozess. Die Diffusionsgeschwindigkeit wächst sehr schnell mit steigender Temperatur und erreicht bei der Schmelztemperatur den Wert für die entsprechende Flüssigkeit.

Beispiele

1. Man möchte reines Germanium mit Zink dotieren. Bringt man eine 1 mm dicke Ge-Scheibe in eine Atmosphäre mit $n = 10^{22}$ Zn-Atomen/m^3, so diffundieren bei $T = 800\,°\mathrm{C}$, einem Diffusionskoeffizienten $D = 4 \cdot 10^{-16}\,\mathrm{m^2 s^{-1}}$ und einem Konzentrationsgradienten $|\mathbf{grad}\, n| = 10^{25}\,\mathrm{m^{-4}}$ zwischen Oberfläche und Mitte der Germaniumscheibe etwa $4 \cdot 10^9$ Zn-Atome/$(\mathrm{m^2 \cdot s})$ in das Germanium.
2. Diffusion von Nickelatomen bei $T = 1200\,°\mathrm{C}$ durch eine Grenzschicht zwischen reinem Nickel und reinem Eisen. Die Dicke der Übergangsschicht zwischen 20 % und 80 % Nickel ist nach zwei Tagen von null auf etwa 100 μm angewachsen. ■

11.5.4 Gitterversetzungen

Außer den atomaren Punktdefekten gibt es Störungen der regulären Kristallstruktur, wenn Atome auf einer Gitterebene sich zwischen benachbarte Netzebenen schieben (Abb. 11.45).

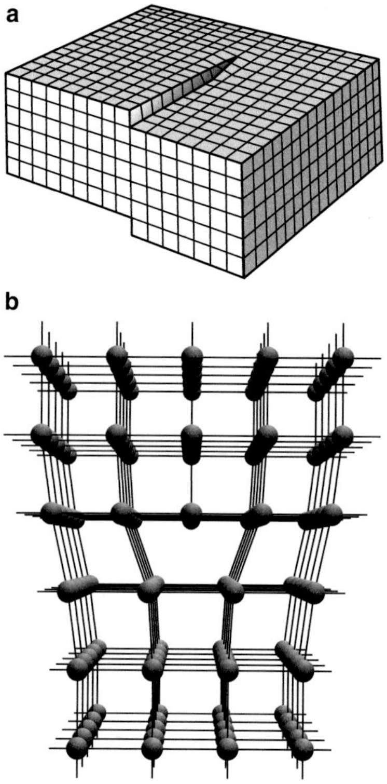

Abbildung 11.45 Stufenversetzung in einem Kristall und fehlende Gitterebenen

Dadurch werden die Nachbarebenen in der Umgebung der eingeschobenen Extraebene etwas zusammengedrückt und gekrümmt. Dazu muss gegen die elastischen Kräfte Arbeit geleistet werden (typische Werte sind etwa 1 eV/Atom der Extraebene). Da die Entropie sich bei solchen Versetzungen wesentlich weniger erhöht als bei Punktdefekten, sind solche Versetzungen seltener als Punktdefekte und außerdem thermodynamisch instabil. Sie werden erzeugt durch äußere Einflüsse (z. B. ungleichmäßige Scherspannungen, Temperaturgradienten beim Kristallwachstum etc.).

Definiert man als Versetzungsdichte die Anzahl der Versetzungslinien pro Flächeneinheit des Querschnitts, so haben gute Halbleiterkristalle eine Versetzungsdichte von etwa $10/\mathrm{cm}^2$, während stark deformierte Metalle (z. B. gewalzte Stähle) bis zu $10^{12}/\mathrm{cm}^2$ erreichen. Diese Zahlen muss man vergleichen mit etwa 10^{15} Linien pro cm^2 durch reguläre Gitterplätze eines idealen Kristalls. Deshalb liegt die Versetzungsdichte selbst bei stark deformierten Kristallen immer noch unter 10^{-3}.

11.5.5 Polykristalline Festkörper

Viele feste Körper, z. B. viele Metalle, Sand oder pulverförmige Salze, liegen in polykristalliner Form vor, d. h. sie bestehen aus regellos nebeneinanderliegenden Mikrokristallen (***Kristallite***), die selbst aus sehr vielen (10^9–10^{15}) regelmäßig angeordneten Atomen zusammengesetzt sind. Die makroskopischen Eigenschaften solcher polykristalliner Festkörper werden durch die Mittelwerte über alle Orientierungen der Kristallite bestimmt und sind deshalb isotrop. Trotzdem spielt die Kristallstruktur für die mechanischen Eigenschaften (Festigkeit, Verformbarkeit) und die elektrischen Eigenschaften (Leitfähigkeit) eine große Rolle [11].

Polykristalline Körper entstehen durch Ausfälle aus der Schmelze bei geeigneten Bedingungen des Abkühlvorganges oder durch Pulverisierung einkristalliner Festkörper. So bilden sich Salzkristallite beim Verdunsten von Salzwasser oder als Gipssediment aus einer $CaSO_4$-Lösung.

Bei der Abkühlung einer Metallschmelze formen sich kleine Kristallite, deren Größe von der Abkühlungsgeschwindigkeit $\Delta T/\Delta t$ abhängt. Je langsamer man abkühlt, desto größer werden die Kristallite. Wird extrem schnell abgekühlt, so bilden sich amorphe Metallkonfigurationen (siehe Abschn. 15.2).

Da die polykristallinen Metalle für technische Anwendungen eine große Rolle spielen, werden sie in der Metallphysik und Pulvermetallurgie eingehend untersucht [12, 13].

11.6 Warum halten Festkörper zusammen?

Ähnlich wie bei der Bindung von Atomen in Molekülen (Abschn. 9.4) gibt es verschiedene Wechselwirkungen zwischen den Atomen eines Festkörpers (die jedoch im Grunde alle auf elektrischen Kräften beruhen). Die Stärke und Reichweite dieser Wechselwirkungen bedingen die Festigkeit eines Festkörpers und damit die Energie, die man aufwenden muss, um einen Festkörper in seine atomaren Bestandteile zu zerlegen.

Wir wollen die wichtigsten Wechselwirkungen in diesem Abschnitt kurz behandeln. Dies sind, in der Reihenfolge wachsender Bindungsenergien

- die van-der-Waals-Bindung (Edelgaskristalle),
- die Wasserstoff-Brückenbindung,
- die metallische Bindung (alle Metalle),
- die ionische Bindung (Alkalihalogenid-Kristalle),
- die kovalente (Valenz-) Bindung (Diamant, Silizium, Germanium).

Je größer die Bindungsenergie eines Festkörpers ist, desto höher liegt seine Schmelztemperatur.

11.6.1 Edelgaskristalle

Kristalle aus Edelgasatomen (Ne, Ar, Kr, Xe) haben eine sehr kleine Bindungsenergie und können deshalb nur bei tiefen Temperaturen als feste Körper existieren (Tab. 11.4). Helium wird

Kapitel 11

Tabelle 11.4 Einige Eigenschaften von Edelgaskristallen (E_B: Bindungsenergie pro Atom, T_S: Schmelztemperatur, d_{nN} Abstand nächster Nachbarn)

Element	E_B/eV	T_S/K	d_{nN}/nm
Ne	0,02	24	0,313
Ar	0,08	84	0,376
Kr	0,116	117	0,401
Xe	0,17	161	0,435

auch für $T \to 0$ unter Normaldruck nicht fest, sondern bildet nur bei einem äußeren Druck von $p \geq 28$ bar eine feste Phase aus.

Da die Edelgasatome abgeschlossene Schalen besitzen, aus denen die Elektronen nur unter großem Energieaufwand in höhere Zustände angeregt werden können (siehe Abschn. 6.2.4), kann sich die räumliche Elektronenverteilung der Atome beim Zusammenfügen im Festkörper nur geringfügig verändern. Deshalb können keine Atomelektronen in bindende Orbitale umgeordnet werden, wie bei der Valenzbindung des H_2-Moleküls (siehe Abschn. 9.2), sondern es kommt bei größeren Abständen nur zu einer geringen Verformung der kugelsymmetrischen Ladungsverteilung der Atome (Polarisation, siehe Bd. 2, Abschn. 1.7) und damit zu einer schwach anziehenden Wechselwirkung zwischen induzierten Dipolen (van-der-Waals-Wechselwirkung, siehe Abschn. 9.4.3):

$$E_{\text{pot}}(R) = -C \cdot \frac{\alpha_1 \cdot \alpha_1}{R^6} ,$$

die proportional zum Produkt der atomaren Polarisierbarkeiten ist und mit $1/R^6$ abfällt.

Bei kleineren Abständen

$$R < \langle r_A \rangle + \langle r_B \rangle$$

überlappen die Elektronenhüllen benachbarter Atome, und es kommt auf Grund der elektrostatischen Abstoßung zu einem repulsiven Teil des Potentials, der näherungsweise durch eine R^{-12}-Abhängigkeit beschrieben werden kann. Insgesamt gibt das Lennard-Jones-Potential (2.32)

$$V(R) = \frac{a}{R^{12}} - \frac{b}{R^6}$$

den tatsächlichen Potentialverlauf zwischen benachbarten Edelgasatomen befriedigend wieder (Abb. 2.35).

Die gesamte Bindungsenergie eines van-der-Waals-Kristalls mit N Atomen ist:

$$E_B^{\text{total}} = \frac{1}{2} N \cdot \sum_{i \neq j} \left(\frac{a}{R_{ij}^{12}} - \frac{b}{R_{ij}^6} \right) , \qquad (11.52)$$

wobei R_{ij} der Abstand zwischen einem beliebig gewählten Atom i und seinen Umgebungsatomen ist. Der Faktor $1/2$ berücksichtigt, dass man bei der Summation über alle Atome jedes Paar doppelt zählt.

Die Summen in (11.52) hängen von der Gitterstruktur ab. Drückt man $R_{ij} = p_{ij} \cdot R_{nN}$ durch den Abstand R_{nN} zu den nächsten Nachbarn aus, so werden beim fcc-Gitter die Summen

$$\sum_j \left(\frac{1}{p_{ij}} \right)^{12} = 12{,}13 , \quad \sum_j \left(\frac{1}{p_{ij}} \right)^6 = 14{,}45 . \qquad (11.53)$$

Da im fcc-Gitter jedes Atom zwölf nächste Nachbarn im Abstand $R_{nN} = a/\sqrt{2}$ hat, sieht man aus (11.53), dass die nächsten Nachbarn fast den gesamten Anteil zu den Summen liefern (nämlich 12).

Die Gleichgewichtsabstände R_0 beim Minimum von $E_{\text{pot}}(R)$ betragen gemäß (2.37a) $R_0 = (2a/b)^{1/6}$. Die Bindungsenergie $E_{\text{pot}}^{\text{tot}}(R = R_0)$ ergibt sich damit aus (11.52) zu

$$E_B^{\text{tot}} = -\frac{Nb^2}{8a} . \qquad (11.54)$$

Zur negativen potentiellen Energie kommt noch die positive kinetische Energie hinzu, die aus der mittleren thermischen Energie $E_{\text{kin}}^{\text{therm}} = N \cdot 3/2\, kT$ und der Nullpunktsenergie besteht. Ist die Gesamtenergie $E^{\text{tot}} = E_{\text{pot}}^{\text{tot}} + E_{\text{kin}}^{\text{tot}} > 0$, so schmilzt der Kristall.

In Tab. 11.4 sind einige charakteristische Zahlenwerte der Edelgaskristalle angegeben.

11.6.2 Ionenkristalle

Ionenkristalle werden gebildet aus Molekülen mit überwiegend ionischer Bindung. Typische Vertreter der Ionenkristalle sind die Alkalihalogenide, bei denen das Elektron aus der äußeren Schale der Alkaliatome A sich überwiegend beim Halogenatom B mit einem freien Platz in der äußeren Schale aufhält. Dadurch entsteht eine elektrostatische Anziehung zwischen den Ionen $A^+ + B^-$. Da die Ionen abgeschlossene Schalen bilden, wie z. B.

$$\text{Na}^+(1s^2, 2s^2 2p^6) + \text{Cl}^-(1s^2, 2s^2 2p^6, 3s^2 3p^6) ,$$

sind ihre Ladungsverteilungen kugelsymmetrisch. Man wird daher auch bei einem Na^+Cl^--Ionenkristall Elektronenverteilungen erwarten, die annähernd kugelsymmetrisch um ihre Ionenrümpfe sind. Dies wird in der Tat experimentell durch Röntgenbeugungsexperimente bestätigt (Abb. 11.39).

Um eine Abschätzung der Bindungsenergie zu erhalten, nehmen wir den durch Röntgenbeugung ermittelten Abstand $R(\text{Na}^+ - \text{Cl}^-) = 2{,}81 \cdot 10^{-10}$ m und erhalten die Coulombenergie

$$E_{\text{pot}}(\text{Na}^+ - \text{Cl}^-) = \frac{e^2}{4\pi\varepsilon_0 R} = 9{,}7 \cdot 10^{-19}\,\text{J} = 5{,}1\,\text{eV}$$

der elektrostatischen Anziehung zwischen den beiden Ionen des Ionenpaares.

Der experimentelle Wert der Bindungsenergie pro Molekül ist 8,2 eV. Die Anziehung zwischen den nächsten Nachbarn macht also bereits einen großen Teil der Gesamtenergie aus.

Um eine genauere Berechnung der elektrostatischen Energie durchzuführen, müssen wir berücksichtigen, dass wegen der großen Reichweite des Coulomb-Potentials ($\propto 1/R$) nicht nur die nächsten Nachbarn (wie beim van-der-Waals-Potential $\propto 1/R^6$), sondern auch weiter entfernte Ionen durchaus noch einen Beitrag zur Bindung zwischen entgegengesetzt geladenen und zur Abstoßung zwischen gleich geladenen Ionen liefern.

Beschreibt man den abstoßenden Teil des Potentials bei Überlappen der inneren Elektronenschalen durch eine Exponentialfunktion, so wird die potentielle Energie zwischen einem beliebig gewählten Ion i und einem anderen Ion j

$$E_{\text{pot}}^{(i,j)} = C \cdot \mathrm{e}^{-r_{ij}/\varrho} \pm \frac{1}{4\pi\varepsilon_0} \frac{q^2}{r_{ij}}, \tag{11.55}$$

wobei ϱ der Abstand ist, bei dem die Abstoßungsenergie auf $1/\mathrm{e}$ gesunken ist und das Pluszeichen für gleichnamige Ladungen von i und j, das Minuszeichen für entgegengesetzte Ladungen gilt.

Die Wechselwirkungsenergie des Ions i mit allen anderen Ionen ist dann

$$E_{\text{pot}}^{(i)} = \sum_{j \neq i} \left(C \cdot \mathrm{e}^{-r_{ij}/\varrho} + \frac{q_i q_j}{4\pi\varepsilon_0 r_{ij}} \right). \tag{11.56a}$$

Da der abstoßende Teil des Potentials nur über kurze Abstände ϱ wirksam ist, brauchen wir für den ersten Term nur die nächsten Nachbarn mit $r_{ij} = R_{\text{nN}}$ zu berücksichtigen. Schreiben wir wie im vorigen Abschnitt wieder $r_{ij} = p_{ij} \cdot R_{\text{nN}}$, so wird bei Z_{nN} nächsten Nachbarionen aus (11.56a) mit $q_j = \pm q_i$

$$\begin{aligned} E_{\text{pot}}^{(i)} &= Z_{\text{nN}} \cdot C \cdot \mathrm{e}^{-R_{\text{nN}}/\varrho} + \frac{q^2}{4\pi\varepsilon_0} \sum_j \frac{\pm 1}{p_{ij} R_{\text{nN}}} \\ &= Z_{\text{nN}} \cdot C \cdot \mathrm{e}^{-R_{\text{nN}}/\varrho} - \frac{\alpha \cdot q^2}{4\pi\varepsilon_0 R_{\text{nN}}}. \end{aligned} \tag{11.56b}$$

Die Summe

$$\alpha = \sum_j \frac{\mp 1}{p_{ij}}$$

heißt ***Madelung-Konstante***. Ihr Wert hängt von der speziellen Gitterstruktur des Ionenkristalls ab.

Hat der Kristall N Moleküle, also N positive und N negative Ionen, so ist seine gesamte Bindungsenergie

$$E_{\text{B}} = N \cdot E_{\text{pot}}^{(i)}. \tag{11.57}$$

Beim Gleichgewichtsabstand R_0 muss $\mathrm{d}E_{\text{B}}/\mathrm{d}R = 0$ gelten. Damit erhält man aus (11.56) die Bestimmungsgleichung

$$N \cdot \left(\frac{\mathrm{d}E_{\text{pot}}^{(i)}}{\mathrm{d}R} \right)_{R_0} = -\frac{N \cdot Z_{\text{nN}} \cdot C}{\varrho} \mathrm{e}^{-R_0/\varrho} + \frac{N \cdot \alpha \cdot q^2}{4\pi\varepsilon_0 R_0^2} = 0$$

Tabelle 11.5 Gleichgewichtsabstände R_0, Abschirmparameter ϱ und Bindungsenergien E_{B}/N pro Molekül für einige Ionenkristalle

Kristall	R_0/nm	ϱ/nm	E_{B}/N/eV
LiF	0,2014	0,029	10,92
NaCl	0,2820	0,032	8,23
NaI	0,3237	0,035	7,35
KCl	0,3147	0,033	7,47
RbF	0,2815	0,030	8,17

für R_0. Die gesamte Bindungsenergie ist dann

$$E_{\text{B}} = -\frac{N \cdot \alpha \cdot q^2}{4\pi\varepsilon_0 R_0} (1 - \varrho/R_0). \tag{11.58}$$

Sie hängt von dem Abstoßungsparameter ϱ und von der Madelungkonstante α ab. Für den NaCl-Ionenkristall wird die Madelungkonstante $\alpha = 1{,}748$, für CsCl 1,763, für die Zinkblende ZnS 1,638.

Die Bindungsenergie E_{B} eines Ionenkristalls, die man aufwenden muss, um den Kristall in freie atomare Ionen zu zerlegen, lässt sich experimentell nicht unmittelbar messen, weil z. B. ein NaCl-Kristall beim Verdampfen nicht in freie Ionen, sondern in neutrale Atome zersetzt wird. Deshalb benutzt man folgende Energiebilanz:

Bei der Neutralisation von Na^+ in Na wird die Ionisierungsenergie frei, während bei der Ionisation $Cl^- \rightarrow Cl$ die Bindungsenergie des Elektrons (die Elektronenaffinität) aufgewendet werden muss. Wenn dampfförmiges Na fest wird, gewinnt man die Sublimationsenergie E_{Subl}, bei der Bildung von Cl_2-Molekülen aus Cl-Atomen die Dissoziationsenergie. Das feste NaCl wird gebildet durch die Reaktion von festem Na mit gasförmigem Cl_2. Dabei wird die Reaktionswärme Q als Energie frei.

Insgesamt ergibt sich damit folgende Energiebilanz:

$$E_{\text{Bind}} = +E_{\text{ion}} - E_{\text{aff}} + E_{\text{Subl}} + E_{\text{Diss}} + Q. \tag{11.59}$$

Die Größen auf der rechten Seite lassen sich alle experimentell bestimmen.

In Tab. 11.5 sind die Gleichgewichtsabstände R_0, die Größen ϱ und die Bindungsenergien E_{B}/N pro Molekül für einige Ionenkristalle angegeben. Man sieht daraus, dass $\varrho \ll R_0$. Deshalb ergibt (11.58):

> Der Hauptanteil zur Bindungsenergie von Ionenkristallen ist die Coulomb-Energie.

11.6.3 Metallische Bindung

Metalle haben außer den an die Metallatome gebundenen Valenzelektronen noch etwa ein bis zwei frei bewegliche Elek-

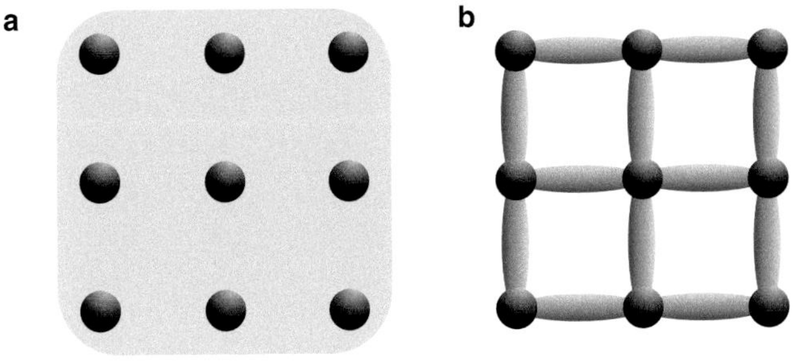

Abbildung 11.46 Schematische Darstellung **a** der metallischen Bindung durch delokalisierte Elektronen, **b** der lokalisierten kovalenten Bindung im Siliziumkristall

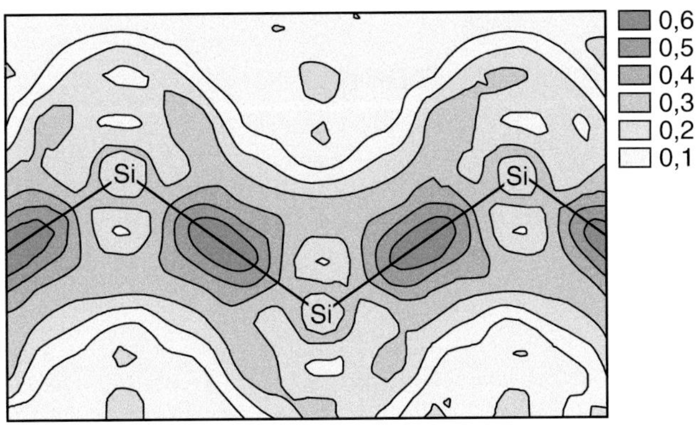

Abbildung 11.47 Elektronendichteverteilung im Siliziumkristall

tronen pro Atom, welche nicht lokalisiert sind und die für die elektrische Leitfähigkeit verantwortlich sind (siehe Kap. 13). Die Wechselwirkung dieser räumlich verteilten Leitungselektronen mit den positiven Ionenrümpfen der Metallatome macht bei Metallen einen großen Teil der Bindungsenergie aus. In Abb. 11.46a wird die delokalisierte Elektronenladung durch die rote Fläche angedeutet.

Die Bindungsenergie pro Atom variiert für die verschiedenen Metalle beträchtlich. Während sie bei den Alkalimetallen etwa 1 eV/Atom ist, beträgt sie beim Eisen 4,3 eV/Atom und bei Wolfram sogar 8,7 eV/Atom. Dies liegt daran, dass bei den Übergangsmetallen (wie Eisen, Kobalt, Nickel, etc.) unaufgefüllte innere *d*-Elektronenschalen vorliegen, deren räumliche Verteilung sich bei der Bindung ändert und damit, ähnlich wie bei der Valenzbindung, zu einer Erhöhung der Elektronendichte zwischen benachbarten Atomen führt.

11.6.4 Kovalente Kristalle

Wie bereits in Abschn. 9.4 diskutiert wurde, beruht die kovalente Bindung auf der räumlichen Umordnung der Elektronenhüllen, bei der die Elektronendichte zwischen benachbarten Atomen erhöht wird. Die kovalente Bindung ist daher eine *gerichtete* Bindung. Beispiele für kovalent gebundene Kristalle sind Kohlenstoff, Silizium und Germanium, die alle in der Diamantstruktur kristallisieren (Abb. 11.18), bei der die Bindungen zu den vier nächsten Nachbarn entlang den vier Kanten eines Tetraeders angeordnet sind. Jedes Atom liefert je ein Elektron in jeder der vier Bindungen (sp^3-Hybridisierung, Abschn. 9.7), sodass insgesamt zwei Elektronen mit entgegengesetztem Spin die Bindung zwischen zwei Nachbaratomen bewirken (Abb. 11.46b). Die Elektronendichteverteilung im Siliziumkristall ist in Abb. 11.47 gezeigt.

Die Raumausfüllung ist bei der Diamantstruktur mit $\eta = 0{,}34$ wesentlich geringer als bei der dichtesten Kugelpackung mit $\eta = 0{,}74$. Dies liegt daran, dass bei der tetraedrischen Anordnung jedes Atom nur vier nächste Nachbarn hat, bei der fcc-Struktur dagegen zwölf.

11.6.5 Wasserstoffbrückenbindung

Bei der kristallinen Form des Wassers (Eis) und bei vielen organischen Molekülkristallen spielen Wasserstoffatome für die Bindung zwischen zwei anderen Atomen oder Molekülen eine wichtige Rolle. Eine Wasserstoffbrückenbindung tritt auf, wenn ein H-Atom an ein stark elektronegatives Atom (wie z. B. Sauerstoff- oder Halogenatome) gebunden ist. Es entsteht dadurch ein Ladungstransfer vom H-Atom auf das O-Atom, sodass sich eine ionische Bindung H^+O^- einstellt. Kommt ein zweites O-Atom in die Nähe des Protons H^+, so kann sich die räumliche Verteilung des Elektrons vom H-Atom auf beide O-Atome erstrecken, sodass das Proton eine „Brücke" zwischen den O-Atomen bildet (Abb. 11.48).

Diese Wasserstoffbrückenbindung ist verantwortlich für die Dimerenbildung von $(H_2O)_2$ in Wasser (siehe Abschn. 15.4) und für die Struktur von Eis. Sie spielt ferner eine Rolle bei der Polymerisation von Kohlenwasserstoffmolekülen.

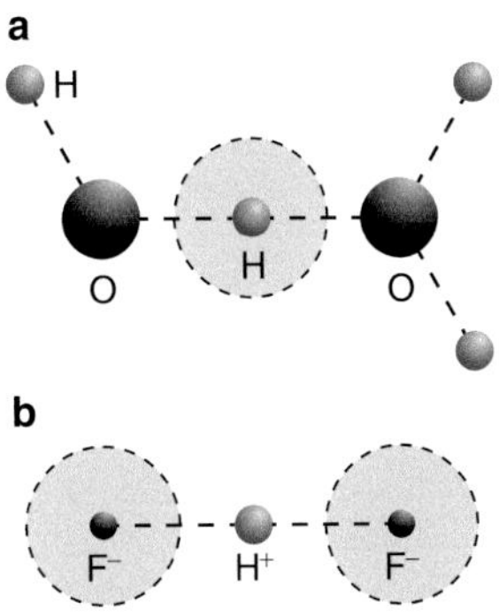

Abbildung 11.48 Wasserstoffbrückenbindung. **a** H_2O-Dimer; **b** Wasserstoffdifluor-Ion HF_2^-

Kapitel 11

Zusammenfassung

- Ein Translationsgitter ist ein räumlich periodisches Punktgitter, bei dem jeder Gitterpunkt durch einen Translationsvektor

$$\boldsymbol{T} = m_1\boldsymbol{a} + m_2\boldsymbol{b} + m_3\boldsymbol{c} \quad \text{mit} \quad m_i \in \mathbb{N}$$

beschrieben werden kann. Die Basisvektoren $\boldsymbol{a}$, $\boldsymbol{b}$, $\boldsymbol{c}$ spannen die Elementarzelle des Gitters auf. Deren Volumen ist $V_\mathrm{E} = \boldsymbol{a} \cdot (\boldsymbol{b} \times \boldsymbol{c})$.
- Eine Kristallstruktur entsteht, wenn jedem Gitterpunkt des Translationsgitter eine Atombasis zugeordnet wird. Besteht diese nur aus einem Atom, dann heißt das Gitter primitiv. Bei nichtprimitiven Gittern besteht sie aus mehreren gleichen oder unterschiedlichen Atomen.
- Alle Kristallgitter können gemäß ihrer Symmetrieeigenschaften (Drehungen um Symmetrieachsen, Spiegelungen an Ebenen) in 14 verschiedene Symmetrietypen, die 14 Bravaisgitter, eingeteilt werden.
- Die Netzebenen eines Gitters werden durch die drei Miller'schen Indizes (hkl) als Tripel ganzer Zahlen charakterisiert. Ebenen mit gleichen Tripeln (hkl) sind zueinander parallel.
- Zu jedem räumlichen Gitter lässt sich ein reziprokes Gitter angeben. Sein Translationsvektor $G = h \cdot \boldsymbol{a}^* + k \cdot \boldsymbol{b}^* + l \cdot \boldsymbol{c}^*$ hat die Dimension einer reziproken Länge m^{-1}. Seine Basisvektoren $\boldsymbol{a}^*, \boldsymbol{b}^*, \boldsymbol{c}^*$ sind durch (11.12) mit den Basisvektoren des räumlichen Gitters verknüpft.
- Der Abstand paralleler Netzebenen (hkl) ist durch

$$d_{hkl} = \frac{2\pi}{|\boldsymbol{G}|}$$

gegeben. Der Vektor $\boldsymbol{G}(hkl)$ des reziproken Gitters steht senkrecht auf den Ebenen (hkl) des Raumgitters.
- Experimentelle Methoden zur Bestimmung der Kristallstruktur sind die Bragg-Reflexion (Drehkristallverfahren), das Debye-Scherrer-Verfahren (für pulverförmige polykristalline Stoffe) und die Laue-Beugung. Allgemeine Bedingung: Konstruktive Interferenz bei der elastischen Streuung erhält man genau dann, wenn die Wellenvektoränderung $\Delta\boldsymbol{k} = \boldsymbol{k}_0 - \boldsymbol{k}$ zwischen einfallender und gestreuter Welle gleich einem reziproken Gittervektor $\boldsymbol{G}^*$ ist.
- Die räumliche Intensitätsverteilung bei der Laue-Beugung ist gegeben durch
  - die Gitterstruktur,
  - die Anordnung der Atome im Gitter,
  - die Elektronenverteilung in jedem Atom,
  - die Schwingungen der Kristallatome.
- Reale Kristalle weisen Gitterfehler auf. Diese können sein:
  - Leerstellen (Schottky-Defekte),
  - Atome auf Zwischengitterplätzen (Frenkel-Defekte),
  - Fremdatome auf Gitterplätzen,
  - Netzebenenverschiebungen,
  - Stufen-Versetzungen.

  Im thermischen Gleichgewicht stellt sich eine Fehlstellenkonzentration ein, die von der Temperatur, der Energie zur Erzeugung der Fehlstellen und der Entropie abhängt.
- Die Bindungsenergie eines Festkörpers hängt ab von der Anordnung der Atome im Gitter und von der Elektronenhülle der Atome. Man unterscheidet
  - van der Waals-Bindung,
  - metallische Bindung,
  - Ionenbindung,
  - kovalente Bindung,
  - Wasserstoffbrückenbindung.

Aufgaben

11.1
a) Man kann ein kubisch flächenzentriertes Gitter durch eine primitive Elementarzelle darstellen. Welcher Symmetrieklasse gehört sie dann an? Wie groß ist der Winkel α zwischen ihren Basisvektoren?
b) Wie sieht die primitive Elementarzelle des kubisch raumzentrierten Gitters aus?

11.2 Zeigen Sie, dass das reziproke Gitter des kubischen Gitters wieder ein kubisches Gitter bildet. Wie sieht das reziproke Gitter des tetragonal raumzentrierten Gitters aus?

11.3 Zeichnen Sie die (110)-, die $(\bar{1}10)$- und die (210)-Ebenen in einem kubischen Gitter. Wie groß ist jeweils der Netzebenenabstand? Bestimmen Sie den Normalenvektor auf den Ebenen.

11.4 Wie ist der Raumfüllungsfaktor im tetragonal-primitiven Gitter mit $a = b = c/2$, wenn sich benachbarte Atome, die durch Kugeln beschrieben werden, gerade berühren?

11.5 Zeigen Sie, dass ein tetragonal basiszentriertes Gitter durch ein tetragonal primitives Gitter mit kleinerer Elementarzelle darstellbar ist.

11.6 Ein lineares Gitter mit der Atomfolge ABAB... mit einem Abstand $d = a/2$ zwischen benachbarten Atomen wird senkrecht mit Röntgenstrahlen beleuchtet. Zeigen Sie

a) Für $a \cdot \cos\theta = n \cdot \lambda$ tritt konstruktive Interferenz auf, wenn θ der Winkel zwischen der mit Atomen besetzten Geraden und der Streurichtung ist.
b) Die Intensität des gebeugten Strahls ist für ungerades n proportional zu $(f_A - f_B)^2$ und für gerades n zu $(f_A + f_B)^2$ (f_i: Streufaktoren).

11.7 NaCl-Kristalle bilden ein kubisch flächenzentriertes Gitter mit der Kantenlänge $a = 5{,}63\,\text{Å}$ und einer zweiatomigen Basis, wobei das Na^+-Ion an der Position $\{0, 0, 0\}$ und das Cl^--Ion bei $a\{1/2, 1/2, 1/2\}$ sitzt. Sie werden mit Röntgenstrahlen der Wellenlänge $\lambda = 3\,\text{Å}$ bestrahlt.

Bei welchen Winkeln tauchen die Bragg-Reflexionen an den (100)-, (110)- und (111)-Ebenen auf?

Wie sieht ihre Intensitätsverteilung aus, wenn die Cl^--Ionen eine doppelt so große Streuamplitude haben wie die Na^+-Ionen?

Literatur

1. S. Hausbühl: Kristallgeometrie. Verlag Physik/Chemie, Weinheim (1977)
2. J. Bohm: Kristalle. Deutscher Verlag der Wissenschaften, Berlin (1975)
3. E.R. Wölfel: Theorie und Praxis der Röntgenstrukturanalyse. Vieweg, Braunschweig (1987)
4. H. Krischner: Einführung in die Röntgenfeinstrukturanalyse. Vieweg, Braunschweig (1990)
5. M.F.C. Ladd, R.A. Palmer: Structure Determination by X-Ray Crystallography. Plenum, New York (1993)
6. Ch. Kittel: Einführung in die Festkörperphysik. Oldenbourg, München (1996)
7. D. Haarer, H.W. Spiess (Hrsg.): Spektroskopie amorpher und kristalliner Festkörper. Steinkopff, Darmstadt (1995)
8. D. Hull: Introduction to Dislocations. Pergamon, Oxford (1984)
9. N.N. Greenwood: Ionenkristalle, Gitterdefekte und nichtstöchiometrische Verbindungen. Verlag Chemie, Weinheim (1973)
10. H. Stöcker: Taschenbuch der Physik, 2. Aufl. Harri Deutsch, Thun (1994)
11. J.W. Martin: Elementary Science of Metals. Wykeham, London (1969)
12. W. Romanowski, S. Engels: Hochdispersive Modelle. Verlag Chemie, Weinheim (1982)
13. R.W. Cahn, P. Hansen (Hrsg.): Physical Metallurgy, Bd. 1–3. North Holland, Amsterdam (1996)

Weitere empfohlene Literatur zur Festkörperphysik

14. W. Klose: Einführung in die Festkörperphysik. Bertelsmann Universitätsverlag, Düsseldorf (1974)
15. Chr. Weißmantel, C. Hamann: Grundlagen der Festkörperphysik. J.A. Barth, Leipzig (1995)
16. J.R. Christman: Festkörperphysik. Oldenbourg, München (1995)
17. K.H. Hellwege: Einführung in die Festkörperphysik. Springer, Berlin, Heidelberg (1994)
18. H. Ibach, H. Lüth: Festkörperphysik, 7. Aufl. Springer, Berlin, Heidelberg (2008)
19. K. Kopitzki: Einführung in die Festkörperphysik, 3. Aufl. Teubner, Stuttgart (1993)
20. N.W. Ashcroft, N.D. Mermin: Solid State Physics. Saunders College, Philadelphia (1976)
21. D. Haarer, H.W. Spiess: Spektroskopie amorpher und kristalliner Festkörper. Steinkopf, Stuttgart (1995)

Dynamik der Kristallgitter

12

© Springer-Verlag Berlin Heidelberg 2016
W. Demtröder, *Experimentalphysik 3*, Springer-Lehrbuch, DOI 10.1007/978-3-662-49094-5_12

Nachdem wir in Kap. 11 die Struktur *statischer* Kristallgitter behandelt haben, wollen wir jetzt untersuchen, welche neuen Phänomene auftreten, wenn man berücksichtigt, dass die Atome im Kristall Schwingungen um ihre Gleichgewichtslage ausführen. Solche Schwingungen sind bei einem Festkörper bei der Temperatur $T > 0$ auf Grund der thermischen Energie immer angeregt. Bei N Atomen gibt es insgesamt $3N - 6 \approx 3N$ (für $N \gg 1$) mögliche Eigenschwingungen eines Festkörpers, da jedes Atom drei Freiheitsgrade der Bewegung hat.

Wir werden jedoch sehen, dass die Schwingungsenergie nicht kontinuierlich von der Temperatur T abhängt, sondern nur diskrete Energien $n \cdot \hbar\Omega_K$ annehmen kann, welche als ganzzahlige Vielfache von Grundschwingungsquanten $\hbar\Omega_K$ darstellbar sind, wobei die Frequenzen Ω_K von den Atommassen und den Bindungskräften im Festkörper abhängig sind. Dies ist völlig analog zur Quantisierung der Energie des elektromagnetischen Feldes in einem Hohlraum, die aus Energiequanten $E_n = n \cdot \hbar\omega$, den *Photonen* besteht (siehe Abschn. 3.1).

Auf Grund dieser Analogie nennt man die quantisierten Gitterschwingungen ***Phononen***.

In diesem Kapitel sollen eine elementare Behandlung der Gitterschwingungen, Methoden zu ihrer Messung und experimentelle Beweise für ihre Quantisierung und Energieverteilung vorgestellt werden.

Man beachte: Zur Unterscheidung von den Photonen wollen wir Frequenz Ω und Wellenzahl K der Phononen mit großen Buchstaben bezeichnen.

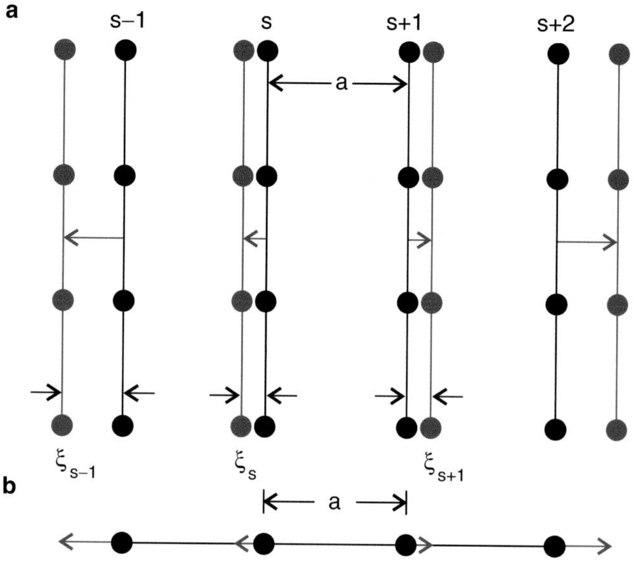

Abbildung 12.1 **a** Netzebenen eines Kristalls in der Ruhelage (*schwarz*) und durch eine longitudinale Schallwelle ausgelenkt (*rot*). **b** Modell der linearen Kette

12.1 Gitterschwingungen

Wir betrachten in Abb. 12.1 die Netzebenen eines Kristalls mit nur einem Atom pro Elementarzelle, durch den eine longitudinale Schallwelle (siehe Bd. 1, Abschn. 11.9.4, 5) senkrecht zu den Netzebenen läuft. Die Atome des Kristalls werden dadurch zu Schwingungen angeregt, wobei alle Atome einer Netzebene in Phase mit derselben Auslenkung ξ schwingen. Man kann deshalb jede Ebene durch ein einziges Atom repräsentieren (Modell der ***linearen Kette***, Abb. 12.1b).

12.1.1 Die lineare Kette

Die Bewegungsgleichung für jedes Atom der Masse M in der Ebene s ist:

$$M \cdot \frac{\mathrm{d}^2\xi_s}{\mathrm{d}t^2} = \sum_n C_n(\xi_{s+n} - \xi_s), \tag{12.1}$$

wobei die Größen C_n die elastischen Rückstellkonstanten sind, welche die Kräfte $C_n(\xi_{s+n} - \xi_s)$ beschreiben, die bei der Änderung $(\xi_{s+n} - \xi_s)$ des Gleichgewichtsabstandes $n \cdot a$ zwischen den Atomen der Ebenen s und $(s + n)$ auftreten. Der Index n läuft über die positiven und negativen ganzen Zahlen.

Für die zeitabhängigen Auslenkungen der Ebene $(s + n)$ verwenden wir den Ansatz

$$\xi_{s+n} = \xi(0) \cdot \mathrm{e}^{\mathrm{i}[(s+n)K \cdot a - \Omega t]} \tag{12.2}$$

einer durch den Kristall laufenden Schallwelle mit Wellenzahl K und Frequenz Ω, wobei a der Abstand zwischen zwei benachbarten Ebenen in der Gleichgewichtslage ist. Die Wellenlänge der Welle (12.2) ist $\lambda = 2\pi/K$.

Einsetzen von (12.2) in (12.1) liefert bei Division durch $\xi_s = \xi(0) \cdot \exp\left[\mathrm{i}(sKa - \Omega t)\right]$

$$\Omega^2 \cdot M = -\sum_n C_n \left(\mathrm{e}^{\mathrm{i}nKa} - 1\right). \tag{12.3}$$

Da wir hier primitive Kristallgitter mit nur einem Atom pro Elementarzelle betrachten, muss aus Symmetriegründen $C_n = C_{-n}$ sein, und (12.3) reduziert sich auf

$$\begin{aligned}\Omega^2 \cdot M &= -\sum_{n>0} C_n \left(\mathrm{e}^{\mathrm{i}nKa} + \mathrm{e}^{-\mathrm{i}nKa} - 2\right)\\ &= 2 \cdot \sum_{n>0} C_n\big(1 - \cos(nKa)\big).\end{aligned} \tag{12.4}$$

Bei kurzreichweitigen Kräften (z. B. bei kovalenter oder bei van der Waals-Bindung) stellt die Wechselwirkung zwischen nächsten Nachbarebenen den bei weitem dominanten Beitrag dar, und wir können den Einfluss der weiter entfernten Ebenen vernachlässigen. Dann reduziert sich die Summe in (12.4) auf ein Glied mit $n = 1$. Damit vereinfacht sich (12.4) mit der Kraftkonstanten $C_1 = C$ zwischen benachbarten Ebenen bei der Anwendung

Kapitel 12

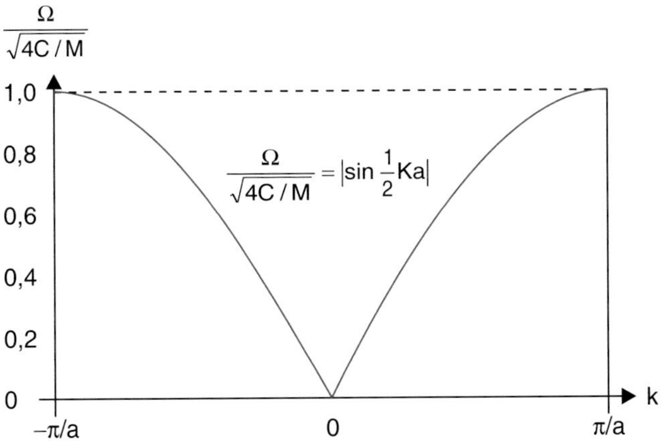

Abbildung 12.2 Dispersionsrelation $\Omega(K)$ einer longitudinalen Schallwelle bei alleiniger Berücksichtigung der Wechselwirkung zwischen benachbarten Ebenen mit der Rückstellkonstanten C

der Relation $1 - \cos x = 2\sin^2 x/2$ zu

$$\Omega^2 = (4C/M) \cdot \sin^2\left(\frac{1}{2}Ka\right) . \tag{12.5a}$$

Da die Frequenz Ω immer positiv sein muss, folgt

$$\Omega = \sqrt{4C/M}\left|\sin\frac{1}{2}Ka\right| . \tag{12.5b}$$

Die Gleichungen (12.5) heißen ***Dispersionsrelation*** (Abb. 12.2). Sie stellen einen Zusammenhang zwischen Frequenz Ω und Wellenzahl K einer akustischen Welle im Kristall her.

Das Verhältnis aus den Auslenkungen zweier beliebiger benachbarter Ebenen $(n+s)$ und $(n+s-1)$ ergibt sich aus (12.2) zu

$$\xi_{n+s}/\xi_{n+s-1} = e^{iKa} . \tag{12.6}$$

Es kann für positive und negative Werte von K (Wellen in beiden Richtungen!) alle komplexen Werte auf dem Halbkreis in der komplexen Ebene mit Radius eins annehmen. Dazu muss die Wellenzahl den Bereich

$$-\pi/a \le K \le +\pi/a \tag{12.7}$$

durchlaufen. Werte von K außerhalb dieses Bereiches ergeben keine neuen akustischen Wellen im Kristall, denn für $K' = K + m \cdot 2\pi/a$ mit $m \in \mathbb{N}$ erhält man an den Stellen der Kristallatome dieselben Auslenkungen ξ wie für K (Abb. 12.3a).

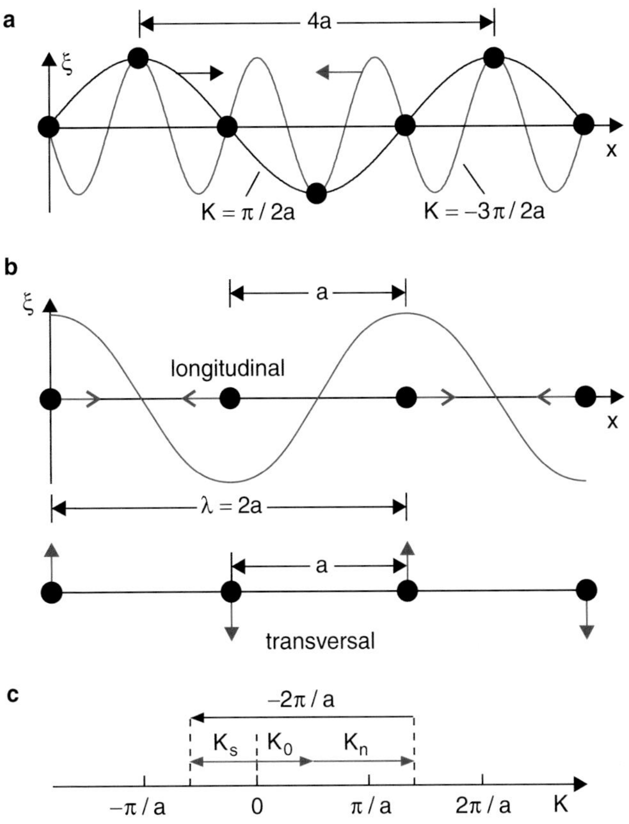

Abbildung 12.3 **a** Zur Äquivalenz zweier Gitterschwingungen mit den Wellenzahlen $K = \pi/2a$ und $K' = K - 2\pi/a = -3\pi/2a$; **b** kleinste mögliche Wellenlänge λ einer longitudinalen und einer transversalen akustischen Welle in einem Gitter mit der Gitterkonstanten a; **c** zum Umklappprozeß bei inelastischer Streuung

Die Lösungen für verschiedene $K' = K + m \cdot 2\pi/a$ sind deshalb physikalisch identisch, und man kann sich auf den Bereich $-\pi/a < K < \pi/a$ beschränken. Dies entspricht einer minimalen Wellenlänge von $\lambda = 2a$ (Abb. 12.3b). Man nennt den K-Bereich (12.7) die ***erste Brillouinzone*** des Kristallgitters (siehe auch Abschn. 11.2).

Anmerkung. Bei der inelastischen Streuung (siehe Abschn. 12.3) von Neutronen oder Photonen an Gitterschwingungen (***Phononen***, siehe Abschn. 12.2.1) z. B. an einem Phonon, das sich mit dem Wellenvektor K in $+x$-Richtung ausbreitet, ändert sich der K-Vektor des Phonons. Dabei kann es zu so genannten ***Umklappprozessen*** kommen. Beim Umklappprozess in Abb. 12.3c erhält das Phonon einen Zusatzimpuls K_n in $+x$-Richtung, der es aus der ersten Brillouinzone herausführt. Dies ist physikalisch jedoch äquivalent zu einer Situation, in der das Phonon von links wieder in die erste Brillouinzone hineinkommt, bei der also das Phonon einen Wellenvektor $\boldsymbol{K} = \boldsymbol{K}_n - \frac{2\pi}{a}\frac{\boldsymbol{K}_n}{|K_n|}$ hat. Es wird dadurch ein K-Wert in der ersten Brillouinzone erreicht, der auch durch einen Vektor $\boldsymbol{K}_s$ in $-x$-Richtung erreicht wird, bei dem sich das Phonon dann mit dem Impuls K_s in $-x$-Richtung bewegt, d. h. der Impuls dieses Phonons ist umgeklappt.

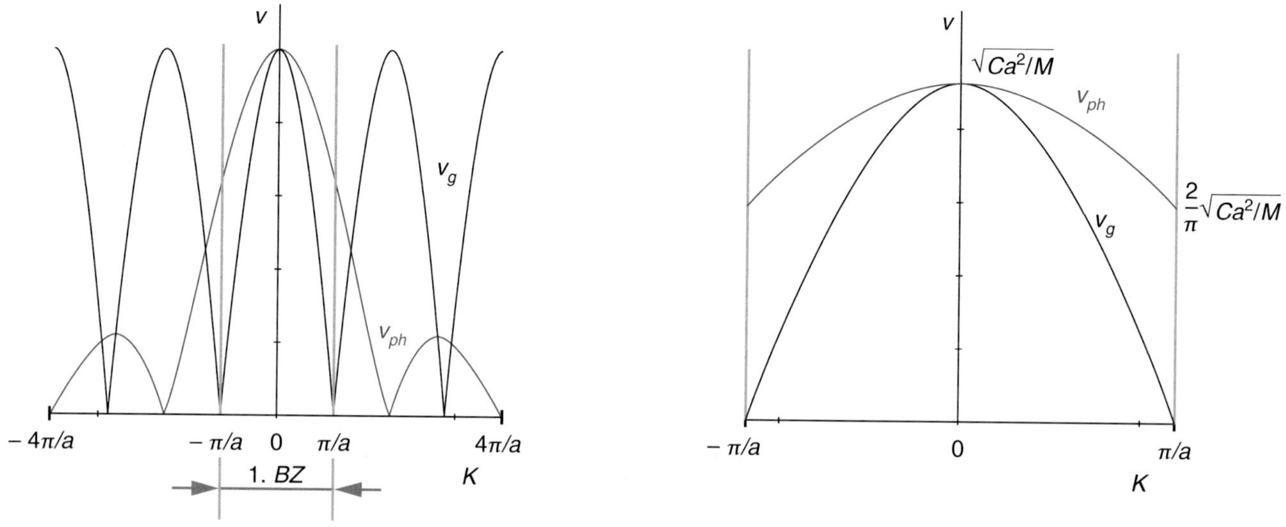

Abbildung 12.4 Phasen- und Gruppengeschwindigkeit als Funktion von K **a** in der 1. und 2. Brioullin-Zone, **b** in der 1. Brioullin-Zone [Christoph Guber, Physik, Universität Potsdam]

Solche Umklappprozesse spielen eine wichtige Rolle bei der Einstellung des thermischen Gleichgewichts im Festkörper. Es ist ihretwegen z. B. nicht möglich, durch Bestrahlung mit einem Laser nur eine einzige Schwingungsmode anzuregen, weil Moden mit völlig anderen K-Werten durch inelastische Streuung ebenfalls angeregt werden.

An den Grenzen der Brillouinzone für $K = \pm\pi/a$ wird aus der laufenden Welle (12.2) eine stehende Welle

$$\xi_{s+n} = \xi(0) \cdot \cos(s+n)\pi \cdot e^{-i\Omega t} \tag{12.8}$$

mit der kleinsten Wellenlänge $\lambda = 2a$, bei der benachbarte Ebenen gegenphasig schwingen.

Da die Schallwellen gemäß (12.5) Dispersion zeigen (d. h. Ω/K ist nicht konstant), sind Phasen- und Gruppengeschwindigkeit unterschiedlich (siehe Bd. 1, Abschn. 10.9.7). Für die Gruppengeschwindigkeit ergibt sich aus (12.5)

$$v_g = \frac{d\Omega}{dK} = \sqrt{\frac{Ca^2}{M}} \cdot \left|\cos\left(\frac{1}{2}Ka\right)\right| , \tag{12.9}$$

während die Phasengeschwindigkeit

$$v_{Ph} = \frac{\Omega}{K} = \sqrt{\frac{4C}{K^2M}} \cdot \left|\sin\left(\frac{1}{2}Ka\right)\right|$$

ist. Für $K \to \pi/a$, also an den Rändern der ersten Brillouinzone geht die Gruppengeschwindigkeit v_g gegen null, wie es von einer stehenden Welle zu erwarten ist (Abb. 12.4). Für $K \to 0$, d. h. $\lambda \to \infty$ (langwelliger Grenzfall), kann man in (12.4) die Näherung $\cos nKa \approx 1 - 1/2\,(nKa)^2$ verwenden, und (12.4) geht über in

$$\Omega^2 = \frac{K^2a^2}{M} \sum_{n>0} n^2 C_n . \tag{12.10}$$

Jetzt ist die Wellenlänge $\lambda \gg a$, und benachbarte Ebenen schwingen fast in Phase, sodass die relativen Abstandsänderungen zwischen benachbarten Ebenen und damit auch die elastischen Rückstellkräfte klein sind. Dann kann man den Einfluss weiter entfernter Ebenen nicht mehr vernachlässigen, und die Rückstellkonstanten C_n mit $n > 1$ spielen eine Rolle für den Zusammenhang zwischen Ω und K.

Die kleinste Wellenzahl K, d. h. die größte Wellenlänge λ wird durch die Länge L des Kristalls bestimmt. Weil $\lambda \leq 2L$ sein muss, gilt: $K > \pi/L$. Da aber $L \gg a$ ist, gelangt man für $\lambda = 2L$ praktisch in die Mitte $K \approx 0$ der ersten Brillouinzone.

Wir erhalten also für $-\pi/a < K < \pi/a$ laufende akustische Wellen, die für $K \to \pm\pi/a$ stehende Wellen, d. h. eindimensionale Eigenschwingungen des Festkörpers darstellen.

Im allgemeinen Fall wird der Wellenvektor $\boldsymbol{K}$ eine beliebige Richtung gegen die Kristallachsen $\boldsymbol{a}$, $\boldsymbol{b}$, $\boldsymbol{c}$ haben. Wir können dann aber ähnliche Überlegungen für die Komponenten K_a, K_b, K_c anstellen.

Außer den longitudinalen Wellen gibt es transversale Wellen (***Scherwellen***), bei denen benachbarte Gitterebenen (Abb. 12.5) parallel zur Gitterebene gegeneinander schwingen. Als Rückstellkonstanten treten jetzt die Scherkonstanten (Schubmodul, siehe Bd. 1, Abschn. 6.2.3) auf. Sie sind im Allgemeinen kleiner als die Elastizitätsmodule, sodass die Schallgeschwindigkeit für Transversalwellen kleiner ist als für longitudinale Wellen (siehe Bd. 1, Abschn. 10.9.5).

12.1.2 Optische und akustische Zweige

In einem Kristall mit einer Basis von zwei verschiedenen Atomen A und B mit den Massen M_1, M_2 treten neue Effekte auf.

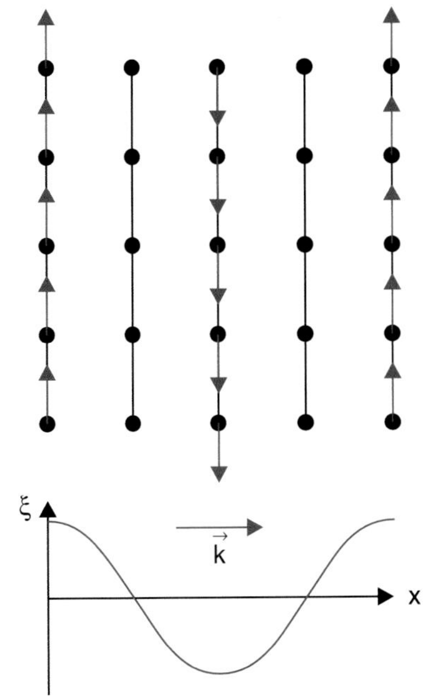

Abbildung 12.5 Transversale akustische Welle

Wir betrachten in Abb. 12.6 wieder Schwingungen der Gitterebenen, in denen abwechselnd Atome A und B sitzen. Analog zu (12.1) gelten die Bewegungsgleichungen

$$M_1 \frac{d^2\xi_{2s+1}}{dt^2} = C \cdot (\xi_{2s} + \xi_{2s+2} - 2\xi_{2s+1}), \quad (12.11a)$$

$$M_2 \frac{d^2\xi_{2s}}{dt^2} = C \cdot (\xi_{2s-1} + \xi_{2s+1} - 2\xi_{2s}), \quad (12.11b)$$

wenn wir uns auf Wechselwirkungen zwischen Atomen benachbarter Ebenen beschränken.

Geht man mit dem Lösungsansatz

$$\xi_{2s+1} = A \cdot e^{i((2s+1)/2 \cdot Ka - \Omega t)}$$
$$\xi_{2s} = B \cdot e^{i(sKa - \Omega t)}$$

in (12.11) ein, erhält man das lineare Gleichungssystem

$$\left(\Omega^2 M_1 - 2C\right) A + \left(2C \cos\frac{1}{2} Ka\right) B = 0\,,$$
$$\left(2C \cos\frac{1}{2} Ka\right) A + \left(\Omega^2 M_2 - 2C\right) B = 0\,, \quad (12.12)$$

welches genau dann nichttriviale Lösungen für die Amplituden A und B besitzt, wenn die Koeffizientendeterminante null wird. Dies ergibt die Gleichung

$$\Omega^2 = C \cdot \left(\frac{1}{M_1} + \frac{1}{M_2}\right) \quad (12.13)$$
$$\pm C \sqrt{\left(\frac{1}{M_1} + \frac{1}{M_2}\right)^2 - \frac{4}{M_1 M_2} \sin^2 \frac{Ka}{2}}\,.$$

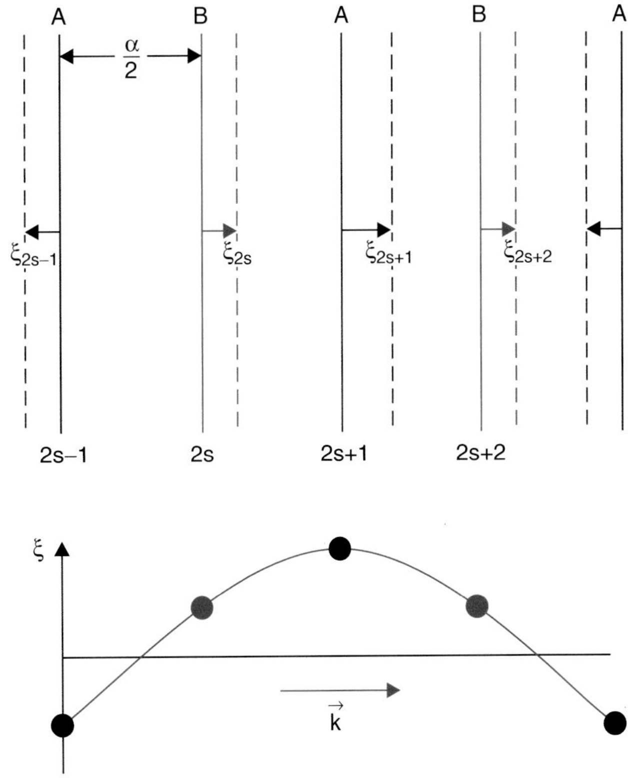

Abbildung 12.6 Schwingungen von Gitterebenen in Kristallen mit zwei verschiedenen Atomen als Basis

Für kleine Werte von K (d. h. $Ka \ll 1$) erhält man aus (12.13) die Lösungen:

Optischer Zweig:

$$\Omega_+ \approx \sqrt{2C\left(\frac{1}{M_1} + \frac{1}{M_2}\right)}\,. \quad (12.14a)$$

Akustischer Zweig:

$$\Omega_- \approx K \cdot a \sqrt{\frac{C/2}{M_1 + M_2}}\,. \quad (12.14b)$$

Für $K = \pm\pi/a$ am Rand der ersten Brillouinzone erhält man

$$\Omega_+ = \sqrt{2C/M_1}, \quad \Omega_- = \sqrt{2C/M_2}\,. \quad (12.15)$$

Um die dazugehörigen Schwingungen zu verdeutlichen, schauen wir uns für kleine K-Werte das Auslenkungsverhältnis A/B zweier benachbarter Ebenen an (Abb. 12.7), das sich aus (12.12) ergibt zu

$$A/B = -M_2/M_1 \quad (12.16a)$$

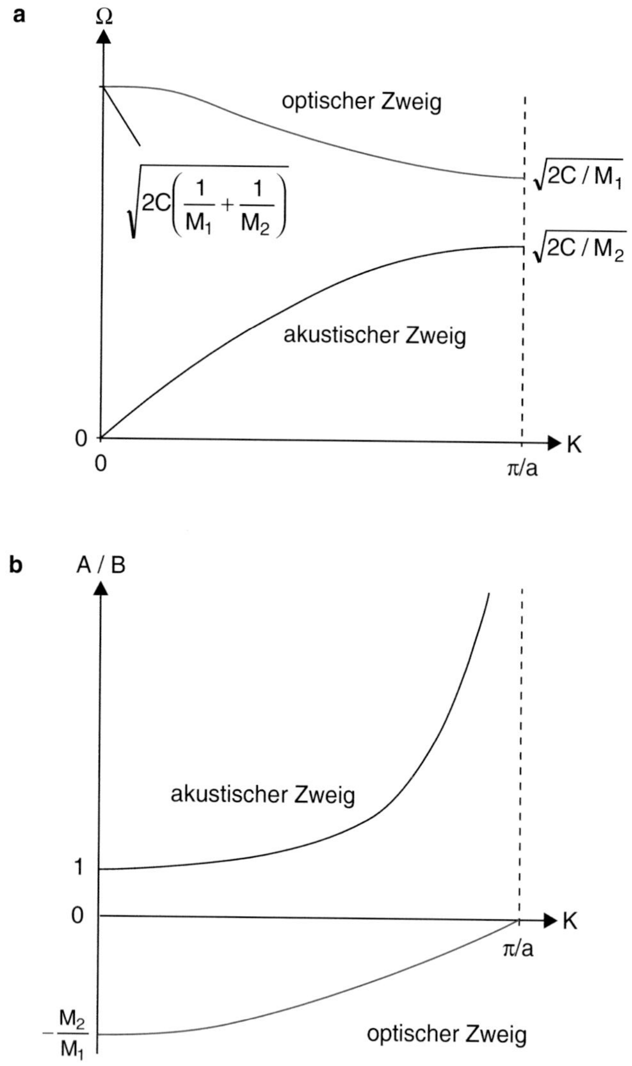

Abbildung 12.7 **a** Dispersionsrelation $\Omega(k)$ für den optischen und akustischen Zweig für $M_2 > M_1$, **b** Amplitudenverhältnisse A/B beim optischen und akustischen Zweig eines lineares Gitters

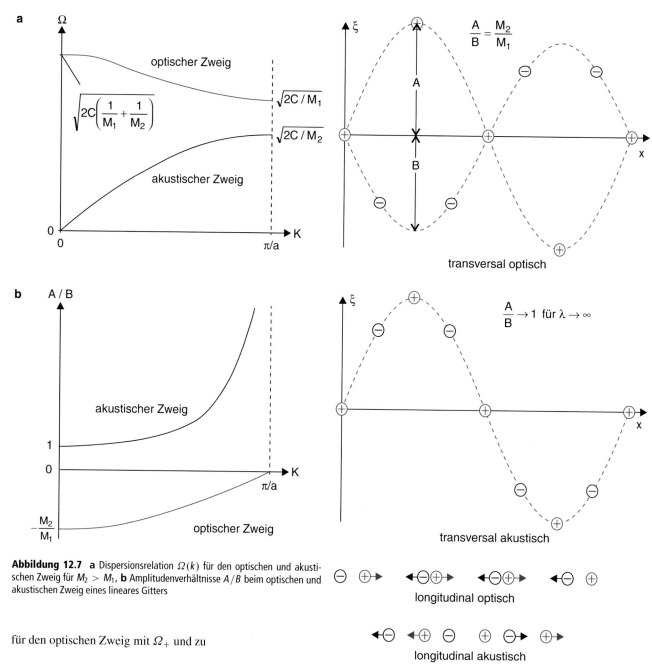

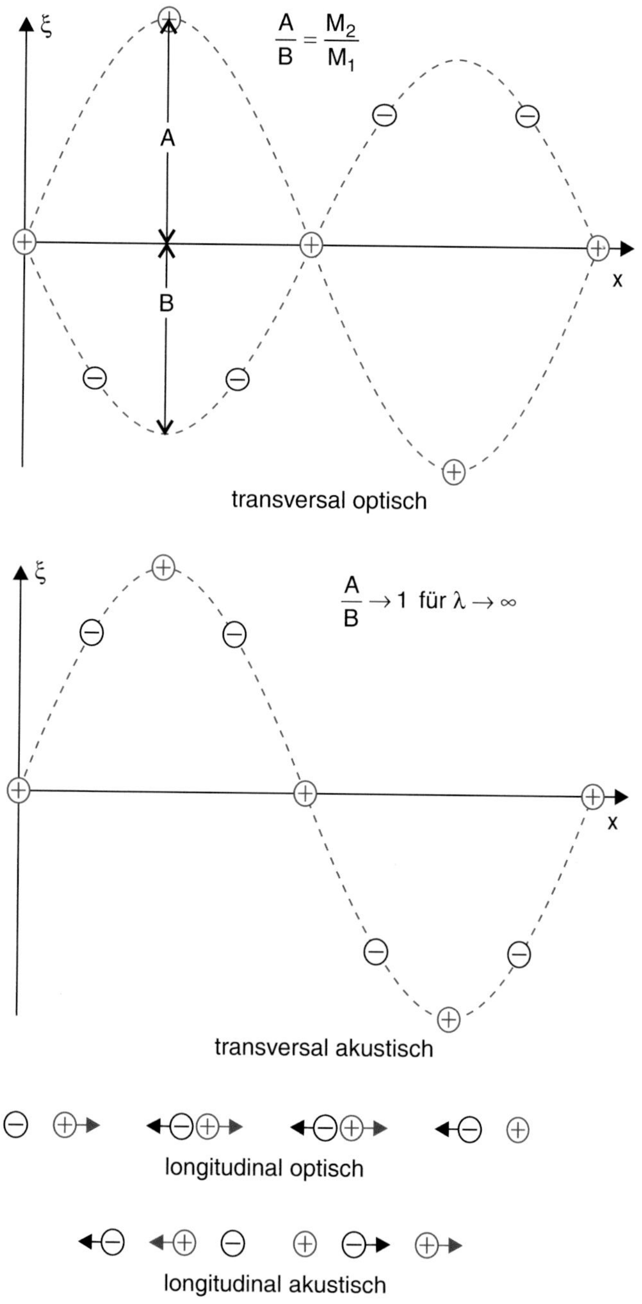

Abbildung 12.8 Transversale und longitudinale optische und akustische Phononenwellen

für den optischen Zweig mit Ω_+ und zu

$$A/B = +1 \tag{12.16b}$$

für den akustischen Zweig mit Ω_-.

Man sieht daraus, dass bei den optischen Gitterschwingungen die Atome A und B gegenphasig (also gegeneinander) schwingen, während sie beim akustischen Zweig in Phase schwingen (Abb. 12.8).

Bei Ionenkristallen (z. B. Na^+Cl^-) schwingen beim optischen Zweig zwei entgegengesetzt geladene Ionen gegeneinander, sodass sich das elektrische Dipolmoment des Moleküls Na^+Cl^- bei der Schwingung ändert. Deshalb kann der Festkörper bei einer solchen Schwingung elektromagnetische Wellen emittieren bzw. absorbieren. Diese Schwingung heißt daher *optisch aktiv*.

Bei akustischen Schwingungen können die Atome auf Grund der Kopplung an die Nachbaratome zwar Energie transportieren (Schallwelle), aber da das elektrische Dipolmoment sich nicht ändert, keine optische Strahlung absorbieren bzw. emittieren.

12.2 Spezifische Wärme von Festkörpern

Die spezifische Wärme bei konstantem Volumen ist definiert als

$$C_V = \left(\frac{\partial U}{\partial T}\right)_{V=\text{const}} \tag{12.17}$$

(siehe Bd. 1, Abschn. 10.1.8). Für 1 mol eines Festkörpers mit N Atomen, die $\approx 3N$ Schwingungen („$\approx$“ wegen der abzuziehenden Translations- und Rotationsfreiheitsgrade) mit der Energie $E_{\text{vib}} = k_B \cdot T$ per Schwingung ($E_{\text{kin}} = k_B T/2$, $E_{\text{pot}} = k_B T/2$) vollführen, ist die innere Energie

$$U = 3N \cdot k_B T$$
$$\Rightarrow \; C_V = 3N \cdot k_B\,. \tag{12.18}$$

In diesem klassischen Modell ist die spezifische Wärme pro Mol also konstant, unabhängig vom speziellen Festkörper und unabhängig von der Temperatur.

Experimentell wird dieses Ergebnis nur für hinreichend hohe Temperaturen ($T > 300$–1000 K) bestätigt (***Dulong-Petit'sches Gesetz***, siehe Bd. 1, Abschn. 10.1.10). Bei tieferen Temperaturen stellt man experimentell fest, dass die spezifische Wärme mit sinkender Temperatur stark abnimmt. Für $T \to 0$ geht $C_V \propto T^3$ gegen null (Abb. 12.9). Wie lässt sich dieses Ergebnis erklären?

12.2.1 Das Einstein-Modell der spezifischen Wärme

Ähnlich wie *Max Planck* das Problem des elektromagnetischen Strahlungsfeldes im Hohlraum durch Einführen der Energiequanten $\hbar\omega$ (Photonen) löste, schlug *Albert Einstein* vor, die Energie der Gitterschwingungen im Festkörper zu quantisieren. Statt der kontinuierlich mit der Temperatur T ansteigenden Energie $E_{\text{vib}} = k_B \cdot T$ jeder Schwingung postulierte er, dass für jede Schwingung Energie nur in diskreten Quanten $\hbar\Omega$, den ***Phononen***, vom Festkörper aufgenommen bzw. abgegeben werden kann.

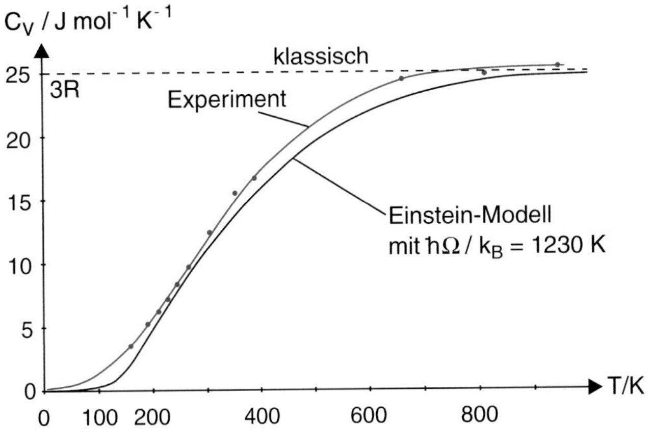

Abbildung 12.9 Verlauf der spezifischen Wärme $C_V(T)$. Vergleich von klassischem und Einstein-Modell mit experimentellen Werten für Diamant

Ordnet man jeder Schwingung die Energie $E_{\text{vib}} = n \cdot \hbar\Omega$ ($n = 0, 1, 2, 3, \ldots$) zu, und sei p_n die Zahl der Gitterschwingungen mit n Energiequanten $\hbar\Omega$, so ergibt sich die mittlere Energie einer Gitterschwingung bei einer Gesamtzahl von $\sum p_n = 3N$ Schwingungen zu

$$\begin{aligned}\langle E_{\text{vib}}\rangle &= \langle n\rangle \cdot \hbar\Omega = \hbar\Omega \cdot \frac{1}{3N}\sum n \cdot p_n \\ &= \hbar\Omega \cdot \frac{\sum n \cdot p_n}{\sum p_n}\,.\end{aligned} \tag{12.19}$$

Im thermischen Gleichgewicht gilt die Boltzmann-Verteilung

$$\frac{p_{n+1}}{p_n} = \mathrm{e}^{-\hbar\Omega/k_B T}\,. \tag{12.20a}$$

Wir führen die Abkürzung ein:

$$x^n = p_n\,, x^{n+1} = p_{n+1} \Rightarrow \frac{p_{n+1}}{p_n} = x = \mathrm{e}^{-\hbar\Omega/k_B T} < 1\,.$$

Daraus folgt:

$$\frac{p_n}{\sum p_n} = \frac{x^n}{\sum x^n} = \frac{x^n}{(1-x)^{-1}}\,. \tag{12.20b}$$

Wegen

$$\sum_{n=0}^{\infty} n \cdot x^n = x \cdot \frac{\mathrm{d}}{\mathrm{d}x}\sum_{s=0}^{\infty} x^n = \frac{x}{(1-x)^2} \tag{12.20c}$$

folgt nun für die mittlere Besetzungszahl

$$\langle n\rangle = \frac{\sum n \cdot p_n}{\sum p_n} = \frac{x}{1-x} = \frac{1}{\mathrm{e}^{\hbar\Omega/k_B T} - 1} \tag{12.21}$$

und für die mittlere Energie pro Gitterschwingung ohne den Beitrag der Nullpunktsenergie

$$\langle E_{\text{vib}}\rangle = \frac{\hbar\Omega}{\mathrm{e}^{\hbar\Omega/k_B T} - 1}\,, \tag{12.22}$$

sodass die innere Energie eines Festkörpers mit N Atomen, die in drei unabhängigen Richtungen schwingen können,

$$\begin{aligned}U &= 3N \cdot \langle E_{\text{vib}}\rangle \\ &= 3N\left[\frac{\hbar\Omega}{\mathrm{e}^{\hbar\Omega/k_B T} - 1} + \frac{1}{2}\hbar\Omega\right]\end{aligned} \tag{12.23}$$

ist, wobei der letzte Term die Nullpunktsenergie angibt (siehe Abschn. 4.2.5). Die spezifische Wärme wird dann

$$\begin{aligned} C_V &= \left(\frac{\partial U}{\partial T}\right)_V \\ &= \frac{3N}{k_B T^2} \frac{(\hbar\Omega)^2}{\left(e^{\hbar\Omega/k_B T} - 1\right)^2} \cdot e^{\hbar\Omega/k_B T} . \end{aligned} \tag{12.24}$$

Man beachte dass die Nullpunktsenergie zur spezifischen Wärme *nicht* beiträgt!

Man sieht aus (12.24), dass C_V in der Tat von der Temperatur abhängt. Um uns einen besseren Einblick in die etwas unübersichtliche Relation (12.24) zu verschaffen, betrachten wir die beiden Grenzfälle

- $T \to \infty$, d. h. $k_B T \gg \hbar\Omega$. Dann folgt

$$\begin{aligned} e^{\hbar\Omega/k_B T} &\approx 1 + \hbar\Omega/k_B T \\ \Rightarrow C_V &\approx \frac{3N}{k_B T^2}\left(\frac{\hbar\Omega}{\hbar\Omega/k_B T}\right)^2 \\ &= 3N \cdot k_B , \end{aligned} \tag{12.25a}$$

  was dem klassischen Ergebnis (12.18) entspricht.
- $T \to 0$, d. h. $k_B T \ll \hbar\Omega$. Dann folgt

$$\begin{aligned} C_V &= \frac{3N}{k_B T^2} \frac{(\hbar\Omega)^2}{e^{\hbar\Omega/k_B T}} \\ \Rightarrow C_V &\propto \frac{1}{T^2} e^{-\hbar\Omega/k_B T} \\ \Rightarrow \lim_{T\to 0} C_V &= 0 . \end{aligned} \tag{12.25b}$$

Man erkennt daraus, dass die Grenzfälle $T \to \infty$ und $T \to 0$ die experimentellen Ergebnisse richtig wiedergeben. Allerdings weicht der durch (12.24) beschriebene Verlauf $C_V(T)$ deutlich von den Messungen ab (Abb. 12.9). Dies liegt vor allem daran, dass im Einstein-Modell jeder Gitterschwingung dieselbe Frequenz Ω zugeordnet wurde. Wir werden im nächsten Abschnitt sehen, dass es eine Verteilung $p(\Omega)$ der Zahl der Gitterschwingungen mit der Frequenz Ω über einen weiten Frequenzbereich $\Delta\Omega = \Omega_{max} - \Omega_{min}$ gibt, deren Verlauf von der Temperatur T und von den Bindungskräften zwischen den schwingenden Atomen im Festkörper abhängt. Dies wird in einem Modell berücksichtigt, das von *P. Debye* entwickelt wurde.

12.2.2 Das Debye-Modell der spezifischen Wärme

Debye nahm an, dass es viele mögliche Schwingungsfrequenzen Ω_K der Atome im Festkörper gibt. Wenn $p_K(\Omega_K)$ Schwingungen die Energie $\hbar\Omega_K$ haben, so wird die gesamte Schwingungsenergie des Festkörpers mit $3N$ Schwingungsmoden

$$E_{vib}^{total} = \sum_K p_K \cdot \hbar\Omega_K \quad \text{mit} \quad \sum_K p_K = 3N . \tag{12.26}$$

Wegen der großen Zahl N (in einem Kristall mit dem Volumen $V = 1\,cm^3$ wird $N \approx 10^{22}$!) liegen die diskreten Schwingungswerte Ω_K sehr dicht, sodass wir die Summe (12.26) durch das Integral

$$E_{vib}^{total} = \int_{\Omega_{min}}^{\Omega_{max}} p(\Omega) \cdot \hbar\Omega \, d\Omega \tag{12.27}$$

annähern können, wobei $p(\Omega)$ die Zahl der angeregten Schwingungen im Intervall $\Delta\Omega = 1\,s^{-1}$ um eine Frequenz Ω ist. Diese Zahl lässt sich als Produkt

$$p(\Omega) = D(\Omega) \cdot \langle n(\Omega) \rangle$$

aus der ***Zustandsdichte*** $D(\Omega)$ und der mittleren Zahl $\langle n \rangle$ der Phononen $\hbar\Omega$ pro Eigenschwingung (12.21) schreiben. Die Zustandsdichte $D(\Omega)$ gibt dabei die Zahl der *möglichen* Schwingungen im Frequenzintervall $\Delta\Omega = 1\,s^{-1}$ an, sodass analog zu (12.26) die Normierungsbedingung gilt:

$$\int_{\Omega_{min}}^{\Omega_{max}} D(\Omega) \, d\Omega = 3N . \tag{12.28}$$

Man kann, völlig analog zur Betrachtung im Abschn. 3.1.2 und in Bd. 2, Abschn. 7.8 die Zustandsdichte folgendermaßen bestimmen:

Wir betrachten die stationären Gitterschwingungen eines Kristalls als stehende Wellen mit den Wellenlängen λ_i. Nehmen wir als einfaches Beispiel einen Kubus mit der Kantenlänge L als Kristallvolumen, so folgen aus den Randbedingungen für die Schwingungsamplituden (siehe Bd. 2, Abschn. 7.8)

$$\begin{aligned} A(x = 0) = A(y = 0) = A(z = 0) = 0 , \\ A(x = L) = A(y = L) = A(z = L) = 0 \end{aligned}$$

die möglichen Wellenvektoren $\boldsymbol{K} = \{K_x, K_y, K_z\}$ der stehenden Wellen, die jeweils als Überlagerung von zwei in entgegengesetzten Richtungen laufenden Wellen betrachtet werden (Abb. 12.10):

$$\begin{aligned} K_x &= n_x \frac{\pi}{L} , \quad K_y = n_y \cdot \frac{\pi}{L} , \\ K_z &= n_z \cdot \frac{\pi}{L} , \end{aligned} \tag{12.29}$$

wobei n_x, n_y, n_z ganze Zahlen sind.

Für das Betragsquadrat der Wellenzahl $K = 2\pi/\lambda$ ergibt sich damit

$$\begin{aligned} K^2 &= (n_x^2 + n_y^2 + n_z^2)\left(\frac{\pi}{L}\right)^2 \\ &= n^2 \left(\frac{\pi}{L}\right)^2 . \end{aligned} \tag{12.30}$$

In einem Koordinatensystem im $\boldsymbol{K}$-Raum mit den Achsen K_x, K_y, K_z und den Achseneinheiten (π/L) gehört zu jedem Tripel (n_x, n_y, n_z) ganzer Zahlen genau ein Gitterpunkt, der den Vektor $\boldsymbol{K} = \{K_x, K_y, K_z\}$ und damit eine Schwingungsmode darstellt.

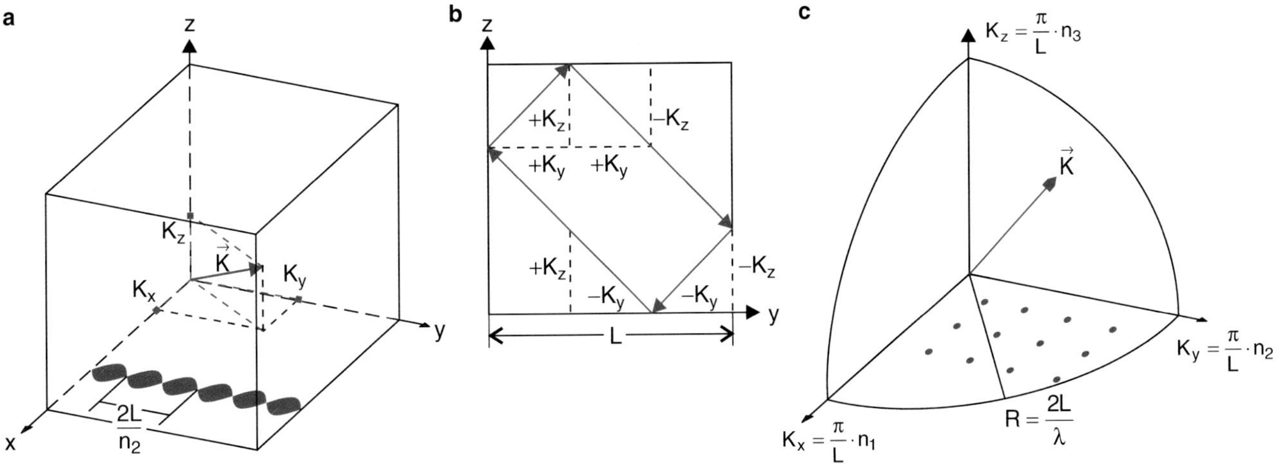

Abbildung 12.10 **a** Stehende Wellen in einem Kasten. **b** Randbedingungen für die Wellenvektorkomponenten. **c** Zur Abzählung der Gitterpunkte im K-Raum

Die Zahl dieser Gitterpunkte innerhalb des Oktanten $|\boldsymbol{K}| \leq K_{\max}$ ist

$$Z = \frac{1}{8} \cdot \frac{4}{3}\pi K_{\max}^3 \Big/ \left(\frac{\pi}{L}\right)^3 = \frac{L^3}{6\pi^2} K_{\max}^3 . \tag{12.31}$$

Der Zusammenhang zwischen der Wellenzahl K und der Schwingungsfrequenz Ω einer Schallwelle ist durch die Phasengeschwindigkeit

$$v_{\mathrm{Ph}} = \frac{\Omega}{K} \tag{12.32}$$

gegeben. Da unsere stationären Eigenschwingungen durch Überlagerung solcher Schallwellen entstehen, erhalten wir aus (12.31) für die Zahl $Z(\Omega)$ aller möglichen Eigenschwingungen von $\Omega_{\min}$ bis zur Maximalfrequenz $\Omega_{\max}$

$$Z(\Omega) = \frac{\Omega^3 \cdot L^3}{6\pi^2 v_{\mathrm{Ph}}^3} . \tag{12.33}$$

Die Zustandsdichte $D(\Omega)$ ergibt sich als Zahl der Schwingungen pro Frequenzintervall $\Delta\Omega = 1\,\mathrm{s}^{-1}$ im Volumen $V = L^3$ aus (12.33) durch Differentiation zu

$$D(\Omega) = \frac{\mathrm{d}Z}{\mathrm{d}\Omega} = \frac{\Omega^2 \cdot V}{2\pi^2 \cdot v_{\mathrm{Ph}}^3} . \tag{12.34a}$$

Berücksichtigt man noch, dass es drei mögliche Schwingungsformen (eine longitudinale und zwei transversale Schallwellen im Festkörper) gibt, so wird die Zustandsdichte

$$D(\Omega) = \frac{\Omega^2 \cdot V}{2\pi^2}\left[\frac{1}{v_{\mathrm{l}}^3} + \frac{2}{v_{\mathrm{t}}^3}\right]$$

$$= \frac{3\Omega^2 \cdot V}{2\pi^2 \cdot \overline{v}_{\mathrm{S}}^3} , \tag{12.34b}$$

wobei v_{l} und v_{t} die Phasengeschwindigkeiten der longitudinalen bzw. transversalen Wellen sind und die mittlere Schallgeschwindigkeit $\overline{v}_{\mathrm{S}}$ definiert ist durch

$$\frac{1}{\overline{v}_{\mathrm{s}}^3} = \frac{1}{3}\left[\frac{1}{v_{\mathrm{l}}^3} + \frac{2}{v_{\mathrm{t}}^3}\right] . \tag{12.35}$$

Da die Schallgeschwindigkeiten v_{l} und v_{t} in einem Festkörper in unterschiedlicher Weise von der Frequenz Ω abhängen, ist der Funktionsverlauf $D(\Omega)$ nicht genau quadratisch. Wenn man eine mittlere Schallgeschwindigkeit gemäß (12.35) definiert und $D(\Omega) \propto \Omega^2$ setzt, macht man deshalb eine Näherung. Man kann jedoch die Fläche unter der Kurve $D(\Omega)$, welche die Gesamtzahl aller möglichen Schwingungen angibt, durch die Normierungsforderung

$$\int_0^{\Omega_{\mathrm{D}}} D(\Omega)\,\mathrm{d}\Omega = 3N \tag{12.36}$$

bestimmen, wobei die Abschneidefrequenz Ω_{D} ***Debye'sche Grenzfrequenz*** heißt (Abb. 12.11). Setzt man (12.34b) in (12.36) ein, so ergibt sich

$$\Omega_{\mathrm{D}} = \overline{v}_{\mathrm{s}} \cdot \sqrt[3]{\frac{6\pi^2 \cdot N}{V}} , \tag{12.37}$$

und für die Zustandsdichte (12.34b) erhält man

$$D(\Omega) = \frac{9N}{\Omega_{\mathrm{D}}^3}\,\Omega^2 . \tag{12.38}$$

Nach (12.27), (12.21) und (12.38) wird die innere Energie $U = E_{\mathrm{vib}}^{\mathrm{total}}$:

$$U = \frac{9N}{\Omega_{\mathrm{D}}^3} \int_0^{\Omega_{\mathrm{D}}} \frac{\hbar\Omega}{\mathrm{e}^{\hbar\Omega/k_{\mathrm{B}}T} - 1}\,\Omega^2\,\mathrm{d}\Omega , \tag{12.39}$$

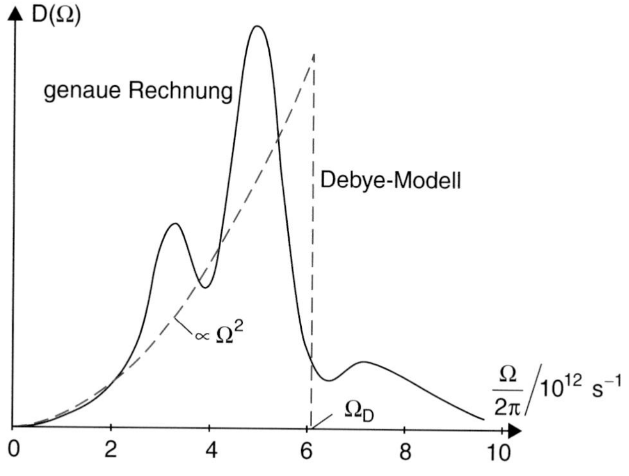

Abbildung 12.11 Zustandsdichte und Debye'sche Grenzfrequenz im Debye-Modell für NaCl, verglichen mit dem aus gemessenen Kraftkonstanten berechneten Verlauf von $D(\Omega)$

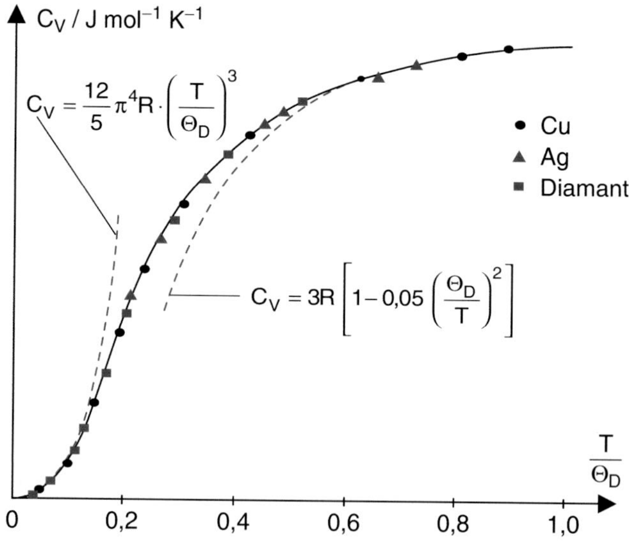

Abbildung 12.12 Vergleich der spezifischen Wärme $C_V(T)$ im Debye-Modell für tiefe und hohe Temperaturen mit experimentellen Werten

sodass man für die spezifische Wärme pro Mol den Ausdruck

$$C_V = \left(\frac{\partial U}{\partial T}\right)_V = \frac{9N_A \cdot k_B}{\Omega_D^3} \int\limits_0^{\Omega_D} \frac{(\hbar\Omega/k_B T)^2 \, e^{\hbar\Omega/k_B T}}{\left(e^{\hbar\Omega/k_B T} - 1\right)^2} \Omega^2 \, d\Omega \tag{12.40}$$

erhält. Führt man die ***Debye-Temperatur*** Θ_D ein durch die Definition:

$$k_B \cdot \Theta_D = \hbar\Omega_D\,, \tag{12.41}$$

so lässt sich (12.40) für die Grenzfälle $T \gg \Theta_D$ und $T \ll \Theta_D$ relativ leicht auswerten (siehe Abb. 12.12 und Aufgabe 12.7). In Tab. 12.1 sind die Debye-Temperaturen für einige Stoffe angegeben.

Bei tiefen Temperaturen ($T \ll \Theta_D$) ist die Besetzungswahrscheinlichkeit für Phononen mit $\Omega > \Omega_D$ praktisch null, sodass man die Integration in (12.40) bis $\Omega = \infty$ erstrecken kann, ohne den Wert des Integrals wesentlich zu ändern. Das bestimmte Integral ist auswertbar und tabelliert [1]. Man erhält dann

$$C_V \approx \frac{12}{5}\pi^4 N_A \cdot k_B \left(\frac{T}{\Theta_D}\right)^3 \propto T^3\,. \tag{12.42}$$

Man sieht daraus, dass im Debye-Modell bei kleinen Temperaturen die spezifische Wärme proportional zu T^3 ist. Dies wird durch Experimente gut bestätigt.

Tabelle 12.1 Debye-Temperaturen einiger Elementkristalle

Element	θ_D/K	Element	θ_D/K
Cs	38	Al	390
Pb	90	Fe	467
Ag	226	Be	1440
Cu	343	Diamant	2230

Für hohe Temperaturen ($T \gg \Theta_D$, d. h. $\hbar\Omega \ll k_B T$) lassen sich die Exponentialfunktionen in (12.40) wegen $\Omega \le \Omega_D$ entwickeln, und man erhält

$$C_V = 3N_A k_B \left[1 - 0{,}05\left(\frac{\Theta_D}{T}\right)^2\right] \quad \text{für } T \gg \Theta_D\,.$$

Vernachlässigt man den zweiten Term in der eckigen Klammer so ergibt sich genau wie im Einstein-Modell und im klassischen Modell:

$$C_V = 3\,N_A \cdot k_B = 3R\,, \tag{12.43}$$

wobei $R = N_A \cdot k_B$ die allgemeine Gaskonstante ist.

Das Debye-Modell ist für viele Substanzen eine erstaunlich gute Näherung für die Abhängigkeit der spezifischen Wärme von der Temperatur.

Eine genauere Methode muss z. B. den Unterschied zwischen den Phononenspektren der Transversal- und der Longitudinalschwingungen bei anisotropen Kristallen berücksichtigen.

12.3 Phononenspektroskopie

Während die Messung der spezifischen Wärme $C_V(T)$ den Verlauf der Zustandsdichte $D(\omega)$ zu ermitteln gestattet, kann sie nicht die Frequenz einzelner Phononen bestimmen, weil immer eine Vielzahl von Phononenzuständen besetzt ist. Dies ist jedoch möglich durch verschiedene Verfahren der Spektroskopie, bei denen die Absorption von Licht durch Anregung von Gitterschwingungen oder die *inelastische* Streuung von Photonen oder von Teilchen (Neutronen, Atomen) untersucht wird. Wir wollen einige Methoden kurz vorstellen [2, 3].

12.3.1 Infrarotabsorption

Die Infrarotabsorptionsspektroskopie ist die älteste Methode zur Untersuchung von Phononen [4]. Immer wenn sich bei Schwingungen das elektrische Dipolmoment ändert, kann Lichtabsorption eintreten. Dies geschieht bei optischen Phononen. Da die Frequenzen der Gitterschwingungen typischerweise den Bereich von 10^{11}–10^{14} Hz überdecken, liegen die Absorptionswellenlängen im infraroten Spektralbereich. Üblicherweise unterteilt man diesen Bereich in

- nahes Infrarot (0,8–5 μm $\hat{=}$ (6–37) $\cdot 10^{13}$ Hz),
- mittleres Infrarot (5–50 μm $\hat{=}$ (0,6–6) $\cdot 10^{13}$ Hz),
- fernes Infrarot (50–1000 μm $\hat{=}$ (6–0,3) $\cdot 10^{12}$ Hz).

Als Strahlungsquellen können geheizte Stäbe aus SiC (*Globar*) verwendet werden, deren Emissionsspektrum dem eines Schwarzen Strahlers nahekommt (siehe Abschn. 3.2 und Bd. 2, Kap. 10), Bei einer Temperatur $T = 500$ K liegt das Maximum der Emission etwa bei $\lambda = 5\,\mu$m.

In letzter Zeit werden zunehmend durchstimmbare Halbleiterlaser (siehe Abschn. 8.4.2) als Strahlungsquellen benutzt.

Der Aufbau einer Anordnung zur Infrarotspektroskopie ist analog zu dem in Abb. 10.9 gezeigten.

Wegen der Absorption von Wasserdampf und CO_2 in Luft muss allerdings das gesamte Spektrometer mit trockenem Stickstoffgas geflutet oder aber evakuiert werden.

Als Strahlungsdetektoren können gekühlte Bolometer (siehe Bd. 1, Abschn. 7.4.1) verwendet werden, bei denen die auftreffende Strahlung die Temperatur eines kleinen Siliziumkristalls erhöht und damit seinen elektrischen Widerstand erniedrigt (siehe Abschn. 14.1.3). Diese Widerstandserhöhung ist proportional zur vom Bolometer absorbierten Leistung und kann empfindlich gemessen werden. Man erreicht Nachweisgrenzleistungen von 10^{-14} W [5–7].

Die heute am häufigsten verwendete Methode zur Infrarotspektroskopie von Festkörpern ist die Fourierspektroskopie (siehe Abschn. 10.1.2), bei der der gesamte interessierende Spektralbereich simultan gemessen werden kann [8].

Da das Reflexionsvermögen R eines Festkörpers proportional zu seinem Absorptionsvermögen ist (siehe Bd. 2, Abschn. 8.5), kann man das IR-Spektrum der Gitterschwingungen auch im reflektierten Licht messen, was vor allem bei starker Absorption vorteilhaft ist.

In Abb. 12.13 ist als Beispiel das Infrarot-Absorptionsspektrum von dünnen NaCl-Schichten in der Umgebung von $\lambda = 61\,\mu$m und $\lambda = 38\,\mu$m gezeigt. Die Absorptionsmaxima entsprechen der Anregung von transversalen optischen Phononen TO und longitudinalen optischen Phononen LO.

12.3.2 Brillouin- und Ramanstreuung

Wird der Festkörper mit dem monochromatischen Licht eines Lasers der Frequenz ω_0 bestrahlt, so kann das Licht eine Gitterschwingung (Phonon) der Frequenz Ω anregen. Die inelastisch

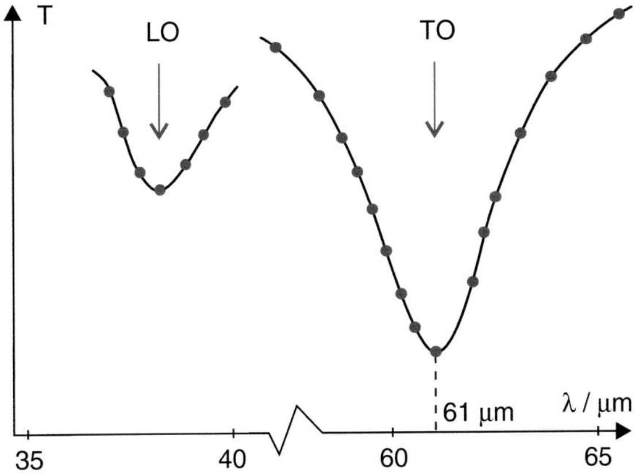

Abbildung 12.13 Absorptionsspektrum von NaCl in der Umgebung der longitudinalen und transversalen optischen Phononen

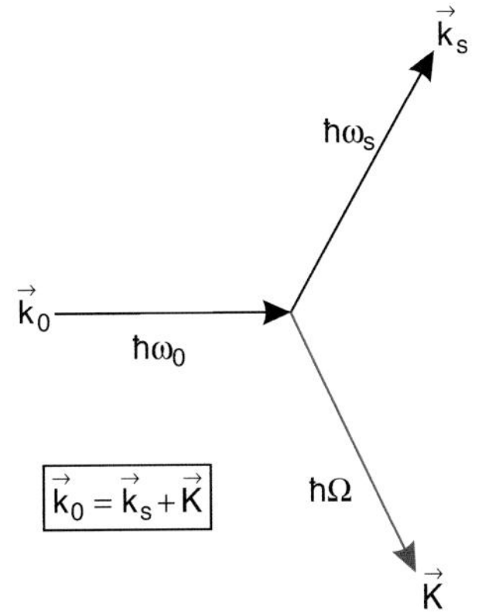

Abbildung 12.14 Brillouinstreuung als inelastische Streuung zwischen Photon und Phonon

gestreuten Photonen $\hbar\omega_s$ haben dann die Energie $\hbar\Omega$ verloren. Betrachtet man den Vorgang als inelastische Streuung eines Photons an einem Phonon, so folgt aus Energie- und Impulssatz (Abb. 12.14):

$$\hbar\omega_0 = \hbar\omega_s + \hbar\Omega\,, \qquad (12.44a)$$

$$\hbar\boldsymbol{k}_0 = \hbar\boldsymbol{k}_s + \hbar\boldsymbol{K}\,, \qquad (12.44b)$$

wobei wir Frequenz und Impuls des Phonons zur Unterscheidung mit großen Buchstaben versehen. Der maximale Impulsübertrag

$$\Delta\boldsymbol{p}_{max} = \hbar\boldsymbol{K}_{max} = \hbar\,(\boldsymbol{k}_0 - \boldsymbol{k}_s) \qquad (12.45)$$

erfolgt bei der Rückwärtsstreuung, wo $\boldsymbol{k}_s$ antiparallel zu $\boldsymbol{k}_0$ ist.

Weil $\omega = c \cdot k$ und $\Omega = v_s \cdot K$ gilt, folgt wegen $v_s \ll c$: $\Omega \ll \omega$.

> Die Frequenz Ω der durch sichtbares Licht anregbaren Phononen ist sehr klein gegen die Lichtfrequenz ω.

Kapitel 12

Setzt man für die Photonenwellenzahl $k = 2\pi/\lambda$ eine Lichtwellenlänge $\lambda = 500\,\text{nm}$ ein, so ergibt sich aus (12.45):

$$\Delta k_{\max} = \frac{4 \cdot \pi}{\lambda} = 2{,}5 \cdot 10^7\,\text{m}^{-1}\,.$$

Dagegen ist der Betrag des reziproken Gittervektors $|\boldsymbol{a}^*| = 2\pi/a$ eines Gitters mit der Gitterkonstante $a = 0{,}2\,\text{nm}$ mit $a^* = \pi \cdot 10^{10}\,\text{m}^{-1}$ sehr viel größer als $\Delta k_{\max}$.

Dies heißt, dass man bei der inelastischen Streuung von sichtbarem Licht nur Phononen aus dem Zentrum der ersten Brillouinzone anregen kann.

Die Frequenz $\omega_s = \omega_0 - \Omega$ liegt wegen $\Omega \ll \omega_0$ dicht bei der Frequenz ω_0 des einfallenden Lichtes. Deshalb muss das einfallende Licht eine schmale Frequenzbreite haben (Einmoden-Laser, Abschn. 8.3), und das gestreute Licht muss zur Bestimmung von ω_s mit hochauflösenden Interferometern beobachtet werden.

Werden akustische Phononen angeregt, so spricht man von ***Brillouinstreuung***, während die Anregung optischer Phononen durch Licht ***Ramanstreuung*** heißt (siehe Abschn. 10.1.4).

Aus Abb. 12.7 sieht man, dass für akustische Phononen $\Omega(0) = 0$ ist und für kleine K-Werte in der Mitte der Brillouinzone $\Omega \propto |\boldsymbol{K}|$ gilt. Bei der Brillouinstreuung werden daher wegen $\Omega = \omega_0 - \omega_s \neq 0$ Phononen mit $K \neq 0$ angeregt. Für optische Phononen ist $\Omega\,(K = 0) \neq 0$, sodass bei der Ramanstreuung auch Phononen mit $K = 0$ angeregt werden können.

Akustische Phononen bewirken als Schallwelle periodische Dichteschwankungen im Festkörper, die zu entsprechendem Änderungen des Brechungsindex führen. Die Streuung der Lichtwelle erfolgt daher (analog zur Bragg-Reflexion) an einem periodischen Phasengitter einer laufenden Schallwelle, und die Frequenzverschiebung der gestreuten Welle kann auch als Dopplereffekt

$$\omega_s = \omega_0 - (\boldsymbol{k}_0 - \boldsymbol{k}_s) \cdot \boldsymbol{v}, \quad \boldsymbol{v} = (\Omega/K^2) \cdot \boldsymbol{K} \qquad (12.46)$$

aufgefasst werden. Wegen $\boldsymbol{k}_0 - \boldsymbol{k}_s = \boldsymbol{K}$ ergibt dies wieder die Bedingung (12.44a)

Optische Phononen bewirken eine periodische Modulation der elektrischen Polarisierbarkeit, die nach Abschn. 10.1.4 zu einer Quelle für die Abstrahlung elektromagnetischer Wellen auf den Frequenzen $\omega_s = \omega_0 \pm \Omega$ wird. Ramanstreuung erhält man daher, wenn im Kristall Schwingungen angeregt werden können, die zu einer Modulation der Polarisierbarkeit führen.

Aus der Messung des Verhältnisses von Stokes- zu Anti-Stokes-Intensitäten als Funktion der Kristalltemperatur lässt sich die Verteilungsfunktion $D(\Omega)$ (Zustandsdichte) der Phononen bestimmen.

Je nach Polarisierungsrichtung und Einfallsrichtung der einfallenden Lichtwelle können transversale oder longitudinale (oft auch beide) angeregt werden.

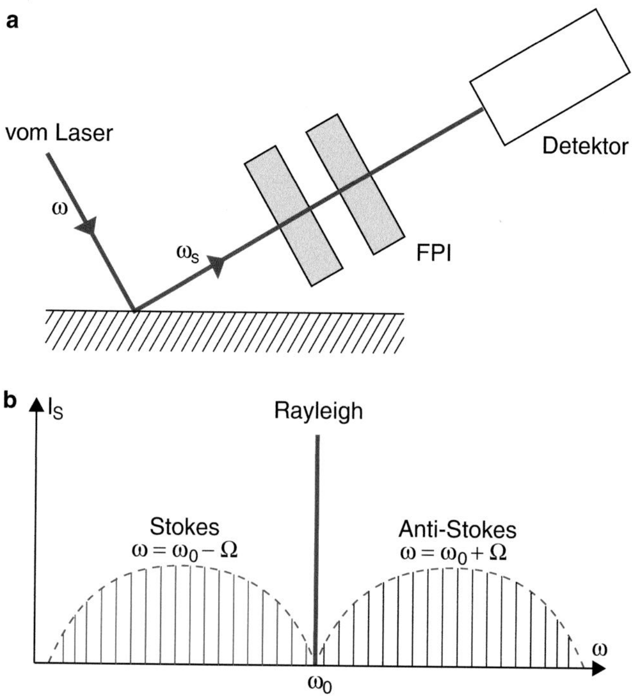

Abbildung 12.15 **a** Experimentelle Anordnung zur Messung der Brillouin-Streuung. **b** Schematische Darstellung der gestreuten Intensität $I(\omega)$

Die Ramanspektroskopie und die Infrarot-Absorptionsspektroskopie ergänzen sich und sind zueinander komplementär. Genau wie bei der Diskussion im Abschn. 10.1.4 gibt es *infrarot-aktive* Schwingungen (bei denen sich das elektrische Dipolmoment ändert) und *Raman-aktive*, bei denen sich die Polarisierbarkeit ändert.

In Abb. 12.15a ist eine experimentelle Anordnung zur Messung der Brillouinstreuung gezeigt. Die Durchlaßfrequenz des Interferometers kann kontinuierlich durchgestimmt werden. Die gemessene Frequenzverteilung ist schematisch in Abb. 12.15b dargestellt. Außer dem elastisch gestreuten Licht (keine Phononenanregung) gibt es inelastisch gestreute Anteile, deren Intensitätsverlauf $I(\omega_s) = I(\omega_0 - \Omega)$ die Wahrscheinlichkeit angibt, Phononen mit der Frequenz Ω anzuregen. Auch auf der kurzwelligen Seite von ω_0 findet man superelastisch gestreutes Licht, bei dem Phononen abgeregt wurden, die dabei ihre Energie auf das gestreute Photon übertragen haben.

Da die elastisch gestreute Rayleigh-Linie im Allgemeinen eine um viele Größenordnungen höhere Intensität hat, muss man sehr schmalbandige und steile Spektralfilter verwenden, um die wesentlich schwächeren Brillouin-Komponenten überhaupt messen zu können. Oft verwendet man ein Fabry-Perot-Interferometer mit hochreflektierenden Spiegeln, das also eine hohe Finesse hat (siehe Bd. 2, Abschn. 10.4), das dann in einer Vielfach-Reflexanordnung mehrmals vom Streulicht durchlaufen wird.

In Abb. 12.16 ist zur Illustration das Brillouin-Spektrum von SbSI gezeigt, das mit einem solchen Fabry-Perot-Interferometer aufgenommen wurde.

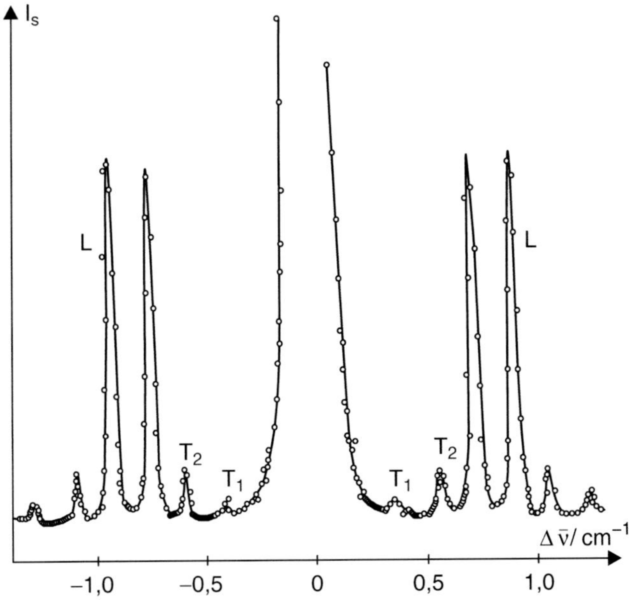

Abbildung 12.16 Brillouin-Spektrum von SbSI, aufgenommen mit einem Fabry-Perot-Interferometer. L = longitudinale, T_1, T_2 = transversale akustische Moden [10]

12.3.3 Inelastische Neutronenstreuung

Bei der *elastischen* Neutronenstreuung muss die Änderung $\Delta \boldsymbol{k} = \boldsymbol{k}_0 - \boldsymbol{k}_s$ des Wellenvektors der einfallenden de Broglie-Welle gleich einem reziproken Gittervektor $\boldsymbol{G}$ sein (11.26).

Bei der *inelastischen* Streuung wird zusätzlich ein Phonon mit dem Wellenvektor $\boldsymbol{K}$ angeregt bzw. abgeregt, sodass der Impulssatz nun lautet:

$$\boldsymbol{k}' = \boldsymbol{k}_0 + \boldsymbol{G} \pm \boldsymbol{K} . \qquad (12.47)$$

Der Energiesatz heißt mit $E_{\text{kin}} = \hbar^2 k^2 / 2M$

$$\frac{\hbar^2 k'^2}{2M} = \frac{\hbar^2 k^2}{2M} \pm \hbar \Omega . \qquad (12.48)$$

Misst man die Energieänderung $\pm \hbar \Omega$ der gestreuten Neutronen als Funktion der Streurichtung $\boldsymbol{k}_0 - \boldsymbol{k}'$, so kann man bei bekannter Orientierung des Kristalls gegen die Einfallsrichtung die Dispersionsrelation $\Omega\,(K)$ für die verschiedenen Schallausbreitungsrichtungen im Kristall bestimmen [9]. In Abb. 12.17 sind zur Illustration einige Messkurven $\Omega\,(K)$ aufgetragen für longitudinale und transversale Schallwellen, die sich in einem Natriumkristall in den Normalenrichtungen zu den Netzebenen (100) und (111) ausbreiten.

Um den Energieverlust der inelastisch gestreuten Neutronen messen zu können, müssen die einfallenden Neutronen monochromatisch sein, d. h. sie müssen alle die gleiche de Broglie-Wellenlänge und damit die gleiche Geschwindigkeit haben.

Dies lässt sich erreichen durch Bragg-Reflexion an einem Kristall oder durch Geschwindigkeitsselektoren.

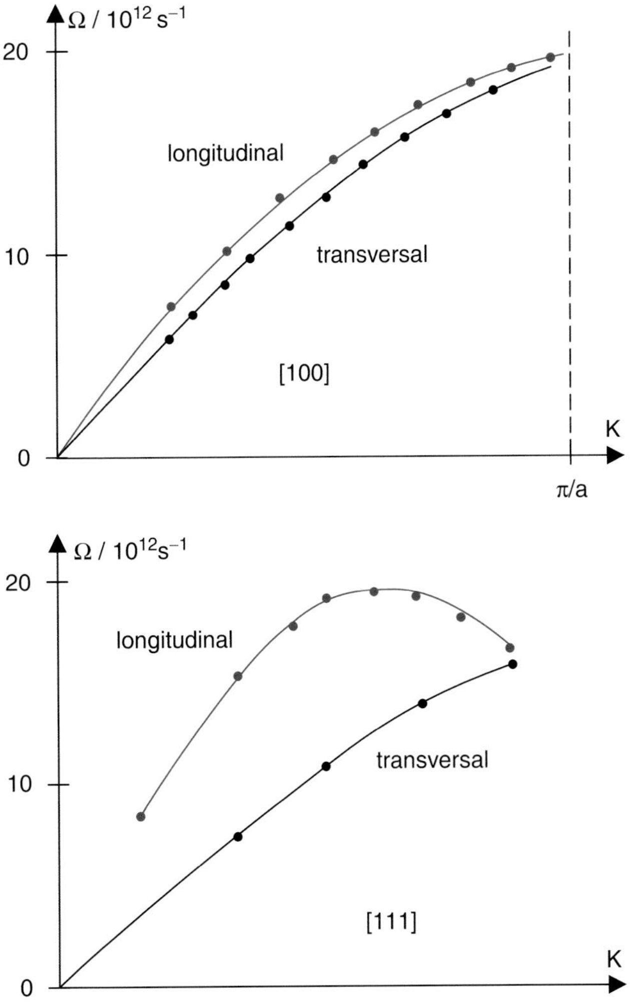

Abbildung 12.17 Dispersionskurven $\Omega(K)$ für longitudinale und transversale Schallwellen in einem Na-Kristall in den Richtungen [1, 0, 0] und [1, 1, 1] aus Messungen der inelastischen Neutronenstreuung [11]

Im zweiten Fall kommen die Neutronen als Pulse an, und man kann die Änderung der Geschwindigkeit bei der inelastischen Streuung durch Messung der Flugzeit bis zum Detektor messen (Abb. 12.18).

Beispiel

Bei einer typischen Gitterkonstante $a \approx 0{,}2\,\text{nm}$ wird die maximale Wellenzahl der Phononen am Rande der ersten Brillouinzone $K = \pi/a \approx 1{,}57 \cdot 10^{+10}\,\text{m}^{-1}$ und ihre Energie $\hbar\Omega = \hbar K \cdot v_s \approx 3 \cdot 10^{-21}\,\text{J} \approx 20\,\text{meV}$ bei einer Schallgeschwindigkeit von $v_s = 2 \cdot 10^3\,\text{m/s}$. Neutronen mit der de Broglie-Wellenlänge $\lambda = 10^{-10}\,\text{m}$ haben eine Energie

$$E_{\text{kin}} = \frac{h^2}{2M\lambda^2} \approx 1{,}3 \cdot 10^{-20}\,\text{J} \approx 85\,\text{meV} .$$

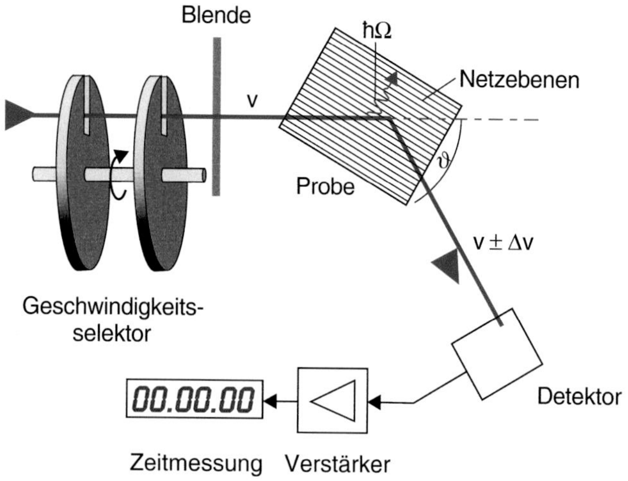

Abbildung 12.18 Flugzeitmethode zur Messung der inelastischen Streuung von Neutronen

Die maximale relative Energieänderung beträgt daher $\Delta E/E \approx 20/85 \approx 0{,}24$, was bequem messbar ist. ■

Der Vorteil der Neutronenspektroskopie ist, dass man auch Phononen höherer Energie untersuchen kann, da der Impuls der einfallenden Neutronen wesentlich größer ist als der der sichtbaren Photonen [9, 12, 13].

12.3.4 Ist Phononenspektroskopie mit Röntgenstrahlung möglich?

Der Gedanke liegt nahe, die inelastische Streuung von Röntgenstrahlung zur Phononenspektroskopie zu benutzen. Bei der elastischen Röntgenstreuung an einer Ebene (hkl) gilt gilt die Bragg-Bedingung (11.20) für die erste Beugungsordnung:

$$2d_{hkl} \cdot \sin\vartheta = \lambda\,. \tag{12.49a}$$

Wird die Wellenlänge bei der inelastischen Streuung um $\Delta\lambda$ geändert, so wird sich der Streuwinkel um $\Delta\vartheta$ ändern, d. h. statt (12.49a) ergibt sich

$$2d_{hkl} \cdot \sin(\vartheta + \Delta\vartheta) = (\lambda + \Delta\lambda)\,. \tag{12.49b}$$

Die kleinste Wellenlänge der Gitterschwingungen ist $\lambda_{\min} = 2a \approx 4 \cdot 10^{-10}\,\mathrm{m}$. Die maximale Energie der Phononen am Rande der Brillouinzone ist dann, wie im vorigen Beispiel gezeigt, etwa 60 meV.

Die entsprechende relative Wellenlängenänderung $\Delta\lambda/\lambda$ der inelastisch gestreuten Röntgenwelle ist dann bei einer Wellenlänge von 0,2 nm, d. h. $h \cdot \nu \approx 6\,\mathrm{keV}$, und einem Streuwinkel $\vartheta = 30°$

$$\frac{\Delta\lambda}{\lambda} = \frac{\Delta E}{E} \le 1 \cdot 10^{-5}\,.$$

Aus (12.49) ergibt sich

$$\frac{\Delta\lambda}{\lambda} = \cot\vartheta\,\Delta\vartheta \;\Rightarrow\; \Delta\vartheta = \frac{10^{-5}}{\cot\vartheta} \approx 5 \cdot 10^{-6}\,\mathrm{rad}\,.$$

Um die Phononenanregung zu messen, müsste man daher sowohl die Energiebreite ΔE der einfallenden Strahlung extrem schmal machen als auch die Winkelauflösung auf $\Delta\vartheta < 5 \cdot 10^{-6}\,\mathrm{rad}$ verbessern.

Beides reicht an die Grenzen der heutigen technischen Möglichkeiten und ist mit genügender Genauigkeit nur mithilfe monochromatischer Synchrotronstrahlung möglich [14].

12.3.5 Phononenspektrum und Kraftkonstanten

Aus der gemessenen Dispersionsrelation $\Omega\,(K)$ lassen sich die in (12.1) eingeführten Kraftkonstanten C_n bestimmen.

Dies sieht man folgendermaßen ein: Multipliziert man die Dispersionsrelation (12.4) mit $\cos(pKa)$ mit $p = 1, 2, 3, \ldots$ und integriert über K von $K = -\pi/a$ bis $K = +\pi/a$, so ergibt dies

$$\int\limits_{-\pi/a}^{+\pi/a} \Omega^2(K)\cos(pka)\,\mathrm{d}K = \frac{2}{M}\sum_n C_n \int\limits_{-\pi/a}^{+\pi/a} \big(1 - \cos(nKa)\big)\,\cos(pKa)\,\mathrm{d}K\,.$$

Das Integral auf der rechten Seite wird null für $p \neq n$. Deshalb reduziert sich die Summe auf nur ein Glied, das den Wert $-\pi/a$ hat. Wir erhalten dann:

$$C_p = -\frac{M \cdot a}{2\pi} \int\limits_{-\pi/a}^{+\pi/a} \Omega^2(K)\,\cos(pKa)\mathrm{d}K\,. \tag{12.50}$$

Aus der Messung der Dispersion $\Omega\,(K)$ der Phononen innerhalb der ersten Brillouinzone lassen sich daher mithilfe von (12.50) die Kraftkonstanten C_n ermitteln.

12.3.6 Phononen als Quasiteilchen

Wir haben die Phononen als quantisierte Gitterschwingungen der Frequenz Ω eingeführt und ihnen die Energie $\hbar\Omega$ und den Impuls $\hbar\boldsymbol{k}$ zugeordnet. Zwar haben *laufende* Schallwellen einen Impuls, aber der Impuls einer *stehenden* Welle ist null. Da stationäre Gitterschwingungen als stehende Wellen im Kristall angesehen werden können, sollte der Phononenimpuls eigentlich null sein.

Wenn bei der inelastischen Streuung von Photonen oder Neutronen die Energiedifferenz in Schwingungsenergie des Kristalls umgewandelt wird, so wird beim Streuprozess primär eine laufende Schallwelle angeregt, die den Impulsübertrag aufnehmen kann. Aus dieser laufenden Welle wird durch Reflexion an Kristallebenen (ohne dass Energiedissipation stattfindet) schließlich ein stationärer Schwingungszustand. Auch bei Energierelaxation geht die Energie der anfangs erzeugten laufenden Welle schließlich in Schwingungsenergie des Kristalls über. Dabei ist der Zuwachs an Schwingungsenergie $\Delta E = \hbar(\omega - \omega')$ durch die Energiedifferenz zwischen einfallender und inelastisch gestreuter Licht- bzw. Teilchenwelle bestimmt. Der Impuls $\hbar K$ wird dabei schließlich vom gesamten Kristall aufgenommen.

Die Modellvorstellung des Phonons, welches Energie und Impuls aufnehmen kann, vereinfacht diesen komplizierteren Zusammenhang und erlaubt eine einfache (und richtige) Anwendung von Energie- und Impulssatz bei der inelastischen Streuung und bei der Absorption von Photonen.

Man nennt das Phonon oft auch ***Quasiteilchen*** mit einem Quasiimpuls, um damit anzudeuten, dass es Energie- und Impulsaufnahme durch den Kristall als Ganzes vereinfacht beschreiben kann, obwohl es als Repräsentant einer statischen Gitterschwingung natürlich weder Masse noch Impuls besitzt.

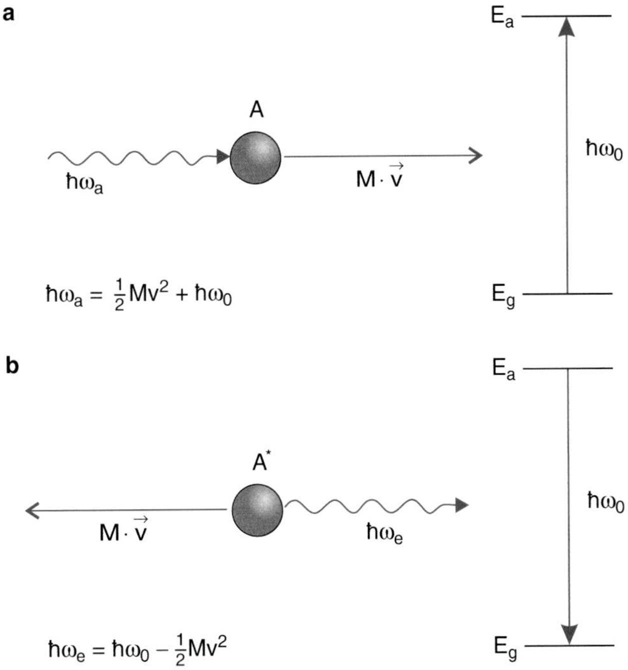

Abbildung 12.19 Rückstoß **a** bei der Absorption und **b** bei der Emission eines Photons

12.4 Mößbauer-Effekt

Wenn ein ruhendes Atom der Masse M ein Photon $\hbar\omega$ absorbiert, so nimmt es bei der Absorption den Photonenimpuls $\hbar\boldsymbol{k}$ auf und erfährt deshalb den Rückstoßimpuls $\Delta\boldsymbol{p} = \hbar\boldsymbol{k}$, der zur kinetischen Rückstoßenergie

$$\Delta E_\mathrm{r} = \frac{\hbar^2 k^2}{2M}$$

führt. Die Photonenenergie $\hbar\omega$ wird gebraucht für die Anregungsenergie $\hbar\omega_0 = \Delta E_0 = E_\mathrm{a} - E_\mathrm{g}$ (Abb. 12.19a) und die Rückstoßenergie ΔE_r, wobei ω_0 die Lichtfrequenz ist, die ohne Rückstoß zum Übergang $E_\mathrm{g} \to E_\mathrm{a}$ führen würde. Damit das Photon $\hbar\omega$ vom Atom absorbiert werden kann, muss die Frequenz ω_a der Bedingung

$$\hbar\omega_\mathrm{a} = \hbar\omega_0 + \frac{\hbar^2 k^2}{2M} \tag{12.51a}$$

genügen. Auch bei der Emission eines Photons erfährt das Atom einen Rückstoß. Die dabei erzeugte Rückstoßenergie fehlt dem emittierten Photon, sodass dessen Energie durch die Gleichung

$$\hbar\omega_\mathrm{e} = \hbar\omega_0 - \frac{\hbar^2 k^2}{2M} \tag{12.51b}$$

festgelegt ist (Abb. 12.19b).

Zwischen Absorptionsfrequenz ω_a und der Emissionsfrequenz ω_e eines freien Atoms besteht also die Differenz

$$\Delta\omega = \omega_\mathrm{a} - \omega_\mathrm{e} = \frac{\hbar k^2}{M} = \frac{\hbar\omega_0^2}{Mc^2}\,. \tag{12.52a}$$

Die *relative* Frequenzänderung

$$\frac{\Delta\omega}{\omega_0} = \frac{\hbar\omega_0}{Mc^2} \tag{12.52b}$$

ist also gleich dem Verhältnis von Photonenenergie $\hbar\omega_0$ zur Ruheenergie Mc^2 des Atoms.

Beispiel

Natrium-Atome ($M = 23\,\mathrm{AME}$) absorbieren und emittieren auf der gelben D-Linie mit $\lambda = 589\,\mathrm{nm} \Rightarrow \omega = 3{,}2\cdot 10^{15}\,\mathrm{s}^{-1}$

$$\Rightarrow \frac{\Delta\omega}{\omega} = \frac{1\cdot 10^{-34}\cdot 3{,}2\cdot 10^{15}}{23\cdot 1{,}66\cdot 10^{-27}\cdot 9\cdot 10^{16}} = 9{,}3\cdot 10^{-11} \approx 10^{-10}$$

$$\Rightarrow \Delta\omega \approx 3\cdot 10^5\,\mathrm{s}^{-1} \Rightarrow \Delta\nu \approx 5\cdot 10^4\,\mathrm{Hz}\,.$$ ■

Man sieht aus diesem Beispiel, dass bei sichtbarem Licht die Frequenzverschiebung zwischen absorbiertem und emittiertem Licht sehr klein gegen die natürliche Linienbreite ($\Delta\nu = 10\,\mathrm{MHz}$) ist (Abb. 12.20a). Deshalb können emittierte Photonen trotz der Rückstoßverschiebung von Atomen der gleichen Art absorbiert werden.

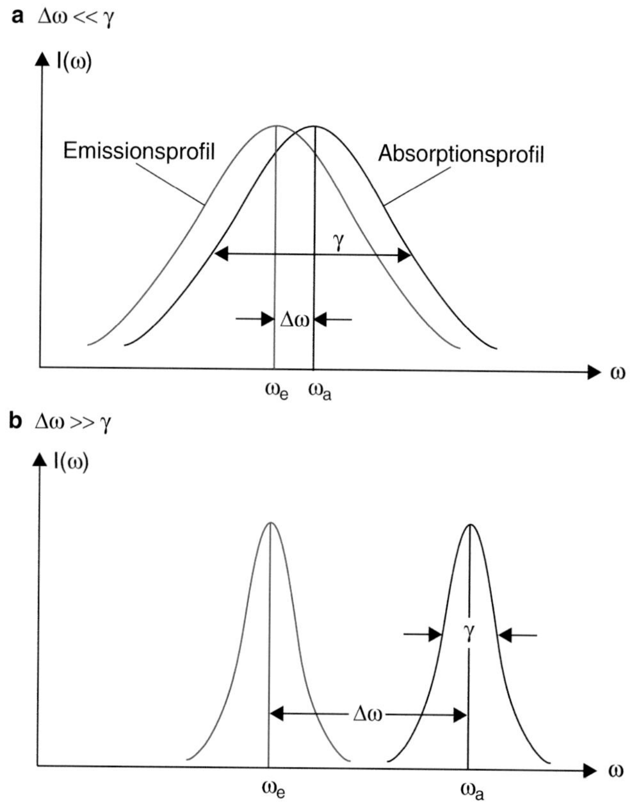

Abbildung 12.20 Frequenzverschiebung zwischen Absorptions- und Emissionsprofil auf Grund des Rückstoßes **a** für sichtbares Licht bei einem Übergang in der Elektronenhülle; **b** für γ-Quanten bei einem Übergang zwischen Energiezuständen des Atomkerns

Dies ist völlig anders, wenn wir Röntgen- oder γ-Quanten betrachten, die von angeregten Atomkernen ausgesandt werden.

Beispiel

Wir betrachten als Beispiel angeregte Eisenkerne (siehe Bd. 4), die durch Einfang eines Hüllenelektrons aus der K-Schale aus Kobalt-Kernen entstehen (Abb. 12.21). Der angeregte Kernzustand zerfällt in einen Zwischenzustand a, welcher mit einer mittleren Lebensdauer $\tau = 10^{-7}$ s unter Aussendung eines γ-Quants mit $\hbar\omega = 14{,}4\,\text{keV} \Rightarrow \omega = 2{,}3 \cdot 10^{19}\,\text{s}^{-1}$ in den Grundzustand g übergeht. Nach (12.52) ergibt sich jetzt eine Frequenzverschiebung auf Grund des Rückstoßes von $\Delta\omega_r = 6{,}2 \cdot 10^{12}\,\text{s}^{-1} \Rightarrow \Delta\nu_r \approx 10^{12}$ Hz. Die natürliche Linienbreite des γ-Überganges ist jedoch nur

$$\Delta\nu_n = \frac{1}{2\pi\tau} \approx 1{,}6 \cdot 10^6\,\text{Hz}\,.$$

■

Dies zeigt, dass die Rückstoßverschiebung $\Delta\nu_r$ sehr viel größer ist als die natürliche Linienbreite $\Delta\nu_n$, sodass ruhende Fe-Kerne γ-Quanten, die von anderen ruhenden Fe-Kernen emittiert wurden, *nicht* absorbieren können (Abb. 12.20b).

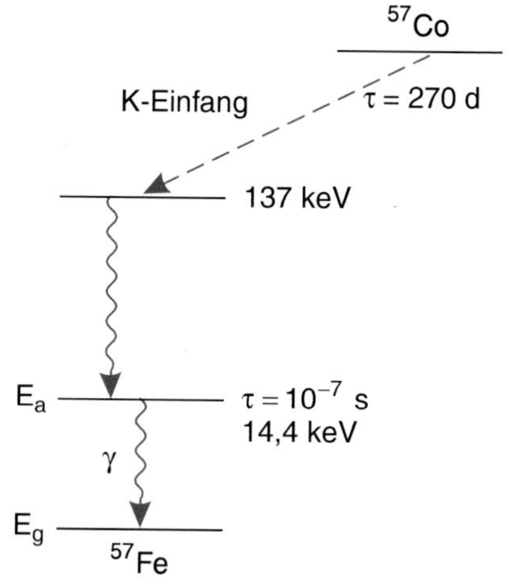

Abbildung 12.21 Termschema für die γ-Emission von ^{57}Fe-Kernen

Bei Eisenatomen in der Dampfphase haben die Atome eine Geschwindigkeitsverteilung, die zu einer Dopplerbreite der Absorptions- und Emissionslinien führt, die bei $T = 1500\,\text{K}$ und $\nu = 5 \cdot 10^{18}\,\text{Hz}$ nach (7.76) zu einer Dopplerbreite von $\delta\nu_D \approx 1{,}5 \cdot 10^{13}\,\text{Hz}$ führt, die etwas größer ist als die Rückstoßverschiebung, sodass in der Dampfphase die von angeregten Fe-Kernen emittierte γ-Strahlung von anderen Kernen mit anderer Geschwindigkeit noch absorbiert werden kann.

Wie ist die Situation, wenn wir Eisenatome in einem Festkörper betrachten? Hier sitzen die Atome auf ihren Gitterplätzen, sodass die γ-Linien keine Verbreiterung durch den Dopplereffekt erfahren. Wenn der Rückstoß jetzt vom ganzen Kristall mit der Masse $M \cdot N$ aufgenommen werden kann, so wird der Rückstoßimpuls $\hbar k$ und die Rückstoßenergie $\Delta E_r = \frac{\hbar^2 k^2}{2N \cdot M}$ wegen der großen Masse $N \cdot M$ aber vernachlässigbar klein.

Der Rückstoß, den ein Atom bei der Absorption oder Emission eines γ-Quants erfährt, kann es jedoch aus seiner Gleichgewichtslage auslenken und dadurch zur Anregung von Gitterschwingungen mit der Energie ΔE_g führen, sodass dann die Energiebilanz lautet:

$$\hbar\omega_a = \hbar\omega_e - 2 \cdot \Delta E_g\,. \tag{12.53}$$

Nur wenn $\Delta E_g = 0$ ist, d. h. wenn keine Gitterschwingungen angeregt werden, wird $\omega_a = \omega_e$, und damit kann das emittierte γ-Quant ohne Rückstoß absorbiert werden.

Diese rückstoßfreie Emission und Absorption von γ-Quanten durch Kerne von Atomen, die fest in ein Kristallgitter eingebaut sind, heißt ***Mößbauer-Effekt***.

Sie wurde von *Rudolf Mößbauer* (1929–2011), der dafür 1961 den Nobelpreis erhielt, während seiner Doktorarbeit entdeckt.

Wenn ein Teil der emittierten γ-Quanten durch Rückstoß Gitterschwingungen anregt, entstehen neben der unverschobenen Hauptlinie mit der Frequenz ω_0 Seitenmaxima, die von der Wahrscheinlichkeitsverteilung für die An- bzw. Abregung von Gitterschwingungen abhängen (Abb. 12.22).

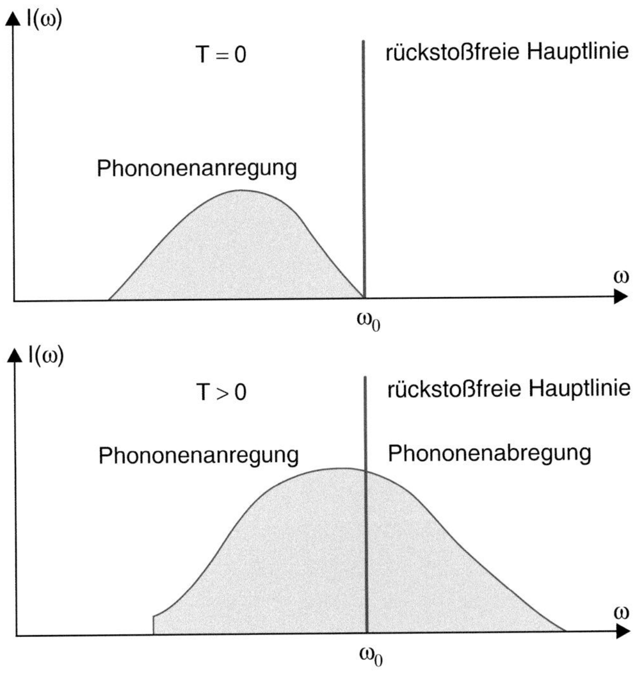

Abbildung 12.22 Hauptlinie und Phononen-Seitenbanden der γ-Emission in einem Kristall

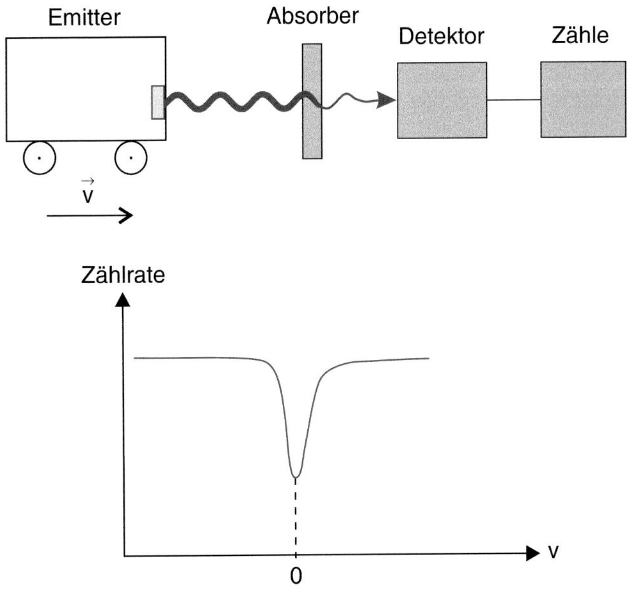

Abbildung 12.23 Mögliche experimentelle Anordnung zur Messung des Mößbauer-Effektes

Die gesamte Schwingungsenergie des Festkörpers kann als Summe der Phononenenergien

$$E_g = \sum_s \left(n_s + \frac{1}{2} \right) \hbar \Omega_s \qquad (12.54)$$

geschrieben werden. Ist $W_1(n_s, n_s')$ die Wahrscheinlichkeit dafür, dass die Phononenbesetzung bei der γ-Absorption von n_s in n_s' übergeht, so muss

$$\sum_{n_s'} W_1(n_s, n_s') = 1$$

gelten, weil der Übergang entweder inelastisch ($n_s' \neq n_s$) für beliebige n_s' verläuft, oder elastisch ($n_s' = n_s$). Der Ausdruck

$$W_1(n_s, n_s) = 1 - \sum_{n_s' \neq n_s} W_1(n_s, n_s')$$

gibt dann die Wahrscheinlichkeit dafür an, dass die Phononenbesetzung n_s sich *nicht* ändert. Ist $W_2(T, n_s)$ die Wahrscheinlichkeit dafür, dass bei der Temperatur T der Gitterzustand n_s vorliegt, so gibt der ***Debye-Waller-Faktor***

$$DW = \sum_{n_s} W_2(T, n_s) \cdot W_1(n_s, n_s) \qquad (12.55)$$

den Bruchteil aller rückstoßfreien Emissionen an. Der Debye-Waller-Faktor ist groß, wenn die Kristalltemperatur T klein ist gegen die Debye-Temperatur Θ_D, weil dann weniger Möglichkeiten für die Gitteranregung bestehen, d. h. der Faktor

$$W_1(n_s, n_s) = 1 - \sum_{n_s' \neq n_s} W_1(n_s, n_s')$$

ist dann fast eins.

Die rückstoßfreie Hauptlinie hat die extrem schmale Breite der natürlichen Linienbreite. Setzt man jetzt den Emitter von γ-Quanten (dies ist ein mit Kobalt dotierter Eisenkristall) auf einen Schlitten, der mit der kleinen Geschwindigkeit v (v beträgt wenige mm/s) bewegt wird (Abb. 12.23), so ist die Frequenz der emittierten γ-Strahlung dopplerverschoben und kann vom ruhenden Absorber nicht mehr absorbiert werden, d. h. der Detektor empfängt maximale Intensität. Wird die Geschwindigkeit v variiert, so kann die scharfe Emissionslinie über die ebenso scharfe Absorptionslinie hinweggestimmt werden, und das gemessene Signal $S(v)$ gibt die Faltung der Spektralprofile von Absorptions- und Emissionslinien. Jede Linienverschiebung, die z. B. durch Änderung der Gitterumgebung des absorbierenden Atoms möglich ist, kann auf diese Weise mit sehr großer Genauigkeit vermessen werden.

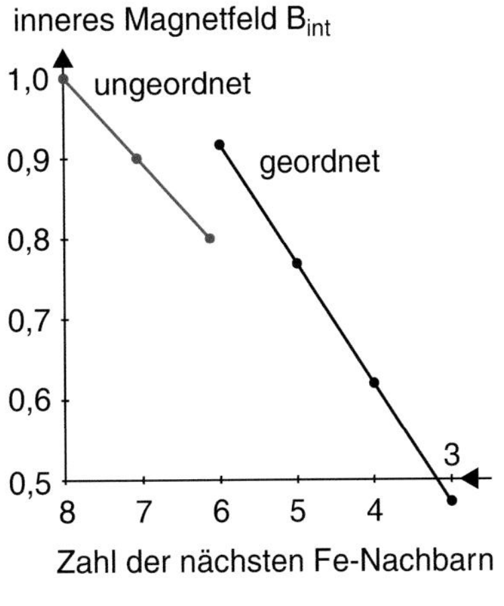

Abbildung 12.24 Abhängigkeit des Magnetfeldes am Kernort von der Zahl der nächsten Nachbarn

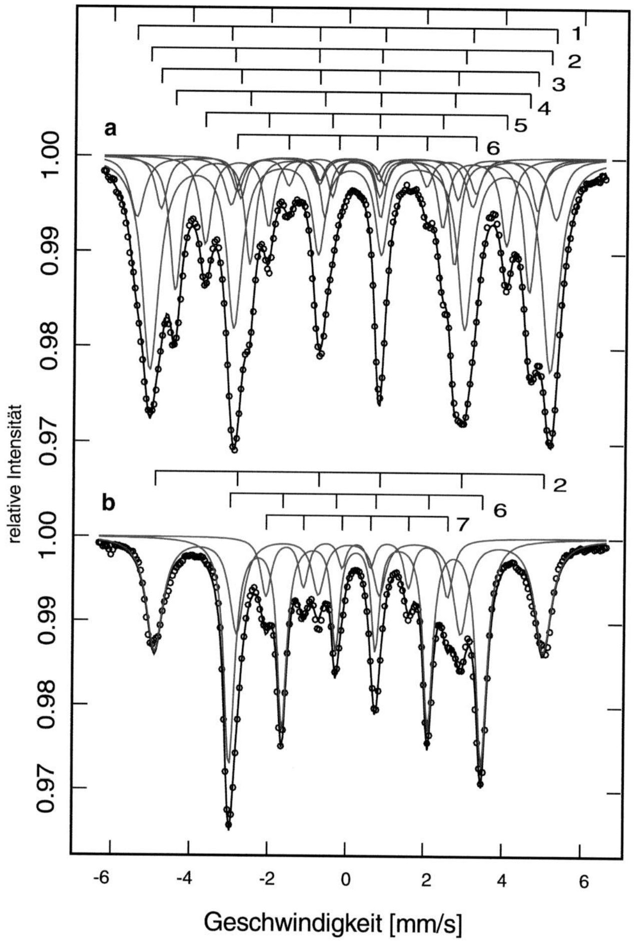

Abbildung 12.25 Mößbauer-Spektrum von getemperten Fe – 3Si-Proben **a** 13 at% Si; **b** 27 at% Si. Die *roten Kurven* zeigen die verschiedenen Spektren für Eisenatome auf bestimmten, regelmäßigen Gitterplätzen. Das gemessene Spektrum (*schwarze Kurven*) entspricht der gewichteten Summe der berechneten Teilspektren ([15])

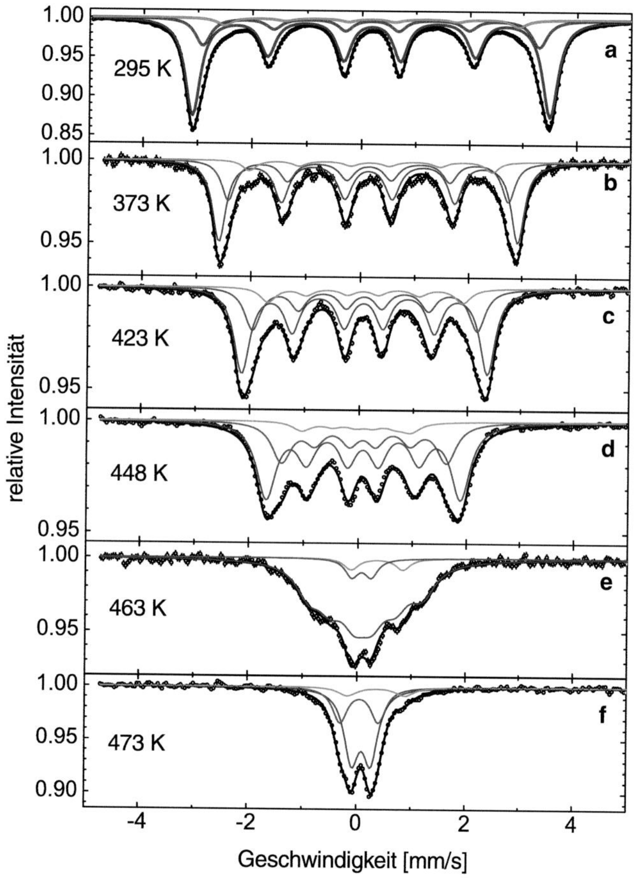

Abbildung 12.26 Temperaturabhängigkeit der Hyperfeinstruktur von Proben $(Fe, Mn)_3C$ mit 1 at% Mn [16]

Dies wird deutlich aus Abb. 12.25, wo zwei Mößbauer-Spektren der Hyperfeinstruktur von Eisen für Eisen-Silizium-Legierungen mit unterschiedlichen Si-Gehalt gezeigt sind. Diese haben für ein herausgegriffenes Fe-Atom eine unterschiedliche Zahl nächster Nachbar-Fe-Atome. Da das Magnetfeld am Ort der Fe-Kerne von der Anordnung der Umgebungsatome abhängt (Abb. 12.24), erscheinen die HFS-Komponenten bei anderen Positionen. Die verschiedenen Spektren, die sich für die einzelnen Positionen ergeben, wurden durch Simulationsrechnungen (rote Kurven) in Abb. 12.25 erhalten. Die gemessenen Spektren sind dann die gewichtete Summe dieser Unterspektren. Die Auswertung der verschiedenen HFS-Aufspaltungen erlaubt daher die Bestimmung von Zahl und Position der Fe-Atome und damit der Struktur der Legierung.

Auch die Bewegung der Umgebungsatome führt zu einer zeitlichen Fluktuation des Magnetfeldes und damit zu einer Verbreiterung der zeitlich gemittelten Linienprofile. Deshalb lässt sich mithilfe der Mößbauer-Spektroskopie auch die Gitterdynamik untersuchen.

So lässt sich z. B. die Hyperfeinstruktur, die zu einer geringen Aufspaltung der γ-Linie führt, als Funktion der Kristalltemperatur bestimmen. In Abb. 12.26 sind Messkurven für Zementit $(FeMn)_3C$ gezeigt, aus denen das Magnetfeld am Kernort, das durch die magnetischen Momente der Elektronenhülle des jeweiligen Atoms und der Nachbaratome erzeugt wird, bestimmt werden kann. Man sieht, dass durch die thermisch angeregten Schwingungen der Mittelwert des Magnetfeldes am Kernort kleiner wird, da mit zunehmender Temperatur die HFS-Aufspaltung kleiner wird. Oberhalb der Temperaturvon $T_C = 463\,°C$ verschwindet die ferromagnetische Ordnung und die Probe wird paramagnetisch. Die Linienbreite wird größer und die ersten Signaturen von paramagnetischem Anteil erscheinen in Form von Dubletts. In Abb. 12.26 lässt sich auch die Änderung der Isomerie-Verschiebung mit der Temperatur erkennen.

Die Mößbauer-Spektroskopie hat eine wachsende Bedeutung bei der Untersuchung von Struktur und Dynamik der Festkörper erlangt.

Ausführliche Darstellungen findet man in der Literatur [15–19].

Zusammenfassung

- In einem Kristall mit N Atomen gibt es $3N$ stationäre Gitterschwingungen mit diskreten Frequenzen Ω_K, die *Phononen* heißen. Einem Phonon wird die Energie $\hbar\Omega_K$ und der Quasiimpuls $\hbar K$ zugeordnet.
- Die Phononenfrequenz Ω ist im Allgemeinen nicht linear vom Wellenvektor K abhängig. Die Abhängigkeit $\Omega\,(K)$ heißt Dispersionsrelation. Sie hängt von den Rückstellkonstanten C_n der Kristallatome ab.
- Die K-Werte von Gitterschwingungen können nur innerhalb der ersten Brillouinzone liegen. An den Grenzen der Brillouinzone wird die Gruppengeschwindigkeit $v_g = \mathrm{d}\Omega/\mathrm{d}K = 0$.
- In einem Kristall mit einer Basis von verschiedenen Atomen gibt es akustische und optische Schwingungsmoden. Die optischen Moden können durch Absorption elektromagnetischer Strahlung angeregt werden, die akustischen Moden durch mechanische Schwingungen, die zu Schallwellen im Kristall führen.
- Die spezifische Wärme fester Körper sinkt mit sinkender Temperatur. Bei tiefen Temperaturen ist sie proportional zu T^3. Ihr Verlauf kann durch das Debye-Modell befriedigend erklärt werden.
- Das Phononenspektrum und die Zustandsdichte $D(\Omega)$ können mit Hilfe inelastischer Streuung von Licht (Brillouin-Streuung) und von Neutronen gemessen werden. Bei der Brillouin-Streuung werden Phononen im Zentrum der Brillouinzone, bei der Neutronenstreuung aus ihrem gesamten Bereich erfasst.
- Der Mößbauer-Effekt ist die rückstoßfreie Emission und Absorption von γ-Quanten durch Kerne von Atomen, die in ein Festkörpergitter eingebaut sind. Mithilfe der Mößbauer-Spektroskopie lässt sich der Einfluss der Festkörperumgebung auf die Struktur und Dynamik der eingebauten Emitter- und Absorberatome mit hoher Präzision bestimmen.

Aufgaben

12.1 Wie groß ist die spezifische Wärme für klassische Oszillatoren der Masse m

a) im harmonischen Potential $E_{\mathrm{pot}} = kx^2/2$?
b) im anharmonischen Potential $E_{\mathrm{pot}} = ax^2 - bx^3 - cx^4$?

12.2 Wie hängt die mittlere Energie eines Systems von seiner Zustandssumme Z ab, wenn Z definiert wird durch

$$Z = \int\limits_x \int\limits_p \mathrm{e}^{-E(p,x)/k_\mathrm{B}T} \mathrm{d}p\,\mathrm{d}x\,?$$

12.3 Berechnen Sie folgende anschauliche Beispiele für die Zustandsdichte:

a) Gegeben sei ein Trichter (umgedrehter spitzer Kegel mit Höhe h, Radius $r = c \cdot h$, $c = \mathrm{const}$), der mit kleinen Kügelchen des Durchmessers d gefüllt wird. Bestimmen Sie, ausgehend vom benötigten Volumen pro Kügelchen bei nahezu dichtester Kugelpackung, die Zustandsdichte (= Zahl der Kugeln pro Energieintervall $\mathrm{d}E_{\mathrm{pot}}$) in diesem Trichter für Kügelchen in Abhängigkeit von ihrer potentiellen Energie.
Wie lautet die Abhängigkeit, wenn das Gefäß
b) ein Rotationsparaboloid,
c) ein Zylinder ist?

12.4 Eine lineare Kette von vier gleichen Atomen der Masse m, die durch harmonische „Federkräfte" mit der Rückstellkonstante D aneinander gekoppelt sind, möge zu Schwingungen angeregt werden. Das erste und letzte Atom sei durch gleiche Federn zusätzlich an eine Wand gekoppelt.

a) Man berechne die Normalschwingungsfrequenzen (Zahlenbeispiel: $m = 28\,\mathrm{AME}$, $D = 20\,\mathrm{kg/s^2}$).
b) Neutronen mit einer kinetischen Energie $E_{\mathrm{kin}} = 30\,\mathrm{meV}$ werden inelastisch an der Kette gestreut. Welche Schwingungen können angeregt werden?

12.5 Bei der Brillouinstreuung fällt Licht der Wellenlänge 488,00 nm unter 30° gegen die Flächennormale auf einen Kristall. Das inelastisch gestreute Licht habe die Wellenlänge 488,03 nm.

a) Wie groß sind Frequenz und Wellenlänge des angeregten Phonons?
b) Welche Finesse muss das zum Nachweis verwendete Fabry-Perot-Interferometer mit freiem Spektralbereich von $\delta\nu = 3 \cdot 10^{11}\,\mathrm{s^{-1}}$ haben, damit die Brillouinlinie noch getrennt werden kann von der 1000 mal stärkeren Rayleighlinie?

12.6 Wie schmal muss die Energiebreite ΔE eines Neutronenstrahls sein, damit bei der inelastischen Neutronenstreuung mithilfe der Flugzeitmethode die Anregung von Phononen mit $\Omega = 10^{11}\,\mathrm{s^{-1}}$ noch aufgelöst werden kann? Wie groß ist dann die bei einer Energie von 40 meV die Geschwindigkeitsbreite Δv der Neutronen?

12.7 Wie sieht nach (12.40) der Verlauf von $C_V(T)$ für $T \gg \Theta_\mathrm{D}$ und $T \ll \Theta_\mathrm{D}$ aus? Berechnen Sie das Integral in (12.40) für diese Grenzfälle.

Literatur

1. G. Busch, H. Schade: Vorlesungen über Festkörperphysik. Birkhäuser, Basel (1973)
2. H. Kuzmany: Festkörperspektroskopie. Springer, Berlin, Heidelberg (1990)
3. D. Haarer, H.W. Spiess (Hrsg.): Spektroskopie amorpher und kristalliner Festkörper. Steinkopff, Darmstadt (1995)
4. P. Brüesch: Phonons: Theory and Experiments , Bd. 1–3. Springer, Berlin, Heidelberg (1986)
5. siehe z. B. Advances in Infrared and Raman Spectroscopy. Heyden, London (ab 1975ff)
6. H. Günzler, Böck: IR-Spektroskopie, 2. Aufl. VCH, Weinheim (1993)
7. B. Schrader (Hrsg.): Infrared and Raman Spectroscopy. VCH, Weinheim (1995)
8. P.R. Griffiths, J.A. DeHaseth: Fourier Transform Infrared Spectroscopy. John Wiley, New York (1986)
9. B. Dorner: Coherent Inelastic Neutron Scattering. Springer, Berlin, Heidelberg (1982)
10. J.R. Sandercock: Brillouin Scattering Study of SbSI using a Doubled-Pass Stabilized Scanning Interferometer. Opt. Commun. **2**, 73 (1970)
11. A.D.B. Woods, B.N. Brockhouse, R.H. March, R. Bowens: Normal Vibration of Sodium. Proc. Phys. Soc. Lond. **79**, 440 (1962)
12. H. Dachs (Hrsg.): Neutron Diffraction. Springer, Berlin, Heidelberg (1978)
13. J. Kalus: Röntgen- und Neutronenstreuung, in [9], S. 265–294
14. E. Burkel: Inelastic Scattering of X-Rays with very High Energy Resolution. Springer, Berlin, Heidelberg (1991)
15. G. Rixecker, P. Schaaf, U. Gonser: Ordered Iron-Silicon Alloys: Antiphase Boundaries seen by Mössbauer Spectroscopy. Phys. Stat. Solid **151**, 291 (1995)
16. P. Schaaf, S. Wiesen, U. Gonser: Mössbauer Study of Iron Carbides: Cementite $(FeM)_3C$ (M = Cr, Mn) with Various Manganese and Chromium Controls. Acta Metall. Mater. **40**, 373 (1992)
17. H. Wegener: Der Mößbauer-Effekt. Bibliographisches Institut, Mannheim (1966)
18. U. Gonser (Hrsg.): Mößbauer Spectroscopy II. Springer, Berlin, Heidelberg (1981)
19. T.C. Gibb: Principles of Mößbauer Spectroscopy. Chapman & Hall, London (1976)

Elektronen im Festkörper

13

Kapitel 13

W. Demtröder, *Experimentalphysik 3*, Springer-Lehrbuch, DOI 10.1007/978-3-662-49094-5_13

Die Elektronen der Festkörperatome können entweder, wie bei freien Atomen, um ihre Atomkerne lokalisiert sein (dies sind vor allem die Elektronen in den inneren Schalen, aber zum Teil auch in den Valenzschalen), oder sie können sich mehr oder minder frei im Festkörper bewegen (delokalisierte Elektronen), wenn sie genügend schwach an ihr Atom gebunden sind, sodass sie infolge der Anziehung durch die Nachbaratome und auf Grund einer durch die Heisenberg'sche Unschärferelation bedingten großen kinetischen Energie sich über den gesamten Festkörper ausbreiten können (siehe unten). Solche delokalisierten Elektronen sind charakteristisch für Metalle, und sie sind für deren elektrische Leitfähigkeit verantwortlich.

Von den etwa 100 Elementen des Periodensystems (siehe Abschn. 6.2.4) sind etwa 75 % Metalle. Hinzu kommen noch viele metallische Legierungen und Verbindungen, sodass die Metalle als Werkstoffe mit besonderen Eigenschaften eine große Rolle spielen.

Wichtige auf die frei beweglichen Elektronen zurückführbare charakteristische Eigenschaften der Metalle sind:

- Hohe elektrische Leitfähigkeit σ_{el} (siehe Bd. 2, Abschn. 2.2). Bei nicht zu tiefen Temperaturen gilt:

$$\sigma_{el} \propto 1/T\,.$$

- Große thermische Leitfähigkeit λ (siehe Bd. 1, Abschn. 11.2.2). Bei genügend hohen Temperaturen gilt das ***Wiedemann-Franz-Gesetz***:

$$\frac{\lambda}{\sigma_{el}} = a_L \cdot T\,, \tag{13.1}$$

wobei die ***Lorentz-Konstante***

$$a_L = \frac{\pi^3}{2}\left(\frac{k_B}{e}\right)^2 = 2{,}45 \cdot 10^{-8}\,\mathrm{J\Omega/sK^2} \tag{13.2}$$

durch die Boltzmann-Konstante k_B und die Elementarladung e ausgedrückt werden kann.
- Hohes Absorptionsvermögen im sichtbaren Gebiet, woraus auch ein hohes Reflexionsvermögen folgt (*metallischer Glanz*, siehe Bd. 2, Abschn. 8.5).
- Gute mechanische Verformbarkeit. Metalle sind walzbar und schmiedbar. Dies liegt an der durch die delokalisierten Elektronen vermittelten Bindungen in Metallen.

Man sieht an dieser Aufzählung, welchen Einfluss die delokalisierten Elektronen auf die Metalleigenschaften haben, sodass es sich lohnt, sie etwas genauer zu studieren.

13.1 Freies Elektronengas

Bevor wir die quasi-freien Elektronen im periodischen Potential eines Kristalls behandeln, wollen wir das einfachere Problem von Elektronen in einem Potentialkasten untersuchen.

13.1.1 Elektronen im eindimensionalen Potentialkasten

Wir haben in Kap. 4 gesehen, dass die Lösungen der eindimensionalen Schrödingergleichung

$$-\frac{\hbar^2}{2m}\frac{\mathrm{d}^2\psi}{\mathrm{d}x^2} + E_{pot}(x)\cdot\psi = E\psi \tag{13.3}$$

in einem unendlich hohen Potentialkasten mit

$$E_{pot}(x) = \begin{cases} 0 & \text{für } 0 < x < L \\ \infty & \text{sonst} \end{cases}$$

zu Eigenfunktionen $\psi_n = A_n \sin k_n x$ mit $k_n = n \cdot \pi/L$ führen und zu Energieeigenwerten (Abb. 4.14)

$$E_n = \frac{h^2}{2m}\cdot\left(\frac{n}{2L}\right)^2, \quad n = 1, 2, 3, \ldots. \tag{13.4}$$

Wollen wir jetzt N Elektronen in dieses Kastenpotential packen, so muss das Pauliprinzip beachtet werden, nach dem jeder Energiezustand höchstens mit zwei Elektronen (mit antiparallelen Spins) besetzt werden kann (siehe Abschn. 6.1.4 und Abb. 13.1).

Vernachlässigen wir zunächst die Wechselwirkung (elektrostatische Coulombabstoßung) zwischen den Elektronen (Modell des ***freien Elektronengases***), so ist das höchste Energieniveau, das bei minimaler Gesamtenergie noch mit Elektronen besetzt ist, das Niveau mit $n = N/2$ in (13.4), dessen Energie

$$E_F = \frac{h^2}{2m}\left(\frac{N}{4L}\right)^2 \tag{13.5}$$

Fermi-Energie heißt.

Die Fermi-Energie E_F ist also die obere Energiegrenze, bis zu der bei der Temperatur $T = 0$ alle tieferen Energieniveaus $E < E_F$ voll besetzt sind, und alle höheren Niveaus $E > E_F$ leer sind.

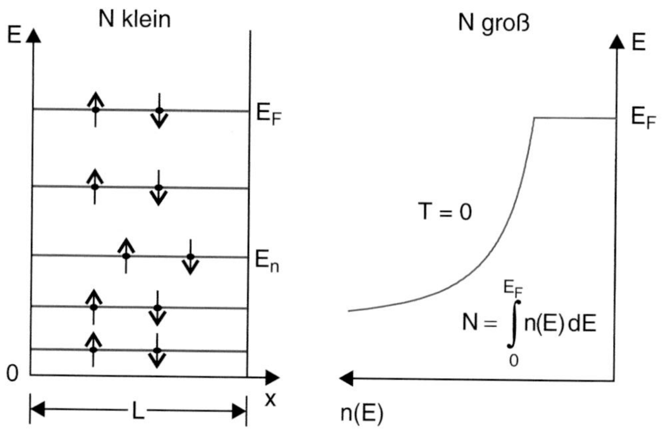

Abbildung 13.1 Energieniveaus und Fermi-Energie im eindimensionalen Potentialkasten

Die Gesamtenergie aller Elektronen ist dann

$$E_{\text{total}} = 2 \cdot \sum_{n=1}^{N/2} E_n = \frac{h^2}{m}\left(\frac{1}{2L}\right)^2 \cdot \sum_{n=1}^{N/2} n^2 . \qquad (13.6)$$

Nun gilt für große Werte von N:

$$\sum_{n=1}^{N/2} n^2 = \frac{1}{6}(N/2)(N/2+1)(N+1) \underset{N\to\infty}{\longrightarrow} \frac{1}{3}(N/2)^3 ,$$

sodass aus (13.6) für die Gesamtenergie folgt:

$$E_{\text{total}} = \frac{h^2}{3m}\left(\frac{1}{2L}\right)^2\left(\frac{N}{2}\right)^3 . \qquad (13.7)$$

Die mittlere Energie pro Elektron ist dann

$$\overline{E}_{\text{kin}} = \frac{1}{N}E_{\text{total}} = \frac{h^2}{6m}\left(\frac{N}{4L}\right)^2 = \frac{1}{3}E_{\text{F}} . \qquad (13.8)$$

Im eindimensionalen Potentialkasten ist im Modell des freien Elektronengases die mittlere Energie pro Elektron gleich 1/3 der Fermienergie.

Beispiel

In einer linearen Anordnung von N Atomen mit dem Abstand $a = 0{,}1$ nm und der Gesamtlänge $L = N \cdot a = 1$ cm ($\Rightarrow N = 10^8$), wo jedes Atom ein freies Elektron liefert, wird die Fermi-Energie im Modell des eindimensionalen freien Elektronengases nach (13.5)

$$E_{\text{F}} = 1{,}5 \cdot 10^{-18}\,\text{J} \approx 9\,\text{eV} \Rightarrow \overline{E}_{\text{kin}} \approx 3\,\text{eV} .$$

Ordnen wir $\overline{E}_{\text{kin}}$ gemäß $\overline{E}_{\text{kin}} = (3/2)k_{\text{B}}T$ eine Temperatur zu, so würde sich eine Temperatur von $T \approx 35\,000$ K ergeben. ■

Diese auf Grund des Pauliprinzips erzwungene hohe Energie ist also um zwei Größenordnungen höher als die thermische Energie bei Raumtemperatur $T = 300$ K.

Das dem Pauliprinzip unterworfene Ensemble von Fermionen in einem Potentialkasten heißt ***entartetes Fermigas***, wenn $E_{\text{F}} \gg k_{\text{B}}T$ ist. Insbesondere ist das Elektronengas bei $T = 0$ immer entartet (siehe unten).

Die ***Zustandsdichte*** $D(E)$ gibt die Zahl der möglichen Energiezustände pro Energieeinheit an. Die Zahl n der Zustände im Intervall von $E = 0$ bis $E = E_n$, die sich aus (13.4) zu

$$n = \sqrt{\frac{2mE_n}{h^2}} \cdot 2L \qquad (13.9)$$

ergibt, ist eine sehr große Zahl.

Beispiel

Für eine atomare Kette mit $N = 10^{10}$/m, $L = 10^{-2}$ m, $m = 3 \cdot 10^{-26}$ kg $\Rightarrow E_{\text{F}} = 1{,}6 \cdot 10^{-18}$ J $\hat{=}$ 10 eV $\Rightarrow n \leq 10^{10}$. ■

Deshalb kann man die diskreten Energiewerte durch eine kontinuierliche Verteilung annähern und die Zustandsdichte aus (13.9) berechnen:

$$D(E) = \frac{\mathrm{d}n}{\mathrm{d}E} = \frac{2L}{h} \cdot \sqrt{\frac{m}{2E}} . \qquad (13.10a)$$

Die Zustandsdichte im eindimensionalen Potentialkasten der Breite L (Abb. 13.2a) ist also

$$D(E) = \frac{L}{h}\sqrt{\frac{2m}{E}} \propto \frac{1}{\sqrt{E}} . \qquad (13.10b)$$

Die Besetzungszahldichte $N_{\text{e}} = \mathrm{d}N/\mathrm{d}E$ der Elektronen ist dann

$$N_{\text{e}} = 2 \cdot D(E) \cdot f(E) , \qquad (13.11)$$

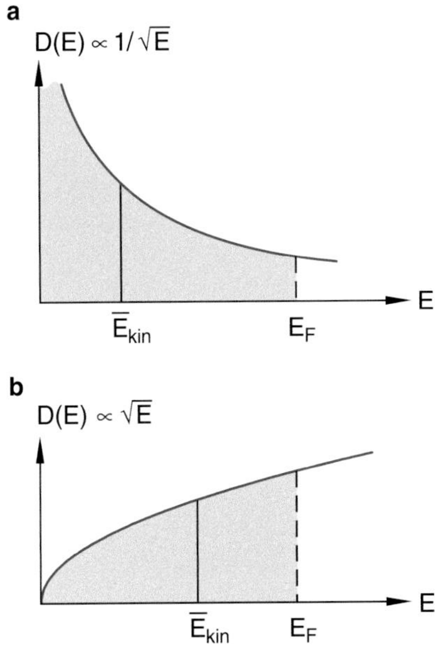

Abbildung 13.2 Zustandsdichten $D(E)$, Fermi-Energie E_{F} und mittlere Energie $\overline{E}_{\text{kin}}$ **a** im eindimensionalen und **b** im dreidimensionalen Potentialkasten

wobei $f(E)$ die Wahrscheinlichkeit dafür angibt, dass der Zustand mit der Energie E überhaupt besetzt ist.

Man beachte: Bei den obigen Überlegungen wurde die so genannte ***Einelektronennäherung*** (auch Modell des freien eindimensionalen Elektronengases genannt) verwendet, bei der die Elektronen als unabhängig voneinander (keine Wechselwirkung!) angesehen werden und die Schrödingergleichung daher jeweils für ein einzelnes Elektron gelöst wird.

13.1.2 Freies Elektronengas im dreidimensionalen Potentialkasten

Analog zum zweidimensionalen Potentialkasten, der bereits in Abschn. 4.3.1 behandelt wurde, und zu den Phononen im dreidimensionalen Kasten (Abschn. 12.2), lassen sich die Lösungen der Schrödingergleichung für einen dreidimensionalen Kasten (wir nehmen hier einen Kubus mit der Kantenlänge L an) schreiben als

$$\psi(x,y,z) = \sqrt{\frac{8}{L^3}} \cdot \sin\left(\frac{\pi n_x \cdot x}{L}\right) \cdot \sin\left(\frac{\pi n_y \cdot y}{L}\right) \cdot \sin\left(\frac{\pi n_z \cdot z}{L}\right), \qquad (13.12)$$

wobei $n_x, n_y, n_z = 1, 2, 3, \ldots$ ist und der erste Faktor zur Normierung dient.

Die Eigenzustände (k_x, k_y, k_z) sind durch die Gitterpunkte $\{k_x = n_x\pi/L,\ k_y = n_y\pi/L,\ k_z = n_z\pi/L\}$ im k-Raum bestimmt (siehe Abschn. 12.2.2). Die Zahl aller möglichen Zustände bis zur Energie E ist, wie bei den Gitterschwingungen in Abschn. 12.2, (vgl. (12.31))

$$Z(E) = \frac{L^3}{6\pi^2} k^3 = \frac{L^3}{6\pi^2} \left(\frac{2mE}{\hbar^2}\right)^{3/2}. \qquad (13.13)$$

Die Zustandsdichte

$$D(E) = \frac{\mathrm{d}Z}{\mathrm{d}E} = \frac{L^3}{4\pi^2} \left(\frac{2m}{\hbar^2}\right)^{3/2} \cdot E^{1/2}\ [\mathrm{J}^{-1}] \qquad (13.14)$$

steigt also im dreidimensionalen Potentialkasten proportional zu $\sqrt{E}$ an (Abb. 13.2b), im Gegensatz zum eindimensionalen Fall, wo sie mit $1/\sqrt{E}$ absinkt!

Jeder Zustand kann wegen der Spinentartung doppelt besetzt werden, bei $T = 0$ sind daher bis zur Fermienergie $N/2$ Zustände besetzt. Deshalb gilt nach (13.13)

$$Z(E_\mathrm{F}) = \frac{N}{2} \stackrel{!}{=} \frac{L^3}{6\pi^2} \left(\frac{2mE_\mathrm{F}}{\hbar^2}\right)^{3/2}, \qquad (13.15)$$

woraus sich durch Auflösen nach E_F die Fermienergie ergibt zu

$$E_\mathrm{F} = \frac{\hbar^2}{2m} (3\pi^2 n_\mathrm{e})^{2/3} \qquad (13.16)$$

mit der Elektronendichte $n_\mathrm{e} = N/V$ im Volumen $V = L^3$.

Die Gesamtenergie aller Elektronen ist

$$E_\mathrm{total} = \int_0^{E_\mathrm{F}} E \cdot N(E)\,\mathrm{d}E. \qquad (13.17)$$

Dabei ist nach (13.14)

$$N(E) = 2 \cdot D(E) = 2 \cdot \frac{L^3}{4\pi^2} \left(\frac{2m}{\hbar^2}\right)^{3/2} E^{1/2}. \qquad (13.18)$$

Einsetzen in (13.17) ergibt

$$E_\mathrm{total} = \frac{2}{5} \frac{\sqrt{2} \cdot L^3 m^{3/2}}{\pi^2 \hbar^3} E_\mathrm{F}^{5/2} = \frac{3}{5} N \cdot E_\mathrm{F}, \qquad (13.19)$$

Die totale Energiedichte E_total/V ist dann

$$E_\mathrm{total}/V = \frac{2 \cdot \sqrt{2} m^{3/2}}{5\pi^2 \hbar^3} E_\mathrm{F}^{5/2} = \frac{3}{5} n_\mathrm{e} E_\mathrm{F}$$

wobei die letzte Relation aus (13.15), (13.16) und (13.17) folgt. Die mittlere Energie pro Elektron ist dann bei $T = 0$:

$$\overline{E}_\mathrm{kin} = \frac{1}{N} E_\mathrm{total} = \frac{3}{5} E_\mathrm{F}. \qquad (13.20)$$

Beispiel

Im Na-Metall ist $n_\mathrm{e} = 2{,}5 \cdot 10^{22}/\mathrm{cm}^3 \Rightarrow E_\mathrm{F} \approx 5 \cdot 10^{-19}\,\mathrm{J} \Rightarrow \overline{E}_\mathrm{kin} = 3 \cdot 10^{-19}\,\mathrm{J} \approx 2\,\mathrm{eV}$. Das entspricht einer mittleren thermischen Energie $\overline{E}_\mathrm{kin} = 3/2\,k_\mathrm{B}T$ bei einer Temperatur von $T = 23\,000\,\mathrm{K}$. ■

Im eindimensionalen Potentialkasten ist

$$D(E) \propto \frac{1}{\sqrt{E}}, \quad \overline{E}_\mathrm{kin} = \frac{1}{3} E_\mathrm{F}.$$

Der Abstand zwischen zwei benachbarten Niveaus *steigt* mit E. Im dreidimensionalen Kasten gilt:

$$D(E) \propto \sqrt{E}, \quad \overline{E}_\mathrm{kin} = \frac{3}{5} E_\mathrm{F}.$$

Der Abstand zwischen zwei benachbarten Niveaus *sinkt* mit wachsender Energie E.

13.1.3 Fermi-Dirac-Verteilung

Wir wollen jetzt die Wahrscheinlichkeit $f(E)$, dass ein Zustand bei der Energie E besetzt ist, bestimmen. Dazu betrachten wir ein freies Elektronengas in einem Festkörper, bei dem Elektronen mit den Atomen des Festkörpers zusammenstoßen können. Bei inelastischen Stößen kann pro Stoß die Energie ΔE abgegeben bzw. aufgenommen werden (Abb. 13.3). Wir wollen zur Vereinfachung annehmen, dass die Atome durch Zweiniveausysteme mit den Energiezuständen E_0, E_1 mit $E_1 - E_0 = \Delta E$ beschrieben werden können. Die folgende Herleitung hängt aber nicht von dieser Vereinfachung ab.

Die Wahrscheinlichkeit W, dass ein Elektron bei einem solchen Stoß vom Zustand $(\boldsymbol{k}, E)$ in den Zustand $(\boldsymbol{k}', E + \Delta E)$ übergeht, ist

$$W = f(E) \cdot \left[1 - f(E + \Delta E)\right] \cdot p(E_1)\,. \qquad (13.21a)$$

Dabei gibt der erste Faktor die Wahrscheinlichkeit dafür an, dass ein Elektron die Energie E hat, der zweite Faktor die Wahrscheinlichkeit, dass der Zustand $E + \Delta E$ frei ist, also noch ein Elektron aufnehmen kann und der dritte Faktor die Wahrscheinlichkeit, dass das Atom, mit dem das Elektron stößt, sich im Zustand ΔE befindet.

Die Wahrscheinlichkeit für den umgekehrten Stoß $(\boldsymbol{k}, E + \Delta E) \to (\boldsymbol{k}', E)$ ist entsprechend

$$W' = f(E + \Delta E) \cdot \left[1 - f(E)\right] \cdot p(E_0)\,. \qquad (13.21b)$$

Im stationären Zustand müssen die Übergänge $(\boldsymbol{k}, E) \to (\boldsymbol{k}', E + \Delta E)$ genauso häufig sein wie die Umkehrübergänge $(\boldsymbol{k}', E + \Delta E) \to (\boldsymbol{k}, E)$, d. h. es muss gelten: $W = W'$.

Setzt man für die Zustandsverteilung der Atomzustände im thermischen Gleichgewicht die Boltzmann-Verteilung (siehe Bd. 1, Abschn. 7.2)

$$\frac{p(E_1)}{p(E_0)} = \mathrm{e}^{-\Delta E/k_\mathrm{B}T} \qquad (13.22)$$

ein, so ergibt sich aus der Forderung $W = W'$:

$$\frac{f(E + \Delta E)}{1 - f(E + \Delta E)} \cdot \frac{1 - f(E)}{f(E)} = \mathrm{e}^{-\Delta E/k_\mathrm{B}T}\,. \qquad (13.23)$$

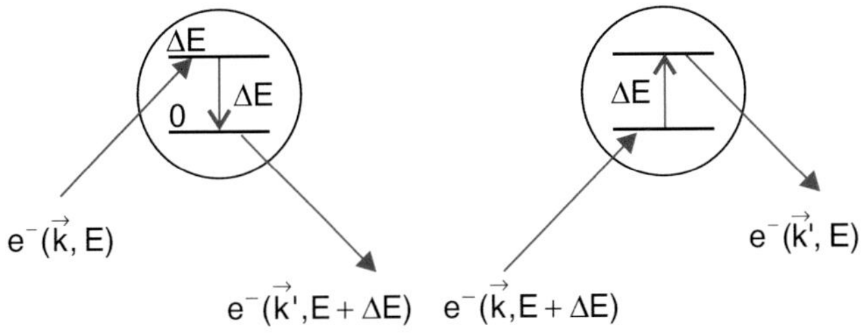

Abbildung 13.3 Zur Herleitung der Fermi-Dirac-Verteilung

Dies lässt sich erfüllen, wenn

$$\frac{1 - f(E)}{f(E)} = C \cdot \mathrm{e}^{E/k_\mathrm{B}T} \Rightarrow$$

$$\frac{f(E + \Delta E)}{1 - f(E + \Delta E)} = C \cdot \mathrm{e}^{\frac{-(E+\Delta E)}{k_\mathrm{B}T}}$$

gilt, wie man durch Einsetzen sofort verifiziert. Auflösen nach $f(E)$ liefert:

$$f(E) = \frac{1}{C \cdot \mathrm{e}^{E/k_\mathrm{B}T} + 1}\,. \qquad (13.24)$$

Die Konstante C kann aus der Forderung $f(E_\mathrm{F}) = 1/2$ bestimmt werden zu $C = \mathrm{e}^{-E_\mathrm{F}/k_\mathrm{B}T}$, sodass man schließlich für die ***Fermi-Dirac-Verteilungsfunktion*** (oft abgekürzt als Fermifunktion bezeichnet) den Ausdruck

$$f(E) = \frac{1}{\mathrm{e}^{(E-E_\mathrm{F})/k_\mathrm{B}T} + 1} \qquad (13.25)$$

erhält, der die Wahrscheinlichkeit dafür angibt, dass ein Zustand der Energie E mit Elektronen besetzt ist (Abb. 13.4).

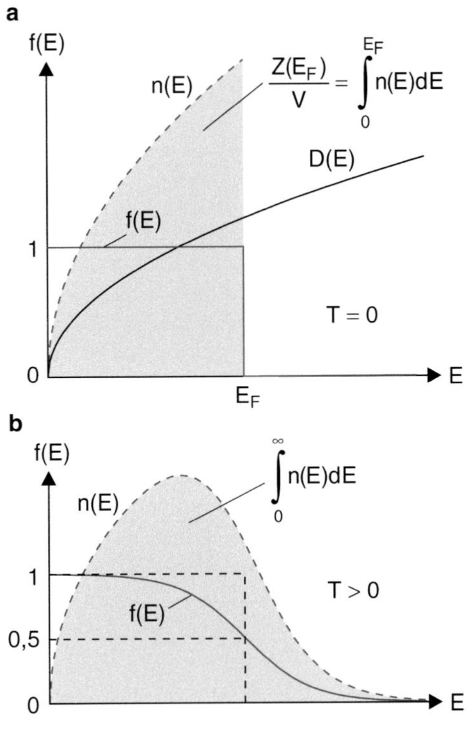

Abbildung 13.4 Fermi-Verteilungsfunktion $f(E)$, Zustandsdichte $D(E)$ und Elektronenbesetzungsdichte $n(E) = 2D(E) \cdot f(E)$ für ein freies Elektronengas im dreidimensionalen Potentialkasten **a** für $T = 0$, **b** für $T > 0$

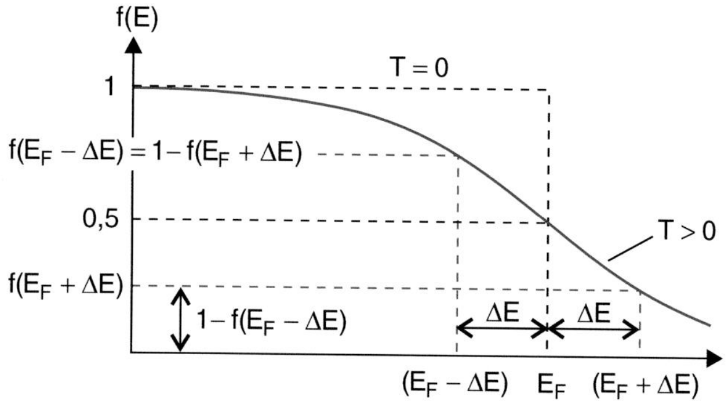

Abbildung 13.5 Eigenschaften der Fermi-Funktion

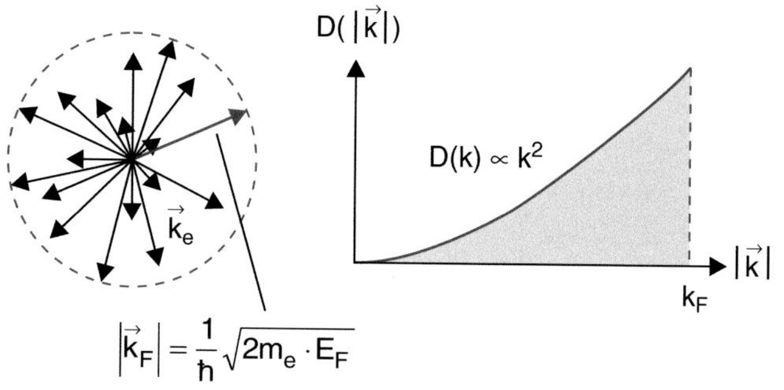

Abbildung 13.6 Fermikugel bei $T = 0$

Aus (13.25) liest man folgende Eigenschaften der Fermifunktion ab (Abb. 13.5):

$$f(E_F + \Delta E) = 1 - f(E_F - \Delta E)\,, \qquad (13.26a)$$

$$f(E_F) = \frac{1}{2}\,. \qquad (13.26b)$$

Für $T = 0$ gilt:

$$f(E < E_F) = 1\,,$$
$$f(E > E_F) = 0\,, \qquad (13.26c)$$

sodass die Forderung $f(E_F) = 1/2$, durch die die Konstante C normiert wurde, den Wert von $f(E)$ beim Sprung von 1 auf null als Mittelwert festsetzt. Die Dichte $n_e(E)\,dE$ der Elektronen im Energieintervall dE ist dann:

$$n_e(E)\,dE = 2 \cdot \left(D(E)/L^3\right) \cdot f(E)\,dE\,. \qquad (13.27a)$$

Die Elektronenzahl im Intervall von $E = 0$ bis E_{max} wird damit

$$N_e = 2 \cdot \int_0^{E_{max}} D(E) \cdot f(E)\,dE \qquad (13.27b)$$

und die Elektronendichte im Volumen V ist $n_e = N_e/V$.

13.1.4 Eigenschaften des Elektronengases bei $T = 0$ K

Da bei einem Elektronengas in einem dreidimensionalen Potentialkasten alle Richtungen der Elektronenimpulse gleich wahrscheinlich sind, füllen die Elektronenzustände im **k**-Raum eine Kugel mit dem Radius $k_F = (2mE_F/\hbar^2)^{1/2}$ aus (***Fermikugel***, Abb. 13.6) mit einer Zustandsdichte $D(|k|) \propto k^2$, die bei $k = k_F$ plötzlich auf null abfällt (Abb. 13.4a).

Behandelt man ein solches Elektronengas als ideales Gas, so kann man ihm gemäß der allgemeinen Gasgleichung (siehe Bd. 1, Abschn. 7.3)

$$p \cdot V = N \cdot k_B \cdot T$$

einen Druck p zuordnen. Setzt man hier die Fermi-Temperatur T_F aus $E_{kin} = 3/2\,k_B T_F$ und die Elektronendichte $n_e = N/V$ ein, so wird der Elektronendruck

$$p_e = \frac{2}{3} n_e \cdot \overline{E}_{kin} = \frac{2}{5} \cdot n_e \cdot E_F\,. \qquad (13.28)$$

Beispiel

$n_e = 10^{22}/cm^3$, $\overline{E} = 3\,eV = 5 \cdot 10^{-19}\,J \Rightarrow p_e = 3 \cdot 10^9\,Pa = 3 \cdot 10^4\,bar$. ■

Das Elektronengas setzt einer Kompression einen Druck p_e entgegen. Dies ist eine Folge der Heisenberg'schen Unschärferelation, nach der bei Verkleinerung des Volumens der mittlere Impuls der Elektronen steigt, und des Pauliprinzips, nach dem jeder Zustand im Potentialkasten nur mit zwei Elektronen besetzt werden darf.

Man beachte: Dieser Elektronendruck p_e (***Entartungsdruck***) kommt *nicht* durch die Coulombabstoßung zustande, die wir hier ja ganz vernachlässigt haben. Der Widerstand, den ein Festkörper einer Kompression seines Volumens entgegensetzt, hat daher mehrere Ursachen:

- Der Entartungsdruck (Anstieg der Fermi-Energie und damit der kinetischen Energie der Elektronen) mit sinkendem Volumen V in (13.16).
- Coulombabstoßung der Elektronen.
- Coulombabstoßung der Elektronenrümpfe und Kerne.
- Für $T > 0$ der thermische Druck $p = Nk_BT$.

13.1.5 Elektronengas bei $T > 0$ K

Bei Temperaturen $T > 0$ ist der Abfall der Fermiverteilung bei $E = E_F$ nicht mehr senkrecht, sondern er flacht mit zunehmender Temperatur immer mehr ab (Abb. 13.4b). Auch Zustände mit $E > E_F$ werden besetzt, wobei die Besetzung dann entsprechend fehlt bei Zuständen $E < E_F$ (siehe (13.26a)).

Die Fermi-Energie $E_F(T)$ sinkt mit zunehmender Temperatur. Aus der Bestimmungsgleichung

$$N = \int_0^\infty n(E)\,dE = 2\cdot\int_0^\infty D(E)\cdot f(E)\,dE$$
$$= \frac{L^3}{2\pi^2}\left(\frac{2m}{\hbar^2}\right)^{3/2}\cdot\int_0^\infty \frac{E^{1/2}\,dE}{e^{(E-E_F)/k_BT}+1}$$

erhält man nach einiger Rechnung [1]

$$E_F(T) = E_F(T=0)\cdot\left[1-\frac{\pi^2}{12}\left(\frac{k_BT}{E_F(0)}\right)^2\right]. \quad (13.29)$$

Die Fermi-Energie hängt gemäß (13.16) von der Elektronendichte $n_e = (N/V)$ ab. Übersteigt n_e einen kritischen Wert n_c, dann wird die mittlere Energie $\overline{E}_{kin} = 3E_F/5$ per Elektron größer als die klassische mittlere Energie $\overline{E}_{kin} = 3k_BT/2$ bei der Temperatur T. Setzt man gemäß (13.20) und (13.16)

$$\frac{3}{2}k_BT = \frac{3}{5}E_F = \frac{3}{5}\frac{\hbar^2}{2m}(3\pi^2 n_e)^{2/3},$$

so ergibt sich für die kritische Elektronendichte

$$n_c = \frac{1}{3\pi^2}\cdot\left(\frac{5mk_BT}{\hbar^2}\right)^{3/2} \approx 0{,}38\cdot\left(\frac{mk_BT}{\hbar^2}\right)^{3/2}. \quad (13.30)$$

Ein solches Elektronengas mit $n_e > n_c$ nennt man *entartet*, da kinetische Energie und Elektronendruck überwiegend durch das Pauliprinzip und weniger durch die Temperatur bestimmt sind.

Beispiel

Für $T = 300\,K$ folgt $n_c = 10^{19}\,cm^{-3}$. Die Elektronendichte in Metallen ist jedoch mit $n_e \approx 10^{22}\,cm^{-3}$ um drei Größenordnungen höher als die kritische Dichte, d. h. die Elektronen in Metallen bilden bei allen Temperaturen unterhalb des Schmelzpunktes T_S ein entartetes Elektronengas. ■

Man beachte: Bei einem idealen Gas ist die mittlere potentielle Energie der Wechselwirkung zwischen den Teilchen klein gegen die mittlere kinetische Energie, d. h. $\overline{E}_{pot} \ll \overline{E}_{kin}$. Je größer die Dichte des Gases, desto mehr weicht das Gas vom idealen Gas ab, da $\overline{E}_{pot}$ steigt. Nimmt man als Wechselwirkung das Coulombpotential an, so gilt:

$$\overline{E}_{pot} \propto \frac{1}{r} \propto \frac{1}{V^{1/3}} \propto n^{1/3}.$$

Bei einem entarteten Elektronengas ergibt sich aus (13.16)

$$\overline{E}_{kin} = \frac{3}{5}E_F \propto n^{2/3}.$$

Daraus folgt, dass das Verhältnis

$$\frac{\overline{E}_{kin}}{\overline{E}_{pot}} \propto n^{1/3} \quad (13.31)$$

mit zunehmender Elektronendichte wächst. Je dichter das entartete Elektronengas, desto „idealer" wird es, d. h. das Modell des freien Elektronengases ($E_{pot} \ll E_{kin}$) ist umso besser, je größer die Elektronendichte n_e (bei konstanter Atomdichte n_A) wird!

Der Entartungsdruck p_e spielt bei den Endzuständen von Sternen, den weißen Zwergen oder Neutronensternen, eine entscheidende Rolle bei der Stabilisierung gegen den Gravitationsdruck (siehe Bd. 4).

13.1.6 Spezifische Wärme der Elektronen

Wir hatten im Abschn. 12.2 die spezifische Wärme von nichtmetallischen Festkörpern ohne freie Elektronen behandelt, die auf die quantisierten Gitterschwingungen der Kristallatome zurückgeführt werden kann.

Bei Metallen müssen auch die freien Elektronen zur spezifischen Wärme beitragen, da sich ihre kinetische Energie bei Temperaturerhöhung vergrößert.

Man hatte vor der Entwicklung der Quantentheorie angenommen, dass bei N Elektronen pro Mol deren Beitrag zur spezifischen Wärme wegen $E_{kin} = 3Nk_BT/2$ den Wert $C_V^{el} = 3R/2$ haben sollte. Die Experimente zeigten jedoch eindeutig, dass C_V^{el} nur einen kleinen Bruchteil dieses Wertes betrug. Der Grund dafür wird aus Abb. 13.7 deutlich:

Bei einer Erhöhung der Temperatur T um ΔT können nur solche Elektronen $N(E)$ innerhalb der Fermiverteilung den Energiebeitrag $\Delta E = 3k_B\Delta T/2$ aufnehmen, die dadurch in einen freien Zustand $E + \Delta E$ mit $f(E+\Delta E) < 1$ gelangen. Dies sind vor allem Elektronen in einem Streifen der Breite k_BT um die Fermigrenze E_F. Deshalb kann nur ein kleiner Bruchteil aller Elektronen thermische Energie aufnehmen und damit zur spezifischen Wärme beitragen.

Quantitativ kann man den Beitrag der Elektronen wie folgt berechnen: Ihre innere Energie $U = E_{total}$ bei der Temperatur

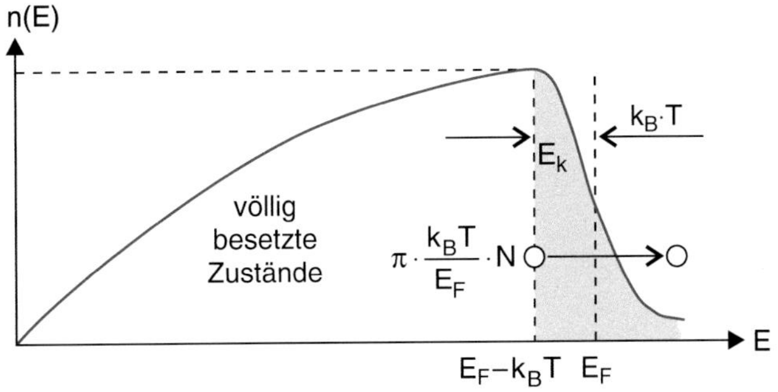

Abbildung 13.7 Zum Beitrag der freien Elektronen zur spezifischen Wärme

$T > 0$ ist gemäß (13.17), (13.18)

$$U(T) = \int_0^\infty E \cdot N(E,T)\,\mathrm{d}E \tag{13.32}$$

$$= \frac{V}{2\pi^2}\left(\frac{2m}{\hbar^2}\right)^{3/2} \int \frac{E^{3/2}\,\mathrm{d}E}{\mathrm{e}^{(E-E_\mathrm{F})/k_\mathrm{B}T}+1}\,.$$

Mit den Substitutionen $x = E/k_\mathrm{B}T$ und $\alpha = E_\mathrm{F}/k_\mathrm{B}T$ geht dies über in

$$U(T) = \frac{V}{2\pi^2}\left(\frac{2m}{\hbar^2}\right)^{3/2}(k_\mathrm{B}T)^{5/2}\int_0^\infty \frac{x^{3/2}\,\mathrm{d}x}{\mathrm{e}^{(x-\alpha)}+1}\,.$$

Für $E_\mathrm{F} \gg k_\mathrm{B}T$, d. h. $\alpha \gg 1$, lässt sich der Integrand in eine Potenzreihe nach Potenzen α^{-n} entwickeln, und man erhält

$$U(T) = \frac{3}{5}N \cdot E_\mathrm{F}\left[1 + \frac{5\pi^2}{12}\alpha^{-2} + \cdots\right],$$

sodass die spezifische Wärme der N Elektronen des Festkörpers

$$C_V = \left(\frac{\partial U}{\partial T}\right)_\mathrm{V} = \left(\frac{\pi^2}{3}\cdot N \cdot k_\mathrm{B}\right)\cdot\frac{(3/2)k_\mathrm{B}T}{E_\mathrm{F}} = \gamma \cdot T \tag{13.33a}$$

wird. Im klassischen Modell haben N Teilchen die spezifische Wärme $C_V = 3Nk_\mathrm{B}/2$. Auf Grund des Pauliprinzips trägt also nur der Bruchteil $\varepsilon \approx \pi^2 \cdot k_\mathrm{B}T/E_\mathrm{F}$ aller Elektronen zur spezifischen Wärme bei.

Beispiel

$T = 300\,\mathrm{K} \Rightarrow \frac{3}{2}k_\mathrm{B}T \approx 0{,}03\,\mathrm{eV}$, $E_\mathrm{F} = 6\,\mathrm{eV} \Rightarrow \frac{3}{2}k_\mathrm{B}T/E_\mathrm{F} = 5 \cdot 10^{-3}$. Für Metalle mit einem Elektron pro Atom ist $N = N_\mathrm{A} = 6 \cdot 10^{23}/\mathrm{Mol}$. Dann tragen bei 300 K nur etwa 10 % aller Elektronen zu C_V bei. Bei tieferen Temperaturen wird der Bruchteil noch kleiner, weil der Abfall der Fermiverteilung steiler wird. ■

Die gesamte spezifische Wärme eines Metalls ist dann bei tieferen Temperaturen

$$C_V = C_V^\mathrm{Gitter} + C_V^\mathrm{Elektronen} = \beta T^3 + \gamma T\,. \tag{13.33b}$$

Trägt man C_V/T gegen T^2 auf, so bleibt der Beitrag der Elektronen konstant, der des Gitters steigt linear (Abb. 13.8). Es gibt eine Temperatur T^*, bei der beide Beträge gleich werden. Aus (13.33b) erhält man $T^* = \sqrt{\gamma/\beta}$. Für $T < T^*$ wird $C_V^\mathrm{el} > C_V^\mathrm{Gitter}$.

Für die Temperatur T^* erhält man durch Gleichsetzen von (12.42) und (13.33a) die Relation:

$$(12/5)\pi^4 N_\mathrm{A}k_\mathrm{B}(T^*/\theta_\mathrm{D})^3 = \pi^2 N_\mathrm{e}k_\mathrm{B}^2 T^*/(2E_\mathrm{F}) \tag{13.34}$$

und daraus für $N_\mathrm{A} = N_\mathrm{e}$ (1 freies Elektron pro Atom) die Temperatur

$$T^* = \left(5\theta_\mathrm{D}^3 k_\mathrm{B}/24\pi^2 E_\mathrm{F}\right)^{1/2}.$$

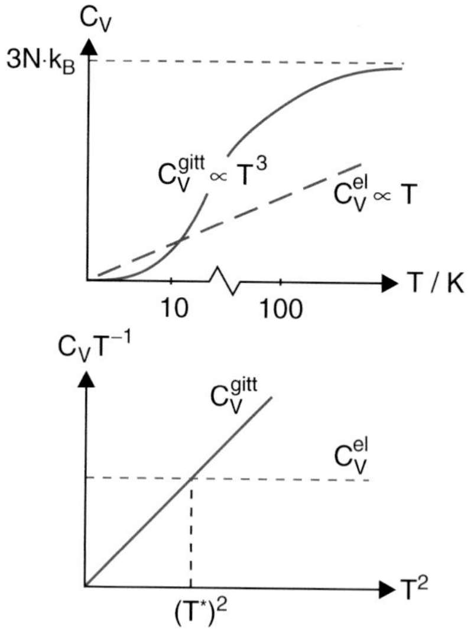

Abbildung 13.8 Beiträge der Gitterschwingungen und der freien Elektronen zur spezifischen Wärme eines Metalls

Beispiel

Beim Kupfer ist $\theta_\mathrm{D} = 343\,\mathrm{K}$, die Fermi-Energie bei $T = 300\,\mathrm{K}$ ist $E_\mathrm{F} = 7\,\mathrm{eV} = 1{,}1 \cdot 10^{-18}\,\mathrm{J}$. Daraus ergibt sich die Temperatur $T^* = 3{,}3\,\mathrm{K}$. ■

13.2 Elektronen im periodischen Potential

Die delokalisierten Elektronen in einem realen Metall sind nicht völlig frei, sondern bewegen sich im periodischen Potential der Ionen, die auf den Gitterplätzen des Kristallgitters sitzen. Statt der Schrödingergleichung (13.3) mit $E_\mathrm{pot}(x,y,z) \equiv 0$ müssen wir jetzt, wieder in der Einstein-Näherung (d. h. unter Vernachlässigung der Elektron-Elektron-Wechselwirkung), die Schrödingergleichung

$$\left[-\frac{\hbar^2}{2m}\Delta + E_\mathrm{pot}(\boldsymbol{r})\right]\psi = E\psi \tag{13.35}$$

lösen. Wegen der periodischen Anordnung der Gitteratome muss auch das Potential $\phi(\boldsymbol{r})$ und damit die potentielle Energie $E_\mathrm{pot} = -e \cdot \phi$ für ein Elektron im Kristall periodisch sein (Abb. 13.9)

$$E_\mathrm{pot}(\boldsymbol{r}) = E_\mathrm{pot}(\boldsymbol{r} + \boldsymbol{R}_\mathrm{e})\,,$$

wobei der Gitter-Translationsvektor der Elementarzelle die Periodenlänge bestimmt. In Richtung der $\boldsymbol{a}$-Achse ist die Periodenlänge $|\boldsymbol{a}|$, in Richtung der Raumdiagonale $\boldsymbol{R}_\mathrm{e} = \boldsymbol{a} + \boldsymbol{b} + \boldsymbol{c}$.

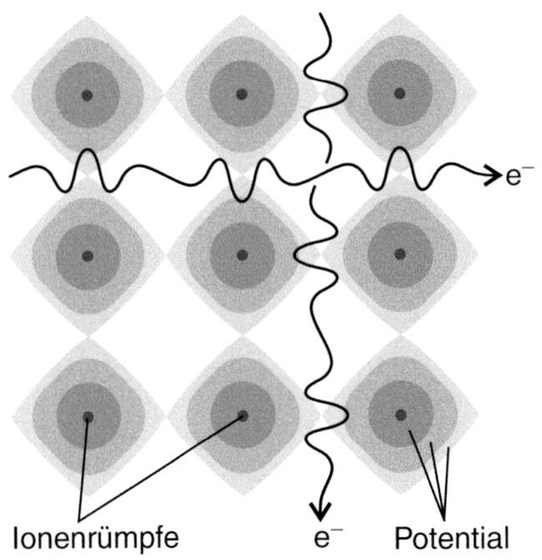

Abbildung 13.9 Elektronen im periodischen Potential der Ionenrümpfe im Kristall

13.2.1 Blochfunktionen

Man wird erwarten, dass auch die Lösungsfunktionen von (13.35) die Periodizität des Potentials aufweisen. Wir machen deshalb den Ansatz

$$\psi(\boldsymbol{r}) = u(\boldsymbol{r}) \cdot \mathrm{e}^{-\mathrm{i}\boldsymbol{k}\cdot\boldsymbol{R}_\mathrm{e}}\,, \tag{13.36}$$

wobei $u(\boldsymbol{r}) = u(\boldsymbol{r} + \boldsymbol{R}_\mathrm{e})$ eine periodische Funktion mit der Gitterperiode ist. Es gilt:

$$\psi_{\boldsymbol{k}}(\boldsymbol{r}) = \mathrm{e}^{-\mathrm{i}\boldsymbol{k}\cdot\boldsymbol{R}_\mathrm{e}} \cdot \psi_{\boldsymbol{k}}(\boldsymbol{r} + \boldsymbol{R}_\mathrm{e})\,, \tag{13.37}$$

d. h. auch die Wellenfunktion $\psi(\boldsymbol{r})$ hat die Periode des Kristallgitters. Die periodischen Wellenfunktionen (13.36) heißen ***Blochfunktionen*** (Abb. 13.10).

Während für freie Teilchen die Wellenfunktionen ψ ebene Wellen $\psi = A \cdot \mathrm{e}^{\mathrm{i}\boldsymbol{k}\cdot\boldsymbol{r}}$ sind, für welche die Aufenthaltswahrscheinlichkeit $|\psi|^2$ der Elektronen für alle Raumpunkte gleich groß ist, werden sich im periodischen Potential die Elektronen häufiger am Ort positiver Ionen aufhalten, d. h. $|\psi(\boldsymbol{r})|^2 = |u|^2$ muss eine periodische Funktion sein, wie dies ja aus (13.36) hervorgeht. Für kleine k-Werte, d. h. große de Broglie-Wellenlängen λ, wird der Unterschied zu freien Elektronen nicht sehr groß sein, da der Ort des Elektrons nicht genauer als auf λ^3 lokalisiert werden kann und daher für $\lambda \gg R_\mathrm{e}$ die kaum ortsabhängige Aufenthaltswahrscheinlichkeit den Einfluss der periodischen Atomanordnung weitgehend ausmittelt. Dies ändert sich, wenn λ in die Nähe der Periodenlänge R_e kommt.

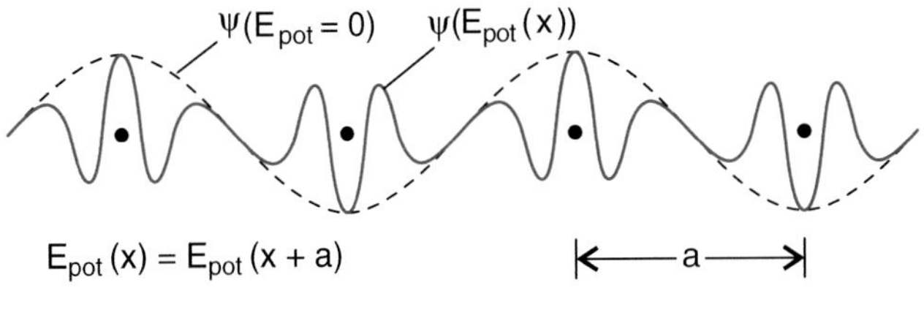

Abbildung 13.10 Beispiel für eine Blochfunktion

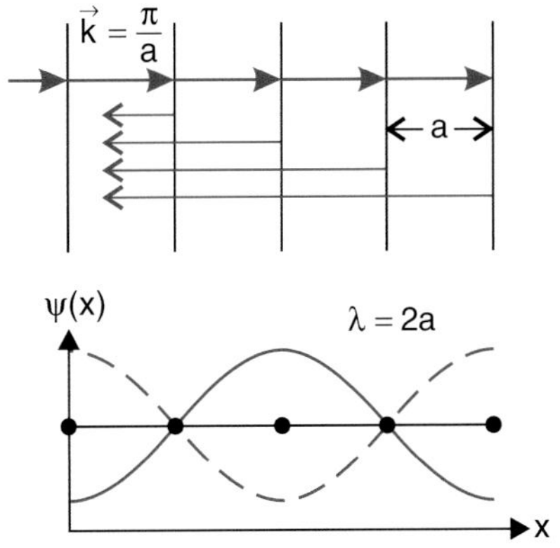

Abbildung 13.11 Ausbildung einer stehenden Welle mit $\lambda = 2a$ durch Bragg-Reflexion an den Gitterebenen

Für kleine Werte von k, d. h. $|\boldsymbol{k}| \ll |2\pi/R_\mathrm{e}|$, wird sich daher die Energie $E(k)$ der Elektronen im periodischen Potential der Energie

$$E(k) = \hbar^2 k^2/(2m) \tag{13.38}$$

freier Elektronen annähern. Sie wird sich aber für $|\boldsymbol{k}| \to |2\pi/R_\mathrm{e}|$ deutlich von (13.38) unterscheiden.

Wir wollen uns dies am eindimensionalen Fall klar machen. Für $\lambda = 2a$, d. h. $k = \pi/a$, entsteht aus der laufenden Elektronenwelle durch Braggreflexion an den Gitterebenen eine stehende Welle (Abb. 13.11), die als Überlagerung von einfallender und reflektierter Welle geschrieben werden kann:

$$\psi_\pm = A \cdot \mathrm{e}^{\mathrm{i}kx} + B \cdot \mathrm{e}^{-\mathrm{i}kx}\,. \tag{13.39}$$

Für $\lambda \gg a$ wird $B \ll A$ (siehe Abschn. 4.2.2), d. h. es sind im Wesentlichen nur laufende Wellen möglich.

Für $k = \pi/a$ erhält man gleiche Amplituden $A = B$ und damit aus (13.39)

$$\psi_\pm = \frac{A}{\sqrt{2}}\left(\mathrm{e}^{\mathrm{i}\pi x/a} \pm \mathrm{e}^{-\mathrm{i}\pi x/a}\right). \tag{13.40}$$

Daraus ergeben sich die Aufenthaltswahrscheinlichkeitsdichten für ein Elektron

$$\psi_+^*\psi_+ = 2A^2\cos^2\frac{\pi\cdot x}{a}\,, \tag{13.41a}$$

$$\psi_-^*\psi_- = 2A^2\sin^2\frac{\pi\cdot x}{a}\,, \tag{13.41b}$$

die in Abb. 13.12 gezeigt sind.

Die Elektronen mit der Wellenfunktion ψ_+ halten sich bevorzugt zwischen den Ionenrümpfen auf und haben deshalb eine höhere Energie als die durch ψ_- beschriebenen Elektronen, die Maxima ihrer Aufenthaltswahrscheinlichkeit in der Nähe der Ionenrümpfe haben, wo sie ein anziehendes, d. h. negatives Coulombpotential erfahren. Am Rande der Brillouinzone für $k = \pm\pi/a$ spaltet die Elektronenenergie $E(k = \pm\pi/a)$ deshalb in zwei getrennte Energiewerte auf (Abb. 13.13). Dies wollen wir nun etwas quantitativer untersuchen.

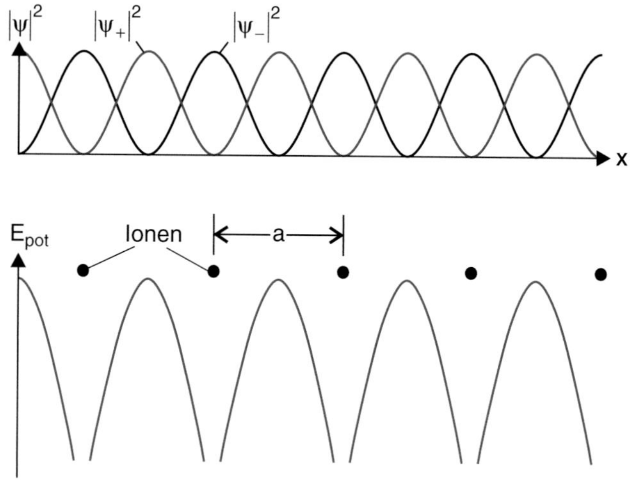

Abbildung 13.12 Zur anschaulichen Erklärung der Bandlücke

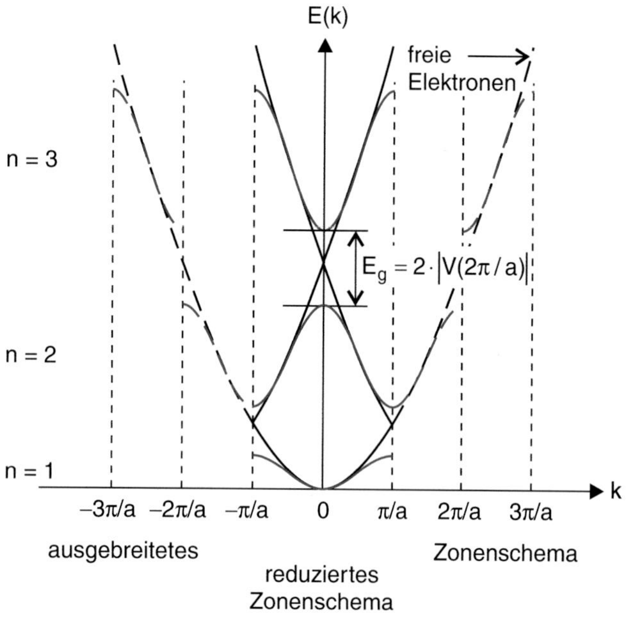

Abbildung 13.13 Energieverlauf $E(k)$ freier Elektronen und von Elektronen im periodischen eindimensionalen Potential $\phi(x)$ mit der Periode a

13.2.2 Energie-Impuls-Relationen

Bei den Gitterschwingungen in Abschn. 12.1.1 konnte man die Energie-Impuls-Relation auf den Bereich $-\pi/a \leq k \leq \pi/a$ beschränken, denn es gilt

$$\xi_{k+G}(r) = \xi_k(r) \cdot \mathrm{e}^{\mathrm{i}G \cdot r} = \xi_k(r)\,,$$

weil r ein ganzzahliges Vielfaches eines Gittervektors a ist und das Produkt mit einem Vektor G des reziproken Gitters für solche Vektoren gleich einem Vielfachen von 2π ist.

Für Elektronenwellenfunktionen $\psi(\boldsymbol{r})$ ist die Beschränkung auf die erste Brillouinzone nicht ohne weiteres möglich, denn ψ ist, im Unterschied zur Schwingungsauslenkung ξ, nicht bloß auf den Gitterplätzen definiert. Dies führt dazu, dass

$$\psi_{k+G}(\boldsymbol{r}) = u(\boldsymbol{r}) \cdot \mathrm{e}^{\mathrm{i}\boldsymbol{k}\cdot\boldsymbol{r}} \cdot \mathrm{e}^{\mathrm{i}\boldsymbol{G}\cdot\boldsymbol{r}} = \psi_{\boldsymbol{k}}(\boldsymbol{r}) \cdot \mathrm{e}^{\mathrm{i}\boldsymbol{G}\cdot\boldsymbol{r}}$$

im Allgemeinen ungleich $\psi_{\boldsymbol{k}}(\boldsymbol{r})$ ist.

Betrachten wir den Grenzfall, dass wir die periodische Variation der potentiellen Energie $E_{\text{pot}}(r)$ vernachlässigen können, d. h. dass das Potential $E_{\text{pot}}(\boldsymbol{r})$ konstant ist, so erhalten wir als Lösung der Schrödingergleichung (13.35) Blochfunktionen mit $u(\boldsymbol{r}) = \text{const}$, also Wellenfunktionen von freien Teilchen, allerdings mit dem Unterschied, dass wegen der Randbedingungen an den Begrenzungen des Kristalls mit den Seitenlängen L nicht alle $\boldsymbol{k}$-Werte erlaubt sind, sondern nur diskrete Wert $m\pi/L$ mit $m \in \mathbb{N}$.

Weil die Kristalllänge $L = Na$ groß ist gegen die Gitterkonstante a, liegen die $\boldsymbol{k}$-Werte dicht im $\boldsymbol{k}$-Raum, und man kann die Energie-Impuls-Relation (Dispersionskurve) im ausgebreiteten Zonenschema wie die eines freien Teilchen zeichnen (Abb. 13.13). In jeder Brillouinzone befindet sich ein Stück der Energieparabel.

Verschiebt man die Wellenvektoren $\boldsymbol{k}$ aus einer höheren Brillouinzone, analog zum Vorgehen bei den Phononen in Abschn. 12.1.1, um Vielfache eines reziproken Gittervektors und reduziert dadurch den Wertevorrat für k auf den Bereich $-\pi/a \leq k \leq \pi/a$ (erste Brillouinzone), so hat man anstelle der eindeutigen Dispersionsrelation $E(k)$ mit $-\infty < k < \infty$ eine unendlich vieldeutige Relation $E_n(k)$ mit $1 \leq n < \infty$ und $-\pi/a \leq k \leq \pi/a$. Dieses „Hereinklappen" der höheren Brillouinzonen in die erste ist zulässig, solange man nicht vergisst, dass jetzt jedem k-Wert mehrere Energiewerte zugeordnet sind. Dann erhält man dasselbe Spektrum der Eigenwerte wie im ausgebreiteten Zonenschema, und die Eigenfunktionen $\psi(\boldsymbol{r})$ genügen nach wie vor der Bedingung (13.37) für Blochfunktionen

$$\psi_{\boldsymbol{k}}(\boldsymbol{r}+\boldsymbol{a}) = \mathrm{e}^{\mathrm{i}\boldsymbol{k}\cdot\boldsymbol{a}}\psi_{\boldsymbol{k}}(\boldsymbol{r})\,.$$

Es gilt nämlich

$$\begin{aligned}\psi_{\boldsymbol{k}_{\text{breit}}}(\boldsymbol{r}+\boldsymbol{a}) &= \psi_{\boldsymbol{k}_{\text{red.}}+\boldsymbol{G}}(\boldsymbol{r}+\boldsymbol{a})\\ &= \psi_{\boldsymbol{k}_{\text{red.}}+\boldsymbol{G}}(\boldsymbol{r})\mathrm{e}^{\mathrm{i}(\boldsymbol{k}_{\text{red.}}+\boldsymbol{G})\cdot\boldsymbol{a}}\\ &= \psi_{\boldsymbol{k}_{\text{red.}}+\boldsymbol{G}}(\boldsymbol{r})\mathrm{e}^{\mathrm{i}\boldsymbol{k}_{\text{red.}}\cdot\boldsymbol{a}}\,,\end{aligned}$$

weil $\mathrm{e}^{\mathrm{i}\boldsymbol{G}\cdot\boldsymbol{a}} = 1$ ist. Man kann also den Index $\boldsymbol{k}_{\text{breit}}$ durch den Index $\boldsymbol{k}_{\text{red.}}, n$ ersetzen, wobei $1 \leq n < \infty$ das ***Energieband*** im reduzierten Zonenschema indiziert.

Im Folgenden wollen wir zeigen, warum es an den Rändern der Brillouinzone zur Aufspaltung der Energiewerte kommt und wie groß diese Aufspaltung ist.

Die quantenmechanische *Störungstheorie* ergibt für Zustände im Inneren der Brillouinzone relativ geringe Abweichungen von der quadratischen Dispersionsrelation $E \propto k^2$ eines freien Teilchens. Im Rahmen der Störungstheorie wird das periodische Potential $\phi(\boldsymbol{r})$ der Atomrümpfe als geringe „Störung" des konstanten Potentials, in dem sich ein ungebundenes Elektron bewegt, aufgefasst. Man schreibt also

$$E_{\text{pot}}(\boldsymbol{r}) = E_0 + \mathrm{e} \cdot \phi(\boldsymbol{r}) .$$

Mit der Fourierkomponente

$$V(G) = \frac{e}{L} \int \mathrm{e}^{-\mathrm{i}Gr} \phi(r)\,\mathrm{d}r \qquad (13.42)$$

ergibt sich im hier betrachteten eindimensionalen Fall näherungsweise

$$E_\pm(k) = E^0(k) \pm |V(G)| . \qquad (13.43)$$

Der zweifach entartete Eigenwert spaltet auf in zwei Eigenwerte, die um jeweils $|V(G)|$ nach oben bzw. nach unten verschoben sind. Es kommt zur Ausbildung einer ***Energielücke*** mit der Breite $\Delta E = 2\,|V(G)|$, die abhängt von der Fourierkomponente des räumlich periodischen Potentials für $G = 2\pi/a$.

Die Energielücke ist also eine Folge der Gitterperiodizität. Je kleiner die räumliche Periode ist, desto größer wird die Energielücke, die deshalb auch für verschiedene Richtungen der Elektronenwelle im Kristall verschieden groß sein kann.

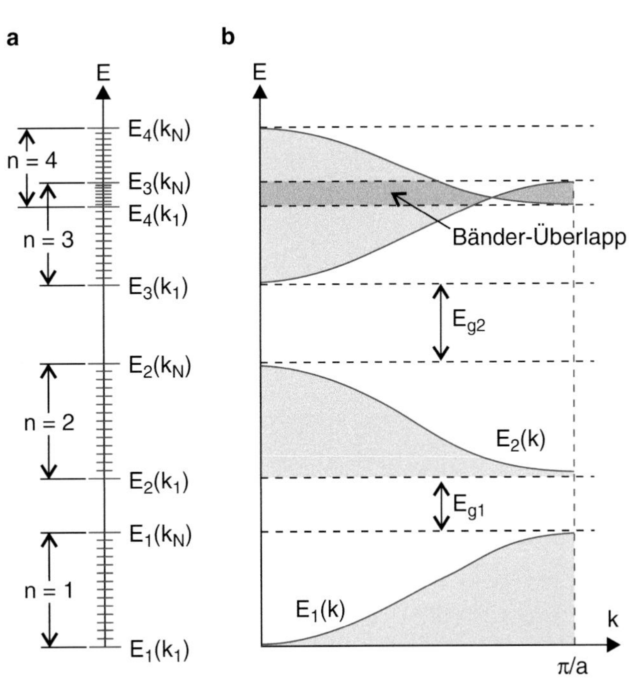

Abbildung 13.14 Erlaubte Energiewerte von N-Elektronen. **a** Eindimensionale Darstellung auf der Energieskala; **b** Darstellung $E_n(k)$

In der Näherung (13.43) ist die Dispersionsrelation im Inneren der Brillouinzone wieder parabolisch (Abb. 13.13). An den Rändern der Brillouinzone hat sie aber eine von derjenigen des freien Teilchens verschiedene Krümmung.

An den Rändern $k = m\pi/a$ der Brillouinzonen im ausgedehnten Zonenschema wird die Steigung $\mathrm{d}E_n/\mathrm{d}k$ der Energiekurven $E_n(k)$ gleich null, d. h. die Kurven verlaufen am Zonenrand horizontal.

13.2.3 Energiebänder

Ein wichtiger Punkt der obigen Überlegungen ist, dass es eine Energielücke E_g (auch verbotene Zone genannt) in der Funktion $E(k)$ der Elektronen gibt, in der keine Elektronenenergien möglich sind.

Die Energiewerte $E(k)$ der Elektronen im periodischen Potential liegen daher in bestimmten Bereichen ΔE_n, deren Lage und Breite von dem Verlauf des periodischen Potentials abhängt, die ***Energiebänder*** heißen (Abb. 13.14). Auch die Breite der verbotenen Zone ist durch die speziellen Potentialparameter bestimmt.

Wir haben bisher angenommen, dass es innerhalb eines Energiebandes einen kontinuierlichen erlaubten Energiebereich gibt, den das Elektron einnehmen kann. Dies würde nur zutreffen bei einem unendlich ausgedehnten Kristall. Wegen der endlichen Kristalldimensionen gibt es analog zum Kastenpotential in Abschn. 4.2.4 zusätzliche Randbedingungen, welche zu diskreten Energieniveaus führen. Selbst bei kleinen Kristallen (z. B. mit $a = 1$ mm Kantenlänge) sind die Abstände der Energieniveaus jedoch äußerst klein, so dass wir die erlaubten Energiebereiche als quasikontinuierlich betrachten können.

Gibt es N Atome mit der Kernladung Z im Kristall, so müssen wir $Z \cdot N$ Elektronen so auf die tiefsten Niveaus verteilen, dass das Pauliprinzip erfüllt ist, d. h. dass in jedem erlaubten Niveau unterhalb der maximalen Energie zwei Elektronen mit antiparallelem Spin sitzen.

Die Atomelektronen aus den inneren Schalen sind so stark an ihre Atomelektronen gebunden, dass sie wie bei freien Atomen in einem engen Volumen um ihren Atomkern lokalisiert sind und von den Nachbaratomen im Festkörper nicht wesentlich beeinflusst werden. Wir brauchen deshalb nur die Elektronen in den äußeren Schalen zu betrachten, die durch die Wechselwirkung mit den Nachbarn (Tunneleffekt, Austauschwechselwirkung) delokalisiert sind und deshalb durch Blochwellen (13.36) beschrieben werden können.

Wie wir oben gesehen haben, sind die einzelnen Energiebänder durch Energielücken voneinander getrennt. Wir nummerieren die Bänder $E_n(k)$ durch den Bandindex n ($n = 1, 2, 3, \ldots$).

Bei N Atomen im Kristall gibt es für jedes Band N erlaubte Energieniveaus, die man maximal mit $2N$ Elektronen besetzen kann.

Die Besetzung der erlaubten Energiezustände mit Elektronen hängt ab von der Lage der Fermi-Energie, wie wir im Folgenden verdeutlichen wollen.

13.2.4 Isolatoren und Leiter

Ist die Zahl der Valenzelektronen gleich der doppelten Zahl der Zustände im Energieband, so kann das Band vollständig gefüllt werden. Dies ist z. B. der Fall bei zwei Valenzelektronen pro Atom.

Liegt oberhalb des vollen Bandes (***Valenzband***) eine verbotene Zone mit einer Breite $\Delta E_g \gg k_B T$ (z. B. 2–5 eV), so können auch bei höheren Temperaturen Elektronen aus dem voll besetzten Band nicht in das über der verbotenen Zone liegende freie erlaubte Band gelangen. Die Fermi-Energie liegt in der verbotenen Zone (Abb. 13.15a).

In einem voll besetzten Band n sind alle N erlaubten Werte des Wellenvektors $\boldsymbol{k}$ mit Elektronen besetzt. Legt man an den Festkörper eine elektrische Spannung an, so können die Elektronen im voll besetzten Band keine Energie aufnehmen, weil es keine freien Plätze $E(k)$ innerhalb des erlaubten Energiebereiches gibt, in die sie durch Energieaufnahme durch das äußere elektrische Feld gelangen könnten. Um in die freien Plätze des energetisch höheren leeren $(n+1)$-ten Bandes zu gelangen, müsste ihre Energieaufnahmen ΔE größer als die Bandlücke E_g sein. Dies ist bei einer realisierbaren Spannung im Allgemeinen nicht möglich. Deshalb sind Festkörper, bei denen die Fermigrenze E_F in der verbotenen Zone mit genügend großem Bandabstand ΔE_g liegt, elektrische Nichtleiter (***Isolatoren***).

Liegt die Fermigrenze innerhalb eines Energiebandes (Abb. 13.15b), so sind nur die Energiezustände $E(k) \leq E_F$ besetzt, die darüberliegenden sind frei. Die Elektronen in den obersten besetzten Energieniveaus können daher bei Anlegen einer äußeren Spannung Energie aufnehmen und in die Richtung des elektrischen Feldes driften, d. h. es fließt ein elektrischer Strom. Der Festkörper ist dann ein elektrischer Leiter. Ein nur teilweise besetztes Band heißt deshalb ***Leitungsband***.

Beispiele für diesen Fall sind alle einwertigen Metalle wie Natrium oder Kupfer. Das den 3*s*-Elektronen beim Natrium entsprechende Band kann zwei Elektronen pro Atom aufnehmen.

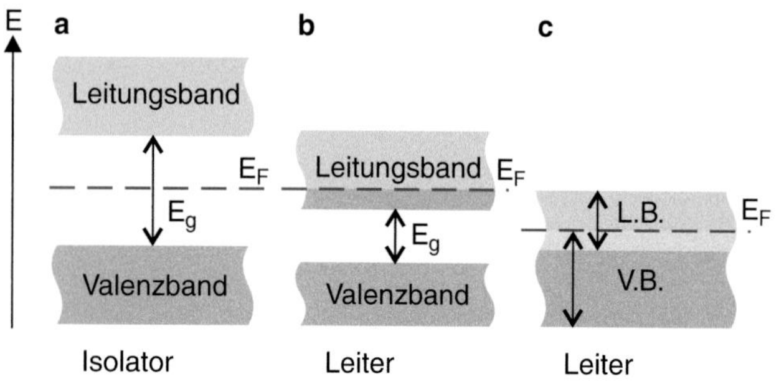

Abbildung 13.15 Vereinfachte Darstellung des Bändermodells für **a** Isolatoren und elektrische Leiter, **b** mit Bandlücke und **c** mit überlappenden Bändern

Da es nur ein 3*s*-Elektron pro Atom gibt, ist das Band nur halb besetzt.

Nun gibt es auch zweiwertige Metalle, die nach den obigen Überlegungen eigentlich Nichtleiter sein sollten, aber in Wirklichkeit Leiter sind. Dies liegt daran, dass die durch die *s*- und *p*-Elektronen der Atome gebildeten Energiebänder bei den zweiwertigen Metallen so breit sind, dass sie sich teilweise überlappen (Abb. 13.15c). Beide Bänder zusammen haben $4N$ Zustände (einen für das *s*-Band und drei für die *p*-Bänder, sodass dort $8N$ Elektronen untergebracht werden können). Da nur zwei Elektronen pro Atom vorhanden sind, sind die überlappenden Bänder nur teilweise gefüllt.

Man beachte: Bei einem dreidimensionalen Kristall muss noch folgendes berücksichtigt werden: Die Energie der Bandränder (dies ist die minimale und die maximale Energie innerhalb des Bandes $E(\boldsymbol{k})$) hängt im Allgemeinen nicht nur vom Betrag, sondern auch von der Richtung des Wellenvektors $\boldsymbol{k}$ ab. Deshalb kann es vorkommen, dass die Energie $E(\boldsymbol{k}_{max})$ der Oberkante des Valenzbandes für eine bestimmte Richtung von $\boldsymbol{k}$ oberhalb der Unterkante $E(\boldsymbol{k}_{min})$ des Leitungsbandes für eine andere Richtung von $\boldsymbol{k}$ liegt. Elektronen aus dem Valenzband können dann durch Stöße, welche die Richtung von $\boldsymbol{k}$ ändern, in das Leitungsband gelangen und dort zum elektrischen Strom beitragen.

13.2.5 Reale Bandstrukturen

Die reale Bandstruktur von Festkörpern kann erheblich abweichen von den idealisierten Kurven $E(k)$ in den Abb. 13.13 und 13.14. Dies liegt daran, dass sowohl die Periodenlänge als auch die Modulationsamplitude des Potentials im Allgemeinen richtungsabhängig sind. Man gibt deshalb die Kurven $E(\boldsymbol{k})$ für einige ausgezeichnete Richtungen an. In Abb. 13.16 ist dies

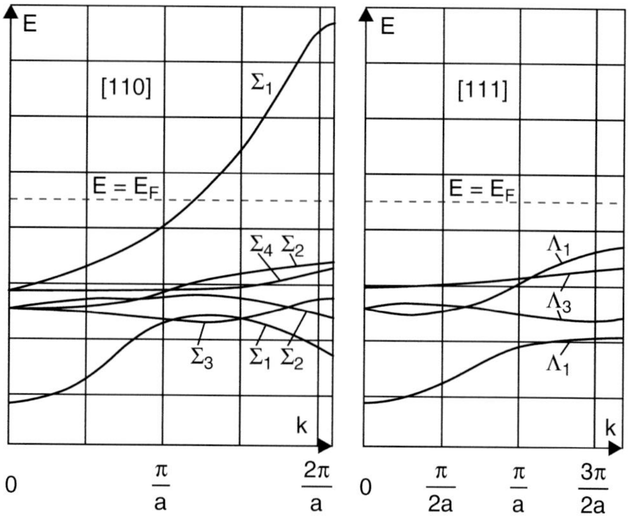

Abbildung 13.16 Reale Bandstruktur von Kupfer für die (110)- und (111)-Richtungen

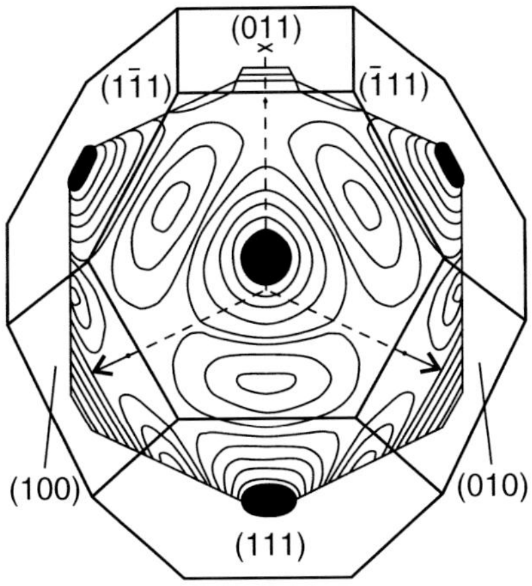

Abbildung 13.17 Fermifläche $E_F(\boldsymbol{k})$ für Kupfer

für Kupfer verdeutlicht. Beim Kupfermetall können sowohl das Elektron aus der 4*s*-Schale als auch Elektronen aus der 3*d*-Schale (siehe Tab. 6.2) zur Elektronenleitung beitragen, sodass man für die elf Elektronen insgesamt sechs Bänder berücksichtigen muss. Welche Bänder gefüllt sind, hängt von der Form der Fermifläche $E(\boldsymbol{k})$ ab, die für Kupfer in Abb. 13.17 gezeigt ist.

In der [100]-Richtung liegen fünf Bänder in der gesamten Brillouinzone unterhalb der Fermi-Energie. Sie sind deshalb voll besetzt (siehe Abb. 13.16). Das obere Band ist nur halb gefüllt und kann deshalb zur Leitfähigkeit beitragen. Man sieht auch, dass sich manche Bänder überlappen.

In der [111]-Richtung sieht der Verlauf der Kurven $E(\boldsymbol{k})$ ganz anders aus. Hier erreicht kein Band innerhalb der ersten Brillouinzone die Fermigrenze.

Man kann diese Richtungsabhängigkeit des Bandverlaufes durch eine Hybridisierung des 4*s*-Elektrons mit den 3*d*-Elektronen erklären (siehe Abschn. 9.7.2).

Experimentell lässt sich die Besetzungsverteilung $n(E)$ der Elektronen in den Energiebändern mithilfe der Photoelektronenspektroskopie (Abschn. 10.4.2) ermitteln [2].

Dazu wird der Festkörper mit monochromatischem UV-Licht (bzw. Röntgenstrahlung) der Photonenenergie $h \cdot \nu$ bei verschiedenen Kristallorientierungen bestrahlt und die kinetische Energie

$$E_{\text{kin}} = h \cdot \nu - W(E_k)$$

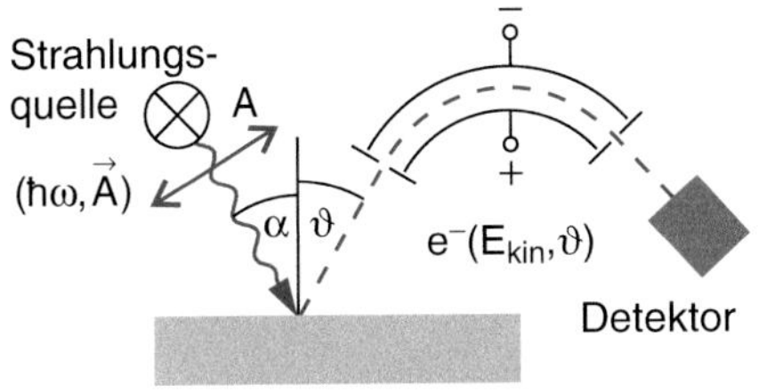

Abbildung 13.18 Schematische experimentelle Anordnung zur Photoelektronenspektroskopie von Festkörpern zur Ermittlung der Bandstruktur

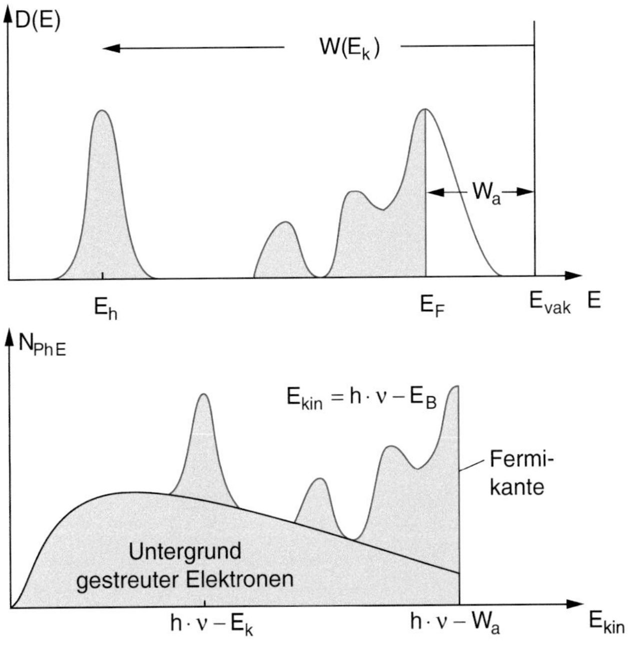

Abbildung 13.19 Schematische Darstellung der Zustandsdichte $D(E)$ und der Dichte $n(E)$ der Bandelektronen und ihr Zusammenhang mit der Energieverteilung der Photoelektronen [nach Ibach-Lüth, *Festkörperphysik* (Springer 1981)]

der Photoelektronen gemessen (Abb. 13.18), deren Austrittsarbeit $W(E_k)$ von der Energie $E(\boldsymbol{k})$ des Zustandes für eine bestimmte Richtung im Kristall abhängt, aus dem sie durch das Photon angeregt wurden. Die Intensitätsverteilung der Photoelektronen

$$N_{\text{PhE}}(E) = n(E, \boldsymbol{k}) \cdot P(E, \boldsymbol{k}) \cdot n_{\text{Ph}} \tag{13.44}$$

hängt ab von der Besetzungsverteilung $n(E, \boldsymbol{k})$ im jeweiligen Energieband, von der Wahrscheinlichkeit $P(E, \boldsymbol{k})$, dass ein Elektron aus dem Zustand $(E, \boldsymbol{k})$ durch das Photon ausgelöst wird und von der Zahl n_{Ph} der einfallenden Photonen $h \cdot \nu$ pro Flächeneinheit, also von der Intensität $I_{\text{ph}} = n_{\text{ph}} \cdot h \cdot \nu$ der Lichtquelle.

In Abb. 13.19 ist schematisch die Zustandsdichte $D(E)$ von Bändern und ihre Besetzung bis zur Fermi-Energie E_F gezeigt, die um den Betrag W_a unterhalb des Vakuumniveaus E_{Vak} liegt. Der kontinuierliche Untergrund im unteren Bild kommt von Photoelektronen, die während des Austrittes inelastisch am Gitter gestreut wurden.

13.3 Supraleitung

In Bd. 2, Abschn. 2.2.4 wurde kurz dargestellt, dass bei vielen elektrisch leitenden Materialien unterhalb einer für das Material charakteristischen Temperatur T_c (***Sprungtemperatur***) der elektrische Widerstand null wird. Diese zuerst 1911 von *Heike Kamerlingh Onnes* (1853–1926, Nobelpreis 1913) an destilliertem Quecksilber entdeckte Supraleitung ist inzwischen für fast alle Metalle und auch für viele Verbindungen, die

Metalle enthalten, nachgewiesen worden. Für technische Anwendungen von besonderem Interesse sind die 1986 von *Müller* und *Bednorz* (Nobelpreis 1987) entwickelten Hochtemperatur-Supraleiter aus speziellen Oxidkeramiken, bei denen Sprungtemperaturen bis hinauf zu $T_c = 200\,\mathrm{K}$ gefunden wurden.

Wir wollen in diesem Abschnitt darstellen, wie mithilfe des in den vorigen Abschnitten eingeführten Modells des Elektronengases in Metallen einige Aspekte der Supraleitung verstanden werden können [3, 4].

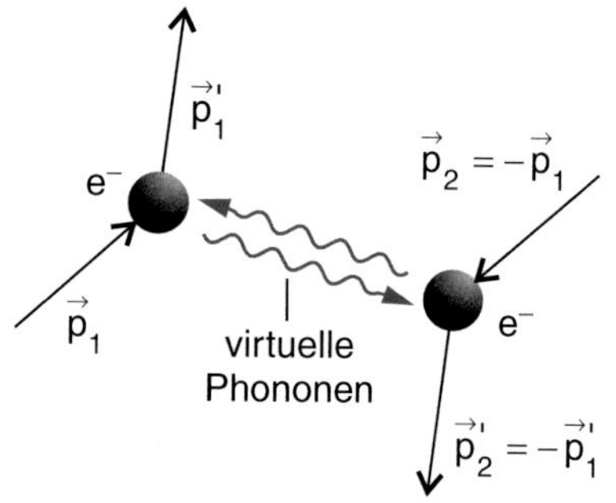

Abbildung 13.20 Modell der Cooper-Paar-Bildung durch den Austausch virtueller Phononen

13.3.1 Das Cooper-Paar-Modell

Schon in Bd. 2 wurde anhand des mechanischen Modells zweier Kugeln auf einer Membran anschaulich erläutert, dass infolge der Polarisation der Elektronenhüllen der Gitterionen durch die frei beweglichen Leitungselektronen eine anziehende Wechselwirkung zwischen zwei Leitungselektronen auftreten kann, wenn diese beiden Elektronen „in der gleichen Spur" durch das Gitter laufen, d. h. parallele bzw. antiparallele Impulse $\boldsymbol{p}_i$ haben. Weil das eine Elektron durch seine anziehende Wechselwirkung mit den Atomrümpfen entlang seines Weges das Gitter deformiert hat, erhöht sich lokal die Dichte der positiven Ladung. Da sich die Ionen auf Grund ihrer größeren Masse sehr langsam bewegen, bleibt diese positive Ladungsdichte noch für einige Zeit bestehen und wirkt anziehend auf das zweite Elektron. Diese Anziehung kann die Elektron-Elektron-Abstoßung überkompensieren, wenn sich beide Elektronen nicht zu nahe kommen.

Eine genauere Betrachtung zeigt, dass nur dann die Energieabsenkung größer werden kann als die positive Coulomb-Abstoßungsenergie zwischen den beiden Elektronen, wenn sowohl der Impuls $\boldsymbol{p}$ als auch der Spin $\boldsymbol{s}$ der beiden Elektronen antiparallel sind. Ein solches gebundenes Elektronenpaar $(e^-, \boldsymbol{p}, \boldsymbol{s}; e^-, -\boldsymbol{p}, -\boldsymbol{s})$ heißt ***Cooper-Paar***.

Wir haben in Abschn. 13.1 gesehen, dass die kinetischen Energien der Leitungselektronen und damit auch ihre Geschwindigkeiten sehr groß sind. Wenn sie durch das Kristallgitter fliegen, wird sich die Polarisation der Gitterionen entlang der Elektronenspur zeitlich ändern. Dadurch verändert sich auch der Abstand benachbarter Ionen ein wenig. Die Größe dieser Abstandsänderung wird davon abhängen, wie schnell sich die Ionen auf die durch die Polarisation bewirkte räumliche Änderung der Elektronenverteilung einstellen können. Sie wird also von den Eigenfrequenzen des Gitters und damit von der Stärke der Rückstellkräfte und der Masse der Ionen abhängen. So folgen z. B. schwerere Isotope der Polarisation langsamer und ihr Gitter wird durch das Elektronenpaar weniger verformt.

Es zeigt sich, dass diese ***dynamische Polarisation*** der eigentliche Grund für die Bindung des Cooper-Paares ist. Man kann sie in einem allgemeinen Modell auch durch den Austausch von Teilchen beschreiben. Analog zur Erklärung der chemischen Bindung eines Moleküls in Kap. 9, die zum Teil auf dem Austausch von Elektronen zwischen gebundenen Atomen eines Moleküls beruht, kann man die Bindung des Cooper-Paares durch den Austausch ***virtueller Phononen*** beschreiben (Abb. 13.20). Das eine Elektron des Cooper-Paares erfährt eine Wechselwirkung mit dem zweiten Elektron durch die kurzzeitige Erzeugung einer Gitterschwingung, d. h. eines Phonons. Diese Austauschphononen heißen *virtuell*, weil sie nur während der kurzen Korrelationszeit zwischen den beiden Elektronen auftreten. Sie bleiben nicht als dauernde Schwingungsanregung des Gitters bestehen.

Man darf sich ein solches Cooper-Paar nicht, wie ein Molekül, als dauernd gebundenes System aus zwei definierten Teilchen vorstellen. Vielmehr gibt es für kurze Zeit eine Korrelation zwischen zwei Elektronen aus der Fermi-Verteilung, die antiparallelen Impuls und Spin haben. Im nächsten Zeitintervall können andere Elektronen ein solches Paar bilden. Da die Elektronen bei gleicher Energie ununterscheidbar sind, können auch die von verschiedenen Elektronenpaaren $(e^-, \boldsymbol{p}, \boldsymbol{s}; e^-, -\boldsymbol{p}, -\boldsymbol{s})$ mit gleicher Gesamtenergie gebildeten Cooper-Paare nicht unterschieden werden.

Im Modell des Fermigases der Leitungselektronen ist die Absenkung der Energie bei der Bildung eines Cooper-Paares nur für Elektronen aus dem obersten Rand der Fermiverteilung möglich, weil für $E < E_F - k_B T$ alle Zustände bereits besetzt sind (Abb. 13.21a).

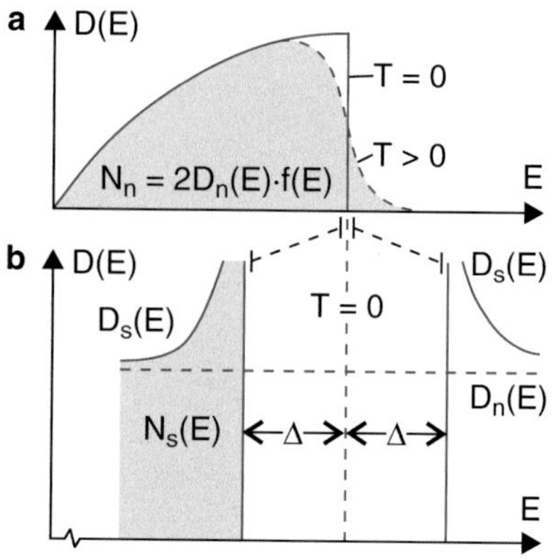

Abbildung 13.21 Zustandsverteilung im Leitungsband **a** im normalleitenden Zustand; **b** im supraleitenden Zustand bei stark gespreizter Energieskala im Bereich um die Fermi-Energie

Cooper-Paare entstehen deshalb zuerst aus Elektronen am Rande der Fermikugel. Bei Temperaturen dicht unterhalb der Sprungtemperatur ist nur ein kleiner Bruchteil aller Elektronen zu Cooper-Paaren kondensiert. Je tiefer die Temperatur ist, desto größer wird dieser Bruchteil, bis bei $T = 0$ alle Elektronen zu Cooper-Paaren korreliert sind.

Durch die Energieabsenkung infolge der Elektron-Phonon-Elektron-Wechselwirkung ändert sich die Zustandsdichte $D_n(E)$ beim Übergang in den supraleitenden Zustand. Die von *Bardeen*, *Cooper* und *Schrieffer* 1957 entwickelte atomistische Theorie der Supraleitung (***BCS-Theorie***, Nobelpreis 1972) ergibt für die Zustandsdichte $D_s(E)$ im supraleitenden Zustand in der Umgebung der Fermi-Energie E_F den Verlauf

$$D_s(E) = D_n(E) \cdot \frac{E - E_F}{\sqrt{(E - E_F)^2 - \Delta^2}} . \tag{13.45}$$

Dabei ist $D_n(E)$ die Zustandsdichte im normalleitenden Zustand und $2\Delta(T)$ die von der Festkörpertemperatur T abhängige Bindungsenergie der Cooper-Paare. Für jedes der beiden Elektronen wird die Energie bei der Cooper-Paar-Bildung also um Δ abgesenkt.

Für $|E - E_F| < \Delta$ gibt es keine reellen Zustände für die Elektronen, d. h. in der Besetzungsverteilung gibt es eine verbotene Zone (Energielücke = *gap*), deren Breite $\Delta E_g = 2\Delta$ mit zunehmender Temperatur kleiner wird und schließlich bei einer kritischen Temperatur $T = T_c$ den Wert null erreicht. Dies wird in Abb. 13.21b illustriert, in der ein kleiner Ausschnitt der Besetzungsverteilung $N(E)$ in der Umgebung der Fermi-Energie E_F in stark gespreiztem Maßstab dargestellt ist, bei dem $N_n(E)$ praktisch konstant bleibt. Die Besetzung $N(E)$ der Elektronen wird also im supraleitenden Zustand aus der Energielücke heraus auf die Bereiche unterhalb und oberhalb der Lücke gedrängt, sodass dort steile Maxima auftreten. Die Cooper-Paare werden deshalb bevorzugt von Elektronen aus diesen Bereichen gebildet.

Die Größe Δ hat sehr kleine Werte, die thermischen Energien $k_B T$ bei Temperaturen von wenigen Kelvin entsprechen. Deshalb liegen die Sprungtemperaturen T_c der meisten Supraleiter auch bei wenigen Kelvin. Bei diesen tiefen Temperaturen sind die Energien der Gitterschwingungen kleiner als die Bindungsenergie des Cooper-Paares. Dieses kann deshalb keine Energie an das Gitter abgeben oder aufnehmen, d. h. Cooper-Paare können bei Anlegen einer äußeren Supraspannung verlustfrei (Widerstand null) durch den Supraleiter fließen. Bei höheren Temperaturen wird die thermische Energie des Kristallgitters so groß, dass durch die Übertragung von Schwingungsenergie auf ein Cooper-Paar diesem eine Energie $\Delta E > 2\Delta$ zugeführt wird, sodass es in normalleitende Elektronen „aufbricht".

Anmerkung. Dieses Aufbrechen entspricht einer Wechselwirkung mit reellen Phononen, bei der wirklich Energie vom Gitter auf das Cooper-Paar übertragen wird, während die Bindung des Cooper-Paares durch Austausch virtueller Phononen bewirkt wird, bei dem der Schwingungszustand des Gitters nicht permanent, sondern nur kurzzeitig geändert wird.

13.3.2 Experimentelle Prüfung der BCS-Theorie

Die Existenz der aus der BCS-Theorie folgenden Energielücke und der Verlauf der durch (13.45) beschriebenen Verteilung $N_D(E)$ kann mit verschiedenen Methoden experimentell geprüft werden. Ein Verfahren beruht auf der Absorption von Mikrowellenstrahlung durch die Elektronen in einem Supraleiter. Bei der Absorption eines Photons $h \cdot \nu$ durch ein Cooper-Paar mit der Energie E_1 geht dieses in einen Zustand der Energie $E_2 = E_1 + h \cdot \nu$ über. Dieser Übergang ist nur möglich, wenn E_2 im erlaubten Energiebereich liegt, d. h. wenn $\nu > 2\Delta/h$ gilt.

Zur Messung der Absorption wird die Probe in einen Mikrowellen-Hohlleiter gebracht (siehe Bd. 2, Abschn. 7.9) und die transmittierte Mikrowellenleistung gemessen. Um andere Absorptionsmöglichkeiten (z. B. durch die Wände des Hohlleiters) auszuschließen, wird die Messung sowohl im normalleitenden Zustand für $T > T_c$ als auch im supraleitenden Zustand ($T < T_c$) durchgeführt. Die Differenz gibt dann die Absorption durch die Cooper-Paare an. In Abb. 13.22 ist die normierte Differenz $(I_n - I_s)/I_n$ der transmittierten Intensitäten gegen die Frequenz ν der Mikrowelle für Indium aufgetragen.

Statt der Mikrowellenabsorption kann auch die Absorption von Ultraschall zur Messung der Energielücke verwendet werden. Dies entspricht der Absorption von akustischen Phononen durch die Cooper-Paare. Misst man die Dämpfung einer solchen Schallwelle der Frequenz Ω beim Durchgang durch die supraleitende Probe als Funktion der Temperatur, so lässt sich daraus die Abhängigkeit der Bandlückenbreiten 2Δ von der Temperatur ermitteln. Für eine Phononenenergie $\hbar\Omega < 2\Delta$ ist die Absorption durch die Cooper-Paare nicht möglich, sondern nur durch die nicht korrelierten Elektronen, deren Zahl mit sinkender Temperatur abnimmt. Deshalb steigt die Schallabsorption mit wachsender Temperatur (Abb. 13.23).

Die genauesten Messungen der Energielücke sind mithilfe von Tunnelexperimenten möglich.

Dazu werden z. B. zwei leitende Materialien über eine dünne Isolierschicht miteinander verbunden (Abb. 13.24). Legt man eine Spannung zwischen den Elektroden A und B an, so kann ein elektrischer Strom fließen, wenn die Isolierschicht so dünn ist, dass die Elektronen mit merklicher Wahrschein-

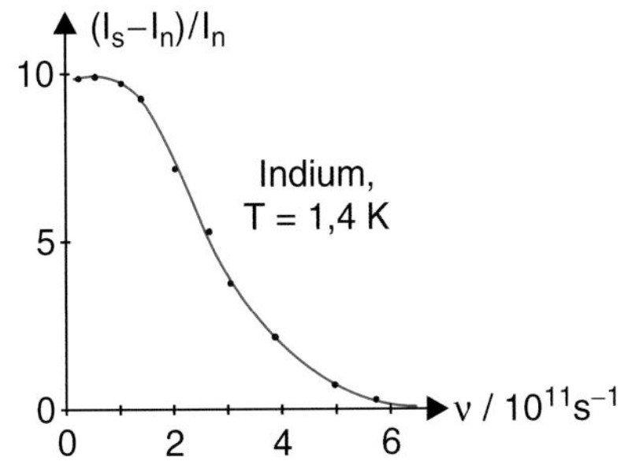

Abbildung 13.22 Mikrowellenabsorption in Supraleitern

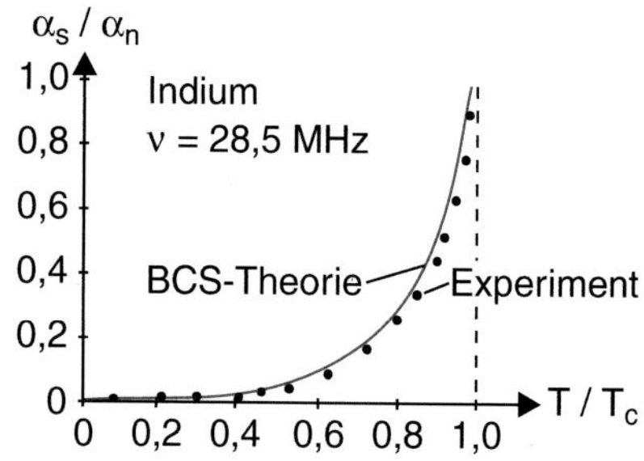

Abbildung 13.23 Verhältnis α_s/α_n der Ultraschallabsorption in supraleitendem und normalleitendem Indium als Funktion der reduzierten Temperatur T/T_c (nach [5])

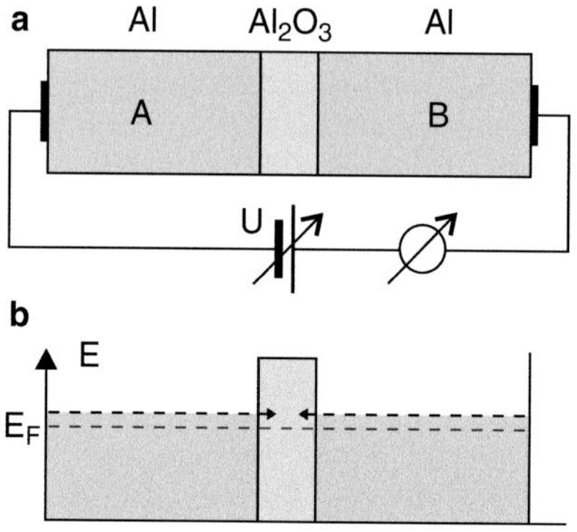

Abbildung 13.24 Zum Prinzip der Tunnelexperimente: **a** Experimentelle Anordnung; **b** Potentialverlauf

lichkeit durch diesen Potentialwall tunneln können (siehe Abschn. 4.2.3).

Ein Tunnelstrom tritt aber nur dann auf, wenn die Elektronen auf der anderen Seite der Barriere einen freien Platz finden.

Die Größe I_T des Tunnelstroms von A nach B ist durch drei Faktoren bestimmt:

- Die Zahl der Elektronen, die pro Zeiteinheit von A aus gegen die Barriere laufen;
- die Tunnelwahrscheinlichkeit nach B;
- die Zahl der unbesetzten Zustände im Leiter B im Energieintervall E bis $E + \mathrm{d}E$.

Ohne äußere Spannung ist der Nettostrom durch die Anordnung null, weil genauso viele Elektronen von A nach B wie von B nach A tunneln. Beim Anlegen einer äußeren Spannung U verschieben sich die Energieniveaus von A gegen B um $e \cdot U$ (Abb. 13.25a).

Wählen wir die Fermi-Energie $E_F(A)$ als Energienullpunkt, so liefern die Elektronen der Dichte $N(E) = 2 \cdot D(E) \cdot f(E)\,\mathrm{d}E$ mit $f(E)$ (13.25) im Energieintervall $\mathrm{d}E$ zum Tunnelstrom von A nach B den Beitrag

$$\begin{aligned}\mathrm{d}I_T(\mathrm{A} \to \mathrm{B}) &\propto W_T(E) \cdot N_A(E) \\ &\cdot D_B(E_A + e \cdot U) \cdot \left[1 - f(E + eU)\right] \mathrm{d}E\,,\end{aligned} \tag{13.46a}$$

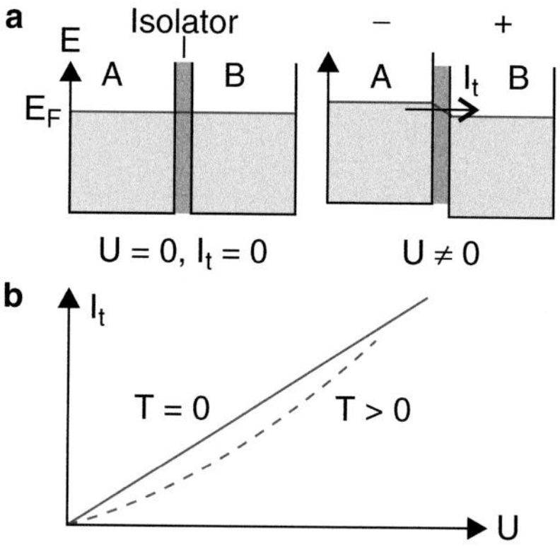

Abbildung 13.25 Potentiale und Tunnelstrom zwischen zwei durch eine dünne Isolatorschicht getrennte Normalleiter als Funktion der angelegten Spannung

während die Elektronen $N_B(E + eU) = D_B(E + eU) \cdot f(E + eU)$ zum Tunnelstrom in entgegengesetzter Richtung den Betrag

$$\begin{aligned}\mathrm{d}I_T(\mathrm{B} \to \mathrm{A}) &\propto W_T(E) \cdot D_B(E + eU) \\ &\cdot f(E + eU) \cdot D_A(E)\left[1 - f_A(E)\right]\end{aligned} \tag{13.46b}$$

beitragen. Der gesamte Tunnelstrom $I_T(U)$ ergibt sich durch die Differenz der Beiträge (13.46) und Integration über alle Energien zu

$$\begin{aligned}I_T(U) &\propto W_T \int\limits_{-\infty}^{+\infty} D_A(E) \\ &\cdot D_B(E + eU)\left[f(E) - f(E + eU)\right] \mathrm{d}E\,.\end{aligned} \tag{13.47}$$

Sind A und B beide bei der Temperatur T normalleitend, so folgt die Besetzungsverteilung $N(E) = 2 \cdot D(E) \cdot f(E)$ der Form der Abb. 13.4, sodass man im engen Energieintervall um die Fermienergie E_F für $T = 0$ bzw. $T > 0$ den in Abb. 13.25b gezeigten Verlauf des Tunnelstroms hat.

Ist der Teil B supraleitend und der Teil A normalleitend (Abb. 13.26), so setzt der Tunnelstrom wegen der Energielücke erst bei $e \cdot U = \Delta_B$ ein und steigt (wegen der großen Zustandsdichte am Rand der Energielücke) steil an für $e \cdot U > \Delta_B$ (Abb. 13.27).

Setzt man in (13.47) für die Zustandsdichte $D_A(E)$ des Normalleiters im sehr kleinen Energieintervall $\Delta E = eU$ einen konstanten Wert und für die Zustandsdichte $D_B(E)$ des Supraleiters (13.45) ein, so lässt sich durch Vergleich des gemessenen Tunnelstroms $I_T(U)$ bei verschiedenen Temperaturen T der von der BCS-Theorie geforderte Verlauf (13.45) und die Temperaturabhängigkeit der Energielücke nachprüfen.

Anmerkung. Verschwinden des elektrischen Widerstandes ist nur eines von mehreren charakteristischen Merkmalen des supraleitenden Zustandes. Ein weiteres Merkmal ist das Verhalten von Supraleitern im äußeren Magnetfeld, wo bei Unterschreiten einer kritischen Temperatur das Magnetfeld völlig aus dem Supraleiter herausgedrängt wird, sodass der Supraleiter als ideales diamagnetisches Material angesehen werden kann.

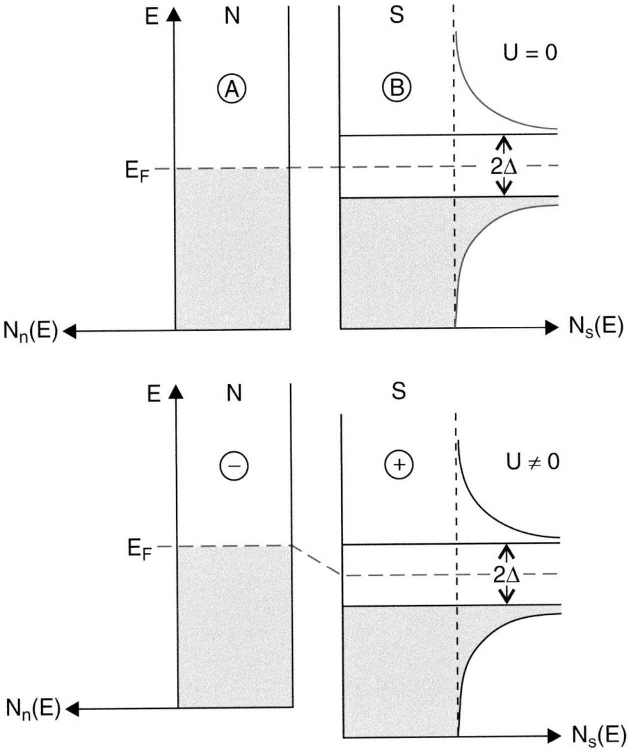

Abbildung 13.26 Der für den Tunnelstrom zwischen Normalleiter und Supraleiter maßgebliche Verlauf der Zustandsdichte bei $U = 0$ und $U > 0$

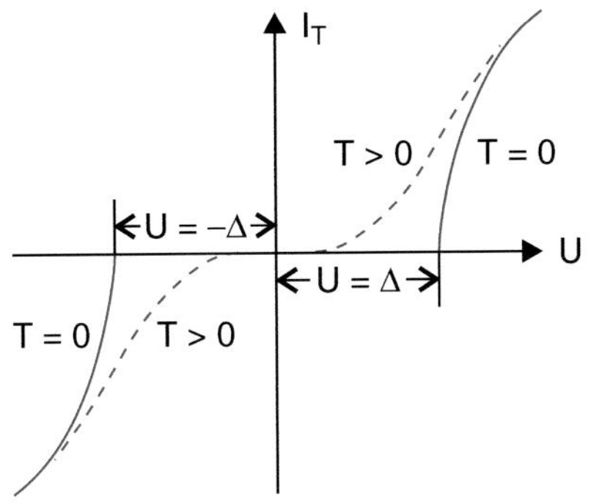

Abbildung 13.27 Tunnelstrom zwischen Normal- und Supraleiter als Funktion der angelegten Spannung

13.3.3 Hochtemperatursupraleiter

Obwohl die theoretischen BCS-Modelle für die Supraleitung eine obere Grenze $T_c < 30\,\text{K}$ vorhergesagt hatten, entdeckten *Georg Bednorz* und *Karl Alexander Müller* 1986 in bestimmten Cupratverbindungen LaBaCuO Supraleitung bei Temperaturen bis $T_c = 35\,\text{K}$. In den folgenden Jahren wurden immer neue Materialien synthetisiert mit Sprungtemperaturen bis zu $T_c = 130\,\text{K}$. Diese Entwicklung hat sehr große technische Bedeutung, weil nun Supraleitung bei Kühlung mit flüssigem Stickstoff möglich ist anstelle der wesentlich aufwändigeren und teuren Heliumkühlung.

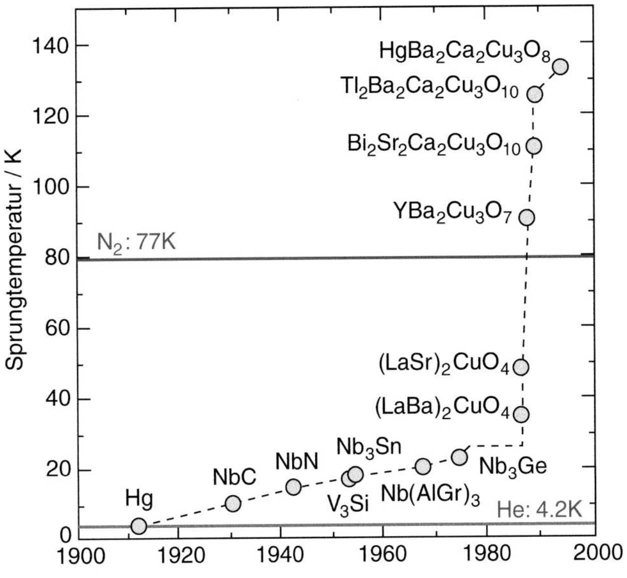

Abbildung 13.28 Sprungtemperatur entdeckter Supraleiter im Laufe der letzten hundert Jahre [9]

Während die BCS-Theorie die bis 1987 bekannten Supraleiter mit Sprungtemperaturen $T_c < 20\,\text{K}$ befriedigend beschreiben kann, scheint der Mechanismus des Leitungsvorgangs in Hochtemperatursupraleitern komplizierter zu sein, und er ist auch bis heute noch nicht in allen Einzelheiten verstanden, obwohl es in den letzten Jahren große Fortschritte in seiner theoretischen Beschreibung gegeben hat [6–9].

Die Materialien, bei denen Sprungtemperaturen $T_c > 30\,\text{K}$ gefunden wurden, sind strukturell sehr komplizierte Verbindungen. So tritt z. B. in den Cuprat-Verbindungen $YBa_2Cu_3O_7$ mit Perowskitkristallstruktur eine charakteristische Schichtung von CuO_2-Ebenen auf (Abb. 13.29), die nur schwach miteinander gekoppelt sind. Diese Ebenen verhalten sich hinsichtlich der elektrischen Leitung wie zweidimensionale Metalle. Die auf diese Ebenen konzentrierten Leitungselektronen haben jedoch eine viel größere mittlere Coulombabstoßung als in dreidimensionalen Metallen und können deshalb nicht ohne weiteres Cooper-Paare bilden. Wenn man jedoch durch Dotieren mit geeigneten Fremdatomen (Akzeptoren, siehe Abschn. 14.2) Elektronen aus der voll besetzten d-Schale des Kupfers „einfangen" kann, ist diese nicht mehr voll besetzt, und die d-Elektronen können zur elektrischen Leitung beitragen.

Die Bildung von Cooper-Paaren bei Absenken der Temperatur scheint hier jedoch nicht durch eine Wechselwirkung über die Gitterschwingungen zu erfolgen, sondern durch elektrostatische Effekte.

Da die Leitungselektronen aus der d-Schale des Kupfers auf die CuO_2-Ebenen (x-y-Ebenen) beschränkt sind, können wir die beiden Elektronen eines Cooper-Paares durch die zweidimensionale d-Wellenfunktion (siehe Abschn. 4.3.2)

$$\phi(x, y) = (xc^2 - y^2) f(r) \quad \text{mit} \quad r = |\boldsymbol{r}_1 - \boldsymbol{r}_2|$$

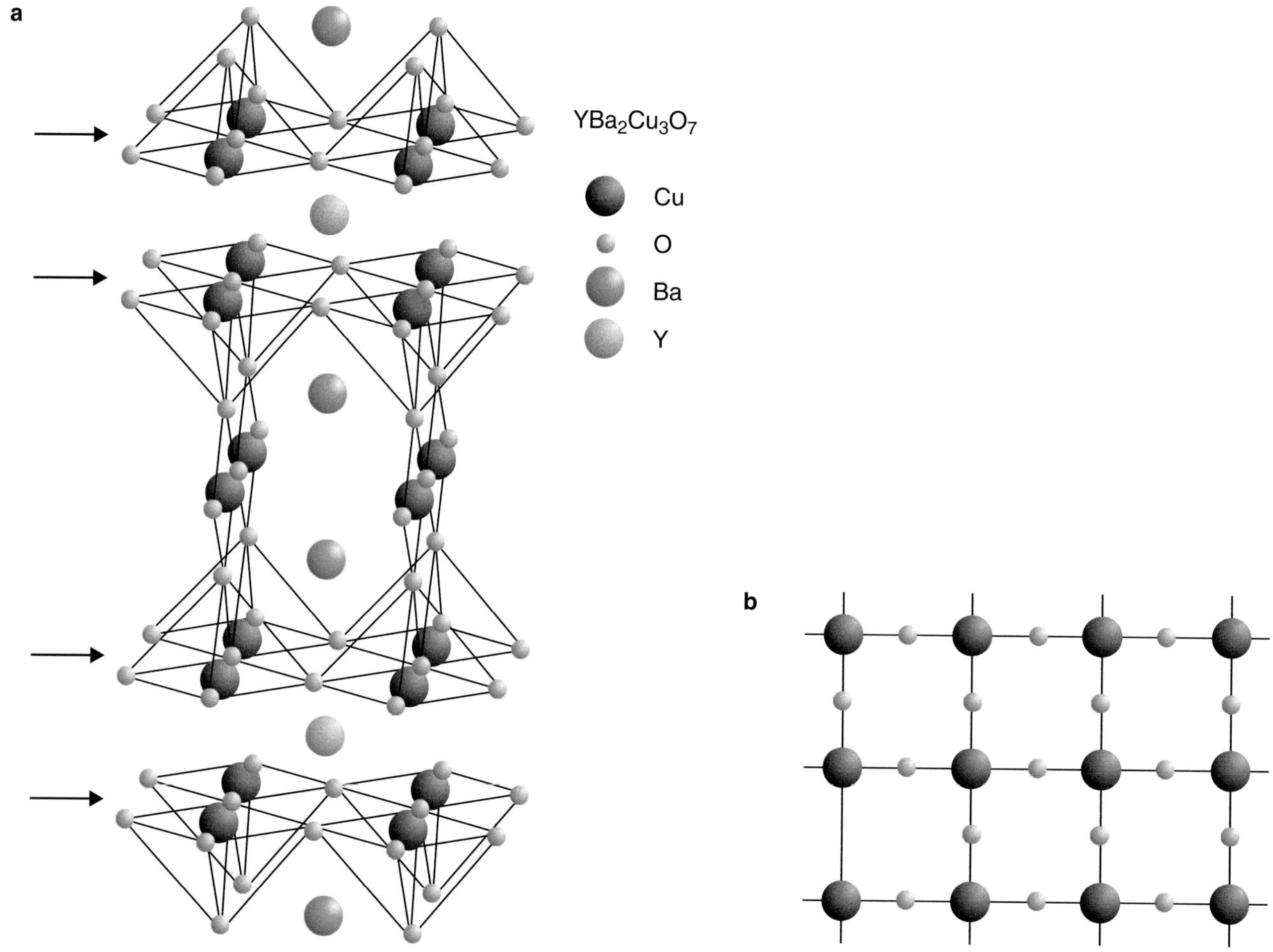

Abbildung 13.29 Kristallstruktur der $YBa_2Cu_3O_7$-Verbindung, welche eine Sprungtemperatur $T_c = 92$ K hat. Mit freundlicher Genehmigung von Dr. Sigrist [6]

beschreiben, wobei $\boldsymbol{r}_i = \{x_i, y_i\}$ die Orte der beiden Elektronen angeben. Für kleine Abstände geht die Wellenfunktion $\phi(r, l)$ mit r^l gegen null, sodass die Aufenthaltswahrscheinlichkeit $|\phi(x, y)|^2$ der beiden Elektronen für die d-Wellenfunktion $(l = 2)$ mit $r^{2l} = r^4$ für kleiner werdenden Abstand der korrelierten Elektronen gegen null geht. Die beiden Elektronen des Cooper-Paares haben also bevorzugt große Abstände, sodass die Coulombabstoßung kleiner ist als die mittlere Coulombabstoßung der unkorrelierten Elektronen.

Eine weitere Besonderheit dieser zweidimensionalen Leiter ist der Verlauf der Zustandsdichte $D(E)$, die bei bestimmten Energien, bei denen der Abstand Δz zwischen benachbarten CuO_2-Ebenen ein Vielfaches der halben de Broglie-Wellenlänge λ der Elektronen ist, Singularitäten hat, weil die Elektronen in der x-y-Ebene räumlich nicht begrenzt sind.

Ein weiterer Mechanismus, der wahrscheinlich für die Hochtemperatur-Supraleitung mitverantwortlich ist, sind Spinwellen, bei denen Spin-Umklapp-Prozesse der Elektronen eine Rolle spielen, die sich in Form einer Welle über die supraleitende Ebene fortpflanzen. Dies wurde vor kurzem am MPI für Festkörperforschung in Stuttgart gefunden durch Experimente, bei denen spinpolarisierte Neutronen durch den Supraleiter geschickt wurden. Wird ein Neutron an einem Elektron gestreut, so kann sein Spin umklappen, wenn dabei auch der Spin des Elektrons umklappt. Der Spinzustand der gestreuten Neutronen kann in einem Magnetfeld analysiert werden.

Mehr Informationen zur Hochtemperatur-Supraleitung findet man z. B. in [8, 9, 11–13].

13.4 Nichtmetallische Leiter

Wir haben uns bisher mit metallischen Leitern befasst, bei denen auf Grund der Valenzelektronenzahl der Atome ein Energieband nur teilweise gefüllt ist, sodass sich die Leitungselektronen frei bewegen konnten oder sich Energiebänder teilweise überlappen.

In den letzten Jahren ist es jedoch gelungen, auch bei Festkörpern aus organischen Molekülen, z. B. bei Kunststoffen, unter geeigneten Bedingungen gute elektrische Leitfähigkeit zu erhalten, obwohl diese Stoffe unter normalen Umständen Isolatoren sind. Von besonderem Interesse ist dabei, dass man Materialien „maßschneidern" kann, die eine stark anisotrope Leitfähigkeit

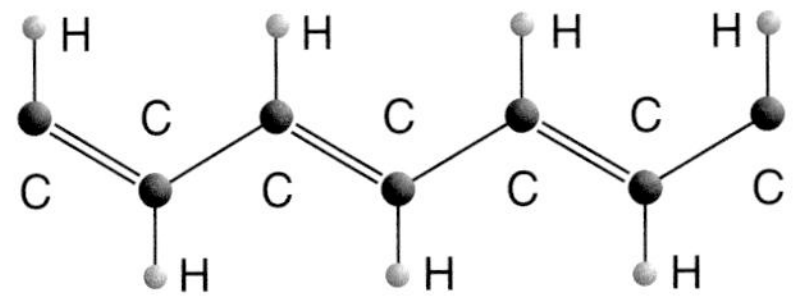

Abbildung 13.30 Molekulare Struktur einer elektrisch leitenden Polyacethylenkette

haben, also in einer Richtung gut leiten, in einer anderen Richtung dagegen als Isolatoren wirken [14, 15].

Um einen Kunststoff (z. B. Polyacethylen) elektrisch leitend zu machen, baut man geringe Mengen geeigneter Stoffe (z. B. Iod) ein. Dieses Verfahren der ***Dotierung*** mit geringen Konzentrationen von Fremdatomen wird in der Halbleitertechnologie seit langem angewendet (siehe Abschn. 14.2). Gute Isolatoren (z. B. Teflon oder Polystyrol) haben Leitfähigkeiten von $\sigma_{el} = 10^{-16}$ Siemens/m. Dotierte leitfähige Kunststoffe erreichen inzwischen Werte von $\sigma_{el} \approx 2 \cdot 10^{10}$ Siemens/m. Dies entspricht etwa einem Viertel des Wertes von Kupfer. Bei gleichen Abmessungen lassen sich damit elektrische Widerstände erreichen, die bei kleinerer Masse des Leiters ähnlich klein sind wie die von gut leitenden Metallen. Für technische Anwendungen ist es besonders wichtig, dass man durch Wahl der Dotierung die Leitfähigkeit gezielt einstellen kann.

Gewöhnliche Polymere haben eine ähnliche Elektronenbandstruktur wie Isolatoren bzw. Halbleiter: Ihr Valenzband ist vollständig gefüllt und ihr Leitungsband ist leer.

Bei der Dotierung werden Atome oder Moleküle eingebaut, die entweder Elektronen ins sonst leere Leitungsband abgeben (n-Dotierung) oder die aus dem sonst gefüllten Valenzband Elektronen aufnehmen (p-Dotierung, siehe die genaue Diskussion in Abschn. 14.2).

In Abb. 13.30 ist die molekulare Struktur einer Polyacethylenkette dargestellt. In Abschn. 9.7.6 wurde bereits diskutiert, dass bei solchen konjugierten Molekülen die Bindungen entlang der Kette außer durch lokalisierte σ-Orbitale auch durch delokalisierte π-Elektronen bewirkt werden. Solange alle erreichbaren Zustände vollständig mit Elektronen besetzt sind, können aber auch die delokalisierten Elektronen nicht zum elektrischen Strom beitragen.

Werden jetzt in die Polymerkette Fremdatome eingebaut, so werden diese durch Abgabe oder Aufnahme von Elektronen ionisiert und verändern dadurch die Dichteverteilung der delokalisierten Elektronen.

Dies führt zu einer räumlichen Modulation der Dichte der Elektronen und damit (analog zur Periodizität der Ionenrümpfe im Metallgitter) zu neuen Energiebändern innerhalb der im undotierten Festkörper verbotenen Zone. Elektronen in diesen nicht voll besetzten Energiebändern können zur Leitfähigkeit beitragen.

Um eine bevorzugte Leitung in nur einer Richtung zu erreichen, müssen die Polymerketten ausgerichtet werden, sodass sie im Kunststoff alle parallel liegen. Dies lässt sich durch mechanische Dehnung des Kunststoffes in einer Richtung erreichen.

Da solche Polymerkunststoffe auch in Form dünner Folien herstellbar sind, gibt es eine Reihe interessanter Anwendungen, wo metallische Leiter nicht so ohne weiteres einsetzbar sind.

Beispiele für solche Anwendungen sind Beschichtungen von elektronischen Miniaturschaltungen zum Schutz vor hohen Spannungen durch elektrostatische Aufladungen, Transistoren aus Kunststoff oder Anwendungen zur Realisierung von Elektrodenmustern bei Flachbildschirmen aus Flüssigkristallen (siehe Abschn. 15.5).

13.5 Elektronenemission

In Abschn. 13.1 hatten wie zur Beschreibung des Elektronengases im Metall angenommen, dass die Elektronen in einem Potentialkasten mit unendlich hohen Wänden eingeschlossen waren. In Wirklichkeit beobachtet man, dass Elektronen bereits bei endlicher Energiezufuhr den metallischen Festkörper verlassen können, sodass der Potentialkasten nur endlich hohe Wände haben kann. Der Grund für den Potentialsprung zwischen dem Fermi-Niveau und dem Potential außerhalb des Metalls (dessen Wert wir gleich null setzen) ist die Anziehung zwischen den Elektronen und den positiven Ionen des Gitters, die sich zwar im Inneren eines homogenen Metalls kompensiert, aber nicht mehr am Rande, weil dort die anziehenden Ionen nur noch in einem Halbraum sitzen. Die Situation ist völlig analog zur Oberflächenspannung einer Flüssigkeit (siehe Bd. 1, Abschn. 6.4), die auf den Anziehungskräften zwischen den Flüssigkeitsmolekülen beruht.

Die ***Austrittsarbeit*** W_a, die man aufbringen muss, um Elektronen aus dem Metall ins Vakuum zu bringen, ist durch die Differenz

$$W_a = E_{pot}(\infty) - E_F = -E_F \tag{13.48}$$

zwischen der potentiellen Energie außerhalb des Metalls $E_{pot}(\infty) = 0$ und der Fermienergie E_F gegeben (Abb. 13.31). Die Differenz der potentiellen Energie $E_0 - E_\infty = E_0 = \chi < 0$ heißt ***Elektronenaffinität*** χ. Dabei ist E_0 die Energie am unteren Rand des obersten mit Elektronen besetzten Bandes.

Die Austrittsarbeit W_a kann auf verschiedene Weise den Elektronen zugeführt werden:

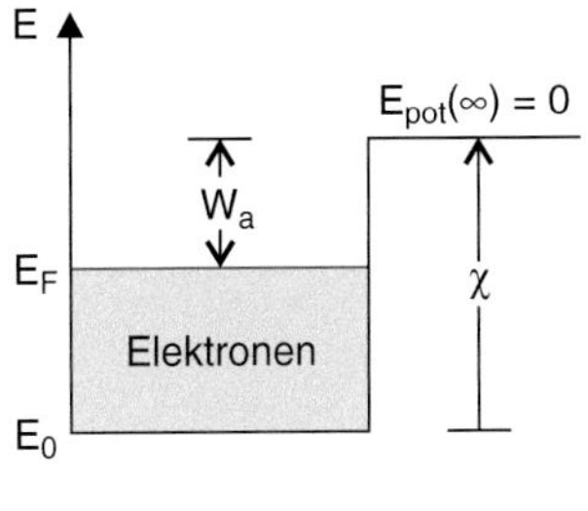

Abbildung 13.31 Zur Definition zur Austrittsarbeit W_a und Elektronenaffinität χ eines Metalls

- durch thermische Energie bei hohen Temperaturen (***Glühemission***);
- durch Photonen genügend hoher Energie $h\nu > W_a$ (***Photoeffekt***);
- durch Elektronenbombardement der Metalloberfläche (***Sekundärelektronenemission***);
- durch genügend starke elektrische Felder (***Feldemission***);
- durch mechanische Behandlung der Oberfläche (z. B. ***Reibungselektrizität***, bei der durch engen Kontakt zwischen zwei Körpern mit unterschiedlicher Elektronenaffinität χ die Elektronen vom Körper A in den Körper B übergehen, wenn $\chi_A > \chi_B$ ist, d. h. $|\chi_A| < |\chi_B|$.

13.5.1 Glühemission

Wir betrachten eine Grenzfläche $z = 0$ zwischen Metall und Vakuum (Abb. 13.32). Elektronen aus dem Metall können die Potentialbarriere überwinden, wenn ihre Geschwindigkeitskomponente v_z die Bedingung

$$\frac{m}{2} v_z^2 \geq \frac{m}{2} v_{z0}^2 = W_a \tag{13.49}$$

erfüllt. Bei einer Elektronendichte $n(v_x, v_y, v_z)$ wird dann die Elektronenstromdichte

$$j_z(T) = e \cdot \int\limits_{v_z=v_{z0}}^{\infty} \int\limits_{v_x=-\infty}^{+\infty} \int\limits_{v_y=-\infty}^{+\infty} \eta(v_z) \cdot n(v_x, v_y, v_z) \cdot v_z \cdot \mathrm{d}v_x \, \mathrm{d}v_y \, \mathrm{d}v_z\,, \tag{13.50}$$

wobei $\eta(v_z) < 1$ die Wahrscheinlichkeit dafür angibt, dass ein Elektron mit der Geschwindigkeitskomponente v_z austritt und nicht an der Grenzfläche reflektiert wird (siehe Abschn. 4.2.2). Die Elektronendichte lässt sich nach (13.27a) als Produkt

$$n(v_x, v_y, v_z) = 2D(E) \cdot f(E)$$

aus Fermiverteilung $f(E)$ und Zustandsdichte $D(E)$ schreiben, wobei die Energie $E = m/2(v_x^2 + v_y^2 + v_z^2)$ ist. Aus (13.14) und

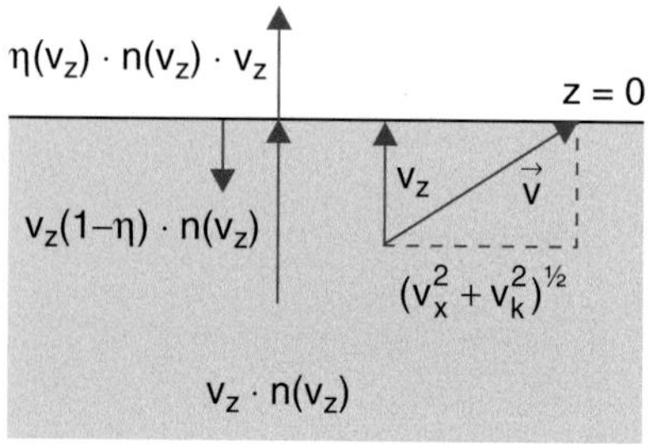

Abbildung 13.32 Zur Herleitung der Richardsongleichung für die Glühemission

(13.25) ergibt sich:

$$f(v_x, v_y, v_z) = \frac{1}{e^{((m/2)\,v^2 - E_F)/k_B T} + 1}\,,$$

$$D(v_x, v_y, v_z) = L^3 \left(\frac{m}{2\pi\hbar}\right)^3$$

$$\Rightarrow D(v)\,\mathrm{d}v = L^3 \left(\frac{m}{2\pi\hbar}\right)^3 4\pi v^2 \,\mathrm{d}v\,.$$

Damit erhalten wir die Emissionsstromdichte

$$j_z(T) = 2e\left(\frac{m}{2\pi\hbar}\right)^3 \int\limits_{v_{z0}}^{\infty} \int\limits_{-\infty}^{+\infty} \int\limits_{-\infty}^{+\infty} \frac{\eta(v_z) \cdot v_z \,\mathrm{d}v_x \,\mathrm{d}v_y \,\mathrm{d}v_z}{e^{[m/2\,(v_x^2+v_y^2+v_z^2)]/k_B T} + 1}\,. \tag{13.51}$$

Durch Einführen von Polarkoordinaten $v_x = \varrho \cdot \cos\varphi$, $v_y = \varrho \cdot \sin\varphi$ mit $v_x^2 + v_y^2 = \varrho^2$ und $\mathrm{d}v_x \cdot \mathrm{d}v_y = \varrho\,\mathrm{d}\varrho \cdot \mathrm{d}\varphi$ und mit den Substitutionen

$$\frac{m \cdot \varrho^2}{2k_B T} = \xi\,, \quad \frac{m}{2} v_z^2 - E_F = \varepsilon$$

wird aus (13.51)

$$j_z(T) = \frac{e \cdot m \cdot k_B T}{2\pi^2\hbar^3} \int\limits_0^{\infty} \int\limits_{W_a}^{\infty} \eta(\varepsilon) \cdot \frac{\mathrm{d}\xi \,\mathrm{d}\varepsilon}{e^{(\varepsilon/k_B T + \xi)} + 1}\,.$$

Die Integration über ξ ist analytisch ausführbar, und man erhält

$$j_z(T) = \frac{e \cdot m \cdot k_B T}{2\pi^2\hbar^3} \int\limits_{W_a}^{\infty} \eta(\varepsilon) \cdot \ln\left(1 + e^{-\varepsilon/k_B T}\right) \mathrm{d}\varepsilon\,. \tag{13.52}$$

Da im Allgemeinen $W_a \gg k_B T$ gilt, muss auch $\varepsilon \gg k_B T$ sein, und man kann wegen $\ln(1 + x) \approx x$ für $x \ll 1$ den Integranden vereinfachen, sodass er sich elementar integrieren lässt. Ersetzen wir $\eta(\varepsilon)$ durch den Mittelwert $\overline{\eta}$, so ergibt (13.52) die ***Richardson-Gleichung*** für die Glühemission

$$j_z(T) = A_0 \cdot \overline{\eta} \cdot T^2 \cdot e^{-W_a/k_B T} \tag{13.53}$$

mit der Konstanten

$$A_0 = \frac{e \cdot m \cdot k_B^2}{2\pi^2\hbar^3} = 121 \frac{\mathrm{A}}{\mathrm{cm}^2 \cdot \mathrm{K}^2}\,. \tag{13.54}$$

Werte von Austrittsarbeiten einiger Metalle findet man in Bd. 2, Tab. 1.3.

13.5.2 Feldemission

Die Austrittsarbeit W_a kann nicht nur, wie bei der Glühemission, durch Erhöhung der Temperatur erniedrigt werden, sondern

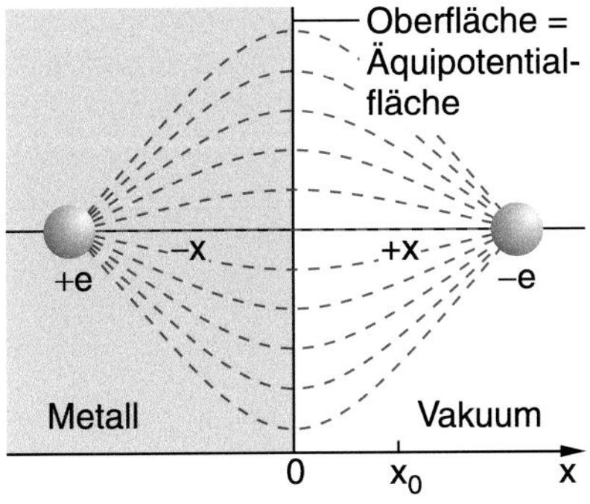

Abbildung 13.33 Zur Erklärung der Bildkraft

auch durch ein äußeres elektrisches Feld (***Feldemission***). Um diese Feldemission quantitativ zu bestimmen, muss man die Kräfte kennen, die auf ein Elektron beim Verlassen eines metallischen Festkörpers wirken.

Wenn das Elektron noch dicht an der Oberfläche ist bei Abständen von der Größenordnung der Gitterkonstanten ($0 \leq x \leq \overline{x}_0 \approx 0{,}1\,\mathrm{nm}$), ist die atomare Struktur der Oberfläche nicht vernachlässigbar. Die Kraft zwischen Elektron und Metall kann als vektorielle Überlagerung aller kurzreichweitigen Wechselwirkungen zwischen dem Elektron und den individuellen Atomen dargestellt werden und hängt deshalb in komplizierter Weise vom Abstand x ab. Bei größeren Abständen ($x_0 \leq x \leq 1\,\mathrm{nm}$) stellt die langreichweitige Coulombwechselwirkung zwischen dem Elektron außerhalb und den beweglichen Leitungselektronen im Metall den Hauptanteil. Infolge dieser Coulombwechselwirkung erzeugt das Elektron eine Ladungsverschiebung an der Oberfläche (Influenz, siehe Bd. 2, Abschn. 1.5), welche dieselbe Kraftwirkung auf das Elektron ergibt wie eine positive Ladung $+e$ im Spiegelpunkt $-x$ (*Spiegelladung*, Abb. 13.33).

Die auf das Elektron außerhalb des Metalls wirkende anziehende Bildkraft ist

$$\boldsymbol{F}_\mathrm{B} = -\frac{1}{4\pi\varepsilon_0}\frac{e^2}{(2x)^2}\hat{\boldsymbol{e}}_x\,. \qquad (13.55)$$

Die Arbeit, die man aufwenden muss, um das Elektron vom Ort $x \geq x_0$ ins Unendliche zu bringen, ist dann

$$W = \int\limits_x^\infty F_\mathrm{B}\,\mathrm{d}x = \frac{e^2}{16\pi\varepsilon_0 \cdot x}\,. \qquad (13.56)$$

Die potentielle Energie E_pot, deren Nullpunkt wir für $x = \infty$ festlegen, wird dann (Abb. 13.34a):

$$E_\mathrm{pot}(x) = \begin{cases} -\chi & \text{für } x = 0\,, \\ -\frac{e^2}{16\pi\varepsilon_0 x} & \text{für } x \geq x_0\,. \end{cases} \qquad (13.57)$$

Man sieht hieraus, dass ein Teil der Austrittsarbeit durch die Bildkraft erklärt werden kann.

Legt man jetzt ein äußeres elektrisches Feld in x-Richtung an, so erfährt das Elektron eine zusätzliche Kraft $\boldsymbol{F} = -e \cdot \boldsymbol{E}$, die der

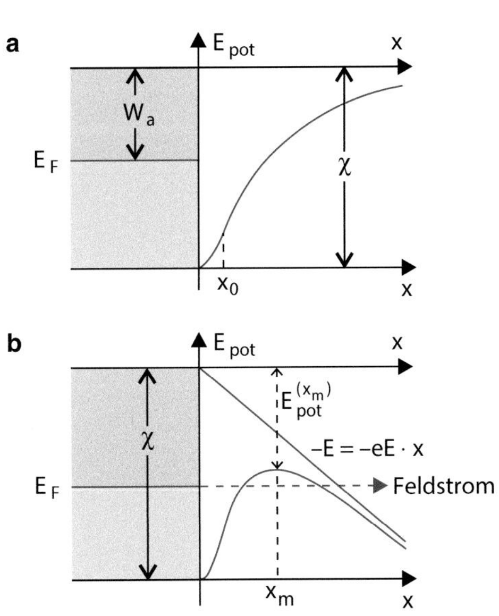

Abbildung 13.34 Verlauf der potentiellen Energie eines Elektrons als Funktion des Abstandes von der Oberfläche **a** ohne äußeres elektrisches Feld, **b** mit Feld

Bildkraft entgegengerichtet ist. Dies führt zu einer zusätzlichen Energie $+e\boldsymbol{E} \cdot \boldsymbol{x} = -eEx$. Seine gesamte potentielle Energie wird dann (Abb. 13.34b)

$$E_\mathrm{pot}(x) = -\frac{e^2}{16\pi\varepsilon_0 x} - e \cdot E \cdot x\,. \qquad (13.58)$$

Sie hat ein Maximum bei $\mathrm{d}E_\mathrm{pot}/\mathrm{d}x = 0 \Rightarrow$

$$x_\mathrm{m} = \frac{1}{4}\sqrt{\frac{e}{\pi\varepsilon_0 E}}\,. \qquad (13.59)$$

Durch Einsetzen in (13.58) erhält man

$$E_\mathrm{pot}(x_\mathrm{m}) = -\frac{1}{2}\left(\frac{e^3 \cdot E}{\pi \cdot \varepsilon_0}\right)^{1/2}\,. \qquad (13.60)$$

Die potentielle Energie erreicht also nicht mehr den Wert $E_\mathrm{pot}(\infty) = 0$ wie ohne äußeres Feld. Dadurch wird die Austrittsarbeit auf den Wert

$$\begin{aligned} W_\mathrm{a}(E) &= W_\mathrm{a}(0) - \frac{1}{2}\left(\frac{e^3 E}{\pi \cdot \varepsilon_0}\right)^{1/2} \\ &= W_\mathrm{a}(0) - \Delta W_\mathrm{a} \end{aligned} \qquad (13.61)$$

abgesenkt. Die Emissionsstromdichte j_x wird daher gemäß (13.53)

$$\begin{aligned} j_x(T,E) &= A_0 \cdot \overline{\eta} \cdot T^2 \cdot \mathrm{e}^{-(W_\mathrm{a}-\Delta W_\mathrm{a})/k_\mathrm{B}T} \\ &= A_0 \cdot \overline{\eta} \cdot T^2 \cdot \mathrm{e}^{\left[\left(e^3E/4\pi\varepsilon_0\right)^{1/2} - W_\mathrm{a}(0)\right]\big/k_\mathrm{B}T}\,. \end{aligned} \qquad (13.62)$$

Die durch Feldemission bewirkte Elektronenstromdichte aus einer Metalloberfläche ist also bei konstanter Temperatur T und variabler elektrischer Feldstärke E proportional zu

$$j_x \propto e^{\sqrt{E}} . \quad (13.63)$$

Man beachte: Die gemessene Stromdichte ist größer als nach (13.62) zu erwarten wäre. Dies liegt daran, dass die Elektronen durch den Potentialberg tunneln können (siehe Abschn. 4.2.3). Die Tunnelwahrscheinlichkeit hängt exponentiell von der Höhe und der Breite des Potentialberges ab. Da mit wachsender äußerer elektrischer Feldstärke beide Größen abnehmen, steigt der Feldemissionsstrom wesentlich stärker mit E an als (13.63) angibt.

Zusammenfassung

- Auf Grund des Pauliprinzips besetzen die Elektronen in einem Metall auch bei der Temperatur $T = 0$ alle erlaubten Zustände bis zur Fermi-Energie E_F, die je nach Metall Werte zwischen 1 und 10 eV hat. Dies entspricht thermischen Energien bei 10^4–10^5 K.
- Die Zustandsdichte $D(E)$ gibt die Zahl aller erlaubten Energiezustände pro Einheitsenergieintervall an.
- Im eindimensionalen Potentialkasten ist $D(E) \propto E^{-1/2}$ und die mittlere kinetische Energie der Elektronen $\overline{E}_{kin} = E_F/3$. Im dreidimensionalen Potentialkasten gilt:

$$D(E) \propto E^{+1/2}, \quad E_{kin} = \frac{3}{5} E_F .$$

- Die Fermi-Dirac-Verteilung

$$f(E) = \frac{1}{e^{(E-E_F)/k_B T} + 1}$$

  gibt die Wahrscheinlichkeit dafür an, dass ein Zustand mit der Energie E mit einem Elektron besetzt ist.
- Eine Verringerung des den Elektronen zur Verfügung stehenden Volumens vergrößert die Fermi-Energie E_F. Bei einer Elektronendichte n_e ist die Fermi-Energie $E_F \propto n_e^{2/3}$ und der Elektronendruck $p_e = 2n_e E_F/5 \propto n^{5/3}$.
- Nur die Elektronen in der Nähe der Fermigrenze können zur spezifischen Wärme eines Metalls beitragen. Dies entspricht dem Bruchteil $\pi \cdot k_B T/E_F$ aller Elektronen. Der Beitrag der N Leitungselektronen im Metall zur spezifischen Wärme ist

$$C_V^{el} = \frac{\pi^2}{2} \frac{N \cdot k_B{}^2 T}{E_F} .$$

  Er steigt linear mit der Temperatur an.
- Im periodischen Potential können die Leitungselektronen durch Blochwellen

$$\psi(\boldsymbol{r}, \boldsymbol{k}) = u(\boldsymbol{r}) \cdot e^{i\boldsymbol{k}\cdot\boldsymbol{r}}$$

  beschrieben werden, deren Amplitude $u(\boldsymbol{r})$ die Periodizität des Kristallgitters hat.
- Es gibt für Elektronen im periodischen Potential quasikontinuierliche erlaubte Energiebereiche (Energiebänder), die durch verbotene Zonen voneinander getrennt sind. Die Breite ΔE_g der verbotenen Zonen (band-gap) hängt von der Periodenlänge des Kristallgitters und von den Bindungskräften ab.
- Elektronen in voll besetzten Bändern können nicht zur elektrischen Leitfähigkeit beitragen.
- Liegt die Fermigrenze in der verbotenen Zone, so ist der Festkörper ein Nichtleiter; liegt sie innerhalb eines Bandes, so ist dieses nicht voll besetzt, und der Festkörper ist ein Leiter.
- Manche Metalle mit gerader Elektronenzahl pro Atom haben überlappende Energiebänder. Sie können dann trotz der geraden Elektronenzahl Leiter sein, wenn die überlappenden Bänder noch freie, unbesetzte Zustände haben.
- Die Hochtemperatursupraleitung setzt bei Sprungtemperaturen $T_c > 30$ K ein. Bei $T_c > 77$ K braucht man nur mit flüssigem Stickstoff und nicht, wie bei den vorher bekannten Supraleiter, mit flüssigem Helium zu kühlen.
- Durch geeignete Dotierung können Kunststoffe zu elektrischen Leitern werden. Die Leitfähigkeit ist im Allgemeinen stark anisotrop.
- Durch Temperaturerhöhung oder durch ein äußeres elektrisches Feld $\boldsymbol{E}$ können die Leitungselektronen an der Fermigrenze die Austrittsarbeit W_a überwinden und das Metall verlassen (Glühemission bzw. Feldemission). Die Emissionsstromdichte wird bei der thermischen Emission durch die Richardson-Gleichung beschrieben:

$$j \propto T^2 \cdot e^{-W_a/k_B T}$$

  und bei der klassischen Behandlung der Feldemission

$$j \propto T^2 \cdot e^{+\sqrt{|\boldsymbol{E}|}/k_B T} .$$

  Wegen des Tunneleffektes ist jedoch die Feldemissionsstromdichte wesentlich stärker von E abhängig.

Aufgaben

13.1 Wo liegen die erlaubten Energieniveaus, wenn man Elektronen in ein kubisches Volumen $V = a^3$ mit der Kantenlänge $a = 2\,\mathrm{nm}$ einsperren kann? Wie viele Elektronen mit Energie $E < 1\,\mathrm{meV}$ können untergebracht werden?

13.2 Welcher Bruchteil aller Elektronen eines Metalls mit der Fermienergie E_F hat bei $T = 300\,\mathrm{K}$ eine Energie $E \geq E_F\,(T = 0) = 4\,\mathrm{eV}$?

13.3 Um welchen Bruchteil der mittleren kinetischen Energie der Elektronen bei $T = 0\,\mathrm{K}$ erhöht sich der Mittelwert $\overline{E}_{\mathrm{kin}}$ bei $T = 300\,\mathrm{K}$?

13.4 Wie groß ist für Kupfer bei $T = 300\,\mathrm{K}$ der Beitrag der spezifischen Wärme der Elektronen und der Beitrag des Gitters?

13.5 Leiten Sie die Temperaturabhängigkeit (13.29) der Fermi-Energie her.

13.6 Wie groß sind Zustandsdichte und Dichte der Leitungselektronen in Kupfer bei $E = E_F$, wenn die Größe der Elementarzelle des fcc-Gitters $V = (0{,}36\,\mathrm{nm})^3$ ist und vier Kupferatome mit je einem Leitungselektron pro Elementarzelle vorhanden sind?

13.7 Um welchen Faktor erhöht sich die Zustandsdichte im supraleitenden Zustand von Indium gegenüber dem normal leitenden Zustand bei einer Energie E, die $0{,}08\,\mathrm{meV}$ unter der Fermi-Energie E_F liegt?

Literatur

1. G. Busch, H. Schade: Vorlesungen über Festkörperphysik. Birkhäuser, Basel (1973)
2. St. Hüfner: Photoelectron Spectroscopy, 2. Aufl. Springer, Berlin, Heidelberg (1996)
3. W. Buckel: Supraleitung, 5. Aufl. Verlag Chemie, Weinheim (1993)
4. A.W. Taylor, G.R. Noakes: Supraleitung. Klett, Stuttgart (1981)
5. R.W. Morse, H.V. Bohm: Superconducting Energy Gap from Ultrasonic Attenuation Measurements. Phys. Rev. **108**, 1094 (1957)
6. M. Sigrist: Neue Quanteneffekte in Hochtemperatur-Supraleitern. Phys. in uns. Zeit **27**, 106 (1996)
7. J.C. Phillips: Physics of High-T_C-Superconductors. Academic Press, New York (1989)
8. J.W. Lynn: High-Temperature Superconductivity. Springer, Berlin, Heidelberg (1990)
   G.P. Collins: Ein eiserner Schlüssel zur Hochtemperatur-Supraleitung. Spektrum Wissenschaft **12**, S. 36 (Dez. 2009)
9. St.J. Blundell: Superconductivity. Oxford Univ. Press, Oxford (2009)
10. A. Malozemoff, J. Mannhart: Hochtemperatur-Supraleitung in der Technik. Phys. in uns. Zeit **37**, 162–169 (2006)
   D. van der Laan et al.: Compact $GdBa_2Cu_3O_7$ coated conductor cables. Supercond. Sci. Technol. **24**, (2011). Online Veröffentlichung 18.2.2011
11. L. Schulz: Vortrag. http://samstag.physik.tu-dresden.de/vortrag.php?db_id=phyas04&vortrag_id=5
   Ch. Meier: Ohne Widerstand. Spektr. Wiss. 2.05. (2008)
12. B. Keimer: Widerstand zwecklos. Supraleiter auf dem Wege zu höheren Temperaturen. Max-Planck Gesellschaft. Techmax, Ausgabe 5 (2005)
13. Th. Dahm, B. Keimer et al.: Strength of the spin fluctuation-mediated pairing interaction in a high temperature superconductor. Nature Phys. **5**, 217 (2009)
   H. Luetkens et al.: The electronic phase diagram of the $LaO_{1-x}F_xAs$. Nat. Mater. **8**, 305 (2009)
14. R.B. Kaner, A.G. MacDiarmid: Elektrisch leitende Kunststoffe. Spektrum der Wissenschaft, S. 54 (1990)
15. Ch. Wöll (Hrsg): Physical and Chemical Aspects of Organic Electronics. Wiley-VCH, Weinheim (2009)

Weitere empfohlene Literatur

16. A. Guinier, R. Julien: Die physikalischen Eigenschaften von Festkörpern. Hanser, München (1992)
17. W.A. Harrison: Electronic Structure and the Properties of Solids. Freeman, San Francisco (1980)
18. A.P. Sutton: Electronic Structure of Materials. Clarendon Press, Oxford (1994)

Halbleiter

14

W. Demtröder, *Experimentalphysik 3*, Springer-Lehrbuch, DOI 10.1007/978-3-662-49094-5_14

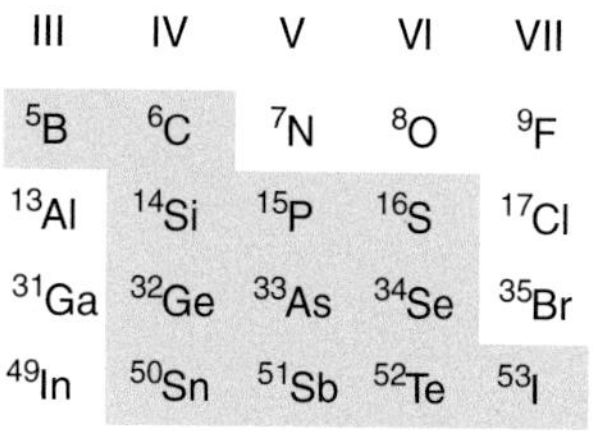

Abbildung 14.1 Elemente im Periodensystem, die Halbleiter sind

Halbleiter sind Materialien, deren elektrische Leitfähigkeit bei tiefen Temperaturen sehr gering ist, aber mit zunehmender Temperatur stark ansteigt. Es gibt so genannte ***Elementhalbleiter***, die aus chemischen Elementen aus der Mitte des Periodensystems bestehen (Abb. 14.1), oder ***Verbindungshalbleiter*** wie GaAs, InSb, AlP, CdS. Für technische Anwendungen spielen *dotierte* Halbleiter eine besonders große Rolle, bei denen gezielt Fremdatome in das Kristallgitter eines Halbleiters eingebaut werden.

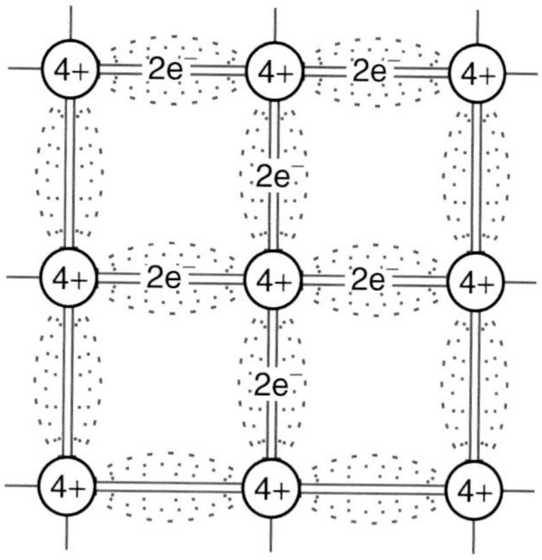

Abbildung 14.3 Kovalente Bindung bei vierwertigen Halbleitern

(Diamantstruktur) und liefert je ein Valenzelektronenpaar pro Bindung (Abb. 14.3), lokalisiert zwischen den Nachbaratomen.

14.1 Reine Elementhalbleiter

Allen Elementhalbleitern ist gemeinsam, dass sie, wie elektrische Isolatoren, bei der Temperatur $T = 0$ ein voll besetztes Valenzband und ein leeres Leitungsband aufweisen und deshalb Nichtleiter sind. Die Bandlücke zwischen Valenz- und Leitungsband ist jedoch kleiner als bei Isolatoren (Abb. 14.2 und Tab. 14.1). Bei Halbleitern aus Elementen der vierten Spalte hat jedes Atom bei kovalenter Bindung vier nächste Nachbarn

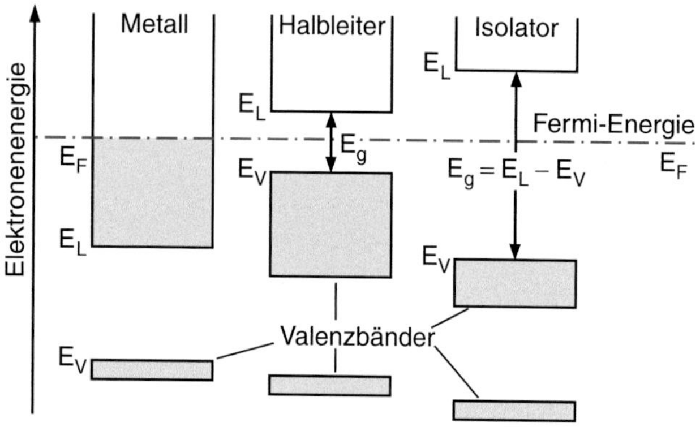

Abbildung 14.2 Vergleich zwischen den Bandschemata von Leitern, Halbleitern und Isolatoren

Tabelle 14.1 Bandlücke E_g bei $T = 300\,\mathrm{K}$ für Stoffe aus der vierten Hauptgruppe

Stoff	E_g/eV
Diamant	5,60
Si	1,11
Ge	0,66

14.1.1 Elektronen und Löcher

Da der Bandabstand E_g bei Halbleitern relativ klein ist, kann bei Temperaturen $T > 0$ der energiereiche Ausläufer der Fermi-Verteilung bis ins Leitungsband hineinreichen (Abb. 14.4), sodass die Konzentration n der freien Leitungselektronen und damit auch die elektrische Leitfähigkeit mit T ansteigt.

Jedes Elektron, das ins Leitungsband gelangt, lässt im Valenzband eine freie Stelle (***Loch***) zurück, die als fehlende negative Ladung wie ein positiver Ladungsträger erscheint.

Die Elektronendichte $n(E)$ im Leitungsband ist dann im Volumen V nach (13.27a) das Produkt

$$n(E) = 2 \cdot D(E) \cdot f(E) \tag{14.1}$$

aus Zustandsdichte $D(E)$, Fermi-Verteilung $f(E)$ und Zahl der möglichen Spinorientierungen. Die Energie freier Elektronen im Leitungsband ist

$$E = E_L + \frac{\hbar^2 k^2}{2m_e}, \tag{14.2}$$

wobei E_L die Energie an der Unterkante des Leitungsbandes ist. Der Bandabstand E_g (band-gap) ist dann $E_g = E_L - E_V$, wobei E_V die Energie an der Oberkante des Valenzbandes ist. Oft wird als Energienullpunkt $E_V = 0$ gewählt (Abb. 14.4). Die Zustandsdichte im Leitungsband ist dann im Volumen V nach (13.14) gegeben durch

$$D(E) = \frac{V}{4\pi^2}\left(\frac{2m_e}{\hbar^2}\right)^{3/2}\left(E - E_g\right)^{1/2}. \tag{14.3}$$

Wir werden in Abschn. 14.1.2 sehen, dass man diese Relation auch für die nicht mehr völlig freien Elektronen im periodischen Kristallpotential übernehmen kann, wenn die Elektronenmasse

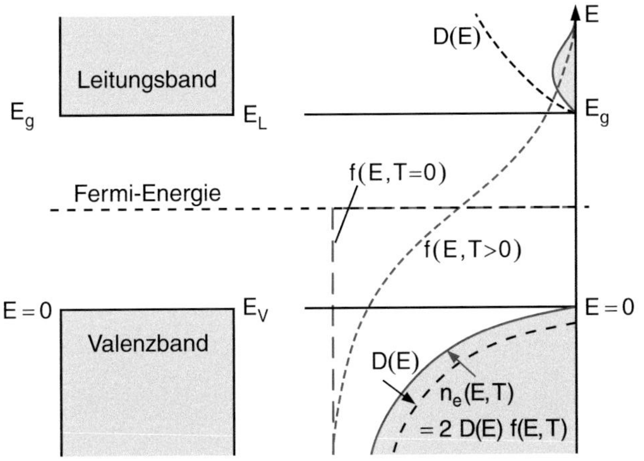

Abbildung 14.4 Zur Erklärung der temperaturunabhängigen Leitfähigkeit von Elementhalbleitern

m_e durch eine effektive Masse m_e^* ersetzt wird. Sie berücksichtigt indirekt die Wirkung des Kristallpotentials auf die Bewegung und die kinetische Energie der Elektronen.

Da der Bandabstand E_g im Allgemeinen groß gegen k_BT ist, folgt $(E - E_F) \gg k_BT$, und wir können die Fermi-Verteilung $f(E)$ (13.25) im Leitungsband durch $f(E) \approx e^{(E_F-E)/(k_BT)}$ annähern. Damit ergibt sich für genügend tiefe Temperaturen die Gesamtzahl der Elektronen pro Volumeneinheit im Leitungsband zu

$$n_e = \frac{2}{V} \cdot \int_{E_g}^{\infty} D(E) \cdot f(E) \, dE \,. \tag{14.4a}$$

Schreibt man im Exponenten von $f(E)$ $E_F - E = -(E - E_g) + (E_F - E_g)$ und setzt dies in das Integral ein, so erhält man:

$$\begin{aligned} n_e = {} & \frac{1}{2\pi^2} \left(\frac{2m_e^*}{\hbar^2}\right)^{3/2} e^{(E_F-E_g)/k_BT} \\ & \cdot \int_{E_g}^{\infty} \sqrt{E - E_g} \cdot e^{-(E-E_g)/k_BT} \, dE \,. \end{aligned} \tag{14.4b}$$

Durch die Substitution $x = \sqrt{E - E_g}$ lässt sich das Integral wegen $dE = 2x\,dx$ in das bestimmte Integral

$$\int_0^{\infty} x^2 e^{-ax^2} \, dx = \sqrt{\pi}/4a^3 \quad \text{mit} \quad a = 1/k_BT$$

umwandeln. Einsetzen in (14.4b) ergibt:

$$\begin{aligned} n_e &= \frac{\sqrt{2}}{2} \left(\frac{m_e^* k_BT}{\pi\hbar^2}\right)^{3/2} \cdot e^{(E_F-E_g)/k_BT} \\ &\approx 2n_c \cdot e^{-(E_g-E_F)/k_BT} \end{aligned} \tag{14.4c}$$

wobei

$$n_c \approx 0{,}38 \left(\frac{m_e^* \cdot k_BT}{\hbar^2}\right)^{3/2} \tag{14.5}$$

die bereits in (13.30) eingeführte ***kritische Elektronendichte*** ist, bei der die mittlere Energie $\overline{E} = 3E_F/5$ gleich der thermischen Energie $3k_BT/2$ ist.

Man sieht aus (14.4c), dass für $E_g - E_F \gg k_BT$ die Dichte $n(E)$ im Leitungsband klein gegen die kritische Dichte ist. Der hier betrachtete Fall $n \ll n_c$ wird auch als *nicht entartet* bezeichnet, weil die Elektronendichte n im Leitungsband klein ist gegen die maximal mögliche Dichte $n \approx n_0/2$ besetzbarer Zustände.

Die Integration in (14.4), die sich eigentlich nur bis zur Oberkante des Leitungsbands erstrecken sollte, wird hier bis ∞ durchgeführt, weil der Fehler wegen der für $E \gg E_F$ stark abgefallenen Fermifunktion $f(E)$ vernachlässigt werden kann. Das Leitungsband wird außerdem bei der Berechnung der Zustandsdichte $D(E)$ als parabolisch angesehen, obwohl dies nach Abb. 13.13 nicht überall der Fall ist.

Für die Dichte $p(E)$ der Löcher im Valenzband erhält man analog zu (14.4) für $E_F \gg k_BT$

$$p(E) = p_0 \cdot e^{-(E_F-E_V)/k_BT} \tag{14.6}$$

mit

$$p_0 = 2 \cdot \left(\frac{m_p^* \cdot k_BT}{2\pi\hbar^2}\right)^{3/2}, \tag{14.7}$$

was auch für eine andere Wahl des Energienullpunktes (also $E_r \neq 0$) gilt. Man kann dann $E_g = E_L - E_V$ setzen.

Mit der Neutralitätsbedingung $n = p$ folgt aus (14.4)–(14.7)

$$\frac{p_0}{n_0} = e^{+(2E_F-E_V-E_L)/k_BT}, \tag{14.8}$$

woraus sich die Fermi-Energie ergibt:

$$E_F = \frac{1}{2}(E_L + E_V) + \frac{1}{2} k_BT \cdot \ln\left(\frac{p_0}{n_0}\right) \tag{14.9a}$$

$$= \frac{1}{2}(E_L + E_V) + \frac{3}{4} k_BT \cdot \ln\left(\frac{m_p^*}{m_e^*}\right). \tag{14.9b}$$

Die Fermi-Energie E_F liegt bei $T = 0$ in der Mitte der verbotenen Zone zwischen Valenz- und Leitungsband, in der die Zustandsdichte null ist. Mit steigender Temperatur steigt E_F, wenn $m_p^* > m_e^*$ gilt.

Für das Produkt np folgt mit $E_g = E_L - E_V$ aus (14.4) und (14.6)

$$n \cdot p = n_0 \cdot p_0 \cdot e^{-E_g/k_BT}, \tag{14.10}$$

sodass sich für die intrinsische Ladungsträgerdichte $n_i = n = p$ des reinen (undotierten) Halbleiters bei $E_g \gg k_BT$ (nicht entarteter Fall) ergibt:

$$\begin{aligned} n_i &= \sqrt{n \cdot p} \\ &= \left(m_e^* \cdot m_p^*\right)^{3/4} \cdot 2 \left(\frac{k_BT}{2\pi\hbar^2}\right)^{3/2} \cdot e^{-E_g/(2k_BT)} \,. \end{aligned} \tag{14.11}$$

Man beachte:

Das Produkt $n \cdot p$ (14.10) ist unabhängig von der Lage der Fermi-Energie. Es hängt nur vom Bandabstand E_g und von der Temperatur T ab. Mit steigender Temperatur wächst die Ladungsträgerkonzentration exponentiell an!

Für reines Silizium ($E_g \approx 1\,\mathrm{eV}$) bei $T = 300\,\mathrm{K}$ ergibt sich $n_i = 6 \cdot 10^{16}\,\mathrm{m}^{-3}$, also wesentlich geringere Ladungsträgerkonzentrationen als bei guten Leitern ($10^{28}\,\mathrm{m}^{-3}$).

14.1.2 Effektive Masse

Die physikalische Begründung für die Einführung einer effektiven Masse m_e^* anstelle der wirklichen Masse m_e für ein Elektron im Leitungsband bzw. m_p^* für ein Loch im Valenzband ist die folgende: Unter dem Einfluss der Kraft $\boldsymbol{F} = e \cdot \boldsymbol{E}$ in einem äußeren elektrischen Feld $\boldsymbol{E}$ bewegt sich ein freies Elektron mit der Beschleunigung $\boldsymbol{a} = \boldsymbol{F}/m_e$ und erreicht nach der Zeit t die kinetische Energie $E_{kin} = (m_e/2)\,v^2$ mit $v = a \cdot t$. Ein Elektron im Kristall erfährt zusätzlich ein ortsabhängiges Potential. Deshalb wird sich unter dem Einfluss einer äußeren Kraft nicht nur seine kinetische, sondern auch seine potentielle Energie ändern, da es während seiner Bewegung an einen anderen Ort mit anderem Potential gelangen kann.

Will man trotzdem die Elektronen im Leitungsband oder im nicht voll besetzten Valenzband wie freie Elektronen behandeln (sodass man alle Formeln, wie z. B. das Newton'sche Kraftgesetz $\boldsymbol{F} = \mathrm{d}\boldsymbol{p}/\mathrm{d}t$ oder das Ohm'sche Gesetz $\boldsymbol{j} = \sigma \cdot \boldsymbol{E}$ einheitlich wie für freie Elektronen schreiben kann), so lässt sich dies durch Einführen der effektiven Masse m^* erreichen, welche den Einfluss des Potentials summarisch berücksichtigt [1].

Beschreibt man das Elektron durch ein Wellenpaket (siehe Abschn. 3.3.1) und seine Geschwindigkeit $\boldsymbol{v}$ durch die Gruppengeschwindigkeit

$$\boldsymbol{v}_g = \frac{\mathrm{d}\omega}{\mathrm{d}\boldsymbol{k}} = \frac{1}{\hbar}\frac{\mathrm{d}E}{\mathrm{d}\boldsymbol{k}} \quad \text{mit} \quad E = \hbar\omega \tag{14.12}$$

des Wellenpaketes (wobei die drei Komponenten von $\boldsymbol{v}_g = \{\mathrm{d}\omega/\mathrm{d}k_x, \mathrm{d}\omega/\mathrm{d}k_y, \mathrm{d}\omega/\mathrm{d}k_z\}$ sind), so folgt für seine Beschleunigung

$$\frac{\mathrm{d}\boldsymbol{v}_g}{\mathrm{d}t} = \frac{1}{\hbar}\frac{\mathrm{d}^2E}{\mathrm{d}\boldsymbol{k}\,\mathrm{d}t} = \frac{1}{\hbar}\left(\frac{\mathrm{d}^2E}{\mathrm{d}\boldsymbol{k}^2}\right)\cdot\frac{\mathrm{d}\boldsymbol{k}}{\mathrm{d}t}. \tag{14.13}$$

Hierbei ist der Ausdruck $(\mathrm{d}^2E/\mathrm{d}\boldsymbol{k}^2)$ ein Tensor mit neun Komponenten $(\mathrm{d}^2E/\mathrm{d}k_i\,\mathrm{d}k_j;\ i,j = x,y,z)$.

Andererseits gilt für ein freies Elektron die Newton-Gleichung

$$\boldsymbol{F} = \frac{\mathrm{d}\boldsymbol{p}}{\mathrm{d}t} = \hbar\,\frac{\mathrm{d}\boldsymbol{k}}{\mathrm{d}t}. \tag{14.14}$$

Will man diese Gleichung auch auf ein Elektron im Kristall anwenden, so folgt durch Einsetzen in (14.13):

$$\frac{\mathrm{d}\boldsymbol{v}_g}{\mathrm{d}t} = \frac{1}{\hbar^2}\left(\frac{\mathrm{d}^2E}{\mathrm{d}\boldsymbol{k}^2}\right)\cdot\boldsymbol{F}. \tag{14.15}$$

Wenn die Newtongleichung $\boldsymbol{F} = m^* \cdot \mathrm{d}\boldsymbol{v}_g/\mathrm{d}t$ gelten soll, muss man für die effektive Masse den Ausdruck

$$m^* = \hbar^2 \cdot \left(\frac{\mathrm{d}^2E}{\mathrm{d}k_i\,\mathrm{d}k_j}\right)^{-1} \tag{14.16}$$

einsetzen.

Die effektive Masse gibt also die inverse Krümmung der Dispersionsrelation $E(\boldsymbol{k})$ an.

Man *beachte*, dass wegen des Tensorcharakters der effektiven Masse die Beschleunigung *nicht* in die gleiche Richtung zeigen muss wie die äußere Kraft.

Man sieht aus den Potentialkurven der Abb. 13.13, dass die Kurvenkrümmung $\mathrm{d}^2E_{pot}/\mathrm{d}k^2$ im unteren Bereich eines Bandes positiv ist, d. h. die effektive Masse ist > 0, während sie im oberen Energiebereich eines Bandes negativ ist. Näherungsweise kann man $E_{pot}(k)$ in diesen Bereichen durch eine Parabel annähern, deren Krümmung konstant ist, d. h. die effektive Masse ist dort konstant, also unabhängig von k. Den negativen Krümmungen im oberen Bandabschnitt kann man entweder eine negative effektive Masse der Elektronen mit negativer Ladung q zuordnen, damit man die Bewegungsgleichung $\boldsymbol{v} = q \cdot \boldsymbol{E}$ erfüllen kann, oder man sagt, dass in diesem Bereich der elektrische Strom durch Ladungsträger mit positiver Ladung q (***Löcher***) bewirkt wird, denen dann eine positive effektive Masse zugeordnet werden kann.

Eine negative effektive Masse bedeutet, dass bei einer Beschleunigung des Elektrons in Richtung zu höheren k-Werten seine potentielle Energie schneller ansteigt als der Energiezuwachs durch das äußere Feld, sodass seine kinetische Energie trotz der äußeren Kraft *sinkt* statt steigt.

In jedem Band gibt es einen Bereich, in dem $\mathrm{d}^2E/\mathrm{d}k^2 = 0$ und damit die effektive Masse unendlich wird, in dem Teilchen sich also von einer äußeren Kraft nicht bewegen lassen. Aus Abb. 14.5 wird klar, dass dies an den Wendepunkten der Kurve $E(k)$ erfolgt, wo die Geschwindigkeitskurve $v(k)$ ihr Maximum bzw. Minimum hat. Hier wird der gesamte Energiegewinn durch die äußere Kraft in die Zunahme der potentiellen Energie gesteckt, sodass für die Zunahme der kinetischen Energie nichts mehr übrig bleibt.

Oft braucht man die Richtungsabhängigkeit von m^*, die durch den Tensor (14.16) beschrieben wird, nicht explizit zu berücksichtigen. Man führt dann eine skalare mittlere effektive Masse

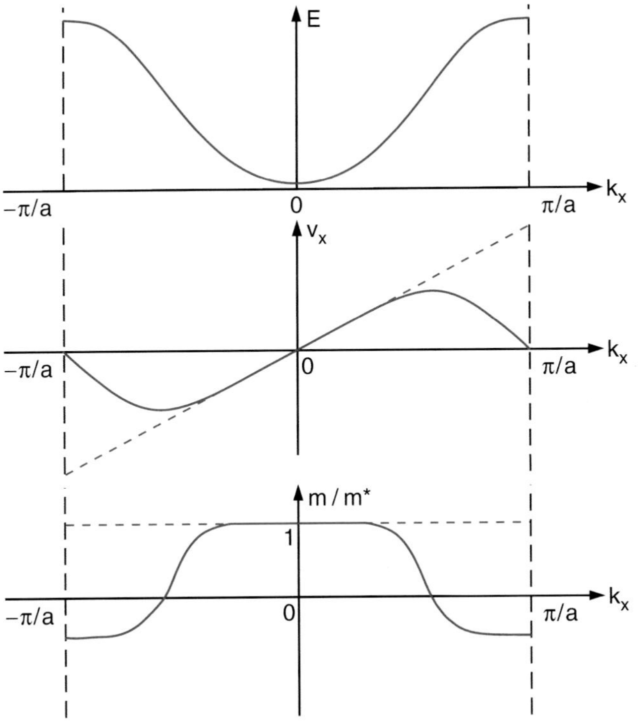

Abbildung 14.5 Schematischer Verlauf von $E(k_x)$, $v_x(k_x)$ und m/m^* innerhalb eines Bandes zur Illustration der Abhängigkeit der effektiven Masse $m^*(k_x)$

Tabelle 14.2 Mittlere effektive Massen für Elektronen und Löcher in einigen Halbleitern

Halbleiter	m_e^*/m_e	m_p^*/m_e
Si	0,33	0,56
Ge	0,22	0,37
GaAs	0,067	0,48
InP	0,078	0,64

m^* ein (Tab. 14.2), die bei den folgenden Überlegungen verwendet wird. Wenn die Anisotropie der elektrischen Leitfähigkeit eine Rolle spielt, muss jedoch die Tensoreigenschaft von m^* beachtet werden.

14.1.3 Elektrische Leitfähigkeit von reinen Halbleitern

Legt man an den Halbleiter eine äußere Spannung U, so können sich die Elektronen der Dichte n im Leitungsband frei bewegen. Sie driften in Richtung der positiven Elektrode und tragen zum elektrischen Strom bei. Ihre Stromdichte ist bei einer elektrischen Feldstärke $\boldsymbol{E}$

$$\boldsymbol{j} = \sigma_{\text{el}} \cdot \boldsymbol{E}, \tag{14.17}$$

wobei die elektrische Leitfähigkeit

$$\sigma_{\text{el}} = n \cdot e \cdot u^- \tag{14.18}$$

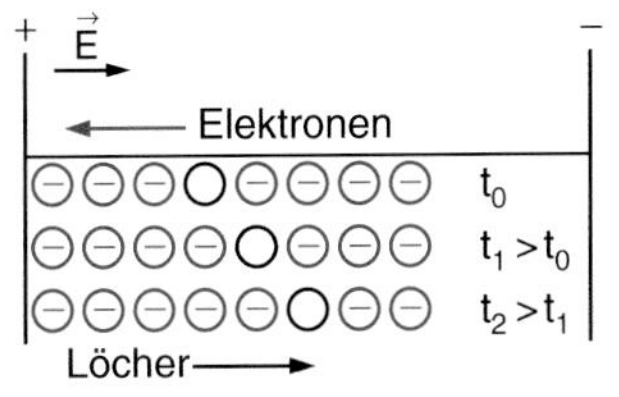

Abbildung 14.6 Löcherleitung im Valenzband

durch das Produkt aus Ladungsdichte $n \cdot e$ und Beweglichkeit u^- der Elektronen im Leitungsband bestimmt ist (siehe Bd. 2, Abschn. 2.2).

Auch die Elektronen im nicht voll besetzten Valenzband können zur Stromdichte beitragen, da sie unter dem Einfluss der Kraft $\boldsymbol{F} = -e \cdot \boldsymbol{E}$ in die freien Stellen driften können. Dadurch bewegen sich die Löcher in die entgegengesetzte Richtung (Abb. 14.6).

Die Löcherzahl im Valenzband ist bei einem undotierten Halbleiter gleich der Elektronenzahl im Leitungsband. Je größer die Löcherdichte $p = n$ im Valenzband ist, desto mehr Valenzelektronen können in freie Stellen driften. Während jedoch den Elektronen im Leitungsband bei einem Kristall mit N-Atomen alle $(N-n)$ freien Zustände des fast leeren Bandes zur Verfügung stehen, sind für die Elektronen im Valenzband nur die p Löcher frei. Deshalb wird die Beweglichkeit der Valenzelektronen im nicht voll besetzten Valenzband im Allgemeinen kleiner sein als die der Elektronen im Leitungsband. Man kann dies wieder dadurch beschreiben, dass man die Löcher als positive (fehlende negative) Ladungsträger ansieht, deren Beweglichkeit u^+ kleiner als die Beweglichkeit u^- der Leitungselektronen ist.

Die gesamte Leitfähigkeit σ_{el} des Halbleiters ist dann (siehe Bd. 2, Abschn. 2.7)

$$\begin{aligned} \sigma_{\text{el}} &= n \cdot e \cdot u^- + p \cdot e \cdot u^+ \\ &= n_i \cdot e\,(u^- + u^+)\,, \quad \text{da} \quad n = p = n_i\,. \end{aligned} \tag{14.19}$$

Reine, d. h. undotierte Halbleiter zeigen eine „intrinsische" (d. h. nicht von Fremdatomen herrührende) Ladungsträgerdichte n_i. Die Temperaturabhängigkeit der Leitfähigkeit ist durch die starke *Zunahme* der intrinsischen Ladungsträgerdichte $n_i(T)$ mit steigender Temperatur (14.11) und die *Abnahme* der Beweglichkeit u^- mit wachsendem T bestimmt (Abb. 14.7). Während bei Metallen n weitgehend unabhängig von T ist, und deshalb die Leitfähigkeit wegen der Abnahme der Beweglichkeit mit steigender Temperatur abnimmt, wird bei Halbleitern diese auch hier auftretende Abnahme von u bei weitem überkompensiert durch eine starke Zunahme der Konzentrationen n und p von Elektronen und Löchern.

Die Beweglichkeiten von Elektronen und Löchern sind nach Bd. 2, Abschn. 2.2.1 durch

$$u^- = \frac{e \cdot \tau_e}{m_e^*}; \quad u^+ = \frac{e \cdot \tau_p}{m_p^*} \tag{14.20}$$

gegeben, wobei τ_e und τ_p die mittlere Zeit zwischen den Stößen von Elektronen im Leitungsband bzw. im Valenzband angibt

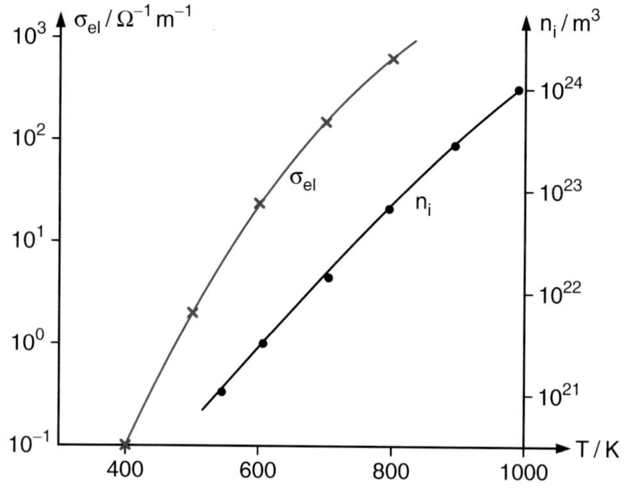

Abbildung 14.7 Temperaturabhängigkeit der elektrischen Leitfähigkeit σ_{el} und der Ladungsträgerdichte n_i für die Eigenleitung in reinem Silizium

und m_e^* bzw. m_p^* die effektiven Massen von Elektronen bzw. Löchern sind.

Die elektronische Leitfähigkeit von Eigenhalbleitern ergibt sich dann aus (14.19) mit (14.11) bei Vernachlässigung der Temperaturabhängigkeit der Stoßzeiten τ zu

$$\sigma_{el} = B(T) \cdot e^{-E_g/(2k_BT)}\,, \tag{14.21}$$

wobei in dem nur schwach von der Temperatur abhängenden Faktor

$$B(T) = e \cdot (u^- + u^+)(m_e^* m_p^*)^{3/4}\, 2 \left(\frac{k_BT}{2\pi\hbar^2}\right)^{3/2}\,,$$

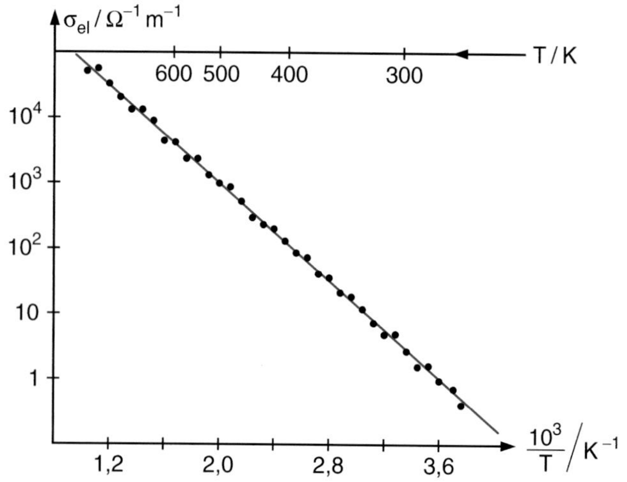

Abbildung 14.8 Logarithmus der Leitfähigkeit von Germanium aufgetragen gegen $1/T$

die mit steigendem T sinkenden Beweglichkeiten u^- und u^+ und der mit $T^{3/2}$ steigende Term sich teilweise kompensieren. Durch Logarithmieren erhält man die Abhängigkeit

$$\ln \sigma_{el} = \ln B(T) - \tfrac{1}{2} E_g/k_BT \tag{14.22}$$

(Abb. 14.8).

Die elektrische Leitfähigkeit von reinen Halbleitern steigt exponentiell mit der Temperatur an. Sie hängt von der Breite E_g der Bandlücke ab.

14.1.4 Die Bandstruktur von Halbleitern

Durch Einführen der effektiven Masse m^* können wir die Elektronen im Leitungsband und die Löcher im Valenzband wie freie Teilchen mit der kinetischen Energie

$$E_e(\boldsymbol{k}) = E_g + \frac{\hbar^2}{2m_e^*}(\boldsymbol{k} - \boldsymbol{k}_{01})^2\,, \tag{14.23a}$$

$$E_p(\boldsymbol{k}) = \frac{\hbar^2}{2m_p^*}(\boldsymbol{k} - \boldsymbol{k}_{02})^2\,, \tag{14.23b}$$

auffassen, wobei wir den Energienullpunkt auf die Oberkante des Valenzbandes gelegt haben ($E_V = 0$) und $\boldsymbol{k}_{01}$ der Wellenvektor beim Minimum von $E(\boldsymbol{k})$ im Leitungsband und $\boldsymbol{k}_{02}$ beim Maximum von $E(\boldsymbol{k})$ im Valenzband ist. Da die effektive Masse m_p^* im oberen Teil des Valenzbandes negativ ist, wird die Energieparabel $E(\boldsymbol{k})$ der Löcher nach unten gekrümmt (Abb. 14.9). Die Darstellung (14.23) ergibt die so genannten *Standardbänder*.

Bei der Absorption eines Photons mit der Energie $h \cdot \nu > E_g$ kann ein Elektron aus dem Valenzband in das Leitungsband an-

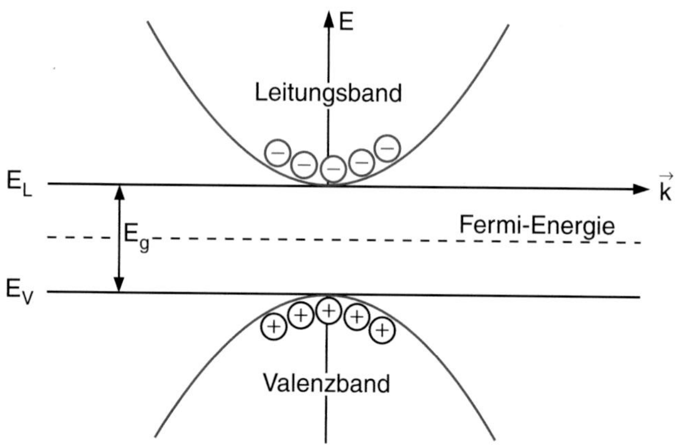

Abbildung 14.9 Eindimensionale Darstellung des Energieverlaufs $E(k)$ für Elektronen und Löcher für Standardbänder bei Verwendung der effektiven Masse

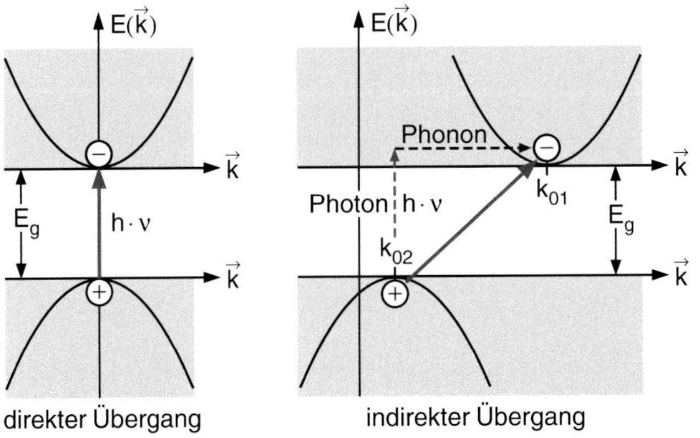

Abbildung 14.10 Direkte und indirekte Übergänge bei Absorption von Photonen

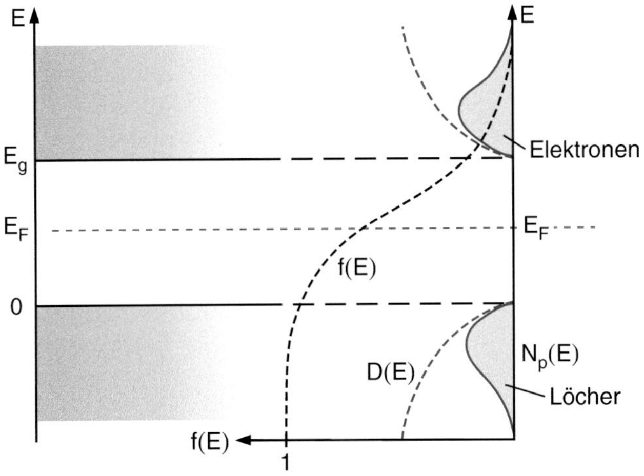

Abbildung 14.11 Zustandsdichten und Besetzungszahlen von Löchern im Valenzband und von Elektronen im Leitungsband

geregt werden. Weil der $\boldsymbol{k}$-Vektor des Photons sehr klein ist, wird die Wahrscheinlichkeit für einen solchen Übergang viel größer, wenn der Wellenvektor $\boldsymbol{k}$ des Elektrons dabei erhalten bleibt (senkrechter Übergang mit $\Delta\boldsymbol{k} = \boldsymbol{0}$ in Abb. 14.10 links), als wenn $\Delta\boldsymbol{k} \neq \boldsymbol{0}$ ist, sodass dann wegen der Impulserhaltung beim Übergang zusätzlich ein Phonon angeregt werden muss (Abb. 14.10 rechts).

Liegt das Minimum der Parabel $E_e(k)$ senkrecht über dem Maximum der Kurve $E_p(k)$ im Valenzband, so sind senkrechte Übergänge bereits für $h \cdot \nu \geq E_g$ möglich. Solche Halbleiter erlauben *direkte* (d. h. senkrechte) Übergänge (***direkte Halbleiter***). Sind die Extrema gegeneinander verschoben (Abb. 14.10), d. h. ist in (14.23) $k_{01} \neq k_{02}$, so sind direkte Übergänge nur bei höheren Photonenenergien $h\nu > E_g + \Delta E$ möglich. Deshalb bilden für $E_g \leq h\nu \leq E_g + \Delta E$ indirekte Übergänge mit $\Delta\boldsymbol{k} \neq \boldsymbol{0}$ die einzige Möglichkeit für Photonenabsorption, die dann aber eine wesentlich kleinere Absorptionswahrscheinlichkeit haben.

Die Zustandsdichten von Elektronen bzw. Löchern in den Standardbändern sind nach (13.14)

$$D_e(E) = \frac{V}{4\pi^2}\left(\frac{2m_e^*}{\hbar^2}\right)^{3/2}(E - E_L)^{1/2}\,, \qquad (14.24a)$$

$$D_p(E) = \frac{V}{4\pi^2}\left(\frac{2m_p^*}{\hbar^2}\right)^{3/2}(E_V - E)^{1/2}\,. \qquad (14.24b)$$

Man sieht daraus, dass die Besetzungsdichten

$$n(E) = 2D_e(E)f(E)\,, \qquad (14.25a)$$

$$p(E) = 2D_p(E)\left(1 - f(E)\right) \qquad (14.25b)$$

an den Rändern von Leitungsband bzw. Valenzband gegen null geht (Abb. 14.11).

14.2 Dotierte Halbleiter

Man kann in einen reinen Halbleiter Fremdatome einbauen. Technisch lässt sich dies realisieren, indem man den Kristall bei höherer Temperatur in einen heißen Dampf der gewünschten Fremdatome bringt, die sich dann durch Diffusion im Kristall verteilen. Eine andere Methode verwendet die Ionen-Implantation, bei der die Fremdatome als Ionen hoher Energie (einige 100 eV–keV) in den Kristall eingeschossen werden.

Die Fremdatome können dann entweder auf Zwischengitterplätzen eingebaut werden oder auf regulären Gitterplätzen, wenn sie das vorher dort sitzende Kristallatom verdrängt haben. Diese Fremdatome wirken als Störstellen im Kristall (siehe Abschn. 11.5). Man nennt einen solchen Kristall daher auch *störstellendotiert.*

Die relative Fremdatomkonzentration ist bei solchen Dotierungen im Allgemeinen sehr klein (10^{-8}–10^{-4}). Trotzdem kann sie die elektrischen Eigenschaften des Halbleiters drastisch verändern, wie im Folgenden gezeigt wird.

14.2.1 Donatoren und n-Halbleiter

Werden in einen Kristall aus vierwertigen Atomen (z. B. Silizium oder Germanium) fünfwertige Fremdatome (z. B. Arsen) auf Gitterplätzen eingebaut, so können vier Valenzelektronen zum Aufbau der vier kovalenten Bindungen zu den regulären Nachbaratomen verwendet werden. Sie sind damit auf das Raumgebiet zwischen Fremdatom und den nächsten Nachbaratomen lokalisiert (Abb. 14.12). Das fünfte Valenzelektron des Fremdatoms erfährt hingegen im Wesentlichen nur noch die schwächere Coulombanziehung durch den Ionenrumpf seines Atoms, die noch durch die Wechselwirkung mit den Umgebungs-Kristallatomen teilweise kompensiert wird.

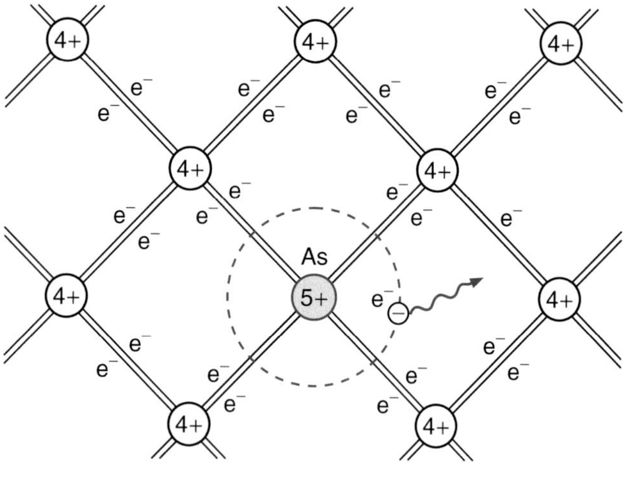

Abbildung 14.12 Vierwertiger Halbleiterkristall, dotiert mit fünfwertigen Fremdatomen

Die Elektronenhüllen dieser Atome können nämlich durch das Elektron polarisiert werden, sodass eine anziehende Kraft in alle Richtungen resultiert, die entgegengesetzt und nur wenig kleiner ist als die Anziehung durch das Fremdatom. Die Nettokraft auf das fünfte Elektron ist daher klein, d. h. seine Bindungsenergie ist gering.

Man kann den Einfluss der Fremdatome summarisch durch die Dielektrizitätskonstante ε des Materials beschreiben, da die elektrische Polarisation ja durch die Größe ε angegeben wird. Das überschüssige Elektron im Coulombfeld seines Ions lässt sich durch ein dem Bohr'schen Modell des H-Atoms (siehe Abschn. 5.1) analoges Modell darstellen. Die Bindungsenergie des Elektrons mit der effektiven Masse m_e^* (siehe Abschn. 14.1.2) in einer Bahn mit der Hauptquantenzahl n ist dann nach (5.18)

$$\begin{aligned} E_n(\varepsilon, n) &= -\frac{1}{2}\frac{e^4 \cdot m_e^*}{(4\pi\varepsilon\varepsilon_0\hbar)^2} \cdot \frac{1}{n^2} \\ &= E_H(n) \cdot \frac{m_e^*}{m_e \cdot \varepsilon^2} \end{aligned} \tag{14.26}$$

und damit im Kristall um den Faktor $\varepsilon^2 \cdot (m_e/m_e^*)$ kleiner als im Vakuum. Die Radien r_n der Bohr'schen Bahnen sind damit (siehe (3.102))

$$\begin{aligned} r_n &= \frac{4\pi\varepsilon_0 \cdot \varepsilon \cdot \hbar^2}{m_e^* \cdot e^2} n^2 \\ &= r_n(H) \cdot \varepsilon \cdot \frac{m_e}{m_e^*} \end{aligned} \tag{14.27}$$

um den Faktor $(\varepsilon \cdot m_e/m_e^*)$ größer als beim H-Atom.

Beispiel

Für Silizium gilt $m_e^*/m_e \approx 0{,}3$, $\varepsilon \approx 12$. Für $n = 1$ folgt

$$E_1 = -13{,}6 \cdot \frac{m_e^*}{m_e} \cdot \frac{1}{\varepsilon^2}\mathrm{eV} \approx -28\,\mathrm{meV}\,,$$

$$r_1 = 0{,}053 \cdot \frac{m_e}{m_e^*} \cdot \varepsilon\,\mathrm{nm} \approx 2\,\mathrm{nm}\,.$$

Wie das Zahlenbeispiel zeigt, ist die Bindungsenergie des fünften Hüllenelektrons des Dotierungsatoms sehr klein. Innerhalb seines Aufenthaltsvolumens $V_e = 4\pi r_1^3/3$ liegen $N_a = (8/a^3) \cdot (4\pi/3)r_1^3$ Gitteratome. Setzt man die Werte $a = 0{,}5\,\mathrm{nm}$ für die Gitterkonstante des Siliziumkristalls ein, so wird $N_a \approx 2 \cdot 10^3$, d. h. die Aufenthaltswahrscheinlichkeit für das fünfte Elektron erstreckt sich über 2000 Gitteratome. ■

Das fünfte Hüllenelektron ist also über viele Gitteratome delokalisiert und kann deshalb als frei angesehen werden. Eine relativ kleine zusätzliche Energie genügt bereits, um das Elektron völlig von seinem Störatom zu lösen und damit zu einem freien Leitungselektron zu machen. Die fünfwertigen Fremdatome heißen deshalb ***Donatoren*** (Elektronenspender) und die so dotierten Halbleiter ***n-Halbleiter***.

Im Bänderschema des dotierten Halbleiters erscheinen die Energieniveaus der Donatoren dicht unter der Leitungsbandkante (Abb. 14.13). Man beachte, dass jeder dieser gebundenen Zustände nur mit *einem* Elektron besetzt werden kann, im Gegensatz zum freien Elektronengas, wo jeder Zustand mit *zwei* Elektronen mit antiparallelem Spin besetzbar ist. Die Besetzung dieser räumlich lokalisierten Energiezustände von Donatoren mit zwei Elektronen würde zu einer elektrostatischen Abstoßung führen, welche die Energie bis über die Unterkante des Leitungsbandes anheben und damit den Zustand instabil machen würde. Deshalb erscheint hier in der Fermi-Verteilung gegenüber (13.24) ein Faktor 1/2.

Wegen des geringen Energieabstandes $E_g - E_D$ zum Leitfähigkeitsband ist ein Teil der Donatoratome ionisiert, d. h. das Elektron für diese Atome ist ins Leitungsband gelangt. Es gilt:

$$n_D = n_D^0 + n_D^+\,,$$

wenn n_D^0 die neutrale und n_D^+ die ionisierte Donatordichte ist. Bei einer Dichte n_D der Donatoratome ist die Dichte neutraler (d. h. nicht ionisierter) Donatoratome gleich der Dichte der Überschusselektronen bei der Energie E_D und damit gemäß der Fermi-Verteilung

$$n_D^0 = \frac{n_D}{\frac{1}{2}e^{(E_D - E_F)/k_B T} + 1}\,, \tag{14.28}$$

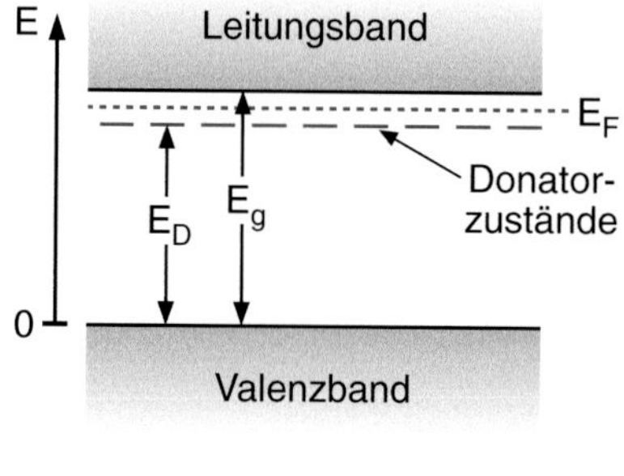

Abbildung 14.13 Termschema der Donatorniveaus

woraus für die Dichte ionisierter Donatoratome

$$n_D^+ = n_D - n_D^0 = \frac{n_D}{2e^{(E_F - E_D)/k_B T} + 1} \quad (14.29)$$

folgt. Die Donatoratome geben deshalb $n_e(T) = n_D - n_D^0$ Elektronen pro Volumeneinheit ins Leitungsband ab und erhöhen dadurch die Leitfähigkeit.

Beispiel

Für $(E_F - E_D) = (E_g - E_D)/2 = 20\,\text{meV}$; $n_D = 10^{16}\,\text{cm}^{-3}$ ist bei Zimmertemperatur ($T = 300\,\text{K}$) der Bruchteil der ionisierten Donatoratome $(n_D - n_D^0)/n_D = 0{,}2$, d. h. 20 % aller Donatoratome sind ionisiert. Die Elektronendichte im Leitungsband ist dann $2 \cdot 10^{15}\,\text{cm}^{-3}$. Ohne Donatoren wäre die intrinsische Elektronendichte bei einem Bandabstand von 1 eV und $N = 10^{22}\,\text{cm}^{-3}$ nur $n_e = 10^6\,\text{cm}^{-3}$. Man sieht daraus den großen Einfluss selbst einer geringen Dotierung auf die elektrische Leitfähigkeit. Durch Wahl der Dotierung n_D lässt sich daher die Leitfähigkeit in weiten Grenzen variieren. ■

14.2.2 Akzeptoren und p-Halbleiter

Bringt man dreiwertige Fremdatome in einen Kristall aus vierwertigen Atomen, so kann eine der vier kovalenten Bindungen zwischen einem Fremdatom und seinen vier Nachbarn nur noch mit einem Elektron (vom Nachbaratom) und nicht mehr wie die drei anderen Bindungen mit zwei Elektronen besetzt werden. Deshalb bleibt ein freier positiv geladener Platz, in den Elektronen eingefangen werden können. Die dreiwertigen Fremdatome heißen deshalb ***Akzeptoren*** (Elektronenempfänger), und die so dotierten Halbleiter werden ***p-Halbleiter*** genannt. Da das dreiwertige Atom eine kleinere Bindungsenergie für Elektronen hat als die es umgebenden vierwertigen Gitteratome für ihre Valenzelektronen, müssen die Energieniveaus der Akzeptoren etwas oberhalb des Valenzbandes liegen (Abb. 14.14). Bei einer Akzeptordichte n_A ist, analog zu (14.29), der Bruchteil

$$\frac{n_A - n_A^0}{n_A} = \frac{1}{2 \cdot e^{(E_A - E_F)/k_B T} + 1} \quad (14.30)$$

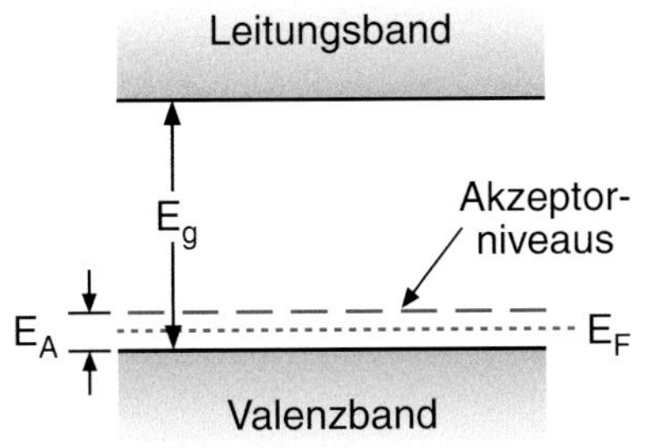

Abbildung 14.14 Akzeptorniveaus im Bandschema

ionisiert, d. h. hat ein Elektron aus dem Valenzband aufgenommen. Die Zahl $n_A - n_A^0 = p$ ist daher gleich der Löcherdichte p im Valenzband.

Analog zur Herleitung von (14.9) lässt sich folgendes zeigen (siehe Aufgabe 14.7):

Die Fermi-Energie bei $T = 0\,\text{K}$ im p-Halbleiter liegt genau in der Mitte bei $E = E_A/2$ zwischen der Oberkante $E = 0$ des Valenzbandes und der Energie E_A der Akzeptorzustände. Für n-Halbleiter gilt entsprechend: $E_F = (E_g + E_D)/2$.

14.2.3 Halbleitertypen

Im Allgemeinen befinden sich in einem Halbleiter sowohl Donatoren als auch Akzeptoren. Je nach den Konzentrationen n_D und n_A kann man den Halbleiter in folgende Ideal-Halbleiterklassen einstufen:

- **Intrinsische Halbleiter** mit $n_D = n_A = 0$. Die Dichte der Ladungsträger ist dann $n = p = n_i$, und es liegt nur Eigenleitung vor (Abschn. 14.1.1).
- **n-Typ-Halbleiter** mit $n_D \neq 0$, $n_A = 0 \Rightarrow n \gg p$. Die zur Leitfähigkeit beitragenden Ladungsträger sind hauptsächlich Elektronen, die von den Donatoren ins Leitungsband abgegeben werden.
- **p-Typ-Halbleiter** mit $n_A \neq 0$, $n_D = 0 \Rightarrow p \gg n$. Zur Leitfähigkeit tragen überwiegend die Löcher im Valenzband bei, die durch den Elektroneneinfang der Akzeptoren entstanden sind.
- **Gemischte Störstellen-Halbleiter** mit $n_A \neq 0$, $n_D \neq 0 \Rightarrow n \gtrless p$.

Bei realen Halbleitern lässt sich $n_A = 0$ bzw. $n_D = 0$ nicht streng realisieren. Man kann jedoch z. B. bei p-Typ-Halbleitern $n_A \gg n_D$ erreichen.

Aus den Gleichgewichtsbedingungen (14.4) und (14.6)

$$n = n_0 e^{-(E_L - E_F)/k_B T}, \quad (14.31a)$$

$$p = p_0 e^{-(E_F - E_V)/k_B T} \quad (14.31b)$$

folgt durch Multiplikation der beiden Gleichungen

$$n \cdot p = n_0 \cdot p_0 \cdot e^{-E_g/k_B T} = n_i^2, \quad (14.31c)$$

wobei n_i die Inversionsdichte heißt.

Ist $n > n_i \Rightarrow p < n_i$, dann wird der dotierte Halbleiter n-leitend genannt. Die Elektronen im Leitungsband heißen ***Majoritätsträger*** und die Löcher im Valenzband ***Minoritätsträger***.

Für $n < n_i \Rightarrow p > n_i$ ist es umgekehrt. Die Defektelektronen (Löcher) tragen den Hauptteil der Leitfähigkeit. Sie sind jetzt Majoritätsträger und die Elektronen die Minoritätsträger. Der Halbleiter heißt p-leitend.

14.2.4 Störstellen-Leitung

Die Leitfähigkeit σ_{el} wird nach (14.19) durch die temperaturabhängige Ladungsträgerdichte n im Leitungsband bzw. p im Valenzband bestimmt. Die Dichte n der durch die Donatoren gelieferten Leitungselektronen hängt gemäß (14.29) ab von der Konzentration n_{D} der Donatoren und dem Energieabstand $\Delta E_{\text{D}} = E_{\text{L}} - E_{\text{D}}$ des Donatorniveaus vom Leitungsband.

Bei genügend tiefer Temperatur T ist $E_{\text{F}} - E_{\text{D}} \gg kT$ und es folgt aus (14.29)

$$n_{\text{D}}^{+} \approx \frac{1}{2} n_{\text{D}} \cdot \mathrm{e}^{-(E_{\text{F}}-E_{\text{D}})/k_{\text{B}}T} \tag{14.32}$$

d. h. es ist nur ein kleiner Bruchteil aller Donatoratome ionisiert. Wir können n_{D} als praktisch konstant ansehen, sodass die Dichte der Leitungselektronen und damit die Leitfähigkeit exponentiell mit der Temperatur ansteigt (*Donator-Reserve*). Bei höheren Temperaturen wird ein merklicher Bruchteil aller Donatoratome ionisiert. Es tritt eine *Donatorenerschöpfung* auf, und die Leitfähigkeit steigt wesentlich schwächer an, bis bei noch höheren Temperaturen die Elektronen aus dem Valenzband angeregt werden können, sodass dann die Eigenleitung stärker wird und damit σ_{el} wieder stärker ansteigt (Abb. 14.15).

Nach (14.4) gilt

$$n = n_0 \cdot \mathrm{e}^{-(E_{\text{L}}-E_{\text{F}})/k_{\text{B}}T} \quad \text{mit} \quad n_0 \approx 2n_{\text{c}} \,. \tag{14.33}$$

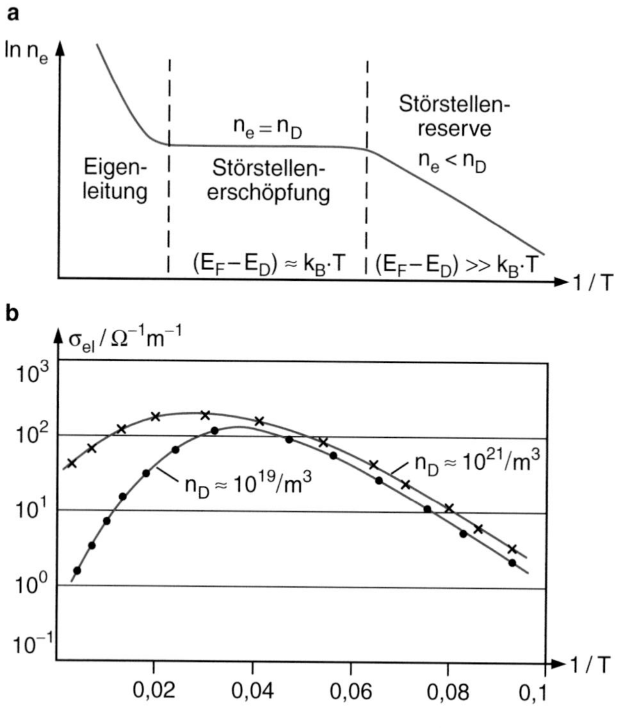

Abbildung 14.15 Temperaturabhängigkeit der elektrischen Leitfähigkeit eines dotierten Halbleiters

Aus den Gleichungen (14.32), (14.33) folgt für die Fermi-Energie

$$E_{\text{F}}(T) = \frac{1}{2}\left(E_{\text{D}} + E_{\text{L}}\right) + \frac{1}{2} k_{\text{B}} T \cdot \ln(n_{\text{D}}/2n_0) \,. \tag{14.34}$$

Für $T = 0$ liegt die Fermi-Energie genau in der Mitte zwischen den Donatorniveaus E_{D} und der Unterkante E_{L} des Leitungsbandes. Mit zunehmender Temperatur nimmt die Fermi-Energie bei schwacher Donatorkonzentration ($n_{\text{D}} < 2n_0(T)$) ab.

Wird die Temperatur so hoch, dass Sättigung der Ionisation der Donatoren eintritt, muss die Fermi-Energie unter die Donatorenenergie sinken, damit fast alle Donatoren ionisiert werden. Bei vollständiger Ionisierung ($n^{+} \approx n_{\text{D}}$) erhält man analog zu (14.34) die Fermi-Energie

$$E_{\text{F}}(T) = E_{\text{L}} - k_{\text{B}} T \cdot \ln(n_0/n_{\text{D}}) \,.$$

Bei p-dotierten Halbleitern liegt die Fermigrenze bei $T = 0$ genau in der Mitte zwischen Valenzband und Akzeptorniveaus

$$E_{\text{F}}(T = 0) = \frac{1}{2}\left(E_{\text{V}} + E_{\text{A}}\right), \tag{14.35}$$

während sie bei höheren Temperaturen ansteigt.

> Bei n-dotierten Halbleitern sinkt die Fermigrenze E_{F} mit steigender Temperatur T, bei p-Halbleitern steigt sie.

14.2.5 Der p-n-Übergang

Bringt man einen n-dotierten und einen p-dotierten Halbleiter in Kontakt miteinander (Abb. 14.16), so besteht in der Übergangszonen ein steiler Gradient der Konzentrationen n von beweglichen Leitungselektronen und p von beweglichen Löchern im Valenzband. Diese Konzentrationsgradienten bewirken eine Diffusion von Elektronen in den p-Teil, wo sie von Akzeptoren eingefangen werden oder mit den Löchern rekombinieren, bzw. von Löchern in den n-Teil, wo sie mit den Elektronen rekombinieren. Dadurch entsteht eine Verarmungszone an beweglichen Ladungsträgern um die p-n-Grenzschicht sowie eine negative Raumladungsdichte ϱ_{el}^{-} im p-Gebiet und eine entsprechende positive ϱ_{el}^{+} im n-Teil (Abb. 14.16b), die in der Übergangszone ein elektrisches Feld $\boldsymbol{E}$ und einen Potentialgradienten $\boldsymbol{E} = -\,\mathbf{grad}\,\phi$ erzeugen gemäß der Poisson-Gleichung (Bd. 2, Abschn. 1.3)

$$\frac{1}{\varepsilon \cdot \varepsilon_0}\, \varrho(x) = \operatorname{div} \boldsymbol{E}(x) = \frac{\mathrm{d}E}{\mathrm{d}x} = -\frac{\mathrm{d}^2\phi(x)}{\mathrm{d}x^2} \,. \tag{14.36}$$

Das elektrische Feld treibt die Ladungsträger wieder zurück und bewirkt einen Feldstrom in entgegengesetzter Richtung zum Diffusionsstrom. Stationäres Gleichgewicht stellt sich ein, wenn die Summe aus Diffusionsstrom und Feldstrom null wird.

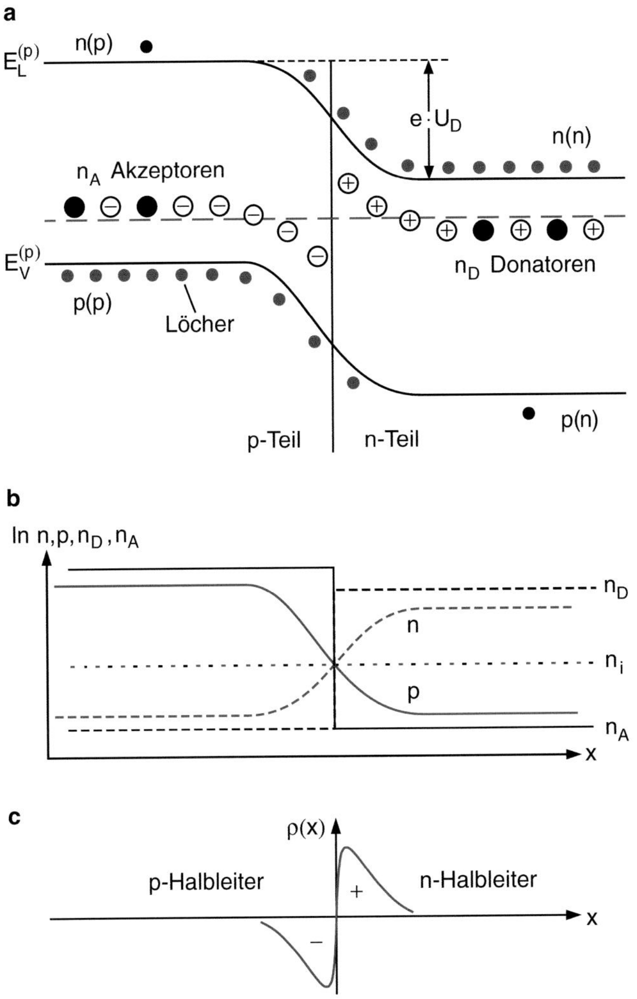

Abbildung 14.16 p-n-Übergang. **a** Bandschema bei miteinander verbundenen p- und n-Halbleitern; **b** Dichteverlauf der freien Elektronendichte $n_e(x)$ und der Löcherdichte $n_p(x)$, der Donatorendichte $N_D(x)$ und der Akzeptordichte $N_A(x)$; **c** Raumladungsverlauf $\varrho_{el}(x)$

Das stationäre elektrische Feld in der Übergangszone bewirkt einen Potentialsprung

$$U_K = \phi_{(n)} - \phi_{(p)}$$

zwischen dem p-Teil und dem n-Teil, der ***Kontaktspannung*** U_K heißt (siehe auch Bd. 2, Abschn. 2.7) und daher zu einer Verbiegung der Bandkanten von Valenz- und Leitungsband führt (Abb. 14.16a).

Im thermischen Gleichgewicht ergibt sich gemäß (14.31) für die Ladungsträgerkonzentrationen im n-Teil:

$$n(n) = n_0 \cdot e^{-\left(E_L^{(n)} - E_F\right)/k_B T}, \tag{14.37a}$$

$$p(n) = p_0 \cdot e^{+\left(E_V^{(n)} - E_F\right)/k_B T}, \tag{14.37b}$$

wobei $E_L^{(n)}$ und $E_V^{(n)}$ die Bandkanten von Leitungs- und Valenzband im n-Teil sind. Im p-Teil gilt für die Elektronen und Löcher:

$$n(p) = n_0 \cdot e^{-\left(E_L^{(p)} - E_F\right)/k_B T}, \tag{14.38a}$$

$$p(p) = p_0 \cdot e^{+\left(E_V^{(p)} - E_F\right)/k_B T}. \tag{14.38b}$$

Aus Neutralitätsgründen muss in beiden Teilen außerhalb des engen Raumladungsgebietes in der schmalen Kontaktzone die Bedingung gelten:

$$\begin{aligned} n(n) \cdot p(n) &= n(p) \cdot p(p) \\ &= n_i^2 = n_0 p_0 \cdot e^{-E_g/k_B T}, \end{aligned} \tag{14.39}$$

wobei E_g die Energie des Bandabstandes ist:

$$E_g = E_L^n - E_V^n = E_L^p - E_V^p.$$

Damit erhält man aus (14.37) und (14.38) die Diffusionsspannung U_D

$$\begin{aligned} e \cdot U_D = \Delta E_{pot} &= E_L^{(p)} - E_L^{(n)} = E_V^{(p)} - E_V^{(n)} \\ &= k_B T \cdot \ln \frac{n(n)}{n(p)} = k_B T \cdot \ln \frac{p(p)}{p(n)}. \end{aligned} \tag{14.40}$$

Die Diffusionsspannung U_D und damit die Bandverbiegung ist also abhängig vom Verhältnis der Konzentrationen von Majoritäts- und Minoritätsträgern.

Bei einer Donatorkonzentration n_D und einer Dicke d_n der positiven Raumladungszone ist die positive Ladung auf der n-Seite

$$Q_n = +n_D \cdot \overline{q}_D \cdot d_n \cdot F, \tag{14.41a}$$

wobei $\overline{q}_D$ die mittlere Ladung pro Donatoratom und F die Fläche der Raumladungszone ist. Auf der p-Seite ergibt sich die entsprechende negative Ladung

$$Q_p = -n_A \cdot \overline{q}_A \cdot d_p \cdot F. \tag{14.41b}$$

Weil der gesamte p-n-Halbleiter elektrisch neutral ist, müssen die Beträge beider Ladungen gleich sein, sodass für $\overline{q}_D = \overline{q}_A$ gilt:

$$n_D \cdot d_n = n_A \cdot d_p. \tag{14.42}$$

Um den Zusammenhang zwischen der Diffusionsspannung U_D und der Dicke der Grenzschicht zu erhalten, stellen wir uns die Raumladungsschicht als Kondensator vor mit der Dicke $d = (d_n + d_p)/2$ und der Kapazität

$$C = \frac{2\varepsilon \cdot \varepsilon_0 \cdot F}{d_n + d_p} = \frac{Q}{U_D}. \tag{14.43}$$

Einsetzen von (14.41) und (14.42) liefert die Dicke der Grenzschicht auf der p- bzw. n-Seite ohne äußere Spannung:

$$d_p = \sqrt{\frac{2\varepsilon\varepsilon_0 \cdot n_D \cdot U_D}{n_A \cdot \overline{q}\,(n_D + n_A)}}\,; \; d_n = \sqrt{\frac{2\varepsilon\varepsilon_0 \cdot n_A \cdot U_D}{n_D \cdot q\,(n_D + n_A)}} \tag{14.44}$$

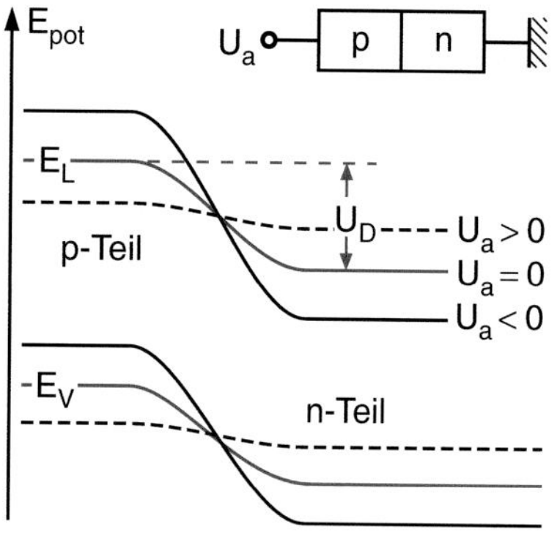

Abbildung 14.17 p-n-Übergang mit äußerer Spannung

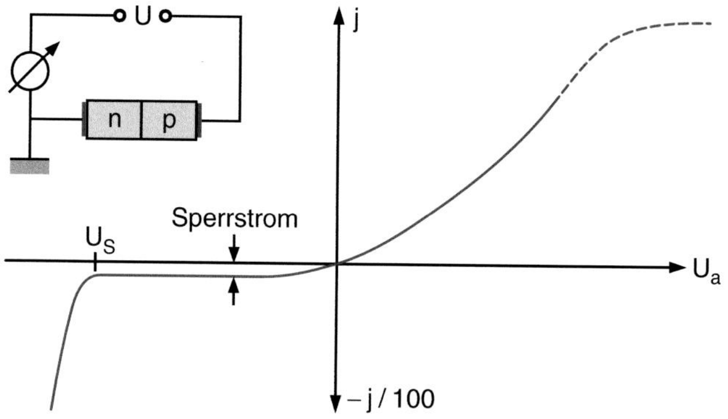

Abbildung 14.18 Strom-Spannungs-Charakteristik der p-n-Diode. Man beachte den 100-fach gespreizten Ordinatenmaßstab für negative Ströme

und für die Dicke $d_S = d_n + d_p$ der gesamten Grenzschicht (oft auch ***Sperrschicht*** genannt, weil sie als Verarmungszone an freien Ladungsträgern den Strom durch den p-n-Übergang sperrt)

$$d_S = \sqrt{\frac{2\varepsilon\varepsilon_0 \cdot U_D}{q}\left(\frac{1}{n_D} + \frac{1}{n_A}\right)} . \qquad (14.45a)$$

Die Dicke der Sperrschicht hängt ab von der Konzentration n_D der Donatoren und n_A der Akzeptoren und steigt mit $\sqrt{U_D}$. Die Diffusionsspannung U_D hängt nach (14.40) ab vom Verhältnis $p(p)/p(n)$, welches stark mit steigender Temperatur abnimmt.

Legt man eine äußere Spannung U_a zwischen die Endflächen des p-n-Halbleiters, so verändert man damit die Kontaktspannung. Ist der p-Teil positiv vorgespannt, so verringert sich die Diffusionsspannung auf $U_D - U_a$, ist er negativ, so vergrößert sie sich auf $U_D + |U_a|$ (Abb. 14.17).

Die Dicke der Sperrschicht wird dann

$$d_S = \sqrt{\frac{2\varepsilon\varepsilon_0 (U_D - U_a)}{q}\left(\frac{1}{n_p} + \frac{1}{n_A}\right)} . \qquad (14.45b)$$

Sie verringert sich für $U_a > 0$ und wird größer für $U_a < 0$.

Durch den veränderten Potentialsprung am p-n-Kontakt ändert sich der Bruchteil

$$\delta n/n = e^{-e(U_D \pm |U_a|)/k_B T} \qquad (14.46)$$

der Ladungsträger in einem der Teile des p-n-Halbleiters, der die Potentialbarriere zum anderen Teil überwinden kann. Dies führt zu Stromdichten

$$\boldsymbol{j}(n) = \boldsymbol{C} \cdot n \cdot e^{-e(U_D \pm |U_a|)/k_B T} \qquad (14.47)$$

durch die Kontaktfläche, wobei $\boldsymbol{C}$ ein konstanter Vektor in Stromrichtung ist. Die resultierende Gesamtstromdichte ist die Summe der Ströme von Elektronen und Löchern:

$$j = j\big(n(n)\big) - j\big(n(p)\big) + j\big(p(p)\big) - j\big(p(n)\big) . \qquad (14.48)$$

Einsetzen von (14.47) in (14.48) ergibt die in Abb. 14.18 gezeigte Strom-Spannungs-Charakteristik des p-n-Überganges:

$$\begin{aligned} j &= \Big[j\big(n(p)\big) + j\big(p(n)\big)\Big] \cdot \left(e^{eU_a/k_B T} - 1\right) \\ &= j_S \left(e^{eU_a/k_B T} - 1\right) . \end{aligned} \qquad (14.49)$$

Man sieht daraus, dass der p-n-Übergang wie eine Diode wirkt. Für $U_a > 0$ fließt ein Strom, der anfangs exponentiell mit der äußeren Spannung ansteigt und dann in Sättigung geht, wenn die Diffusionsspannung völlig abgebaut ist ($U_a = U_D$), sodass dann alle vorhandenen freien Ladungsträger am Stromtransport teilnehmen können.

Für negative Spannungen U_a kehrt der Strom sein Vorzeichen um, sein Betrag ist jedoch sehr klein (***Sperrstrom***). Wird die negative Spannung größer als eine kritische Spannung U_S, so gibt es einen Durchbruch, d. h. die Stromstärke steigt exponentiell stark an (Abb. 14.18). Dies lässt sich an Hand von Abb. 14.19 verstehen: Wird die Bandverbiegung unter dem Einfluss der äußeren Spannung so groß, dass die obere Valenzbandkante im p-Bereich höher liegt als die untere Kante des Leitungsbandes

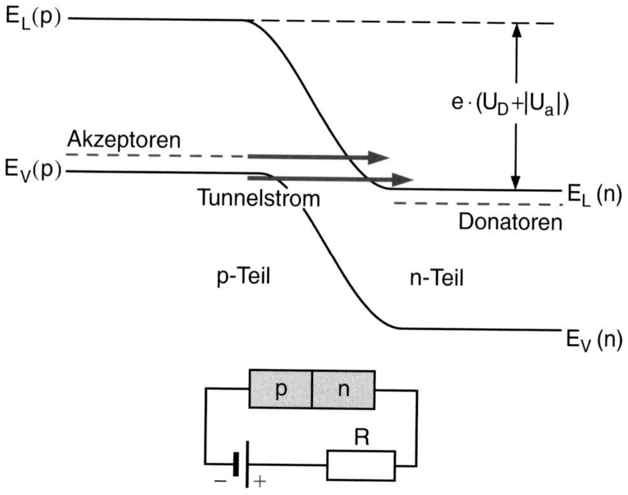

Abbildung 14.19 Tunneldiode

im n-Bereich, so können Elektronen aus dem p-Bereich in das n-Gebiet durch die schmale Barriere tunneln (Abb. 14.19).

Man nennt den negativen Spannungsbereich $|U_a| > |U_S|$ der Dioden daher ***Tunnelbereich***.

Tunneldioden nutzen dies aus, um für Sperrspannungen $|U_A| > |U_S|$ einen großen Durchbruchstrom und daher praktisch einen Kurzschluss zu erreichen. Man kann damit Spannungsbegrenzungen in elektronischen Schaltungen einbauen, um die Schaltung vor Überspannung zu schützen. Der Wert von U_S kann durch Wahl des Bandabstandes und der Dotierungskonzentrationen eingestellt werden.

14.3 Anwendungen von Halbleitern

Die Anwendung von Halbleitern ist seit der technischen Beherrschbarkeit der Herstellung sehr reiner Halbleiter-Einkristalle und ihrer gezielten Dotierung mit gewünschten Fremdatomen lawinenartig angewachsen. Hier können von vielen möglichen Beispielen nur wenige vorgestellt werden.

14.3.1 Gleichrichter-Dioden

Wie im vorigen Abschnitt in Abb. 14.18 gezeigt wurde, ist der Strom durch einen p-n-Übergang von der Polarität der Spannung abhängig. Er kann deshalb als Gleichrichter für Wechselspannungen verwendet werden (siehe Bd. 2, Abschn. 5.7) und hat für die meisten Anwendungen inzwischen Elektronenröhren als Gleichrichter abgelöst [2]. Dabei wird oft die ganze Graetzschaltung mit vier Dioden in einem kleinen Baustein integriert. Die für ihren Einsatz in speziellen Schaltungen wichtigen Größen sind

- Maximaler Durchlassstrom und Spannung in Durchlassrichtung,
- Sperrstrom,
- maximale Sperrspannung.

In Tab. 14.3 sind für die am häufigsten verwendeten Silizium-Dioden die Zahlenwerte für diese charakteristischen Größen angegeben, die von der Größe der Diode abhängen.

Tabelle 14.3 Charakteristische Größen einer Silizium-Gleichrichterdiode

Größe	Wertebereich
Durchlassstrom	0,1–20 A
Sperrstrom	einige μA
Stoßstrom	1 –200 A
Spitzensperrspannung	50 –2000 V

14.3.2 Heißleiter und Halbleiter-Thermometer

Wegen der starken Temperaturabhängigkeit der elektrischen Leitfähigkeit von Halbleitern kann man sie als so genannte ***Heißleiter*** verwenden, die als Vorwiderstand dafür sorgen, dass beim Einschalten einer Spannung der Strom durch eine Schaltung nicht sprunghaft, sondern langsam ansteigt, weil der Halbleiter-Vorwiderstand anfangs groß ist, dann infolge der Erwärmung durch den Strom seinen Widerstand verringert.

In Kombination mit Metallschichtwiderständen R_M kann man Halbleiterwiderstände R_H (***NTC-Widerstände*** = *negative temperature coefficient*) so dimensionieren, dass die Summe $R = R_M + R_H$ möglichst temperaturunabhängig ist.

Die starke Temperaturabhängigkeit des elektrischen Widerstandes wird in ***Halbleiter-Thermometern*** ausgenutzt, wo der Strom durch den Halbleiterwiderstand als Maß für seine Temperatur gemessen wird. Solche Thermometer haben einen weiten Temperaturmessbereich, insbesondere bei tiefen Temperaturen. Sie sind klein, haben eine kleine Wärmekapazität und beeinflussen deshalb das zu messende Objekt nur wenig [3].

14.3.3 Photodioden und Solarzellen

Bestrahlt man die p-n-Übergangszone eines p-n-Halbleiters ohne äußere Spannung ($U_a = 0$) mit Licht, so können durch Absorption von Photonen der Energie $h \cdot \nu > E_g$ Elektronen aus dem Valenzband in das Leitungsband angeregt werden (Abb. 14.20a). Dadurch werden die Elektronendichte n_e im Leitungsband und die Löcherdichte n_p im Valenzband beide vergrößert. Dadurch ändert sich die Diffusionsspannung U_D über der Grenzschicht und die zusätzlich gebildeten Elektronen werden in den n-Teil und die Löcher in den p-Teil driften. Dies führt

a

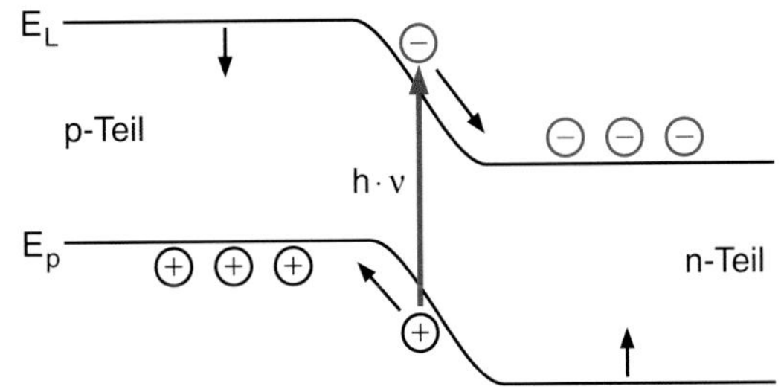

b

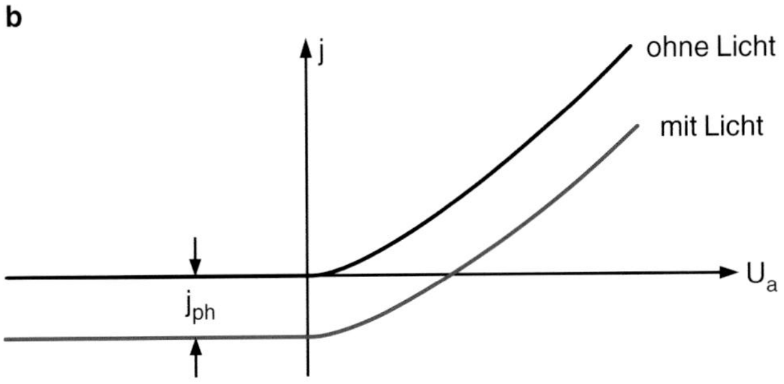

Abbildung 14.20 **a** Erzeugung von Elektronen-Loch-Paaren durch Absorption von Photonen. **b** Strom-Spannungs-Charakteristik mit und ohne Beleuchtung

zu einer Reduktion $\Delta\phi_{ph} = \delta\phi_D(\text{dunkel}) - \delta\phi_B(\text{beleuchtet})$ des Potentialsprungs U_D, die als Photospannung

$$U_{ph} = \Delta\phi_{ph}$$

zwischen den Enden der p-n-Diode im Leerlauf, d. h. bei unendlich großem Belastungswiderstand, abgenommen werden kann.

Da die Differenz $\Delta\phi_{ph}$ nie kleiner werden kann als der ursprüngliche Potentialsprung U_D, kann die Photospannung U_{ph} nie größer als die Diffusionsspannung U_D sein. Typische Werte für maximale Photospannungen liegen, je nach Halbleiter, im Bereich $U_{ph} = 0{,}4$–$1{,}2\,\text{V}$. Belastet man die Diode mit einem *endlichen* Widerstand R, so fließt ein Photostrom I_{ph}, der die Leerlaufspannung erniedrigt.

Die Diodenstromdichte (14.49) als Funktion einer von außen angelegten Spannung ändert sich bei Beleuchtung wegen der verminderten Diffusionsspannung in

$$j = j_s\left(e^{eU_a/k_BT} - 1\right) - j_{ph} \tag{14.50}$$

(Abb. 14.20b). Man kann Photodioden als Detektoren für die eingestrahlte Lichtleistung in zweierlei Weisen verwenden:

- Als Photowiderstand bei einer von außen angelegten Spannung U_0 (Abb. 14.21a). Bei Beleuchtung sinkt der elektrische Widerstand R_{PD} der Photodiode um ΔR, und man erhält die zur eingestrahlten Lichtleistung proportionale Spannungsänderung

$$\begin{aligned}\Delta U_{ph} &= U_0\left[\frac{R_{PD}}{R_0 + R_{PD}} - \frac{R_{PD} - \Delta R}{R_0 + R_{PD} - \Delta R}\right]\\ &\approx \frac{R_0 \cdot \Delta R}{(R_0 + R_{PD})^2}\,U_0\,.\end{aligned} \tag{14.51}$$

  ΔU_{Ph} wird maximal für $R_{PD} = R_0$.
- Als Photospannungsquelle (Abb. 14.21b) ohne eine von außen angelegte Spannung. Hierbei muss ein Widerstand R parallel zur Photodiode geschaltet werden, durch den ein Photostrom I_{ph} fließt, der dort die Spannung

$$U_{ph} = I_{ph} \cdot R$$

  erzeugt. Der Widerstand R muss genügend klein sein, damit U_{ph} immer kleiner als die Diffusionsspannung U_D bleibt, da sonst U_{ph} nicht mehr proportional zur Lichtleistung ist.

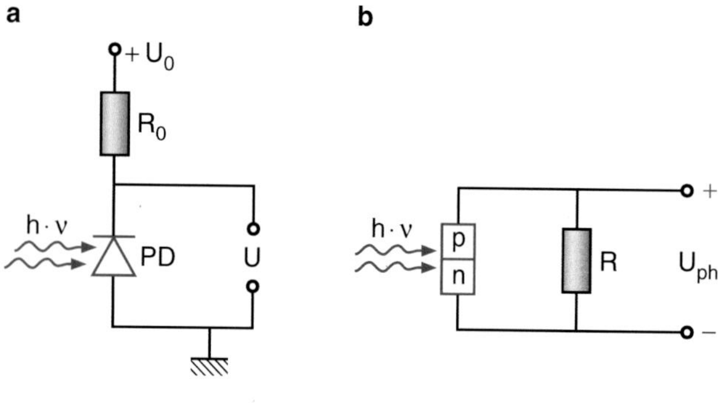

Abbildung 14.21 Schaltung eines Photodioden-Licht-Detektors: **a** als Photowiderstand, **b** als Photospannungsquelle

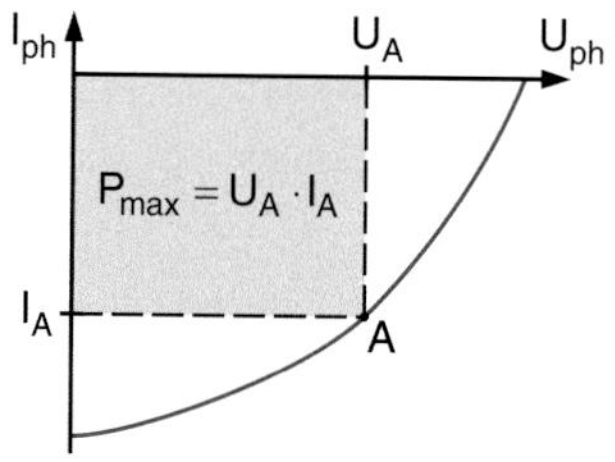

Abbildung 14.22 Strom-Spannungs-Charakteristik mit Füllfaktor und Leistungsbilanz einer Solarzelle

Diese Schaltung wird auch bei photovoltaischen ***Solarzellen*** zur Umwandlung von Lichtleistung in elektrische Leistung verwendet. Dabei muss der Verbraucherwiderstand R_A so angepasst werden, dass die Solarzelle die maximale Leistung abgibt. In Abb. 14.22 ist ein Ausschnitt aus der Strom-Spannungs-Charakteristik in Abb. 14.20b gezeigt. Durch Wahl des optimalen Verbraucherwiderstandes kann der Arbeitspunkt A so eingestellt werden, dass die schraffierte Fläche in Abb. 14.22, welche die elektrische Leistung $P = U \cdot I$ der Photozelle angibt, maximal wird [5].

Beispiel

Eine Silizium-Solarzelle mit $E_g = 1\,\text{V}$ kann eine maximale Photospannung von etwa 0,8 V abgeben. Die im optimalen Arbeitspunkt zur Verfügung stehende Spannung ist jedoch nur etwa 0,5 V. Man muss daher viele Photozellen hintereinander schalten, um genügend hohe Spannungen zu erreichen. Der Wirkungsgrad η, definiert als der Quotient aus eingestrahlter Sonnenleistung zu der von der Solarzelle abgegebenen elektrischen Leistung, ist im Allgemeinen kleiner als 15 %. Nur mit besonderen Schichtstrukturen (siehe unten) aus GaAs, die aber aufwändig sind, erreicht man Werte bis 40 %. ■

Dieser geringe Wirkungsgrad hat mehrere Ursachen: Wegen $h \cdot \nu > E_g$ kann aus dem kontinuierlichen Sonnenspektrum nur das genügend kurzwellige Licht Elektronen vom Valenzband ins Leitungsband anregen.

Die in der Grenzschicht erzeugten Photoelektronen bzw. Löcher können auf dem Wege vom Entstehungsort zu den Elektroden rekombinieren und gehen dadurch für die Stromerzeugung verloren. Diese Verluste lassen sich minimieren durch kurze Wege von der p-n-Grenzschicht bis zu den Elektroden.

Bei einer Silizium-Solarzelle werden nur etwa 77 % der Leistung des Sonnenspektrums mit $h \cdot \nu > E_g$ zur Elektronenanregung ausgenutzt. Für $h \cdot \nu > E_g$ erhalten die angeregten Elektronen im Leitungsband eine kinetische Energie $E_{kin} = h \cdot \nu - E_g$, die durch Stöße in Wärme umgewandelt wird und verlorengeht. Dies macht etwa 30 % der eingestrahlten Energie aus. Durch Rekombination gehen weitere 20 % verloren, und da der Füllfaktor maximal etwa 0,9 ist, bleiben insgesamt nur etwa 15 % Wirkungsgrad übrig [6]. Berücksichtigt man alle diese Faktoren, so können Silizium-Solarzellen eine maximale

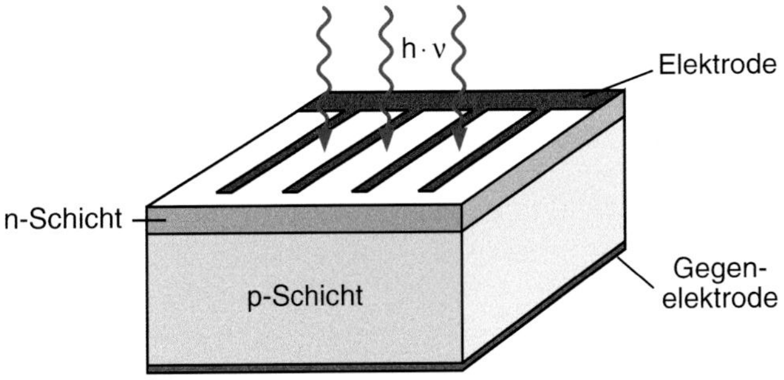

Abbildung 14.23 Schematische Darstellung einer Solarzelle

Leistung von 160 W/m^2 abgeben. Da bei der Montage zu größeren Modulen Flächen für die Halterungen nötig sind, wird die effektive Leistung/m^2 noch kleiner.

In Abb. 14.23 ist der Aufbau einer Solarzelle schematisch dargestellt. Da der Absorptionskoeffizient α für Photonen $h \cdot \nu > E_g$ bei direkten Bandübergängen (wie beim GaAs) sehr groß ist, müssen die p-n-Schichten sehr dünn sein (einige µm). Das Licht fällt durch eine dünne durchsichtige Metallschicht als obere Elektrode auf den p-n-Halbleiter, auf dessen Rückseite die Gegenelektrode aufgedampft ist. Um einen größeren Teil des Sonnenlichtes ausnutzen zu können, verwendet man Sandwich-Packungen von mehreren Dünnschicht-Solarzellen, bei denen in der obersten Lage Halbleiter mit großem Bandabstand E_g verwendet werden, danach solche mit immer kleineren Werten von E_g. Die Photospannungen der Sandwich-Schichten werden durch Hintereinanderschalten addiert.

Als Halbleitermaterial können kristalline Halbleiter, polykristalline (aus vielen Mikrokristallen bestehend) oder amorphe Halbleiter in dünnen Schichten verwendet werden. Bei der Betrachtung der Energiebilanz von Solarzellen müssen außer dem Aufwand für die Herstellung der Ausgangsmaterialien und den Kosten der Herstellung und Montierung auch die Energieamortisationszeiten berücksichtigt werden, d. h. die Zeiten, nach denen eine Solarzelle so viel Energie abgegeben hat, wie sie zu ihrer Herstellung verbraucht hat.

Obwohl der Wirkungsgrad bei kristallinen Halbleitern am größten ist, sind auch Kosten und Energieaufwand bei der Herstellung am größten. Am günstigsten erweisen sich zurzeit Dünnschichtzellen aus aufgedampftem amorphen Silizium. In Tab. 14.4 sind einige Daten für die verschiedenen Typen der Halbleiter zusammengestellt.

Die meisten der bisher hergestellten Solarzellen verwenden eine p-Typ Siliziumbasis. Vor einigen Jahren wurde am Fraunhofer Institut für Solare Energiesysteme (ISE)eine neue Herstellungstechnik mit einer n-Typ Siliziumbasis entwickelt, welche einige Vorteile für die Stromerzeugung hat. So ist dieser Solarzellentyp wesentlich unempfindlicher gegenüber Verunreinigen des Halbleitermaterials, was die Herstellung viel billiger werden lässt. Wirkungsgrade von 24 % wurden erreicht.

Besonders interessant ist die Entwicklung von amorphen Solarzellen auf einer dünnen Folie, die man biegen und an fast beliebige Unterlagen anpassen kann.

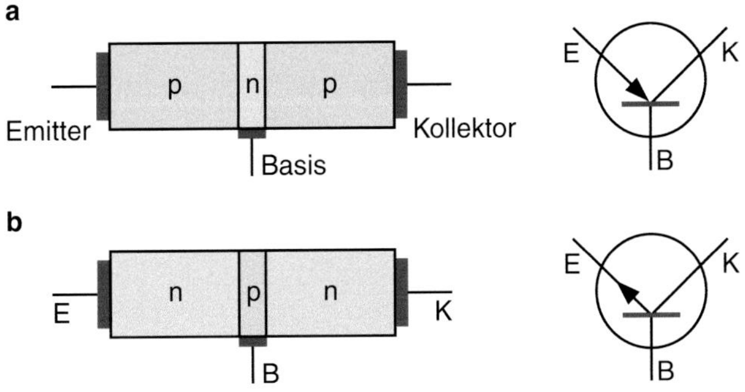

Abbildung 14.24 **a** pnp-Transistor und **b** npn-Transistor mit ihren Schaltzeichen

Völlig ohne Umweltbelastungen ist auch die solare Energieerzeugung nicht. Bei der Herstellung der Halbleiter werden chemische Prozesse benötigt, die unter anderem auch giftige Schwermetallabfälle wie z. B. karzinogenes Cadmium in gasförmiger, flüssiger und fester Form erzeugen. Da sich auf den Wänden der Aufdampfbehälter die Aufdampfmaterialien abscheiden, müssen diese öfter gereinigt werden, was mit säurehaltigeren Stoffen geschieht, die zur Umweltbelastung beitragen. Trotzdem ist die Ausnutzung der Sonnenenergie als Photovoltaik oder als solare Wärmeerzeugung insgesamt eine sehr umweltfreundliche und zukunftsträchtige Option [9].

14.3.4 Transistoren

Fügt man zwei p-n-Übergänge in entgegengesetzter Durchlassrichtung zusammen und versieht den Mittelteil der pnp- oder npn-Struktur mit einer zusätzlichen Elektrode, so entsteht ein ***Transistor*** (Abb. 14.24). Das Kunstwort steht als Abkürzung für die englische Bezeichnung „transfer resistor“, weil der Transistor in elektrischen Schaltungen als Impedanzwandler benutzt werden kann [7]. Seine Funktionsweise kann am Beispiel des pnp-Transistors folgendermaßen beschrieben werden (Abb. 14.25):

Der Übergang p_1-n sei in Durchlaßrichtung gepolt, d. h. an der Elektrode E liegt gegenüber B eine positive Spannung, sodass ein Strom vom ***Emitter*** E zur Basiselektrode B fließt, der im p_1-Teil überwiegend durch Löcher, im n-Teil durch Elektronen

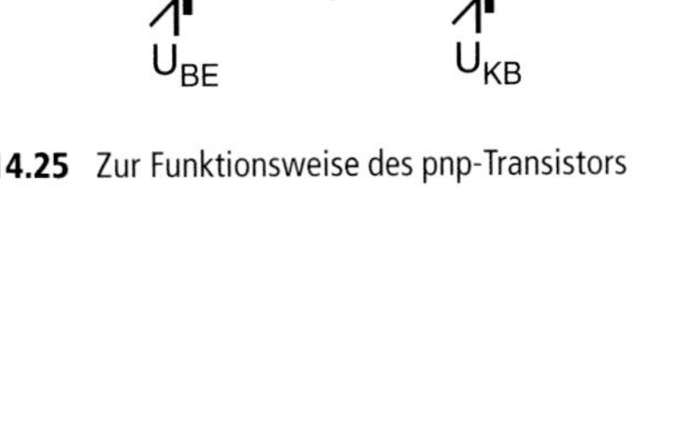

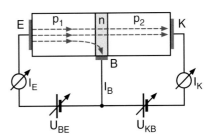

Abbildung 14.25 Zur Funktionsweise des pnp-Transistors

Tabelle 14.4 Charakteristische Daten einiger Solarzellentypen

Material	Wirkungsgrad	Lebensdauer	Energieamortisation
Gallium-Indiumdiphosphid	40,6 %	≈ 20 Jahre	3–5 Jahre
Galliumarsenid	15–20 %	25–30 Jahre	4–6 Jahre
monokristallines Silizium	15–20 %	15–20 Jahre	4–6 Jahre
polykristallines Silizium	10–15 %	25–30 Jahre	3–5 Jahre
amorphes Silizium	5–10 %	< 20 Jahre	2–3 Jahre
organische Solarzellen	5 %	?	

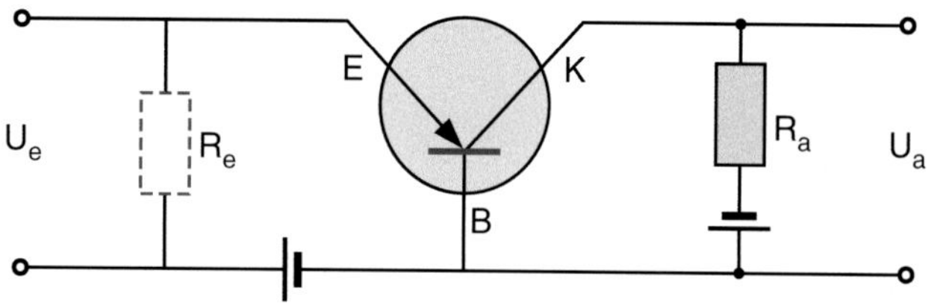

Abbildung 14.26 Basisschaltung

getragen wird. Der zweite Übergang n-p_2 sei in Sperrichtung gepolt, d. h. an K liegt eine negative Spannung gegenüber B.

Die Löcher können im n-Teil mit Elektronen rekombinieren, was zum Basisstrom beiträgt. Wenn die n-Schicht jedoch genügend dünn ist, kann ein Teil der Löcher durch die n-Schicht diffundieren, und in den p_2-Teil gelangen. Hier werden sie durch die negative Spannung am Kollektor K beschleunigt, rekombinieren an der Elektrode K mit den von der Spannungsquelle zugeführten Elektronen, die den Kollektorstrom I_K bilden. Die Stärke des Kollektorstromes hängt ab vom Emitterstrom und von der Basisspannung, weil diese den Anteil des Emitterstromes bestimmt, der auf die Basis fließt und daher dem Kollektorstrom fehlt. Ändert man bei fester Kollektor-Basis-Spannung U_{KB} den Emitterstrom I_E, so ändert sich der Kollektorstrom entsprechend. Diese in Abb. 14.26 gezeigte ***Basisschaltung***, bei der die Basis der gemeinsame Anschlusspunkt von Eingangs- und Ausgangskreis ist, kann als Spannungsverstärker genutzt werden.

Da der erste p-n-Übergang in Durchlassrichtung gepolt ist, wird der Eingangswiderstand R_e zwischen Emitter und Basis klein, während der Ausgangswiderstand R_a zwischen Kollektor und Basis wegen des in Sperrichtung gepolten n-p_2-Übergangs groß ist.

Wird an den Eingang eine Spannung U_e gelegt, so fließt ein Emitterstrom $I_E = U_e/R_e$, wobei R_e der Eingangswiderstand zwischen Emitter und Basis ist.

Die Ausgangsspannung, die am Ausgangswiderstand R_a abfällt, ist dann

$$U_a = R_a \cdot I_K = R_a \cdot \beta \cdot I_E = \beta \cdot \frac{R_a}{R_e} U_e\,, \tag{14.52}$$

wobei β der Bruchteil des Emitterstromes ist, der den Kollektor erreicht.

Um den Einsatz des Transistors als Verstärker quantitativ zu erfassen, benutzt man Kennliniendiagramme. In Abb. 14.27a ist die Eingangskennlinie der Basisschaltung dargestellt, welche die Abhängigkeit des Emitterstroms I_E von der Emitter-Basis-Spannung U_{EB} angibt. Man kann aus ihr bei Wahl eines Ar-

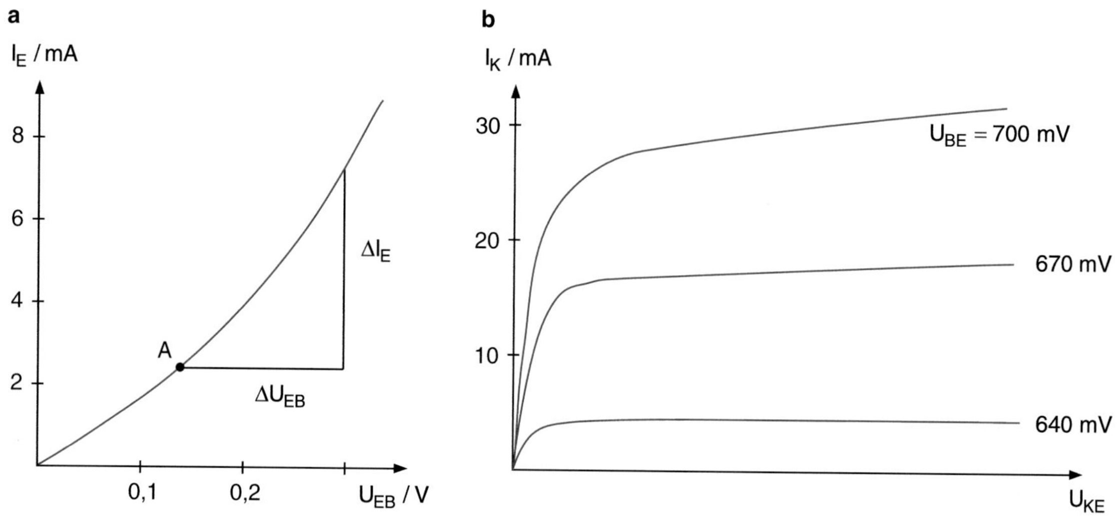

Abbildung 14.27 Kennlinien der Basisschaltung. **a** Eingangskennlinie der Basisschaltung; **b** Ausgangskennlinien (Kollektor-Strom gegen Kollektor-Emitter-Spannung) für verschiedene Werte der Basis-Emitter-Spannung

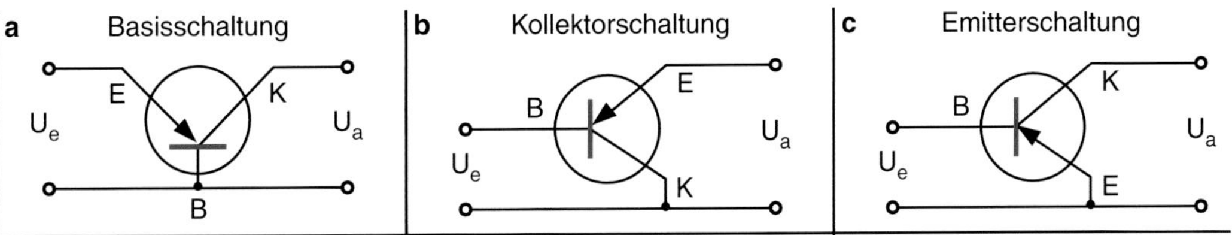

Schaltungs-symbol	a Basisschaltung	b Kollektorschaltung	c Emitterschaltung
Stromverstärkung bei Kurzschluß	0,90 – 0,99	20 – 100	20 – 100
Wechselstrom-Eingangswiderstand	50 – 100 Ω	1 – 10 kΩ	1 – 10 kΩ
Wechselstrom-Ausgangswiderstand	0,5 – 2 MΩ	10 – 100 Ω	50 – 200 kΩ

Abbildung 14.28 Die drei Grundschaltungen für Transistoren

beitspunktes A bestimmen, wie groß die Änderung ΔI_{E} bei einer Änderung U_{EB} ist.

In Abb. 14.27b sind Ausgangskennlinien $I_{\mathrm{K}}(U_{\mathrm{KE}})$ für verschiedene Werte der Basis-Emitter-Spannung U_{BE} gezeigt.

Um die relevanten Größen beim Betrieb eines Transistors zu bestimmen, muss man unterscheiden zwischen Gleichstromwiderständen $R_{=} = U/I$, die von den Werten von Strom und Spannung im Arbeitspunkt A der Kennlinie abhängen, und Wechselstromwiderständen (differentielle Widerstände) $R_{\sim} = \Delta U/\Delta I$, die von der Steigung der Kennlinie abhängen. Wie man aus Abb. 14.27a sieht, wird der differentielle Eingangswiderstand

$$R_{\mathrm{e}} = \Delta U_{\mathrm{EB}}/\Delta I_{\mathrm{E}}$$

umso kleiner, je größer die Steigung der Eingangskennlinie $I_{\mathrm{E}}(U_{\mathrm{EB}})$ ist. Der Ausgangswiderstand

$$R_{\mathrm{A}} = \Delta U_{\mathrm{KB}}/\Delta I_{\mathrm{K}}$$

ist in der Basisschaltung sehr groß, weil die Kennlinie $I_{\mathrm{K}}(U_{\mathrm{KB}})$ sehr flach verläuft. In der Basisschaltung (Abb. 14.28a) wird also durch den Transistor ein kleiner Eingangswiderstand in einen großen Ausgangswiderstand transformiert.

Die Wechselspannungsverstärkung ist

$$V = \frac{\Delta U_{\mathrm{a}}}{\Delta U_{\mathrm{e}}} = \frac{\Delta I_{\mathrm{K}} \cdot R_{\mathrm{a}}}{\Delta I_{\mathrm{e}} \cdot R_{\mathrm{e}}} = \beta \cdot \frac{R_{\mathrm{a}}}{R_{\mathrm{e}}}\,. \qquad (14.53)$$

Beispiel

$\beta = 0{,}9$, $R_{\mathrm{e}} = 100\,\Omega$, $R_{\mathrm{a}} = 10\,\mathrm{k}\Omega \Rightarrow V = 90$. ■

Oft muss man umgekehrt den hohen Ausgangswiderstand einer Schaltung an einen niederohmigen Verbraucher anpassen. Dazu ist die ***Kollektorschaltung*** geeignet, bei welcher der Kollektor der gemeinsame Anschlusspunkt von Eingangs- und Ausgangskreis ist (Abb. 14.28b). Hier wird nicht die Spannung, sondern der Strom verstärkt, da der Eingangswiderstand zwischen Basis und Kollektor groß, der Ausgangswiderstand zwischen Emitter und Kollektor jedoch klein ist.

Ein solcher Transistor in Kollektorschaltung ist z. B. nützlich, wenn die Ausgangspulse eines Pulsgenerators durch ein langes Kabel mit einem Wellenwiderstand von $50\,\Omega$ (siehe Bd. 2, Abschn. 7.9) geschickt werden sollen. Der Ausgangswiderstand der Kollektorschaltung kann an den Wellenwiderstand angepasst werden.

Die *Emitterschaltung* wird überwiegend zur Stromverstärkung benutzt. Dabei ist die Wechselstromverstärkung definiert als

$$\beta = \frac{\Delta I_{\mathrm{K}}}{\Delta I_{\mathrm{B}}}\,. \qquad (14.54)$$

Typische Werte sind $\beta = 20$–200. Sie hängen ab vom Transistortyp und vom Kollektorstrom.

14.3.5 Feldeffekt-Transistoren

Obwohl die ersten von *J. Bardeen* (1908–1991), *H. Brattain* (1902–1987) und *W. Shockley* (1910–1989) realisierten Transistoren die im vorigen Abschnitt behandelten bipolaren pnp- bzw. npn-Transistoren mit ausgedehnten flächenhaften p-n-Übergangszonen waren, wurden mit zunehmender technischer Beherrschung der Reinheit und der gezielten Dotierung von Halbleitern neue Transistortypen entwickelt, die wesentlich kleiner sind und mit weniger Leistung gesteuert werden können. Den größten Anteil an dieser Entwicklung haben die Feldeffekt-Transistoren. Ihre Wirkungsweise basiert auf der Steuerung des elektrischen Widerstandes einer Sperrschicht durch ein äußeres elektrisches Feld und wird schematisch in Abb. 14.29 illustriert.

Ein n-dotierter Halbleiter mit der Länge L, der Breite b und der Dicke d wird auf seiner Oberseite mit einer dünnen p-dotierten Schicht der Dicke w bedampft. Legt man zwischen die beiden mit Metallkontakten versehenen Endflächen eine Spannung U_{DS}, so fließt ein Strom

$$I_{\mathrm{s}} = U_{\mathrm{DS}}/R \quad \text{mit} \quad R = \varrho \cdot \frac{L}{b \cdot d}\,,$$

der vom spezifischen Widerstand ϱ, dem Querschnitt $b \cdot d$ und der Länge L des Halbleiters abhängt. Die Ladungsträger werden

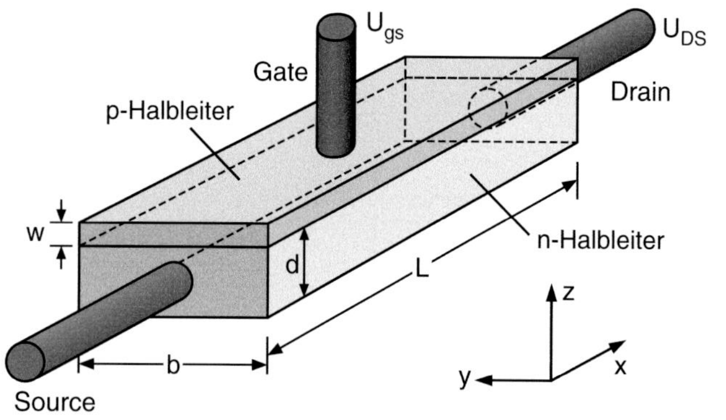

Abbildung 14.29 Prinzip des Feldeffekt-Transistors

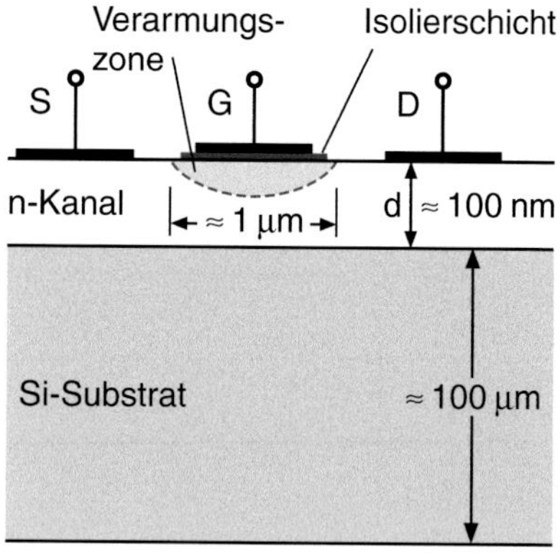

Abbildung 14.31 Schematische Darstellung eines MOSFET

an der Quellenelektrode (***Source***) eingeleitet und fließen am gegenüberliegenden Kontakt (***Drain***) wieder ab.

Wird jetzt an eine dritte Elektrode (***Gate***) auf der Oberfläche der aufgebrachten dünnen p-Schicht (durch eine isolierende Schicht getrennt) eine Spannung angelegt mit einer Polarität, die den p-n-Übergang sperrt, so entsteht eine Verarmungszone an freien Ladungsträgern oberhalb und unterhalb der p-n-Grenzfläche, deren Breite d_s in der z-Richtung nach (14.45) von der Größe der Gatespannung U_{gs} abhängt. Die Querschnittsfläche des n-leitenden Halbleiters wird durch diese Verarmungszone für Ladungsträger auf den Wert $(d - d_s) \cdot b$ verringert, sodass der elektrische Widerstand und damit der Strom zwischen Source- und Drain-Elektrode zunimmt, wie dies schematisch in Abb. 14.30 gezeigt ist.

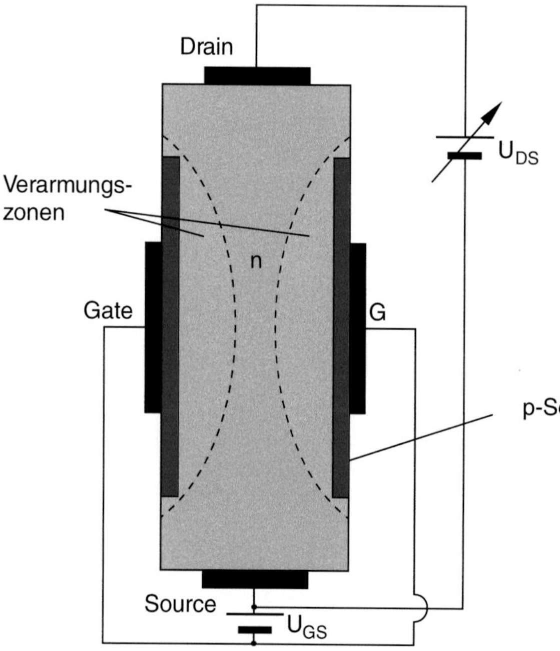

Abbildung 14.30 Bildung der Verarmungszonen im Feldeffekt-Transistor

Man kann also den Strom I_s steuern durch ein elektrisches Feld in z-Richtung senkrecht zur Stromrichtung. Da diese Steuerung nur sehr kleine Leistungen verbraucht (man muss die Kapazität zwischen p-n-Grenzfläche und der Gateelektrode umladen), kann man Ströme fast verlustfrei steuern.

Deshalb heißt dieser Transistortyp Feldeffekt-Transistor (FET) [8]. Besteht der Leitungskanal aus einem n-Halbleiter (d. h. die Ladungsträger sind Elektronen), so spricht man von einem n-Kanal FET, bei p-Halbleitern vom p-Kanal-FET. In beiden Fällen trägt nur *eine* Ladungsträgerart zum Stromtransport bei. Feldeffekt-Transistoren heißen deshalb auch unipolare Transistoren im Gegensatz zu den bipolaren pnp-Transistoren des vorigen Abschnitts.

Die größten technischen Anwendungen haben FET, bei denen die Gateschicht aus Metall besteht, die vom Halbleiter durch eine dünne Isolierschicht getrennt sind. Eine mögliche Ausführungsform verwendet Si als Halbleitermaterial, SiO_2 als Isolator und ein Metall als Gateelektrode (Abb. 14.31). Ein solcher Feldeffekttransistor heißt MOSFET (metal-oxide-semiconductor FET). Sie werden in integrierten Schaltungen eingesetzt und nehmen nur noch ein Volumen von wenigen μm^3 ein.

Das Siliziumsubstrat hat wegen der geringen Ladungsträgerkonzentration einen großen spezifischen Widerstand. Der Strom zwischen S und D in Abb. 14.31 wird fast ausschließlich durch eine dünne n-leitende Schicht mit einer Dicke von etwa 100 nm fließen, die durch Ionenimplantation erzeugt wurde.

Die Dimension des Gatekontaktes ist $l \cdot b \approx 1 \times 100\,\mu m$, wobei b die Breite senkrecht zur Zeichenebene ist.

Legt man eine Sperrspannung U_{gs} an die Gateelektrode, so entsteht die in Abb. 14.31 rot markierte Verarmungszone in der n-leitenden Schicht, deren Ausdehnung von U_{gs} abhängt, welche den Widerstand zwischen S und D steuert.

14.3.6 Integrierte Schaltungen

Integrierte Schaltungen sind auf einem Halbleitersubstrat aufgebrachte elektronische Schaltungen im Miniaturformat aus Dioden, Transistoren. Kondensatoren, Widerständen und elektrischen Verbindungen. Man nennt sie deshalb auch monolytische Schaltkreise. Während man früher elektronische Schaltungen aus einzelnen diskreten Schaltelementen aufbaute, die durch Drähte zu einem Schaltkreis verbunden waren, wurden seit etwa 1958 von mehreren Erfindern neue Ideen entwickelt, wie man solche Schaltkreise in einer sehr kompakten Form auf einem Halbleiter integrieren könnte.

Die Herstellung erfolgt durch sukzessiv aufgebrachte Strukturen. Die Halbleiteroberfläche wird durch einen lichtempfindlichen Lack geschützt, dann durch eine vorgefertigte Maske belichtetet. Die belichteten Stellen der Lackschicht auf der Oberfläche können dann durch eine chemische Behandlung entfernt werden. Auf sie wird durch Aufdampfen oder durch Ionen-Implantation die gewünschte Schicht der Bauelemente aufgebracht. Dieses Verfahren wird mehrmals wiederholt bis alle notwendigen Strukturen der Schaltelemente fertig sind. Da das Verfahren sehr aufwändig ist, werden auf einer dünnen Halbleiterscheibe mit Durchmessern von etwa 10 cm sehr viele integrierte Schaltungen gleichzeitig aufgebracht, die dann nach Beendigung des Fertigungsprozesses durch Laserschneiden getrennt werden. Da die Größe der einzelnen Schaltelemente im Submikrometerbereich liegt, ist eine genaue Positionierung des Substrates notwendig. Dies gelingt mithilfe der Laser-Interferometrie.

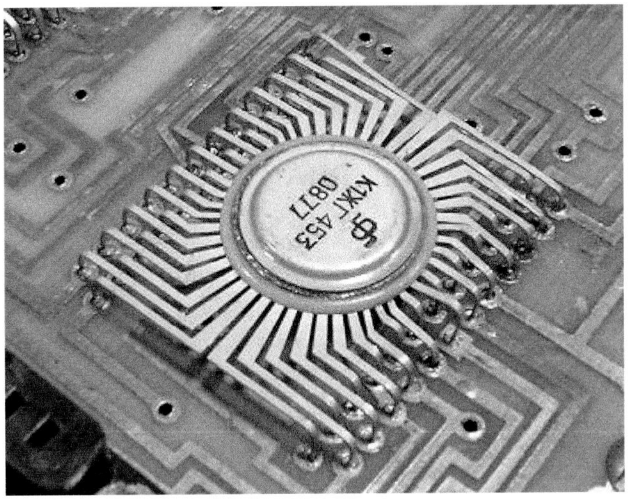

Abbildung 14.32 Beispiel für einen integrierten Schaltkreis [10]

In Abb. 14.32 ist ein frühes Beispiel einer solchen integrierten Schaltung gezeigt, wobei die Schaltelemente im Inneren Kreis liegen und ihre elektrischen Verbindungen nach außen durch Golddrähte realisiert werden [10, 11].

Zusammenfassung

- Die elektrische Leitfähigkeit $\sigma_{el} = n_e(u^- + u^+)$ von Halbleitern hängt ab von Elektronendichte n_e im Leitungsband und Beweglichkeit u^- der Elektronen bzw. u^+ der Löcher. Sie steigt stark mit der Temperatur, im Gegensatz zu Metallen.
- Die Ladungsträgerdichte n_e kann durch Temperaturerhöhung, aber auch durch Lichtabsorption erhöht werden.
- Man kann die Leitfähigkeit durch Dotierung des reinen Halbleiters mit Fremdatomen stark erhöhen.
- Fünfwertige Atome im vierwertigen Halbleiter sind Elektronenspender (Donatoren), dreiwertige sind Elektronenfallen (Akzeptoren). Die Energieniveaus der Donatoren liegen in der Bandlücke des Halbleiters, dicht unter dem Leitungsband, die Niveaus der Akzeptoren dicht oberhalb des Valenzbandes. Halbleiter mit Donatoren heißen n-Halbleiter, solche mit Akzeptoren p-Halbleiter.
- Bringt man einen n- und einen p-dotierten Halbleiter in Kontakt, so entsteht ein p-n-Übergang. Durch die Diffusion von Elektronen vom n- in den p-Teil und von Löchern vom p- in den n-Teil entsteht eine Kontaktspannung, die sich so einstellt, dass die Fermi-Energie in beiden Teilen gleich wird. Auf beiden Seiten der Kontaktebene entsteht eine Verarmungszone an beweglichen Ladungsträgern.
- Ein p-n-Übergang wirkt als elektrische Diode. Legt man eine positive äußere Spannung an den p-Teil, so wird die Diffusionsspannung verkleinert, es fließt ein Strom. Durch eine negative Spannung wird der Spannungssprung am p-n-Kontakt vergrößert. Die Diode sperrt den Strom.
- Wird der p-n-Übergang mit Licht $h \cdot \nu > E_g$ bestrahlt, so werden Elektronen aus dem Valenzband ins Leitungsband angeregt. Die Diffusionsspannung wird verringert, und zwischen den Enden der p-n-Diode entsteht eine Spannung (Photospannung). Diese Photodioden können als Lichtdetektoren, aber auch zur Umwandlung von Lichtenergie in elektrische Energie verwendet werden (Solarzellen).
- Aus einer Kombination von pnp- oder npn-Halbleitern entsteht ein Transistor. Er kann je nach Beschaltung als Spannungs- oder Stromverstärker verwendet werden.
- Feldeffekt-Transistoren verwenden die Steuerung des elektrischen Widerstandes zwischen Quelle (Source) und Senke (Drain) durch ein elektrisches Feld, das durch eine Steuerspannung an der dritten Elektrode (Gate) erzeugt wird. Dieses Feld bewirkt eine Ladungsträger-Verarmungszone, deren Ausdehnung durch die Gate-Spannung gesteuert wird.

Aufgaben

14.1 In einem n-Halbleiter ohne Akzeptoren mit $E_g = 0{,}5\,\text{eV}$ sei die Donatorkonzentration $N_D = 10^{19}/\text{m}^3$. Ihre Ionisierungsenergie sei $10^{-2}\,\text{eV}$. Wie groß ist bei $T = 70\,\text{K}$ die Konzentration der Leitungselektronen?

14.2 Die Relaxationszeit der Leitungselektronen eines reinen Halbleiters sei $\tau = 10^{-13}\,\text{s}$, bei einer Temperatur von $T = 300\,\text{K}$. Die Bandlücke sei $\Delta E = 0{,}5\,\text{eV}$. Wie groß sind Beweglichkeit u, Ladungsträgerdichte n_e und Leitfähigkeit σ_{el}, wenn die effektive Masse $m^* = m_e = m_p$ ist?

14.3 Wie groß ist die Zustandsdichte im Leitungsband eines reinen Halbleiters 0,2 eV oberhalb der Bandkante für $m = m_e$?

14.4 Welcher Prozentsatz aller Donatoren eines n-dotierten Halbleiters ($N_D = 10^{24}/\text{m}^3$) ist bei $T = 300\,\text{K}$ ionisiert, wenn die Bandlücke 0,5 eV und die Energie E_D der Donatoratome 0,45 eV beträgt?

14.5 Wie groß ist die Dicke d der Sperrschicht eines p-n-Überganges bei einer Diffusionsspannung von 0,4 eV und Dotierungen $n_A = n_D = 10^{22}/\text{m}^3$?

14.6 Eine Photodiode habe einen Dunkelwiderstand von $R_{ph} = 100\,\text{k}\Omega$. Sie wird als Photowiderstand geschaltet. Bei Beleuchtung sinke R_{ph} auf $10\,\text{k}\Omega$. Wie groß ist der maximale Spannungssprung bei optimal gewähltem Vorwiderstand, wenn die Versorgungsspannung $V_0 = 12\,\text{V}$ beträgt?

14.7 Zeigen Sie, dass die Fermi-Energie im n-Halbleiter bei $T = 0$ in der Mitte zwischen E_D und E_g liegt.

Literatur

1. G. Busch, H. Schade: Vorlesungen über Festkörperphysik. Birkhäuser, Basel (1973)
2. I. Ruge, H. Mader: Halbleitertechnologie, 3. Aufl. Springer, Berlin, Heidelberg (1991)
3. A. Möschwitzer: Elektronische Halbleiterbauelemente. Hanser, München (1992)
4. R. Müller: Grundlagen der Halbleiterelektronik, 8. Aufl. Springer, Berlin, Heidelberg (2008)
5. K.A. Jones: Optoelektronik. VCH, Weinheim (1992)
   E. Hering, R. Martin: Photonik, Grundlagen, Technologie und Anordnung. Springer, Berlin, Heidelberg (2005)
6. A. Goetzberger, V. Wittwer: Sonnenenergie. Teubner, Stuttgart (1993)
   P. Würfel: Physik der Solarzellen. Spektrum Akad. Verlag, Heidelberg (2000)
   Ch. Brabec: Organic Photovoltaics. Wiley-VCH, Weinheim (2008)
7. U. Tietze, Ch. Schenk: Halbleiter-Schaltungstechnik, 12. Aufl. Springer, Berlin, Heidelberg (2002)
8. M. Reisch: Halbleiter-Bauelemente. Springer Berlin, Heidelberg (2007)
9. http://de.wikipedia.org/wiki/Solarzelle
   http://www.solarserver.de/wissen/photovoltaik.html
10. D. Widmann, H. Mader H. Friedrich: Technologie hochintegrierter Schaltungen, 2. Aufl. Springer, Berlin, Heidelberg (1996)
    H. Göbel, H. Siemund: Einführung in die Halbleiterschaltungen. Springer, Berlin, Heidelberg (2008)
11. Y. Taur, T.H. Ning: Fundamentals of Modern VLSI Devices, 2. Aufl. Cambridge Univ. Press (2013)

Allgemeine Literatur über Halbleiter

12. R. Enderlein, A. Schenk: Grundlagen der Halbleiterelektronik. Akademie Verlag, Berlin (1992)
13. D.A. Neaman: Semiconductor Physics and Devices. Basic Principles. McGraw-Hill (2011)
14. H. Göbel: Einführung in die Halbleiter-Schaltungstechnik. Springer Lehrbuch. Springer-Vieweg (2014)

Dielektrische und optische Eigenschaften von Festkörpern

15

W. Demtröder, *Experimentalphysik 3*, Springer-Lehrbuch, DOI 10.1007/978-3-662-49094-5_15

Wenn elektromagnetische Wellen auf einen Festkörper treffen, so wird ein Teil der Welle reflektiert, der andere Teil läuft durch den Festkörper und erfährt dabei Absorption, eine Phasenverzögerung und eventuell auch eine Richtungsänderung (Brechung). Wir hatten in Bd. 2, Kap. 8 diese Phänomene bereits auf einer makroskopischen Ebene diskutiert und dabei den komplexen Brechungsindex eingeführt, um Absorption und Dispersion zu beschreiben. Die Maxwellgleichungen konnten durch Einführung der dielektrischen Polarisation, welche pauschal die Verformung der Elektronenhüllen der Atome unter den Einfluss der elektromagnetischen Welle berücksichtigt, das Verhalten elektromagnetischer Wellen in Medien durch ein klassisches makroskopisches Modell darstellen. Wir wollen uns jetzt etwas genauer mit den verschiedenen Ursachen für den spektralen Verlauf von Absorption und Dispersion in Festkörpern befassen und die Ursachen für diese Phänomene in den verschiedenen Spektralbereichen auf mikroskopischer Ebene behandeln [1–4].

15.1 Dielektrische Polarisation und lokales Feld

Die dielektrische Polarisation ist definiert als makroskopisches elektrisches Dipolmoment pro Volumen (siehe Bd. 2, Abschn. 1.9)

$$\boldsymbol{P} = \sum_n q_n \boldsymbol{R}_n = \sum \boldsymbol{p}_n \,, \tag{15.1}$$

wobei n die Atomzahldichte und $\boldsymbol{R}_n$ der Ortsvektor der Ladung q_n vom Koordinatenursprung aus ist (Abb. 15.1).

Ein elektrischer Dipol $\boldsymbol{p}$ erzeugt nach Bd. 2, Gl. (1.25) in einem Aufpunkt P($\boldsymbol{r}$) ein elektrisches Feld

$$\boldsymbol{E}(\boldsymbol{r}) = \frac{3(\boldsymbol{p}\cdot\boldsymbol{r})\boldsymbol{r} - r^2\boldsymbol{p}}{4\pi\varepsilon_0 r^5} \,, \tag{15.2}$$

wobei $\boldsymbol{r}$ der Vektor vom Dipolschwerpunkt (der in den Koordinatenursprung gelegt wird) zum Aufpunkt bedeutet (Abb. 15.1b). Im dielektrischen Festkörper gibt es nun (anders als im Gas, in dem wegen der viel geringeren Dichte die Wechselwirkung zwischen den verschiedenen Dipolen vernachlässigt werden kann) viele solcher Dipole (entweder permanente oder durch ein äußeres Feld induzierte), deren elektrische Felder sich überlagern. Als *lokales Feld* bezeichnen wir das aktuelle Feld am Ort eines Atoms, das durch das resultierende Feld aller Dipole und durch ein eventuelles äußeres Feld erzeugt wird.

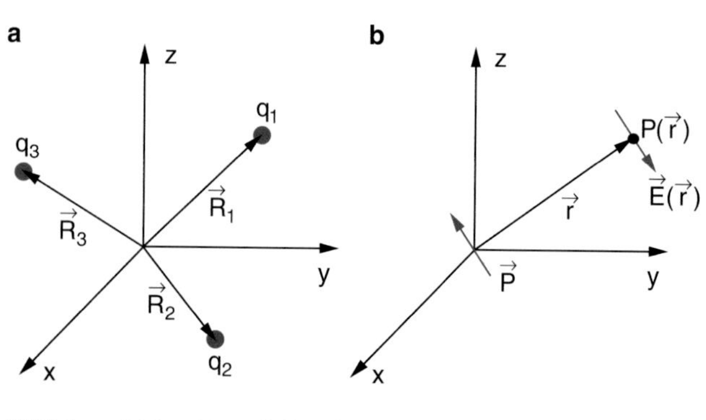

Abbildung 15.1 **a** Zur Definition der Polarisation **b** Feld eines elektrischen Dipols im Ursprung gemessen im Aufpunkt P

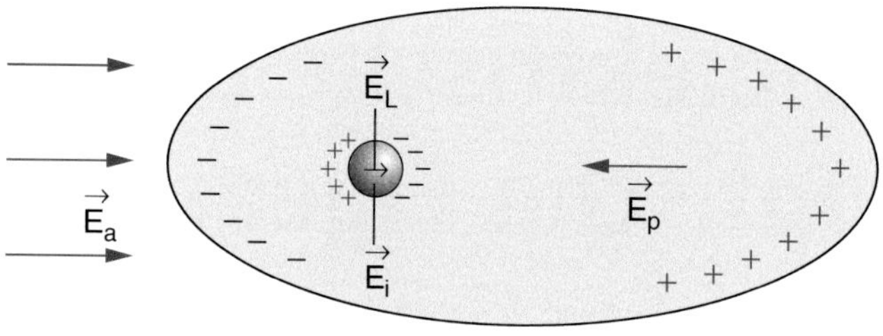

Abbildung 15.2 Zur Illustration von $\boldsymbol{E}_\mathrm{p}, \boldsymbol{E}_\mathrm{L}, \boldsymbol{E}_\mathrm{i}$ und $\boldsymbol{E}_\mathrm{a}$ in (15.3)

Dieses lokale Feld $\boldsymbol{E}_\mathrm{lok}$ stimmt im Allgemeinen *nicht* überein mit dem aus den Maxwellgleichungen erhaltenen Feld, das einen Mittelwert über das Volumen des Festkörpers angibt.

Wir betrachten eine kleine fiktive Hohlkugel im Inneren des Dielektrikums, in deren Mittelpunkt $\boldsymbol{r} = \boldsymbol{0}$ wir das lokale Feld berechnen wollen (Abb. 15.2). Das lokale Feld kann man sich dann als Überlagerung mehrerer Beiträge vorstellen:

$$\boldsymbol{E}_\mathrm{lok} = \boldsymbol{E}_\mathrm{a} + \boldsymbol{E}_\mathrm{p} + \boldsymbol{E}_\mathrm{L} + \boldsymbol{E}_\mathrm{i} \,; \tag{15.3}$$

dabei ist $\boldsymbol{E}_\mathrm{a}$ das von außen angelegte Feld, $\boldsymbol{E}_\mathrm{p} = -\boldsymbol{P}/\varepsilon_0$ das durch die Polarisationsladungen auf der Oberfläche des Dielektrikums erzeugte Polarisationsfeld (oft auch Entelektrisierungsfeld genannt). Das gemittelte, in den Maxwellgleichungen verwendete Feld ist dann nach Bd. 2, Gl. (1.57)

$$\boldsymbol{E}_\mathrm{diel} = \boldsymbol{E}_\mathrm{a} + \boldsymbol{E}_\mathrm{p} = \boldsymbol{E}_\mathrm{a} - \boldsymbol{P}/\varepsilon_0 \,. \tag{15.4}$$

Der Beitrag $\boldsymbol{E}_\mathrm{L}$ (Lorentzfeld) ist das Feld der Polarisationsladungen auf der Innenseite unserer fiktiven Hohlkugel, und $\boldsymbol{E}_\mathrm{i}$ das Feld der Atome innerhalb der Hohlkugel.

Die Summe $\boldsymbol{E}_\mathrm{p} + \boldsymbol{E}_\mathrm{L} + \boldsymbol{E}_\mathrm{i}$ in (15.3) stellt den Beitrag der Dipolmomente aller Atome des Dielektrikums zum lokalen Feld am Ort $\boldsymbol{r} = \boldsymbol{0}$ dar. Um das Lorentzfeld $\boldsymbol{E}_\mathrm{L}$ zu berechnen, das von den Polarisationsladungen auf dem Innenrand der fiktiven Hohlkugel im Mittelpunkt der Kugel erzeugt wird, legen wir in Abb. 15.3 die als homogen angesehene Polarisation $\boldsymbol{P}$ im Dielektrikum in die z-Richtung. Die Oberflächennormale $\hat{n}$ der Kugelfläche zeigt vom Zentrum der Kugel weg, deshalb gilt:

$$\boldsymbol{P}\cdot\hat{n} = -P\cdot\cos\vartheta \,.$$

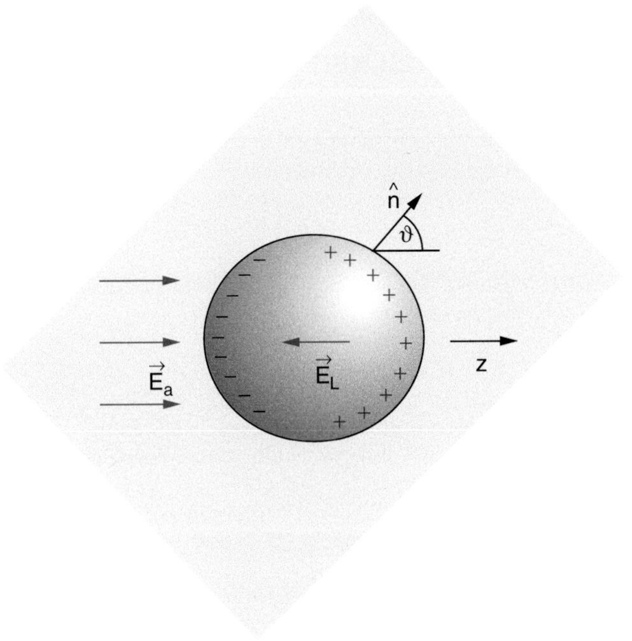

Abbildung 15.3 Zur Herleitung des Lorentzfeldes

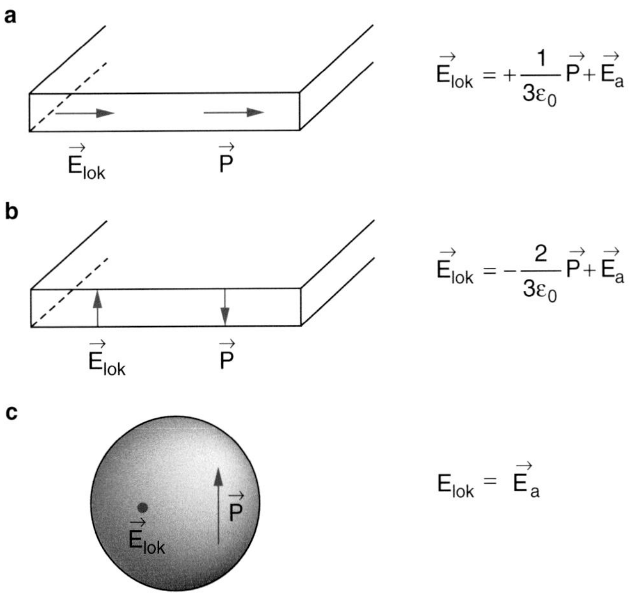

Abbildung 15.4 Illustration des lokalen Feldes für einfache Geometrien

Das Oberflächenelement ist $dS = r^2 \sin d\vartheta\, d\varphi$. Dann gilt nach (15.2) (siehe auch Aufgabe 15.1)

$$|\boldsymbol{E}_L(0)| = \frac{1}{4\pi\varepsilon_0} \int\limits_{\vartheta=0}^{\pi} \int\limits_{\varphi=0}^{2\pi} \frac{P \cdot \cos\vartheta}{r^3} r \cdot \cos\vartheta \cdot r^2 \sin\vartheta\, d\vartheta\, d\varphi = \frac{1}{3} P/\varepsilon_0 \,, \qquad (15.5)$$

sodass wir aus (15.3) für das lokale Feld erhalten:

$$\boldsymbol{E}_{lok} = \boldsymbol{E}_{diel} + \frac{1}{3} P/\varepsilon_0 + \boldsymbol{E}_i = \boldsymbol{E}_a - \frac{2}{3} P/\varepsilon_0 + \boldsymbol{E}_i \quad , \qquad (15.6)$$

weil nach (15.4) $E_{diel} = E_a - P/\varepsilon_0$ ist. Das Feld $\boldsymbol{E}_i$ aller Dipole im Inneren der Hohlkugel können wir im Prinzip nach (15.2) berechnen, wobei wir über alle Dipole $\boldsymbol{p}_i$ summieren müssen. *Dieses Feld $\boldsymbol{E}_i$ ist der einzige Term in* (15.3), *der von der Symmetrie des Kristalls abhängt.* Bei allen kubischen Gittern ist $E_i = 0$ [1].

Wenn der Kristall ein Atom pro primitive Einheitszelle besitzt, erfahren alle Atome das gleiche lokale Feld und haben das gleiche Dipolmoment $\boldsymbol{p}$. Das Feld der Dipole im Inneren der Kugel ist dann

$$\boldsymbol{E}_i = \sum_i \frac{3(\boldsymbol{p} \cdot \boldsymbol{r}_i)\boldsymbol{r}_i - r_i^2 \boldsymbol{p}}{4\pi\varepsilon_0 r_i^5} \,. \qquad (15.7)$$

Für die induzierten Dipole im Inneren der Hohlkugel muss gelten:

$$\boldsymbol{p} = \alpha \cdot \boldsymbol{E}_{lok} \,, \qquad (15.8)$$

sodass man in (15.7) $\boldsymbol{p}$ und damit auch $\boldsymbol{E}_i$ durch das lokale Feld ersetzen kann, das wegen der Abhängigkeit von $\boldsymbol{E}_i$ auch von der Kristallsymmetrie abhängt.

In Abb. 15.4 sind für einige Kristallgeometrien die entsprechenden lokalen Felder illustriert.

In einem homogenen Körper (z. B. einem amorphen Festkörper) oder auch in einem Kristall mit kubischer Symmetrie ist $\boldsymbol{E}_i = \boldsymbol{0}$ (Aufgabe 15.2). Dann vereinfacht sich (15.6) zu

$$\boldsymbol{E}_{lok} = \boldsymbol{E}_{diel} + \frac{1}{3} P/\varepsilon_0 = (1 + \chi/3)\boldsymbol{E}_{diel} \,, \qquad (15.9)$$

wobei wir die dielektrische Suszeptibilität $\chi = P/(\varepsilon_0 E_{diel})$ verwendet haben (siehe Bd. 2, Abschn. 1.7).

Für eine homogene kugelförmige Probe (Abb. 15.4c) wird

$$\boldsymbol{E}_{lok} = \boldsymbol{E}_a - \left(\frac{1}{3}\varepsilon_0\right)\boldsymbol{P} + \left(\frac{1}{3}\varepsilon_0\right)\boldsymbol{P} = \boldsymbol{E}_a \,.$$

Für eine dünnen Scheibe mit der Scheibennormale in Feldrichtung (Abb. 15.4b) wird

$$\boldsymbol{E}_{lok} = \boldsymbol{E}_a - \left(\frac{1}{\varepsilon_0}\right)\boldsymbol{P} + \left(\frac{1}{3\varepsilon_0}\right)\boldsymbol{P} = \boldsymbol{E}_a - \left(\frac{2}{3\varepsilon_0}\right)\boldsymbol{P}.$$

Wenn die Scheibennormale senkrecht zur Feldrichtung zeigt (Abb. 15.4a) wird

$$\boldsymbol{E}_{lok} = \boldsymbol{E}_a + \left(\frac{1}{3\varepsilon_0}\right)\boldsymbol{P} \,.$$

Kapitel 15

Wegen $\chi > 0$ ist das lokale Feld (15.9) immer größer als das in den Maxwellgleichungen verwendete gemittelte Feld E_{diel}.

Da im makroskopischen Modell für die Polarisation $\boldsymbol{P} = \varepsilon_0 \cdot \chi \cdot \boldsymbol{E}_{\text{diel}}$ gilt, im mikroskopischen Modell aber bei einer Dichte N der Dipole

$$\boldsymbol{P} = N \cdot \alpha \boldsymbol{E}_{\text{lok}}$$

gelten muss, folgt:

$$N \cdot \alpha \boldsymbol{E}_{\text{lok}} = \chi \cdot \varepsilon_0 \cdot \boldsymbol{E}_{\text{diel}} \,. \tag{15.10}$$

Mit (15.9) ergibt sich damit für die Suszeptibilität

$$\chi = \frac{N \cdot \alpha}{\varepsilon_0 - N \cdot \alpha/3} \,. \tag{15.11}$$

Verwendet man die relative Dielektrizitätszahl $\varepsilon = 1 + \chi$, so wird aus (15.11) für kubische Gitter mit einem Atom pro Basiszelle oder für amorphe Festkörper die Relation

$$\varepsilon = 1 + \chi = 1 + \frac{N \cdot \alpha}{\varepsilon_0 - N \cdot \alpha/3} \,, \tag{15.12a}$$

was durch Umformen zur Clausius-Mosotti-Relation

$$\frac{\varepsilon - 1}{\varepsilon + 2} = \frac{N \cdot \alpha}{3\varepsilon_0} \tag{15.12b}$$

wird. In einem kubischen Kristall mit mehreren Atomen pro Elementarzelle muss (15.12) erweitert werden zu der Summe

$$\frac{\varepsilon - 1}{\varepsilon + 2} = \frac{1}{3\varepsilon_0} \sum_i N_i \alpha_i \tag{15.13}$$

über die einzelnen Atome der Elementarzelle.

Beispiel

Ein amorpher dielektrischer Festkörper mit $\varepsilon = 4$ und einer Atomdichte $N = 5 \cdot 10^{28}\,\text{m}^{-3}$ möge sich im äußeren Feld $\boldsymbol{E}_\text{a} = 10^3\,\text{V/m}$ eines Plattenkondensators befinden. Dann ist nach (15.12) die Polarisierbarkeit

$$\alpha = \frac{3\varepsilon_0}{N} \cdot \frac{\varepsilon - 1}{\varepsilon + 2} = 3{,}54 \cdot 10^{-40}\,[\text{A} \cdot \text{s} \cdot \text{m}^2/\text{V} = \text{F} \cdot \text{m}^2] \,.$$

Das makroskopische Feld im Dielektrikum ist $\boldsymbol{E}_{\text{diel}} = \boldsymbol{E}_\text{a}/\varepsilon = 250\,\text{V/m}$. Das lokale Feld hat jedoch nach (15.9) den Wert

$$E_{\text{lok}} = 1 + \frac{1}{3}(\varepsilon - 1)E_{\text{diel}} = 2E_{\text{diel}}$$

und ist daher doppelt so groß wie das makroskopische Feld. ■

15.2 Festkörper mit permanenten elektrischen Dipolen

In einem Festkörper mit permanenten elektrischen Dipolen $\boldsymbol{p}$ übt ein elektrisches Feld ein Drehmoment

$$\boldsymbol{D} = \boldsymbol{p} \times \boldsymbol{E} \tag{15.14}$$

aus, das versucht, die Dipole in Feldrichtung auszurichten. Die Wechselwirkungsenergie ist

$$W = -\boldsymbol{p} \cdot \boldsymbol{E} = -p \cdot E \cdot \cos\vartheta \,. \tag{15.15}$$

Für frei rotierende Dipole ist die Wahrscheinlichkeit, dass die Dipole den Winkel ϑ mit der Feldrichtung einnehmen, durch den Boltzmann-Faktor $\mathrm{e}^{-W/kT} = \mathrm{e}^{-pE\cos\vartheta/kT}$ gegeben. Damit ergibt sich für $\boldsymbol{E} = (0, 0, E_z)$ der Mittelwert der über alle Winkel ϑ gemittelten Dipolkomponente $p_z = p \cdot \cos\vartheta$:

$$\begin{aligned} \langle p_z \rangle &= \frac{\int_0^\pi p\cos\vartheta\,\mathrm{e}^{-pE\cos\vartheta/kT}\sin\vartheta\,\mathrm{d}\vartheta}{\int_0^\pi \mathrm{e}^{-pE\cos\vartheta/kT}\sin\vartheta\,\mathrm{d}\vartheta} \\ &= p\big[\coth(pE/kT) - kT/(pE)\big] \,. \end{aligned} \tag{15.16}$$

Für die makroskopische Polarisation erhält man dann bei einer Dichte n der permanenten Dipole

$$\begin{aligned} \langle P \rangle &= N \cdot \langle p_z \rangle \\ &= N \cdot p \cdot \big[\coth(pE/kT) - kT/(pE)\big] \,. \end{aligned} \tag{15.17}$$

Die Polarisation hängt also ab vom Verhältnis $x = p \cdot E/kT$ der potentiellen Energie $p \cdot E$ des Dipols zur thermischen Energie $k \cdot T$. Wird dieses Verhältnis klein ($T \to \infty$), so geht die makroskopische Polarisation gegen null, weil dann alle Dipole statistisch gleichmäßig in alle Richtungen zeigen. Für $x \ll 1$ lässt sich die Funktion $\coth x - 1/x$ entwickeln und liefert den Wert $pE/3kT$, sodass man die makroskopische Polarisation für $kT \gg pE$, mit $E = |\boldsymbol{E}|$,

$$\boldsymbol{P}(T) = \frac{1}{3} N p^2 E/kT \tag{15.18}$$

erhält. Dies lässt sich wegen $P = \varepsilon_0 \chi \cdot E$ durch eine ***temperaturabhängige Suszeptibilität***

$$\chi(T) = \frac{Np^2}{3\varepsilon_0 kT} \quad \text{für } \boldsymbol{p} \cdot \boldsymbol{E} \ll kT \tag{15.19}$$

beschreiben.

In einem genaueren Modell muss man berücksichtigen, dass in einem Festkörper die Dipole im Allgemeinen nicht frei rotieren können, weil die Wechselwirkung der Dipole mit dem anisotropen lokalen Feld eines anisotropen Kristalls nur ausgezeichnete Richtungen für die Dipolorientierung energetisch favorisiert, zwischen denen Energiebarrieren liegen, die bei $T =$

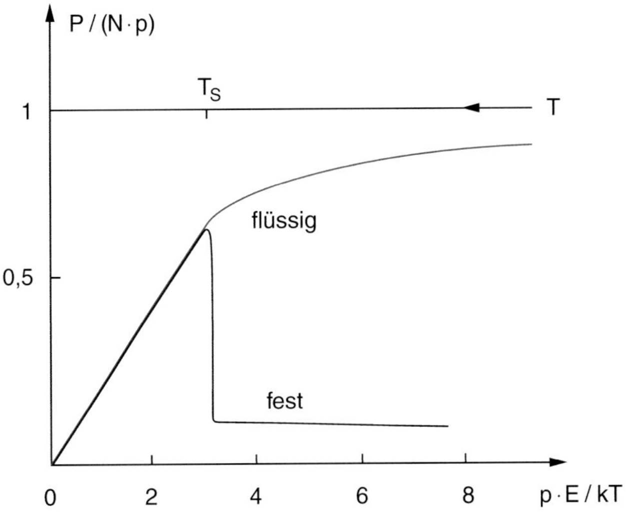

Abbildung 15.5 Temperaturverlauf der Orientierungspolarisation im festen und flüssigen Zustand paraelektrischer Substanzen

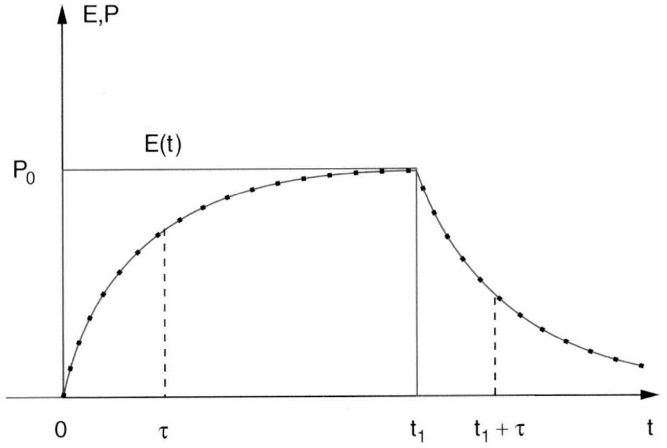

Abbildung 15.6 Zeitlicher Verlauf der Polarisation $P(t)$, wenn das äußere elektrische Feld plötzlich ein- und ausgeschaltet wird

300 K oft höher als kT sind. Deshalb findet man die Beziehung (15.18) meistens erst oberhalb des Schmelzpunktes T_S von Festkörpern, während unterhalb T_S die *schwarze* Kurve in Abb. 15.5 gilt. Hier ist für $T < T_S$ der Anteil der Orientierungspolarisation zur Dielektrizitätskonstante viel kleiner und kaum von der Temperatur abhängig.

15.3 Frequenzabhängigkeit der Polarisation und dielektrische Funktion

Im Abschn. 15.1 haben wir die statische dielektrische Polarisation behandelt, die unter dem Einfluss eines konstanten elektrischen Feldes induziert wird. Durchläuft eine elektromagnetische Welle mit der Frequenz ω das Medium, so werden (wie in Bd. 2, Abschn. 8.1 behandelt) die induzierten Dipole im Medium zu erzwungenen Schwingungen angeregt. Wir wollen hier die Frequenzabhängigkeit ihrer Polarisierbarkeit untersuchen. Dabei müssen wir unterscheiden zwischen

- der ***elektronischen Polarisation*** in dielektrischen Substanzen, bei der durch das elektromagnetische Feld die negativ geladene Elektronenhülle gegen die positiv geladenen Kerne bzw. die positiven Ionenrümpfe schwingen,
- der ***ionischen Polarisation***, die in Ionenkristallen zusätzlich zur elektronischen Polarisation auftritt und bei der die positiven Ionen gegen die negativen verschoben werden,
- der ***Orientierungspolarisation*** in paraelektrischen Substanzen, welche permanente Dipole enthalten, deren Richtungen durch das elektromagnetische Feld der einfallenden Welle periodisch umorientiert werden. Solche permanenten Dipole kommen z. B. vor in Festkörpern, die aus asymmetrischen Molekülen oder Molekülionen bestehen, wie z. B. Eismoleküle oder Perowskite, wie $CaTiO_3$ und $BaTiO_3$ oder $KTaO_3$.

Wenn das induzierende Feld sich zeitlich ändert, so kann sich die Polarisation nicht plötzlich ändern, weil bei der Verschiebung von Ladungen auch Massen bewegt werden. Wird das Feld zur Zeit $t = 0$ plötzlich eingeschaltet, so wächst die Polarisation näherungsweise wie

$$P(t) = P_0(1 - e^{-t/\tau}) , \qquad (15.20)$$

wobei τ die Relaxationszeit ist, nach der die Polarisation von ihrem Wert $P = 0$ vor Einschalten des Feldes auf den Wert $P(\tau) = P_0(1 - e^{-1}) \approx 0{,}63 P_0$, also auf 63 % des statischen Wertes P_0 gestiegen ist (Abb. 15.6). Wird das Feld zur Zeit t_1 plötzlich abgeschaltet, so sinkt die Polarisation gemäß

$$P(t) = P_0 \cdot e^{-(t-t_1)/\tau} . \qquad (15.21)$$

Die Relaxationszeit τ hängt ab von den bei der Ladungsverschiebung bewegten Massen und den Rückstellkräften. Sie liegt für die elektronische Polarisation, wo nur Elektronen bewegt werden, im Bereich um 10^{-14}–10^{-15} s, bei der ionischen Polarisation, wo die wesentlich schwereren Ionen bewegt werden, bei 10^{-10}–10^{-11} s und bei der Orientierungspolarisation, bei der die Richtung großer Moleküle umorientiert werden muss, bei 10^{-8}–10^{-10} s.

Dies bedeutet, dass bei einem Wechselfeld der Frequenz ω der entsprechende Anteil zur Polarisation nicht mehr wirksam werden kann für Werte $\omega \cdot \tau \gg 1$.

Das Problem ist völlig analog zum Aufladen eines Kondensators C über einen Widerstand R durch eine Wechselspannungsquelle $U = U_0 \cdot \cos \omega t$. Die Spannung U_C am Kondensator ist dann (siehe Bd. 2, Abschn. 5.4)

$$U_C = U_0 \frac{1}{(1 + \omega^2 \tau^2)^{1/2}} \cdot \cos(\omega t - \varphi) \qquad (15.22)$$

Kapitel 15

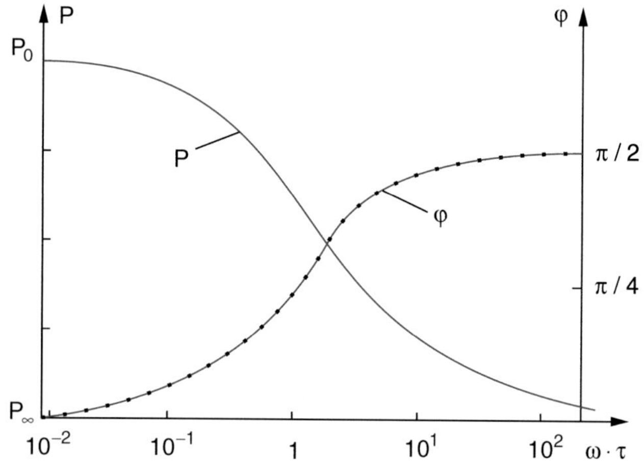

Abbildung 15.7 Frequenzabhängigkeit der Polarisation P und ihrer Phasenverschiebung φ gegen das Erregerfeld

mit $\tau = R \cdot C$. Genauso erhält man die Polarisation in einem Wechselfeld $E = E_0 \cdot \cos \omega t$ als

$$P(t) \propto \frac{E_0 \cdot \cos(\omega t - \varphi)}{(1 + \omega^2 \tau^2)^{1/2}} . \tag{15.23}$$

Ihr Betrag nimmt mit zunehmendem Produkt $\omega \cdot \tau$ vom statistischen Wert P_0 auf den Wert P_∞ (der von permanenten orientierten Dipolen stammen kann) ab und sie zeigt eine Phasenverschiebung φ gegen das Erregerfeld (Abb. 15.7), wobei gilt

$$\tan \varphi = \omega \cdot \tau . \tag{15.24}$$

15.3.1 Elektronische Polarisation in Dielektrika

Wir wollen zunächst die elektronische Polarisation behandeln (siehe auch Bd. 2, Abschn. 8.1). Unter dem Einfluss der elektromagnetischen Welle werden die Elektronen aus ihrer Gleichgewichtslage ausgelenkt und wegen der bei kleinen Auslenkungen linearen Rückstellkraft zu periodischen Schwingungen angeregt, die wegen der Energieabstrahlung der schwingenden Ladungen gedämpft sind.

Im Modell des klassischen gedämpften harmonischen Oszillators für ein in x-Richtung schwingendes Elektron (Ladung $-e$, Masse m, Rückstellkonstante D, Dämpfungskonstante γ, Eigenfrequenz $\omega_0 = \sqrt{D(m)}$) erhalten wir die durch m dividierte Bewegungsgleichung

$$\frac{\mathrm{d}^2 x}{\mathrm{d}t^2} + \gamma \frac{\mathrm{d}x}{\mathrm{d}t} + \omega_0^2 x = -\frac{e}{m} E_{\text{lok}}^0 \cdot \mathrm{e}^{\mathrm{i}\omega t} , \tag{15.25}$$

deren Lösung $x = x_0 \cdot \mathrm{e}^{\mathrm{i}\omega t}$ mit

$$x_0(\omega) = -\frac{e}{m} \cdot \frac{E_{\text{lok}}^0}{\omega_0^2 - \omega^2 - \mathrm{i}\gamma\omega} \tag{15.26}$$

ist. Das frequenzabhängige elektrische Dipolmoment des Gitteratoms wird dann

$$p = -e \cdot x = \alpha E_{\text{lok}} , \tag{15.27}$$

sodass wir daraus für die komplexe elektronische Polarisierbarkeit

$$\alpha_{\text{el}}(\omega) = \frac{e^2}{m} \frac{1}{\omega_0^2 - \omega^2 - \mathrm{i}\gamma\omega} \tag{15.28}$$

erhalten. Mit der Beziehung (15.12a) zwischen Polarisierbarkeit α und relativer Dielektrizitätskonstante ε ergibt sich für kubische Kristalle oder amorphe Festkörper die ***komplexe dielektrische Funktion*** $\varepsilon = \varepsilon' + \mathrm{i}\varepsilon''$

$$\varepsilon(\omega) = 1 + \frac{Ne^2}{\varepsilon_0 m} \frac{1}{\omega_0^2 - \omega^2 - \mathrm{i}\gamma\omega - \frac{Ne^2}{(3\varepsilon_0 m)}} . \tag{15.29}$$

Man sieht daraus, dass sich die Resonanzfrequenz ω_0 unter dem Einfluss des lokalen Feldes verschoben hat zu

$$\omega_1 = \sqrt{\omega_0^2 - \frac{Ne^2}{(3\varepsilon_0 m)}} , \tag{15.30}$$

sodass wir (15.29) auch schreiben können als

$$\varepsilon(\omega) = 1 + \frac{Ne^2}{\varepsilon_0 m} \frac{1}{\omega_1^2 - \omega^2 - \mathrm{i}\gamma\omega} . \tag{15.31}$$

Die Erweiterung mit $(\omega_1^2 - \omega^2 + \mathrm{i}\gamma\omega)$ liefert den Realteil

$$\varepsilon'(\omega) = 1 + \frac{Ne^2}{\varepsilon_0 m} \frac{\omega_1^2 - \omega^2}{(\omega_1^2 - \omega^2)^2 + \gamma^2 \omega^2} \tag{15.32a}$$

und den Imaginärteil

$$\varepsilon''(\omega) = \frac{Ne^2}{\varepsilon_0 m} \frac{\gamma\omega}{(\omega_1^2 - \omega^2)^2 + \gamma^2 \omega^2} \tag{15.32b}$$

der dielektrischen Funktion (Abb. 15.8), die mit dem komplexen Brechungsindex $n = n' - \mathrm{i}\kappa$ nach Bd. 2, Abschn. 8.4, verknüpft sind durch $n = \sqrt{\varepsilon}$, d. h.

$$(n' - \mathrm{i}\kappa)^2 = \varepsilon = \varepsilon' + \mathrm{i}\varepsilon'' , \tag{15.33}$$

wobei der Realteil n' des komplexen Brechungsindex die Dispersion und der Imaginärteil κ die Absorption der elektromagnetischen Welle beschreibt. Der Absorptionskoeffizient ist $2\kappa \cdot \omega / c$ (siehe Bd. 2, Abschn. 8.2).

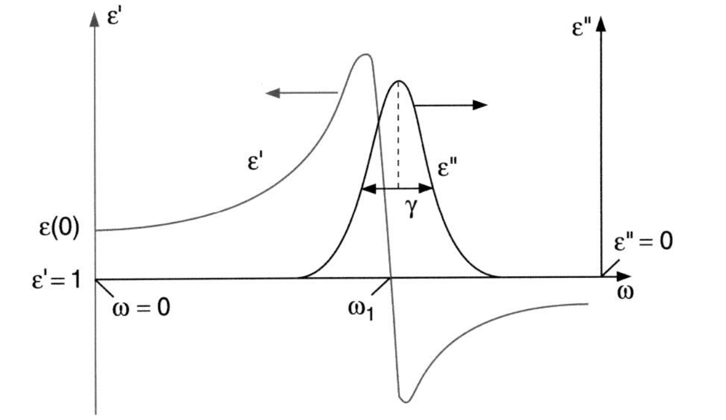

Abbildung 15.8 Real- und Imaginärteil der dielektrischen Funktion in der Umgebung einer Resonanz

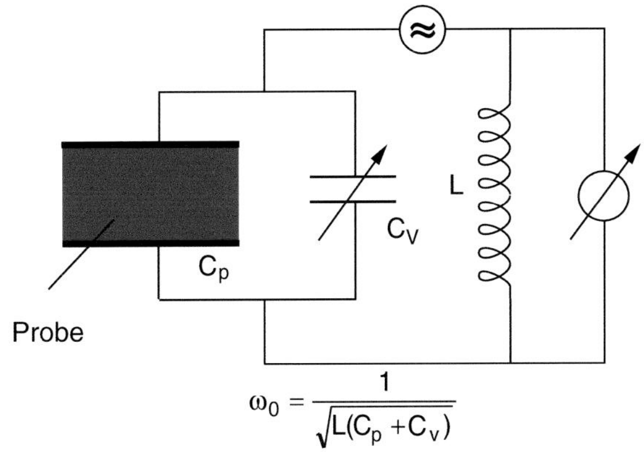

Abbildung 15.10 Anordnung zur Messung der frequenzabhängigen Dielektrizitätsfunktion $\varepsilon(\omega)$

Aus (15.33) erhält man sofort die Relationen

$$\varepsilon' = n'^2 - \kappa^2\,, \qquad (15.34a)$$
$$\varepsilon'' = -2n' \cdot \kappa\,, \qquad (15.34b)$$

woraus man sieht, dass Real- und Imaginärteil der dielektrischen Funktion $\varepsilon(\omega)$ den Frequenzverlauf von Dispersion und Absorption in dielektrischen Festkörpern bestimmen (Abb. 15.9). Für $\omega \to 0$ geht der Realteil ε' gegen die statische Dielektrizitätskonstante $\varepsilon(0)$. Man beachte, dass der Realteil $\varepsilon'(\omega)$ für $\omega > \omega_1$ kleiner als 1 wird und gemäß (15.32a) für genügend große Dichten N auch negativ werden kann. In diesem Bereich wird dann nach (15.34a) der Imaginärteil κ der Brechzahl größer als ihr Realteil (für $\varepsilon' < 0$ wird $n' = 0$), d. h. die Absorption wird stark.

Wenn wir das hier vorgestellte Oszillatormodell auf dielektrische Festkörper anwenden wollen, müssen wir berücksichtigen, dass es nicht nur eine einzige Resonanzfrequenz gibt, sondern dass die Energieniveaus der Festkörperatome zu Bändern

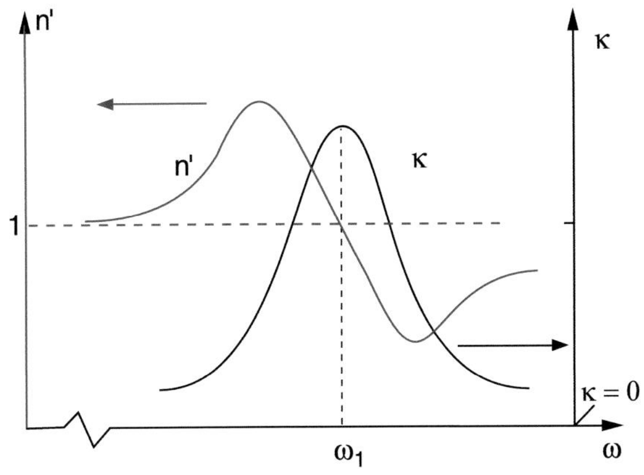

Abbildung 15.9 Spektraler Verlauf von Absorptionskoeffizient $2k \cdot \kappa(\omega)$ und Dispersion $n'(\omega)$ in der Umgebung einer Resonanz

aufgespalten sind. Übergänge können vom voll besetzten Valenzband in sehr viele Energiezustände E im Leitungsband erfolgen (Interband-Übergänge), sodass der reale Verlauf von $\varepsilon'(\omega)$ und $\varepsilon''(\omega)$ als Überlagerung sehr vieler der in Abb. 15.8 gezeigten Kurven bei etwas verschiedenen Frequenzen angesehen werden kann. Die Resonanzbreite wird dadurch größer und der genaue Verlauf hängt ab von den Besetzungsdichten $N(E)$ im Valenzband und den Übergangswahrscheinlichkeiten $W_{ik}(E)$ zwischen einem Energiezustand E_i im Valenzband und E_k im Leitungsband.

Man kann den Frequenzverlauf der dielektrischen Funktion für Frequenzen $\omega < 10^{10}\,\mathrm{s}^{-1}$ mit der in Abb. 15.10 gezeigten Anordnung messen. Die dielektrische Probe füllt den Innenraum eines Plattenkondensators aus, der als Teil eines Resonanzkreises geschaltet ist. Die Resonanzfrequenz ist durch

$$\omega_0 = \sqrt{\frac{1}{L \cdot C}} = \sqrt{\frac{1}{L(C_p + C_V)}} \qquad (15.35)$$

gegeben (siehe Bd. 2, Abschn. 6.1). Die Kapazität C_p ist bei einer Plattenfläche A und Plattenabstand d

$$C_p = \varepsilon(\omega) \cdot \varepsilon_0 \cdot \frac{A}{d}\,.$$

Man kann durch Variation von C_V die Resonanz bei verschiedenen Frequenzen ω messen und damit $\varepsilon(\omega)$ bestimmen.

15.3.2 Optische Eigenschaften von Ionenkristallen

Wir wollen nun Absorption und Dispersion in Ionenkristallen, wie z. B. Na^+Cl^- untersuchen. Wenn die Ionen gegeneinander schwingen, wird am Ort jedes Ions ein zeitabhängiges lokales elektrisches Feld erzeugt, welches eine zusätzliche Kraft auf das Ion ausübt.

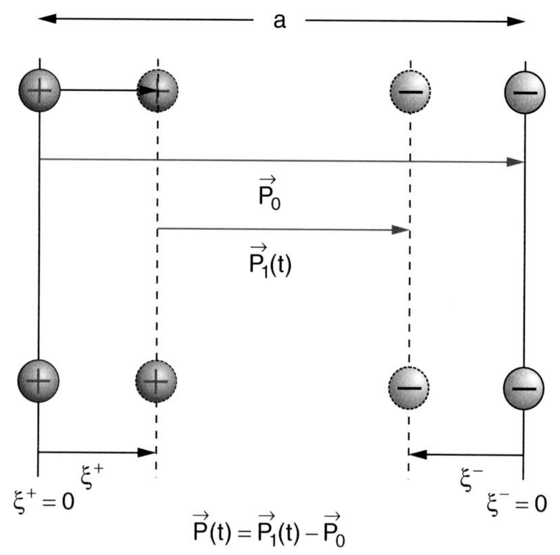

Abbildung 15.11 Auslenkungen ξ^+, ξ^- der Ionen in einem Ionenkristall aus ihrer Ruhelage $\xi = 0$ und oszillierender Anteil des Dipolmomentes

Schwingen alle positiven Ionen gegen die negativen Ionen, so können wir dies als die Schwingung zweier Untergitter gegeneinander betrachten, sodass sich die Abstände zwischen Ionen gleicher Ladung nicht ändern. Statt der Gleichung (12.11) erhalten wir dann für einen Ionenkristall mit einer zweiatomigen Basis (wie z. B. Na^+Cl^-) mit der Rückstellkonstanten C und den Massen m^+ und m^- die Bewegungsgleichungen

$$m^+ \frac{d^2\boldsymbol{\xi}}{dt^2} + C(\boldsymbol{\xi}^+ - \boldsymbol{\xi}^-) = q \cdot \boldsymbol{E}_{lok}\,, \qquad (15.36a)$$

$$m^- \frac{d^2\boldsymbol{\xi}}{dt^2} + C(\boldsymbol{\xi}^- - \boldsymbol{\xi}^+) = -q \cdot \boldsymbol{E}_{lok}\,, \qquad (15.36b)$$

wobei $\boldsymbol{\xi}^+, \boldsymbol{\xi}^-$ die Auslenkungen der Ionen aus der Ruhelage $\boldsymbol{\xi} = \boldsymbol{0}$ angeben (Abb. 15.11). Multipliziert man (15.36a) mit m^+ und (15.36b) mit m^- und subtrahiert beide Gleichungen voneinander, so ergibt sich mit der reduzierten Masse

$$M = \frac{m^+ \cdot m^-}{m^+ + m^-}$$

für den oszillierenden Teil des Dipolmomentes

$$\boldsymbol{p}(t) = q \cdot \left(\boldsymbol{\xi}^+(t) - \boldsymbol{\xi}^-(t)\right) = q \cdot \boldsymbol{\xi}(t)$$

mit

$$\xi = \xi^+ - \xi^-$$

die Gleichung

$$\frac{d^2\boldsymbol{p}}{dt^2} + \frac{C}{M}\boldsymbol{p} = \frac{q^2}{M}\boldsymbol{E}_{lok}\,. \qquad (15.37)$$

Für den elektronischen Teil, der durch die Verschiebung der Elektronenhülle auf Grund des lokalen Feldes verursacht wird, gilt dann

$$\boldsymbol{P} = N(\alpha_{el}^+ + \alpha_{el}^-)\boldsymbol{E}_{lok} = N \cdot \alpha_{el} \cdot \boldsymbol{E}_{lok}\,, \qquad (15.38)$$

wobei α_{el}^+ und α_{el}^- die elektronischen Polarisierbarkeiten der positiven bzw. negativen Ionen sind und

$$\alpha_{el} = \alpha_{el}^+ + \alpha_{el}^-\,. \qquad (15.39)$$

Für den ionischen Anteil zur Polarisation, der durch die Verschiebung der positiven gegen die negativen Ionen entsteht, erhalten wir

$$\boldsymbol{P}_{ion} = N \cdot q \cdot \boldsymbol{\xi}\,. \qquad (15.40)$$

Weil jedes einzelne Ionenpaar den Beitrag

$$\boldsymbol{p} = q \cdot (\boldsymbol{\xi}_1 - \boldsymbol{\xi}_2) = q \cdot \boldsymbol{\xi}$$

zum induzierten Dipolmoment (zusätzlich zu einem eventuell vorhandenen permanenten Dipolmoment in der Ruhelage $\xi = 0$) liefert.

Die Gesamtpolarisation eines Ionenkristalls ist damit

$$P_{total} = N(\alpha_{el}\boldsymbol{E}_{lok} + q\boldsymbol{\xi})\,. \qquad (15.41)$$

Die gesamte Polarisation eines Ionenkristalls ist die Summe aus elektronischer und ionischer Polarisation.

Die optischen Gitterschwingungen können als transversale oder longitudinale Schwingungen auftreten (Abschn. 12.1), sodass die Polarisation entweder in Ausbreitungsrichtung der Welle (Abb. 15.12a) oder senkrecht dazu (Abb. 15.12b) zeigt.

Betrachten wir eine dünne Scheibe in unserem Kristall, deren Dicke klein ist gegen die Wellenlänge λ, so zeigt die

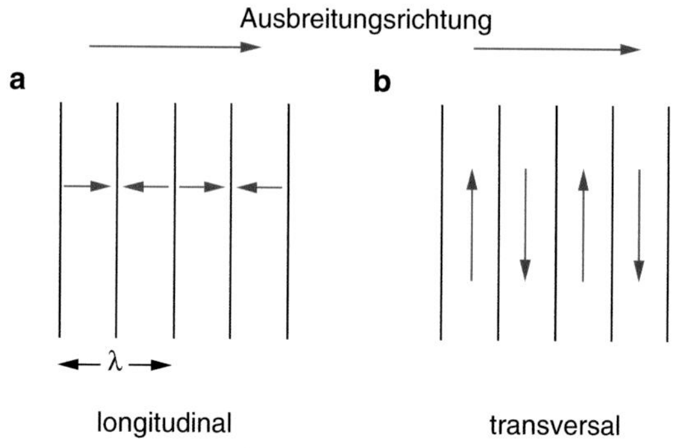

Abbildung 15.12 **a** Longitudinale und **b** transversale optische Gitterschwingungen in einem Ionenkristall

Polarisation der longitudinalen optischen Welle senkrecht zur Scheibenebene (Abb. 15.4). Das lokale elektrische Feld ist dann (siehe Abschn. 15.1)

$$\boldsymbol{E}_{\text{lok}} = -\frac{2}{3\varepsilon_0}\boldsymbol{P}\,, \tag{15.42}$$

woraus wir mit (15.41) erhalten:

$$\boldsymbol{E}_{\text{lok}} = -\frac{2}{3\varepsilon_0}N(\alpha_{\text{el}}\boldsymbol{E}_{\text{lok}} + q\boldsymbol{\xi})\,. \tag{15.43}$$

Aus (15.37) erhalten wir für den statischen Fall ($\mathrm{d}^2p/\mathrm{d}t^2 = 0$) mit $\omega_0^2 = C/M$ das ionische statische induzierte Dipolmoment $\boldsymbol{p} = q^2/(\omega_0^2 M)\boldsymbol{E}_{\text{lok}}$. Andererseits ist

$$\boldsymbol{p}_{\text{ion}} = q\cdot\boldsymbol{\xi} = \alpha_{\text{ion}}(0)\cdot\boldsymbol{E}_{\text{lok}}\,, \tag{15.44}$$

woraus für $\alpha_{\text{ion}}(0)$ und $\boldsymbol{E}_{\text{lok}}$ folgt:

$$\alpha_{\text{ion}}(0) = \frac{q^2}{M\omega_0^2}\,; \quad \boldsymbol{E}_{\text{lok}} = \frac{M\omega_0^2}{q}\xi\,. \tag{15.45}$$

Ersetzen wir in (15.43) $q\cdot\boldsymbol{\xi}$ durch

$$\alpha_{\text{ion}}(0)\cdot\boldsymbol{E}_{\text{lok}} = \alpha_{\text{ion}}(0)\frac{M\omega_0^2}{q}\xi\,, \tag{15.46}$$

so erhalten wir für das lokale Feld in (15.43)

$$\boldsymbol{E}_{\text{lok}} = -\frac{M\omega_0^2}{q}\,\frac{\frac{2}{(3\varepsilon_0)}N\cdot\alpha_{\text{ion}}(0)}{1+\frac{2}{(3\varepsilon_0)}N\alpha_{\text{el}}}\cdot\boldsymbol{\xi}\,. \tag{15.47}$$

Setzt man diesen Ausdruck in die Bewegungsgleichung (15.37) ein, so erhält man statt der Eigenfrequenz ω_0 für die longitudinale Schwingung der Ionen die Frequenz

$$\omega_{\text{L}} = \omega_0\sqrt{1+\frac{(\frac{2}{3}\varepsilon_0)N\cdot\alpha_{\text{ion}}(0)}{1+(\frac{2}{3}\varepsilon_0)N\alpha_{\text{el}}(0)}}\,, \tag{15.48}$$

die durch das lokale Feld gegenüber der ungestörten Eigenfrequenz ω_0 verschoben ist. Durch eine elektromagnetische Welle können nur transversale Schwingungen angeregt werden, bei denen das lokale Feld durch

$$\boldsymbol{E}_{\text{lok}} = +\frac{1}{3\varepsilon_0}\boldsymbol{P} \tag{15.49}$$

gegeben ist (siehe Aufgabe 15.3).

Dann erhält man für die Eigenfrequenz der transversalen Schwingung

$$\omega_{\text{T}} = \omega_0\sqrt{1-\frac{(\frac{1}{3}\varepsilon_0)N\cdot\alpha_{\text{ion}}(0)}{1-(\frac{1}{3}\varepsilon_0)N\alpha_{\text{el}}(0)}}\,. \tag{15.50}$$

Setzen wir in der Relation (15.12a) zwischen Dielektrizitätskonstante ε und Polarisierbarkeit α den Wert $\alpha = \alpha_{\text{el}} + \alpha_{\text{ion}}$, so lässt sich der Quotient $\omega_{\text{L}}^2/\omega_{\text{T}}^2$ durch ε ausdrücken und man erhält:

$$\frac{\omega_{\text{L}}^2}{\omega_{\text{T}}^2} = \frac{\varepsilon(0)}{\varepsilon(\omega)}\,, \tag{15.51}$$

wobei $\varepsilon(0)$ die statische Dielektrizitätskonstante ist, während $\varepsilon(\omega)$ die Dielektrizitätskonstante bei der Frequenz ω angibt.

Wir können nach diesen Überlegungen jetzt die optischen Eigenschaften von Ionenkristallen diskutieren:

Setzen wir in die Bewegungsgleichung (15.37) für die Ionenschwingung die transversale Schwingungsfrequenz ω_{T} (15.50) ein und berücksichtigen, dass das lokale Feld

$$E_{\text{lok}} = \frac{E_{\text{diel}}}{1-(\frac{1}{3\varepsilon_0})N\alpha_{\text{el}}} + \frac{M\omega_0^2}{q}\,\frac{(\frac{1}{3})N\alpha_{\text{ion}}(0)}{1-(\frac{1}{3\varepsilon_0})N\alpha_{\text{el}}} \tag{15.52}$$

durch die Summe aus dem lokalen Feld (15.9) der elektronischen Polarisation und dem durch die transversale Ionenschwingung erzeugten Feld (15.47) entsteht, dann ergibt die Lösung der Schwingungsgleichung den Zusammenhang zwischen der Schwingungsamplitude ξ und dem elektrischen Feld E_{diel}

$$\xi = \frac{q}{M}\,\frac{E_{\text{diel}}}{1-(\frac{1}{3\varepsilon_0})N\alpha_{\text{el}}(0)(\omega_{\text{T}}^2-\omega^2)}\,. \tag{15.53}$$

Für die ionische Suszeptibilität gilt wegen $\boldsymbol{P} = \varepsilon_0\chi\boldsymbol{E}_{\text{diel}}$

$$\begin{aligned}\chi_{\text{ion}} &= \frac{Nq}{\varepsilon_0 E_{\text{diel}}}\xi \\ &= \frac{Nq^2}{\varepsilon_0 M}\,\frac{1}{1-(\frac{1}{3}\varepsilon_0)N\alpha_{\text{el}}(0)(\omega_{\text{T}}^2-\omega^2)}\,.\end{aligned} \tag{15.54}$$

Die dielektrische Funktion $\varepsilon(\omega)$

$$\varepsilon(\omega) = 1 + \chi_{\text{el}}(\omega) + \chi_{\text{ion}}(\omega) \tag{15.55}$$

setzt sich additiv aus dem elektronischen und ionischen Anteil zusammen.

Setzt man hier für χ_{el} den Ausdruck (15.12a) ein und für χ_{ion} (15.54), so ergibt sich nach einiger Rechnung

$$\varepsilon(\omega) = \varepsilon(\omega_{\text{s}}) + \frac{\varepsilon(0)-\varepsilon(\omega_{\text{s}})}{1-(\omega/\omega_{\text{T}})^2}\,, \tag{15.56}$$

wobei $\varepsilon(\omega_{\text{s}}) = \varepsilon(\infty)$ die Dielektrizitätskonstante bei optischen Frequenzen im Sichtbaren ist.

Mit der Relation (15.51) lässt sich dies umformen in

$$\varepsilon(\omega) = \varepsilon(\omega_{\text{s}})\cdot\frac{\omega_{\text{L}}^2-\omega^2}{\omega_{\text{T}}^2-\omega^2}\,. \tag{15.57}$$

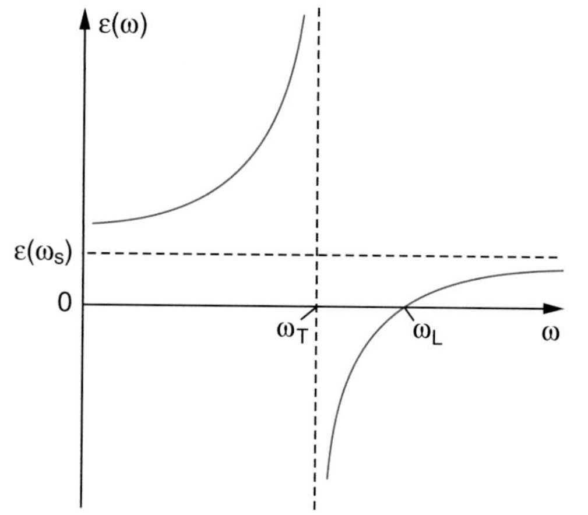

Abbildung 15.13 Frequenzverlauf der dielektrischen Funktion $\varepsilon(\omega)$ in Ionenkristallen

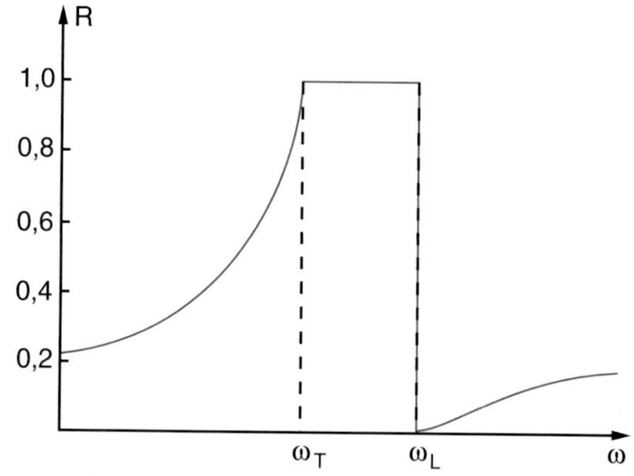

Abbildung 15.14 Reflexionsvermögen eines Ionenkristalls in der Umgebung der transversalen und longitudinalen Ionenschwingungen

Man sieht daraus, dass $\varepsilon(\omega)$ null wird für $\omega = \omega_L$, eine Singularität besitzt für $\omega = \omega_T$ (Abb. 15.13) und negative Werte annimmt für $\omega_T < \omega < \omega_L$.

Bisher haben wir die Dämpfung bei der Schwingung der Ionen vernachlässigt. Sie kann berücksichtigt werden durch Einführung eines Terms $-\gamma_{ion} \cdot dp/dt$ auf der linken Seite von (15.37) analog zu (15.25). Man erhält dann für die Gesamtpolarisation eines Ionenkristalls

$$\alpha(\omega) = \alpha_+^{el} + \alpha_-^{el} + \frac{q^2}{M} \frac{\omega_T^2 - \omega^2 - i\gamma\omega}{(\omega_T^2 - \omega^2)^2 + \gamma^2\omega^2}$$

und damit für die dielektrische Funktion $\varepsilon = \varepsilon' + i\varepsilon''$

$$\begin{aligned} \varepsilon(\omega) &= (1 + N \cdot \alpha(\omega))\varepsilon_0 \\ &= \varepsilon_0(1 + N\alpha_+^{el} + N\alpha_-^{el}) \\ &\quad + \frac{Nq^2\varepsilon_0}{M} \frac{\omega_T^2 - \omega^2 + i\gamma\omega}{(\omega_T^2 - \omega^2)^2 + \omega^2\gamma^2} , \end{aligned}$$

wobei N die Zahl der Ionenpaare pro Volumeneinheit ist. Für den Realteil von ε erhält man dann bei Berücksichtigung der Dämpfung statt (15.56)

$$\begin{aligned} \varepsilon'(\omega) &= \left[\varepsilon(\omega_s) + \varepsilon(0) - \varepsilon(\omega_s'')\right] \\ &\quad \cdot \frac{(\omega_T^2 - \omega^2)\omega_T^2}{(\omega_T^2 - \omega^2)^2 + \gamma^2\omega^2} . \end{aligned} \quad (15.58)$$

Wegen $n = \sqrt{\varepsilon}$ hat ein negativer Wert von ε einen imaginären Wert der komplexen Brechzahl $n = n' - i\kappa$ zur Folge, d. h. es gilt: $n' = 0$ und $\kappa \neq 0$. Dies bedeutet, dass das Reflexionsvermögen R bei senkrechtem Einfall der Lichtwelle, das nach Bd. 2, Abschn. 8.5 durch

$$R = \frac{(n' - 1)^2 + \kappa^2}{(n' + 1)^2 + \kappa^2} \quad (15.59)$$

gegeben ist, für $n' = 0$ $R = 1$ wird.

Für $\omega_T < \omega < \omega_L$ wird die gesamte Leistung der einfallenden Welle vollständig reflektiert (Abb. 15.14).

15.3.3 Experimentelle Bestimmung der dielektrischen Funktion

Die in Abb. 15.10 dargestellte Methode der Messung von $\varepsilon(\omega)$ ist im Hochfrequenz- und Mikrowellenbereich bis zu Frequenzen $\omega < 10^{10}\,s^{-1}$ möglich. Im infraroten und sichtbaren Gebiet müssen andere Methoden verwendet werden. Eine häufig benutzte Methode ist die in Abb. 15.15 dargestellte Ellipsometrie, bei der Real- und Imaginärteil der dielektrischen Funktion gleichzeitig gemessen werden können.

Bei diesem Verfahren wird die Änderung der Polarisation von elliptisch polarisiertem einfallenden Licht bei der Reflexion an einer orientierten Probenoberfläche benutzt.

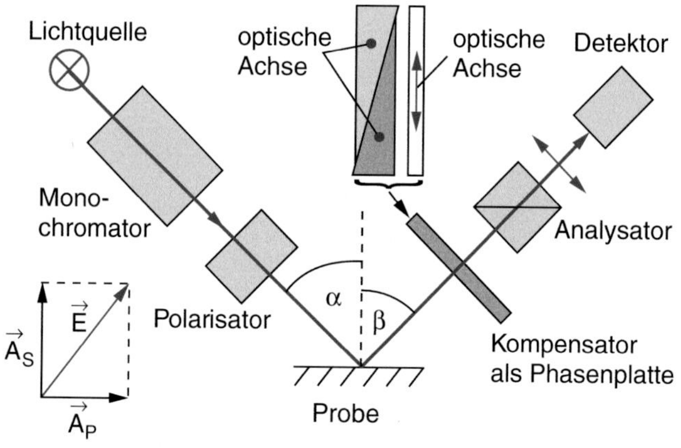

Abbildung 15.15 Schematische Darstellung der Ellipsometrie

Die Strahlung einer monochromatischen Lichtquelle (z. B. eines Lasers oder einer Kontinuumsquelle, die durch einen Monochromator geschickt wird), durchläuft einen Polarisator P (z. B. ein Glan-Thompson-Prisma, siehe Bd. 2, Abschn. 8.7.3) und trifft dann unter dem Winkel α gegen die Flächennormale auf die Oberfläche. Nach den Fresnelformeln (Bd. 2, Abschn. 8.5.3) hängen Amplitude und Phase der reflektierten Welle ab von der Polarisation der einfallenden Welle, vom Einfallswinkel α und vom Brechungsindex der Probe.

Der Polarisationszustand des reflektierten Lichtes wird mit einer Phasenplatte als Kompensator, der die bei der Reflexion auftretende Phasenverschiebung kompensieren kann, und mit einem drehbaren Polarisationsanalysator A bestimmt, hinter dem der Detektor D steht. Für den Reflexionskoeffizienten

$$\varrho = A_r/A_0 \quad \text{mit} \quad |\varrho|^2 = I_R/I_0 \tag{15.60}$$

als Verhältnis von reflektierter zu einfallender Amplitude, ergibt sich für die sekrecht zur Einfallsebene polarisierte Komponente ϱ_s bzw. parallele Komponente ϱ_p

$$\begin{aligned}\varrho_s &= -\frac{\sin(\alpha-\beta)}{\sin(\alpha+\beta)}e^{i\varphi_1}\,;\\ \varrho_p &= -\frac{\tan(\alpha-\beta)}{\tan(\alpha+\beta)}e^{i\varphi_2}\,,\end{aligned} \tag{15.61}$$

wobei der Brechungswinkel β ($\sin\beta = \sin\alpha/n$) und die Phasenverschiebungen φ_1 und φ_2 vom komplexen Brechungsindex $n = n' - i\kappa$ abhängen. Da n' und κ nach (15.34) mit Real- und Imaginärteil der dielektrischen Funktion ε/ω zusammenhängen, lassen sich n' und κ und damit Dispersion und Absorption durch Messung von ϱ_s, ϱ_p und $\Delta\varphi = \varphi_1 - \varphi_2$ bestimmen.

Bezeichnet man mit $r = \varrho_p/\varrho_s$ das Verhältnis der komplexen Reflexionskoeffizienten, so ergibt sich die komplexe dielektrische Funktion

$$\begin{aligned}\varepsilon &= \varepsilon' + i\varepsilon''\\ &= \sin^2\alpha\left[1 + \tan^2\alpha\left(\frac{1-r}{1+r}\right)^2\right].\end{aligned} \tag{15.62}$$

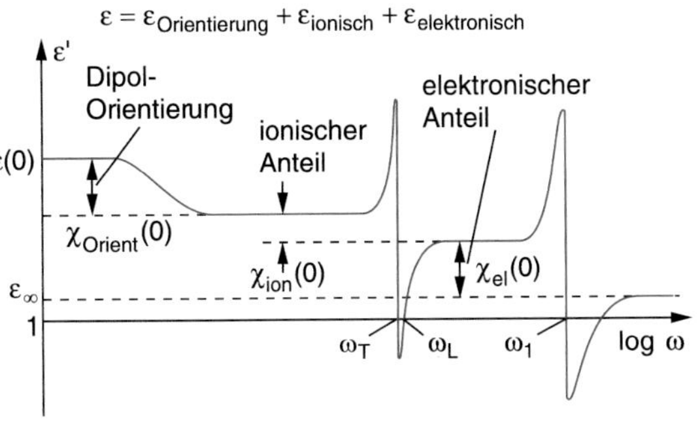

Abbildung 15.16 Schematische Frequenzabhängigkeit des Realteils von $\varepsilon(\omega)$ für einen paraelektrischen Kristall

In Abb. 15.16 ist der Verlauf von $\varepsilon(\omega)$ und der Beitrag der verschiedenen Effekte noch einmal zusammenfassend dargestellt. Dabei wurde nur jeweils eine Resonanz der Ionenschwingung und der elektronischen Anregung berücksichtigt.

15.4 Optische Eigenschaften von Halbleitern

Bei Halbleitern tragen verschiedene Prozesse zur Absorption von elektromagnetischer Strahlung bei. Da sind einmal die Interbandübergänge, bei denen ein Elektron vom Valenzband in das unbesetzte Leitungsband angeregt wird. Außerdem gibt es Absorption durch Fremdatome (z. B. Donatoren) oder durch lokalisierte Fehlstellen im Kristall.

15.4.1 Interbandübergänge

Die Übergangswahrscheinlichkeit und damit auch der Absorptionskoeffzient für Interbandübergänge hängt ab von der Zustandsdichte $D(E)$ in den Bändern und von der Änderung Δk des Wellenvektors beim Übergang.

Bei direkten Übergängen (Abb. 15.17a) sind senkrechte Übergänge im $E(k)$-Diagramm möglich, bei denen der Wellenvektor erhalten bleibt.

Sind die Bandminima gegeneinander verschoben, so sind bei kleinen Photonenergien nur indirekte Bandübergänge möglich (Abb. 15.17b), bei denen sich der Wellenvektor um Δk ändert. Da insgesamt der Impuls erhalten bleibt, müssen bei solchen indirekten Bandübergängen Phononen mit den passenden Wellenvektoren $\boldsymbol{k}_{phon} = \Delta\boldsymbol{k}$ angeregt werden. Deshalb sind

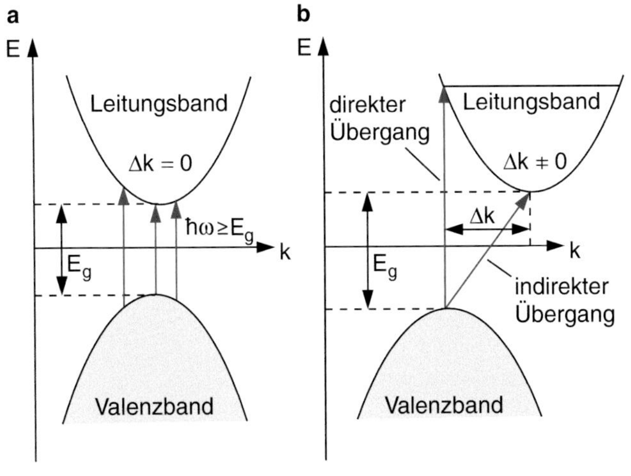

Abbildung 15.17 Zur Illustration von direkten (**a**) und indirekten (**a**) Bandübergängen

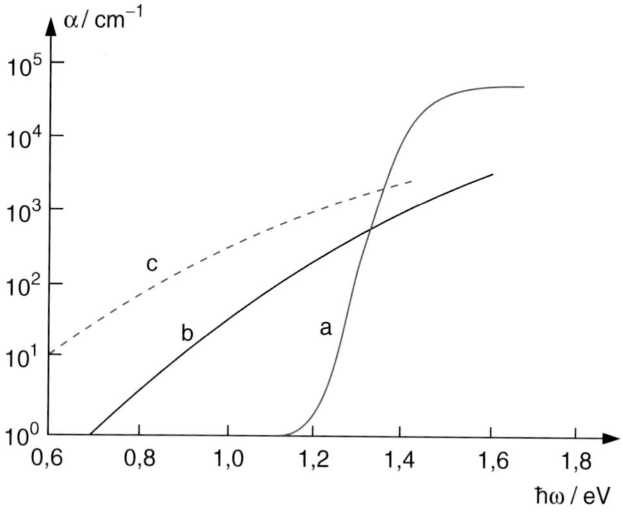

Abbildung 15.18 Absorptionskoeffizienten $\alpha(\omega)$ für (*a*) GaAs (direkter Bandübergang), (*b*) kristallines Silizium (indirekter Bandübergang) und (*c*) amorphes Silizium mit Zuständen in der Bandlücke

indirekte Bandübergänge unwahrscheinlich, d. h. der Absorptionskoeffizient ist klein.

In Abb. 15.18 sind die Absorptionskoeffizienten $\alpha(\omega)$ für Galliumarsenid (direkter Bandübergang), kristallines Silizium (indirekter Bandübergang) und für amorphes Silizium miteinander verglichen. Bei letzterem gibt es wegen der fehlenden Fernordnung auch innerhalb der Bandlücke Energiezustände, sodass die Absorption bereits bei kleineren Photonenenergien einsetzt. Man erkennt jedoch deutlich den kleinen und mit ω langsamer ansteigenden Absorptionskoeffizienten bei den indirekten Bandübergängen.

Abbildung 15.19 zeigt Real- und Imaginärteil der dielektrischen Funktion $\varepsilon(\omega)$ von GaAs gemessen mit der Ellipsometriemethode. Die einfallende Welle dringt bis auf eine Tiefe $\Delta z = 1/\alpha$ in das Medium ein. Für direkte Halbleiter ist $\alpha \approx 10^4$–$10^6\,\text{cm}^{-1}$

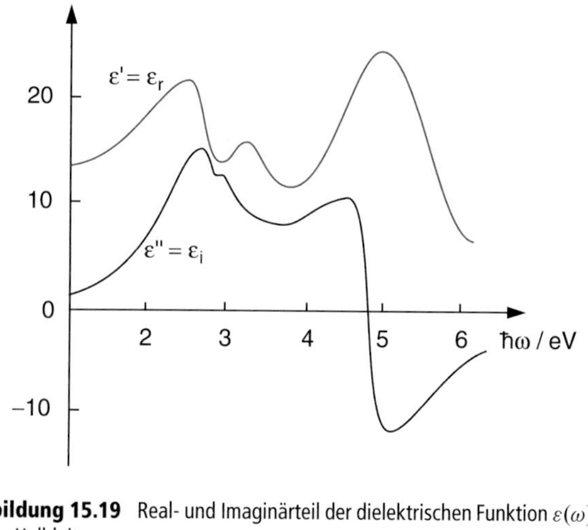

Abbildung 15.19 Real- und Imaginärteil der dielektrischen Funktion $\varepsilon(\omega)$ für GaAs-Halbleiter

(siehe Abb. 15.18), sodass die Eindringtiefe etwa 10–1000 nm beträgt. Deshalb sind Reflexionsmethoden, wie die Ellipsometrie, im Allgemeinen messtechnisch besser als Transmissionsmessungen.

15.4.2 Dotierte Halbleiter

Bei dotierten Halbleitern (siehe Abschn. 14.2) treten zusätzliche Energieniveaus innerhalb der Bandlücke auf: Bei n-dotierten Halbleitern sind dies die Donatorenniveaus dicht unterhalb der Unterkante des Leitungsbandes und bei p-dotierten die Akzeptorniveaus dicht oberhalb der Oberkante des Valenzbandes (Abb. 14.13 und 14.14). Sie führen zu neuen Absorptionsmöglichkeiten. Bei n-dotierten Halbleitern liegen die zusätzlichen Anteile im mittleren Infrarot bei Photonenenergien von 10–100 meV, bei p-dotierten Halbleitern wird die Absorptionskante der reinen Halbleiter um die Energie $\Delta E = E_a$ der Akzeptorniveaus herabgesetzt.

Für eine ausführliche Darstellung siehe [5].

15.4.3 Exzitonen

Bisher haben wir die Interbandabsorption als Anregung eines Elektrons aus dem Valenzband ins Leitungsband beschrieben (Einelektronen-Näherung). Wir wollen jetzt zusätzlich die elektrostatische Wechselwirkung zwischen dem negativen angeregten Elektron und dem durch die Anregung entstandenen positiven Loch im Valenzband berücksichtigen. Ein solches Elektron-Loch-Paar bezeichnet man als ***Exziton***. Die Wechselwirkung zwischen Elektron und Loch hängt vom räumlichen Abstand zwischen beiden ab.

In ionischen Kristallen sind beide Partner stark gebunden und halten sich typischerweise beide in derselben Einheitszelle oder zumindest in direkten Nachbarzellen auf. Solche Elektron-Loch-Paare heißen ***Frenkel-Exzitonen***.

In den meisten Halbleitern wird die Coulombwechselwirkung abgeschirmt durch die Valenzelektronen mit ihrer relativ großen Polarisierbarkeit, die zu einer großen Dielektrizitätskonstante führt. Die Wechselwirkung ist deshalb schwach, der räumliche Abstand zwischen Elektron und Loch ist wesentlich größer und kann sich über mehrere Einheitszellen erstrecken. In solchen Fällen spricht man von ***Wannier-Mott-Exzitonen***.

Die Energieniveaus solcher Wannier-Exzitonen lassen sich analog zu denen des Wasserstoffatoms (siehe Abschn. 3.4) berechnen, wenn wir die effektiven Massen m_e^* des Elektrons im Leitungsband und m_h^* des Loches im Valenzband einführen. Es gibt, wie im H-Atom, gebundene Zustände mit Hauptquantenzahlen n und Bahndrehimpulsquantenzahlen l, in denen das Exziton als gebundenes Elektron-Loch-Paar existiert, deren Energien unterhalb der Unterkante des Leitungsbandes liegen (Abb. 15.20). Da sich das Exziton im Kristall bewegen kann, ist

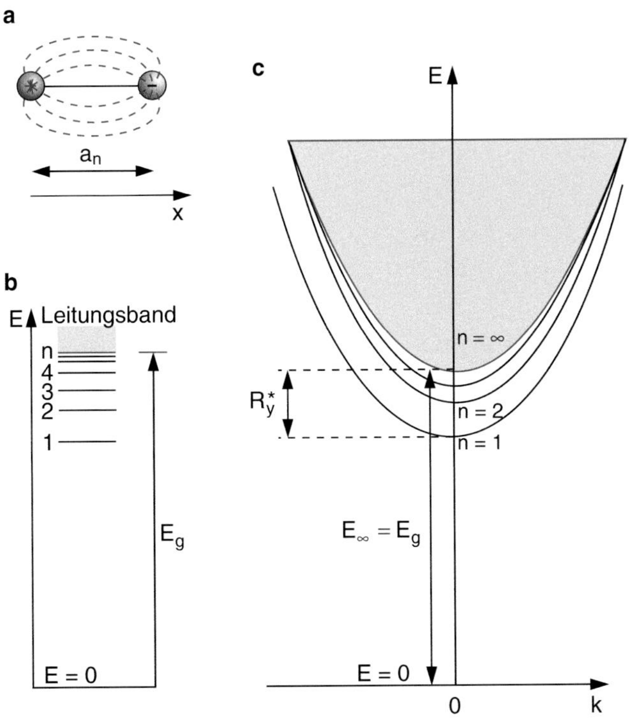

Abbildung 15.20 Energieniveaus von Exzitonen **a** Illustration der Coulombanziehung zwischen Elektron und Loch; **b** eindimensionale Darstellung der Rydbergzustände; **c** Darstellung im k-Raum

die Translationsenergie seines Schwerpunktes $E_{\text{kin}} = \hbar^2 k^2/2M$ mit $M = m_e^* + m_h^*$ und die Gesamtenergien der gebundenen Niveaus

$$E_{n,l,k} = E_g + \frac{\hbar^2 k^2}{2M} - R_y^* \cdot \frac{1}{n^2} \tag{15.63}$$

hängen deshalb von der Wellenzahl k ab.

Die effektive Rydbergkonstante ist

$$R_y^* = \frac{\mu e^4}{2\hbar^2(4\pi\varepsilon \cdot \varepsilon_0)^2} = \frac{\mu}{m_e \varepsilon^2} \cdot 13{,}6\,\text{eV}\,, \tag{15.64}$$

wobei $\mu = m_e^* \cdot m_h^*/(m_e^* + m_h^*)$ die reduzierte Masse des Elektron-Loch-Paares ist.

Der mittlere Abstand zwischen Elektron und Loch (Exzitonenradius) wird dann analog zum Bohr'schen Modell

$$\begin{aligned} a_{\text{exc}}(n) &= \frac{\varepsilon \cdot m_e}{\mu} \cdot \frac{4\pi\hbar^2\varepsilon_0}{m_e e^2} n^2 \\ &= \frac{\varepsilon \cdot m_e}{\mu} n^2 a_0\,, \end{aligned} \tag{15.65}$$

wobei $a_0 = 5{,}3 \cdot 10^{-11}$ m der Bohr'sche Radius beim H-Atom ist.

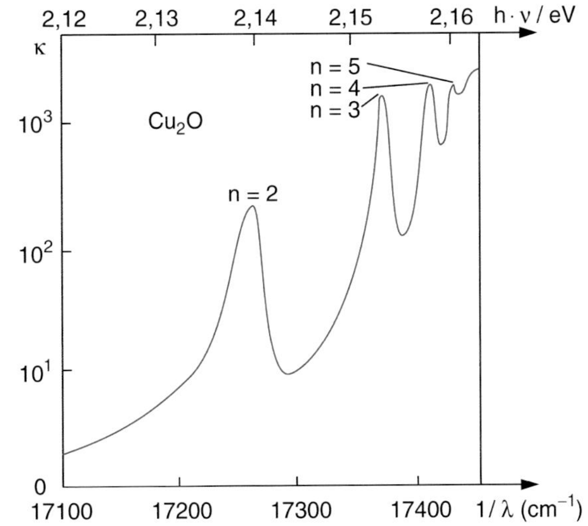

Abbildung 15.21 Exzitonenabsorption in Cu_2O [6]

Beispiel

$n = 3{,}6 \Rightarrow \varepsilon = n^2 \approx 13$; $\mu = 0{,}6 m_e \Rightarrow$

$$\begin{aligned} R_y^* &= \frac{0{,}6}{169} \cdot 13{,}6\,\text{eV} = 0{,}048\,\text{eV}\,, \\ E_n &= -\frac{R_y^*}{n^2} = -\frac{0{,}048}{n^2}\text{eV}\,, \\ a_n &= \frac{13}{0{,}6} n^2 \cdot a_0 = 11{,}5 \cdot n^2\,[\text{Å}]\,. \end{aligned}$$

■

Schon für $n = 3$ ist der Abstand $a \approx 10$ nm weit größer als der Gitterabstand. Das Exziton erstreckt sich also über viele Gitteratome. Die Absorption durch Exzitonen führt zu zusätzlichen Absorptionsmaxima, die bei Halbleitern bei Photonenenergien von 20 meV ($\lambda = 60\,\mu$m) bis zu 1 eV ($\lambda = 1{,}2\,\mu$m) liegen. Bei Frenkel-Exzitonen sind die Bindungsenergien höher und liegen bei einigen eV (Abb. 15.21). Wegen der Abhängigkeit $E(k)$ der Energieniveaus gibt es keine schwachen Absorptionslinien wie beim H-Atom, sondern verbreiterte Maxima.

15.5 Störstellen und Farbzentren

Jeder Kristall enthält Defekte in seinem idealerweise perfekten Gitteraufbau (siehe Abschn. 11.5), deren Dichte, je nach der Qualität des Kristalls, zwischen 10^{14}–10^{17} cm^{-3} liegt. Dies können z. B. Punktdefekte sein, wo ein Fremdatom auf einem regulären Gitterplatz sitzt und dort ein Kristallatom ersetzt, Fehlstellen, wo ein Gitterplatz frei bleibt oder Atome, die auf Zwischengitterplätzen sitzen. Oft lässt man gezielt Fremdatome in den Kristall eindiffundieren, die dann an Gitter- oder Zwischengitterplätzen so genannte Störstellen bilden (dotierte Halbleiter, siehe Abschn. 14.2).

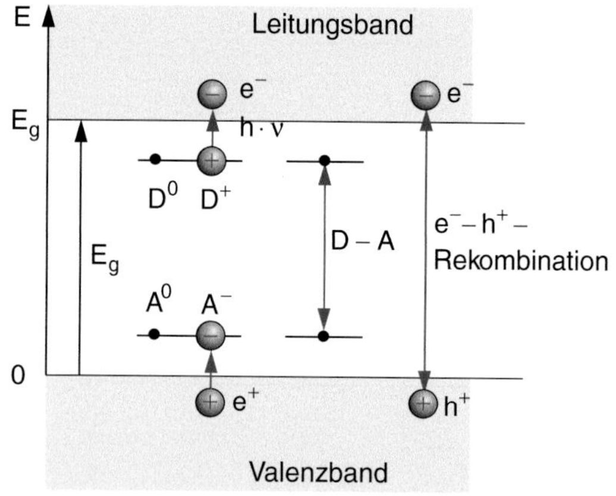

Abbildung 15.22 Verschiedene Prozesse, die in einem Störstellenhalbleiter zur Absorption oder Emission von Photonen beitragen können

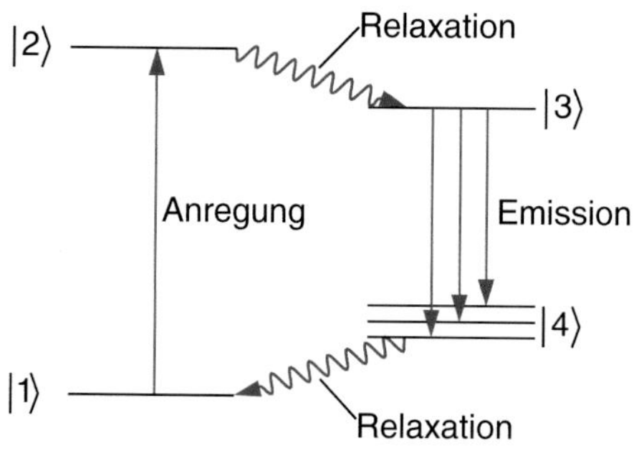

Abbildung 15.24 Energieniveauschema zur Anregung und Emission von Farbzentrenkristallen

Solche Störstellen können durch Absorption von Photonen angeregt werden und deshalb zum Absorptions- oder auch Emissionsspektrum eines Festkörpers beitragen (Abb. 15.22). So führt z. B. die Absorption von infraroten Photonen durch Donatoratome zur Ionisation der Donatoren und zur Erhöhung der Elektronendichte im Leitungsband.

Analog zu den Exzitonen lassen sich die Energieniveaus solcher Störstellen in der Einelektronennäherung durch ein wasserstoffähnliches Modell beschreiben, sodass wir, wie in (15.63) für die Bindungsenergien die Werte

$$E_n^{\mathrm{D}} = R_y^* \cdot \frac{m_{\mathrm{e}}^*}{m_{\mathrm{e}}\varepsilon^2} \frac{1}{n^2} \tag{15.66a}$$

$$E_n^{\mathrm{A}} = R_y^* \cdot \frac{m_{\mathrm{h}}^*}{m_{\mathrm{e}}\varepsilon^2} \frac{1}{n^2} \tag{15.66b}$$

erhalten, wobei $m_{\mathrm{e}}^*, m_{\mathrm{h}}^*$ wieder die effektiven Massen (siehe Abschn. 14.1.2) sind. Da die Störstellen lokalisiert sind, fällt der Term für die kinetische Schwerpunktsenergie in (15.63) fort.

In Ionenkristallen spielen Farbzentren eine wichtige Rolle. Dies sind Fehlstellen, in denen ein Elektron eingefangen ist (Abb. 15.23) (F-Zentren), das dann in einem dreidimensionalen Potential gebunden ist und entsprechende diskrete Energieniveaus besitzt. Übergänge zwischen diesen Niveaus führen zur Absorption von Licht. Daher erscheinen z. B. Alkali-Halogenidkristalle (wie NaCl, KBr etc.), die ohne Störstellen farblos sind, weil sie erst im ultravioletten Bereich absorbieren, mit solchen Fehlstellen farbig. Deshalb werden diese Störstellen auch Farbzentren genannt [7].

Solche Fehlstellen lassen sich z. B. durch Röntgenbestrahlung des Kristalls erzeugen. Die Übergangswahrscheinlichkeit für Übergänge zwischen den Energieniveaus solcher einfacher F-Zentren ist relativ klein. Man kann sie erheblich vergrößern, wenn man zusätzlich Fremdatome einbaut. Befindet sich nur ein Fremdatom (z. B. ein Li^+-Ion auf einem Gitterplatz des NaCl-Gitters benachbart zur Fehlstelle (Abb. 15.23b), so spricht man von F_{A}-Zentren, befinden sich zwei Fremdatome in der nächsten Umgebung der Fehlstelle (Abb. 15.23c), so heißen die entsprechenden Farbzentren $\mathrm{F_B}$-Zentren.

Der physikalisch interessante Aspekt solcher Farbzentren ist der folgende: Bei der Anregung höherer Energiezustände der Fehlstelle führt die räumlich veränderte Ladungsverteilung zu einer Umordnung der räumlichen Gitterstruktur in der Umgebung der Fehlstelle. Der angeregte Zustand kann durch Photonenemission wieder in tiefere Zustände übergehen, die aber wegen der Änderung der Gitterstruktur energetisch höher liegt als der Ausgangszustand und deshalb nicht besetzt sind. Erst nach der Photonenemission relaxiert das Gitter zurück in den energetisch tieferen Zustand (Abb. 15.24). Ein solches Vierniveausystem ist ein idealer Kandidat für die Realisierung eines durchstimmbaren Farbzentrenlasers, weil die unteren Niveaus des Laserüberganges unbesetzt sind und man daher leichter eine Besetzungsinversion erreichen kann (siehe Kap. 8). Die

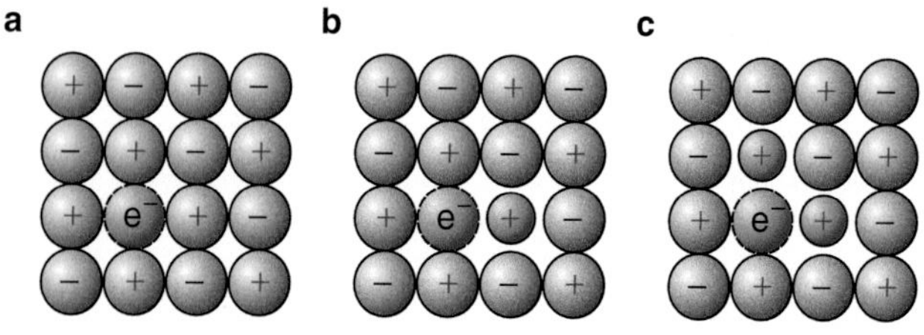

Abbildung 15.23 Farbzentrenkristalle **a** F-Zentren **b** $\mathrm{F_A}$-Zentren **c** $\mathrm{F_B}$-Zentren

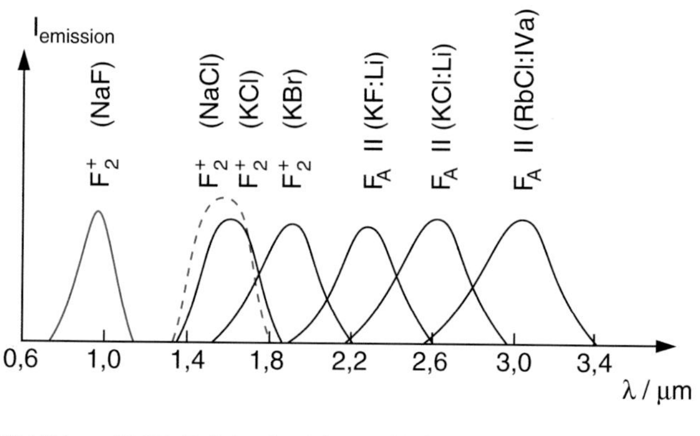

Abbildung 15.25 Emissionsbereiche verschiedener Farbzentrenkristalle

Emission ist spektral breitbandig, weil die unteren Laserniveaus durch die vielen Schwingungsmoden des Kristalls verbreitert sind. Deshalb kann man, wie beim Farbstofflaser (siehe Abschn. 8.4.3), mithilfe wellenlängenselektierender Elemente im Laserresonator die Laserwellenlänge über weite Bereiche durchstimmen. In Abb. 15.25 sind für verschiedene Farbzentrenkristalle die Abstimmbereiche dargestellt. Man sieht daraus, dass Farbzentrenlaser Emission im nahen Infrarot liefern und deshalb eine Erweiterung des Spektralbereiches bieten gegenüber Farbstofflasern, die nur von 0,3–1 μm emittieren.

Zusammenfassung

- Das lokale elektrische Feld am Ort eines Atoms im dielektrischen Festkörper entsteht durch die Überlagerung des von außen angelegten Feldes mit dem durch alle permanenten und induzierten Dipole des Festkörpers erzeugten Feld.
- Dieses Dipolfeld lässt sich aufteilen in einen Anteil, der von den Polarisationsladungen auf der Oberfläche und auf der Innenseite einer fiktiven Hohlkugel im Innern erzeugt wird, plus dem Anteil, der von den Dipolmomenten im Inneren der Hohlkugel stammt. Nur dieser letzte Anteil hängt von der Symmetrie des Kristalls ab.
- Bei Festkörpern mit permanenten Dipolen tritt im äußeren Feld eine Orientierungspolarisation auf, die von der Feldstärke $\boldsymbol{E}$ des äußeren Feldes und der Temperatur T abhängt.
- Eine auf den Festkörper einfallende elektromagnetische Welle bewirkt, abhängig von ihrer Frequenz ω,
  - eine elektronische Polarisation, bei der die Elektronenhülle verformt wird,
  - in Ionenkristallen eine ionische Polarisation, bei der entgegengesetzt geladene Ionen gegeneinander verschoben werden,
  - in Festkörpern mit permanenten elektrischen Dipolen eine Orientierungspolarisation.
- Die Relaxationszeiten dieser verschiedenen Anteile hängen ab von den dabei bewegten Massen und den Rückstellkräften.
- Die komplexe dielektrische Funktion $\varepsilon(\omega) = \varepsilon' + \mathrm{i} \cdot \varepsilon''$ gibt den Frequenzverlauf von Brechungsindex und Absorptionskoeffizient an. Es gilt:

$$\varepsilon' = n'^2 - \kappa^2$$
$$\varepsilon'' = -2n'\kappa$$

  wobei n' der Realteil des Brechungsindex und $\kappa = \frac{\lambda}{4\pi} \cdot \alpha$ proportional zum Absorptionskoeffizienten ist.
- Bei Ionenkristallen gibt es transversale und longitudinale optische Gitterschwingungen.
- Im Frequenzbereich $\omega_\mathrm{T} < \omega < \omega_\mathrm{L}$ wird $\varepsilon(\omega) < 0$, damit wird der Brechungsindex rein imaginär. Das Reflexionsvermögen wird in diesem Bereich $R = 1$, d. h. die einfallende Strahlung wird vollständig reflektiert.
- In Halbleitern tragen zur Absorption einfallender elektromagnetischer Wellen folgende Prozesse bei
  - Interbandübergänge, bei denen Elektronen vom Valenzband ins Leitungsband angehoben werden. Es gibt direkte ($\Delta K = 0$) und indirekte ($\Delta K \neq 0$) Bandübergänge. Die letzteren zeigen kleinere Absorption.
  - Anregung von Exzitonen. Dies sind lokalisierte Elektron-Loch-Paare, bei denen die Coulombanziehung groß genug ist, um eine lokale Trennung zu verhindern.
- Störstellen in Festkörpern können zu zusätzlicher Absorption in dielektrischen Medien oder in Ionenkristallen führen. Solche Störstellen sind z. B. Farbzentren in Alkali-Halogenid-Kristallen, bei denen ein Elektron in einer Gitterleerstelle eingefangen wird.

Aufgaben

15.1 Man berechne für eine dielektrische Kugel mit der relativen Dielektrizitätskonstante ε im homogenen äußeren Feld $\boldsymbol{E}_a$ das Polarisationsfeld $\boldsymbol{E}_P$, das Lorentzfeld $\boldsymbol{E}_L$ und die Polarisierbarkeit α.

15.2 Zeigen Sie, dass in einem einfach kubischen Kristall das innere Feld E_i gleich null ist.

15.3 Eine elektromagnetische Welle mit der Wellenlänge $\lambda = 260\,\mu\text{m}$ fällt senkrecht auf eine CdS-Probe mit der Dicke $d = 10\,\mu\text{m}$, dem Brechungsindex $n' = 11{,}7$ und dem Extinktionskoeffizienten $\kappa = 8{,}5$.

Man berechne

a) Wellenlänge λ und Phasengeschwindigkeit in der Probe,
b) den reflektierten, transmittierten und absorbierten Anteil der Intensität,
c) Real- und Imaginärteil der Suszeptibilität χ.

15.4 Wie groß sind Real-und Imaginärteil der ionischen Polarisierbarkeit in einem NaCl-Ionen-Kristall (Die Dichte der Ionenpaare ist $N = 2 \cdot 10^{28}\,\text{m}^{-3}$ und für ein Ionenpaar ist $M = 2{,}3 \cdot 10^{-26}\,\text{kg}$ und $\omega_T = 3{,}1 \cdot 10^{13}\,\text{s}^{-1}$) bei einer Dämpfungskonstante $\gamma = 6 \cdot 10^{11}\,\text{s}^{-1}$ für $\omega = 0$; $\omega = \omega_T/10$; $\omega = 0{,}9\,\omega_T$; $\omega = \omega_T$; $\omega = 10\,\omega_T$? Der statische elektronische Anteil der Polarisation ist $\alpha_{el}^-(0) = 3{,}5 \cdot 10^{-40}\,\text{A s} \cdot \text{m}^2/\text{V}$ und $\alpha_{el}^+(0) = 0{,}1\,\alpha_{el}^-(0)$. Wie groß ist die Energiedissipation, wenn das lokale Feld $E_{lok} = 2 \cdot 10^4\,\text{V/m}$ bei $\omega = \omega_T$ ist?

15.5 Wie groß ist die Frequenzlücke $\Delta\omega = \omega_L - \omega_T$ in einem NaCl-Kristall mit $\varepsilon(0) = 5{,}8$, $\varepsilon(\omega_s) = 2{,}25$, $\omega_T = 3{,}1 \cdot 10^{13}\,\text{s}^{-1}$? Wie groß ist die Phasengeschwindigkeit bei $\omega < \omega_T$ und bei $\omega = \omega_s$ im sichtbaren Gebiet?

15.6 Eine 6 mm dicke Probe hat für eine Lichtwelle bei $\omega = 2{,}6 \cdot 10^{15}\,\text{s}^{-1}$ ein Reflexionsvermögen von 0,3 bei senkrechtem Einfall, die transmittierte Intensität beträgt noch 0,4 der in die Probe eindringenden Intensität. Wie groß sind Extinktionskoeffizient κ, Brechungsindex n', Real- und Imaginärteil des Brechungsindex $\varepsilon = \varepsilon' + i\varepsilon''$?

15.7 Wie groß ist das äußere Feld und das Feld im Dielektrikum in einem Plattenkondensator mit der Flächenladungsdichte $\pm\sigma = Q/A$ auf jeder der Platten bei einer relativen Dielektrizitätskonstante ε?

15.8 Zwischen den Platten eines Kondensators mit Plattenabstand $d = d_1 + d_2$ befindet sich ein elektrisch nicht leitendes Dielektrikum mit der Dielektrizitätskonstante ε und der Dicke d_1 und eine zweite Schicht der Dicke d_2 eines Materials mit der elektrischen Leitfähigkeit σ und $\varepsilon = 0$. Zeigen Sie, dass die Kapazität des Kondensators die gleiche ist, als ob der Raum zwischen den Platten mit einem homogenen Medium der Dielektrizitätskonstante

$$\varepsilon^* = \frac{d_1 + d_2}{(d_1/\varepsilon_1) + \varepsilon_0 d_2 \omega/\sigma}$$

gefüllt wäre.

Literatur

1. K. Kopitzki: Einführung in die Festkörperphysik, 2. Aufl., Kap. 4. Teubner, Stuttgart (1989)
   Ch. Kittel: Einführung in die Festkörperphysik, 11. Aufl. Oldenbourg (1996)
2. J.R. Christman: Festkörperphysik, 2. Aufl., Kap. 10. Oldenbourg, München (1995)
3. J.N. Hodgson: Optical Absorption and Dispersion in Solids. Chapman & Hall, London (1970)
4. H. Kuzmany: Festkörperspektroskopie. Springer, Berlin, Heidelberg (1990)
5. C.F. Klingshirn: Semiconductor Optics. Springer, Berlin, Heidelberg (1995)
6. P.W. Baumeister: Optical absorption of cuprous oxyde. Phys. Rev. **121**, 359 (1961)
7. W.B. Fowler: Physics of Color Centers. Academic Press, New York (1968)

Kapitel 15

Amorphe Festkörper; Flüssigkeiten, Flüssigkristalle und Cluster

16

W. Demtröder, *Experimentalphysik 3*, Springer-Lehrbuch, DOI 10.1007/978-3-662-49094-5_16

In den letzten Jahren haben eine Reihe von nicht-kristallinen Festkörpern mit besonderen, für technische Anwendungen interessanten Eigenschaften steigende Beachtung gefunden. Zu ihnen gehören die amorphen Halbleiter, metallische Gläser und spezielle optische Gläser. Auch die Physik der Flüssigkeiten, die lange Zeit mehr am Rande der Forschung stand, ist auf Grund neuer Untersuchungsmethoden und eines besseren theoretischen Zugangs reaktiviert worden.

Eine neue Klasse von Materialien, die Flüssigkristalle, haben wegen ihrer großen Bedeutung für digitale Displaytechnik großes Interesse gefunden. Wir wollen diese Modifikationen der Materie im vorletzten Kapitel dieses Bandes kurz vorstellen. Genauere Darstellungen findet man in der jeweils angegebenen Literatur [1].

Ein wichtiges Merkmal kristalliner Festkörper ist die periodische Anordnung der Kristallatome, die zu einer Fernordnung führt (siehe Kap. 11) und bei der Röntgenstrukturanalyse scharfe Maxima bei der Bragg-Reflexion bzw. der Laue-Beugung ergibt.

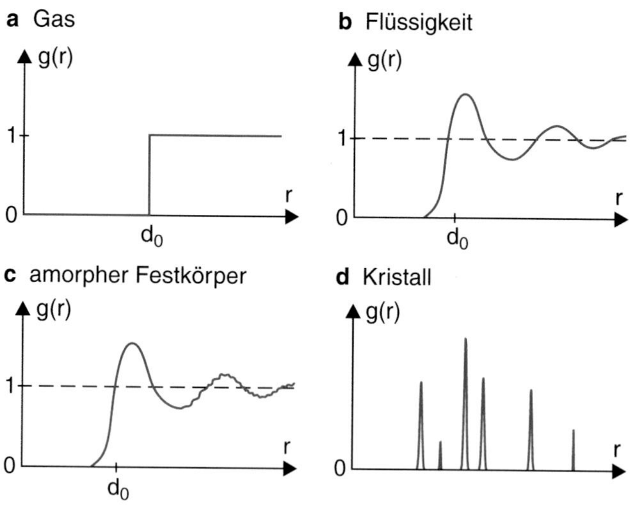

Abbildung 16.1 Paarverteilungsfunktionen $g(r)$ für die Atome **a** eines Gases, **b** einer Flüssigkeit, **c** eines amorphen Festkörpers, **d** eines kristallinen Festkörpers

Amorphe Festkörper oder Flüssigkeiten können noch eine ***Nahordnung*** aufweisen, d. h. es besteht eine Korrelation zwischen den Orten nächster Nachbaratome, aber es besteht keine Fernordnung und wegen der fehlenden Periodizität werden die Röntgenbeugungsmaxima breit und verwaschen.

Ist $\varrho = n(\boldsymbol{r})$ die Teilchendichte, so gilt für die Gesamtzahl N der Teilchen im Volumen V

$$N = \int n(\boldsymbol{r})\,\mathrm{d}V\,. \tag{16.1}$$

Analog können wir die Zweiteilchen-Dichtefunktion $n^2(\boldsymbol{r},\boldsymbol{r}')$ durch

$$\int\limits_V \int\limits_{V'} n^2(\boldsymbol{r},\boldsymbol{r}')\,\mathrm{d}V\,\mathrm{d}V' = N(N-1) \tag{16.2}$$

definieren, weil man insgesamt $N(N-1)$ geordnete Paare $n(\boldsymbol{r}_1)\cdot n(\boldsymbol{r}_2)$ bilden kann. Um eine Korrelation zwischen einem Teilchen am Ort $\boldsymbol{r}$ und einem Teilchen am Ort $\boldsymbol{r}'$ zu erfassen, führt man die ***Korrelationsfunktion*** $g(\boldsymbol{r},\boldsymbol{r}')$ ein durch die Beziehung

$$n^2(\boldsymbol{r},\boldsymbol{r}') = n(\boldsymbol{r})\cdot n(\boldsymbol{r}')\cdot g(\boldsymbol{r},\boldsymbol{r}')\,. \tag{16.3}$$

Für ein homogenes Medium (z. B. für eine Flüssigkeit) ist die Einteilchendichte $n(\boldsymbol{r})$ unabhängig von $\boldsymbol{r}$, d. h. $n(\boldsymbol{r}) = n(\boldsymbol{r}') = \varrho_0$. Dann ist die Zweiteilchen-Dichtefunktion $n^2(\boldsymbol{r},\boldsymbol{r}')$ nicht mehr von $\boldsymbol{r}$ und $\boldsymbol{r}'$ einzeln, sondern nur noch vom Abstand $r = |\boldsymbol{r}-\boldsymbol{r}'|$ abhängig:

$$n^2(\boldsymbol{r},\boldsymbol{r}') = \varrho_0^2\cdot g(r)\,.$$

Die Funktion $g(r)$ heißt ***Paarverteilungsfunktion***.

Die Wahrscheinlichkeit $W(r)\mathrm{d}r$, in einem homogenen System mit der Dichte $\varrho_0 = N/V$ ein Atom im Abstand r bis $r+\mathrm{d}r$ von einem anderen Atom zu finden, ist dann

$$W(r)\mathrm{d}r = 4\pi r^2\cdot\varrho_0\cdot g(r)\,\mathrm{d}r\,. \tag{16.4}$$

Die eindimensionale Paarverteilungsfunktion $g(r)$ isotroper Medien gibt wichtige Informationen über nichtkristalline Festkörper. Sie ist ein Maß für die Korrelation zwischen zwei beliebig herausgegriffenen Atomen im amorphen Medium. Wenn der Abstand r sehr groß wird, nimmt die Korrelation ab, weil dann $n^2(\boldsymbol{r},\boldsymbol{r}') \to n(\boldsymbol{r})\cdot n(\boldsymbol{r}') = \varrho_0^2$ strebt, sodass $g(r)\to 1$ geht.

Zwei Atome können sich nicht näher als ihr Durchmesser kommen, sodass für $r\to 0$ auch $g(r)\to 0$ geht.

Wir erhalten deshalb die beiden Grenzwerte:

$$\lim_{r\to 0} g(r) = 0\,, \quad \lim_{r\to\infty} g(r) = 1\,. \tag{16.5}$$

In Abb. 16.1 ist $g(r)$ für ein Gas, eine Flüssigkeit, einen amorphen Festkörper und für einen Einkristall schematisch dargestellt. Bei einem Gas (mittlerer Abstand der Atome ist groß gegen ihren Durchmesser d_0) besteht keine Korrelation zwischen den Orten der Atome ($g(r) = 1$) für $r > d_0$. Bei einer Flüssigkeit ist der mittlere Abstand vergleichbar mit d_0. Es gibt eine Kugelschale mit dem Radius $r_1 \approx d_0$ um den Ort eines Atoms, wo die Wahrscheinlichkeit, ein zweites Atom anzutreffen, maximal ist. Bei den übernächsten Nachbarn ist die Korrelation schon wesentlich kleiner. Beim kristallinen Festkörper sitzen alle Atome an wohldefinierten Plätzen. Deshalb hat $g(r)$ für bestimmte Abstände r vom Referenzatom scharfe Maxima, dazwischen ist $g(r) = 0$.

16.1 Gläser

Glas gehört zu den am meisten verwendeten Materialien, und es gab seit Jahrhunderten verschiedene empirische Techniken zur Glasherstellung, ohne dass man etwas über die physikalische Struktur von Glas wusste.

16.1.1 Grundlagen

Die Grundsubstanz aller Gläser ist Siliziumdioxid SiO_2, das vermischt wird mit verschiedenen Metalloxiden wie Na_2O, K_2O, B_2O_3, Al_2O_3 etc. Man kann die heute am meisten verwendeten Gläser in drei Hauptgruppen einteilen:

- Natriumsilikatgläser (Weichglas) (73 % SiO_2, 13 % Na_2O, 10 % CaO, 1,5 % Al_2O_3),
- Borsilikatgläser (Pyrex) (80 % SiO_2, 13 % B_2O_3, 4 % Na_2O und andere),
- Bleigläser (56 % SiO_2, 33 % PbO, 11 % K_2O).

Daneben gibt es noch viele Varianten mit etwas unterschiedlichen Zusammensetzungen der Beimengungen [2].

Glas ist ein amorpher Festkörper und wird oft als unterkühlte Flüssigkeit bezeichnet. Dies wird aus dem V_s-T-Diagramm in Abb. 16.2 deutlich, welches die Änderung des spezifischen Volumens V_s (reziproke Dichte) bei Abkühlung von flüssigem Glas zeigt. Der Kurvenverlauf hängt ab von der Geschwindigkeit der Abkühlung. Bei langsamem Abkühlen erhält man eine Glasmodifikation mit kleinerem spezifischen Volumen (also größerer Dichte) als bei schneller Abkühlung. Der Übergang vom flüssigen zum festen Zustand findet nicht abrupt, sondern über einen größeren Temperaturbereich statt. Dies ist anders als bei einem kristallinen Festkörper mit definierter Schmelztemperatur T_S, für den bei genügend langsamer Abkühlung der Schmelze die Kristallisation bei einer definierten Temperatur T_S eintritt und das spezifische Volumen im V_s-T-Diagramm einen Sprung macht. Besteht der kristalline Festkörper dagegen aus einer Legierung zweier verschiedener Stoffe, so wird der Übergang vom flüssigen in den festen Zustand auch nicht abrupt, sondern über einen Temperaturbereich ΔT verlaufen, in dem flüssige und feste Phase koexistieren und in dem sich mit der Temperatur auch die Zusammensetzung der Schmelze ändert (***Eutektikum***).

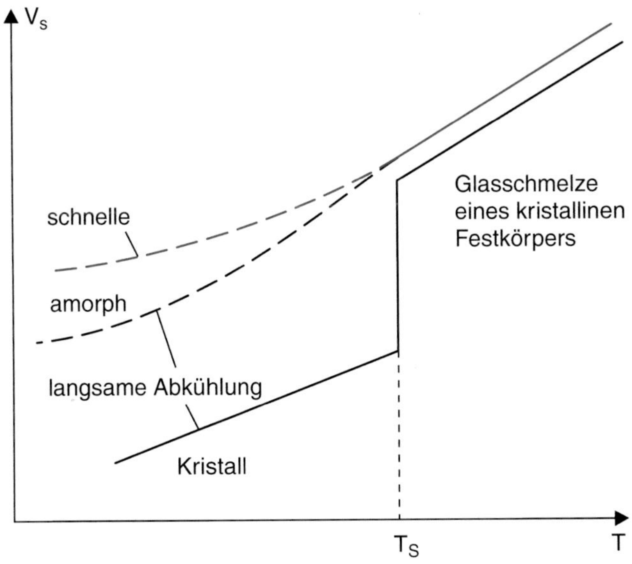

Abbildung 16.2 Vergleich der Änderung des spezifischen Volumens beim Erstarren eines Glases und eines kristallinen Festkörpers

Es gibt einen besonders wichtigen Unterschied zwischen der Kristallisation eines festen Körpers und dem Übergang Glasschmelze – festes Glas: Beim ersteren wird bei der Schmelztemperatur T_S Wärme frei, was auf einen Phasenübergang hinweist, während dies bei der Glaserstarrung nicht der Fall ist. Diese *latente Wärme* ist ein Maß für die Entropieänderung, wenn die Atome beim Übergang von der ungeordneten flüssigen Phase in die geordnete feste Phase übergehen. Ihre Entropie wird dadurch kleiner, während die Entropie ihrer Umgebung (z. B. der sie umgebenden Schmelze) erhöht wird. Beim Glas ändert sich die ungeordnete Phase beim Erstarren kaum, und deshalb macht die Entropie keinen Sprung.

16.1.2 Die Struktur von Glas

Auch bei einem amorphen Festkörper ist die lokale nähere Umgebung eines Atoms geordnet und wird durch die Elektronenhüllen der beteiligten Atome und ihre Bindungen bestimmt. Es liegt zwar eine *Nahordnung* vor, aber keine *Fernordnung* mehr. Bei kovalenten Bindungen wird die Nahordnung durch die Bindungswinkel bestimmt (siehe Abschn. 9.7), bei nichtgerichteten ionischen Bindungen wird die lokale Anordnung der Atome durch die relativen Größen der Ionen beeinflusst.

Die Struktur von Silikatgläsern wird im Wesentlichen durch den Hauptbestandteil SiO_2 bestimmt.

In vielen Silikaten ist das positive Silizium-Ion Si^{4+} von vier negativen O^{2-}-Ionen umgeben, wobei die O^{2-}-Ionen viel größer als die Si^{4+}-Ionen sind. Die vier Sauerstoff-Ionen bilden eine Tetraederstruktur mit dem Silizium-Ion im Zentrum (Abb. 16.3a). Zwei benachbarte Tetraeder stoßen an einer Ecke zusammen und teilen sich dort ein gemeinsames O^{2-}-Ion. Während in *kristallinen* Silikaten (***Quarzkristall***) die Tetraeder eine periodische Anordnung haben, sind sie im amorphen Glas statistisch orientiert. Sie stoßen dann nur in Ecken aneinander, haben

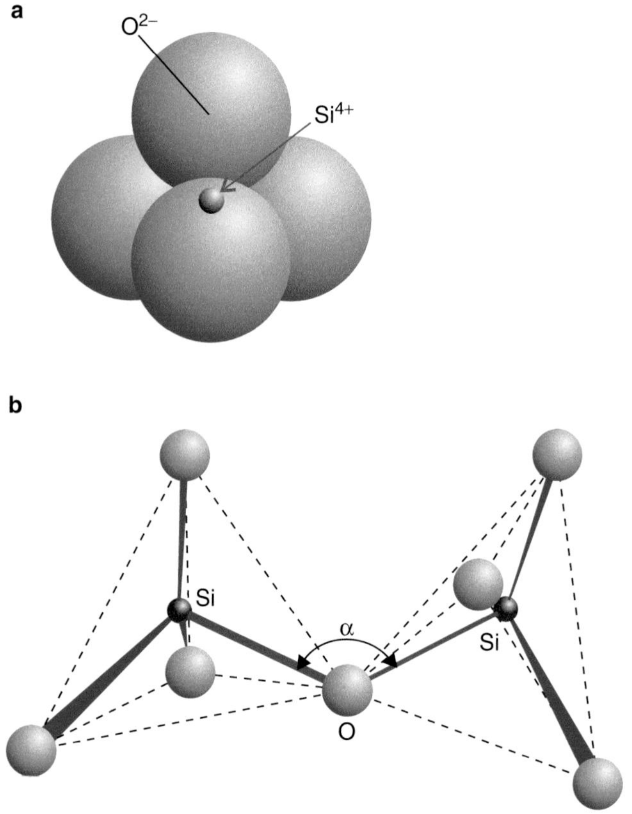

Abbildung 16.3 Strukturzelle von Silikaten. **a** Si^{4+}-Ion von vier O^{2+}-Ionen umgeben; **b** zwei benachbarte Tetraeder mit gemeinsamer Ecke, aber statistisch variierendem Winkel α

aber keine gemeinsame Kanten oder Flächen, d. h. der Winkel α in Abb. 16.3b kann statistisch variieren.

In einer vereinfachten zweidimensionalen Darstellung (Abb. 16.4a) wird als Struktureinheit ein Siliziumion Si^{4+} (*schwarz*) von drei Sauerstoffionen (*rot*) umgeben, die es mit Nachbarsiliziumionen teilt. In einer dreidimensionalen (hier nicht zeichenbaren) Anordnung wird jedes der vier O^{2-}-Ionen von zwei Si^{4+}-Ionen geteilt, sodass insgesamt die Zusammensetzung SiO_2 ist.

Da die Netzstruktur durch die lokale Struktur der Tetraeder bestimmt wird, heißt die Grundsubstanz SiO_2 im Glas auch ***Netzwerkbildner***.

Werden jetzt andere Stoffe (z. B. Na_2O) addiert, so wird die Zahl der Sauerstoffionen größer, sodass nicht mehr jedes O^{2-}-Ion an zwei Si^{4+}-Ionen gebunden und Teil eines Tetraeders sein kann wie in Abb. 16.3a. Das Netzwerk in der zweidimensionalen Darstellung wird unterbrochen (Abb. 16.4b), weil es O^{2-}-Ionen gibt, die nur an einer Seite gebunden sind. Die Natriumionen (grau) sitzen in den Lücken des Netzwerkes. Diese Zusätze zum Silikatglas heißen deshalb auch ***Netzwerkwandler***.

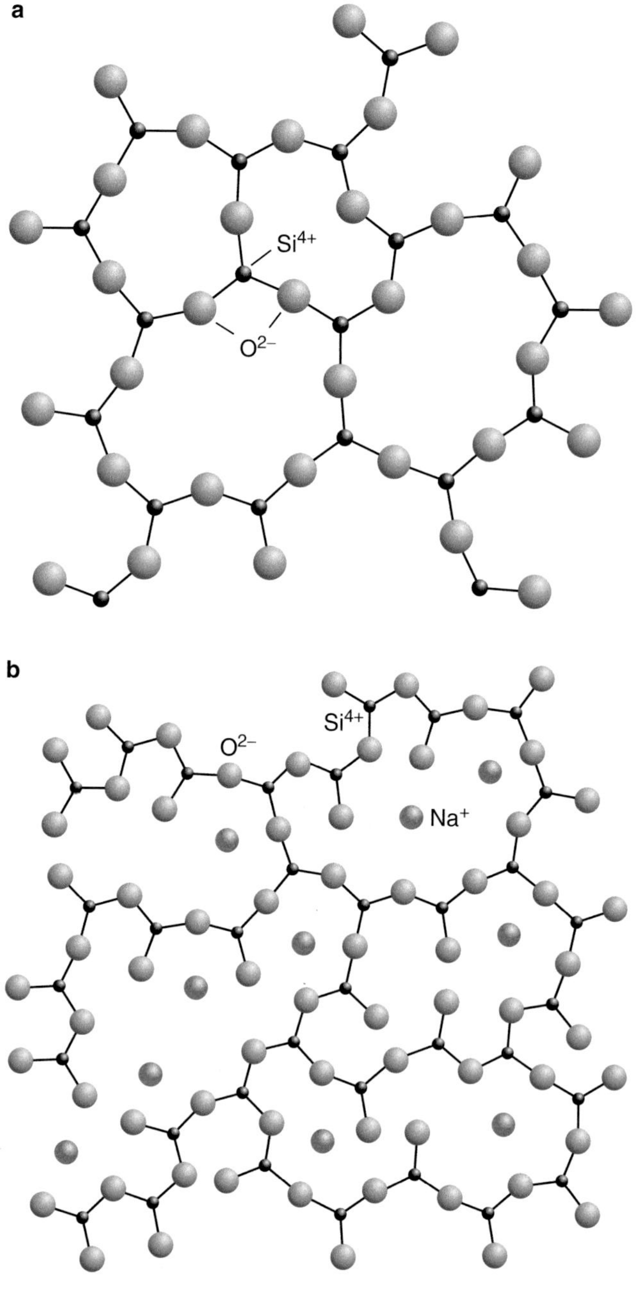

Abbildung 16.4 Zweidimensionale analoge Darstellung der Glasstruktur. **a** Quarzglas (amorphes SiO_2); **b** Natriumsilikatglas ($n_1 SiO_2 + n_2 Na_2O$) mit $n_2 \ll n_1$

16.1.3 Physikalische Eigenschaften von Gläsern

Durch das Aufbrechen des Netzwerkes werden die physikalischen Eigenschaften des Glases signifikant geändert. So ist z. B. die Viskosität nicht nur stark abhängig von der Tempe-

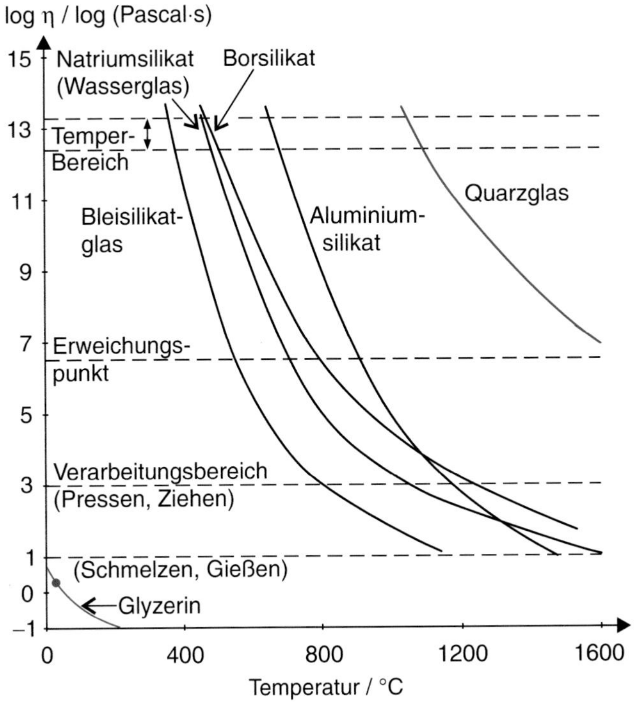

Abbildung 16.5 Temperaturabhängigkeit der Viskosität η einiger handelsüblicher Gläser in logarithmischer Darstellung

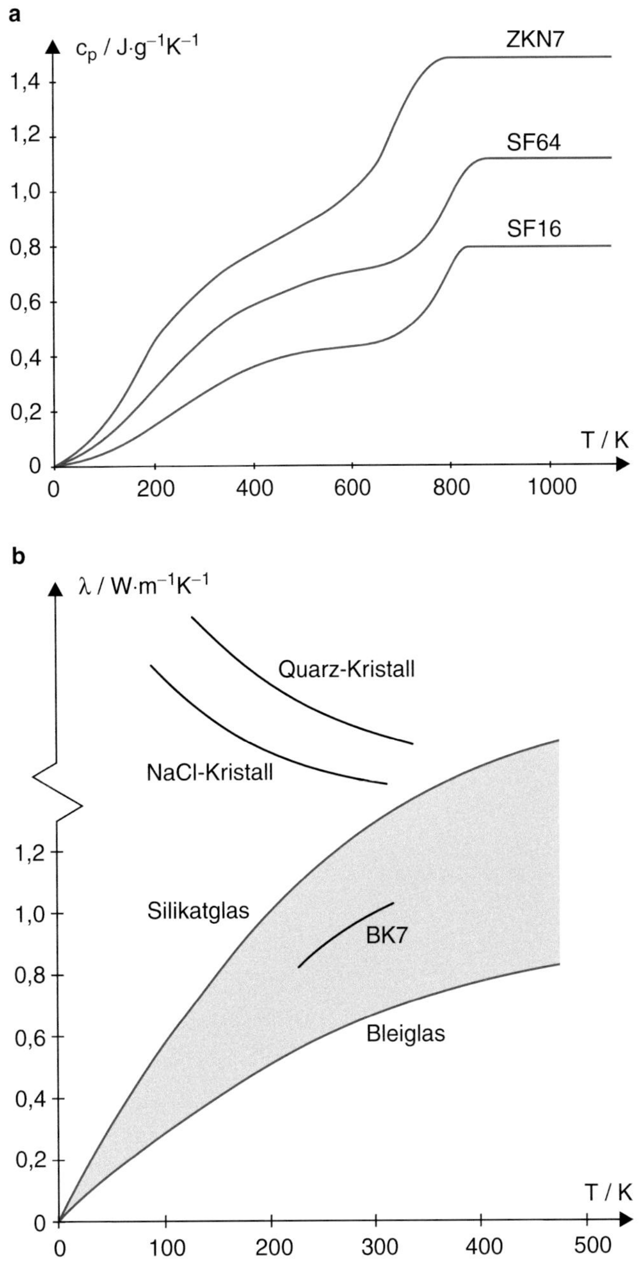

Abbildung 16.6 **a** Spezifische Wärme einiger Gläser (vgl. Bd. 1, Tab. 10.5); **b** Vergleich des Temperaturverlaufes der thermischen Leitfähigkeit λ für Kristalle und amorphe Gläser

ratur, sondern auch von der Zusammensetzung der Additive (Abb. 16.5). Auch die spezifische Wärme ändert sich mit der Glaszusammensetzung (Abb. 16.6a). Sie steigt mit zunehmender Temperatur an und bleibt dann in der flüssigen Phase konstant.

Die Wärmeleitfähigkeit von Glas ist sehr klein, da weder frei bewegliche Elektronen vorhanden sind, noch in der nichtperiodischen Struktur Phononen merklich zum Wärmetransport beitragen können. Sie steigt, im Gegensatz zu kristallinen Festkörpern, mit steigender Temperatur an (Abb. 16.6b).

Eines der Hauptanwendungsgebiete von Glas ist die Optik, weil die optischen Eigenschaften von Glas (Transmission im sichtbaren Gebiet) nicht nur die Verwendung als Fensterscheiben möglich machen, sondern seine Dispersionseigenschaften auch den Bau von Linsen und Prismen erlauben [4].

Dispersion $n(\lambda)$ und Absorption $\alpha(\lambda)$ sind miteinander verknüpft durch die Dispersionsrelationen (siehe Bd. 2, Abschn. 8.2). Sie hängen ab von der Zusammensetzung des Glases, weil SiO_2 erst im kurzwelligen ultravioletten Gebiet absorbiert, aber die Absorptionsfrequenzen der Beimengungen bereits im nahen UV und auch im infraroten Bereich liegen können. In Abb. 16.7 sind die Transmissionskurven für 10 mm dicke Glasscheiben einiger Glassorten dargestellt, wobei die Reflexion an beiden Endflächen die maximale Transmission bereits auf 0,9–0,92 reduziert. Die Dispersionskurven $n(\lambda)$, deren Steigung die für die Dispersion von Prismenspektrographen wichtige Ableitung $dn/d\lambda$ ergibt, sind in Abb. 16.8 gezeigt.

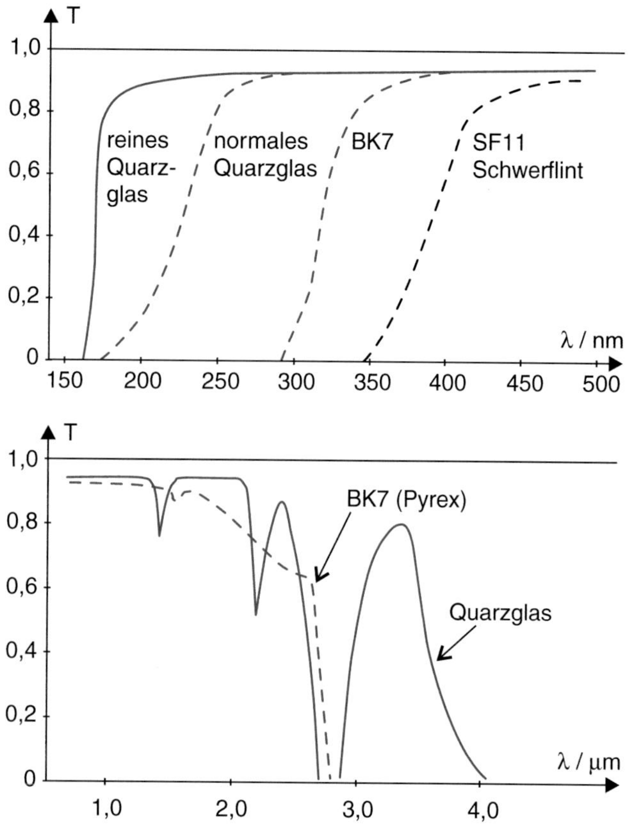

Abbildung 16.7 Transmissionkurven $T(\lambda) = 1 - R - A$ von 10 mm dicken Platten einiger optischer Gläser

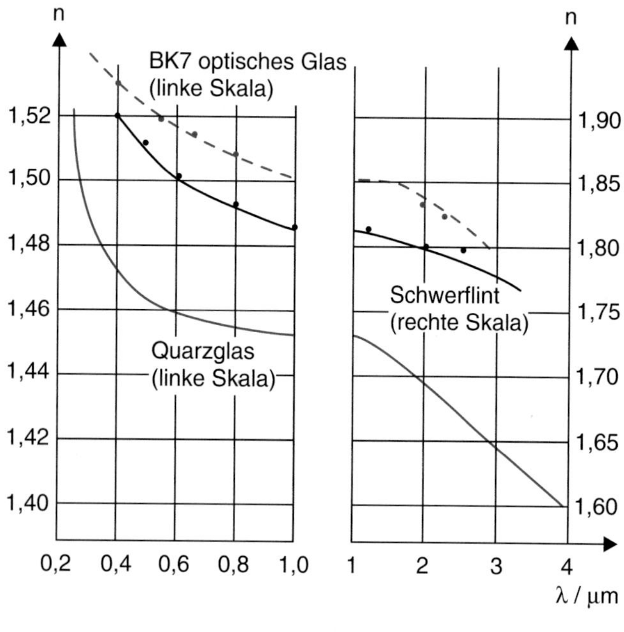

Abbildung 16.8 Dispersionskurven $n(\lambda)$ einiger optischer Gläser vom UV bis nahe Infrarot

16.2 Metallische Gläser

Metallische Gläser sind amorphe Metallverbindungen, die durch sehr schnelle Abkühlung heißer metallischer Schmelzen gewonnen werden können. Bei dieser plötzlichen Abkühlung geht die Metallegierung ohne Kristallisation in den festen amorphen Zustand über. Bei diesem Übergang zeigen sich manche schon bei Silikatgläsern diskutierte Eigenschaften: Das spezifische Volumen ändert sich bei der Erstarrung kaum (Abb. 16.2), die Viskosität steigt wie beim Glas kontinuierlich beim Übergang von der Schmelze zum festen Zustand (Abb. 16.5).

Die Atomordnung in der festen Phase ist (abgesehen von der kleineren Beweglichkeit) nicht wesentlich verschieden von der in der flüssigen Metallegierung. Wegen der großen Ähnlichkeit zu Gläsern nennt man Metallegierungen in diesem amorphen Zustand ***metallische Gläser*** (Metgläser) [5].

16.2.1 Herstellungsverfahren

Es gibt mehrere Verfahren, um die schnelle Abkühlung von Metallschmelzen zu erreichen. In Abb. 16.9a ist schematisch eine Anordnung gezeigt, bei der ein Flüssigkeitsstrahl der Metallschmelze aus einer engen Düse auf eine kalte, schnell rotierende Kupfertrommel trifft und dort sofort als dünne Schicht erstarrt, die durch eine Ziehvorrichtung als dünnes amorphes Metallband mit einer Geschwindigkeit von 10–30 m/s abgenommen wird. In Abb. 16.9b fällt ein Flüssigkeitsstrahl aus einer Metallschmelze zwischen zwei rotierende Walzen, wo er schnell erstarrt und zu einem dünnen Band ausgewalzt wird. Auf

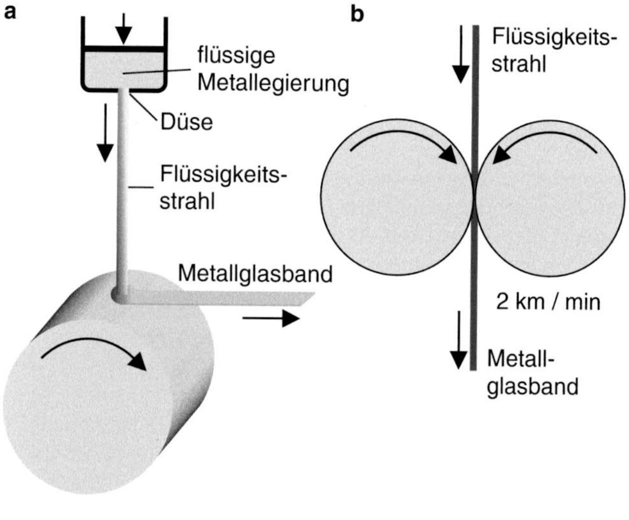

Abbildung 16.9 Herstellung metallischer Gläser als dünne Bänder: **a** mit einer kalten rotierenden Trommel; **b** zwischen zwei rotierenden Walzen

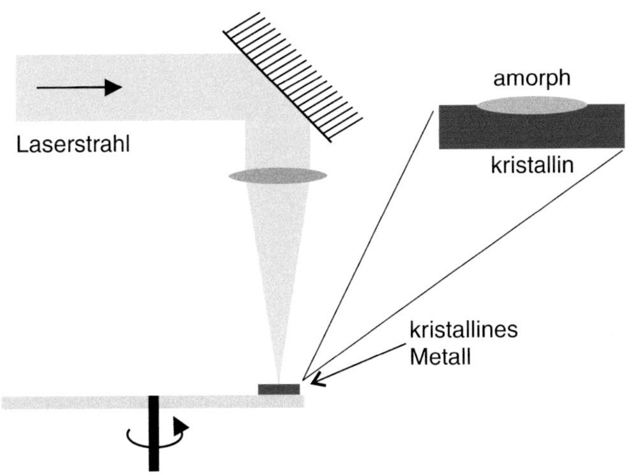

Abbildung 16.10 Erzeugung amorpher Schichten an der Oberfläche kristalliner Metalle durch Laseraufschmelzen

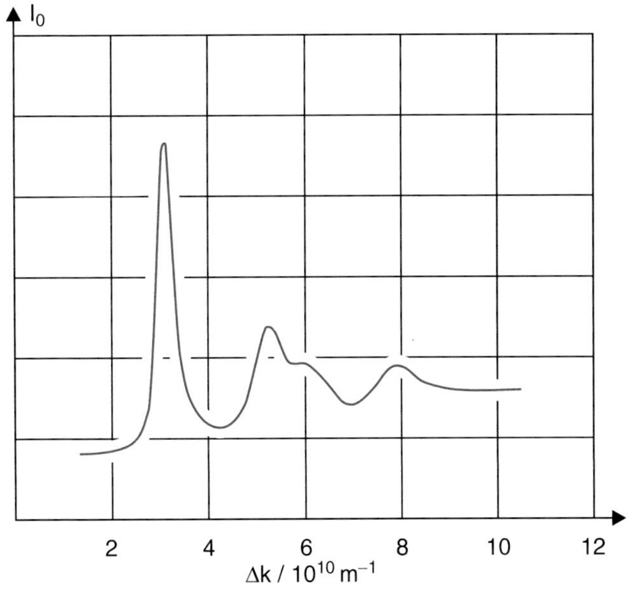

Abbildung 16.11 Intensität von in einem metallischen Glas gestreuten Neutronen als Funktion der Wellenvektoränderung $\Delta \boldsymbol{k} = \boldsymbol{k}_0 - \boldsymbol{k}_s$

diese Weise erzeugte Metallbänder haben typische Breiten von 1–3 mm und Dicken von 20–60 µm. Häufig verwendete Metallegierungen sind $Fe_{40}Ni_{40}B_{20}$ oder $Cu_{20}Zr_{30}$.

Bei einem zweiten Verfahren zur Erzeugung metallischer Gläser wird ein Laserstrahl auf eine Probe aus einer kristallinen Metallegierung, die sich auf einer schnell drehenden Scheibe befindet, fokussiert (Abb. 16.10). Im Fokus erreicht man Leistungsdichten von 10^4–10^8 W/cm². Dies ist genug, um innerhalb weniger µs das feste Metall aufzuschmelzen, das dann nach Verlassen des Fokusbereiches schnell wieder erstarrt und dabei einen amorphen Festkörper bildet.

Mit beiden Verfahren erreicht man Abkühlraten von 10^6 K/s bei Schichtdicken von $d = 10$–$100\,\mu$m und 10^8 K/s bei $d = 1\,\mu$m.

Während beim ersten Verfahren amorphe Metallbänder erzeugt werden, ergeben sich beim zweiten Verfahren dünne amorphe Oberflächenschichten auf einem kristallinen Metalluntergrund.

16.2.2 Struktur metallischer Gläser

Genau wie bei den kristallinen Festkörpern (Kap. 11) lässt sich die Struktur amorpher Festkörper mithilfe der Röntgen- oder Neutronenbeugung ermitteln. Wie schon in Abschn. 16.1 diskutiert wurde, erhält man jedoch hier keine scharfen Reflexe $I(\Delta \boldsymbol{k})$ als Funktion der Wellenvektoränderung $\Delta \boldsymbol{k}$, sondern breite Maxima (Abb. 16.11). Dies liegt daran, dass es wegen der fehlenden Periodizität im amorphen Metall kein diskretes reziprokes Gitter gibt.

Das erste große Maximum in Abb. 16.11 gibt, ähnlich wie bei einer Flüssigkeit, die räumliche Verteilung der nächsten Nachbarn eines Referenzatoms an. Im Gegensatz zu Flüssigkeiten erscheint das zweite Maximum als Überlagerung zweier Strukturen. Da eine Metallegierung mindestens aus zwei Komponenten A und B besteht, ist die Streuintensität durch das Quadrat der Summe $|a_A + a_B|^2$ der Streuamplituden a_i bestimmt (siehe Abschn. 11.4).

Mithilfe moderner Elektronenmikroskope kann man heute mikroskopische Aufnahmen der Oberfläche von Metallgläsern und von dünnen Schichten mit einer räumlichen Auflösung von besser als 0,5 nm erhalten.

16.2.3 Eigenschaften metallischer Gläser

Metallische Gläser sind, analog zu den kristallinen Metallen, elektrische Leiter. Der Wert ihres spezifischen elektrischen Widerstandes ϱ_{el} und seine Temperaturabhängigkeit sind den Verhältnissen einer metallischen Schmelze ähnlich. Die Änderung $d\varrho_{el}/dT$ hängt von der Zusammensetzung der Legierung (Abb. 16.12) ab. So erhält man bei metallischen Gläsern der Zusammensetzung PdCuP einen positiven Wert des Temperaturkoeffizienten für die palladiumreiche Legierung $(Pd_{90}Cu_{10})_{80}P_{20}$, aber einen negativen Wert für die kupferreiche Legierung $(Pd_{50}Cu_{50})_{80}P_{20}$ [5].

Besonders bemerkenswert sind die mechanischen Eigenschaften metallischer Gläser. Die Zugfestigkeit von Bändern aus metallischen Gläsern liegt um etwa eine Größenordnung über derjenigen von Stahlbändern gleicher Dimension. So ist z. B. die Fließgrenze (siehe Bd. 1, Abschn. 6.2) von metallischem $Fe_{80}B_{20}$-Glas bei $\sigma = 3{,}7 \cdot 10^9\,\mathrm{N/m^2}$ (Stahl: $\sigma \approx 3 \cdot 10^8\,\mathrm{N/m^2}$). Der Elastizitätsmodul $E = 1{,}7 \cdot 10^{11}\,\mathrm{N/m^2}$ ist vergleichbar mit dem von Stahl.

Im Gegensatz zu Silikatgläsern sind Metgläser nicht brüchig, sondern lassen sich in gewissen Grenzen verformen.

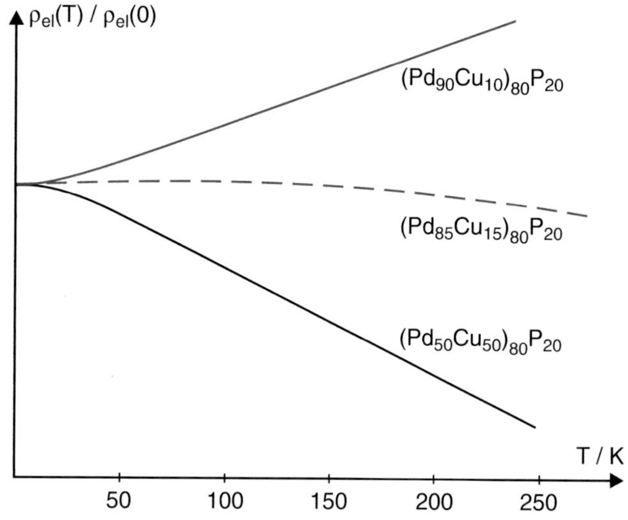

Abbildung 16.12 Temperaturabhängigkeit des spezifischen elektrischen Widerstandes für metallische Gläser verschiedener Zusammensetzung [5]

Diese Kombination von großer Zugfestigkeit mit Verformbarkeit ist für viele technische Anwendungen von großem Interesse. Beispiele sind die Verwendung als Verstärkungsfasern in Kunststoffen und Verbundmaterialien. Metallische Gläser, die Chrom enthalten, sind sehr korrosionsbeständig, sodass die in Abb. 16.10 gezeigte Methode zur Bildung amorpher Oberflächen-Metallschichten für den Korrosionsschutz vieler Materialien wichtig ist.

16.3 Amorphe Halbleiter

Amorphe Halbleiter spielen bei vielen technischen Anwendungen, insbesondere bei der Herstellung von Dünnschicht-Solarzellen und von photoempfindlichen Schichten auf der Trommel von Kopiergeräten (siehe Bd. 2, Abschn. 1.9.6), eine immer größere Rolle.

Sie können mit ganz ähnlichen Verfahren wie die metallischen Gläser hergestellt werden. Zur Erzeugung dünner Schichten amorpher Halbleiter wird jedoch meistens die Abscheidung von Gasgemischen an Oberflächen verwendet [7].

16.3.1 Struktur und Herstellung von amorphem Silizium a-Si:H

In einem Siliziumkristall ist jedes Si-Atom von vier nächsten Nachbarn in einer tetraedrischen Anordnung umgeben (Abb. 16.3). Im amorphen Silizium entsteht durch geringfügige Schwankungen (10 %) der Bindungslängen und Bindungswinkel ein ungeordnetes Netzwerk, das zwar noch eine Nahordnung (durch die Tetraederstruktur), aber keine Fernordnung mehr

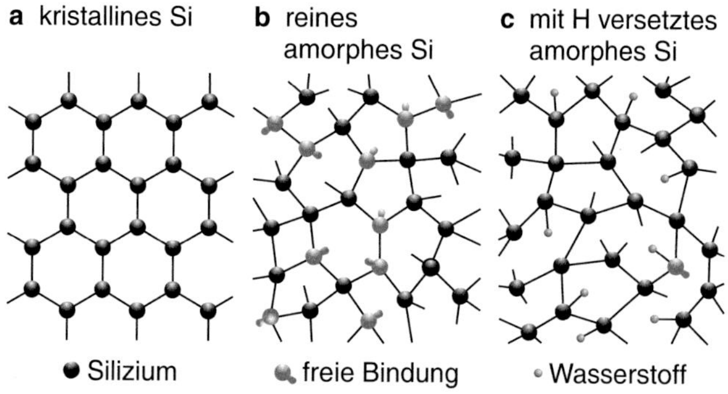

Abbildung 16.13 Schematische Darstellung der Struktur von **a** kristallinem, **b** reinem amorphen und **c** mit Wasserstoff versetztem amorphen Silizium

besitzt (Abb. 16.13), analog zu den Verhältnissen beim Glas (Abb. 16.4).

Bei diesem unregelmäßigen Aufbau können nicht alle freien Valenzbindungen durch Partneratome abgesättigt werden, sodass zahlreiche freie, d. h. nicht abgesättigte Siliziumbindungen übrig bleiben (***dangling bonds***). Sie wirken wie Defekte im Festkörper und können z. B. als Elektronenfallen dienen oder Fremdatome binden. Dies führt dazu, dass neue Elektronenzustände entstehen, die in der verbotenen Zone des Bandschemas für kristallines Silizium liegen (Abb. 16.14).

Dünne Schichten aus amorphem Silizium werden durch Plasmadeposition hergestellt (Abb. 16.15). Ein Gasgemisch aus Silan (SiH_4), Edelgasen und Wasserstoff wird in einer Hochfrequenzglimmentladung zwischen zwei Kondensatorplatten durch Elektronenstoß zersetzt. Dabei entstehen Fragmente SiH, SiH_2, H, die sich auf dem Substrat als amorpher Film niederschlagen. Die

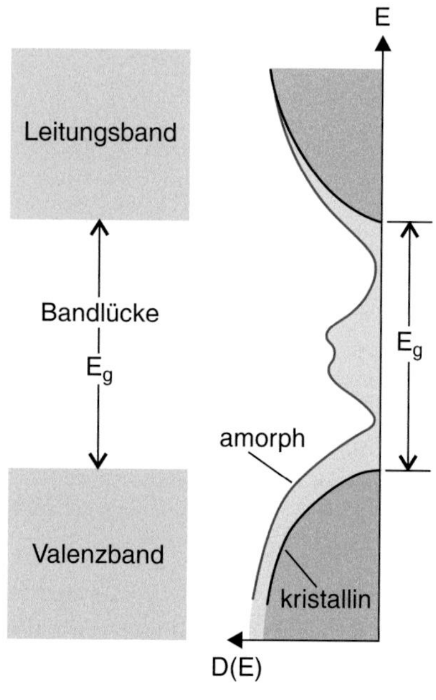

Abbildung 16.14 Elektronische Zustandsdichte für kristallines und amorphes Silizium

Kapitel 16

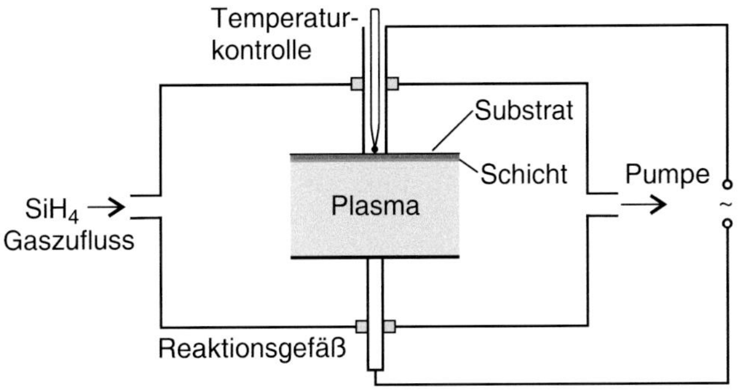

Abbildung 16.15 Herstellung amorpher a-Si:H-Schichten durch Abscheiden der Zersetzungsprodukte einer Plasmaentladung

Struktureigenschaften dieses amorphen Films werden durch den Gasdruck im Entladungsraum, die in das Plasma eingekoppelte Hochfrequenzleistung und durch die Temperatur des Substrats bestimmt. Typische Abscheidungsraten sind 1 μm/h. Das Verfahren eignet sich daher besonders zur Herstellung sehr dünner Schichten im μm-Bereich.

Da sich auch freie H-Atome im Plasmaraum befinden, können diese sich bei der Bildung der amorphen Siliziumschicht an die freien Bindungen anlagern, sodass man Silizium-Wasserstoff-Legierungen mit einem von den Betriebsbedingungen abhängigen Anteil von 4–40 % H-Atomen erhält. Deshalb bezeichnet man solche amorphen Verbindungen als a-Si:H-Schicht.

16.3.2 Elektronische und optische Eigenschaften

Kristallines Silizium ist ein indirekter Halbleiter (siehe Abschn. 14.1.4) mit einer Bandlücke von $E_g = 1{,}1\,\text{eV}$. Da das Minimum des Leitungsbandes verschoben ist gegen das Maximum des Valenzbandes, können Photonen mit Energien $h \cdot \nu < 1{,}4\,\text{eV}$ beim Übergang vom Valenz- ins Leitungsband nur bei gleichzeitiger Änderung des Phononenimpulses absorbiert werden. Dies verringert die Wahrscheinlichkeit für die Photonenabsorption und ergibt einen kleinen Absorptionskoeffizienten (Abb. 16.16). Um das einfallende Licht vollständig zu absorbieren, braucht man Schichtdicken von 100 μm. Bei amorphem Silizium ist der Absorptionskoeffizient im sichtbaren Spektralbereich um etwa zwei Größenordnungen höher, sodass man hier nur Schichtdicken von etwa 1 μm benötigt.

Man kann dünne Schichten von amorphem Silizium als Solarzellen verwenden (siehe Abschn. 14.3.3). Ihre Vorteile sind der niedrige Energieverbrauch bei der Herstellung, die geringeren Kosten und die Möglichkeit, großflächige Zellen herstellen zu können.

Der Hauptnachteil der amorphen Solarzellen ist ihre geringe Stabilität. Ihr Wirkungsgrad bei der Umwandlung von Licht- in elektrische Energie nimmt bereits nach 10–100 Betriebsstunden beträchtlich ab. Dies liegt wahrscheinlich an einer Umstrukturierung der amorphen Struktur, die zu offenen Bindungen führt.

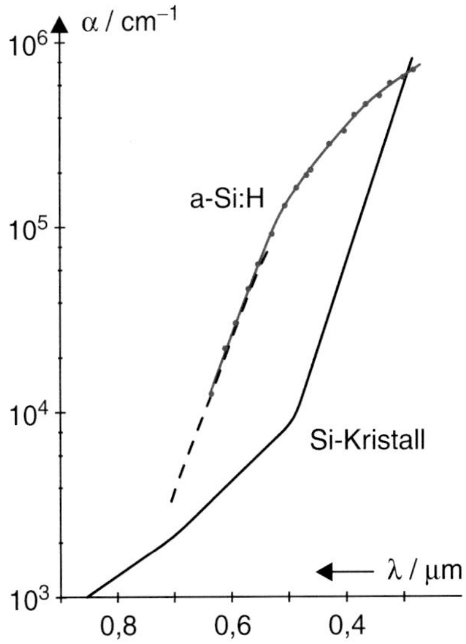

Abbildung 16.16 Absorptionskoeffizienten $\alpha(\lambda)$ für kristallines Silizium und für amorphes a-Si:H

Diese können Elektronen einfangen, die dann nicht mehr die Elektroden erreichen.

Neue Herstellungsverfahren haben die Situation wesentlich verbessert. Man erreicht heute Wirkungsgrade über 10 % und Halbwertszeiten von einigen Jahren.

16.4 Flüssigkeiten

Im Gegensatz zu den Festkörpern, deren Gestalt ohne Einwirkung äußerer Kräfte zeitlich konstant bleibt, können Flüssigkeiten ihre Form bei konstantem Volumen ändern, wenn man sie in ein anderes Gefäß gießt. Dies liegt daran, dass sich die Moleküle innerhalb der Flüssigkeit frei bewegen können (siehe Bd. 1, Abschn. 6.1), während sie im Festkörper an bestimmte Plätze gebunden sind. Flüssigkeiten haben jedoch im Allgemeinen eine definierte Oberfläche als Grenzfläche gegen die Gasphase bzw. gegen die Wände des einschließenden Gefäßes. Die Stabilität dieser Oberfläche wird durch die Größe der Grenzflächenenergie (Oberflächenspannung, siehe Bd. 1, Abschn. 6.4) bestimmt.

16.4.1 Makroskopische Beschreibung

Die Realisierung einer der drei Phasen: fest, flüssig oder gasförmig eines Stoffes hängt ab von der Temperatur T und dem äußeren Druck p. Dies lässt sich übersichtlich darstellen in einem p-T-Phasendiagramm (Abb. 16.17). Die Dampfdruckkurve trennt die flüssige von der gasförmigen Phase und die Schmelzkurve die feste von der flüssigen Phase. Im ***Tripelpunkt*** Tp können alle drei Phasen gleichzeitig existieren.

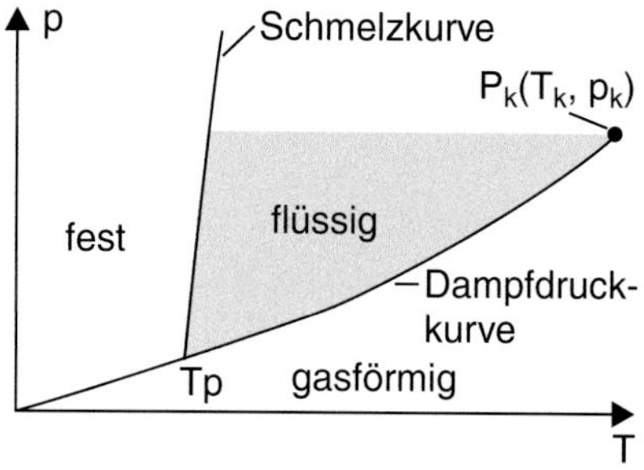

Abbildung 16.17 Schematische Darstellung eines p-T-Phasendiagramms

Oberhalb des ***kritischen Punktes*** $P_k(T_k, p_k)$ gibt es keine Unterscheidung mehr zwischen flüssiger und gasförmiger Phase.

Flüssigkeiten haben sowohl mit Festkörpern als auch mit Gasen gemeinsame Eigenschaften. Ihre Dichte und ihre Volumenerhaltung bei Gestaltänderungen sind analog zu Festkörpereigenschaften, während sie das Fehlen von Scherspanunngen mit Gasen teilen.

Trotz ihrer leicht verformbaren Gestalt besitzen Flüssigkeiten jedoch eine erhebliche Zerreißfestigkeit, die nicht wesentlich kleiner ist als die fester Körper.

So beträgt z. B. die Zerreißzugspannung für destilliertes, blasenfreies Wasser $\sigma = 7 \cdot 10^6\,\mathrm{N/m^2}$, was im Vergleich zu Aluminium ($\sigma = 5 \cdot 10^7\,\mathrm{N/m^2}$) nur wenig kleiner ist.

Im Demonstrationsversuch der Abb. 16.18 lässt sich die hohe Zerreißfestigkeit von Wasser vorführen: In eine mehrere Meter lange, an einem Ende verschlossene Glaskapillare wird destilliertes, luftblasenfreies Wasser eingefüllt. Das andere Ende der Kapillare ist mit einem Vorratsgefäß verbunden, welches evakuiert wird. Stellt man jetzt das Kapillarrohr senkrecht, so fließt das Wasser nicht aus der Kapillare heraus. Man kann die Kapillare an einem Brett befestigen und dieses kräftig auf den Boden stoßen, ohne dass der Wasserfaden abreißt. Dies liegt sowohl an den anziehenden Kräften zwischen den Wassermolekülen, welche den Zusammenhalt der Flüssigkeit bewirken, als auch an den Kräften zwischen den Wandmolekülen und Flüssigkeitsmolekülen (siehe Bd. 1, Abschn. 6.4).

Die Zerreißfestigkeit von Flüssigkeiten sinkt mit steigender Temperatur T und wird null bei einer Temperatur T^*, die unterhalb der kritischen Temperatur T_k liegt. Man kann dies quantitativ mit der in Abb. 16.19a gezeigten Anordnung messen: Ein U-Rohr aus Glas wird mit Wasser gefüllt und mit der Winkelgeschwindigkeit ω in der Zeichenebene um eine zur Ebene senkrechte Achse durch den Drehpunkt O in Rotation versetzt. Da am offenen Ende A immer der äußere Atmosphärendruck herrscht, wird infolge der Zentrifugalkraft bei der Rotation der

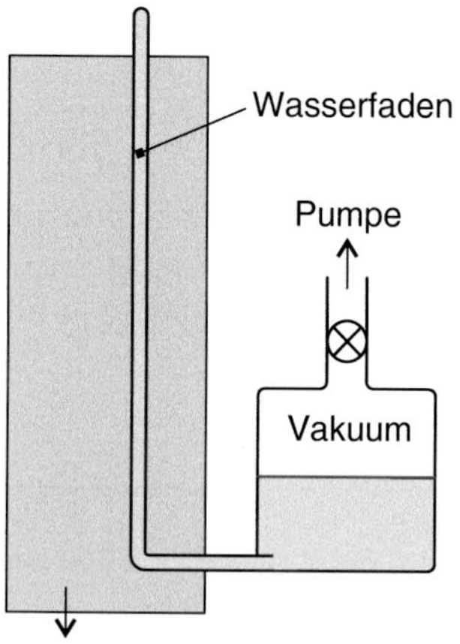

Abbildung 16.18 Demonstrationsexperiment zur Zerreißfestigkeit von Wasser

Druck auf den Wert

$$p(\omega) = p_A - \frac{1}{2}\varrho\omega^2 R^2 \qquad (16.6)$$

vermindert. Für genügend große Werte von ω wird $p(\omega)$ negativ, und auf die Flüssigkeitssäule wird eine Zugkraft ausgeübt, die beim Überschreiten der Zerreißspannung zum Abreißen des Flüssigkeitsfadens im Punkt O führt. Die so gemessene Zerreißspannung ist in Abb. 16.19b als Funktion der Wassertemperatur aufgetragen.

Wenn man die Flüssigkeit durch eine van-der-Waals-Gleichung (siehe Bd. 1, Abschn. 11.4) beschreiben kann, lässt sich die Zerreißfestigkeit folgendermaßen abschätzen: In Abb. 16.20 sind zwei Isothermen im p-V-Diagramm dargestellt. Beginnt man die Kompression des Gases bei großen Werten von V, so verläuft das System bis zu den Punkten A_1 bzw. A_2 auf der van-der-Waals-Isotherme, dann aber auf den *gestrichelten* Geraden A–B–D, die so gewählt werden, dass die farbigen Flächen oberhalb und unterhalb der Geraden gleich groß sind. Bei A beginnt die Kondensation des Gases, zwischen D und A sind beide

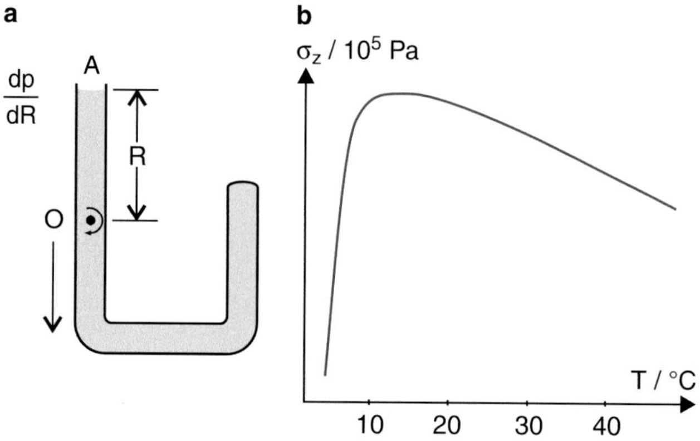

Abbildung 16.19 **a** Anordnung zur Messung der Temperaturabhängigkeit der Zerreißfestigkeit; **b** Zerreißfestigkeit von Wasser als Funktion der Temperatur

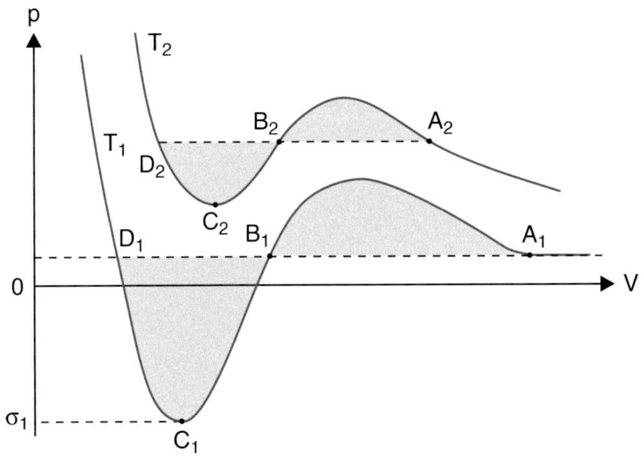

Abbildung 16.20 Van-der-Waals-Diagramm zur Abschätzung der Zerreißfestigkeit von Flüssigkeiten

Phasen – Gas und Flüssigkeit – koexistent, bis im Punkt D alles Gas verflüssigt ist.

Durchläuft man die van-der-Waals-Isothermen in umgekehrter Richtung, beginnend bei hohen Drücken p und kleinen Volumina V, so kann das System unter geeigneten Umständen den *roten* Kurven folgen, anstatt sich entlang der *gestrichelten* Geraden zu bewegen. Auf den *roten* Kurvenstücken D–C–B und B–A befindet sich die Flüssigkeit in einem metastabilen Zustand. Für genügend tiefe Temperaturen (z. B. T_1 in Abb. 16.20) verläuft die Kurve teilweise im negativen Druckbereich, der nur realisiert werden kann, wenn die Flüssigkeit eine hohe Zerreißfestigkeit hat. Der Punkt C_1 entspricht dann der maximalen Zerreißspannung $\sigma(T_1)$ bei der Temperatur T_1 [8, 9].

16.4.2 Mikroskopische Struktur

Analog zu den amorphen Festkörpern gibt es auch bei Flüssigkeiten zwar noch eine Nahordnung, aber keine Fernordnung mehr. Die Paarverteilungsfunktion $g(r)$ hat für beide Fälle einen ähnlichen Verlauf. In Abb. 16.21 ist die aus Röntgenbeugungsexperimenten gewonnene Größe $4\pi r^2 \varrho_0 \cdot g(r)\,\mathrm{d}r$ (16.4), welche die mittlere Zahl der Moleküle in einer Kugelschale der Dicke $\mathrm{d}r$ um ein Referenzmolekül bei $r = 0$ angibt, als Funktion von r für festes und flüssiges Aluminium aufgetragen. Man erkennt die periodische Anordnung der Aluminiumatome im festen Kristall. In der Flüssigkeit ist die Kugelschale der nächsten Nachbarn noch deutlich ausgeprägt, aber für größere Abstände r geht die Korrelation verloren, und die Korrelationsfunktion $g(r)$ strebt schnell gegen den von r unabhängigen konstanten Wert $g(r) = 1$.

Verschiedene Modelle wurden zur Erklärung der mikroskopischen Struktur entwickelt. Am detailliertesten wurden die verflüssigten Edelgase behandelt. Sie bestehen aus Atomen, deren Wechselwirkung durch ein Lennard-Jones-Potential beschrieben werden kann (siehe Abschn. 9.4) [10, 11].

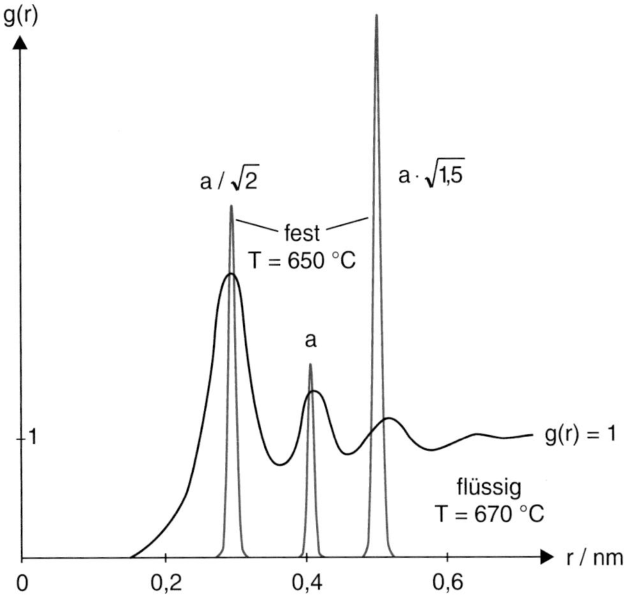

Abbildung 16.21 Vergleich der Paarverteilungsfunktion $g(r)$ für festes Aluminium bei 650 °C (*rote Kurve*) und flüssiges Aluminium bei 670 °C (*schwarze Kurve*)

Mithilfe solcher aus Streumessungen gut bekannter Lennard-Jones-Potentiale lässt sich die Verteilungsfunktion $g(r)$ berechnen und mit der aus Röntgenbeugungsexperimenten ermittelten Funktion vergleichen (Abb. 16.22).

Die für den Menschen wichtigste Flüssigkeit ist natürlich das Wasser. Eine mikroskopische Beschreibung ist hier wesentlich schwieriger, weil nicht nur H_2O-Moleküle, sondern auch $(H_2O)_n$-Multimere, schwach gebundene Konglomerate aus n H_2O-Molekülen, vorhanden sind (Abb. 16.23). Das Konzentrationsverhältnis der verschiedenen Multimere ändert sich nicht nur mit der Temperatur, sondern auch räumlich vom Inneren der Flüssigkeit zur Oberfläche hin.

Kapitel 16

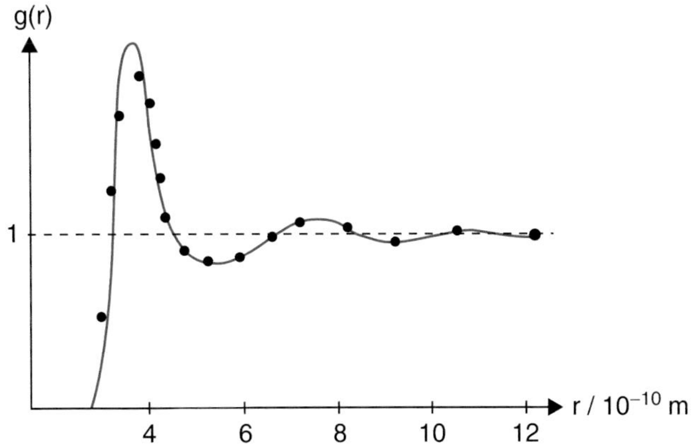

Abbildung 16.22 Vergleich der berechneten (*rote Kurve*) mit den experimentellen Werten (*schwarze Punkte*) für die radiale Verteilungsfunktion für flüssiges Argon bei $T = 153\,\mathrm{K}$ [10]

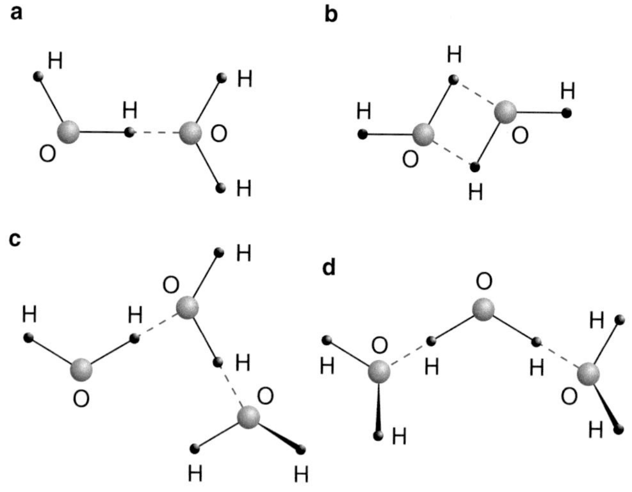

Abbildung 16.23 Verschiedene Strukturen von $(H_2O)_n$-Multimeren. **a** Lineares Dimer; **b** zyklisches Dimer; **c** und **d** mögliche Trimer-Strukturen

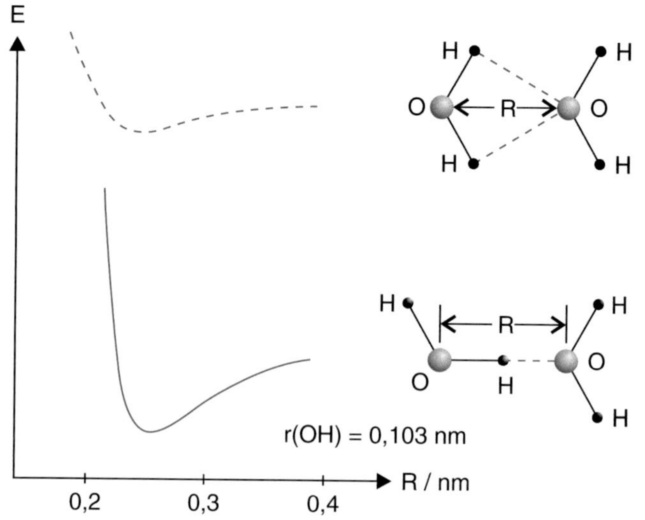

Abbildung 16.25 Wechselwirkungsenergie zwischen H_2O-Molekülen für zwei verschiedene Dimerstrukturen als Funktion des Abstandes R zwischen den O-Atomen

Eine genügend genaue mikroskopische Theorie muss in der Lage sein, die Anomalie des Wassers, d. h. seinen ungewöhnlichen Dichteverlauf $\varrho(T)$ mit einem Maximum bei $T = 4\,°C$ zu erklären, sowie seine Oberflächenspannung und Viskosität [12].

Aus Röntgenstrukturuntersuchungen von Eis ergibt sich, dass die H_2O-Moleküle in der festen Phase so angeordnet sind, dass jedes Sauerstoffatom von vier H-Atomen umgeben ist (Abb. 16.24) (siehe analoge Situation bei Glas SiO_2 in Abb. 16.3, wo jedes Si^{4+}-Ion von vier O^{2-}-Ionen umgeben ist). Von diesen vier H-Atomen sind zwei kovalent an das O-Atom gebunden (siehe Abschn. 9.7).

Eine vereinfachende Strukturtheorie der flüssigen Phase nimmt an, dass diese gerichtete kovalente Bindung wenigstens für einen Teil der H-Atome beibehalten wird. Im Wasser kann jedes H_2O-Molekül in fünf verschiedenen Strukturzuständen vorliegen, nämlich ohne Valenzbindung zu Nachbarmolekülen oder an ein, zwei, drei oder vier andere H_2O-Moleküle gebunden. Die Verteilung der Besetzungszahl dieser Zustände ist eine Funktion der Temperatur. Die Wechselwirkungsenergie zwischen benachbarten H_2O-Molekülen ist für die verschiedenen Zustände unterschiedlich (siehe Abb. 16.25).

Ein verfeinertes Modell nimmt eine kontinuierliche Verteilung der relativen Orientierungen zwischen zwei H_2O-Molekülen an, deren Verteilungsfunktion $f(\theta)$ ein Maximum beim Winkel $\alpha = 180°$ der gerichteten Valenzbindung hat (Abb. 16.26). Ein solches Modell kann in der Tat die Zunahme der Dichte beim Schmelzen von Eis und auch die große Dielektrizitätskonstante von Wasser richtig beschreiben [11, 12].

Mehr Informationen über Flüssigkeiten findet man in [13].

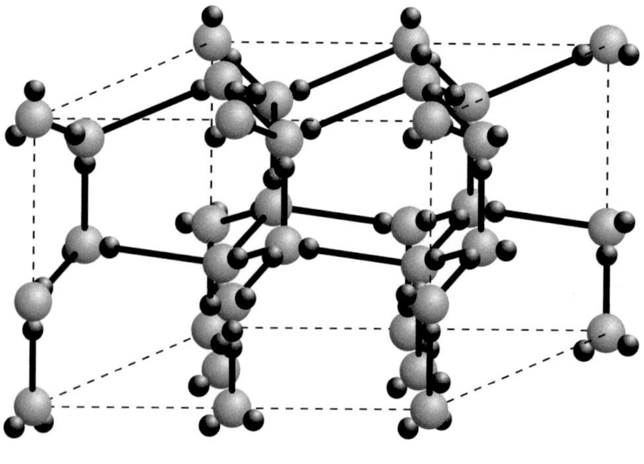

Abbildung 16.24 Eine der möglichen Orientierungen der H_2O-Moleküle im Eis

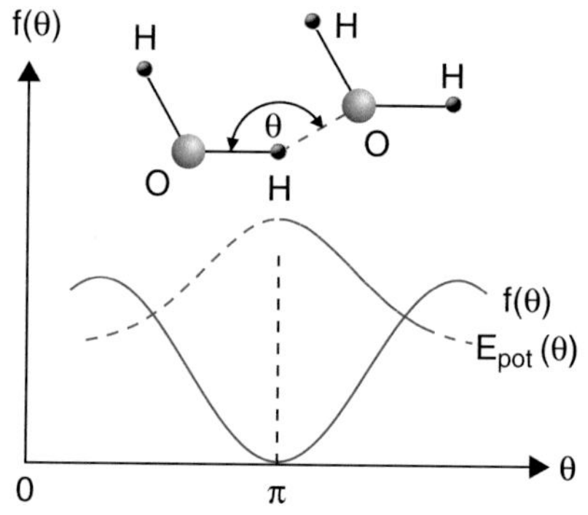

Abbildung 16.26 Potentielle Energie E_{pot} und Häufigkeitsverteilung $f(\theta)$ von Dimerstrukturen als Funktion des Winkels $\theta = \measuredangle(O{-}H{-}O)$ der Dimerenbindung

16.4.3 Experimentelle Untersuchungsmethoden

Außer der schon erwähnten Röntgenbeugung, aus der man die radiale Verteilungsfunktionen $4\pi r^2 g(r)$ der Abb. 16.21 und Abb. 16.22 erhält, gibt es eine Reihe weiterer experimenteller Verfahren zur Ermittlung der makroskopischen und mikroskopischen Eigenschaften von Flüssigkeiten.

Eine wichtige spektroskopische Methode ist die Ramanspektroskopie (siehe Abschn. 10.1.4), mit deren Hilfe man bei molekularen Flüssigkeiten (wie z. B. Wasser) die Schwingungsfrequenzen der Moleküle bestimmen kann. Diese unterscheiden sich von denen der freien Moleküle wegen der Wechselwirkung mit der Umgebung. Die Frequenzverschiebungen bei Dimerenbildung sind andere als bei einer monomolekularen Flüssigkeit.

Auch makroskopische Messungen von Transporteigenschaften, wie Viskosität und Selbstdiffusion und deren Abhängigkeit von der Temperatur, geben wichtige Hinweise auf diese Wechselwirkungen.

16.5 Flüssige Kristalle

Flüssige Kristalle sind Stoffe, die sich makroskopisch wie Flüssigkeiten verhalten, also z. B. die Form ihres Behälters annehmen, aber mikroskopisch in mancher Hinsicht mehr den Kristallen gleichen. So gibt es z. B. einen Orientierungszustand der Moleküle eines Flüssigkristalls, der wie bei einem Kristall zu einer räumlichen Anisotropie vieler physikalischer Größen wie Brechungsindex, elektrische Leitfähigkeit und Viskosität führt [14].

Flüssigkristalle waren bereits vor über 100 Jahren bekannt. Sie wurden jedoch nicht intensiv untersucht, weil man damals keine praktischen Anwendungen dafür sah. Heute gibt es mehrere tausend organischer Verbindungen, die, je nach Temperatur, eine anisotrop-feste, eine anisotrop-flüssige und eine isotrop-flüssige Phase bilden.

Im Allgemeinen bildet sich bei Erhöhung der Temperatur dicht oberhalb des Schmelzpunktes zuerst die anisotrop-flüssige Phase als viskose, trübe Flüssigkeit aus, bis dann bei weiterer Erhöhung eine isotrope, klare Schmelze erscheint (Abb. 16.27). Dieser Vorgang des Überganges zwischen den Phasen ist reversibel.

Solche Flüssigkristalle, die nur in einem spezifischen Temperaturbereich zwischen dem festen Kristall und der isotropen Flüssigkeit existieren, heißen ***enantiotrop***. Es gibt auch monotrope Flüssigkristalle, die erst bei Unterkühlung der Schmelze anisotrop werden.

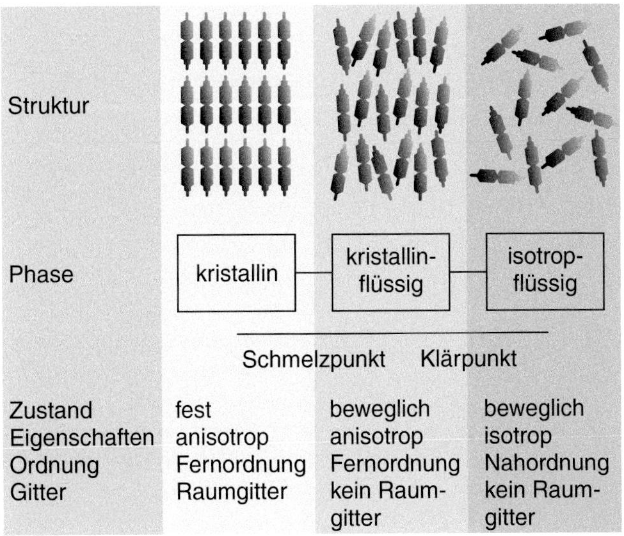

Abbildung 16.27 Phasenübergänge fest – Flüssigkristall – isotrope Flüssigkeit für enantiotrope Flüssigkristalle

16.5.1 Strukturtypen

Flüssigkristalle bestehen aus langgestreckten Molekülen mit großen elektrischen Dipolmomenten (Abb. 1.3 und Abb. 16.28). Sie enthalten leicht verschiebbare Ladungen, sodass im äußeren elektrischen Feld induzierte Dipole entstehen, die durch das Feld ausgerichtet werden.

Auch ohne Feld besteht bereits eine Orientierung, die durch die Wechselwirkung zwischen den permanenten Dipolmomenten bewirkt wird. Infolge der thermischen Bewegung der Moleküle, die zu einer isotropen Verteilung der Molekülachsen tendiert, gibt es eine Verteilung der Richtungen der Molekülachsen um eine Vorzugsrichtung, welche ***Direktor*** genannt wird (Abb. 16.29). Die Breite der Verteilung wird durch den ***Ordnungsparameter***

$$S = \frac{1}{2} \cdot \langle (3\cos^2\theta - 1) \rangle \qquad (16.7)$$

beschrieben, der den Mittelwert der Orientierungsrichtungen aller Moleküle gegen den Direktor angibt. In einem idealen Kristall, in dem alle Moleküle die gleiche Orientierung in Richtung des Direktors haben, ist $\theta = 0$ und daher $S = 1$. In der isotropen flüssigen Phase sind alle Richtungen gleich wahr-

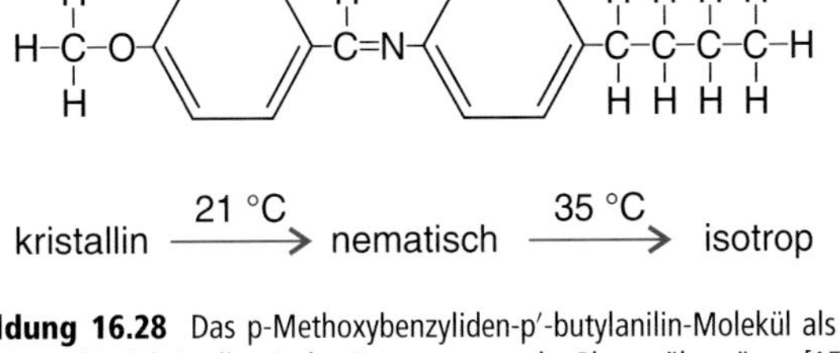

Abbildung 16.28 Das p-Methoxybenzyliden-p′-butylanilin-Molekül als Baustein eines Flüssigkristalls mit den Temperaturen der Phasenübergänge [15]

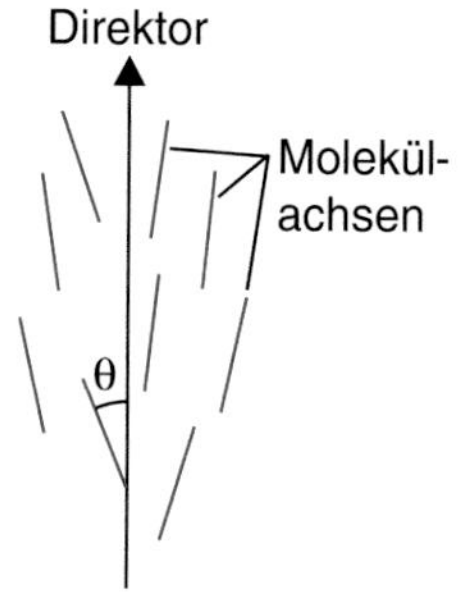

Abbildung 16.29 Zur Definition des Direktors und des Ordnungsparameters S

scheinlich, sodass $\langle\cos^2\theta\rangle = 1/3$ gilt und $S = 0$ wird. Für die Flüssigkristalle ist S etwas kleiner als 1 (z. B. 0,8), wobei der Wert mit steigender Temperatur sinkt [15].

Für Anwendungen sind drei Klassen von Flüssigkeiten von Bedeutung (Abb. 16.30), die eingeteilt werden in

- nematische Strukturen,
- cholesterinische Flüssigkristalle,
- smektische Typen.

Beim ***nematischen*** Strukturtyp (Abb. 16.30a) liegen die langgestreckten Moleküle mit ihren Längsachsen im zeitlichen Mittel überwiegend parallel zueinander und zeigen in Richtung des Direktors, d. h. der Ordnungsparameter S ist nur wenig kleiner als 1. Es liegt eine Orientierungsfernordnung vor. Die Lage der Schwerpunkte der Moleküle ist jedoch wie bei einer Flüssigkeit variabel und praktisch nicht korreliert.

Beim ***cholesterinischen*** Flüssigkristall liegen die Moleküle innerhalb einer Ebene wie beim nematischen Typ im Mittel parallel zueinander. Der Direktor einer solchen Ebene ist jedoch gegenüber dem einer Nachbarebene um den kleinen Winkel φ gedreht. Schaut man in eine Richtung senkrecht zu den Ebenen, so bildet der Direktor eine Schraubenlinie mit einer Ganghöhe, die durch den Winkel φ bestimmt ist und, abhängig von der Temperatur, typische Werte zwischen 0,2 μm und 20 μm annimmt. Die cholesterinische Struktur kann deshalb als verdrillte (chirale) nematische Struktur angesehen werden. Der Grund für

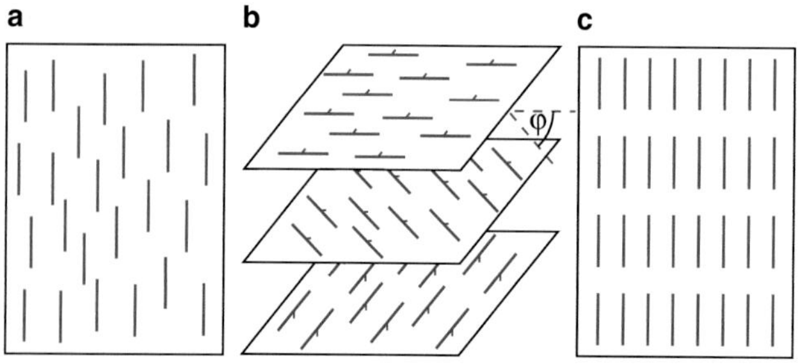

Abbildung 16.30 Schematische Darstellung der Orientierung der Moleküle in **a** nematischen, **b** cholesterinischen, **c** smektischen Flüssigkristallen [14]

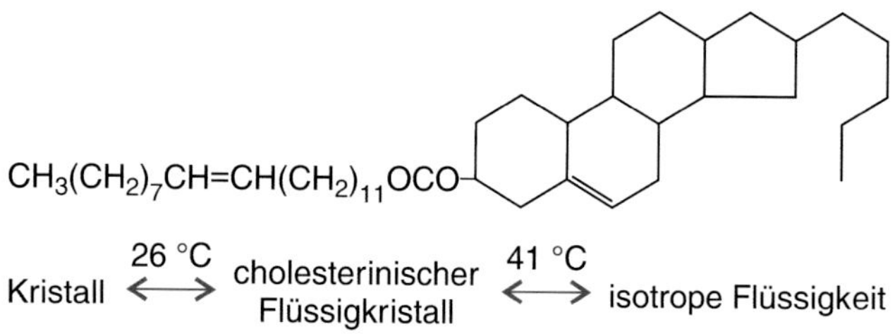

Abbildung 16.31 Cholesterin-Acetat als Baustein eines cholesterinischen Flüssigkristalls mit den Temperaturen der Phasenübergänge [15]

diese Verdrillung liegt in der Struktur der Moleküle, die in ihrem Aufbau eine Asymmetrie aufweisen und deshalb optisch aktiv sind (Bd. 2, Abschn. 8.7.5). So kann z. B. aus dem ebenen Ringsystem eine Esterkette in einem schrägen Winkel zur Ebene und zur Molekülllängsachse hinausragen. Ein Beispiel ist das in Abb. 16.31 gezeigte Cholesterin-Acetat, das bei $T = 26\,°\mathrm{C}$ aus der kristallinen in die Flüssigkristallphase übergeht und bei 41 °C in die isotrope Flüssigkeit. In solchen Molekülen variiert die Polarisierbarkeit entlang der Molekülllängsachse, und deshalb variiert auch die induzierte Dipol-Wechselwirkung zwischen den Molekülen. Diese zusätzliche anisotrope Wechselwirkung, die zur Verdrillung führt, ist jedoch sehr schwach, sodass der Verdrillungswinkel durch äußere Einflüsse, z. B. durch Temperaturänderung, variiert werden kann.

In anisotropen Medien ist die Polarisierbarkeit ein Tensor (siehe Bd. 2, Abschn. 8.6). Da die Dielektrizitätskonstante ε von der Polarisierbarkeit abhängt, kann man innerhalb einer Ebene ε in zwei Komponenten $\varepsilon_\parallel$ parallel zum Direktor und $\varepsilon_\perp$ senkrecht zum Direktor zerlegen. Damit hängt auch der Brechungsindex $n \propto \sqrt{\varepsilon}$ von der Richtung gegen den Direktor ab. Der Flüssigkristall heißt positiv anisotrop, wenn $n_\parallel - n_\perp > 0$ ist und negativ für $n_\parallel - n_\perp < 0$, analog zur Definition der Doppelbrechung in anisotropen optischen Kristallen. Auch hier ist die Vorzugsrichtung die optische Achse.

Der ***smektische*** Flüssigkristalltyp (Abb. 16.30c) ähnelt am meisten einem geordneten festen Kristall. Die Moleküle sind allerdings nicht an feste Plätze gebunden, sondern innerhalb einer Ebene verschiebbar. Man sieht an diesem Beispiel deutlich die Zwischenstellung des Flüssigkristalls zwischen einer isotropen Flüssigkeit, bei der die Moleküle innerhalb des Flüssigkeitsvolumens frei verschiebbar sind und im Allgemeinen statistisch verteilte Orientierungen haben und einem Festkörper, bei dem sowohl die Orientierung als auch die Orte der Moleküle „eingefroren" sind [16].

16.5.2 Anwendungen von Flüssigkristallen

Flüssigkristalle haben sich inzwischen ein breites Anwendungsfeld erobert, das von elektronisch schaltbaren Anzeigefeldern in Digitaluhren, Laptops und großen Flachbildschirmen bis zur farbkodierten Temperaturanzeige reicht [14, 15].

a) Farbthermometer

Die Verwendung cholesterinischer Flüssigkeiten zur optischen Temperaturanzeige beruht auf folgendem Prinzip:

Wegen der sich ändernden Richtung des Direktors in aufeinander folgenden Ebenen ändert sich auch die Richtung der Brechungsindexkomponenten $n_{\|}$ und $n_{\perp}$ und damit die Komponente n_x in einer Richtung $x \perp z$.

Strahlt man nun weißes Licht auf einen Flüssigkristallfilm (Abb. 16.32), so wird wegen der periodischen Modulation von n_x ein Teil des Lichtes an den Schichten mit unterschiedlichem Brechungsindex reflektiert (siehe Bd. 2, Abschn. 8.5). Die Reflexion wird dann maximal, wenn sich die reflektierten Anteile phasenrichtig überlagern. Dies führt zu der Bedingung für den optischen Wegunterschied

$$\Delta s_{\text{opt}} = 2 \int_0^h n(z)\,\mathrm{d}z + \frac{\delta\varphi}{2\pi} \cdot \lambda = m \cdot \lambda \,,$$

wobei h die Ganghöhe der Schraubenlinie des Direktors und $\delta\varphi$ der Phasensprung bei der Reflexion ist. Aus dem spektralen Kontinuum des einfallenden weißen Lichtes wird also eine Wellenlänge bevorzugt reflektiert. Der Flüssigkeitsfilm erscheint farbig.

Bei Temperaturänderung verändert sich die Ganghöhe der Schraubenlinie und damit die bevorzugt reflektierte Wellenlänge. Temperaturänderungen werden also durch Farbänderungen angezeigt.

Solche *Farbthermometer* werden nicht nur für die Temperaturanzeige von Weinflaschen verwendet, sondern vor allem bei Vorgängen, wo kleine Temperaturgradienten und ihre zeitlichen Änderungen sichtbar gemacht werden sollen. Beispiele sind Hauttemperaturmessumgen in der Medizin oder der thermometrische Nachweis von Karzinomen, die wegen des großen Energieumsatzes eine um 0,5–2 K höhere Temperatur als das normale Gewebe haben.

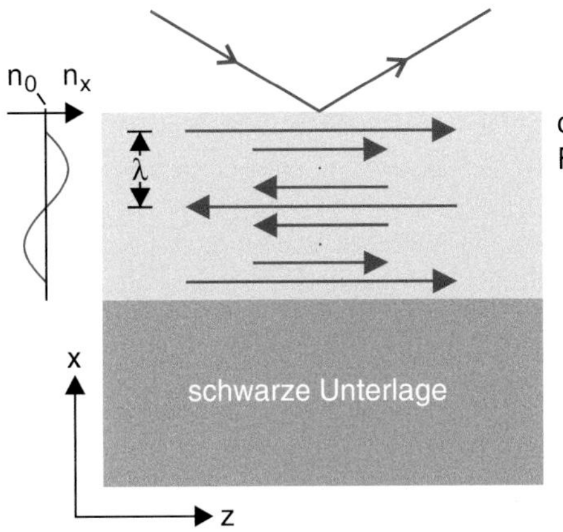

Abbildung 16.32 Cholesterinscher Flüssigkristallfilm als Temperatursensor

b) Flüssigkristallanzeigen

Von besonderer Bedeutung sind die elektrooptischen Effekte, die bei nematischen und cholesterinischen Flüssigkristallen auftreten.

Eine etwa 5–30 μm dicke Schicht eines Flüssigkristalls wird zwischen zwei Glasplatten eingeschlossen, deren Oberflächen mit durchsichtigen Elektroden beschichtet sind (Abb. 16.33a). Ohne elektrisches Feld werden die Moleküle in den Grenzschichten auf Grund der Wechselwirkung mit der Glasoberfläche eine einheitliche Orientierung haben, die sich wegen der Dipol-Dipol-Wechselwirkung auf alle Moleküle überträgt (Abb. 16.33b). Dabei können, je nach Molekülart, die Längsschichten der Moleküle senkrecht, parallel oder schräg zu den Grenzflächen orientiert sein.

Wird jetzt ein elektrisches Feld angelegt, so beginnen die Dipole im Inneren der Schicht sich so zu orientieren, dass die Dipolmomente in Feldrichtung zeigen. Die Dipolmomente zeigen, je nach Molekülart, in Richtung der Molekül-Längsachse, oder sie bilden einen Winkel $\alpha \neq 0$ mit ihr.

Das elektrische Feld dreht deshalb die Orientierung der Moleküle und ändert dadurch die doppelbrechenden Eigenschaften der Schicht.

Fällt polarisiertes Licht auf die Schicht, bewirkt die Anisotropie $\Delta n = n_{\|} - n_{\perp}$ der Brechzahlen parallel bzw. senkrecht zum

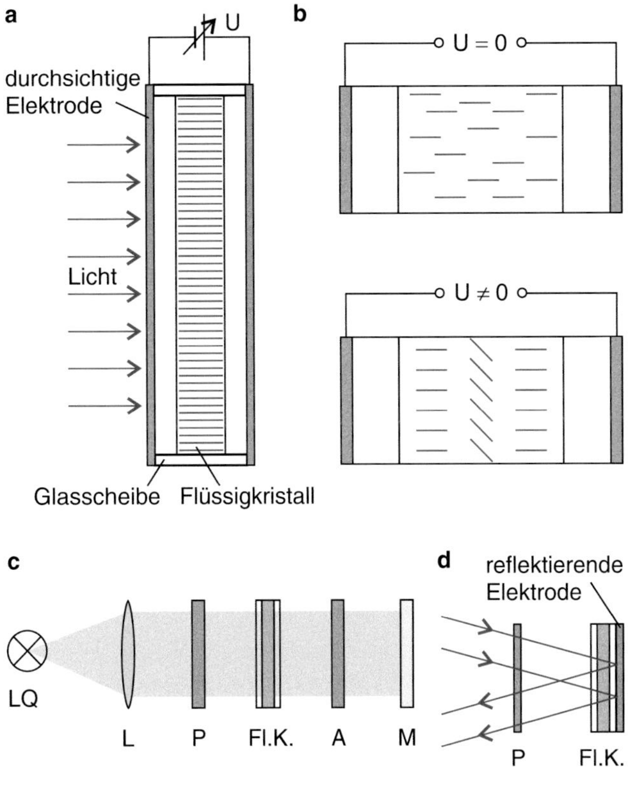

Abbildung 16.33 Flüssigkristallschicht als elektrisch steuerbarer Lichtschalter. **a** Anordnung der Flüssigkristallschicht; **b** Orientierung der Moleküle mit steigendem elektrischen Feld; **c** Steuerbare Lichttransmission; **d** Anordnung in Reflexion. L: Linse, A: Analysator, P: Polarisator, M: Mattscheibe, Fl.K.: Flüssigkristall

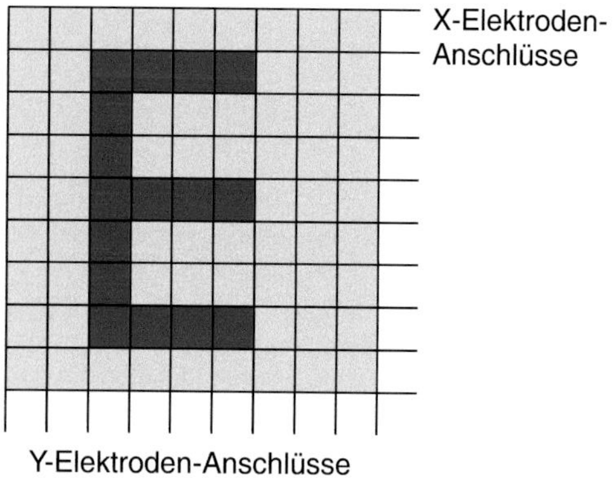

Abbildung 16.34 Unterteilung der Flächenelektrode in Segmente und Anzeige eines Buchstaben

elektrischen Vektor der einfallenden Welle eine Drehung der Polarisationsebene (siehe Bd. 2, Abschn. 8.7). Die von einem Analysator durchgelassene Intensität (Abb. 16.31c) kann daher auch durch die elektrische Spannung gesteuert werden.

Ist die Elektrode auf der Rückseite als Reflektor ausgebildet, so läuft das Licht zweimal durch die Schicht. Wird die Polarisationsebene bei einem Durchgang um 45° gedreht, so blockt der Eingangspolarisator P in Abb. 16.33d das reflektierte Licht ab.

Man kann jetzt die Elektroden an den Glasplatten in Form eines engmaschigen Kreuzgitters ausbilden, sodass sich einzelne Flächenelemente getrennt ansteuern lassen. Im transmittierten bzw. reflektierten Licht erscheint dann die gewünschte räumliche Intensitätsverteilung (Abb. 16.34), z. B. Ziffern der Armbanduhr oder Bilder auf dem Flachbildschirm des Laptops, die durch Änderung der Spannungen an den Flächenelementen variiert werden können.

Für weitere Informationen über Physik und Anwendungen von Flüssigkristallen wird auf die Literatur [16, 17] verwiesen.

16.6 Cluster

Wenn man die Frage beantworten will, wie sich Festkörper bilden, wenn man mehr und mehr Atome zusammenbringt, damit sich aus ihnen Aggregate mit steigender Atomzahl n formen oder wie sich Wassertröpfchen aus der Wasserdampfphase bilden, dann muss man diese Übergangsstadien zwischen freien Atomen oder Moleküle und Festkörpern oder Flüssigkeiten genauer studieren. Dies ist das Gebiet der Clusterphysik.

Cluster sind Gebilde aus n Atomen oder Molekülen (wobei die Zahl n von etwa 3–100 bei kleinen Clustern und bis etwa 10^6 bei großen Clustern reicht), die entweder nur schwach gebunden sind (van der Waals-Cluster) oder auch stärkere Bindungen aufweisen können (wie z. B. Silizium-Cluster Si_n oder Kohlenstoff-Cluster C_n). Große Cluster mit 10^6 Atomen haben bei sphärischer Geometrie Durchmesser von etwa 40 nm und sind daher immer noch klein gegen Staubkörner oder Zigarettenrauchpartikel (Abb. 16.35).

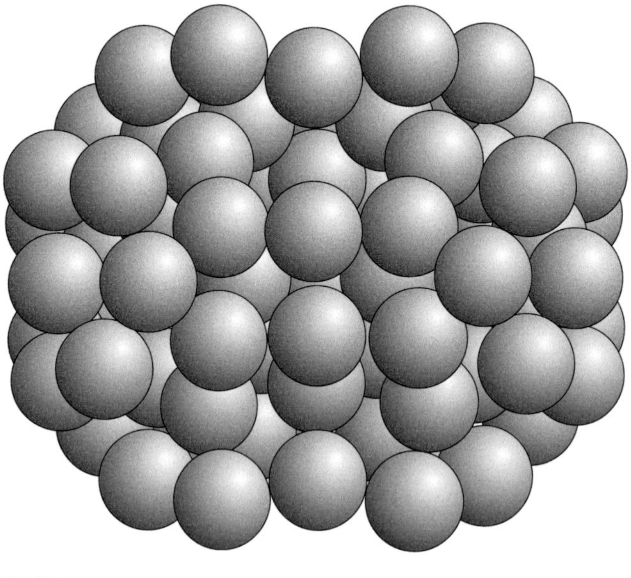

Abbildung 16.35 Form des Edelgasclusters Ar_{105}

Mit zunehmender Teilchenzahl n im Cluster wird der relative Anteil der Atome an der Oberfläche immer kleiner gegenüber den Atomen im Inneren, d. h. der Einfluss der Oberfläche auf die Eigenschaften des Clusters wird geringer.

Beispiel

Bei einem kubischen Cluster aus 55 Atomen befinden sich 41 Atome an der Oberfläche (d. h. 75 %), bei 8000 Atomen nur noch 2160 (d. h. 27 %). ■

Die Anordnung der Atome im Cluster muss mit wachsender Zahl n gegen die Kristallstruktur des entsprechenden Festkörpers konvergieren, ebenso die Bindungsenergie und die Ionisationsenergie gegen die Bindungsenergie und die Elektronenaustrittsarbeit des Festkörpers.

Die Frage ist nun, ob der Übergang für alle diese Größen $f(n)$ kontinuierlich und monoton verläuft, oder ob es Modulationen oder sogar Sprünge im Verlauf von $f(n)$ gibt. Um dies herauszubekommen, haben sich in den letzten Jahren eine große Zahl von Forschungsgruppen mit Clustern befasst und dabei eine Vielzahl von Methoden zur Erzeugung und Untersuchung von Clustern entwickelt. Wegen der wachsenden Bedeutung dieses Gebietes soll es in diesem Lehrbuch kurz behandelt werden. Ausführliche Darstellungen findet man in der Literatur [19–23].

16.6.1 Klassifikation der Cluster

Man unterscheidet, je nach Art der den Cluster bildenden Teilchen, zwischen atomaren (z. B. Ni_n, Cu_n) und molekularen

Kapitel 16

Clustern (z. B. $(H_2O)_n$ oder $(CO_2)_n$), zwischen Metall-Clustern (z. B. Ag_n, Co_n, Na_n) und Nichtmetall-Clustern (z. B. C_n, Cl_n, S_n). Unter den Metall-Clustern wurden die Alkali-Cluster (Li_n, Na_n, K_n) besonders eingehend untersucht. Der Grund dafür ist, dass die sie bildenden Atome nur ein Elektron in der Valenzschale haben und deshalb für die theoretische Beschreibung leichter zugänglich sind. Von der experimentellen Seite her sind sie spektroskopisch einfacher zu untersuchen, weil ihre Absorptionsspektren im Sichtbaren bis zum nahen UV reichen und deshalb mit vorhandenen Lasern angeregt werden können [24].

Typische Vertreter der van-der-Waals-Cluster sind Edelgas-Cluster (Abb. 16.35), die sehr schwache Bindungen haben und deshalb nur bei tiefen Temperaturen stabil sind. Auch viele Molekül-Cluster, wie $(CO_2)_n$ gehören zu den van-der-Waals-Clustern. Hier ist die Beeinflussung der Moleküleigenschaften, wie z. B. der molekularen Schwingungsfrequenzen, durch die schwache van-der-Waals-Bindung zwischen den einzelnen Molekülen und die Kopplung der internen Molekülschwingungen an die van-der-Waals-Wechselwirkung von großem Interesse, weil sie an noch relativ kleinen Systemen zeigt, wie sich größere Molekül-Kristalle bilden und wie die Orientierung der Moleküle im Kristall durch die zwischenmolekularen Wechselwirkungen beeinflusst wird. Solche schwach gebundenen Cluster haben häufig mehrere verschiedene Strukturen, bei denen die Gesamtenergie ein lokales Minimum hat. Sie können daher ihre geometrische Gestalt leicht ändern, wenn Schwingungen im Cluster angeregt werden. Dann kann das System die flachen Barrieren zwischen den Minima durchtunneln und dadurch von einer Geometrie in eine andere wechseln [25].

Besondere Aufmerksamkeit haben in den letzten Jahren wegen ihrer besonderen Eigenschaften spezielle Kohlenstoff-Cluster C_{60} und C_{70} erhalten [26]. Sie bilden eine geometrische Käfig-Anordnung in der Form eines Fußballs (Abb. 16.36) und bestehen aus einer fast kugelförmigen Oberfläche aus Sechsecken und zehn Fünfecken. Wegen ihrer an architektonische Bauten des kanadischen Architekten Buckminster Fuller erinnernden Struktur wurden sie ***Fullerene*** getauft [27]. Sie stellen neben Diamant und Graphit eine neue Form des Kohlenstoff-Gitters dar und haben interessante katalytische Eigenschaften, weil sie z. B. im Inneren Fremdatome wie in einem Käfig speichern können. Für ihre Entdeckung und Charakterisierung wurde 1996 der Nobelpreis für Chemie an R. Curl, H.W. Kroto und W. Smalley verliehen.

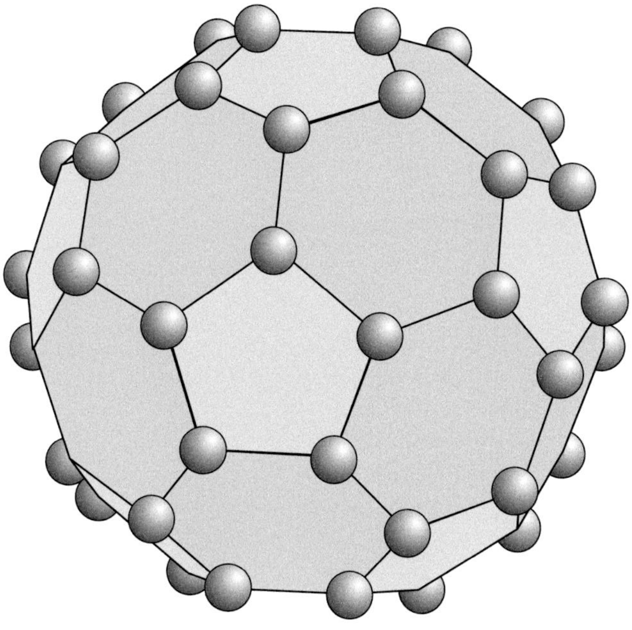

Abbildung 16.36 Strukturmodell des Fulleren-Clusters C_{60}

16.6.2 Herstellungsverfahren

Es gibt mehrere Methoden, Cluster zu erzeugen. So werden z. B. Metall-Cluster bei der adiabatischen Expansion eines Metalldampf-Edelgasgemisches aus einem Ofen durch eine enge Düse ins Vakuum gebildet (Abb. 16.37). Während der adiabatischen Expansion wird die innere Energie $E_{kin} = 3kT/2$ und die potentielle Energie $p \cdot V$ des Metalldampf-Edelgas-Gemisches im Ofen mit Volumen V und Druck p in gerichtete Flussenergie $mu^2/2$ umgewandelt. Nach der Expansion haben alle Teilchen fast die gleiche Geschwindigkeitsverteilung, sodass ihre Relativgeschwindigkeit sehr klein wird. Dies lässt sich aus Abb. 16.38 erkennen, wo die Geschwindigkeitsvertei-

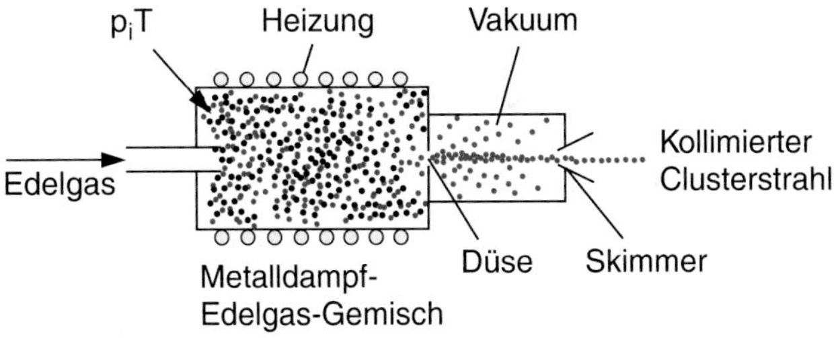

Abbildung 16.37 Erzeugung von Metallclustern durch adiabatische Expansion eines Metalldampf-Edelgas-Gemisches

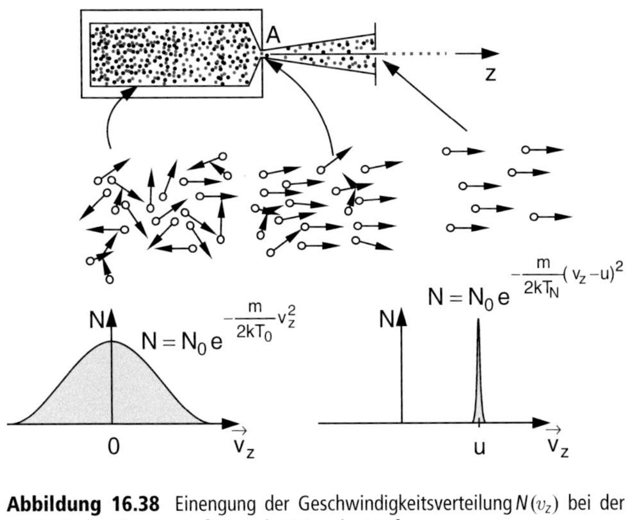

Abbildung 16.38 Einengung der Geschwindigkeitsverteilung $N(v_z)$ bei der adiabatischen Expansion [H.J. Foth, Kaiserslautern]

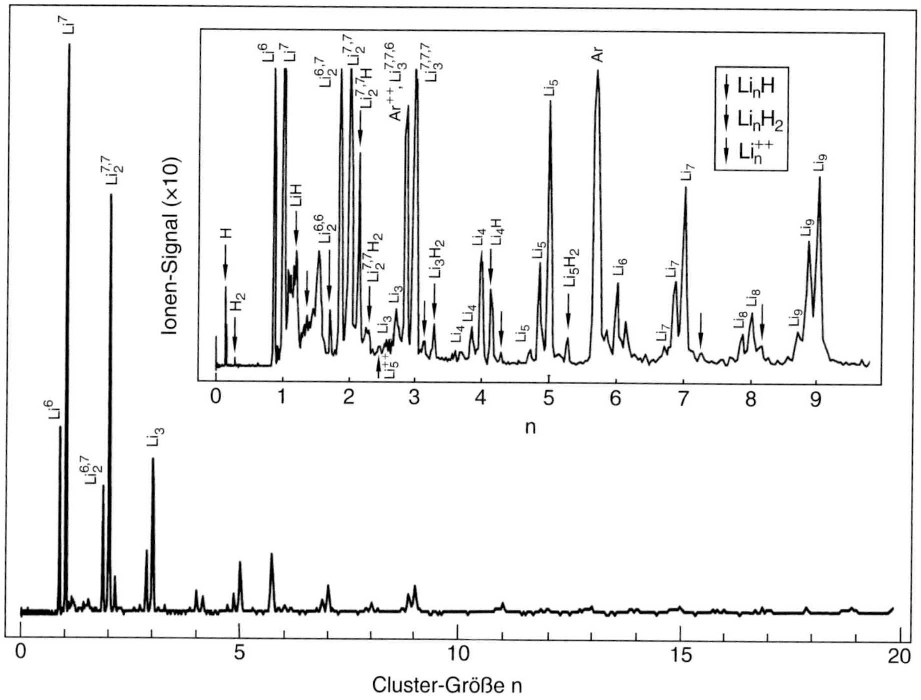

Abbildung 16.39 Isotopenaufgelöstes Massenspektrum von Li_n-Clustern, die aus den bei den Isotopen ^{7}Li und ^{6}Li bestehen [M. Keil, Kaiserslautern]

lung vor und nach der Expansion miteinander verglichen wird. Beschreibt man die Geschwindigkeitsverteilung durch eine modifizierte Boltzmann-Verteilung

$$N(v) = C \cdot e^{-\left(\frac{m}{2}\right)(u-v)^2/kT_\parallel}\,, \tag{16.8}$$

so wird die Temperatur $T_\parallel$, welche die Breite der Geschwindigkeitsverteilung $N(v)$ in einem mit der Flussgeschwindigkeit u bewegten Bezugssystem bestimmt, sehr klein. Bei typischen experimentellen Bedingungen erreicht man Werte von $T_\parallel \approx$ 0,5–5 K.

Bei diesen kleinen Relativgeschwindigkeiten der Metallatome können sich Atome A zu Molekülen A_2 vereinigen, wobei die kleine Relativenergie durch Stoß mit einem Edelgasatom abgeführt wird (Abb. 16.40). Die Moleküle A_2 können dann durch Stoß mit einem weiteren Atom A den Cluster A_3 bilden, usw. Die Edelgasbeimischung ist notwendig, um die Relativenergie der stoßenden Atome und die Bindungsenergie der Cluster abzuführen.

In Abb. 16.39 ist die mithilfe eines Flugzeit-Massenspektrometers gemessene Verteilung von Li_n-Clustern gezeigt, die bei einer solchen adiabatischen Expansion eines Lithium-Argon-Gemisches entsteht.

Bei einer Modifikation dieses Verfahrens werden die Clusteratome durch Laserverdampfen aus einem Metall gewonnen. Dazu wird ein Metallstab im Vakuum mit einem gepulsten Laser beschossen, wodurch im Laserfokus so hohe Temperaturen entstehen, dass ein Teil des Metalls verdampft (Abb. 16.41). Die Atome in der Gasphase werden durch einen Edelgasstrom mitgerissen und bei der anschließenden adiabatischen Expansion bilden sich, wie oben beschrieben, die Metall-Cluster.

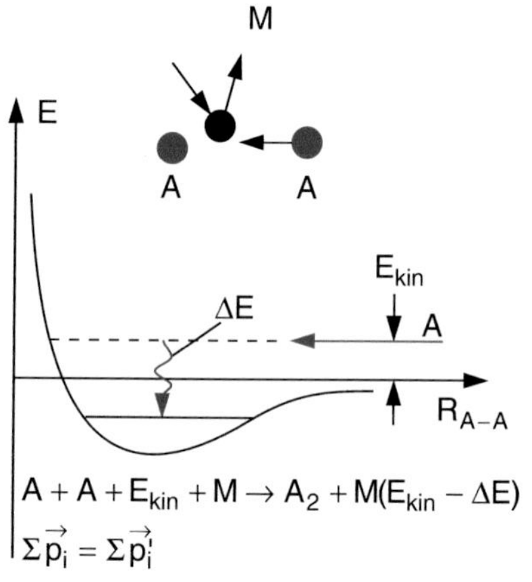

Abbildung 16.40 Stabilisierung des Stoßpaares A + A durch Abführung der Energie ΔE durch den dritten Stoßpartner M

Bei einer anderen Methode lässt man Metalldampf in eine kalte Edelgasatmosphäre diffundieren, wo dann durch die Abkühlung ein übersättigter Metalldampf entsteht, der in Cluster bis zur sichtbaren Tröpfchengröße kondensiert.

Cluster entstehen bei allen diesen Verfahren also durch Stöße zwischen den Atomen, aus denen die Cluster aufgebaut sind, und durch stabilisierende Stöße mit Edelgasatomen.

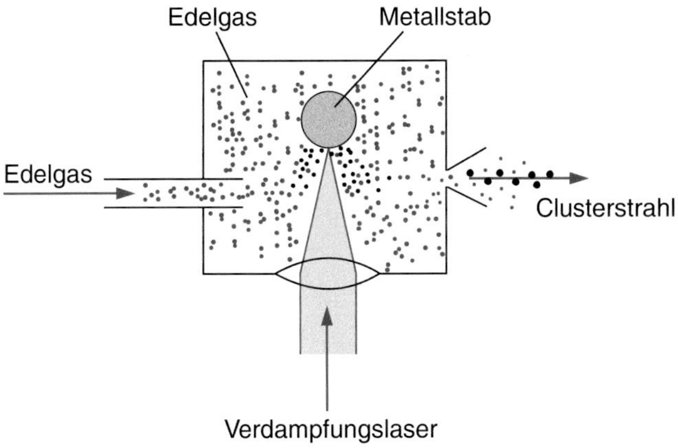

Abbildung 16.41 Laserverdampfung von Metallatomen in einer Edelgasatmosphäre zur Erzeugung von Metallclustern

16.6.3 Physikalische Eigenschaften

Wenn man sich ein Massenspektrum von Metallclustern, wie z. B. das in Abb. 16.42 gezeigte Na_n-Spektrum anschaut, fällt sofort auf, dass bestimmte Clustergrößen A_n mit „magischen Zahlen $n = m_i$" häufiger vertreten sind als andere. Dies legt die Vermutung nahe, dass diese Clustergrößen besonders stabil sind, und deshalb bei der Ionisation durch Elektronenstoß bzw. Laserphotoionisation nicht so leicht zerfallen. Die theoretischen Berechnungen der energetisch günstigsten Clusterstruktur führt für Metall-Cluster auf ein Schalenmodell, bei dem sich die Atome, ähnlich wie die Elektronen beim Aufbau der Elektronenhüllen der Atome, in Schalen anordnen, sodass bei gefüllten Schalen besonders stabile Cluster gebildet werden (analog zu den Edelgasen).

Es zeigte sich jedoch, dass in Metall-Clustern die Anordnung der Valenzelektronen für die Bindung bedeutsam ist. Geht man von einem Modell aus, bei dem die Valenzelektronen, wie in einem Metall, sich über den ganzen Cluster frei bewegen können, so lassen sich die Elektronen unter Beachtung des Pauliprinzips auf Energieniveaus in einem dreidimensionalen Kastenpotential anordnen, dessen Größe durch das Clustervolumen gegeben ist (siehe Abschn. 4.3). Stabile Cluster entstehen nach diesem Modell, wenn ein Energieniveau mit Elektronen voll besetzt ist (Jellium-Modell [27]).

Für ionische Cluster, wie z. B. $(NaCl)_n$ ergeben die Rechnungen, dass für verschiedene Werte von n ganz unterschiedliche geometrische Formen energetisch favorisiert werden, aber dass bereits bei relativ kleinen Clustern ($n \approx 30$) die kubisch-flächenzentrierte Struktur des NaCl-Kristalls angenommen wird (Abb. 16.43).

Erhöht man die Temperatur der Cluster (dies lässt sich z. B. durch Erhitzen der Düse in Abb. 16.37 erreichen), so beginnen die Cluster zu schmelzen, d. h. ihre geometrische Struktur wird zerstört, der Cluster gleicht dann mehr einem Flüssigkeitströpfchen, in dem die Schmelztemperatur von der Clustergröße A_n abhängt und niedriger ist als die des Festkörpers ($n \to \infty$).

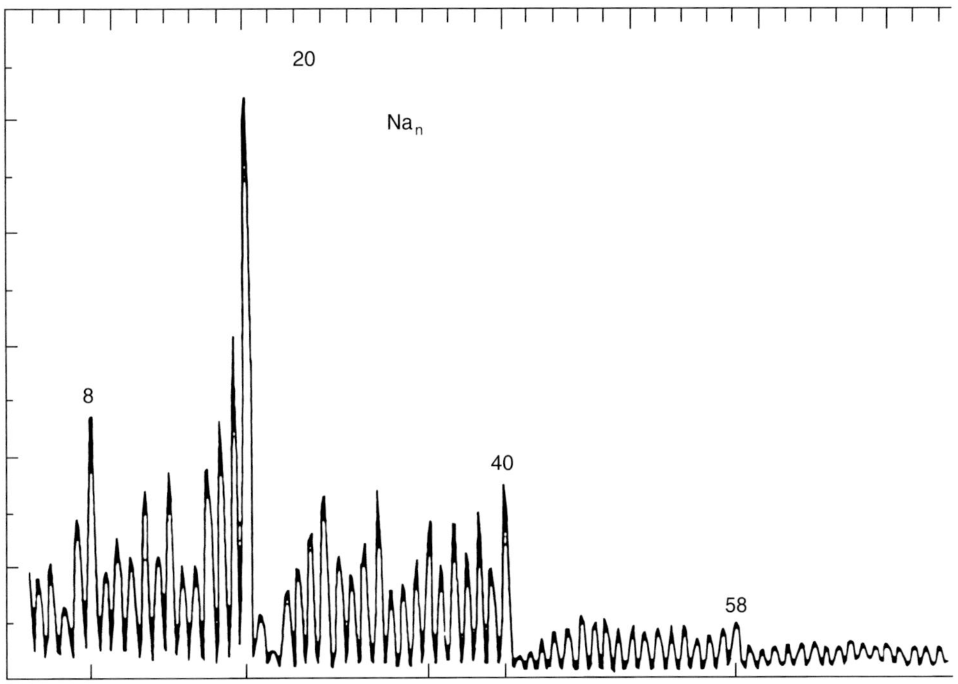

Abbildung 16.42 Häufigkeitsverteilung $N(n)$ von Natriumclustern Na_n, die bei der adiabatischen Expansion im Düsenstrahl gebildet wurden [20]

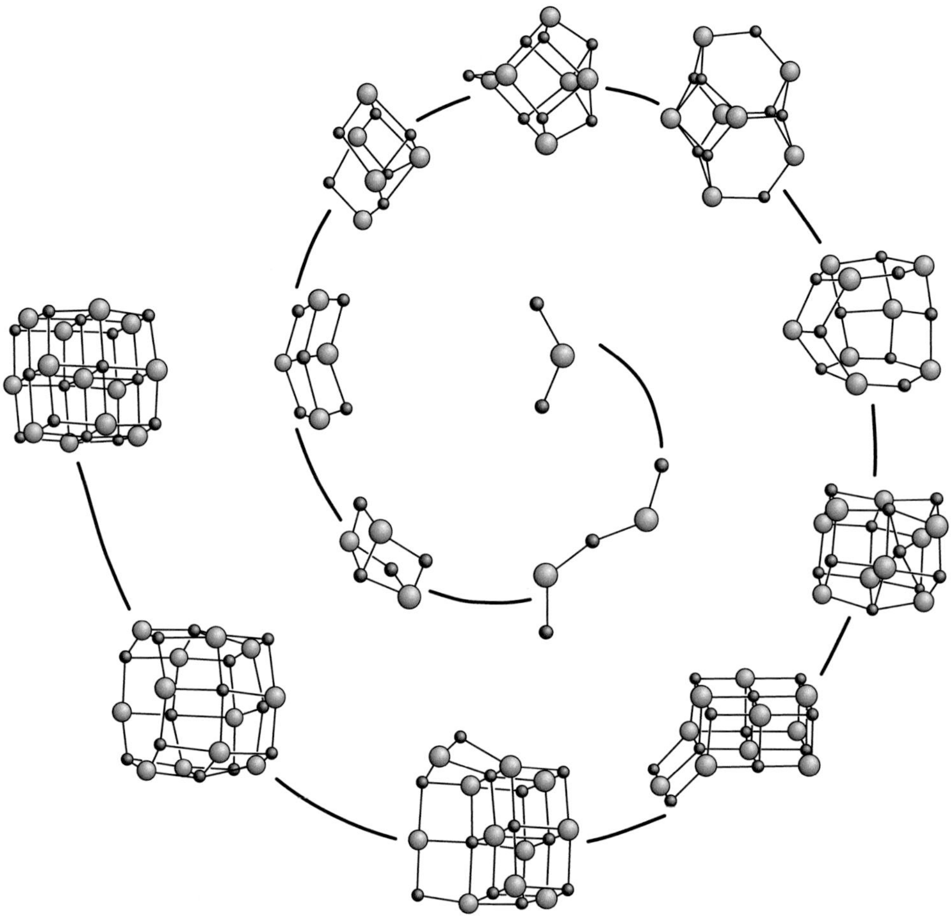

Abbildung 16.43 Berechnete Strukturen für $(NaCl)_n$-Cluster mit wachsender Clustergröße [20]

16.6.4 Anwendungen

Das genauere Studium der Cluster hat zu einer Reihe von Anwendungen und auch zu einem besseren Verständnis bereits bekannter Phänomene geführt. Ein Beispiel ist die Bildung von Ag_n-Clustern bei der Bildentstehung auf einer belichteten Photoplatte. Die Frage ist: Wie groß müssen die Ag_n-Cluster werden, damit sie als Keime für die Kornbildung bei der Entwicklung der Photoplatte wirken können. Um dies zu untersuchen, haben *L. Wöste* und Mitarbeiter [28] einen Strahl von größenselektierten Silberclustern Ag_n auf eine Photoplatte mit AgBr-Körnern, bei der die Gelatine vorher entfernt worden war, fallen lassen (Abb. 16.44). Die so bestrahlten Platten wurden dann wie üblich entwickelt. Es zeigte sich, dass bei Beschuss mit Ag_n-Clustern für $n < 4$ keine Schwärzung der AgBr-Körner auftrat, aber für $n \geq 4$ die Entwicklung innerhalb der von den Clustern bestrahlten Fläche eintrat. Dies heißt, der chemische Prozess bei der Entwicklung tritt erst ein oberhalb einer bestimmten Größe der Silber-Cluster.

Wie das Beispiel der C_{60}-Cluster zeigt, öffnen Cluster oft neue Möglichkeiten der katalytischen Anwendungen für chemische Reaktionen und sie zeigen überraschenderweise auch Supraleitung bei höheren Temperaturen, wenn sie mit Alkaliatomen dotiert werden [29].

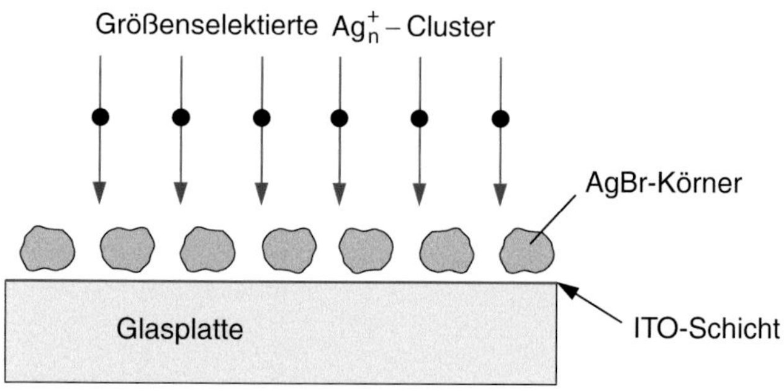

Abbildung 16.44 Zur Untersuchung der photochemischen Aktivität von Ag_n^+-Clustern bei Deposition auf eine mit AgBr-Körnern bedeckte Schicht

Ein interessanter, bisher aber noch nicht realisierter Typ heterogener Cluster könnte im Inneren Atome enthalten, die eine kleine Ionsierungsenergie haben, also als Elektronenspender dienen können, während die Oberflächenatome eine große Elektronenaffinität haben, also Elektronenfänger sind. Dadurch entsteht im Inneren ein Elektronenmangel außen ein Überschuss.

Ein solcher Cluster würde ein „Superatom" darstellen mit einem positiven „Kern", der aber aus vielen positiven Ionen besteht und einer „Hülle", die aus negativen Ionen besteht.

An die Oberfläche von Clustern können sich andere Atome anlagern, die dann miteinander reagieren können und neue Reaktionsprodukte bilden. Ein einfaches Beispiel ist die Anlagerung von Na-Atomen an He-Cluster. Wenn sich zwei Na-Atome auf der Oberfläche zu einem Molekül Na_2 im $^1\Sigma_s^+$-Grundzustand verbinden, wird die Bindungsenergie von etwa 1 eV frei, was dazu führt, dass viele der nur schwach gebundenen He-Atome abdampfen, d. h. die Masse des He-Clusters nimmt ab. Bilden sich jedoch Na_2-Moleküle im $^3\Sigma_u$-Zustand, der nur mit etwa 0,03 eV gebunden ist, so bleibt der He-Cluster stabil. Auf diese Weise können Moleküle in hohen Spinzuständen gebildet werden, die normalerweise nicht stabil sind [30]. Auch im Inneren eines Clusters können Atome oder Moleküle eingefangen werden und man kann die Änderungen ihrer Zustände durch die Umgebung studieren und mögliche Reaktionen zwischen ihnen, deren Wahrscheinlichkeit erhöht wird, weil die Reaktanden durch die Clusterhülle zusammengehalten werden.

Weitere Informationen unter [31].

Zusammenfassung

- Nichtkristalline (amorphe) Festkörper haben keine Fernordnung, aber eine Nahordnung, welche durch die Korrelationsfunktionen quantitativ beschreibbar ist. Für isotrope Medien hängt die Paarkorrelationsfunktion $g(r)$ nur vom Relativabstand zweier Moleküle des Mediums ab. Sie ist proportional zur Wahrscheinlichkeit, zwei Teilchen im Abstand r voneinander anzutreffen.
- Glas kann als unterkühlte Flüssigkeit angesehen werden. Glas besteht aus einem nicht regelmäßigen SiO_2-Netzwerk (Netzbildner) und eingelagerten Atomen bzw. Molekülen (Netzwandler).
  Die physikalischen Eigenschaften hängen stark von der Glaszusammensetzung ab. Glas hat keinen festen Schmelzpunkt.
- Metallische Gläser entstehen durch schnelle Abkühlung metallischer Schmelzen. Ihre amorphe Struktur besitzt große Ähnlichkeit mit der von Glas. Ihre mechanischen Eigenschaften (große Zugfestigkeit, Elastizität) verschaffen ihnen viele technische Anwendungsmöglichkeiten.
- Amorphes Silizium kann durch Kondensation von Silan-Fragmenten aus einer Plasmaentladung auf einem kalten Substrat gewonnen werden. Es hat wegen der amorphen Struktur Elektronenzustände innerhalb der im Kristall verbotenen Zone zwischen Leitungs- und Valenzband. Der dadurch bedingte größere Absorptionskoeffizient erlaubt die Realisierung von Dünnschicht-Solarzellen.
- Trotz der leichten Verformbarkeit von Flüssigkeiten können diese einen starken Zusammenhalt haben, was sich in einer großen Zerreißfestigkeit äußert.
- Viele molekulare Flüssigkeiten bestehen aus Multimeren A_n von Atomen bzw. M_n von Molekülen, deren Konzentrationsverhältnisse von der Temperatur T abhängen.
- Die anomalen Eigenschaften von Wasser können qualitativ durch Bildung und Dissoziation von van-der-Waals-Komplexen $(H_2O)_n$, bei denen Valenz- und van-der-Waals-Bindungen eine Rolle spielen, erklärt werden.
- Flüssigkristalle bestehen aus langgestreckten Dipolmolekülen. Sie zeigen hinsichtlich der Beweglichkeit der Molekülschwerpunkte Flüssigkeitsverhalten, hinsichtlich der Orientierung der Moleküle eine Fernordnung und damit kristalline Eigenschaften.
  Die Orientierung der Dipolmoleküle kann bereits durch schwache elektrische Felder beeinflusst werden.
- Cluster sind Aggregate von Atomen oder Molekülen im Übergangsbereich zwischen freien Atomen, Molekülen und Mikrokristallen bzw. Flüssigkeitströpfchen.
- Die Clustereigenschaften ändern sich mit der Zahl n der Atome im Cluster, weil das Verhältnis von Oberflächen- zu Innenatomen mit wachsender Zahl n abnimmt.
- Ihr Studium liefert Informationen über die Bildung von Tröpfchen oder über das Kristallwachstum.

Aufgaben

16.1 Wie sieht die Paarverteilungsfünktion für ein einfach kubisches atomares Gitter aus?

16.2 Eine planparallele unbeschichtete Glasplatte ($d = 2\,\text{cm}$) aus Schwerflint-Glas wird von einem parallelen monochromatischen Lichtstrahl ($\lambda = 450\,\text{nm}$) durchlaufen.

a) Wie groß sind Transmission, Reflexion und Absorption, wenn der Brechungsindex $n = 1{,}8$ ist und der Absorptionskoeffizient $\alpha = 0{,}1\,\text{cm}^{-1}$?
b) Wie groß sind freier Spektralbereich und Finesse dieses Etalons? Wie groß ist das Reflexions- und Transmissionsvermögen, wenn λ mit einer Resonatorresonanz zusammenfällt?

16.3 Warum entstehen bei der schnellen Abkühlung von flüssigen Metallen amorphe Festkörper? Was muss man tun, um Kristalle zu züchten?

16.4 Was bedeutet der kritische Punkt im p, T-Diagramm eines Flüssigkeits-Gas-Gemisches?

16.5 Was ist der Ordnungsparameter und wie ändert sich sein Wert, wenn ein Flüssigkristall aus der isotropen Phase abgekühlt wird in die nematische Phase und weiter in einen geordneten Kristall?

16.6 Wie viele Atome befinden sich in einem atomaren Cluster aus 3000 Atomen mit dichtester Kugelpackung an der Oberfläche, wie viele bei 10^4 Atomen?

16.7 Wie viele Sechsecke und wie viele Fünfecke werden auf der Oberfläche des hohlkugelartigen C_{60}-Clusters bzw. des C_{70}-Clusters gebildet?

16.8 Warum wird bei der Bildung von Metall-Clustern durch adiabatische Expansion dem Metalldampf ein Edelgas beigemischt?

16.9 Wie groß muss die Zeitauflösung eines Flugzeitmassenspektrometers ($U = 100\,\text{V}$, $L = 1\,\text{m}$) sein, damit alle Isotopomere des Li_{10}-Clusters (bestehend aus 10 ^{6}Li bzw. ^{7}Li Atomen) völlig aufgelöst werden können?

Literatur

1. Y. Waseda: The Structure of Non-Crystalline Materials. McGraw-Hill, New York (1980)
2. D.G. Holloway: The Physical Properties of Glass. Wykeham, London (1973)
3. H. Scholze: Glass: Nature, Structure and Properties. Springer, Berlin, Heidelberg (2011)
4. H. Bach, N. Neuroth (Hrsg.): The Properties of Optical Glass. Springer, Berlin, Heidelberg (1995)
5. H.-J. Güntherodt, H. Beck (Hrsg.): Glassy Metals I, II, III. Springer, Berlin, Heidelberg (1981–1994)
6. J. Sestak, J.J. Mares, P. Hubik (Hrsg.): Glassy Amorphous and Nano-Crystalline Materials. Springer, Berlin, Heidelberg (2011)
7. W. Fuhs: Amorphe Materialien für Dünnschichtsolarzellen. In: D. Meissner (Hrsg.): Solarzellen. Vieweg, Braunschweig (1993)
8. D.H. Travena: The Liquid Phase. Wykeham, London (1975)
9. R.O. Watts, I.J. McGee: Liquid State Chemical Physics. John Wiley, New York (1976)
10. R.O. Watts: Percius-Yevick Approximation for the Truncates Lennard-Jones-Potential Applied to Argon. J. Chem. Phys. **50**, 984 (1969)
11. R.C. Reid, J.M. Prausnitz, B.E. Poling: The Properties of Gases and Liquids. McGraw-Hill, New York (1987)
12. F. Franks (Hrsg.): Water: A Comprehensive Treatise. Plenum, New York (1972)
13. P.A. Engelstaff: An Introduction to the Liquid State. Clarendon Press, Oxford (1994)
14. M. Kobale, H. Krüger: Flüssige Kristalle. Phys. in uns. Zeit **6**, 66 (1975)
15. L.M. Blinov, V.G. Chigrinov: Electrooptic Effects in Liquid Crystal Materials. Springer, Berlin, Heidelberg (1994)
16. P.-G. de Gennes, J. Prost: The Physics of Liquid Crystals. Clarendon, Oxford (1995)
    R.H. Chen: Liquid Crystal Displays. Fundamental Physics and Technology in Display Technology. Wiley, New York (2011)
17. P.J. Collins, M. Hird: Introduction to Liquid Cristalls. Taylor & Francis, London (1998)
18. Introduction to liquid crystals. http://plc.cwru.edu/tutorial/enhanced/files/lc/intro.htm
    D. Demus: Faszinierende Flüssigkristalle. Books on Demand (2007)
    R.H. Chen: Liquid Crystal Displays Fundamental Physics and Technology. John Wiley (2011)
19. H. Haberland (Hrsg.): Clusters of Atoms and Molecules I and II. Springer, Berlin, Heidelberg (1994 and 2011)
    R.L. Johnston: Atomic and Molecular Clusters. CRC Press (2002)

20. G. Benedek, T.P. Martin, G. Pacchioni (Hrsg.): Elemental and Molecular Clusters. Springer, Berlin, Heidelberg (1988)
21. E.R. Bernstein (Hrsg.): Atomic and Molecular Clusters. Elsevier, Amsterdam (1990)
22. W.A. de Heer: The Physics of Simple Metal Clusters. Rev. Mod. Phys. **65** 611 (1993)
23. J. Jellinek: Theory of Atomic and Molecular Clusters. Springer, Berlin, Heidelberg (2001)
24. C. Brechignac: Alkali Clusters. in [19], S. 255ff
25. U. Buck: Phasenübergänge in kleinen Molekül-Clustern Phys. Blätter **50** 1052 (1994)
26. H.W. Kroto, J.E. Fischer, D.E. Cox (Hrsg.): The Fullerenes. Pergamon Press, New York (1993)
27. M.L. Cohen, W.D. Knight: The Physics of Metal Clusters. Physics Today, S. 42 (December 1990)
28. P. Fayet, G. Hegenbart, E. Moisar, B. Pischel, L. Woste: Phys. Rev. Lett. **55** 3002 (1985)
29. A.F. Hebard et al.: Nature **350** 600 (1991)
30. J. Higgins et al.: Photoinduced Chemical Dynamics of High-Spin Alkali Trimers. Science **273** 629 (1996)
31. W. Krätschmer, H. Schuster: Von Fuller bis zu Fullerenen. Vieweg, Braunschweig (1996)
32. T. Fehlner, J.F. Halet, J.Y. Saillard: Molecular Clusters. Cambridge Univ. Press (2007)

Oberflächen

17

W. Demtröder, *Experimentalphysik 3*, Springer-Lehrbuch, DOI 10.1007/978-3-662-49094-5_17

Als *Grenzfläche* bezeichnet man eine Fläche im Raum, die zwei Gebiete trennt, in denen sich die Eigenschaften eines materiellen Systems unterscheiden. Dies kann z. B. die Dichte eines Stoffes sein, seine thermodynamische Phase, seine Struktur, die Orientierung seiner Atome bzw. Moleküle, die chemische Zusammensetzung. Oberflächen sind in diesem Sinne spezielle Grenzflächen, welche die feste oder flüssige Phase von der Gasphase trennen. Die räumliche Ausdehnung dieses Überganges zwischen den zwei Phasen kann sehr klein sein, d. h. der Übergang ist dann abrupt, die Oberfläche ist scharf definiert. Beispiele sind die Oberflächen einkristalliner Festkörper. Wenn eine solche Oberfläche entlang einer Netzebene verläuft, ist sie bis auf eine Atomlage genau definiert. Andererseits gibt es auch Oberflächen mit weniger genau definierter Dicke, wie z. B. ein amorpher Festkörper am Schmelzpunkt im Gleichgewicht mit der flüssigen Phase oder eine Flüssigkeit in der Nähe ihres kritischen Punktes. Hier ist der Übergang zwischen den Phasen fließend und die Grenzfläche kann zu einer Grenzzone mit erheblicher Dicke werden.

Wir wollen uns in diesem Kapitel jedoch hauptsächlich mit Festkörper-Vakuum- bzw. Festkörper-Gasphase-Oberflächen befassen und dabei ihre Beschreibung, ihre experimentelle Untersuchung und ihre Bedeutung für Wissenschaft und technische Anwendungen diskutieren [1–3].

Es wird erzählt, dass Wolfgang Pauli (Abb. 6.5) gesagt habe: „Die Oberfläche hat der Teufel erfunden", weil sie wesentlich schwieriger zu beschreiben ist als ein periodisch angeordneter Einkristall. Diese Meinung wurde früher wohl auch von vielen Experimentatoren geteilt, denn vor der Entwicklung von Ultrahoch-Vakuum-Apparaturen und von Kristallzuchtverfahren war Oberflächenphysik oft „Dreckeffekt-Physik", welche wenig reproduzierbare und oft widersprüchliche Resultate ergab. Um dies zu verstehen, mache man sich folgendes klar:

Bei einem Vakuum von 10^{-6} hPa ist die Restgasdichte $n \approx 3 \cdot 10^{16}$ Moleküle/m^3. Bei einer mittleren Molekulargeschwindigkeit von 600 m/s dauert es etwa 1 Sekunde, bis eine vorher saubere Oberfläche einer Probe in diesem Vakuum mit einer monomolekularen Schicht von Restgasmolekülen bedeckt ist, falls alle auftretenden Moleküle auf der Oberfläche bleiben. Bei einem solchen Druck (der immerhin „Hochvakuum" genannt wird) hat man also kaum eine Chance, eine wirklich saubere Oberfläche zu untersuchen. Da sich die Eigenschaften einer Oberfläche bei Bedeckung mit Fremdatomen stark ändern, hängen die Ergebnisse von Oberflächenuntersuchungen entscheidend ab von der Reinheit der Oberfläche. Deshalb gibt es erst seit etwa 40 Jahren zuverlässige und reproduzierbare Resultate über die Eigenschaften reiner Oberflächen, weil man inzwischen Ultrahochvakua ($p \leq 10^{-9}$–10^{-12} hPa) erzeugen und reine Oberflächen durch Spaltung von Einkristallen im UHV herstellen kann. Auch das Ausheizen der Probe im UHV hilft durch Desorption von Teilchen auf der Oberfläche, diese sauber zu machen. In dieser Zeit wurden dann auch spezielle Untersuchungstechniken entwickelt, wie z. B. die LEED-(= low energy electron diffraction)Methode, Photoelektronen-Spektroskopie, Augersonden, Feldelektronen- und Tunnelmikroskope (siehe Abschn. 2.3) oder gezielte Zerstäubungsmethoden mit massenspektrometrischem Nachweis der zerstäubten Oberflächenatome.

Die Bedeutung solcher Oberflächenuntersuchungen (siehe Abschn. 17.2) ist nicht nur für das Verständnis von Oberflächen, sondern auch für technische Anwendungen kaum zu überschätzen. Wenn man z. B. verstehen will, warum Oberflächen als Katalysatoren für chemische Reaktionen verwendet werden können, muss man die Wechselwirkungen adsorbierter Atome bzw. Moleküle mit der Oberfläche untersuchen, vor allem die Frage beantworten, wie die Oberfläche die Wechselwirkungsstärke und Wechselwirkungszeit zwischen Reaktanden auf der Oberfläche verändert.

Ein weiteres Beispiel ist die Korrosion von Materialien, die im Allgemeinen beginnt mit einer Veränderung der Struktur und chemischen Zusammensetzung der Oberfläche. Die Bildung von Rost auf Eisenoberflächen oder von Grünspan auf Kupferoberflächen sind nur zwei von vielen Beispielen. Will man die entsprechenden Materialien vor Korrosion schützen, muss man also eine Schutzschicht aufbringen (z. B. Farbschichten), welche das Eindringen von Sauerstoff verhindert oder zumindest verlangsamt. Auf der anderen Seite kann man spezielle harte Schichten (z. B. Bornitrid) auf Werkzeuge, wie Bohrer oder Schneidwerkzeuge aufbringen, sodass der Abrieb vermindert und die Lebensdauer der Werkzeuge verlängert wird.

Die Oberflächenbehandlung (z. B. Glätten oder Aufrauen) mit mechanischen Mitteln (Polieren) chemischen Verfahren (Ätzen, elektrolytische Behandlung) oder durch Ionenbombardement (Zerstäuben) kann zwar empirisch optimiert werden, aber zu optimalen Ergebnissen kommt man nur durch ein Verständnis der dabei ablaufenden Prozesse auf atomarer Ebene.

Als letztes Beispiel soll die Herstellung dünner Schichten genannt werden, bei denen die Oberflächenatome einen nicht zu vernachlässigenden Bruchteil aller Atome ausmachen. Sie spielen in der Optik, Mikroelektronik und Nanotechnologie eine große Rolle und die modernen Verfahren zu ihrer Herstellung, z. B. das CVD (chemical vapor deposition) Verfahren hat zu großen Fortschritten in der Strukturierung von Oberflächen im Mikro- bis Nanometerbereich geführt.

Interessante Informationen über die relative Bedeutung von Oberflächeneffekten und Eigenschaften, die durch die Atome im Inneren einer Probe bewirkt werden, lassen sich durch das Studium von Clustern gewinnen, bei denen das Verhältnis der Zahl von Oberflächenatomen zu der von „Innenatomen" mit sinkender Clustergröße proportional zu n^{-1} (n = Zahl der Clusteratome) zunimmt (siehe Abschn. 16.6).

17.1 Die atomare Struktur von Oberflächen

Um von definierten und bekannten Oberflächenstrukturen bei der Untersuchung von Reaktionen adsorbierter Teilchen auf der Oberfläche ausgehen zu können, verwenden die meisten Experimentatoren Oberflächen von einkristallinen Festkörpern. Spaltet man z. B. einen kubischen Einkristall mit fcc-Struktur entlang einer (100)-Netzebene (siehe Abschn. 11.1.4), so erhält man für die Oberfläche die in Abb. 17.1a gezeigte quadratische Anordnung von Atomen, während bei einem Schnitt entlang der (111)-Netzebene die hexagonale dichte Atompackung

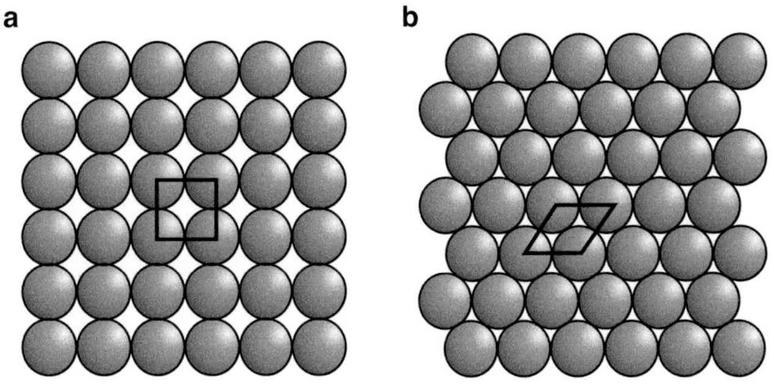

Abbildung 17.1 Atomanordnung auf der Oberfläche eines kubischen Kristalls mit eingezeichneter Einheitsfläche. **a** (100)-Ebene parallel zur Oberfläche; **b** (111)-Ebene

als Oberfläche entsteht. Eine solche hexagonal strukturierte Graphit-Oberfläche ist z. B. in Bd. 1, Abb. 1.15 gezeigt, sichtbar gemacht mithilfe eines Tunnelmikroskops. Hat man eine runde Oberfläche, wie z. B. die abgerundete Spitze eines Wolframdrahtes, wie er in der Feldelektronenmikroskopie verwendet wird (Abb. 2.19), so tragen je nach dem Ort auf der Oberfläche unterschiedliche Netzebenen zur Oberflächenstruktur bei.

Reale Oberflächen weichen im Allgemeinen von diesen idealen Flächenstrukturen ab. Der Grund sind Kristalldefekte und Versetzungen von Netzebenen, sodass eine Oberfläche mit Punktdefekten, Stufen (siehe Abb. 2.28) oder Verformungen entsteht. Ein zweiter Grund sind Strukturrelaxationen. Die Oberflächenatome können nur noch mit anderen Atomen in einem Halbraum wechselwirken, weil sie nicht mehr von allen Seiten von Nachbaratomen umgeben sind. Dadurch ändern sich im Allgemeinen die Gitterkonstanten an und in der Nähe der Oberfläche, wie dies schematisch in Abb. 17.2 für die Abstände von Netzebenen parallel zu einer ebenen Oberfläche gezeigt ist. Typische Zahlenwerte für diese Änderungen des Netzebenenabstandes sind z. B. für eine Cu-(100)-Oberfläche: $\Delta_1/d = 0{,}13$, $\Delta_2/d = 0{,}03$, $\Delta_3/d = 0{,}008$, woraus man sieht, dass nur die äußersten Ebenen merklich beeinflusst werden.

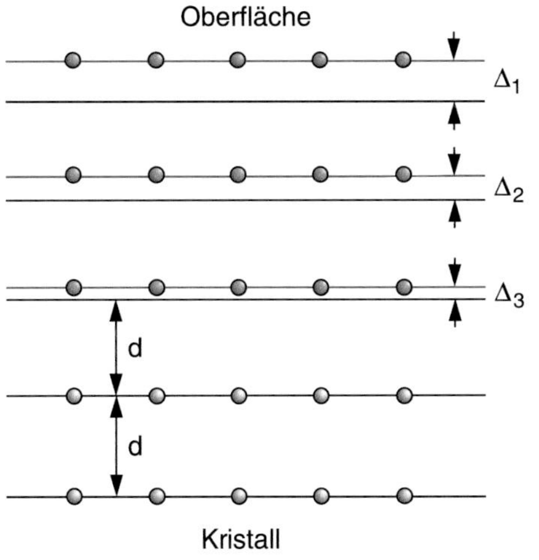

Abbildung 17.2 Strukturrelaxation der Netzebenenabstände in der Nähe der Oberfläche. *Schwarze Linien:* Unverspannte Netzebenen

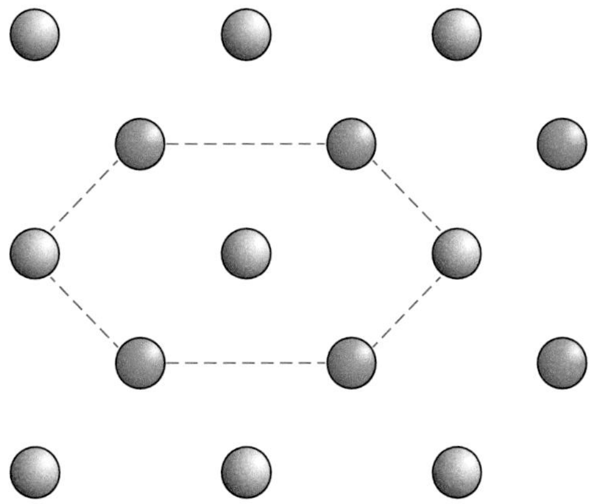

Abbildung 17.3 Rekonstruktion einer Oberfläche durch geordnete Adsorption von Fremdatomen B (*rot*)

Diese veränderten Wechselwirkungsverhältnisse können unter Umständen sogar zu einer spontanen Umordnung der Oberflächenstruktur führen, wenn dies zu einer Minimierung der Energie führt (Oberflächen-Rekonstruktion). Wenn z. B. auf die Oberfläche eines Einkristalls, der aus Atomen A besteht, Atome B adsorbiert werden, können diese auf Zwischengitterplätzen adsorbiert werden (wenn dort die Adsorptionsenergie maximal ist), sodass sich dann statt der quadratischen Struktur der Atome A eine hexagonale Struktur aller Oberflächenatome A + B ergibt, wie in Abb. 17.3 illustriert ist.

17.2 Experimentelle Untersuchungsmethoden

Wie lässt sich die Struktur einer Oberfläche experimentell bestimmen? Die vielen bisher entwickelten Methoden lassen sich einteilen in nicht-invasive Verfahren (bei denen die Oberfläche nicht verändert wird) und invasive Verfahren, bei denen entweder Atome aus Oberflächenlagen entfernt werden (Zerstäubung) oder die Gitterstruktur gestört wird.

Ein nichtinvasives Verfahren ist die konfokale Mikroskopie (siehe Bd. 2, Abschn. 12.1), die aber nur eine räumliche Auflösung von etwa 100 nm ermöglicht. Dies ist immer noch zu wenig, um die atomare Struktur aufzulösen. Man kann aber die Struktur von Oberflächen mit Rauigkeiten im Bereich 100 nm–10 µm sehr gut darstellen. In Abb. 17.4 ist die Oberfläche einer Schleifscheibe gezeigt, die mit kleinen Korundkristallen belegt ist, während Abb. 17.5 die Oberfläche einer Saphir-Scheibe darstellt. Inzwischen sind aber mehrere Verfahren entwickelt worden, die eine atomare Auflösung ermöglichen.

Ein gängiges nicht-invasives Verfahren ist die LEED-Methode (Abb. 17.6). Monoenergetische Elektronen niedriger Energie ($E_{kin} \approx$ 50–500 eV) werden als paralleler Strahl auf die zu untersuchende Probe geschickt. Wegen ihrer kleinen Energie ist

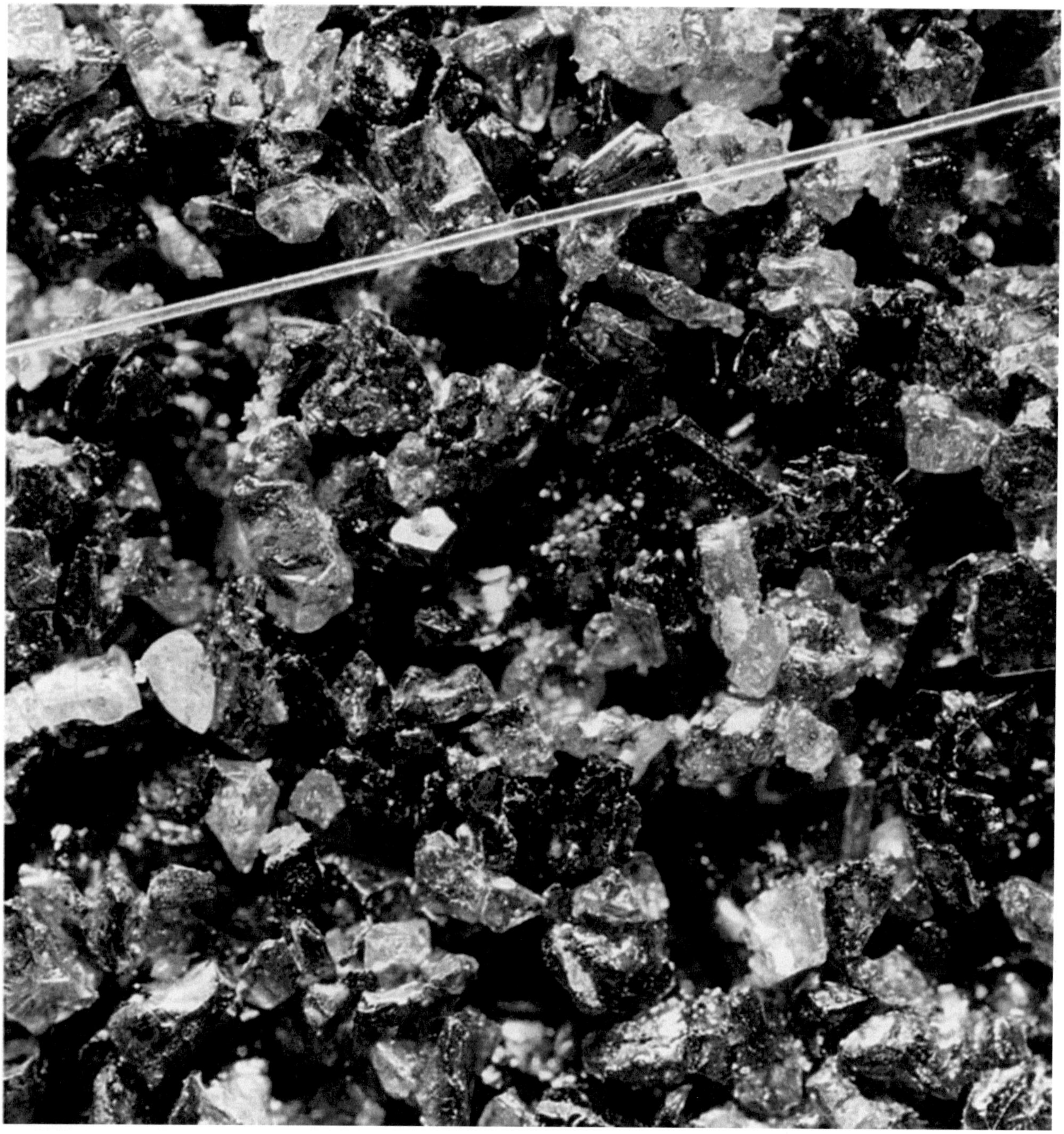

Abbildung 17.4 Mikroaufnahme der polykristallinen Korund-Oberfläche einer Schleifscheibe mit Hilfe der konfokalen Mikroskopie. Zum Größenvergleich ist ein menschliches Haar gezeigt. Mit freundlicher Genehmigung von Dr. H.-J. Foth, Kaiserslautern

ihre Eindringtiefe in die Probe sehr gering. Der größte Teil der Elektronen wird an der Oberfläche gestreut bzw. an der periodischen Oberflächenstruktur gebeugt. Die gebeugten Elektronen können entweder auf einen Fluoreszenzschirm treffen, wo das räumliche strukturierte Fluoreszenzbild ein Maß für ihre Intensitätsverteilung darstellt, oder sie können mit einem schwenkbaren Elektronendetektor direkt gemessen werden.

Zur Erinnerung: Elektronen mit $E_{\text{kin}} = 100\,\text{eV}$ haben gemäß (3.100) eine de Broglie-Wellenlänge $\lambda_{\text{DB}} = 1{,}2 \cdot 10^{-10}\,\text{m}$, die also etwas kleiner ist als der Atomabstand. Deshalb zeigt die räumliche Intensitätsverteilung der elastischen reflektierten Elektronen auf Grund ihrer Beugung an der periodisch strukturierten Oberfläche eine Interferenzstruktur, welche von der Struktur der Oberfläche abhängt. Genauer: Die Fouriertrans-

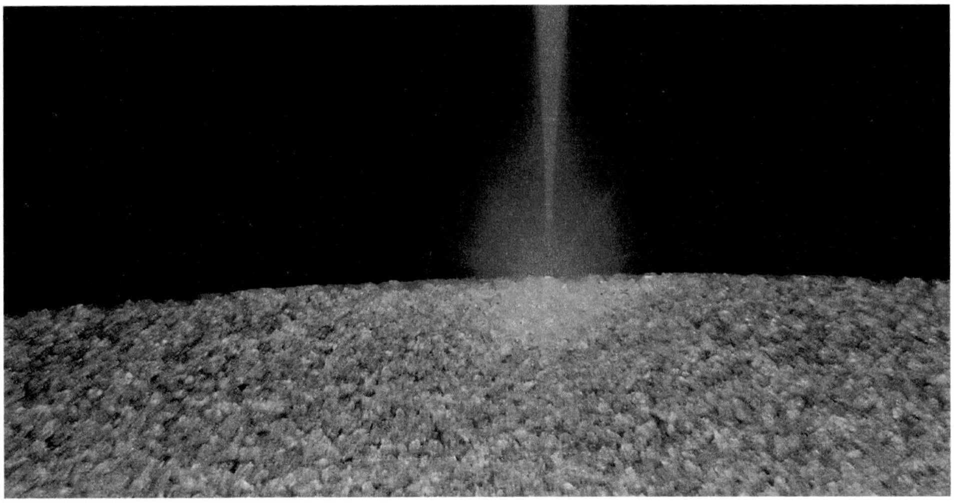

Abbildung 17.5 Konfokale Mikroskopie einer polykristallinen Saphir-Oberfläche mit einem Helium-Neon-Laser, der auf die Oberfläche fokussiert und an den Mikrokristallen gestreut wird. Mit freundlicher Genehmigung von Dr. H.-J. Foth, Kaiserslautern

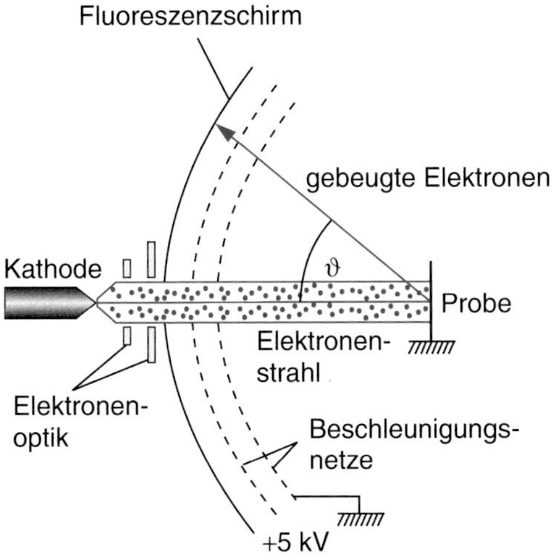

Abbildung 17.6 Prinzipschema der LEED (= low energy electron diffraction) Technik

formation der Intensitätsverteilung (d. h. hier der Winkelverteilung) der gebeugten Elektronen ergibt die geometrische Struktur der Oberfläche (siehe Abschn. 11.3). Der Unterschied zur Röntgenbeugung (Abschn. 11.4) ist die geringe Eindringtiefe der Elektronen, sodass nur die äußersten Atomlagen die Beugungsstruktur beeinflussen, während die große Eindringtiefe der Röntgenstrahlung das ganze bestrahlte Volumen erfasst.

Mit der LEED-Methode kann nicht nur die Struktur der Oberfläche gemessen werden, sondern auch die relativen Abstände von periodisch angeordneten Adsorptionsatomen auf der Oberfläche. Da das Rückstreuvermögen dieser Atome im Allgemeinen von dem der regulären Oberflächenatome verschieden ist, wird sich die Intensität in den Maxima beider sich überlagerten Strukturen unterscheiden. So ergibt z. B. das LEED-Spektrum der Oberflächenatome in Abb. 17.3 die Fouriertransformation einer hexagonalen Struktur aber mit unterschiedlichen Amplituden für die roten und die schwarzen Atome.

Eine komplementäre Information erhält man, wenn die Intensität der unter einem festen Winkel ϑ gebeugten Elektronen als Funktion der Energie der einfallenden Elektronen, d. h. ihrer de Broglie-Wellenlänge mit einem Elektronendetektor gemessen wird. Mit wachsender Energie, d. h. sinkender de Broglie Wellenlänge verschieben sich die Beugungsmaxima $I_{\max}(\vartheta_n)$. Bei der halben Wellenlänge erscheinen z. B. alle Interferenzmaxima beim halben Beugungswinkel.

Eine weitere Methode zur Untersuchung von Oberflächen ist die Beugung von neutralen Atomen an Oberflächen. Ihre de Broglie-Wellenlänge muss wieder kleiner sein als die Atomabstände auf der Oberfläche.

Dies wird wegen der größeren Masse der Atome (verglichen mit der Masse der Elektronen) bereits bei thermischen Energien ($T = 300\,\mathrm{K}$) erreicht.

Beispiel

He-Atome haben eine etwa 7300-mal größere Masse als Elektronen. Wegen

$$\lambda_{\mathrm{DB}} = \frac{h}{m \cdot v} = \frac{h}{\sqrt{2mE}}$$

muss ihre Energie daher bei gleicher de Broglie-Wellenlänge um den gleichen Faktor kleiner sein. Thermische He-Atome bei $T = 300\,\mathrm{K}$ haben eine Energie $E_{\mathrm{kin}} = 27\,\mathrm{meV}$. Für sie gilt $\lambda_{\mathrm{DB}} = 0{,}2\,\mathrm{nm}$. Atome in einem Überschallstrahl haben Geschwindigkeiten von $v > 1000\,\mathrm{m/s}$, sodass $\lambda_{\mathrm{DB}} = 0{,}1\,\mathrm{nm}$ wird. ■

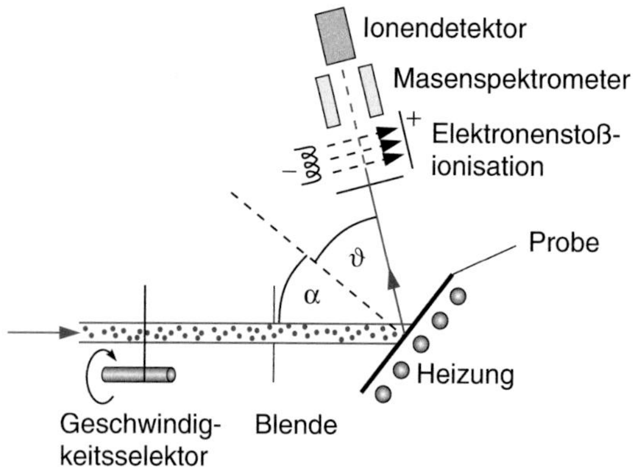

Abbildung 17.7 Schematische Darstellung der Oberflächen-Untersuchung durch Beugung von Atomen

Die experimentelle Anordnung besteht aus einem kollimierten Atomstrahl, der unter dem Winkel α gegen die Flächennormale auf die Oberfläche trifft (Abb. 17.7). Die unter dem Winkel ϑ gebeugten Atome werden nach Durchlaufen einer schwenkbaren Blende, die den Streuwinkel ϑ festlegt, durch Elektronenstoß ionisiert und in einem Massenspektrometer (siehe Abschn. 2.7) nachgewiesen. Der physikalische Unterschied im Informationsgehalt der beiden Untersuchungsmethoden beruht auf der unterschiedlichen Wechselwirkung der Sondenteilchen mit der Oberfläche. Während Elektronen wegen ihrer Ladung im Wesentlichen die Periodizität der elektrischen Ladungsverteilung (also der Elektronenhüllen) abtasten, erfahren die neutralen Heliumatome eine van-der-Waals-Wechselwirkung, die von der Polarisierbarkeit der Oberflächenatome abhängt. Deshalb misst die He-Beugung die Periodizität der Ladungsverschiebbarkeit auf der Oberfläche.

Eine sehr informative Methode ist die Photoelektronenspektroskopie [4, 5], die nicht nur zur Untersuchung der Zustandsdichte in den Bändern von Metallen und Halbleitern verwendet werden kann (siehe Abschn. 13.2.5), sondern auch zur atomspezifischen Analyse von Oberflächen. Dazu wird die Photonenenergie so hoch gewählt, dass Innerschalenionisation der Atome möglich wird (siehe Abschn. 6.6.3). Geschieht dies in Oberflächenatomen, so können die dabei frei werdenden Photoelektronen praktisch ohne Energieverlust durch Streuung am Atomgitter den Festkörper verlassen. Ihre kinetische Energie ist dann

$$E_{\text{kin}} = h \cdot \nu - E_{\text{B}} , \qquad (17.1)$$

wenn E_{B} die Bindungsenergie des Elektrons in einer inneren Schale ist. Da E_{B} diskrete, von der Atomart abhängige Werte hat, erscheinen im Photoelektronenspektrum $N_{\text{e}}(E_{\text{kin}})$ scharfe charakteristische Maxima (Abb. 17.8), aus deren Lage und Intensität man auf die Konzentration der entsprechenden Atome schließen kann. Werden als Photoquellen UV-Lampen benutzt, so wird die Technik als UPS (ultraviolet photoelectron spectroscopy) bezeichnet, werden Röntgenstrahlen verwendet, so heißt das Verfahren XPS (X-ray photoelectron spectroscopy). Seit die intensive, wellenlängendurchstimmbare Synchrotronstrahlung hochenergetischer Elektronen in Speicherringen zur Verfügung steht, haben diese Methoden viel an Empfindlichkeit und Genauigkeit gewonnen [6].

Statt der Photoelektronen kann man auch Auger-Elektronen (Abschn. 6.6.3) verwenden, die entstehen, wenn ein Elektron aus einer höheren Schale in den vom Photoelektron freigemachten Platz in der K-Schale übergeht. Die dabei frei werdende Energie kann auf ein weiteres Elektron übertragen werden, das dann das Atom verlassen kann (Abb. 17.9 und 6.38). Seine kinetische Energie ist dann

$$E_{\text{kin}}^{\text{Auger}} = (E_{\text{L}} - E_{\text{K}}) - E_{\text{B2}} . \qquad (17.2)$$

Wie bei den direkten Innerschalen-Photoelektronen zeigt die Verteilung $N^{\text{Auger}}(E_{\text{kin}})$ scharfe Maxima bei den für die entsprechenden Atome charakteristischen Energien.

Der Augerprozess konkurriert mit der Emission von Röntgenquanten beim Übergang des Elektrons von E_{L} nach E_{K}. Für leichte Atome ($Z < 25$–30) überwiegt die Augerelektronen-Emission, für $Z > 30$ die Röntgenemission. Für leichte Atome stellt die Augerelektronen-Spektroskopie daher eine empfindliche, atomspezifische Nachweismethode für Oberflächenatome dar. Da die Energie der Augerelektronen kleiner ist als die der Photoelektronen (bei gleicher Energie $h\nu$ des einfallenden Photons), werden sie bei der Erzeugung in Atomen im Inneren des Festkörpers stärker gestreut und abgebremst, während sie bei Oberflächenatomen praktisch ohne Energieverlust den Festkörper verlassen können. Die Augerelektronen-Spektroskopie ist deshalb stärker oberflächenspezifisch als z. B. die XPS-Methode [7].

Die Struktur von Oberflächen lässt sich auch mit speziellen Mikroskopen „sichtbar" machen (siehe Abschn. 2.3.3). So kann z. B. bei elektrisch leitenden Oberflächen die Raster-Tunnel-Mikroskopie [8] verwendet werden, wo der Elektronenstrom zwischen der Oberfläche und einer feinen Wolframspitze, die nahe an die Oberfläche gebracht wird, als Funktion des Ortes (x, y) auf der Oberfläche gemessen wird.

Hierbei wird, genau genommen, die flächenhafte Verteilung $W_{\text{a}}(x, y)$ der Austrittsarbeit gemessen, die natürlich mit der atomaren Struktur der Oberfläche verknüpft ist (siehe Abb. 2.28).

Für nicht leitende Oberflächen ist das atomare Kraftmikroskop geeignet [9], bei dem die sehr schwache Kraft zwischen der Wolframspitze und den Oberflächenatomen ausgenutzt wird.

Zu den *invasiven* Methoden der Oberflächenuntersuchungen gehört der Abtrag von Oberflächenatomen durch Beschuss mit Ionen oder Laserlicht hoher Intensität. Beim Ionenbeschuss werden z. B. Argonionen mit 10–100 keV auf die Oberfläche geschossen. Dabei werden sowohl neutrale als auch ionisierte Teilchen aus den obersten Atomlagen des Festkörpers entfernt, die entweder in das Innere des Festkörpers gestoßen werden und dort zu Defekten führen, oder die den Festkörper verlassen können (Sputter-Prozess) (siehe Abb. 2.24). Die freigesetzten Ionen können massenspektrometrisch direkt nachgewiesen werden. Dieses Verfahren wird SIMS (secondary ion mass spectrometry) genannt. Weil der Ionennachweis sehr empfindlich ist, lassen sich bereits kleine Bruchteile einer Monolage

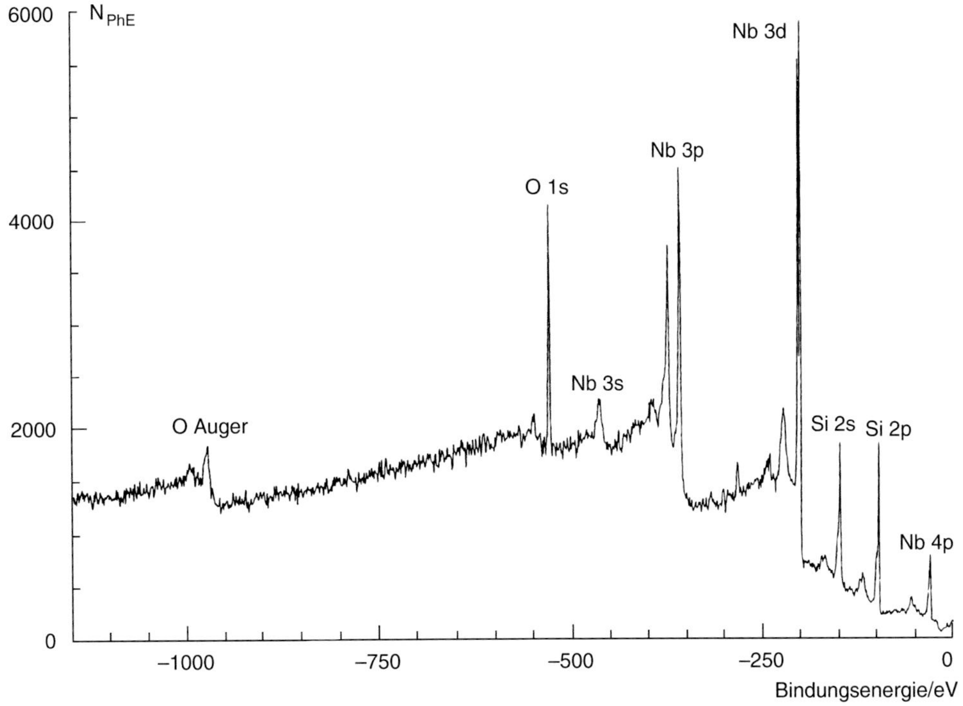

Abbildung 17.8 XPS-Spektrum der oberflächennahen Schichten von Silizium-Niob-Oxyd, erzeugt mit der Aluminium K_α-Röntgenlinie [J.A.D. Matthew, 1993]

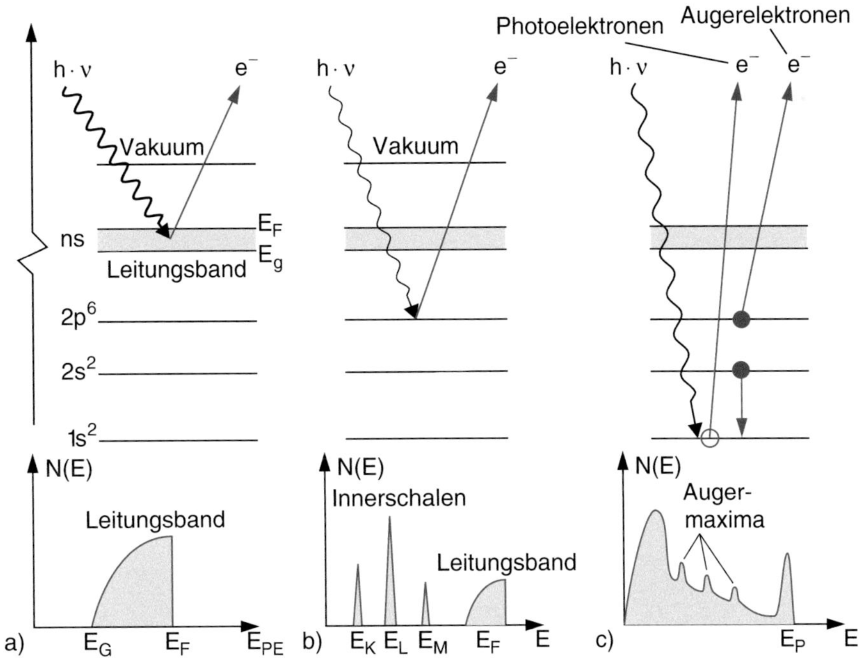

Abbildung 17.9 Vergleich von UPS (Photoelektronen aus Leitungsband) (**a**); XPS (Innerschalen-Photoelektronen) (**b**) und Auger-Elektronen (**c**)

von Atomen oder auch geringe Konzentrationen von Adsorbat-Molekülen nachweisen. Sein Nachteil ist, dass ein Teil der Oberfläche zerstört wird und auch die Struktur der inneren Atomlagen gestört werden kann. Abbildung 17.10 zeigt als Beispiel das Massenspektrum beim Sputtern einer nicht gereinigten Molybdän-Oberfläche mit 3 keV-Argonionen. Man sieht, dass eine Reihe von Kohlenwasserstoffen und Wasser auf der Oberfläche adsorbiert waren.

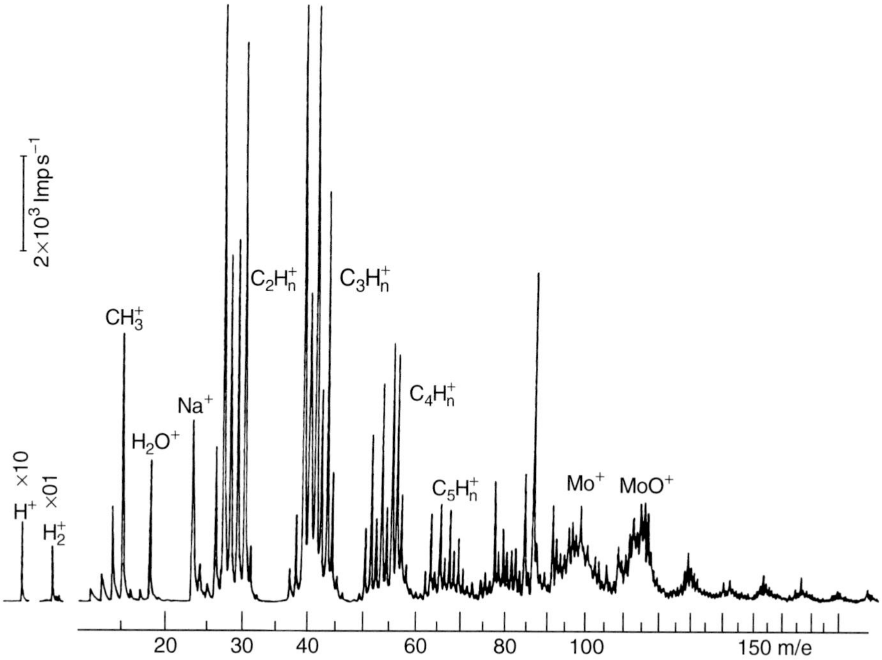

Abbildung 17.10 Massenspektrum der Sekundärionen beim Beschuss einer nichtgereinigten Molybdän-Oberfläche mit 3 kV Ar^+-Ionen (mit freundlicher Genehmigung von Prof. A. Benninghoven)

Der größte Teil der Oberflächenatome wird jedoch als neutrale Teilchen emittiert. Um sie nachzuweisen, muss man sie nachionisieren. Dies kann entweder in der Ionenquelle eines Massenspektrometers durch Elektronenstoß oder durch resonante Mehrphotonenionisation mit Lasern erreicht werden, oder durch eine Plasmaentladung, in die die neutralen gesputterten Teilchen fliegen (SNMS = Sekundär-Neutralteilchen-Massen-Spektrometrie) [10].

In zunehmendem Maße wird die durch Laser bewirkte Ablation von Oberflächen verwendet (Ablation = Abtrag von Oberflächenschichten). Wird der gepulste Laserstrahl mit der Energie W auf eine Fläche A fokussiert, so wird durch Absorption der Photonen für eine kurze Zeit Δt eine große Leistungsdichte

$$\frac{\mathrm{d}w}{\mathrm{d}t} = \frac{W}{A \cdot \Delta x \cdot \Delta t}$$

erzeugt. Bei einer Eindringtiefe Δx wird in einem Volumen $\Delta V = A \cdot \Delta x$ die Temperatur um

$$\Delta T = \frac{W}{C \cdot \varrho \Delta V}$$

erhöht, wenn C die spezifische Wärme und ϱ die Dichte ist. Ist die Zeit Δt genügend kurz, so kann man die durch Wärmeleitung aus ΔV weggeführte Energie vernachlässigen. Übersteigt die Temperatur die Verdampfungstemperatur des Materials, so wird ein Teil der Festkörperatome verdampft.

Um Oberflächen und ihre Veränderungen bei atmosphärischen Bedingungen an Luft zu untersuchen, hat sich eine Laser-Desorptions-Methode bewährt, die LIBS (laser-induced breakdown spectroscopy) genannt wird [18]. Ihr Prinzip ist in Abb. 17.11 erläutert.

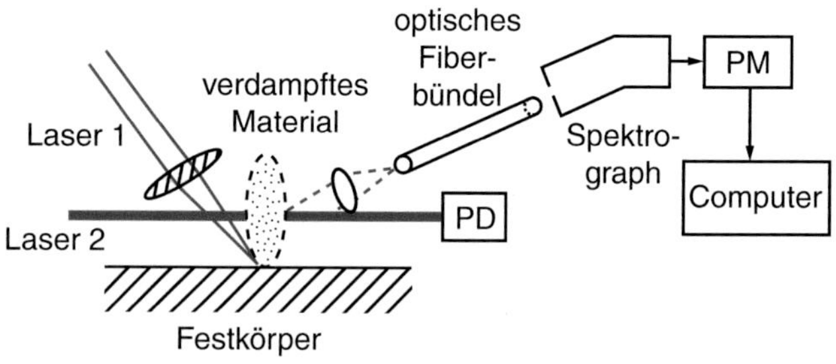

Abbildung 17.11 Schematischer Aufbau für LIBS

Die Ausgangsstrahlung eines gepulsten Lasers L1 (Pulsdauer zwischen einigen ns bis zu 50 fs) wird durch eine Linse auf die Oberfläche des Festkörpers fokussiert. Dadurch wird die Leistungsdichte so groß, dass eine große Zahl von neutralen Atomen und Ionen aus dem Festkörper verdampfen und in die Luftatmosphäre eintreten. Durch Multiphotonen-Prozesse können die Atome in der emittierten Gaswolke während des gleichen Laserpulses weiter ionisiert werden, sodass ein Plasma entsteht, das sich von dem Fokuspunkt auf der Oberfläche in die umgebende Luft fortbewegt. Die Ionen können in einem Massenspektrometer analysiert werden.

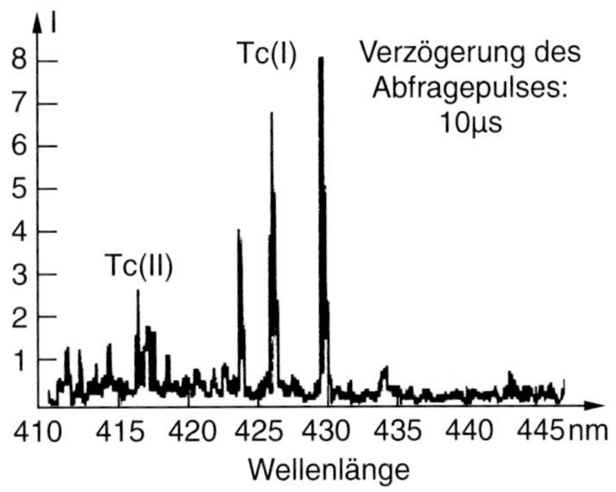

Abbildung 17.12 Laser-induziertes Fluoreszenzspektrum von Technetium und Kalium aus einer laser-verdampften Oberfläche einer K-Tc-Legierung [17]

Mit einem zweiten Laser kann räumlich und zeitlich aufgelöst die Zusammensetzung der Plasmawolke gemessen werden. Dazu wird entweder die Laser-induzierte Fluoreszenz durch einen Photomultiplier detektiert (Abb. 17.12) oder mit einer schnellen Photodiode wird die zeitliche Variation der Absorption des Abfragelasers untersucht.

Das Verfahren wird z. B. angewandt zur Analyse von Stahl-Legierungen während des Schmelzvorganges. Dazu wird eine kleine Probe der Stahlschmelze entnommen, abgekühlt und durch Rohrpost an den Analysenort befördert. Dort werden mithilfe von LIBS die atomaren Bestandteile der Legierung innerhalb weniger Minuten quantitativ gemessen, sodass noch während der Stahl im Schmelzofen ist, die chemische Zusammensetzung der Legierung auf den gewünschten Wert hin korrigiert werden kann.

Um einen Eindruck von der Komplexität der Apparaturen zur Oberflächenanalyse unter Ultrahochvakuum zu geben, ist in Abb. 17.13 schematisch eine UHV-Apparatur mit Probe und Nachweisgeräten gezeigt.

Weitere Informationen findet man in [14–18].

17.3 Adsorption und Desorption von Atomen und Molekülen

Wenn Atome oder Moleküle auf eine Oberfläche treffen, können sie elastisch oder inelastisch gestreut werden. Bei der inelastischen Streuung wird ein Teil ΔE der kinetischen Energie an den Festkörper abgegeben und führt dort, je nach Größe von ΔE zur Anregung von Phononen oder auch elektronischen Anregungen. Ist der Energieverlust ΔE genügend groß, so bleibt dem Teilchen nicht mehr genug Energie, die Oberfläche gegen die anziehenden Kräfte (van der Waals für neutrale Edelgasatome, Valenzbindungen für chemische gebundene Atome, Coulomb-Bildkraft für geladene Teilchen) zu verlassen. Es bleibt auf der Oberfläche haften (Adsorption).

Wird der mittlere Abstand zwischen adsorbierten Teilchen klein, so können auch Wechselwirkungen zwischen den Adsorbat-Teilchen bedeutsam werden. So können sich z. B. aus adsorbierten Atomen Moleküle bilden, weil ihre Relativenergie klein ist und vom Festkörper abgeführt werden kann, und weil die Reaktanden lange beieinander bleiben.

Man sieht aus diesem Beispiel bereits, warum Oberflächen als Katalysatoren für chemische Reaktionen wirken können. So glaubt man heute, dass der überwiegende Teil der in den interstellaren Wolken gefundenen Moleküle auf den Oberflächen von

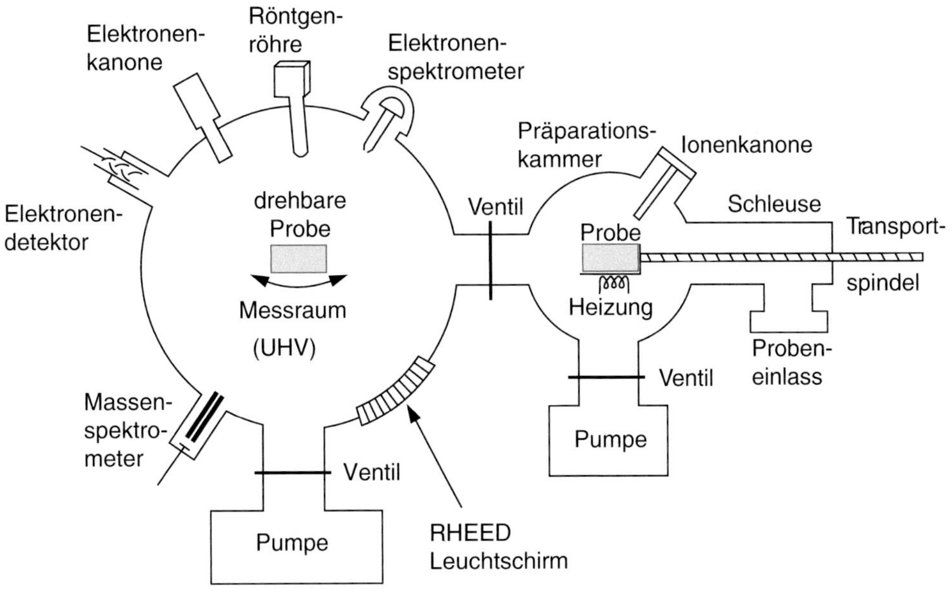

Abbildung 17.13 UHV-Apparatur zur Oberflächenuntersuchung

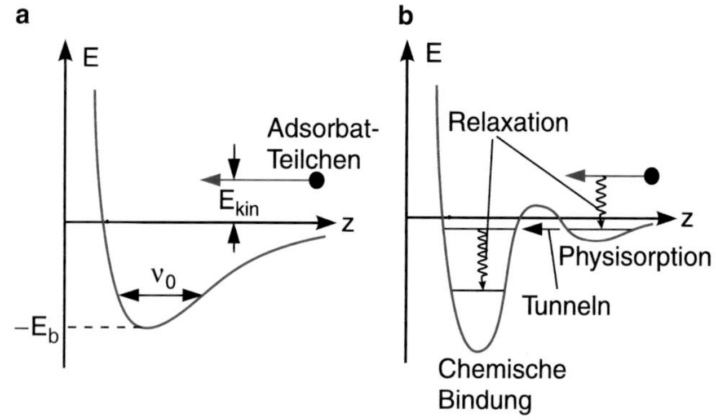

Abbildung 17.14 Schematisches Potentialbild der Physisorption (**a**) und der Chemisorption (**b**)

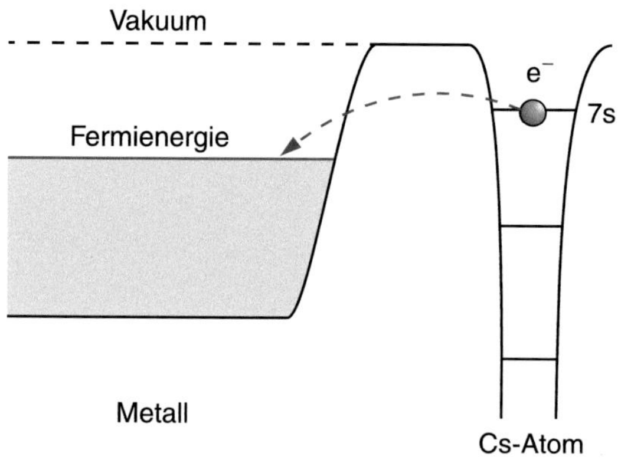

Abbildung 17.15 Oberflächenionisation von adsorbierten Cäsiumatomen auf einer Wolframoberfläche

Staubkörnern entstanden ist, weil bei den geringen Dichten die Wahrscheinlichkeit für einen Dreierstoß (der für die Molekülbildung ohne Oberfläche notwendig ist) extrem klein ist.

Wird die Flächendichte der adsorbierten Teilchen vergleichbar mit derjenigen der Oberflächenatome, so bildet sich eine Monolage des Adsorbates aus, welche die ganze Oberfläche bedeckt. Häufig findet man jedoch bereits bei geringeren Dichten eine Inselbildung, bei der sich die Adsorbatteilchen in zusammenhängenden Gebieten anordnen, die als Adsorbatinseln auf der Oberfläche erscheinen.

Wie lassen sich solche Adsorptionsprozesse untersuchen? Es gibt makroskopische Methoden, bei denen die Oberfläche einem Gas der zu adsorbierenden Teilchen bei geringem Druck (10^{-9}–10^{-12} hPa) ausgesetzt wird, und man misst die Zunahme der Adsorbatschicht im Laufe der Zeit mit einer der im vorigen Abschnitt besprochenen Methoden.

Bei der mikroskopischen Methode trifft ein kollimierter Teilchenstrahl unter einem definierten Winkel und mit kontrollierbarer kinetischer Energie (Geschwindigkeitsselektor) auf eine reine Oberfläche und die Winkel- und Energieverteilung der gestreuten Teilchen wird gemessen. Dabei lässt sich der Energieverlust der desorbierten Teilchen bestimmen, während die adsorbierten Teilchen dann in der über alle Winkel integrierte Streurate fehlen, sodass man die Adsorptionsrate als Funktion von Energie und Auftreffwinkel der einfallenden Teilchen messen kann.

Man unterscheidet zwischen ***Physisorption*** und ***Chemisorption***. Im ersten Fall wird das neutrale Adsorbatteilchen relativ schwach (z. B. durch van-der-Waals-Wechselwirkung) gebunden (Abb. 17.14), während im zweiten Fall entweder eine starke Valenzbindung oder eine ionische Bindung auftritt. So wird z. B. bei Cs-Atomen, die auf eine Wolframoberfläche treffen, das Elektron vom Cs-Atom an das Metall übergehen, weil die Ionisierungsenergie von Cs mit 3,87 eV kleiner ist als die Elektronenaustrittsarbeit von Wolfram ($W_A = 4{,}5\,\mathrm{eV}$). Dadurch entsteht eine relativ starke ionische Bindung (Abb. 17.15). Bei der Chemisorption von Sauerstoff auf Wolfram entsteht z. B. eine starke Valenzbindung von etwa 8,4 eV, sodass sich auf der Oberfläche stabile WO_2-Moleküle bilden.

Andererseits kann eine Oberfläche auch die Dissoziation von Molekülen unterstützen, wenn die Bindungsenergie an die Oberfläche für die Atome größer ist als für das Molekül. Der Unterschied zwischen Physi- und Chemisorption lässt sich an dem schematischen Diagramm der Abb. 17.16 klar machen. Hier ist die Physisorption eines schwach an die Oberfläche gebundenen Moleküls AB durch die Kurve 1 dargestellt, welche die Bindungsenergie $E_1(\mathrm{AB})$ von AB an die Oberfläche als Funktion des Abstandes z von der Oberfläche angibt. Treffen die beiden getrennten Atome A und B auf die Oberfläche, so wird (wegen der freien Valenzbindungen) eine stärkere chemische Bindung erzeugt mit der Bindungsenergie $E_2 = E(\mathrm{A}) + E(\mathrm{B})$, die z. B. an den Festkörper abgegeben werden kann, oder zur Desorption der Atome A und B führt.

Der wichtige Punkt ist nun der folgende: Zur Dissoziation des freien Moleküls ist die Energie $E_\mathrm{B}(\mathrm{AB})_\infty$ notwendig. Nähert sich jedoch das Molekül der Oberfläche, so folgt seine potentielle Energie der gestrichelten Kurve in Abb. 17.16. Hat es eine kinetische Energie $E_\mathrm{kin} > E_\mathrm{a}$, welche die Aktivierungsenergie überschreitet, kann es die Potentialbarriere überwinden und dabei in seine Bestandteile A + B dissoziieren, wozu die wesentlich kleinere Energie $E_\mathrm{a} < E_\mathrm{B}(\mathrm{AB})_\infty$ nötig ist. Dies macht wieder den Einfluss der Oberfläche auf die chemische Reaktion $\mathrm{AB} \rightarrow \mathrm{A} + \mathrm{B}$ deutlich. Auf Grund der unterschiedlichen Bindungsenergien von A, B und AB an die Oberfläche wird die Reaktionsbarriere herabgesetzt. Die Oberfläche wirkt als Katalysator.

Die Desorptionswahrscheinlichkeit eines durch Physisorption an die Oberfläche gebundenen Teilchens hängt ab von der Potentialtiefe E_b in Abb. 17.14, von der Temperatur der Oberfläche und von der Möglichkeit, dass Energie von Oberflächenatomen auf das physisorbierte Teilchen übertragen werden kann. Dieser Energieübertrag kann z. B. durch Schwingungen der Oberflächenatome senkrecht zur Oberfläche geschehen. Ist das adsorbierte Teilchen an solche Schwingungen gekoppelt, dann macht es im Potential der Abb. 17.14 Schwingungen der Frequenz ν_0 in z-Richtung. Die Wahrscheinlichkeit, dass es genügend Energie erhält, um das bindende Potential zu verlassen, ist durch den Boltzmann-Faktor $\exp[-E_b/kT]$ gegeben. Die Desorptionswahrscheinlichkeit pro Sekunde lässt sich dann näherungsweise

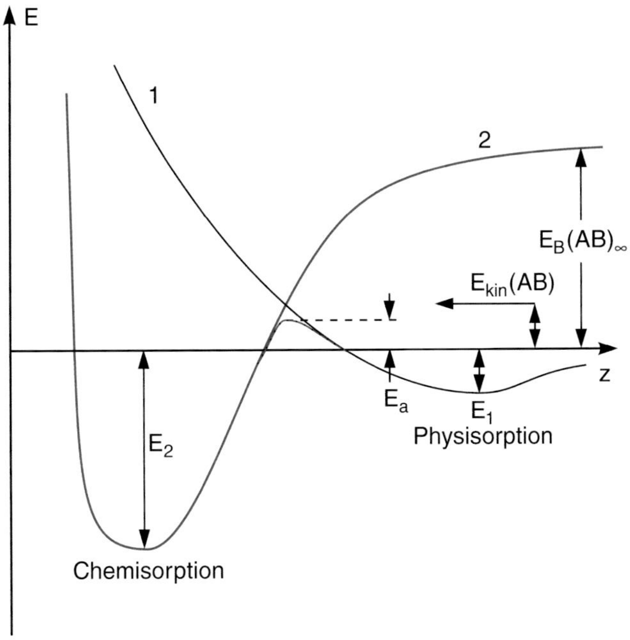

Abbildung 17.16 Schematische Darstellung des katalytischen Effektes einer Oberfläche

angeben als

$$W_{\text{des}} = \nu_0 \cdot e^{-E_b/kT} . \tag{17.3}$$

Die mittlere Aufenthaltsdauer eines adsorbierten Teilchens auf der Oberfläche ist dann

$$\tau_a = \frac{1}{W_{\text{des}}} = \tau_0 \cdot e^{E_b/kT} \quad \text{mit} \quad \tau_0 = \frac{1}{\nu_0} . \tag{17.4}$$

Beispiel

Bei Temperaturen von $T = 300\,\text{K}$ reichen typische Zeiten τ_0 von 10^{-12} bis 10^{-13} s. Die Verweildauern τ_a sind dann bei $\tau_0 = 10^{-13}$ s für Helium auf Wolfram-Oberflächen ($E_b \approx 5\,\text{meV}$) $\tau_a \approx 1{,}2 \cdot 10^{-13}$ s, für chemisorbierten Wasserstoff H_2 ($E_b \approx 1\,\text{eV}$) $\tau_a \approx 1$ s und für die starke chemische Bindung von CO auf Nickeloberflächen ($E_b \approx 1{,}5\,\text{eV}$) wird $\tau_a \approx 4 \cdot 10^9\,\text{s} \mathrel{\hat=} 100$ Jahre! ■

Man sieht aus den Beispielen, dass die Verweildauer von Adsorbatmolekülen auf der Oberfläche extrem stark vom Verhältnis E_b/kT abhängen. Deshalb lassen sich auch Oberflächen durch Erhitzen von Adsorbaten befreien und damit saubere Oberflächen erreichen.

Im Adsorptionsgleichgewicht einer Oberfläche in einer Gasatomosphäre (üblicherweise bei sehr kleinem Druck) muss die Rate der adsorbierten Teilchen gleich der der desorbierten sein. Ist n_a die Anzahl der Adsorbatteilchen pro Fläche, τ_a ihre mittlere Verweildauer auf der Fläche, dann ist die Desorptionsrate pro Flächeneinheit

$$R_{\text{des}} = \frac{n_a}{\tau_a} . \tag{17.5}$$

Die Rate, mit der Teilchen der Masse m aus einer Gasumgebung beim Druck p und der Temperatur T auf die Flächeneinheit treffen, ist nach Bd. 1, Abschn. 9.1.4 $R_{\text{ads}} = n \cdot \overline{v}/4$. Mit $\overline{v} = (8kT/\pi \cdot m)^{1/2}$ und $p = nkT$ ergibt dies:

$$R_{\text{ads}} = \frac{p}{(2\pi mkT)^{1/2}} . \tag{17.6}$$

Im Gleichgewicht ergibt sich daher aus $R_{\text{des}} = R_{\text{ads}}$ mit (17.4) die Belegungsdichte des Adsorbates (Adsorbatteilchen pro Flächeneinheit)

$$n_a = \frac{\tau_0 \cdot p}{(2\pi mkT)^{1/2}} \cdot e^{+E_b/kT} . \tag{17.7}$$

Beispiel

$\tau_0 = 10^{-12}$ s, $E_b = 0{,}6\,\text{eV}$, $m = 2\,\text{AME} = 1{,}3 \cdot 10^{-26}\,\text{kg}$, $p = 10^{-8}\,\text{hPa} = 10^{-6}\,\text{Pa}$, $T = 300\,\text{K} \Rightarrow n_a = 10^{14}/\text{m}^2 \approx 10^{10}\,\text{cm}^{-2}$. Dies muss man vergleichen mit der Oberflächenatomdichte von $10^{19}/\text{m}^2$. Obwohl nach (12.6) etwa $5 \cdot 10^{16}/\text{m}^2$ s Moleküle auf die Oberfläche treffen, bewirkt die Desorptionsrate, dass im Gleichgewicht nur ein kleiner Teil der Oberfläche bedeckt ist. ■

Dies ändert sich grundlegend bei größeren Verweilzeiten der Moleküle. Bei 10^5 mal größeren Werten von τ_a ist bei den obigen Bedingungen die gesamte Oberfläche mit einer Monolage adsorbierter Moleküle bedeckt.

Eine genauere Betrachtung (Langmuir-Modell) muss in Betracht ziehen, dass Atome, die auf bereits durch Adsorbatteilchen besetzte Stellen treffen, nicht mehr (oder nur mit kleinerer Wahrscheinlichkeit) adsorbiert werden. Dadurch wird bei n_0 Oberflächenatomen/m^2 die Adsorbatdichte im stationären Gleichgewicht statt (17.7)

$$n_a = R_{\text{ads}} \cdot \tau_a (1 - n_a/n_0) , \tag{17.8}$$

woraus sich ergibt:

$$n_a = \frac{n_0}{1 + n_0/(R_{\text{ads}} \cdot \tau_a)} . \tag{17.9}$$

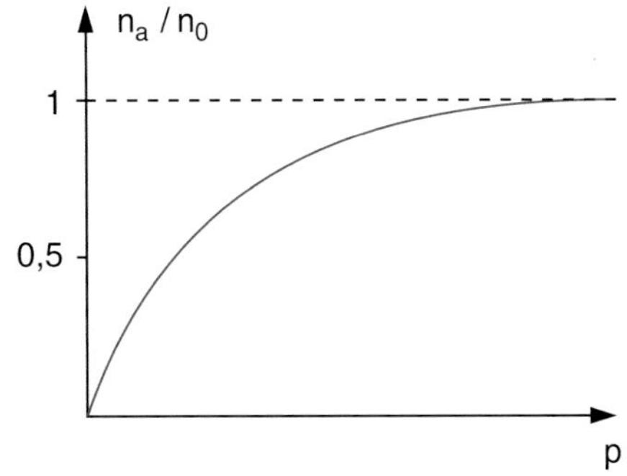

Abbildung 17.17 Relative Bedeckung einer Oberfläche als Funktion des Drucks der Gasumgebung nach dem Langmuir-Modell

Bei genügend kleinem Druck p wird $n_a/n_0 \ll 1$ und aus (17.9) ergibt sich mit (17.6) die lineare Beziehung: $n_a \propto p$. Mit wachsendem Druck $p \propto R_{ads}$ steigt der relative Bedeckungsgrad n_a/n_0 immer langsamer gegen 1 (Abb. 17.17). Nähere Information z. B. in [20, 21].

17.4 Chemische Reaktionen an Oberflächen

Wir können verschiedene Prozesse von chemischen Reaktionen auf Oberflächen unterscheiden.

- Katalytische Reaktionen, bei denen Reaktionen zwischen Adsorbat-Teilchen auf der Oberfläche stattfinden, ohne dass die Oberfläche dabei zerstört wird.
  Beispiele sind die bimolekulare Reaktion:

$$CO + 3H_2 \leftrightarrow CH_4 + H_2O\,, \tag{17.10}$$

  die zur Energiegewinnung ausgenutzt werden kann, oder die Rekombination von atomaren Wasserstoff bzw. die Dissoziation von molekularem Wasserstoff

$$H + H \rightleftarrows H_2\,. \tag{17.11}$$

- Korrosionsreaktionen, wo Atome oder Moleküle aus der Gasphase mit solchen der Oberfläche reagieren und dabei neue chemische Reaktionsprodukte bilden, sodass die Oberfläche selbst in ihrer chemischen Zusammensetzung verändert wird.
  Ein Beispiel ist die Oxidation von Eisen:

$$3O_2 + 2Fe \rightarrow 2FeO_3 \tag{17.12}$$

  oder die Zersetzung von Graphit durch Wasserdampf

$$H_2O + C \rightarrow CO + H_2\,. \tag{17.13}$$

- Reaktionen, die zu einem Kristallwachstum führen, oder die auf der Oberfläche neues Material ablagern, sodass dort eine neue feste Phase mit neuer Oberfläche und eventuell auch mit anderer chemischer Zusammensetzung entsteht.
  Die wichtigsten Beispiele hierfür sind:
  - die Abscheidung von Metalldampf auf der Oberfläche (PVD = physical vapor deposition) z. B. $(Ag)_{dampf} \rightarrow (Ag)_{fest}$;
  - die Molekularstrahlepitaxie, wo z. B. eine Galliumoberfläche mit einem Arsenmolekularstrahl beschossen wird, wo dann die Reaktion

$$2Ga + As_2 \rightarrow 2GaAs \tag{17.14}$$

    abläuft und eine feste Schicht von GaAs gebildet wird [11];
  - die Abscheidung von Festkörperatomlagen durch katalytische Zersetzung von gasförmigen Substanzen (CVD = chemical vapor deposition), wie z. B.

$$(NiCl_2)_{gas} \rightarrow (Ni)_{fest} + (Cl_2)_{gas}\,. \tag{17.15}$$

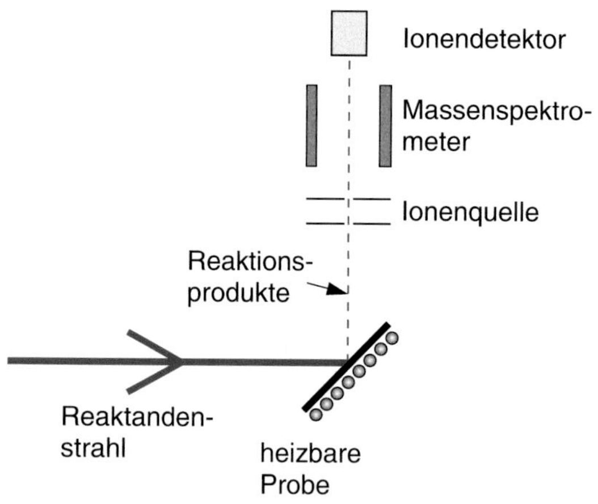

Abbildung 17.18 Schematische Darstellung der Molekülstrahl-Relaxations-Spektroskopie

Manche dieser Reaktionen hängen von der Struktur der Oberfläche ab. Die Effizienz und Geschwindigkeit der Reaktionen hängen von der Temperatur der Oberfläche ab, weil die Verweilzeiten der adsorbierten Teilchen gemäß (17.4) durch die Temperatur stark beeinflusst wird.

Die Effizienz der Reaktion wird durch das Verhältnis der Raten für die Bildung der Produktmoleküle und der auf die Oberflächeneinheit auftreffenden Reaktanden bestimmt.

Eine moderne Methode zur Messung von Oberflächenreaktionsraten ist die Molekularstrahl-Relaxations-Spektroskopie, deren experimenteller Aufbau in Abb. 17.18 schematisch gezeigt ist. Ein kollimierter Strahl der Reaktandenmoleküle trifft auf die Oberfläche, wo die Reaktion stattfindet. Desorbierende Reaktionsprodukte (z. B. gasförmige Substanzen) werden mit einem Massenspektrometer elementspezifisch nachgewiesen. Wird der einfallende Strahl periodisch mit der Frequenz ω moduliert, so

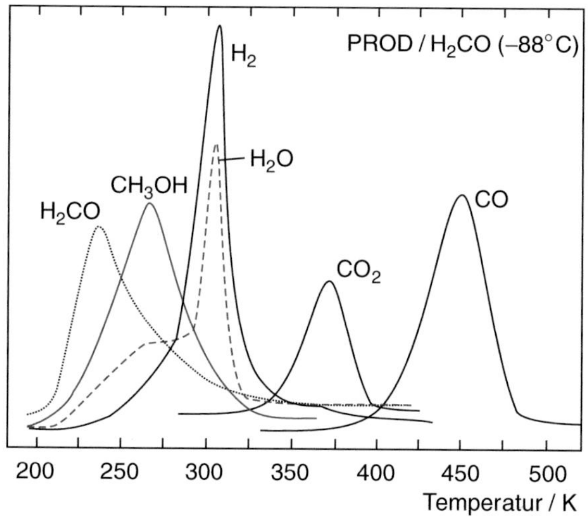

Abbildung 17.19 Verteilung der desorbierten Produkte nach der Adsorption von H_2CO auf einer sauberen Ni(110)-Oberfläche [12]

lässt sich aus der Phasenverschiebung der Modulation des Detektorsignals die Aufenthaltsdauer τ_a der desorbierten Teilchen auf der Oberfläche bestimmen, wenn das Produkt $\tan\varphi = \omega \cdot \tau_a$ im zugänglichen Messbereich liegt.

Ein Beispiel für eine solche oberflächenunterstützte Reaktion ist die Zersetzung von Formaldehyd auf einer Nickel-(110)-Oberfläche. Die Zusammensetzung der Reaktionsprodukte ist in Abb. 17.19 gezeigt. Ein Teil der auftreffenden H_2CO-Moleküle wird ohne Reaktion wieder desorbiert. Als Dissoziationsprodukte werden H_2 und CO gemessen, aber auch größere Moleküle, wie Methanol CH_3OH, das sich auf der Oberfläche durch Reaktionen von atomarem Wasserstoff H mit Formaldehyd gebildet hat.

Man kann solche Reaktionen genauer studieren, wenn man z. B. gemeinsam mit dem H_2CO auch Deutrium D_2 auf die Oberfläche treffen lässt. Man findet dann CH_3OH- und CH_3OD-Produkte, woraus man schließen kann, dass atomarer Wasserstoff H bzw. D auf der Oberfläche gebildet wird, der dann mit H_2CO reagiert.

Detailierte Informationen findet man in [22, 23].

17.5 Schmelzen von Festkörperoberflächen

Erreicht die Temperatur eines kristallinen Festkörpers die Schmelztemperatur, so wird die kinetische Energie der schwingenden Atome größer als ihre lokale Bindungsenergie, die sie an ihren durch die Kristallstruktur bestimmten Plätzen hält. Die Kristallordnung wird zerstört und die Atome gehen in den für eine Flüssigkeit charakteristischen ungeordneten Zustand über.

Eine zweidimensionale Anordnung von Atomen sollte nach dieser Überlegung eine niedrigere Schmelztemperatur haben, weil für jedes Atom die Zahl der nächsten Nachbarn kleiner ist und deshalb die gesamte Bindungsenergie pro Oberflächenatom kleiner ist als für ein Atom im Inneren des Festkörpers. Man wird deshalb erwarten, dass bei Erhöhung der Temperatur eines kristallinen Festkörpers der Schmelzvorgang an der Oberfläche bereits bei einer Temperatur $T < T_S$ beginnt.

Man kann dies genauer untersuchen, wenn man die Schmelztemperatur von Clustern und ihre Abhängigkeit von der Clustergröße misst. Mit zunehmender Zahl der Clusteratome sinkt das Verhältnis der Zahlen von Oberflächenatomen zu Atomen im Innern, sodass die Schmelztemperatur von der Clustergröße abhängt. Solche Untersuchungen wurden in den letzten Jahren von *H. Haberland* und Mitarbeitern durchgeführt [13].

Bei einer weiteren Methode wird eine Monolage eines Metalls auf eine Substratunterlage aufgebracht. Ein Beispiel ist eine Bleischicht auf einer Kupfereinkristall-Unterlage. Das Schmelzen der Monolage lässt sich mithilfe der LEED-Intensitätsverteilung bestimmen (siehe Abschn. 17.2). Sobald die regelmäßige Anordnung der Pb-Atome durch den Schmelzvorgang gestört wird, verändert sich das Beugungsbild der gestreuten Elektronen. Dadurch lässt sich zeigen, dass der Schmelzpunkt dieser Monolage tiefer liegt als der des kristallinen Pb-Festkörpers, aber auch abhängt von der Oberfläche des Substrates.

Zusammenfassung

- Oberflächen von Festkörpern spielen für technische Anwendungen (Katalyse, Oberflächenreaktionen, planare mikroelektronische Bauteile) eine wichtige Rolle.
- Reine Oberflächen lassen sich nur im Ultrahochvakuum über längere Zeit bedeckungsfrei halten.
- Der Bedeckungsgrad einer Oberfläche mit Fremdatomen hängt ab vom Partialdruck dieser Atome in der Gasphase und von der Haftwahrscheinlichkeit und Aufenthaltsdauer der Atome auf der Oberfläche.
- Die Struktur von Oberflächen kann mit LEED-Sonden (low energy electron diffraction) und durch Beugung von langsamen Atomen untersucht werden. Eine wichtige Methode ist die Photoelektronenspektroskopie, welche eine elementspezifische Analyse der Oberflächenschichten erlaubt. Auch die LIBS-Methode (laser-induced breakdown spectroscopy) ist ein modernes Verfahren zur elementspezifischen Analyse der oberflächennahen Schichten.
- Bei der Absorption von Atomen oder Molekülen unterscheidet man zwischen Physisorption (schwache van der Waals-Bindung) und Chemisorption (stärkere Bindung).
- Wenn die Ionisierungsenergie von Atomen auf Metalloberflächen kleiner ist als die Austrittsarbeit der Metallelektronen, tritt Oberflächenionisation der Atome ein.
- Chemische Reaktionen von Adsorbatatomen auf Oberflächen werden begünstigt,
  - weil die Reaktanden länger zusammenbleiben und ihre Relativenergie vom Festkörper abgeführt werden kann.
  - weil oft die Bindungsenergie von Reaktionspartnern und Reaktionsprodukten unterschiedlich groß ist, sodass das chemische Gleichgewicht der Reaktion zu der Seite mit der größeren Bindungsenergie verschoben wird.

Aufgaben

17.1 Auf eine vorher saubere Oberfläche treffen pro sec und cm^2 10^{12} Atome (Atomdurchmesser 0,4 nm) auf. Wie lange dauert es, bis sich eine monoatomare Schicht gebildet hat?
a) Wenn alle Atome auf der Oberfläche haften bleiben?
b) Wenn die mittlere Haftdauer der Atome 10^{-7} s beträgt?

17.2 He-Atome treffen mit der Geschwindigkeit $v = 10\,\mathrm{m/s}$ unter dem Winkel $\alpha = 30°$ gegen die Flächennormale auf eine Festkörperoberfläche mit quadratischer Struktur (Seitenlänge 0,5 nm). Wie viele Beugungsordnungen beobachtet man und bei welchen Winkeln liegen sie?

17.3 Welche kinetische Energie haben Photoelektronen, die aus der $1s$-Schale von Sauerstoffatomen an der Oberfläche eines Festkörpers durch Röntgenstrahlung der Wellenlänge $\lambda = 1{,}5$ nm ausgelöst werden?

17.4 Ein kurzer Laserpuls der Energie 1 J erzeugt nach Fokussieren auf einen Durchmesser von 200 μm auf der Oberfläche einer Aluminiumplatte ein zylindrisches Loch. Wie tief ist es,
a) wenn nur atomare Verdampfung eintritt und die Ablöseenergie eines Al-Atoms etwa 8 eV beträgt?
b) wenn Aluminiumpartikel aus jeweils 1000 Atomen ablatiert werden, deren atomare Bindungsenergie im Cluster 6 eV beträgt?

17.5 Geben Sie Gründe dafür an, dass die Schmelztemperatur eines Metall-Clusters von seiner Größe abhängt.

Literatur

1. J.B. Hudson: Surface Science. Butterworth-Heinemann, Boston (1992)
2. M. Prutton: Introduction to Surface Physics. Clarendon Press, Oxford (1998)
3. S.R. Morrison: The Chemical Physics of Surfaces, 2. Aufl. Plenum Press, New York (1990)
4. H. Ibach: Electron Energy Loss Spectrometers. Springer, Berlin, Heidelberg (1991)
5. St. Hüfner: Photoelectron Spectroscopy: Principles and Applications. Springer, Berlin, Heidelberg (1995)
6. G.C. Smith: Surface Analysis by Electron Spectroscopy. Plenum Press, New York (1994)
7. D.P. Woodruff, T.A. Delchar: Modern Techniques of Surface Science, 2. Aufl. Cambridge University Press, Cambridge (1994)
8. C. Hamann: Raster-Tunnel-Mikroskopie. Akademie-Verlag, Berlin (1991)
9. S.N. Magonov, Myung-Hwan Whangbo: Surface Analysis with STM and AFM. VCH, Weinheim (1996)
10. H. Gnaser: Low Energy Ion Irradiation of Solid Surfaces. Springer, Berlin, Heidelberg (1999)
11. M.A. Herman, H. Sitter: Molecular Beam Epitaxy, 2. Aufl. Springer, Berlin, Heidelberg (1996)
12. R.J. Madix: In: R. Vanselow (Hrsg.): Chemistry and Physics of Solid Surfaces II, S. 63. CRC-Press, Boca Raton, Florida
13. H. Haberland (Hrsg.): Clusters of Atoms and Molecules. Springer, Berlin, Heidelberg (1994)
14. M. Rahlves, J. Seelvig (Hrsg.): Optisches Messen technischer Oberflächen. Beuth-Verlag, Berlin (2008)
15. J.F. Watts, J. Wolstenholme: An Introduction to Surface Analysis by XPS and AES. Wiley, New York (2003)
16. D.J. O'Connor, B.A. Sexton, R.S. Smart (Hrsg.): Surface Analysis Methods in Material Science. Springer, Berlin, Heidelberg (2003)
J.C. Vickerman: Surface Analysis: The Principal Techniques. Wiley, New York (1997)
17. http://www.andor.com/learn/applications/?docID=65
18. http://en.wikipedia.org/wiki/Laser-induced_breakdown_Spectroscopy
D. Cremers, L.J. Radziemski: Handbook of Laser-Induced Breakdown Spectroscopy. Wiley, London (2006)
19. J.C. Vickerman, I. Gilmore: Surface Analysis: The Principal Techniques, 2. Aufl. Wiley, Hoboken, New Jersey (2009)
20. R.I. Masel: Principles of Absorption and Reaction on Surfaces. Wiley Interscience, Hoboken, Jersey (1996)
21. D. Bathen, M. Breitbach: Adsorptionstechnik. Springer, Berlin (2001)
22. G.A. Somorjai, Y. Li: Introduction to Surface Chemistry and Catalysis. Wiley, New York (2010)

23. J.N. Israelachvili: Intermolecular and Surface Forces. Academic Press, New York (2011)

Weitere empfohlene Literatur

24. D. Wolf, S. Yip (Hrsg.): Materials Interfaces. Chapman & Hall, London (1992)
25. A. Zangwill: Physics at Surfaces. Cambridge University Press, Cambridge (1992)
26. J.W. Niemantsverdriet: Spectroscopy in Catalysis. VCH, Weinheim (1993)
27. G.J. Lauth, J. Kowalczyk: Physik und Chemie der Grenzflächen und Kolloide. Springer Spektrum, Heidelberg (2015)
28. T. Fauster: Oberflächenphysik. Grundlagen und Methoden. Oldenbourg Wissenschaftsverlag, München (2013)

Zeittafel

18

W. Demtröder, *Experimentalphysik 3*, Springer-Lehrbuch, DOI 10.1007/978-3-662-49094-5_18

≈ 440 v.u.Z. *Empedokles* nimmt an, dass die gesamte Welt aus vier Grundelementen: Feuer, Wasser, Luft und Erde besteht.

≈ 400 v.u.Z. *Leukipp* und sein Schüler *Demokrit* behaupten, dass die Welt aus kleinsten unteilbaren Teilchen, den Atomen, aufgebaut ist, die unzerstörbar sind.

≈ 360 v.u.Z. *Platon* postuliert regelmäßige geometrische Strukturen (Platonische Körper) als Bausteine des Seins.

≈ 300 v.u.Z. *Epikur* schreibt den Atomen Schwere und Ausdehnung zu.

1661 *Robert Boyle* vertritt in seinem Buch „The Sceptical Chemist" entschieden die Atomvorstellung, wonach die Materie aus Teilchen besteht, die sich durch Größe und Form unterscheiden. Er prägt die Begriffe *chemisches Element* und *chemische Verbindung*.

1738 *Daniel Bernoulli* nimmt an, dass Wärme als Bewegung kleinster Teilchen aufzufassen ist und begründet damit die kinetische Gastheorie.

1808 *John Dalton* unterstützt in seinem Buch „A new System of Chemical Philosophy" die Atomhypothese experimentell durch sein Gesetz der konstanten Proportionen. Jedes chemische Element besteht aus gleichartigen Atomen, die sich nach einfachen Zahlenverhältnissen zu Molekülen, den Bausteinen chemischer Verbindungen zusammensetzen.

1811 *Amedeo Avogadro* stellt auf der Grundlage der Arbeiten *Gay-Lussacs* die Hypothese auf, dass alle Gase unter gleichen Bedingungen gleich viele Teilchen pro Volumeneinheit enthalten.

1847 *John Herapath* veröffentlicht ein Buch über die kinetische Gastheorie.

1857 *Rudolf J. E. Clausius* entwickelt die von *Bernoulli* begründete kinetische Gastheorie weiter. Er führt den Begriff der absoluten Temperatur ein.

1860 *Gustav Robert Kirchhoff* legt, zusammen mit *Robert Bunsen*, die Grundlagen der Spektralanalyse der Elemente

1865 *J. Loschmidt* berechnet die pro cm^3 eines Gases unter Normalbedingungen enthaltene Zahl von Molekülen.

1869 *Lothar Meyer* und *D. I. Mendelejew* stellen das Periodensystem der chemischen Elemente auf.

1869 *Johann Wilhelm Hittorf* findet in Gasentladungen die Kathodenstrahlung.

1870 *J. C. Maxwell* baut die kinetische Gastheorie mathematisch aus und bezeichnet die Atome als „absolute, unveränderliche Bausteine der Materie".

1884 *Ludwig Boltzmann* entwickelt aus statistischen Überlegungen die Verteilungsfunktion für die Energie eines Systems von Atomen. Die Stefan-Boltzmann-Strahlungsformel wird aufgestellt.

1885 *Johann Jakob Balmer* findet die Balmerformel für die Spektrallinien des Wasserstoffatoms.

1886 *Eugen Goldstein* entdeckt die Kanalstrahlen.

1888 *Philipp Lenard* untersucht die Absorption von Kathodenstrahlen und *Heinrich Hertz* entdeckt den lichtelektrischen Effekt.

1895 *Wilhelm Conrad Röntgen* entdeckt bei der Untersuchung der Kathodenstrahlen eine neue Art von Strahlen, die er *X-Strahlen* nennt.

1896 *Henry Becquerel* entdeckt die Radioaktivität.

1898 *Marie Curie* isoliert radioaktive Elemente (Polonium, Radium) aus Mineralien.

1900 *Max Planck* trägt seine Theorie der Hohlraumstrahlung vor. „Geburtsjahr" der Quantentheorie.

1905 *Albert Einstein* liefert durch seine Theorie der Brown'schen Molekularbewegung einen direkten Beweis für die atomistische Struktur der Materie. Seine Theorie des lichtelektrischen Effektes verwendet die Planck'sche Lichtquantenhypothese.

1909 *Robert Millikan* bestimmt die Elementarladung mithilfe der Öltröpfchenmethode.

1911 *Ernest Rutherford* untersucht die Streuung von α-Teilchen an Goldatomen und stellt sein Atommodell auf, das als Grundlage der modernen Atomphysik angesehen werden kann.

1912 *Max von Laue* zeigt durch Beugung von Röntgenstrahlen an Kristallen (Laue-Beugung), dass Röntgenstrahlen elektromagnetische Wellen sind.

1913 *Niels Bohr* entwickelt aus dem Rutherford-Modell und der Planck'schen Quantenhypothese sein neues Atommodell.

1913 *James Franck* und *Gustav Hertz* führen Versuche durch, welche die Energiequantelung der Atomzustände mit Elektronenstoßanregung bestätigen.

1913 *Henry Moseley* bestimmt aus den von ihm gefundenen Gesetzmäßigkeiten in den Röntgenstrahlen der Atome die Kernladungszahlen.

1919 *Arnold Sommerfeld* fasst die bisher bekannten Fakten und Vorstellungen in seinem Buch „Atombau und Spektrallinien" zusammen und erweitert das Bohr'sche Atommodell.

1921 *Otto Stern* und *Walter Gerlach* zeigen durch die Ablenkung von Atomstrahlen in Magnetfeldern die Richtungsquantelung.

1923 *Arthur Holly Compton* erklärt die inelastische Streuung von Röntgenstrahlung an Elektronen (Compton-Effekt).

1924 *Louis de Broglie* führt das Konzept der Materiewellen ein.

1925 *S. A. Goudsmit* und *G. E. Uhlenbeck* führen zur Erklärung des anomalen Zeeman-Effektes den Elektronenspin ein.

Wolfgang Pauli stellt aus Symmetrieüberlegungen sein Ausschließungsprinzip (Pauliprinzip) auf.

Erwin Schrödinger erweitert die Überlegungen von de Broglie über Materiewellen zu einer Wellenmechanik, die durch die Schrödingergleichung beschrieben wird.

1927 *W. Pauli* gibt eine mathematische Darstellung des Spins mithilfe zweireihiger Matrizen (Pauli-Matrizen).

Werner Heisenberg entwickelt mit *Max Born* und *Pascual Jordan* die Quantenmechanik und stellt die Unschärferelationen auf.

Entdeckung der Elektronenbeugung an Kristallen durch *C. J. Davisson* und *L. H. Germer*.

1928 Die von *de Broglie* aufgestellte Hypothese der Materiewellen wird von *L. H. Germer* und *J. L. Davisson* experimentell durch Elektronenbeugung an dünnen Folien bestätigt, Nobelpreis 1937.

Paul Dirac entwirft eine relativistische Theorie der Quantenmechanik.
Chandrasekhara Venkata Raman entdeckt die inelastische Lichtstreuung durch Moleküle (Raman-Effekt).

1932 *E. Ruska* baut das erste Elektronenmikroskop.

1936 *I. Rabi* entwickelt seine Hochfrequenz-Molekularstrahl-Methode zur Messung magnetischer Momente.

1944 *G. Th. Seaborg* identifiziert die ersten Transurane.

1947 *John Bardeen* entwickelt zusammen mit *W. H. Brattain* und *W. Shockley* den Transistor, Nobelpreis 1956.

1948 Ausarbeitung der Quantenfeldtheorie durch *J. Schwinger*, *R. P. Feynman* und *S. Tomonaga* (Quantenelektrodynamik).

1950–1960
Entwicklung der experimentellen Technik des optischen Pumpens durch *A. Kastler* und *Brossel*.

1952 *Felix Bloch* demonstriert die Kernresonanz-Methode.

1953 *F. H. Crick* und *J. D. Watson* bestätigen durch Röntgenbeugung die Doppelhelix-Struktur der DNS-Moleküle.

1954 Entwicklung der theoretischen Grundlagen des Maser-Prinzips durch *Basow*, *Prochorow* und *Townes*, angestoßen durch die Arbeiten von *Kastler*.
Erste experimentelle Realisierung des Ammoniak-Masers durch *Gordon*, *Zeiger*, *Townes*.

1955 *Polykarp Kusch*: Messung des magnetischen Momentes des Elektrons.
W. Lamb: Quantitative Erklärung der Feinstruktur im Wasserstoffspektrum (Lamb-Shift).

1957 Erklärung der Supraleitung durch *John Bardeen*, *Leon Cooper* und *J. Robert Schrieffer* (BCS-Theorie), Nobelpreis 1972.

1958 *Rudolf Mößbauer*: Rückstoßfreie Emission und Absorption von γ-Quanten durch Atomkerne im Festkörper (Mößbauer-Effekt), Nobelpreis 1972

1959 Arbeiten von *A. Schawlow* und *Ch. Townes* zur Erweiterung des Maserprinzips auf den optischen Bereich.

1960 Experimentelle Realisierung des ersten Lasers (Rubinlaser) durch *Th. Maiman*.
Entwicklung des MOS-Transistors.

1966 Der Farbstofflaser wird von *F. P. Schäfer* und *P. A. Sorokin* entwickelt.

1971 Nobelpreis an *G. Herzberg* für seine umfassenden Arbeiten über die Spektren und die Struktur von Molekülen.

1980 Optische Kühlung von Atomen durch Photonenrückstoß.

1982 Entwicklung des Tunnelmikroskops; Sichtbarmachung einzelner Atome auf Festkörperoberflächen.

1985 Nobelpreis an *Ruska*, *Binnig* und *Rohrer* für die Entwicklung des Raster-Tunnelmikroskops.
Erzeugung ultrakurzer Lichtpulse im Femtosekundenbereich. Beobachtung einzelner Atome mit Hilfe der Laserspektroskopie.

1986 Entdeckung der Hochtemperatur-Supraleitung durch *J. Bednarz* und *K. A. Müller*, Nobelpreis 1987.

1988 Nobelpreis an *H. Michel*, *J. Deisenhofer*, *R. Huber* für die Aufklärung der Primärprozesse bei der Photosynthese mithilfe der Femtosekundentechnik.
Entdeckung des Riesen-Magneto-Widerstandes durch *P. Grynberg* und *A. Fert*.

1989 Nobelpreis an *N. Ramsey*, *H. Dehmelt*, *W. Paul* für die Speicherung von Neutronen, Ionen und Elektronen in elektromagnetischen Fallen.

1991 Puls-Fouriertransform-NMR-Spektroskopie; Nobelpreis an *Richard Ernst*.

1992 Manipulation einzelner Atome auf Oberflächen mithilfe des Kraftmikroskops.

1995 Optische Kühlung freier Atome in der Gasphase auf Temperaturen unter 100 nK.
Nobelpreis an *Cohen-Tannoudji*, *Chu*, *Phillips*.
Erste Beobachtung von Bose-Einstein-Kondensation durch *Wieman* und *Cornell* in Boulder, Colorado und unabhängig von W. Ketterle am MTI in Boston.

1998 Realisierung eines kontinuierlichen kohärenten Atomstrahls aus einem Bose-Einstein-Kondensat (Atom-Laser).

2001 Nobelpreis an *C. Wieman*, *E. Cornell* und *W. Ketterle*.
Erzeugung kalter Moleküle durch Rekombination von Atomen in einem B.E. Kondensat.

2003 Nobelpreis an *A. Abrikossow*, *W. Ginzburg* und *A. J. Legget* für bahnbrechende Arbeiten zur Theorie der Supraleitung und Supraflüssigkeiten.

2004 Nobelpreis an *R. Glauber* für seine Beiträge zur Quantentheorie der optischen Kohärenz, *J. L. Hall* und *T. W. Hänsch* für Präzisionsspektroskopie und die Entwicklung des Frequenzkamms.

2007 Nobelpreis an *Peter Grynberg* und *Albert Fert* für ihre Entdeckung des Riesenmagnetwiderstandes. Diese Entdeckung erlaubte wesentlich höhere Speicherdichten auf Computerfestplatten.

2010 Nobelpreis an *A. Geim*, *K. Novoselov* für grundlegende Experimente mit dem zweidimensionalen Graphen.

2012 Nobelpreis an *S. Haroche* und *D. Wineland* für die Entwicklung experimenteller Methoden zur Manipulation von Quantensystemen.

2015 Erster experimenteller Nachweis von Gravitationswellen mit Laser-Interferometern.

Lösungen der Übungsaufgaben

19

Kapitel 19

W. Demtröder, *Experimentalphysik 3*, Springer-Lehrbuch, DOI 10.1007/978-3-662-49094-5_19

Kapitel 2

2.1 a) Der mittlere Abstand beträgt

$$\overline{d} = \sqrt[3]{\frac{1}{2{,}6\cdot 10^{25}}}\,\mathrm{m} = 10^{-8}\,\mathrm{m}\cdot\sqrt[3]{\frac{1}{26}}$$
$$\approx 3\cdot 10^{-9}\,\mathrm{m} \approx 10\,\text{Atomdurchmesser}\,.$$

b) Für den Raumausfüllungsfaktor η ergibt sich

$$\eta = \frac{4}{3}\pi r^3\cdot n = \frac{4}{3}\pi\cdot 10^{-30}\cdot 2{,}6\cdot 10^{25}$$
$$= 1{,}1\cdot 10^{-4} = 0{,}01\,\%\,.$$

c) Die mittlere freie Weglänge beträgt

$$\Lambda = \frac{1}{\sqrt{2}\cdot n\cdot\sigma}$$
$$\sigma = \pi\cdot(2r)^2 = 4\pi r^2 = 1{,}3\cdot 10^{-19}\,\mathrm{m}^2$$
$$n = 2{,}6\cdot 10^{25}\,\mathrm{m}^{-3}$$
$$\Rightarrow \Lambda = \frac{1}{\sqrt{2}\cdot 3{,}3\cdot 10^{6}}\,\mathrm{m} = 2{,}2\cdot 10^{-7}\,\mathrm{m}$$
$$= 220\,\mathrm{nm}\,.$$

2.2 Die Massendichte ergibt sich zu

$$\varrho_\mathrm{m} = (0{,}78\cdot 28 + 0{,}21\cdot 32 + 0{,}01\cdot 40)\cdot n\,\mathrm{AME}$$
$$1\,\mathrm{AME} = 1{,}66\cdot 10^{-27}\,\mathrm{kg},\quad n = 2{,}6\cdot 10^{25}/\mathrm{m}^3$$
$$\Rightarrow \varrho_\mathrm{m} = (21{,}8 + 6{,}72 + 0{,}4)\cdot 2{,}6\cdot 10^{25}\cdot 1{,}66\cdot 10^{-27}\,\mathrm{kg/m^3}$$
$$= 1{,}25\,\mathrm{kg/m^3}\,.$$

2.3 a) $1\,\mathrm{g}\,^{12}\mathrm{C} \mathrel{\hat{=}} \frac{1}{12}\,\mathrm{mol} \Rightarrow N = 6\cdot 10^{23}/12 = 5\cdot 10^{22}$.

b) $1\,\mathrm{cm}^3\,\mathrm{He} \mathrel{\hat{=}} \frac{10^{-3}}{22{,}4}\,V_\mathrm{M}$

$$\Rightarrow N = \frac{6\cdot 10^{23}\cdot 10^{-3}}{22{,}4} = 2{,}7\cdot 10^{19}\,.$$

c) $1\,\mathrm{kg}\,N_2 \mathrel{\hat{=}} \frac{6\cdot 10^{23}}{28}\cdot 10^{10}$ Molekülen

$$\Rightarrow N = 4{,}3\cdot 10^{25}\,\text{Atome}\,.$$

d) $10\,\mathrm{dm}^3\,H_2$ bei $10^6\,\mathrm{Pa} \mathrel{\hat{=}} 100\,\mathrm{dm}^3$ bei $10^5\,\mathrm{Pa}$

$$\Rightarrow \nu = \frac{100}{22{,}4} \approx 4{,}5\,\mathrm{mol}$$
$$\Rightarrow N = 4{,}5\cdot 6\cdot 10^{23} = 2{,}7\cdot 10^{24}\,.$$

2.4 $p = n\cdot k\cdot T;\ n = 1\,\mathrm{cm}^{-3} = 10^6\,\mathrm{m}^{-3}$

$$\Rightarrow p = 10^6\cdot 1{,}38\cdot 10^{-23}\cdot 10\,\mathrm{Pa}$$
$$= 1{,}38\cdot 10^{-16}\,\mathrm{Pa}\,.$$

Wegen der Wandausgasung und Gasrückströmung in Vakuumpumpen sind die tiefsten im Labor erzielten Drücke etwa $p \geq 10^{-10}\,\mathrm{Pa}$ (siehe Bd. 1, Kap. 9).

2.5 $100\,°\mathrm{N} \mathrel{\hat{=}} 273\,\mathrm{K} \Rightarrow 1\,°\mathrm{N} \mathrel{\hat{=}} 2{,}73\,\mathrm{K}$. Die mittlere Energie pro Atom und Freiheitsgrad muss unabhängig vom gewählten Maßsystem sein:

$$\Rightarrow \frac{1}{2}k_\mathrm{B}T_\mathrm{K} = \frac{1}{2}k_\mathrm{N}T_\mathrm{N}$$
$$\Rightarrow k_\mathrm{N} = \frac{1}{2{,}73}k_\mathrm{B} = 5{,}1\cdot 10^{-24}\,\mathrm{J/°N}\,.$$

Der Siedepunkt von Wasser bei Normaldruck läge in der neuen Skala bei

$$T_\mathrm{S} = 100 + \frac{100}{2{,}73} = 136{,}6\,°\mathrm{N}\,.$$

2.6 Die Schallgeschwindigkeit v_Ph in einem Gas mit Druck p und Dichte ϱ ist (siehe Bd. 1, Kap. 10):

$$v_\mathrm{Ph} = \sqrt{\kappa\cdot p/\varrho}\quad\text{mit}\quad \kappa = C_p/C_V$$
$$\Rightarrow v_\mathrm{Ph}^2 = \kappa\cdot p/\varrho\,.$$

Allgemeine Gasgleichung ($M =$ Molmasse):

$$p\cdot V_\mathrm{M} = R\cdot T \Rightarrow R = \frac{p\cdot V_\mathrm{M}}{T} = \frac{p}{\varrho}\cdot\frac{M}{T}\,,$$
$$\Rightarrow v_\mathrm{Ph}^2 = \kappa\cdot R\cdot T/M\,.$$

Für radiale akustische Resonanzen gilt:

$$n\cdot\lambda = r_0 \Rightarrow v_\mathrm{Ph} = \nu\cdot\lambda = (\nu_n/n)\cdot r_0$$
$$\Rightarrow \nu_n = \frac{n\cdot v_\mathrm{Ph}}{r_0}\,.$$

Die allgemeine Gaskonstante kann dann aus

$$R = \frac{v_\mathrm{Ph}^2\cdot M}{\kappa\cdot T} = \frac{\nu_n^2\cdot r_0^2\cdot M}{n^2\cdot\kappa\cdot T}$$

bestimmt werden (mit $\kappa = 5/3$, $M = 40\,\mathrm{g/mol}$ für Argon), wenn die Eigenfrequenzen ν_n mit $n = 1, 2, 3, \ldots$ gemessen werden.

2.7 Scheinbare Masse der Kolloidteilchen:

$$m^* = m - \frac{4}{3}\pi r^3\varrho_\mathrm{Fl} = \frac{4}{3}\pi r^3(\varrho_\mathrm{T} - \varrho_\mathrm{Fl})$$
$$= 7{,}74\cdot 10^{-18}\,\mathrm{kg},$$
$$m = 4{,}76\cdot 10^{-17}\,\mathrm{kg}\,.$$

Dichteverteilung:

$$n = n_0 \cdot e^{-m^* gz/kT}$$

$$\Rightarrow \frac{n(h_1)}{n(h_2)} = e^{-m^* g/kT \cdot (h_1 - h_2)}$$

$$\Rightarrow k = \frac{m^* g \cdot \delta h}{T \cdot \ln(n_1/n_2)}$$

$$= \frac{7{,}7 \cdot 10^{-18} \cdot 9{,}81 \cdot 6 \cdot 10^{-5}}{290 \cdot \ln(49/14)}\,\mathrm{J/K}$$

$$= 1{,}25 \cdot 10^{-23}\,\mathrm{J/K}\,.$$

Der heutige Bestwert ist:

$$k = 1{,}38 \cdot 10^{-23}\,\mathrm{J/K}\,.$$

$$N_A = R/k = \frac{8{,}3}{1{,}25 \cdot 10^{-23}}/\mathrm{mol} \approx 6{,}02 \cdot 10^{23}/\mathrm{mol}$$

$$M = N_A \cdot m = 6{,}02 \cdot 10^{23} \cdot 4{,}76 \cdot 10^{-14}\,\mathrm{g/mol}$$

$$= 3 \cdot 10^{10}\,\mathrm{g/mol}\,.$$

Wenn ein Kolloidmolekül eine Massenzahl von 10^4 hat, bestehen die Kügelchen aus etwa $3 \cdot 10^6$ Molekülen.

2.8 a) Wenn die erste Beugungsordnung bei $\beta_1 = 87°$ liegen soll, kann der Einfallswinkel α aus der Gittergleichung (Bd. 2, Abschn. 10.5) bestimmt werden zu (siehe Abb. L.1):

$$\sin\alpha = \frac{\lambda}{\alpha} + \sin\beta_1 = \frac{5 \cdot 10^{-10}}{0{,}83 \cdot 10^{-6}} + 0{,}99863$$

$$= 0{,}99923$$

$$\Rightarrow \alpha = 87{,}75°\,.$$

Die zweite Beugungsordnung erscheint dann bei

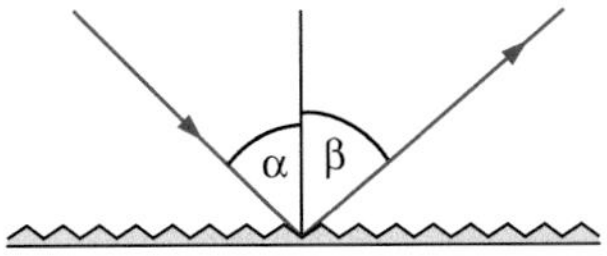

Abbildung L.1 Zu Lösung 2.8a)

$$\sin\beta_2 = \sin\alpha - \frac{2\lambda}{d} = 0{,}99803 \Rightarrow \beta_2 = 86{,}40°\,.$$

Der Winkelunterschied ist nur $\Delta\beta = 0{,}6°$. Für $\alpha = 88{,}94°$ wäre $\Delta\beta = 0{,}75°$.

b) Bragg-Bedingung:

$$2d \cdot \sin\alpha = \lambda$$

$$\Rightarrow d = \frac{\lambda}{2 \cdot \sin\alpha} = \frac{2 \cdot 10^{-10}}{2 \cdot 0{,}358}\,\mathrm{m}$$

$$= 2{,}79 \cdot 10^{-10}\,\mathrm{m}\,.$$

Dies ist die halbe Länge der kubischen Elementarzelle $\Rightarrow a = 0{,}58\,\mathrm{nm}$. Da NaCl kubisch flächenzentriert

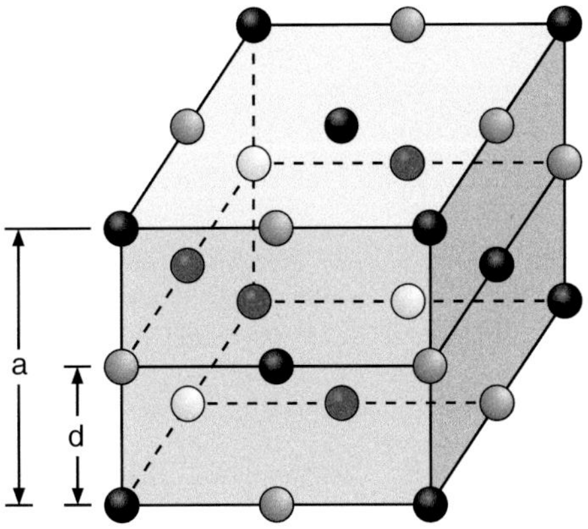

Abbildung L.2 Zu Lösung 2.8b)

ist, gehören 4 NaCl-Moleküle zu einer Elementarzelle (Abb. L.2). Die Molekularmasse von NaCl beträgt 23 + 35 = 58 AME, die Zahl der Atome pro m^3

$$N = \frac{4}{5{,}8^3 \cdot 10^{-30}}\,\mathrm{m^{-3}} = 2{,}30 \cdot 10^{28}\,\mathrm{m^{-3}}\,,$$

Masse eines Moleküls:

$$m_{\mathrm{NaCl}} = \frac{\varrho}{N} = \frac{2{,}1 \cdot 10^3}{2{,}54 \cdot 10^{28}}\,\mathrm{kg} = 9{,}1 \cdot 10^{-26}\,\mathrm{kg}\,.$$

In 58 g (1 mol) NaCl sind N_A NaCl-Moleküle

$$\Rightarrow N_A = \frac{5{,}8 \cdot 10^{-2}}{8 \cdot 10^{-26}}\,\mathrm{mol^{-1}} = 6{,}4 \cdot 10^{23}\,\mathrm{mol^{-1}}\,.$$

c) Aus der Bragg-Bedingung

$$2d \cdot \sin\vartheta = m \cdot \lambda$$

ergibt sich für $m = 1$ die Kantenlänge $a = 2d$ der Elementarzelle des kubisch-flächenzentrierten Gitters zu

$$a = \frac{\lambda}{\sin\vartheta} = 6{,}6 \cdot 10^{-10}\,\mathrm{m}\,.$$

Der Radius r_0 der Kugeln ist nach Abschn. 2.4.3

$$r_0 = \frac{1}{4} \cdot \sqrt{2} \cdot a = 2{,}33 \cdot 10^{-10}\,\mathrm{m}$$

$$\Rightarrow V = \frac{4}{3}\pi r_0^3 = 53 \cdot 10^{-30}\,\mathrm{m}^3\,.$$

2.9 Van-der-Waals-Gleichung für 1 mol:

$$\left(p + \frac{a}{V_M^2}\right) \cdot (V_M - b) = R \cdot T$$

(V_M = Molvolumen).

$$\Rightarrow p \cdot V_M - pb + \frac{a}{V_M} - \frac{ab}{V_M^2} = R \cdot T\,.$$

$$\Rightarrow p \cdot V_M \left(1 - \frac{b}{V_M} + \frac{a/p}{V_M^2} - \frac{a \cdot b/p}{V_M^3}\right) = R \cdot T\,,$$

$$p \cdot V_M (1 - x) = R \cdot T \quad (x \ll 1)\,.$$

Mit

$$\frac{1}{1-x} \approx 1 + x$$

$$\Rightarrow p \cdot V_M = R \cdot T \left(1 + \frac{b}{V_M} - \frac{a/p}{V_M^2} + \frac{ab/p}{V_M^3}\right).$$

Virialgleichung (*vires* = Kräfte): Die Konstanten $B(T)$, $C(T)$ geben Informationen über Wechselwirkungen zwischen Molekülen. Sie beschreiben Abweichungen vom idealen Gas, wo die Kräfte null sind.
Vergleich:

$$p \cdot V_M = R \cdot T \left(1 + \frac{B(T)}{V_M} + \frac{C(T)}{V_M^2}\right)$$

$\Rightarrow B(T) = b =$ 4-faches Eigenvolumen aller Moleküle in V_M; hängt nur schwach von T ab, weil Streuquerschnitt σ etwas von v abhängt.

$$C(T) = -\frac{a}{p},$$

$a =$ Maß für Wechselwirkung, $a/V_M^2 =$ Binnendruck. Der Term C/V_M^2 gibt also das Verhältnis von Binnendruck zu Außendruck an.

2.10 a) Wenn ein paralleler Atomstrahl von N Atomen A pro s und m^2 auf ruhende Teilchen B trifft (Abb. L.3), ist der Streuquerschnitt $\sigma = \pi(r_1 + r_2)^2$. Für gleiche Atome A = B ist $r_1 = r_2 \Rightarrow \sigma = \pi \cdot D^2$ mit $D = 2r$.

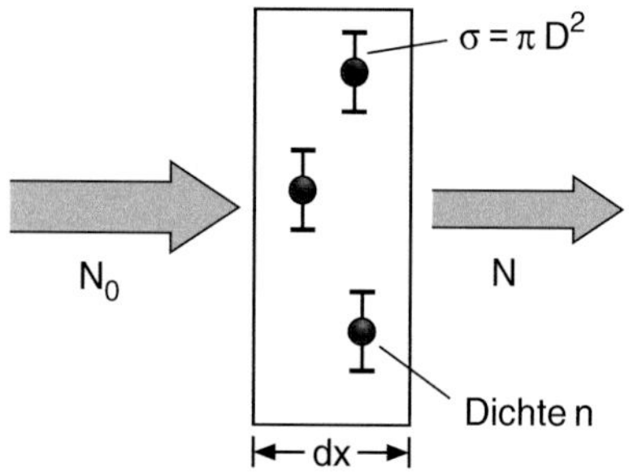

Abbildung L.3 Zu Lösung 2.10

Abnahme der Teilchen durch Streuung:

$$dN = -N \cdot n \cdot \sigma \cdot dx$$

($n =$ Teilchendichte der Atome B)

$$\Rightarrow N(x) = N_0 \cdot e^{-n\sigma x}.$$

Wie in Bd. 1, Abschn. 7.3.6 gezeigt wird, ist $x = (n \cdot \sigma)^{-1}$ gleich der mittleren freien Weglänge Λ

$$\Rightarrow \Lambda = \frac{1}{n \cdot \sigma}.$$

b) In einem Gas im thermischen Gleichgewicht haben die Teilchen eine isotrope Maxwell'sche Geschwindigkeitsverteilung. Die mittlere Zeit zwischen zwei Stößen ist dann:

$$\tau = \frac{1}{n \cdot \sigma \cdot |\overline{v}_r|}$$

($|\overline{v}_r|$ ist der Betrag der mittleren Relativgeschwindigkeit).

$$\boldsymbol{v}_r = \boldsymbol{v}_1 - \boldsymbol{v}_2$$

$$\Rightarrow \boldsymbol{v}_r^2 = \boldsymbol{v}_1^2 + \boldsymbol{v}_2^2 - 2\boldsymbol{v}_1 \cdot \boldsymbol{v}_2$$

$$\Rightarrow \langle \boldsymbol{v}_r^2 \rangle = \langle v_1^2 \rangle + \langle v_2^2 \rangle, \text{ weil } \langle \boldsymbol{v}_2 \cdot \boldsymbol{v}_2 \rangle = 0$$

$$= 2\langle v^2 \rangle, \text{ weil A = B},$$

$$\langle v_1^2 \rangle = \langle v_2^2 \rangle$$

$$\Rightarrow \tau = \frac{1}{\sqrt{2} \cdot n \cdot \sigma \cdot \sqrt{\langle v^2 \rangle}},$$

$$\Lambda = \tau \sqrt{\langle v^2 \rangle} = \frac{1}{\sqrt{2} \cdot n \cdot \sigma}.$$

2.11 a) Längsfeld $\boldsymbol{B}$ mit Länge $L = 4f$, Beschleunigungsspannung U. Nach Bd. 2, (3.34) gilt:

$$\frac{e}{m} = \frac{8\pi^2}{L^2} \frac{U}{B^2},$$

$$\Rightarrow \frac{\delta(e/m)}{e/m} \le \left|\frac{2\delta L}{L}\right| + \left|\frac{2\delta B}{B}\right| + \left|\frac{\delta U}{U}\right|$$

$$= 4 \cdot 10^{-3} + 2 \cdot 10^{-4} + 1 \cdot 10^{-4}$$

$$= 4{,}3 \cdot 10^{-3}$$

aus der Ungenauigkeit der Messung von L, B und U, wenn die Brennweite $f = L/4$ genau eingestellt werden könnte. Wie kommt die Ungenauigkeit von f zustande?
Annahme: Die maximale Auslenkung von der Achse sei $a = 5$ mm (Abb. L.4).

$$L = 100\,\text{mm}$$

$$\Rightarrow \sin\alpha \approx \frac{5}{25} = 0{,}2\,\text{rad}.$$

Wenn sich die Lage des Fokus um ΔL verschiebt, wird der Radius des Bündels auf $r_0 + \Delta L \cdot \tan\alpha$ anwachsen. Wenn der Strom I durch die Blende mit Radius $r_0 = 0{,}5$ mm auf 10^{-3} genau gemessen werden kann, merkt man, wenn die

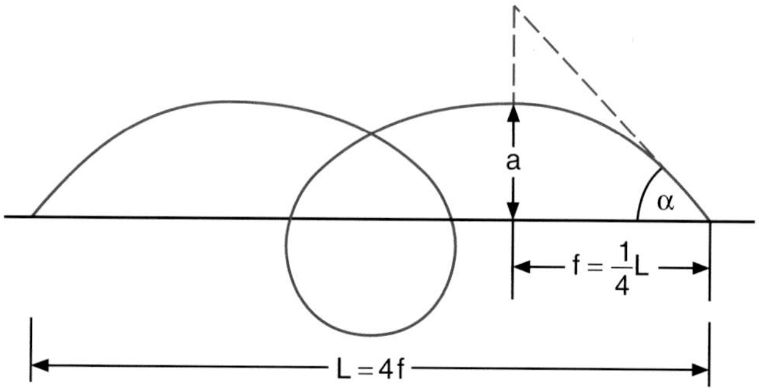

Abbildung L.4 Zu Lösung 2.11

Fläche des Strahlenbündels auf mindestens $\pi r_0^2(1 + 10^{-3})$ ansteigt.

$$\pi\left[(r_0 + \Delta r)^2 - r_0^2\right] \leq 10^{-3}\pi r_0^2$$
$$\Rightarrow \Delta r \lesssim \frac{1}{2} \cdot 10^{-3} r_0 = 2{,}5 \cdot 10^{-4}\,\text{mm},$$
$$\Delta r = \Delta L \cdot \tan\alpha$$
$$\Rightarrow \Delta L \leq 2{,}5 \cdot 10^{-4}\,\text{mm}/0{,}2$$
$$= 1{,}25 \cdot 10^{-3}\,\text{mm},$$
$$\Rightarrow \Delta L/L = 1{,}25 \cdot 10^{-5}.$$

Die Unsicherheit von ΔL auf Grund der Einstellungenauigkeit des Fokus ist daher kleiner als die geometrische Messgenauigkeit $\Delta L/L \approx 2 \cdot 10^{-3}$. Der maximale relative Fehler für e/m wird daher durch die Genauigkeit der Fokuseinstellung kaum beeinflusst und bleibt $4{,}3 \cdot 10^{-3}$.
b) Die maximale Ablenkstrecke von der Sollgeraden muss $\delta x < 10^{-3} \cdot b$ sein, da der Strom durch die Blende mit der Breite b auf 10^{-3} genau gemessen werden kann. Die Auslenkung in x-Richtung ist

$$x = \frac{1}{2}at^2 \quad \text{mit} \quad a = \frac{1}{m}(eE_x - e \cdot v \cdot B_y) = \frac{1}{m}F_x.$$

Wegen $t = L/v$ und $v^2 = 2eU/m$ folgt

$$x = \frac{1}{2m}F_x \cdot \frac{L^2}{2eU}$$
$$\Rightarrow \delta x = \frac{\partial x}{\partial F_x}\delta F_x + \frac{\partial x}{\partial L}\delta L + \frac{\partial x}{\partial U}\delta U$$
$$\Rightarrow \left|\frac{\delta x}{x}\right| = \left|\frac{\delta F_x}{F_x}\right| + 2\left|\frac{\delta L}{L}\right| + \left|\frac{\delta U}{U}\right|.$$

Mit $\delta L/L = 1{,}25 \cdot 10^{-5}$, $\delta F_x/F_x = \delta E_x/E_x + \delta B_y/B_y = 2 \cdot 10^{-4}$, $\delta U/U = 10^{-4}$ folgt

$$\frac{\delta x}{x} = 3{,}3 \cdot 10^{-4}$$
$$\Rightarrow \delta x = 3{,}3 \cdot 10^{-5}\,\text{mm}$$

für $x = b = 0{,}1$ mm. Die Unsicherheit $\delta x < 10^{-3}b = 1 \cdot 10^{-4}$ mm auf Grund der Ungenauigkeit der Strommessung ist hier größer als die auf Grund der Unsicherheit in den Werten von E, B und U. Das Verhältnis e/m kann dann wegen

$$\frac{e}{m} = \frac{E^2}{2UB^2}$$
$$\Rightarrow \frac{\delta(e/m)}{e/m} = 2\left|\frac{\delta E}{E}\right| + \left|\frac{\delta U}{U}\right| + 2\left|\frac{\delta B}{B}\right|$$
$$\leq \left|\frac{\delta x}{x}\right| \leq 10^{-3}$$

auf Grund der Ungenauigkeit in der Strommessung nur auf 10^{-3} gemessen werden.

2.12 Aus $mv^2/R = e \cdot v \cdot B$ und $f_0 = R/\sin\varphi$ folgt

$$B = \frac{m \cdot v}{e \cdot R} = \frac{m \cdot v}{e \cdot f_0 \sin\varphi} = \frac{1}{ef_0 \sin\varphi}\sqrt{2m \cdot e \cdot U}.$$

Mit $e \cdot U = 10^3\,\text{eV} = 1{,}6 \cdot 10^{-16}\,\text{J}$, $m = 40\,\text{AME} = 40 \cdot 1{,}66 \cdot 10^{-27}\,\text{kg}$, $\sin\varphi = \sin 60° = \frac{1}{2}\sqrt{3}$, $f_0 = 0{,}8\,\text{m}$ folgt $B = 4{,}2 \cdot 10^{-2}$ Tesla.

2.13 Nach (2.66) gilt für die Brennweite:

$$f = \frac{4 \cdot \sqrt{\phi_0}}{\int\limits_0^{z_0} \frac{2a\,\mathrm{d}z}{\sqrt{\phi_0 + az^2}}} = \frac{2\sqrt{\phi_0/a}}{\int\limits_{z=0}^{z_0} \frac{\mathrm{d}z}{\sqrt{(\phi_0/a) + z^2}}}$$
$$= \frac{2\sqrt{\phi_0/a}}{\left[\ln z + \sqrt{(\phi_0/a) + z^2}\right]_0^{z_0}}$$
$$= \frac{2\sqrt{\phi_0/a}}{\ln\left(\frac{z_0 + \sqrt{\phi_0/a + z_0^2}}{\sqrt{\phi_0/a}}\right)}.$$

2.14 Ein Ion, das am Ort x erzeugt wird, legt den Weg s im elektrischen Feld $E = U/d$ bis zur Blende 2 zurück (Abb. L.5).

$$s = \frac{1}{2}at_1^2 \quad \text{mit} \quad a = e \cdot E/m$$
$$\Rightarrow t_1 = \sqrt{\frac{2ms}{e \cdot E}} \quad \text{und}$$
$$v_1 = (e \cdot E/m)\,t_1 = \sqrt{\frac{2e \cdot E \cdot s}{m}}.$$

Die Driftzeit im feldfreien Raum zwischen Blende 2 und 3 ist

$$t_2 = L/v_1 = L \cdot \sqrt{\frac{m}{2eEs}}.$$

Gesamtflugzeit:

$$T = t_1 + t_2 = \sqrt{\frac{m}{e \cdot E}} \cdot \frac{2s + L}{\sqrt{2s}}$$

Die Flugzeitdifferenz ΔT für Ionen, die bei $s_1 = (d+b)/2$ bzw. $s_2 = (d-b)/2$ (d. h. an den Rändern des Ionisierungs-

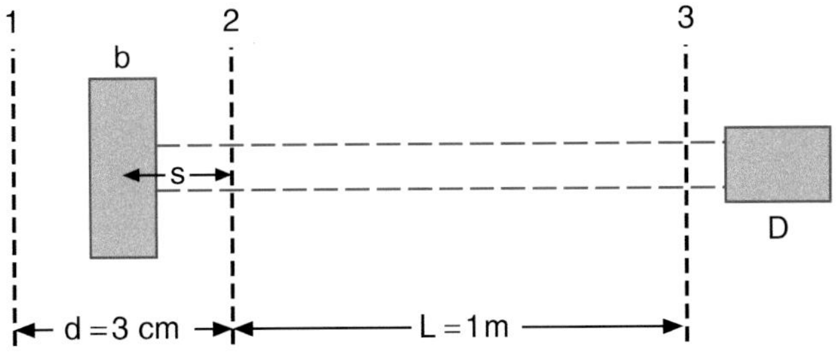

Abbildung L.5 Zu Lösung 2.14

volumens) gebildet werden, ist

$$\Delta T_1 = \sqrt{\frac{m}{eE}}\left(\frac{2s_1 + L}{\sqrt{2s_1}} - \frac{2s_2 + L}{\sqrt{2s_2}}\right)$$
$$= \sqrt{\frac{m}{eE}}\left(\frac{d + b + L}{\sqrt{d+b}} - \frac{d - b + L}{\sqrt{d-b}}\right).$$

Für $m = 100\,\text{AME} = 1{,}66 \cdot 10^{-25}\,\text{kg}$ erhält man für $b = 2\,\text{mm}$, $d = 30\,\text{mm}$, $L = 1\,\text{m}$

$$\Delta T_1 = 1{,}018 \cdot 10^{-5} \cdot (5{,}769 - 6{,}143)\,\text{s}$$
$$= -3{,}811\,\mu\text{s}.$$

Die Ionen mit $s = (d + b)/2$ haben eine *kürzere* Laufzeit als die von $s = (d - b)/2$, weil sie eine größere Geschwindigkeit haben.
Zwei Ionen aus der Mitte des Ionisierungsvolumens ($s = d/2$) mit den Massen m_1 und m_2 haben die Flugzeitdifferenz

$$\Delta T_2 = \frac{d + L}{\sqrt{edE}} \cdot \left(\sqrt{m_1} - \sqrt{m_2}\right).$$

Einsetzen der Zahlenwerte für $m_1 = 110\,\text{AME}$, $m_2 = 100\,\text{AME}$ liefert

$$\Delta T_2 = 1{,}49 \cdot 10^8 \cdot 2 \cdot 10^{-14}\,\text{s}$$
$$\approx 3\,\mu\text{s}.$$

Das Massenauflösungsvermögen ist nur $m/\Delta m \approx 10$, kann aber durch die McLaren-Anordnung sehr erhöht werden.
b.α) Zur Anordnung siehe Bd. 2, Abb. 3.27

$$b_2 = b_1 + \frac{2m}{eB} \cdot \Delta v$$
$$\frac{m \cdot v^2}{R} = q \cdot v \cdot B \Rightarrow R = \frac{m \cdot v}{q \cdot B}$$
$$\frac{m}{2}v^2 = q \cdot U \Rightarrow R = \frac{1}{B}\sqrt{\frac{2U \cdot m}{q}}$$
$$\Rightarrow m = \frac{R^2 B^2 q}{2U}.$$

b.β) Um zwei Massen m_1 und m_2 noch aufzulösen, muss $2(R_1 - R_2) > b_2$ sein. Massenauflösung:

$$\frac{m}{\Delta m} = \frac{R^2 B^2 q}{2U} \cdot \frac{2U}{B^2 q (R_1^2 - R_2^2)}$$
$$= \frac{R^2}{R_1^2 - R_2^2} = \frac{R_m}{2(R_1 - R_2)}$$

mit

$$R_m = \frac{1}{2}(R_1 + R_2).$$

Wegen $2(R_1 - R_2) > b_2$ folgt

$$\frac{m}{\Delta m} < \frac{R_m}{b_2}.$$

2.15 a) Stoßparameter nach (2.127):

$$b = \frac{q \cdot Z \cdot e}{4\pi\varepsilon_0 \mu v_0^2}\cot(\vartheta/2),$$
$$q = 2e, \quad Z = 79,$$
$$\varepsilon_0 = 8{,}85 \cdot 10^{-12}\,\text{As/Vm},$$
$$\cot 45° = 1, \quad \frac{\mu}{2}v_0^2 = 5\,\text{MeV} = 8 \cdot 10^{-13}\,\text{J}$$
$$\Rightarrow b = 2{,}27 \cdot 10^{-14}\,\text{m} = 22{,}7\,\text{Fermi}.$$

b) Für Rückwärtsstreuung gilt am Umkehrpunkt $r_{\min}$:

$$\frac{\mu}{2}v_0^2 = \frac{q \cdot Ze}{4\pi\varepsilon_0 r_{\min}}$$
$$\Rightarrow r_{\min} = \frac{q \cdot Z \cdot e}{2\pi\varepsilon_0 \mu v_0^2} = 4{,}54 \cdot 10^{-14}\,\text{m}.$$

Der minimale Abstand bei der Rückwärtsstreuung ist also doppelt so groß wie der Stoßparameter b bei Streuung um $\vartheta = 90°$. Der minimale Abstand für $\vartheta = 90°$ ist aber größer als $r_{\min}(\vartheta = 180°)$.
c) Der Stoßparameter für $\vartheta = 90°$ ist $b_0 = 2{,}27 \cdot 10^{-14}\,\text{m}$. Alle Teilchen mit $b \leq b_0$ werden in den Winkelbereich $\vartheta > 90°$ gestreut. Um den maximalen Stoßparameter (d. h. minimalen Ablenkwinkel $\vartheta_{\min}$) zu bestimmen, setzen wir $b_{\max}$ gleich dem halben mittleren Atomabstand $\overline{b}/2$ der streuenden Goldatome.
Die Zahl der Goldatome pro cm^3 ist mit $\varrho = 19{,}3\,\text{g/cm}^3$, $N_A = 6 \cdot 10^{23}/\text{mol}$, $M = 197\,\text{g/mol}$

$$n_V = \frac{\varrho \cdot N_A}{M} = 6 \cdot 10^{22}/\text{cm}^3.$$

Die Zahl der Atome pro cm^2 in der Goldfolie mit Dicke $d = 5 \cdot 10^{-6}\,\text{m}$ ist $n_F = n_V \cdot d = 3 \cdot 10^{19}/\text{cm}^2$. Mit $b_{\max} = \frac{1}{2}\overline{b} = \frac{1}{2}/\sqrt{n_F} = 9{,}1 \cdot 10^{-11}\,\text{cm} = 9{,}1 \cdot 10^{-13}\,\text{m}$ wird der Wirkungsquerschnitt jedes Atoms für $\vartheta \leq 180°$ dann

$$\sigma = \pi b_{\max}^2 \approx 2{,}6 \cdot 10^{-20}\,\text{cm}^2.$$

Der Bruchteil der in den Winkelbereich $\vartheta \geq 90°$ gestreuten α-Teilchen ist

$$\frac{N(\vartheta \geq 90°)}{N(\vartheta \leq 180°)} = \frac{\pi b_0^2}{\pi b_{\max}^2} = \left(\frac{2{,}27 \cdot 10^{-14}}{9{,}1 \cdot 10^{-13}}\right)^2$$
$$= 6 \cdot 10^{-4}.$$

d) $b(\vartheta = 45°) = a \cdot \cot 22{,}5° = 2{,}71\,a$ mit $a = qZe/(4\pi\varepsilon_0\mu v_0^2)$, $a = 2{,}27 \cdot 10^{-14}\,\text{m}$.

$$\frac{N(45° \leq \vartheta \leq 90°)}{N(\vartheta \leq 180°)} = \frac{\pi\left[(2{,}71)^2 a^2 - a^2\right]}{\pi b_{\max}^2}$$
$$= \frac{6{,}34 a^2}{b_{\max}^2} = \frac{6{,}34 \cdot 2{,}27^2 \cdot 10^{-28}}{10^{-20}} = 3 \cdot 10^{-7}.$$

2.16 Die Zahl $N(\vartheta)\,\mathrm{d}\vartheta$ der vom Detektor erfassten Teilchen, die in den Winkelbereich ϑ_1 bis ϑ_2 gestreut wurden, ist für die Rutherford-Streuung

$$N(\vartheta)\cdot\Delta\vartheta \propto \int_{\vartheta_1}^{\vartheta_2} \frac{\sin\vartheta\,\mathrm{d}\vartheta}{\sin^4\vartheta/2}$$
$$= \int_{\vartheta_1}^{\vartheta_2} \frac{2\cos\vartheta/2}{\sin^3\vartheta/2}\,\mathrm{d}\vartheta$$
$$= \left[-\frac{2}{\sin^2\vartheta/2}\right]_{\vartheta_1}^{\vartheta_2} .$$

Daraus berechnet man den Quotienten

$$\frac{N(1°\pm 0{,}5°)}{N(5°\pm 0{,}5°)} = \frac{46\,689}{214{,}4} = 218 .$$

Für das Thomson-Modell ergibt sich bei einem mittleren Streuwinkel $\overline{\vartheta} = 2\cdot 10^{-4}$ rad und einer mittleren Zahl m von Streuungen in der Goldfolie gemäß den Zahlenergebnissen aus Aufgabe 15c:

$$m = n_\mathrm{F}\cdot\sigma = 3\cdot 10^{19}\cdot 3\cdot 10^{-16} \approx 10^4$$
$$\Rightarrow \langle\vartheta\rangle = \sqrt{m}\cdot\overline{\vartheta} = 2\cdot 10^{-4}\cdot 10^2\,\mathrm{rad}$$
$$= 2\cdot 10^{-2}\,\mathrm{rad} \approx 1{,}2° ,$$
$$N(\vartheta)\Delta\vartheta \propto \int_{\vartheta_1}^{\vartheta_2} \sin\vartheta\cdot \mathrm{e}^{-(\vartheta/\langle\vartheta\rangle)^2}\,\mathrm{d}\vartheta$$
$$\approx \int \vartheta\cdot \mathrm{e}^{-(\vartheta/\langle\vartheta\rangle)^2}\,\mathrm{d}\vartheta$$
$$= \left[\frac{\langle\vartheta\rangle^2}{2}\,\mathrm{e}^{-(\vartheta/\langle\vartheta\rangle)^2}\right]_{\vartheta_1}^{\vartheta_2} .$$

Damit erhält man

$$\frac{N(1°\pm 0{,}5°)}{N(5°\pm 0{,}5°)} = \frac{\mathrm{e}^{-0{,}17}-\mathrm{e}^{-1{,}56}}{\mathrm{e}^{-14}-\mathrm{e}^{-21}} \approx 7{,}5\cdot 10^5 .$$

Man sieht daraus, dass die Streurate $N(\vartheta)$ mit steigendem ϑ für $\vartheta > 1°$ beim Thomson-Modell wesentlich stärker abfällt als beim Rutherford-Modell.

2.17 a)

$$\frac{\mu v_0^2}{2} = \frac{Z\cdot e^2}{4\pi\varepsilon_0 r_\mathrm{min}} ,$$
$$r_\mathrm{min} = 5\cdot 10^{-15}\,\mathrm{m} , \quad Z = 29 ,$$
$$\mu = \frac{1\cdot 63}{64} = 0{,}98\,\mathrm{AME}$$
$$\Rightarrow \frac{\mu}{2}v_0^2 = \frac{29\cdot 1{,}6^2\cdot 10^{-38}}{4\pi\cdot 8{,}85\cdot 10^{-12}\cdot 5\cdot 10^{-15}}\,\mathrm{J}$$
$$= 1{,}33\cdot 10^{-12}\,\mathrm{J}$$
$$\Rightarrow \frac{m}{2}v_0^2 = 1{,}36\cdot 10^{-12}\,\mathrm{J} = 8{,}5\cdot 10^6\,\mathrm{eV}$$
$$= 8{,}5\,\mathrm{MeV} .$$

b) Für $\vartheta < 180°$ gilt:

$$r_\mathrm{min} = b\cdot\left[1 - E_\mathrm{pot}(r_\mathrm{min})/\frac{\mu}{2}v_0^2\right]^{-1/2} .$$

Mit $r_\mathrm{min} = 5\cdot 10^{-15}$ m folgt $b = 1{,}775\cdot 10^{-15}$ m

$$\Rightarrow \cot\vartheta/2 = b/a \quad \text{mit} \quad a = \frac{Ze^2}{4\pi\varepsilon_0\mu v_0^2}$$
$$\Rightarrow \vartheta \geq 113{,}4° .$$

Kapitel 3

3.1 Differentiation von S_ν^* in (3.15) nach ν liefert:

$$\frac{\partial S_\nu^*}{\partial\nu} = \frac{6h\nu^2}{c^2}\cdot\frac{1}{\mathrm{e}^{h\nu}/kT-1} - \frac{2h\nu^3}{c^2}\cdot\frac{\mathrm{e}^{h\nu/kT}\cdot\frac{h}{kT}}{(\mathrm{e}^{h\nu/kT}-1)^2}$$
$$= 0$$
$$\Rightarrow 3 - \frac{h\nu}{kT}\cdot \mathrm{e}^{h\nu/kT}\left(\mathrm{e}^{h\nu/kT}-1\right)^{-1} = 0 .$$

Setze: $x = h\nu/kT \Rightarrow$

$$3 = \frac{x}{1-\mathrm{e}^{-x}} \Rightarrow x = 3(1-\mathrm{e}^{-x}) .$$

Die Lösung ist $x = 2{,}8215$
$\Rightarrow \nu_\mathrm{m} = 2{,}8215\cdot kT/h = 5{,}873\cdot 10^{10}\cdot T$. Für $S_\lambda^* = \frac{c}{4\pi}\cdot W_\lambda(\lambda)$ erhalten wir aus (3.17) mit $x = hc/(\lambda kT)$

$$x(\lambda_\mathrm{m}) = 4{,}96 \Rightarrow \lambda_\mathrm{m} = \frac{hc}{x\cdot kT}$$
$$= \frac{2{,}88\cdot 10^{-3}\,[\mathrm{m/K}]}{T\,[\mathrm{K}]} .$$

3.2 Mit der de Broglie-Beziehung

$$\lambda = \frac{h}{p} = \frac{h}{m\cdot v}$$
$$\Rightarrow v = \frac{h}{m\cdot\lambda} = \frac{6{,}63\cdot 10^{-34}}{10^{-10}\cdot 1{,}67\cdot 10^{-27}}\,\frac{\mathrm{m}}{\mathrm{s}}$$
$$= 3{,}97\cdot 10^3\,\mathrm{m/s} .$$

Thermische Neutronen hätten bei $T = 300$ K eine mittlere Geschwindigkeit $\overline{v} = 2{,}2\cdot 10^3$ m/s. Die kinetische Energie der Neutronen ist

$$E_\mathrm{kin} = \frac{m}{2}v^2 = 1{,}31\cdot 10^{-20}\,\mathrm{J} = 82\,\mathrm{meV} .$$

3.3 a) Energiesatz:

$$h\cdot\nu = \Delta E_\mathrm{kin}^\mathrm{el} \tag{1}$$
$$= m_0c^2\left[\frac{1}{\sqrt{1-v_2^2/c^2}} - \frac{1}{\sqrt{1-v_1^2/c^2}}\right]$$

Impulssatz:

$$\hbar \boldsymbol{k} = \frac{m_0 \boldsymbol{v}_2}{\sqrt{1 - v_2^2/c^2}} - \frac{m_0 \boldsymbol{v}_1}{\sqrt{1 - v_1^2/c^2}} \qquad (2)$$

$$\Rightarrow \hbar^2 k^2 = \frac{h^2 \nu^2}{c^2}$$
$$= \frac{m_0^2 v_1^2}{1 - v_1^2/c^2} + \frac{m_0^2 v_2^2}{1 - v_2^2/c^2} \qquad (3)$$
$$- \frac{2 m_0^2 \boldsymbol{v}_1 \cdot \boldsymbol{v}_2}{\sqrt{(1 - v_1^2/c^2)(1 - v_2^2/c^2)}} .$$

Andererseits folgt durch Quadrieren von (1)

$$h^2 \nu^2 = m_0^2 c^4 \left[\frac{1}{1 - v_1^2/c^2} + \frac{1}{1 - v_2^2/c^2} \qquad (4) \right.$$
$$\left. - \frac{2}{\sqrt{(1 - v_1^2/c^2)(1 - v_2^2/c^2)}} \right] .$$

Vergleich von (3) und (4) liefert nach Umordnen

$$c^2 = \frac{c^2 - \boldsymbol{v}_1 \cdot \boldsymbol{v}_2}{\sqrt{(1 - v_1^2/c^2)(1 - v_2^2/c^2)}}$$
$$\Rightarrow v_1^2 + v_2^2 = 2 \boldsymbol{v}_1 \cdot \boldsymbol{v}_2 \Rightarrow \boldsymbol{v}_1 = \boldsymbol{v}_2 \Rightarrow \nu = 0 .$$

Eine Photonenabsorption durch ein freies Elektron ist also nicht möglich. Bei der Absorption eines Photons durch ein Atomelektron nimmt das Atom den Rückstoß auf (siehe Abschn. 12.4). Beim Comptoneffekt übernimmt das gestreute Photon die Energie $h \cdot \nu_s$ und den Impuls $\hbar \boldsymbol{k}_s$.
b) Für den Photonenimpuls gilt:

$$|\boldsymbol{p}_{\text{phot}}| = \frac{h \cdot \nu}{c}$$
$$h \cdot \nu = 0{,}1\,\text{eV} = 1{,}6 \cdot 10^{-20}\,\text{J}$$
$$\Rightarrow p_{\text{phot}} = \frac{1{,}6 \cdot 10^{-20}}{3 \cdot 10^8} \frac{\text{J} \cdot \text{s}}{\text{m}} = 5{,}3 \cdot 10^{-29}\,\text{N} \cdot \text{s}$$
$$h \cdot \nu = 2\,\text{eV} \Rightarrow p_{\text{phot}} = 1{,}07 \cdot 10^{-28}\,\text{N} \cdot \text{s}$$
$$h \cdot \nu = 2\,\text{MeV} \Rightarrow p_{\text{phot}} = 1{,}07 \cdot 10^{-22}\,\text{N} \cdot \text{s}$$

Ein Wasserstoffatom hätte die Geschwindigkeiten

$$v_1 = \frac{p}{m} = 3{,}2 \cdot 10^{-2}\,\text{m/s für } h\nu = 0{,}1\,\text{eV} ,$$
$$v_2 = \frac{p}{m} = 6{,}4 \cdot 10^{-1}\,\text{m/s für } h\nu = 2\,\text{eV} ,$$
$$v_3 = \frac{p}{m} = 6{,}4 \cdot 10^{5}\,\text{m/s für } h\nu = 2\,\text{MeV} .$$

3.4 Das erste Beugungsminimum erscheint bei einem Winkel α, für den gilt:

$$\sin\alpha = \frac{\lambda}{b} = \frac{h}{b \cdot p} = \frac{h}{b \cdot \sqrt{2mE_{\text{kin}}}} .$$

Die volle Fußpunktsbreite des zentralen Maximums ist:

$$B = 2D \cdot \sin\alpha = \frac{2D \cdot h}{b \cdot \sqrt{2mE_{\text{kin}}}} > b$$
$$\Rightarrow b < \left(\frac{2D \cdot h}{\sqrt{2mE_{\text{kin}}}} \right)^{1/2} .$$

Für $D = 1\,\text{m}$ und $E_{\text{kin}} = 1\,\text{keV} = 1{,}6 \cdot 10^{-16}\,\text{J}$ wird

$$b_{\max} = \left[\frac{2 \cdot 6{,}6 \cdot 10^{-34}}{\sqrt{2 \cdot 9{,}11 \cdot 10^{-31} \cdot 1{,}6 \cdot 10^{-16}}} \right]^{1/2} \text{m}$$
$$= 8{,}81 \cdot 10^{-6}\,\text{m} = 8{,}81\,\mu\text{m} .$$

3.5 Die Bahnradien sind:

$$r_n = \frac{n^2}{Z} \cdot a_0 .$$

a) Für $n = 1, Z = 1$ folgt $r = a_0 = 5{,}29 \cdot 10^{-11}\,\text{m}$.
b) Für $n = 1, Z = 79$ folgt $r = 6{,}70 \cdot 10^{-13}\,\text{m}$.
Die Geschwindigkeiten des Elektrons sind nach einer klassischen Rechnung:

$$v = \frac{h}{2\pi m_e \cdot r} = \frac{Z \cdot \hbar}{m_e \cdot a_0} .$$

a) $Z = 1$:

$$v = \frac{1{,}054 \cdot 10^{-34}}{9{,}11 \cdot 10^{-31} \cdot 5{,}29 \cdot 10^{-11}} \frac{\text{m}}{\text{s}}$$
$$= 2{,}19 \cdot 10^6\,\text{m/s} = 7{,}3 \cdot 10^{-3}\,c .$$

b) $Z = 79$:

$$v = 1{,}73 \cdot 10^8\,\text{m/s} = 0{,}577\,c .$$

Im Falle b) muss man relativistische Effekte berücksichtigen. Die klassische Rechnung ist zu ungenau:

$$E_{\text{kin}} = (m - m_0)c^2 = m_0 c^2 \left(\frac{1}{\sqrt{1 - v^2/c^2}} - 1 \right)$$
$$= -E_n = Z^2 \cdot \frac{Ry^*}{n^2}$$
$$\Rightarrow v = c \cdot \sqrt{1 - \left(\frac{m_0 c^2}{m_0 c^2 + E_1} \right)^2} ,$$

$$m_0 c^2 = 0{,}5\,\text{MeV} ,$$
$$E = \frac{79^2 \cdot 13{,}5}{1}\,\text{eV} = 0{,}084\,\text{MeV}$$
$$\Rightarrow v = c \cdot \sqrt{1 - \left(\frac{0{,}5}{0{,}584} \right)^2}$$
$$= c \cdot \sqrt{0{,}267} = 0{,}517\,c .$$

c) $\Delta m = m_0\left(1-\frac{v^2}{c^2}\right)^{-1/2} - m_0$.
Für das H-Atom ist $v = 7{,}3\cdot 10^{-3}\,c = \frac{c}{137} = \alpha\cdot c$

$$\Rightarrow \Delta m \approx m_0\left(1+\frac{1}{2}\frac{v^2}{c^2}-1\right) = \frac{1}{2}m_0 v^2/c^2$$
$$= 2{,}66\cdot 10^{-6}\,m_0\,.$$

Für das Goldatom ist $v = 0{,}517\,c$

$$\Rightarrow \Delta m = m_0\left(\frac{1}{\sqrt{1-0{,}267}}-1\right) = 0{,}168\,m_0\,.$$

3.6 Nach der Zeit τ ist die Zahl der Neutronen auf $1/e$ gesunken, nach der Zeit $\tau\cdot\ln 2$ auf $1/2$.

$$\lambda = \frac{h}{m\cdot v} \Rightarrow v = \frac{h}{m\cdot\lambda}$$
$$x = v\cdot\tau\cdot\ln 2 = \frac{h\cdot\tau\cdot\ln 2}{m\cdot\lambda}$$
$$= \frac{6{,}62\cdot 10^{-34}\cdot 900\cdot 0{,}69}{1{,}67\cdot 10^{-27}\cdot 10^{-9}}\,\mathrm{m} = 2{,}4\cdot 10^5\,\mathrm{m}\,.$$

3.7 Lyman-α-Linie:

$$h\cdot\nu = \frac{h\cdot c}{\lambda} = Ry^*\left(1-\frac{1}{4}\right)$$
$$\Rightarrow \frac{1}{\lambda} = \frac{3}{4}Ry \quad \text{mit} \quad Ry = Ry^*/hc\,.$$

a)

$$Ry(^3\mathrm{H}) = Ry^\infty\cdot\frac{\mu}{m_e} \quad \text{mit} \quad \mu = \frac{m_e\cdot m_K}{m_e+m_K}$$
$$= Ry^\infty\cdot\frac{m_K}{m_e+m_K}$$
$$= Ry^\infty\frac{1}{1+m_e/m_K}$$
$$\frac{m_e}{m_K} = \frac{1}{3\cdot 1836}$$
$$\Rightarrow Ry(^3\mathrm{H}) = 0{,}999818\cdot Ry^\infty$$
$$= 1{,}0971738\cdot 10^7\,\mathrm{m}^{-1}\,.$$

b) Für Positronium wird

$$\mu = m_e/2 \Rightarrow Ry(\mathrm{e^-e^+}) = \frac{1}{2}Ry^\infty\,.$$

3.8 Bei Zimmertemperatur ist nur der Grundzustand besetzt. Die Absorption startet daher vom Grundzustand mit $n = 1$. Die benachbarten Linien gehören dann zu Übergängen

$$\Delta E_n = a\left(1-\frac{1}{n^2}\right),$$
$$\Delta E_{n+1} = a\left(1-\frac{1}{(n+1)^2}\right)$$

$$\Rightarrow h\nu_2 = \frac{h\cdot c}{\lambda_2} = a\left(1-\frac{1}{n^2}\right),$$
$$\frac{h\cdot c}{\lambda_1} = a\left(1-\frac{1}{(n+1)^2}\right)$$
$$\Rightarrow \frac{\lambda_1}{\lambda_2} = \frac{1-1/n^2}{1-1/(n+1)^2} = \frac{97{,}5}{102{,}8} = 0{,}9484\,.$$

Für $n = 2$ wird $\lambda_1/\lambda_2 = 0{,}843$, für $n = 3$ wird $\lambda_1/\lambda_2 = 0{,}948 \Rightarrow n = 3$.
Aus

$$\frac{1}{\lambda_2} = \frac{a}{hc}\left(1-\frac{1}{n^2}\right)$$
$$\Rightarrow a = \frac{hc\cdot 9}{\lambda_2\cdot 8} = \frac{6{,}63\cdot 10^{-34}\cdot 3\cdot 10^8\cdot 9}{102{,}8\cdot 10^{-9}\cdot 8}\,\mathrm{J}$$
$$= 2{,}177\cdot 10^{-18}\,\mathrm{J} = Ry^*\,.$$

Es handelt sich also um Übergänge im H-Atom mit $Z = 1$.

3.9 Für die Bahnenergie gilt:

$$h\cdot\nu = Ry^*\left(\frac{1}{2^2}-\frac{1}{n^2}\right).$$

Die Energiedifferenz zweier benachbarter Übergänge ist:

$$h\cdot\Delta\nu = Ry^*\left(\frac{1}{n^2}-\frac{1}{(n+1)^2}\right)$$
$$\Rightarrow \frac{\nu}{\Delta\nu} = \frac{\frac{1}{4}-\frac{1}{n^2}}{\frac{1}{n^2}-\frac{1}{(n+1)^2}} = \left|\frac{\lambda}{\Delta\lambda}\right| \le 5\cdot 10^5$$
$$\Rightarrow \frac{n^2-4}{4-4\left(\frac{n}{n+1}\right)^2} \le 5\cdot 10^5$$
$$\Rightarrow \frac{(n+2)(n-2)(n+1)^2}{4(2n+1)} \le 5\cdot 10^5$$
$$\Rightarrow n \le 158\,,$$

wie man durch Einsetzen ganzer Zahlen für n schnell findet.
Ein alternativer Lösungsweg ist der folgende: Aus

$$h\cdot\nu = Ry^*\left(\frac{1}{4}-\frac{1}{n^2}\right)$$

folgt für große n, wo wir die Funktion $\nu(n)$ praktisch als kontinuierlich ansehen können:

$$h\cdot\frac{\mathrm{d}\nu}{\mathrm{d}n} = Ry^*\cdot\frac{2}{n^3}$$
$$\Rightarrow \frac{\nu}{\mathrm{d}\nu} \approx \frac{\nu}{\Delta\nu} = \left(\frac{1}{4}-\frac{1}{n^2}\right)\cdot\frac{n^3}{2}\Delta n$$
$$\approx \frac{n^3}{8}\,\Delta n \quad \text{weil } n^2 \gg 4\,.$$

Mit $\Delta n = 1$ folgt

$$\frac{\nu}{\Delta\nu} = 5\cdot 10^5 \ge \frac{n^3}{8}$$
$$\Rightarrow n \le \sqrt[3]{4\cdot 10^6} = 158{,}7\,.$$

3.10 Bei einer Ortsunschärfe a ist die kinetische Energie des Elektrons

$$E_{\text{kin}} \geq \frac{\hbar^2}{2ma^2}\,.$$

Seine potentielle Energie im Abstand a vom Kern des He^+-Ions mit der Ladung $+2e$ ist

$$E_{\text{pot}} = -\frac{2e^2}{4\pi\varepsilon_0 a}\,.$$

Die Gesamtenergie ist dann

$$E \geq \frac{\hbar^2}{2ma^2} - \frac{2e^2}{4\pi\varepsilon a}\,.$$

Aus $\mathrm{d}E/\mathrm{d}a = 0$ erhält man den Abstand $a_{\min}$ mit der minimalen Energie

$$\begin{aligned} a_{\min} &= \frac{\varepsilon_0 h^2}{2\pi m e^2} = \frac{a_0}{2} \\ \Rightarrow E_{\text{pot}} &= -\frac{4e^2}{4\pi\varepsilon_0 a_0} \\ &= -4\cdot E_{\text{pot}}(\text{H-Atom}, n=1) \\ &= -108\,\text{eV}\,, \\ E_{\text{kin}} &= -\frac{1}{2}E_{\text{pot}} = +54\,\text{eV}\,. \end{aligned}$$

Kapitel 4

4.1 Geht man mit dem Ansatz $\psi(\boldsymbol{r},t) = g(t)\cdot f(\boldsymbol{r})$ in die zeitabhängige Schrödingergleichung (4.7b) ein, so erhält man nach Division durch $g(t)\cdot f(\boldsymbol{r})$

$$\mathrm{i}\hbar\cdot\frac{1}{g(t)}\cdot\frac{\partial g(t)}{\partial t} = -\frac{\hbar^2}{2m}\frac{1}{f(\boldsymbol{r})}\cdot\Delta f(\boldsymbol{r}) = c\,.$$

Da die linke Seite nur von t und die rechte Seite nur von $\boldsymbol{r}$ abhängt, müssen beide Seiten gleich einer Konstanten c sein. Die rechte Seite entspricht der zeitunabhängigen Schrödingergleichung (4.6) für $c = E - E_{\text{pot}}$. Dann ergibt die linke Seite

$$\begin{aligned} \frac{\partial g(t)}{\partial t} &= \frac{E - E_{\text{pot}}}{\mathrm{i}\hbar}\,g(t) \\ \Rightarrow g(t) &= g_0\cdot \mathrm{e}^{-\mathrm{i}E_{\text{kin}}/\hbar\cdot t}\,. \end{aligned}$$

Für ein freies Teilchen ist $E_{\text{pot}} = 0$ und $E_{\text{kin}} = E$. Die Funktion $g(t)$ stellt dann den Phasenfaktor

$$g(t) = g_0\cdot \mathrm{e}^{-\mathrm{i}E/\hbar\cdot t} = g_0\cdot\mathrm{e}^{-\mathrm{i}\omega t}$$

mit $\hbar\omega = E$ dar.

4.2 Die Reflexionswahrscheinlichkeit $R = 1 - T$ kann aus (4.27a) berechnet werden. Dabei ist

$$\begin{aligned} \frac{E}{E_0} &= \frac{0{,}4}{0{,}5} = 0{,}8\,, \\ \alpha &= \frac{\sqrt{2m(E_0 - E)}}{\hbar} \\ &= \frac{\sqrt{2\cdot 1{,}67\cdot 10^{-27}\cdot 0{,}1\cdot 1{,}6\cdot 10^{-22}}}{1{,}05\cdot 10^{-34}}\,\text{m}^{-1} \\ &= 2{,}20\cdot 10^9\,\text{m}^{-1} \\ a &= 10^{-9}\,\text{m} \Rightarrow \alpha\cdot a = 2{,}20 \\ \Rightarrow T &= \frac{0{,}2}{0{,}2 + 0{,}3125\cdot\sinh^2 2{,}20} = 0{,}030\,, \end{aligned}$$

d. h. 3% aller Teilchen werden transmittiert, 97% reflektiert.

4.3 Es gilt genau die gleiche Herleitung wie im Fall (4.27b) mit $E > E_0$. Das Ergebnis für die Reflexionskoeffizienten ist deshalb auch hier

$$R = \frac{|B|^2}{|A|^2} = \left|\frac{k - k'}{k + k'}\right|^2\,,$$

nur dass jetzt $E_0 > 0$ gilt.
Setzen wir ein:

$$k = \frac{1}{\hbar}\sqrt{2mE}\,;\quad k' = \frac{1}{\hbar}\sqrt{2m(E - E_0)}$$

mit $E_0 < 0$, so erhalten wir

$$R = \frac{E - E_0/2 - \sqrt{E(E - E_0)}}{E - E_0/2 + \sqrt{E(E - E_0)}}\,.$$

Für $E_0 = 0$ wird $R = 0$, für $E_0 = -\infty$ wird $R = 1$. Für $E_0 = -E$ wird die kinetische Energie des Teilchens für $x > 0$ doppelt so groß wie für $x < 0$. Das Reflexionsvermögen wird dann

$$R = \frac{3 - 2\sqrt{2}}{3 + 2\sqrt{2}} = 0{,}029\,.$$

Für $E_0 = -2E$ erhält man:

$$R = \frac{2 - \sqrt{3}}{2 + \sqrt{3}} = 0{,}072\,.$$

Man sieht, dass mit wachsendem Potentialsprung das Reflexionsvermögen ansteigt, genau wie in der Optik mit wachsendem Brechungsindexsprung.

4.4 Mit dem Ansatz

$$\begin{aligned} \psi_1 &= A\cdot\mathrm{e}^{\mathrm{i}k_1 x} + B\cdot\mathrm{e}^{-\mathrm{i}k_1 x}\,, \\ \psi_2 &= C\cdot\mathrm{e}^{\mathrm{i}k_2 x} + D\cdot\mathrm{e}^{-\mathrm{i}k_2 x}\,, \\ \psi_3 &= A'\cdot\mathrm{e}^{\mathrm{i}k_1 x} \end{aligned}$$

mit

$$k_1 = (2mE/\hbar^2)^{1/2}\,,$$
$$k_2 = \left(2m(E-E_0)/\hbar^2\right)^{1/2} = \mathrm{i}\cdot\alpha$$

erhält man aus den Randbedingungen (4.26) die Relationen

$$\begin{aligned} A + B &= C + D\,,\\ C\mathrm{e}^{\mathrm{i}k_2 a} + D\mathrm{e}^{-\mathrm{i}k_2 a} &= A'\mathrm{e}^{\mathrm{i}k_1 a}\,,\\ k_1(A-B) &= k_2(C-D)\,,\\ k_2\left(C\cdot\mathrm{e}^{\mathrm{i}k_2 a} - D\cdot\mathrm{e}^{-\mathrm{i}k_2 a}\right) &= k_1 A'\mathrm{e}^{-\mathrm{i}k_1 a}\,. \end{aligned}$$

Dies ergibt

$$\begin{aligned} A &= \left[\cos k_2 a - \mathrm{i}\frac{k_1^2+k_2^2}{2k_1k_2}\sin k_2 a\right]\mathrm{e}^{\mathrm{i}k_1 a}\cdot A'\,,\\ B &= \mathrm{i}\cdot\frac{k_2^2-k_1^2}{2k_1k_2}\sin k_2 a\cdot\mathrm{e}^{\mathrm{i}k_1 a}\cdot A'\,. \end{aligned}$$

Der Reflexionskoeffizient ist dann wegen $\cos^2 x = 1 - \sin^2 x$

$$R = \frac{|B|^2}{|A|^2} = \frac{(k_1^2-k_2^2)^2\sin^2 k_2 a}{4k_1^2k_2^2 + (k_1^2-k_2^2)^2\sin^2 k_2 a}\,.$$

Der Transmissionskoeffizient ist

$$T = \frac{|A'|^2}{|A|^2} = \frac{4k_1^2k_2^2}{4k_1^2k_2^2 + (k_1^2-k_2^2)^2\sin^2 k_2 a}\,.$$

Man sieht, dass $R + T = 1$ ist. Mit $k_1^2 = (2mE/\hbar^2)$ und $k_2^2 = 2m(E-E_0)/\hbar^2$ folgt

$$T = \frac{4E(E-E_0)}{4E(E-E_0) + E_0^2\sin^2\left[\sqrt{2m(E-E_0)}\cdot\frac{a}{\hbar}\right]}\,, \qquad (5)$$

was bei Kürzen durch $4E\cdot E_0$ für $E < E_0$ wegen $\sin \mathrm{i}x = \mathrm{i}\sinh x$ in (4.27c) übergeht. Für $E > E_0$ wird $T = 1$ für

$$\sqrt{2m(E-E_0)}\cdot a/\hbar = n\cdot\pi$$
$$\Rightarrow \lambda = \frac{h}{\sqrt{2m(E-E_0)}} = \frac{2a}{n}\,, \qquad n = 1,2,\ldots$$

Für einen Potentialtopf der Tiefe E_0 ist $E_{\text{pot}} < 0$, wenn wir $E_{\text{pot}} = 0$ außerhalb des Topfes null wählen. In der Transmissionsformel (5) bzw. (4.27c) muss dann das Vorzeichen vor E_0 geändert werden. So erhält man mit den Daten der Aufgabe 2 ($E = 0{,}4\,\text{eV}$, $E_0 = -0{,}5\,\text{meV}$, $a = 1\,\text{nm}$) aus (4.27c)

$$\begin{aligned} T &= \frac{1+0{,}8}{1+0{,}8+0{,}31\cdot\sin^2\left(a\cdot\sqrt{2m\cdot 0{,}9\,\text{meV}}/\hbar\right)}\\ &= \frac{1{,}8}{1{,}8+0{,}31\cdot\sin^2(6{,}46)} = 0{,}994\,, \end{aligned}$$

wobei $\sin \mathrm{i}x = \mathrm{i}\cdot\sinh x$ verwendet wurde.

4.5 In der Näherung des unendlich hohen Topfes sind die möglichen Energiewerte:

$$E_n = \frac{\hbar^2}{2m}\frac{\pi^2}{a^2}n^2 \le E_0\,.$$

Einsetzen der Zahlenwerte gibt:

$$E_n = \frac{1{,}1\cdot 10^{-49}}{m}n^2\,\text{J} \le 1{,}6\cdot 10^{-18}\,\text{J}\,.$$

a) Elektronen mit $m = 9{,}1\cdot 10^{-31}\,\text{kg}$:

$$E_n = 1{,}2\cdot 10^{-19}n^2\,\text{J}$$
$$\Rightarrow n^2 \le \frac{1{,}6\cdot 10^{-18}}{1{,}2\cdot 10^{-19}} = 12{,}9 \Rightarrow n \le 3\,.$$

Es gibt drei Energieniveaus.
b) Protonen mit $m = 1{,}67\cdot 10^{-27}\,\text{kg}$:

$$\begin{aligned} &\Rightarrow E_n = 6{,}59\cdot 10^{-23}\,\text{J}\cdot n^2\\ &\Rightarrow n^2 \le 2{,}4\cdot 10^4\\ &\Rightarrow n \le 155\,. \end{aligned}$$

c) Statt der Randbedingungen $\psi(x=0) = \psi(x=a) = 0$ im Kastenpotential mit unendlich hohen Wänden muss jetzt die Wellenfunktion an den Rändern nicht mehr null sein. Wie in den Abschnitten 4.2.2 und 4.2.4 diskutiert, setzen wir jetzt an

$$\psi_{\text{I}} = A_1\cdot\mathrm{e}^{\alpha x} \qquad \text{für} \quad x \le 0$$

mit

$$\alpha = \frac{1}{\hbar}\sqrt{2m(E_0-E)}\,;$$
$$\psi_{\text{II}} = A_2\cdot\sin(kx+\varphi) \qquad \text{für} \quad 0 \le x \le a\,,$$

wobei die Phase φ den Wert von ψ_{II} an den Rändern $x = 0$ und $x = a$ bestimmt, und $k = \sqrt{2mE}/\hbar$

$$\psi_{\text{III}} = A_3\cdot\mathrm{e}^{-\alpha x} \qquad \text{für} \quad x \ge a\,.$$

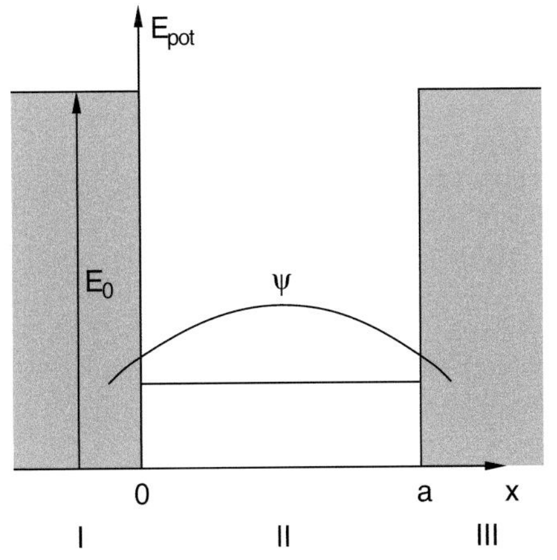

Abbildung L.6 Zu Lösung 4.5c)

Aus den Randbedingungen

$$\psi_{\rm I}(0) = \psi_{\rm II}(0)\;; \quad \psi_{\rm II}(a) = \psi_{\rm III}(a)$$

erhalten wir

$$A_1 = A_2 \cdot \sin\varphi\,, \tag{6}$$
$$A_3 = A_2 \cdot \sin(ka+\varphi)\cdot e^{-\alpha a}\,. \tag{7}$$

Aus der Stetigkeit der Ableitungen folgt:

$$\psi_{\rm I}'(0) = \psi_{\rm II}'(0) \Rightarrow \alpha A_1 = kA_2\cos\varphi\,,$$

woraus mit (6) folgt:

$$\alpha = k\cot\varphi \Rightarrow \varphi = \arctan(k/\alpha)\,. \tag{8}$$

Aus der Stetigkeit der logarithmischen Ableitung

$$\left.\frac{d(\ln\psi_{\rm II})}{dx}\right|_{x=a} = \left.\frac{d(\ln\psi_{\rm III})}{dx}\right|_{x=a}$$

folgt:

$$\varphi = -k\cdot a - \operatorname{arccot}(k/\alpha) + n\cdot\pi\,. \tag{9}$$

Der Vergleich von (8) und (9) liefert für k die Bedingungsgleichung

$$k\cdot a = n\cdot\pi - 2\operatorname{arccot}(k/\alpha)$$

und damit für die Energiewerte

$$E_n = \frac{\hbar^2k^2}{2m} = \frac{\hbar^2}{2ma^2}[n\pi - 2\operatorname{arccotg}(k/a)]^2\,.$$

Für unendlich hohe Werte ($E_0 = \infty$) wird $\alpha = \infty$ und der Arkuskotangens wird null. Dann erhält man wieder

$$k = n\cdot\pi/a \qquad \text{und} \qquad E_n = \frac{\hbar^2\pi^2}{2ma^2}n^2\,.$$

4.6 Bei der Nullpunktsenergie

$$E(v=0) = \frac{1}{2}\hbar\sqrt{D/m}$$

ist das Teilchen auf das Raumgebiet Δx beschränkt, das zwischen den Schnittpunkten

$$x_{1,2} = \pm(2E_{\rm pot}/D)^{1/2}$$

des Parabelpotentials mit der Energiegeraden $E(v = 0)$ liegt. Deshalb ist

$$\Delta x = 2\cdot\left(\hbar\cdot\sqrt{D/m}\Big/D\right)^{1/2}$$
$$= 2\cdot\left(\hbar\Big/\sqrt{D\cdot m}\right)^{1/2}\,.$$

4.7 Für die x-Komponente von $\hat{\boldsymbol{L}}$ erhält man

$$\hat{L}_x = -i\hbar\left(y\frac{\partial}{\partial z} - z\cdot\frac{\partial}{\partial y}\right)$$
$$\frac{\partial}{\partial z} = \frac{\partial r}{\partial z}\frac{\partial}{\partial r} + \frac{\partial\vartheta}{\partial z}\frac{\partial}{\partial\vartheta} + \frac{\partial\varphi}{\partial z}\frac{\partial}{\partial\varphi}$$
$$\Rightarrow \hat{L}_x = -i\hbar\left[\left(y\cdot\frac{\partial r}{\partial z} - z\frac{\partial r}{\partial y}\right)\frac{\partial}{\partial r} + \left(y\frac{\partial\vartheta}{\partial z} - z\frac{\partial\vartheta}{\partial y}\right)\frac{\partial}{\partial\vartheta} + \left(y\frac{\partial\varphi}{\partial z} - z\frac{\partial\varphi}{\partial y}\right)\frac{\partial}{\partial\varphi}\right]\,.$$
$$r = \sqrt{x^2+y^2+z^2}$$
$$\Rightarrow \frac{\partial r}{\partial z} = \frac{z}{r}\,,\quad \frac{\partial r}{\partial y} = \frac{y}{r}\,.$$
$$\vartheta = \arccos\left(\frac{z}{\sqrt{x^2+y^2+z^2}}\right)$$
$$\Rightarrow \frac{\partial\vartheta}{\partial z} = \frac{(z^2/r^2)-1}{\sqrt{x^2+y^2}}$$
$$\frac{\partial\vartheta}{\partial y} = \frac{z\cdot y/r^2}{\sqrt{x^2+y^2}}$$
$$\varphi = \arctan\frac{y}{x} \Rightarrow \frac{\partial\varphi}{\partial y} = \frac{x}{x^2+y^2}\,,\quad \frac{\partial\varphi}{\partial z} = 0\,.$$

Einsetzen ergibt:

$$\hat{L}_x = -i\hbar\left[0\cdot\frac{\partial}{\partial r} - \frac{y}{\sqrt{x^2+y^2}}\frac{\partial}{\partial\vartheta} - \frac{z\cdot x}{x^2+y^2}\frac{\partial}{\partial\varphi}\right]$$
$$= +i\hbar\left[\sin\varphi\frac{\partial}{\partial\vartheta} + \cot\vartheta\cos\varphi\frac{\partial}{\partial\varphi}\right]\,.$$

Eine völlig analoge Rechnung liefert die anderen beiden Gleichungen in (4.95).
Um den Ausdruck (4.96) für $\hat{\boldsymbol{L}}^2$ zu erhalten, müssen wir die Relation $\hat{\boldsymbol{L}}^2 = \hat{L}_x^2 + \hat{L}_y^2 + \hat{L}_z^2$ ausnutzen.

$$\hat{L}_x^2 = -\hbar^2\left(\sin\varphi\frac{\partial}{\partial\vartheta} + \cot\vartheta\cos\varphi\frac{\partial}{\partial\varphi}\right)\cdot\left(\sin\varphi\frac{\partial}{\partial\vartheta} + \cot\vartheta\cos\varphi\frac{\partial}{\partial\varphi}\right)\,,$$

wobei die Differentiation $\partial/\partial\vartheta$ auf alle Funktionen von ϑ, die nach dem Ausmultiplizieren hinter dem Operator $\partial/\partial\vartheta$ stehen, wirkt.
Dies ergibt die vier Terme

$$\sin\varphi\frac{\partial}{\partial\vartheta}\sin\varphi\frac{\partial}{\partial\vartheta} = \sin^2\varphi\frac{\partial^2}{\partial\vartheta^2}\,;$$

$$\sin\varphi\frac{\partial}{\partial\vartheta}\left(\cot\vartheta\cos\varphi\frac{\partial}{\partial\varphi}\right)$$
$$=\sin\varphi\cos\varphi\left(-\frac{1}{\sin^2\vartheta}\frac{\partial}{\partial\varphi}+\cot\vartheta\frac{\partial}{\partial\vartheta}\frac{\partial}{\partial\varphi}\right);$$
$$\cot\vartheta\cos\varphi\frac{\partial}{\partial\varphi}\left(\sin\varphi\frac{\partial}{\partial\vartheta}\right)$$
$$=\cot\vartheta\left(\cos^2\varphi\frac{\partial}{\partial\vartheta}+\cos\varphi\sin\varphi\frac{\partial}{\partial\vartheta}\frac{\partial}{\partial\varphi}\right);$$
$$\cot\vartheta\cos\varphi\frac{\partial}{\partial\varphi}\left(\cot\vartheta\cos\varphi\frac{\partial}{\partial\varphi}\right)$$
$$=\cot^2\vartheta\left(-\cos\varphi\sin\varphi\frac{\partial}{\partial\varphi}+\cos^2\varphi\frac{\partial^2}{\partial\varphi^2}\right).$$

Ähnliche Terme ergeben sich für $\hat{L}_y^2$ und $\hat{L}_z^2$. Addition ergibt dann (4.96), wobei man noch für

$$\cot\vartheta\frac{\partial}{\partial\vartheta}+\frac{\partial^2}{\partial\vartheta^2}=\frac{1}{\sin\vartheta}\frac{\partial}{\partial\vartheta}\left(\sin\vartheta\frac{\partial}{\partial\vartheta}\right)$$

schreiben kann.

4.8 Die Wellenfunktion im Bereich $x < 0$ bzw. $x > a$ ist

$$\psi(\delta x)=C\cdot e^{1/\hbar\cdot\sqrt{2m(E_0-E)}\cdot\delta x}.$$

Die Wahrscheinlichkeitsdichte $|\psi|^2$ sinkt auf $1/e$ des Wertes für $\delta x = 0$ für

$$\delta x=\frac{\hbar}{\sqrt{8m(E_0-E)}}.$$

Beispiel: $m = 9{,}1\cdot 10^{-31}$ kg, $E=\frac{1}{2}E_0$, $E_0 = 1$ eV $= 1{,}6\cdot 10^{-19}$ J

$$\Rightarrow \delta x=\frac{1{,}06\cdot 10^{-34}}{\sqrt{1{,}82\cdot 10^{-30}\cdot 0{,}8\cdot 10^{-19}}}\,\mathrm{m}$$
$$=0{,}28\cdot 10^{-9}\,\mathrm{m}.$$

4.9 a) Aus (4.27a) ergibt sich für $E=\frac{1}{2}E_0$

$$T=\frac{0{,}5}{0{,}5+0{,}5\sinh^2 2\pi}$$
$$=1{,}4\cdot 10^{-5}.$$

Für $E=\frac{1}{3}E_0$ ist

$$T=\frac{2/3}{2/3+3/4\cdot\sinh^2\left(2\pi\sqrt{2}\right)}$$
$$=5{,}1\cdot 10^{-8}.$$

Mit der Näherungsformel (4.27b) erhält man für $E = 0{,}5\,E_0$:

$$T=4\cdot e^{-4\pi}=1{,}395\cdot 10^{-5}.$$

Maximale Transmission $T = 1$ wird erreicht für $E > E_0$, wenn $\sin^2(\mathrm{i}\cdot\alpha\cdot a) = 0$ wird. Es folgt

$$a\cdot\sqrt{2m(E-E_0)}=n\cdot\pi\hbar=\frac{n}{2}\cdot h$$
$$\Rightarrow a/\lambda=\frac{n}{2},$$

wobei

$$\lambda=\frac{h}{\sqrt{2m(E-E_0)}}$$

die de Broglie-Wellenlänge des Teilchens während des Überfliegens der Barriere ist.

b) $E = 0{,}8$ eV, $E_0 = 1$ eV $\Rightarrow E/E_0 = 0{,}8$.

$$\alpha=\frac{\sqrt{2\cdot 2{,}91\cdot 10^{-31}\cdot 0{,}2\cdot 1{,}6\cdot 10^{-19}}}{1{,}06\cdot 10^{-34}}\,\mathrm{m}^{-1}$$
$$=2{,}28\cdot 10^{9}\,\mathrm{m}^{-1}$$
$$a=10^{-9}\,\mathrm{m}\Rightarrow\sinh^2\alpha\cdot a=24{,}4$$
$$T=\frac{0{,}2}{0{,}2-0{,}28\cdot 24{,}4}\approx 0{,}03.$$

Für $E = 1{,}2$ eV folgt

$$T=\frac{-0{,}2}{-0{,}2-0{,}208\cdot\sinh^2 2{,}28}=0{,}625$$
$$\Rightarrow R=0{,}375.$$

4.10 Die Energieniveaus im quadratischen Kastenpotential sind nach (4.50)

$$E(n_x,n_y)=\frac{\hbar^2\pi^2}{2ma^2}(n_x^2+n_y^2)\le E_{\max}$$
$$\Rightarrow R=0{,}375.$$

Einsetzen der Zahlenwerte:

$$m=9{,}1\cdot 10^{-31}\,\mathrm{kg},$$
$$a=10^{-8}\,\mathrm{m},$$
$$E_{\max}=1\,\mathrm{eV}=1{,}6\cdot 10^{-19}\,\mathrm{J}$$

ergibt die Bedingung

$$(n_x^2+n_y^2)\le 2{,}66\cdot 10^2$$
$$\Rightarrow n_x,n_y\le 16.$$

Im Quadranten $n_x > 0$, $n_y > 0$ gibt es ungefähr $\pi/4\cdot 2{,}66\cdot 10^2 = 2{,}08\cdot 10^2$ Zustände, die dieser Bedingung genügen. Davon sind einige energetisch entartet. Dies sind alle die, für die $n_x^2 + n_y^2$ den gleichen Wert hat, z. B. $n_x = n_y = 5$ und $n_x = 1$, $n_y = 7$ und $n_x = 7$, $n_y = 1$.

Kapitel 5

5.1 Der Erwartungswert von r ist definiert als

$$\langle r\rangle=\int\psi^* r\psi\,\mathrm{d}\tau$$

mit $d\tau = r^2 \sin\vartheta \, dr \, d\vartheta \, d\varphi$. Im 1$s$-Grundzustand des H-Atoms ist

$$\psi = \frac{1}{\sqrt{\pi} \cdot a_0^{3/2}} \cdot e^{-r/a_0}$$

$$\Rightarrow \langle r \rangle = \frac{1}{\pi a_0^3} \cdot 4\pi \int_0^\infty e^{-2r/a_0} \cdot r^3 \, dr$$

$$= \frac{4}{a_0^3} \cdot \frac{3!}{(2/a_0)^4} = \frac{3}{2} a_0 .$$

Der Erwartungswert von r ist also größer als der Bohr'sche Radius a_0! Der Erwartungswert von $1/r$ ist

$$\left\langle \frac{1}{r} \right\rangle = \frac{1}{\pi a_0^3} \cdot 4\pi \int_0^\infty e^{-2r/a_0} \cdot r \, dr$$

$$= \frac{4}{a_0^3} \cdot \frac{a_0^2}{4} = \frac{1}{a_0} .$$

Für den 2s-Zustand ist

$$\psi = \frac{1}{4 \cdot \sqrt{2\pi} a_0^{3/2}} \left(2 - \frac{r}{a_0} \right) e^{-r/2a_0}$$

$$\langle r \rangle = \frac{4\pi}{16 \cdot 2\pi \cdot a_0^3} \int_0^\infty \left(2 - \frac{r}{a_0} \right)^2 e^{-r/a_0} r^3 \, dr$$

$$= \frac{1}{8a_0^3} \int_0^\infty \left[4r^3 e^{-r/a_0} - \frac{4r^4}{a_0} e^{-r/a_0} + \frac{r^5}{a_0^2} e^{-r/a_0} \right] dr$$

$$= \frac{1}{8a_0^3} \left[24a_0^4 - 96a_0^4 + 120a_0^4 \right] = 6a_0 .$$

Eine analoge Rechnung liefert für $\langle 1/r \rangle$

$$\left\langle \frac{1}{r} \right\rangle_{2s} = \frac{1}{4a_0} .$$

5.2 Die Anregungsenergie $E_a = 13{,}3$ eV erlaubt die Besetzung von Termen mit der Energie

$$E_n \leq E_a - IP = \frac{Ry^*}{n^2}$$

$$\Rightarrow n^2 \leq \frac{Ry^*}{IP - E_a} = \frac{13{,}6}{13{,}6 - 13{,}3} = 45{,}3$$

$$\Rightarrow n \leq 6 .$$

Man beobachtet daher Fluoreszenz auf den Übergängen

$$6s \to 5p\,, 4p\,, 3p\,, 2p\,,$$
$$6p \to 5s\,, 4s\,, 3s\,, 2s\,, 1s\,,$$
$$6d \to 5p\,, 4p\,, 3p\,, 2p\,,$$
$$6f \to 5d\,, 4d\,, 3d\,,$$
$$6g \to 5f\,, 4f\,.$$

Da alle Terme mit gleichem j energetisch entartet sind, fallen eine Reihe dieser Linien zusammen.

5.3 Im Grundzustand ($n = 1$) ist $r = a_0$.

a) Führt man die Energie 12,09 eV zu, so wird die Termenergie

$$E_n = (12{,}09 - 13{,}599)\,\text{eV} = -1{,}51\,\text{eV}$$
$$= -Ry^*/n^2$$
$$\Rightarrow n^2 = \frac{13{,}599}{1{,}51} = 9 \Rightarrow n = 3 .$$

Da $r \propto n^2$ ist, wird $r(n = 3) = 9a_0$.

b) In diesem Falle gilt:

$$E_n = (13{,}387 - 13{,}599)\,\text{eV} = -0{,}212\,\text{eV}$$
$$= -Ry^*/n^2$$
$$\Rightarrow n^2 = \frac{13{,}599}{0{,}212} = 64{,}1 \Rightarrow n = 8 .$$

$r(n = 8) = 64a_0$.

5.4 In der Bohr-Theorie ist $\boldsymbol{\mu}_e = -e/(2m_e)\boldsymbol{l}$, sodass $\boldsymbol{\mu}_e/\boldsymbol{l} = -e/(2m_e)$ konstant und unabhängig von der Hauptquantenzahl n ist. In der Quantenmechanik treten die Erwartungswerte

$$\langle \mu_z \rangle = -m_l \frac{e\hbar}{2m_e} , \quad -l \leq m_l \leq +l ,$$
$$\langle \mu_e^2 \rangle = l(l+1) \frac{e^2\hbar^2}{4m_e^2}$$

an die Stelle der klassischen Vektorrelationen. Auch sie sind im Coulombfeld unabhängig von n.

5.5 a) Die Geschwindigkeit des Elektrons auf der tiefsten Bohr'schen Bahn ist $v(1s) = 7{,}3 \cdot 10^{-3} \cdot c$ (siehe Aufgabe 3.4). Es folgt

$$m(v) = \frac{m_0}{\sqrt{1 - \beta^2}} \approx m_0 \cdot \left(1 + \frac{1}{2}\beta^2 \right)$$
$$= m_0(1 + 2{,}66 \cdot 10^{-5}) .$$

Seine Massenzunahme ist dann $\Delta m_1 = 2{,}55 \cdot 10^{-5} m_0$. Für $n = 2$ ist $v(2s) \approx 3{,}65 \cdot 10^{-3} c$ (weil $v \propto 1/n$)

$$\Rightarrow m(v) = m_0 \left(1 + 6{,}6 \cdot 10^{-6} \right)$$
$$\Rightarrow \Delta m_2 = 6{,}6 \cdot 10^{-6} m_0 \Rightarrow \delta m = \Delta m_1 - \Delta m_2$$
$$= 2{,}0 \cdot 10^{-5} m_0 = 1{,}8 \cdot 10^{-35}\,\text{kg} .$$

b) Die Energiedifferenz ist $\Delta E = E(2s) - E(1s) = 10\,\text{eV} = 1{,}6 \cdot 10^{-18}$ J. Ihr entspricht eine Massendifferenz

$$\Delta m = m_1 - m_2 = \Delta E/c^2$$
$$= -1{,}8 \cdot 10^{-35}\,\text{kg} .$$

Beide Effekte ergeben die gleiche Massendifferenz, aber mit entgegengesetztem Vorzeichen.

5.6 a) Der Drehimpuls ist (siehe Bd. 1, Kap. 5)

$$|s| = I \cdot \omega = \frac{2}{5} m_e \cdot r^2 \cdot \omega = \sqrt{3/4} \cdot \hbar$$

$$\Rightarrow v_{\text{Äquator}} = r \cdot \omega = \frac{5}{2} \sqrt{0{,}75} \cdot \hbar / (m_e r) .$$

Für $r = 1{,}4 \cdot 10^{-15}$ m, $m_e = 9{,}1 \cdot 10^{-31}$ kg folgt

$$v = 1{,}8 \cdot 10^{11}\,\text{m/s} \gg c \quad \text{Widerspruch!}$$

Für $r = 10^{-18}$ m folgt $v = 2{,}5 \cdot 10^{14}$ m/s. Man darf also zur Erklärung des Elektronenspins kein klassisches Modell verwenden. b) Die Rotationsenergie beträgt

$$E_{\text{rot}} = \frac{1}{2} I \omega^2 = \frac{1}{5} m_e r^2 \omega^2 = \frac{1}{5} m_e v^2_{\text{Äquator}} .$$

Für $r = 1{,}4 \cdot 10^{-15}$ m folgt $E_{\text{rot}} = 6 \cdot 10^{-9}$ J, verglichen mit der Ruheenergie $E_0 = m_e c^2 = 8 \cdot 10^{-14}$ J. Man sieht hier, dass das Elektron keine geladene Kugel sein kann mit Radius r und mechanischem Drehimpuls $|s|$.

5.7 Die Zeeman-Aufspaltung des $2^2S_{1/2}$-Zustandes ist nach (5.74) und (5.76)

$$\Delta E_s = g_j \cdot \mu_B \cdot B$$

mit $g_j = g_s \approx 2$. Für den $3^2P_{1/2}$-Zustand gilt:

$$\Delta E_p = g_j \mu_B B$$

mit

$$g_j = 1 + \frac{\frac{1}{2} \cdot \frac{3}{2} + \frac{1}{2} \cdot \frac{3}{2} - 1 \cdot 2}{2 \cdot \frac{1}{2} \cdot \frac{3}{2}} = \frac{2}{3} .$$

Die vier Linien treten in zwei Paaren auf mit dem kleineren Abstand

$$\Delta\nu_1 = \frac{2}{3} \cdot \mu_B \cdot B/h$$

und dem größeren Abstand

$$\Delta\nu_2 = \frac{4}{3} \mu_B \cdot B/h.$$

Mit $B = 1$ Tesla, $\mu_B = 9{,}27 \cdot 10^{-24}$ J/T folgt

$$\Delta\nu_1 = 9{,}3 \cdot 10^9\,\text{s}^{-1} ,$$
$$\Delta\nu_2 = 1{,}86 \cdot 10^{10}\,\text{s}^{-1} .$$

Das spektrale Auflösungsvermögen muss bei einer Frequenz $\nu = 4{,}5 \cdot 10^{14}\,\text{s}^{-1}$

$$\left|\frac{\nu}{\Delta\nu}\right| \approx \left|\frac{\lambda}{\Delta\lambda}\right| = \frac{4{,}5 \cdot 10^{14}}{9{,}3 \cdot 10^9} = 4{,}8 \cdot 10^4$$

sein. Das Auflösungsvermögen ist (siehe Bd. 2, Abschn. 11.5)

$$\left|\frac{\lambda}{\Delta\lambda}\right| \leq m \cdot N$$

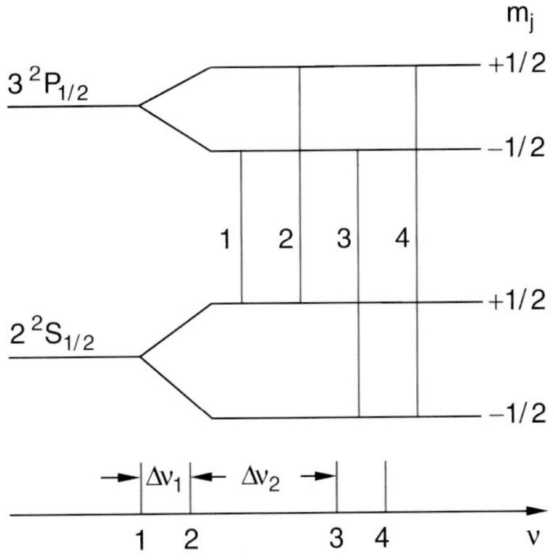

Abbildung L.7 Zu Lösung 5.7

(m = Ordnung, N = Zahl der beleuchteten Gitterstriche). Für $m = 2$ folgt

$$N \geq \frac{4{,}8 \cdot 10^4}{2} = 24\,000 .$$

Deshalb müssen mindestens 24 000 Gitterstriche beleuchtet werden.

b) Das FPI (siehe Bd. 2, Abschn. 10.4) hat einen freien Spektralbereich

$$\delta\nu = \frac{c}{2d} = \frac{3 \cdot 10^8}{2 \cdot 10^{-2}}\,\text{s}^{-1} = 1{,}5 \cdot 10^{10}\,\text{s}^{-1} .$$

Das minimal auflösbare Frequenzintervall ist bei einer Finesse $F^* = \pi \cdot \sqrt{R}/(1-R)$:

$$\Delta\nu = \delta\nu / F^* .$$

Mit $R = 0{,}95$ folgt $F^* = 61$ und

$$\Delta\nu = \frac{1{,}5 \cdot 10^{10}}{61} \approx 2{,}5 \cdot 10^8\,\text{s}^{-1} .$$

Um alle Linien im Teil a) dieser Aufgabe zu trennen, muss das Magnetfeld mindestens $B \geq 0{,}026$ T sein.

5.8 Die magnetische Energie eines magnetischen Momentes im Magnetfeld B ist

$$E = -\boldsymbol{\mu} \cdot \boldsymbol{B} .$$

Das magnetische Moment des Protons ist

$$\mu_p = \pm 2{,}79 \mu_K ,$$

sodass der Abstand der beiden HFS-Komponenten $\Delta E = 5{,}58 \mu_K \cdot B$ ist. Die Linie mit $\lambda = 21$ cm entspricht einer Energiedifferenz

$$\Delta E = h \cdot \nu = h \cdot c/\lambda = 9{,}46 \cdot 10^{-25}\,\text{J} .$$

Mit $\mu_K = 5{,}05 \cdot 10^{-27}\,\mathrm{J/T}$ folgt

$$B = \frac{9{,}46 \cdot 10^{-25}}{5{,}58 \cdot 5{,}05 \cdot 10^{-27}}\,\mathrm{T} = 3{,}35 \cdot 10^{1}\,\mathrm{T} = 33{,}5\,\mathrm{T}\,.$$

5.9 Die Frequenzen ν sind gegeben durch

$$h \cdot \nu = Ry^* \left(\frac{1}{1} - \frac{1}{4}\right) = \frac{3}{4} Ry^*\,.$$

Die Rydbergkonstante

$$Ry^* = \frac{e^4}{8\varepsilon_0^2 h^2} \cdot \mu \quad \text{mit} \quad \mu = \frac{m_K \cdot m_e}{m_K + m_e}$$

hängt von der reduzierten Masse μ ab. Für das H-Atom ist

$$\mu = m_e \cdot \frac{1}{1 + \frac{1}{1836}} = m_e \cdot 0{,}999456\,.$$

Für das D-Isotop ist

$$\mu = m_e \cdot \frac{1}{1 + \frac{1}{3672}} = m_e \cdot 0{,}999728\,.$$

Für das T-Isotop ist

$$\mu = m_e \cdot 0{,}999818\,.$$

Die Frequenzen der Lyman-α-Linien sind:

$$\overline{\nu}(\mathrm{H}) = 82\,258{,}2\,\mathrm{cm}^{-1} \mathrel{\hat{=}} \nu = 2{,}466039 \cdot 10^{15}\,\mathrm{s}^{-1}\,,$$
$$\overline{\nu}(\mathrm{D}) = 1{,}00027 \cdot \overline{\nu}(\mathrm{H}) = 82\,280{,}6\,\mathrm{cm}^{-1}\,.$$

Die Differenz $\overline{\nu}(\mathrm{H}) - \overline{\nu}(\mathrm{D})$ ist $\Delta\nu = 22{,}4\,\mathrm{cm}^{-1}$.

$$\overline{\nu}(T) = 1{,}00036 \cdot \overline{\nu}(\mathrm{H}) = 82\,288{,}0\,\mathrm{cm}^{-1}\,.$$

Kapitel 6

6.1 Das Potential für das zweite Elektron im He-Atom ist

$$\phi(r_2) = -\frac{Z \cdot e}{4\pi\varepsilon_0 r_2} + \frac{e}{4\pi\varepsilon_0} \int \frac{|\psi_{1s}(r_1)|^2}{r_{12}}\,\mathrm{d}\tau\,,$$

wobei ψ_{1s} die Wellenfunktion des ersten Elektrons ist.

$$r_{12}^2 = r_1^2 + r_2^2 - 2r_1 r_2 \cos\vartheta$$
$$\Rightarrow r_{12}\,\mathrm{d}r_{12} = r_1 r_2 \sin\vartheta\,\mathrm{d}\vartheta$$
$$\mathrm{d}\tau = r_1^2\,\mathrm{d}r_1 \sin\vartheta\,\mathrm{d}\vartheta\,\mathrm{d}\varphi$$
$$\psi_{1s} = \frac{Z^{3/2}}{\sqrt{\pi} \cdot a_0^{3/2}} \mathrm{e}^{-Zr_1/a_0} \quad \text{mit} \quad Z = 2\,.$$

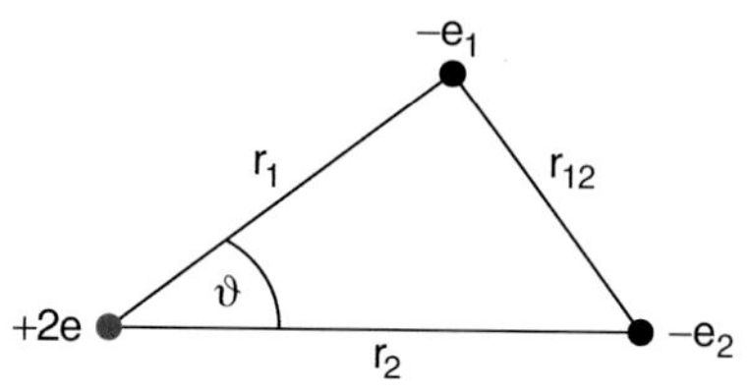

Abbildung L.8 Zu Lösung 6.1

Einsetzen liefert für das Integral

$$I = \int \frac{|\psi_{1s}|^2}{r_{12}} r_1^2 \sin\vartheta\,\mathrm{d}r_1\,\mathrm{d}\vartheta\,\mathrm{d}\varphi$$
$$= \frac{Z^3\pi}{\pi a_0^3}\left[\int\limits_{r_1=0}^{r_2} \frac{\mathrm{e}^{-Z\cdot 2r_1/a_0} r_1^2}{r_1 r_2}\,\mathrm{d}r_1 \int\limits_{r_{12}=r_2-r_1}^{r_2+r_1} \mathrm{d}r_{12} + \int\limits_{r_1=r_2}^{\infty} \frac{\mathrm{e}^{-Z\cdot 2r_1/a_0} r_1}{r_2}\,\mathrm{d}r_1 \int\limits_{r_{12}=r_1-r_2}^{r_1+r_2} \mathrm{d}r_{12}\right],$$

weil für $\vartheta = 0$ gilt:

$$r_{12} = \begin{cases} r_2 - r_1 & \text{für } r_1 < r_2\,, \\ r_1 - r_2 & \text{für } r_1 > r_2\,, \end{cases}$$

für $\vartheta = \pi$ folgt $r_{12} = r_1 + r_2$. Ausführen der Integration ergibt für die beiden Summanden:

$$I_1 = \left(-\frac{r_2 a_0}{Z} - \frac{a_0^2}{Z^2} - \frac{a_0^3}{2r_2 Z^3}\right)\mathrm{e}^{-2Zr_2/a_0} + \frac{a_0^3}{2r_2 Z^3}\,,$$
$$I_2 = \left(\frac{a_0 r_2}{Z} + \frac{a_0^2}{2Z^2}\right)\mathrm{e}^{-2Zr_2/a_0}\,.$$

Daraus erhält man schließlich mit $r = r_2$ das gesamte Potential:

$$\phi(r) = -\frac{(Z-1)e}{4\pi\varepsilon_0 r} - \frac{e}{4\pi\varepsilon_0}\left(\frac{Z}{a_0} + \frac{1}{r}\right)\mathrm{e}^{-2Zr/a_0}$$

mit $Z = 2$ für das He-Atom.

6.2 Der mittlere Abstand ist $\overline{d} = n^{-1/3}$. Die de-Broglie-Wellenlänge $\lambda = h/p = h/m \cdot v$ wird größer als $\overline{d}$, wenn

$$\overline{v} < \frac{h}{m \cdot n^{-1/3}}\,.$$

Die mittlere Geschwindigkeit ist

$$\overline{v} = \sqrt{\frac{8kT}{\pi \cdot m}}\,.$$

Daher folgt für die Temperatur

$$T < \frac{\pi \cdot h^2 \cdot n^{2/3}}{8k \cdot m}\,.$$

Beispiel: Na-Atome der Dichte $n = 10^{12}/\mathrm{cm}^3 = 10^{18}/\mathrm{m}^3$ mit $m = 23 \cdot 1{,}66 \cdot 10^{-27}\,\mathrm{kg}$

$$\Rightarrow T < 3{,}3 \cdot 10^{-7}\,\mathrm{K} = 0{,}33\,\mu\mathrm{K}\,.$$

Da man den Ort eines Teilchens nicht genauer als die de Broglie-Wellenlänge bestimmen kann, sind die Teilchen nicht mehr unterscheidbar. Sie bilden ein Bose-Einstein-Kondensat aus identischen Teilchen.

6.3 Die potentielle Energie ist

$$\begin{aligned} E_{\mathrm{pot}} &= -\frac{4e^2}{4\pi\varepsilon_0 r_1} + \frac{e^2}{4\pi\varepsilon_0(2r_1)} \\ &= -\frac{7}{8}\frac{e^2}{\pi\varepsilon_0 r_1} = -\frac{7}{4}\frac{e^2}{\pi\varepsilon_0 a_0}\,, \end{aligned}$$

weil $r_1 = a_0/2$.

$$E_{\mathrm{kin}} = \frac{2m_\mathrm{e}v^2}{2} = m_\mathrm{e}v^2\,.$$

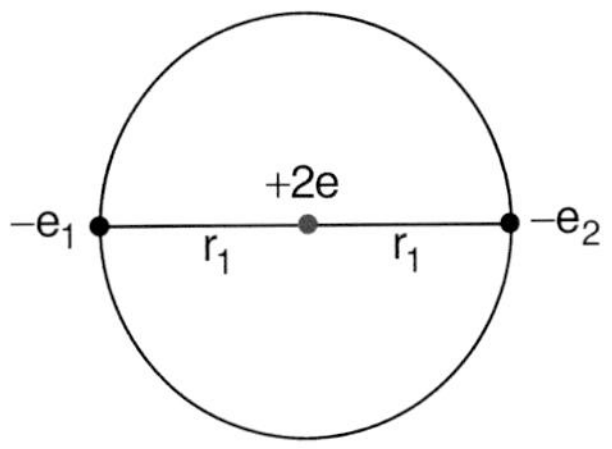

Abbildung L.9 Zu Lösung 6.3

Mit

$$v = \frac{Z \cdot h}{2\pi m a_0} = \frac{h}{\pi m a_0}$$

folgt

$$E_{\mathrm{kin}} = \frac{h^2}{\pi^2 m a_0^2}\,.$$

Die Gesamtenergie des Systems ist dann

$$E = -\frac{7}{4}\frac{e^2}{\pi\varepsilon_0 a_0} + \frac{h^2}{\pi^2 m a_0^2}\,.$$

Einsetzen der Zahlenwerte ergibt

$$E = -1{,}30 \cdot 10^{-17}\,\mathrm{J} = -82\,\mathrm{eV}\,.$$

Der experimentelle Wert ist $E = -78{,}9\,\mathrm{eV}$. Man sieht daran, dass dieses einfache Modell die Wirklichkeit gut annähert.

6.4 Der Erwartungswert der potentiellen Energie des 2*s*-Elektrons ist

$$E_{\mathrm{pot}} = e \cdot \int \psi_2^* \phi(r) \psi_2 \,\mathrm{d}\tau_2\,.$$

Unter der Annahme, dass das 2*s*-Elektron eine räumliche Verteilung wie im H-Atom hat, weil es sich im Wesentlichen im Coulombfeld der effektiven Kernladung $Z_{\mathrm{eff}} = 1$ bewegt, gilt:

$$\begin{aligned} |\psi_2|^2 &= \frac{1}{32\pi a_0^3}\left(2 - \frac{r}{a_0}\right)^2 \mathrm{e}^{-r/a_0} \\ \Rightarrow E_{\mathrm{pot}} &= -\frac{e^2}{4\pi\varepsilon_0 \cdot 32\pi a_0^3} \\ &\quad \cdot \int \left[\frac{1}{r} + \left(\frac{1}{r} + \frac{Z}{a_0}\right) \cdot \mathrm{e}^{-2Zr/a_0}\right] \\ &\quad \cdot \left(2 - \frac{r}{a_0}\right)^2 \mathrm{e}^{-r/a_0}\,\mathrm{d}\tau\,. \end{aligned}$$

$$\begin{aligned} \int &= \int_{r=0}^{\infty} \left[\left(\frac{4}{r} - \frac{4}{a_0} + \frac{r}{a_0^2}\right)\mathrm{e}^{-r/a_0} \right.\\ &\quad + \left(\frac{4}{r} + \frac{4(Z-1)}{a_0} - \frac{(4Z-1)r}{a_0^2} + \frac{Zr^2}{a_0^3}\right) \\ &\quad \left. \cdot\, \mathrm{e}^{-(2Z+1)\,r/a_0}\right] \cdot r^2\,\mathrm{d}r \int_0^{\pi} \sin\vartheta\,\mathrm{d}\vartheta \int_0^{2\pi} \mathrm{d}\varphi \\ &= 4\pi \cdot \int_{r=0}^{\infty} \left[\left(4r - \frac{4r^2}{a_0} + \frac{r^3}{a_0^2}\right)\mathrm{e}^{-r/a_0} \right.\\ &\quad \left. + \left(4r + \frac{4r^2}{a_0} - \frac{7r^3}{a_0^2} + \frac{2r^4}{a_0^3}\right)\mathrm{e}^{-5r/a_0}\right]\mathrm{d}r \\ &= 4\pi \cdot \left[4a_0^2 - 8a_0^2 + 6a_0^2 + \frac{4}{25}a_0^2 + \frac{8}{125}a_0^2 \right.\\ &\quad \left. - \frac{42}{625}a_0^2 + \frac{48}{3125}\right] \end{aligned}$$

$$\begin{aligned} &= 4\pi\left(\frac{958}{3125}a_0^2 + 2a_0^2\right) = 4\pi \cdot \frac{6788}{3125}a_0^2 \\ \Rightarrow E_{\mathrm{pot}}(2\,s) &= -\frac{e^2}{4\pi\varepsilon_0 a_0} \cdot 0{,}272 \\ &= -27{,}2 \cdot 0{,}272\,\mathrm{eV} = -7{,}39\,\mathrm{eV}\,. \end{aligned}$$

Eine analoge Berechnung für den 3*s*-Zustand ergibt $E_{\mathrm{pot}}(3s) = -3{,}19\,\mathrm{eV}$.

$$\begin{aligned} &\Rightarrow \Delta E_{\mathrm{pot}} = 4{,}2\,\mathrm{eV} \\ &\Rightarrow \Delta E \approx \frac{1}{2}\Delta E_{\mathrm{pot}} \\ &\qquad \approx 2{,}1\,\mathrm{eV}\,. \end{aligned}$$

Dies stimmt einigermaßen mit dem experimentellen Wert $\Delta E_{\mathrm{exp}} = 2{,}3\,\mathrm{eV}$ überein.

6.5 Bei maximalem Spin aller Elektronen in einer nicht aufgefüllten Schale haben die Elektronen den größten mittleren

Abstand voneinander. Da ihre Spinfunktion symmetrisch gegen Vertauschung zweier Elektronen ist, muss der räumliche Anteil der Wellenfunktion antisymmetrisch sein. Dies gibt Nullstellen von $|\psi|^2$ immer dann, wenn zwei Elektronen am gleichen Ort sind, d. h. $\psi(\boldsymbol{r}_1, \boldsymbol{r}_2) = 0$ für $\boldsymbol{r}_1 = \boldsymbol{r}_2$.

6.6 Mithilfe der Abschirmkonstante S kann die potentielle Energie eines Rydberg-Elektrons geschrieben werden als

$$\begin{aligned} E_{\text{pot}} &= -\frac{(Z-S)e^2}{4\pi\varepsilon_0 r} \\ \Rightarrow E &= -\frac{(Z-S)e^2}{8\pi\varepsilon_0 r} \\ &= E_{\text{kin}} + E_{\text{pot}} \\ &= -\frac{Ry^*(Z-S)^2}{n^2} . \end{aligned}$$

Nach der Rydbergformel (6.35) können die Rydbergenergien auch geschrieben werden als

$$E = -\frac{Ry^*}{(n-\delta)^2} .$$

Der Vergleich liefert

$$S = Z - \frac{n}{n-\delta} .$$

Für $\delta \to 0$ geht $S \to Z - 1$, d. h. es bleibt ein Coulombpotential mit $Z_{\text{eff}} = 1$ übrig.

6.7 Beim myonischen Atom ist die reduzierte Masse

$$\mu = \frac{m_\mu \cdot m_{\text{K}}}{m_\mu + m_{\text{K}}} .$$

Mit $m_\mu = 206{,}76\, m_{\text{e}}$ und $m_{\text{K}} = 140 \cdot 1836\, m_{\text{e}}$ folgt $\mu = 206{,}6\, m_{\text{e}}$.

$$\begin{aligned} \Rightarrow Ry^*_\mu &= 206{,}6 \cdot Ry^\infty \\ \Rightarrow E_n &= -\frac{206{,}6 Ry^{*\infty} \cdot Z^2}{n^2} \\ h \cdot \nu &= \frac{3}{4} \cdot 60^2 \cdot 206{,}6 \cdot 13{,}6\,\text{eV} \\ &= 7{,}59 \cdot 10^6\,\text{eV} . \end{aligned}$$

Die Photonenenergie liegt im MeV-Bereich! Der Radius r_μ des Myons im myonischen Atom ist

$$r_n^\mu = \frac{n^2}{Z} \cdot \frac{a_0}{206{,}6} .$$

Der kleinste Radius der Elektronenbahn ist $r_1^{\text{el}} = a_0/Z$. Aus $r_1^{\text{el}} = r_n^\mu$ folgt

$$\frac{n^2}{206} = 1 \Rightarrow n \approx 14 .$$

6.8 Die potentielle Energie des Elektrons im Zustand $\psi(\boldsymbol{r})$ ist (siehe Aufgabe 4):

$$E_{\text{pot}} = +e \int |\psi|^2 \cdot \phi(r)\, \mathrm{d}\tau ,$$

wobei $e = 1{,}6 \cdot 10^{-19}\,\text{C}$ die Elementarladung ist. Die $3P$-Funktion hat für $r = 0$ eine Nullstelle. Für die $3S$-Funktion ist die Aufenthaltswahrscheinlichkeit innerhalb der Elektronenhülle der ($n = 1$)- und ($n = 2$)-Schale größer als für das $3P$-Elektron. Deshalb ist die Kernabschirmung kleiner. Daraus folgt, dass E_{pot} und damit E für $3S$ tiefer liegt.

6.9 Die potentielle Energie des zweiten Elektrons im H^--Ion ist

$$E_{\text{pot}}(r_2) = +e \cdot \phi(r) ,$$

wobei $\phi(r)$ wie in Aufgabe 6.1 berechnet wird, jedoch hier für $Z = 1$ eingesetzt werden muss. Das Potential ist daher

$$\phi(r) = -\frac{e}{4\pi\varepsilon_0}\left(\frac{1}{a_0} + \frac{1}{r}\right) \cdot \mathrm{e}^{-2r/a_0} .$$

Die Aufenthaltswahrscheinlichkeit des 2. Elektrons wird in einer Näherung, in der die Wechselwirkung mit dem ersten Elektron nur über das Potential indirekt berücksichtigt wird, durch

$$\psi(r) = \frac{1}{\sqrt{\pi} a_0^{3/2}} \mathrm{e}^{-r/a_0}$$

beschrieben. Die potentielle Energie im tiefsten Energiezustand ist dann

$$\begin{aligned} E_{\text{pot}}^{\min} &= +e^2 \int |\psi|^2 \cdot \phi(r)\, \mathrm{d}\tau \\ &= \frac{-e^2 \cdot 4\pi}{4\pi\varepsilon_0 \cdot \pi \cdot a_0^3} \int_0^\infty \left(\frac{1}{a_0} + \frac{1}{r}\right) \mathrm{e}^{-4r/a_0} r^2\, \mathrm{d}r \\ &= -\frac{e^2}{\pi\varepsilon_0 a_0^3} \frac{3}{32} a_0^2 = -\frac{3}{8} \cdot \frac{e^2}{4\pi\varepsilon_0 a_0} \\ &= -10{,}2\,\text{eV} . \end{aligned}$$

In der klassischen Berechnung gilt das Virialtheorem für ein $1/r$-Potential

$$E_{\text{kin}} = -\frac{1}{2} E_{\text{pot}} .$$

Die quantenmechanische Version im Fall eines radialsymmetrischen Potentials lautet dann

$$\langle E_{\text{kin}} \rangle_{\psi 1s} = \frac{-e}{2} \left\langle r \cdot \frac{\mathrm{d}}{\mathrm{d}r}(\Phi(r)) \right\rangle_{\psi 1s} .$$

Hierbei wird nicht über die beiden Elektronen summiert, weil sich in diesem Bild das zweite Elektron im effektiven

Potential des ersten Elektrons und des Kerns bewegt.

$$\begin{aligned}
\langle E_{\rm kin}\rangle_{\psi 1s} &= -\frac{1}{2}\cdot\frac{e^2}{4\pi\varepsilon_0}\left\langle r\frac{\rm d}{{\rm d}r}\left[\left(\frac{1}{a_0}+\frac{1}{r}\right){\rm e}^{-2r/a_0}\right]\right\rangle_{\psi 1s}\\
&= \frac{1}{2}\frac{e^2}{4\pi\varepsilon_0}\left\langle\left[\frac{1}{r}+\frac{2}{a_0}\left(\frac{r}{a_0}+1\right)\right]{\rm e}^{-2r/a_0}\right\rangle_{\psi 1s}\\
&= \frac{1}{2}\frac{e^2}{4\pi\varepsilon_0}\frac{4}{a_0^3}\frac{1}{4\pi}\int_0^\infty\oint\left[\frac{1}{r}+\frac{2}{a_0}\left(\frac{r}{a_0}+1\right)\right]\\
&\quad\cdot{\rm e}^{-4r/a_0}r^2\,{\rm d}\Omega{\rm d}r\\
&= \frac{1}{2}\frac{e^2}{4\pi\varepsilon_0}\frac{1}{4a_0^3}\int_0^\infty\left\{\frac{4r}{a_0}+2\left[\frac{1}{4^2}\left(\frac{4r}{a_0}\right)^3+\frac{1}{4}\left(\frac{4r}{a_0}\right)^2\right]\right\}\\
&\quad\cdot{\rm e}^{-4r/a_0}\frac{4}{a_0}{\rm d}r\\
&= \frac{1}{2}\frac{e^2}{4\pi\varepsilon_0}\frac{1}{4a_0}\int_0^\infty\left(s+\frac{1}{2}s^2\frac{1}{8}s^3\right){\rm e}^{-s}\,{\rm d}s \quad\text{mit}\quad s=\frac{4r}{d_0}\\
&= \frac{1}{2}\frac{e^2}{4\pi\varepsilon_0}\frac{1}{4a_0}\left(1!+\frac{1}{2}\cdot 2!+\frac{1}{8}\cdot 3!\right)\\
&= \frac{11}{32}\frac{e^2}{4\pi\varepsilon_0}\frac{1}{a_0} = -\frac{11}{12}E_{\rm pot}\\
&= 9{,}35\,{\rm eV}\,.
\end{aligned}$$

Die kinetische Energie ist also nicht wie im klassischen Fall $E_{\rm kin} = -\frac{1}{2}E_{\rm pot}$, sondern $\langle E_{\rm kin}\rangle = -\frac{11}{12}E_{\rm pot}$. Damit ergibt sich für die Bindungsenergie

$$E_{\rm B} = 0\,{\rm eV} - (\langle T\rangle + E_{\rm pot}) = -\frac{1}{12}E_{\rm pot} = 0{,}85\,{\rm eV}\,.$$

Dies stimmt relativ gut mit dem experimentellen Wert

$$E_{\rm B}^{\rm exp} = 0{,}75\,{\rm eV}$$

überein.

Anmerkung. Die Berechnung der kinetischen Energie wurde mir freundlicherweise von Herrn Alexander Lehmann mitgeteilt, der mich darauf hingewiesen hat, dass hier nicht die klassische sondern die quantenmechanische Version des Virialsatzes verwendet werden muss.

6.10 Für die Energie des n-ten Zustands gilt:

$$E_n = -Ry^*\cdot\frac{Z_{\rm eff}^2}{n^2} \Rightarrow Z_{\rm eff}^2 = -\frac{n_2\cdot E_n}{Ry^*}\,.$$

Mit $Ry^* = 13{,}6\,{\rm eV}$ erhält man

$$\begin{aligned}
Z_{\rm eff}^2(n=2) &= -\frac{4\cdot 5{,}39}{13{,}6} = 1{,}58\\
&\Rightarrow Z_{\rm eff} = 1{,}26\\
Z_{\rm eff}^2(n=20) &= -\frac{400\cdot 0{,}034}{13{,}6} = 1\\
&\Rightarrow Z_{\rm eff} = 1\,.
\end{aligned}$$

In sehr hohen Rydbergzuständen ist die Abschirmung der Kernladung Ze durch die $(Z-1)$ Elektronen des Atomrumpfes praktisch vollständig, sodass der Atomrumpf wie eine Ladung $+e$ wirkt. Wegen

$$E_n = -\frac{Ry^*}{(n-\delta)^2} \Rightarrow \delta = n - \sqrt{-\frac{Ry^*}{E_n}}\,.$$

Für $n = 2$:

$$\delta = 2 - \sqrt{\frac{13{,}6}{5{,}39}} = 2 - 1{,}59 = 0{,}41\,.$$

Für $n = 20$:

$$\delta = 20 - \sqrt{\frac{13{,}6}{0{,}034}} = 20 - 20 = 0\,.$$

Die mittleren Radien sind

$$\begin{aligned}
r_n &= \frac{n^2}{Z_{\rm eff}}a_0\\
\Rightarrow r_2 &= \frac{4}{1{,}26}a_0 = 3{,}18a_0\,,\\
r_{20} &= 400a_0\,.
\end{aligned}$$

6.11 Das Valenzelektron ist allein in der n-ten Schale. Für Li $(n = 2)$, Na $(n = 3)$, K $(n = 4)$ etc. Je größer n ist, desto besser schirmen die Elektronen in den abgeschlossenen Schalen die Kernladung ab, d. h. desto kleiner wird $Z_{\rm eff}$ und damit desto weniger groß die Bindungsenergie. Man kann die Energie experimentell durch Photoionisation der Alkali-Grundzustände bestimmen. Es gilt

$$\mathrm{A}(E_n) + h\cdot\nu \to \mathrm{A}^+ + \mathrm{e}^-(E_{\rm kin})\,.$$

Bei der Grenzfrequenz $\nu_{\rm g}$ der Photonen ist

$$E_{\rm kin} = 0 \Rightarrow -E_n = h\cdot\nu_{\rm g}\,.$$

Eine näherungsweise Berechnung ist mithilfe des Hartree-Verfahrens (siehe Abschn. 6.4.2) möglich, das hier schnell konvergiert, weil die Ladungsverteilung der abgeschlossenen Schalen kugelsymmetrisch ist. Das Valenzelektron bewegt sich deshalb im kugelsymmetrischen Potential, dessen r-Abhängigkeit jedoch für kleine r vom Coulombpotential abweicht.

6.12 Die potentielle Energie des Elektrons ist

$$E_{\rm pot}(x) = -\frac{e^2}{4\pi\varepsilon_0 r} - eE_0\cdot x \quad\text{mit}\quad x = r\cos\alpha\,.$$

In der x-Richtung ist $a = 0 \Rightarrow \cos\alpha = 1$. Dann gilt:

$$\frac{{\rm d}E_{\rm pot}}{{\rm d}r} = \frac{e^2}{4\pi\varepsilon_0 r^2} - eE_0\,.$$

Das Maximum tritt bei $\mathrm{d}E_{\mathrm{pot}}/\mathrm{d}r = 0$ auf.

$$\Rightarrow r_m = \left(\frac{e}{4\pi\varepsilon_0 E_0}\right)^{1/2}$$

$$\Rightarrow E_{\mathrm{pot}}(r_m) = -\sqrt{\frac{e^3 E_0}{\pi\varepsilon_0}}\,.$$

Um diesen Betrag wird die Ionisationsenergie, die für $E_0 = 0$ bei $E_{\mathrm{pot}} = 0$ liegt, erniedrigt durch das äußere Feld.

Kapitel 7

7.1 a) Die ausgestrahlte Energie ist

$$\begin{aligned} W_{\mathrm{Fl}} &= N(32P_{3/2}) \cdot h \cdot \nu = 10^8 \cdot 3{,}4 \cdot 10^{-19}\,\mathrm{J} \\ &= 3{,}4 \cdot 10^{-11}\,\mathrm{J} \approx 2 \cdot 10^8\,\mathrm{eV}\,. \end{aligned}$$

b) Es gilt:

$$\begin{aligned} W(\vartheta) &= W_0 \cdot \sin^2\vartheta\,, \\ W_{\mathrm{total}} &= W_0 \cdot \int_{\varphi=0}^{2\pi} \int_{\vartheta=-\pi/2}^{+\pi/2} \sin^2\vartheta\,\mathrm{d}\vartheta\,\mathrm{d}\varphi \\ &= 2\pi W_0 \left[\frac{1}{2}\vartheta - \frac{1}{4}\sin 2\vartheta\right]_{-\pi/2}^{+\pi/2} \\ &= \pi^2 W_0 \\ \Rightarrow W_0 &= W_{\mathrm{total}}/\pi^2\,. \end{aligned}$$

In den Winkelbereich 0,1 Sterad um $\vartheta = \pi/2$ wird die Energie

$$\begin{aligned} W(\vartheta &= \pi/2 \pm \Delta\vartheta/2, \varphi = 0 \pm \varphi/2) \\ &= \Delta\varphi \cdot W_0 \int_{\vartheta=\pi/2-\Delta\vartheta/2}^{\pi/2+\Delta\vartheta/2} \sin^2\vartheta\,\mathrm{d}\vartheta \\ &= W_0 \cdot \Delta\varphi\Delta\nu \end{aligned}$$

gestrahlt. Für $\Delta\vartheta \ll 1$ gilt

$$\begin{aligned} \Delta\Omega &= \Delta\vartheta \cdot \Delta\varphi = 0{,}1\,\mathrm{Sterad} \\ \Rightarrow W(\vartheta &= \pi/2 \pm \Delta\vartheta/2) = 0{,}1 \cdot W_0 \\ &= \frac{0{,}1}{\pi^2} W_{\mathrm{total}} = 0{,}01\,W_{\mathrm{total}}\,. \end{aligned}$$

Senkrecht zur Dipolachse werden in den Raumwinkel 0,1 Sterad 1 % der Gesamtenergie emittiert.

7.2 a) Nach (7.76) ist

$$\delta\nu_{\mathrm{D}} = 7{,}16 \cdot 10^{-7}\nu_0 \cdot \sqrt{T/M} \cdot \sqrt{\mathrm{mol}/(\mathrm{g}\cdot\mathrm{K})}\,.$$

Mit $T = 300\,\mathrm{K}$, $M = 1\,\mathrm{g/mol}$, $\nu_0 = 2{,}47 \cdot 10^{15}\,\mathrm{s}^{-1}$ folgt $\delta\nu_{\mathrm{D}} = 3{,}06 \cdot 10^{10}\,\mathrm{s}^{-1}$

$$\Rightarrow |\Delta\lambda_{\mathrm{D}}| = \frac{c}{\nu^2}\delta\nu_{\mathrm{D}} = 1{,}5 \cdot 10^{-3}\,\mathrm{nm}\,.$$

b) Das Kollimationsverhältnis des Atomstrahls ist

$$\varepsilon = \frac{b}{2d} = \frac{1}{200}\,.$$

Weil der Düsendurchmesser klein gegen b ist, kann die Atomstrahlquelle als punktförmig angesehen werden. Die Breite der Geschwindigkeitsverteilung $f(v_x)$ ist durch die Relation $|v_x| \le v \cdot \sin\varepsilon$ bestimmt.

$$\Rightarrow (\delta\nu_{\mathrm{D}})_{\mathrm{Strahl}} = \sin\varepsilon \cdot \delta\nu_{\mathrm{D}}(v)\,.$$

Mit $\sin\varepsilon = 5 \cdot 10^{-3}$ und $\delta\nu_{\mathrm{D}} = 3{,}06 \cdot 10^{10}\,\mathrm{s}^{-1}$ folgt

$$(\delta\nu_{\mathrm{D}})_{\mathrm{Strahl}} = 1{,}5 \cdot 10^8\,\mathrm{s}^{-1} = 150\,\mathrm{MHz}\,.$$

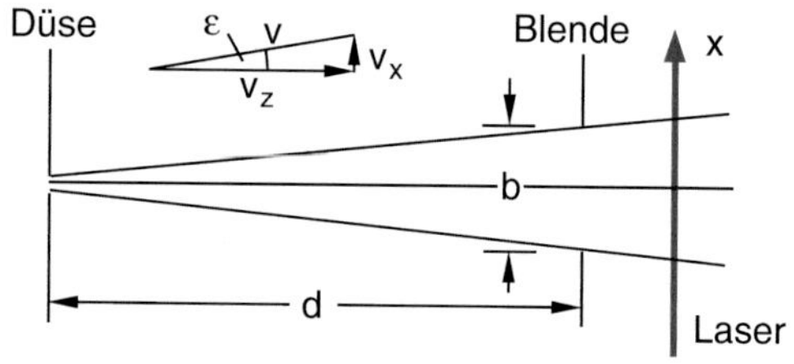

Abbildung L.10 Zu Lösung 7.2

c) Die natürliche Linienbreite ist

$$\delta\nu_{\mathrm{n}} = \frac{1}{2\pi\tau} = \frac{10^9}{2\pi \cdot 1{,}2}\,\mathrm{s}^{-1} = 132\,\mathrm{MHz}\,.$$

Die Hyperfeinaufspaltung ist

$$\delta\nu_{\mathrm{HFS}}(1s) = 1{,}4 \cdot 10^9\,\mathrm{s}^{-1}\,.$$

Sie kann daher mit der Strahlapparatur gut aufgelöst werden.

7.3 Die natürliche Linienbreite des Ca-Überganges ist

$$\begin{aligned} \delta\nu_{\mathrm{n}} &= \frac{1}{2\pi\tau} = \frac{10^4}{2\pi \cdot 3{,}9}\,\mathrm{s}^{-1} = 4{,}1 \cdot 10^2\,\mathrm{s}^{-1} \\ &= 410\,\mathrm{Hz}\,. \end{aligned}$$

Die Wechselwirkungszeit ΔT müsste größer sein als

$$\Delta T \ge \frac{1}{2\pi\Delta\nu} = \frac{1\,\mathrm{s}}{2\pi \cdot 3 \cdot 10^3} = 53\,\mu\mathrm{s}\,,$$

um eine Linienbreite von $\Delta\nu = 3\,\mathrm{kHz}$ zu erreichen. Die natürliche Linienbreite spielt dabei wegen $\delta\nu_{\mathrm{n}} \ll \Delta\nu$ keine Rolle.

Bei einer Ofentemperatur von $T = 900\,\text{K}$ ist die mittlere Geschwindigkeit der Ca-Atome (siehe Bd. 1, Abschn. 7.3.5)

$$\overline{v} = \sqrt{\frac{8kT}{\pi \cdot m}} = \sqrt{\frac{8 \cdot 1{,}38 \cdot 10^{-23} \cdot 9 \cdot 10^2}{\pi \cdot 40 \cdot 1{,}66 \cdot 10^{-27}}}\,\frac{\text{m}}{\text{s}}$$
$$= 690\,\text{m/s}\,.$$

Die Mindestlänge der Wechselwirkungszone ist dann

$$\Delta s = \overline{v} \cdot \Delta T = 6{,}9 \cdot 10^2 \cdot 5{,}3 \cdot 10^{-5}\,\text{m}$$
$$= 3{,}7 \cdot 10^{-2}\,\text{m}\,.$$

7.4 a) Die Wellenlänge λ des Überganges zwischen den Zuständen mit Termwerten T_i, T_k ist

$$\lambda_{ik} = \frac{1}{T_i - T_k} = \frac{1}{19\,932}\,\text{cm} = 501{,}7\,\text{nm}\,.$$

b) Die natürliche Linienbreite ist

$$\delta\nu_\text{n} \le \frac{1}{2\pi\tau_i} + \frac{1}{2\pi\tau_k} = \frac{10^9}{2\pi \cdot 1{,}4} + \frac{10^3}{2\pi}$$
$$= 1{,}14 \cdot 10^8\,\text{s}^{-1} = 114\,\text{MHz}\,.$$

c) Die Dopplerbreite beträgt

$$\delta\nu_\text{D} = 7{,}16 \cdot 10^{-7} \cdot \nu_0 \cdot \sqrt{T/M}\sqrt{\text{mol/(g} \cdot \text{K)}}$$
$$\nu_0 = \frac{c}{\lambda} = \frac{3 \cdot 10^8}{5{,}017 \cdot 10^{-7}}\,\text{s}^{-1}$$
$$= 5{,}98 \cdot 10^{14}\,\text{s}^{-1}$$
$$T = 10^3\,\text{K}\,, \quad M = 4\,\text{g/mol}$$
$$\Rightarrow \delta\nu_\text{D} = 6{,}77 \cdot 10^9\,\text{s}^{-1} = 6{,}77\,\text{GHz}\,.$$

7.5 a) Lorentzprofil mit natürlicher Linienbreite $\delta\nu_\text{n}$:

$$\alpha(\nu) = \alpha(\nu_0) \cdot \frac{(\delta\nu_\text{n}/2)^2}{(\nu - \nu_0)^2 + (\delta\nu_\text{n}/2)^2}\,,$$
$$\delta\nu_\text{n} = 1{,}14 \cdot 10^8\,\text{s}^{-1}\,.$$

Für $\Delta\lambda = 0{,}1\,\text{nm}$ ist

$$\Delta\nu = (\nu_1 - \nu_0) = \frac{c}{\lambda^2}\Delta\lambda = 1{,}2 \cdot 10^{11}\,\text{s}^{-1}$$
$$\Rightarrow \alpha(\nu_1) = \alpha(\nu_0) \cdot \frac{(0{,}57 \cdot 10^8)^2}{(1{,}2 \cdot 10^{11})^2 + (0{,}57 \cdot 10^8)^2}$$
$$= 2{,}25 \cdot 10^{-7} \cdot \alpha(\nu_0)\,.$$

b) Dopplerverbreitertes Absorptionsprofil:

$$\alpha(\nu) = \alpha(\nu_0) \cdot \text{e}^{-((\nu_1-\nu_0)/(2\delta\nu_\text{D}))^2 \cdot \ln 2}$$
$$\delta\nu_\text{D} = 6{,}77 \cdot 10^9\,\text{s}^{-1}$$

a) Für $\nu_1 - \nu_0 = 0{,}1\,\delta\nu_\text{D}$ folgt für das Gaußprofil

$$\alpha(\nu_1) = \alpha(\nu_0) \cdot \text{e}^{-0{,}028 \cdot \ln 2}$$
$$= \alpha(\nu_0) \cdot \text{e}^{-0{,}02}$$
$$= 0{,}98\,\alpha(\nu_0)\,.$$

Für das Lorentzprofil mit $\delta\nu_\text{n} = 1{,}14 \cdot 10^8\,\text{s}^{-1}$ gilt

$$\nu_1 - \nu_0 = 0{,}1\,\delta\nu_\text{D} = 6{,}77 \cdot 10^8\,\text{s}^{-1}$$
$$\Rightarrow \alpha(\nu_1) = \alpha(\nu_0) \cdot \frac{(5{,}7 \cdot 10^7)^2}{(6{,}77 \cdot 10^8)^2 + (5{,}7 \cdot 10^7)^2}$$
$$= 7 \cdot 10^{-3}\,\alpha(\nu_0)\,.$$

Für $\nu_1 - \nu_0 = \delta\nu_\text{D}$ folgt für das Dopplerprofil

$$\alpha(\nu_1) = \alpha(\nu_0) \cdot \text{e}^{-2{,}78 \cdot \ln 2} = 0{,}146\,\alpha(\nu_0)$$

und für das Lorentzprofil

$$\alpha(\nu_1) = \alpha(\nu_0) \cdot \frac{(0{,}57 \cdot 10^8)^2}{(6{,}77 \cdot 10^9)^2 + (0{,}57 \cdot 10^8)^2}$$
$$= 7 \cdot 10^{-5}\,\alpha(\nu_0)\,.$$

Für $\nu_1 - \nu_0 = 10\,\delta\nu_\text{D}$ folgt für das Dopplerprofil

$$\alpha(\nu_1) = \alpha(\nu_0) \cdot \text{e}^{-278 \cdot \ln 2} = 2 \cdot 10^{-84}\,\alpha(\nu_0)\,,$$

und für das Lorentzprofil

$$\alpha(\nu_1) \approx \frac{(5{,}7 \cdot 10^7)^2}{(6{,}77 \cdot 10^{10})^2} = 7 \cdot 10^{-7}\,\alpha(\nu_0)\,.$$

Hier ist die Absorption durch die natürliche Linienbreite also bereits wesentlich größer als durch die Dopplerbreite.
b) Bei gleicher Absorption in der Linienmitte $\nu = \nu_0$ wird für $\nu \ne \nu_0$ die Absorption für Doppler- und Lorentzprofil gleich, wenn gilt:

$$\frac{(\delta\nu_\text{n}/2)^2}{(\nu_1 - \nu_0)^2 + (\delta\nu_\text{n}/2)^2} = \text{e}^{-[(\nu_1-\nu_0)/0{,}6\,\delta\nu_\text{D}]^2}$$
$$\Rightarrow \ln[(\delta\nu_\text{n}/2)^2 + (\nu_1 - \nu_0)^2]$$
$$= [(\nu_1 - \nu_0)/0{,}6\,\delta\nu_\text{D}]^2 + \ln(\delta\nu_\text{n}/2)^2\,.$$

Die Lösung hängt ab vom Verhältnis $x = \delta\nu_\text{n}/\delta\nu_\text{D}$. Für $x = 0{,}01$ erhält man (z. B. mit Mathematica) $\nu_1 - \nu_0 = 439{,}6 \cdot \delta\nu_\text{n}$. Für $x = 0{,}1$ ist $\nu_1 - \nu_0 = 27{,}8\,\delta\nu_\text{n}$ und für $x = 1$: $\nu_1 - \nu_0 = 0{,}895\,\delta\nu_\text{n}$.

7.6 Die Frequenz der K_α-Linien von Silber ist für eine effektive Kernladung $Z_\text{eff} = Z - 1$:

$$h \cdot \nu = Ry^*(Z-1)^2\left(\frac{1}{n_1^2} - \frac{1}{n_2^2}\right)$$
$$Z = 47\,, \quad n_1 = 1\,, \quad n_2 = 2\,,$$
$$R^* = 13{,}6\,\text{eV}$$
$$\Rightarrow h \cdot \nu = 13{,}6 \cdot 46^2 \cdot \frac{3}{4}\,\text{eV} = 21{,}6\,\text{keV}$$
$$= 3{,}45 \cdot 10^{-15}\,\text{J}$$
$$\Rightarrow \nu = 5{,}22 \cdot 10^{18}\,\text{s}^{-1}$$
$$\Rightarrow \lambda = \frac{c}{\nu} = 5{,}75 \cdot 10^{-11}\,\text{m} = 0{,}575\,\text{Å}\,.$$

Der experimentelle Wert ist $h \cdot \nu = 21{,}9\,\text{keV}$, $\lambda = 0{,}562\,\text{Å}$. Die Ionisierungsenergie von Molybdän ist (wie man aus Tabellen, z. B. American Handbook of Physics) entnehmen kann:

$$IP(^{42}\text{Mo}) = 20{,}0\,\text{keV}\,.$$

Die kinetische Energie der Photoelektronen ist

$$E_{\text{kin}} = h \cdot \nu - IP = (21{,}9 - 20{,}0)\,\text{keV} = 1{,}9\,\text{keV}\,.$$

Ihre Geschwindigkeit ist daher

$$\begin{aligned} v &= \sqrt{2E_{\text{kin}}/m_e} = \left(\frac{2 \cdot 1{,}9 \cdot 1{,}6 \cdot 10^{-16}}{9{,}1 \cdot 10^{-31}}\right)^{1/2} \frac{\text{m}}{\text{s}} \\ &= 2{,}6 \cdot 10^7\,\frac{\text{m}}{\text{s}} = 8{,}6 \cdot 10^{-2} c\,. \end{aligned}$$

7.7 Rückstoßimpuls:

$$\boldsymbol{p} = \hbar \cdot \boldsymbol{k} \quad \text{mit} \quad |\boldsymbol{k}| = \frac{2\pi}{\lambda}\,.$$

Rückstoßenergie:

$$E_{\text{kin}} = \frac{p^2}{2m} = \frac{\hbar^2 k^2}{2m} = \frac{(h \cdot \nu)^2}{2mc^2} = \frac{1}{2}\frac{E^2_{\text{Photon}}}{mc^2}\,.$$

$n = 2 \to n = 1$ im H-Atom $\Rightarrow h \cdot \nu = 10{,}2\,\text{eV}$, $mc^2(\text{Proton}) = 938{,}8\,\text{MeV}$

$$\Rightarrow E_{\text{kin}} = \frac{1}{2} \cdot \frac{10{,}2^2}{938{,}8} \cdot 10^{-6}\,\text{eV} = 5{,}5 \cdot 10^{-8}\,\text{eV}\,.$$

Geschwindigkeit des H-Atoms nach Emission des Photons:

$$\begin{aligned} v &= \frac{p}{m} = \frac{h \cdot \nu}{mc^2} \cdot c \\ &= \frac{10{,}2}{9{,}38} \cdot 10^{-8} \cdot 3 \cdot 10^8\,\text{m/s} = 3{,}3\,\text{m/s}\,. \\ \frac{\Delta\nu_R}{\nu} &= \frac{v}{c} = 1{,}09 \cdot 10^{-8} \\ \Rightarrow \Delta\nu_R &= 1{,}09 \cdot 10^{-8} \cdot 2{,}47 \cdot 10^{15}\,\text{s}^{-1} \\ &= 2{,}7 \cdot 10^7\,\text{s}^{-1}\,. \end{aligned}$$

Die natürliche Linienbreite der Lyman-α-Linie ist

$$\delta\nu_n = \frac{1}{2\pi\tau(2p)} = 7{,}4 \cdot 10^7\,\text{s}^{-1}$$

wegen $\tau(2p) = 2{,}1\,\text{ns} \Rightarrow$ Die Rückstoßverschiebung $\Delta\nu_R$ beträgt $0{,}35 \cdot \delta\nu_n$. Die Dopplerbreite bei 300 K ist nach Aufgabe 2:

$$\delta\nu_D = 3{,}06 \cdot 10^{10}\,\text{s}^{-1} \Rightarrow \Delta\nu_R \ll \delta\nu_D\,.$$

7.8 Die effektive Lebensdauer ist bestimmt durch

$$\frac{1}{\tau_{\text{eff}}} = \frac{1}{\tau_n} + n \cdot \sigma \cdot \overline{v}_r$$

($\overline{v}_r$ = mittlere Relativgeschwindigkeit). Aus $p = n \cdot k \cdot T$ folgt

$$n = \frac{p}{kT} = \frac{10^2\,\text{Pa}}{1{,}38 \cdot 10^{-23} \cdot 500}\,\text{m}^{-3}$$

bei $p = 1\,\text{mbar}$

$$\Rightarrow n = 1{,}45 \cdot 10^{22}\,\text{m}^{-3}\,.$$

$$\begin{aligned} \overline{v}_r &= \sqrt{\frac{8kT}{\pi \cdot m}} \\ &= \sqrt{\frac{8 \cdot 1{,}38 \cdot 10^{-23} \cdot 500}{\pi \cdot 1{,}9 \cdot 10^{-26}}}\,\frac{\text{m}}{\text{s}} = 961\,\text{m/s} \end{aligned}$$

mit

$$m = \frac{m_{r_1} \cdot m_{r_2}}{m_{r_1} + m_{r_2}} = 1{,}9 \cdot 10^{-26}\,\text{kg}\,.$$

Es folgt

$$\begin{aligned} \frac{1}{\tau_{\text{eff}}} &= \left(\frac{10^9}{16} + 1{,}45 \cdot 10^{22} \cdot 4 \cdot 10^{-19} \cdot 961\right)\,\text{s}^{-1} \\ &= \left(6{,}25 \cdot 10^7 + 5{,}6 \cdot 10^6\right)\,\text{s}^{-1} \\ &= 6{,}81 \cdot 10^7\,\text{s}^{-1} \\ \tau_{\text{eff}} &= 14{,}7\,\text{ns}\,. \end{aligned}$$

Bei $p = 10\,\text{mbar}$ wird der zweite Term

$$n \cdot \sigma \cdot \overline{v} = 5{,}3 \cdot 10^7\,\text{s}^{-1}\,.$$

Damit wird die effektive Lebensdauer

$$\tau_{\text{eff}} = 8{,}7\,\text{ns}\,.$$

Bei $p = 100\,\text{mbar}$ ist $\tau_{\text{eff}} = 1{,}7\,\text{ns}$.

7.9 a) Die Rest-Dopplerbreite im kollimierten Atomstrahl ist

$$(\delta\nu_D)_{\text{red}} = \sin\varepsilon \cdot \delta\nu_D < 190\,\text{MHz}\,.$$

Mit $\delta\nu_D = 7{,}16 \cdot 10^{-7}\nu_0\sqrt{T/M} \cdot \sqrt{\text{mol}/(\text{g} \cdot \text{K})} = 2 \cdot 10^9\,\text{s}^{-1}$ wegen $\nu_0 = c/\lambda_0 = 5{,}09 \cdot 10^{14}\,\text{s}^{-1}$, $M = 23\,\text{g/mol}$, $T = 695\,\text{K}$ (folgt aus $\overline{v} = 800\,\text{m/s}$)

$$\Rightarrow \sin\varepsilon < \frac{190}{2000} = 0{,}095\,.$$

b) Aus der natürlichen Linienbreite

$$\delta\nu_n = 10\,\text{MHz} \Rightarrow \sin\varepsilon = \frac{10}{2000} = 5 \cdot 10^{-3}\,.$$

7.10 Aus dem Einsteinkoeffizienten ergibt sich

$$A_{ik} = \frac{1}{\tau} = 2\pi\delta\nu_n \Rightarrow \delta\nu_n = 1{,}6 \cdot 10^{-10}\,\text{s}^{-1}\,.$$

Die natürliche Linienbreite für den HFS-Übergang bei $\lambda = 21\,\text{cm}$ ist also extrem schmal. Die Dopplerbreite ist

$$\delta\nu_D = 7{,}16\cdot 10^{-7}\cdot\frac{3\cdot 10^8}{0{,}21}\cdot\sqrt{10}\,\text{s}^{-1} = 3{,}2\,\text{kHz}\,.$$

Die Druckverbreiterung ist: $\delta\nu_{\text{Stoß}} \approx \frac{n\cdot\sigma\cdot\overline{v}_{\text{relativ}}}{2\pi}$

$$\overline{v}_r = \sqrt{\frac{8kT}{\pi\mu}} = 650\,\text{m/s}$$

$$\Rightarrow\ \delta\nu_{\text{Stoß}} = \frac{10^5\cdot 10^{-26}\cdot 650}{2\pi}\,\text{s}^{-1} = 10{,}3\cdot 10^{-20}\,\text{s}^{-1}\,.$$

Die Stoßverbreiterung ist also vollkommen vernachlässigbar. Für die Lyman-α-Linie ist:

$$\begin{aligned}\delta\nu_n &= \frac{A_{ik}}{2\pi} = 1{,}6\cdot 10^8\,\text{s}^{-1}\,,\\ \delta\nu_D &= 5{,}6\cdot 10^9\,\text{s}^{-1}\,,\\ \delta\nu_{\text{Stoß}} &= 10^5\cdot 10^{-19}\cdot 650/2\pi\,\text{s}^{-1}\\ &= 10{,}3\cdot 10^{-13}\,\text{s}^{-1}\,.\end{aligned}$$

Auch hier ist die Dopplerbreite bei weitem dominant.
b) Die natürliche Linienbreite ist

$$\delta\nu_n = \frac{1}{2\pi\cdot 2\cdot 10^{-2}}\,\text{s}^{-1} = 7{,}96\,\text{s}^{-1}\,.$$

Die extrem schmale Linie wird zur Frequenzstabilisierung des He-Ne-Lasers verwendet.

$$\begin{aligned}\delta\nu_D &= 7{,}16\cdot 10^{-7}\cdot\frac{c}{\lambda}\cdot\sqrt{T/M}\sqrt{\text{mol}/(\text{g}\cdot\text{K})}\\ \lambda &= 3{,}39\text{—m} = 3{,}39\cdot 10^{-6}\,\text{m}\,,\\ M &= 16\,\text{g/mol}\,,\quad T = 300\,\text{K}\\ \Rightarrow\ \delta\nu_D &= 2{,}74\cdot 10^8\,\text{s}^{-1} = 274\,\text{MHz}\,.\end{aligned}$$

Die mittlere Geschwindigkeit der CH_4-Moleküle ist

$$\overline{v} = \sqrt{\frac{8kT}{\pi\cdot m}} = 630\,\text{m/s}\,.$$

Die mittlere Flugzeit durch den Laserstrahl ist

$$\Delta T = \frac{0{,}01\,\text{m}}{630\,\text{m/s}} = 1{,}6\cdot 10^{-5}\,\text{s}$$

$$\Rightarrow\ \delta\nu_{\text{FZ}} = \frac{1}{2\pi\Delta T} \approx 10^4\,\text{s}^{-1}\,.$$

Auch mit Methoden, welche die Dopplerbreite eliminieren, kann man die Flugzeitbreite nicht beseitigen. Sie bildet daher die Grenze für die spektrale Auflösung.

7.11 Es gilt nach (7.11,12)

$$\begin{aligned}\boldsymbol{M}_{ik}/e &= \int \psi(2s)\cdot\boldsymbol{r}\cdot\psi(1s)\,\text{d}\tau\\ &= \frac{1}{4\pi\sqrt{2a_0^3}}\\ &\quad\cdot\int\left(2-\frac{r}{a_0}\right)\text{e}^{-r/(2a_0)}\boldsymbol{r}\cdot\text{e}^{-r/a_0}\,\text{d}\tau\\ &= a\int\int\int\left(2-\frac{r}{a_0}\right)\text{e}^{-3r/(2a_0)}\boldsymbol{r}\\ &\quad\cdot r^2\sin\vartheta\,\text{d}r\,\text{d}\vartheta\,\text{d}\varphi\,,\end{aligned}$$

$$(M_{ik})_x/e = a\cdot\int\int\int_{\varphi=0}^{2\pi}\left(2-\frac{r}{a_0}\right)\text{e}^{-3r/(2a_0)}\cdot x\,r^2\sin\vartheta\,\text{d}r\,\text{d}\vartheta\,\text{d}\varphi\,.$$

Wegen $x = r\cdot\sin\vartheta\cdot\cos\varphi$ ergibt die Integration über φ

$$\sin\varphi\,\Big|_0^{2\pi} = 0\,.$$

Entsprechendes gilt für $(M_{ik})_y$ mit $y = r\cdot\sin\vartheta\cdot\sin\varphi$. Für $(M_{ik})_z$ folgt wegen $z = r\cdot\cos\vartheta$ bei der Integration über ϑ:

$$\int_{\vartheta=-\pi/2}^{+\pi/2}\sin\vartheta\cos\vartheta\,\text{d}\vartheta = \frac{1}{2}\sin^2\vartheta\,\Big|_{-\pi/2}^{+\pi/2} = 0\,.$$

7.12 Die Übergangswahrscheinlichkeit ist nach (7.17)

$$\begin{aligned}A_{ik} &= \frac{2}{3}\frac{e^2\omega_{ik}^3}{\varepsilon_0 c^3 h}\left|\int\psi_i^*\boldsymbol{r}\psi_k\,\text{d}\tau\right|^2\\ &= \frac{2}{3}\frac{e^2\omega_{ik}^3}{\varepsilon_0 c^3 h}\cdot|M_{ik}|^2\,.\end{aligned}$$

Für den Übergang $1s \to 2p$ müssen wir beachten, dass der $2p$-Zustand drei entartete m-Komponenten $m = 0, \pm 1$ besitzt. Es gibt daher drei energetisch zusammenfallende Übergänge von $1s$ ($m = 0$) nach $2p$ mit $\Delta m = 0, \pm 1$. Wir legen die Quantisierungsachse in die z-Richtung, sodass $m = l_z$ wird. Das Matrixelement $M_x + \text{i}M_y$ gibt dann Übergänge mit $\Delta m = +1$ an, $M_x - \text{i}M_y$ solche mit $\Delta m = -1$ und M_z mit $m = 0$.
Setzen wir

$$|M_{ik}|^2 = (M_{ik})_x^2 + (M_{ik})_y^2 + (M_{ik})_z^2\,,$$

so erhalten wir für $\left|M_x + \text{i}M_y\right|^2 = M_x^2 + M_y^2$. Mit den in Tab. 5.2 angegebenen Wellenfunktionen ergibt sich für den Übergang $1s \to 2p$

$$(M_x + \text{i}M_y) = \frac{1}{8\pi a_0^4}\int_r\int_\vartheta\int_\varphi \text{e}^{-r/a_0}(x+\text{i}y)\cdot r\cdot\text{e}^{-r/2a_0}\sin\vartheta\,\text{e}^{-\text{i}\vartheta}r^2\sin\vartheta\,\text{d}\varphi\,\text{d}\vartheta\,\text{d}r\,.$$

Mit $x = r \cdot \sin\vartheta \cos\varphi$ und $y = r \cdot \sin\vartheta \sin\varphi$ folgt $x + \mathrm{i}y = r \cdot \sin\vartheta \cdot \mathrm{e}^{\mathrm{i}\varphi}$

$$(M_x + \mathrm{i}M_y) = \frac{1}{8\pi a_0^4} \int\limits_{r=0}^{\infty} r^4 \mathrm{e}^{-3r/(2a_0)}\, \mathrm{d}r \cdot \int\limits_{\vartheta=0}^{\pi} \sin^3\vartheta\, \mathrm{d}\vartheta \cdot \int\limits_{\varphi=0}^{2\pi} 1 \cdot \mathrm{d}\varphi\,.$$

Das erste Integral ergibt den Wert $256 a_0^5/81$, das zweite $4/3$ und das dritte 2π. Insgesamt ergibt das

$$(M_x + \mathrm{i}M_y)^2 = \left(\frac{256}{243} a_0\right)^2$$

$$\Rightarrow A_{ik}(\Delta m = \pm 1) = \frac{2}{3} \frac{e^2 \omega_{ik}^3 a_0^2}{\varepsilon_0 c^3 h} \frac{256^3}{243^2}\,.$$

Für $\omega_{ik} = 2\pi \cdot 2{,}47 \cdot 10^{15}\,\mathrm{s}^{-1}$ folgt $A_{ik}(\Delta m = \pm 1) = 1{,}25 \cdot 10^{10}\,\mathrm{s}^{-1}$. Eine analoge Rechnung kann für M_z durchgeführt werden, wobei $z = r \cdot \cos\vartheta$ gesetzt wird.

$$\begin{aligned} M_z &= \frac{1}{4\pi \cdot \sqrt{2} \cdot a_0^4} \int\limits_{r=0}^{\infty} r^4 \mathrm{e}^{-3r/(2a_0)}\, \mathrm{d}r \cdot \int\limits_{\vartheta=0}^{\pi} \cos^2\vartheta \sin\vartheta\, \mathrm{d}\vartheta \int\limits_{\varphi=0}^{2\pi} \mathrm{d}\varphi \\ &= \frac{1}{4\pi \cdot \sqrt{2} \cdot a_0^4} \cdot \frac{256}{81} a_0^5 \cdot \frac{2}{3} \cdot 2\pi \\ &= \frac{256}{243 \cdot \sqrt{2}} a_0 \\ &\Rightarrow A_{ik}(\Delta m = 0) = \frac{1}{2} A_{ik}(\Delta m \pm 1)\,. \end{aligned}$$

7.13 Das $3s$-Niveau kann nur in das $2p$-Niveau zerfallen. Deshalb ist die Übergangswahrscheinlichkeit für den Übergang $3s \to 2p$:

$$A_{ik} = \frac{1}{\tau(3s)} = \frac{10^9}{23}\,\mathrm{s}^{-1} = 4{,}3 \cdot 10^7\,\mathrm{s}^{-1}\,.$$

Die natürliche Linienbreite ist

$$\begin{aligned} \delta\nu_\mathrm{n} &= \frac{1}{2\pi}\left(\frac{1}{\tau(3s)} + \frac{1}{\tau(2p)}\right) \\ &= \frac{1}{2\pi}\left(4{,}3 \cdot 10^7 + 4{,}76 \cdot 10^8\right)\mathrm{s}^{-1} \\ &= \frac{5{,}19 \cdot 10^8}{2\pi}\,\mathrm{s}^{-1} = 83\,\mathrm{MHz}\,. \\ \delta\nu_\mathrm{D} &= 7{,}16 \cdot 10^{-7} \cdot \nu_0 \cdot \sqrt{T/M} \cdot \sqrt{\mathrm{mol}/(\mathrm{g}\cdot\mathrm{K})} \\ &= 5{,}67 \cdot 10^9\,\mathrm{s}^{-1} = 5{,}67\,\mathrm{GHz}\,, \end{aligned}$$

weil

$$\begin{aligned} \nu_0 &= \frac{1}{h} \cdot Ry^* \left(\frac{1}{2^2} - \frac{1}{3^2}\right) = 4{,}57 \cdot 10^{14}\,\mathrm{s}^{-1}\,, \\ M &= 1\,\mathrm{g/mol}\,, \quad T = 300\,\mathrm{K}\,, \\ \frac{\delta\nu_\mathrm{n}}{\delta\nu_\mathrm{D}} &= 0{,}014\,. \end{aligned}$$

Kapitel 8

8.1 a) Für das Besetzungsverhältnis gilt

$$\frac{N_i}{N_k} = \frac{g_i}{g_k} \cdot \mathrm{e}^{-h\cdot\nu/kT}$$

$$g_i = 2J_i + 1 = 3\,, \quad g_k = 2J_k + 1 = 1$$

$$\Rightarrow \frac{N_i}{N_k} = 3 \cdot \mathrm{e}^{-(hc/\lambda)/kT} = 3 \cdot \mathrm{e}^{-96} = 6{,}6 \cdot 10^{-42}\,.$$

Die thermische Besetzung N_i des oberen Niveaus ist also völlig vernachlässigbar!

b) Die relative Absorption einer einfallenden Lichtwelle der Intensität I_0 ist

$$A = \frac{I_0 - I_\mathrm{t}}{I_0}\,,$$

wobei die transmittierte Intensität durch das Beer'sche Absorptionsgesetz

$$I_\mathrm{t} = I_0 \cdot \mathrm{e}^{-\alpha\cdot L} \approx I_0(1 - \alpha \cdot L)$$

für $\alpha \cdot L \ll 1$ gegeben ist.

$$\Rightarrow A \approx \alpha \cdot L = N_k \cdot \sigma_{ki} \cdot L\,.$$

Die Besetzungsdichte $N_k = 10^{-6} N$ kann aus der Gasgleichung $p = N \cdot k \cdot T \Rightarrow N_k = 10^{-6} \cdot p/kT$ gewonnen werden. Bei $p = 10^2\,\mathrm{Pa}$ gilt

$$\begin{aligned} N_k &= \frac{10^{-6} \cdot 10^2}{1{,}38 \cdot 10^{-23} \cdot 300}\,\mathrm{m}^{-3} \\ &= 10^{16}\,\mathrm{m}^{-3} = 10^{10}/\mathrm{cm}^3\,. \end{aligned}$$

Der Absorptionsquerschnitt σ_{ki} hängt mit dem Einsteinkoeffizienten wie folgt zusammen: $B_{ik} w_\nu(\nu)$ gibt die Wahrscheinlichkeit pro Zeit an, dass ein Atom ein Photon absorbiert. Die absorbierte Leistung pro Atom ist daher

$$\frac{\mathrm{d}W_{ki}}{\mathrm{d}t} = B_{ki} h \cdot \nu \cdot w_\nu(\nu)\,.$$

Die Energiedichte w hängt mit der Intensität I einer ebenen Welle über $w = I/c$ zusammen. Schreibt man die pro Atom absorbierte Leistung mithilfe des Absorptionskoeffizienten α

$$\frac{\mathrm{d}W_{ik}}{\mathrm{d}t} = \frac{1}{N_1} I(\nu) \cdot \int\limits_0^{\infty} \alpha(\nu)\, \mathrm{d}\nu \approx \frac{1}{N_k} I(\nu_0) \cdot \alpha_0 \cdot \delta\nu\,.$$

Wenn $\delta\nu$ die Halbwertsbreite des Absorptionsprofils ist, so ergibt sich mit $\alpha_{ik} = N_i \cdot \sigma_{ik}$ die Relation

$$\sigma_{ik} = \frac{h \cdot \nu}{c} B_{ik}/\delta\nu = \frac{c^2 A_{ik}}{8\pi\nu^2\delta\nu} = \frac{\lambda^2 A_{ik}}{8\pi\delta\nu}.$$

Setzen wir für $\delta\nu$ die Dopplerbreite $\delta\nu_D \approx 10^9\,\mathrm{s}^{-1}$ ein, so ergibt sich

$$\sigma_{ik} = \sigma_{ki} = 10^{-15}\,\mathrm{m}^2 = 10^{-11}\,\mathrm{cm}^2$$
$$\Rightarrow A = 10^{10} \cdot 10^{-11} \cdot 1 = 0{,}1\,,$$

d. h. 10% der einfallenden Lichtleistung werden absorbiert.
c) Damit die Verluste von 10% kompensiert werden, muss $-2\alpha \cdot L \geq 0{,}1$ sein.

$$\Rightarrow \big((g_k/g_i)N_i - N_k\big) \cdot \sigma_{ki} \cdot L > 0{,}05\,.$$

Mit $g_k = 1$, $g_i = 3$ und $\sigma_{ki} = 10^{-11}\,\mathrm{cm}^2$ folgt

$$\left(\frac{1}{3}N_i - N_k\right) \cdot 10^{-11} \cdot 20 > 0{,}05\,.$$

Mit $N_k = 10^{10}/\mathrm{cm}^3$ folgt $N_i = 3{,}075 \cdot 10^{10}/\mathrm{cm}^3$. Bei gleichen statistischen Gewichten $g_i = g_k$ wäre $N_i = 1{,}025 \cdot N_k$. Man würde dann eine 2,5 %-ige Überbesetzung, d. h. $N_i - N_k = 0{,}025 \cdot N_k$ benötigen, um die Laserschwelle zu erreichen.

8.2 a) Die Dopplerbreite beträgt

$$\delta\nu_D = 7{,}16 \cdot \frac{c}{\lambda}\sqrt{T/M} \cdot 10^{-7}\,\mathrm{s}^{-1}\,.$$

Mit $\lambda = 632{,}8\,\mathrm{nm}$, $T = 600\,\mathrm{K}$, $M = 20\,\mathrm{g/mol}$ folgt

$$\delta\nu_D = 1{,}86 \cdot 10^9\,\mathrm{s}^{-1} = 1{,}86\,\mathrm{GHz}\,.$$

$\delta\nu_D$ ist die volle Frequenzbreite zwischen den beiden Halbwertspunkten.
b) Der Modenabstand ist

$$\delta\nu = \frac{c}{2d} = \frac{3 \cdot 10^8}{2 \cdot 1} = 150\,\mathrm{MHz}\,.$$

$\Rightarrow$ Die Zahl m der longitudinalen Moden innerhalb der Dopplerbreite ist

$$m = \frac{1{,}86 \cdot 10^9}{1{,}5 \cdot 10^8} = 12\,.$$

8.3 a) Der Abstand der Transmissionsmaxima des Etalons ist

$$\Delta\nu_E = \frac{c}{2nt}\,.$$

Wenn er größer sein soll als die Dopplerbreite

$$\delta\nu_D = 7{,}16 \cdot 10^{-7} \cdot \frac{c}{\lambda}\sqrt{\frac{5000}{40}} = 5 \cdot 10^9\,\mathrm{s}^{-1}$$

bei $\lambda = 488\,\mathrm{nm}$, so muss gelten:

$$t < \frac{3 \cdot 10^8}{2 \cdot 1{,}5 \cdot 5 \cdot 10^9} = 2 \cdot 10^{-2}\,\mathrm{m} = 2\,\mathrm{cm}\,.$$

b) Nach Bd. 2, Abschn. 10.4 ist die durch ein FPI transmittierte Intensität

$$I_t = I_0 \cdot \frac{1}{1 + F \cdot \sin^2(\pi \cdot \Delta s \cdot \nu/c)}$$

mit $F = 4R/(1-R)^2$. Die Finesse

$$F^* = \frac{\pi \cdot \sqrt{R}}{1 - R} = \frac{\pi \cdot \sqrt{F}}{2} = \frac{\Delta\nu_E}{\Delta\nu_{HWB}}$$

gibt das Verhältnis von Frequenzabstand zu Halbwertsbreite der Transmissionsmaxima an. Die Transmission des Etalons ist auf 1/3 gesunken für

$$F \cdot \sin^2(\pi \cdot \Delta s \cdot \nu/c) = 2\,.$$

Sei ν_0 die Frequenz im Transmissionsmaximum, für die $\Delta s \cdot \nu_0/c = m$ ganzzahlig ist. (Für $\lambda = 488\,\mathrm{nm}$, $\Delta s = 2nt = 6\,\mathrm{cm} \Rightarrow m = 122\,950$.) Dann muss gelten

$$F \cdot \sin^2\left[\frac{\pi\Delta s}{c}(\nu_0 + \Delta\nu_L)\right] = 2$$
$$\Rightarrow \sin\frac{\pi \cdot \Delta s}{c} \cdot \Delta\nu_L = \sqrt{\frac{2}{F}}\,.$$

Der Modenabstand $\Delta\nu$ des Laserresonators ist

$$\Delta\nu_L = \frac{c}{2d} = 125\,\mathrm{MHz}\,.$$

Mit

$$\sin\left(\frac{\pi \cdot 6}{3 \cdot 10^{10}} \cdot 1{,}25 \cdot 10^8\right) = 0{,}078$$

folgt

$$F^* = \frac{\pi \cdot \sqrt{F}}{2} = 28{,}5\,.$$

Die Finesse F^* muss also mindestens 28,5 sein. Wegen $F^* = \pi \cdot \sqrt{R}/(1-R)$ folgt für das Reflexionsvermögen des Etalons

$$R > 0{,}89\,.$$

8.4 a) Für die Frequenzen ν der Resonatormoden gilt

$$L = m \cdot \lambda/2 \Rightarrow \nu = \frac{c}{\lambda} = \frac{c \cdot m}{2L}\,.$$

Für $L = 1\,\mathrm{m}$, $\nu = 5 \cdot 10^{14}\,\mathrm{s}^{-1}$ folgt $m = 3{,}33 \cdot 10^6$,

$$L = L_0(1 + \alpha T)\,,$$
$$\Delta L = L_0 \cdot \alpha \cdot \Delta T = 1 \cdot 12 \cdot 10^{-6} \cdot 1\,\mathrm{m} = 1{,}2 \cdot 10^{-5}\,\mathrm{m}\,,$$
$$\frac{\Delta\nu}{\nu} = \frac{\Delta L}{L} = 1{,}2 \cdot 10^{-5}$$
$$\Rightarrow \Delta\nu = 1{,}2 \cdot 10^{-5} \cdot 5 \cdot 10^{14}\,\mathrm{s}^{-1} = 6 \cdot 10^9\,\mathrm{s}^{-1}\,.$$

Da der Modenabstand jedoch nur $\Delta\nu_L = 150\,\text{MHz}$ beträgt, springt die Laserfrequenz bei der Temperaturänderung nach einer Verschiebung von $\delta\nu \approx 100\,\text{MHz}$ zurück auf die nächste Mode.
b) Nach Bd. 2, Abschn. 8.2 ist der Brechungsindex

$$n = 1 + a \cdot N$$

von der Dichte N der Luftmoleküle abhängig, d. h. $(n-1) \propto N$. Wenn sich der Luftdruck p um 10 mbar $= 1\% p_0$ ändert, verschiebt sich auch $(n-1)$ um 1%. Für Luft bei Atmosphärendruck ist $n - 1 = 2{,}7 \cdot 10^{-4}$. Die Änderung bei $\Delta p = 1\% p_0$ ist dann $\Delta(n-1) = 2{,}7 \cdot 10^{-6}$. Der optische Weg im Resonator ändert sich dann um

$$\Delta(n \cdot L) = 2{,}7 \cdot 10^{-6} \cdot 0{,}2\,\text{m} = 5{,}4 \cdot 10^{-7}\,\text{m}$$

$$\Rightarrow \Delta\nu = \frac{\Delta(n \cdot L)}{L} \cdot \nu_0 = 2{,}7 \cdot 10^{8}\,\text{s}^{-1}\,.$$

Auch hier springt die Laserfrequenz zurück.

8.5 a) Nach der klassischen Beugungstheorie (siehe Bd. 2, Abschn. 10.5) gilt bei Beugung an einer kreisförmigen Blende mit Durchmesser d für die Winkelbreite $\Delta\alpha$ des zentralen Beugungsmaximums

$$\Delta\alpha = 1{,}2 \cdot \frac{\lambda}{d}\,.$$

Danach sollte für die Strahltaille w_0 (halber Durchmesser) bei einem Durchmesser d des Laserstrahls auf der Linse mit Brennweite f gelten:

$$w_0 = 1{,}2 \cdot f \cdot \frac{\lambda}{d} = \frac{1{,}2 \cdot 0{,}2 \cdot 10^{-5}}{3 \cdot 10^{-2}}\,\text{m}$$
$$= 8 \cdot 10^{-5}\,\text{m}$$
$$= 80\,\mu\text{m}\,.$$

Berücksichtigt man das Gaußprofil des Laserstrahls, so erhält man (siehe z. B. [8.4])

$$w_0 = f \cdot \frac{\lambda}{\pi \cdot w_s}\,,$$

wobei w_s der halben Halbwertsbreite des Strahls auf der Linse entspricht. Mit $w_s \approx d/2$ wird daraus

$$w_0 = f \cdot \frac{\lambda}{\pi \cdot \frac{d}{2}} = 42\,\mu\text{m}\,,$$

was sich um den Faktor $1{,}2 \cdot \pi/2 \approx 1{,}9$ von der klassischen Rechnung mit ebenen Wellen unterscheidet.
b) Die Intensität ist:

$$I = \frac{P}{\pi w_0^2} = \frac{10 \cdot 10^{12}}{\pi \cdot 42^2}\,\frac{\text{W}}{\text{m}^2} = 1{,}8 \cdot 10^{9}\,\text{W/m}^2\,.$$

c) Zur Verdampfung stehen 10% $\hat{=}$ 1 W zur Verfügung. Die Masse des verdampften Materials ist

$$M = \varrho \cdot \pi w_0^2 D = 8 \cdot 10^{3} \cdot \pi \cdot 42^2 \cdot 10^{-12} \cdot 10^{-3}\,\text{kg}$$
$$= 4{,}4 \cdot 10^{-11}\,\text{kg}\,.$$

Verdampfungswärme:

$$6 \cdot 10^{6}\,\text{J/kg} \Rightarrow W = 2{,}6 \cdot 10^{-4}\,\text{J}\,.$$

Verdampfungszeit:

$$t = W/P = 2{,}6 \cdot 10^{-4}\,\text{s} = 0{,}26\,\text{ms}\,.$$

Weil ein Teil der absorbierten Energie durch Wärmeleitung verlorengeht, braucht man etwa zehnmal so lange.

8.6 a) Es gilt

$$\Delta\nu \geq 0{,}5/\Delta T\,.$$

Mit $\Delta T = 10^{-14}\,\text{s}$ folgt $\Delta\nu \geq 5 \cdot 10^{13}\,\text{s}^{-1}$. Bei einer Wellenlänge von $\lambda = 600\,\text{nm}$ entspricht dies einer spektralen Breite

$$\Delta\lambda = 6 \cdot 10^{-8}\,\text{m} = 60\,\text{nm}\,.$$

b) Die räumliche Pulsbreite ist anfangs:

$$\Delta s_0 = \frac{c \cdot \Delta T}{n} = 2 \cdot 10^{-6}\,\text{m} = 2\,\mu\text{m}\,.$$

Nach Durchlaufen der Strecke L gilt für die Differenz der optischen Wege

$$\Delta(n \cdot L) = L \cdot \frac{\text{d}n}{\text{d}\lambda} \cdot \Delta\lambda = L \cdot 4{,}4 \cdot 10^{4} \cdot 6 \cdot 10^{-8}$$
$$= 2{,}64 \cdot 10^{-3} \cdot L\,.$$

Damit $\Delta s = 4\,\mu\text{m}$ wird, muss gelten

$$\Delta L = \frac{1}{n} \cdot \Delta(n \cdot L) = 2\,\mu\text{m}\,.$$

$$\Rightarrow L = \frac{n \cdot 2{,}0 \cdot 10^{-6}\,\text{m}}{2{,}64 \cdot 10^{-3}} = 1{,}1 \cdot 10^{-3}\,\text{m}$$
$$= 1{,}1\,\text{mm} \quad \text{für } n = 1{,}45\,,$$

d. h. nach Durchlaufen einer Strecke von 1,1 mm durch Glas (z. B. eine Linse) hat der Puls bereits die doppelte räumliche Ausdehnung.
c) Wegen des nichtlinearen, intensitätsabhängigen Anteils des Brechungsindex ist die Wellenlänge λ am Anfang des Pulses größer (rotverschoben) als am Ende (blauverschoben) (siehe Abschn. 8.5.3). Wählt man das Material so, dass sein linearer Brechungsindex in der Umgebung von λ_0 (Zentralwellenlänge des Pulses) eine anomale Dispersion $(\text{d}n/\text{d}\lambda) > 0$ hat, so werden die Rotanteile stärker verzögert als die Blauanteile, der Puls also wieder zeitlich komprimiert. Dazu muss bei optimaler Pulskompression gelten

$$\frac{\text{d}}{\text{d}\lambda}(n_0(\lambda) + n_2 \cdot I) = 0\,.$$

8.7 Die Resonatorgüte ist definiert als

$$Q_k = -2\pi\nu \cdot \frac{W_k}{\text{d}W_k/\text{d}t}\,,$$

wobei W_k die im Resonator gespeicherte Energie ist, die wegen der Verluste zeitlich gemäß

$$W_k(t) = W_k(0) \cdot \mathrm{e}^{-\gamma_k t}$$

abklingt. Es folgt

$$\mathrm{d}W_k/\mathrm{d}t = -\gamma_k \cdot W_k \Rightarrow Q_k = 2\pi\nu/\gamma_1 .$$

Wenn die Verluste pro Umlauf γ_2 sind, folgt für die Leistung nach einem Umlauf

$$P = P(0) \cdot \mathrm{e}^{-\gamma_2} .$$

Die Reflexionsverluste pro Umlauf sind

$$\gamma_\mathrm{R} = -\ln(R_1 \cdot R_2) = 0{,}02 .$$

Mit den anderen Verlusten von 2% pro Umlauf werden die totalen Verluste pro Umlauf

$$\gamma_2 = 0{,}04 .$$

Da die Umlaufzeit einer Lichtwelle in einem Resonator mit Spiegelabstand d

$$T = 2d/c$$

ist, werden die Verluste pro Zeiteinheit

$$\gamma_1 = \gamma_2/T = \frac{c}{2d}\gamma_2 .$$

Mit $d = 1\,\mathrm{m}$ folgt $\gamma_1 = 1{,}5 \cdot 10^8 \cdot 0{,}04\,\mathrm{s}^{-1} = 6 \cdot 10^6\,\mathrm{s}^{-1}$. Die Resonatorgüte ist dann bei einer Lichtfrequenz $\nu = 5 \cdot 10^{14}\,\mathrm{s}^{-1}$

$$Q_k = 2\pi \cdot 5 \cdot 10^{14}/6 \cdot 10^6 = 5{,}2 \cdot 10^8 ,$$

d. h. pro Schwingungsperiode des im Resonator gespeicherten Lichtes nimmt die Leistung im Resonator um den Bruchteil

$$\eta = \frac{2\pi}{5{,}2 \cdot 10^8} = 1{,}2 \cdot 10^{-8}$$

ab. Es dauert also etwa $1/\gamma_1 = 1{,}7 \cdot 10^{-7}\,\mathrm{s}$, bis die Leistung auf $1/\mathrm{e}$ abgeklungen ist.

8.8 Nach einem Umlauf ist die Leistung um den Faktor

$$\frac{P_1}{P_0} = \mathrm{e}^{-(2\alpha \cdot d + \gamma)}$$

angewachsen. Mit einer Nettoverstärkung $(-2\alpha d + \gamma) = 0{,}05$ wird

$$\frac{P_1}{P_0} = \mathrm{e}^{0{,}05} = 1{,}05 .$$

Der Umlauf dauert

$$T = \frac{2d}{c} = \frac{2}{3 \cdot 10^8} = \frac{2}{3} \cdot 10^{-8}\,\mathrm{s} .$$

In der Zeitskala wird daher

$$P = P_0 \cdot \exp\left(\frac{-2\alpha \cdot d + \gamma}{2d/c} \cdot t\right) .$$

Damit bei einer Spiegeltransmission von $T = 0{,}02$ die Ausgangsleistung 1 mW erreicht, muss sie im Resonator 50 mW sein. Die Anfangsleistung ist durch ein Photon im Resonator gegeben. Die resonatorinterne Leistung ist dann

$$\begin{aligned} P_0 &= \frac{h \cdot \nu \cdot c}{2d} = \frac{3 \cdot 10^{-18} \cdot 3 \cdot 10^8}{2}\,\mathrm{W} \\ &= 4{,}5 \cdot 10^{-10}\,\mathrm{W} . \end{aligned}$$

a)

$$\begin{aligned} \frac{P}{P_0} &= \mathrm{e}^{0{,}05/(0{,}666 \cdot 10^{-8}\,\mathrm{s}) \cdot t} \\ \Rightarrow t &= \frac{1\,\mathrm{s}}{7{,}5 \cdot 10^6} \cdot \ln\frac{P}{P_0} \\ &= 1{,}3 \cdot 10^{-7} \cdot \ln\frac{5 \cdot 10^{-2}}{4{,}5 \cdot 10^{-10}}\,\mathrm{s} \\ &= 25 \cdot 10^{-7}\,\mathrm{s} = 2{,}5\,\mu\mathrm{s} . \end{aligned}$$

b) Wenn die Besetzungsinversion durch die zunehmende induzierte Emission vermindert wird (Sättigung), hängt die Verstärkung selbst von der Laserleistung ab. Es gilt:

$$\begin{aligned} \frac{\mathrm{d}P(t)}{\mathrm{d}t} &= \frac{\text{Verstärkung/Umlauf}}{\text{Umlaufzeit } T} \cdot P(t) \\ &= +\frac{1}{T}\left[(-2\alpha_0 \cdot d + \gamma) - 2 \cdot a \cdot d \cdot P(t)\right] P(t) \end{aligned}$$

mit $T = 2d/c$ und $-2\alpha_0 \cdot d + \gamma = +0{,}05$. Es folgt

$$\frac{\mathrm{d}P}{\mathrm{d}t} = \frac{1}{T}(0{,}05 - 2a \cdot d \cdot P)P .$$

Dies ist eine nichtlineare Differentialgleichung

$$\dot{y} - A \cdot y + B \cdot y^2 = 0$$

mit

$$A = \frac{0{,}05}{T}, \quad B = \frac{2ad}{T} .$$

Division durch y^2 liefert

$$\frac{\dot{y}}{y^2} - \frac{A}{y} + B = 0 .$$

Setze

$$z(t) = \frac{1}{y(t)} \Rightarrow \dot{z} = -\frac{1}{y^2}\dot{y} ,$$

dann folgt:

$$\dot{z} + Az - B = 0 .$$

Lösung der homogenen Gleichung ($B = 0$):

$$\dot{z} + Az = 0 \Rightarrow z = C \cdot \mathrm{e}^{-At} .$$

Allgemeine Lösung:

$$z = C(t) \cdot e^{-At} \Rightarrow \dot{z} = (\dot{C} - CA) \cdot e^{-At}.$$

Einsetzen in inhomogene Gleichung:

$$\begin{aligned} \dot{C} - CA + AC &= B \cdot e^{At} \\ \Rightarrow C &= \frac{B}{A} e^{At} + D \\ \Rightarrow z &= \frac{B}{A} + D \cdot e^{-At} \\ \Rightarrow y &= \frac{1}{B/A + D \cdot e^{-At}} \\ \Rightarrow P(t) &= \frac{1}{2ad/0{,}05 + D \cdot e^{-0{,}05t/T}}. \end{aligned}$$

Für $t = 0$ muss $P = P_0$ sein.

$$\begin{aligned} \Rightarrow D &= \frac{1}{P_0} - 40ad \\ \Rightarrow P(t) &= \frac{P_0}{40adP_0 + (1 - 40adP_0)e^{-0{,}05t/T}}. \end{aligned}$$

Wenn $P(t_1) = 50\,\text{mW}$ sein soll, folgt $P(t_1)/P_0 \approx 10^8$, weil $P_0 = 4{,}5 \cdot 10^{-10}\,\text{W}$. Der Nenner muss also 10^{-8} sein. Mit $a = 0{,}4\,\text{W}^{-1}\text{m}^{-1}$, $P_0 = 4{,}5 \cdot 10^{-10}\,\text{W}$, $d = 1\,\text{m}$ folgt

$$\begin{aligned} 40 \cdot 0{,}4 \cdot 4{,}5 \cdot 10^{-10} + e^{-0{,}05t/T} &= 10^{-8} \\ \Rightarrow e^{-0{,}05t/T} &= 2{,}8 \cdot 10^{-9} \\ \Rightarrow t &= \frac{T}{0{,}05} \cdot \ln 3{,}57 \cdot 10^8 \\ &= 20 \cdot T \cdot 19{,}7 = 394T. \end{aligned}$$

Mit $T = 2d/c = \frac{2}{3} \cdot 10^{-8}\,\text{s}$ folgt $263 \cdot 10^{-8}\,\text{s} = 26{,}3\,\mu\text{s}$. Mit $a = 0{,}55\ \text{W}^{-1}\text{m}^{-1}$ wird t bereits

$$t = 20T \cdot \ln 10^{10} = 460T = 30{,}7\,\mu\text{s}.$$

Kapitel 9

9.1 Die potentielle Energie der Coulombabstoßung der beiden Protonen ist

$$E_{\text{pot}} = \frac{e^2}{4\pi\varepsilon_0 \cdot 2a_0} = 2{,}3 \cdot 10^{-18}\,\text{J} = 13{,}6\,\text{eV}.$$

Die potentielle Energie des Elektrons ist im Zustand, der durch die Wellenfunktion ϕ^+ beschrieben wird:

$$\begin{aligned} E_{\text{pot}} &= -\frac{e^2}{4\pi\varepsilon_0} \int |\phi^+|^2 \left(\frac{1}{r_A} + \frac{1}{r_B}\right) d\tau \\ \phi^+ &= \frac{\phi_A + \phi_B}{\sqrt{2 + 2S_{AB}}} \end{aligned}$$

$$\begin{aligned} |\phi^+|^2 &= \frac{1}{2\pi a_0^3} \frac{e^{-2r_A/a_0} + e^{-2r_B/a_0} + 2e^{-(r_A+r_B)/a_0}}{1 + S_{AB}} \\ E_{\text{pot}} &= -\frac{e^2}{8\pi^2\varepsilon_0 a_0^3(1 + S_{AB})} \\ &\cdot \int \left[\frac{e^{-2r_A/a_0} + e^{-2r_B/a_0} + 2e^{-(r_A+r_B)/a_0}}{r_A}\right. \\ &\left. + \frac{e^{-2r_A/a_0} + e^{-2r_B/a_0} + 2e^{-(r_A+r_B)/a_0}}{r_B}\right] d\tau. \end{aligned}$$

Führen wir elliptische Koordinaten (Abb. 9.2)

$$\begin{aligned} \mu &= \frac{r_A + r_B}{R}, \\ \nu &= \frac{r_A - r_B}{R}, \\ \varphi &= \arctan y/x \end{aligned}$$

mit den Kernen in den Brennpunkten ein, kann das Integral gelöst werden. Integriert wird über die Elektronenkoordinaten. Das Volumenelement ist

$$d\tau = \frac{R^3}{8}(\mu^2 - \nu^2)\, d\mu\, d\nu\, d\varphi.$$

Setzt man

$$\begin{aligned} r_A &= \frac{R}{2} \cdot (\mu + \nu), \\ r_B &= \frac{R}{2} \cdot (\mu - \nu), \end{aligned}$$

so erhält man für das Überlappintegral

$$S_{AB} = \frac{1}{\pi a_0^3} \int e^{-(r_A+r_B)/a_0} d\tau$$

den Ausdruck

$$\begin{aligned} S_{AB} = \frac{R^3}{8\pi a_0^3} \Bigg[&\int_{\mu=1}^{\infty} \mu^2 \cdot e^{-R\mu/a_0} d\mu \int_{\nu=-1}^{+1} d\nu \cdot \int_{\varphi=0}^{2\pi} d\varphi \\ &- \int_{\mu=1}^{\infty} e^{-R\mu/a_0} d\mu \cdot \int_{\nu=-1}^{1} \nu^2\, d\nu \int_{\varphi=0}^{2\pi} d\varphi \Bigg]. \end{aligned}$$

Die Integration ist elementar durchführbar und ergibt

$$S_{AB} = e^{-R/a_0}\left(1 + \frac{R}{a_0} + \frac{R^2}{3a_0^2}\right).$$

Für E_{pot} ergibt sich mit den Abkürzungen

$$C = \frac{e^2}{8\pi\varepsilon_0 a_0^3(1 + S_{AB})}, \quad \varrho = R/a_0:$$

$$E_{\text{pot}} = -\frac{C \cdot R^2}{2\pi} \int\limits_{\mu} \int\limits_{\nu} \int\limits_{\varphi=0}^{2\pi} \left[e^{-\varrho(\mu+\nu)} + e^{-\varrho(\mu-\nu)} + e^{-\varrho\mu} \right] \mu \, d\mu \, d\nu \, d\varphi$$

$$= -C \cdot R^2 \int\limits_{\mu=1}^{\infty} \int\limits_{\nu=-1}^{+1} \mu \left[e^{-\varrho(\mu+\nu)} + e^{-\varrho(\mu-\nu)} + e^{-\varrho\mu} \right] \mu \, d\mu \, d\nu$$

$$= -C \cdot R^2 \int\limits_{\mu=1}^{\infty} \mu e^{-\varrho\mu} \, d\mu \cdot \int\limits_{\nu=-1}^{+1} \left(e^{-\varrho\nu} + e^{+\varrho\nu} + 1 \right) d\nu$$

$$= -2CR^2 \left[1 + \frac{1}{\varrho} \left(e^{\varrho} - e^{-\varrho} \right) \right] \int\limits_1^{\infty} \mu \cdot e^{-\varrho\mu} \, d\mu$$

$$= -2Ca_0^2 \left[1 + \frac{1}{\varrho} \left(e^{\varrho} - e^{-\varrho} \right) \right] \cdot (\varrho + 1) e^{-\varrho}$$

$$= -2Ca_0^2 \left[\left(1 + \frac{1}{\varrho} \right) \left(1 - e^{-2\varrho} \right) + 2(1+\varrho) e^{-\varrho} \right].$$

Für $\varrho = 2$ wird $S_{AB} = 0{,}586$ und damit

$$2Ca_0^2 = \frac{e^2}{4\pi\varepsilon_0 a_0 \cdot 1{,}586}$$

$$\Rightarrow E_{\text{pot}} = -\frac{27{,}2\,\text{eV}}{1{,}568} \cdot 2{,}28 = -39{,}6\,\text{eV}.$$

Die kinetische Energie des Elektrons kann dann aus der Energiebilanz

$$E_{\text{kin}}(e^-) + E_{\text{pot}}(e^-) + E_{\text{pot}}(\text{Kerne}) = E(\text{H}) + E_{\text{Bind}}$$

$$\Rightarrow E_{\text{kin}}(e^-) = -13{,}6\,\text{eV} - 2{,}65\,\text{eV} + 39{,}6\,\text{eV} - 13{,}6\,\text{eV} = 9{,}75\,\text{eV}$$

ermittelt werden. Sie ist in dieser Näherung etwas zu klein. In Wirklichkeit ist sie mit etwa 12 eV nur wenig kleiner als im H-Atom.

9.2 Für $R \to 0$ geht das H_2-Molekül in das He-Atom über. Deshalb muss die Energie der Elektronen gegen die Grundzustandsenergie des He-Atoms konvergieren. Dies sind für beide Elektronen zusammen (siehe Abschn. 6.1) $E = -78{,}9\,\text{eV}$. Davon ist $E_1 = -2 \cdot 4 \cdot 13{,}6\,\text{eV} = -108{,}8\,\text{eV}$ die Energie ohne Elektron-Elektron-Abstoßung und $E_2 = +29{,}9\,\text{eV}$ diese Abstoßungsenergie.

9.3 a) Die gesamte elektronische Energie im H_2-Molekül beträgt

$$E^{\text{el}}(\text{H}_2) = 2E_{\text{H}} - E_{\text{B}}(\text{H}_2) = -2 \cdot 13{,}6\,\text{eV} - 4{,}48\,\text{eV} = -31{,}7\,\text{eV}.$$

Die elektronische Energie besteht aus der potentiellen Energie

$$E_{\text{pot}} = \frac{e^2}{4\pi\varepsilon_0} \left(\frac{1}{R} + \frac{1}{r_{12}} - \frac{1}{r_1} - \frac{1}{r_2} \right)$$

und der kinetischen Energie der beiden Elektronen. Die potentielle Energie der Kernabstoßung ist beim Gleichgewichtsabstand $R_e = 0{,}741\,\text{Å} = 1{,}4\,a_0$

$$E_{\text{pot}} = +19{,}4\,\text{eV},$$

sodass die gesamte Energie der beiden Elektronen $-51{,}1$ eV beträgt.

b) Der thermischen Energie entspricht die Schwingungsenergie $E_{\text{vib}} = kT$ ($E_{\text{kin}} + E_{\text{pot}}$) sowie die Rotationsenergie $E_{\text{rot}} = kT$ (Rotation um zwei mögliche Hauptträgheitsachsen senkrecht zur Molekülachse).

Insgesamt ist die Schwingungs-Rotations-Energie bei vier Freiheitsgraden $E = 2kT$. Bei $T = 300\,\text{K}$ wird dies

$$E = 5{,}17 \cdot 10^{-2}\,\text{eV} = 51{,}7\,\text{meV}.$$

Die elektronischen Anregungsenergien der meisten Moleküle liegen dagegen bei 2–10 eV, sind also um etwa zwei Größenordnungen größer.

9.4 Im Produktansatz

$$\psi(\boldsymbol{r}, R) = \chi(R) \cdot \psi_e(\boldsymbol{r}, R)$$

in ein Produkt aus aus Kernwellenfunktion $\chi(R)$ und elektronischer Wellenfunktion $\psi_e(\boldsymbol{r}, R)$ wird R in ψ_e nicht als Variable, sondern als frei wählbarer Parameter angegeben, d. h. man löst bei *festem R* die Schrödingergleichung

$$-\frac{\hbar^2}{2M} \sum_k \Delta_k (\chi \cdot \psi_e) - \frac{\hbar^2}{2m_e} \Delta_e (\chi \cdot \psi_e) + E_{\text{pot}} \cdot \chi \cdot \psi_e = E \cdot \chi \cdot \psi_e. \tag{10}$$

Multipliziert man die Gleichung mit ψ_e^* und integriert über die Elektronenkoordinaten, so erhält man, weil Δ_k nur auf χ, Δ_e nur auf ψ_e wirkt und wegen

$$\int \psi_e^* \psi_e \, d\tau_e = 1$$

die Gleichung

$$-\frac{\hbar^2}{2M} \sum_k \Delta_k \chi - \left(\int \psi_e^* \frac{\hbar^2}{2m_e} \Delta_e \psi_e \, d\tau_e \right) \cdot \chi + \chi \cdot \int \psi_e^* E_{\text{pot}} \psi_e \, d\tau = E \cdot \chi.$$

Die mittlere potentielle Energie für die Bewegung der Kerne (gemittelt über die Elektronenbewegung) ist

$$\begin{aligned}\overline{E}_{\text{pot}}(R) &= \overline{E}_{\text{kin}}(\text{e}) + \overline{E}_{\text{pot}}(\text{e}) \\ &= -\int \psi_\text{e}^* \frac{\hbar^2}{2m_\text{e}} \Delta_\text{e} \psi_\text{e}\, \text{d}\tau_\text{e} \\ &\quad + \int \psi_\text{e}^* E_{\text{pot}} \psi_\text{e}\, \text{d}\tau_\text{e} \\ \Rightarrow &-\frac{\hbar^2}{2M} \sum_k \Delta_k \chi + \overline{E}_{\text{pot}}(R)\chi = E\chi\,.\end{aligned}$$

Die Gleichung für die Elektronen im starren Molekül erhält man aus (10) für $E_{\text{kin}}(\text{Kerne}) = 0$ und Division durch χ.

9.5 Die Schrödingergleichung (9.54a) heißt für das nicht rotierende Molekül ($J = 0$, $M =$ reduzierte Masse)

$$\frac{1}{R^2}\frac{\text{d}}{\text{d}R}\left(R^2 \frac{\text{d}S}{\text{d}R}\right) + \frac{2M}{\hbar^2}\left[E - E_{\text{pot}}(R)\right]S = 0\,. \quad (11)$$

Durch Einführen der neuen Funktion $\chi(R) = R \cdot S(R)$ geht (11) über in

$$\frac{\text{d}^2\chi}{\text{d}R^2} + \frac{2M}{\hbar^2}\left[E - E_{\text{pot}}(R)\right]\chi = 0\,. \quad (12)$$

Mit der Variablen $\varrho = (R - R_\text{e})/R_\text{e}$ und der potentiellen Energie des Morse-Ansatzes

$$E_{\text{pot}}(R) = E_\text{D}\left(1 - \text{e}^{-\alpha\varrho}\right)^2$$

mit $\alpha = a \cdot R_\text{e}$ wird aus (12)

$$\frac{\text{d}^2\chi}{\text{d}R^2} + \frac{2M}{\hbar^2}\left[E - E_\text{D}\left(1 - \text{e}^{-\alpha\varrho}\right)^2\right]\chi = 0\,. \quad (13)$$

Dies ist die Differentialgleichung eines anharmonischen Oszillators. Mit dem Ansatz

$$\begin{aligned}\chi &= z^{A\sqrt{1-\varepsilon}}\text{e}^{-z/2} \cdot u\,, \\ z &= 2A \cdot \text{e}^{-\alpha\varrho}\,, \quad \varepsilon = \frac{E}{E_\text{D}}\,, \\ A^2 &= \frac{2E_\text{D} \cdot MR_\text{e}^2}{\hbar^2\alpha^2}\end{aligned}$$

geht (13) über in die Laguerre'sche Differentialgleichung

$$\begin{aligned}&\frac{\text{d}^2u}{\text{d}z^2} + \frac{\text{d}u}{\text{d}z}\left(\frac{2A\sqrt{1-\varepsilon}+1}{z} - 1\right) \\ &+ u \cdot \frac{A - \frac{1}{2} - A\sqrt{1-\varepsilon}}{z} = 0\,,\end{aligned}$$

wie man nach einiger Rechnung sieht. Diese hat die Eigenwerte (siehe Bücher über Differentialgleichungen)

$$\begin{aligned}\varepsilon &= 1 - \left(1 - \frac{v + 1/2}{A}\right)^2 \\ &= \frac{2}{A}(v + 1/2) - \frac{1}{A^2}(v + 1/2)^2\end{aligned} \quad (14)$$

mit $v = 0, 1, 2, \ldots =$ Schwingungsquantenzahl.

Führt man die Schwingungsfrequenz

$$\omega_\text{e} = \frac{2E_\text{D}}{hc \cdot A}$$

der Molekülschwingungen um die Gleichgewichtslage R_e ein, so werden die Schwingungsenergien $E(v) = \varepsilon(v) \cdot E_\text{D}$

$$E(v) = h \cdot c \cdot \omega_\text{e}(v + 1/2) - \frac{h^2c^2\omega_\text{e}^2}{4E_\text{D}}(v + 1/2)^2\,. \quad (15)$$

Beim harmonischen Oszillator (Parabel-Potential) ist der zweite Term in (15) null. Wegen dieses quadratischen Terms sind die Energieniveaus $E(v)$ nicht mehr äquidistant, sondern ihr Abstand nimmt mit wachsendem v ab. Wenn

$$hc\omega_\text{e}(v + 1/2) = 2E_\text{D}$$

ist, wird die Dissoziationsenergie erreicht. Die größte Schwingungsquantenzahl ist daher

$$v_{\max} = \frac{2E_\text{D}}{hc\omega_\text{e}} - \frac{1}{2}\,.$$

9.6 Wie man aus dem Diagramm sieht, gilt:

$$\begin{aligned}E_{\text{ion}}(H_2) &= D(H_2) + E_{\text{ion}}(H) - D(H_2^+) \\ &= (4{,}48 + 13{,}6 - 2{,}65)\,\text{eV} \\ &= 15{,}43\,\text{eV}\,,\end{aligned}$$

wobei wir die Dissoziationsenergien vom Minimum der Potentialkurven aus gerechnet haben. In der Praxis misst man sie vom tiefsten Schwingungs-Rotations-Niveau aus. Dann muss zu der Bilanz noch die Differenz $\Delta E = E_{\text{vib}}(v^+ = 0) - E_{\text{vib}}(v = 0)$ der Nullpunktsenergien in H_2^+ bzw. im H_2 addiert werden.

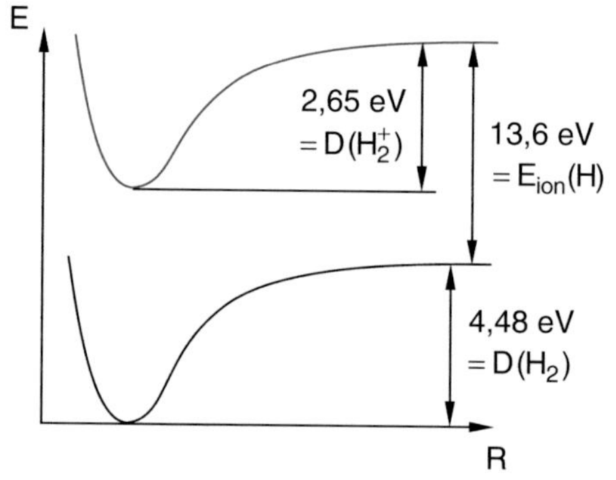

Abbildung L.11 Zu Lösung 9.6

9.7 Mit $R_\text{e} = 1{,}2745$ Å folgt aus

$$\begin{aligned}B_\text{e} &= \frac{t_1}{4\pi c\mu R_\text{e}^2}\,, \\ \mu &= \frac{m_1 \cdot m_2}{m_1 + m_2}\,:\end{aligned}$$

$$B_e = \begin{cases} H^{35}Cl: & 10{,}68\,\text{cm}^{-1} \\ H^{37}Cl: & 10{,}66\,\text{cm}^{-1} \end{cases}$$

$$\begin{aligned}
\Rightarrow \nu_{rot}(J = 0 \to J = 1) &= 2B_e c \\
&= 21{,}18 \cdot 3 \cdot 10^{10}\,\text{s}^{-1} = 6{,}35 \cdot 10^{11}\,\text{s}^{-1}\,, \\
\nu_{rot}(J = 4 \to J = 5) &= 10 B_e c \\
&= 106{,}8 \cdot 3 \cdot 10^{10} = 3{,}20 \cdot 10^{12}\,\text{s}^{-1}\,, \\
E_{rot}(J = 5) &= hc \cdot B_e \cdot J \cdot (J+1) \\
&= 6{,}29 \cdot 10^{-21}\,\text{J} = 3{,}9 \cdot 10^{-2}\,\text{eV}\,.
\end{aligned}$$

9.8 Die Schwingungsfrequenz ν_0 ist klassisch gegeben durch

$$\nu_0 = \frac{1}{2\pi}\sqrt{k/m} \Rightarrow k = 4\pi^2 \cdot m \cdot \nu_0^2\,.$$

Mit

$$\begin{aligned}
m &= \frac{m_1 \cdot m_2}{m_1 + m_2} = \frac{1 \cdot 35}{36} \cdot 1{,}66 \cdot 10^{-27}\,\text{kg} \\
&= 1{,}61 \cdot 10^{-27}\,\text{kg}
\end{aligned}$$

folgt $k = 513\,\text{kg/s}^2$. Aus

$$\begin{aligned}
E_{pot} &= k \cdot (R - R_e)^2 \\
\Rightarrow R - R_e &= \sqrt{E_{pot}/k} \\
E &= \overline{E_{kin} + E_{pot}} \\
&= \frac{3}{2}\hbar\omega_0 = \frac{3}{2}h\nu_0 \\
&= \frac{3}{2} \cdot 6{,}6 \cdot 10^{-34} \cdot 9 \cdot 10^{13}\,\text{J} \\
&= 8{,}91 \cdot 10^{-20}\,\text{J}\,.
\end{aligned}$$

An den Umkehrpunkten ist $E_{kin} = 0 \Rightarrow E = E_{pot}$

$$\begin{aligned}
\Rightarrow R - R_e &= \sqrt{\frac{8{,}91 \cdot 10^{-20}}{513}} \\
&= 1{,}318 \cdot 10^{-11}\,\text{m} = 0{,}1318\,\text{Å}\,.
\end{aligned}$$

Die Schwingungsamplitude ist also klein gegen den Kernabstand $R_e = 1{,}2745\,\text{Å}$.

9.9 Die zu den drei Hauptträgheitsmomenten gehörenden Rotationsachsen gehen durch den Schwerpunkt S und stehen senkrecht aufeinander. S teilt die Höhe h im Verhältnis 1/2 (Abb. L.12). Die Schenkellänge des gleichschenkligen Dreiecks sei s. Wir erhalten dann:

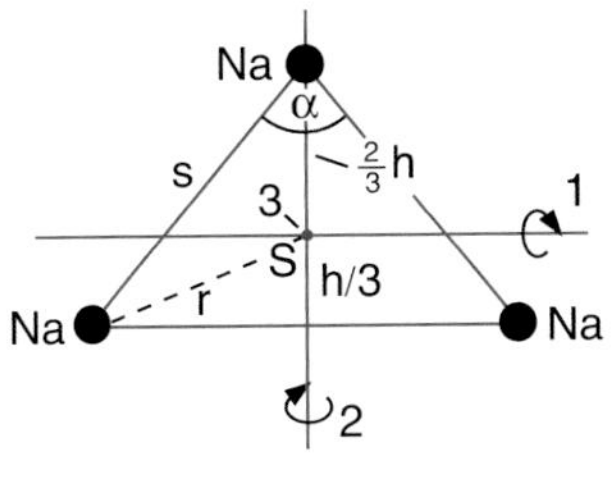

Abbildung L.12 Zu Lösung 9.9

$$\begin{aligned}
I_a = I_1 &= 2m\left(\frac{h}{3}\right)^2 + m\left(\frac{2}{3h}\right)^2 = \frac{2}{3}mh^2 \\
&= \frac{2}{3}ms^2\cos^2(\alpha/2)\,, \\
I_b = I_2 &= 2mx^2 = 2ms^2 \cdot \sin^2\frac{\alpha}{2}\,, \\
I_c = I_3 &= 2mr^2 + m\left(\frac{2}{3}h\right)^2\,, \\
r^2 &= x^2 + \left(\frac{h}{3}\right)^2\,, \\
I_3 &= 2mx^2 + \frac{2}{3}mh^2 \\
&= 2ms^2\left(\sin^2\frac{\alpha}{2} + \frac{1}{3}\cos^2\frac{\alpha}{2}\right)\,.
\end{aligned}$$

Für $\alpha = 80°$ folgt

$$\begin{aligned}
I_1 &= 0{,}39ms^2\,, \quad I_2 = 0{,}83ms^2\,, \\
I_3 &= 1{,}22ms^2 \Rightarrow I_1 + I_2 = I_3\,.
\end{aligned}$$

Das Molekül ist also ein asymmetrischer Kreisel. Mit $s = 3{,}24\,\text{Å}$ und $m = 23 \cdot 1{,}66 \cdot 10^{-27}\,\text{kg}$

$$\begin{aligned}
\Rightarrow I_a &= 1{,}56 \cdot 10^{-45}\,\text{kg}\,\text{m}^2\,, \\
I_b &= 3{,}32 \cdot 10^{-45}\,\text{kg}\,\text{m}^2\,, \\
I_c &= 4{,}85 \cdot 10^{-45}\,\text{kg}\,\text{m}^2\,.
\end{aligned}$$

Die Rotationskonstanten sind definiert als

$$\begin{aligned}
A &= \frac{\hbar}{4\pi c \cdot I_a} = 17{,}85\,\text{m}^{-1} = 0{,}1785\,\text{cm}^{-1}\,, \\
B &= \frac{\hbar}{4\pi c \cdot I_b} = 8{,}388\,\text{m}^{-1} = 0{,}0839\,\text{cm}^{-1}\,, \\
C &= \frac{\hbar}{4\pi c \cdot I_c} = 5{,}742\,\text{m}^{-1} = 0{,}0574\,\text{cm}^{-1}\,.
\end{aligned}$$

Innerhalb der Rundungsgenauigkeit wird also auch numerisch die Relation $1/A + 1/B = 1/C$ bestätigt. Dies gilt exakt jedoch nur für das nicht schwingende Molekül.

9.10 Als vieratomiges lineares Molekül hat C_2H_2 $3 \cdot 4 - 5 = 7$ Normalschwingungen, von denen 2×2 Schwingungen jeweils entartet sind, sodass es insgesamt fünf verschiedene Frequenzen ν der Normalschwingungen gibt (Abb. L.13).

9.11 Die Frequenz ν eines Rotationsübergangs $J \to J+1$ ist nach (9.58)

$$\nu_{rot} = 2c \cdot B_e \cdot (J+1)\,,$$

sodass der Abstand benachbarter Rotationslinien $\Delta\nu_{rot} = 2cB_e$ ist.

Kapitel 19

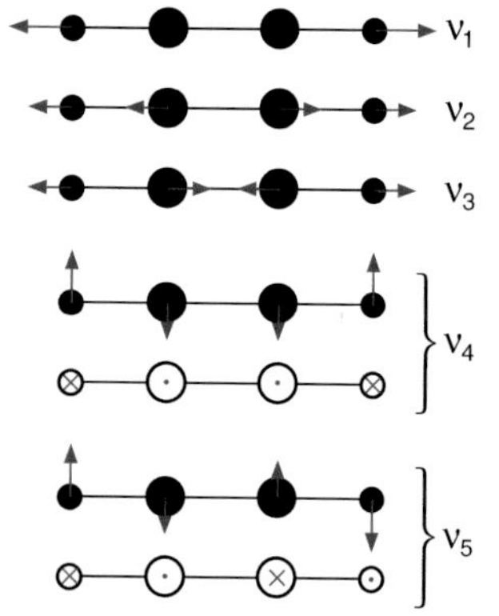

Abbildung L.13 Zu Lösung 9.10

a) Daraus folgt:

$$\begin{aligned} B_e &= \frac{\Delta\nu_{rot}}{2c} = \frac{1{,}12\cdot 10^{10}}{2\cdot 3\cdot 10^{10}}\,\mathrm{cm}^{-1} \\ &= 0{,}187\,\mathrm{cm}^{-1} = 18{,}7\,\mathrm{m}^{-1} \\ B_e &= \frac{\hbar}{4\pi c M R_e^2} \Rightarrow R_e = \sqrt{\frac{\hbar}{4\pi c M B_e}} \\ M &= \frac{M_1\cdot M_2}{M_1+M_2} = \frac{35\cdot 19}{54}\cdot 1{,}66\cdot 10^{-27}\,\mathrm{kg} \\ &= 2{,}04\cdot 10^{-26}\,\mathrm{kg} \\ \Rightarrow R_e &= 2{,}702\cdot 10^{-10}\,\mathrm{m} = 2{,}702\,\text{Å}\,. \end{aligned}$$

b) Es gilt:

$$\nu_{rot}(J \leftrightarrow J+1) = B'_e\cdot 2c\cdot (J+1)\,.$$

Aus $R'_e = 1{,}005R_e$ folgt $B'_e = 0{,}99007B''_e$. Der Frequenzabstand zweier Rotationslinien mit $J' = J'' = J$ ist dann:

$$\begin{aligned} \Delta\nu_{rot}(J) &= (B''_e - B'_e)\cdot 2c\cdot (J+1) \\ &= 0{,}009925\cdot B''_e\cdot 2c\cdot (J+1) \\ &= 1{,}11\cdot 10^8\cdot (J+1)\,\mathrm{s}^{-1}\,. \end{aligned}$$

Für $J = 1$ folgt $\Delta\nu_{rot} = 222\,\mathrm{MHz}$.

Kapitel 10

10.1 Der Nettoabsorptionskoeffizient α berechnet sich nach (10.3a) zu

$$\begin{aligned} \alpha &= \left[N_k - (g_k/g_i)N_i\right]\sigma \qquad (16) \\ g_k &= 2J_k + 1 = 3\,, \quad g_i = 2J_i + 1 = 5 \\ \overline{\nu} &= 2(J_k+1)\cdot B_e = 4B_e = 42{,}36\,\mathrm{cm}^{-1} \\ \Rightarrow \nu &= 1{,}27\cdot 10^{12}\,\mathrm{s}^{-1}\,. \end{aligned}$$

Wenn $h\cdot\nu \ll kT$, lässt sich (16) wegen

$$\frac{N_i}{g_i} = \frac{N_k}{g_k}\cdot \mathrm{e}^{-\Delta E_{rot}/kT} \approx \frac{N_k}{g_k}\left(1 - \frac{h\nu}{kT}\right)$$

umformen in

$$\alpha \approx N_k\cdot\frac{h\nu}{kT}\cdot\sigma\,. \qquad (17)$$

Bei einem Druck $p = NkT$ ist die Dichte der Moleküle $N = p/kT$. Bei $p = 1\,\mathrm{mbar} = 10^2\,\mathrm{Pa}$ folgt

$$N = \frac{10^2\,\mathrm{m}^{-3}\,\mathrm{K}}{1{,}38\cdot 10^{-23}\cdot T} = 7{,}25\cdot\frac{10^{24}}{T}\,\mathrm{m}^{-3}\,\mathrm{K}\,.$$

Bei $T = 100\,\mathrm{K}$ folgt $N = 7{,}25\cdot 10^{22}\,\mathrm{m}^{-3}$. Die Besetzungsdichte im absorbierenden Niveau $N_k(J)$ ist

$$N_k(J) = \frac{(2J+1)}{Z}\cdot N\cdot \mathrm{e}^{-E_{rot}/kT}\,, \qquad (18)$$

wobei

$$Z = \sum_i g_i\cdot \mathrm{e}^{-E_i/kT}$$

die Zustandssumme ist mit $E_i = E_{rot} = hcB_eJ(J+1)$ (siehe Bd. 2, Abschn. 12.4). Für

$$\Delta E_{rot} = E_{rot}(J+1) - E_{rot}(J) \ll kT$$

kann die Zustandssumme durch ein Integral angenähert werden:

$$Z \approx \int_0^\infty (2J+1)\mathrm{e}^{-hc\cdot B_e J(J+1)/kT}\,\mathrm{d}J = \frac{kT}{hc\cdot B_e}\,.$$

Für unser Beispiel des HCl-Moleküls ist $J_k = 1$, $B_e = 10{,}59\,\mathrm{cm}^{-1}$, und die Zustandssumme hat den Wert $Z = kT/(hcB_e) \approx 6{,}56\cdot 10^{-2}\,\mathrm{K}^{-1}$. Bei $T = 100\,\mathrm{K}$ wird $Z \approx 6{,}56$ und das Verhältnis

$$N_k(J_k = 1)/N \approx \frac{3}{6{,}56}\cdot \mathrm{e}^{-0{,}3} \approx 0{,}34\,,$$

d. h. etwa 34% aller Moleküle befinden sich bei $T = 100\,\mathrm{K}$ im Zustand $J_k = 1$. Einsetzen von (18) in (17) ergibt:

$$\alpha = \frac{(2J_k+1)h^2c\nu B_e}{(kT)^2}\cdot \mathrm{e}^{-E_{rot}/kT}\cdot\sigma\cdot N\,.$$

Mit $N = p/kT$ und $E_{rot} < kT$ wird daraus

$$\begin{aligned} \alpha &\approx \frac{(2J_k+1)h^2c\nu B_e}{(kT)^3}\cdot p\cdot\sigma\cdot(1 - E_{rot}/kT) \\ &\propto \frac{1}{(kT)^3}\,. \end{aligned}$$

Einsetzen der Zahlenwerte $B_e = 1059\,\mathrm{m}^{-1}$, $J_k = 1$, $T = 100\,\mathrm{K}$, $N = 7{,}25\cdot 10^{18}\,\mathrm{m}^{-3}$ ergibt

$$\alpha = 1{,}9\cdot 10^{-3}\,\mathrm{m}^{-1}\,.$$

Bei $T = 300\,\mathrm{K}$ wird $\alpha = 2{,}1\cdot 10^{-4}\,\mathrm{m}^{-1}$.

10.2 Die beiden Funktionen

$$f(t) = \frac{1}{\sqrt{2\pi}} \int_{-\infty}^{+\infty} g(\omega) \cdot e^{-i\omega t}\, d\omega$$

$$g(\omega) = \frac{1}{\sqrt{2\pi}} \int_{-\infty}^{+\infty} f(t) \cdot e^{+i\omega t}\, dt$$

bilden ein Fourier-Paar. Mit $e^{i\omega t} = \cos\omega t + i\sin\omega t$ lässt sich zu $g(\omega)$ auch die Cosinus-Fouriertransformierte

$$g_c(\omega) = \sqrt{\frac{2}{\pi}} \int_0^{\infty} f_c(t) \cdot \cos\omega t\, dt$$

definieren mit

$$f_c(t) = \sqrt{\frac{2}{\pi}} \int_0^{\infty} g_c(\omega) \cos\omega t\, d\omega\,.$$

Der Rechner zieht vor der Fouriertransformation den konstanten, von t unabhängigen Untergrund in (10.17) ab. Ersetzt man $f_c(t)$ durch $\sqrt{\pi/2}\,S(t)$ und $g_c(\omega)$ durch $\bar{I}(\omega\, v/c)$, so erhält man

$$\bar{I}(\omega v/c) = \int_0^{\infty} S(t) \cos(\omega v/c) t\, dt\,.$$

10.3 Die Gittergleichung (siehe Bd. 2, Abschn. 11.6) lautet: $d(\sin\alpha + \sin\beta) = \lambda$

$$d = \frac{1}{1200}\,\text{mm} = 0{,}833\,\mu\text{m}\,,$$

$$\alpha = 30^\circ \Rightarrow \sin\alpha = \frac{1}{2}\,,$$

$$\sin\beta_1 = -\frac{1}{2} + \frac{588{,}9}{833{,}3} = 0{,}2067$$

$$\Rightarrow \beta_1 = 11{,}93^\circ = 0{,}2082\,\text{rad}\,,$$

$$\sin\beta_2 = -\frac{1}{2} + \frac{589{,}5}{833{,}3} = 0{,}2074$$

$$\Rightarrow \beta_2 = 11{,}97^\circ = 0{,}2089\,\text{rad}\,.$$

Die Winkeldifferenz beträgt $\Delta\beta = 0{,}04^\circ = 7{,}36 \cdot 10^{-4}$ rad. In der Brennebene des abbildenden Spiegels mit Brennweite f ist der Abstand der beiden Spektrallinien

$$\Delta s = f \cdot \Delta\beta = 1 \cdot 7{,}36 \cdot 10^{-4}\,\text{m} = 0{,}736\,\text{mm}\,.$$

Bei einer Spaltbreite von $d < 360\,\mu$m des Eintrittsspaltes sind beide Linien zu trennen.

10.4 Die Wellenzahlverschiebung der Raman-Linie für $\Delta v = 1$, $\Delta J = 0$ liegt bei H_2-Gas um $4395\,\text{cm}^{-1}$ gegen die Rayleigh-Linie rotverschoben. Ihre Wellenzahl ist daher

$$\bar{\nu}_{\text{Raman}} = 20\,492\,\text{cm}^{-1} - 4395\,\text{cm}^{-1} = 16\,097\,\text{cm}^{-1}\,,$$

und die Wellenlänge ist $\lambda = 621{,}2$ nm. Die Rotationslinie ist um $\Delta\bar{\nu} = 121{,}6\,\text{cm}^{-1}$ verschoben. Ihre Wellenzahl ist $\bar{\nu} = 20\,370{,}4\,\text{cm}^{-1}$ und ihre Wellenlänge $\lambda = 490{,}9$ nm. Das Auflösungsvermögen des Spektrometers muss

$$R = \frac{\lambda}{\Delta\lambda} \geq \frac{488}{2{,}9} = 168\,,$$

also nicht sehr groß sein.

10.5 Nach dem Beer'schen Absorptionsgesetz gilt für die transmittierte Laserleistung:

$$P = P_0 \cdot e^{-\alpha x} \approx P_0(1 - \alpha x) \quad \text{für} \quad \alpha \ll 1\,.$$

Die pro Weglänge absorbierte Leistung ist für $\alpha \ll 1$

$$\Delta P = P_0 \cdot \alpha = 10^{-1} \cdot 10^{-6}\,\text{W} = 10^{-7}\,\text{W}\,.$$

Bei einer Wellenlänge von $\lambda = 500$ nm ist

$$h \cdot \nu = 2{,}48\,\text{eV} = 3{,}97 \cdot 10^{-19}\,\text{W s}\,.$$

Es werden dann

$$N = \frac{10^{-7}}{3{,}97 \cdot 10^{-19}} = 2{,}5 \cdot 10^{11}\,\text{Photonen/s}$$

pro cm Weglänge absorbiert $\Rightarrow 2{,}5 \cdot 10^{11}$ Fluoreszenzphotonen / s. Davon erreichen den Photodetektor

$$\frac{0{,}2}{4\pi} \cdot 2{,}5 \cdot 10^{11} = 4{,}0 \cdot 10^{9}\,\text{Photonen/s}\,.$$

Sie erzeugen bei einem Quantenwirkungsgrad $\eta = 0{,}2$ $7{,}9 \cdot 10^8$ Photoelektronen. Der Ausgangsstrom des Detektors ist dann bei einer Verstärkung von 10^6:

$$I_A = 7{,}9 \cdot 10^8 \cdot 1{,}6 \cdot 10^{-19} \cdot 10^6 = 0{,}13\,\text{mA}\,.$$

10.6 Die restliche Dopplerbreite bei Absorption des Lasers ist

$$\Delta\nu_D(\text{Strahl}) = \sin\varepsilon \cdot \delta\nu_D\,.$$

Bei einer Ofentemperatur von $T = 500$ K ist

$$\delta\nu_D = 7{,}16 \cdot 10^{-7} \nu_0 \sqrt{T/M}\,,$$

$$M = 23\,\text{g/mol}\,, \quad \nu_0 = 5{,}09 \cdot 10^{14}\,\text{s}^{-1}\,,$$

$$\Rightarrow \delta\nu_D = 1{,}7 \cdot 10^9\,\text{s}^{-1}$$

$$\Rightarrow \Delta\nu_D(\text{Strahl}) = 1{,}7 \cdot 10^9\,\text{s}^{-1} \cdot \sin 2^\circ = 5{,}9 \cdot 10^7\,\text{s}^{-1}\,.$$

a)

$$\Rightarrow \Delta\nu_D(\text{Strahl}) = 1{,}7 \cdot 10^9\,\text{s}^{-1} \cdot \sin\varepsilon < 190\,\text{MHz}$$

$$\Rightarrow \sin\varepsilon < 0{,}11 \Rightarrow \varepsilon \leq 6{,}4^\circ\,.$$

b)

$$\sin\varepsilon < \frac{16}{1700} = 9{,}4 \cdot 10^{-3}\,.$$

Hier muss allerdings berücksichtigt werden, dass die natürliche Linienbreite bereits $\Delta\nu_n = 10$ MHz beträgt. Das Absorptionsprofil ist dann die Faltung aus Gaußprofil $\Delta\nu_D \leq 16$ MHz und Lorentzprofil mit $\Delta\nu_n = 10$ MHz.

10.7 Die transversale Kraft F_x auf die in z-Richtung fliegenden Atome ist

$$F_x = -|\boldsymbol{p}_m \cdot \mathbf{grad}\, \boldsymbol{B}| \,.$$

Das magnetische Moment im ${}^2S_{1/2}$-Zustand wird nur durch den Elektronenspin verursacht. Es ist deshalb

$$p_m = \mu_\mathrm{B}\,,$$

wobei $\mu_\mathrm{B} = 9{,}27 \cdot 10^{-24}\,\mathrm{J/T}$ das Bohr'sche Magneton ist. Die Ablenkung α der Na-Atome in x-Richtung wird durch

$$v_x = \mu_\mathrm{B} \cdot |\mathbf{grad}\, \boldsymbol{B}| \cdot \frac{1}{m} \cdot t = \frac{2\mu_\mathrm{B}}{m} |\mathbf{grad}\, \boldsymbol{B}| \cdot \frac{L}{v_z}$$

$$\tan\alpha = \frac{v_x}{v_z} = \frac{\mu_\mathrm{B}}{m} \cdot \frac{L}{v_z^2} \cdot |\mathbf{grad}\, \boldsymbol{B}|$$

bestimmt. Für $\alpha = 3°$ folgt $\tan\alpha = 0{,}052$, und mit $L = 0{,}2\,\mathrm{m}$, $v_z = 600\,\mathrm{m/s}$

$$\Rightarrow \mathbf{grad}\, B = 3{,}8 \cdot 10^2\,\mathrm{T/m} = 380\,\mathrm{T/m}\,.$$

b) Das Photon überträgt den Impuls $p_x = \hbar k$ mit dem Betrag $h \cdot \nu / c$. Der Impuls der Na-Atome in z-Richtung ist $p_z = m \cdot v$, die Photonenenergie $h \cdot \nu = 2{,}1\,\mathrm{eV}$

$$\Rightarrow \tan\alpha = \frac{p_x}{p_z} = \frac{n \cdot h \cdot \nu}{c \cdot m \cdot v}$$

$$\Rightarrow n = \frac{c \cdot m \cdot v}{h \cdot \nu} \cdot \tan\alpha$$

$$= \frac{3 \cdot 10^8 \cdot 23 \cdot 1{,}66 \cdot 10^{-27} \cdot 600}{2{,}1 \cdot 1{,}6 \cdot 10^{-19}} \cdot 0{,}052$$

$$= 1{,}0 \cdot 10^3\ \text{Photonen}\,,$$

während der Flugzeit durch den Laserstrahl. Wenn dieser einen Durchmesser von 1 cm hat, ist die Flugzeit $t = d/v = 1{,}6 \cdot 10^{-5}\,\mathrm{s}$. Damit jedes Atom 10^3 Photonen absorbiert, muss die Zykluszeit Absorption – spontane Emission

$$\tau = \frac{1{,}6 \cdot 10^{-5}}{10^{-3}} = 1{,}6 \cdot 10^{-8}\,\mathrm{s}$$

sein. Dies entspricht der Lebensdauer des oberen Na-Zustandes. Die minimale Zykluszeit ist 2τ. Deshalb muss der Laser auf einen Durchmesser von 2 cm aufgeweitet werden.

10.8 Bei einer Molekülkonstanten ω_e ist die Schwingungsenergie

$$E_\mathrm{vib} = hc\omega_\mathrm{e}(v' + 1/2) = h \cdot \nu = h/T_\mathrm{vib}$$

$$\Rightarrow T_\mathrm{vib} = \frac{1}{c \cdot \omega_\mathrm{e}(v' + 1/2)} = \frac{1}{3 \cdot 10^{10} \cdot 125 \cdot 1{,}5}$$

$$= 1{,}8 \cdot 10^{-13}\,\mathrm{s}\,.$$

Der zeitliche Abstand der Femtosekundenpulse muss also 180 fs betragen.

10.9 Es gilt (siehe Abb. 10.50) bei Pulsanregung von $|i\rangle$ nach Ende des Pulses:

$$\frac{\mathrm{d}N_i}{\mathrm{d}t} = -N_iA_i - \sum_m N_i\sigma_{im}v_\mathrm{rel} \cdot N_B + \sum_m N_m\sigma_{mi}v_\mathrm{rel} \cdot N_B\,, \tag{19}$$

wenn A_i der Einsteinkoeffizient für spontane Emission, σ_{im} der Wirkungsquerschnitt für stoßinduzierte Übergänge $|i\rangle \to |m\rangle$, v_rel die Relativgeschwindigkeit zwischen den Stoßpartnern und N_B die Dichte der Stoßpartner, die mit Atomen im Zustand $|i\rangle$ bzw. $|m\rangle$ zusammenstoßen, ist. Für $N_m \ll N_i$ kann der letzte Term in (19) vernachlässigt werden und man erhält bei zeitaufgelöster Messung der Fluoreszenz $I(t)$, die von $|i\rangle$ ausgesandt wird:

$$I(t) \propto \frac{\mathrm{d}N_i}{\mathrm{d}t} = -(A_i + C_i)N_i = -\frac{1}{\tau_i^\mathrm{eff}} \cdot N_i$$

mit

$$C_i = \sum_m \sigma_{im}\overline{v_\mathrm{rel}}N_B \quad \text{und} \quad \tau_i^\mathrm{eff} = \frac{1}{A_i + C_i}\,.$$

Bei stationärer Anregung gilt für die konstante Anregungsrate B Absorptionsprozesse pro s und Volumeneinheit

$$\frac{\mathrm{d}N_i}{\mathrm{d}t} = 0 = B - N_i(A_i + C_i)$$

$$\frac{\mathrm{d}N_m}{\mathrm{d}t} = 0$$

$$= N_i\sigma_{im}\overline{v_\mathrm{rel}} \cdot N_B - N_m\left(A_m + \sum_n \sigma_{mn}\overline{v_\mathrm{rel}} \cdot N_B\right)$$

$$\Rightarrow \sigma_{im} = \frac{A_m + \sum_n \sigma_{mn}v_\mathrm{rel} \cdot N_B}{v_\mathrm{rel} \cdot N_B} \cdot \frac{N_m}{N_i}$$

$$= \frac{1/\tau_m^\mathrm{eff}}{v_\mathrm{rel} \cdot N_B}$$

mit

$$\overline{v_\mathrm{rel}} = \left(\frac{8kT}{\pi m}\right)^{1/2}\,.$$

10.10 Bei der Absorption eines Photons ändert sich die Geschwindigkeit der Na-Atome um $\Delta v = 3\,\mathrm{cm/s}$ (siehe Beispiel in Abschn. 10.7). Bei der Absorption von $3 \cdot 10^7$ Photonen/s dauert es

$$\Delta t = \frac{7 \cdot 10^4}{3 \cdot 3 \cdot 10^7}\,\mathrm{s} = 7{,}8 \cdot 10^{-4}\,\mathrm{s} = 7{,}0\,\mu\mathrm{s}\,,$$

bis die Na-Atome auf $v_x = 0$ abgebremst sind. Die mittlere Abbremsbeschleunigung ist

$$a = -\frac{v_0}{\Delta t} = \frac{700}{7{,}8 \cdot 10^{-4}}\,\frac{\mathrm{m}}{\mathrm{s}^2}$$

$$= 9 \cdot 10^5\,\mathrm{m/s}^2 \approx 97\,800 \cdot g\,.$$

Der Abbremsweg ist

$$S = \int_0^{\Delta t} v\,\mathrm{d}t = \int_0^{\Delta t} (v_0 - at)\,\mathrm{d}t = v_0\,\Delta t - \frac{1}{2}a\,\Delta t^2$$
$$= 700 \cdot 7{,}8 \cdot 10^{-4} - 4{,}6 \cdot 10^5 (7{,}8 \cdot 10^{-4})^2\,\mathrm{m}$$
$$= 0{,}546 - 0{,}27\,\mathrm{m} = 0{,}27\,\mathrm{m}\,.$$

Die Na-Atome fliegen also während der Abbremsung noch 27 cm.

Kapitel 11

11.1 a) Die primitive Basiszelle des kubisch flächenzentrierten Gitters erhält man durch die drei Basisvektoren

$$\boldsymbol{a}' = \frac{a}{2}\left(\hat{\boldsymbol{e}}_x + \hat{\boldsymbol{e}}_y\right),$$
$$\boldsymbol{b}' = \frac{a}{2}\left(\hat{\boldsymbol{e}}_y + \hat{\boldsymbol{e}}_z\right),$$
$$\boldsymbol{c}' = \frac{a}{2}\left(\hat{\boldsymbol{e}}_z + \hat{\boldsymbol{e}}_x\right),$$

die von der Ecke $\{0,0,0\}$ des Kubus zu den Mittenatomen auf den Kubusflächen gehen (Abb. 11.16). Der Winkel α zwischen den Basisvektoren ist 60°, wie man aus

$$\cos\alpha = \frac{\boldsymbol{a}' \cdot \boldsymbol{b}'}{|\boldsymbol{a}'| \cdot |\boldsymbol{b}'|} = \frac{\{1,1,0\} \cdot \{0,1,1\}}{\sqrt{2} \cdot \sqrt{2}} = \frac{1}{2}$$
$$\Rightarrow \alpha = 60^\circ$$

sieht. Die primitive Basiszelle ist also ein Rhomboeder und enthält nur ein Atom bei $\{0,0,0\}$. Ihr Volumen ist

$$V = \boldsymbol{a}' \cdot \left(\boldsymbol{b}' \times \boldsymbol{c}'\right) = a^3/4\,.$$

b) Die primitive Elementarzelle des kubisch raumzentrierten Gitters (Abb. 11.15) hat die Basisvektoren

$$\boldsymbol{a}' = \frac{a}{2}\left(\hat{\boldsymbol{e}}_x + \hat{\boldsymbol{e}}_y - \hat{\boldsymbol{e}}_z\right),$$
$$\boldsymbol{b}' = \frac{a}{2}\left(-\hat{\boldsymbol{e}}_x + \hat{\boldsymbol{e}}_y + \hat{\boldsymbol{e}}_z\right),$$
$$\boldsymbol{c}' = \frac{a}{2}\left(\hat{\boldsymbol{e}}_x - \hat{\boldsymbol{e}}_y + \hat{\boldsymbol{e}}_z\right),$$

die den Winkel $\alpha = 109°20'$ miteinander bilden, wie man aus

$$\cos\alpha = \frac{\boldsymbol{a}' \cdot \boldsymbol{b}'}{|\boldsymbol{a}'| \cdot |\boldsymbol{b}'|} = \frac{-1+1-1}{3} = -\frac{1}{3}$$
$$\Rightarrow \alpha = 109{,}467^\circ$$

sieht. Die Länge der Basisvektoren ist $\frac{a}{2}\sqrt{3} \approx 0{,}866a$, und das Volumen der Basiszelle ist

$$V = \boldsymbol{a}' \cdot \left(\boldsymbol{b}' \times \boldsymbol{c}'\right) = \frac{a^3}{2}\,.$$

Die primitive Elementarzelle des kubisch raumzentrierten Gitters ist also ein Tetraeder.

11.2 a) Die Basisvektoren des reziproken Gitters zum kubischen Gitter sind:

$$\boldsymbol{a}^* = \frac{2\pi}{a^3}(\boldsymbol{b} \times \boldsymbol{c}) = \frac{2\pi}{a^3}\left[\{0,a,0\} \times \{0,0,a\}\right]$$
$$= \frac{2\pi}{a}\{1,0,0\}\,,$$
$$\boldsymbol{b}^* = \frac{2\pi}{a^3}(\boldsymbol{c} \times \boldsymbol{a}) = \frac{2\pi}{a}\{0,1,0\}\,,$$
$$\boldsymbol{c}^* = \frac{2\pi}{a^3}(\boldsymbol{a} \times \boldsymbol{b}) = \frac{2\pi}{a}\{0,0,1\}\,.$$

Die ist ein primitives kubisches Gitter mit der Gitterkonstanten $2\pi/a$ und dem Volumen

$$V_\mathrm{E} = \boldsymbol{a}^* \cdot (\boldsymbol{b}^* \times \boldsymbol{c}^*) = \frac{8\pi^3}{a^3}\,.$$

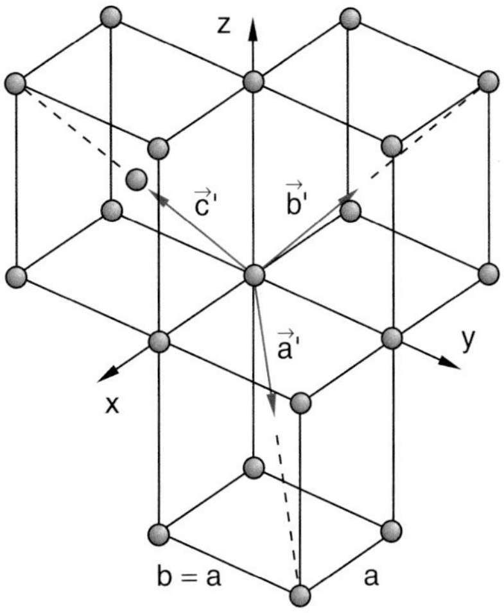

Abbildung L.14 Zu Lösung 11.2

b) Das tetragonal raumzentrierte Gitter hat die Basisvektoren

$$\boldsymbol{a} = a \cdot \hat{\boldsymbol{e}}_x\,, \quad \boldsymbol{b} = b \cdot \hat{\boldsymbol{e}}_y\,, \quad \boldsymbol{c} = c \cdot \hat{\boldsymbol{e}}_z\,.$$

Es hat eine Basis von zwei Atomen bei $\{0,0,0\}$ und $\frac{1}{2}\{a,b,c\}$. Die roten Vektoren in Abb. L.14 geben die zugehörige primitive Einheitszelle an. Ihre Basisvektoren sind

$$\boldsymbol{a}' = \left\{\frac{a}{2}\hat{\boldsymbol{e}}_x + \frac{b}{2}\hat{\boldsymbol{e}}_y - \frac{c}{2}\hat{\boldsymbol{e}}_z\right\},$$
$$\boldsymbol{b}' = \left\{-\frac{a}{2}\hat{\boldsymbol{e}}_x + \frac{b}{2}\hat{\boldsymbol{e}}_y + \frac{c}{2}\hat{\boldsymbol{e}}_z\right\},$$
$$\boldsymbol{c}' = \left\{\frac{a}{2}\hat{\boldsymbol{e}}_x - \frac{b}{2}\hat{\boldsymbol{e}}_y + \frac{c}{2}\boldsymbol{e}_z\right\}.$$

Ihre Längen sind gleich

$$|\boldsymbol{a}'| = |\boldsymbol{b}'| = |\boldsymbol{c}'| = \frac{1}{2}\sqrt{a^2 + b^2 + c^2}$$

Ihre Winkel untereinander sind für $a = b$:

$$\cos\alpha = \frac{c^2 - 2a^2}{c^2 + 2a^2},$$
$$\cos\beta = \cos\gamma = \frac{-c^2}{2a^2 + c^2};$$
$$V_E = \boldsymbol{a}' \cdot (\boldsymbol{b}' \times \boldsymbol{c}') = \frac{a^2 c}{2}.$$

Die Basisvektoren bilden daher kein Bravaisgitter. Ihr reziprokes Gitter ist durch die Basisvektoren

$$\boldsymbol{a}^* = \frac{4\pi}{a^2 c}(\boldsymbol{b}' \times \boldsymbol{c}') = \frac{4\pi}{a^2}\left(\frac{b}{2}\hat{\boldsymbol{e}}_x + \frac{a}{2}\hat{\boldsymbol{e}}_y\right),$$
$$\boldsymbol{b}^* = \frac{4\pi}{a^2 c}(\boldsymbol{c}' \times \boldsymbol{a}') = \frac{4\pi}{ac}\left(\frac{c}{2}\hat{\boldsymbol{e}}_y + \frac{b}{2}\hat{\boldsymbol{e}}_z\right),$$
$$\boldsymbol{c}^* = \frac{4\pi}{a^2 c}(\boldsymbol{a}' \times \boldsymbol{b}') = \frac{4\pi}{a^2 c}\left(\frac{bc}{2}\hat{\boldsymbol{e}}_x + \frac{ab}{2}\hat{\boldsymbol{e}}_z\right).$$

Wegen $a = b$ vereinfacht sich dies zu

$$\boldsymbol{a}^* = \frac{2\pi}{a}\{\hat{\boldsymbol{e}}_x + \hat{\boldsymbol{e}}_y\},$$
$$\boldsymbol{b}^* = \frac{2\pi}{ac}\{c \cdot \hat{\boldsymbol{e}}_y + a \cdot \hat{\boldsymbol{e}}_z\},$$
$$\boldsymbol{c}^* = \frac{2\pi}{ac}\{c \cdot \hat{\boldsymbol{e}}_x + a \cdot \hat{\boldsymbol{e}}_z\}.$$

Auch diese Vektoren bilden kein Bravaisgitter. Ihre Längen sind

$$|\boldsymbol{a}^*| = \frac{2\pi}{a}\sqrt{2},$$
$$|\boldsymbol{b}^*| = \frac{2\pi}{ac}\sqrt{c^2 + a^2} = |\boldsymbol{c}^*|.$$

Die Winkel zwischen ihnen sind:

$$\cos\alpha = \frac{1}{1 + c^2/a^2},$$
$$\cos\beta = \cos\gamma = \frac{1}{\sqrt{2(1 + a^2/c^2)}}.$$

11.3 Der Netzebenenabstand ist

$$d_{hkl} = \frac{a}{\sqrt{h^2 + k^2 + l^2}}.$$

Für die (110)-Ebene ist $h = 1, k = 1, l = 0$

$$\Rightarrow d_{1,1,0} = \frac{a}{\sqrt{2}}.$$

Die $(\bar{1}10)$-Ebenen mit $h = -1$, $k = 1$, $l = 0$ haben ebenfalls

$$d_{\bar{1},1,0} = \frac{a}{\sqrt{2}}.$$

Die (210)-Ebenen haben den Abstand $d_{2,1,0} = a/\sqrt{5}$. Der Normalenvektor zur Ebene (hkl) ist der reziproke Gittervektor

$$\boldsymbol{G} = h \cdot \boldsymbol{a}^* + k \cdot \boldsymbol{b}^* + l \cdot \boldsymbol{c}^*.$$

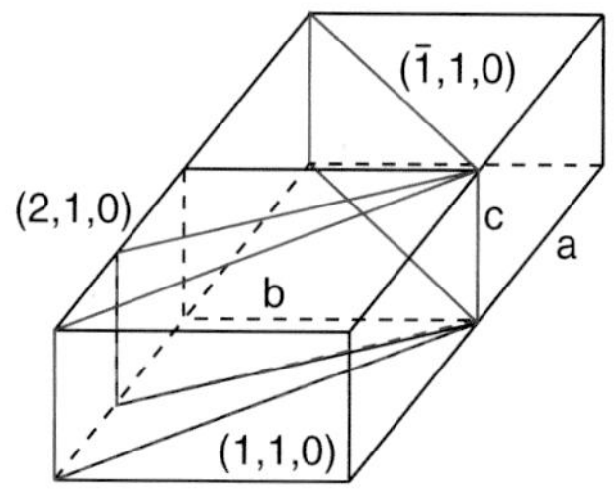

Abbildung L.15 Zu Lösung 11.3

Beim kubischen Gitter ist

$$\boldsymbol{a}^* = \frac{2\pi}{a}\{1,0,0\},$$
$$\boldsymbol{b}^* = \frac{2\pi}{a}\{0,1,0\},$$
$$\Rightarrow \boldsymbol{G}_{1,1,0} = \frac{2\pi}{a}\{1,1,0\},$$
$$\boldsymbol{G}_{\bar{1},1,0} = \frac{2\pi}{a}\{-1,1,0\},$$
$$\boldsymbol{G}_{2,1,0} = \frac{2\pi}{a}\{2,1,0\}.$$

11.4 Mit $a = b = \frac{1}{2}c$ ist das Volumen der Einheitszelle

$$V_E = 2a^3.$$

Der Radius der Kugeln ist $r = a/2$

$$\Rightarrow V_K = \frac{4}{3}\pi\left(\frac{a}{2}\right)^3 = \frac{1}{6}\pi a^3.$$

Zur Einheitszelle gehört je 1/8 der Kugeln mit Mittelpunkten auf den Ecken.

$$\Rightarrow \eta = \frac{\frac{1}{6}\pi a^3}{2a^3} = \frac{1}{12}\pi = 0{,}26.$$

11.5 Ein basiszentriertes tetragonales Gitter (Abb. L.16) kann durch die kleinere primitive Elementarzelle (rot) mit den Basisvektoren

$$\boldsymbol{a}' = \boldsymbol{a}, \quad \boldsymbol{b}' = \left(\frac{a}{2}\hat{\boldsymbol{e}}_x + \frac{b}{2}\hat{\boldsymbol{e}}_y\right) = \frac{a}{2}(\hat{\boldsymbol{e}}_x + \hat{\boldsymbol{e}}_y),$$
$$\boldsymbol{c}' = \boldsymbol{c}$$

dargestellt werden.
Es gilt:

$$a' \neq b' \neq c' \neq a', \quad \beta' = 90°, \quad \alpha' = 90°.$$

Der Winkel γ' kann aus

$$\boldsymbol{a}' = a\{\hat{\boldsymbol{e}}_x, 0, 0\}, \quad \boldsymbol{b}' = \frac{a}{2}\{\hat{\boldsymbol{e}}_x, \hat{\boldsymbol{e}}_y, 0\}$$

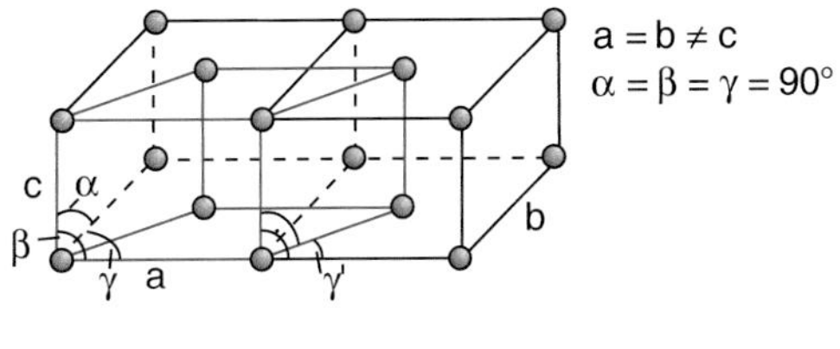

Abbildung L.16 Zu Lösung 11.5

bestimmt werden zu

$$\cos\gamma' = \frac{\boldsymbol{a}'\cdot\boldsymbol{b}'}{|\boldsymbol{a}'|\cdot|\boldsymbol{b}'|} = \frac{1\cdot a^2/2}{a^2/2\sqrt{2}} = \frac{1}{\sqrt{2}} \Rightarrow \alpha = 45°\,.$$

Es handelt sich um ein monoklines Gitter. Das nicht primitive basiszentrierte tetragonale Gitter kann daher durch die primitive Basiszelle eines monoklinen Gitters beschrieben werden.

11.6 a) Nach Abb. L.17 gibt es konstruktive Interferenz zwischen den an den Atomen A gestreuten Wellen, wenn

$$\Delta s_1 = a\cdot\cos\theta = n\cdot\lambda\,.$$

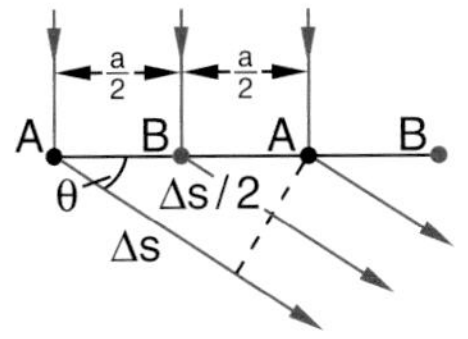

Abbildung L.17 Zu Lösung 11.6

Die Amplituden der Teilwellen addieren sich dann. Die von den Atomen B gestreuten Teilwellen sind dann jedoch um π phasenverschoben, da ihre Wegdifferenz zu den Wellen von A gerade

$$\Delta s/2 = \frac{a}{2}\cdot\cos\theta = \frac{n}{2}\cdot\lambda$$

beträgt. Für ungerade n gilt daher für die gesamte Streuamplitude

$$f_{\text{total}} = f_A - f_B \Rightarrow I_{\text{total}} \propto (f_A - f_B)^2\,.$$

Für gerade n ist $n/2$ ganzzahlig.

$$\Rightarrow I_{\text{total}} \propto (f_A + f_B)^2\,.$$

Dies lässt sich aus (11.37) ablesen, wenn man für die Ortskoordinaten der Atome B halbzahlige Werte einsetzt.

11.7 Die Bragg-Bedingung

$$2d_{hkl}\cdot\sin\alpha = m\cdot\lambda$$

ergibt für die (100)-Ebene mit $d_{hkl} = a$ konstruktive Interferenz für

$$2a\cdot\sin\alpha = m\cdot\lambda$$

sowohl für die Na^+-Ebenen als auch für die Cl^--Ebenen. Für ungerade m ist die Wegdifferenz zwischen den an den Na^+-Ebenen gestreuten Wellen $\Delta s = a\cdot\sin\alpha$, sodass die Phasenverschiebung π ist. Bei einem Streuwinkel $\alpha = \arcsin(\lambda/2a)$ ist die totale Streuintensität

$$I_{\text{Str}} \propto |f_{Na^+} - f_{Cl^-}|^2\,.$$

Mit $f_{Cl^-} = 2f_{Na^+}$ folgt $I_{\text{Str}} \propto |f_{Na^+}|^2$. Für gerade m ist die Phasendifferenz 2π, und die Streuintensität ist

$$I_{\text{Str}} \propto |f_{Na^+} + f_{Cl^-}|^2 = 9\,|\delta_{Na^+}|^2\,.$$

Beim Winkel

$$\alpha_1 = \arcsin\frac{\lambda}{2a} = \arcsin\frac{3}{11{,}26} = 15{,}5°$$

ist $I \propto (f_{Na^+})^2$, bei

$$\alpha_2 = \arcsin\frac{\lambda}{a} = \arcsin 0{,}533 = 32{,}2°$$

ist $I \propto 9\,|f_{Na^+}|^2$.

Bei der Streuung an der (110)-Ebene ist $d_{110} = a/\sqrt{2}$. Nun sitzen die Na^+- und die Cl^--Ionen auf den gleichen Ebenen. Ihre Streuamplituden addieren sich für gerade und ungerade Werte von m. Die Streuwinkel sind

$$\alpha = \arcsin\frac{m\cdot\lambda}{\sqrt{2}\cdot a}$$
$$\Rightarrow \alpha_1 = 22{,}13°\,,\quad \alpha_2 = 48{,}90°\,.$$

Gleiches gilt für die (111)-Ebenen. Ihr Abstand ist $d = a/\sqrt{3}$.

$$\Rightarrow \alpha_1 = 17{,}92°,\quad \alpha_2 = 37{,}97°\,.$$

Die Streuintensität ist proportional zur Atomdichte der Ebenen, die unterschiedlich ist.

Bei den (100)-Ebenen ist der Ebenenabstand der Na^+-Ionen $d_{100} = a$. In der Mitte zwischen zwei Na^+-Ebenen sitzen die Cl^--Ebenen. Die Bragg-Bedingung ergibt für die konstruktive Interferenz zwischen den Na^+-Ebenen:

$$2a\cdot\sin\alpha = m\cdot\lambda$$

und dieselbe Bedingung für die Cl^--Ebenen, wobei die Wegdifferenz zwischen den an diesen Ebenen und an den Na^+-Ebenen gestreuten Wellen $a\cdot\sin\alpha$ ist.

Für ungerade m sind die beiden Streuwellen um π phasenverschoben, für ungerade m um 2π. Wir erhalten daher für die totale Streuintensität unter dem Winkel $\alpha = \arcsin(\lambda/2a)$:

$$I_{\text{total}} \propto (f_{Na^+} - f_{Cl^-})^2\,.$$

Kapitel 12

12.1 a) Die eindimensionalen Oszillatoren haben die Energie

$$E = \hbar\Omega_e\left(n + \frac{1}{2}\right) \quad \text{mit} \quad \Omega_e = \sqrt{k/m} = \text{const}.$$

Die Energiewerte liegen äquidistant mit dem Abstand $\Delta E = \hbar\sqrt{k/m}$. Die Zustandsdichte für N Oszillatoren ist

$$D(\Omega) = N \cdot \delta(\Omega - \Omega_e)$$

mit δ = Deltafunktion. Zur Berechnung der spezifischen Wärme können wir das Einstein-Modell (Abschn. 12.2.1) verwenden, wenn wir $3N$ durch N ersetzen (eindimensional). Das dort hergeleitete Ergebnis ist:

$$C_V = \frac{N}{k_B T^2} \frac{\hbar\Omega_e \cdot e^{\hbar\Omega_e/k_BT}}{\left(e^{\hbar\Omega_e/k_BT} - 1\right)^2}$$

mit $\Omega_e = \sqrt{k/m}$. Die spezifische Wärme hängt über Ω von der Masse m und der Steilheit des Parabelpotentials ($\propto k$) ab. Für kleine T ($\hbar\Omega \gg k_BT$) folgt

$$C_V \to \frac{N}{k_BT^2} e^{-\hbar\Omega/k_BT} = \frac{N}{k_BT^2} e^{-\hbar\sqrt{k/m}/k_BT}.$$

Beispiel: $k = 1\,\text{eV}/(\text{nm})^2 = 1{,}6 \cdot 10^{-1}\,\text{J/m}^2$, $m = 10^{-25}\,\text{kg}$

$$\begin{aligned}
&\Rightarrow \Omega = \sqrt{k/m} = 1{,}26 \cdot 10^{12}\,\text{s}^{-1}\\
&\quad T = 300\,\text{K}\\
&\Rightarrow k_BT = 4{,}14 \cdot 10^{-21}\,\text{J}\\
&\quad \hbar\Omega = 1{,}3 \cdot 10^{-22}\\
&\Rightarrow \hbar\omega \ll k_BT\\
&\Rightarrow C_V = 0{,}105 \cdot N.
\end{aligned}$$

b) Für das Potential

$$E_{pot} = ax^2 - bx^3 - cx^4$$

setzen wir für den Hamilton-Operator

$$H = H_0 + H_1 + H_2 \quad \text{mit} \quad H_0 = -\frac{\hbar^2}{2M}\Delta + ax^2,$$

$H_1 = -bx^3$, $H_2 = -cx^4$. Für die Energieeigenwerte setzen wir

$$E(v) = E_0(v) + E_1(v) + E_2(v),$$

wobei $E_0(v)$ die Eigenwerte des harmonischen Oszillators sind.

$$E_1 = -\int_{-\infty}^{+\infty} \psi_v^* bx^3 \psi_v \,dx = 0,$$

wobei ψ_v die Eigenfunktionen des harmonischen Oszillators

$$\psi_v(x) = C_v \tilde{H}_v(x) \cdot e^{-(m\omega/2\hbar)x^2},$$

$\tilde{H}_v$ die Hermite'schen Polynome zur Schwingungsquantenzahl v und

$$C_v = \frac{1}{2^v \cdot v!}\left(\frac{m \cdot \omega}{\pi \cdot \hbar}\right)^{1/4}$$

eine Normierungskonstante ist. Weil der Integrand eine ungerade Funktion von x ist, wird $E_1 = 0$. Um

$$E_2 = -c \cdot \int \psi_v^* x^4 \psi_v \,dx$$

zu berechnen, verwenden wir die Definition (4.41)

$$H_v(\xi) = (-1)^v e^{\xi^2} \frac{d^v}{d\xi^v}\left(e^{-\xi^2}\right)$$

mit $\xi = x \cdot \sqrt{\lambda}$ und $\lambda = m\omega/\hbar$. Wir erhalten dann:

$$\begin{aligned}
E_2 &= -\frac{\varepsilon_2}{2^v v! \sqrt{\pi} \cdot \lambda^2} \int_{-\infty}^{+\infty} \xi^4 H_n^2(\xi) e^{-\xi^2} \,d\xi\\
&= C_2 \cdot \int_{-\infty}^{+\infty} e^{-\xi^2} \frac{d^v}{d\xi^v}\left(\xi^4\right) \cdot H(\xi)\,d\xi.
\end{aligned}$$

Wegen

$$\xi^4 \cdot H_v(\xi) = 2^v\left[\xi^{v+4} - \frac{1}{2}\binom{v}{2}\xi^{v+2} + \frac{3}{4}\binom{v}{4}\xi^v \mp \dots\right]$$

lässt sich das Integral gliedweise integrieren. Man erhält als Ergebnis

$$\begin{aligned}
E_2(v) &= -\frac{3c}{4}\left(\frac{\hbar}{m\omega}\right)^2 (2v^2 + 2v + 1)\\
&= -\frac{3c}{2}\left(\frac{\hbar}{m\omega}\right)^2\left[\left(v + \frac{1}{2}\right)^2 + \frac{1}{4}\right].
\end{aligned}$$

Die Zustandsdichte wird mit zunehmender Schwingungsquantenzahl v größer, weil der Energieabstand kleiner wird. Die Gesamtenergie von N Oszillatoren ist dann

$$E_{tot} = \frac{N}{Z}\sum_v (E_0 + E_2)\, e^{-(E_0+E_2)/kT}$$

mit

$$E_0 + E_2 = \left\{\left(v + \frac{1}{2}\right) - \frac{3c}{a^2}\left[\left(v + \frac{1}{2}\right)^2 + \frac{1}{4}\right]\right\}\hbar\omega$$

und Z = Zustandssumme. Die spezifische Wärme ist dann

$$C_V = \frac{\partial E_{tot}}{\partial T} = \frac{N}{kT^2 \cdot Z}\sum_v (E_0 + E_2)\, e^{-(E_0+E_2)/kT},$$

wobei bis zur Energie $E_{tot} = kT$ summiert wird.

12.2 Die Gesamtenergie W eines Systems von N Teilchen mit diskreten Energieeigenwerten E_i ist:

$$W = \frac{N}{Z} \sum g_i E_i \cdot e^{-E_i/kT} ,$$

wobei die Zustandssumme

$$Z = \sum g_i \, e^{-E_i/kT}$$

ist. W lässt sich ausdrücken durch

$$\begin{aligned} W &= \frac{N}{Z} \cdot kT^2 \frac{d}{dT} \sum g_i \, e^{-E_i/kT} \\ &= \frac{N}{Z} kT^2 \frac{d}{dT} Z , \end{aligned}$$

sodass die mittlere Energie pro Teilchen

$$\langle E \rangle = \frac{W}{N} = \frac{kT^2}{Z} \frac{d}{dT} Z$$

beträgt. Bei einer kontinuierlichen Energieverteilung gilt:

$$Z = \int\limits_x \int\limits_p e^{-E(p,x)/kT} \, dp \, dx .$$

$$\begin{aligned} \frac{\partial}{\partial T} \ln Z &= \frac{1}{Z} \frac{\partial Z}{\partial T} \\ &= \frac{1}{Z} \frac{1}{kT^2} \int\limits_x \int\limits_p E(p,x) e^{-E(p,x)/kT} \, dp \, dx . \end{aligned}$$

Nach Definition des statistischen Mittelwertes

$$\langle E \rangle = \frac{\int\limits_x \int\limits_p E(p,x) \, e^{-E(p,x)/kT} \, dp dx}{\int\limits_x \int\limits_p e^{-E(p,x)/kT} \, dp \, dx}$$

gilt damit:

$$\frac{\partial}{\partial T} \ln Z = \frac{1}{kT^2} \cdot \langle E \rangle .$$

12.3 a) Volumen einer Schicht der Dicke dh bei $z = h$:

$$dV = \pi r^2 \, dh = \pi \cdot c^2 h^2 \, dh .$$

Volumen einen kleinen Kugel:

$$V_K = \frac{4}{3} \pi \left(\frac{d}{2} \right)^2 .$$

Zahl der Kugeln in der Schicht bei diskreter Kugelpackung (Raumausfüllungsfaktor 0,74, siehe Abschn. 2.4.3)

$$dZ = \frac{\pi \cdot c^2 h^2 \, dh \cdot 0{,}74}{\frac{4}{3} \pi d^3 / 8} = 4{,}44 \cdot \frac{c^2 h^2 \, dh}{d^3} .$$

Die potentielle Energie ist $E_{pot} = mgh$

$$\Rightarrow dE_{pot} = mg \, dh \Rightarrow \frac{dZ}{dE_{pot}} = 4{,}44 \frac{c^2 E_{pot}^2}{d^3 m^3 g^3} .$$

Die Zustandsdichte steigt quadratisch mit E_{pot}.

b) Für ein Rotationsparaboloid ist

$$\begin{aligned} h &= a \cdot r^2 \\ \Rightarrow dV &= \pi r^2 \, dh = \pi \left(\frac{h}{a} \right) dh \\ \frac{dZ}{dE_{pot}} &= \frac{4{,}44 \cdot E_{pot}}{d^3 m^2 g^2 a} . \end{aligned}$$

Die Zustandsdichte steigt nur linear mit E_{pot}.

c) Für einen Zylinder ist

$$\begin{aligned} dV &= \pi r^2 \, dh \quad \text{mit} \quad r = \text{const} \\ \Rightarrow \frac{dZ}{dE_{pot}} &= 4{,}44 \cdot \frac{r^2}{mgd^3} . \end{aligned}$$

Die Zustandsdichte ist also konstant, d. h. unabhängig von der Höhe.

12.4 Sei x_i die Auslenkung des Atoms i aus seiner Ruhelage (im Text mit ξ_i bezeichnet). Dann lautet das Gleichungssystem für die lineare Kette von vier Atomen:

$$\begin{aligned} m\ddot{x}_1 &= -2Dx_1 + Dx_2 , \\ m\ddot{x}_2 &= Dx_1 - 2Dx_2 + Dx_3 , \\ m\ddot{x}_3 &= Dx_2 - 2Dx_3 + Dx_4 , \\ m\ddot{x}_4 &= Dx_3 - 2Dx_4 . \end{aligned}$$

In Matrixform mit $a = D/m$:

$$\begin{pmatrix} \ddot{x}_1 \\ \ddot{x}_2 \\ \ddot{x}_3 \\ \ddot{x}_4 \end{pmatrix} = \begin{pmatrix} -2a & a & 0 & 0 \\ a & -2a & a & 0 \\ 0 & a & -2a & a \\ 0 & 0 & a & -2a \end{pmatrix} \begin{pmatrix} x_1 \\ x_2 \\ x_3 \\ x_4 \end{pmatrix} .$$

Diagonalisierung der Matrix liefert

$$\begin{pmatrix} \ddot{\xi}_1 \\ \ddot{\xi}_2 \\ \ddot{\xi}_3 \\ \ddot{\xi}_4 \end{pmatrix} = -a \begin{pmatrix} 1{,}38 & 0 & 0 & 0 \\ 0 & 0{,}38 & 0 & 0 \\ 0 & 0 & 2{,}61 & 0 \\ 0 & 0 & 0 & 3{,}62 \end{pmatrix} \begin{pmatrix} \xi_1 \\ \xi_2 \\ \xi_3 \\ \xi_4 \end{pmatrix}$$

mit den Normalschwingungskoordinaten

$$\begin{aligned} \xi_1 &= 0{,}60 x_1 + 0{,}37 x_2 - 0{,}37 x_3 - 0{,}60 x_4 , \\ \xi_2 &= -0{,}37 x_1 - 0{,}60 x_2 - 0{,}60 x_3 - 0{,}37 x_4 , \\ \xi_3 &= 0{,}60 x_1 - 0{,}37 x_2 - 0{,}37 x_3 + 0{,}60 x_4 , \\ \xi_4 &= 0{,}37 x_1 - 0{,}60 x_2 + 0{,}60 x_3 - 0{,}37 x_4 . \end{aligned}$$

Die Eigenfrequenzen sind:

$$\begin{aligned} \omega_1 &= \sqrt{1{,}38 \, D/m} , \quad \omega_2 = \sqrt{0{,}38 \, D/m} , \\ \omega_3 &= \sqrt{2{,}61 \, D/m} , \quad \omega_4 = \sqrt{3{,}62 \, D/m} . \end{aligned}$$

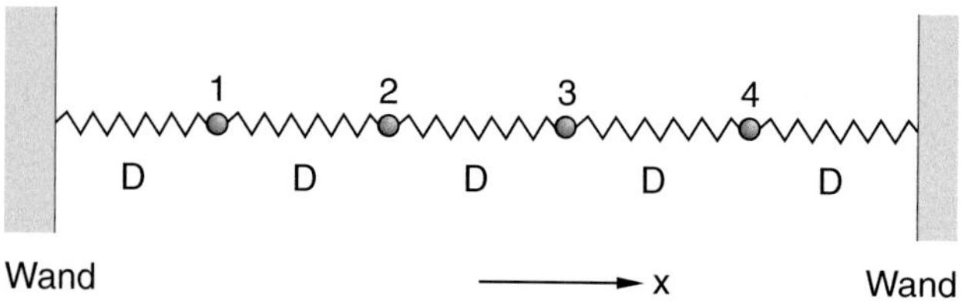

Abbildung L.18 Zu Lösung 12.4

Für $m = 28 \cdot 1{,}6 \cdot 10^{-27}\,\mathrm{kg}$, $D = 20\,\mathrm{kg/s^2}$ folgt

$$\omega_1 = 2{,}4 \cdot 10^{13}\,\mathrm{s^{-1}}\,, \quad \omega_2 = 1{,}3 \cdot 10^{13}\,\mathrm{s^{-1}}\,,$$
$$\omega_3 = 3{,}4 \cdot 10^{13}\,\mathrm{s^{-1}}\,, \quad \omega_4 = 4{,}0 \cdot 10^{13}\,\mathrm{s^{-1}}\,.$$

b)

$$\begin{aligned}\hbar\omega_1 &= 1{,}05 \cdot 10^{-34} \cdot 2{,}4 \cdot 10^{13}\,\mathrm{J}\\ &= 2{,}52 \cdot 10^{-21}\,\mathrm{J}\,,\\ \hbar\omega_2 &= 1{,}36 \cdot 10^{-21}\,\mathrm{J}\,,\\ \hbar\omega_3 &= 3{,}57 \cdot 10^{-21}\,\mathrm{J}\,,\\ \hbar\omega_4 &= 4{,}2 \cdot 10^{-21}\,\mathrm{J}\,,\\ E_{\mathrm{kin}} &= 30\,\mathrm{meV} = 3 \cdot 10^{-2} \cdot 1{,}6 \cdot 10^{-10}\\ &= 4{,}8 \cdot 10^{-21}\,\mathrm{J}\,.\end{aligned}$$

Es können alle vier Schwingungen einfach angeregt werden, weil $E_{\mathrm{kin}} \geq \hbar\omega_i$ $(i = 1, 2, 3, 4)$. Man kann ganz allgemein zeigen, dass die Normalschwingungsfrequenzen ω_n durch

$$\omega_n = 2\omega_0 \cdot \sin\left(\frac{n \cdot \pi}{2(N+1)}\right)$$

gegeben sind, wobei $\omega_0 = \sqrt{D/m}$ und N die Zahl der schwingenden gleichen Massen ist.

12.5 a) Die Frequenz Ω des angeregten Phonons berechnet sich mit

$$\lambda_0 = 488\,\mathrm{nm}$$

zu

$$\begin{aligned}\omega_0 &= 2\pi \cdot \frac{c}{\lambda_0} = 3{,}86261 \cdot 10^{15}\,\mathrm{s^{-1}}\\ \lambda_s &= 488{,}03\,\mathrm{nm}\\ \Rightarrow \omega_s &= 2\pi \cdot \frac{c}{\lambda_s} = 3{,}86238 \cdot 10^{15}\,\mathrm{s^{-1}}\\ \Rightarrow \Omega &= \omega_0 - \omega_s = 2{,}3 \cdot 10^{11}\,\mathrm{s^{-1}} = 230\,\mathrm{GHz}\,.\end{aligned}$$

Die Wellenzahl des einfallenden Lichtes ist

$$k_0 = 2\pi/\lambda_0 = 1{,}288 \cdot 10^7\,\mathrm{m^{-1}}\,.$$

Dann ist die Wellenzahl K des Phonons

$$K = 2k_0 \cdot \sin\vartheta/2\,.$$

Bei einem Einfallswinkel $\alpha = 30°$ ist der Winkel ϑ zwischen $\boldsymbol{k}_0$ und $\boldsymbol{k}_s$: $\vartheta = 180° - 2\alpha$

$$\begin{aligned}&\Rightarrow \vartheta/2 = 90° - 30° = 60°\\ &\Rightarrow K = 2{,}576 \cdot 10^7 \cdot \sin 60°\\ &\qquad = 2{,}23 \cdot 10^7\,\mathrm{m^{-1}}\\ &\Rightarrow \Lambda_{\mathrm{Phonon}} = \frac{2\pi}{K} = 2{,}81 \cdot 10^{-7}\,\mathrm{m}\,.\end{aligned}$$

b) Das FPI muss die Frequenzdifferenz

$$\Delta\nu = \frac{1}{2\pi}(\omega_0 - \omega_s) = 3{,}66 \cdot 10^{10}\,\mathrm{s^{-1}}$$

auflösen können. Seine Frequenzauflösung ist

$$\Delta\nu_{\mathrm{FPI}} = \delta\nu_{\mathrm{FS}}/F^*\,.$$

Mit dem freien Spektralbereich $\delta\nu_{\mathrm{FS}} = 3 \cdot 10^{11}$ folgt

$$F^* = \frac{3 \cdot 10^{11}}{3{,}66 \cdot 10^{10}} = 8{,}2\,.$$

Es genügen also FPI-Spiegel mit geringer Reflexion:

$$F^* = \frac{\pi \cdot \sqrt{R}}{1-R} \Rightarrow R \approx 0{,}75\,.$$

Das experimentelle Problem ist nicht die Auflösung, sondern die Streulichtunterdrückung des elastisch gestreuten Lichtes. Wenn dieses um den Faktor 10^3 unterdrückt werden soll, muss die Transmission des FPI (siehe Bd. 2, Abschn. 10.4)

$$T = \frac{1}{1 + F \cdot \sin^2(\pi \cdot \Delta s/\lambda)}$$

bei λ_0 auf 10^{-4} sinken, wenn sie bei λ_s $T = 1$ ist. Dies erfordert

$$F \cdot \sin^2(\pi\Delta s/\lambda_0) \geq 10^3\,.$$

Bei einem freien Spektralbereich

$$\delta\nu_{\mathrm{FS}} = \frac{c}{2d} = \frac{c}{\Delta s} = 3 \cdot 10^{11} \Rightarrow \Delta s = 10^{-3}\,\mathrm{m}\,.$$

Für $\nu_0 = \nu_s + \Delta\nu$ folgt

$$\sin\frac{\pi\Delta s}{c}(\nu_s + \Delta\nu) = \sin\frac{\pi\Delta s}{c}\Delta\nu\,,$$

weil

$$\sin\frac{\pi\Delta s}{c}\Delta\nu_s = 0$$

(Transmissionsmaximum)

$$\begin{aligned}&\Rightarrow \sin\frac{\pi\Delta s}{c}\Delta\nu = 0{,}37\\ &\Rightarrow \sin^2\frac{\pi\Delta s}{\lambda_0} = 0{,}137\\ &\Rightarrow F \geq 7{,}3 \cdot 10^3\,.\end{aligned}$$

Die Finesse F^* muss dann

$$F^* \geq \frac{\pi}{2} \cdot \sqrt{F} = 134$$

sein.

12.6 Die maximale Energiebreite des Neutronenstrahls ergibt sich zu

$$\begin{aligned}\Delta E &\leq \hbar\Omega = 1{,}05 \cdot 10^{-34} \cdot 10^{11}\,\mathrm{J} \\ &= 1{,}05 \cdot 10^{-23}\,\mathrm{J} = 6 \cdot 10^{-5}\,\mathrm{eV}\,.\end{aligned}$$

b) Die Geschwindigkeit Δv ist dann

$$v = \sqrt{2E/m} \Rightarrow \Delta v = \frac{\Delta E}{m \cdot \sqrt{2E/m}} = \frac{\Delta E}{m \cdot v}\,.$$

Bei $E = 4 \cdot 10^{-2} \cdot 1{,}6 \cdot 10^{-19}\,\mathrm{J} = 6{,}4 \cdot 10^{-21}\,\mathrm{J}$, $v = 2{,}77 \cdot 10^3\,\mathrm{m/s}$, $\Delta v = 2{,}1\,\mathrm{m/s}$.

12.7 a) Für $T \gg \Theta_\mathrm{D}$ ist $\hbar\Omega_\mathrm{D} \ll k_\mathrm{B}T$

$$\Rightarrow \mathrm{e}^{\hbar\Omega/k_\mathrm{B}T} \approx 1 + \hbar\Omega/k_\mathrm{B}T\,, \quad \text{weil} \quad \Omega < \Omega_\mathrm{D}\,.$$

Dann wird der Integrand in (12.40)

$$\Omega^2 \cdot (1 + \hbar\Omega/k_\mathrm{B}T)\,.$$

Integration liefert:

$$\begin{aligned}C_V &= \frac{9N_a \cdot k_\mathrm{B}}{\Omega_\mathrm{D}^3}\left(\frac{1}{3}\Omega_\mathrm{D}^3 + \frac{1}{4}\frac{\hbar\Omega_\mathrm{D}^4}{k_\mathrm{B}T}\right) \\ &= 3N_a k_\mathrm{B}\left(1 + \frac{9}{4}\frac{\hbar\Omega_\mathrm{D}}{k_\mathrm{B}T}\right) \approx 3N_a k_\mathrm{B}\,.\end{aligned}$$

b) Für $T \ll \Theta_\mathrm{D}$ trägt der Integrand für $\Omega > \Omega_\mathrm{D}$ praktisch nichts mehr bei, weil die Besetzungswahrscheinlichkeit für Phononen mit $\Omega > \Omega_\mathrm{D}$ verschwindend klein wird. Man kann deshalb die Integration ohne große Fehler bis $+\infty$ ausdehnen. Mit der Abkürzung

$$x = \frac{\hbar\Omega}{k_\mathrm{B}T}$$

erhalten wir dann für die spezifische Wärme (12.40) das bestimmte Integral

$$\begin{aligned}C_V &= \frac{9N_\mathrm{A}k_\mathrm{B}^4T^3}{\Omega_\mathrm{D}^3\hbar^3}\int_0^\infty \frac{x^4\mathrm{e}^x}{(\mathrm{e}^x-1)^2}\,\mathrm{d}x \\ &= 9N_\mathrm{A}k_\mathrm{B}(T/\Theta_\mathrm{D})^3\int_0^\infty \frac{x^4\mathrm{e}^x}{(\mathrm{e}^x-1)^2}\,\mathrm{d}x\,.\end{aligned}$$

Das bestimmte Integral kann durch die Substitution $y = \mathrm{e}^x$ auf das tabellierte Integral

$$\int_0^\infty \frac{(\ln y)^4 y^2}{(y-1)^2}\,\mathrm{d}y = \frac{4}{15}\pi^4$$

zurückgeführt werden. Damit ergibt sich

$$\begin{aligned}C_V(T \ll \Theta_\mathrm{D}) &\approx \frac{12}{5}\pi^4 \cdot R(T/\Theta_\mathrm{D})^3 \\ &\approx 234\,R(T/\Theta_\mathrm{D})^3\end{aligned}$$

mit $R = N_\mathrm{A}k_\mathrm{B}$.

Kapitel 13

13.1 Es gilt

$$E_n = \frac{\hbar^2}{2m}k_n^2$$

mit

$$\begin{aligned}k_n^2 &= \frac{\pi^2}{a^2}\left(n_x^2 + n_y^2 + n_z^2\right) \\ \Rightarrow E_n &= \frac{\hbar^2 \cdot \pi^2}{2ma^2}\left(n_x^2 + n_y^2 + n_z^2\right)\end{aligned}$$

(12.30). n_x, n_y, n_z sind ganzzahlig und größer null. Mit $a = 2\,\mathrm{nm}$ liegt das tiefste Energieniveau ($n_x = 1$, $n_y = n_z = 0$) bei $E_1 = 93\,\mathrm{meV}$. Die Zahl aller möglichen Energiezustände E_n bis zur Energie E ist gleich der Zahl der Gitterpunkte (n_x, n_y, n_z) innerhalb des Oktanten einer Kugel im k-Raum mit Radius $k = \sqrt{2mE/\hbar^2}$. Zu jedem Gitterpunkt gehört das Volumen $(\pi/a)^3$ im k-Raum.

$$\begin{aligned}\Rightarrow Z(k) &= \frac{\frac{1}{8}\cdot\frac{4}{3}\cdot\pi k^3}{\pi^3/a^3} = \frac{1}{6}\frac{a^3}{\pi^2}k^3 \\ \Rightarrow Z(E) &= \frac{a^3}{6\pi^2}\left(\frac{2mE}{\hbar^2}\right)^{3/2}.\end{aligned}$$

Für $E = 1\,\mathrm{eV}$, $a = 2\,\mathrm{nm}$, $m = 9{,}1 \cdot 10^{-31}\,\mathrm{kg}$ ist

$$Z(E) = 18\,.$$

13.2 Der Anteil der Elektronen mit $E \geq E_\mathrm{F}$ ist

$$\frac{N(E \geq E_\mathrm{F})}{N_\text{total}} = \frac{\int_{E_\mathrm{F}}^\infty \frac{1}{\mathrm{e}^{(E-E_\mathrm{F})kT}+1}\,\mathrm{d}E}{\int_0^\infty \frac{1}{\mathrm{e}^{(E-E_\mathrm{F})/kT}+1}\,\mathrm{d}E}$$

$$\begin{aligned}\int \frac{\mathrm{d}E}{\mathrm{e}^{(E-E_\mathrm{F})/kT}+1} &= E - kT \cdot \ln\left(1 + \mathrm{e}^{(E-E_\mathrm{F})/kT}\right) \\ &= -kT \cdot \ln\left(\mathrm{e}^{-E/kT} + \mathrm{e}^{-E_\mathrm{F}/kT}\right)\end{aligned}$$

$$\Rightarrow \int_{E_\mathrm{F}}^\infty \frac{\mathrm{d}E}{\mathrm{e}^{(E-E_\mathrm{F})/kT}+1} = kT \cdot \ln 2$$

$$\int_0^\infty \frac{\mathrm{d}E}{\mathrm{e}^{(E-E_\mathrm{F})/kT}+1} = E_\mathrm{F} + kT \cdot \ln\left(1 + \mathrm{e}^{-E_\mathrm{F}/kT}\right)$$

$$\Rightarrow \frac{N(E > E_\mathrm{F})}{N_\text{total}} = \frac{\ln 2}{E_\mathrm{F}/kT + \ln\left(1 + \mathrm{e}^{-E_\mathrm{F}/kT}\right)}\,.$$

Für $E_F = 4\,\text{eV} = 6{,}4 \cdot 10^{-19}\,\text{J}$, $T = 300\,\text{K}$ ist

$$kT = 4{,}14 \cdot 10^{-21}\,\text{J}$$
$$\Rightarrow E_F/kT = 155$$
$$\Rightarrow \frac{N(E \geq E_F)}{N_{\text{total}}} = \ln 2 \cdot \frac{kT}{E_F} = 4{,}5 \cdot 10^{-3}\,.$$

13.3 Bei $T = 0$ ist die kinetische Energie der Elektronen

$$\overline{E}_{\text{kin}}(T = 0) = \frac{3}{5} E_F\,.$$

Mit $E_F = 4\,\text{eV}$ folgt $\overline{E}_{\text{kin}} = 2{,}4\,\text{eV}$. Die thermische Energie der Elektronen ist

$$\overline{E}_{\text{kin}}(\text{thermisch}) = \frac{3}{2} kT = 2{,}59 \cdot 10^{-2}\,\text{eV}\,,$$

bei $T = 300\,\text{K}$

$$\overline{E}_{\text{kin}}(T = 300\,\text{K}) = 2{,}4 + 0{,}026\,\text{eV} = 2{,}426\,\text{eV}\,.$$

Die Energie erhöht sich um den Bruchteil

$$\frac{0{,}0259}{2{,}4} \approx 1\,\%\,.$$

13.4 Die spezifische Wärme der Elektronen ist nach (13.33a)

$$C_V = \frac{\pi^2}{2} \cdot N_e \cdot \frac{k_B^2 T}{E_F} = \gamma \cdot T\,.$$

Bei Kupfer ist $N_e = 8{,}5 \cdot 10^{28}\,\text{m}^{-3}$, $E_F = 7\,\text{eV} = 1{,}12 \cdot 10^{-18}\,\text{J}$

$$\Rightarrow \gamma = 71\,\text{J} \cdot \text{m}^{-3} \cdot \text{K}^{-2}\,.$$

Bei $T = 300\,\text{K}$ ist damit

$$C_V = 2{,}13 \cdot 10^4\,\text{J}/(\text{m}^3\text{K}) = 2{,}13 \cdot 10^{-2}\,\text{J}/(\text{cm}^3\text{K})\,.$$

Der Beitrag des Gitters ist für Kupfer (siehe Abschn. 12.2) nach (12.42)

$$C_V = \frac{12}{5} \pi^4 N_A \cdot k \cdot \left(\frac{T}{\theta_D}\right)^3\,.$$

Für Kupfer ist $N_A = 8{,}5 \cdot 10^{28}\,\text{m}^{-3}$, $\theta_D = 343\,\text{K}$

$$\Rightarrow C_V = 1{,}8 \cdot 10^8\,\text{J}/(\text{m}^3\text{K})$$
$$= 8{,}6 \cdot 10^3 C_V\ (\text{Elektronen})\,.$$

13.5 Das Integral vor (13.29) nimmt durch die Substitution

$$\alpha = E_F/kT\,,\quad E/kT = x \Rightarrow \mathrm{d}x = \frac{1}{kT}\mathrm{d}E$$

die Form an:

$$F(\alpha) = \int \frac{f(x)\,\mathrm{d}x}{\mathrm{e}^{(x-\alpha)} + 1}$$

mit $f(x) = \sqrt{x}$. Für $\alpha \gg 1$ kann das Integral in die Reihe

$$F(\alpha) \approx \int_0^\alpha f(x)\,\mathrm{d}x + \frac{\pi^2}{6} f'(\alpha) + \frac{7\pi^4}{360} f'''(\alpha) + \cdots$$
$$= \frac{\alpha^{3/2}}{3/2}\left(1 + \frac{\pi^2}{6} \cdot \frac{3}{4}\frac{1}{\alpha^2} + \cdots\right)$$

entwickelt werden, wobei die Reihe für $\alpha \gg 1$ schnell konvergiert. Einsetzen von

$$F(\alpha) = \frac{2}{3}\alpha^{3/2}\left(1 + \frac{\pi^2}{8\alpha^2} + \cdots\right)$$

in die Bestimmungsgleichung

$$N = \frac{L^3}{2\pi^2}\left(\frac{2m}{\hbar^2}\right)^{3/2} \int_0^\infty \frac{E^{1/2}\,\mathrm{d}E}{\mathrm{e}^{(E-E_F)/kT} + 1}$$

liefert

$$N = \frac{L^3}{3\pi^2}\left(\frac{2m}{\hbar^2}\right)^{3/2} \cdot E_F^{3/2}\left[1 + \frac{\pi^2}{8}\left(\frac{kT}{E_F}\right)^2 + \cdots\right]\,.$$

Wegen $(kT/E_F) \ll 1$ kann man im Korrekturterm E_F durch E_{F_0} ersetzen. Für $T = 0$ gilt:

$$N = 2\int_0^{E_{F_0}} \sqrt{E}\,\mathrm{d}E = \frac{4}{3}(E_F(0))^{3/2}$$
$$\Rightarrow E_F(T) = E_F(T = 0)\left[1 - \frac{\pi^2}{12}\left(\frac{kT}{E_F(0)}\right)^2\right]\,.$$

13.6 Die Dichte der Leitungselektronen ist

$$N_e = \frac{4}{0{,}36^3 \cdot 10^{-27}}\,\text{m}^{-3} = 8{,}5 \cdot 10^{28}\,\text{m}^{-3}\,.$$

Die Fermi-Energie von Kupfer ist

$$E_F = 7\,\text{eV} = 1{,}12 \cdot 10^{-18}\,\text{J}\,.$$

Die Zustandsdichte bei $E = E_F$ ist nach (13.14)

$$D(E_F) = \frac{2}{4}\frac{a^3}{4\pi^2}\left(\frac{2m}{\hbar^2}\right)^{3/2} \cdot E_F^{1/2}\,,$$

wobei $a = 0{,}36\,\text{nm}$ ist und der Faktor $1/4$ berücksichtigt, dass vier Elektronen pro Einheitszelle vorhanden sind. Der Faktor 2 berücksichtigt die beiden Spineinstellungen. Mit $m = 9{,}1 \cdot 10^{-31}\,\text{kg}$ folgt:

$$D(E_F) = 1{,}3 \cdot 10^{18}\,\text{J}^{-1}\,,$$

d. h. bis zur Fermi-Energie gibt es nur einen besetzbaren Zustand pro Elektron.

13.7 Nach (13.45) ist

$$D_s(E) = D_n(E) \cdot \frac{|E - E_F|}{\sqrt{(E - E_F)^2 - \Delta^2}} .$$

Die Energielücke ist für Indium

$$\Delta E = 2\Delta = 0{,}12\,\text{meV} \Rightarrow \Delta = 0{,}06\,\text{meV}$$

$$\Rightarrow \frac{D_s(E)}{D_n(E)} = \frac{0{,}08}{\sqrt{0{,}08^2 - 0{,}06^2}} = 1{,}5 .$$

Kapitel 14

14.1 Nach (14.29) gilt für die Elektronenkonzentration:

$$n_e = N_D - n_d = N_D \left(2e^{(E_F - E_D)/kT} + 1\right)^{-1} .$$

Mit $E_F = \frac{1}{2}(E_D + E_L) = \frac{1}{2}(0{,}49 + 0{,}5)$ eV ergibt sich bei $T = 70$ K mit $N_D = 10^{19}/\text{m}^3$

$$n_e = 5{,}3 \cdot 10^{18}/\text{m}^3 .$$

14.2 Die elektrische Leitfähigkeit ist $\sigma_{el} = n_i \cdot e(u^- + u^+)$. Die Beweglichkeit u ist

$$\begin{aligned} u^- &= \frac{e \cdot \tau_e}{m^*} = \frac{1{,}6 \cdot 10^{-19} \cdot 10^{-13}}{9{,}1 \cdot 10^{-31}} \frac{\text{A s}^2}{\text{kg}} \\ &= 1{,}7 \cdot 10^{-2} \frac{\text{m}^2}{\text{V} \cdot \text{s}} , \\ u^+ &= u^- , \\ n_i &= (m_e^* \cdot m_p^*)^{3/4} \cdot \frac{\sqrt{2}}{2} \left(\frac{kT}{\pi \hbar^2}\right)^{3/2} \cdot e^{-E_g/(2kT)} \\ &= 2{,}5 \cdot 10^{25} \cdot e^{-9{,}65}/\text{m}^3 \\ &= 1{,}6 \cdot 10^{21}/\text{m}^3 . \end{aligned}$$

$$\begin{aligned} \Rightarrow \sigma &= 21{,}6 \cdot 10^{21} \cdot 1{,}6 \cdot 10^{-19} \cdot 1{,}7 \cdot 10^{-2} \frac{\text{A}}{\text{V m}} \\ &= 8{,}7 \frac{\text{A}}{\text{V m}} . \end{aligned}$$

14.3 Nach (14.3) gilt für die Zustandsdichte:

$$D(E) = \frac{V}{4\pi^2} \left(\frac{2m_e}{\hbar^2}\right)^{3/2} (E - E_L)^{1/2} .$$

V ist das Volumen, das den Elektronen zur Verfügung steht. Die Zustandsdichte pro m³ und $\Delta E = 1$ J ist dann

$$\begin{aligned} D(E) &= \frac{1}{4\pi^2} \left(\frac{2 \cdot 9{,}1 \cdot 10^{-31}}{1{,}05^2 \cdot 10^{-68}}\right)^{3/2} \\ &\quad \cdot (0{,}2\,\text{eV} \cdot 1{,}6 \cdot 10^{-19})^{1/2}\,\text{J}^{-1} \cdot \text{m}^{-3} \\ &= 9{,}61 \cdot 10^{45}/(\text{J} \cdot \text{m}^3) \\ &= 1{,}54 \cdot 10^{27}/(\text{eV} \cdot \text{m}^3) . \end{aligned}$$

Für einen Halbleiter mit $V = 1\,\text{mm}^3$ ist

$$D(E) = 1{,}54 \cdot 10^{18}/\text{eV} .$$

14.4 Die Zahl der ionisierten Donatoren ist gleich der Zahl der Elektronen, die von Donatoren ins Leitungsband geliefert werden:

$$n_e = N_D \cdot \frac{1}{2e^{(E_F - E_D)/kT} + 1}$$

mit

$$E_F(T) = \frac{1}{2}(E_D + E_L) + \frac{1}{2}kT \ln(N_D/2n_0)$$

mit

$$n_0 = 2\left(\frac{m_e^* kT}{2\pi\hbar^2}\right)^{3/2} ,$$

$m_e^* \approx m_e \Rightarrow n_0 = 2{,}5 \cdot 10^{25}/\text{m}^3$. Mit $N_D = 10^{24}/\text{m}^3$

$$\begin{aligned} &\Rightarrow \ln\left(10^{24}/\left(2{,}5 \cdot 10^{25} \cdot 2\right)\right) = -3{,}91 , \\ &\Rightarrow E_F(T = 300\,\text{K}) = 0{,}425\,\text{eV} , \\ &\Rightarrow \frac{n_e}{N_D} = \frac{1}{2 \cdot e^{-0{,}025/0{,}026} + 1} \\ &\qquad \approx 0{,}77 , \end{aligned}$$

d. h. etwa 77% aller Donatoren sind ionisiert.

14.5 Nach (14.45) gilt:

$$d_s = \left[\frac{2\varepsilon \cdot \varepsilon_0 \cdot U_D}{q} \left(\frac{1}{n_D} + \frac{1}{n_A}\right)\right]^{1/2} .$$

Für $q = e$, $U_D = 0{,}4$ V, $n_D = n_A = 10^{22}/\text{m}^3$, $\varepsilon_{stat} = 12$

$$\begin{aligned} \Rightarrow d_s &= \left[\frac{24 \cdot 8{,}8 \cdot 10^{-12} \cdot 0{,}4 \cdot 2 \cdot 10^{-22}}{1{,}6 \cdot 10^{-19}}\right]^{1/2} \text{m} \\ &= 3{,}2 \cdot 10^{-7}\,\text{m} = 0{,}32\,\mu\text{m} . \end{aligned}$$

14.6 Die an der Photodiode abgegriffene Spannung U ist

$$U = \frac{R_{PD}}{R + R_{PD}} \cdot U_0$$

$$\Rightarrow \Delta U = \left(\frac{100\,\text{k}\Omega}{R + 100\,\text{k}\Omega} - \frac{10\,\text{k}\Omega}{R + 10\,\text{k}\Omega}\right) \cdot U_0 .$$

ΔU wird maximal für $\text{d}(\Delta U)/\text{d}R = 0$.

$$\Rightarrow R_{opt} = 33\,\text{k}\Omega$$

$$\begin{aligned} \Rightarrow \Delta U_{max} &= U_0 \left(\frac{100}{133} - \frac{10}{43}\right) = 0{,}519\,U_0 \\ &= 6{,}23\,\text{V} . \end{aligned}$$

14.7 Analog zu (14.9) für undotierte Halbleiter erhalten wir für n-dotierte Halbleiter für die Fermienergie:

$$E_F = \frac{1}{2}(E_D + E_L) + \frac{1}{2}kT \ln(N_D/2n_0) , \qquad (20)$$

sodass für $T \to 0$ die Fermienergie

$$E_F(T = 0) = \frac{1}{2}(E_D + E_L)$$

in der Mitte zwischen Donatorniveaus und Unterkante des Leitungsbandes liegt. Gleichung (20) folgt aus der Bedingung $n_e = N_D^+$ in einem reinen n-Halbleiter, in dem die Elektronendichte n_e im Leitungsband gleich der Dichte der ionisierten Donatoren sein muss. Setzt man dann (siehe (14.29))

$$n_D^+ = N_D \cdot \frac{1}{2e^{(E_F+E_D)/kT} + 1}$$

und

$$n_e = n_0 \cdot e^{-(E_L-E_F)/kT} ,$$

so ergibt die Bedingung $n_e = n_D^+$ nach Logarithmieren

$$\begin{aligned} &kT \cdot \ln(N_D/2n_0) \\ &= 2E_F + E_D - E_L + \ln\left(1 + \frac{1}{2}e^{-(E_F-E_D)/kT}\right) , \end{aligned}$$

was für kleine T gegen (20) geht.

Kapitel 15

15.1 Wir benutzen ein sphärisches Koordinatensystem r, ϑ, φ mit Ursprung im Mittelpunkt der Kugel. Da keine Raumladungen vorhanden sind, heißt die Poissongleichung (siehe Bd. 2, Abschn. 1..3.2)

$$\Delta\phi = 0 . \tag{21}$$

Legen wir das äußere homogene Feld $\boldsymbol{E} = |\boldsymbol{E}_0| \cdot \hat{z}$ in die z-Richtung ($\vartheta = 0$), so kann ϕ nicht von φ abhängen. In großer Entfernung ($r \to \infty$) muss gelten

$$\lim_{r\to\infty} \phi = -|\boldsymbol{E}_0| \cdot r \cdot \cos\vartheta . \tag{22}$$

Für den Raum außerhalb der Kugel machen wir den Ansatz:

$$\phi_a = f(r)\cos\vartheta + g(r) . \tag{23}$$

Einsetzen in (21) ergibt:

$$g(r) = \frac{A_a}{r} + B_a ; \quad f(r) = \frac{C_a}{r^2} + D_a \cdot r ,$$

sodass man für das äußere Potential

$$\phi_a = \frac{A_a}{r} + B_a + \left(\frac{C_a}{r^2} + D_a r\right)\cos\vartheta \tag{24}$$

erhält. Da ϕ an der Kugeloberfläche stetig sein muss, machen wir auch für den Innenraum den Ansatz

$$\phi_i = \frac{A_i}{r} + B_i + \left(\frac{C_i}{r^2} + D_i r\right)\cos\vartheta . \tag{25}$$

Da sich im Inneren der Kugel keine Punktladung befindet, muss $A_i = 0$ und $C_i = 0$ sein. Weil für $r \to \infty$ das Potential $|\boldsymbol{E}_0|\, r\cos\vartheta$ sein muss, folgt: $D_a = -|\boldsymbol{E}_0|$ und $B_a = 0$.

Damit erhalten wir

$$\phi_i = D_i r\cos\vartheta + B_i ,$$

$$\phi_a = \left(\frac{C_a}{r^2} - |\boldsymbol{E}_0|\, r\right)\cos\vartheta + \frac{A_a}{r} .$$

Die Stetigkeit von ϕ an der Kugeloberfläche $r = R$ verlangt:

$$\left(\frac{C_a}{R^2} - |\boldsymbol{E}|\, R\right)\cos\vartheta + \frac{A_a}{R} = D_i R\cos\vartheta + B_i .$$

Dies muss für alle Werte von ϑ gelten. Daraus folgt:

$$B_i = \frac{A_a}{R} \quad \text{und} \quad D_i = \frac{C_a}{R^3} - |\boldsymbol{E}_0| .$$

Die Werte von A_a und C_a erhalten wir aus der Bedingung, dass die Normalkomponente der dielektrischen Erregung $\boldsymbol{D}$ die Oberfläche stetig durchsetzt. Daraus folgt mit

$$(\boldsymbol{D}_a)_r = -\varepsilon_0\frac{\partial\phi}{\partial r} = \varepsilon_0\left(\frac{2C_a}{r^3} + |\boldsymbol{E}_0|\right)\cos\vartheta + \varepsilon_0\frac{A_a}{r^2} ,$$

$$(\boldsymbol{D}_i)_r = -\varepsilon\varepsilon_0\frac{\partial\phi}{\partial r} = -\varepsilon\varepsilon_0 D_i\cos\vartheta$$

die Bedingung:

$$D_i = -\frac{1}{\varepsilon}\left(\frac{2C_a}{R^3} + |\boldsymbol{E}_0|\right) ; \qquad A_a = 0 .$$

Damit ergibt sich schließlich das Potential im Inneren der Kugel zu

$$\phi_i = -\frac{3}{\varepsilon + 2}|\boldsymbol{E}_0|\, r\cos\vartheta \tag{26}$$

und im Außenraum

$$\phi_a = \left(\frac{(\varepsilon - 1)R^3}{(\varepsilon + 2)r^2} - r\right)E_0\cos\vartheta . \tag{27}$$

Im Inneren ist die Feldstärke

$$\boldsymbol{E}_i = -\,\mathbf{grad}\,\phi_i = \frac{3}{\varepsilon + 2}\boldsymbol{E}_0 . \tag{28}$$

Das Feld im Inneren der Kugel bleibt also homogen, hat die gleiche Richtung wie das Außenfeld, ist aber um den Faktor $3/(\varepsilon + 2)$ schwächer.
Die Polarisation des Dielektrikums ist:

$$\boldsymbol{P} = \varepsilon_0(\varepsilon - 1) \cdot \boldsymbol{E}_i = \frac{3\varepsilon_0(\varepsilon - 1)}{\varepsilon + 2}\boldsymbol{E}_0 , \tag{29}$$

sodass wir das Feld im Inneren schreiben können als

$$\boldsymbol{E}_i = \boldsymbol{E}_0 - \frac{1}{3\varepsilon_0}\boldsymbol{P} . \tag{30}$$

Das durch Polarisation erzeugte Gegenfeld ist deshalb:

$$\boldsymbol{E}_p = -\frac{1}{3\varepsilon_0}\boldsymbol{P} . \tag{31}$$

Die Polarisierbarkeit α ist durch

$$\mathcal{P} = \alpha \cdot \boldsymbol{E}_0 \quad (32)$$

definiert, wobei

$$\mathcal{P} = \int_V \boldsymbol{p} \mathrm{d}V \quad (33)$$

das über das Kugelvolumen integrierte Dipolmoment ist. Setzt man (29) in (33) ein, so erhält man

$$\mathcal{P} = 4\pi R^3 \varepsilon_0 \frac{\varepsilon - 1}{\varepsilon + 2} \boldsymbol{E}_0 \quad (34)$$

und damit für die Polarisierbarkeit

$$\alpha = 4\pi R^3 \varepsilon_0 \frac{\varepsilon - 1}{\varepsilon + 2} \boldsymbol{E}_0 \,. \quad (35)$$

15.2 In einem kubischen Kristall sitzen die Dipole auf den Ecken der Einheitszellen und haben daher die kartesischen Koordinaten

$$i \cdot a \,; \quad j \cdot a \,; \quad k \cdot a \qquad \text{mit} \quad i, j, k \text{ ganzzahlig}$$

und a = Kantenlänge der kubischen Einheitszelle. Für das von allen Dipolen erzeugte elektrische Feld im Koordinatenursprung gilt dann gemäß (15.7) für die x-Komponente:

$$E_x = \sum_{i,j,k} \frac{3(i^2 p_x + ij p_y + ik p_z) - (i^2 + j^2 + k^2) p_x}{4\pi\varepsilon_0 (i^2 + j^2 + k^2)^{5/2} \cdot a^3} \,.$$

Da zu jedem positiven ganzzahligen Wert von i, j, k auch entsprechende negative Werte vorkommen, mitteln sich alle gemischten Glieder zu null und es bleibt:

$$E_x = \frac{p_x}{4\pi\varepsilon_0 a^3} \sum_{i,j,k} \frac{3i^2 - (i^2 + j^2 + k^2)}{(i^2 + j^2 + k^2)^{5/2}} \,.$$

Nun gilt aber:

$$\sum \frac{i^2}{()^{5/2}} = \sum \frac{j^2}{()^{5/2}} = \sum \frac{k^2}{()^{5/2}} \,,$$

sodass $E_x = 0$ wird. Analog lässt sich zeigen, dass $E_y = E_z = 0$ ist. Deshalb ist in einfach kubischen Kristallen das lokale Feld null.

15.3 Der komplexe Brechungsindex ist

$$n = n' - \mathrm{i}\kappa = 11{,}7 - 8{,}5\,\mathrm{i} \,.$$

a) Die Wellenlänge λ' im Medium ist

$$\lambda' = \frac{\lambda_0}{n'} = \frac{2{,}0\text{—m}}{11{,}7} = 22{,}2\text{—m} \,.$$

Die Phasengeschwindigkeit der Welle ist

$$v_{\mathrm{Ph}} = \frac{c}{n'} = \frac{2{,}998 \cdot 10^8}{11{,}7}\,\mathrm{m/s} = 2{,}56 \cdot 10^7\,\mathrm{m/s} \,.$$

b) Das Reflexionsvermögen bei senkrechtem Einfall ist (siehe Bd. 2, Abschn. 8.5.9)

$$\begin{aligned} R &= \frac{(n'-1)^2 + \kappa^2}{(n'+1)^2 + \kappa^2} \\ &= \frac{10{,}7^2 + 8{,}5^2}{12{,}7^2 + 8{,}5^2} = \frac{186{,}7}{233{,}5} = 0{,}80 \,. \end{aligned}$$

Das Transmissionsvermögen $T = I_\mathrm{t}/I_0$ ist durch das Absorptionsgesetz

$$I_\mathrm{t} = I_0 \cdot \mathrm{e}^{-\alpha d} \Rightarrow T = \mathrm{e}^{-\alpha d}$$

gegeben, wobei der Absorptionskoeffizient über

$$\alpha = 2k_0 \cdot \kappa = \frac{4\pi}{\lambda_0} \cdot \kappa$$

mit dem Imaginärteil κ als Brechungsindex verknüpft ist (siehe Bd. 2, Abschn. 8.2). Mit $d = 10^{-5}\,\mathrm{m}$, $\lambda_0 = 260\,\mu\mathrm{m}$ und

$$\alpha = \frac{4\pi \cdot 8{,}5}{2{,}6 \cdot 10^{-4}}\,\mathrm{m}^{-1} = 4{,}1 \cdot 10^5\,\mathrm{m}^{-1}$$

folgt

$$T = \mathrm{e}^{-4{,}1} = 0{,}0166 \,.$$

Die absorbierte Intensität ist wegen $A + R + T = 1 \Rightarrow A = 0{,}1834$

$$I_\mathrm{a} = I_0(1 - R - T) = I_0 \cdot 0{,}1834 \,.$$

c) Die Suszeptibilität χ ist mit der Dielektrizitätskonstanten ε durch $\chi = \varepsilon - 1$ verknüpft. Andererseits gilt:

$$\begin{aligned} &\varepsilon = n^2 = (n' - \mathrm{i}\kappa)^2 = n^2 - \kappa^2 - 2n'\kappa\mathrm{i} \\ \Rightarrow\ &\varepsilon = \varepsilon' + \mathrm{i}\varepsilon'' \qquad \text{mit} \quad \varepsilon' = n'^2 - \kappa^2 \,; \\ &\qquad\qquad\qquad\qquad\quad \varepsilon'' = -2n'\kappa \,, \\ &\chi = \chi' + \mathrm{i}\chi'' \qquad \text{mit} \quad \chi = n'^2 - \kappa^2 - 1 \,; \\ &\qquad\qquad\qquad\qquad\quad \chi = -2n'\kappa \,. \end{aligned}$$

15.4 a) Die statische ionische Polarisierbarkeit ist nach (15.45)

$$\begin{aligned} \alpha_{\mathrm{ion}} &= \frac{q^2}{M\omega_0^2} = \frac{(1{,}6 \cdot 10^{-19})^2}{2{,}3 \cdot 10^{-26} \cdot (3{,}1 \cdot 10^{13})^2}\,\mathrm{A\,s\,m^2/V} \\ &= 1{,}2 \cdot 10^{-39}\,\mathrm{A\,s\,m^2/V} \,. \end{aligned}$$

Die gesamte Polarisierbarkeit ist dann

$$\alpha(0) = \alpha_{\mathrm{el}}^+(0) + \alpha_{\mathrm{el}}^-(0) + \alpha_{\mathrm{ion}} \,.$$

Aus Tabellen kann man entnehmen, dass $\alpha_{\mathrm{el}}^+(0)$ für Na^+-Ionen den Wert $3{,}47 \cdot 10^{-41}\,\mathrm{A\,s\,m^2/V}$, $\alpha_{\mathrm{el}}^-(0)$ für Cl^--Ionen $3{,}40 \cdot 10^{-40}\,\mathrm{A\,s\,m^2/V}$ hat.
Man sieht daraus, dass die ionische Polarisation fast eine Größenordnung größer ist als die elektronische.
b) Bei Frequenzen $\omega > 0$ gilt:

$$\alpha(\omega) = \alpha_{\mathrm{el}}^+(\omega) + \alpha_{\mathrm{el}}^-(\omega) + \frac{q^2}{M} \frac{\omega_\mathrm{T} - \omega^2 + \mathrm{i}\gamma\omega}{(\omega_\mathrm{T} - \omega^2)^2 + \gamma^2\omega^2} \,.$$

Für $\omega = 0$ ist

$$\begin{aligned}\alpha(0) &= (3{,}47 \cdot 10^{-41} + 3{,}40 \cdot 10^{-40} \\ &\quad + 1{,}2 \cdot 10^{-39})\,\mathrm{A\,s\,m^2/V} \\ &= 1{,}57 \cdot 10^{-39}\,\mathrm{A\,s\,m^2/V}\,.\end{aligned}$$

Für $\omega = \omega_T/10$ wird mit $\gamma = 6 \cdot 10^{11}$ der Realteil von α_{ion}

$$\alpha'_{\text{ion}}(\omega) = 1{,}005 \cdot \alpha_{\text{ion}}(0)\,.$$

Für $\omega = 0{,}9\,\omega_T$ wird

$$\alpha'_{\text{ion}}(\omega) = \frac{0{,}19}{0{,}037}\alpha_{\text{ion}}(0) = 5{,}12\,\alpha_{\text{ion}}(0)\,.$$

Für $\omega = \omega_T$ wird $\alpha'_{\text{ion}} = 0$. Für $\omega = 10\,\omega_T$ wird

$$\alpha'_{\text{ion}}(\omega_T) = 0{,}01\,\alpha_{\text{ion}}(0)\,.$$

15.5 Nach (15.57) gilt:

$$\begin{aligned}\varepsilon(\omega) &= \varepsilon(\omega_s) \cdot \frac{\omega_L^2 - \omega^2}{\omega_T^2 - \omega^2} \qquad \text{mit} \quad \omega_s \approx \infty \\ \Rightarrow\ \varepsilon(0) &= \varepsilon(\infty) \cdot \frac{\omega_L^2}{\omega_T^2} \\ \Rightarrow\ \omega_L &= \omega_T \cdot \left(\frac{\varepsilon(0)}{\varepsilon(\infty)}\right)^{1/2} = 3{,}1 \cdot 10^{13}\sqrt{\frac{5{,}8}{2{,}25}}\,\mathrm{s^{-1}} \\ &= 5{,}0 \cdot 10^{13}\,\mathrm{s^{-1}} \\ \Rightarrow\ \Delta\omega &= \omega_L - \omega_T = 1{,}9 \cdot 10^{13}\,\mathrm{s^{-1}}\,.\end{aligned}$$

Die Phasengeschwindigkeit v_{Ph} ist

$$v_{\text{ph}} = \frac{c}{n'(\omega)} = \frac{c}{\sqrt{\varepsilon'(\omega)}}\,.$$

Nach (15.56) gilt für $\varepsilon(\omega_s) \approx \varepsilon(\infty)$

$$\begin{aligned}\varepsilon(\omega) &= \varepsilon(\infty) + \frac{\varepsilon(0) - \varepsilon(\infty)}{1 - (\omega/\omega_T)^2} \\ &= 2{,}25 + \frac{3{,}55}{1 - (\omega/\omega_T)^2} \\ \Rightarrow\ v_{\text{ph}} &= \frac{c}{\sqrt{2{,}25 + \frac{3{,}55}{1-(\omega/\omega_T)^2}}}\,.\end{aligned}$$

Allerdings wird $v_{\text{Ph}}(\omega = \omega_T) = 0$ und bei $\omega > \omega_T$ sogar imaginär. Die Formel ist also nur sinnvoll für $\omega < \omega_T$.
Für $\omega = \omega_T/2$ ist

$$v_{\text{ph}} = \frac{c}{\sqrt{6{,}89}} = 0{,}38\,c\,.$$

Für $\omega = \omega_s$ ist $\varepsilon = \varepsilon(\omega_s) \approx \varepsilon(\infty) = 2{,}25$

$$\Rightarrow\ v_{\text{ph}} = \frac{c}{\sqrt{2{,}25}} = 0{,}67\,c\,.$$

15.6 $R = \dfrac{(n'-1)^2 + \kappa^2}{(n'+1)^2 + \kappa^2} = 0{,}3$

$$T = \mathrm{e}^{-\alpha d} = 0{,}4 \ \Rightarrow\ \alpha = -\frac{1}{d}\ln 0{,}4$$

Mit $d = 6 \cdot 10^{-3}$ m wird

$$\begin{aligned}\alpha &= \frac{10^3}{6} \cdot 0{,}916 = 1{,}53 \cdot 10^2\,\mathrm{m^{-1}} \\ \Rightarrow\ \kappa &= \frac{\alpha}{2k_0} = \frac{c}{2\omega} \cdot \alpha = \frac{3 \cdot 10^8 \cdot 1{,}53 \cdot 10^2}{2 \cdot 2{,}6 \cdot 10^{15}} \\ &= 8{,}8 \cdot 10^{-6}\,.\end{aligned}$$

Der Realteil des Brechungsindex ergibt sich aus der Gleichung für R:

$$\begin{aligned}&(n'-1)^2 + \kappa^2 = 0{,}3(n'+1) + 0{,}3\kappa^2 \\ &0{,}7\,n'^2 - 2{,}6\,n' + 0{,}7 - 0{,}7\,\kappa^2 = 0 \\ &\Rightarrow\ n'^2 - 3{,}71\,n' + 1 = 0 \\ &n' = 1{,}86 \pm \sqrt{2{,}44} \\ &\quad = 1{,}86 \pm 1{,}56\,.\end{aligned}$$

Da $n' > 1$ sein muss, kommt nur das $+$-Zeichen in Frage, also ist

$$n' = 3{,}42\,.$$

Für Real- und Imaginärteil der Dielektrizitätskonstanten $\varepsilon = \varepsilon' + \mathrm{i}\varepsilon''$ gilt:

$$\begin{aligned}\varepsilon' &= n'^2 - \kappa^2 = 3{,}42^2 - 8{,}8^2 \cdot 10^{-12} \approx 11{,}7\,, \\ \varepsilon'' &= -2n'\kappa = -6{,}84 \cdot 8{,}8 \cdot 10^{-6} = 6{,}0 \cdot 10^{-5}\,.\end{aligned}$$

15.7 Wenn die Kondensatorplatten die Flächenladungsdichte $\sigma = Q/A$ tragen, ist das elektrische Feld

$$\boldsymbol{E} = (\sigma/\varepsilon_0)\hat{x}\,,$$

wobei $\hat{x}$ der Einheitsvektor normal zu den Plattenflächen ist, der von der positiv geladenen zur negativ geladenen Platte zeigt.
Die dielektrische Polarisation

$$\boldsymbol{p} = -\chi \cdot \varepsilon_0 \cdot \boldsymbol{E} = -\chi \cdot \sigma \cdot \hat{x}\,.$$

Das Gesamtfeld im Inneren des Dielektrikums ist:

$$\begin{aligned}\boldsymbol{E}_{\text{Diel}} &= (\sigma\hat{x} - \chi\varepsilon_0\boldsymbol{E}_{\text{Diel}})/\varepsilon_0 \\ \Rightarrow\ \boldsymbol{E}_{\text{Diel}} &= \frac{\sigma}{(1+\chi)\varepsilon_0}\hat{x} = \frac{\sigma}{\varepsilon \cdot \varepsilon_0}\hat{x}\,.\end{aligned}$$

Das Feld im Dielektrikum ist also um den Faktor ε kleiner als das äußere Feld.

15.8 Der gesamte Kondensator kann aufgefasst werden als zwei hintereinandergeschaltete Kondensatoren C_1 und C_2 mit

$$C_1 = \frac{\varepsilon_1\varepsilon_0}{d_1}A\,; \quad C_2 = \frac{\varepsilon_2\varepsilon_0}{d_2}A$$
$$\Rightarrow C = \frac{C_1C_2}{C_1+C_2} = \varepsilon_0\frac{\varepsilon_1\varepsilon_2/(d_1d_2)}{\varepsilon_1/d_1+\varepsilon_2/d_2}A$$
$$= \varepsilon_0\frac{\varepsilon}{d_1+d_2}A$$
$$\Rightarrow \varepsilon = (d_1+d_2)\cdot\frac{\varepsilon_1\varepsilon_2/(d_1d_2)}{\varepsilon_1/d_1+\varepsilon_2/d_2}$$
$$= \frac{(d_1+d_2)\varepsilon_1\varepsilon_2}{d_2\varepsilon_1+d_1\varepsilon_2}\,.$$

Für den mit dem Metall erfüllten Bereich ist $\varepsilon_2 = \sigma/(\varepsilon_0\cdot\omega)$

$$\Rightarrow \varepsilon = \frac{d_1+d_2}{d_1/\varepsilon_1+\varepsilon_0 d_2\omega/\sigma}\,.$$

Kapitel 16

16.1 Die Paarverteilungsfunktion $g(r)$ ist definiert als

$$n^2(\boldsymbol{r},\boldsymbol{r}') = \varrho_0^2\cdot g(r)\,.$$

Im kubischen Kristall ist $\boldsymbol{r} = \boldsymbol{0}$ und für die Nachbarecken der Einheitszelle gilt: $\boldsymbol{r}' = (a,0,0), (0,a,0), (0,0,a)$ mit $r = |\boldsymbol{r}| = a$. Für die übernächsten Nachbarn gilt $\boldsymbol{r}' = (a,a,0), (0,a,a)$, und $(a,0,a)$ mit $r = a\cdot\sqrt{2}$ und für $\boldsymbol{r}' = (a,a,a)$ gilt $r = a\cdot\sqrt{3}$. Dehalb ist

$$g(a) = 3\,,\quad g(a\cdot\sqrt{2}) = 3\,,\quad g(a\cdot\sqrt{3}) = 1\,.$$

Für alle Werte $0 \le r < a$ ist $g(r) = 0$.

16.2 a) Der komplexe Brechungsindex $n = n' - \mathrm{i}\kappa$ wird mit $n' = 1{,}8$ und

$$\alpha = 2k_0\kappa = \frac{4\pi}{\lambda}\kappa$$
$$\Rightarrow \kappa = \alpha\frac{\lambda}{4\pi} = \frac{10^{-3}\cdot 4{,}5\cdot 10^{-7}}{4\pi} = 3\cdot 10^{-8}\,.$$

Für das Reflexionsvermögen

$$R = \left|\frac{n'-\mathrm{i}\kappa-1}{n'-\mathrm{i}\kappa+1}\right|^2$$

ist deshalb der Imaginärteil vernachlässigbar.

$$\Rightarrow R = \left(\frac{0{,}8}{2{,}8}\right)^2 = 0{,}198 = 19{,}8\,\%$$

pro Grenzfläche. An der Eingangsgrenzfläche werden deshalb 19,8 % reflektiert. Das Transmissionsvermögen ist

$$T = (1-R)^2\cdot \mathrm{e}^{-\alpha d} = 0{,}802^2\cdot \mathrm{e}^{-0{,}2} = 0{,}52\,,$$

wenn keine Resonanz vorliegt. Das Absorptionsvermögen ist

$$A = (1-\mathrm{e}^{-\alpha d}) = 0{,}181\,.$$

Auf die rückseitige Grenzfläche trifft also noch der Bruchteil

$$I_1 = I_0(1-R)\cdot \mathrm{e}^{-2d} \approx 0{,}66\,I_0$$

der einfallenden Intensität. Von ihm wird der Anteil $R\cdot I_1$ reflektiert, sodass das gesamte Reflexionsvermögen der Platte

$$R_{\text{total}} \approx R\cdot\left(1+I_0(1-R)\mathrm{e}^{-2\alpha d}\right) = 1{,}55\,R \approx 0{,}3$$

wird. Damit erhält man

$$R_{\text{total}} + T + A = 1\,.$$

Mit guten Antireflexschichten auf beiden Flächen ($R = 0$) wäre die Transmission $T = 0{,}819$.

b) Im Resonanzfall wirkt die Glasplatte wie ein Fabry-Perot-Interferometer (siehe Bd. 2 Abschn. 10.4). Der freie Spektralbereich ist:

$$\Delta\nu = \frac{c}{2d} = \frac{3\cdot 10^8}{2\cdot 0{,}02}\,\mathrm{s}^{-1} = 7{,}5\cdot 10^9\,\mathrm{s}^{-1}$$
$$\Rightarrow |\Delta\lambda| = \frac{\lambda^2}{c}\,|\Delta\nu| = 5{,}06\cdot 10^{-12}\,\mathrm{m}$$
$$= 5{,}06\cdot 10^{-3}\,\mathrm{nm}\,.$$

Die Finesse ist

$$F^* = \frac{\pi\cdot\sqrt{R}}{1-R} = \frac{\pi\cdot\sqrt{0{,}198}}{0{,}2} = 7{,}0\,.$$

Das Reflexionsvermögen wäre nun ohne Absorption null, das Transmissionsvermögen $T = 1$. Mit Absorption sinkt die Transmission auf

$$T = \left(\frac{1-R-A}{1-R}\right)^2 = \left(\frac{1-0{,}198-0{,}181}{1-0{,}198}\right)^2$$
$$= 0{,}6$$

und das Reflexionsvermögen steigt auf

$$R = 0{,}15\,.$$

Dies liegt daran, dass jetzt die Amplituden der an der Vorder- und Rückseite reflektierten Wellen bei ihrer Überlagerung nicht mehr gleich sind und sich deshalb nicht mehr völlig auslöschen.

Der Rest $A = 1-R-T = 0{,}25$ wird innerhalb der Glasplatte absorbiert.

16.3 In der flüssigen Phase führen die Atome ungeordnete thermische Bewegungen aus. Um beim Abkühlen während des Phasenübergangs eine geordnete Struktur zu bilden, müssen die Atome genügend Zeit haben, um die Anordnung minimaler Energie, welche der kristallinen Struktur entspricht, einzunehmen. Bei zu schneller Abkühlung steht diese Zeit nicht zur Verfügung. Deshalb muss das Wachsen eines Kristalls aus seiner Schmelze genügend langsam erfolgen.

16.4 Beim kritischen Punkt endet die Trennkurve, welche die flüssige von der gasförmigen Phase unterscheidet. Für $T > T_k, p > p_k$ gibt es keinen Unterschied mehr zwischen fester und flüssiger Phase.

16.5 Der Ordnungsparameter ist definiert als

$$S = \frac{1}{2}\langle 3\cos^2\theta - 1\rangle .$$

Er gibt den Grad der Ausrichtung der molekularen Dipolmomente in einem Flüssigkristall an. In der isotropen Phase ist $\langle\cos^2\theta\rangle = 1/3$, weil alle drei Raumrichtungen gleich wahrscheinlich sind $\Rightarrow S = 0$. Im geordneten Kristall haben alle Moleküle die gleiche Richtung, deshalb ist $\langle\cos^2\theta\rangle = 1$ und $S = 1$, während der Wert von S in der nematischen Phase, je nach Ordnungsgrad, zwischen null und eins liegt.

16.6 Bei dichtester Kugelpackung ist der Raumausfüllungsfaktor $\eta = 0{,}74$ (siehe Abschn. 2.4.3)

$$\eta = 0{,}74 = \frac{N\cdot\frac{4}{3}\pi r^3}{\frac{4}{3}\pi R^3} = N\cdot\frac{r^3}{R^3} ,$$

wenn r der Radius der kugelförmigen Atome und R der Radius der Kugel ist. Daraus folgt:

$$R = r\cdot(N/\eta)^{1/3} .$$

Die Randschicht hat das Volumen:

$$V_{\text{Rand}} = 4\pi R^2 \mathrm{d}R \qquad \text{mit} \quad \mathrm{d}R = 2r .$$

In ihr befinden sich

$$\begin{aligned} N_{\text{Rand}} &= \frac{4\pi R^2\cdot 2r\cdot\eta}{\frac{4}{3}\pi r} = 6(R^2/r^2)\cdot\eta \text{ Atome} \\ &= 6\cdot(N/\eta)^{2/3}\cdot\eta = 6N^{2/3}\cdot\eta^{1/3} . \end{aligned}$$

Für $N = 3000$ und $\eta = 0{,}74$ ergibt dies:

$$N_{\text{Rand}} = 6\cdot 3000^{2/3}\cdot 0{,}74^{1/3} = 1129 ,$$

also sind mehr als 37 % aller Atome Oberflächenatome. Für $N = 10^4$ erhält man

$$N_{\text{Rand}} = 2519 ,$$

d. h. 25 % aller Atome sind Oberflächenatome.

16.7 Ein C_{60}-Cluster wird aus 20 Sechsecken und aus 12 Fünfecken gebildet, während die Struktur der C_{70}-Cluster aus 25 Sechsecken und 12 Fünfecken besteht. Dies lässt sich wie folgt begründen: Wenn jedes C-Atom an drei andere C-Atome gebunden ist, wird die Zahl e der Bindungen bei v Atomen durch

$$2e = 3v \tag{36}$$

gegeben (wie man sich z. B. an einem Modell des C_{60} aus Kugeln, die durch Stäbe miteinander verbunden sind, anschaulich klar machen kann). Ist f_n die Zahl der n-Ecke auf der Oberfläche der Fulleren-Struktur, so gilt:

$$2e = \sum_n n\cdot f_n . \tag{37}$$

Nun gilt Eulers Theorem für konvexe Polyeder:

$$v + \sum f_n = e + 2 . \tag{38}$$

Beschränkt man n auf $n = 5$ und $n = 6$ (diese Fünfecke und Sechsecke haben die größte Bindungsenergie), so folgt aus (36)–(38) durch Elimination von v und e

$$\begin{aligned} &\frac{1}{3}\sum n\cdot f_n + \sum f_n = \frac{1}{2}\sum nf_n + 2 \\ &\Rightarrow\ 5f_5 + 6f_6 + 3f_5 + 3f_6 = \frac{3}{2}\cdot 5f_5 + \frac{3}{2}\cdot 6f_6 + 6 \\ &\Rightarrow\ f_5 = 12 . \end{aligned}$$

Damit folgt aus (36), (37)

$$\begin{aligned} f_6 &= \frac{v-20}{2} = 20 \qquad \text{für} \quad v = 60 , \\ f_6 &= 25 \qquad \text{für} \quad v = 70 . \end{aligned}$$

16.8 Wenn sich zwei Atome in einem stabilen Molekül verbinden sollen, muss die kinetische Energie ihrer Relativbewegung und die Bindungsenergie des Moleküls abgeführt werden. Deshalb kann die Rekombination nur bei Dreierstößen oder bei Stößen zweier Atome am gleichen Ort der Wand erfolgen. Die Edelgasatome übernehmen diese Funktion als Stoßpartner, der die Energie abführt. Die Clusterbildung von n Atomen A erfolgt sukzessiv über

$$\begin{aligned} &A + A + B \to A_2 + B + E_{\text{kin}} , \\ &A_2 + A + B \to A_3 + B + E_{\text{kin}} , \qquad \text{etc.} \end{aligned}$$

Die Edelgasatome B gehen dabei keine Bindung ein (höchstens eine schwache van-der-Waals-Bindung, die aber beim nächsten Stoß wieder aufbricht).

Kapitel 17

17.1 Die Oberfläche ist mit einer monoatomaren Schicht maximal bedeckt, wenn die Querschnittsflächen der Atome eine dichteste Kreispackung bilden. Wie aus Abb. 11.11 deutlich wird, bilden dann die Mittelpunkte dreier benachbarter Kreise ein gleichseitiges Dreieck mit der Seitenlänge $2r$. Der Abstand zweier Atommittelpunkte ist daher in der x-Richtung $2r$, in der y-Richtung aber nur $r\cdot\sqrt{3}$. Deshalb ist die Flächendichte der Atome

$$\begin{aligned} N &= \frac{1}{r\cdot r\cdot\sqrt{3}}\,\text{cm}^{-2} = \frac{1\,\text{cm}^{-2}}{4\cdot\sqrt{3}\cdot 10^{-16}} \\ &= 1{,}4\cdot 10^{15}\,\text{cm}^{-2} . \end{aligned}$$

a) Wenn alle Atome, die auf die Fläche treffen, haften bleiben, dauert es eine Zeit

$$T = \frac{1{,}5\cdot 10^{15}}{10^{12}}\,\text{s} = 1500\,\text{s} = 25\,\text{min} ,$$

bis die Oberfläche vollständig bedeckt ist.

b) Beträgt die mittlere Haftdauer $\tau = 10^{-7}$ s, so gilt:

$$\frac{\mathrm{d}N}{\mathrm{d}t} = \frac{\mathrm{d}N_a}{\mathrm{d}t} - N/\tau \quad \text{mit} \quad \frac{\mathrm{d}N_a}{\mathrm{d}t} = 10^{12}\,\mathrm{s}^{-1}\,. \qquad (39)$$

Im Gleichgewicht ist $\mathrm{d}N/\mathrm{d}t = 0$

$$\Rightarrow N = \tau \cdot \frac{\mathrm{d}N_a}{\mathrm{d}t} = 10^{-7} \cdot 10^{12}\,\mathrm{cm}^{-2} = 10^5\,\mathrm{cm}^{-2}\,.$$

Es kann sich dann keine vollständige Bedeckung einstellen, sondern nur etwa 10^{-10} einer Monolage. Die Lösung der inhomogenen Differentialgleichung (39) ist

$$N(t) = \tau \cdot \frac{\mathrm{d}N_a}{\mathrm{d}t}\left(1 - \mathrm{e}^{-t/\tau}\right)\,.$$

Die Bedeckung erreicht ihr Maximum $N_{\max} = \tau \cdot \mathrm{d}N_a/\mathrm{d}t$ für $t \to \infty$. Eine völlige Bedeckung mit haftenden Atomen ($\tau = \infty$) kann erst erreicht werden für $\tau \cdot \mathrm{d}N_a/\mathrm{d}t = 1{,}4 \cdot 10^{15}\,\mathrm{cm}^{-2}$

$$\Rightarrow \tau \geq (1{,}5 \cdot 10^{15}/10^{12})\,\mathrm{s} = 1500\,\mathrm{s}\,.$$

17.2 Die de Broglie-Wellenlänge der He-Atome ist

$$\lambda_{\mathrm{DB}} = \frac{h}{m \cdot v} = \frac{6{,}62 \cdot 10^{-34}\,\mathrm{J\,s}}{6{,}64 \cdot 10^{-27}\,\mathrm{kg} \cdot 10^3\,\mathrm{m/s}} = 10^{-10}\,\mathrm{m}\,.$$

Das quadratische Oberflächengitter möge mit den Seitenkanten in x- bzw. y-Richtung liegen. Dann gilt für die Beugungsrichtungen β bei einem Einfallswinkel α:

$$d \cdot (\sin\alpha \pm \sin\beta) = m \cdot \lambda_{\mathrm{DB}}$$
$$\Rightarrow \sin\beta = \pm\left(\frac{m}{d}\lambda_{\mathrm{DB}} - \sin\alpha\right)\,.$$

In x- bzw. y-Richtung ist $d = a = 0{,}5\,\mathrm{nm}$. Für die erste Beugungsordnung $m = 1$ gilt:

$$\sin\beta_1 = \pm\left(\frac{\lambda_{\mathrm{DB}}}{a} - \sin\alpha\right) = \pm\left(\frac{10^{-10}}{5 \cdot 10^{-10}} - \frac{1}{2}\right) = \mp 0{,}3$$
$$\Rightarrow \beta = \pm 17{,}46^\circ\,.$$

Für $m = 2$ wird:

$$\sin\beta_2 = \pm\left(\frac{2}{5} - \frac{1}{2}\right) = \mp 0{,}1$$
$$\Rightarrow \beta_2 = \mp 5{,}74^\circ\,.$$

Für $m = 3$ ergibt sich:

$$\sin\beta_3 = \pm\left(\frac{3}{5} - \frac{1}{2}\right) = \pm 0{,}1\,.$$

Die -3-te Ordnung fällt aber zusammen mit der $+2$-ten Ordnung und umgekehrt, die -4-te Ordnung mit der $+1$-ten Ordnung, die 5-te Ordnung mit der 0-ten Ordnung, also der geometrischen Reflexionsrichtung. Die höchste mögliche Ordnung ist die 7-te Ordnung.

In der Diagonalenrichtung (45° gegen die x- und y-Richtung) ist $d = a \cdot \sqrt{2} = 7{,}1 \cdot 10^{-10}\,\mathrm{m}$. Hier erscheinen die Beugungsordnungen unter den Winkeln

$$\beta_1 = \pm 21{,}1^\circ\,;$$
$$\beta_2 = \pm 12{,}7^\circ\,;$$
$$\beta_3 = \pm 4{,}4^\circ$$

gegen die Flächennormale.

17.3 $\lambda = 1{,}5\,\mathrm{nm}$ entspricht:

$$h \cdot \nu = \frac{hc}{\lambda} = \frac{6{,}6 \cdot 10^{-34} \cdot 3 \cdot 10^8}{1{,}5 \cdot 10^{-9}}\,\mathrm{J} = 1{,}32 \cdot 10^{-16}\,\mathrm{J} \mathrel{\hat{=}} 8{,}5\,\mathrm{eV}\,.$$

Die Bindungsenergie eines $1s$-Elektrons im Sauerstoffatom ist

$$E_{\mathrm{B}} = 5{,}5\,\mathrm{eV}\,.$$

Die Photoelektronen haben daher die kinetische Energie

$$E_{\mathrm{kin}} = 825\text{–}525\,\mathrm{eV} = 3{,}0\,\mathrm{eV}\,.$$

17.4 a) Wenn die gesamte Laserenergie absorbiert wird, können

$$N = \frac{1\,\mathrm{J}}{8 \cdot 1{,}6 \cdot 10^{-19}\,\mathrm{J}} = 7{,}8 \cdot 10^{17}$$

Aluminiumatome verdampft werden, wenn keine Energie durch die Wärmeleitung verloren geht. Die Elementarzelle eines Aluminiumkristalls (fcc-Kristallstruktur) hat die Kantenlänge $a = 0{,}4\,\mathrm{nm}$, also das Volumen $V_{\mathrm{E}} = 6{,}4 \cdot 10^{-29}\,\mathrm{m}^3$. Sie wird von vier Aluminiumatomen besetzt. Das gesamte verdampfte Volumen ist daher

$$V = 7{,}8 \cdot 10^{17} \cdot \frac{1}{4} \cdot 6{,}4 \cdot 10^{-29}\,\mathrm{m}^3 = 1{,}25 \cdot 10^{-11}\,\mathrm{m}^3\,.$$

Die Tiefe des zylindrischen Loches ist dann

$$\Delta z \leq \frac{V}{\pi r^2} = \frac{1{,}25 \cdot 10^{-11}}{\pi \cdot (10^{-4})^2}\,\mathrm{m} = 3{,}0\,\mu\mathrm{m}\,.$$

Dies ist eine Obergrenze, da ein Teil der Energie in kinetische Energie der ablatierten Atome geht.

b) Wenn Partikel aus 1000 Atomen ablatiert werden, ist die Ablösearbeit pro Atom um $\Delta E = 6\,\mathrm{eV}$ kleiner, also nur noch 2 eV, d. h. das ablatierte Volumen ist um den Faktor 4 größer.

$$\Rightarrow \Delta z = 1{,}56\,\mathrm{mm}\,.$$

17.5 Die Oberflächenatome haben eine kleinere Bindungsenergie als die Atome im Inneren. Mit zunehmender Clustergröße sinkt das Verhältnis der Anzahlen von Oberflächenatomen zu Atomen im Inneren. Deshalb steigt die Schmelztemperatur mit zunehmender Clustergröße.

Weiterführende Literatur

1. H. Haken, H.C. Wolf: Atom- und Quantenphysik, 8. Aufl. Springer Lehrbuch. Springer, Berlin, Heidelberg (2012)
   H. Haken, H.C. Wolf: Molekülphysik und Quantenchemie. Springer Lehrbuch. Springer, Heidelberg (2006)
2. T. Mayer-Kuckuk: Atomphysik, 5. Aufl. Teubner, Stuttgart (1997)
3. K. Bethge, G. Gruber, T. Stöhlker: Physik der Atome und Moleküle, 2. Aufl. Wiley-VCH, Weinheim (2004)
4. I. Hertel, C.-P. Schulz: Atome, Moleküle und optische Physik. Springer, Berlin (2008)
5. C. Zimmermann: Experimentalphysik: Atomphysik. VCH, Weinheim (2002)
6. W. Döring: Atomphysik und Quantenmechanik, Bd. I–III. de Gruyter, Berlin (1976–1981)
7. K. Krane: Modern Physics, 3. Aufl. Wiley, New York (2012)
8. M. Inguscio, L. Fallani: Atomic Physics. Oxford University Press, Oxford (2013)
9. V. Gradmann, H. Wolter: Grundlagen der Atomphysik. Akademische Verlagsgesellschaft, Frankfurt (1971)
10. H.G. Kuhn: Atomic Spectra. Longmans, London (1969)
11. G.K. Woodgate: Elementary Atomic Structure, 2. Aufl. Oxford University Press, Oxford (1983)
12. B.H. Bransden, C.J. Joachain: Physics of Atoms and Molecules. Prentice Hall, Upper Saddle River, N.J. (2003)
13. R.P. Feynman, R.B. Leighton: Vorlesungen über Physik, Bd. III. Oldenbourg, München (1999)
14. Springer Handbook of Atomic, Molecular and Optical Physics. Springer, Berlin, Heidelberg (2004)
15. I. Estermann (Hrsg.): Methods of Experimental Physics. Academic Press, Reading, Mass. (1959–2004)
16. Wichtige Zahlenwerte findet man in: H. Stöcker: Taschenbuch der Physik. Harri Deutsch, Frankfurt (1994)

W. Demtröder, *Experimentalphysik 3*, Springer-Lehrbuch, DOI 10.1007/978-3-662-49094-5

Sach- und Namensverzeichnis

Werte der physikalischen Fundamentalkonstanten*

Größe	Symbol	Wert	Einheit	Relative Unsicherheit in 10^{-6}
Lichtgeschwindigkeit	c	299 792 458	$m\,s^{-1}$	exakt
Gravitationskonstante	G	$6{,}67428 \cdot 10^{-11}$	$m^3\,kg^{-1}\,s^{-2}$	100
Planck-Konstante	h	$6{,}62606896 \cdot 10^{-34}$	J s	0,05
Reduzierte Planck-Konstante	$\hbar$	$1{,}054571628\ldots \cdot 10^{-34}$	J s	0,05
Gaskonstante	R	8,314472	$J\,mol^{-1}\,K^{-1}$	1,7
Avogadro-Konstante	N_A	$6{,}02214179 \cdot 10^{23}$	mol^{-1}	0,05
Boltzmann-Konstante R/N_A	k	$1{,}3806504 \cdot 10^{-23}$	$J\,K^{-1}$	1,74
Faraday-Konstante $(N_A e)$	F	96 485,309	$C\,mol^{-1}$	0,30
Stefan-Boltzmann-Konstante $(\pi^2/60)k^4/(\hbar^3c^2)$	σ	$5{,}6705 \cdot 10^{-8}$	$W\,m^{-2}\,K^{-4}$	34
Molvolumen	V_M		$m^3\,mol^{-1}$	
$(T = 273{,}15\,K, p = 101\,325\,Pa)$		$22{,}413996 \cdot 10^{-3}$		1,7
$(T = 273{,}15\,K, p = 100\,kPa)$		$22{,}710981 \cdot 10^{-3}$		1,7
Elementarladung	e	$1{,}602176487 \cdot 10^{-19}$	$A\,s \overset{Def}{=} C$	0,025
Elektronenmasse	m_e	$9{,}10938215 \cdot 10^{-31}$	kg	0,05
Protonenmasse	m_p	$1{,}672621637 \cdot 10^{-27}$	kg	0,05
Neutronenmasse	m_n	$1{,}6749286 \cdot 10^{-27}$	kg	0,59
Magnetisches Moment des Elektrons	μ_e	$9{,}28477 \cdot 10^{-24}$	$J\,T^{-1} = A\,m^2$	0,34
Bohr'sches Magneton $e\hbar/2m_e$	μ_B	$9{,}274015 \cdot 10^{-24}$	$J\,T^{-1} = A\,m^2$	0,34
Magnetisches Moment des Protons	μ_p	$1{,}4106076 \cdot 10^{-26}$	$J\,T^{-1} = A\,m^2$	0,34
Kernmagneton $e\hbar/2m_p$	μ_K	$5{,}0507866 \cdot 10^{-27}$	$J\,T^{-1} = A\,m^2$	0,34
Permeabilitätskonstante	μ_0	$4\pi \cdot 10^{-7} = 1{,}25663706\ldots \cdot 10^{-6}$	$V\,s\,A^{-1}\,m^{-1}$	exakt
Dielektrizitätskonstante $1/(\mu_0 c^2)$	ε_0	$8{,}854187817\ldots \cdot 10^{-12}$	$A\,s\,V^{-1}\,m^{-1}$	exakt
Feinstrukturkonstante $\mu_0 c e^2/2h$	α	$7{,}2973525376 \cdot 10^{-3}$	–	0,00068
Rydberg-Konstante $m_e c\alpha^2/2h$	Ry_∞	$1{,}0973731568527 \cdot 10^7$	m^{-1}	0,0000066
Ionisationsenergie des H-Atoms	$Ry^*(H)$	13,59843340	eV	0,08
Bohr-Radius $\alpha/(4\pi Ry_\infty)$	a_0	$5{,}2917720859 \cdot 10^{-11}$	m	0,00068
Klassischer Elektronenradius $\alpha^2 \cdot a_0$	r_e	$2{,}8179402894 \cdot 10^{-15}$	m	0,002
Compton-Wellenlänge des Elektrons $h/(m_e \cdot c)$	λ_c	$2{,}4263102175 \cdot 10^{-12}$	m	0,0014
Massenverhältnis	m_p/m_e	1836,15267261	–	0,00043
Ladungs-Massen-Verhältnis	$-e/m_e$	$-1{,}758820150 \cdot 10^{11}$	$C\,kg^{-1}$	0,025
g-Faktor des Elektrons	g_e	2,0023193043622	–	$7{,}4 \cdot 10^{-7}$
gyromagnetisches Verhältnis des Protons	γ_p	$2{,}67522128 \cdot 10^8$	$s^{-1}\,T^{-1}$	0,026
Atomare Masseneinheit $\frac{1}{12}m(^{12}C)$	AME	$1{,}660538782 \cdot 10^{-27}$	kg	0,05

Umrechnungsfaktor
$1\,eV = 1{,}60217653 \cdot 10^{-19}\,J$
$1\,eV/hc = 8065{,}541\,cm^{-1}$
$1\,Hartree = 27{,}2113845\,eV$
$1\,Hartree/hc = 2{,}194746313 \cdot 10^5\,cm^{-1}$
* CODATA international empfohlene neueste Werte von 2006 (NIST 2008)

Periodensystem der Elemente

Quellen: Handbook of Chemistry and Physics 75th ed., CRC Press 1994
International Union of Pure and Applied Chemistry (IUPAC), 2004: Pure and Applied Chemistry 75, 1613 (2003) 76, 2101 (2004)
Internet

26**Fe**	Element mit Ordnungszahl
55,85	relative Atommasse (in Klammern das Isotop mit der längsten Halbwertszeit)
7,86	Dichte (g cm^{-3}) [Gase in g l^{-1} bei 0 °C]
1538	Schmelzpunkt (°C)
2861	Siedepunkt (°C)
Eisen	Element-Name

105 Db = Dubnium (Forschungszentrum Dubna bei Moskau)
106 Sg = Seaborgium nach *Glenn T. Seaborg* 1912–1999
107 Bh = Bohrium (*Niels Bohr*, dänischer Physiker 1885–1962)
108 Hs = Hassium (lat. *Hassia* = Hessen, deutsches Bundesland)
109 Mt = Meitnerium (*Lise Meitner*, österreichische Physikerin, 1878–1968)
110 Ds = Darmstadtium (entdeckt bei der GSI in Darmstadt)
111 Rg = Roentgenium (Konrad Röntgen, 1845–1923)

1**H**																	2**He**
1,008																	4,003
0,090																	0,179
–259,3																	–
–252,8																	–268,9
Wasserstoff																	Helium
3**Li**	4**Be**											5**B**	6**C**	7**N**	8**O**	9**F**	10**Ne**
6,941	9,012											10,81	12,01	14,01	16,00	19,00	20,18
0,534	1,85											2,34	3,51 (D)	1,251	1,429	1,69	0,900
180,5	1287											2075	3825 (subl.)	–210,0	–218,8	–219,6	–248,6
1342	2471											4000	–	–195,8	–183,0	–188,1	–246,1
Lithium	Beryllium											Bor	Kohlenstoff	Stickstoff	Sauerstoff	Fluor	Neon
11**Na**	12**Mg**											13**Al**	14**Si**	15**P**	16**S**	17**Cl**	18**Ar**
22,99	24,31											26,98	28,09	30,97	32,07	35,45	39,95
0,97	1,74											2,702	2,33	1,82 (w.)	2,07 (α)	3,214	1,784
97,72	650											660,3	1414	44,15	115,2	–101,5	–189,4
883	1090											2519	3265	277	444,6	–34,04	–185,9
Natrium	Magnesium											Aluminium	Silizium	Phosphor	Schwefel	Chlor	Argon
19**K**	20**Ca**	21**Sc**	22**Ti**	23**V**	24**Cr**	25**Mn**	26**Fe**	27**Co**	28**Ni**	29**Cu**	30**Zn**	31**Ga**	32**Ge**	33**As**	34**Se**	35**Br**	36**Kr**
39,10	40,08	44,96	47,88	50,94	52,00	54,94	55,85	58,93	58,69	63,55	65,39	69,72	72,61	74,92	78,96	79,90	83,80
0,86	1,54	2,989	4,5	5,96	7,20	7,20	7,86	8,9	8,90	8,92	7,14	5,90	5,35	5,73	4,81	3,119	3,74
63,4	842	1541	1668	1910	1907	1246	1538	1495	1455	1085	419,5	29,76	938,3	614 (subl.)	221	–7,2	–157,4
759	1484	2830	3287	3407	2671	2061	2861	2927	2913	2562	907	2204	2833	–	685	58,8	–153,2
Kalium	Calcium	Scandium	Titan	Vanadium	Chrom	Mangan	Eisen	Cobalt	Nickel	Kupfer	Zink	Gallium	Germanium	Arsen	Selen	Brom	Krypton
37**Rb**	38**Sr**	39**Y**	40**Zr**	41**Nb**	42**Mo**	43**Tc**	44**Ru**	45**Rh**	46**Pd**	47**Ag**	48**Cd**	49**In**	50**Sn**	51**Sb**	52**Te**	53**I**	54**Xe**
85,47	87,62	88,91	91,22	92,91	95,94	(97,91)	101,1	102,9	106,4	107,9	112,4	114,8	118,7	121,8	127,6	126,9	131,3
1,53	2,6	4,47	6,49	8,57	10,2	11,49	12,3	12,4	12,02	10,5	8,64	7,30	7,28	6,684	6,00	4,93	5,887
39,31	777	1526	1855	2477	2623	2157	2334	1964	1555	961,8	321,1	156,6	231,9	630,6	449,5	113,7	–111,8
688	1382	3336	4409	4744	4639	–	4150	3695	2963	2162	767	2072	2602	1587	988	184,4	–108,0
Rubidium	Strontium	Yttrium	Zirkonium	Niob	Molybdän	Technetium	Ruthenium	Rhodium	Palladium	Silber	Cadmium	Indium	Zinn	Antimon	Tellur	Iod	Xenon
55**Cs**	56**Ba**	**Lanthaniden**	72**Hf**	73**Ta**	74**W**	75**Re**	76**Os**	77**Ir**	78**Pt**	79**Au**	80**Hg**	81**Tl**	82**Pb**	83**Bi**	84**Po**	85**At**	86**Rn**
132,9	137,3		178,5	180,9	183,9	186,2	190,2	192,2	195,1	197,0	200,6	204,4	207,2	209,0	(209,0)	(210,0)	(222,0)
1,878	3,51	57**La**	13,31	16,6	19,35	20,5	22,48	22,42	21,45	19,30	13,55	11,85	11,34	9,80	9,4	–	9,73
28,44	727	—	2233	3017	3422	3186	3033	2446	1768	1064	–38,83	304	327,5	271,4	254	302	–71
671	1897	71**Lu**	4603	5458	5555	5596	5012	4428	3825	2856	356,7	1473	1749	1564	962	–	–61,7
Cäsium	Barium		Hafnium	Tantal	Wolfram	Rhenium	Osmium	Iridium	Platin	Gold	Quecksilber	Thallium	Blei	Bismut	Polonium	Astatium	Radon
87**Fr**	88**Ra**	**Actiniden**	104**Rf**	105**Db**	106**Sg**	107**Bh**	108**Hs**	109**Mt**	110**Ds**	111**Rg**	112	113	114	116	117	118	
(223,0)	(226,0)		(261,1)	(262,1)	(263,1)	(262,1)	(265,1)	(266,1)	(269)	(272)	277–285	–	(289)	–	293–297	–	
–	5,0	89**Ac**	–	–	–	–	–	–	–	–	–	–	–	–	–	–	
27	700	—	–	–	–	–	–	–	–	–		–	–	–	–	–	
–	–	103**Lr**	–	–	–	–	–	–	–	–							
Francium	Radium		Rutherfordium	Dubnium	Seaborgium	Bohrium	Hassium	Meitnerium	Darmstadtium	Roentgenium	Noch kein Name	Noch nicht gefunden	Noch kein Name	Noch kein Name	Noch kein Name	Noch kein Name	

Lanthaniden	57**La**	58**Ce**	59**Pr**	60**Nd**	61**Pm**	62**Sm**	63**Eu**	64**Gd**	65**Tb**	66**Dy**	67**Ho**	68**Er**	69**Tm**	70**Yb**	71**Lu**
	138,9	140,1	140,9	144,2	(144,9)	150,4	152,0	157,3	158,9	162,5	164,9	167,3	168,9	173,0	175,0
	6,16	6,77	6,64	7,008	7,264	7,520	5,244	7,901	8,230	8,551	8,795	9,066	9,321	6,966	9,841
	920	799	931	1016	1042	1072	822	1314	1359	1411	1472	1529	1545	824	1663
	3455	3424	3510	3066	3000	1790	1596	3264	3221	2561	2694	2862	1946	1194	3393
	Lanthan	Cer	Praseodym	Neodym	Promethium	Samarium	Europium	Gadolinium	Terbium	Dysprosium	Holmium	Erbium	Thulium	Ytterbium	Lutetium
Actiniden	89**Ac**	90**Th**	91**Pa**	92**U**	93**Np**	94**Pu**	95**Am**	96**Cm**	97**Bk**	98**Cf**	99**Es**	100**Fm**	101**Md**	102**No**	103**Lr**
	(227,0)	(232,0)	(231,0)	(238,1)	(237,0)	(242,1)	(243,1)	(247,1)	(247,1)	(251,1)	(254,1)	(253,1)	(258,1)	(255,1)	(260,1)
	10,06	11,72	15,37	19,05	20,45	19,84	13,67	13,51	13,25	15,1	–	–	–	–	–
	1051	1750	1555	1135	644	640	1176	1345	1050	900	860	1527	827	827	1627
	3198	4788	2963	4131	4079	3228	2607	–	–	–	–	–	–	–	–
	Actinium	Thorium	Protactinium	Uran	Neptunium	Plutonium	Americum	Curium	Berkelium	Californium	Einsteinium	Fermium	Mendelevium	Nobelium	Lawrencium

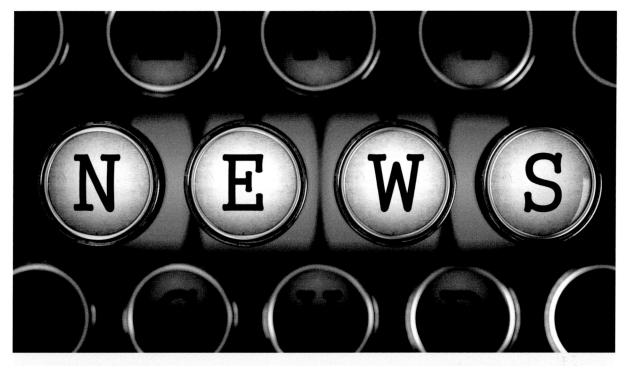

Printed in the United States
By Bookmasters